A Tata Steel Enterprise

STAHL.
VERBUND.
HOLORIB®.

Weitere Infos und unsere kostenlose
Bemessungssoftware finden Sie
unter www.holorib.de

Montana Bausysteme AG
CH-5612 Villmergen
Tel. + 41 56 619 85 85
info@montana-ag.ch

Das Standardwerk im Grundbau!

Das Grundbau-Taschenbuch hat seit über 60 Jahren zum Ziel, Entwicklungen, neue Erfahrungen und Erkenntnisse, aktuelle Berechnungs- und Nachweismethoden für die Belange der Baupraxis umfassend zusammenzutragen und transparent zu vermitteln. Das Werk umfasst drei Bände und behandelt geotechnische Grundlagen, geotechnische Verfahren und Gründungen.

Der erste Band deckt die geotechnischen Grundlagen ab, die physikalischen Eigenschaften von Boden und Fels, ihre Ermittlung und Bewertung, ihre Berücksichtigung in Stoffgesetzen und in konventionellen sowie numerischen Berechnungsmethoden.

Hrsg.: Karl Josef Witt
Grundbau-Taschenbuch
Teile 1–3
8., vollst. überarb. u. aktualis. Auflage
Januar 2018. ca. 2.720 Seiten
€ 483,–*
ISBN 978-3-433-03154-4
Auch als ebook erhältlich

Der zweite Band enthält die geotechnischen Verfahren des Erdbaus, zur Verbesserung und Stabilisierung des Baugrunds, zur Sicherung von Bauwerken sowie zur Herstellung von Ankern, Pfählen und Abdichtungen. Besondere Aufgabenstellungen wie die Grundwasserhaltung und spezielle Anwendungsgebiete wie der Einsatz von Geokunststoffen im Erd- und Grundbau werden ebenfalls behandelt.

BUNDLE-SET ebooks **+ Print!**
Grundbau-Taschenbuch Teile 1–3
€ 659,–
ISBN: 978-3-433-03214-5

Der dritte Band gibt einen Überblick über die verschiedensten Aufgaben im Grundbau. Neben den Flachgründungen werden Pfahlgründungen, Gründungen im offenen Wasser und in Bergbaugebieten behandelt. Weitere Schwerpunkte sind die Sicherung von Baugruben, Spundwände, Pfahl-Schlitz- und Dichtwänden sowie Stützwände und konstruktive Hangsicherungen. Neu hinzugekommen ist ein Kapitel zum geotechnischen Erdbebenwesen und Erschütterungsschutz.

Online Bestellung:
www.ernst-und-sohn.de

Ernst & Sohn
Verlag für Architektur und technische
Wissenschaften GmbH & Co. KG

Kundenservice: Wiley-VCH
Boschstraße 12
D-69469 Weinheim

Tel. +49 (0)6201 606-400
Fax +49 (0)6201 606-184
service@wiley-vch.de

* Der €-Preis gilt ausschließlich für Deutschland. Inkl. MwSt. zzgl. Versandkosten. Irrtum und Änderungen vorbehalten. 1029196_dp

A3

ÜBER 30 JAHRE ERFAHRUNG IN **KLEBEARMIERUNGSARBEITEN**

NACHTRÄGLICHES VERSTÄRKEN
VON STAHLBETON

Zur Steigerung der Biegezug- und Querkraftbewehrung bei

- Nutzlasterhöhungen
- Auswechselarmierungen
- zusätzlichen Horizontalaussteifungen
- Änderung des statischen Systems

Laumer Bautechnik GmbH
84323 Massing · Bahnhofstraße 8 · Tel.: 08724/88-0 Fax: 88 500
04288 Leipzig · Fritz-Zalisz-Straße 38a · Tel.: 034297/48 400 Fax 48 399

BODENSTABILISIERUNG
NACH DEM CSV-VERFAHREN

Ein guter Grund zum Bauen

Intelligent, kostengünstig, gezielt einsetzbar:

- keine Grundwasserabsenkung
- kein anfallendes Bohrgut
- vollkommen erschütterungsfrei
- Qualitätskontrolle durch Belastungsversuche an Einzelsäulen

Laumer GmbH & Co. CSV Bodenstabilisierung KG
84323 Massing · Bahnhofstraße 8 · Tel.: 08724/88-900 Fax: 88 860

www.Laumer.de

Geotechnische Nachweise nach EC7 und DIN 1054

Martin Ziegler
Geotechnische Nachweise nach EC7 und DIN 1054
Einführung mit Beispielen
3., neu bearbeitete Auflage
2012. 398 Seiten.
€ 59,–*
ISBN 978-3-433-02975-6
Auch als ebook erhältlich.

Mit der Veröffentlichung der deutschen Fassung des Eurocodes 7-1: Entwurf, Berechnung und Bemessung in der Geotechnik – Teil 1: Allgemeine Regeln als DIN EN 1997-1:2009-09 und des zugehörigen Nationalen Anhangs DIN EN 1997-1/NA:2010-12 mit den Ergänzenden Regelungen in DIN EN 1054:2010-12 liegt das geschlossene neue europäische Normenwerk für die Sicherheitsnachweise im Erd- und Grundbau nunmehr auch für die Anwendung in Deutschland vor. Die in einem Normenhandbuch zusammengefassten Regelungen ersetzen die bisherige DIN 1054: 2005-01.

In dem vorliegenden Buch werden die Grundlagen und Begriffe der Nachweisführung vorgestellt. Soweit nötig wird dabei auch auf die mit geltenden Normen und Empfehlungen wie z. B. die Geländebruchnorm DIN 4084 oder die Erddrucknorm DIN 4085 sowie die EAB, EAU, EA-Pfähle und die EBGEO eingegangen. Die erforderlichen Nachweise werden erläutert und anhand von Ablaufdiagrammen und zahlreichen Beispielen verdeutlicht. Dabei werden alle gängigen geotechnischen Aufgaben wie Flächengründungen, Pfahlgründungen, Baugrubenwände, Verankerungen, Stützbauwerke sowie die Versagensformen durch Grundbruch, Geländebruch und hydraulisch bedingtes Versagen angesprochen.

Online Bestellung: www.ernst-und-sohn.de

Ernst & Sohn
Verlag für Architektur und technische
Wissenschaften GmbH & Co. KG

Kundenservice: Wiley-VCH
Boschstraße 12
D-69469 Weinheim

Tel. +49 (0)6201 606-400
Fax +49 (0)6201 606-184
service@wiley-vch.de

* Der €-Preis gilt ausschließlich für Deutschland. Inkl. MwSt. zzgl. Versandkosten. Irrtum und Änderungen vorbehalten. 1028106_dp

Sicher bauen, auf jedem Fundament.

Stump Spezialtiefbau GmbH
Hauptniederlassung Berlin
Valeska-Gert-Straße 1, 10243 Berlin
T +49 30 754 904-0
www.stump.de

Die Neuauflage eines Klassikers

Achim Hettler,
Theodoros Triantafyllidis,
Anton Weißenbach
Baugruben
3., vollst. überarb. Auflage
2018. 434 Seiten.
€ 89,–*
ISBN: 978-3-433-03244-2
Auch als ebook erhältlich.

BUNDLE ebook + Print!
€ 119,–*
ISBN: 978-3-433-03261-9

Mit der Einführung des Eurocode 7-1 „Entwurf, Berechnung und Bemessung in der Geotechnik – Teil 1: Allgemeine Regeln" einschließlich dem Nationalen Anhang und der DIN 1054: 2010-12 „Baugrund Sicherheitsnachweise im Erd- und Grundbau – Ergänzende Regeln zu DIN 1997-1" sowie den Änderungen A1: 2012 und A2: 2015-11 war eine Anpassung der 2. Auflage erforderlich geworden. Die Überarbeitung wurde dazu genutzt, die ursprüngliche Idee von Anton Weißenbach aufzugreifen, das Gebiet umfassend in vier Bänden abzuhandeln.

Die Themen:
- Konstruktion und Bauausführung
- Berechnungsgrundlagen
- Berechnungsverfahren
- Baugrubenumschließung in besonderen Fällen

wurden alle mit der vorliegenden 3. Auflage in einem Buch zusammengefasst. Die Berechnungsbeispiele wurden ebenfalls an das Handbuch Eurocode 7, Band 1 angepasst und erweitert um eine Baugrube mit rückverankerter Betonsohle. Das Kapitel „Bemessung der Einzelteile" sowie die Berechnungsbeispiele im Kapitel 20 wurden komplett überarbeitet.

Das Buch ist ein wertvoller Ratgeber für die tägliche Praxis in der Geotechnik und im übrigen Konstruktiven Ingenieurbau.

Online Bestellung:
www.ernst-und-sohn.de

Ernst & Sohn
Verlag für Architektur und technische
Wissenschaften GmbH & Co. KG

Kundenservice: Wiley-VCH
Boschstraße 12
D-69469 Weinheim

Tel. +49 (0)6201 606-400
Fax +49 (0)6201 606-184
service@wiley-vch.de

* Der €-Preis gilt ausschließlich für Deutschland. Inkl. MwSt. zzgl. Versandkosten. Irrtum und Änderungen vorbehalten. 1016126_dp

E-Books bei Ernst & Sohn

- Mindestens 10 % sparen
- Sofort verfügbar
- Über 35.000 Titel an einem Ort
- Schnelle und effiziente Suchergebnisse
- In den Formaten PDF, ePub & mobi

www.ernst-und-sohn.de/ebooks

1008136_dp

Ihr Ansprechpartner in allen Belangen der Betonspritztechnik.

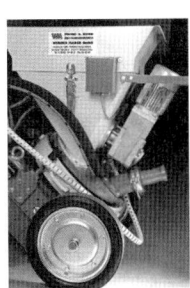

Werner Mader GmbH – Mörtel- und Betonspritz-Maschinen
Tel: 06062 / 9442-0   info@wernermader.de
www.betonspritztechnik.de

Bewertung und Verstärkung von Stahlbetontragwerken

Werner Seim
Bewertung und Verstärkung von Stahlbetontragwerken
2., aktualis. u. erw. Auflage
Sept. 2018. 310 Seiten.
€ 59.–*
ISBN: 978-3-433-03194-0
Auch als ebook erhältlich

BUNDLE: ebook + Print!
€ 79,–
ISBN 978-3-433-03255-8

Der Umgang mit vorhandener Bausubstanz gehört zu den täglichen Aufgaben für Bauingenieure und Architekten. Das vorliegende Buch vermittelt die notwendigen Kenntnisse der verschiedenen Methoden der Zustandserfassung und Bewertung von Bauteilen und Tragwerk sowie der Planung von Instandsetzungs- und Ertüchtigungsmaßnahmen. Ein Überblick über die Entwicklung der Bemessungsregeln und Materialkennwerte im Stahlbetonbau hilft bei der Auswertung von Bestandsunterlagen.

Zahlreiche anschauliche Beispiele machen das Buch zu einem unverzichtbaren Leitfaden für die Planung und zu einem wertvollen Begleiter für das Studium. Für die zweite Auflage wurden die Inhalte mit Bezug zu den gültigen technischen Regelwerken vollständig aktualisiert. Darüber hinaus wurden einige Teile zum besseren Verständnis vollständig überarbeitet und neue Abschnitte aufgenommen.

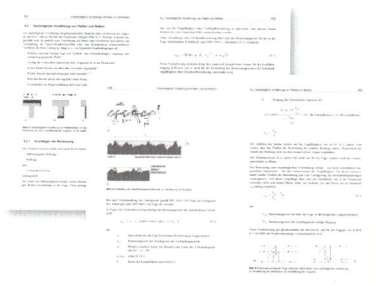

Online Bestellung: www.ernst-und-sohn.de

Ernst & Sohn
Verlag für Architektur und technische
Wissenschaften GmbH & Co. KG

Kundenservice: Wiley-VCH
Boschstraße 12
D-69469 Weinheim

Tel. +49 (0)6201 606-400
Fax +49 (0)6201 606-184
service@wiley-vch.de

* Der €-Preis gilt ausschließlich für Deutschland. Inkl. MwSt. zzgl. Versandkosten. Irrtum und Änderungen vorbehalten. 1162156_dp

Tragwerksverstärkung
von Stahlbeton mit Stahl- oder Kohlefaserlamellen, Kohlefasersheets oder Spritzbeton

Roxeler Bauwerkserhaltung

Ingenieurmäßige Instandsetzung von Hoch-, Tief- und Brückenbauwerken

Roxeler
Betonsanierungsgesellschaft mbH
Otto-Hahn-Straße 7
48161 Münster
Telefon: 02534 6200-0
Telefax: 02534 6200-32
E-Mail: mail@roxeler.de
www.roxeler.de

Beratung und Ausführung
- Nutzlasterhöhung
- Änderung des statischen Systems
- Ergänzung fehlender oder korrodierter Bewehrung
- Auswechselbewehrung für das nachträgliche Anlegen von Treppen- oder Fahrstuhlöffnungen

DYWIDAG-SYSTEMS INTERNATIONAL — **DSI**

Litzenspannverfahren mit und ohne Verbund
Stabspannverfahren
Externe Spannverfahren SUSPA – Draht EX
Spannglieder für Windenergieanlagen
Ringspannglieder
DYNA Grip® Schrägseilsysteme
DYNA Force®-Sensoren

Local Presence – Global Competence

www.dywidag-systems.de

Geschichte der Baustatik

Karl-Eugen Kurrer
Geschichte der Baustatik
Auf der Suche nach dem Gleichgewicht
2., stark erweiterte Auflage
2015. 1188 S.
€ 109,–*
ISBN 978-3-433-03134-6
Auch als ebook erhältlich

Was wissen Bauingenieure heute über die Herkunft der Baustatik? Wann und welcherart setzte das statische Rechnen im Entwurfsprozess ein? Wir wissen viel über die Hervorbringung und Entfaltung von Bauformen, während die Phasen der Entwicklung von Berechnungsmethoden und -verfahren für die Mehrheit der Bauingenieure unbekannt sind. Das vorliegende Buch zeichnet die Entstehung von Statik und Festigkeitslehre als die Entwicklung vom geometrischen Denken der Renaissance über die klassische Mechanik bis hin zur modernen Strukturmechanik nach.

Eine Einführung eröffnet mit kurzen Einblicken in zwölf verbreitete Berechnungsverfahren den Zugang zum Thema aus der Berechnungspraxis der Gegenwart. Beginnend mit den Festigkeitsbetrachtungen von Leonardo und Galilei wird der Herausbildung einzelner baustatischer Verfahren und ihrer Formierung zur Baustatik nachgegangen. Dabei gelingt es dem Autor, die Unterschiedlichkeit der Akteure hinsichtlich ihres technisch-wissenschaftlichen Profils und ihrer Persönlichkeit plastisch zu schildern und das Verständnis für den gesellschaftlichen Kontext zu erzeugen.

Buchempfehlungen:

- Baustatik
- The History of the Theory of Structures

Online Bestellung:
www.ernst-und-sohn.de

Ernst & Sohn
Verlag für Architektur und technische
Wissenschaften GmbH & Co. KG

Kundenservice: Wiley-VCH
Boschstraße 12
D-69469 Weinheim

Tel. +49 (0)6201 606-400
Fax +49 (0)6201 606-184
service@wiley-vch.de

* Der €-Preis gilt ausschließlich für Deutschland. Inkl. MwSt. zzgl. Versandkosten. Irrtum und Änderungen vorbehalten. 1110126_dp

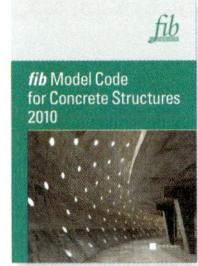

fib – International Federation for Structural Concrete
fib Model Code for Concrete Structures 2010
2013. 434 pages.
€ 199.–*
ISBN 978-3-433-03061-5
Also available as ebook.

The most comprehensive code on concrete structures

The *fib* Model Code 2010 is now the most comprehensive code on concrete structures including their complete life cycle. It represents an important document for both national and international code committees, practitioners and researchers.

Order online: www.ernst-und-sohn.de

Ernst & Sohn Verlag für Architektur und technische Wissenschaften GmbH & Co. KG	Customer Service: Wiley-VCH Boschstraße 12 D-69469 Weinheim	Tel. +49 (0)6201 606-400 Fax +49 (0)6201 606-184 service@wiley-vch.de

*€ Prices are valid in Germany, exclusively, and subject to alterations. Prices incl. VAT. excl. shipping. 1007116_dp

---

CDM Smith

listen. think. deliver.®

- Baugrund- und Gründungsberatung
- Überwachung Tunnel- und Spezialtiefbaumaßnahmen
- Objekt- und Tragwerksplanung
- Sondergründungen im Hoch- und Ingenieurbau

Beratung · Planung · Baubegleitung · Projektsteuerung

cdmsmith.com

geotechnik – das Fachgebiet im Überblick

Seit 1978 erscheint die technisch-wissenschaftliche Fachzeitschrift **geotechnik** als Organ der Deutschen Gesellschaft für Geotechnik e.V. (DGGT). Sie behandelt das ganze Fachgebiet der Geotechnik und gibt einen Einblick in die vielfältigen Ziele und Aufgaben der DGGT. Alle Beiträge werden standardmäßig in einem Peer-review Prozess begutachtet.

DGGT
Deutsche Gesellschaft
für Geotechnik e. V.
German Geotechnical Society

Hrsg.: Deutsche Gesellschaft
für Geotechnik e.V. (DGGT)
geotechnik
41. Jahrgang 2018
4 Hefte / Jahr
ISSN 0172-6145 print
ISSN 2190-6653 online
Auch als **e**journal erhältlich.

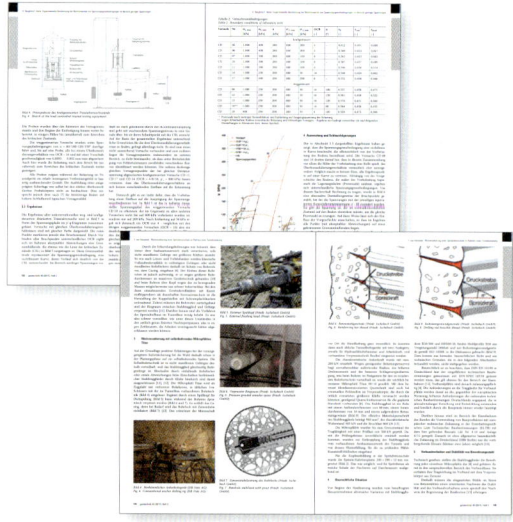

Probeheft bestellen:
www.ernst-und-sohn.de/geotechnik

Ernst & Sohn
Verlag für Architektur und technische
Wissenschaften GmbH & Co. KG

Kundenservice: Wiley-VCH
Boschstraße 12
D-69469 Weinheim

Tel. +49 (0)800 1800-536
Fax +49 (0)6201 606-184
cs-germany@wiley.com

2019 | BetonKalender

Parkbauten
Geotechnik und Eurocode 7

Herausgegeben von

Prof. Dipl.-Ing. DDr. Dr.-Ing. E.h. Konrad Bergmeister
Wien

Prof. Dr.-Ing. Frank Fingerloos
Berlin

Prof. Dr.-Ing. Dr. h.c. mult. Johann-Dietrich Wörner
Darmstadt

108. Jahrgang

Hinweis des Verlages
Die Recherche zum Beton-Kalender ab Jahrgang 1980 steht
im Internet zur Verfügung unter www.ernst-und-sohn.de

Titelbild: Das „Parkhaus Coesfelder Kreuz" bietet 1016 benutzerfreundliche Stellplätze.
Foto: Oliver Baucks, www.baucks.com

Bibliografische Information der Deutschen Nationalbibliothek
Die Deutsche Nationalbibliothek verzeichnet diese Publikation in der Deutschen Nationalbibliografie;
detaillierte bibliografische Daten sind im Internet über http://dnb.d-nb.de abrufbar.

© 2019 Wilhelm Ernst & Sohn, Verlag für Architektur und technische Wissenschaften GmbH & Co. KG,
Rotherstr. 21, 10245 Berlin, Germany

Alle Rechte, insbesondere die der Übersetzung in andere Sprachen, vorbehalten. Kein Teil dieses Buches darf ohne schriftliche Genehmigung des Verlages in irgendeiner Form – durch Fotokopie, Mikrofilm oder irgendein anderes Verfahren – reproduziert oder in eine von Maschinen, insbesondere von Datenverarbeitungsmaschinen, verwendbare Sprache übertragen oder übersetzt werden.

All rights reserved (including those of translation into other languages). No part of this book may be reproduced in any form -- by photoprint, microfilm, or any other means – nor transmitted or translated into a machine language without written permission from the publisher.

Die Wiedergabe von Warenbezeichnungen, Handelsnamen oder sonstigen Kennzeichen in diesem Buch berechtigt nicht zu der Annahme, dass diese von jedermann frei benutzt werden dürfen. Vielmehr kann es sich auch dann um eingetragene Warenzeichen oder sonstige gesetzlich geschützte Kennzeichen handeln, wenn sie als solche nicht eigens markiert sind.

Umschlaggestaltung: Hans Baltzer, Berlin
Herstellung: HillerMedien, Berlin
Satz: Alexa Glanzner GmbH, Viernheim
Druck und Bindung: CPI Ebner & Spiegel, Ulm

Printed in the Federal Republic of Germany.
Gedruckt auf säurefreiem Papier.

Print ISBN: 978-3-433-03242-8
ePDF ISBN: 978-3-433-60936-1
ePub ISBN: 978-3-433-60934-7
oBook ISBN: 978-3-433-60933-0

ISSN 0170-4958

Vorwort

Der Beton-Kalender 2019 bietet mit den Themenschwerpunkten „Geotechnik" und „Parkbauten" wiederum den aktuellen Kenntnisstand aus Wissenschaft und Praxis sowie die konsolidierte Kurzfassung von DIN EN 1997-1 (Eurocode 7) mit DIN 1054.

Im Kapitel „Beton" von *Harald Müller* und *Udo Wiens* aus dem Beton-Kalender 2018 sind neben aktuellem Wissen aus Forschung, Praxis und Normen auch viele Informationen über die Zusammensetzung, Herstellung und Nachbehandlung vom Normalbeton, über den Sichtbeton, Leichtbeton, Hochfesten Beton und Faserbeton sowie über die Ökobilanz von Beton zu finden. Auch wird auf zukünftige Entwicklungen in der Betonforschung und -normung eingegangen.

Ein Schwerpunktthema ist die Bemessung von Gründungen nach Eurocode 7 Teil 1 und DIN 1054 von *Martin Ziegler* und *Benjamin Aulbach*. Seit dem Jahr 2012 sind der EC 7-1 mit dem dazugehörigen Nationalen Anhang DIN EN 1997-1/NA: 2010-12 zusammen mit den ergänzenden Regelungen von DIN 1054:2010-12 bauaufsichtlich eingeführt und erfuhren eine Neufassung von 2014 bzw. Änderungen A1 von 2012 und A2 von 2015. Den Autoren ist es gelungen, diese Bemessungsnormen sehr klar und didaktisch lehrreich aufzuarbeiten und die Bemessungsabfolgen darzustellen. Es werden sowohl die Flächen- als auch die Tiefgründungen mit Beispielen ergänzend erklärt und die weiteren Entwicklungen des EC 7 aufgezeigt.

Das Thema der Kombinierten Pfahl-Plattengründungen und Sondergründungen im Hoch- und Ingenieurbau wurde von *Rolf Katzenbach* und *Steffen Leppla* aufbauend auf dem Beitrag im Beton-Kalender 2014 entwickelt. Dabei wurde auch die Baugrunderkundung gemäß Eurocode 7 aufgenommen. Ein wichtiger Beitrag ist die detaillierte Abhandlung über das Tragverhalten, die Bemessung, die Probebelastungen und die messtechnische Überwachung der Kombinierten Pfahl-Plattengründung (KPP). Auch den Sondergründungen, von den geothermisch aktivierten Gründungssystemen über die Senkkasten- und Brunnengründungen bis zu den Offshore-Gründungen, wird ein Abschnitt gewidmet.

Von *Jürgen Grabe* wurden die Marinen Gründungsbauwerke behandelt. Dazu zählen alle Bauwerke entlang von Küsten und Häfen, Gründungen für Ufereinfassungen, Kajen, Leuchttürme, Öl- und Gasplattformen, Versorgungsleitungen sowie Bauwerke zur Nutzung der regenerativen Wind-, Tide- und Wellenenergie. Marine Gründungsstrukturen umfassen aber auch Erdbauwerke wie beispielsweise Deiche, künstliche Inseln und Landgewinnungsmaßnahmen. Schwerpunkte dieses Beitrags sind die Beanspruchungen und Lastannahmen sowie Maßnahmen zur Baugrundverbesserung und zur Landgewinnung. Strukturiert werden die Bemessung und der Bau von Deichkonstruktionen, von Schwimm- und Senkkästen, von Pfahlgründungen und von Wänden dargelegt. Der Autor bringt dann weiteres Wissen zur Modellierung und zum Bau von Kajen, zur Bemessung der Gründungen von Leuchttürmen und Offshore-Windenergieanlagen sowie von Leitungen auf dem Meeresgrund. Abschließend werden auch die Verankerungen von schwimmenden Strukturen behandelt.

Von *Dietmar Adam*, *Konrad Bergmeister* und *Florin Florineth* werden die verschiedenen Stützbauwerke und deren Bemessung beschrieben. Neben den Erddrucktheorien und der geotechnischen Modellierung werden aufbauend auf Eurocode 7 die Bemessung der verschiedenen Grenzzustände aufgezeigt. Strukturiert werden die Bemessungsvorgänge der verschiedenen Stützbauwerke von den Gewichtsstützmauern, über die Winkelstützmauern zu den Raum-Gitterstützkonstruktionen bis zu den Bodenvernagelungen und den tiefen Stützbauwerken (Spundwände, Trägerbohlwände, Pfahlwände und Schlitzwände) sowie den Verankerungen im Baugrund dargestellt und mit Beispielen erklärt. Neben den konstruktiven Stützbauwerken aus Beton werden auch die ingenieurbiologischen Sicherungsmaßnahmen behandelt. Die Normen und Richtlinien wurden auf der Grundlage des Beitrags im Beton-Kalender 2007 weitestgehend an den Stand 2018 angepasst.

Innovative Entwicklungen zum Gradientenbeton werden von *Daniel Schmeer* und *Werner Sobek* aufgezeigt. Mit einer Einführung zum Leichtbau werden die Themen der Geometrieoptimierung und der Homogenisierung der Spannungsfelder genauso behandelt wie das Konzept der Gradiententechnologie. Die Betonverfahrenstechnik sowie die Betontechnologie spielen zur Gewichtsminimierung eine wesentliche Rolle. Das Ziel des Entwurfs funktional gradierter Betonbauteile liegt in der Definition der beanspruchungsgerechten Materialverteilung im Innern des Bauteils und damit der Bestimmung des sogenannten Gradientenlayouts. Neueste wissenschaftliche Erkenntnisse werden in diesem Beitrag teils erstmals vorgestellt und das riesige Potenzial zur Gradierung des Betons aufgezeigt.

Teil 2 mit dem Schwerpunkt „Parkbauten" beginnt mit dem Beitrag von *Bernd Beer*, der sich mit der Planung kundenfreundlicher und wirtschaftlicher Parkbauten beschäftigt. Er zeigt die Planungsprinzipien von der Verkehrsplanung über die Parkraumgestaltung bis hin zum technischen Ausbau unter Berücksichtigung der Kundenanforderungen auf. Ein wichtiges Element bei der Planung ist die Tragwerkskonzeption mit wenigen Stützen. Gerade bei Parkbauten spielt die Dauerhaftigkeit der Betonstrukturen eine wichtige Rolle, weshalb der Autor dieses Thema hier vertieft darstellt.

Die Anforderungen an Parkbauten aus der Betreiber- und Nutzersicht sowie das Thema der Instandhaltung der Gebäudestruktur und der technischen Anlagen wurden von *Volker Buchholz* behandelt. Mit einem Abschnitt über die Instandhaltung von Parkbauten wird dieser Beitrag bereichert.

Ein besonderes Thema ist die Dauerhaftigkeit von Parkbauten. Der aktuelle Stand der Regelwerke in Deutschland wurde von *Frank Fingerloos, Claus Flohrer* und *Dieter Räsch* ausgearbeitet. In diesem Beitrag wird die Entwicklung der Regelwerke zur Dauerhaftigkeit auch befahrener Parkdecks mit einer Fülle von Normen- und Richtlinienhinweisen dargestellt. Darüber hinaus werden viele praktische Hinweise aus den Regelwerken und die aktualisierten Ausführungsvarianten aus dem neuen DBV-Merkblatt „Parkhäuser und Tiefgaragen" strukturiert erläutert.

Urs Järmann und *Milutin Scepan* beschreiben die Regelungen zur Dauerhaftigkeit von Parkhäusern und Tiefgaragen in der Schweiz. Einen wichtigen Baustein bildet hier die Nutzungsvereinbarung, die Anforderungen, Sonderrisiken und das Vorgehen in einem gemeinsamen Dokument festhält. Einzelne Themen, wie das Durchstanzen, der Anprallschutz, die Entwässerung sowie die Instandhaltung werden gut nachvollziehbar dargestellt. Vom Entwurf über die Bemessung, Ausführung, Nutzung, Erhaltung bis zum Rückbau wird der gesamte Projektablauf beschrieben. Interessant sind auch die Überlegungen über zukünftige Trends von Parkbauten unter Berücksichtigung der Elektromobilität.

Susanna Arazli erläutert in ihrem Beitrag die wesentlichen Eckpunkte der österreichischen öbv-Richtlinie „Garagen und Parkdecks". In dieser Richtlinie wird ein großes Augenmerk auf die Dauerhaftigkeit und die Vermeidung von Schäden gelegt. Dabei kommt der Ausbildung des Gefälles, dem Einbau einer Entwässerung, dem Schutz des Tragwerks, der jährlichen Inspektion sowie der Reinigung und der Instandhaltung eine wichtige Rolle zu. Viel Detailwissen und konstruktive Hinweise werden in dieser Richtlinie zur Planung und zum Betrieb von Garagen und Parkbauten gegeben.

Christian Herold hat die Anwendung von DIN 18532 „Abdichtung von befahrbaren Verkehrsflächen aus Beton" an der Schnittstelle zu den Regelungen für den Schutz von Betonbauteilen gegen Chloride und Ausführung und Ausführung vertieft und wertvolle Hinweise herausgearbeitet. Dabei geht es neben den Prinzipien des Bauwerksschutzes bei der Abdichtung befahrbarer Betonbauteile auch um viele relevante bautechnische Hinweise bei der Bauausführung.

Lars Wolff und *Bernd Schwamborn* beschäftigen sich mit den Oberflächenschutzsystemen und den Abdichtungsbauarten für befahrene Parkdecks. Die Autoren erklären die Abdichtungssysteme von befahrbaren Verkehrsflächen aus Beton mit deren Prüfmöglichkeiten und die verschiedenen Schutzsysteme mit deren Leistungsmerkmalen und Qualitätssicherungsmaßnahmen. Von praktischer Bedeutung sind auch die Bewertungen der Lebensdauer sowie die Prüfverfahren und Inspektionsmöglichkeiten der Oberflächenschutzsysteme.

Die Instandsetzung von Tiefgaragen und Parkhäusern wird von *Christian Sodeikat* und *Till F. Mayer* behandelt. Die Autoren berichten zuerst über einige typische Schadensfälle, um dann systematisch die verschiedenen Einflüsse zur Bewehrungskorrosion aufzuzeigen. Die Instandsetzungsrichtlinie des DAfStb in der Fassung von 2001 stellt bis zur Veröffentlichung der neuen Instandhaltungsrichtlinie weiterhin das gültige Regelwerk dar. Die Autoren haben aufbauend auf dieser Richtlinie die Zustandsfeststellung mit den erforderlichen Untersuchungen unter Berücksichtigung auch innovativer Untersuchungsmethoden sowie die Planung und die Durchführung der Instandsetzung entwickelt. Dabei fließen neben den wissenschaftlich fundierten Erkenntnissen auch viele praktische Erfahrungen ein.

Die Abdichtungen bei unterirdischen Bauwerken unter Berücksichtigung neuer Normen, aufbauend auf dem Beitrag im Beton-Kalender 2014 werden von *Alfred Haack* und *Dominik Kessler* behandelt. Neben den Planungsgrundlagen werden auch die Auswahlkriterien und die Anwendungsgrenzen verschiedener Abdichtungssysteme sowie relevante Prüfverfahren herausgearbeitet. Unterstützt wird dieser Beitrag von vielen baupraktischen Hinweisen.

Aktuelles Wissen über den kathodischen Korrosionsschutz im Stahlbetonbau beschreiben *Thorsten Eichler* und *Susanne Gieler-Breßmer*. Neben den Grundlagen werden die Werkstoffe und die Typen der Anoden beschrieben. Damit der kathodische Korrosionsschutz seine Wirksamkeit entfalten kann, braucht es neben einer sorgfältigen Planung und einer permanenten Überwachung vor allem ausgebildetes Fachpersonal. Ausführungsbeispiele auch an Parkbauten und Tiefgaragen runden diesen Beitrag ab.

Björn Siebert und *Jesko Gerlach* befassen sich mit dem chemischen Angriff auf Beton. Die chemischen Prozesse der verschiedenen Schädigungsmechanismen und die Einflussfaktoren auf die Schädigung werden sehr verständlich dargestellt. Anschließend erfolgt eine Beschreibung der unterschiedlichen Schutzmaßnahmen und eine Darstellung der aktuellen Ansätze zur Dauerhaftigkeitsbemessung.

Das Kapitel Normen und Regelwerke hat *Frank Fingerloos* wieder mit großer Fachkenntnis zusammengestellt. Für den diesjährigen Schwerpunkt „Geotechnik" wird eine für den üblichen Hochbau aufbereitete und gekürzte, aktuelle Fassung des Eurocode 7 Teil 1, DIN EN 1997-1 „Entwurf, Berechnung und Bemessung in der Geotechnik" zusammen mit den mitgeltenden Regelungen von DIN 1054 „Sicherheitsnachweise im Erd- und Grundbau – Ergänzende Regelungen zu DIN EN 1997-1" abgedruckt. Weiterhin werden die Verzeichnisse der wichtigsten relevanten Baunormen und technischen Baubestimmungen für den Beton-, Stahlbeton- und Spannbetonbau, der aktuellen Richtlinien des Deutschen Ausschusses für Stahlbeton e. V. (DAfStb), der Merkblätter des Deutschen Beton- und Bautechnik-Vereins E. V. (DBV) und der Richtlinien und Merkblätter der Österreichischen Bautechnik Vereinigung (öbv) angeführt. Ein Literaturverzeichnis vervollständigt diesen Beitrag zu den „Normen und Regelwerken".

Der Beton-Kalender 2019 mit den Themenschwerpunkten „Geotechnik, Eurocode 7" und „Parkbauten" bietet dank der erfahrenen und engagierten Autoren aus Wissenschaft und Praxis auch in diesem Jahr ein wissenschaftlich fundiertes Nachschlagewerk. Gegenwärtig wird es immer schwieriger für Autoren, Zeit für das Verfassen profunder Beiträge für den Beton-Kalender zu erübrigen. Es ist aber dennoch auch für diesen Jahrgang gelungen, wertvolle Beiträge aus der Ingenieurpraxis, der Industrie und der Wissenschaft präsentieren zu können. Die Herausgeber wünschen der Leserschaft viel Praktisches und Wissenswertes darin zu finden.

Wien, Berlin, Darmstadt, im September 2018

Konrad Bergmeister, Wien

Frank Fingerloos, Berlin

Johann-Dietrich Wörner, Darmstadt

VI

VIa

Beratung | Konzeption | Planung | Umsetzung

Neubau- und Instandsetzungsplanung von Bauwerken und Bauteilen
Spiekermann GmbH Consulting Engineers | www.spiekermann.de

Ernst & Sohn
A Wiley Brand

Empfehlungen des Arbeitskreises „Numerik in der Geotechnik" – EANG

Hrsg.: Deutsche Gesellschaft für Geotechnik e.V.
Empfehlungen des Arbeitskreises „Numerik in der Geotechnik" – EANG
2014. 196 Seiten.
€ 49,90*
ISBN 978-3-433-03080-6
Auch als ebook erhältlich.

Das Buch fasst alle bisher erarbeiteten Empfehlungen des DGGT-Arbeitskreises „Numerik in der Geotechnik" in einem Werk zusammen. Die Empfehlungen wurden für die Sammelveröffentlichung aufeinander abgestimmt, aktualisiert und in vielen Aspekten ergänzt und vervollständigt. Damit wird es erstmals möglich, für Auftragsverhältnisse im Ingenieurwesen eine Empfehlung zu zitieren, die den aktuellen Wissensstand bezüglich der Anwendung der Finiten Elemente Methode in der Geotechnik wiedergibt.

Online Bestellung: www.ernst-und-sohn.de

Ernst & Sohn
Verlag für Architektur und technische Wissenschaften GmbH & Co. KG

Kundenservice: Wiley-VCH
Boschstraße 12
D-69469 Weinheim

Tel. +49 (0)6201 606-400
Fax +49 (0)6201 606-184
service@wiley-vch.de

* Der €-Preis gilt ausschließlich für Deutschland. Inkl. MwSt. zzgl. Versandkosten. Irrtum und Änderungen vorbehalten. 1015106_dp

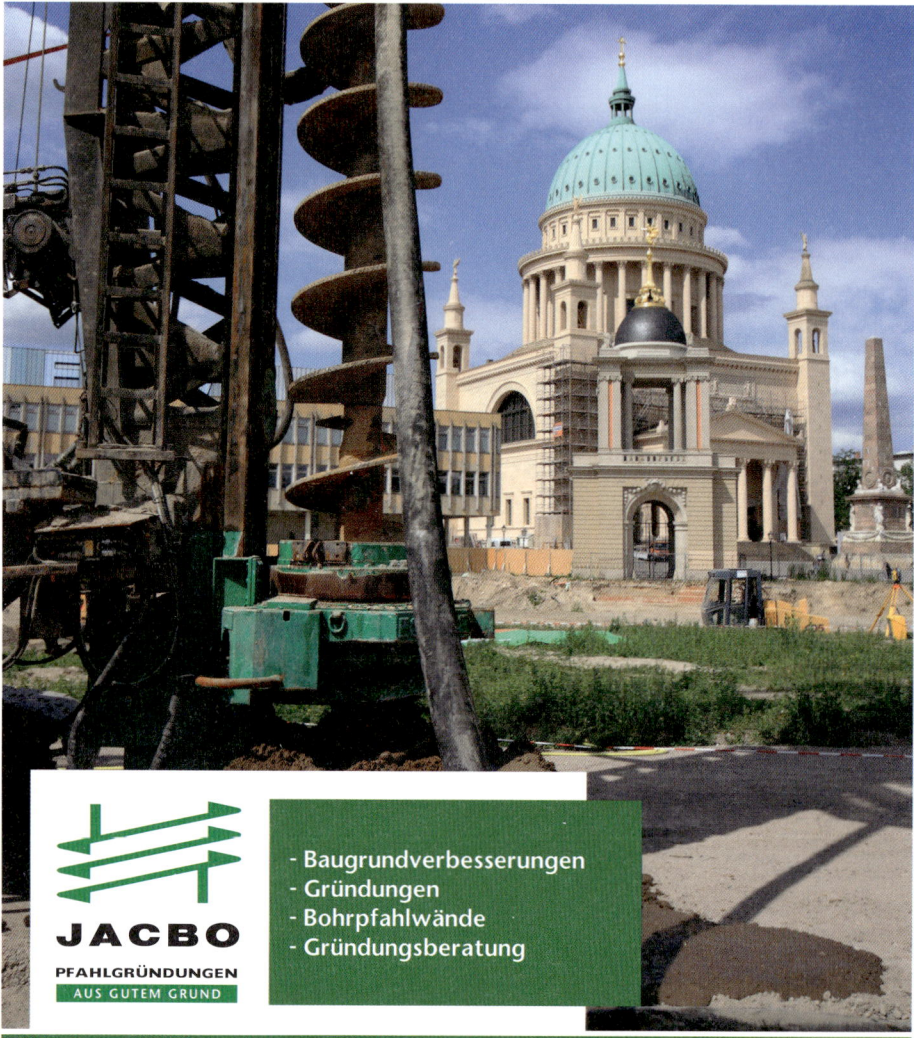

Inhaltsübersicht

1

	Inhaltsverzeichnis IX
	Anschriften XVII
I	**Beton** .... 1 Harald S. Müller, Udo Wiens
II	**Bemessung von Gründungen nach EC 7-1 und DIN 1054** .... 173 Martin Ziegler, Benjamin Aulbach
III	**Kombinierte Pfahl-Plattengründungen und Sondergründungen im Hoch- und Ingenieurbau** .... 231 Rolf Katzenbach, Steffen Leppla
IV	**Marine Gründungsbauwerke** .... 295 Jürgen Grabe
V	**Stützbauwerke** .... 367 Dietmar Adam, Konrad Bergmeister, Florin Florineth
VI	**Gradientenbeton** .... 455 Daniel Schmeer, Werner Sobek
	Stichwortverzeichnis XXI

Inhaltsübersicht

2

	Inhaltsverzeichnis	V
	Anschriften	XV
VII	**Planung kundenfreundlicher und wirtschaftlicher Parkbauten** Bernd Beer	477
VIII	**Anforderungen an Parkbauten aus Betreiber- und Nutzersicht sowie die Instandhaltung von Parkbauten** Volker Buchholz	505
IX	**Dauerhaftigkeit von Parkbauten in Deutschland** Frank Fingerloos, Claus Flohrer, Dieter Räsch	515
X	**Regelungen zur Dauerhaftigkeit von Parkhäusern und Tiefgaragen in der Schweiz** Urs Järmann, Milutin Scepan	583
XI	**Erläuterungen zur Anwendung der öbv-Richtlinie „Garagen und Parkdecks" in Österreich** Susanna Arazli	609
XII	**Die Anwendung von DIN 18532 „Abdichtung von befahrbaren Verkehrsflächen aus Beton"** Christian Herold	647
XIII	**Oberflächenschutzsysteme und Abdichtungsbauarten für befahrene Parkdecks** Lars Wolff, Bernd Schwamborn	669
XIV	**Instandsetzung von Tiefgaragen und Parkhäusern** Christian Sodeikat, Till F. Mayer	713
XV	**Abdichtungen bei unterirdischen Bauwerken unter Berücksichtigung neuer Normen** Alfred Haack, Dominik Kessler	795
XVI	**Kathodischer Korrosionsschutz im Stahlbetonbau** Thorsten Eichler, Susanne Gieler-Breßmer	863
XVII	**Chemischer Angriff auf Beton** Björn Siebert, Jesko Gerlach	905
XVIII	**Normen und Regelwerke** Frank Fingerloos	941
	Stichwortverzeichnis	1025

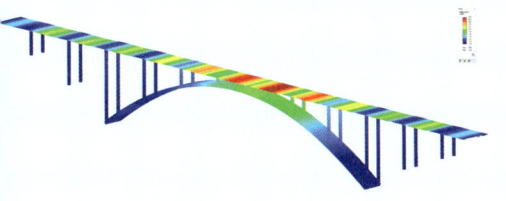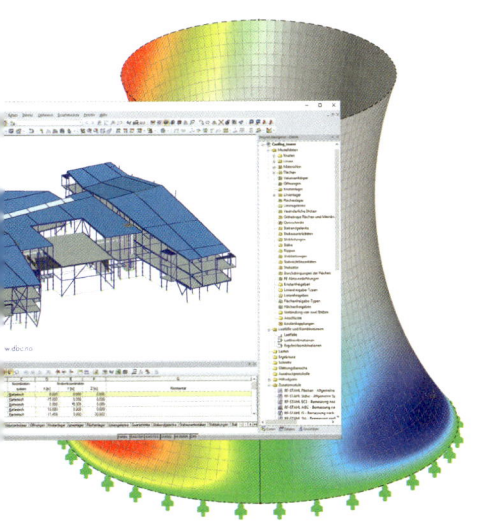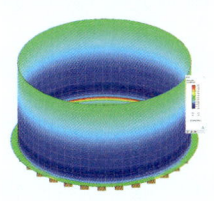

Die Fachzeitschrift zum gesamten Massivbau

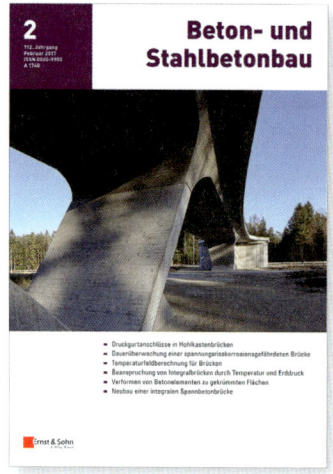

Hrsg.: Ernst & Sohn
Beton- und Stahlbetonbau
113. Jahrgang 2018
12 Hefte / Jahr
Impact Faktor 2016: 0,691
ISSN 0005-9900 print
ISSN 1437-1006 online
Auch als ejournal erhältlich.

Neueste wissenschaftliche Erkenntnisse, Themen aus der Baupraxis und anwendungsorientierte Beiträge über neue Normen, Vorschriften und Richtlinien machen Beton- und Stahlbetonbau zu einem unverzichtbaren Begleiter und einer der bedeutendsten Zeitschriften für den Bauingenieur, seit mehr als 100 Jahren. Mit Berichten über ausgeführte Projekte und Innovationen im Baugeschehen erhält der Ingenieur weitere praktische Hilfestellungen für seine tägliche Arbeit.

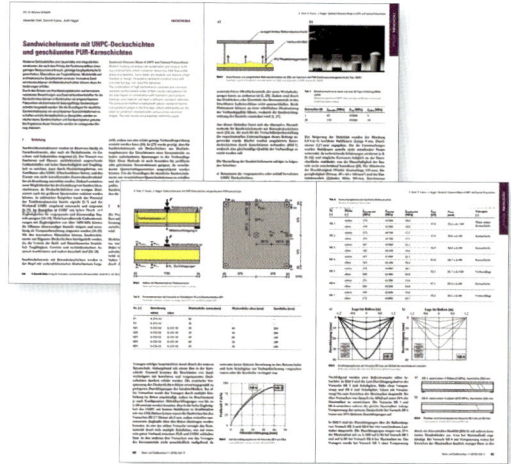

Probeheft bestellen:
www.ernst-und-sohn.de/Zeitschriften

Ernst & Sohn
Verlag für Architektur und technische Wissenschaften GmbH & Co. KG

Kundenservice: Wiley-VCH
Boschstraße 12
D-69469 Weinheim

Tel. +49 (0)800 1800-536
Fax +49 (0)6201 606-184
cs-germany@wiley.com

1097166_dp

Inhaltsverzeichnis

1

I	**Beton**	1
	Harald S. Müller, Udo Wiens	

1	Einführung und Definition	3
1.1	Allgemeines	3
1.2	Definition	3
1.3	Klassifizierung von Beton	5
1.3.1	Betonarten	5
1.3.2	Betonklassen	5
1.3.3	Betonfamilie	7

2	Ausgangsstoffe	8
2.1	Zement	8
2.1.1	Arten und Zusammensetzung	8
2.1.2	Bautechnische Eigenschaften	12
2.1.3	Bezeichnung, Lieferung und Lagerung	14
2.1.4	Anwendungsbereiche	15
2.1.5	Zementhydratation	19
2.1.6	Der Zementstein	20
2.2	Gesteinskörnungen für Beton	22
2.2.1	Allgemeines	22
2.2.2	Art und Eigenschaften des Gesteins	23
2.2.3	Schädliche Bestandteile	24
2.2.4	Kornform und Oberfläche	27
2.2.5	Größtkorn und Kornzusammensetzung	28
2.3	Betonzusatzmittel	30
2.3.1	Definition	30
2.3.2	Arten von Zusatzmitteln	30
2.3.3	Anwendungsgebiete	31
2.3.4	Weitere Anforderungen	33
2.4	Betonzusatzstoffe	33
2.4.1	Definitionen	33
2.4.2	Inerte Stoffe und Pigmente	34
2.4.3	Puzzolanische Stoffe	34
2.4.4	Latent-hydraulische Stoffe	39
2.4.5	Organische Stoffe	39
2.5	Zugabewasser	40

3	Frischbeton und Nachbehandlung	40
3.1	Allgemeine Anforderungen	40
3.2	Mehlkorngehalt	40
3.3	Rohdichte und Luftgehalt	41
3.4	Verarbeitbarkeit und Konsistenz	41
3.5	Transport und Einbau	44
3.6	Entmischen	45
3.7	Nachbehandlung	47
3.7.1	Nachbehandlungsarten	47
3.7.2	Dauer der Nachbehandlung	47
3.7.3	Zusätzliche Schutzmaßnahmen	49

4	Junger Beton	49
4.1	Bedeutung und Definition	49
4.2	Hydratationswärme	49
4.3	Verformungen	50
4.4	Dehnfähigkeit und Rissneigung	51
4.5	Bestimmung der Festigkeit von jungem Beton	52

5	Lastunabhängige Verformungen	53
5.1	Allgemeines	53
5.2	Temperaturdehnung	53
5.3	Schwinden	54
5.3.1	Ursachen	54
5.3.2	Mathematische Beschreibung	56

6	Festigkeit und Verformung von Festbeton	58
6.1	Strukturmerkmale	58
6.2	Druckfestigkeit	58
6.2.1	Spannungszustand und Bruchverhalten von Beton bei Druckbeanspruchung	58
6.2.2	Einflüsse auf die Druckfestigkeit	59
6.2.2.1	Ausgangsstoffe und Betonzusammensetzung	59
6.2.2.2	Erhärtungsbedingungen und Reife	60
6.2.2.3	Prüfeinflüsse	64
6.2.3	Festigkeitsklassen	65
6.3	Zugfestigkeit	65
6.3.1	Bruchverhalten und Bruchenergie	65
6.3.2	Einflüsse auf die Zugfestigkeit	66
6.3.3	Zentrische Zugfestigkeit	66
6.3.4	Biegezugfestigkeit	67
6.3.5	Spaltzugfestigkeit	67
6.3.6	Verhältniswerte für Druck- und Zugfestigkeit	67
6.4	Festigkeit bei mehrachsiger Beanspruchung	68
6.5	Spannungs-Dehnungsbeziehungen	69
6.5.1	Elastizitätsmodul und Querdehnzahl	70
6.6	Einfluss der Zeit auf Festigkeit und Verformung	71
6.6.1	Die zeitliche Entwicklung von Festigkeit und Elastizitätsmodul	71
6.6.2	Verhalten bei Dauerstandbeanspruchung	72
6.6.3	Zeitabhängige Verformungen	72
6.6.3.1	Definitionen	72

6.6.3.2	Kriechverhalten von Beton 73		10.2.4	Herstellung, Transport und Verarbeitung. 117
6.6.3.3	Vorhersageverfahren 75		10.2.5	Festbetonverhalten von Konstruktionsleichtbeton. 118
6.6.4	Verhalten bei dynamischer Beanspruchung. 77		10.2.6	Zur Planung von Bauwerken aus Konstruktionsleichtbeton. 121
6.6.5	Ermüdung 77		10.2.7	Selbstverdichtender Konstruktionsleichtbeton 122
7	**Dauerhaftigkeit** 81		10.3	Porenbeton 123
7.1	Überblick über die Umweltbedingungen, Schädigungsmechanismen und Mindestanforderungen. 82		10.4	Haufwerksporiger Leichtbeton 123
7.2	Widerstand gegen das Eindringen aggressiver Stoffe. 89		**11**	**Faserbeton** 125
			11.1	Allgemeines. 125
7.3	Korrosionsschutz der Bewehrung im Beton 90		11.2	Zusammenwirken von Fasern und Matrix 125
7.3.1	Allgemeine Anforderungen 90		11.2.1	Ungerissener Beton 126
7.3.2	Carbonatisierung 91		11.2.2	Gerissener Beton 127
7.3.3	Eindringen von Chloriden 93		11.3	Fasern. 133
7.4	Frostwiderstand 95		11.3.1	Stahlfasern 133
7.5	Frost- und Taumittelwiderstand. 95		11.3.2	Glasfasern 134
7.6	Widerstand gegen chemische Angriffe 97		11.3.3	Organische Fasern 135
			11.3.3.1	Kunststofffasern (Polymere) 135
7.7	Verschleißwiderstand. 98		11.3.3.2	Kohlenstofffasern. 136
7.8	Feuchtigkeitsklassen nach Alkali-Richtlinie 98		11.3.3.3	Fasern natürlicher Herkunft – Zellulosefasern. 136
8	**Selbstverdichtender Beton** 99		11.4	Zusammensetzung 137
8.1	Allgemeines. 99		11.4.1	Beton 137
8.2	Mischungsentwurf 100		11.4.2	Fasern. 137
8.3	Frischbetonprüfverfahren an Mörtel 101		11.5	Eigenschaften. 137
			11.5.1	Verhalten bei Druckbeanspruchung. . 137
8.4	Prüfungen am Beton 102		11.5.2	Verhalten bei Zugbeanspruchung und bei Biegebeanspruchung. 138
8.5	Eigenschaften. 105			
9	**Sichtbeton** 105		11.5.3	Verhalten bei Querkraft- und Torsionsbeanspruchung. 139
9.1	Einführung. 105			
9.2	Planung und Ausschreibung 106		11.5.4	Verhalten bei Explosions-, Schlag- und Stoßbeanspruchung. 139
9.3	Betonzusammensetzung und Betonherstellung 106			
			11.5.5	Kriechen und Schwinden 139
9.4	Einbau und Nachbehandlung. 107		11.5.6	Dauerhaftigkeit 139
9.4.1	Schalung und Trennmittel 107		11.5.7	Frost- und Taumittelwiderstand. 140
9.4.2	Ausführung und Nachbehandlung... 108		11.5.8	Verhalten bei hoher Temperatur 140
9.5	Beurteilung 108		11.5.9	Verschleißwiderstand. 141
9.6	Mängel und Mängelbeseitigung. ... 109		11.6	Übereinstimmungsnachweis und Prüfungen. 141
9.6.1	Sichtbetonmängel. 109			
9.6.2	Mängelbeseitigung bei Sichtbeton. .. 110		11.7	Richtlinie „Stahlfaserbeton" 141
9.6.3	Architektonisch bedeutsame Bausubstanz. 111		**12**	**Ultrahochfester Beton** 142
9.7	Sonder-Sichtbetone 111		**13**	**Nachhaltiger Beton** 142
			13.1	Einführung. 142
10	**Leichtbeton** 112		13.2	Ökobilanz von Beton 143
10.1	Einführung und Überblick 112		13.3	Mischungsentwicklung 145
10.2	Konstruktionsleichtbeton nach DIN EN 1992-1-1 113		13.3.1	Optimierung der Packungsdichte der granularen Ausgangsstoffe. 145
10.2.1	Grundlegende Eigenschaften 113		13.3.2	Bewertung der Leistungsfähigkeit der Bindemittelzusammensetzung... 149
10.2.2	Leichte Gesteinskörnung 113			
10.2.3	Betonzusammensetzung. 115		13.4	Methoden der Leistungsbewertung .. 150
			13.5	Zusammensetzung und Eigenschaften nachhaltiger Betone 151

14	Normative Entwicklung........ 155	14.2.3	DAfStb-Richtlinie	
14.1	Neue EN 206 und DIN 1045-2..... 155		„Betonbauqualität (BBQ)"........ 157	
14.2	Betonbauqualität entlang der Wertschöpfungskette – Ein integrierter Ansatz........... 156	14.3	Widerstandsklassen – das neue Konzept zur Sicherstellung der Dauerhaftigkeit von Betonbauwerken	
14.2.1	Hintergrund.................. 156		für die zukünftige EN 206........ 158	
14.2.2	Bisherige Normen im Betonbau – Defizitanalyse................. 156	15	Literatur..................... 159	

II Bemessung von Gründungen nach EC 7-1 und DIN 1054................ 173

Martin Ziegler, Benjamin Aulbach

1	Einleitung..................... 175	3.8	Vereinfachter Nachweis in Regelfällen..................... 198
2	Sicherheitsnachweise nach EC 7-1 und DIN 1054................. 176	3.8.1	Voraussetzungen für die Anwendung der Erfahrungswerte............ 198
2.1	Anwendungsbereich des EC 7-1.... 176	3.8.2	Nachweisführung mit Bemessungswerten des Sohlwiderstands........ 198
2.2	Begriffe...................... 177		
2.2.1	Geotechnische Kategorien......... 177	3.8.3	Erhöhung und Verminderung des Bemessungswerts............... 199
2.2.2	Sachverständiger für Geotechnik.... 177		
2.2.3	Einwirkungen, Auswirkungen und Beanspruchungen............... 178	3.9	Beispiele..................... 199
		3.9.1	Beispiel für vereinfachte Nachweisführung..................... 199
2.2.4	Widerstände................... 178		
2.2.5	Charakteristische und repräsentative Werte....................... 179	3.9.2	Beispiel für Standardnachweis...... 203
		3.9.3	Ergänzender Hinweis............. 206
2.2.6	Bemessungswerte............... 181		
2.2.7	Besonderheiten in der Geotechnik... 181	4	Tiefgründungen................ 207
2.2.8	Bemessungssituationen........... 183	4.1	Pfahlarten und Tragverhalten....... 207
2.3	Grenzzustände und Nachweise..... 185	4.1.1	Verdrängungspfähle nach DIN EN 12699:2015-07........... 207
2.3.1	Grenzzustand EQU.............. 185		
2.3.2	Grenzzustand UPL.............. 185	4.1.2	Bohrpfähle nach DIN EN 1536:2015-10............. 207
2.3.3	Grenzzustand HYD.............. 186		
2.3.4	Grenzzustand STR............... 186	4.1.3	Mikropfähle nach DIN EN 14199:2015-07............ 207
2.3.5	Grenzzustand GEO.............. 186		
2.3.6	Grenzzustand der Gebrauchstauglichkeit SLS................. 188	4.2	Einstufung in die Geotechnische Kategorie..................... 207
		4.3	Einwirkungen und Beanspruchungen............... 208
3	Flächengründungen.............. 189		
3.1	Allgemeines................... 189	4.3.1	Gründungslasten................ 208
3.2	Einstufung in die Geotechnische Kategorie..................... 189	4.3.2	Negative Mantelreibung.......... 208
		4.3.3	Hebungen..................... 209
3.3	Einwirkungen und Beanspruchungen............... 189	4.3.4	Fließdruck.................... 209
		4.3.5	Beanspruchungen............... 210
3.4	Widerstände................... 192	4.4	Widerstände................... 212
3.4.1	Grundbruch................... 192	4.4.1	Axiale Pfahlwiderstände.......... 212
3.4.2	Gleiten....................... 194	4.4.2	Dynamische Probebelastungen..... 214
3.5	Bemessungswerte............... 195	4.4.3	Erfahrungswerte................ 214
3.6	Nachweise der Tragfähigkeit....... 195	4.4.4	Bemessungswert der axialen Pfahlwiderstände................ 217
3.6.1	Gesamtstandsicherheit............ 195		
3.6.2	Grundbruchwiderstand........... 196	4.4.5	Pfahlwiderstände bei quer zur Pfahlachse beanspruchten Einzelpfählen..................... 218
3.6.3	Gleitwiderstand................. 196		
3.6.4	Stark exzentrische Belastung....... 196		
3.7	Nachweise der Gebrauchstauglichkeit................... 196	4.4.6	Axiale Pfahlwiderstände bei Druckpfahlgruppen.............. 218
		4.5	Nachweise..................... 219
3.7.1	Setzungen und Hebungen......... 196		
3.7.2	Fundamentverdrehung und Begrenzung einer klaffenden Fuge.. 197	4.5.1	Nachweise der Tragfähigkeit....... 219
		4.5.2	Nachweise der Gebrauchstauglichkeit............ 221
3.7.3	Verschiebungen in der Sohlfläche... 198		

4.6	Beispiel – Bemessung eines axial belasteten Bohrpfahls mithilfe von Erfahrungswerten. 222		5	Weitere Entwicklung des EC 7 226
			6	Literatur 228

III Kombinierte Pfahl-Plattengründungen und Sondergründungen im Hoch- und Ingenieurbau 231
Rolf Katzenbach, Steffen Leppla

1	Einleitung. 233
2	Grundlagen 233
2.1	Baugrund-Tragwerk-Interaktion 233
2.2	Baugrunderkundung gemäß Eurocode 7 (EC 7). 235
2.2.1	Baugrunderkundungsprogramm 235
2.2.2	Umfang der Baugrunderkundung bei Gründungen 236
2.2.3	Umfang der Baugrunderkundung bei Baugruben 237
2.3	Vier-Augen-Prinzip 238
2.4	Beobachtungsmethode. 239
3	Kombinierte Pfahl-Plattengründung 240
3.1	Trag- und Verformungsverhalten. . . . 241
3.2	Tiefgründungselemente 243
3.3	Herstellung von Tiefgründungselementen. 244
3.4	Berechnungsmethoden. 245
3.5	Geotechnische Nachweisführung. . . . 246
3.5.1	Grundlagen. 246
3.5.2	Nachweis der Tragfähigkeit (ULS) . . 247
3.5.3	Nachweis der Gebrauchstauglichkeit (SLS) 247
3.5.4	Pfahlprobebelastungen. 248
3.5.4.1	Grundlagen. 248
3.5.4.2	Beispiel 248
3.6	KPP-Richtlinie. 250
3.7	Messtechnische Überwachung einer KPP. 250
3.8	Ausgeführte Kombinierte Pfahl-Plattengründungen 250
3.8.1	Erstmalige Ausführung einer KPP in Deutschland 250
3.8.2	Hochhausgründung im Standardfall . 255
3.8.3	KPP in nichtbindigem Baugrund. . . . 255
3.8.4	KPP in setzungsaktivem, bindigem Baugrund 258
3.8.5	KPP mit exzentrischer Belastung. . . . 259
3.8.5.1	Gebäudekomplex DZ-Bank in Frankfurt am Main. 259
3.8.5.2	Gebäudekomplex American Express in Frankfurt am Main. 262
3.8.5.3	Büroturm Japan Center in Frankfurt am Main. 262
3.8.5.4	Bürokomplex Kastor und Pollux in Frankfurt am Main. 264
3.8.5.5	Büroturm Sony Center in Berlin 264
3.8.6	KPP in Kombination mit Deckelbauweise 264
3.8.7	Hochhausgründung neben S-Bahn-Tunnel in setzungsaktivem Baugrund 266
3.8.8	Spezialgründung auf Verwerfungslinie 269
3.8.9	Hochhausgründung in Hanglage 269
3.8.10	Horizontal belastete KPP. 272
3.9	Gewährleistung der Sicherheit, Qualität und Wirtschaftlichkeit 274
4	Sondergründungen 274
4.1	Geothermisch aktivierte Gründungssysteme 274
4.1.1	Physikalische Grundlagen 275
4.1.2	Massivabsorber 276
4.1.3	Dimensionierung und Nachweisführung. 276
4.1.4	Herstellung und konstruktive Durchbildung. 277
4.1.5	Energiepfahlanlage eines innerstädtischen Großbauprojektes . . 278
4.2	Wiedernutzung von Bestandsgründungen 279
4.2.1	Zielstellung der Wiedernutzung. 280
4.2.2	Geotechnische Nachweisführung. . . . 281
4.2.3	Notwendige Untersuchungen. 281
4.2.4	Wiedernutzung bestehender Gründungen – Beispiele aus der Ingenieurpraxis 282
4.2.4.1	Reichstag in Berlin. 282
4.2.4.2	Hessischer Landtag in Wiesbaden . . . 284
4.3	Brunnengründungen 284
4.4	Senkkastengründungen 286
4.4.1	Offene Senkkästen 286
4.4.2	Druckluftsenkkästen 286
4.5	Offshore-Gründungen 287
5	Literatur 287

IV Marine Gründungsbauwerke 295
Jürgen Grabe

1	**Einführung**. 297		6.4	Bemessung................... 315
1.1	Abgrenzung zu Gründungen an Land........................ 297		6.4.1	Verformungen................ 315
			6.4.1.1	Setzungen während der Bauzeit..... 315
1.2	Besonderheiten und Risiken 297		6.4.1.2	Langzeitsetzungen.............. 316
1.3	Regelwerke und Empfehlungen..... 298		6.4.1.3	Beobachtungsmethode........... 316
1.4	Verwendete Planungsunterlagen.... 298		6.4.2	Standsicherheit................ 316
2	**Meeresgrund und Küsten** 298		7	**Schwimm- und Senkkästen** 317
2.1	Geologie in der Nord- und Ostsee... 298		7.1	Bau........................ 317
2.2	Offshore-Baugrunderkundung...... 299		7.2	Bemessung................... 319
2.3	Morphodynamik 300		7.2.1	Schwimmstabilität.............. 319
2.3.1	Erosion und Sedimentation 300		7.2.2	Schneidengeometrie............. 320
2.3.2	Welleninduzierte Druckbeanspruchung................. 301		7.2.3	Gebrauchstauglichkeit........... 320
			7.2.4	Standsicherheit................ 320
2.3.3	Unterwasserböschungen........... 302			
			8	**Pfahlgründungen**............... 321
3	**Beanspruchungen und Lastannahmen**.................. 303		8.1	Pfahlarten.................... 321
			8.2	Einbringverfahren 321
3.1	Tide 303		8.3	Tragverhalten................. 322
3.2	Strömungskräfte................ 304		8.3.1	Einzelpfahl unter axialer Belastung.. 322
3.3	Wellen 304		8.3.2	Einzelpfahl unter Horizontallast und Biegemoment................. 322
3.4	Eis 305			
3.5	Wind........................ 305		8.3.3	Zugbeanspruchte Pfähle.......... 324
3.6	Kran........................ 306		8.3.4	Pfahlgruppen.................. 324
3.7	Schiff 306		8.3.5	Pfahlrost..................... 324
3.8	Verkehr...................... 307		8.4	Bemessung................... 324
3.9	Korrosion.................... 307		8.4.1	Axiale Pfahlwiderstände 324
3.10	Biologischer Bewuchs 307		8.4.1.1	Pfähle in Häfen und Wasserstraßen.. 325
			8.4.1.2	Offshore-Pfähle 325
4	**Baugrundverbesserungen** 308		8.4.2	Horizontale Pfahlwiderstände 326
4.1	Vertikaldränagen 308		8.4.2.1	Dalben 326
4.2	Rütteldruck- und -stopfverfahren.... 308		8.4.2.2	Bettung von Pfählen in Häfen und Wasserstraßen 328
4.3	Geotextilummantelte Sandsäulen.... 309			
4.4	Dynamische Intensivverdichtung.... 310		8.4.2.3	Offshore-Pfähle 328
4.5	Vakuumverfahren............... 310		8.5	Pfahlprüfung statisch und dynamisch 330
5	**Landgewinnung** 311		8.6	Anwachsen................... 331
5.1	Baggergutgewinnung............. 311			
5.1.1	Hydraulische Löseverfahren 311		9	**Wände** 331
5.1.2	Mechanische Löseverfahren........ 311		9.1	Art und Zweck 331
5.2	Einbauverfahren................ 312		9.2	Herstellverfahren............... 331
5.2.1	Herstellung von Dämmen 312		9.3	Bemessung von Wänden 332
5.2.2	Einspülen des Boden-WasserGemischs.................... 313		9.3.1	Allgemeines................... 332
			9.3.2	Sicherheitskonzept, Grenzzustände und Lastfälle 332
5.3	Eigenschaften des eingebauten Materials 313			
			9.3.3	Einwirkungen und Widerstände..... 333
			9.3.4	Statische Systeme............... 333
6	**Deiche**....................... 314		9.3.5	Erforderliche Nachweise 334
6.1	Regelquerschnitte an der Nord- und Ostseeküste 314		9.4	Hochwasserschutzwände 335
			9.4.1	Allgemeines................... 335
6.2	Bau von Deichen 315		9.4.2	Berechnung 335
6.2.1	Vorbereiten der tragfähigen Deichbasis 315		9.4.3	Beispiel 335
			9.4.4	Bauliche Maßnahmen 336
6.2.2	Einbau des Kernmaterials 315		9.5	Spundwände.................. 336
6.2.3	Einbau der Deckschichten 315		9.5.1	Allgemeines................... 336
6.3	Ursache für Deichversagen 315		9.5.2	Berechnung 336

9.6	Verankerungen 336	12	Gründung von Leuchttürmen 346
9.6.1	Allgemeines 336	12.1	Besonderheiten. 346
9.6.2	Berechnung 336	12.2	Beispiele. 346
9.7	Fangedämme 336		
9.7.1	Allgemeines 336	13	Gründung von Windkraftanlagen
9.7.1.1	Zellenfangedämme. 337		offshore. 347
9.7.1.2	Kastenfangedämme 337	13.1	Einleitung. 347
9.7.2	Berechnung 337	13.2	Arten 348
9.7.2.1	Berechnung von Zellenfange-	13.3	Besonderheiten. 349
	dämmen 337	13.4	Nachweise 350
9.7.2.2	Kastenfangedämme 338	13.5	Bau. 350
9.7.3	Bauliche Maßnahmen 338	13.6	Beispiel 351
10	Kajen 339	14	Gründung von Leitungen auf dem
10.1	Einleitung. 339		Meeresgrund 352
10.2	Typische Querschnitte 339	14.1	Arten 352
10.3	Land- und Wasserbaustelle 341	14.2	Besonderheiten. 354
10.4	Tragverhalten. 341	14.3	Verlegetiefe 356
10.5	Besondere Hinweise für die		
	Bemessung von Kajen 344	15	Verankerung von schwimmenden
			Strukturen 357
11	Seeschleusen. 345	15.1	Ankerarten 358
11.1	Einleitung. 345	15.2	Besonderheiten. 360
11.2	Abmessungen. 345		
11.3	Konstruktion 345	16	Literatur 360
11.4	Besondere Einwirkungen. 345		

V Stützbauwerke 367
Dietmar Adam, Konrad Bergmeister, Florin Florineth

1	Einführung. 369	3.9	Normative Berechnungs- und
			Bemessungsgrundlagen 386
2	Entwurf und Systematik der		
	Stützkonstruktionen. 369	4	Flache Stützkonstruktionen. 392
		4.1	Gewichtsstützmauern. 392
3	Berechnungs- und Bemessungs-	4.1.1	Allgemeines 392
	grundlagen 370	4.1.2	Berechnung und Bemessung 393
3.1	Allgemeines 370	4.2	Winkelstützmauern 396
3.2	Sicherheitsbetrachtungen 371	4.2.1	Allgemeines 396
3.3	Aktiver und passiver Erddruck –	4.2.2	Berechnung und Bemessung 397
	Grundlagen. 373	4.3	Bemessungsbeispiel
3.3.1	Grenz- und Zwischenwerte des		Winkelstützmauer 397
	Erddrucks. 373	4.3.1	Geometrien, Bodenkennwerte,
3.3.2	Erddrucktheorien 373		Materialeigenschaften 397
3.3.3	Grundwerte für die Berechnung 375	4.3.2	Äußere Standsicherheit 398
3.4	Erddruckberechnung 376	4.3.3	Innere Standsicherheit 401
3.5	Erddruckverteilung 379	4.3.4	Bemessung auf Biegung 404
3.6	Sonderformen des Erddrucks. 380	4.3.5	Bemessung auf Querkraft 405
3.7	Wasserdruck. 382	4.3.6	Bemessung des luftseitigen
3.8	Baustoffe der Stützbauwerke 383		Fundamentvorsprungs als Konsole
3.8.1	Wasserundurchlässiger Beton 383		(Schnitt 5) 406
3.8.2	Frost- und witterungsbeständiger	4.4	Raumgitter-Stützkonstruktionen 407
	Beton 384	4.4.1	Allgemeines zu Verbund-
3.8.3	Frost- und taumittelbeständiger		konstruktionen 407
	Beton 384	4.4.2	Beton-Raumgitter-Stützmauern
3.8.4	Beton mit rezyklierten		(Betonkrainerwände) 407
	Gesteinskörnungen. 384	4.4.3	Holzkrainerwände 409

4.4.4	Berechnung und Bemessung 411		5.4.10	Bemessung der Bohrpfahlwand nach DIN 1045-1 434	
4.5	Bewehrte Erde 412		5.5	Schlitzwände 435	
4.5.1	Allgemeines 412		5.5.1	Allgemeines 435	
4.5.2	Berechnung und Bemessung 415		5.5.2	Herstellung 435	
4.6	Bodenvernagelungen (Injektionsverdübelung) 415		5.5.3	Berechnung und Bemessung 437	
4.6.1	Allgemeines 415		5.6	Stützflüssigkeiten 437	
4.6.2	Berechnung und Bemessung 416		5.7	Verankerungen 437	
4.7	Bemessungsbeispiel Bodenvernagelung 417		5.8	Brunnen, Dübel und Stützscheiben .. 438	
4.7.1	Innere Standsicherheit − Sicherheit gegen Herausziehen 417		5.8.1	Allgemeines 438	
4.7.2	Geometrien, Bodenkennwerte, Materialeigenschaften 417		5.8.2	Berechnung und Bemessung 439	
			5.9	Fangedämme 440	
			5.9.1	Allgemeines 440	
4.7.3	Sicherheit gegen Herausziehen der Nägel (GZ 1C) 418		5.9.2	Berechnung und Bemessung 440	
4.8	Entwässerung 419		6	**Sonstige Stützkonstruktionen** 442	
			6.1	Aufgelöste Stützkonstruktionen 442	
			6.2	Sonderformen von Stützbauwerken .. 443	
5	**Tiefe Stützbauwerke** 421		6.3	Schutzgalerien 443	
5.1	Spundwände 421		6.4	Sicherung von Hangbrücken – Schalentragwerke 444	
5.1.1	Allgemeines 421				
5.1.2	Herstellverfahren 422				
5.1.3	Berechnung und Bemessung 423		7	**Ingenieurbiologische Sicherungsmaßnahmen** 444	
5.2	Trägerbohlwände 427				
5.2.1	Allgemeines 427		7.1	Hangfaschinen 444	
5.2.2	Berechnung und Bemessung 427		7.2	Bepflanzte Pilotenwand 445	
5.3	Pfähle und Pfahlwände 428		7.3	Bepflanzter Hangrost 445	
5.3.1	Pfähle 428		7.4	Begrünung 446	
5.3.2	Pfahlgruppen, Pfahlroste 429				
5.3.3	Bohrpfahlwände 429		8	**Dauerhaftigkeit von Stützbauwerken** 447	
5.3.4	Berechnung und Bemessung 430				
5.4	Bemessungsbeispiel Bohrpfahlwand 430		8.1	Qualitätskontrollen 447	
			8.2	Baugrunderkundung 447	
5.4.1	Querschnitte 430		8.3	Konstruktion 447	
5.4.2	Geologie und Hydrogeologie 431		8.4	Expositionsklassen 448	
5.4.3	Teilsicherheitsbeiwerte 432		8.5	Bewertung der Lebensdauer 448	
5.4.4	Bauteile 432		8.6	Robustheit 449	
5.4.5	Systemannahmen 432		8.7	Überwachung 449	
5.4.6	Einwirkungen (Lastannahmen) 433				
5.4.6.1	Ständige Einwirkungen 433		9	**Innovationen** 450	
5.4.6.2	Veränderliche Einwirkungen 433		9.1	Mixed-in-Place-Verfahren (MIP) 450	
5.4.7	Bettungsmodulverlauf 434		9.2	Bewehrte DSV-Wände 450	
5.4.8	Berechnung der Einbindetiefe 434				
5.4.9	Charakteristische Schnittgrößen 434		10	**Literatur** 451	

VI	**Gradientenbeton** 455				
	Daniel Schmeer, Werner Sobek				
1	**Einleitung** 457		4	**Mikrogradierung von Betonbauteilen** 459	
2	**Leichtbau** 457		4.1	Konzept 459	
			4.2	Herstellungsverfahren 459	
3	**Die Gestaltung des Bauteilinnenraums** 458		4.3	Betontechnologie 461	
			4.4	Entwurf 463	

4.5	Tragverhalten 465	5.4	Erste Untersuchungen zum Tragverhalten 473
4.5.1	Experimentelle Untersuchungen 465		
4.5.2	Berechnungs- und Bemessungsvorschläge 466	6	**Potenzial und Perspektiven des Gradientenbetons**................ 473
5	**Mesogradierung von Betonbauteilen** . 467		
5.1	Konzept 467	7	**Dank**.......................... 474
5.2	Herstellungsansätze 468		
5.3	Entwurfsansätze 469	8	**Literatur** 474

Stichwortverzeichnis XXI

Anschriften

Autoren

Adam, Dietmar, Univ.-Prof. Dipl.-Ing. Dr.-techn.
Technische Universität Wien
Institut für Geotechnik
Karlsplatz 13/220/2, A-1040 Wien

Arazli, Susanna, Ing.
Expertin für Garagen
Rosenhügelstraße 23/2, A-1120 Wien

Aulbach, Benjamin, Dr.-Ing.
ZAI Ziegler und Aulbach Ingenieurgesellschaft mbH
Schloss-Rahe-Straße 15, 52072 Aachen

Beer, Bernd, Dipl.-Ing.
AMP Parking Europe GmbH
Planung und Beratung für Parkbauten
Thujaweg 1, 76149 Karlsruhe

Bergmeister, Konrad, Prof. Dipl.-Ing. DDr. Dr.-Ing. E. h.
Universität für Bodenkultur Wien
Institut für Konstruktiven Ingenieurbau
Peter-Jordan-Straße 82, A-1190 Wien

Buchholz, Volker, Dipl.-Ing.
FRAPORT AG
Zentrales Infrastrukturmanagement
Flughafen Frankfurt, 60547 Frankfurt/Main

Eichler, Thorsten, Dr.-Ing.
CORR-LESS Isecke & Eichler Consulting
GmbH & Co. KG, Geschäftsführer
Kurfürstendamm 194, 10707 Berlin

Fingerloos, Frank, Prof. Dr.-Ing.
Deutscher Beton- und Bautechnik Verein E. V.
Kurfürstenstraße 129, 10785 Berlin

Flohrer, Claus, Prof. Dipl.-Ing.
Königsberger Straße 8, 61137 Schöneck

Florineth, Florin, Em. O. Univ.-Prof. Dr. phil.
Universität für Bodenkultur Wien
Institut für Konstruktiven Ingenieurbau
Peter-Jordan-Straße 82, A-1190 Wien

Gerlach, Jesko, Dipl.-Ing.
Leibniz Universität Hannover
Institut für Baustoffe
Appelstraße 9A, 30167 Hannover

Gieler-Breßmer, Susanne, Dipl.-Ing.
IGF Ingenieur-Gesellschaft für Bauwerksinstandsetzung
Gieler-Breßmer & Fahrenkamp GmbH
Tobelstraße 8, 73079 Süssen

Grabe, Jürgen, Prof. Dr.-Ing.
Technische Universität Hamburg-Harburg
Institut für Geotechnik und Baubetrieb
Harburger Schlossstraße 20, 21079 Hamburg

Haack, Alfred, Prof. Dr.-Ing.
STUVAtec GmbH
Studiengesellschaft für Tunnel und Verkehrsanlagen mbH
Mathias-Brüggen-Straße 41, 50827 Köln

Herold, Christian. Dipl.-Ing.
Bausachverständiger
Brixplatz 4, 14052 Berlin

Järmann, Urs, Dipl.-Ing. (FH)
Henauer Gugler AG
Ein Unternehmen der CSD Ingenieure AG
Senior-Experte
Kurvenstrasse 35, CH-8021 Zürich

Katzenbach, Rolf, Prof. Dr.-Ing.
Ingenieursozietät
Professor Dr.-Ing. Katzenbach GmbH
Robert-Bosch-Straße 9, 64293 Darmstadt

Kessler, Dominik, Dipl.-Ing.
STUVAtec GmbH
Studiengesellschaft für Tunnel und Verkehrsanlagen mbH
Mathias-Brüggen-Straße 41, 50827 Köln

Leppla, Steffen, Dr.-Ing.
Ingenieursozietät
Professor Dr.-Ing. Katzenbach GmbH
Robert-Bosch-Straße 9, 64293 Darmstadt

Mayer, Till Felix, Dr.-Ing.
Ingenieurbüro Schießl Gehlen Sodeikat GmbH
Landsberger Straße 370, 80687 München

Müller, Harald, S., Prof. Dr.-Ing.
SMP Ingenieure im Bauwesen GmbH
Stephanienstraße 102, 76133 Karlsruhe

Räsch, Dieter Dipl.-Ing.
SRP Sennewald + Räsch
Beratende Ingenieure Partnergesellschaft mbH
Paul-Gerhardt-Allee 52, 81245 München

Scepan, Milutin, Dipl.-Ing.
Henauer Gugler AG
Ein Unternehmen der CSD Ingenieure AG
Bereichsleiter Bauwerkserhaltung
Kurvenstrasse 35, CH-8021 Zürich

Schmeer, Daniel, M. Sc.
Universität Stuttgart
Institut für Leichtbau Entwerfen und Konstruieren
Pfaffenwaldring 14, 70569 Stuttgart

Schwamborn, Bernd, Dr.-Ing.
Ingenieurbüro Raupach Bruns Wolff GmbH &
Co. KG
Büchel 13–15, 52062 Aachen

Siebert, Björn, Prof.-Dr.-Ing.
Technische Hochschule Köln
Baustofftechnologie
Betzdorfer Straße 2, 50679 Köln

Sobek, Werner, Prof. Dr. Dr. E. h. Dr. h. c.
Universität Stuttgart
Institut für Leichtbau Entwerfen und Konstruieren
Pfaffenwaldring 14, 70569 Stuttgart

Sodeikat, Christian, Prof. Dr.-Ing.
Ingenieurbüro Schießl Gehlen Sodeikat GmbH
Landsberger Straße 370, 80687 München

Wiens, Udo, Dr.-Ing.
Deutscher Ausschuss für Stahlbeton
Budapester Straße 31, 10787 Berlin

Wolff, Lars, Dr.-Ing.
Ingenieurbüro Raupach Bruns Wolff GmbH &
Co. KG
Büchel 13–15, 52062 Aachen

Ziegler, Martin, Univ.-Prof. Dr.-Ing.
RWTH Aachen
Geotechnik im Bauwesen
Mies-van-der-Rohe-Straße 1, 52074 Aachen

Schriftleitung

Prof. Dipl.-Ing. DDr. Dr.-Ing. E. h.
Konrad **Bergmeister**
Universität für Bodenkultur Wien
Institut für Konstruktiven Ingenieurbau
Peter-Jordan-Straße 82, 1190 Wien

Prof. Dr.-Ing. Frank **Fingerloos**
Deutscher Beton- und Bautechnik-Verein E.V.
Kurfürstenstraße 129, 10785 Berlin

Prof. Dr.-Ing. Dr. h. c. mult.
Johann-Dietrich **Wörner**
Technische Universität Darmstadt
Karolinenplatz 5, 64289 Darmstadt

Verlag

Ernst & Sohn
Verlag für Architektur und technische
Wissenschaften GmbH & Co. KG
Rotherstraße 21, 10245 Berlin
www.ernst-und-sohn.de

Forschungsgesellschaft VMM-Spannbetonplatten GBR

Die Herstellung von Dachdecken und Decken im Geschossbau mit großen Stützweiten, die vorwiegend ruhend belastet werden, ist die Verwendung industriell gefertigter, vorgespannter Spannbeton-Fertigdecken in diesen Anwendungsbereichen die wirtschaftlichste Lösung.

Durch die werkmäßige Vorfertigung und laufende Qualitätskontrolle sind die Spannbeton-Fertigdecken eine für die Herstellung von Decken geeignete Bauweise auf hohem Qualitätsniveau, die sich weltweit bewährt hat.

Spannbeton-Fertigdecken sichern planerische Freiheit. Decke und Dach als Elemente des Bauens heißt, Preisgünstig bauen mit Spannbeton-Fertigdecken Ausschlaggebend für die Konzeption von Decken und Dächern sind Anforderungen an ihre Spannweite, die aus der funktionalen Aufgabenstellung herrühren sowie Anforderungen an einen termingerechten Baustellenablauf und an hohe Ausführungsqualität, die für einen wirtschaftlichen Bauprozess entscheidend sind.

Unter konstruktiven Aspekten bietet ein optimales Decken- oder Dachsystem die Möglichkeit, große Spannweiten mit geringem Eigengewicht stützenfrei, ohne Einschränkungen der Belastbarkeit, zu überbrücken. Dabei ergibt sich ein ökonomischer Vorteil zwangsläufig allein schon aus der Materialeinsparung, mit deren Hilfe ein geringes Eigengewicht erzeugt wird.

"Intelligente" Statik und die Produktgeometrie erlauben große Stützweiten mit geringem Eigengewicht.

Aus der Anwendung von solchen Dach- und Deckenfertigteilen ergeben sich – kurz zusammengefasst – die folgenden wichtigsten Vorteile:

Forschung/Innovationen
- Betonkernaktivierung
- CE-Zeichen
- Produktnorm DIN EN 1168
- Deckenstärke von 12 bis 50 cm

Kostensicherheit
- stützenfreie Überbrückung großer Spannweiten bis zirka 16 m und zirka 18 m bei Dachdecken
- geringes Gewicht für Decken und Dächer und damit Entlastung für das gesamte Tragsystem
- kostengünstiger, zeitsparender Montageprozess

Qualitätssicherheit
- Eigen- und Fremdüberwachung
- gezielter, effizienter Einsatz der Spannlitzen durch Vorspannung
- qualitativ hochwertige Plattenuntersicht durch Stahlschalung

Terminsicherheit
- schneller Baufortschritt
- sofortige Nutzbarkeit der Decken
- weitgehende Witterungsunabhängigkeit

Unsere Elemente sind Typengeprüft und Zugelassen vom DIBt, Berlin.

INNOVATION

Überprüfen Sie Ihre Möglichkeiten mit Spannbeton-Fertigdecken für Ihr Projekt! Unser Online-Bemessungsprogramm zeigt Ihnen schnell die Vielfalt unseres Produkts.

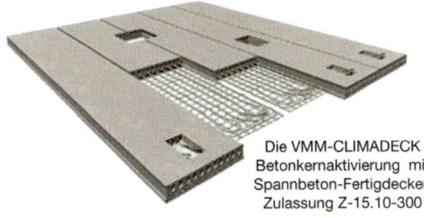

Die VMM-CLIMADECK Betonkernaktivierung mit Spannbeton-Fertigdecken Zulassung Z-15.10-300

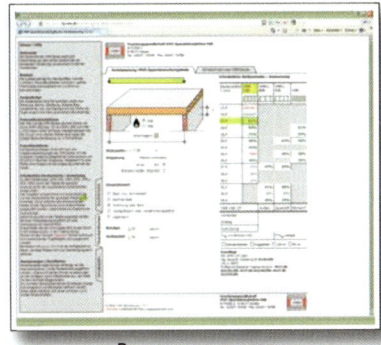

Bemessungsprogramm
http://www.fg-vmm.de/Bemessungsprogramm

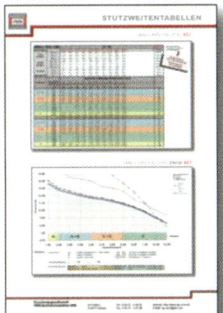

Stützweitentabellen Für Planer und Statiker!
Schaffen Sie sich den kompletten Überblick über die Möglichkeiten mit Spannbeton-Fertigdecken.

Zulassungen
Deutsches Institut für Bautechnik, Berlin

Typenprüfberichte
http://fg-vmm.de/Service

BWH Betonwerk-Holdorf GmbH & Co. KG
Steinbrügen 7
D-49451 Holdorf
Tel. 05494 / 91647 0
Fax 05494 / 91647 41
Internet: www.bwh-holdorf.de
eMail: info@bwh-holdorf.de

ECHO Betonfertigteile GmbH
Eurotec-Ring 40
D-47445 Moers
Tel. +49 2841 88 90 310
Fax +49 2841 88 90 312
Internet: www.echo-betonfertigteile.de
eMail: info@echo-betonfertigteile.de

MS Betonwerk GmbH & Co. KG
Am Trinkborn
D-56281 Dörth
Tel. 0 67 47 - 12 00
Fax 0 67 47 - 85 21
Internet: www.ms-beton.de
eMail: info@ms-betonwerk.de

VEIT DENNERT KG Baustoffbetriebe
Veit-Dennert-Strasse 7
D-96132 Schlüsselfeld
Tel. 0 95 52 - 7 10
Fax 0 95 52 - 7 11 87
Internet: www.dennert.de
eMail: info@dennert.de

H+L Baustoff Werke GmbH
Steigerwaldstraße 8
D-91486 Uehlfeld
Tel. 09163 / 9976 0
Fax 09163 / 9976 46
Internet: www.hl-baustoffe.de
eMail: info@hl-baustoffe.de

KETONIA Spannbeton-Fertigteilewerk
Almesbach 4
D-92637 Weiden/Opf.
Tel. 09 61 - 30 05 0
Fax 09 61 - 30 05 40
Internet: www.ketonia.de
eMail: info@ketonia.de

Wir bilden eine starke Gemeinschaft in der Forschung, Entwicklung, Planung und Herstellung von Spannbeton-Fertigdecken

Recommendations in Geotechnical Engineering

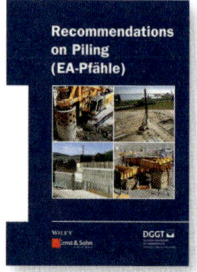

Ed.: Deutsche Gesellschaft für Geotechnik e.V.
Recommendations on Piling (EA Pfähle)
2013. 496 pages.
€ 119,–*
ISBN 978-3-433-03018-9

This handbook provides a complete overview of pile systems and their application and production. It shows their analysis based on the new safety concept providing numerous examples for single piles, pile grids and groups. These recommendations are considered rules of engineering.

Ed.: Deutsche Gesellschaft für Geotechnik e.V.
Recommendations on Excavations – EAB
3rd edition
2013. 324 pages.
€ 79,–*
ISBN 978-3-433-03036-3

For the new 3rd edition, all the recommendations have been completely revised and brought into line with the new generation of codes (EC 7 and DIN 1054), which will become valid soon. The book thus supersedes the 2nd edition from 2008.

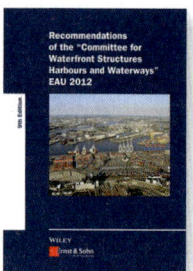

Ed.: HTG
Recommendations of the "Committee for Waterfront Structures Harbours and Waterways" EAU 2012
9th edition
2015. 676 pages.
€ 129,–*
ISBN 978-3-433-03110-0

The "EAU 2012" takes into account the new generation of the Eurocodes. The recommendations apply to the planning, design, specification, tender procedure, construction and monitoring, as well as the handover of and cost accounting for port and waterway systems.

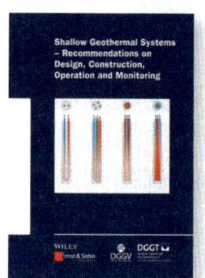

Ed.: Deutsche Gesellschaft für Geotechnik e.V. / Deutsche Gesellschaft für Geowissenschaften e.V.
Shallow Geothermal Systems – Recommendations on Design, Construction, Operation and Monitoring
2016. 312 pages.
€ 109,–*
ISBN 978-3-433-03140-7

About 30,000 geothermal plants are installed in Germany each year. There are no uniform regulations for their design, construction and operation. The specialist and approval authorities can base their work on the recommendations.

All books also available as

Order online: www.ernst-und-sohn.de

Ernst & Sohn
Verlag für Architektur und technische Wissenschaften GmbH & Co. KG

Customer Service: Wiley-VCH
Boschstraße 12
D-69469 Weinheim

Tel. +49 (0)6201 606-400
Fax +49 (0)6201 606-184
service@wiley-vch.de

* € Prices are valid in Germany, exclusively, and subject to alterations. Prices incl. VAT. excl. shipping. 1036436_dp

BetonKalender 2019 / Inhaltsübersicht

1

Beton
Harald S. Müller, Udo Wiens

I

**Bemessung von Gründungen
nach EC 7-1 und DIN 1054**
Martin Ziegler, Benjamin Aulbach

II

**Kombinierte Pfahl-Plattengründungen und
Sondergründungen im Hoch- und Ingenieurbau**
Rolf Katzenbach, Steffen Leppla

III

Marine Gründungsbauwerke
Jürgen Grabe

IV

Stützbauwerke
Dietmar Adam, Konrad Bergmeister, Florin Florineth

V

Gradientenbeton
Daniel Schmeer, Werner Sobek

VI

I Beton

Harald S. Müller, Karlsruhe

Udo Wiens, Berlin

1 Einführung und Definition

1.1 Allgemeines

Die Schwerpunktthemen des Beton-Kalenders spannen alljährlich einen weiten Bogen an verschiedensten Anforderungen und Eigenschaften von Beton auf, denen dank der heute verfügbaren Möglichkeiten in der Betontechnologie sehr gut entsprochen werden kann.

Die in den letzten Jahrzehnten vollzogene Weiterentwicklung des Baustoffs Beton vom früheren 3-Stoffsystem Zement/Wasser/Gesteinskörnung zum heutigen 5-Stoffsystem, unter zusätzlicher Verwendung von besonders leistungsfähigen Betonzusatzmitteln und Betonzusatzstoffen, war der Schlüssel für verschiedene Innovationen in der Betonbautechnik. Darüber hinaus ermöglicht dieses 5-Stoffsystem die Ausschöpfung des technologischen Leistungsspektrums von Beton in Bezug auf seine Frisch- und Festbetoneigenschaften. Beton kann damit gezielt auf ganz spezifische Anforderungen eingestellt werden, wozu auch die Anforderungen aus dem Bautenschutz und dem Brandschutz gehören.

Auf der Grundlage dieses heute etablierten 5-Stoffsystems – man könnte die Luft im Beton auch als 6. Komponente hinzuzählen – ergibt sich ein äußerst breites Spektrum an entwickelbaren Spezialbetonen, die besonderen Beanspruchungen hinsichtlich mechanischer, physikalischer und chemischer Einwirkungen widerstehen können. Diese Potenziale können im vorliegenden Übersichtsbeitrag zum Beton meist nur angerissen bzw. grundlagenorientiert dargestellt werden. Daher sind für die Behandlung ganz spezifischer Anforderungen, wie sie sich z. B. aus dem Bautenschutz und dem Brandschutz infolge der geforderten hohen Widerstandsfähigkeit ergeben, eigene Kapitel im Beton-Kalender 2018 enthalten.

Neben hohen technologischen Anforderungen für das Bauen spielen die Wirtschaftlichkeit und heute insbesondere auch die Nachhaltigkeit eine zentrale Rolle. In der Betonbautechnik besteht die große Herausforderung der kommenden Jahre darin, die mit der Betonherstellung einhergehende CO_2-Emission drastisch zu minimieren. Da diesbezüglich das Potenzial des Portlandzementklinkers – er ist der Hauptverursacher dieser Emission – seitens der Zementindustrie bereits ausgeschöpft ist, verbleiben als Alternativen nur die partielle oder vollständige Substitution durch andere Bindemittel oder eine drastische Minimierung des Portlandzementeinsatzes, z. B. auf ca. 100 kg je m³ Beton, ohne dass weitere Bindemittel Verwendung finden. Dabei muss man sich auch bewusst sein, dass gut eingeführte sekundäre Bindemittel wie Flugasche und Hüttensand als Ersatz für Portlandzement aus verschiedenen Gründen nicht infrage kommen können. Vor diesem Hintergrund widmet sich ein Abschnitt in diesem Beitrag dem sog. nachhaltigen Beton (auch Ökobeton bezeichnet), dem die Zukunft gehören wird. Darüber hinaus wird an verschiedenen Stellen die Thematik der Lebensdauerbemessung angeschnitten, die im Kontext von Nachhaltigkeit und Wirtschaftlichkeit mehr und mehr an Bedeutung gewinnt.

Wie die vorangehenden Ausführungen verdeutlichen, adressieren die Schwerpunktthemen des Beton-Kalenders ein breites Spektrum an Anforderungen bzw. Eigenschaften des Baustoffs Beton. Daher ist es wie in vorangegangenen Ausgaben angebracht, zunächst die grundlegenden stofflichen und technologischen Eigenschaften dieses Baustoffs darzustellen. Dieses Wissen bildet den Ausgangspunkt für die Behandlung bzw. das Verständnis der Eigenschaften spezieller Betonarten, aber auch die Grundlage für die Optimierung einer Betonrezeptur im Lichte der jeweiligen spezifischen Einwirkungen bzw. Anforderungen.

Alle Abschnitte dieses Kapitels wurden für den Beton-Kalender 2018 auf den neuesten Stand der Technik gebracht. Dies schließt insbesondere auch die Verweise auf Normen und Richtlinien, aktuelle Entwicklungen (z. B. Betonbauqualitätsklassen) sowie weiterführende Literatur ein. Damit ergibt sich für den Leser ein aktueller und vollständiger Überblick. Dieser lässt auch die Vorzüge des Baustoffs Beton bei der Realisierung anspruchsvoller Bauaufgaben unschwer erkennen.

1.2 Definition

Beton war schon in der Antike ein bewährter Baustoff. Bereits die Phönizier, Griechen und Römer haben damit gebaut, wenn auch die Zusammensetzung nicht ganz der heutigen Betonzusammensetzung entspricht [1.1]. Der heutige Beton wird aus Zement, Gesteinskörnungen (früher und auch heute häufig noch als Betonzuschlag bezeichnet), Wasser und meist noch mit Betonzusatzstoffen und Betonzusatzmitteln hergestellt. Das Gemisch aus Zement und Wasser bewirkt beim Frischbeton die Verarbeitbarkeit und den Zusammenhalt. Beim erhärteten Beton sichert es die Verkittung der Gesteinskörner und damit das Zustandekommen der Festigkeit und der Dichtheit des Betons.

Beton-Kalender 2019: Parkbauten; Geotechnik und Eurocode 7.
Herausgegeben von Konrad Bergmeister, Frank Fingerloos und Johann-Dietrich Wörner
© 2019 Ernst & Sohn GmbH & Co. KG. Published 2018 by Ernst & Sohn GmbH & Co. KG.

Beton wird vereinfacht als ein Zweiphasensystem aufgefasst, das beim Frischbeton aus Zementleim und Gesteinskörnung und beim erhärteten Beton aus Zementstein und Gesteinskörnung besteht. Mit der Betrachtung des Betons als Zweiphasensystem können einige betontechnologische Zusammenhänge klarer dargestellt und die Eigenschaften des frischen und des erhärteten Betons sinnvoller erklärt werden. Aus dieser Betrachtungsweise ergeben sich auch die wesentlichsten *Einflussgrößen* für die Eigenschaften des Betons. Für Beton mit geschlossenem Gefüge sind dies:

– die Eigenschaften des Zementsteins,
– die Eigenschaften der Gesteinskörnung,
– der Verbund zwischen Zementstein und Gesteinskörnung.

Unter diesen drei Einflussgrößen sind die Eigenschaften des Zementsteins für viele, aber nicht für alle Anwendungsfälle die wichtigsten. Der Zementstein wird von einem System sehr feiner Poren durchzogen und weist je nach Zusammensetzung und Alter eine mehr oder weniger hohe Porosität auf. Das Porensystem des Zementsteins ist für die mechanischen Eigenschaften, die Dauerhaftigkeit und die Dichtheit eines Betons von ausschlaggebender Bedeutung. Die betontechnologischen Parameter, welche das Porensystem des Zementsteins bestimmen, sind der Wasserzementwert (das Gewichtsverhältnis von Wasser zu Zement) und der Hydratationsgrad (der Gewichtsanteil des Zements, der zu einem bestimmten Zeitpunkt mit Wasser reagiert hat). Der Hydratationsgrad hängt damit vom Alter des Betons, von der Dauer und der Güte der Nachbehandlung und den Standort- und Klimaverhältnissen ab. Aber auch Art und Festigkeitsklasse des Zements sowie Betonzusätze können das Porensystem des Zementsteins maßgebend beeinflussen.

Moderne Betone werden heute meist unter Verwendung von Betonzusatzmitteln und Betonzusatzstoffen hergestellt (s. hierzu Abschn. 2.3 und 2.4). Bei den Betonzusatzstoffen dominiert die Flugasche, die als puzzolanischer Stoff, ebenso wie der Silicastaub, auf den Zement in einer bestimmten Menge angerechnet werden darf. Für das aus dem Gemisch von Zement und Puzzolan entstehende Bindemittel gelten die vorangehenden Ausführungen sinngemäß.

Die Gesteinskörnung nimmt im Normalfall etwa 70% des Betonvolumens ein. Da sie in vielen Fällen fester, steifer und auch dichter als der Zementstein ist, beeinflusst sie bei Normalbeton weniger die Festigkeit als vielmehr seine Steifigkeit, das heißt den Elastizitätsmodul und die Rohdichte des Betons. Die Gesteinskörnungen können in ihrer Struktur und ihren mechanischen Eigenschaften kaum verändert werden, wohl aber in ihrer Korngrößenverteilung, die sich vorrangig auf die Eigenschaften des Frischbetons auswirkt. Da die Korngrößen der Gesteinskörnungen von Bruchteilen von Millimetern bis zu mehreren Zentimetern reichen können, ist es für manche Problemstellungen von Vorteil, zwischen den beiden Phasen Feinmörtel und grobe Gesteinskörnung anstelle von Zementstein und (nur) Gesteinskörnung zu unterscheiden. Betonzusätze, insbesondere Zusatzstoffe, können sowohl der Phase Zementstein als auch der Phase Feinmörtel zugeordnet werden. Für die Herstellung moderner Hochleistungsbetone wie selbstverdichtender Beton, ultrahochfester Beton und nachhaltiger (bindemittelarmer) Beton ist es notwendig, dass insbesondere die Korngrößenverteilung im Feinstkornbereich (Korndurchmesser < 0,125 mm) optimiert wird.

Der Verbund zwischen Zementstein und Gesteinskörnung gehört zwar zu den drei wichtigsten Einflussgrößen für die Eigenschaften des Betons, er kann aber, für sich allein behandelt, mit baupraktischen Mitteln nur sehr schwer beeinflusst werden. Seine Größe wird damit von den beiden anderen Einflussgrößen, den Eigenschaften des Zementsteins und der Gesteinskörnung, bestimmt.

Betontechnologische Fragen und die Konformität der Eigenschaften sind in Deutschland in Normen geregelt, und zwar in DIN EN 206-1 und DIN 1045-2 für Normalbeton, gefügedichten Leichtbeton und Schwerbeton. Prüfverfahren sind in den Normenreihen DIN EN 12350 für Frischbeton und DIN EN 12390 für Festbeton festgelegt. Weitere Normen gelten für die Ausgangsstoffe, so DIN EN 197 für Zement, DIN EN 12620 für Gesteinskörnungen, DIN EN 450 für Flugasche, DIN EN 13263 für Silicastaub und DIN EN 934 für Betonzusatzmittel.

Die gesamte Normenreihe für den Betonbau setzt sich nach Umstellung auf den Eurocode 2 und der Herausgabe der europäischen Ausführungsnorm nunmehr aus folgenden vier Teilen zusammen:

DIN EN 1992-1-1: „Bemessung und Konstruktion von Stahlbeton- und Spannbetontragwerken – Teil 1-1: Allgemeine Bemessungsregeln und Regeln für den Hochbau" in Verbindung mit dem Nationalen Anhang, DIN EN 1992-1-1/NA.

DIN EN 206-1: „Beton – Teil 1: Festlegung, Eigenschaften, Herstellung und Konformität" in Verbindung mit DIN 1045-2.

DIN EN 13670: „Ausführung von Tragwerken aus Beton" in Verbindung mit DIN 1045-3.

DIN 1045-4: Ergänzende Regeln für Herstellung und Überwachung von Fertigteilen.

Die folgenden Ausführungen nehmen vorwiegend auf die deutschen Normen Bezug, berücksichtigen aber auch den CEB-FIP Model Code 1990 [1.2], insbesondere aber den *fib* Model Code 2010 [6.41].

1.3 Klassifizierung von Beton
1.3.1 Betonarten

Je nach Zusammensetzung, Erhärtungsgrad, besonderen Eigenschaften etc. kann Beton nach verschiedenen Betonarten eingeteilt werden:

- Nach der Rohdichte: Leichtbeton (Trockenrohdichte bis 2,0 kg/dm^3), Normalbeton (Trockenrohdichte über 2,0 bis 2,6 kg/dm^3), Schwerbeton (Trockenrohdichte über 2,6 kg/dm^3).
- Nach dem Erhärtungszustand: Frischbeton, junger Beton und Festbeton.
- Nach der Konsistenz: z. B. steifer Beton, plastischer Beton, weicher Beton, fließfähiger Beton, selbstverdichtender Beton.
- Nach Eigenschaft bzw. Anwendung: z. B. hochfester Beton, Beton mit hohem Wassereindringwiderstand (wasserundurchlässiger Beton), Beton mit hohem Frostwiderstand, Beton mit hohem Widerstand gegen chemische Angriffe, Beton mit hohem Verschleißwiderstand, Beton mit hohem Widerstand gegen erhöhte Temperaturen, Straßenbeton, Strahlenschutzbeton, Sichtbeton, Massenbeton, flüssigkeitsdichter Beton.
- Nach der Betonzusammensetzung: z. B. Kiessandbeton, Splittbeton, Basaltbeton, Barythbeton, Bimsbeton, Styroporbeton, Holzbeton, Faserbeton.
- Nach dem Ort der Herstellung und Verwendung: z. B. Baustellenbeton, werkgemischter und fahrzeuggemischter Transportbeton, Ortbeton, Betonwaren, Betonfertigteile.
- Nach dem Gefüge: z. B. Beton mit geschlossenem Gefüge, haufwerksporiger Beton, Einkornbeton, Porenbeton, Schaumbeton, Luftporenbeton.
- Nach der Bewehrung: z. B. unbewehrter und bewehrter Beton, aber auch Faserbeton, Stahlbeton und Spannbeton, Textilbeton.
- Nach dem Fördern, Verarbeiten und Verdichten: z. B. Pumpbeton, Spritzbeton, Ausgussbeton (Prepact, Colcrete), Unterwasserbeton, Stampfbeton, Rüttelbeton, selbstverdichtender Beton, Schleuderbeton, Walzbeton, Pressbeton, Schockbeton, Vakuumbeton.

Für weitere Hinweise siehe die nachfolgenden Abschnitte sowie [0.1] und [1.3].

1.3.2 Betonklassen

In nationalen und internationalen Vorschriften für Beton ist es üblich, Beton nach seiner *Druckfestigkeit* zu klassifizieren. Die Festigkeitsklasse eines Betons ist zugleich einer der Ausgangswerte für den statischen Nachweis einer Betonkonstruktion. Die Festigkeitsklassen nach DIN EN 206-1 sind in den Tabellen 1 und 2 angegeben. Tabelle 1 gilt für Nor-

Tabelle 1. Festigkeitsklassen für Normal- und Schwerbeton nach DIN EN 206-1

Festigkeitsklasse	$f_{ck,cyl}$ N/mm^2	$f_{ck,cube}$ N/mm^2
C8/10	8	10
C12/15	12	15
C16/20	16	20
C20/25	20	25
C25/30	25	30
C30/37	30	37
C35/45	35	45
C40/50	40	50
C45/55	45	55
C50/60	50	60
C55/67	55	67
C60/75	60	75
C70/85	70	85
C80/95	80	95
C90/105[1]	90	105
C100/115[1]	100	115

[1] Für Beton der Festigkeitsklassen C90/105 und C100/115 bedarf es weiterer auf den Verwendungszweck abgestimmter Nachweise.

Tabelle 2. Festigkeitsklassen für Leichtbeton nach DIN EN 206-1

Festigkeitsklasse	$f_{ck,cyl}$ N/mm^2	$f_{ck,cube}$ N/mm^2
LC8/9	8	9
LC12/13	12	13
LC16/18	16	18
LC20/22	20	22
LC25/28	25	28
LC30/33	30	33
LC35/38	35	38
LC40/44	40	44
LC45/50	45	50
LC50/55	50	55
LC55/60	55	60
LC60/66	60	66
LC70/77[1]	70	77
LC80/88[1]	80	88

[1] Für Leichtbeton der Festigkeitsklassen LC70/77 und LC80/88 bedarf es weiterer auf den Verwendungszweck abgestimmter Nachweise.

mal- und Schwerbeton, Tabelle 2 für gefügedichten Leichtbeton. Die Kurzbezeichnung gibt mit der ersten Zahl die charakteristische Druckfestigkeit in N/mm² an, gemessen am Zylinder mit einem Durchmesser von 150 mm und einer Länge von 300 mm, die zweite Zahl die Druckfestigkeit, gemessen am Würfel mit 150 mm Kantenlänge. Der statistische Begriff „charakteristisch" bezieht sich auf das 5%-Quantil der Grundgesamtheit, siehe auch Abschnitt 6.2.3. „C" steht für Normal- und Schwerbeton, „LC" für Leichtbeton. Da die Druckfestigkeit einer Betonprobe von ihrer Größe und Gestalt sowie von den Erhärtungsbedingungen, denen sie ausgesetzt war, abhängt, müssen bei einer Einteilung in Festigkeitsklassen die Probenabmessungen, die Lagerungsbedingungen und das Betonalter, zu dem die Bestimmung der Betondruckfestigkeit erfolgt, festgelegt sein.

Die Festigkeitswerte beziehen sich auf die Prüfung im Alter von 28 Tagen nach einer Lagerung im Feuchtraum oder unter Wasser (EN 12390-2). Wird nach DIN EN 12390-2/A20:2015-12, 7 Tage feucht und 21 Tage im Normalklima 20 °C/65 % r. F. gelagert, müssen die Werte wie folgt umgerechnet werden:

– Normalbeton bis C50/60:
 $f_{ck,EN} = 0{,}92\ f_{ck,DIN}$

– Hochfester Normalbeton ab C55/67:
 $f_{ck,EN} = 0{,}95\ f_{ck,DIN}$

Soll bei hochfestem Beton statt an Würfeln mit 150 mm Kantenlänge an Würfeln mit 100 mm Kantenlänge geprüft werden, gilt die Umrechnung:

$f_{ck,150} = 0{,}97\ f_{ck,100}$

Für Leichtbeton stehen keine allgemeingültigen Umrechnungsfaktoren hinsichtlich des Größeneinflusses zur Verfügung. Diese müssen jeweils im Labor bestimmt werden. Für die Umrechnung Wasserlagerung/Trockenlagerung gilt der gleiche Wert wie bei hochfestem Beton (0,95; siehe [1.4]).

In der Bemessungsnorm DIN EN 1992-1-1 wird als Betonfestigkeit die Zylinderfestigkeit verwendet. Der Nachweis der Festigkeit durch die Übereinstimmungsprüfung geschieht jedoch im Regelfall am Würfel. Soll der Zylinder verwendet werden, muss dies vor Beginn der Bauausführung vereinbart werden.

Die Festigkeitsklassen C55/67 bis C100/115 und LC55/60 bis LC80/88 sind dem Hochfesten Beton bzw. Hochfesten Leichtbeton vorbehalten. Jeweils die zwei höchsten Festigkeitsklassen können nur mit Zustimmung der Bauaufsicht nach weiteren Nachweisen angewendet werden.

Obwohl heute Betone mit Festigkeiten deutlich über C100/115 hergestellt werden und in der Praxis angewendet werden, ist deren Einteilung in Klassen nicht gegeben, da sie bisher nicht Gegenstand einer Norm sind (siehe auch Abschnitt 12 „Ultrahochfester Beton").

Neben den Festigkeitsklassen wird bei Leichtbeton auch zwischen verschiedenen *Rohdichteklassen* unterschieden (siehe Tabelle 3). Eine entsprechende Unterscheidung ist bei Normalbeton nicht erforderlich, da dessen Rohdichte nur in engen Grenzen variiert. Bei Schwerbeton wird die Rohdichte im Versuch oder aus der Mischungszusammensetzung vorab bestimmt, damit sie in der statischen Berechnung entsprechend berücksichtigt werden kann.

DIN EN 206-1 unterscheidet drei Betongruppen: *Beton nach Eigenschaften (nE), Beton nach Zusammensetzung (nZ) und Standardbeton. Beton nE* bedeutet, dass der Besteller die geforderten Eigenschaften und zusätzliche Anforderungen an den Beton dem Hersteller gegenüber festlegt und dass der Hersteller für die Lieferung eines Betons verantwortlich ist, der die Eigenschaften und Anforderungen erfüllt. Bei *Beton nZ* legt der Besteller die Zusammensetzung des Betons und die zu verwendenden Ausgangsstoffe fest. Der Hersteller ist für die Bereitstellung eines Betons mit der vereinbarten Zusammensetzung verantwortlich. Standardbeton ist ein Normalbeton bis höchstens C16/20. Er ist auf bestimmte Anwendungsfälle begrenzt.

Bei der Bestellung eines *Betons nE* müssen folgende Grundangaben gemacht werden: Bezug auf DIN 1045-2, Festigkeitsklasse, Expositionsklasse des Bauwerks oder Bauteils, Festigkeitsentwicklung im Zusammenhang mit der Nachbehandlung, Größtkorn, Art der Verwendung als unbewehrter Beton, Stahlbeton oder Spannbeton und Konsistenzklasse. Bei Leichtbeton muss die Rohdichteklasse und bei Schwerbeton der Zielwert der Rohdichte festgelegt werden. Falls maßgebend, sind zusätzliche Anforderungen zu definieren und entsprechende Prüfverfahren zu vereinbaren. Hierzu zählen Angaben zu Zementeigenschaften, z. B. niedrige Hydratationswärme oder bestimmte Farbe, zu Eigenschaften der

Tabelle 3. Rohdichteklassen von Leichtbeton nach DIN EN 206-1

Rohdichteklasse	D1,0	D1,2	D1,4	D1,6	D1,8	D2,0
Rohdichte kg/m³	≥ 800 und ≤ 1000	> 1000 und ≤ 1200	> 1200 und ≤ 1400	> 1400 und ≤ 1600	> 1600 und ≤ 1800	> 1800 und ≤ 2000

Gesteinskörnung, zum Luftgehalt, zur Frischbetontemperatur, zur Wärmeentwicklung, zur Verarbeitungsdauer, zur Wasserundurchlässigkeit, zur Zugfestigkeit und ggf. zu weiteren technischen Anforderungen. Bei Transportbeton können zusätzliche Bedingungen vereinbart werden, die für Transport und Einbau wichtig sind. Dies sind vor allem Angaben zur Lieferzeit und Abnahmegeschwindigkeit, zu besonderem Transport zur Baustelle und zur Verarbeitungsart, z. B. Pumpen von Leichtbeton. Hinsichtlich der Betonzusammensetzung hat der Hersteller eine beträchtliche Freiheit, aber auch eine große Verantwortung.

Demgegenüber wird bei *Beton nZ* die Betonzusammensetzung genau festgelegt. Die Grundangaben betreffen den Bezug zur DIN 1045-2, den Zementgehalt, die Art und Festigkeitsklasse des Zements, den Wasserzementwert oder die Konsistenzklasse, außerdem die Art der Gesteinskörnung, bei Leichtbeton und Schwerbeton auch die Rohdichte der Gesteinskörnung, das Größtkorn und die Sieblinie, Art und Menge von Zusatzmitteln und Zusatzstoffen und bei deren Verwendung noch die Herkunft dieser Stoffe und des Zements. Diese Angaben sind als Vorsorge für eventuelle Unverträglichkeiten gedacht. Zusätzliche Angaben können die Herkunft der Betonausgangsstoffe betreffen, die Frischbetontemperatur und eventuell weitere Anforderungen. Beim *Beton nZ* trägt der Besteller eine große Verantwortung für die Eigenschaften des Betons. Er wird einen *Beton nZ* nur bestellen, wenn er die Zusammenhänge zwischen Zusammensetzung und Eigenschaften aus eigener Erfahrung kennt.

Standardbeton ist so zusammengesetzt, dass er auch bei gewissen Schwankungen immer noch die vereinbarte Festigkeit erreicht. Die Grundangaben betreffen den Bezug auf DIN 1045-2, die Festigkeitsklasse bis maximal C16/20, die Expositionsklasse des Bauwerks mit der Einschränkung auf X0, XC1 und XC2, die Festigkeitsentwicklung, das Größtkorn und die Konsistenzklasse. Bei Transportbeton können zusätzliche Angaben zur Lieferung gemacht werden. Der Mindestzementgehalt ist in Tabelle 4 festgelegt und soll die vereinbarte Betonfestigkeitsklasse sicher ermöglichen.

Der Zementgehalt nach Tabelle 4 muss vergrößert werden um

- 10 M.-% bei einem Größtkorn der Gesteinskörnung von 16 mm und
- 20 M.-% bei einem Größtkorn der Gesteinskörnung von 8 mm.

Der Zementgehalt nach Tabelle 4, Zeilen 1–3, darf verringert werden um

- höchstens 10 M.-% bei Zement der Festigkeitsklasse 42,5 und
- höchstens 10 M.-% bei einem Größtkorn der Gesteinskörnung von 63 mm.

Die Tabelle zeigt, dass die Konsistenz bei gleicher Festigkeitsanforderung über den Zementgehalt und damit über die Zementleimmenge gesteuert wird.

Unter *Betonsorten* werden Betone eines bestimmten Transportbetonwerks verstanden, die sich z. B. durch Festigkeitsklasse, Zusammensetzung, Konsistenz, Herstellung und ggf. Eignung für bewehrten Beton oder für Beton mit besonderen Eigenschaften unterscheiden.

1.3.3 Betonfamilie

Betone ähnlicher Zusammensetzung können in eine *Betonfamilie* aufgenommen werden, wenn zuverlässige empirische Beziehungen zwischen deren Eigenschaften bestehen (s. auch [1.5]). Der Prüfaufwand vermindert sich, da die Anzahl der Prüfkörper, die für eine Betonsorte gilt, auf die gesamte Familie angewendet werden kann. Bestehen die Zusammenhänge zwischen den Eigenschaften der einzelnen Betone in der Familie nicht, müssen diese in einem ersten Schritt ermittelt werden. In der Regel wird ein Beton, der im Mittelfeld der Betonfamilie liegt, als Referenzbeton ausgewählt. Auf diesen werden dann die Eigenschaften der anderen Familienmitglieder bezogen. Einschränkend gilt bisher, dass lediglich die 28-Tage-Festigkeit als Eigen-

Tabelle 4. Mindestzementgehalt für Standardbeton mit einem Größtkorn von 32 mm und Zement der Festigkeitsklasse 32,5 nach DIN 1045-2

	Festigkeitsklasse des Betons	Mindestzementgehalt in kg je m^3 verdichteten Betons für Konsistenzbereich		
		steif	plastisch	weich
	1	2	3	4
1	C8/10	210	230	260
2	C12/15	270	300	330
3	C16/20	290	320	360

schaft verwendet wird, aber grundsätzlich könnten auch andere Eigenschaften, wie z. B. die Zugfestigkeit oder die Carbonatisierungsgeschwindigkeit, verwendet werden. Da die Familie jedoch den Aufwand des Konformitätsnachweises vermindern soll, steht die Druckfestigkeit im Vordergrund.

Betone in einer Familie bestehen aus:

- Zementen gleicher Art, Festigkeitsklasse und Herkunft,
- Gesteinskörnungen gleicher Art und geologischen Ursprungs.

Betone mit puzzolanischen oder latent hydraulischen Zusatzstoffen, Verzögerern mit einer Verzögerungszeit ≥ 3 h, Luftporenbildnern und Betonverflüssigern bzw. Fließmitteln, die die Betonfestigkeit beeinflussen, bilden eigene Familien. Hinsichtlich des Festigkeitsbereichs gilt, dass Familien für die Festigkeitsklassen C12/15 bis C55/67 gebildet werden können. Wenn der ganze Bereich erfasst werden soll, müssen mindestens zwei Familien gebildet werden. Hochfester Beton ist aus Betonfamilien ausgeschlossen, da für ihn zusätzliche Konformitätsanforderungen gelten. Leichtbeton ist nicht ausgeschlossen, obwohl jede leichte Gesteinskörnung spezifische Eigenschaften besitzt, die die Festigkeit beeinflussen kann. Schwerbeton ist bisher ausgeschlossen.

Damit das Konzept der Betonfamilien den bisherigen Sicherheitsstandard gewährleistet, müssen alle Familienmitglieder regelmäßig geprüft werden. Ruht die Produktion länger als 12 Monate, wird wie bei der ersten Produktion verfahren, d. h. es soll sichergestellt sein, dass kontinuierliche Erfahrung den Verbleib einer Betonsorte in der Familie rechtfertigt.

2 Ausgangsstoffe

2.1 Zement

2.1.1 Arten und Zusammensetzung

Zement ist ein hydraulisches Bindemittel und besteht aus fein gemahlenen, nichtmetallischen, anorganischen Stoffen. Mit Wasser vermischt ergibt er Zementleim. Dieser erstarrt und erhärtet durch Hydratationsreaktionen zu Zementstein. Nach dem Erhärten bleibt der Zementstein auch unter Wasser fest und raumbeständig. In seinen Eigenschaften unterscheidet sich Zement von anderen hydraulischen Bindemitteln, z. B. den hydraulischen oder hochhydraulischen Kalken, durch seine schnellere Festigkeitsentwicklung und häufig auch durch seine höhere Druckfestigkeit.

Hauptbestandteile von Zement nach DIN EN 197-1 können sein:

- Portlandzementklinker (K)
- Hüttensand (granulierte Hochofenschlacke) (S)
- natürliche Puzzolane (P, Q)
- Flugasche (V, W)
- gebrannter Schiefer (T)
- Kalkstein (L, LL)
- Silicastaub (D)

Darüber hinaus können die Zemente Calciumsulfat zur Erstarrungsregelung sowie Zementzusätze enthalten [0.2].

Portlandzementklinker (K) ist ein hydraulischer Stoff. Er besteht nach Massenteilen zu mindestens zwei Dritteln aus Calciumsilicaten und kleineren Anteilen an Aluminium- und Eisenoxid sowie anderen Verbindungen. Portlandzementklinker wird durch Brennen mindestens bis zur Sinterung einer fein aufgeteilten und homogenen Rohstoffmischung hergestellt, die hauptsächlich CaO, SiO_2, Al_2O_3, Fe_2O_3 und geringe Mengen anderer Stoffe enthält (siehe dazu auch Abschn. 2.1.5).

Hüttensand (S) ist ein latent hydraulischer Stoff, d. h. er besitzt bei geeigneter Anregung hydraulische Eigenschaften. Er muss nach Massenteilen mindestens zwei Drittel glasig erstarrte Schlacke enthalten, die durch plötzliches Abkühlen einer geeigneten Hochofenschlacke entsteht. Hüttensand besteht aus CaO, MgO und SiO_2 sowie aus kleineren Anteilen an Al_2O_3 und anderen Oxiden. Das Massenverhältnis (CaO + MgO)/SiO_2 muss größer als eins sein.

Puzzolane sind entweder behandelte oder unbehandelte natürliche Stoffe oder industrielle Nebenprodukte, die kieselsäurereiche oder alumosilicatische Bestandteile oder eine Kombination solcher Verbindungen enthalten. Puzzolane erhärten nach dem Mischen mit Wasser nicht selbstständig. Feingemahlen und in Gegenwart von Wasser reagieren sie aber schon bei Raumtemperatur mit gelöstem Calciumhydroxid Ca(OH)$_2$. Dabei entstehen Calciumsilicat- und Calciumaluminathydratverbindungen, die zur Festigkeitsentwicklung beitragen und den Verbindungen aus der Erhärtung hydraulischer Stoffe ähnlich sind. Puzzolane im Sinne der DIN EN 197-1 müssen im Wesentlichen aus reaktionsfähigem SiO_2 mit einem Massenanteil von mindestens 25 % sowie aus Al_2O_3 bestehen; der Rest enthält Fe_2O_3 und andere Verbindungen. Der Anteil an reaktionsfähigem CaO ist unbedeutend.

Natürliche Puzzolane (P) sind im Allgemeinen Stoffe vulkanischen Ursprungs z. B. Trass oder Sedimentgesteine mit einer geeigneten chemisch-mineralogischen Zusammensetzung. *Natürliches getempertes Puzzolan* (Q) ist ein thermisch aktivierter Stoff vulkanischen Ursprungs, z. B. Ton, Phonolith, Schiefer oder Sedimentgestein. Unter den Puzzolanen aus industriellen Nebenprodukten von besonderer Bedeutung sind Flugasche und Silicastaub.

Wegen ihrer besonderen Bedeutung wird *Flugasche* (V, W) in der DIN EN 197-1 getrennt von den natürlichen Puzzolanen in einem gesonderten Abschnitt behandelt. Flugaschen im Sinne dieser Norm werden durch die elektrostatische oder mechanische Abscheidung von staubartigen Partikeln in Rauchgasen von Feuerungen erhalten, die mit feingemahlener Kohle befeuert werden. Flugaschen können ihrer Art nach sowohl alumo-silikatisch als auch silikatisch-kalkhaltig sein. Während die alumo-silikatische Flugasche nur puzzolanische Eigenschaften besitzt, kann die silikatisch-kalkhaltige Flugasche auch zusätzliche, hydraulische Eigenschaften aufweisen. Die in der DIN EN 197-1 behandelte Flugasche V ist ein kieselsäurereicher, feinkörniger Staub, der hauptsächlich aus kugeligen, glasigen Partikeln mit puzzolanischen Eigenschaften besteht. Der Massenanteil an reaktionsfähigem SiO_2 muss mindestens 25 % betragen, während der Masseanteil an reaktionsfähigem CaO auf 10 % beschränkt ist. Kalkreiche Flugasche W mit einem Masseanteil von 10,0 % bis 15,0 % an reaktionsfähigem Calciumoxid (CaO) muss einen Masseanteil von $\leq$ 25 % an reaktionsfähigem SiO_2 aufweisen.

Gebrannter Schiefer (T), insbesondere gebrannter Ölschiefer, wird in speziellen Öfen bei Temperaturen von etwa 800 °C hergestellt. Aufgrund der Zusammensetzung des natürlichen Ausgangsmaterials und des Herstellungsverfahrens enthält gebrannter Schiefer Klinkerphasen sowie puzzolanisch reagierende Oxide, sodass feingemahlener, gebrannter Schiefer ausgeprägte hydraulische und daneben auch puzzolanische Eigenschaften aufweist [2.1].

Kalkstein (L, LL) kann Zementen als inerter Füller zugegeben werden, wobei der Gesamtgehalt an organischem Kohlenstoff (TOC) auf 0,20 % (bei LL) und auf 0,50 % (bei L) beschränkt ist.

Silicastaub (D) entsteht bei der Reduktion von hochreinem Quarz mit Kohle in Lichtbogenöfen bei der Herstellung von Silicium und Ferrosiliciumlegierungen und besteht aus sehr feinen kugeligen Partikeln mit einem Gehalt an amorphem Siliciumdioxid von $\geq$ 85 %. Die spezifische Oberfläche muss mindestens 15,0 m^2/g betragen.

Neben den Hauptbestandteilen können noch Nebenbestandteile im Zement enthalten sein. Nebenstandteile sind besonders ausgewählte, anorganische natürliche mineralische Stoffe, anorganische mineralische Stoffe, die aus der Klinkerherstellung stammen, oder es sind dieselben Stoffe wie die Hauptbestandteile, es sei denn, sie sind bereits als Hauptbestandteile im Zement enthalten. Die Nebenbestandteile können bis 5 M.-% enthalten sein.

Calciumsulfat wird dem Zement bei seiner Herstellung in geringen Mengen zur Regelung seines Erstarrungsverhaltens zugegeben (siehe dazu auch Abschn. 2.1.5).

Zementzusätze dienen der Verbesserung der Herstellung von Zement oder von dessen Eigenschaften z. B. als Mahlhilfe. Über weitere Einzelheiten zur Zusammensetzung und Herstellung von Zementen siehe z. B [0.2].

DIN EN 197-1 unterscheidet zwischen 5 Hauptarten von Zementen:

CEM I   Portlandzement
CEM II   Portlandkompositzement
CEM III Hochofenzement
CEM IV   Puzzolanzement
CEM V   Kompositzement

Je nach Zusammensetzung wird innerhalb der Hauptarten CEM II bis CEM V zwischen weiteren Zementarten unterschieden. In Tabelle 5 sind die Zementarten nach DIN EN 197-1 und ihre Zusammensetzung als Massenanteil in Prozent zusammengestellt. Die Massenanteile beziehen sich dabei auf die jeweils aufgeführten Haupt- und Nebenbestandteile des Zements ohne Berücksichtigung des Gehalts an Calciumsulfat und Zementzusatz.

Neben den in Tabelle 5 zusammengestellten Zementarten wird in DIN 1164-10 „Zemente mit besonderen Eigenschaften" nur noch Zement mit niedrigem wirksamen Alkaligehalt (NA) behandelt. Anforderungen an Zement mit hohem Sulfatwiderstand (HS) wurden aus DIN 1164 inzwischen in die Neuausgabe von DIN EN 197-1 überführt. HS-Zemente führen in der europäischen Norm das Kurzzeichen „SR" für „Sulfates Resisting".

Die *Normenbezeichnung* der Zemente nach DIN EN 197-1 erfolgt nach der Art und Festigkeitsklasse des Zements sowie nach der Festigkeitsentwicklung und ggf. nach zusätzlichen Anforderungen. Ein Portlandzement der Festigkeitsklasse 42,5 mit hoher Anfangsfestigkeit trägt folgende Bezeichnung:

- Portlandzement DIN EN 197-1
  CEM I 42,5 R

Für einen Hochofenzement mit einem Hüttensandgehalt von 66 % bis 80 % der Festigkeitsklasse 32,5 mit üblicher Anfangsfestigkeit, niedriger Hydratationswärme und hohem Sulfatwiderstand gilt nach DIN EN 197-1:

- Hochofenzement DIN EN 197-1
  CEM III/B 32,5 N – LH/SR

Neben den Zementen nach DIN EN 197-1 gibt es eine Reihe von zugelassenen Bindemitteln mit allgemeiner bauaufsichtlicher Zulassung:

– 3 Schnellzemente und 1 schnellerhärtender Zement;
– 1 Normalzement, der nicht von EN 197-1 erfasst ist;

Tabelle 5. Normalzemente nach DIN EN 197-1

Haupt-zement-arten	Normalzementarten			Zusammensetzung (Massenanteile in Prozent)[a]										
				Hauptbestandteile										Neben-bestand-teile
				Portland-zement-klinker	Hütten-sand	Silica-staub	Puzzolane		Flugasche		ge-brannter Schiefer	Kalkstein		
							natür-lich	natür-lich getem-pert	kiesel-säure-reich	kalk-reich				
				K	S	D[b]	P	Q	V	W	T	L	LL	
CEM I	Portland-zement	CEM I		95–100	–	–	–	–	–	–	–	–	–	0–5
CEM II	Portland-hütten-zement	CEM II/A-S		80–94	6–20	–	–	–	–	–	–	–	–	0–5
		CEM II/B-S		65–79	21–35	–	–	–	–	–	–	–	–	0–5
	Portland-silica-staub-zement	CEM II/A-D		90–94	–	6–10	–	–	–	–	–	–	–	0–5
	Portland-puzzolan-zement	CEM II/A-P		80–94	–	–	6–20	–	–	–	–	–	–	0–5
		CEM II/B-P		65–79	–	–	21–35	–	–	–	–	–	–	0–5
		CEM II/A-Q		80–94	–	–	–	6–20	–	–	–	–	–	0–5
		CEM II/B-Q		65–79	–	–	–	21–35	–	–	–	–	–	0–5
	Portland-flugasche-zement	CEM II/A-V		80–94	–	–	–	–	6–20	–	–	–	–	0–5
		CEM II/B-V		65–79	–	–	–	–	21–35	–	–	–	–	0–5
		CEM II/A-W		80–94	–	–	–	–	–	6–20	–	–	–	0–5
		CEM II/B-W		65–79	–	–	–	–	–	21–35	–	–	–	0–5

Ausgangsstoffe 11

			K	S	D	P	Q	V	W	T	L	LL	Neben-bestandteile
CEM II	Portlandschieferzement	CEM II/A-T	80–94	–	–	–	–	–	–	6–20	–	–	0–5
		CEM II/B-T	65–79	–	–	–	–	–	–	21–35	–	–	0–5
	Portlandkalksteinzement	CEM II/A-L	80–94	–	–	–	–	–	–	–	6–20	–	0–5
		CEM II/B-L	65–79	–	–	–	–	–	–	–	21–35	–	0–5
		CEM II/A-LL	80–94	–	–	–	–	–	–	–	–	6–20	0–5
		CEM II/B-LL	65–79	–	–	–	–	–	–	–	–	21–35	0–5
	Portlandkompositzement[c]	CEM II/A-M	80–94	←——————————— 6–20 ———————————→									0–5
		CEM II/B-M	65–79	←——————————— 21–35 ———————————→									0–5
CEM III	Hochofenzement	CEM III/A	35–64	36–65	–	–	–	–	–	–	–	–	0–5
		CEM III/B	20–34	66–80	–	–	–	–	–	–	–	–	0–5
		CEM III/C	5–19	81–95	–	–	–	–	–	–	–	–	0–5
CEM IV	Puzzolanzement[c]	CEM IV/A	65–89	–	←——————— 11–35 ———————→				–	–	–	0–5
		CEM IV/B	45–64	–	←——————— 36–55 ———————→				–	–	–	0–5
CEM V	Kompositzement[c]	CEM V/A	40–64	18–30	–	←——— 18–30 ———→			–	–	–	0–5
		CEM V/B	20–38	31–50	–	←——— 31–50 ———→			–	–	–	0–5

[a] Die Werte in der Tabelle beziehen sich auf die Summe der Haupt- und Nebenbestandteile.
[b] Der Anteil von Silicastaub ist auf 10 % begrenzt.
[c] In den Portlandkompositzementen CEM II/A-M und CEM II/B-M, in den Puzzolanzementen CEM IV/A und CEM IV/B und in den Kompositzementen CEM V/A und CEM V/B müssen die Hauptbestandteile außer Portlandzementklinker durch die Bezeichnung des Zementes angegeben werden.

- 9 CEM III/A nach EN 197-1 mit Nachweis SR-Eigenschaft;
- 20 Zemente mit Anwendungszulassung (AZ) für CEM II/B-M;
- 1 Zement mit Anwendungszulassung (AZ) für CEM II/B-LL;
- 1 Zement mit Anwendungszulassung (AZ) für CEM II/B-P.
- 1 CEM II/B-V nach EN 197-1 mit Nachweis NA

Nicht mehr hergestellt wird in Deutschland der *Sulfathüttenzement*. *Tonerdezement* und *Tonerdeschmelzzement* finden im Feuerungsbau Anwendung. Sie dürfen aber in Deutschland seit 1962 nicht mehr für die Herstellung und Ausbesserung tragender Bauteile aus Mörtel, Stahlbeton und Spannbeton verwendet werden [2.2].

Es werden auch sog. *Schnellzemente* angeboten, die nach wenigen Minuten erstarren und bereits in der ersten Stunde eine relativ hohe Festigkeit aufweisen. In Deutschland sind solche Zemente unter der Bezeichnung „Schnellzement 32,5 R-SF" bauaufsichtlich zugelassen. Sie dürfen angewendet werden zur Befestigung von Dübeln und Ankern sowie zur Ausbesserung von Bauteilen aus Beton und Stahlbeton nach DIN EN 206-1/DIN 1045-2 sowie aus Spannbeton mit nachträglichem Verbund, soweit diese einer über die üblichen klimabedingten Temperaturen hinausgehenden Wärmebeanspruchung nicht ausgesetzt sind. Mehrere bauaufsichtliche Zulassungen liegen auch für hydraulische Bindemittel vor, die für die Herstellung von Betonwaren und Betonteilen aus Leichtbeton verwendet werden dürfen und die aus Portlandzementklinker, Hüttensand, Steinkohlenflugasche und/oder natürlichem Gesteinsmehl unter Zugabe von Farbzusätzen und von Calciumsulfat durch gemeinsames werkmäßiges Feinmahlen hergestellt werden. Zemente „mit verkürztem Erstarren" sind als FE-Zement („frühes Erstarren") und als SE-Zement („schnell erstarrend") in DIN 1164-11 genormt. Zemente mit einem erhöhten Anteil an organischen Bestandteilen bis 1 M.-%, bezogen auf den Zement (HO-Zement), sind in DIN 1164-12 geregelt.

2.1.2 Bautechnische Eigenschaften

Zu den bautechnischen Eigenschaften eines Zements zählen insbesondere sein Erstarrungs- und Erhärtungsverhalten, die erreichbare Festigkeit, die Hydratationswärmeentwicklung, die Raumbeständigkeit, die spezifische Oberfläche und der Wasseranspruch, Schwind- und Quelleigenschaften sowie der erreichbare Widerstand gegen Frost, Alkalireaktion und chemischen Angriff. Die bautechnischen Eigenschaften der Zemente müssen dergestalt sein, dass daraus hergestellte Mörtel oder Betone bei entsprechender Zusammensetzung, Herstellung und Nachbehandlung fest, dicht und dauerhaft sind.

Das *Ansteifen* des mit Wasser angemachten Zements wird Erstarren, die Verfestigung des Zements Erhärten genannt. Erstarren und Erhärten sind von vielen Einflüssen abhängig (siehe u. a. [0.2]). Beginn und Ende des Erstarrens werden üblicherweise durch wiederholte Messung des Eindringwiderstandes von Stäben oder Nadeln in einer Zementleim- oder Mörtelprobe ermittelt. Das Erstarrungsende von Frischbeton kann z. B. anhand des Knetbeutelversuchs bestimmt werden [2.32]. Kontinuierliche Messungen sind mit Ultraschall möglich [2.3]. Da Mörtel oder Betone über einen längeren Zeitraum verarbeitbar bleiben müssen, darf das Erstarren

Tabelle 6. Anforderungen an mechanische und physikalische Eigenschaften der CEM-Zemente nach DIN EN 197-1

Festigkeitsklasse	Druckfestigkeit N/mm²			Erstarrungsbeginn (min)	Dehnungsmaß (Raumbeständigkeit, mm)
	Anfangsfestigkeit		Normfestigkeit		
	2 Tage	7 Tage	28 Tage		
32,5 L	–	≥ 12			
32,5 N	–	≥ 16	≥ 32,5	≤ 52,5	≥ 75	
32,5 R	≥ 10	–			
42,5 L	–	≥ 16			
42,5 N	≥ 10	–	≥ 42,5	≤ 62,5	≥ 60	≤ 10
42,5 R	≥ 20	–			
52,5 L	≥ 10	–			
52,5 N	≥ 20	–	≥ 52,5		≥ 45	
52,5 R	≥ 30	–			

nicht unmittelbar nach dem Mischen beginnen. Aus diesem Grunde fordert DIN EN 197-1, dass bei Prüfung mit dem Nadelgerät nach DIN EN 196-1 der Erstarrungsbeginn für Zemente der Festigkeitsklasse 32,5 nicht früher als 75 Minuten, für Zemente der Festigkeitsklasse 42,5 nicht früher als 60 Minuten und für Zemente der Festigkeitsklassen 52,5 nicht früher als 45 Minuten nach der Wasserzugabe eintreten darf.

Das gelegentlich bei Transportbeton auftretende, vorzeitige Ansteifen wird bei der Erstarrungsprüfung nach DIN EN 196-3 nicht erkannt. Es macht sich insbesondere bei höheren Temperaturen störend bemerkbar und kann von Zement, Betonzusätzen, Temperatureinflüssen und weiteren Bedingungen bei der Betonherstellung und dem Transport des Betons verursacht oder beeinflusst werden. Zur Vermeidung eines Frühansteifens des Betons müssen beim Zement Art und Menge des Sulfats auf Menge und Reaktionsvermögen der frühzeitig reagierenden Anteile der Hauptbestandteile des Zements abgestimmt werden [0.2].

Das *Erhärtungsvermögen* des Zements wird durch seine Festigkeit in jungem und spätem Alter und durch seine Festigkeitsentwicklung gekennzeichnet. Die Druckfestigkeit der Zemente wird nach DIN 197-1 wird nach DIN EN 196-1 an einer Mörtelmischung aus 1,0 Masseteilen Zement + 3,0 Masseteilen Normsand + 0,5 Masseteilen Wasser geprüft. Die nach DIN EN 197-1 zu erfüllenden Anforderungen sind zusammen mit anderen physikalischen Anforderungen in Tabelle 6 wiedergegeben. Nach Abschn. 1.3.2 wird bei Beton in der Regel die 28-Tage-Druckfestigkeit zugrunde gelegt. Auch die Festigkeitsklassen des Zements werden daher nach der geforderten Mindestfestigkeit im Alter von 28 Tagen bezeichnet. Ferner wird je Festigkeitsklasse zwischen Zementen mit langsamer (L = langsam) und üblicher Anfangserhärtung (N = normal) sowie schnell erhärtenden Zementen (R = rapid) unterschieden. Die 28-Tage-Druckfestigkeit der Zemente ist nach oben begrenzt, um eine möglichst hohe Gleichmäßigkeit der Festigkeitseigenschaften eines Zements einer bestimmten Festigkeitsklasse sicherzustellen. Für Zemente der Festigkeitsklasse 52,5 N wurde keine Obergrenze angegeben, weil hier aufgrund der technischen Gegebenheiten eine zu hohe Überschreitung der geforderten Nennfestigkeit nicht zu erwarten ist. Nach Tabelle 6 werden auch für die CEM-Zemente Anforderungen an die Anfangsfestigkeit gestellt, die je nach Festigkeitsklasse unterschiedlich und für die Zemente mit hoher Anfangsfestigkeit höher sind als für Zemente mit üblicher Anfangsfestigkeit. Das Nachweisalter beträgt dabei, mit Ausnahme der Festigkeitsklassen 32,5 L und 42,5 L, 2 Tage.

Für den Konformitätsnachweis der Zemente gilt DIN EN 197-1. Nach dieser Norm darf das 5%-Quantil der Festigkeitsergebnisse der Eigenüberwachung bei einer Aussagewahrscheinlichkeit von 95 % die entsprechenden Grenzwerte der Tabelle 6 nicht unterschreiten. Soweit die Einhaltung einer Obergrenze der Festigkeit gefordert ist, gilt ein Wert von 90 %. Insgesamt stellen diese Regelungen sicher, dass der Schwankungsbereich der tatsächlichen Festigkeit eines Zements gegebener Festigkeitsklasse gering ist [2.4]. Da die Prüfstreuungen einen wesentlichen Anteil der Gesamtstreuung ausmachen und die tatsächliche Streuung der Zementfestigkeit deutlich geringer ist, erscheint es zweckmäßig und angemessen, bei der Vorausbestimmung der erforderlichen Betonzusammensetzung für eine bestimmte Betondruckfestigkeit vom Mittelwert zwischen unterer und oberer Festigkeitsgrenze der jeweiligen Zementfestigkeitsklasse auszugehen.

Zemente mit üblicher Anfangserhärtung (N-Zemente) weisen bei entsprechender Nachbehandlung eine etwas größere Nacherhärtung in höherem Alter als R-Zemente auf. Die Verwendung von Zement mit höherer Anfangsfestigkeit kann z. B. für frühzeitiges Ausschalen, für frühzeitiges Vorspannen und für das Betonieren bei niedriger Temperatur zweckmäßig und vorteilhaft sein. Die Verwendung von Zement mit langsamer und üblicher Anfangserhärtung ist z. B. für die Herstellung dicker Bauteile und für Massenbeton von Vorteil, da bei der Hydratation des Zements weniger Wärme frei wird als bei R-Zementen (siehe dazu Abschn. 4.2).

Höhe und Entwicklung der *Hydratationswärme* des Zements hängen von seiner Zusammensetzung ab und nehmen in der Regel mit seiner Anfangsfestigkeit zu. Richtwerte für die Hydratationswärme von Zementen enthält Tabelle 7. Die Hydratationswärme von Normalzement mit niedriger Hydratationswärme (LH = low heat development) darf den charakteristischen Wert von 270 J/g nicht überschreiten. Die Hydratationswärme ist dabei entweder

Tabelle 7. Hydratationswärme (Lösungswärme) deutscher Zemente (Richtwerte)

Zement-festig-keits-klasse	Hydratationswärme in J/g nach			
	1 Tag	3 Tagen	7 Tagen	28 Tagen
32,5 N	60 bis 170	125 bis 250	150 bis 300	210 bis 380
32,5 R 42,5 N	125 bis 210	210 bis 340	275 bis 380	300 bis 420
42,5 R 52,5 N	210 bis 275	300 bis 360	340 bis 380	380 bis 420

nach 7 Tagen gemäß DIN EN 196-8 (Lösungswärmeverfahren) oder nach 41 h gemäß DIN EN 196-9 (teiladiabatisches Verfahren) zu bestimmen. Für die Wahl der Ausgangsstoffe und der optimalen Betonzusammensetzung kann es in bestimmten Anwendungsfällen jedoch zweckmäßig sein, die Hydratationswärme des Betons unter adiabatischen Bedingungen zu bestimmen. Über die Auswirkungen der Hydratationswärme siehe Abschn. 4.2.

Die Anforderungen an Zemente mit hohem Sulfatwiderstand (Zusatz „SR") nach der neuen DIN EN 197-1:2011 sind bei Verwendung nach DIN 1045-2 für CEM I-SR 0, CEM I-SR 3, CEM III/B-SR und CEM III/C-SR erfüllt. Die Zusätze „0" und „3" beim Portlandzement CEM I-SR stehen für einen C_3A-Gehalt im Klinker von 0% bzw. $\leq$ 3%. Der C_3A-Gehalt von CEM I-SR darf dabei mithilfe des Al_2O_3- und des Fe_2O_3-Gehalts im Klinker ermittelt werden. Ein Prüfverfahren zur Bestimmung des C_3A-Gehalts im Klinker wird derzeit von CEN/TC 51 entwickelt. Der Hüttensandanteil im CEM III/B-SR bzw. CEM III/C-SR muss zwischen 66% und 80% bzw. 81% und 95% liegen.

Als Zemente mit *niedrigem wirksamen Alkaligehalt* gelten gemäß DIN 1164-10 CEM I-Zemente mit einem Gesamtalkaligehalt von höchstens 0,60% Na_2O-Äquivalent, CEM II/B-S von 0,70% Na_2O-Äquivalent, Hochofenzement CEM III/A mit weniger als 49% Hüttensand bei maximal 0,95% Na_2O-Äquivalent und CEM III/A mit mindestens 50% Hüttensand und einem Gesamtalkaligehalt von höchstens 1,10% Na_2O-Äquivalent sowie Hochofenzement CEM III/B und /C mit einem Gesamtalkaligehalt von höchstens 2,00% Na_2O-Äquivalent.

Sonderzemente VLH (= **v**ery **l**ow **h**eat development) nach DIN EN 14216 sind Zemente mit sehr niedriger Hydratationswärme mit $\leq$ 220 J/g. Sie werden als Hochofenzement VLH III, Puzzolanzement VLH IV oder Kompositzement VLH V in der Festigkeitsklasse 22,5 hergestellt.

Hochofenzement CEM III/A, III/B oder III/C mit niedriger Anfangsfestigkeit nach DIN EN 197-1 werden mit dem Kennbuchstaben L hinter der Festigkeitsklasse gekennzeichnet.

Zemente müssen *raumbeständig* sein. Darunter wird die Volumenstabilität des Zementleims bzw. Zementsteins während der Hydratation verstanden. Fehlende Raumbeständigkeit ist z. B. auf einen falschen Calciumsulfatgehalt des Zements oder häufiger auf einen zu hohen Gehalt an freiem Kalk oder Magnesiumoxid zurückzuführen. Diese Komponenten reagieren mit Wasser, wobei sich eine erhebliche Volumenvergrößerung einstellt. Solange diese Reaktion vor der Erstarrungsende abläuft, ist sie unschädlich. Zu einem späteren Zeitpunkt kann sie zu Rissen und einer erheblichen Schädigung des Betons führen. Die Bestimmung der Raumbeständigkeit unter beschleunigenden Prüfbedingungen erfolgt mit dem Le-Chatelier-Ring nach DIN EN 196-3. Das damit bestimmte Dehnungsmaß (Nadelspreizung), das der Ausdehnung einer Zementleimprobe nach einem 24-stündigen Kochversuch entspricht, darf für alle Zementarten und Festigkeitsklassen einen Wert von 10 mm nicht überschreiten (siehe Tabelle 6). Eine Reihe von physikalischen Eigenschaften des Zements, insbesondere seine Festigkeitsentwicklung und die Entwicklung der Hydratationswärme werden durch seine *Mahlfeinheit* bzw. seine *spezifische Oberfläche* bestimmt. Die DIN EN 197-1 enthält keine spezifischen Anforderungen an die Mahlfeinheit des Zements. Trotzdem sei auf die Anforderungen der DIN 1164-1:1990 (inzwischen zurückgezogen) hingewiesen. Demnach soll die spezifische Oberfläche des Zements, geprüft mit dem Luftdurchlässigkeitsverfahren nach DIN EN 196-6, im Allg. 2200 cm^2/g und in Sonderfällen 2000 cm^2/g nicht unterschreiten. Für Fahrbahndecken aus Beton darf die Mahlfeinheit der Zemente CEM I 32,5 R 3500 cm^2/g nicht überschreiten. Diese Forderung gilt nicht für Zemente der Festigkeitsklasse 42,5 R zur Herstellung von frühhochfestem Beton. Bei Zementen mit mittlerer Feinheit (spezifische Oberfläche etwa 2800 bis 4000 cm^2/g) beeinflusst diese die Frischbetoneigenschaften, insbesondere die Verarbeitbarkeit des Betons, praktisch nicht. Bei Verwendung grober Zemente (spezifische Oberfläche deutlich unter 2800 cm^2/g) sind der Wasseranspruch und das Wasserrückhaltevermögen in der Regel geringer. Beton mit sehr feinem Zement (spezifische Oberfläche etwa 5000 bis 7000 cm^2/g) besitzt in der Regel einen größeren Wasseranspruch und kann bei höheren Zementgehalten je nach Betonzusammensetzung schwer verarbeitbar sein. Vom Wasseranspruch des Zements kann jedoch nicht ohne Weiteres auf den Wasseranspruch des Betons geschlossen werden.

Auf die Umweltverträglichkeit von Zementen insbesondere in Bezug auf den Gehalt und die Auslaugbarkeit von Schwermetallen wird z. B. in [2.5] eingegangen.

2.1.3 Bezeichnung, Lieferung und Lagerung

Nach DIN EN 197-1 muss jeder angelieferte Zement normgemäß mit dem CE-Zeichen gekennzeichnet sein. Aus der Bezeichnung auf Säcken und Lieferscheinen müssen die Zementart, die Festigkeitsklasse, das Lieferwerk, das Bruttogewicht des Sackes bzw. das Nettogewicht des losen Zements, die Kennnummer der Zertifizierungsstelle, die Nummer des EG-Konformitätszertifikats und ggf. die Zusatzbezeichnung für besondere Eigenschaften hervorgehen. Auf jedem Lieferschein müssen außerdem Tag und Stunde der Lieferung, amtliches Kennzeichen des Fahrzeugs, Auftraggeber, Auftragnummer und Empfänger vermerkt sein. Für

Normzemente sind ausschließlich 25-kg-Säcke vorgesehen. Neben den o. g. Kennzeichnungen sind die Säcke mit der Kennzeichnung „Reizend-X_i" nach der Gefahrstoffverordnung sowie Hinweisen auf Risiken und erforderliche Schutzmaßnahmen zu versehen. Die Säcke von Zementen der Norm DIN 1164 mussten früher gemäß Tabelle 8 farbig gekennzeichnet sein. Heute steht es dem Zementhersteller frei, sich an diese Kennzeichnung zu halten, wobei sie in jedem Fall für Zemente mit besonderen Eigenschaften nach DIN 1164-10 bis -12 gelten.

Der Zement muss vor jeder Verunreinigung und vor Feuchtigkeit geschützt werden. Er darf nur in saubere Transportbehälter gefüllt und darin transportiert und gelagert werden, die keine Rückstände früherer Zementlieferungen oder anderer Stoffe enthalten. Schon geringe Mengen organischer Stoffe oder anderer, mit den Betonbestandteilen nicht verträglicher Stoffe können sich im Beton nachteilig auswirken. – Zement darf mit einem anderen Zement oder mit einem anderen Bindemittel nur vermischt werden, wenn die Stoffe miteinander und mit den übrigen Betonausgangsstoffen verträglich sind. Ein Gemisch aus zwei grundsätzlich miteinander verträglichen Zementen erreicht wenigstens die Festigkeit, die sich aus den Anteilen und den Festigkeiten der beteiligten Zemente errechnen lässt (siehe u. a. [2.6]). Sie ist daher stets kleiner als die Festigkeit des Zements mit der höheren Festigkeit. Auch das Vermischen von zwei grundsätzlich miteinander verträglichen Zementen kann wegen der gegebenenfalls beeinträchtigten Abstimmung der Zementbestandteile und der veränderten Granulometrie ein frühes Ansteifen, veränderte Festigkeiten und größere Festigkeitsstreuungen zur Folge haben. Trotzdem können wirtschaftliche oder technologische Gründe dafür sprechen, Zemente zu mischen. Dann sind aber große betontechnologische Erfahrung, umfangreiche Erstprüfungen für jede Rezeptur und ggf. eine Rücksprache mit dem Hersteller der Zemente erforderlich, um Misserfolge zu vermeiden.

Die Art der Lagerung kann die Zementeigenschaften wesentlich beeinflussen. Nicht vor Luft- und Feuchtigkeitszutritt geschützter Zement nimmt aus der Luft Feuchtigkeit und Kohlensäure auf. Dies kann Klumpenbildung und eine Festigkeitsminderung des Zements zur Folge haben. Letztere ist allerdings in der Regel vernachlässigbar, wenn sich die Klumpen zwischen den Fingern noch zerdrücken lassen. Die Behälter für losen Zement müssen daher so dicht sein, dass keine Feuchtigkeit hinzutreten kann. In Säcken verpackter Zement sollte in geschlossenen Fahrzeugen transportiert sowie in geschlossenen Räumen gelagert und dabei auch vor Bodenfeuchtigkeit geschützt werden. Da Zement gegenüber solchen Einflüssen umso empfindlicher ist, je schneller er erhärtet und je größer seine Anfangsfestigkeit ist, sollte die Lagerungsdauer von Zementen, die in normalen Säcken gelagert werden, in der Regel bei schnell erhärtenden Zementen etwa 1 Monat, bei Zementen mit mittlerer Erhärtungsgeschwindigkeit etwa 2 Monate und bei langsamer erhärtenden Zementen etwa 3 Monate nicht überschreiten. Hydrophobierter Zement ist feuchtigkeitsunempfindlicher, er kann auch längere Zeit in üblichen Säcken gelagert werden, ohne dass die Festigkeit zurückgeht. Jedoch behalten auch üblicher Normzement und als gleichwertig bauaufsichtlich zugelassener Zement in der Regel längere Zeit ihr volles Erhärtungsvermögen, wenn der Zement in Säcken mit einer Innenlage aus bitumiertem oder mit Kunststoff bzw. Kunststoff-Folie beschichtetem Papier oder in weitgehend luftdicht verschlossenen Hobbocks oder Behältern gelagert wird. Aus Sicherheitsgründen sollten jedoch längere Zeit nicht sachgerecht gelagerter Zement und der damit hergestellte Beton auf Ansteifungsverhalten, Erstarren und Festigkeit im Rahmen der Betonerstprüfung untersucht werden. Zur Wahrung etwaiger Gewährleistungsansprüche sollten auf der Baustelle bzw. im Betonwerk von jeder Zementlieferung Rückstellproben sachgerecht entnommen, gekennzeichnet und aufbewahrt werden.

2.1.4 Anwendungsbereiche

In vielen Anwendungsbereichen können alle Zemente nach DIN EN 197-1 verwendet werden. Einschränkungen gibt es hinsichtlich des Frost-Taumittelwiderstands und des chemischen Angriffs. In den Tabellen 9 bis 11 sind die bei verschiedenen Expositionsklassen anwendbaren Zemente im Einzelnen aufgeführt. Die Expositionsklassen sind in Tabelle 33 (siehe S. 83ff) beschrieben. Für Beton mit hohem Widerstand gegen Sulfatangriff sind SR-Zemente nach Abschn. 2.1.1 und 2.1.2 zu verwenden oder eine Mischung aus Zement und Flugasche (siehe Abschn. 2.4.3).

Sollten Zemente abweichend von den Anwendungsbereichen der Tabelle 9 verwendet werden, benötigen sie eine sog. Anwendungszulassung des Deutschen Instituts für Bautechnik.

Tabelle 8. Kennfarben für die Zemente nach DIN 1164, Teile 10 bis 12

Festigkeits-klasse	Kennfarbe	Farbe des Aufdrucks
32,5 N	hellbraun	schwarz
32,5 R		rot
42,5 N	grün	schwarz
42,5 R		rot
52,5 N	rot	schwarz
52,5 R		weiß

Tabelle 9. Anwendungsbereiche von Zementen nach DIN EN 197-1, DIN 1164-10, DIN 1164-12 und FE-Zemente sowie CEM I-SE und CEM II-SE nach DIN 1164-11 zur Herstellung von Beton nach DIN 1045-2 [a)]

Expositionsklassen + gültiger Anwendungsbereich nach DIN 1045-2 – für die Herstellung nicht anwendbar			Kein Korrosions- und Angriffsrisiko	Bewehrungskorrosion										Betonangriff													Spannstahlverträglichkeit
				Durch Carbonatisierung verursachte Korrosion				Durch Chloride verursachte Korrosion						Frostangriff				Aggressive chemische Umgebung			Verschleiß			
								Andere Chloride als Meerwasser			Chloride aus Meerwasser													
			X0	XC1	XC2	XC3	XC4	XD1	XD2	XD3	XS1	XS2	XS3	XF1	XF2	XF3	XF4	XA1	XA2 [d)]	XA3 [d)]	XM1	XM2	XM3	
CEM I			+	+	+	+	+	+	+	+	+	+	+	+	+	+	+	+	+	+	+	+	+	+
CEM II	S	A/B	+	+	+	+	+	+	+	+	+	+	+	+	+	+	+	+	+	+	+	+	+	+
	D		+	+	+	+	+	+	+	+	+	+	+	+	+	+	+	+	+	+	+	+	+	+
	P/Q	A/B	+	+	+	+	+	+	+	+	+	+	+	+	+	+	+	+	+	+	+	+	+	−
	V	A/B	+	+	+	+	+	+	+	+	+	+	+	−	+	+	+	+	+	+	+	+	+	+
	W	A	+	+	+	+	+	+	−	−	−	−	−	−	−	−	−	−	−	−	−	−	−	−
	W	B	+	−	+	+	+	−	−	−	−	−	−	−	−	−	−	−	−	−	−	−	−	−
	T	A/B	+	+	+	+	+	+	+	+	+	+	+	+	+	+	+	+	+	+	+	+	+	+
	LL	A	+	+	+	+	+	+	+	+	+	+	+	+	+	+	+	+	+	+	+	+	+	+
	LL	B	+	+	+	+	+	+	−	−	−	−	−	+	+	+	+	+	+	−	+	+	+	+
	L	A	+	+	+	+	+	+	+	+	+	+	+	+	+	+	+	+	+	+	+	+	+	+
	L	B	+	+	+	+	+	+	−	−	−	−	−	−	−	−	−	−	−	−	−	−	−	−
	M [e)]	A	+	+	+	+	+	+	+	+	+	+	+	+	+	+	+	+	+	+	+	+	+	+
	M [e)]	B	+	+	+	+	+	+	−	+	−	−	−	−	−	−	−	−	−	−	−	−	−	−
CEM III		A	+	+	+	+	+	+	+	+	+	+	+	+	+	+	+[b)]	+	+	+	+	+	+	+
		B	+	+	+	+	+	+	+	+	+	+	+	+	+	+	+[c)]	+	+	+	+	+	+	+
		C	+	+	+	+	+	−	+	+	−	+	+	−	−	−	−	+	+	+	−	−	−	−
CEM IV [e)]		A	+	+	+	+	+	+	+	+	+	+	+	+	+	+	−	+	+	+	−	−	−	−
		B	+	+	+	+	+	+	+	+	+	+	+	+	−	−	−	+	+	+	−	−	−	−
CEM V [e)]		A	+	+	+	+	+	−	+	−	−	+	+	−	−	−	−	+	+	−	−	−	−	−
		B	+	−	+	+	+	−	+	−	−	+	+	−	−	−	−	+	−	−	−	−	−	−

Fußnoten a) bis i) siehe Tabelle 11.

Tabelle 10. Anwendungsbereiche von CEM-II-M-Zementen mit drei Hauptbestandteilen nach DIN EN 197-1, DIN 1164-10, DIN 1164-12 und FE-Zemente sowie CEM II-SE nach DIN 1164-11 zur Herstellung von Beton nach DIN 1045-2 [a)]

+ gültiger Anwendungsbereich für die Herstellung nach DIN 1045-2 nicht anwendbar

Expositionsklassen			Kein Korrosions- und Angriffsrisiko	Bewehrungskorrosion										Betonangriff										Spannstahlverträglichkeit
				Durch Carbonatisierung verursachte Korrosion				Durch Chloride verursachte Korrosion						Frostangriff				Aggressive chemische Umgebung			Verschleiß			
								Andere Chloride als Meerwasser			Chloride aus Meerwasser													
			X0	XC 1	XC 2	XC 3	XC 4	XD 1	XD 2	XD 3	XS 1	XS 2	XS 3	XF 1	XF 2	XF 3	XF 4	XA 1	XA 2 [d)]	XA 3 [d)]	XM 1	XM 2	XM 3	
CEM II	M	A	S-D; S-T; S-LL; D-T; D-LL; T-LL; S-V [i)]; V-T; V-LL [i)]	+	+	+	+	+	+	+	+	+	+	+	+	+	+	+	+	+	+	+	+	+	+
			S-P; D-P; D-V [i)]; P-V [i)]; P-T; P-LL	+	+	+	+	+	+	+	+	+	+	+	+	+	−	+	+	+	+	+	+	+
		B	S-D; D-T; S-V [i)]; V-T [i)]	+	+	+	+	+	+	+	+	+	+	+	+	+	+	+	+	+	+	+	+	+
			S-P; D-P; D-V [i)]; P-T; P-V [i)]	+	+	+	+	+	+	+	+	+	+	+	+	+	−	+	+	+	+	+	+	+
			S-LL; D-LL; P-LL; V-LL [i)]; T-LL	+	+	+	−	−	−	−	−	−	−	+	−	−	−	−	−	−	−	−	−	+

Fußnoten a) bis i) siehe Tabelle 11.

Tabelle 11. Anwendungsbereiche von CEM-IV- und CEM-V-Zementen mit zwei bzw. drei Hauptbestandteilen nach DIN EN 197-1, DIN 1164-10, DIN 1164-12 und FE-Zemente nach DIN 1164-11 zur Herstellung von Beton nach DIN 1045-2 [a]

Expositionsklassen + gültiger Anwendungsbereich – für die Herstellung nach DIN 1045-2 nicht anwendbar		Kein Korrosions- und Angriffs- risiko	Bewehrungskorrosion									Betonangriff									Spannstahl- verträglich- keit
			Durch Carbonati- sierung verursachte Korrosion				Durch Chloride verursachte Korrosion						Frostangriff				Aggressive chemische Umgebung			Verschleiß		
							Andere Chloride als Meerwasser			Chloride aus Meerwasser												
		X0	XC 1	XC 2	XC 3	XC 4	XD 1	XD 2	XD 3	XS 1	XS 2	XS 3	XF 1	XF 2	XF 3	XF 4	XA 1	XA 2 [d]	XA 3 [d]	XM 1	XM 2	XM 3
CEM IV	B (P [g])	+	+	+	+	+	+	+	+	+	+	+	+	–	+	–	+	+	+	+	–	–
CEM V	A (S-P [h])																						
	B																						

[a] Sollen Zemente, die nach dieser Tabelle nicht anwendbar sind, verwendet werden, bedürfen sie einer allgemeinen bauaufsichtlichen Zulassung.
[b] Festigkeitsklasse ≥ 42,5 oder Festigkeitsklasse ≥ 32,5 R mit einem Hüttensand-Massenanteil von ≤ 50%.
[c] CEM III/B darf nur für die folgenden Anwendungsfälle verwendet werden:
  – Meerwasserbauteile: w/z ≤ 0,45; Mindestfestigkeitsklasse C 35/45 und $z \geq 340$ kg/m³
  – Räumerlaufbahnen w/z ≤ 0,35; Mindestfestigkeitsklasse C40/50 und $z \geq 360$ kg/m³; Beachtung von DIN 19569
  Auf Luftporen kann in beiden Fällen verzichtet werden.
[d] Bei chemischem Angriff durch Sulfat (ausgenommen bei Meerwasser) muss oberhalb der Expositionsklasse XA1 Zement mit hohem Sulfatwiderstand (HS-Zement) verwendet werden. Zur Herstellung von sulfatwiderstandsfähigem Beton darf bei einem Sulfatgehalt des angreifenden Wassers von $SO_4^{2-} \leq 1500$ mg/l anstelle von HS-Zement eine Mischung aus Zement und Flugasche verwendet werden.
[e] Spezielle Kombinationen können günstiger sein. Für CEM-II-M-Zemente mit drei Hauptbestandteilen siehe Tabelle 10. Für CEM-IV- und CEM-V-Zemente mit zwei bzw. drei Hauptbestandteilen siehe Tabelle 11.
[f] Zemente, die P enthalten, sind ausgeschlossen, da sie bisher für diesen Anwendungsfall nicht überprüft wurden.
[g] Gilt nur für Trass nach DIN 51043 als Hauptbestandteil bis maximal 40 % Massenanteil.
[h] Gilt nur für Trass nach DIN 51043 als Hauptbestandteil.
[i] Zemente zur Herstellung von Beton nach DIN 1045-2 dürfen nur Flugaschen mit bis zu 5 % Glühverlust enthalten.

Die VLH-Zemente nach DIN EN 14216 sind begrenzt einsetzbar. Die Hochofenzemente VLH III/B und III/C können in den Expositionsklassen X0, XC2, XD2, XS2 und XA1 bis XA3 verwendet werden. Meist betreffen diese Bauteile dickwandige Konstruktionen des Wasserbaus, jedoch ohne Frostangriff. Die Puzzolan- und Kompositzemente VLH IV/A und IV/B bzw. V/A und V/B sind nur für X0 und XC2 geeignet.

Wird eine Mischung von zwei Zementen verwendet, gilt in Deutschland die Regel, dass die Mischung für den Anwendungsbereich in Frage kommt, wofür der Zement mit der geringeren Expositionsklasse geeignet ist.

Zusammen mit alkaliempfindlicher Gesteinskörnung nach Abschn. 2.2.3 kann die Verwendung von Zement mit niedrigem wirksamen Alkaligehalt – NA-Zement nach Abschn. 2.1.1 und 2.1.2 – zweckmäßig oder unabdingbar sein. Für Einpressmörtel bei Spannbeton darf nur Portlandzement (CEM I) eingesetzt werden. Eine Übersicht über die Spannstahlverträglichkeit der Zemente ist in den Tabellen 9, 10 und 11, jeweils letzte Spalte, enthalten.

Bei der Herstellung von massigen Betonbauteilen kann die Verwendung von Zement mit niedriger Hydratationswärme, LH, nach Abschn. 2.1.2 zweckmäßig oder notwendig sein (siehe dazu auch Abschn. 4.2).

Nach einem allgemeinen Rundschreiben zu [2.33] ist für das Herstellen von Fahrbahndecken aus Beton in der Regel ein Portlandzement CEM I der Festigkeitsklasse 32,5 R zu verwenden. In Abstimmung mit dem Auftraggeber können aber, mit Ausnahme des CEM III/B, auch die übrigen, in Tabelle 9 für Beton mit hohem Widerstand gegen sehr starke Frost- und Tausalzangriffe (Expositionsklasse XF4) aufgeführten Zemente verwendet werden. Für die Herstellung von Decken aus frühhochfestem Straßenbeton mit Fließmittel ist ein Zement der Festigkeitsklasse 42,5 R zu verwenden. Für die Herstellung von Straßenbautragschichten mit hydraulischem Bindemittel sind Zemente nach DIN EN 197-1 oder hydraulischer Tragschichtbinder nach DIN 18506 geeignet.

2.1.5 Zementhydratation

Aus der Reaktion zwischen Zement und Wasser, der so genannten Hydratation, entsteht der Zementstein. Von besonderer Bedeutung ist dabei die Reaktion des wichtigsten Hauptbestandteiles des Zements, des Portlandzementklinkers. Dieser besteht aus sog. Klinkerphasen, die beim Brennen der Ausgangsstoffe des Zements entstehen. Darunter sind die wichtigsten das *Tricalciumsilicat* $3\,CaO \cdot SiO_2$ (C_3S), das *Dicalciumsilicat* $2\,CaO \cdot SiO_2$ (C_2S), das *Tricalciumaluminat* $3\,CaO \cdot Al_2O_3$ (C_3A) und das *Calciumaluminatferrit* $4\,CaO \cdot Al_2O_3 \cdot Fe_2O_3$ (C_4AF). Eine wichtige Rolle bei der Hydratation dieser Klinkerphasen spielt das Calciumsulfat $CaSO_4 \cdot 2\,H_2O$ (CSH_2). Die in Klammern angegebenen Formeln entsprechen den jeweiligen Kurzbezeichnungen, die in der Zementchemie üblicherweise angewandt werden. Die verschiedenen Klinkerphasen unterscheiden sich sowohl in ihrer Reaktionsgeschwindigkeit als auch in ihrem Beitrag zur Festigkeitsentwicklung des Zementsteins. C_3A und C_3S hydratisieren am schnellsten, während das C_2S deutlich langsamer reagiert. Die frühe Reaktion des C_3A wird durch das Calciumsulfat gebremst (siehe dazu Abschn. 2.1.6). Während das C_3S für die Entwicklung der Frühfestigkeit entscheidend ist, trägt das C_2S vor allem zur Festigkeitsentwicklung in höherem Alter bei. Bei der Hydratation dieser Klinkerphasen wird Wärme freigesetzt. Diese sog. Hydratationswärme ist am höchsten für die Klinkerphase C_3A, etwas geringer für C_3S und C_4AF und am geringsten für das C_2S (siehe dazu auch Abschn. 4.2). Als Folge dieser Eigenschaften haben Zemente mit einer hohen Anfangsfestigkeit höhere Anteile der Klinkerphasen C_3S und C_3A, Zemente mit niedriger Wärmetönung weisen geringere Anteile an C_3S und C_3A aber höhere Anteile an C_2S auf. Die durchschnittlichen Gehalte der Klinkerphasen in Portlandzement betragen:

– C_3S 60 M.-%,
– C_2S 15 M.-%,
– C_3A 10 M.-%,
– C_4AF 8 M.-%.

Bei der Hydratation dieser Klinkerphasen entstehen insbesondere die sehr feinen faser- und folienartigen *Calciumsilicathydrate* $mCaO \cdot SiO_2 \cdot nH_2O$ und hexagonale Kristalle aus *Calciumhydroxid* $Ca(OH)_2$. Bei der Reaktion der Aluminate des Zements bilden sich in Gegenwart des als Nebenbestandteil dem Zement zugegebenen Calciumsulfats Calciumaluminatsulfathydrate und zwar in sulfatreichen Lösungen das nadelförmige Trisulfat, das unter dem Namen *Ettringit* bekannt ist, und in sulfatärmeren und kalkreichen Lösungen das tafelförmige *Monosulfat*. Die Reaktion von C_3A mit Calciumsulfat ist mit einer Volumenvergrößerung verbunden, die im noch nicht erstarrten Beton ohne Folgen ist. Reaktionen zwischen C_3A und Sulfaten sind aber von entscheidender Bedeutung für den Sulfatwiderstand von erhärtetem Beton, wenn Sulfate von außen in den Beton z. B. aus sulfathaltigem Grundwasser eindringen und zu einer späten Ettringitbildung mit schädigender Volumenvergrößerung führen können. Entsprechend ist bei den Portlandzementen mit hohem Sulfatwiderstand (SR-Zementen) der Gehalt an C_3A auf 3 % begrenzt.

Auch bei der Hydratation der anderen Hauptbestandteile des Zements entstehen als wichtigste Hydratationsprodukte Calciumsilicathydrate. Weitere Einzelheiten zu den chemischen Abläufen sowie den sich bildenden Hydratationsprodukten siehe [0.2].

2.1.6 Der Zementstein

Von besonderer Bedeutung für die mechanischen Eigenschaften, die Dauerhaftigkeit und die Dichtheit des Betons sind die bei der Hydratation des Zements entstehenden Strukturen. Nach dem Mischen von Wasser und Zement sind die noch nicht hydratisierten Zementkörner von einer dünnen Wasserschicht umgeben, deren Dicke mit steigendem Wasserzementwert zunimmt. Mit fortschreitender Hydratation wachsen die Hydratationsprodukte in die zunächst von Wasser eingenommenen Zwischenräume. Bei einem Wasserzementwert von etwa 0,40 füllen die Hydratationsprodukte schließlich diese Zwischenräume nahezu vollständig aus. Bei Wasserzementwerten unter 0,40 reicht das beim Mischen des Betons vorhandene Wasser nicht aus, um den Zement vollständig zu hydratisieren, und es verbleiben nichthydratisierte Kerne der Zementpartikel. Bei Wasserzementwerten über etwa 0,40 enthält der Zementstein Hohlräume, die wassergefüllt sind, sich bei Austrocknung des Betons aber entleeren. Diese Hohlräume bilden ein System so genannter *Kapillarporen* mit Porenradien zwischen etwa 10^{-5} bis 10^{-1} mm. Bei Wasserzementwerten größer als ca. 0,60 bleibt das Kapillarporensystem auch bei hohen Hydratationsgraden durchgehend und erleichtert dann das Eindringen von Flüssigkeiten oder Gasen in den Beton.

Die Reaktionsprodukte des Zementsteins selbst formen keine absolut dichte Masse. Sie bilden das so genannte *Zementgel*, das vor allem aus den Calciumsilicathydraten besteht und in das die größeren Kristalle des Calciumhydroxids eingelagert sind. Das Zementgel ist von einem System sehr feiner *Gelporen* (Porenradien etwa 10^{-10} bis 10^{-7} mm) durchzogen. Die Gelporen nehmen etwa 25 % des Gelvolumens ein. Die Gelporosität ist vom Wasserzementwert weitgehend unabhängig und kann daher durch betontechnologische Maßnahmen nicht beeinflusst werden. Dies gilt nicht für die Kapillarporosität, die mit steigendem Wasserzementwert und sinkendem Hydratationsgrad deutlich zunimmt.

Nach [2.7] kann der Zusammenhang zwischen Kapillarporosität V_k, Wasserzementwert $w/z = \omega$ und Hydratationsgrad m für Portlandzement durch die Beziehung nach Gl. (2.1) beschrieben werden. Der Hydratationsgrad ist der Masseanteil des Zements, der zu einem bestimmten Zeitpunkt hydratisiert ist. Entsprechend ist $0 \leq m \leq 1{,}0$.

Es gilt

$$\frac{V_k}{V_0} = \frac{\omega - 0{,}36\,m}{\omega + 0{,}32} \qquad (2.1a)$$

mit der Bedingung

$$m_{max} = \frac{\omega}{0{,}42} \leq 1{,}0 \qquad (2.1b)$$

Darin ist V_0 das beim Mischen von Wasser und Zement eingenommene Volumen. Ein Zementstein, der mit einem Wasserzementwert $\omega = 0{,}7$ hergestellt wurde und der als Folge einer ungenügenden Nachbehandlung nur einen Hydratationsgrad von m = 0,5 erreicht – d. h. nur 50 % des Zements sind hydratisiert – hat dann nach Gl. (2.1) eine Kapillarporosität von ca. 50 % des Ausgangsvolumens V_0 des Zementsteins. Die Kapillarporosität eines Zementsteins mit $\omega = 0{,}45$ und einem Hydratationsgrad von m = 0,9 sinkt nach Gl. (2.1) auf ca. 15 % des Ausgangsvolumens ab. Die in Gl. (2.1) enthaltenen Zahlenwerte hängen von der Zementart ab und gelten für Portlandzemente. Bei der Verwendung von Zementen mit höheren Anteilen an Zumahlstoffen können sich abweichende Zahlenwerte ergeben.

In Bild 1 sind die Volumenanteile des nicht hydratisierten Zements V_{nh}, des Zementgels V_g und der Kapillarporen V_k in Abhängigkeit vom Wasserzementwert ω für Hydratationsgrade m = 0, m = 0,5 und m = 1,0 aufgetragen. Sie wurden aus der Gl. (2.1) unter der Annahme gewonnen, dass $V_g = 2{,}13$ mV_z und $w_{min} = 0{,}42\,z$. Dabei sind V_z das Volumen des Zements vor seiner Hydratation und w_{min} der für eine vollständige Hydratation (m = 1) erforderliche Mindestwassergehalt. Wie in Bild 1 oben gezeigt, hängt der für kleinere Werte von ω erreichbare Hydratationsgrad vom Wasserzementwert ab.

Das Zementgel nimmt ein kleineres Volumen ein als das Volumen der Anteile von Wasser und Zement, aus dem es entstanden ist. In einem Zementstein, der während der Hydratation weder austrocknen, noch Wasser aufnehmen kann, werden daher als Folge der Hydratation die Kapillarporen teilweise entleert. Man spricht dann von innerer Austrocknung. Wie in Bild 1 gezeigt, bleiben unter diesen Lagerungsbedingungen bei $\omega \leq 0{,}42$ m leere Kapillarporen, deren Volumenanteil sich aus Gl. (2.1a und 2.1b) ergibt.

Bild 1 verdeutlicht aber vor allem die Abnahme der Kapillarporosität mit steigendem Hydratationsgrad und sinkendem Wasserzementwert.

Näherungsweise kann der Zusammenhang zwischen der Druckfestigkeit des Zementsteins β_{zs} und der Kapillarporosität V_k mit Gl. (2.2) beschrieben werden [2.7]. Demnach steigt die Druckfestigkeit des Zementsteins überproportional mit sinkender Kapillarporosität.

$$\beta_{zs} = \beta_0 \left(1 - \alpha \cdot \frac{V_k}{V_0}\right)^n \qquad (2.2)$$

wobei

$$\alpha = \frac{\omega + 0{,}32}{\omega + 0{,}32\,m} \qquad (2.3)$$

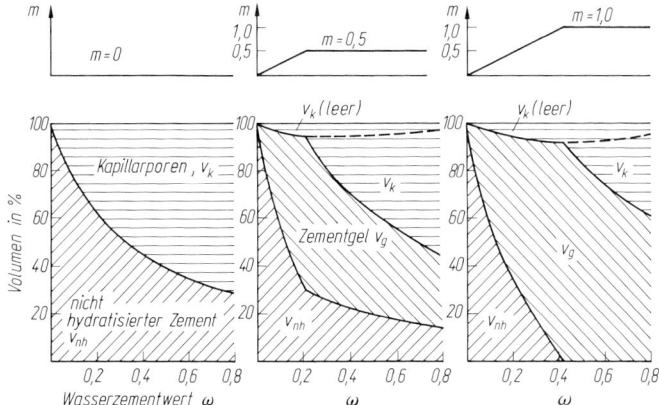

Bild 1. Der Einfluss des Wasserzementwerts ω und des Hydratationsgrads m auf die Volumenanteile des nicht hydratisierten Zements V_{nh} des Zementgels V_g und der Kapillarporen V_k in Zementstein (versiegelte Lagerung)

Unter Berücksichtigung des Beiwertes α erfüllen die Gln. (2.1) bis (2.3) die Randbedingung $\beta_{zs} = 0$ für m = 0. In Gl. (2.2) ist β_0 die Druckfestigkeit des kapillar- und verdichtungsporenfreien Zementgels. In [2.7] werden für $\beta_0 = 240$ N/mm² und n = 3 angegeben. Bild 2 zeigt den Zusammenhang zwischen der Druckfestigkeit des Zementsteins β_{zs} und dem Wasserzementwert ω nach den Gln. (2.1) und (2.2) für m = 0,2; 0,5 und 1,0 sowie für $\beta_0 = 240$ N/mm² und n = 3. In ihrem Verlauf sind diese Kurven der Abhängigkeit der Betondruckfestigkeit vom Wasserzementwert, wie er in Bild 12 dargestellt ist, sehr ähnlich. Nach Bild 2 ergibt sich für ω = 0,7 und m = 0,5 eine Druckfestigkeit des Zementsteins von ca. 14 N/mm². Die Druckfestigkeit eines Zementsteins mit ω = 0,45 und m = 0,8 steigt unter den oben genannten Annahmen auf ca. 95 N/mm² an. Diese Zahlenwerte werden etwas niedriger, wenn man auch den Einfluss von Verdichtungsporen berücksichtigt. Nach Gl. (2.2) und Bild 2 steigt die Druckfestigkeit des Zementsteins für ω < 0,42 m mit sinkendem Wasserzementwert nur noch wenig an und strebt dem Grenzwert β_0 zu. Gl. (2.2) berücksichtigt aber nicht den Beitrag des nicht hydratisierten Zements an der Festigkeit des Zementsteins insbesondere bei niedrigen Wasserzementwerten. Der Gültigkeitsbereich von Gl. (2.2) ist daher auf ω ≥ 0,42 m begrenzt. Die bei sehr geringen Wasserzementwerten verbleibenden nichthydratisierten Kerne der Zementpartikel sind fester als das Zementgel, sodass mit sinkendem Wasserzementwert unter ω = 0,42 m die Druckfestigkeit des Zementsteins weiter ansteigt. Von dieser Tatsache macht man beim hochfesten Beton Gebrauch. Ähnlich wie die Druckfestigkeit hängen auch die elastischen Verformungen und die Kriechverformungen des Zementsteins von seiner Kapillarporosität ab.

Noch deutlicher ist der Einfluss der Kapillarporosität auf die Durchlässigkeit des Zementsteins, da ein kapillarporenfreies Zementgel nahezu undurchlässig gegen Flüssigkeiten und Gase ist. Nach [2.8] steigt der Permeabilitätskoeffizient des Zementsteins für Wasser auf mehr als das 100-Fache, wenn nach dem oben angeführten Beispiel die Kapillar-

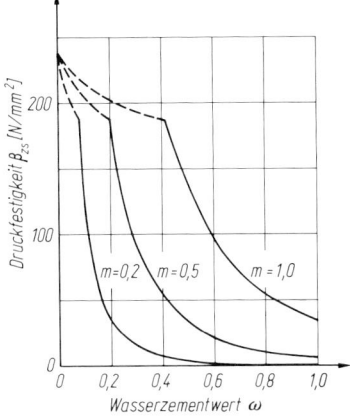

Bild 2. Der Einfluss des Wasserzementwertes ω und des Hydratationsgrades m auf die Druckfestigkeit des Zementsteins β_{zs} nach Gl. (2.2) mit $\beta_0 = 240$ N/mm² und n = 3 (versiegelte Lagerung)

porosität von 15 % auf 50 % des Zementsteinvolumens ansteigt. Dieser besonders ausgeprägte Einfluss der Kapillarporosität auf die Durchlässigkeit des Zementsteins ist auch darauf zurückzuführen, dass mit sinkendem Wasserzementwert und steigendem Hydratationsgrad nicht nur die Gesamtporosität des Zementsteins abnimmt, sondern die Poren feiner und diskontinuierlich werden und sich die Porengrößenverteilung in Richtung kleinerer Porenradien verschiebt.

Die Zementsteineigenschaften werden zwar wesentlich, aber nicht ausschließlich durch die Kapillarporosität in Abhängigkeit von Wasserzementwert und Hydratationsgrad bestimmt. Auch die Packungsdichte der Zementpartikel kann von großem Einfluss auf die Eigenschaften des erhärteten Zementsteins sein [2.9]. Eine optimale Granulometrie des Zements kann zu einer hohen Packungsdichte und damit zu günstigen Eigenschaften führen. Die Packungsdichte kann noch weiter verbessert werden, wenn die zwischen den Zementkörnern verbleibenden Zwickel durch Zusatzstoffe, z. B. Flugasche oder silikatische Feinstäube, ausgefüllt werden. Dies ist vor allem für hochfesten Zementstein und Beton von Bedeutung.

Diese für einen reinen Zementstein dargestellten Zusammenhänge haben auch für den Zementstein im Beton Gültigkeit. Für die Eigenschaften des Betons sind aber zusätzlich die Strukturmerkmale des Zementsteins im Übergangsbereich zu den Gesteinskörnern zu berücksichtigen. In diesen Kontaktzonen weist der Zementstein eine etwas andere Zusammensetzung und Struktur auf. Er ist reicher an Calciumhydroxid, grobporiger, porenreicher und häufig durch Mikrorisse geschädigt. Die Durchlässigkeit von Beton ist daher bei gleichem Wasserzementwert und Hydratationsgrad auch bei Verwendung sehr dichter Gesteinskörner eher höher als jene des reinen Zementsteins. Hochfest wird ein Beton u. a. dadurch, dass die Kontaktzone zwischen Zementstein und Gesteinskörnung durch die Zugabe von Silicastaub verdichtet wird. Die Silicastaubkörner sind 10- bis 100-mal kleiner als die Zementkörner und finden daher zwischen diesen Platz. Außerdem verbrauchen sie bei der Hydratation Calciumhydroxid, wodurch die sonst an Calciumhydroxid reiche Kontaktzone abgemagert bzw. durch Calciumsilicathydrat ersetzt wird. Beide Effekte stärken die Struktur. Beim Bruch von hochfestem Beton verlaufen die Risse daher nicht im Übergangsbereich von Zementstein und Gesteinskörnung, sondern durch die Gesteinskörner hindurch.

2.2 Gesteinskörnungen für Beton

2.2.1 Allgemeines

Unter Gesteinskörnungen für Beton (früher Betonzuschlag) versteht man ein Gemenge von gebrochenen oder ungebrochenen, gleich oder verschieden großen Körnern aus natürlichen oder künstlichen mineralischen Stoffen, in Sonderfällen auch aus Metall oder aus organischen Stoffen. Die Gesteinskörnungen werden unterschieden nach Stoffart und Korngruppen. Gesteinskörnungen für Beton, Stahlbeton und Spannbeton müssen DIN EN 12620 entsprechen. DIN EN 12620 „Gesteinskörnungen für Beton" legt Anforderungen an normale und schwere natürliche und industriell hergestellte Gesteinskörnungen und Mischungen daraus für die Verwendung in Beton und Mörtel fest. Sie legt auch Anforderungen für den Übereinstimmungsnachweis und ein System zur Qualitätssicherung zur Anwendung in der werkseigenen Produktionskontrolle fest. DIN EN 13055 behandelt die leichten Gesteinskörnungen. Rezyklierte Gesteinskörnungen sind seit der Neuausgabe der europäischen Norm in DIN EN 12620:2008-07/A1 enthalten. Prüfverfahren für Gesteinskörnungen finden sich u. a. in den Reihen DIN EN 932, 933, 1097, 1367 und 1744. Gesteinskörnung mit dichtem Gefüge hat meist eine Kornrohdichte von mehr als 2,5 kg/dm^3 und wird in erster Linie für Normalbeton und bei Kornrohdichten von mehr als 3,0 kg/dm^3 für Schwerbeton verwendet. Gesteinskörnungen mit porigem Gefüge hat meist eine Kornrohdichte von weniger als 1,5 kg/dm^3 und wird in erster Linie zur Herstellung von Leichtbeton eingesetzt.

Gesteinskörnungen müssen bestimmten Anforderungen genügen und überwacht sein (siehe DIN EN 12620). Von bautechnischer Bedeutung sind besonders

– Art und Eigenschaften des Gesteins,
– schädliche Bestandteile,
– Form und Oberflächenbeschaffenheit der Körner,
– Größtkorn und Kornzusammensetzung,
– Lagerung und Zugabe im Betonherstellbetrieb.

Für eine langfristige Sicherung ausreichender Mengen von Gesteinskörnung sind die besonders aus Gründen des Umweltschutzes in bestimmten Gegenden nur noch in begrenztem Umfang verfügbaren Kiessandvorkommen besser auszunutzen. Daher sind für Beton auch sandreichere Gesteinskörnungen, die derzeit wieder in die Grube zurückgegeben werden, und weniger hochwertige Gesteinskörnungen zu verwenden. Natürlich muss die Betonzusammensetzung darauf abgestimmt werden, und mit solchen Gesteinskörnungen hergestellter Beton ist nicht für alle Anwendungsgebiete verwendbar. Aus den gleichen Gründen sowie aus Gründen des Umweltschutzes und der Energieeinsparung erfolgt schon heute die Verwendung von aufbereitetem Betonabbruch sowie von Nebenprodukten und von Abfallstoffen der Industrie als Gesteinskörnung. Dabei ist die Wiederverwendung von Altbeton als Gesteinskörnung ein technologisch weitgehend gelöstes Problem. Dies gilt nicht in gleichem Maß für die Verwendung von Abfallstoffen zur Herstellung von Gesteinskörnung. Hier sind noch weitergehende Untersuchungen erforderlich. Die Richtlinie des Deutschen Ausschusses für Stahlbeton „Beton mit rezyklierten Gesteinskörnungen" [2.10] erlaubt, je nach Einsatzgebiet 25 bis 45 % der Gesteinskörnung durch wiederaufbereiteten Beton zu ersetzen. Viele offene Fragen zum Recycling von Beton wurden in einem vom Deutschen Ausschuss für Stahlbeton initiierten Forschungsprogramm geklärt [2.11].

2.2.2 Art und Eigenschaften des Gesteins

Die Eigenschaften der Gesteinskörnungen sind abhängig von der Art und der Beschaffenheit des Gesteins, aus dem die Gesteinskörnungen bestehen. Einen Überblick über die Eigenschaften der für Normalbeton vorwiegend verwendeten Gesteine gibt Tabelle 12. Die Gesteinskörnungen müssen so fest sein, dass sie die Herstellung eines Betons der geforderten Festigkeit ermöglichen. Diese Forderung wird von natürlichem Sand und Kies oder daraus durch Brechen gewonnener Gesteinskörnung wegen der aussondernden Beanspruchung durch die Natur im Allgemeinen erfüllt. Gesteinskörnungen aus gebrochenem Naturgestein werden für Beton bestimmter Festigkeit im Allgemeinen als ausreichend fest angesehen, wenn das Gestein bei Prüfung nach DIN 52105 (inzwischen ersetzt durch DIN EN 1926) im durchfeuchteten Zustand eine Druckfestigkeit von mindestens 100 N/mm^2 aufweist. Im Zweifelsfall und stets bei unbekannten künstlichen Gesteinskörnungen muss die Eignung als Gesteinskörnung durch eine Betonerstprüfung nachgewiesen werden. Bei Einhaltung dieser Bedingungen beeinflusst die Druckfestigkeit der Gesteinskörnung die Druckfestigkeit des Betons üblicher Festigkeitsklassen nur wenig.

Hochfeste Betone erfordern jedoch die Verwendung hochfester Gesteinskörnungen. Wichtig für die mechanischen Eigenschaften des daraus hergestellten Betons ist der E-Modul der Gesteinskörnung, der nach Tabelle 12 in weiten Grenzen schwanken kann. Mit steigendem E-Modul der Gesteinskör-

Tabelle 12. Eigenschaften von Gesteinen [0.3]

Gesteinsart	Rohdichte ϱ	Dichte ϱ_0	Wasseraufnahme nach DIN 52103	Druckfestigkeit nach DIN 52105[1]	E-Modul	Temperaturdehnzahl (Temperaturbereich 0–60 °C)
	kg/dm^3	kg/dm^3	M.-%	N/mm^2	kN/mm^2	10^{-6}/K
Granit	2,60–2,65	2,62–2,85	0,2–0,5	160–210	38–76	7,4
Diorit, Gabbro	2,80–3,00	2,85–3,05	0,2–0,4	170–300	50–60	6,5
Quarzporphyr	2,55–2,80	2,58–2,83	0,2–0,7	180–300	25–65	7,4
Basalt	2,90–3,05	3,00–3,15	0,1–0,3	250–400	96 ($\varrho = 3,05$)	6,5
Quarzit, Grauwacke	2,60–2,65	2,64–2,68	0,2–0,5	150–300	60 ($\varrho = 2,63$)	11,8
Quarzitischer Sandstein	2,60–2,65	2,64–2,68	0,2–0,5	120–200	10–20	11,8
Sonstiger Sandstein	2,00–2,65	2,64–2,72	0,2–9,0	30–180	1,5–15	11,0
Dichte Kalksteine	2,65–2,85	2,70–2,90	0,1–0,6	80–180	82 ($\varrho = 2,69$)	5,0–11,5
Sonstige Kalksteine	1,70–2,60	2,70–2,74	0,2–10,0	20–90	–	
Hochofenschlacke	2,50–2,90	2,90–3,10	0,4–5,0	80–240	34 ($\varrho = 2,60$)	5,5

[1] Bei Prüfung im trockenen Zustand.

nung nehmen der E-Modul des Betons zu und die Schwind- und Kriechverformungen ab. Die Rohdichte der Gesteinskörnung bestimmt die Rohdichte des Betons. Nach Tabelle 12 schwankt sie für natürliche Gesteinskörnung in relativ engen Grenzen.

Die Gesteinskörnung muss ausreichend widerstandsfähig gegenüber den äußeren Einwirkungen sein, denen der Beton ausgesetzt wird. Sie darf z. B. bei Zutritt von Wasser nicht erweichen. Wird der Beton Frosteinwirkungen ausgesetzt, so muss die Gesteinskörnung wetterfest sein und einen hohen Widerstand gegen Frostbeanspruchungen aufweisen. Bei gleichzeitiger Einwirkung von Frost-Tauwechseln und von Taumitteln, z. B. im Betonstraßenbau, muss die Gesteinskörnung im Beton auch gegenüber diesen Einwirkungen ausreichend widerstandsfähig sein. Bei Gesteinskörnung aus gebrochenem Gestein kann dies im Allgemeinen vorausgesetzt werden, wenn das Gestein im durchfeuchteten Zustand mindestens eine Druckfestigkeit von 150 N/mm^2 aufweist. Im Zweifelsfall muss der ausreichende Frostwiderstand der Gesteinskörnung nachgewiesen werden. Der Frostwiderstand bzw. Frost-Taumittelwiderstand wird nach DIN EN 1367-1 oder EN 1367-2 geprüft. Gesteinskörnungen für Beton mit hoher Wassersättigung (XF3) müssen den Anforderungen F2 entsprechen (d. h. 2 % Abwitterung), bei zusätzlicher Einwirkung von Taumitteln oder Meerwasser (XF4) wird MS$_{18}$ verlangt (Magnesium-Sulfatwert mit ≤18 % Masseverlust).

Gesteinskörnung für Beton mit hohem Widerstand gegen chemische Angriffe muss gegenüber den angreifenden Stoffen ausreichend widerstandsfähig sein. Die Verwendung carbonathaltiger Gesteinskörnungen, z. b. dichter Kalksteine, kann auch bei Einwirken saurer Wässer vertretbar sein, wenn sich die angreifenden Stoffe nur sehr langsam erneuern.

Für Beton mit hohem Verschleißwiderstand gegen besonders starke mechanische Beanspruchungen, z. B. durch starken Verkehr oder durch häufige Stöße, sollte die Gesteinskörnung über 4 mm Korngröße überwiegend aus Quarz oder aus Stoffen mindestens gleicher Härte bestehen. Bei besonders großer Verschleißbeanspruchung sollten z. B. Hartstoffe verwendet werden (siehe u. a. DIN 1100 Hartstoffe für zementgebundene Hartstoffestriche).

Für Betone, die hohen Gebrauchstemperaturen bis 250 °C ausgesetzt sind, empfiehlt die DIN 1045-2, solche Gesteinskörnungen zu verwenden, die sich für diese Beanspruchung bewährt haben (s. [2.23]).

Für die Oberflächengestaltung von Sichtbeton mit sichtbarer Struktur der Gesteinskörnung (Waschbeton) können ausgewählte Gesteinskörner etwa gleicher oder unterschiedlicher Größe sowie gleicher oder unterschiedlicher Beschaffenheit, aber auch farbige Gesteinskörnungen zweckmäßig sein (siehe u. a. auch [2.12]).

2.2.3 Schädliche Bestandteile

Beton muss nicht nur widerstandsfähig gegenüber äußeren Einwirkungen sein, sondern darf auch selbst keine zu hohen Mengen schädlicher Bestandteile enthalten. Dies sind Bestandteile, die sich zersetzen, mit den übrigen Bestandteilen des Betons schädliche Verbindungen eingehen, die Eigenschaften des Betons oder den Korrosionsschutz der Bewehrung im Beton beeinträchtigen. Schädliche bzw. unverträgliche Bestandteile der Gesteinskörnung sind u. a. abschlämmbare Stoffe, Glimmer, Stoffe organischen Ursprungs, erhärtungsstörende Stoffe, Schwefelverbindungen, alkalilösliche Kieselsäure und stahlangreifende Stoffe sowie bei künstlicher Gesteinskörnung glasige und nicht raumbeständige Stücke. Schädliche Bestandteile z. B. abschlämmbare Stoffe, Stoffe organischen Ursprungs oder erhärtungsstörende Stoffe machen im Zweifelsfall, d. h. auch bei Überschreiten der in DIN EN 12620 angegebenen Grenzwerte, eine Betoneignungsprüfung über die Verwendbarkeit der Gesteinskörnung erforderlich. Der mögliche negative Einfluss abschlämmbarer Stoffe hängt sehr von deren Art ab und wird häufig überschätzt. Abschlämmbare Bestandteile wirken sich in größerer Menge in der Regel dann nachteilig aus, wenn sie tonartig sind und entweder als Klumpen auftreten oder an der übrigen Gesteinskörnung anhaften, da sie dann die Verbundfestigkeit zwischen Zementstein und Gesteinskörnung herabsetzen und das Schwinden und Quellen des Betons erhöhen. Die Schädlichkeit von Schwefelverbindungen in der Gesteinskörnung hängt von deren Art, Menge und Verteilung ab. Sulfate, z. B. Alkalisulfate, Gips oder Anhydrit, können Treiberscheinungen im Beton zur Folge haben. Der Sulfatgehalt der Gesteinskörnung, berechnet als SO$_3$, darf daher je Korngruppe im Regelfall 1 M.-%, bezogen auf die bei 105 °C getrocknete Gesteinskörnung, nicht überschreiten. Bei höherem Sulfatgehalt oder bei Vorhandensein von Sulfiden, z. B. bei Pyrit und Markasit, die durch Zutritt von Luft und Feuchtigkeit in wenig dichtem Beton oxydieren können, ist eine besondere Beurteilung unter Berücksichtigung der Verhältnisse, ob die Gesteinskörnung im Beton des Bauwerks gelten, durch einen Fachmann notwendig. Die Eignung der Gesteinskörnung, insbesondere des Sandes, ist immer nachzuweisen, wenn zu befürchten ist, dass der Sand Glimmerteilchen enthält.

Gesteinskörnung für bewehrten Beton darf keine schädlichen Mengen an Salzen enthalten, die den Korrosionsschutz der Bewehrung im Beton beeinträchtigen, z. B. Nitrate oder Halogenide (außer Fluorid). Der Gehalt an wasserlöslichen Chloridionen Cl$^-$ darf nach DIN 1045-2 im Regelfall 0,04 M.-% nicht überschreiten. Bei Beton mit Spannstahlbewehrung darf bei Einpressmörtel die der Gesteinskörnung nicht mehr als 0,02 M.-% Chlorid enthalten. Für Betone ohne Betonstahlbewehrung oder anderes eingebettetes Metall darf der Chloridgehalt der Gesteinskörnung einen Wert von 0,15 M.-% nicht überschreiten.

Gesteinskörnungen mit *alkalireaktiver Kieselsäure* können in feuchter Umgebung mit den Alkalien im Beton reagieren. Unter ungünstigen Umständen führt dies zu einer Volumenzunahme und zu Rissen oder sogar zu einer starken Schädigung der Betonbauteile und damit zu einer Beeinträchtigung ihrer Tragfähigkeit und Dauerhaftigkeit. Als alkaliempfindlich gelten Gesteine, die amorphe oder feinkristalline Silikate enthalten, z. B. Opal, Chalcedon und bestimmte Flinte. Als Gesteinskörnung in Deutschland können der in einem begrenzten Teil Norddeutschlands (= eiszeitliches Ablagerungsgebiet in Norddeutschland in Bild 3), insbesondere in Schleswig-Holstein, in größerer Menge vorkommende Opalsandstein und der dort ebenfalls vorkommende leichte Flint schädliche Mengen an alkalireaktiver Kieselsäure enthalten [2.13]. In den Bundesländern Brandenburg, Sachsen, Sachsen-Anhalt und Thüringen ist mit alkaliempfindlichen Gesteinskörnungen zu rechnen (siehe Bild 3 und z. B. [2.14, 2.15]). In einigen Gebieten der neuen Bundesländer wurden Fälle einer Betonschädigung mit Hinweisen auf eine Alkalireaktion bekannt, bei denen besondere Varietäten von gebrochener Grauwacke als reaktives Gestein beteiligt waren. Daher wurden die früher in der Alkali-Richtlinie nur auf die präkambrische Grauwacke beschränkten Anforderungen und Maßnahme auf gebrochene Grauwacke generell ausgeweitet. Problematisch können auch sein: gebrochener Rhyolith (Quarzporphyr), gebrochener Kies des Oberrheins [2.17, 2.36] und rezyklierte Gesteinskörnungen sowie Kiese, die mehr als 10 M.-% gebrochene Anteile der zuvor genannten Gesteinskörnungen enthalten.

An Betonbauwerken, die mit überwiegend ungebrochenen Gesteinskörnungen aus der mitteldeutschen Region hergestellt wurden, sind Schäden aufgetreten, bei denen die Mitwirkung einer schädigenden Alkalireaktion durch Gutachter bestätigt wurde. Dem Grundsatz der Alkali-Richtlinie folgend, wurden die Untersuchungsergebnisse im zuständigen Unterausschuss „Alkalireaktion im Beton" des DAfStb beraten und auf dieser Grundlage beschlossen, den Anwendungsbereich der Richtlinie um diese Gesteinskörnungen zu ergänzen und damit vor-

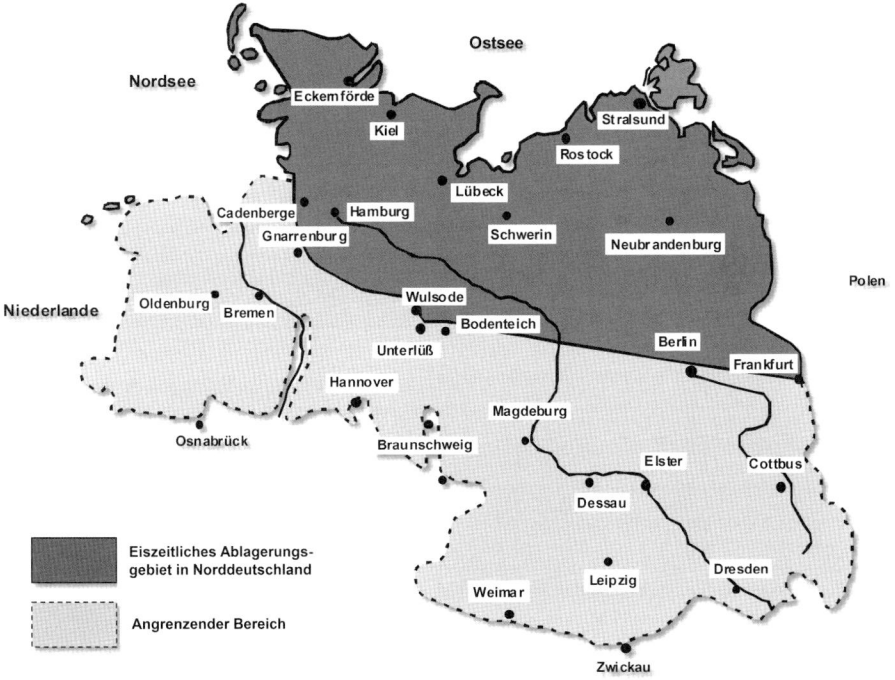

Bild 3. Eiszeitliches Ablagerungsgebiet in Norddeutschland und angrenzender Bereich – fragliche Gesteine im Anwendungsgebiet der Alkali-Richtlinie [2.13]

sorglich weitere Schäden zu vermeiden. Dabei handelt es sich um ungebrochene Gesteinskörnungen > 2 mm, unabhängig vom Anteil an gebrochenen Körnern aus den Flussläufen und anderen Ablagerungsräumen in den Gebieten der Saale, Elbe, Mulde und Elster im angrenzenden Bereich gemäß Bild 3 sowie aus diesen hergestellte gebrochene Gesteinskörnungen (Kiessplitte).

Grundsätzlich gilt, dass im Zweifelsfall oder wenn Sand und Kies neu erschlossenen, noch nicht erprobten Vorkommen entstammen und alkaliempfindliche Bestandteile nicht auszuschließen sind, die Gesteinskörnung durch eine fachkundige Prüfstelle zu untersuchen ist. Ferner ist die Eignung der Gesteinskörnung unter Berücksichtigung der in Frage kommenden Beton- und Bauwerksverhältnisse nötigenfalls auch im Vergleich zu Bauwerken mit ähnlicher Gesteinskörnung zu beurteilen. Darüber hinaus müssen auch Gesteinskörnungen aus neu erschlossenen Vorkommen, bei denen alkaliempfindliche Bestandteile in schädlicher Menge nicht sicher auszuschließen sind, gemäß [2.13] geprüft und beurteilt werden. Der Gehalt an Opalsandstein kann durch Kochen in Natronlauge und der Gehalt an reaktivem Flint durch Ermittlung der Kornrohdichte beurteilt werden. Die Empfindlichkeit der weiteren gebrochenen und ungebrochenen Gesteinskörnungen nach Alkali-Richtlinie [2.13] wird durch 9-monatige Lagerung eines Betons vorgeschriebener Zusammensetzung in einer Nebelkammer bei 40 °C und anschließender Messung der Quelldehnung und Rissbildung festgestellt. Tabelle 13 enthält auf der sicheren Seite liegende Grenzwerte für die Beurteilung der Eignung von Gesteinskörnung mit alkaliempfindlichen Bestandteilen sowie die Einstufung in eine entsprechende Alkaliempfindlichkeitsklasse. Dem Nebelkammerversuch vorgeschaltet, darf zur Beurteilung der Gesteinskörnung auch ein Schnellprüfverfahren angewendet werden.

Sofern eine Gesteinskörnung nicht aus den Gewinnungsgebieten der Alkali-Richtlinie stammt oder keine der in der Alkali-Richtlinie genannten alkaliempfindlichen Gesteinskörnungen enthält und es unter baupraktischen Bedingungen zu keiner schädigenden Alkali-Kieselsäure-Reaktion gekommen ist, ist diese Gesteinskörnung in die Alkaliempfindlichkeitsklasse E I einzustufen.

Die erforderlichen Maßnahmen zur Vermeidung von Alkalireaktionen sind auch wesentlich von den Umweltbedingungen abhängig, denen die Konstruktion während ihrer Nutzung ausgesetzt ist, da eine Alkalireaktion Feuchtigkeit voraussetzt. In [2.13] wird nach vier Feuchtigkeitsklassen unterschieden: WO trocken, WF feucht und WA feucht mit gleichzeitiger Alkalizufuhr von außen. Mit der Alkali-Richtlinie, Ausgabe Februar 2007, sollte für alle Bereiche des Hoch-, Ingenieur und Verkehrswegebaus ein einheitliches Regelwerk mit Maßnahmen und Anforderungen zur Vermeidung von Schäden an Betonbauwerken durch Alkali-Kieselsäure-

Tabelle 13. Beurteilung der Gesteinskörnung mit alkaliempfindlichen Bestandteilen (nach [2.13])

Verwendbarkeit der Gesteinskörnung	Alkaliempfindlichkeitsklasse	Opalsandstein [1] > 1 mm M.-% [2]	Reaktionsfähiger Flint > 4 mm M.-% [2]	5 × Opalsandstein [1] + reaktionsfähiger Flint M.-% [2]	Gebrochene Gesteine [3] und Kiese aus dem mitteldeutschen Raum [4]	
					Dehnung mm/m	Rissbildung
Unbedenklich	EI-O EI-OF EI-S	≤ 0,5 ≤ 0,5	≤ 3,0	≤ 4,0	≤ 0,6	keine
Bedingt brauchbar	EII-O EII-OF EII-S [5]	≤ 2,0 ≤ 2,0	≤ 10,0	≤ 15,0		
Bedenklich	EIII-O EIII-OF EIII-S	> 2,0 > 2,0	> 10,0	> 15,0	> 0,6	stark [6]

[1] Einschließlich Kieselkreide; in den Prüfkornfraktionen 1 bis 4 mm einschl. reaktionsfähigem Flint.
[2] M.-% je Kornfraktion.
[3] Grauwacke, Rhyolith (Quarzporphyr), Oberrhein-Splitt, rezyklierte Gesteinskörnungen sowie Kiese, die mehr als 10 M.-% gebrochene Anteile der zuvor genannten Gesteinskörnungen enthalten.
[4] Kiese aus den Flussläufen und Ablagerungsräumen in den Gebieten der Saale, Elbe, Mulde und Elster im angrenzenden Bereich gemäß Bild 3.
[5] Die Alkaliempfindlichkeitsklasse EII-S ist nicht gebräuchlich, weil die bisherigen Untersuchungsergebnisse eine so weitgehende Differenzierung noch nicht zulassen.
[6] Mit Rissbreiten ≥ 0,2 mm.

Reaktion zur Verfügung gestellt werden. Zu diesem Zweck wurden in der Alkali-Richtlinie 2007 Regelungen für Fahrbahndeckenbetone (Betonfahrbahnen der Bauklassen SV und I bis III RStO), die in der Ausgabe 2001 noch nicht enthalten waren, ergänzt. Aufgrund der zum Zeitpunkt der Herausgabe der Alkali-Richtlinie im Jahr 2007 nicht vorhersehbaren Entwicklungen im Bereich des Betonstraßenbaus stellte sich heraus, dass die Aufstellung allgemeingültiger Regeln für Betone nach DIN EN 206-1/DIN 1045-2 mit dem geforderten Anforderungsprofil für diesen Bereich nicht vollständig vereinbar ist. Regelungen für den Bau von Fahrbahndecken aus Beton werden daher auch zukünftig in der TL Beton-StB bzw. in Allgemeinen Rundschreiben Straßenbau (ARS) durch das Bundesministerium für Verkehr, Bau und Stadtentwicklung (BMVBS) bekanntgegeben. Die Maßnahmen für die Feuchtigkeitsklasse WS „starke dynamische Beanspruchung zusätzlich zu WA", z. B. für Betonfahrbahnen, wurden daher über eine Berichtigung zur Alkali-Richtlinie gestrichen (Ausgabe 2010) und sind daher auch in der aktuellen Ausgabe 2013 der Richtlinie nicht mehr enthalten. Nach den vorliegenden Erfahrungen ist eine nennenswerte Schädigung des Betons durch Alkalireaktion nicht zu erwarten, wenn die vorbeugenden Maßnahmen der Tabelle 14 beachtet werden. Die Gesteinskörnungsgewinnungsgebiete und der Bereich der Anwendung für Beton gemäß [2.13] gehen aus Bild 3 hervor.

Über die Mechanismen der Alkalireaktion sowie über weitere Untersuchungen zu deren Vermeidung siehe [0.2] und [2.34].

2.2.4 Kornform und Oberfläche

Die Form der Gesteinskörnung soll möglichst gedrungen d. h. kugelig oder würfelig sein. Nach DIN EN 12620 gilt ein Korn als in seiner Form ungünstig, wenn das Verhältnis Länge zu Dicke größer als 3:1 ist. Der Anteil ungünstig geformter, flacher oder länglicher Körner soll im Regelfall 50 M.-%, bei Edelsplitt 20 M.-% (siehe auch TL-Min) nicht überschreiten. Die Oberfläche des Gesteinskorns kann glatt oder rau sein. Gesteinskörnung mit höheren Anteilen ungünstig geformter Partikel darf zur Betonherstellung verwendet werden, wenn seine Eignung sowohl am Frischbeton als auch am Festbeton im Rahmen der Betoneignungsprüfung nachgewiesen wurde.

Im Allgemeinen beeinflussen Form und Oberflächenbeschaffenheit des Gesteinskorns die Eigenschaften des Betons nur wenig. Die Betonfestigkeit kann jedoch bei Gesteinskörnungen mit glatter Oberfläche geringer sein als bei Gesteinskörnungen mit rauer Oberfläche oder sie kann bei besonders guter Haftung aufgrund chemischer Reaktionen zwischen Zementstein und Gesteinskörnung größer sein. Bei gebrochener Gesteinskörnung ist in der

Tabelle 14. Erforderliche vorbeugende Maßnahmen gegen Alkalireaktion in Beton (nach [2.13])

Alkali-empfindlichkeits-klasse	Zementgehalt kg/m^3	Feuchtigkeitsklasse		
		WO	WF	WA
EI-O	> 330	keine	keine	keine
EI-OF	> 330	keine	keine	keine
EI-S	o.F. [1]	keine	keine	keine
EII-O	> 330	keine	NA-Zement [4]	NA-Zement [2]
EII-OF	> 330	keine	NA-Zement	NA-Zement
EIII-O	> 330	keine	NA-Zement	NA-Zement
EIII-OF	> 330	keine	NA-Zement	NA-Zement
EIII-S	≤ 300	keine	keine	keine
	> 300 bis 350	keine	keine	NA-Zement [3]
	> 350	keine	NA-Zement	Austausch der Gesteinskörnung [3]

[1] Ohne Festlegung.
[2] NA-Zement siehe Abschn. 2.1.4.
[3] Oder Performance-Prüfung.
[4] Bei Zementgehalt ≤ 330 kg/m^3 „keine".

Regel der Wasseranspruch für gleiche Verarbeitbarkeit des Betons etwas größer. Wegen besserer Haftung und Verzahnung sind die Zugfestigkeit, die Biegezugfestigkeit und die Spaltzugfestigkeit von Beton mit gebrochener Gesteinskörnung im Mittel etwa 10 % größer als die entsprechende Festigkeit von Kiessandbeton gleicher Druckfestigkeit und sonst gleicher Zusammensetzung.

2.2.5 Größtkorn und Kornzusammensetzung

Die Kornzusammensetzung der Gesteinskörnungen bestimmt den Wasseranspruch einer Betonmischung, der zur Erzielung einer ausreichenden Verarbeitbarkeit des Frischbetons erforderlich ist. Damit hängen auch die Zementleimmenge und der Zementgehalt von der Kornzusammensetzung der Gesteinskörnung ab, die zur Umhüllung der Gesteinskörnung und zur Erzielung eines geschlossenen Betongefüges erforderlich sind. Die Kornzusammensetzung einer Gesteinskörnung wird durch Sieblinien dargestellt (siehe dazu die Bilder 4 bis 7). Bei einem Auftrag des Siebdurchgangs in Vol.-% über der Korngröße gibt der jeweilige Ordinatenwert den Anteil des Korngemisches in Vol.-% an, der kleiner als die dazugehörige Korngröße ist. (Bei

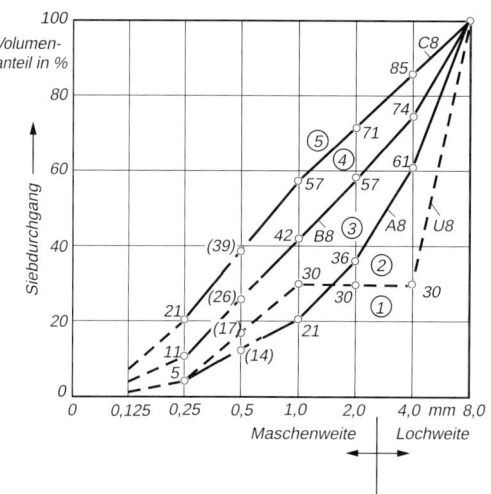

Bild 4. Grenzsieblinien der DIN 1045-2 für Gesteinskörnungen mit einem Größtkorn von 8 mm

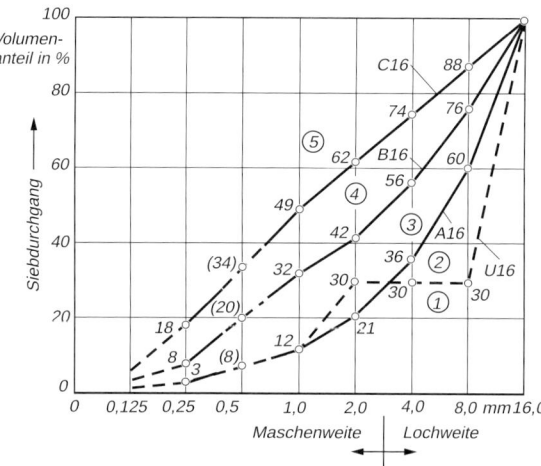

Bild 5. Grenzsieblinien der DIN 1045-2 für Gesteinskörnungen mit einem Größtkorn von 16 mm

gleicher Dichte der Gesteinskörner ist Vol.-% gleich M.-%.) Ein Korngemisch kann einer stetigen oder einer unstetigen Sieblinie folgen. Unstetige Sieblinien, sogenannte Ausfallkörnungen, können zu einer besonders dichten Packung der Gesteinskörner führen, bedürfen aber besonderer Überlegungen. Die Sieblinienbereiche werden gekennzeichnet durch: 1 grobkörnig, 2 Ausfallkörnung, 3 grob- bis mittelkörnig, 4 mittel- bis feinkörnig und 5 feinkörnig. Insbesondere zur Bestimmung des Wasseranspruchs werden Sieblinien durch Kennwerte charakterisiert. Dazu gehören z. B. die Körnungsziffer (k-Wert), die Durchgangssumme (D-Summe) und die Feinheitsziffer (F-Wert). Auch die spezifische Oberfläche der Gesteinskörnung in m²/kg kann zur Charakterisierung eines Korngemisches herangezogen werden. Die Körnungsziffer k und die Durchgangssumme D sind an bestimmte Siebsätze gebunden. Dies sind festgelegte Reihen von Sieben mit einer vorgegebenen Maschenweite, für die der Siebdurchgang bzw. der Siebrückstand bestimmt werden. In Verbindung mit der DIN 1045-2 sind dies die Siebe mit den Weiten 0,25; 0,5; 1,0; 2,0; 4,0; 8,0; 16,0; 31,5 und 63,0 mm. Die Körnungsziffer k

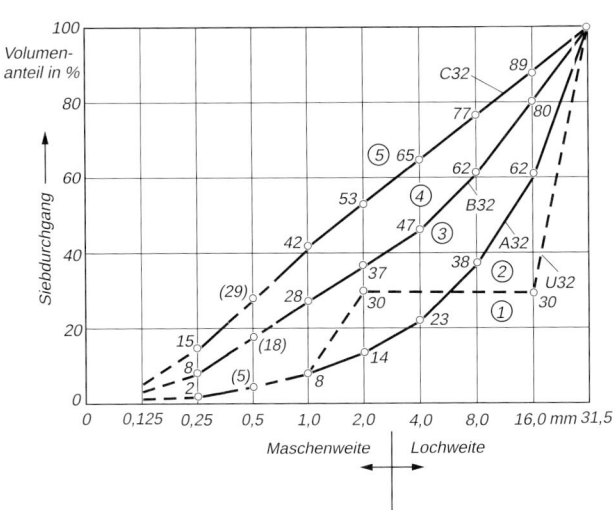

Bild 6. Grenzsieblinien der DIN 1045-2 für Gesteinskörnungen mit einem Größtkorn von 32 mm

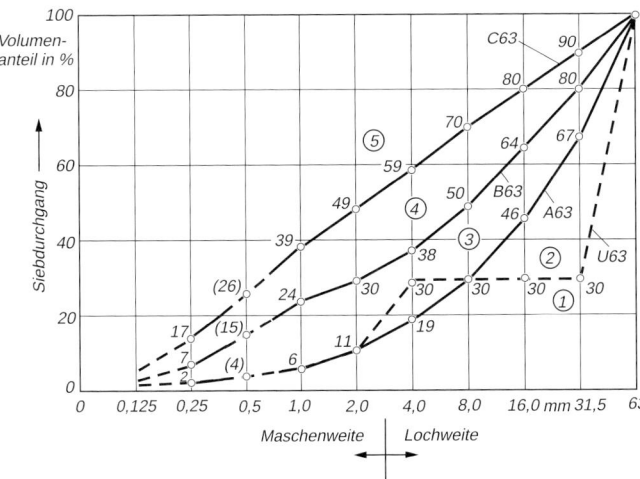

Bild 7. Grenzsieblinien der DIN 1045-2 für Gesteinskörnungen mit einem Größtkorn von 63 mm

ist definiert als die Summe der Rückstände auf allen Sieben dieses Siebsatzes bezogen auf das Gesamtgewicht des Korngemisches. Die D-Summe ist als Summe aller Siebdurchgänge des vollständigen Siebsatzes bis zu 63 mm definiert. Sie ist damit der Fläche unter der Sieblinie bei einem Auftrag entsprechend den Bildern 4 bis 7 proportional. Mit steigendem Feinkornanteil nimmt die D-Summe zu. Der k-Wert, der auch aus der D-Summe berechnet werden kann, nimmt dagegen mit steigendem Feinkornanteil ab. Weder k-Wert noch D-Summe sind eindeutige Kenngrößen, da unterschiedliche Sieblinien zu den gleichen k-Werten bzw. D-Summen führen können. Die spezifische Oberfläche eines Korngemisches kann unter Annahme einer kugeligen Form der Körner berechnet werden. Abweichungen von dieser Form werden durch einen Beiwert berücksichtigt.

Für die Herstellung von Beton nach DIN EN 206-1 in Verbindung mit DIN 1045-2 sind Gesteinskörnungen mit einem Größtkorn von 8, 16, 32 oder 63 mm zu verwenden. Das Größtkorn sollte so groß wie möglich gewählt werden, da grobkörnige Korngemische einen geringeren Wasseranspruch und damit auch einen geringeren Zementleimbedarf als feinkörnige Mischungen aufweisen. Das Größtkorn ist aber nach oben durch konstruktive Randbedingungen begrenzt. So soll es ein Drittel der kleinsten Querschnittsabmessung sowie den Abstand der Bewehrung und die Dicke der Betondeckung nicht wesentlich überschreiten.

Tabelle 15. Kennwerte der Gesteinskörnung für die Kornverteilung

Sieblinie nach DIN 1045-2	Körnungsziffer k	D-Summe
A 8	3,64	536
B 8	2,89	611
C 8	2,27	673
U 8	3,87	513
A 16	4,61	439
B 16	3,66	534
C 16	2,75	625
U 16	4,88	412
A 32	5,48	352
B 32	4,20	480
C 32	3,30	570
U 32	5,65	335
A 63	6,15	285
B 63	4,91	409
C 63	3,72	528
U 63	6,57	243

In Tabelle 15 sind die Kennwerte der Regelsieblinien zusammengestellt. Über weitere grundsätzliche Angaben zur Kornzusammensetzung von Gesteinskörnung siehe u. a. [0.1].

Beton kann mit einer stetigen Sieblinie oder mit Ausfallkörnung entworfen werden. Die sachgerechte Anwendung von Ausfallkörnungen kann z. B. bei Waschbeton zweckmäßig sein, erfordert aber entsprechende Erfahrungen. Die Wahl einer stetigen Kornzusammensetzung oder einer Ausfallkörnung sollte vorwiegend von der Art des Vorkommens der Gesteinskörnung bestimmt werden, da technischer Sicht in der Regel beide verwendet werden können. Aus Gründen des Umweltschutzes und aus wirtschaftlichen Gründen ist es im Regelfall nicht mehr vertretbar, eine stetige oder eine unstetige Kornzusammensetzung zu fordern, wenn örtliche Vorkommen dies nicht erlauben.

2.3 Betonzusatzmittel

2.3.1 Definition

Betonzusatzmittel sind Stoffe zur Beeinflussung der Eigenschaften von Mörtel und Beton, die chemisch oder physikalisch wirken und dem Beton nur in geringen Mengen zugegeben werden. Nach DIN 1045-2 beträgt die zulässige Gesamtzugabemenge an Zusatzmitteln für unbewehrten Beton und für Stahlbeton bei Zugabe eines Zusatzmittels ≤ 50 g je kg Zement und bei Zugabe mehrerer Zusatzmittel ≤ 60 g je kg Zement. Für hochfesten Beton gelten 70 bzw. 80 g (ml) je kg Zement. Für Spannbeton ist die Zusatzmittelmenge im Allgemeinen auf ≤ 20 g je kg Zement begrenzt. In der DIN EN 206-1 wird neben der zulässigen Gesamtzugabemenge von 50 g je kg Zement auch eine Untergrenze von 2 g je kg Zement angegeben, die nur unterschritten werden darf, wenn das Zusatzmittel vor der Zugabe in einem Teil des Zugabewassers gelöst wird.

2.3.2 Arten von Zusatzmitteln

Seit der Verabschiedung der europäischen Norm DIN EN 934 und der Einführung in Deutschland [2.19] sind die Zusatzmittel mit den ersten 8 Wirkungsgruppen nach Tabelle 16 genormt und können entsprechend DIN 1045-2 verwendet werden. Die Zusatzmittel CR, RH, SB, SBE und SR bedürfen einer allgemeinen bauaufsichtlichen Zulassung des Deutschen Instituts für Bautechnik, Berlin (DIBt). In Tabelle 16 sind die Wirkungsgruppen aufgeführt. In der europäischen Norm wird noch unterschieden, ob die Beschleuniger das Erstarren oder das Erhärten beschleunigen. Außerdem gibt es dort kombinierte Wirkungen (VZ + BV, VZ + FM, BE + BV), sodass man in der Summe auf 11 Wirkungsgruppen kommt. Multifunktionale Betonzusatzmittel der Wirkungsgruppen „VZ + BV" und „BE + BV" dürfen zur Herstellung von Beton nach

Tabelle 16. Wirkungsgruppen von Betonzusatzmitteln [2.16]

Wirkungsgruppe	Kurzzeichen	Farbkennzeichen	Wirkung
Betonverflüssiger	BV	gelb	Verminderung des Wasseranspruchs und/oder Verbesserung der Verarbeitbarkeit
Fließmittel	FM	grau	stärkere Wirkung als BV, zur Herstellung von Fließbeton, SVB und hochfestem Beton
Luftporenbildner	LP	blau	Einführung gleichmäßig verteilter, kleiner Luftporen zur Erhöhung des Frost- und Taumittelwiderstandes
Dichtungsmittel	DM	braun	Verminderung der kapillaren Wasseraufnahme
Verzögerer	VZ	rot	Verzögerung des Erstarrens
Beschleuniger	BE	grün	Beschleunigung des Erstarrens und/oder des Erhärtens
Stabilisierer	ST	violett	Verminderung des Absonderns von Anmachwasser (Bluten)
Einpresshilfen	EH	weiß	Verbesserung der Fließfähigkeit, Verminderung des Wasseranspruchs und des Absetzens bzw. Erzielen eines mäßigen Quellens von Einpressmörtel
Chromatreduzierer [1]	CR	rosa	Reduktion von Chrom (VI) zu Chrom (III)
Recyclinghilfen für Waschwasser [1]	RH	schwarz	Wiederverwendung von Waschwasser, das beim Reinigen von Mischfahrzeugen und Mischern anfällt
Schaumbildner [1]	SB	orange	Einführung von Luftporen zur Herstellung von Schaumbeton
Spritzbetonbeschleuniger [1]	SBE	grün	frühzeitige Beschleunigung des Erstarrens und/oder frühzeitiges Erhärten (Frühfestigkeit) von Spritzbeton, unterhalb der in DIN EN 934-2 festgelegten Grenzwerte für herkömmliche Erstarrungsbeschleuniger
Sedimentationsreduzierer [1]	SR	gelbgrün	Verringerung der Sedimentationsneigung von Frischbeton

[1] mit allgemeiner bauaufsichtlicher Zulassung auf Basis von [2.16]

DIN EN 206-1 und DIN 1045-2 allerdings nicht verwendet werden. Neu hinzugekommen in DIN EN 934-2:2012-08 ist der *Viskositätsmodifizierer*, ein Zusatzmittel, das zur Begrenzung der Entmischung durch Verbesserung der Kohäsion in den Beton gegeben wird.

2.3.3 Anwendungsgebiete

Betonverflüssiger (BV) reduzieren den Wasseranspruch des Betons. Sie ermöglichen es daher, bei gegebenem Wassergehalt des Betons seine Verarbeitbarkeit zu verbessern bzw. bei vorgegebener Konsistenz und vorgegebenem Wasserzementwert den Wasser- und den Zementgehalt zu reduzieren. *Fließmittel* (FM) sind besonders wirksame Betonverflüssiger, jedoch mit begrenzter Wirkungsdauer. Sie sind von besonderer Bedeutung für die Herstellung von Fließbeton und selbstverdichtendem Beton sowie für die Herstellung von hochfestem Beton mit sehr niedrigen Wasserzementwerten. Je nach chemischer Zusammensetzung können Betonverflüssiger und Fließmittel auch verzögernd wirken. Vor der gemeinsamen Verwendung eines Fließmittels und eines Luftporenbildners muss das sachgerechte Zusammenwirken beider Zusatzmittel überprüft werden, da Fließmittel trotz ausreichenden Luftgehalts im Frischbeton den Mikroluftporengehalt von Luftporenbeton beeinträchtigen können. Jüngere Erfahrungen in der Praxis haben gezeigt, dass die Wirkung hochleistungsfähiger Fließmittel (PCE) durch eine geringe Verunreinigung der Gesteinskörnung mit Tonmineralien erheblich herabgesetzt werden kann [2.39]. Bei der Herstellung von fließfähigen Betonen ist wegen ihrer in der Regel nur begrenzten Wirkungsdauer häufig ein Nachdosieren von Fließmitteln erforderlich.

Luftporenbildner (LP) sollen zur Erzielung eines hohen Frost- bzw. Frost- und Tausalzwiderstandes eine ausreichende Menge kleiner, gleichmäßig verteilter Luftporen im Zementstein erzeugen. Gleichzeitig wird damit die Verarbeitbarkeit des Frischbetons etwas verbessert oder sein Wasseranspruch vermindert. Berücksichtigt man dies bei der Wasserzugabe, so wird bei gleicher Frischbetonkonsistenz die Druckfestigkeit des erhärteten Betons weniger vermindert als dies infolge des erhöhten Porenvolumens des Zementsteins zu erwarten wäre. Die Wirksamkeit von Luftporenbildnern und auch die anderer Zusatzmittel kann durch andere, gleichzeitig verwendete Zusatzmittel beeinträchtigt werden (siehe oben) und hängt von der Temperatur des Frischbetons ab. So ist z. B. zur Erzielung eines bestimmten Luftgehalts im Frischbeton bei einer Frischbetontemperatur von 30 °C das 1,2- bis 1,9-Fache der Zusatzmittelmenge erforderlich, die bei einer Frischbetontemperatur von 20 °C erforderlich wäre. Bei einer Frischbetontemperatur von 5 °C sinkt die Zusatzmittelmenge auf das 0,6- bis 0,9-Fache der bei 20 °C erforderlichen Menge ab.

Dichtungsmittel (DM) sollen die Wasseraufnahme von Beton durch kapillares Saugen vermindern. Dies soll durch eine Hydrophobierung des Kapillarporensystems oder durch ein Verstopfen der Poren z. B. durch quellfähige Substanzen erzielt werden. Auch verflüssigende Zusatzmittel wirken indirekt als dichtend, wenn damit der Wasserzementwert und die Kapillarporosität verringert werden. Die Bedeutung der Dichtungsmittel, deren Langzeitwirkung ohnehin nicht immer gegeben ist, wird vielfach überschätzt, weil ein sachgerecht zusammengesetzter, hergestellter und nachbehandelter Beton die Verwendung von Dichtungsmitteln überflüssig macht und durch Dichtungsmittel kaum verbessert wird.

Verzögerer (VZ) werden verwendet, wenn der Zeitraum, in dem der Frischbeton verarbeitbar bleiben soll, im Vergleich zu einem Beton ohne Zusatzmittel deutlich, d. h. um mehrere Stunden, verlängert werden soll. Einige Verzögerer wirken gleichzeitig verflüssigend. Sie greifen in den Reaktionsablauf des Zements direkt ein und sind daher in ihrer Wirkung nicht leicht zu beherrschen. Ihre Wirksamkeit hängt entsprechend vom jeweils verwendeten Zement, von der Temperatur und von der Zugabemenge ab, sodass unter Umständen sogar ein Umschlagen der Wirkung möglich ist. Die Richtlinie für Beton mit verlängerter Verarbeitbarkeitszeit des Deutschen Ausschusses für Stahlbeton [2.18] lässt bei Transportbeton die Zugabe des Verzögerers auch auf der Baustelle zu, wenn die Verarbeitbarkeitszeit mehr als 12 Stunden betragen soll und wenn eine Reihe weiterer Bedingungen erfüllt wird. Grundsätzlich ist bei einer Verzögerung des Erstarrens des Betons um mehr als 3 Stunden mit besonderer Sorgfalt vorzugehen, um Schäden, z. B. durch Rissbildung infolge Frühschwindens zu vermeiden. Eine gute Nachbehandlung vorausgesetzt, die bei verzögertem Beton besonders wichtig ist, liegt die Druckfestigkeit von verzögertem Beton in höherem Alter häufig über jener eines sonst gleichen Betons ohne Zusatzmittel.

Beschleuniger (BE) sollen die Entwicklung der Frühfestigkeit und damit meist auch das Erstarren des Frischbetons beschleunigen. Die früher als Beschleuniger eingesetzten Chloride, insbesondere Calciumchlorid, dürfen jedoch nach den deutschen Normen und auch nach der Norm DIN EN 206-1 für Stahl- und Spannbeton nicht mehr verwendet werden, da sie – ebenso wie Thiocyanate – korrosionsgefährdend für den Bewehrungsstahl und insbesondere für den Spannstahl sein können. Da von der harmonisierten europäischen Betonzusatzmittelnorm DIN EN 934-2 nur Erstarrungsbeschleuniger mit mäßiger Beschleunigung des Erstarrens abgedeckt sind, wurde die neue Wirkungsgruppe „Spritzbetonbeschleuniger (SBE)" eingeführt. Diese Beschleuniger bewirken ein sofortiges Erstarren und sind somit von genormten Erstarrungsbeschleunigern deutlich abgegrenzt. Beschleuniger kommen heute meist nur noch für Sonderaufgaben, häufig aber bei Spritzbeton zum Einsatz.

Einpresshilfen (EH) sollen den Wasseranspruch und das Absetzen des Einpressmörtels in Spannkanälen vermindern, seine Fließfähigkeit verbessern und den Mörtel mäßig quellen lassen.

Stabilisierer (ST) sollen eine Entmischung des Frischbetons, insbesondere das Absondern von Wasser, das so genannte Bluten, und bei Leichtbeton das Aufschwimmen der leichten Körner mindern. Bei selbstverdichtendem Beton gibt es den sog. Stabilisierer-Typ, über den das Entmischen durch Zugabe von Stabilisierern, meist natürlichen Polysacchariden, verhindert wird. Bei Unterwasserbeton verbessern sie den Zusammenhalt.

Einige Stabilisierer, die in Deutschland hergestellt werden, erfüllen nicht mehr die Anforderungen nach DIN EN 934-2. Für diese Gruppe von Stabilisierern wurde die Wirkungsgruppe „*Sedimentationsreduzierer (SR)*" mit allgemeiner bauaufsichtlicher Zulassung geschaffen.

Chromatreduzierer (CR) sollen Chrom (VI)-Verbindungen in Chrom (III)-Verbindungen reduzieren. Chrom (VI)-Verbindungen sind um den Faktor 1000 giftiger als Chrom (III)-Verbindungen und gelten als krebserregend. Bei Zementen mit hohem

Chromgehalt kann es zur Ausbildung von Hautekzemen kommen (sog. Maurerkrätze).

Recyclinghilfen für Waschwasser (RH) werden zum Reinigen von Mischfahrzeugen und Mischern eingesetzt. Es handelt sich dabei um chemische Verbindungen, die die Reaktion von Zement durch Komplexsalzbildung sehr stark hemmen.

Schaumbildner (SB) erzeugen Luftporen zur Herstellung von Schaumbeton bzw. Beton mit porosiertem Zementstein. Schaumbeton wird z.b. zur Verfüllung von Hohlräumen oder für leichte, wärmedämmende Ausgleichschichten verwendet.

Über Angaben zur chemischen und physikalischen Wirkungsweise von Betonzusatzmitteln siehe unter anderem [0.1] und [0.2].

2.3.4 Weitere Anforderungen

Die Produktion von Betonzusatzmitteln geschieht unter einer werkseigenen Produktionskontrolle (WPK) und deren Zertifizierung durch eine notifizierte Stelle [2.19]. Von besonderer Bedeutung ist der Nachweis ihrer Betonverträglichkeit und der Nachweis, dass sie keine Stoffe enthalten, die den Korrosionsschutz der Bewehrung beeinträchtigen. Daher darf der Halogengehalt der Betonzusatzmittel, ausgedrückt als Cl⁻, 0,2 M.-%, bei Einpresshilfen 0,1 M.-% nicht überschreiten. Die Anforderungen an das Korrosionsverhalten von Zusatzmitteln sowie das europäische Vorgehen zur Beurteilung des Korrosionsverhaltens über eine Liste der Inhaltsstoffe von Zusatzmitteln („Verzeichnis der anerkannten Substanzen" (Anhang A.1) und „Verzeichnis der zu deklarierenden Substanzen" (Anhang A.2)) sind in dem neuen Teil 1 der Normreihe EN 934 enthalten. Betonzusatzmittel, die Stoffe nach DIN EN 934-1:2008, Anhang A.2, enthalten, dürfen nicht verwendet werden.

Ausgenommen hiervon sind Sulfide und Formiate. Letztere dürfen jedoch nicht in Zusatzmitteln enthalten sein, die für Beton bei vorgespannten Tragwerken eingesetzt werden.

Granulatartige Betonzusatzmittel dürfen nur verwendet werden, wenn ihre Eignung durch eine allgemeine bauaufsichtliche Zulassung oder eine Europäische Technische Bewertung nachgewiesen wurde.

Nach DIN 1045:1988 war bei der Verwendung von Betonzusatzmitteln stets eine Eignungsprüfung mit der für die Ausführung vorgesehenen Betonzusammensetzung erforderlich. Bei wechselnden Umgebungstemperaturen sollte diese Eignungsprüfung unter Bedingungen der Bauausführung vorgenommen werden. Außer bei Fließmitteln dürfen dem Beton nicht mehrere Zusatzmittel der gleichen Wirkungsgruppe zugegeben werden. Bei der Herstellung eines Betons mit mehreren Betonzusatzmitteln unterschiedlicher Wirkungsgruppen muss nach DIN EN 206-1 eine Erstprüfung durchgeführt werden. Andernfalls ist sie nur erforderlich, wenn eine neue Betonzusammensetzung verwendet werden soll. Wenn Erfahrung vorliegt, und wenn in der Erstprüfung untere und obere Grenzwerte der Zusatzmitteldosierung untersucht wurden, brauchen nach DIN 1045-2 für Dosierungen innerhalb dieser Grenzen keine neuen Erstprüfungen durchgeführt zu werden. Die Betonzusammensetzung darf dabei um ± 15 kg Zement/m³ Beton und ± 15 kg Flugasche/m³ Beton schwanken.

Die Gesamtmenge an Zusatzmitteln darf weder die vom Zusatzmittelhersteller empfohlene Höchstdosierung noch 50 g/kg Zement im Beton überschreiten, sofern nicht der Einfluss einer höheren Dosierung auf die Leistungsfähigkeit und die Dauerhaftigkeit des Betons nachgewiesen wurde. Bei Verwendung mehrerer Betonzusatzmittel unterschiedlicher Wirkungsgruppen bis zu einer insgesamt zugegebenen Menge von 60 g/kg Zement ist ein besonderer Nachweis nicht erforderlich. Bei Verwendung von Zementen nach DIN 1164-11 oder DIN 1164-12 in Kombination mit mehreren Zusatzmitteln unterschiedlicher Wirkungsgruppen ist die Zugabe der Betonzusatzmittel auf 50 g/kg Zement begrenzt. Flüssige Zusatzmittel sind auf den Wassergehalt bei der Bestimmung des Wasserzementwerts anzurechnen, wenn ihre Gesamtmenge 3,0 dm³ je m³ Beton überschreitet.

2.4 Betonzusatzstoffe

2.4.1 Definitionen

Betonzusatzstoffe sind fein verteilte Stoffe, die durch chemische oder physikalische Wirkung bestimmte Betoneigenschaften, z. B. Konsistenz, Verarbeitbarkeit, Festigkeit, Dichtheit oder Farbe beeinflussen. Sie müssen unschädlich sein, d. h. sie dürfen das Ansteifverhalten, das Erstarren und das Erhärten sowie die Festigkeit und die Dauerhaftigkeit des Betons und den Korrosionsschutz der Bewehrung im Beton nicht beeinträchtigen und mit den Bestandteilen des Betons keine störenden Verbindungen eingehen. Beteiligen sich Betonzusatzstoffe an der Erhärtung oder beeinflussen sie wesentlich die Eigenschaften des Betons auf andere Weise, z. B. durch ihre Granulometrie, müssen sie außerdem sowohl hinsichtlich ihrer chemischen und mineralogischen Beschaffenheit als auch hinsichtlich ihrer technischen Eigenschaften sehr gleichmäßig sein. Betonzusatzstoffe unterliegen einer Überwachung, bestehend aus einer werkseigenen Produktionskontrolle und einer Fremdüberwachung, deren Einzelheiten in den entsprechenden Normen bzw. im Zulassungs- oder im Prüfbescheid geregelt sind.

DIN EN 206-1 fordert, die Betonzusammensetzung bei Verwendung von Zusatzstoffen stets aufgrund von Erstprüfungen festzulegen. Eine neue Erstprüfung ist nicht erforderlich, wenn z. B. der Flugaschegehalt bis zu 15 kg/m^3 schwankt.

Zusatzstoffe können in die Gruppen inerte Stoffe und Pigmente, puzzolanische Stoffe, latent hydraulische Stoffe und organische Stoffe eingeteilt werden. Einen Überblick gibt z. B. [0.1]. Nach DIN EN 206-1 wird unterschieden in Zusatzstoffe Typ I und Zusatzstoffe Typ II. Typ I sind nahezu inaktive Zusatzstoffe, wie z. B. Gesteinsmehl, die einen geringen Effekt dadurch haben, dass sie als Kristallisationsflächen wirken. Typ II sind die puzzolanischen und latenthydraulischen Zusatzstoffe, z. B. Flugasche, Hüttensandmehl und Silicastaub.

2.4.2 Inerte Stoffe und Pigmente

Inerte Stoffe beteiligen sich unter normalen Bedingungen nicht an der Reaktion mit Zement und Wasser. Zu ihnen gehören die Gesteinsmehle z. B. aus Quarz oder Kalkstein. Sie werden eingesetzt, um Verarbeitbarkeit und Zusammenhalt von Betonen aus feinteilarmen Sanden durch Erhöhung des Mehlkorngehalts zu verbessern. Verschiedentlich wurden jedoch auch Hypothesen über eine hydraulische Wirkung von Kalksteinmehl entwickelt, z. B. [0.6]. Inerte Stoffe genügen häufig den Anforderungen der DIN EN 12620 und können dann entsprechend eingesetzt werden.

Auch Pigmente zum Einfärben des Betons gelten als Betonzusatzstoffe nach DIN EN 206-1/DIN 1045-2. Sie müssen gegenüber verschiedenen Einwirkungen ausreichend widerstandsfähig sein, so z. B. gegenüber Licht und alkalischen Wirkungen aus dem Beton. Aus diesem Grunde werden überwiegend Metalloxide, z. B. Eisenoxidrot, -braun, -schwarz, -gelb, Chromoxidgrün, Cobaltblau und Titandioxid sowie Ruß verwendet, siehe auch DIN EN 12878 sowie [2.20]. Für den Einsatz in Beton nach DIN EN 206-1/DIN 1045-2 dürfen nur anorganische Pigmente und Pigmentruß verwendet werden.

Für die Verwendung in standsicherheitsrelevanten Bauteilen aus Stahlbeton oder Spannbeton muss für Pigmente in Lieferform (Pigmentmischungen und wässrige Pigmentpräparationen) nachgewiesen sein, dass das Pigment keine korrosionsfördernde Wirkung auf den im Beton eingebetteten Stahl hat.

Pigmente nach DIN EN 12878 müssen hinsichtlich der Druckfestigkeit die Anforderungen der Kategorie B erfüllen. Pigmente nach DIN EN 12878 müssen hinsichtlich des Gehalts an wasserlöslichen Substanzen die Anforderungen der Kategorie B erfüllen. Bei Verwendung nicht-pulverförmiger Pigmente darf der Gehalt an wasserlöslichen Substanzen bis zu 4% Massenanteil, bezogen auf den Feststoffgehalt, betragen, vorausgesetzt, die wasserlöslichen Anteile entsprechen den Anforderungen nach DIN EN 934-2.

Pigmente mit einem Gesamtchlorgehalt von ≤ 0,10% Massenanteil dürfen ohne besonderen Nachweis verwendet werden.

Pigmente der Kategorie mit deklariertem Gesamtchlorgehalt dürfen verwendet werden, wenn der höchstzulässige Chloridgehalt im Beton, bezogen auf die Zementmasse, den Anforderungswert an Beton gemäß Abschnitt 2.2.3 nicht überschreitet. Die Farbwirkung der Pigmente und die erforderliche Zugabemenge, die möglichst auf das unbedingt notwendige Maß begrenzt werden sollte, sind abhängig von der Betonzusammensetzung und können zuverlässig nur am ausgetrockneten Beton beurteilt werden. Die Farbwirkung an Betonflächen soll bei neueren Pigmenten mit größeren Teilchendurchmessern dauerhafter sein.

2.4.3 Puzzolanische Stoffe

Puzzolanische Stoffe weisen hohe Anteile an Kieselsäure oder Kieselsäure und Tonerde auf und sind dadurch charakterisiert, dass sie mit Wasser und Calciumhydroxid reagieren. Im Beton entsteht das Calciumhydroxid bei der Hydratation des Portlandzementklinkers. Die Reaktionsprodukte sind in Zusammensetzung und Struktur dem Zementstein ähnlich. Die Reaktionsgeschwindigkeit der Puzzolane ist aber wesentlich langsamer als jene der Zemente, sodass puzzolanhaltige Betone einer guten Nachbehandlung bedürfen, damit in höherem Alter die puzzolanischen Zusatzstoffe wirksam werden.

Die in Deutschland gebräuchlichsten Puzzolane, die als Betonzusatzstoffe Einsatz finden, sind natürlicher Trass nach DIN 51043 sowie Flugasche (FA) nach DIN EN 450, Silicastaub nach DIN EN 13263 bzw. silicatische Feinstäube (SF) und getempertes Gesteinsmehl (GG). Die zwei zuletzt genannten Betonzusatzstoffe bedürfen einer bauaufsichtlichen Zulassung, die in [2.21] geregelt ist.

Flugaschen fallen als Rückstände bei der Verbrennung fein gemahlener Kohle in Kohlekraftwerken an. Sie sind im Rauchgas enthalten und werden über Elektrofilter abgeschieden. Die Reaktionsfähigkeit der Flugaschen ist einerseits auf ihre kleine Teilchengröße, andererseits auf ihre teilweise amorphe, d. h. glasige Struktur zurückzuführen, die wegen der raschen Abkühlung der Asche entsteht. Der Glasanteil der Aschen hängt von der Feuerungsart der Kohleverbrennung ab. So unterscheidet man zwischen Flugaschen aus Trockenfeuerungs- und aus Schmelzfeuerungsanlagen. Obwohl bei Schmelzkammeraschen wegen der höheren Brenntemperatur ein höherer Glasanteil und damit eine höhere Reaktionsfähigkeit als bei Trockenfeuerungsaschen zu erwarten ist, kann dies nach [2.22] nicht verallgemeinert werden. Die Korngrößenverteilung von

Steinkohleflugaschen liegt etwa im Bereich üblicher Zemente. Flugaschepartikel sind jedoch – anders als Zementkörner – überwiegend kugelig, was sich insbesondere auf die Verarbeitbarkeit von flugaschehaltigem Frischbeton günstig auswirkt. Zur chemischen Zusammensetzung der in Deutschland verwendeten Steinkohleflugaschen siehe z. B. [0.1, 2.26].

Die Anrechenbarkeit von Flugasche nach DIN EN 450 auf den Zementgehalt und die Obergrenze des Wasserzementwertes werden in DIN EN 206-1 und DIN 1045-2 geregelt.

An die Flugaschen nach DIN EN 450 werden chemische und physikalische Anforderungen gestellt. Der Glühverlust darf 5 M.-% (Kategorie A), der Chloridgehalt 0,10 M.-%, der SO_3-Gehalt 3 M.-% und der Gehalt an freiem Calciumoxid 1,0 M.-% nicht überschreiten. Der Gehalt an Freikalk CaO darf weniger als 2,5 M.-% betragen, wenn die Anforderungen an die Raumbeständigkeit erfüllt werden. Neben der Raumbeständigkeit betreffen die physikalischen Anforderungen die Kornrohdichte, die Feinheit und den Aktivitätsindex. Der Aktivitätsindex ist das Verhältnis der im gleichen Alter geprüften Druckfestigkeiten von genormten Mörtelprismen, die einen Massenanteil von 75 % Referenzzement und 25 % Flugasche enthalten, sowie genormten Mörtelprismen, die ausschließlich mit Referenzzement hergestellt sind. Der Referenzzement ist ein CEM I 42,5 und durch Mahlfeinheit, C_3A-Gehalt und Alkaliengehalt gekennzeichnet. Der Aktivitätsindex muss nach 28 Tagen mindestens 75 % und nach 90 Tagen mindestens 85 % betragen. Der ermittelte Aktivitätsindex charakterisiert zwar die geprüfte Flugasche, gibt jedoch keine direkte Information über den Festigkeits- und Dauerhaftigkeitsbeitrag der Flugasche im Beton.

Flugasche als Betonzusatzstoff beeinflusst sowohl die Eigenschaften des frischen als auch des erhärteten Betons. So wird bei einem teilweisen Ersatz des Zements durch Flugasche wegen der kugeligen Form ihrer Partikel der Wasseranspruch des Betons reduziert u. bei gleichbleibendem Wassergehalt die Konsistenz verbessert. Flugasche kann sich auch auf die Pumpbarkeit des Frischbetons günstig auswirken.

Ein wesentliches Beurteilungskriterium für die Eignung einer Flugasche als Betonzusatzstoff ist die Festigkeitsentwicklung eines damit hergestellten Betons. Dazu werden in der Regel u. 20 bis 35 M.-% des Zements gegen Flugasche ausgetauscht und Betonmischungen mit und ohne Flugasche bei gleichem Wassergehalt hergestellt. Ein Vergleich der Festigkeitsentwicklung gibt Aufschluss über die puzzolanische Wirkung der Flugasche. Während der ersten Wochen liefert die Flugasche noch keinen wesentlichen Beitrag, sodass die Druckfestigkeit der flugaschehaltigen Mörtel noch deutlich unter jener des Vergleichsmörtels liegt und etwa der Druckfestigkeit eines Mörtels entspricht, bei dem anstelle eines Zementaustauschs durch Flugasche ein gleich großer Austausch durch ein inertes Gesteinsmehl erfolgte. Mit steigendem Betonalter – günstige Erhärtungsbedingungen vorausgesetzt – nähert sich die Druckfestigkeit bei geeigneten Flugaschen immer mehr der Druckfestigkeit des Vergleichsmörtels und kann diese sogar deutlich überschreiten (siehe u. a. [0.1, 2.22]). Das Ausmaß der Festigkeitssteigerung hängt dabei von der Zementart, mit der eine bestimmte Flugasche kombiniert wird, ab. Sie ist bei Portlandzementen im Allgemeinen ausgeprägter als bei Zementen mit hohen Anteilen an Zumahlstoffen.

Wegen der geringeren chemischen Aktivität von Flugaschen im Vergleich zu Zementen wird die Hydratationswärme von Mörteln und Betonen vermindert, wenn ein Teil des Zements durch Flugasche ersetzt wurde (siehe dazu auch Abschn. 4.2 und [2.24]).

Von besonderer Bedeutung ist die Dauerhaftigkeit flugaschehaltiger Betone. Nach [2.25] unterscheiden sich die Carbonatisierungseigenschaften von Betonen, bei denen ein Teil des Zements durch Flugaschen ersetzt wurden, nur wenig von den entsprechenden Eigenschaften der Referenzbetone ohne Flugasche. Untersuchungen zeigten, dass bei nur 2-tägiger Nachbehandlung die Carbonatisierungstiefen von Betonen mit und ohne Flugasche deutlich höher als bei 7-tägiger Nachbehandlung waren und darüber hinaus mit zunehmendem Hüttensandgehalt der Zemente größer wurden. Sowohl bei einer 2- als auch bei einer 7-tägigen Nachbehandlung war der Einfluss der Flugasche auf die Carbonatisierung jedoch geringer als der Einfluss von Art und Festigkeitsklasse des Zements.

Nach [2.26] wird der Sulfatwiderstand von Beton durch Zugabe von Flugasche bei Einhaltung bestimmter Randbedingungen wesentlich verbessert. Untersuchungen zum Frostwiderstand flugaschehaltiger Betone ergaben, dass der Frostwiderstand von flugaschehaltigen Betonen, die entsprechend den Anforderungen der DIN EN 206-1/DIN 1045-2 an Beton mit hohem Frostwiderstand zusammengesetzt sind, sich nicht signifikant vom Frostwiderstand von Referenzbetonen ohne Flugasche unterscheidet. Über eine deutliche Verringerung des Eindringens von Chloriden in flugaschehaltige Betone im Vergleich zu Betonen aus reinem Portlandzement wird in [2.27] berichtet. Maßgeblich für die Verringerung der Chloriddiffusionskoeffizienten in flugaschehaltigen Betonen im Vergleich zu Betonen aus Portlandzement ist die spezifische Ausbildung der Porenstruktur. Es tritt eine effektive Abminderung der transportrelevanten Kapillarporenquerschnitte durch CSH-Phasen der puzzolanischen Reaktion auf. Diese Wirkung ist auf die Verringerung des wirksamen Porenquerschnitts und auf die Querschnittsveränderlichkeit entlang des Transportwegs zurückzuführen. Weiterhin treten Interaktionen der Chloridionen mit den Porenoberflächen bzw. den elektrischen Doppelschichten auf, die sich aufgrund von Ladungsdifferenzen auf der Oberfläche des Zementsteins bilden. Dieser Effekt wird als „ionogener Porenverschlusseffekt" bezeichnet.

Die DIN 1045-2 erlaubt die Anrechnung puzzolanischer Betonzusatzstoffe auf den Mindestzementgehalt bzw. auf den höchstzulässigen Wasserzementwert nach dem k-Wert-Ansatz (s. auch [2.26]).

Demnach darf Flugasche gemäß DIN EN 206-1/ DIN 1045-2 bei der Betonzusammensetzung auf den Zementgehalt und mit dem Anrechenbarkeitswert k_f auf den äquivalenten Wasserzementwert angerechnet werden. Dabei kann der Mindestzementgehalt bei Anrechnung von Flugasche für alle Expositionsklassen gegenüber dem Mindestzementgehalt ohne Flugascheverwendung um einen bestimmten Betrag reduziert werden, wenn eine der folgenden Zementarten verwendet wird:

- Portlandzement (CEM I)
- Portlandsilicastaubzement (CEM II/A-D)
- Portlandhüttenzement (CEM II/A-S oder CEM II/B-S)
- Portlandschieferzement (CEM II/A-T oder CEM II/B-T)
- Portlandkalksteinzement (CEM II/A-LL)
- Portlandpuzzolanzement (CEM II/A-P)
- Portlandflugaschezement (CEM II/A-V)
- Portlandkompositzemente nach Tabelle 10 (CEM II/A-M mit den Hauptbestandteilen S, D, P, V, T, LL)
- Portlandkompositzemente nach Tabelle 10 (CEM II/B-M (S-D, S-T, D-T))
- Hochofenzement (CEM III/A)
- Hochofenzement (CEM III/B) mit bis zu 70% (Massenanteil) Hüttensand, wenn die Zusammensetzung entsprechend DIN EN 197-1 nachgewiesen ist.

Dabei darf die Summe von Zement- und Flugaschegehalt (z + f) die geforderten Mindestzementgehalte von Betonen ohne Zusatzstoffe nicht unterschreiten.

Die Flugasche darf bei Verwendung der vorgenannten Zemente in allen Expositionsklassen angerechnet werden, lediglich bei Verwendung von Zementen mit dem Hauptbestandteil „D" (Silicastaub) ist bei den Expositionsklassen XF2 und XF4 eine Anrechnung ausgeschlossen.

Zur Anrechnung der Flugasche darf anstelle des höchstzulässigen Wasserzementwertes (w/z) der höchstzulässige äquivalente Wasserzementwert $(w/z)_{eq} = w/(z + k_f \cdot f_b)$ verwendet werden. Der k_f-Wert (Anrechenbarkeitswert) beträgt für alle Expositionsklassen 0,4 und in besonderen Anwendungsfällen 0,7. Dabei muss die Höchstmenge Flugasche, die auf den Wasserzementwert angerechnet werden darf, bei Zementen ohne die Hauptbestandteile P, V und D der Bedingung

f/z ≤ 0,33 in Massenanteilen,

bei Zementen mit den Hauptbestandteilen P oder V ohne den Hauptbestandteil D der Bedingung

f/z ≤ 0,25 in Massenanteilen und

bei Zement mit dem Hauptbestandteil D

f/z ≤ 0,15 in Massenteilen

genügen.

Falls eine größere Menge Flugasche als Betonzusatzstoff verwendet wird, darf die Mehrmenge bei der Berechnung des äquivalenten Wasserzementwertes nicht berücksichtigt werden.

Tabelle 17a. Für die Anrechnung von Flugasche zugelassene Zementarten und anrechenbare Flugaschemengen

Zement z	Anrechenbare Flugaschemenge f_b
CEM I	$f_b \leq 0,33\ z$
CEM II/A-(S,LL,T)	
CEM II/B-(S,T)	
CEM II/A-M [(S T), (S-LL), (T-LL)]	
CEM II/B-M [(S-T)]	
CEM III/A	
CEM III/B [1)]	
CEM II/A-P	$f_b \leq 0,25\ z$
CEM II/A-V	
CEM II/A-M [(S-V), (V-T), (V-LL), (S-P), (P-V), (P-T), (P-LL)]	
CEM II/A-D	$f_b \leq 0,15\ z$ [2)]
CEM II/A-M [(S-D), (D-T), (D-LL), (D-P), (D-V)]	
CEM II/B-M [(S-D), (D-T)]	

[1)] max 70 M.-% Hüttensand
[2)] Bei den Zementen mit dem Hauptbestandteil D darf keine über f = 0,15 z hinausgehende Menge Flugasche verwendet werden.

Bei Zementen mit dem Hauptbestandteil D (Silicastaub) darf keine über $f/z = 0{,}15$ hinausgehende Menge Flugasche verwendet werden.

Die Anwendungsregeln für Flugasche mit anderen Zementen, die oben nicht aufgeführt sind, sind in bauaufsichtlichen Zulassungen festgelegt.

In Tabelle 17a sind die für die Anrechnung von Flugasche zugelassenen Zementarten und die anrechenbaren Flugaschemengen zusammengestellt.

Zur Herstellung von Beton mit hohem Sulfatwiderstand darf anstelle von SR-Zement nach DIN EN 197-1 eine Mischung aus Zement und Flugasche verwendet werden, wenn folgende Bedingungen eingehalten werden:

- Sulfatgehalt des angreifenden Wassers: $SO_4^{2-} \leq 1500$ mg/l
- Zementart CEM I, CEM II/A-S, CEM II/B-S, CEM II/A-V, CEM II/A-T, CEM II/B-T, CEM II/A-LL oder CEM III/A sowie Portlandkompositzemente nach Tabelle 10 CEM II/A-M mit den Hauptbestandteilen S, V, T, LL und Portlandkompositzement CEM II/B-M (S-T)
- Der Flugascheanteil, bezogen auf den Gehalt an Zement und Flugasche (z + f), muss bei den Zementarten CEM I, CEM II/A-S, CEM II/B-S, CEM II/A-V und CEM II/A-LL sowie bei Portlandkompositzementen nach Tabelle 10 CEM II/A-M mit den Hauptbestandteilen S, V, T, LL und Portlandkompositzement CEM II/B-M (S-T) mindestens 20 % (Massenanteil), bei den Zementarten CEM II/A-T, CEM II/B-T und CEM III/A mindestens 10 % (Massenanteil) betragen (s. auch Tabelle 17b).

Bei der Herstellung von Beton für tragende Bauteile unter Wasser darf Flugasche eingesetzt und wie folgt angerechnet werden:

- Der Gehalt an Zement und Flugasche (z + f) darf 350 kg/m³ nicht unterschreiten.
- Der äquivalente Wasserzementwert $(w/z)_{eq} = w/(z + 0{,}7 f_b)$ darf 0,60 nicht überschreiten; er muss kleiner sein, wenn andere Beanspruchungen es erfordern (z. B. Expositionsklasse XA).
- Die maximale Menge der auf $(w/z)_{eq}$ anrechenbaren Flugasche beträgt max $f_b = 0{,}33\ z$.

Bei einem Größtkorn der verwendeten Gesteinskörnung von 16 mm wird empfohlen, analog zur Regelung für den Bohrpfahlbeton zu verfahren. Die Grenzwerte für den Mehlkorngehalt nach DIN 1045-2 dürfen überschritten werden.

Für Bohrpfahlbeton nach DIN EN 1536 in Verbindung mit DIN SPEC 18140 [2.37] sind beim Einsatz von Flugasche einige Sonderregeln zu beachten. Flugasche nach DIN EN 450-1 zur Herstellung von Bohrpfahlbeton darf grundsätzlich unter den Bedingungen gemäß DIN 1045-2 angerechnet werden. Abweichend davon gilt gemäß DIN SPEC 18140:

- der Gehalt an Zement und Flugasche (z + f) darf bei einem Größtkorn von 32 mm 350 kg/m³ und einem Größtkorn von 16 mm 400 kg/m³ nicht unterschreiten;
- der Mindestzementgehalt bei Anrechnung von Flugasche darf bei einem Größtkorn von 32 mm 270 kg/m³ und einem Größtkorn von 16 mm 300 kg/m³ nicht unterschreiten;
- der äquivalente Wasserzementwert $(w/z)_{eq}$ wird mit $k_f = 0{,}7$ berechnet.

Tabelle 17b. Anrechnung von Flugasche und Mindestflugaschemenge bei Beton mit hohem Sulfatwiderstand

Zement	Anrechenbarer Flugaschegehalt f_b	Mindestmenge Flugasche min f
CEM I	$f_b \leq 0{,}33\ z$	min f = 0,2 (z + f) bzw. min f = 0,25 z
CEM II/A-(S,LL)		
CEM II/B-S		
CEM II/A-M [(S-T), (S-LL), (T-LL)]		
CEM II/B-M (S-T)		
CEM II/A-V	$f_b \leq 0{,}25\ z$	
CEM II/A-M [(S-V), (V-T), (V-LL)]		
CEM II/A-T	$f_b \leq 0{,}33\ z$	min f = 0,1 (z + f) bzw. min f = 0,11 z
CEM II/B-T		
CEM III/A		

Die Anforderung „$(w/z)_{eq} \leq 0{,}60$" ist in DIN SPEC 18140 entfallen, da sie bereits in DIN EN 1536 enthalten ist. Die zulässigen Zementarten für die Herstellung von Bohrpfählen nach DIN EN 1536 sind gegenüber Beton nach DIN 1045-2 grundsätzlich auf die folgende Auswahl beschränkt:

- Portlandzement (CEM I)
- Portlandhüttenzement (CEM II/A, CEM II/B-S)
- Portlandsilicastaubzement (CEM II/A-D)
- Portlandflugaschezement (CEM II/A-V, CEM II/B-V)
- Portlandpuzzolanzement (CEM II/A-P, CEM II/B-P)
- Portlandschieferzement (CEM II/A-T, CEM II/B-T)
- Portlandkalksteinzement (CEM II/A-LL)
- Portlandkompositzement (CEM II/A-M (S-V), CEM II/B-M (S-V), CEM II/A-M (S-LL, V-LL), CEM II/B-M (S-LL, V-LL))
- Hochofenzement (CEM III/A, CEM III/B, CEM III/C)

Eine Anrechnung von Flugasche ist nicht zulässig bei Verwendung der Zemente CEM II/B-V, CEM III/C, CEM II/B-P, CEM III/B mit > 70 % (Massenanteil) Hüttensand.

Für Schlitzwandbeton ist bei Einsatz von Flugasche nach DIN EN 450-1 in Beton nach DIN 1045-2/ DIN EN 206-1 gemäß Abschnitt 5.3.4 (Unterwasserbeton) von DIN 1045-2 sinngemäß anzuwenden. Daraus ergibt sich:

- Der Gehalt an Zement und Flugasche $(z + f)$ darf bei einem Größtkorn von 32 mm 350 kg/m³ nicht unterschreiten.
- Der äquivalente Wasserzement $(w/z)_{eq} = w/(z + 0{,}7\, f_b)$ darf 0,60 nicht überschreiten. Er muss kleiner sein, wenn andere Beanspruchungen es erfordern, wie zum Beispiel die Expositionsklasse XA2.
- Die maximale auf $(w/z)_{eq}$ anrechenbare Flugaschemenge beträgt max $f_b = 0{,}33\, z$.

Zur Herstellung von massigen Bauteilen ist in Änderung bzw. Ergänzung zu den Anforderungen der DIN EN 206-1 und DIN 1045-2 die DAfStb-Richtlinie „Massige Bauteile aus Beton" [2.38] zu beachten. Massige Bauteile sind Bauteile, deren kleinste Bauteilabmessung $\geq 0{,}80$ m beträgt und bei denen Zwang und Eigenspannungen in besonderer Weise zu berücksichtigen sind.

Um möglichst rissfreie Bauteile zu erhalten, d. h. Spannungen aus Temperaturdifferenzen zwischen Bauteilkern und Bauteilrandzonen zu reduzieren, ist die Bindemittelauswahl für den Beton hinsichtlich der Hydratationswärmeentwicklung von besonderer Bedeutung. Deswegen wurden in der DAfStb-Richtlinie

- der Mindestzementgehalt in den Expositionsklassen XD2, XD3, XS2, XS3, XF2, XF3, XF4 und XA2 von 320 auf 300 kg/m³ reduziert,
- der Mindestzementgehalt bei Anrechnung von Zusatzstoffen in der Expositionsklasse XA1 von 270 auf 240 kg/m³ abgesenkt,
- die Mindestdruckfestigkeitsklasse in den Expositionsklassen XD2, XS2, XF2 und XF3 (jeweils ohne künstlich eingeführte Luftporen) sowie in XD3, XS3 und XA2 von C35/45 auf C30/37 gemindert und
- in den Expositionsklassen XD3 und XS3 der $(w/z)_{eq}$ von 0,45 auf 0,50 erhöht bei Verwendung von Zementen nach Tabellen 9 und 10 in Kombination mit Flugasche als Betonzusatzstoff, wobei in allen Fällen der Mindestflugaschegehalt 20 M.-% bezogen auf $(z + f)$ betragen muss $(f = 0{,}2\,(z + f)$ oder $0{,}25\, z)$. (Diese Regelung gilt bei Verwendung von CEM II/B-V, CEM III/A oder CEM III/B auch bei Beton ohne Flugasche als Betonzusatzstoff.)

Für Bauvorhaben mit extrem großen Bauteilabmessungen, z. B. Fundamentplatten für Großbauten, Schleusen, etc. werden Betone mit geringeren Zement- und höheren Flugaschegehalten mit einer Zustimmung im Einzelfall oder allgemeiner bauaufsichtlicher Zulassung eingesetzt. Weitere Informationen zur Anwendung von Flugasche in massigen Bauteilen enthält [2.26].

Zum Anrechenbarkeitswert k, der erstmals von *I. A. Smith* angewandt wurde, siehe auch [2.22].

Silikatische Feinstäube (Silicastaub SF) fallen bei der Herstellung von Silicium und Ferro-Silicium-Legierungen an. Sie bestehen bis zu ca. 95 % aus amorpher Kieselsäure. Im Vergleich zu üblichen Zementen weisen sie eine kugelige Form bei wesentlich größerer Feinheit auf. Sie sind daher chemisch viel aktiver als Flugaschen, haben aber einen wesentlich höheren Wasseranspruch, sodass im Allgemeinen nur in Verbindung mit Fließmitteln eingesetzt werden können.

Silikatische Feinstäube werden mit Erfolg verwendet bei Spritzbeton wegen der verbesserten Klebwirkung und dem damit reduzierten Rückprall, bei Faserbeton wegen der verbesserten Verbundeigenschaften zwischen Fasern und Mörtelmatrix sowie zur Herstellung hochfester Betone. Ihre festigkeitssteigernde Wirkung ist nicht nur auf ihre chemische Aktivität, sondern auch auf die Verbesserung der Packungsdichte zurückzuführen (siehe dazu [0.7, 2.28]).

Silicastaub wird entweder pulverförmig oder in wässriger Suspension geliefert. Silicastaub reagiert mit den alkalischen Komponenten des Zementsteins, insbesondere dem Calciumhydroxid. Die zulässige Zusatzmenge bzw. bei Suspensionen der zulässige Feststoffgehalt muss daher nach oben begrenzt werden, um den Korrosionsschutz der Bewehrung auch auf lange Sicht sicherzustellen. Zur Begrenzung von Silicastaub und Flugasche bei gemeinsamer Anwendung wird in [2.29] das sog. Silicastaubäquivalent eingeführt und für die verschiedenen Zemente festgelegt.

DIN 1045-2 hat diesen Ansatz in normative Regeln umgesetzt. Bei gleichzeitiger Verwendung von Flugasche und Silicastaub darf der Gehalt an Silicastaub (ebenso wie bei der alleinigen Verwendung von Silicastaub) 11 % (Massenanteil), bezogen auf den Zementgehalt, nicht überschreiten. Der Mindestzementgehalt darf bei gleichzeitiger Anrechnung von Silicastaub und Flugasche für alle Expositionsklassen außer XF2 und XF4 auf die in DIN 1045-2 angegebenen Mindestzementgehalte bei Anrechnung von Zusatzstoffen reduziert werden. Dabei darf der Gehalt an Zement, Flugasche und Silicastaub (z + f + s) die in DIN 1045-2 angegebenen Mindestzementgehalte nicht unterschreiten.

Für alle Expositionsklassen mit Ausnahme XF2 und XF4 anstelle des Wasserzementwertes der äquivalente Wasserzementwert $(w/z)_{eq} = w/(z + 0{,}4f + 1{,}0s)$ verwendet werden. Dabei müssen die Höchstmengen der beiden Zusatzstoffe, die auf den Wasserzementwert angerechnet werden dürfen, den Bedingungen

$f/z \leq 0{,}33$ in Massenanteilen

und

$s/z \leq 0{,}11$ in Massenanteilen

genügen. Falls eine größere Menge an Flugasche als Betonzusatzstoff verwendet wird, darf die Mehrmenge bei der Berechnung des äquivalenten Wasserzementwertes nicht berücksichtigt werden.

Um eine ausreichende Alkalität der Porenlösung sicherzustellen, muss bei gleichzeitiger Verwendung von CEM I, Flugasche und Silicastaub die Höchstmenge Flugasche der Bedingung

$f/z \leq 3\,(0{,}22 - s/z)$ in Massenanteilen

genügen. Für die Zemente CEM II-S, CEM II-T, CEM II/A-LL, CEM II/A-M (S-T, S-LL, T-LL), CEM II/B-M (S-T) und für CEM III/A gilt:

$f/z \leq 3\,(0{,}15 - s/z)$ in Massenanteilen.

Bei allen anderen Zementen ist eine gemeinsame Verwendung von Flugasche und Silicastaub nicht zulässig.

Getempertes Gesteinsmehl ist ein feinkörniger mineralischer Betonzusatzstoff. Er wird durch Tempern von natürlichem Gestein geeigneter mineralogischer Zusammensetzung und anschließendem Vermahlen hergestellt. Zu dieser Gruppe zählt das Phonolithgesteinsmehl, das mit Wasser und Kalkhydrat Reaktionsprodukte bildet, die dem Zementstein in Eigenschaften und Struktur ähnlich sind. Die Anforderungen, die getemperte Gesteinsmehle als Betonzusatzstoffe zu erfüllen haben, sind ebenfalls in der Zulassungsrichtlinie [2.21] festgelegt. Phonolith hat nach allgemeiner bauaufsichtlicher Zulassung einen Anrechenbarkeitsbeiwert k = 0,60.

2.4.4 Latent-hydraulische Stoffe

Latent-hydraulische Stoffe sind in ihrer chemischen Zusammensetzung Zementen ähnlicher als puzzolanische Stoffe. Sie reagieren mit Wasser in Anwesenheit eines Anregers, z. B. Calciumhydroxid, ohne sich mit diesem selbst zu verbinden. Der wichtigste hydraulische Zusatzstoff im Betonbau ist der Hüttensand, der bei einem schnellen Abkühlen einer basischen Hochofenschlacke entsteht. Latent-hydraulische Eigenschaften hat auch der gebrannte Ölschiefer. In Deutschland darf gebrannter Ölschiefer nicht als Betonzusatzstoff verwendet werden, sondern er wird ausschließlich als Hauptbestandteil zur Herstellung von Portlandschieferzement eingesetzt. Dies wird damit begründet, dass gebrannter Ölschiefer – im Gegensatz zu Flugasche – frühzeitig in den Reaktionsablauf des Zements eingreift. Damit können bereits das Ansteifungs- und Erstarrungsverhalten sowie die frühe Festigkeitsentwicklung des Betons so stark beeinflusst werden, dass eine optimale Einstellung von Portlandzementklinker, latent-hydraulischem Zusatzstoff und Calciumsulfat nur im Zementwerk, nicht aber bei der Herstellung des Frischbetons erfolgen kann. Granulierte Hochofenschlacke (Hüttensandmehl) ist inzwischen in DIN EN 15167 genormt. Eine umfangreiche Literatursichtung und internationale Erfahrungsberichte wurden in einem Sachstandsbericht zusammengefasst [2.35]. Der Nachweis der Verwendbarkeit von Hüttensand als Betonzusatzstoff in Beton erfolgt über eine allgemeine Regelung in der Bauregelliste A, Teil 1, Anlage 1.51. Die Regelung ist für CEM I und CEM II/A an die Anrechnungsregel für Flugasche angelehnt. Zurzeit existiert eine allgemeine bauaufsichtliche Zulassung.

2.4.5 Organische Stoffe

Organische Betonzusatzstoffe, z. B. auf Kunstharzbasis, benötigen stets eine allgemeine bauaufsichtliche Zulassung oder ein Prüfzeichen des Instituts für Bautechnik. Voraussetzung sind eingehende Untersuchungen, bei denen außer der Unschädlichkeit und der Gleichmäßigkeit auch die grundsätzliche Eignung und ihr Einfluss auf die Betoneigenschaft geprüft wird. Organische Zusatzstoffe haben sich bisher bei Konstruktionsbeton nicht, wohl aber bei Mörtel für Instandsetzungsarbeiten und teilweise auch bei Beton im Umweltschutz durchsetzen können.

2.5 Zugabewasser

Das Zugabewasser des Betons setzt sich aus der Oberflächenfeuchte der Gesteinskörnung und dem Zugabewasser zusammen, das nach DIN 1045-2 der Mischmaschine bei der Betonherstellung mit einer Genauigkeit von ±3 M.-% der abzumessenden Wassermenge zugegeben werden muss. In Sonderfällen kann auch Wasser anderen Ursprungs zur Anmachwassermenge beitragen, z. B. der Wasseranteil von Zusatzmitteln oder Kunststoffdispersionen (siehe Abschn. 2.3 und 2.4) oder das Kondenswasser beim Dampfmischen. Die Oberflächenfeuchtigkeit der Gesteinskörnung ergibt sich aus der Gesamtfeuchte der Gesteinskörnung abzüglich der Kernfeuchte im Innern der Gesteinskörner, die sich nicht auf Konsistenz und w/z-Wert des Betons auswirkt. Die für einen bestimmten Beton erforderliche Anmachwassermenge ist von den Ausgangsstoffen, von der gewählten Betonzusammensetzung und von der gewünschten Frischbetonkonsistenz abhängig (siehe Abschn. 3).

Als Zugabewasser sind die meisten in der Natur vorkommenden Wässer geeignet, z. B. Regenwasser, Grundwasser, Moorwasser oder nicht durch Industrieabwässer verunreinigtes Flusswasser. Häufig gilt dies auch für natürliche Wässer, die nach DIN 4030 als betonangreifend für erhärteten Beton gelten. Wasser mit hohem Gehalt an korrosionsfördernden Bestandteilen, z. B. Chloriden wie bei Meerwasser, kann als Anmachwasser für unbewehrten Beton zwar noch geeignet sein, für bewehrten Beton aber nicht, weil dadurch der Korrosionsschutz der Bewehrung im Beton beeinträchtigt wird. Für Spannbeton und für Einpressmörtel darf der Chloridgehalt des Zugabewassers 500 mg/l, für Stahlbeton 1000 mg/l nach DIN EN 1008 nicht überschreiten.

Nicht geeignet als Zugabewasser für Beton sind stark verunreinigte Wässer, die das Erhärten oder bestimmte Eigenschaften des erhärtenden Betons ungünstig beeinflussen, z. B. öl-, fett- und zuckerhaltige Wässer. Huminhaltige Wässer können sich bereits in geringen Mengen nachteilig auf das Erstarren und das Erhärten des Betons auswirken. Festigkeitsbeeinträchtigungen können auch durch Zugabewasser verursacht werden, das größere Mengen an Algen enthält oder mit Ton stark verunreinigt ist. Die Brauchbarkeit des Zugabewassers kann in solchen Fällen durch Erstarrungsversuche nach DIN EN 196-3 und/oder eine Betonerstprüfung nach DIN 1045-2 überprüft werden. Für die Prüfung und die Beurteilung von Wasser unbekannter Zusammensetzung und Wirkung als Zugabewasser für Beton wurde vom Deutschen Betonverein DBV ein Merkblatt erarbeitet [2.30].

Aus Gründen des Umweltschutzes kann Brauchwasser, das in Transportbetonwerken, z. B. beim Reinigen stationärer Mischer oder der Fahrzeugmischtrommeln anfällt, wegen des hohen pH-Wertes nicht oder nur in beschränktem Umfang dem Abwasser zugeführt werden. Dieses sog. Restwasser kann bei Einhaltung bestimmter Randbedingungen zur Betonherstellung verwendet werden. In DIN EN 1008 sind entsprechende Regelungen für Restwasser enthalten. Restwasser zur Herstellung von Beton darf nach DIN 1045-2 mit Ausnahme für Beton mit Luftporenbildner verwendet werden.

3 Frischbeton und Nachbehandlung

3.1 Allgemeine Anforderungen

Das Erreichen der für den erhärteten Beton geforderten Eigenschaften setzt voraus, dass der Frischbeton ein gutes Zusammenhaltevermögen hat und so verarbeitbar ist, dass er ohne wesentliches Entmischen gefördert, an der Einbaustelle eingebaut und praktisch vollständig verdichtet werden kann. Die dafür maßgebende Frischbetoneigenschaft, die Verarbeitbarkeit, muss daher auf den jeweiligen Anwendungsfall, d. h. auf die Förderart, das Einbauverfahren, die Verdichtungsart sowie auf Abmessungen und Bewehrungsgrad des Bauteils abgestimmt sein. Sie ist abhängig von der Betonzusammensetzung, insbesondere vom Wassergehalt des Betons, von evtl. verwendeten Zusatzmitteln, von Feinheit und Menge der Feinststoffe sowie von der Art und der Zusammensetzung der Gesteinskörnung.

Unter Nachbehandlung versteht man im engeren Sinne alle Maßnahmen, die nach dem Verdichten und ggf. einer anschließenden Oberflächenbearbeitung ergriffen werden, um einen Wasserverlust des Betons in der Anfangsphase seiner Erhärtung stark einzuschränken bzw. ganz zu verhindern. Im weiteren Sinne werden darunter auch Maßnahmen verstanden, die den Zweck verfolgen, die Temperatur des erhärtenden Betons, resultierend aus der Frischbetontemperatur, der Hydratationswärme und den Umgebungsbedingungen (hohe Temperaturen oder Frost), zu beeinflussen. Alle diese Maßnahmen dienen dem Schutz des frisch eingebauten und erhärtenden Betons. Zusätzlich ist er vor Regen und vor strömendem Wasser und vor Erschütterungen zu schützen.

3.2 Mehlkorngehalt

Für ein gutes Zusammenhaltevermögen und zur Vermeidung von wesentlichen Entmischungen benötigt der Beton nicht nur eine geeignete Zusammensetzung der Gesteinskörnung, sondern auch eine bestimmte Menge an Mehlkorn. Unter Mehlkorn versteht die DIN 1045-2 Kornanteile des Betons mit einer Korngröße bis zu höchstens 0,125 mm, d. h. den Zement, den an der Gesteinskörnung enthaltenen Kornanteil 0/0,125 mm und ggf. einen mineralischen Zusatzstoff. Die folgenden Ausführungen gelten für Rüttelbeton; Besonderheiten bei selbstverdichtendem Beton siehe Abschnitt 8.

Tabelle 18. Höchstzulässiger Mehlkorngehalt für Beton mit einem Größtkorn der Gesteinskörnung von 16 mm bis 63 mm bis zur Betonfestigkeitsklasse C50/60 und LC50/55 bei den Expositionsklassen XF und XM

	1	2
	Zementgehalt z kg/m^3	Höchstzulässiger Mehlkorngehalt [1] kg/m^3
1	≤ 300	400
2	≥ 350	450

[1] Bei z zwischen 300 und 350 kg/m^3 geradlinig interpolieren.
Bei z größer als 350 kg/m^3 und/oder Zugabe von puzzolanischem Zusatzstoff Werte entsprechend erhöhen, zusammen jedoch höchstens um 50 kg/m^3.
Werte bei 8 mm Gesteinsgrößtkorn um 50 kg/m^3 erhöhen.

Ein Übermaß an Mehlkorn vergrößert den erforderlichen Wassergehalt des Betons unnötig und beeinträchtigt bestimmte Eigenschaften des erhärteten Betons, z. B. den Frostwiderstand, den Frost-Tausalzwiderstand, den Verschleißwiderstand und den Widerstand gegen chemischen Angriff. Die DIN 1045-2 berücksichtigt dies und gibt Höchstwerte an, die für Beton für die Expositionsklassen XF und XM die Werte nach Tabelle 18 nicht überschreiten dürfen. Bei hochfestem Beton ab der Festigkeitsklasse C60/75 und LC55/60 gelten höhere Werte für alle Expositionsklassen. Sie betragen jeweils 100 kg/m^3 mehr als die angeführten Grenzzementgehalte von ≤ 400, 450 und ≥ 500 kg/m^3. Wird ein Größtkorn von 8 mm verwendet, darf der zulässige Mehlkorngehalt um 50 kg/m^3 erhöht werden.

Für alle anderen Betone beträgt der höchstzulässige Mehlkorngehalt 550 kg/m^3 (außer für selbstverdichtenden Beton). Der Mehlkorngehalt sollte stets möglichst auf das für gute Verarbeitbarkeit notwendige Maß beschränkt werden. Bei Verwendung von luftporenbildenden Betonzusatzmitteln ist im Hinblick auf die Verarbeitbarkeit zu beachten, dass 1 % künstliche Luftporen die Wirkung von etwa 15 kg üblichem Mehlkorn je m^3 verdichteten Betons kompensieren.

3.3 Rohdichte und Luftgehalt

Die theoretische *Rohdichte* des Frischbetons kann bei bekannter Zusammensetzung aus der Rohdichte der Ausgangsstoffe leicht errechnet werden. Durch einen Vergleich mit der z. B. nach DIN EN 12350-6 experimentell bestimmten Frischbetondichte erlaubt sie eine Kontrolle der Betonzusammensetzung und der Verdichtung. Für Normalbeton schwankt die Rohdichte in engen Grenzen und wird weitgehend durch die Rohdichte der Gesteinskörnung bestimmt.

Auch der *Luftgehalt* kann eine wichtige Eigenschaft des Frischbetons sein. Er kann aus der Frischbetonrohdichte und der theoretischen Rohdichte des luftporenfreien Betons oder zuverlässiger mit dem Druckausgleichsverfahren nach DIN EN 12350-7 bestimmt werden. Während der Luftgehalt für üblichen Beton ein Maß für die Verdichtung ist und bei praktisch vollständig verdichtetem Beton ohne luftporenbildende Zusatzmittel bei etwa 1 bis 2 % liegt, ist er bei sachgerechtem Luftporenbeton und Verwendung geeigneter luftporenbildender Zusatzmittel auch ein Maß dafür, ob bestimmte Voraussetzungen für einen hohen Frostwiderstand bzw. Frost-Tausalz-Widerstand des Betons erfüllt sind. Über die Technologie und die Eigenschaften des „grünen" Betons – d. h. des verdichteten, standfesten Betons, dessen Erhärtung noch nicht begonnen hat – siehe u. a. [3.3].

3.4 Verarbeitbarkeit und Konsistenz

Die Verarbeitbarkeit des Frischbetons umfasst eine Reihe von Eigenschaften, die nicht durch eine einzige Messgröße beschrieben werden können. Zu diesen Eigenschaften gehören u. a. die Mischbarkeit, das Verhalten beim Transport und beim Einbringen, die Verdichtungswilligkeit und das Verhalten beim Abgleichen der Oberfläche. Eine denkbare Messgröße ist der Energieaufwand, der zur Durchführung der o. g. Operationen erforderlich ist. Insbesondere die zum Verdichten erforderliche Energie kann über die Konsistenz des Frischbetons gut abgeschätzt werden. Entsprechend wird Frischbeton in Konsistenzbereiche eingeteilt (siehe Tabelle 19).

Dies hat sich in der Praxis bewährt, zumal hiermit einfache, d. h. baustellentaugliche Prüfverfahren verbunden sind.

Für das Verständnis des komplexen Verhaltens von Frischbeton ist es jedoch unabdingbar, die Grundlagen und Verfahren der Rheologie heranzuziehen [3.15, 3.16]. Danach kann Frischbeton mit guter Näherung als Bingham-Fluid beschrieben werden, für welches folgende Beziehung gilt:

$$\tau(\dot{\gamma}) = \tau_0 + \mu \cdot \dot{\gamma} \qquad (3.1)$$

In Gl. (3.1) ist τ die Scherspannung, die linear mit der Schergeschwindigkeit $\dot{\gamma}$ ansteigt, nachdem die Fließgrenze (Schergrenze) τ_0 überwunden ist. Der Zuwachs der Scherspannung wird durch die plastische Viskosität μ bestimmt. Für Scherspannungen unterhalb der Fließgrenze verhält sich das Bingham-Fluid wie ein elastischer Festkörper, oberhalb der Fließgrenze wie ein Newton-Fluid (z. B. Wasser), siehe Bild 8.

Tabelle 19. Konsistenzbereiche des Frischbetons nach DIN 1045-2

Konsistenz-bereich	Ausbreitmaßklassen		Verdichtungsmaßklassen	
	Klasse	Ausbreitmaß a in mm	Klasse	Verdichtungsmaß
sehr steif	–	–	C0	≥ 1,46
steif	F1	≤ 340	C1	1,45–1,26
plastisch	F2	350–410	C2	1,25–1,11
weich	F3	420–480	C3	1,10–1,04
sehr weich	F4	490–550	C4 [2]	< 1,04
fließfähig	F5	560–620		
sehr fließfähig	F6	≥ 630		
SVB [1]		> 700		

[1] Bei Ausbreitmaßen > 700 mm ist die DAfStb-Richtlinie „Selbstverdichtender Beton" zu beachten [8.3].
[2] Gilt nur für Leichtbeton.

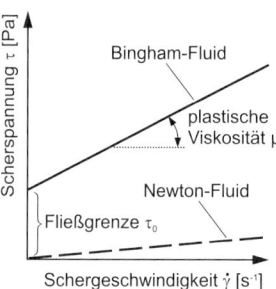

Bild 8. Einfluss der Schergeschwindigkeit $\dot{\gamma} = d\gamma/dt$ auf die Scherspannung τ bei einem Newton-Fluid und einem Bingham-Fluid

Zur Beurteilung der Verarbeitbarkeit bzw. des Fließverhaltens von Beton – auch im Hinblick auf die Stabilität einer Mischung – ist es günstiger, die dynamische Viskosität η zu betrachten. Sie errechnet sich aus Gl. (3.1) wie folgt:

$$\eta(\dot{\gamma}) = \frac{\tau(\dot{\gamma})}{\dot{\gamma}} = \frac{\tau_0}{\dot{\gamma}} + \mu \qquad (3.2)$$

Bild 9 veranschaulicht Gl. (3.2). Skizziert sind die Kurvenverläufe für einen steifen Normalbeton, einen weichen Normalbeton und einen selbstverdichtenden Beton. Beim Normalbeton führt das Rütteln und die damit eingetragene Energie zu einem starken Abfall der dynamischen Viskosität, wodurch der Beton fließfähig wird, aber auch entmischen kann (s. Abschn. 3.6). Ihr unterer Grenzwert ist die plastische Viskosität, die nur bei hoher Schergeschwindigkeit erreicht wird. Der selbstverdichtende Beton besitzt ohne Zufuhr von Rüttelenergie eine dem Normalbeton unter Rütteleinfluss vergleichbare dynamische Viskosität. Er ist also fließfähig und bei richtiger Zusammensetzung auch mischungsstabil (s. Abschn. 3.6).

Zur Bestimmung der Frischbetonkonsistenz wurden eine Reihe von Verfahren entwickelt, siehe dazu u. a. [0.1] und [0.5]. Wissenschaftlich untermauert sind vor allem jene Labormethoden, bei denen mit sog. Viskosimetern Kennwerte bestimmt werden, die das Fließverhalten des Frischbetons nach den Gesetzen der Rheologie charakterisieren. Baustellengerechte Verfahren sind der in DIN EN 12350 Teile 4 und 5 genormte Verdichtungsversuch und der Ausbreitversuch, auf die auch in DIN 1045-2 Bezug genommen wird.

DIN 1045-2 unterscheidet die sieben Konsistenzbereiche „sehr steif", „steif", „plastisch", „weich", „sehr weich", „fließfähig" und „sehr fließfähig". Die Kurzzeichen F1 bis F6 und C0 bis C4 beziehen sich auf den Ausbreitversuch (engl. flow table) bzw. auf den Verdichtungsversuch (engl. compaction test). Bei den Klassen gibt es keine vollständige Übereinstimmung, auch sind die Prüfverfahren nicht für alle Klassen optimal, da die Wirkungsweise der zwei Prüfverfahren unterschiedlich ist und sie z. B. auf einige Änderungen der Betonzusammensetzung sehr unterschiedlich ansprechen. Bei F1/C1 ist der Verdichtungsversuch eher geeignet, während bei F3/C3 eher der Ausbreitversuch verwendet werden sollte. Eine Besonderheit stellt C4 dar, der nur für Leichtbeton gilt. Für Ausbreitmaße > 700 mm, die in DIN EN 206-1 sämtlich in F6 fallen, weist DIN 1045-2 auf die DAfStb-Richtlinie „Selbstverdichtender Beton" (SVB) hin, da diese Betone eine für SVB geeignete Zusammensetzung

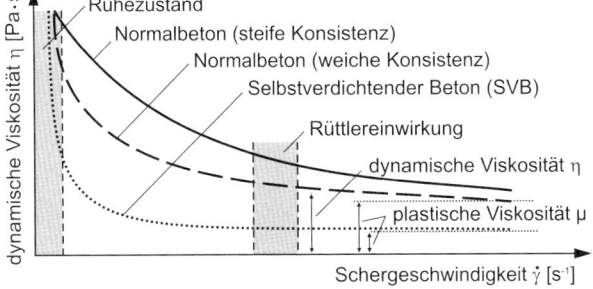

Bild 9. Dynamische Viskosität η in Abhängigkeit der Schergeschwindigkeit $\dot{\gamma}$ für Betone unterschiedlicher Konsistenz

haben müssen. In dieser Richtlinie werden zusätzliche Prüfverfahren zur Messung der Konsistenz beschrieben und bewertet.

Die DIN EN 206-1 lässt neben den beiden oben genannten Verfahren auch den Slump-Versuch und den Vébé-Versuch zu. Da eine zuverlässige Korrelation zwischen den Ergebnissen verschiedener Prüfmethoden zur Bestimmung der Frischbetonkonsistenz nicht möglich ist, muss insbesondere bei Anwendung der DIN EN 206-1 bei einer Klassifizierung der Frischbetonkonsistenz stets das zugehörige Prüfverfahren angegeben werden.

Die Konsistenz des Frischbetons ist nach den Gegebenheiten beim Einbau des Frischbetons so zu wählen, dass der Beton vollständig verdichtet werden kann. Die Abmessungen des Bauteils, der Abstand der Bewehrung, die zur Verfügung stehenden Verdichtungsgeräte und Umweltbedingungen während des Betonierens sind dabei zu berücksichtigen [0.9].

Die Frischbetonkonsistenz hängt ab von der Betonzusammensetzung, insbesondere vom Wassergehalt, vom Kornaufbau und Größtkorn der Gesteinskörnung, vom Mehlkorngehalt und vom Gehalt an Zusatzstoffen. Sie kann durch Zusatzmittel wesentlich beeinflusst werden, siehe Abschn. 2.3. Dabei ist zu beachten, dass für eine gezielte Wirkung von betonverflüssigenden Zusatzmitteln eine Mindestmenge von Zementleim im Beton vorhanden sein muss. Diese liegt bei ca. 250 l/m³ [3.1].

Mit steigendem Wassergehalt wird der Beton in seiner Konsistenz weicher. Die für eine bestimmte Konsistenz erforderliche Wassermenge hängt aber vom Wasseranspruch und damit vom Kornaufbau und vom Mehlkorngehalt der Gesteinskörnung ab. Eine weichere Konsistenz, die durch Erhöhung des Wassergehalts erzielt wurde, ist aber nicht gleichbedeutend mit einer verbesserten Verarbeitbarkeit, weil der Zusammenhalt des Frischbetons durch zu hohen Wasser- aber auch durch zu geringen Mehlkorngehalt verschlechtert wird.

Seit einigen Jahren geht die Tendenz eher zu weichen Mischungen, die zuverlässig zu verarbeiten sind. In der früheren DIN 1045 war die Klasse F3 als „Regelkonsistenz" bezeichnet, was zum Ausdruck bringen sollte, dass diese Konsistenz der Regelfall sein sollte. Damit sollte sichergestellt werden, dass auch bei ungünstigen Betonierbedingungen, z. B. eng liegender Bewehrung, stets eine ausreichende Frischbetonverdichtung auch im Bereich der Betonüberdeckung der Bewehrung sichergestellt wird. Das für die Konsistenz F3 genannte Ausbreitmaß von 420 bis 480 mm kann erfahrungsgemäß nur für Kiessandbeton gelten; für Beton mit Natursand und überwiegend kubisch gebrochenem Gesteinssplitt und mit Konsistenz F3 liegt das entsprechende Ausbreitmaß eher am unteren Klassenrand.

Fließbeton – hierunter versteht man Beton in den Konsistenzklassen F4 bis F6 – soll ein gutes Fließvermögen und ein gutes Zusammenhaltevermögen aufweisen. Er wird aus einem steiferen Beton als Ausgangsbeton durch nachträgliches Zumischen eines Fließmittels (siehe Abschn. 2.3) hergestellt.

Die Frischbetonkonsistenz ist vor Baubeginn unter Berücksichtigung der Verarbeitungsbedingungen festzulegen und während der Bauausführung einzuhalten. Erweist sich der Beton mit der festgelegten Konsistenz für einzelne, z. B. engbewehrte Betonierabschnitte als nicht ausreichend verarbeitbar und soll, falls dies nicht aufgrund entsprechender Erstprüfungen mit einem Fließmittel geregelt werden kann, daher der Wassergehalt erhöht werden, so muss der Zementanteil entsprechend dem durch den w/z-Wert vorgegebenen Gewichtsverhältnis vergrößert werden. Sonst werden der Wasserzementwert unzulässig vergrößert und die Eigenschaften des erhärteten Betons beeinträchtigt. Transportbeton muss die vereinbarte Konsistenz bei Übergabe an der Verwendungsstelle des Betons aufweisen. Das erforderliche Konsistenzvorhaltemaß muss umso größer sein, je länger der Transportweg und je höher die Betontemperatur sind. Das nachträgliche

Zumischen von Wasser zum fertigen Frischbeton, z. B. bei Ankunft auf der Baustelle, ist nach den deutschen Betonvorschriften nur erlaubt, wenn es planmäßig vorgesehen ist. In diesem Fall gelten die Bedingungen, dass die Gesamtwassermenge und die nachträglich noch zugebbare Wassermenge nach Erstprüfung auf dem Lieferschein angegeben werden, dass der Fahrmischer mit einer geeignetrn Dosiereinrichtung ausgestattet ist und dass die Proben für die Produktionskontrolle nach der letzten Wasserzugabe entnommen werden. Sonst ist die nachträgliche Wasserzugabe nicht gestattet, weil dadurch die Qualität sowohl des Frischbetons als auch des Festbetons erheblich beeinträchtigt werden. Unzulässig bzw. grob fahrlässig ist es auch, anstelle eines Betons der Konsistenz F3, z. B. wegen des geringeren Preises einen Beton der Konsistenz F2 zu bestellen und ihm bei Ankunft auf der Baustelle noch Wasser bis zur Konsistenz F3 zuzumischen, obwohl die Betonzusammensetzung auf diese nachträgliche Wasserzugabe nicht abgestimmt ist.

Die Bedeutung der Frischbetoneigenschaften, insbesondere seiner Verarbeitbarkeit, ist durch den Wandel in der Betontechnik, z. B. vom mit Kübel geförderten Baustellenbeton zum Transport- und zum Pumpbeton, noch wesentlich gestiegen. Verschiedentlich wird insbesondere bei höheren Temperaturen bei Übergabe von Transportbeton auf der Baustelle über eine nicht ausreichende Verarbeitbarkeit oder ein *Frühansteifen* des Betons geklagt. Häufig ist dann das Betonrezept zu ausgemagert, eine Betonerstprüfung bei höherer Temperatur, z. B. 30 °C, nicht durchgeführt und nicht berücksichtigt worden, dass zur Erzielung einer bestimmten Konsistenz bei höherer Frischbetontemperatur ein größerer Wasserzusatz erforderlich ist.

Das Ansteifen des Betons ist ein Vorgang, der dem Erstarren und dem Erhärten stets vorausgeht und zur Festigkeitsbildung notwendig ist. Das im Allgemeinen nicht gewünschte und dann nachteilige Frühansteifen des Betons kann z. B. durch den Zement, durch die Betonzusätze, durch Herstellen und Befördern des Betons und durch erhöhte Frischbetontemperaturen verursacht bzw. ausgelöst worden sein. Es kann vermieden werden, wenn dabei sachgerecht vorgegangen und die entsprechende Erstprüfung gegebenenfalls auch bei höherer oder niedrigerer Frischbetontemperatur durchgeführt wird.

3.5 Transport und Einbau

Hinsichtlich des Transports von Beton ist zu unterscheiden zwischen der Beförderung und der Förderung. Unter Beförderung wird der Transport bzw. die Anlieferung des angemischten Betons zur Baustelle verstanden. Dort erfolgt die Förderung des Betons mit entsprechenden Technologien, z. B. mit einem Kübel oder dem Pumpen an die Einbaustelle. Beim Befördern und beim Fördern muss dafür Sorge getragen werden, dass die Zusammensetzung und die Eigenschaften des Betons nicht nachteilig beeinflusst werden.

Seit vielen Jahren wird Beton weit überwiegend als Transportbeton hergestellt, d. h. in einem Betonwerk gemischt und mit Fahrzeugen, die in der Regel über einen Mischer verfügen, auf die Baustelle transportiert. Nur Frischbeton mit steifer Konsistenz darf ohne Mischer oder Rührwerk befördert werden. Demgegenüber wird Baustellenbeton in einer Mischanlage auf der Baustelle angemischt und dort eingebaut. Beim Transportbeton sollte der Beton während der Fahrt in Bewegung gehalten und unmittelbar vor dem Entladen nochmals durchmischt werden. Als Höchstwert für die Zeitspanne zwischen Wasserzugabe beim Anmischen und der Übergabe auf der Baustelle sollten bei Fahrzeugen mit Rührwerk 90 Minuten, bei jenen ohne Rührwerk 45 Minuten nicht überschritten werden. Wichtige Einflussgrößen auf die Verarbeitbarkeitszeit sind neben dem Erstarrungsverhalten des Zements, die Konsistenz des Betons und vor allem die Frischbeton- bzw. die Umgebungstemperatur.

Das Fördern des Betons auf der Baustelle erfolgt in Gefäßen wie z. B. Krankübeln, auf Bändern oder in Rohrleitungen, durch die der Beton gepumpt, also unter Anwendung eines Druckes gefördert wird. Die Pumpförderung hat sich wegen ihrer hohen Leistungsfähigkeit durchgesetzt und in der Praxis bewährt. Gleichwohl müssen an einen pumpbaren Beton gewisse Anforderungen gestellt werden, auf die nachfolgend eingegangen wird.

Die Pumpfähigkeit eines Betons wird durch die Art und die Eigenschaften seiner Bestandteile sowie durch deren anteilmäßige Zusammensetzung und damit durch die Frischbetoneigenschaften bestimmt. Zu ihrer Sicherstellung ist entscheidend, dass der im Transportrohr bzw. -schlauch aufgebaute Förderdruck möglichst gleichmäßig durch das Gemisch der Betonkomponenten Zement, Wasser sowie feiner und grober Gesteinskörnung übertragen wird. Hierfür ist insbesondere ein guter Zusammenhalt des Gemisches wichtig. Zudem muss das Grobkorn so von Feinmörtel umschlossen sein, dass die Hohlräume zwischen den groben Gesteinskörnern vollständig ausgefüllt sind. Auf den Wandungen des Förderrohrs oder Förderschlauchs muss sich eine Gleitschicht („Schmierfilm") ausbilden können.

Ist der Anteil des Gemischs aus Zement, Wasser und Feinkorn im Beton zu gering, besteht die Gefahr von Verstopfungen, da der Pumpendruck nicht annähernd gleichmäßig über das zusammenhängende Gemisch der Betonkomponenten, sondern überwiegend durch Kornkontakt übertragen wird und sich auch am Förderrohr bzw. -schlauch keine ausreichend dicke Gleitschicht ausbilden kann. Hierdurch steigen die Reibung zwischen den Gesteinskörnungen im zu pumpenden Beton sowie die Rohr-

bzw. Schlauchwandung und damit der erforderliche Pumpendruck stark an. Kommt es dadurch zum Austreiben von Wasser bzw. wässrigem Zementleim aus der Mörtelmatrix des Betons (Entmischen), so besteht die Gefahr der Verkeilung von gröberen Gesteinskörnern und des Verlusts des Schmierfilms an der Rohrwandung mit der Konsequenz einer Verstopfung.

Für die Herstellung von pumpfähigem Beton ist prinzipiell jeder (zertifizierte) Zement geeignet. Vorteilhaft ist ein hohes Wasserrückhaltevermögen (hohe Mahlfeinheit). In der Praxis haben sich Zemente mit Blaine-Werten zwischen 3.000 g/m^2 und 5.000 g/m^2 bei Mindestzementgehalten von ca. 265 kg/m^3 (Größtkorn 16 mm) [3.17] bzw. ca. 320 kg/m^3 [3.18] bewährt.

Natürliche Gesteinskörnungen im Beton üben aufgrund ihrer gerundeten Kornform beim Pumpen geringere Reibungskräfte an der Rohr- bzw. Schlauchwandungen aus als gebrochene Gesteinskörnungen (Splitte). Zudem wird bei Verwendung von natürlichen Gesteinskörnungen im Beton ein geringerer Mörtelanteil zur Umhüllung der Körner als bei Verwendung von Splitten benötigt. Der überschüssige Mörtel wirkt dabei als Schmierfilm. Wenn auf Splitte als Gesteinskörnung im Beton verzichtet werden kann, sollte zumindest in der Kornfraktion 0/4 mm ein geeigneter Natursand eingesetzt werden, um die für das Pumpen des Betons erforderlichen rheologischen Eigenschaften sicherzustellen. Für den Einsatz als Gesteinskörnungen in pumpfähigem Beton sind Kornzusammensetzungen mit Sieblinien unmittelbar unterhalb der Regelsieblinie B und Körnungsziffern nicht größer als 4,3 (Größtkorn 16 mm) zu empfehlen [3.17]. Von großer Bedeutung für eine gute Pumpbarkeit ist insbesondere eine stetige Kornverteilung der Fraktionen des Sandes. Schwankungen in der Kornverteilung können die Pumpbarkeit des Betons beeinträchtigen.

Von besonderem Einfluss auf die Eignung eines Betons zum Pumpen ist sein Mehlkorn- bzw. sein Feinsandgehalt. Pumpbarer Beton muss mindestens so viel davon enthalten, dass die sich damit ergebende Zementleimmenge alle Hohlräume zwischen den Gesteinskörnern ausfüllt. Ein zu hoher Mehlkorn- und Feinsandgehalt führt allerdings zu einer zähklebrigen, gummiartigen Konsistenz des Betons, die das Pumpen erschwert. Bewährt haben sich Mehlkorngehalte (Korndurchmesser < 0,125 mm) zwischen 400 kg/m^3 und 450 kg/m^3 bzw. Mehlkorn- und Feinsandgehalte von ca. 450 kg/m^3 (Korndurchmesser < 0,25 mm). Bei Verwendung von gebrochenen Gesteinskörnungen (Splitt) ist eine Erhöhung des Mehlkorngehalts um 5% bis 10% zweckmäßig.

Pumpbarer Beton erfordert eine nicht allzu steife Konsistenz. Jedoch besteht bei zu weichen Betonen mit hohem Wassergehalt die Gefahr der Entmischung, die zu einer Verstopfung der Rohrleitung führen kann. Zudem vermindert sich bei hohen Wassergehalten die Gleitwirkung des Feinmörtels. Wichtig für die Vermeidung von Verstopfungen ist auch die Sicherstellung einer gleichbleibenden Konsistenz des Betons. In der Praxis haben sich für Pumpbeton Wasserzementwerte zwischen 0,42 und 0,65 bei weicher bis plastischer Konsistenz mit Ausbreitmaßen zwischen 350 mm und 480 mm bewährt [3.17]. Allerdings können bei Verwendung geeigneter Pumpen durchaus auch Betone mit Ausbreitmaßen bis ca. 600 mm gepumpt werden [3.19]. Auch selbstverdichtende Betone sind i. d. R. gut pumpbar.

Nach dem Einbringen des Betons in die Schalung ist für eine vollständige Verdichtung zu sorgen. Unter den verschiedenen Verdichtungsarten findet weit überwiegend die Rüttelverdichtung Anwendung. Sie erfolgt mittels Innenrüttlern (zylindrische Rüttelflasche) oder Außenrüttlern, die entweder die Schalung oder die Betonoberfläche (Rüttelbohlen) in Schwingungen versetzen. Die Verdichtungsart des Walzens (Walzbeton, engl.: Roller Compacted Concrete) fand bislang überwiegend bei der Herstellung von Dämmen und Staumauern, seltener bei nicht bewehrten Bodenplatten Anwendung und erfordert eine steife bis sehr steife (erdfeuchte) Frischbetonkonsistenz. Die Rüttelverdichtung ist üblich für Betone der Konsistenzklassen F2 und F3. Bei den Konsistenzklassen F4 und F5 darf nur leicht bis sehr leicht gerüttelt werden, um eine Entmischung zu vermeiden (s. Abschn. 3.6). Die Rüttelflasche soll rasch eingetaucht und nach kurzem Verweilen langsam zurückgezogen werden, wobei auf das Eintreten eines Oberflächenschlusses zu achten ist. Der Abstand der Eintauchstellen hängt vom Durchmesser der Rüttelflasche bzw. der eingetragenen Rüttelenergie ab. Als Faustregel gilt, dass bei üblich zusammengesetztem Beton der Abstand der Eintauchstellen etwa gleich dem 10-fachen Durchmesser der Rüttelflasche entsprechen sollte. Ein längeres Berühren der Bewehrung ist zu vermeiden. Bei Betonagen auf geneigten Flächen ist an der am tiefsten liegenden Stelle zu beginnen.

Durch ein Nachverdichten können Gefügestörungen wie Hohlräume und Risse im noch frischen Beton, die z. B. durch Setzungsbehinderungen infolge der Bewehrung, Frühschwinden (plastisches Schwinden) und Wasserabsonderung der Gesteinskörnung entstanden sind, beseitigt werden. Dies ist solange möglich, wie der Beton noch verdichtbar ist, d. h. die Rüttelflasche in den Beton eindringen kann und beim Herausziehen ein Oberflächenschluss entsteht.

3.6 Entmischen

Eine der wichtigsten Anforderungen an den Frischbeton ist, dass er sich beim Transport, Einbau, Verdichten und in der daran anschließenden Zeit bis zum Erstarrungsbeginn nicht entmischt. Entmischungsvorgänge sind die Trennung von grober Gesteinskörnung und Feinmörtel, das Absetzen größerer Gesteinskörner nach dem Einbau oder die Bildung einer Wasser- oder Zementleimschicht an der Betonoberfläche.

Diese Prozesse können gut anhand des Stokes'schen Gesetzes nachvollzogen werden. Dieses Gesetz gibt die Sinkgeschwindigkeit v eines kugelförmigen Körpers mit dem Durchmesser r_k und der Dichte ρ_k in einer Flüssigkeit mit der Dichte ρ_w an.

$$v = \frac{2 \cdot r_k^2 \cdot g(\rho_k - \rho_w)}{9 \cdot \eta} \quad (3.3)$$

In Gl. (3.3) ist g die Erdbeschleunigung und η die dynamische Viskosität der Flüssigkeit. Übertragen auf einen Frischbeton wird hiermit z. B. die Sinkgeschwindigkeit der groben Gesteinskörnung im Zementleim oder Feinmörtel beschrieben. Sie steigt mit dem Quadrat des Korndurchmessers an und wird mit wachsender dynamischer Viskosität (steiferer Konsistenz, siehe Bild 9) abgemindert. Der Temperatureinfluss auf diese Prozesse ist dadurch einbezogen, dass die Viskosität temperaturabhängig ist und mit steigender Temperatur abnimmt. Das Stokes'sche Gesetz beschreibt in der Praxis beobachtbare Prozesse auch dann zutreffend, wenn Kornpartikel mit sehr geringer Dichte (geschäumte Kunststoffe) oder Lufteinschlüsse betrachtet werden. Große Lufteinschlüsse bzw. Luftblasen steigen durch das Rütteln, welches die dynamische Viskosität absenkt, viel schneller nach oben als feine, künstlich eingebrachte Luftporen, die selbst durch längeres Rütteln nicht ausgetrieben werden.

Der Zusammenhalt des Frischbetons wird vor allem durch eine richtige Wahl der Gesteinskörnung und durch einen ausreichenden Zement- und Mehlkorngehalt entsprechend den Abschn. 2.2, 2.4 und 3.2 sichergestellt.

Mit Blick auf das Stokes'sche Gesetz (siehe Gl. (3.3)) bedeutet dies, dass die Parameter Kornradius r_k bzw. Korngrößenverteilung, die dynamische Viskosität η des Feinmörtels und damit die Konsistenz des Betons sowie die Dichte des Mehlkornleims ρ_w, welche durch den Mehlkorngehalt bestimmt wird, in geeigneter Weise zu wählen sind. Zusätzlich muss beachtet werden, dass die dynamische Viskosität von der Temperatur und insbesondere von der eingetragenen Rüttelenergie abhängt (s. Bild 9).

Das Absondern von Wasser an der Betonoberfläche, das sog. *Bluten*, wird durch die unterschiedliche Dichte von Zement und Gesteinskörnung einerseits und Wasser andererseits ausgelöst. Werden betonverflüssigende Zusatzmittel oberhalb des sog. Sättigungspunktes zugegeben, sind alle Feinstteilchen in der Suspension dispergiert, wodurch die Neigung zu Entmischen und Bluten vergrößert wird [3.2].

Das Bluten wirkt sich auf das Aussehen von Sichtbetonflächen (siehe Abschn. 9), die Festigkeit, insbesondere auf die Dauerhaftigkeit von horizontalen Betonoberflächen, aber auch auf den Verbund zwischen Beton und Bewehrung sehr nachteilig aus. Es kann sogenannte Blutkanäle hinterlassen und bewirkt eine ungleichmäßige Festigkeitsverteilung über die Höhe eines Betonquerschnitts in Richtung der Schwerkraft. Der ungünstige Festigkeitseinfluss ergibt sich insbesondere aus dem Sachverhalt, dass das Bluten zu Fehlstellen unter den großen Gesteinskörnern führt und damit den Verbund stört oder gänzlich aufhebt. Genau dieser Mechanismus bewirkt auch eine starke Reduktion der Verbundfestigkeit zum Bewehrungsstahl. Betontechnologische Maßnahmen zur Verringerung des Blutens sind u. a. eine Reduktion des Wassergehaltes, ein ausreichender Mehlkorngehalt, die Verwendung feinkörniger Betonzusatzstoffe bzw. fein gemahlener Zemente und der Einsatz von Stabilisierern als Betonzusatzmittel entsprechend Abschn. 2.3.

Das Absinken der groben Gesteinskörnung bzw. die Anreicherung von sandreicheren Schichten in den oberen Querschnittsbereichen ist durch die geeignete Betonzusammensetzung zu minimieren, wenngleich es auch nicht ganz vermeidbar ist. Daher wurde in der DIN EN 1992-1-1 berücksichtigt, dass der Verbund in der oberen Bewehrungslage verringert ist. Die Sedimentation von Grobkorn gehorcht dem oben angegebenen Stokes'schen Gesetz. Überschlägig kann für normalschweres, natürliches Grobkorn eine Rohdichte von 2,6 bis 3,0 kg/dm³ und für den Feinmörtel eine Rohdichte von 1,7 bis 1,9 kg/dm³ angesetzt werden. Die dynamische Viskosität des Mörtels beträgt im Ruhezustand etwa 10^4 bis 10^6 Pa · s und wird durch Rütteln auf Werte von 1 bis 100 Pa · s abgesenkt. Ein zu langes Rütteln bewirkt, dass überschläglich eine um etwa den Faktor 10^3 bis 10^4 erhöhte Sinkgeschwindigkeit eine zu lange Zeit vorherrscht, was den Entmischungsvorgang nach sich zieht. Dadurch entstehen im Beton mehr oder weniger große Bereiche mit einer ausgeprägten Anreicherung von grober Gesteinskörnung und fehlendem Feinmörtel, sogenannte Kiesnester.

Entmischungsvorgänge sind möglichst zu vermeiden. Als einfache Regel hat sich bewährt, dass die Einhaltung der grundsätzlichen Anforderungen an die Betonzusammensetzung die für eine ordnungsgemäße Verarbeitung geringst mögliche Wassergehalt eingestellt wird. Müssen Betone mit Ausbreitmaßen größer als 480 mm (entsprechend dem oberen Grenzwert der Konsistenzklasse F3) verarbeitet werden, sind zwingend Fließmittel einzusetzen. Eine Ausnahme hinsichtlich der anzustrebenden Vermeidung von Entmischungsvorgängen ist bei der Bearbeitung einer frischen Betonoberfläche gegeben. Das praxisübliche händische oder maschinelle Glätten, z. B. bei Betonplatten, bewirkt eine Anreicherung von Feinmörtel in einer dünnen

Oberflächenzone, die für den erwünschten glatten Oberflächenschluss sorgt.

3.7 Nachbehandlung

Die Nachbehandlung soll sicherstellen, dass auch in den oberflächennahen Bereichen des Betons ausreichend Wasser für die Hydratation des Zements zur Verfügung steht. Hierbei muss berücksichtigt werden, dass die Hydratation zum Stillstand kommt, wenn die rel. Feuchte im Porensystem des Zementsteins unter etwa 80% fällt. Da der junge Beton noch wenig dicht ist, gibt er ohne Schutzmaßnahmen sehr schnell Wasser ab. Wesentlich ist daher, dass mit der Nachbehandlung unmittelbar nach dem Verdichten des Betons bzw. nach dem Bearbeiten der Betonoberflächen begonnen wird.

Zusätzliche Nachbehandlungsmaßnahmen sind jedoch entbehrlich, wenn die Betonoberflächen durch die Schalung geschützt sind oder wenn die natürlichen Witterungsbedingungen während der ersten Tage nach der Herstellung des Betons die Verdunstung über die Betonoberfläche weitgehend verhindern. Dies gilt z. B. bei regnerischem, sehr feuchtem oder nebeligem Wetter. Fragen der Nachbehandlung von Beton werden ausführlich behandelt u. a. in [0.1, 3.4–3.8].

3.7.1 Nachbehandlungsarten

Die Nachbehandlung kann entweder nur die Austrocknung des Betons behindern oder aber auch wasserzuführend sein. Zu den Methoden, die eine Austrocknung der Betons behindern, zählen das Belassen des Betons in der Schalung, das Abdecken der Betonoberflächen mit dampfdichten Folien, die an den Ecken und Kanten gegen Durchzug geschützt sind und der Auftrag von geeigneten Nachbehandlungsmitteln. Zusätzlich wasserzuführend können sein das Auflegen von wasserspeichernden Abdeckungen bei gleichzeitigem Verdunstungsschutz und ständigem Feuchthalten oder ein sichtbarer Wasserfilm auf der Betonoberfläche, z. B. durch ständiges Besprühen oder Fluten.

Diese Methoden können allein oder in Kombination angewendet werden. Im Allgemeinen sind jene Methoden, bei denen Wasser zugeführt wird, wirksamer als Methoden, die lediglich die Austrocknung behindern. Es ist aber zu beachten, dass das Besprühen einer warmen Betonoberfläche mit kaltem Wasser zu einer Temperaturschockbeanspruchung und damit Oberflächenrisse zur Folge haben kann. Diese Methode sollte daher nur dann gewählt werden, wenn der Beton kontinuierlich und flächendeckend besprüht werden kann und wenn dabei keine großen Temperaturunterschiede zwischen Betonoberfläche und Wasser auftreten. Bei Sichtbetonflächen ist zu beachten, dass Wasser auf frisch entschaltem Beton Ausblühungen zur Folge haben kann. Flüssige

Nachbehandlungsmittel sind möglichst frühzeitig und flächendeckend nach dem Abtrocknen der Betonoberfläche aufzubringen. Sie können in ihrer Wirkung sehr unterschiedlich sein, sodass Eignungsprüfungen erforderlich sind. Zu beachten ist ferner, dass Nachbehandlungsmittel die Haftung einer später aufgebrachten Beschichtung herabsetzen können. Werden mit Nachbehandlungsmitteln versehene Betonoberflächen, z. B. Betonstraßen nach ihrer Herstellung, starker Sonneneinstrahlung ausgesetzt, so ist es zweckmäßig oder sogar notwendig, zusätzlich die Betonoberflächen nass zu halten oder mindestens abzudecken [2.33].

Zu den Nachbehandlungsmethoden kann man im weiteren Sinne ein Verfahren zählen, in dem auf der Innenseite einer Betonschalung ein saugfähiges Fasergewebe angebracht wird [3.9, 3.10]. Das Gewebe entzieht dem frischen Beton Wasser. Dadurch werden der Wasserzementwert des frischen und die Kapillarporosität des erhärteten Betons reduziert. Es entsteht eine weitgehend lunkerfreie Betonoberfläche. Wird der Beton ausreichend lange in der Schalung belassen, so werden im Vergleich zu Oberflächen, die mit normaler Schalung hergestellt wurden, Oberflächenfestigkeit und -härte, Verschleißwiderstand sowie der Widerstand der Betonrandzonen gegen das Eindringen von Kohlendioxid oder Tausalzlösungen deutlich verbessert.

Hochfester Beton mit Wasserzementwerten $\leq 0{,}35$ bildet ein so dichtes Gefüge aus, dass eine Nachbehandlung von außen praktisch nicht möglich ist. In diesem Fall kann eine innere Nachbehandlung angewandt werden. Diese beruht auf der Idee, im Beton selbst einen Wasservorrat anzulegen, der während der Hydratation zur Verfügung steht. Zu diesem Zweck hat sich eine Mischung von leichter und normaler Gesteinskörnung bewährt [3.12, 3.13]. Eine andere Möglichkeit besteht darin, superabsorbierende Polymere einzumischen, die sich während der Hydratation entleeren [3.14]. Ein mit der inneren Nachbehandlung verbundener Vorteil ist die Verringerung des autogenen Schwindens, das bei hochfestem Beton ausgeprägt ist.

3.7.2 Dauer der Nachbehandlung

Die erforderliche Nachbehandlung hängt von einer Reihe wesentlicher Parameter ab:

- *Die Nachbehandlungsempfindlichkeit* des Betons. Sie wird bestimmt durch die Betonzusammensetzung. Langsam erhärtende Zemente, im Allgemeinen auch Zemente mit hohen Anteilen an Zumahlstoffen und Betone mit puzzolanischen Zusatzstoffen, sind meist nachbehandlungsempfindlicher als Betone aus schnell erhärtenden Portlandzementen. Betone mit niedrigem Wasserzementwert hydratisieren etwas langsamer als Betone mit höherem Wasserzementwert. Um eine bestimmte Dichtheit des

Betons am Ende der Nachbehandlung zu erreichen, ist aber die erforderliche Nachbehandlungsdauer für einen Beton mit niedrigem Wasserzementwert bei sonst gleichen Randbedingungen kürzer als für einen Beton mit höherem Wasserzementwert.

- *Die Temperatur des erhärtenden Betons.* Die Hydratationsgeschwindigkeit nimmt mit sinkender Temperatur deutlich ab. Eine Verlängerung der Nachbehandlungsdauer ist dann unerlässlich. Dies gilt insbesondere für dünnere Querschnitte, die ihre Hydratationswärme an die Umgebung schneller abgeben als dicke. Der Einfluss der Temperatur auf die erforderliche Nachbehandlungsdauer kann mit den Beziehungen für den Reifegrad nach Abschn. 6.2.2.2 recht zuverlässig abgeschätzt werden. Dazu ist aber eine möglichst kontinuierliche Erfassung der Betontemperatur in den Randbereichen eines Betonquerschnitts unerlässlich. Ist die Nachbehandlung von besonderer Bedeutung, so sollte auch der Einfluss von Zementart und ggf. Zusatzstoffen auf die Aktivierungsenergie bzw. auf die Temperaturabhängigkeit der Hydratation des Betons genauer berücksichtigt werden. Dazu sind u. U. Erstprüfungen erforderlich.
- *Die Umweltbedingungen* während und unmittelbar nach der Nachbehandlung. Hohe Temperaturen, Sonneneinstrahlung und Wind beschleunigen die Austrocknung des ungeschützten Betons. Die Nachbehandlung ist dann zu verlängern, da der Beton sonst nach der Nachbehandlung sehr schnell austrocknet. Ist die rel. Feuchte der umgebenden Luft dagegen sehr hoch, so liegen dadurch auch ohne zusätzlichen Schutz günstige Hydratationsbedingungen vor.
- *Die Beanspruchung* des Bauwerks während seiner Nutzung. Je schärfer diese ist, umso länger ist die erforderliche Nachbehandlungsdauer, um die Dauerhaftigkeit des Betons sicherzustellen.

Insbesondere der Einfluss der Nachbehandlungsempfindlichkeit und der Temperatur eines Betons können zutreffend erfasst werden, wenn der Beton so lange nachbehandelt wird, bis seine oberflächennahen Bereiche einen bestimmten Reifegrad erreicht haben. Näherungsweise kann der Reifegrad aber auch aus der zeitlichen Entwicklung der Betondruckfestigkeit abgeschätzt werden. Entsprechend fordert die DIN 1045-3, dass der Beton solange nachbehandelt werden muss, bis die Druckfestigkeit des oberflächennahen Betons einen bestimmten Prozentsatz der charakteristischen Druckfestigkeit des verwendeten Betons erreicht hat. Dieser Prozentsatz hängt von der Expositionsklasse ab, der das Bauteil ausgesetzt ist. Für die Klasse XM (Verschleißbeanspruchung) beträgt er 70 % und für alle übrigen Expositionsklassen 50 %. Näherungsweise kann die Dauer der Nachbehandlung, die sich aus diesen Forderungen ergibt, auch aus dem Verhältnis der Druckfestigkeiten eines Betons nach 2 Tagen und nach 28 Tagen $r = f_{cm2}/f_{cm28}$ unter Berücksichtigung der Oberflächentemperatur des Betons abgeschätzt werden. Entsprechende Werte für die Mindestnachbehandlungsdauer sind in Tabelle 20 angegeben.

Tabelle 20. Mindestdauer der Nachbehandlung von Beton bei den Expositionsklassen nach Tabelle 33 außer X0, XC1 und XM (aus DIN 1045-3)

1	2	3	4	5
Oberflächentemperatur θ in °C [e]	Mindestdauer der Nachbehandlung in Tagen [a]			
	Festigkeitsentwicklung des Betons [c] $r = f_{cm2}/f_{cm28}$ [d]			
	$r \geq 0{,}50$	$r \geq 0{,}30$	$r \geq 0{,}15$	$r < 0{,}15$
1	≥ 25	1	2	2	3
2	$25 > \theta \geq 15$	1	2	4	5
3	$15 > \theta \geq 10$	2	4	7	10
4	$10 > \theta \geq 5$ [b]	3	6	10	15

[a] Bei mehr als 5 Stunden Verarbeitbarkeitszeit ist die Nachbehandlungsdauer angemessen zu verlängern.
[b] Bei Temperaturen unter 5 °C ist die Nachbehandlungsdauer um die Zeit zu verlängern, während der die Temperatur unter 5 °C lag.
[c] Die Festigkeitsentwicklung des Betons wird durch das Verhältnis der Mittelwerte der Druckfestigkeiten nach 2 Tagen und nach 28 Tagen (ermittelt nach DIN EN 12390-3) beschrieben, das bei Erstprüfung oder auf der Grundlage eines bekannten Verhältnisses von Beton vergleichbarer Zusammensetzung (d. h. gleicher Zement, gleicher w/z-Wert) ermittelt wurde.
[d] Zwischenwerte dürfen eingeschaltet werden.
[e] Anstelle der Oberflächentemperatur des Betons darf die Lufttemperatur angesetzt werden.

geben, die der DIN 1045-3 entnommen ist. Ohne genaueren Nachweis sind die Werte bei XM für die Mindestdauer der Nachbehandlung nach Tabelle 20 zu verdoppeln. Der Verhältniswert r ist umso geringer, je langsamer der Beton hydratisiert. Bei den Expositionsklassen XC2, XC3, XC4 und XF1 darf die Mindestnachbehandlungsdauer anstelle der Werte von Tabelle 20, die sich auf die Oberflächentemperatur des Betons beziehen, auch anhand der Frischbetontemperatur zum Zeitpunkt des Betoneinbaus festgelegt werden (s. DIN 1045-3).

Die erforderliche Nachbehandlungsdauer steigt daher mit abnehmenden Werten für r und sinkender Temperatur. Die DIN 1045-3 fordert darüber hinaus, dass bei verzögerten Betonen mit mehr als 5 Stunden Verarbeitungszeit die Nachbehandlungsdauer angemessen zu verlängern ist. Bei Temperaturen unterhalb von 5 °C kommt die Hydratation weitgehend zum Stillstand. Die DIN 1045-3 fordert daher, dass in Fällen, in denen die Oberflächentemperatur des Betons unter 5 °C sinkt, die Nachbehandlungsdauer um die Zeit zu verlängern ist, während der die Temperatur unter 5 °C lag.

3.7.3 Zusätzliche Schutzmaßnahmen

Beton ist bis zur ausreichenden Erhärtung nicht nur feucht zu halten, sondern auch gegen schädliche Einflüsse zu schützen, z. B. gegen starkes Abkühlen oder Erwärmen, starken Regen, strömendes Wasser, chemische Angriffe sowie gegen Schwingungen und Erschütterungen, die das Betongefüge lockern und die Verbundwirkung zwischen Bewehrung und Beton gefährden können. Bei hoher Lufttemperatur sollte die Temperatur des Frischbetons insbesondere bei massigen Bauteilen möglichst niedrig sein. Mit Ausnahme des Dampfmischens darf sie 30 °C im Allgemeinen nicht überschreiten. Ferner ist es möglich, die Unschädlichkeit der erhöhten Frischbetontemperatur durch entsprechende Versuche mit den vorgesehenen Stoffen und unter den zu erwartenden Bedingungen oder durch geeignete numerische Analysen nachzuweisen. Wird in Sonderfällen, z. B. beim Betonieren in Ländern mit höheren Temperaturen, Frischbeton mit einer Temperatur über 30 °C verarbeitet, so muss, z. B. durch Wahl der Ausgangsstoffe, durch entsprechende Prüfungen und durch besondere Maßnahmen während der Bauausführung dafür gesorgt werden, dass kein frühes Ansteifen auftritt und dass die geforderten Frisch- und Festbetoneigenschaften sicher erreicht werden. Um Oberflächenrisse zu vermeiden, soll die Temperaturdifferenz zwischen Betonoberfläche und dem Kern eines Querschnitts 20 K nicht überschreiten. Dies kann zusätzliche Maßnahmen, z. B. eine Wärmedämmung, erforderlich machen.

Auch das Betonieren bei niedrigen Temperaturen erfordert besondere Maßnahmen. Nach DIN 1045-3 muss die Betontemperatur bei Lufttemperaturen zwischen +5 und −3 °C beim Einbringen in der Regel mindestens 5 °C und bei Lufttemperaturen unter −3 °C die ersten drei Tage mindestens 10 °C betragen. Die Frischbetontemperatur darf jedoch auch in diesen Fällen im Allgemeinen 30 °C nicht überschreiten. Soweit nötig, sind daher bei niedriger Temperatur das Zugabewasser und ggf. auch die Gesteinskörnung vorzuwärmen und die Wärmeverluste des eingebrachten Betons durch wärmedämmendes Abdecken oder andere geeignete Maßnahmen gering zu halten. Junger Beton mit einem Zementgehalt von mindestens 240 kg/m^3 und einem Wasserzementwert von höchstens 0,60, der vor starkem Feuchtigkeitszutritt geschützt wird, kann in der Regel erstmals ohne Schaden durchfrieren, wenn er eine Druckfestigkeit von wenigstens 5 N/mm^2 erreicht hat oder wenn seine Temperatur bei Verwendung rasch erhärtender Zemente wenigstens drei Tage 10 °C nicht unterschritten hat. Ein hoher Frostwiderstand ist damit allerdings noch nicht gegeben. Weitere Hinweise siehe DIN 1045-3.

Angaben über das *Betonieren im Winter bei tiefen Temperaturen* und über das *Betonieren bei sehr heißer Witterung* siehe [0.4] und [3.11]. Über die gezielte Wärmebehandlung siehe [6.15].

4 Junger Beton

4.1 Bedeutung und Definition

Etwa 2 bis 4 Stunden nach der Wasserzugabe beginnt der Beton zu erstarren, wenn dieser Zeitraum nicht durch Zusatzmittel oder Temperatureinflüsse verlängert oder verkürzt ist. Die Erstarrungsphase erstreckt sich über mehrere Stunden und geht dann in die Erhärtung über, ohne dass der Beginn der Erhärtung, d. h. die Entwicklung nutzbarer mechanischer Eigenschaften wie Festigkeit und E-Modul, genauer zu definieren ist. Im Allgemeinen spricht man aber bei einem Beton, der älter als 1 bis 2 Tage ist, von erhärtetem Beton, davor von jungem Beton. Im Zeitraum zwischen Erstarrungsende und Erhärtungsbeginn sind zwar die mechanischen Eigenschaften des jungen Betons noch nicht technisch nutzbar, die in diesem Zeitraum ablaufenden Vorgänge, insbesondere Wärmeentwicklung und Volumenänderungen, können aber für die mechanischen Eigenschaften und die Dauerhaftigkeit des erhärteten Betons von so wesentlicher Bedeutung sein, dass die Kontrolle der Vorgänge im jungen Beton und ihre quantitative Erfassung einen wesentlichen Bestandteil moderner Betontechnologie bilden.

4.2 Hydratationswärme

Wie schon in Abschn. 2.1.2 erläutert, ist die Hydratation des Zements ein exothermer Prozess, bei dem Wärme freigesetzt wird. Als Folge davon erwärmt sich der junge Beton. Er kühlt wieder ab, wenn pro Zeiteinheit weniger Wärme freigesetzt wird als an die kühlere Umgebung abgegeben wird. Bei adiabatischen Bedingungen, bei denen kein Wärmeaustausch mit der Umgebung stattfindet, hängt die zeitliche Entwicklung der Betontemperatur ab vom Zementgehalt und der Hydratationswärme des Zements sowie von der spezifischen Wärme und Ausgangstemperatur der Betonausgangsstoffe. Kann der Beton Wärme an die Umgebung abgeben, so sind als weitere Parameter zu berücksichtigen: die Umgebungstemperatur, die Luftbewegung, die Wärmeleitfähigkeit des Betons, die Dicke des Betonbauteils und eine eventuell vorhandene Wärmeisolierung oder die Betonschalung mit ähnlicher Wirkung.

Die Hydratationswärme steigt im Allgemeinen mit steigender Festigkeitsklasse des Zements an. Über die Hydratationswärme deutscher Zemente siehe Abschn. 2.1 und Tabelle 7. Zemente mit langsamerer Festigkeitsentwicklung (N-Zemente) setzen auch Wärme langsamer frei als Zemente mit hoher Anfangsfestigkeit (R-Zemente). Dies gilt insbesondere für LH-Zemente und für Hochofenzemente. Mit steigendem Hüttensandgehalt nimmt die Geschwindigkeit der Wärmeentwicklung deutlich ab, in höherem Alter ist die insgesamt entwickelte Hydratationswärme vom Hüttensandgehalt jedoch weitgehend unabhängig [0.1]. Auch ein teilweiser Austausch von Zement durch Flugasche verzögert die Entwicklung der Hydratationswärme. Die freigesetzte Hydratationswärme ist dem Zementgehalt proportional, sodass insbesondere bei zementreichen Betonen mit einem hohen Temperaturanstieg als Folge der Hydratation zu rechnen ist. Die spezifische Wärme des Betons, das ist die Wärmemenge, die erforderlich ist, um 1 kg Beton um 1 K zu erwärmen, ist dagegen von geringerem Einfluss (siehe dazu auch [0.1, 4.1]).

Durch die Abkühlung der Betonoberflächen ist die Temperaturverteilung über den Querschnitt ungleichmäßig. Dies ist insbesondere bei dickwandigen Bauteilen von Bedeutung. Nach [4.2] ist in einem Beton, der mit 300 kg/m³ CEM I 32,5 R hergestellt wurde, im Kern einer 6 m dicken Betonwand mit einem Temperaturanstieg bis zu 40 K gegenüber der Ausgangstemperatur zu rechnen. In einer 1 m dicken Betonwand ist dagegen nur ein Temperaturanstieg von ca. 25 K zu erwarten. Kann sich die Oberfläche der Betonwand abkühlen, so stellt sich innerhalb des Querschnitts ein Temperaturgradient ein, der bis zu 20 K betragen kann (siehe z. B. [4.1]). In dünnwandigen Bauteilen ist der Temperaturgradient jedoch weniger ausgeprägt, sodass nach [0.1] näherungsweise eine über den Querschnitt konstante Temperaturverteilung angenommen werden kann. Über Rechenverfahren zur Abschätzung der zeitlichen Entwicklung der Hydratationswärme und die sich daraus ergebende Temperaturverteilung siehe u. a. [0.1, 4.1–4.4].

4.3 Verformungen

Junger Beton erfährt Verformungen, die verschiedene Ursachen haben und die nicht durch äußere Beanspruchungen ausgelöst werden. Sie können bei verschiedenen Betonaltern kritische Größen erreichen. Bereits während der ersten Stunden nach der Wasserzugabe treten im jungen Beton Verkürzungen auf, die mehrere mm/m betragen können, und zwar dann, wenn der Beton weder durch Bluten noch durch Austrocknung Wasser verliert. Da in diesem Zeitraum der Beton noch plastisch ist, lösen solche Verformungen nur dann eine Schädigung bzw. Risse aus, wenn sie durch die Schalung, die Bewehrung oder angrenzenden, bereits erhärteten Beton behindert werden. Risse dieser Art können aber durch Nachverdichten des Betons vor dem Erstarrungsbeginn ohne Festigkeitsverlust wieder geschlossen werden.

Wird der Beton nach Erstarrungsbeginn nicht durch ausreichende Nachbehandlungsmaßnahmen gegen Austrocknung geschützt, so erleidet er eine Volumenminderung, die als plastisches Schwinden (auch Früh- oder Kapillarschwinden) bezeichnet wird und die zu Trennrissen im jungen Beton führen kann. Je nach Austrocknungsbedingungen können diese Schwindverformungen bis zu ca. 3 mm/m anwachsen. Sie sind umso größer je höher der Zementgehalt und der Wassergehalt sind. Ihre Größe hängt auch von der Zusammensetzung des Mehlkorns sowie von Art und Menge von Betonzusatzmitteln ab [3.2]. Nach [4.5] treten in den Poren des Zementsteins Kapillarspannungen bzw. ein Unterdruck auf, sobald das Blutwasser an der Betonoberfläche verdunstet ist bzw. vom Beton aufgesaugt wurde. Solche plastischen Schwindverformungen können daher durch geeignete Maßnahmen, insbesondere Schutz vor Austrocknung und Wasserzufuhr, verhindert werden.

Nach Abschn. 4.2 erwärmt sich der Beton als Folge der Hydratation. Die Erwärmung ist mit einer Volumenzunahme verbunden, die bei Behinderung Druckspannungen im Beton zur Folge hat. Wegen der hohen plastischen Verformbarkeit des jungen Betons bleiben diese Druckspannungen jedoch gering (siehe dazu Abschn. 4.4). Von wesentlich größerer Bedeutung ist die Verkürzung des Betons, wenn er sich, je nach Zementart und Bauteildicke, nach einem oder mehreren Tagen wieder abkühlt. Die Größe dieser Verkürzung ist der Temperaturänderung und der Wärmedehnzahl des Betons proportional. Bei nichtlinearer Temperaturverteilung über den Querschnitt und bei Behinderung äußerer Verkürzungen treten Eigen- und Zwangspannungen und als Folge davon Risse nach Abschn. 4.4 auf.

Schwindverkürzungen, die durch eine Austrocknung des erhärteten Betons nach der Nachbehandlung ausgelöst werden, sind nicht mehr den Eigenschaften des jungen Betons zuzuordnen und werden beim erhärteten Beton behandelt.

4.4 Dehnfähigkeit und Rissneigung

Eine Behinderung der Verkürzung nach den in Abschnitt 4.3 aufgeführten Mechanismen löst Zwangspannungen im Beton aus, welche Trennrisse über den ganzen Querschnitt zur Folge haben, wenn die Zugfestigkeit des jungen Betons erreicht wird. Über den Querschnitt nichtlinear verteilte Verkürzungen, z. B. als Folge einer über den Querschnitt veränderlichen Temperaturverteilung, bewirken Eigenspannungen, welche Risse im Allgemeinen nur im Oberflächenbereich auslösen. Neben der Größe der im jungen Beton auftretenden Verformungen ist also seine Dehnfähigkeit für das Auftreten von Rissen entscheidend. Die Zugfestigkeit im Anfangsstadium der Erhärtung des Betons nimmt zwar mit steigendem Betonalter kontinuierlich zu, die Dehnfähigkeit (das ist die beim Zugbruch auftretende Dehnung) nimmt jedoch insbesondere während des Erstarrens deutlich ab und durchläuft bei einem Betonalter etwa zwischen 6 und 20 Stunden ein Minimum, um dann wieder etwa auf Werte anzusteigen, die für den erhärteten Beton charakteristisch sind. Treten die in Abschn. 4.3 beschriebenen plastischen Schwindverformungen auf und werden behindert, so führen sie fast unvermeidlich zu Trennrissen im Beton, weil ihr Auftreten mit dem Minimum der Dehnfähigkeit des jungen Betons zeitlich weitgehend zusammenfällt.

Wesentlich komplexer ist die Entstehung von Rissen als Folge einer behinderten Temperaturverformung. Bild 10 zeigt schematisch den zeitlichen Verlauf der Betontemperatur und der im Beton auftretenden Spannungen, wenn die Temperaturdehnung z. B. in statisch unbestimmten Tragsystemen behindert wird (siehe dazu [0.1]). Eine Erwärmung des Betons löst erst dann Druckspannungen aus, wenn der E-Modul des Betons so groß ist, dass der Beton der Wärmedehnung einen messbaren Widerstand leistet (Temperatur T_{01}). Mit steigender Temperatur steigen auch die Druckspannungen im Beton und erreichen bei T_{max} ein Maximum. Da der E-Modul des jungen Betons klein und die Relaxation des jungen Betons sehr hoch sind, erreicht die Druckspannung im Beton jedoch nur sehr geringe, u. U. vernachlässigbare Werte. Mit einsetzender Abkühlung verkürzt sich der Beton, die Druckspannungen nehmen ab und werden bei einer bestimmten Temperatur T_{02} zu null. Wegen der Relaxation der Druckspannungen im vorangegangenen Zeitabschnitt ist $T_{02} > T_{01}$. Eine weitere Abkühlung hat Zugspannungen zur Folge, die bei einer kritischen Temperatur T_{Riss} die Zugfestigkeit des Betons erreichen und einen Trennriss verursachen. Die Größe der auftretenden Spannungen kann auch analytisch bestimmt werden [4.4]. Dazu sind jedoch eine Reihe von z. T.

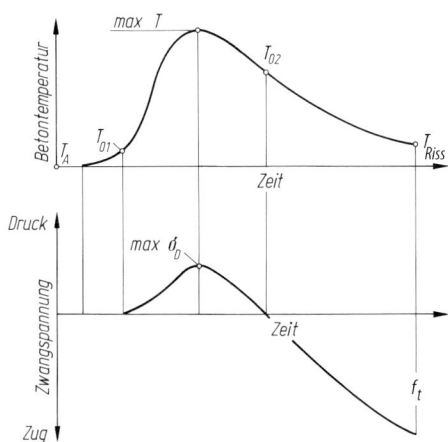

Bild 10. Temperatur- und Spannungsentwicklung in jungem Beton bei behinderter Temperaturdehnung

nur sehr schwer zu bestimmenden Werkstoffkennwerten als Eingangsparameter erforderlich, insbesondere die zeitliche Entwicklung von E-Modul und Zugfestigkeit sowie die Kriech- und Relaxationseigenschaften des jungen Betons [0.1, 4.4]. Die kritische Risstemperatur wird daher häufiger in sog. Reißrahmenversuchen experimentell bestimmt (siehe u. a. [4.1]). Nach diesen Untersuchungen kann die Rissneigung eines Betons bzw. die Temperatur T_{Riss}, bei der die Zugfestigkeit des Betons erreicht wird, vermindert werden durch ein Absenken der Frischbetontemperatur, eine Reduktion der Abkühlgeschwindigkeit, die Verwendung von Gesteinskörnungen mit geringer Wärmedehnzahl, die Verwendung von Zementen mit langsamer Hydratationswärmeentwicklung (LH- oder VLH-Zemente), die Begrenzung des Zementgehalts und einen teilweisen Austausch des Zements gegen puzzolanische Zusatzstoffe. Zemente gleicher Art, Festigkeitsentwicklung und Wärmetönung weisen je nach chemischer Zusammensetzung unterschiedliche Reißneigung auf, insbesondere deswegen, weil sie sich in ihren Relaxationseigenschaften und der zeitlichen Entwicklung der Zugfestigkeit unterscheiden können. In [4.6] wird gezeigt, dass durch eine gezielte Abkühlung der Betonoberflächen während des ersten Tages mehr als 8 Stunden lang die Oberflächen thermisch vorgespannt werden können. Dadurch wird die Rissgefahr, insbesondere an den Bauteiloberflächen deutlich vermindert.

Überlegungen zur Herstellung und Zusammensetzung von Beton, der eine geringe Neigung zum Reißen als Folge der Hydratationswärme hat, sollten nicht ausschließlich auf Reißrahmenversuchen aufbauen. Die Ergebnisse solcher Versuche stellen das Integral einer Reihe von Einflussparametern dar, und die Veränderung auch nur eines Parameters unter wirklichkeitsnahen Bedingungen kann zu einer Verschiebung der gemachten Beobachtung führen. Nicht alle Einflüsse werden in solchen Versuchen stets richtig erfasst, z. B. die tatsächliche Dehnungsbehinderung eines Bauwerkes, die Wärmeabführung und insbesondere überlagerte Verformungen aus plastischem Schwinden und Austrocknungsschwinden etc. und daraus resultierende Eigenspannungen. Solche Untersuchungen erlauben aber die Einstufung von Betonen bestimmter Zusammensetzung in Kategorien, z. B. niedriger, mittlerer oder hoher Reißwiderstand.

Die Rissanfälligkeit junger erhärtender Betone wird auch dadurch verstärkt, dass der E-Modul im Zuge des Hydratationsfortschritts schneller anwächst als die Zugfestigkeit. Daher führen behinderte Verformungen in einem frühen Stadium bereits zu relativ hohen Zugspannungen, während sich der Widerstand des Betons, also die Zugfestigkeit, noch auf einem vergleichsweise niedrigen Niveau befindet. Rissbildungen sind die Folge dieser Diskrepanz.

Wie oben bereits erwähnt, ist eine exakte Quantifizierung des Risikos einer Rissbildung infolge thermischer und/oder hygrischer Einflüsse aufgrund zahlreicher stofflicher, geometrischer sowie last- und systembedingter Einflussgrößen überaus schwierig. Für eine überschlägige vergleichende Beurteilung von Betonen genügt jedoch eine vereinfachende Idealisierung der tatsächlichen Verhältnisse. Sie kann herangezogen werden, wenn für junge Betone, z. B. im Alter von einem Tag, die Zugfestigkeit und der E-Modul bekannt sind oder zutreffend abgeschätzt werden können. Unter Berücksichtigung des wirksamen E-Moduls (siehe [5.9]), der den Kriech- bzw. Relaxationseinflüssen Rechnung trägt, kann für ein Betonbauteil unter vollem Verformungszwang die sich ausbildende Zugspannung $\sigma_{ct}(t)$ wie folgt überschlägig ermittelt werden:

$$\sigma_{ct}(t) = \frac{1}{1 + \rho(t, t_0) \cdot \varphi(t, t_0)} \cdot E_c(t) \cdot \varepsilon(t, t_0) \quad (4.1)$$

Darin ist t der Betrachtungszeitpunkt (oder das Betonalter); t_0 ist der Zeitpunkt, ab dem sich die Beanspruchung bzw. ein Zwang aufbaut (oder das Belastungsalter); $\rho(t, t_0)$ gibt den Relaxationskennwert an, der vereinfachend zu $\rho \approx 0{,}8 =$ konstant angenommen werden kann. Mit $\varphi(t, t_0)$ ist die Kriechzahl zum Zeitpunkt t für den Beginn der Beanspruchung zum Zeitpunkt t_0 bezeichnet und $E_c(t)$ gibt den E-Modul zum Zeitpunkt t an. Die Dehnung $\varepsilon(t, t_0)$ entspricht entweder der hygrischen oder der thermischen zwangsauslösenden Verformung ($\varepsilon_{cs}(t, t_0)$ bzw. $\varepsilon_{cT}(t, t_0)$) oder ihrer Summe zum Zeitpunkt t, bei einem Beginn der Beanspruchung zum Zeitpunkt t_0.

Aus Gl. (4.1) geht hervor, dass die Zwang-Zugspannungen $\sigma_{ct}(t)$ mit dem Dehnungsbestreben $\varepsilon(t, t_0)$ und dem E-Modul $E_c(t)$ des Betons anwachsen, während das Kriechvermögen, ausgedrückt durch das Produkt $\rho(t, t_0) \cdot \varphi(t, t_0)$, zu einer Verminderung der Spannungen führt. Das Risiko der Rissbildung P_{Riss} lässt sich grob vereinfachend anhand des Quotienten $P_{Riss} = \sigma_{ct}(t)/f_{ct}(t)$ abschätzen, wobei $f_{ct}(t)$ die Zugfestigkeit des Betons zum Betrachtungszeitpunkt t darstellt. Da ein Riss entsteht, wenn $\sigma_{ct}(t) = f_{ct}(t)$ und damit $P_{Riss} = 1{,}0$ wird, ist das Risiko der Rissbildung umso geringer, je weiter der Quotient unter 1,0 liegt. Das Rissbildungsrisiko wird hierbei allein anhand des lokal vorherrschenden Beanspruchungsgrads $\sigma_{ct}(t)/f_{ct}(t)$ ermittelt und beruht auf keinem wahrscheinlichkeitstheoretischen Konzept. Dennoch können hiermit z. B. Betone mit unterschiedlichen Eigenschaften vergleichend bewertet werden. Die Gl. (4.1) gilt generell für Beton, also nicht nur für junge Betone.

Über die Beeinflussung der Eigenschaften von jungem Beton durch Nachverdichtung oder Erschütterungen siehe u. a. [4.7–4.9].

4.5 Bestimmung der Festigkeit von jungem Beton

Vor allem im Tunnelbau ergibt sich immer wieder die Aufgabe, die Festigkeit von Spritzbeton in frühem Alter zu bestimmen. Prinzipiell eignen sich dazu verschiedene Methoden. Dies sind die Messung der Ultraschallgeschwindigkeit im jungen Beton, das Abbrechverfahren nach *Johansen*, das Ausziehverfahren (Lok-Test), die Erhärtungsprüfung an getrennt hergestellten Probekörpern und verschiedene Eindringverfahren [4.10]. Bild 11 zeigt die

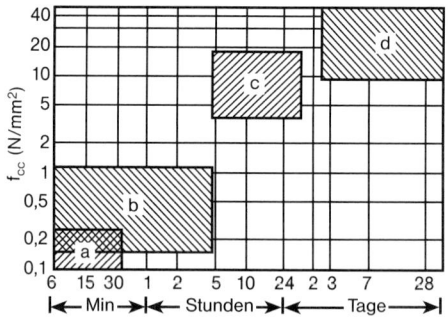

Bild 11. Anwendungsbereiche der Verfahren zum Messen der Spritzbetondruckfestigkeit [4.11]
a) Penetrationsnadel ∅ 9 mm
b) Penetrationsnadel ∅ 3 mm
c) Setzbolzen
d) Bohrkerne

Festigkeitsbereiche, die näherungsweise mit verschiedenen Methoden gemessen werden können.

Aus Bild 11 ist ersichtlich, dass bei sehr niedrigen Betonfestigkeiten der Test mit dem Penetrationsnadeldurchmesser 9 mm geeignet ist, bei etwas größeren Festigkeiten der Penetrationsnadeldurchmesser 3 mm, ab einer Festigkeit von etwa $4\,\text{N/mm}^2$ kommt der Setzbolzen in Frage, und bei Festigkeiten ab $10\,\text{N/mm}^2$ kann man Bohrkerne auswerten. Die ganze Spannbreite der Festigkeiten kann auch zerstörungsfrei mit dem Ultraschallverfahren überstrichen werden [4.12].

5 Lastunabhängige Verformungen

5.1 Allgemeines

Die Gesamtverformung eines Tragwerks ist die Summe aus lastunabhängigen und lastabhängigen Verformungen. Die lastunabhängigen Verformungen betreffen die Temperaturverformung und die hygrischen Verformungen, d. h. das Schrumpfen infolge chemischer Reaktion und innerer Austrocknung (die Summe entspricht dem Grundschwinden), das Schwinden bei Wasserabgabe an die Umgebung (Trocknungsschwinden) und das Quellen bei Befeuchtung. Die Einteilung in lastunabhängige und lastabhängige Verformungen ist eine Konvention, die die mathematische Beschreibung der Phänomene vereinfacht. In Wirklichkeit wird jede lastunabhängige Verformung von Spannungen begleitet, seien es Eigenspannungen, die in einem Querschnitt bei ungleichmäßigen Temperatur- und Schwinddehnungen entstehen, oder Zwangspannungen, die bei Behinderung durch äußere Auflagerbedingungen erzeugt werden. Die Eigen- und Zwangspannungen können so groß werden, dass Risse entstehen, die die mittlere Dehnung maßgebend beeinflussen. Dennoch wird im Folgenden die traditionelle Methode zugrunde gelegt, wonach Schwinden, Quellen und Temperaturdehnung getrennt von einer mechanischen Belastung betrachtet werden können.

5.2 Temperaturdehnung

Wird ein Tragwerk erwärmt, dehnt sich dieses entsprechend der Temperaturdehnzahl des Betons aus

$$\varepsilon_T = \alpha_{bT} \Delta T \qquad (5.1)$$

mit

α_{bT} Temperaturdehnzahl

ΔT Temperaturänderung

Die Temperaturdehnzahl α_{bT} des Betons ist von der Temperaturdehnzahl α_{gT} der Gesteinskörnung, von der Temperaturdehnzahl α_{zT} des Zementsteins, vom Gesteinskörnungs- bzw. Zementsteinanteil und vom Feuchtezustand des Betons abhängig. Die Temperaturdehnzahl von Beton kann in erster Näherung nach Gl. (5.2) abgeschätzt werden [5.1].

$$\alpha_{bT} = \alpha_{gT} \cdot v_{gT} + \alpha_{zST} \cdot v_{zST} \qquad (5.2)$$

Darin sind v_{gT} und v_{zST} die Volumenanteile der Gesteinskörung bzw. des Zementsteins und α_{gT} bzw. α_{zST} deren Temperaturdehnzahlen. Die Vorhersage kann verbessert werden, wenn anstelle der Phasen Gesteinskörnung und Zementstein zwischen den Phasen Gesteinskörnung und Feinmörtel unterschieden wird [5.2].

Die Temperaturdehnzahl α_{gT} üblicher Gesteinskörnung liegt etwa zwischen 5 und $12 \cdot 10^{-6}/\text{K}$. Ist die Gesteinskörnung wassergesättigt, so sind die Werte etwas geringer als im lufttrockenen Zustand. Gesteinskörnungen mit geringer Temperaturdehnzahl sind dichter Kalkstein und Hochofenschlacke. Mit wachsendem Quarzgehalt der Gesteinskörnung nimmt dessen Temperaturdehnzahl zu.

Die Temperaturdehnzahl α_{zST} des Zementsteins liegt etwa zwischen 10 und $23 \cdot 10^{-6}/\text{K}$. Sie ist überwiegend vom Feuchtezustand abhängig und beträgt für wassergesättigten und für sehr trockenen Zementstein etwa $10 \cdot 10^{-6}/\text{K}$. Bei 65 bis 70 % rel. Luftfeuchte erreicht sie einen Höchstwert von etwa $23 \cdot 10^{-6}/\text{K}$. Mit steigendem Alter des Zementsteins nimmt α_{zST} etwas ab. Für Beton liegt die Temperaturdehnzahl α_{bT} etwa zwischen 5,4 und $14{,}2 \cdot 10^{-6}/\text{K}$. Davon treffen die kleinsten Werte für zementarmen, wassergesättigten Beton mit dichter Gesteinskörnung aus Kalkstein und die größten Werte für lufttrockenen (65 bis 70 % rel. Ausgleichsfeuchte) und zementreichen Beton mit quarzreicher Gesteinskörnung zu. Richtwerte für die Temperaturdehnzahl einiger Betone können Tabelle 21 entnommen werden [5.1].

Die Annahme einer Proportionalität zwischen Temperaturdehnung und Temperaturänderung nach Gl. (5.1) gilt nur für einen mittleren Temperaturbereich. Bei hohen Temperaturen ist α_{bT} nicht mehr konstant und nimmt mit steigender Temperatur eher zu. Besonders schwierig ist die Bestimmung von α_{bT}, wenn mit der Erwärmung des Betons ein Feuchtetransport verbunden ist. Über die Temperaturdehnzahl von Beton bei sehr tiefen Temperaturen wird in [5.3] berichtet. Ein Überblick über wesentliche Zusammenhänge und Einflussgrößen der Wärmedehnung ist in [5.12] enthalten.

Beim Nachweis der durch Temperaturänderungen verursachten Schnittgrößen oder Verformungen nach DIN EN 1992-1-1 kann für Beton und für Betonstahl eine Temperaturdehnzahl $\alpha_{bT} = 10 \cdot 10^{-6}/\text{K}$ angenommen werden, wenn im Einzelfall nicht andere Werte durch Versuche nachgewiesen werden. Für die Berücksichtigung der durch Witterungseinflüsse in Bauteilen hervorgerufenen mittleren Temperaturschwankungen darf je nach Bauteilart und -abmessungen mit einer Temperatur-

Tabelle 21. Richtwerte für die Temperaturdehnzahl α_{bT} von Beton [5.1]

Gesteinskörnung	Feuchtigkeitszustand bei Prüfung	Temperaturdehnzahl α_{bT} in $10^{-6}/K$ von Beton mit einem Zementgehalt (kg/m³) von				
		200	300	400	500	600
Quarzgestein	wassergesättigt	11,6	11,6	11,6	11,6	11,6
	lufttrocken [a]	12,7	13,0	13,4	13,8	14,2
Quarzsand und Quarzkies	wassergesättigt	11,1	11,1	11,2	11,2	11,3
	lufttrocken [a]	12,2	12,6	13,0	13,4	13,9
Granit, Gneis, Liparit	wassergesättigt	7,9	8,1	8,3	8,5	8,8
	lufttrocken [a]	9,1	9,7	10,2	10,9	11,8
Syenit, Trachyt, Diorit, Andesit, Gabbro, Diabas, Basalt	wassergesättigt	7,2	7,4	7,6	7,8	8,0
	lufttrocken [a]	8,5	9,1	9,6	10,4	11,1
Dichter Kalkstein	wassergesättigt	5,4	5,7	6,0	6,3	6,8
	lufttrocken [a]	6,6	7,2	7,9	8,7	9,8

[a] Bei 65 bis 70% rel. Luftfeuchte und bis zum Alter von rd. 1 Jahr, danach etwas geringer.

differenz ΔT zwischen $\pm 7,5$ K und ± 20 K gerechnet werden.

5.3 Schwinden

5.3.1 Ursachen

Das Schwinden des Betons hat verschiedene Ursachen. Für Normalbeton ist der größte und bedeutendste Teil das *Trocknungsschwinden*. Es stellt sich ein, wenn Beton in trockener Umgebung Feuchte abgibt und als Folge sein Volumen reduziert. In Wasser oder an sehr feuchter Luft nimmt der Beton dagegen Wasser auf. Dies ist mit einer Volumenzunahme, dem *Quellen*, verbunden. Schon in Abschn. 2.1.6 wurde darauf hingewiesen, dass das bei der Hydratation des Zements entstehende Zementgel ein kleineres Volumen einnimmt als das Volumen der Anteile von Wasser und Zement, aus denen es entstanden ist. Man bezeichnet diese Volumenabnahme als *chemisches Schwinden*. Bei niedrigem Wasserzementwert, kleiner als etwa 0,40, reicht die Wassermenge für eine vollständige Hydratation nicht aus. Die Folge ist eine innere Austrocknung und damit verbunden eine Volumenabnahme des Betons. Sie wird als *autogenes Schwinden*, früher oft auch als *Schrumpfen*, bezeichnet. Dieses ist von den Umweltbedingungen unabhängig und insbesondere bei hochfesten Betonen von Bedeutung, da es hier den Anteil des Trocknungsschwindens an der gesamten Schwindverformung sogar übertreffen kann. Auf das *plastische Schwinden* des jungen Betons während des Erstarrens und des Anfangsstadiums der Erhärtung wurde schon in Abschn. 4.3 eingegangen. Auch die Carbonatisierung des Betons ist mit einer Volumenabnahme, dem *Carbonatisierungsschwinden* verbunden [5.4]. Das plastische Schwinden kann durch geeignete technologische Maßnahmen gering gehalten werden. Auch der Anteil des Carbonatisierungsschwindens an der Gesamtschwindverformung ist unter normalen Umweltbedingungen relativ klein, sodass für die Vorhersage des Schwindens von Betonen niedriger und mittlerer Festigkeitsklassen eine Differenzierung zwischen den einzelnen Komponenten des Schwindens nicht erforderlich ist. Die Vorhersage des Schwindens insbesondere hochfester Betone kann jedoch deutlich verbessert werden, wenn zwischen Trocknungsschwinden und Grundschwinden (= Summe aus chemischem und autogenem Schwinden) unterschieden wird.

Für Normalbeton kann in erster Näherung angenommen werden, dass Wasserverlust und Trocknungsschwinden einander proportional sind. Bei einer genaueren Betrachtung ist aber zu berücksichtigen, dass insbesondere der Wasserverlust aus den feinen Kapillarporen und den Gelporen zu einer Volumenänderung führt, während der Wasserverlust der bei einem Trocknungsvorgang zuerst austrocknenden gröberen Kapillarporen mit einem deutlich geringeren Schwinden verbunden ist.

Da die Austrocknung von Beton ein sehr langsam ablaufender Diffusionsprozess ist, entwickelt sich auch die Schwindverformung nur langsam mit der Zeit. Die oberflächennahen Bereiche eines Betonquerschnitts stehen schon nach einer kurzen Trocknungsdauer im Feuchtegleichgewicht mit der umgebenden Luft. Mit steigender Entfernung von der Oberfläche nimmt der Feuchtegehalt des Betons aber deutlich zu, sodass z. B. im Kern eines Betonzylinders mit einem Durchmesser von 500 mm nach einer Trocknungsdauer von mehreren Jahren immer noch eine relative Feuchte von über 90 % herrscht. Viele Jahrzehnte verstreichen, ehe ein solcher Betonzylinder über seinen ganzen Querschnitt die sog. Ausgleichsfeuchte erreicht hat. Da die rel. Feuchte über den Querschnitt ungleich verteilt ist und von außen nach innen zunimmt, ist auch die freie Schwindverformung über den Querschnitt nicht konstant und nimmt von außen nach innen ab. Als Folge davon entstehen Eigenspannungen, die sog. Schwindspannungen. Dies sind Zugspannungen an der Oberfläche und Druckspannungen im Kern, da der nur langsam austrocknende Kern die freie Schwindverkürzung der Ränder behindert. Unter ungünstigen Bedingungen lösen die Zugspannungen Schwindrisse an der Oberfläche von Betonteilen aus. Im Gegensatz zum Trocknungsschwinden ist das Grundschwinden über den Querschnitt nahezu gleichmäßig verteilt, sodass es keine Eigenspannungen im o. g. Sinn auslöst. Sowohl Trocknungsschwinden als auch Grundschwinden führen aber zu Gefügespannungen, weil der Zementstein in der Regel wesentlich mehr als die Gesteinskörnung schwindet. Wegen der Behinderung des Zementsteinschwindens durch die steiferen Gesteinskörner entstehen Druckspannungen im Zuschlagkorn und Zugspannungen in der Mörtel- bzw. Zementsteinmatrix, die zu den schon in Abschn. 5.1 genannten Rissen in der Kontaktzone Zementstein-Gesteinskörnung führen. Zwängungsspannungen entstehen in statisch unbestimmten Konstruktionen, wenn die mittlere Schwindverformung eines Bauteils behindert wird. Durchgehende Trennrisse können die Folge sein. Bei der Abschätzung der Größe solcher Schwindspannungen ist aber stets der Einfluss des Kriechens von Beton zu berücksichtigen. Da sich die Schwindspannungen nur langsam entwickeln, werden sie unter der Wirkung des Kriechens abgebaut. Überschlägig können die Schwindspannungen durch Anwendung von Gl. (4.1) abgeschätzt werden.

Die physikalischen Vorgänge, die zum Schwinden des Betons führen, sind heute, wenn auch nicht in allen Einzelheiten, so doch im Grundsatz geklärt. Im Wesentlichen sind dies Veränderungen von Kapillarspannungen im Porensystem des Zementsteins, Veränderungen der Oberflächenspannungen in den Hydratationsprodukten des Zementsteins sowie der sog. Spaltdruck zwischen den Hydratationsprodukten als Folge der Austrocknung (siehe dazu u. a. [5.5]). Die Eigenschaften der Gesteinskörnung, insbesondere sein Elastizitätsmodul, wirken sich zwar auf die Größe des Betonschwindens aus, mit Ausnahme tonhaltiger und sehr poröser Gesteinskörnungen schwinden Gesteinskörnungen aber selbst nicht oder nur sehr wenig.

Die Schwindverformungen von Beton nach langer Trocknungsdauer liegen im Bereich von 0,1 bis 1 mm/m. Der wichtigste Einflussparameter für die Größe des Schwindens von Normalbeton ist der Feuchteverlust des Betons nach einer gegebenen Trocknungsdauer. Das Schwinden nimmt daher mit steigendem Anmachwassergehalt und sinkender rel. Feuchte der umgebenden Luft zu. Mit sinkender Kapillarporosität und daher mit sinkendem Wasserzementwert wird vor allem die Geschwindigkeit einer Austrocknung und damit auch der zeitlichen Entwicklung des Schwindens reduziert. Von besonderer Bedeutung für die Größe des Schwindens ist der Einfluss des Zementleimgehalts: In erster Näherung ist das Schwinden dem Zementleimgehalt proportional. Dies ist die wesentliche Ursache für die im Vergleich zu Beton meist viel höheren Schwindmaße von Mörteln. Abweichungen von dieser Linearität können durch Betrachtungen auf der Basis der Verbundwerkstofftheorie erklärt werden. Schwindverformungen des Betons nehmen mit steigender Mahlfeinheit des Zements zu, aus dem er hergestellt wurde. Dies ist mit der Zunahme der Hydratationsgeschwindigkeit von Zementen mit hoher Mahlfeinheit zu erklären. Als Folge davon ist schon in jungem Alter der Gelporenanteil des Zementsteins hoch. Ein Wasserverlust führt daher zu großen Schwindverformungen. Nach Untersuchungen, über die in [5.6] berichtet wird, steigt das Schwinden des Betons deutlich mit zunehmendem Gehalt des Zements an wasserlöslichen Alkalien. Die Schwindverformungen eines Betons sind umso geringer, je größer der E-Modul der Gesteinskörnung ist, da steife Körnungen das Zementsteinschwinden mehr behindern als weniger steife. Dicke Bauteile schwinden wesentlich langsamer als dünne, weil sie erst nach sehr langer Trocknungsdauer ein Feuchtegleichgewicht mit der Umgebung erreichen. Zumindest theoretisch müsste das Endschwindmaß aber von der Bauteildicke unabhängig sein. Da sehr dicke Bauteile aber diesen Wert u. U. erst nach Jahrhunderten erreichen, kann für die praktische Anwendung von einer Abnahme des Endschwindmaßes mit steigender Bauteildicke ausgegangen werden. Die Dauer der Nachbehandlung wirkt sich zwar auf die Größe des Schwindens bei einer sehr langen Feuchtlagerung aus [5.7], sie ist aber entscheidend für den Widerstand der randnahen Zonen gegen das Auftreten von Schwindrissen, die insbesondere bei unzureichender Nachbehandlung beobachtet werden.

Bei wechselnder Trocken- und Feuchtlagerung ist das Schwinden nur teilweise reversibel, sodass Quellverformungen bei Feuchtlagerung deutlich kleiner als vorangegangene Schwindverformungen sind. Im Vergleich zu den Schwindeigenschaften von Betonen mittlerer Festigkeitsklassen sind die

Schwindverformungen hochfester Betone nicht wesentlich geringer. Zwar laufen die diffusionsgesteuerten Trocknungsprozesse und damit das Trocknungsschwinden um ein Vielfaches langsamer ab als bei Normalbeton, das Grundschwinden vollzieht sich bei hochfesten Betonen jedoch vergleichsweise rasch und übertrifft mit steigender Festigkeit die Größe des Trocknungsschwindens [5.8–5.10].

5.3.2 Mathematische Beschreibung

Die *Schwindverformung* eines Betons $\varepsilon_{cs}(t, t_s)$ bei einem Alter t, der ab einem Alter t_s austrocknen konnte, setzt sich nach Gl. (5.3) aus den Anteilen Grundschwinden $\varepsilon_{cas}(t)$ und Trocknungsschwinden $\varepsilon_{cds}(t, t_s)$ zusammen [5.11].

$$\varepsilon_{cs}(t,t_s) = \varepsilon_{cas}(t) + \varepsilon_{cds}(t,t_s) \quad (5.3)$$

Die Komponenten des Schwindens $\varepsilon_{cas}(t)$ und $\varepsilon_{cds}(t, t_s)$ ergeben sich nach den Gln. (5.4) und (5.5) aus dem Grundwert des Grundschwindens $\varepsilon_{cas0}(f_{cm})$ und einer Zeitfunktion $\beta_{as}(t)$ bzw. aus dem Grundwert des Trocknungsschwindens $\varepsilon_{cds0}(t, t_s)$, einem Beiwert β_{RH} zur Berücksichtigung des Einflusses der rel. Luftfeuchte auf das Trocknungsschwinden sowie einer Zeitfunktion $\beta_{ds}(t - t_s)$.

$$\varepsilon_{cas}(t) = \varepsilon_{cas0}(f_{cm}) \cdot \beta_{as}(t) \quad (5.4)$$

$$\varepsilon_{cds}(t,t_s) = \varepsilon_{cds0}(f_{cm}) \cdot \beta_{RH} \cdot \beta_{ds}(t - t_s) \quad (5.5)$$

Das Grundschwinden $\varepsilon_{cas}(t)$ nach Gl. (5.4) ergibt sich aus dem Produkt der Gln. (5.6) und (5.7).

$$\varepsilon_{cas0}(f_{cm}) = -\alpha_{as}\left[\frac{f_{cm}/f_{cm0}}{6 + f_{cm}/f_{cm0}}\right]^{2,5} \cdot 10^{-6} \quad (5.6)$$

$$\beta_{as}(t) = 1 - \exp\left[-0,2\left(\frac{t}{t_1}\right)^{0,5}\right] \quad (5.7)$$

Darin bedeuten:

f_{cm} mittlere zylindrische Betondruckfestigkeit im Alter von 28 Tagen: $f_{cm} = f_{ck} + 8 \text{ N/mm}^2$

$f_{cm0} = 10 \text{ N/mm}^2$

$t_1 = 1$ Tag

t Zeit [Tage]

α_{as} Beiwert zur Berücksichtigung der Zementart nach Tabelle 22

Die Vorhersage des Trocknungsschwindens ε_{cds} folgt den Gln. (5.8) bis (5.11).

$$\varepsilon_{cds0}(f_{cm}) = [(220 + 110 \cdot \alpha_{ds1}) \cdot \exp(-\alpha_{ds2} \cdot f_{cm}/f_{cm0})] \cdot 10^{-6} \quad (5.8)$$

$$\beta_{RH} = -1,55\left[1 - \left(\frac{RH}{RH_0}\right)^3\right]$$

für $40 \le RH < 99\% \cdot \beta_{s1}$ (5.9)

$\beta_{RH}(RH) = 0,25$ für $RH \ge 99\% \cdot \beta_{s1}$

$$\beta_{ds}(t - t_s) = \left[\frac{(t - t_s)/t_1}{350(h_0/h_1)^2 + (t - t_s)/t_1}\right]^{0,5}$$

(5.10)

$$\beta_{s1} = \left(\frac{3,5 f_{cm0}}{f_{cm}}\right)^{0,1} \le 1,0 \quad (5.11)$$

Darin bedeuten:

f_{cm} mittlere zylindrische Betondruckfestigkeit [N/mm^2]

$f_{cm0} = 10 \text{ N/mm}^2$

t_1 1 Tag

RH rel. Feuchte der umgebenden Luft [%]

RH_0 100%

h_0 wirksame Bauteildicke $h_0 = \dfrac{2A_c}{u}$

mit A_c = Querschnittsfläche und u = Anteil des Querschnittsumfangs, der einer Trocknung ausgesetzt ist

h_1 100 mm

$\alpha_{ds1}, \alpha_{ds2}$ Beiwerte zur Berücksichtigung der Zementart nach Tabelle 22

β_{s1} Beiwert, der die innere Austrocknung des Betons berücksichtigt

Die Zuordnung der Erhärtungsklassen nach DIN EN 1992-1-1 zu den Normzementen nach DIN EN 197-1 geschieht anhand von Tabelle 23.

Nach Gl. (5.6) ist das Grundschwinden für Betone niedriger Druckfestigkeit gering und nimmt erst für höhere Festigkeitsklassen mit steigender Betondruckfestigkeit deutlich zu. Im Gegensatz zum Grundschwinden sinkt das Trocknungsschwinden mit steigender Betondruckfestigkeit, und auch die gesamte Schwindverformung nimmt mit steigender Betondruckfestigkeit etwas ab. Natürlich ist in diesem Zusammenhang die Betondruckfestigkeit nur als Hilfsgröße zu sehen. Insbesondere das Trocknungsschwinden ist umso geringer, je kleiner die Kapillarporosität bzw. je geringer der Anmachwassergehalt bzw. der Wasserzementwert. Dieser be-

Lastunabhängige Verformungen

Tabelle 22. Beiwerte für die Gln. (5.6) bis (5.8)

Zementtyp nach DIN EN 1992-1-1	Merkmal	α_{as}	α_{ds1}	α_{ds2}
SL	langsam erhärtend	800	3	0,13
N, R	normal oder schnell erhärtend	700	4	0,12
RS	schnell erhärtend und hochfest	600	6	0,12

Tabelle 24. Endschwindmaße $\varepsilon_{cs,70}$ nach MC 2010 und MC 90 für Betone mit einer charakteristischen Festigkeit f_{ck} zwischen 20 und 50 N/mm²

Trockene Umweltbedingungen (Innenräume) RH = 50%			Feuchte Umweltbedingungen (im Freien) RH = 80%		
Wirksame Bauteildicke h_0 [mm]					
50	150	600	50	150	600
Endschwindmaß $\varepsilon_{cs,70}$ [‰]					
−0,57	−0,56	−0,47	−0,32	−0,31	−0,26

Tabelle 23. Zuordung der Zementtypen nach DIN EN 1992-1-1 zu den Normzementen nach DIN EN 197-1

Zementtyp nach DIN EN 1992-1-1	Festigkeitsklassen
SL	32,5 N
N, R	32,5 R; 42,5 N
RS	42,5 R; 52,5 N; 52,5 R

einflusst auch die Betondruckfestigkeit, sodass daraus der Zusammenhang zwischen Schwinden und Betondruckfestigkeit abgeleitet werden kann.

Das Grundschwinden ist von der rel. Feuchte der umgebenden Luft unabhängig, während das Trocknungsschwinden wegen der beschleunigten Austrocknung mit sinkender rel. Luftfeuchte deutlich zunimmt. Bemerkenswert ist, dass nach Gl. (5.9) Normalbetone erst bei einer Lagerung an Luft mit einer rel. Feuchte von nahezu 99% quellen. Dagegen ist bei hochfesten Betonen mit einer Druckfestigkeit von ca. 100 N/mm² wegen der vorangegangenen inneren Austrocknung schon bei einer Lagerung an Luft mit einer rel. Feuchte von ca. 90% mit Quellverformungen zu rechnen. Die zeitliche Entwicklung des Trocknungsschwindens wird durch Gl. (5.10) beschrieben, die auf der Diffusionstheorie aufbaut und damit auch physikalisch begründbar ist. Aus dieser Beziehung folgt, dass sich das Trocknungsschwinden langsamer als das Grundschwinden entwickelt und dass es auch von den Bauteilabmessungen abhängig ist. Nach Gl. (5.10) hat ein Betonkörper mit quadratischem Querschnitt und einer Kantenlänge von 100 mm nach einer Trocknungsdauer von 1 Monat bereits ca. 50% von ε_{cds0} erreicht. Beträgt die Kantenlänge dagegen 500 mm, so sind wegen der langsameren Austrocknung nach einem Monat erst ca. 10% von ε_{cds0} aufgetreten.

Für t → ∞ erhält man aus den Gln. (5.6), (5.7) und (5.10) als Endwert des Schwindens:

$$\varepsilon_{cs}(t \to \infty) = \varepsilon_{cas0}(f_{cm}) + \varepsilon_{cds0}(f_{cm}) \cdot \beta_{RH} \quad (5.12)$$

Der Endwert des Schwindens wäre daher von den Bauteilabmessungen unabhängig. Da dicke Bauteile jedoch viel langsamer als dünne Bauteile austrocknen, haben sie auch nach jahrzehntelanger Trocknung erst einen kleinen Anteil dieses Endwertes erreicht. Im CEB-FIP MC 90 sowie fib MC 2010 wurden daher für das sog. Endschwindmaß jene Schwindverformungen $\varepsilon_{cs,70}$ angegeben, die sich aus dem in diesen Dokumenten verwendeten Vorhersageverfahren ergeben. Sie gelten für Normalbetone und weichen von den Werten, die man für mittlere Festigkeitsklassen aus den Gln. (5.3) bis (5.11) erhält, nur wenig ab. Für verschiedene Umweltbedingungen und Bauteilabmessungen sind diese Werte in Tabelle 24 zusammengestellt. Für hochfeste Betone mit Druckfestigkeiten im Bereich 60 N/mm² ≤ f_{cm} ≤ 130 N/mm² können in erster Näherung die Tabellenwerte mit dem Faktor $(63/f_{cm})^{0,2}$ multipliziert werden.

Mit der Einführung der neuen DIN EN 1992-1-1: 2011-01 wurde das oben beschriebene Vorhersageverfahren (siehe [5.11]) durch neue Formeln zur Abschätzung des Schwindens ersetzt. Die damit verbundene Darstellung des Schwindens widerspricht jedoch der Diffusionstheorie, die auch für Beton Gültigkeit besitzt. Schwerer wiegt aber noch, dass die neu vorhergesagten Endschwindwerte um bis zu rd. 40% kleiner sind als die gemäß [5.11] berechneten Werte, siehe [5.13]. Während die Formeln für die Schwindvorhersage in [5.11] auf einer umfangreichen Datenbank beruhen und das Betonschwinden physikalisch korrekt und in der Größenordnung zutreffend wiedergeben, sind keine Hintergrunddokumente bekannt, die ein derartiges Abmindern der Schwindwerte in der neuen Norm begründen würden. Es ist daher zu erwarten, dass kurzfristig Korrekturen an DIN EN 1992-1-1:2011-01 vorgenommen werden. Der Praxis kann daher nur empfohlen werden, weiterhin mit den bewährten, zuverlässigen und sicheren Angaben gemäß [5.11] zu arbeiten, so wie dies in [5.14] auch empfohlen wird.

6 Festigkeit und Verformung von Festbeton[1)]

6.1 Strukturmerkmale

Da die beiden Phasen des Betons, der Zementstein und die Gesteinskörnung, sich in ihrer Struktur sowie in ihren Festigkeits- und Verformungseigenschaften deutlich unterscheiden, ist Beton auch makroskopisch heterogen. Die Mikrostruktur des Betons wird durch das Porensystem des Zementsteins nach Abschn. 2.1.6 und durch die Struktur der Kontaktzonen zwischen Zementstein und Gesteinskörnung bestimmt. Die Gesamtporosität von Beton nimmt mit steigendem Hydratationsgrad und abnehmendem Wasserzementwert ab und liegt je nach Prüfmethode etwa im Bereich von 8 bis 15 % bezogen auf das Betonvolumen [0.5]. Über Methoden zur Bestimmung der Gesamtporosität, der Kapillarporosität und der Porengrößenverteilung von Beton siehe u. a. [0.1].

Wesentlich für die mechanischen Eigenschaften von Beton ist, dass schon im unbelasteten Normalbeton in den Kontaktzonen zwischen Zementstein und Gesteinskörnung Mikrorisse vorhanden sind, und zwar als Folge der geringen Festigkeit der Kontaktzone und der Behinderung des plastischen Schwindens und des Grundschwindens von Zementstein durch die steiferen und volumenstabilen Gesteinskörner. Diese Mikrorisse beeinflussen die Verformungseigenschaften des Betons und sind der Ausgangspunkt der Rissentwicklung bei Druck- oder Zugbeanspruchung. Die Gesteinskörnung weist – mit Ausnahme von leichter Gesteinskörnung – eine wesentlich dichtere Struktur als der Zementstein auf, sodass ihre Struktureigenschaften im Allgemeinen weniger wichtig als die des Zementsteins sind.

6.2 Druckfestigkeit

Die Druckfestigkeit ist für die meisten Anwendungen die wichtigste bautechnische Eigenschaft des Betons. Zurzeit wird Beton mit Druckfestigkeiten bis zu rd. 85 N/mm² routinemäßig hergestellt. Bei Berücksichtigung von Sondermaßnahmen können jedoch hochfeste Betone mit Druckfestigkeiten bis zu rd. 150 N/mm² auch unter Baustellenbedingungen hergestellt werden. Darüber liegen in vielen Ländern bereits baupraktische Erfahrung vor, insbesondere in Norwegen, den USA und Frankreich, aber auch in Deutschland (siehe auch Abschnitt 12).

6.2.1 Spannungszustand und Bruchverhalten von Beton bei Druckbeanspruchung

Eine äußere, gleichmäßig verteilte, einachsige Druckspannung löst in Beton einen ungleichmäßigen, räumlichen Spannungszustand aus. Die steiferen Gesteinskörnungen ziehen einen größeren Anteil der abzuleitenden äußeren Druckbeanspruchung an sich als der Zementstein, sodass die in Kraftrichtung wirkenden Druckspannungen in der Gesteinskörnung größer sind als im Zementstein. Rechtwinklig zur Belastungsrichtung entstehen Druck- und Zugspannungen, die in sich im Gleichgewicht stehen.

Wegen der meist geringen Verbundfestigkeit zwischen Zementstein und Gesteinskörnung beginnen bei einer Spannung von etwa 40 % der Druckfestigkeit die bereits vor der Belastung vorhandenen Risse in den Kontaktzonen zwischen Zementstein und groben Gesteinskörnungen zu wachsen. Bei einer Spannung größer als etwa 80 % der Druckfestigkeit setzen sie sich in der Mörtelphase des Betons, vorzugsweise in einer Richtung parallel zur äußeren Belastung, fort. Beton ist damit schon vor Erreichen der Druckfestigkeit von einem System feiner Mikrorisse durchzogen, die auch für die Abweichung des Spannungs-Dehnungsverhaltens von der Linearität verantwortlich sind. Häufigkeit und Länge der Mikrorisse nehmen mit steigender Spannung zu, und kleinere Risse vereinigen sich zu größeren.

Die Druckfestigkeit des Betons ist erreicht, sobald in einem meist örtlich begrenzten Bereich des Betons die Mikrorisse bis auf eine kritische Länge gewachsen sind, sodass bei einer Beanspruchung mit konstanter Belastungsgeschwindigkeit ein schlagartiger Bruch auftritt. Wird dagegen bei einer Beanspruchung mit konstanter Verformungsgeschwindigkeit die Spannung nach Erreichen der Druckfestigkeit reduziert, so wachsen die Mikrorisse nur langsam bzw. stabil bei steigender mittlerer Verformung. Es entsteht der abfallende Ast der Spannungs-Dehnungslinie. Wesentlich für das in Abschn. 6.5 beschriebene Spannungs-Dehnungsverhalten, das auch der Druckbruch von Beton meist diskret ist, d. h. dass er in einem örtlich begrenzten Bereich auftritt.

Das Bruchverhalten von Leichtbeton unterscheidet sich von dem für Normal- und Schwerbeton beschriebenen Vorgängen, da der E-Modul vieler leichter Gesteinskörnungen geringer als der E-Modul des Zementsteins ist. Der innere Spannungszu-

---

[1)] Im Folgenden wird als Vorzeichenregel eingehalten: Werkstoffkenngrößen sind absolut z. B. $f_{ck} = |f_{ck}|$, Druckspannungen und Verkürzungen sind negativ; Zugspannungen und Verlängerungen sind positiv.

stand bei Druckbeanspruchung ist bei Leichtbeton daher anders als bei Normalbeton. Die Mikrorisse verlaufen nicht mehr vorzugsweise durch die Zementsteinmatrix, sondern auch durch die leichte Gesteinskörnung. Entsprechend werden Verformungsverhalten und Festigkeit in weit höherem Maß durch die Gesteinskörnung bestimmt, als dies für Normalbeton der Fall ist (siehe auch Abschn. 10.2.5).

6.2.2 Einflüsse auf die Druckfestigkeit

Aus der Beschreibung des Bruchvorgangs von Beton bei Druckbeanspruchung geht hervor, dass die Druckfestigkeit des Betons vor allem von den mechanischen Eigenschaften des Zementsteins bestimmt wird. In erster Näherung sind daher Betondruckfestigkeit und Zementsteinfestigkeit einander proportional. Unter Einbezug der Angaben in Abschnitt 2.1.5 hängt die Druckfestigkeit des Betons vom Wasserzementwert, vom Hydratationsgrad sowie von Zementart, Zusatzstoffen und u. U. Zusatzmitteln und damit von der Betonzusammensetzung und von den Erhärtungsbedingungen ab. Die Eigenschaften der Gesteinskörnung sind vor allem für die Festigkeit von Leichtbeton und von hochfestem Beton von Bedeutung. Auch der Verbund zwischen Zementstein und Gesteinskörnung übt einen wesentlichen Einfluss auf die Betondruckfestigkeit aus, ist jedoch kaum direkt zu beeinflussen und wird daher vorrangig von den Eigenschaften des Zementsteins und der Art der Gesteinskörnung bestimmt. Auch Prüfeinflüsse sind bei der Beurteilung des Ergebnisses von Druckfestigkeitsprüfungen zu berücksichtigen.

6.2.2.1 Ausgangsstoffe und Betonzusammensetzung

Ausgangsstoffe und die Betonzusammensetzung müssen so gewählt werden, dass der Frischbeton sachgerecht verarbeitet werden und der erhärtete Beton die geforderte Druckfestigkeit erreichen kann. Konsistenz und Verarbeitbarkeit des Frischbetons (siehe Abschn. 3.4) müssen daher so beschaffen sein, dass der Beton mit den für die Bauausführung vorgesehenen Geräten sachgerecht und ohne wesentliches Entmischen transportiert, eingebaut und praktisch vollständig verdichtet werden kann. Während die Konsistenz des Frischbetons besonders vom Wassergehalt bzw. von der Zementleimmenge abhängt, ist der Wasserzementwert w/z die für die Betondruckfestigkeit wichtigste Einflussgröße. Bei gleichem Wasserzementwert und sonst gleichen Bedingungen nimmt die Betondruckfestigkeit im Alter von 28 Tagen mit der Normendruckfestigkeit des Zements zu.

Für Beton ist in der Regel die 28-Tage-Druckfestigkeit von Bedeutung. Für frühzeitiges Ausschalen, für das Vorspannen und Abschätzen des Erhärtungsverlaufs und der Nacherhärtung ist auch die Betondruckfestigkeit in jüngerem bzw. in späterem Alter wichtig. Der Zusammenhang zwischen Betondruckfestigkeit und Wasserzementwert wurde erstmals von *Abrams* festgestellt [6.1]. Die Abhängigkeit der Betondruckfestigkeit im Alter von 28 Tagen vom Wasserzementwert für verschiedene Zementfestigkeitsklassen nach *Walz* [6.43] hat sich zur Abschätzung des für eine bestimmte Betondruckfestigkeit erforderlichen Wasserzementwertes in Deutschland bewährt. Im CEB-FIP Model Code 1990 [1.2] wurde die Darstellung für kleinere Wasserzementwerte auf den damals aktuellen, heute noch gültigen Erfahrungsstand gebracht. Der experimentell gewonnene Einfluss des Wasserzementwertes auf die Betondruckfestigkeit nach Bild 12 entspricht in seinem Verlauf Bild 2 und den Gln. (2.2) und (2.3) in Abschn. 2.1.6.

Der Einfluss der Zementart kommt in Gl. (2.2) durch den Hydratationsgrad im Alter von 28 Tagen zum Ausdruck: Dieser steigt mit steigender Festigkeitsklasse des Zements, da die hochfesten Zemente im Allgemeinen schneller als die niederfesten hydratisieren. Der Zementgehalt hat vor allem einen indirekten Einfluss auf die Betondruckfestigkeit: Wird der Zementgehalt bei konstantem Wassergehalt erhöht, so sinkt damit der Wasserzementwert,

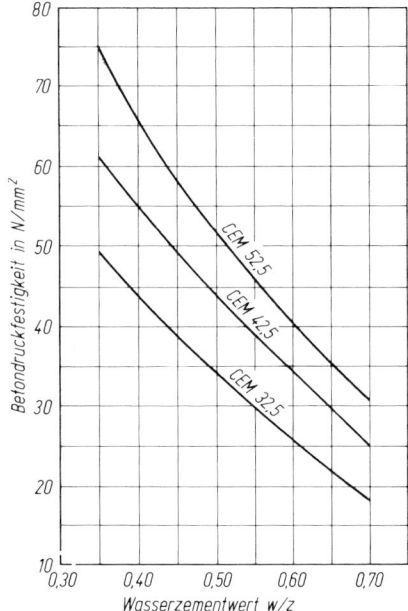

Bild 12. Charakteristische Betonzylinderdruckfestigkeit im Alter von 28 Tagen in Abhängigkeit von w/z-Wert und Zementfestigkeitsklasse [1.2]

und die Betondruckfestigkeit steigt entsprechend Bild 12. Darüber hinaus wirken sich der Zement- bzw. der Zementleimgehalt auf die Frischbetonkonsistenz aus und beeinflussen damit z. B. über die Verarbeitbarkeit des Frischbetons indirekt auch die Betondruckfestigkeit. Die Betondruckfestigkeit nimmt mit steigender Dicke der Zementsteinschicht, welche die Gesteinskörner umhüllt, und damit steigendem Zementgehalt ab. Wie schon in Abschn. 2.1.6 dargestellt, sind auch der Kornaufbau des Zements sowie eventuell vorhandene Zusatzstoffe für die Packungsdichte des Zementleims und so für die Druckfestigkeit von Bedeutung. Da alle diese Einflussgrößen nur schwer in allgemeingültiger Form beschrieben werden können, stellt der Zusammenhang zwischen Betondruckfestigkeit und Wasserzementwert nach Bild 12 nur einen, meist auf der sicheren Seite liegenden, Schätzwert dar.

Unter den Eigenschaften der Gesteinskörnung sind Art und Festigkeit des Gesteins, Form und Oberflächenbeschaffenheit des Korns sowie Kornzusammensetzung und Größtkorn von Bedeutung für die Betondruckfestigkeit (siehe auch Abschn. 2.2). Art und Festigkeit des Gesteins sowie Form und Oberflächenbeschaffenheit des Gesteinskorns machen sich aber nur dann nennenswert bemerkbar, wenn die Oberflächeneigenschaften die Haftung zwischen Zementstein und Gesteinskörnung deutlich beeinflussen, z. B. bei Gesteinskörnung mit sehr glatter oder sehr rauer Oberfläche oder bei wesentlichen chemischen Reaktionen zwischen Zementstein und Gesteinskorn.

Bevor der selbstverdichtende Beton (SVB) erfunden wurde, galten die folgenden Zusammenhänge: Gesteinskörnung mit kleinem Größtkorn und hohem Sandanteil besitzt eine höhere spezifische Oberfläche als Gesteinskörnung mit geringerem Sandanteil und größerem Größtkorn. Bei gegebenem Zementgehalt und Wasserzementwert ist die Zementsteinschicht, die die Gesteinskörnung umhüllt, beim sandreichen Beton dünner und seine Druckfestigkeit etwas höher als jene des Betons mit grobkörniger Gesteinskörnung. Dies kann jedoch nur in einem engen Bereich genutzt werden, da sich sonst Verarbeitungsschwierigkeiten ergeben. Für die praktische Anwendung sind daher sandärmere Korngemische mit üblichem Größtkorn und möglichst geringem Wasser- bzw. Zementleimbedarf vorteilhaft und zweckmäßig, soweit dem Gründe der Rohstoffsicherung von Gesteinskörnung nicht widersprechen.

Die Erfahrungen haben aber gezeigt, dass die Kornzusammensetzung im Feinsandbereich und im Feinstoffbereich die Festigkeit und die Dichtigkeit des Betons wesentlich beeinflusst. Durch die Verbesserung der Kornzusammensetzung in Richtung besserer Hohlraumausfüllung ergibt sich kein größerer, sondern teilweise sogar ein kleinerer Wasseranspruch für gleiches Konsistenzmaß, und die Festigkeit und Dichtigkeit werden deutlich verbessert. Auch die durch Betonzusatzstoffe (inerte Stoffe und Puzzolane) teilweise erreichten Festigkeitssteigerungen sind insbesondere in jüngerem Betonalter auf den verbesserten Kornaufbau in diesen Bereichen und nicht auf eine Beteiligung an der Erhärtung zurückzuführen. Zum Kornaufbau des SVB siehe Abschnitt 8.2.

6.2.2.2 Erhärtungsbedingungen und Reife

Die Erhärtungsbedingungen werden im Wesentlichen durch das Alter, die Feuchtigkeit und die Temperatur des Betons bestimmt. Alle drei können die Betondruckfestigkeit wesentlich beeinflussen. Die Betondruckfestigkeit nimmt mit dem Alter des Betons zu. Die Endfestigkeit wird u. U. erst nach Jahren erreicht, ein wesentlicher Anteil stellt sich jedoch bis zum 28. Tag ein. Anfangsfestigkeit, Erhärtungsverlauf und Nacherhärtung können je nach Zement, Betonzusammensetzung und Erhärtungstemperatur sehr unterschiedlich sein. Auf die zeitliche Entwicklung der Druckfestigkeit des Betons nach ca. 1 Tag wird in Abschn. 6.6.1 eingegangen. Von besonderer baupraktischer Bedeutung ist auch die Festigkeitsentwicklung des jungen Betons. Mit einem schnell erhärtenden Zement (siehe auch Abschn. 2.1.1) kann bereits nach 1 Stunde eine Druckfestigkeit von über 5 N/mm^2 erreicht werden. Eine hohe Anfangsfestigkeit ist auch mit frühhochfestem Beton mit Fließmittel erreichbar, sodass z. B. damit hergestellte Betonfahrbahnen in der Regel bereits im Betonalter von 1 Tag für den Verkehr freigegeben werden können und teilweise sogar schon nach 6 bis 10 Stunden freigegeben worden sind. Richtwerte für die Anfangsfestigkeit und Nacherhärtung von Beton aus verschiedenen Zementen gehen aus den Tabellen 25 und 26 hervor.

Damit der Zementstein im Beton einen hohen Hydratationsgrad nach Abschnitt 2.1.6 aufweist, muss ihm bei ausreichend hohen Temperaturen über einen ausreichend langen Zeitraum Wasser zur Hydratation zur Verfügung stehen. Die Hydratation des Zementsteins kommt zum Stillstand, wenn die rel. Feuchte im Inneren des Betons unter ca. 80 bis 90 % sinkt. Beton muss daher nachbehandelt, d. h. vor Austrocknung und niedrigen Temperaturen geschützt bzw. feuchtgehalten werden. Die Nachbehandlung bestimmt vor allem die Eigenschaften der oberflächennahen Bereiche eines Betonquerschnitts und damit der Betonüberdeckung der Bewehrung, da diese zuerst austrocknen, während tieferliegende Querschnitte über einen längeren Zeitraum einen zur Hydration ausreichenden Feuchtegehalt aufweisen können. Die Nachbehandlung von Beton ist daher besonders für die Dauerhaftigkeit einer Betonkonstruktion von großer Bedeutung. Nach DIN 1045-3 muss Beton für alle Expositionsklassen [1.3] außer X0, XC1 und XM so lange nachbehan-

Tabelle 25. Richtwerte für die Festigkeitsentwicklung von Beton aus verschiedenen Zementen bei 20 °C-Lagerung

Festigkeitsklasse des Zements nach DIN EN 197-1	Betondruckfestigkeit in % der 28-Tage-Werte nach			
	3 Tagen	7 Tagen	90 Tagen	180 Tagen
52,5 N; 42,5 R	70 bis 80	80 bis 90	100 bis 105	105 bis 110
42,5 N; 32,5 R	50 bis 60	65 bis 80	105 bis 115	110 bis 120
32,5 N	30 bis 40	50 bis 65	110 bis 125	115 bis 130

Tabelle 26. Richtwerte für die Festigkeitsentwicklung von Beton aus verschiedenen Zementen bei 5 °C-Lagerung

Festigkeitsklasse des Zements nach DIN EN 197-1	Betondruckfestigkeit bei 5 °C-Lagerung in % der Werte bei 20 °C-Lagerung nach		
	3 Tagen	7 Tagen	28 Tagen
52,5 N; 42,5 R	60 bis 75	75 bis 90	90 bis 105
42,5 N; 32,5 R	45 bis 60	60 bis 75	75 bis 90
32,5 N	30 bis 45	45 bis 60	60 bis 75

delt werden, bis die Festigkeit des oberflächennahen Betons 50 % der charakteristischen Festigkeit des verwendeten Betons erreicht hat. Für die Expositionsklasse XM werden 70 % gefordert (siehe Abschnitt 3.6). Die Nachbehandlung sollte möglichst als besondere Position im Leistungsverzeichnis ausgeschrieben werden mit der Aufforderung, die vorgesehenen Maßnahmen im Angebot auszuweisen.

Die Nachbehandlung des Betons wirkt sich auch auf seine Druckfestigkeit aus. Solange der Beton eine relative Feuchte von 80 bis 90 % im Porenraum besitzt, hydratisiert der Zement weiter. Je dichter ein Bauteil ist, umso langsamer trocknet dieses aus und umso länger wird die Feuchte für die Hydration ausreichen. Unterschiedliche Versuchsergebnisse, die zwischen 10 und 60 % Verringerung der Festigkeit gegenüber Feuchtlagerung berichten, sind durch die Abmessungen der Probekörper zu erklären. Ein zweiter Aspekt ist die Erhärtungsgeschwindigkeit des Zementes. Hochofenzemente erhärten langsamer als andere Zemente und sind daher empfindlicher hinsichtlich der Nachbehandlung. Die Tatsache, dass es bei Betonbauten selten Festigkeitsprobleme gibt, liegt u. a. an der Tatsache, dass die mittlere Festigkeit eines Querschnitts trotz mangelnder Nachbehandlung die geforderte erreicht.

Die Druckfestigkeit des Betons ist aber auch abhängig vom Feuchtigkeitszustand des Betons bei der Prüfung. Betone gleicher Zusammensetzung, Verdichtung und Hydration weisen eine umso größere Druckfestigkeit auf, je mehr der Beton zum Zeitpunkt der Prüfung ausgetrocknet ist. Je nach Betonzusammensetzung und Feuchtigkeitszustand kann die Druckfestigkeit trockener Proben um 10 bis 40 % höher als jene feuchter Proben sein.

Wie andere chemische Vorgänge wird auch die Erhärtung des Betons durch niedrige Temperaturen verzögert und durch höhere Temperaturen beschleunigt. Sowohl die Verzögerung durch niedrige Temperaturen als auch die Beschleunigung durch höhere Temperaturen ist bei Verwendung von langsam erhärtendem Zement ausgeprägter und bei Verwendung von schnell erhärtendem Zement weniger ausgeprägt als bei Verwendung von Zement mit mittlerer Erhärtungsgeschwindigkeit. Richtwerte für den Einfluss der Lagerungstemperatur auf die Betondruckfestigkeit in Abhängigkeit von der Festigkeitsklasse des Zements können den Tabellen 25 und 26 entnommen werden. Der Einfluss der Lagerungstemperatur auf die Festigkeitsentwicklung kann näherungsweise auch durch den Reifegrad erfasst werden.

Mit steigender Temperatur wächst die Hydratationsgeschwindigkeit des Zements. Entsprechend wird auch die zeitliche Entwicklung der mechanischen Eigenschaften des Betons von der Lagerungstemperatur beeinflusst. Um diesen Zusammenhang zu quantifizieren, wurde in der Betontechnologie der

Begriff der Reife bzw. des Reifegrades R eingeführt. Die einfachste Beziehung hierfür ist der Reifegrad R_s nach *Saul-Nurse* entsprechend Gl. (6.1).

$$R_s = \Sigma(T_i + 10) \cdot \Delta t_i \qquad (6.1)$$

Darin ist T_i die mittlere Betontemperatur in °C, die während des Zeitintervalls Δt_i in Tagen wirkt. Der Reifegrad entspricht damit dem Integral des Zeitverlaufs der Betontemperatur oberhalb einer Temperatur von $-10\,°C$. In Gl. (6.1) wird von der Annahme ausgegangen, dass bei einer Temperatur von $-10\,°C$ die Hydratation völlig zum Stillstand kommt. Der Reifegrad R_s stellt eine empirisch gefundene Größe dar. Die Annahme eines linearen Zusammenhangs zwischen Erhärtung und Temperatur entspricht nicht den Gesetzmäßigkeiten der Physik. Wendet man die bekannte *Arrhenius*-Gleichung an, so müsste der Reifegrad nach Gl. (6.2) formuliert werden.

$$R_A = \text{const} \int_0^t e^{-Q/RT} \cdot dt \qquad (6.2)$$

Darin bedeuten T die Betontemperatur in K, t das Betonalter, Q die Aktivierungsenergie für die Hydratation und R die allgemeine Gaskonstante, siehe dazu u.a. [6.18]; weitere Reifegradformeln finden sich in [0.1, 1.2, 6.19]. Nach Gl. (6.2) nimmt die Reife R_A mit steigender Temperatur überproportional zu. Die Anwendung der linearen Beziehung Gl. (6.1) führt daher zu einer Unterschätzung der beschleunigenden Wirkung erhöhter Temperaturen. Ob mit Gl. (6.1) die verzögernde Wirkung tiefer Temperaturen unter- oder überschätzt wird, hängt von der Aktivierungsenergie ab. Nach [6.18] wird diese nicht von der Zementart, aber auch vom Wasserzementwert, Zusatzmitteln und Zusatzstoffen beeinflusst. Sie müsste daher für jede Betonmischung, für die Gl. (6.2) angewandt wird, experimentell bestimmt werden.

Anstelle des Reifegrades kann auch der Begriff des wirksamen Betonalters eingeführt werden. Weicht die Betontemperatur von 20°C ab, so entspricht das wirksame Betonalter jenem Zeitintervall, nach dem der Beton dieselbe Reife wie bei einer Betontemperatur von 20°C erreicht hat. Unter Zugrundelegung der Beziehung nach Gl. (6.1) ergibt sich für das wirksame Betonalter t_T:

$$t_T = \frac{\Sigma(T_i + 10) \cdot \Delta t_i}{30} \qquad (6.3)$$

Gl. (6.3) wird z.B. verwendet, um den Einfluss der Lagerungstemperatur vor der Belastung auf das Kriechen von Beton zu berücksichtigen.

Eine Verfeinerung der Reifeformel von *Saul* u.a. ist die *gewichtete* Reife. Die gewichtete Reife gibt den Erhärtungsbeitrag eines jungen Betons je Stunde an. Sie ist in Gl. (6.4) definiert.

$$R_g = 10\,(C^{0,1\,T-1,245} - C^{-2,245})/\ln C \qquad (6.4)$$

mit

R_g gewichtete Reife [°C · h]

T mittlere Temperatur in der betrachteten Stunde [°C]

C C-Wert des Zements oder Bindemittelgemischs

Für niederländische und deutsche Zemente sind die C-Werte in Tabelle 27 wiedergegeben. Daraus geht hervor, dass der C-Wert hauptsächlich vom Klinkergehalt des Zements abhängig ist.

Die C-Werte sind für folgende Fälle um ± 0,10 zu korrigieren bzw. beim Grundwert zu belassen:

– wenn die Erhärtungstemperatur des Betons überwiegend unter 35°C liegt und der Beton eine „Festigkeitsentwicklung < 5" hat, dann gilt der Grundwert;

– wenn die Erhärtungstemperatur des Betons überwiegend unter 20°C liegt und der Beton eine „Festigkeitsentwicklung 5–8" hat, dann gilt der Grundwert + 0,10;

Tabelle 27. C-Werte von niederländischen und deutschen Zementen

Niederlande	
Zementart	C-Wert
CEM I, CEM II/A, CEM II/B	1,30
CEM III/A	1,40
CEM III/B	1,55

Deutschland [6.35]	
Zementart	C-Wert
CEM I	1,25 bis 1,35
CEM II/B-S	1,30 bis 1,40
CEM III/A	1,35 bis 1,45
CEM III/B	1,40 bis 1,60

Deutschland [0.3]	
Gehalt an Portlandzementklinker in Masse-%	C-Wert
> 65%	1,3
50 bis 64	1,4
35 bis 49	1,5
20 bis 34	1,6

- wenn die Erhärtungstemperatur des Betons überwiegend zwischen 20 und 35 °C liegt und der Beton eine „Festigkeitsentwicklung 5–8" hat, dann gilt der Grundwert $-0{,}10$;

- wenn die Erhärtungstemperatur des Betons überwiegend zwischen 35 und 50 °C liegt und der Beton eine „Festigkeitsentwicklung < 5" hat, dann gilt der Grundwert $-0{,}10$.

Erläuterung:

1) „Festigkeitsentwicklung < 5" bedeutet, dass zwischen 24 und 36 h bei einer Erhärtungstemperatur von 20 °C die Festigkeitszunahme unter $5\,\text{N/mm}^2$ liegt.

2) „Festigkeitsentwicklung 5–8" bedeutet, dass zwischen 24 und 36 h bei einer Erhärtungstemperatur von 20 °C die Festigkeitszunahme zwischen 5 und $8\,\text{N/mm}^2$ liegt.

Über eine Eichkurve, die in Vorversuchen bei ca. 20 und 65 °C bestimmt wird, wird die Beziehung zwischen Festigkeit und gewichteter Reife hergestellt. Eine solche Beziehung ist in Bild 13 exemplarisch für eine bestimmte Betonzusammensetzung dargestellt.

Mithilfe der Methode der gewichteten Reife kann dann für jeden Zeitpunkt die Festigkeit eines erhärtenden Betons vorhergesagt werden, wenn in der Konstruktion die Temperatur gemessen wird. Am besten geschieht dies an einigen ausgewählten Stellen mithilfe von einbetonierten Thermoelementen. Für die Ermittlung der gewichteten Reife kann z. B. die niederländische Norm NEN 5970:2001-9 herangezogen werden.

Nicht vollständig erfasst werden kann damit der Einfluss stark veränderlicher Temperaturen während der Erhärtung: Junger Beton, der anfangs bei niedrigen Temperaturen gelagert, aber vor Frosteinwirkung und frühzeitiger Austrocknung geschützt wird, erreicht während einer anschließenden Lagerung bei 20 °C etwas höhere Druckfestigkeiten als ein Beton, der stets bei 20 °C gelagert wurde. Die Druckfestigkeitssteigerung ist umso ausgeprägter, je größer die Anfangsverzögerung durch niedrige Temperaturen ist. Sie ist daher bei Beton mit langsam erhärtendem Zement größer als bei Beton mit schnell erhärtendem Zement. Dagegen haben erhöhte Anfangstemperaturen in höherem Alter geringere Druckfestigkeiten zur Folge im Vergleich zur Druckfestigkeit gleicher Betone, die stets bei 20 °C gelagert wurden. Diese Beobachtung ist auch beim Betonieren im Winter bzw. beim Betonieren in warmer Umgebung von Bedeutung.

Die höhere 28-Tage-Druckfestigkeit bei anfangs niedriger Temperatur und die etwas geringere 28-Tage-Druckfestigkeit bei anfangs höherer Temperatur kann vor allem damit erklärt werden, dass sich bei beschleunigter Anfangserhärtung kurzfaserige und bei Verzögerung der Anfangserhärtung langfaserige Hydratationsprodukte bilden, die ineinanderwachsen und ein festes Gerüst bilden. Ein ähnlicher Effekt kann sich auch bei beschleunigenden und verzögernden Betonzusatzmitteln ergeben. Beschleuniger haben eine höhere Anfangstemperatur und daher eine geringere 28-Tage-Druckfestigkeit zur Folge. Verzögerer bewirken dagegen eine niedrigere Anfangstemperatur und eine höhere 28-Tage-Druckfestigkeit.

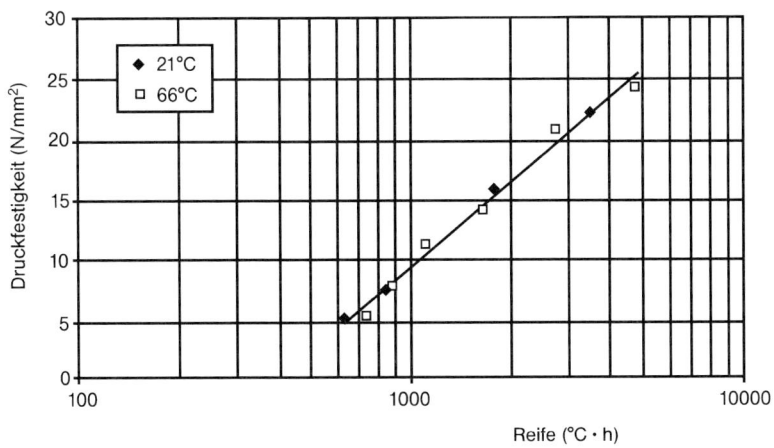

Bild 13. Eichkurve für einen bestimmten Beton [6.14]

Höhere Betontemperaturen werden gezielt insbesondere zur Herstellung von Betonfertigteilen und von Betonwaren angewendet, um z. B. durch Dampfmischen, Wärmebehandlung oder Dampfhärtung die Festigkeitsentwicklung des Betons zu beschleunigen und so die Zeit bis zum Entschalen und Vorspannen bzw. Transportieren und Stapeln zu verkürzen [6.15].

6.2.2.3 Prüfeinflüsse

Die Druckfestigkeit von Beton wird an Probekörpern durch stetige Steigerung der Spannung oder Stauchung bestimmt. Für einen Beton gegebener Zusammensetzung und Erhärtung kann das erzielte Ergebnis durch zusätzliche Parameter beeinflusst werden, die mit dem Probekörper, der Prüfmaschine oder der Versuchsdurchführung in Verbindung stehen. Zu diesen Prüfeinflüssen gehören insbesondere Größe und Gestalt der Prüfkörper, die Ebenheit ihrer Druckflächen, die Steifigkeit der Prüfmaschine sowie Steifigkeit und Ebenheit der Druckplatten, ungewollte Exzentrizitäten beim Einbau der Probe sowie die Versuchsdurchführung, insbesondere die Belastungs- oder Dehngeschwindigkeit.

Die geringste Prüfkörperabmessung d soll in der Regel bei gesondert hergestellten Prüfkörpern das 4-Fache und bei aus Bauteilen herausgearbeiteten Prüfkörpern das 3-Fache des Größtkorns D nicht unterschreiten. Prüfkörper mit d/D kleiner als 3 (jedoch nicht kleiner als 2) sollten nur in Ausnahmefällen zur Prüfung herangezogen werden. Wegen der größeren Versuchsstreuungen sollte dann jedoch eine größere Anzahl von Prüfkörpern geprüft werden. Die Betondruckfestigkeit wird heute in Deutschland an 150-mm-Würfeln ermittelt. Nach DIN EN 12390-2/A20:2015-12 sind die Probekörper 7 Tage feucht und anschließend an Raumluft bei einer Temperatur zwischen 15 und 22 °C zu lagern. Die DIN EN 206-1 fordert die Bestimmung der Betondruckfestigkeit entweder an Zylindern 150/300 mm oder an 150-mm-Würfeln, die bis zur Prüfung wassergelagert wurden. Die DIN EN 1992-1-1 baut auf die Druckfestigkeit von wassergelagerten Betonzylindern 150/300 mm im Alter von 28 Tagen auf. Der Einfluss der Lagerungsart ist zu berücksichtigen (siehe Abschn. 1.3.2).

Die Druckfestigkeit eines Prüfkörpers nimmt bei gegebenem Querschnitt mit steigender Schlankheit, ausgedrückt durch das Verhältnis Höhe h zu Breite bzw. Durchmesser d ab. Würfel mit h/d = 1 weisen daher eine höhere Druckfestigkeit als Zylinder mit h/d > 1 auf. Platten mit h/d < 1 können ein Vielfaches der Druckspannungen von Zylindern aufnehmen (siehe dazu Tabelle 28). Die höheren Druckfestigkeiten gedrungener Körper sind auf die Behinderung der Querdehnung der druckbeanspruchten Probekörper durch die steiferen Druckplatten der Prüfmaschine zurückzuführen. Dadurch entsteht in der Nähe der belasteten Flächen ein dreiachsiger Druckspannungszustand, der die aufnehmbare Druckkraft erhöht. Durch Zwischenlagen oder bei Lasteintragung über bürstenartige Druckplatten, welche die freie Querdehnung des Probekörpers nicht nennenswert behindern, ist die Druckfestigkeit von der Probenschlankheit h/d weitgehend unabhängig. Solche Maßnahmen sind aber für einen routinemäßigen Einsatz i. Allg. zu aufwändig. Die Druckfestigkeit von Probekörpern gegebener Schlankheit, z. B. von Würfeln, nimmt im Allgemeinen mit steigender Größe ab. Die Ursache dieser Beobachtung liegt in der zunehmenden Wahrscheinlichkeit von Defekten (*Weibull*-Theorie).

Bei Normalbeton der Festigkeitsklassen oberhalb von C20/25 nimmt der zahlenmäßige Unterschied zwischen Würfel- und Zylinderdruckfestigkeit mit wachsender Betonfestigkeit ab. Dieser Beobachtung wird in DIN EN 206-1 Rechnung getragen. Die o. g. Umrechnungsfaktoren können auch für jeden Einzelfall experimentell bestimmt werden. Dies ist nach DIN 1045-2 zwingend erforderlich, wenn Würfel oder Zylinder mit Abmessungen verwendet werden, die von den o. g. Standardwerten abweichen. Dann sind die Umrechnungsfaktoren für die Druckfestigkeit bei der Erstprüfung für Beton jeder Zusammensetzung und für jedes Prüfalter im Einzelnen experimentell zu bestimmen. Prüfkörper werden entweder in Stahl- bzw. Gusseisenformen oder in Kunststoffformen hergestellt. Wegen der geringeren Wärmeleitfähigkeit der Kunststoffformen und der damit verbundenen höheren Anfangstemperatur des Betons ist die Druckfestigkeit darin hergestellter Proben im Vergleich zu Proben aus Stahl- oder Gusseisenformen in jungem Alter etwas höher, nach 28 Tagen in der Regel etwas niedriger.

Prüfkörper, die aus Bauteilen oder größeren Betonstücken herausgearbeitet worden sind, können bei gleichem Verdichtungs- und Hydratationsgrad, d. h. bei an sich gleicher Druckfestigkeit, wegen des angeschnittenen Gefüges und evtl. durch das Herausarbeiten verursachte Gefügelockerungen etwa bis zu 10 % geringere Druckfestigkeitsergebnisse liefern als in Formen

Tabelle 28. Verhältniswerte der Druckfestigkeit von Prüfkörpern verschiedener Schlankheit

Schlankheit h/d	0,5	1,0	1,5	2,0	3,0	4,0
Verhältniswerte [a]	1,40 bis 2,00	1,10 bis 1,20	1,03 bis 1,07	1,00	0,95 bis 1,00	0,90 bis 0,95

[a] Im Bereich h/d < 2 entsprechen die größten Werte Beton mit geringerer Festigkeit, die kleineren Werte Beton höherer Festigkeit.

hergestellte Prüfkörper. Wegen ungleicher Verdichtungs- und Hydratationsgrade und anderer Einflüsse können jedoch zwischen dem Bauwerksbeton und gesondert hergestellten Probekörpern auch größere Festigkeitsunterschiede auftreten.

Die Druckflächen der Prüfkörper müssen eben, parallel und rechtwinklig zur Druckrichtung sein. Die Abweichungen der Druckflächen von der Ebenheit dürfen 0,1 mm nicht überschreiten. Anderenfalls sollten die Druckflächen abgeschliffen oder, wenn dies z. B. wegen zu geringer Festigkeit nicht möglich ist, sachgerecht mit Zementmörtel abgeglichen werden. Das Abgleichen von Druckflächen mit sehr dünnen Schwefelschichten sollte, wegen der sonst zu erwartenden geringeren Druckfestigkeit, auf Beton mit einer Druckfestigkeit bis zu höchstens 30 N/mm^2 beschränkt bleiben und nicht angewendet werden, wenn keine Erfahrungen mit diesem Verfahren vorliegen. Die Druckfestigkeitsergebnisse können auch durch ungleiche Längssteifigkeit der Rahmenstiele, durch unterschiedliche Quersteifigkeit verschiedener Prüfmaschinen, vor allem aber durch Druckplattenverformung beeinträchtigt werden. Die Druckplatten sollten daher so bemessen und konstruiert sein, dass bei Prüfung der größtmöglichen Prüfkörper auch bei größtmöglicher Belastung mindestens die Ebenheitsanforderungen erfüllt werden, die an die Druckflächen der Prüfkörper gestellt werden.

Mit steigender Beanspruchungsgeschwindigkeit nimmt die Druckfestigkeit von Beton zu. Bei der normengerechten Bestimmung der Betondruckfestigkeit muss daher die Beanspruchungsgeschwindigkeit festgelegt sein. Entsprechend sieht die DIN EN 12390-3 bei der Druckfestigkeitsprüfung eine Belastungsgeschwindigkeit von etwa 0,2 bis 1,0 N/(mm$^2 \cdot$ s) vor. Die Abhängigkeit der Festigkeit von der Beanspruchungsgeschwindigkeit ist jedoch nicht nur ein „Prüfeinfluss", sondern eine echte Werkstoffeigenschaft, die auch für die Bemessung insbesondere stoß- oder dynamisch beanspruchter Konstruktionen wesentlich ist.

6.2.3 Festigkeitsklassen

Die Festigkeitsklassen der DIN EN 206-1 sind in den Tabellen 1 und 2 zusammengestellt. Da ein eventueller Bruch eines Bauteils stets von der schwächsten Stelle im Bereich hoher Beanspruchung ausgeht, wurden in diesen Normen die Betonfestigkeitsklassen nicht auf eine mittlere Druckfestigkeit, sondern auf eine Festigkeit abgestimmt, die an möglichst allen Stellen des Bauteils erreicht oder überschritten wird. Nach DIN EN 1992-1-1 gilt die charakteristische Druckfestigkeit f_{ck}. Sie entspricht dem 5%-Quantil der Grundgesamtheit, d. h. des gesamten Betons einer Festigkeitsklasse und errechnet sich wie folgt:

$$f_{ck} = f_{cm} - 1{,}645 \cdot \sigma \tag{6.5}$$

Darin ist f_{cm} der Mittelwert der Grundgesamtheit und σ die zugehörige Standardabweichung.

Neben der charakteristischen Festigkeit gelten Anforderungen an den Mittelwert von n Ergebnissen aus verschiedenen Mischerfüllungen und nacheinander hergestellten Würfeln. Eine statistische Auswertung zahlreicher Ergebnisse von Druckfestigkeitsprüfungen ergab, dass das 5%-Quantil für die mittlere Druckfestigkeit von 3 Proben etwa um 5 N/mm^2 über dem 5%-Quantil aller Einzelwerte der Grundgesamtheit liegt. Dieser Betrag ist, außer für sehr niedrige Druckfestigkeiten, von der mittleren Druckfestigkeit unabhängig.

Zur Konformitätskontrolle von Beton siehe DIN-Fachbericht 100 und [6.16].

6.3 Zugfestigkeit

Zur Bestimmung der Risslast von Stahl- und Spannbetonkonstruktionen, zur Abschätzung der erforderlichen Mindestbewehrung oder der Bemessung leicht oder unbewehrter Konstruktionen ist eine Kenntnis der Zugfestigkeit von Beton unerlässlich. Sie geht auch in Nachweise bez. der Verbundfestigkeit und der Schubtragfähigkeit ein. Die Eigenschaften von Beton unter Zugbeanspruchung sind aber auch bei Stahl- und Spannbetonkonstruktionen von Bedeutung, um das Tragverhalten z. B. eines gerissenen Balkens, das Verhalten im Verankerungsbereich oder bei Zwangsbeanspruchung richtig abschätzen zu können. Anders als bei Druckbeanspruchung ist die Bestimmung der Festigkeit und des Spannungs-Dehnungsverhaltens bei Zugbeanspruchung, vor allem bei zentrischem Zug, mit einer Reihe versuchstechnischer Probleme verbunden. Es werden daher vielfach andere Versuchsmethoden, insbesondere der Biege- und der Spaltversuch angewandt, um das Verhalten von Beton bei Zugbeanspruchung zu bestimmen.

6.3.1 Bruchverhalten und Bruchenergie

Wie schon bei der Beschreibung des Bruchverhaltens von Beton unter Druckbeanspruchung ist auch beim Zugbruch davon auszugehen, dass der Beton schon vor der Belastung von einem System von Mikrorissen in der Kontaktzone zwischen Zementstein und Gesteinskörnung durchzogen ist. Äußere, gleichmäßig verteilte Zugspannungen lösen bis zu ca. 70 % der Zugfestigkeit aber noch kein nennenswertes Wachstum dieser Risse aus, und die Spannungsdehnungslinie des Betons bleibt daher nahezu linear. Bei höheren Zugspannungen beginnen diese Risse bevorzugt in einer Richtung rechtwinklig zur äußeren Beanspruchung zu wachsen. Weist die zugbeanspruchte Probe bereits eine größere Fehlstelle oder eine Kerbe auf, so bildet sich an der Kerbwurzel eine sog. Prozesszone aus. Darunter wird ein System sehr feiner, z. T. parallel verlaufender

Mikrorisse verstanden, die aber noch nicht kontinuierlich sind. Die Prozesszone kann zwar noch Zugspannungen übertragen, die aufnehmbaren Spannungen nehmen aber mit steigender Beanspruchung ab, bis sich ein ausgeprägter Riss gebildet hat [6.2].

Dieser Vorgang ist auf einen einzigen Querschnitt begrenzt, sodass der Zugbruch in noch viel größerem Maß diskret, d. h. örtlich begrenzt ist, als der Druckbruch. Erreicht die Riss- und Prozesszonenentwicklung in diesem Querschnitt ein kritisches Ausmaß, so kann ein instabiles Risswachstum und damit ein plötzlicher Bruch nur vermieden werden, wenn die äußere Beanspruchung reduziert wird. So entsteht auch bei Zugbeanspruchung ein abfallender Ast der Spannungsdehnungslinie. Im angerissenen Querschnitt nehmen trotz sinkender Zugspannungen die Verformungen als Folge weiterer Mikroriss- und Prozesszonenbildung zu. Außerhalb dieses Querschnitts nehmen die Dehnungen des Betons mit sinkender Zugspannung dagegen wieder ab. Zur Beschreibung des Spannungs-Dehnungsverhaltens von Beton bei Zugbeanspruchung ist daher zwischen dem Querschnitt, in dem der Bruchvorgang abläuft, und den Bereichen außerhalb dieses Querschnitts zu unterscheiden.

Da die Zugfestigkeit von Beton durch das Wachstum von Mikrorissen bestimmt wird, die sich beim vollständigen Versagen zu einem durchgehenden Riss vereinigen, ist es naheliegend, bruchmechanische Konzepte, d. h. Energiebetrachtungen bzw. die Berücksichtigung örtlicher Spannungskonzentrationen an Fehlstellen oder Rissen, zur Beschreibung des Verhaltens von Beton bei Zugbeanspruchung anzuwenden. Vor allem in der Forschung, in zunehmendem Maß aber auch bei FE-Analysen, wird daher die sog. Bruchenergie G_F als bruchmechanischer Kennwert zur Beurteilung des Widerstandes von Beton gegen eine Zugbeanspruchung herangezogen. RILEM hat zur Bestimmung von G_F folgende Prüfmethode vorgeschlagen [6.3]: Ein gekerbter Biegebalken wird bei konstanter Durchbiegungsgeschwindigkeit mit einer Einzellast beansprucht. Die Lastdurchbiegungsbeziehung wird über den Maximalwert der aufnehmbaren Last hinaus bis zum völligen Versagen der Probe registriert. Die Bruchenergie G_F ist definiert als die Fläche unter dem Lastdurchbiegungsdiagramm, bezogen auf die Betonfläche im gekerbten Querschnitt. G_F ist damit die zur Erzeugung eines Risses einer Einheitslänge erforderliche Energie und hat die Einheit Nmm/mm² bzw. N/mm. Experimentell aufwendiger, letztlich aber genauer, kann die Bruchenergie aus einem zentrischen Zugversuch an Proben, die symmetrisch gekerbt sind und sich im Einspannungsbereich nicht verdrehen können, ermittelt werden [6.44].

Die Bruchenergie hängt von einer Reihe von Parametern, insbesondere vom w/z-Wert und vom Zementstein-Gesteinskörnung-Verbund ab. Nach [6.4] kann die Bruchenergie näherungsweise in Abhängigkeit von der Betondruckfestigkeit nach Gl. (6.5) angegeben werden, die auch im *fib* Model Code 2010 enthalten ist [6.41]:

$$G_F = 73 \cdot f_{cm}^{0,18} \qquad (6.5)$$

Darin bedeuten:

G_F Bruchenergie [N/m]

f_{cm} mittlere Zylinderdruckfestigkeit des Betons [N/mm²]

Nach Gl. (6.5) nimmt die Bruchenergie mit steigender Betondruckfestigkeit zu. Bei höheren Betondruckfestigkeiten ab etwa 80 N/mm² ist nur noch ein sehr geringer Anstieg der Bruchenergie gegeben. Vereinzelt wurde auch das Erreichen eines konstanten Niveaus beobachtet [6.5].

6.3.2 Einflüsse auf die Zugfestigkeit

Die Zugfestigkeit des Betons hängt vor allem von jenen Parametern ab, welche für die Druckfestigkeit des Betons maßgebend sind: Dies sind die Eigenschaften des Zementsteins und die Haftung zwischen Zementstein und Gesteinskörnung. Entsprechend nimmt die Zugfestigkeit des Betons mit sinkendem Wasserzementwert und steigendem Hydratationsgrad zu, wenn auch weniger deutlich als die Druckfestigkeit. Zugfestigkeit und Druckfestigkeit sind daher nicht einander proportional. Da die Haftung und Verzahnung zwischen Zementstein und Gesteinskörnung mit rauer Oberfläche in der Regel besser als bei natürlichem, ungebrochenem Sand und Kies ist, weisen Betone aus gebrochener Gesteinskörnung unter sonst gleichen Bedingungen im Allgemeinen eine Zugfestigkeit auf, die um 10 bis 20 % größer ist als die eines Kiessandbetons gleicher Druckfestigkeit. Von besonderer Bedeutung für die Zugfestigkeit sind die Eigenspannungen und daraus resultierenden Mikrorisse im Betongefüge als Folge einer Austrocknung und dem damit verbundenen Schwinden des Betons.

6.3.3 Zentrische Zugfestigkeit

Die zentrische Zugfestigkeit ist die von einer axial auf Zug beanspruchten Probe maximal aufnehmbare mittlere Zugspannung. Sie kommt zwar der tatsächlichen Zugfestigkeit des Betons am nächsten, ihre Bestimmung ist jedoch versuchstechnisch schwierig. Anders als bei duktilen Metallen kann in eine Probe aus Beton die Zugkraft nicht direkt über die Spannbacken einer Prüfmaschine eingeleitet werden. Die Spannungskonzentrationen an der Einspannstelle würden zu einem vorzeitigen Bruch des Betons führen. Seit etwa den frühen 1960er-Jahren stehen jedoch hochfeste Klebstoffe zur Verfügung, mit denen Stahlplatten auf die Endflächen der Probe geklebt werden können. Beispielsweise über Gewindestangen kann dann die Last in die Probe eingeleitet werden. Ähnlich wie beim Druckversuch herrscht auch beim zentrischen Zugversuch in der Nähe der Lasteintragung ein dreiachsiger Spannungszustand – hier dreiachsiger Zug –, der ein vorzeitiges Versagen des Betons im Lasteintragungsbereich auslösen kann. Es ist daher von Vorteil, Proben zu verwenden, deren Querschnitt sich zur Probenmitte hin verjüngt. Ein standardisiertes Prüfverfahren für den zentrischen Zugversuch wurde von einer Arbeitsgruppe der RILEM entwickelt. Eine entsprechende nationale Prüfnorm existiert nicht.

Die zentrische Zugfestigkeit üblicher Betone liegt etwa zwischen 1,5 und 5 N/mm². Sie nimmt mit steigendem Hydratationsgrad und daher mit steigendem Betonalter zu. Kann der Beton aber nach einer Feuchtlagerung bzw. Nachbehandlung austrocknen, so entstehen in den Betonrandzonen Zugeigenspannungen infolge des Schwindens, die ein im Allgemeinen vorübergehendes Absinken der Betonzugfestigkeit um 10 bis 50 % der Zugfestigkeit im Anschluss an die Nachbehandlung zur Folge haben können. Die zentrische Zugfestigkeit nimmt ab, wenn die Abmessungen der Probe im Vergleich zum Größtkorn der Gesteinskörnung abnehmen und z. B. der Durchmesser eines Zylinders oder die Kantenlänge eines Prismas kleiner als etwa das Dreifache des Größtkorns sind. Auch die zentrische Zugfestigkeit wird, wie schon die Druckfestigkeit, durch die Gestalt und Größe des Probekörpers beeinflusst: Mit steigendem Probenvolumen nimmt auch die Zugfestigkeit des Betons ab.

6.3.4 Biegezugfestigkeit

Wesentlich einfacher ist es, die Zugfestigkeit von Beton an Biegebalken zu bestimmen. Die Biegezugfestigkeit ist als die maximal aufnehmbare Spannung am Zugrand eines Biegebalkens definiert, die sich unter Annahme linear-elastischen Verhaltens des Betons nach der Biegetheorie ergibt.

Die Biegezugfestigkeit von üblichen Betonen liegt etwa zwischen 3 und 8 N/mm². Sie ist, wie schon die zentrische Zugfestigkeit vom w/z-Wert, vom Hydratationsgrad und von der Haftung zwischen Zementstein und Gesteinskörnung abhängig. Auch die Biegezugfestigkeit kann nach der Nachbehandlung als Folge der Schwindeigenspannungen vorübergehend abnehmen. Von besonderem Einfluss auf die Biegezugfestigkeit ist die Größe, insbesondere die Höhe des Biegebalkens: Mit steigender Balkenhöhe nimmt die Biegezugfestigkeit ab und nähert sich bei sehr großen Balkenhöhen der zentrischen Zugfestigkeit.

In Europa gilt DIN EN 12390-5 für die Biegezugprüfung von Beton.

6.3.5 Spaltzugfestigkeit

Die Spaltzugfestigkeit wird vorzugsweise an Zylindern, aber auch an Würfeln oder Prismen bestimmt. Bei Zylindern werden diese entlang zweier gegenüberliegender Mantellinien mit einer Druckkraft beansprucht. Dadurch wird in der Probe ein zweiachsiger Spannungszustand erzeugt, nämlich Druck in Richtung der Linienbelastung und Zug rechtwinklig dazu. Diese Zugspannungen sind über ca. 90 % des Zylinderdurchmessers nahezu konstant. Das Verhältnis der maximalen Druck- zur maximalen Zugspannung beträgt $\sigma_y/\sigma_x = -3$. Da die Zugfestigkeit des Betons wesentlich kleiner als seine Druckfestigkeit ist, bewirkt die Zugspannung σ_x ein Aufspalten des Zylinders ähnlich dem Spalten eines Holzklotzes mit einem Beil [6.6]. Nach der Elastizitätstheorie ergibt sich die an einem Zylinder, Durchmesser d, Länge l, bestimmte Spaltzugfestigkeit $f_{ct,sp}$ aus der im Spaltzugversuch ermittelten Höchstlast F_u nach Gl. (6.6).

$$f_{ct,sp} = 2F_u/(\pi \cdot d \cdot l) \qquad (6.6)$$

Die Spaltzugfestigkeit liegt für übliche Betone etwa zwischen 2 und 6 N/mm². Sie wird von der Betonzusammensetzung in ähnlicher Weise beeinflusst wie die Biegezugfestigkeit. Auch die Spaltzugfestigkeit ist bei Beton aus gebrochener Gesteinskörnung im Allgemeinen etwa 10 bis 20 % größer als bei entsprechendem Kiessandbeton gleicher Druckfestigkeit. Bei Beton gleicher Druckfestigkeit, gleichen w/z-Wertes und vollständiger Verdichtung wird sie mit sandreicherem Korngemisch und kleinerem Größtkorn ebenfalls etwas größer.

Die Spaltzugfestigkeit ist nicht in so starkem Maße wie die Biegezugfestigkeit vom Feuchtigkeitszustand und von Temperaturänderungen bei der Prüfung abhängig. So wird z. B. die Spaltzugfestigkeit im Gegensatz zur Biegefestigkeit und zur zentrischen Zugfestigkeit am Anfang einer Austrocknung fast nicht oder nur in geringem Maße vorübergehend abgemindert. Grund hierfür ist, dass der das Versagen auslösende Spannungszustand im Inneren und nicht in der Randzone der Probekörper auftritt.

Die Prüfung der Spaltzugfestigkeit erfolgt nach DIN EN 12390-6.

6.3.6 Verhältniswerte für Druck- und Zugfestigkeit

Insbesondere für den entwerfenden Ingenieur, aber auch für den Betontechnologen ist es häufig notwendig, aus bekannten Eingangsgrößen, z. B. der Nennfestigkeit des Betons, auf die Zugfestigkeit des Betons zu schließen. Ebenso wichtig ist es, die zentrische Zugfestigkeit des Betons aus anderen Prüfungen, z. B. dem Biegezug- oder dem Spaltzugversuch abzuleiten. Dazu sind Verhältniswerte der Festigkeiten erforderlich. Sie sind von allen Einflussgrößen abhängig, die auch die Festigkeiten selbst beeinflussen. Daher können solche Werte nur die Tendenz aufzeigen, aber in der Regel nicht auf den Einzelfall exakt übertragen werden. Richtwerte für die Verhältniswerte zwischen Druckfestigkeit, Biegezugfestigkeit und Spaltzugfestigkeit enthält die Tabelle 29.

Nach [6.7] kann für den Zusammenhang zwischen Betonzugfestigkeit f_{ct} und der Würfeldruckfestigkeit $f_{cm,cube}$ des Betons die Gl. (6.7) angegeben werden.

$$f_{ct} = c \cdot f_{cm,cube}^{2/3} \qquad (6.7)$$

Der Beiwert c hängt von der Art der Zugbeanspruchung – zentrisch, Biegezug oder Spaltzug – ab. Dieser Ansatz wurde auch im EC 2 verwendet und im CEB-FIP Model Code MC 90 erweitert [1.2]. Da es bei der Bemessung u. U. notwendig ist, von Ober- und Untergrenzen der Betonzugfestigkeit auszugehen, wurden im MC 90 folgende Beziehungen für die zentrische Zugfestigkeit angegeben:

$$f_{ctk,min} = f_{ctk0,min}(f_{ck}/f_{ck0})^{2/3} \qquad (6.8a)$$

$$f_{ctk,max} = f_{ctk0,max}(f_{ck}/f_{ck0})^{2/3} \qquad (6.8b)$$

$$f_{ctm} = f_{ctk0,m}(f_{ck}/f_{ck0})^{2/3} \qquad (6.8c)$$

Darin bedeuten $f_{ctk,min}$ bzw. $f_{ctk,max}$ die untere bzw. die obere Grenze der anzusetzenden charakteristischen Betonzugfestigkeit in N/mm². f_{ctm} gibt den Mittelwert der zu erwartenden Betonzugfestigkeit an. Der Parameter f_{ck} ist die charakteristische Zylin-

derdruckfestigkeit des Betons nach Abschn. 6.2.3 in N/mm²; als Bezugsgröße ist $f_{ck0} = 10$ N/mm². Ferner sind $f_{ctk0,min} = 0{,}95$ N/mm²; $f_{ctk0,max} = 1{,}85$ N/mm² und $f_{ctk0,m} = 1{,}40$ N/mm². Diese Beziehungen finden sich auch im *fib* Model Code 2010 [6.41].

Nach [6.5] überschätzt Gl. (6.8c) die Zugfestigkeit von Beton bei einer Druckfestigkeit größer als 80 N/mm², da die Zugfestigkeit dann nur noch wenig mit steigender Druckfestigkeit zunimmt. Um dies zu berücksichtigen, wird in [6.5] eine Beziehung entsprechend Gl. (6.9) vorgeschlagen:

$$f_{ctm} = f_{ctm0} \cdot \ln(1 + f_{cm}/f_{cm0}) \qquad (6.9)$$

wobei

f_{cmt0} = mittlere Betondruckfestigkeit
$= f_{ck} + 8$ [N/mm²]

$f_{ctm0} = 2{,}12$ N/mm² und

$f_{cm0} = 10$ N/mm².

Im MC 2010 [6.41] wird von folgendem Zusammenhang zwischen mittlerer zentrischer Zugfestigkeit f_{ctm} und mittlerer Spaltzugfestigkeit $f_{ct,sp}$ ausgegangen.

$$f_{ctm} = c_{sp} \cdot f_{ct,sp} \qquad (6.10)$$

wobei $c_{sp} = 1{,}0$ ist. Neuere Untersuchungen zeigen, dass für Bohrkerne $c_{sp} = 1{,}1$ gilt, während für geschalte Probekörper mit $c_{sp} = 2{,}2 \cdot f_{cm}^{-0,18}$ Versuchsergebnisse zutreffend wiedergegeben werden [6.42]. Insofern stellt die Angabe $c_{sp} = 1{,}0$ einen vereinfachenden Kompromiss dar.

6.4 Festigkeit bei mehrachsiger Beanspruchung

Insbesondere Flächentragwerke und dickwandige Konstruktionen können einem mehrachsigen Spannungszustand unterworfen sein. Aber selbst in einem Biegebalken ist durch die gleichzeitige Entstehung von Schub- und Normalspannungen der Spannungszustand zweiachsig. Allgemein gültige Angaben über die Festigkeit von Beton unter mehrachsiger Beanspruchung sind nur auf der Grundlage sog. Bruchhypothesen möglich.

Die Festigkeit von Beton bei zweiachsiger Druckbeanspruchung ist je nach Verhältnis der Hauptspannungen um bis zu ca. 25 % größer als die einachsige Druckfestigkeit. Die Festigkeit von Beton bei zweiachsiger Zugbeanspruchung ist vom Verhältnis der Hauptspannungen unabhängig und gleich der zentrischen Zugfestigkeit. Ist der Beton gleichzeitig Druck- und Zugspannungen ausgesetzt, so nimmt die aufnehmbare Druckspannung mit steigender Zugspannung deutlich ab [0.8, 6.8, 6.9].

Die Festigkeit von Beton ist wie die der meisten Werkstoffe bei hydrostatischer Beanspruchung, d. h.

Tabelle 29. Richtwerte für den Zusammenhang zwischen Druckfestigkeit und Biegezug- bzw. Spaltzugfestigkeit

Druck-festig-keit [N/mm²]	Mittlerer Verhältniswert			
	Druckfestigkeit zu Biegezugfestigkeit		Druckfestigkeit zu Spaltzugfestigkeit	
	Kies-sand-beton	Splitt-beton	Einzelwerte	Mittel
10	5,0	4,0	10,0 bis 6,5	8,0
20	6,0	5,0	12,0 bis 8,0	10,5
30	7,0	5,5	14,0 bis 9,0	11,5
40	7,5	6,0	15,0 bis 10,5	13,0
50	8,0	7,0	16,0 bis 11,5	14,0
60	8,5	7,5	17,0 bis 12,5	15,0
80	9,5	8,5	19,0 bis 13,0	16,0
100	11,0	10,0	23,0 bis 16,0	19,0
120	12,0	11,0	24,0 bis 19,0	21,0

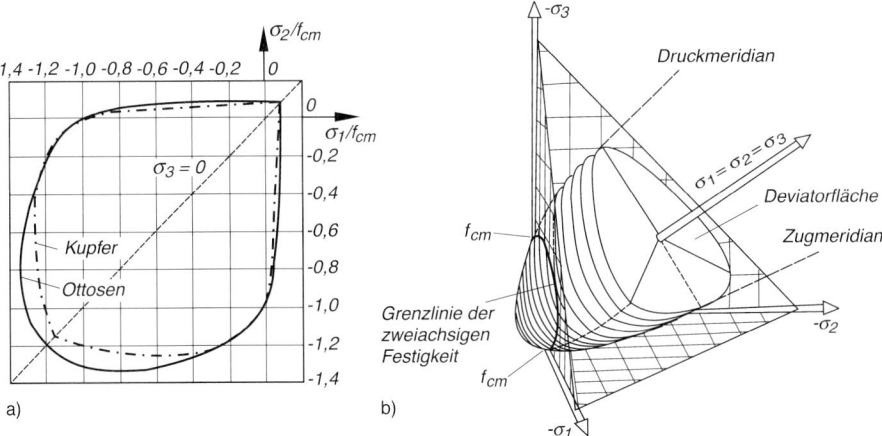

Bild 14. Die Festigkeit von Beton bei mehrachsiger Beanspruchung
a) Grenzlinie der zweiachsigen Festigkeit [1.2]
b) Grenzfläche der dreiachsigen Festigkeit [1.2]

gleichen Druckspannungen in allen 3 Hauptrichtungen, am größten. Die Festigkeit von Beton bei dreiachsiger Beanspruchung ist umso geringer, je mehr der Spannungszustand vom hydrostatischen abweicht. Allgemeingültige Formulierungen über die Festigkeit von Beton bei mehrachsiger Beanspruchung sind z. B. im MC 90 [1.2], im MC 2010 [6.41] sowie in [0.8] angegeben. Bild 14 zeigt die Grenzlinie der zweiachsigen Festigkeit und die Grenzfläche der dreiachsigen Festigkeit von Beton.

6.5 Spannungs-Dehnungsbeziehungen

Eines der wichtigsten Merkmale eines Werkstoffs ist seine Spannungs-Dehnungslinie – das ist der Zusammenhang zwischen einer Spannung und der von ihr in Beanspruchungsrichtung ausgelösten Dehnung. Im einfachsten Fall gilt für einachsige Beanspruchungen das Hooke'sche Gesetz: $\sigma = E \cdot \varepsilon$. Darin bedeuten σ die Spannung, ε die dazugehörige Dehnung und E den Elastizitätsmodul. Beton folgt diesem Gesetz näherungsweise bei kurzzeitig einwirkender Druckbeanspruchung bis zu ca. 40 % seiner Druckfestigkeit und bei kurzzeitig einwirkender Zugbeanspruchung bis zu ca. 70 % seiner Zugfestigkeit. Bei höheren Spannungen steigt die Dehnung mit der Spannung überproportional an, und bei einer Entlastung ist nur ein Teil der Verformungen reversibel, d. h. elastisch. Der irreversible Verformungsanteil nimmt mit steigender Spannung zu. Schon bei niedrigen Spannungen ist die von einer Spannung ausgelöste Dehnung umso größer, je langsamer die Spannung aufgebracht wird bzw. je länger sie einwirkt. Ursache hierfür ist die Kriechneigung von Beton. Charakteristisch für Beton ist, dass er nach Erreichen der aufnehmbaren Höchstspannung, der Druck- bzw. der Zugfestigkeit, sich deutlich entfestigt, d. h. mit steigender Dehnung nimmt die aufnehmbare Spannung ab, und die Spannungs-Dehnungsbeziehung weist einen abfallenden Ast auf. Eine Spannung löst auch rechtwinklig zu ihrer Wirkungsrichtung eine Dehnung aus: $\varepsilon_q = -\mu \cdot \varepsilon$. Darin bedeuten ε_q die Dehnung rechtwinklig zur Beanspruchungsrichtung und μ die Poisson'sche Zahl oder Querdehnzahl. Die Querdehnzahl ist für einen Werkstoff mit linear-elastischen Eigenschaften unabhängig von der Größe der aufgebrachten Spannung und liegt in einem Bereich $0 < \mu < 0{,}5$. Die Querdehnzahl μ für Beton ist nur im Bereich niedriger Spannungen konstant ($\mu \approx 0{,}2$) und steigt bei Druckspannungen größer etwa $0{,}4\,f_c$ deutlich an.

Obwohl also die Werkstoffkennwerte Elastizitätsmodul E und Querdehnzahl μ für Beton nur unter Einschränkungen, d. h. bei niedrigen Spannungen und kurzzeitiger Einwirkungsdauer, als konstante Größen behandelt werden können, sind sie unerlässlich, z. B. zur Abschätzung der Bauwerksverformung bei kurzzeitiger Einwirkung der Gebrauchslast, der elastischen Rückverformung bei einer Entlastung oder zur Tragwerksanalyse für den Gebrauchszustand, wenn E und μ in verschiedenen Bauteilen unterschiedlich sind. Die Kenntnis des gesamten Verlaufs der Spannungs-Dehnungslinie ist Voraussetzung zur richtigen Abschätzung des Bauwerkverhaltens im Zustand des Versagens.

6.5.1 Elastizitätsmodul und Querdehnzahl

Zur Beschreibung des elastischen Verhaltens von Beton wird entweder die Neigung der Spannungs-Dehnungslinie im Ursprung, definiert als Tangentenmodul, oder die Sekante zur Spannungs-Dehnungslinie bei Druckbeanspruchung zwischen der Spannung $\sigma = 0$ und $\sigma \approx -0{,}4 f_c$, definiert als Sekantenmodul, herangezogen. Der E-Modul des Betons wird durch die E-Moduln seiner Komponenten, der Gesteinskörnung und des Zementsteins, bestimmt. Er kann nach der Theorie der Verbundwerkstoffe auch rechnerisch aus den E-Moduln und Volumenanteilen beider Komponenten näherungsweise ermittelt werden. Der E-Modul des Zementsteins hängt von der Kapillarporosität und damit vom Wasserzementwert und vom Hydratationsgrad nach Gl. (2.1) ab. Nach [6.10] besteht zwischen dem E-Modul des Zementsteins E_{zs} und der Kapillarporosität V_K, bezogen auf das Gesamtvolumen V_0, ein Zusammenhang entsprechend Gl. (6.11).

$$E_{zs} = E_0 \left(1 - \alpha \cdot \frac{V_K}{V_0}\right)^m \quad (6.11)$$

Dabei ist E_0 der E-Modul des kapillarporenfreien Zementsteins, α folgt aus Gl. (2.3) im Abschn. 2.1.6. In [6.10] wird für die Potenz $m = 3$ angegeben. Ein Vergleich von Gl. (6.11) mit Gl. (2.2) im Abschn. 2.1.6 zeigt, dass für $n = m = 3$ E-Modul und Druckfestigkeit des Zementsteins zueinander proportional sein sollten. Versuchsergebnisse [6.8] zeigen jedoch, dass dies nicht zutrifft und dass $m < n$ ist. In einer Beziehung zwischen Druckfestigkeit und E-Modul nach Gl. (6.12)

$$E_{zs} = E_{zs0} \cdot (f_{zs}/f_{zs0})^p \quad (6.12)$$

sollte daher die Potenz $p < 1$ sein. Dies stimmt mit der entsprechenden Beziehung für Beton nach Gl. (6.13) überein.

Als Anhaltspunkt kann von einem E-Modul des Zementsteins im Alter von 28 Tagen $E_{zs} \approx 9000$ N/mm² bei w/z = 0,7 und $E_{zs} \approx 20\,000$ N/mm² bei w/z = 0,4 ausgegangen werden. Darüber hinaus hängt E_{zs} vom Feuchtezustand des Zementsteins ab. Im Vergleich zu wassergesättigtem Zementstein weist trockener Zementstein einen um ca. 10 % geringeren E-Modul auf.

Der E-Modul der Gesteinskörnung kann in weiten Grenzen schwanken und hängt vom mineralogischen Charakter des Gesteins ab. Der E-Modul von herkömmlich eingesetzter Gesteinskörnung liegt nach Tabelle 12 etwa zwischen 10 000 N/mm² (z. B. Sandstein) und 90 000 N/mm² (z. B. Basalt). Er ist damit meist deutlich größer als der E-Modul des Zementsteins. Leichte Gesteinskörnungen weisen dagegen E-Moduln auf, die je nach Kornrohdichte etwa zwischen 3000 und 20 000 N/mm² liegen und damit auch niedriger als der E-Modul des Zementsteins sein können. Damit sind als wesentliche technologische Parameter für den E-Modul des Betons zu nennen: der Wasserzementwert und das Alter des Betons, der E-Modul und der Volumenanteil der Gesteinskörnung und der Feuchtezustand des Betons. Mit sinkendem Wasserzementwert und steigendem Alter nimmt der E-Modul des Betons zu. Eine Zunahme des Zement- bzw. Zementsteingehalts bewirkt eine Abnahme des E-Moduls. Diese Tendenzen gelten sowohl für den Tangenten- als auch für den Sekantenmodul nach oben genannter Definition. Im Bereich der Gebrauchsspannungen ist der Tangentenmodul für Druck- und für Zugbeanspruchung gleich.

In Deutschland wird der E-Modul bei Druckbeanspruchung nach DIN 1048 Teil 5 bestimmt. Er ist definiert als Sekantenmodul bei der 3. Belastung nach vorangegangener 2-maliger Be- und Entlastung zwischen den Spannungen $\sigma_{min} \approx -0{,}5$ N/mm² und $\sigma_{max} \approx -1/3 f_{cm}$. Durch die Be- und Entlastungszyklen wird sichergestellt, dass bei der 3. Belastung fast nur noch elastische Verformungen auftreten.

Aus den o. g. Einflussparametern geht hervor, dass der E-Modul des Betons mit steigender Betondruckfestigkeit ansteigt. Es liegt daher nahe, den E-Modul von Beton in Abhängigkeit von der Betondruckfestigkeit bzw. von der Betonfestigkeitsklasse anzugeben. Damit kann der Einfluss des E-Moduls der Gesteinskörnung und seines Volumenanteils aber nicht erfasst werden, sodass Abhängigkeiten $E_c = f(f_{cm})$ stets nur Näherungen sein können. Tabelle 30 gibt die in DIN EN 1992-1-1 enthaltenen Angaben über den E-Modul in Abhängigkeit von der Betonfestigkeitsklasse wieder. Der Schubmodul G kann berechnet werden aus $G = E/(2(1 + \mu))$, wobei μ die Querdehnzahl des Betons ist.

Im CEB-FIP Model Code MC 90 und im *fib* Model Code 2010 wird ein Zusammenhang zwischen dem E-Modul des Betons und der mittleren Druckfestigkeit f_{cm} nach Gl. (6.13) gegeben [1.2].

$$E_c = \alpha_E \cdot E_{c0} (f_{cm}/f_{cm0})^{1/3} \quad (6.13)$$

Darin bedeuten E_c = E-Modul des Betons in kN/mm², definiert als Tangentenmodul bei $\sigma = 0$;

E_{c0} Grundwert des E-Modul = 21,5 kN/mm²

f_{cm} mittlere Druckfestigkeit nach Abschn. 6.2.3, $f_{cm} = f_{ck} + 8$ in N/mm²

f_{cm0} 10 N/mm²

α_E Beiwert, der von der Art der Gesteinskörnung abhängt

Für Basalt und dichten Kalkstein ist $\alpha_E = 1{,}20$; für quarzitische Gesteinskörnung ist $\alpha_E = 1{,}0$; für Kalkstein und für Sandstein ist $\alpha_E = 0{,}9$ bzw. 0,7. Soll der Einfluss bleibender Anfangsverformungen

Tabelle 30. Rechenwerte des E-Moduls E_{c0m} für Beton nach DIN EN 1992-1-1

Betonfestigkeitsklasse	C12/15	C16/20	C20/25	C25/30	C30/37	C35/45	C40/50	C45/55
E-Modul des Betons [kN/mm²]	27	29	30	31	33	34	35	36
Betonfestigkeitsklasse	C50/60	C55/67	C60/75	C70/85	C80/95	C90/105		
E-Modul des Betons [kN/mm²]	37	38	39	41	42	44		

berücksichtigt werden, so ist E_c um den Faktor 0,85 abzumindern. Bei genauerer Betrachtung hängt der Abminderungsfaktor von der Festigkeit des Betons ab. Dieser Zusammenhang wird in [6.41] berücksichtigt. Der Einfluss der Gesteinskörnungsart auf den E-Modul kann auch dadurch näherungsweise erfasst werden, dass die Rohdichte des Betons, die ja von der Rohdichte der Gesteinskörnung wesentlich beeinflusst wird, als zusätzlicher Parameter eingeführt wird. Ein Überblick über Einflussgrößen, Prüfeinflüsse und Erfahrungen in der Praxis wird in [6.47] gegeben.

Die *Querdehnzahl* von Beton μ hängt von der Betonzusammensetzung, vom Betonalter und vom Feuchtezustand des Betons ab und schwankt im Bereich der Gebrauchsspannungen etwa zwischen 0,15 und 0,25. Mit steigender Betondruckfestigkeit nimmt die Querdehnzahl eher zu. Der wesentliche Einflussparameter ist jedoch die Spannungshöhe. Infolge der Mikrorissbildung bei Druckbeanspruchung nimmt die Querdehnung bei Spannungen über etwa $-0,5\ f_c$ überproportional zu. Entsprechend steigt die Querdehnzahl und erreicht bei $\sigma = -f_c$ Werte um ca. 0,5. Bei weiter steigender Stauchung, d. h. im abfallenden Ast der Spannungs-Dehnungslinie, ist die Mikrorissbildung so weit fortgeschritten, dass μ > 0,5 wird. Dies entspricht einer Volumenzunahme, die ein Maß für die Zerrüttung des Betons ist.

Nach DIN EN 1992-1-1 ist der Einfluss der Querdehnung mit μ = 0,2 zu berücksichtigen, soweit zur Vereinfachung nicht mit μ = 0 gerechnet werden darf.

6.6 Einfluss der Zeit auf Festigkeit und Verformung

6.6.1 Die zeitliche Entwicklung von Festigkeit und Elastizitätsmodul

In Abschn. 6.2.2.2 und Tabelle 25 wurden bereits einige Angaben über die Festigkeitsentwicklung mit steigendem Betonalter gemacht. Im CEB-FIP Model Code MC 90 bzw. im *fib* Model Code 2010 werden darüber hinaus auch analytische Funktionen für die zeitliche Entwicklung der *Druckfestigkeit* nach einer Lagerung bei 20 °C entsprechend Gl. (6.14) gegeben [1.2, 6.41]:

$$f_{cm}(t) = \beta_{cc}(t) \cdot f_{cm} \qquad (6.14a)$$

mit

$$\beta_{cc}(t) = \exp\left\{s\left[1 - \left(\frac{28}{t/t_1}\right)^{1/2}\right]\right\} \qquad (6.14b)$$

Darin bedeuten $f_{cm}(t)$ = mittlere Betondruckfestigkeit, N/mm² nach einem Betonalter von t Tagen; f_{cm} = mittlere Zylinderdruckfestigkeit, N/mm² im Alter von 28 Tagen; t_1 = Bezugsalter = 1 Tag; s = Beiwert, der von der Zementart abhängt. Unter Bezug auf deutsche Normenzemente und für die Betonfestigkeitsklassen C12/15 bis einschließlich C50/60 gelten folgende Werte für den Beiwert s:

Festigkeitsklasse des Zements	32,5 N	32,5 R / 42,5 N	42,5 R / 52,5 N / 52,5 R
Beiwert s	0,38	0,25	0,20

Für hochfesten Beton ≥ C55/67 gilt für alle Zemente s = 0,2.

Nach den Gl. (6.14) hat ein Beton aus einem Zement der Festigkeitsklasse 32,5 N nach 7 bzw. nach 180 Tagen seine Druckfestigkeit von 68 % bzw. 126 % der 28-Tage-Festigkeit erreicht. Für einen Beton aus einem Zement 42,5 R ergeben sich entsprechende Werte von 81 % bzw. 112 %. Durch Anpassung der Beiwerte s in Gl. (6.14b) kann eine etwas bessere Übereinstimmung mit den Richtwerten der Tabelle 25 erreicht werden. Insgesamt geben aber die Gl. (6.14) den zeitlichen Verlauf der Festigkeitsentwicklung richtig wieder.

Die zeitliche Entwicklung der *Zugfestigkeit* folgt direkt dem Hydratationsgrad. Sie wird jedoch auch durch die Schwindspannungen beeinflusst, die von der Körpergröße und den Lagerungsbedingungen abhängen und die zu einem vorübergehenden Abfall der Zugfestigkeit führen können. Im MC 90 wird von einer zeitlichen Entwicklung der Zugfestigkeit ausgegangen, die erst ab einem Alter von 28 Tagen affin zur Entwicklung der Druckfestigkeit ist.

Die zeitliche Entwicklung des *Elastizitätsmoduls* verläuft schneller als jene der Druckfestigkeit. Dies wird im MC 90 und MC 2010 durch die Gl. (6.15) berücksichtigt:

$$E_c(t) = \beta_E(t) \cdot E_c \qquad (6.15a)$$

mit

$$\beta_E(t) = [\beta_{cc}(t)]^{0,5} \qquad (6.15b)$$

Darin bedeuten $E_c(t)$ = Elastizitätsmodul, N/mm^2 im Alter von t Tagen; E_c = Elastizitätsmodul, N/mm^2 im Alter von 28 Tagen nach Gl. (6.13); $\beta_{cc}(t)$ = Beiwert nach Gl. (6.14b). Demnach hat ein Beton aus einem Zement 32,5 N nach 7 Tagen bereits ca. 80% seines E-Moduls im Alter von 28 Tagen erreicht. Im Alter von 180 Tagen ist der E-Modul nur noch um weitere 12% gestiegen. Dies ist darauf zurückzuführen, dass der E-Modul des Betons in hohem Maß vom E-Modul der Gesteinskörnung bestimmt wird, dessen Eigenschaften aber nicht altersabhängig sind.

6.6.2 Verhalten bei Dauerstandbeanspruchung

Die Druckfestigkeit von Beton ist von der Einwirkungsdauer einer konstanten Druckbeanspruchung abhängig. Dies ist von Bedeutung, da viele Betonkonstruktionen einer vorwiegend ruhenden Beanspruchung, d. h. einer sich während der Nutzung nur wenig verändernden Spannung ausgesetzt sind. Eine Dauerspannung in Höhe der Gebrauchsspannungen kann zu einer meist nur geringfügigen Festigkeitssteigerung führen. Wirken hohe Druckspannungen längere Zeit auf den Beton ein, so setzt sich das Mikrorisswachstum auch bei konstanter Spannung fort, bis der Beton versagt. Mit sinkender Spannung nimmt die Zeit bis zum Versagen zu. Die größte Druckspannung, der der Beton gerade noch unendlich lange ertragen kann, wird als Dauerstandfestigkeit bezeichnet. Für einen im Alter von 28 Tagen belasteten Beton beträgt sie ca. 80% der Druckfestigkeit bei kurzzeitiger Beanspruchung.

Die Dauerstandfestigkeit ist vom Alter des Betons zum Zeitpunkt der Lastaufbringung abhängig. Dies ist darauf zurückzuführen, dass bei einer Dauerstandbeanspruchung zwei gegenläufige Einflüsse zu berücksichtigen sind: Eine hohe Dauerlast bewirkt eine Festigkeitsminderung, die mit steigender Belastungsdauer kontinuierlich, aber mit sinkender Geschwindigkeit zunimmt. Gleichzeitig kann der Beton – ein ausreichendes Feuchteangebot vorausgesetzt – weiter hydratisieren, wodurch er an Festigkeit gewinnt. Sobald die Festigkeitszunahme in Folge der fortschreitenden Hydratation größer ist als der Festigkeitsverlust als Folge der fortschreitenden Mikrorissbildung, tritt kein Dauerstandversa-

gen mehr ein. Dieser Zeitpunkt ist umso eher erreicht, je jünger der Beton bei seiner Belastung ist, weil junge Betone ein größeres Nacherhärtungspotenzial als ältere Betone aufweisen, die bei Belastungsbeginn schon weitgehend hydratisiert sind. Der kritische Zeitraum, innerhalb dessen ein Dauerstandbruch unter konstanter Spannung möglich ist, beträgt bei Beton mit einem Belastungsalter von 7 Tagen nur ca. 1 Tag und wächst bei einem Belastungsalter von 28 Tagen auf ca. 3 Tage an.

Bei der Bemessung wird die Wirkung einer hohen Dauerspannung durch eine Abminderung der Rechenfestigkeit f_{cd} berücksichtigt. Der MC 90 gibt analytische Beziehungen für das Festigkeitsverhalten von Beton unter konstanter Dauerlast [1.2], die sich auch in [6.41] wiederfinden.

Zur Dauerstandfestigkeit unter zentrischer Zugspannung siehe [6.12]. Das Verhältnis zwischen Dauerstand- und Kurzzeitzugfestigkeit liegt hier unter 0,6. Bei hochfestem Beton kann mit 0,75 gerechnet werden [6.17].

6.6.3 Zeitabhängige Verformungen

6.6.3.1 Definitionen

Neben den durch eine kurzzeitig einwirkende Spannung ausgelösten Verformungen erfährt Beton auch zeitabhängige Verformungen. Dies sind Verformungen, die sich erst im Laufe der Zeit einstellen und die im Allgemeinen mit steigender Dauer zunehmen. Darüber hinaus bewirkt auch eine Temperaturänderung Verformungen. Diese wurden in Abschnitt 5.2 behandelt.

Zeitabhängige Verformungen können lastunabhängig oder lastabhängig sein. Zu den lastunabhängigen Verformungen des erhärteten Betons gehören insbesondere das *Schwinden* und das *Quellen*. Diese Verformungen werden vorrangig durch Wasserverlust bei Austrocknung oder durch Wasseraufnahme ausgelöst. Sie sind definiert als die zeitabhängigen Verformungen einer unbelasteten Betonprobe bei konstanter Temperatur (siehe Abschn. 5.3).

Die zeit- und lastabhängigen Verformungen werden als *Kriechen* bezeichnet. Darunter wird die zeitliche Zunahme der durch eine äußere Belastung ausgelösten Dehnung unter einer konstanten Dauerlast abzüglich der an unbelasteten Proben beobachteten lastunabhängigen Dehnungen verstanden. Dem Kriechen nahe verwandt und auf die gleichen physikalischen Vorgänge zurückzuführen, ist die *Relaxation*. Dies ist die zeitabhängige Abnahme einer Spannung unter einer aufgezwungenen Verformung konstanter Größe.

Nach [1.2, 6.41] kann die Gesamtverformung $\varepsilon_c(t)$, die ein einachsig mit einer konstanten Spannung belasteter Beton zum Zeitpunkt t erfährt, wie folgt ausgedrückt werden:

$\varepsilon_c(t) = \varepsilon_{ce}(t_0) + \varepsilon_{ck}(t) + \varepsilon_{cs}(t) + \varepsilon_{cT}(t)$
(6.16a)

$\varepsilon_c(t) = \varepsilon_{c\sigma}(t) + \varepsilon_{cn}(t)$ (6.16b)

In den Gln. (6.16) bedeuten: $\varepsilon_{ce}(t_0)$ = lastabhängige Anfangsverformungen zum Zeitpunkt der Lastaufbringung, t_0; $\varepsilon_{ck}(t)$ = Kriechverformung bei einem Betonalter $t > t_0$; $\varepsilon_{cs}(t)$ = Schwind- bzw. Quellverformung bei einem Betonalter t; $\varepsilon_{cT}(t)$ = Temperaturdehnung bei einem Betonalter t nach Abschn. 5; $\varepsilon_{c\sigma}(t) = \varepsilon_{ce}(t_0) + \varepsilon_{cc}(t)$ = gesamte lastabhängige Verformung bei einem Betonalter t; $\varepsilon_{cn}(t) = \varepsilon_{cs}(t) + \varepsilon_{bT}(t)$ = gesamte lastunabhängige Verformung bei einem Betonalter t.

Bei dieser Formulierung ist zu beachten, dass die Differenzierung zwischen Kriechen als lastabhängige und Schwinden bzw. Quellen als lastunabhängige Verformung eine rechentechnisch erforderliche Konvention darstellt. Es ist wahrscheinlich, dass sich Kriechen und Schwinden gegenseitig beeinflussen. Dasselbe gilt für die Trennung zwischen lastabhängiger Anfangsverformung und Kriechverformung. Für das Bauwerksverhalten entscheidend ist letztlich die Summe beider Größen.

6.6.3.2 Kriechverhalten von Beton

Bei der numerischen Behandlung des Kriechens wird im Allgemeinen davon ausgegangen, dass unter Gebrauchsspannungen, d. h. für $\sigma_c < 0,4\ f_{cm}$ Kriechen und kriecherzeugende Spannung proportional sind. Diese zur Rechenvereinfachung erforderliche Annahme trifft auch bei niedrigeren Spannungen nicht exakt zu und kann insbesondere bei der Abschätzung des Kriechens unter veränderlichen Spannungen zu deutlichen Fehlern führen. Bei Spannungen $\sigma_c > 0,4\ f_{cm}$ ist die überproportionale Zunahme des Kriechens mit steigender Spannung aber nicht mehr zu vernachlässigen. Wegen der Annahme einer Proportionalität zwischen Kriechen und kriecherzeugender Spannung für $\sigma_c < 0,4\ f_{cm}$ und dem linear-elastischen Verhalten in diesem Bereich hat es sich als zweckmäßig erwiesen, die Kriechverformung zum Zeitpunkt t durch die Kriechzahl φ auszudrücken:

$\varphi(t, t_0) = \varepsilon_{cc}(t, t_0) / \varepsilon_{ci}$ (6.17)

Dabei ist $\varepsilon_{cc}(t, t_0)$ die Kriechverformung eines Betons im Alter t, der bei einem Alter t_0 belastet wurde, $\varphi(t, t_0)$ ist die dazugehörige Kriechzahl und ε_{ci} ist die elastische Verformung des Betons. Für ε_{ci} kann entweder die elastische Verformung bei der Lastaufbringung $\varepsilon_{ci} = \varepsilon_{ci}(t_0)$ oder die elastische Verformung für ein Betonalter von 28 Tagen gewählt werden. Entsprechend ändert sich dann auch die Kriechzahl $\varphi(t, t_0)$. Näheres hierzu findet sich in [6.45].

Das in Abschn. 6.6.3.3 dargestellte Vorhersageverfahren baut auf $\varepsilon_{ci} = \varepsilon_{ci,28}$ auf, sodass für die Kriechverformung gilt:

$\varepsilon_{cc}(t, t_0) = \varphi(t, t_0) \cdot \sigma_c / E_{c28}$ (6.18)

wobei σ_c die kriecherzeugende Spannung und $E_{c,28}$ der Elastizitätsmodul des Betons im Alter von 28 Tagen nach Gl. (6.13) sind.

Die gesamte spannungsabhängige Betonverformung $\varepsilon_{c\sigma}(t, t_0)$ ergibt sich dann aus Gl. (6.19):

$$\varepsilon_{c\sigma}(t, t_0) = \sigma_c(t_0) \left[\frac{1}{E_c(t_0)} + \frac{\varphi(t, t_0)}{E_{c0}} \right]$$

$= \sigma_c(t_0) \cdot J(t, t_0)$ (6.19)

Darin sind $J(t, t_0)$ die sog. Kriechfunktion (engl.: creep compliance), $E_c(t_0)$ der Elastizitätsmodul des Betons zum Zeitpunkt der Belastung und E_{c0} der Elastizitätsmodul im Alter von 28 Tagen nach Gl. (6.13).

Die Kriechzahl $\varphi(t, t_0)$ nimmt mit steigender Belastungsdauer zu. Umstritten ist, ob das Kriechen jemals vollständig zum Stillstand kommt, d. h. einen Endwert erreicht. Dies ist jedoch nicht von baupraktischer Relevanz, denn sicher ist, dass im Bereich der Gebrauchsspannungen die Kriechgeschwindigkeit mit zunehmender Belastungsdauer deutlich abnimmt und bei einer Belastungsdauer von ca. 70 Jahren schon so gering ist, dass nach weiteren 70 Jahren Dauerlasteinwirkung die Kriechverformung um höchstens 5 % des 70 Jahreswertes zunimmt [1.2, 5.9]. Es ist daher gerechtfertigt, von einer sog. Endkriechzahl φ_∞ auszugehen, die für Konstruktionsbetone etwa im Bereich von $1 < \varphi_\infty < 4$ liegt. Die Kriechverformung kann also bis zum 4-Fachen der elastischen Verformung betragen. Sehr jung belastete Betone können ein rd. 50 % höheres Kriechen aufweisen.

Die Kriechverformung des Betons ist teilweise reversibel, d. h. nach einer Entlastung geht ein Teil der Kriechverformung im Laufe der Zeit zurück. Entsprechend kann die Kriechverformung in einen irreversiblen Anteil, das *Fließen*, und in einen reversiblen Anteil, die *verzögerte elastische Verformung*, aufgeteilt werden.

Von entscheidendem Einfluss für die Größe des Kriechens ist der Wassergehalt des Betons bei Belastungsbeginn und der mögliche Wasserverlust während der Belastung. Die Kriechverformung eines Betons, der z. B. wegen einer Versiegelung seiner Oberflächen während der Belastung nicht austrocknen kann, wird als *Grundkriechen* bezeichnet. Das Grundkriechen ist umso geringer, je niedriger der Wassergehalt des Betons ist. Kann der Beton während der Einwirkung einer Dauerlast auch trocknen, so ist die Kriechverformung deutlich größer als das Grundkriechen des versiegelten Betons.

Dieser zusätzliche Anteil der Kriechverformung wird als *Trocknungskriechen* bezeichnet. Es ist in erster Näherung dem Wasserverlust während der Dauerbelastung und damit der Schwindverformung proportional.

Das Kriechen des Betons kann sich auf das Tragverhalten und die Eigenschaften von Betonbauwerken sowohl günstig als auch ungünstig auswirken: Unter Dauerlast nehmen die Verformungen einer Betonkonstruktion als Folge des Kriechens zu. Nach [6.13] kann die Durchbiegung f(t) eines biegebeanspruchten Bauteils aus Stahlbeton nach Zustand II näherungsweise nach der Beziehung $f(t) = f_e(1 + 0{,}3\,\varphi)$ abgeschätzt werden. Dabei ist f_e die Durchbiegung bei Belastungsbeginn. Bei vorgespannten Konstruktionen bewirkt das Kriechen einen Abbau der Vorspannkraft, der wie folgt abgeschätzt werden kann: $F_p(t) \approx F_{p0}/(1 + \alpha \cdot \varphi)$, wobei F_{p0} die Vorspannkraft zum Zeitpunkt $t = 0$ und $F_p(t)$ zum Zeitpunkt t sind. Bei Vorspannung gegen starre Widerlager ist $\alpha \sim 0{,}5$, sonst liegt α im Bereich von etwa $0{,}08 < \alpha < 0{,}20$. Günstig wirkt sich das Kriechen auf Eigen- und ungewollte Zwängungsspannungen aus, wenn diese sich langsam entwickeln bzw. über längere Zeiträume wirken. Solche Spannungen werden abgebaut bzw. treten nie in der Größe auf, die sich ohne Berücksichtigung des Kriechens theoretisch ergeben würde. Für Stahlbetontragwerke kann ein Nachweis des Einflusses des Betonkriechens im Allgemeinen entfallen. Für Spannbetontragwerke ist dieser Nachweis erforderlich zur Abschätzung der zu erwartenden Bauwerksverformungen und Spannungsänderungen.

Die Ursachen des Kriechens sind weit weniger geklärt als jene des Schwindens. Sicher ist, dass das Kriechen des Betons fast ausschließlich durch das Kriechen des Zementsteins ausgelöst wird, da normale Gesteinskörnungen nicht oder nur unwesentlich kriechen. Entscheidend für das Kriechen des Zementsteins ist das in ihm enthaltene Wasser. Eine äußere Belastung führt zu Platzwechseln von Wassermolekülen im Zementsteingel. Dazu kommen Gleit- und Verdichtungsvorgänge zwischen den Gelpartikeln. Änderungen des Feuchtegehaltes, z. B. durch gleichzeitige Trocknung, beschleunigen diese Vorgänge. Dies steht im Einklang mit dem schon genannten Einfluss des Feuchtegehaltes von Beton auf seine Kriecheigenschaften und der Beschleunigung des Kriechens bei gleichzeitiger Trocknung. Der überproportionale Anstieg des Kriechens bei hohen Spannungen ist auf ein Fortschreiten des Mikrorisswachstums unter Dauerlast zurückzuführen, das nach Abschn. 6.6.2 bei sehr hohen Spannungen zum Versagen führen kann.

Die Größe der Kriechverformungen hängt sowohl von der Betonzusammensetzung als auch von äußeren Einflussgrößen ab. Die Kriechverformung ist in erster Näherung dem Zementsteinvolumen proportional. Sie steigt mit steigendem Kapillarporenvolumen, sodass eine Verringerung des Wasserzementwerts und eine Erhöhung des Hydratationsgrads bei Belastungsbeginn, z. B. durch Verwendung eines schnell erhärtenden Zements, die Kriechverformungen reduzieren. Obwohl normale Gesteinskörnung nicht kriecht, wirken sich ihre Eigenschaften trotzdem auf das Kriechen aus: Steife Körner, z. B. aus Basalt oder dichtem Kalkstein, behindern das Zementsteinkriechen mehr als weiche Körner, z. B. aus Sandstein. Entsprechend sinkt die Kriechverformung des Betons mit steigendem E-Modul der Gesteinskörnung. Die Kriechverformung nimmt mit steigendem Belastungsalter des Betons und mit steigenden Bauteilabmessungen ab. Auch die Umweltbedingungen wirken sich auf die Größe der Kriechverformungen aus: Mit sinkender rel. Luftfeuchte und steigender Temperatur nehmen die Kriechverformungen zu. Von großer Bedeutung ist die zeitliche Entwicklung des Kriechens. Sie ist u. a. abhängig vom Feuchtezustand des Betons und seiner Veränderung während der Belastung. Dünne Bauteile kriechen schneller als dicke, da sie schneller austrocknen. Eine Steigerung der Umgebungstemperatur erhöht nicht nur den Endwert des Kriechens, sondern beschleunigt auch den Kriechvorgang. Funktionen für den zeitlichen Verlauf des Kriechens werden in [6.11] diskutiert.

Für die praktische Anwendung besonders wichtig ist das Kriechverhalten von Beton bei veränderlichen Spannungen. Wie für andere Werkstoffe wird auch für Beton bei einer Beanspruchung im Bereich der Gebrauchsspannungen die Gültigkeit des Superpositionsprinzips angenommen. Dieses besagt, dass das Kriechen unter veränderlicher Last durch Superponieren der Kriechanteile aus den einzelnen Spannungsinkrementen unter Berücksichtigung des jeweiligen Belastungsalters bestimmt werden kann. Eine Entlastung nach einer vorangegangenen Druckbelastung ist als Zugspannung zu berücksichtigen unter der Annahme, dass die Kriechverformungen bei absolut gleichen Zug- und Druckspannungen gleich groß sind. Siehe dazu auch Abschn. 6.6.3.3. Die Anwendung des Superpositionsprinzips kann jedoch zu mehr oder weniger deutlichen Fehlern insbesondere bei Entlastung führen. So wird, je nach dem gewählten Vorhersageverfahren, die verzögert elastische Rückverformung bei Anwendung des Superpositionsprinzips mehr oder weniger überschätzt. Solange die kriecherzeugenden Spannungen die Linearitätsgrenze des Kriechens nicht überschreiten, wird die Kriechverformung bei einer Spannungssteigerung durch dieses Prinzip überschätzt.

Die Kriechverformungen hochfester Betone sind deutlich geringer als jene von Normalbetonen. Ähnlich dem Schwinden nimmt insbesondere das Trocknungskriechen mit steigender Betondruckfestigkeit ab, sodass für hochfeste Betone der Anteil des Grundkriechens an der gesamten Kriechverformung im Vergleich zu Normalbetonen zunimmt. Die Vorhersage des Kriechens kann daher verbessert werden, wenn zwischen Grundkriechen und Trocknungskriechen differenziert wird.

Einen Sonderfall des Kriechens unter veränderlicher Spannung stellt die *Relaxation* dar, bei der die kriecherzeugende Spannung so abfällt, dass die Dehnung konstant bleibt. Analog zur Kriechzahl φ für den Fall konstanter Spannung kann die Relaxation durch eine Relaxationszahl $\psi(t, t_0) = \Delta\sigma(t, t_0)/\sigma_0$ beschrieben werden. Darin bedeutet $\Delta\sigma(t, t_0)$ den Spannungsabfall bei einem Betonalter t und einem Belastungsalter t_0 und σ_0 die Anfangsspannung. Relaxationszahl und Kriechzahl können zueinander in Beziehung gesetzt werden:

$$\psi(t, t_0) = \frac{\varphi(t, t_0)}{1 + \rho \cdot \varphi(t, t_0)} \quad (6.20)$$

Der Relaxationskennwert ρ in Gl. (6.20) kann bei längerer Beanspruchungsdauer näherungsweise $\rho \approx 0{,}8$ gesetzt werden [5.9]. Wegen des Zusammenhangs zwischen Kriechen und Relaxation hängt die Relaxationszahl von den gleichen Parametern wie die Kriechzahl ab.

6.6.3.3 Vorhersageverfahren

Die Berücksichtigung des Einflusses von Kriechen und Schwinden bei der Bemessung setzt Methoden voraus, mit denen die Größe dieser Verformungen in Abhängigkeit von den wesentlichen Einflussparametern mit ausreichender Zuverlässigkeit vorherbestimmt werden kann.

Als Eingangsparameter werden üblicherweise nur Größen gewählt, die dem entwerfenden Ingenieur bei der Bemessung bekannt sind: die Umfeldbedingungen, denen die Konstruktion ausgesetzt ist, die Bauteilabmessungen und die Festigkeitsklasse des Betons. Zur Verbesserung der Vorhersagegenauigkeit kann auch die Zementart berücksichtigt werden.

Es wurden Methoden zur Abschätzung des Kriechens von Normalbetonen und hochfesten Betonen mit einer Druckfestigkeit bis zu 120 N/mm² entwickelt, die auf dem im MC 90 enthaltenen Vorhersageverfahren aufbauen und die mithilfe einer umfangreichen Datenbank optimiert wurden [5.9].

Im MC 90 wird ein Vorhersageverfahren für das Kriechen verwendet, das auf einem Produktansatz aufbaut und das für Betondruckfestigkeiten bis zu 80 N/mm² Gültigkeit hat. In [5.9] wurde dieses Verfahren so erweitert, dass es auch das Kriechen hochfester Betone einschließt. Im Folgenden wird dieses erweiterte Verfahren wiedergegeben, welches auch in [5.11] enthalten ist. Es berücksichtigt die gleichen Eingangsparameter, die schon zur Vor-

hersage des Schwindens nach den Gln. (5.3) bis (5.11) herangezogen wurden.

Für die Kriechverformung gilt Gl. (6.18) unter Verwendung des Tangentenmoduls nach Gl. (6.13). Die Kriechzahl $\varphi(t, t_0)$ eines Betons im Alter von t Tagen, der zum Zeitpunkt t_0 erstmals belastet wurde, folgt aus Gl. (6.21).

$$\varphi(t, t_0) = \varphi_0 \cdot \beta_c(t, t_0) \quad (6.21)$$

Darin sind φ_0 der Grundwert der Kriechzahl und $\beta_c(t, t_0)$ eine Funktion zur Beschreibung des zeitlichen Verlaufs des Kriechens. Die Größe φ_0 kann aus den Gln. (6.22) bis (6.26) bestimmt werden.

$$\varphi_0 = \varphi_{RH} \cdot \beta(f_{cm}) \cdot \beta(t_0) \quad (6.22)$$

mit

$$\varphi_{RH} = \left[1 + \frac{1 - RH/RH_0}{\sqrt[3]{0{,}1 \cdot h_0/h_1}} \cdot \alpha_1\right] \cdot \alpha_2 \quad (6.23)$$

$$\beta(f_{cm}) = \frac{5{,}3}{\sqrt{f_{cm}/f_{cm0}}} \quad (6.24)$$

$$\beta(t_{0,\text{eff}}) = \frac{1}{0{,}1 + (t_{0,\text{eff}}/t_1)^{0{,}2}} \quad (6.25)$$

$$\alpha_1 = \left[\frac{3{,}5 f_{cm0}}{f_{cm}}\right]^{0{,}7} \quad \text{und} \quad \alpha_2 = \left[\frac{3{,}5 f_{cm0}}{f_{cm}}\right]^{0{,}2} \quad (6.26)$$

mit $f_{cm0} = 10$ N/mm², $RH_0 = 100\%$, $h_1 = 100$ mm und $t_1 = 1$ Tag.

Die übrigen in den Gln. (6.22) bis (6.26) verwendeten Bezeichnungen entsprechen jenen der Schwindvorhersage nach den Gln. (5.3) bis (5.11). Nach Gl. (6.24) nimmt das Kriechen mit steigender Betondruckfestigkeit ab. Auch hier ist die Druckfestigkeit als eine dem Ingenieur bekannte Hilfsgröße zu verstehen, mit der der Einfluss des Wasserzementwerts und damit der Kapillarporosität auf das Kriechen indirekt erfasst werden kann. Nach Gl. (6.23) nehmen die Kriechverformungen auch mit steigender rel. Feuchte RH und steigender wirksamer Bauteildicke h_0 ab. Dabei ist der Einfluss der Bauteildicke umso geringer je höher die rel. Luftfeuchte. Der Grund für dieses Verhalten ist, dass bei hohen rel. Feuchten der Anteil des Trocknungskriechens an der Gesamtkriechverformung immer kleiner wird, sodass bei einer rel. Feuchte von 100% nur noch Grundkriechen auftritt. Die Beiwerte α_1 und α_2 nach Gl. (6.26) bewirken, dass nach Gl. (6.23) mit steigender Betondruckfestigkeit der Einfluss der rel. Feuchte der umgebenden Luft auf das Kriechen immer geringer wird. Damit wird richtig erfasst, dass mit steigender Betondruckfestigkeit der Beitrag des

Trocknungskriechens zur gesamten Kriechverformung abnimmt.

Die zeitliche Entwicklung des Kriechens wird durch eine Hyperbelfunktion nach Gl. (6.27) beschrieben. Diese Funktion strebt einem Endwert zu. Für $(t - t_0) \to \infty$ ist $\beta_c(t, t_0) = 1{,}0$

$$\beta_c(t, t_0) = \left[\frac{(t - t_0)/t_1}{\beta_H + (t - t_0)/t_1}\right]^{0,3} \quad (6.27)$$

mit

$$\beta_H = 150 \cdot [1 + (1{,}2 \cdot RH/RH_0)^{18}] \cdot h_0/h_1 + 250 \cdot \alpha_3 \leq 1500\,\alpha_3 \quad (6.28)$$

und

$$\alpha_3 = \left[\frac{3{,}5\,f_{cm0}}{f_{cm}}\right]^{0,5} \quad (6.29)$$

mit $t_1 = 1$ Tag; $RH_0 = 100\%$; $h_1 = 100$ mm und $f_{cm0} = 10$ N/mm^2.

Nach den Gln. (6.27) bis (6.29) entwickelt sich die Kriechverformung umso langsamer, je dicker das betrachtete Bauteil ist. Bei hohen rel. Feuchten, wenn also nur noch Grundkriechen auftritt, verschwindet der Einfluss der Körperdicke wie schon in Gl. (6.23). Mit steigender Betondruckfestigkeit nimmt dagegen der zu einem bestimmten Zeitpunkt erreichte Wert von $\beta_c(t, t_0)$ zu, da der Anteil des diffusionskontrollierten Trocknungskriechens geringer geworden ist.

Je nach verwendetem Zement hat der Beton bei einem gegebenen Belastungsalter unterschiedliche Hydratationsgrade. Dies wird durch eine Korrektur des Belastungsalters t_0 nach Gl. (6.30) berücksichtigt.

$$t_{0,eff} = t_{0,T}\left[\frac{9}{2 + (t_{0,T}/t_{1,T})^{1,2}} + 1\right]^{\alpha} \geq 0{,}5 \text{ Tage} \quad (6.30)$$

Dabei ist $t_{0,T}$ das tatsächliche Belastungsalter, das korrigiert werden muss, wenn die Lagerungstemperatur vor der Belastung deutlich von 20 °C abweicht. Es kann z. B. mittels Gl. (6.3) abgeschätzt werden. Der Bezugswert $t_{1,T} = 1$ Tag. Der Parameter t_0 ist das in den Gln. (6.25) und (6.27) einzusetzende Belastungsalter. Die Potenz α hängt von der Festigkeitsklasse des Zements ab:

Festigkeitsklasse des Zements	32,5 N	32,5 R 42,5 N	42,5 R 52,5 N 52,5 R
Potenz α	−1	0	1

Bei einem gegebenen Betonalter ist nach Gl. (6.26) ein Beton aus einem langsam erhärtenden Zement der Festigkeitsklasse 32,5 N im Vergleich zu einem Beton aus einem schneller erhärtenden Zement 32,5 R bezüglich des Kriechens jünger. Bei höheren Belastungsaltern etwa > 28 Tagen verschwindet der Einfluss der Festigkeitsklasse des Zements auf das korrigierte Belastungsalter.

In vielen praktischen Fällen der Bemessung ist es ausreichend, allein die Endkriechzahl zu berücksichtigen. Sie kann für verschiedene Belastungsalter und Bauteilabmessungen sowie für zwei relevante Umweltbedingungen bei normalfesten Konstruktionsbetonen Tabelle 31 entnommen werden. Die dort angegebenen Werte φ_{70} sind, ähnlich dem Endschwindmaß nach Tabelle 24, für eine Beanspruchungsdauer von 70 Jahren ermittelt worden. Der Zahlwert für φ_{70} stellt die rechnerische Endkriechzahl dar (siehe Abschn. 6.6.3.2). Um Endkriechzahlen für hochfeste Betone (60 N/mm^2 ≤ f_{cm} ≤ 130 N/mm^2) abschätzen zu können, dürfen die Tabellenwerte mit dem Faktor $(63/f_{cm})^{0,9}$ multipliziert werden.

Bei kriecherzeugenden Spannungen im Bereich 0,4 $f_{cm}(t_0) < \sigma_c < 0{,}6\,f_{cm}(t_0)$ kann die Nichtlinearität des Kriechens mit Hilfe von Gl. (6.31) abgeschätzt werden.

$$\varphi_{0,k} = \varphi_0 \exp[\alpha_\sigma(k_\sigma - 0{,}4)] \quad$$
für $0{,}4 < k_\sigma < 0{,}6$ \quad (6.31a)

$$\varphi_{0,k} = \varphi_0 \quad \text{für } k_\sigma \leq 0{,}4 \quad (6.31b)$$

In Gl. (6.31) ist $\varphi_{0,k}$ die nichtlineare Kriechzahl. Sie ersetzt φ_0 in Gl. (6.21). Der Koeffizient $k_\sigma = \sigma_c/f_{cm}(t_0)$, wobei $f_{cm}(t_0)$ die Druckfestigkeit zum Zeitpunkt der Belastung ist. Der Koeffizient $\alpha_\sigma = 1{,}5$.

Im *fib* Model Code 2010 [6.41] ist im Vergleich zum obigen Vorhersageansatz ein erweitertes Modell angegeben. Wesentliche Änderungen bestehen darin, dass eine konsequente Aufspaltung in Grund- und Trocknungskriechen umgesetzt und der Exponent

Tabelle 31. Endkriechzahlen φ_{70} für normalfeste Konstruktionsbetone

Belastungsalter t_0 [Tage]	Trockene Umweltbedingungen (Innenräume) RH = 50%			Feuchte Umweltbedingungen (im Freien) RH = 80%		
	Wirksame Bauteildicke h [mm]					
	50	150	600	50	150	600
1	5,8	4,8	3,9	3,8	3,4	3,0
7	4,1	3,3	2,7	2,7	2,4	2,1
28	3,1	2,6	2,1	2,0	1,8	1,6
90	2,5	2,1	1,7	1,6	1,5	1,3
365	1,9	1,6	1,3	1,2	1,1	1,0

0,3 in Gl. (6.27) durch eine vom Belastungsalter abhängige Funktion ersetzt wurde. Hierdurch wird zwar die Vorhersagegenauigkeit insbesondere für Endkriechzahlen nicht signifikant verbessert, wohl aber die Prognose der zeitlichen Entwicklung des Kriechens, gerade auch bei variabler Belastung. Zudem trägt die additive Aufspaltung in Verformungskomponenten den beim Kriechen ablaufenden physikalischen Prozessen Rechnung. Nähere Ausführungen hierzu sowie ein Überblick über Mechanismen, Einflussgrößen und Modelle werden in [6.48] gegeben.

Mit Blick auf den Einfluss erhöhter Temperaturen auf das Betonkriechen, die im Industriebau aber auch bei Silos und Behältern eine Rolle spielen können, sei auf die Ansätze in [6.41] verwiesen. Dort wird auch das in diesem Zusammenhang wichtige transiente Kriechen behandelt.

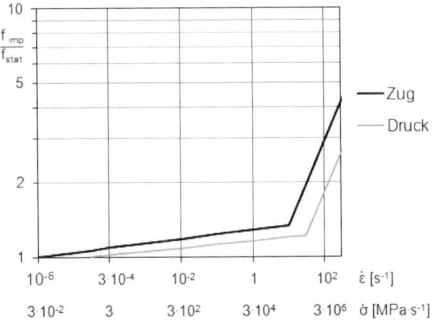

Bild 15. Einfluss von Dehn- bzw. Belastungsgeschwindigkeit auf die Druck- und Zugfestigkeit von Beton, nach [6.41]

6.6.4 Verhalten bei dynamischer Beanspruchung

Für die Bemessung von Betonkonstruktionen gegen schnell einwirkende, d. h. dynamische Beanspruchungen, z. B. bei einem Aufprall, einer Explosion, einem Schlag oder Stoß, sind Kenntnisse über das Werkstoffverhalten unter solchen Beanspruchungen erforderlich. Entsprechende Angaben und analytische Beziehungen sind im CEB-FIP Model Code MC 90 enthalten [1.2]. Sie bauen auf einem Sachstandbericht einer Arbeitsgruppe des CEB auf [6.20]. Demnach steigen Druck- und Zugfestigkeit sowie der E-Modul und die Bruchdehnung von Beton mit steigender Dehn- und Belastungsgeschwindigkeit. Der Anstieg von Druck- und Zugfestigkeit ist besonders ausgeprägt bei sehr hohen Dehngeschwindigkeiten $\dot{\varepsilon} > 30$ s^{-1}. So bewirkt eine Steigerung der Dehngeschwindigkeit von 3×10^{-5} s^{-1} auf 30 s^{-1} eine Steigerung der Druckfestigkeit um ca. 50%. Bei einer weiteren Steigerung der Dehngeschwindigkeit auf 300 s^{-1} steigt die Druckfestigkeit auf etwa das 2,4-Fache der Druckfestigkeit, die bei $\dot{\varepsilon} = 1,0$ ‰/min gemessen wurde. Die Zugfestigkeit steigt auf das 1,75- bzw. 3-Fache bei entsprechenden Dehngeschwindigkeiten. Je höher die Festigkeitsklasse des Betons, umso geringer ist die Zunahme infolge hoher Dehngeschwindigkeit. Je trockener der Beton, umso geringer ist der Einfluss der Dehngeschwindigkeit [6.21]. Der Anstieg von Bruchdehnung und E-Modul bei sehr hohen Dehngeschwindigkeiten ist dagegen weniger ausgeprägt.

Im *fib* Model Code 2010 [6.41] wurden die Abhängigkeiten der Festigkeit von der Dehn- bzw. Belastungsgeschwindigkeit gegenüber den Beziehungen in [1.2] vereinfacht, da neuere Untersuchungen gezeigt haben, dass der Einfluss der Betonfestigkeitsklasse geringer ist und dass die Streuung der Ergebnisse die Unterschiede verwischt. Außerdem war es ein Ziel bei der Erstellung des *fib* Model Code 2010, die Erkenntnisse der Wissenschaft für die Praxis nicht mit zu vielen Einzelheiten zu befrachten. Bild 15 zeigt die Abhängigkeiten der Druck- und Zugfestigkeit von der Dehn- bzw. Belastungsgeschwindigkeit, unabhängig von der Betonfestigkeitsklasse. Zur Erstellung des Diagramms wurden Ergebnisse von Untersuchungen an Betonen mit Druckfestigkeiten zwischen 20 und 120 MPa, sowohl an Normalbeton wie Leichtbeton, herangezogen.

Die Abszisse wird von den Linien an der Stelle der Geschwindigkeiten geschnitten, die üblicherweise beim „statischen" Versuch angewendet werden. Bis zum Knickpunkt wird die Abhängigkeit des Materialverhaltens von der „Rate-process theory" [6.36] dominiert, während ab dem Knickpunkt Trägheitskräfte im Gefüge maßgebend werden. Neben der Festigkeit nehmen auch der Elastizitätsmodul, die Bruchenergie und die Bruchdehnung mit steigender Geschwindigkeit zu, jedoch sind die Zunahmen geringer als bei der Festigkeit. Die entsprechenden Beziehungen können [6.41] entnommen werden.

Der Widerstand von Beton gegen wiederholte Schlagbeanspruchung kann durch technologische Maßnahmen beeinflusst werden. So ist nach [6.22] die Abhängigkeit des Widerstands gegen wiederholte Schlagbeanspruchung vom Wasserzementwert und vom Hydratationsgrad noch ausgeprägter als bei statischer Beanspruchung. Besonders günstig wirkt sich die Zugabe von Fasern aus.

Die extreme Beanspruchung von Beton unter Schockwellen wird in [6.23] behandelt.

6.6.5 Ermüdung

Einige Betonkonstruktionen sind einer häufig wechselnden, nicht vorwiegend ruhenden Belastung unterworfen. Dazu gehören z. B. Betonstraßen, Eisenbahnschwellen, Offshore-Bauwerke und Brückenkonstruktionen. Sie unterliegen dann einer Ermüdungsbeanspruchung. In Ermüdungsversuchen wird ein Probekörper meist veränderlichen Spannungen unterworfen, die um eine konstante Mittelspannung fluktuieren, sodass die Belastungsgeschichte durch die Mittelspannung und die Spannungsamplitude bzw. die Schwingbreite oder durch die Ober- und die Unterspannung charakterisiert werden kann. Der Bruch stellt sich nach einer bestimmten Lastspielzahl N ein.

Der Widerstand von Beton gegen eine wiederholte Beanspruchung hängt von denselben Parametern ab, welche die Festigkeit von Beton unter Kurzzeitbeanspruchung beeinflussen. Es ist daher sinnvoll, die Ober- und Unterspannungen bei einer Ermüdungsbeanspruchung als Bruchteil einer statischen Festigkeit f_{cm} auszudrücken. Entsprechend ist die bezogene Oberspannung $S_{c,max} = \sigma_{c,max}/f_{cm}$ und $S_{c,min} = \sigma_{c,min}/f_{cm}$. Das Ermüdungsverhalten kann dann in Form von S-logN-Diagrammen, sog. Wöhlerlinien, beschrieben werden. Für die meisten Werkstoffe nimmt die Anzahl der Lastwechsel N bis zum Bruch mit sinkender Oberspannung und sinkender Schwingbreite zu. Als Beispiel für das Ermüdungsverhalten von Beton sind in Bild 16 Versuchsergebnisse gezeigt [6.24].

Die Zeitfestigkeit ist jene Oberspannung, die bei gegebener Unterspannung nach einer gegebenen Anzahl von Lastwechseln zum Versagen führt. Die Dauerschwingfestigkeit ist als jene Oberspannung definiert, die für eine gegebene Unterspannung gerade noch unendlich oft ertragen werden kann. Sie ist für alle Werkstoffe deutlich kleiner als die Kurzzeitfestigkeit. Eine Dauerschwingfestigkeit konnte für Beton bisher nicht sicher nachgewiesen werden. Bei einer Beanspruchung im Druckschwellbereich, d. h. Ober- und Unterspannung sind Druckspannungen, ist bei einer Unterspannung $\sigma_u \approx 0$ und einer Oberspannung von $|\sigma_0| \approx 0{,}5 \; f_{cm}$ nach etwa 10^7 Lastwechseln mit einem Versagen zu rechnen. Aber auch kleinere Spannungen können bei höheren Lastwechselzahlen noch zum Bruch führen. Nach [6.25] kann für Normalbeton von einer Quasi-Druckschwellfestigkeit $|\sigma_0| \approx 0{,}4 \; f_{cm}$ ausgegangen werden. Siehe dazu auch [0.1].

Im CEB-FIP Model Code MC 90 werden analytische Beziehungen für das Ermüdungsverhalten von Beton gegeben [1.2]. Von einer Arbeitsgruppe des CEB wurde hierzu ein Sachstandbericht erstellt [6.26]. Bild 17 zeigt den im CEB-FIP Model Code MC 90 gegebenen Zusammenhang zwischen der bezogenen Oberspannung $S_{c,max} = \sigma_{c,max}/f_{ck,fat}$ und logN. Scharparameter ist die bezogene Unterspannung $S_{c,min} = \sigma_{c,min}/f_{ck,fat}$. Die Bezugsgröße $f_{ck,fat}$ ist geringer als die charakteristische Druckfestigkeit f_{ck}. Sie berücksichtigt, dass die Empfindlichkeit von Beton gegenüber einer Ermüdungsbeanspruchung mit steigender Betondruckfestigkeit zunimmt. Nach den im CEB-FIP Model Code enthaltenen Angaben ist bei einem Belastungsalter von 28 Tagen $f_{ck,fat} \approx 0{,}82 \; f_{ck}$ für Normalbeton und $f_{ck,fat} \approx 0{,}75 \; f_{ck}$ für hochfesten Beton.

Bild 17 gilt für reinen Druck und für Körper, die gegen Austrocknung geschützt sind. Im Vergleich zu anderen Literaturangaben sind die Beziehungen für das Ermüdungsverhalten von Beton des MC 90 sehr konservativ. Im *fib* Model Code 2010 [6.41] sind im Vergleich zu Bild 17 etwas veränderte Kur-

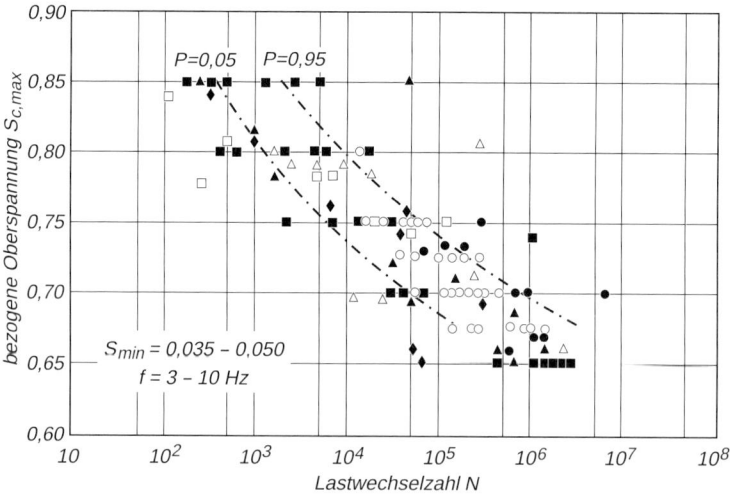

Bild 16. Wöhlerlinien für Beton unter Druckbeanspruchung [6.24]; P = Versagenswahrscheinlichkeit

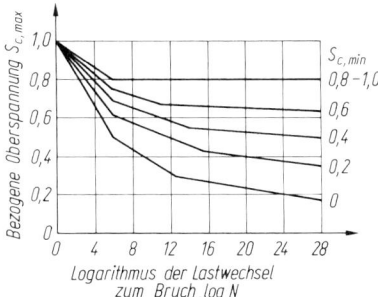

Bild 17. Der Einfluss der bezogenen Oberspannung $S_{c,max}$ und der bezogenen Unterspannung $S_{c,min}$ auf die Anzahl der Lastwechsel bis zum Bruch bei wiederholter Druckbeanspruchung nach den Angaben des CEB-FIP Model Code 1990 [1.2]

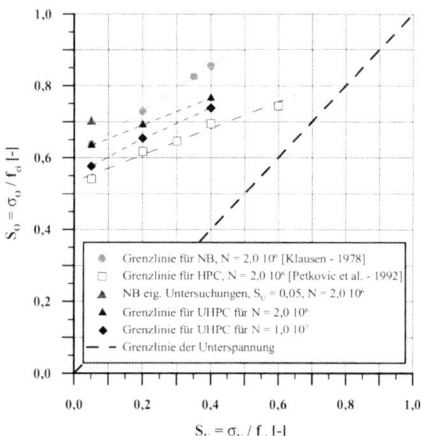

Bild 18. Grenzlinien der Oberspannung für normal (NB)-, hoch (HPC)- und Ultrahochfesten Beton im Goodman-Diagramm [6.38]

venverläufe vorgeschlagen worden. Hintergründe hierfür sind in [6.46] erläutert.

Von Bedeutung ist der bisher weniger beachtete Einfluss des Feuchtegehalts von Beton: Feuchte bzw. wassergesättigte Betone zeigen wesentlich geringere Zeitfestigkeiten als trockene Betone.

Zum Einfluss des Wassergehaltes wurden systematische Versuche durchgeführt, deren Ergebnisse in Bild 19 gezeigt sind [6.37]. Der untere Teil der Säulen betrifft immer die wassergelagerten Prüfkörper, die ganze Säule die luftgelagerten. Die bezogene Beanspruchungshöhe ist definiert als Oberspannung geteilt durch die Zylinderfestigkeit im Alter von 28 Tagen, wobei die Unterspannung immer 2 MPa betrug. Das Diagramm zeigt deutlich, dass wassergelagerte Proben durchweg eine niedrigere Bruchlastspielzahl erreichten als luftgelagerte. Der Unterschied ist umso deutlicher, je geringer die Festigkeitsklasse des Betons ist. Als Grund wird die Porosität des Betons gesehen und damit zusammenhängend die größere Wasseraufnahme des weniger festen und damit poröseren Betons. Bei einer Druckbelastung wird das Wasser in den Kapillarporen zusammengepresst, was zu einem hydrostatischen Druck in der Pore und zu einer Zugspannung im Zementstein führt. Die schwingende Beanspruchung führt damit zu einer früheren Schädigung als im luftgetrockneten Zustand. Diese Hypothese wird durch die Tatsache untermauert, dass der hochfeste und damit dichte Beton am wenigsten von der Feuchte beeinflusst wird.

Da dicke Betonbauteile langsamer austrocknen als dünne und daher über einen längeren Zeitraum einen hohen Feuchtegehalt aufweisen, ist ihre Zeitfestigkeit unter sonst gleichen Bedingungen geringer als jene dünnerer Bauteile [6.27].

In [6.38] wurden normalfester (NB), hochfester (HPC) und ultrahochfester Beton (UHPC) einer

Schwingbelastung mit unterschiedlichen Unterspannungen unterworfen, deren Ergebnisse in Form eines Goodman-Diagramms in Bild 18 wiedergegeben sind. Bei der Betrachtung des Diagramms ist zu beachten, dass die Bruchlastspielzahlen unterschiedlich sind. Die oberste Linie stammt von Ergebnissen an normalfestem Beton, die unterste Linie gehört zu hochfestem Beton. Die dazwischen liegenden Punkte und Linien wurden an UHPC ermittelt. Wenn man die üblichen Streuungen bei Schwingversuchen berücksichtigt (vgl. Bild 16), so muss man feststellen, dass sich die Betone aus UHPC (Bild 18) nicht signifikant anders verhalten. HPC weist gegenüber NC den größten Unterschied auf.

Zugschwingversuche an normal- und hochfestem Beton lieferten Ergebnisse, die den Ergebnissen von Druckversuchen sehr ähnlich sind, wenn man die

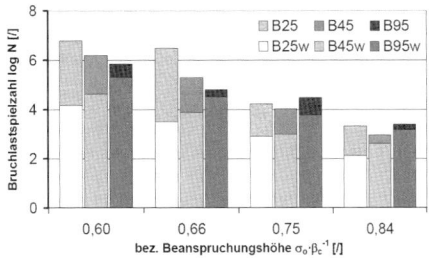

Bild 19. Vergleich der Bruchlastspielzahlen von wasser- und luftgelagertem Beton [6.37]

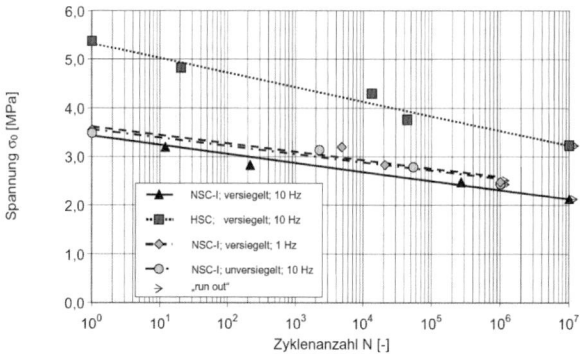

Bild 20. Wöhlerlinien von normalfestem (NSC, w/z = 0,55, f_{cyl} = 50 MPa) und hochfestem (HSC, w/z = 0,30, f_{cyl} = 110 MPa) Beton bei Zugermüdung [6.34]

Schwingfestigkeit auf die statische Festigkeit bezieht. Bild 20 zeigt ein Beispiel solcher Ergebnisse [6.32, 6.34]. Die zentrische Zugfestigkeit kann an der Ordinate abgelesen werden. Im einfach logarithmischen Maßstab fallen die Festigkeiten als Funktion der Bruchlastspielzahl linear ab und erreichen bei 10^7 Lastspielen einen Wert, der dem 0,6-Fachen der statischen Zugfestigkeit entspricht. Die Nachbehandlungsart und die Prüffrequenz haben auf das Ergebnis einen geringen Einfluss.

Wenn die Unterspannung eine Druckspannung ist, geht die erreichbare Oberspannung im Zugbereich stark zurück. Ein anschauliches Bild liefert das modifizierte Goodman-Diagramm in Bild 21 für einen Beton C35/45. Man erkennt, dass die Abnahme der Oberspannung im Zug-Druck-Bereich deutlich stärker ist als im Zug-Zug-Bereich, vor allem bei höheren Bruchlastspielzahlen.

Biegeschwellversuche an unbewehrtem und faserbewehrtem Beton haben gezeigt, dass die Fasern einen festigkeitssteigernden Einfluss haben können. Die Versuche in [6.40] hatten zwei Ziele, erstens zu zeigen, wie sich Steinkohlenflugasche auf das Er-

müdungsverhalten auswirkt, und zweitens, welchen Einfluss Stahlfasern ausüben. Die Betone hatten Druckfestigkeiten zwischen 69 und 55 MPa, der Stahlfasergehalt betrug 1 Vol.-%. Die statische Biegezugfestigkeit von unbewehrtem Beton betrug ca. 5,3 MPa, die der Faserbetone ca. 6,8 MPa. Bild 22 zeigt die Ergebnisse in normalisierter Form. Man erkennt, dass der Zementersatz durch Flugasche von 25 bzw. 50 % nur einen geringen Einfluss hat. Nach 10^7 Lastwechseln fiel die Schwingfestigkeit des unbewehrten Betons auf die Hälfte der statischen Festigkeit. Beim Faserbeton betrug der Abfall nur zwischen 25 und 30 %, wobei der Flugascheanteil von 25 % die beste Wirkung erbrachte.

In den meisten Fällen sind Baukonstruktionen einem Spektrum von Belastungszyklen unterworfen, das wesentlich von der im Laborversuch aufgebrachten Belastungsgeschichte mit konstanter Ober- und Unterspannung abweicht. Um die Zeitfestigkeit bei variablen Ober- und Unterspannungen abschätzen zu können, kann in erster Näherung die sog. *Palmgren-Miner*-Regel angewandt werden [6.24, 6.26, 6.28]:

$$D = \sum \frac{n_{si}}{N_{Ri}} \qquad (6.32)$$

Darin bedeuten D = Schädigung des Betons als Folge der Ermüdungsbeanspruchung; n_{Si} = Anzahl der tatsächlich aufgebrachten Lastwechsel mit einer gegebenen konstanten Ober- und Unterspannung; N_{Ri} = Anzahl der Lastwechsel, die bei dieser Ober- und Unterspannung zum Versagen führt. Der Bruch stellt sich ein, sobald D = 1. Die *Palmgren-Miner*-Regel unterstellt, dass sich bei konstanter Ober- und Unterspannung die Schädigung infolge einer Ermüdungsbeanspruchung linear mit der Anzahl der Lastwechsel entwickelt. Sie stellt daher nur eine grobe Näherung dar und kann die tatsächliche Zeit-

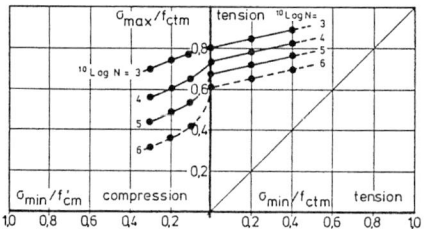

Bild 21. Goodman-Diagramm für Zug-Zug- und Zug-Druck-Beanspruchung [6.39]

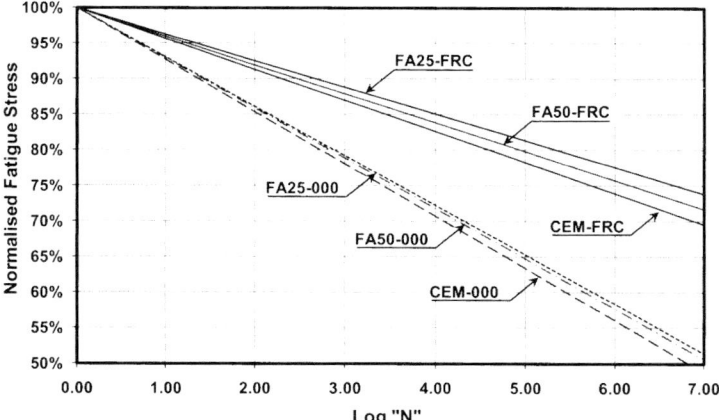

Bild 22. Wöhler-Diagramm von unbewehrtem und stahlfaserbewehrtem Beton nach Biegeschwellversuchen [6.40]

festigkeit bei variablen Ober- und Unterspannungen sowohl über- als auch unterschätzen.

Weitere ausführliche Untersuchungen zum Ermüdungsverhalten von Beton siehe [6.29–6.33].

7 Dauerhaftigkeit

Die mechanischen Eigenschaften des Betons sind zwar für die Standsicherheit von Bauteilen aus Beton, Stahlbeton und Spannbeton von außerordentlicher Wichtigkeit, sie reichen jedoch zur Beurteilung der Gebrauchsfähigkeit nicht aus. Betonbauteile müssen auch ausreichend dauerhaft sein. Sie dürfen sich während der gesamten vorgesehenen Nutzungsdauer nicht unzulässig verändern, sodass sie stets gegenüber allen Einwirkungen ausreichend widerstandsfähig sind und der Bewehrung einen ausreichenden Korrosionsschutz bieten.

Im Gegensatz zu den mechanischen Eigenschaften ist die Dauerhaftigkeit von Beton nur schwer zu charakterisieren. Darüber hinaus ist sie auch bei bekannten Umweltbedingungen und Betoneigenschaften keine absolute Größe, die über die Zeit konstant bleibt. Struktur und Eigenschaften von Beton unterliegen schon allein aus energetischen Gründen einem kontinuierlichen Wandel, bei dem der Beton – ähnlich dem korrodierenden Stahl – einem niedrigeren Energieniveau entgegenstrebt, das dem Energieniveau seiner Ausgangsstoffe entspricht. Durch technologische und konstruktive Maßnahmen kann aber die Geschwindigkeit solcher Veränderungen je nach Umweltbedingungen ganz wesentlich reduziert werden. Trotzdem sind Dauerhaftigkeit und Gebrauchsfähigkeit an eine erwartete Nutzungsdauer gekoppelt. Lebensdauervorhersagen unter Einbezug von Instandhaltungsmaßnahmen und unter Berücksichtigung der Gesamtkosten einer Konstruktion spielen daher auch für Betonbauwerke eine zunehmend wichtige Rolle (siehe u. a. [7.1–7.4, 7.44]).

In der Vergangenheit wurde der Dauerhaftigkeit von Betonkonstruktionen, mit Ausnahme spezieller Fälle, wenig Augenmerk geschenkt. Es wurde davon ausgegangen, dass Betonkonstruktionen wartungsfrei sind, wenn gewisse Grundregeln der Betontechnologie beachtet werden. Die Erfahrungen der letzten Jahrzehnte zeigten aber, dass z. T. nur geringfügige Abweichungen von diesen Regeln, manchmal in Verbindung mit falsch eingeschätzten oder verschärften Umweltbedingungen, zu erheblichen Schäden führen können. Dies löste eine rege Forschungstätigkeit aus, und auch in den Normen wird Fragen der Dauerhaftigkeit wesentlich mehr Aufmerksamkeit geschenkt als in der Vergangenheit. Die Erfahrung der letzten 25 Jahre mit geschädigten Bauwerken und die Sorge um dauerhafte Bauwerke haben dazu geführt, dass das Thema Dauerhaftigkeit einen größeren Stellenwert in EN 206-1 und DIN 1045-2 bekommen haben.

Im neuen *fib* Model Code 2010 wird der immensen Bedeutung der Dauerhaftigkeit mit neuen Konzepten Rechnung getragen. Während die Bemessung hinsichtlich Dauerhaftigkeit in DIN EN 1992-1-1 bzw. DIN EN 206-1/DIN 1045-2 auf einem stark empirischen, deskriptiven Ansatz beruht, wird dort erstmalig ein performance-orientiertes, vollprobabilistisches Bemessungskonzept vorgestellt [6.41]. Damit kann bei Vorgabe einer angestrebten Lebensdauer und unter Berücksichtigung des dann planmäßig eingetretenen Schadensumfangs in Abhängigkeit von der Betondeckung beispielsweise eine hierzu passende Betonrezeptur ermittelt werden (siehe auch [7.44, 7.45]). Es ist jedoch nicht möglich, statt der Betonrezeptur als Ersatzkennwert die Betongüte bzw. die Druckfestigkeit heranzuziehen [7.48] (s. Abschn. 7.2). Vielmehr werden Transportkenngrößen, die idealerweise messtechnisch ermittelt wurden, in die Bemessung bzw. bei der Prognose der Lebensdauer einbezogen.

Die Mechanismen, welche die Dauerhaftigkeit von Beton gefährden, können in physikalische, chemische und mechanische Einwirkungen gruppiert werden. Unter den *physikalischen Einwirkungen* ist an erster Stelle der Frost zu nennen, der Beton, wenn dieser einen kritischen Wassersättigungsgrad aufweist, schädigen kann. Die schädigende Wirkung des Frosts wird verstärkt, wenn gleichzeitig Taumittel auf den Beton einwirken. Obwohl Beton nicht brennbar ist, können hohe Temperaturen den Beton bis zur völligen Zersetzung zerstören. Ein *chemischer Angriff* liegt vor, wenn in den Beton eindringende Substanzen, z. B. aus der Luft, aus dem Grundwasser oder aus Lagerstoffen, mit Komponenten des erhärteten Betons reagieren. Dadurch werden entweder Bestandteile des Betons gelöst – lösender Angriff – oder die Reaktionsprodukte nehmen ein größeres Volumen ein als der Reaktionspartner im Beton – treibender Angriff. Die Reaktionspartner können aber auch schädliche Bestandteile der Betonausgangsstoffe sein. Ein Sonderfall des chemischen Angriffs ist die Carbonatisierung, die vor allem für den Korrosionsschutz der Bewehrung wesentlich ist. Zu den Folgen *mechanischer Einwirkungen* ist insbesondere der Verschleiß zu zählen. Er kann auftreten, wenn die Oberfläche eines Betonbauteils, z. B. durch Verkehr, Schüttgüter o. Ä., beansprucht wird.

Den meisten Schädigungsmechanismen ist gemeinsam, dass sie zunächst auf die oberflächennahen Bereiche einwirken und dass sie einen hohen Feuchtegehalt des Betons voraussetzen bzw. in ihrer Wirkung durch Feuchte verschärft werden.

7.1 Überblick über die Umweltbedingungen, Schädigungsmechanismen und Mindestanforderungen

Dauerhaft ist ein Bauwerk, wenn es die vereinbarten Eigenschaften während der Nutzungsdauer in ausreichendem Maße erfüllt. Die Eigenschaften können durch natürliche regelmäßige Einwirkungen, die vom Klima oder der direkten Umgebung ausgehen, beeinträchtigt werden oder durch außergewöhnliche Einwirkungen wie z. B. Brand. Betrachtet man nur die regelmäßigen Einwirkungen, so können sich diese auf den Beton in Form von lösendem und treibendem Angriff auswirken, in der Form von Frostabsprengungen oder innerer Schädigung. Bei der Bewehrung oder anderem eingebetteten Metall kann es zur Korrosion kommen, wenn der Beton carbonatisiert ist oder wenn Chloride vorhanden sind. Ähnlich wie bei der mechanischen Beanspruchung wird in DIN EN 206-1 unterschieden zwischen der Einwirkungsseite und der Widerstandsseite. Dauerhaft ist demnach ein Bauwerk, wenn der Widerstandsvorrat während der Nutzungsdauer größer ist als die Summe der Einwirkungen.

Die Einwirkungsseite wird durch *Expositionsklassen* (engl. exposure classes) beschrieben, die sich jeweils auf ein bestimmtes Schadensrisiko beziehen. Dabei wird unterschieden zwischen solchen Einwirkungen, die Korrosion der Bewehrung oder anderer eingebetteter Metalle hervorrufen könnten, und solchen, die den Beton schädigen könnten. In manchen Fällen kann eine Exposition auch beide Mechanismen betreffen, z. B. Meerwasserumgebung, die sowohl den Beton angreifen als auch zur Korrosion der Bewehrung führen könnte. Die Expositionsklasse wird durch den Großbuchstaben X (von Exposition) und einem weiteren Buchstaben bezeichnet (s. Tabelle 32).

Die Klasse X0 (null) deutet darauf hin, dass kein Schadensrisiko besteht. Das Risiko eines Schadens

Tabelle 32. Expositionsklassen – Übersicht

Expositionsklasse	Europäische Namen	Erläuterung	
1	2	3	
X0	0	Kein Angriffsrisiko	
XC	Carbonation	Bewehrungskorrosion verursacht durch	Carbonatisierung
XD	Deicing-Salt		Chloride
XS	Sea		Meerwasser
XF	Frost	Betonangriff verursacht durch	Frost und Frost-Tausalz
XA	Acid		Chemischer Angriff
XM	Mechanical Abrasion		Verschleiß

wird in drei bis vier Stufen eingeteilt. In der Summe ergeben sich die 21 Expositionsklassen nach Tabelle 33.

Spalte 1 in Tabelle 33 enthält die Klassenbezeichnung, Spalte 2 die Kennzeichen der einwirkenden Umgebung und Spalte 3 einige Beispiele für die Zuordnung von Bauteilen zu Expositionsklassen. Dabei wird davon ausgegangen, dass der Beton der einwirkenden Umgebung direkt ausgesetzt ist. Wenn zwischen Betonoberfläche und einwirkendem Medium eine Sperrschicht angebracht ist, kann sich dies günstig auswirken, wie im Falle einer Beschichtung auf den Carbonatisierungswiderstand. Es kann sich aber auch ungünstig auswirken, wenn ein Bauteil von innen mit Wasser beaufschlagt wird und sich außen hinter einem Fliesenbelag Feuchte sammelt, die u. U. zu einem Frostschaden führt. Solche Fälle müssen entsprechend sachkundig beurteilt werden. Die drei Stufen des chemischen Angriffs ergeben sich aus Tabelle 34. Abweichend von den Grenzwerten bei chemischem Angriff werden aufgrund einschlägiger Erfahrung Güllebehälter dem *schwachen* Angriff und Meerwasser berührende Bauteile dem *mäßigen Angriff* zugeordnet. Die in Spalte 3 gegebenen Beispiele sind indikativ und nicht erschöpfend. Sie sollten aber für die häufigsten Fälle der Praxis ausreichend sein.

Die *Widerstandsseite* wird durch die Betonzusammensetzung definiert. Kennzeichnende Größen sind der höchstzulässige Wasserzementwert, die Mindestdruckfestigkeitsklasse, der Mindestzementgehalt (ohne bzw. mit anrechenbaren Zusatzstoffen), der Mindestluftgehalt und Anforderungen an die Gesteinskörnungen. Außerdem werden bestimmte Zemente für bestimmte Expositionsklassen ausgeschlossen. Die Tabellen 35 und 36 enthalten die Grenzwerte der Betonzusammensetzung für die Expositionsklassen nach Tabelle 34.

Die Tabellen 35 und 36 gehen von einer vorgesehenen Nutzungsdauer von mindestens 50 Jahren aus, wobei eine übliche Instandhaltung vorausgesetzt wird. Die Grenzwerte gelten auch für Schwerbeton, aber für Leichtbeton mit der Einschränkung, dass keine Mindestfestigkeitsklasse festgeschrieben wird. Der Zusammenhang zwischen Wasserzementwert und Festigkeit, der für Normalbeton gilt, ist bei Leichtbeton zusätzlich von der Festigkeit der Gesteinskörnung abhängig. Da die Dauerhaftigkeit hauptsächlich von der Dichte und Dauerhaftigkeit der Matrix abhängt, ist die Festlegung der anderen Grenzwerte (Wasserzementwert, Zementgehalt, Luftgehalt, Zementart) ausreichend. Der Einwand, dass dies bei Normalbeton auch ausreichend wäre, ist richtig. Der DAfStb war aber der Ansicht, dass die Übereinstimmung durch gleichzeitige Festlegung von höchstzulässigem Wasserzementwert und Mindestfestigkeitsklasse nicht schädlich ist und dass die Konformität des Betons einfacher kontrol-

Tabelle 33. Expositionsklassen und informativ zugeordnete Beispiele

1	2	3
Klassenbezeichnung	Kennzeichen der einwirkenden Umgebung	Beispiele für die Zuordnung von Bauteilen zu Expositionsklassen
1. Kein Korrosionsrisiko und kein Betonangriff		
X0	Beton ohne Bewehrung oder eingebettetes Metall: alle Umgebungsbedingungen, ausgenommen Frostangriff, Verschleiß oder chemischer Angriff	Fundamente ohne Bewehrung ohne Frost; Innenbauteile ohne Bewehrung
2. Korrosionsrisiko durch Carbonatisierung		
XC1	trocken oder ständig nass	Bauteile in Innenräumen mit üblicher Luftfeuchte (einschließlich Küche, Bad und Waschküche in Wohngebäuden; Beton, der ständig in Wasser getaucht ist
XC2	nass, selten trocken	Teile von Wasserbehältern, bewehrte Gründungsbauteile
XC3	mäßige Feuchte	Bauteile, zu denen die Außenluft häufig oder ständig Zugang hat, z. B. offene Hallen, Innenräume mit hoher Luftfeuchtigkeit, z. B. in gewerblichen Küchen, Bädern, Wäschereien, in Feuchträumen von Hallenbädern und in Viehställen; Dachflächen mit flächiger Abdichtung; Verkehrsflächen mit flächiger unterlaufsicherer Abdichtung [a]
XC4	wechselnd nass und trocken	Außenbauteile mit direkter Beregnung

Tabelle 33. Expositionsklassen und informativ zugeordnete Beispiele (*Fortsetzung*)

1	2	3
Klassen-bezeichnung	Kennzeichen der einwirkenden Umgebung	Beispiele für die Zuordnung von Bauteilen zu Expositionsklassen
3. Korrosionsrisiko durch Chloride (nicht aus Meerwasser)		
XD1	mäßige Feuchte	Bauteile im Sprühnebelbereich von Verkehrsflächen Einzelgaragen
XD2	nass, selten trocken	Bauteile in Solebädern befahrene Verkehrsflächen mit vollflächigem Oberflächenschutz [a] Bauteile, die chloridhaltigen Industrieabwässern ausgesetzt sind
XD3	wechselnd nass und trocken	Teile von Brücken mit häufiger Spritzwasserbeanspruchung Fahrbahndecken befahrene Verkehrsflächen mit rissvermeidenden Bauweisen ohne Oberflächenschutz oder ohne Abdichtung [a] befahrene Verkehrsflächen mit dauerhaftem lokalen Schutz vor Rissen [a) d)]
4. Korrosionsrisiko durch Meerwasser		
XS1	salzhaltige Luft, aber kein unmittelbarer Kontakt mit Meerwasser	Außenbauteile in Küstennähe (bis ca. 1 km)
XS2	unter Wasser	Bauteile von Hafenanlagen
XS3	Tide-, Spritz- und Sprühnebelbereiche	Kaimauern in Hafenanlagen Sturmflutwehre
5. Frostangriff mit und ohne Taumittel bzw. Meerwasser		
XF1	mäßige Wassersättigung, ohne Taumittel bzw. Meerwasser	Außenbauteile
XF2	mäßige Wassersättigung, mit Taumittel bzw. Meerwasser	Bauteile im Sprühnebel- oder Spritzwasserbereich von taumittelbehandelten Verkehrsflächen soweit nicht XF4 Bauteile im Sprühnebelbereich von Meerwasser
XF3	hohe Wassersättigung, ohne Taumittel bzw. Meerwasser	offene Wasserbehälter Bauteile in der Wasserwechselzone von Süßwasser
XF4	hohe Wassersättigung, mit Taumittel bzw. Meerwasser	Verkehrsflächen, die mit Taumitteln behandelt werden überwiegend horizontale Bauteile im Spritzwasserbereich von taumittelbehandelten Verkehrsflächen Räumerlaufbahn von Kläranlagen Bauteile in der Wasserwechselzone von Meerwasser
6. Chemischer Angriff auf Beton		
XA1	schwacher, chemischer Angriff nach Tabelle 34	Behälter von Kläranlagen Güllebehälter
XA2	mäßiger chemischer Angriff nach Tabelle 34 oder durch Meerwasser	Bauteile in betonangreifenden Böden Bauteile, die mit Meerwasser in Berührung kommen

Tabelle 33. Expositionsklassen und informativ zugeordnete Beispiele (*Fortsetzung*)

1	2	3
Klassenbezeichnung	Kennzeichen der einwirkenden Umgebung	Beispiele für die Zuordnung von Bauteilen zu Expositionsklassen
XA3	starker chemischer Angriff nach Tabelle 34	Industrieabwasseranlagen mit chemisch angreifenden Abwässern Gärfuttersilos und Futtertische der Landwirtschaft Kühltürme mit Rauchgasableitung
7. Verschleißbeanspruchung		
XM1	mäßige Beanspruchung	tragende oder aussteifende Industrieböden mit Beanspruchung durch luftbereifte Fahrzeuge
XM2	starke Beanspruchung	tragende oder aussteifende Industrieböden mit Beanspruchung durch luft- oder vollgummibereifte Gabelstapler
XM3	sehr starke Beanspruchung	tragende oder aussteifende Industrieböden mit Beanspruchung durch elastomer- oder stahlrollenbereifte Gabelstapler Oberflächen, die häufig mit Kettenfahrzeugen befahren werden Wasserbauwerke in geschiebebelasteten Gewässern, z. B. Tosbecken
8. Betonkorrosion infolge Alkali-Kieselsäurereaktion Anhand der zu erwartenden Umgebungsbedingungen ist der Beton einer der vier nachfolgenden Feuchtigkeitsklassen zuzuordnen.		
WO	Beton der nach normaler Nachbehandlung nicht längere Zeit feucht und nach dem Austrocknen während der Nutzung weitgehend trocken bleibt	Innenbauteile des Hochbaus Bauteile, auf die Außenluft, nicht jedoch z. B. Niederschläge, Oberflächenwasser, Bodenfeuchte einwirken können und/oder die nicht ständig einer relativen Luftfeuchte von mehr als 80% ausgesetzt werden [b]
WF	Beton, der während der Nutzung häufig oder längere Zeit feucht ist	ungeschützte Außenbauteile, die z. B. Niederschlägen, Oberflächenwasser oder Bodenfeuchte ausgesetzt sind Innenbauteile des Hochbaus für Feuchträume, wie z. B. Hallenbäder, Wäschereien und andere gewerbliche Feuchträume, in denen die relative Luftfeuchte überwiegend höher als 80% ist Bauteile mit häufiger Taupunktunterschreitung, wie z. B. Schornsteine, Wärmeübertragerstationen, Filterkammern und Viehställe; massige Bauteile gemäß DAfStb-Richtlinie, „Massige Bauteile aus Beton", deren kleinste Abmessung 0,80 m überschreitet (unabhängig vom Feuchtezutritt)
WA	Beton, der zusätzlich zu der Beanspruchung nach Klasse WF häufiger oder langzeitiger Alkalizufuhr von außen ausgesetzt ist	Bauteile mit Meerwassereinwirkung Bauteile unter Tausalzeinwirkung ohne zusätzliche hohe dynamische Beanspruchung (z. B. Spritzwasserbereiche, Fahr- und Stellflächen in Parkhäusern) Bauteile von Industriebauten und landwirtschaftlichen Bauwerken (z. B. Güllebehälter) mit Alkalisalzeinwirkung

Tabelle 33. Expositionsklassen und informativ zugeordnete Beispiele *(Fortsetzung)*

1	2	3
Klassenbezeichnung	Kennzeichen der einwirkenden Umgebung	Beispiele für die Zuordnung von Bauteilen zu Expositionsklassen
WS [c]	Beton, der hoher dynamischer Beanspruchung und direktem Alkalieintrag ausgesetzt ist.	Bauteile unter Tausalzeinwirkung mit zusätzlicher hoher dynmischer Beanspruchung (z. B. Betonfahrbahnen).

[a] Für die Sicherstellung der Dauerhaftigkeit ist ein Instandhaltungsplan im Sinne der DAfStb-Richtlinie „Schutz und Instandsetzung von Betonbauteilen" aufzustellen.

[b] Wenn z. B. eine offene Halle im Winter sehr stark abgekühlt ist und im Frühjahr von warmer Luft bestrichen wird, kann sich auf der Betonoberfläche Kondenswasser bilden, auch wenn die Luftfeuchte unter 80% liegt. Tritt dieser Fall häufiger auf, so sollten diese Bauteile auf der sicheren Seite liegend in WF eingestuft werden.

[c] Feuchtigkeitsklasse WS gilt i. d. R. nur für Fahrbahndeckenbeton der Bauklassen SV, I, II und III gemäß TL Beton-StB 07 (Bk 100 bis Bk 1,8 gemäß RStO 12). Für Fahrbahndeckenbeton der Bauklassen IV, V und VI ist eine Einstufung in die Feuchtigkeitsklasse WA ausreichend.

[d] Für die Planung und Ausführung des dauerhaften lokalen Schutzes von Rissen gilt DAfStb-Richtlinie „Schutz und Instandsetzung von Betonbauteilen".

Tabelle 34. Grenzwerte für die Expositionsklassen bei chemischem Angriff durch natürliche Böden und Grundwasser nach DIN EN 206-1.

Die folgende Klasseneinteilung chemisch angreifender Umgebung gilt für natürliche Böden und Grundwasser mit einer Wasser-/Boden-Temperatur zwischen 5 und 25 °C und einer Fließgeschwindigkeit des Wassers, die klein genug ist, um näherungsweise hydrostatische Bedingungen anzunehmen. Hinsichtlich Vorkommen und Wirkungsweise von chemisch angreifenden Böden und Grundwasser siehe DIN 4030-1. Der schärfste Wert für jedes einzelne chemische Merkmal bestimmt die Klasse. Wenn zwei oder mehrere angreifende Merkmale zu derselben Klasse führen, muss die Umgebung der nächsthöheren Klasse zugeordnet werden, sofern nicht in einer speziellen Studie für diesen Fall nachgewiesen wird, dass dies nicht erforderlich ist. Auf eine spezielle Studie kann verzichtet werden, wenn keiner der Werte im oberen Viertel (beim pH-Wert im unteren Viertel) liegt.

Chemisches Merkmal	Referenzprüfverfahren	XA1	XA2	XA3
Grundwasser				
SO_4^{2-} mg/l [e]	EN 196-2	≥ 200 und ≤ 600	> 600 und ≤ 3000	> 3000 und ≤ 6000
pH-Wert	ISO 4316	$\leq 6,5$ und $\geq 5,5$	$< 5,5$ und $\geq 4,5$	$< 4,5$ und $\geq 4,0$
CO_2 mg/l angreifend	prEN 13577:1999	≥ 15 und ≤ 40	> 40 und ≤ 100	> 100 bis zur Sättigung
NH_4^+ mg/l [a]	ISO 7150-1 oder ISO 7150-2	≥ 15 und ≤ 30	> 30 und ≤ 60	> 60 und ≤ 100
Mg^{2+} mg/l	ISO 7980	≥ 300 und ≤ 1000	> 1000 und ≤ 3000	> 3000 bis zur Sättigung
Boden				
SO_4^{2-} mg/kg [b] insgesamt	EN 196-2 [c]	≥ 2000 und ≤ 3000 [d]	> 3000 [d] und ≤ 12000	> 12000 und ≤ 24000
Säuregrad	DIN 4030-2	> 200 Baumann-Gully	in der Praxis nicht anzutreffen	

[a] Gülle kann, unabhängig vom NH_4^+-Gehalt, in die Expositionsklasse XA1 eingeordnet werden.

[b] Tonböden mit einer Durchlässigkeit von weniger als 10^{-5} m/s dürfen in eine niedrigere Klasse eingestuft werden.

[c] Das Prüfverfahren beschreibt die Auslaugung von SO_4^{2-} durch Salzsäure; Wasserauslaugung darf stattdessen angewandt werden, wenn am Ort der Verwendung des Betons Erfahrung hierfür vorhanden ist.

[d] Falls die Gefahr der Anhäufung von Sulfationen im Beton – zurückzuführen auf wechselndes Trocknen und Durchfeuchten oder kapillares Saugen – besteht, ist der Grenzwert von 3000 mg/kg auf 2000 mg/kg zu vermindern.

[e] Falls der Sulfatgehalt des Grundwassers > 600 mg/l beträgt, ist dieser im Rahmen der Festlegung des Bodens anzugeben.

Tabelle 35. Grenzwerte für die Zusammensetzung von Beton für die Expositionsklassen X0 bis XS3

Zeile	Expositionsklassen	Kein Korrosions- oder Angriffsrisiko	Bewehrungskorrosion										
			durch Karbonatisierung verursachte Korrosion				durch Chloride verursachte Korrosion						
							Chloride außer aus Meerwasser			Chloride aus Meerwasser		
		X0 [a]	XC1	XC2	XC3	XC4	XD1	XD2	XD3	XS1	XS2	XS3
1	Höchstzulässiger w/z	–	0,75		0,65	0,60	0,55	0,50	0,45	Siehe XD1	Siehe XD2	Siehe XD3
2	Mindestdruckfestigkeitsklasse [b]	C8/10	C16/20		C20/25	C25/30	C30/37 [d]	C35/45 [d,e]	C35/45 [d]			
3	Mindestzementgehalt [c] in kg/m³	–	240		260	280	300	320	320			
4	Mindestzementgehalt [c] bei Anrechnung von Zusatzstoffen in kg/m³	–	240		240	270	270	270	270			
5	Mindestluftgehalt in %	–	–		–	–	–	–	–			
6	Andere Anforderungen	–					–					

[a] Nur für Beton ohne Bewehrung oder eingebettetes Metall.
[b] Gilt nicht für Leichtbeton.
[c] Bei einem Größtkorn der Gesteinskörnung von 63 mm darf der Zementgehalt um 30 kg/m³ reduziert werden.
[d] Bei Verwendung von Luftporenbeton, z. B. aufgrund gleichzeitiger Anforderungen aus der Expositionsklasse XF, eine Festigkeitsklasse niedriger. In diesem Fall darf Fußnote [e] nicht angewendet werden.
[e] Bei langsam und sehr langsam erhärtenden Betonen (r < 0,30) eine Festigkeitsklasse niedriger. Die Druckfestigkeit zur Einteilung in die geforderte Druckfestigkeitsklasse nach 4.3.1 ist auch in diesem Fall an Probekörpern im Alter von 28 Tagen zu bestimmen. In diesem Fall darf Fußnote [d] nicht angewendet werden.

Tabelle 36. Grenzwerte für die Zusammensetzung von Beton für die Expositionsklassen XF1 bis XM3

Zeile	Expositionsklassen	Betonkorrosion											
		Frostangriff				Aggressive chemische Umgebung [m]			Verschleißbeanspruchung [h]		
		XF1	XF2	XF3	XF4	XA1	XA2	XA3	XM1	XM2	XM3
1	Höchstzulässiger w/z	0,60	0,55 [g]	0,55	0,50	0,50 [g]	0,60	0,50	0,45	0,55	0,55	0,45
2	Mindestdruck-festigkeitsklasse [b]	C25/30	C35/45 [e]	C25/30	C35/45 [e]	C30/37	C25/30	C35/45 [d,e]	C35/45 [d]	C30/37 [d]	C30/37 [d]	C35/45 [d]
3	Mindestzementgehalt [c] in kg/m³	280	300	300	320	320	280	320	320	300 [i]	300 [i]	320 [i]
4	Mindestzementgehalt [c] bei Anrechnung von Zusatzstoffen in kg/m³	270	270 [g]	270	270 [g]	270 [g]	270	270	270	270	270	270
5	Mindest-Luftgehalt in %	–	[f]	[f]	–	[f, j]	–	–	–	–	–	–
6	Andere Anforderungen	Gesteinskörnungen für die Expositionsklassen XF1 bis XF4				–	–	[l]	Ober-flächenbe-handlung des Betons [k]	–	Einstreuen von Hart-stoffen nach DIN 1100		
		F_4	MS_{25}	F_2	MS_{18}						

[b, c, d] und [e] siehe Fußnoten in Tabelle 35.
[f] Der mittlere Luftgehalt im Frischbeton unmittelbar vor dem Einbau muss bei einem Größtkorn der Gesteinskörnung von 8 mm ≥ 5,5 % (Volumenanteil), 16 mm ≥ 4,5 % (Volumenanteil), 32 mm ≥ 4,0 % (Volumenanteil) und 63 mm ≥ 3,5 % (Volumenanteil) betragen. Einzelwerte dürfen diese Anforderungen um höchstens 0,5 % (Volumenanteil) unterschreiten.
[g] Die Anrechnung auf den Mindestzementgehalt und den Wasserzementwert ist nur bei Verwendung von Flugasche zulässig. Weitere Zusatzstoffe des Typs II dürfen zugesetzt, aber nicht auf den Zementgehalt oder den w/z angerechnet werden. Bei gleichzeitiger Zugabe von Flugasche und Silicastaub ist eine Anrechnung auch für die Flugasche ausgeschlossen.
[h] Es dürfen nur Gesteinskörnungen nach DIN EN 12620 verwendet werden. Die Körnungen bis 4 mm müssen überwiegend aus Quarz oder Stoffen mindestens gleicher Härte bestehen, das gröbere Korn aus Gestein oder künstlichen Stoffen mit hohem Verschleißwiderstand. Die Körner aller Gesteinskörnungen sollen mäßig raue Oberflächen und gedrungene Gestalt haben. Das Korngemisch soll möglichst grobkörnig sein.
[i] Höchstzementgehalt 360 kg/m³, jedoch nicht bei hochfesten Betonen.
[j] Erdfeuchter Beton mit w/z ≤ 0,40 darf ohne Luftporen hergestellt werden.
[k] Z. B. Vakuumieren und Flügelglätten des Betons.
[l] Schutzmaßnahmen erforderlich, z. B. Schutzschichten oder dauerhafte Bekleidungen.
[m] Bei chemischem Angriff durch Sulfat (ausgenommen Meerwasser) muss SR-Zement verwendet werden. Bei einem Sulfatgehalt des angreifenden Wassers von SO_4^{2-} ≤ 1500 mg/l darf anstelle von SR-Zement eine Mischung aus Zement und Flugasche verwendet werden (siehe Abschnitt 2.4.3).

liert werden kann. Wenn die vorgesehene Nutzungsdauer deutlich von 50 Jahren abweicht, sind zusätzliche Überlegungen hinsichtlich einer Verschärfung oder Abschwächung der Grenzwerte nach den Tabellen 35 und 36 und, falls die Bewehrungskorrosion der kritische Risikofaktor ist, hinsichtlich der Betondeckung anzustellen.

7.2 Widerstand gegen das Eindringen aggressiver Stoffe

Die in Abschn. 7.1 genannten Schädigungsmechanismen werden – mit Ausnahme des Angriffs durch hohe Temperaturen und des Verschleißes – nur wirksam, wenn Wasser, gelöste Stoffe oder Gase in den Beton eindringen. Dem Widerstand des Betons gegen das Eindringen solcher Stoffe, der Dichtheit des Betons, kommt damit für dessen Dauerhaftigkeit eine überragende Bedeutung zu. Die möglichen Transportwege für eindringende Stoffe sind die Kapillarporen des Zementsteins, die Poren in der Kontaktzone zwischen Zementstein und Gesteinskörnung sowie Mikrorisse. Neben der Gesamtporosität und der Porengrößenverteilung ist dabei die Kontinuität des Porensystems von besonderer Bedeutung, die im Zementstein bei ausreichend niedrigem w/z-Wert und hohem Hydratationsgrad nicht mehr gegeben ist (siehe dazu z. B. [7.5, 7.6]).

Ein Stofftransport im Porensystem des Betons erfolgt nach drei unterschiedlichen Mechanismen oder deren Kombinationen. Dies sind die Permeation, die Diffusion und das kapillare Saugen (Absorption). Der Widerstand von Beton gegen das Eindringen von Fremdstoffen kann je nach vorherrschendem Transportmechanismus durch Werkstoffkennwerte charakterisiert werden.

Permeation ist die Durchströmung des Porensystems durch Flüssigkeiten oder Gase als Folge eines äußeren Druckes. Sie wird charakterisiert durch den Permeabilitätskoeffizienten, der für Wasser und Lösungen nach dem Gesetz von *Darcy* definiert wird und die Dimension K_w [m/s] hat (Gl. 7.1a). Für Gase wird bei Berücksichtigung der Viskosität und Kompressibilität des Gases die Geschwindigkeit des Transports durch den spezifischen Permeabilitätskoeffizienten K_g [m²] bestimmt (Gl. 7.1b). Werden Viskosität und Kompressibilität des Gases vernachlässigt, so hat der Permeabilitätskoeffizient die Dimension K_g [m²/s]. Die Permeabilität von Beton gegen Flüssigkeiten und Gase ist verhältnismäßig einfach und schnell zu bestimmen und z. B. für den Fall drückenden Wassers von unmittelbarer praktischer Bedeutung.

Unter *Diffusion* wird der Transport von freien Atomen, Molekülen oder Ionen als Folge und in Richtung eines Konzentrationsgefälles verstanden. Der Widerstand eines Werkstoffs gegen Diffusionstransport wird durch den Diffusionskoeffizienten D [m²/s] nach dem 1. Fick'schen Gesetz charakterisiert (Gl. 7.2). Dieser Transportmechanismus ist von unmittelbarer praktischer Relevanz, z. B. für die Austrocknungsgeschwindigkeit von Beton, für die Carbonatisierung als Folge des Eindringens von Kohlendioxid aus der Luft, für das Eindringen von Chloriden oder den Transport von Radon durch Beton [7.7].

Kapillares Saugen ist die Aufnahme von Wasser oder anderer benetzender Flüssigkeiten in das Porensystem des Zementsteins als Folge von Kapillarkräften. Unter den drei genannten Mechanismen ist das kapillare Saugen das effektivste, d. h. es bewirkt den schnellsten Transport von Wasser oder von Ionen, die im Wasser gelöst sind. Das kapillare Saugen kann durch den Wasseraufnahmekoeffizienten S beschrieben werden (Gl. 7.3). Er hat die Dimension [g/m² s^n]. Unter der Annahme, dass das kapillar aufgenommene Flüssigkeitsmenge linear von der Wurzel der Einwirkungsdauer abhängt, ist n = 0,5. Das kapillare Saugen ist von praktischer Bedeutung, wenn flüssiges Wasser oder Lösungen unmittelbar auf eine Betonoberfläche einwirken, z. B. bei Fundamenten oder Wänden im Grundwasser, bei Schlagregenbeanspruchung oder bei Tausalzlösungen auf horizontalen oder geneigten Flächen.

Die o. g. Transportkoeffizienten können für den Fall stationären Transports durch die Bestimmungsgleichungen entsprechend den Gln. (7.1) bis (7.3) definiert werden:

Permeation von Flüssigkeiten:

$$K_w = \frac{Q}{t} \cdot \frac{1}{A} \cdot \frac{1}{\Delta h} \qquad (7.1a)$$

Permeation von Gasen:

$$K_g = \frac{Q}{t} \cdot \frac{1}{A} \cdot \frac{p}{(p_1 - p_2) \cdot \bar{p}} \cdot \eta \qquad (7.1b)$$

Diffusion:

$$D = \frac{m}{t} \cdot \frac{1}{A} \cdot \frac{1}{\Delta c} \qquad (7.2)$$

Kapillares Saugen:

$$S = \frac{\Delta m}{t^n} \cdot \frac{1}{A} \qquad (7.3)$$

Darin bedeuten K_w = Permeabilitätskoeffizient für Flüssigkeiten [m/s]; K_g = spezifischer Permeabilitätskoeffizient für Gase [m²]; D = Diffusionskoeffizient [m²/s]; S = Wasseraufnahmekoeffizient [g/(m² s^n)] bzw. [m³/(m² s^n)]; Q = Volumen des durchströmenden Stoffes [m³]; m = durchströmende Masse [g]; Δm = aufgenommene Masse [g] bzw. [m³]; t = Einwirkungsdauer [s]; l = Dicke des durchströmten Körpers [m]; A = durchströmte Fläche [m²]; Δh = Druck [m Wassersäule]; $p_1 - p_2$ = Druckgefälle [N/m²]; Δc = Konzentrationsunterschied [g/m³]; p = Druck, bei dem Q gemessen wird [N/m²]; $\bar{p}$ = mittlerer Druck = $(p_1 + p_2)/2$;

η = Viskosität des Gases [Ns/m^2] (siehe dazu u. a. [7.8–7.11]).

Insbesondere die Gln. (7.1) und (7.2) sind in ihrem Aufbau sehr ähnlich. Entsprechend werden die Transportkoeffizienten durch die gleichen technologischen Parameter, z. T. auch durch die gleichen Umweltbedingungen, beeinflusst. Mit steigender Kapillarporosität, d. h. zunehmendem w/z-Wert und abnehmendem Hydratationsgrad, sowie zunehmender Mikrorissbildung nehmen K_w, K_g, D und S und damit die Eindringgeschwindigkeit zu. Von großer Bedeutung ist der Feuchtegehalt des Betons: Mit steigendem Feuchtegehalt nehmen die Permeabilität gegen Gase und der Wasseraufnahmekoeffizient ab und gehen bei Wassersättigung gegen null [7.12, 7.13]. Die Beeinflussung des Diffusionskoeffizienten durch den Wassergehalt hängt von der Art des transportierten Mediums ab. So nimmt der Diffusionskoeffizient für Kohlendioxid mit steigendem Wassergehalt deutlich ab, während der Diffusionskoeffizient für Wasserdampf zunimmt [7.12]. Eine Temperaturerhöhung hat im Allgemeinen eine Beschleunigung von Transportvorgängen zur Folge, die je nach Transportmechanismus und transportiertem Medium mehr oder weniger deutlich ist [7.14].

Im CEB-FIP Model Code MC 90 werden Beziehungen zur Abschätzung der Transportkoeffizienten in Abhängigkeit von Betongüte, Wasserzementwert und teilweise auch von der Zementart gegeben [1.2]. Aus den Angaben des MC 90 ergeben sich bei einem mittleren Feuchtegehalt des Betons von 50 bis 70 % rel. Feuchte Permeabilitätskoeffizienten für Wasser bei Betonen der Festigkeitsklassen C12 bzw. C50 von ca. $K_w = 2 \times 10^{-11}$ bzw. $K_w = 3 \times 10^{-14}$ [m/s]. Die spezifischen Permeabilitätskoeffizienten für Luft betragen für diese Festigkeitsklassen ca. $K_g = 2,5 \times 10^{-15}$ bzw. $K_g = 3 \times 10^{-17}$ [m^2]. Für den Diffusionskoeffizienten von Kohlendioxid durch carbonatisierten Beton erhält man aus den Beziehungen des MC 90 für Betone der Festigkeitsklassen C12 bzw. C50 Werte von ca. $D_{CO_2} = 8 \times 10^{-8}$ [m^2/s] bzw. $D_{CO_2} = 1 \times 10^{-9}$ [m^2/s]. Diese Zahlen verdeutlichen die große Schwankungsbreite der Transportkoeffizienten je nach Festigkeitsklasse bzw. Porosität des Betons.

Die überschlägige Abschätzung von Transportkennwerten aus der Betongüte bzw. der Betondruckfestigkeit, wie sie im MC 90 [1.2], aber auch im MC 2010 [6.41] angegeben wird, darf nicht darüber hinwegtäuschen, dass die Festigkeit als Einflussgröße nur sehr eingeschränkt taugt. Bei gleicher Festigkeit unterschiedlich zusammengesetzter Betone können Transportkoeffizienten um wenigstens eine Zehnerpotenz voneinander abweichen. bzw. die Größe eines bestimmten Transportkoeffizienten kann für Betone gelten, deren Festigkeit sich um ca. 40 N/mm^2 voneinander unterscheidet [7.48]. Dies erklärt sich aus dem tatsächlichen Einfluss der Porenstruktur, die ausgeprägt durch die Bindemittelwahl (Zement und Zusatzstoffe, wie z. B. Flugasche [2.27]) bestimmt wird, aber weit weniger ausgeprägt auf die Festigkeit Einfluss nimmt. Es ist daher auch nicht möglich, eine Lebensdauerprognose auf den Festigkeitsklassen des Betons aufzubauen, so wünschenswert das wäre, da gerade die Betongüte in der Planungsphase stets bekannt sein muss. Vielmehr ist es am besten, gemessene Transportkenngrößen in Lebensdauerbetrachtungen (Bemessung oder Prognose) einzubeziehen. Dabei ist auch zu beachten, dass zumeist die Eigenschaften der Betonrandzone bzw. der Bereich der Betondeckung von Belang sind.

Über die Abhängigkeit des Permeabilitätskoeffizienten für Sauerstoff und Luft von Feuchte und technologischen Parametern siehe u. a. [7.15]. Angaben zu den Diffusionskoeffizienten für Wasserdampf, Luft und Kohlendioxid sind u. a. in [7.12] und Abschnitt 7.3.2 enthalten. Zu Fragen der Chloriddiffusion siehe Abschn. 7.3.3. Einflüsse auf den Wasseraufnahmekoeffizienten nach Gl. (7.3) sind u. a. in [7.12] behandelt.

7.3 Korrosionsschutz der Bewehrung im Beton

7.3.1 Allgemeine Anforderungen

Eine wesentliche Voraussetzung für die gemeinsame Tragwirkung von Stahl und Beton und für die Dauerhaftigkeit von Bauteilen aus Stahl- und Spannbeton ist, dass die Bewehrung, die ja an der Luft sehr rasch korrodieren würde, im Beton auf Dauer vor Korrosion geschützt ist. Der dauerhafte Korrosionsschutz der Bewehrung im Beton beruht darauf, dass die Porenlösung des Betons im Bereich der Bewehrung eine große OH^--Ionen-Konzentration und daher einen pH-Wert oberhalb von 12,5 aufweist. Das bei der Zementhydratation in großen Mengen (rd. 20 bis 25 M.-%, bez. auf den Zementgehalt für CEM I) abgespaltene Calciumhydroxid sorgt weiterhin für eine Pufferung des hohen pH-Werts bei pH = 12,5. Unter diesen Bedingungen bildet sich auf der Oberfläche des Stahles eine so genannte Passivschicht. Dies ist eine sehr dünne, aber dichte Schicht aus Eisenoxid, die eine Auflösung des Eisens in Ionen verhindert. Eine Korrosion von Stahl im Beton kann daher nur auftreten, wenn gleichzeitig drei Bedingungen erfüllt sind:

1) Die Passivschicht wird durch Carbonatisierung oder durch Chloride zerstört.

2) Der elektrische Widerstand des Betons wird durch einen hohen Feuchtegehalt deutlich vermindert.

3) Sauerstoff kann in ausreichender Menge bis zum Bewehrungsstahl vordringen.

Wegen des hohen elektrischen Widerstandes von trockenem Beton geht die Korrosionsgeschwindigkeit von Stahl in trockenem Beton auch dann gegen null, wenn der Beton carbonatisiert ist oder freie Chloridionen enthält. Auch in ständig unter Wasser gelagertem Beton ist wegen unzureichender Sauerstoffzufuhr nicht mit Stahlkorrosion zu rechnen. Eine Korrosionsgefährdung der Bewehrung besteht jedoch bei nicht sachgerecht hergestellten Betonbauteilen, die wechselnd durchfeuchtet und ausgetrocknet werden. Hier kann der Fall eintreten, dass alle drei für die Korrosion erforderlichen Bedingungen erfüllt sind. Ein für die meisten Fälle ausreichender Schutz der Bewehrung vor Korrosion wird aber durch eine angemessen dicke Betondeckung aus entsprechend dichtem Beton und durch Begrenzung des Gehalts an korrosionsfördernden Stoffen in den Betonausgangsstoffen erreicht.

Bei chloridhaltigen Tausalzlösungen, die z. B. auf befahrenen Verkehrsflächen einwirken, sind zusätzlich ein Oberflächenschutz (Einstufung in XD1 mit Einsatz von geeigneten Oberflächenschutzsystemen nach RL-SIB) oder eine unterlaufsichere Abdichtung (Einstufung in XC3) sowie ein dauerhafter lokaler Schutz der Risse bei Einstufung in XD3 erforderlich (s. Tabelle 33). Wichtig ist, dass die Schutz- oder Abdichtungsmaßnahmen gemäß DAfStb-Richtlinie „Schutz und Instandsetzung von Betonbauteilen" zu planen und instand zu halten sind.

Bei XD3 darf alternativ auch eine rissvermeidende Bauweise gewählt werden (s. Tabelle 32). In diesem Fall sind die der Expositionsklasse XD3 zugehörigen Betonanforderungen und die Mindestbetondeckung zur Sicherstellung der Dauerhaftigkeit ausreichend. Über die Mechanismen der Korrosion von Stahl im Beton siehe u. a. [7.16].

7.3.2 Carbonatisierung

Die Vermeidung der Carbonatisierung von Zementstein kann für die Aufrechterhaltung des Korrosionsschutzes der Bewehrung im Beton von großer Bedeutung sein. Carbonatisierung wird durch das Eindringen von Kohlendioxid aus der Luft in den Beton verursacht. Die Konzentration des Kohlendioxids in der Luft beträgt etwa 0,03 Vol.-%, kann aber in Innenräumen, Garagen oder in einer Industrieatmosphäre bis auf Werte von ca. 1 Vol.-% ansteigen. Das Kohlendioxid reagiert zwar mit allen Komponenten des Zementsteins, die calciumhaltig sind. Am wichtigsten ist jedoch die Reaktion mit dem Calciumhydroxid, das für den hohen pH-Wert des Porenwassers im nicht carbonatisierten Zementstein hauptverantwortlich ist. Die Carbonatisierung bewirkt einen Abfall des pH-Wertes auf pH < 9, sodass die Passivierung im Beton eingebetteten Stahles nicht mehr gegeben ist. Kohlendioxid dringt zwar umso leichter in die Poren des Zementsteins ein, je weniger diese mit Wasser gefüllt

sind. Für die chemische Reaktion zwischen Kohlendioxid und den Hydratationsprodukten des Zements ist aber die Anwesenheit von Wasser erforderlich, sodass die Geschwindigkeit des Carbonatisierungsfortschritts deutlich vom Wassergehalt des Betons abhängt. Bei sehr trockenem bzw. nahezu wassergesättigtem Beton geht die Carbonatisierungsgeschwindigkeit gegen null. Sie erreicht ein Maximum bei einer rel. Feuchte in Beton von ca. 50 bis 60%. Der Transport des Kohlendioxids durch das Porensystem des Zementsteins folgt einem Diffusionsprozess nach Abschn. 7.2, für dessen Geschwindigkeit der Diffusionskoeffizient von Kohlendioxid durch den carbonatisierten Beton maßgebend ist. Für Beton, der unter konstanten klimatischen Bedingungen gelagert wird und für Beton im Freien, der vor direkter Regeneinwirkung geschützt ist, kann ihre zeitliche Entwicklung nach dem sog. $\sqrt{t}$-Gesetz, Gl. (7.4), beschrieben werden.

$$d_c = \sqrt{2 D_{CO2} \cdot \frac{C_a}{C_c} \cdot t} \qquad (7.4)$$

Darin bedeuten d_c = Carbonatisierungstiefe [m] zum Zeitpunkt t; D_{CO2} = Diffusionskoeffizient für Kohlendioxid durch carbonatisierten Beton [m^2/s]; C_a = Konzentration von Kohlendioxid in der Luft [g/m^3]; C_c = Kohlendioxid, das zur Carbonatisierung eines Einheitsvolumens von Beton erforderlich ist [g/m^3]; t = Dauer der Carbonatisierung [s]. Nach den Angaben des MC 90 kann C_a/C_c näherungsweise 8×10^{-6} gesetzt werden. Gl. (7.4) ist zur Beschreibung des Carbonatisierungsfortschritts nur unter der Bedingung zutreffend, dass der Diffusionskoeffizient D_{CO2} über die Zeit und den Ort konstant bleibt. Diese Bedingung ist vor allem dann nicht erfüllt, wenn eine Betonoberfläche dem Regen ausgesetzt ist und durch kapillares Saugen schnell Wasser aufnimmt. Als Folge davon nimmt D_{CO2} deutlich ab, und die Carbonatisierung kommt solange zum Stillstand, bis durch eine nachfolgende, viel langsamer verlaufende Trocknung der Feuchtegehalt des bereits carbonatisierten Betons soweit absinkt, dass Kohlendioxid wieder in ausreichendem Maße in den Beton eindringen kann. Gl. (7.4) erlaubt daher keine zuverlässige Abschätzung des Carbonatisierungsfortschritts von Betonbauteilen unter natürlichen Bewitterungsbedingungen. Dieses Defizit wird durch ein wesentlich verbessertes Modell im *fib* Model Code 2010 [6.41] überwunden. Darin sind für die Prognose des Carbonatisierungsfortschritts z. B. die klimatischen Umgebungsbedingungen und die Qualität der Bauausführung (Nachbehandlung) berücksichtigt. Insbesondere aber geht in das Modell ein experimentell zu bestimmender, inverser effektiver Carbonatisierungswiderstand ein, der den tatsächlichen Eigenschaften des Betons bzw. der Struktur seiner Bindemittelmatrix Rechnung trägt.

Für die Belange der Praxis sind in früheren Jahren verschiedene Modifikationen des $\sqrt{t}$-Gesetzes vorgeschlagen worden. So wird u. a. ein empirischer Zusammenhang zwischen Carbonatisierungstiefe d_c und der Zeit t nach Gl. (7.5) angegeben.

$$d_c = \text{const.} \cdot t^\alpha \qquad (7.5)$$

Die Potenz α liegt im Bereich $0,15 < \alpha < 0,5$ und ist umso geringer, je häufiger eine Betonoberfläche Regen ausgesetzt ist. Für trockenen Beton oder vor Regen geschützten Beton ist $\alpha = 0,5$ (Gl. 7.4). Nach theoretischen Überlegungen sowie experimentellen Untersuchungen strebt die Carbonatisierung von Beton, der unter den Klimabedingungen Nord- und Mitteleuropas häufig Regen ausgesetzt ist, sogar einem Endwert zu, wenn die Trockenperioden zwischen Regenfällen so kurz sind und die Carbonatisierungstiefe schon so groß ist, dass der Beton bis zur Carbonatisierungsfront nicht mehr ausreichend austrocknet, um einen weiteren Carbonatisierungsfortschritt zu erlauben. Ein Modell zur Berechnung der Carbonatisierungstiefe bei intermittierender Regenbeaufschlagung wird in [7.42] vorgestellt, das darauf basiert, dass die Carbonatisierung stoppt, wenn der Beton wassergesättigt ist. Erst wenn die Trocknungstiefe die vorangegangene Carbonatisierungstiefe erreicht, schreitet die Carbonatisierung weiter. Auf diese Weise können die in der Praxis gemessenen Unterschiede der Carbonatisierungstiefe erklärt werden.

Nach Gl. (7.4) hängt die Carbonatisierungsgeschwindigkeit von der Bindekapazität des Zementsteins gegenüber Kohlendioxid, ausgedrückt durch die Größe C_c, vor allem aber vom Diffusionskoeffizienten D_{CO2} ab. Dieser wird entscheidend geprägt durch die Kapillarporosität des Zementsteins. Er nimmt mit sinkendem w/z-Wert, steigendem Hydratationsgrad und daher mit zunehmender Nachbehandlungsdauer deutlich ab. Eine ausreichende Nachbehandlung ist für einen langsamen Carbonatisierungsfortschritt deswegen von besonderer Bedeutung, weil sie vor allem die Struktur der Randzonen eines Betonquerschnitts verbessert, welche der Carbonatisierung zuerst ausgesetzt sind [7.2].

Die Carbonatisierung des Zementsteins verändert seine Porenstruktur. Bei Betonen aus Portlandzement wurde eine deutliche Reduktion der Kapillarporosität beobachtet, die auch eine Erhöhung von Druckfestigkeit und Oberflächenhärte zur Folge hat. Bei Betonen aus Hochofenzementen nimmt die Reduktion der Kapillarporosität mit steigendem Hüttensandgehalt ab. Darüber hinaus hat die Carbonatisierung bei Betonen aus hüttensandreichen Hochofenzementen eine Verschiebung der Porengrößenverteilung in Richtung gröberer Poren und damit eine Erhöhung von D_{CO2} und eine Beschleunigung des Carbonatisierungsfortschritts zur Folge, die aber durch Reduktion des Wasserzementwerts oder eine verbesserte Nachbehandlung ausgeglichen werden kann. Die Permeabilität von nicht carbonatisiertem Beton gegen Luft kann als Maß für die Carbonatisierungstiefe nach einer bestimmten Carbonatisierungsdauer herangezogen werden. Dies geht aus Bild 23 hervor, in dem das Quadrat der Carbonatisierungstiefen nach einjähriger Lagerung bei 20 °C und 65 % rel. Luftfeuchte von Betonproben mit unterschiedlichen Wasserzementwerten und Nachbehandlungsdauern in Abhängigkeit vom Permeabilitätskoeffizienten gegen Luft am Ende der Nachbehandlung, d. h. zu Beginn der Carbonatisierung aufgetragen sind. Für Betone aus Portland- oder Portlandhüttenzement und für Betone, bei denen bis zu 20 % des Zements durch Flugasche ersetzt wurden, ist dieser Zusammenhang von Betonzusammensetzung und Nachbehandlungsdauer unabhängig. Er gilt aber nicht für Betone aus hüttensandreichen Zementen. Solche Betone weisen wegen der schon beschriebenen Vergrößerung der Porenstruktur durch die Carbonatisierung bei gegebener Permeabilität gegen Luft des nicht carbonatisierten Betons eine größere Carbonatisierungstiefe auf als Betone aus Portlandzementen.

Vielfach wurde der Versuch unternommen, die Carbonatisierungstiefe bei einem bestimmten Betonalter und die Festigkeitsklasse des Betons zu korrelieren [7.4]. Dies kann aber nur sehr eingeschränkt gelingen, siehe [7.48] und Abschn. 7.2. Tatsächlich nimmt mit steigender Betondruckfestigkeit die Carbonatisierungsgeschwindigkeit deutlich ab. Dies ist wegen der Abhängigkeit der Druckfestigkeit von der Kapillarporosität und damit vom Wasserzementwert auch zu erwarten. Nicht ausreichend erfasst wird damit aber insbesondere der Einfluss der Nachbehandlungsdauer: Eine zu kurze Nachbehandlung wirkt sich auf die Carbonatisierungsgeschwindigkeit viel deutlicher aus als auf die Druckfes-

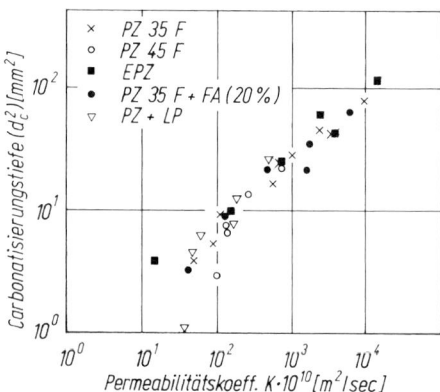

Bild 23. Carbonatisierungstiefe nach 1 Jahr Lagerung bei 20 °C, 65 % r. F., in Abhängigkeit vom Permeabilitätskoeffizienten des Betons gegen Luft im Alter von 56 Tagen; Betone aus Portlandzement, Portlandhüttenzement (EPZ) und Portlandzement mit Flugasche [7.3]

tigkeit von Beton aus. Auch der Einfluss des Feuchtegehalts von Beton auf den Carbonatisierungsfortschritt wird über die Druckfestigkeit nicht erfasst: So ist die Carbonatisierungstiefe bei einem gegebenen Betonalter in Betonkonstruktionen, die vor Regen geschützt sind, deutlich höher als in Bauwerken, die dem Regen unmittelbar ausgesetzt sind. Zu beachten ist ferner, dass an Mikrorissen und Fehlstellen im Beton sowie an Rissen in Stahlbetonbauteilen die Carbonatisierungstiefe deutlich größer ist als die mittlere Carbonatisierungstiefe eines risse- und fehlerfreien Betons.

Inwieweit die Carbonatisierung von Beton tatsächlich zur Korrosion der Bewehrung von Beton führt, hängt neben der Carbonatisierungstiefe in entscheidendem Maß vom Feuchtegehalt des Betons in Höhe der Bewehrung und von der Dicke der Betonüberdeckung ab. Korrosionsschäden können in Betonbauwerken im Allgemeinen nur dann auftreten, wenn ein ausreichendes Feuchteangebot, z. B. durch Schlagregen zur Verfügung steht. Dann ist, wenn man von offensichtlichen betontechnologischen Fehlern absieht, der Carbonatisierungsfortschritt aber so langsam, dass die Carbonatisierungstiefe auch nach vielen Jahrzehnten kleiner als die in DIN EN 1992-1-1 geforderten Mindestmaße der Betondeckung ist. Korrosion der Bewehrung in carbonatisiertem Beton wird daher an Bauwerken meist nur dann beobachtet, wenn die tatsächliche Betondeckung, u. U. auch nur örtlich, deutlich kleiner war als in den Normen gefordert. Ein solches Verhalten kann aber in anderen Klimazonen nicht vorausgesetzt werden, wenn z. B. einer monatelangen regenlosen Zeit mit schnellem Carbonatisierungsfortschritt eine längere Regenperiode folgt, während der Beton bis zur Bewehrung durchfeuchtet wird.

Die Kenntnis der physikalischen und chemischen Zusammenhänge der Carbonatisierung reicht heute aus, um ein Dauerhaftigkeitsbemessungskonzept aufzustellen [7.17, 7.45]. Als Eingangsgrößen müssen die Eigenschaften des Betons und die Betondeckung bekannt sein. Die Differentialgleichung des Carbonatisierungsfortschritts wird so dargestellt, dass die Einflüsse der Betonzusammensetzung, der Nachbehandlung, der Umgebungs-CO_2-Konzentration, das Betonalter und eine Witterungsfunktion eingegeben werden. Die Witterungsfunktion berücksichtigt hauptsächlich die Häufigkeit von Regenereignissen und die Orientierung zu einer Himmelsrichtung. Damit lässt sich der Carbonatisierungsfortschritt berechnen. Die Carbonatisierungstiefe wird der vorhandenen Betondeckung gegenübergestellt. Beide Größen können einer gewissen Streuung unterliegen, sodass schließlich ein probabilistischer Ansatz gewählt werden muss. Berechnet wird ein der- bzw. bauwerksaltersabhängiger Zuverlässigkeitsindex, der angibt, mit welcher Wahrscheinlichkeit die Carbonatisierungsfront zu einem bestimmten Zeitpunkt eine bestimmte Tiefe, z. B. die Tiefe der Bewehrungslage, erreicht.

7.3.3 Eindringen von Chloriden

Je nach Umgebungs- und Nutzungsbedingungen können in Beton- und Stahlbetonkonstruktionen Chloride eindringen. Quellen von Chloriden sind insbesondere Tausalzlösungen und Meerwasser. Aber auch die Einwirkung von Industrieabwässern oder von PVC-Brandgasen kann eine Chloridbeaufschlagung des Betons zur Folge haben. Während Chloride sich auf die Eigenschaften des erhärteten Betons im Allgemeinen nur wenig auswirken, zerstören sie auch in nicht-carbonatisiertem Beton die Passivschicht auf der Oberfläche von Stählen und lösen dann unter bestimmten Bedingungen die sog. Chloridkorrosion des Stahls aus. Beton kann je nach Zementart und Zementgehalt eine bestimmte Menge an Chloridionen chemisch oder physikalisch binden. Maßgebend für die Chloridkorrosion ist aber der Gehalt an freien Chloridionen im Porenwasser des Betons.

Chloride dringen durch die Kapillarporen des Zementsteins und der Kontaktzone Zementstein/Gesteinskörnung sowie durch Mikrorisse in den Beton ein. Der Transport erfolgt dabei sowohl durch Ionendiffusion im Porenwasser als auch durch kapillares Saugen von Salzlösungen mit nachfolgender Umverteilung der Chloridionen durch Diffusion, siehe dazu u. a. [7.16].

Erfolgt der Transport durch Diffusion, so gilt das 2. Fick'sche Gesetz für instationäre Diffusionsvorgänge nach Gl. (7.5a). Mit dem 2. Glied dieser Gleichung wird berücksichtigt, dass ein Teil der Chloride C_{gb} gebunden wird. Anstelle dessen wird häufig der Diffusionskoeffizient D_{cl} für Chloridionen in wässriger Lösung durch einen effektiven Diffusionskoeffizienten D_{eff} ersetzt.

Dann gilt Gl. (7.5b).

$$\frac{\partial C}{\partial t} = D_{Cl} \frac{\partial^2 C}{\partial x^2} - \frac{\partial C_{gb}}{\partial t} \qquad (7.5a)$$

$$\frac{\partial C_{frei}}{\partial t} = D_{eff} \frac{\partial^2 C_{frei}}{\partial x^2} \qquad (7.5b)$$

In Gl. (7.5b) bedeuten C_{frei} die Konzentration freier Chloridionen [g/m³] zum Zeitpunkt t an der Stelle x, t die Dauer der Chlorideinwirkung [s], x die Ortskoordinate [m] und D_{eff} der effektive Diffusionskoeffizient für Chloridionen in wässriger Lösung [m²/s], welcher die Bindekapazität des Betons in Abhängigkeit von der Bindemittelart berücksichtigt. Eine Lösung von Gl. (7.5b) führt zu einer Abhängigkeit der Eindringtiefe von Chloriden einer bestimmten Konzentration nach der Beziehung $d_\alpha \sim \sqrt{D_{eff} t}$. Der effektive Diffusionskoeffizient hängt einerseits von der Kapillarporosität des Zementsteins, andererseits von der Bindekapazität des Betons und damit von der Zementart ab (siehe dazu

u. a. [7.18, 7.19]). Mit sinkendem Wasserzementwert und verbesserter Nachbehandlung nimmt D_{eff} ab. Deutlicher ist jedoch der Einfluss des Hüttensandgehalts bei Betonen aus Hochofenzementen: Nach [7.20] bewirkt eine Reduktion des Wasserzementwerts von 0,66 auf 0,50 eine Reduktion von D_{eff} um ca. 60%. Eine Erhöhung des Hüttensandgehalts des Zements von 15% auf 60% hat eine Reduktion von D_{eff} um nahezu eine Größenordnung zur Folge. Ähnlich günstig wirkt sich der Zusatz von Flugasche oder silikatischen Feinstäuben aus [2.27, 7.21]. Nach den Angaben in [7.22] kann bei Betonen mit $0,4 < w/z < 0,6$ aus Portlandzement von $1 \cdot 10^{-12} < D_{eff} < 10 \cdot 10^{-12}$ [m²/s] und bei Betonen aus Hochofenzementen mit einem Hüttensandgehalt von ca. 60% von $0,5 \cdot 10^{-12} < D_{eff} < 1 \cdot 10^{-12}$ [m²/s] ausgegangen werden.

Wesentlich leistungsfähiger als der Chloridtransport durch Diffusion ist der Transport von Chloridionen durch kapillare Aufnahme von Chloridlösungen. Dieser Transportmechanismus ist vor allem dann von Bedeutung, wenn ein Betonbauteil mehrfach mit einer Chloridlösung beaufschlagt wird, dazwischen aber wieder abtrocknen kann. Eine Vorhersage des Eindringens von Chloriden wird vor allem dadurch erschwert, dass unter wirklichkeitsnahen Bedingungen häufig ein Mischtransport vorliegt und dass die Randbedingungen, insbesondere Chloridbeaufschlagung der Oberfläche, der Feuchtegehalt des Betons und die Temperatur, über die Zeit nicht konstant sind. Ein Arbeitsausschuss von RILEM befasste sich mit dem Thema [7.23].

Hinsichtlich der Modellierung des Transports von Chloriden in Beton gibt es verschiedene Ansätze, wovon die wichtigsten z. B. in [7.49] zusammengestellt sind. Im MC 2010 [6.41] ist ein Transportmodell angegeben, welches sich aus der Anwendung der Differenzialgleichung (7.5) ergibt. Es erlaubt die Berechnung der Chloridkonzentration in Abhängigkeit vom Abstand von der Betonoberfläche und berücksichtigt zahlreiche Einflussgrößen, wozu u. a. das Betonalter, die Umweltbedingungen und ein wirksamer Diffusionskoeffizient gehören. Dieser maßgebende Kennwert ist aus einer Analyse experimenteller Daten von dem betrachteten Beton zu bestimmen, wodurch eine zuverlässige Prognose der diffusionsgesteuerten Chlorideindringung gewährleistet wird. Die an sich wünschenswerte Verwendung der Betongüte bzw. der Betonfestigkeit als mögliche Ersatzeinflussparameter wäre mit großen Unsicherheiten bzw. Streuungen verbunden. Diesbezüglich gilt das bereits vorangehend für die Carbonatisierung des Betons Gesagte; siehe hierzu auch Abschn. 7.2 und [7.48]. Basierend auf dem Modellansatz in [6.41] ist eine Lebensdauerprognose bzw. die Bemessung auf Lebensdauer für die chloridinduzierte Bewehrungskorrosion möglich. Das Prinzip der Vorgehensweise ist vorangehend in Abschn. 7.3.2 aufgezeigt.

Häufig stellt sich die Frage nach dem kritischen Chloridgehalt des Betons, bei dem mit einem Verlust des Korrosionsschutzes der Bewehrung zu rechnen ist. Wesentlich hierfür ist der Gehalt an freien Chloriden im Porenwasser, der nur schwierig zu bestimmen ist, sodass im Allgemeinen nur der Gesamtchloridgehalt des Betons bekannt ist. Nach [7.24] werden in einem Beton aus Portlandzement etwa 0,4 M.-% Cl⁻, bezogen auf das Zementgewicht, gebunden. Daraus wurde ein zulässiger Schwellenwert von 0,4 M.-% abgeleitet. DIN 1045-2 enthält zwei Klassen für den höchst zulässigen Chloridgehalt von Beton, und zwar 0,40% Cl⁻ bezogen auf den Zementgehalt für Stahlbeton und 0,20% Cl⁻ für Spannbeton. Die Forderung nach unkritischen Chloridgehalten wird als erfüllt angesehen, wenn der Chloridgehalt jedes Ausgangsstoffes (Zement, Wasser, Betonzusatzmittel und -zusatzstoffe) den nach den Regelwerken zulässigen Wert einhält. Für Gesteinskörnungen gelten folgende Grenzwerte: 0,04 M.-% bei Stahlbeton und 0,02 M.-% bei Spannbeton. Bei Zementart CEM III gilt als Grenzwert 0,10 M.-% für alle Betone.

Maßgebend für das Einsetzen einer Chloridkorrosion ist jedoch eine Vielzahl von Parametern, die durch einen einzigen Grenzwert nicht erfasst werden können. Nach [7.25] ist der wichtigste Parameter das Verhältnis Cl⁻/OH⁻ in der Porenlösung, das größer als etwa 0,6 sein muss, ehe mit Chloridkorrosion zu rechnen ist. Darüber hinaus sind vor allem der pH-Wert der Porenlösung, der Feuchtegehalt des Betons, die Verfügbarkeit von Sauerstoff und die Bindemittelart wesentliche Parameter. In kritischen Fällen sollte daher zur Beurteilung der Zulässigkeit eines Chloridgehalts im Beton stets ein Fachmann herangezogen werden.

Für die meisten Fälle der Praxis schreibt DIN 1045-2 Mindestanforderungen vor, um Chloridkorrosion zu vermeiden (Tabelle 35). Dabei wird nicht unterschieden, ob Chlorid aus Meerwasser stammt oder aus anderen Quellen. Für die Risikostufe 1 (XD1 und XS1) gilt ein w/z-Wert von 0,55, ein Mindestzementgehalt von 300 kg/m³ und eine Mindestfestigkeitsklasse C30/37. Für diese Fälle mit geringem Chloridangebot aus der Umgebung und Nutzung wird angenommen, dass die Dichtheit des Betons ausreichend ist. Für die Risikostufe 2 (XD2 und XS2) beträgt der w/z-Wert 0,50, der Zementgehalt 320 kg/m³ und die Festigkeitsklasse C35/45. Auf dieser Stufe muss man davon ausgehen, dass Chlorid durch Diffusion in der Porenlösung des Betons bis zur Bewehrung wandert. Damit der kritische Chloridgehalt während der Nutzungsdauer nicht erreicht wird, werden in DIN 1045-2 höhere Anforderungen an die Dichtheit des Betons gestellt. Während auf der Stufe 2 der Beton überwiegend oder ständig nass ist, ist er auf Stufe 3 abwechselnd nass und trocken. Damit stehen alle Faktoren für Chloridkorrosion zur Verfügung: Chlorid für die Depassivierung des Stahls, Wasser für eine hohe elektrische Leitfähigkeit des Betons und Sauerstoff zusammen mit Wasser für die Bildung von Rost. Um dies zu verhindern, fordert DIN 1045-2 einen sehr dichten Beton mit einem höchstzulässigen w/z-Wert von 0,45. Für die schützende Einbettung des Stahls sind alle Zemente nach DIN EN 197-1 geeignet, wobei in den vorangegangenen Abschnitten deutlich wurde, dass Betonzusatzstoffe und Hochofenzemente bei ständigem Wasserkontakt zu besonders dichten Betonen führen.

7.4 Frostwiderstand

Beton kann durch häufige Frost-Tauwechsel geschädigt oder zerstört werden, wenn seine Poren so weit wassergefüllt sind, dass der Beton einen kritischen Sättigungsgrad aufweist. Wegen des Einflusses von Oberflächenkräften in den feinen Kapillarporen des Zementsteins sowie der Gefrierpunkterniedrigung durch gelöste Stoffe im Porenwasser gefriert das Wasser im Zementstein noch nicht bei 0°C. Vielmehr nimmt der Anteil des gefrierbaren Wassers mit weiter sinkender Temperatur stetig zu. Hydrostatische Drücke im noch nicht gefrorenen Wasser, ausgelöst durch die Volumenvergößerung des gefrorenen Wassers, osmotische Drücke sowie eine Umlagerung des Wassers im Porensystem des Zementsteins können dann zu so hohen inneren Spannungen führen, dass der Beton zerstört wird (siehe dazu u. a. [7.26–7.28]). Auch bei einem hohen Sättigungsgrad können Betone einen hohen Frostwiderstand aufweisen, wenn durch künstlich eingeführte, fein verteilte Luftporen ein ausreichender Expansionsraum geschaffen wird (siehe u. a. [7.29]). Über Prüfmethoden zur Bestimmung des Frost- und des Frost-Taumittelwiderstandes wird u. a. in [7.30–7.34] berichtet.

Ein hoher Frostwiderstand des Betons erfordert die Einhaltung einiger Regeln hinsichtlich der Betonzusammensetzung [7.50]. Grundsätzlich sollte die Bindemittelmatrix des Betons eine hohe Festigkeit und Dichtigkeit aufweisen. Erreicht wird dies durch hinreichend kleine Wasserzement- bzw. Wasserbindemittelwerte, deren obere Grenzen in DIN 1045-2 genannt sind (s. Tabelle 36). Hierdurch wird einerseits erreicht, dass etwaige Gefügezugspannungen infolge der durch Eisbildung entstehenden Sprengdrücke bis zu einer gewissen Grenze rissefrei aufgenommen werden können, andererseits beugt die Dichtheit einer hohen Wassersättigung vor. In diesem Zusammenhang spielt auch die Nachbehandlung eine wichtige Rolle, da sie für die Ausbildung einer dichten Betonrandzone ausschlaggebend ist. Der Einsatz künstlicher Luftporen schafft Expansionsraum für das gefrierende Wasser und bewirkt gleichzeitig eine Kapillarbrechung, die die Wasseraufnahme über das Kapillarporensystem behindert, sodass kritische Sättigungsgrade nicht bzw. nur nach sehr langer Wassereinwirkung erreicht werden können. Der Wirkungsmechanismus der Luftporen ist in Abschnitt 7.5 etwas näher erklärt. Auf ihren Einsatz kann verzichtet werden, wenn der Wasserzementwert kleiner 0,35 ist. Schließlich muss die verwendete Gesteinskörnung selbst einen ausreichend hohen Frostwiderstand besitzen. Dies kann mithilfe der in DIN EN 1367 genannten Verfahren überprüft werden.

DIN 1045-2 unterscheidet zwei Expositionsklassen hinsichtlich des Frostangriffs: XF1 bei mäßiger Wassersättigung und XF3 bei hoher Wassersättigung. In XF1 fallen Außenbauteile, die dem Regen direkt ausgesetzt sind und wieder abtrocknen. Hier wird ein höchster w/z-Wert von 0,60 zugelassen, eine Mindestfestigkeitsklasse von C25/30 mit einem Mindestzementgehalt von 280 kg/m^3. Diese Anforderungen stimmen genau mit denjenigen für die Expositionsklasse XC4 überein (siehe Tabelle 36). Im Fall hoher Wassersättigung sind zwei Optionen möglich, einmal ein besonders dichter Beton mit w/z ≤ 0,50 und C35/45 oder ein Luftporenbeton C25/30 mit 4,0 Vol.-% Mindestluftporengehalt und w/z ≤ 0,55. Der Mindestluftporengehalt ist vom Größtkorn der Gesteinskörnung abhängig; bei kleinem Korn ist er größer als bei großem Korn (siehe Tabelle 36). Bei XF1 müssen die Gesteinskörnungen die Anforderung F_4, bei XF3 die Anforderung F_2 an den Frostwiderstand von Gesteinskörnungen nach DIN EN 12620 erfüllen. Aber auch dann kann nicht mit Sicherheit ausgeschlossen werden, dass nach Frostbeanspruchung einzelne Gesteinskörner an horizontalen Oberflächen ausfrieren (sog. Popout). Bei XF1 und XF3 können alle Zemente nach DIN EN 197-1 verwendet werden, auch können Betonzusatzstoffe des Typs II auf den Mindestzementgehalt und den höchstzulässigen w/z-Wert angerechnet werden.

7.5 Frost- und Taumittelwiderstand

Werden Betonoberflächen, z. B. bei Straßen, Gehwegen oder Brücken, im Winter zur Beseitigung oder Freihaltung von Schnee und Eis mit Taumitteln beaufschlagt, unterliegen sie einer Beanspruchung, die deutlich schärfer als die reine Frostbeanspruchung ist. Ursachen sind u. a. eine Erhöhung des Sättigungsgrades des Betons mit der Anzahl von Frost-Tauwechsel sowie eine Reihe anderer physikalischer Einwirkungen, siehe dazu u. a. [7.28]. Das am häufigsten verwendete Taumittel ist Natriumchlorid, das zu keinem wesentlichen chemischen Angriff des Betons führt. Andere Taumittel, z. B. Magnesiumchlorid, Harnstoffe und Alkohole können, insbesondere bei nicht optimal zusammengesetzten und nachbehandelten Betonen, auch eine Schädigung durch chemischen Angriff bewirken [0.1, 7.35].

Grundsätzlich gelten für die Erzielung eines hohen Frost- und Taumittelwiderstands eines Betons dieselben Regeln wie für einen hohen Frostwiderstand, allerdings in verschärfter Form. Ein niedriger Wasserzementwert und künstliche Luftporen sollen für einen hohen Frost-Taumittelwiderstand sorgen. Das im Frischbeton erzeugte Luftporensystem, das im erhärteten Beton als Expansionsraum für das unter Druck stehende Wasser im Zementstein dient, kann nur wirksam sein, wenn es sich auch über lange Zeiten nicht mit Wasser füllt. Diese Forderung wird im Allgemeinen nur von sehr kleinen Poren mit Durchmessern < 0,30 mm erfüllt. Darüber hinaus muss der Abstand eines beliebigen Punktes im Zementstein bis zur nächsten Luftpore möglichst gering sein, um die Höhe der entstehenden hydrostatischen Drücke durch gespanntes Wasser zu begrenzen bzw. den Abbau eines hydrostatischen Druckes in den Poren des Zementsteins zu ermöglichen. Luftporensysteme werden daher durch zwei Kennwerte charakterisiert: Der Mikroluftporengehalt L 300 – er gibt den Gehalt an Luftporen < 0,30 mm an und soll 1,5 Vol.-% nicht unterschreiten – und der Abstandsfaktor AF als Maß für den größten Abstand eines Punktes im Zementstein von der nächsten Luftpore, der nicht größer als 0,20 mm sein darf. Diese Kennwerte können zz. nur am erhärteten Beton mithilfe mikroskopischer Verfahren zuverlässig bestimmt werden. Bei der Verwendung von LP-Mitteln nach DIN EN 934 und sachgerechter Herstellung des Betons kann davon ausgegangen werden, dass die Anforderungen an die Kennwerte L 300 und AF eingehalten sind, wenn der Frischbeton die Mindestluftgehalte nach Tabelle 36 aufweist.

Maßgebend für den Frost- und Taumittelwiderstand von Beton ist der Luftgehalt des Zementsteins bzw. des Feinmörtels. Da der Feinmörtelgehalt mit steigendem Größtkorn der Gesteinskörnung im Allgemeinen abnimmt, ist der nach Tabelle 36 erforderliche Luftgehalt des Betons umso geringer, je größer das Größtkorn ist. Höhere Luftgehalte des Frischbetons können erforderlich sein, wenn der Feinmörtelbzw. Mehlkorngehalt des Betons sehr hoch ist. Zu berücksichtigen ist bei LP-Beton auch, dass der Mikroluftporengehalt durch die Zugabe eines Fließmittels beeinträchtigt sein kann. Aus diesem Grunde ist bei LP-Beton mit Fließmittel und bei LP-Fließbeton der Mikroluftporengehalt und der Abstandsfaktor am erhärteten Beton zu prüfen.

Einen hohen Frost- und Taumittelwiderstand kann Beton auch aufweisen, dem anstelle luftporenbildender Zusatzmittel Mikrohohlkugeln in so großer Menge zugemischt werden, dass im erhärteten Beton der geforderte Abstandsfaktor nicht überschritten und der geforderte Mikroluftporengehalt nicht unterschritten wird. Der Luftgehalt des Frischbetons ist in diesem Falle in der Regel deutlich kleiner und kein Maß mehr für einen ausreichenden Mikroluftporengehalt (siehe dazu [7.36]).

In erdfeuchtem Beton, wie er bei der Herstellung einiger Betonwaren verwendet wird, kann – abgesehen von der Zugabe der vergleichsweise teuren Mikrohohlkugeln – ein Gehalt an Mikroluftporen in der erforderlichen Menge im Allgemeinen nicht erzeugt werden. Für solche Betone kann bei sachgerechtem Vorgehen trotzdem ein ausreichender Frost- und Taumittelwiderstand erwartet werden, wenn die Hinweise der Tabelle 36 Anwendung finden. Der ausreichende Widerstand solcher Betone gegen Frost- und Taumittelangriff ist darauf zurückzuführen, dass sie aufgrund ihres niedrigen w/z-Wertes bei guter Nachbehandlung eine geringe Menge an gefrierbarem Wasser aufweisen und so dicht sind, dass sie je nach Umweltbedingungen nur selten oder nie einen kritischen Sättigungsgrad erreichen. Neben der Verwendung von LP-Mitteln oder Mikrohohlkugeln ist die Erzeugung sehr dichter Betone nach dem heutigen Stand von Wissenschaft und Technik der einzige Weg, Betone mit hohem Frost- und Taumittelwiderstand herzustellen.

DIN EN 206-1 und DIN 1045-2 unterscheiden zwei Expositionsklassen für Frostangriff mit Taumittel bzw. Meerwasser: XF2 bei mäßiger Wassersättigung und XF4 bei hoher Wassersättigung. Dem Wassergehalt des Betons wird wie bei XF1 und XF3 auch hier ein hoher Stellenwert zuerkannt. Bei XF2 stehen wiederum zwei Optionen zur Verfügung, eine Betonzusammensetzung mit Luftporen und eine ohne Luftporen. Der Unterschied zwischen den Anforderungen an Betone für XF2 und XF3 liegt darin, dass bei XF2, d. h. bei Taumitteln, Zusatzstoffe vom Typ II zwar verwendet, aber nicht angerechnet werden dürfen. Diese Einschränkung gilt inzwischen nicht mehr für den Expositionsklasse Flugasche. Außerdem werden bei XF2 u. a. die folgenden Zemente ausgeschlossen: CEM II/A-P und CEM II/B-P. Der schärfste Frost-Taumittelangriff tritt bei XF4 auf. Dies sind die Fälle, bei denen der Beton eine hohe Wassersättigung erreichen könnte, z. B. horizontale Flächen oder Bauteile in der Wasserwechselzone, und auf die gleichzeitig Taumittel oder Meerwasser einwirken. Für XF4 fordert DIN 1045-2 ausschließlich Luftporenbeton mit einem höchstzulässigen w/z-Wert von 0,50. Betonzusatzstoffe dürfen verwendet, aber – mit Ausnahme von Flugasche – nicht auf den höchstzulässigen w/z-Wert und den Mindestzementgehalt angerechnet werden. Folgende Zemente werden als geeignet betrachtet: CEM I, CEM II/A-S, CEM II/B-S, CEM II/A-V, CEM II/B-V, CEM II/A-D, CEM II/A-LL, CEM II/A-T, CEM II/B-T, CEM III/A und CEM III/B. Bei CEM III/A gilt entweder eine Festigkeitsklasse $\geq$ 42,5 oder $\geq$ 32,5 R mit $\geq$ 50 M.-% Hüttensand. CEM III/B wird nur für zwei Anwendungsfälle vorgesehen:

a) Räumerlaufbahnen in Verbindung mit einer Mindestfestigkeitsklasse (C40/50, w/z $\leq$ 0,35, Mindestzementgehalt $\geq$ 360 kg/m^3 ohne Luftporen und

b) Meerwasserbauwerke mit einer Mindestfestigkeitsklasse (C35/45, w/z $\leq$ 0,45, Mindestzementgehalt $\geq$ 340 kg/m^3.

Diese Ausnahmeregelung geht auf positive Praxiserfahrungen zurück [7.37]. Die Gesteinskörnung muss einen Widerstand MS_{25} bzw. MS_{18} nach DIN EN 12620 aufweisen.

Erfahrungen aus der Praxis und Forschungsergebnisse haben gezeigt, dass in Betonen aus sehr hüttensandreichen Hochofenzementen Mikroluftporen den Frost- und Taumittelwiderstand nicht in dem Maße verbessern, wie das bei Zementen ohne bzw. mit geringeren Gehalten an Zumahlstoffen der Fall ist. Ursache für dieses Verhalten ist wahrscheinlich die sehr dichte Porenstruktur des Hochofenzementsteins, in dem künstliche Luftporen nicht oder nur bei sehr geringen AF-Werten wirksam werden. Dies bedeutet aber auch, dass sehr gut und über mehrere Wochen nachbehandelte Betone aus hüttensandreichen Hochofenzementen einen Frost- und Taumittelwiderstand aufweisen können, da sie nur sehr langsam einen kritischen Sättigungsgrad erreichen [7.38]. Wesentlich ist in diesem Zusammenhang die in Abschn. 7.3.2 erläuterte Veränderung der Porenstruktur des Zementsteins durch Carbonatisierung. Die Verdichtung der Porenstruktur von Portlandzementes als Folge der Carbonatisierung erhöht den Frost- und Taumittelwiderstand solcher Betone, während die Vergrößerung der Porenstruktur von Hochofenzementstein durch Carbonatisierung einen deutlichen Abfall des Frost- und Taumittelwiderstands zur Folge hat.

Von besonderer Bedeutung für den Frost- und Taumittelwiderstand ist die Nachbehandlung von Beton. So wird empfohlen, die Nachbehandlungsdauer von Betonen, die einem Frost- und Taumittelangriff ausgesetzt sind, deutlich zu erhöhen. Es kommt vor allem darauf an, dass die oberste Schicht des jungen Betons nicht vorzeitig austrocknet und damit die Porosität des Betons erhöht wird. Bei Frost- und Frost-Taumittelangriff sind die äußersten Millimeter entscheidend für die Dauerhaftigkeit. Vor allem bei heißem und windigem Wetter ist der Beton gefährdet. Daher sollten die Maßnahmen, wie sie in Abschnitt 3.6 behandelt wurden, unverzüglich nach dem Betonieren veranlasst werden. Eine zusätzliche Einhausung der Baustellenflächen bietet weiteren Schutz. Wesentlich ist aber auch, dass der Beton im Zeitraum zwischen dem Ende der Nachbehandlung und der ersten Taumittelbeanspruchung wenigstens einmal austrocknen kann, weil dadurch der Frost- und Taumittelwiderstand im Vergleich zu dauernd feucht gehaltenem Beton deutlich erhöht wird. Beton für den Bau von Fahrdecken aus Beton nach ZTV Beton muss stets einen hohen Widerstand gegen Frost-Taumittelangriff aufweisen und ist daher als LP-Beton herzustellen. Über Herstellung, Verarbeitung und Prüfung von LP-Beton im Straßenbau siehe [7.39].

7.6 Widerstand gegen chemische Angriffe

Die Beurteilung des Angriffsvermögens von Wässern, Böden und Gasen erfolgt nach Tabelle 34.

Nach Abschn. 7.1 wird zwischen lösendem und treibendem chemischem Angriff auf Beton unterschieden. Lösend wirken z. B. saure und weiche Wässer, austauschfähige Salze sowie pflanzliche und tierische Öle und Fette. Treiben kann z. B. durch Sulfate hervorgerufen werden. Die Grenzwerte gelten für stehendes und schwach fließendes, in großer Menge vorhandenes und direkt angreifendes Wasser. Der Angriffsgrad erhöht sich um eine Stufe, wenn zwei oder mehr Werte im oberen Viertel (beim pH-Wert im unteren Viertel) liegen. Dies gilt jedoch nicht für Meerwasser, da erfahrungsgemäß dichter Beton Meerwasser auf Dauer ausreichend widersteht. Das Angriffsvermögen des Wassers kann durch starkes Fließen, erhöhte Temperatur und hohen Druck vergrößert werden. Es nimmt jedoch mit abnehmender Durchlässigkeit des Bodens ab. Bodenproben müssen nur dann untersucht werden, wenn der Boden häufig durchfeuchtet wird und eine Wasserentnahme nicht möglich ist. Bei Aufschüttungen, bei Böden mit Industrieabfällen oder bei Anwesenheit von Sulfiden ist in der Regel eine weitergehende Untersuchung notwendig. Sind betonangreifende Industrieabgase in stärkerer Konzentration, z. B. in Filterkammern, in Kühltürmen oder in Abgasschornsteinen, vorhanden, so kann zur Beurteilung des Sachverhaltes die Hinzuziehung eines Fachmannes erforderlich sein.

Für Beton, der chemischen Angriffen ausgesetzt wird, sollten im Allgemeinen Gesteinskörnungen verwendet werden, die gegenüber den angreifenden Stoffen beständig sind. Schwachen Angriffen widersteht nach Tabelle 36 bei einer Expositionsklasse XA1 ein Beton mit w/z ≤ 0,60 ausreichend. Für Beton mit hohem Widerstand gegenüber starkem chemischem Angriff (XA2) darf der Wasserzementwert 0,55 nicht überschreiten, siehe Tabelle 36. Gegen sehr starke Angriffe ist außer einem dichten Beton nach XA3 zusätzlich ein dauerhafter Schutz des Betons in Betracht. Als Schutzschichten kommen dichte Kunststoffbeschichtungen, Dichtungsbahnen, Plattenverkleidungen, aber auch eine Vergrößerung des Betonquerschnitts in Betracht. Bei Stahlbeton muss auch die Betondeckung auf den jeweils vorhandenen Angriffsgrad abgestimmt sein. Unabhängig vom jeweils vorliegenden Angriffsgrad nach Tabelle 34 ist – abgesehen von Meerwasser – in der Regel bei Sulfatgehalten ab 600 mg SO_4^{2-} je Liter Wasser und ab 3000 mg SO_4^{2-} je kg Boden außer einem dem jeweiligen Angriffsgrad entsprechend dichten Beton ein Zement mit hohem Sulfatwiderstand (SR-Zement) zu verwenden.

Zahlreiche Angaben zum chemischen Angriff und zur Ausführung von dauerhaften Betonkonstruktionen werden in [7.51] gemacht. Sich speziell ergebende Problemstellungen in Bezug auf die Dauerhaftigkeit von Bauwerken im Untergrund sind in [7.52] behandelt.

In England sind in den letzten Jahren Schäden aufgetreten, die entweder durch einen sulfathaltigen Boden oder durch Oxidation sulfidhaltiger Böden verursacht wurden. Schäden zeigten sich in drei Erscheinungen infolge Bildung von Sekundärettringit und Sekundärgips und Entfestigung durch Thaumasit. Bei Thaumasit handelt es sich um ein dem Ettringit ähnliches Mineral, das zusätzlich Carbonat enthält. Die Thaumasitbildung führt zu einer Auflösung der Zementsteinmatrix mit einer vollständigen Entfestigung des Betons. Thaumasitbildung ist möglich durch gleichzeitige Feuchteeinwirkung, Sulfatangriff, niedrige Temperaturen ($< 10\,°C$), carbonathaltige Betonbestandteile oder externe Carbonatquellen. Der DAfStb hat eine Expertengruppe eingesetzt, die zu folgendem Ergebnis kam: Zusammensetzungen von Beton nach DIN 1045-2 bei den Expositionsklassen XA1, XA2, XA3 (siehe Tabellen 34 und 36) haben gezeigt, dass keine Schäden infolge Sulfatangriff zu erwarten sind. Auch Betone aus Zement-Flugasche-Kombinationen (siehe Abschnitt 2.4.3) haben sich bewährt. Dennoch wird sich die Expertengruppe mit dem Prüf- und Bewertungshintergrund bei Laboruntersuchungen zum hohen Sulfatwiderstand besonders bei niedrigen Temperaturen und mit den Voraussetzungen für eine Thaumasitbildung weiter auseinandersetzen [7.40].

7.7 Verschleißwiderstand

Ein hoher Verschleißwiderstand wird gefordert, wenn Betonoberflächen durch schleifenden oder rollenden Verkehr, durch rutschendes oder aufprallendes Schüttgut, z. B. in Silos, durch ruckartiges Bewegen schwerer Gegenstände oder durch stark strömendes Wasser beansprucht werden [7.43]. Je nach Beanspruchungsart wird der Verschleißwiderstand von Beton von den Eigenschaften der Gesteinskörnung, des Zementsteins oder des Zementstein/Gesteinskörnungverbundes bestimmt. Nach [7.41] kommt der zur Beurteilung des Verschleißwiderstandes gewählten Prüfmethode besondere Bedeutung zu. Sie sollte der tatsächlichen Beanspruchung möglichst nahe kommen, da unterschiedliche Methoden zu einer unterschiedlichen Rangfolge des Verschleißwiderstands verschiedener Betone führen können.

Der Verschleißwiderstand von Beton nimmt mit abnehmendem Wasserzementwert und zunehmender Dauer der Nachbehandlung deutlich zu. Entsprechend steigt er mit steigender Betondruckfestigkeit an. Dies wurde schon vor über 80 Jahren in den Arbeiten von *D. Abrams* aufgezeigt. Je nach Art der Beanspruchung kann auch die Art der verwendeten Gesteinskörnung von ebenso großem Einfluss auf den Verschleißwiderstand von Beton sein. Dies gilt insbesondere dann, wenn die Verschleißbeanspruchung zu einem flächigen Abtrag der Betonoberfläche führt. In [7.41] wird über Untersuchungen berichtet, bei denen sich der höchste Verschleißwiderstand für hochfeste Betone mit Wasserzementwerten kleiner 0,30 unter Verwendung von Silicastaub als Betonzusatzstoff ergab.

Für den Hydroabrasionsverschleiß wird in [7.46] als maßgeblicher verschleißbestimmender Parameter das Produkt aus Betondruckfestigkeit und dynamischem E-Modul identifiziert. Je höher dieser Wert ist, desto geringer fällt der Verschleiß aus. Die aus Versuchen abgeleiteten Materialmodelle sind in probabilistisches Bemessungskonzept für den Hydroabrasionsverschleiß eingebaut.

Wegen der Abhängigkeit des Verschleißwiderstandes von der Druckfestigkeit fordert die DIN 1045-2 für Beton mit starkem Verschleißwiderstand (XM2) eine Festigkeitsklasse von mindestens C35/45 oder C30/37 mit Oberflächenbehandlung. Bei sehr starker Beanspruchung ist es erforderlich, eine Verschleißschicht mit harten Gesteinskörnungen nach DIN 1100 herzustellen. Sand- und hohlraumarme Gesteinskörnungsgemische nahe der Sieblinie A oder bei Ausfallkörnungen zwischen den Sieblinien B und U der Bilder 4 bis 7 sind zu empfehlen. Der Zementleimgehalt sollte möglichst niedrig gehalten werden. Nach DIN 1045-2 sollte der Zementgehalt bei einem Größtkorn der Gesteinskörnung von 32 mm 360 kg/m^3 nicht überschreiten. Von besonderer Bedeutung für den Verschleißwiderstand ist die Nachbehandlung, die den Hydratationsgrad der oberflächennahen Schichten bestimmt.

Hinweis: Erläuterungen zur Brandbeanspruchung enthält der Beton-Kalender 2005.

7.8 Feuchtigkeitsklassen nach Alkali-Richtlinie

Die Feuchtigkeitsklassen der Alkali-Richtlinie [7.47] sind in DIN EN 1992-1-1 und DIN 1045-2 mit der laufenden Nr. 8 übernommen worden. Ergänzt wird die Umweltbedingung Betonkorrosion infolge Alkali-Kieselsäurereaktion. Anhand der zu erwartenden Umgebungsbedingungen ist der Beton vom Tragwerksplaner einer von vier Feuchtigkeitsklassen zuzuordnen. In Abhängigkeit von der gewählten Feuchtigkeitsklasse ist bei der Betonherstellung einer geeignete Gesteinskörnung bzw. ein geeigneter Zement zu verwenden. Die Feuchtigkeitsklassen sind in den Ausführungsunterlagen anzugeben, sie haben jedoch keine direkten Auswirkungen auf die Bemessung. Die Festlegung der Feuchtigkeitsklassen erfolgt grundsätzlich anhand der im Einzelfall zu betrachtenden bauteilbezogenen Umgebungsbedingungen. In den Erläuterungen zur Alkali-Richtlinie wird eine Zuordnung von

Tabelle 37. Zusammenhang zwischen Feuchtigkeitsklassen und Expositionsklassen – beispielhafte Zuordnung nach [7.47]

	1	2	3	4
	Expositionsklasse	Umgebungsbedingungen	Feuchtigkeitsklasse [1) 2) 3)]	Bemerkung
1	XC1	trocken, ständig nass	WO WF	massige trockene Bauteile mit b bzw. $h \geq 800$ mm in WF
2	XC3	mäßige Feuchte	WO oder WF	Beurteilung im Einzelfall
3	XC2, XC4, XF1, XF3	nass, selten trocken, wechselnd nass und trocken, mäßige bis hohe Wassersättigung, ohne Taumittel	WF	–
4	XF2, XF4 XD2, XD3, XS2, XS3	mäßige bis hohe Wassersättigung, mit Taumittel bzw. Salzwasser nass, selten trocken wechselnd nass und trocken	WA oder WS [5)]	Eintrag von Alkalien von außen (z. B. Chloride)
5	XD1, XS1, XA	mäßige Feuchte	WF [4)] oder WA oder WS [5)]	Beurteilung im Einzelfall

[1)] Im Regelungsbereich der ZTV-ING sind alle Bauteile im Bereich von Bundesfernstraßen in die Feuchtigkeitsklasse WA einzustufen.
[2)] Infolge der Bauteilabmessungen kann eine abweichende Einstufung erforderlich werden.
[3)] Werden Bauteile ein- oder mehrseitig abgedichtet, ist dies bei der Wahl der Feuchtigkeitsklasse zu beachten.
[4)] wenn die Alkalibelastung von außen gering ist.
[5)] Feuchtigkeitsklasse WS gilt i. d. R. nur für Fahrbahndeckenbeton der Bauklassen SV, I, II und III gemäß TL Beton-StB 07. Für Fahrbahndeckenbeton der Bauklassen IV, V und VI ist eine Einstufung in die Feuchtigkeitsklasse WA ausreichend.

Feuchtigkeitsklassen zu Expositionsklassen für einige Fälle empfohlen, die in Tabelle 37 zusammengefasst wird.

8 Selbstverdichtender Beton

8.1 Allgemeines

Selbstverdichtender Beton ist ein Beton, der ohne Einsatz von Verdichtungsenergie selbst entlüftet, fließt und auch schwer zugängliche Stellen in der Schalung vollständig füllt. Der selbstverdichtende Beton wurde zunächst in Japan entwickelt als „Beton mit hohem Füllvermögen" [8.1], später wurde er als „selbstverdichtender Beton" bezeichnet [8.2]. Drei Gründe führten in Japan zur Entwicklung des selbstverdichtenden Betons: einmal wird die Betonierarbeit auf der Baustelle erleichtert, zum anderen wird kein Lärm beim Verdichten erzeugt, und schließlich werden Verdichtungsmängel weitgehend ausgeschlossen. Selbstverdichtender Beton entspricht nicht ganz dem heutigen deutschen Regelwerk, vor allem nicht hinsichtlich des nach DIN 1045-2 begrenzten Mehlkorngehalts und des übergroßen Ausbreitmaßes. Die Richtlinie des DAfStb „Selbstverdichtender Beton" [8.3] schafft hier die nötigen Regeln.

Bei der Zusammensetzung üblicher Betone wird danach gestrebt, das Volumen der Gesteinskörnung hoch und das Haufwerksporenvolumen möglichst klein zu halten. Dadurch wird im Festbeton eine direkte Kraftübertragung von Korn zu Korn mit nur einer geringen Zwischenschicht aus Zementmatrix erreicht. Im Frischbeton entsteht dadurch eine große Stabilität, verbunden mit hoher Viskosität. Seit der Entwicklung der Fließmittel gelingt es, solche Betone plastisch und sogar fließfähig zu machen. Selbstverdichtend wird ein Beton aber erst, wenn die größeren Gesteinskörner sich beim Fließen nicht gegenseitig behindern. Dafür muss das Matrixvolumen auf ca. 40% erhöht werden. Zur Matrix zählen hier Mehlkorn, Wasser und Luftporen. Die bisherigen Erfahrungen zeigen, dass der Zementgehalt gegenüber üblichem Beton nicht erhöht zu werden braucht. Da der Wasserzementwert oder, bei Einsatz von reaktiven Zusatzstoffen, der Wasserbindemittelwert die Festigkeit und andere Festbetoneigenschaften bestimmt, kann dieser nicht beliebig erhöht werden. Damit verbleibt allein die Möglichkeit, reaktive und inerte Zusatzstoffe in größeren Mengen zuzugeben.

8.2 Mischungsentwurf

Beim Mischungsentwurf werden drei Typen von selbstverdichtendem Beton (SVB) unterschieden:
- der Mehlkorntyp,
- der Stabilisierertyp und
- der Kombinationstyp.

Wie der Name sagt, wird beim Ersten der Mehlkornanteil erhöht, beim Zweiten ein Stabilisierer verwendet oder aber es werden beide Möglichkeiten kombiniert. Bei Verwendung von stabilisierenden Zusatzmitteln kann SVB unempfindlicher gegenüber den die Mischung beeinflussenden Faktoren gemacht werden. Dadurch kann auch der Mehlkornanteil reduziert werden. Gebräuchlich ist der Mischungsentwurf nach *Okamura* [8.4]. Folgende Schritte sind dabei notwendig:

1. Der Luftgehalt der Frischbetonmischung wird festgelegt.
2. Das Volumen der groben Gesteinskörnung wird festgelegt.
3. Das Volumen der feinen Gesteinskörnung wird festgelegt.
4. Das volumetrische Wasser-Mehlkorn-Verhältnis wird bestimmt.
5. Die optimale Dosierung betonverflüssigender Zusatzmittel wird am Beton bestimmt.
6. Die Mischung wird durch geeignete Prüfgeräte verifiziert.

Im Flussdiagramm (siehe Bild 24) ist die Vorgehensweise dargestellt.

Der Luftgehalt entspricht demjenigen normalen Betons, also ungefähr 1,5 bis 2 Vol.-%. Sind erhöhte Anforderungen an den Frost- bzw. Frost-Tausalz-Widerstand erforderlich, muss mit LP-Mitteln ein entsprechend höherer Luftgehalt eingestellt werden. Der Volumengehalt an groben Gesteinskörnungen beträgt etwa 50 % des Betonvolumens. In Deutschland wird meist ein Größtkorn von 16 mm gewählt. Das Sandvolumen wird auf 40 % des Mörtelvolumens festgelegt, wobei die Körner < 0,125 mm bereits zum Mehlkorn zu zählen sind. Die erforderliche Wassermenge für einen SVB ist mittels des Wasser-Mehlkorn-Verhältnisses zu ermitteln, die üblichen Werte liegen zwischen 0,30 und 0,35. Um einen Beton selbstverdichtend herzustellen, muss er eine hohe Fließfähigkeit bei einem gleichzeitig hohen Widerstand gegen Entmischen aufweisen. Beide Eigenschaften sind nur mit einer ausreichenden Menge Fließmittel zu erreichen. Die Fließmittelmenge ergibt sich aus Versuchen. Das optimale Verhältnis zwischen Wasser und Mehlkornvolumen wird mithilfe von zwei einfachen Versuchen bestimmt, dem sog. Setzfließversuch und dem Trichterauslaufversuch. Das Bild 25 zeigt die Beziehung zwischen relativem Ausbreitmaß Γ_p und Wasser-Mehlkorn-Volumenverhältnis. Der Schnitt-

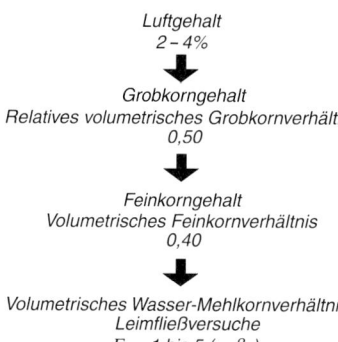

Bild 24. Vorgehensweise zur Herstellung eines SVB nach *Okamura* [8.4]

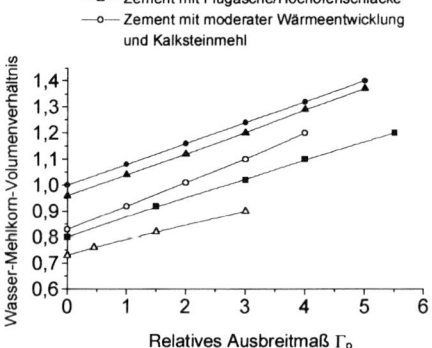

Bild 25. Beziehung zwischen dem relativen Ausbreitmaß Γ_p und dem Wasser-Mehlkorn-Verhältnis [8.4]

punkt der erhaltenen Linien mit der Ordinate liefert den Wert β_p (Wasserrückhaltevermögen).

Ein anderer Ansatz des Mischungsentwurfs gelang mit der Korn-Gemisch-Prüfung (KGP) [8.10, 8.11]. Bei dieser Prüfung wird die Gesteinskörnung ab 0,125 mm in ein Prüfgefäß eingefüllt, verdichtet, mit Wasser geflutet und bis auf das anhaftende Wasser wieder getrocknet. Dabei lassen sich der Hohlraumgehalt und die anhaftende Wassermenge bestimmen. Mit einem angenommenen Wasser-Mehlkorn-Verhältnis (ca. 0,90) kann das Leimvolumen bestimmt werden, das für die Herstellung von SVB nötig ist. Der weitere Mischungsentwurf geschieht dann über die Schritte, die bei konventionellem Rüttelbeton üblich sind. Das Verfahren wurde an Praxismischungen im Transportbetonwerk erprobt und hat sich bei rundem und gebrochenem Korn bewährt.

Für verschiedene Fließmittelmengen werden Trichterauslaufversuche durchgeführt. Liegt die Auslaufzeit bei 9 bis 11 Sekunden, ist der Beton richtig zusammengesetzt. Die optimale Zusatzmitteldosierung ist erreicht, wenn das Ausbreitmaß im Setzfließversuch ca. 650 ± 50 mm erreicht.

Eine typische Betonzusammensetzung enthält in Volumenanteilen 110 l Zement, 120 l Füller, 160 l Wasser und 10 l Luft je m³ Beton. Das restliche Volumen besteht aus Gesteinskörnung bis 16 mm. Unabdingbar ist die Zugabe von Fließmittel in hoher Dosierung. Damit wird ein Frischbeton erreicht, der fließt, sich nicht entmischt und selbst entlüftet. Rheologisch gesehen handelt es sich um eine dilatante Flüssigkeit, d. h. um eine Flüssigkeit, die bei geringer Schubspannung von selbst fließt und bei höherer Schubspannung ansteift (ähnlich einer Stärke-/Wassermischung). Verdichtung mit Rüttlern ist also nicht hilfreich. Ohne Schlag zeigt der selbstverdichtende Beton ein Ausbreitmaß von 700 mm, d. h., die üblichen Konsistenzprüfverfahren sind nicht zielführend.

8.3 Frischbetonprüfverfahren an Mörtel

Die Prüfung des frischen SVB geschieht mit neuartigen Geräten bzw. Methoden [8.5]. Im Folgenden werden nur die in Deutschland gebräuchlichen beschrieben.

Ausbreitfließversuch (Spread test) für Mörtel und Leim[2)]

Zur Prüfung der Fließfähigkeit des Leims bzw. Mörtels wird ein Konus (nach *Hägermann*, DIN EN 1015-3) mit den in Bild 26 angegebenen Maßen auf eine saubere, glatte und mattfeuchte Oberfläche ge-

stellt und mit Leim oder Mörtel bis zum Rand gefüllt. Anschließend wird der Konus nach oben abgezogen, sodass der Mörtel nun lediglich unter der Einwirkung der Schwerkraft fließt. Die Größe des sich bildenden Ausbreitkuchens wird zur Beschreibung der Fließfähigkeit herangezogen.

In Japan wird nicht der Durchmesser des Ausbreitkuchens in cm oder mm angegeben, sondern ein auf den Öffnungsdurchmesser r_0 des verwendeten Konus bezogener Wert ermittelt (Flächenverhältnis), der mit Γ_m für Mörtel bzw. Γ_p für Leim bezeichnet wird. Wenn r der mittlere Durchmesser des Ausbreitkuchens ist, errechnet sich dann Γ_m bzw. Γ_p mit folgenden Gleichungen:

$$r = \frac{r_1 + r_2}{2} \quad [\text{mm}] \qquad (8.1)$$

$$\Gamma_{m\,\text{bzw.}\,p} = \left(\frac{r}{r_0}\right)^2 - 1 \qquad (8.2)$$

Bei der Herstellung von SVB nach der Methode *Okamura* wird als Zielwert bei den Untersuchungen am Mörtel ein Wert von $\Gamma_m = 5$ angestrebt. Dies entspricht bei Verwendung der oben abgebildeten Konusform nach *Hägermann* einem Durchmesser des Ausbreitkuchens von ca. 25 cm.

Trichterauslauf-Versuch für Mörtel (Funnel test for mortar)

Zur Beurteilung der Viskosität des zu untersuchenden Mörtels wird ein Auslauftrichter mit den in Bild 27 angegebenen Abmessungen verwendet. Der auf den Innenseiten saubere und mattfeuchte Trichter wird mit Mörtel bis zum Rand gefüllt. Anschließend wird die Zeitdauer in Sekunden ermittelt, die der Mörtel benötigt, um nach dem Öffnen der unten angebrachten Verschlussklappe aus dem Trichter auszulaufen. Der Mörtel ist umso höher viskos, je langsamer er ausläuft.

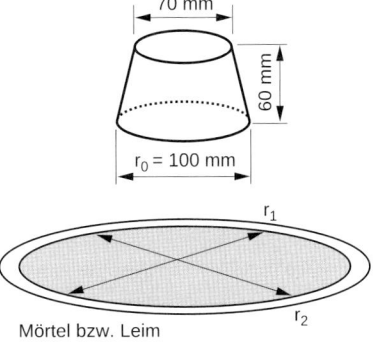

Bild 26. Ausbreitfließversuch für Mörtel/Leim

[2)] Die Abschnitte über die Prüfverfahren sind z. T. wörtlich aus [8.5] entnommen.

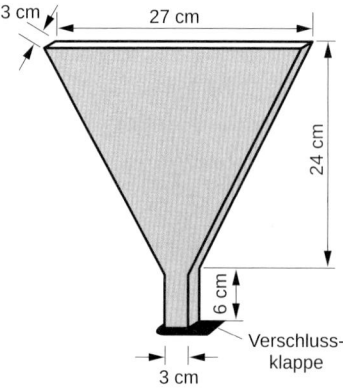

Bild 27. Trichterauslauf-Versuch für Mörtel

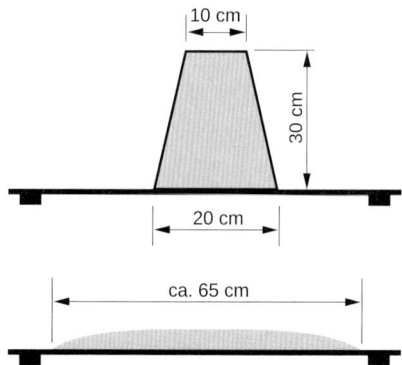

Bild 28. Setzfließversuch

In der japanischen Literatur wird als Messgröße bei der Bestimmung der Auslaufzeit des Mörtels der Wert R_m verwendet. Er errechnet sich mit t in Sekunden wie folgt:

$$R_m = \frac{10}{t} \tag{8.3}$$

Bei der Herstellungsmethode von SVB nach der Methode *Okamura* wird angestrebt, die Viskosität des Mörtels so einzustellen, dass bei der Untersuchung des Mörtels mithilfe des abgebildeten Auslauftrichters ein Wert für R_m von 1,0 erhalten wird. Dies entspricht einer Auslaufzeit des Mörtels aus dem Trichter von 10 Sekunden.

8.4 Prüfungen am Beton

Setzfließversuch (Slump-flow test)

In diesem Testverfahren wird ein Setztrichter, wie er zur Bestimmung des Slump-Maßes verwendet wird (siehe DIN EN 12350-2), auf einem ausreichend großen, sauberen und mattfeuchten Ausbreittisch (mind. 800 × 800 mm) gestellt und anschließend mit Beton gefüllt. Im Anschluss daran wird der Trichter nach oben hin abgezogen, sodass der Beton nun unter der Einwirkung der Schwerkraft fließen kann (Bild 28). Als Setzfließmaß gilt der mittlere Durchmesser a des sich bildenden Ausbreitkuchens. Eine Unterstützung des Fließvorganges durch Schläge wie bei der Bestimmung des Ausbreitmaßes nach DIN EN 12350-5 findet nicht statt.

Als Wert des anzustrebenden mittleren Durchmessers werden in der Literatur für SVB ca. 65 ± 5 cm genannt. Das Verfahren wird für Laboruntersuchungen und für Baustellenüberwachungen angewendet. Alternativ, und heute weit verbreitet, wird das Verfahren so durchgeführt, dass die kleinere Öffnung des Setztrichters nach unten zeigt.

Manchmal wird zusätzlich die Zeit bestimmt, die der sich ausbreitende Beton benötigt, um nach dem Abziehen des Trichters einen Durchmesser von 500 mm zu erreichen. Diese Zeit wird dann mit t_{500}-Zeit bezeichnet.

L-Kasten-Versuch (L-box test)

Beim L-Kasten-Versuch wird eine winkelförmige Schalung mit den in Bild 29 angegebenen Maßen bei geschlossenem Schieber auf der Einfüllseite (vertikaler Schenkel) mit Beton gefüllt. Anschließend wird der Schieber geöffnet, sodass der Beton nun lediglich unter der Wirkung der Schwerkraft in den unteren, horizontalen Schenkel der Schalung fließen kann. Dabei muss in der Regel ein Bewehrungshindernis aus drei Bewehrungsstäben mit einem Durchmesser von ca. 16 mm überwinden. Durch die Anordnung mehrerer Bewehrungsstäbe

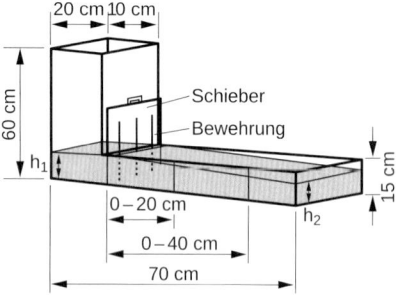

Bild 29. L-Kasten-Versuch

lässt sich die Anforderung an den Beton erhöhen. Bei der Prüfung werden die Höhen h_1 und h_2 jeweils an den Begrenzungswänden der Schalung ermittelt und die Zeitspannen bestimmt, die der Beton nach dem Öffnen des Schiebers benötigt, um die 20 bzw. 40 cm Markierung zu erreichen.

Das Verhältnis von h_2 zu h_1 sollte für selbstverdichtenden Beton größer als 0,80 sein. Zusätzlich zur Beurteilung der Nivellierung des Betons und der Fließzeiten wird bei dieser Testmethode auch die Neigung zum Blockieren (Blocking) erkennbar. Das in Schweden entwickelte Verfahren wird dort vornehmlich für Laboruntersuchungen, aber auch für Baustellenüberwachungen angewendet.

Trichterauslauf-Versuch für Beton (V-funnel test for concrete)

Bei diesem Verfahren wird zunächst der Trichter mit den in Bild 30 genannten Maßen bis zum Rand mit Beton gefüllt. Anschließend wird die Verschlussklappe an der Unterseite geöffnet, sodass der Beton frei auslaufen kann, und die Zeitdauer dieses Auslaufvorganges gemessen.

In der Literatur wird die Auslaufzeit zur Beschreibung der Viskosität des selbstverdichtenden Betons verwendet. Je schneller er aus dem Trichter ausläuft, desto niedriger ist seine Viskosität. Für selbstverdichtenden Beton wird eine Auslaufzeit von ca. 12 Sekunden erwartet.

Blockierring-Versuch (J-ring test)

Beim in Japan entwickelten Blockierringversuch (Bild 31) soll der selbstverdichtende Beton zwischen Bewehrungsstäben durchfließen, umso seine Neigung zum Blockieren beurteilen zu können. Dazu wird der Beton innerhalb des Metallrings (z. B. mit Setztrichter für Slump-Maß) zum Fließen gebracht. Die Bewehrungsstäbe, die durch einen Metallring mit ⌀ 30 cm in regelmäßigen Abständen

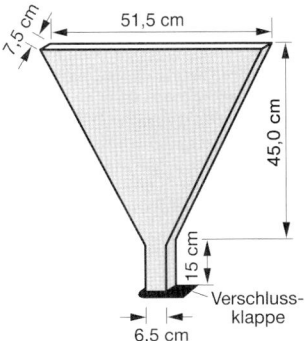

Bild 30. Trichterauslauf-Versuch für Beton

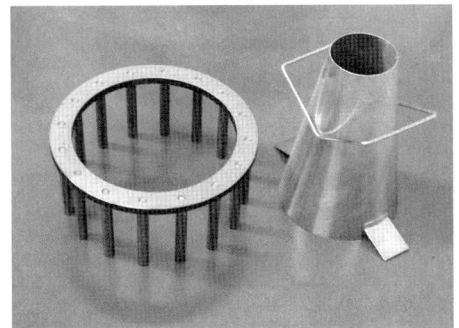

Bild 31. Blockierring und Trichter

gehalten werden, haben einen Durchmesser von 18 mm. In Abhängigkeit vom Größtkorn des Betons beträgt die Anzahl der Blockierstäbe 22 (Größtkorn 8 mm), 16 (Größtkorn 16 mm) bzw. 10 (Größtkorn 32 mm).

Die Anforderungen an den SVB können durch eine entsprechende Wahl der Durchmesser und der Abstände der Bewehrungsstäbe erhöht bzw. gesenkt werden (siehe [8.3]).

Sedimentationsversuch (Sedimentation test)

In der Richtlinie des DAfStb „Selbstverdichtender Beton" sind zwei Versuchsverfahren zur Bestimmung der Sedimentationsstabilität beschrieben. Beim ersten Versuch wird ein Kunststoffrohr von 500 mm Höhe und 100 mm Durchmesser mit SVB gefüllt. Nach dem Erhärten wird es der Länge nach mittig aufgetrennt und die Grobkornanordnung visuell geprüft. Beim zweiten Prüfverfahren wird eine dreiteilige Zylinderform übereinander gestellt. Die drei Teile können zu Erstarrungsbeginn mit einem Schieber voneinander getrennt werden, nachdem der Frischbeton eingefüllt ist. Anschließend wird der Inhalt der drei Teilzylinder gewogen, ausgewaschen, und es wird massenmäßig das Grobkorn bestimmt. Bei einem sedimentationsstabilen Fließbeton werden die Unterschiede zwischen oberem und unterem Teil gering sein. Bei einem nicht stabilen SVB werden sich Unterschiede ergeben. Als Zielwert kann man eine Abweichung von ± 20 % Grobkorn gegenüber dem mittleren Gehalt des Grobkorns tolerieren.

Die Richtlinie SVB des DAfStb enthält ein sog. Verarbeitungsfenster. Bild 32 zeigt an der vertikalen Achse die Trichterauslaufzeit in Sekunden und an der horizontalen Achse das Setzfließmaß in mm. Der mittlere grau hinterlegte Bereich gibt ein sog. Verarbeitungsfenster wieder, d. h., wenn man sich in diesem Bereich befindet, ist die Wahrscheinlichkeit

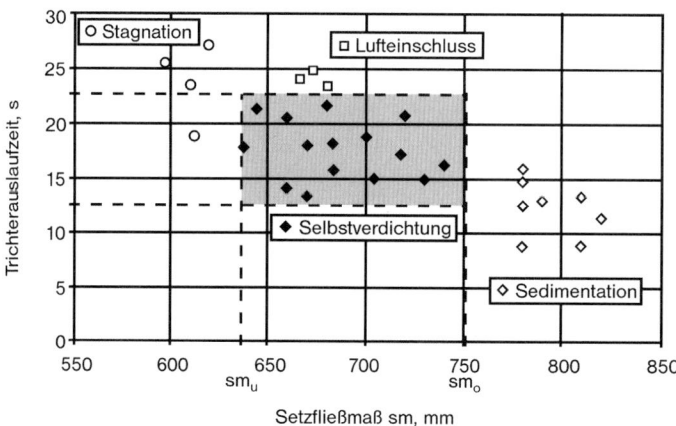

Bild 32. Beispiel für einen Verarbeitungsbereich eines SVB [8.3, 8.12]

sehr groß, dass es sich um einen gut verarbeitbaren SVB handelt. Links oben fließt der Beton weniger, man bezeichnet dies auch als Stagnation. Direkt über dem Fenster sind meist Lufteinschlüsse im Beton enthalten, und im rechten unteren Teil neben dem Fenster handelt es sich meistens um Betone, die sedimentieren. Das Fenster ist nicht als eine Konstante anzusehen, vielmehr sind die Eckwerte auch von der Temperatur abhängig. Die Grenzen des Fensters müssen in einer laufenden Produktion durch die werkseigene Produktionskontrolle kontinuierlich überprüft werden, da sie sich durch Schwankungen der Ausgangsstoffe verändern können.

Die genannten Prüfverfahren für selbstverdichtenden Beton sind inzwischen genormt und zwar der Setzfließversuch unter EN 12350-8, der Auslauftrichterversuch unter EN 12350-9, der L-Kasten-Versuch unter EN 12350-10 und der Blockierringversuch unter EN 12350-12. Die Nummer EN 12350-11 gilt für die Bestimmung der Sedimentationsstabilität im Siebversuch. Dieser Versuch ist in Deutschland bisher nicht üblich. Bei der Durchführung wird ein 11 Liter fassender Behälter mit selbstverdichtendem Beton gefüllt und 15 Minuten ruhen gelassen. Wenn sich auf der Oberfläche Blutwasser bildet, wird dies dokumentiert. Danach werden 4,8 kg Beton auf ein Sieb mit quadratischen 5 mm großen Öffnungen entleert und 2 Minuten lang stehen gelassen. Die Menge, die durch das Sieb tropft, ergibt den Messwert in % der auf das Sieb gegebenen Menge. In DIN EN 206-9 „Ergänzende Regeln für SVB" sind zwei Sedimentationsstabilitätsklassen angegeben, eine mit $\leq 20\%$ und eine mit $\leq 15\%$.

Ein kombiniertes Verfahren zur Beurteilung der Verarbeitbarkeit von SVB ist der Versuch mit dem Auslaufkegel [8.9]. Er kombiniert den Setzfließversuch mit dem Trichterauslaufversuch. Dazu wird ein üblicher Setztrichter oben und unten so verlängert, dass eine untere Auslauföffnung mit 63,5 mm Durchmesser entsteht. Der Kegel wird so auf ein Stativ gesetzt, dass der Abstand der Öffnung zum Setzfließtisch 300 mm beträgt. Die Öffnung wird zunächst mit einem Schieber geschlossen und der Kegel wird mit derselben Menge SVB gefüllt wie ein gewöhnlicher Setztrichter. Die Kegelauslaufzeit korreliert sehr genau mit der Auslaufzeit im Trichterauslaufversuch und das Kegelfließmaß ist dasselbe wie das übliche Setzfließmaß. Die neue Versuchsart ist sehr zeitsparend und kann sowohl im Labor wie auf der Baustelle eingesetzt werden. Die neue SVB-Richtlinie [8.12] berücksichtigt die europäische Norm DIN EN 206-9 für selbstverdichtenden Beton, die als Ergänzung zur DIN EN 206-1 herausgegeben wurde, sowie die ergänzenden Regeln in DIN 1045-2. Gegenüber der SVB-Richtlinie aus dem Jahr 2003 wurden in der Neuausgabe [8.12] deutliche Vereinfachungen vorgenommen. So wurden u. a. die aufwendigen Prüfungen an den Ausgangsstoffen gestrichen. Weiterhin wurden die oben beschriebenen europäischen Prüfverfahren und Klassen im Wesentlichen übernommen (Auslaufkegel bleibt erhalten). Die ergänzenden Regelungen für die Bemessung (Teil 1 der Richtlinie) und die Ausführung (Teil 3 der Richtlinie) wurden i. W. beibehalten und lediglich an die neuen europäischen Normen angepasst.

8.5 Eigenschaften

Selbstverdichtender Beton kann als normalfester bis hochfester Beton entworfen werden. Der Vollständigkeit halber werden hier noch die Eigenschaften des erhärteten SVB behandelt.

Die mechanischen Eigenschaften entsprechen im Wesentlichen dem Normalbeton. Die Zugfestigkeit soll etwas höher sein als bei normalem Beton bei gleicher Druckfestigkeit. Der Verbund ist weniger abhängig von der Verbundlage, d. h. ob ein Stab unten oder oben eingebaut ist. Der E-Modul liegt etwa 15 % unter dem von herkömmlichem Beton, wobei jedoch darauf aufmerksam gemacht werden muss, dass die Schwankungsbreite bei herkömmlichem Beton auch bereits ± 30 % beträgt. Das Schwinden ist etwas höher als bei normalem Beton, jedoch in dessen Streubereich. Es sollte darauf geachtet werden, dass der Beton am Anfang nicht austrocknet, sodass sich kein Frühschwinden einstellen kann. Das Kriechen scheint ebenfalls etwas erhöht zu sein, liegt jedoch auch in der für Normalbeton bekannten Toleranz.

Zu den Eigenschaften Carbonatisierung und Chloriddiffusion liegen einige Ergebnisse vor, die darauf hindeuten, dass der SVB hier nicht schlechter abschneidet. Auch der Frost-Tauwiderstand ist vergleichbar mit dem von herkömmlichem Beton. Hinsichtlich der Festigkeitseigenschaften wird SVB gleich eingestuft wie normaler Beton. Nach der Richtlinie SVB des DAfStb darf SVB für unbewehrten Beton, Stahlbeton und Spannbeton eingesetzt werden. Die Druckfestigkeit ist bis zur Klasse C70/85 begrenzt. Damit steht ein Regelwerk zur Verfügung, das es erlaubt, SVB einzusetzen. Vor allem bei dichter Bewehrung, komplizierter Schalungsgeometrie und Sichtbetonbauteilen bringt er sicherlich Vorteile [8.6]. Hinsichtlich der Ausführung hat er allerdings seine Tücken in der Empfindlichkeit auf Schwankungen der Zusammensetzung, aber auch bez. der Temperatur. Dies sollte beachtet werden und daher ist auch ein höherer Prüfaufwand gerechtfertigt.

Vor der bauaufsichtlichen Einführung der ersten SVB-Richtlinie als Ausdruck der neuen Normengenerationen [8.3] wurden zahlreiche allgemeine bauaufsichtliche Zulassungen erteilt [8.7]. Mit den Zulassungen konnten Erfahrungen gesammelt werden, die schlussendlich die Einführung der Richtlinie rechtfertigten. In [8.8] sind die heutigen Kenntnisse zusammengefasst.

9 Sichtbeton

9.1 Einführung

Betonoberflächen mit besonderen Anforderungen an ihr Erscheinungsbild werden als Sichtbeton bezeichnet. Er ist seit Beginn der Betonbauweise ein bedeutendes Gestaltungselement, das auch in der modernen Architektur vielfältige Anwendung findet. Zur Definition des Begriffs Sichtbeton finden sich Angaben in DIN 18217 [9.1] sowie in Richtlinien und Merkblättern der Bauwirtschaft [9.2, 9.3]. Diese Quellen enthalten zudem wertvolle Angaben und Hinweise für die Praxis. Es existiert jedoch keine eigene, umfassende und allgemeingültige Norm oder Richtlinie zu Sichtbeton, die Angaben zur Planung, Ausschreibung und Ausführung enthält.

Als Sichtbeton bezeichnet man unbeschichtete Betonoberflächen, an deren Aussehen bestimmte Anforderungen gestellt werden. Dabei umfasst das erzielbare Aussehen ein weites Spektrum. Vereinfacht kann man zwischen unbearbeiteten und nachbearbeiteten Oberflächen unterscheiden. Bei den unbearbeiteten Oberflächen sind diese durch die Betonfarbe, die Schalungstextur einschließlich ihrer flächigen oder strukturierten Anordnung geprägt. Die nachbearbeiteten Oberflächen werden steinmetzmäßig (Stocken, Scharrieren) oder mittels Strahlen (z. B. Sand, Stahlkugeln), aber auch durch Absäuern, Auswaschen sowie Schleifen und Polieren erzeugt. Waschbeton und Terrazzo sind Beispiele für gewaschene bzw. geschliffene Oberflächen. Die folgenden Ausführungen beschränken sich auf Sichtbeton, dessen Aussehen durch die Schalung und Schalhaut geprägt wird (unbearbeitete Oberflächen). Die Einteilung von Sichtbeton erfolgt heute nach vier Klassen, die unterschiedlich hohe Anforderungen an das Erscheinungsbild [9.2, 9.3] festlegen. Kriterien sind die Oberflächentextur, Porigkeit, Farbtongleichmäßigkeit, Ebenheit sowie Arbeits- und Schalhautfugen. Im Weiteren werden den vier Sichtbetonklassen auch Anforderungen hinsichtlich des Anlegens von Erprobungsflächen und der Qualität der Schalhaut zugeordnet. Zur Präzisierung der jeweiligen Qualitätsanforderungen sind die Angaben in [9.2] mit detaillierten Anforderungen an geschalte Sichtbetonoberflächen, Schalhautklassen und Porigkeitsklassen verknüpft.

Obwohl durch die genannten Merkblätter, anhand technischer Hinweise zur Ausführung sowie durch Empfehlungen zur vertraglichen Regelung der Bauleistung, die Herstellung von Sichtbeton erleichtert wurde und eine erhebliche Objektivierung seiner Beurteilung gelungen ist, bleibt der Sichtbeton keine einfach zu beherrschende Bauweise. So zeigt die Praxis, dass manche Ausführung nicht befriedigt. Dabei sind es nicht nur subjektive Kriterien des Erscheinungsbildes, sondern oft auch objektiv erfassbare Mängel, die Nachbesserungen notwendig machen. Daher werden im Folgenden auch typische Mängel, ihre Ursachen und Möglichkeiten der Mängelbeseitigung kurz aufgezeigt.

9.2 Planung und Ausschreibung

Die Herstellung von Sichtbeton ist eine komplexe Bauleistung. Dementsprechend erfordert sie von den Beteiligten in allen Bauphasen ein hohes Maß an Erfahrung und Sorgfalt, insbesondere aber eine enge Abstimmung. Die Vorstellung des Auftraggebers vom Aussehen der Sichtbetonoberfläche und das vom Auftragnehmer technisch überhaupt erzielbare Ergebnis sind im Vorfeld in Einklang zu bringen. Hilfe hierbei bieten die umfänglichen Angaben in [9.2]. Planende und Ausführende müssen sich darüber verständigen, welche optischen Merkmale die herzustellende Sichtbetonoberfläche hinsichtlich Textur und Farbe aufweist und durch welche Maßnahmen dies erreicht werden soll. Wichtige Parameter sind hierbei die Betonzusammensetzung und -nachbearbeitung sowie die Wahl von Schalungsart, Schalhaut und Trennmittel (s. Abschn. 9.3 und 9.4). Die Mitarbeit eines erfahrenen Betontechnologen ist unbedingt angezeigt, wenn besondere Anforderung an den Sichtbeton (Klassen SB 3 und SB 4, siehe [9.2]) gestellt werden.

Dringend empfohlen wird das Herstellen von Erprobungs- und Referenzflächen. Sie dienen dem Auftragnehmer als Erprobung sowie zur technischen und wirtschaftlichen Optimierung des gesamten Herstellungsprozesses, einschließlich Logistik sowie Personalschulung, und zeigen dem Auftraggeber das erzielbare Ergebnis, ggf. in Abhängigkeit von den gewählten Alternativen. Aus den Erprobungsflächen sollten Referenzflächen für die Beurteilung der endgültig hergestellten Sichtbetonoberfläche ausgewählt und vor Ausführungsbeginn vertraglich vereinbart werden. Entscheidend ist dabei, dass die Erprobungsflächen in jeder Hinsicht (z. B. auch Lage, Geometrien) möglichst repräsentativ sind. Bei der Beurteilung der hergestellten Sichtbetonoberfläche muss selbstverständlich bedacht werden, dass eine Referenzfläche im Betonbau niemals toleranzfrei reproduzierbar ist (s. Abschn. 9.5). Bezüglich der Wahl der Referenzfläche sollte davon Abstand genommen werden, Ansichtsflächen von bestehenden Bauwerken heranzuziehen. In der Regel sind die Randbedingungen bei der Erstellung dieser Flächen nicht bekannt. Weiterhin prägt der spezifische Gesamteindruck das Erscheinungsbild einer Teilfläche, und es treten durch die Alterung gewollte oder ungewollte Aussehensänderungen ein, die bei neu herzustellenden Flächen nicht reproduziert werden können.

Die Anwendung einer Prüfschalung, wie sie in [9.4] vorgestellt wird, ermöglicht eine Optimierung des Sichtbetonsystems, bestehend aus Schalungshaut, Trennmittel und Frischbeton. Gleichzeitig werden auch Ansichtsflächen erzeugt, die ggf. als Referenzflächen herangezogen werden können. In einem systematischen Vergleich von Qualitätsmerkmalen an zahlreichen Sichtbetonoberflächen aus Prüfschalungen mit jenen, die in der Praxis mit demselben Beton erzielt wurden, konnten die Vorhersagbarkeit der Praxisergebnisse im Grundsatz nachgewiesen und Übertragungsregeln hergeleitet werden [9.14]. Dies bestätigt die Zweckmäßigkeit von Prüfschalungen, wenn sichergestellt wird, dass die Einbaubedingungen vergleichbar sind. Kaum erfasst werden können jedoch die Einflüsse aus klimatischen Randbedingungen beim Einbau und insbesondere beim Entschalen auf die Qualität von Sichtbetonoberflächen.

Die Planung und Ausschreibung von Sichtbeton sowie die Herstellung und anschließende Beurteilung muss die vorstehend genannten Gesichtspunkte berücksichtigen, um etwaige Meinungsverschiedenheiten möglichst im Vorfeld auszuräumen. Hierzu ist auch ein besonderes Augenmerk auf die Qualitätssicherung zu legen. Vorteilhaft ist es, die gesamte Sichtbetonherstellung in Teilprozesse zu gliedern und die jeweiligen Verantwortlichkeiten und Zuständigkeiten sowie unverzichtbare Stichproben und Kontrollen festzulegen. Letzteres ist an allen Schnittstellen besonders wichtig. Bei den Sichtbetonklassen SB 3 und SB 4 nach [9.2] wird empfohlen, Arbeitsanweisungen zu erstellen. In der Praxis hat sich bewährt, ein sogenanntes „Sichtbetonteam" aus Vertretern aller beteiligten Gruppen zu bilden [9.2, 9.5].

9.3 Betonzusammensetzung und Betonherstellung

Um eine Hauptanforderung an Sichtbeton, nämlich die Gleichmäßigkeit, erfüllen zu können, muss die Betonzusammensetzung möglichst konstant sein und die Ausgangsstoffe, also Zement, Gesteinskörnung sowie Betonzusatzstoffe (z. B. auch Pigmente) und Zusatzmittel müssen, neben der Übereinstimmung mit dem Regelwerk (DIN EN 206-1/DIN 1045-2), eine möglichst gleichbleibende Qualität aufweisen. Schon geringe Abweichungen bei den genannten Parametern, die die technologischen Eigenschaften eines Betons nicht nennenswert beeinflussen, können starke Änderungen des Erscheinungsbilds einer Sichtbetonoberfläche hervorrufen.

Es gibt keine Standardzusammensetzung für einen guten Sichtbeton. Bewährt haben sich jedoch robuste Mischungen mit plastischer bis weicher Konsistenz (Ausbreitmaßklasse F2/F3), siehe z. B. [9.6]. Der Mehlkornleim- und Mörtelgehalt sind ausreichend hoch zu wählen, um einem Bluten bzw. Entmischen vorzubeugen, gleichzeitig aber die Klebrigkeit des Betons zu vermeiden. Der w/z-Wert sollte kleiner als 0,55 gewählt werden. Schwankung im w/z-Wert von ± 0,02 können bereits deutliche Abweichungen in der Helligkeit bzw. im Farbton bewirken. Dabei führt ein geringerer w/z-Wert zu einem dunkleren Farbton. Unter Einhaltung der genannten Rezepturparameter wird man bei einem

Größtkorn von 16 bis höchstens 32 mm auf die Zugabe von Fließmittel nicht verzichten können. In [9.14] werden folgende Eckwerte für eine Basiszusammensetzung genannt: 350 kg/m³ Zement, Flugasche/Kalksteinmehl als Betonzusatzstoff, äquivalenter Wasserzementwert 0,50, Größtkorn 16 mm, Sieblinienbereich angepasst an die Regelsieblinie B16 und Konsistenzklasse am Übergang F4/F5. Davon ausgehend sind eine granulometrische Abstimmung des Gehalts an Zement und Zusatzstoff auf die Eigenschaften der zum Einsatz kommenden Gesteinskörnung im Bereich 0/2 mm im Zuge von Eignungsversuchen an Mörteln unter Berücksichtigung der Wirkung des verwendeten Fließmittels vorzunehmen. Die Zugabe von Luftporenbildner hat sich – unabhängig von seiner Wirkung bez. der Frostbeständigkeit – im Hinblick auf die Stabilisierung von Mischungen bewährt. Mit Mischungszusammensetzungen, die zu selbstverdichtenden Betonen (SVB) führen, lassen sich sehr gleichmäßige Sichtflächen herstellen.

Um das Risiko fleckiger Dunkelverfärbungen auch bei ungünstigen klimatischen Bedingungen (Winterbetonagen) besonders effizient zu minimieren, wird in [9.15] empfohlen, einen Zement mit einem hohen Gehalt an Alkalisulfaten zu verwenden oder Alkalisulfate bzw. Alkalihydroxide dem Zugabewasser zuzugeben. Dabei muss deren Unschädlichkeit auf die Frisch- und Festbetoneigenschaften zuvor nachgewiesen sein und das Risiko einer AKR-Reaktion ausgeschlossen werden können. Als weitere, nicht ganz so effiziente Maßnahme wird die Verwendung eines Zements mit einer hohen Mahlfeinheit vorgeschlagen. Die im Vergleich geringste Effizienz wird mit der Einstellung niedriger Wasserzementwerte sowie dem Austausch von Portlandzement durch bis zu 20 M.-% Kalksteinmehl oder die Verwendung eines CEM II A-LL erzielt. Eine Kombination der Maßnahmen sollte zu besseren Ergebnissen als eine Einzelmaßnahme führen.

Die Mischreihenfolge ist wie bei üblichem Konstruktionsbeton zu wählen. Wenn Pigmente eingesetzt werden, sind sie bereits mit der Gesteinskörnung zuzugeben. Die Mischdauer sollte gegenüber Normalbeton eher erhöht werden und selbst bei leistungsfähigen Mischern eine Minute nicht unterschreiten. Bei der Verwendung von SVB sind deutlich höhere Mischzeiten notwendig. Schwankungen der Frischbetontemperatur, die rund 25 °C nicht überschreiten sollte, sind möglichst zu vermeiden, da auch sie Farbtonunterschiede bewirken.

Bei der Anlieferung bzw. Übergabe des Betons ist zu beachten, dass Abweichungen vom vereinbarten Ausbreitmaß von ± 20 mm nachteilige Auswirkungen auf das Aussehen der Sichtbetonfläche haben können. Eine Kontrolle der Frischbetontemperatur wird empfohlen. Kurze Transportwege sind für die Lieferung von Sichtbeton zu bevorzugen.

9.4 Einbau und Nachbehandlung
9.4.1 Schalung und Trennmittel

Bei den Schalungen kann i. W. unterschieden werden zwischen Schalhäuten, die Wasser saugen oder nicht saugen und deren Haut glatt oder strukturiert ist. Dabei kann die Strukturierung von einer einfachen Holzmaserung bis hin zu einer Schalungsmatrize mit Höhenversätzen im Zentimeterbereich reichen. Nicht saugende Schaltafeln besitzen zumeist eine Oberflächenschicht aus Kunststoff oder Phenolharz oder sie bestehen vollständig aus Kunststoff oder Stahl. Ihre Oberfläche ist glatt, es sei denn, dass sie durch Matrizen strukturiert ist. Bei den saugenden Schaltafeln unterscheidet man zwischen den Typen Massivholzplatte, dreischichtige Holzplatte, Spanplatte und Holzfaserplatte. Ihre Oberflächen sind unterschiedlich porös und teils unbehandelt (z. B. sägerau, gehobelt) belassen oder zusätzlich noch mit einem dünnen Oberflächenfilm versehen.

Die Oberflächeneigenschaften der Schalhaut prägen naturgemäß entscheidend das Erscheinungsbild des die Oberflächentextur widerspiegelnden Sichtbetons. Dies gilt sowohl für die Rauigkeit als auch für die Saugfähigkeit. So erzeugt eine saugende Schalhaut dunklere Oberflächen mit weniger Poren. Lässt die Saugfähigkeit nach mehrmaliger Verwendung nach, entstehen hellere Flächen. Zwischen der Schalhaut und den Bestandteilen des Betons können chemische Reaktionen auftreten, die das Erscheinungsbild der Oberfläche beeinträchtigen. So greift das hochalkalische Porenwasser des Betons manche als Schalhaut bzw. zur Schalhautvergütung eingesetzte Kunststoffe an. Bei erstmaliger Verwendung nicht behandelter Holzschalungen können chemische Reaktionen in der Betonrandzone ablaufen, die Farbunterschiede und Absandungen bewirken. Zur Vorbeugung kann eine Behandlung mit Zementmilch vorgenommen werden [9.6]. Glatte, nicht saugende Schalungen ergeben hellere Oberflächen und sind empfindlicher hinsichtlich Schlieren- und Wolkenbildungen sowie Marmorierungen. Um ein einheitliches Oberflächenbild zu erzielen, sind gleichartige Schaltafeln einzusetzen. Selbst bereichsweise unterschiedlich lange oder intensive Lichteinstrahlung auf die Schalhaut kann sich auf das Erscheinungsbild der Sichtbetonfläche auswirken.

Bei der Verwendung von Stahlschalungen können Rostflecken auf der Sichtbetonoberfläche auftreten. Vorsicht ist bei Stahlschalungen in Verbindung mit pigmentierten Betonen geboten. Die üblicherweise verwendeten Metalloxidpigmente reagieren ferromagnetisch, sodass Stahlschalungen grundsätzlich entmagnetisiert werden sollten.

Die Schalhaut wird in Klassen eingeteilt (siehe [9.2]), die den Sichtbetonklassen zugeordnet sind. Detaillierte Angaben zur Art der Schalhäute, ihren

Texturmerkmalen, möglichen Auswirkungen auf die Sichtbetonoberfläche und Anhaltswerte für die Einsatzhäufigkeit sind in [9.2] gegeben. Dort finden sich auch Angaben zu den Abmessungen der Tafeln, gestalterischen Elementen (Schalungseinlagen etc.) und zur Ausführbarkeit von Sichtbeton; siehe auch Beton-Kalender 2016, Teil 2, Kapitel VIII. Die Fugen zwischen den einzelnen Schalelementen müssen so abgedichtet sein, dass weder Feststoffe noch Wasser hindurch treten können.

Trennmittel werden eingesetzt, um das Ausschalen zu erleichtern und dabei die Oberfläche des Sichtbetons nicht zu beschädigen, zur Vergleichmäßigung der Ansichtsflächen und zum Schutz der Schalung selbst. Sie bestehen aus komplexen chemischen Verbindungen und Gemischen. Angaben zu Stoffarten, Eigenschaften, Wirkungsweisen und Anwendungen sind in [9.7, 9.8] enthalten. Allgemeingültige Empfehlungen für die Auswahl von Trennmitteln können nicht gegeben werden. Spezifische Erfahrungen mit entsprechenden Produkten in Verbindung mit einer gewählten Schalhaut müssen der Auswahl zugrunde liegen. Dringend anzuraten sind dennoch entsprechende Vorversuche, beispielsweise mit der in Abschn. 9.2 genannten Prüfschalung.

9.4.2 Ausführung und Nachbehandlung

Für den Einbau von Sichtbeton können die im Hochbau üblichen Verfahren (Kübel, Pumpe) eingesetzt werden. Der Einbau sollte zügig und in gleichmäßiger Geschwindigkeit über alle Schüttlagen, deren Höhe 50 cm nicht übersteigen sollte, hinweg erfolgen. Es ist selbstverständlich, dass Verschmutzungen der Schalung zu vermeiden sind. Ein besonderes Augenmerk muss auf eine gleichmäßige, an die Konsistenz angepasste Intensität der Verdichtung gerichtet sein. Selbst robuste Betonmischungen können Unregelmäßigkeiten und erst recht Verdichtungsfehler, die gerade beim Sichtbeton besonders augenfällig werden (Marmorierungen, Wasserläufer), nicht kompensieren. Eine sorgfältige Planung und Ausführung des Betoneinbaus und der Betonverdichtung ist daher unverzichtbar.

Auch für die Nachbehandlung gilt, dass eine hohe Gleichartigkeit und Gleichmäßigkeit sichergestellt werden muss. Alle Maßnahmen zum Schutz einer jungen Betonoberfläche vor jedweden schädigenden Einwirkungen (Temperaturbeanspruchung, Verschmutzung, Feuchteverlust) sind in verstärktem Maß einzuhalten. Bekannt ist, dass eine wasserzuführende Nachbehandlung das Risiko auftretender Verfärbungen birgt. Bei einer Nachbehandlung mit Folie muss auf die Betonfläche abtropfendes Wasser ebenso wie Zugluft (Kaminwirkung) vermieden werden. In [9.6] wird empfohlen, eher früher auszuschalen und anschließend für eine Luftfeuchte von über 85 % zu sorgen oder ein hydrophobierendes Mittel aufzusprühen. Dabei muss jedoch zuvor erprobt worden sein, dass ein solches Mittel zu keiner Beeinträchtigung des Erscheinungsbildes führt. Dies gilt auch für den Einsatz flüssiger Nachbehandlungsmittel.

Auch eine ungleichmäßige Trocknung der Oberfläche nach Abschluss der Nachbehandlung kann zur Fleckenbildung führen. Nur schwer vermeidbar ist der Einfluss der Witterung bei der Herstellung und beim Ausschalen von Sichtbetonoberflächen auf Baustellen. Hierdurch können leichte Veränderungen der Grautöne entstehen.

Ausgehend von den Mechanismen, die den Dunkelverfärbungen zugrunde liegen, sind alle Maßnahmen als günstig einzustufen, die die Verdunstungsrate an der Betonoberfläche unmittelbar nach dem Ausschalen erhöhen und/oder zu einem höheren Hydratationsgrad des Betons zum Zeitpunkt des Ausschalens führen. Hierzu gehört insbesondere die Wahl eines geeigneten Ausschalzeitpunkts, z. B. bei warmen, trockenen Umgebungsbedingungen und einer ggf. zusätzlich verlängerten Schalzeit. Vor einer Foliennachbehandlung ohne zusätzliche Maßnahmen (z. B. Sicherstellung eines Luftspalts, mit zirkulierender Warmluft) wird in [9.15] gewarnt. Bewertet man die langjährigen Erfahrungen, die den Empfehlungen in [9.6] zugrunde liegen, sowie die gewonnenen Erkenntnisse in [9.15] und berücksichtigt man zusätzlich die normativen Vorgaben für die Nachbehandlung, so erscheinen verlängerte Ausschalfristen im Sommer ebenso wie im Winter, sowie im Sommer ggf. das Zuwarten auf hinreichend warme und trockene Tage für das Ausschalen, das Risiko von Dunkelverfärbungen am ehesten zu minimieren.

9.5 Beurteilung

Grundlage der Beurteilung von Sichtbetonflächen bilden die zuvor vertraglich vereinbarten Kriterien, z. B. die Sichtbetonklasse, Referenzflächen etc. Dabei ist zu beachten, dass Referenzflächen nicht toleranzfrei reproduziert werden können. Selbst bei größter Sorgfalt bleibt jedes Bauteil ein Unikat, da auf das Erscheinungsbild Einfluss nehmende Randbedingungen auf der Baustelle nicht beherrscht werden können. Hierzu gehören die Witterung (Temperatur, Feuchte) bei der Sichtbetonherstellung und -ausschalung sowie unvermeidliche Streuungen bei allen eingesetzten Stoffen und Materialien, die das Erscheinungsbild ebenso beeinflussen wie unvermeidbare Abweichungen bei der Betonherstellung und beim Einbau. Die Beurteilung eines Sichtbetons kann erst erfolgen, wenn die Oberfläche gleichmäßig abgetrocknet ist.

Grundlegendes Abnahmekriterium ist der Gesamteindruck einer Ansichtsfläche. Dieser ist aus einem angemessenen Betrachtungsabstand bei üblichen Lichtverhältnissen zu gewinnen. Einen solchen Abstand kennzeichnet, dass er vom Nutzer/Betrachter eines Bauwerks üblicherweise eingenommen wird. Einzelkriterien wie die Porigkeit oder die Farbtongleichmäßigkeit sollten zur Beurteilung nur dann herangezogen werden, wenn der Gesamteindruck der Ansichtsflächen nicht dem vereinbarten Erscheinungsbild entspricht.

9.6 Mängel und Mängelbeseitigung

9.6.1 Sichtbetonmängel

Neben dem Verfehlen von Kriterien, die in Abschnitt 9.1 genannt sind, gehören Schlieren, Wolkenbildungen, Marmorierungen, Ausblühungen und Verfärbungen zu den typischen Mängeln bei Sichtbeton. Ob es sich im Einzelfall tatsächlich um einen Mangel handelt, ist ggf. durch einen Sachverständigen zu entscheiden.

Schlieren, Wolkenbildungen und Marmorierungen sind auf lokale Entmischungen des Betons am Übergang zur Schalhaut zurückzuführen. Ihre Ursache kann gleichermaßen auf der Betonzusammensetzung wie der Betonverarbeitung bzw. -verdichtung beruhen. Je glatter und je weniger saugfähig eine Schalhaut ist, desto höher ist das Risiko für solche Mängel. Die dunkleren, meist glatten Bereiche kennzeichnen ein lokal geringerer w/z-Wert und ein höherer Calciumkarbonatanteil, während in den raueren und helleren Bereichen mehr Calciumsilikate gefunden wurden [9.9]. Die Rauheit bzw. die Ablagerung von unterschiedlichen Verbindungen bzw. Kristallen führt auch zu einer unterschiedlichen Lichtbrechung und damit zu Hell-/Dunkeleffekten.

Einen großen Einfluss auf die Entstehung von Dunkelverfärbungen üben auch die klimatischen Bedingungen bei der Sichtbetonherstellung und beim Ausschalen aus. In den Wintermonaten (niedrige Temperatur, hohe relative Luftfeuchte) ist das Risiko des Auftretens von fleckigen Dunkelverfärbungen im Vergleich zur Sichtbetonherstellung in den Sommermonaten deutlich erhöht [9.9].

Die vorangehenden Ausführungen ergeben ein schlüssiges Bild, wenn man den Mechanismus, der den Dunkelverfärbungen zugrunde liegt, betrachtet [9.15]. So ist an der Oberfläche der dunklen Bereiche ein höherer Anteil an Calciumhydroxid und später, nach der Carbonatisierung, an Calciumkarbonat vorhanden. Dieser mineralogische Sachverhalt bewirkt zwar nicht das Erscheinungsbild, er sorgt aber für eine dichtere und ebenere Oberflächenstruktur, wodurch erst der optische Eindruck des dunkleren Erscheinungsbilds entsteht. Ebenere und glattere Oberflächen desselben Materials erscheinen dem Betrachter an optischen Effekten (diffuse Reflektivität) stets dunkler. Hinzu kommt, dass im dichteren oberflächennahen Gefüge, also in den verengten Mikroporen durch die Anreicherung von Calciumhydroxid, bei deutlich geringeren relativen Luftfeuchten bereits zu einer Kapillarkondensation kommt. Hierdurch wird eine lokale Feuchteanreicherung bewirkt, die eine Dunkelfärbung nach sich zieht. Die Anreicherung von Calciumhydroxid in oberflächennahen Bereichen ist eine Folge des Kapillartransports von Porenwasser aus den tieferen Bereichen an die Oberfläche, die unmittelbar nach dem Ausschalen die Verdunstungsfront darstellt, und der dann das gelöste Calciumhydroxid in kristalliner Form ausfällt. Schreitet die Verdunstungsfront ins Innere voran, was mit zunehmender Trocknung der Oberfläche erfolgt, werden die Mikroporen der Randzone nicht mehr weiter verdichtet. Da in den Wintermonaten die relative Luftfeuchte höher und die Temperatur kleiner als im Sommer ist, was zudem die Hydratation verlangsamt, wird die Verdunstungsrate abgesenkt und der Transport von Calciumhydroxid in die Randzone begünstigt. Die Verdunstungsfront schreitet nur langsam ins Innere voran. Als Folge entsteht eine erhöhte Verdichtung der Mikroporen der Randzone, die bei der höheren Umgebungsfeuchte eine frühe Kapillarkondensation nach sich zieht. Dagegen wandert an trockenen Sommertagen die Verdunstungsfront und damit die Zone der Ausfällung von Calciumhydroxid rasch ins Innere. Die Randzone wird hierdurch weniger verdichtet, bleibt also unebener und wegen der geringeren Kapillarkondensation auch trockener. Beide Effekte haben ein helleres Erscheinungsbild zur Folge. Sind beim Ausschalen die Sommertage kühl und feucht (Regen), werden winterliche Klimabedingungen angenähert und das Risiko von fleckigen Dunkelverfärbungen steigt.

Farbunterschiede (helle und dunklere Grautonbereiche) können ihre Ursache ebenfalls in der Betonzusammensetzung, aber auch in der Schalhaut und der Verdichtung haben. Ein Wechsel der Zementart, ja selbst eine neue Liefercharge, kann den Grauton beeinflussen. Höhere Mahlfeinheiten, geringere C_4AF-Anteile im Klinker sowie höhere w/z-Werte führen zu helleren Sichtbetons. Dies erklärt auch, warum hellere Flächen entstehen, wenn die Saugfähigkeit einer Schalung durch häufigen Einsatz abnimmt. Typisch sind auch dunklere Bereiche an undichten Schalplattenstößen, die sowohl auf den lokal reduzierten w/z-Wert als auch auf die freigelegte Körnung zurückzuführen sind. Ebenso kann eine unterschiedliche Rüttelintensität, beispielsweise infolge unterschiedlicher Konsistenz oder eines ungewollten leichten Ansteifens, Farbtonunterschiede zwischen den einzelnen Einbaulagen hervorrufen. Selbst eine tiefliegende Bewehrung kann sich an der Oberfläche abbilden, wenn die Rüttelflasche die Bewehrung durch Berührung zum Schwingen anregte [9.6].

Aufhellungen durch Kalk oder gar Kalkausblühungen und -aussinterungen entstehen, wenn mit Calciumhydroxid angereichertes Porenwasser in randnahe Schichten bzw. an die Oberfläche gelangt, dort verdunstet und das zurückbleibende Calciumhydroxid karbonatisiert. Solche Aufhellungen oder Ausblühungen treten vor allem dann auf, wenn nach dem Betonieren und Ausschalen Wasser in einen noch jungen Beton eindringen kann und später wieder an die Verdunstungsfront transportiert wird. Bei kühler Witterung und damit langsamer Hydratation ist die Gefahr der Entstehung von Aufhellungen sowie Ausblühungen besonders groß.

Bei Braunfärbungen spielen meist metallische Oxide eine ausschlaggebende Rolle. Sie können z. B. von einer korrodierenden Bewehrung stammen und mit der Feuchtigkeit an die Oberfläche transportiert werden. Seltener sind pyrithaltige Gesteinskörnungen die Ursache solcher Verfärbungen. Braunfärbungen können auch bei Verwendung von mit Phenolharzen vergüteten Schalplatten auftreten [9.10], wenn beispielsweise nach dem Lösen der Spannanker in den entstehenden Spalt Wasser eindringt oder dort kondensiert und aufgrund der hohen Alkalität eine Reaktion mit der Schalhaut stattfindet.

Blau- oder Grünfärbungen sind typisch für die Verwendung eines hüttenhaltigen Zements. Sie entstehen durch die Bildung von Metallsulfiden. Diese Farberscheinung verschwindet jedoch wieder, wenn Luftsauerstoff in die Randzone eindiffundiert und mit den Metallsulfiden unter Bildung farbloser Metallverbindungen reagiert. Üblicherweise geschieht dies innerhalb weniger Wochen [9.11].

9.6.2 Mängelbeseitigung bei Sichtbeton

Die Mängelbeseitigung bei Sichtbeton ist eine höchst anspruchsvolle Aufgabe, die besondere Fachkenntnisse, Erfahrung und handwerkliche Sorgfalt erfordert.

Zunächst ist ein erfahrener Fachingenieur einzuschalten, der in der Lage ist zu bewerten, ob und ggf. welche Unregelmäßigkeiten lediglich das gewünschte Erscheinungsbild der Sichtbetonflächen betreffen und welche Unregelmäßigkeiten die Tragfähigkeit, die Dauerhaftigkeit und die Gebrauchstauglichkeit beeinträchtigen.

Die Entscheidung, ob im erstgenannten Fall Maßnahmen ergriffen werden, wird davon abhängen, ob das erzielte Erscheinungsbild den auf der Basis von [9.2] getroffenen Vereinbarungen entspricht, ob der Bauherr unabhängig davon eine Schönung oder Beeinflussung des Erscheinungsbildes wünscht und ob erfolgversprechende betonkosmetische Maßnahmen umgesetzt werden können. Manche Unregelmäßigkeiten sind charakteristisch für Betonoberflächen und werden mit der Alterung einer Sichtbetonfläche weniger wahrgenommen oder verschwinden mit der Zeit ganz. Nicht sachgerecht vorgenommene Beseitigungsversuche können das Erscheinungsbild verschlechtern oder sich auch in technischer Hinsicht ungünstig auswirken. Bevor die Mängelbeseitigung in Angriff genommen wird, ist anhand von Probeflächen zu prüfen, ob die gewählte Maßnahme zum gewünschten Ergebnis führt.

Die Möglichkeiten und Grenzen betonkosmetischer Maßnahmen werden in [9.16] aufgezeigt. Sie reichen vom mechanischen und chemischen Reinigen über das Abtragen oder Überspachteln unerwünschter Oberflächenschichten sowie das Reprofilieren beschädigter oder vorab abgetragener Bauteilrandschichten bis hin zum retuscheartigen bis ganzflächigen Gestalten mit Farbe, das bis zur Imitationsmalerei reichen kann.

Über Erfahrungen zur Dauerhaftigkeit fachgerecht vorgenommener betonkosmetischer Maßnahmen wird in [9.16] ebenfalls berichtet. Dort wird ausgeführt, dass die Dauerhaftigkeit einer derartigen Maßnahme umso höher ist, je besser die Sichtbetonfläche insgesamt vor Beanspruchungen aus Witterung geschützt ist. Betonkosmetische Maßnahmen im Außenbereich werden seit etwa 15 Jahren durchgeführt. Erfahrungen zeigen, dass sie zumindest über diesen Zeitraum dauerhaft sein können.

Bei fleckigen Dunkelverfärbungen kann das Abschleifen der Oberfläche bis in eine Tiefe von wenigen Zehntelmillimetern die Verfärbungen beseitigen [9.15]. Es ist allerdings anzuraten, die Schleifarbeiten in diesem Fall ganzflächig über die gesamte Betrachtungseinheit vorzunehmen, da ansonsten eine auffallend fleckige Oberfläche entstehen würde. Ein intensives Trocknen der Oberfläche (Heißluftgebläse) hat nur dann eine dauerhaft positive Wirkung, wenn konstant nur geringfügig schwankende trockene Umgebungsbedingungen herrschen, was in Innenräumen der Fall ist.

Ein Betonaustausch wird notwendig, wenn z. B. tiefer in die Oberfläche hineinreichende Fehlstellen (Hohlstellen, Kiesnester, poröse Arbeitsfugen) auch die Dauerhaftigkeit oder gar die Tragfähigkeit beeinträchtigen oder wenn lokale Verunreinigungen (z. B. durch eingedrungene Öle etc.) aufgetreten sind. Auf der Grundlage entsprechender Voruntersuchungen und einer spezifisch auf den Schadensfall abgestellten Rezepturentwicklung gelingt es i. d. R., einen an den Sichtbeton angepassten Reparaturbeton so einzubringen, dass die Reparaturstelle nur noch anfänglich und bei näherer Nähe erkennbar ist [9.12].

In Fällen, in denen die festgestellten Unregelmäßigkeiten die Tragfähigkeit, Dauerhaftigkeit oder Gebrauchstauglichkeit beeinträchtigen, müssen bei der Mängelbeseitigung in jedem Fall die dem Kenntnisstand entsprechenden statisch-konstruktiven, materialtechnologischen und dauerhaftigkeitsbezogenen Grundlagen und technologischen Zusammenhänge Berücksichtigung finden, damit die notwendigen Instandsetzungsziele erreicht werden. Betonkosmetische Maßnahmen können hier allenfalls dazu dienen, die in einem zu erstellenden Instandsetzungs- und Instandhaltungsplan beschriebenen und gemäß [9.17], [9.18] ausgeführten Maßnahmen zu kaschieren und an die Umgebung anzupassen.

9.6.3 Architektonisch bedeutsame Bausubstanz

Die zu Beginn der Beton- und Stahlbetonbauweise errichteten, aber auch viele der in den letzten Jahrzehnten in hoher Zahl erstellten Sichtbetonbauwerke haben mittlerweile eine hohe baugeschichtliche Bedeutung erlangt, da an ihnen der architektonische Gestaltungswille erkennbar ist und die bauzeitlichen Gestaltungselemente und Herstellungsbedingungen ablesbar sind. Diese Sichtbetonbauwerke stellen ein Zeugnis der Bauzeit dar und sollten daher – unabhängig davon, ob sie unter Denkmalschutz stehen oder nicht – ihrer Bedeutung angemessen instand gesetzt bzw. instandgehalten werden.

Die direkte Umsetzung der in den einschlägigen Richtlinien genannten Verfahren führt im Regelfall allerdings zu ganzflächig beschichteten Bauteilen. Dabei wird die vom Architekten gewählte und vom Bauherrn ursprünglich gewünschte, durch Gießen von Beton in eine Schalung entstandene Oberfläche durch eine neue, andersartige Oberfläche ersetzt, die putztechnisch oder malertechnisch hergestellt wurde und nicht weniger instandhaltungsbedürftig ist. Es sollten daher zukünftig verstärkt Anstrengungen unternommen werden, sichtbetonerhaltende Lösungen der Instandsetzung bzw. Instandhaltung zu finden und zu ermöglichen. Hierbei kann auf mehr als 25-jährige Erfahrungen aufgebaut werden; siehe z. B. [9.19] und dort aufgeführte Literatur.

9.7 Sonder-Sichtbetone

Weißer Sichtbeton wird unter Verwendung eines speziellen Portlandzements („Weißzement") und ggf. zusätzlich Weißpigmenten hergestellt. Die Rohstoffe des Portlandzements müssen hierzu frei von Eisen- und Manganoxiden sein. Hinsichtlich der Betontechnologie sowie der Herstellung von Sichtbeton sind keine Unterschiede zu zementgrauem Sichtbeton gegeben. Allerdings erfordert das gewünschte weiße Erscheinungsbild eine besondere Sorgfalt. Selbst feinste Rissbildungen, die man üblicherweise nicht wahrnimmt, können auf einer weißen Ansichtsfläche sehr störend hervortreten.

Farbiger Sichtbeton wird i. d. R. unter Verwendung pulverförmiger Metalloxide oder anderer alkali- und lichtbeständiger Partikel hergestellt. Ihr Anteil liegt meist unter 5 M.-% des Zementgewichts und sollte gering gehalten werden, weil sie als Pulver den Wasseranspruch erhöhen und den Beton zäher sowie klebriger machen. Ein leuchtender und besonders gleichmäßiger Farbton lässt sich nur bei gleichzeitiger Verwendung von Weißzement erzielen. Für die Herstellung eines farbigen Betons gilt das in Abschn. 9.3 Gesagte. Die Mischdauer ist jedoch eher zu erhöhen, um ein Höchstmaß an Homogenisierung zu erzielen.

Sicht-Leichtbeton ist eine attraktive Variante des Sichtbetons, weil mit diesem Beton bei entsprechender Ausführung a priori auch gleichzeitig eine ausreichende Wärmedämmung erzielt wird. Seine Herstellung erfordert die gleichzeitige Berücksichtigung der Regeln zur Herstellung und Verarbeitung von Leichtbeton (s. Abschn. 10) und jener von Sichtbeton, die oben beschrieben sind. In Bild 33 ist die Zusammensetzung eines Sicht-Leichtbetons jener eines normalschweren Sichtbetons gegenüber-

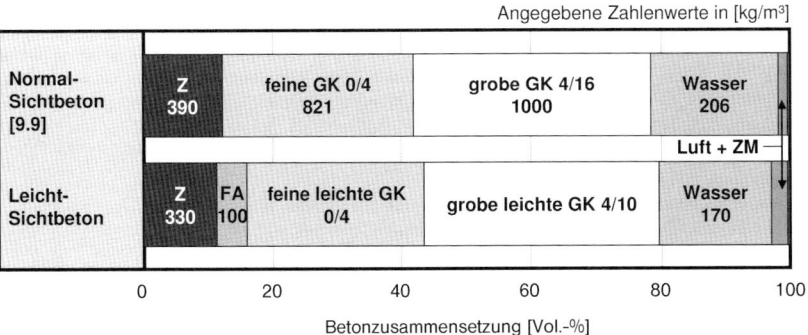

Bild 33. Zusammensetzung eines normalschweren und eines Leicht-Sichtbetons mit den Ausgangsstoffen Zement (Z), Flugasche (FA), feiner und grober Gesteinskörnung (GK), Wasser, Betonzusatzmittel (ZM) und Verdichtungsporen (Luft)

gestellt. Nähere Angaben zur Technologie der Herstellung und Verarbeitung von Sicht-Leichtbeton sowie Beispiele für ausgeführte Bauwerke sind in [9.13] enthalten.

10 Leichtbeton

10.1 Einführung und Überblick

Für bestimmte Anwendungen können das vergleichsweise hohe Eigengewicht und die geringe Wärmedämmung von Normalbeton von Nachteil sein. Dieser Sachverhalt hat schon frühzeitig zur Entwicklung von Leichtbeton geführt. Die Reduktion der Betonrohdichte erfolgt dabei grundsätzlich durch die gezielte Einführung von Luftporen in den Verbundwerkstoff. Dies kann sowohl durch die Verwendung poröser leichter Gesteinskörnungen geschehen (Ansatz 1) als auch durch eine Porosierung der Zementsteinmatrix (Ansatz 2), beispielsweise durch den Einsatz von Luftporen- bzw. Schaumbildnern. Weiterhin ist eine Kombination beider Ansätze möglich. Eine Sonderform stellt der haufwerksporige Leichtbeton dar (Ansatz 3), bei dem der Volumenanteil der Zementsteinmatrix im Verbundsystem so stark reduziert wird, dass Haufwerksporen zwischen den einzelnen Gesteinskörnern entstehen. Dabei dient der Zementstein lediglich zur Verkittung der einzelnen Gesteinskörner.

Die Herstellung und Verwendung von Leichtbetonen ist in der Baupraxis durch verschiedene Normen geregelt, die eine Kategorisierung der Betone entsprechend den oben genannten Entwicklungsansätzen vorsehen [10.1].

Als Konstruktionsleichtbetone werden Betone bezeichnet, die nach DIN EN 1992-1-1 [10.2] und DIN 1045-2 [10.3] sowie DIN EN 206-1 [10.4] hergestellt und verwendet werden. Hierbei handelt es sich um Betone, die im Wesentlichen nach dem Ansatz 1 oder aber aus der Kombination der Ansätze 1 und 2 hergestellt werden. Dementsprechend weisen Konstruktionsleichtbetone eine geschlossene Oberfläche auf und werden häufig auch als gefügedichte Leichtbetone bezeichnet. Während die Dauerhaftigkeitseigenschaften kaum von jenen eines Normalbetons abweichen, liegen bei den mechanischen Eigenschaften teils deutliche Unterschiede vor. Allerdings ist die Druckfestigkeit dieser Leichtbetone jener von Normalbeton vergleichbar. Sie hängt jedoch wesentlich von der Betonrohdichte sowie der Festigkeit der Zementsteinmatrix ab. Die Rohdichte für Leichtbetone nach DIN EN 206-1 [10.4] kann Werte zwischen 800 und 2000 kg/m³ annehmen. In Abhängigkeit von der Betonrohdichte weisen Konstruktionsleichtbetone vergleichsweise gute Wärmedämmeigenschaften auf. Aufgrund verschärfter bauphysikalischer Anforderungen kann bei herkömmlichen Bauteildicken heute jedoch auf eine gesondert angebrachte Wärmedämmschicht zumeist nicht verzichtet werden.

Während Konstruktionsleichtbetone sowohl als Transportbeton als auch im Fertigteilbereich eingesetzt werden, ist die Anwendung von Poren- und Schaumbetonen i. d. R. auf die Herstellung von Betonfertigteilen oder Betonwaren beschränkt. Anstatt poröse leichte Gesteinskörnungen zu verwenden, werden bei diesem Leichtbetontyp dem Frischbeton luftporen- bzw. gasbildende Stoffe oder aber Schäume zugesetzt, die eine signifikante Porosierung der Zementsteinmatrix zur Folge haben (Ansatz 2). Hierdurch gelingt es, die Betonrohdichte stark zu reduzieren. Diese muss nach DIN 4166 [10.5] und DIN EN 771-4 [10.6] zwischen 300 und 1000 kg/m³ betragen. Um trotz der geringen Rohdichte ausreichende Festigkeiten sicherstellen zu können, werden Porenbetone i. R. einer kombinierten Wärme- und Druckbehandlung in einem Autoklaven unterzogen. Aufgrund ihrer sehr geringen Rohdichte zeichnen sich Porenbetone durch gute Wärmedämmeigenschaften aus. Die hohe Porosität hat jedoch auch zur Folge, dass meist keine ausreichende Passivierung einer Bewehrung in Porenbeton gegeben ist. Daher sind ggf. zusätzliche Maßnahmen für den Korrosionsschutz der Bewehrung erforderlich.

Haufwerksporige Leichtbetone kennzeichnet ein vernetztes offenes Porensystem, das aus der Schüttung von mit Zementleim benetzten porösen oder dichten leichten Gesteinskörnern entsteht. Aufgrund ihrer hohen Porosität weisen derartige Betone ebenfalls gute Wärmedämmeigenschaften bei einer geringen Rohdichte auf. Die Herstellung und Anwendung von haufwerksporigem Leichtbeton ist in DIN EN 1520 [10.7] in Verbindung mit DIN 4213 [10.8] geregelt und auf Betonfertigteile und Betonwaren beschränkt. Das Einsatzfeld der Fertigteile reicht von Dächern und Decken über Platten mit bewehrtem Aufbeton bis hin zu Wandbauteilen. Das Herstellungsprinzip der haufwerksporigen Leichtbetone ermöglicht die Variation ihrer Rohdichte und Festigkeit innerhalb einer großen Spanne zwischen 400 und 2000 kg/m³ bzw. 2 und 25 N/mm². Analog zum Porenbeton ist auch bei dieser Betonart der Korrosionsschutz der Bewehrung in Abhängigkeit von den Expositionsklassen durch gesonderte Maßnahmen sicherzustellen.

Den Schwerpunkt des vorliegenden Abschnitts zum Thema Leichtbeton bilden Konstruktionsleichtbetone nach DIN EN 1992-1-1 [10.2], die als Transportbeton oder im Fertigteilbereich eingesetzt werden. Neben der Betontechnologie wird auch auf die Besonderheiten bei der Herstellung, Anwendung und Qualitätssicherung derartiger Betone eingegangen. Bei den Porenbetonen und haufwerksporigen Betonen, die in der Baupraxis fast ausschließlich in Form von Fertigteilen oder Betonwaren zum Einsatz kommen, werden nur die Grundzüge der Betonherstellung behandelt. Die für Planung und Bemessung relevanten normativen Grundlagen werden hingegen vollständig angegeben.

10.2 Konstruktionsleichtbeton nach DIN EN 1992-1-1

10.2.1 Grundlegende Eigenschaften

Konstruktionsleichtbetone nach DIN EN 206-1 [10.4] in Verbindung mit DIN 1045-2 [10.3] werden ganz oder teilweise unter Verwendung von leichter Gesteinskörnung hergestellt. Die Porosierung der Zementsteinmatrix, beispielsweise durch Zugabe von Luftporenbildner, ist nur bis zu einem begrenzten Luftporengehalt von 10 Vol.-% zulässig. Dementsprechend weisen Konstruktionsleichtbetone eine überwiegend durch Zementstein geprägte Oberflächenstruktur auf, die weitgehend der von normalschwerem Konstruktionsbeton entspricht.

Die Vorteile von Konstruktionsleichtbeton gegenüber Normalbeton liegen vor allem in der Kombination einer geringen Rohdichte mit einer hohen Druckfestigkeit bei gleichzeitig guten Wärmedämmeigenschaften [10.9–10.11]. Derartige Betone ermöglichen im Prinzip die Ausführung von Bauwerken bzw. Bauwerkshüllen ohne zusätzlich aufgebrachte Wärmedämmung – eine essenzielle Forderung beispielsweise für die Herstellung von Sichtbeton (siehe Abschn. 9.7). Bei beidseitig sichtigen Betonflächen kann auf eine kostenintensive Kerndämmung verzichtet werden, wenn die Wanddicken entsprechend gewählt werden. Weiterhin besitzt Leichtbeton eine geringe Wärmedehnung, wodurch hieraus resultierende Zwang- und Eigenspannungen begrenzt bleiben.

Auch im Hinblick auf das Verformungsverhalten weicht Konstruktionsleichtbeton vom Verhalten normalschwerer Betone ab. Bedingt durch die geringere Steifigkeit der leichten Gesteinskörnung weisen Konstruktionsleichtbetone einen deutlich kleineren E-Modul und größere Schwindverformungen als Normalbeton auf [10.12–10.14]. Allerdings wirkt sich der kleinere E-Modul wiederum günstig auf die Entwicklung von Eigen- und Zwangspannungen in Bauteilen und Baukonstruktionen aus. Die geringere Wärmeleitfähigkeit und Wärmekapazität führt zu einer gegenüber normalschwerem Beton erhöhten Hydratationswärmeentwicklung [10.13–10.15]. Durch geeignete Maßnahmen können jedoch hieraus resultierende nachteilige Auswirkungen auf die Festbeton- und Bauteileigenschaften vermieden werden.

Bei der Herstellung von Konstruktionsleichtbeton kommt der gezielten Steuerung des Wasserhaushalts der leichten Gesteinskörnung eine besondere Bedeutung zu [10.16]. Schwankungen beim Feuchtegehalt der offenporigen leichten Gesteinskörnung bewirken ein unterschiedliches Saugvermögen, wodurch sich die Frischbetoneigenschaften signifikant ändern können.

Häufig erweist sich die Verdichtung des Leichtbetons als problematisch. Aufgrund der geringen Rohdichte der Betone und der hohen Porosität der verwendeten leichten Gesteinskörnung werden die durch Verdichtungsgeräte eingetragenen Schwingungen stark gedämpft. Diesem Effekt muss durch eine deutlich verlängerte sowie engmaschigere Verdichtung des Betons begegnet werden.

10.2.2 Leichte Gesteinskörnung

Strukturmerkmale und Verhalten

Gesteinskörnungen für die Herstellung tragender Bauteile aus Leichtbeton müssen den Normen DIN EN 12620 [10.17] und DIN EN 13055-1 [10.18] entsprechen. Grundsätzlich kommen Körnungen aus Naturbims, Schaumlava (gebrochene Lavaschlacke), Hüttenbims (gebrochene, geschäumte Hochofenschlacke), Kesselsand (aufbereitete Rückstände von Steinkohlenfeuerungen), Sinterbims (gebrochene Sinterstoffe, z. B. aus Flugasche, Waschbergen oder Ton), Ziegelsplitt (aufbereiteter Ziegelbruch), Blähton, Blähschiefer und Blähglas in Betracht. Für alle Gesteinskörnungen und insbesondere für Blähglas gilt, dass sie keine Reaktivität mit den Alkalien des Zementsteins aufweisen dürfen. Zur Herstellung von Leichtbeton hoher Festigkeit werden bevorzugt Gesteinskörnungen aus Blähton und Blähschiefer sowie teilweise Hüttenbims und Sinterbims verwendet [10.11, 10.12]. Der Anwendungsbereich leichter Gesteinskörnungen zur Herstellung von Konstruktionsleichtbeton ist in DIN 1045-2 [10.3] geregelt.

Der Schlüssel zum Verständnis der Eigenschaften frischer Leichtbetone liegt im Verhalten der leichten Gesteinskörnung. Dabei spielt deren Randzone, die in unmittelbarer Wechselwirkung mit den anderen Komponenten des Betons – vor allem Wasser und Zement – steht, eine maßgebende Rolle. Grundsätzlich muss hierbei zwischen leichten Gesteinskörnungen unterschieden werden, deren Randzone entweder eine sehr geringe Porosität bei gleichzeitig kleinen Porenradien aufweist oder solchen Körnungen, die eine gleichmäßige Porenstruktur über den Querschnitt bei gleichzeitig hoher Porosität besitzen. Dementsprechend werden leichte Gesteinskörnungen in geschlossenporige und offenporige Körnungen klassifiziert. Aufgrund des daraus resultierenden unterschiedlichen Verhaltens erfordern beide Gesteinskornarten eine unterschiedliche Behandlung bei der Betonherstellung.

Geschlossenporige leichte Gesteinskörnungen

Übliche, durch einen Bläh- bzw. Sinterprozess künstlich hergestellte leichte Gesteinskörnungen bestehen aus einem stark porosierten keramischen

Kern, der ein vernetztes Porensystem mit Porendurchmessern zwischen ca. 20 bis 800 µm besitzt und von einer vergleichsweise dichten Sinterhaut umgeben ist. Sie bestimmt maßgeblich die Frisch- und Festbetoneigenschaften (Bild 34). Die Dichtheit der Sinterhaut ist dabei nicht direkt mit der Rohdichte des Gesteinskorns verknüpft. Die Radien der Sinterhautporen variieren zwischen 0,01 und 40 µm, abhängig von der Art der Gesteinskörnung. Bei allen Blähtonzuschlägen sind die Poren der Sinterhaut aufgrund ihrer Größe kapillar hoch aktiv.

Infolge der starken Kapillarwirkung der Sinterhautporen können derartige Leichtzuschläge der Mörtelmatrix des Leichtbetons große Mengen an Wasser bzw. Mehlkornleim entziehen. Wird diesem Verhalten bei der Betonherstellung nicht entgegengewirkt, so tritt ein starker Konsistenzverlust ein. Durch eine gezielte Befeuchtung der Gesteinskörnung vor der Betonherstellung – dem sog. Vornässen – kann ein erheblicher Teil dieses Saugvorgangs vorweg genommen werden, wodurch Konsistenzänderungen stark abgemindert werden.

Das Absorptionsverhalten von Leichtzuschlägen mit Sinterhaut ist durch eine anfangs rasche und mit der Zeit stark abnehmende Wasseraufnahme gekennzeichnet, die über Stunden andauert. Dieses Verhalten resultiert aus der im Zuschlag enthaltenen Luft, die unter dem auf das Korn wirkenden isotropen Druck bei ungestörter Wasserlagerung nicht entweichen kann. Derartige Gesteinskörnungen werden daher häufig bereits lange im Vorfeld der Betonherstellung benässt. Dabei muss beachtet werden, dass kernfeuchte Leichtzuschläge mit trockener Oberfläche erhebliche Mengen an Wasser zusätzlich zur vorhandenen Kernfeuchte aufnehmen. Die Summe aus dieser Wasseraufnahme und der vorhandenen Ausgangsfeuchte überschreitet deutlich den nach DIN V 18004 [10.19] ermittelten Prüfwert der Wasseraufnahme ofentrockener leichter Gesteinskörnungen (siehe [10.11, 10.16]). Dies ist im Zuge der Vorbehandlung leichter Gesteinskörnungen und der Dosierung des Zugabewassers zu berücksichtigen.

Offenporige leichte Gesteinskörnungen

Zu den offenporigen leichten Gesteinskörnungen gehören u. a. Körnungen aus Bims, Lava, Blähtonsand, Blähschiefersand und Kesselsand. Sie sind durch eine gleichmäßig verteilte, hohe Porosität über den gesamten Kornquerschnitt gekennzeichnet und besitzen ein großes kapillares Saugvermögen. Ihr Porensystem wird bei Kontakt mit Wasser bzw. Mehlkornleim – anders als bei leichten Gesteinskörnungen mit Sinterhaut – innerhalb von Sekunden bzw. wenigen Minuten fast vollständig gesättigt. Aufgrund des hohen Vernetzungsgrades der einzelnen Poren und der größeren Porenradien kann das absorbierte Wasser jedoch nicht dauerhaft gehalten werden. Daher wird insbesondere bei hohem Vornässgrad ein Teil des Wassers während des Mischvorgangs wieder abgegeben. Diese unkontrollierte Wasserabgabe, die z. B. auch unter Rüttelreinwirkung auftritt, kann zu Entmischungserscheinungen führen. Andererseits können Schwankungen im Anmachwassergehalt durch die Pufferwirkung der offenporigen Körnungen ausgeglichen werden, wenn das leichte Gesteinskorn nicht vollständig mit Wasser gesättigt ist.

Bei der Auswahl der Gesteinskörnung zur Herstellung eines Leichtbetons muss beachtet werden, dass offenporige Körnungen eine geringere Kornfestigkeit besitzen als Gesteinskörnungen, die eine Sinterhaut aufweisen. Dies begrenzt die Festigkeit solcher Leichtbetone. Weiterhin muss beachtet werden, dass offenporige Leichtsande i. d. R. einen erhöhten Mehlkorngehalt (Partikel ⌀ < 0,125 mm) aufweisen.

Vorbehandlung der leichten Gesteinskörnung

Unabhängig von der Art der leichten Gesteinskörnung sollte bei der Vorbehandlung bzw. der Einstellung des Vornässgrads zunächst die Ausgangsfeuchte im Darrversuch nach DIN V 18004 [10.19] bzw. DIN EN 1097-5 [10.20] bestimmt werden. Für trockene geschlossenporige Gesteinskörnungen entspricht die Menge des erforderlichen Vornässwassers dem Prüfwert der Wasseraufnahme. Sind diese

 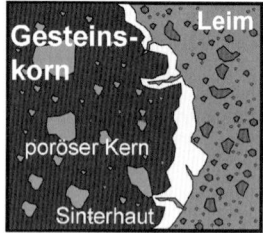

Bild 34. Leichtzuschlagkorn in Ansicht (links) (Quelle: Liapor) und schematischer Querschnitt des Korns, eingebettet in Zementleim (rechts)

hingegen kernfeucht, berechnet sich die Vornässwassermenge aus der 1,3- bis 1,5-fachen Menge der nach DIN V 18004 [10.19] bestimmten Wasseraufnahme, abzüglich der Ausgangsfeuchte (Kernfeuchte) der Gesteinskörnung.

Anders verhält sich dies für offenporige leichte Gesteinskörnungen. Aufgrund der Gefahr einer erneuten Wasserabgabe bei zu hoher Sättigung sind für offenporige Körnungen Vornässgrade von ca. 2/3 des Messwerts der Wasseraufnahme nach DIN V 18004 [10.19] zu empfehlen.

Die baupraktische Einstellung eines definierten Vornässgrads erfolgt durch gezieltes Mischen der verwogenen, ggf. feuchten leichten Gesteinskörnung mit der berechneten Menge an Vornässwasser, vor der Zugabe der restlichen Betonausgangsstoffe. Im Hinblick auf die Dauerhaftigkeit des Leichtbetons sollte der Vornässgrad der Gesteinskörnung auf das für die Verarbeitung erforderliche Mindestmaß begrenzt bleiben.

10.2.3 Betonzusammensetzung

Da bei Leichtbeton die leichte Gesteinskörnung in der Regel eine geringere Druckfestigkeit als die sie umgebende Zementsteinmatrix aufweist, kann eine Steigerung der Betondruckfestigkeit nur durch eine Anpassung des Wasserzementwerts und des Bindemittelgehalts an die Art der verwendeten Gesteinskörnung erfolgen [10.21–10.23]. Weiterhin ist eine gezielte Abstimmung der Rohdichten der Körnungen, die in einer Mischung verwendet werden, notwendig. Stark unterschiedliche Rohdichten der Mörtelmatrix und der groben Gesteinskörnung können Entmischungserscheinungen zur Folge haben. Vor diesem Hintergrund sind den Wahlmöglichkeiten bezüglich der Art der feinen und groben Gesteinskörnung sowie deren jeweiligen Anteil in der Mischung Grenzen gesetzt.

Ausgehend von den Anforderungen an das spezifische Gewicht, die mechanischen Eigenschaften und die Dauerhaftigkeit des Betons muss bei der Entwicklung einer Betonrezeptur zunächst die Art der zu verwendenden groben Gesteinskörnung festgelegt werden. Hierbei gilt generell, dass mit zunehmender angestrebter Festigkeit auch die Rohdichte der erforderlichen groben Gesteinskörnung zunimmt. Um dennoch eine geforderte Rohdichteklasse des Betons erzielen zu können, ist zu klären, ob diese noch unter Verwendung einer Natursandmatrix erreicht werden kann oder ob der Natursand teilweise oder ganz durch Leichtsand ersetzt werden muss. In Bild 35 sind hierzu Bemessungsdiagramme angegeben, die ausgehend von der angestrebten Druckfestigkeit eine Abschätzung der Kornrohdichte der groben Gesteinskörnung sowie der Art und Zusammensetzung der feinen Gesteinskörnung erlauben [10.12].

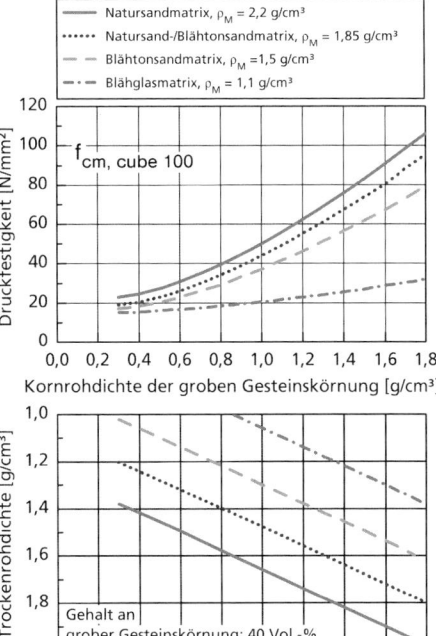

Bild 35. Nomogramm zur Abschätzung der mittleren Betondruckfestigkeit und Trockenrohdichte von Konstruktionsleichtbeton für Zementsteine mit geringen w/z-Werten [10.11]

Im Anschluss an die Auswahl der Art der groben und feinen leichten Gesteinskörnung wird der Mehlkornleimgehalt des Betons festgelegt. Dieser muss gegenüber Normalbeton gleicher Festigkeit um den Faktor 1,10 bis 1,20 erhöht werden und beträgt für übliche Leichtbetone zwischen 330 und 400 dm^3 Leim pro m^3 Beton.

Deutlich schwieriger gestaltet sich die Ermittlung des erforderlichen w/z-Werts. Im Gegensatz zu Normalbeton ist die Betondruckfestigkeit im Alter von 28 Tagen nicht allein vom w/z-Wert und der Zementart, sondern auch stark von der Festigkeit der leichten Gesteinskörnung abhängig. Das Druckversagen eines Leichtbetons wird durch das Zugversagen der leichten Gesteinskörnung bestimmt. Dementsprechend wird die maximal erreichbare Betondruckfestigkeit durch die Art und die Festigkeit der leichten Gesteinskörnung begrenzt. Die für Normalbeton gültige Walz-Kurve ist daher bei Leichtbeton nicht anwendbar.

Zielsetzung des Mischungsentwurfs von Leichtbeton ist es, die leichte Gesteinskörnung durch Wahl einer ausreichend hohen Steifigkeit der Zementsteinmatrix zu entlasten. Der w/z-Wert von Leichtbeton muss daher deutlich niedriger als für Normalbeton gewählt und an die Festigkeit der leichten Gesteinskörnung angepasst werden. Bild 36 zeigt hierzu eine entsprechend modifizierte Walz-Kurve für Leichtbeton.

Der Zementgehalt des Betons kann unter Kenntnis des äquivalenten Wasserzementwerts w/z_{eq} entsprechend Gl. (10.1) berechnet werden:

$$z = \frac{V_{Leim} - V_{Luft}}{1/\rho_z + \alpha_S/\rho_S + w/z_{eq} \cdot (1 + k \cdot \alpha_S)}$$
(10.1)

Hierin bezeichnet z den Zementgehalt in [kg/m³], V_{Leim} und V_{Luft} den volumentrischen Gehalt an Leim bzw. an Verdichtungsporen im Beton in [dm³/m³], α_S den Quotienten s/z aus der Masse des Zusatzstoffs und des Zements je m³ Beton [–], k die Anrechenbarkeit des Zusatzstoffs auf den w/z-Wert, ρ_z und ρ_S die Dichte des Zements bzw. des verwendeten Zusatzstoffs in [kg/dm³] und w/z_{eq} den äquivalenten Wasserzementwert. Der Gehalt an Verdichtungsporen kann für Leichtbetone zu 2 bis 3 Vol.-% des Betonvolumens angenommen werden. Alle weiteren Kenngrößen können analog zur Vorgehensweise bei Normalbeton berechnet werden.

In Bezug auf die zu verwendende Zementart sowie die Art der zu verwendenden Zusatzstoffe unterliegt Konstruktionsleichtbeton den gleichen Anforderungen wie normalschwerer Konstruktionsbeton.

Besondere Beachtung muss bei Leichtbeton der Hydratationswärmeentwicklung des Zements geschenkt werden [10.26]. Aufgrund seiner guten Wärmedämmeigenschaften kann es insbesondere in massigen Leichtbetonbauteilen zu einer starken Temperaturerhöhung kommen. Damit verbunden ist u. a. auch eine Ausdehnung der in der Gesteinskörnung enthaltenen Luft und somit ein Austreiben des in den Körnern gespeicherten Vornässwassers. Bei Temperaturen von über ca. 70 °C kann dieses Wasserangebot im bereits erhärteten Beton, in Verbindung mit Sulfatresten aus dem Zement, eine verstärkte Bildung von Sekundärettringit begünstigen. Das Quellpotenzial dieses Minerals hätte eine massive innere Schädigung des Betons zur Folge.

Vor diesem Hintergrund kommen bei der Herstellung von Bauteilen aus Leichtbeton in der Regel Zemente mit einer langsamen Festigkeitsentwicklung zum Einsatz. Besonders positiv haben sich u. a. auch Bindemittelgemische aus Zement und Steinkohlenflugasche erwiesen. Hieraus resultieren ebenfalls ein langsamer Erhärtungsverlauf und eine verlängerte Nachbehandlungsdauer. Daher wird bei Verwendung von Konstruktionsleichtbeton für den Festigkeitsnachweis häufig die 56-Tage-Festigkeit vereinbart.

Der Einsatz von Betonzusatzmitteln und insbesondere von Fließmitteln ist auch bei Leichtbetonen weit verbreitet. Bei der Wahl eines Fließmittels sollte im Vorfeld geprüft werden, wie dieses auf eine mögliche Wasserabgabe der leichten Gesteinskörnung reagiert. Robuste Betonmischungen werden in

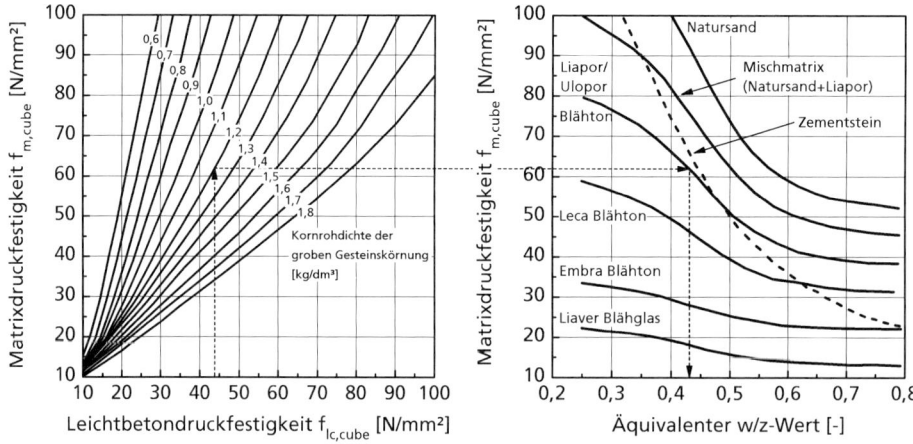

Bild 36. Modifizierte Walz-Kurve zur Abschätzung des erforderlichen Wasserzementwerts w/z_{eq} für die Zementgüte CEM 52,5 in Abhängigkeit von der Kornrohdichte der groben Gesteinskörnung, der Sandart sowie der angestrebten Leichtbetondruckfestigkeit $f_{lc,cube}$ [10.11]

der Praxis unter Verwendung stabilisierender Betonzusatzmittel erzielt.

In Bild 37 sind exemplarisch die Zusammensetzungen eines normalfesten und hochfesten Konstruktionsleichtbetons LC30/33 D1,4 bzw. LC70/77 D1,9 [10.12] sowie eines selbstverdichtenden Leichtbetons LiSA 1,4 (LC30/33 D1,4, SVLB) [10.27] und eines Schaum-Leichtbetons (Infra-Leichtbeton, LC8/9 D0,8) [10.24] aus Zement (Z), Flugasche (FA), Silicastaub (SF), Wasser, Luft, Betonzusatzmittel (ZM) und verschiedenen Gesteinskornarten (GK) dargestellt. Letztere Rezeptur ist derzeit nicht durch DIN 1045-2 [10.3] abgedeckt. Ähnliche Rezepturen werden in [10.25] vorgestellt.

Neben den üblichen Kenngrößen Wasserzementwert, Zement- und Zusatzstoffgehalt sowie Art und Einwaage der Gesteinskörnung muss bei Leichtbeton zusätzlich der Vornässgrad der leichten Gesteinskörnung angegeben werden. Er wird häufig indirekt, d. h. über den sog. Gesamtwassergehalt angegeben [10.28]. Dieser errechnet sich aus der Summe des w/z-wirksamen Anmachwassers, des zugegebenen Vornässwassers und der Ausgangsfeuchte der Gesteinskörnung. Eine Überprüfung des Gesamtwassergehalts mittels eines Darrversuchs kann z. B. als Annahmekontrolle auf der Baustelle dienen, um ggf. stark unterschiedliche Feuchtegehalte der leichten Gesteinskörnung und damit ein unterschiedliches Trocknungs- bzw. Schwindverhalten auszuschließen.

10.2.4 Herstellung, Transport und Verarbeitung

Die Eigenschaften von Leichtbeton im frischen Zustand werden maßgeblich durch das Feuchteabsorptionsverhalten der leichten Gesteinskörnung bestimmt. Bei der Verwendung trockener Gesteinskörnung ist im Vorfeld der Betonherstellung das Wasseraufnahmevermögen zu ermitteln. Kommt feuchte Gesteinskörnung zum Einsatz, muss zunächst deren Wassergehalt bestimmt werden. Dies geschieht vorzugsweise durch Darren (nach DIN EN 1097-5 [10.20]). Eine automatische Feuchtebestimmung mittels Sensoren ist bei leichten Gesteinskörnungen nicht möglich. Mit Kenntnis des Wassergehalts und des Wasseraufnahmevermögens können die Einwaage der Körnung und die für eine ausreichende Vornässung notwendige Menge an Vornässwasser berechnet werden (s. Abschnitt 10.2.2).

Im Rahmen der Betonherstellung wird zunächst die erforderliche Menge an leichter Gesteinskörnung dem Mischer zugeführt. Anschließend wird die berechnete Menge an Vornässwasser zugegeben und zusammen mit der Gesteinskörnung gemischt. Da-

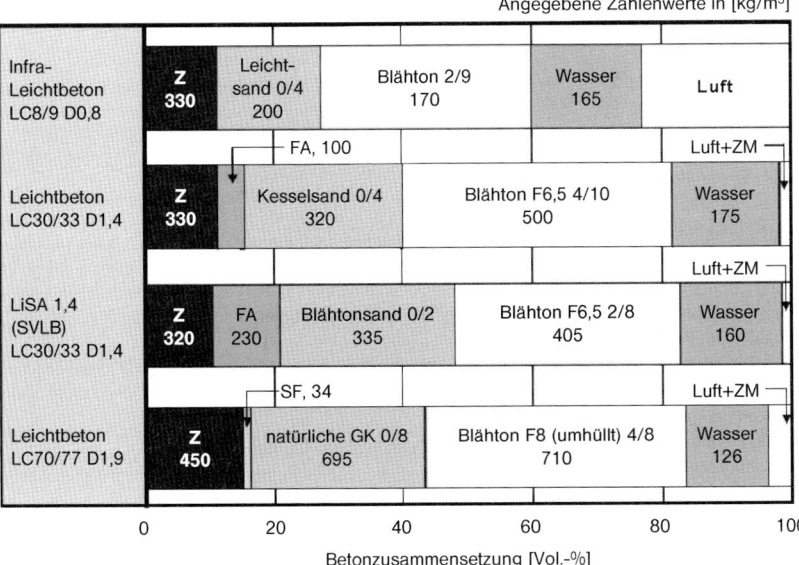

Bild 37. Exemplarischer Vergleich der Zusammensetzung verschiedener Leichtbetone (Vornässgrad der leichten Gesteinskörnung entsprechend Abschn. 10.2.2)

nach werden Zement und Zusatzstoffe sowie das Anmachwasser und ggf. Zusatzmittel dosiert.

Nach der Anlieferung auf der Baustelle muss Leichtbeton zunächst gründlich im Fahrmischer aufgemischt werden. Anschließend sollte eine repräsentative Probe entnommen und das Ausbreitmaß bestimmt werden. Auch bei Konstruktionsleichtbeton hat sich die Einstellung der Regelkonsistenz (Konsistenzklasse F3; Ausbreitmaß a zwischen 42 und 48 cm) als sehr geeignet erwiesen. Sie bewirkt ein robustes Verarbeitungsverhalten und das Risiko einer Überverdichtung bzw. Entmischung bleibt begrenzt.

Insbesondere zu Beginn eines großen Betonierabschnitts ist es ratsam, den Gesamtwassergehalt des Betons der ersten Lieferchargen mittels eines Darrversuchs zu überprüfen (s. auch Abschn. 10.2.3). So können Sollwertabweichungen des Vornässgrades oder des Anmachwassergehalts schnell festgestellt und die Wasserzugabe im Transportbetonwerk entsprechend korrigiert werden. Bei langen Transportzeiten zwischen dem Herstellwerk und der Baustelle sollte überlegt werden, ob die Einstellung der Betonkonsistenz auf der Baustelle mithilfe einer mobilen Dosieranlage für Betonzusatzmittel erfolgen kann. Umweltbedingte Einflüsse auf die Betonverarbeitung können dadurch minimiert werden. Hierbei sind die einschlägigen Regeln zum Dosieren von Betonzusatzmitteln in Fahrmischern zu beachten.

Die Förderung von Konstruktionsleichtbeton muss in der Regel mit dem Betonkübel erfolgen, da ein Pumpen bei Einhaltung der empfohlenen Konsistenzklasse nicht möglich ist bzw. zur Verstopfung der Förderleitung führt [10.30, 10.31]. Lediglich bei der Verwendung von selbstverdichtendem Leichtbeton gelingt die Pumpförderung (s. Abschn. 10.2.7) [10.27, 10.29]. Diese wirkt sich positiv auf die Qualität des zu betonierenden Bauteils aus, da die Betonförderung kontinuierlich erfolgt und die Gefahr einer Schüttlagenbildung ausgeschlossen wird. Für beide Förderungsarten gilt, dass ein Lufteintrag in den Beton durch zu große Fallhöhen ausgeschlossen werden muss. Beim Betonieren mit dem Betonkübel ist daher die Verwendung von Schütttrichtern und Schläuchen mit sich nach unten verjüngendem Querschnitt anzuraten.

Konstruktionsleichtbeton erfordert eine intensivere Verdichtung als bei herkömmlichen Beton im Fall ist. Beim Einsatz eines Innenrüttlers bedeutet dies ein engmaschigeres und längeres Eintauchen. Dabei muss jedoch eine Überverdichtung, die eine Entmischung des Betons zur Folge haben könnte, vermieden werden. Der Abstand der Eintauchstellen der Rüttelflasche sollte in Abhängigkeit von der Frischbetonrohdichte – abweichend vom Vorgehen bei Normalbeton – auf das Fünf- bis Sechsfache des Rüttelflaschendurchmessers reduziert werden. Die Schüttlagenhöhe bei wandartigen Bauteilen sollte maximal 30 bis 40 cm betragen.

Während der Betonherstellung und -verarbeitung steht die verwendete leichte Gesteinskörnung im ständigen Feuchteaustausch mit der umgebenden Mehlkornleimmatrix. Da eine übermäßige Wasserabgabe der vorgenässten Gesteinskörnung Mischungserscheinungen bedingen würde, darf nur eine untersättigte Körnung eingesetzt werden. Unter dieser Voraussetzung wirkt das Absorptionsvermögen der Körnung puffernd auf leichte Schwankungen im Anmachwassergehalt. Dies hat eine erhebliche Vergleichmäßigung der Frischbetoneigenschaften zur Folge.

10.2.5 Festbetonverhalten von Konstruktionsleichtbeton

Besonderheiten im Festbetonverhalten von Konstruktionsleichtbetonen sind primär auf die spezifische Tragwirkung und den Versagensmechanismus des Leichtbetons zurückzuführen. Während bei normalschwerem Konstruktionsbeton der Lastabtrag im Gefüge über die steife Gesteinskörnung erfolgt, bewirkt die geringe Steifigkeit und Festigkeit einer leichten Gesteinskörnung den Kraftfluss nahezu ausschließlich über die Mörtelmatrix. Leichtbetone kennzeichnet auch ein sprödes Bruchverhalten, das bei der Bemessung berücksichtigt werden muss. Weiterhin weisen Leichtbetone ein von Normalbeton deutlich abweichendes hygrisches Verformungsverhalten auf. Dieses wird durch anfängliche Quellverformungen geprägt, denen erst im höheren Alter die typischen Schwindverkürzungen folgen. Zudem wird bei Leichtbeton eine über Jahre andauernde Trocknung beobachtet, die oftmals die Bildung von feinen Krakelee-Rissen an der Betonoberfläche zur Folge hat.

Mechanische Eigenschaften

Im jungen Alter hängt die Druckfestigkeit von Konstruktionsleichtbeton wie bei Normalbeton vorwiegend von der Zementsteinfestigkeit ab. Nähert sich die Zementsteinfestigkeit im Zuge der Hydratation jedoch der Kornfestigkeit, so wächst der Einfluss der Gesteinskörnung und der Dicke der Zementsteinschichten. Daher nimmt die Druckfestigkeit von Konstruktionsleichtbeton im Gegensatz zu Normalbeton bei steigendem Portlandzement mit steigendem Alter nach etwa einer Woche nicht mehr wesentlich zu. Dagegen ist eine deutliche Steigerung der Druckfestigkeit bei einem gegebenen Prüfalter mit steigendem Zementgehalt bei gleichem Wasserzementwert zu erwarten.

Um eine bestimmte Druckfestigkeit zu erreichen, ist bei Leichtbeton ein etwas geringerer wirksamer Wasserzementwert als bei Normalbeton erforderlich. Da die im Einzelfall bei einer bestimmten Leichtbetonrohdichte maximal erreichbare Betonfestigkeit von der Festigkeit des Korns bestimmt wird, kann jeder Gesteinskornart eine obere Betongrenzfestigkeit zugeordnet werden [10.11, 10.12, 10.22]. Weiterhin ist auch bei Leichtbeton eine Abhängigkeit der Druckfestigkeit von der Lagerungsart gegeben [10.32]. Über die Druckfestigkeit von Leichtbeton bei Teilflächenbelastung wird in [10.33] berichtet.

Obwohl Leichtbeton bei gleicher Druckfestigkeit wie Normalbeton meist eine höhere Zementsteinfestigkeit besitzt und die Haftung zwischen Gesteinskörnung und Zementstein häufig besser als bei Normalbeton ist, bewirkt die geringe Festigkeit der leichten Gesteinskörnung letztlich eine verminderte Zugfestigkeit des Leichtbetons. Entsprechende Versuche haben gezeigt, dass die Größe der Biegezugfestigkeit, Spaltzugfestigkeit und zentrischen Zugfestigkeit von Konstruktionsleichtbeton meist etwas geringer ist als bei Normalbeton gleicher Druckfestigkeit. Die vorübergehende Abminderung der Biegezug- und der zentrischen Zugfestigkeit als Folge eines Austrocknens kann bei Leichtbeton sehr viel ausgeprägter als bei Normalbeton auftreten (siehe u. a. DIN EN 1992-1-1 [10.2] sowie [10.9, 10.13, 10.34].

Die Dauerstandfestigkeit von Leichtbeton ist mit ca. 70 bis 75 % der Kurzzeitfestigkeit im Alter von 28 Tagen etwas geringer als jene von Normalbeton. Diese stärkere Abminderung wird damit erklärt, dass Leichtbetone i. Allg. eine geringere Nacherhärtung als Normalbetone zeigen, sodass der kritische Zeitraum, während dem ein Dauerstandversagen möglich ist, entsprechend länger andauert [10.11].

Die Druckschwellfestigkeit von Leichtbeton ist ebenfalls etwas niedriger als jene von Normalbeton [10.35]. Dagegen entspricht die Querdehnzahl von Leichtbeton der von Normalbeton.

Der E-Modul von Leichtbeton E_{lcm} ist ausgeprägt von der Art der verwendeten Gesteinskörnung abhängig. Seine Größe korreliert eng mit der Betonrohdichte ρ. Daher wird der E-Modul von Konstruktionsleichtbeton nach DIN EN 1992-1-1 [10.2] unter Verwendung der Beziehung $E_{lcm} = E_{cm} \cdot (\rho/2200)^2$ aus dem E-Modul für normalschweren Beton E_{cm} gleicher Druckfestigkeit abgeschätzt [10.37, 10.38].

In den Spannungs-Dehnungsbeziehungen von Leichtbeton spiegelt sich ein im Vergleich zu Normalbeton deutlich sprödereres Verhalten wider (Bild 38). Im ansteigenden Ast ist ein spannungslineares Verhalten bis zu höheren Belastungsgraden gegeben. Die Bruchdehnung nimmt mit steigender Druckfestigkeit zu. Mit Werten von 2,5 bis 3,5 ‰ ist sie größer als jene von Normalbeton. Auffallend ist im Vergleich zu Normalbeton gleicher Festigkeit ein wesentlich steiler abfallender Ast der Spannungs-Dehnungskurve [10.11]. Dies wird bei der Bemessung von Stahlleichtbeton- bzw. von Spannleichtbetonkonstruktionen durch eine Anpassung des Parabel-Rechteck-Diagramms berücksichtigt [10.9].

Kriechdehnungen treten bei Konstruktionsleichtbeton in derselben Größenordnung wie bei normalschwerem Konstruktionsbeton gleicher Festigkeitsklasse auf [10.38–10.41]. Die an sich zur erwartende erhöhte Kriechneigung des Leichtbetons wird wegen der vergleichsweise wenig steifen leichten Gesteinskörnung durch das geringere Kriechen seiner festeren Zementsteinmatrix kompensiert. Die Kriechzahl von Leichtbeton ist jedoch geringer als jene eines gleichfesten Normalbetons unter denselben Randbedingungen. Dies resultiert aus der Definition der Kriechzahl gemäß Gl. (6.17) und dem Sachverhalt, dass die elastische Dehnung mit sinkender Rohdichte des Leichtbetons deutlich ansteigt. Zur Abschätzung der Kriechzahl eines Leichtbetons aus dem Kriechverhalten eines normalschweren Betons gleicher Festigkeit ist nach DIN EN 1992-1-1 die Kriechzahl des normalschweren Betons mit dem Faktor $\eta_E = (\rho/2200)^2$ abzumindern. Dies ist konsistent, da der E-Modul von Leichtbeton mit demselben Faktor abgemindert wird (siehe oben). Im *fib* Model Code 2010 wird dieselbe Vorgehensweise vorgeschlagen [6.41].

Die Wärmedehnung von Leichtbeton darf gegenüber normalschwerem Beton mit dem Faktor 0,8 abgemindert werden.

Nähere Angaben zum Schubtragverhalten von Leichtbeton, zu Spannleichtbeton und zur Verbund-

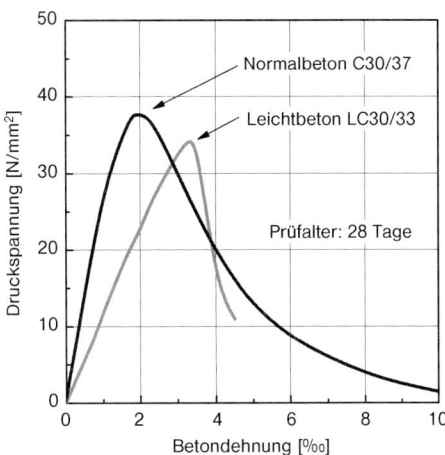

Bild 38. Spannungs-Dehnungs-Diagramm für einen Normalbeton C30/37 und eine Leichtbeton LC30/33 (Prüfwerte)

problematik in Leichtbeton finden sich in [10.42, 10.43].

Trocknungs- und hygrisches Verformungsverhalten

Leichtbeton unterscheidet sich in seinem Trocknungs- und hygrischen Verformungsverhalten erheblich von Normalbeton [10.39, 10.44]. Dies ist im Wesentlichen auf das in der leichten Gesteinskörnung gespeicherte Wasser zurückzuführen, welches nur sehr langsam an die umgebende Zementsteinmatrix und schließlich an die Luft abgegeben wird. Der Feuchtetransport erfolgt dabei anders als bei Normalbeton nicht nur über das Kapillarporensystem des Zementsteins, sondern auch über die Poren der leichten Gesteinskörnung.

Charakteristisch für das hygrische Verformungsverhalten von Konstruktionsleichtbeton sind Quellverformungen im frühen Betonalter, die erst bei länger andauernder Trocknung durch Schwindprozesse abgebaut werden bzw. in eine Schwindverkürzung übergehen (Bild 39). Wie aus Bild 39 ebenfalls deutlich wird, können Quellverformungen nur erfasst werden, wenn die Verformungsmessung in möglichst jungem Betonalter beginnt.

In Abhängigkeit vom Feuchtegradienten über den Bauteilquerschnitt treten erhebliche lokale Verformungsunterschiede infolge von Quellen und Schwinden auf. Diese rufen Eigenspannungen, und bei Erreichen der Betonzugfestigkeit, die Ausbildung von Rissen hervor. Da die Feuchte- und Verformungsgradienten ihren Maximalwert i. d. R. erst in einem Betonalter zwischen 90 und 180 Tagen erreichen, ist eine intensive und langandauernde Nachbehandlung bei Konstruktionsleichtbeton allein nicht ausreichend, um die Rissbildung in der oberflächennahen Randzone zu begrenzen. Der Schlüssel hierfür liegt vielmehr in der Reduktion des Vornässgrades der leichten Gesteinskörnung und damit der Kernfeuchte des Betons.

Das Schwinden des Leichtbetons entspricht nach nach DIN EN 1992-1-1, analog jenem von Normalbeton, der Summe aus Grundschwinden und Trocknungsschwinden, welches gegenüber Normalbeton gleicher Druckfestigkeit um den Faktor 1,5 bzw. 1,2 (für LC 20/22 und höher) zu erhöhen ist. Dasselbe Konzept findet sich auch im *fib* Model Code 2010. Dies stellt sicherlich eine vereinfachende Abschätzung für die vergleichsweise komplexe Schwindcharakteristik von Leichtbeton dar. Wie bereits erläutert, hängt die Größe des Trocknungsschwindens ganz entscheidend vom Feuchtegehalt der porösen leichten Gesteinskörnung ab. Solange die Gesteinskörner im Inneren eines Betonbauteils das in ihnen gespeicherte Wasser an die hydratisierende und trocknende Zementsteinmatrix abgeben, tritt ein Quellen auf. Diese Verformung geht erst dann in ein Schwinden über, wenn das Feuchtereservoir allmählich aufgezehrt ist oder die von der Oberfläche aus eintretende Trocknungsfront das Verformungsverhalten dominiert. In [10.44] wird hierzu ein Modell vorgestellt, das neben der Berechnung der zu erwartenden Endschwindverformungen auch den zeitlichen Verlauf des Schwindens von Konstruktionsleichtbeton abbildet.

Dauerhaftigkeit

Die hohe Dauerhaftigkeit von Konstruktionsleichtbeton hat ihre Ursache in der dichten, gegenüber Normalbetonen festeren Zementsteinmatrix und dem ausgezeichneten Verbund zwischen Matrix und leichtem Gesteinskorn. Dieser entsteht durch die Verzahnung zwischen Korn und Matrix und die gute Hydratation im Bereich der Kontaktzone sowie

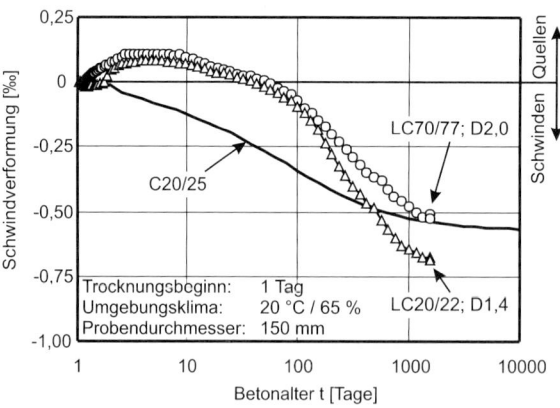

Bild 39. Schwindverformung eines normalfesten (LC20/22; D1,4) sowie hochfesten (LC70/77; D2,0) Konstruktionsleichtbetons im Vergleich zu Normalbeton C20/25

durch eine hydraulische bzw. puzzolane Reaktion zwischen Kornoberfläche und angrenzendem Zementstein. Neuere Untersuchungen bestätigen den hohen Frost-Tau- und Frost-Tausalz-Widerstand von Leichtbeton, der sich in der Praxis auch bei scharfer Witterungsbeanspruchung seit Jahren bewährt hat [10.14, 10.45, 10.46]. Neben den oben genannten Einflussfaktoren ist dies auch auf die Porosität der leichten Gesteinskörnung zurückzuführen. Dem gefrierenden Wasser sowie kristallisierenden Salzen steht dadurch ein ausreichendes Volumen für die Expansion zur Verfügung. Voraussetzung hierfür ist jedoch ein moderater Vornässgrad der leichten Gesteinskörnung.

Auch hinsichtlich des Carbonatisierungsverhaltens liegen keine wesentlichen Unterschiede zum Verhalten von normalschwerem Konstruktionsbeton vor. Mit der in den Richtlinien geforderten Erhöhung der Betondeckung wird lediglich dem Sachverhalt Rechnung getragen, dass ein den Bewehrungsstab berührendes Gesteinskorn als Diffusionsbrücke für CO_2 wirken kann. Dies gilt insbesondere für Betone mit Leichtsandmatrix. Aufgrund des hohen Mehlkorngehalts in Verbindung mit der hohen Porosität sind diese Betone deutlich diffusionsoffener als Betone mit Natursandmatrix. Die Carbonatisierung schreitet daher in Betonen mit Leichtsand rascher voran. Dennoch können für die Beurteilung der Dauerhaftigkeit von Leichtbeton die Grenzwerte für die Zusammensetzung von Beton nach DIN 1045-2 [10.3] bzw. DIN EN 206-1 [10.4] herangezogen werden.

Bauphysikalische Eigenschaften

Ein großer Vorteil von Leichtbeton ist seine geringere Wärmeleitfähigkeit. Bild 40 zeigt die Wärmeleitfähigkeit von Leichtbeton in Abhängigkeit von der Betontrockenrohdichte. Wollte man allerdings den geforderten Wärmedurchlasswiderstand von $R = 1{,}2 \ (m^2 \cdot K)/W$ für ein Außenwandbauteil ohne zusätzliche Dämmung erreichen, wäre bei einer Trockenrohdichte von $\rho = 0{,}8 \ kg/dm^3$ immer noch eine Wanddicke von $d = 0{,}48 \ m$ erforderlich. Das bestätigen auch die Arbeiten in [10.25].

Die Feuerwiderstandsdauer von Bauteilen aus Leichtbeton ist wegen dessen geringerer Wärmeleitfähigkeit, einer kleineren Wärmedehnzahl und der erhöhten Verformbarkeit größer als bei Bauteilen aus Normalbeton [10.48]. Dem bei Brandversuchen zu beobachtenden Abplatzen von Leichtbetonschichten, das durch hohe Wasserdampfdrücke, ausgehend von hohen Gesteinskornfeuchtegehalten, verursacht wird, kann heutzutage durch die Zugabe von hydrophoben, niederschmelzenden Fasern wirksam begegnet werden.

Die Schallschutzeigenschaften von Leichtbeton werden in [10.49] behandelt. Grundsätzlich gilt, dass Leichtbeton aufgrund seiner geringeren Rohdichte ein im Vergleich zu Normalbeton geringeres Schalldämmmaß besitzt. Demgegenüber weist er Vorzüge bei der Trittschalldämmung auf.

10.2.6 Zur Planung von Bauwerken aus Konstruktionsleichtbeton

Wie bei der Planung von Bauobjekten aus Normalbeton stehen zu Beginn der Verwendung von Konstruktionsleichtbeton zunächst rein technische Kriterien, wie die Druckfestigkeit, die Steifigkeit und die Rohdichte des Betons im Vordergrund. Entscheidungskriterium für die Wahl eines Leichtbetons ist in der Regel das geringe spezifische Gewicht und die gute Wärmedämmwirkung dieses Baustoffs. Eine einfache Vorbemessung kann dabei mithilfe von Bild 40 erfolgen. Unter Kenntnis der anzustrebenden Betonrohdichte und der festgelegten mechanischen Kenngrößen kann im nächsten Schritt die Vorplanung der Betonzusammensetzung entsprechend Abschnitt 10.2.3 erfolgen.

Besondere Beachtung muss bei der Planung von Bauwerken aus Konstruktionsleichtbeton der Bemessung im Hinblick auf Eigen- und Zwangsspannungen, die aus der abfließenden Hydratationswärme, insbesondere aber aus der hygrischen Verformung des Betons resultieren (s. Abschn. 10.2.5), geschenkt werden. Obwohl diese durch geeignete betontechnologische Maßnahmen reduziert werden können, muss das Verformungsbestreben bei der Bauteilbemessung sowie bei der Planung des Fugenbilds Berücksichtigung finden.

Die unter dem Oberbegriff „Konstruktionsleichtbeton" zusammengefassten Baustoffe differieren in ihren Eigenschaften deutlich stärker, als dies bei normalschwerem Beton der Fall ist. Der Grund hierfür beruht auf den großen Unterschieden in den Eigenschaften der heute verfügbaren leichten Ge-

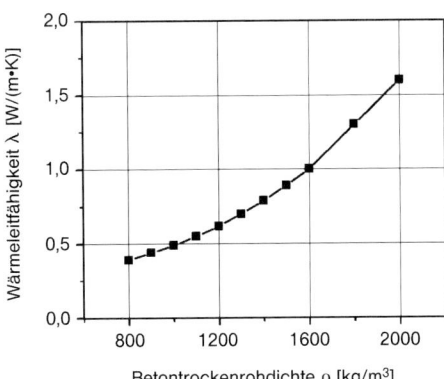

Bild 40. Wärmeleitfähigkeit von Leichtbeton nach DIN V 4108-4 [10.47]

steinskörnungen. Vor diesem Hintergrund wird dringend empfohlen, bei der Ausschreibung von Objekten in Konstruktionsleichtbeton auch die Art und ggf. sogar den Hersteller der leichten Gesteinskörnung von vornherein festzulegen.

Die Ausschreibung sollte aus betontechnologischer Sicht mindestens folgende Angaben enthalten:
- erforderliche Druckfestigkeit im Bemessungsalter (bei Leichtbeton ist die Verschiebung des Bemessungsalters auf 56 Tage nicht unüblich),
- Dauerhaftigkeitsanforderungen (Expositionsklassen nach DIN 1045-2 [10.3] und DIN EN 206-1 [10.4],
- Rohdichteklasse bzw. Zielwert der Betontrockenrohdichte,
- Wärmedämmeigenschaft bzw. Wärmeleitfähigkeit λ,
- ggf. Sichtbetonanforderungen entsprechend [10.50],
- Art und ggf. Herkunft der verwendeten leichten Gesteinskörnung,
- Angaben zur Gestaltung des Qualitätssicherungssystems.

In vielen Fällen hat es sich als sinnvoll erwiesen, bereits zum Zeitpunkt der Ausschreibung einen Betontechnologen hinzuzuziehen.

10.2.7 Selbstverdichtender Konstruktionsleichtbeton

Zu den wesentlichen Vorzügen von selbstverdichtendem Leichtbeton (SVLB) gegenüber herkömmlichem Konstruktionsleichtbeton gehören sicherlich seine robusten Frischbetoneigenschaften, die das Pumpen ermöglichen, in Verbindung mit Festbetoneigenschaften, die denen eines herkömmlichen Konstruktionsleichtbetons vergleichbar sind. Durch den Einsatz von SVLB können insbesondere im Fertigteilbereich schlankere Bauteile hergestellt und somit die Kosten bei Transport und Einbau dieser Bauteile erheblich reduziert werden. Beim Bauen im Bestand eröffnen die Vorzüge der Selbstverdichtung und Pumpbarkeit sowie der geringen Eigengewichtslasten bei höherer Festigkeit und gutem Wärmedämmvermögen vielfältige Anwendungen (siehe [10.51]).

Zusammensetzung und Frischbetoneigenschaften

Die Zusammensetzung von selbstverdichtendem Leichtbeton ähnelt jener von normalschwerem SVB (s. Bild 37) und ist durch einen gegenüber herkömmlichen Konstruktionsleichtbeton um ca. 100 dm^3/m^3 erhöhten Mehlkorngehalt gekennzeichnet. Die Verwendung von SVLB in der Baupraxis wurde durch eine bauaufsichtliche Zulassung geregelt (s. Tabelle 38), die inzwischen jedoch ausgelaufen ist.

Untersuchungen an Frischbeton zeigen, dass SVLB bis zu einem Betonalter von zwei Stunden uneingeschränkt gute selbstverdichtende Eigenschaften besitzt. Das auf das Absorptionsverhalten zurückzuführende Puffervermögen der leichten Gesteinskörnung gegenüber Schwankungen im Wasserhaushalt des Frischbetons verleiht diesen Betonen eine hohe Robustheit in Bezug auf die Entmischungsstabilität [10.27]. Umfangreiche Laboruntersuchungen sowie mehrere großtechnische Betonagen belegen, dass SVLB problemlos per Pumpförderung eingebaut werden kann. Hergestellte Musterbauteile erreichten Sichtbetonqualität [10.29].

Tabelle 38. Bemessungsrelevante Eigenschaften selbstverdichtender Leichtbetone

Kennwert	Selbstverdichtender Leichtbeton		
	LiSA 1,3 (SVLB)	LiSA 1,4 (SVLB)	LiSA 1,6 (SVLB)
Druckfestigkeitsklasse	min. LC30/33		min. LC35/38
Rohdichteklasse	D1,4		D1,6
Schwinden und Kriechen	nach DIN 1045-1 für Leichtbeton		
zulässige Expositionsklassen	X0, XC1–XC4, XD1, XD2, XS1, XS2, XF1, XA1		
Wärmeleitfähigkeit [W/(m·K)]	< 0,60 [a]		< 0,80 [a]
Festigkeitsentwicklung	langsam		
Frischbetonrohdichte [kg/dm^3]	1550		1800
Schalungsdruck	hydrostatisch [b]		

[a] Nach Zulassung Z-23.11-1244, die inzwischen jedoch ausgelaufen ist.
[b] Bis weitere Nachweise vorliegen.

Festbetoneigenschaften

Selbstverdichtender Leichtbeton entspricht in seinen Festbetoneigenschaften herkömmlichem Konstruktionsleichtbeton gleicher Druckfestigkeit. Die Bemessung von Bauteilen aus SVLB kann somit nach nach DIN EN 1992-1-1 [10.2] erfolgen. Dies gilt ebenfalls für die Abschätzung des Schwind- und Kriechverhaltens, für welches DIN EN 1992-1-1 – wie Versuchsergebnisse belegen – eher zu große Verformungswerte angibt. Tabelle 38 gibt eine Übersicht über alle bemessungsrelevanten Kennwerte.

Die technischen Voraussetzungen für die Herstellung von SVLB sind in nahezu jedem modernen Betonwerk gegeben. Vor der Herstellung und Verwendung der Betone ist lediglich die Durchführung einer Erstprüfung erforderlich. Die Qualitätssicherung ist im WPK-Handbuch zu den Betonen geregelt.

10.3 Porenbeton

Betone bei denen die Rohdichte der Zementsteinmatrix durch Einführung von Luftporen reduziert wird, bezeichnet man als Poren-, Gas- oder Schaumbetone [10.52]. Solche feinkörnigen Betone, die durch Gas bzw. Schaum oder andere Mittel porosiert werden, enthalten als Bindemittel meist Zement, teilweise aber auch Baukalk oder ein Gemisch aus beiden. Als Gesteinskörnung werden vorzugsweise Quarzsande verwendet, als Zusatzstoff u. a. kieselsäurereiche Flugasche, gemahlene Hochofenschlacke und silikatischer Feinstaub. Dieser Beton benötigt einen hohen Anteil an Feinstoffen mit mindestens 30 % Mehlkorn und je nach Art eine zähflüssige bis zähweiche Frischbetonkonsistenz, damit die Poren im Frischbeton entstehen können und erhalten bleiben. Das sichere Erreichen bestimmter Eigenschaften des erhärteten Betons setzt eine sehr gleichmäßige Frischbetonkonsistenz und Betonzusammensetzung sowohl hinsichtlich der Art und der Eigenschaften der Ausgangsstoffe als auch hinsichtlich deren Anteile im Beton voraus. Auch die Herstellungs-, Lagerungs- und Erhärtungsbedingungen müssen eine hohe Gleichmäßigkeit besitzen. Grundsätzlich möglich sind die Erhärtung im gespannten Dampf, die Erhärtung im erhöhter Temperatur im nichtgespannten Dampf und die Erhärtung an der Luft. Letztere ist wegen der langen Erhärtungszeit jedoch i. Allg. ohne praktische Bedeutung.

Bei der Herstellung von Porenbeton werden dem Frischbeton Blähmittel, heute fast ausschließlich auf der Basis von Aluminiumpulver, zugemischt, die nach Einbringen des Frischbetons in entsprechende Formen durch Bildung von Wasserstoff den Blähvorgang bewirken.

Bei Schaumbeton entsteht der Porenraum durch Zugabe eines Schaumbildners während des Mischvorgangs oder durch Einmischen eines möglichst stabilen Schaums. Da man durch neuere Entwicklungen heute auch stabile Schäume herstellen kann, die sich gut im Beton untermischen lassen, hat Schaumbeton wieder an Bedeutung gewonnen [10.53]. Derartige Betone sind jedoch weder durch die einschlägigen Porenbetonnormen noch durch DIN EN 1992-1-1 bzw. DIN EN 206-1/DIN 1045-2 abgedeckt.

Porenbetone nach DIN EN 771-4 [10.6] und DIN 4166 [10.5] werden dampfgehärtet. Dabei wird zwischen Porenbetonnormalbausteinen (DIN EN 771-4 [10.6]), Porenbetonplansteinen und Planelementen (DIN 4166 [10.5]) unterschieden. Während Porenbetonnormalbausteine und Bauplatten in Normal- oder Leichtmauermörtel versetzt werden dürfen, ist für die Verarbeitung von Plansteinen bzw. Planbauplatten ein Dünnbettmörtel vorgesehen. Entsprechend unterscheiden sich beide Produktgruppen auch in den Anforderungen an ihre Maßhaltigkeit. Während für Normalbausteine und Bauplatten Abweichungen in Länge, Breite und Höhe bis zu ± 3 mm (für Normalbausteine bis zu 5 mm in Länge und Höhe) zulässig, wird für Plansteine und Planbauplatten eine Maßhaltigkeit von 1,5 mm für Länge und Dicke und von 1 mm für die Höhe gefordert.

Die Rohdichte des Porenbetons ist nach DIN EN 771-4 [10.6] vom Hersteller anzugeben und beträgt i. d. R. zwischen 350 und 1000 kg/m³. Porenbeton-Bauplatten und -Planbauplatten sind nach DIN 4166 [10.5] entsprechend ihrer Rohdichte in Rohdichteklassen von 0,35 bis 1,00 einzustufen. Ferner werden die Porenbeton-Plansteine und -Planelemente in die Festigkeitsklassen 2, 4, 6 und 8 mit mittleren Druckfestigkeiten von 2,5; 5,0; 7,5 und 10 N/mm² eingeteilt. Für Porenbetonnormalbausteine nach DIN EN 771-4 [10.6] ist hingegen keine Festigkeitskategorisierung vorgesehen. Stattdessen muss die Druckfestigkeit des Steins entweder als mittlere Festigkeit oder aber als charakteristische Festigkeit angegeben werden. Die Druckfestigkeit muss dabei mindestens 1,5 N/mm² betragen (siehe DIN EN 771-4 [10.6]).

Für weitere Angaben zu Porenbeton siehe auch [10.53–10.56].

10.4 Haufwerksporiger Leichtbeton

Als wärmedämmender Leichtbeton für tragende Bauteile mit geringen Festigkeitsanforderungen findet in erster Linie haufwerksporiger Leichtbeton mit poröser leichter Gesteinskörnung nach DIN EN 13055 [10.18] wie z. B. Naturbims, Schaumlava, Blähton, Blähschiefer, Hüttenbims, Ziegelsplitt und Sinterbims Verwendung. Derartige Betone sind in DIN EN 1520 [10.7] in Verbindung mit DIN 4213 [10.8] geregelt und dürfen nur für die Herstellung von Betonwaren und Betonfertigteilen verwendet werden. Anwendungsbeispiele hierfür sind z. B. Deckenhohlkörper (DIN 4158 [10.56]), Vollsteine (DIN V 18152-100 [10.57]), unbewehrte Wandbauplatten (DIN 18162 [10.58]) und Stahlbetondielen aus Leichtbeton (DIN EN 1520 [10.7]), aber auch Wände aus Leichtbeton mit haufwerksporigem Gefüge (DIN EN 1520 [10.7], DIN 4213 [10.8]).

Zur Gruppe der haufwerksporigen Betone gehören auch solche, bei denen Holzwolle oder Holzspäne als Körnung eingesetzt werden. Derartige Betone werden zur Herstellung von Leichtbauplatten (DIN EN 13168 [10.59], DIN 4108-10 [10.60]) und von Wand- und Deckenhohlkörpern verwendet.

Die umfangreichen Erfahrungen über die Zusammensetzung, Herstellung und den Einbau von Normalbeton können auf haufwerksporige Betone meist nicht übertragen werden, da diese anderen technologischen Gesetzmäßigkeiten unterliegen. Die Eigenschaften dieser Betone, insbesondere der Wärmedämmung und die Festigkeit, sind in erster Linie von den Eigenschaften der Gesteinskörnung (Porengehalt und Porenverteilung, Saugvermögen, Kornfestigkeit), von den Eigenschaften und der Menge des Mörtels sowie vom Verbund zwischen Mörtel und Körnung abhängig. Hinweise über die zu beachtenden Grundsätze bei der Herstellung von haufwerksporigen Leichtbetonen können DIN EN 1520 [10.7] und DIN 4213 [10.8] entnommen werden.

Leichtbeton mit haufwerksporigem Gefüge nach DIN EN 1520 [10.7] und DIN 4213 [10.8] enthält ein eng begrenztes Korngemisch aus dichter oder poriger Gesteinskörnung mit einem Kleinstkorn von mindestens 4 mm. Der Gehalt an Feinmörtel in haufwerksporigen Leichtbetonen ist so zu bemessen, dass alle Gesteinskörner umhüllt, jedoch der Hohlraum zwischen den Körnern nach dem Einbauen des Betons nicht ausgefüllt wird. Die Normen DIN EN 1520 [10.7] und DIN 4213 [10.8] gelten ausschließlich für werkmäßig hergestellte Bauteile, die sowohl als Wandelemente aber auch als plattenförmige Bauteile wie Dächer, Decken und Platten mit bewehrtem Aufbeton ausgebildet werden können. Diese dürfen nur bei vorwiegend ruhenden Lasten nach DIN 1055-3 [10.61] und bei einer Beanspruchung mit den Expositionsklassen X0, XC1 bis XC3, XA1, XD1, XF1 und XF2 verwendet werden.

Haufwerksporige Leichtbetone können in Festigkeitsklassen von LAC 2 bis LAC 25 und in Rohdichteklassen von 0,5 bis 2,0 kg/dm^3 hergestellt werden. Die für die jeweilige Festigkeitsklasse und Rohdichteklasse, aber auch für die sachgerechte Verarbeitbarkeit erforderliche Betonzusammensetzung von Leichtbeton nach DIN EN 1520 [10.7] ist stets aufgrund einer Eignungsprüfung festzulegen. Zement- und Wassergehalt sind so zu wählen, dass die Gesteinskörner von einem feuchtglänzenden, zähklebrigen Feinmörtelfilm umhüllt sind und die Hohlräume zwischen den Körnern beim Einbauen des Betons nicht mit Feinmörtel gefüllt werden. Der Wassergehalt und die Dosierung an verflüssigenden Zusatzmitteln sind gezielt an die vorliegenden Ausgangsstoffe anzupassen, um eine ausreichende Viskosität des Zementleims sicherzustellen. Aus dem gleichen Grund ist auch der Mehlkorngehalt (Zement und Feinstoffe bis 0,125 mm) möglichst zu begrenzen. Er sollte bei haufwerksporigem Beton aus einem eng begrenzten, gröberen Korngemisch etwa 200 kg/m^3 nicht überschreiten.

Bei der Betonherstellung sind wassersaugende Gesteinskörnungen soweit vorzunässen, dass Wasser dem Zementleim bzw. dem Feinmörtel nicht in störender Menge entzogen wird, da sonst die Verarbeitbarkeit des Frischbetons und die Eigenschaften des erhärteten Betons beeinträchtigt werden können (s. auch Abschn. 10.2.2 und 10.2.4). Die Gesteinskörnung sollte jedoch nicht mehr als nötig vorgenässt werden. Wassersaugende Körnungen mit wechselndem Feuchtigkeitsgehalt werden zweckmäßigerweise volumetrisch dosiert. Es dürfen nur Mischer verwendet werden, mit denen ein solcher Beton in angemessener Zeit sachgerecht gemischt werden kann und in denen kein signifikanter Kornbruch auftritt.

Haufwerksporige Leichtbetone sollten in gleichmäßigen, höchstens 30 cm dicken Lagen eingebracht und durch Stochern und leichtes Stampfen sachgerecht verdichtet werden. Sowohl zu geringe als auch zu starke Verdichtung können eine ausreichende Festigkeit bzw. eine ausreichende Wärmedämmung in Frage stellen. Nach dem Entschalen sollten die Bauteile mindestens 3 Tage feucht nachbehandelt werden.

Der Schutz des Bewehrungsstahls vor Korrosion ist in DIN EN 1520 [10.7] in Abhängigkeit von den vorliegenden Expositionsklassen geregelt. Für die Expositionsklassen X0, XC1, XC3 und XA1 ist danach ein ausreichender Korrosionsschutz durch den haufwerksporigen Beton selbst gegeben. Dieser muss jedoch eine Mindestrohdichte von 1400 kg/m^3 aufweisen. Weiterhin ist die Mindestbetondeckung der jeweiligen Expositionsklasse anzupassen. Für geringere Betonrohdichten und bei den Expositionsklassen XC2, XF1 und XF2 sowie XD1 ist die Bewehrung darüber hinaus mit einer Korrosionsschutzbeschichtung zu versehen. Hierbei kann es sich um eine Beschichtung mit Zementoder Lack handeln. Die Wirksamkeit des Korrosionsschutzsystems ist nach DIN EN 990 [10.62] zu prüfen.

Für bestimmte Expositionsklassen lässt DIN EN 1520 [10.7] das Einbinden des Betonstahls in eine Zone aus Normal- oder Leichtbeton mit geschlossenem Gefüge zu. Weiterhin können nichtrostende Stähle eingesetzt oder die Betonstahlbewehrung durch Feuerverzinkung gegen Korrosion geschützt werden.

Grundsätzlich gilt für alle Korrosionsschutzprinzipien, dass die Mindestbetondeckung in Abhängigkeit von den Expositionsklassen gewählt werden und mindestens 10 mm betragen muss.

Auf der der Außenluft ausgesetzten Seite von Außenwänden aus haufwerksporigem Leichtbeton ist ein Putz für Außenwände nach DIN V 18550 [10.63] vorzusehen.

11 Faserbeton

11.1 Allgemeines

Faserbeton ist ein Beton, dem bei der Herstellung zur Verbesserung des Riss- und Bruchverhaltens Fasern, vorzugsweise Stahl-, alkaliresistente Glas- oder Kunststofffasern (Polymerfasern) zugesetzt werden. Aber auch natürliche Fasern (Zellulose) kommen zum Einsatz. Die Fasern sind im Zementstein bzw. im Mörtel, der Matrix, eingebettet und wirken dort als Bewehrung. Im Zusammenhang mit Faserbeton (FRC, engl. = **F**iber **R**einforced **C**oncrete) fällt auch der Begriff „Faserverstärkte Hochleistungsverbundwerkstoffe", HPFRCC (engl. = **H**igh **P**erfomance **F**iber **R**einforced **C**ement Composites). Dieser Hochleistungsfaserbeton stellt eine neuere Entwicklung dar und zeichnet sich dadurch aus, dass er im Vergleich zum herkömmlichen Faserbeton ein wesentlich zäheres Bruchverhalten bei gleichzeitig deutlich erhöhter Zugfestigkeit aufweist.

Eine rissehemmende Wirkung bzw. eine feine Rissverteilung lässt sich durch den Einbau von zugfesten und dehnfähigen Fasern in die Matrix erzielen. Im gerissenen Zustand übernehmen die vorhandenen Fasern eine Überbrückung beider Rissufer und können unter bestimmten Voraussetzungen auch noch bei größeren Dehnungen nennenswerte Zugkräfte übernehmen (Bild 41). Im Gegensatz hierzu steht Normalbeton, der ab Rissbreiten > 0,15 mm keine Zugspannungen mehr über den Riss übertragen kann.

Grundsätzlich können durchgehende Fasern (Langfasern) in Richtung der zu erwartenden Zugspannungen eingelegt werden (z. B. textilbewehrter Beton, Ferrocement [11.45]), oder es können kurze Fasern eingemischt werden (siehe [11.1]). Die folgenden Ausführungen beschränken sich jedoch auf kurze Fasern. Je nach den Verarbeitungsbedingungen im erhärteten Beton kann die Verteilung der Fasern unterschiedlich sein (siehe Bild 42):

- nach Lage und Richtung räumlich gleichmäßig verteilt (3-D),
- mit unterschiedlicher Richtung vorwiegend in einer Ebene verteilt, wie etwa beim Faserspritzbeton (2-D),
- einachsig ausgerichtet und gleichmäßig verteilt über den Querschnitt, beispielsweise bei stranggepressten Betonwaren (1-D).

Je nach Lage und Ausrichtung der Fasern ergeben sich dementsprechend auch Unterschiede im Tragverhalten.

11.2 Zusammenwirken von Fasern und Matrix

Die theoretischen Ansätze, mit denen das Tragverhalten von (Stahl-)Faserbeton in der Literatur beschrieben wird, können in zwei prinzipiell unterschiedliche Gruppen unterteilt werden:

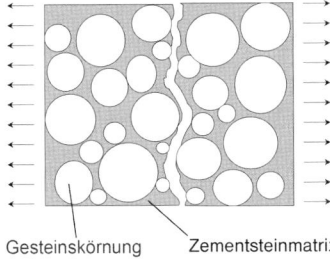

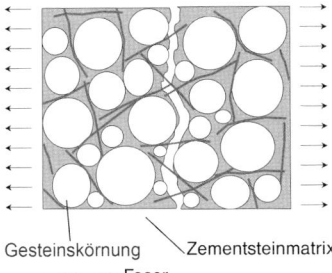

Bild 41. Vergleich von unbewehrtem Normalbeton und Faserbeton im gerissenen Zustand

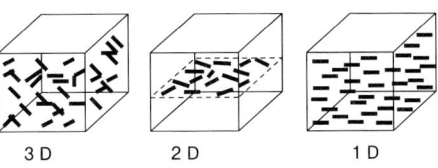

Bild 42. Schematische Darstellung der 3-D-, 2-D- und 1-D-Anordnung von Kurzfasern [11.1]

- Bruchmechanik-Ansatz (spacing concept)
- Verbundwerkstoff-Ansatz (composite concept)

Das *spacing concept* wurde aus der von *Griffith* 1921 [11.2] entwickelten Bruchmechanik für mit Unstetigkeitsstellen versehene Werkstoffe abgeleitet. Beim Beton sind unter Unstetigkeitsstellen z. B. Poren und Schwindrisse zu verstehen. Bei Angriff einer äußeren Belastung stellen sich an diesen Schwachstellen Spannungskonzentrationen ein, die zu lokalen Verformungen im Werkstoff führen. Durch Zugabe von Fasern in die spröde Matrix werden die an der Risswurzel auftretenden Verformungen vermindert und somit das Ausweiten von Mikrorissen bei steigender Belastung verzögert (Rissbremse). Die Effektivität der Fasern ist abhängig von ihrem Abstand (spacing) untereinander. Ein kleiner Abstand bedeutet einen hohen Widerstand gegen Risse [11.3]. Mit diesem Ansatz lässt sich das Verhalten bis zum Erreichen der Rissspannung erklären. Die Fähigkeit des Faserbetons, auch über die Rissfläche hinaus Kräfte zu übertragen, kann mit diesem Ansatz nicht beschrieben werden.

Die Betrachtung des Faserbetons als Verbundwerkstoff (*composite concept*), bestehend aus zwei homogenen elastischen oder elastoplastischen Stoffen, geht davon aus, dass jede Stoffkomponente (Beton und Fasern) einen Teil der von außen wirkenden Belastung aufnimmt. Die Fasern werden als statistisch verteilte Bewehrung aufgefasst. Die äußere Last wird von den Komponenten entsprechend ihrem Anteil am Gesamtvolumen sowie dem Steifigkeitsverhältnis untereinander übernommen. In den nachfolgenden Abschnitten wird der Verbundwerkstoff-Ansatz, aufgrund seiner Ähnlichkeit zur Stahlbetonbemessung, näher betrachtet.

11.2.1 Ungerissener Beton

Im ungerissenen Zustand beteiligen sich die Fasern am Tragverhalten entsprechend dem Verhältnis ihrer Dehnsteifigkeit zu der des Betons. Da die Bruchdehnung der Zementsteinmatrix (m) unter Zugbeanspruchung deutlich unterhalb der Bruchdehnung der Faserwerkstoffe (f) liegt, reißt die Matrix stets, bevor die Tragfähigkeit der Fasern erreicht ist. Da

A_c Kompositquerschnitt
A_f Faserquerschnitt, parallel zur Kraft
A_m Matrixquerschnitt

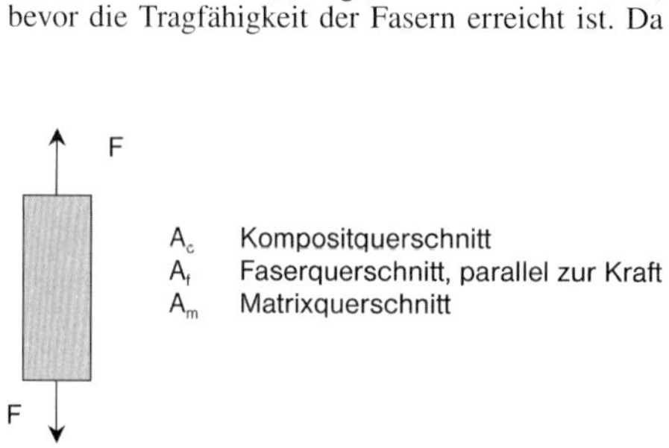

Bild 43. Betonprisma unter Zugbeanspruchung

man aus Gründen der Einmischbarkeit der Fasern, der Verarbeitbarkeit des Betons und nicht zuletzt wegen der Kosten angehalten ist, den Fasergehalt V_f auf wenige Vol.-% zu begrenzen, ist der Beitrag der Fasern zur Steigerung der Risslast gering. Selbst bei Verwendung von Fasern mit sehr hohem E-Modul, wie beispielsweise Stahl- oder Kohlefasern, lässt sich die Risslast nur beschränkt anheben, wie im Folgenden gezeigt wird.

In beiden Werkstoffen werden gleiche Dehnungen ε (= idealer Verbund) vorausgesetzt:

$$\varepsilon_c = \varepsilon_f = \varepsilon_m = \frac{\sigma_c}{E_c} = \frac{\sigma_f}{E_f} = \frac{\sigma_m}{E_m} \qquad (11.1)$$

Mit der Summe der Kräfte:

$$F = \sigma_c A_c = \sigma_f A_f + \sigma_m A_m \qquad (11.2)$$

und $\dfrac{A_f}{A_c} = \dfrac{V_f}{V_c}$ und $V_c = 1$

ergibt sich

$$\sigma_c = \sigma_f V_f + \sigma_m (1 - V_f) \qquad (11.3)$$

und

$$\sigma_f = \sigma_m \frac{E_f}{E_m} \text{ führt zu } E_c = E_f V_f + E_m (1 - V_f) \qquad (11.4)$$

Somit ergeben sich auch:

$$\sigma_m = \frac{\sigma_c}{1 + V_f \left(\dfrac{E_f}{E_m} - 1\right)}$$

und

$$\sigma_c = \sigma_m \left(\frac{E_f V_f}{E_m} + (1 - V_f)\right) \qquad (11.5)$$

Im Normalfall sind die Fasern zufällig verteilt. Dies wird durch den Faktor $\eta = 0{,}5$ berücksichtigt. Die Formeln für die Spannung des Kompositquerschnitts σ_c sowie der Spannung σ_m im Matrixquerschnitt lauten dann:

$$\sigma_m = \frac{\sigma_c}{1 + V_f \left(\eta \dfrac{E_f}{E_m} - 1\right)}$$

und

$$\sigma_c = \sigma_m \left(\eta \frac{E_f V_f}{E_m} + (1 - V_f)\right) \qquad (11.6)$$

Die Matrix beginnt zu reißen, sobald die Matrixspannung die Zugfestigkeit f_m erreicht. Die zugehörige Risslast F_{cr} beträgt dabei:

$$F_{cr} = \sigma_c A_c \qquad (11.7)$$

Mit

$$\sigma_m = \frac{\sigma_c}{1 + V_f \left(\eta \frac{E_f}{E_m} - 1\right)} \leq f_m$$

folgt

$$F_{cr} = A_c f_m \left(1 + V_f \left(\eta \frac{E_f}{E_m} - 1\right)\right) \quad (11.8)$$

Im Vergleich zu einem unbewehrten Betonprisma steigt die Risslast um den Faktor

$$\gamma = 1 + V_f \left(\eta \frac{E_f}{E_m} - 1\right) \text{ an.} \quad (11.9)$$

Beispiel:

$V_f = 0{,}02 \triangleq 2\%$

$E_f = 200\,000 \text{ N/mm}^2$ (Stahlfaser)

$E_m = 30\,000 \text{ N/mm}^2$ (Beton)

für $\eta = 1{,}0 \rightarrow \gamma = 1{,}11 \rightarrow \sigma_c = 1{,}11\,\sigma_m$

für $\eta = 0{,}5 \rightarrow \gamma = 1{,}05 \rightarrow \sigma_c = 1{,}05\,\sigma_m$

11.2.2 Gerissener Beton

Ab einer Rissbreite von ca. 0,15 mm können keine Zugspannungen mehr durch Kornverzahnung über den Riss übertragen werden. Wenn ein Riss die Fasern kreuzt, so behindern diese ein weiteres Öffnen des Risses. Verfügt eine Faser über eine ausreichende Haftlänge, die von der übertragbaren Verbundspannung sowie der Fasergeometrie abhängt, so kann die Faser bis zum Erreichen ihrer Zugfestigkeit belastet werden. Im statistischen Mittel beträgt die vorhandene Haftlänge L_H nur ein Viertel der Faserlänge L (Bild 44).

Unter der Annahme von konstanten Verbundspannungen entlang der Faser wächst die mittlere Ausziehkraft $\overline{F}$ der Faser proportional zur im Beton befindlichen Faseroberfläche. Die mittlere Verbundspannung τ_m wird durch Versuche bestimmt und kann je nach Faserart zwischen 1 und 10 N/mm² liegen [11.4]. Bei einem kreisförmigen Faserquerschnitt gilt (s. auch Bild 45)

$$\overline{F} = \tau \cdot O = \tau \cdot L_H 2\pi r = \tau \cdot \frac{1}{4} \cdot L \cdot 2\pi r$$
$$(11.10)$$

Die mittlere Faserspannung $\overline{\sigma}_f$ beträgt:

$$\overline{\sigma}_f = \frac{\overline{F}}{\pi r^2} = \tau \frac{L}{d} \text{ mit } d = 2r \quad (11.11)$$

Das Verhältnis L/d wird auch als Schlankheit bezeichnet. Die Faserschlankheit, bei der sowohl der Faserquerschnitt als auch die Haftlänge voll ausgenutzt sind, wird als kritische Faserschlankheit $(L/d)_{cr}$ bezeichnet. Dies ist dann der Fall, wenn die

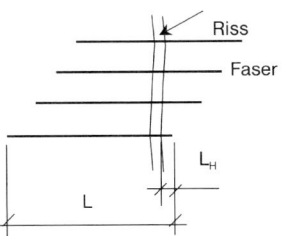

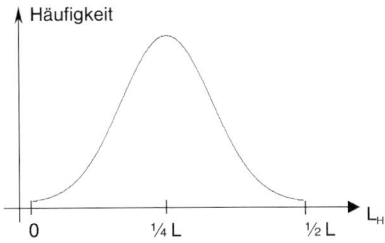

Bild 44. Haftlänge (schematisch) und statistische Verteilung der Haftlängen

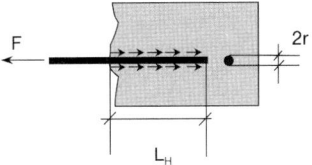

Bild 45. Faser mit der Haftlänge L_H

über die halbe Länge ($L = 2L_H$) eingeleiteten Verbundspannungen gerade der aufnehmbaren Faserzugkraft entsprechen:

$$\sigma_f = 2\tau \frac{L}{d} \leq R_{p0,2} \rightarrow \left(\frac{L}{d}\right)_{cr} = \frac{R_{p0,2}}{2\tau} \quad (11.12)$$

In Gl. (11.12) entspricht $R_{p0,2}$ dem Rechenwert der Zugfestigkeit. Die Zugspannungen entlang der eingebetteten Faser sind in Bild 46 gezeigt.

Bei glatten Fasern hoher Zugfestigkeit ergeben sich so relativ große kritische Faserlängen; der Beton würde sich aber kaum mehr verarbeiten lassen. Deshalb wählt man in der Praxis Faserschlankheiten, die unterhalb der kritischen Faserschlankheit liegen. So kann zwar die Zugfestigkeit der Fasern nicht vollständig ausgenutzt werden, im Hinblick auf das Arbeitsvermögen des Betons kann dies aber durchaus positive Auswirkungen haben (siehe auch Abschnitt 11.5).

Fasern können abhängig von ihrer Schlankheit auf zwei Arten versagen (Bild 47): Die Faser wird her-

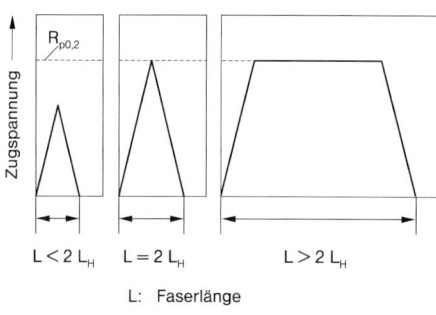

L < 2 L_H   L = 2 L_H   L > 2 L_H

L: Faserlänge
L_H: erforderliche Haftlänge

Bild 46. Zugbeanspruchung eingebetteter Fasern in Abhängigkeit von ihrer Länge (schematisch) [11.5]

ausgezogen, d. h. der Verbund versagt, oder die Faser reißt.

Auf das Verbundverhalten und die mögliche Verbundspannung τ der Fasern wird weiter unten im Zusammenhang mit dem kritischen Fasergehalt näher eingegangen, da das Verbundverhalten einen besonders großen Einfluss auf das Nachbruchverhalten nimmt.

Zunächst einmal soll die Spannung f_{fc}, die durch die Fasern über einen Riss hinweg übertragen werden kann, unter Einführung des bezogenen Fasergehaltes N (Fasern/m^2) berechnet werden:

a) Für die Ausrichtung aller Fasern parallel zur Kraft mit $N = \dfrac{V_f}{\pi r^2}$ gilt:

$$f_{fc} = N \cdot \overline{F}$$

$$f_{fc} = \frac{4 V_f}{\pi d^2} \cdot \frac{L \pi d \tau}{4} = V_f \frac{L}{d} \tau \qquad (11.13)$$

b) Für eine zufällige Faserverteilung mit $N = \eta \dfrac{V_f}{\pi r^2}$ gilt:

$$f_{fc} = \eta \frac{4 V_f}{\pi d^2} \cdot \frac{L \pi d \tau}{4} = \eta V_f \frac{L}{d} \tau \qquad (11.14)$$

Im Anschluss kann nun der kritische Fasergehalt $V_{f,cr}$ bestimmt werden, bei dem die Risslast gerade noch durch die Fasern übernommen werden kann. Das heisst, die Spannung f_{fc} entspricht der Kompositspannung σ_c^{cr} (Spannung bezogen auf den Gesamtquerschnitt) beim Anriss:

$$f_{fc} = \sigma_c^{cr}$$

mit $\sigma_c^{cr} = f_m \left(\dfrac{E_f V_f}{E_m} + (1 - V_f) \right)$

und $f_{fc} = V_f \dfrac{L}{d} \tau$

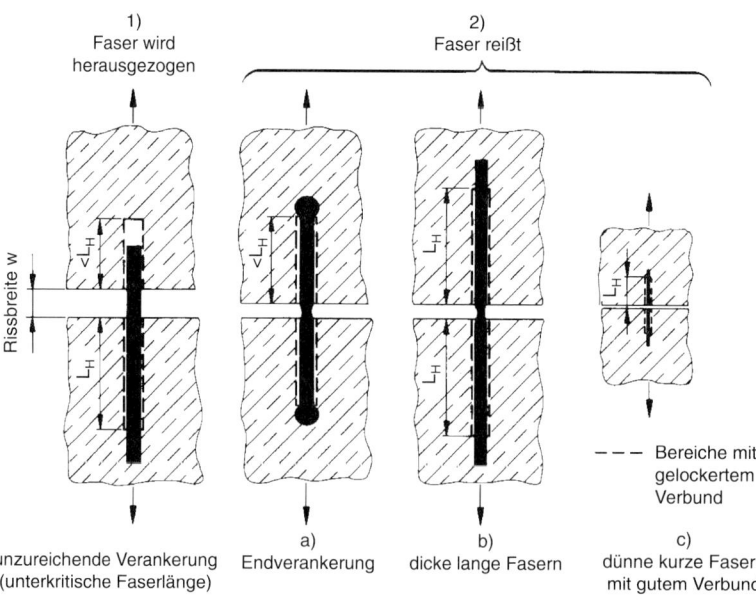

1) Faser wird herausgezogen
2) Faser reißt

a) unzureichende Verankerung (unterkritische Faserlänge)   Endverankerung
b) dicke lange Fasern
c) dünne kurze Fasern mit gutem Verbund

– – – Bereiche mit gelockertem Verbund

Bild 47. Verankerung und Versagensmöglichkeiten von Fasern [11.6]

(für Ausrichtung der Fasern parallel zur Kraftrichtung) folgt:

$$V_{f,cr} = \left(\frac{\tau L}{f_m d} - \frac{E_f}{E_m} + 1\right)^{-1} \approx \frac{f_m}{\tau} \cdot \frac{d}{L} \quad (11.15)$$

Entsprechend ergibt sich bei zufälliger Ausrichtung der Fasern:

$$V_{f,cr} = \left(\eta \cdot \frac{\tau}{f_m} \cdot \frac{L}{d} - \frac{E_f}{E_m} + 1\right)^{-1} \approx \frac{1}{\eta} \cdot \frac{f_m}{\tau} \cdot \frac{d}{L} \quad (11.16)$$

Bild 48 zeigt den Einfluss des Fasergehaltes auf die Arbeitslinie unter zentrischer Zugbeanspruchung.

Die maximal übertragbare Kompositspannung ist abhängig vom Fasergehalt (unterkritisch oder überkritisch), ebenso wie der Verlauf der Arbeitslinie nach Überschreiten der maximalen Spannung (Bild 48). Beim ersten Lastabfall (gekennzeichnet durch A) entzieht sich die Matrix der Lastabtragung. Es findet eine Lastumlagerung auf die vorhandenen Fasern statt. Sind genügend Fasern vorhanden, so kann die Last auf dem Niveau gehalten (V = $V_{F,cr}$) oder sogar weiter gesteigert werden (V > $V_{F,cr}$).

Dieser Bereich wird stark durch das Ausziehverhalten der Fasern beeinflusst, das wiederum von den Faserverbundeigenschaften abhängt. Sind hingegen die Fasern sehr dünn und aufgrund ihrer Oberflächengestalt sowie der chemisch-mineralogischen Zusammensetzung so fest in die Matrix eingebunden, dass die zum Bruch führende Zugkraft auf einer sehr kurzen Länge übertragen werden kann, wie etwa bei Asbestfasern der Fall, so lassen sich das Arbeitsvermögen und die Zähigkeit des Betons durch Faserzugabe kaum erhöhen; eine Steigerung der Zugfestigkeit des Faserbetons lässt sich jedoch erreichen.

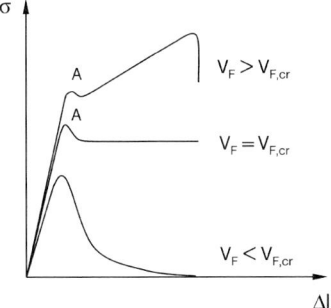

Bild 48. Schematische Spannungs-Dehnungslinie für kurzfaserbewehrten Beton unter Zugbeanspruchung [11.1]

Für den unterkritischen Bereich nach Bild 48 ist, wenn überhaupt, nur eine geringe Erhöhung der maximalen Spannungen zu erwarten, bei größeren Dehnungen fallen die Spannungen stark ab. In beiden Fällen erfolgt die Kraftübertragung nach Ausfall der gerissenen Matrix nur noch über den Ausziehwiderstand der Fasern. Dabei erfahren Fasern, die den Riss schräg kreuzen, zusätzlich eine Biegebeanspruchung. In diesem Fall bewirken die durch die Biegung hervorgerufenen Querpressungen des Betons bei biegesteifen Fasern, wie etwa bei Stahlfasern, eine Erhöhung des Ausziehwiderstandes. Der Ausziehwiderstand ist dann größer als bei Fasern, die den Riss rechtwinklig kreuzen.

Je höher der Ausziehwiderstand der Fasern ist und je länger er mit zunehmender Dehnung erhalten bleibt, desto langsamer nimmt die übertragbare Zugkraft ab und desto mehr steigt das Arbeitsvermögen an. Das größere Arbeitsvermögen ist der entscheidende Vorteil von Faserbeton im Vergleich zu Normalbeton. Das Verformungsverhalten der Fasern ist abhängig vom Dehnvermögen, dem Verbundverhalten und der Endverankerung der Fasern.

Das Verbundverhalten von in Beton eingebetteten Fasern ist sehr komplex und beruht auf dem Zusammenwirken verschiedener physikalischer bzw. chemischer Mechanismen [11.7]:

- Physikalische und chemische Bindung (falls vorhanden): Für Stahlfasern wie auch für eine Reihe von Polymerfasern (Polypropylene, Nylon, Polyethylene, usw.) ist diese Art der Bindung schwach bis nicht existent. Sie kann durch Zugabe von adhäsiven Wirkstoffen wie Latex verbessert werden. Diese Zusatzmittel haben jedoch wenig Auswirkung auf das Verhalten nach der Rissbildung und die Zähigkeit der Verbundwerkstoffe, während sie die Spannung bei Erstrissbildung erhöhen. Sie sind zudem relativ teuer. Chemische und physikalische Bindung erlaubt generell nur einen relativ kleinen Schlupf vor dem Versagen.

- Reibung: Die Reibungskomponente wird von der Grenzfläche zwischen Faser und Matrix, den Randbedingungen und der Feinheit der Grenzschicht um die Faser beeinflusst. Dabei ist der Reibungswiderstand wichtig, der bis zum vollständigen Herausziehen der Faser wirksam bleibt, jedoch im Allgemeinen mit wachsendem Schlupf abfällt.

- Mechanische Verzahnung: Eine mechanische Verzahnung der Faser existiert aufgrund der Fasergeometrie in verdrehten, gekerbten oder Hakenfasern. Die mechanische Komponente wird nach Versagen der adhäsiven Haftung aktiviert und ist unmittelbar darauf bis zu einer bestimmten Schlupfgröße, die durch die Fasergeometrie bestimmt wird, wirksam.

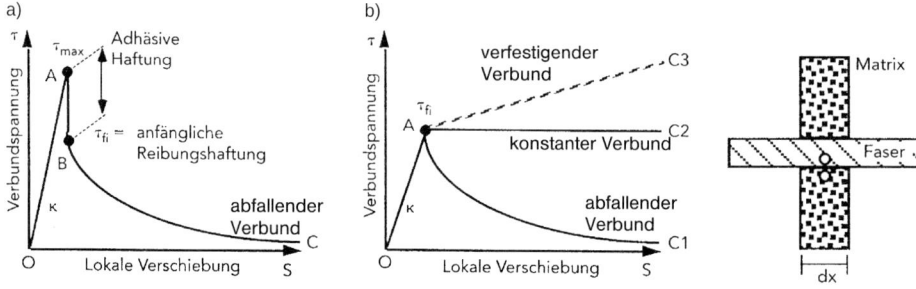

Bild 49. Typische Verbundspannungs-Verschiebungsbeziehungen (schematisch) [11.7]

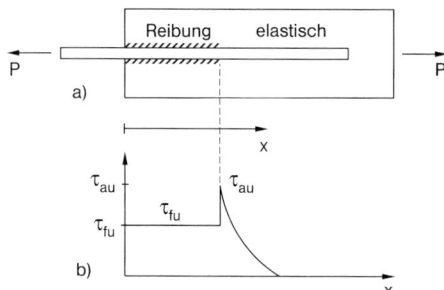

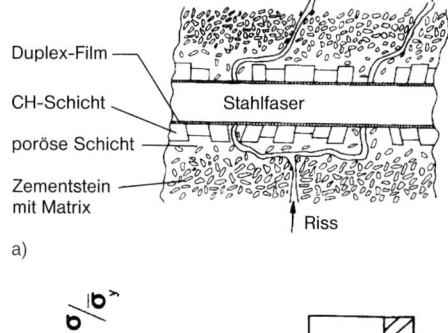

Bild 50. Faser während des Ausziehens [11.11]
a) Geometrie
b) schematischer Verbundspannungsverlauf entlang der eingebetteten Faser

- Faser-Faser-Verzahnung: Die Faser-in-Faser-Verzahnung entsteht, wenn Fasern mit umgebenden Fasern in Kontakt sind. Dies geschieht nur bei sehr hohem Fasergehalt, wie es bei SIFCON (**S**lurry **I**nfiltrated **F**iber **Con**crete) oder SIMCON (**S**lurry **I**nfiltrated **M**at **Con**crete) der Fall ist. Eine kurze Erläuterung beider Begriffe befindet sich im Abschn. 11.4.2.

Untersuchungen an der Universität Michigan [11.8] und [11.9] zeigten, dass die mechanische Komponente der Haftung den Hauptteil an der Verbundzähigkeit und Energiedämpfung bildet, während die Adhäsions-Kohäsionskomponente den primären Teilen an der Anfangsfestigkeit (max. Verbundspannung) darstellt [11.10]. Daraus kann man einen direkten Vorteil ziehen, indem die Faser so verarbeitet wird, dass das mechanische Verhalten optimiert ist. Der zusätzliche Aufwand zur Verformung der Faser wird durch die erhöhte Verbundfestigkeit gerechtfertigt.

Bild 49 zeigt die schematische Darstellung der Faserverbundspannung τ in Abhängigkeit von der lo-

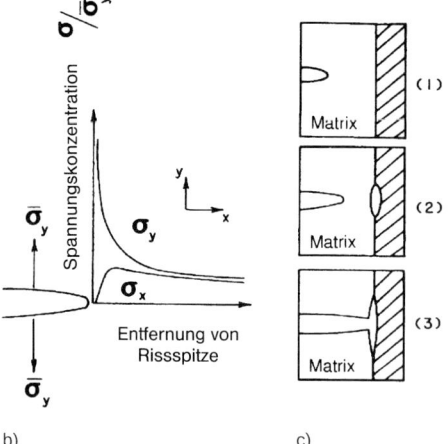

Bild 51.
a) Darstellung der Grenzfläche einer Stahlfaser mit Rissverlauf [11.12]
b) Spannungsfeld an der Rissspitze [11.13]
c) schematischer Verlauf der Rissarretierung an einer Faser [11.13]

kalen Verschiebung s beim Faserauszugsversuch. Der ansteigende Ast OA in Bild 49a hängt mit der elastischen oder adhäsiven Haftung oder mit der Haftreibung zusammen. Die chemische Adhäsion, wenn vorhanden, vergrößert die Spannung bei Spitzenbelastung, vgl. hierzu Segment AB von Bild 49a, das als Beitrag der adhäsiven Haftung zu verstehen ist, und Bild 49b, wo AB = 0. Im nächsten Teil der Kurve (BC im Bild 49a) oder AC im Bild 49b kann der Verbund konstant sein, wie bei reiner Reibung, abfallend, wenn der Schaden mit dem Schlupf fortschreitet, oder verfestigend, wenn die Haftung den Verbund verbessert. Ein abfallender Verbund tritt generell bei glatten Stahl- oder polymeren Fasern auf.

Bild 50b zeigt den schematischen Verlauf der Verbundspannung τ entlang einer zugbeanspruchten eingebetteten Faser, bei der die Haftverbundspannung τ_{au} im linken Bereich bereits überwunden ist. Die Verbundspannung fällt dann auf die Gleitverbundspannung τ_{fu} ab, was zum stick-slip Effekt („haften-gleiten") führen kann.

Das Verhältnis von Verbundspannung zu Schlupf, wie in Bild 49 beschrieben, ist eine Stoffeigenschaft der Grenzfläche; eine solche Grenzfläche einer glatten Stahlfaser zeigt Bild 51a.

Neben der direkten Spannungsübertragung (über den Riss) ist der Effekt der Rissarretierung (crack arrest) von Bedeutung. In [11.12] wird das Rissverhalten derart beschrieben, dass sich ein rechtwinklig zur Faser verlaufender Riss durch die Faser in zahlreiche kleinere Risse aufspaltet (Bild 51a). Der Riss ändert bereits etwa 10 bis 40 μm vor der Übergangszone seine Richtung und läuft nach beiden Seiten parallel zur Faser, um dann hinter der Faser wieder der ursprünglichen Orientierung zu folgen. Eine bruchmechanische Erklärung hierfür ist in [11.13] enthalten: Während die rissverursachende Spannung σ_y rechtwinklig zum Riss ihr Maximum an der Rissspitze hat, entsteht gleichzeitig eine Spannung σ_x, deren maximaler Wert in kurzer Distanz vor der Spitze in der Prozesszone liegt (Bild 51b). Letztere initiiert den neuen, parallel zur Faser orientierten Riss (Bild 51c).

Die experimentelle Ermittlung des in Bild 49 gezeigten Verbundspannungsverlaufes in Abhängigkeit vom Schlupf mittels einer direkten Messmethode gestaltet sich als schwierig, weil u. a. die mechanische Komponente der Haftung, wie z. B. bei Hakenfasern, nicht als lokale Eigenschaft der Grenzfläche betrachtet werden kann. Daher ist es oft besser, das Verhältnis von Auszieh last zu Verschiebung zwischen Faser und Matrix auszuwerten und davon die Haftung bei festgesetztem Schlupf abzuleiten [11.7].

Bild 52 zeigt die Last-Verschiebungskurve beim Herausziehen einer glatten Faser aus dem Beton. In Bild 53 ist das Last-Verschiebungsverhalten für eine Faser mit abgewinkelten Enden (Hakenfasern) dargestellt.

Durch Verwendung von Fasern mit polygonalem Querschnitt (Dreiecke und Quadrate) anstatt von Fasern mit rundem Querschnitt lässt sich das Ausziehverhalten entscheidend verbessern, und zwar durch:

– Vergrößerung der Oberfläche zu der eines Kreises bei gleicher Querschnittsfläche,
– Längsverdrehung und
– Entwicklung von tiefen Rippen zur Verbesserung der mechanischen Verzahnung.

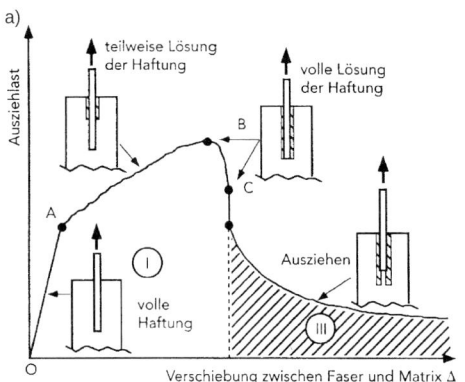
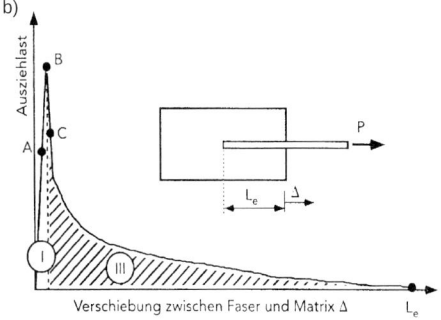

Bild 52. Typische Last-Verschiebungskurve beim Herausziehen einer glatten Faser [11.7]
a) Verschiebung im Bereich (I) vergrößert dargestellt
b) Verschiebung im linearen Maßstab dargestellt

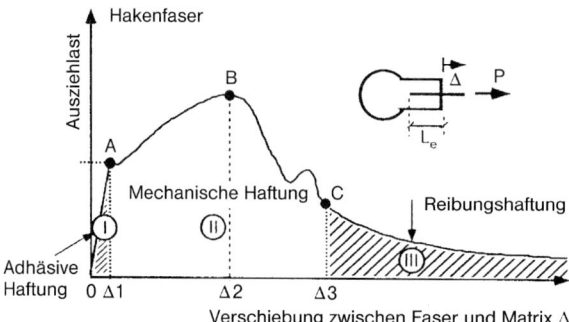

Bild 53. Typische Last-Verschiebungskurve beim Herausziehen einer Faser mit abgewinkelten Enden (Hakenfaser) [11.7]

In Bild 54 werden die Faserspannungen beim Herausziehen solcher optimierter Stahlfasern (Torex) mit denen von glatten Fasern und Fasern mit abgewinkelten Enden verglichen. Die wesentlich vergrößerte Energieaufnahme der Torex-Dreiecksfaser im Vergleich zur glatten Faser und zur Faser mit abgewinkelten Enden (Hakenfaser) ist deutlich zu erkennen.

Nachfolgend zeigt Bild 55 die Last-Verformungskurven von faserverstärkten Hochleistungsverbundstoffen (HPFRCC = High Performance Fiber Reinforced Cement Composites), Faserbeton (FRC = Fiber Reinforced Concrete) und der Zementsteinmatrix ohne Fasern unter Zugbeanspruchung. Faserverstärkte Hochleistungsverbundwerkstoffe sind charakterisiert durch ein Spannungs-Dehnungsverhalten, das Verfestigung („schlupfverfestigende" Haftung in Bild 54 und Bild 55) und Mikrorissbildung zeigt. Das heißt, im Unterschied zum Faserbeton, der im Wesentlichen eine verbesserte Duktilität im Vergleich zur unbewehrten Matrix aufweist, zeichnen sich faserverstärkte Hochleistungsverbundwerkstoffe durch eine erheblich vergrößerte Festigkeit *und* Zähigkeit aus.

Das Bruch- und Verformungsverhalten von hochfesten Betonen kann aber auch durch Zugabe eines speziellen „Fasercocktails", einer Kombination aus Stahl- und Polypropylenfasern, gezielt gesteuert und verbessert werden [11.14]. Die rissvernähende Stahlfaser ist dabei primär für die Duktilität verantwortlich. Durch die Polypropylenfaser werden in der homogenen Zementsteinmatrix hochfester Beto-

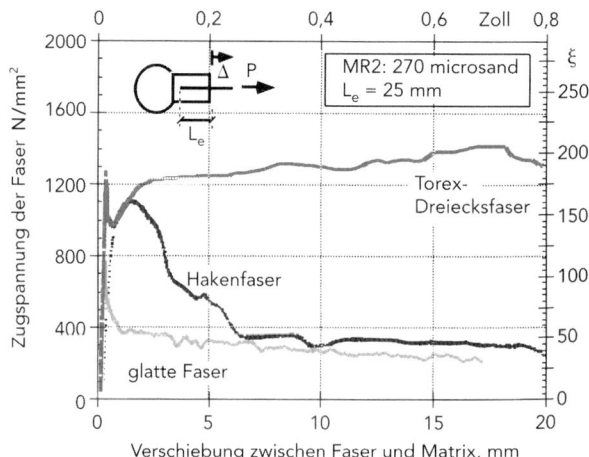

Bild 54. Vergleich der Faserspannungen verschiedener Fasern [11.7]

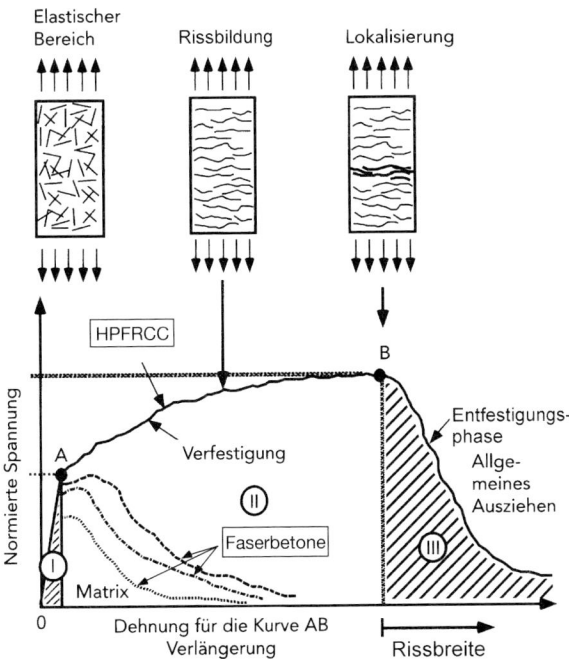

Bild 55. Typisches Spannungs-Dehnungsdiagramm unter einaxialer Zugbeanspruchung [11.7]

ne Mikrodefekte initiiert, die bereits bei geringen Belastungen mikroskopische Rissbildungen bewirken, dadurch die Stahlfasern frühzeitig aktivieren und deren Wirkung erheblich verbessern. Dieses Verhalten konnte durch lichtmikroskopische Aufnahmen an Dünnschliffen aus hochfesten, unterschiedlichen Belastungsniveaus ausgesetzten Prüfzylindern nachgewiesen werden. Die Polypropylenfasern vergrößern im Druckversuch die Dissipation inelastischer Energieanteile während der Belastungsphase, was sich in einer deutlichen Ausrundung des ansteigenden Astes der Spannungs-Dehnungslinie niederschlägt und zu signifikanten Steigerungen der Bruchdehnungen führt.

Alle nachfolgenden Ausführungen beziehen sich auf Faserbeton (FRC) im Allgemeinen, es sei denn, es wird explizit von faserverstärkten Hochleistungsverbundwerkstoffen (HPFRCC) gesprochen.

11.3 Fasern

Für Faserbeton werden überwiegend Fasern aus Stahl, alkaliresistentem Glas, Kunststoff oder Kohlenstoff eingesetzt. Asbestfasern (Durchmesser der Elementarfaser 0,02 bis 0,4 μm) sind zwar für Faserzementprodukte wie Dachplatten, Rohre usw. technisch gut geeignet. Sie dürfen heutzutage, aufgrund gesundheitlicher Bedenken bei der Herstellung des Betons und bei Sanierungen, nicht mehr verwendet werden. Als Ersatz dienen heute vor allem Kunststofffasern. Tabelle 39 gibt einen vergleichenden Überblick über die mechanischen bzw. physikalischen Eigenschaften verschiedener ausgewählter Fasern.

11.3.1 Stahlfasern

Stahlfasern zeichnen sich durch eine relativ hohe Zugfestigkeit (bis zu 2600 N/mm^2) und einen im Vergleich zur Mörtelmatrix sehr hohen Elastizitätsmodul aus. Sie sind nicht brennbar und im nicht carbonatisierten Beton (alkalisches Milieu) gut gegen Korrosion geschützt (siehe Abschn. 11.5.6).

Die Verbundfestigkeiten glatter Stahlfasern sind meistens niedrig, sodass ihre Zugfestigkeit häufig nicht ausgenutzt werden kann. Durch Querschnittsoptimierung, Wellung, Längsverdrillung, Abkröpfen oder Verdicken der Faserenden kann das Verbundverhalten aber deutlich verbessert werden (vgl. Abschn. 11.2.2).

Tabelle 39. Eigenschaften ausgewählter Fasern verschiedener Materialien [11.1, 11.3, 11.15, 11.16, u. a.]

Fasertyp	Dichte	Zugfestigkeit	E-Modul	Bruch-dehnung	Alkali-beständigkeit	max. Temperatur	Dicke
	[kg/dm^3]	[N/mm^2]	[kN/mm^2]	[‰]	[–]	[°C]	[µm]
Stahl	7,80	500 bis 2600	200	5 bis 35	++	1000	100 bis 500
Glas:							
E-Glas	2,60	2000 bis 4000	75	20 bis 35	–	800	8 bis 15
AR-Glas	2,70	1500 bis 3700	75	20 bis 35	+	800	12 bis 20
Kohlenstoff:							
• Standard-Modul (HT)	1,75 bis 1,91	3000 bis 5000	200 bis 250	12 bis 15	++	3000	15
• Intermediate-Modul (IM)	1,75 bis 1,91	4000 bis 5000	250 bis 350	11 bis 20			
• Hoch-Modul (HM)	1,75 bis 1,91	2000 bis 4000	350 bis 450	4 bis 11			
Polypropylen	0,98	450 bis 700	7,5 bis 12	60 bis 90	++	150	50
Polyvinylalkohol	1,30	800 bis 900	26 bis 30	50 bis 75	++	240	13 bis 300
Polyester	1,40	800 bis 1100	10 bis 19	8 bis 20	0	240	10 bis 50
Polyacrylnitril	1,20	600 bis 900	15 bis 20	60 bis 90	++	150	13 bis 104
Aramid	1,40	2700 bis 3600	70 bis 130	21 bis 40	0	600	12
Zellulose	1,20 bis 1,50	200 bis 500	5 bis 40	30	–	150	15 bis 60
Asbest	3,40	3500	200	20 bis 30	++	1000	0,02 bis 0,4

Einstufung der Alkalibeständigkeit: – gering; 0 mäßig; + gut; ++ sehr gut.

11.3.2 Glasfasern

Glasfasern werden unter anderem durch Ausziehen zähviskoser Glasschmelzen aus Platinspinndüsen hergestellt. Ein Hauptproblem bei der Verwendung von Glasfasern besteht in der unzureichenden Beständigkeit im alkalischen Milieu. Die herkömmlichen Silikatgläser, Natron-Kalk-Glas (A-Glas) bzw. Borosilikatglas (E-Glas) sind gegenüber alkalischen Lösungen, wie sie in feuchtem Zementstein bzw. Beton lange Zeit vorliegen können, unbeständig. Erst die Entwicklung von AR-Glasfasern (AR = alkaliresistent), die durch Zugabe von 15 bis 20 % Zirkoniumdioxid beständig gegenüber alkalischen Angriffen sind, wie auch Fasern mit einer alkaliresistenten Beschichtung, der sog. „Schlichte", haben in den letzten 20 Jahren zu einer stetig wachsenden Verbreitung von Glasfasern in dünnen Betonbauteilen geführt [11.17]. Neben der Entwicklung von alkaliresistenten Fasern wurde auch die Zementmatrix derart modifiziert, dass insbesondere die chemische Verträglichkeit mit Glasfasern verbessert wurde. Die Alkalität der Zementmatrix wurde durch Zugabe von puzzolanen und/oder latent hydraulischen Zusätzen herabgesetzt, wodurch der chemische Angriff auf die Glasfasern erheblich reduziert wurde. Heute werden AR-Glasfasern auch im konstruktiven Bereich als tragende Bewehrung dauerhaft eingesetzt [11.17]. Ein weiteres Problem stellt die Kerb- und Ritzempfindlichkeit der glasartigen Oberfläche dar. Beim Einmischen von Glasfasern in Mörtel oder Beton sind daher wegen der Reib- und Kerbwirkung der Gesteinskörnung schlechtere Ergebnisse zu erwarten als beim Einsatz in nur wenig gemagertem Zementleim.

Im Gegensatz zu anderen Fasern (z. B. Stahlfasern) handelt es sich bei Glasfasern eigentlich um Faserbündel, die aus ca. 100 bis 200 Einzelspinnfäden (filaments) mit einem Durchmesser von ca. 10 bis 15 µm bestehen (Bild 56). Etwa 10 bis 40 dieser Spinnfäden ergeben einen Roving mit einem Außendurchmesser in der Größenordnung von 1 mm. Spinnfäden und Rovings lassen sich zu Vliesen, Matten und Geweben weiterverarbeiten. Aus dem Roving können durch Schneiden Kurzfasern hergestellt werden. Dabei zerfällt er wieder zu Spinnfäden oder zu noch kleineren Einheiten.

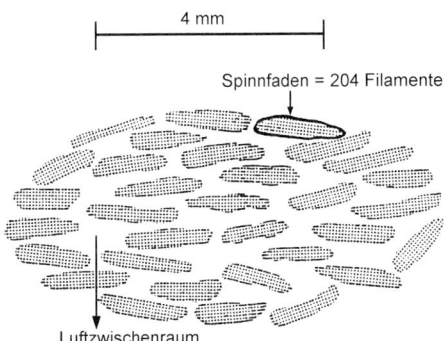

Bild 56. Beispielhafter Aufbau eines typischen Glasfaser-Rovings [11.18]

In den letzten Jahren wurde eine große Anzahl unterschiedlicher Glasfasern entwickelt, die sich sowohl in der Anzahl der Einzelfilamente als auch in der verwendeten Schlichte (Schlichte = Beschichtung der Fasern) unterscheiden. Nachfolgend werden einige Beispiele aufgeführt:

- Roving (Glasfaserstrang aus 32 Spinnfäden ohne Längenbegrenzung);
- Glasfasern mit 204 Einzelspinnfäden (filaments) in verschiedenen Längen zwischen 6 und 25 mm und mit verschiedenen Schlichten;
- Glasfasern mit 102 Einzelspinnfäden in verschiedenen Längen zwischen 6 und 25 mm und mit verschiedenen Schlichten;
- Glasfasern mit wasserdispersiblen Schichten, die sich bei der Berührung mit Wasser in Einzelfilamente auflösen (Einsatz als Prozessfasern; bessere, homogene Verteilung in der Matrix, Verbesserung der Grünstandsfestigkeit des Betons);
- Glasfasermatten (Chopped Strand Mat – CSM); neu entwickelte Glasfasermatten aus ca. 50 mm langen AR-Glasfasern, die mit einem Binder verklebt sind und ein ungerichtetes zweidimensionales Fasergeflecht bilden.

Glasfasern sind ebenfalls unbrennbar und ihre Zugfestigkeit liegt mit etwa 2000 bis 3700 N/mm² in den Größenordnungen von hochfesten Stahlfasern. Der Elastizitätsmodul ist etwa 2- bis 3-fach größer als der des Zementsteins und beträgt rund 1/3 desjenigen von Stahl. Der Verbund zwischen Glasfasern und der Zementsteinmatrix ist aufgrund des geringen Faserdurchmessers und der chemisch-mineralogischen Zusammensetzung des Faserwerkstoffs gut, sodass bei üblichen Faserlängen die Zugfestigkeit voll ausgenutzt werden kann.

11.3.3 Organische Fasern

Die große Palette der organischen Fasern weist im Allgemeinen eine mittlere Zugfestigkeit und eine geringe Steifigkeit in Verbindung mit hohen Bruchdehnungen auf. Durch den geringen E-Modul wirken diese Fasern in erster Linie als Rissbremse [11.3, 11.21].

11.3.3.1 Kunststofffasern (Polymere)

Kunststofffasern bestehen aus Polymeren und werden anhand ihrer chemischen Zusammensetzung unterschieden. Die Querschnittsformen hängen von den Herstellungsmethoden ab. Während Polypropylenfasern z. T. durch Spleißung einer Folie entstehen und daher einen fast rechteckigen Querschnitt besitzen, führt z. B. das Nassspinnverfahren bei Polyacrylnitrilfasern zu einer Nierenform. Polymerfasern sind in DIN EN 14889-2 genormt.

Anhand ihrer Geometrie und Formgebung werden Kunststofffasern in fibrillierte, feinfibrilierte und monofilamente Fasern eingeteilt.

Fibrillierte Fasern

Diese Fasern werden durch Herausstanzen aus einer Folie gewonnen. Die Durchmesser der einzelnen Fasern liegen zwischen 300 und 500 µm. Die Länge kann dabei variieren. Die Anzahl an einzelnen Fasern pro kg liegt dabei je nach Länge und Durchmesser zwischen 6 und 7 Millionen einzelner Fasern. Die fibrillierten Faserbündel müssen beim Mischvorgang erst in einzelne Fasern geteilt – also vereinzelt werden. Deshalb sollten fibrillierte Fasern für Betonrezepturen eingesetzt werden, bei denen beim Mischvorgang hohe Scherkräfte frei werden (trockene Mischungen, niedrige Konsistenz, große Gesteinskörner bzw. grobe Körnung etc.).

Feinfibrillierte Fasern

Ähnlich wie fibrillierte Fasern werden auch diese durch Stanzen gewonnen. Die Durchmesser und Längen der Fasern entsprechen in etwa jenen der fibrillierten Fasern. Feinfibrillierte Fasern enthalten nur wenige Fasern pro Bündel und können auch für feinere Mischungen eingesetzt werden.

Monofilamente Fasern

Diese werden gesponnen und dann geschnitten. Zusätzlich kann diese Faser in Wellenform gebracht werden, was eine bessere Verankerung im Beton bewirkt. Um ihre volle Zugfestigkeit im Beton ausnutzen zu können, ist es notwendig, diese Faser zu recken. Ist eine monofilamente Faser nicht gereckt, kann es zu Festigkeitsabfällen bei der Biegezugfestigkeit kommen. Die Faserlänge reicht von 6 mm (für besonders feine Mischungen) bis zu 12 mm (für Beton), der Durchmesser beträgt entweder 18 bis 20 µm oder liegt über 30 µm. Die Anzahl an einzelnen Fasern pro kg bewegt sich dabei zwischen 170 und 300 Mio. Fasern pro kg (bei einer Länge von 12 mm).

Polyolefinfasern
Im Zusammenhang mit Kunststofffasern fällt des Öfteren der Begriff „Polyolefin". Zur Gruppe der Polyolefine zählen u. a. Polypropylen und Polyethylen. Polyethylenfasern spielen allerdings nur eine untergeordnete Rolle.

Polypropylenfasern
Die Polypropylenfasern bieten neben geringen Kosten auch eine hohe Alkalibeständigkeit. Die Fasern werden bei der Herstellung wegen der Erhöhung der Festigkeit sowie der Steifigkeit gereckt. So lassen sich Festigkeiten von 450 bis 700 N/mm^2 bei einem Elastizitätsmodul von 7,5 bis 12 kN/mm^2 erreichen. Besondere Herstellungsverfahren [11.19], bei denen auch eine Wärmebehandlung der Kunststofffasern durchgeführt wird, ermöglichen E-Moduln bis 18 kN/mm^2.

Polyvinylalkoholfasern
Polyvinylalkoholfasern (PVA) werden in unterschiedlichen Modifikationen angeboten, die sich im Durchmesser und im E-Modul unterscheiden. Der E-Modul kann bis zu 25 kN/mm^2 reichen; sie erreichen Zugfestigkeiten von bis zu 1100 N/mm^2. Des Weiteren sind Polyvinylalkoholfasern besonders alkaliresistent und alterungsbeständig. PVA kommt am ehesten in Frage, um die gesundheitsschädlichen Asbestfasern zu ersetzen.

Polyesterfasern
Polyesterfasern sind in alkalischem Milieu mäßig beständig und haben nur eine geringe Bindungskraft in der Zementsteinmatrix. Ihr E-Modul liegt unter 19 kN/mm^2 und ihre Zugfestigkeit liegt bei ca. 1000 N/mm^2.

Polyacrylnitrilfasern
Polyacrylnitrilfasern (PAN) sind den speziellen Anforderungen für Faserzementprodukte gut angepasst. Sie haben einen relativ hohen E-Modul von ca. 20 kN/mm^2, eine gute Alkalibeständigkeit sowie eine gute Grenzflächenhaftung im Zementstein. Die Zugfestigkeit erreicht Werte von bis zu 1000 N/mm^2. Auch PAN werden von der Industrie für die Herstellung von Asbestersatzprodukten verwendet [11.17].

Aramidfasern
Aramidfasern bestehen aus aromatisierten Polyamiden und nehmen im Rahmen der Kunststofffasern eine Sonderstellung ein. Es sind Zugfestigkeiten bis 3700 N/mm^2 sowie E-Moduln zwischen 17 und 130 kN/mm^2 möglich. Ähnlich wie Kohlenstofffasern sind Aramidfasern relativ teuer und bei konventionellem mechanischen Einmischen schwierig zu verteilen. Durch Zugabe von speziellen Zusätzen wie z. B. Silicastaub lässt sich die Verarbeitung hingegen verbessern. Im Vergleich zu Kohlenstofffasern werden Aramidfasern beim Einmischen in die Zementsteinmatrix allerdings weniger leicht beschädigt [11.20].

11.3.3.2 Kohlenstofffasern

Kohlenstofffasern bieten eine Reihe von Vorteilen hinsichtlich ihrer physikalischen und mechanischen Eigenschaften: Sie sind chemisch resistent, temperaturbeständig und leicht. Aufgrund ihrer hohen Festigkeit und des hohen E-Moduls werden Kohlenstofffasern auch zur Verstärkung von Kunststoffen (z. B. CFK-Lamellen) und Metallen verwendet.

Kohlenstofffasern verfügen gewöhnlich über eine große spezifische Oberfläche und eine große Schlankheit, die bei Fasergehalten > 1 Vol.-% eine gleichmäßige Faserverteilung beim Mischen erschweren, sofern Zusätze wie etwa Flugasche fehlen [11.20]. Die weiteren Eigenschaften lassen sich wie folgt zusammenfassen [11.1]:

- hohe Sprödigkeit,
- geringe Kriechneigung,
- chemisch inert,
- hohe Beständigkeit gegenüber Säuren, Laugen und organischen Lösungsmitteln,
- gute elektrische Leitfähigkeit.

Kohlenstofffasern werden – ähnlich wie Glasfasern – beim Mischen des Betons leicht beschädigt. Als weiterer Nachteil ist der hohe Preis zu nennen. Daher kommen Kohlenstofffasern im Faserbeton bisher eher selten zum Einsatz.

11.3.3.3 Fasern natürlicher Herkunft – Zellulosefasern

Zellulose ist der natürliche Baustoff der Pflanzen zur Bildung ihrer Zellwände. Er steht in fast allen Teilen der Welt beinahe unbegrenzt zur Verfügung. Zellulosefasern können aus Pflanzen wie Jute, Kokos, Elefantengras, Sisal, Bambus und verschiedenen Baumarten gewonnen werden. Die Hauptquelle für solche Fasern bildet jedoch Holz. Beim Herstellungsprozess werden die Fasern voneinander getrennt, indem das zwischen den Fasern befindliche Lignin entweder auf mechanischem oder chemischem Wege entfernt wird [11.20].

Nicht speziell aufbereitete Fasern enthalten meist Glukose, welche den Erhärtungsvorgang des Betons unterbinden kann. Ebenso können diese Fasern unter feuchten Bedingungen durch Befall von Bakterien oder Pilzen zerstört werden. Bei Feuchtigkeitsänderungen neigen sie zu starkem Quellen bzw. Schwinden. Außerdem können sie durch das alkalische Milieu geschädigt werden. Durch Verwendung von puzzolanischen Zusätzen lässt sich – ähnlich wie bei Glasfasern – die Gefahr der alkalischen Angriffs jedoch reduzieren [11.22]. Fasern natürlicher Herkunft haben in der Betonbau keine Bedeutung.

11.4 Zusammensetzung

11.4.1 Beton

Für die Betonzusammensetzung gelten die allgemeinen Regeln der *Betontechnologie*, die durch die nachfolgenden Hinweise ergänzt werden.

Je geringer der Anteil grober Gesteinskörnung ist, desto mehr Fasern lassen sich unterbringen, ohne dass es zu Faseragglomerationen (sogenannten Igelbildungen) kommt. Bei Verwendung gröberer Körnungen sind dickere Fasern vorteilhaft. Allgemein wird bei Faserbeton aus Gründen der Verarbeitbarkeit der Größtkorndurchmesser häufig auf 8 mm oder weniger begrenzt. Speziell bei deutschen Tunnelbauprojekten (Stahlfaserbeton) hat sich ein Größtkorn von 16 mm bewährt [11.3].

Besonders bei Stahlfaserbeton ist darauf zu achten, dass dieser ausreichend Feinanteile enthält. Dies ist notwendig, damit die Fasern vollständig vom Feinmörtel umhüllt werden und somit ihre Wirkung optimiert entfalten können. Bei höheren Fasergehalten ist die Leimmenge um ca. 10 % zu erhöhen [11.17].

Für Glasfaserbeton empfiehlt sich ebenfalls eine möglichst feinkornreiche Mischung. Zudem wird zur Verringerung des Schwindens gesteinskörnungsreiche Mischungen mit möglichst niedrigem Zementgehalt zu bevorzugen. Solche Mischungen carbonatisieren schneller und leisten somit einen entscheidenden Beitrag zur Senkung der Alkalität.

Als günstig haben sich *Wasserzementwerte* zwischen 0,4 und 0,5 erwiesen. Um diese Werte einzuhalten, ist ein relativ hoher Zementgehalt erforderlich, da der Wasseranspruch für eine bestimmte Verarbeitbarkeit des Betons mit zunehmendem Fasergehalt steigt. Dies gilt verstärkt bei Verwendung eines grobkornarmen Gemisches der Gesteinskörnung.

Um den Zementgehalt unter Beibehaltung der Festigkeit zu senken, können 25 bis 35 % des Zementes gegen Flugasche ausgetauscht werden. Ein Austausch von bis zu 10 % des Zementes gegen Silicastaub kann sich ebenfalls günstig auswirken. Ein höherer Mehlkorngehalt wirkt sich günstig auf die Verarbeitung aus; die Richtwerte zur Begrenzung des Mehlkorngehaltes sind allerdings zu beachten. Durch Zugabe von Luftporenbildnern kann die Verarbeitbarkeit ebenfalls verbessert werden, gleichzeitig erhöht sich auch der Frostwiderstand. Die Herstellung selbstverdichtender Faserbetone ist heute auch möglich [11.23].

11.4.2 Fasern

Durch Zugabe von Fasern erhöht sich der Wasseranspruch des Betons. Einen entscheidenden Einfluss auf die Einmischbarkeit der Fasern und die Verarbeitbarkeit des Betons hat die *Faserschlankheit* L/d. Mit zunehmender Schlankheit nimmt im Allgemeinen die Verarbeitbarkeit ab.

Der *Fasergehalt* wird gewöhnlich in Vol.-% bezogen auf das Betonvolumen angegeben. Die einmischbare Fasermenge hängt von der Zusammensetzung und Konsistenz des Frischbetons, den Eigenschaften der Fasern (Faserschlankheit, E-Modul) und der Mischtechnik ab.

Der Fasergehalt liegt bei Stahlfaserbeton im Allgemeinen zwischen 0,5 und 2,5 Vol.-%, während bei Glasfasern und Kunststofffasern auch höhere Gehalte möglich sind. Eine spezielle Art des Faserbetons ist der sog. SIFCON (= Slurry Infiltrated Fibre CONcrete), bei dem zuerst die Fasern in eine Schalung eingelegt werden und dann Feinmörtel eingebracht wird. Damit sind Fasergehalte bis zu 20 Vol.% [11.24] möglich. Aufgrund des aufwendigen Herstellungsverfahrens (Ausstreuen und Nivellieren des Fasergehaltes) und die nicht zielgerichtete Steuerbarkeit des Faserhaltes wurde SIFCON unter Einsatz von Matten zu SIMCON (= Slurry Infiltrated Mat CONcrete) modifiziert. Wegen des geringen Fasergehaltes von $V_f \leq 3{,}0$ Vol.-% für horizontale Bauteile, die häufig unebene Mattenoberfläche mit herausstehenden Fasern, das schwierige Handling und das spröde Materialverhalten bei SIMCON wurde dieser weiterentwickelt zu DUCON® (= DUctile CONcrete). Ähnlich wie bei SIMCON handelt es sich auch bei DUCON um ein Mattensystem, welches aus einer durchgehenden Drahtbewehrung besteht. Der Stahldraht wird dabei durch die Maschenweite und den Drahtdurchmesser reguliert [11.25]. Definitionsgemäß zählen SIMCON und DUCON zu den langfaserbewehrten Betonen (siehe Abschnitt 11.1).

In [11.26] sind Erfahrungen bei der Produktion und Einbringung von stahlfaserbewehrtem *selbstverdichtendem Beton* beschrieben. Die Fasermengen betrugen 25 bis 45 kg/m³ (0,3 bis 0,6 Vol.-%). Die Ergebnisse dieser Untersuchungen zeigen, dass durch das Hinzufügen von Stahlfasern zwar eine leichte Verminderung der Verarbeitbarkeit auftreten kann, die jedoch die Herstellung im Gesamten praktisch kaum erschwert.

11.5 Eigenschaften

11.5.1 Verhalten bei Druckbeanspruchung

Die Druckfestigkeit von Faserbeton nimmt mit steigendem Fasergehalt i. Allg. etwas zu (Bild 57a), weil die Entwicklung von Mikrorissen behindert wird. Viel bedeutsamer ist jedoch der Anstieg der Bruchdehnung und insbesondere der Bruchenergie, da mit steigendem Fasergehalt der abfallende Ast der Spannungs-Dehnungsdiagramms immer flacher verläuft. Aber auch eine Vergrößerung der Faserschlankheit kann einen Anstieg der Bruchenergie bewirken (Bild 57b).

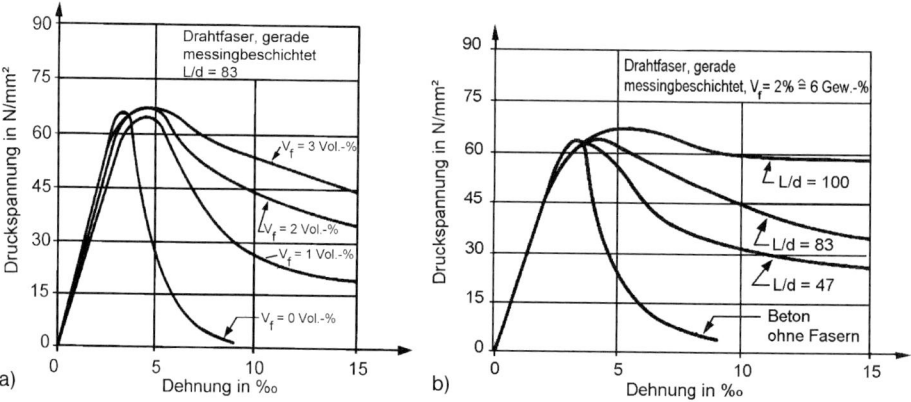

Bild 57. Arbeitslinien von Stahlfaserbeton bei zentrischer Druckbelastung in Abhängigkeit vom Fasergehalt V_f und von der Faserschlankheit L/d [11.28]

Versuche an jungem Beton (zwischen 8 und 72 Stunden) mit Stahlfasern (20, 40 und 60 kg/m^3) und Kunststofffasern (Polypropylen, 5 kg/m^3) zeigten, dass sich durch Faserzugabe die Druckfestigkeit und der E-Modul des Betons im jungen Alter etwas gegenüber dem Nullbeton (ohne Fasern) erhöhen [11.29]. Der Stahlfaserbeton mit 60 kg/m^3 Faserdosierung zeigte die höchste Druckfestigkeit im Alter von 8 und 10 Stunden. Beim Versuch wurde nach dem Anreißen eine weitere Laststeigerung beobachtet, beim Erreichen der max. Druckfestigkeit fiel diese Last nicht wie üblicherweise bei erhärtetem Beton rasch ab, sondern blieb erhalten. Durch diese zwei beobachteten Erscheinungen sind Faserbetone insbesondere für den Einsatz im Tunnelbau vorteilhaft.

11.5.2 Verhalten bei Zugbeanspruchung und bei Biegebeanspruchung

Inwieweit die zentrische Zugfestigkeit und die Biegezugfestigkeit durch eine Faserbewehrung gesteigert werden können, hängt in entscheidendem Maße davon ab, ob der Fasergehalt über dem kritischen Wert nach Abschnitt 11.2.2 liegt. Bei Verwendung kurzer, nichtorientierter Fasern ist eine wesentlich geringere Steigerung von Rissspannungen und Zugfestigkeit zu erwarten [11.30]. Bild 58 zeigt den Einfluss des Stahlfasergehaltes auf die Zugspannung bei Faserbeton unter zentrischer Zugbeanspruchung. In Bild 55 sind zum Vergleich die Arbeitslinien von Faserbeton und Hochleistungsfaserbeton in ein gemeinsames Diagramm eingezeichnet.

Für den Biegezug gilt im Prinzip das Gleiche wie für den zentrischen Zug. Die nichtlineare Spannungs-Rissöffnungsbeziehung kann hier jedoch bei bestimmten geometrischen Bedingungen (Rissöffnungen/Balkenhöhe) aufgrund der günstigeren Spannungsverteilung im Querschnitt zu einer Erhöhung der Tragfähigkeit auch bei geringeren Fasergehalten führen.

Nach verschiedenen Untersuchungen ergibt sich bei Stahlfasern etwa ein linearer Zusammenhang zwischen Biegezugfestigkeit und Fasergehalt mit Festigkeitssteigerungen um 10 bis 20 %. Bei ausreichendem Fasergehalt werden aber stets höhere Bruchdehnungen bzw. Durchbiegungen bei Maximallast und vor allem eine deutlich größere Bruchenergie beobachtet, die auf ein Mehrfaches der Bruchenergie unbewehrter Proben ansteigen kann. Deswegen wird im Allgemeinen auch eine deutliche Verbesserung des Widerstandes gegen dynamische Beanspruchung und Schlag beobachtet.

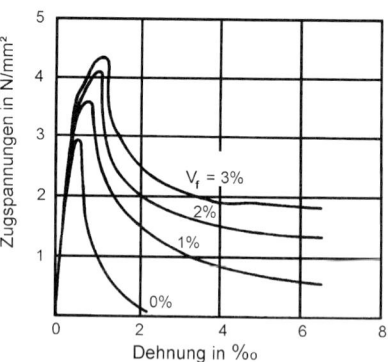

Bild 58. Arbeitslinien von Stahlfaserbeton bei zentrischer Zugbeanspruchung; Einfluss des Fasergehaltes V_f [11.31]

11.5.3 Verhalten bei Querkraft- und Torsionsbeanspruchung

Die *Scherfestigkeit* von Faserbeton kann – wie bei Beton ohne Fasern – auf die Zugfestigkeit des Materials zurückgeführt werden. Daher gelten die Ausführungen des Abschnitts 11.5.2 qualitativ auch für die Schubbeanspruchung.

Bei den in [11.32] beschriebenen Schubversuchen hatte die Zugabe von Stahl- oder Polypropylenfasern bis etwa 1 Vol.-% nur einen sehr geringen Einfluss auf die Schubtragfähigkeit. Durch hohe Gehalte an Glasfasern (ca. 4 Vol.-%) ließ sich die Schubtragfähigkeit dagegen nahezu verdoppeln. In allen Fällen erhöhte die Zugabe von Fasern die Zähigkeit. Diese nahm proportional mit dem Fasergehalt zu. Dies ist darauf zurückzuführen, dass die Fasern die Schubrisse überbrücken, das Öffnen der Risse bremsen und die Rissufer miteinander verbinden. Sie wirken in dieser Hinsicht ähnlich wie eine Bügelbewehrung, sind allerdings bei gleichem Bewehrungsprozentsatz weniger wirksam [11.33].

Die Zugabe von Stahlfasern vergrößert die (Schub-) Verformung bis zum Versagen; der Beton verhält sich also insgesamt duktiler, insbesondere bei größeren Fasergehalten und größeren Faserschlankheiten.

Versuche an gerissenem SIFCON [11.34] belegten, dass die Scherfestigkeit auch vom verwendeten Fasertyp abhängt. So führten beispielsweise längere und dickere Fasern mit hakenartigen Enden bei annähernd gleichem Fasergehalt zu einer größeren Scherfestigkeit als kürzere und dünnere Fasern mit geraden Enden.

Torsionsbeanspruchte Bauteile mit Faserbewehrung ertragen bis zum Versagen wesentlich stärkere Verdrehungen als unbewehrte. Dies führt trotz eines nicht oder nur relativ wenig erhöhten Bruch-Torsionsmomentes zu einer um 1 bis 2 Zehnerpotenzen höheren Energieaufnahme bis zum Bruch [11.3].

11.5.4 Verhalten bei Explosions-, Schlag- und Stoßbeanspruchung

Die Schlagzähigkeit kann durch Zugabe bestimmter Fasern beträchtlich erhöht werden. Der Grund liegt in der für den Auszug der Fasern erforderlichen Energie.

Vergleichende Versuche bei Beanspruchung durch Kontaktexplosion (1kg TNT-Sprengstoff), die mit Stahlbetonplatten (RC), Stahlfaserbetonplatten mit und ohne Bewehrung (RSFRC und SFRC) und Stahlbetonplatten aus Hochleistungsstahlfaserbeton (HPSFRC oder SIFCON mit 8 Vol.-% Fasergehalt) durchgeführt wurde, sind in [11.35] beschrieben. Es wurde die Plattendicke und der Fasergehalt variiert. Dabei wurde u. a. beobachtet, dass HPSFRC und RSFRC einen idealen Verbundwerkstoff zum Schutz vor Explosionen darstellen. In der Regel galt für das Verhalten (> bedeutet besser): HPSFRC > RSFRC > SFRC > RC. Das Energieaufnahmevermögen stieg bei stahlfaserbewehrtem Beton (SFRC) mit steigendem Fasergehalt an. Ergebnisse mit Höchstleistungsfaserbeton sind in [11.36] zu finden.

11.5.5 Kriechen und Schwinden

Die *Kriechverformungen* des Betons werden nur wenig durch Stahlfasern beeinflusst, da sich die versteifende Wirkung der Fasern und der Einfluss des häufig beobachteten Gehalts an Verdichtungsporen in Faserbetonen etwa die Waage halten.

Da der Anteil Fasern am Gesamtvolumen in der Regel gering ist (ca. 1 Vol.-% oder weniger), macht sich die Faserwirkung auf das *unbehinderte Schwindmaß* kaum bemerkbar.

Bei *behindertem Schwinden* lassen sich die entstehenden Risse (als Folge der Zwang- und Eigenspannungen) durch die Fasern zwar nicht verhindern, aber die Rissbreiten können auf ein erträgliches Maß beschränkt werden. Voraussetzung hierfür ist ein ausreichend hoher E-Modul der Fasern im Vergleich zum E-Modul des Betons zum Zeitpunkt der Rissbildung sowie eine ausreichende Verbundfestigkeit.

In [11.37] werden Versuche beschrieben, bei denen Polypropylenfasern mit einem Fasergehalt von 0,1 Vol.-% die beim Frühschwinden (plastischen Schwinden) auftretenden Risse wirksam reduzierten. Bei dem danach folgenden Trocknungsschwinden blieb der Einfluss allerdings gering. Erst bei Fasergehalten von 0,5 Vol.-% und mehr konnten auch beim Trocknungsschwinden die maximalen Rissbreiten deutlich reduziert werden, und die Bildung von Mehrfachrissen wurde gefördert.

In [11.38] sind Versuche beschrieben, bei denen mit vorgereckten Polypropylenfasern (Zugabemenge 2 Vol.-%) gute Erfolge bei der Reduzierung der Rissbreite erzielt wurden. Bei einer Zugabemenge von 1 Vol.-% vorgereckter Polyacrylnitrilfasern wurden in [11.39] ebenfalls mit gutem Erfolg die Rissbreiten reduziert.

Bei Stahlfaserbeton ergab sich in Versuchen eine signifikante Verringerung der maximalen und mittleren Rissbreiten bei Fasergehalten zwischen 0,25 und 0,5 Vol.-%. Bei Fasergehalten > 0,5 Vol.-% konnten die Rissbreiten auf Werte ≤ 0,1 mm beschränkt werden.

11.5.6 Dauerhaftigkeit

Voraussetzung für die Dauerhaftigkeit von Faserbeton ist, dass die durch den Faserzusatz bewirkten Eigenschaften auf Dauer erhalten bleiben. Dies ist nur dann gewährleistet, wenn die Fasern im eingebetteten Zustand ausreichend beständig sind.

Stahlfasern

Wie bereits im Abschnitt 11.3.2 angesprochen, sind die Stahlfasern im alkalischen Milieu des (nichtcarbonatisierten) Betons vor Korrosion geschützt. In der carbonatisierten Randzone von Betonbauteilen kann es hingegen zur Korrosion einzelner Fasern kommen, sofern Feuchtigkeit vorhanden ist. Aufgrund der dünnen Fasern sind i.d.R. keine Abplatzungen zu befürchten, da der Sprengdruck der Korrosionsprodukte, die um die Fasern herum entstehen, dazu erfahrungsgemäß nicht ausreicht. Die außenliegenden Fasern können jedoch durch eine Oberflächenimprägnierung des Stahlfaserbetons mit Polymeren vor Korrosion geschützt werden.

Stahlfasern, die nahe an der Oberfläche in carbonatisiertem Beton liegen, korrodieren, wenn sie der Witterung ausgesetzt sind [11.40]. Außer dem optischen Eindruck einer Oberfläche mit Rostflecken ist damit jedoch keine wesentliche Schädigung verbunden. In gerissenem Beton können Stahlfasern bis in größere Tiefen korrodieren.

Untersuchungen in [11.48] zeigten, dass die Korrosionsneigung von Stahlfasern in Beton wesentlich geringer ist als jene von Stabstahl. Korrosionsauslösende Chloridgehalte lagen im Randbereich eines Bauteils bzw. Betons bei 2,1 M.-%, im Kernbereich bei bis zu 5,6 M.-%. Dies beruht einerseits auf dem Herstellverfahren von Stahlfasern, die kalt unter Verwendung von Ziehmitteln gezogen werden, wodurch sich eine Art Schutzschicht bzw. eine homogenere Passivschicht auf den Fasern ausbildet, und andererseits auf der dichteren Kontaktzone im Vergleich zu jener bei Stabstahlbewehrung.

Glasfasern

Nach Abschnitt 11.3.2 werden Fasern aus Silikatgläsern (A- oder E-Glas) schon nach kurzer Zeit durch den alkalischen Zementstein so stark angegriffen, dass sie ihre Wirksamkeit im Beton weitgehend verlieren. Aber auch an Bauteilen mit alkaliresistenten Glasfasern wurde nach mehrjähriger Auslagerung ein deutlicher Abfall von Bruchdehnung und Zugfestigkeit beobachtet.

Neben dem chemischen Angriff der Glasfasern durch die OH^--Ionen der alkalischen Lösung führen auch die Anlagerungen von Calciumhydroxidkristallen auf der Faseroberfläche zu einer fortschreitenden Einschränkung der Verschiebbarkeit der Faserbündel und der einzelnen Filamente [11.41]. Dieses Einwachsen der Faserbündel führt zu einer Versprödung und einem Festigkeitsabfall des Glasfaserbetons. Durch den Einsatz spezieller Schlichten erreicht man bei neueren AR-Glasfasern eine Änderung der Oberflächenstruktur.

Bei sehr dünnen Bauteilen mit Dicken unter ca. 15 mm kann die Carbonatisierung des Betons in relativ kurzer Zeit über die gesamte Dicke ablaufen. Der damit verbundene Abfall des pH-Wertes der Porenlösung und die weitgehende Umwandlung des Calciumhydroxids der Zementsteinmatrix in Calciumcarbonat schließen einen weiteren Angriff der Porenlösung des Mörtels auf die Glasfasern aus.

Kunststofffasern

Nahezu alle angesprochenen Kunststofffasern sind im alkalischen Milieu des Zementsteins beständig (siehe Tabelle 38). Bei Aramidfasern ist die Dauerhaftigkeit in zementgebundener Matrix jedoch fraglich. In Versuchen wurde bei unbeschichteten Multifilamentlitzen aus Aramid, die in eine Calciumhydroxid-Lösung eingetaucht waren, ein Verlust der Festigkeit festgestellt, der mit steigender Temperatur stark anstieg. Bei Proben, die mit Kunstharz beschichtet waren, wurden die Fasern weniger beeinträchtigt [11.42].

11.5.7 Frost- und Taumittelwiderstand

Haupteinflussgrößen auf den Frost- und Taumittelwiderstand sind das Luftporensystem und der Wasserzementwert. Nach [11.43] verhält sich Faserbeton bei einer Beanspruchung durch wiederholte Frost-Tauwechsel ähnlich wie vergleichbarer Normalbeton.

11.5.8 Verhalten bei hoher Temperatur

Organische Fasern

Obwohl alle organischen Fasern brennbar sind, werden Faserzementprodukte mit synthetischen organischen Fasern trotzdem in die Klasse A2 (nicht brennbar) gemäß DIN 4102 „Brandverhalten von Baustoffen und Bauteilen" eingestuft. Der Grund liegt im Wesentlichen in der schützenden Funktion der Matrix. Diese Ergebnisse sind direkt auf den Beton übertragbar, zumal hier üblicherweise massigere Bauteile als bei Faserzementelementen vorliegen. Toxische Gase infolge hoher Temperaturen können in der Regel nur sehr langsam aus dem Beton entweichen, sodass keine kritischen Grenzwerte erreicht werden. Kunststofffasern (vor allem PP-Fasern) werden gezielt eingesetzt, um die Feuerwiderstandsdauer von hochfestem Beton zu vergrößern, indem durch die thermische Zersetzung der Fasern Kanäle verbleiben, die eine dampfentspannende Wirkung haben.

Stahlfasern

Zwar werden im Allgemeinen Stahlfasern als nichtbrennbar eingestuft, bei besonders kleinen Durchmessern (Mikrofasern) können diese infolge der einsetzenden Verzunderung durchaus erheblich beschädigt werden. Aber auch beim Verzicht auf Mikrofasern oxidiert der Stahl zwangsläufig bei höheren Temperaturen; man spricht dann von chemischer Oxidation.

Abhilfe kann durch Verwendung von nichtrostenden Stahlfasern mit einem verbesserten Oxidationswiderstand – wie sie für temperaturbeanspruchte Bauteile im Feuerbetonbau, in der Petrochemie, in Zement- und Stahlwerken (Hochöfen, Konverter) und bei Verbrennungsanlagen hauptsächlich zur Anwendung kommen – erreicht werden.

Im Vergleich zu Normalbeton weist der Stahlfaserbeton einen etwas größeren Widerstand gegenüber hohen Temperaturen auf. Dies ist auf die Verbesserung des Zusammenhalts durch die Stahlfasern zurückzuführen.

11.5.9 Verschleißwiderstand

Ob der Zusatz von Fasern den Verschleißwiderstand verbessert, hängt von der Art der Beanspruchung ab. Bei Prallbeanspruchung verhält sich der Faserbeton sehr günstig. Bei schleifender oder rollender Beanspruchung bestimmen die Härte der Betonoberfläche und der Verschleißwiderstand der Gesteinskörnung die Abtragungsrate. In diesem Fall bringen die Fasern kaum eine Verbesserung. Sie können sogar zu etwas höheren Abtragsraten führen, wenn der Wasserzementwert aufgrund der Faserzugabe erhöht werden muss, um eine ausreichende Verarbeitbarkeit zu erzielen.

Für eine Verbesserung des Verschleißverhaltens sollte mindestens ein Stahlfasergehalt von 0,5 Vol.-% zudosiert werden. Bei einem Stahlfasergehalt von 1,0 Vol.-% wurde eine signifikante Zunahme des Stoßverschleißwiderstandes beobachtet.

11.6 Übereinstimmungsnachweis und Prüfungen

In DIN EN 14889-1 [11.27] und DIN EN 14889-2 [11.46] sind die Anforderungen und die Angaben für den Konformitätsnachweis für Stahlfasern und für Polymerfasern enthalten.

Für die Verwendung von Beton nach DIN EN 206-1/ DIN EN 1045-2 sind Stahlfasern nach DIN EN 14889-1 geeignet, deren Konformität mit dem System der Konformitätsbescheinigung „1" nachgewiesen worden ist. Ebenso als geeignet gelten geklebte oder in einer Dosierverpackung zugegebene Stahlfasern nach DIN EN 14889-1, wenn ihre Verwendbarkeit hinsichtlich der Lieferform durch eine allgemeine bauaufsichtliche Zulassung nachgewiesen ist.

Polymerfasern nach DIN EN 14889-2 sind nur geeignet, wenn ihre Verwendbarkeit durch eine allgemeine bauaufsichtliche Zulassung nachgewiesen ist.

11.7 Richtlinie „Stahlfaserbeton"

Im Deutschen Ausschuss für Stahlbeton (DAfStb) wurde im Jahr 2010 eine neue Richtlinie „Stahlfaserbeton" erarbeitet [11.44]. Die Richtlinie ändert und ergänzt die betreffenden Abschnitte aus DIN 1045-1, DIN EN 206-1, DIN 1045-2, DIN 1045-3 und DIN 1045-4 für Stahlfaserbeton und fügt teilweise neue Absätze hinzu. Die Richtlinie nimmt eine Klassifizierung des Stahlfaserbetons anhand der Nachrissbiegezugfestigkeit in Leistungsklassen vor. Es gibt zwei Verformungsbereiche:

– Bereich I mit kleinen Verformungen,
– Bereich II mit großen Verformungen.

Der Planer legt zukünftig die Leistungsklassen fest. Die Betonzusammensetzung einschließlich Faserart und -menge wird durch den Hersteller des Stahlfaserbetons festgelegt. Sie gilt für Normalbeton der Festigkeitsklassen bis einschließlich C50/60, d. h. nicht für hochfesten Beton. Außerdem darf die Faserwirkung bei Bauteilen ohne zusätzliche Betonstahlbewehrung in den Expositionsklassen XS2, XS3, XD2 und XD3 in der Bemessung nicht in Ansatz gebracht werden, da die Stahlfasern bei Chlorideinwirkung in gerissenen Bereichen schnell durchkorrodieren können. Die Richtlinie ist mit 56 Seiten relativ umfangreich und kann hier nicht wiedergegeben werden. Es sollen nur die wesentlichen Inhalte genannt werden.

Das Sicherheitskonzept basiert auf der 5%-Quantile. Beim Nachweis des Grenzzustands der Tragfähigkeit wird die Zugfestigkeit des Betons in Anrechnung gebracht. Der Teilsicherheitsbeiwert im gerissenen Zustand beträgt 1,25, der Teilsicherheitsbeiwert bei Systemwiderstand bei nichtlinearer Berechnung 1,4. Die zwei Verformungsbereiche unterscheiden sich durch die Durchbiegungsgrenzwerte im Biegeversuch. Im Verformungsbereich I beträgt die Durchbiegung 0,5 mm und betrifft die Gebrauchstauglichkeit. Im Verformungsbereich II beträgt sie 3,5 mm und bestimmt die Tragfähigkeit. In der Richtlinie werden sog. Leistungsklassen eingeführt, die von der Biegezugfestigkeit des Materials abhängen. Sie überstreichen einen Bereich von null bis 3,0 N/mm². In der Richtlinie wird auch die Mitwirkung der Stahlfasern bei der Querkrafttragfähigkeit und beim Durchstanzen geregelt.

Ein weiterer Aspekt der Richtlinie ist die Bestimmung des Stahlfasergehalts im Auswaschversuch. Alternativ können die Fasergehalte auch durch ein induktives Verfahren bestimmt werden, d. h. dadurch, dass die Fasern magnetisch sind und durch Messung des Induktionsstroms die Fasermenge bestimmt werden. Die Richtlinie enthält auch Vorschriften über die Kontrolle der Betonausgangsstoffe und des Herstellverfahrens. Die Ermittlung der Leistungsklassen ist genau beschrieben. Aus der Kraftdurchbiegungslinie wird die mittlere Nachrissbiegezugfestigkeit bestimmt, die dann zur Bemessung verwendet werden kann.

Weitere Hinweise zur Bemessung und Ausführung von Stahlfaserbeton enthält der Beton-Kalender 2011.

Inzwischen wurde die Richtlinie ohne wesentliche inhaltliche Änderungen auf die neuen europäischen Normen umgestellt [11.47]. Die Bestimmung des Fasergehalts durch Auswaschen und die Sicherstellung einer homogenen Verteilung der Fasern im Fahrmischer wurden bei der Überarbeitung der Richtlinie dem Hersteller des Stahlfaserbetons zugewiesen.

12 Ultrahochfester Beton

Das Thema Ultrahochfester Beton wurde im Kapitel „Beton" des Beton-Kalenders 2012, Teil 1, S. 437–446 ausführlich handelt. Im Beton-Kalender 2013, Teil 2 ist diesem Thema ein eigenes Kapitel gewidmet (S. 117–239), in dem auch die betontechnologischen Eigenschaften umfassend dargestellt werden. Daher wird hier auf diese Veröffentlichungen verwiesen.

Ergänzend sei jedoch darauf hingewiesen, dass Ultrahochfester Beton bislang weder ein genormter noch zugelassener Baustoff ist. Seine Verwendung in Deutschland war bislang nur auf der Grundlage von Zustimmungen im Einzelfall möglich. Der DAfStb arbeitet derzeit an einer Richtlinie für Ultrahochfesten Beton, die voraussichtlich in 2018 fertiggestellt werden kann.

13 Nachhaltiger Beton

13.1 Einführung

Seit vielen Jahren nimmt die politisch forcierte Nachhaltigkeitsdebatte auch im Bereich des Bauwesens und speziell im Betonbau einen breiten Raum ein. Dies ist verständlich, wenn man bedenkt, dass Beton, als der überragende Massenbaustoff der Gegenwart, auch in der Zukunft durch kein anderes Material ersetzt werden kann, gleichzeitig aber für rund 8 % des CO_2-Ausstoßes weltweit verantwortlich ist. Dieser Ausstoß resultiert primär aus dem Zement, insbesondere dem Portlandzement, dessen Herstellungsprozess durch die Entsäuerung des Kalksteins unabdingbar mit einem hohen CO_2-Ausstoß verbunden ist. Bei der Produktion von einer Tonne Portlandzementklinker wird ca. 0,8 bis 1,0 Tonnen CO_2 emittiert.

Vor dem Hintergrund dieser hohen Emissionsrate hat die Zementindustrie in Deutschland ihre Produktionsprozesse in den beiden letzten Jahrzehnten systematisch optimiert. Einsparpotenziale, was die Umweltbelastung anbelangt, erscheinen auf diesem Weg kaum noch möglich. Sie können aber beispielsweise dadurch erzielt werden, dass Portlandzementklinker zunehmend substituiert wird, z. B. durch Zumahlstoffe wie Kalksteinmehl, Flugasche und andere inerte oder reaktive Stoffe. Diesem Ansatz genügen Kompositzemente (in Deutschland CEM II- und CEM III-Zemente), was letztlich aber nicht ausreicht. Es sind neue Wege zu beschreiten, um die weiter wachsenden Anforderungen an den Umweltschutz erfüllen zu können [13.1]. Hierbei können zwei unterschiedliche Ansätze verfolgt werden. Zum einen sind neuartige Zemente zu entwickeln, siehe z. B. [13.2, 13.3], zum anderen ist der Zement-/Bindemittelgehalt je m³ Beton deutlich zu reduzieren. Dass der letztgenannte Weg unter Wahrung der technisch relevanten Eigenschaften eines Betons grundsätzlich möglich ist, wurde in verschiedenen Untersuchungen gezeigt und darf als gesichert angesehen werden. Allerdings weicht ein solcher Beton von den normativen Vorgaben deutlich ab (Mindestzementgehalt; ggf. Wasserzementwert) und er erfordert auch neuartige betontechnologische Ansätze. Die Verwendung solcher Betone im baurechtlich geregelten Bereich ist also noch nicht möglich, es sei denn auf der Grundlage einer Zustimmung im Einzelfall. Gegenwärtig sind jedoch bereits erste Zulassungen für bestimmte Anwendungen im Grundbau (Massenbetone) vorhanden. Unter dem Druck des öffentlichen Interesses an nachhaltigem Beton wird diese Entwicklung vermutlich rasch voranschreiten.

Von dieser Momentaufnahme ausgehend, sollen im Folgenden nachhaltige Betone vorgestellt und vor allem die damit verbundenen betontechnologischen Aspekte betrachtet werden. Ein wichtiger Teil der Nachhaltigkeit schließt die Betrachtung ökologischer Kriterien ein, die hier für Beton ebenfalls kurz behandelt werden sollen. Bei all den neuen Ansätzen und Kriterien darf aber nicht übersehen werden, dass schon lange bekannte Konzepte eine außerordentlich große Wirkung in Bezug auf die Nachhaltigkeit besitzen. Dies gilt zum einen für das Prinzip des Recyclings von Beton, zum anderen für die Gewährleistung einer hohen Dauerhaftigkeit. Letzteres wurde ursprünglich aus wirtschaftlichen Erwägungen fokussiert, bildet aber auch ein maßgebendes Element für eine nachhaltige Betonbauweise.

Für die Bewertung der Nachhaltigkeit eines Baustoffs müssen neben den Umweltwirkungen bei der Herstellung (und ggf. Nutzung) auch seine Leistungsfähigkeit und Dauerhaftigkeit betrachtet werden. Vereinfacht kann eine solche Bewertung anhand von Gl. (13.1) erfolgen [13.4]:

$$\text{Baustoff-Nachhaltigkeitspotenzial} \sim \frac{\text{Nutzungsdauer} \cdot \text{Leistungsfähigkeit}}{\text{Summe der Umweltwirkungen}} \quad (13.1)$$

Gl. (13.1) verdeutlicht, dass die Nachhaltigkeit eines Baustoffs proportional mit dessen Nutzungsdauer zunimmt. Die Nutzungsdauer selbst kann jedoch maximal der Lebensdauer des Baustoffs bzw. Bauwerks entsprechen und ist somit von der Dauerhaftigkeit des Baustoffs abhängig. Weitere Ansatzmöglichkeiten die Nachhaltigkeit eines Baustoffs zu verbessern bestehen in der Reduktion der Umweltwirkungen infolge dessen Herstellung sowie in der Steigerung der Leistungsfähigkeit. Die Entwicklung von Betonen mit erhöhter Leistungsfähigkeit stellt daher einen weiteren Ansatz zur Verbesserung der Nachhaltigkeit dar. Dieser Ansatz ist jedoch nur dann wirksam, wenn die Leistungsfähigkeit des Baustoffs auch tatsächlich durch den Planer genutzt bzw. ausgeschöpft wird. Die Leistungsfähigkeit ist wiederum in Relation zur anstehenden Bauaufgabe zu setzen. Dies ermöglicht eine vergleichende Bewertung der Leistungsfähigkeit einzelner Baustoffe.

Die in Gl. (13.1) gegebene Definition des Nachhaltigkeitspotenzials weicht auf den ersten Blick von der üblicherweise gebräuchlichen Definition der Nachhaltigkeit ab (vgl. [13.5]). Eine genauere Betrachtung zeigt jedoch, dass die drei wesentlichen Einflussgrößen der Nachhaltigkeitsbewertung – ökologische Aspekte (durch Verwendung von Ökobilanzdaten), ökonomische und soziokulturelle Auswirkungen (durch Einführung der Leistungsfähigkeit und Lebensdauer eines Bauwerks) – indirekt abgebildet werden. Die Verwendung von Gl. (13.1) ist insbesondere für den planenden Ingenieur oder den Betontechnologen hilfreich, da sie eine einfache Bewertung des Potenzials eines bestimmten Baustoffes zur Erzielung einer besonders hohen Nachhaltigkeit zu einem Zeitpunkt im Bauprozess ermöglicht, zu dem den Betroffenen häufig keine oder nur unzureichende Informationen zu den ökonomischen und soziokulturellen Anforderungen vorliegen. Die Nachhaltigkeit des Baustoffes ist dann jedoch noch immer davon abhängig, ob das vorhandene Nachhaltigkeitspotenzial durch den Planer oder Verwender des Bauwerks genutzt wird.

13.2 Ökobilanz von Beton

Die Errichtung und der Betrieb von Bauwerken gehen i. d. R. mit signifikanten Umweltwirkungen einher. Diese können gemäß DIN EN ISO 14040 [13.6] bzw. DIN EN ISO 14044 [13.7] über standardisierte Verfahren in Form einer Ökobilanz erfasst und einzelne Bauformen anhand der so gewonnenen Kennwerte hinsichtlich ihrer ökologischen Qualität bewertet werden. Während das Verfahren der Ökobilanzierung ein geeignetes Werkzeug für die vergleichende Bewertung verschiedener Ausführungsvarianten gesamter Bauwerke darstellt, ist eine direkte Anwendung dieser Bilanzierungsmethodik in Hinblick auf die Umweltwirkungen einzelner Baustoffe nur bedingt zielführend, da deren Leistungsfähigkeit und Dauerhaftigkeit hierbei nicht berücksichtigt werden. Dennoch stellt die Ökobilanz einen wichtigen Teil der Bewertung der Nachhaltigkeit von Beton dar. Den Ausgangspunkt bildet die Ökobilanz seiner Ausgangsstoffe. Hinzu kommen Umweltwirkungen, die aus der Herstellung, dem Transport und dem Einbau des Betons resultieren. Die Vorgehensweise der Ökobilanzierung ist in den zuvor genannten Normen geregelt ([13.6, 13.7]; siehe auch [13.8]).

Bei der Ökobilanzierung werden alle Umwelteinwirkungen, die mit der Herstellung des Produkts in Verbindung stehen, erfasst und dann standardisierten Wirkungsgruppen zugeordnet. Bei dieser Zuordnung wird durch die Wirkungsabschätzung berücksichtigt, wie sich eine gegebene Emission auf die Wirkungsgruppe auswirkt. Es werden folgende Wirkungsgruppen unterschieden:

− Primärenergiebedarf (PE, [J bzw. MJ]),
− Treibhauspotenzial (Global Warming Potential, GWP, [kg CO_2-Äquivalent]),
− Ozonabbaupotenzial (Ozone Depletion Potential, ODP, [kg R11-Äquivalent]),
− Versauerungspotenzial (Acidification Potential, AP, [kg SO_2-Äquivalent]),
− Eutrophierungspotenzial (Eutrophication Potential, EP, [kg PO_4-Äquivalent]),
− Bodennahes Ozonbildungspotenzial (Photo Optical Ozone Depletion Potential, POCP, [kg C_2H_4-Äquivalent]).

Die Ermittlung der oben aufgeführten Kennwerte ist für Ausgangsstoffe wie Zement, Zusatzmittel oder Gesteinskörnungen äußerst aufwendig. Die für eine Betonoptimierung erforderlichen Daten der Ausgangsstoffe werden dem planenden Betontechnologen häufig in Form von sog. EPD-Erklärungen (Environmental Product Declaration) durch die Ausgangsstoffhersteller zur Verfügung gestellt. Diese Erklärungen sind seit 2013 mit Einführung der europäischen Bauproduktenverordnung für alle Baustoffe, und somit auch für Beton, quasi verpflichtend (siehe [13.9]). Die für die Ökobilanzierung erforderlichen Daten können beispielsweise über die frei zugänglichen Online-Plattformen http://www.bau-umwelt.de [13.10] bzw. die Datenbank Ökobau.dat unter http://www.oekobaudat.de [13.11] beschafft werden. Tabelle 40 gibt einen Überblick über typische Kennwerte der wichtigsten Betonausgangsstoffe.

Der Vergleich der in Tabelle 40 aufgeführten Daten zeigt, dass unter dem Gesichtspunkt des Primärenergieverbrauchs sowie der Treibhausgasemissionen (GWP) die Zusatzmittelherstellung den größten Umwelteinfluss hat. Aufgrund ihrer geringen Dosierung im Beton ist der Einfluss dieser Stoffe – mit Ausnahme beim Versauerungspotenzial – zumeist jedoch nicht von Relevanz, es sei denn, es werden wie bei UHPC üblich, sehr große Mengen eingesetzt. Stattdessen wird i. d. R. der Einfluss des Zements für den Beton maßgebend. Die in Tabelle 40 aufgeführten Werte belegen jedoch, dass die für Zement gemachten Angaben großen Schwankungen unterliegen, was eine korrekte Ökobilanzierung für

Tabelle 40. Ökobilanzkennwerte der wichtigsten Betonausgangsstoffe

	Primärenergie		GWP	ODP	AP	EP	POCP	Quelle
	nicht erneuerbar	erneuerbar						
	[MJ/kg]	[MJ/kg]	[kg CO_2/kg]	[kg R11/kg]	[kg SO_2/kg]	[kg PO_4/kg]	[kg C_2H_4/kg]	
Zement								
Zement (Branchen-EPD)	2,050	0,360	0,587	$2,03 \cdot 10^{-10}$	$0,75 \cdot 10^{-3}$	$0,19 \cdot 10^{-3}$	$0,12 \cdot 10^{-3}$	[13.12]
CEM II 52,5	2,735	0,4349	0,8713	$1,119 \cdot 10^{-11}$	$1,108 \cdot 10^{-3}$	$1,213 \cdot 10^{-4}$	$1,445 \cdot 10^{-4}$	[13.10]
CEM II/A	3,374	0,3023	0,802	$5,97 \cdot 10^{-11}$	$9,69 \cdot 10^{-4}$	$1,44 \cdot 10^{-4}$	$1,13 \cdot 10^{-4}$	[13.11]
CEM II/B	2,992	0,2753	0,666	$5,36 \cdot 10^{-11}$	$8,34 \cdot 10^{-4}$	$1,26 \cdot 10^{-4}$	$9,66 \cdot 10^{-5}$	[13.11]
CEM III	1,769	0,2058	0,344	$4,08 \cdot 10^{-11}$	$4,45 \cdot 10^{-4}$	$6,47 \cdot 10^{-5}$	$4,94 \cdot 10^{-5}$	[13.11]
Flugasche								
ohne Anrechnung	0	0	0	0	0	0	0	[–]
Masseanteil	49,70%		4,180	$4,06 \cdot 10^{-8}$	$3,2 \cdot 10^{-2}$	$1,76 \cdot 10^{-3}$	$1,1 \cdot 10^{-3}$	[13.13]
Anteil Wertschöpfung	4,84%		0,350	$8,45 \cdot 10^{-9}$	$2,67 \cdot 10^{-3}$	$1,52 \cdot 10^{-4}$	$9,34 \cdot 10^{-5}$	
Hüttensand								
ohne Anrechnung	0	0	0	0	0	0	0	[–]
Masseanteil	22,20%		1,390	$2,72 \cdot 10^{-8}$	$5,39 \cdot 10^{-3}$	$7,52 \cdot 10^{-4}$	$9,32 \cdot 10^{-4}$	[13.13]
Anteil Wertschöpfung	3,54%		0,149	$6,76 \cdot 10^{-9}$	$8,59 \cdot 10^{-4}$	$8,18 \cdot 10^{-5}$	0,10	
Gesteinsmehle und Gesteinskörnungen								
Quarzmehle	2,119		0,7407	0,1203	k. A.	$4,1 \cdot 10^{-4}$	k. A.	k. A.	[13.14]
Sand 0/2	$7,044 \cdot 10^{-3}$		$4,057 \cdot 10^{-2}$	$2,955 \cdot 10^{-3}$	$1,520 \cdot 10^{-13}$	$8,965 \cdot 10^{-6}$	$1,757 \cdot 10^{-6}$	$-1,055 \cdot 10^{-7}$	[13.10]
Kies 2/8 bzw. 8/16	$7,044 \cdot 10^{-3}$		$4,057 \cdot 10^{-2}$	$2,955 \cdot 10^{-3}$	$1,520 \cdot 10^{-13}$	$8,965 \cdot 10^{-6}$	$1,757 \cdot 10^{-6}$	$-1,055 \cdot 10^{-7}$	
Zusatzmittel								
Fließmittel PCE	27,95	1,20	0,944	$3,29 \cdot 10^{-8}$	$1,19 \cdot 10^{-2}$	$5,97 \cdot 10^{-3}$	$5,85 \cdot 10^{-4}$	[13.15]

den Werkstoff Beton erschwert. Unabhängig vom Herstellwerk des Zements können in Deutschland daher die mit „Branchen-EPD" gekennzeichneten Werte herangezogen werden [13.12]. Tabelle 40 zeigt weiterhin, dass Ersatzstoffe wie Flugasche oder Hüttensand, solange sie als Abfallstoffe bewertet werden, als emissionsfrei angesehen werden können. Berücksichtigt man jedoch den Masseanteil der pro Kilogramm Kohle bei der Verstromung anfallenden Flugasche (ca. 12,4 M.-%) bzw. der pro Kilogramm Stahl anfallenden Menge an Hüttensand (ca. 19,4 M.-%), so ergeben sich die in Tabelle 40 mit „Masseanteil" gekennzeichneten Werte [13.13]. Diese sind deutlich größer als die des Zements. Allerdings werden Flugaschen und Hüttensande ja nicht für die Verwendung im Beton hergestellt. Sie fallen bei der Stromproduktion aus Kohle bzw. bei der Stahlerzeugung aus Erzen zwangsläufig als Abfallstoffe an. Insofern ist ihre Verrechnung mit „0" bei Beton angemessen. In der Branchen-EPD der deutschen Zementindustrie erfolgt die Allokation der Umweltwirkungen für Flugasche und Hüttensand auf ökonomischer Basis, d. h. anhand des aus dem Verkauf dieser Stoffe resultierenden Beitrags zur Wertschöpfung bei der Stromproduktion bzw. der Stahlherstellung [13.12].

13.3 Mischungsentwicklung

Wie Tabelle 40 zeigt, wird die Ökobilanz von Beton maßgeblich durch dessen Gehalt an Portlandzementklinker bestimmt. Die verbleibenden Betonbestandteile wie Wasser, Gesteinskörnungen und Zusatzmittel besitzen entweder einen deutlich geringeren Einfluss auf die Umwelt als Portlandzement oder sind aufgrund ihrer geringen Dosierung nicht maßgeblich. Vor diesem Hintergrund ist die Zusammensetzung sog. Ökobetone i. d. R. durch einen gegenüber Normalbeton deutlich reduzierten Gehalt an Portlandzementklinker und durch die Zugabe großer Mengen an Betonzusatzstoffen wie beispielsweise Flugasche oder Hüttensand gekennzeichnet. Da Betonzusatzstoffe im Vergleich zu Portlandzement i. d. R. jedoch eine deutlich reduzierte hydraulische Reaktivität besitzen, muss diesem Leistungsdefizit durch eine Reduktion des Anmachwassergehalts begegnet werden, um einen gleichbleibenden (äquivalenten) w/z-Wert sicherzustellen. Dies wirkt sich wiederum ungünstig auf die Verarbeitbarkeit des Betons aus. Der Schlüssel zur Herstellung ökologisch optimierter Betone liegt somit in der Sicherstellung einer ausreichenden Verarbeitbarkeit bei minimalen Gehalten an Wasser bzw. Zementleim im Beton.

Analog zur Vorgehensweise bei Normalbeton müssen auch bei Ökobeton zunächst die Anforderungen an den Beton festgelegt werden (siehe Bild 59, Nr. 1). Der erforderliche w/z-Wert ω kann in erster Näherung beispielsweise aus der Walz-Kurve [13.16] abgeschätzt und unter Verwendung des gewünschten Zementgehalts z (in [kg/m³]) und der Rohdichte des Wassers ρ_w (in [kg/m³]) zur Berechnung der erforderlichen Packungsdichte ϕ_{erf} herangezogen werden (siehe Gl. (13.13)).

$$\phi_{erf} = \frac{V_{Feststoff}}{V_{gesamt}} = \frac{1\,m^3 - V_w}{1\,m^3}$$

$$= \frac{1\,m^3 - \frac{z \cdot \omega}{\rho_w}}{1\,m^3} \qquad (13.2)$$

Hierbei wird davon ausgegangen, dass die aus dem w/z-Wert ω und dem vorgegebenen Zementgehalt z resultierende Wassermenge V_w ausreichen muss, um alle Hohlräume zwischen den granularen Bestandteilen des Betons (inkl. Zement) aufzufüllen. In einem nächsten Schritt muss die Packungsdichte aller granularen Bestandteile des Betons – d. h. der Mischung aus Zement-, Zusatzstoff- und Gesteinskornpartikeln – entweder durch Verwendung entsprechender Berechnungsalgorithmen oder durch experimentelle Optimierungsverfahren auf ein Maximum gesteigert werden (siehe Bild 59, Nr. 2). Der nachfolgende Abschnitt gibt einen Überblick über die zur Verfügung stehenden Verfahren. Abschließend muss im Rahmen der Betonentwicklung experimentell überprüft werden, ob eine hinreichend hohe Packungsdichte erzielt wurde und die Betoneigenschaften den Festlegungen entsprechen (siehe Bild 59, Nr. 3). Der Ablauf der Mischungsentwicklung ist schematisch in Bild 59 dargestellt.

13.3.1 Optimierung der Packungsdichte der granularen Ausgangsstoffe

Die Optimierung der Packungsdichte der granularen Ausgangsstoffe ist ein zentrales Element aller bekannten Mischungsentwurfsmethoden. Grundsätzlich stehen dem planenden Betontechnologen hierzu verschiedene Verfahren zur Auswahl (s. auch [13.17]):

Formalisierte Kornverteilungskurven

Die Anpassung der Sieblinie einer Gesteinskörnung bzw. eines Bindemittel-Gesteinskorn-Gemisches an formalisierte Kornverteilungskurven stellt eine sehr einfache und effiziente Möglichkeit der Packungsdichteoptimierung dar. Einen guten Überblick über die in der Betontechnologie verbreiteten Modelle gibt [13.18]. Zu den bekanntesten zählen hierbei die Modelle von *Andreasen* [13.19] sowie von *Fuller* [13.20], die durch Gl. (13.3) dargestellt werden können:

$$A = \left(\frac{d}{d_{max}}\right)^n \qquad (13.3)$$

Hierin bezeichnen d den mittleren Korndurchmesser, d_{max} den Durchmesser des Größtkorns des Korngemisches und n einen Regressionsparameter.

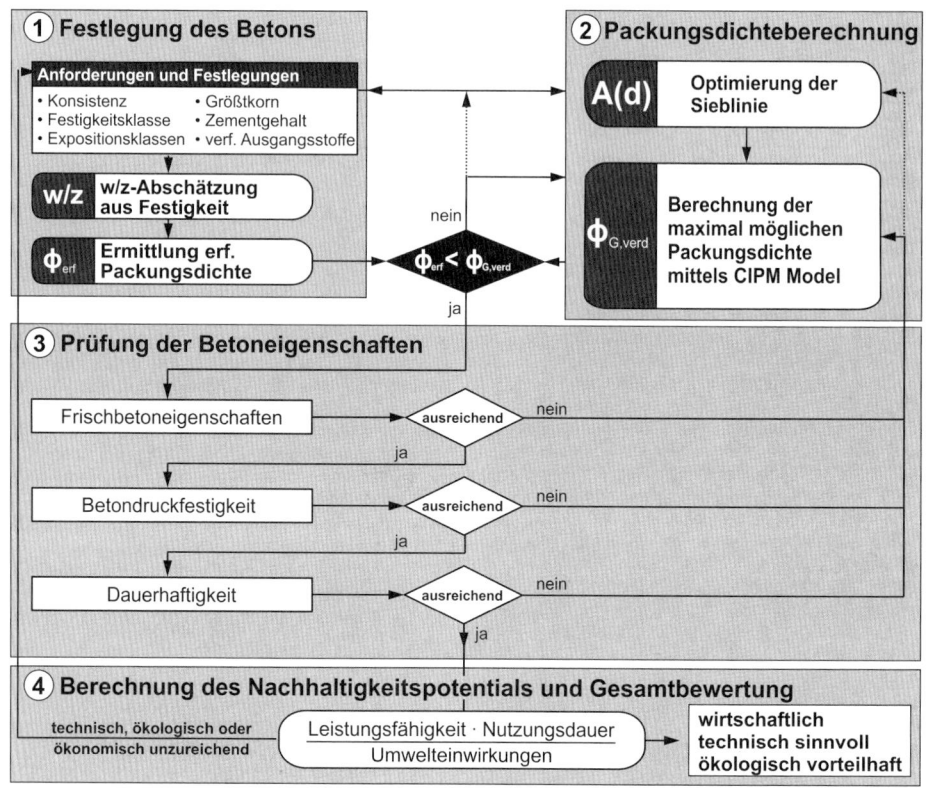

Bild 59. Schematische Darstellung der Arbeitsschritte bei der Entwicklung von Ökobetonen

Dieser beträgt n = 0,37 nach [13.19] bzw. n = 0,50 in Anlehnung an [13.20].

Ausgangspunkt für die Optimierung bilden die volumenbasierten Sieblinien der einzelnen Ausgangsstoffe. Die Volumenanteile der Ausgangsstoffe müssen so gewählt werden, dass die Summe aller Kornverteilungen der Soll-Sieblinie gemäß Gl. (13.3) entspricht.

Bei der Anwendung dieses Modells muss beachtet werden, dass eine entsprechend Gl. (13.3) zusammengesetzte Körnung nicht zwingend eine optimale Packungsdichte aufweist, da die Packungsdichte u. a. auch durch die Kornform der Partikel und durch die eingetragene Verdichtungsenergie beeinflusst wird. Diesem Problem kann jedoch durch eine experimentelle Kalibrierung des Modellparameters n in Gl. (13.3) auf die im Herstellwerk vorliegenden Gesteinskörnungen bzw. Zemente begegnet werden.

Der zentrale Nachteil formalisierter Kornverteilungskurven besteht darin, dass diese Modelle keinerlei Information über die tatsächlich vorhandene Packungsdichte und damit über den vorliegenden Hohlraumgehalt innerhalb des Kornhaufwerks liefern. Daher sind die Ermittlung der für die Betonherstellung erforderlichen Wassermenge und eine anschließende Überprüfung der w/z-Wert-Kriterien aus Festigkeits- und Dauerhaftigkeitsanforderungen ohne zusätzliche experimentelle Untersuchungen nicht möglich.

Mathematisch-physikalische Packungsdichte-Optimierungsverfahren

Diese Verfahren stellen eine leistungsfähige, jedoch technisch sehr aufwändige Form der Sieblinienoptimierung dar. Im Gegensatz zu den rein deskriptiven Kornverteilungskurven gestatten sie auch die Berechnung der maximal möglichen Packungsdichte sowie des zu erwartenden Hohlraumgehalts im Haufwerk. Dies ermöglicht es dem planenden Betontechnologen, die Auswirkungen von Änderungen in der Kornzusammensetzung des Betons auf den Wasseranspruch bzw. den Leimgehalt direkt nachzuvollziehen.

Für die Anwendung bei der Mischungsentwicklung von Beton stehen verschiedene Modelle zur Verfügung. Eine Übersicht geben z. B. [13.17, 13.18]. Als das am weitesten fortgeschrittene Modell für die Betonentwicklung kann derzeit das sog. Compressible-Interaction-Packing-Model (CIPM) von *Fennis* [13.18] angesehen werden, welches auf dem Compaction-Packing-Model (CPM) von *de Larrard* aufbaut [13.21] und neben einer Berechnung der Packungsdichte auch eine Vorhersage der zu erwartenden Konsistenz und Druckfestigkeit des Betons gestattet. Die theoretischen Grundlagen des Modells können anhand von Bild 60 erläutert werden.

Ausgangspunkt für die Betonentwicklung stellen die Packungsdichten $\phi_{K,i,verd}$ der einzelnen Ausgangsstoffe (im Folgenden als Körnungen bezeichnet; Index K) mit dem mittleren Korndurchmesser d_i dar (s. Bild 60 (a)). Diese können durch experimentelle Untersuchungen beispielsweise mittels der Puntke-Methode (s. u.; [13.22]) ermittelt werden. Hierbei ist jedoch zu beachten, dass die Packungsdichte einer Körnung eine Funktion der zur Verdichtung der Körnung aufgewendeten Energie darstellt. Für die weiteren Berechnungen wird daher die sog. theoretische Packungsdichte $\phi_{K,i}$ herangezogen, die sich bei Aufwendung einer unendlich großen Verdichtungsenergie einstellen würde (s. Bild 60 (b)). Die theoretische Packungsdichte $\phi_{K,i}$ der Körnung kann mittels Gl. (13.4) aus der experimentellen Untersuchung der Packungsdichte an einzelnen Körnungen $\phi_{K,i,exp}$ berechnet werden, wobei die im Experiment eingebrachte Verdichtungsenergie (Kompressionsbeiwert k_i der Körnung i) unter Verwendung von Tabelle 41 abgeschätzt werden kann.

$$\phi_{K,i} = \left[1 + \frac{1}{k_i}\right] \cdot \phi_{K,i,verd}$$

$$= \left[1 + \frac{1}{k_i}\right] \cdot \phi_{K,i,exp} \quad (13.4)$$

Eine Steigerung der Packungsdichte der Körnung i über die theoretische Packungsdichte $\phi_{K,i}$ hinaus ist nicht möglich. Werden jedoch die Hohlräume im Korngerüst der Körnung i durch eine weitere Körnung i+1 mit deutlich geringerer mittlerer Partikelgröße d_{i+1} aufgefüllt, so gelingt es, die Packungsdichte des resultierenden Korngemisches $\phi_{G,i}$ deutlich zu steigern (s. Bild 60 (c)). Der Index i in der Packungsdichtebezeichnung des Korngemisches gibt hierbei an, dass in diesem Fall die Eigenschaften der Körnung i dominierend für die Packungsdichte des Korngemisches G sind. Wird die mittlere Partikelgröße des Zwischenkorns d_{i+1} jedoch soweit gesteigert, dass das Zwischenkorn i+1 die Grundkörnung i in ihrer Packungsdichte beeinflusst, so bewirkt das Zwischenkorn eine Auflockerung der Grundkörnung und somit ggf. einen Rückgang der Packungsdichte des Korngemischs. Gleiches gilt für den Fall, dass der Gehalt der Zwischenkörnung soweit gesteigert wird, dass deren Volumen das Hohlraumvolumen der Grundkörnung überschreitet (s. Bild 60 (d)). Derartige Auflockerungseffekte werden durch das CPM- bzw. CIPM-Modell durch Einführung des Koeffizienten a_{ij} berücksichtigt, der mittels Gl. (13.5) auf der Grundlage geometrischer Betrachtungen errechnet werden kann.

Die Packungsdichte des Korngemischs wird weiterhin stark durch Wandeffekte beeinflusst. Diese können zwischen der Körnung und der Wandung eines Behälters oder aber zwischen Körnungen stark unterschiedlicher Korngröße auftreten und werden im CPM- bzw. CIPM-Modell durch den Koeffizienten

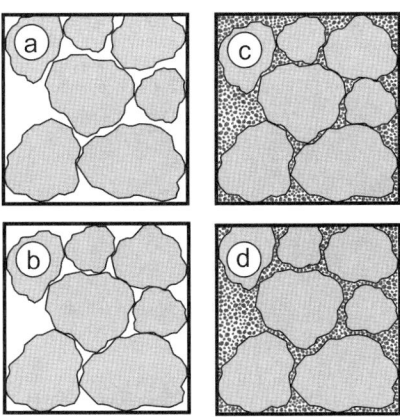

Bild 60. Schematische Darstellung der theoretischen Grundlagen des CPM- bzw. CIPM-Modells

Tabelle 41. Kompressionsbeiwert k in Abhängigkeit von der Verdichtungsmethode [13.18]

Zustand	Verdichtungsmethode	k [–]
trockene Verdichtung des Schüttguts	schütten	4,10
	stochern	4,50
	rütteln	4,75
	rütteln unter 10 kPa Auflast	9,00
Verdichtung als Beton	rütteln	9,00

b_{ij} abgebildet, der die Wechselwirkung zwischen zwei Körnungen i und j beschreibt (siehe Gl. (13.6)).

Der wesentliche Unterschied zwischen dem Modellansatz von *de Larrard* [13.21] und dessen Weiterentwicklung durch *Fennis* ist in der Tatsache zu sehen, dass *Fennis* den Einfluss sehr feiner Mehlkornpartikel mit einem Durchmesser d < 25 μm gesondert berücksichtigt und damit ausgeprägten Oberflächenkräften, die zwischen derartigen Partikeln wirken, besonders Rechnung trägt. Weiterhin kann über die Parameter w_a und w_b sowie C_a und C_b in den Gln. (13.5) und (13.6) der Einfluss der verwendeten Fließmittelart auf das Packungsverhalten der Partikel berücksichtigt werden. Für das Fließmittel Glenium 51 macht *Fennis* folgende Angaben: $w_a = w_b = 1{,}0$ sowie $C_a = 1{,}5$ und $C_b = 0{,}2$ [13.18].

$$a_{ij} = \begin{cases} 1 - \dfrac{\log(d_i/d_j)}{w_{0,a}} & \text{für } \log(d_i/d_j) < w_{0,a} \\ 0 & \text{für } \log(d_i/d_j) \geq w_{0,a} \end{cases}$$

(13.5)

mit

$$w_{0,a} = \begin{cases} w_a \cdot C_a & \text{für } d_i < 25 \text{ μm} \\ w_a & \text{für } d_i \geq 25 \text{ μm} \end{cases}$$

$$b_{ij} = \begin{cases} 1 - \dfrac{\log(d_j/d_i)}{w_{0,b}} & \text{für } \log(d_j/d_i) < w_{0,b} \\ 0 & \text{für } \log(d_j/d_i) \geq w_{0,b} \end{cases}$$

(13.6)

mit

$$w_{0,b} = \begin{cases} w_b \cdot C_b & \text{für } d_i < 25 \text{ μm} \\ w_b & \text{für } d_i \geq 25 \text{ μm} \end{cases}$$

Die Parameter a_{ij} und b_{ij} gehen in die nachfolgende Gl. (13.8) ein. Die Indizes i und j bezeichnen dabei die miteinander wechselwirkenden Körnungen.

Der oben vorgestellte Ansatz für die Berechnung der Packungsdichte von zwei einzelnen Körnungen wurde von *de Larrard* auf eine beliebige Anzahl n von Einzelkörnungen erweitert, durch deren Mischung ein Korngemisch mit möglichst hoher Packungsdichte erzielt werden soll. Für einzelne Körnungen gilt hierbei die Voraussetzung, dass das Verhältnis der Durchmesser zwischen Kleinst- und Größtkorn $d_{i,min}/d_{i,max}$ einer Körnung im Bereich zwischen 0,5 bis 0,9 liegen muss. Im Rahmen der Packungsdichteberechnung hat dies zur Folge, dass im Herstellwerk vorhandene Kornfraktionen oder Bindemittel mittels Siebung in einzelne Unterkörnungen aufgeteilt werden müssen. Im Modell bezeichnet i = 1 dabei die Körnung mit größtem Korndurchmesser.

Im nächsten Schritt sind die Volumenanteile ϑ_i der einzelnen Körnungen in der Trockenmischung durch den Anwender festzulegen. Diese werden im Modell als Feststoff-Volumenanteile ϑ_i gemäß Gl. (13.7) angegeben. Hierin bezeichnen m_i die Masse und ρ_i die Rohdichte der betrachteten Körnung i.

$$\vartheta_i = \dfrac{\dfrac{m_i}{\rho_i}}{\sum\limits_{v=1}^{n} \dfrac{m_v}{\rho_v}}$$

(13.7)

Um die theoretische Packungsdichte $\phi_{G,i}$ des so festgelegten Korngemisches aus n einzelnen Körnungen berechnen zu können, müssen die Wechselwirkungen zwischen den einzelnen Körnungen untersucht werden. Hierzu wird jeweils eine Körnung i als dominant angenommen und untersucht, ob deren Packungsdichte durch Zugabe der anderen Körnungen j gesteigert werden kann (siehe Gl. (13.8)).

Die Packungsdichte $\phi_{G,i}$ der einzelnen Korngemische stellt einen Grenzwert dar, der nur unter Aufwendung einer unendlich großen Verdichtungsenergie k erreicht werden kann. Die tatsächlich bei einem bestimmten Verdichtungsgrad vorliegende Packungsdichte des verdichteten Korngemischs $\phi_{G,verd}$ kann mittels Gl. (13.9) ermittelt werden. Der Kompressionsbeiwert k ist Tabelle 41 zu entnehmen. Da Gl. (13.9) leider keine explizite mathematische Auflösung nach der Größe $\phi_{G,verd}$ erlaubt, muss die durch das Modell vorhergesagte reale Packungsdichte $\phi_{G,verd}$ des Korngemischs iterativ, beispielsweise mittels gängiger Tabellenkalkulationssoftware, ermittelt werden.

$$\phi_{G,i} = \dfrac{\phi_{K,i}}{1 - \sum\limits_{j=1}^{i-1}\left[1 - \phi_{K,i} + b_{ij} \cdot \phi_{K,i} \cdot \left(1 - \dfrac{1}{\phi_{K,j}}\right)\right] \cdot \vartheta_j - \sum\limits_{j=i+1}^{n}\left[1 - a_{ij} \cdot \dfrac{\phi_{K,i}}{\phi_{K,j}}\right] \cdot \vartheta_j}$$

(13.8)

$$k = \sum_{i=1}^{n} \frac{\vartheta_i \, \phi_{K,i}}{\dfrac{1}{\phi_{G,verd}} - \dfrac{1}{\phi_{G,i}}} \quad (13.9)$$

Das oben vorgestellte Berechnungsverfahren ist zwar sehr komplex, ermöglicht aber eine gute Abschätzung der zu erwartenden Packungsdichte eines Gemisches aus granularen Betonausgangsstoffen. Die zur Betonherstellung erforderliche Wassermenge w kann aus der Packungsdichte $\phi_{G,verd}$ und dem geplanten Betonvolumen V_{Beton} berechnet werden:

$$V_w = \left(1 - \phi_{G,verd}\right) \cdot V_{Beton} \quad (13.10)$$

Die Berechnung der Betonzusammensetzung erfolgt anschließend unter Verwendung des Wasservolumens V_w und der Anteile des Trockengemisches, d. h. der Volumenanteile von Zement, Zusatzstoffen, Gesteinsmehlen und Gesteinskörnungen sowie unter Berücksichtigung der Zusatzmittel.

Experimentelle Verfahren zur Ermittlung der Packungsdichte

Für die experimentelle Bestimmung der Packungsdichte von Bindemittelgemischen bzw. Partikelhaufwerken werden in der internationalen Literatur mehrere Verfahren empfohlen. Nachfolgend wird kurz auf das Puntke-Verfahren eingegangen, das sich durch eine einfache Handhabung auszeichnet [13.22]. Der Grundgedanke des Puntke-Verfahrens besteht darin, dass der Hohlraum in einem Kornhaufwerk durch Zugabe von Wasser und anschließendem Mischen und Verdichten gezielt gefüllt werden kann. Die Packungsdichte wird mittels des Grenzwerts der Wasserzugabe bestimmt, der dann erreicht ist, wenn zusätzlich zugegebenes Wasser keinen Platz mehr in den Hohlräumen des Haufwerks findet. Dieses Wasser schlägt sich in einem Wasserfilm an der Oberseite des Gemischs nieder und führt zu einer signifikanten Veränderung der Lichtbrechung an der Oberfläche.

In der praktischen Umsetzung wird eine definierte Menge eines Partikelgemischs mit bekannter Dichte eingewogen. Das Volumen der Partikel kann aus der Masse der einzelnen Fraktionen m_i und deren Dichte ρ_i berechnet werden:

$$V_p = \frac{m_1}{\rho_1} + \ldots + \frac{m_n}{\rho_n} \quad (13.11)$$

Die Partikelmischung wird zunächst trocken durchgemischt und homogenisiert. Anschließend wird schrittweise Wasser zugegeben, die Zugabemenge an Wasser durch Wägung erfasst, das Gemisch gründlich durchgemischt und durch Stöße verdichtet. Sobald die Packungsdichte erreicht ist, kommt es zu der oben beschriebenen Wasserfilmbildung an der Oberfläche des Gemischs. Mithilfe des bis zu diesem Zeitpunkt zugegebenen Wasservolumens V_w kann die Packungsdichte des Gemischs $\phi_{G,exp}$ berechnet werden:

$$\phi_{G,exp} = \frac{V_p}{V_w + V_p} \quad (13.12)$$

Das Verfahren lässt sich sowohl für Korngemische als auch für einzelne Körnungen mit einem Größtkorn von ca. 2 mm bis 3 mm anwenden. Es liefert gut reproduzierbare Werte.

13.3.2 Bewertung der Leistungsfähigkeit der Bindemittelzusammensetzung

Die Leistungsfähigkeit des zuvor optimierten Gemischs aus Zement, Zusatzstoffen und Gesteinskörnung kann in Bezug auf die aus der Hydratation resultierende Festigkeit und Mikrostruktur mithilfe des äquivalenten Wasserzementwerts ω_{eq} gemäß Gl. (13.13) bewertet werden:

$$\omega_{eq} = (w/z)_{eq} = \frac{w}{z + k \cdot r} \quad (13.13)$$

Hierin bezeichnen k den dimensionslosen Anrechenbarkeitsbeiwert für einen Zusatzstoff mit der Masse r nach DIN 1045-2 [1.3] bzw. Bauregelliste A [13.23], w den Wassergehalt und z den Zementgehalt jeweils in kg/m³ Beton. Wird eine bestimmte Masse Zement nun durch die gleiche Masse an Zusatzstoff jedoch mit einer reduzierten hydraulischen Leistungsfähigkeit (d. h. k < 1) ausgetauscht, so muss auch der Wassergehalt der Mischung reduziert werden, um einen gleichbleibenden (äquivalenten) w/z-Wert zu gewährleisten. Im Extremfall reicht die über den w/z_{eq}-Wert bereitgestellte Menge an Wasser gerade noch aus, um alle Hohlräume im Kornhaufwerk des Bindemittelgemisches zu füllen. Für Bindemittelgemische gilt dann:

$$\phi = \frac{V_z + V_r}{V_w + V_z + V_r}$$

$$= \frac{\dfrac{z}{\rho_z} + \sum_{i=1}^{n} \dfrac{r_i}{\rho_i}}{\dfrac{w}{\rho_w} + \dfrac{z}{\rho_z} + \sum_{i=1}^{n} \dfrac{r_i}{\rho_i}} \quad (13.14)$$

Mithilfe der Gln. (13.13) und (13.14) kann nun die Mindestpackungsdichte ϕ_{min} berechnet werden, die mindestens erforderlich ist, damit der aus dem äquivalenten w/z-Wert resultierende Wassergehalt ausreicht, um noch alle Hohlräume des Kornhaufwerks zu füllen. Zusatzmittel sind wie in der Betontechnologie üblich unter Anrechnung des Wassergehalts zu berücksichtigen. Die zuvor beispielsweise mit dem Modell von *Fennis* ermittelte Packungsdichte $\phi_{G,verd}$ (siehe Gl. (13.9)) muss stets größer oder gleich dem nach Gl. (13.14) ermittelten Wert sein.

$$\phi_{G,\text{verd}} \geq \phi_{\min} = \cfrac{\dfrac{z}{\rho_z} + \sum_{i=1}^{n}\dfrac{r_i}{\rho_i}}{\dfrac{\omega_{eq}\left[z + \sum_{i=1}^{n}k_i \cdot r_i\right]}{\rho_w} + \dfrac{z}{\rho_z} + \sum_{i=1}^{n}\dfrac{r_i}{\rho_i}} \quad (13.15)$$

Das Ergebnis von Berechnungen mittels Gl. (13.15) ist exemplarisch für den Zusatzstoff Flugasche (FA) für verschiedene Wasserzementwerte bzw. Anrechenbarkeitsbeiwerte (k-Werte) in Bild 61 dargestellt. Als Rohdichte wurden für den Zement $\rho_z = 3{,}1$ kg/dm^3 und für Flugasche $\rho_{FA} = 2{,}3$ kg/dm^3 angesetzt.

Aus Bild 61 (links) wird deutlich, dass bei einem Austausch von Zement durch den Zusatzstoff Flugasche (mit k = 0,4) die Packungsdichte $\phi_{\min}$ des Bindemittelgemischs zwingend zunehmen muss, damit die zugegebene Wassermenge ausreicht, um alle Haufwerksporen zu füllen und somit $\phi_{G,\text{verd}} \geq \phi_{\min}$ gilt. Diese Tendenz ist insbesondere für Zusatzstoffe mit geringem oder keinem Beitrag zur Hydratation bzw. Festigkeitsbildung wie beispielsweise Gesteinsmehle (s. Bild 61, rechts, für k → 0) gegeben. Bei der Anwendung von Gl. (13.15) bzw. hinsichtlich der Darstellung in Bild 61 muss weiterhin beachtet werden, dass der k-Wert-Ansatz nach DIN 1045-2 [1.3] für hohe Zementaustauschraten seine Gültigkeit verliert und unsinnige Ergebnisse liefert.

13.4 Methoden der Leistungsbewertung

Wie bereits in Abschnitt 13.1 erläutert, stellt die Leistungsbewertung einen zentralen Baustein beim Nachweis der Nachhaltigkeit eines Baustoffs dar. Diese Bewertung wird im Bauwesen üblicherweise mittels mechanischer Kenngrößen, wie der Druck- und Zugfestigkeit und dem E-Modul, sowie durch Dauerhaftigkeitskenngrößen vorgenommen. Nach [13.24] kann es insbesondere bei der Betonentwicklung sinnvoll sein, die mit der Erzielung bestimmter mechanischer Eigenschaften verbundenen Umweltwirkungen in Relation zu einer Bezugsgröße anzugeben. *Damineli* et al. [13.25] führen dazu den sog. Bindemittel-Intensitäts-Indikator b_i ein. Dieser gibt den Quotienten aus der Masse an Bindemittel B (in [kg/m^3]) und der Druckfestigkeit f_{cm} (in MPa) an, d. h. die Menge an Bindemittel, die pro 1 MPa Druckfestigkeit erforderlich ist (siehe Gl. (13.16)).

$$b_i = \frac{B}{f_{cm}} \quad (13.16)$$

Eine Weiterführung dieses Ansatzes stellt der sog. CO$_2$-Intensitäts-Indikator c_i dar (siehe Gl. 13.17). Hierbei wird die pro Druckfestigkeitseinheit und Kubikmeter Beton emittierte Äquivalentmenge an CO$_2$ (GWP nach Abschnitt 13.2) berechnet.

$$c_i = \frac{GWP}{f_{cm}} \quad (13.17)$$

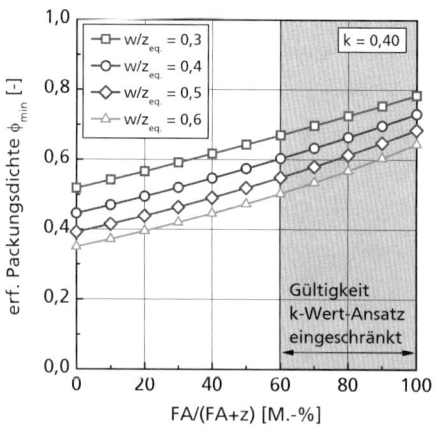
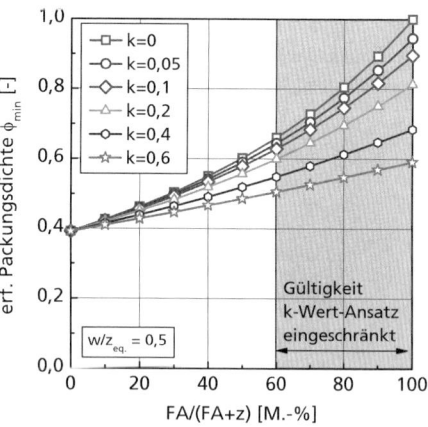

Bild 61. Minimale Packungsdichte $\phi_{\min}$, die erforderlich ist, damit die aus dem äquivalenten w/z-Wert resultierende Zugabemenge an Wasser ausreicht, um den Hohlraumgehalt des Bindemittelgemischs auszufüllen für Zement-Flugasche-Gemische mit konstanter Gesamtmasse, aber unterschiedlichen Anteilen von Flugasche an der Gesamtbindemittelmasse; links: für variable w/z$_{eq.}$-Werte bei konstantem Anrechenbarkeitsbeiwert k = 0,4; rechts: für w/z$_{eq.}$ = 0,5 und variablem k-Wert; Berechnung nach Gl. (13.15)

Da die Ökobilanz eines Betons maßgeblich durch die Bilanz seiner Rohstoffe – und hier insbesondere des Zements – bestimmt wird, stellt Gl. (13.17) einen interessanten Bewertungsansatz dar, um durch die Optimierung von Bindemittelart und -gehalt eine geringstmögliche Umweltbelastung je Druckfestigkeitseinheit zu erzielen.

Bild 62 zeigt, dass für heute eingesetzte Betone höherer Festigkeit ca. 5 kg Bindemittel pro Kubikmeter Beton ausreichen, um 1 MPa an Druckfestigkeit zu erzeugen. Aus Bild 62 wird auch deutlich, dass das Optimierungspotenzial bei hochfesten Betonen nahezu ausgeschöpft zu sein scheint, während bei Betonen mit niedriger Festigkeit ein erhebliches Einsparpotenzial an Bindemitteleinsatz besteht. Für eine Druckfestigkeit von 30 MPa müssen derzeit noch zwischen 8 kg bis 17 kg Bindemittel pro erzielter Festigkeitseinheit aufgewendet werden. Einen ähnlichen Bindemittelausnutzungsgrad wie beim hochfesten Beton vorausgesetzt, könnte für den betrachteten Beton mit einer Festigkeit von 30 MPa der Bindemittelgehalt um ca. 100 kg/m³ bis ca. 200 kg/m³ reduziert werden. Berücksichtigt man weiterhin, dass der überwiegende Anteil des in Deutschland produzierten Betons eine Festigkeit im Bereich von 30 MPa aufweist [13.26], so werden das Optimierungspotenzial, aber auch der erhebliche Forschungsbedarf zur Entwicklung niederfester Betone mit minimiertem Bindemittelbedarf und hoher Dauerhaftigkeit deutlich.

Der Forschungsbedarf bei der ökologischen Optimierung niederfester Betone resultiert im Wesentlichen aus der Tatsache, dass sich mit abnehmender Druckfestigkeit und damit zunehmender Porosität die Dauerhaftigkeit von Beton i. d. R. verschlechtert. Dies hat u. a. eine Verkürzung der möglichen Nutzungsdauer eines Bauwerks zur Folge, mit ungünstigen Auswirkungen auf die Nachhaltigkeit (siehe Gl. (13.1)).

13.5 Zusammensetzung und Eigenschaften nachhaltiger Betone

Wie aus den Ausführungen in Abschnitt 13.4 deutlich wurde, stehen dem Betontechnologen prinzipiell zwei Möglichkeiten zur Verfügung, besonders nachhaltige Betone herzustellen: Erstens, es werden hochfeste Betone hergestellt oder zweitens, niederfeste und gleichzeitig bindemittelarme Ökobetone. Hochfeste Betone zeichnen sich durch sehr geringe Umweltwirkungen bezogen auf ihre Leistungsfähigkeit aus. Nachhaltig sind derartige Betone jedoch nur, wenn ihre Eigenschaften im Bauwerk auch ausgeschöpft werden. Ist aus planerischer Sicht hingegen keine hohe Druckfestigkeit bzw. Dauerhaftigkeit erforderlich, stellen sog. Ökobetone (engl. Green Concrete, Ecological Concrete oder Sustainable Concrete) eine Alternative dar. Dabei scheint sich der Begriff „Ökobeton" im deutschen Sprach-

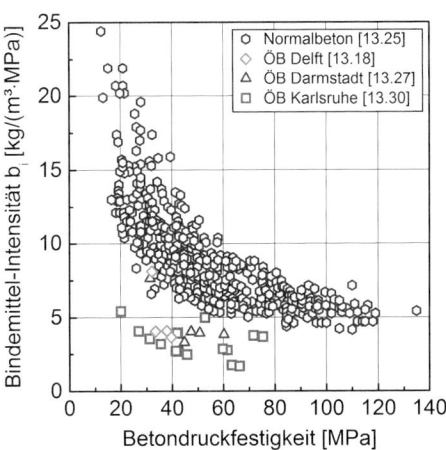

Bild 62. Bindemittelintensität b_i in Abhängigkeit von der Druckfestigkeit des Betons für Normalbeton (NB; nach [13.25]) sowie für verschiedene Ökobetone (ÖB; nach [13.18, 13.27, 13.30])

raum durchzusetzen. Einen umfassenden Überblick über die Forschungsaktivitäten zu ökologischen Betonen geben *Glavind* et al. [13.31–13.33].

Derzeit liegen in der internationalen Literatur nur vergleichsweise wenige Ergebnisse zur Zusammensetzung und den Eigenschaften zementreduzierter Ökobetone vor. *Proske* und *Graubner* berichten in [13.27] über systematische Versuche zur Entwicklung niederfester Ökobetone, bei denen Portlandzement durch Portlandkalksteinzement bzw. Hüttenzement sowie Kalksteinmehl und Flugasche ausgetauscht wurde. Die Zusammensetzung der Betone sowie ausgewählte Eigenschaften sind in Tabelle 42 dargestellt.

Die Untersuchungsergebnisse zeigen, dass auch mit Ökobetonen durch eine gezielte Anpassung der Betonzusammensetzung eine hohe Leistungsfähigkeit erzielt werden kann (vgl. auch Bild 62). Im Hinblick auf die Bemessung ist hierbei insbesondere der gegenüber Normalbeton erhöhte E-Modul zu beachten, der auf den stark erhöhten Gesteinskorngehalt der Mischungen zurückgeführt werden kann. Abstriche in der Leistungsfähigkeit sind jedoch bei der Dauerhaftigkeit der Betone zu erwarten.

Untersuchungen von *Rezvani* zum Schwindverhalten von Ökobetonen mit hohen Kalksteinmehlgehalten (Zementaustausch von bis zu 70 M.-%) zeigen, dass ein Austausch von Portlandzement durch Kalksteinmehl nicht zwingend zu einer Reduktion der Schwindverformungen führt [13.28]. Stattdessen konnte eine ausgeprägte Abhängigkeit der Schwindneigung von der Art des verwendeten

Tabelle 42. Zusammensetzung und ausgewählte Eigenschaften von Ökobetonen [13.27]

Ausgangsstoff/ Eigenschaft	Dimension	Referenzbeton Ref. I.XC1	Ökobeton II.XC1	Ökobeton III.XC1	Ökobeton II.XC4	Ökobeton III.XC4
Zementart	[-]	CEM I	CEM II	CEM III	CEM II	CEM III
Zement	[kg/m^3]	240	140	180	180	220
Kalksteinmehl	[kg/m^3]	30	210	160	140	120
Flugasche	[kg/m^3]	0	21	27	50	30
Fließmittel	[kg/m^3]	1,0	3,9 [*]	2,0 [*]	4,1 [*]	2,3 [*]
Wasser	[kg/m^3]	180	≤ 135	≤ 135	≤ 135	≤ 135
w/$z_{eq.}$-Wert	[-]	0,750	0,928	0,715	0,690	0,590
Druckfestigkeit $f_{cm,cube}$	[N/mm^2]	31,4	44,8	47,3	50,7	60,2
E-Modul E_{cm}	[N/mm^2]	29 500	36 300	37 000	36 700	36 500
Wassereindringtiefe (28 d)	[cm]	0,9	1,6	0,9	0,7	1,4
Frostabwitterung (Würfelverfahren)	[M.-%]	1,1	5,4	9,6	3,1	3,1

[*] Fließmittel auf PCE-Basis

Kalksteinmehls und hier insbesondere vom Gehalt toniger Bestandteile (ausgedrückt durch den Methylen-Blau-Wert, MB) festgestellt werden. Mit zunehmendem MB-Wert nahm die Schwindneigung der Betone zu.
Systematische Untersuchungen zum Carbonatisierungsverhalten von Ökobetonen wurden von *Hainer* vorgestellt [13.29]. Die Untersuchungsergebnisse belegen, dass mit zunehmendem Austausch von Portlandzementklinker durch reaktive bzw. nicht reaktive Ersatzstoffe eine verstärkte Neigung zur Betoncarbonatisierung einhergeht. Diesem Nachteil kann durch Reduktion des Wasserzementwerts – soweit die Anforderungen an die Verarbeitbarkeit dies zulassen – begegnet werden. Zur Bewertung unterschiedlicher Zemente bzw. Zementersatzstoffe für die Herstellung klinkerarmer Betone stellt *Hainer* ein umfangreiches Modell vor und gibt Empfehlungen zum maximal zulässigen äquivalenten w/z-Wert in Abhängigkeit von der Bindemittelzusammensetzung.
Zu ähnlichen Ergebnissen kommt auch *Fennis* [13.18]. Den Ausgangspunkt ihrer Entwicklung bilden die Ökobilanzdaten der Ausgangsstoffe sowie deren jeweilige Packungsdichte. Die Ausgangsstoffe werden dabei derart kombiniert, dass Mischungen mit möglichst geringer Umweltwirkung bei gleichzeitig maximaler Packungsdichte entstehen. Dafür wendet *Fennis* die in Abschnitt 13.3 beschriebene Vorgehensweise an und optimiert die Packungsdichte aller granularen Ausgangsstoffe mithilfe des von ihr entwickelten CIPM-Modells. Die Zusammensetzung und wesentliche Kennwerte der entwickelten Betone sind in Tabelle 43 aufgeführt.
Der Vergleich der Ökobetone 1 bis 3 in Tabelle 43 mit dem ebenfalls aufgeführten Referenzbeton belegt, dass durch eine geeignete Packungsdichteoptimierung Betone mit ausreichender Druckfestigkeit bei stark reduzierter Bindemittel- bzw. CO_2-Intensität hergestellt werden können (vgl. auch Bild 62). Besonders interessant ist in diesem Zusammenhang auch, dass die untersuchten Betone ein gegenüber dem Referenzbeton signifikant reduziertes Schwind- und Kriechvermögen aufwiesen [13.18]. Der Vergleich mit den Ergebnissen von *Rezvani* [13.28] belegt, dass die Wahl des Zementersatzstoffs von entscheidender Bedeutung für die Beeinflussung des Schwindverhaltens ist.
Die überwiegende Mehrzahl der in der Literatur dokumentierten Arbeiten zur Entwicklung von Ökobetonen verfolgt den Ansatz, Portlandzementklinker durch andere reaktive Bindemittel, wie beispielsweise Hüttensand oder Flugasche, auszutauschen und gleichzeitig die Gesamtbindemittelmenge zu reduzieren. Hierbei muss beachtet werden, dass eine Verfügbarkeit derartiger Ersatzmittel im Hinblick auf die großtechnische Einführung von Ökobetonen nicht oder nur sehr eingeschränkt gegeben ist. Untersuchungen am Karlsruher Institut für Technologie zeigen jedoch, dass durch Einsatz

Tabelle 43. Zusammensetzung und Eigenschaften ausgewählter Ökobetone nach *Fennis* [13.18]

Angaben in [kg/m³]	Beton Nr.			
	Ref.	1	2	3
CEM I 42,5 N	260	110	44	125
CEM III/B 42,5	–	–	66	–
Flugasche	–	88	65	75
Quarzmehl	–	62	85	–
Müllverbrennungsasche	–	–	–	50
Sand und Kies	1911	2029	2026	2021
Wasser	161	103	103	112
Fließmittel	2,1	2,1	3,1	3,0
w/z [–]	0,62	0,94	0,94	0,90
w/$z_{eq.}$ [–]	0,62	0,71	0,76	0,73
$f_{cm,cube}$ [MPa]	32,1	39,6	33,5	37,9
$f_{ctm,sp}$ [MPa]	2,5	2,7	2,5	3,0
E_{cm} [GPa]	30,5	32,5	30,5	30,5
GWP [kg CO_2-Äq.]	370	275	251	296
CO_2-Intensität c_i [kg$_{CO2}$/(m³$_{Beton}$ · MPa)]	11,5	6,9	7,5	7,8

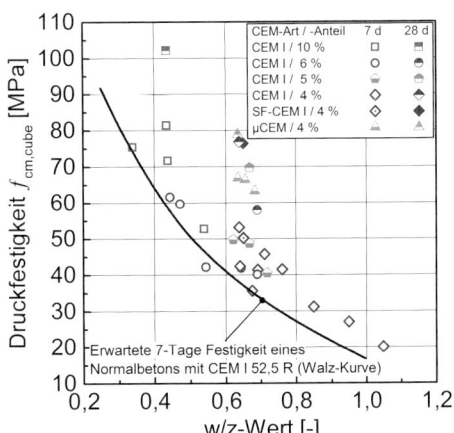

Bild 63. Mittlere Betondruckfestigkeit $f_{cm,cube}$, ermittelt am Würfel im Alter von 7 d bzw. 28 d für Betone bestehend aus Portlandzement CEM I 52,5 R (CEM I), einem Gemisch aus CEM I 52,5 R und 5 M.-% Silikastaub (SF-CEM I) bzw. einem Mikrozement (Portlandzement mit extrem hoher Mahlfeinheit; µCEM) mit unterschiedlichen Zementgehalten (in Vol.-% Zement bezogen auf Feststoffvolumen aller granularen Ausgangsstoffe) sowie Walz-Kurve gemäß [13.16] für Betone mit einem CEM I 52,5 R für Betondruckfestigkeiten im Alter von 7 d (Umrechnung 28 d auf 7 d mittels *fib* Model Code 2010)

inerter Gesteinsmehle und unter Anwendung der in Abschnitt 13.3 vorgestellten Methoden auf die Verwendung von Betonzusatzstoffen verzichtet werden kann [13.30]. Das Ergebnis dieser Entwicklungsarbeiten ist in Bild 63 dargestellt. Darin ist das Volumen des Portlandzements als Anteil am Volumen der trockenen Betonmischung (d. h. dem Volumen aller granularen Ausgangsstoffe) angegeben. Aus Bild 63 wird deutlich, dass auch mit Bindemittelgehalten von nur 4 Vol.-%, entsprechend ca. 110 kg/m³ Portlandzement, Betondruckfestigkeiten erzielt werden können, die die gemäß Walz-Kurve (siehe [13.16]) zu erwartenden Festigkeiten deutlich übertreffen. Problematisch sind beim jetzigen Stand der Entwicklung jedoch die Verarbeitungseigenschaften dieser Betone zu bewerten [13.30]. Untersuchungen zur Dauerhaftigkeit belegen eine systematische Verbesserung des Widerstands des Betons gegen verschiedene Angriffsarten mit abnehmendem Zementgehalt (siehe Bild 64). Dies kann auf die mit abnehmendem Zementgehalt verbundene Abnahme des Zementleimgehalts und eine dadurch bedingte Abnahme des absoluten Porengehalts im Beton zurückgeführt werden [13.30]. Kritisch muss

jedoch angemerkt werden, dass die Dauerhaftigkeit derartiger Betone noch nicht mit denen von Normalbeton gleicher Festigkeit gleichzusetzen ist [13.4]. Berechnet man jedoch beispielsweise anhand der in Bild 63 dargestellten Ergebnisse die erwartende Lebensdauer eines Bauwerks und setzt diesen Wert zusammen mit der ermittelten Betondruckfestigkeit (als Maß für die Leistungsfähigkeit) und den berechneten Umweltwirkungen in Gl. (13.1) ein, so weisen die entwickelten Ökobetone trotz ihrer reduzierten Dauerhaftigkeit ein stark verbessertes Nachhaltigkeitspotential im Vergleich zu Normalbeton auf [13.4, 13.35].

Abschließend kann festgestellt werden, dass eine Reduktion des Zementgehalts im Beton keine systematische Verschlechterung der Betoneigenschaften zur Folge haben muss und dass das Nachhaltigkeitspotential des Betons gemäß Gl. (13.1) dadurch signifikant gesteigert werden kann.

Die vorangehenden Betrachtungen, insbesondere jene zur Leistungsbewertung in Abschnitt 13.4, behalten ihre Gültigkeit auch für ultrahochfeste Betone, obwohl diese nur unter Verwendung sehr hoher

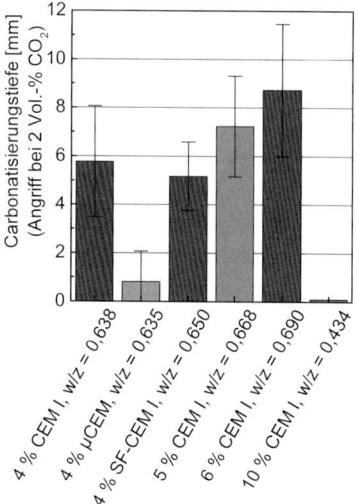
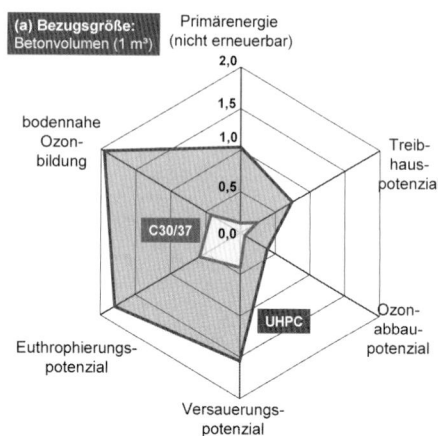

Bild 64. Carbonatisierungstiefe, ermittelt an den in Bild 63 dargestellten Betonen bei einer Lagerung unter 2 Vol.-% CO_2 bei 20 °C und ca. 70 % r. F. im Alter von 56 d [13.4]

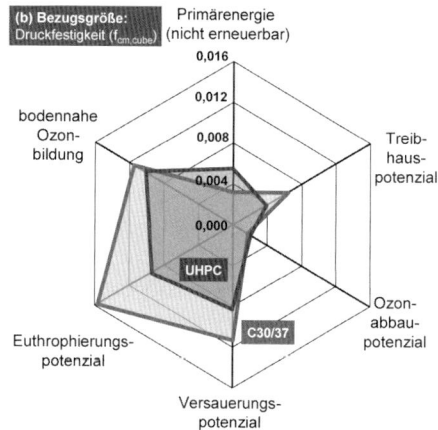

Zementgehalte hergestellt werden können. Die Zusammensetzung eines ultrahochfesten Betons im Vergleich zu einem Normalbeton C30/37 ist exemplarisch in Tabelle 44 aufgeführt [13.36].

Bild 65 zeigt, dass die Herstellung von ultrahochfestem Beton aufgrund des hohen Bindemittel-, Fließmittel- und Stahlfasergehalts signifikant größere Umweltwirkungen pro Volumeneinheit verursacht, als dies bei einem herkömmlichen Beton C30/37 der Fall ist. Bezieht man hingegen die Umweltwirkungen auf die Druckfestigkeit bzw. die Dauerhaftigkeit des Betons – hier durch die Permeabilität ausgedrückt –, so schneidet der ultrahochfeste Beton signifikant besser ab als der Normalbeton. Nicht berücksichtigt wurde bei diesem Vergleich, dass der UHPC bereits eine verstärkende Bewehrung durch

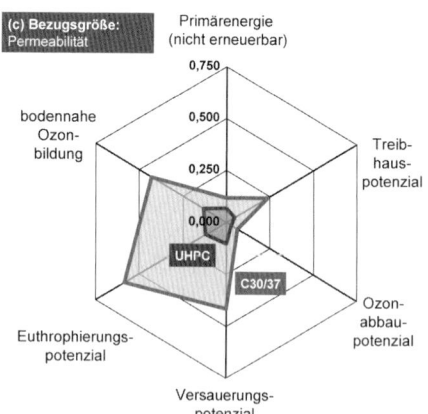

Bild 65. Ökobilanz eines ultrahochfesten Betons UHPC und eines Normalbetons C30/37 nach Tabelle 44 jeweils bezogen auf das Betonvolumen (a), die Druckfestigkeit (b) und die Dauerhaftigkeit (Permeabilität, c); Dimensionen: Primärenergie in 10^4 MJ; Treibhauspotenzial in 10^3 kg CO_2-Äqu.; Ozonabbaupotenzial 10^{-4} kg R11-Äqu.; Versauerungspotenzial kg SO_2-Äqu.; Euthrophierungspotenzial 10^{-1} kg PO_4-Äqu.; bod. Ozonbildung 10^{-1} kg C_2H_4-Äqu.

Tabelle 44. Zusammensetzung und Eigenschaften von hochfestem und ultrahochfestem Beton im Vergleich zu Normalbeton [13.36]

Ausgangsstoff/ Eigenschaft	Dimension	C30/37	UHPC
Zement	[kg/m^3]	320	600
Mikrosilica		–	180
Quarzmehl		–	450
Sand 0/2		450	350
Kies 2/16		1500	700
Stahlfasern		–	196
Wasser		180	140
Fließmittel		3	30
w/b	[–]	0,5	0,21
Druckfestigkeit $f_{cm,cube}$	[N/mm^2]	44,0	190,0
E-Modul E_{cm}	[N/mm^2]	30.500	52.000

Stahlfasern enthält und somit im Bauteil ggf. Stabstahlbewehrung eingespart werden kann. Insofern wird in diesem Vergleich der Normalbeton noch begünstigt.

14 Normative Entwicklung

14.1 Neue EN 206 und DIN 1045-2

Im Jahr 2005 wurde vom CEN/TC 104 beschlossen, die Normenfassung der EN 206-1:2000 weitere fünf Jahre lang unverändert zu lassen, damit die Mitgliedsländer Erfahrungen in der Anwendung sammeln können. Im Jahr 2009 wurde schließlich eine vergleichende Umfrage [14.1] zur Zusammenstellung der Nationalen Anwendungsdokumente der EN 206-1:2000 bei allen CEN-Mitgliedstaaten durchgeführt, um einen Überblick darüber zu gewinnen, wie die europäische Betonnorm im Detail in den Ländern Anwendung findet. Damit sollten Bereiche identifiziert werden, in denen die Norm von den Mitgliedsstaaten unterschiedlich ausgelegt wird bzw. in denen Vereinfachungen möglich sind. Zudem sollte dargelegt werden, an welchen Stellen von den Anforderungen der Norm abgewichen wird und wo zusätzliche nationale Anforderungen gestellt werden.

Die Auswertung der Anwendung der Expositionsklassen (Klassenfestlegungen, Beschreibungen und Beispiele) in den verschiedenen CEN-Mitgliedstaaten im Rahmen von [14.1] zeigte zum Beispiel, dass eine weitere Harmonisierung nicht möglich ist.

Weiterhin konnte man sich hinsichtlich der Betonzusammensetzung bei einzelnen Expositionsklassen nicht auf vollständig einheitliche Mindestanforderungen einigen. Dies ist nachvollziehbar, wenn man bedenkt, dass die Norm vom Nordpol bis in die Subtropen anwendbar sein soll.

Auf der Grundlage der Umfrage in den CEN-Mitgliedstaaten [14.1] wurden folgende Schwerpunktthemen identifiziert, die bei der inzwischen erfolgten Überarbeitung der EN 206-1 Berücksichtigung fanden:

– Anpassungen der EN 206 durch seit dem Jahr 2000 neu veröffentlichte Produktnormen (etwa für Fasern, rezyklierte Gesteinskörnungen);
– Überarbeitung des k-Wert-Ansatzes für Flugasche und Silicastaub und Aufnahme von neuen Regeln für Hüttensandmehl;
– Aufnahme eines Konzeptes zur Bewertung gleicher Betonleistungsfähigkeit;
– Aufnahme des Konzeptes der gleichen Leistungsfähigkeit von Gemischen aus CEM I und Zusatzstoffen (CEM I + II (EN 197-1)) = (CEM I + Zusatzstoff (im TB-Werk));
– Anpassung der Klassengrenzen und zulässigen Abweichungen bei den Frischbetonprüfungen;
– Überarbeitung der Konformitätsbewertung und Aufnahme neuer Konzepte für diese;
– Aufnahme von EN 206-9 „Ergänzende Regeln für selbstverdichtenden Beton (SVB)";
– Aufnahme zusätzlicher Anforderungen an Beton für besondere geotechnische Arbeiten (Spezialtiefbau);
– Aufnahme der Änderungen zur EN 206-1, EN 206-1/A1 und EN 206-1/A2.

Die neue EN 206 wurde im Juli 2014 veröffentlicht und nahezu zeitgleich ein Entwurf für eine überarbeitete DIN 1045-2 herausgegeben. Anlässlich der Sitzung des NABau-Arbeitsausschusses 005-07-02 AA „Betontechnik" im Dezember 2014 wurden die zum Entwurf der E DIN 1045-2:2014-08 eingegangenen Stellungnahmen beraten. Die Analyse der Stellungnahmen hat gezeigt, dass die eingegangenen Kommentare zum Teil große Gegensätze aufweisen. Aus den Einsprüchen ergibt sich, dass das bisher formulierte, eher vereinheitlichende Normenkonzept für Beton auf Basis von EN 206-1/ DIN 1045-2, an seine Grenzen stößt. Daher wird dieser Normentwurf nicht weiterverfolgt.

Für DIN EN 206:2014-07 existiert somit übergangsweise keine nationale Anwendungsregel. Die europäische Betonnorm ist ohne diese Anwendungsregel nicht anwendbar. Insofern bleibt bis zur Veröffentlichung einer neuen DIN 1045-2 der alte Regelungsstand „DIN EN 206-1:2001-07 (einschl. der Änderungen) in Verbindung mit DIN 1045-2:

2008-08" mit allen zugehörigen DAfStb-Richtlinien – auch bauaufsichtlich – weiter bestehen. Aus diesem Grund haben sich für den Beton-Kalender 2018 keine großen Änderungen für die Regelwerksituation ergeben.

14.2 Betonbauqualität entlang der Wertschöpfungskette – Ein integrierter Ansatz

14.2.1 Hintergrund

Die Betonbauweise hat sich seit Jahrzehnten auch deshalb bewährt, weil die Regelungen für Betonherstellung und Verwendung und die zugehörige Qualitätsüberwachung kontinuierlich an den technischen Fortschritt angepasst und weiterentwickelt worden sind, um den Anforderungen an sichere und dauerhafte Bauwerke jederzeit zu genügen. Die jüngere Erfahrung mit der Anwendung des bestehenden technischen Regelwerks für die Betonherstellung und Bauausführung in Deutschland hat gezeigt, dass die vorhandenen Regelungen und Prüfungen aktuell für einige Anwendungssituationen zu ergänzen und zu modifizieren sind, um die erforderliche Betonbauqualität zielsicher über die Teilbereiche Planung, Betontechnik und Ausführung hinweg zu erreichen. Gezeigt hat sich zudem, dass wirtschaftliche Optimierungsbestrebungen auch nachteilige Auswirkungen auf das fertige Produkt, in diesem Fall also das zu erstellende Massivbauwerk haben können. Dies gilt insbesondere, wenn diese Optimierungsbestrebungen vorrangig innerhalb der einzelnen Teilbereiche, also der Planung, der Betonherstellung und der Bauausführung stattfinden, ohne dass die Schnittstellen zwischen diesen Teilbereichen und die Auswirkungen auf die jeweils anderen Teilbereiche in angemessener Form berücksichtigt werden. Die potenziellen negativen Folgen eines solchen nicht aufeinander abgestimmten Optimierens sind besonders offenkundig und werden gelegentlich auch Realität. Sie können immer dann „besichtigt" werden, wenn das fertige Betonbauwerk nicht die vom Bauherrn gewünschten Eigenschaften aufweist.

14.2.2 Bisherige Normen im Betonbau – Defizitanalyse

Während im allgemeinen Hochbau die Optimierung durch jeden einzelnen Beteiligten oft hinreichend und daher gerechtfertigt ist, kann eine Optimierung bei Ingenieurbauwerken oft nur gemeinsam gelingen unter Austausch relevanter Informationen und unter Abstimmung wesentlicher Entscheidungen auf die weiteren folgenden Aufgaben. So werden in der Planung eines Bauvorhabens wichtige Annahmen getroffen, die für die Bauausführung und für die Wahl der Baustoffe von Bedeutung sind – beispielsweise, ob eine Bodenplatte nur frühen oder auch späten Zwang überstehen können muss. Dabei können solche Annahmen, die dann in die Planung umgesetzt werden, für die Bauausführung Möglichkeiten, aber auch Einschränkungen bedeuten. Gleiches gilt für den Baustoff: Annahmen der Planung und Festlegungen zum Bauverfahren wirken sich bei der Auswahl der Baustoffe entsprechend aus.

Als ein wichtiger Punkt im Hinblick auf die Weiterentwicklung der aktuellen Betonbaunormen stellte sich in der Diskussion um die Neufassung der DIN 1045-2 Ende 2014 heraus, dass keine angemessene Differenzierung der baulichen Anforderungen im Hinblick auf die Komplexität der Bauaufgabe vorgesehen wird. So unterscheiden die aktuellen Regelwerke nicht bzw. in einigen Bereichen nicht ausreichend, ob es sich um eine Bauaufgabe im vergleichsweise einfach strukturierten Hochbau oder um eine solche im mitunter komplexen Ingenieurbau handelt. Nicht nur in der Betonnorm, sondern auch im Bereich der Bemessung (Planung) und der Bauausführung fehlt eine solche Differenzierung nach Bauaufgaben bislang.

Und nicht zuletzt aufgrund neuer Entwicklungen in der Betontechnik sowie der daraus resultierenden Erweiterung der Anwendungsgebiete im Betonbau drängt die Notwendigkeit, Bauwerke bzw. Bauteile hinsichtlich ihres Anforderungsniveaus an die Bemessung, Betonherstellung und Bauausführung zu klassifizieren. In vielen Fällen des allgemeinen Hochbaus reichen Regelungen der neuen DIN EN 206:2014-07 mit einem Standard aus, in dem die vorgegebenen Öffnungsklauseln der europäischen Norm umgesetzt werden. Bei Infrastrukturbauwerken wie z. B. Brücken- und Wasserbauten werden hingegen beispielsweise deutlich längere Nutzungsdauern angestrebt, welche die Entwicklung eines erweiterten Konzeptes zur Betonbauqualität notwendig machen, um die erhöhten Anforderungen erfüllen zu können. Auch das Angebot von möglichen Betonen, das in den vergangenen 20 bis 30 Jahren durch neue Betonzusatzmittel und ein erweitertes Angebot an Zementen und Betonzusatzstoffen erheblich vergrößert wurde, zwingt aufgrund der damit verbundenen höheren Komplexität zu einer differenzierten Betrachtung, wenn es um die Festlegung von normativen Anforderungen geht.

Bauherren und Bauausführende fordern für anspruchsvolle Bauteile spezielle Bauverfahren und Betonarten, die optimal an die jeweiligen Randbedingungen angepasst werden. Genannt sei hier exemplarisch die Bearbeitbarkeit nicht geschalter Flächen (Glätten, Texturieren). Betroffen hiervon sind zwar vor allem komplexe Ingenieurbauwerke. Aber auch im Hochbau gibt es Fälle, die eine bessere Abstimmung planerischer Vorgaben mit Betontechnik und Bauausführung notwendig machen. Beispielhaft genannt seien realistische Angaben zur Zugfestigkeit nach Eurocode 2 für die Ermittlung der Mindestbewehrung zur Begrenzung der Rissbreite oder die Begrenzung der Durchbiegung von Decken einer Wohnbebauung und ihre Konsequenzen für die Betonauswahl bzw. den E-Modul oder die Festigkeitsentwicklung.

14.2.3 DAfStb-Richtlinie „Betonbauqualität (BBQ)"

Die Sicherstellung der Qualität im Betonbau ist schon deswegen eine schnittstellenübergreifende Aufgabe von Planung, Bauausführung und Baustofftechnik, weil oftmals bereits in der Planung Festlegungen getroffen werden, die für die Wahl der Bauverfahren – also die Bauausführung – und die Wahl des Betons – also die Baustofftechnik – von Bedeutung sind. Angeführt werden könnte sicherlich eine Vielzahl weiterer Wechselwirkungen, die ein Interagieren der Bereiche Planung, Bauausführung und Baustofftechnik erfordern. Die bisherige Situation, dass oftmals die Optimierung der jeweiligen Teilaufgabe – Planung, Bauausführung, Baustoffherstellung – im Vordergrund steht und nicht die Optimierung des Bauwerks als Ganzes, muss insofern überwunden werden.

Vor diesem Hintergrund arbeitet der DAfStb seit 2016 an einer Richtlinie mit dem Arbeitstitel „Tragwerke aus Beton, Stahlbeton und Spannbeton – Gesamtheitliche Regelungen für die Bemessung und Konstruktion, den Beton und die Ausführung (BBQ-Richtlinie)". Ziel des neuen Konzepts ist es, je nach Bauwerkstyp und Bauaufgabe Anforderungen und Maßnahmen zum Erreichen der erwarteten Qualität festzulegen. Der Arbeitskreis „Beton" hat hierzu zunächst einen übergreifenden Richtlinienentwurf auf der Grundlage eines DAfStb-Vorstandsbeschlusses aus dem April 2016 vorbereitet. Der neue Entwurf der „schmaleren" DIN 1045-2 wird dabei integraler Bestandteil einer neuen DAfStb-Richtlinie sein. Die Richtlinie befindet sich derzeit über eine koordinierende Gruppe in der Abstimmung mit den Technischen Ausschüssen „Bemessung und Konstruktion", „Betontechnik", „Bauausführung", „Bewehrung" und „Betonfertigteile".

Vorgesehen ist eine Unterteilung in drei Betonbauqualitätsklassen, welche insbesondere die Intensität des schnittstellenübergreifenden Kommunikationsbedarfs abbilden sollen:

BBQ-N (BBQ1) Bauwerke mit *normalen* Anforderungen an Kommunikation, Planung, Bauausführung und Baustoffe

BBQ-E (BBQ2) Bauwerke mit *erhöhten* Anforderungen an Kommunikation, Planung, Bauausführung und Baustoffe

BBQ-S (BBQ3) Bauwerke mit *besonders festzulegenden* Anforderungen an Kommunikation, Planung, Bauausführung und Baustoffe

Für einige Bereiche existieren bereits vergleichbare Regelungen, die die Interaktion zwischen Planung, Betontechnik und Ausführung definieren (z. B. DAfStb-Richtlinie „Massige Bauteile aus Beton", DBV-Merkblatt „Sichtbeton"). Auch die Klassensystematik gibt es zum Teil schon in erweiterter Form (z. B. in DIN EN 1990 „Grundlagen der Tragwerksplanung"), allerdings fehlt oftmals eine Verknüpfung untereinander und eine detailliertere Ausgestaltung der zum Teil abstrakten Kategorien. Ziel und gleichermaßen Herausforderung ist es, eine angemessene Differenzierung bei gleichzeitiger Praxistauglichkeit zu erreichen. Dem Planer müssen geeignete Instrumente an die Hand gegeben werden, um mit angemessenem Aufwand zu einer Einstufung in eine Betonbauqualitätsklasse zu kommen. Hierzu sollen innerhalb der drei Bereiche Planung (Bemessung), Bauausführung und Betonherstellung jeweils drei Klassen gebildet werden, mit deren Hilfe der Umfang und die Komplexität der Aufgabe innerhalb der einzelnen Bereiche beschrieben werden soll. Die Einteilung in die jeweilige Planungs-, Beton- bzw. Ausführungsklasse ergibt sich aus folgender Systematik:

Klasse 1: Die Anforderungen ergeben sich aus DIN EN 1992 bzw. DIN EN 13670 bzw. DIN EN 206 und der DAfStb-Richtlinie

Klasse 2: Die Anforderungen ergeben sich aus den Anforderungen gemäß Klasse 1 und je nach Anwendungsbereich weiteren Anforderungen der DAfStb-Richtlinie

Klasse 3: Die Anforderungen ergeben sich aus den Anforderungen gemäß Klasse 1 bzw. Klasse 2 sowie weiteren projektspezifischen Festlegungen der Leistungsbeschreibung oder Standards anderer Baubereiche (z. B. ZTV-ING, ZTV-W LB 215)

Die jeweils höchste Klasse innerhalb der drei Bereiche Planung, Beton und Ausführung definiert die BBQ-Klasse.

Bild 66 zeigt den Entwurf eines Entscheidungsbaums, mit dessen Hilfe die Zuordnung zu den drei Klassen vorgenommen werden könnte. Die Betonbauqualitätsklasse ist insbesondere abhängig von und zu verknüpfen mit

- der Nutzungsart und Nutzungsdauer des Bauwerks oder des Bauteils,
- den Einwirkungen auf das Bauwerk/Bauteil,
- dem eingesetzten Bauverfahren,
- der Art des Betons (z. B. Leichtbeton, Schwerbeton, selbstverdichtender Beton, Faserbeton, Beton mit künstlich eingeführten Luftporen),
- der Bauwerks- bzw. Bauteilkonstruktion (z. B. Bewehrungsgehalte, Einbauteile, spezielle Bauteilgeometrien, Oberflächenbeschaffenheiten).

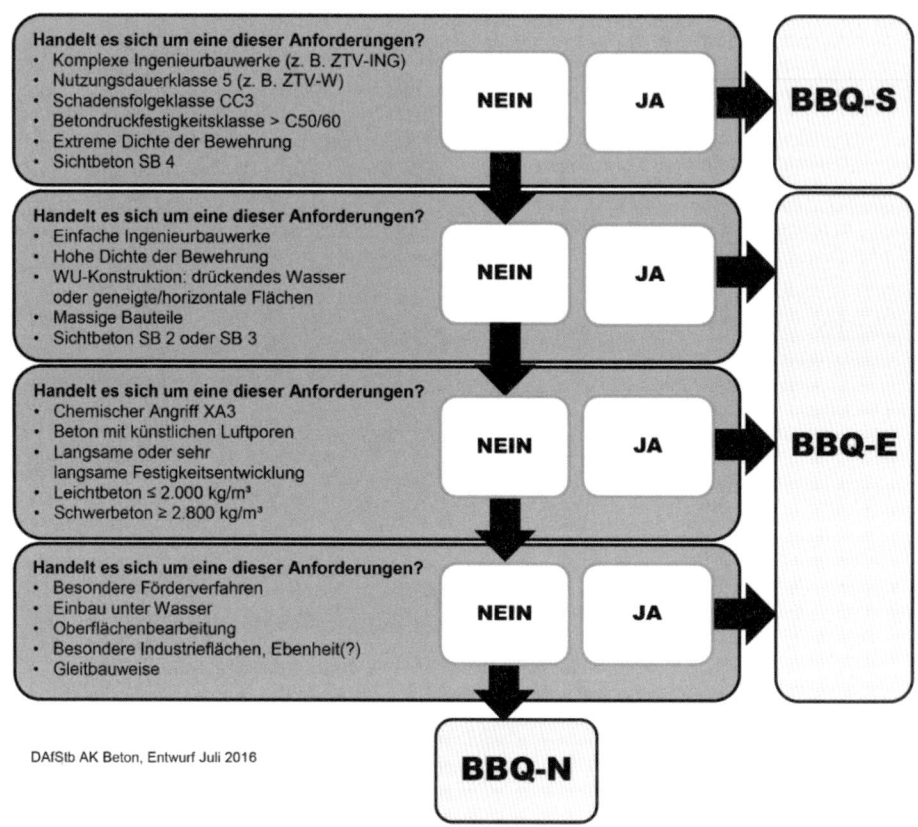

Bild 66. Mögliche Zuordnung von Bauaufgaben zu BBQ-Klassen

Die Intensität der Kommunikation über die Schnittstellen wird *ein* zentrales Unterscheidungsmerkmal zwischen den BBQ-Klassen sein. Während der Austausch von Informationen und Festlegungen über die Wertschöpfungskette bei einfachen Betonbauwerken auch auf das Notwendige beschränkt sein kann, sollen bei BBQ-E (BBQ2) und BBQ-S (BBQ3) verbindliche Betonplanungsgespräche, Betonstartgespräche und Betonausführungsgespräche eingeführt werden, an denen die jeweils maßgebenden Personenkreise teilnehmen. Bei BBQ-S (BBQ3) soll ggf. zusätzlich ein übergeordneter Fachkoordinator eingebunden werden.

14.3 Widerstandsklassen – das neue Konzept zur Sicherstellung der Dauerhaftigkeit von Betonbauwerken für die zukünftige EN 206

Neben der Sicherstellung der Tragfähigkeit und der Gebrauchstauglichkeit unserer Ingenieurbauwerke wird in den neuen Regelwerken zur Erzielung möglichst langer Nutzungszeiträume verstärkt Gewicht auf die Sicherstellung der Dauerhaftigkeit gelegt. Die DIN EN 1992-1-1 schreibt hierzu z. B. in allgemeingültiger Form: „Die Anforderung nach einem angemessen dauerhaften Tragwerk ist erfüllt, wenn dieses während der vorgesehenen Nutzungsdauer seine Funktion hinsichtlich der Tragfähigkeit und der Gebrauchstauglichkeit ohne wesentlichen Verlust der Nutzungseigenschaften bei einem angemessenen Instandhaltungsaufwand erfüllt […]". Somit dienen nahezu alle Anforderungen und Nachweise in den Regelwerken direkt oder indirekt der Sicherstellung der Dauerhaftigkeit des Bauteils. Die „direkten" Maßnahmen zur Sicherstellung der Dauerhaftigkeit lassen sich in 4 Teilaspekte unterteilen:

- Richtige Erfassung und Festlegung der Bauteilexposition,
- Festlegung der Anforderungen an die Ausgangsstoffe, Grenzwerte für die Zusammensetzung (höchstzulässiger Wasserzementwert, Mindestzementgehalt) und Eigenschaften (Mindestdruckfestigkeitsklasse) des Betons aus der Bauteilexposition,
- Einhaltung von Mindestbetondeckungen,
- Nachbehandlung des Betons.

Bei dem aus der Lebensdauerbemessung nach ISO 16204 abgeleiteten neuen Konzept der Widerstandsklassen, das insbesondere für die Expositionsklassen XC, XS und XD vorgesehen ist, wird die Eindringgeschwindigkeit der Karbonatisierungs- oder Chloridfront in den Beton zugrunde gelegt. Eine 50-jährige Nutzungsdauer angenommen, bedeutet dann z. B. eine Widerstandsklasse R20 bei Karbonatisierung, dass die Karbonatisierungsfront nach 50 Jahren unter XC3-Lagerungsbedingungen mit einer Annahmewahrscheinlichkeit von 90 % eine Tiefe von 20 mm nicht überschreitet. Eine Widerstandsklasse R60 bei Chlorideinwirkung stellt sicher, dass unter XS2-Lagerungsbedingungen nach einer Zeitspanne von 50 Jahren der kritische korrosionsauslösende Chloridgehalt von 0,5 % (bezogen auf den Zementgehalt) in einer Tiefe von 60 mm mit einer Annahmewahrscheinlichkeit von 90 % nicht überschritten wird. Das Einhalten der zuvor beschriebenen Kriterien der Widerstandsklasse kann dann durch deskriptive Festlegungen von Anforderungen an die Betonzusammensetzung (Zementart, Zusatzstoffzugabe, Wasserzementwert) oder durch eine Performanceprüfung des Betons nachgewiesen werden. Der Tragwerkplaner kann dann durch entsprechende Wahl einer Widerstandsklasse die Mindestbetondeckungen flexibler variieren.

Im Zuge der bereits begonnenen Überarbeitung des Eurocode 2 und der Weiterentwicklung der EN 206, die erst jenseits des Jahres 2020 abgeschlossen sein werden, wird dieses neue Dauerhaftigkeitskonzept derzeit in einer gemeinsamen Arbeitsgruppe von CEN/TC 250/SC2 und CEN/TC 104/SC1 entwickelt.

15 Literatur

Allgemeine Lehr- und Handbücher, Monographien

[0.1] Grübl, P.; Weigler, H.; Karl, S.: Beton, Arten – Herstellung – Eigenschaften; Verlag Ernst & Sohn, 2. Aufl., Berlin 2001.

[0.2] Locher, F. W.: Zement: Grundlagen der Herstellung und Verwendung: Verlag Bau und Technik, Düsseldorf, 2000.

[0.3] Verein Deutscher Zementwerke: Zement-Taschenbuch 2008, 51. Ausg., Düsseldorf 2008.

[0.4] ACI Manual of Concrete Practice, Part 1: Materials and General Properties of Concrete; Part 2: Construction Practices and Inspection, Pavements; American Concrete Institute, Farmington Hills, Mich. 2005.

[0.5] Neville, A. M.: Properties of Concrete; Third Edition, Longman Scientific & Technical, London 1994.

[0.6] Taylor, H. F. W.: Cement Chemistry, Academic Press Limited, 2nd ed., London 1997.

[0.7] Materials Science of Concrete. American Ceramic Society.
Vol. I, ed. Skalny, J. P., Westerville 1989.
Vol. II, eds. Skalny, J. P., Mindess, S., Westerville 1991.
Vol. III, ed. Skalny, J. P., Westerville 1992.
Vol. IV, eds. Skalny, J. P., Mindess, S., Westerville 1995.
Vol. V, eds. Skalny, J. P., Mindess, S., Westerville 1998.
Vol. VI, eds. Skalny, J. P., Mindess, S., Westerville 2001.
Vol. VII, ed. Skalny, J. P., Westerville 2004.

[0.8] Chen, W. F.; Saleeb, A. F.: Constitutive Equations for Engineering materials; Vol. 1, Elasticity and Modeling, 2nd, Revised Edition, Elsevier. Amsterdam 1994.

[0.9] Springenschmid, R.: Betontechnologie für die Praxis. Bauwerk Verlag, Berlin 2007.

Literatur zu den einzelnen Abschnitten

[1.1] Lamprecht, H.-O.: Opus Caementitium – Bautechnik der Römer, 5. Aufl. Beton-Verlag, Düsseldorf 1996.

[1.2] CEB-Comité Euro-International du Beton – CEB-FIP Model Code 1990, Bulletin D'Information No. 213/214, Lausanne, May 1993.

[1.3] DIN-Fachbericht 100 Beton. Zusammenstellung von DIN EN 206-1 und DIN 1045-2. Beuth Berlin 2005.

[1.4] Herrnkind, V.; Scholz, S.: Umrechnungsfaktor für gefügedichten Leichtbeton nach neuer Norm. beton 58 (2008), H. 4, S. 164–167.

[1.5] DAfStb Heft 526: Erläuterungen zu DIN EN 206-1, DIN 1045-2, DIN 1045-3 und DIN EN 12620. Schriftenreihe des Deutschen Ausschusses für Stahlbeton, Beuth Verlag, Berlin, 2011.

[2.1] Feige, F.: Zur wirtschaftlichen Verwertung des Ölschiefers bei Rohrbach Zement – Eine Rückschau auf zwei bedeutende Verfahrensentwicklungen. Zement-Kalk-Gips 45 (1992), H. 2, S. 53–62.

[2.2] Neville, A. M.: High alumina cement concrete, John Wiley Sons Inc., New York 1973.

[2.3] Herb, A.; Große, C.; Reinhardt, H.-W.: Ultraschallmesseinrichtung für Mörtel. Otto Graf Journal 10 (1999), S. 144–155.

[2.4] Fichtner, N.; Sprung, S.; Thielen, G.: CE-Kennzeichnung für Zement nach EN 197-1, Erste harmonisierte Bauprodukt-Norm. Mitt. aus der Baunormung, Nr. 21, Nov./Dez. 2000, S. 2–10, auch DIN-Mitt. 79 (2000), Nr. 11, S. 789–796.

[2.5] Van der Sloot, H. A.; van Zomeren, A.; Meeussen, J. C. L. et al.: Environmental Criteria for Cement Based Products (ECRICEM), 2011. ECN Biomass, Coal and Environmental Research, ECN report number: ECN-E–11-020. Internet: https//www.ecn.nl/publications/PdfFetch.aspx?nr=ECN-E–11-020.

[2.6] Walz, K.: Die Festigkeit von Zementgemischen. beton 11 (1961), H. 10, S. 696; ebenso Betontechnische Berichte 1961. Beton-Verlag, Düsseldorf 1962, S. 271–272.

[2.7] Hansen, T. C.: Physical Structure of Hardened Cement Paste – A Classical Approach; Materials and Structures 19 (1986), No. 114, pp 423–436.

[2.8] Powers, T. C.; Copeland, L. E.; Hayes, J. C.; Mann, H. M.: Permeability of Portland Cement Paste; Proceedings, American Concrete Institute, Nov. 1954, pp. 285–300.

[2.9] Reschke, T.: Der Einfluss der Granulometrie der Feinstoffe auf die Gefügeentwicklung und die Festigkeit von Beton. Schriftenreihe der Zementindustrie H. 62/2000.

[2.10] DAfStb-Richtlinie Beton nach DIN EN 206-1 und DIN 1045-2 mit rezyklierten Gesteinskörnungen nach DIN EN 12620. Teil 1 Anforderungen an den Beton für die Bemessung nach DIN EN 1992-1-1. Berlin, 2010.

[2.11] Abschlussberichte des Verbundforschungsprojekts Baustoffkreislauf im Massivbau. www.b-i-m.de, 2000.

[2.12] Heeß, S.: Ausschreibungshinweise für farbigen Sichtbeton. Betonwerk + Fertigteiltechnik 66 (2000), H. 2, S. 28–40.

[2.13] DAfStb-Richtlinie. Vorbeugende Maßnahmen gegen schädigende Alkalireaktion im Beton. Berlin, Oktober 2013.

[2.14] Siebel, E.; Reschke, T.: Alkali-Reaktion mit Zuschlägen aus dem südlichen Bereich der neuen Bundesländer. Untersuchungen an geschädigten Bauwerken. Beton 46 (1996), H. 5, S. 298–301 und H. 6, S. 366–370 – Untersuchungen an Laborbetonen. Beton 46 (1996), H. 12, S. 740–744 und 47 (1997), H. 1, S. 26–32.

[2.15] Sprung, S.; Sylla, H.-M.: Beurteilung der Alkaliempfindlichkeit und Wasseraufnahme von Betonzuschlagstoffen. ZKG International 50 (1997), Nr. 2, S. 63–75.

[2.16] Grundsätze für die Erteilung von Zulassungen für Betonzusatzmittel (Zulassungsgrundsätze), Fassung Juni 2005, In: Zulassungs- und Überwachungsgrundsätze Betonzusatzmittel, Schriften des Deutschen Instituts für Bautechnik, Reihe B, H. 10, Berlin 2005.

[2.17] Öttl, Ch.: Die schädigende Alkalireaktion von gebrochener Oberrhein-Gesteinskörnung im Beton. Otto-Graf-Institut, Schriftenreihe H. 87, Stuttgart 2004.

[2.18] Richtlinie für Beton mit verlängerter Verarbeitbarkeitszeit (Verzögerter Beton); Eignungsprüfung, Herstellung, Verarbeitung und Nachbehandlung, Deutscher Ausschuss für Stahlbeton, November 2006.

[2.19] Efes, Y.: Harmonisierte Europäische Zusatzmittelnormen DIN EN 934-2 und DIN EN 934-4 – Vergleich mit den Zulassungsgrundsätzen des Deutschen Instituts für Bautechnik. Betonwerk + Fertigteiltechnik 69 (2003), H. 4, S. 16–31.

[2.20] Teichmann, G.: Praxisnahe Farbstärkebestimmung von Pigmenten in Beton, Betonwerk + Fertigteil-Technik 59 (1993), H. 11, S. 82–90.

[2.21] „Grundsätze für die Erteilung von Zulassungen für anorganische Betonzusatzstoffe (Zulassungsgrundsätze) – Fassung Oktober 2002 –" In: „Zulassungs- und Überwachungsgrundsätze; Anorganische Betonzusatzstoffe, Fassung Oktober 2002", Schriften des Deutschen Instituts für Bautechnik, Reihe B, H. 17.

[2.22] Sybertz, F.: Beurteilung der Wirksamkeit von Steinkohleflugasche als Betonzusatzstoff; Dissertation, RWTH Aachen, 1991 und Schriftenreihe des DAfStb, H. 434, Beuth, Berlin 1993.

[2.23] DAfStb Heft 526: Erläuterungen zu den Normen DIN EN 206-1, DIN 1045-2, DIN 1045-3 und DIN EN 12620. Deutscher Ausschuss für Stahlbeton, Beuth Verlag, Berlin 2011.

[2.24] Lang, E.: Einfluss von Nebenbestandteilen und Betonzusatzmitteln auf die Hydratationswärmeentwicklung von Zement. Beton-Informationen 37 (1997), H. 2, S. 22–25.

[2.25] Schönlin, K.; Hilsdorf, H. K.: The Potential Durability of Concrete; Proceedings, IX. European Ready Mixed Concrete Organisation Congress, Stavanger, 1989, S. 453–479.

[2.26] Lutze, D.; vom Berg, W. (Hrsg.): Handbuch Flugasche im Beton. Verlag Bau + Technik, Düsseldorf 2004.

[2.27] Wiens, U.: Zur Wirkung von Steinkohlenflugasche auf die chloridinduzierte Korrosion von Stahl in Beton. Deutscher Ausschuss für Stahlbeton, H. 551, Beuth, Berlin 2005, 214 pp.

[2.28] Malier, Y.: High Performance Concrete – From material to structure. E & FN SPON, London 1992.

[2.29] Manns, W.: Gemeinsame Anwendung von Silicastaub und Steinkohlenflugasche als Betonzusatzstoff. Beton 47 (1997), Nr. 12, S. 716–720.

[2.30] Deutscher Betonverein: Zugabewasser für Beton. Merkblatt für die Vorabprüfung und Beurteilung vor Baubeginn sowie der Prüfungswiederholung während der Bauausführung (Fassung Januar 1982, redaktionell überarbeitet 1996), DBV-Merkblatt-Sammlung, Ausgabe April 1997.

[2.31] Richtlinie für Herstellung von Beton unter Verwendung von Restwasser, Restbeton und Restmörtel. Deutscher Ausschuss für Stahlbeton, Juli 1995.

[2.32] DAfStb-Richtlinie für Beton mit verlängerter Verarbeitbarkeitszeit (Verzögerter Beton) – Erstprüfung, Herstellung, Verarbeitung und Nachbehandlung. Beuth Verlag, Berlin, 2006.

[2.33] Zusätzliche Technische Vertragsbedingungen und Richtlinien für den Bau von Fahrbahndecken aus Beton. ZTV Beton-StB. 07, Ausgabe 2007.

[2.34] Stark, J.: Alkali-Kieselsäure-Reaktion. Schriftenreihe des F. A. Finger-Institut für Baustoffkunde, Bauhaus-Universität Weimar, Nr. 3, 2008.

[2.35] Sachstandbericht Hüttensandmehl als Betonzusatzstoff – Sachstand und Szenarien für die Anwendung in Deutschland. DAfStb H. 569, Berlin 2007.

[2.36] Mielich, O.: Beitrag zu den Schädigungsmechanismen in Betonen mit langsam reagierender alkaliempfindlicher Gesteinskörnung, DAfStb Nr. 583, Berlin 2010.

[2.37] DIN SPEC 18140:2012: Ergänzende Festlegungen zu DIN EN 1536:2010-12, Ausführung von Arbeiten im Spezialtiefbau – Bohrpfähle.

[2.38] DAfStb-Richtlinie:2010-04: Massige Bauteile aus Beton – Teil 1: Ergänzungen zu DIN 1045-1 – Teil 2: Änderungen und Ergänzungen zu DIN EN 206-1 und DIN 1045-2 – Teil 3: Änderungen und Ergänzungen zu DIN 1045-3. Beuth Verlag, Berlin.

[2.39] Plank, J.: Einfluss von Tonmineralien auf die Wirkung von PCE-Fließmitteln. Betonwerk + Fertigteiltechnik 81 (2015), H. 2, S. 80–83.

[3.1] Thielen, G.; Spanka, G.; Grube, H.: Regelung der Konsistenz durch Fließmittel. Betontechn. Ber. 1995–1997, Bd. 27, Verlag Bau + Technik, Düsseldorf 1998, S. 61–68.

[3.2] Spanka, G.; Grube, H.; Thielen, G.: Wirkungsmechanismen verflüssigender Zusatzmittel. Betontechn. Ber. 1995–1997, Bd. 27, Düsseldorf 1998, S. 45–60.

[3.3] Wierig, H.-J.: Zur Frage der Theorie und Technologie des grünen Betons. Mitteilungen aus dem Institut für Materialprüfung und Forschung des Bauwesens der TU Hannover, H. 19. Hannover 1978.

[3.4] Hilsdorf, H. K.: Criteria for the Duration of Curing, in: V. M. Malhotra (ed.), Proceedings Adam Neville Symposium on Concrete Technology, Las Vegas, Nev. USA, CANMET, June 1995, S. 129–146.

[3.5] Grübl, P.: Europäisches Konzept zur Nachbehandlung von Beton. Betonwerk + Fertigteiltechnik H. 10 (1996), S. 82–91.

[3.6] Meeks, K. W.; Carino, N. C.: Curing of High Performance Concrete: Report on the State-of-the-Art. NIST-Report 6295, 1999.

[3.7] Bentur, A.; Jaegermann, C.: Effect of curing and composition on the properties of the outer skin of concrete; Concrete Journal of Materials in Civil Engineering, ASCE, Vol. 3, No. 4, November 1991, pp. 252–262.

[3.8] Ewertson, C.; Peterson, P. E.: The Influence of Curing Conditions on the Permeability and Durability of Concrete. Results from a Field Exposure Test. Cement and Concrete Research, Vol. 23, S. 683–692, 1993.

[3.9] Beddoe, R. E.: Einfluss von Schalungseinlagen auf die Dauerhaftigkeit von Beton, Betonwerk + Fertigteil-Technik 61 (1995), H. 2, S. 80–88.

[3.10] Lang, E.: Anwendung von Schalungsbahnen im Kläranlagenbau. Betontechnische Untersuchungen. Beton-Informationen 40 (2000) H. 2/3, S. 19–26.

[3.11] Soroka, I.: Concrete in Hot Environments, E & FN SPON, London 1992.

[3.12] Reinhardt, H.-W.; Weber, S.: Hochfester Beton ohne Nachbehandlungsbedarf. In: Beton- und Stahlbetonbau 92 (1997), H. 2, S. 37–41 und H. 3, S. 79–83.

[3.13] Kovler, K.; Jensen, O. M. (Eds.): Internal Curing of Concrete, RILEM S. A. R. L. Report 41, Bagneux 2007.

[3.14] Mechtcherine, V.; Reinhardt, H.-W. (Hrsg.): Application of super absorbent polymers in concrete construction. State-of-the-Art Report of the RILEM Technical Committee 225-SAP, Springer 2011.

[3.15] Haist, M.: Zur Rheologie und den physikalischen Wechselwirkungen bei Zementsuspensionen. Karlsruher Reihe, Massivbau, Baustofftechnologie, Materialprüfung, Heft 66, Karlsruher Institut für Technologie, Karlsruhe, 2010.

[3.16] Wüstholz, T.: Experimentelle und theoretische Untersuchungen der Frischbetoneigenschaften von selbstverdichtendem Beton. Dissertation, Universität Stuttgart, 2005.

[3.17] Röhling, S.; Eifert, H.; Kaden, R.: Betonbau – Planung und Ausführung, 1. Auflage, Verlag Bauwesen, Berlin, 2000.

[3.18] Holcim GmbH Baden-Württemberg: Betonpraxis: Der Weg zum dauerhaften Beton, 4. Auflage, 2004.

[3.19] Deutscher Beton-Verein E. V.: Beton-Handbuch, 2. Auflage, Bauverlag GmbH Wiesbaden, 1984.

[4.1] Springenschmid, R.: Betontechnologie im Wasserbau, Wasserbauten aus Beton, Wilhelm Ernst & Sohn, 1988.

[4.2] Springenschmid, R. (ed.): Thermal Cracking in Concrete at Early Ages. RILEM Proceedings No. 25, E & FN Spon, London 1995.

[4.3] Reinhardt, H. W.; Horden, W. C.: Temperatur und Spannungen in großformatigen unbewehrten Betonfertigteilen während der Erhärtung. In: Baustoffe – Forschung, Anwendung, Bewährung, Festschrift R. Springenschmid, TU München 1990, S. 328–341.

[4.4] Rostásy, F. S.; Krauß, M.; Budelmann, H.: Planung Werkzeug zur Kontrolle der frühen Rissbildung in massigen Betonbauteilen, Teil 1 bis 7. Bautechnik 79 (2002), H. 7, S. 431–435, H. 8, S. 523–527, H. 9, S. 641–647, H. 10, S. 697–703, H. 11, S. 778–789, H. 12, S. 869–874.

[4.5] Wittmann, F. H.: Ursache und betontechnologische Bedeutung des Kapillarschwindens; Vorträge Betontag 1977, Deutscher Betonverein E.V., Wiesbaden, 1977, S. 256–264.

[4.6] Mangold, M.: Die Entwicklung von Zwang- und Eigenspannungen in Betonbauteilen während der Hydratation, Berichte aus dem Baustoffinstitut, H. 1, Technische Universität München, 1994.

[4.7] Silfwerbrand, J.: The influence of trafficinduced vibrations on the bond between old and new concrete.

Royal Institute of Technology, Dept of Structural Mechanics and Engineering, Bulletin No. 158, Stockholm, 1992.

[4.8] Harsh, S.; Darwin, D.: Traffic-Induced Vibrations and Bridge Deck Repairs. Concrete International 8 (1986) Nr. 5, S. 36–41.

[4.9] Brandl, H.; Günzler, J.: Einfluss von Erschütterungen im frühen Erhärtungsstadium von Beton auf den Haftverbund mit Stahl. Bauplanung. Bautechnik 43 (1989) H. 1, S. 13–16.

[4.10] Byfors, J.: Verfahren zur Bestimmung der Frühfestigkeit von Betonbauteilen. Beton- und Stahlbetonbau 79 (1984), H. 9, S. 247–251.

[4.11] Kusterle, W.: Ein kombiniertes Verfahren zur Beurteilung der Frühfestigkeit von Spritzbeton. Beton- und Stahlbetonbau 79 (1984), H. 9, S. 251–253.

[4.12] Reinhardt, H.-W.; Grosse, C. U.; Herb, A.: Kontinuierliche Ultraschallmessung während des Erstarrens und Erhärtens von Beton als Werkzeug des Qualitätsmanagements. In: DAfStb, H. 490. Berlin: Beuth, 1998, S. 21–64.

[5.1] Dettling, H.: Die Wärmedehnung des Zementsteins, der Gesteine und der Betone. Schriftenreihe des Otto-Graf-Instituts der TH Stuttgart, Nr. 3, Stuttgart 1962.

[5.2] Ziegeldorf, S.; Kleiser, K.; Hilsdorf, H. K.: Vorherbestimmung und Kontrolle des thermischen Ausdehnungskoeffizienten von Beton. DAfStb, H. 305, Berlin 1979.

[5.3] Rostásy, F. S.; Wiedemann, G.: Festigkeit und Verformung von Beton bei sehr tiefer Temperatur. beton 30 (1980) H. 2, S. 54–59; ebenso Betontechnische Berichte 21 (1980/81). Beton-Verlag, Düsseldorf 1982, S. 17–32.

[5.4] Bunte, D.: Zum karbonatisierungsbedingten Verlust der Dauerhaftigkeit von Außenbauteilen aus Stahlbeton, Dissertation, Technische Universität Braunschweig, 1994.

[5.5] Wittmann, F.: Bestimmung physikalischer Eigenschaften des Zementsteins. Schriftenreihe des Deutschen Ausschusses für Stahlbeton, H. 232. Wilh. Ernst & Sohn, Berlin 1974, S. 1–63.

[5.6] Fleischer, W.: Einfluss des Zements auf Schwinden und Quellen von Beton, Berichte aus dem Baustoffinstitut, Heft 1, Technische Universität München 1992.

[5.7] Hilsdorf, H. K.; Rottler, S.; Müller, H. S.: Versuche über das Kriechen unbewehrten Betons. Der Einfluss der Lagerung vor der Belastung, der Einfluss einer Spannungsänderung und einer Spannungsumkehr, Institut für Massivbau und Baustofftechnologie, Universität Karlsruhe. 1993.

[5.8] Müller, H. S.; Küttner, C. H.; Kvitsel, V.: Creep and shrinkage models of normal and high performance concrete – concept for a unified codetype approach. Revue Française du Genie Civil, 1999.

[5.9] Müller, H. S.; Kvitsel, V.: Kriechen und Schwinden von Beton. Grundlagen der neuen DIN1045 und Ansätze für die Praxis. Beton- und Stahlbetonbau 97 (2002), H. 1, S. 8–19.

[5.10] Grube, H.: Definition der verschiedenen Schwindarten, Ursachen, Größe der Verformungen und baupraktische Bedeutung. Beton 53 (2003), H. 12, S. 598–603.

[5.11] Deutscher Ausschuss für Stahlbeton (DAfStb) – Erläuterungen zu DIN 1045-1, 2. überarbeitete Auflage 2010; Beuth Verlag GmbH, Berlin, 2010.

[5.12] Haist, M.; Müller, H. S.: Thermische Verformung von Beton. In: Betonverformungen beherrschen – Grundlagen für schadensfreie Bauwerke. 11. Symposium Baustoffe und Bauwerkserhaltung. Müller, H. S., Nolting, U., Haist, M., Kromer, M. (Hrsg.), Karlsruher Institut für Technologie (KIT). Verlag KIT Scientific Publishing, 2015, S. 1–14.

[5.13] Müller, H. S., Acosta, F.: Time dependent effects of structural concrete: Basics for constitutive modelling towards the next generation of Eurocode 2. In: Massivbau im Wandel. Festschrift zum 60. Geburtstag von Josef Hegger, Lehrstuhl und Institut für Massivbau der RWTH Aachen (Hrsg.). Ernst & Sohn Berlin, 2014, S. 395–413.

[5.14] Deutscher Ausschuss für Stahlbeton(DAfStb) – Erläuterungen zu DIN EN 1992-1-1 und DIN EN 1992-1-1/NA, Heft 600, 1. Auflage 2012; Beuth Verlag GmbH, Berlin, 2012

[6.1] Abrams, D. U.: Design of Concrete Mixtures; Structural Material Research Laboratory, Bulletin 1, Lewis Institute, Chicago, 1918/1925.

[6.2] Hordijk, D. A.: Local approach to fatigue of concrete. Meinema, Delft 1991.

[6.3] RILEM FMC 1, Determination of the fracture energy of mortar and concrete by means of threepoint bend tests on notched beams, RILEM Technical Recommendations for the Testing and Use of Construction Materials, E & FN Spon, London 1994, S. 99–101.

[6.4] Hilsdorf, H. K., in: H. Budelmann (Hrsg.), Stoffgesetze für Beton in der CEB-FIP Mustervorschrift MC90. Technologie und Anwendung der Baustoffe (Festschrift Prof. Rostasy), Ernst & Sohn, Berlin 1992, S. 95–104.

[6.5] Remmel, G.: Zum Tragverhalten hochfester Betone und seinem Einfluss auf die Querkrafttragfähigkeit von schlanken Bauteilen ohne Schubbewehrung. Dissertation, Technische Hochschule Darmstadt 1993.

[6.6] Carneiro, F.: Une nouvelle méthode d'essai pour déterminer la résistance à la traction du béton. Réunion des Laboratoires d'Essai de Matériaux, Paris, Juin 1947.

[6.7] Heilmann, H. G.: Beziehungen zwischen Zug- und Druckfestigkeit des Betons, beton 19 (1969) H. 2, S. 68–70.

[6.8] Vonk, R.: Softening of concrete loaded in compression. Diss. TU Eindhoven 1992.

[6.9] van Geel, E.: Concrete behaviour in multiaxial compression. Experimental research. Diss. TU Eindhoven 1998.

[6.10] Helmuth, R. A.; Turk, D. H.: Elastic Moduli of Hardened Portland Cement and Tricalcium Silicate Pastes; Effect of Porosity; Special Report 90, Highway Research Board, Washington D.C., 1966, S. 135–144.

[6.11] Müller, H. S.: Zur Vorhersage des Kriechens von Konstruktionsbeton, Dissertation, Universität Karlsruhe, 1986.

[6.12] Reinhardt, H. W.; Cornelissen, H. A. W.: Zeitstandzugversuche an Beton. Baustoffe '85, Bauverlag Wiesbaden 1985, S. 162–167.

[6.13] Rüsch, H.; Jungwirth, G.; Hilsdorf, H. K.: Kritische Sichtung der Verfahren zur Berücksichtigung der Einflüsse von Kriechen und Schwinden des Betons auf das Verhalten der Tragwerke. Beton- u. Stahlbetonbau 68 (1973) H. 3, S. 49–60; H. 4, S. 76–86; H. 6, S. 152–158.

[6.14] Tegelaar, R. A.: Pers. Mitt. 28.08.2000.

[6.15] DAfStb-Richtlinie „Wärmebehandlung von Beton", Beuth, Berlin, November 2012.

[6.16] Zäschke, W.: Konformitätskontrolle und Konformitätskriterien. In: Erläuterungen zu den Normen DIN EN 206-1, DIN 1045-2, DIN 1045-3, DIN 1045-4 und DIN 4226, DAfStb, H. 526, Berlin 2003, S. 85–102.

[6.17] Rinder, T.: Hochfester Beton unter Dauerzuglast. DAfStb, H. 544. Beuth, Berlin 2003.

[6.18] Carino, N. J.; Tank, R. C.: Maturity functions for concrete made with various cements and admixtures. In Reinhardt, H. W. (Ed.), Testing during concrete construction. RILEM Proc. 11. London: Chapman and Hall, 1990, pp 192–206.

[6.19] Bresson, J.: Prevision de résistance des produit en béton: facteur de maturité, temps equivalent. CERIB Technical Publication No. 56, Paris, März 1980.

[6.20] Concrete Structures under Impact and Impulsive Loading – Synthesis Report; CEB Bulletin D'Information No. 187, Lausanne, 1988.

[6.21] Reinhardt, H. W.: Concrete under impact loading – Tensile strength and bond. HERON 27 (1982), H. 3, S. 5–48.

[6.22] Dahms, J.: Über die Schlagfestigkeit des Betons für Rammpfähle. beton 18 (1968) H. 4, S. 131–136, und H. 5, S. 177–182; ebenso Betontechnische Berichte 1968, S. 49–82. Beton-Verlag, Düsseldorf 1969.

[6.23] Ockert, J.: Ein Stoffgesetz für die Schockwellenausbreitung in Beton. Diss. Univ. Karlsruhe und Schriftenreihe des Instituts für Massivbau und Baustofftechnologie H. 30, 1997.

[6.24] Holmen, J. O.: Fatigue of concrete by constant and variable amplitude loading. Din Crua- Str. Norwegian Inst. techn., Univ. of Trondheim, 1979.

[6.25] Klausen, D.; Weigler, H.: Betonfestigkeit bei konstanter und veränderlicher Dauerschwellbeanspruchung. Betonwerk + Fertigteil-Technik 45 (1979) H. 3, S. 158–163.

[6.26] Fatigue of Concrete Structures; State-of-the-Art-Report, CEB Bulletin D'Information No. 189, Lausanne, 1988.

[6.27] Stemland, H.; Petkovic G.; Rosseland S.: Fatigue of High Strength Concrete; SINTEF, Trondheim, 1990.

[6.28] Nieser, H.: Der Nachweis der Betriebsfestigkeit auf der Grundlage der Schadensakkumulation. Mitteilungen Institut für Bautechnik 12 (1981) Nr. 1, S. 3–9.

[6.29] Zhao, G. Y., Wu, P. G., Bai, L. M.: „Research on fatigue behaviour of high-strength concrete under compressive cyclic loading". In: Proceedings/Fourth International Symposium on the Utilization of high strength – high performance concrete: 29–31 May 1996, Vol. 2. Paris: Presses de l'ENPC, 1996. S. 757–764.

[6.30] Hordijk, D. A., Wolsink, G. M., de Vries, J.: „Fracture and fatigue behaviour of a high strength limestone concrete as compared to gravel concrete", Heron 40 (1995), Nr. 2, S. 125–146.

[6.31] Mucha, S.: „Experimental series on fatigue of high strength concrete", LACER 10 (2005), S. 319–328.

[6.32] Do, M.-T., Chaallal, O., Aitcin, P.-C.: Fatigue behaviour of high-performance concrete. Journal of materials in civil engineering 5 (1993), Nr. 1, S. 96–111.

[6.33] Pfanner, D.: Zur Degradation von Stahlbetonbauteilen unter Ermüdungsbeanspruchung. Forschritt-Bericht VDI, Reihe 4, Nr. 189, Düsseldorf 2003.

[6.34] Kessler-Kramer, Ch.: Zugtragverhalten von Beton unter Ermüdungsbeanspruchung. Dissertation Universität Karlsruhe, 2002.

[6.35] Alonso, M. T.: Persönliche Mitteilung aus dem FIZ des VDZ vom 14.03.2006.

[6.36] Krausz, A. S.; Krausz, K.: Fracture kinetics of crack growth. Dordrecht 1988.

[6.37] Hohberg, R.: Zum Ermüdungsverhalten von Beton. Dissertation TU Berlin, 2004.

[6.38] Wefer, M.: Materialverhalten und Bemessungswerte von ultrahochfestem Beton unter einaxialer Ermüdungsbeanspruchung. Dissertation Universität Hannover, 2010.

[6.39] Cornelissen, H. A. W.: Constant-amplitude tests on plain concrete in uniaxial tension and tension-compression. Delft: Stevin Laboratory Report 5-84-1, 1984.

[6.40] Badr, A.: Flexural fatigue of fly-ash fibre-reinforced concrete. Studies and Researches 30 (2010), Politecnico di Milano, Italy, pp. 191–203.

[6.41] International Federation for Structural Concrete (fib) – fib Model Code for Concrete Structures; Verlag Ernst & Sohn, Berlin, 2013.

[6.42] Müller, H. S.; Dutulescu, E.; Malárics, V.: Der Spaltzugversuch – Neue Erkenntnisse und ihre Konsequenzen. In: 55. BetonTage, Betonwerk + Fertigteil-Technik, (2011), Heft 2, S. 14–16.

[6.43] Walz, K.: Beziehung zwischen Wasserzementwert, Normenfestigkeit des Zements (DIN 1164, Juni 1970) und Betondruckfestigkeit. Betontechnische Berichte 1970, Beton-Verlag Düsseldorf, 1970, S. 165–178.

[6.44] Mechtcherine, V.: Bruchmechanische und fraktologische Untersuchungen zur Rissausbreitung in Beton. Schriftenreihe des Instituts für Massivbau und Baustofftechnologie, Heft 40, Universität Karlsruhe, 2001.

[6.45] *fib* Bulletin 70: Code-type models for structural behaviour of concrete – Background of the constitutive relations and material models in MC 2010. International Federation for Structural Concrete (*fib*), Lausanne, 2013.

[6.46] Lohaus, L.; Oneschkow, N.; Wefer, M.: Design model for the fatigue behaviour of normal strength, high-strength and ultra-high-strength concrete. Structural Concrete 13 (2012), Nr. 3, S. 182–192.

[6.47] Brameshuber, W.: Elastizitätsmodul von Beton – Einflussgrößen, Vorhersage, Prüfungen und Erfahrungen aus der Praxis. In: Betonverformungen beherrschen – Grundlagen für schadensfreie Bauwerke. 11. Symposium Baustoffe und Bauwerkserhaltung, Müller, H. S., Nolting, U., Haist, M., Kromer, M. (Hrsg.), Karlsruher Institut für Technologie (KIT). Verlag KIT Scientific Publishing, 2015, S. 29–36.

[6.48] Müller, H. S., Haist, M., Kvitsel, V., Breiner, R.: Kriechen und Schwinden von Beton – Mechanismen, Einflussgrößen und stoffgesetzliche Modelle. In: Betonverformungen beherrschen – Grundlagen für schadensfreie Bauwerke. 11. Symposium Baustoffe und Bauwerkserhaltung. Müller, H. S., Nolting, U., Haist, M., Kromer, M. (Hrsg.), Karlsruher Institut für Technologie (KIT). Verlag KIT Scientific Publishing, 2015, S. 37–54.

[7.1] Ewertson, C.; Peterson, P. E.: The Influence of Curing Conditions on the Permeability and Durability of Concrete. Results from a Field Exposure Test. Cement and Concrete Research, 23 (1993), pp. 683–692.

[7.2] Grube, H.: Ursachen des Schwindens von Beton und Auswirkungen auf Betonbauteile. Schriftenreihe der Zementindustrie, H. 52, Düsseldorf 1991.

[7.3] Schönlin, K. F.: Permeabilität als Kennwert der Dauerhaftigkeit von Beton, Schriftenreihe des Instituts für Massivbau und Baustofftechnologie, H. 8, Universität Karlsruhe, 1989.

[7.4] Hilsdorf, H. K.; Schönlin, K.; Tauscher, F.: Dauerhaftigkeit von Betonen. Schriftenreihe BTB, Düsseldorf 1997.

[7.5] Powers, T. C.; Copeland, L. E.; Mann, H. M.: Capillary Continuity or Discontinuity in Cement Pastes; PCA Research Bulletin No. 110, Skokie, Illinois 1959.

[7.6] Bentz, D. P.; Garboczi, E. J.: Percolation of phases in a three-dimensional cement paste microstructural model; Cement and Concrete Research 21 (1991) pp. 325–344.

[7.7] Klink, T.: Der Transport des radioaktiven Isotops Radon-222 in Abhängigkeit von der Mikrostruktur zementgebundenen Mörtels. Mitteilungen für Bauphysik und Materialwissenschaft, H. 2, Mainz, Aachen 1996.

[7.8] Reinhardt, H. W. (Ed.): Penetration and permeability of concrete, Barriers to organic and contaminating liquids. E & FN SPON, London 1997.

[7.9] Fehlhaber, Th.: Zum Eindringen von Flüssigkeiten und Gasen in ungerissenen Beton – Sosoro, M. und Reinhardt, H. W.: Eindringverhalten von Flüssigkeiten in Beton in Abhängigkeit von der Feuchte der Probekörper und der Temperatur – Frey, R. und Reinhardt, H. W.: Untersuchungen der Dichtheit von Vakuumbeton gegenüber wassergefährdenden Flüssigkeiten, Schriftenreihe Deutscher Ausschuss für Stahlbeton, H. 445, Beuth, Berlin 1994.

[7.10] Reinhardt, H. W.; Aufrecht, M.: Simultaneous transport of an organic liquid and gas in concrete, Materials and Structures 28, (1995), No. 175, S. 43–51.

[7.11] Sosoro, M.: Modelle zur Vorhersage des Eindringverhaltens von organischen Flüssigkeiten in Beton. Schriftenreihe Deutscher Ausschuss für Stahlbeton, Heft 446, Beuth, Berlin 1995.

[7.12] Kropp, J.; Hilsdorf, H. K. (eds.) Performance Criteria for Concrete Durability, State of the Art Report prepared by RILEM Technical Committee TC 116-PCD, Permeability of Concrete as a Criterion of its Durability. RILEM Report 12, E & FN SPON, London 1995.

[7.13] Parrott, L. J.; Chen, Zh. H.: Some Aspects Influencing Air Permeation Measurements in Cover Concrete; BCA Report PP/520, January 1990.

[7.14] Jooss, M.; Reinhardt, H.-W.: Permeability and diffusivity of concrete as function of temperature. Cement and Concrete Research 32 (2002), pp. 1497–1504.

[7.15] Gräf, H.; Grube, H.: Einfluss der Zusammensetzung und der Nachbehandlung des Betons auf seine Gasdurchlässigkeit. beton 36 (1986) H. 11, S. 426–429, u. H. 2, S. 473–476.

[7.16] Nürnberger, U.: Korrosion und Korrosionsschutz im Bauwesen, Bauverlag Wiesbaden 1995.

[7.17] Schießl, P.; Gehlen, C.; Sodeikat, C.: Dauerhafter Konstruktionsbeton für Verkehrsbauwerke. Beton-Kalender 2004, S. 155–220.

[7.18] Brodersen, H. A.: Zur Abhängigkeit der Transportvorgänge verschiedener Ionen im Beton von Struktur und Zusammensetzung des Zementsteins. Dissertation RWTH Aachen, 1982.

[7.19] Frey, R.: Einwirkung von Streusalzen auf Betone unter gezielt praxisnahen Bedingungen. Schriftenreihe des Deutschen Ausschusses für Stahlbeton Heft 384, Wilh. Ernst & Sohn, Berlin 1987.

[7.20] Smolczyk, H.-G.: Stand der Kenntnis über Chloriddiffusion im Beton. Betonwerk + Fertigteil-Technik 50 (1984) H. 12, S. 837–843.

[7.21] Page, C. L.; Havdahl, J.: Electrochemical Monitoring of Corrosion of Steel in Microsilica Cement Pastes. Matriaux et Constructions 18 (1985) Nr. 103, S. 41–47.

[7.22] Chloridkorrosion. Berichte über das internationale Kolloquium am 22./23. 2. 1983 in Wien. Mitteilungen aus dem Forschungsinstitut des VZ, H. 36, Wien 1983.

[7.23] RILEM TC 178 TMC „Chloride penetration".

[7.24] Richartz, W.: Die Bindung von Chlorid bei der Zementerhärtung; Zement-Kalk-Gips 22 (1969), H. 10, S. 447–456.

[7.25] Hausmann, D. A.: Steel corrosion in concrete. Materials protection 1967, No. 11, pp. 19–23.

[7.26] Litvan, G. G.: Mechanism of frost action in hardened cement paste. Journal of the American Ceramic Society, 55 (1972), No. 1, S. 38–42.

[7.27] Powers, T. C.: Freezing Effects in Concrete, in: Durability of Concrete, American Concrete Institute SP-47, 1975, S. 1–12.

[7.28] Setzer, M. J.: Mikroeislinsenbildung und Frostschaden. In: Eligehausen, R. (Hrsg.) Werkstoffe im Bauwesen – Theorie und Praxis, Hans-Wolf Reinhardt zum 60. Geburtstag, ibidem Stuttgart, 1999, S. 397–413.

[7.29] Springenschmid, R.; Breitenbücher, R.; Setzer, M. J.: Luftporenbeton – Neuere Untersuchungen zur Feinstsandzusammensetzung, Liegezeit und Nachdosierung von Luftporenbildnern. Betonwerk + Fertigteil-Technik 53 (1987) H. 11, S. 742–748.

[7.30] Fagerlund, G.: The critical degree of saturation method of assessing the freeze-thaw-resistance of concrete. Materials and Structures, 10 (1977), No. 58, S. 217–229.

[7.31] ASTM Standard C 666–90: Standard Test Method for Resistance of Concrete to Rapid Freezing and Thawing. 1994 Annual Book of ASTM Standards.

[7.32] ÖNORM B 3306: Prüfung der Frost-Tausalz-Beständigkeit von vorgefertigten Betonerzeugnissen.

[7.33] Setzer, M. J.; Hartmann, V.: CDF-Test-Prüfvorschrift; Betonwerk und Fertigteiltechnik, 57 (1991), H. 9, S. 83–86.

[7.34] Stark, J.; Ludwig, H. M.: Erfahrungen mit dem CDF-Verfahren zur Prüfung des Frost-Tausalz-Widerstandes von Beton, Betonwerk + Fertigteil-Technik, Heft 11, 1993, S. 48–55.

[7.35] Biczók, I.: Betonkorrosion, Betonschutz, 6. Auflage, Bauverlag, Wiesbaden/Berlin, 1968.

[7.36] Sommer, H.: Ein neues Verfahren zur Erzielung der Frost-Tausalz-Beständigkeit des Betons. Zement und Beton 22 (1977) H. 4, S. 124–129.

[7.37] Rendchen, K.: Frost- und Tausalzwiderstand von Beton mit Hochofenzement, Beispiele aus der Praxis. Beton-Informationen 39 (1999), H. 4, S. 3–23.

[7.38] Hilsdorf, H. K.; Günter, M.: Einfluss von Nachbehandlung und Zementart auf den Frost-Tausalzwiderstand von Beton. Beton- und Stahlbetonbau 81 (1986), H. 3, S. 57–62.

[7.39] Merkblatt für die Herstellung und Verarbeitung von Luftporenbeton; Forschungsgesellschaft für Straßen- und Verkehrswesen, Arbeitsgruppe Betonstraßen, Köln, Ausgabe 2004.

[7.40] DAfStB; Sulfatangriff auf Beton: Empfehlungen für die Baupraxis. Beton 53 (2003), H. 5, S. 244–245.

[7.41] Kunterding, H.: Beanspruchung der Oberfläche von Stahlbetonsilos durch Schüttgüter, Schriftenreihe des Instituts für Massivbau und Baustofftechnologie, Heft 12, Universität Karlsruhe, 1991.

[7.42] Bakker, R. F. M.: Initiation period. In: P. Schiessl (Ed.) „Corrosion of steel in concrete". Chapmann and Hall, London 1988, pp. 22–55.

[7.43] Jacobs, F.: Betonabrasion im Wasserbau. Beton 53 (2003), H. 1, S. 16–23.

[7.44] Müller, H. S.; Vogel, M.: Lebenszyklusmanagement im Betonbau. In: beton, 58 (2008), H. 5, S. 206–215.

[7.45] fib Bulletin 34: Model Code for Service Life Design. International Federation for Structural Concrete (fib), Lausanne, Februar 2006.

[7.46] Vogel, M.: Schädigungsmodell für die Hydroabrasionsbeanspruchung zur probabilistischen Lebensdauerprognose von Betonoberflächen im Wasserbau. Schriftenreihe des Instituts für Massivbau und Baustofftechnologie, Dissertation, 2011.

[7.47] DAfStb-Richtlinie. Vorbeugende Maßnahmen gegen schädigende Alkalireaktion in Beton. Teil 1: Allgemeines, Teil 2: Gesteinskörnungen mit Opalsandstein und Flint, Teil 3: Gebrochene alkaliempfindliche Gesteinskörnungen. Beuth Verlag, Berlin, Februar 2007, einschließlich Berichtigungen 1 (2010) und 2 (2011).

[7.48] Müller, H. S.; Anders, I.; Breiner, R.; Vogel, M.: Concrete: treatment of types and properties in MC 2010. Structural Concrete 14 (2013), Nr. 4.

[7.49] Scheydt, J. C.: Mechanismen der Korrosion bei ultrahochfestem Beton. Karlsruher Reihe, Massivbau, Baustofftechnologie, Materialprüfung, Heft 74, Karlsruher Institut für Technologie, Karlsruhe, 2013.

[7.50] Müller, H. S.; Nolting, U.; Haist, M.: Dauerhafter Beton – Grundlagen, Planung und Ausführung bei Frost- und Frost-Taumittel-Beanspruchung. 6. Symposium Baustoffe und Bauwerkserhaltung, Müller, H. S., Nolting, U., Haist, M. (Hrsg.), Universität Karlsruhe (TH), Verlag KIT Scientific Publishing, 2009.

[7.51] Müller, H. S.; Nolting, U.; Haist, M.: Schutz und Widerstand durch Betonbauwerke bei chemischem Angriff. 8. Symposium Baustoffe und Bauwerkserhaltung, Müller, H. S., Nolting, U., Haist, M. (Hrsg.), Karlsruher Institut für Technologie (KIT), Verlag KIT Scientific Publishing, 2011.

[7.52] Müller, H. S.; Nolting, U.; Haist, M.: Betonbauwerke im Untergrund – Infrastruktur für die Zukunft. 5. Symposium Baustoffe und Bauwerkserhaltung, Müller, H. S., Nolting, U., Haist, M. (Hrsg.), Universität Karlsruhe (TH), Verlag KIT Scientific Publishing, 2008.

[8.1] Ozawa, K.; Maekawa, K.; Okamura, H.: High performance concrete with high filling capacity. In: E. Vasquez (Ed.), Admixtures for concrete, improvement of properties. Chapman & Hall, London, 1990, pp. 51–62.

[8.2] Okamura, H.; Ozawa, K.: Selfcompactable high performance concrete in Japan. In: P. Zia (Ed.) High performance concrete. SP-159, ACI, Farmington Hills 1996, pp. 31–44.

[8.3] DAfStb-Richtlinie Selbstverdichtender Beton. Berlin, November 2003.

[8.4] Okamura, H.; Ozawa, K.: Mix design for self-compacting concrete. Concrete Library of JSCE 25 (1995), No. 6, pp. 107–120.

[8.5] Reinhardt, H.-W. et al. (Hrsg.): Sachstandbericht Selbstverdichtender Beton (SVB), DAfStb H. 520, Berlin 2001.

[8.6] Grube, H.; Riekert, J.: Selbstverdichtender Beton – ein weiterer Entwicklungsschritt des 5-Stoff-Systems Beton. Beton 49 (1999), Nr. 4, S. 239–244.

[8.7] Efes, Y.; Hintzen, W.; Herschelmann, A.: Selbstverdichtende Betone mit allgemeinen bauaufsichtlicher Zulassung. Beton- und Fertigteiltechnik 69 (2003), H. 12, S. 6–13.

[8.8] Brameshuber, W.: Selbstverdichtender Beton. Verlag Bau + Technik, Düsseldorf 2004.

[8.9] Kordts, S., Breit, W.: Kombiniertes Prüfverfahren der Verarbeitkeit von SVB – Auslaufkegel. beton 54 (2004), Nr. 4, S. 213–219.

[8.10] Huß, A.: Mischungsentwurf und Fließeigenschaften von Selbstverdichtendem Beton (SVB) vom Mehlkorntyp unter Berücksichtigung der granulometrischen Eigenschaften der Gesteinskörnung. Dissertation Universität Stuttgart, 2010.

[8.11] Huß, A.; Reinhardt, H.-W.: SVB vom Mehlkorntyp mit gebrochener Gesteinskörnung – Entwurfskonzept und Fließeigenschaften von SVB. Betonwerk + Fertigteil-Technik 75 (2009), H. 8, S. 4–12 und H. 9, S. 22–34.

[8.12] DAfStb-Richtlinie Selbstverdichtender Beton. Berlin, September 2012. Teil 1: Ergänzungen und Änderungen zu DIN EN 1992-1-1 und DIN EN 1992-1-1/NA; Teil 2: Ergänzungen und Änderungen zu DIN EN 206-1, DIN EN 206-9 und DIN 1045-2; Teil 3: Ergänzungen und Änderungen zu DIN EN 13670 und DIN 1045-3.

[9.1] DIN 18217:1981-12: Betonflächen und Schalungshaut.

[9.2] Merkblatt Sichtbeton: Deutscher Beton- und Bautechnik-Verein E. V. (Hrsg.), 2004.

[9.3] Richtlinie: Geschalte Betonoberflächen („Sichtbeton"). Österreichische Vereinigung für Beton und Bautechnik, 2002.

[9.4] Lohaus, L.; Fischer, K.: Sichtbeton – Betonzusammensetzung, Einbau, Qualitätssicherung. In: Sichtbeton – Planen, Herstellen, Beurteilen, 2. Symposium Baustoffe und Bauwerkserhaltung, Müller, H. S., Nolting, U., Haist, M. (Hrsg.), Universitätsverlag Karlsruhe, 2005, S. 33–43.

[9.5] Ebeling, K.: Sichtbeton. Planungs- und Ausführungshinweise – Der Aufgabenbereich des Bauingenieurs. beton 48 (1998), H. 4, S. 208–213.

[9.6] Springenschmid, R.: Betontechnologie für die Praxis. Bauwerk Verlag, Berlin 2007.

[9.7] Hillemeier, B.; Buchenau, G.; Herr, R. et al.: Spezialbetone. In: Beton-Kalender 2006 – Turmbauwerke und Industriebauten, Bergmeister, K.; Wörner, J.-D. (Hrsg.). Ernst & Sohn, Berlin, 2006, S. 519–583.

[9.8] Deutscher Beton- und Bautechnik-Verein E. V. (Hrsg.): DBV-Merkblatt Trennmittel für Beton, Teil A – Hinweise zur Auswahl und Anwendung. Berlin, März 2007.

[9.9] Strehlein, D.; Schießl, P.: Fleckige Hell-Dunkel-Verfärbungen an Sichtbetonflächen. Betonwerk + Fertigteil-Technik 74 (2008) H. 1, S. 32–39.

[9.10] Fiala, H., Raddatz, J.: Braune Verfärbungen auf Sichtbetonoberflächen. Beton-Informationen, Vol. 43, No. 2, 2003, S. 27.

[9.11] Stark, J., Wicht, B.: Zement und Kalk. Der Baustoff als Werkstoff. Bau-Praxis. Birkhäuser Verlag, Basel, 2000.

[9.12] Günter, M.: Sichtbeton – Möglichkeiten der Mängelbeseitigung und Instandsetzung. In: Sichtbeton – Planen, Herstellen, Beurteilen, 2. Symposium Baustoffe und Bauwerkserhaltung, Müller, H. S., Nolting, U., Haist, M. (Hrsg.). Universitätsverlag Karlsruhe, 2005, S. 71–80.

[9.13] Müller, H. S.; Haist, M.: Sichtbetone aus Leichtbeton. In: Sichtbeton – Planen, Herstellen, Beurteilen, 2. Symposium Baustoffe und Bauwerkserhaltung, Müller, H. S., Nolting, U., Haist, M. (Hrsg.). Universitätsverlag Karlsruhe, 2005, S. 57–70.

[9.14] Lohaus, L.; Gläser, T.; Fischer, K.: Betonentwurf und Prüfkonzepte für anspruchsvolle Sichtbetonbauwerke. beton 63 (2013), H. 4, S.118-123.

[9.15] Strehlein, D.: Fleckige Dunkelverfärbungen an Sichtbetonoberflächen, Charakterisierung – Entstehung – Vermeidung. Dissertation, Lehrstuhl für Baustoffkunde und Werkstoffprüfung, Technische Universität München, 2013.

[9.16] Deutscher Beton- und Bautechnik-Verein E. V. (Hrsg.), Sachstandbericht Sichtbetonkosmetik, Berlin, 2016.

[9.17] DAfStb-Richtlinie Schutz und Instandsetzung von Betonbauteilen (Instandsetzungs-Richtlinie), Berlin, Ausgabe Oktober 2001 und Berichtigungen 2002-01 und 2005-12.

[9.18] DAfStb-Richtlinie Instandhaltung von Betonbauteilen (Instandhaltungs-Richtlinie), Berlin, Gelbdruck, Stand 14.06.2016.

[9.19] Günter, M.: Bedeutung von Regelwerken bei der Instandsetzung von Fassaden aus Beton. In: Aachener Bausachverständigentage am 3./4. April 2017, Tagungsband, Springer-Vieweg-Verlag.

[10.1] Bosold, D.: Zement-Merkblatt Leichtbeton. Verein Deutscher Zementwerke e. V. (Hrsg.), Ausgabe 4/2008.

[10.2] DIN EN 1992-1-1: Eurocode 2: Bemessung und Konstruktion von Stahlbeton- und Spannbetontragwerken – Teil 1-1, Allgemeine Bemessungsregeln und Regeln für den Hochbau in Verbindung mit dem Nationalen Anhang, DIN EN 1992-1-1/NA. Beuth Verlag, Berlin, 2011 bzw. 2013.

[10.3] DIN 1045-2: Tragwerke aus Beton, Stahlbeton und Spannbeton – Teil 2: Beton; Festlegung, Eigenschaften, Herstellung und Konformität; Anwendungsregeln zu DIN EN 206-1 (einschließlich Änderung A3). Beuth Verlag, Berlin, 2008.

[10.4] DIN EN 206-1: Beton – Teil 1: Festlegung, Eigenschaften, Herstellung und Konformität. Beuth Verlag, Berlin, 2017.

[10.5] DIN 4166: Porenbeton-Bauplatten und Porenbeton-Planbauplatten. Beuth Verlag, Berlin, 1997.

[10.6] DIN EN 771-4: Festlegungen für Mauersteine – Teil 4: Porenbetonsteine. Beuth Verlag, Berlin, 2015.

[10.7] DIN EN 1520: Vorgefertigte bewehrte Bauteile aus haufwerksporigem Leichtbeton und mit statisch anrechenbarer oder nicht anrechenbarer Bewehrung. Beuth Verlag, Berlin, 2011.

[10.8] DIN 4213: Anwendung von vorgefertigten Bauteilen aus haufwerksporigem Leichtbeton mit statisch anrechenbarer oder nicht anrechenbarer Bewehrung in Bauwerken. Beuth Verlag, Berlin, 2015.

[10.9] Weigler, H.; Karl, S.: Stahlleichtbeton – Herstellung, Eigenschaften, Ausführung. Bauverlag, Wiesbaden/Berlin 1972.

[10.10] Wischers, G.: Herstellung und Eigenschaften von Leichtbeton hoher Festigkeit. Zement-Taschenbuch 1968/69, Bauverlag, Wiesbaden 1967, S. 237–313.

[10.11] Faust, Th.: Leichtbeton im Konstruktiven Ingenieurbau. Ernst & Sohn, Berlin, 2003.

[10.12] Müller, H. S.; Linsel, S.; Garrecht, H. et al.: Hochfester konstruktiver Leichtbeton – Teil 1: Materialtechnologische Entwicklungen und Betoneigenschaften. In: Beton- und Stahlbetonbau 95 (2000) H. 7, S. 392–414.

[10.13] Weigler, H., Karl, S.: Beton – Arten, Herstellung, Eigenschaften. Ernst & Sohn, Berlin, 2001.

[10.14] Thienel, K.-Ch.: Materialtechnologische Eigenschaften der Leichtbetone aus Blähton, Technologie und Anwendung der Baustoffe. Festschrift Prof. Rostásy. Ernst & Sohn, Berlin, 1992.

[10.15] Held, M.: Hochfester Konstruktions-Leichtbeton. Beton 46, H. 7, 1996.

[10.16] Manns, W.: Leichtzuschlag. Zement-Taschenbuch 48 (1984), Bauverlag, Wiesbaden/ Berlin 1983, S. 159–173.

[10.17] DIN EN 12620: Gesteinskörnungen für Beton (einschließlich Änderung A1). Beuth Verlag, Berlin, 2008.

[10.18] DIN EN 13055: Leichte Gesteinskörnungen. Beuth Verlag, Berlin, 2016.

[10.19] DIN V 18004: Anwendungen von Bauprodukten in Bauwerken – Prüfverfahren für Gesteinskörnungen nach DIN V 20000-103 und DIN V 20000-104. Beuth Verlag, Berlin, 2004.

[10.20] DIN EN 1097-5: Prüfverfahren für mechanische und physikalische Eigenschaften von Gesteinskörnungen – Teil 5: Bestimmung des Wassergehaltes durch Ofentrocknung. Beuth Verlag, Berlin, 2008.

[10.21] Grübl, P.: Druckfestigkeit von Leichtbeton mit geschlossenem Gefüge. Beton 29 (1979), H. 3. S. 91–95.

[10.22] Grübl, P.; Klemt, K.: Optimierte Betonzusammensetzung beim Leichtbeton mit geschlossenem Gefüge. Beton- und Stahlbetonbau 95 (2000) H. 7, S. 415–419.

[10.23] König, G.; Faust, Th.: Der Einfluss der Sandrohdichte auf die Eigenschaften konstruktiver Leichtbetone. Beton- und Stahlbetonbau 95 (2000) H. 7, S. 426–431.

[10.24] Schlaich, M.; El Zareef, M.: Infraleichtbeton. Beton- und Stahlbetonbau 103 (2008) H. 3, S. 175–182.

[10.25] Yu, Q. L.; Spiesz, P., Brouwers, H. J. H.: Ultralightweight concrete: Conceptual design and performance evaluation. Cement & Concrete Composites 61 (2015), pp. 18–28.

[10.26] Weigler, H.; Nicolay, J.: Temperatur und Zwangsspannung in Konstruktions-Leichtbeton infolge Hydratation. Schriftenreihe des Deutschen Ausschuss für Stahlbeton, H. 247, S. 1–44. Ernst & Sohn, Berlin, 1975.

[10.27] Müller, H. S., Haist, M.: Selbstverdichtender Leichtbeton – Erste allgemeine bauaufsichtliche Zulassung. Betonwerk + Fertigteil-Technik, 70, H. 12, 2004, S. 8–17.

[10.28] Müller, H. S.; Haist, M.: Leichtbeton – Technologie, Innovationen, Anwendungen und ausgeführte Bauwerke. VDI Jahrbuch 2004, S. 155–172.

[10.29] Müller, H. S., Haist, M.: Bauwerksertüchtigung mit puzzolanem selbstverdichtenden Leichtbeton. Abschlussbericht zum Forschungsprojekt. Institut für Massivbau und Baustofftechnologie, Universität Karlsruhe (TH), 2004.

[10.30] Schulz, B.: Erfahrungen beim Pumpen von Leichtbeton. beton 25 (1975) H. 3, S. 86–91.

[10.31] Rössig, M.: Fördern von Frischbeton, insbesondere von Leichtbeton, durch Rohrleitungen. Forschungsbericht des Landes Nordrhein-Westfalen Nr. 2456. Westdeutscher Verlag, 1974.

[10.32] Herrnkind, V.; Scholz, St. G.: Berücksichtigung des Einflusses der unterschiedlichen Lagerungsarten „trocken" und „feucht" auf die Ergebnisse der Druckfestigkeitsprüfungen. Beton, H. 4, 2008, S. 164–167.

[10.33] Heilmann, H. G.: Versuche zur Teilflächenbelastung von Leichtbeton für tragende Konstruktionen. Schriftenreihe des Deutschen Ausschuss für Stahlbeton, H. 344. Ernst & Sohn, Berlin, 1983.

[10.34] Weigler, H., Karl, S.; Lieser, P.: Über die Biegetragfähigkeit von Stahlleichtbeton. Betonwerk + Fertigteil-Technik. 38 (1972) H. 5, S. 324–334; H. 6, S. 44–49.

[10.35] Weigler, H.; Freitag, W.: Dauerschwell und Betriebsfestigkeit von Konstruktions-Leichtbeton. Schriftenreihe des Deutschen Ausschuß für Stahlbeton, H. 247, S. 45–47. Ernst & Sohn, Berlin, 1975.

[10.36] Pauw, A.: Static Modulus of Elasticity of Concrete as Affected by Density. Journal of the American Concrete Institute 57 (1960) H. 6, S. 678–687.

[10.37] Hermann, V.: Spannungs-Dehnungs-Linien von Leichtbeton. Schriftenreihe des Deutschen Ausschuss für Stahlbeton, H. 313. Ernst & Sohn, Berlin, 1980, S. 3–56.

[10.38] Müller, H. S.; Kvitsel, V.: Kriech- und Schwindbeiwerte für normalfeste und hochfeste Konstruktionsleichtbetone. Forschungsvorhaben V 402 des Deutschen Ausschusses für Stahlbeton (DAfStb), Veröffentlichung in der Schriftenreihe des DAfStb vorgesehen.

[10.39] Rostásy, F. S.; Teichen, K.-Th.; Alda, W.: Über das Schwinden und Kriechen von Leichtbeton bei unterschiedlicher Korneigenfeuchtigkeit. Beton 24 (1974) H. 6, S. 223–229; ebenso Betontechnische Berichte 1974. Beton-Verlag, Düsseldorf, 1975, S. 91–109.

[10.40] Reinhardt, H.-W.: Kriechversuche an Leichtbeton. Einige Ergebnisse niederländischer Untersuchungen. Beton 29 (1979), H. 3, S. 88–90.

[10.41] Hofmann, P.; Stöckl, S.: Versuche zum Kriechen und Schwinden von hochfestem Leichtbeton. Deutscher Ausschuss für Stahlbeton, Berlin, 1983, H. 343. S. 3–19.

[10.42] Hegger, J.; Will, N.; Görtz, St.; Kommer, B.: Zur Tragfähigkeit von Spannbetonbalken aus hochfestem Leichtbeton. Betonwerk + Fertigteil-Technik, H. 3, 2005, S. 34–45.

[10.43] Dehn, F.: Einflußgrößen auf die Querkrafttragfähigkeit schubunbewehrter Bauteile aus konstruktivem Leichtbeton. Dissertation, Universität Leipzig, 2002.

[10.44] Kvitsel, V.: Vorhersage des Schwindens und Kriechens von normal- und hochfestem Konstruktionsleichtbeton. Dissertation, Karlsruher Institut für Technologie (KIT), Karlsruhe, 2011.

[10.45] Hergenröder, M.: Korrosion von Stahl in Leichtbeton – Ergebnisse eines Auslagerungsprogramms. Betonwerk + Fertigteiltechnik 52 (1986) H. 11, S. 725–730.

[10.46] Weigler, H.; Karl, S.: Frost- und Tausalzwiderstand und Verschleißverhalten von Konstruktionsleichtbetonen. Betonsteinzeitung 34 (1968) H. 5, S. 225–240 und H. 11, S. 581–583.

[10.47] DIN V 4108-4: Wärmeschutz und Energie-Einsparung in Gebäuden – Teil 4: Wärme- und feuchteschutztechnische Bemessungswerte. Beuth Verlag, Berlin, 2017.

[10.48] Haksever, A.; Schneider, U.: Zum Brandverhalten von Leichtbetonkonstruktionen. Deutsche Bauzeitung 9 (1982), S. 1279–1282.

[10.49] Heller, D.: Schallschutz in Gebäuden aus Leichtbeton. Mauerwerk 10 (2006) H. 4, S. 175.

[10.50] Deutscher Beton- und Bautechnik-Verein e. V.: Merkblatt Sichtbeton, Fassung August 2004.

[10.51] Müller, H. S.; Haist, M., Mechtcherine, V.: Selbstverdichtender Hochleistungs-Leichtbeton. Beton- und Stahlbetonbau (2002) Nr. 6, S. 326–333.

[10.52] Weber, H.; Hullmann, H.: Porenbetonhandbuch. Bauverlag, Wiesbaden und Berlin, 2002.

[10.53] Nischer, P.: Schaumbeton. Betonwerk + Fertigteil-Technik 49 (1983) H. 3, S. 148–151.

[10.54] Widmann, H.; Enoekl, V.: Schaumbeton – Baustoffeigenschaften, Herstellung. Betonwerk + Fertigteiltechnik 57 (1991) H. 6, S. 38–43.

[10.55] Aroni, S.; de Groot, G. J.; Robinson, M. J. et al.: RILEM Recommended Practice on Autoclaved Aerated Concrete. RILEM Secretariat General, 94234 Cachan Cedex, France, 1993.

[10.56] DIN 4158: Zwischenbauteile aus Beton, für Stahlbeton- und Spannbetondecken. Beuth Verlag, Berlin, 1978.

[10.57] DIN V 18152-100: Vollsteine und Vollblöcke aus Leichtbeton – Teil 100: Vollsteine und Vollblöcke mit besonderen Eigenschaften. Beuth Verlag, Berlin, 2005.

[10.58] DIN 18162: Wandbauplatten aus Leichtbeton, unbewehrt. Beuth Verlag, Berlin, 2000.

[10.59] DIN EN 13168: Wärmedämmstoffe für Gebäude – Werkmäßig hergestellte Produkte aus Holzwolle (WW) – Spezifikation. Beuth Verlag, Berlin, 2015.

[10.60] DIN 4108-10: Wärmeschutz und Energie-Einsparung in Gebäuden, Teil 10: Anwendungsbezogene Anforderungen an Wärmedämmstoffe – Werkmäßig hergestellte Wärmedämmstoffe. Beuth Verlag, 2015.

[10.61] DIN EN 15037-2: Betonfertigteile-Balkendecken mit Zwischenbauteilen – Teil 2: Zwischenbauteile aus Beton. Beuth Verlag, Berlin, 2011.

[10.62] DIN EN 990: Prüfverfahren zur Überprüfung des Korrosionsschutzes der Bewehrung in dampfgehärtetem Porenbeton und haufwerksporigem Leichtbeton. Beuth Verlag, Berlin, 2003.

[10.63] DIN EN 1991-1-1: Eurocode 1: Einwirkungen auf Tragwerke – Teil 1-1: Allgemeine Einwirkungen auf Tragwerke – Wichten, Eigengewicht und Nutzlasten im Hochbau. Beuth Verlag, Berlin, 2010.

[11.1] Curbach, M.; Reinhardt, H.-W. et al. (Hrsg.): Sachstandbericht zum Einsatz von Textilien im Massivbau. Deutscher Ausschuss für Stahlbeton (DAfStb), Heft 488. Berlin: Beuth Verlag, 1998, S. 63–67.

[11.2] Griffith, R. A.: The Phenomena of Rupture and Flow in Solids, Transactions of the Royal Society of London, Series A 221, 1921, pp. 163–198.

[11.3] Maidl, B.: Stahlfaserbeton. Berlin: Ernst & Sohn, 1991.

[11.4] Meyer, A.: Faserbeton. Zement-Taschenbuch 47 (1979/80), Wiesbaden-Berlin: Bauverlag 1979, S. 453–477.

[11.5] Wischers, G.: Faserbewehrter Beton. beton 24 (1974) H. 3, S. 95–99 und H. 4, S.137–141.

[11.6] ACI Committee 544: State-of-the-art report of fiber reinforced concrete. ACI Publication SP-81

(1984), S. 411–432: ebenso: Concrete International 4 (1982) H. 5, S. 9–30.

[11.7] Naaman, A.: Fasern mit verbesserter Haftung. Beton- und Stahlbetonbau 95 (2000), H. 4, S. 232–238.

[11.8] Alwan, J.; Naaman, A. E.; Hansen, W.: Pull-Out Work of Steel Fibers form Cementious Matrices – Analytical Investigation. Journal of Cement and Concrete Composites 13 (1991), No. 4, pp. 247–255.

[11.9] Naaman, A. E.; Namur, G., Jr.; Alwan, J.; Najm, H.: Fiber Pull-Out and Bond Slip, Part II: Experimental Validation. ASCE Journal of Structural Engineering, Vol. 117 (1991), No. 9, pp. 2791–2800.

[11.10] Naaman, A. E.; Najm, H.: Bond-Slip Mechanisms of Steel Fibers in Concrete. ACI Materials Journal, Vol. 88 (1991), No.2, pp. 135–145.

[11.11] Bentur, A.; Mindess, S.: Fibre reinforced cementitious composites. London: Elsevier Applied Science, 1990.

[11.12] Bentur, A.; Mindess, S.: Cracking Prozess in Steel Fiber Reinforced Cement Paste. In: Cement and Concrete Research, Vol. 15 (1985), pp. 331–342.

[11.13] Cook, J.; Gordon, J. E.: A Mechanism for the Control of Crack Propagation in All-Brittle Systems. In: Proceeding of the Royal Society, Vol. A 228 (1986), pp. 508–520.

[11.14] Kützing, L.; König, G.: Duktiler Hochleistungsbeton mit Fasercocktail – Technologie – Bemessung – Anwendungen. Bautechnik 78 (2001), H. 2, S. 105–114.

[11.15] Balaguru, P.; Ramakrishnan, V.: Properties of Fiber Reinforced Concrete: Workability, Behaviour Under Long-Term Loading, Air-Void Charakteristics. In: ACI Materials Journal, paper no. 85-M23, Vol. 85, No. 3, May-June 1988, pp. 189–196.

[11.16] DBV-Sachstandsbericht: Faserbeton mit synthetischen organischen Fasern. Fassung Oktober 1990, redaktionell überarbeitet 1996. Deutscher Beton-Verein E. V.

[11.17] Nußbaum, G.; Vißmann, H.-W.: Faserbeton. Schriftenreihe Spezialbetone, Band 2. Düsseldorf: Verlag Bau und Technik, 1999.

[11.18] Halm, J.: Ausgangsstoffe, Herstellverfahren und Eigenschaften von Glasfaserbeton. In: Tagungsband zum Symposium: Glasfaserbeton – Von der Einzelanwendung zur industriellen Fertigung. Fachvereinigung Faserbeton e. V. (Hrsg.), Forschungs- und Materialprüfanstalt Baden-Württemberg – Otto-Graf-Institut. Stuttgart, 2. Dezember 1996, S. 1–7.

[11.19] Krenchel, H.; Shah, S.: Applications of polypropylene fibers in Scandinavia. Concrete International 7 (1985) H. 7, pp. 32–34.

[11.20] Johnston, C. D.: Fiber-Reinforced Cements and Concretes. Advances in concrete technology – Vol. 3. Gordon and Breach Science Publishers, Canada, 2001.

[11.21] Balaguru, P.; Shah, S. P.: Alternative Reinforcing Materials for Developing Countries. International Journal for Development Technology 3 (1985), pp. 87–105.

[11.22] Sethunarayan, R.; Chockalingham, S.; Ramanathan, R.: Tagungsband zu International Symposium on Recent Developments in Concrete Fiber Composites, Transportation Research Record, No. 1226, 1989, Washington D. C., pp. 57–60.

[11.23] Nakamura, S.; van Mier, J.G.M.; Masuda, Y.: Self compactability of hybrid fiber concrete containing PVA fibers. In: M. di Prisco, R. Felicetti, G. A. Plizzari „Fibre-reinforced concretes". 6th RILEM Symposium BEFIB 2004, Varenna, Italy, Vol. 1, pp. 527–538.

[11.24] Lankard, D. R.: Slurry infiltrated fiber concrete (SIFCON): Properties and applications. Mat. Res. Soc. Symp. Proc. 42 (1985), pp. 277– 286.

[11.25] Hauser, S.; Wörner, J. D.: DUCON, ein innovativer Hochleistungsbeton. Beton- und Stahlbetonbau 94 (1999), H. 2, S. 66–75.

[11.26] Gustafsson, J.: Experience from full scale production of steel fiber reinforced self-compacting concrete. In: Skarendahl, A.; Petersson, Ö. (eds.), Self-Compacting Concrete. RILEM Proceedings No. 7, 1999, pp. 743–754.

[11.27] DIN EN 14889-1:2006-11: Fasern für Beton – Teil 1: Stahlfasern – Begriffe, Festlegungen und Konformität. Deutsche Fassung EN 14889-1:2006. Beuth Verlag, Berlin, 2006.

[11.28] ACI Committee 544: Design Considerations for Steel Fiber Reinforced Concrete. Report No. ACI 544.4R-88. ACI Structural Journal, September/October 1988.

[11.29] Ding, Y.; Kusterle, W.: Eigenschaften von jungem Faserbeton. Beton- und Stahlbetonbau 94 (1999), S. 362–368.

[11.30] Reinhardt, H.-W.: Beton. In: Eibl, J. (Hrsg.), Beton-Kalender 2002: Teil 1; Taschenbuch für Beton-, Stahlbeton- und Spannbetonbau sowie die verwandten Fächer. Berlin: Ernst & Sohn, 2002, S. 1–152.

[11.31] Soroushian, P.; Bayasi, Z.: Prediction of the tensile strength of fiber reinforced concrete: a critique of the composite material concept. In: Fiber reinforced concrete, properties and applications ACI SP-105, American Concrete Institute, Detroit 1987, pp. 71–84.

[11.32] Barr, B.: The fracture characteristics of FRC materials in shear. In: Fiber reinforced concrete, properties and applications. ACI SP-105, American Concrete Institute, Detroit 1987, pp. 27–53.

[11.33] Swamy, R.; Jones, R.; Chaim, T.: Shear transfer in steel fiber reinforced concrete, properties and applications. ACI SP-105, American Concrete Institute, Detroit 1987, pp. 565–592.

[11.34] Fritz, C.; Reinhardt, H.-W.: Influence of crack width on shear behaviour of sifcon. In: Reinhardt, H.-W.; Naaman, A. E (eds.), High Performance Fiber Reinforced Cemement Composites, RILEM Proceddings No. 15, 1991, pp. 213–225.

[11.35] Sun, W.; Yan, H.; Qi, C.; Chen, H.: In: Reinhardt, H.-W.; Naaman, A. E. (eds.), High Performance Fiber Reinforced Cemement Composites (HPFRCC3), RILEM Proceddings No. 6, 1999, pp. 565–574.

[11.36] Sun, W.; Lai, J.; Rong, Z.; Zhang, Yu.; Zhang, Ya.: Dynamic mechanical behaviour of ultra-high performance cementitious composites under repeated impact. In Reinhardt, H.-W.; Naaman, A.E. (Eds.). High Performance Fiber Reinforced Cement Composites (HPFRCC5), RILEM Proceedings 53, Bagneux 2007, pp. 471–479.

[11.37] Grzybowski, M.; Shah, S.P. ACI Materials Journal. 87 (1990), No. 2, pp. 138–148.

[11.38] Krenchel, H.; Shah, S.: Restrained Shrinkage Test with PP-fiber Reinforced Concrete, In: ACI SP-105, Fiber Reinforced Concrete, Properties and Applications, American Concrete Institute, Detroit: 1987, pp. 141–158.

[11.39] Hähne, H.; Karl, S.; Wörner, J.: Properties of polyacrylnitrile fiber reinforced concrete. In: Fiber reinforced concrete, properties and applications. ACI SP-105, American Concrete Institute, Detroit 1987, pp. 211–223.

[11.40] N. N.: Korrosionsuntersuchungen an Stahlfaserbeton. In: beton 29 (1979), H. 10, S. 353–354.

[11.41] Schorn, H.; Schiekel, M.; Hempel, R.: Dauerhaftigkeit von textilen Glasfaserbewehrungen im Beton. Bauingenieur 79 (2004), S. 86–94.

[11.42] Schürhoff, H. J.; Gerritse: Aramid Reinforced Concrete. Aramid Fibres of the Twaron type, for Prestressing Concrete. In: Swamy, R. L.; Wagstaffe, D. R.; Oakley, D. R. (eds.): Third Intern. Symposium on Developments in Fibre Reinforced Cement and Concrete: RILEM Technical Committee 49-TFR, 13–17 July 1986, Vol. 1. Rochdale, Lancs.: RILEM, 1986, Paper 2.6.

[11.43] Balaguru, P.; Ramakrishnan, V.: Freeze-Thaw Durability of Fiber Reinforced Concrete. ACI Journal 83 (1986), pp. 374–382.

[11.44] DAfStb-Richtlinie Stahlfaserbeton, Berlin, Ausgabe März 2010.

[11.45] Naaman, A. E.: Ferrocement and Laminated Cementitious Composites. Techno Press 3000, Ann Arbor 2000.

[11.46] DIN EN 14889-2:2006-11: Fasern für Beton – Teil 2: Polymerfasern – Begriffe, Festlegungen und Konformität. Deutsche Fassung EN 14889-2:2006. Beuth Verlag, Berlin, 2006.

[11.47] DAfStb-Richtlinie Stahlfaserbeton, Berlin, Ausgabe November 2012.

[11.48] Dauberschmidt, C.: Untersuchungen zu den Korrosionsmechanismen von Stahlfasern in chloridhaltigem Beton. Dissertation, Institut für Bauforschung, RWTH Aachen, 2006.

[13.1] Müller, H. S.: Zum Baustoff der Zukunft. In: Tagungsband zur 100-Jahr-Feier des Deutschen Ausschusses für Stahlbeton, Beuth Verlag, Berlin, Oktober 2007, S. 195–221.

[13.2] Scrivener, K.: Future cements: Research needs for sustainability and potential of LC3 Technology. In: Proceedings of the II International Conference on Concrete Sustainability (ICCS16), Madrid, Spain, 2016, pp. 1107–1113.

[13.3] Nazari, Ali; Sanjayan, Jay G: Handbook of Low Carbon Concrete: Butterworth-Heinemann, 2016.

[13.4] Haist, M.; Moffatt, J. S.; Breiner, R.; Vogel, M.; Müller, H. S.: Ansatz zur Quantifizierung der Nachhaltigkeit von Beton auf der Baustoffebene. Beton- und Stahlbeton 111 (2016) 10, S. 645–656.

[13.5] Bundesministerium für Umwelt, Naturschutz, Bau und Reaktorsicherheit (BMUB), Referat B15 (Hrsg.): Leitfaden Nachhaltiges Bauen. Ausgabe Februar 2016, http://www.nachhaltigesbauen.de, letzter Aufruf: Juli 2017.

[13.6] DIN EN ISO 14040: Umweltmanagement – Ökobilanz – Grundsätze und Rahmenbedingungen. Beuth Verlag, Berlin, 2009.

[13.7] DIN EN ISO 14044: Umweltmanagement – Ökobilanz – Anforderungen und Anleitungen. Beuth Verlag, Berlin, 2006.

[13.8] Hauer, B.: Methoden und Ergebnisse der Ökobilanzierung. In: Nachhaltiger Beton – Werkstoff, Konstruktion und Nutzung, 9. Symposium Baustoffe und Bauwerkserhaltung, Müller, H. S., Nolting, U., Haist, M., Kromer, M. (Hrsg.), KIT Scientific Publishing, Karlsruhe, 2012, S. 11–18.

[13.9] Lützkendorf, Th.: Realisierung zukunftsfähiger Bauwerke – Anforderungen an Planung und Baustoffauswahl. In: Nachhaltiger Beton – Werkstoff, Konstruktion und Nutzung, 9. Symposium Baustoffe und Bauwerkserhaltung, Müller, H. S., Nolting, U., Haist, M., Kromer, M. (Hrsg.), KIT Scientific Publishing, Karlsruhe, 2012, S. 1–10.

[13.10] Institut Bauen und Umwelt e. V. (Hrsg.): Umwelt-Produktdeklarationen. http://www.bau-umwelt.de, letzter Aufruf: Juli 2017.

[13.11] Bundesministerium für Umwelt, Naturschutz, Bau und Reaktorsicherheit (Hrsg.): Ökobaudat – Informationsportal Nachhaltiges Bauen. http://www.oekobaudat.de, letzter Aufruf: Juli 2017.

[13.12] Institut für Bauen und Umwelt (Hrsg.): Umwelt-Produktdeklaration nach ISO 14025 für Zement; Deklarationsnummer: EPD-VDZ-20170026-IAG1-DE, Inhaber: Verein Deutscher Zementwerke e. V., Düsseldorf, Ausstellungsdatum: 01.03.2017.

[13.13] Chen, C.; Habert, G.; Bouzidi, Y. et al.: LCA allocation procedure used as an initiative method for waste recycling – an application to mineral additions in concrete. Resources, Conservation and Recycling 54 (2010) Nr. 12, S. 1231–1240.

[13.14] Shitza, A.; Doome, R.; Wyart, M.: Environmental footprint of dome selected industrial minerals: A study from IMA-EUROPE. Industrial Minerals Association Europe (Hrsg.): Online Ressource: http://www.ima-europe.eu/sites/ima-europe.eu/files/publications/121119_IMA_Study_Poster_v1.5_Print.pdf; letzter Zugriff: Juli 2017.

[13.15] Schießl, P.; Stengel, Th.: Nachhaltige Kreislaufführung mineralischer Baustoffe. Forschungsbericht der Technischen Universität München, Lehrstuhl für Baustoffe und Materialprüfung, München, 2006.

[13.16] Walz, K.: Beziehungen zwischen Wasserzementwert, Normfestigkeit des Zements (DIN 1164,

Juni 1970) und Betondruckfestigkeit. In: Beton 20 (1970) Nr. 11, S. 499–503.

[13.17] Haist, M.; Müller, H. S.: Nachhaltiger Beton – Betontechnologie im Spannungsfeld zwischen Ökobilanz und Leistungsfähigkeit. In: Nachhaltiger Beton – Werkstoff, Konstruktion und Nutzung, 9. Symposium Baustoffe und Bauwerkserhaltung, Müller, H. S., Nolting, U., Haist, M., Kromer, M. (Hrsg.), KIT Scientific Publishing, Karlsruhe, 2012, S. 29–52.

[13.18] Fennis, S. A. A. M.: Design of ecological concrete by particle packing optimization. Dissertation, Technische Universität Delft, Niederlande, Gildeprint Verlag, Niederlande, 2010.

[13.19] Andreasen, A. H. M.; Andersen, J.: Über die Beziehung zwischen Kornabstufung und Zwischenraum in Produkten aus losen Körnern (mit einigen Experimenten). In: Kolloid-Zeitung 50 (1930), S. 217–228.

[13.20] Fuller, W. B.; Thompson, S. E.: The laws of proportioning concrete. Journal of the American Society of Civil Engineers 59 (1907), S. 67–143.

[13.21] de Larrard, F.: Concrete mixture proportioning – a scientific approach. Verlag E & EN Spon, London, England, 1999.

[13.22] Puntke, W.: Wasseranspruch von feinen Kornhaufwerken. beton 52 (2002) Nr. 5, S. 242–248.

[13.23] Deutsches Institut für Bautechnik (Hrsg.): Bauregelliste A, Bauregelliste B und Liste C. In: Deutsches Institut für Bautechnik – Mitteilungen, Ausgabe 2015/2 inkl. Änderungen 2016/1.

[13.24] International Federation for Structural Concrete (fib): Guidelines for green concrete structures. fib Bulletin 67, Lausanne, 2012.

[13.25] Damineli, B. L.; Kemeid, F. M.; Aguiar, P. S.; John, V. M.: Measuring the eco-efficiency of cement use. Cement and Concrete Composites 32 (2010), S. 555–562.

[13.26] Bundesverband der Deutschen Transportbetonindustrie (BTB): Jahresbericht 2011/2012. Eigenverlag, Berlin, 2012.

[13.27] Proske, T.; Hainer, St.; Jakob, M. et al.: Stahlbetonbauteile aus klima- und ressourcenschonendem Ökobeton. Beton- und Stahlbetonbau 107 (2012) Nr. 6, S. 401–413.

[13.28] Rezvani Divkolaie, S. M.: Shrinkage model for concrete made of limestone-rich cements. Dissertation, Technische Universität Darmstadt, 2017.

[13.29] Hainer, J. S.: Karbonatisierungsverhalten von Betonen unter Einbeziehung klinkerreduzierter Zusammensetzungen. Dissertation, Technische Universität Darmstadt, Institut für Massivbau, 2015.

[13.30] Haist, M.; Moffatt, J.; Breiner, R.; Müller, H. S.: Entwicklungsprinzipien und technische Grenzen der Herstellung zementarmer Betone. In: Beton- und Stahlbetonbau 109 (2014) Nr. 3, S. 202–215.

[13.31] Glavind, M.; Munch-Petersen, C.: Green concrete in Denmark. Structural Concrete 1 (2000) Nr. 1, S. 1–7.

[13.32] Glavind, M.: Green concrete structures. Structural Concrete 12 (2011) Nr. 1, S. 23–29.

[13.33] Nielsen, C. V.; Glavind, M.: Danish Experiences with a decade of green concrete. Journal of Advanced Concrete Technology 5 (2007) Nr. 1, S. 3–12.

[13.34] Moffatt, J.; Breiner, R.; Haist, M.; Müller, H. S.: Design and Properties of Sustainable Concrete. In: Concrete – Innovation and Design, Proceedings of the fib Symposium 2015, Kopenhagen, Dänemark, 2015 (extended Paper).

[13.35] Müller, H. S.; Haist, M.; Vogel, M.: Assessment of the sustainability potential of concrete and concrete structures considering their environmental impact, performance and lifetime. In: Construction and Building Materials 67 (2014), pp. 321–337.

[13.36] Müller, H. S.; Scheydt, J. C.: Dauerhaftigkeit und Nachhaltigkeit von ultrahochfestem Beton – Ergebnisse von Laboruntersuchungen. Beton 61 (2011) Nr. 9, S. 336–343.

[14.1] DIN CEN/TR 15868:2012-04 (E), Survey of national requirements used in conjunction with EN 206-1:2000; English version CEN/TR 15868:2009.

# II Bemessung von Gründungen nach EC 7-1 und DIN 1054

Martin Ziegler, Aachen

Benjamin Aulbach, Aachen

Beton-Kalender 2019: Parkbauten; Geotechnik und Eurocode 7.
Herausgegeben von Konrad Bergmeister, Frank Fingerloos und Johann-Dietrich Wörner
© 2019 Ernst & Sohn GmbH & Co. KG. Published 2018 by Ernst & Sohn GmbH & Co. KG.

1 Einleitung

Im Zuge der Harmonisierung des Baumarktes und zur Reduzierung von Handelshindernissen in Europa hat die Europäische Kommission dem europäischen Normeninstitut CEN das Mandat erteilt, einheitliche Normen für das gesamte Bauwesen zu schaffen. Diese Aufgabe wurde an das Technische Komitee TC 250 delegiert, das seinerseits mehrere Unterkomitees einsetzt, um diese Aufgabe zu bewerkstelligen (Bild 1).

Wie aus Bild 1 zu ersehen ist, gibt es mit dem EC 0 „Grundlagen der Tragwerksplanung" und dem EC 1 „Einwirkungen auf Tragwerke" zwei übergeordnete Eurocodes für alle Fachgewerke. Das Kürzel EC 0 steht dabei für die Norm EN 1990, dessen deutsche Übersetzung in DIN EN 1990 zu finden ist. Entsprechendes gilt für die übrigen ECs.

Die Fachgewerke selbst werden in EC 2 bis EC 9 behandelt, wobei der EC 7 die Geotechnik beschreibt. Der EC 7 hat dabei zwei Teile: EC 7-1 behandelt die eigentliche Bemessung, während EC 7-2 die Baugrunduntersuchung zum Thema hat. Der Schwerpunkt dieses Beitrags liegt auf der Erläuterung des EC 7-1.

Der EC 7-1 baut auf dem übergeordneten EC 0 auf. Aufgrund der später noch in Abschnitt 2.2.7 näher erläuterten Besonderheiten in der Geotechnik werden im EC 0 nur Grundgleichungen aufgeführt, die dann im EC 7-1 näher spezifiziert werden.

Der EC 7-1 erschien im September 2009 und kurz darauf die deutsche Übersetzung in Form von DIN EN 1997-1:2009-09. Der zugehörige Nationale Anhang wurde gut ein Jahr später als DIN EN 1997-1/NA:2010-12 zusammen mit den ergänzenden Regelungen von DIN 1054:2010-12 veröffentlicht. Dieses Normentripel bildet eine in sich konsistente Einheit für die Bemessung in der Geotechnik, die daher auch im Jahr 2012 bauaufsichtlich eingeführt wurde.

Entsprechend der europäischen Gesetzgebung dürfen in nationalen Ergänzungsnormen keine Regelungen enthalten sein, die dem EC widersprechen, aber auch keine Regelungen, die bereits Teil des jeweiligen ECs sind. DIN 1054:2010-12 stellt daher

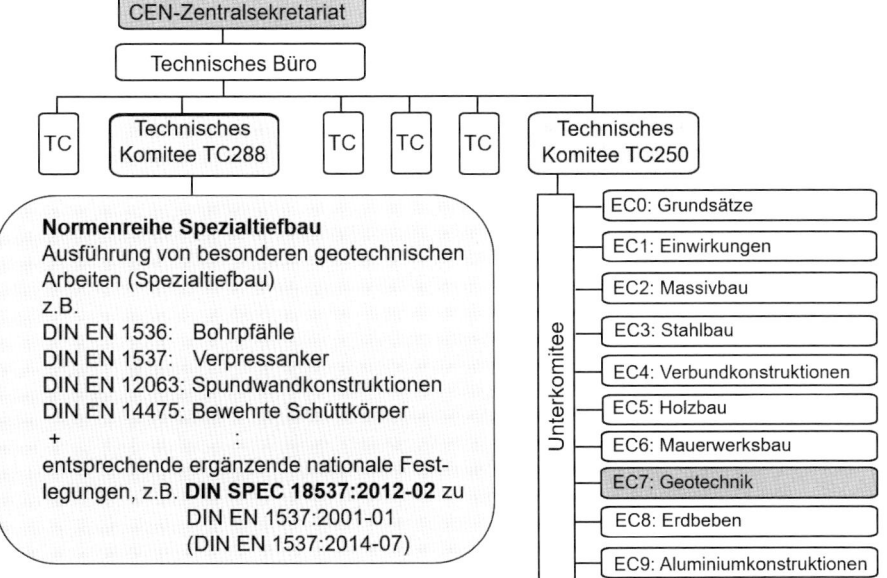

Bild 1. Technische Komitees für das Bauwesen innerhalb des CEN

Beton-Kalender 2019: Parkbauten; Geotechnik und Eurocode 7.
Herausgegeben von Konrad Bergmeister, Frank Fingerloos und Johann-Dietrich Wörner
© 2019 Ernst & Sohn GmbH & Co. KG. Published 2018 by Ernst & Sohn GmbH & Co. KG.

eine Rumpfnorm dar, die für sich allein schwer zu lesen ist. Der Anwender ist gezwungen, bei der Bearbeitung gleichzeitig alle 3 Regelwerke zu beachten. Vorrangig gilt DIN EN 1997-1, aber an Stellen, wo der Nationale Anhang einen Verweis auf DIN 1054 gibt, ist die dort angegebene Regelung zu beachten. Dabei kann die Regelung in DIN 1054 selbst wieder weitere Verweise auf mitgeltende Berechnungsnormen oder Empfehlungen enthalten, wie z. B. auf die Grundbruchnorm DIN 4017 oder auf die Empfehlungen des Arbeitskreises Baugruben (EAB) (s. Bild 2).

Um hier dem Anwender das Arbeiten zu erleichtern, wurde vom Beuth Verlag ein sogenanntes Normenhandbuch aufgelegt, das alle drei relevanten Normenwerke in einem Druckwerk zusammenfasst [2]. Darin ist der gesamte Text des EC 7-1 abgedruckt. An den Stellen, an denen eine nationale Regelung existiert, wird die entsprechende Regelung des Nationalen Anhangs (NA) gut sichtbar in einem Kasten eingeblendet. Verweist der NA auf eine Regelung in DIN 1054, erscheint der dazu gehörende Text abgesetzt durch Hinterlegung in Grau. Damit erübrigt sich das mühselige und fehleranfällige Arbeiten in gleichzeitig drei Normenwerken. Wenn im Folgenden ein Abschnitt aus DIN EN 1997-1 bzw. DIN 1054 zitiert wird, bezieht sich die entsprechende Referenz immer auf das Normenhandbuch.

Im Jahr 2014 erschien mit DIN EN 1997-1:2014-03 eine bis auf das Kapitel 8 „Verankerungen" nicht wesentlich geänderte Version des EC 7-1. Entsprechende Anpassungen des NA und von DIN 1054 sind nicht erfolgt, was damit zusammenhängt, dass die Regelungen zu Verankerungen nach wie vor umstritten sind, sodass dafür auch keine bauaufsichtliche Einführung erfolgen wird. Hierfür wird die derzeit entstehende nächste Generation der Eurocodes abgewartet. Die nachfolgenden Ausführungen beziehen sich daher auf die im Normenhandbuch abgedruckten Regelungen.

Neben den im TC 250 behandelten Belangen der Bemessung gibt es für die Regelung der Ausführung das TC 288 (vgl. Bild 1), unter dessen Leitung die Normenreihe „Ausführung von Arbeiten im Spezialtiefbau" herausgegeben wird, wie z. B. DIN EN 1536:2015-10 Bohrpfähle. Vereinzelt existieren dazu auch bereits ergänzende nationale Festlegungen als DIN SPEC, wie z. B. DIN SPEC 18539: 2012-02 als Ergänzung zu DIN EN 14199:2012-01 „Mikropfähle". Allerdings sind diese beiden Normenreihen noch nicht durchgehend synchronisiert. So gibt es bereits eine Neufassung von DIN EN 14199:2015-07, ohne dass die zugehörige DIN SPEC Norm schon geändert worden wäre.

2 Sicherheitsnachweise nach EC 7-1 und DIN 1054

2.1 Anwendungsbereich des EC 7-1

Der Anwendungsbereich von DIN EN 1997-1 ist in Abschnitt 1 der Norm geregelt. Danach stellen die

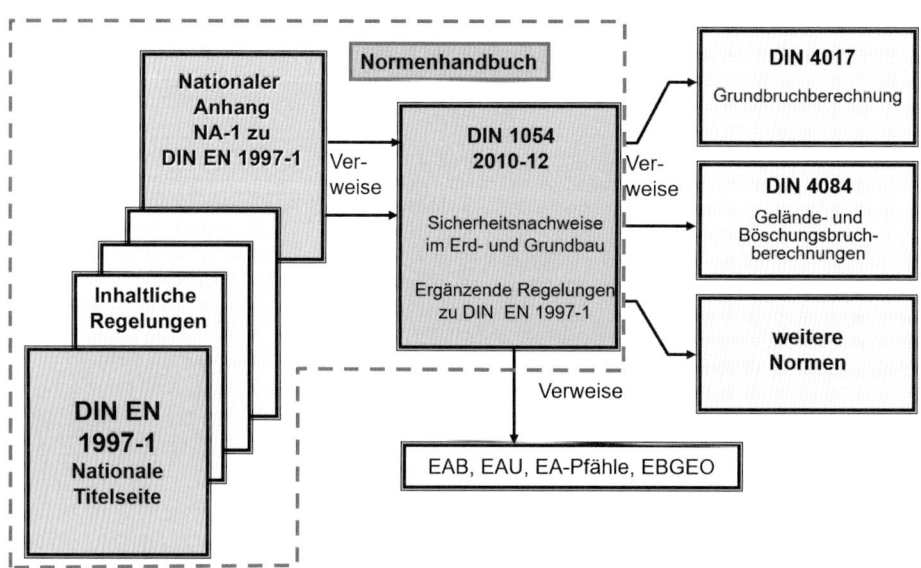

Bild 2. Zusammenfassung der relevanten Normen des EC 7-1 nach [1] zu einem Normenhandbuch

Regelungen von DIN EN 1997-1 die „allgemeine Grundlage für die geotechnischen Gesichtspunkte beim Entwurf von Hoch- und Ingenieurbauwerken" dar. DIN EN 1997-1 ist dabei in Verbindung mit DIN EN 1990 zu sehen, „in der die Grundsätze und Anforderungen für Sicherheit und Gebrauchstauglichkeit festgelegt sind, die Grundlagen der Planung und der Nachweise beschrieben und Richtlinien für die damit verbundenen Gesichtspunkte der Zuverlässigkeit von Tragwerken angegeben werden". Allerdings sind in DIN EN 1990 nicht alle Besonderheiten aus dem Bereich der Geotechnik aufgenommen. Die entsprechenden spezifischen Regelungen finden sich vielmehr in DIN EN 1997-1, auf die in Abschnitt 2.2.7 noch näher eingegangen wird.

In DIN EN 1997-1 werden Anforderungen an die Festigkeit, Standsicherheit, Gebrauchstauglichkeit und Dauerhaftigkeit der Bauwerke behandelt, nicht aber andere Anforderungen, wie z. B. der Wärme- oder Schallschutz. Ebenso sind die besonderen Anforderungen aus Erdbebeneinwirkungen ausgenommen, die in DIN EN 1998 geregelt werden. DIN 1054 übernimmt den Anwendungsbereich von DIN EN 1997-1, schließt aber zusätzlich z. B. bei der Gebrauchstauglichkeit den Nachweis der ausreichenden Dichtigkeit bei Trogbauwerken und Baugruben aus.

2.2 Begriffe

Zunächst werden einige Begriffe erläutert, die zum besseren Verständnis der nachfolgenden Erläuterungen zum EC 7 beitragen.

2.2.1 Geotechnische Kategorien

In DIN EN 1997-1 können die Komplexität einer Gründungsmaßnahme und die damit verbundenen Risiken durch Geotechnische Kategorien beschrieben werden. Im NA zu DIN EN 1997-1 wird hingegen die Anwendung Geotechnischer Kategorien zur Festlegung von Mindestanforderungen an Umfang und Qualität der durchzuführenden geotechnischen Untersuchungen, Berechnungen und Überwachungsmaßnahmen verbindlich vorgeschrieben. In den ergänzenden Regelungen von DIN 1054 erfolgt eine detailliertere Zuordnung und Beschreibung der einzelnen Kategorien, als dies in DIN EN 1997-1 der Fall ist. In Anlehnung an DIN 4020 ist ein informativer Anhang AA des Normenhandbuchs eine Tabelle aufgenommen, mit deren Hilfe eine Zuordnung in eine der drei Kategorien vorgenommen werden kann. Kriterien sind dabei der Baugrund, das Grundwasser, das Bauwerk, die Baumaßnahmen sowie die in den Abschnitten 7 bis 12 von DIN 1054 behandelten Anwendungen, zu denen u. a. auch Flächengründungen und Pfahlgründungen zählen.

Die Einordnung einer Baumaßnahme in eine Geotechnische Kategorie muss vor Beginn der geotechnischen Erkundung erfolgen. Eine spätere Änderung der beim Bau vorgefundenen Verhältnisse ist möglich und unter Umständen auch notwendig. Die folgenden Erläuterungen zu den Geotechnischen Kategorien orientieren sich an den Definitionen von DIN EN 1997-1 sowie den zusätzlichen Regelungen in DIN 1054.

Geotechnische Kategorie GK 1

Die GK 1 soll nur kleine und relativ einfache Bauwerke umfassen, deren Standsicherheit und Gebrauchstauglichkeit mit vereinfachten Verfahren aufgrund von Erfahrungen hinreichend beurteilt werden können und für die ein vernachlässigbares Risiko besteht.

Geotechnische Kategorie GK 2

GK 2 gilt für konventionelle Gründungen und Bauwerke mit mittlerem Schwierigkeitsgrad ohne ungewöhnliche Risiko oder schwierige Baugrund- oder Belastungsverhältnisse. Sie erfordern jedoch eine ingenieurmäßige Bearbeitung und einen rechnerischen Nachweis der Standsicherheit und der Gebrauchstauglichkeit.

Geotechnische Kategorie GK 3

Sie umfasst Baumaßnahmen mit hohem Schwierigkeitsgrad im Hinblick auf das Zusammenwirken von Baugrund und Bauwerk. Insbesondere sind Bauwerke, die unter Anwendung der Beobachtungsmethode errichtet werden, in die Geotechnische Kategorie GK 3 einzustufen. Bauwerke der Geotechnischen Kategorie GK 3 erfordern eine ingenieurmäßige Bearbeitung und einen rechnerischen Nachweis der Tragfähigkeit und Gebrauchstauglichkeit auf der Grundlage von zusätzlichen Untersuchungen und von vertieften Kenntnissen und Erfahrungen auf dem jeweiligen Spezialgebiet.

2.2.2 Sachverständiger für Geotechnik

Bei Vorliegen der GK 3 ist die Einschaltung eines Sachverständigen für Geotechnik (SVG) erforderlich und dringend empfohlen. Dieser sollte fachkundig und erfahren auf dem Gebiet der Geotechnik sein. Weitere Anforderungen an das Berufsbild oder den Ausbildungsgang werden allerdings nicht verlangt. Insbesondere handelt es sich bei dem Sachverständigen für Geotechnik nicht um einen öffentlich bestellten und vereidigten Sachverständigen und auch nicht um den anerkannten Sachverständigen für Erd- und Grundbau nach Bauordnungsrecht [3]. Bei der Beauftragung eines SVG sollte man sich daher eingehend über die Qualifikation des SVG informieren und dessen Referenzen für ähnliche Projekte zeigen lassen.

In DIN 1054 taucht der Begriff des SVG mit Ausnahme bei einer Anmerkung zu Punkt 1.3 von DIN EN 1997-1 überhaupt nicht mehr auf. In dieser Anmerkung heißt es, dass der gegebenenfalls vom verantwortlichen Entwurfsverfasser bei nicht ausreichender Sachkunde einzusetzende Fachplaner für Geotechnik dem SVG nach DIN 4020 entspricht. In der Fassung von DIN 4020:2010-12 wiederum wird in der Anmerkung A1 zu A 1.5.3.24 erläutert, dass „der Sachverständige für Geotechnik (ist) der Fachmann (ist), der nach den Bauordnungen der Länder hinzuziehen ist, falls der Entwurfsverfasser nicht selbst über die erforderliche Sachkunde und Erfahrung auf dem Gebiet der Geotechnik verfügt". Damit wird der SVG indirekt wieder zur Klärung der geotechnischen Fragestellungen bei einem Bauwerk legitimiert.

2.2.3 Einwirkungen, Auswirkungen und Beanspruchungen

Eine umfassende Einteilung der verschiedenen Einwirkungen erfolgt in DIN EN 1990. Von der dort vorgenommenen Differenzierung der Einwirkungen werden im Bereich der Geotechnik nur die folgenden Einwirkungsgruppen zusammenfassend betrachtet.

Gründungslasten

Sie beschreiben nach DIN 1054 die Einwirkungen bzw. Beanspruchungen aus der statischen Berechnung des aufliegenden Tragwerks (DIN 1054, A 2.4.2.3, A (1)). Sie sind für jede kritische Einwirkungskombination in den maßgebenden Bemessungssituationen für den Grenzzustand der Tragfähigkeit und den Grenzzustand der Gebrauchstauglichkeit in der Regel als charakteristische bzw. repräsentative Größen in Höhe der Oberkante der Gründungskonstruktion zu übergeben.

In diesem Zusammenhang ergibt sich oft die Schwierigkeit, dass die für den Tragwerksplaner kritische Einwirkungssituation nicht zwangsläufig mit derjenigen übereinstimmen muss, die für die Bemessung der Gründungskonstruktion maßgebend ist. Eine weitere Schwierigkeit ergibt sich bei der Übergabe von charakteristischen bzw. repräsentativen Einwirkungen, die der Geotechniker für seine Rechnungen und Nachweise benötigt. Da der Tragwerksplaner in vielen Fällen jedoch bereits vor der statischen Berechnung die Bemessungswerte der Einwirkungen bildet und damit seine Berechnung durchführt, erhält er im Ergebnis Bemessungswerte der Beanspruchungen, die im Nachgang nicht mehr in allen Fällen eindeutig in charakteristische bzw. repräsentative Werte rückgerechnet werden können (s. Abschnitt 2.2.8).

Geotechnische Einwirkungen

Sie resultieren im Wesentlichen aus Erddruck- und Wasserdruckbelastung. Bei unterschiedlichen Wasserständen im Untergrund sind die daraus resultierenden Strömungskräfte zu berücksichtigen. Aber auch negative Mantelreibung oder Fließdruck bei Pfählen zählen zu den geotechnischen Einwirkungen (s. Abschnitte 4.3.2 bis 4.3.4).

Dynamische Einwirkungen

Übliche zyklische, dynamische oder stoßartige Einwirkungen dürfen als veränderliche statische Einwirkungen mit zusätzlichen Schwingbeiwerten berücksichtigt werden (DIN 1054, A 2.4.2.1, A (8a)). Bei erheblichen dynamischen Einwirkungen, wie sie durch Anprallasten, Druckwellen oder Schwingungen von Maschinenfundamenten entstehen können, muss im Einzelfall aber geprüft werden, ob die Massenträgheitskräfte in den Berechnungen mitberücksichtigt werden müssen.

Erdbebeneinwirkungen

Bei Einwirkungen durch Erdbeben ist DIN EN 1998-5:2010-12 in Verbindung mit DIN EN 1998-5/NA:2011-07 zu beachten. Einwirkungen durch Erdbeben werden bei der geotechnischen Bemessung in einer eigenen Bemessungssituation behandelt (s. Abschnitt 2.2.8).

Auswirkung und Beanspruchung

Als Beanspruchung (DIN EN 1990, 1.5.3.2) wird die Summe aller Auswirkungen infolge verschiedener Einwirkungen verstanden. Diese kann in Form einer Schnittgröße, einer Spannung, einer Dehnung oder der Verformung eines Bauteils auftreten. Ein typisches Beispiel einer geotechnischen Beanspruchung stellt die Erdauflagerkraft bei einem gestützten, frei aufgelagerten Baugrubenverbau dar. Hier ist später nachzuweisen, dass diese kleiner bleibt als der mobilisierbare Erdwiderstand.

2.2.4 Widerstände

Generell ist bei der Bemessung nach dem Teilsicherheitskonzept ein Vergleich zwischen Einwirkungen bzw. Beanspruchungen und Widerständen durchzuführen. Widerstände können z. B. bei einem Zugstab direkt als Bauteilwiderstand angegeben werden. Da dieser Widerstand aber letztlich auf den Materialeigenschaften des eingesetzten Baustoffs beruht, kann auch direkt die Festigkeit beim Sicherheitsnachweis verwendet werden. Das wäre z. B. beim Nachweis ausreichender Betondruckfestigkeit (vgl. Bild 3) bei der Berechnung einer Schlitzwand der Fall oder beim Nachweis ausreichender Materialfestigkeit beim Stahlzugglied eines Ankers. In der Geotechnik sind die Eigenschaften des Baustoffs Baugrund durch die Scherparameter Reibungswinkel und Kohäsion definiert. Sofern in den Nachweisen der Tragfähigkeit die Scherparameter mit einem Sicherheitsfaktor noch vor der eigentlichen Berechnung abgemindert werden, spricht man vom Material-Factoring-Approach (MFA). Ein Beispiel dafür ist der Widerstand beim Nachweis der Gesamtstandsicherheit z. B. in Form der Gleitfugenkraft wie in Bild 3 links.

It all starts with solid ground engineering

Tätigkeitsfeld
Gründungen, Baugruben, Unterfangungen, Grundwasserhaltungen, Baugrundverbesserungen, Baugrundvereisung, geogitterbewehrte Konstruktionen...

Leistungen
Beratung, Berechnung, Bewertung, Gutachterliche Unterstützung, Ursachenforschung, Lösungsfindung...

Ihr kompetenter Ansprechpartner in allen Fragen der Geotechnik

ZAI Ziegler und Aulbach Ingenieurgesellschaft mbH   Schloss Rahe Straße 15   52072 Aachen   Deutschland
T. +49 (0) 241 / 9367 - 1800   F. +49 (0) 241 / 9367 - 1805   info@zai-ingenieure.de   www.zai-ingenieure.de

Kommentar zum Handbuch
Eurocode 7 – Geotechnische Bemessung

Im Kommentar werden ausführliche Begründungen und Erklärungen gegeben, mit denen das Verständnis für die neuen Begriffe, Regeln und Festlegungen geweckt werden soll. Mit den Beispielen wird gezeigt, wie die neuen Festlegungen im konkreten Fall in die Praxis umgesetzt werden. Sie sind so gewählt, dass alle wesentlichen Rechenschritte nachvollziehbar werden. Das Buch zeigt, wie die üblichen Standsicherheitsnachweise im Erd- und Grundbau, z. B. für Flachgründungen, Pfahlgründungen, Stützbauwerke, Baugrubenkonstruktionen, Verankerungen und Böschungen, sowie der Nachweis der Sicherheit gegen Auftrieb und hydraulischen Grundbruch zu erbringen sind.

Hrsg.: Bernd Schuppener
Kommentar zum Handbuch Eurocode 7 – Geotechnische Bemessung
Allgemeine Regeln
2012. 320 Seiten.
€ 89,–*
ISBN 978-3-433-01528-5
Auch als ebook erhältlich.

Zeitschriften zum Thema:

- Bautechnik
- geotechnik

Online Bestellung:
www.ernst-und-sohn.de

Ernst & Sohn
Verlag für Architektur und technische Wissenschaften GmbH & Co. KG

Kundenservice: Wiley-VCH
Boschstraße 12
D-69469 Weinheim

Tel. +49 (0)6201 606-400
Fax +49 (0)6201 606-184
service@wiley-vch.de

* Der €-Preis gilt ausschließlich für Deutschland. Inkl. MwSt. zzgl. Versandkosten. Irrtum und Änderungen vorbehalten. 1026106_dp

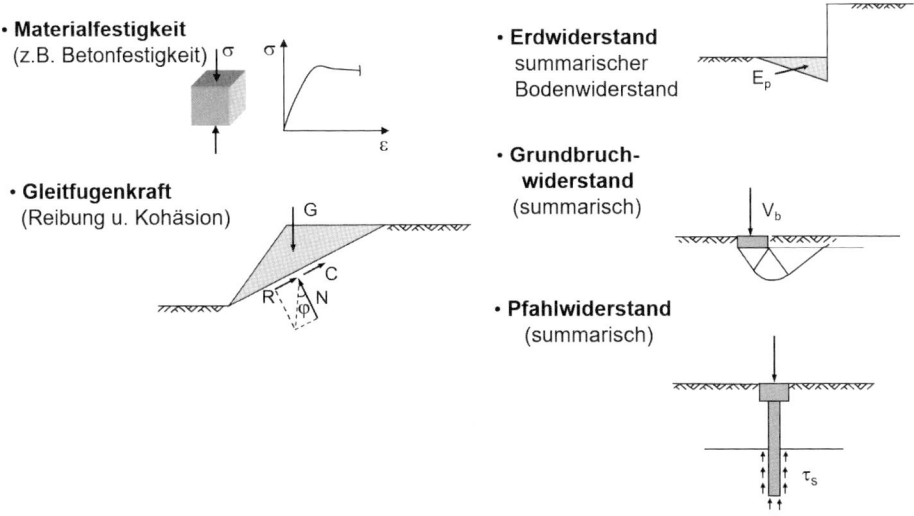

Bild 3. Ansatz von Materialwiderständen (MFA) oder summarischen Widerständen (RFA)

Dem steht der Resistance-Factoring-Approach (RFA) gegenüber. Bei diesem werden im Baugrund auftretende Scherkräfte erst zu summarischen Widerstandsgrößen auf zunächst charakteristischer Basis zusammengefasst. Erst beim Einsetzen in die Grenzzustandsgleichung werden sie mit dem um den Teilsicherheitsbeiwert verkleinerten Bemessungswert verwendet. Typische Vertreter dieser Gruppe sind der Erdwiderstand, der Grundbruchwiderstand und der Pfahlwiderstand (Bild 3 rechts). Es liegt auf der Hand, dass bei Verwendung von in den Scherparametern nichtlinearer Gleichungen, was fast immer in der Geotechnik der Fall ist, unterschiedliche Ergebnisse bei Verwendung des RFA- anstelle des MFA-Ansatzes erhalten werden.

2.2.5 Charakteristische und repräsentative Werte

Charakteristischer Wert

Die prinzipielle Definition eines charakteristischen Werts (Index k) findet sich in DIN EN 1990. Dort wird der charakteristische Wert einer Einwirkung als derjenige Wert definiert, der mit einer vorgegebenen Wahrscheinlichkeit im Bezugszeitraum unter Berücksichtigung der Nutzungsdauer des Bauwerks und der entsprechenden Bemessungssituation nicht überschritten wird (DIN EN 1990, 1.5.3.14). Bei einer Baustoffeigenschaft verbindet DIN EN 1990 den charakteristischen Wert mit einer bestimmten Fraktile einer statistischen Verteilung (DIN EN 1990, 1.5.4.1). In der Geotechnik ist aber in den meisten Fällen die Datenbasis für eine seriöse Auswertung auf statistischer Grundlage nicht gegeben. In DIN EN 1997-1 2.4.5.2 (2)P heißt es dann daher auch schon allgemeiner, dass „der charakteristische Wert einer geotechnischen Kenngröße (ist) als eine vorsichtige Schätzung desjenigen Wertes festzulegen (ist), der im Grenzzustand wirkt".

Während die Einwirkungsseite, zumindest was die Gründungslasten angeht, relativ zuverlässig eingeschätzt werden kann, zählt aufgrund der unzureichenden Eingangsdaten und der natürlichen Heterogenität des Untergrunds die Festlegung von charakteristischen Werten für einen bestimmten Homogenbereich im Boden zu den schwierigsten Aufgaben in der Geotechnik. Dabei ist zu bedenken, dass die Scherparameter des Bodens über den aktiven Erddruck sowohl die geotechnische Einwirkungsseite als auch mit dem passiven Erddruck die Widerstandsseite gleichzeitig beeinflussen können. In der Regel wird daher ein Sachverständiger für Geotechnik eingeschaltet werden, um die Festlegung der charakteristischen Bodenkennwerte vorzunehmen. Es obliegt dann seinem Wissen und seiner Erfahrung, wie er vorgeht und letztlich den im rechnerischen Grenzzustand anzusetzenden charakteristischen Wert festlegt. Einflussparameter auf die Festlegung des charakteristischen Werts sind u. a.:

- Qualität und Quantität der Datenbasis,
- Auswirkung eines Bauwerksversagens auf die Umgebung,
- Empfindlichkeit der Bauwerkskonstruktion im Hinblick auf baugrundbedingte Verformungen,
- Fähigkeit der Konstruktion, bei Annäherung an den Grenzzustand schadlos Kräfte umzulagern (Duktilität).

Mitunter kann es erforderlich werden, obere und untere charakteristische Werte festzulegen und in den Berechnungen jeweils die ungünstigste Kombination auszuwählen. Dies kann z. B. bei den Bodenkennwerten dann der Fall sein, wenn die Ergebnisse der Labor- und Feldversuche sehr starke Streuungen aufweisen.

Ebenso gibt es aber auch auf der Einwirkungsseite Problemstellungen, bei denen dies angebracht ist. Ein typisches Beispiel stellt der Ansatz der Betonwichte beim Nachweis gegen Aufschwimmen dar. Sie wird für diesen Nachweis mit dem unteren Wert von 24 kN/m^3 angesetzt, da sie günstig wirkt, während sonst mit 25 kN/m^3 gerechnet wird, da das Betongewicht in den meisten anderen Fällen ungünstig wirkt (EAB:2012, EB 62 (7)).

Aufgrund der starken Interaktion zwischen Bauwerkskonstruktion und Untergrund sollte der fachliche Austausch zwischen dem Sachverständigen für Geotechnik und dem Tragwerksplaner nicht auf die reine Übergabe von Bodenkennwerten beschränkt bleiben, sondern auch die Diskussion über die damit erhaltenen Ergebnisse einschließen. Da bei komplexen Konstruktionen heute überwiegend Rechenprogramme auf Basis finiter Elemente zum Einsatz kommen, mit denen auch Aussagen über Spannungen und Verformungen im Gebrauchszustand erhalten werden, kommt der Angabe der verformungsbestimmenden Bodenkenngrößen eine große Bedeutung zu. Insbesondere bei verschiebungsempfindlichen Konstruktionen mag der Sachverständige für Geotechnik geneigt sein, zur Sicherstellung der Gebrauchstauglichkeit die entsprechenden verformungsbestimmenden Kenngrößen des Untergrunds wie z. B. die Steifemoduln der einzelnen Bodenschichten möglichst vorsichtig, d. h. niedrig, anzusetzen. Dies kann aber bei der Berechnung der Grenztragfähigkeit zu unrealistischen und vor allem auch unsicheren Ergebnissen führen. Auch hier wäre z. B. die Vorgabe eines unteren charakteristischen Werts für die Verformungsberechnung und die eines oberen Wertes für die Tragfähigkeitsbetrachtung angebracht. Auf jeden Fall sollte eine Rückkopplung zwischen dem Tragwerksplaner und dem Sachverständigen für Geotechnik erfolgen, um die Berechnungsergebnisse zu bewerten, die vorgegebenen Kennwerte zu bestätigen, gegebenenfalls zu korrigieren oder auch zusätzliche Untersuchungen zu veranlassen, mit denen die Schwankungsbreite der erhaltenen Ergebnisse dann weiter eingegrenzt werden kann.

Repräsentativer Wert

Nach DIN EN 1990:2010-12 ist der repräsentative Wert einer Einwirkung als derjenige Wert definiert, der für den Nachweis eines Grenzzustandes verwendet wird (DIN EN 1990, 1.5.3.20). Treten nur ständige Einwirkungen auf, entspricht der repräsentative Wert dem charakteristischen Wert. Treten zusätzlich voneinander unabhängige veränderliche Einwirkungen auf, so stellt der repräsentative Wert einer veränderlichen Einwirkung den sogenannten Begleitwert dar, der sich aus dem charakteristischen Wert durch Multiplikation mit einem Kombinationswert $\psi \leq 1{,}0$ ergibt. Mit dem Kombinationswert ψ wird berücksichtigt, dass nicht alle veränderlichen Einwirkungen gleichzeitig und in voller Höhe auftreten. Die Größe des ψ-Werts richtet sich nach der Häufigkeit des Auftretens der veränderlichen Einwirkung Q_k. Unterschieden werden nach DIN EN 1990 der Kombinationswert einer veränderlichen Einwirkung, beschrieben durch $\psi_0 \cdot Q_k$, der häufige Wert einer veränderlichen Einwirkung, beschrieben durch $\psi_1 \cdot Q_k$ oder der quasi-ständige Wert einer veränderlichen Einwirkung, beschrieben durch $\psi_2 \cdot Q_k$. Nähere Angaben hierzu und zur Größe der ψ_i-Werte finden sich in DIN EN 1990:2010-12, 4.1.3.

Während DIN EN 1990 lediglich das Produkt $\psi \cdot Q_k$ als repräsentativen Wert bezeichnet, wird in DIN EN 1997-1, A 2.4.6.1.1, A (2a) die repräsentative Einwirkung einer veränderlichen Einwirkung Q_{rep} als Kombination aus einer Leiteinwirkung Q_{k1} und einer oder mehreren Begleiteinwirkungen $Q_{k,i}$ bezeichnet:

$$Q_{rep} \text{"="} Q_{k1} \text{"+"} \Sigma \psi_{0,i} \cdot Q_{k,i}$$

In vorstehendem Ausdruck hat "=" die Bedeutung „ergibt sich aus" und "+" die Bedeutung „in Verbindung mit". Die Anwendung von Kombinationsbeiwerten in der vorbeschriebenen Form hat zur Folge, dass verschiedene veränderliche Einwirkungen als Leiteinwirkung betrachtet werden müssen, für die dann jeweils eine eigene Berechnung durchzuführen ist. Der Rechenaufwand steigt damit linear mit der Anzahl der relevanten veränderlichen Einwirkungen. Die Verwendung von Kombinationsbeiwerten findet insbesondere bei der Bemessung von Hochbauten statt, wo sie auch Sinn macht, da kaum alle veränderlichen Einwirkungen gleichzeitig und in voller Höhe auftreten. In die geotechnische Berechnung fließen sie indirekt bei der Übergabe der Gründungslasten ein.

Generell ist auch für geotechnische Einwirkungen die Verwendung von Kombinationsbeiwerten zugelassen. Da die geotechnischen Einwirkungen jedoch meist aus dem Eigengewicht des Bodens und dem Grundwasser herrühren und somit ständige Einwirkungen sind, gegenüber denen die veränderlichen Einwirkungen meist klein sind, lohnt sich der zusätzliche Rechenaufwand nur in den seltenen Fällen, in denen die veränderlichen Einwirkungen relativ groß gegenüber den ständigen Einwirkungen sind [4].

2.2.6 Bemessungswerte

Der Bemessungswert (Index d) einer Einwirkung wird dadurch erhalten, dass der repräsentative Wert mit einem Teilsicherheitsfaktor $\gamma_F \geq 1{,}0$ multipliziert wird:

$$F_d = \gamma_F \cdot F_{rep}$$

Den Bemessungswert einer Beanspruchung erhält man allgemein aus

$$E_d = E(F_d) \text{ bzw.}$$

$$E_d = \gamma_E \cdot E(F_k)$$

je nachdem, ob man die Bemessungsbeanspruchungen direkt mit Bemessungseinwirkungen berechnet oder erst die charakteristische Beanspruchung $E_k = E(F_k)$ bestimmt und dann anschließend mit einem Teilsicherheitsfaktor γ_E multipliziert. Es ist offenkundig, dass bei nichtlinearer Funktion E(F) die Ergebnisse der beiden Verfahren voneinander abweichen. Die verschiedenen Nachweisverfahren in Europa beruhen in erster Linie auf dieser unterschiedlichen Vorgehensweise.

Beim RFA-Approach (vgl. Abschnitt 2.2.4) wird der Bemessungswert eines Widerstands aus der Division des charakteristischen Widerstands durch einen Teilsicherbeiwert $\gamma_R \geq 1{,}0$ gebildet:

$$R_d = R_k / \gamma_F$$

Beim MFA-Approach (vgl. Abschnitt 2.2.4) hingegen ergibt sich der Bemessungswert einer Baustoffeigenschaft durch Division des charakteristischen Werts durch einen Teilsicherheitsbeiwert $\gamma_M \geq 1{,}0$. Im Bereich der Geotechnik bedeutet dies die Abminderung der effektiven Werte von Reibungswinkel und Kohäsion

$$\tan{'\gamma_d} = \tan{'\gamma_k} / \gamma_{\varphi'}$$

$$c_d' = c_k' / \gamma_{c'}$$

bzw. der undränierten Kohäsion

$$c_{u,d} = c_{u,k} / \gamma_{cu}$$

Tatsächlich können in der Geotechnik die Bemessungseinwirkungen/-beanspruchungen auch von den Scherparametern und die Bemessungswiderstände wiederum auch von den Einwirkungen abhängen. Auf diese Besonderheit in der Geotechnik wird im folgenden Abschnitt noch näher eingegangen.

2.2.7 Besonderheiten in der Geotechnik

Eine Besonderheit in der Geotechnik ist die Tatsache, dass sich Widerstände und Einwirkungen nicht immer eindeutig voneinander trennen lassen. Ein Beispiel hierfür stellt das schräg belastete Fundament in Bild 4 dar. Die horizontale Komponente P_h der schrägen Einwirkung P stellt die abschiebende Beanspruchung für das Fundament dar. Die Vertikalkomponente P_v der Einwirkung P bewirkt hingegen in der Sohlfuge eine Normalkraft N, die ihrerseits die Aktivierung einer Reibungskraft R ermöglicht, die maximal den Betrag $R = N \cdot \tan \delta_s$ annehmen kann. Die Größe δ_s bezeichnet den Sohlreibungswinkel. Eine Steigerung der Einwirkung P bewirkt daher eine Steigerung der ungünstigen horizontalen Beanspruchung P_h, aber andererseits über den Vertikalanteil P_v auch wiederum einen größeren Reibungswiderstand R. Der Versuch, eine Sicherheit durch Erhöhung der Einwirkungen einzuführen, indem die statische Berechnung gleich mit Bemessungseinwirkungen geführt wird, ist daher nicht zielführend, da dadurch eine Sicherheit vorgetäuscht wird, die in Wirklichkeit überhaupt nicht vorhanden ist.

Die am Beispiel des schräg belasteten Fundaments gezeigte lineare Abhängigkeit des Widerstands von der Einwirkung kommt in der Geotechnik sehr häufig vor, nämlich immer dann, wenn Reibungskräfte auftreten.

Andererseits gibt es natürlich auch Fälle in der Geotechnik, in denen der Widerstand im Grenzzustand unabhängig von den Einwirkungen ist. Ein typisches Beispiel dafür ist der sich aus Spitzendruck und Mantelreibung ergebende Pfahlwiderstand, der unabhängig von der später aufgebrachten Belastung ermittelt wird. Aber es gibt wiederum auch Fälle, in denen der Widerstand nichtlinear von den Einwirkungen abhängt. Ein typisches Beispiel hierfür ist der Grundbruchwiderstand bei einem schräg durch eine Horizontal- und eine Vertikallast belasteten Fundament. Dies rührt daher, dass in der bekannten dreigliedrigen Grundbruchformel nach DIN 4017 u. a. die Neigungsbeiwerte nichtlinear von der Lastneigung $\tan \delta = H/V$ abhängen. Aber auch die Bo-

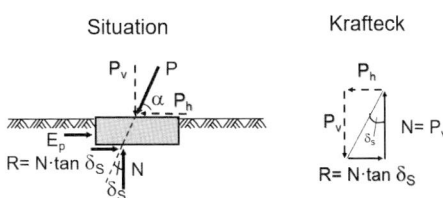

Bild 4. Nichteindeutigkeit von Einwirkungen und Widerständen am Beispiel der Gleitsicherheit eines schräg belasteten Fundaments

deneigenschaften in Form des Reibungswinkels und der Kohäsion gehen nichtlinear in das Ergebnis ein.

Die nichtlineare Abhängigkeit von den Baugrundeigenschaften findet sich auch bei der Bestimmung der Einwirkungen. So ergibt sich z. B. der Erddruckbeiwert zur Bestimmung der Einwirkung aus aktivem Erddruck aus einer nichtlinearen Gleichung. Gleiches gilt auch für die Bestimmung des passiven Erddruckbeiwerts zur Bestimmung des Erdwiderstands.

Allgemein lassen sich die Bemessungsbeanspruchungen und die Bemessungswiderstände wie folgt bestimmen:

$$E_d = \gamma_E \cdot E\left(\gamma_F \cdot F_{rep}; \frac{X_k}{\gamma_M}; a_d\right)$$

$$R_d = \frac{R\left(\gamma_F \cdot F_{rep}; \frac{X_k}{\gamma_M}; a_d\right)}{\gamma_R}$$

Neben den bereits eingeführten Größen bezeichnet in vorstehenden Gleichungen a_d den Bemessungswert für eine geometrische Größe. Sofern die Abweichung einer geometrischen Vorgabe einen nennenswerten Einfluss auf die Zuverlässigkeit eines Bauwerks hat, wird der Bemessungswert entweder direkt vorgegeben oder durch einen Zuschlag auf den Nominalwert vorgenommen. In den meisten Fällen werden die geometrischen Größen jedoch mit ihrem Nominalwert übernommen.

Je nach Nachweiskonzept werden einzelne Sicherheitsfaktoren in vorstehenden Gleichungen zu 1,0 gesetzt, sodass die Faktorisierung sowohl innerhalb der Klammern (nichtlineare Auswirkung) als auch außerhalb (lineare Auswirkung) erfolgen kann. Auch eine Kombination aus beiden Vorgehensweisen ist denkbar.

Tabelle 1 zeigt die im EC 7-1 erlaubten Nachweisverfahren mit den zugehörigen Teilsicherheitsbeiwerten für den Grundbruchnachweis bei einer Flächengründung. In Deutschland wird dabei das Verfahren DA2* angewendet. Kennzeichen dieses Verfahrens ist, dass sowohl die Beanspruchungen als auch die Widerstände zunächst auf charakteristischer Basis bestimmt werden. Erst bei der Nachweisführung wird dann mit den Teilsicherheitsfaktoren eine Erhöhung bei den Beanspruchungen bzw. eine Verminderung bei den Widerständen vorgenommen. Angesichts der unterschiedlichen Art und Weise der Faktorisierung der Teilsicherheitsbeiwerte zur Bildung der Bemessungsgrößen bei den verschiedenen Nachweisverfahren wird deutlich, dass gerade beim Grundbruchnachweis mit einer nichtlinearen Grenzzustandsgleichung unterschiedliche Ergebnisse erhalten werden, was eine Harmonisierung in Europa im Hinblick auf ein einziges Nachweisverfahren deutlich erschwert.

Tabelle 1. Erlaubte Nachweisverfahren in Europa mit den jeweiligen Teilsicherheitsbeiwerten für das Beispiel des Grundbruchnachweises bei einer Flächengründung

Nachweisverfahren	Bemessungswert der Beanspruchung	ungünstig				Bemessungswert des Widerstands	γ_M	γ_R
		$\gamma_{F,G}$	$\gamma_{F,Q}$	$\gamma_{E,G}$	$\gamma_{E,Q}$			
DA1.1	$E_d = E(\gamma_F \cdot F_{rep}; X_K; a_d)$	1,35	1,50	1,0	1,0	$R_d = R(\gamma_F \cdot F_{rep}; X_K; a_d)$	1,0	1,0
DA1.2	$E_d = E\left(\gamma_F \cdot F_{rep}; \frac{X_K}{\gamma_M}; a_d\right)$	1,00	1,30	1,0	1,0	$R_d = R\left(\gamma_F \cdot F_{rep}; \frac{X_K}{\gamma_M}; a_d\right)$	1,25	1,0
DA2	$E_d = E(\gamma_F \cdot F_{rep}; X_k; a_d)$	1,35	1,50	1,0	1,0	$R_d = \frac{R(\gamma_F \cdot F_{rep}; X_k; a_d)}{\gamma_R}$	1,0	1,40
DA2*	$E_d = \gamma_E \cdot E(F_{rep}; X_k; a_d)$	1,0	1,0	1,35	1,50	$R_d = \frac{R(F_{rep}; X_k; a_d)}{\gamma_R}$	1,0	1,40
DA3	$E_d = E\left(\gamma_F \cdot F_{rep}; \frac{X_K}{\gamma_M}; a_d\right)$	1,35* 1,00+	1,35* 1,30+	1,0	1,0	$R_d = R\left(\gamma_F \cdot F_{rep}; \frac{X_K}{\gamma_M}; a_d\right)$	1,25	1,0

* Einwirkungen aus dem Tragwerk
+ geotechnische Einwirkungen

2.2.8 Bemessungssituationen

Mit den Bemessungssituationen wird die Art und Häufigkeit einer Einwirkungssituation beschrieben, die die jeweilige Größe der Teilsicherheitsbeiwerte bestimmt. Unterschieden werden nach DIN 1054, 2.2 A(4):

a) Bemessungssituation BS-P (Persistent situations)

Diese Bemessungssituation entspricht den üblichen Nutzungsbedingungen eines Tragwerks. Ihr werden die ständigen und regelmäßig während der Funktionszeit des Bauwerks auftretenden veränderlichen Einwirkungen zugeordnet.

b) Bemessungssituation BS-T (Transient situations)

Diese Bemessungssituation bezieht sich auf zeitlich begrenzte Zustände, wie sie bei der Herstellung oder Reparatur eines Bauwerks auftreten. Auch Baugrubenkonstruktionen, soweit für einzelne Konstruktionsteile wie z. B. Steifen nichts anderes festgelegt ist, werden der Bemessungssituation BS-T zugeordnet. Des Weiteren zählen Situationen mit einer planmäßig nur einmaligen Einwirkung zur Bemessungssituation BS-T.

c) Bemessungssituation BS-A (Accidential situations)

In der Bemessungssituation BS-A werden außergewöhnliche Einwirkungen in Form von z. B. Feuer, extremem Hochwasser oder Ankerausfall betrachtet. Die Bemessungssituation BS-A kann auch gegeben sein, wenn gleichzeitig mehrere, voneinander unabhängige, seltene, z. B. ungewöhnlich große oder planmäßig einmalige auftretende Einwirkungen vorhanden sind.

d) Bemessungssituation BS-E (Earthquake)

Die Bemessungssituation BS-E liegt beim Auftreten von Erdbeben vor.

Bei der Bildung der Bemessungsbeanspruchungen sind nach DIN 1054 2.4.7.3.2 A (1b) die Kombinationsregeln für die Beanspruchungen für die einzelnen Bemessungssituationen unterschiedlich:

Bemessungssituation BS-P und BS-T:

$$E_d = E\left\{\sum_{j\geq 1}\gamma_{G,j}\cdot G_{k,j}\;"+"\;\gamma_P\cdot P_k\right.$$
$$\left."+"\;\gamma_{Q,1}\cdot Q_{k,1}\;"+"\;\sum_{i>1}\gamma_{Q,i}\cdot\psi_{0,i}\cdot Q_{k,i}\right\}$$

Darin bedeuten:

"+" „in Kombination mit"

$\sum$ „Kombination der unabhängigen Einwirkungen infolge von"

$G_{k,j}$ unabhängige ständige Einwirkung, bestehend aus einem oder mehreren charakteristischen Werten ständiger Kraft- oder Verformungsgrößen

P_k unabhängige Einwirkung infolge Vorspannung (charakteristischer Wert einer Vorspannung)

$Q_{k,1}$ vorherrschende unabhängige veränderliche Einwirkung, bestehend aus einem oder mehreren charakteristischen Werten veränderlicher Kraft- oder Verformungsgrößen (Leiteinwirkung)

$Q_{k,i}$ andere unabhängige veränderliche Einwirkungen, bestehend aus einem oder mehreren charakteristischen Werten veränderlicher Kraft- oder Verformungsgrößen (Begleiteinwirkungen)

$\gamma_{G,j}$ Teilsicherheitsbeiwert einer unabhängigen ständigen Einwirkung $G_{k,j}$

γ_P Teilsicherheitsbeiwert einer unabhängigen Einwirkung infolge Vorspannung

$\gamma_{Q,1}$ Teilsicherheitsbeiwert für die vorherrschende unabhängige veränderliche Einwirkung $Q_{k,1}$

$\gamma_{Q,i}$ Teilsicherheitsbeiwert für eine andere unabhängige veränderliche Einwirkung $Q_{k,i}$

$\psi_{0,i}$ jeweiliger Kombinationsbeiwert zur Bestimmung repräsentativer Werte veränderlicher Einwirkungen

Bemessungssituation BS-A:

$$E_d = E\left\{\sum_{j\geq 1}\gamma_{G,j}\cdot G_{k,j}\;"+"\;\gamma_P\cdot P_k\right.$$
$$"+"\;A_d\;"+"\;\gamma_{Q,1}\cdot Q_{k,1}\cdot(\psi_1\text{ oder }\psi_2)$$
$$\left."+"\;\sum_{i>1}\gamma_{Q,i}\cdot\psi_{2,i}\cdot Q_{k,i}\right\}$$

Darin bezeichnet A_d direkt den Bemessungswert einer außergewöhnlichen Einwirkung, ψ_1 bzw. ψ_2 sind die Kombinationsbeiwerte zum Festlegen des häufigen Werts der veränderlichen Leiteinwirkung $Q_{k,1}$ bzw. zum Festlegen des quasi-ständigen Werts der veränderlichen Leiteinwirkung $Q_{k,1}$. Der Wert $\psi_{2,i}$ entspricht dem Kombinationsbeiwert zum Festlegen des quasi-ständigen Werts der veränderlichen Leiteinwirkung $Q_{k,i}$.

Bemessungssituation BS-E:

$$E_d = E\left\{\sum_{j\geq 1}\gamma_{G,j}\cdot G_{k,j}\;"+"\;\gamma_P\cdot P_k\right.$$
$$\left."+"\;A_{Ed}\;"+"\;\sum_{i>1}\psi_{2,i}\cdot Q_{k,i}\right\}$$

Darin bezeichnet A_{Ed} den direkten Bemessungswert einer Einwirkung infolge Erdbeben.

Sofern die statische Berechnung mit vorab ermittelten Bemessungswerten der Einwirkungen durchgeführt wird, werden im Ergebnis auch direkt Bemessungsbeanspruchungen erhalten. Wie aber bereits in Abschnitt 2.2.3 ausgeführt, benötigt der Geotechniker für die Bemessung seiner Konstruktion die Gründungslasten in Form von charakteristischen bzw. repräsentativen Lasten. Sofern die statische Berechnung auf der Grundlage einer linear elastischen Berechnung erfolgt und die Auswirkungen infolge der verschiedenen Einwirkungen getrennt ermittelt werden, lässt sich die charakteristische bzw. repräsentative Beanspruchung noch einfach dadurch ermitteln, dass die jeweiligen Auswirkungen infolge der einzelnen Bemessungseinwirkungen durch die zugehörigen Teilsicherheitsbeiwerte dividiert und anschließend zur charakteristischen bzw. repräsentativen Beanspruchung addiert werden. Man erhält dann z. B. für die Bemessungssituation BS-P:

$$E_{rep} = \sum_{j \geq 1} E(G_{k,j}) \; "+" \; E(P_k)$$
$$"+" \; E(Q_{k,1}) \; "+" \; \sum_{i > 1} \psi_{0,i} \cdot E(Q_{k,i})$$

Oft berechnet der Tragwerksplaner in solchen Fällen auch zunächst nur die Auswirkungen infolge der einzelnen charakteristischen Einwirkungen und nimmt anschließend die Berechnung der repräsentativen Beanspruchungen gemäß vorstehender Gleichung vor. Zur Bestimmung der Bemessungsbeanspruchungen multipliziert er diese dann noch mit den jeweiligen Teilsicherheitsbeiwerten. In diesem Fall können die charakteristischen bzw. repräsentativen Gründungslasten direkt übergeben werden.

Schwieriger wird es, wenn die statische Berechnung auf physikalisch nichtlinearer Basis bereits mit Bemessungsgrößen durchgeführt wird, da sich dann aufgrund der unterschiedlich verwendeten Teilsicherheitsbeiwerte für ständige und veränderliche Einwirkungen im Endergebnis nicht mehr sagen lässt, welcher Anteil der Beanspruchungen aus ständigen und welcher aus veränderlichen Einwirkungen herrührt. DIN 1054 empfiehlt hierzu in A 2.4.2.3, A(2) c), die aus der statischen Berechnung erhaltenen Bemessungsbeanspruchungen so in einen Anteil $E_{G,d}$ aus ständigen Einwirkungen und einen Anteil $E_{Q,d}$ aus veränderlichen Einwirkungen aufzuteilen, wie sich dies aus linearer Berechnung oder am statisch bestimmten Tragwerk ergeben hätte, und diese Anteile durch Division mit den Teilsicherheitsbeiwerten nach Tabelle A 2.1 von DIN 1054 zu dividieren. Diese Vorgehensweise ist dem oftmals in der Praxis vorgenommenen Weg vorzuziehen, bei dem die erhaltenen Bemessungsbeanspruchungen einfach nur durch den arithmetischen Mittelwert der Teilsicherheitsbeiwerte γ_G für ständige Einwirkungen und γ_Q für veränderliche Einwirkungen dividiert werden. Durch die einfache Mittelwertbildung, die im Fall der Bemessungssituation BS-P z. B. $\gamma_{MW} = 0,5 \cdot (1,35 + 1,50) = 1,42$ beträgt, liegt man auf der unsicheren Seite, wenn die ständigen Einwirkungen gegenüber den veränderlichen überwiegen, da γ_{MW} zu groß gewählt wurde, wodurch die charakteristischen Größen zu klein erhalten werden. Umgekehrt überschätzt man die cha-

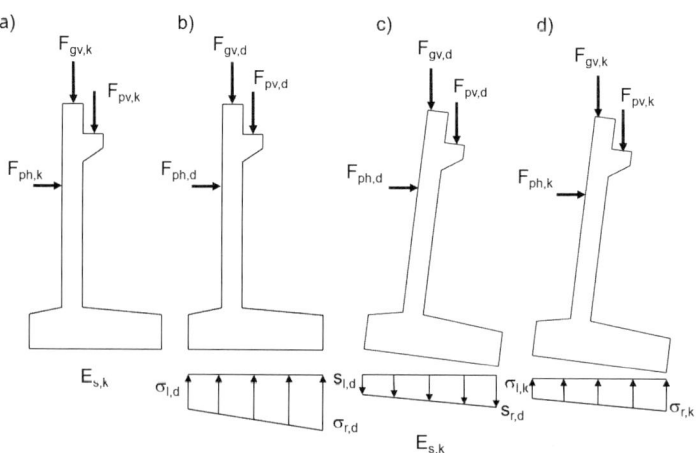

Bild 5. Bestimmung der Gründungslasten nach Theorie II. Ordnung; a) Ausgangssituation, b) erste Berechnung mit Bemessungsgrößen nach Theorie II. Ordnung unter Berücksichtigung der Tragwerksverformungen, c) Bestimmung der zugehörigen Fundamentverformungen, d) zweite Berechnung nach Theorie I. Ordnung mit charakteristischen Größen unter Berücksichtigung der unter c) ermittelten Vorverformungen

rakteristischen Einwirkungen, wenn die veränderlichen Anteile gegenüber den ständigen überwiegen.

Bei der Ermittlung von Gründungslasten auf Fundamenten, bei denen Verkantungen der Gründung zu nennenswerten Zusatzbeanspruchungen führen, wie das z. B. bei einem flach gegründeten Turm der Fall ist, sind die Schnittgrößen nach Theorie II. Ordnung zu berücksichtigen. Dabei ist nach DIN 1054, A 2.4.2.3, A(2) b) die in Bild 5 dargestellte und auf der sicheren Seite liegende Vorgehensweise zulässig.

2.3 Grenzzustände und Nachweise

Der EC 7-1 unterscheidet zwischen Grenzzuständen der Tragfähigkeit ULS (ultimate limit state) und Grenzzuständen der Gebrauchstauglichkeit SLS (serviceability limit state). Die Grenzzustände der Tragfähigkeit werden dabei noch weiter in die Grenzzustände EQU, UPL, HYD, STR und GEO unterteilt. Die Vorgehensweise, wie die Faktorisierung der Einwirkungen und Widerstände in den jeweiligen Nachweisgleichungen vorgenommen wird, ist dabei unterschiedlich. Im Einzelnen müssen nach DIN EN 1997-1, 2.4.7.1, (1)P die nachfolgend beschriebenen Grenzzustände unterschieden werden.

2.3.1 Grenzzustand EQU

Der Grenzzustand EQU (equlibrium) behandelt die Lagesicherheit eines Bauwerks und beschränkt sich in der Geotechnik auf den Kippnachweis, der nach DIN 1054 6.5.4, A(3) vereinfacht durch Vergleich der destabilisierenden und der stabilisierenden Beanspruchungen (= Momente) bezogen auf die fiktive Kippkante am Fundamentrand geführt werden kann. Da die tatsächliche Drehachse aber innerhalb des Fundaments zu erwarten ist und sich mit zunehmender Beanspruchung immer weiter nach innen verlagert, sind auch weiterhin die Nachweise zur Beschränkung der Exzentrizität der Lastresultierenden zu beachten, die jetzt allerdings im Grenzzustand der Gebrauchstauglichkeit betrachtet werden. Der Kippnachweis im Grenzzustand EQU ist erbracht, wenn zu jeder Zeit gilt, dass die destabilisierenden ungünstigen Bemessungsbeanspruchungen $E_{dst,d}$ kleiner sind als die Summe aus stabilisierenden, günstigen Bemessungsbeanspruchungen $E_{stb,d}$. Im allgemeinen Fall lautet die Nachweisgleichung:

$$E_{dst,d} \leq E_{stb,d} + T_d$$

Darin bezeichnet T_d den Bemessungswert eines Scher- bzw. Reibungswiderstands um den Bodenblock einer Zugpfahlgruppe oder in einer Fuge zwischen Boden und Bauwerk. Beim Kippnachweis eines Fundaments entfällt T_d (Bild 6).

Während beim Grenzzustand EQU destabilisierende mit stabilisierenden Beanspruchungen verglichen werden, werden bei den nachfolgend beschrie-

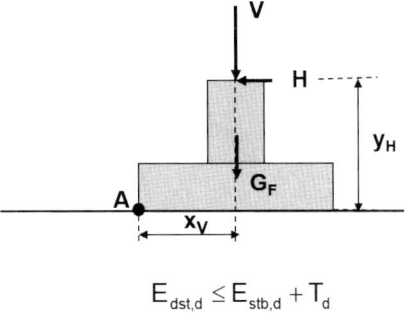

$$E_{dst,d} \leq E_{stb,d} + T_d$$

$$\sum M_A: \quad H_k \cdot y_H \cdot 1{,}10 \leq (V_k + G_{F,k}) \cdot x_v \cdot 0{,}9 \quad \text{für BS-P}$$

Bild 6. Kippnachweis bei einem Fundament für den Grenzzustand EQU

benen Nachweisen gegen Aufschwimmen UPL und Hydraulischen Grundbruch HYD destabilisierende und stabilisierende Einwirkungen miteinander verglichen.

2.3.2 Grenzzustand UPL

Dieser Grenzzustand UPL (uplift) umfasst den bisherigen Nachweis der Sicherheit gegen Aufschwimmen. Dieser Versagensfall kann z. B. auftreten, wenn bei einer Baugrube im Grundwasser der außen anstehende Wasserdruck von unten gegen die abdichtende Sohle drückt (Bild 7) und diese hochhebt. Generell werden bei diesem Nachweis die ungünstigen, destabilisierenden ständigen und veränderlichen vertikalen Bemessungseinwirkungen $V_{dst,d}$ mit den Bemessungsgrößen der günstigen, stabilisierenden und ständigen Einwirkungen $G_{stb,d}$ verglichen. Eventuell vorhandene zusätzliche Auftriebswiderstände R_d, wie z. B. Scherkräfte T_s an den Seitenwänden (T_s in Bild 7) oder Auftriebsanker, werden bei diesem Nachweis als günstige, stabilisierende Einwirkungen in die Grenzzustandsgleichung eingebracht. Diese sind allerdings zuvor durch Multiplikation mit einem Anpassungsfaktor η_z noch abzumindern. Ausreichende Sicherheit ist vorhanden, wenn zu jedem Zeitpunkt gilt:

$$V_{dst,d} \leq G_{stb,d} + R_d \quad \text{mit}$$

$$V_{dst,d} = G_{dst,d} + Q_{dst,d}$$

Bild 7 zeigt eine wasserdichte Baugrube mit tiefliegender Injektionssohle als typisches Beispiel für einen Nachweis im Grenzzustand UPL. Die ungünstige, destabilisierende Einwirkung $G_{dst,d}$ entspricht hier dem Bemessungswert der Auftriebskraft W. Eine vorübergehende destabilisierende Einwirkung $Q_{dst,d}$ könnte z. B. durch einen kurzzeitigen Anstieg des äußeren Grundwasserstands hervorgerufen werden.

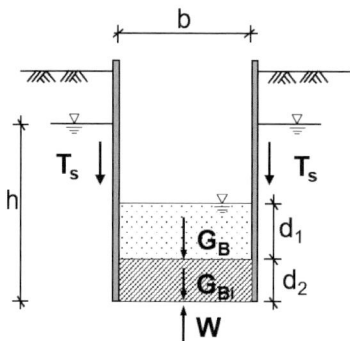

Bild 7. Nachweis gegen Aufschwimmen für eine wasserdichte Baugrube mit tiefliegender Injektionssohle im Grenzzustand UPL

Die Teilsicherheitsbeiwerte sind in DIN 1054, Tabelle A 2.1 abgedruckt. Gleiches gilt für die Teilsicherheitsbeiwerte des nachfolgend beschriebenen Grenzzustands HYD.

2.3.3 Grenzzustand HYD

Dieser Grenzzustand bezieht sich auf die Nachweise gegen hydraulischen Grundbruch, innere Erosion und Piping im Boden, jeweils verursacht durch das Auftreten eines zu hohen Strömungsgradienten. Den Versagensformen Piping (Ausbildung eines sukzessive anwachsenden rückschreitenden Erosionskanals, vorwiegend an Fugen zu umströmten Bauwerken) und Innere Erosion (Austrag von feinem Bodenmaterial in angrenzende gröbere Schichten) wird vorwiegend konstruktiv (z. B. durch Aufbringen von Filtern) und durch Begrenzung des hydraulischen Gradienten begegnet. Sie werden hier nicht weiter behandelt. Hinweise hierzu enthält das Merkblatt MSD der BAW [5].

Beim Nachweis gegen hydraulischen Grundbruch wird ein durchströmtes Bodenprisma betrachtet und nachgewiesen, dass der Bemessungswert der darin wirkenden Strömungskraft $S_{dst,d}$ nicht größer ist als das dagegen wirkende Bodengewicht unter Auftrieb $G'_{stb,d}$ (Bild 8). Ausreichende Sicherheit ist gegeben, wenn jederzeit gilt:

$$S_{dst,d} \leq G'_{stb,d}$$

Aufgrund der großen Gefahr einer rückschreitenden Erosion, die innerhalb kürzester Zeit zum Totalversagen führen kann, sind die Zahlenwerte der Teilsicherheitsbeiwerte beim Grenzzustand HYD größer als beim Grenzzustand UPL. Des Weiteren findet bei den Teilsicherheitsbeiwerten noch eine Differenzierung in Abhängigkeit des durchströmten Bodens statt. Ungünstige Böden wie z. B. Feinsande, Schluffe und weiche bindige Böden sind im Hin-

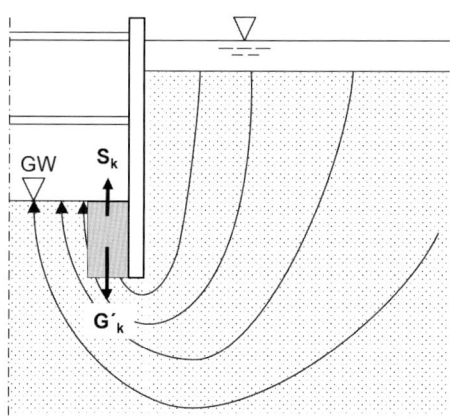

Bild 8. Nachweis HYD gegen hydraulischen Grundbruch (in Anlehnung an EAB, EB 61-1)

blick auf rückschreitende Erosion besonders gefährdet, weshalb hierfür noch einmal höhere Teilsicherheitsbeiwerte verwendet werden. In der Änderung DIN 1054/A2 vom November 2015 wurden die Teilsicherheitsbeiwerte für ungünstige Einwirkungen gegenüber der Fassung von 2010 noch einmal erhöht, um das früher vorgegebene Sicherheitsniveau wieder zu erreichen.

2.3.4 Grenzzustand STR

Dieser Grenzzustand STR (structure) beschreibt das Versagen eines Tragelements. Ausreichende Sicherheit ist gegeben, wenn zu jeder Zeit die Bemessungsbeanspruchung E_d kleiner ist als der Bemessungswiderstand R_d:

$$E_d \leq R_d$$

Die Bildung der Bemessungsbeanspruchungen und Bemessungswiderstände erfolgt formal nach den gleichen Regeln wie für den nachfolgend beschriebenen Grenzzustand GEO-2. Die Zahlenwerte für die Teilsicherheitsbeiwerte für die Widerstände bzw. für die verwendeten Baustoffe finden sich in den bauartspezifischen Normen und Empfehlungen. Explizit wird lediglich noch in den Anmerkungen zu Tabelle A 2.3 von DIN 1054:2012 auf den in DIN EN 1992-1-1 angegebenen Sicherheitsbeiwert für Stahlzugglieder von $\gamma_M = 1,15$ hingewiesen. Ebenso findet sich für den Materialwiderstand von flexiblen Bewehrungselementen ein Hinweis auf die EBGEO.

2.3.5 Grenzzustand GEO

Im Grenzzustand GEO wird das Versagen einer Konstruktion durch Versagen im Baugrund überprüft. Wie bereits in Abschnitt 2.2.7 ausgeführt wurde, sind Einwirkungen und Widerstände in vielen Fällen nicht unabhängig voneinander. Je nachdem wie die Faktorisierung in den dort angegebenen Gleichungen vorgenommen wird, werden unterschiedliche Ergebnisse beim Einsatz in die Grenzzustandsgleichung erhalten. Insgesamt kennt der EC 7-1 drei verschiedene Nachweisverfahren, von denen in Deutschland allerdings nur das Verfahren 2 in der Variante 2* und das Verfahren 3 zur Anwendung kommen. Zur sprachlichen Vereinfachung werden die damit nachgewiesenen Grenzzustände als GEO-2 und GEO-3 bezeichnet.

Grenzzustand GEO-2

Das Nachweisverfahren DA2* wird beim Nachweis eines ausreichenden Erdwiderstands, beim Nachweis der Sicherheit gegen Gleiten und Grundbruch, beim Nachweis der Tragfähigkeit von Ankern und Pfählen, beim Nachweis der Standsicherheit in der tiefen Gleitfuge und bei einzelnen Nachweisen im Zusammenhang mit der Standsicherheit von konstruktiven Böschungssicherungen (z. B. Frontelemente) verwendet.

Beim Grenzzustand GEO-2 werden nach der Festlegung des statischen Systems zuerst die charakteristischen bzw. repräsentativen Beanspruchungen und getrennt davon die charakteristischen Widerstände bestimmt. Bei der Bestimmung der Beanspruchungen ist dabei auf eine Trennung der ständigen, der regelmäßig auftretenden veränderlichen und der begleitenden veränderlichen Einwirkungen, bei denen gegebenenfalls noch die Kombinationsbeiwerte zu berücksichtigen sind, zu achten, da diese mit unterschiedlichen Teilsicherheitsbeiwerten beaufschlagt werden. Der jeweilige Sicherheitsfaktor γ_{EG} für die Bildung der ständigen bzw. γ_{EQ} für die veränderlichen Beanspruchungen nach Tabelle A 2.1 von DIN 1054 wird erst nachträglich und außerhalb der Klammer appliziert. Formal ergeben sich im Grenzzustand GEO-2 die Bemessungsbeanspruchungen für das Nachweisverfahren DA2* aus

$$E_d = \gamma_d \cdot E(F_{rep}; X_k; a_d)$$

und die Bemessungswiderstände mit dem Teilsicherheitsbeiwert γ_R aus Tabelle A 2.3 von DIN 1054 zu

$$R_d = \frac{R(F_{rep}; X_k; a_d)}{\gamma_R}$$

Dieser Ansatz entspricht dem RFA-Approach. Ausreichende Sicherheit ist gegeben, wenn für alle untersuchten Situationen

$$E_d \leq R_d$$

gilt.

In Bild 9 ist die Vorgehensweise für die Nachweisführung im Grenzzustand GEO-2 am Beispiel einer einfach verankerten, frei aufgelagerten Spundwand dargestellt. Im Einzelnen sind dabei folgende Schritte durchzuführen:

– Nach Festlegung des statischen Systems für den Baugrubenverbau erfolgt die Bestimmung der charakteristischen Beanspruchungen in Form der Ankerkraft $A_{h,k}$, der Erdauflagerkraft $B_{h,k}$ und des Spundwandmoments $M_{S,k}$ aus den charakteristischen Einwirkungen in Form des aktiven Erddrucks $E_{ah,k}$, jeweils getrennt für ständige und veränderliche Einwirkungen.

– Bestimmung der charakteristischen Widerstände in Form des Erdwiderstands $E_{ph,k}$ (berechnet mit den charakteristischen, d. h. nicht abgeminderten Scherfestigkeitsparametern), der charakteristischen Herausziehkraft des Ankers $Z_{a,k}$ (aus Eignungsversuchen) und der Festigkeit des Stahlzugglieds $Z_{M,k}$ sowie des charakteristischen Bruchmoments der Spundwand $M_{R,k}$ aus dem Fließmoment M_F.

– Bildung der Bemessungsgrößen durch Multiplikation der Beanspruchungen getrennt für ständige und veränderliche Beanspruchungen mit den Teilsicherheitsbeiwerten von Tabelle A 2.1 von DIN 1054 und Division der Widerstände durch die Teilsicherheitsbeiwerte von Tabelle A 2.3 von DIN 1054.

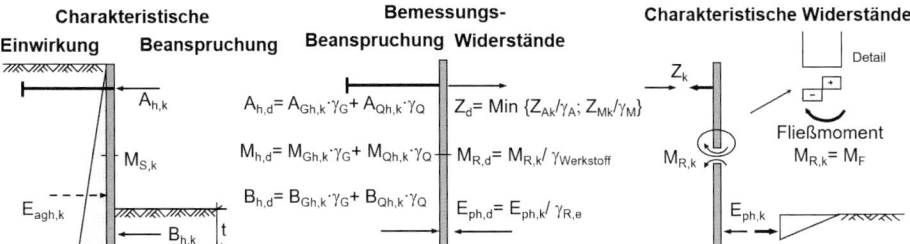

Bild 9. Vorgehensweise bei der Nachweisführung im Grenzzustand GEO-2 und STR für das Beispiel einer einfach verankerten, frei aufgelagerten Spundwand

– Überprüfung ausreichender Sicherheit durch Vergleich der Bemessungsgrößen. Diese Überprüfung muss jeweils für die Anker, das Erdauflager und die Spundwand erfolgen.

Grenzzustand GEO-3

Das Nachweisverfahren 3 wird beim Nachweis der Gesamtstandsicherheit angewendet. Ebenso wird es beim Nachweis der sogenannten äußeren Standsicherheit von konstruktiven Böschungssicherungen verwendet. Bei dieser Art der Nachweisführung werden vor dem Beginn der eigentlichen Berechnung die charakteristischen Werte der Scherfestigkeit mit den Teilsicherheitsbeiwerten von Tabelle A 2.2 von DIN 1054 in Bemessungswerte der Scherfestigkeit umgerechnet:

$$\tan \gamma_d = \tan \gamma_k / \gamma_\varphi \quad \text{und}$$
$$c_d = c_k / \gamma_c$$

Dies entspricht dem MFA-Approach. Ebenso werden die charakteristischen Einwirkungen mit den Teilsicherheitsbeiwerten auf die Bemessungseinwirkungen erhöht. Bei der Bildung der Bemessungsbeanspruchungen dürfen die Kombinationsregeln angewendet werden. Formal ergeben sich die Bemessungsbeanspruchungen aus

$$E_d = E\left\{\gamma_P \cdot F_{rep} \: ; \: X_k / \gamma_M \: ; \: a_d\right\}$$

wobei zu beachten ist, dass im GEO-3 die Zahlenwerte für die Teilsicherheitsbeiwerte für ständige geotechnische Einwirkungen $\gamma_G = 1{,}0$ sind, sodass eine echte Erhöhung nur bei den veränderlichen Einwirkungen stattfindet. Dies macht beim Nachweis der Gesamtstandsicherheit auch Sinn, da eine Erhöhung der ständigen Einwirkungen (bei der Gesamtstandsicherheit im Wesentlichen das Eigengewicht des Bodens) in gleicher Weise die Normalkraft und damit auch die Reibungskraft in der Gleitfuge erhöhen würde und somit die bei den Einwirkungen eingebrachte Sicherheit nur vorgetäuscht wäre.

Ausreichende Sicherheit ist gegeben, wenn die so berechneten Bemessungsbeanspruchungen immer kleiner bleiben als die mit reduzierten Scherparametern ermittelten Bemessungswiderstände:

$$E_d \leq R_d$$

Bild 10 zeigt beispielhaft die Vorgehensweise für eine Gleitkreisberechnung nach DIN 4084. Dabei ist nachzuweisen, dass die mit den Bemessungsscherparametern berechneten haltenden Momente $M_{H,d}$ immer größer bleiben als die treibenden Momente $M_{T,d}$ aus den Bemessungseinwirkungen.

2.3.6 Grenzzustand der Gebrauchstauglichkeit SLS

Allgemein muss im Grenzzustand der Gebrauchstauglichkeit nach DIN 1054 A 2.4.8 (1)P nachgewiesen werden, dass

$$E_d \leq C_d$$

gilt. Das Symbol E_d steht hier in der Regel für eine Verformungsgröße. Diese muss kleiner bleiben als der Grenzwert C_d, der für die untersuchte Konstruktion gerade noch als verträglich erachtet werden kann. Die Zahlenwerte für die Teilsicherheitsbeiwerte werden im SLS zu 1,0 gesetzt, was bedeutet, dass die Verformungen v mit charakteristischen Größen berechnet werden. Dabei sind die ständigen sowie die quasi-ständigen veränderlichen Einwirkungen zu berücksichtigen, die sich nach den Kombinationsregeln aus

$$v = v \left(\sum_{j \geq 1} G_{k,j} \; "+" \; P_k \; "+" \; \sum_{i \geq 1} \psi_i \cdot Q_{k,i} \right)$$

Ausgangssituation

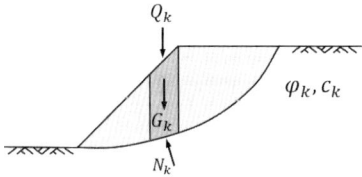

Bemessungssituation (hier BSP-1)

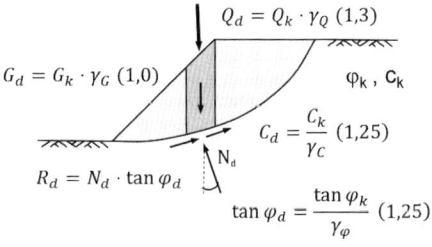

Sicherheitsnachweis: $\dfrac{M_{H,d}}{M_{T,d}} = \dfrac{\sum(N_{di} \cdot \tan\varphi_{di} + C_{di}) \cdot r}{\sum(G_{di} + Q_{di}) \cdot \sin\vartheta_i \cdot r} \geq 1$

Bild 10. Vorgehensweise bei der Nachweisführung im Grenzzustand GEO-3 für das Beispiel eines Geländebruchs

ergeben. Darin sind die Kombinationswerte ψ_i so zu wählen, dass die setzungswirksamen Anteile der Lasten in Abhängigkeit vom Zeitsetzungsverhalten der beteiligten Böden zutreffend und auf der sicheren Seite liegend erfasst werden. Sofern die bei den Tragfähigkeitsnachweisen STR bzw. GEO-2 zugrunde gelegten Einwirkungen ausreichend genau den Grenzzustand der Gebrauchstauglichkeit wiedergeben, kann auf die bei diesen Nachweisen ermittelten Verformungen zurückgegriffen werden.

Dies ist ein großer Vorteil gegenüber den alternativen Nachweiskonzepten des EC 7-1, bei denen ähnlich wie beim Nachweis für den Grenzzustand GEO-3 bereits vorab die Bemessungsgrößen gebildet werden. Dies bedingt nämlich unweigerlich, dass für den Nachweis des Grenzzustands SLS zusätzlich eine komplette Neuberechnung des Systems mit charakteristischen Größen durchgeführt werden muss.

Vorgaben, wie groß die Verformungen im Einzelnen sein dürfen, lassen sich nicht generell treffen. Dies hängt vielmehr von der Art des Bauwerks und den Anforderungen aus seiner Nutzung ab. Für den Nachweis des Grenzzustands SLS müssen daher vorab vom Planer des Bauwerks zulässige Setzungen, Verdrehungen etc. angegeben werden. Nur in wenigen Fällen wie z. B. bei einer Flächengründung werden in DIN 1054 Bedingungen angegeben, bei deren Einhaltung sich ein expliziter Nachweis der Gebrauchstauglichkeit erübrigt (s. Abschnitt 3.7).

3 Flächengründungen

3.1 Allgemeines

Wenn oberflächennah ausreichend tragfähiger Baugrund ansteht, stellen Flächengründungen in der Regel die wirtschaftlichste Gründungsart dar, die aus Einzelfundamenten, Streifenfundamenten und Sohlplatten bestehen kann. Dabei werden die äußeren Lasten über horizontale oder wenig geneigte Sohlflächen direkt in den darunter liegenden Baugrund abgetragen. Als Bodenreaktion stellen sich flächenhaft verteilte Sohlnormal- und Sohlschubspannungen ein. An den lastzugeneigten Stirnseiten der Gründungselemente wirkt zudem der Erdwiderstand, was bei größerer Einbindetiefe für eine gewisse Einspannwirkung sorgt. Bei geringer Einbindetiefe von Flächengründungen spricht man von Flachgründungen.

Die geotechnische Bemessung von Flächengründungen wird in Abschnitt 6 von EC 7-1 bzw. DIN 1054 behandelt. Im vorliegenden Abschnitt 3 werden Hintergrunde und die in den Normen geregelte Nachweisführung für Flachgründungen ohne Einspannwirkung erläutert und abschließend anhand von zwei Zahlenbeispielen veranschaulicht.

3.2 Einstufung in die Geotechnische Kategorie

Flach- und Flächengründungen werden in der Regel der Geotechnischen Kategorie GK 2 zugeordnet. Voraussetzungen und Empfehlungen für eine Einstufung in die niedrigere Kategorie GK 1 oder die höhere Kategorie GK 3 finden sich in DIN 1054, A 6.1.2.

Eine Einstufung in GK 1 ist dann zulässig, wenn es sich um Gründungsplatten für maximal zweigeschossige gut ausgesteifte Bauwerke handelt oder wenn Baugrund- und Gründungsverhältnisse vorliegen, bei denen ein vereinfachter Nachweis der Gründung mittels Bemessungswert des Sohlwiderstands (vgl. Abschnitt 3.8) zulässig ist. Voraussetzungen sind u. a. eine annähernd waagerechte Geländeoberfläche und ausreichend tragfähiger Boden unterhalb des Fundaments.

Konstruktionen mit hohem Schwierigkeitsgrad erfordern hingegen eine Einstufung in GK 3. Dazu zählen beispielsweise Bauwerke mit besonders hohen Lasten (z. B. Einzellasten über 10 MN), ausgedehnte Plattengründungen bei im Grundriss wechselnden Steifigkeitsverhältnissen des Bodens oder kombinierte Pfahl-Plattengründungen.

Die Einstufung in die Geotechnischen Kategorien nach DIN 1054 kann nochmals anhand von Bild 11 nachvollzogen werden. Dabei ist jedoch zu beachten, dass es sich bei den in DIN 1054 aufgelisteten Kriterien nur um Beispiele und nicht um eine vollständige Aufzählung handelt. Insbesondere ist bei Einstufung in GK 1 und GK 2 zu prüfen, ob nicht infolge baugrund- und grundwasserbezogener Kriterien doch die Einstufung in eine höhere Kategorie erforderlich ist.

3.3 Einwirkungen und Beanspruchungen

Die allgemeine Terminologie und Einteilung der Einwirkungen auf ein Bauwerk in Gründungslasten, geotechnische und dynamische Einwirkungen wurden bereits in Abschnitt 2 erläutert. Bei Flachgründungen im Speziellen sind in der Regel folgende Einwirkungen zu berücksichtigen:

- ständige und veränderliche Einwirkungen aus dem Tragwerk,
- Eigengewicht der Gründung,
- aktiver Erddruck auf der lastabgewandten Stirnseite,
- gegebenenfalls Wasserdruck.

Die Bestimmung des aktiven Erddrucks hat dabei nach DIN 4085 zu erfolgen.

Bild 12 zeigt die an einem Beispieleinzelfundament für eine Stütze angreifenden Einwirkungen aus dem Tragwerk als Schnittgrößen in Höhe der Fundamentoberkante:

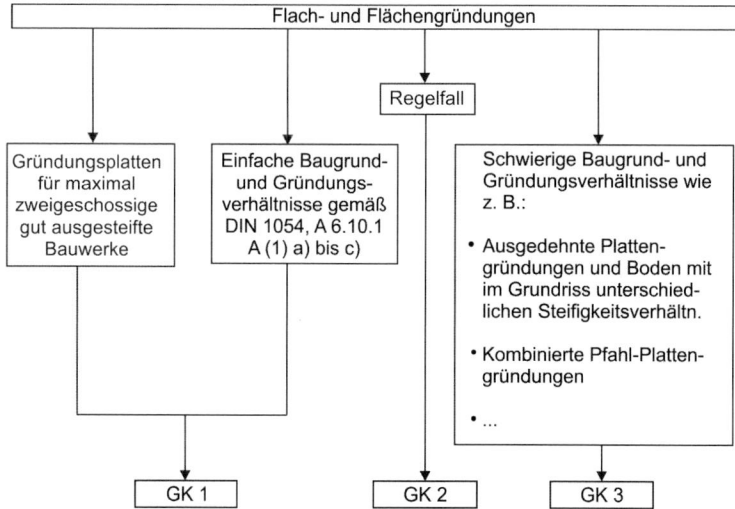

Bild 11. Einstufung in die Geotechnische Kategorie

- vertikale ständige Kraft $F_{gv,k}$ aus dem zentrischen Eigengewicht G_k,
- horizontale veränderliche Kraft $F_{ph,k}$ aus der Windbelastung w_k,
- veränderliches Moment $M_{p,k}$ aus der Windbelastung w_k.

Im allgemeinen Fall können auch bei der vertikalen Einwirkung veränderliche Anteile sowie bei den horizontalen Einwirkungen und der Momenteneinwirkung ständige Anteile vorhanden sein. Die hier abgebildete vereinfachte Situation reicht jedoch aus, um die geotechnische Nachweisführung für eine Flachgründung zu erläutern.

Weiter zeigt Bild 12 die Einwirkung aus dem Eigengewicht $G_{F,k}$ des Fundaments. Aus Gründen der Übersichtlichkeit wird diese aber im Vergleich zu dem aus dem Tragwerk resultierenden Anteil des Eigengewichts G_k bei den nachfolgenden Erläuterungen als vernachlässigbar klein angenommen und daher nicht weiter berücksichtigt wird.

Schließlich enthält Bild 12 die Einwirkungen aus aktivem Erddruck E_a auf die Stirnseite des Funda-

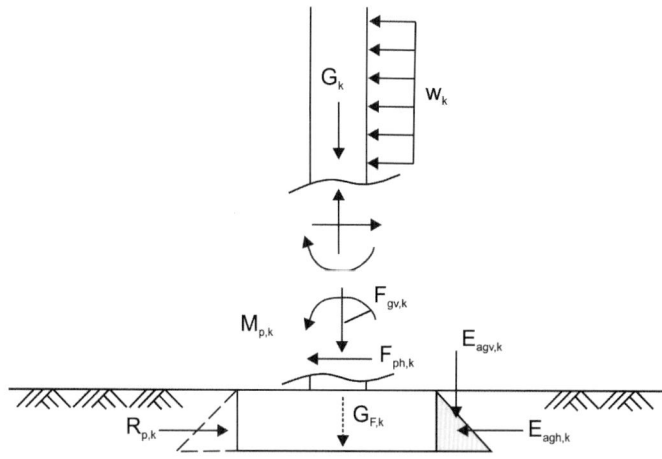

Bild 12. Charakteristische Einwirkungen an einem Einzelfundament [13]

ments sowie den auf der gegenüberliegenden Stirnseite mobilisierbaren passiven Erdwiderstand $R_{p,k}$, der ebenso wie der aktive Erddruck nach DIN 4085 zu bestimmen ist.

Letzterer ist zwar seiner Natur nach ein Widerstand, darf jedoch beim Nachweis des Grundbruchwiderstands indirekt als günstige Einwirkung berücksichtigt werden. Sofern nicht mit Abgrabungen neben dem Fundament zu rechnen ist (s. Bild 13), darf gemäß DIN 1054, 6.5.2.2 A (10) bei der Ermittlung der Neigung und Ausmitte der Sohldruckresultierenden für den Grundbruchnachweis zusätzlich eine horizontale Bodenreaktion B_k als charakteristische Einwirkung an der Stirnseite angesetzt werden. Diese Bodenreaktion ersetzt die Wirkung des oberhalb der Gründungssohle wirkenden Erdwiderstands. Da der Grundbruchwiderstand auch bei schräg belastetem Fundament immer nur als Widerstand normal zur Sohlfuge mit der bekannten dreigliedrigen Grundbruchformel nach DIN 4017:2006-03 berechnet wird, kann die günstige Wirkung des tatsächlich wirkenden Erdwiderstands nicht direkt in der Grenzzustandsbedingung, sondern nur über den Umweg als günstige Einwirkung berücksichtigt werden. Da sie die Ausmitte und Neigung der Sohlflächenresultierenden reduziert, wird dadurch der Grundbruchwiderstand entsprechend erhöht.

Die Bodenreaktion B_k darf jedoch höchstens so groß angesetzt werden wie die parallel zur Sohlfläche angreifende charakteristische Beanspruchung aus den übrigen Einwirkungen (hier bzw. nach Bild 13: $E_{agh,k}$ und $F_{ph,k}$). Zur Begrenzung der für eine volle Aktivierung des passiven Erdwiderstands erforderlichen Verschiebungen darf sie außerdem höchstens 50 % des charakteristischen Erdwiderstands $R_{p,k}$ (vgl. Bild 12) betragen. Der Erdwiderstand ist dabei mit dem Erddruckneigungswinkel $\delta_p = 0$ zu ermitteln. Somit besteht die Bodenreaktion lediglich aus einer Horizontalkomponente:

$$B_k = \min\left\{F_{h,k} + E_{ah,k}\ (\delta p = 0)\ ;\ 0{,}5 \cdot R_{p,k}\right\}$$

Aus den Einwirkungen sind schließlich die für die Nachweisführung erforderlichen charakteristischen Beanspruchungen abzuleiten (vgl. Abschnitt 2.2.3). Bei Flachgründungen wird aus geotechnischer Sicht das Versagen unterhalb des Fundaments durch Überschreitung der Tragfähigkeit des Bodens näher betrachtet, sodass die Beanspruchungen in der Kontaktfläche Bauwerk/Boden maßgebend sind:

– sohlflächenparallele Kraft aus ständigen Einwirkungen $H_{G,k}$,
– sohlflächenparallele Kraft aus veränderlichen Einwirkungen $H_{Q,k}$,
– sohlflächennormale Kraft aus ständigen Einwirkungen $V_{G,k}$,
– sohlflächennormale Kraft aus veränderlichen Einwirkungen $V_{Q,k}$ (hier null)

sowie

– zugehörige Ausmitten (s. Bild 14).

Für das hier betrachtete Beispiel (vgl. Bilder 12 bis 14) ergeben sich zunächst ohne Berücksichtigung der Bodenreaktion B_k folgende konkrete Beanspruchungen und Ausmitten in der Sohlfuge:

Beanspruchungen:

$H_{G,k} = E_{agh,k}$ (horizontal, ständig),
$H_{Q,k} = F_{ph,k}$ (horizontal, veränderlich),
$V_{G,k} = F_{gv,k} + E_{agv,k}$ (vertikal, ständig),
$V_{Q,k} = 0$ (vertikal, veränderlich).

Ausmitte aus ständigen Einwirkungen:

$$e_G = \frac{\sum M_{G,k}}{\sum V_{G,k}} = \frac{E_{agh,k} \cdot \dfrac{d}{3} - E_{agv,k} \cdot \dfrac{b}{2}}{F_{gv,k} + E_{agv,k}}$$

Ausmitte aus ständigen und veränderlichen Einwirkungen:

$$e = \frac{\sum M_k}{\sum V_k}$$

$$= \frac{F_{ph,k} \cdot d + E_{agh,k} \cdot \dfrac{d}{3} + M_{p,k} - E_{agv,k} \cdot \dfrac{b}{2}}{F_{gv,k} + E_{agv,k}}$$

Mit Berücksichtigung einer Bodenreaktion an der Stirnseite des Fundaments reduzieren sich die horizontale Beanspruchung und die Ausmitten (bei Annahme dreieckförmiger Verteilung des Erdwiderstands) wie folgt:

$$H_{G,k} = E_{agh,k} - B_k$$

$$e_G = \frac{\sum M_{G,k}}{\sum V_{G,k}}$$

$$= \frac{E_{agh,k} \cdot \dfrac{d}{3} - E_{agv,k} \cdot \dfrac{b}{2} - B_k \cdot \dfrac{d}{3}}{F_{gv,k} + E_{agv,k}}$$

$$e = \frac{\sum M_k}{\sum V_k} = \frac{F_{ph,k} \cdot d + E_{agh,k} \cdot \dfrac{d}{3} + M_{p,k} - E_{agv,k} \cdot \dfrac{b}{2} - B_k \cdot \dfrac{d}{3}}{F_{gv,k} + E_{agv,k}}$$

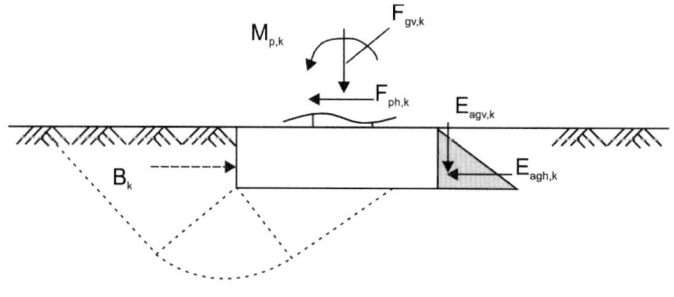

Bild 13. Mögliche Berücksichtigung einer Bodenreaktion B_k zur Erfassung des Erdwiderstands für den Grundbruchnachweis [13]

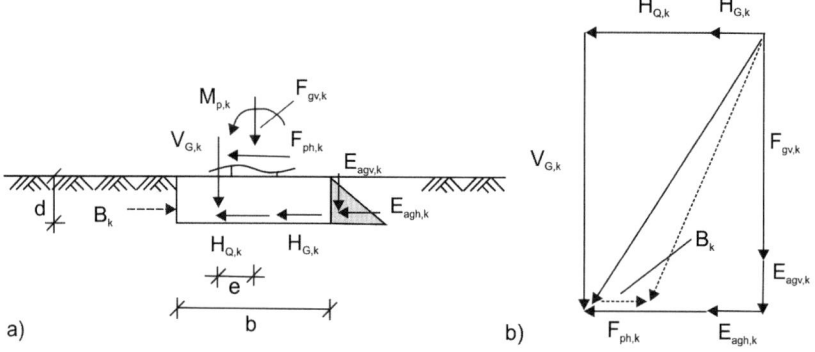

Bild 14. a) Charakteristische Beanspruchungen aus ständigen und veränderlichen Einwirkungen mit zugehörigen Ausmitten ($V_{Q,k}$ hier gleich null), b) Einfluss von B_k auf die Größe und Neigung der Sohldruckresultierenden [13]

Wie aus Bild 14b ersichtlich ist, wird dann auch die Neigung der Sohldruckresultierenden vermindert, was sich günstig auf den Grundbruchwiderstand auswirkt (vgl. Abschnitt 3.6.2).

3.4 Widerstände

Je nach betrachtetem Versagensmechanismus wirken die Widerstände des Baugrunds parallel oder normal zur Sohlfläche sowie ggf. zusätzlich an der Stirnfläche des Fundaments. In Anlehnung an EC 7-1 und DIN 1054 werden daher im Folgenden die Widerstände getrennt nach den Versagensarten Grundbruch (sohlflächennormal) und Gleiten (sohlflächenparallel) betrachtet.

3.4.1 Grundbruch

Der charakteristische sohlflächennormale Grundbruchwiderstand $R_{n,k}$ ist gemäß DIN 1054:2010-12, 6.5.2.2 A (8) nach den Regeln von DIN 4017: 2006-03 zu ermitteln. Dabei darf, wie oben erläutert, bei der Bestimmung der Neigung und Ausmitte der charakteristischen Beanspruchung in der Sohlfläche eine günstig wirkende Bodenreaktion B_k an der Stirnseite des Fundaments angesetzt werden,

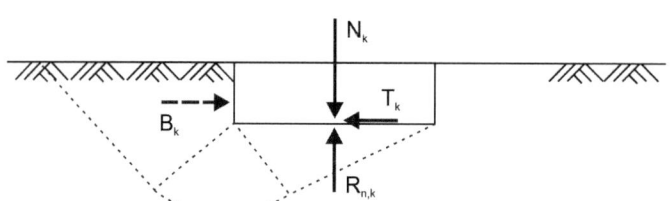

Bild 15. Ansatz des charakteristischen Grundbruchwiderstands mit seitlicher Bodenreaktion

sofern das Wirken dieser Bodenreaktion gewährleistet ist (s. Bild 15).

Bei der Bestimmung des Grundbruchwiderstands mit der bekannten dreigliedrigen Grundbruchformel werden sowohl die Baugrundeigenschaften (Reibungswinkel, Kohäsion) über Grundwerte als auch die Abmessungen (Breite, Länge, Gründungstiefe) und die Art (Streifen, Rechteck, Quadrat, Kreis) über Formbeiwerte berücksichtigt. Weiter fließen auch die Lastneigung und Lastverschwenkung, die Geländeneigung und die Sohlneigung des Fundaments über zusätzliche Beiwerte in den Grundbruchwiderstand ein (s. Bild 16). Die Grundbruchgleichung ergibt sich unter Berücksichtigung der zusätzlichen Beiwerte zu

$$R_{n,k} = a' \cdot b' \cdot (\gamma_2 \cdot b' \cdot N_b + \gamma_1 \cdot d \cdot N_d + c \cdot N_c)$$

mit

$N_b = N_{b0} \cdot \nu_b \cdot i_b \cdot \lambda_b \cdot \xi_b$
$N_d = N_{d0} \cdot \nu_d \cdot i_d \cdot \lambda_d \cdot \xi_d$
$N_c = N_{c0} \cdot \nu_c \cdot i_c \cdot \lambda_c \cdot \xi_c$

Dabei sind

N_{i0} Grundwerte der Tragfähigkeitsbeiwerte
ν_i Formbeiwerte
i_i Lastneigungsbeiwerte
λ_i Geländeneigungsbeiwerte
ξ_i Sohlneigungsbeiwerte

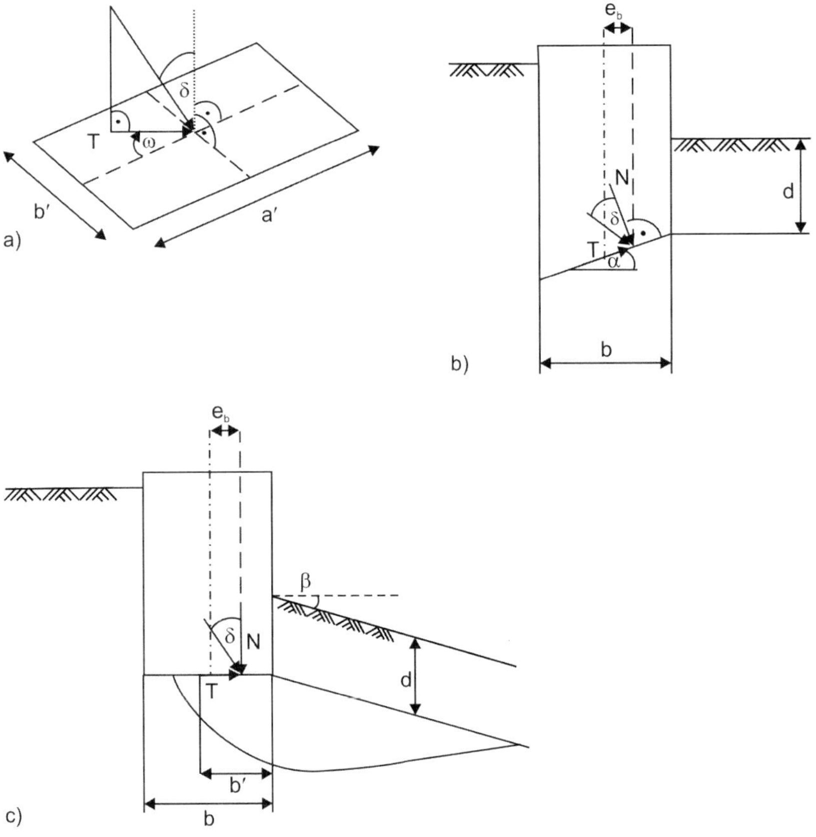

Bild 16. Bezeichnungen nach DIN 4017 zur Berücksichtigung von a) einer verschwenkten Sohldruckresultierenden, b) einer Sohlneigung und c) einer Geländeneigung

Die ansetzbare Fundamentfläche ergibt sich aus:

$$a' = a - 2e_a$$
$$b' = b - 2e_b$$

mit

e_a, e_b Ausmitte der vertikalen Resultierenden in Richtung der Fundamentlänge a bzw. der Fundamentbreite b bezogen auf den Mittelpunkt der Sohlfläche

3.4.2 Gleiten

Beim Gleiten in bindigen Böden (schluffig, tonig) ist sowohl der Anfangszustand mit undränierter Kohäsion als auch der Endzustand nach vollständiger Konsolidation mit den effektiven Scherparametern φ' und c' zu betrachten, da je nach Zustand unterschiedliche Widerstände aktiviert werden können. Bei nichtbindigen Böden (reiner Sand, Kies) erübrigt sich hingegen die Betrachtung eines undränierten Anfangszustands.

Im unkonsolidierten Anfangszustand ergibt sich der charakteristische sohlflächenparallele Gleitwiderstand R_k für einen wassergesättigten Boden zu

$$R_k = A \cdot c_{u,k}$$

mit

A Fläche

$c_{u,k}$ charakteristischer Wert der undränierten Kohäsion

Weder im EC 7-1 noch in DIN 1054 wird die Fläche A genauer definiert und es bleibt offen, ob der gesamte überdrückte Teil als Fläche angesetzt werden kann oder ob eine Reduktion auf eine Teilfläche A' derart vorgenommen werden sollte, sodass die Sohlflächenresultierende in Bezug auf die Teilfläche wieder mittig wirkt (vgl. Bild 20). Eine solche Reduzierung der Teilfläche erscheint sinnvoll und liegt auf der sicheren Seite, da im Bereich niedriger Normalspannungen nicht mit der vollen undränierten Kohäsion gerechnet werden kann.

Im Endzustand nach vollständiger Konsolidierung tritt dieses Problem nicht auf, da dann der Sohlwiderstand unabhängig von der Fläche nur von der wirkenden Normalkraft V_k und dem Sohlreibungswinkel $\delta_{S,k}$ abhängt. Der Gleitwiderstand ergibt sich dann zu

$$R_k = V_k \cdot \tan \delta_{S,k}$$

In der Praxis wird der Sohlreibungswinkel $\delta_{S,k}$ meist nicht explizit ermittelt. Nach DIN 1054, 6.5.3 A (10) darf der Sohlreibungswinkel dann in Abhängigkeit der Rauigkeit der Konstruktion aus dem charakteristischen Wert des Reibungswinkels φ'_k wie folgt angesetzt werden:

$\delta_{S,k} = \varphi'_k < 35°$ für Ortbetonfundamente

$\delta_{S,k} = 2/3 \varphi'_k$ für Fertigteile

In diesem Zusammenhang gilt es zu beachten, dass schräg angreifende Einwirkungen über den Vertikalanteil eine haltende und über den Horizontalanteil eine treibende Komponente aufweisen (vgl. Abschnitt 2.2.4 bzw. Bild 4). Da in Summe günstig wirkende veränderliche Einwirkungen beim Nachweis nicht berücksichtigt werden dürfen, ist bei schräg angreifenden Einwirkungen zu prüfen, welcher Einfluss überwiegt.

Gemäß Bild 4 wirkt $F_{Q,k}$ insgesamt günstig, solange

$$\tan \delta_{S,k} \geq \tan \delta$$

gilt und dürfte dann im Nachweis nicht berücksichtigt werden.

Wenn Abgrabungen ausgeschlossen werden können, darf beim Gleiten zusätzlich der charakteristische Erdwiderstand $R_{p,k}$ an der Stirnseite des Fundaments in Ansatz gebracht werden (s. Bild 17). Dabei ist zu beachten, dass zur vollen Aktivierung des Erdwiderstands entsprechend große Verschiebungen erforderlich sind (vgl. DIN 4085). Für die Bestimmung des Erdwiderstands sind die charakteristischen Scherparameter des Bodens zu verwenden, abgesehen vom Sonderfall $\alpha = \beta = \delta_P = 0$, gekrümmte bzw. zusammengesetzte ebene Gleitflächen in Anlehnung an DIN 4085 zugrunde gelegt werden. Andernfalls kann es zu einer Überschätzung des Erdwiderstands und damit des Sicherheitsniveaus kommen. Der Erdruckneigungswinkel für den Erdwiderstand sollte dabei wie auch schon bei der Berechnung der Bodenreaktionskraft B_k für den Grundbruchnachweis mit $\delta_p = 0$ ermittelt werden.

Sowohl bei in Gleitrichtung ansteigenden schrägen Sohlflächen (s. Bild 18) als auch bei Fundamenten mit einem vertikalen Sporn ist die Sicherheit gegen

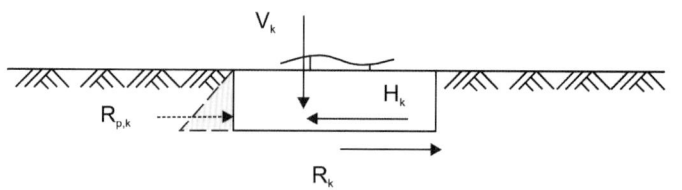

Bild 17. Ansatz charakteristischer Widerstände beim Gleitsicherheitsnachweis [13]

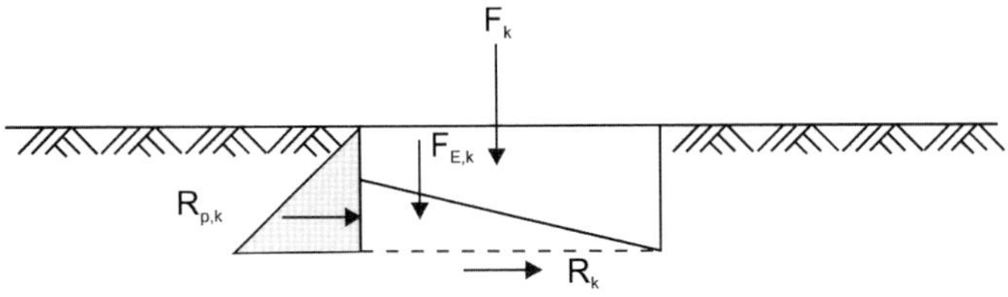

Bild 18. Abgeschrägtes Fundament mit Gleitfugen durch den Boden [13]

Gleiten zusätzlich in Bruchflächen nachzuweisen, die durch den Boden verlaufen.

Der charakteristische Gleitwiderstand bei vollständiger Konsolidierung ergibt sich dann zu

$$R_k = V_k \cdot \tan\varphi'_k + A \cdot c'_k$$
$$= (F_k + F_{Ek}) \cdot \tan\varphi'_k + A \cdot c'_k$$

mit

φ'_k und c'_k Scherparameter des Bodens
A Fläche der Gleitfuge im Boden

Gleitflächen im Boden sind auch dann zusätzlich nachzuweisen, wenn die Gründungssohle unmittelbar unter dem Fundament eine größere Scherfestigkeit aufweist als der nachfolgend anstehende Baugrund. In diesem Fall können das Fundament und ein Teil des Bodens gemeinsam auf der unter dem Fundament anstehenden Schicht abgleiten (vgl. [6]).

3.5 Bemessungswerte

In den vorherigen Abschnitten wurden Beanspruchungen und Widerstände noch auf charakteristischer Ebene betrachtet. Für die geotechnischen Nachweise sind diese charakteristischen Werte in einem weiteren Schritt in Bemessungswerte zu überführen.

Die Bemessungswerte der Beanspruchung ergeben sich durch Multiplikation der charakteristischen Beanspruchungen in der Sohlfuge mit den zu ihrer Ursache gehörenden Teilsicherheitsbeiwerten aus Tabelle A 2.1 von DIN 1054:2010-12 bzw. DIN 1054/A2:2015-11. Die so erhaltenen Werte werden dann zu einem sohlflächenparallelen und zu einem sohlflächennormalen Bemessungswert der Beanspruchung H_d und V_d wie folgt zusammengefasst:

$$H_d = H_{G,k} \cdot \gamma_G + H_{Q,k} \cdot \gamma_Q$$
$$V_d = V_{G,k} \cdot \gamma_G + V_{Q,k} \cdot \gamma_Q$$

Liegt eine Beanspruchung des Gründungskörpers in zwei orthogonale Richtungen x und y vor, so kann die sohlflächenparallele, resultierende Beanspruchung nach folgendem Ansatz berechnet werden:

$$H_d = \sqrt{H_{d,x}^2 + H_{d,y}^2}$$

Die Bemessungswerte der Widerstände ergeben sich aus den charakteristischen Größen durch Division mit den zugehörigen Teilsicherheitsbeiwerten aus Tabelle A 2.3 von DIN 1054.

Den Bemessungswert des Grundbruchwiderstands erhält man zu

$$R_d = \frac{R_{n,k}}{\gamma_{R,v}}$$

Für den Bemessungswert des Gleitwiderstands gilt

$$R_d = \frac{R_k}{\gamma_{R,h}}$$

Für Fundamente, die auf einem undränierten Tonboden gegründet werden, ist der so erhaltene Bemessungswert des Gleitwiderstands gemäß EC 7-1, 6.5.3 (12) auf

$$R_d \leq 0{,}4 \cdot V_d$$

zu begrenzen, wenn die Gefahr besteht, dass Wasser oder Luft zwischen die Fundamentsohle und den Baugrund eindringen können. Diese Gefahr besteht insbesondere dann, wenn mit einer klaffenden Fuge zu rechnen ist bzw. die Sohldruckresultierende für die ungünstigste Lastfallkombination außerhalb der ersten Kernweite liegt (vgl. Abschnitt 3.7.2).

Weiter ergibt sich der Bemessungswert des Erdwiderstands beim Gleitsicherheitsnachweis zu

$$R_{p,d} = \frac{R_{p,k}}{\gamma_{R,e}}$$

3.6 Nachweise der Tragfähigkeit

Im Folgenden werden die gemäß EC 7-1 im Grenzzustand der Tragfähigkeit (ULS) für Flächengründungen zu erbringenden Nachweise erläutert. Bei nach EC 7-1 mehreren möglichen Nachweisformaten bzw. -gleichungen werden im hier vorliegenden Beitrag ausschließlich die Varianten betrachtet, wie sie sich aus der Kombination von EC 7-1 mit DIN 1054 ergeben.

3.6.1 Gesamtstandsicherheit

Neben den Nachweisen gegen Versagen des Bauwerks ist gemäß EC 7-1, 6.5.1 bei Flächengründungen auch zu prüfen, ob der Nachweis der Gesamtstandsicherheit (GEO-3) zu führen ist. Dies ist u. a. dann erforderlich, wenn

- auf oder an einer Böschung,
- neben einer Baugrube oder einem Stützbauwerk oder
- neben Gewässern

gegründet werden soll.

Der Nachweis der Gesamtstandsicherheit wird in Abschnitt 11 von EC 7-1 bzw. DIN 1054 behandelt und im hier vorliegenden Beitrag nicht weiter vertieft.

3.6.2 Grundbruchwiderstand

Für den Nachweis ausreichender Sicherheit gegen Grundbruch (GEO-2) ist nachzuweisen, dass der Bemessungswert des vertikalen Grundbruchwiderstands R_d größer ist als die normal zur Sohlfläche angreifende Bemessungsbeanspruchung V_d:

$$R_d \geq V_d$$

Bei Gründung auf Einzel- oder Streifenfundamenten ist der Nachweis für jedes Fundament einzeln zu führen. Allerdings kann es bei Flächengründungen, Trägerrostfundamenten und auch bei Fundamentgruppen z. B. bei geneigtem Gelände oder einer tiefer liegenden weichen Bodenschicht erforderlich werden, zusätzlich den Nachweis für das Gesamtbauwerk zu führen.

Weiter ist in Bezug auf den Grundbruchnachweis darauf hinzuweisen, dass nicht zwangsläufig die Einwirkungskombination mit der maximalen normalen Einwirkung maßgebend ist. Da bei größerer Ausmitte die anrechenbare Fundamentfläche sinkt und bei zunehmender Neigung der resultierenden Beanspruchung auch der Neigungsbeiwert abnimmt, können auch Einwirkungskombination maßgebend werden, bei denen nur die Lastneigung und die Ausmitte maximal sind, nicht aber die normale Einwirkung selbst.

3.6.3 Gleitwiderstand

Sofern ein Fundament nicht ausschließlich vertikal belastet wird bzw. der resultierende Lastvektor nicht normal zur Sohlfläche steht, ist der Nachweis gegen Versagen durch Gleiten (GEO-2) zu erbringen. Der Nachweis ist erfüllt, wenn der Bemessungswert des sohlflächenparallelen Reibungswiderstands R_d bzw. die Summe der Bemessungswerte des Reibungswiderstands und des passiven Erdwiderstands $R_{p,d}$ größer als der Bemessungswert der sohlflächenparallelen Beanspruchung H_d ist:

$$R_d \; (+ R_{p,d}) \geq H_d$$

Während der Reibungswiderstand R_d in der Sohle bereits bei sehr geringer Verschiebung in voller Höhe mobilisiert ist, sind zur Aktivierung des Erdwiderstands relativ große Verschiebungen notwendig. Es ist daher von Vorteil, den Nachweis möglichst ohne den Ansatz eines Erdwiderstands zu führen, da sich dann auch gegebenenfalls ein expliziter Nachweis der Gebrauchstauglichkeit hinsichtlich der Sohlverschiebungen erübrigt (s. Abschnitt 3.7).

3.6.4 Stark exzentrische Belastung

Zusätzlich zu den Nachweisen gegen Grundbruch und gegen Gleiten ist bei exzentrisch belasteten Fundamenten der Nachweis gegen Gleichgewichtsverlust durch Kippen (EQU) zu führen. Obwohl die Kippkante eines Fundaments in der Regel unbekannt ist (die hohen Randspannungen führen durch Plastifizierung des Bodens zu einer Verlagerung der Kippkante in Richtung Fundamentmitte), darf der Nachweis gemäß DIN 1054, 6.5.4 A (3) ersatzweise um eine fiktive Kippkante am Fundamentrand erfolgen. Dazu werden stabilisierende und destabilisierende Momente der Bemessungsgrößen der Einwirkungen verglichen:

$$M_{G,k,dst} \cdot \gamma_{G,dst} + M_{Q,k,dst} \cdot \gamma_{Q,dst}$$
$$\leq M_{G,k,stb} \cdot \gamma_{G,stb}$$

Zusätzlich zu diesem Kippnachweis müssen aber auch die Nachweise der Fundamentverdrehung und die Begrenzung einer klaffenden Fuge nach DIN 1054, 6.6.5 erbracht werden, die aber dem Grenzzustand der Gebrauchstauglichkeit zuzuordnen sind und daher im nachfolgenden Abschnitt 3.7 behandelt werden.

3.7 Nachweise der Gebrauchstauglichkeit

Im Folgenden werden die gemäß EC 7-1, 6.6 im Grenzzustand der Gebrauchstauglichkeit (SLS) für Flächengründungen im Wesentlichen zu betrachtenden Verformungen und zu erbringenden Nachweise erläutert.

3.7.1 Setzungen und Hebungen

Bei Flächengründungen sind vornehmlich Setzungen bzw. Setzungsdifferenzen zu betrachten, die es im Hinblick auf die Gebrauchstauglichkeit des Bauwerks einzuhalten gilt. In diesem Zusammenhang ist anzumerken, dass gleichmäßige Setzungen durch die aufgehende Konstruktion meist schadlos aufgenommen werden können und in der Regel lediglich unterschiedlich starke Setzungen bzw. daraus resultierende Setzungsunterschiede, Verdrehungen und Winkeländerungen zu Zwängen und Schäden führen. Gemäß EC 7-1, Anhang H (informativ) bewegen sich die maximal aufnehmbaren Winkeländerungen für offene Rahmenkonstruktionen, ausgekleidete Rahmen und tragende oder durchlaufende Mauerwände im Bereich zwischen etwa 1/2000 und etwa 1/300, um einen Grenzzustand der Gebrauchstauglichkeit im Bauwerk zu vermeiden. Detailliertere Grenzwerte finden sich in der Fachliteratur wie z. B. dem Grundbau-Taschenbuch [7].

Vor dem Hintergrund möglicher Schwierigkeiten z. B. mit Leitungsanschlüssen sind aber nicht nur die Differenzsetzungen und daraus resultierenden Verdrehungen, sondern auch die Absolutsetzungen zu beachten.

Die Setzungsermittlung selbst sollte nach DIN 4019:2014-01 erfolgen. Dabei ist bei bindigen und organischen Böden besonderes Augenmerk auf die zeitverzögert eintretenden Setzungsanteile infolge Konsolidierung und gegebenenfalls Kriechen zu richten.

Darüber hinaus kann es außerdem erforderlich sein, auch Hebungen z. B. infolge der Verminderung der wirksamen Spannungen durch den Aushub oder infolge von Setzungen von Nachbargebäuden im Rahmen der Gebrauchstauglichkeit zu betrachten. Auch hierbei können in bindigen Böden Hebungen erst zeitverzögert auftreten.

Falls Tragwerksgründungen außerdem durch Schwingungen oder dynamische Einwirkungen beeinflusst werden, sind diese gemäß EC 7-1, 6.6.4 so zu bemessen, dass dadurch keine übermäßigen Setzungen und Erschütterungen auftreten. Bezüglich der Erschütterungen durch Erdbeben wird in diesem Zusammenhang auf DIN EN 1998 verwiesen (vgl. Abschnitt 2.1).

3.7.2 Fundamentverdrehung und Begrenzung einer klaffenden Fuge

Gemäß DIN 1054, 6.6.5 sind die Begrenzung einer klaffenden Fuge und die Vermeidung unzuträglicher Verdrehungen des Bauwerks über die Lage der Sohldruckresultierenden nachzuweisen.

Sofern die mit den ständigen Einwirkungen erhaltene charakteristische Sohldruckresultierende innerhalb der sogenannten 1. Kernweite liegt (vgl. Bild 19), darf angenommen werden, dass in der Sohlfläche keine klaffende Fuge auftritt.

Weiter ist nachzuweisen, dass die charakteristische Sohldruckresultierende aus der ungünstigsten Kombination von ständigen und veränderlichen Einwirkungen für die Bemessungssituationen BS-P und BS-T die Sohlfläche noch innerhalb der zweiten Kernweite schneidet. Damit ist ein Klaffen der Sohlfuge bis maximal zum Schwerpunkt der Sohlfläche zulässig bzw. ist gewährleistet, dass die Gründungssohle noch bis zu ihrem Schwerpunkt durch Druck belastet bleibt. Bei Einhaltung dieses Nachweises gelten auftretende Verdrehungen (vgl. Abschnitt 3.7.1) bei mindestens mitteldicht gelagerten nichtbindigen bzw. mindestens steifen bindigen Böden als verträglich und müssen nicht mehr explizit nachgewiesen werden.

Bei einem Rechteckquerschnitt wird gemäß Bild 19 der Bereich der ersten Kernweite durch

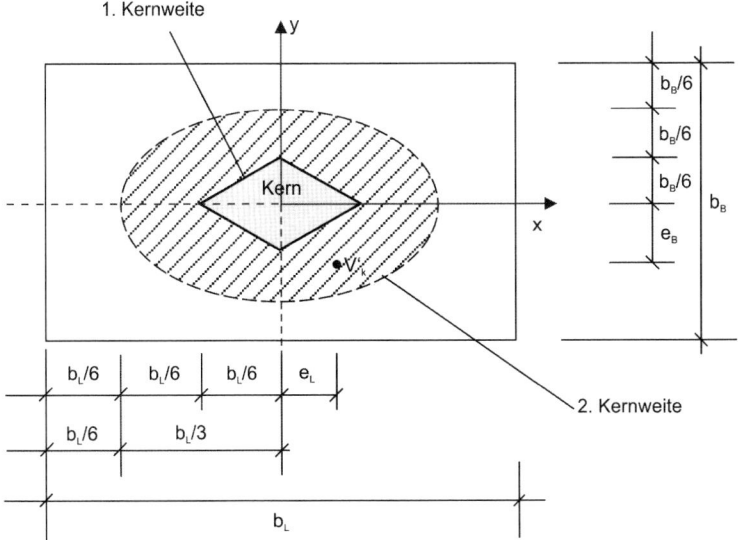

Bild 19. Erste und zweite Kernweite bei einem Rechteckfundament [13]

$$|e_y| = \left|\frac{b_y}{6} - \frac{b_y}{b_x}e_x\right| \quad \text{für } e_x \geq 0$$

bzw.

$$|e_y| = \left|\frac{b_y}{6} + \frac{b_y}{b_x}e_x\right| \quad \text{für } e_x < 0$$

und der Bereich der zweiten Kernweite durch

$$\left(\frac{e_x}{b_x}\right)^2 + \left(\frac{e_y}{b_y}\right)^2 = \frac{1}{9}$$

begrenzt.

3.7.3 Verschiebungen in der Sohlfläche

Gemäß DIN 1054, A 6.6.6 müssen die Verschiebungen in der Sohlfläche dann nicht explizit nachgewiesen werden, wenn beim Gleitsicherheitsnachweis nach Abschnitt 3.6.3

– keine Bodenreaktion bzw. kein Erdwiderstand an der Stirnseite angesetzt wird oder

– bei mindestens mitteldicht gelagerten nichtbindigen Böden oder mindestens steifen bindigen Böden höchstens ein Drittel des charakteristischen Erdwiderstands sowie höchstens zwei Drittel des charakteristischen Gleitwiderstands zur Einhaltung des sohlflächenparallelen Gleichgewichts nötig sind.

Ist dies nicht der Fall, sind genauere Betrachtungen bezüglich der auftretenden Verschiebungen anzustellen.

3.8 Vereinfachter Nachweis in Regelfällen

Die oben beschriebenen Nachweise gegen Grundbruch und Gleiten im Grenzzustand der Tragfähigkeit sowie der Nachweis der Gebrauchstauglichkeit über Setzungsberechnungen können gemäß DIN 1054, 6.10 entfallen und durch einen vereinfachten Nachweis mit Verwendung von Erfahrungswerten für den Bemessungswert des Sohlwiderstands ersetzt werden. Dafür sind jedoch zahlreiche Voraussetzungen zu erfüllen, die dem folgenden Abschnitt 3.8.1 entnommen werden können. Die Anwendung der Erfahrungswerte bzw. der vereinfachte Nachweis selbst werden in Abschnitt 3.8.2 erläutert.

3.8.1 Voraussetzungen für die Anwendung der Erfahrungswerte

Gemäß DIN 1054, 6.10.1 A (1) sind folgende Voraussetzungen für die Anwendung der Erfahrungswerte zu prüfen und einzuhalten:

– Geländeoberfläche und Schichtgrenzen verlaufen annähernd waagerecht.

– Ausreichende Festigkeit des Baugrunds bis in eine Tiefe, die der zweifachen Fundamentbreite, mindestens aber 2 m entspricht.

- Bei nichtbindigen Böden wird dies durch die in Tabelle A 6.3 von DIN 1054 angegebenen Werte für die Lagerungsdichte D, den Verdichtungsgrad D_{Pr} oder den Spitzenwiderstand der Drucksonde q_c nachgewiesen.

- Bei bindigen Böden muss eine mindestens steife Konsistenz bzw. eine einaxiale Druckfestigkeit von mindestens 120 kN/m² ermittelt worden sein.

– Das Fundament wird nicht regelmäßig oder überwiegend dynamisch belastet.

– Berücksichtigung des stützenden Erddrucks vor dem Fundament nur bei sichergestelltem Verbleib des Bodens.

– Die Neigung der charakteristischen Beanspruchung in der Sohlfläche erfüllt die Bedingung

$$\tan \delta = \frac{H_k}{V_k} \leq 0{,}2.$$

– Die Sohldruckresultierende muss für ständige und veränderliche Lasten innerhalb der zweiten Kernweite und für ständige Lasten innerhalb der ersten Kernweite liegen.

– Kein Gleichgewichtsverlust durch Kippen.

Aus den beiden letzten Voraussetzungen resultiert, dass vor Anwendung der Erfahrungswerte sowohl der Nachweis gegen Kippen gemäß Abschnitt 3.6.4 als auch die Nachweise der Fundamentverdrehung und Begrenzung einer klaffenden Fuge gemäß Abschnitt 3.7.2 in jedem Fall zu führen sind.

3.8.2 Nachweisführung mit Bemessungswerten des Sohlwiderstands

Sofern alle im vorherigen Abschnitt 3.8.1 enthaltenen Voraussetzungen erfüllt sind, erfolgt die vereinfachte Nachweisführung durch einen Vergleich der Bemessungswerte der Sohldruckbeanspruchung und des Sohlwiderstands:

$$\sigma_{E,d} \leq \sigma_{R,d}$$

Der Bemessungswert der Sohldruckbeanspruchung ergibt sich aus

$$\sigma_{E,d} = \frac{V_d}{A'}$$

wobei die Fläche A' die Fläche ist, für die die charakteristische Sohldruckresultierende im Schwerpunkt steht (vgl. Bild 20). Die reduzierten Fundamentlängen b'_L und b'_B der Fläche A' ergeben sich aus

$$b'_L = b_L - 2e_L \text{ und}$$
$$b'_B = b_B - 2e_B$$

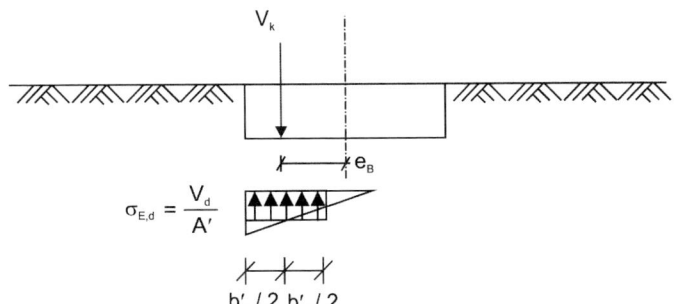

Bild 20. Ermittlung der Sohldruckbeanspruchung und wirksamer Fläche bei der vereinfachten Nachweisführung [13]

Der Bemessungswert des Sohlwiderstands $\sigma_{R,d}$ kann direkt aus Tabellen der DIN 1054 entnommen werden und zwar

– für nichtbindige Böden den Tabellen A 6.1 bis A 6.2 und
– für bindige Böden den Tabellen A 6.5 bis A 6.8.

Dabei basiert Tabelle A 6.1 auf einer ausreichenden Grundbruchsicherheit und Tabelle A 6.2 auf einer ausreichenden Grundbruchsicherheit bei gleichzeitiger Begrenzung der Setzungen (1 bis 2 cm). Bei bindigen Böden findet diese Unterscheidung nicht statt.

Sofern Fundamente auf Basis der Erfahrungswerte nach den Tabellen A 6.1 und A 6.5 bis A 6.8 bemessen werden, darf bei mittiger Belastung von Setzungen

– für nichtbindige Böden von ca. 2 cm (für b bzw. b′ = 1,5 m) und
– für bindige Böden von ca. 2 bis 4 cm

ausgegangen werden.

Bei den Tabellenwerten handelt es sich ausschließlich um Bemessungswerte des Sohlwiderstands für die Bemessungssituation BS-P. Diese können jedoch auf der sicheren Seite liegend auch für die Bemessungssituation BS-T verwendet werden.

3.8.3 Erhöhung und Verminderung des Bemessungswerts

Die in den Tabellen von DIN 1054 enthaltenen Bemessungswerte des Sohlwiderstands dürfen bzw. müssen je nach Situation erhöht bzw. reduziert werden.

Generell dürfen die Werte gemäß DIN 1054, 6.10.1 A(5) dann erhöht werden, wenn die Einbindetiefe auf allen Seiten des Gründungskörpers d > 2,0 m beträgt. Die zulässige Erhöhung darf dann in Höhe der Spannung erfolgen, die sich aus der 1,4-fachen Entlastung durch Bodenaushub unterhalb der Tiefe von 2 m ergibt.

Weitere Erhöhungen in Höhe von 20% sind für nichtbindige und bindige Böden in Abhängigkeit vom Seitenverhältnis der Fundamente und in Höhe von 50% für nichtbindige Böden in Abhängigkeit von der Festigkeit des Baugrunds zulässig.

Verminderungen sind bei nichtbindigen Böden hingegen bei Beeinflussung durch Grundwasser und bei vorhandenen waagerechten Beanspruchungen sowie bei bindigen Böden für Fundamentbreiten größer als 2 m erforderlich.

Einen Überblick über die zulässigen Erhöhungen und erforderlichen Reduzierungen geben die Bilder 21 und 22.

3.9 Beispiele

3.9.1 Beispiel für vereinfachte Nachweisführung

Für das in Bild 23 dargestellte Streifenfundament wird im Folgenden die vereinfachte Nachweisführung nach DIN 1054, 6.10 durchgeführt. Dabei soll die Einwirkung $G_{V,k}$ bereits das Eigengewicht des Fundaments und der Stütze sowie aller darüber liegenden Konstruktionen enthalten.

Voraussetzungen

Vor Anwendung der vereinfachten Nachweisführung muss überprüft werden, ob die in Abschnitt 3.8.1 erläuterten Kriterien erfüllt sind:

– Geländeoberfläche und Schichtgrenzen annähernd waagerecht?
  → erfüllt
– Der Baugrund weist in einer Tiefe 2b (> 2 m) unter Gründungssohle eine ausreichende Festigkeit auf?
  Der mittlere Spitzenwiderstand der Drucksonde q_c beträgt in diesem Beispiel 15 MN/m² und ist größer als der angegebene Wert in Tabelle A 6.3 von 7,5 MN/m².
  → erfüllt

Erhöhung, nur falls: $b \geq 0{,}5$ m und $d \geq 0{,}5$ m

Fundamentgeometrie

$$\left.\begin{array}{l} b_B : b_L < 2 \\ \text{bzw. } b'_B : b'_L < 2 \\ \text{Kreisfundament} \end{array}\right\} \Rightarrow 1{,}2 \cdot \sigma_{R,d}$$

Die Werte aus Tabelle A 6.1 werden allerdings nur dann erhöht, wenn die Einbindetiefe größer als $0{,}60 \cdot b$ bzw. $0{,}60 \cdot b'$ ist.

Festigkeit des Bodens

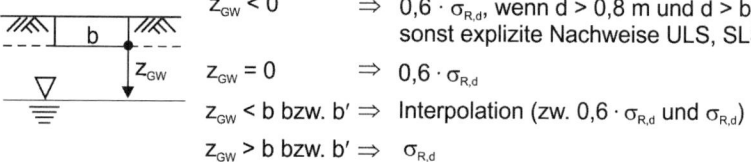

Hohe Festigkeit
gemäß Tabelle A 6.4 $\Rightarrow$ bis max. $1{,}5 \cdot \sigma_{R,d}$
von DIN 1054

$z = \max\{2b;\ 2\ m\}$

Verminderung (Betrifft nur die Werte aus A 6.1. Die Werte aus A 6.2 bleiben unverändert. Maßgebend ist der kleinere Wert.)

Grundwasser

$z_{GW} < 0$ $\Rightarrow$ $0{,}6 \cdot \sigma_{R,d}$, wenn $d > 0{,}8$ m und $d > b$; sonst explizite Nachweise ULS, SLS

$z_{GW} = 0$ $\Rightarrow$ $0{,}6 \cdot \sigma_{R,d}$

$z_{GW} < b$ bzw. b' $\Rightarrow$ Interpolation (zw. $0{,}6 \cdot \sigma_{R,d}$ und $\sigma_{R,d}$)

$z_{GW} > b$ bzw. b' $\Rightarrow$ $\sigma_{R,d}$

Waagerechte Beanspruchung

$\left.\begin{array}{l} b_L : b_B \geq 2 \\ \text{bzw. } b'_L : b'_B \geq 2 \end{array}\right\} \Rightarrow \left(1 - \dfrac{H_k}{V_k}\right) \cdot \sigma_{R,d}$

In allen übrigen Fällen $\Rightarrow \left(1 - \dfrac{H_k}{V_k}\right)^2 \cdot \sigma_{R,d}$

Bild 21. Erhöhung bzw. Verminderung des Bemessungswerts des Sohlwiderstands bei nichtbindigen Böden

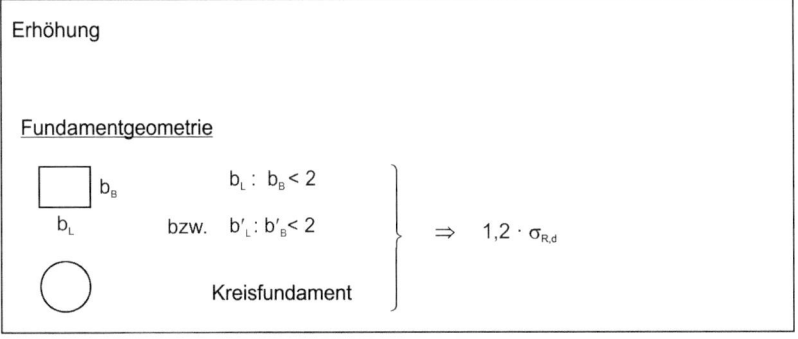

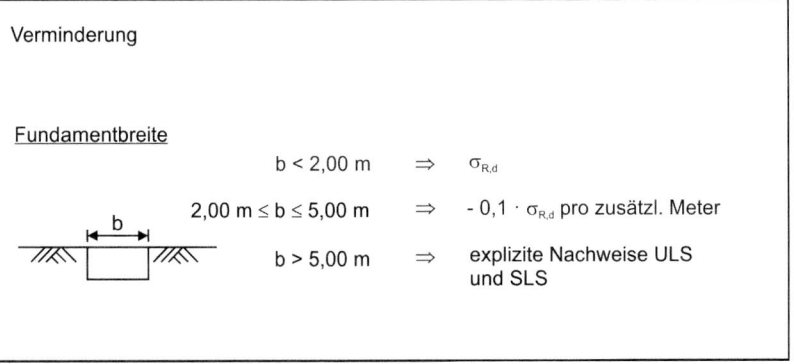

Bild 22. Erhöhung bzw. Verminderung des Bemessungswerts des Sohlwiderstands bei bindigen Böden

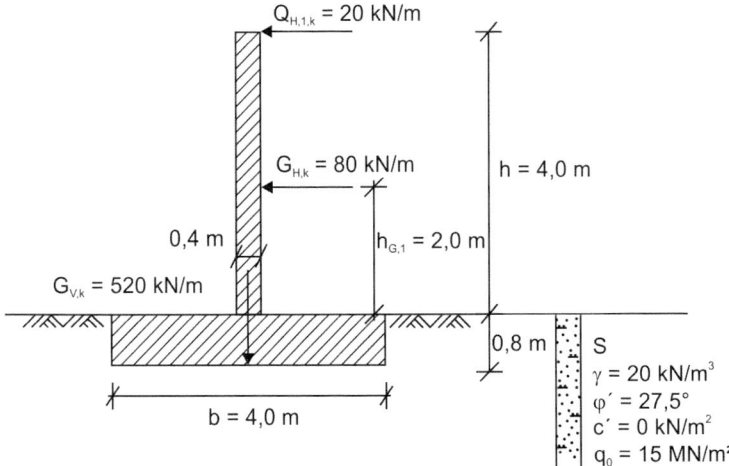

Bild 23. Streifenfundament für die vereinfachte Nachweisführung [13]

- Das Fundament wird nicht regelmäßig oder überwiegend dynamisch belastet?
  → erfüllt
- Berücksichtigung des stützenden Erddrucks vor dem Fundament nur bei sichergestelltem Verbleib des Bodens? Hier werden die Erddrücke aufgrund der geringen Einbindetiefe von 0,8 m generell vernachlässigt.
  → erfüllt.
- Die Neigung der charakteristischen Beanspruchung in der Sohlfläche erfüllt die Bedingung

$$\tan \delta = \frac{H_k}{V_k} \leq 0{,}2?$$

$$\tan \delta = \frac{H_k}{V_k} = \frac{20 \text{ kN/m} + 80 \text{ kN/m}}{520 \text{ kN/m}}$$
$$= 0{,}19 < 0{,}20$$
→ erfüllt

- Die Sohldruckresultierende muss für ständige und veränderliche Lasten innerhalb der zweiten Kernweite und für ständige Lasten innerhalb der ersten Kernweite liegen?

$$e_B = \frac{\sum M_B}{\sum V}$$
$$= \frac{20 \text{ kN/m} \cdot 4{,}8 \text{ m} + 80 \text{ kN/m} \cdot 2{,}8 \text{ m}}{520 \text{ kN/m}}$$
$$= 0{,}62 \text{ m} < 1{,}33 \text{ m} = \frac{b}{3}$$

Die Sohldruckresultierende liegt für ständige und veränderliche Lasten innerhalb der zweiten Kernweite ($e_B \leq b/3$).

$$e_{B,G} = \frac{\sum M_{B,G}}{\sum V_G} = \frac{80 \text{ kN/m} \cdot 2{,}8 \text{ m}}{520 \text{ kN/m}}$$
$$= 0{,}43 \text{ m} < 0{,}67 \text{ m} = \frac{b}{6}$$

Die Sohldruckresultierende liegt für ständige Lasten innerhalb der ersten Kernweite ($e_B \leq b/6$)
→ erfüllt

- Kein Gleichgewichtsverlust durch Kippen?

$M_{G,k,dst} \cdot \gamma_{G,dst} + M_{Q,k,dst} \cdot \gamma_{Q,dst}$
$\leq M_{G,k,st} \cdot \gamma_{G,st}$
$(80 \text{ kN/m} \cdot 2{,}8 \text{ m}) \cdot 1{,}1$
$+ (20 \text{ kN/m} \cdot 4{,}8 \text{ m}) \cdot 1{,}5$
$\leq \left(520 \text{ kN/m} \cdot \frac{4 \text{ m}}{2}\right) \cdot 0{,}9$
$390{,}4 \text{ kNm/m} \leq 936 \text{ kNm/m}$ → erfüllt

Damit sind alle Kriterien erfüllt und die vereinfachte Nachweisführung kann angewendet werden.

Bemessungswert der Sohldruckbeanspruchung

Zunächst ist der Bemessungswert der Sohldruckbeanspruchung zu bestimmen. Da es sich bei dem Beispiel um ein Streifenfundament handelt, wird der Bemessungswert der Sohldruckbeanspruchung pro laufendem Meter bestimmt.

Wie bereits oben gezeigt, beträgt die Ausmitte $e_b = 0{,}62$ m für die maßgebliche Lastfallkombination. Damit ergibt sich der Bemessungswert der Beanspruchung zu (s. Bild 20)

$$\sigma_{E,d} = \frac{V_d}{A'} = \frac{V_d}{(b_L - 2 \cdot e_L)(b_B - 2 \cdot e_B)}$$
$$= \frac{1{,}35 \cdot 520 \text{ kN/m}}{1 \text{ m} \cdot (4{,}0 \text{ m} - 2 \cdot 0{,}62 \text{ m})}$$
$$= \frac{702 \text{ kN/m}}{1 \text{ m} \cdot (2{,}77 \text{ m})} = 253{,}5 \text{ kN/m}^2$$

Bemessungswert des Sohlwiderstands

Für die Ermittlung des Bemessungswerts des Sohlwiderstands auf Grundlage einer ausreichenden Grundbruchsicherheit nach Tabelle A 6.1 von DIN 1054 sind die Fundamentbreite b bzw. b' (reduzierte Fundamentbreite) und die Einbindetiefe des Fundaments erforderlich. Im vorliegenden Beispiel beträgt die reduzierte Fundamentbreite $b' = 2{,}77$ m und die Einbindetiefe des Fundaments $d = 0{,}8$ m.

Nach Tabelle A 6.1 von DIN 1054 ergibt sich der Bemessungswert des Sohlwiderstands für eine Fundamentbreite b' größer als 2,0 m in Abhängigkeit von der Einbindetiefe zu

$\sigma_{R,d} = 700 \text{ kN/m}^2$ für d = 0,5 m und

$\sigma_{R,d} = 800 \text{ kN/m}^2$ für d = 1,0 m

Für die vorhandene Einbindetiefe von 0,8 m ergibt sich durch Interpolation dann der Bemessungswert des Sohlwiderstands auf Grundlage einer ausreichenden Grundbruchsicherheit zu

$\sigma_{R,d} = 700 \text{ kN/m}^2$

$+ \frac{800 \text{ kN/m}^2 - 700 \text{ kN/m}^2}{1{,}0 \text{ m} - 0{,}5 \text{ m}}$

$\cdot (0{,}8 \text{ m} - 0{,}5 \text{ m}) = 760 \text{ kN/m}^2$

Sollen zusätzlich die Setzungen begrenzt bleiben, ergibt sich nach Tabelle A 6.2 von DIN 1054 analog der Bemessungswert des Sohlwiderstands nach doppelter Interpolation zu

$\sigma_{R,d}(b = 2,5 \text{ m}) = 350 \text{ kN/m}^2$

$+ \dfrac{380 \text{ kN/m}^2 - 350 \text{ kN/m}^2}{1,0 \text{ m} - 0,5 \text{ m}}$

$\cdot (0,8 \text{ m} - 0,5 \text{ m}) = 368 \text{ kN/m}^2$

$\sigma_{R,d}(b = 3,0 \text{ m}) = 310 \text{ kN/m}^2$

$+ \dfrac{340 \text{ kN/m}^2 - 310 \text{ kN/m}^2}{1,0 \text{ m} - 0,5 \text{ m}}$

$\cdot (0,8 \text{ m} - 0,5 \text{ m}) = 328 \text{ kN/m}^2$

$\sigma_{R,d}(b' = 2,77 \text{ m}) = 368 \text{ kN/m}^2$

$+ \dfrac{328 \text{ kN/m}^2 - 368 \text{ kN/m}^2}{3,0 \text{ m} - 2,5 \text{ m}}$

$\cdot (2,77 \text{ m} - 2,5 \text{ m}) = 346,5 \text{ kN/m}^2$

Hat der Boden bis in eine ausreichende Tiefe eine hohe Festigkeit nach Tabelle A 6.4 von DIN 1054, dürfen die in den Tabellen A 6.1 und 6.2 angegebenen Bemessungswerte des Sohlwiderstands um 50% erhöht werden (vgl. Abschnitt 3.8.3). Da der mittlere Spitzenwiderstand der Drucksonde im behandelten Beispiel dem geforderten Wert aus Tabelle A 6.4 entspricht ($q_c = 15 \text{ MN/m}^2$), darf der Bemessungswert erhöht werden. Aufgrund der waagerechten Beanspruchung ist der Bemessungswert des Sohlwiderstands jedoch gleichzeitig um den Faktor

$\left(1 - \dfrac{H_k}{V_k}\right)^2 = \left(1 - \dfrac{100 \text{ kN/m}}{520 \text{ kN/m}}\right)^2 = 0,65$

abzumindern (vgl. Abschnitt 3.8.3).

Somit ergibt sich der Bemessungswert auf Grundlage einer ausreichenden Grundbruchsicherheit von

$\sigma_{R,d} = 760 \text{ kN/m}^2 \cdot 1,5 \cdot 0,65 = 743,7 \text{ kN/m}$

Gemäß DIN 1054, A 6.10.2.4 A (2) muss beim Bemessungswert auf Grundlage einer ausreichenden Grundbruchsicherheit und gleichzeitiger Begrenzung der Setzungen keine Abminderung infolge von waagerechten Beanspruchungen vorgenommen werden, solange der abgeminderte Bemessungswert nur auf Grundlage einer ausreichenden Grundbruchsicherheit nicht überschritten wird. Maßgebend ist der kleinere Wert von beiden

$\sigma_{R,d} = \min\{743,7 \text{ kN/m}^2; 346,5 \text{ kN/m}^2\}$

$= 346,5 \text{ kN/m}^2$

Nachweisdurchführung

Im vorliegenden Fall ergibt sich folgender Vergleich der Bemessungswerte der Sohldruckbeanspruchung und des Sohlwiderstands:

$\sigma_{E,d} \leq \sigma_{R,d}$

$253,5 \text{ kN/m}^2 \leq 346,5 \text{ kN/m}^2$

Eine ausreichende Sicherheit gegen Grundbruch und die Einhaltung bauwerksverträglicher Setzungen ist damit nachgewiesen.

3.9.2 Beispiel für Standardnachweis

Für das in Bild 24 dargestellte Streifenfundament werden im Folgenden die erforderlichen Nachweise nach DIN 1054, 6.5 und 6.6 geführt. Die Situation unterscheidet sich gegenüber dem vorherigen Beispiel dadurch, dass sowohl die horizontalen und vertikalen Einwirkungen als auch die Fundamentbreite größer sind (vgl. Bild 23). Wie zuvor soll die Einwirkung $G_{V,k}$ bereits das Eigengewicht des Fun-

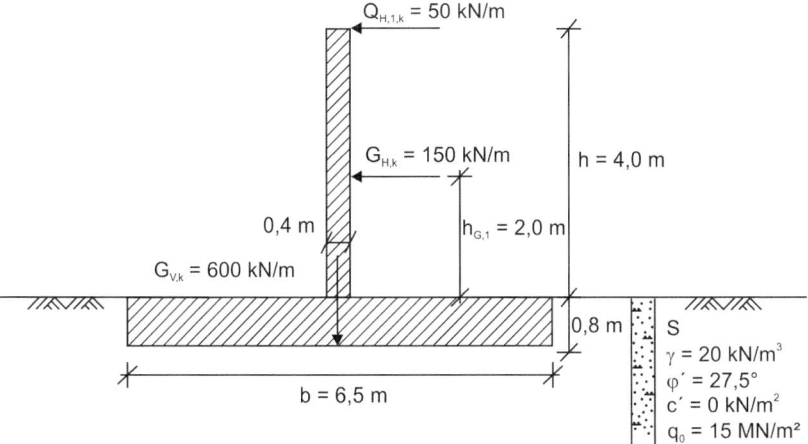

Bild 24. Streifenfundament für den Standardnachweis

daments und der Stütze sowie aller darüber liegenden Konstruktionen enthalten.

Im hier vorliegenden Fall ist das Kriterium der Neigung der charakteristischen Sohldruckresultierenden nicht mehr erfüllt, da

$$\tan \delta = \frac{H_k}{V_k} = \frac{200 \text{ kN/m}}{600 \text{ kN/m}} = 0{,}33 > 0{,}20$$

Eine Anwendung der Tabellenwerte nach DIN 1054 ist damit nicht zulässig und es ist eine explizite Nachweisführung für die einzelnen Grenzzustände erforderlich.

Charakteristische Beanspruchungen der Sohlfläche

Die Beanspruchungen in der Sohlfläche werden als Schnittgrößen mit Bezug auf den Sohlflächenmittelpunkt bestimmt. Die veränderliche Einwirkung $H_{Q1,k}$ wirkt dabei für alle zu führenden Nachweise ungünstig, da sie die normale Beanspruchung nicht beeinflusst, sondern lediglich die horizontale Beanspruchung, wodurch aber die Ausmitte vergrößert wird. Im vorliegenden Fall ist daher nur die Laststellung bei gleichzeitigem Angreifen von ständigen und veränderlichen Lasten zu betrachten.

Es ergeben sich folgende Werte für die Beanspruchungen:

$V_{G,k} = G_{V,k} = 600 \text{ kN/m}$

$H_{G,k} = G_{H,k} = 150 \text{ kN/m}$

$H_{Q,k} = Q_{H,1,k} = 50 \text{ kN/m}$

Weiter beträgt die Ausmitte aus ständigen Lasten

$$e_{B,G} = \frac{\Sigma M_{G,B}}{\Sigma V_G} = \frac{150 \text{ kN/m} \cdot 2{,}8 \text{ m}}{600 \text{ kN/m}} = 0{,}70 \text{ m}$$

und die Ausmitte aus ständigen und veränderlichen Lasten

$$e_{B,G+Q} = \frac{\Sigma M_{G+Q,B}}{\Sigma V_{G+Q}}$$

$$= \frac{150 \text{ kN/m} \cdot 2{,}8 \text{ m} + 50 \text{ kN/m} \cdot 4{,}8 \text{ m}}{600 \text{ kN/m}}$$

$$= 1{,}10 \text{ m}$$

Bemessungswerte der Beanspruchungen

Die Bemessungswerte der Beanspruchungen ergeben sich gemäß

$V_d = V_{G,k} \cdot \gamma_G + V_{Q,k} \cdot \gamma_Q$

$H_d = H_{G,k} \cdot \gamma_G + H_{Q,k} \cdot \gamma_Q$

zu

$V_d = 600 \text{ kN/m} \cdot 1{,}35 = 810{,}0 \text{ kN/m}$

$H_d = 150 \text{ kN/m} \cdot 1{,}35 + 50 \text{ kN/m} \cdot 1{,}5$

$= 277{,}5 \text{ kN/m}$

Widerstände des Baugrunds

Grundbruch

Der charakteristische Grundbruchwiderstand ergibt sich nach DIN 4017 allgemein zu

$$R_{n,k} = a' \cdot b' \cdot (\gamma_2 \cdot b' \cdot N_b + \gamma_1 \cdot d \cdot N_d + c \cdot N_c)$$

mit

a' Länge der rechnerischen Grundfläche des ausmittig belasteten Gründungskörpers

b' Breite der rechnerischen Grundfläche des ausmittig belasteten Gründungskörpers

γ_1 Wichte des Bodens oberhalb der Gründungssohle

γ_2 Wichte des Bodens unterhalb der Gründungssohle

c Kohäsion des Bodens

$N_b = N_{b0} \cdot \nu_b \cdot i_b \cdot \lambda_b \cdot \xi_b$

$N_d = N_{d0} \cdot \nu_d \cdot i_d \cdot \lambda_d \cdot \xi_d$

$N_c = N_{c0} \cdot \nu_c \cdot i_c \cdot \lambda_c \cdot \xi_c$

N_{i0} Grundwerte der Tragfähigkeitsbeiwerte

ν_i Formbeiwerte

i_i Lastneigungsbeiwerte

λ_i Geländeneigungsbeiwerte

ξ_i Sohlneigungsbeiwerte

Da im vorliegenden Fall auf Sand gegründet wird (vgl. Bild 24), der keine Kohäsion c aufweist, kann das dritte sogenannte „Kohäsionsglied" entfallen. Weiter handelt es sich bei dem vorliegenden Fundament um ein Streifenfundament, sodass für alle Formbeiwerte $\nu_i = 1$ gilt. Zusätzlich sind aufgrund der waagerecht verlaufenden Geländeoberkante und Fundamentsohle auch die Geländeneigungsbeiwerte zu $\lambda_i = 1$ und die Sohlneigungsbeiwerte zu $\xi_i = 1$ zu setzen.

Im vorliegenden Fall reduziert sich der Nachweis dann auf

$$R_{n,k} = a' \cdot b' \cdot (\gamma_2 \cdot b' \cdot N_b + \gamma_1 \cdot d \cdot N_d)$$

mit

$N_b = N_{b0} \cdot i_b$

$N_d = N_{d0} \cdot i_d$

N_{i0} Grundwerte der Tragfähigkeitsbeiwerte

i_i Lastneigungsbeiwerte

Da es sich bei dem vorliegenden Berechnungsbeispiel um ein Streifenfundament handelt, ist die längere reduzierte Fundamentseite a' als unendlich ausgedehnt zu betrachten:

$$a' \to \infty$$

Die kürzere reduzierte Fundamentseite b' ergibt sich zu

$$b' = b - 2 \cdot e_b = 6{,}5 \text{ m} - 2 \cdot 1{,}10 \text{ m}$$
$$= 4{,}30 \text{ m}$$

Sowohl die Wichte unterhalb des Fundaments γ_2, welche im sogenannten „Breitenglied" anzusetzen ist, als auch die Wichte des Bodens vor dem Fundament bzw. bis zur Gründungstiefe γ_1, welche im sogenannten „Tiefenglied" anzusetzen ist, beträgt

$$\gamma_2 = \gamma_1 = 20 \text{ kN/m}^3$$

Die Grundwerte der Tragfähigkeitsbeiwerte ergeben sich für einen Reibungswinkel von $\varphi'_k = 27{,}5°$ zu

$$N_{d0} = \tan^2(45 + \frac{\varphi'}{2}) \cdot e^{\pi \cdot \tan\varphi'}$$
$$= \tan^2(45 + \frac{27{,}5°}{2}) \cdot e^{\pi \cdot \tan 27{,}5°} = 13{,}936$$

$$N_{b0} = (N_{d0} - 1) \cdot \tan\varphi'$$
$$= (13{,}936 - 1) \cdot \tan 27{,}5° = 6{,}734$$

Die Lastneigungsbeiwerte ermitteln sich mit der Neigung der resultierenden charakteristischen Beanspruchung

$$\tan\delta = \frac{T_k}{N_k} = \frac{H_k}{V_k} = \frac{200 \text{ kN/m}}{600 \text{ kN/m}} = 0{,}33$$

aus

$$i_b = (1 - \tan\delta)^{m+1}$$
$$i_d = (1 - \tan\delta)^m$$

Der Exponent m erfasst dabei ein mögliches Verschwenken der Sohldruckresultierenden in der Horizontalen und ermittelt sich aus

$$m = m_a \cdot \cos^2\omega + m_b \cdot \sin^2\omega$$

mit

$$m_a = \frac{2 + \frac{a'}{b'}}{1 + \frac{a'}{b'}}$$

$$m_b = \frac{2 + \frac{b'}{a'}}{1 + \frac{b'}{a'}}$$

Der Winkel ω beschreibt die Neigung der tangentialen Beanspruchung T_k zur längeren reduzierten Fundamentseite a' hin. Für das vorliegende Beispiel beträgt der Winkel damit

$$\omega = 90°$$

Da es sich weiter um ein Streifenfundament handelt und a' als unendlich anzusehen ist, beträgt

$$m_a = \frac{2 + \frac{a'}{b'}}{1 + \frac{a'}{b'}} = \frac{\frac{2}{a'} + \frac{1}{b'}}{\frac{1}{a'} + \frac{1}{b'}} = \frac{\frac{2}{\infty} + \frac{1}{b'}}{\frac{1}{\infty} + \frac{1}{b'}} = 1$$

und

$$m_b = \frac{2 + \frac{4{,}3 \text{ m}}{\infty}}{1 + \frac{4{,}3 \text{ m}}{\infty}} = 2$$

womit sich der Exponent m zu

$$m = 1 \cdot \cos^2 90° + 2 \cdot \sin^2 90° = 2{,}0$$

ergibt.

Die erforderlichen Lastneigungsbeiwerte berechnen sich mit den ermittelten Werten m, $\tan\delta$ und N_{d0} dann zu

$$i_b = (1 - 0{,}33)^{3,0} = 0{,}301$$
$$i_d = (1 - 0{,}33)^{2,0} = 0{,}449$$

Die relevanten Tragfähigkeitsbeiwerte betragen somit

$$N_b = 6{,}734 \cdot 0{,}301 = 2{,}027$$
$$N_d = 13{,}936 \cdot 0{,}449 = 6{,}257$$

Der charakteristische Grundbruchwiderstand für das betrachtete Streifenfundament ergibt sich damit zu

$$R_{n,k} = 1 \text{ m} \cdot 4{,}3 \text{ m}$$
$$\cdot (20 \text{ kN/m}^3 \cdot 4{,}3 \text{ m} \cdot 2{,}027$$
$$+ 20 \text{ kN/m}^3 \cdot 0{,}8 \text{ m} \cdot 6{,}257)$$
$$= 1180{,}1 \text{ kN/m}.$$

Der Bemessungswert des Grundbruchwiderstands beträgt mit dem Teilsicherheitsbeiwert $\gamma_{R,v} = 1{,}4$ nach Tabelle A 2.3 von DIN 1054 für die Bemessungssituation BS-P

$$R_d = \frac{1180{,}1 \text{ kN/m}}{1{,}4} = 842{,}9 \text{ kN/m}$$

Gleiten

Da die Gründung auf Sand erfolgt, muss kein unkonsolidierter Anfangszustand betrachtet und der Gleitwiderstand infolge Reibung nur für den Endzustand ermittelt werden:

$$R_k = V_k \cdot \tan\delta_{S,k}$$

Der Sohlreibungswinkel $\delta_{S,k}$ darf bei der vorliegenden Ortbetonkonstruktion gleich dem charakteristischen Reibungswinkel φ'_k gesetzt werden. Damit ergibt sich zunächst der charakteristische Gleitwiderstand zu:

$$R_k = 600 \text{ kN/m} \cdot \tan 27{,}5° = 312{,}3 \text{ kN/m}$$

Mit dem Teilsicherheitsbeiwert von $\gamma_{R,k} = 1{,}1$ nach Tabelle A 2.3 von DIN 1054, der für alle Bemessungssituationen gleich groß ist, ergibt sich schließlich der Bemessungswert für den Gleitwiderstand zu

$$R_d = \frac{307{,}1 \text{ kN/m}}{1{,}1} = 279{,}2 \text{ kN/m}$$

Eine Begrenzung des Bemessungswerts für den Gleitwiderstand auf $R_d \leq 0{,}4 \cdot V_d$ ist für Sand nicht erforderlich.

Nachweis der Tragfähigkeit (ULS)

Grundbruchnachweis (GEO-2)

$R_d \geq V_d$

842,9 kN/m $\geq$ 810,0 kN/m ✓

Gleitsicherheitsnachweis (GEO-2)

$R_d \left(+ R_{p,d} \right) \geq H_d$

283,9 kN/m + 0 $\geq$ 277,5 kN/m ✓

Stark exzentrische Belastung bzw. Kippnachweis (EQU)

$M_{G,k,dst} \cdot \gamma_{G,dst} + M_{Q,k,dst} \cdot \gamma_Q$
$\leq M_{G,k,st} \cdot \gamma_{G,stb}$

(150 kN/m $\cdot$ 2,8 m) $\cdot$ 1,1
+ (50 kN/m $\cdot$ 4,8 m) $\cdot$ 1,5
$\leq$ (600 kN/m $\cdot$ (6,5 m/2)) $\cdot$ 0,9

822,0 kNm/m $\leq$ 1755,0 kNm/m ✓

Die Nachweise der Fundamentverdrehung und Begrenzung einer klaffenden Fuge werden im Grenzzustand der Gebrauchstauglichkeit geführt.

Nachweis der Gebrauchstauglichkeit (SLS)

Setzungen
Die Setzungen sind konventionell nach DIN 4019 zu ermitteln und die ermittelten Setzungen sowie insbesondere die daraus resultierenden Setzungsdifferenzen sind auf ihre Bauwerksverträglichkeit hin zu überprüfen. Darauf wird im vorliegenden Berechnungsbeispiel verzichtet.

Fundamentverdrehung und Begrenzung einer klaffenden Fuge
Für ständige und veränderliche Einwirkungen ergibt sich die Ausmittigkeit der Sohldruckresultierenden zu

$e_B = 1{,}10 \text{ m} \leq b/3 = 6{,}5 \text{ m}/3 = 2{,}17 \text{ m}$ ✓

Für ständige Einwirkungen beträgt die Ausmittigkeit der Sohldruckresultierenden

$e_{B,G} = 0{,}70 \text{ m} \leq b/6 = 6{,}5 \text{ m}/6 = 1{,}08 \text{ m}$ ✓

Verschiebungen in der Sohlfläche
Die Begrenzung der Verschiebungen in der Sohlfläche muss im vorliegenden Beispiel nicht explizit nachgewiesen werden, da der Gleitnachweis ohne Ansatz des charakteristischen Erdwiderstands an der Stirnseite erbracht werden konnte. Der charakteristische Erdwiderstand muss im vorliegenden Fall zur Erfüllung des Nachweises auch dann nicht mit angesetzt werden, wenn der aktive Erddruck mit berücksichtigt wird.

3.9.3 Ergänzender Hinweis

Augenscheinlich unterscheidet sich das zweite hier betrachtete Beispiel nur geringfügig vom ersten Beispiel, bei dem eine vereinfachte Nachweisführung zulässig war.

Würde man ignorieren, dass die Voraussetzungen für die Anwendung der Tabellenwerte beim zweiten Beispiel nicht erfüllt sind und weiter die ursprüngliche Fundamentbreite von b = 4 m beibehalten, ergäbe sich ein Bemessungswert der Sohldruckbeanspruchung von

$$\sigma_{E,d} = \frac{V_d}{A'} = \frac{V_d}{(b_L - 2 \cdot e_L)(b_B - 2 \cdot e_B)}$$
$$= \frac{1{,}35 \cdot 600 \text{ kN/m}}{1 \text{ m} \cdot (4{,}0 \text{ m} - 2 \cdot 1{,}10 \text{ m})}$$
$$= 450{,}0 \text{ kN/m}^2$$

Der Bemessungswert des Sohlwiderstands beträgt nach Abschnitt 3.9.1 aber unverändert

$\sigma_{R,d} = 743{,}7 \text{ kN/m}$

wenn keine Setzungen begrenzt werden müssen und ausschließlich die Sicherheit gegen Grundbruch einzuhalten ist.

Der Nachweis einer ausreichenden Sicherheit wäre für b = 4,0 m mit

$450{,}0 \text{ kN/m}^2 \leq 743{,}7 \text{ kN/m}^2$

also erbracht.

Wie der genaue Nachweis in Abschnitt 3.9.2 aber gezeigt hat, ist tatsächlich eine Fundamentbreite von b = 6,5 m erforderlich, damit unter Berücksichtigung der größeren Horizontallasten der Nachweis mit einem Ausnutzungsgrad von

$\mu = V_d/R_d = 810{,}0 \text{ kN/m} / 842{,}9 \text{ kN/m}$
$= 0{,}96 \leq 1{,}0$

erbracht werden kann. Mit einer Fundamentbreite von lediglich b = 4,0 m wäre der Nachweis der

Sicherheit gegen Grundbruch folglich nicht annähernd zu erbringen.

Dies macht deutlich, dass bei Verwendung der Erfahrungswerte die Voraussetzungen nach Abschnitt 3.8.1 zwingend zu prüfen und auch einzuhalten sind. Andernfalls besteht die Gefahr, dass von einer ausreichenden Dimensionierung ausgegangen wird, tatsächlich aber ein unsicheres System vorliegt.

4 Tiefgründungen

4.1 Pfahlarten und Tragverhalten

Steht oberflächennah ein wenig tragfähiger Boden an, der aus wirtschaftlichen oder technischen Gründen nicht ausgetauscht werden kann, kommen Pfähle zum Einsatz, die die ankommenden Gründungslasten konzentriert in den tieferen tragfähigen Baugrund leiten. Ihr Einsatz ist in Abschnitt 7 des EC 7-1 geregelt. Neben den Hinweisen auf die Ausführungsnormen und den zugehörigen nationalen Anwendungsdokumenten erfolgt in DIN 1054 A7.1.1, A(3) der Hinweis auf die Empfehlungen des Arbeitskreises Pfähle (EA-Pfähle). Diese enthalten neben Vorgaben zur Bemessung auch Erfahrungswerte für Pfahltragfähigkeiten und darüber hinaus insbesondere auch Regelungen zur Durchführung und Bewertung von Pfahlprobebelastungen.

Neben speziellen Spundwandkonstruktionen und sogenannten Baretts aus Schlitzwandelementen kommen die folgenden Hauptpfahlsysteme zum Einsatz.

4.1.1 Verdrängungspfähle nach DIN EN 12699:2015-07

Zu den in der Norm behandelten Pfählen gehören Fertigpfähle aus Holz, Stahl, Stahlbeton oder Spannbeton mit runden oder auch quadratischem Querschnitt, die vorgefertigt in einem Stück auf die Baustelle geliefert werden und in den Boden gerammt, gerüttelt oder auch eingepresst werden. Des Weiteren gibt es vor Ort hergestellte Ortbetonrammpfähle (Frankipfahl mit Innenrohrrammung [8] oder Simplexpfahl mit Kopframmung [9]) oder in Form von unter gleichzeitiger Drehung eingepressten Schraubpfählen. Vorwiegend als Zugpfähle kommen Verpresspfähle zum Einsatz, die einen gegenüber dem Pfahl überstehenden Pfahlschuh aufweisen. Der beim Einrammen entstehende Hohlraum wird dabei direkt während des Einbringvorgangs mit einer Zementsuspension aufgefüllt.

Verdrängungspfähle und insbesondere Fertigrammpfähle sind in ihren Abmessungen und der Einbringtiefe beschränkt (Durchmesser bzw. Kantenlänge meist zwischen 40 und 60 cm, Pfahltiefe ohne Kopplung unter 20 m). Sie tragen die ankommenden Lasten überwiegend in Pfahlachse über Mantelreibung und Spitzendruck ab. Treten horizontale Einwirkungen auf, müssen diese über Schrägpfähle abgeleitet werden. Diese können auch in Neigungen über 45° gegen die Vertikale hergestellt werden.

4.1.2 Bohrpfähle nach DIN EN 1536:2015-10

Bohrpfähle werden verrohrt oder in geeigneten Böden auch unverrohrt mit Suspensions- und vor allem im Ausland auch mit Polymerstützung hergestellt. Die meist verwendeten Durchmesser liegen zwischen 70 und 150 cm, es können jedoch auch größere Durchmesser bis 300 cm hergestellt werden. Größere Tiefen, auch über 50 m sind durch Teleskopierung erreichbar.

Bohrpfähle tragen wie Verdrängungspfähle die vertikalen Lasten über Spitzendruck- und Mantelreibung ab. Die aktivierbare Mantelreibung bei Bohrpfählen kann durch eine nachträgliche Mantelverpressung in geeigneten Böden noch nennenswert gesteigert werden (bis zu 100 %). Dazu werden Verpressleitungen am Bewehrungskorb befestigt. Eine Nachverpressung an der Pfahlaufstandsfläche reduziert zwar die Setzungen im Gebrauchszustand, eine Steigerung der Tragfähigkeit ist damit aber praktisch nicht zu erzielen. Bohrpfähle können nur mit geringer Neigung (<1:8) hergestellt werden. Horizontallasten werden daher vorwiegend über seitliche Bettung aufgenommen.

4.1.3 Mikropfähle nach DIN EN 14199:2015-07

Als Mikropfähle werden alle Pfähle mit einem Durchmesser kleiner als 30 cm bezeichnet. Sie können auch unter beengten Platzverhältnissen hergestellt werden. Die Kraftübertragung zum anstehenden Baugrund wird durch Verpressen mit Beton oder Zementmörtel erreicht. Beim Ortbetonpfahl wird vor dem Betonieren ein Bewehrungskorb aus Betonstahl eingestellt. Beim Verbundpfahl wird nachträglich ein Stahltragglied in den Zementmörtel eingedrückt. In beiden Fällen wird die Tragfähigkeit des Pfahls durch Nachverpressen erzeugt. Neben diesen beiden Pfahltypen gibt es noch eine Reihe von Sonderformen, die ebenfalls bei den Mikropfählen einzuordnen sind, wie z. B. die duktilen Gusspfähle. Aufgrund des geringen Durchmessers tragen Mikropfähle die ankommenden Lasten vorwiegend über Mantelreibung ab, weshalb rechnerisch in der Regel auch kein Spitzendruck angesetzt wird.

4.2 Einstufung in die Geotechnische Kategorie

Da Pfahlgründungen á priori als besondere Gründungsform zu werten sind, wenn eine Flachgründung nicht anwendbar ist, ist mindestens eine Einstufung in die GK 2 vorzunehmen. Liegen z. B. erhebliche zyklische oder dynamische Einwirkungen vor, kommen Zugpfähle mit flacherer Neigung als 45° zum Einsatz, werden die Pfähle quer zur Pfahlachse aus Seitendruck belastet oder soll eine Kombinierte Pfahl-Plattengründung ausgeführt werden, so muss nach DIN 1054 A 7.1.2, A(3) eine Einstufung in die GK 3 vorgenommen werden. A(3) enthält noch weitere Anwendungen, die in die GK 3 einzustufen sind.

4.3 Einwirkungen und Beanspruchungen

4.3.1 Gründungslasten

Die aus dem aufgehenden Tragwerk ankommenden Lasten stellen die Gründungslasten dar. Sie sind auf die einzelnen Pfähle zu verteilen (s. Abschnitt 4.3.5). Dabei sind wegen der unterschiedlichen Teilsicherheitsbeiwerte die ständigen und veränderlichen Einwirkungen getrennt zu erfassen.

4.3.2 Negative Mantelreibung

Neben den Gründungslasten können Pfähle zusätzlich durch geotechnische Einwirkungen belastet werden. Dazu gehört die negative Mantelreibung, die in weichen, bindigen Böden auftritt, wenn sich der Boden z. B. infolge einer nachträglichen Aufschüttung oder Grundwasserabsenkung stärker setzt als der Pfahl.

In Bild 25 ist ein fest auf Pfählen gegründetes Durchlassbauwerk dargestellt. Nach Aufbringen der Dammschüttung erfolgt eine Konsolidierung der Weichschicht, die zu einer Bewegung des Bodens relativ zu den Pfählen nach unten führt, sodass dieser sich an den Pfählen aufhängt. In der Tragschicht ist bei einer ausreichenden Steifigkeit hingegen die Pfahlsetzung größer als die Setzung des umgebenden Bodens, sodass hier eine positive Mantelreibung (als Widerstand) wirkt.

Wird die Weichschicht von einer nichtbindigen Schicht überlagert, so muss auch bei dieser wegen der nach unten gerichteten Relativsetzung eine negative Mantelreibung angesetzt werden.

Nach der EA-Pfähle, 4.4 ergibt sich die Größe der negativen Mantelreibung in Abhängigkeit der Bodenart aus

$\tau_{n,k} = \alpha \cdot c_{u,k}$

für bindige Böden bzw.

$\tau_{n,k} = \sigma'_v \cdot K_0 \cdot \tan\varphi'_k$

für nichtbindige Böden

mit

α Faktor zur Festlegung der negativen Mantelreibung für bindige Böden (Empfehlung $\alpha = 1,0$)

$c_{u,k}$ charakteristischer Wert der undränierten Kohäsion

σ'_v effektive Vertikalspannung

K_0 Erdruhedruckbeiwert

φ'_k charakteristischer Reibungswinkel der nichtbindigen Schicht

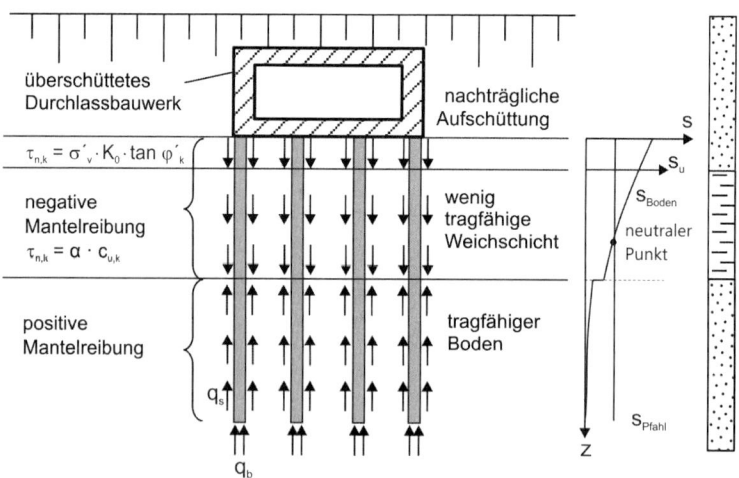

Bild 25. Negative Mantelreibung bei einem nachträglich überschütteten und auf Pfählen gegründeten Durchlassbauwerk nach [13]

Der resultierende Wert der negativen Mantelreibung ergibt sich durch Multiplikation mit der Pfahlmantelfläche

$$F_{n,k} = \tau_{n,k} \cdot \pi \cdot D_s \cdot t$$

mit
D_s Durchmesser des Pfahlschafts
t relevante Tiefe, bis zu der die negative Mantelreibung wirkt

Diese muss als ständige Einwirkung sowohl im Nachweis der Tragfähigkeit (ULS) als auch im Nachweis der Gebrauchstauglichkeit (SLS) angesetzt werden. Im sogenannten neutralen Punkt, der noch innerhalb der sich setzenden Weichschicht liegt, schlägt die Richtung der Relativsetzung um, d. h., die Relativsetzung ist in diesem Punkt gleich null und es wirkt ab dort wieder eine positive Mantelreibung. Zur Bestimmung des neutralen Punkts wird im ULS die Grenzsetzung des Pfahls (i. d. R. $s_g = 0{,}1 \cdot D_s$; vgl. Abschnitt 4.4.3) und im SLS die verformungsrelevante zulässige Setzung des Pfahls angesetzt. Da die zulässige Setzung geringer ist als die Grenzsetzung, steigt im SLS der Einflussbereich der negativen Mantelreibung je nach Dicke der Weichschicht an. Oft wird jedoch auf die Bestimmung des neutralen Punkts verzichtet und die negative Mantelreibung über die gesamte Dicke der Weichschicht angesetzt. Diese Vorgehensweise liegt auf der sicheren Seite. Weitere Regelungen zur negativen Mantelreibung finden sich in EA-Pfähle.

4.3.3 Hebungen

Hebungen nach Pfahlherstellung resultieren z. B. aus Entlastung, Aushub, Frostwirkung oder aus einem Grundwasseranstieg. Eine dadurch eingetretene Hebung bewirkt damit eine Zugbeanspruchung für den Pfahl, die rechnerisch analog zur negativen Mantelreibung bestimmt wird. Tritt die Hebung während der Baumaßnahme auf, sind vor allem ein unzulässiger Auftrieb sowie das innere Versagen der Pfähle zu überprüfen (vgl. Abschnitt 4.5).

4.3.4 Fließdruck

Neben der negativen Mantelreibung kann es bei weichen Böden auch zu Fließdruckerscheinungen auf die Pfähle kommen, die als geotechnische Einwirkungen zusätzlich zu berücksichtigen sind und eine Biegebeanspruchung quer zur Pfahlachse verursachen. Bild 26 zeigt zwei typische Situationen, bei denen mit Fließdruck zu rechnen ist. In Bild 26a werden Pfähle als Dübel in einem Kriechhang verwendet. In Bild 26b resultiert der Seitendruck aus einer einseitigen Belastung infolge der Anschüttung, die in diesem Fall auch noch gleichzeitig eine negative Mantelreibung bewirkt.

Die Ermittlung der Einwirkungen aus Seitendruck für die Situation aus Bild 26b erfolgt nach Abschnitt 4.5 der EA-Pfähle. Eine Bemessung auf Seitendruck braucht nach EA-Pfähle, 4.5.2 (3) allerdings nur dann durchgeführt zu werden, wenn der Ausnutzungsgrad der Geländebruchsicherheit nach DIN 4084 größer als 0,8 ist.

Die maßgebende Einwirkung aus Seitendruck p_k ist aus dem Minimum des charakteristischen Fließdrucks $p_{f,k}$ und des charakteristischen resultierenden Erddrucks Δe_k anzusetzen:

$$p_k = \text{Min}\left(p_{f,k}\,;\,b \cdot \Delta e_k\right)$$

Die Einwirkung ist über die gesamte Höhe der Weichschicht anzusetzen. Der charakteristische

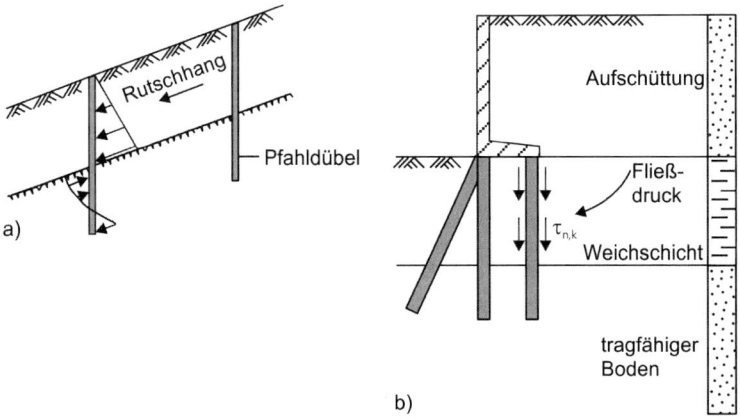

Bild 26. Seitendruck auf Pfähle; a) verdübelter Rutschhang, b) einseitige Anschüttung über einer Weichschicht [13]

Fließdruck ergibt sich in Anlehnung an *Winter* [10] zu:

$$p_{f,k} = 7 \cdot \eta_a \cdot c_{u,k} \cdot D_s \quad [kN/m]$$

mit

$c_{u,k}$ undränierte Kohäsion

η_a Anpassungsfaktor für das Verbauverhältnis gemäß Bild 27

D_s Pfahldurchmesser (bzw. Pfahlbreite senkrecht zur Fließrichtung)

Der resultierende Erddruck berechnet sich nach EA-Pfähle, 4.5.4 für den ebenen Fall aus der Differenz zwischen aktivem und passivem Erddruck unter dem Ansatz eines Erddruckneigungswinkels von $\delta = 0$.

$$\Delta e_k = e_{ah,k} - e_{ph,k}$$

Der aktive Erddruck wird in Abhängigkeit des Konsolidierungszustands in der Weichschicht bestimmt. Für den Anfangszustand gilt:

$$e_{ah,k} = \gamma \cdot z + \Delta p_k - 2 \cdot c_{u,k}$$

da der Erddruckbeiwert K_{agh} hierfür gleich 1,0 ist.

Für alle anderen teilkonsolidierten Zustände gilt die nachstehende Gleichung. Im auskonsolidierten Zustand ist der Konsolidierungsgrad $U_c = 1,0$ (100%) zu setzen.

$$e_{ah,k} = (\gamma \cdot z + U_c \cdot \Delta p_k) \cdot K_{agh}$$
$$+ (1 - U_c) \cdot \Delta p_k - 2 \cdot c_k' \cdot \sqrt{K_{agh}}$$

Der passive Erddruck ermittelt sich vereinfacht mit einer aus Sicherheitsgründen vernachlässigten Kohäsion wie folgt:

$$e_{ph,k} = \gamma \cdot z \cdot K_{pgh} \quad \text{mit } K_{pgh} = 1,0$$

Bei eng stehenden Pfählen mit einem Abstand kleiner als der vierfache Pfahldurchmesser ist eine Pfahlgruppenwirkung bei der resultierenden Erddruckermittlung zu berücksichtigen. Zur genauen Ermittlung sei an dieser Stelle auf Absatz 4.5.4 (7) der EA-Pfähle verwiesen.

4.3.5 Beanspruchungen

Mit den charakteristischen Einwirkungen auf das System werden die Pfahlkräfte als charakteristische Beanspruchungen F_k aus der statischen Berechnung des Gesamtsystems ermittelt. Dabei können sowohl Druck- als auch Zugbeanspruchungen für die einzelnen Pfähle resultieren. Bei eng stehenden Pfählen ist gegebenenfalls eine Gruppenwirkung der Pfähle zu beachten. Besonders einfach gestaltet sich die Pfahlkraftermittlung bei statisch bestimmten Systemen und Pfählen, die nur axial belastet werden. Oftmals lässt sich das Pfahlsystem durch geschicktes Gruppieren von Pfählen, z. B. durch Zusammenfassen zweier eng benachbarter parallel stehender Pfähle zu einem fiktiven Einzelpfahl noch auf ein statisch bestimmtes System reduzieren.

In den meisten Fällen wird aber eine Pfahlgruppe mit statisch unbestimmten Verhältnissen vorliegen. Sofern die vertikalen Lasten überwiegen und die Pfähle einigermaßen gleich verteilt angeordnet sind, können mit dem Spannungstrapezverfahren ausreichend genaue Ergebnisse erzielt werden. Hierbei wird die Sohlspannungsverteilung unterhalb der starr angenommenen Pfahlkopfplatte wie bei einem Fundament ermittelt. Die so erhaltene trapezförmige Spannungsfläche wird dann durch Hilfslinien, die jeweils in der Mitte zwischen zwei Pfählen an-

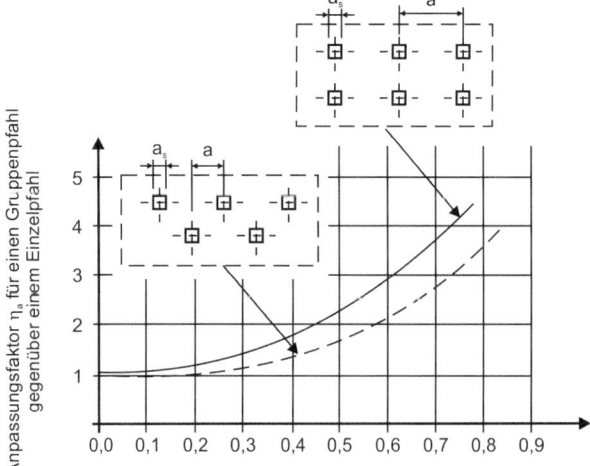

Bild 27. Anpassungsfaktor η_A aus dem Verbauverhältnis nach EA-Pfähle

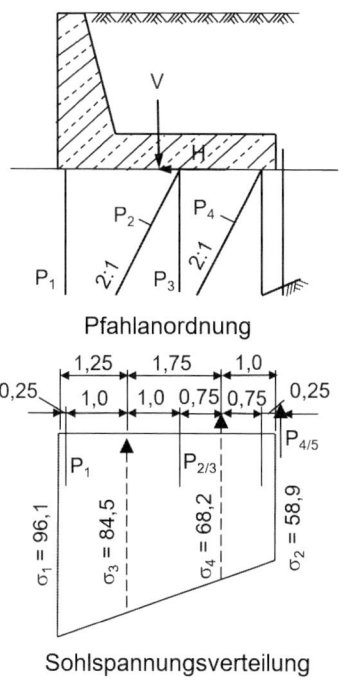
Pfahlanordnung

Sohlspannungsverteilung

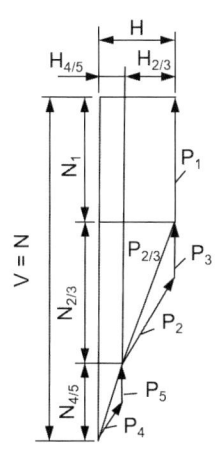
Krafteck

Bild 28. Ermittlung der Pfahlkräfte nach dem Spannungstrapezverfahren nach [11]

geordnet werden, unterteilt. Der Spannungsanteil zwischen zwei Hilfslinien wird dann dem Pfahl zugeordnet, der innerhalb der so definierten Fläche liegt (s. Bild 28).

Bei ausgedehnten Pfahlrosten lassen sich die Pfahlkräfte mit dem Verfahren von *Schiel* [12] bestimmen. Die Pfähle werden dabei als linear elastische Pendelstützen angenommen, die am Fußpunkt unverschieblich festgehalten sind und oben gelenkig in die als starr angesehene Pfahlkopfplatte einbinden. Alternativ können die Pfähle mit einem Stabwerksprogramm mit ungebetteten oder gebetteten Stäben berechnet werden. Auf dieser Methode beruhen die meisten kommerziellen Rechenprogramme.

Bei der Ermittlung der maßgebenden Bemessungsbeanspruchung eines Pfahls müssen alle möglichen Kombinationen aus ständigen und veränderlichen Einwirkungen untersucht werden. Falls veränderliche Einwirkungen für die Gründung günstig wirken (z. B. Zugbeanspruchungen bei Druckpfählen), dürfen diese nicht angesetzt werden.

Die Tragfähigkeit von Pfählen im Untergrund wird für den Grenzzustand GEO-2 bemessen. Bei der Bestimmung der Bemessungswerte der Beanspruchungen ist zwischen Druckbeanspruchungen $F_{c,d}$ und Zugbeanspruchungen $F_{t,d}$ zu unterscheiden.

Beanspruchung auf Druck (Druckpfahl)

Zur Ermittlung der Bemessungsbeanspruchung eines reinen Druckpfahls $F_{c,d}$ werden die charakteristischen Pfahlbeanspruchungen $F_{c,k}$ getrennt nach ständigen und veränderlichen Einwirkungen durch Multiplikation mit den Teilsicherheitsbeiwerten nach Tabelle A 2.1 von DIN 1054 erhöht:

$$F_{c,d} = F_{c,G,k} \cdot \gamma_G + F_{c,Qrep,k} \cdot \gamma_Q$$

Wird der Pfahl zusätzlich durch eine ständige Zugbeanspruchung $F_{t,G,k}$ belastet, die in Summe aber kleiner bleibt als die vorliegende Druckbeanspruchung, ändert sich die obige Gleichung:

$$F_{c,d} = (F_{c,G,k} - F_{t,G,k}) \cdot \gamma_G + F_{c,Qrep,k} \cdot \gamma_Q$$

Bei Druckpfahlgruppen ist zu beachten, dass sich die Gesamteinwirkung ungleichmäßig auf die einzelnen Pfähle verteilt. Näheres hierzu findet sich in den EA-Pfähle, 8.2.1.

Beanspruchung auf Zug (Zugpfahl)

Wird der Pfahl ausschließlich auf Zug belastet, ermittelt sich die Bemessungsbeanspruchung $F_{t,d}$ analog zum reinen Druckpfahl wie folgt:

$$F_{t,d} = F_{t,G,k} \cdot \gamma_G + F_{t,Qrep,k} \cdot \gamma_Q$$

Tritt neben der Zugbeanspruchung auch eine Druckbeanspruchung aus ständigen Einwirkungen auf, wird diese nach DIN 1054, 7.6.3.1 A(3) anstelle mit γ_G lediglich mit dem Teilsicherheitsbeiwert $\gamma_{G,inf} = 1{,}0$ nach Tabelle A 2.1 von DIN 1054 berücksichtigt:

$$F_{t,d} = F_{t,G,k} \cdot \gamma_G + F_{t,Qrep,k} \cdot \gamma_Q$$
$$- F_{c,G,k} \cdot \gamma_{G,inf}$$

Eine günstig wirkende veränderliche Druckbeanspruchung ist in diesem Fall wiederum nicht anzusetzen.

Bei Zugpfahlgruppen darf beim Nachweis des Aufschwimmens bzw. Abhebens eines ganzen Bodenblocks die Gesamtbeanspruchung gleichmäßig auf die einzelnen Gruppenpfähle verteilt werden. Darüber hinaus darf nach DIN 1054, 7.6.3.1. A (6a) ein zusätzlicher Scherwiderstand T_K am Bodenblock bzw. zwischen Boden und Bauwerk als günstige ständige Druckbeanspruchung angesetzt werden.

$$F_{t,d} = F_{t,G,k} \cdot \gamma_G + F_{t,Qrep,k} \cdot \gamma_Q$$
$$- (F_{c,G,k} + T_K) \cdot \gamma_{G,inf}$$

Nähere Erläuterungen und ein durchgerechnetes Beispiel finden sich in [13].

4.4 Widerstände

4.4.1 Axiale Pfahlwiderstände

Pfahlsysteme, bei denen im Tragsystem auch Schrägpfähle integriert sind, tragen die ankommenden horizontalen und vertikalen Einwirkungen vorwiegend in axialer Richtung durch Spitzendruck und Mantelreibung ab. Bei Bohrpfahlsystemen ohne nennenswert schräge Pfähle werden die horizontalen Anteile der äußeren Belastung hingegen durch seitliche Bettungsspannungen quer zur Pfahlachse abgetragen und lediglich die vertikalen Anteile über Spitzendruck und Mantelreibung aufgenommen.

Bei der Ermittlung von Pfahlwiderständen wird analog zu den Beanspruchungen zwischen Druck- und Zugpfählen unterschieden. Der Widerstand von Druckpfählen $R_{c,k}(s)$ ist abhängig von der Pfahlkopfsetzung s und setzt sich aus einem Anteil aus Spitzendruck $R_{b,k}(s)$ und einem Anteil aus Mantelreibung $R_{s,k}(s)$ zusammen. Der Widerstand eines Zugpfahls gegen Herausziehen R_t besteht hingegen lediglich aus der Mantelreibung $R_{s,k}$. Die Abhängigkeit des Pfahlwiderstands von der Vertikalverschiebung ergibt sich aus der Widerstands-Setzungs-(bzw. -Hebungs-)Linie.

Nach DIN 1054 sollten die Widerstands-Setzungs- (bzw. -Hebungs-)Linien durch Pfahlprobebelastungen oder aus Erfahrungswerten mit vergleichbaren Pfahlprobebelastungen abgeleitet werden. Pfahlprobebelastungen können hinsichtlich der Lastaufbringung in statische und dynamische Pfahlprobebelastungen aufgeteilt werden. Pfahlprobebelastungen sollen an repräsentativen Versuchsorten der Pfahlbaustelle ausgeführt werden. Die Regelungen für die Ermittlung der charakteristischen Widerstände für Druck- und Zugpfähle sind weitgehend identisch.

Statische Probebelastungen

Statische Probebelastungen sollen den Regelfall zur Ableitung der Widerstands-Setzungs-Linie bei Druckpfählen und der Widerstands-Hebungs-Linie bei Zugpfählen sowie der Feststellung der Tragfähigkeit darstellen. Dabei ist auch das Kriechen unter konstanter Last zu berücksichtigen. Die Durchführung und Auswertung ist in Abschnitt 9 der EA-Pfähle dokumentiert.

Bild 29 zeigt schematisch eine Versuchsanordnung für die Probebelastung eines Druckpfahls. Durch geeignete Instrumentierung lassen sich die Anteile der Mantelreibung und des Fußwiderstands bei Druckpfählen getrennt bestimmen. Die Lastaufbringung erfolgt in mehreren Stufen, wobei nach jeder Stufe die Last zunächst für eine gewisse Zeit konstant gehalten wird, um das Kriechverhalten zu erfassen. Anschließend erfolgt eine Entlastung, der wiederum eine Phase mit konstanter Last nachgeschaltet ist, bevor die nächste Laststufe angefahren wird (Bild 30). Zu den Einzelheiten der Durchführung von Pfahlprobebelastungen sei hier auf Abschnitt 9 der EA-Pfähle verwiesen.

Das Erreichen der Tragfähigkeit bei Druckpfählen ist gegeben, wenn

- der Pfahl ohne weitere Laststeigerung sichtbar einsinkt,
- der Pfahlbaustoff versagt oder
- die Setzung 10 % des Pfahldurchmessers erreicht hat.

Bei der Ermittlung des charakteristischen Druckwiderstands $R_{c;k}$ müssen die baugrund- und herstellungsbedingten Streuungen der Ergebnisse durch die Streuungsfaktoren ξ_1 und ξ_2 abgemindert werden. Beide Faktoren sind abhängig von der Anzahl der durchgeführten Pfahlprobebelastungen und werden auf den Mittelwert $(R_{c;m})_{mitt}$ bzw. auf den Kleinstwert $(R_{c;m})_{min}$ der gemessenen Pfahlwiderstände angewendet:

$$R_{c;k} = \text{MIN} \left\{ \frac{(R_{c;m})_{mitt}}{\xi_1} ; \frac{(R_{c,m})_{min}}{\xi_2} \right\}$$

Die Werte für die Streuungsparameter sind Tabelle 2 zu entnehmen. Die Streuungsfaktoren ξ_1 und ξ_2 dürfen bei Tragwerken, die über eine ausreichende Steifigkeit verfügen, um Lasten von „weicheren" zu „steiferen" Pfählen umzulagern, durch 1,1 geteilt

Tiefgründungen 213

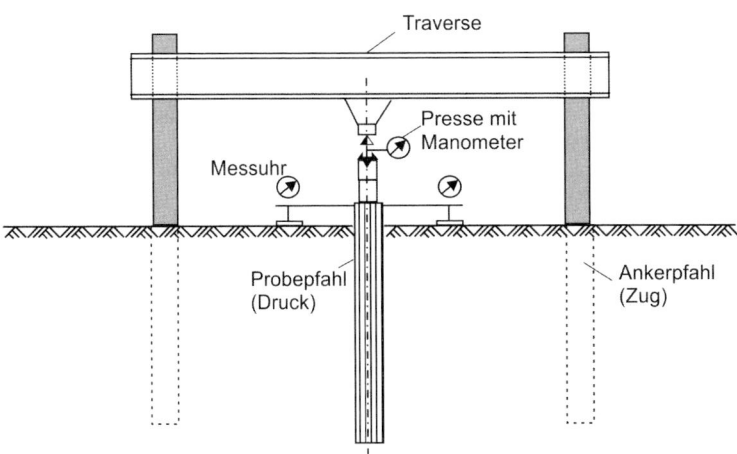

Bild 29. Versuchsanordnung für die Durchführung einer statischen Pfahlprobebelastung für Druckpfähle [13]

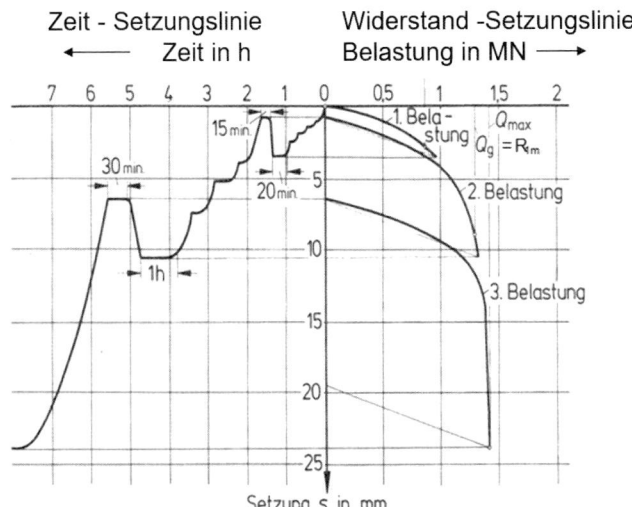

Bild 30. Widerstands-Setzungs-Linie eines Druckpfahls bei einer statischen Probebelastung

Tabelle 2. Streuungsfaktoren ξ_1 und ξ_2 zur Ableitung charakteristischer Werte aus statischen Pfahlprobebelastungen nach Tabelle A 7.1 von DIN 1054

n	1	2	3	4	≥ 5
ξ_1	1,35	1,25	1,15	1,05	1,00
ξ_2	1,35	1,15	1,00	1,00	1,00

n ist die Anzahl der probebelasteten Pfähle

werden. Der Wert von ξ_1 darf dabei jedoch nicht kleiner als 1,0 angesetzt werden.

Zugpfähle sollten nach DIN EN 1997-1, 7.5.2.1 (4) immer bis zum endgültigen Versagen belastet werden. Bei einer großen Anzahl von Zugpfählen sollen nach DIN EN 1997-1, 7.6.3.2 (3) mindestens 2 % der Pfähle geprüft werden, bei zugbeanspruchten Mikropfählen erhöht sich die Anzahl auf 3 %. Analog zu den Druckpfählen gilt für Zugpfähle zur Ermittlung des charakteristischen Widerstands:

$$R_{t;k} = \text{MIN} \left\{ \frac{(R_{t;m})_{mitt}}{\xi_1} \; ; \; \frac{(R_{t;m})_{min}}{\xi_2} \right\}$$

Hierbei ist $(R_{t;m})_{mitt}$ der Mittelwert und $(R_{t;m})_{min}$ der Kleinstwert der (Zug-)Pfahlprobebelastung. Die Streuungsbeiwerte können ebenfalls Tabelle 2 entnommen werden.

4.4.2 Dynamische Probebelastungen

Neben den statischen Pfahlprobebelastungen kann die Pfahltragfähigkeit für Druckpfähle auch aus dynamischen Pfahlprobebelastungen abgeleitet werden (s. Abschnitt 10 der EA-Pfähle). Bei der dynamischen Pfahlprobebelastung wird durch ein herabfallendes Gewicht eine Stoßbelastung ausgeübt. Dabei wird während der gesamten Stoßdauer ($\ll 1$ s) eine Messung der zeitabhängigen Kraft und Bewegung am Pfahlkopf durchgeführt. Die Stoßbelastung bewirkt eine Welle im Pfahl, deren Geschwindigkeit proportional zur eingeleiteten Kraft im Pfahlkopf ist, sofern der Pfahl nicht seitlich im Boden eingebunden ist. Sobald jedoch Mantelreibung wirksam ist, wird die Bewegung des Pfahls herabgesetzt und es kommt zu Teilreflexionen. Aus den unterschiedlichen Laufzeiten der teilreflektierten Wellen können die Wellengeschwindigkeit und daraus der dynamische Pfahlwiderstand bestimmt werden. Zur Auswertung stehen verschiedene Verfahren zur Auswahl.

Mit dem einfacheren direkten Verfahren (CASE- oder TNO-Verfahren) wird im Ergebnis der axiale Pfahlwiderstand erhalten. Bei dem erweiterten Verfahren mit vollständiger Modellbildung (CAPWAP- oder TNOWAVE-Verfahren) werden darüber hinaus die Widerstands-Setzungs-Linie und die Verteilung von Pfahlmantel- und Pfahlfußwiderstand erhalten.

Wie auch bei der statischen Probebelastung sind zur Bestimmung des charakteristischen Druckwiderstands die Messwerte $(R_{c;k})_i$ mit Streuungsfaktoren abzumindern:

$$R_{c;k} = \text{MIN} \left\{ \frac{(R_{c;k})_{mitt}}{\xi_5} \; ; \; \frac{(R_{c;k})_{min}}{\xi_6} \right\}$$

Tabelle 3. Grundwerte der Streuungsfaktoren $\xi_{0,5}$ und $\xi_{0,6}$ zur Auswertung dynamischer Probebelastungen nach DIN 1054, Tabelle A 7.2 unter Einarbeitung von DIN 1054/A1:2012-08

n	2	5	10	15	≥ 20
$\xi_{0,5}$	1,60	1,50	1,45	1,42	1,40
$\xi_{0,6}$	1,50	1,35	1,30	1,25	1,25

n ist die Anzahl der probebelasteten Pfähle. Zwischenwerte dürfen linear interpoliert werden.

Die Streuungsfaktoren setzen sich aus den Grundwerten ($\xi_{0,i}$) sowie aus Erhöhungswerten $\Delta\xi$ für die Art der Kalibrierung ($\Delta\xi = 0 \ldots 0{,}40$) und Modellfaktoren η_D (0,85 ... 1,20) für die Berücksichtigung des Auswerteverfahrens zusammen (Näheres hierzu in Bild A 7.1 in DIN 1054).

$$\xi_i = (\xi_{0,i} + \Delta\xi) \cdot \eta_D$$

Die Grundwerte $\xi_{0,i}$ können Tabelle 3 entnommen werden.

Wie Tabelle 3 zu entnehmen ist, geht man bei dynamischen Probebelastungen von einer deutlich höheren Anzahl an Belastungsversuchen aus als bei den statischen Probebelastungen. Das liegt zum einen daran, dass dynamische Pfahlprobebelastungen weit weniger aufwendig sind als statische, aber auch daran, dass die Ergebnisse dynamischer Probebelastungen weitaus mehr streuen als diejenigen von statischen Probebelastungen, was auch die relativ hohen Zahlenwerte bei den $\xi_{0,i}$-Werten erklärt.

4.4.3 Erfahrungswerte

Allgemeines

Wenn keine Pfahlprobebelastungen durchgeführt werden, darf der charakteristische axiale Pfahlwiderstand auch aus Erfahrungswerten abgeschätzt werden. Die Vorgaben zur Ermittlung der Pfahlwiderständen mittels Erfahrungswerten sind mit Ausgabe von DIN 1054:2010-12 nahezu vollständig in die EA-Pfähle verlagert worden. Dokumentiert sind dort Spannen für die Erfahrungswerte, von denen im Regelfall der Kleinstwert verwendet werden sollte. Die günstigeren Pfahlwiderstandswerte innerhalb der vorhandenen Spannweite oder andere Erfahrungswerte (z. B. aus vergleichbaren Probebelastungen) dürfen nach EA-Pfähle (2012), 5.4.3 (8) und (9) nur angewendet werden, wenn sie durch einen Sachverständigen für Geotechnik ausdrücklich bestätigt werden. Generell dürfen die Erfahrungswerte nur angewendet werden, wenn nachstehende Bedingungen eingehalten werden:

– Mindesteinbindetiefe in die tragfähige Schicht: 2,50 m,
– Schichtdicke des tragfähigen Bodens unterhalb des Pfahlfußes mindestens $1{,}5 \cdot D_{eq}$ bzw. 1,5 m,
– Spitzenwiderstand der Drucksonde im tragfähigen nichtbindigen Boden $q_c \geq 7{,}5$ MN/m^2 bzw.
– undränierte Kohäsion $c_u \geq 0{,}1$ MN/m^2 im tragfähigen bindigen Boden.

Fertigrammpfähle

In den EA-Pfähle finden sich in Abschnitt 5.4.4 Erfahrungswerte für alle Fertigrammpfähle mit Ausnahme von Pfählen aus Gusseisen und Holzpfählen. Die in Tabellen angegebenen Erfahrungswerte gelten dabei für runde Pfahlquerschnitte. Für quadratische oder rechteckige Pfähle wird ein äquivalenter

Pfahlquerschnitt maßgebend, welcher sich wie folgt bestimmt:

$D_{eq} = D_b$
für runde Pfähle

$D_{eq} = 1,13 \cdot a_s$
für quadratische Pfähle

$D_{eq} = 1,13 \cdot a_s \cdot \sqrt{a_L/a_s}$
für rechteckige Pfähle und Stahlprofile

mit

D_b Pfahldurchmesser an der Spitze

a_s Seitenlänge eines Pfahls mit quadratischem Querschnitt bzw. Länge der kleineren Seite des Querschnitts bei rechteckigen Fertigpfählen oder Stahlprofilen

a_L Länge der größeren Seite des Querschnitts bei rechteckförmigen Fertigteilpfählen oder Stahlprofilen. Für Stahlprofilpfähle gilt die Länge der umrissenen Pfahlfußfläche.

Die Widerstandsermittlung erfolgt nach aktueller EA-Pfähle jetzt auch für Rammpfähle wie bei Bohrpfählen über eine mithilfe der angegebenen Erfahrungswerte konstruierte fiktive charakteristische Widerstands-Setzung- (bzw. Hebungs-)Linie. Die Elemente der charakteristischen Widerstands-Setzungs-Linie eines Rammpfahls sind in Bild 31 dargestellt.

In den Tabellen mit Erfahrungswerten wird der setzungsabhängige Pfahlfußwiderstand $R_{b,k}$ für eine bezogene Setzung s von

$s = 0,035 \cdot D_{eq}$

und für die Grenzsetzung s_g von

$s_g = 0,10 \cdot D_{eq}$

angegeben.

Der Pfahlmantelwiderstand $R_{s,k}$ wird für die charakteristische Setzung s_{sg*}, bei der die Mobilisierung der Bruchmantelreibung für den setzungsabhängigen charakteristischen Pfahlmantelwiderstand beginnt, und für die Grenzsetzung $s_g = 0,1 \cdot D_{eq}$ bestimmt. Die charakteristische Setzung s_{sg*} wird durch folgende (nicht dimensionsechte) Gleichung ermittelt:

$$s_{sg*} \text{ [cm]} = \min\left\{ 0,5 \cdot R_{s,k}(s_{sg*}) \text{ [MN]} ; \; 1 \text{ [cm]} \right\}$$

Der charakteristische Pfahlwiderstand setzt sich aus den Anteilen aus Pfahlspitzendruck $R_{b,k}$ und Pfahlmantelreibung $R_{s,k}$ zusammen. Bei Fertigrammpfählen erfolgt je nach verwendetem Pfahlbaustoff noch eine Korrektur mit einem Anpassungsfaktor η_i:

$$R_k(s) = R_{b,k}(s) + R_{s,k}(s)$$
$$= \eta_b \cdot q_{b,k} \cdot A_b + \sum_i \eta_s \cdot q_{s,k,i} \cdot A_{s,i}$$

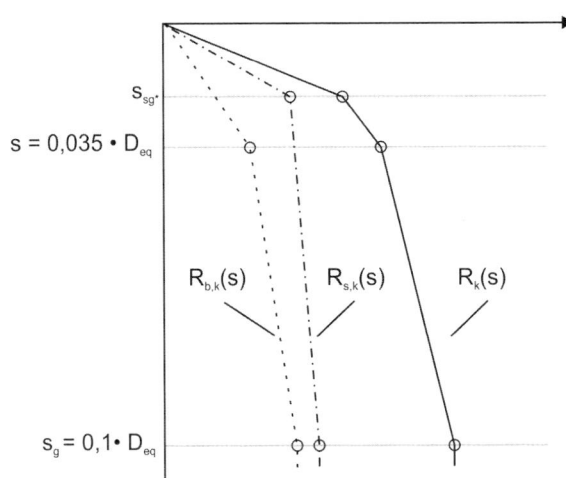

Bild 31. Charakteristische Widerstands-Setzungs-Linie bei einem Fertigrammpfahl auf Basis von Erfahrungswerten (nach EA-Pfähle, Bild 5.4) [13]

Darin bedeuten

A_b Nennwert der Pfahlfußfläche nach EA-Pfähle, Bild 5.5

$A_{s,i}$ Nennwert der Pfahlmantelfläche in der Schicht i

$q_{b,k}$ charakteristischer Wert des Pfahlspitzenwiderstands

$q_{s,k,i}$ charakteristischer Wert der Pfahlmantelreibung in der Schicht i

η_b, η_s Anpassungsfaktor des Spitzenwiderstands bzw. der Mantelreibung für Fertigpfähle unterschiedlicher Materialien nach Tabelle 5.5 der EA-Pfähle (für Fertigpfähle aus Stahlbeton oder Spannbeton sind $\eta_b = \eta_s = 1,0$)

Exemplarisch sind die Erfahrungswerte für den charakteristischen Pfahlspitzenwiderstand und die charakteristische Pfahlmantelreibung für Fertigpfähle aus Stahlbeton und Spannbeton in nichtbindigem Boden in den Tabellen 4 und 5 angegeben. Ähnliche Tabellen gibt es für diese Pfähle auch für bindige Böden (EA-Pfähle, Tabellen 5.3 und 5.4). Tabellen und Nomogramme für Erfahrungswerte von Ortbetonrammpfählen (z. B. Frankipfahl und Simplexpfahl) finden sich ebenfalls in den EA-Pfähle, Abschnitt 5.4.5.

Bohrpfähle

Analog zum Vorgehen bei Rammpfählen ergibt sich der von der Pfahlsetzung s abhängige charakteristische axiale Pfahlwiderstand R_k von Bohrpfählen aus der Addition der beiden Anteile Spitzendruck $R_{b,k}$ und Mantelreibung $R_{s,k}$:

$$R_k(s) = R_{b,k}(s) + R_{s,k}(s)$$
$$= q_{b,k} \cdot A_b + \sum_i q_{s,k,i} \cdot A_{s,i}$$

Bei Pfählen mit Fußverbreiterung ist bei der Bestimmung des Spitzendrucks der Durchmesser der Fußverbreiterung D_b und beim Mantelwiderstand der Schaftdurchmesser D_s anzusetzen, da die Mantelreibung nur auf der Schaftfläche wirkt.

Die Grenzsetzung s_{sg} zur Mobilisierung des maximalen Mantelwiderstands $R_{s,k}(s_{sg})$ kann mit der nachstehenden empirischen, dimensionsbehafteten Formel abgeschätzt werden:

$$s_{sg} = \text{Min}\{0,5 \cdot R_{s,k}(s_{sg})\,[\text{MN}] + 0,5\,;\ 3,0\,\text{cm}\}$$

Der setzungsabhängige Pfahlspitzenwiderstand wird für die bezogenen Setzungen von $s = 0,02 \cdot D_b$, $s = 0,03 \cdot D_b$ und $s_g = 0,1 \cdot D_b$ ermittelt, wobei Letztere wieder die Grenzsetzung beschreibt. Für Pfähle ohne Fußverbreiterung gilt $D_b = D_s$. Die Elemente für die charakteristische Widerstands-Set-

Tabelle 4. Erfahrungswerte für den charakteristischen Pfahlspitzenwiderstand $q_{b,k}$ für Fertigrammpfähle aus Stahlbeton und Spannbeton in nichtbindigen Böden (nach EA-Pfähle, Tabelle 5.1)

Bezogene Pfahlkopf-setzung s/D_{eq}	Pfahlspitzenwiderstand $q_{b,k}$ [kN/m^2] bei einem mittleren Spitzenwiderstand q_c [MN/m^2] der Drucksonde		
	7,5	15	25
0,035	2.200 – 5.000	4.000 – 6.500	4.500 – 7.500
0,100	4.200 – 6.000	7.600 – 10.200	8.750 – 11.500

Zwischenwerte dürfen gradlinig interpoliert werden.

Tabelle 5. Erfahrungswerte für die charakteristische Pfahlmantelreibung $q_{s,k}$ für Fertigrammpfähle aus Stahlbeton und Spannbeton in nichtbindigen Böden (nach EA-Pfähle, Tabelle 5.2)

Setzung	Pfahlmantelreibung $q_{s,k}$ [kN/m^2] bei einem mittleren Spitzenwiderstand q_c [MN/m^2] der Drucksonde		
	7,5	15	25
s_{sg}*	30 – 40	65 – 90	85 – 120
$s_{sg} = s_g = 0,1 \cdot D_{eq}$	40 – 60	95 – 125	125 – 160

Zwischenwerte dürfen gradlinig interpoliert werden.

zung-Linie für einen Bohrpfahl sind in Bild 32 dargestellt.

Verpresste Verdrängungs- und Mikropfähle

Für verpresste Verdrängungs- und Mikropfähle dürfen Erfahrungswerte nur in Ausnahmefällen angewendet werden. Hier sollte die Widerstandsermittlung zu Pfahlprobebelastungen der Regelfall sein.

Der charakteristische Pfahlwiderstand besteht für Druck- und Zugpfähle lediglich aus der charakteristischen Mantelreibung und ergibt sich somit zu

$$R_{c,k} = R_{s,k} = \sum_i q_{s,k,i} \cdot A_{s,i}$$

Der charakteristische Wert der Pfahlmantelreibung $q_{s,k}$ kann je nach Pfahlart und Bodenbeschaffenheit aus einer der Tabellen 5.26 bis 5.32 der EA-Pfähle entnommen werden.

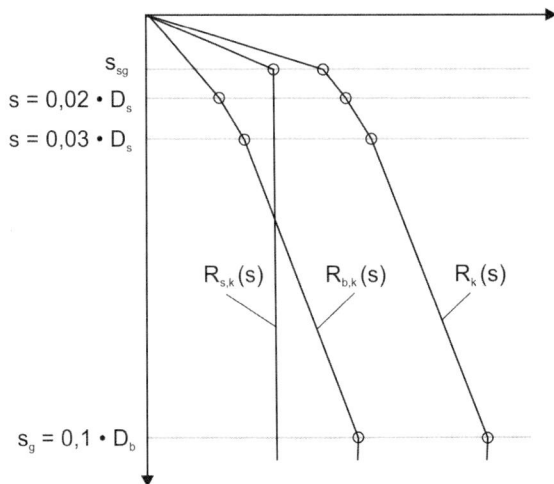

Bild 32. Charakteristische Widerstands-Setzungs-Linie bei einem Bohrpfahl (nach EA-Pfähle, Bild 5.12) [13]

Anwendung auf Zugpfähle

Die Anwendung von Erfahrungswerten auf Zugpfähle wird nach EA-Pfähle, 5.4.10 nur im Ausnahmefall zugelassen. Die ermittelten Werte der charakteristischen Mantelreibung müssen durch einen Sachverständigen für Geotechnik bestätigt werden. Bei der Konstruktion der fiktiven Widerstands-Hebungs-Linie darf die Grenzhebung zur Aktivierung der Mantelreibung $s_{sg,t}$ mit den Werten der Grenzsetzung s_{sg} bei Druckpfählen wie folgt abgeschätzt werden:

$$s_{sg,t} = 1{,}30 \cdot s_{sg}$$

Die rechnerische Länge der Verpresskörper sollte bei Verpressmörtel- oder Rüttelinjektionspfählen auf 15 m und bei verpressten Mikropfählen auf 12 m beschränkt bleiben.

4.4.4 Bemessungswert der axialen Pfahlwiderstände

Der Bemessungswert des axialen Pfahlwiderstands ist durch Division des charakteristischen Widerstands durch den jeweiligen Teilsicherheitsbeiwert nach Tabelle A 2.3 von DIN 1054 zu ermitteln. Die Teilsicherheitsbeiwerte für die Pfahlwiderstände werden im EC 7-1 dabei in Beiwerte für den Pfahlfußwiderstand γ_b, den Mantelwiderstand bei Druck γ_s und den Mantelwiderstand bei Zug $\gamma_{s,t}$ aufgeteilt. Darüber hinaus gibt es einen Beiwert für den Gesamtwiderstand γ_t bei Druck. Diese Vorgehensweise findet sich auch in Tabelle A 2.3 von DIN 1054, die auszugsweise in Tabelle 6 zusammengefasst ist. Eine Unterscheidung nach Bemessungssituationen findet dabei nicht statt.

Der Bemessungswert des Widerstands für einen Druckpfahl $R_{c,d}$ bestimmt sich somit zu

$$R_{c,d} = R_{b,d} + R_{s,d} = \frac{R_{b,k}}{\gamma_b} + \frac{R_{s,k}}{\gamma_s} = \frac{R_{c,k}}{\gamma_t}$$

Da in Deutschland die Teilsicherheitsbeiwerte für alle Widerstandsanteile eines Druckpfahls gleich groß sind, hat die Verwendung zweier Teilsicherheitsbeiwerte hier nur formellen Charakter.

Der Bemessungswert des Zugwiderstands $R_{t,d}$ ergibt sich analog zu

$$R_{t,d} = R_{s,d} = \frac{R_{s,k}}{\gamma_{s,t}} = \frac{R_{t,k}}{\gamma_{s,t}}$$

Bei Zugpfahlsystemen mit verpressten Mikropfählen oder verpressten Verdrängungspfählen ist nach DIN 1054, 7.6.3.2 A(3c) der Bemessungswert für einen Zugpfahl mit einem Modellfaktor η_M abzumindern:

$$R_{t,d} = R_{t,k}/(\gamma_{s,t} \cdot \eta_M)$$

Während dieser in der Fassung von DIN 1054:2010-12 je nach Neigung zwischen 1,00 und 1,25 anzusetzen war, gilt mit der Änderung DIN 1054/A1:2012-08, dass η_M generell unabhängig von der Pfahlneigung mit dem Wert 1,25 anzusetzen ist.

Tabelle 6. Teilsicherheitsbeiwerte für Pfahlwiderstände nach Tabelle A 2.3 von DIN 1054

Art der Ermittlung des Pfahlwiderstands	Teilsicherheitsbeiwerte	
	Bezeichnung	alle Bemessungssituationen
aus Pfahlprobebelastung bei Druck	γ_b, γ_s, γ_t	1,10
aus Pfahlprobebelastung bei Zug	$\gamma_{s,t}$	1,15
aus Erfahrungswerten für Druckpfähle	γ_b, γ_s, γ_t	1,40
aus Erfahrungswerten für Zugpfähle (nur in Ausnahmefällen)	$\gamma_{s,t}$	1,50

Aus Tabelle 6 ist zum einen ersichtlich, dass die Teilsicherheitsbeiwerte für Zugpfähle größer als für Druckpfähle sind. Zum anderen liegen aber die Teilsicherheitsbeiwerte bei Benutzung von Erfahrungswerten deutlich über denen, die bei der Benutzung von Werten aus Probebelastungen anzuwenden sind. Da Erfahrungswerte definitionsgemäß am unteren Rand der möglichen Tragfähigkeiten liegen, kann es bei Projekten mit einer großen Anzahl an Pfählen durchaus auch wirtschaftlich sein, in eine Probebelastung zu investieren. In der Regel werden dabei höhere Pfahltragfähigkeiten als Erfahrungswerte nachgewiesen und außerdem dürfen bei der Bemessung kleinere Teilsicherheitsbeiwerte angesetzt werden.

4.4.5 Pfahlwiderstände bei quer zur Pfahlachse beanspruchten Einzelpfählen

Pfahlwiderstände quer zur Pfahlachse dürfen nach DIN 1054, 7.7.1 (1)P A(1) nur bei Pfählen mit einem Durchmesser $D_s \geq 0{,}30$ m bzw. einer Kantenlänge $a_s \geq 0{,}30$ m angesetzt werden. Der charakteristische Pfahlwiderstand darf dabei als Bettungsreaktion mit charakteristischen Werten des Bettungsmoduls $k_{s,k}$ beschrieben werden. Dieser Art der Lastabtragung kommt insbesondere bei Bohrpfählen eine große Bedeutung zu, da diese aufgrund ihrer überwiegend vertikalen Anordnung sonst keine Horizontallasten abtragen könnten.

Die Größe und Verteilung des charakteristischen Bettungsmoduls soll im Regelfall aus statischen Probebelastungen bestimmt werden (EA-Pfähle 9.3). Sofern der Bettungsmodul nur der Ermittlung der Schnittgrößen und nicht der Ermittlung der Verformung der Pfahlgründung dient, darf er aber nach DIN 1054, 7.7.3 (3) A(3) für die beteiligten Bodenschichten nach folgender Gleichung ermittelt werden:

$$k_{s,k} = E_{s,k}/D_s$$

mit

$k_{s,k}$ charakteristischer Wert des Bettungsmoduls
$E_{s,k}$ charakteristischer Wert des Steifemoduls
D_s Pfahlschaftdurchmesser

Vorstehende Gleichung darf allerdings nur angewendet werden, wenn eine rechnerische maximale charakteristische Horizontalverschiebung von 2,0 cm bzw. 0,03 · D_s nicht überschritten wird, wobei der kleinere der beiden Werte maßgebend ist.

Über den Verlauf des Bettungsmoduls über die Tiefe macht DIN 1054 keine Angaben. Der konstante Ansatz des Bettungsmoduls stellt nach Abschnitt 5.8 (3) somit zunächst nur eine Rechenvereinfachung dar, die jedoch für die Ermittlung der Pfahlbeanspruchung hinreichend genaue Ergebnisse liefert. Allerdings kann bei der Annahme eines konstanten Bettungsmodulverlaufs die Forderung, dass die charakteristische Bettungsspannung in keiner Tiefe den charakteristischen Wert des passiven Erddrucks überschreiten darf, verletzt werden (vgl. Abschnitt 4.5.1).

4.4.6 Axiale Pfahlwiderstände bei Druckpfahlgruppen

Bohrpfahlgruppen

Bei Pfahlgruppen beteiligen sich die verschiedenen Pfähle mit unterschiedlichen Anteilen an der Lastabtragung. So sind bei Druckpfahlgruppen in der Regel die Eckpfähle am stärksten belastet. Der aktivierte Widerstand eines Gruppenbohrpfahls kann nach EA-Pfähle, 8.2.1.3 über den widerstandsbezogenen Gruppenfaktor G_R und den Pfahlwiderstand eines vergleichbaren Einzelpfahls R_E ermittelt werden:

$$R_{G,i} = R_E \cdot G_{R,i}$$

Dabei ist der Widerstand $R_{G,i}$ eines Pfahls unter Berücksichtigung der Gruppenwirkung aus dem Widerstand eines Einzelpfahls R_E für die mittlere Setzung der Pfahlgruppe zu bestimmen. Der Gruppenfaktor $G_{R,i}$ berücksichtigt Einflüsse aus der Bodenart und der Gruppengeometrie (λ_1), aus der Gruppengröße (λ_2) sowie aus der Pfahlart (λ_3):

$$G_{R,i} = \lambda_1 \cdot \lambda_2 \cdot \lambda_3$$

Die Einflussfaktoren können entsprechenden Diagrammen in den EA-Pfähle, 8.2 entnommen werden.

Verdrängungs- und Mikropfahlgruppen

Hierfür liegen bisher nur wenig abgesicherte Erkenntnisse vor. Hinweise zum Ansatz des Gruppenfaktors und weiterführende Informationen sind den EA-Pfähle in 8.2.1.4 und 8.2.1.5 zu entnehmen.

Zugpfahlgruppen

Eine Abminderung des Herausziehwiderstands bei Zugpfahlgruppen ist nach DIN 1054:2010-12, 7.6.3.1 A Anmerkung zu (8)P nicht erforderlich, da eine mögliche Verminderung der Mantelreibung näherungsweise durch den Nachweis gegen Aufschwimmen des Bodenblocks (vgl. Abschnitt 4.5.1) abgegolten wird.

4.5 Nachweise

4.5.1 Nachweise der Tragfähigkeit

Axial belastete Pfähle

Der Nachweis der Tragfähigkeit axial belasteter Pfähle wird im Grenzzustand GEO-2 durch einfache Gegenüberstellung der Bemessungswerte der Beanspruchung und des Widerstands geführt. Hinsichtlich der Besonderheit der Festlegung der Bemessungswerte bei Zugpfählen mit gleichzeitiger ständiger Druckbeanspruchung sei auf Abschnitt 4.3.5 hingewiesen. In jedem Fall muss gelten:

$F_{c,d} \leq R_{c,d}$ bei Druckpfählen bzw.

$F_{t,d} \leq R_{t,d}$ bei Zugpfählen

Die Größe der einzusetzenden Teilsicherheitsbeiwerte richtet sich nach Tabelle 6, die unterscheidet, ob die Widerstände aus einer Probebelastung oder aus Erfahrungswerten gewonnen wurden.

In analoger Weise ist für den Grenzzustand STR nachzuweisen, dass im Querschnitt die Festigkeit des verwendeten Pfahlbaustoffes unter Berücksichtigung der Teilsicherheitsbeiwerte aus der jeweiligen Bauteilnorm nicht überschritten wird.

Quer belastete Pfähle

Nach DIN 1054 sind beim Ansatz einer Bettung zur Aufnahme der horizontalen Belastung zwei zusätzliche Nachweise der Tragfähigkeit zu führen. Zuerst darf die charakteristische Bettungsspannung $\sigma_{h,k}$, die vereinfacht für den ebenen Fall bestimmte passive charakteristische Erddruckordinate $e_{ph,k}$ in keiner Tiefe z überschreiten:

$$e_{ph,k}(z) \geq \sigma_{h,k}(z) = k_s \cdot u_x(z)$$

Dazu muss eine Verteilung des Bettungsmoduls gewählt werden, bei der der Bettungsmodul mit der Tiefe null ist, da die Erdwiderstandsordinate $e_{ph,k}$ dort ebenfalls null ist, falls keine Auflast oder Kohäsion wirkt (Bild 33). Die meisten Rechenprogramme legen den Verlauf des Bettungsmoduls iterativ so fest, dass die Bedingung gerade noch eingehalten wird und damit volle Ausnutzung herrscht.

Weiterhin wird gefordert, dass der Bemessungswert der Bodenwiderstandskraft, der sich aus dem Integral der Bettungsspannung von der Baugrubensohle bis zum Verschiebungsnullpunkt ergibt, nicht größer sein darf als der Bemessungswiderstand des passiven Erddrucks bis zu dieser Tiefe, welcher hierbei aber für den räumlichen Fall zu ermitteln ist:

$$E_{phr,d} \geq \int_0^{t(w=0)} \sigma_{x,d}(z)\, dz = B_{h,d}$$

Ansätze für den räumlichen Erdwiderstand vor Pfählen finden sich in DIN 4085, Abschnitt 7.2. Ein ausführliches Beispiel für einen quer zur Pfahlachse belasteten Pfahl ist in den EA-Pfähle, Anhang B9 sowie in [13] abgedruckt.

Druckpfahlgruppen

Bei eng stehenden Pfählen verspannt sich der Boden zwischen den Pfählen und die ganze Pfahlgrup-

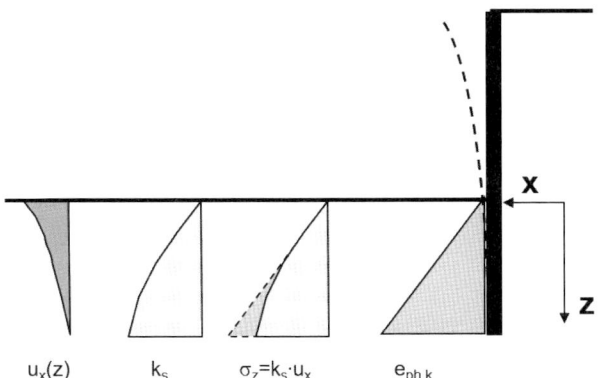

Bild 33. Verschiebungen, möglicher Bettungsverlauf, Bettungsspannungen und Erdwiderstandsordinaten bei einer ungestützten und voll eingespannten Wand

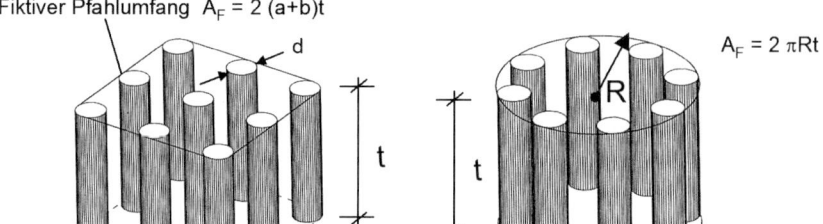

Bild 34. Pfahlgruppe als fiktiver Ersatzpfahl zur Bestimmung der Grenzmantelreibungskraft

pe wirkt wie ein fiktiver großer Einzelfall, dessen Außenfläche durch die Umhüllende aller Einzelpfähle gebildet wird (Bild 34).

Vereinfacht darf nach EA-Pfähle, 8.3.1.1 bei einer Pfahlgruppe aus n Pfählen der ansetzbare Pfahlwiderstand dann aus dem Minimum der Pfahltragfähigkeit des fiktiven Pfahls und der Summe der Tragfähigkeit aus den Einzelpfählen bestimmt werden. Der Spitzendruck des fiktiven Pfahls wird dabei gleich groß wie die Summe der Spitzendrücke der Einzelpfähle angesetzt. Lediglich bei der Mantelreibung gibt es Unterschiede, da die wirksame Fläche unterschiedlicher angesetzt wird.

$$R_{c,k,G} = \text{Min} \, (n \cdot q_{s,k} \cdot A_E + n \cdot q_{b,k} \, ; \\ q_{s,k} \cdot A_F + n \cdot q_{b,k})$$

mit

$R_{c,k,G}$ Widerstand der gesamten Pfahlgruppe aus n Einzelpfählen

A_E Pfahlmantelfläche des Einzelpfahls

A_F Pfahlmantelfläche des fiktiven Ersatzpfahls

$q_{s,k}$ Wert der charakteristischen Pfahlmantelreibung

$q_{b,k}$ Wert des charakteristischen Pfahlspitzendrucks

Zugpfahlgruppen

Für Zugpfahlgruppen, die das Abheben eines Gründungskörpers verhindern sollen, sind analog zum Vorgehen bei Druckpfahlgruppen ebenfalls zwei Grenzfälle zu untersuchen. Zunächst ist zu prüfen, ob jeder Einzelpfahl für den Grenzzustand GEO-2 eine hinreichende Sicherheit gegen Herausziehen besitzt:

$$F_{t,i,d} \leq R_{t,i,d}$$

Außerdem ist bei engem Abstand der Pfähle nachzuweisen, dass das Gewicht des angehängten Erdkörpers ausreicht, um für den Grenzzustand UPL ein Abheben zu verhindern (Bild 35).

Dazu muss die Summe der ungünstigen Einwirkungen stets kleiner sein als die Summe der ständigen günstigen Einwirkungen:

$$G_{dst,k} \cdot \gamma_{G,dst} + Q_{dst,k} \cdot \gamma_{Q,dst} \\ \leq G_{stb,k} \cdot \gamma_{G,stb} + G_{E,k} \cdot \gamma_{G,stb}$$

mit

$G_{dst,k}$ charakteristischer Wert möglicher ungünstiger ständiger, aufwärts gerichteter Einwirkungen (hier die Auftriebskraft A_k)

$\gamma_{G,dst}$ Teilsicherheitsbeiwert für ungünstige ständige Einwirkungen im Grenzzustand UPL ($= 1{,}05$ im BS-P)

$Q_{dst,k}$ charakteristischer Wert möglicher ungünstiger veränderlicher, lotrecht aufwärts gerichteter Einwirkungen

$\gamma_{Q,dst}$ Teilsicherheitsbeiwert für ungünstige veränderliche Einwirkungen im Grenzzustand UPL ($= 1{,}50$ im BS-P)

$G_{stb,k}$ unterer charakteristischer Wert günstiger ständiger Einwirkungen

$G_{E,k}$ Gewicht des angehängten Erdkörpers

$\gamma_{G,Stb}$ Teilsicherheitsbeiwert für günstige ständige Einwirkungen im Grenzzustand UPL ($= 0{,}95$ für BS-P)

Die Gewichtskraft $G_{E,k}$ des angehängten Erdkörpers ergibt sich entsprechend Bild 35 nach dem Ansatz von DIN 1054 zu:

Tiefgründungen 221

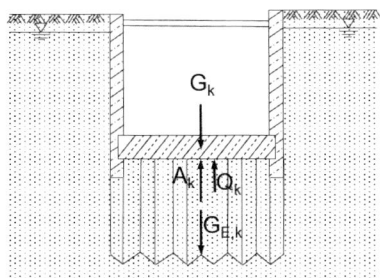
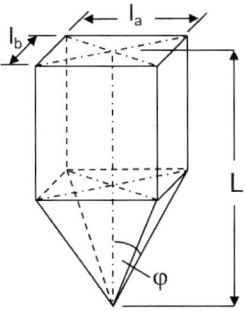

Bild 35. Nachweis des angehängten Erdkörpers bei Zugpfahlgruppen

$$G_{E,k} = n_z \cdot \left[l_a \cdot l_b \left(L - \frac{1}{3} \cdot \sqrt{l_a^2 + l_b^2} \cdot \cot\varphi \right) \right] \cdot \eta_z \cdot \gamma'$$

mit

- $G_{E,k}$ charakteristische Gewichtskraft des angehängten Bodens
- n_z Anzahl der Zugpfähle
- L Länge der Zugelemente
- l_a das größere Rastermaß
- l_b das kleinere Rastermaß
- φ Reibungswinkel des Bodens
- γ' maßgebliche (Auftriebs-)Wichte des angehängten Erdkörpers
- η_z Anpassungsfaktor nach DIN 1054, der mit $\eta_z = 0{,}8$ anzusetzen ist, um das bisherige Sicherheitsniveau zu halten

4.5.2 Nachweise der Gebrauchstauglichkeit

Einzelpfahl

Sofern die Verformungen der Pfahlgründung für das Gesamttragwerk von Bedeutung sind, muss eine ausreichende Sicherheit gegen den Verlust der Gebrauchstauglichkeit im Grenzzustand SLS nachgewiesen werden. Generell ist der Nachweis erbracht, wenn die Bedingung

$$F_d = F_{c,k} \leq R_{c,k}(s = s_{zul} = C_d)$$

erfüllt ist. Darin bezeichnet C_d ein allgemeines, bauwerkspezifisch zu definierendes Verformungskriterium. Wie man vorstehender Gleichung entnimmt, sind im Grenzzustand SLS die Bemessungsgrößen gleich den charakteristischen Größen, d. h., alle Teilsicherheitsbeiwerte sind sowohl für die Einwirkungen als auch für die Widerstände 1,0.

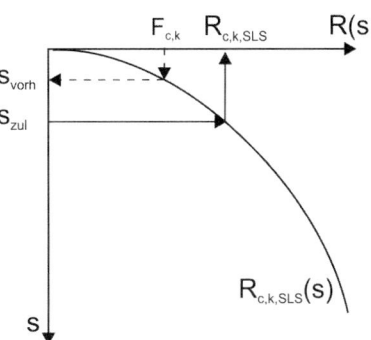

Bild 36. Bestimmung des Pfahlwiderstands im Grenzzustand SLS

Die Bestimmung des charakteristischen Pfahlwiderstands $R_{c,k}$, bei der das Verformungskriterium C_d gerade erreicht wird, kann bei allen Pfahltypen in Abhängigkeit der zu erwartenden Setzungen und Setzungsdifferenzen aus der Widerstands-Setzungs-Linie einer Probebelastung oder aus Erfahrungswerten abgeleitet werden.

Dabei ist wie folgt zu verfahren: Unter Vorgabe einer für das System verträglichen Setzung $s_{zul} = C_d$ wird aus der Widerstands-Setzungs-Linie der zugehörige Widerstand $R_{c,k,SLS}$ bestimmt (Bild 36) und dann die Überprüfung nach obiger Ungleichung vorgenommen.

Pfahlgruppen

Druckpfahlgruppen wirken ähnlich einer tiefer gelegten Flächengründung. Der Einflussbereich der Druckpfahlgruppe geht dabei deutlich tiefer als beim Einzelpfahl. Entsprechend werden auch bei sonst gleich belasteten Pfählen die Setzungen der Pfahlgruppe höher ausfallen als beim Einzelpfahl (Bild 37).

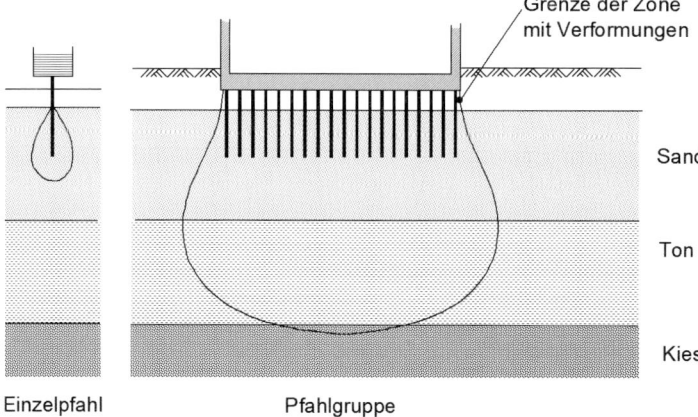

Bild 37. Setzungswirksame Einflusstiefe bei einem Einzelpfahl und einer Pfahlgruppe

In erster Näherung können die Setzungen der Druckpfahlgruppe wie die einer Flächengründung in Höhe der Aufstandsfläche der Pfähle ermittelt werden. Dabei darf die Aufstandsfläche um das Dreifache des Pfahldurchmessers nach außen vergrößert und die Gesamtlast auf die vergrößerte Fläche bezogen werden. Genauere Nachweise finden sich in den EA-Pfähle, 8.4.1.

4.6 Beispiel – Bemessung eines axial belasteten Bohrpfahls mithilfe von Erfahrungswerten

Für die in Bild 38 dargestellte Gründungssituation mit einem Bohrpfahl und nachträglich geplanter Aufschüttung soll die erforderliche Einbindetiefe mithilfe von Erfahrungswerten für die Tragfähigkeit ermittelt werden.

Dabei ist infolge der geplanten Aufschüttung (h = 4 m) in unmittelbarer Nähe des Bohrpfahls auch negative Mantelreibung (vgl. Abschnitt 4.3.2) zu berücksichtigen. Weiterhin beträgt die vom Tragwerksplaner vorgegebene maximal verträgliche Pfahlsetzung $s_{zul} = 1,5$ cm.

Bemessungswert der Beanspruchung

Für das vorliegende System, bei dem die Einwirkung und Beanspruchungen identisch sind, ergeben sich folgende Druckbeanspruchungen aus dem Tragwerk:

ständige Beanspruchung:
$F_{c,G,k} = 1,00$ MN

repräsentative veränderliche Beanspruchung:
$F_{c,Q,rep} = 0,50$ MN

Zusätzlich ergibt sich eine ständige Beanspruchung durch die negative Mantelreibung in der Sand- und Tonschicht. Auf der sicheren Seite liegend wird diese über die gesamte Höhe der Tonschicht (vgl. Abschnitt 4.3.2) sowie in der darüber liegenden Sandschicht angesetzt. In der Tonschicht ergibt sich die negative Mantelreibung zu

$\tau_{n,k} = \alpha \cdot c_{u,k} = 1,0 \cdot 25 \text{ kN/m}^2 = 25 \text{ kN/m}^2$

und in der Mitte der überlagernden Sandschicht mit Berücksichtigung der Auflastspannung aus der nachträglichen Aufschüttung zu

$\tau_{n,k} = \sigma'_v \cdot K_0 \cdot \tan \varphi'$
$= 4 \text{ m} \cdot 19 \text{ kN/m}^3 + 0,5 \cdot 2 \text{ m} \cdot 19 \text{ kN/m}^3)$
$\cdot (1 - \sin(32,5°)) \cdot \tan(32,5°)$
$= 28,0 \text{ kN/m}^2$

In Summe ergibt sich daraus eine Beanspruchung aus negativer Mantelreibung von

$F_{n,k} = \sum \pi \cdot D_s \cdot t_i \cdot \tau_{n,k,i}$
$= \pi \cdot 0,88 \text{ m}$
$\cdot \left(2 \text{ m} \cdot 28,0 \text{ kN/m}^2 + 5 \text{ m} \cdot 25 \text{ kN/m}^2\right)$
$= 500,4 \text{ kN} = 0,50 \text{ MN}$

Die charakteristische Gesamtbeanspruchung ergibt sich dann zu

$F_{c,k} = F_{c,G,k} + F_{n,k} + F_{c,Q,rep}$
$= 1,00 \text{ MN} + 0,50 \text{ MN} + 0,50 \text{ MN}$
$= 2,00 \text{ MN}$

Der Bemessungswert für die ständige Bemessungssituation (BS-P) ist

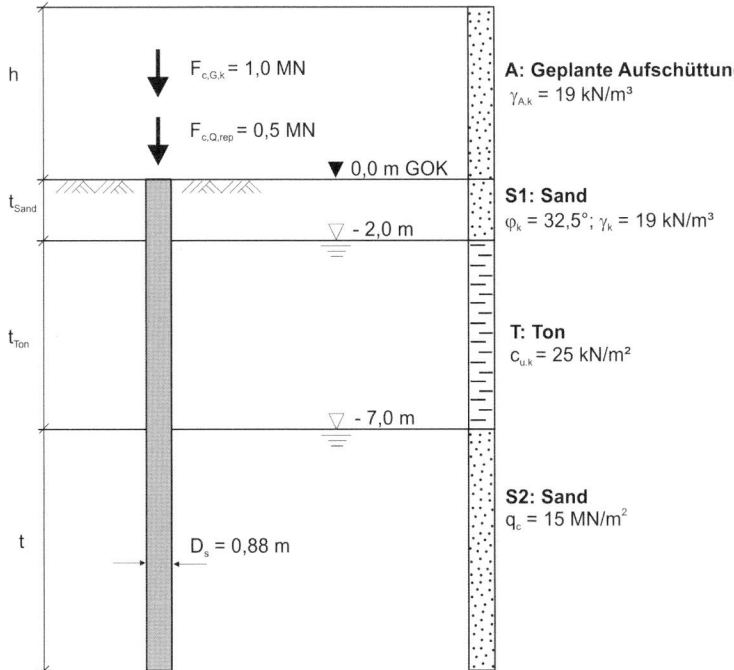

Bild 38. Systemskizze Bohrpfahl mit nachträglicher Aufschüttung

$$F_{c,d} = (F_{c,G,k} + F_{n,k}) \cdot \gamma_G + F_{c,Q,rep} \cdot \gamma_Q$$
$$= (1{,}00 \text{ MN} + 0{,}50 \text{ MN}) \cdot 1{,}35$$
$$+ 0{,}50 \text{ MN} \cdot 1{,}50 = 2{,}78 \text{ MN}$$

Bemessungswert des Widerstands

Die charakteristischen Werte für den Mantelwiderstand und den Spitzenwiderstand werden den Tabellen der EA-Pfähle (vgl. Tabellen 7 und 8) entnommen. Hierbei wird aus der angegebenen Spanne der

Tabelle 7. Erfahrungswerte für die charakteristische Pfahlmantelreibung $q_{s,k}$ für Bohrpfähle in nichtbindigen Böden (nach EA-Pfähle, Tabelle 5.13)

Mittlerer Spitzenwiderstand q_c der Drucksonde [MN/m²]	Bruchwert $q_{s,k}$ der Mantelreibung [kN/m²]
7,5	55 – 80
15	105 – 140
≥ 25	130 – 170

Zwischenwerte dürfen geradlinig interpoliert werden.

niedrigste Wert angenommen. Aufgrund der negativen Mantelreibung liefert nur die untere Sandschicht einen Widerstandsanteil.

Auf Basis des ermittelten Widerstands der Drucksonde in der unteren Sandschicht (vgl. Bild 38) berechnet sich der charakteristische Widerstand aus Mantelreibung in Abhängigkeit der Einbindetiefe t innerhalb dieser Sandschicht zu

$$R_{s,k} = \pi \cdot D_s \cdot q_{s,k} \cdot t$$
$$= \pi \cdot 0{,}88 \text{ m} \cdot 0{,}105 \text{ MN/m}^2 \cdot t$$
$$= 0{,}29 \text{ MN/m} \cdot t$$

Für den Pfahlspitzenwiderstand ist der Pfahlfußdurchmesser D_b maßgebend, der im vorliegenden Fall dem Pfahlschaftdurchmesser entspricht (keine Fußverbreiterung). Der Fußwiderstand ergibt sich somit für die Grenzsetzung s_g zu

$$R_{b,k} = \pi \cdot (D_b/2)^2 \cdot q_{b,k}$$
$$= \pi \cdot (0{,}88 \text{ m}/2)^2 \cdot 3{,}00 \text{ MN/m}^2$$
$$= 1{,}82 \text{ MN}$$

Der gesamte charakteristische Pfahlwiderstand infolge der Druckbeanspruchung ergibt sich aus der Summe von Spitzenwiderstand und Mantelreibung:

Tabelle 8. Erfahrungswerte für den charakteristischen Pfahlspitzenwiderstand $q_{b,k}$ für Bohrpfähle in nichtbindigen Böden (nach EA-Pfähle, Tabelle 5.12)

Bezogene Pfahlkopf-setzung s/D_s bzw. s/D_b	Pfahlspitzenwiderstand $q_{b,k}$ [kN/m²] bei einem mittleren Spitzenwiderstand q_c [MN/m²] der Drucksonde		
	7,5	15	25
0,02	550 – 800	1.050 – 1.400	1.750 – 2.300
0,03	700 – 1.050	1.350 – 1.800	2.250 – 2.950
0,10 (= s_g)	1.600 – 2.300	3.000 – 4.000	4.000 – 5.300

Zwischenwerte dürfen geradlinig interpoliert werden.
Bei Bohrpfählen mit Fußverbreiterung sind die Werte auf 75 % abzumindern.

$$R_{c,k} = R_{s,k} + R_{b,k}$$
$$= 0{,}290 \text{ MN/m} \cdot t + 1{,}825 \text{ MN}$$

Da die Teilsicherheitsbeiwerte für die Widerstandsermittlung aus Erfahrungswerten für Druckpfähle für den Spitzenwiderstand, die Mantelreibung und den Gesamtwiderstand alle zu 1,4 angenommen werden (vgl. Tabelle 6), beträgt der Bemessungswert des Pfahlwiderstands

$$R_{c,d} = R_{c,k}/\gamma_t = R_{s,k}/\gamma_s + R_{b,k}/\gamma_b$$
$$= (0{,}29 \text{ MN/m} \cdot t + 1{,}82 \text{ MN})/1{,}4$$
$$= 0{,}21 \text{ MN/m} \cdot t + 1{,}30 \text{ MN}$$

Ermittlung der erforderlichen Einbindetiefe über den Nachweis der Tragfähigkeit (ULS)

Die Ermittlung der erforderlichen Einbindetiefe erfolgt über den Nachweis der Tragfähigkeit (GEO-2):

$$F_{c,d} = 2{,}78 \text{ MN}$$
$$\leq 1{,}30 \text{ MN} + 0{,}21 \text{ MN/m} \cdot t = R_{c,d}$$

Es ergibt sich somit eine erforderliche Einbindetiefe von

$$t \geq \frac{2{,}78 - 1{,}30}{0{,}21} = 7{,}05 \text{ m}$$

Gewählt wird eine Einbindetiefe von t = 7,5 m, womit sich die Gesamtlänge des Pfahls im ULS zu

$$L_{ULS} = t_{Sand} + t_{Ton} + t_{Fuß}$$
$$= 2 \text{ m} + 5 \text{ m} + 7{,}5 = 14{,}5 \text{ m}$$

ergibt.

Nachweis der Gebrauchstauglichkeit (SLS)

Weiter ist nachzuweisen, dass mit der ermittelten bzw. gewählten Pfahllänge aber auch das Setzungskriterium aus der Tragwerksplanung von $s_{zul} = 1{,}5$ cm eingehalten wird. Dazu ist die Konstruktion der Widerstands-Setzungs-Linie (WSL) erforderlich, aus der dann der zum Setzungskriterium zugehörige Pfahlwiderstand abgeleitet werden kann. Die Konstruktion der bereichsweise linearen Widerstands-Setzungs-Linie erfolgt nach den Vorgaben der EA-Pfähle durch Addition der setzungsabhängigen charakteristischen Widerstände aus Mantelreibung und Spitzendruck (vgl. Bild 32). Für die jeweiligen Widerstände wird dabei jeweils der untere Tabellenwert innerhalb des Intervalls verwendet.

Die charakteristische Mantelreibung $q_{s,k}$ ergibt sich für den Bohrpfahl analog zum ULS nach Tabelle 7. Für die gewählte Einbindetiefe von t = 7,5 m ergibt sich der Mantelwiderstand zu

$$R_{s,k} = \pi \cdot D_s \cdot q_{s,k} \cdot t$$
$$= \pi \cdot 0{,}88 \text{ m} \cdot 0{,}105 \text{ MN/m}^2 \cdot 7{,}5 \text{ m}$$
$$= 2{,}18 \text{ MN}$$

Die zugehörige Grenzsetzung zur Mobilisierung der Mantelreibung (vgl. Abschnitt 4.4.3) liegt bei

$$s_{sg} \text{ [cm]} = \min\left\{\left(0{,}5 \cdot R_{s,k}(s_{sg}) \text{ [MN]} + 0{,}5\right);\right.$$
$$\left. 3{,}0 \text{ cm}\right\}$$
$$= \min\{0{,}5 \cdot 2{,}18 \text{ MN} + 0{,}5 \; ; \; 3{,}0 \text{ cm}\}$$
$$= \min\{1{,}59 \text{ cm} \; ; \; 3{,}0 \text{ cm}\} = 1{,}6 \text{ cm}$$

Der setzungsabhängige Spitzenwiderstand berechnet sich zu

$$R_{b,k}(s) = \pi \cdot (D_b/2)^2 \cdot q_{b,k}$$
$$= \pi \cdot (0{,}88 \text{ m}/2)^2 \cdot q_{b,k}$$
$$= 0{,}61 \text{ MN} \cdot q_{b,k}$$

wobei der flächenbezogene Spitzenwiderstand $q_{b,k}$ jeweils Tabelle 8 zu entnehmen ist. Die sich so ergebenden kennzeichnenden Berechnungswerte der Widerstands-Setzungs-Linie sind in Tabelle 9 zusammengefasst.

Die sich ergebene Widerstands-Setzungs-Linie ist in Bild 39 dargestellt. Zwischen den definierten bezogenen Pfahlkopfsetzungen kann der Verlauf der WSL linear angenommen werden.

Tabelle 9. Berechnungswerte der Widerstands-Setzungs-Linie

Pfahlkopfsetzung		Pfahlspitzen-widerstand		Mantelreibung		Gesamtwiderstand
s/D$_s$ bzw. s/D$_b$	s	q$_{b,k}$	R$_{b,k}$(s)	q$_{s,k}$	R$_{s,k}$(s)	R$_{c,k}$(s) = R$_{b,k}$(s) + R$_{s,k}$(s)
[–]	[cm]	[MN/m^2]	[MN]	[MN/m^2]	[MN]	[MN]
s$_{sg}$	1,6	–	0,57*	0,105	2,18	
0,02	1,8	1,05	0,64	0,105	2,18	2,82
0,03	2,6	1,35	0,82	0,105	2,18	3,00
0,10	8,8	3,00	1,83	0,105	2,18	4,01

* 0,57 MN = 0,64 MN / 1,8 cm · 1,6 cm

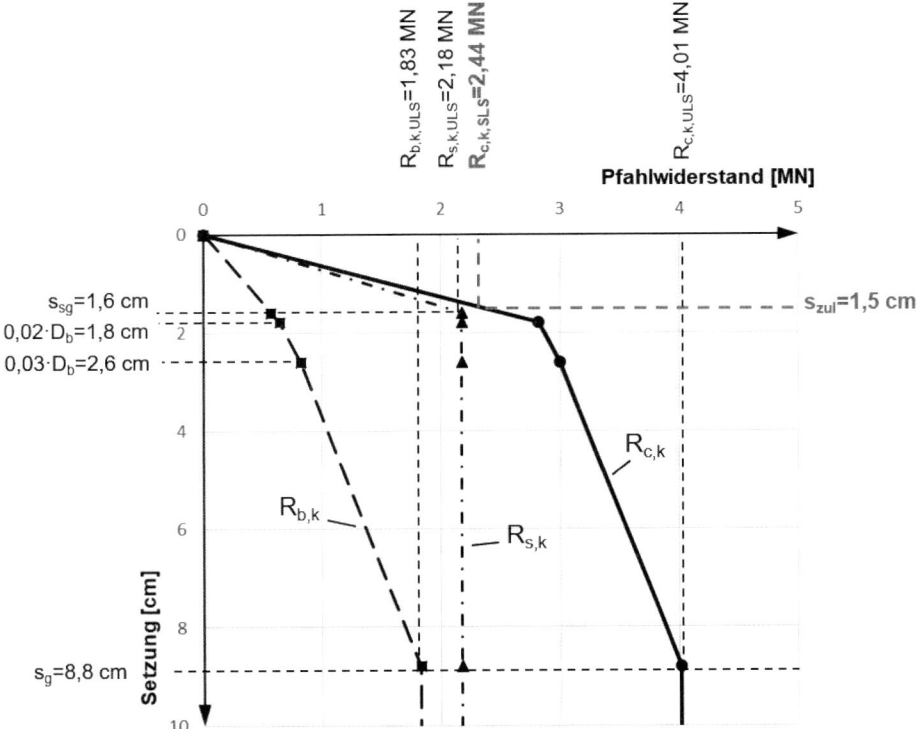

Bild 39. Widerstands-Setzungs-Linie für eine Pfahllänge von 14,5 m

Für die vom Tragwerksplaner vorgegebene maximal verträgliche Pfahlsetzung s$_{zul}$ = 1,5 cm ergibt sich der charakteristische Pfahlwiderstand aus der Widerstands-Setzungs-Linie durch Interpolation (vgl. Bild 39) zu

$$R_{c,k,SLS} (1,5 \text{ cm}) = R_{b,k} (1,5 \text{ cm}) + R_{s,k} (1,5 \text{ cm})$$
$$= 0,64 \text{ MN}/1,8 \text{ cm} \cdot 1,5 \text{ cm}$$
$$+ 2,03 \text{ MN}/1,6 \text{ cm} \cdot 1,5 \text{ cm}$$
$$= 2,44 \text{ MN}$$

Da für den Nachweis im SLS alle Teilsicherheitsbeiwerte zu 1,0 gesetzt werden, entspricht der charakteristische Pfahlwiderstand auch dem Bemessungswert.

Der Bemessungswert der Beanspruchungen entspricht ebenfalls den charakteristischen Beanspruchungen und beträgt $F_{c,k} = 2{,}00$ MN (s. o.). Somit gilt

$$F_{c,d} = 2{,}00 \text{ MN} < 2{,}44 \text{ MN} = R_{c,d}(1{,}5 \text{ cm})$$

Der Nachweis ist bei der aus dem Grenzzustand der Tragfähigkeit gewählten Pfahllänge damit erfüllt und das vorgegebene Setzungskriterium wird eingehalten.

5 Weitere Entwicklung des EC 7

Am 12. Dezember 2012 hat die Europäische Kommission das Mandat M/515 [14] erlassen, nach dem eine Überprüfung und gegebenenfalls Erweiterung aller Eurocodes des Bauwesens vorzunehmen ist. Das dafür zuständige Technische Komitee TC 250 des CEN hat dazu als Antwort ein 138 starkes Papier veröffentlicht, dem zu entnehmen ist, welche Prinzipien bei der Aufstellung der nächsten Generation der Eurocodes gelten sollen [15]. Die wesentlichen Vorgaben lassen sich wie folgt zusammenfassen:

- Reduction of Nationally Determined Parameters (NDPs):
  Es wird eine Reduzierung der national zu bestimmenden Parameter und der derzeit noch optionalen Nachweisverfahren angestrebt.
- Enhancing „Ease of Use":
  Es wird eine Verbesserung der Nutzerfreundlichkeit angestrebt
  • durch weitgehend einheitliche Gliederung aller Eurocodes,
  • durch Verbesserung der Lesbarkeit und
  • durch Straffung und Wegfall von Wiederholungen und erläuternden Lehrbuchtexten.
- Evolution instead of Revolution:
  Die bisher bewährten Regelungen der ECs sollten beibehalten werden und nicht durch völlig neue ersetzt werden.

Um die Erfahrungen der Nutzer der Eurocodes aus Europa bei der Neuregelung der Eurocodes einzubeziehen, wurden zunächst sogenannte Evolution Groups (EG) gebildet. Diese hatten die Aufgabe durch Abgleich der Erfahrungen aus den einzelnen Ländern und durch Erstellung von Vergleichsrechnungen, Anregungen und Vorgaben für die zukünftige Gestaltung der Eurocodes zu geben. Die EGs standen Experten aus ganz Europa offen. Im Bereich der Geotechnik, deren Belange durch das Subkomitee SC 7 wahrgenommen werden, hatten sich zu diesem Zweck insgesamt 15 EGs gebildet, in denen mit Ausnahme der Gruppe Seismic Design auch durchgehend Experten aus Deutschland beteiligt waren. Dabei wurden in den EGs auch Themen wie Bewehrte Erde, Felsmechanik und Baugrundverbesserung behandelt, die bisher keinen Eingang in den EC 7 gefunden hatten, zukünftig aber wohl aufgenommen werden.

Parallel zur Arbeit der EGs fand ein „Systematic Review" der bestehenden Eurocodes statt, in der einzelne Länder über ihre nationalen Normungsinstitute (bei uns das DIN) ihre Kritik und Einwendungen an den bestehenden Eurocodes formulieren konnten.

Im Zuge des „Systematic Reviews" zeichnete sich schon bald ab, dass der zukünftige EC 7 in drei statt bisher zwei Teile gegliedert sein wird. Die Baugrunduntersuchungen werden weiter in Teil 2 („Ground Investigations") behandelt, während der bisherige Teil 1 in einen Teil 1 mit „General Rules" und in einen Teil 3 mit „Geotechnical Structures" aufgeteilt wird. In Letzterem werden zukünftig die einzelnen geotechnischen Konstruktionen wie Flächengründungen, Pfahlgründungen etc. behandelt.

Entsprechend dieser Neugliederung wurden dann innerhalb des SC 7 drei Managementgruppen WG 1 bis WG 3 eingerichtet (Bild 40), die die Bearbeitung jeweils eines Teils des neu zu fassenden EC 7 leiten.

Außerdem wurden einzelne Aufgabenfelder (Tasks) definiert, die von sogenannten Task-Groups (TG) begleitet werden. Diese setzen sich zum Teil aus über dreißig Mitgliedern aus verschiedenen Ländern zusammen. Die Aufgabe der TGs besteht darin, Vorgaben für die sogenannten Project-Teams (PT) zu machen und deren Ergebnisse kritisch zu prüfen. In den PTs wird die eigentliche Erarbeitung der neuen Normentexte vorgenommen. Diese bestehen aus fünf bis sechs Mitgliedern aus unterschiedlichen Ländern Europas. Die Mitglieder eines PT erhalten von der jeweiligen WG einen offiziellen Auftrag, ihre Arbeit in einem vertraglich vorgegebenen Zeitrahmen und in einer definierten Qualität abzuschließen, wofür sie auch finanziell entlohnt werden. Vor der Ernennung und Beauftragung der Mitglieder der PTs mussten diese ein einheitliches Bewerbungsverfahren durchlaufen.

Die Installation der ersten beiden Projekt-Teams PT 1 und PT 2 erfolgte 2015 mit einjähriger Verzögerung. PT 3 bis PT 5 wurden im Lauf des Jahres 2017 eingerichtet und Ende 2017 war der das Project-Team PT 6 noch nicht besetzt. Durch diese Anfangsverzögerung hat sich das ursprünglich geplante Enddatum für die Neufassung des EC 7 verschoben. Derzeit ist angedacht, die endgültigen Textfassungen der drei Teile des EC 7 bis April 2020 vorzulegen. Danach schließen sich Prüf- und Einspruchsfrist sowie die Ausformulierung der nationalen Anhänge an. Mit einem abgestimmten neuen

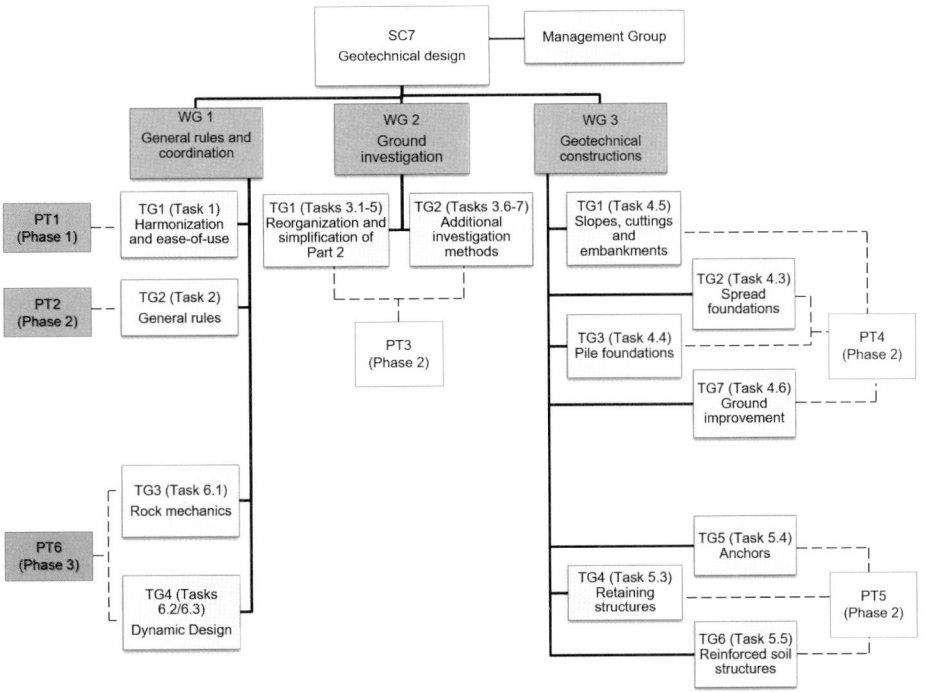

Bild 40. Neugliederung des EC 7 mit den installierten Task-Groups und Project-Teams

offiziell verabschiedeten Regelwerk ist daher nicht vor Mitte 2025 zu rechnen.

Im Frühjahr 2017 wurde der erste Entwurf des EC 7-1 vorgelegt. Entgegen den zuvor genannten Vorgaben des „Ease of Use" wurde ein umfangreiches neues Klassifizierungsschema vorgeschlagen, das eine Reihe zusätzlicher Faktoren wie z. B. „Consequent Classes" oder „Geotechnical Complexity Classes" vorsah, aus dem dann letztlich die Teilsicherheitsfaktoren abgeleitet werden. Begründet wurde diese Vorgehensweise mit den Vorgaben des EC 0, an den sich der EC 7 zukünftig stärker angleichen soll als bisher.

Die damit verbundene Verkomplizierung und Aufblähung des Normeninhalts führte nicht nur in Deutschland zu mannigfachen Einsprüchen. Hauptforderung war dabei, das Klassifizierungsschema, sofern es denn aus formalen Gründen beibehalten werden muss, zumindest in die informativen Anhänge zu verschieben und es dann den einzelnen Ländern freizustellen, inwieweit sie diesem System folgen.

Leider wurde diesem Vorschlag auch in dem vorgelegten zweiten Entwurf des EC 7-1 im Oktober 2017 nur partikulär gefolgt. Die Folge waren europaweit mehr als 2000 Einsprüche. Innerhalb Deutschlands wurden die Einsprüche über das DIN schwerpunktmäßig von Mitgliedern der Initiative Praxisgerechte Regelwerke im Bauwesen e. V. (PRB) [16] ausgearbeitet. Bei der PRB handelt es sich um einen Zusammenschluss verschiedener Ingenieur-, Bauindustrie- und Fachverbände, die sich aufgrund der allgemeinen Unzufriedenheit mit der bestehenden Normungssituation am 13.01.2011 zusammengefunden haben, um zukünftig pränormativ auf die kommenden Regelwerke Einfluss zu nehmen.

Die überarbeiteten Entwürfe des EC 7-1 und EC 7-3 sollen kurz nach Redaktionsschluss dieses Beitrags veröffentlicht werden. Man darf gespannt sein, inwieweit das neue Regelwerk die selbst gesteckten Vorgaben des „Ease of Use" beherzigt.

6 Literatur

[1] Schuppener, B., Eitner, V. (2005) Eurocode und DIN-Normen – Wie geht es weiter? In *Vorträge zum 12. Darmstädter Geotechnik Kolloquium am 17. März 2005*, Mitteilungen des Instituts und der Versuchsanstalt für Geotechnik der Technischen Universität Darmstadt, Heft Nr. 71.

[2] Handbuch Eurocode 7 (2011) *Geotechnische Bemessung, Band 1: Allgemeine Regeln*, 1. Auflage, Beuth Verlag, Berlin.

[3] Ruppert, F.-R. (2007) Bedeutung und Inhalt der Norm 420 „Geotechnische Untersuchungen für bautechnische Zwecke", Ausgabe September 2003, in *BAW-Kolloquium „Neue Normen in der Geotechnik"*, Leinschloss Hannover, 15. März 2007.

[4] Ziegler, M. Tafur, E. (2012) Kombinationsregeln in der Geotechnik – Chance oder Fluch, *Bautechnik* **89** (4), 221–228.

[5] Bundesanstalt für Wasserbau (2011) *Merkblatt „Standsicherheit von Dämmen an Bundeswasserstraßen" (MSD)*, BAW, Karlsruhe.

[6] Vogt, N. (2012) *Flächengründungen*, in Schuppener, B. (Hrsg.): Kommentar zum Normenhandbuch, Ernst & Sohn, Berlin.

[7] Grundbau-Taschenbuch (2018) Teil 3: *Gründungen und geotechnische Bauwerke*, 8. Auflage, Ernst & Sohn Verlag, Berlin.

[8] https://www.youtube.com/watch?v=tEmhI0SYCbw.

[9] https://www.youtube.com/watch?v=lepKlmbfI4Y.

[10] Winter, H. (1979) *Fließen von Tonböden. Eine Mathematische Theorie und ihre Anwendung auf den Fließwiderstand von Pfählen*, Veröffentlichungen des Instituts für Bodenmechanik und Felsmechanik, TH Karlsruhe, Heft 82.

[11] Simmer, K. (1992) *Grundbau 2, Baugruben und Gründungen*. B. G. Teubner, Stuttgart.

[12] Schiel, F. (1960) *Statik der Pfahlwerke*, Springer Verlag, Berlin.

[13] Ziegler, M. (2012) *Geotechnische Nachweise nach EC 7 und DIN 1054 – Einführung mit Beispielen*, 3. Auflage, Ernst & Sohn, Berlin.

[14] Mandate: http://eurocodes.jrc.ec.europa.eu/doc/mandate/m515_EN_Eurocodes.pdf.

[15] Response of TC 250 to M/515: http://www.eurocodes.fi/Koulutus%20ja%20tapahtumat/2013%20seminaari/M515_TC%20250%20answer+Annexes.pdf.

[16] http://www.initiative-prb.de/.

Normen

DIN 1054:2010-12 (2010) *Baugrund – Sicherheitsnachweise im Erd- und Grundbau – Ergänzende Regelungen zu DIN EN 1997-1*, Beuth, Berlin.

DIN 1054/A1:2012-08 (2012) *Baugrund – Sicherheitsnachweise im Erd- und Grundbau – Ergänzende Regelungen zu DIN EN 1997-1:2010*; Änderung A1:2012, Beuth, Berlin.

DIN 1054/A2:2015-11 (2015) *Baugrund – Sicherheitsnachweise im Erd- und Grundbau – Ergänzende Regelungen zu DIN EN 1997-1*; Änderung 2, Beuth, Berlin.

DIN EN 1536:2015-10 (2015) *Ausführung von Arbeiten im Spezialtiefbau – Bohrpfähle*; Deutsche Fassung EN 1536:2010+A1:2015, Beuth, Berlin.

DIN EN 1990:2010-12 (2010) *Eurocode: Grundlagen der Tragwerksplanung*; Deutsche Fassung EN 1990:2002 + A1:2005 + A1:2005/AC:2010, Beuth, Berlin.

DIN EN 1991-1-1:2010-12 (2010) *Eurocode 1: Einwirkungen auf Tragwerke – Teil 1-1: Allgemeine Einwirkungen auf Tragwerke – Wichten, Eigengewicht und Nutzlasten im Hochbau*; Deutsche Fassung EN 1991-1-1:2002 + AC:2009, Beuth, Berlin.

DIN EN 1992-1-1:2011-01 (2011) *Eurocode 2: Bemessung und Konstruktion von Stahlbeton- und Spannbetontragwerken – Teil 1-1: Allgemeine Bemessungsregeln und Regeln für den Hochbau*; Deutsche Fassung EN 1992-1-1:2004 + AC:2010, Beuth, Berlin.

DIN EN 1997-1:2009-09 (2009) *Eurocode 7: Entwurf, Berechnung und Bemessung in der Geotechnik – Teil 1: Allgemeine Regeln*; Deutsche Fassung EN 1997-1: 2004 + AC:2009, Beuth, Berlin.

DIN EN 1997-1/NA:2010-12 (2010) *Nationaler Anhang – National festgelegte Parameter – Eurocode 7: Entwurf, Berechnung und Bemessung in der Geotechnik – Teil 1: Allgemeine Regeln*, Beuth, Berlin.

DIN EN 1997-1:2014-03 (2014) *Eurocode 7: Entwurf, Berechnung und Bemessung in der Geotechnik – Teil 1: Allgemeine Regeln*; Deutsche Fassung EN 1997-1: 2004 + AC:2009 + A1:2013, Beuth, Berlin.

DIN EN 1997-2:2010-10 (2010) *Eurocode 7: Entwurf, Berechnung und Bemessung in der Geotechnik – Teil 2: Erkundung und Untersuchung des Baugrunds*; Deutsche Fassung EN 1997-2:2007 + AC:2010, Beuth, Berlin.

DIN EN 1998-5:2010-12 (2010) *Eurocode 8: Auslegung von Bauwerken gegen Erdbeben – Teil 5: Gründungen, Stützbauwerke und geotechnische Aspekte*; Deutsche Fassung EN 1998-5:2004, Beuth, Berlin.

DIN EN 1998-5/NA:2011-07 (2011) *Nationaler Anhang – National festgelegte Parameter – Eurocode 8: Auslegung von Bauwerken gegen Erdbeben – Teil 5: Gründungen, Stützbauwerke und geotechnische Aspekte*, Beuth, Berlin.

DIN 4017:2006-03 (2006) *Baugrund – Berechnung des Grundbruchwiderstands von Flächengründungen*, Beuth, Berlin.

DIN 4019:2015-05 (2015) *Baugrund – Setzungsberechnungen*, Beuth, Berlin.

DIN 4020:2010-12 (2010) *Geotechnische Untersuchungen für bautechnische Zwecke – Ergänzende Regelungen zu DIN EN 1997-2*, Beuth, Berlin.

DIN 4084:2009-01 (2009) *Baugrund – Geländebruchberechnungen*, Beuth, Berlin.

Literatur

DIN 4085:2017-08 (2017) *Baugrund – Berechnung des Erddrucks*, Beuth, Berlin.

DIN EN 12699:2015-07 (2015) *Ausführung von Arbeiten im Spezialtiefbau – Verdrängungspfähle; Deutsche Fassung EN 12699:2015*, Beuth, Berlin.

DIN EN 14199:2012-01 (2012) *Ausführung von besonderen geotechnischen Arbeiten (Spezialtiefbau) – Pfähle mit kleinen Durchmessern (Mikropfähle)*, Beuth, Berlin.

DIN EN 14199:2015-07 (2012) *Ausführung von Arbeiten im Spezialtiefbau – Mikropfähle; Deutsche Fassung EN 14199:2015*, Beuth, Berlin.

DIN SPEC 18539:2012-02 (2012) *Ergänzende Festlegungen zu DIN EN 14199:2012-01, Ausführung von besonderen geotechnischen Arbeiten (Spezialtiefbau) – Pfähle mit kleinen Durchmessern (Mikropfähle)*, Beuth, Berlin.

Empfehlungen

EAB (2006) *Empfehlungen des Arbeitskreises „Baugruben"* (Hrsg. Deutsche Gesellschaft für Geotechnik e. V. (DGGT)), 4. Auflage, Ernst & Sohn, Berlin.

EAB (2012) *Empfehlungen des Arbeitskreises „Baugruben"* (Hrsg. Deutsche Gesellschaft für Geotechnik e. V. (DGGT)), 5. Auflage, Ernst & Sohn, Berlin.

EA-Pfähle (2012) *Empfehlungen des Arbeitskreises „Pfähle"* (Hrsg. Deutsche Gesellschaft für Geotechnik e. V. (DGGT)), 2. Auflage, Ernst & Sohn, Berlin.

EBGEO (2010) *Empfehlungen für den Entwurf und die Berechnung von Erdkörpern mit Bewehrungen aus Geokunststoffen* (Hrsg. Deutsche Gesellschaft für Geotechnik e. V. (DGGT)), 2. Auflage, Ernst & Sohn, Berlin.

KELLER

Auf unsere Stärken bauen

Keller Grundbau GmbH
Kaiserleistraße 8
63067 Offenbach
Deutschland

Telefon +49 (0) 69 80 51-0
Telefax +49 (0) 69 80 51-221

info@kellergrundbau.com

Wir verwirklichen Lösungen für Ihre Baugrund-, Gründungs- und Grundwasserprobleme. Komplexe Grundbauaufgaben wickeln wir gerne ab und greifen dabei auf selbst entwickelte Verfahren und eine breite Palette moderner Technologien zurück.

Fragen Sie uns, wir beraten Sie gern!

www.kellergrundbau.de

III Kombinierte Pfahl-Plattengründungen und Sondergründungen im Hoch- und Ingenieurbau

Rolf Katzenbach, Darmstadt

Steffen Leppla, Darmstadt

1 Einleitung

Gemäß den geltenden technischen Regelwerken sind alle Arten von Gründungen von Hoch- und Ingenieurbauwerken hinsichtlich Standsicherheit und Gebrauchstauglichkeit zu untersuchen. Dies gilt insbesondere für Bauwerke, die eine ausgeprägte Baugrund-Tragwerk-Interaktion aufweisen. Die Basis der Untersuchungen, d. h. der Nachweisführung, bilden neben den bodenmechanischen Parametern des Baugrunds die theoretische Modellbildung der Baugrund-Tragwerk-Interaktion [1]. Der folgende Beitrag erläutert die Nachweisführung hinsichtlich Standsicherheit und Gebrauchstauglichkeit für besondere Gründungsarten. Hierzu zählen vor allem:

– Kombinierte Gründungen, wie z. B. Kombinierte Pfahl-Plattengründungen
– Sondergründungen, wie z. B. Senkkastengründungen

Die Entwicklung von Gründungssystemen in Abhängigkeit von der Höhe aufgehender Tragwerke kann anschaulich am Beispiel der Stadt Frankfurt am Main betrachtet werden, wo in den letzten Jahrzehnten eine Vielzahl von Hochhäusern im setzungsaktiven Frankfurter Ton gegründet wurden (Bild 1).

Neben der allgemeinen Nachweisführung zur Standsicherheit und Gebrauchstauglichkeit werden die Grundlagen wie die notwendige Baugrunderkundung und die technischen Regelwerke sowie die Maßnahmen zur Gewährleistung des 4-Augen-Prinzips beschrieben. Abschließend folgt die Betrachtung besonderer Aspekte von Gründungsbauwerken wie z. B. die Geothermie und die Wiedernutzung von Bestandsfundamenten.

Im Hinblick auf die Nachweisführung zur Standsicherheit und Gebrauchstauglichkeit anderer Gründungsarten, sei z. B. auf [2–4] verwiesen. Zu diesen anderen Gründungsarten gehören:

– Flach- und Flächengründungen, wie z. B. Streifenfundamente und Fundamentplatten,
– Tiefgründungen, wie z. B. Pfahlgründungen.

Mit der Einführung der Eurocodes nach einer über 30-jährigen Entwicklungsarbeit soll eine einheitliche Regelung der Nachweisführung in den Disziplinen des Bauingenieurwesens innerhalb Europas bestehen. Die Eurocodes basieren auf dem Prinzip des Teilsicherheitskonzeptes, das das Globalsicherheitskonzept ablöst. Für die Grundlagen zur Nachweisführung gemäß den Eurocodes im Bereich der Geotechnik wird ebenfalls z. B. auf [2–4] verwiesen.

2 Grundlagen

2.1 Baugrund-Tragwerk-Interaktion

Die Interaktion zwischen Baugrund und Tragwerk muss grundsätzlich bei jeder Baumaßnahme berücksichtigt und zutreffend modelliert werden, um die Standsicherheit und die Gebrauchstauglichkeit mit ausreichender Sicherheit zu gewährleisten. An der Schnittstelle zwischen Tragwerksplanung und Geotechnik kommt der sogenannten Baugrund-Tragwerk-Interaktion große Bedeutung zu [5].

Zur realitätsnahen Erfassung der i. d. R. dreidimensionalen, zeitvarianten Baugrund-Tragwerk-Interaktion sind folgende Aspekte zu berücksichtigen:

– Modellierung des Tragwerks und dessen mechanischen Verhaltens,
– Modellierung des Baugrunds und des mechanischen Verhaltens des Mehrphasenmediums Boden,
– Beschreibung des Kontaktverhaltens zwischen Boden und Bauwerk.

Zur Erfassung der Baugrund-Tragwerk-Interaktion bei der Dimensionierung der Bauwerksteile werden unterschiedliche, auf verschiedenen Modellbildungen basierende Näherungslösungen verwendet. Der Baugrund ist dabei nicht nur stützendes oder nur belastendes Element, sondern bildet zusammen mit den anderen Werkstoffen ein Verbundsystem. Häufig verursachen beim Nachweis der Tragfähigkeit die Einwirkungen aus dem Bauwerk den maßgebenden Grenzzustand, während beim Nachweis der Gebrauchstauglichkeit Setzungsdifferenzen im Baugrund den Grenzzustand im Tragwerk darstellen.

Da der Baugrund Teil des statischen Systems ist, aber aufgrund seines Eigengewichts auch zur Beanspruchung des Bauwerks werden kann, werden zwei Typen von Bauwerken unterschieden:

– Gründungen (Flach- und Flächengründungen, Tiefgründungen etc.), die vom Baugrund gestützt werden,
– Stützbauwerke (Baugrubenverbaukonstruktionen, Stützwände, Tunnelwände etc.), die den Baugrund stützen.

Bei den Nachweisen der Tragfähigkeit und der Gebrauchstauglichkeit ist das Materialverhalten von Baugrund und Tragwerk zu berücksichtigen. Oft werden hierzu elastoplastische, vom Beanspruchungsniveau und der Einwirkungsgeschwindigkeit abhängige, nichtlineare Stoffgesetze verwendet.

Beton-Kalender 2019: Parkbauten; Geotechnik und Eurocode 7.
Herausgegeben von Konrad Bergmeister, Frank Fingerloos und Johann-Dietrich Wörner
© 2019 Ernst & Sohn GmbH & Co. KG. Published 2018 by Ernst & Sohn GmbH & Co. KG.

Kombinierte Pfahl-Plattengründungen und Sondergründungen

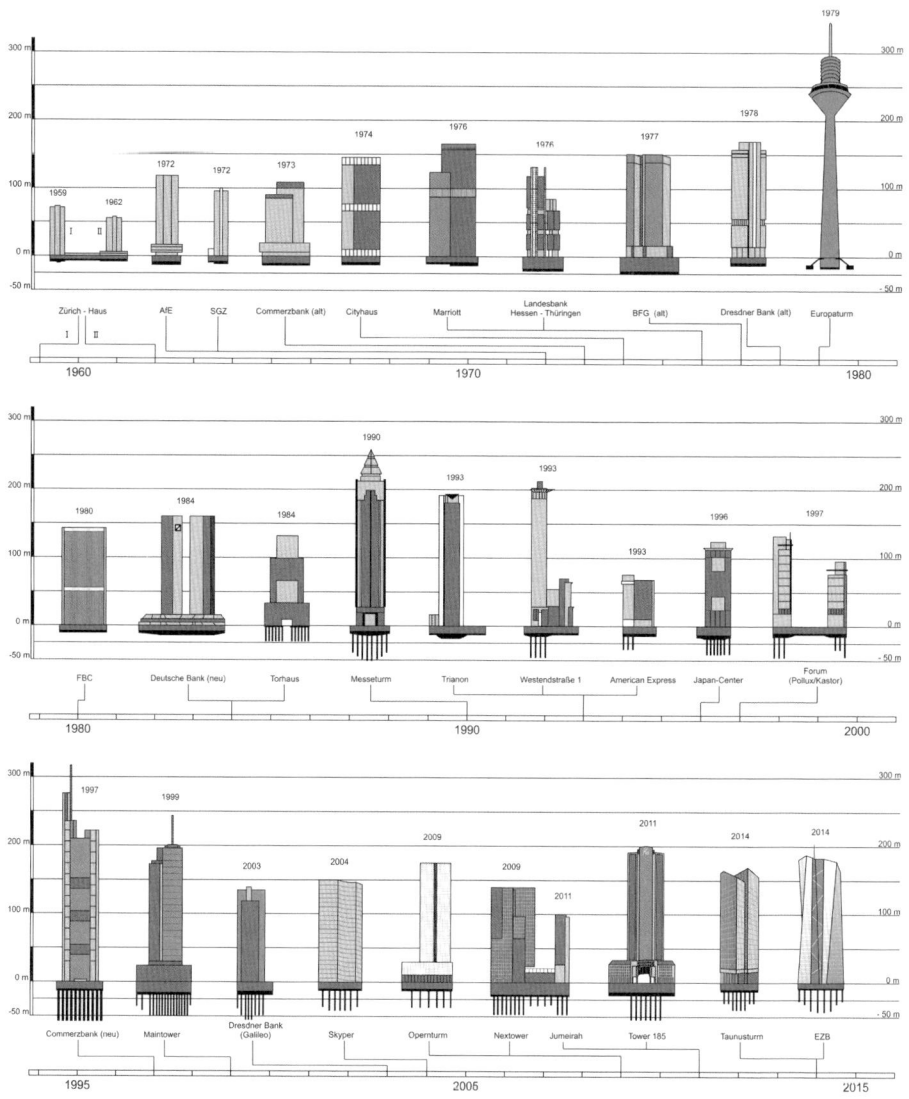

Bild 1. Entwicklung der Hochhäuser in Frankfurt am Main

Darüber hinaus ist die Zeitabhängigkeit der Baugrund-Tragwerk-Interaktion zu erfassen [6–9]. Sie entsteht durch:

- sukzessive Struktur- und Laständerung,
- Steifigkeitsänderung,
- Schwerpunktverlagerung,
- sukzessiven Aushub oder Abbruch,
- sukzessiven Ein-, Um- oder Ausbau von Sicherungsmitteln,
- Änderungen im Materialerhalten (Kriechen, Schwinden, Konsolidierung).

Hierdurch entstehen während des Bauablaufs sich verändernde statische Systeme. Beispielhaft werden in Bild 2 für eine Baumaßnahme die qualitativen

Wir gehen Gebäuden auf den Grund – von Grund auf sicher.

Das ERKA-Segmentpfahlsystem ist ein sehr flexibles Pfahlsystem zur nachträglichen Herstellung von Gründungspfählen. Wir stehen Ihnen in weiten Bereichen des Spezialtiefbaus zur Seite. Wir bieten u.a.

- Nachgründungen/Gründungssanierungen
- verformungsarme Unterfangungen
- Lösungen beim Heben oder Senken von Bauwerken
- Horizontieren von großen und kleinen Bauwerken sowie Bauwerksverschiebungen

Hermann-Hollerith-Straße 7 • 52499 Baesweiler
Tel. 02401 9180-0 • Fax 02401 88476
info@erkapfahl.de • www.erkapfahl.de

ERKAPFAHL
GMBH
SPEZIALTIEFBAU

E&S Dictionary

Ernst & Sohn
A Wiley Brand

Das kostenlose online Fachwörterbuch
für Bauwesen und Architektur

concussion
Anschlussbewehrung
Biegedrillknicken
Schalung
Young's modulus
anchorage

www.ernst-und-sohn.de/es-dictionary

Bautechnik. Materialunabhängig.
Fachübergreifend. Konstruktiv.

Die Diskussionsplattform für den gesamten Ingenieurbau. Aktuelle und zukunftweisende Themenschwerpunkte, wissenschaftliche Erstveröffentlichungen kombiniert mit Beträgen aus der Baupraxis, ein übersichtliches Layout: dieses Konzept macht **Bautechnik** zu einer der erfolgreichsten Fachzeitschriften für den Ingenieurbau – seit 90 Jahren!

Hrsg.: Ernst & Sohn
Bautechnik
Zeitschrift für den
gesamten Ingenieurbau
94. Jahrgang 2017.
12 Hefte / Jahr
Impact-Faktor 2015: 0,311
ISSN 0932-8351 print
ISSN 1437-0999 online
Auch als **e** journal erhältlich.

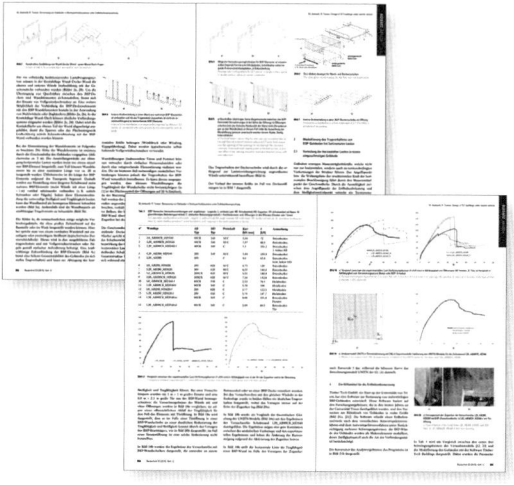

Weitere Zeitschriften:

- Stahlbau
- UnternehmerBrief Bauwirtschaft
- geotechnik

Probeheft bestellen:
www.ernst-und-sohn.de/Bautechnik

Ernst & Sohn
Verlag für Architektur und technische
Wissenschaften GmbH & Co. KG

Kundenservice: Wiley-VCH
Boschstraße 12
D-69469 Weinheim

Tel. +49 (0)800 1800-536
Fax +49 (0)6201 606-184
cs-germany@wiley.com

1024106_d

Grundlagen | 235

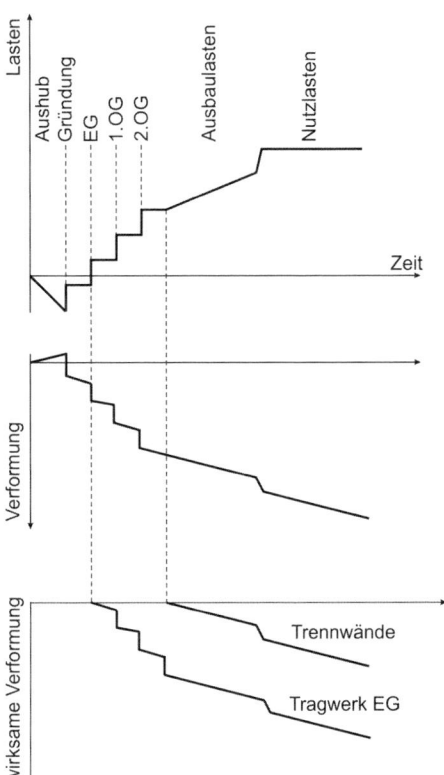

Bild 2. Belastungen und Verformungen während der Bauzeit [1, 3, 5]

Verformungen und Belastungen in der Baugrubensohle sowie die daraus resultierenden Verformungen von Bauwerksteilen, die zu unterschiedlichen Zeitpunkten errichtet werden, dargestellt [1, 3, 5].

2.2 Baugrunderkundung gemäß Eurocode 7 (EC 7)

Mit der Einführung des Eurocode 7 (EC 7) [10, 11] wurden auch die grundlegenden Regelungen zur Baugrunderkundung europaweit harmonisiert und in [12, 13] und [14] für Deutschland umgesetzt und in [15] zusammengefasst.

Die ausreichende Kenntnis über die Baugrund- und Grundwassersituation ist entscheidend für eine sichere, aber auch wirtschaftliche Dimensionierung von Gründungssystemen. Die Schwierigkeit besteht darin, dass sogar bei einer sehr umfangreichen Baugrunderkundung weniger als 0,1‰ des durch die Baumaßnahme beeinflussten Bodenvolumens direkt aufgeschlossen wird (Bild 3) [16, 17].

Die Interpretation und Bewertung der Erkundungsergebnisse kann durchaus unterschiedlich sein, wie exemplarisch an zwei direkten Baugrundaufschlüssen, wie z. B. Kernbohrungen, in Bild 4 gezeigt wird. Die Stratigraphie zwischen den beiden Aufschlüssen kann entweder eine durchgehende Schichtgrenze oder eine Schichtgrenze mit Verwerfung sein.

2.2.1 Baugrunderkundungsprogramm

Ein an den Schwierigkeitsgrad, das heißt an die Einteilung in eine Geotechnische Kategorie angepasstes Baugrunderkundungsprogramm besteht aus unterschiedlichen, aufeinander abgestimmten Erkundungsmaßnahmen in situ auf dem Projektareal und im geotechnischen Labor (Bild 5) [18].

Bei Baumaßnahmen der Geotechnischen Kategorien GK 2 und GK 3 ist ein Sachverständiger für Geotechnik einzuschalten. Im Hinblick auf die Einteilung von Baumaßnahmen in die Geotechnischen Kategorien GK 1 bis GK 3 sei auf [2] verwiesen.

Die Erkundung in situ wird in eine direkte und eine indirekte Erkundung unterteilt. Direkte Erkundungen sind z. B. Schürfe, Kernbohrungen und Feldversuche. Indirekte Erkundungen sind z. B. Ramm- und Drucksondierungen sowie geophysikalische Messmethoden. Die Erkundung im Labor erfolgt durch Versuche zur Bestimmung der boden- bzw. felsmechanischen Parameter.

Ein Baugrunderkundungsprogramm besteht i. d. R. aus drei Teilen:

– Voruntersuchungen für Lage und Vorentwurf,
– Hauptuntersuchungen,
– Kontrolluntersuchungen und baubegleitende Messungen.

Die Voruntersuchungen dienen der Prüfung des geplanten Projektstandorts in einer frühen Planungsphase. Vorhandene Informationen über die Baugrund- und Grundwasserverhältnisse werden erfasst und durch zusätzliche Erkundungen in einem groben Raster ergänzt.

Die Hauptuntersuchungen stellen die Basis für die vertiefte Planung, die Bemessung, die Ausschreibung und die Bauausführung dar. Hierzu wird ein an den Schwierigkeitsgrad angepasstes Erkundungsprogramm bestehend aus direkten und indirekten Aufschlüssen sowie Labor- und Feldversuchen mit entsprechendem Erkundungsraster durchgeführt.

Die Kontrolluntersuchungen und baubegleitenden Messungen erfolgen während der Bauausführung. Sie werden notwendig, wenn unvorhersehbare Baugrundeigenschaften erwartet oder sogar detektiert

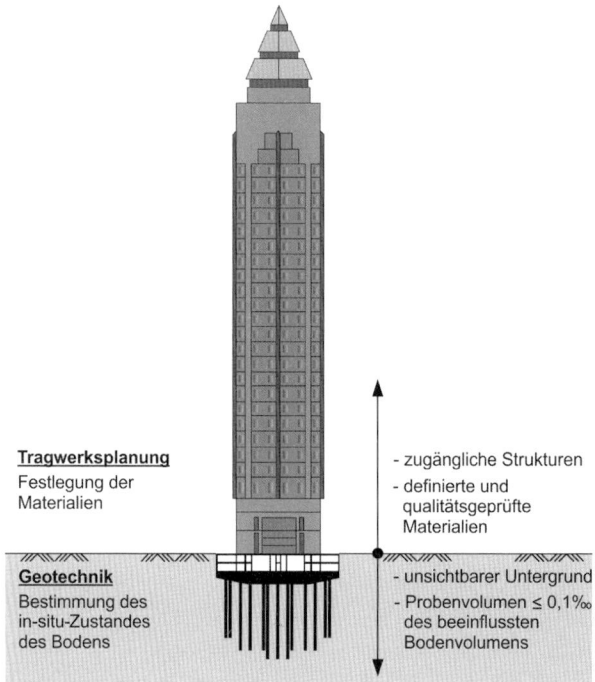

Bild 3. Bestimmung der Materialparameter im Hochbau und in der Geotechnik

werden und dienen der Verifizierung der Hauptuntersuchungen.

Weitere Ausführungen zu Art und Umfang einer adäquaten Baugrunderkundung sind in [19] enthalten.

2.2.2 Umfang der Baugrunderkundung bei Gründungen

Der Umfang der Baugrunderkundung bei Gründungen wird im Wesentlichen durch das Erkundungsraster und die Erkundungstiefe bestimmt und ist abhängig von der Baumaßnahme, dem Gründungssystem und der erwarteten Stratigraphie. Tabelle 1 zeigt das Erkundungsraster unterschiedlicher Baumaßnahmen gemäß EC 7.

Die Tiefe der Baugrunderkundung ist nicht nur von der Baumaßnahme und der erwarteten Stratigraphie abhängig, sondern auch von dem Gründungssystem mit seinen geometrischen Abmessungen.

Tabelle 1. Erkundungsraster in Abhängigkeit von der Baumaßnahme

Bauwerk	Horizontaler Abstand
Hoch- und Industriebauten	Rasterabstand von 15 m bis 40 m
Großflächige Bauwerke (Lagerhallen, etc.)	Rasterabstand max. 60 m
Linienbauwerke (Straßen, Eisenbahnen, Tunnel, etc.)	Rasterabstand von 20 m bis 200 m
Sonderbauwerke (Brücken, Schornsteine, etc.)	2 bis 6 Aufschlüsse je Fundament
Staudämme, Wehre etc.	Rasterabstand von 25 m bis 75 m
Große Wasserrückhaltebecken, Stauanlagen etc.	Rasterabstand von 25 bis 50 m

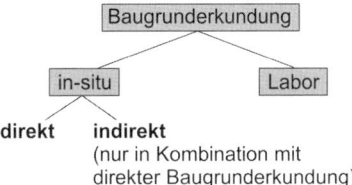

Bild 5. Baugrunderkundung

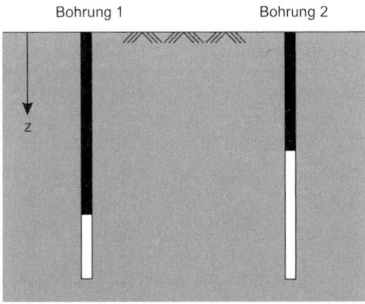

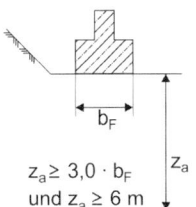

$z_a \geq 3{,}0 \cdot b_F$
und $z_a \geq 6$ m

Bild 6. Erkundungstiefe für Streifen- und Einzelfundamente

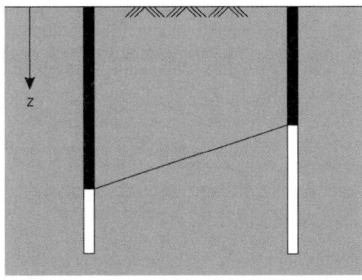

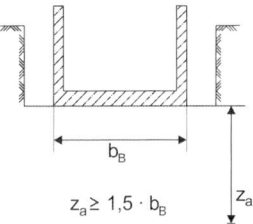

$z_a \geq 1{,}5 \cdot b_B$

Bild 7. Erkundungstiefe für Flächengründungen

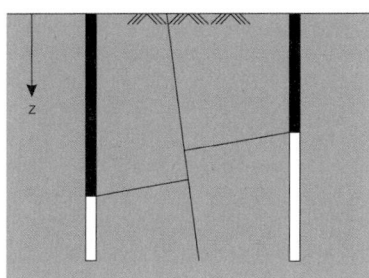

Bild 4. Beispiel des Ergebnisses einer Baugrunderkundung (oben) und der möglichen Interpretation (Mitte und unten)

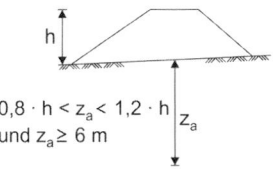

$0{,}8 \cdot h < z_a < 1{,}2 \cdot h$
und $z_a \geq 6$ m

Bild 8. Erkundungstiefe bei Dämmen

Die Erkundungstiefe z_a in [m] von Flach- und Flächengründungen ist in den Bildern 6 und 7 dargestellt. Sie ist abhängig von der kleineren Bauwerksseitenlänge b_F bzw. b_B. Die Tiefe der Baugrunderkundung bei Dämmen ist abhängig von der Höhe h in [m] (Bild 8). Die Erkundungstiefe bei Tiefgründungen ist Abhängig vom Durchmesser des Pfahlfußes bzw. von der Breite b_g der Kontur der Pfahlgruppe oder einer KPP (Bild 9).

2.2.3 Umfang der Baugrunderkundung bei Baugruben

Der Umfang der Baugrunderkundung bei Baugruben wird im Wesentlichen durch die Baugrubentiefe h in [m] und die Einbindetiefe der Verbaukonstruktion t in [m] bestimmt und ist abhängig von der Baumaßnahme und der erwarteten Stratigraphie. Dabei werden zwei Fälle unterschieden, die in den Bildern 10 und 11 dargestellt sind:

– Grundwasser unterhalb der Baugrubensohle,
– Grundwasser oberhalb.

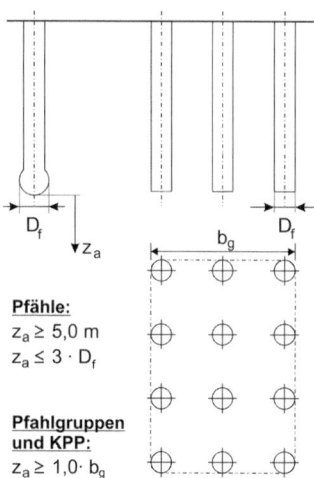

Pfähle:
$z_a \geq 5{,}0 \text{ m}$
$z_a \leq 3 \cdot D_f$

Pfahlgruppen und KPP:
$z_a \geq 1{,}0 \cdot b_g$

Bild 9. Erkundungstiefe bei Pfahlgruppen oder Kombinierten Pfahl-Plattengründungen (KPPs)

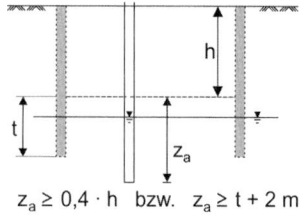

$z_a \geq 0{,}4 \cdot h$ bzw. $z_a \geq t + 2 \text{ m}$

Bild 10. Erkundungstiefe bei Baugruben mit Grundwasser unterhalb der Baugrubensohle

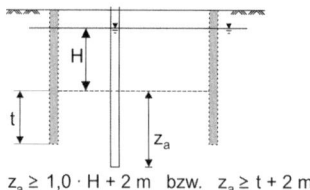

$z_a \geq 1{,}0 \cdot H + 2 \text{ m}$ bzw. $z_a \geq t + 2 \text{ m}$

Wenn kein Grundwasserstauer gefunden wurde:
$z_a \geq t + 5 \text{ m}$

Bild 11. Erkundungstiefe bei Baugruben mit Grundwasser oberhalb der Baugrubensohle

2.3 Vier-Augen-Prinzip

Die großen Schadensfälle in Wirtschaft und Bauindustrie haben in den letzten Jahren gezeigt, dass eine unabhängige, der Sicherheit von Menschen dienende Überwachung und eine Begleitung von Planung und Ausführung von Baumaßnahmen unerlässlich ist. Zur Gewährleistung der öffentlichen Sicherheit und Ordnung ist das Vier-Augen-Prinzip bei der Überprüfung von bautechnischen Nachweisen durch den Prüfingenieur ein elementarer Bestandteil [20, 21]. Die Arbeitsgemeinschaft der für Städtebau, Bau- und Wohnungswesen zuständigen Minister und Senatoren der Länder der Bundesrepublik Deutschland hat das Vier-Augen-Prinzip in der Musterbauordnung (MBO) [22] verankert und zur detaillierteren Beschreibung die „Muster-Verordnung über die Prüfingenieure und Prüfsachverständigen nach § 85 Abs. 2 MBO (M-PPVO)" [23] erstellt. Hierin werden u. a. Anerkennung und Tätigkeit von Prüfingenieuren und Prüfsachverständigen folgender Fachbereiche geregelt:

– Standsicherheit,
– Brandschutz,
– technische Anlagen und Einrichtungen,
– Erd- und Grundbau.

In ihrem jeweiligen Fachgebiet prüfen und bescheinigen Prüfsachverständige unabhängig die Einhaltung bauordnungsrechtlicher Anforderungen. Prüfsachverständige für Erd- und Grundbau bescheinigen nach § 36 der M-PPVO die Vollständigkeit und Richtigkeit der Angaben über den Baugrund (Schichtung, Bodenparameter, Grundwasserverhältnisse, Tragfähigkeit etc.) und die Festlegungen zur Gründung baulicher Anlagen bzw. Sicherung von Geländesprüngen.

Die Bedeutung des Vier-Augen-Prinzips hinsichtlich der Geotechnik wird auch in [24] deutlich: Alle baulichen und umwelttechnischen Maßnahmen haben mit Boden und Fels als Baugrund, Baustoff und/oder Rohstoff zu tun und erfordern eine zutreffende Beschreibung, Bewertung und Handhabung in Planung, Bauausführung und Überwachung. In [25] wird die Bedeutung des Vier-Augen-Prinzips anhand von Fallbeispielen aus der geotechnischen Ingenieurpraxis gezeigt. Ein konkretes Beispiel aus der geotechnischen Ingenieurpraxis mit direktem Bezug zu einer Hochhausgründung mit einer Kombinierten Pfahl-Plattengründung (KPP) wird in Abschnitt 3.9 erläutert.

Das Vier-Augen-Prinzip im Bauwesen besteht aus drei wesentlichen Teilen und ist in Bild 12 dargestellt. Bauherren, Sachverständige für Planung und Bemessung sowie die Bauausführenden gehören zum ersten Teil. Planung und Bemessung basieren auf den geltenden technischen Regelwerken und

Grundlagen 239

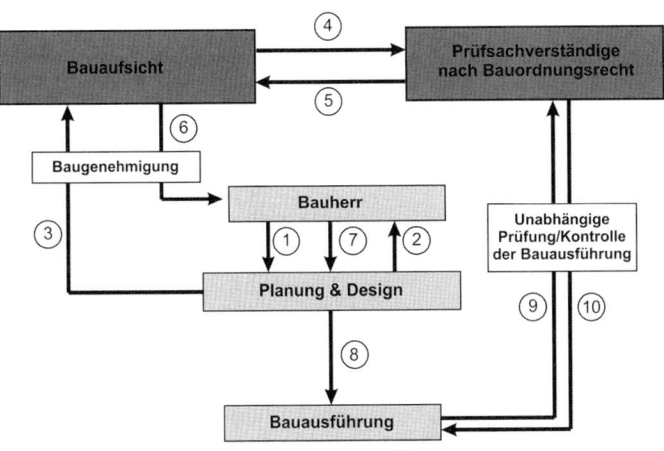

① Beauftragung
② Übergabe der Planung / des Designs
③ Antrag zur Baugenehmigung
④ Beauftragung von Prüfsachverständigen
⑤ Ergebnis der Prüfung
⑥ Erteilung der Baugenehmigung
⑦ Weitergabe der Baugenehmigung
⑧ Unterlagen zur Bauausführung
⑨ Mitteilung zu Beginn der Bauausführung
⑩ Durchführung der unabhängigen Kontrolle

Bild 12. Vier-Augen-Prinzip

sind Bestandteil des Bauantrags. Die Bauaufsichtsbehörden bilden den zweiten Teil und prüfen unabhängig die Einhaltung der bauordnungsrechtlichen Belange. Den dritten Teil bilden die Prüfingenieure und Prüfsachverständigen. Sie sind verantwortlich für die unabhängige Prüfung der bautechnischen Belange in der Planungsphase und auch während der Bauausführung.

2.4 Beobachtungsmethode

Seit rund 10 Jahren ist die Beobachtungsmethode eine bauaufsichtlich eingeführte Nachweisprozedur im geotechnischen Normenwerk. Damit wird berücksichtigt, dass die Eigenschaften des Baugrunds nicht mit der gleichen Zuverlässigkeit ermittelt und in Berechnungsmodellen beschrieben werden können, wie andere Baumaterialien wie z. B. Beton oder Stahl, und dass bei der Bauausführung Abweichungen zwischen den modelltheoretischen, boden- und felsmechanischen Planungsvorgaben und den tatsächlichen Baugrund- und Grundwasserverhältnissen auftreten können [26, 27]. Dies ist sowohl bautechnisch als auch baurechtlich von Bedeutung [28].

Die Beobachtungsmethode ist eine Kombination der geotechnischen Untersuchungen und Berechnungen mit einer messtechnischen Kontrolle während der Herstellung und ggf. auch während der Nutzung eines Bauwerkes, wobei kritische Situationen durch die Anwendung geeigneter technischer Maßnahmen beherrscht werden müssen. Die Beobachtungsmethode ist ein scharfes Kontrollverfahren zur Überprüfung der boden- und felsmechanischen Modellbildung sowie der Qualität und Sicherheit bei der Bauausführung (Bild 13).

Die Anwendung der Beobachtungsmethode führt methodisch zur Überprüfung der Brauchbarkeit und Validierung der Modellbildung und zur Qualitätssicherung der Bauausführung, was projektspezifisch beim Auftreten nicht erwarteter Messdaten zu nicht unerheblichen Diskursen zwischen den Projektbeteiligten im Zuge der Ursachenanalyse führen kann.

Nach den geltenden technischen Regelwerken [30–33], [12, 13] und [14] ist die Beobachtungsmethode bei Baumaßnahmen mit hohem Schwierigkeitsgrad (Geotechnische Kategorie GK 3) Stand der Technik. Diese Baumaßnahmen können sein:

– Baumaßnahmen mit ausgeprägter Baugrund-Tragwerk-Interaktion, z. B. Hochhäuser, Mischgründungen, Gründungsplatten, Kombinierte Pfahl-Plattengründungen (KPP), tiefe Baugruben;

– Komplexe Wechselwirkungssysteme bestehend aus Baugrund, Baugrubenkonstruktion und angrenzender Bebauung;

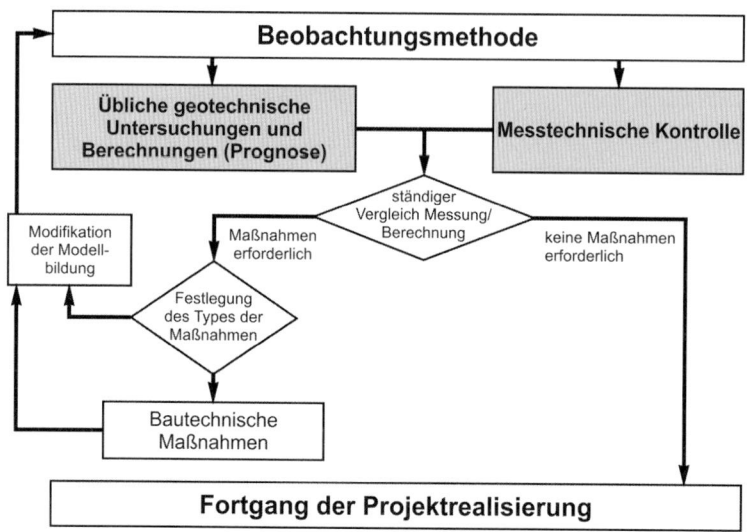

Bild 13. Beobachtungsmethode [29]

- Bauwerke mit erheblicher und veränderlicher Wasserdruckeinwirkung, z. B. Trogbauwerke oder Ufereinfassungen im Tidegebiet;
- Baumaßnahmen, bei denen Porenwasserdrücke die Standsicherheit herabsetzen können;
- Tunnel;
- Staudämme.

Zu den Anwendungsgrenzen der Beobachtungsmethode führt [32] im Hinblick auf die Problematik Sprödbruch bzw. Duktilität aus: „Wenn das Versagen vorab nicht erkennbar ist bzw. sich nicht rechtzeitig ankündigt, dann ist die Beobachtungsmethode als Sicherheitsnachweis nicht anwendbar." Es muss ausdrücklich darauf hingewiesen werden, dass die Beobachtungsmethode als alleiniges Element des Nachweises der Standsicherheit und Gebrauchstauglichkeit nicht ausreichend und auch nicht zulässig ist. Sie ist per definitionem eine Kombination der geotechnischen Untersuchungen einschließlich Berechnungen und messtechnischer Kontrolle, die auch als Monitoring bezeichnet wird [26].

Weitere Informationen zu den Grundlagen der Beobachtungsmethode, der Voraussetzungen und Grenzen der Anwendung sowie zur Umsetzung in die Ingenieurpraxis finden sich in [34–36].

3 Kombinierte Pfahl-Plattengründung

Die Kombinierte Pfahl-Plattengründung (KPP) ist eine Sonderform der Tiefgründungen. Eine KPP ist ein hybrides Gründungssystem, das die Tragwirkung einer Fundamentplatte und von Pfählen oder Schlitzwandelementen (sog. Barette) miteinander kombiniert. Eine KPP ist ein in technischer aber auch in wirtschaftlicher Hinsicht optimiertes Gründungssystem, das sowohl für klassische Hochbauten, wie z. B. Hochhäuser, aber auch für Ingenieurbauwerke, wie z. B. Brücken, Anwendung findet.

Für den Bereich der KPPs gelten grundsätzlich die gleichen technischen Regelwerke wie für klassische Pfahlgründungen einschließlich [37]. Ein zusätzliches, die Besonderheiten einer KPP erfassendes Regelwerk ist die KPP-Richtlinie, die in [3] (englisch) und [38] (deutsch) enthalten ist. Die KPP-Richtlinie ist inzwischen auch international gültig und mit [39] von der International Society of Soil Mechanics and Geotechnical Engineering (ISSMGE) weltweit bekannt gegeben.

Aufgrund der Komplexität des Trag- und Verformungsverhaltens, das in der Interaktion zwischen den einzelnen Gründungselementen und dem Baugrund begründet liegt, sind KPPs grundsätzlich in die Geotechnische Kategorie GK 3 einzuordnen. Sie sind nicht nur von einem Prüfingenieur für Baustatik, sondern auch von einem nach Bauordnungsrecht anerkannten Prüfsachverständigen für Erd- und Grundbau zu prüfen [38].

Die Vorteile einer KPP gegenüber einer konventionellen Flachgründung und einer klassischen Pfahlgründung können wie folgt zusammengefasst werden:

- Reduktion von Setzungen und Setzungsdifferenzen,
- Erhöhung der Tragfähigkeit von Flachgründungen,
- Verringerung der Biegebeanspruchung der Fundamentplatte,
- Einsparung von Pfahlmassen (30% bis 50%) [40].

3.1 Trag- und Verformungsverhalten

Durch Messdaten, die bei Flachgründungen von schweren Hochhäusern, z. B. in Frankfurt am Main, gewonnen wurden, ist bekannt, dass etwa 60% bis 80% der Setzungen im oberen Drittel der Einflusstiefe entstehen (Bild 14) [41]. Eine KPP transferiert mit ihren Pfählen einen Teil der großen setzungserzeugenden Spannungen aus dem Bereich mit kleiner Steifigkeit des Baugrunds unterhalb der Fundamentplatte in tiefer liegende, steifere Bereiche des Baugrunds, ohne dabei die Tragwirkung der Fundamentplatte zu ignorieren.

Nach [37] darf eine KPP als geotechnische Verbundkonstruktion bezeichnet werden, die aus folgenden, gemeinsam wirkenden Tragelementen besteht:

- Pfähle,
- Fundamentplatte,
- Baugrund.

Das Trag- und Verformungsverhalten wird durch die Interaktion zwischen den Tragelementen und dem Baugrund bestimmt. Die einzelnen Interaktionen zeigt Bild 15.

Aufgrund der Steifigkeit der Fundamentplatte werden die gesamten Lasten $F_{tot,k}$ aus dem aufgehenden Bauwerk auf die Pfähle und auf den Baugrund abgegeben. Wie bei einer klassischen Pfahlgründung auch, ist der mobilisierte Widerstand einer KPP abhängig von der Setzung s. Die Sohlspannung $\sigma(x,y)$ unter der Fundamentplatte ergibt aufintegriert den Widerstand $R_{raft,k}(s)$. Die Gründungspfähle haben am Gesamtwiderstand $R_{tot,k}(s)$ den Anteil $\Sigma R_{pile,k,i}(s)$ (Gl. 1). Mit Gl. (2) kann der Widerstand eines einzelnen Gründungspfahls i bestimmt werden. Er besteht aus dem Mantelwiderstand $R_{s,k,i}(s)$ und dem Pfahlfußwiderstand $R_{b,k,i}(s)$. Der Mantelwiderstand $R_{s,k,i}(s)$ ist die aufintegrierte Mantelreibung $q_{s,k}(s,z)$, die sowohl von der Setzung s als auch von der Tiefe z abhängt.

$$R_{tot,k}(s) = \sum_{i=1}^{n} R_{pile,k,i}(s) + R_{raft,k}(s) \quad (1)$$

$$R_{pile,k,i}(s) = R_{b,k,i}(s) + R_{s,k,i}(s)$$
$$= q_{b,k,i} \cdot \frac{\pi \cdot D^2}{4}$$
$$+ \int q_{s,k,i}(s,z) \cdot \pi \cdot D \cdot dz \quad (2)$$

Die Tragwirkung einer KPP kann durch den Pfahlplattenkoeffizienten α_{KPP} beschrieben werden. Er gibt das Verhältnis zwischen dem Widerstand der Pfähle und dem Gesamtwiderstand an (Gl. 3).

$$\alpha_{KPP} = \frac{\Sigma R_{pile,k,i}(s)}{R_{tot,k}(s)} \quad (3)$$

Der Pfahlplattenkoeffizient liegt zwischen 0 und 1. Beträgt $\alpha_{KPP} = 0$, so wird die gesamte Bauwerkslast $F_{tot,k}$ von der Fundamentplatte abgetragen. Beträgt $\alpha_{KPP} = 1$, so wird die gesamte Bauwerkslast $F_{tot,k}$ von den Pfählen abgetragen. Nach [38] wurden bisher KPPs realisiert, die einen Pfahlplattenkoeffizienten α_{KPP} zwischen 0,3 und 0,9 haben. Der Bereich zwischen 0,5 und 0,7 kann als technisch und wirtschaftlich am günstigsten angesehen werden.

Das Trag- und Verformungsverhalten einer KPP hängt vom im Baugrund herrschenden Spannungszustand ab. Die Größe der mobilisierbaren Mantelreibung der Pfähle wird durch den effektiven horizontalen Spannungen bestimmt. Das Tragverhalten eines einzelnen Pfahls hängt vom Primärspannungszustand und den während und nach der Herstellung erzeugten Spannungsänderungen ab. Das

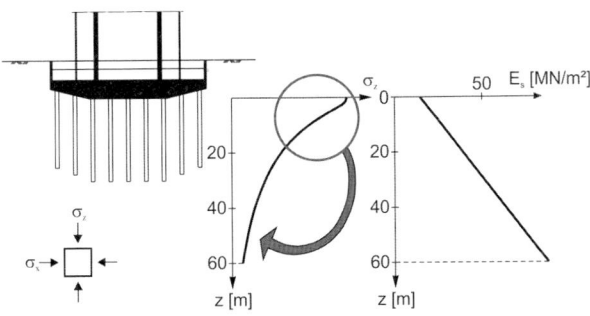

Bild 14. Lasttransfer einer KPP

Kombinierte Pfahl-Plattengründungen und Sondergründungen

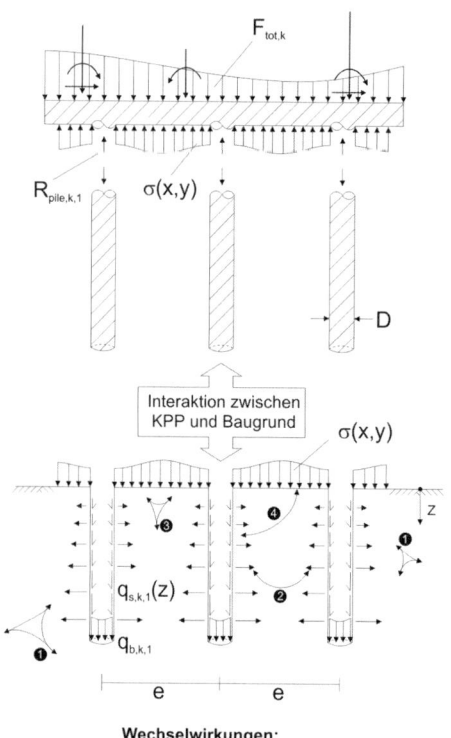

Bild 15. Interaktionen einer KPP

zustand der KPP. Der Pfahlplattenkoeffizient α_{KPP} ist keine konstante Größe.

Bei einem geringen Verhältnis e/D bzw. großer Pfahlanzahl n bleibt die prozentuale Lastaufteilung zwischen Pfählen und Fundamentplatte auch bei mehrfacher Gebrauchslast nahezu gleich. Der auf die Pfähle entfallende Lastanteil kann bei steigendem Lastniveau noch leicht anwachsen.

Bei einem größeren Verhältnis e/D nimmt mit zunehmendem Lastniveau und damit steigenden Setzungen der von der Fundamentplatte aufgenommene Lastanteil zu, während der Lastanteil der Pfähle sinkt. Der Grund liegt im unterschiedlichen Tragverhalten der Pfähle bei kleinen und großen Abständen e.

Je kleiner der Abstand e der Pfähle einer KKP wird, desto größer wird die Abweichung des Pfahltragverhaltens eines einzelnen Pfahls. Der Pfahl einer KPP ist ab einem Verhältnis von e/D = 3 wesentlich von der Position innerhalb des Gründungssystems abhängig.

Analog zu einer klassischen Pfahlgründung wird auch bei einer KPP der Pfahlwiderstand bei gleichen Pfahlkopfsetzungen vom Zentrum der Pfähle nach außen hin größer. Die Innenpfähle erhalten durch die Nachbarpfähle deutlich geringere Lasten. Randpfähle und besonders die Eckpfähle erhalten die größten Lastanteile.

Aufgrund der fehlenden Abschirmung durch Nachbarpfähle weisen Rand- und Eckpfähle ein deutlich steiferes Verhalten auf. Der vom Pfahlstandort abhängige, unterschiedliche Pfahlwiderstand ist im Wesentlichen bedingt durch die verschieden großen Mantelwiderstände, während die Pfahlfußwiderstände vom Pfahlstandort nahezu unabhängig sind.

Spannungsniveau des Baugrunds im Bereich eines Pfahls einer KPP wird darüber hinaus durch die Nachbarpfähle und die Fundamentplatte beeinflusst. Aufgrund des durch die Sohlspannungen unter der Fundamentplatte erhöhten Spannungszustands des Baugrunds können bei zunehmenden Setzungen in ganzen Bereich der Pfähle deutlich höhere Mantelreibungen mobilisiert werden. Umgekehrt reduzieren die Pfähle in ihrem Umfeld die Sohlspannungen unter der Fundamentplatte.

Neben der Pfahl-Platten-Interaktion wird das Tragverhalten einer KPP auch von der Pfahl-Pfahl-Interaktion beeinflusst. Der Pfahlplattenkoeffizient α_{KPP} ist bei gleichen geometrischen Abmessungen der Fundamentplatte stark abhängig von der Anordnung der Pfähle, beschrieben durch das Verhältnis e/D (Pfahlabstand e zu Pfahldurchmesser D) und das Verhältnis l/D (Pfahllänge l zu Pfahldurchmesser D), sowie dem Beanspruchungs- und Setzungs-

Mit größer werdendem Abstand e der Pfähle wird bei einer KPP wie bei einer klassischen Pfahlgründung der Einfluss der Nachbarpfähle kleiner. Ab einem Verhältnis von e/D = 6 zeigen alle Pfähle unabhängig von ihrem Standort das gleiche Tragverhalten, das dann dem eines einzelnen Pfahls entspricht.

Bei einer KPP kann unter der Fundamentplatte infolge der fehlenden Relativverschiebung zwischen Pfahlmantel und dem zwischen den Pfählen und der Fundamentplatte eingespannten Boden keine Mantelreibung mobilisiert werden. Im Vergleich zu einer Pfahlgründung werden bei kleinen Pfahlkopfsetzungen und geringer Mitwirkung der Fundamentplatte am Lastabtrag geringere Mantelreibungen aktiviert. Dem hingegen werden bei einer KPP im Vergleich zur Pfahlgründung bei größeren Setzungen insbesondere im oberen Bereich der Pfähle deutlich größere Mantelreibungen aktiviert.

3.2 Tiefgründungselemente

Für eine KPP sind unterschiedliche Tiefgründungselemente denkbar, wobei in der Praxis i. d. R. Bohrpfähle geplant werden:

- Bohrpfähle
- Verdrängungspfähle
  - Holzpfähle
  - Stahlpfähle
  - Stahlbetonrammpfähle
  - Ortbetonverdrängungspfähle
  - Verdrängungsbohrpfähle (Schraubpfähle)
- Mikropfähle.

Darüber hinaus kommen auch Schlitzwandlamellen, sog. Barrette, zum Einsatz. Schlitzwandlamellen werden analog zu Bohrpfählen dimensioniert und stellen das zweithäufigste Tiefgründungselement einer KPP dar.

Die Vor- und Nachteile der unterschiedlichen Pfahltypen sind in Tabelle 2 in Anlehnung an [37] und [42] aufgelistet. Die Auswahl des Pfahltyps richtet sich im Wesentlichen nach folgenden Kriterien:

- Bauwerkslasten,
- Platzverhältnisse und Nachbarschaft,
- Baugrund- und Grundwasserverhältnisse,
- Verformungsgrenzen des Bauwerks,
- Wirtschaftlichkeit,
- Verfügbarkeit der Baumaterialien,
- Verfügbarkeit der Einbaugeräte,
- Verfügbarkeit der Spezialtiefbaufirma.

Die einzelnen Pfahltypen sind in [37] und [42] beschrieben. Grundsätzlich können Bohrpfähle und Verdrängungspfähle unterschieden werden. Verdrängungsbohrpfähle, auch Schraubpfähle genannt, sind eine Kombination aus beidem und können in Teil- und in Vollverdrängungsbohrpfähle unterteilt werden.

Bei Bohrpfählen erfolgt ein Bodenaushub. Der Hohlraum wird anschließend ausbetoniert. Zu den Verdrängungspfählen zählen die Rammpfähle aus Holz, Stahl oder Stahlbeton sowie Ortbetonrammpfähle. Beim Einbringen wird Bodenvolumen verdrängt und der umgebende Boden damit verdichtet. Bei der Herstellung von Teilverdrängungsbohrpfählen wird ein Teil des Bodenmaterials gefördert, der andere Teil seitlich verdrängt. Bei der Herstellung von Vollverdrängungsbohrpfählen wird der Boden vollständig verdrängt. Wie bei den klassischen Verdrängungspfählen auch führt die Verdrängung zu einer Erhöhung der Lagerungsdichte und damit zu einem günstigeren Trag- und Verformungsverhalten. In [43] wurde z. B. das Tragverhalten von Ortbetonpfählen mit variabler Bodenverdrängung untersucht.

Tabelle 2. Vor- und Nachteile unterschiedlicher Pfahltypen

Vorteile	Nachteile
Bohrpfähle	
– erschütterungsarme Herstellung – Bodenaufschluss durch Bohrarbeiten – keine Einschränkung bei der Herstellung durch Arbeitshöhe und Nachbarbebauung – große Tiefen und Durchmesser möglich	– Pfahlneigung auf ca. 10:1 beschränkt – Gefahr der Beschädigung der frischen Betonsäule und der Bewehrung beim Ziehen der Verrohrung – Bodenmaterial kann bei zu schnellem Ziehen der Verrohrung in Frischbeton eindringen
Holzpfähle	
– hohe Elastizität – leicht zu bearbeiten – hohe Lebensdauer unter Wasser – relativ preiswert	– schnelle Zerstörung durch Fäulnis bei Luftzutritt – in schwerem Boden nicht rammbar – geringe Tragfähigkeit und Länge im Vergleich zu anderen Pfahltypen
Stahlpfähle	
– hohe Festigkeit und Elastizität – große Auswahl an Profilen – Unempfindlichkeit beim Transport – Verlängerung leicht möglich – gute Verbindungsmöglichkeiten – Schrägneigung bis 1:1	– relativ hohe Materialkosten – Gefahr von Korrosion – Gefahr von Sandschliff – Profile können beim Rammen aus der Achse laufen bzw. verdrehen – Lärm und Erschütterung beim Rammen/Vibrieren

Tabelle 2. Vor- und Nachteile unterschiedlicher Pfahltypen (Fortsetzung)

Vorteile	Nachteile
Stahlbetonrammpfähle	
– widerstandsfähig auch im Seewasser – gute Bodenverdichtung beim Rammen – gute Verbindungsmöglichkeiten mit dem Bauwerk – Schrägneigung bis 1:1 – relativ preiswert	– schwer und unhandlich – empfindlich gegen Biegung, z. B. beim Transport – beim Aufnehmen und Einbau Gefahr von Rissen – schweres Rammgerät erforderlich – Lärm und Erschütterung beim Rammen
Ortbetonverdrängungspfähle	
– gute Verdichtung des umliegenden Bodens und damit hohe Tragfähigkeit	– Lärm und Erschütterung beim Rammen – Gefahr der Beschädigung frischer Nachbarpfähle – Schrägstellung begrenzt – verlorene Fußplatte
Vollverdrängungsbohrpfähle (Schraubpfähle)	
– gute Verdichtung des umliegenden Bodens und damit hohe Tragfähigkeit – erschütterungsarme Herstellung	– Schrägneigung bis 4:1 – verlorene Fußspitze
Mikropfähle	
– auch in sehr beengten Platzverhältnissen herstellbar	– Knickgefahr wg. sehr kleinem Durchmesser

3.3 Herstellung von Tiefgründungselementen

Die Herstellung von Tiefgründungen ist eine klassische Aufgabe des Spezialtiefbaus. Bild 16 zeigt beispielhaft die Arbeiten zur Herstellung von Bohrpfählen in der Innenstadt von Frankfurt am Main.

Besonderes technisches Gerät und ausreichend Erfahrung sind für eine erfolgreiche Bauausführung von großer Bedeutung. Hinzu kommt in den meisten Fällen eine Fachbauüberwachung durch besonders qualifiziertes Personal.

Die technische Entwicklung scheint in den letzten Jahren keine Grenzen zu kennen. Stetig werden die bestehenden Pfahltypen und die notwendigen Einbaugeräte weiterentwickelt oder neue Systeme erdacht. So sind z. B. inzwischen Bohrpfähle von 3 m Durchmesser und einer Länge von mehr als 80 m hergestellt worden [44]. Ein guter Überblick über die Gerätetechnik und die unterschiedlichen Pfahltypen ist in [45–47] gegeben.

Die wesentlichen technischen Regelwerke für Ausschreibung, Ausführung und Qualitätssicherung zur Herstellung von Tiefgründungen sind:

- DIN EN 1536 [48] und DIN SPEC 18140 [49] für Bohrpfähle,
- DIN EN 12794 [50, 51] für Gründungspfähle aus Betonfertigteilen,
- DIN EN 12699 [52] und DIN SPEC 18538 [53] für Verdrängungspfähle,
- DIN EN 14199 [54] und DIN SPEC 18539 [55] für Mikropfähle,
- DIN EN 12063 [56] für Tiefgründungen aus Spundwandelementen,
- DIN 18301 [57] für Bohrarbeiten,
- DIN 18304 [58] für Ramm-, Rüttel- und Pressarbeiten,
- DIN 4126 [59], DIN 4126 Beiblatt 1 [60], DIN 4127 [61], DIN EN 1538 [62], DIN 18313 [63] für Schlitzwandelemente.

Die Herstellung von Bohrpfählen sollte immer mit einer Verrohrung oder mit einer Stützflüssigkeit zur Stabilisierung der Bohrlochwandung erfolgen. Das Bohrrohr wird mit einer hydraulischen Verrohrungsmaschine bei oszillierender Drehbewegung in den Boden gedrückt. Das Bodenmaterial wird mit einem Greifer, Bohreimer o. Ä. gefördert. Die Verrohrung muss dem Aushub bis zur Pfahlsohle vorauseilen. Zu jedem Zeitpunkt der Herstellung von Bohrpfählen ist zu gewährleisten, dass im Bohrloch eine ausreichende Auflast gegen das umgebende Grundwasser vorhanden ist. Die Bohrung muss mit

Bild 16. Bohrpfahlherstellung in der Innenstadt von Frankfurt am Main

Der Pfahlkopf hat in den ersten 50 cm meist eine unzureichende Festigkeit. Der Beton der Schwächezone wird dann entfernt und der Bereich mit den Anschlussbauteilen gemeinsam betoniert. Die Herstellung von Bohrpfählen ist bodenmechanisch zu überwachen und zu dokumentieren. Stetig sind Innenwasserstand, Bohrlochtiefe, Unterkante der vorauseilenden Verrohrung und Betonspiegel festzustellen.

Werden Pfähle in den Baugrund eingerammt, -gerüttelt oder -vibriert, ist die Nachbarschaft aufgrund der Lärm- und Erschütterungsemissionen besonders zu berücksichtigen. Gegebenenfalls sind umfangreiche messtechnische Überwachungsmaßnahmen gemäß der Beobachtungsmethode erforderlich.

Bei der Herstellung von Mikropfählen ist besonders darauf zu achten, dass die Verpressarbeiten nicht zu Bodenverdrängungen in ungewollten Bereichen führt. Die Verpressarbeiten sind daher sehr sorgfältig auszuführen und streng zu überwachen.

3.4 Berechnungsmethoden

Für Entwurf und Bemessung einer KPP stehen mehrere Berechnungsmethoden zur Auswahl, die auf verschiedenen Berechnungsansätzen und Modellbildungen basieren. Folgende Berechnungsmethoden stehen zur Verfügung [38]:

– Empirische Methoden:
Aus den Ergebnissen von Labor- und Feldversuchen wird mittels Korrelationen und Tabellenwerten die Tragfähigkeit eines Pfahls bestimmt und mit weiteren, einfachen Korrelationen die Tragfähigkeit einer Pfahlgruppe abgeschätzt.

einer ausreichend großen Wasserauflast hergestellt werden, um Bodeneintrag infolge hydraulischen Grundbruchs und damit einhergehende Auflockerungen um den Pfahlbereich zu verhindern. Nach [48] soll der Wasserspiegel im Bohrloch mindestens 1,5 m über dem Grundwasserspiegel liegen. Bild 17 zeigt wie der Ablauf der Bohrpfahlherstellung grafisch zu dokumentieren ist. Beim Ziehen der Verrohrung muss der Betonspiegel immer etwas höher als die Unterkante der Verrohrung sein.

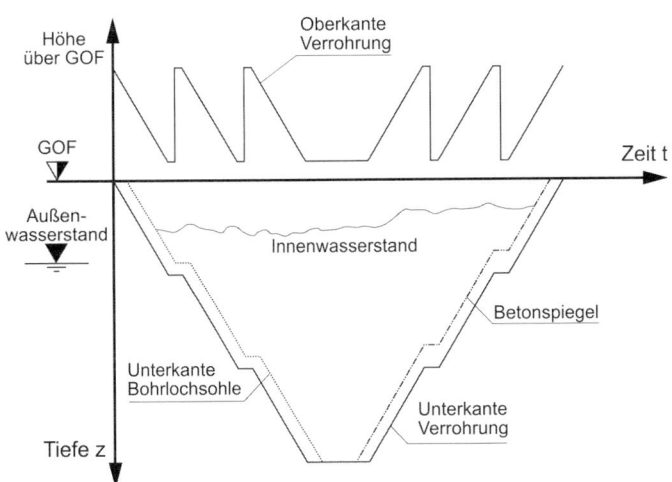

Bild 17. Bohrpfahlherstellungsdiagramm

Die Korrelationen und empirischen Formeln beruhen auf aus in situ Messungen und Modellversuchen abgeleiteten Erfahrungswerten.
- Methoden mit äquivalenten Ersatzmodellen:
Die KPP wird als Ersatzmodell, z. B. als tief liegende Flachgründung oder als ein dicker Einzelpfahl betrachtet.
- Analytische Methoden:
Bei analytischen Methoden wird z. B. erst die zulässige Beanspruchung der Fundamentplatte unter Vernachlässigung der Pfähle bestimmt. Die über diese zulässige Beanspruchung hinaus gehende Last wird den Pfählen zugewiesen. Die Pfähle werden von ihrer Tragwirkung her als Einzelpfähle betrachtet, deren Widerstand voll aktiviert werden kann. Die Setzungen werden nur für die Fundamentplatte und deren Lastanteil ermittelt. Da bei dieser Vorgehensweise alle Wechselwirkungen vernachlässigt werden, ist sie nur für eine Vorabschätzung geeignet.
- Numerische Methoden:
Als numerische Methode wird i. d. R. die Finite-Elemente-Methode (FEM) verwendet, die eine Berücksichtigung schwieriger Geometrien und komplexer Stoffmodelle zulässt. In den dreidimensionalen Simulationen werden die Gründungsbauteile mit linear-elastischem und der Baugrund mit elastoplastischem Materialverhalten modelliert.

Ausführlichere Beschreibungen und Literaturangaben zu den verschiedenen Methoden finden sich in [38] sowie z. B. in [64–71].

Die Ergebnisse der verschiedenen Methoden sind stark von der Modellbildung und den vereinfachenden Annahmen abhängig. Sie sind nur für Vordimensionierungen oder in ganz einfachen Fällen ausreichend zur Bemessung einer technisch und wirtschaftlich optimierten KPP. Einzig die numerischen Methoden liefern konkrete mit der Realität vergleichbare Ergebnisse unter derzeit bestmöglicher Berücksichtigung der Baugrund-Tragwerk-Interaktion.

3.5 Geotechnische Nachweisführung

3.5.1 Grundlagen

Grundsätzlich sind die zwei Grenzzustände der Tragfähigkeit und der Gebrauchstauglichkeit nachzuweisen. Mit dem Nachweis im Grenzzustand der Tragfähigkeit sollen Sachschäden und eine Gefährdung von Menschenleben ausgeschlossen werden. Durch den Nachweis im Grenzzustand der Gebrauchstauglichkeit soll die langfristige Nutzbarkeit, d. h. Funktionssicherheit gewährleistet werden.

Bei der Nachweisführung im Grenzzustand der Tragfähigkeit werden die Bemessungswerte der Beanspruchung E_d den Bemessungswerten des Widerstands R_d eines Bauwerks oder Bauteils gegenübergestellt. Das heißt, es muss $E_d \leq R_d$ gelten.

Als Grenzzustände der Gebrauchstauglichkeit sind all diejenigen Grenzzustände einzustufen, die die Funktion eines Tragwerks oder eines seiner Teile unter Gebrauchsbedingungen (1,0-fache Einwirkungen) oder das Wohlbefinden der Nutzer oder das Erscheinungsbild des Bauwerks betreffen.

Bei der Nachweisführung im Grenzzustand der Gebrauchstauglichkeit darf der Bemessungswert einer Auswirkung von Einwirkungen E_d nicht größer als der Bemessungswert des maßgebenden Gebrauchstauglichkeitskriteriums C_d sein. Das heißt, es muss $E_d \leq C_d$ gelten. Die Teilsicherheitsbeiwerte können hierbei in der Regel mit 1,0 angesetzt werden.

Die grundlegende Prozedur der Nachweisführung in den Grenzzuständen konnte trotz der Umstellung auf das Teilsicherheitskonzept erhalten bleiben. Bei allen Nachweisen bis auf GEO-3 erfolgt die Faktorisierung mithilfe der Teilsicherheitsbeiwerte erst auf Schnittkraftebene, d. h. aus den Einwirkungen (z. B. Lasten aus dem Hochbau, Wasserdruck, Erddruck) als charakteristische Werte ergeben sich sowohl die charakteristischen Werte für die Beanspruchungen (z. B. Beanspruchung in der Gründungssohle beim Nachweis der Sicherheit gegen Grundbruch und Gleiten) als auch die charakteristischen Werte für die Widerstände (Grundbruchwiderstand, Gleitwiderstand).

Im Grenzzustand GEO-3 wird nach dem Nachweisverfahren 3 mit abgeminderten Scherparametern gerechnet, sodass die Ermittlung der für den Nachweis maßgebenden Schnittgrößen auf der Grundlage von Bemessungswerten erfolgt.

Als Eingangsgrößen aus dem Hoch- und Ingenieurbau sind für alle geotechnischen Nachweise charakteristische Werte erforderlich. Bild 18 zeigt die allgemeine Prozedur der Nachweisführung.

Zur Festlegung der Mindestanforderungen geotechnischer Untersuchungen, Berechnungen und Überwachungsmaßnahmen richten sich nach den Geotechnischen Kategorien (GK). Insgesamt werden die Geotechnischen Kategorien GK 1 bis GK 3 unterschieden. Die Einstufung in eine der drei Geotechnischen Kategorien muss spätestens vor Festlegung des Baugrunderkundungsprogramms erfolgen. Maßgebend ist dabei das Kriterium, das die höchste Geotechnische Kategorie zur Folge hat. Im Zuge der Projektbearbeitung und Bauausführung ist die Einordnung ggf. anzupassen. Kombinierte Pfahl-Plattengründungen sind grundsätzlich in die Geotechnische Kategorie GK 3, das ist die Kategorie für Baumaßnahmen mit den höchsten Schwierigkeitsgrad, einzuteilen. Weitere Ausführungen zur Einteilung von Baumaßnahmen in die Geotechnischen Kategorien sind in [2] enthalten.

1. Entwurf des Bauwerkes und Festlegung des statischen Systems

⇩

2. Ermittlung der charakteristischen Werte $F_{k,i}$ der Einwirkungen

⇩

3. Ermittlung der charakteristischen Beanspruchungen $E_{k,i}$

⇩

4. Ermittlung der charakteristischen Widerstände $R_{k,i}$ des Baugrundes

⇩

5. Ermittlung der Bemessungswerte $E_{d,i}$ der Beanspruchungen

⇩

6. Ermittlung der Bemessungswerte $R_{d,i}$ mit den Teilsicherheitsbeiwerten für Bodenwiderstände sowie Ermittlung der Bemessungswiderstände $R_{d,i}$ der Bauteile

⇩

7. Nachweis der Einhaltung der Grenzzustandsbedingung

$$\sum E_{d,i} \leq \sum R_{d,i}$$

Bild 18. Allgemeine Prozedur der Nachweisführung

3.5.2 Nachweis der Tragfähigkeit (ULS)

Analog zur klassischen Pfahlgründung sind auch für eine KPP die innere und die äußere Tragfähigkeit nachzuweisen. Dabei erfolgt der Nachweis der inneren Tragfähigkeit gemäß den entsprechenden Bauteilnormen. Beim Nachweis der äußeren Tragfähigkeit sind zeitabhängige Eigenschaften des Baugrunds sowie die Steifigkeit des aufgehenden Tragwerks zu berücksichtigen. Die Grundlagen der Nachweisführung zur Tragfähigkeit einer KPP sind in [38] und [39] erläutert.

Nach [32] ist die äußere Tragfähigkeit (GEO-2) nachgewiesen, wenn der Bemessungswert der Einwirkungen E_d kleiner oder gleich dem Bemessungswiderstand $R_{tot,d}(s)$ ist ($E_d \leq R_{tot,d}(s)$). Der Bemessungswert des Widerstands $R_{tot,d}(s)$ wird nach Gl. (4) berechnet. Die Ermittlung des Widerstands einer KPP erfolgt für das Gesamtsystem bestehend aus Fundamentplatte und Pfählen. Ein gesonderter Nachweis der einzelnen Pfähle ist nicht erforderlich.

$$R_{tot,d}(s) = \frac{R_{tot,k}(s)}{\gamma_{R,v}} \qquad (4)$$

Die Berechnung des charakteristischen Widerstands muss mit einem validierten Berechnungsmodell, i. d. R. mit numerischen Methoden, erfolgen. In einfachen Fällen können auch andere Methoden, wie z. B. Grundbruchbetrachtungen, Anwendung finden. Kriterien für einfache Fälle sind:

– gleichmäßige Geometrien (gleiche Pfahllängen und -durchmesser; konstanter Achsabstand; rechteckige, quadratische oder runde Fundamentplatte; Überstand der Fundamentplatte über die äußere Pfahlreihe $\leq 3 \cdot D_s$),
– homogener Baugrund (keine großen Steifigkeitsunterschiede),
– zentrische Einwirkungen,
– keine vorwiegend dynamischen Einwirkungen.

Für die Ermittlung des Grundbruchwiderstands in einfachen Fällen ist die Unterkante des Fundaments als Gründungsniveau festgelegt. Die vertikale Tragfähigkeit der Pfähle ist zu vernachlässigen. Allerdings darf der Dübelwiderstand der Pfähle in der Gleitfläche der nach [72] zu bestimmenden Grundbruchfigur berücksichtigt werden.

3.5.3 Nachweis der Gebrauchstauglichkeit (SLS)

Für eine KPP ist als Beurteilungsmaßstab für die Gebrauchstauglichkeit eine maximale Setzung bzw. eine maximale Setzungsdifferenz festzulegen. Im Rahmen der Nachweisführung für die Gebrauchstauglichkeit ist zu ermitteln, ob für die charakteristischen Einwirkungen die vorher festgelegten Grenzwerte eingehalten werden. Die festzulegenden Maximalwerte der Verformung definieren sich aus der aufgehenden Konstruktion sowie einer möglicherweise beeinflussten Nachbarbebauung. Dabei sind nicht nur die im Einflussbereich vorhandenen oberirdischen, sondern auch die unterirdischen Bauwerke zu erfassen. Die Grundlagen der Nachweisführung zur Gebrauchstauglichkeit einer KPP sind in [38] und [39] erläutert.

Für die Gründungsbauteile ist gemäß den bauteilspezifischen Normen ebenfalls die Gebrauchstauglichkeit nachzuweisen. Hierzu zählt z. B. die Rissbreitenbeschränkung von Stahlbetonbauteilen.

3.5.4 Pfahlprobebelastungen

3.5.4.1 Grundlagen

Nach [37] ist für den Entwurf und die Bemessung einer KPP die Kenntnis des Tragverhaltens eines freistehenden, einzelnen Pfahls notwendig. Liegen keine Erfahrungen zum äußeren Tragverhalten eines einzelnen Pfahls aus Probebelastungen für einen entsprechenden Pfahltyp unter vergleichbaren Baugrundverhältnissen vor, ist eine Pfahlprobebelastung vorzunehmen. Wird keine Pfahlprobebelastung vorgenommen, so kann das Tragverhalten eines einzelnen Pfahls unter festgelegten Voraussetzungen auf der Basis von Erfahrungswerten bestimmt werden, wobei diese Vereinfachung und ihre Übertragbarkeit nachzuweisen ist.

Die Kenntnis über das Tragverhalten eines einzelnen, freistehenden Pfahls in situ ist aus zwei Gründen wichtig. Zum einen ist es die einzige Möglichkeit beurteilen zu können, ob die gewählten Geometrien technisch und wirtschaftlich sinnvoll und die vorgenommenen Berechnungen plausibel sind. Zum zweiten wird es möglich, numerische Modelle zu kalibrieren. Für komplexe Bauvorhaben und/oder schwierige Baugrundsituationen sind daher Pfahlprobebelastungen in situ dringend angeraten.

Nach Möglichkeit sind die Pfahlprobebelastungen auf dem Projektareal auszuführen [73, 74]. Grundsätzlich sind statische und dynamische Pfahlprobebelastungen zu unterscheiden. Ausführliche Beschreibungen der Systeme sowie Hinweise zu Durchführung und Auswertung finden sich in [37] und [42]. Da statische Pfahlprobebelastungen mit vertikaler Druckbelastung die am häufigsten verbreitete Art der Probebelastung bei Pfählen mit größerem Durchmesser darstellen, soll nachfolgend hierauf eingegangen werden.

Statische Pfahlprobebelastungen können mithilfe von Gegengewichten oder Rückverankerungen erfolgen. Zur Vermeidung des zum Teil erheblichen Aufwands zur Errichtung der Gegengewichte bzw. der Rückverankerungen kommen vermehrt hydraulische Lastzellen, sogenannte Osterberg-Zellen, zum Einsatz. In einem Testpfahl können mehrere Lastzellen zur Bestimmung von Pfahlmantelreibung und Pfahlspitzenwiderstand einzelner Pfahlabschnitte, z. B. in unterschiedlichen Bodenschichten, angeordnet werden. Als Gegengewicht werden die einzelnen Pfahlabschnitte genutzt. Bild 19 zeigt die Varianten der statischen Pfahlprobebelastungen.

Das Ergebnis einer Pfahlprobebelastung auf vertikalen Druck ist eine Widerstandssetzungslinie $R_{c,k}(s)$, die als Grundlage für die Tragfähigkeits- und Gebrauchstauglichkeitsuntersuchungen verwendet wird. Zur Auswertung von Pfahlprobebelastungen und zur Ableitung des Pfahlwiderstands $R_{c,k}$ wird z. B. auf [2] verwiesen.

3.5.4.2 Beispiel

Für den Neubau eines Hochhauses in weichem Baugrund wurden zur Dimensionierung einer KPP numerische Simulationen durchgeführt. Die Kalibrierung der numerischen Simulationen erfolgte anhand der Ergebnisse einer Pfahlprobebelastung, die auf dem Projektareal durchgeführt wurde. Als Belastungseinrichtung wurden Osterberg-Zellen (O-Zellen) verwendet. Der Testpfahl bestand aus drei Test-

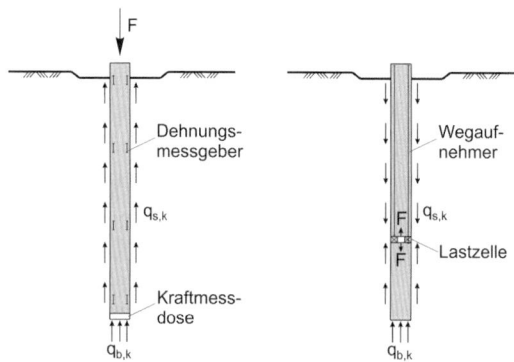

Bild 19. Statische Pfahlprobebelastung mit a) Gegengewicht bzw. Rückverankerung und b) Lastzelle

segmenten: dem oberen Testsegment 1, dem mittleren Testsegment 2 zwischen den beiden O-Zellen und dem unteren Testsegment 3.

Zur Ermittlung des Pfahlfußwiderstands und der Mantelreibung der verschiedenen Bodenschichten wurden die einzelnen O-Zellen in verschiedenen Testphasen aktiviert. Zur Bestimmung der Mantelreibung und des Pfahlfußwiderstands von Testsegment 3 wurde nur die untere O-Zelle aktiviert, während Testsegment 2 als Widerlager genutzt wurde. Zur Bestimmung der Mantelreibung von Testsegment 2 wurde die obere O-Zelle aktiviert, während die untere O-Zelle drucklos geschaltet wurde. In dieser Testphase bildete Testsegment 1 das Widerlager. Zur Bestimmung der Mantelreibung von Testsegment 1 wurde die obere O-Zelle aktiviert und die untere O-Zelle steif geschaltet. In dieser Testphase bilden die Testsegmente 2 und 3 das Widerlager.

Die Kalibrierung der numerischen Simulationen für die KPP wurde anhand einer numerischen Rückrechnung der Pfahlprobebelastung mit der FEM vorgenommen. Bild 20 zeigt das Schema des Ver-

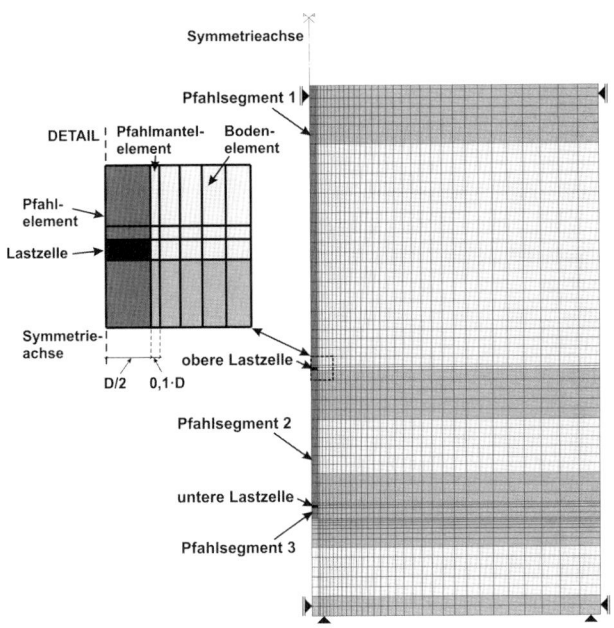

Bild 20. Schema der Pfahlprobebelastung und numerische Simulation

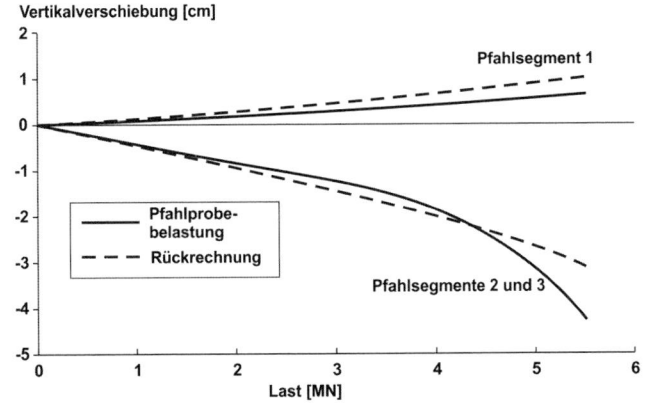

Bild 21. Ergebnisse der Pfahlprobebelastung in situ und der numerischen Simulation

- geschichteter Baugrund mit einem Steifigkeitsverhältnis der oberen zur unteren Schicht von $E_{S,obern}/E_{S,unten} \leq 1/10$,
- Pfahlplattenkoeffizient $\alpha_{KPP} > 0{,}9$.

Die KPP-Richtlinie ordnet eine KPP grundsätzlich in die Geotechnische Kategorie GK 3 ein. Aufgrund dessen stellen sich auch besondere Anforderungen an die Baugrunderkundung, die Bauausführung und die messtechnische Überwachung.

3.7 Messtechnische Überwachung einer KPP

Bereits in der Entwurfsphase ist ein Messprogramm zu entwickeln, das Aufschluss über das Trag- und Verformungsverhalten sowie den Kraftfluss innerhalb einer KPP gibt [37]. Dazu muss das Messprogramm aus geotechnischen und geodätischen Messungen am Neubau und in der Nachbarschaft bestehen. Das Messprogramm hat während der Bau- als auch während der Nutzungsphase folgende Aufgaben:

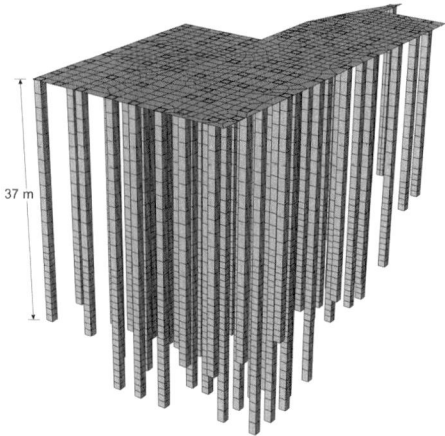

Bild 22. FE-Netz der optimierten KPP

suchsaufbaus und das Netz der FEM-Simulation mit den drei Testsegmenten und den beiden O-Zellen. Die Ergebnisse der Pfahlprobebelastung in situ und der numerischen Rückrechnung sind in Bild 21 dargestellt und zeigen eine gute Übereinstimmung. Auf Basis der Ergebnisse der numerischen Rückrechnung wurden die durch die Baugrunderkundung ermittelten bodenmechanischen Parameter angepasst und die für die numerischen Simulationen notwendigerweise vereinfachte Stratigraphie verifiziert.

Die Dimensionierung der KPP erfolgt dann durch dreidimensionale, nichtlineare FE-Simulationen. Länge, Durchmesser und Anzahl wurde mithilfe der FE-Simulationen unter Berücksichtigung der Anforderungen an das Trag- und Verformungsverhalten optimiert. Bild 22 zeigt die optimierte KPP in der FE-Simulation. Der Pfahlplattenkoeffizient beträgt $\alpha_{KPP} = 0{,}8$.

3.6 KPP-Richtlinie

Die in [38] enthaltene und mit [39] und [3] Englisch veröffentlichte KPP-Richtlinie gilt für den Entwurf, die Bemessung, die Prüfung und den Bau von überwiegend vertikal belasteten KPPs. Sinngemäß gilt sie auch, wenn statt Pfählen z. B. Schlitzwandelemente (Barrette) oder Spundwandelemente eingesetzt werden.

Die KPP-Richtlinie kann bei folgenden Voraussetzungen nicht angewendet werden:

- Schichten mit relativ geringer Steifigkeit unter der Fundamentplatte (z. B. weiche bindige bzw. organische Böden, sackungsfähige Auffüllungen),

- Verifizierung des Rechenmodells und der Berechnungsansätze,
- frühzeitige Erkennung möglicher kritischer Zustände,
- baubegleitende Überprüfung der rechnerischen Setzungsprognose,
- Qualitäts- und Beweissicherung.

Die mindestens im Bereich der KPP zu messenden Parameter und die zugehörige Messtechnik sind in Bild 23 dargestellt. Darüber hinaus sind die Baugrube und die Nachbarschaft ebenfalls messtechnisch zu überwachen.

3.8 Ausgeführte Kombinierte Pfahl-Plattengründungen

Inzwischen ist die KPP als technisch und wirtschaftlich optimiertes Gründungssystem in der Ingenieurpraxis fest etabliert. Zwar ist sie nach wie vor auch noch Gegenstand der Forschung, aber eine Vielzahl von Beispielen, wie z. B. in [40, 76, 77] dokumentiert, zeigt eine hervorragende Anwendbarkeit. Der Anwendungsbereich erstreckt sich inzwischen nicht auf rein vertikal belastete KPPs, sondern wurde auch auf horizontale Belastungen erweitert [78]. Die folgenden Abschnitte 3.8.1 bis 3.8.10 zeigen verschiedene Projekte aus der geotechnischen Ingenieurpraxis, bei denen KPPs erfolgreich ausgeführt wurden.

3.8.1 Erstmalige Ausführung einer KPP in Deutschland

Für den Bau des Messe Torhauses in Frankfurt am Main von 1983 bis 1985 wurde erstmalig in Deutschland eine KPP geplant, dimensioniert und

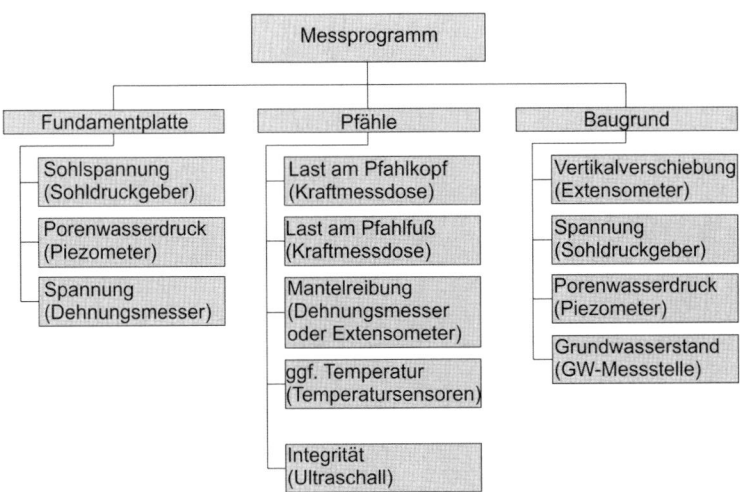

Bild 23. Messprogramm einer KPP

gebaut [79]. Das Gebäude hat bis zu 30 Stockwerke (Bild 24). Aufgrund eines eng angrenzenden, dreieckigen Eisenbahnknotenpunkts wurde eine Gründung mit stark begrenzten Setzungen gefordert. Da das Bürogebäude eine Straße überspannen sollte, wurde es auf zwei separaten Fundamentplatten gegründet. Auf dem Projektareal stehen quartäre Kiese bis in eine Tiefe von 5,5 m unter die Geländeoberfläche (GOF) an. Darunter folgt der setzungsaktive tertiäre Frankfurter Ton bis in große Tiefe.

Die KPP besteht aus zwei separaten Fundamentplatten mit jeweils 42 Bohrpfählen. Die Bohrpfähle haben einen Durchmesser von 0,9 m und eine Länge von 20 m. Die 6 × 7 Pfähle einer jeden Fundamentplatte sind symmetrisch angeordnet und haben einen Achsabstand von 3-mal bis 3,5-mal dem Durchmesser. Die Fundamentplatten haben einen Grundriss von 17,5 m × 24,5 m und sind rd. 3 m unter GOF gegründet. Jede KPP trägt eine Gesamtlast von rd. 200 MN.

Da in den 1980er-Jahren noch keinerlei Erfahrungen zum Trag-Verformungsverhalten von KPPs vorlagen, wurde ein konservativer Ansatz zur Bemessung gewählt. Basierend auf der damaligen Normung wurde die Annahme zugrunde gelegt, dass die Pfähle als Einzelpfähle wirken und die maximal mögliche Last aufnehmen, die ein Einzelpfahl abtragen kann. Der Rest der Bauwerkslasten wurde den Fundamentplatten zugewiesen, die die Lasten direkt in den Baugrund abtragen.

Während der Bauphase wurde das Trag-Verformungsverhalten der KPPs messtechnisch durch geodätische und geotechnische Messungen überwacht. Wie in Bild 24 dargestellt, wurde die nördliche KPP mit entsprechender Messtechnik ausgerüstet. Insgesamt wurden 6 Pfähle mit Dehnungsmessern und Kraftmessdosen instrumentiert. Unter der Fundamentplatte wurden 11 Sohldruckgeber und 3 Extensometer angeordnet. Die Extensometer reichen bis in eine Tiefe von 42,5 m, gemessen von der Oberseite der Fundamentplatte [79].

Bild 25 zeigt das gemessene Last-Setzungsverhalten der nördlichen KPP, unterteilt in die Gesamtlast (R_{tot}) und die Last, die über die Fundamentplatte (R_{raft}) und über die Pfähle ($\sum R_{pile,i}$) abgetragen wird. Die Messungen zeigen, dass nur ein kleiner Teil der Gesamtlast über die Fundamentplatte in den Baugrund abgetragen wird. Die Zeit-Lastkurven und die Zeit-Setzungskurven in Bild 26 zeigen, dass die Fundamentplatten im Wesentlichen nur ihr eigenes Gewicht abtragen. Die übrigen Lasten des Gebäudes werden über die Pfähle in den Baugrund abgetragen [80]. Der Pfahl-Plattenkoeffizient beträgt $\alpha_{KPP} = 0,8$. Nach rd. 8 Monaten Bauzeit waren bereits 95 % der ständigen Lasten aufgebracht. Zu diesem Zeitpunkt wurden 40 % der Gesamtsetzungen gemessen. Die Konsolidierung des Frankfurter Tons führte zu zusätzlichen Setzungen, die erst rd. drei Jahre nach Bauende abgeklungen waren. Während der Konsolidierungsphase blieb das Lastverhältnis zwischen Fundamentplatte und Pfählen gleich.

Die Setzungsverteilung über die Tiefe wurde mit Extensometern gemessen. Die Messwerte im Zentrum (EX1) und an der Ecke (EX3) der nördlichen

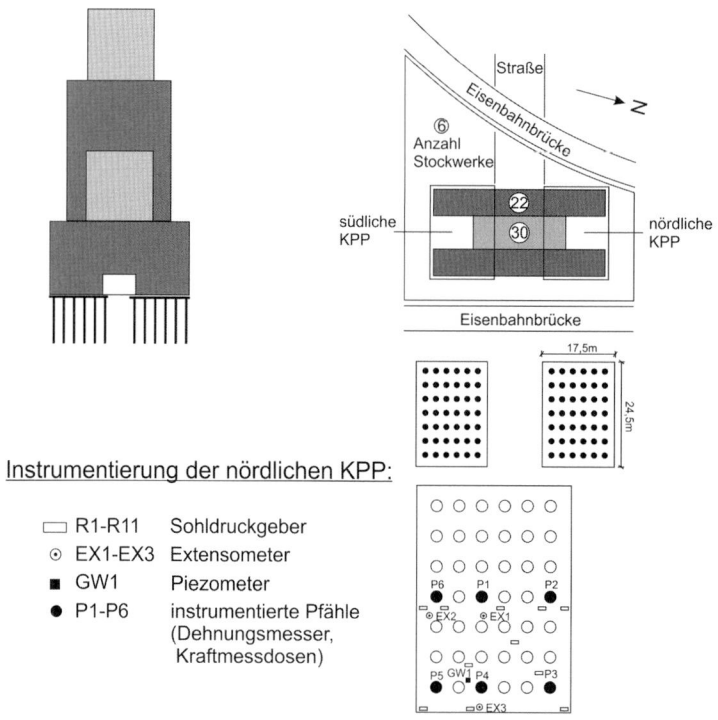

Instrumentierung der nördlichen KPP:

- ▭ R1-R11 Sohldruckgeber
- ⊙ EX1-EX3 Extensometer
- ■ GW1   Piezometer
- ● P1-P6   instrumentierte Pfähle (Dehnungsmesser, Kraftmessdosen)

Bild 24. Messe Torhaus

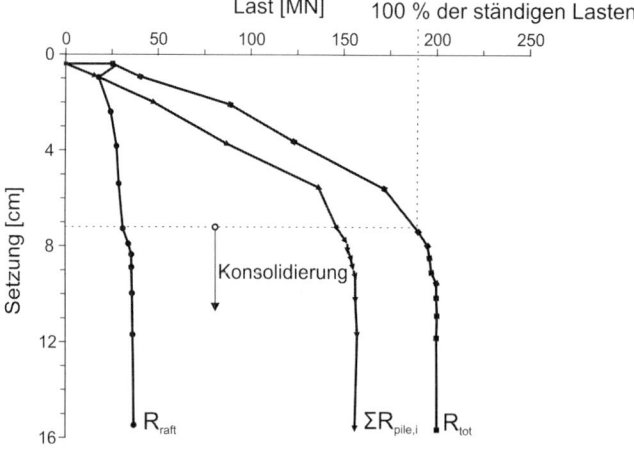

Bild 25. Gemessene Last-Setzungskurven

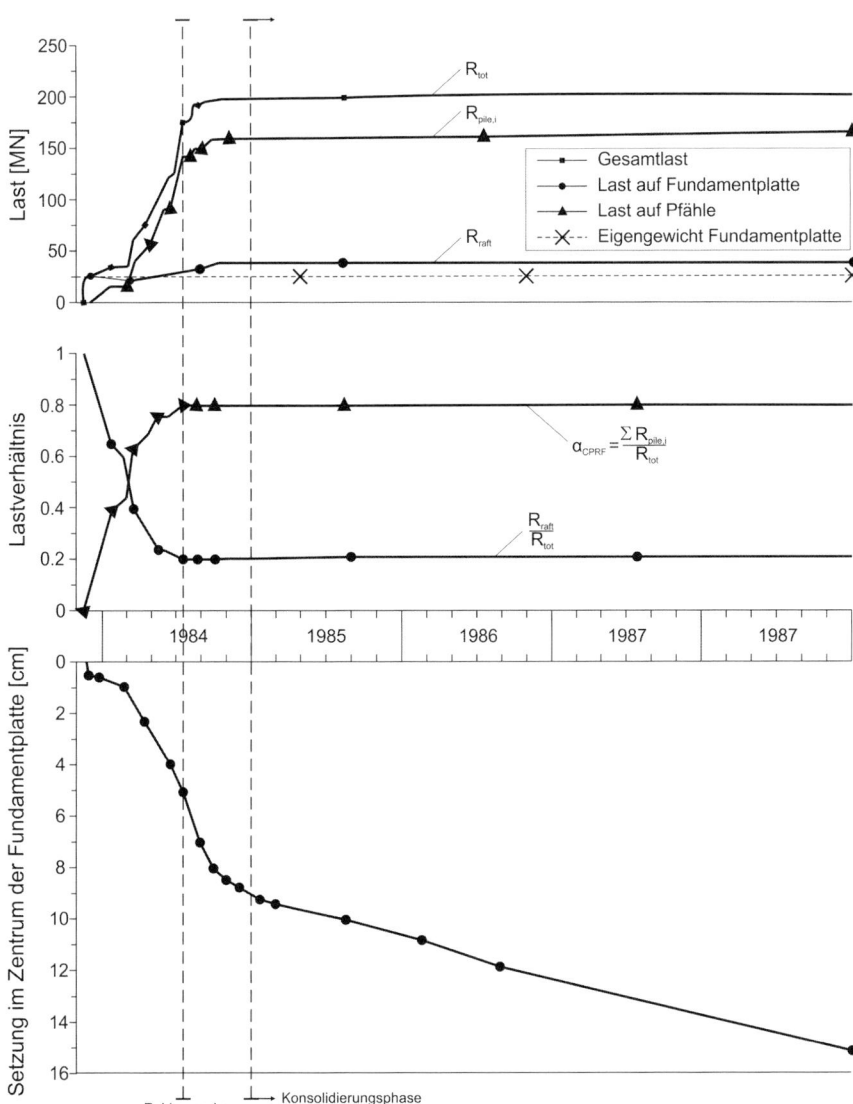

Bild 26. Gemessene Zeit-Lastkurven und Zeit-Setzungskurven

Fundamentplatte sind in Bild 27 dargestellt. Da die Extensometer erst nach dem Betonieren der Fundamentplatte installiert wurden, wurden die Lasten erfasst, die anschließend aufgebracht wurden [79]. Bis zum Ende der 20 m langen Pfähle bleiben die Setzungen konstant, was eine Blockdeformation der Pfähle und des umgebenden Baugrunds anzeigt.

In Abhängigkeit von der Position der Pfähle innerhalb der KPP werden unterschiedlich große Mantelreibungen aktiviert. Bild 28 zeigt die gemessenen Pfahllasten und die Mantelreibung von innen liegenden Pfählen und von Eckpfählen. Der Eckpfahl mobilisiert eine Mantelreibung von 140 kN/m² in den unteren zwei Dritteln. Die innen liegenden

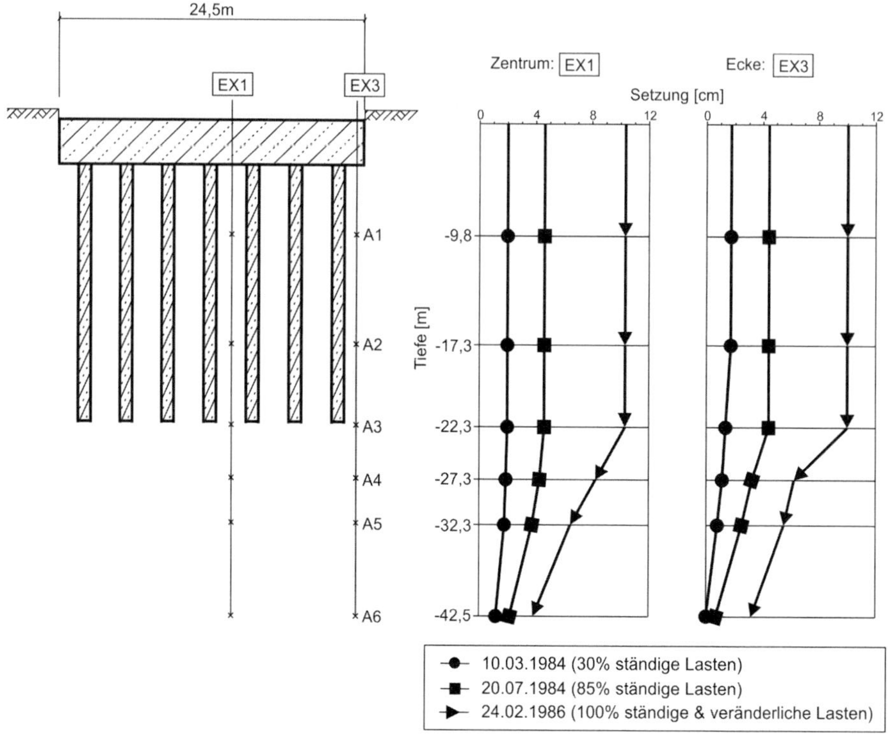

254 Kombinierte Pfahl-Plattengründungen und Sondergründungen

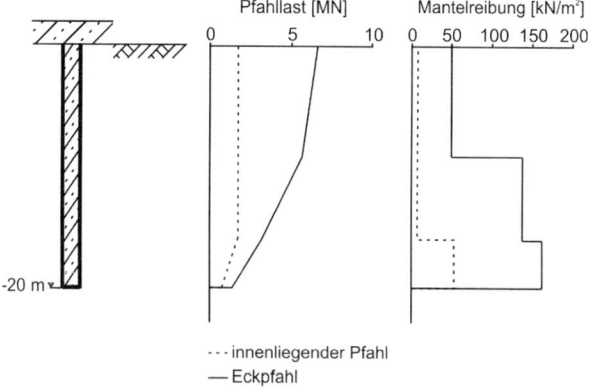

Bild 27. Gemessene Setzungsverteilung über die Tiefe

Bild 28. Gemessene Verteilung der Pfahllast und der Mantelreibung

Pfähle mobilisieren eine Mantelreibung von nur 60 kN/m² im unteren Drittel. Die Mantelreibung eines Eckpfahls von 140 kN/m² ist mehr als zweimal so groß wie die maximale Mantelreibung von 60 kN/m², die durch statische Pfahlprobebelastungen an kurzen Pfählen in Frankfurt am Main gemessen wurde [81].

3.8.2 Hochhausgründung im Standardfall

Nicht nur für hochkomplexe Bauvorhaben mit sensibler Nachbarbebauung oder schwierigen Baugrundverhältnissen kann die KPP eine technisch und wirtschaftlich optimale Lösung darstellen. Der Victoria-Turm in Mannheim mit 97 m Höhe wurde auf einer KPP gegründet, die als Setzungsbremse wirkt (Bild 29). Die Fundamentplatte hat eine Dicke von 3 m. Die Pfähle sind im Kernbereich 20 m und im Randbereich 15 m lang.

3.8.3 KPP in nichtbindigem Baugrund

Exemplarisch für eine KPP in nichtbindigem Baugrund wird das Hochhausprojekt Treptower in Berlin dargestellt (Bild 30). Der Treptower ist ein 121 m hohes Bürohochhaus und steht in der Nähe zur Spree.

Unter den an der GOF anstehenden Auffüllungen folgen ab einer Tiefe von 3 m unter GOF locker bis mitteldicht gelagerte Sande bis in eine Tiefe von rd. 40 m. Die maximale Gründungstiefe liegt im Bereich der Aufzugsunterfahrten und beträgt bis zu 8 m unter GOF. Das Hochhaus ist auf einer KPP mit

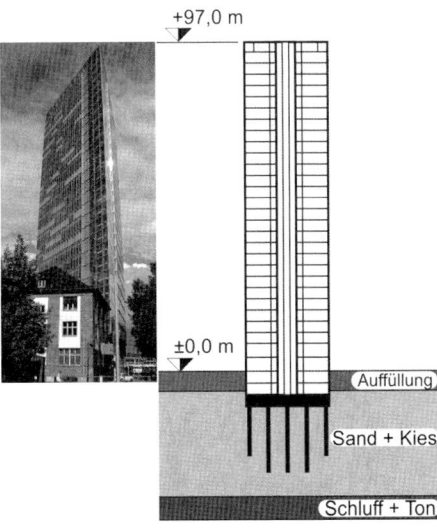

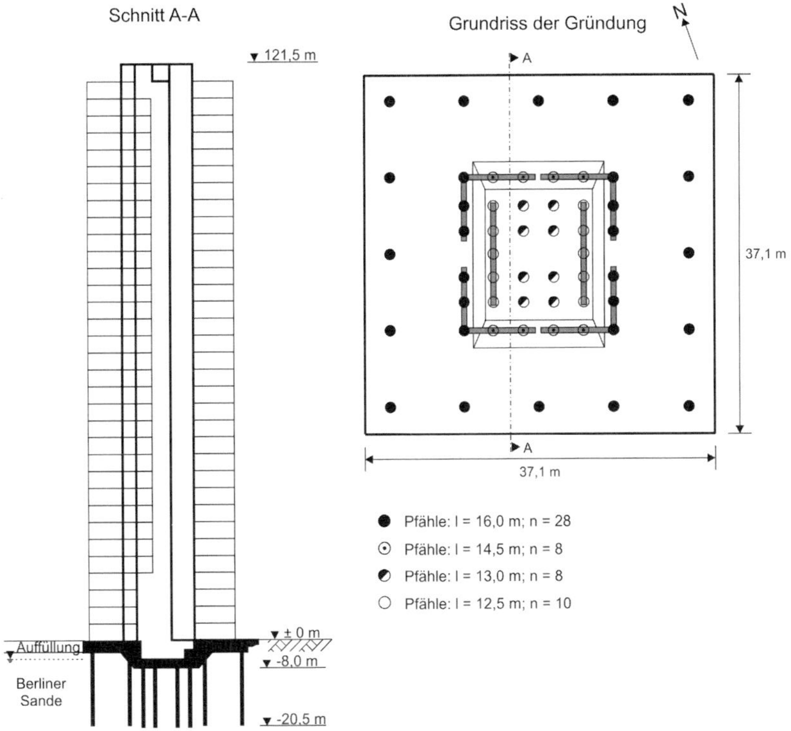

Bild 29. Victoria-Turm in Mannheim

Bild 30. Treptower in Berlin [76]

● Pfähle: l = 16,0 m; n = 28
⊙ Pfähle: l = 14,5 m; n = 8
◉ Pfähle: l = 13,0 m; n = 8
○ Pfähle: l = 12,5 m; n = 10

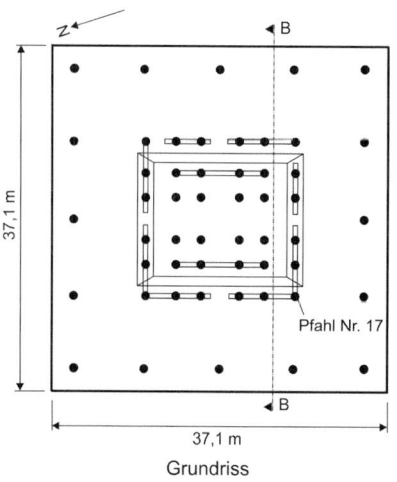
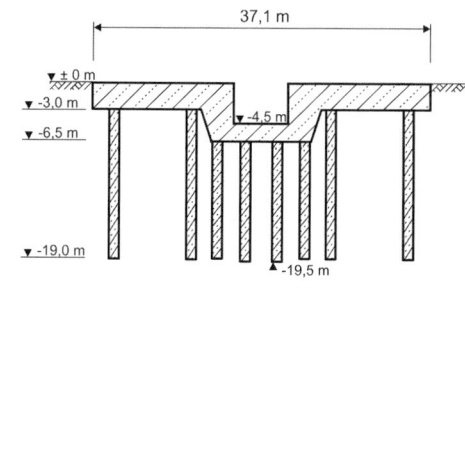

Grundriss

Schnitt B-B

Bild 31. Gründung des Treptower

54 Bohrpfählen gegründet (Bild 31). Die Pfähle haben einen Durchmesser von 0,88 m und eine Länge zwischen 12,5 m und 16 m. Zur Erhöhung der Mantelreibung erfolgte eine Mantelverpressung. Die Fundamentplatte ist 37,1 m × 37,1 m groß und hat eine Dicke von 2 m bis 3 m.

Zur Überprüfung der Gebrauchstauglichkeit des Bauwerks erfolgte im Sinne der Beobachtungsmethode eine messtechnische Überwachung. Die geotechnische Instrumentierung besteht aus Kraftmessdosen an den Pfahlköpfen, Dehnungsmessern in verschiedenen Tiefen entlang der Pfähle und Sohldruckgebern unter der Fundamentplatte (Bild 32).

Das Last-Setzungsverhalten der KPP ist in Bild 33 dargestellt. Am Ende der Bauzeit hat sich das Hochhaus um 6,3 cm gesetzt. Die Zunahme der Pfahllasten entspricht der Zunahme der Bauwerkslasten (Bild 34).

Für die Untersuchungen der Standsicherheit und der Gebrauchstauglichkeit der KPP wurden umfangreiche numerische Berechnungen ausgeführt. Die Ergebnisse der Berechnungen und der messtechnischen Überwachung sind in den Bildern 35 und 36 dargestellt, wobei in Bild 35 alle Lasten und Widerstände auf den Beginn der geodätischen Messungen bezogen sind. Zu diesem Zeitpunkt betrug die Bauwerkslast rd. 135 MN. Der Vergleich der Ergebnisse der numerischen Berechnungen mit den Ergebnissen der messtechnischen Überwachung zeigt eine gute Übereinstimmung. Der Pfahl-Plattenkoeffizient beträgt $\alpha_{KPP} = 0,65$.

Zum Vergleich wurde auch das Last-Setzungsverhalten einer Flachgründung numerisch berechnet. Hieraus ergaben sich Setzungen von 11,1 cm (Bild 35). Die KPP verringert die Setzungen einer Flachgründung auf 57% und führt zu einer signifikanten Reduktion der Differenzsetzungen zwischen dem Hochhaus und der Nachbarschaft [82].

Bild 36 zeigt die Lastverteilung von Pfahl Nr. 17 nach Ende des Baugrubenaushubs, bei einer Bauwerkslast von 400 MN und bei einer Bauwerkslast von 575 MN (gesamte ständige Last). Die negativen Pfahllasten ergeben sich aus der Entlastung des Baugrunds durch Aushub und der damit verbundenen Reduktion des Spannungsniveaus. Dieser Effekt wurde auch an anderen Bauprojekten beobachtet [83]. Für die 26,9 m bis 34,9 m langen Pfähle wurde eine negative Pfahllast von 1 MN berechnet. Der Vergleich dieses Berechnungsergebnisses mit den Ergebnissen der messtechnischen Überwachung zeigt eine gute Übereinstimmung.

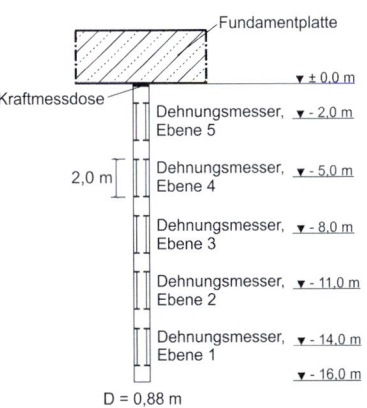

Bild 32. Geotechnische Instrumentierung an Pfahl Nr. 17

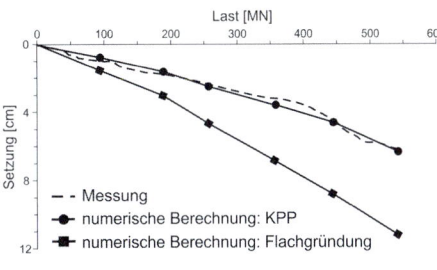

Bild 35. Last-Setzungsverhalten der KPP

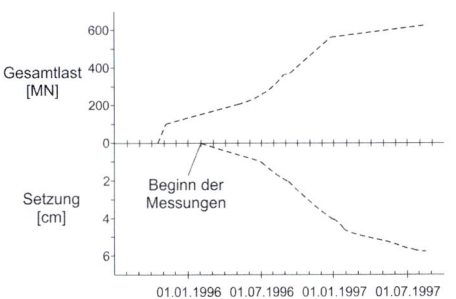

Bild 33. Gemessenes Last-Setzungsverhalten

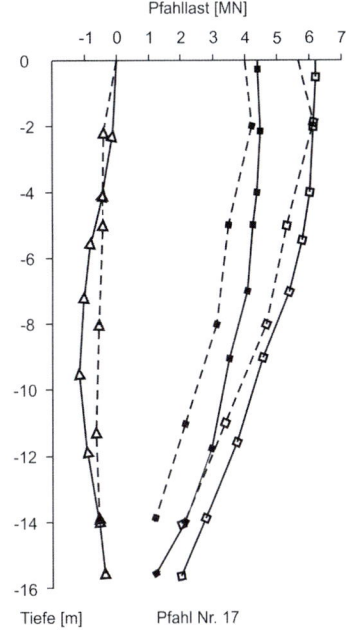

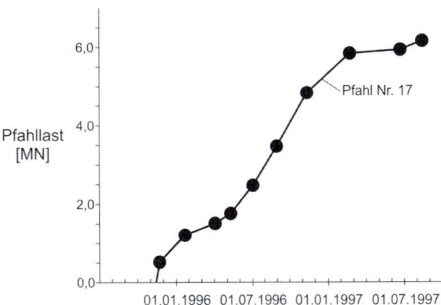

Bild 34. Gemessene Pfahllast

Bild 36. Lastverteilung von Pfahl Nr. 17

3.8.4 KPP in setzungsaktivem, bindigem Baugrund

Exemplarisch für eine KPP in setzungsaktivem, bindigem Baugrund wird das Hochhausprojekt Messeturm in Frankfurt am Main dargestellt (Bild 37). Das Hochhaus ist 256,5 m hoch und ist auf einer KPP im Frankfurter Ton gegründet. Die Fundamentplatte hat eine Abmessung von 58,8 m × 58,8 m und eine maximale Dicke von 6 m im Zentrum und von 3 m an den Außenkanten. Die Gründungstiefe beträgt in Abhängigkeit von der Dicke der Fundamentplatte 11 m bis 14 m unter GOF. Die KPP hat insgesamt 64 Bohrpfähle mit einem Durchmesser von 1,3 m und einer Länge zwischen 26,9 m (außen) und 30,9 m (innen). Bild 38 zeigt das Gründungssystem. Die gesamte Bauwerkslast beträgt einschließlich 30 % der veränderlichen Lasten rd. 1.855 MN.

Auf dem Projektareal stehen an der Oberfläche Auffüllungen an, die von quartären Sanden und Kiesen unterlagert werden. Die Sande und Kiese reichen bis in eine Tiefe von 8 m bis 10 m unter GOF. Darunter folgt der tertiäre Frankfurter Ton bis in eine Tiefe von rd. 70 m unter GOF. Der Grundwasserspiegel liegt etwa 4,5 m bis 5 m unter GOF [76, 84].

Die messtechnische Überwachung umfasst sowohl geodätische als auch geotechnische Messungen. Die maximale Setzung des Hochhauses beträgt 13 cm und wurde im Dezember 1998 gemessen (Bild 39).

Bild 37. Messeturm in Frankfurt am Main

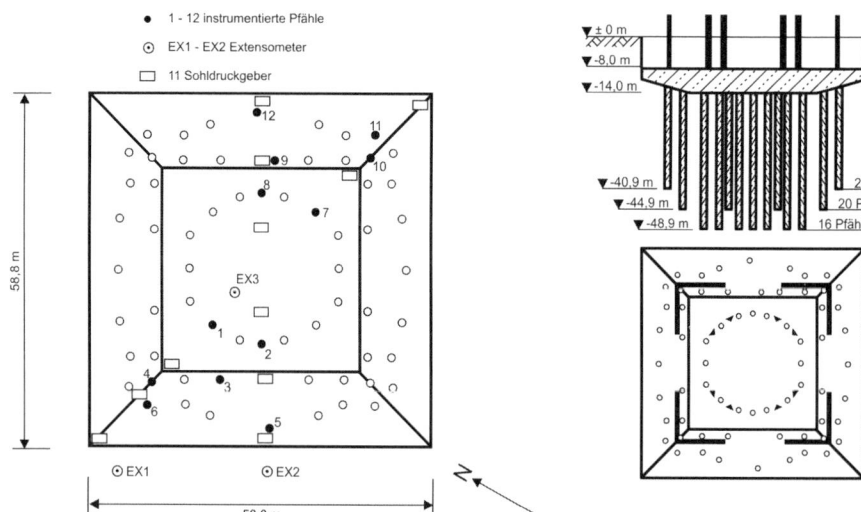

Bild 38. Gründung des Messeturms

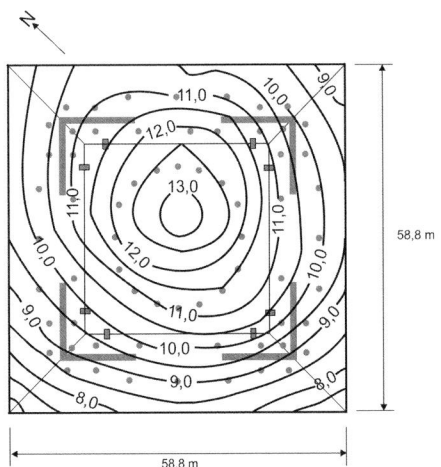

Bild 39. Gemessene Setzungen in [cm] im Dezember 1998

Für die Untersuchungen der Standsicherheit und Gebrauchstauglichkeit wurden numerische Berechnungen mithilfe der Finite-Elemente-Methode (FEM) ausgeführt. Zur Reduzierung der zeitlichen Aufwendungen für die Modellbildung und die Rechenläufe wurde nur ein Teil der Gründung abgebildet, wobei die Symmetrie im Grundriss ausgenutzt wurde (Bild 40).

Die FE-Berechnungen wurden „step-by-step" ausgeführt, um die verschiedenen Bauzustände zu erfassen. Zu diesen Bauzuständen gehören der Aushub der Baugrube, die Herstellung der Gründungselemente, Grundwasserabsenkungen, Aufbringen der Belastung durch das aufgehende Bauwerk und Grundwasserwiederanstieg. Zur Optimierung der Gründung wurde die Pfahlanzahl und die Pfahllänge in verschiedenen Berechnungen variiert. Zum Vergleich wurden zusätzliche FE-Berechnungen für eine klassische Pfahlgründung und eine Flachgründung durchgeführt. Bild 41 zeigt die berechneten Setzungen der realisierten KPP und die zu erwartenden Setzungen für eine Flachgründung sowie die tatsächlich gemessenen Setzungen.

Das rechnerische Maximum einer reinen Flachgründung liegt bei 32,5 cm. Die berechneten Setzungen der KPP liegen nahe bei der tatsächlich gemessenen maximalen Setzung von 13 cm. Der Pfahl-Plattenkoeffizient beträgt $\alpha_{KPP} = 0,43$ [84].

Verschiedene Pfahlprobebelastungen im Frankfurter Ton ergaben eine maximale Mantelreibungskraft für 20 m lange Pfähle von 60 kN/m² bis 80 kN/m². Bei den Pfählen des Messeturms wurden mobilisierte mittlere Mantelwiderstände von 90 kN/m² bis 105 kN/m² gemessen. Im Bereich der Pfahlfüße wurde sogar ein Mantelwiderstand von 200 kN/m² gemessen.

Vergleichsuntersuchungen zeigten, dass eine klassische Pfahlgründung 316 Pfähle mit einer Länge von 30 m benötigt hätte, um die gleichen Bauwerkslasten abtragen zu können. Im Vergleich zur ausgeführten KPP mit 64 Pfählen mit einer mittleren Pfahllänge von 30 m wurden erhebliche Mengen an Beton, Bewehrungsstahl, Wasser und Energie eingespart. Nach heutigen Maßstäben bedeutet dies eine Einsparung von mehr als 3,9 Mio. Euro.

3.8.5 KPP mit exzentrischer Belastung

Wie aus den vorgenannten Beispielen hervorgeht, dient die KPP als Setzungsbremse und verhilft zu einer wirtschaftlich optimierten Gründung. Sie kann auch eingesetzt werden, um bei exzentrisch belasteten Gründungen die Differenzsetzungen zu verringern oder ganz zu vermeiden. Exemplarisch hierzu werden nachfolgend einige große Bauprojekte hierzu vorgestellt.

3.8.5.1 Gebäudekomplex DZ-Bank in Frankfurt am Main

Der Gebäudekomplex der DZ-Bank steht im Frankfurter Bankviertel. Der Gebäudekomplex besteht aus einem 208 m hohen Büroturm mit 53 Stockwerken und einem 12 Stockwerke hohen Anbau, der das Hochhaus l-förmig an zwei Seiten umfasst (Bild 42) [85]. Es sind drei Untergeschosse vorhanden.

Aufgrund des großen Schlankheitsgrades von H/B = 4,7 wurde der Büroturm mit einer Bauwerkslast von 1.420 MN auf einer KPP gegründet, um Differenzsetzungen zu vermeiden [86]. Die KPP wurde im setzungsaktiven Frankfurter Ton abgesetzt. Die Gründung besteht aus einer 3 m bis 4,5 m dicken Fundamentplatte und 40 Bohrpfählen mit einem Durchmesser von 1,3 m und einer Länge von 30 m. Die Gründungstiefe beträgt 14,5 m unter GOF. Der Grundwasserspiegel liegt bei 5 m unter GOF. Die Pfähle sind unter den schweren Stützen des Büroturms angeordnet. Die 2.940 m² große Fundamentplatte des Büroturms ist vom Anbau durch eine Setzungsfuge getrennt. Der Anbau hat eine Grundrissfläche von rd. 3.000 m² [87]. Der Büroturm ist demnach auf seiner eigenen, zentrisch belasteten Gründung abgesetzt.

Im Rahmen der Beobachtungsmethode wurde die KPP mit geodätischen Messpunkten und geotechnischen Messeinrichtungen überwacht. Bild 43 zeigt die gemessene, während der Bauzeit von 1990 bis 1993 ansteigende Bauwerkslast sowie die gemessenen Lasten und Setzungen der KPP sind in Abhängigkeit von der Zeit in Bild 44 dargestellt.

Die Bauwerkslast wird ungefähr je zur Hälfte von den Pfählen und der Fundamentplatte abgetragen.

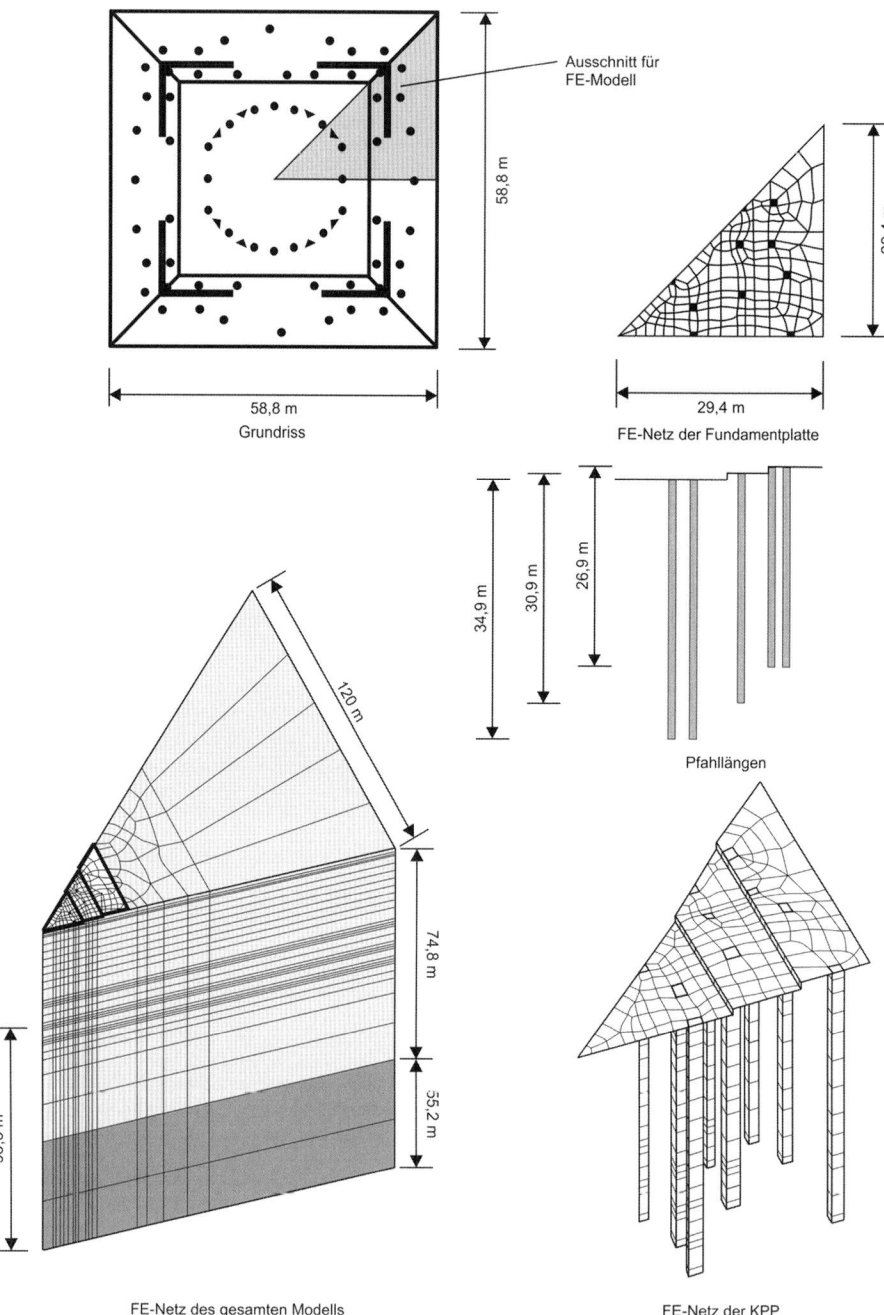

Bild 40. FE-Modell der Gründung

Kombinierte Pfahl-Plattengründung 261

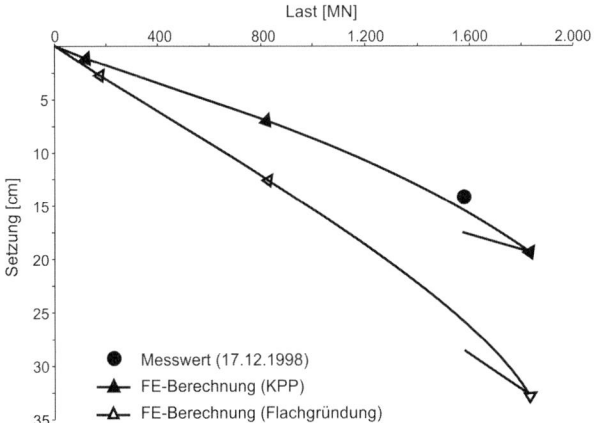

Bild 41. Berechnete und gemessene Setzungen

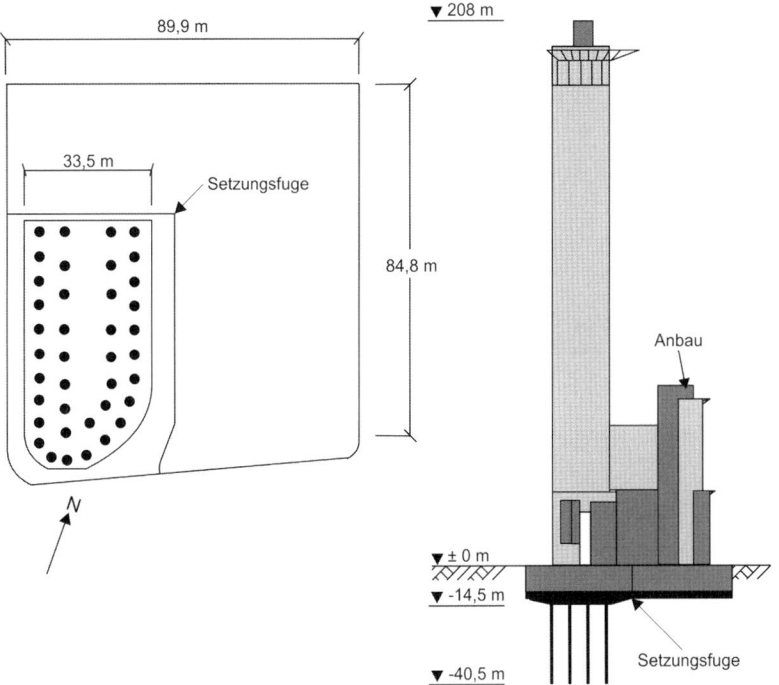

Bild 42. Gebäudekomplex DZ-Bank

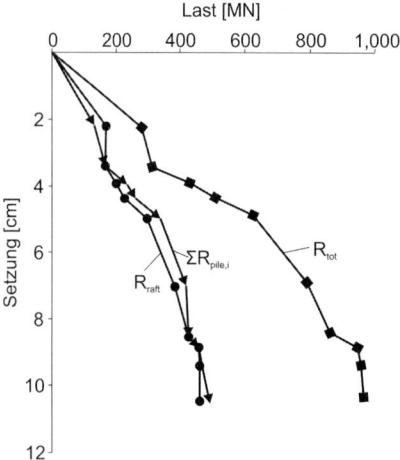

Bild 43. Gemessene Last-Setzungskurven der KPP

Der Pfahl-Plattenkoeffizient beträgt damit α_{KPP} = 0,5 [88]. Diese Lastaufteilung war über die Bauphase nahezu konstant. Bei Rohbauende wurden im Zentrum der KPP 9 cm Setzung gemessen. Zu diesem Zeitpunkt betrugen die gemessenen Pfahllasten zwischen 9,2 MN und 14,9 MN, während unter der Fundamentplatte ein Sohldruck von 150 kN/m² gemessenen wurde. Der Porenwasserdruck wurde mit 50 kN/m² gemessen.

3.8.5.2 Gebäudekomplex American Express in Frankfurt am Main

Der Gebäudekomplex American Express in Frankfurt am Main ist 74 m hoch und wurde in den Jahren 1991 und 1992 errichtet. Die Fundamentplatte ist exzentrisch durch den 16-stöckigen Büroturm belastet (Bild 45). Der gesamte Gebäudekomplex ist auf einer gemeinsamen Fundamentplatte ohne Setzungsfugen zwischen dem Büroturm und dem Anbau gegründet. Zur Minimierung der Differenzsetzungen wurden unter dem Büroturm 35 Bohrpfähle angeordnet. Die Pfähle haben einen Durchmesser von 0,9 m und eine Länge von 20 m. Die Gründung des Gebäudekomplexes ist die erste ihrer Art in Deutschland, bei der die stark exzentrische Belastung durch eine entsprechende Anordnung von Pfählen beherrscht wurde [89]. Setzungsfugen wurden nicht erforderlich.

3.8.5.3 Büroturm Japan Center in Frankfurt am Main

Der 115,3 m hohe Büroturm Japan Center steht ebenfalls im Frankfurter Bankenviertel. Der Büroturm hat vier Untergeschosse und 29 Erd- und Obergeschosse mit einem Grundriss von 36,6 m × 36,6 m (Bild 46).

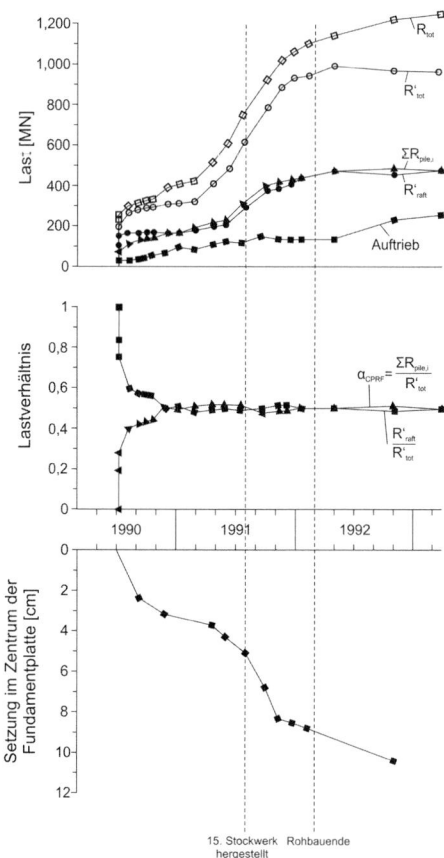

Bild 44. Gemessene Lasten und Setzungen

Die Gründungstiefe unter GOF beträgt 15,8 m. Die gesamte Bauwerkslast beträgt 1.050 MN. Die Fundamentplatte hat in der Mitte eine Dicke von 3 m und am Rand von 1 m. Die Fundamentplatte ist durch eine erhebliche Ausmitte mit 7,5 m beansprucht. Die 25 Bohrpfähle mit einem Durchmesser von 1,3 m und einer Länge von 22 m wurden daher unter dem Büroturm konzentriert, um gleichmäßige Setzungen für die gesamte Gründung zu gewährleisten.

Im Projektareal liegt der Übergang zwischen dem setzungsaktiven Frankfurter Ton und den felsigen Frankfurter Kalken etwa 43 m unter GOF, also nur rd. 5 m unter dem Ende der Bohrpfähle. Das Last-Verformungsverhalten der KPP wird demnach auch durch den sehr steifen Felshorizont beeinflusst. Die KPP wurde mit geodätischen Messpunkten und geotechnischen Messeinrichtungen im Rahmen der Beobachtungsmethode überwacht. Bild 47 zeigt die

Kombinierte Pfahl-Plattengründung

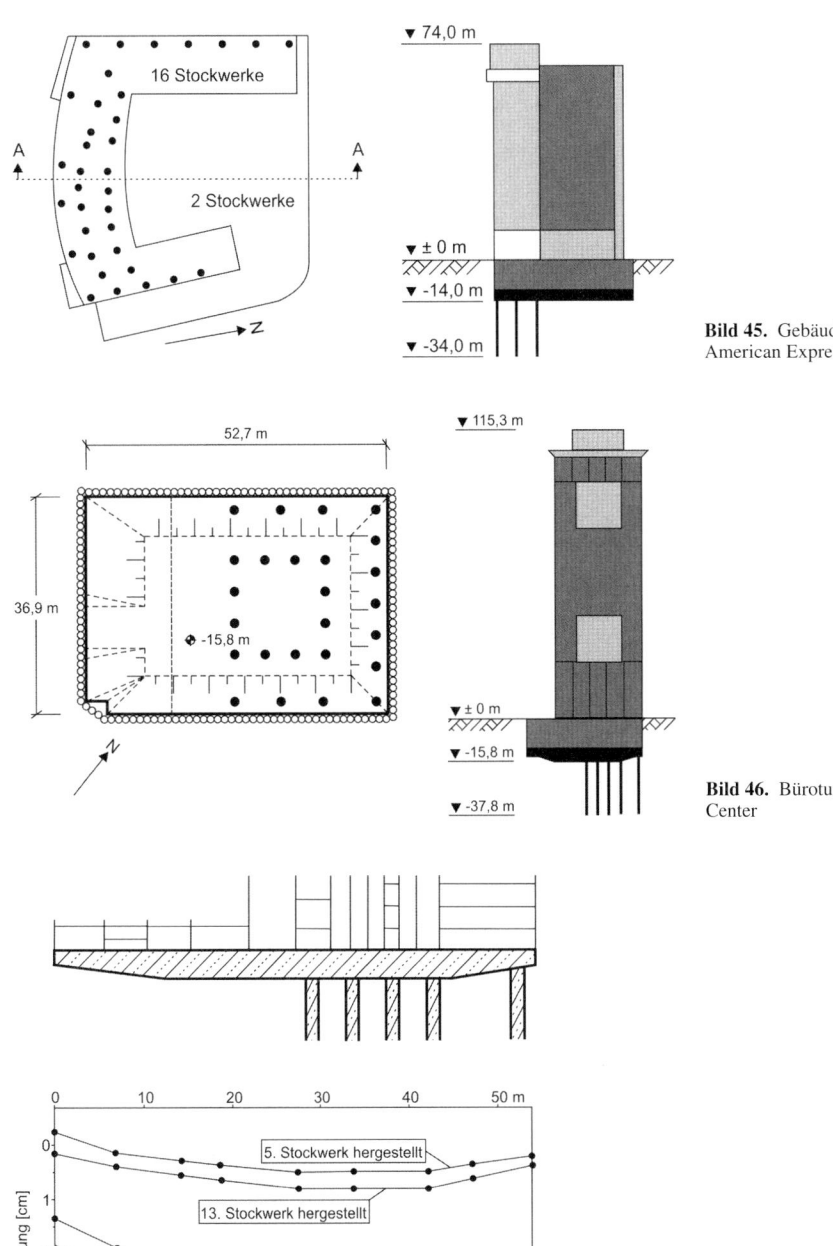

Bild 45. Gebäudekomplex American Express

Bild 46. Büroturm Japan Center

Bild 47. Gemessene Setzungen der KPP

gemessenen Setzungen der Fundamentplatte bis sechs Monate nach Rohbauende. Die Setzungen betragen 1,9 cm bis 3,6 cm [90]. Die Fundamentplatte trägt etwa 60 % und die Pfähle tragen etwa 40 % der Bauwerkslasten. Die gemessenen Pfahllasten betragen zwischen 7,9 MN und 13,8 MN.

3.8.5.4 Bürokomplex Kastor und Pollux in Frankfurt am Main

Der Bürokomplex Kastor und Pollux (auch: Forum Frankfurt) steht ca. 150 m südöstlich des Messeturms in vergleichbarem Baugrund. Der Bürokomplex besteht aus zwei Bürotürmen, die 94 m (Kastor) und 130 m (Pollux) hoch sind (Bilder 48 und 49). Die beiden Bürotürme sind sich gegenüberliegend auf einer 120,5 m langen, dreigeschossigen Tiefgarage angeordnet.

Die 14.000 m^2 große Fundamentplatte ist durch die zwei Bürotürme sehr stark exzentrisch belastet. Daher wurden unter dem Büroturm Kastor 26 Bohrpfähle und unter dem Büroturm Pollux 22 Bohrpfähle angeordnet. Die Pfähle haben einen Durchmesser von 1,3 m und eine Länge von 20 m bzw. 30 m. Die Dicke der Fundamentplatte beträgt 3 m unter den Bürotürmen und 1 m im übrigen Bereich [90, 91]. Bei Rohbauende der beiden Bürotürme im Jahr 1996 wurden im Bereich der Tiefgarage 4 cm bis 6 cm Setzungen und im Bereich der Bürotürme 6 cm bis 7 cm gemessen (Bild 50). Der Pfahl-Plattenkoeffizient beträgt $\alpha_{KPP} = 0{,}35$ bis 0,40.

3.8.5.5 Büroturm Sony Center in Berlin

Der Büroturm des Sony Centers am Potsdamer Platz in Berlin ist 103 m hoch. Der Büroturm hat eine Grundfläche von 2.600 m^2 und wurde von 1998 bis 2000 errichtet. Gegründet wurde der Büroturm auf einer KPP in schwierigen Baugrundverhältnissen. In ca. 11 m bis 12 m unter GOF steht eine halbfeste eiszeitliche Ablagerungsschicht an. Die Fundamentplatte liegt direkt über dieser Schicht [92, 93]. Die KPP besteht aus einer 1,5 m bis 2,5 m dicken Fundamentplatte und 44 Bohrpfählen mit einem Durchmesser von 1,5 m und einer Länge von 20 m bis 25 m (Bild 51).

3.8.6 KPP in Kombination mit Deckelbauweise

Der Main Tower in Frankfurt am Main ist ein 198 m hoher Büroturm mit fünf Untergeschossen und 57 Erd- und Obergeschossen (Bild 52). Die gesamte

Bild 48. Messeturm (links), Kastor (Mitte) und Pollux (links)

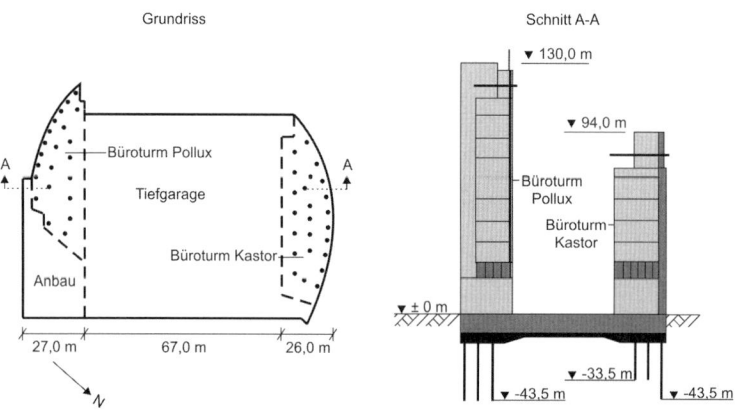

Bild 49. Bürokomplex Kastor und Pollux

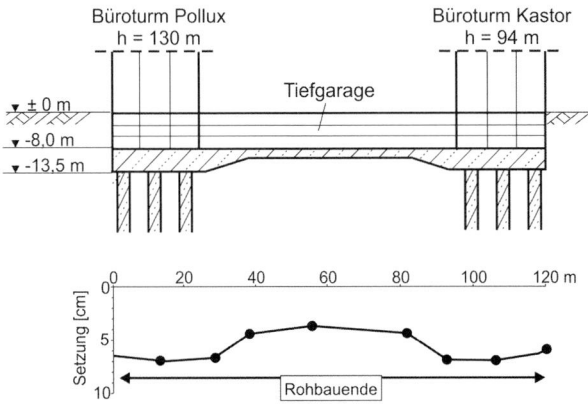

Bild 50. Gemessene Setzungen der KPP

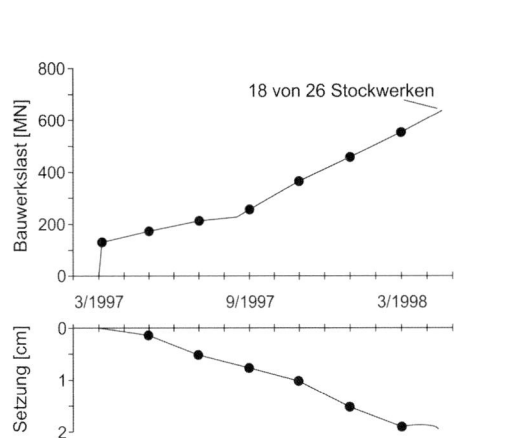
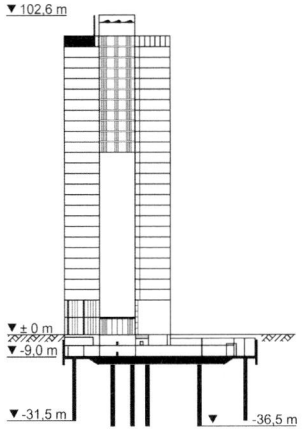

Bild 51. Büroturm des Sony Centers

Bauwerkslast beträgt 1.900 MN. Die Gründungsebene liegt 21 m tief unter GOF bzw. 14 m unterhalb des Grundwasserspiegels. Die Fundamentplatte hat eine Dicke von 3 m bis 3,8 m.

Der Büroturm wurde in den Jahren 1996 bis 1999 in Deckelbauweise (engl. top-down-methode) errichtet. Das bedeutet, dass die Herstellung der Verbaukonstruktion, der temporären und permanenten Tiefgründungselemente, der Aushub, die Herstellung der Untergeschosse und der Fundamentplatte sowie die Herstellung der aufgehenden Konstruktion parallel erfolgten (Bild 53).

Die Gründung mit KPP und die Deckelbauweise wurden gewählt, um die Setzungen und Differenzsetzungen des Main Towers selbst, aber auch die der Nachbargebäude so gering wie möglich zu halten, um die Gebrauchstauglichkeit nicht zu beeinträchtigen [16, 35]. Die KPP hat 112 Bohrpfähle mit einem Durchmesser von 1,5 m und einer Länge von 30 m. Die Pfähle enden 3 m bis 8 m oberhalb der felsigen Frankfurter Kalke. Die Verbaukonstruktion besteht aus einer überschnittenen Bohrpfahlwand mit 257 Pfählen. Der Durchmesser der Verbaupfähle beträgt 0,9 m bzw. 1,5 m. Zur Erfassung der Baugrund-Tragwerk-Interaktion der KPP sowie der Verbaukonstruktion wurde die gesamte Baumaßnahme durch ein umfangreiches geodätisches und geotechnisches Messprogramm überwacht (Bild 54).

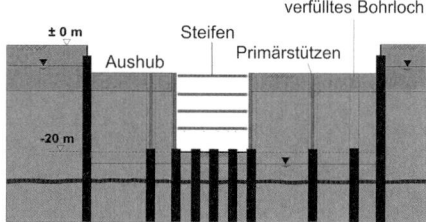

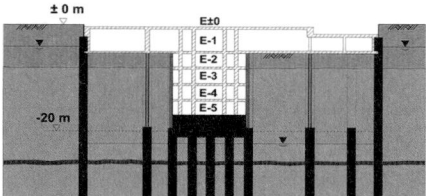

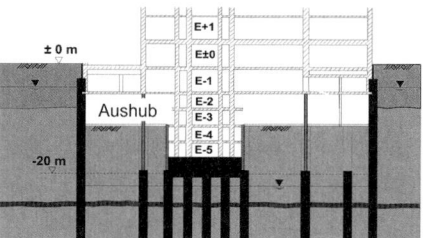

Bild 52. Main Tower in Frankfurt am Main

Die horizontalen Verschiebungen der Verbauwand wurde auch durch 14 Inklinometer überwacht, die hinter der Verbauwand angeordnet waren. Mit 17 Extensometern wurden die vertikalen Verschiebungen bis in eine Tiefe von 140 m unter GOF gemessen. Während der Bauphase wirken die Pfähle als klassische Pfahlgründung. Nach Herstellung der Fundamentplatte ergab sich dann planmäßig die Tragwirkung aller Gründungselemente als KPP. Zur Erfassung des hochkomplexen Trag-Verformungsverhaltens wurden 17 Pfähle mit Kraftmessdosen am Pfahlfuß und 14 Pfähle mit Kraftmessdosen am Pfahlkopf ausgestattet. Um die Lastverteilung entlang der Pfähle und damit die mobilisierbaren Mantelreibungen messen zu können, wurden 21 Pfähle mit 335 Dehnungsmessern instrumentiert.

3.8.7 Hochhausgründung neben S-Bahn-Tunnel in setzungsaktivem Baugrund

In der dicht bebauten Innenstadt von Offenbach am Main wurde der 140 m hohe City-Tower im setzungsaktiven Rupelton auf einer KPP gegründet [94, 95]. In einem Abstand von nur 4 m verläuft ein S-Bahn-Tunnel parallel zum Projektareal (Bild 55).

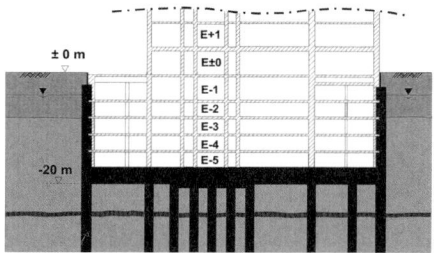

Bild 53. Deckelbauweise

Für die Bemessung der KPP wurden umfangreiche numerische Berechnungen unter Berücksichtigung der Symmetrieachse durchgeführt. Dabei wurde insbesondere die Lasthistorie des Projektareals durch Simulation des Rückbaus des bestehenden Bauwerks sowie der Aushub der Baugrube und der Neubau des Hochhauses erfasst. Bild 56 zeigt das FE-Netz der optimierten knapp halben KPP. Die KPP besteht aus 36 Pfählen mit einer Länge zwischen 25 m (Rand) und 35 m (Zentrum). Der Pfahldurchmesser beträgt 1,50 m. Die Fundamentplatte hat eine Dicke von rd. 3 m.

Kombinierte Pfahl-Plattengründung

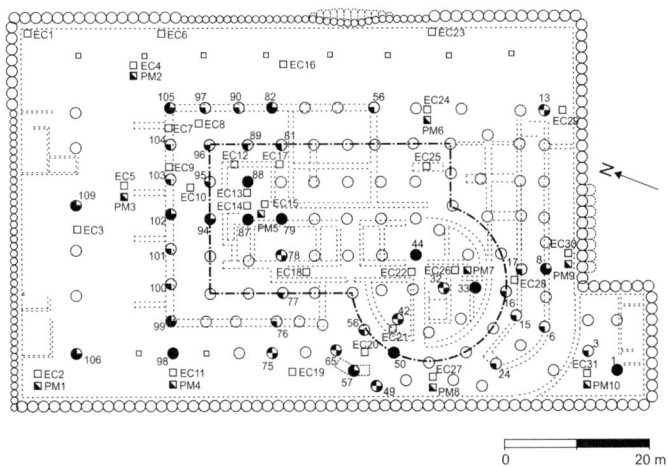

◐ 100	Gründungspfahl mit Schwingsaitensensor am Primärpfahl	☐ EC Sohldruckgeber unter Fundamentplatte
● 106	Gründungspfahl mit Dehnungsmesser und Kraftmessdose am Pfahlfuß	◣ PM Piezometer
◕ 75	Gründungspfahl mit Kraftmessdose am Pfahlkopf	● 98 Gründungspfahl mit Dehnmessstreifen sowie Kraftmessdose am Pfahlkopf und Pfahlfuß

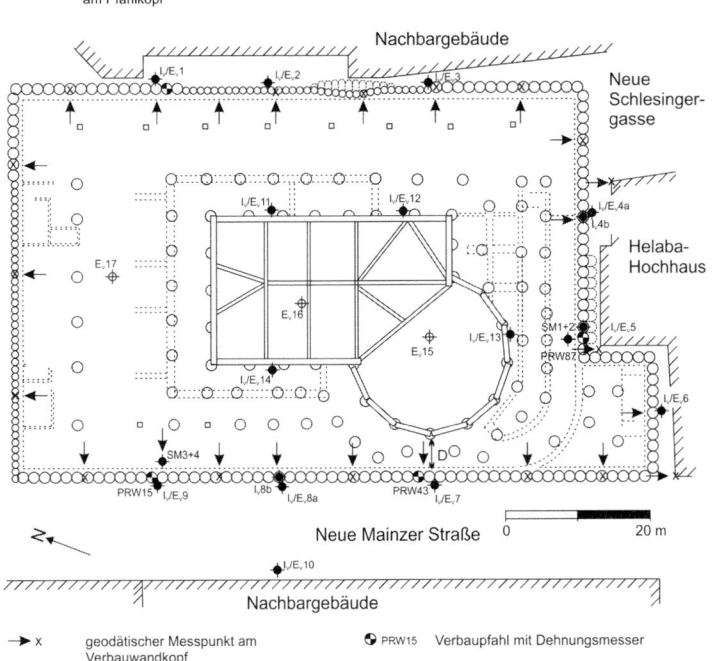

→ x	geodätischer Messpunkt am Verbauwandkopf	◔ PRW15 Verbaupfahl mit Dehnungsmesser
◆ I/E,1	Kombination Inklinometer und Extensometer (Tiefe = 100 m)	◆ SM1+2 Erddruckgeber
⊕ E,17	Extensometer (Tiefe = 140 m)	←→ D Monitoring der Kräfte in Decke

Bild 54. Messtechnische Instrumentierung der KPP (oben) und der Verbauwand (unten)

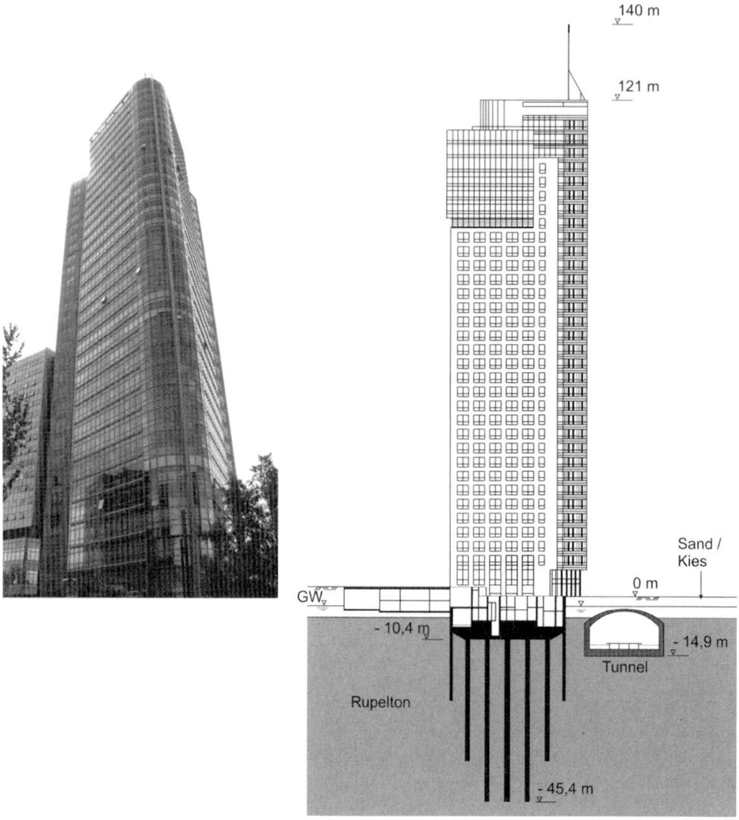

Bild 55. City-Tower in Offenbach am Main

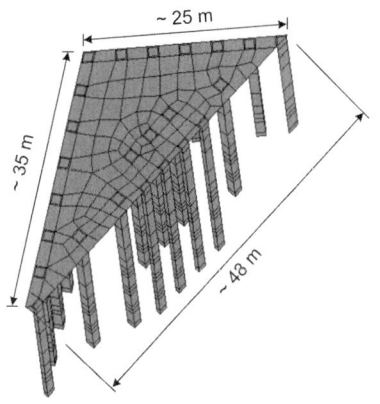

Bild 56. FE-Netz der KPP

Aufgrund der Komplexität der Baumaßnahme im Nahbereich zum S-Bahn-Tunnel wurde ein umfassendes geotechnisches und geodätisches Messprogramm installiert. Bild 57 zeigt die Gründung im Grundriss sowie die zugehörige geotechnische Instrumentierung.

Insgesamt wurden sechs Gründungspfähle messtechnisch instrumentiert. Hierzu zählen Kraftmessdosen am Pfahlkopf und Pfahlfuß sowie 8 Dehnungsmessgeber in vier verschiedenen Tiefen entlang des Pfahls. Die durch den Neubau erzeugten Setzungen wurden mit einem Extensometer unter dem Hochhauskern und einem Extensometer zwischen Verbaukonstruktion und S-Bahn-Tunnel gemessen. Darüber hinaus wurde ein Inklinometer hinter der Verbaukonstruktion zur Messung der horizontalen Verformungen im Bereich des Tunnels installiert. Bild 58 zeigt schematisch die Anordnung von Kraftmessdosen, Sohldruckgebern und Piezometern.

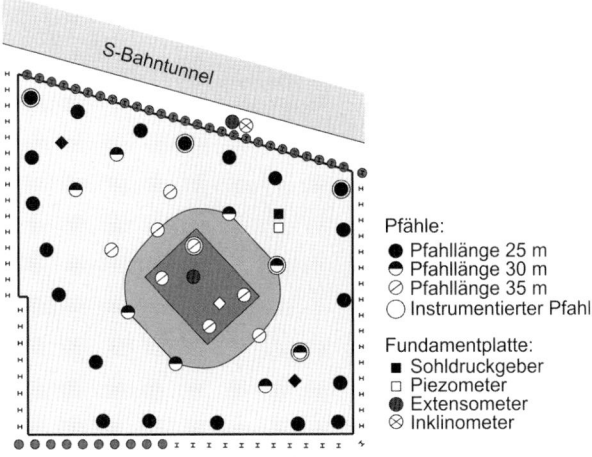

Bild 57. Grundriss der KPP und geotechnische Instrumentierung

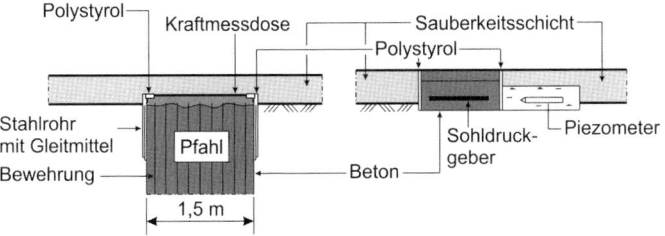

Bild 58. Schematische Darstellung der geotechnischen Instrumentierung

3.8.8 Spezialgründung auf Verwerfungslinie

Im Zuge der Baugrunderkundung für das 2007 eröffnete Darmstädter Wissenschafts- und Kongresszentrum (Darmstadtium, Bild 59) stellte sich heraus, dass das Baufeld durch die Rheintalgrabenrandverwerfung zweigeteilt ist (Bild 60) [96]. Im nördlichen und westlichen Bereich stehen die Lockersedimente des Rheintalgrabens an. Im östlichen und südlichen Bereich trifft man auf den Fels des Odenwaldkristallin (Granodiorit).

Bis in die Gegenwart sind entlang der Verwerfungszone die tektonischen Vorgänge nicht abgeklungen. Die westlich der Rheintalgrabenrandverwerfung im Rheintalgraben liegenden Teile Darmstadts sinken um bis zu 0,5 mm pro Jahr ab. Daher mussten das Gründungssystem und die aufgehende Konstruktion auf die tektonischen Zwangsverformungen ausgelegt werden. Die Gründung im Felsbereich erfolgte als Flachgründung und im Bereich des Rheintalgrabens als KPP (Bild 61).

3.8.9 Hochhausgründung in Hanglage

Der Gebäudekomplex Mirax Plaza in Kiew, Ukraine, besteht aus zwei Hochhaustürmen, die beide jeweils 46 Stockwerke haben werden und 192 m hoch sind, einem Parkhaus und einer Einkaufspassage (Bild 62). Der Gebäudekomplex wird am Fuß einer mehrere Dekameter hohen, natürlichen Böschung errichtet. Die Baugrund- und Grundwassersituation sowie ein Schnitt durch den Gebäudekomplex sind in Bild 63 dargestellt.

Zur Bestimmung der Pfahltragfähigkeiten und zur Kalibrierung der numerischen Berechnungen wurden Pfahlprobebelastungen auf dem Projektareal ausgeführt. Die Pfähle haben einen Durchmesser von 0,82 m und eine Länge von 10 m bzw. 44 m. Die numerischen Rückrechnungen der Pfahlprobebelastungen zur Kalibrierung der numerischen Berechnungen zeigten, dass die anzusetzenden bodenmechanischen Parameter z. T. dreimal höher sind, als in den geotechnischen Berichten zur Baugrund-

Bild 59. Ansicht des Darmstadtiums

Bild 60. Verlauf der Rheintalgrabenrandverwerfung innerhalb der Baugrube

erkundung angegeben. Bild 64 zeigt das Ergebnis der Probebelastung an Pfahl Nr. 2 und die zugehörige numerische Rückrechnung (engl. back-analysis). Die Rückrechnung zeigt eine gute Übereinstimmung mit den Messdaten der Pfahlprobebelastung.

Die Ergebnisse der Pfahlprobebelastungen und der numerischen Rückrechnungen wurden für dreidimensionale FE-Berechnungen der Gründung des Hochhausturms A verwendet, wobei die Symmetrie ausgenutzt wurde (Bild 65).

Der Hochhausturms A hat eine Grundfläche von 2.000 m² und eine Bauwerkslast von 2.200 MN. Der Turm ist auf einer KPP mit 64 Barretten gegründet. Die Barrette haben einen Grundriss von 2,8 m × 0,8 m und eine Länge von 33 m. Die Fundamentplatte liegt im Tonmergel rd. 10 m unter GOF. Die Barrette reichen bis in die tertiären Feinsande. Das FE-Modell und die berechneten Setzungen sind in Bild 66 dargestellt.

Die FE-Berechnungen ergaben Barrettlasten zwischen 22,1 MN und 44,5 MN. Die Lasten der äußeren Barrette betragen zwischen 41,2 MN und 44,5 MN. Die Lasten der inneren Barrette betragen maximal 30,7 MN. Insgesamt zeigt die KPP damit eine typische Lastverteilung. Die Tiefgründungselemente am Rand der Fundamentplatte erhalten mehr Last aufgrund der größeren Steifigkeit des Baugrunds, die sich aus dem größeren aktivierbaren

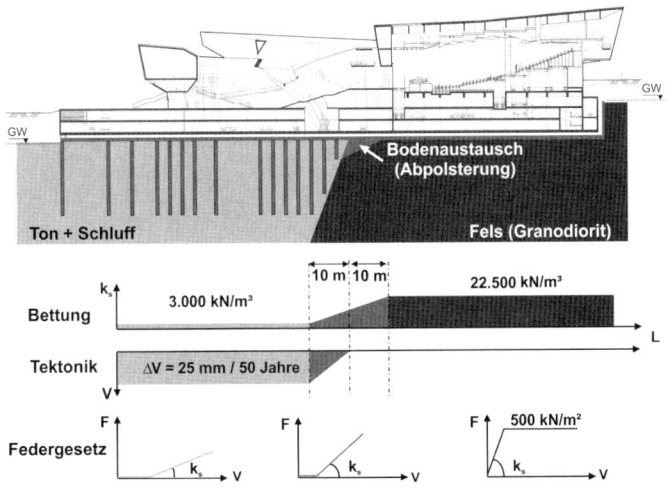

Bild 61. Gründungssystem des Darmstadtiums

Bild 62. Mirax Plaza in Kiew, Ukraine

Bodenvolumen ergibt, als dies bei den innen liegenden Tiefgründungselementen der Fall ist. Insgesamt hat die KPP einen Pfahl-Plattenkoeffizienten von $\alpha_{KPP} = 0{,}88$. Die maximalen berechneten Setzungen betragen 12 cm, wobei eine setzungserzeugende Last von 85 % der gesamten ständigen und veränderlichen Lasten angesetzt wurde. Die berechnete Sohlpressung unter der Fundamentplatte beträgt weitestgehend unter 200 kN/m². Am Rand der Fundamentplatte steigen die Sohlpressungen bis auf 400 kN/m² an. Die rechnerischen Pressungen unter den Barrettfüßen betragen 5.100 kN/m² (außen liegende Barrette) und 4.130 kN/m² (innen liegende Barrette). Die berechnete Mantelreibung nimmt mit der Tiefe zu und beträgt 180 kN/m² für außen liegende Barrette und 150 kN/m² für innen liegende Barrette.

Zur messtechnischen Überwachung wurden außer den geodätischen Messpunkten drei Sohldruckgeber unter der Fundamentplatte angeordnet und ein außen liegendes und ein innen liegendes Barrett instrumentiert.

Die KPP des Mirax Plaza ist die erste KPP in der Ukraine. Im Vergleich zur ausgeführten KPP hätte eine klassische Tiefgründung insgesamt 120 Barrette mit gleichem Querschnitt und einer Länge von 40 m benötigt. Insgesamt wurden erhebliche Mengen an Beton, Bewehrungsstahl, Wasser und Energie eingespart. Nach heutigen Maßstäben bedeutet dies eine Einsparung von mehr als 2,4 Mio. Euro [97].

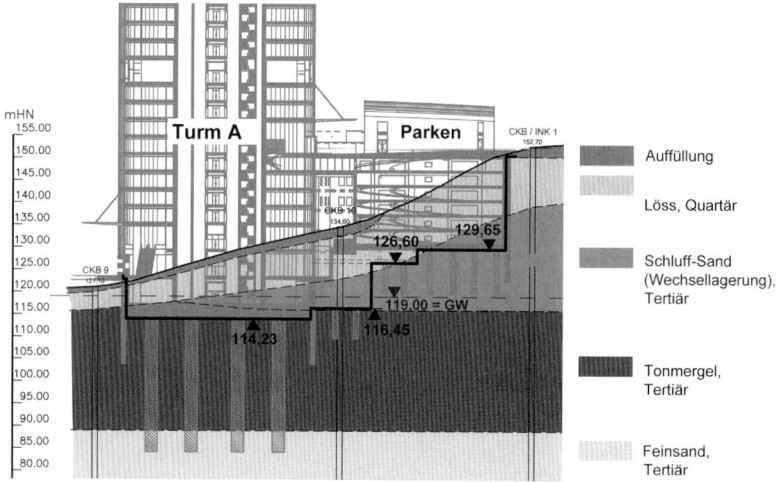

Bild 63. Baugrund- und Grundwassersituation

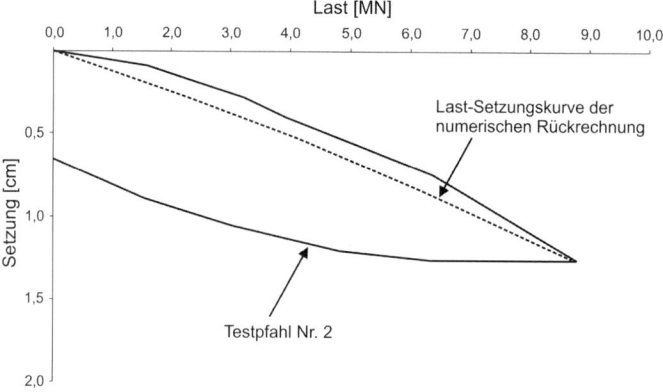

Bild 64. Messdaten der Pfahlprobebelastung und Ergebnis der numerischen Rückrechnung

3.8.10 Horizontal belastete KPP

Die Ausstellungshalle 3 der Messe in Frankfurt am Main wurde 2001 fertiggestellt und ist eine der größten Ausstellungshallen in Europa. Die stützenfreie Halle hat eine Länge von 210 m und eine Höhe von bis zu 45 m. Das Dach hat eine freie Spannweite von 165 m und wurde als doppelt gebogenes, dreidimensionales Tragwerk konzipiert. Der Querschnitt ist in Bild 67 dargestellt. Auf beiden langen Seiten der Halle sind sechs A-Stahlrahmen angeordnet, die die horizontalen und die vertikalen Lasten in den Baugrund abtragen (Bild 68). Die A-Stahlrahmen haben eine Höhe von 24 m und bestehen aus zwei Stahlrohren [98, 99].

Die Baugrund- und Grundwassersituation ist ebenfalls in Bild 67 dargestellt. Unter der GOF steht eine Schicht aus Auffüllungen und quartären Sanden und Kiesen an. Die Schichtdicke beträgt zwischen 5 m und 9 m. Darunter folgt der setzungsaktive, tertiäre Frankfurter Ton. Im Zuge der Baugrunderkundung wurde festgestellt, dass in einem Teilbereich tertiäre Sande und Kiese anstehen, der das Projektareal diagonal durchzieht.

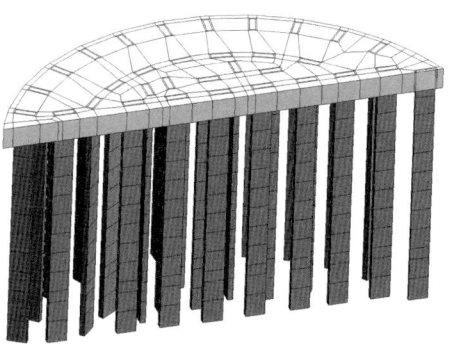
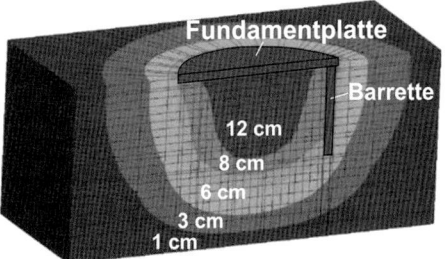

Bild 66. FE-Modell und berechnete Setzungen

Bild 65. FE-Netz der KPP

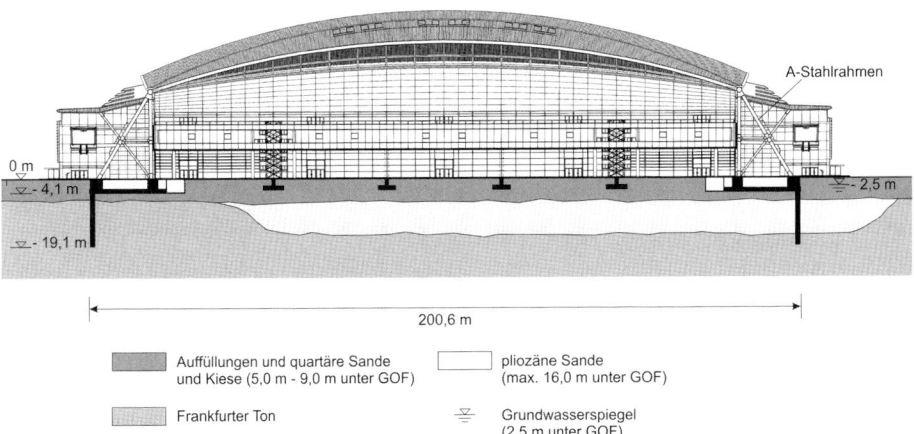

Bild 67. Messehalle 3 in Frankfurt am Main

Aufgrund der starken Interaktion zwischen aufgehender Konstruktion, der Gründung und dem Baugrund wurden zur Gewährleistung der Gebrauchstauglichkeit des Tragwerks strenge Grenzwerte für die Setzungen und Differenzsetzungen festgelegt. Die Bemessung der horizontal belasteten KPP erfolgte in dreidimensionalen numerischen Berechnungen. Beidseits der Halle wurden die A-Stahlrahmen auf jeweils eine KPP abgesetzt, die aus einer Fundamentplatte und jeweils 14 Bohrpfählen besteht. Die Fundamentplatte hat eine Dicke von 1,4 m, eine Länge von 127,5 m und eine Breite von 22,15 m. Die Bohrpfähle haben einen Durchmesser von 1,5 m und eine Länge von 15 m.

Die horizontalen Verschiebungen der KPP wurden mit vier Inklinometern überwacht, die bis 50 m unter GOF reichen. Für die Messung der vertikalen Verschiebungen wurden vier Extensometer angeordnet. Zur Vervollständigung des Messprogramms wurden außerdem geodätische Messpunkte angeordnet und Kraftmessdosen und Dehnungsmesser in die A-Stahlrahmen eingebaut. Die gemessenen horizontalen Verschiebungen betragen 1 cm. Die gemessenen vertikalen Verschiebungen betragen 1 cm bis 3,5 cm.

Das Beispiel zeigt, dass eine KPP auch zum Lasttransfer großer horizontaler Lasten geeignet ist.

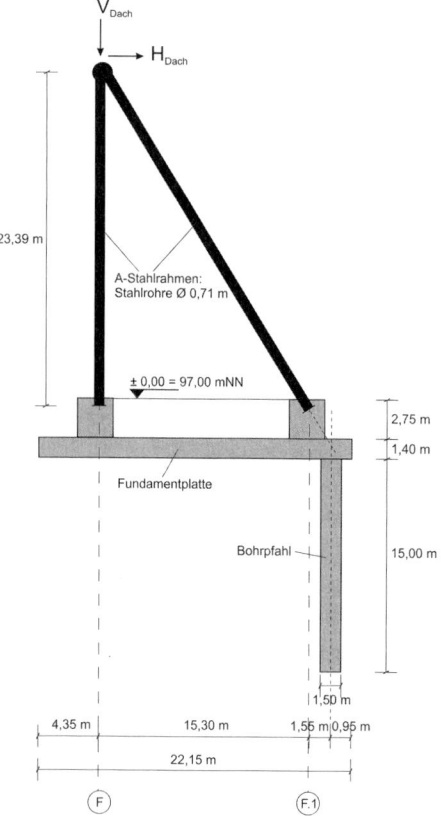

Bild 68. A-Stahlrahmen und horizontal belastete KPP

3.9 Gewährleistung der Sicherheit, Qualität und Wirtschaftlichkeit

Bei der baustatischen Prüfung eines neuen Hochhauses in Frankfurt am Main wurde die Bauaufsichtsbehörde vom Prüfingenieur für Baustatik um Einschaltung eines bauaufsichtlich anerkannten Prüfsachverständigen für Erd- und Grundbau gebeten.

Die Baumaßnahme war aufgrund ihrer Komplexität in die Geotechnische Kategorie GK 3 einzuordnen. Darüber hinaus fordert die Richtlinie zur Bemessung und Herstellung von Kombinierten Pfahl-Plattengründungen (KPP-Richtlinie) zwingend die Einschaltung eines Prüfsachverständigen für Erd- und Grundbau [38].

In der Planungsphase war, basierend auf der gemäß [12–14] durchgeführten Baugrunderkundung, von dem für Frankfurt typischen Baugrundaufbau auf dem Projektareal ausgegangen worden. Unter den rd. 10 m dicken Auffüllungen und quartären Kiesen steht die als Frankfurter Ton bezeichnete, tertiäre Hydrobienschicht an. Die Hydrobienschicht besteht aus einer Wechselfolge von steifen bis halbfesten Tonen, klüftigen Kalk- und Dolomitsteinbänken und unregelmäßigen Kalksandlagen. Der Frankfurter Ton wird von den als Frankfurter Kalke bezeichneten, felsigen tertiären Inflatenschichten unterlagert. Die Gründung des Hochhauses wurde daraufhin als Kombinierte Pfahl-Plattengründung im Frankfurter Ton geplant.

Durch ergänzende Baugrunderkundung wurde im Zuge der Prüfung festgestellt, dass auf dem Projektareal die Schichtgrenze zwischen dem setzungsaktiven Frankfurter Ton und den felsigen Frankfurter Kalken um mehrere Meter verspringt. Die Oberkante der Frankfurter Kalke liegt deutlich höher als ursprünglich angenommen, sodass die Pfähle der Kombinierten Pfahl-Plattengründung (KPP) in ihrer geplanten Länge zum Teil in die Frankfurter Kalke eingebunden hätten.

Die Einbindung der Pfähle der KPP in die wesentlich steiferen Frankfurter Kalke hätte ohne Anpassung der Planung und Neuberechnung schädliche Folgen für das Hochhaus gehabt: Die im Fels stehenden Pfähle wären überbeansprucht worden, der Durchstanznachweis für die Fundamentplatte wäre nicht erfüllt und das Hochhaus hätte sich über ein zulässiges Maß hinaus verkantet. Durch frühzeitige Einschaltung des Prüfsachverständigen für Erd- und Grundbau wurden das Gründungsdesign überarbeitet und die KPP mit verkürzten Pfählen schadensfrei realisiert. Bild 69 zeigt die Varianten der ursprünglichen Planung sowie der letztendlich umgesetzten Ausführung.

4 Sondergründungen

In diesem Abschnitt werden ausgewählte Sondergründungen behandelt. Hierzu zählen:

- geothermisch aktivierte Gründungssysteme,
- Wiedernutzung von Bestandsgründungen,
- Senkkastengründungen,
- Brunnengründungen,
- Offshore-Gründungen.

Planung, Dimensionierung und Bau dieser Sondergründungen bedürfen eines erweiterten Fachwissens und großer Erfahrung zur erfolgreichen Umsetzung. Dies gilt sowohl für Planer, Genehmigungsinstanzen, Bauausführende und auch Prüfer.

4.1 Geothermisch aktivierte Gründungssysteme

Die Nutzung geothermischer Energie zur Bauwerkstemperierung erlaubt einen umweltfreundli-

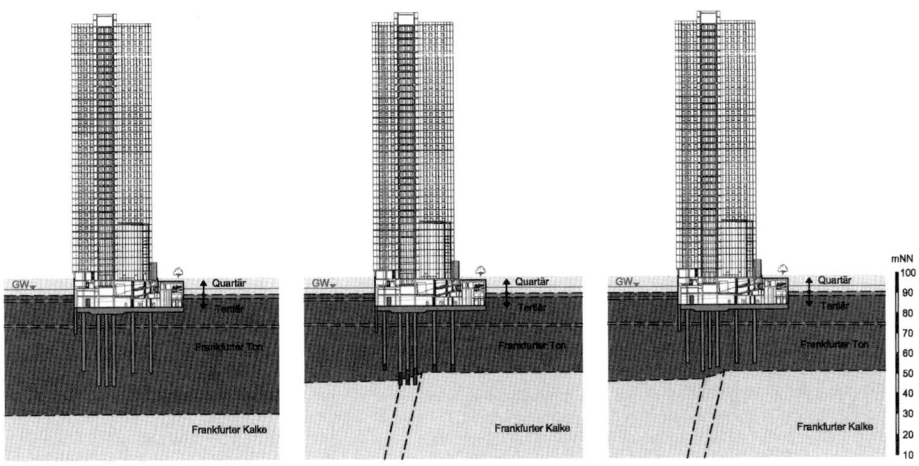

Bild 69. Geplante Gründung nach erster Baugrunderkundung (links), geplante Gründung nach ergänzender Baugrunderkundung (Mitte) und ausgeführte Gründung (rechts)

chen, nachhaltigen Betrieb. Da der Betrieb von Bauwerken rd. 40% bis 50% des Endenergieverbrauchs in Deutschland ausmacht, bietet die Geothermie eine Möglichkeit zur energieeffizienten Temperierung [100]. Geothermie ist die Nutzung des Baugrunds und des Grundwassers zur Gewinnung und Speicherung von thermischer Energie.

Geothermisch aktivierte Gründungssysteme können sowohl Flach- als auch Tiefgründungen sein. Neuerdings werden auch massive Verbaukonstruktionen zur Gebäudetemperierung mit einbezogen [101, 102]. Darüber hinaus können mithilfe der Geothermie auch Verkehrsflächen wie z. B. Bahnsteige und Brücken im Winter schnee- und eisfrei gehalten werden [103–105].

Je nach Randbedingung können unterschiedliche Systeme zur Gewinnung der geothermischen Energie zur Anwendung kommen. Hierzu zählen Geothermiesonden, Flächenkollektoren oder die direkte Nutzung des Grundwassers. Darüber hinaus können massive Fundamentbauteile, i. d. R. Stahlbetonpfähle, als Massivabsorber genutzt werden.

4.1.1 Physikalische Grundlagen

Geothermisch aktivierte Gründungssysteme entziehen im Winter dem gegenüber der Außentemperatur wärmeren Baugrund Energie. Über eine Wärmepumpe wird diese Energie zu Heizzwecken einem Bauwerk zugeführt. Im Sommer wird der im Vergleich zur Außentemperatur kühlere Baugrund zum Kühlen eines Gebäudes benutzt [106]. Das Prinzip dieses saisonalen Thermospeichers ist in Bild 70 dargestellt.

Wärmeübertragung bzw. Wärmetransport erfolgen in Richtung des niedrigeren Temperaturniveaus. Sie erfolgen stoffgebunden als Wärmeleitung (Konduktion), Wärmemitführung (Konvektion) und Dispersion sowie nicht stoffgebunden in Form von Wärmestrahlung.

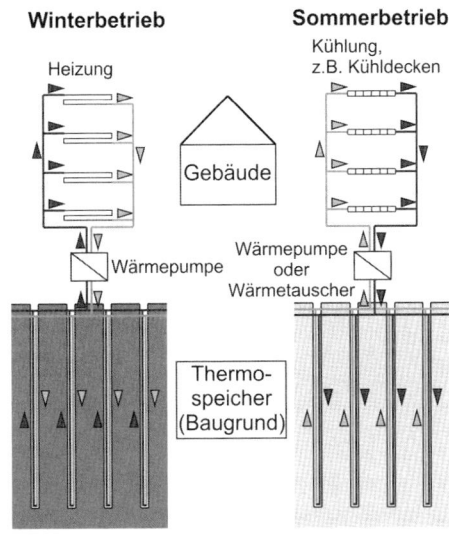

Bild 70. Saisonaler Thermospeicher

Darüber hinaus kann ein Wärmetransport durch Verdunstungs- und Kondensationsprozesse, Frost- und Tauprozesse, Druckänderungen, radioaktiven Zerfall sowie biologische und chemische Prozesse entstehen. Bei Nutzung der Geothermie dominieren i. d. R. aber die stoffgebundenen Transportmechanismen, die übrigen können vernachlässigt werden. Die Wärmeübertragungsmechanismen im Baugrund sind von der Korngröße und der Sättigungszahl abhängig [107].

Unter der Annahme, dass der Baugrund ein inkompressibles, isotropes, homogenes, poröses Medium ist kann die Wärmebilanzbetrachtung mit Gl. (5) erfolgen.

$$\rho \cdot c \cdot \frac{\partial T}{\partial t} = \text{div}\left[\left(\lambda + (\rho \cdot c)_f \cdot \delta_\lambda \cdot |v|\right) \text{grad}\, T\right]$$

$$- (\rho \cdot c)_f \cdot \text{div}(v \cdot T) + \dot{Q}_i \qquad (5)$$

mit

λ   Wärmeleitfähigkeit [W/(m · K)]
T   Temperatur [K]
t   Zeit [s]
ρ   Dichte [kg/m³]
c   spezifische Wärmekapazität [J/(kg · K)]
ρ · c   volumetrische Wärmekapazität [J/m³ · K)]
v   Geschwindigkeit des Fluids [m/s]
δ_λ Wärmedispersivität [m]
$\dot{Q}_i$ innere Wärmequelle [W/m³]

Beschrieben wird die Änderung der inneren Energie eines Baugrundvolumens pro Zeiteinheit infolge der Wärmeübertragungsmechanismen Konduktion, Konvektion, Dispersion sowie innerer Wärmequellen. Zur Herleitung von Gl. (5) sei auf [100] verwiesen.

4.1.2 Massivabsorber

Statisch erforderliche Gründungsbauteile und Verbauwandelemente, die geothermisch genutzt werden, sind sogenannte Massivabsorber. Hierzu zählen z. B. Energiepfähle, Energieschlitzwandelemente und geothermisch aktivierte Fundamentplatten. Neuerdings werden auch Tunnelschalen durch den Einbau von Energievliesen oder Energietübbings genutzt [108–111].

Zur geothermischen Aktivierung werden an der Innenseite der Bewehrungskörbe bzw. im Unterbeton von Fundamentplatten Wärmetauscherrohre schlaufenförmig verlegt. Bild 71 zeigt einen Bewehrungskorb mit den angebrachten Wärmetauscherrohren.

Grundsätzlich ist bei der geothermischen Aktivierung der Bauteile darauf zu achten, dass die Temperatur der Massivbauteile die Frostgrenze nicht unterschreitet, da Frost-Tau-Wechsel zu einer Verringerung der Tragfähigkeit des Baugrunds führen können.

Bild 71. Wärmetauscherrohre in Bewehrungskorb [100]

4.1.3 Dimensionierung und Nachweisführung

Die Ermittlung von Anzahl und Länge bzw. der Fläche der zu aktivierenden Bauteile erfolgt auf Grundlage gesicherter Erfahrungswerte oder mithilfe von analytischen oder numerischen Berechnungen. Zur Untersuchung des Langzeitverhaltens sowie der Größe des Einflussbereichs geothermischer Anlagen sind i. d. R. numerische Simulationen, meist basierend auf der FEM, notwendig. Dabei ist insbesondere die Grundwasserströmung zu berücksichtigen. Bei hohen Fließgeschwindigkeiten wird Wärmeenergie infolge konvektiver Wärmetransportvorgänge mit dem Grundwasser abtransportiert [112, 113].

Je nach anstehendem Baugrund kann für Energiepfähle eine Entzugsleistung von 40 W/m bis 70 W/m angesetzt werden. Für Pfähle mit einem Durchmesser D > 60 cm kann die Entzugsleistung mit 35 W/m² Mantelfläche abgeschätzt werden. Thermisch aktivierte Fundamentplatten lassen eine Entzugsleistung von ca. 15 W/m² erwarten.

Geothermisch aktivierte Gründungssysteme sind im Hinblick auf Tragfähigkeit und Gebrauchstauglichkeit genauso nachzuweisen, wie nicht aktivierte Gründungssysteme. Darüber hinaus ist eine gesicherte geothermische Nutzung, d. h. die ausreichende Energiegewinnung bzw. ein ausreichender Energieeintrag in den Baugrund, nachzuweisen. Dabei ist zu berücksichtigen, dass die Bauteile jederzeit frostfrei bleiben, um Tragfähigkeitsverluste infolge Frost-Tau-Wechsel zu verhindern.

Analog zu den Geotechnischen Kategorien werden geothermische Anlagen in Abhängigkeit von der Größe und Komplexität, der Baugrundverhältnisse und der Wechselwirkung mit der Umgebung nach [114] in die Geothermischen Kategorien GtK 1 bis GtK 3 eingeteilt.

Die Geothermische Kategorie GtK 1 umfasst kleine, einfache geothermische Anlagen mit einer installierten Leistung von bis zu 30 kW bei einfachen Baugrundverhältnissen. Die Anlagen werden auf Erfahrungswerten basierend bemessen.

Der Geothermischen Kategorie GtK 2 sind geothermische Anlagen mittlerer Größe und mit mittelschwieriger Baugrundsituation zuzuordnen, die nicht den Geothermischen Kategorien GtK 1 oder GtK 3 entsprechen.

Die Geothermische Kategorie GtK 3 umfasst komplexe geothermische Anlagen mit einer installierten Leistung von mehr als 100 kW und/oder schwierigen Baugrundverhältnissen bzw. komplexen Wechselwirkungen mit der Umgebung.

Aufgrund der erhöhten Anforderungen an Entwurf und Bemessung von Massivabsorbern sind diese mindestens in die Geothermische Kategorie GtK 2 einzuordnen.

Im Hinblick auf die notwendige Qualitätssicherung bei Planung und Ausführung geothermischer Anlagen sei auf [100] verwiesen.

4.1.4 Herstellung und konstruktive Durchbildung

Die Herstellung von Massivabsorbern erfolgt genauso wie bei nicht geothermisch aktivierten Gründungsbauteilen, allerdings unter Berücksichtigung der zusätzlichen technischen, räumlichen und organisatorischen Aspekte der gesamten Geothermieanlage.

Maßgebend für die konstruktive Durchbildung sind statische Erfordernisse. Die Anordnung von Wärmetauscherrohren und evtl. Messtechnik (Temperatur) wird anschließend festgelegt. Dabei ist zu berücksichtigen, dass das Risiko einer Beschädigung der zusätzlichen Technik bei Einbau und Betonage möglichst reduziert wird. Bei Pfählen und Schlitzwänden wird die Technik daher an der Innenseite der Bewehrungskörbe angebracht (Bild 71). Zur Reduzierung der Anzahl an Leitungen ist eine Reihenschaltung sinnvoll. Ein Kopf eines Energiepfahls mit den Anschlussleitungen von zwei in Reihe geschalteten Kreisläufen zeigt Bild 72. Eine schematische Darstellung des Kopfes eines Energiepfahls ist in Bild 73 dargestellt.

Stehen Stahlbetonbauteile direkt mit dem Gebäudeinneren in Kontakt, sind die Wärmetauscherrohre auf der Erdseite des Bauteils anzuordnen.

Montagestöße, z. B. bei Bewehrungskörben von Pfählen, sind möglichst zu vermeiden, um die Zahl an Kopplungsstellen gering zu halten. Meist können

Bild 72. Kopf eines Energiepfahls [100]

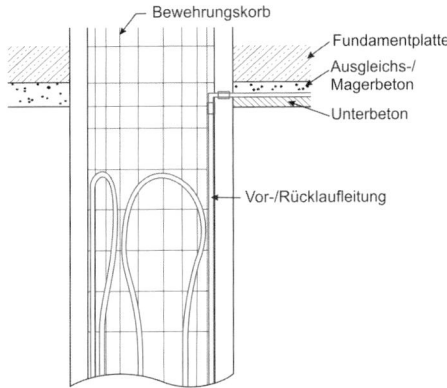

Bild 73. Schematische Darstellung eines Energiepfahlkopfes

jedoch bei Pfahl- bzw. Schlitzwandlängen von mehr als 15 m Montagestöße nicht vermieden werden. Die Wärmeaustauscherrohre werden dann über Muffen miteinander verbunden. Die bei normalen Stößen von Bewehrungskörben schon schwierige Montage wird durch die zusätzlichen Kopplungsstellen noch erschwert (Bild 74).

Bei Stahlbetonrammpfählen werden die Wärmetauscherrohre bereits im Werk installiert und die Anschlüsse durch konstruktive Maßnahmen beim Einrammen bzw. Einrütteln geschützt.

Bei geothermisch aktivierten Fundamentplatten werden die Wärmetauscherrohre im Unterbeton angeordnet, wobei eine Fixierung der Leitungen auf einem konstruktiven Bewehrungsgitter sinnvoll ist.

Vor Inbetriebnahme der geothermischen Anlage sind die Rohrleitungen zu spülen. Anschließend er-

Bild 74. Bewehrungsstoß eines Energiepfahls [100]

folgt das Befüllen mit dem Wärmeträgermedium. In der Regel ist Wasser das Wärmeträgermedium bei Massivabsorbern.

4.1.5 Energiepfahlanlage eines innerstädtischen Großbauprojektes

In der Innenstadt von Frankfurt am Main wurde die Großbaumaßnahme „PalaisQuartier" realisiert. Weitere Informationen zu diesem Großbauprojekt finden sich u. a. in [2]. Bei diesem Projekt wurden Gründungs- und Verbauwandpfähle zur geothermischen Nutzung ausgerüstet [100–102, 115, 116]. Eine geothermische Nutzung des Baugrunds wurde in Frankfurt am Main bei zahlreichen Großprojekten, wie z. B. den Hochhäusern Gallileo, MainTower und Skyper, erfolgreich praktiziert [117]. Beim Großbauprojekt PalaisQuartier wurden 262 der 302 Gründungspfähle und 130 der 289 Verbauwandpfähle als Energiepfähle hergestellt. Insgesamt stehen damit 392 Energiepfähle mit einer Gesamtleistung von 913 kW zur geothermischen Erschließung des Baugrunds zur Verfügung. Bild 75 zeigt einen mit PE-Leitungen und Messkabeln bestückten Energiepfahl. Bild 76 zeigt die horizontale Anbindung in Höhe der Fundamentsohle.

Mit einer nahezu ausgeglichenen Energiebilanz der Anlage wird der Baugrund als saisonaler Thermospeicher genutzt (Bild 77). Im Heizbetrieb beträgt die Jahresarbeit rd. 2.350 MWh/a, im Kühlbetrieb rd. 2.410 MWh/a.

Für die wasser- bzw. bergrechtliche Genehmigung wurde neben dem Nachweis der Sicherstellung einer ausgeglichenen Energiebilanz auch der thermische Einflussbereich der Anlage untersucht. Die Untersuchungen erfolgten mithilfe von dreidimensionalen numerischen Berechnungen mit gekoppelten Grundwasserströmungs- und Wärmetransportmodellen (Bild 78).

Erwartungsgemäß zeigen die numerischen Simulationen die größte Ausdehnung des beeinflussten Temperaturfelds in Richtung der Grundwasserströmung im Bereich der felsigen Frankfurter Kalke. In einer Entfernung von rd. 25 m hinter der Verbauwand sinkt der Einfluss auf die Temperatur des Baugrunds auf $\Delta T < 1$ K. Bei den besonders eng angeordneten Pfählen ist die größte thermische Beein-

Bild 75. Wärmetauscherrohre und Messkabel am Bewehrungskorb [100]

Bild 76. Horizontaler Anschluss der Wärmetauscherrohre in Höhe der Fundamentsohle [100]

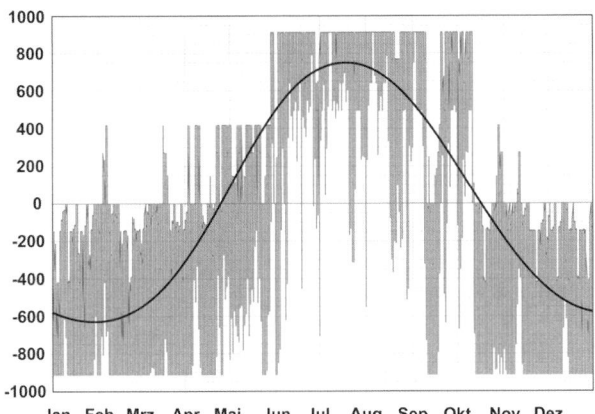

Bild 77. Planmäßiger geothermischer Jahresenergiebedarf [100]

flussung des Baugrunds zu erkennen. Infolge der hohen Pfahldichte im Kernbereich des Bürohochhauses (nördliches Bauteil des Gebäudekomplexes) liegt die stärkste thermische Beanspruchung (Bild 79).

4.2 Wiedernutzung von Bestandsgründungen

Bei Baumaßnahmen im Bestand kann aus unterschiedlichen Gründen die Wiedernutzung von Bestandsgründungen notwendig sein oder in Erwägung gezogen werden. Zu diesen Gründungen zählen u. a.:

- Lasterhöhung durch Umnutzung oder Aufstockung des Bestands,
- Herstellung von Vertiefungen neben oder unter bestehenden Fundamenten,
- ungleichmäßige Verformungen des Bestands, Rissbildung,
- Schäden an der Altfundamentierung,
- Veränderungen im Baugrund,
- Herstellung eines neuen Bauwerks unter Nutzung der bestehenden Gründung.

Im Zuge von Baumaßnahmen im Bestand zeigt sich sowohl für Gründungen als auch für aufgehende

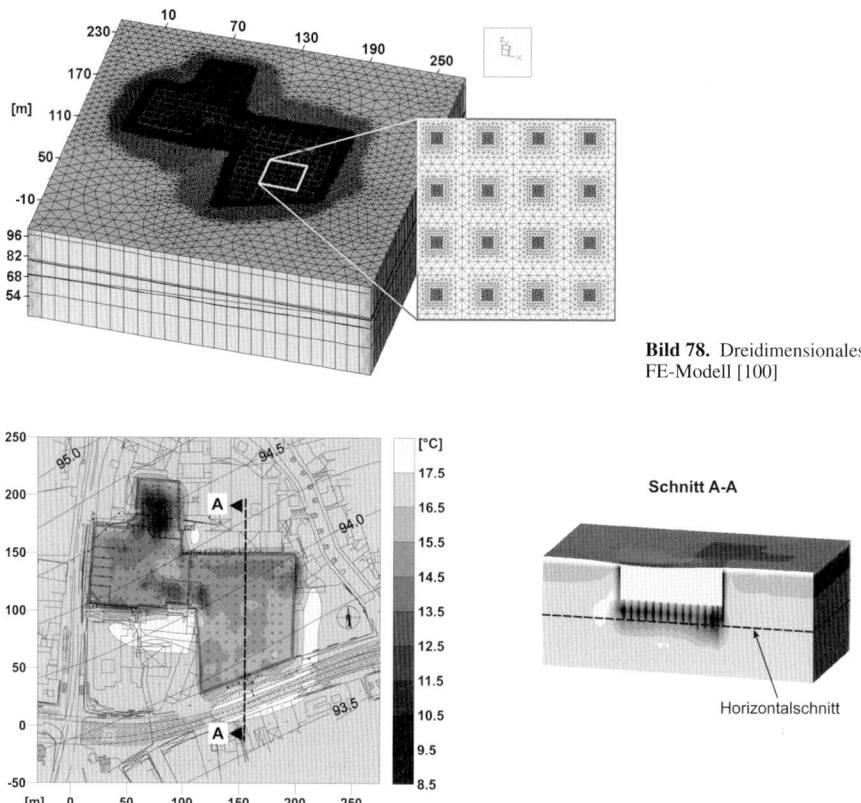

Bild 78. Dreidimensionales FE-Modell [100]

Bild 79. Verlauf der Isothermen nach dem Winterbetrieb: Horizontalschnitt in den Frankfurter Kalken mit Grundwasserisohypsen [mNN] (links) und Vertikalschnitt A-A (rechts) [100]

Tragwerke, dass aufgrund der Fortschreibung der technischen Regelwerke neue Beurteilungskriterien entstehen, die die Möglichkeit der Wiedernutzung von bestehenden Bauteilen infrage stellen – und dies, obwohl im Bestand baulich praktisch nichts verändert wurde.

4.2.1 Zielstellung der Wiedernutzung

Der Rückbau bestehender Gründungen insbesondere von Tiefgründungen ist mit erheblichem technischen, wirtschaftlichen und zeitlichen Aufwand verbunden. Zurück bleibt ein gestörter Baugrund, in dem die neuen Gründungsbauteile angeordnet werden müssen [118].

Die Wiedernutzung von Bestandsgründungen hat zwar Einsparpotenziale, aber erzeugt auch Aufwendungen, um diese Einsparpotenziale erst nutzbar machen zu können.

Bei der Wiedernutzung erübrigen sich:

– Entwurf und Berechnung eines neuen Gründungssystems,
– Herstellung eines neuen Gründungssystems,
– Abbruch der Bestandsgründung,
– Entsorgung von Abbruch- und Aushubmaterial,
– Bauzeit.

Demgegenüber entstehen folgende Aufwendungen:

– Untersuchung und Bewertung der bestehenden Gründungen,
– Sanierung der bestehenden Gründungen,
– ggf. Herstellung zusätzlicher Gründungselemente,
– Anschluss der Gründung an das aufgehende Tragwerk.

In Innenstadtbereichen kommt es vor dem Hintergrund immer kürzer werdender Nutzungszyklen zu Platzproblemen bei der Herstellung neuer Gründungselemente. Entweder sind die räumlichen Gegebenheiten so beengt, dass die erforderlichen Großgeräte des Spezialtiefbaus nicht einsetzbar sind oder die bestehenden Gründungselemente sind den neuen im Weg [119–121].

Darüber hinaus reduziert eine Wiedernutzung von Bestandsgründungen den Eingriff in den Baugrund. Dies ist z. B. bei im Boden verbliebenen Altlasten oder bei historisch interessanten Überresten von Belang.

4.2.2 Geotechnische Nachweisführung

Bestandsgründungen, ggf. ergänzt um neue Gründungselemente, sind bei Wiedernutzung im Hinblick auf Tragfähigkeit und Gebrauchstauglichkeit genauso nachzuweisen, wie neue Gründungsbauteile.

Die Alternativen beim Umgang mit bestehenden Gründungen sind in Bild 80 beispielhaft für Pfahlgründungen dargestellt. Entweder kann der bestehende Gründungspfahl ohne Weiteres, ggf. mit einer veränderten zulässigen Belastung, wieder genutzt werden (Bild 80a) oder es werden zusätzliche, am Lastabtrag ebenfalls beteiligte Pfähle, z. B. in Verbindung mit einer Fundamentplatte, angeordnet (Bild 80b). Alternativ hierzu können wie in Bild 80c dargestellt neue Pfähle hergestellt werden und z. B. mithilfe einer Traverse eine erneute Belastung des bestehenden Pfahls verhindert werden. Als letzte Alternative bleibt nur die teilweise oder sogar vollständige Beräumung und die Herstellung eines neuen Pfahls an gleicher Stelle (Bild 80d).

Um jedoch bestehende Gründungen wieder nutzen zu können, sind umfangreiche Untersuchungen notwendig. Hierzu gehören auch Untersuchungen zum Zustand und Funktionstüchtigkeit (Integrität) sowie zur äußeren und inneren Tragfähigkeit. Aspekte der Gebrauchstauglichkeit dürfen in diesem Zusammenhang auf keinen Fall vernachlässigt werden [122, 123].

4.2.3 Notwendige Untersuchungen

Die Nutzung von Bestandsgründungen birgt ein Risiko vergleichbar dem Baugrundrisiko. Durch geeignete Untersuchungen in der Planungsphase ist dieses Risiko zu minimieren. Gegebenenfalls ergeben sich im Zuge der Bauausführung weitere Erkenntnisse, die zu einer erneuten Bewertung der ursprünglichen Planung führen [124].

Zunächst sind alle verfügbaren Informationen zur Bestandsgründung zu sammeln, zu sichten und auszuwerten. Es ist zu klären, wo die bestehenden Gründungsbauteile positioniert sind und welche Abmessungen sie haben. Der notwendige Umfang der Untersuchungen hängt von der Qualität der zur Verfügung stehenden Unterlagen ab.

Zur Klärung der vorgenannten Aspekte stehen folgende Möglichkeiten zur Verfügung:

– zerstörungsfreie Prüfmethoden,
– Probebelastungen,
– Bohrungen,
– Freilegung oder Ziehen eines Gründungsbauteils.

Das Ziel der Untersuchungen ist die Ermittlung des dauerhaft ansetzbaren Widerstands zum Nachweis der Tragfähigkeit sowie eine Prognose des Verformungsverhaltens zum Nachweis der Gebrauchstauglichkeit.

Indirekte, zerstörungsfreie Prüfmethoden zur Feststellung der Integrität müssen kalibriert werden [125]. Für die Untersuchung von Fundamentplatten

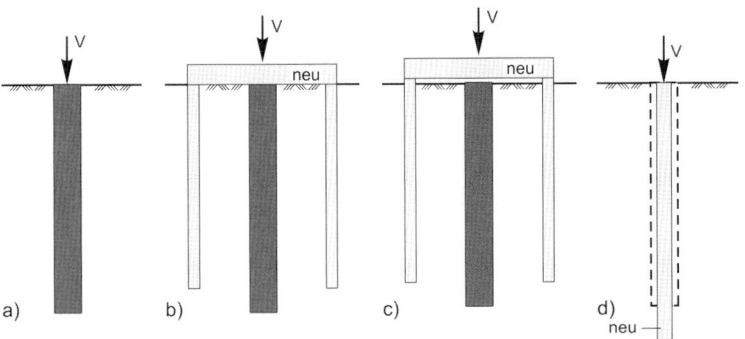

Bild 80. Alternativen beim Umgang mit Bestandsgründungen

können z. B. Ultraschallecho- und Radarverfahren verwendet werden. Für die Untersuchung von Pfählen können z. B. das Low-Strain-Verfahren (Hammerschlagmethode) [126], die Parallel-Seismic-Methode, die Mise-a-la-Masse- und die Induktionsmethode verwendet werden [127]. Nach [128] sind Probebelastungen empfehlenswert.

Beispiele zu Fragestellungen im Hinblick auf die Wiedernutzung von Bestandsgründungen sowie weitere Ausführungen zu Art und Umfang der notwendigen Untersuchungen finden sich in [129–131].

4.2.4 Wiedernutzung bestehender Gründungen – Beispiele aus der Ingenieurpraxis

4.2.4.1 Reichstag in Berlin

Das Reichstagsgebäude in Berlin wurde von 1884 bis 1894 errichtet. Das Gebäude hat ein Untergeschoss und einen rechteckigen Grundriss von 90 m × 130 m. An jeder Ecke ist ein 36 m hoher Turm mit einer Grundfläche von 20 m × 20 m angeordnet (Bild 81).

Das gesamte Gebäude ist auf Einzel- und Streifenfundamenten aus Kalksteinmauerwerk gegründet. Die Übergänge zwischen benachbarten, hochbelasteten tiefliegenden Gründungsteilen zu hochliegenden, weniger belasteten Gründungsteilen wurde durch eine kontinuierliche Änderung der Fundamentgröße in Verbindung mit umgedrehten Mauerwerksbögen hergestellt. Die Gründung ist schematisch in Bild 82 dargestellt.

Die 160 MN schweren Ecktürme wirken als Widerlager für die horizontalen Schubkräfte, die aus den umgedrehten Mauerwerksbögen entstehen. Aufgrund der geringen Steifigkeit des Baugrunds wurden der nördliche Eckturm und der Dom des Reichstagsgebäudes auf rd. 3.000 Holzpfählen gegründet. Die Holzpfähle haben einen Durchmesser von 25 cm und eine Länge von 2,5 m und 5 m. Das Pfahlraster hat einen Abstand von rd. 1 m im Quadrat. Die Pfahlköpfe sind in einen Betonrost eingebettet.

Unterhalb der Gründung stehen Fein- und Mittelsande an (Schicht I in Bild 82), die zum Teil schluffige Anteile beinhalten. Darunter folgt Schicht II, die aus Fein-, Mittel- und Grobsanden besteht. Der Grundwasserspiegel liegt bei 2,5 m unter GOF [132].

Nach der Wiedervereinigung Deutschlands wurde das Reichstagsgebäude renoviert. Zu Beginn der 1990er Jahre wurde die aufgehende Bauwerksstruktur teilweise umgebaut, um den Deutschen Bundestag aufzunehmen [133]. Bild 81 zeigt den umgebauten Reichstag. Vor allem der alte Dom wurde durch einen neuen Glasdom ersetzt, der auf 90 Bohrpfählen gegründet wurde. Die Bohrpfähle haben einen Durchmesser von 0,9 m und eine Länge von 15 m und 25 m. Zur Reduktion der Setzungen wurden an diesen Bohrpfählen Mantel- und Fußverpressungen ausgeführt. In anderen Bereichen wurden die vorhandenen Gründungselemente wie z. B. die Holzpfähle wieder genutzt. Wo die Holzpfähle nicht mehr weiter genutzt werden konnten, wurden Mikropfähle angeordnet oder der Baugrund mit dem Düsenstrahlverfahren verbessert.

Zur bestehenden Gründung existieren nur einige Skizzen und textliche Erläuterungen. Daher wurden mehrere Baugrundschürfe und Kernbohrungen ausgeführt.

In Verbindung mit dem Bau der Berliner U-Bahn Ende der 1930er-Jahre wurde der Grundwasserspiegel um 10 m abgesenkt. Aufgrund dieser Grund-

Bild 81. Reichstag in Berlin

Sondergründungen 283

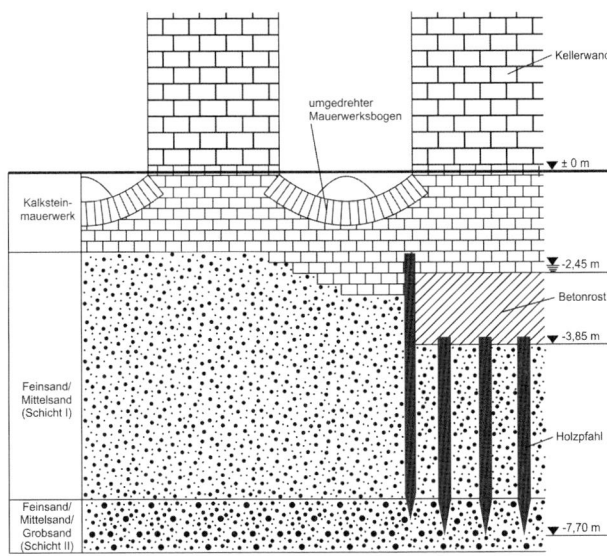

Bild 82. Historische Gründung des Reichstags

wasserabsenkung wurden die Umweltbedingungen für die Holzpfähle verändert [134]. Negative Beeinflussungen konnten nicht ausgeschlossen werden. Deshalb wurden zusätzliche Untersuchungen zur Baugrundschichtung sowie makro- und mikroskopische Laboruntersuchungen an den Holzpfählen ausgeführt. Darüber hinaus wurden an den Holzpfählen Probebelastungen vorgenommen. Der Versuchsaufbau ist in Bild 83 dargestellt. Die Ergebnisse der Probebelastung an den Holzpfählen sind in Bild 84 dargestellt. Die maximale Last auf die bestehenden Holzpfähle beträgt zwischen 200 kN und 300 kN, wobei Setzungen von maximal 4 cm gemessen wurden.

In Ergänzung zu den Pfahlprobebelastungen wurden Probebelastungen an bewehrten Einzelfundamenten ausgeführt, deren Ergebnisse in Bild 85 dargestellt sind. Die mobilisierte Sohlpressung unter den Einzelfundamenten betrug zwischen 630 kN/m^2 und 940 kN/m^2 bei gemessenen Setzungen von maximal 4 cm.

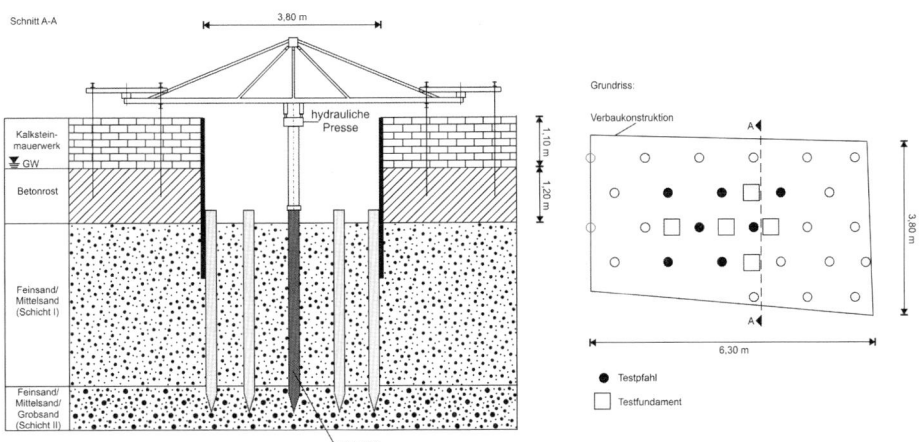

Bild 83. Versuchsaufbau für Probebelastungen im Bereich der historischen Gründung

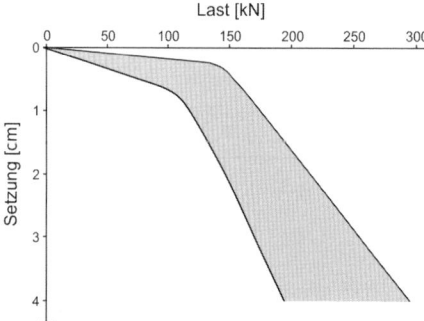

Bild 84. Ergebnisse der Probebelastungen an den Holzpfählen

4.2.4.2 Hessischer Landtag in Wiesbaden

Das alte Plenargebäude des Hessischen Landtags in Wiesbaden aus dem Jahr 1962 wurde durch einen Neubau an gleicher Stelle ersetzt und im Jahr 2008 eingeweiht (Bild 86).

Zum Zwecke der Ressourcenschonung sollten die bestehenden Tiefgründungselemente nach Möglichkeit, wenn auch nicht in voller Anzahl und ganzer Länge, wieder genutzt werden.

Das alte Plenargebäude war auf einem unregelmäßigen Raster von unterschiedlich langen Bohrpfählen mit unterschiedlichen Durchmessern gegründet. Der die einzelnen Pfähle verbindende Pfahlrost wies ebenfalls unterschiedliche Querschnittsabmessungen auf. Aus den Bestandsunterlagen waren Position, Durchmesser, Länge und maximale Last der einzelnen Pfähle bekannt.

Zur Bestimmung der Integrität der bestehenden Pfähle wurden Tests nach der Low-Strain-Methode (Hammerschlagmethode) durchgeführt. Wurden oberhalb des Grundwasserspiegels Mängel an den Pfählen detektiert, wurden die Pfähle bis dahin freigelegt und entsprechend abgebrochen, um sie anschließend erneut testen zu können. Bild 87 zeigt exemplarisch die Ergebnisse von drei Tests.

Für den Bohrpfahl 1 mit einem Durchmesser von 0,40 m wurde eine Länge von 4,30 m erwartet (Bild 87a). Die Reflexion in etwa 1 m unterhalb des Pfahlkopfes wurde von einem zerstörten Querschnitt verursacht. Auf Basis dieses Versuchsergebnisses wurde der Pfahl bis unter die Fehlstelle gekürzt und erneut getestet.

Für den Bohrpfahl 2 mit einem Durchmesser von 0,40 m wurde eine Länge von 5,4 m erwartet (Bild 87b). Die Reflexion in 5 m tiefe kann vom Pfahlfuß oder einer Fehlstelle bzw. von einem beschädigten Querschnitt verursacht sein.

Bild 87c zeigt einen Kurvenverlauf von Bohrpfahl 3. Hier wurde die erwartete Länge von 5 m bestätigt.

Aufgrund der Testergebnisse konnte rd. ein Viertel der Bestandspfähle wieder genutzt werden.

4.3 Brunnengründungen

Brunnengründungen sind eine einfache Form der offenen Senkkastengründung (s. Abschnitt 4.4.1) und sind dem Brunnenbau entlehnt [47]. Zur Herstellung werden i. d. R. Stahlbetonfertigteile (z. B. Schachtringe) in den Baugrund eingebracht, in dem der Boden in und unter den Ringen ausgehoben wird. Infolge von Eigengewicht und/oder zusätzlicher Auflast sinken sie in den Baugrund ab. Die

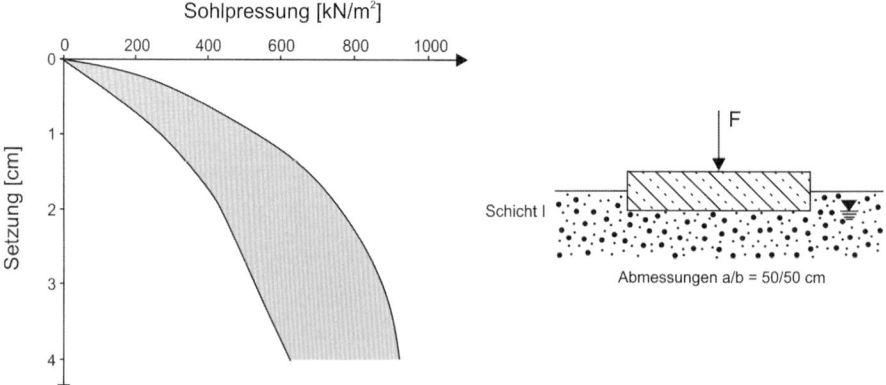

Bild 85. Ergebnisse der Probebelastungen an Einzelfundamenten

Bild 86. Neues Plenargebäude des Hessischen Landtags

Form der Ringe ist i. d. R. kreisrund, kann aber auch elliptisch oder eckig sein. Der Durchmesser kann theoretisch beliebig groß gewählt werden und liegt normalerweise zwischen 1 m und 3 m. Bild 88 visualisiert die Herstellung. Gegebenenfalls kann zur besseren Absenkung der Stahlbetonfertigteile eine die seitliche Reibung reduzierende Flüssigkeit eingesetzt werden.

Nach Absenken der Stahlbetonfertigteile auf Endtiefe wird eine bewehrte, in einfachen Fällen auch unbewehrte, Sohle betoniert. Anschließend erfolgt die Verfüllung mit Beton (Bild 89). Eine Bewehrung mit Baustahl kann je nach statischen Gesichtspunkten erforderlich sein (Horizontallasten, zu geringe seitliche Bettung).

Brunnengründungen können als tief liegende Flachgründung betrachtet werden. Gegebenenfalls sind

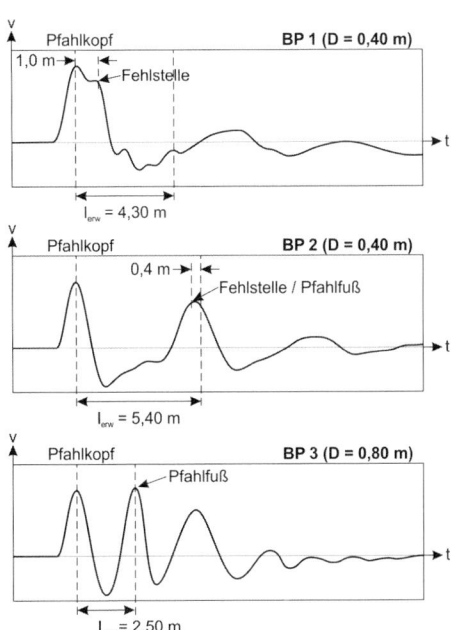

Bild 87. Ergebnisse der Integritätstests

diese Nachweise um den Nachweis der Sicherheit gegen hydraulischen Grundbruch oder gegen Versinken zu ergänzen. Die Betrachtung als pfahlähnliches Gründungselement ist im Einzelfall zu prüfen. Der Vorteil besteht darin, dass keine Baugrube erstellt werden muss, um z. B. tragfähige Schichten zu erreichen. Nachteilig im Vergleich z. B. zu Pfahl-

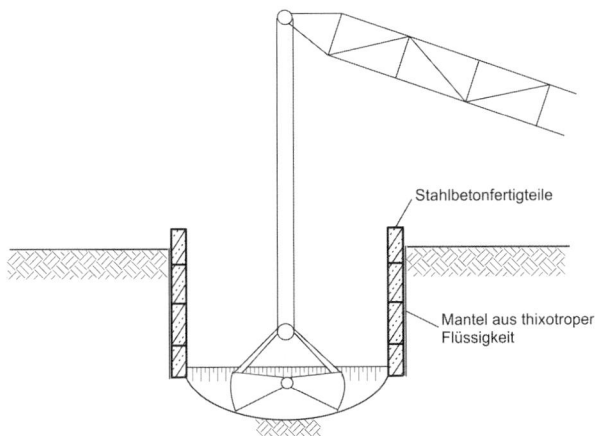

Bild 88. Einbau von Stahlbetonfertigteilen für eine Brunnengründung

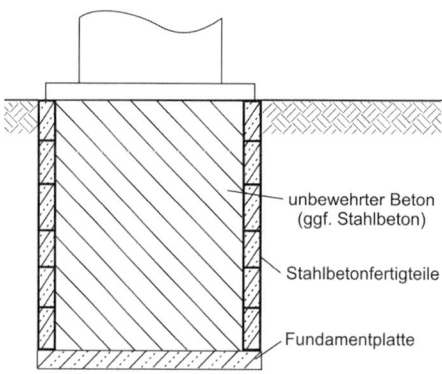

Bild 89. Fertiggestellte Brunnengründung

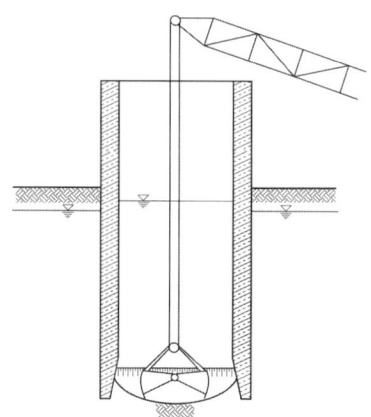

Bild 90. Offener Senkkasten

gründungen ist die herstellbedingte Toleranz. Wird eine Brunnengründung bis unter die Grundwasserlinie geführt, so ist analog zur Bohrpfahlherstellung eine entsprechende Wasserauflast in den Stahlbetonfertigteilen sicherzustellen, um einen hydraulischen Grundbruch zu verhindern. Zu berücksichtigen ist eine herstellungsbedingte Setzungsmulde in der Umgebung einer Brunnengründung.

Brunnengründungen werden auch für spezielle Gründungsaufgaben angewendet. So können sie z. B. als Brückenfundamente in Hangbereichen eingesetzt werden [135].

4.4 Senkkastengründungen

Senkkastengründungen wurden insbesondere zur Herstellung von Gründungen unter dem Grund- oder Meerwasserspiegel entwickelt [19]. Dabei handelt es sich i. d. R. um Stahlbetonkonstruktionen, die ähnlich wie die Stahlbetonfertigteile bei Brunnengründungen in den Baugrund abgesenkt werden [47, 136]. Senkkastengründungen können nach [137] offene Senkkästen und Druckluftsenkkästen unterschieden werden. Senkkastengründungen können als tief liegende Flachgründung betrachtet werden. Daraus ergeben sich die für Flachgründungen üblichen Nachweise zur Standsicherheit und Gebrauchstauglichkeit. Gegebenenfalls sind diese Nachweise um den Nachweis der Sicherheit gegen hydraulischen Grundbruch oder gegen Versinken zu ergänzen. Die Betrachtung als pfahlähnliches Gründungselement ist im Einzelfall zu prüfen. Zu berücksichtigen ist eine Setzungsmulde in der Umgebung einer Senkkastengründung. Diese Setzungsmulde reicht von der Außenkante der Schneide unter dem Winkel $(45° + \varphi/2)$ zur Horizontalen bis zur Geländeoberfläche, wobei φ der Reibungswinkel des Bodens ist.

Offene Senkkästen und Druckluftsenkkästen werden z. B. zur Gründung von Brückenpfeilern und Leuchttürmen, zum Absenken von Tunnelsegmenten sowie bei Ufereinfassungen verwendet [137–139]. Geometrie und Abmessungen von Senkkästen können nahezu frei gewählt werden.

4.4.1 Offene Senkkästen

Bei offenen Senkkästen ist die Aushubsohle von oben frei zugänglich (Bild 90). Zur Gewährleistung der ausreichenden Sicherheit gegen hydraulischen Grundbruch ist analog zur Bohrpfahlherstellung eine entsprechende Wasserauflast im Senkkasten erforderlich. Offene Senkkästen sind im Vergleich zu Brunnengründungen komplexere Stahlbetonfertigteile mit für die Bauaufgabe speziell angepasster Geometrie.

Eine Ballastierung offener Senkkästen ist meist mit sehr großem Aufwand verbunden. Ein entsprechend hohes Eigengewicht der Konstruktion ist daher notwendig. Im Vergleich zum Druckluftsenkkasten entstehen bei offenen Senkkästen größere Setzungsmulden und größere Abweichungen von der Sollposition.

4.4.2 Druckluftsenkkästen

Bei Druckluftsenkkästen erfolgt der Aushub innerhalb einer gesonderten Arbeitskammer, die über eine Schleuse mit der Luftseite verbunden ist (Bild 91). Durch Luftüberdruck wird das Wasser in der Arbeitskammer verdrängt. Für den Fall eines Druckabfalls ist die Schleuse so angeordnet, dass sie ausreichend oberhalb einer möglichen inneren Wasserlinie liegt.

Die Schneiden der Druckluftsenkkästen können beim Absenkvorgang gezielt freigelegt werden. Da-

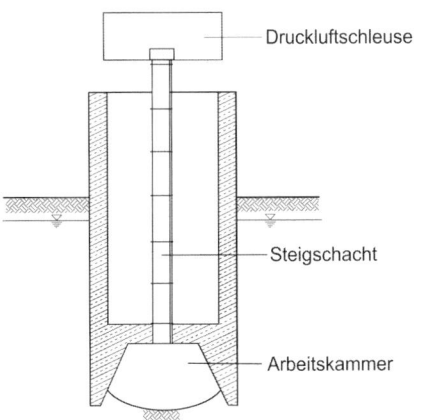

Bild 91. Druckluftsenkkasten

raus ergibt sich eine bessere Steuerbarkeit. Hindernisse, wie z. B. alte Pfahlgründungen, können in der Arbeitskammer beseitigt werden. Eine Ballastierung von Druckluftsenkkästen mit Wasser oder Bodenmaterial oberhalb der Arbeitskammer ist meist möglich.

4.5 Offshore-Gründungen

Offshore-Gründungen kommen z. B. temporär bei Bohr- und Arbeitsplattformen sowie dauerhaft bei Windkraftanlagen zur Anwendung. Insbesondere letztere bekommen im Zuge der Erschließung erneuerbarer Energiequellen zunehmend an Bedeutung. Gründungen im Offshore-Bereich sind ein Spezialgebiet der marinen Geotechnik und nach wie vor Gegenstand umfangreicher Forschungsarbeiten [140–157]. Es wurde eine Vielzahl unterschiedlicher Gründungssysteme entwickelt. Hierzu zählen z. B.:

- Gittertürme auf Pfahlgründung,
- Tripodgründungen,
- Tripilegründungen,
- Monopilegründungen,
- Schwergewichtsfundamente.

Eine Übersicht über die unterschiedlichen Systeme geben z. B. [40] und [138]. Bild 92 zeigt eine Windkraftanlage auf Tripile-Gründung in der Nordsee bei Hooksiel in der Nähe von Wilhelmshaven.

Aufgrund der Komplexität bei Planung, Baugrunderkundung, Bemessung, Bauausführung und Überwachung von Offshore-Gründungen wird an dieser Stelle auf ausführliche Erläuterungen verzichtet und auf die hierauf spezialisierte, bereits genannte Fachliteratur verwiesen.

Bild 92. Offshore-Windkraftanlage mit Tripile-Gründung

5 Literatur

[1] Katzenbach, R., Bergmann, C., Leppla, S., Kurze, S., Seip, M. (2013) Die Berücksichtigung und Modellierung der Interaktion zwischen Baugrund und Tragwerk ist für die Standsicherheit und Gebrauchstauglichkeit der Konstruktion von entscheidender Bedeutung, *Der Prüfingenieur* **43** (5), 44–62.

[2] Katzenbach, R., Leppla, S. (2014) Gründungen im Hoch- und Ingenieurbau, in *Beton-Kalender 2014* (Hrsg. Bergmeister, K., Fingerloos, F., Wörner, J.-D.), Ernst & Sohn, Berlin, S. 166–242.

[3] Katzenbach, R., Leppla, S., Choudhury, D. (2016) *Foundation Systems for High-Rise Structures*, CRC Press Taylor & Francis Group, New York, USA.

[4] Ziegler, M. (2012) *Geotechnische Nachweise nach EC 7 und DIN 1054 – Einführung mit Beispielen*, 3. Auflage, Ernst & Sohn, Berlin.

[5] Katzenbach, R., Zilch, K., Moormann, C. (2012) Baugrund-Tragwerk-Interaktion, in *Handbuch für Bauingenieure – Technik, Organisation und Wirtschaftlichkeit*, Springer-Verlag, Heidelberg, S. 1471–1490.

[6] Breth, H., Stroh, D. (1974) Das Verformungsverhalten des Frankfurter Tons beim Aushub einer tiefen Baugrube und bei anschließender Belastung durch ein Hochhaus, *13. Baugrundtagung der Deutschen Gesellschaft für Geotechnik in Frankfurt am Main*, S. 51–70.

[7] Katzenbach, R., Leppla, S., Seip, M. (2011) Das Verformungsverhalten des Frankfurter Tons infolge

Baugrundentlastung, *Bauingenieur* **86** (5), Springer VDI Verlag, Düsseldorf, 233–240.

[8] Katzenbach, R., Leppla, S., Krajewski, W. (2014) Numerical analysis and verification of the soil-structure interaction in the course of large construction projects in inner cities, *International Conference on Soil-Structure Interaction. Underground structures and retaining walls*, St. Petersburg, Russia, pp. 28–34.

[9] Katzenbach, R., Leppla, S. (2014) Deep foundation systems for high-rise buildings in difficult soil conditions, *Geotechnical Engineering Journal of the SEAGS & AGSSEA* **45** (2), 115–123.

[10] CEN European Committee of Standardisation (2008) *Eurocode 7: Geotechnical design – Part 1: General Rules*.

[11] CEN European Committee of Standardisation (2008) *Eurocode 7: Geotechnical design – Part 2: Ground investigation and testing*.

[12] DIN EN 1997-2 (2010) *Eurocode 7: Entwurf, Berechnung und Bemessung in der Geotechnik – Teil 2: Erkundung und Untersuchung des Baugrunds*, Beuth Verlag, Berlin.

[13] DIN EN 1997-2/NA (2010) *Nationaler Anhang – National festgelegte Parameter – Eurocode 7: Entwurf, Berechnung und Bemessung in der Geotechnik – Teil 2: Erkundung und Untersuchung des Baugrunds*, Beuth Verlag, Berlin.

[14] DIN 4020 (2010) *Geotechnische Untersuchungen für bautechnische Zwecke – Ergänzende Regelungen zu DIN EN 1997-2*, Beuth Verlag, Berlin.

[15] Deutsches Institut für Normung e. V. (2011) *Handbuch Eurocode 7, Geotechnische Bemessung, Band 2: Erkundung und Untersuchung*, Beuth Verlag, Berlin.

[16] Katzenbach, R., Schmitt, A., Turek, J. (1999) Co-operation between the geotechnical and structural engineers – experiences from projects in Frankfurt, *COST Action 7, Soil-Structure-Interaction in urban civil engineering*, Thessaloniki, Griechenland, S. 53–65.

[17] Katzenbach, R., Weidle, A., Kurze, S. (2012) Baugrund und Grundwasser Erkundungsproblematik, Baugrundrisiko und technische Risiken, *39. Baurechtstagung der Arge Baurecht des Deutschen Anwaltsvereins*, Berlin, 22 S.

[18] Eitner, V., Katzenbach, R., Stölben, F. (2002) Geotechnical investigation and testing – an outlook on European and international standardization, in *Foundation Design Codes and Soil Investigation on view of International Harmonization and Performance*, Swets & Zeitlinger, Lisse, Niederlande, S. 211–215.

[19] Pulsfort, M. (2012) Grundbau, Baugruben und Gründungen, in *Handbuch für Bauingenieure – Technik, Organisation und Wirtschaftlichkeit*, Springer-Verlag, Heidelberg, S. 1568–1639.

[20] Katzenbach, R., Boley, C., Moormann, C., Rückert, A. (1999) Rechtsrelevante Sicherheitsaspekte in der Geotechnik, in *Mitteilungen des Institutes und der Versuchsanstalt für Geotechnik der Technischen Universität Darmstadt*, Heft **43**, S. 71–96.

[21] Katzenbach, R., Kinzel, J. (2001) Das Vier-Augen-Prinzip bei Baugrundgutachten, *Der Prüfingenieur* **18** (4), 28–38.

[22] Bauministerkonferenz (2016) *Musterbauordnung (MBO)*.

[23] Bauministerkonferenz (2012) *Muster-Verordnung über die Prüfingenieure und Prüfsachverständigen nach § 85 Abs. 2 MBO (H-PPVO)*.

[24] Floss, R., Gudehus, G., Katzenbach, R. (2000) Zur Position der Geotechnik als zentrale Disziplin des Bauingenieurwesens, *Geotechnik* **23** (1), 12–15.

[25] Katzenbach, R., Leppla, S., Weidle, A., Werner, A. (2011) Das Vier-Augen-Prinzip in der Geotechnik: Der Prüfsachverständige für Erd- und Grundbau, *Geotechnik-Kolloquium anlässlich 60. Geburtstag von Prof. Dr.-Ing. Dietmar Placzek*, Universität Duisburg-Essen, S. 255–267.

[26] Katzenbach, R., Gutwald, J. (2003) Interaktion in der Geotechnik – Baugrunderkundung, Bemessung, Bauausführung und Beobachtungsmethode, *DIN-Gemeinschaftstagung „Bemessung und Erkundung in der Geotechnik – Neue Entwicklungen im Zuge der Neuauflage der DIN 1054 und DIN 4020 sowie der europäischen Normung"*, Heidelberg, S. 8-1–8-24.

[27] Katzenbach, R., Bachmann, G., Ramm, H., Waberseck, T., Dunaevskiy, R. (2008) Monitoring of geotechnical constructions – an indispensable tool for economic efficiency and safety of urban areas, *International Geotechnical Conference*, St. Petersburg, Russland, S. 695–699.

[28] Katzenbach, R., Bachmann, G. (2006) Sicherheit und Systemoptimierung durch Monitoring in der Geotechnik, *29. Darmstädter Massivbauseminar*, S. 251–265.

[29] Katzenbach, R., Schuppener, B., Weidle, A., Ruppert, T. (2011) Grenzzustandsnachweise in der Geotechnik nach EC 7-1, *Bauingenieur* **86** (7/8), S. 356–363.

[30] DIN EN 1997-1 (2014) *Eurocode 7: Entwurf, Berechnung und Bemessung in der Geotechnik – Teil 1: Allgemeine Regeln*, Beuth Verlag, Berlin.

[31] DIN EN 1997-1/NA (2010) *Nationaler Anhang – National festgelegte Parameter - Eurocode 7: Entwurf, Berechnung und Bemessung in der Geotechnik – Teil 1: Allgemeine Regeln*, Beuth Verlag, Berlin.

[32] DIN 1054 (2010) *Baugrund – Sicherheitsnachweise im Erd- und Grundbau – Ergänzende Regelungen zu DIN EN 1997-1*, Beuth Verlag, Berlin.

[33] DIN 1054/A2 (2015) *Baugrund – Sicherheitsnachweise im Erd- und Grundbau – Ergänzende Regelungen zu DIN EN 1997-1:2010; Änderung 2*, Beuth Verlag, Berlin.

[34] Rodatz, W., Gattermann, J., Bergs, T. (1999) Results of five monitoring networks to measure loads and deformations at different quay wall constructions in the port of Hamburg, *5th International Symposium on Field Measurements in Geomechanics*, Singapur, 4 S.

[35] Moormann, C. (2002) Trag- und Verformungsverhalten tiefer Baugruben in bindigen Böden unter be-

sonderer Berücksichtigung der Baugrund-Tragwerk-Interaktion und der Baugrund-Grundwasser-Interaktion, Mitteilungen des Institutes und der Versuchsanstalt für Geotechnik der Technischen Universität Darmstadt, Heft 59.

[36] Katzenbach, R., Bachmann, G., Leppla, S., Ramm, H. (2010) Chances and limitations of the observational method in geotechnical monitoring, Danube-European Conference on Geotechnical Engineering, Bratislava, Slowakei, 13 S.

[37] Deutsche Gesellschaft für Geotechnik e. V. (2012) Empfehlungen des Arbeitskreises „Pfähle" (EA-Pfähle), 2. Auflage, Ernst & Sohn, Berlin.

[38] Hanisch, J., Katzenbach, R., König, G. (2002) Kombinierte Pfahl-Plattengründungen, Ernst & Sohn, Berlin.

[39] International Society of Soil Mechanics and Geotechnical Engineering (2013) ISSMGE Combined Pile-Raft Foundation Guideline.

[40] Katzenbach, R., Boled-Mekasha, G., Wachter, S. (2006) Gründung turmartiger Bauwerke, in Beton-Kalender 2006 (Hrsg. Bergmeister, K., Fingerloos, F., Wörner, J.-D.), Ernst & Sohn, Berlin, S. 409–468.

[41] Amann, P. (1975) Über den Einfluss des Verformungsverhaltens des Frankfurter Tons auf die Tiefenwirkung eines Hochhauses und die Form der Setzungsmulde, Mitteilungen der Versuchsanstalt für Bodenmechanik und Grundbau der Technischen Hochschule Darmstadt, Heft 23.

[42] Kempfert, H.-G. Moormann, Chr. (2018) Pfahlgründungen, in Grundbau-Taschenbuch, Teil 3: Gründungen und geotechnische Bauwerke (Hrsg. Witt, K. J.), 8. Auflage, Ernst & Sohn, Berlin, S. 79–323.

[43] Schmitt, A. (2004) Experimentelle und numerische Untersuchungen zum Tragverhalten von Ortbetonpfählen mit variabler Bodenverdrängung, Mitteilungen des Institutes und der Versuchsanstalt für Geotechnik der Technischen Universität Darmstadt, Heft 70.

[44] Katzenbach, R. (2013) Deep foundation systems as economic and save solutions for geotechnical challenges, International Conference on „State of the art of pile foundation and pile case histories, Bandung, Indonesien, S. VII–IX.

[45] Hudelmaier, K., Küfner, H. (2008) Spezialtiefbau Kompendium – Verfahrenstechnik und Geräteauswahl, Ernst & Sohn, Berlin.

[46] Hudelmaier, K., Küfner, H. (2009) Spezialtiefbau Kompendium Band II – Verfahrenstechnik und Geräteauswahl, Ernst & Sohn, Berlin.

[47] Katzenbach, R., Leppla, S. Hrsg. (2015) Handbuch des Spezialtiefbaus, 3. Auflage, Bundesanzeiger Verlag, Köln.

[48] DIN EN 1536 (2015) Ausführung von Arbeiten im Spezialtiefbau – Bohrpfähle, Beuth Verlag, Berlin.

[49] DIN SPEC 18140 (2012) Ergänzende Festlegungen zu DIN EN 1536:2010-12, Ausführung von Arbeiten im Spezialtiefbau – Bohrpfähle, Beuth Verlag, Berlin.

[50] DIN EN 12794 (2007) Betonfertigteile – Gründungspfähle, Beuth Verlag, Berlin.

[51] DIN EN 12794 Berichtigung 1 (2007) Betonfertigteile – Gründungspfähle, Beuth Verlag, Berlin.

[52] DIN EN 12699 (2015) Ausführung von Arbeiten im Spezialtiefbau – Verdrängungspfähle, Beuth Verlag, Berlin.

[53] DIN SPEC 18538 (2012) Ergänzende Festlegungen zu DIN EN 12699:2001-05, Ausführung spezieller geotechnischer Arbeiten (Spezialtiefbau) – Verdrängungspfähle, Beuth Verlag, Berlin.

[54] DIN EN 14199 (2015) Ausführung von Arbeiten im Spezialtiefbau – Mikropfähle, Beuth Verlag, Berlin.

[55] DIN SPEC 18539 (2012) Ergänzende Festlegungen zu DIN EN 14199:2012-01, von besonderen geotechnischen Arbeiten (Spezialtiefbau) – Pfähle mit kleinem Durchmesser (Mikropfähle), Beuth Verlag, Berlin.

[56] DIN EN 12063 (1999) Ausführung von besonderen geotechnischen Arbeiten (Spezialtiefbau) – Spundwandkonstruktionen, Beuth Verlag, Berlin.

[57] DIN 18301 (2015) VOB Vergabe- und Vertragsordnung für Bauleistungen – Teil C: Allgemeine Technische Vertragsbedingungen für Bauleistungen (ATV) – Bohrarbeiten, Beuth Verlag, Berlin.

[58] DIN 18304 (2015) VOB Vergabe- und Vertragsordnung für Bauleistungen – Teil C: Allgemeine Technische Vertragsbedingungen für Bauleistungen (ATV) – Ramm-, Rüttel- und Pressarbeiten, Beuth Verlag, Berlin.

[59] DIN 4126 (2013) Nachweis der Standsicherheit von Schlitzwänden, Beuth Verlag, Berlin.

[60] DIN 4126 Beiblatt 1 (2013) Nachweis der Standsicherheit von Schlitzwänden – Erläuterungen, Beuth Verlag, Berlin.

[61] DIN 4127 (2014) Erd- und Grundbau – Prüfverfahren für Stützflüssigkeiten im Schlitzwandbau und für deren Ausgangsstoffe, Beuth Verlag, Berlin.

[62] DIN EN 1538 (2015) Ausführung von Arbeiten im Spezialtiefbau – Schlitzwände, Beuth Verlag, Berlin.

[63] DIN 18313 (2015) VOB Vergabe- und Vertragsordnung für Bauleistungen – Teil C: Allgemeine Technische Vertragsbedingungen für Bauleistungen (ATV) – Schlitzwandarbeiten mit stützenden Flüssigkeiten, Beuth Verlag, Berlin.

[64] Cooke, R. W. (1986) Piled raft foundations on stiff clays – a contribution to design philosophy, Géotechnique 36 (22), 169–203.

[65] Poulos, H. G. (1989) Pile behaviour – theory and application, Géotechnique 39 (3), 365–415.

[66] Randolph, M. F. (1994) Design methods for pile groups and piled rafts, 13th International Conference on Soil Mechanics and Foundation Engineering, Neu Dehli, Indien, Vol. 5, pp. 61–82.

[67] El-Mossallamy, Y. (1996) Ein Berechnungsmodell zum Tragverhalten der Kombinierten Pfahl-Plattengründung, Mitteilungen des Institutes und der Versuchsanstalt für Geotechnik der Technischen Hochschule Darmstadt, Heft 36.

[68] Poulos, H.G., Small, J.C., Ta, L.D., Simha, J., Chen, L. (1997) Comparison of some methods for analysis of piled rafts, *14th International Conference on Soil Mechanics and Geotechnical Engineering*, Hamburg, Vol. 2, pp. 1119–1124.

[69] Katzenbach, R., Reul, O. (1997) Design and performance of piled rafts, *14th International Conference on Soil Mechanics and Foundation Engineering*, Hamburg, Vol. 4, pp. 2253–2256.

[70] Horikoshi, K., Randolph, M.F. (1998) A contribution to optimal design of piled rafts, *Géotechnique* **48** (3), 301–317.

[71] Russo, G., Viggiani, C. (1998) Factors controlling soil-structure interaction for piled-rafts, in *Darmstadt Geotechnics* **4**, (2), 297–321.

[72] DIN 4017 (2006) Baugrund – Berechnung des Grundbruchwiderstands von Flachgründungen, Beuth Verlag, Berlin.

[73] Briaud, J.-L., Ballouz, M., Nasr, G. (2000) Static capacity prediction by dynamic methods for three bored piles, *Journal of Geotechnical and Geoenvironmental Engineering* **126** (7), 640–649.

[74] Katzenbach, R. (2005) Optimized design of high-rise building foundations in settlement-sensitive soils, *International Geotechnical Conference of Soil-Structure-Interaction*, St. Petersburg, Russland, S. 39–46.

[75] Katzenbach, R., Leppla, S., Ramm, H., Seip, M., Kuttig, H. (2013) Design and construction of deep foundation systems and retaining structures in urban areas in difficult soil and ground water conditions, *11th International Conference „Modern Building Materials, Structures and Techniques"*, Vilnius, Litauen, S. 540–548.

[76] Reul, O. (2000) In-situ-Messungen und numerische Studien zum Tragverhalten der Kombinierten Pfahl-Plattengründung, *Mitteilungen des Institutes und der Versuchsanstalt für Geotechnik der Technischen Universität Darmstadt*, Heft **53**.

[77] Katzenbach, R., Leppla, S., Vogler, M., Kuttig, H., Dunaevskiy, R. (2009) Gründungsoptimierung von Hochhäusern in Kiew, *Mitteilungen des Institutes und der Versuchsanstalt für Geotechnik der Technischen Universität Darmstadt*, Heft **81**, S. 93–107.

[78] Turek, J.: Beitrag zur Klärung des Trag- und Verformungsverhaltens horizontal belasteter Kombinierter Pfahl-Plattengründungen. *Mitteilungen des Institutes und der Versuchsanstalt für Geotechnik der Technischen Universität Darmstadt*, Heft **72**, 2006.

[79] Sommer, H., Wittmann, P., Ripper, P. (1985) Piled raft foundation of a tall building in Frankfurt clay, *11th Conference of Soil Mechanics and Foundation Engineering*, San Francisco, USA, pp. 2253–2257.

[80] Sommer, H. (1986) Kombinierte Pfahl-Plattengründung eines Hochhauses in Ton, *19. Baugrundtagung der Deutschen Gesellschaft für Geotechnik in Nürnberg*, S. 391–405.

[81] Breth, H. (1970) Die Tragfähigkeit von Bohrpfählen im Frankfurter Ton, in *Mitteilungen der Versuchsanstalt für Bodenmechanik und Grundbau der Technischen Universität Darmstadt*, Heft **4**, S. 51–69.

[82] Richter, T., Reul, O., Arslan, U. (1998) Setzungen hoch belasteter Gründungen in Berliner Böden – Vergleich von Tief- und Flachgründungen in Berechnung und Messung, *25. Baugrundtagung der Deutschen Gesellschaft für Geotechnik in Stuttgart*, S. 1–18.

[83] Sommer, H. (1993) Development of locked stresses and negative shaft resistance at the piled raft foundation – Messeturm Frankfurt am Main, *Deep Foundations on bored and auger piles*, Rotterdam, Niederlande, S. 347–349.

[84] Sommer, H., Katzenbach, R., DeBenedittis, C. (1990) Last-Verformungsverhalten des Messeturms Frankfurt/Main, *21. Baugrundtagung der Deutschen Gesellschaft für Geotechnik in Karlsruhe*, S. 371–380.

[85] Lutz, B., Wittmann, P., Theile, V. (1993) Modellierung von Gründungen im Hochhausbau am Beispiel ausgewählter Frankfurter Hochhäuser, *Baustatik – Baupraxis*, Technische Universität München, S. 2.1–2.18.

[86] Franke, E., Lutz, B., El-Mossallamy, Y. (1994) Measurements and numerical modelling of high rise building foundations on Frankfurt Clay, *Conference on Vertical and Horizontal Deformations of Foundations and Embankments*, ASCE Geotechnical Special Publication 40 (2), Texas, USA, pp. 1325–1336.

[87] Wittmann, P., Ripper, P. (1990) Unterschiedliche Konzepte für die Gründung und Baugrube von zwei Hochhäusern in der Frankfurter Innenstadt, *21. Baugrundtagung der Deutschen Gesellschaft für Geotechnik in Karlsruhe*, S. 381–397.

[88] Franke, E., Lutz, B., El-Mossallamy, Y. (1994) Pfahlgründungen und Interaktion Bauwerk-Baugrund, *Geotechnik* **17** (2), 157–172.

[89] Katzenbach, R., Arslan, U., Moormann, C. (2000) Pile draft foundation projects in Germany, in *Design applications of raft foundations*, MPG Books, Bodmin, Cornwall, Großbritannien, S. 323–392.

[90] Lutz, B., Wittmann, P., El-Mossallamy, Y. (1996) Die Anwendung von Pfahl-Plattengründungen – Entwurfspraxis, Dimensionierung und Erfahrungen mit Gründungen in überkonsolidierten Tonen auf der Grundlage von Messungen, *24. Baugrundtagung der Deutschen Gesellschaft für Geotechnik in Berlin*, S. 153–164.

[91] Katzenbach, R., Hoffmann, H., Vogler, M., Moormann, C. (2001) Costoptimized foundation systems of high-rise structures, based on the results of actual geotechnical research, in *International Conference on trends in tall buildings*, Frankfurt, S. 421–443.

[92] Richter, T., Savidis, S., Katzenbach, R., Quick, H. (1996) Wirtschaftlich optimierte Hochhausgründungen im Berliner Sand, *24. Baugrundtagung der Deutschen Gesellschaft für Geotechnik in Berlin*, S. 129–146.

[93] Richter, T., Reul, O., Arslan, U. (1998) Setzungen hoch belasteter Gründungen in Berliner Böden – Vergleich von Tief- und Flachgründungen in Berechnung

und Messungen, 25. *Baugrundtagung der Deutschen Gesellschaft für Geotechnik in Stuttgart*, S. 601–613.

[94] Katzenbach, R., Schmitt, A., Turek, J. (2001) Setzungsarme Hochhausgründung neben einem Tunnel, *Beratende Ingenieure* (7/8), 32–35.

[95] Katzenbach, R., Bachmann, G., Gutberlet, C., Schmitt, A., Turek, J. (2003) Deep foundations – Combined Pile-Raft Foundations of Frankfurt highrise buildings, *5th Suklje Day*, Rogastka Slatina, Slovenien, S. 1–20.

[96] Katzenbach, R., Leppla, S., Ramm, H., Waberseck, T., Vogler, M., Seip, M. (2012) Geotechnik und Geothermie in der Region Rhein-Main-Neckar, *32. Baugrundtagung der Deutschen Gesellschaft für Geotechnik in Mainz*, S. 7–14.

[97] Katzenbach, R., Leppla, S. (2014) Deep foundation systems for high-rise buildings in difficult soil condition, *Geotechnical Engineering Journal of the SEAGS & AGSSEA* **45** (2), 115–123.

[98] Turek, J., Katzenbach, R. (2004) New exhibition hall 3 in Frankfurt - Case history of a Combined Pile-Raft Foundation subjected to horizontal load, *5th International Conference on Case Histories in Geotechnical Engineering*, New York, USA, pp. 1–5.

[99] Katzenbach, R., Leppla, S., Ramm, H. (2014) Combined Pile-Raft Foundation – theory and practice, in *Design and Analysis of Pile Foundations*, Hrsg. Ali Bouafia, Dar Khettab Press, Boudouaou, Algerien, S. 262–291.

[100] Katzenbach, R., Clauß, F., Waberseck, T., Wagner, I. M. (2011) Geothermie, in *Beton-Kalender 2011* (Hrsg. Bergmeister, K., Fingerloos, F., Wörner, J.-D.), Ernst & Sohn, Berlin, S. 171–220.

[101] Janke, O., Zoll, V., Sommer, F., Waberseck, T. (2010) PalaisQuartier (FrankfurtHochVier) – Herausfordernde Deckelbauweise im Herzen der City, in *Mitteilungen des Institutes und der Versuchsanstalt für Geotechnik der Technischen Universität Darmstadt*, Heft **86**, S. 113–124.

[102] Katzenbach, R., Vogler, M., Waberseck, T. (2008) Große Energiepfahlanlagen in urbanen Ballungsgebieten, *Bauingenieur* **83** (7/8), 343–348.

[103] Katzenbach, R., Waberseck, T. (2005) Innovationen bei der Nutzung geothermischer Energie im Verkehrswegebau, *Bauingenieur* **80** (9), 395–401.

[104] Katzenbach, R.; Waberseck, T. (2007) Nutzung von Erdwärme zur Beheizung von Bahnsteigen, *Der Eisenbahningenieur* **58**, (1), 28–32.

[105] Waberseck, T. (2017) Einsatz effizienzoptimierter geothermischer Systeme zur Schnee- und Eisfreihaltung von Verkehrsflächen, *Mitteilungen des Institutes und der Versuchsanstalt für Geotechnik der Technischen Universität Darmstadt*, Heft **100**.

[106] Ennigkeit, A. (2002) Energiepfahlanlagen mit Saisonalem Thermospeicher, *Mitteilungen des Institutes und der Versuchsanstalt für Geotechnik der Technischen Universität Darmstadt*, Heft **60**.

[107] Farouki, O. T. (1986) Thermal properties of soils, *Series on Rock and Soil Mechanics*, Vol. 11, Trans Tech, Publications, Clausthal-Zellerfeld.

[108] Brandl, H., Adam, D., Markiewicz, R., Unterberger, W., Hofinger, H. (2010) Massivabsorbertechnologie zur Erdwärmenutzung bei der Wiener U-Bahnlinie U2, *Österreichische Ingenieur- und Architekten-Zeitschrift ÖIAZ* **162** (7-12), S. 193–199.

[109] Hofmann, K., Schmitt, D. (2010) Geothermie im Tunnelbau – Konzept für die Nutzung der Geothermie am Beispiel des B 10 Tunnels in Rosenstein, *Geotechnik* **33** (2), 135–139.

[110] Mayer, P. M., Franzius, N. (2010) Thermische Berechnungen im Tunnelbau, *Geotechnik* **33** (2), 145–151.

[111] Pralle, N., Franzius, N., Gottschalk, D. (2009) StadtBezirk – Mobilität und Energieversorgung – Neue Synergiepotenziale am Beispiel geothermisch nutzbarer urbaner Tunnel, *Bauingenieur* **84** (Sonderheft), 98–103.

[112] van Meurs, G. A. M. (1986) *Seasonal Storage in the Soil*, Thesis, Departement of Applied Physics, University of Technology Delft.

[113] Wagner, I. M. (2016) Oberflächennahe Geothermiesondenanlagen – von der Praxisstudie zur modellbasierten Analyse ihrer Temperaturfahnenausbreitung, *Mitteilungen des Institutes und der Versuchsanstalt für Geotechnik der Technischen Universität Darmstadt*, Heft **99**.

[114] Verband Beratender Ingenieure VBI (2009) VBI-Leitfaden Oberflächennahe Geothermie, *Band 18 der VBI-Schriftenreihe*, 2. Auflage, Berlin.

[115] Katzenbach, R., Leppla, S., Waberseck, T. (2012) Deep excavations and deep foundation systems combined with energy piles, *Baltic Piling Days 2012*, Tallinn, Estland, 14 S.

[116] Vogler, M. (2010) Berücksichtigung innerstädtischer Randbedingungen beim Entwurf tiefer Baugruben und Hochhausgründungen am Beispiel des PalaisQuartier in Frankfurt am Main, *Bauingenieur* **85** (6), 273–281.

[117] von der Hude, N., Sauerwein, M. (2007) Energiepfähle in der praktischen Anwendung, in *Mitteilungen des Institutes und der Versuchsanstalt für Geotechnik der Technischen Universität Darmstadt*, Heft **76**, S. 95–109.

[118] Chapman, T., Butcher, A. P., Fernie, R. (2003) A generalized strategy for reuse of old foundations, *13th European Conference on Soil Mechanics and Geotechnical Engineering*, Prag, Tschechische Republik, Vol. 1, S. 613–618.

[119] St. John, H. (2000) Follow these footprints, *Ground Engineering* (12), S. 24–25.

[120] Chapman, T., Marsh, B., Foster, A. (2001) Foundations for the future, *ICE Civil Engineering* **144** (1), 36–41.

[121] Allenou, C. (2003) One careful owner, *Ground Engineering* **146** (3), 34–36.

[122] Butcher, A. P., Powell, J. J. M., Skinner, H. D. (2006) Re-use of foundations for urban sites – a best practice handbook, HIS BRE Press, Bracknell, England.

[123] Niederleithinger, E., Katzenbach, R. (2016) Handbuch zur Wiedernutzung von Bestandsgründungen, *Mitteilungen des Institutes und der Versuchsanstalt für Geotechnik der Technischen Universität Darmstadt*, Heft **98**.

[124] Chapman, T., Marcetteau, A. (2004) Achieving economy and reliability in piled foundation design for a building project, *The Structural Engineer* **82** (11), 32–37.

[125] Briaud, J.-L., Ballouz, M., Nasr, G. (2002) Defect and Length Predictions by Nondestructive Testing (NDT) Methods for Nine Bored Piles, *International Deep Foundation Congress*, Orlando, USA, pp. 173–192.

[126] Kirsch, F., Klingmüller, O. (2003) Erfahrungen aus 25 Jahren Pfahl-Integritätsprüfung in Deutschland – Ein Bericht aus dem Unterausschuss „Dynamische Pfahlprüfungen" des Arbeitskreises 2.1 „Pfähle" der Deutschen Gesellschaft für Geotechnik e. V., *Bautechnik* **80** (9), 640–650.

[127] Taffe, A., Katzenbach, R., Klingmüller, O., Niederleithinger, E. (2005) Untersuchungen an Fundamentplatten im Hinblick einer Wiedernutzung, *Beton- und Stahlbetonbau* **100** (9), 757–770.

[128] Powell, J. J. M., Butcher, A. P., Pellew, A. (2003) Capacity of driven piles with time – implications for re-use, *13th European Conference on Soil Mechanics and Geotechnical Engineering*, Prag, Tschechische Republik, Vol. 2, pp. 335–340.

[129] Katzenbach, R., Weidle, A., Ramm, H. (2003) Geotechnical basics in modelling of the soil-structure-interaction due to the sustainable re-use of historical foundations and structures, *International Conference on Reconstruction of Historical Cities and Geotechnical Engineering*, St. Petersburg, Russland, Vol. 1, pp. 85–94.

[130] Katzenbach, R., Ramm, H. (2006) Re-use of foundations in course of the reconstruction of the Hessian parliament complex – A case study, *International Conference on Re-use of Foundations for Urban Sites: RuFUS 2006*, BRE Press Watford, Großbritannien, S. 385–394.

[131] Katzenbach, R., Ramm, H. (2006) Reuse of historical foundations, *International Conference on Re-use of Foundations for Urban Sites: RuFUS 2006*, BRE Press Watford, Großbritannien, pp. 395–403.

[132] Katzenbach, R., Quick, H. (1996) Grundwassermanagement bei temporären Baumaßnahmen, *Bauingenieur* **71** (7/8), 297–304.

[133] Maetzel, U. (1996) Der Umbau des Reichstagsgebäudes im Rahmen der Gesamtplanung des Deutschen Bundestages in Berlin, in *VDI-Berichte 1246, Berlin baut im Grundwasser*, VDI-Verlag, Düsseldorf, S. 1–19.

[134] Mönnich, H.-D. (1996) Die Verkehrsbauwerke für den zentralen Bereich Berlins: Vorrang für unterirdische Lösungen, in *VDI-Berichte 1246, Berlin baut im Grundwasser*, VDI-Verlag, Düsseldorf, S. 21–64.

[135] Brandl, H. (2018) Stützbauwerke und konstruktive Hangsicherungen, in *Grundbau-Taschenbuch, Teil 3: Gründungen und geotechnische Bauwerke* (Hrsg. Witt, K. J.), 8. Auflage, Ernst & Sohn, Berlin, S. 1019–1185.

[136] Schmidt, H. G., Seitz, J. (1998) *Grundbau*, Ernst & Sohn, Berlin.

[137] Kudella, P. (2018) Senkkästen, in *Grundbau-Taschenbuch, Teil 3: Gründungen* (Hrsg. Witt, K. J.), 8. Auflage, Ernst & Sohn, Berlin, S. 909–970.

[138] Lesny, K., De Gijt, J. G. (2018) Gründungen von Offshore-Bauwerken, in *Grundbau-Taschenbuch, Teil 3: Gründungen und geotechnische Bauwerke* (Hrsg. Witt, K. J.), 7. Auflage, Ernst & Sohn, Berlin, S. 421–491.

[139] Hafenbautechnische Gesellschaft e. V., Deutsche Gesellschaft für Geotechnik e. V. (2012) *Empfehlungen des Arbeitsausschusses „Ufereinfassungen" Häfen und Wasserstraßen EAU 2012*, 11. Auflage, Ernst & Sohn Verlag, Berlin.

[140] Grabe, J., Mahutka, K.-P., Dührkop, J. (2005) Monopilegründungen von Offshore-Windenergieanlagen, *Bautechnik* **82** (1), 1–10.

[141] Achmus, M., Kuo, Y.-S., Abdel-Rahman, K. (2008) Zur Bemessung von Monopiles für zyklische Lasten, *Bauingenieur* **83** (7/8), 303–311.

[142] Lesny, K. (2008) Gründungen von Offshore-Windenergieanlagen – Entscheidungshilfen für Entwurf und Bemessung, *Bautechnik* **85** (8), 503–511.

[143] Achmus, M., tom Wörden, F., Müller, M. (2009) Tragfähigkeit und Bemessung axial belasteter Offshorepfähle, *Pfahl-Symposium*, Braunschweig, Heft 88, S. 213–230.

[144] Hartwig, U., Miehe, A. (2012) Besonderheiten bei Flachgründungen für Offshore-Windenergieanlagen, in *mining · geo* (1), S. 141–149.

[145] Hartwig, U., Mayer, T. (2012) Entwurfsaspekte bei Gründungen für Offshore-Windenergieanlagen, *Bautechnik* **89** (3), 153–161.

[146] Stahlmann, A., Schlurmann, T. (2012) Kolkbildung an komplexen Gründungsstrukturen für Offshore-Windenergieanlagen, *Bautechnik* **89** (5), 293–300.

[147] Hildebrandt, A., Schlurmann, T. (2012) Wellenbrechen an Offshore Tripod-Gründungen – Versuche und Simulationen im Vergleich zu Richtlinien, *Bautechnik* **89** (5), 301–308.

[148] Thöns, S., Faber, M. H., Rücker, W. (2012) Optimierung des Managements der Tragwerksintensität für Offshore-Windenergieanlagen, *Bautechnik* **89** (8), 525–532.

[149] Cuéllar, P., Baeßler, M., Georgi, S., Rücker, W. (2012) Porenwasserdruckaufbau und Bodenentfestigung um Pfahlgründungen von Offshore-Windenergieanlagen, *Bautechnik* **89** (9), 585–593.

[150] Rücker, W., Lüddecke, F., Thöns, S. (2012) Tragverhalten von Offshore Gründungskonstruktionen, *Bautechnik* **89** (12), 821–830.

[151] Henke, S., Qiu, G., Pucker, T. (2012) Spudcans als Gründungsform für Offshore-Hubplattformen, *Bautechnik* **89** (12), 831–840.

[152] Rücker, W., Karabeliov, K., Cuéllar, P., Baeßler, M., Georgi, S. (2013) Großversuche an Rammpfählen zur Ermittlung der Tragfähigkeit unter zyklischer Belastung und Standzeit, *Geotechnik* **36** (2), 77–89.

[153] Rudolph, C., Grabe, J. (2013) Untersuchungen zu zyklisch horizontal belasteten Pfählen bei veränderlicher Lastrichtung, *Geotechnik* **36** (2), 90–95.

[154] Arshi, H. S., Stone, K. J. L., Gunzel, F. K. (2015) Cost efficient design of monopile foundations for offshore wind turbines, *16th European Conference on Soil Mechanics and Geotechnical Engineering*, Edinburgh, Schottland, S. 1237–1242.

[155] Pop, C., Zania, V., Trimoreau, B. (2015) Numerical modelling of offshore pile driving, *16th European Conference on Soil Mechanics and Geotechnical Engineering*, Edinburgh, Schottland, S. 1351–1356.

[156] Bertossa, A. D. (2015) Evaluating geotechnical uncertainty for Offshore Wind Turbine foundation design at St. Brieuc Wind Farm, *16th European Conference on Soil Mechanics and Geotechnical Engineering*, Edinburgh, Schottland, S. 1249–1254.

[157] Labenski, J., Moormann, C. (2017) Numerical simulation of the lateral bearing behavior of open steel pipe piles with regard to their installation method, *19th International Conference on Soil Mechanics and Geotechnical Engineering*, Seoul, Korea, S. 2305–2308.

IV Marine Gründungsbauwerke

Jürgen Grabe, Hamburg

Beton-Kalender 2019: Parkbauten; Geotechnik und Eurocode 7.
Herausgegeben von Konrad Bergmeister, Frank Fingerloos und Johann-Dietrich Wörner
© 2019 Ernst & Sohn GmbH & Co. KG. Published 2018 by Ernst & Sohn GmbH & Co. KG.

1 Einführung

1.1 Abgrenzung zu Gründungen an Land

Mit dem Begriff „Marine Gründungsstrukturen" seien alle Gründungsstrukturen bezeichnet, die an der Küste, an Tideästuaren, im Hafen und im Meer errichtet werden. Es handelt sich beispielsweise um Gründungen für Ufereinfassungen, Kajen, Leuchttürme, Öl- und Gasplattformen, Versorgungsleitungen sowie Bauwerke zur Nutzung der regenerativen Wind-, Tide- und Wellenenergie. Marine Gründungsstrukturen umfassen aber auch Erdbauwerke wie beispielsweise Deiche, künstliche Inseln und Landgewinnungsmaßnahmen.

1.2 Besonderheiten und Risiken

Die Gründung von Bauwerken im Meer bzw. an der Küste unterscheidet sich wesentlich von der Gründung von Bauwerken an Land:

Konstruktion

Das Verhältnis von Horizontal- zu Vertikallasten ist bei Bauwerken im und am Meer im Allgemeinen deutlich größer als bei Bauwerken an Land. Es beträgt beispielsweise bei der Monopilegründung von Windkraftanlagen bei Wassertiefen von ca. 30 m ungefähr 1:1. Die Einwirkungen aus Wellen, Wind und Eis sind dynamisch, mit der Folge, dass sie die Strukturen zu Schwingungen anregen können. Diese Schwingungen können den Gebrauch der Struktur empfindlich beeinträchtigen oder im Fall von Resonanzen sogar zum Versagen der Struktur führen. Darüber hinaus kann sich durch die dynamischen Beanspruchungen im Boden ein Porenwasserüberdruck bis zum Versagen der Gründungsstruktur aufbauen. Bei locker gelagerten Sanden unter dynamischer Beanspruchung besteht die Gefahr der Bodenverflüssigung. Die Folge der zyklischen Schwell- und Wechsellasten sind nahezu unvermeidliche Langzeitverformungen der Gründungsstruktur. Dieses auch „zyklisches Kriechen" genannte Phänomen ist besonders bei rolligen Böden zu beachten, da eine Kornumlagerung möglich ist. Die Verformungsrate kann mit der Zeit insbesondere in der Nähe des Grenzzustandes erheblich zunehmen. Des Weiteren sind morphodynamische Veränderungen der Gründungssohle infolge von Erosionsvorgängen aus Strömung zu beachten, die zu einem Freilegen oder Verschütten der Gründungselemente führen können.

Bau

Die Errichtung mariner Strukturen unterliegt besonderen Umweltrandbedingungen wie Tide, Wellen, Strömung und gegebenenfalls Eis. Die Wetterbedingungen können durch Sturm, Sturmfluten und niedrige Temperaturen extrem sein. Die Versorgung von Wasserbaustellen mit Material und Personal ist dadurch nicht jederzeit möglich. Die Arbeiten müssen bei großen Wassertiefen von schwimmenden Plattformen oder sogar Spezialschiffen ausgeführt werden. Diese schwimmenden Strukturen müssen durch Antriebe und Verankerungen positioniert werden. Die Leistung der Baugeräte kann aufgrund des schwankenden Planums gegenüber den Bedingungen an Land erheblich verringert sein. Strukturen im Meer haben aufgrund der Beanspruchungen aus Wellen, Wind und Eis oft deutlich größere Abmessungen als an Land. Dadurch wird auch entsprechend schweres und leistungsfähiges Gerät benötigt. Des Weiteren wird für die Errichtung mariner Strukturen aufgrund der vorgenannten Randbedingungen seeerprobtes Personal benötigt. Die Qualitätssicherung ist unter den erwähnten Bedingungen besonders schwer durchführbar.

Erkundung

Die Baugrunderkundung mariner Gründungsstrukturen vom Wasser aus ist aufgrund der vorgenannten Randbedingungen offenkundig erschwert. Die Folge ist, dass viel weniger Aufschlüsse als an Land, insbesondere in Städten, vorliegen und dass der Erkundungsumfang auf das Notwendige begrenzt wird.

Betrieb

Die Überwachung des Betriebs von marinen Gründungsstrukturen ist aufgrund der Umweltbedingungen ebenfalls nur bedingt möglich. Besonders zu beachten ist unter anderem Materialalterung infolge Korrosion und Ermüdung, organischer Bewuchs der im Wasser befindlichen Strukturen, morphodynamische Veränderungen der Einbettung der Gründungselemente und Beeinträchtigungen der Nutzung durch Schwingungsresonanzen und Langzeitverformungen.

Stilllegung/Rückbau

Für die Zeit nach dem wirtschaftlichen Betrieb der Strukturen wird meist eine Stilllegung oder ein Rückbau der Strukturen erforderlich. Die Anforderungen an die Stilllegung bzw. den Rückbau sollten bereits beim Entwurf der Gründungsstrukturen berücksichtigt werden, da ansonsten der Rückbau nur mit wirtschaftlichen und technischen Aufwendungen erfolgen kann. Bedingt ist dies unter anderem durch das sogenannte Anwachsen der Gründungsstruktur infolge von Spannungsumlagerungen und Adhäsion im Meeresgrund. Konzepte

---

Beton-Kalender 2019: Parkbauten; Geotechnik und Eurocode 7.
Herausgegeben von Konrad Bergmeister, Frank Fingerloos und Johann-Dietrich Wörner
© 2019 Ernst & Sohn GmbH & Co. KG. Published 2018 by Ernst & Sohn GmbH & Co. KG.

für die Stilllegung und den Rückbau werden beispielsweise in *Cathie* [33] sowie *Gourvenec* und *White* [75] aufgezeigt.

Die genannten Bedingungen führen dazu, dass die Herstellkosten für eine Baumaßnahme im Wasser, beispielsweise im Hafen, ca. das 1,2- bis 2-Fache der Baumaßnahme an Land beträgt. Marine Gründungsstrukturen im Meer sind oft weit mehr als doppelt so teuer wie an Land.

1.3 Regelwerke und Empfehlungen

Für die Errichtung von marinen Gründungsstrukturen sind insbesondere folgende Regelwerke zu beachten:

- Empfehlungen des Arbeitsausschusses Ufereinfassungen der Hafentechnischen Gesellschaft (HTG) [8],
- Empfehlungen des Ausschusses für Küstenbauwerke (EAK) [116],
- Empfehlungen der World Association for Waterborne Transport Infrastructure (PIANC) [137],
- Standard Konstruktion des Bundesamtes für Seeschifffahrt und Hydrographie: Mindestanforderungen an die konstruktive Ausführung von Offshore-Bauwerken in der ausschließlichen Wirtschaftszone (AWZ) von 2015 [29],
- Standard des Bundesamtes für Seeschifffahrt und Hydrographie: Baugrunderkundung für Offshore-Windenergieparks von 2014 [28],
- Standard des Bundesamtes für Seeschifffahrt und Hydrographie: Untersuchung der Auswirkungen von Offshore-Windenergieanlagen auf die Meeresumwelt (StUK 4) von 2013 [30],
- VGB-/BAW-Standard: Korrosionsschutz von Offshore-Bauwerken zur Nutzung der Windenergie: Teil 1: Allgemeines. 2. Ausgabe 2017, VGB-S-021-01-2017-06-DE [170],
- VGB-/BAW-Standard: Korrosionsschutz von Offshore-Bauwerken zur Nutzung der Windenergie: Teil 2: Anforderungen an Korrosionsschutzsysteme. 2. Ausgabe 2017, VGB-S-021-02-2017-06-DE [171].

1.4 Verwendete Planungsunterlagen

Die verwendbaren Planungsunterlagen sind unter anderem Seekarten, Seehandbücher für Küstennavigation, Leuchtfeuerverzeichnisse, Nachrichten für Seefahrer, Tidekalender, Gezeiten-Tafeln, Hafenhandbücher, Deutscher Küsten-Almanach, Deutsche Gewässerkundliche Jahrbücher, Internetplattform des BSH „GeoSeaPortal", Metainformationssystem NOKIS der Kuratoriums für Forschung im Küsteningenieurwesen und das GeoPortal des Landesamts für Bergbau, Energie und Geologie bzw. künftig des „Geopotenzial Deutsche Nordsee".

2 Meeresgrund und Küsten

2.1 Geologie in der Nord- und Ostsee

Die Geologie der **Nordsee** ist durch Sedimente des seit 300 Mio. Jahren aktiven Senkungsraums des Nordseebeckens geprägt, in welchem es zu mächtigen Ablagerungen kam.

Der kristalline Untergrund in 16 bis 18 km Tiefe [160] besteht aus Metamorphiten. Darauf lagern bis in eine Tiefe von 10 km z. T. metamorph überprägte Sedimente des Kambrium bis Devon. Im Mittelund Oberdevon wurden terrestrische Sand- und Tonsteine gefolgt von Küsten- und Flachmeersedimenten abgelagert und sind heute in Tiefen von ca. 6 km anzutreffen. Das Karbon ist durch karbonatische Ablagerungen während des fortschreitenden Meeresrückzugs und Kohlebildung gekennzeichnet. Diese Zeit der variszischen Gebirgsbildung beanspruchten Folgen werden von den Schichten des Rotliegenden (Perm) überlagert. Sie bestehen aus basischen Vulkaniten, die Mächtigkeiten von bis zu 500 m erreichen können. Im Zechstein des Perms war der Nordsee ein Binnenmeer, in dem es zur Ablagerung zyklisch gegliederter Sedimente kam. Auf bituminöse Schiefer oder Tonschichten folgen Kalk- und Anhydritsteine, Steinsalz sowie zum Teil Kalisalzlagen. Die Salzablagerungen aus dem Zechstein und z. T. aus dem Rotliegenden zeigen mit zunehmendem Überlagerungsdruck ausgeprägte plastische Eigenschaften und steigen an tektonischen Schwächezonen nach oben. Es bilden sich Salzdome und -diapire.

Im Trias kam es zur Ablagerung des weit über die Nordsee hinausgehenden kontinental beeinflussten und ariden Buntsandsteins (Helgoland), der karbonatischen Folgen des Muschelkalks und den festländischen Keupersedimenten [100]. Darauf folgt im Jura eine marine Flachwasserfazies aus dunklem Tonstein, in den Hangenden sandiger wird (Dogger). Die Kreidezeit wird von einem ausgedehnten Meeresvorstoß durch Tonmergel- bis Mergelstein eingeleitet, auf denen Karbonate, Mergelkalke, Kalksteine und die sogenannte Schreibkreide mit Flintkonkretionen abgelagert werden.

Das Tertiär ist durch klastische Flachmeersedimente, Tone, Kalksandsteine und schluffige Feinsande geprägt und wird von gelb-weißlichen glimmerhaltigen Sanden (Kaolinsande) gefolgt.

Der quartäre Untergrund der Nordsee ist durch den Wechsel von Kalt- und Warmzeiten sowie die für diese Zeiten typischen Ablagerungsformen geprägt. Zum Beginn des Quartärs kam es aufgrund der starken Abkühlung zu einem Meeresspiegelrückgang von bis zu 100 m und dem Sedimenteintrag aus dem baltischen Flusssystem.

Während der Elstereiszeit war die Nordsee vollständig eisbedeckt. Es kam zur Bildung von Moränen- und Schmelzwassersedimenten, Erosionsdiskordanzen und Rinnensystemen, die mit Tonen, Sanden und Kiesen aufgefüllt wurden.

Die Sedimente des sich ausbreitenden Holsteinmeeres füllten die elsterzeitlichen Rinnen.

Während der Saalevereisung (ca. 120.000 a) waren nur Teile des Nordseeschelfes eisbedeckt. Die jüngsten Vorstöße hatten nur geringen Einfluss auf die Nordsee.

Während der Eem-Warmzeit wurden Torfhorizonte gefolgt von Meeres-, Watt- und Brackwassersedimenten und ein weiterer Torfhorizont abgelagert.

Im Weichselglazial lagen weite Bereiche des Nordseebeckens trocken und wurden von Schmelz- und Flusswässern (Elbe-Urstrom) umgeformt. Die Küstenlinie befand sich 600 km weiter nördlich [161]. Gletscherzungen reichten bis zur Doggerbank. Bis heute hält die nach der Eiszeit eintretende Transgression mit Überschwemmungen, Marsch- und Wattenbildung an [152].

In der deutschen Nordsee sind überwiegend Sand- und Kiesschichten, teilweise mit eingelagerten, gering mächtigen Schluffschichten sowie Geschiebemergellagen von bis zu 40 m Tiefe im Allgemeinen anzutreffen. Die Lagerungsdichte kann erheblich variieren.

Die Geologie der **Ostsee** ist durch tektonische Prozesse des tieferen Untergrunds und die Interaktion zwischen dem Wechsel der Meeresspiegelhöhe und Landhebung nach Rückzug des Eises über Skandinavien geprägt. Es entstand eine sehr bewegte Küstenlandschaft. Die Ostsee ist 52 bis 459 m tief. Die Entstehung dieses Randmeeres begann vor ca. 17.000 Jahren als Baltischer Eisstausee, vor 12.000 Jahren als Ostsee.

Das Gebiet der Ostsee wurde im Präquartär durch tektonische Prozesse unter anderem entlang der Tornquist-Zone, an der die instabile Westeuropäische Platte auf die tektonisch stabilere Osteuropäische Platte trifft, geprägt. Ihr südwestlicher Teil senkt sich ab und wurde somit seit dem Paläozoikum (500 Mio. a) zu einem Akkumulationsraum klastischer Sedimente. Der Baltische Schild, Teil der Osteuropäischen Platte, unterliegt noch heute geringen Hebungen. Die präquartären Sedimente stehen im Ostseeraum unterschiedlich mächtig an. Der kristalline Untergrund wird von metamorphen und magmatischen Gesteinen gebildet [98]. Darauf liegen gefaltete Sand- und Tonsteine sowie Grauwacken des Ordoviziums, die im Silur während einer Gebirgsbildung verstellt wurden. Die 3 km mächtigen Ablagerungen des Devons sind zunächst kontinentale Sand- und Tonsteine, dann marine Mergelsteine, Dolomite, Kalk-, Sand- und Tonsteine. Karbonische Schichten sind je nach Lokalität sehr unterschiedlich ausgeprägt: Mergel-, Kalk- und Tonsteine im Nordwesten, Tonschiefer, Quarzite, Diabase im Südosten. Das Perm ist durch Vulkanite gefolgt von bis zu 2 km mächtigen feinklastischen Rotsedimenten geprägt. Im Zechstein kam es zur Bildung von Salzlagerstätten.

In der Trias wurden Sedimente in einer großen Binnensenke abgelagert. Die Bedingungen waren sowohl kontinental, fluviatil als auch marin. Es wurden Buntsandstein, Muschelkalk, Tone, Evaporite, Kohleflöze und Sandsteine des Keupers abgelagert. Erst während des Oberen Jura kam es zur Ablagerung von Tonen und Tonmergel. Auf tonig-sandigen Sedimenten der Unterkreide folgen nach Transgressionskonglomeraten kalkige Sedimente der Oberkreide. Insgesamt erreichen die Kreideablagerungen Mächtigkeiten von bis zu 2 km.

Darüber schließen sich bis zu 3 km dicke Tone und Sande des Tertiärs an, die an einigen Stellen durch die folgenden Eiszeiten gänzlich ausgeräumt wurden.

Das Gebiet der Ostsee wurde während der Kalt- und Warmzeiten des Quartärs von Meerestrans- und -regressionen beeinflusst [103]. Während der Elstervereisung wurden durch die Gletscherzungen tiefe Rinnen, Schwellen und Becken angelegt. Die großen Tiefen der Ostsee in ihrem nördlichen Teil sind darauf zurückzuführen. Die elstereiszeitlichen Rinnen wurden später mit unterschiedlich mächtigen glazialen Sedimenten verfüllt [68]. In der Holstein-Warmzeit, also zwischen Elster- und Saale-Vereisung, bildete sich das sog. Holstein-Meer, welches sich vermutlich bis Rügen erstreckte. Das Meer der darauf folgenden Eem-Warmzeit lag vermutlich im Bereich des Baltischen Schildes. Erst nach dem endgültigen Rückschmelzen des Weichseleises begann die Entwicklung der heutigen Ostsee. Unter bis zu 10 m schlickigen flachmarinen Sedimenten lagern sandige, kiesige Sedimente. Im Liegenden steht eine quartäre Serie von bindigem Geschiebemergel mit sandigen, kiesigen Einschaltungen und z. T. auch Torf-, Schluff- und Tonlinsen an. Im tieferen Untergrund stehen schließlich kompakte, z. T. verfestigte Kalke mit Feuersteinlagen und sandig-kiesigen Zwischenlagen an.

2.2 Offshore-Baugrunderkundung

Die Meeresbodentopologie wird zumeist mittels Sonartechnik erfasst. Hierbei werden, je nach Projektanforderung, 2-D- oder 3-D-Systeme verwendet. Diese werden entweder vom Erkundungsschiff aus oder, bei großen Wassertiefen, mittels ROV oder AUV eingesetzt. Generell gilt hierbei, je größer der Abstand zum Meeresboden, desto ungenauer ist die resultierende Auflösung.

Die Baugrunderkundung erfolgt bei geringer Wassertiefen in der Regel von verankerten Plattformen oder von auf dem Meeresgrund stehenden Hubpontons aus, so wird weitestgehend mit den gleichen

Geräten wie an Land gearbeitet. Unterschiede zur Baugrunderkundung an Land ergeben sich, wie zuvor beschrieben, aus den Bedingungen auf dem Meer.

Für große Wassertiefen erfolgt die Erkundung des Untergrunds von Spezialschiffen aus. Die Schiffe müssen über entsprechende Schiffsantriebe (dynamisches Positionierungssystem) oder Ankersysteme ortsfest gehalten werden. Darüber hinaus werden zur Erkundung Verfahren eigesetzt, welche die Erkundungstechnik direkt auf dem Meeresgrund platzieren. In beiden Fällen sind Schiffe mit sogenanntem Moonpool (Öffnung im Deck des Schiffs) von Vorteil oder sogar notwendig. Darüber hinaus sind geeignete Kräne bzw. ein A-Frame (Ausleger) erforderlich.

Der wesentliche Vorteil von absetzbarer Erkundungstechnik besteht darin, dass es nicht erforderlich ist, das Bohrgestänge auf gesamter Länge zu führen, die Bewegungen sowie die Drift des Schiffes sind unkritisch. Der auf dem Meeresgrund angeordnete Bohrantrieb wird dabei vom Schiff aus über entsprechende Mess-, Steuerungs- und Regelungstechnik betrieben. Hierzu gehören die vergleichsweise leichten Systeme mit elektrischem oder hydraulischem Antrieb (Vibro-Corer, SEACALF). Darüber hinaus werden auch auf Schwerkraft basierende Systeme eingesetzt, um nahezu ungestörte Bodenproben, insbesondere lockerer oder weicher Böden, zu gewinnen (Piston-Corer).

Drucksondierungen (CPT) und kombinierte Bohr- und Drucksondierungen (SPT) lassen sich ebenso vom Meeresboden aus durchführen [141]. Dabei kommen Verfahren zum Einsatz, welche im Bohrloch (z. B. WISON-System) oder von der Geländeoberkante (z. B. ROSON-System) ausgeführt werden.

Bei felsigen oder steifen Meeresböden und bei großen Erkundungstiefen werden bohrende Systeme eingesetzt, wobei auch hier kontinuierlich Bohrkerne entnommen werden und eine Kombination mit einer vorauseilenden, vom Bohrloch ausgeführten Drucksondierung möglich ist.

2.3 Morphodynamik

2.3.1 Erosion und Sedimentation

Infolge Meeresströmungen, Tide und Wellen kommt es zu Wasserbewegungen am Meeresgrund. Strömt Wasser parallel über die Gewässersohle, werden Bodenpartikel ab einer gewissen mittleren Strömungsgeschwindigkeit aufgrund der Anströmverhältnisse am Einzelkorn aus dem Korngerüst herausgelöst. Die erodierten Partikel werden fortan mit dem Wasser transportiert. Auf der Basis umfangreicher Überströmungsversuche wurde das sogenannte Hjulström-Diagramm [156] in Bild 1 abgeleitet.

Unterschreitet die Strömungsgeschwindigkeit einen gewissen unteren Grenzwert, sedimentieren die im strömenden Wasser transportierten Partikel auf den Meeresgrund. Durch die Morphologie des Meeresbodens wie auch zyklischer Zu- und Abnahme oder Oszillation der Strömung kommt es zu wechselnder Erosion und Sedimentation. Infolge dieser Prozesse verändert sich die Geländeoberkante und es entstehen Rippel.

Solange die Partikel noch im Wasser transportiert werden, gibt es keinen Unterschied zwischen dem an der Sohle gemessenen Porenwasserdruck und dem Totaldruck. Es handelt sich dann immer noch um eine, gegebenenfalls schwere, Flüssigkeit. Mit beginnender Sedimentation ordnen sich die Körner an, das Porenwasser entweicht zeitverzögert. Die effektiven Spannungen als Differenz der mittleren Totaldrücke und Porenwasserdrücke wachsen an, bis der Boden unter Eigengewicht auskonsolidiert ist. Dieser Vorgang kann bei feinkörnigen Böden lange dauern, da die Sinkzeit der Partikel und die Konsolidierungszeit umso länger sind, je feinkörniger der Boden ist.

Ein Kolk bezeichnet eine lokale Erosionsstelle beispielsweise in der Nähe von im Meeresgrund gegründeten Pfählen. Der Pfahl führt zu einer Umlenkung der Strömung mit lokal erhöhten Strömungsgeschwindigkeiten parallel und senkrecht zur Sohle. Bei Letzterem handelt es sich um einen anderen Lösemechanismus als im Fall der meist untersuchten parallelen Anströmung. Denn bei senkrechter Anströmung erhöhen sich die Porenwasserdrücke rasch mit der Folge, dass die Korn-zu-Korn-Spannungen kleiner oder sogar null werden und der Boden seine Festigkeit verliert [78]. Hierdurch kann es bereits bei geringen Strömungsgeschwindigkeiten zu einer nennenswerten Erosion kommen. Die dadurch hervorgerufene Änderung der Morphologie um den Pfahl verändert wiederum das Strömungsfeld. Es kann zu einer Verstärkung dieses rückgekoppelten Systems kommen [76].

Die Prognose dieses unter Umständen fortschreitenden Erosionsmechanismus ist äußerst schwierig. *Richwien* und *Lesny* [121] vergleichen die in der Literatur hierzu veröffentlichten, meist empirisch gewonnenen, Ansätze und stellen eine enorme Bandbreite der nach den Abschätzformeln berechneten Kolktiefen fest. Die Spannweite ist so groß, dass die Formeln dem entwerfenden Ingenieur wenig helfen.

Gleiches gilt für Kolke, die vor der Kaimauer infolge von An- und Ablegemanövern der Schiffe entstehen. Die Kolkgefahr ist besonders vor dem Hintergrund der immer leistungsfähiger werdenden Schiffsantriebe zu sehen. Besonders kritisch sind

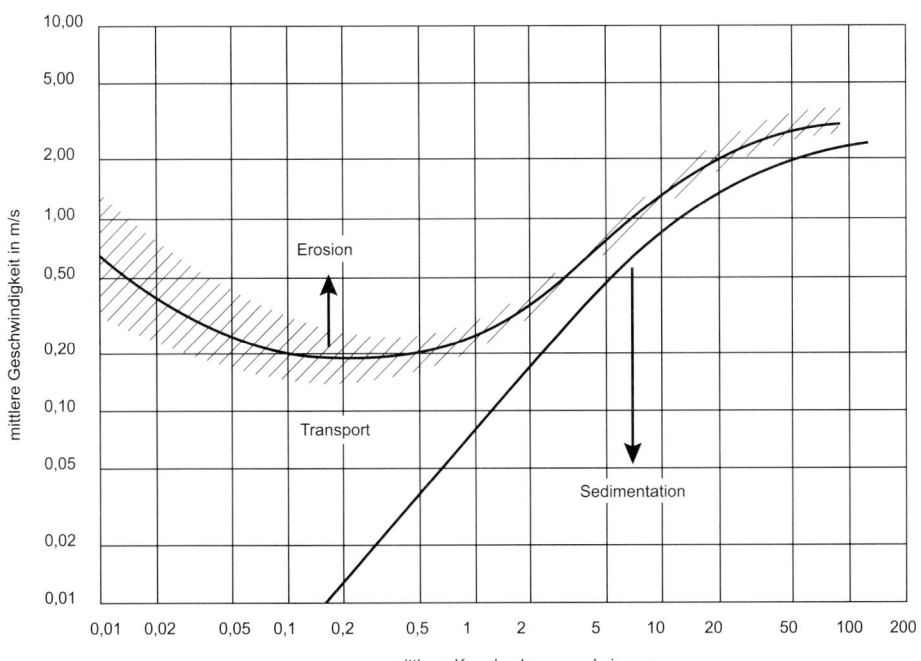

Bild 1. Hjulström-Diagramm [156]

hierbei Fähren und RoRo-Schiffe, da deren Anlegeposition ortsfest ist. Bei Kaikonstruktionen wird durch die Gestaltung der Kaje versucht, die Strömungsenergie beispielsweise durch vorgelagerte Pfahlreihen, Anordnung einer Wellenkammer oder durch Neigen der Spundwände zu minimieren.

Zur Abschätzung von Kolkabmessungen besteht weiterhin Forschungsbedarf [79]. Zu deren Vermeidung wird eine rechnerisch reduzierte Einbindetiefe der Konstruktion angesetzt oder eine Kolksicherung beispielsweise aus schweren Verbundsteinen angeordnet. Eine Veränderung der Sohle kann gegebenenfalls auch durch Kolkmonitoringsysteme [85] überwacht werden.

2.3.2 Welleninduzierte Druckbeanspruchung

Infolge von Wasserwellen kommt es am Meeresgrund zu zyklischen Druckbeanspruchungen. Die Größe der Drucklast am Meeresboden ist abhängig von der Wassertiefe, der Wellenhöhe, der Wellenlänge und der Wellenperiode, wobei kurzkammige Wellenanteile vernachlässigt werden können. Die welleninduzierte Druckbeanspruchung lässt sich für geotechnische Anwendungsfälle mittels linearer Wellentheorie hinreichend genau abschätzen [153].

Unter dem Wellenberg entsteht ein lokaler Überdruck, unter dem Wellental hingegen ein Unterdruck.

Der induzierte Wellendruck wirkt auf den Meeresboden. Bei vollständiger Wassersättigung bildet sich in den oberen Metern eine horizontale periodische Strömung aus, die den Meeresboden oberflächennah ggf. verflüssigen kann. Im teilgesättigten Boden sind die Druckänderungen zeitlich verzögert, was zu einem gänzlich anderen Druckabbau führt [132]. Eine Teilsättigung liegt bereits bei geringen Gaseinschlüssen vor, wie sie durch organische Zersetzungen entstehen und beispielsweise in der Nordsee vorkommen [123]. Die Verteilung von Porenwasserdrücken infolge eines Wellentals sind bei unterschiedlicher Sättigung in Bild 2 dargestellt.

Basierend auf der linearen Konsolidierungstheorie für dynamische Belastungen von *Biot* [18] haben *Madsen* [122] und *Yamamoto* et al. [181] mathematische Modelle formuliert, die sowohl die Verformbarkeit der Bodenmatrix wie auch die Kompressibilität des Porenfluids berücksichtigen und die Relativbewegung des Letzteren zum Korngerüst mithilfe des Fließgesetzes nach *Darcy* beschreiben. Analy-

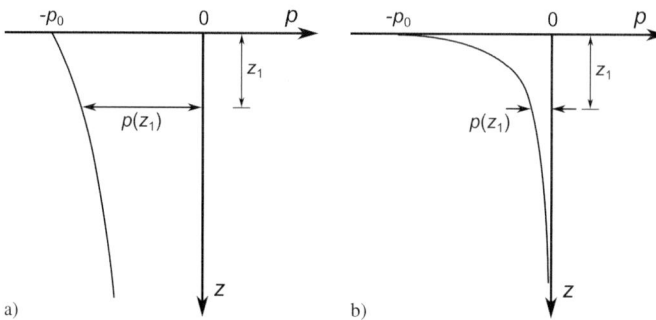

Bild 2. Verteilung des Porenwasserüber- bzw. -unterdrucks infolge eines Wellentals; a) bei vollständiger Sättigung und b) im ungesättigten Zustand (nach [162])

tisch hergeleitete Gleichungen für eine dreidimensionale Wellenlast wie auch für stehende Wellen über einem anisotropen Bodenkörper, sowohl für den finiten als auch für den infiniten Fall, finden sich in [102]

2.3.3 Unterwasserböschungen

Neben den vorgenannten Erosions- und Sedimentationsvorgängen kann der Meeresgrund wesentlich durch Rutschungen verändert werden. Ursache hierfür können beispielsweise übersteile Böschungen, Schwächungen am Böschungsfuß durch Bodenentnahme, hangabwärts gerichtete Strömungskräfte, welleninduzierte Druckbeanspruchungen und Erdbeben sein. Derartige Bodenumlagerungen können ihrerseits große Wellen bis hin zu Tsunamis verursachen, die dann infolge von Druckänderungen weitere Rutschungen auslösen können. Druckänderungen können auch zur Freisetzung von in der tieferen See bei entsprechendem Druck und Temperatur in fester Phase gebundenen Methanhydraten führen. Rasche wie auch zyklische Druckänderungen können bei teilgesättigten Böden auch in geringen Wassertiefen Rutschungen infolge Porenwasserüberdruck nach sich ziehen.

Tritt das Böschungsversagen infolge einer Bodenverflüssigung ein, so wird von Verflüssigungsversagen gesprochen. Diese Versagensform kann insbesondere bei locker gelagerten Sanden und geschichteten Meeresböden beobachtet werden. Sie erfolgt plötzlich und führt zu einer schnellen Bodenumlagerung.

Unter einem Gleitversagen wird das (lokale) Versagen eines kohäsiven Meeresbodens verstanden [97]. Die Spannungsanalyse wird hier an einem Gleitkreis durchgeführt, gleichwohl bei Wellenkanalversuchen von *Henkel* [97] auch von *Doyle* [66] kein Gleitversagen erzeugt werden konnte, sondern Verflüssigungsversagen eintrat. Die Existenz dieser Versagensform ist weiterhin ungesichert. Dennoch kann die Spannungsanalyse zur Bestimmung der Versagensanfälligkeit bei Unterwasserböschungen in kohäsivem Material verwendet werden [122].

Befindet sich die Unterwasserböschung in einem rolligen Boden mitteldichter oder dichter Lagerung,

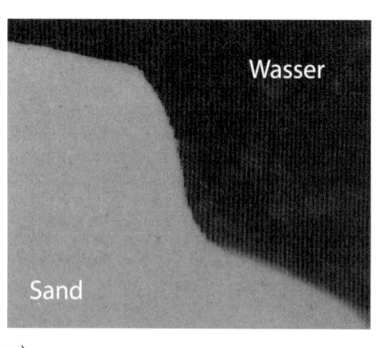
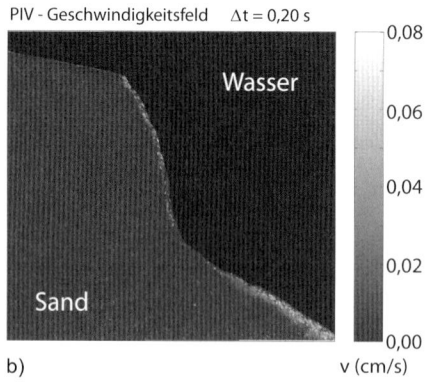

Bild 3. Aktive Unterwasserböschung; a) Ansicht, b) Geschwindigkeiten der Sandkörner

so zeigt die versagende Böschung zumeist ein Bruchversagen. Hierbei entstehen steile, aktive Bodenfronten, welche vergleichsweise langsam zur Böschungsschulter wandern und die Böschung allmählich abflachen. Die Geschwindigkeit der aktiven Böschungen ist abhängig von der Durchlässigkeit des anstehenden Bodens. Infolge eines dilatanten Verhaltens entstehen lokale Porenwasserunterdrücke, welche sich haltend auf die aktive Böschung auswirken. Mit zunehmender Durchlässigkeit wächst die Geschwindigkeit der regressiven Front. Versuche von *Bubel* und *Grabe* [25] zeigen eine Abhängigkeit der resultierenden Böschungsneigung von der Höhe der versagenden Böschung.

Bild 3 zeigt die Geschwindigkeiten der Sandkörner, die mit der Particle-Image-Velocimetry-Methode ermittelt wurden. Es zeigt sich, dass lediglich die Sandkörner an der Böschungsoberfläche an der Steilfront in Bewegung sind.

Unterläuft die Sandschicht eine Schicht aus beispielsweise Geschiebemergel, dann bricht diese als Block ab und rutscht nach unten.

Für auf dem Meeresgrund gegründete Bauwerke, wie Offshore-Plattformen der Öl- und Gasindustrie, Windkraftanlagen und Pipelines können Unterwasserrutschungen aufgrund ihrer Masse und Fließdrücke große Gefahren darstellen.

3 Beanspruchungen und Lastannahmen

3.1 Tide

Marine Bauwerke an der Küste und in tide-beeinflussten Flüssen unterliegen dem Einfluss der Gezeiten. Die Bezeichnungen der maßgebenden Wasserstände mit Tide sind in Tabelle 1 aufgeführt.

Tabelle 1. Wasserstandszeichen

Zeichen	Begriffsbestimmung
HHThw	Allerhöchster Tidehochwasserstand
MSpThw	Mittlerer Springtidehochwasserstand
MThw	Mittlerer Tidehochwasserstand
Tmw	Tidemittelwasserstand
T½w	Tidehalbwasser
MTnw	Mittlerer Tideniedrigwasserstand
MSpTnw	Mittlerer Springtideniedrigwasserstand
NNTnw	Allerniedrigster Tideniedrigwasserstand
SKN	Seekartennull (entspricht etwa MSpTnw)

Die Tide spielt besonders bei wandartigen Ufereinfassungen eine Rolle. Da sich der landseitige Wasserstand bei der Umströmung der Wand nicht so schnell ändert wie der wasserseitige Pegel, kann es zu Wasserdruckdifferenzen kommen. Für das Maß dieser Bodendämpfung ist dessen Durchlässigkeit entscheidend. Während sich die bei Hochwasser auftretenden, landseitig gerichteten Strömungskräfte entlastend auswirken, führen bei Niedrigwasser wasserseitig gerichtete Strömungskräfte zu einer Zusatzbelastung der Wand. Dem kann beispielsweise durch Dränagesysteme hinter der Wand begegnet werden, die das Wasser bei Überschreitung vorgegebener Wasserstände gegebenenfalls auch aktiv durch Pumpen ableiten können. Die Ergebnisse der Untersuchung einer

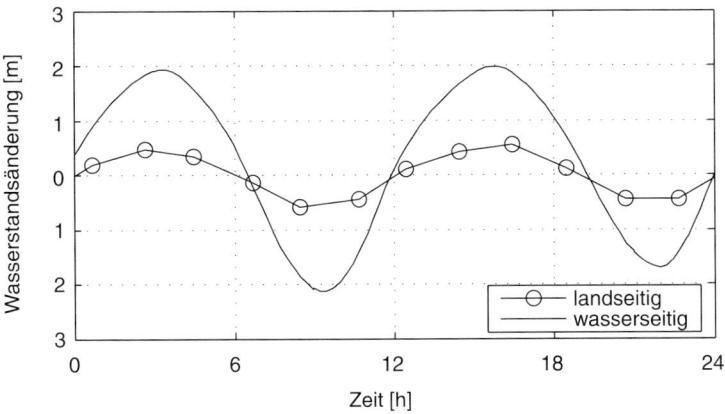

Bild 4. Gemessene Wasserstandsänderungen vor und hinter einer Uferwand infolge Tide [173]

solchen Grundwasserentlastung der Containerkaje Bremerhaven wurden in [173] veröffentlicht.

Die Beeinflussung des Wasserstands hinter einer Uferwand durch die Gezeiten ist in Bild 4 durch eine Gegenüberstellung mit dem Verlauf der Tidekurve dargestellt.

3.2 Strömungskräfte

Zur Ermittlung der Lasten auf Pfahlbauwerke aus Wellenbewegung eignet sich das Überlagerungsverfahren nach *Morison*, das in Abschnitt 5.10 der EAU 2012 [8] beschrieben wird. Es liefert gute Ergebnisse, wenn für den Einzelpfahl die Bedingung $D/L = 0,05$ eingehalten ist. Dabei bezeichnet D den Pfahldurchmesser oder bei nicht kreisförmigen Querschnitten die charakteristische Breite des Bauteils quer zur Anströmrichtung und L die Länge der Bemessungswelle. Die Wellenlast setzt sich aus den Anteilen der Strömungsdruckkraft und der Beschleunigungskraft (Trägheitskraft) zusammen, die getrennt bestimmt und phasengerecht überlagert werden müssen, da deren Maximalwerte phasenverschoben auftreten. Die Gesamtlast p je Längeneinheit des Pfahls kann nach folgender Formel ermittelt werden:

$$p = C_D \cdot \frac{1}{2} \cdot \frac{\gamma_w}{g} \cdot D \cdot u \cdot |u|$$
$$+ C_M \cdot \frac{\gamma_w}{g} \cdot A \cdot \frac{\delta u}{\delta t} \qquad (1)$$

Darin sind C_D und C_M die Widerstandsbeiwerte des Strömungsdrucks bzw. der Strömungsbeschleunigung, g die Erdbeschleunigung, γ_w die Wichte des Wassers, u und $\delta u/\delta t \approx du/dt$ die horizontalen Komponenten der Geschwindigkeit bzw. der Beschleunigung der Wasserteilchen am betrachteten Pfahlort und A die Querschnittsfläche des umströmten Pfahls im betrachteten Bereich.

Die Geschwindigkeit und Beschleunigung der Wasserteilchen kann unter Zugrundelegung unterschiedlicher Wellentheorien aus den Wellengleichungen errechnet werden. Für die lineare Wellentheorie sind die entsprechenden Formeln in Abschnitt 5.10.1 der EAU 2012 [8] angegeben. Das Wellenlastbild für einen senkrechten Pfahl ergibt sich aus der Berechnung der Wellendrucklast für verschiedene Höhen, da die Geschwindigkeiten und Beschleunigungen der Wasserteilchen vom Abstand zum Ruhewasserspiegel abhängen.

Der Widerstandsbeiwert C_D wird aus Messungen ermittelt und ist unter anderem von der Form des umströmten Körpers, der Reynolds'schen Zahl Re, der Oberflächenrauigkeit des Pfahls und dem Ausgangsturbulenzgrad der Strömung abhängig. Der Widerstandsbeiwert C_M kann für Kreisquerschnitte mit 2,0 angesetzt werden.

Weitere Angaben zur Ermittlung der Wellenbelastung auf Pfähle aus brechenden Wellen und auf Pfahlgruppen sowie auf geneigte Pfähle finden sich in den Abschnitten 5.10.5 bis 5.10.7 der EAU 2012 [8].

3.3 Wellen

Der Wellendruck auf senkrechte Uferbauwerke im Küstenbereich ist maßgeblich vom Wellentyp abhängig. Dabei ist zwischen drei Belastungsarten zu unterscheiden: nicht brechende Wellen, am Bauwerk brechende Wellen und bereits gebrochene Wellen. Entsprechende Bemessungsansätze finden sich im Abschnitt 5.7 der EAU 2012 [8]. Ob eine Welle bricht, hängt dabei von zwei Faktoren ab: entweder eine Grenzsteilheit wird überschritten (Parameter H/L) oder die Wellenhöhe H erreicht ein bestimmtes Maß gegenüber der Wassertiefe d (Parameter H/d).

Auf horizontale Bauteile, deren Lage sich in der Nähe des Wasserspiegels befindet, können beim Erreichen des Bauwerks durch das Unterschlagen von Wellen (Wave Slamming) zusätzlich erhebliche stoßartige, nach oben gerichtete Vertikallasten wirken. Angaben hierzu finden sich in [9]. Eine Möglichkeit zur Vermeidung dieses sogenannten „Wave Slamming" ist die Anordnung der Bauteile über der Kammlage der Entwurfswelle. Neben Formeln zur Ermittlung der hierfür erforderlichen Höhenlage sind für Fälle, in denen dies aus funktionellen oder wirtschaftlichen Gründen nicht möglich ist, Abschätzungen der Belastung von Bauteilen durch Wave Slamming angegeben. Dabei werden Bemessungsansätze für horizontale zylindrische Bauteile sowie für horizontale Platten vorgestellt.

Von untergeordneter Bedeutung sind Belastungen aus Schwall- und Sunkwellen infolge Wassereinbzw. -ableitung sowie die Auswirkungen von Wellen aus Schiffsbewegungen, die in den Abschnitten 5.8 (E 185) und 5.9 (E 186) der EAU 2012 [8] behandelt werden.

Für die zur Bemessung von offshore gegründeten Windkraftanlagen (siehe auch Abschnitt 8 und 13) anzusetzenden Windlasten wird auf eine Richtlinie des Germanischen Llyods [74] und den Standard des Bundesamtes für Seeschifffahrt und Hydrographie (BSH) [29] verwiesen. Aus Lasten unterschiedlicher Amplituden und Richtungen wie bei Wellenlasten werden nach EA-Pfähle [11] und BSH-Standard [29] für die Bemessung zyklische Ersatzbelastungen abgeleitet, sogenannte Einstufen-Kollektive. Diese bestehen, wie in Bild 5 dargestellt, aus einer mittleren Beanspruchungsamplitude F_{mitt}, einem Lastamplitude F_{ampl} und einer äquivalenten Lastzyklenanzahl N_{eq}. Die äquivalenten Einstufen-Kollektive sind unter Berücksichtigung der Randbedingungen abgeleitet aus dem Standort und

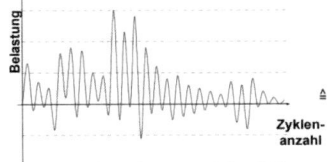 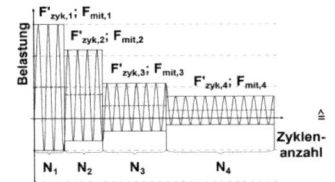 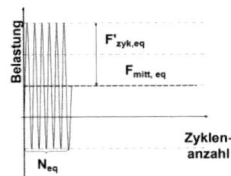

Bild 5. Definition der äquivalenten Lastzyklenanzahl und Lastamplitude nach EA-Pfähle [11]

dem Gründungselement sowie aus dem Nachweisverfahren zu ermitteln. Die praktische Umsetzung wird in Kapitel 13 der EA-Pfähle [11] erläutert.

3.4 Eis

Angaben zum Eisstoß und Eisdruck auf Ufereinfassungen, Fenderungen und Dalben im Küsten- sowie Binnenbereich finden sich in den Abschnitt 5.15 (E 177) und 5.16 (E 205) der EAU 2012 [8]. Auch Kapitel 1.14 in [155] und Kapitel 7 in [116] beschäftigen sich mit den Themen Eisgang und Eisdruck.

Es kann auf unterschiedliche Weise zu einer Belastung wasserbaulicher Konstruktionen durch Einwirkungen aus Eis kommen:

1) Eisstoß durch von der Strömung oder durch Wind bewegte Eisschollen, die auf das Bauwerk treffen;
2) Eisdruck, der durch nachschiebendes Eis auf eine am Bauwerk anliegende Eisdecke oder durch Schifffahrt wirkt;
3) Eisdruck, der von einer geschlossenen Eisdecke infolge Temperaturdehnung auf das Bauwerk wirkt;
4) Eisauflasten bei Eisbildung am Bauwerk oder als Auf- oder Hublasten bei Wasserspiegelschwankungen.

Die Größe der Lasteinwirkungen hängt dabei unter anderem ab von

- der Form, Größe, Oberflächenbeschaffenheit und Elastizität des Hindernisses,
- der Größe, Form und Fortschrittsgeschwindigkeit der Eismassen,
- der Art des Eises und der Eisbildung,
- dem Salzgehalt des Eises und der davon abhängigen Eisfestigkeit,
- dem Auftreffwinkel,
- der maßgebenden Festigkeit des Eises (Druck-, Biege- und Scherfestigkeit),
- der Belastungsgeschwindigkeit,
- der Eistemperatur.

Im Allgemeinen kann für Ufereinfassungen im Norddeutschen Küstenraum bei Temperaturen um den Gefrierpunkt von einer Eisdruckfestigkeit von 1,5 MN/m² ausgegangen werden. Die Biegezugfestigkeit beträgt in etwa ein Drittel und die Scherfestigkeit etwa ein Sechstel der Druckfestigkeit. Unter Annahme einer Eisdicke von 50 cm und dass die maximale Last nur auf einem Drittel der Bauwerkslänge wirksam wird, ergibt sich daraus eine charakteristische mittlere waagerecht wirkende Linienlast von 250 kN/m.

Die horizontale Eislast auf lotrechte und geneigte Pfähle bzw. auf schlanke bis zu 2 m breite Bauteile hängt von der Form, der Neigung und der Anordnung der Pfähle, von der für den Bruch des Eises maßgebenden Festigkeit sowie der Belastungsart (ruhend oder stoßartig) ab. So kann bei geneigten Pfählen das Brechen der Eisschollen durch Abscheren oder Biegung vor dem Druckversagen des Eises eintreten.

Zur Berücksichtigung von Eisauflasten ist eine Mindesteisauflast von 0,9 kN/m² ausreichend. Hinzu kommt ggf. eine Schneelast von 0,75 kN/m².

Auf eingefrorene Bauwerke wirken bei steigendem oder fallendem Wasserspiegel zusätzlich Vertikallasten durch ein- bzw. austauchendes Eis. Für die Ermittlung der bei steigendem Wasserspiegel vertikal nach oben wirkenden Last ist der Wasserdruck von unten auf die Eisdecke maßgebend. Die sich ergebenden Vertikalkräfte beim Festfrieren und nachfolgender Änderung des Wasserstands sind durch die Biegezugfestigkeit des Eises begrenzt, siehe hierzu auch [9]. Die Übertragung der Kräfte ist nur bei kraftschlüssigem Verbund aus Pfahl und Eisdecke gegeben.

3.5 Wind

Auch Windlasten auf vertäute Schiffe haben vor allem in Seehäfen einen Einfluss auf die Bemessung von Vertäu- und Fendereinrichtungen und können zu einer Belastung der Kaikonstruktionen führen. Die Windlasten sind neben der maßgebenden Windrichtung und -geschwindigkeit vor allem von der Projektionsfläche der Schiffe abhängig, die sich als Produkt aus der Gesamtlänge und der Höhe ergibt.

Beim Ansatz der Windgeschwindigkeit ist gemäß Abschnitt 5.11 (E 153) der EAU 2012 [8] aufgrund der Massenträgheit der Schiffe nicht die kurzzeitige Spitzenböe, sondern lediglich der mittlere Wind in einem längeren Zeitraum von bis zu einer Minute zu berücksichtigen. Zu beachten ist außerdem, dass die Kräfte in den Festmachern durch die Mooringwinden der Schiffe und deren Haltekräfte begrenzt sind.

Für die zur Bemessung von offshore gegründeten Windkraftanlagen (siehe auch Abschnitt 8 und 13) anzusetzenden Windlasten wird auf eine Richtlinie des Germanischen Llyods [74] und den Standard des Bundesamtes für Seeschifffahrt und Hydrographie (BSH) [29] verwiesen. Die äquivalenten Einstufen-Kollektive zur Ermittlung der Bemessungslasten aus Wind sind, wie in Abschnitt 3.3 erläutert, nach EA-Pfähle [11] zu bestimmen.

3.6 Kran

Die Kaibelastung durch Krane und anderes Umschlaggerät ist in Abschnitt 5.14 (E 84) der EAU 2012 [8] geregelt. Es ist zwischen Stückguthafenkränen, die als Voll- oder Halbportalkrane ausgebildet sein können, und Containerkränen zu unterscheiden. Halbportalkrane haben im Gegensatz zu Vollportalkränen nur zwei Stützen, die auf einer wasserseitigen Kranschiene laufen, und sind landseitig auf einer hochliegenden Kranbahn gelagert.

Allen Hafenkranen gemein ist ein portalartiger Unterbau mit drehbarem oder höhenverstellbarem Ausleger oder mit starrem Kragarm und Laufkatzen. Das Portal steht meist auf vier Eckpunkten, unter denen je nach Größe der Ecklast mehrere Räder angeordnet sind, auf welche sich die Ecklast möglichst gleichmäßig verteilt.

Für die Berechnung der Kranbahn müssen die lotrechten Radlasten aus Eigenlast, Nutzlast, Massenkräften und aus Windlasten angesetzt werden. Zusätzliche Kräfte aus der Fahrbewegung sowie dem Anheben und Absetzen der Nutzlast werden durch Ansatz eines Schwingbeiwerts berücksichtigt. Die Gründung der Kranbahn kann hingegen ohne Berücksichtigung eines Schwingbeiwerts bemessen werden.

Die Maße und charakteristischen Lasten von Dreh- und Containerkranen können Tabelle 2 entnommen werden.

Die Bemessungslasten für Containerkrane wachsen durch die zunehmenden Schiffsbreiten und den Wunsch gleich mehrere Container umzuschlagen ständig an. So müssen die Werte in Tabelle 2 laufend an die aktuelle Entwicklung angepasst werden.

3.7 Schiff

Belastungen von Ufermauern durch Schiffe entstehen zum einen durch das Anlegen und zum anderen durch das Festmachen der Schiffe an Pollern über Trossen. Havarien und Schiffsstöße brauchen bei Bemessung der Belastbarkeit von Ufermauern hingegen nicht berücksichtigt zu werden. Poller können als Einzel- oder Doppelpoller ausgebildet werden und gleichzeitig mehrere Trossen aufnehmen. Der Pollerabstand beträgt in der Regel rund 30 m. Die Zuglast pro Poller kann für Einzel- und Doppelpoller unabhängig von der Anzahl der aufgelegten Trossen angesetzt werden. Die charakteristischen Werte der Pollerzuglasten für Seeschiffe liegen gemäß Abschnitt 5.12 (E 12) der EAU 2012 [8] und dem Technischen Jahresbericht [82] nach Wasserverdrängung des Schiffs zwischen 300 kN und 2500 kN. Bei Großschiffsliegeplätzen mit starker Strömung sind die Werte für Schiffe mit über 50.000 t Wasserverdrängung noch um 25 % zu erhöhen. Die Bemessung der Verankerung der Poller ist mit 1,5-fachen Lasten durchzuführen. Die Richtung der Pollerzuglast ist nach der Wasserseite hin in jedem beliebigen Win-

Tabelle 2. Maße und charakteristische Lasten von Dreh- und Containerkranen nach EAU 2012 [8]

	Drehkrane	Containerkrane u. a. Umschlaggeräte
Tragfähigkeit [t]	7–50	10–110
Eigengewicht [t]	180–350	200–2000
Portalspannweite [m]	6–19	9–45
Lichte Portalhöhe [m]	5–7	5–13
Max. vertikale Ecklast [kN]	800–3000	1200–15000
Max. vertikale Radaufstandslast [kN/m]	250–600	250–1150
Horizontale Radlast quer zur Schienenrichtung	bis etwa 10 % der Vertikallast	
in Schienenrichtung	bis etwa 15 % der Vertikallast der abgebremsten Räder	

kel und mit einer bis zu 45° nach oben gerichteten Schrägneigung zu berücksichtigen.

Der Abreißwiderstand der Poller stellt eine obere Grenze der Beanspruchung einer Ufermauer dar. Eine weitere obere Grenze ergibt sich aus der maximal aufnehmbaren Kraft der Schiffswinden.

Für die Belastung von Pollern in Binnenhäfen sind nach Abschnitt 5.13 (E 102) der EAU 2012 [8] mit 300 kN je Poller und 400 kN für deren Verankerung geringere charakteristische Lasten anzusetzen. Auch hier ist rechnerisch jeder mögliche Winkel zur Längs- und Höhenrichtung des Ufers zu berücksichtigen.

Die Schiffsgrößentabelle der EAU 2012 [8] wurde im Technischen Halbjahresbericht [82] angepasst.

3.8 Verkehr

Für den Transport und das Stapeln von Containern auf Hafenflächen kommen die unterschiedlichsten Gerätetypen zum Einsatz. Neben Gabelstaplern für den Lagerbetrieb und LKWs bzw. Sattelzügen für den Transport werden für den Umschlag von Containern sogenannte Leerlagerrahmenstapler und Reach Stacker eingesetzt. Für den Transport der Container vom Lager zur Containerbrücke kommen außerdem Portalhubwagen (Van Carrier) oder AGVs (Automatic guided vehicle) zum Einsatz. Die ungefähren statischen Verkehrslasten solcher Flurgeräte sind in Tabelle 3 zusammengestellt. Weitere Angaben können auch [34] entnommen werden.

3.9 Korrosion

Stahl unterliegt dem natürlichen Vorgang der Korrosion, der durch den Kontakt mit Wasser zusätzlich beeinflusst wird. Dieser wirkt sich über Wanddickenverluste direkt auf den Bauteilwiderstand und damit die Tragsicherheit, Gebrauchstauglichkeit und Dauerhaftigkeit aus.

Angaben zur Korrosion von Stahlspundwänden und Gegenmaßnahmen macht der Abschnitt 8.1.8 (E 35) der EAU 2012 [8]. Spundwandbauwerke werden über die Höhe in verschiedene Korrosionszonen unterteilt, welche durch den Typ (Flächen-, Mulden- oder Narbenkorrosion) und die Intensität der Korrosion charakterisiert werden. Weiterhin werden je nach Medium, von dem das Bauwerk umgebenden ist (Süßwasser, Meerwasser, Brackwasser, Atmosphäre, Boden), und getrennt nach Nord- und Ostsee, Werte für die anzusetzenden Wanddickenverluste angegeben.

Je nach Nutzung und Gesamtnutzungsdauer des Bauwerks sowie den spezifischen Korrosionsbelastungen an dessen Standort kommen verschiedene Arten des Korrosionsschutzes infrage. Diese reichen von Beschichtungen über kathodischen Korrosionsschutz und Legierungszusätze bis hin zur statischen Überdimensionierung. Auch geeignete konstruktive Maßnahmen können den Korrosionsschutz verbessern.

3.10 Biologischer Bewuchs

In einigen Gebieten kann der biologische Bewuchs der unter Wasser liegenden Bauwerksteile beispielsweise durch Muscheln von Bedeutung sein. Neben einer Gewichtszunahme führt dieser vor allem zu einer Vergrößerung der Angriffsfläche für Wellen- und Strömungskräfte und sollte daher berücksichtigt werden. Angaben zum biologischen Bewuchs finden sich zum Beispiel in einer Richtlinie zur Zertifizierung von Offshore-Windenergieanlagen des Germanischen Lloyds [74].

Danach soll die Dicke des biologischen Bewuchses gemäß örtlichen Erfahrungen abgeschätzt werden. Wenn entsprechende Daten nicht zur Verfügung stehen, dann kann für normale klimatische Bedingungen eine Dicke von 50 mm angesetzt werden.

Zum Ansatz des biologischen Bewuchses bei Pipelines sei auf Abschnitt 14 verwiesen.

Tabelle 3. Statische Verkehrslasten üblicher Flurgeräte [kN]

Gerätetyp	Geräte-eigengewicht	Achslast unbeladen	Achslast maximal	Radlast unbeladen	Radlast maximal
Gabelstapler	40–500	50–260	15–920	12,5–130	7,5–230
LKW	≈ 120	25–50	60–110	13–25	30–55
Sattelzug	≈ 140	11–60	80–130	5,5–30	32,5–40
Leerlagerrahmenstapler	230–420	83–244	33–380	37,5–63,5	16,5–95
Reach Stacker	370–1050	170–435	105–1170	55–212	52,5–300
Van Carrier	550–700	–	–	82–88	144–150
AGV	≈ 265	≈ 133	≈ 433	≈ 67	≈ 217

4 Baugrundverbesserungen

4.1 Vertikaldränagen

Wird ein weicher, mit Wasser gesättigter Boden durch eine Auflast belastet, so wird der Boden zeitlich verzögert zusammengedrückt, da das Porenwasser aufgrund der geringen Durchlässigkeit des Bodens nicht sofort entweichen kann. Dieser Vorgang wird Konsolidierung genannt und kann je nach Boden und den Entwässerungsbedingungen lange andauern. Bekanntlich wächst die Konsolidierungszeit nach der Theorie von *Terzaghi* proportional zum Quadrat des Entwässerungswegs. Es ist daher naheliegend, Vertikaldränagen zur Reduktion des Entwässerungswegs zu verwenden. Für die rein radiale Zuströmung des Wassers zu den Vertikaldränagen ergibt sich nach *Barron* [13] folgende Differenzialgleichung

$$\frac{\delta u}{\delta t} = c_w \cdot \left(\frac{1}{r} \cdot \frac{\delta u}{\delta r} + \frac{\delta^2 r}{\delta r^2} \right) \tag{2}$$

mit $c_w = k \cdot E_s \cdot \gamma_w$ und der Durchlässigkeit k in horizontaler Richtung, die in der Regel ein Vielfaches der vertikalen Durchlässigkeit (Faktor 2 bis 10) ist.

Zum Lösen der Differenzialgleichung wird der Einflussbereich einer einzelnen Dränage mithilfe eines volumengleichen Ersatzzylinders mit undurchlässigem Rand und einem Durchmesser d_e berücksichtigt. Hierbei ergibt sich entsprechend Bild 6 für ein Dreiecksraster der äquivalente Durchmesser $d_e = 1,05a$ und für ein Quadratraster $d_e = 1,128a$. Das Einbauverhältnis ist $n = d_e/d_w$.

Es ergibt sich der mittlere Konsolidierungsgrad zu

$$\bar{\mu} = \frac{s(t)}{s_\infty} = 1 - \exp\left(-8\frac{T_r}{F(n)}\right)$$

mit

$$F_n = \frac{n^2}{n^2 - 1} \ln(n) - \frac{3n^2 - 1}{4n^2} \tag{3}$$

Die Lösung dieser Gleichung ist in Bild 7 dargestellt.

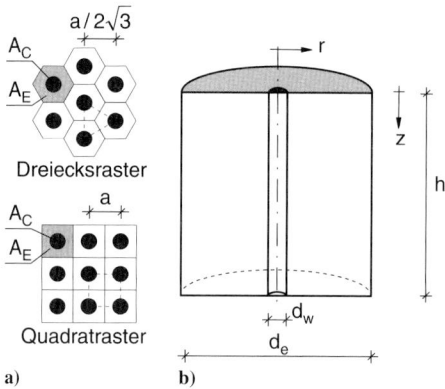

Bild 6. a) Einzugsflächen der Vertikaldränagen im Grundriss, b) radiale Zuströmung im Ersatzzylinder

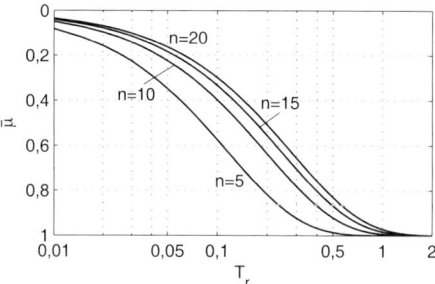

Bild 7. Konsolidierungsgrad in Abhängigkeit vom dimensionslosen Zeitfaktor und dem Verhältnis n bei radialer Strömung

4.2 Rütteldruck- und -stopfverfahren

Für die Berechnung der Setzung eines Fundaments auf einem durch Rüttelstopfsäulen verbesserten Baugrund wird nach *Priebe* ein Verbesserungswert n berechnet. Zu dessen Bestimmung wird von folgendem Ansatz ausgegangen: Die mittlere Vertikalspannung in der Säule beträgt σ_z^S. Nach ausreichend großen Scherverformungen stellt sich zwischen dem horizontalen Druck in der Säule σ_r^S und dem Erddruck aus dem umgebenden Boden σ_r^B ein Gleichgewichtszustand ein.

Das Verfahren wird in [138] beschrieben. Die Bemessung von Stopfverdichtungen für Einzel- oder Streifenfundamente erfolgt schrittweise und indirekt über den Grenzfall einer unbegrenzten Last auf einem unbegrenzten Säulenraster. Für diesen Grenzfall ergibt sich folgende Gesamtsetzung in einem homogenen Untergrund:

$$s_\infty = p \cdot \frac{t}{E_B n_2} \tag{4}$$

Hierbei ist p die Belastungsspannung, n_2 ist der Verbesserungsfaktor über die Tiefe t und E_B die Steifigkeit des Bodens. Die Setzung von Einzel- und Streifenfundamenten kann aus den Bildern 8 und 9 in Abhängigkeit der Anzahl der Stopfsäulen, dem Verhältnis von der Tiefe t zu Durchmesser d sowie der Setzung s_∞ gemäß Gl. (5) berechnet werden.

Die Setzung Δs einer Schicht unter dem Fundament wird als Differenzsetzung zwischen der Schicht-

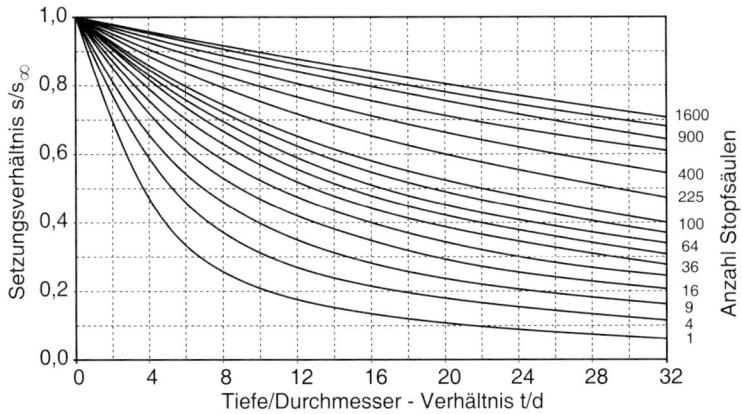

Bild 8. Setzung von Einzelfundamenten [138]

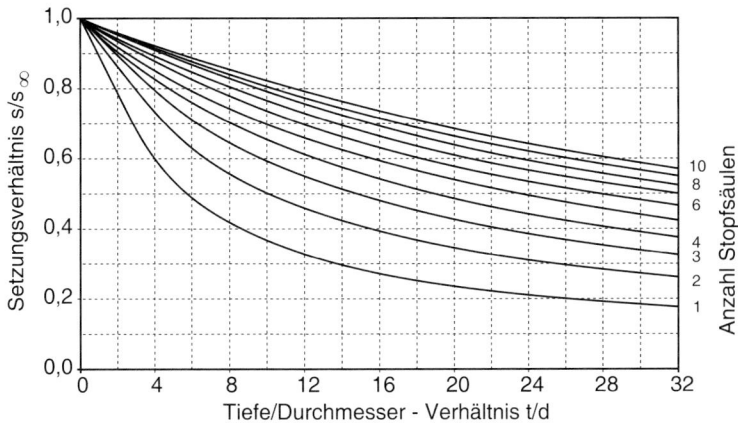

Bild 9. Setzung von Streifenfundamenten [138]

oberkante in der Tiefe t_o und der Schichtunterkante in der Tiefe t_u bestimmt.

$$\Delta s = \frac{p}{E_B n_2}\left[\left(\frac{s}{s_\infty}\right)_u t_u - \left(\frac{s}{s_\infty}\right)_o t_o\right] \quad (5)$$

Auch bei homogenem Boden sollte eine Unterteilung in Schichten erfolgen, damit die Setzungen nicht unterschätzt werden.

4.3 Geotextilummantelte Sandsäulen

Bei sehr weichen Böden ($c_u < 10 \text{ kN/m}^2$) reicht die radiale Stützung des Bodens nicht aus, um die Schottersäule zu stützen. Die Idee der geotextilummantelten Sandsäulen beruht darauf, die fehlende Bodenstützung durch Ringzugkräfte im Geotextil aufzunehmen. Zur Herstellung wird ein Verdrängungsrohr von beispielsweise 80 cm Durchmesser in den Boden gedrückt oder vibriert. Am Fuß des Verdrängungsrohrs befindet sich ein Schließmechanismus, der beim Einbringen des Rohrs verschlossen ist. Bei Erreichen der Solltiefe vergrößert sich der Eindringwiderstand deutlich. Der Rohrfuß dringt in mitteldicht gelagerten Sand lediglich einige Dezimeter ein. Nach Erreichen der Solltiefe wird ein Geotextilsack eingebracht. Dessen Durchmesser wird etwas größer als der Rohraußendurchmesser gewählt, damit sich der Sack nach Befüllung mit Sand sich an den Boden anlegt. Nach Befüllen des Sacks mit Sand wird das Verdrängungsrohr vibrierend gezogen. Der Verschließmechanismus am Fuß öffnet sich hierzu. Durch das Vibrieren verdichtet sich der Füllsand bis auf mitteldichte Lagerung, gleichzeitig spannt sich das Geotextil und übernimmt gemeinsam mit dem umgebenden Boden die Stützung. In der Weichschicht steigt folglich der Porenwasserdruck. Erst nach Abbau des Porenwasserüberdrucks kann der Boden radial zusammengedrückt werden. Das Porenwasser wird über die Geotextilsäule dräniert. Sobald der Boden zusammengedrückt wurde, erfolgt eine Zunahme der Radialspannung im Geotextil. Es handelt sich also um ein komplexes Zusammenwirken von Sandfüllung, Geotextil und umgebendem Weichboden. Durch das Einbringen wird der Weichboden zur Seite und nach oben verdrängt. Zu beachten ist daher eine Erhöhung der Weichschichtoberkante sowie eine Beeinflussung bereits hergestellter Nachbarsäulen. Wesentlich für das Tragverhalten ist die seitliche Stützung des Säulenkopfs. Hierzu kann z. B. eine Geotextilmatte vorgesehen werden. Für die Berechnung kann beispielsweise das Modell in Bild 10 nach *Raithel* [143] herangezogen werden.

4.4 Dynamische Intensivverdichtung

Bei der dynamischen Intensivverdichtung wird der Boden durch schwere Fallgewichte bis in mehrere Meter Tiefe verdichtet. Es entstehen dabei Einschlaglöcher, die anschließend mit geeignetem Bodenmaterial verfüllt werden.

4.5 Vakuumverfahren

Das Vakuumverfahren wird in Verbindung mit Dränagen angewandt und dient dazu, die Scherfestigkeit eines weichen Bodens zu erhöhen, indem die

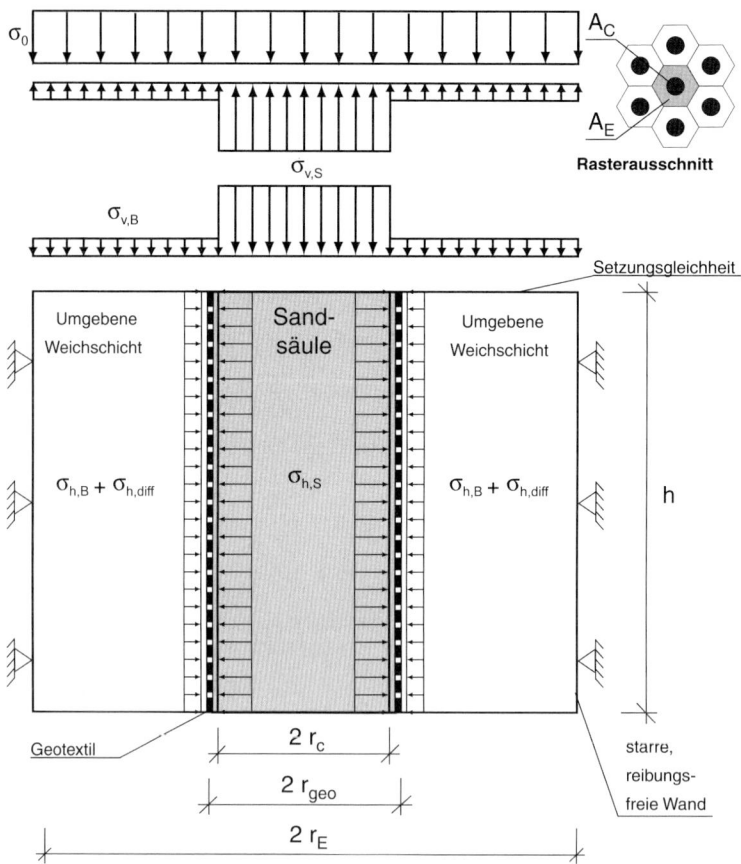

Bild 10. Berechnungsmodell und Randbedingungen nach *Raithel* [143]

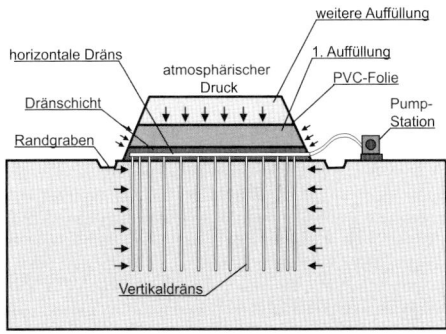

Bild 11. Prinzip der Vakuumkonsolidierung [156]

Konsolidierung beschleunigt wird. Das Prinzip der Methode wird in Bild 11 dargestellt. Besonders effizient ist dieses Verfahren bei Konsolidierungsaufgaben unterhalb des Wasserspiegels, da bei Anlegen eines Vakuums die Wassersäule als tatsächliche Konsolidierungsspannung wirksam wird. Verwendet wird dieses Verfahren häufig in Verbindung mit Auflasten oder Vertikaldränagen [156]. Bemessungshilfen für das Vakuumverfahren liefert die EAU 2012, Abschnitt 7.12.7 [8].

5 Landgewinnung

Landgewinnung bezeichnet den Prozess, neue Flächen durch die Aufhöhung der Gewässersohle zu gewinnen. Dieses kann im Trockeneinbau oder im Spülverfahren erfolgen.

5.1 Baggergutgewinnung

Der Nassabbau erfolgt in der Regel mit schwimmenden Geräten. Diese Geräte können unterteilt werden in hydraulische und mechanische Förderer.

5.1.1 Hydraulische Löseverfahren

Zu den hydraulischen Löseverfahren gehören Saugbagger. Dabei wird über eine Kreiselpumpe ein Unterdruck in einem Saugrohr erzeugt, durch den eine zum Saugmund gerichtete Strömung entsteht. Der Nachteil von Saugbaggern ist, dass eine relativ ungleichförmige Bodenoberfläche hinterlassen wird, jedoch haben sie eine sehr hohe Förderleistung im Vergleich zu mechanischen Baggern. Saugbagger sind vor allem bei frei fließendem Material wie rolligen Böden zu verwenden [179].

Beim einfachen Saugbagger wird ein Saugrohr in den Boden eingelassen, der mithilfe einer Pumpe einen Saugstrom erzeugt und so den Boden löst. So entsteht um das Saugrohr ein Krater und ein Wasserstrom wird erzeugt, der den Boden auflockert. Das erodierte Material vermischt sich mit Wasser und diese Wasser-Boden-Suspension wird über das Saugrohr abgepumpt. Durch das Absaugen des Materials wird der Krater erweitert und es kommt zu einem regelmäßigen Abbruch der Kraterwände. Die Böschungen steilen sich dabei stark auf und es kommt zu überkritischen Böschungswinkeln, die über einige Stunden stabil sein können. Diese Versagensart wird als Bruchversagen bezeichnet und ist auf das Dilatanzverhalten von dicht gelagerten Sanden zurückzuführen. Der einfache Saugbagger wird vorwiegend zur Sandgewinnung genutzt. Während der Förderung wird er im Boden verankert und somit an einer Position gehalten [15]. Eine Besonderheit des einfachen Saugbaggers ist der Dustpan-Bagger, der vor allem in den Vereinigten Staaten Einsatz findet. Der Unterschied besteht im Aufbau des Saugmundes. Im Gegensatz zum einfachen Saugbagger ist der Dustpan-Bagger mit einem breiten Saugkopf ausgerüstet, der über die gesamte Breite seiner Ansaugöffnung mit Druckwasserdüsen besetzt ist [179].

Beim Schneidrad- oder Schneidkopfsaugbagger werden hydraulische mit mechanischen Löseverfahren kombiniert. Im Gegensatz zum einfachen Saugbagger wird das Material nicht durch einen Saugstrom, sondern mechanisch durch einen Schneidkopf gelöst. Durch das Saugrohr entsteht eine Strömung, die das gelöste Material transportiert und abpumpt. Bei dieser Abbauart entstehen keine Krater und es können verschiedene Profile durch den Schneidkopf erreicht werden. Mithilfe von Schneidrad- und Schneidkopfbaggern können auch Böden bestehend aus Schluffen, weiche Tone und halbfester Fels abgebaut werden [15]. Um Verkippungen zu vermeiden, wird der Schneidradsaugbagger am Achterschiff durch Stelzen oder durch mehrere Anker im Boden verankert.

Der Hopperbagger benutzt ebenfalls eine Kombination aus hydraulischen und mechanischem Löseverfahren. Beim Hopperbagger wird im Gegensatz zum Schneidradsaugbagger oder zum Saugbagger ein eigener Antrieb verwendet, welcher dazu genutzt wird, den Boden auszubauen. Seitlich am Schiff angebracht befinden sich somit ein oder zwei Saugleitungen, an denen die Schleppköpfe befestigt sind. Durch den Vortrieb des Schiffs lösen die Schleppköpfe mechanisch den Sand und über den Ansaugstrom wird dieser durch das Saugrohr in den Laderaum gepumpt. Das dabei mitgepumpte Wasser wird durch einen kontrollierbaren Überlauf abgelassen [15].

5.1.2 Mechanische Löseverfahren

Beim mechanischen Lösen von Böden wird das Material üblicherweise durch Eimer, Löffel oder Greifer gelöst und gefördert. Diese Art von Baggern ist stationär am Boden verankert.

Der Tieflöffelbagger ist im Prinzip ein Hydraulikbagger auf einem schwimmenden Ponton. Der Ponton wird über Spudcans auf dem Boden aufgestellt. Die aus der Ausbaggerung resultierenden Belastungen werden dementsprechend über den Ponton direkt auf den Boden übertragen. Somit ist die Baggerleistung des Tieflöffelbaggers unmittelbar abhängig von der Größe, Kapazität und Tragfähigkeit des Schwimmpontons und des Untergrunds [15]. Eine hohe Tragfähigkeit ermöglicht ebenfalls den Abbau von sehr dicht gelagerten Sanden, steifem Klei und schwachem Fels. Das abgebaute Material wird in Schuten gefüllt. Durch Tieflöffelbagger können ebene Bodenprofile gebaggert werden.

Bei Greiferbaggern wird mithilfe von Seilen ein Greifer in den Boden abgesenkt, geschlossen und wieder hochgezogen. Die Greifer sind dabei meist mit Zähnen ausgestattet, um dicht gelagerten Sand und bindigen Boden lösen zu können [179]. Der Greiferbagger ist wie der Tieflöffelbagger auf einem Schwimmponton gelagert. Der große Vorteil von Greifbaggern besteht in der fast unbegrenzten Baggertiefe, die nur durch die Länge des Hubseils begrenzt ist, jedoch sind mehr als 35 m Baggertiefe unüblich. Die Belastungen auf den Bagger und den Ponton sind von den Eigenschaften des Bodens und der Herausziehgeschwindigkeit abhängig.

Der Eimerkettenbagger ist mit einer geneigten Eimerleiter ausgerüstet, die als Stütz- und Führungsposition für eine Eimerkette dient. Für das Lösen von Material wird die Eimerleiter auf den Boden abgesenkt und durch die geführte Bewegung der Eimer wird das Material mechanisch gelöst und über die Eimer abtransportiert. Dabei wird das geförderte Material üblicherweise über eine Schüttrinne, die längsseits an der Schute liegt, entladen. Eimerkettenbagger können sowohl bindigen als auch nichtbindigen Boden fördern. Mit dem Eimerkettenbagger können ebene Bodenoberflächen erzeugt werden [179].

5.2 Einbauverfahren

Es gibt verschiedene Einbringverfahren, die zur Landgewinnung verwendet werden können. Die letztendlich gewählte Methode kann dabei von

- der Wassertiefe,
- den Eigenschaften des vorhandenen Baugrunds,
- den Eigenschaften des einzuspülenden Materials,
- den Abmessungen der Landgewinnungsmaßnahme und
- ökologischen Vorgaben

abhängen [15].

Im Zuge der Landgewinnung müssen häufig die ersten Lagen unter Wasser aufgespült werden, bevor im späteren Verlauf über Wasser der Boden eingebaut wird. Dabei gibt es verschiedene Verfahren zum Einbau des Materials.

Rainbow-Verfahren

Beim Rainbow-Verfahren wird die Sand-Wasser-Suspension aus dem Laderaum über eine Druckpumpe durch einen Sprühkopf vom Bug aus aufgespült. Dabei kann je nach Material und Pumpenleistung bis zu 150 m vom Schiff entfernt aufgespült werden. Das Rainbow-Verfahren wird typischerweise zur Aufschüttung von Strand und Vorland angewandt. Durch die hohe Distanz, über die das Sand-Wasser-Gemisch gepumpt werden kann, ist das Rainbow-Verfahren geeignet für Einsätze bei geringer Wassertiefe. Durch das Rainbow-Verfahren kann es jedoch zu einer Belastung durch Salzwasserwolken gemischt mit Feinstkornanteil kommen [15].

Verpumpen

Zur Aufschüttung von Stränden und Auffüllung von Gruben kann die Sand-Wasser-Suspension mithilfe von Druckleitungen zur Einbaustelle gepumpt und anschließend über Verteilerdüsen gleichmäßig eingespült werden.

Vorlandaufspülung

Die Einbaustelle wird häufig über Dämme eingegrenzt, damit die eingespülte Boden-Wasser-Suspension auf der geplanten Fläche bleibt. Bei der Suspension muss zusätzlich darauf geachtet werden, dass im Laufe der Sedimentation eine Segregation stattfindet. Bei einem sehr hohen Feinkornanteil muss dementsprechend darauf geachtet werden, dass der Feinkornanteil gleichmäßig in der Suspension verteilt ist [15]. Nachdem die Dämme erstellt worden sind, kann die Boden-Wasser-Suspension eingespült werden, sodass final eine ebene Fläche entsteht.

5.2.1 Herstellung von Dämmen

Dämme ermöglichen die Begrenzung des aufgespülten Materials, sodass die Landgewinnung mit den gewünschten Abmessungen erfolgen kann. Zusätzlich kann über die erstellten Dämme die finale Böschungsneigung kontrolliert werden, sodass die Böschungsneigung der Dämme bereits dem Endzustand der Landgewinnung entspricht. Zudem kann die Tragfähigkeit des aufgespülten Materials über die Eingrenzung durch Dämme vergrößert werden, wenn der Baugrund aus weichen Böden besteht. Die zusätzliche Herstellung von Schlitzwänden, die in tragfähigen Boden reichen, kann den Verbleib des tragfähigen Baugrunds innerhalb der Aufspülung ermöglichen [15]. Außerdem kann über die Einschließung durch Dämme der Wasserspiegel innerhalb der aufgespülten Fläche über Pumpen und Dränagen kontrolliert werden.

Die Dämme können an Land oder im Wasser hergestellt werden. Bei der Herstellung onshore werden die Dämme häufig lagenweise gebaut. Idealerweise wird nach jeder Lage das Bodengemisch in die durch die Dämme eingegrenzte Fläche eingespült. Die lagenweise Herstellung der Dämme hängt auch mit der Tragfähigkeit des Baugrunds zusammen. Je geringer die Tragfähigkeit, desto niedriger ist die Gesamthöhe der Dämme und desto flacher der resultierende Böschungswinkel. An Land können die Dämme über Verpumpen oder mit dem Rainbow-Verfahren aufgespült werden. Durch Bulldozer und Bagger kann anschließend die äußere Böschung geformt werden. Im Wasser können entweder Greiferbagger oder Hopperbagger verwendet werden, um die Dämme unter Wasser herzustellen. Beim Hopperbagger müssen je nach Kontrollierbarkeit der Pumpen und Einsatzgebiet das Profil der entstandenen Dämme nachgebessert werden. Sobald die Dämme über der Wasseroberfläche liegen, können Bulldozer und Bagger verwendet werden [15].

5.2.2 Einspülen des Boden-Wasser-Gemischs

Das zur Einbaustelle transportierte Boden-Wasser-Gemisch kann auf verschiedene Arten eingebaut werden, wobei der Einbau zum Großteil vom Ort des Einbaus, den Eigenschaften des einzuspülenden Materials und den Untergrundeigenschaften abhängt.

Unterwasser-Verfüllung durch Verklappen

Bei dieser Art von Einbau wird das einzubauende Material mithilfe von Schuten oder Hopperbaggern zum Einbauort gefahren. Dort werden dann die Klappen geöffnet und das Boden-Wasser-Gemisch fällt als Haufen auf die Gewässersohle. Dabei vermischt sich das Material weiter mit dem umliegenden Wasser und die Sedimentkonzentration nimmt stark ab. Das Gemisch ist somit vollständig verflüssigt und die Ausbreitung auf der Gewässersohle vergrößert. Zusätzlich kann es durch das Verklappen zu Turbulenzströmen kommen, die dadurch entstehen, dass das zu Boden fallende Material Wasser mitreißt. Diese Turbulenzströme erzeugen an der Gewässersohle eine Senkenbildung [38]. Um den Einbau durch Verklappen kontrollieren zu können, empfiehlt es sich, die zu verfüllende Fläche in ein Raster aufzuteilen und über bathymetrische Überwachung zu steuern. Es muss zudem darauf geachtet werden, dass der Untergrund eine ausreichende Tragfähigkeit hat. Bei einer zu geringen Tragfähigkeit kann es durch das Herabfallen des verklappten Materials dazu kommen, dass der Untergrund verdrängt wird. In diesem Fall muss eine schonendere Einbaumethode gewählt werden. Die Unterwasser-Verfüllung kann nur bis zu einer bestimmten Wassertiefe erfolgen, da das Auflaufen des Schiffs verhindert werden muss [15].

Einbau über Verpumpen

Bei dieser Einbaumethode wird das fließfähige Boden-Wasser-Gemisch über Förderleitungen auf das Einbaufeld verpumpt, an deren Ende häufig ein Diffusor installiert ist. Durch den Diffusor kommt es zu einer gleichförmigen Verteilung des Materials auf dem Einbaufeld. Die Druckleitungen können dabei je nach Ortsgegebenheit mit Hopper- oder Saugbaggern verbunden sein. Bei dem Einbau mit Druckleitungen kann der Einbau unter Wasser, direkt über Wasser oder an Land erfolgen. Beim Einbau unter und direkt über Wasser wird die Druckleitung auf Schwimmpontons gelagert und am Ende ist ein Diffusor angebracht. Durch den Diffusor kann das eingespülte Material über eine größere Fläche gleichmäßiger verteilt werden und das Erosionspotenzial des Untergrunds wird verringert. Die Druckleitung wird am Ende über eine Stahlkonstruktion gehalten [15].

An Land sind die Druckleitungen direkt am Boden gelagert und ihr Ende befindet sich ca. 1 bis 2 m über dem Boden. Dieses ermöglicht einen gleichmäßigeren Einbau, es kann jedoch zu Erosionen und Senkbildungen im Boden kommen. Aus diesem Grund wird auch beim Landeinbau häufig ein Diffusor in Verbindung mit Druckleitungen verwendet. Das eingespülte Material kann schließlich mit Planierraupen mit Motorketten verteilt und geebnet werden. Der Einbau erfolgt somit in Schichten. Durch die Überfahrten der Planierraupen wird das Material zusätzlich verdichtet, allerdings muss darauf geachtet werden, dass die Tragfähigkeit des Bodens ausreichend ist [156]. Die eingebauten Schichten dürfen dementsprechend nicht zu hoch sein. Nach jeder fertiggestellten Schicht muss die Druckleitung abgebaut und neu aufgebaut werden [15].

Einbau mit dem Rainbow-Verfahren

Bei Strandaufspülungen oder der Landgewinnung umgeben von Wasser eignet sich insbesondere das Rainbow-Verfahren. Bei Strandaufspülungen ist dieses Verfahren von Vorteil, da durch die große Reichweite mit dem Rainbow-Verfahren auch bei geringer Wassertiefe aufgespült werden kann. Je nach Kapazität der auf dem Schiff vorhandenen Pumpen, der Fließrate und der Konzentration des Sand-Wasser-Gemischs können Distanzen bis zu 150 m überwunden werden [15].

5.3 Eigenschaften des eingebauten Materials

Die Eigenschaften des eingespülten Boden-Wasser-Gemischs hängen stark von der Einspülmethode ab [15].

Beim Einbau über Druckleitungen wirken auf das Boden-Wasser-Gemisch die kinetische Energie aus der Förderung und die Schwerkraft ein. Wenn kein starkes Gefälle vorhanden ist, fließt das Gemisch nach Aufprall mit dem Untergrund mit einer geringeren Geschwindigkeit als in der Druckleitung frei ab. Dadurch stellt sich eine gewisse Segregation der Kornanteile ein, sodass in der Nähe der Einspülung grobes Material vorzufinden ist und am unteren Ende der Einspülung Feinmaterial [156]. Zudem kann es zu Senken beim Auslaufbereich der Druckleitungen und Erosionskanälen durch das Abfließen kommen, wodurch eine ungleichmäßige Verteilung des Boden-Wasser-Gemischs entsteht [156].

Im Rainbow-Verfahren werden in der Regel geringe Lagerungsdichten erreicht. Durch das Absinken der Kornanteile mit unterschiedlichen Geschwindigkeiten aufgrund der unterschiedlichen Korngrößen entsteht eine Segregation, wodurch die Feinanteile des Boden-Wasser-Gemischs an der Oberfläche jeder Einspülschicht abgelagert sind [15].

Für die Standsicherheit ist es generell erstrebenswert, bei Einspülungen dicht gelagerte und frostsichere Sandablagerungen zu erzielen. Dies kann bei kurzen, max. 150 m langen Einspülfeldern mit mehr als 2 % Gefälle, einer Mindestfließgeschwindigkeit von 0,2 m/s und der Verwendung von einem Sand-Wasser-Gemisch mit max. 5 % Schluffanteil erreicht werden, solange keine Totraumzonen vorhanden sind [156].

6 Deiche

Deiche dienen zum Schutz des Hinterlands vor Überflutungen. Ihre Geometrie und Bauweisen werden aufgrund langjähriger, teils schmerzlicher, Erfahrungen und umfangreichen Forschungsarbeiten entwickelt. Als Baumaterialien dienen meist die vor Ort vorkommenden Böden. So wird an der Nordsee als Abdichtung in der Regel Klei verwendet, während an der Ostsee Geschiebemergel eingesetzt wird. Zum Einsatz gelangen darüber hinaus neuerdings vielfach Geotextilien als Dicht-, Filter- und Trennschicht sowie als Bewehrungslage, siehe [63].

6.1 Regelquerschnitte an der Nord- und Ostseeküste

Typische Regelquerschnitte von Seedeichen für Nord- und Ostsee sind in den Bildern 12 und 13 dargestellt [116]. Die Deiche bestehen aus einem Sandkern. Der Deichfuß wird jeweils mit einer Fußpfahlreihe und mit einem Deckwerk vor Erosion geschützt. An der Nordsee wird der Sandkern an der Außenböschung durch eine Kleiabdeckung geschützt, die über die Deichkrone hinausreicht. Die Außenböschung hat eine Steigung von 1:10 bis 1:6. Die Innenböschung ist mit einer Steigung von etwa 1:3 steiler. An der Ostsee wird der Sandkern mit

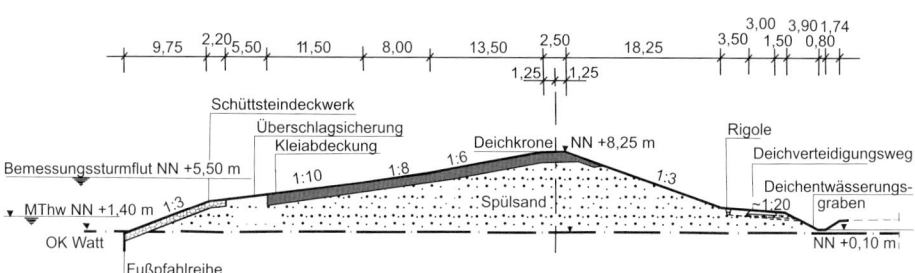

Bild 12. Deichregelquerschnitt an der Nordseeküste [116]

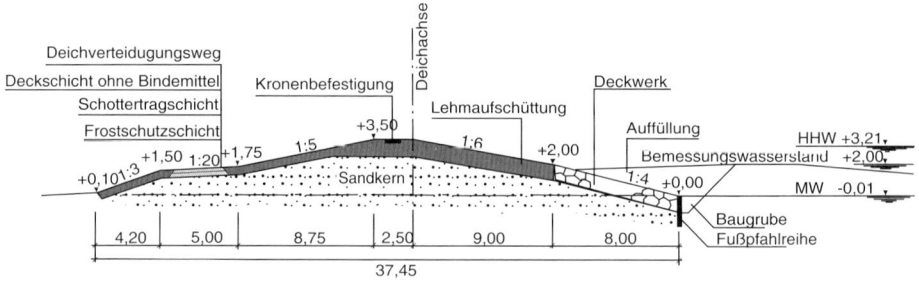

Bild 13. Deichregelquerschnitt an der Ostseeküste [116]

einem natürlichen bindigen Boden, wie beispielsweise Lehm oder Mergel, abgedeckt. Die Außenböschung hat eine Steigung von 1:6 bis 1:3.

6.2 Bau von Deichen

6.2.1 Vorbereiten der tragfähigen Deichbasis

Der Untergrund muss in der Lage sein bzw. durch Maßnahmen soweit verbessert werden, dass die aus dem Deichkörper resultierenden Lasten mit ausreichender Sicherheit aufgenommen werden können. Es sind vor allem die Nachweise gegen Geländebruch und Grundbruch sowie Setzungsberechnungen durchzuführen. Um erforderlichenfalls die Tragfähigkeit des Baugrunds zu verbessern, wird ein Bodenaustausch durchgeführt, der Boden mit Unterstützung von Vertikaldränagen vorbelastet oder Geokunststoffe zur Bewehrung des Bodens eingelegt [60, 63, 99].

6.2.2 Einbau des Kernmaterials

Das Kernmaterial kann entweder im Nass- oder Trockenbaggerverfahren in den Deich eingebaut werden.

Für den Trockeneinbau wird der Boden lagenweise in Schichtdicken von 25 bis 50 cm eingebaut, um eine ausreichende Verdichtung zu schaffen. Die Profilierung des Deichkerns erfolgt mithilfe von Planierraupen.

Der hydraulische Transport von Sanden in Spülrohrleitungen ist die wirtschaftlichste Methode, den Deichkern herzustellen. Das Spülgemisch besteht aus mindestens 5 Volumenteilen Wasser auf 1 Volumenteil Sand. Die Mindesttransportgeschwindigkeiten sind in Tabelle 4 in Abhängigkeit der Bodenarten angegeben.

6.2.3 Einbau der Deckschichten

Im Deichbau wird in der Regel eine mineralische Deckschicht aus bindigem Boden verwendet. Während an der Nordseeküste Klei als Deckschichtmaterial verwendet wird, wird an der Ostseeküste überwiegend Geschiebemergel eingebaut. Grundsätzlich funktioniert der Einbau auf die gleiche Weise wie beim Einbau des Kernmaterials im Trockenbetrieb. Zum Schluss wird der Deich noch mit einer Grasnarbe begrünt, um einen ausreichenden Erosionsschutz zu gewährleisten [61].

6.3 Ursache für Deichversagen

Mögliche Ursachen für das Deichversagen sind Überströmen, Kippen, Wellenüberlauf, Bruch der Binnenböschung, Mikroinstabilitäten, Piping, Abgleiten des Deiches, Setzungen, Abfließen der Außenböschung, Eisversatz, Schiffsstoß, Erosion der Außenböschung, Erosion am Deichfuß und Böschungsbruch an der Außenböschung [172].

6.4 Bemessung

6.4.1 Verformungen

6.4.1.1 Setzungen während der Bauzeit

Deiche werden meist auf wenig tragfähigen Böden errichtet. Aus diesem Grund sind Setzungsprognosen entscheidend, um das Überhöhungsmaß zu bestimmen. Nach EAK [116] darf die Setzung näherungsweise mit

$$s_\infty \approx \gamma \cdot H \cdot \sum \frac{h}{E_s} \qquad (6)$$

berechnet werden. H ist hierbei die Deichhöhe, γ das spezifische Gewicht des Deiches, h die Dicke und E_s die Steifigkeit der einzelnen Bodenschichten. Bei Verstärkungen von Altdeichen wird empfohlen, eine genauere Berechnung durchzuführen. Die zeitliche Abhängigkeit der Setzung ergibt sich aus der Differenzialgleichung (DGL) der Konsolidierungstheorie nach *Terzaghi* [164]. Die dimensionslose Lösung der DGL ist in Bild 14 dargestellt. Näherungsweise ergibt sich die Konsolidierungssetzung s zum Zeitpunkt t aus

$$s(t) = \bar{\mu} \cdot s_\infty \qquad (7)$$

Mit dem Auspressen des Porenwassers reduziert sich der Porenwasserüberdruck zugunsten der effektiven Spannungen. Hierdurch erhöht sich bei erstbelasteten Böden die Anfangsscherfestigkeit c_u gemäß Gl. (8) [113].

$$c_u = c_{u0} \frac{\sigma_o + \bar{\mu}\Delta\sigma}{\sigma_o} \qquad (8)$$

Tabelle 4. Mindesttransportgeschwindigkeit für verschiedene Bodenarten nach [22]

Materialart	Fließgeschwindigkeit [m/s]
Schlick	2,0–3,0
Feiner Sand	3,0–4,0
Mittlerer Sand	3,5–4,5
Sehr weicher Klei	4,0–4,5
Grober Sand	4,0–4,5
Sand mit feinem Kies	4,5–5,0
Sand mit mittleren Kies	4,5–5,5
Steifer Klei	4,5–5,5
Sand mit groben Kies	5,0–5,5
Sand, Kies und Schotter	5,5–6,5

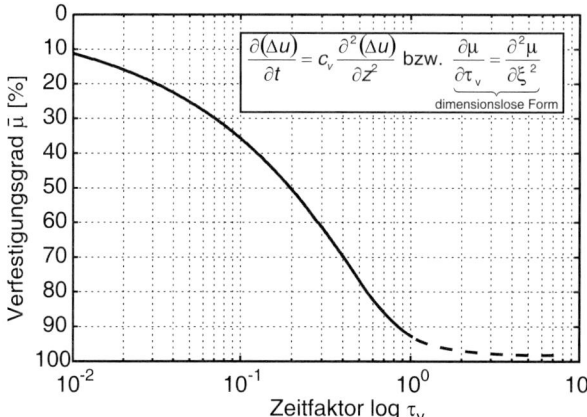

Bild 14. Zusammendrückung als Funktion der dimensionslosen Zeit $\tau_v = c_v t/d^2$

Neben der zeitlichen Entwicklung der Zusammendrückung ist auch die Standsicherheit des Deiches auf der Weichschicht insbesondere im Bauzustand zu beachten. Der Grenzzustand tritt bereits bei einer Aufschüttung h mit der Wichte γ_{sch} von

$$h \leq \frac{5{,}14\,c_u}{\gamma_{sch}} \quad (9)$$

ein. Standsicherheitsbetrachtungen erfordern häufig ein lagenweises Aufschütten des Deiches.

6.4.1.2 Langzeitsetzungen

Um die Deichhöhe dauerhaft gewährleistet zu können, muss bei der Setzungsberechnung das Kriechen des Bodens mit berücksichtigt werden. Kriechen wird nach DIN 18135:1999-06 durch den Kriechbeiwert $C_\alpha = -\Delta e / \Delta \log t$ beschrieben. Er stellt die lineare Steigung der Porenzahl über einem logarithmischen Zeitmaßstab dar (s. Bild 15).

Mit dem Ansatz nach *Buisman* [26] kann die Setzung s nach Beendigung der Konsolidierung mit Gl. (10) berechnet werden.

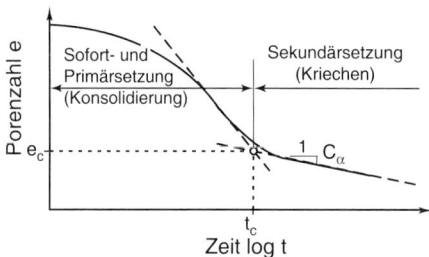

Bild 15. Schematische Darstellung des Setzungsverlaufs eines weichen Bodens

$$s = s_c + h \cdot \left(\frac{C_\alpha}{1 + e_0}\right) \log \frac{t}{t_c} \text{ für } t > t_c \quad (10)$$

Der Wert s_c gibt die Setzung und t_c den Zeitpunkt der Beendigung der Konsolidierung nach den Konventionen von *Casagrande* [163] an, siehe Abschnitt 6.4.1.1. Die Bodenschichthöhe wird mit h und die Anfangsporenzahl mit e_0 angegeben.

6.4.1.3 Beobachtungsmethode

Baubegleitend ist ein Messprogramm durchzuführen. Gemessen werden sollten zumindest die Setzungen der Gelände- bzw. möglichst der Weichschichtoberkante mittels Setzungspegel und der Porenwasserüberdruckverlauf in den Weichschichten mittels Druckgebern. Weiterhin sind die Verformungen mittels Vertikal- und Horizontalinklinometer sowie Gleitdeformeter zu messen.

Die aufgrund der Laborwerte prognostizierten Setzungen sowie die Abnahmen des Porenwasserüberdrucks werden mit den Messergebnissen verglichen, um erforderlichenfalls Maßnahmen zu ergreifen. Nach Aufbringen einer Einbaulage und entsprechender Wartezeit kann zudem aufgrund des gemessenen Porenwasserüberdrucks beurteilt werden, ob eine weitere Laststufe aufgebracht werden kann. Auf diese Weise wird durch Beobachtung während des Baus die Herstellung zeitlich und wirtschaftlich optimiert.

6.4.2 Standsicherheit

Es sind die folgenden Nachweise zu führen [144]:

– Geländebruch (DIN 4084:2009-01) [58] mit Berücksichtigung der Strömungskräfte im Anfangs- und Endzustand,

- Spreizspannungen im Deichauflager (Berechnung beispielsweise nach *Rendulic* [167]),
- Abheben und Abrutschen der bindigen Deckschicht,
- Setzungsberechnung, siehe Abschnitt 6.4.1,
- Erosion der luftseitigen Böschung, hierzu gehört beispielsweise die Vermeidung von austretendem Sickerwasser,
- Suffusion, Kontakterosion, Erosionsgrundbruch nach *Cistin* und *Ziems* [116],
- Hydraulischer Grundbruch bzw. Auftriebssicherheit.

Näheres findet sich hierzu in den Empfehlungen für Küstenschutzwerke „Die Küste" [116], dem DVWK-Merkblatt 210 „Flussdeiche" [59] sowie den DIN-Normen, DIN 1054:2010-12 [54] Baugrund – Sicherheitsnachweise im Erd und Grundbau und der DIN 4084:2009-01 [58] Baugrund – Geländebruchberechnungen.

7 Schwimm- und Senkkästen

7.1 Bau

Eine Variante der Gründung von Bauwerken im Wasser ist der Einsatz von Schwimm- und Senkkästen. Schwimmkästen können beispielsweise als Ufereinfassungen, für den Bau von Molen und Wellenbrechern, für die Gründung von Leuchttürmen und Offshore-Plattformen sowie für Unterwassertunnel eingesetzt werden. Es sind sowohl runde als auch rechteckige Querschnittsformen möglich.

Der erste Schritt für den Bau eines Schwimmkastens ist die Fertigung schwimmfähiger Stahlbetonkörper, die nach oben geöffnet sind. Gängige Methoden sind beispielsweise die Herstellung in einem Trockendock, auf einem Uferstück oder auf einem Schwimmponton. Je nach Fertigungsort wird der Schwimmkasten anschließend durch Fluten des Docks oder auf andere Weise zu Wasser gelassen.

Daneben muss die spätere Gründungssohle der Schwimmkästen vorbereitet werden. Sedimente aus Schlickfall sind vor dem Absetzen zu beseitigen und bei hohen Anforderungen an die Lagegenauigkeit sind Maßnahmen zum Nachjustieren, z. B. durch Verpressen, einzuplanen. Schwimmkästen müssen auf eine gut geebnete, tragfähige Bettung aus Steinen, Kies oder Sand abgesetzt werden. Voraussetzung für den Einsatz von Schwimmkästen ist ein ausreichend tragfähiger Baugrund. Stehen im Bereich der Gründung wenig tragfähige Bodenschichten an, müssen diese verbessert oder durch Ausbaggern und Verfüllung mit Sand oder Kies ausgetauscht werden.

Nach dem Zuwasserlassen der Schwimmkästen werden diese zur Baustelle eingeschwommen. Die Abmessungen von Schwimmkästen sind lediglich durch die Wassertiefen der Transportwege begrenzt. Eine Abschätzung des Schleppwiderstands und der zur Steuerung erforderlichen Schlepperleistung kann Kapitel 3.4 des Grundbau-Taschenbuchs [157] entnommen werden.

Vor Ort erfolgt dann das Absetzen der Schwimmkästen auf der Gründungssohle. Zum Absenken der Schwimmkästen werden diese meist mit Wasser ballastiert, was den Vorteil hat, dass der Kasten kurzfristig auch wieder gelenzt werden kann, um so die Lage zu korrigieren. Ein gleichmäßiges Fluten und ein damit verbundenes horizontales Absenken des Kastens ist sicherzustellen, damit der Kasten nicht ungleichmäßig aufsetzt und so die vorbereitete Gründungssohle schädigt. Im Gegensatz zu schwimmenden Senkkästen, die, solange noch ein Freibord bleibt, mit zunehmender Absenktiefe an Stabilität gewinnen, werden Tauchkörper wie Schwimmkästen für Unterwassertunnel labil, sobald sie untertauchen. Solche Kästen müssen daher beim Absenken von feststehenden Gerüsten oder schwimmenden Einrichtungen frei gehalten und ggf. geführt werden. Beim Absenken ist zu bedenken, dass sich in strömenden Gewässern zwischen der Unterkante des Schwimmkastens und der Sohle bedingt durch die Querschnittsreduktion erhöhte Strömungsgeschwindigkeiten einstellen können.

Nach dem Absetzen sollte möglichst schnell die endgültige Verfüllung mit Sand, Steinen oder anderem geeigneten Material erfolgen. Bei Ufereinfassungen gilt dies zusätzlich auch für die Hinterfüllung. Hier werden die seeseitigen Kammern jedoch häufig nicht verfüllt, um die Kantenpressung zu verringern und die Kippstabilität zu vergrößern. Abschließend können die Schwimmkästen ggf. mit den entsprechenden Überbauten versehen werden.

Der Einsatz von Schwimmkästen zur Einfassung schwer belasteter hoher Ufer in Seehäfen ist in Abschnitt 10.5 (E 79) der EAU 2012 [8] geregelt. Besonders wirtschaftlich ist ihr Einsatz, wenn ein Vorbau ins freie Hafenwasser möglich ist. Bei Ufereinfassungen besteht jedoch bei großen Wasserspiegeldifferenzen zwischen Vorder- und Hinterseite der Kästen die Gefahr des Ausspülens von Boden unter der Gründungssohle. Daher müssen in solchen Fällen die Schichten der Bettung untereinander und gegenüber dem Untergrund filterstabil sein. Abhilfe kann zudem durch den Abbau von Wasserüberdrücken mithilfe von Rückstauentwässerungen geschaffen werden. Die Skizze einer aus Schwimmkästen hergestellten Ufermauer ist in Bild 16 dargestellt.

Neben Schwimmkästen können auch Senkkästen für die Gründung von Bauwerken im und am Wasser eingesetzt werden. Von Land eingebrachte Druckluft-Senkkästen werden dabei zunächst von einem Planum, auf dem die Kästen hergestellt wur-

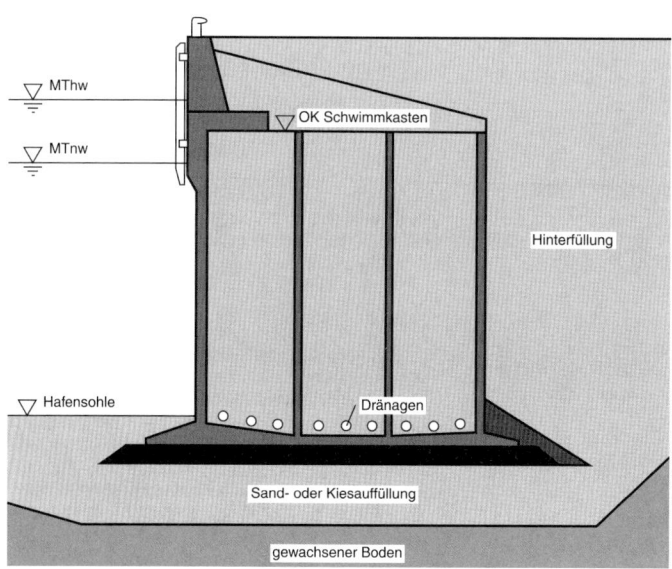

Bild 16. Ausführung einer Ufermauer aus Schwimmkästen

den, in den Grund abgesenkt. Dies geschieht, je nach Bodenart, durch den Aushub oder das Lösen des Bodens durch Spülen innerhalb einer Arbeitskammer unter dem Senkkasten. Der abgetragene Boden wird dann durch Hochpumpen abtransportiert. Um das Eindringen von Wasser zu verhindern wird der Arbeitsraum unter Druckluft gesetzt. Seitlich ist der Arbeitsraum durch die sogenannten Schneiden begrenzt, über die sich der Senkkasten auf den Baugrund stützt. Nach Erreichen der erforderlichen Gründungstiefe wird die Sohle der Arbeitskammer geebnet und der Hohlraum unter Druckluft mit Beton verfüllt.

Senkkästen können auch als Schwimmkästen ausgebildet werden. Dies bietet sich an, wenn eine genügend tragfähige Bettung in der Absetzfläche nicht vorhanden und herzustellen ist. Eingeschwommene Druckluft-Senkkästen werden nach dem Absetzen auf der vorhandenen oder vertieften Sohle genau wie die von Land eingebrachten Senkkästen abgesenkt. Hierfür genügt meist ein grobes Planieren der Sohle, da die Schneiden wegen ihrer geringen Aufstandsbreite leicht in den Boden eindringen und kleinere Unebenheiten der Aufsetzfläche daher keine Rolle spielen.

Der Reibungswiderstand des Bodens beim Absenken spielt bei Senkkästen eine entscheidende Rolle. Er ist hauptsächlich von den Eigenschaften des Untergrunds, also der Bodenart (bindig oder nichtbindig) sowie Lagerungsdichte und Festigkeit der anstehenden Schichten abhängig. Außerdem wird er maßgeblich durch die Konstruktion, d. h. die Grundrissform und die Größe des Senkkastens sowie die Geometrie der Schneiden und der äußeren Wandflächen, beeinflusst.

Für die jeweiligen Absenkzustände ist ein bestimmtes Absenk-Gewicht erforderlich. Nach Abschnitt 10.6.6 der EAU 2012 sollte das Gewicht ausreichen, um eine Mantelreibung von 20 kN/m² am einbindenden Senkkastenmantel zu überwinden. Alternativ sind aber auch Maßnahmen zur Reibungsverminderung, beispielsweise durch den Einsatz von Schmiermitteln wie Bentonit, möglich.

Durch die Kopplung von Senkkästen zu wandartigen Systemen können diese auch für den Bau von Ufereinfassungen in Seehäfen oder von Molen verwendet werden. Nach Abschnitt 10.6 (E 87) der EAU 2012 ist ein Einsatz von Druckluft-Senkkästen als Ufereinfassung besonders vorteilhaft, wenn diese von Land aus eingebaut werden können. Anschließend können dann die Baggerarbeiten im Hafenbecken ausgeführt werden. Bild 17 zeigt eine Kaimauer aus Druckluft-Senkkästen.

Neben Druckluft-Senkkästen gibt es auch Senkkästen, die in offener Bauweise hergestellt werden. Auf diese Art von Senkkästen wird hier jedoch nicht näher eingegangen. Hierzu ist in Kapitel 3.8 in [157] sowie den Abschnitt 10.8 (E 147) der EAU 2012 verwiesen, der sich mit der Ausbildung und Bemessung von Kaimauern in offener Senkkastenbauweise befasst.

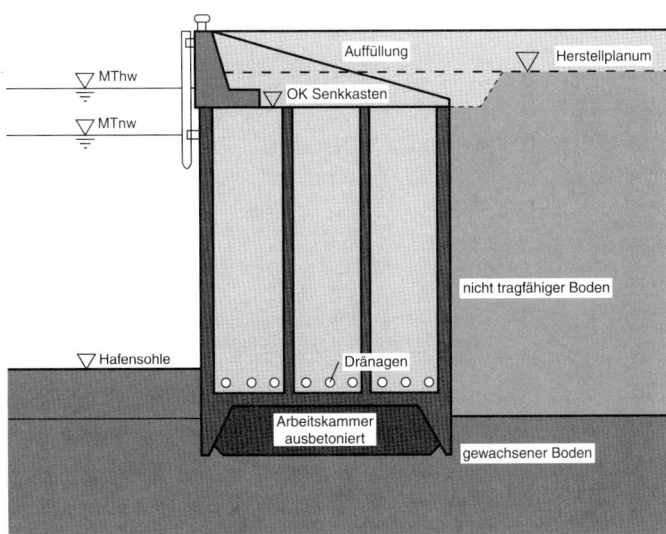

Bild 17. Ausführung einer Kaimauer aus Druckluftsenkkasten

7.2 Bemessung

Neben den Nachweisen der Standsicherheit für den Endzustand sind bei Schwimm- und Senkkästen besonders die Bauzustände, wie Schwimmstabilität beim Zuwasserlassen, Einschwimmen und Absetzen und bei Ufereinfassungen ggf. das Hinterfüllen, zu betrachten. Für den Endzustand ist für Ufereinfassungen zudem die Sicherheit gegen Sohlerosion zu prüfen. Um der Gefahr der Bildung von Kolken infolge von Strömungs- und Wellenkräften entgegenzuwirken, ist eine ausreichende Kolksicherung vorzusehen. Hinweise hierzu liefert Abschnitt 7.6 (E 83) der EAU 2012.

7.2.1 Schwimmstabilität

Vor allem für den Transport vom Fertigungsort zur Baustelle, aber auch für die Zustände beim Absenken der Schwimmkästen, ist eine ausreichende Schwimmstabilität zu gewährleisten. Schwimmkästen sollten daher so konstruiert werden, dass sie eine waagerechte Schwimmlage einnehmen. Gegebenenfalls können Schwimmlage und -stabilität durch Ballastieren oder die Ausrüstung mit Schwimmhilfen verbessert werden. Zum Ballastieren eignen sich besonders Materialien wie Sand, Kies, Steine, Betonfertigteile oder Magerbeton, die sich anders als Wasser bei Seegang nicht oder zumindest nur langsam verlagern. Soll aufgrund der einfachen Handhabbarkeit dennoch Wasserballast verwendet werden, so ist mittels einer Unterteilung durch Schotte eine zellenartige Struktur zu schaffen.

Ein Schwimmkörper taucht so tief ins Wasser und nimmt dabei eine Lage ein, in der die resultierende Vertikalkraft aus seinem Eigengewicht und sonstigen Zusatzlasten nach Betrag und Angriffspunkt von der entgegenwirkenden resultierenden Auftriebskraft kompensiert wird. Die Auftriebskraft ergibt sich dabei als Produkt des verdrängten Wasservolumens V und der Wichte des Wassers γ_W. Eine Schwimmlage wird als stabil bezeichnet, wenn der Schwimmkörper bei den im Wasser unvermeidlichen Auslenkungen stets ein in die Ruhelage zurückdrehendes Moment erfährt. Das ist z. B. immer dann gegeben, wenn der Gewichtsschwerpunkt G unterhalb des Auftriebsschwerpunkts A liegt. Zu jedem Auslenkungswinkel gibt es einen Punkt M, der den Schnittpunkt der Wirkungslinie der Auftriebskraft durch A mit der Schwimmachse durch G bildet und als Metazentrum bezeichnet wird. Liegt G höher als A, was bei Schwimmkästen häufig der Fall ist, dann können diese trotzdem noch stabil schwimmen, wenn M ausreichend hoch liegt. Für den Nachweis der Schwimmstabilität muss gemäß Gl. (11) die metazentrische Höhe m berechnet werden:

$$m = \frac{1}{V} \cdot \left(I - \sum I_W\right) - h_a \quad (11)$$

Darin ist I das Trägheitsmoment der durch den Kastenumriss aus der Wasserfläche ausgeschnittenen Figur um die durch ihren Schwerpunkt gehende Achse parallel zur Schlingerachse. I_W ist das Trägheitsmoment einer ggf. im Inneren des Kastens vor-

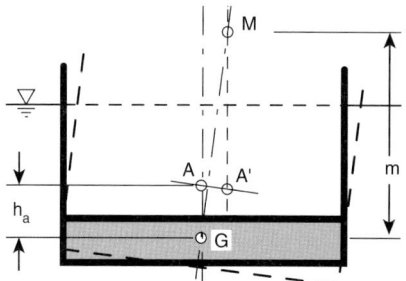

Bild 18. Auslenkung eines Schwimmkastens mit Lage des Gewichtsschwerpunkts, des Auftriebsschwerpunkts sowie des Metazentrums [157]

handenen freien Wasserfläche. Der Abstand von A und G ist mit h_a bezeichnet und ist positiv definiert, wenn G über A liegt. Die Größen h_a und m sind am Beispiel eines einfachen Schwimmkastens in Bild 18 dargestellt.

Die Schwimmlage ist stabil, solange m > 0 ist. Nach [157] ist für m ein Mindestwert von einigen Dezimetern einzuhalten. Je größer m, desto stabiler die Schwimmlage, desto kürzer auch die Schlingerzeit, auch Rollperiode genannt. Diese sollte für eine gute Lenkbarkeit und eine ruhige Lage im Wasser jedoch möglichst groß sein. Es ist daher eine Abwägung zwischen beiden Einflussgrößen erforderlich. Grundlagen der Fluidstatik und Angaben zur Stabilität schwimmender Körper sind [124] zu entnehmen.

7.2.2 Schneidengeometrie

Bei Senkkästen spielt die Schneidengeometrie eine entscheidende Rolle. Die Schneiden haben die Aufgabe, während der Absenkzustände die effektiven Bauwerkslasten in den Untergrund abzutragen. Bei Druckluft-Senkkästen bilden sie zudem gleichzeitig die Seitenwände der Arbeitskammer.

Die Form der Schneiden wird dabei in Abhängigkeit der Vertikallasten und des Bodens so gewählt, dass die Eindringtiefen nicht zu groß werden, um die Entstehung von Gefahren für das Personal und die Geräte in der Arbeitskammer zu vermeiden und die Steuerbarkeit des Absenkens zu gewährleisten. Wie Bild 19 verdeutlicht, kann für den Nachweis der Übertragung der vertikalen Schneidenlast V_s die Grundbruchformel herangezogen werden. Die aufnehmbare Last hängt dabei sowohl von der Wichte und den Scherparametern des Bodens als auch maßgeblich von der Schneidenform (Winkel α) und der Eindringtiefe ab.

7.2.3 Gebrauchstauglichkeit

Für die Nachweise der Gebrauchstauglichkeit sind neben den durch den Vorgang der Konsolidierung ggf. zeitlich verzögert auftretenden Primärsetzungen auch die Sekundärsetzungen, also das Kriechen des Bodens, zu beachten. Hierzu wird auf Abschnitt 6.4.1 verwiesen.

7.2.4 Standsicherheit

Abweichend von DIN 1054 [54] darf nach Abschnitt 10.5 (E 79) der EAU 2012 für Schwimmkästen beim Nachweis gegen Kippen die Bodenfuge unter keiner Einwirkungskombination der charakteristischen Lasten klaffen. Da Druckluft-Senkkästen hinsichtlich der Ausbildung der Gründungssohle gemäß Abschnitt 10.6 (E 87) der EAU 2012 aufgrund der guten Verzahnung des Senkkastenschneiden und des Arbeitskammerbetons mit dem Untergrund als Flächengründungen gelten, ist für diese ein Klaffen der Bodenfuge zulässig. Die zulässige Exzentrizität wird jedoch anders als in DIN 1054 auf einen Wert von b/4 beschränkt.

Für den Nachweis der Sicherheit gegen Gleiten ist zu untersuchen, ob in der Zeit zwischen der Vorbereitung der Sohle und dem Absetzen des Schwimmkastens eine Sedimentation von Schwebstoffen bzw. ein Absetzen von Schlamm auf der Gründungsfläche unvermeidbar ist. Sollte dies der Fall sein, so ist nachzuweisen, dass eine ausreichende Gleitsicherheit der Kästen auf der verunreinigten Gründungssohle vorhanden ist. Maßgebend für die Sicherheit gegen Gleiten ist zudem das Maß der Rauigkeit der Bodenplatte. Für den Nachweis ist eine ungünstige Kombination von Wasserdrücken an der Sohle und den Seiten der Kästen, beispielsweise aus Tideein-

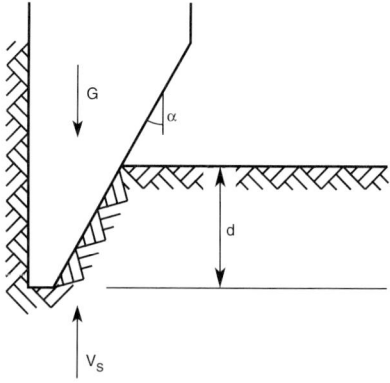

Bild 19. Grenzgleichgewicht beim Einsinken der Schneide

flüssen, anzusetzen. Bei Ufereinfassungen ist zudem ggf. Pollerzug zu berücksichtigen.

Eine weitere Ursache für das Versagen von monolithischen Wellenbrechern und anderen Seebauwerken auf sandigem Untergrund kann eine Reduktion der Tragfähigkeit infolge Porenwasserdruck darstellen. Bei behinderter bzw. nicht ausreichender Dränage kann der durch die Wellenbelastung bei jedem Belastungszyklus induzierte Porenwasserüberdruck zu einem Anstieg des mittleren Porenwasserüberdrucks unter dem Bauwerk führen. Wellenbelastung allein kann allerdings kaum zu einer vollständigen Verflüssigung des Bodens unterhalb eines Bauwerks führen. Die Kombination von Wellen und welleninduzierten Bauwerksbewegungen kann jedoch Bodenverformungen hervorrufen, die zu einem deutlichen Anstieg des mittleren Porenwasserüberdrucks und somit zu einer Reduzierung der Scherfestigkeit in der Gründung führen können. Hierfür sind nach *Kudella* und *Oumeraci* [114] besonders Bauwerksbewegungen hoher Amplitude und Frequenz nötig, wie sie vor allem durch brechende Wellen erzeugt werden. Dies ist besonders bei gering durchlässigen, im ungünstigsten Falle locker gelagerten, Böden als kritisch anzusehen.

8 Pfahlgründungen

8.1 Pfahlarten

Bei marinen Gründungsstrukturen kommen in erster Linie Stahlpfähle zum Einsatz, da in der Regel große Lasten abzutragen und häufig große Kraglängen zu überbrücken sind, was eine hohe Materialfestigkeit und -steifigkeit erfordert. Betonpfähle können zur Gründung der Kaiplatte oder des Kranbahnbalkens im Hafenbau eingesetzt werden. Holzpfähle wurden früher häufig eingesetzt und finden sich heute in vielen alten Kaimauern und Ufereinfassungen oder bündelförmig als Dalben wieder. Vor allem in der Wasserwechselzone sind sie häufig schadhaft.

Als Profile kommen Voll- und Hohlquerschnitte, Rohre und nahezu alle üblichen Stahlprofile (I-, U-, L-Profile) zum Einsatz. Außerdem können mehrere Spundbohlen zu einem Pfahlquerschnitt zusammengesetzt werden.

Im Kaimauerbau werden Pfähle als Tragbohlen, Kaiplattenpfähle oder zur Gründung des Kranbahnbalkens sowie als Ankerpfähle eingesetzt. Im Hafen und an Wasserstraßen werden Pfähle zudem einzeln oder im Bündel als Dalben verwendet. Die Öl- und Gasindustrie nutzt Pfähle zur Gründung von Off-shore-Plattformen und als Ankerpfähle, die die Ankerketten schwimmender Plattformen am Meeresgrund fixieren. Für diese Anwendung kommen gelegentlich Saugpfähle „*suction piles*" zum Einsatz. Ein solcher Stahlrohrpfahl ist an seinem Kopf mit einem Adapter versehen, über den im Pfahlinneren ein Unterdruck erzeugt werden kann, sodass sich der Pfahl in den Untergrund hineinsaugt. Im Bereich der erneuerbaren Energien sind in den letzten Jahren zahlreiche Lösungen zur Gründung von Offshore-Windenergieanlagen entwickelt worden (vgl. Abschnitt 13). Viele dieser Strukturen werden mit Pfählen im Boden verankert. Bei Monopilegründungen wird die gesamte Anlage auf nur einem einzigen Pfahl mit einem Durchmesser von bis zu 7 m gegründet. Weitere Sonderpfähle in diesem Bereich sind der Flügelpfahl und der Saugeimer „*suction bucket*". Beim Flügelpfahl handelt es sich um einen am Pfahlkopf aufgeweiteten Monopile mit verbesserter horizontaler Lastabtragung [80]. Der *suction bucket* funktioniert konzeptionell wie der *suction pile*, weist jedoch einen größeren Durchmesser auf.

8.2 Einbringverfahren

Im marinen Bereich werden Pfähle in erster Linie eingerammt. Dies kann schlagend oder vibrierend erfolgen. Zur Minderung von Schallemissionen im Offshorebereich wird derzeit am Einsatz eines (großen und kleinen) Blasenschleiers geforscht und die Anwendung sowie die Anwendbarkeit erprobt. Auf dem Markt sind Rammhämmer verfügbar, die genügend Leistung haben, um unter Einsatz entsprechender Adapter Monopiles in den Meeresgrund einzubringen. Zur Minderung der Schallemissionen im Offshorebereich werden hierbei sogenannte Schallschutzmäntel oder Hüllrohre für den Pfahl eingesetzt werden. Marine Pfähle werden lediglich in Sonderfällen gebohrt oder mittels Spülhilfen eingepresst. Verpresspfähle werden ebenfalls eingesetzt, wenn der Baugrund es zwingend erfordert, z. B. in weicher Kreide, in der ein Rammpfahl kaum Mantelreibung entwickelt. Zur Erleichterung einer Rammung können bei schwierigen Baugrundverhältnissen im Vorfeld Lockerungsbohrungen durchgeführt oder ein Rammgraben ausgehoben werden. Unter Umständen ist es auch sinnvoll, zunächst in einer verrohrten Bohrung einen Bodenaustausch vorzunehmen, um anschließend in diesen hinein zu rammen.

Bei Wasserbaustellen ist der Einsatz einer schwimmenden Arbeitsebene notwendig. Die benötigten Baumaschinen und Kräne können hierzu auf einem Ponton installiert werden, welcher am Einsatzort verankert wird. Außerdem kann eine Hubinsel eingesetzt werden, die zur Baustelle geschwommen wird, dort ihre Stelzen auf die Gewässersohle absenkt und dadurch angehoben wird. Bild 20 zeigt die Installation eines Schrägankers für eine Kaje von einer Hubinsel aus. Im Offshore-Bereich werden zudem Spezialschiffe eingesetzt, die ebenfalls über Hubstelzen verfügen oder mit moderner nautischer Technik ihre Position zielgenau halten können.

Bild 20. Rammung eines Schrägpfahls von einer Hubinsel aus (Bauvorhaben Containerterminal CT4 in Bremerhaven)

8.3 Tragverhalten

8.3.1 Einzelpfahl unter axialer Belastung

Axial belastete Pfähle tragen Belastungen über Mantelreibung am Pfahlmantel und bei Druckbelastung über Spitzendruck am Pfahlfuß ab, wobei zur Mobilisierung des vollen Spitzendrucks eine größere Setzung erforderlich ist als zur Aktivierung der vollen Mantelreibung.

Die Mantelreibung hängt von der Scherfestigkeit, der Lagerungsdichte und dem Spannungszustand des Bodens, der Oberflächenbeschaffenheit des Pfahlmantels und der Installationsmethode ab. Hohe Scherfestigkeiten und Lagerungsdichten des Bodens vergrößern die Mantelreibung ebenso wie eine raue Oberfläche. Die Entwicklung der Mantelreibung ist abhängig von der sich einstellenden Radialspannung im Boden am Pfahlmantel, welche wiederum durch die Einbringmethode maßgebend bestimmt wird. Das Einpressen eines Pfahls in Sand erhöht die Radialspannung um den Schaft, sodass eine höhere Mantelreibung zu erwarten ist als bei einer dynamischen Installation. Schlagend gerammte Pfähle weisen in der Regel größere Radialspannungen auf als einvibrierte Pfähle, bei denen der umgebende Sand am stärksten – im Vergleich zum Einpressen und der Schlagrammung – verdichtet wird [126]. Zur Berechnung der Mantelfläche darf bei offenen Profilen der abgewickelte Querschnittsumfang angesetzt werden [11] (s. Bild 21). Der Mantelwiderstand kann über die Standzeit des Pfahls zum Teil erheblich ansteigen, es kommt zu einem Anwachsen der Pfähle [111]. Dies gilt insbesondere für Rammpfähle. Ursachen hierfür liegen bei bindigen Böden in einem Abbau von Porenwasserüberdrücken und bei nichtbindigen Böden in einer Relaxation von Spannungsgewölben, die während der Rammung entstehen.

Die Größe des Spitzendrucks hängt von der Bodenscherfestigkeit und -lagerungsdichte sowie der Überlagerungsspannung ab. Die Installationsmethode hat einen Einfluss hierauf. Hinsichtlich der Tragfähigkeit ist bei Sanden das Rammen dem Vibrieren vorzuziehen. Der Pfahlfußwiderstand ist maßgeblich durch die Ausbildung der Pfahlfußfläche bedingt. Bei offenen Profilen kann es zu einer Verspannung im Pfahlinneren, der sogenannten Pfropfenbildung, kommen. Bei einer vollständigen Verpfropfung darf am Pfahlfuß die gesamte umrissene Querschnittsfläche angesetzt werden. Für einige gängige Profile ist die anrechenbare Pfahlfußfläche in Bild 21 dargestellt. Bei den offshore eingesetzten großen Rohrprofilen ist eine Pfropfenbildung allerdings fraglich. In dem Fall unverpfropften offenen Profils darf eine Mantelreibung auch auf der Rohrinnenseite angesetzt werden. Wie numerische Untersuchungen von *Henke* und *Grabe* [96] zeigen, hängt die Neigung eines Profils zur Pfropfenbildung von dessen Abmessungen, der Lagerungsdichte des Bodens und dem gewählten Einbringverfahren ab.

8.3.2 Einzelpfahl unter Horizontallast und Biegemoment

Viele marine Pfähle müssen im Vergleich zur Vertikallast hohe Horizontalkräfte und Biegemomente abtragen, z. B. Dalben und Gründungspfähle für

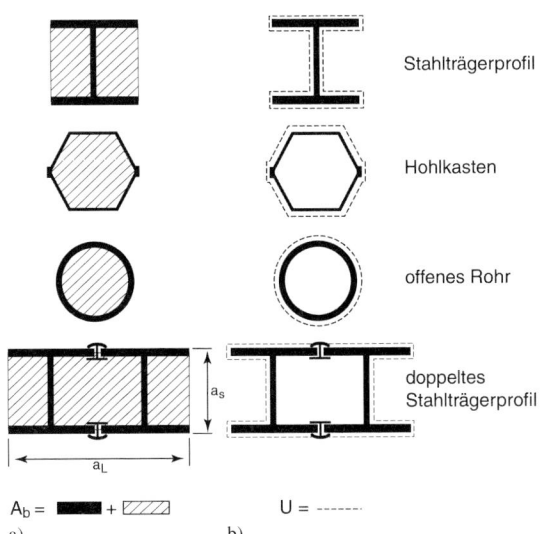

Bild 21. Anrechenbare a) Pfahlfußfläche und b) -mantelfläche, nach [11]

Offshore-Windenergieanlagen. Durch die Durchbiegung des Pfahls werden im Boden Bettungswiderstände mobilisiert, über die die Belastung abgetragen wird. Die Art und Größe der Bettungsreaktion hängt dabei nicht allein von den Bodeneigenschaften wie Scherfestigkeit oder Steifigkeit ab, sondern auch von den Pfahleigenschaften, wie z. B. Durchmesser oder Biegesteifigkeit. Bei der Abtragung von Horizontallasten und Biegemomenten ist somit die Boden-Bauwerk-Interaktion von besonderer Bedeutung.

Neben der Standsicherheit des Pfahls (Nachweis des Erdwiderlagers und der inneren Standsicherheit) sind bei marinen Pfählen häufig die auftretenden Verformungen oberhalb der Geländeoberkante von großer Bedeutung. Bei Dalben beispielsweise ist die Verformung zur Ermittlung des vorhandenen Arbeitsvermögens (vgl. Abschnitt 8.4.2.1) erforderlich. Bei Monopiles für eine Gründung einer Windenergieanlage ist eine exakte Prognose der Verformungen ebenfalls notwendig, um den sicheren Betrieb der Anlage zu gewährleisten. Hierzu sind Modelle zu wählen, die die Steifigkeit der Bettungsreaktion, ausgedrückt durch den Bettungsmodul k, möglichst realitätsnah abbilden. Verschiedene Ansätze werden dazu in Abschnitt 8.4.2 vorgestellt.

Eine weitere Schwierigkeit stellt die Änderung der Bettungseigenschaften infolge zyklischer Belastung dar. Die wiederholte Belastung eines Pfahls führt zu einer Veränderung der Bodenzustandsgrößen. Je nach Anfangslagerungsdichte, Konsistenz, Belastungsart und -frequenz, Lastamplitude, Zyklenzahl, Installationsmethode, Materialverhalten des Pfahls, Lagerungsbedingungen am Pfahlkopf, Durchlässigkeit und Korngrößenverteilung des Bodens wird die Bettungssteifigkeit erhöht oder verringert. Dies kann zu einer Akkumulation der Pfahlkopfverformung führen, dem sogenannten *Ratcheting*. Je nach Ausprägung des Phänomens wird es als Einspielen, Beruhigung oder Progressiver Bruch bezeichnet [120]. Einspielen beschreibt die zyklische Zunahme der Verformung über eine endliche Zyklenzahl, bis die Zuwachsrate je Zyklus gegen null geht. Beruhigung bezeichnet die dauerhafte zyklische Verformungsakkumulation, wobei die Zuwachsrate stetig kleiner wird und sich auf einen sehr kleinen Wert einspielt. Mit Progressivem Bruch wird der stetige Zuwachs der Verformung beschrieben, der zu einem schrittweisen Versagen der Struktur führt. Mit der *Ratcheting*-Thematik befassen sich zahlreiche Forschungsarbeiten, z. B. *Achmus* et al. [1], *Dührkop* [67], *Kuo* [115], *Wichtmann* [175] und *Wichtmann* et al. [176]. Modellversuche und numerische Untersuchungen zeigen zudem, dass eine multidirektionale Schwelllast, d. h. eine leicht veränderliche Lastangriffsrichtung über die Anzahl der Lastzyklen, zu einer im Vergleich zur eindirektionalen Belastung erhöhten Verschiebungsakkumulation führt, siehe *Rudolph* [148]. Die nicht konstante Angriffsrichtung ermöglicht dem Pfahl ein Herausdriften aus seiner Hauptbelastungsrichtung. Er folgt im Boden dem Weg des geringsten Widerstands.

Eine weitere Gefahr stellt die Akkumulation von Porenwasserüberdrücken dar. Durch eine horizontale Verschiebung des Pfahls wird ein anfangs locker gelagerter Boden verdichtet. Das Porenwasser benötigt Zeit zur Dissipation. Währenddessen stellt sich ein Porenwasserüberdruck ein. Sind die Belastungsfrequenz und die Verformungsamplitude hoch und die Durchlässigkeit des Bodens gering, kann sich der Porenwasserüberdruck mit jedem Zyklus erhöhen. Erreicht der Druck die Größe der Überlagerungsspannung kann es lokal zu einer Verflüssigung des Bodens kommen.

8.3.3 Zugbeanspruchte Pfähle

Zugbeanspruchte Pfähle stellen eine Sondergruppe der axialbelasteten Pfähle dar. Sie tragen ihre Lasten über die Mantelfläche ab. Solche Pfähle werden als Anker in Kajenkonstruktionen und als Auftriebsanker in Docks oder Schleusen eingesetzt. Auch Gründungspfähle von Tripods oder Jackets zur Gründung von Offshore-Windenergieanlagen oder Öl- und Gasplattformen können zeitweise auf Zug beansprucht sein, wenn die Kräfte aus Momentenbelastung den Lastanteil aus Eigengewicht übersteigen. Zur Erhöhung der Mantelreibung kann der Schaft von Zugpfählen mit Mörtel verpresst werden, wodurch sich eine bessere Verzahnung von Pfahl und Boden einstellt wie beispielsweise bei Bohrverpresspfählen, Rüttelinjektionspfählen oder Verpressmantelpfählen [8]. Bei Klappankern wird am Pfahlfuß eine Tafel angeschweißt, die den Herausziehwiderstand erhöht. Als Klappanker werden Ankerpfähle von Kajen bezeichnet, die als Wasserbaustelle ausgeführt und bei denen der Pfahl zunächst in der Horizontalen an den Tragbohlen gelenkig befestigt wird und anschließend der Pfahlfuß nach unten abgeklappt wird. Bei gerammten Ankerpfählen von typischen Kajen, die eine größere Weichschicht durchstoßen, ehe sie in tragfähigen Baugrund einbinden, kann es infolge einer Aushubentlastung und Mantelreibung in der Weichschicht zu einem erheblichen Anwachsen der Pfahlnormalkräfte kommen [127].

Zyklische Lasten können die Tragfähigkeit insbesondere von Zugpfählen stark herabsetzen. Je nach Verhältnis des zyklischen zum statischen Lastanteil geschieht dies unterschiedlich stark ausgeprägt. Ist dieses Verhältnis kleiner als 20 %, sind zyklische Lastanteile nicht zu berücksichtigen. In der EA-Pfähle [11] sind Tabellenwerte angegeben, die die maximale Größe der zyklischen Lastspanne in Abhängigkeit der Zyklenzahl, allerdings lediglich für Mikropfähle in trockenem Sand, vorgeben. Für andere Pfahlarten fehlen bisher belastbare, publizierte Erfahrungswerte.

8.3.4 Pfahlgruppen

Eine Pfahlgruppe liegt vor, wenn zwei oder mehr Pfähle über eine Pfahlkopfverbindung miteinander gekoppelt sind und gemeinsam die Belastung abtragen. Marine Beispiele hierfür sind Pfahlböcke zur Gründung von Kranbahnbalken im Hafenbau, Pfahlbündeldalben, Tripods oder Tripiles (s. Abschnitt 13).

Bei Zugpfahlgruppen ist der Nachweis der Tragfähigkeit für den Einzelpfahl zu erbringen und zusätzlich der Nachweis für den gesamten Block im Grenzzustand. Bei Druckpfahlgruppen hängt die Belastung des Einzelpfahls stark von seiner Position in der Gruppe, vom Angriffspunkt und der Richtung der äußeren Last sowie der Federsteifigkeit der Einzelpfähle ab. Lösungsansätze hierzu sind in der EA-Pfähle [11] beschrieben.

In horizontal belasteten Pfahlgruppen kann bei einer genügend steifen Kopfkonstruktion von einer gleichen Pfahlkopfverschiebung für alle Pfähle ausgegangen werden. Trotzdem beteiligen sich die verschiedenen Pfähle gleicher Steifigkeit einer Gruppe unterschiedlich stark an der Lastabtragung, wenn ihr Abstand in Kraftrichtung kleiner als 6 D und quer zur Kraftrichtung kleiner als 3 D ist, wobei D dem Pfahldurchmesser entspricht [11].

In einer Kaimauerkonstruktion kann eine Gruppe von Pfählen zu einer Abschirmung des Erddrucks auf die Wand führen, sodass diese geringere Belastungen erfährt, siehe auch Abschnitt 9. Allerdings muss unter Umständen ein Fließdruck und eine zusätzliche Momentenbeanspruchung auf die Pfähle berücksichtigt werden. Das Regelwerk der Hamburg Port Authority (HPA) [93] schreibt beispielsweise für Kaiplattenpfähle eine Mindesttiefe vor und definiert Zusatzmomente auf die Pfähle aus der Abschirmwirkung. Bei Druckpfählen unter der charakteristischen Druckkraft $E_{D,k}$ ist das Zusatzmoment mit $\Delta M_k = E_{D,k} \cdot D/12$ anzusetzen. Bei Zugpfählen unter der Zugbeanspruchung $E_{Z,k}$ gilt $\Delta M_k = E_{Z,k} \cdot D/5$. D bezeichnet jeweils den Pfahldurchmesser.

8.3.5 Pfahlrost

Pfahlroste bezeichnen Konstruktionen, bei denen mehrere Pfähle über eine massive Pfahlrostplatte miteinander verbunden sind. Diese Konstruktion findet sich in vielen Kaimauern wieder, bei denen die Kaiplatte auf Schrägpfählen gelagert ist.

8.4 Bemessung

8.4.1 Axiale Pfahlwiderstände

Der axiale Widerstand eines Einzelpfahls setzt sich grundsätzlich aus Anteilen aus Spitzendruck und Mantelreibung zusammen:

$$R_k = R_{b,k} + R_{s,k} = q_{b,k} \cdot A_b + \sum_i q_{s,k,i} \cdot A_{s,i} \quad (12)$$

Hierin sind

R_k charakteristischer Pfahlwiderstand

$R_{b,k}$ charakteristischer Pfahlfußwiderstand

$R_{s,k}$ charakteristischer Pfahlmantelwiderstand
$q_{b,k}$ charakteristischer Pfahlspitzendruck
$q_{s,k}$ charakteristische Pfahlmantelreibung
A_b Pfahlfußfläche
A_s Pfahlmantelfläche

Die Berechnung der einzelnen Anteile in Gl. (12) unterscheiden sich in den verschiedenen Normen zum Teil deutlich, was in den unterschiedlichen Abmessungen der Onshore- und Offshore-Pfähle und in der Entstehung der Ansätze begründet ist. Daher werden im Folgenden die für den Hafen- und Wasserstraßenbau in Deutschland maßgebenden nationalen Normen und Richtlinien und die im Offshore-Bereich oft angewandten internationalen Normen getrennt dargestellt.

8.4.1.1 Pfähle in Häfen und Wasserstraßen

Für Pfähle in Häfen und Wasserstraßen erfolgt die Bemessung in erster Linie auf Basis der DIN 1054 [54] bzw. Eurocode EC 7 [53] und den Empfehlungen EA-Pfähle [11] und EAU [8]. Die Berechnung des axialen Widerstands von Pfählen sollte demnach auf Grundlage von statischen und dynamischen Pfahlprobebelastungen erfolgen. Darüber hinaus wird die Möglichkeit eröffnet, Druckpfähle (und in Ausnahmen Zugpfähle) anhand von Erfahrungswerten zu dimensionieren. Solche Erfahrungswerte sind in der EA-Pfähle [11] für viele verschiedene Pfahlsysteme angegeben. Die charakteristischen Widerstände am Pfahlmantel und am Fuß können bei bindigen Böden in Abhängigkeit von der Scherfestigkeit des undränierten Bodens c_u und bei nichtbindigen Böden in Abhängigkeit des Sondierspitzenwiderstands q_c aus Tabellen entnommen werden. In den Tabellen ist weiterhin berücksichtigt, dass zur Aktivierung des vollen Widerstands eine charakteristische Setzung erforderlich ist. Es können hierdurch für viele Pfahltypen nichtlineare Widerstands-Setzungslinien ermittelt werden. Ein Beispiel ist in Bild 22 abgebildet. Weitere Hinweise zur Pfahlbemessung sind ggf. den Vorschriften der zuständigen Hafen- oder Bundesbehörden zu entnehmen, z. B. dem Regelwerk der HPA [93].

8.4.1.2 Offshore-Pfähle

Diese Pfähle werden zumeist auf Grundlage internationaler Normen und Richtlinien (z. B. API [5], DNV [41] oder GL [74]) bemessen. Die verwendeten Ansätze beruhen auf den Erfahrungen der Öl- und Gasindustrie, welche aber auch bei den erneuerbaren Energien angewendet werden. Im Folgenden wird das Verfahren nach DIN EN ISO 19902 [52] erläutert, welche auf die vorgenannten Normen verweist bzw. diese ersetzt und zudem im Anhang A.17 neueste Forschungsergebnisse aufgenommen hat.

In bindigen Böden gilt:

$$q_{b,k} = 9 \cdot c_u \qquad (13)$$
$$q_{s,k} = \alpha \cdot c_u \qquad (14)$$

mit

c_u Scherfestigkeit des undränierten Bodens
α dimensionsloser Faktor

Der Faktor α kann wie folgt ermittelt werden:

$$\alpha = 0,5 \cdot \psi^{-0,5} < 1,0 \text{ für } \psi \leq 1,0 \qquad (15)$$
$$\alpha = 0,5 \cdot \psi^{-0,25} < 1,0 \text{ für } \psi \leq 1,0$$
$$\psi = \frac{c_u}{p_0'} \qquad (16)$$

Die effektive Überlagerungsspannung p_0' ist für die jeweilige Betrachtungstiefe zu ermitteln. Hierdurch ist auch der Faktor α tiefenabhängig. Bei Verwendung dieser Formeln sind die in Abschnitt 8.3.1 beschriebenen Effekte der Zeitabhängigkeit und der Pfropfenbildung zu berücksichtigen. Außerdem gelten Einschränkungen für sehr lange Pfähle.

Für axial belastete Pfähle in nichtbindigen Böden gibt die DIN EN ISO 19902 [52] zunächst die folgenden Ansätze vor:

$$q_{b,k} = N_q \cdot p_0' \leq q_{b,k,lim} \qquad (17)$$
$$q_{s,k} = \beta \cdot p_0' \leq q_{s,k,lim} \qquad (18)$$

mit

N_q dimensionsloser Tragfähigkeitsbeiwert
β dimensionsloser Faktor

Die benötigten Parameter können ansatzweise Tabelle 5 entnommen werden.

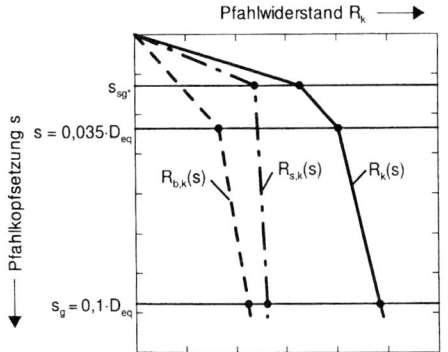

Bild 22. Elemente der charakteristischen Widerstands-Setzungslinie für Fertigrammpfähle nach EA-Pfähle [11]

Tabelle 5. Bemessungsparameter für axial belastete Pfähle in Sand nach DIN EN ISO 19902 [52]

Lagerungsdichte	Bodenart	Faktor β [–]	$q_{s,k,lim}$ [kPa]	Faktor N_q [–]	$q_{b,k,lim}$ [MPa]
sehr locker	Sand	nicht anwendbar	nicht anwendbar	nicht anwendbar	nicht anwendbar
locker	Sand				
locker	Sand-Schluff				
mitteldicht	Schluff				
dicht	Schluff				
mitteldicht	Sand-Schluff	0,29	67	12	3
mitteldicht	Sand	0,37	81	20	5
dicht	Sand-Schluff				
dicht	Sand	0,46	96	40	10
sehr dicht	Sand-Schluff				
sehr dicht	Sand	0,56	115	50	12

Vergleichende Untersuchungen haben gezeigt, dass diese Methode für kurze Pfähle unwirtschaftliche Ergebnisse liefert, für sehr lange Pfähle sogar unsichere. Derzeit wird daher in der Normung auf CPT-basierte Verfahren zur Bemessung von Pfählen in Sand umgeschwenkt. In den Anhang der DIN EN ISO 19902 [52] sind vier solcher Verfahren informativ aufgenommen worden:

- ICP-05 [105],
- Offshore UWA-05 [118],
- Fugro-05 [108] und
- NGI-05 [37].

Die ersten 3 Methoden lassen sich in einer gemeinsamen Formel darstellen, in der Einflüsse aus Radialspannung, Primärspannungszustand, Pfropfenbildung und Reibungsermüdung, Wandreibung und die Interaktion zwischen Spitzdruck und Mantelreibung enthalten sind:

$$q_{s,k}(z) = u \cdot q_c(z) \left[\frac{p_0'(z)}{p_a}\right]^a$$

$$\cdot A_r^b \left[\max\left(\frac{L-z}{D}, v\right)\right]^{-c} \cdot (\tan\delta_{cv})^d$$

$$\cdot \left[\min\left(\frac{L-z}{D \cdot v}, 1\right)\right]^e \quad (19)$$

mit

q_c Drucksondierspitzendruck

p_a atmosphärischer Druck, $p_a = 100$ kPa

A_r effektives Flächenverhältnis, $A_r = 1 - (D_i/D)^2$

D_i Innenradius

L Einbindelänge

δ_{cv} Wandreibungswinkel

a, b, c, d, e, u, v dimensionslose Parameter in Abhängigkeit des gewählten Verfahrens nach Tabelle 6

Zyklische Lasten können zu einer erheblichen Minderung der axialen Tragfähigkeit, im Extremfall bei Zugbelastung sogar zum vollständigen Verlust der Tragfähigkeit führen [150]. Dynamisch angreifende Lasten können die Tragfähigkeit unter bestimmten Bedingungen infolge Bodenumlagerung sogar erhöhen. Quantitative Abschätzungen dieser Effekte sind in den Normen nicht enthalten, da dies ein aktuelles Forschungsgebiet darstellt.

Die Mobilisierung des Pfahlwiderstands ist auch in der DIN EN ISO 19902 [52] setzungsabhängig. Für die Mobilisierung der Mantelreibung in Sand ist beispielsweise eine Relativverschiebung von 2,5 mm erforderlich. Der Spitzendruck stellt sich ebenfalls setzungsabhängig ein und erreicht seinen Maximalwert bei einer Setzung von 0,1D. Zur genauen Definition der Mobilisierungskurven siehe DIN EN ISO 19902 [52].

8.4.2 Horizontale Pfahlwiderstände

8.4.2.1 Dalben

Die Ermittlung der erforderlichen Einbindelänge von Dalben erfolgt zumeist auf Grundlage der EAU [8], Abschnitt 13.1 (E 69). Die Bemessung nach dem Bettungsmodulverfahren (p-y-curve-Verfahren) wurde in der EAU 2012 [8] berücksichtigt.

Tabelle 6. Parameter in verschiedenen CPT-basierten Verfahren

Methode	Belastung	Parameter						
		a	b	c	d	e	u	v
ICP-05	Druck	0,1	0,2	0,4	1	0	0,023	$4(A_r)^{0,5}$
	Zug	0,1	0,2	0,4	1	0	0,016	$4(A_r)^{0,5}$
UWA-05	Druck	0	0,3	0,5	1	0	0,030	2
	Zug	0	0,3	0,5	1	0	0,022	2
Fugro-05	Druck	0,05	0,45	0,9	0	1	0,043	$2(A_r)^{0,5}$
	Zug	0,15	0,42	0,85	0	0	0,025	$2(A_r)^{0,5}$

Hierzu wird auf der Widerstandsseite der räumliche Erddruck nach DIN 4085 [59] angesetzt und die Ersatzkraft C_h ermittelt (s. Bild 23).

$$C_{h,k} = E^r_{ph,mob} - \sum F_{h,k,i} \quad (20)$$

mit

$C_{h,k}$ charakteristische Ersatzkraft, $C_{h,d} = C_{h,k} \cdot \gamma_Q$

$F_{h,k,i}$ Summe der charakteristischen Einwirkungen

$E^r_{ph,mob}$ mobilisierter räumlicher Erddruck, $E^r_{ph,mob} = E^r_{ph,k}/\gamma_Q\gamma_{Ep}$

γ_Q, γ_{Ep} Teilsicherheitsbeiwerte

Der erforderliche Längenzuschlag Δt ist so zu wählen, dass die ermittelte Ersatzkraft vom System aufgenommen werden kann:

$$\Delta t = 0,5 \cdot C_{h,k} \cdot \gamma_Q \cdot \frac{\gamma_{Ep}}{e^r_{ph,k}} \quad (21)$$

Mit $e^r_{ph,k}$ ist dabei die Ordinate des räumlichen Erddrucks im Ansatzpunkt der Ersatzkraft bezeichnet.

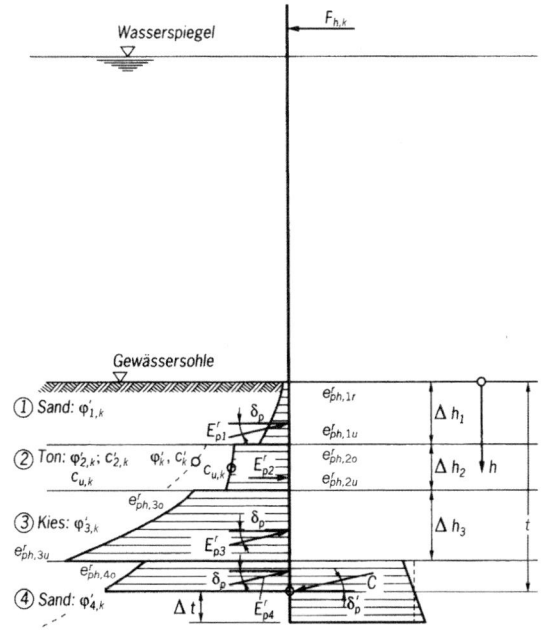

Bild 23. Dalbenberechnung in geschichteten Böden nach [8]

Außerdem ist für einen Dalben eine Verformungsanalyse durchzuführen, um sicherzustellen, dass er ein ausreichendes Arbeitsvermögen aufweist. Das Arbeitsvermögen A eines Dalbens berechnet sich aus dem Produkt von Stoßkraft des Schiffs $F_{Stoß,k}$ und der Verformung des Dalbens f im Angriffspunkt der Kraft $A_{vorh.,k} = 0{,}5 \cdot F_{Stoß,k} \cdot f$. Hierdurch wird gewährleistet, dass ein Schiff beim Anlegen an den Dalben keinen Schaden nimmt. Für diesen Nachweis ist ggf. das p-y-curve-Verfahren nach [5] zu bevorzugen.

8.4.2.2 Bettung von Pfählen in Häfen und Wasserstraßen

Neben der zuvor beschriebenen Bestimmung der äußeren Tragfähigkeit eines Pfahls ist auch der Nachweis der inneren Tragfähigkeit und ggf. eine Verformungsprognose zu erbringen. Die Ermittlung der Bemessungsbiegemomente und -querkräfte sowie der Verformung kann dazu mithilfe des Bettungsmodulverfahrens erfolgen [54]. Schwierig ist dabei jedoch die Festlegung des Bettungsmoduls k. Dieser sollte aus horizontalen Probebelastungen ermittelt werden. Zur Schnittgrößenermittlung darf der Ansatz $k = E_s/D_0$ mit dem ödometrischen Steifemodul E_S und $D_0 = D < 1$ m verwendet werden. Eine weitere Möglichkeit zur realitätsnahen Abschätzung von k bietet der Horizontale Dynamische Pfahltest (H-DPT) [86], [125]. Hierbei wird der Pfahl dynamisch durch einen Impuls angeregt und die Eigenfrequenz der Schwingungsreaktion gemessen. Hieraus kann invers der Bettungsmodul abgeleitet werden.

Mit bekanntem k können Schnittgrößen und Verformungen des Pfahls anhand analytischer Formeln [109], numerischer Verfahren oder Bemessungsdiagrammen [166] (s. Bild 24) ermittelt werden.

Das Verformungsverhalten von horizontal belasteten Pfählen kann durch eine Aufweitung des Schafts am Pfahlkopf verbessert werden. Auch für diese sogenannten Flügelpfähle existieren Bemessungsansätze und -diagramme auf Basis des Bettungsmodulverfahrens. Sie sind in *Dührkop* [67] dargestellt.

8.4.2.3 Offshore-Pfähle

Für Offshore-Pfähle werden international auch bei horizontaler Belastung erweiterte Ansätze verfolgt. Diese basieren ebenfalls auf der Analyse eines elastisch gebetteten Balkens, allerdings werden dabei nichtlineare Widerstands-Verschiebungslinien, sogenannte p-y-Kurven, verwendet. Der Bettungsmodul ist somit verschiebungsabhängig.

In bindigen Böden ist der maximale Widerstand P_u tiefenabhängig nach Gl. (22) anzusetzen.

$$P_u = \min \begin{cases} 3 \cdot c_u \cdot D + p_0' \cdot D + J \cdot c_u \cdot z \\ 9 \cdot c_u \cdot D \end{cases} \quad (22)$$

mit

J   empirischer Faktor, $J = 0{,}25 - 0{,}5$

z   Tiefenordinate

Die p-y-Kurven für eine statische Belastung können anhand von Tabellen in DIN ES ISO 19902 [52] oder mithilfe von Gl. (23) berechnet werden. Eingangsparameter ist neben P_u die charakteristische Verschiebung y_c. Diese ermittelt sich unter Verwendung der Dehnung ε_{50} bei 50 % der maximalen Deviatorspannung im undränierten Druckversuch:
$y_c = 2{,}5 \cdot \varepsilon_{50} \cdot D$.

$$P = \begin{cases} \dfrac{P_u}{2} \cdot \left(\dfrac{y}{y_c}\right)^{1/3} & \text{für } y \leq 8 \cdot y_c \\ P_u & \text{für } y > 8 \cdot y_c \end{cases} \quad (23)$$

Bei zyklischer Belastung ist die Definition der p-y-Kurven tiefenabhängig unterschiedlich. Maßgebend hierbei ist die Grenztiefe
$z_R = 6 \cdot c_u \cdot D/(\gamma' \cdot D + J \cdot c_u)$:

Für $z > z_R$:

$$P = \begin{cases} \dfrac{P_u}{2} \cdot \left(\dfrac{y}{y_c}\right)^{1/3} & \text{für } y \leq 3 \cdot y_c \\ 0{,}72 \cdot P_u & \text{für } y > 3 \cdot y_c \end{cases} \quad (24)$$

Für $z \leq z_R$:

$$P = \begin{cases} \dfrac{P_u}{2} \cdot \left(\dfrac{y}{y_c}\right)^{\frac{1}{3}} & \text{für } y < 3 \cdot y_c \\ 0{,}72 \cdot P_u \cdot \left(1 - \left(1 - \dfrac{z}{z_R}\right)\dfrac{y - 3 \cdot y_c}{12 \cdot y_c}\right) & \text{für } 3 \cdot y_c < y \leq 15 \cdot y_c \\ 0{,}72 \cdot P_u & \text{für } y > 15 \cdot y_c \end{cases} \quad (25)$$

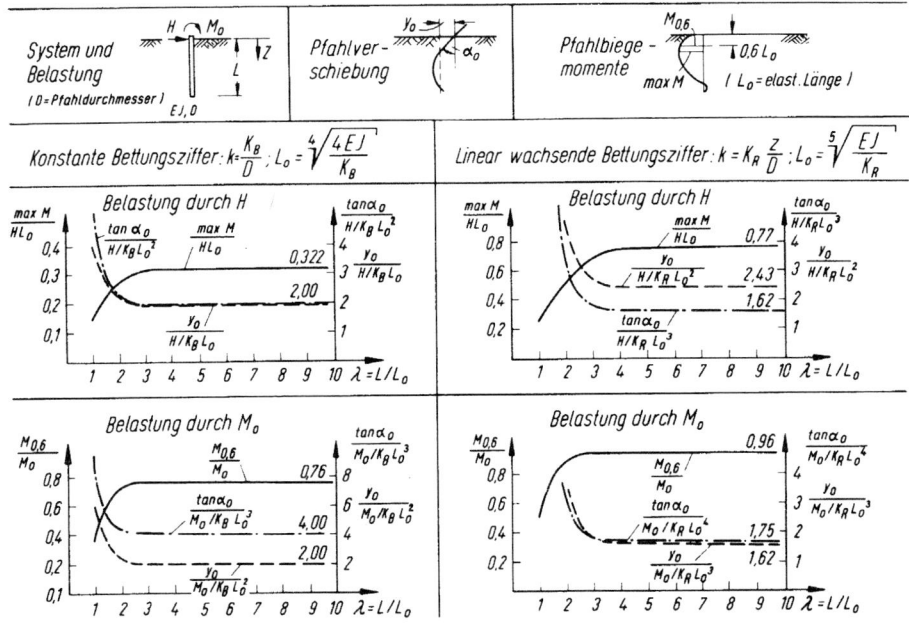

Bild 24. Bemessungsdiagramme nach *Titze* [166]

Zur Ermittlung des Grenzwiderstands P_u von nichtbindigen Böden existieren ebenfalls viele verschiedene Ansätze. International wird aber in der Regel das Verfahren nach *Reese* et al. [145] angewendet, welches auch in der DIN EN ISO 19902 [52] verankert ist. In diesem Verfahren werden unterschiedliche Bruchmechanismen im oberflächennahen Bereich und in größerer Tiefe angesetzt, welche durch die zwei Funktionen in Gl. (26) ausgedrückt werden. Die dimensionslosen Größen C_1 bis C_3 leiten sich aus dem Bruchmechanismus ab und können in Abhängigkeit des Reibungswinkels φ' aus Bild 25 ausgelesen werden.

$$P_u = \min \begin{cases} (C_1 \cdot z + C_2 \cdot D) \cdot \gamma' \cdot z \\ C_3 \cdot D \cdot \gamma' \cdot z \end{cases} \quad (26)$$

Die p-y-Kurven können tiefenabhängig nach Gl. (27) erstellt werden.

$$P = A_1 \cdot P_u \cdot \tanh\left(\frac{k_i \cdot z}{A_2 \cdot P_u} \cdot y\right) \quad (27)$$

mit

A_1, A_2 empirische Faktoren

$A_1 = A_2 = A_{stat} = (3{,}0 - 0{,}8 \cdot z/D) \geq 0{,}9$
für statische Belastung

$A_1 = A_2 = A_{zyk} = 0{,}9$ für zyklische Belastung

k_i Anfangsbettungsmodul, ansatzweise nach Tabelle 7

Es ist zu beachten, dass es besonders bei Pfählen in Sand zu einer Kolkbildung (s. Abschnitt 8.3.1) kommen kann, welche den oberflächennahen Widerstand beeinträchtigt. Sind keine Kolkschutzmaßnahmen vorgesehen, ist eine Mindestkolktiefe anzusetzen, siehe hierzu z. B. DNV [41], DIN EN ISO 19902 [52], GL [74]. Des Weiteren haben Untersuchungen gezeigt, dass der Ansatz von A_{zyk} vor allem bei vergleichsweise geringer Belastung aber hohen Lastwechselzahlen auf der unsicheren Seite liegt. Von *Dührkop* [67] wird daher ein reduziertes A_{zyk}-Profil im oberflächennahen Bereich vorgeschlagen:

Tabelle 7. Anfangsbettungsmodul nach DIN EN ISO 19902 [52]

φ' [°]	k_i [MN/m^3]
25	5,4
30	11
35	22
40	45

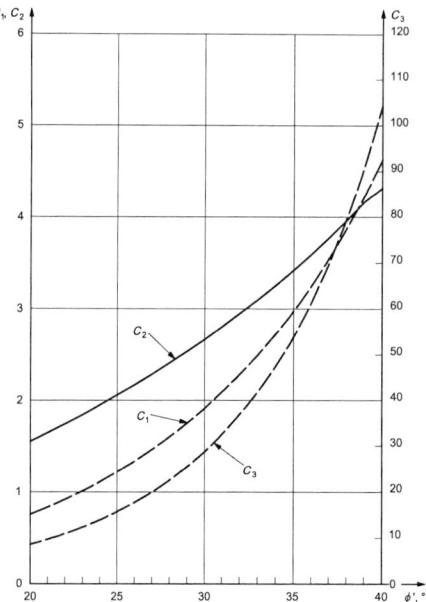

Bild 25. Parameter C_1, C_2 und C_3 in Abhängigkeit von φ' [52]

A_1, A_2 empirische Faktoren in Gl. (27)

$A_1 = 0{,}343 \cdot z/D \leq 0{,}9$

$A_2 = 0{,}9$

8.5 Pfahlprüfung statisch und dynamisch

Zur Überprüfung der statischen, axialen Pfahltragfähigkeit nach der Installation der Pfähle werden durch gängige Richtlinien, z. B. durch den Design-Standard des BSH [29] und durch den Eurocode 7 [53] Pfahltests gefordert. Die gängigsten Methoden für Pfahltests sind statische und dynamische Pfahlprobebelastungen.

Der wesentliche Unterschied zwischen diesen Methoden ist die Lastdauer. Während eine statische Probebelastung mehrere Stunden dauert und von einer Lastaufbringungszeit von etwa 16 Stunden ausgegangen werden kann, ist die Lasteinwirkungsdauer mit ungefähr 7 ms bei dynamischen Probebelastungen sehr kurz [101].

Bei einer statischen Pfahlprobebelastung wird eine kontinuierliche Belastung mit einer statischen Last am Pfahlkopf ermöglicht. Dadurch wird der Pfahl kontinuierlich in den Boden eingedrückt. Nur ein geringes Risiko der Pfahlschädigung existiert hierbei. Während der Belastung werden die aufgebrachte Kraft und die Pfahlverschiebung gemessen. Entsprechend werden die relevanten Größen für die Widerstands-Setzungslinie direkt aufgenommen. Statische Pfahltests können nach demselben Prinzip auch für laterale Belastungen eingesetzt werden. Die notwendigen Lasten und das erforderliche Widerlager führen dazu, dass statische Pfahlprobebelastungen offshore selten realisiert werden können [73].

Dynamische Pfahlprobebelastungen können dagegen effizient eingesetzt werden. Eine dynamische Belastung, beispielsweise durch eine freifallende Masse, wird auf den Pfahlkopf aufgebracht. Die benötigte Masse im dynamischen Test beträgt nur etwa 2 % der Masse aus einem statischen Versuch [101]. Durch den dynamischen Impuls wird eine Wellenausbreitung im Pfahl hervorgerufen. Es wird angenommen, dass durch den Dichteunterschied zwischen Pfahl und Boden die entstehende Welle am Pfahlfuß reflektiert wird [11]. Weitere Wellenreflektionen entstehen durch Widerstände gegen die Pfahlbewegung, wie zum Beispiel Mantelreibung oder Änderungen der Pfahlquerschnittsfläche [140]. Die im Pfahl auf- und ablaufende Welle wird am Pfahlkopf in Form von Beschleunigung und Dehnung über die Zeit gemessen. Da keine direkte Messung der Widerstands-Setzungskurve erfolgt, sind dynamische Pfahlprobebelastungen anhand von statischen Tests zu kalibrieren [11].

Die Pfahlkopfverläufe werden ausgewertet, um die statische Tragfähigkeit zu ermitteln. Zur Auswertung können sogenannte „direkte" und „erweiterte" Verfahren eingesetzt werden. Alle Auswertungsmethoden haben gemeinsam, dass diese auf der eindimensionalen Wellentheorie beruhen und ursprünglich für Vollprofile entwickelt worden sind [158]. Hierfür wird angenommen, dass die entstehende Welle durch die höhere Dichte und Steifigkeit des Pfahls größtenteils im Pfahl verbleibt. Für die gängigen Auswertungsmethoden können Differenzialgleichungen basierend auf der eindimensionalen Wellentheorie formuliert werden.

Diese Differenzialgleichungen, welche für einen im Boden eingebundenen plastischen Pfahl aufgestellt wurden, sind für die „direkten" Methoden in einfache, analytische Formeln überführt worden. Eingangsparameter für diese Formeln sind die Geschwindigkeit (berechnet aus der gemessenen Beschleunigung) und die Kraft (berechnet aus der gemessenen Dehnung) zu dem Zeitpunkt, an dem die erzeugte Welle das erste Mal an den Sensoren durch den Pfahl läuft und zu dem Zeitpunkt, an dem die Welle zum ersten Mal vom Pfahlfuß zurück am Pfahlkopf gemessen wird. Die verfügbaren Methoden unterscheiden sich im Ansatz der Mantelreibung und den verwendeten Dämpfungsfaktoren. Beispiele für diese „direkten" Methoden sind das Verfahren nach *Kolymbas* [109] und die in der EA-Pfähle [11] genannten Verfahren (CASE- und TNO-Methode).

Die „erweiterten" Verfahren, wie beispielsweise in der EA-Pfähle [11], in *Stahlmann* et al. [158] und in *Randolph* [140] beschrieben, beruhen auf einer Systemidentifikation und numerischen Modellierung des Pfahl-Boden-Systems. Das zugrunde liegende eindimensionale Wellengleichungsmodell wurde ursprünglich von *Smith* [154] formuliert und wurde in der Folge modifiziert. Das numerische Modell basiert auf Punktmassen für den Pfahl und Feder-Dämpfer-Systemen für den Boden. Unter Annahme der gemessenen Pfahlkopfverläufe wird durch Vergleich mit der modellierten Pfahlkopfantwort ein sogenanntes „*signal matching*" durchgeführt. Hierbei werden die Parameter des Systems, z. B. die Federsteifigkeiten, die Dämpfungskoeffizienten, die maximale Tragfähigkeit und die Verschiebung am Pfahlfuß, solange variiert, bis die simulierten und gemessenen Pfahlkopfverläufe übereinstimmen. Nachdem das *signal matching* erfolgreich durchgeführt wurde, wird eine Widerstands-Setzungslinie ohne zeitabhängige Anteile ermittelt. Beispiele für diese Methoden sind CAPWAP (entwickelt von GRL, Goble Rausche Likins and Associates, Inc.) und ALLWAVE (entwickelt von Allnamics).

8.6 Anwachsen

Die effektiven Spannungen im Boden und entstehende Porenwasserüberdrücke verändern sich mit der Zeit nach der Pfahlinstallation. Die Zustandsänderung im Boden führt in der Regel zu einer Erhöhung der statischen Pfahltragfähigkeit. Dieser Effekt wird auch als Anwachsen bezeichnet. Der Hauptgrund für diesen zeitabhängigen Tragfähigkeitszuwachs basiert auf einer Erhöhung der Pfahlmantelreibung. In kohäsiven Böden erfolgt das Anwachsen aufgrund von Konsolidation und Spannungsrelaxation. In nicht kohäsiven Böden spielt die Konsolidierung eine untergeordnete Rolle, weshalb für diese Böden der Anwachseffekt über eine Relaxation der tangentialen Spannungen im Boden, die infolge der Pfahleinbringung entstehen, erklärt wird [72, 83]. Weitere Gründe für das Anwachsen von Pfählen ist das Altern des Bodens, wodurch Bodeneigenschaften, z. B. Steifigkeit und Dilatanz, durch Kornumlagerungen und Veränderungen der Verspannungen verändert werden [149]. In Anlehnung an *Bowmann* und *Soga* [20] sind die Partikelform, die Festigkeitseigenschaften der Partikel, die relative Lagerungsdichte des Bodens und die Belastungsgeschwindigkeit die maßgebenden Eigenschaften für das Anwachsen. *Gavin* et al. [72] führen an, dass die Erhöhung der Radialspannungszustands im Boden mit einer vergrößerten Dilatanz und einer Erhöhung der Rauigkeit zwischen Pfahl und Boden einhergeht. Sand, der sich an den Pfahl ansetzt, führt zum Zuwachs der Rauigkeit.

Das Anwachsen von Pfählen ist von Bedeutung für das wirtschaftliche Design von Pfahlgründungen. Die Entwicklung der Tragfähigkeit beginnt mit dem Ende der Pfahlinstallation und schreitet zeitlich fort. Gleichzeitig spielt das Anwachsen auch eine Rolle für bestehende Pfahlgründungen, welche erneut verwendet oder erweitert werden sollen, siehe hierzu auch *König* und *Grabe* [112].

9 Wände

9.1 Art und Zweck

Wände können statisch zum Abtrag von Horizontallasten aus Erd- bzw. Wasserdruck über Biegung sowie zum Abtrag von Vertikallasten über Mantelreibung und Spitzendruck eingesetzt werden. Anwendung finden Wände als marine Gründungsstrukturen in Form von Hochwasserschutzwänden sowie zur Sicherung von Geländesprüngen bei Ufereinfassungen. Die Umfassung von Fangedämmen erfolgt ebenfalls durch Wände. Die konstruktive Wirkung von Wänden besteht in der Verhinderung von Boden- und/oder Wassereinbrüchen. Ein weiterer Einsatzzweck besteht in der Barrierewirkung als Abdichtung, Einkapselung oder in einer Abschirmwirkung gegen Schwingungen im Boden.

Als Baustoff kommt bei marinen Gründungsstrukturen überwiegend Stahl zum Einsatz, Sonderausführungen können aus Stahlbeton, Spannbeton und Holz sowie als Kombinationen der Genannten bestehen. Üblicherweise werden Spundwände eingesetzt. Weitere Wandbauweisen sind Schwergewichtsstrukturen, Caissons, Senkkästen, Trägerbohlwände, Bohrpfahlwände und Schlitzwände. Die Wahl der Wandart und des Baustoffs erfolgt u. a. aufgrund der Baugrundeigenschaften, der Grundwasserverhältnisse, der Herstellbedingungen, der Anforderungen an den Verbau, der Herstellzeit und der Kosten.

9.2 Herstellverfahren

Spundwände als Wellenspundwände oder kombinierte Spundwände, bestehend aus Trägern und Zwischenbohlen, werden überwiegend gerammt oder vibriert. Erforderlichenfalls werden Einbringhilfen in Form von Auflockerungsbohrungen, Spülhilfen, Sprengungen oder Bodenaustausch erforderlich. Zur Erzielung einer ausreichenden Tragsicherheit gegen Versinken werden vibrierte und eingestellte Träger mindestens 2 m nachgerammt. Das Herstellverfahren ist abhängig vom anstehenden Baugrund sowie der gewählten Wandart. Das Einstellen von Wänden ist von der Möglichkeit einer Schlitz- oder Bohrlochherstellung abhängig. Vorgefertigte Wandelemente werden in dafür vorgesehene flüssigkeitsgestützte bzw. ausreichend standsichere Schlitze eingestellt oder direkt in den Baugrund gepresst, gerammt oder vibriert. Wände aus Ortbeton werden i. d. R. in flüssigkeitsgestützten Schlitzen hergestellt, ggf. erforderliche Bewehrung wird vor dem Betonieren in den Schlitz eingestellt.

Zur Erzielung der geforderten Vertikalität der Wand sind entsprechende Führungen während der Herstellung vorzusehen. Die exakte Positionierung der Elemente ist durch entsprechende Vermessung sicherzustellen, ggf. sind konstruktive Maßnahmen zur Qualitätssicherung vorzusehen.

9.3 Bemessung von Wänden

9.3.1 Allgemeines

Für die Bemessung wandartiger Bauwerke existieren unterschiedliche Berechnungsansätze. Es sind Verfahren auf Grundlage der klassischen Erddruck-/Erdwiderstandstheorie, Verfahren der elastischen Idealisierung des Baugrunds gemäß dem Bettungsmodulverfahren sowie Ansätze auf Grundlage des Traglastverfahrens verfügbar.

Das Bemessungskonzept regelt DIN 1054 [54]. In Abschnitt 9.7 „Bemessung im Grenzzustand der Tragfähigkeit" wird das Format der erforderlichen Nachweise bereitgestellt. Die Festlegung von Einwirkungen, Widerständen, Rechenverfahren und Konstruktionen regeln die Fachnormen sowie die Empfehlungen der Hafentechnischen Gesellschaft und der Deutschen Gesellschaft für Geotechnik, insbesondere die EAU 2012 [8].

9.3.2 Sicherheitskonzept, Grenzzustände und Lastfälle

Geotechnische Bauwerke sind gemäß DIN 1054 [54] und ergänzend DIN 4020 [57] hinsichtlich der Anforderungen an Umfang und Qualität geotechnischer Untersuchungen, Berechnung und Überwachung in geotechnische Kategorien einzuteilen. Gemäß EAU 2012 sind Ufereinfassungen grundsätzlich in Kategorie 2, bei schwierigen Baugrundverhältnissen in Kategorie 3 einzuordnen. Ein Fachplaner für Geotechnik ist stets mit einzubeziehen.

Das Versagen eines Bauwerks kann sowohl durch Überschreiten des Grenzzustands der Tragfähigkeit („Ultimate limit state – ULS", Bruch im Boden oder in der Konstruktion, Verlust der Lagesicherheit) als auch des Grenzzustands der Gebrauchstauglichkeit („Serviceability limit state – SLS", zu große Verformungen) eintreten.

DIN EN 1997-1 [53] lässt drei Möglichkeiten zur Führung der Sicherheitsnachweise zu. Diese sind mit dem Begriff, Nachweisverfahren 1 bis 3 bezeichnet. Bei Verfahren 1 werden zwei Gruppen von Beiwerten betrachtet, die auf zwei getrennte Nachweise angewendet werden. Bei den Verfahren 2 und 3 ist ein Nachweis mit einer Gruppe von Beiwerten maßgeblich.

Bei den Verfahren 1 und 2 werden die Beiwerte grundsätzlich entweder auf Einwirkungen oder Beanspruchungen und auf Widerstände angewendet. DIN 1054 [54] legt fest, dass zunächst die charakteristischen bzw. repräsentativen Beanspruchungen $E_{Gk,i}$ bzw. $E_{Qrep,i}$ (z. B. Querkräfte, Auflagerkräfte, Biegemomente, Spannungen in den maßgebenden Schnitten durch das Bauwerk und in Berührungsflächen zwischen Bauwerk und Baugrund) ermittelt werden und darauf die Beiwerte anzuwenden sind. Dieses Verfahren wird auch Verfahren 2* genannt.

Bei Verfahren 3 werden Beiwerte auf nicht baugrundbedingte Einwirkungen oder Beanspruchungen und auf die Bodenkenngrößen angewendet. Durch den Baugrund bedingte Einwirkungen oder Beanspruchungen werden aus den mit Beiwerten beaufschlagten Bodenkenngrößen ermittelt.

Nach DIN 1054 [54] ist für geotechnische Nachweise der Grenzzustände STR und GEO-2 das Nachweisverfahren 2 (2*), für Nachweise des Grenzzustands GEO-3 das Nachweisverfahren 3 maßgeblich.

In DIN 1054 [54] werden vier Bemessungssituationen (BS) definiert:

– Der Bemessungssituation BS-P („persistent") werden die ständigen Situationen zugeordnet, die den üblichen Nutzungsbedingungen des Tragwerks entsprechen.
– Die Bemessungssituation BS-T („transient") umfasst die vorübergehenden Situationen, die sich auf zeitlich begrenzte Zustände beziehen.
– Der Bemessungssituation BS-A („accidental") werden außergewöhnliche Situationen zugeordnet, die sich aus außergewöhnlichen Bedingungen des Tragwerks oder seiner Umgebung beziehen.

Den genannten Bemessungssituationen sind unterschiedlich große Teilsicherheitsbeiwerte und Kombinationsbeiwerte zugeordnet. Die Teilsicherheitsbeiwerte sind in DIN 1054 [54] festgelegt.

Zusätzlich wurde die Bemessungssituation BS-E („earthquake") für Erdbeben eingeführt. In der Bemessungssituation BS-E werden nach DIN EN 1990 keine Teilsicherheitsbeiwerte angesetzt.

Eine Reduktion der Teilsicherheitsbeiwerte für den Wasserdruck sowie des Erdwiderstands bei der Bestimmung des Biegemoments nach EAU ist dann möglich, wenn größere Verformungen von der Uferwand schadlos aufgenommen werden können.

Die anzusetzenden Wasserstände bei Reduktion der Teilsicherheitsbeiwerte für den Wasserdruck sind in ihrer Höhe und zeitlichen Abhängigkeit zu belegen, in ihrer Bandbreite auf der sicheren Seite liegend abzuschätzen sowie durch geometrische Randbedingungen zu begrenzen.

Die Reduktion des Teilsicherheitsbeiwerts für den Erdwiderstand ist zulässig, wenn der im Erdwiderstandsbereich anstehende Boden mindestens mittlere Festigkeit bzw. steife Konsistenz aufweist. Sind diese Voraussetzungen erst ab einer Kote unterhalb der Berechnungssohle erfüllt, ist eine Reduktion nur ab dieser Tiefe zulässig.

9.3.3 Einwirkungen und Widerstände

Wandkonstruktionen sind primär durch Erd- und Wasserdruck belastet. Die Ermittlung dieser Größen ist in den EAU 2012 [8], den EAB [10] sowie der weiterführenden Literatur [178] behandelt. Die normative Richtlinie zur Ermittlung des Erddrucks stellt DIN 4085 [59] dar.

Der Erddruck ist stark vom Verformungsverhalten der Wand abhängig. Die Abhängigkeiten sind in Bild 26 dargestellt. Die Berücksichtigung des Verformungsverhaltens der Wand und die daraus resultierende Umlagerung der Erddrücke findet sich in der EAU 2012, E 77.

Für die Ermittlung des Erdwiderstands finden sich ebenfalls Anhaltswerte in den genannten Quellen. Die Bauteilwiderstände der konstruktiven Wandbauteile sind den jeweiligen Bauartnormen zu entnehmen.

9.3.4 Statische Systeme

Grundlage der statischen Berechnung ist eine Systemidealisierung. Das Verformungsverhalten der Wand ist durch die Belastungssituation, die Lagerungsbedingungen am Wandfuß sowie die Art und Anordnung eventueller Aussteifungen oder Rückverankerungen bestimmt.

Hinsichtlich der Lagerungsbedingungen im theoretischen Wandfußpunkt werden frei aufgelagerte, teilweise eingespannte sowie vollständig eingespannte Wände unterschieden, bezüglich der Stützung können die Wände in ungestützte, einfach oder mehrfach gestützte Wände unterteilt werden. Beispielhafte Systeme sowie deren Lastbilder, Lagerungsbedingungen, Schnittgrößen und Verformungen sind in Bild 27 dargestellt.

Die Lagerungsbedingungen werden über definierte Kraft- bzw. Verformungsrandbedingungen am Wandfuß realisiert. Die freie Auflagerung ist die minimal mögliche Einbindelänge. Bei freier Auflagerung ist eine Aussteifung bzw. Rückverankerung der Wand zwingend erforderlich. Eine volle Einspannung des Wandfußes liegt vor, wenn die Wand eine vertikale Tangente im theoretischen Fußpunkt aufweist. Eine weitere Verlängerung der Wand wird zur Abtragung von Vertikallasten ggf. erforderlich. Eine Rückverankerung oder Aussteifung ist für im Boden freiaufgelagerte Wände aus statischen Gründen und für eingespannte Wände zur Minimierung der Kopfauslenkung im Allgemeinen erforderlich. Wird eine Einbindelänge gewählt, die zwischen der freien Auflagerung und der vollen Einspannung liegt, liegt eine teilweise Einspannung im Boden vor. Für diesen Fall sind sowohl die Fußverdrehung als auch die horizontale Auflagerkraft im Fußauflager von null verschieden. Eine Aussteifung oder Rückverankerung ist aus den vorgenannten Gründen erforderlich.

Nach Festlegung der Lagerungsbedingung am Wandfuß kann die rechnerisch erforderliche Einbindelänge der Wand auf Grundlage des statischen Gleichgewichts bestimmt werden. Für einfache Fälle kann dies mithilfe von Nomogrammen erfolgen, die allerdings heutzutage kaum noch angewendet werden.

Die Spannungsverteilung bei einer Einspannung im Boden wird nach *Blum* [19] angesetzt. Der Bereich unterhalb der Baugrubensohle wird dabei durch eine dreieckförmige Erdwiderstandsfigur und eine im theoretischen Wandfußpunkt angreifende Ersatzkraft C idealisiert (s. Bild 28). Die flächenhafte Verteilung des Erdwiderstands unterhalb des theo-

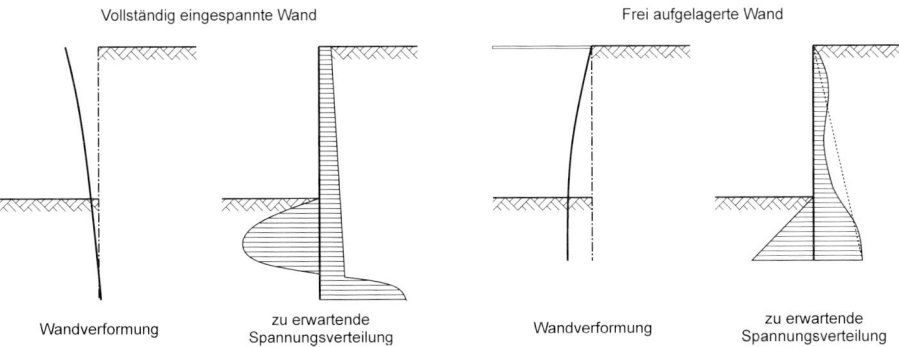

Bild 26. Wandbewegung und Spannungsverteilung im Boden in Abhängigkeit der Lagerung [178]

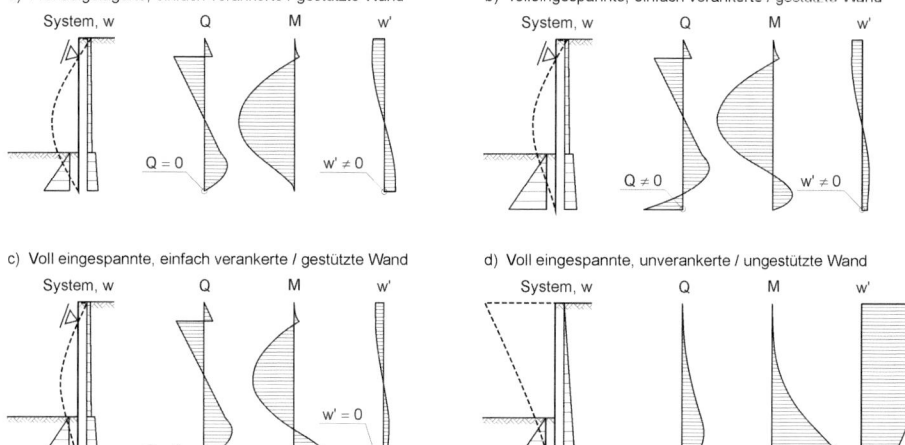

Bild 27. Darstellung verschiedener Wandsysteme sowie deren Lastbilder, Lagerungsbedingungen, Verformungsfiguren, Schnittgrößen und Verdrehungen

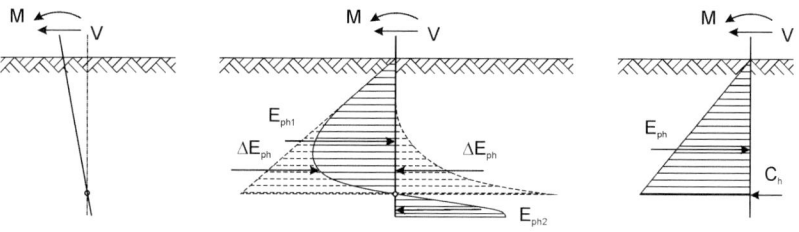

Bild 28. Systemidealisierung nach *Blum* [178]

retischen Wandfußpunkts wird durch einen Zuschlag zur so ermittelten Einbindetiefe berücksichtigt. Dieser ergibt sich gemäß EAU 2012, E 56 bei vollständig eingespannten Wänden vereinfacht gemäß Gl. (28).

$$\Delta t = \frac{t_{1-0}}{5} \quad (28)$$

oder in Weiterentwicklung des Ansatzes nach *Lackner* [117] zu

$$\Delta t \geq \frac{C_{h,d} \cdot \gamma_{EP}}{e_{phC,k}}$$

unter Einhaltung von

$$\Delta t \geq \Delta t_{min} = \frac{\frac{\tau_{1-0}}{100} \cdot t_{1-0}}{10} \quad (29)$$

9.3.5 Erforderliche Nachweise

Für alle Sicherheitsnachweise ist gemäß DIN 1054 die Grenzzustandsgleichung

$$E_d \leq R_d \quad (30)$$

zu erfüllen. Dabei bezeichnet E die aus den auf die Wand einwirkenden Kraft- oder Verformungsgrößen (Einwirkungen) resultierenden Beanspruchungen und R die Schnittgröße bzw. Spannung im oder am Tragwerk oder im Baugrund infolge der Festigkeit bzw. der Steifigkeit der Baustoffe oder des Baugrunds (Widerstände). Der Index d gibt an, dass es sich dabei um die Bemessungswerte handelt.

Im Einzelnen sind folgende Nachweise zu führen:

- Nachweis gegen Versagen des Erdwiderlagers bei gleichzeitiger Einhaltung der Gleichgewichtsbedingung $\sum H = 0$,

- Nachweis gegen Aufbruch des Verankerungsbodens vor Ankerplatten bzw. Ankerwänden,
- Nachweis gegen Versagen der Lastübertragung durch Zugpfähle bzw. Ankerverpresskörper,
- Nachweis gegen Versinken von Bauteilen,
- Nachweis gegen Versagen in der tiefen Gleitfuge,
- Nachweis gegen Versagen des Materials.

Die Gesamtstandsicherheit von Geländesprüngen im Sinne eines Böschungs- oder Geländebruchs ist in DIN 1054 in Kombination mit DIN 4084 [58] geregelt. Der Nachweis ist erfüllt, wenn die Grenzzustandsgleichung (30) für die infrage kommenden Bruchmechanismen und ggf. maßgebenden Bauzustände erfüllt ist.

- Darüber hinaus ist der Nachweis des Grenzzustands der Gebrauchstauglichkeit zu führen. Für Wände kann dies beispielsweise mittels Bettungsmodulverfahren [178] oder Finite-Elemente-Methode [88] erfolgen.

9.4 Hochwasserschutzwände

9.4.1 Allgemeines

Hochwasserschutzwände stellen den Schutz gewässernaher Gebiete vor Überflutung sicher. Der Einsatz von Hochwasserschutzwänden erfolgt vornehmlich in Bereichen, in denen ein Schutz durch Deiche nicht möglich ist. Die Richtlinien zur Festlegung der für die Bemessung maßgeblichen Wasserstände sowie der Ansatz von Wasserüberdrücken und Wichten des Bodens sind in EAU 2012 enthalten.

Die Einbindetiefe von Hochwasserschutzwänden ergibt sich zum einen aus dem Nachweis gegen Versagen des Erdwiderlagers sowie dem Nachweis gegen Geländebruch. Darüber hinaus können auch konstruktive Gesichtspunkte wie die Sicherstellung der Dichtigkeit oder die Herstellung eines ausreichenden Sickerwegs maßgebend werden. Mobile Hochwasserschutzsysteme sind entsprechend ihres statischen Systems nachzuweisen.

9.4.2 Berechnung

Hochwasserschutzwände werden üblicherweise als eingespannte Wand ausgeführt. Für Hochwasserschutzwände großer Höhe besteht die Möglichkeit einer landseitigen Absteifung. Für diesen Fall ist jedoch sicherzustellen, dass die nach oben gerichteten Vertikalkräfte aus der Absteifung aufgenommen werden können.

Hochwasserschutzwände sind im Wesentlichen durch Wasserdruck belastet. Zusätzlich wirken dazu auf der Gewässerseite der Wand der aktive Erddruck und auf der Landseite der Erdwiderstand. Im Hinblick auf den Nachweis der Gleichgewichtsbedingung $V_k \geq B_{v,k}$ ist der zugrunde gelegte negative Neigungswinkel δ_p sowie der Neigungswinkel der Ersatzkraft δ_c ggf. in den zulässigen Grenzen zu erhöhen [87].

Neben den Beanspruchungen aus Erd- und Wasserdruck sowie eventuellen veränderlichen Lasten ist zusätzlich ein Treibgutstoß im Hochwasserfall mit mindestens 30 kN zu berücksichtigen.

9.4.3 Beispiel

Das beispielhaft zu bemessende System sowie die charakteristischen Werte der Einwirkungen sind in Bild 29 dargestellt.

Die Einbindelänge wurde für eine vollständig eingespannte Wand ermittelt.

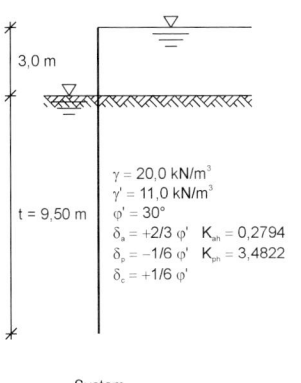
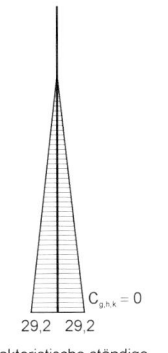
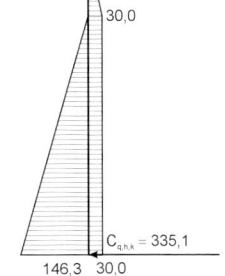

Bild 29. System und Belastung einer beispielhaften Hochwasserschutzwand

Die erforderlichen Nachweise ergeben sich wie folgt:

- Nachweis des Erdwiderlagers:

$$\frac{\frac{1}{2} \cdot 9,50 \cdot (29,2 \cdot 1,35 + 146,3 \cdot 1,5)}{\frac{1}{2} \cdot 11 \cdot 3,4822 \cdot 9,5^2}$$
$$\leq \frac{}{1,4}$$

$$B_{h,d} = 1230 \ \frac{kN}{m} \leq 1230 \ \frac{kN}{m} = E_{ph,d}$$

- Überprüfen des Gleichgewichts in vertikaler Richtung

$$\frac{1}{2} \cdot 29,2 \cdot 9,5 \cdot \tan 20° + \frac{1}{2} \cdot 335,1 \cdot \tan 5°$$

$$\geq \left[\frac{1}{2} \cdot (29,2 + 146,3) \cdot 9,5 - \frac{1}{2} \cdot 335,1\right] \cdot \tan 5°$$

$$V_k = 65,1 \ \frac{kN}{m} \geq 58,3 \ \frac{kN}{m} = B^*_{v,k}$$

Darüber hinaus sind die Nachweise gegen Versinken von Bauteilen sowie der Nachweis der Gesamtstandsicherheit zu führen.

9.4.4 Bauliche Maßnahmen

Konstruktive Maßnahmen, die im Umfeld einer Hochwasserschutzwand vorzusehen sind, sind u. a. die Kolksicherung gegen überschlagendes Wasser auf der Landseite, die Anordnung einer Verteidigungsstraße, der Einbau eines Entspannungsfilters und die konstruktive Sicherstellung der Dichtigkeit beispielsweise durch entsprechende Schlossdichtungen.

9.5 Spundwände

9.5.1 Allgemeines

Spundwandbauwerke bestehen aus einzelnen Elementen, die ins Erdreich eingebracht und durch Schlösser miteinander verbunden sind. Wellenförmige Stahlspundwände werden aus U- oder Z-förmigen Einzelbohlen gebildet, die in der Regel aus statischen und rammtechnischen Gründen zu Doppel- oder Dreifachbohlen zusammengezogen und gemeinsam eingebracht werden. Die bei U-Bohlen in der Wandachse liegenden Schlösser müssen zum Erreichen der Verbundwirkung innerhalb der Einbringeinheit durch Verpressen oder Verschweißen kraftschlüssig miteinander verbunden werden. Bei Z-Bohlen ist das nicht erforderlich, weil die in der Randfaser der Wand liegenden Schlösser bei einachsiger Biegung keine Schubkräfte übertragen müssen.

9.5.2 Berechnung

Neben den wellenförmigen Spundwänden aus U- und Z-Bohlen kommen insbesondere bei den hohen Kaimauern in Seehäfen, aber auch bei tiefen Baugruben, die sogenannten kombinierten Wände (Kombiwände) zum Einsatz. Diese Wände werden aus schweren und langen Tragbohlen und dazwischen liegenden leichten und meist kürzeren Zwischenbohlen gebildet. Sie haben wegen der schweren Tragbohlen eine ausreichende Steifigkeit und Tragfähigkeit, sodass auch große Geländesprünge dauerhaft gesichert werden können.

Bei der Festlegung der Spundwandeinbindetiefe sind gemäß EAU 2012 (E 55) außer den Anforderungen aus den Tragfähigkeitsnachweisen auch konstruktive, ausführungstechnische, betriebliche und wirtschaftliche Belange zu berücksichtigen. Im Hinblick auf die in Abschnitt 9.3 aufgeführten Nachweisen gemäß DIN 1054 und EAU 2012 sind vorhersehbare spätere Vertiefungen der Hafensohle und eine evtuelle Gefahr durch Kolkbildung unterhalb der Berechnungssohle zu berücksichtigen. Gleiches gilt für die Sicherheit gegen Geländebruch, Grundbruch, hydraulischen Grundbruch und Erosionsgrundbruch. Die letztgenannten Anforderungen führen im Allgemeinen zu vergrößerten Einbindetiefen der Spundwand.

9.6 Verankerungen

9.6.1 Allgemeines

Zur Aufnahme der Horizontalkräfte aus Erd- und Wasserdruck sowie den Kräften aus Überbau, Pollerzug und Schiffsstoß müssen Spundwandbauwerke in der Regel verankert werden. Als Rückverankerungen kommen sowohl verlegte Anker wie Rundstahlanker oder Klappanker als auch Ankerpfähle unterschiedlichster Bauart zum Einsatz. Der Lasteintrag aus der Spundwand in die Verankerung erfolgt i. d. R. über eine Gurtung.

9.6.2 Berechnung

Ankerwände und Ankerplatten sind nach EAU 2012 gegen Herausziehen, den Aufbruch des Verankerungsbodens, Geländebruch und Versagen in der tiefen Gleitfuge nachzuweisen. Gleichfalls ist die innere Tragfähigkeit aller Komponenten sicherzustellen. Beispiele von Anschlüssen sind im Grundbau-Taschenbuch [180] dargestellt.

9.7 Fangedämme

9.7.1 Allgemeines

Fangedämme stellen mittels Wänden umfangene Schwergewichtskonstruktionen dar, die im marinen Bereich als Uferbauwerke, Wellenbrecher oder Molen eingesetzt werden. Fangedämme lassen sich hinsichtlich ihrer Tragwirkung in Zellenfangedämme

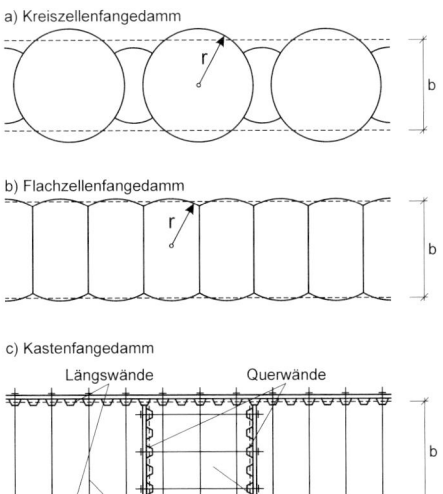

Bild 30. Schematische Grundrisse von Fangedämmen

und Kastenfangedämme unterteilen. Als Zellenkonstruktionen kommen Kreiszellen, Flachzellen, spezielle Festpunktzellen sowie Monozellen zur Anwendung. Mögliche Grundrisse unterschiedlicher Fangedammkonstruktionen sind in Bild 30 dargestellt.

Bei Fangedämmen als Ufer- oder Molenbauwerk ist es vorteilhaft, eine Entwässerung des Fangedamms sowie der Bauwerkshinterfüllung zu ermöglichen. Um größere Havarieschäden zu vermeiden, sind konstruktive Elemente robust zu entwerfen sowie lastverteilende Bauteile und ggf. Fender mit großem Arbeitsvermögen vorzusehen.

9.7.1.1 Zellenfangedämme

Zellenfangedämme sind allein durch eine geeignete Füllung standsicher, eine Einbindung in den Boden sowie eine eventuelle Gurtung bzw. Verankerung ist nicht erforderlich. Sie erfordern daher eine hohe Ringzugfestigkeit der Konstruktionselemente. Bei Stahlprofilen ist insbesondere die Schlosszugfestigkeit entscheidend. Bei Kreiszellenfangedämmen kann jede Zelle einzeln gestellt und verfüllt werden. Flachzellen kommen zum Einsatz, wenn die Ringzugkräfte bei Kreiszellen zu groß werden. Diese sind stufenweise zu verfüllen. Zudem sind die Endpunkte eines Flachzellenfangedamms standsicher auszubilden, bei langen Bauwerken empfehlen sich zudem standfeste Zwischenzellen. Hinweise zur Berechnung finden sich in [35, 106].

Als besondere Anwendung bei Molenköpfen oder Gründungen im Wasser werden Monozellen eingesetzt.

9.7.1.2 Kastenfangedämme

Kastenfangedämme bestehen aus zwei parallel angeordneten, gegeneinander verankerten, bei schmalen Trennmolen auch gegeneinander ausgesteiften Wänden. Bei Kastenfangedämmen ist mindestens eine Ankerlage bei Einbindung in den tragfähigen Baugrund und zwei Ankerlagen bei Gründungen auf Fels erforderlich. Für die Bauausführung und die Begrenzung von Havarieschäden ist die Anordnung von Querwänden bzw. Festpunktblöcken sinnvoll. Kastenfangedämme sind analog zu Flachzellenfangedämmen stufenweise zu verfüllen.

9.7.2 Berechnung

Die Berechnung von Fangedämmen ist in EAU 2012 in E100 für Zellenfangedämme und in E101 für Kastenfangedämme geregelt.

9.7.2.1 Berechnung von Zellenfangedämmen

Der Nachweis gegen Versagen von Zellenfangedämmen erfolgt wie in Bild 31 dargestellt durch den Nachweis der Gleitsicherheit gemäß DIN 1054 auf einer Gleitfuge durch den Fangedamm oder den darunter liegenden Boden. Aufgrund der geringen Formänderungen von Zellenfangedämmen ist der Erdwiderstand nur in abgeminderter Größe anzusetzen, in der Regel mit $K_p = 1{,}0$, bei tiefer Einbindung in das Lockergestein mit K_p für δ_p.

Der Nachweis gegen Versagen des Fangedamms ist erfüllt, wenn der um den Pol der ungünstigsten Gleitlinie drehende Bemessungswert der Momentenbeanspruchung infolge der Einwirkungen kleiner

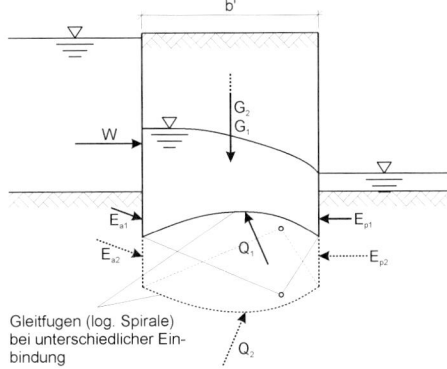

Bild 31. Einwirkungen und mögliche Gleitfugen für den Nachweis der Gleitsicherheit eines Fangedamms

ist als das Bemessungsmoment des Widerstands um den gleichen Pol, siehe Gl. (31).

$$M_{Ed} = M_{kG} \cdot \gamma_G + M_{wü} \cdot \gamma_G + M_{kQ} \cdot \gamma_Q$$
$$\leq \frac{M_{kG}^R}{\gamma_{Gl}} \qquad (31)$$

Die ungünstigste Gleitlinie ist diejenige logarithmische Spirale, die durch die Fußpunkte bzw. Querkraftnullpunkte der Wände geht und den kleinsten Bemessungswert des Widerstands ergibt. Die Krümmung der Gleitlinie kann dabei wie in Bild 31 angedeutet nach unten oder nach oben verlaufen. Die rechnerische Breite b' ergibt sich durch Umrechnung der tatsächlichen Grundrissfläche auf ein flächengleiches Rechteck.

Der erforderliche Widerstand gegen das Versagen durch Gleiten kann erhöht werden durch Verbreitern des Fangedamms, Wahl eines Verfüllmaterials mit größerer Wichte γ und größerem Reibungswinkel φ, eine Zellentwässerung oder die Erhöhung der Einbindetiefe des Fangedamms. Für Fangedämme, die nicht auf Fels stehen, ist zusätzlich der Nachweis gegen Versagen des Fangedamms infolge Grundbruch gemäß DIN 4017 [56] auf Grundlage der DIN 1054 sowie infolge Geländebruch gemäß DIN 4084 zu führen. Bei Auftreten einer Wasserströmung ist der Strömungsdruck bei den genannten Nachweisen zu berücksichtigen. Zusätzlich ist der Nachweis gegen Versagen infolge eines hydraulischen Grundbruchs sowie infolge eines Erosionsgrundbruchs zu führen. Gegebenenfalls sind Abdichtungen vorzusehen, um diese Mechanismen zu unterbinden.

Der Nachweis der inneren Tragfähigkeit bei Zellenfangedämmen erfolgt über den Nachweis gegen Versagen des Profils infolge der Ringzugkraft in der Hauptzellenwand, der Zwickelwand sowie der gemeinsamen Wand.

9.7.2.2 Kastenfangedämme

Der Nachweis gegen Gleitversagen von Kastenfangedämmen erfolgt prinzipiell analog zu Zellenfangedämmen. Als rechnerische Breite b' des Fangedamms wird der Achsabstand der beiden Spundwandachsen angesetzt. Der Erdwiderstand E_p vor der luftseitigen Spundwand darf wegen der erhöhten Verformbarkeit der Konstruktion unter einem Neigungswinkel δ_p angesetzt werden. Die maßgebenden Gleitlinien verlaufen bei der luftseitigen Wand bei freier Auflagerung durch den Fußpunkt und bei einer Einspannung der Wand im Boden durch den Querkraftnullpunkt. Bei der lastseitigen Wand verlaufen die Gleitlinien auf der gleichen Höhe oder bei geringerer Einbindung durch den Fußpunkt der Wand.

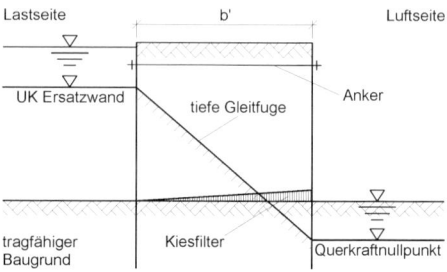

Bild 32. Nachweis der Standsicherheit der Verankerung in der tiefen Gleitfuge gemäß EAU 2012, E 10

Zusätzlich zu den möglichen Maßnahmen bei Zellenfangedämmen sind bei Kastenfangedämmen eine Erhöhung der Standsicherheit durch eine Verdichtung des Füllmaterials, eine Erhöhung der Einbindelänge sowie der Einbau zusätzlicher Ankerlagen möglich.

Die Berechnung der Wände erfolgt analog zu Ufereinfassungen. Für den Fall einer einseitigen Belastung des Fangedamms trägt dieser die Momentenbeanspruchung als monolithischer Bodenblock in den tragfähigen Baugrund ab. Dadurch sind die vertikalen Spannungen über die Breite des Fangedamms veränderlich und weisen an der lastabgewandten Wand ihren Höchstwert auf. Dies kann gemäß EAU 2012 durch eine Erhöhung des mit $\delta_a = 2/3\varphi_k'$ berechneten aktiven Erddrucks um 25 % ausreichend genau berücksichtigt werden. Für die statische Berechnung sind auch eventuelle Bauzustände zu betrachten.

Zusätzlich sind nach EAU 2012 die Sicherheit gegen Versagen des Kastenfangedamms auf der tiefen Gleitfuge gemäß Bild 32 sowie die in Abschnitt 9.7.2.1 genannten Nachweise zu führen.

Einen alternativen Ansatz zur Berechnung der inneren Standsicherheit von Fangedämmen liefert *Walz* [94].

9.7.3 Bauliche Maßnahmen

Fangedämme dürfen nur auf tragfähigem Baugrund errichtet werden. Die Ausbildung von Zwangsgleitflächen, verursacht durch weiche Bodenschichten im Sohlbereich, ist zu vermeiden. Als Füllmaterial ist ein Boden mit großer Wichte und großem Winkel der inneren Reibung zu verwenden. Der Einbau feinkörniger Böden nach DIN 18196 [55] ist untersagt. Die Durchlässigkeit des Materials sowie der Entwässerungsöffnungen in der luftseitigen Wand ist sicherzustellen.

Die Wandungen, eventuelle Ankeranschlüsse und Überbauten sind so auszuführen, dass die Gefahr lokaler Beschädigungen durch lastverteilende Bauteile reduziert und die globale Standsicherheit der Fangedammkonstruktion sichergestellt wird.

Bei Kastenfangedämmen ist insbesondere die untere Verankerung sorgfältig zu entwerfen, die Anschlüsse sind möglichst einfach, aber wirksam auszuführen. Die Sohlfläche ist ggf. vor dem Verfüllen zu reinigen, um Zwangsgleitfugen und erhöhte Beanspruchungen der unteren Ankerlage zu vermeiden.

10 Kajen

10.1 Einleitung

Die Abmessungen der Seeschiffe, insbesondere die der Containerschiffe, wachsen kontinuierlich (s. Bild 33). Die Schiffsgrößen führen zu entsprechend großen Kajenabmessungen und damit einhergehenden erhöhten Beanspruchungen aus Kran-, An- und Ablegelasten sowie Strömungskräfte aus den Schiffsantrieben.

Der zu sichernde Geländesprung reicht beispielsweise im Hamburger Hafen mittlerweile von der Geländeoberkante bei ca. 8 mNN bis zur rechnerischen Hafensohle von −19 mNN. Somit ist eine Höhe der Ufereinfassung von fast 30 m gegen Erd- und Wasserdruck zu sichern.

10.2 Typische Querschnitte

Für die Ausbildung der Ufereinfassungen von Seehäfen sind verschiedene Konstruktionen entwickelt worden. Bild 34 zeigt einige der typischen Querschnitte. Eine Winkelstützmauer, wie sie beispielsweise im Hafen von Antwerpen realisiert wurde, eine Senkkastenkonstruktion im Hafen von Damman, Saudi-Arabien, eine Pfahlrostkonstruktion wie sie z. B. beim Predöhlkai und dem CT Altenwerder im Hamburger Hafen sowie am CT4 in Bremerhaven realisiert wurde und eine überbaute Böschung wie im Hafen von Mombasa, Kenia.

Die Wahl der Konstruktion wird wesentlich durch die örtlichen Rahmenbedingungen bestimmt. Hierbei ist vor allem maßgebend, ob die Kaje als Landbaustelle mit anschließendem wasserseitigen Bodenaushub oder als Wasserbaustelle mit anschließender landseitiger Hinterfüllung hergestellt werden kann. Bei ausreichendem Platz werden international oft überbaute Böschungen realisiert (s. Bild 34 E). Diese Variante hat den Vorteil, dass keine Erd- und Wasserdrücke aufzunehmen sind.

Des Weiteren ist bei der Konstruktionswahl der Baugrundaufbau wesentlich. Bei anstehenden Weichschichten, wie beispielsweise Klei, Torf, Mudde und Geschiebeböden, werden häufig Pfahlrostkonstruktionen verwendet, siehe CT Altenwerder.

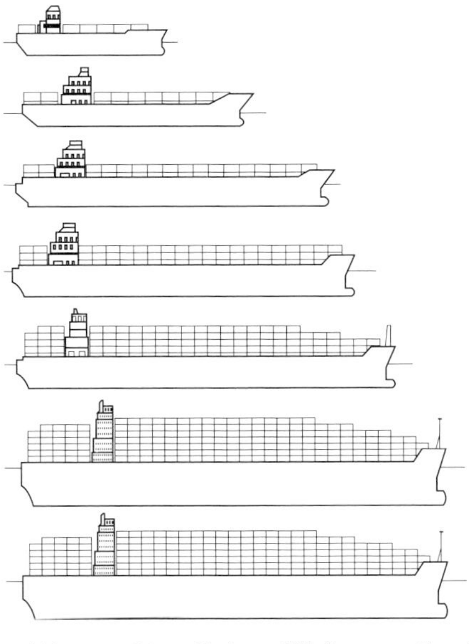

Generation (Jahr)	TEU	Länge [m]	Breite [m]	Tiefgang [m]
1. (1972)	bis 1.500	225	24,5	9,00
2. (1980)	bis 3.000	275	27,5	10,00
3. (1987)	bis 4.500	300	32,2	11,50
4. (1997)	bis 6.600	320	40,0	14,30
5. (1999)	ca. 8.300	347	42,6	14,50
6. (2007)	ca. 12.500	398	56,4	16,00
7. (2017)	ca. 22.000	400	59,0	15,00

Bild 33. Entwicklung von Länge, Breite und Tiefgang von Containerschiffen

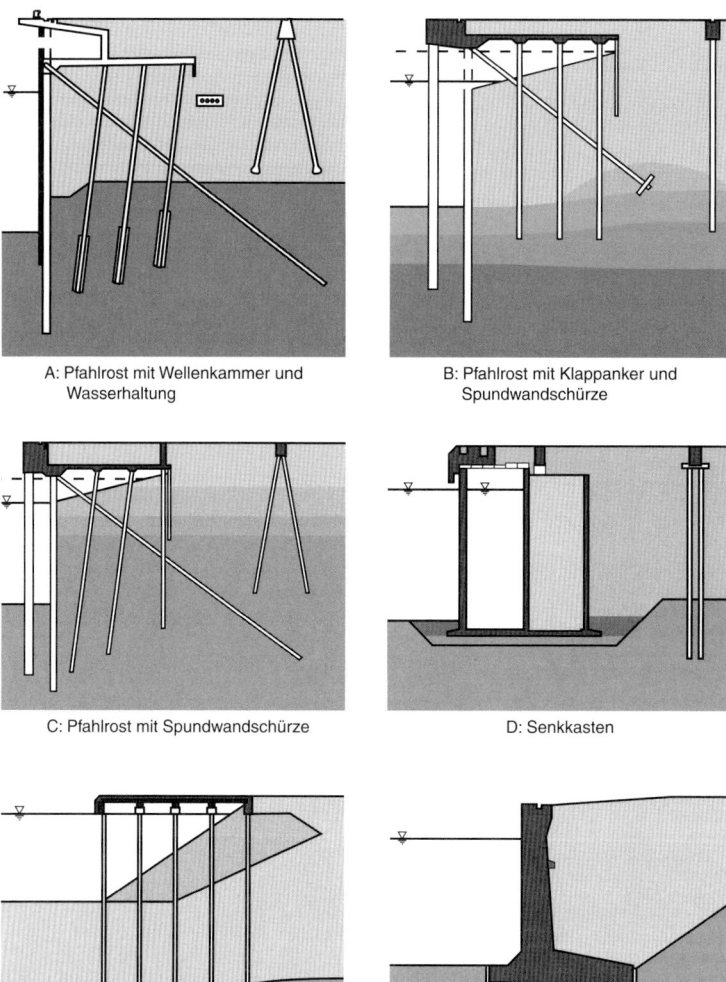

Bild 34. Systemskizzen verschiedener Kaikonstruktionen

Eine weitere Herausforderung liegt darin, dass die Wasserstände vor und hinter der Wand bei Seehäfen tideabhängig sind. Die von den Zwischenbohlen ohne Nachweis im Einzelfall aufnehmbare Wasserdruckdifferenz beträgt gemäß EAU 2012 [8], Empfehlung E 7, lediglich 40 kN/m². Der aufnehmbare Wasserüberdruck kann durch Lageabweichungen der Spundwand z. B. infolge des Einbringprozesses herabgesetzt werden [133]. Es gibt verschiedene Konzepte den landseitigen Wasserstand, zum Beispiel durch Öffnungen in der Spundwand wie beim CT Altenwerder oder mithilfe eines Dränagesystems wie beim CT4 Bremerhaven, zu regulieren. Die im Bild 34 F gezeigte Winkelstützmauer ist eher als Ausnahme anzusehen, da hierfür ein geeigneter Baugrund sowie eine großflächige Grundwasserabsenkung erforderlich sind.

10.3 Land- und Wasserbaustelle

Der Unterschied zwischen einer Landbaustelle und einer Wasserbaustelle wird an den Bauvorhaben CT Altenwerder (Landbaustelle) und CT4 Bremerhaven (Wasserbaustelle) beispielhaft erläutert:

Bei der Landbaustelle CT Altenwerder wird zunächst eine kombinierte Spundwand, bestehend aus Doppeltragbohlen vom Typ HZ975A-24, S 390GP und den Zwischenbohlen vom Typ AZ 18-10, S 240GP, in einen zuvor hergestellten Schlitz eingestellt. Die Tragbohlen werden einige Meter tiefer gerammt, damit die Vertikalkräfte u. a. aus den Kranlasten in den Untergrund abgeleitet werden können. Ziel der Schlitzherstellung ist es, Geröllagen und Findlinge aus der Rammtrasse zu räumen. Anschließend werden die Schrägpfähle des Typs HTM600/136, S 355GP mit der Länge von 46 m unter einer Neigung von 1:1,3 in einem Achsabstand von im Mittel 2,27 m in den Boden gerammt und an die kombinierte Spundwand angeschlossen. Wasserseitig werden vor der Spundwand mit einem Achsabstand von 3,59 m Reiberohre mit den Abmessungen 1219,2 mm × 16 mm aus S355GP gerammt. Sie dienen zum Abtrag der Vertikallasten und zur Reduktion der Strömungsgeschwindigkeiten vor der kombinierten Spundwand, um tiefreichende Kolke zu vermeiden. Anschließend folgt das Einbringen der Kaiplattenpfähle als Simplexpfahl sowie der hinteren Spundwandschürze vom Typ PU 12 S355GP. Danach wird die Pfahlrostplatte betoniert, die zur Abschirmung des auf die Spundwand wirkenden Erddrucks dient. Die Zwischenbohlen werden in den oberen 1,5 m herausgebrannt, damit sich unterhalb der Pfahlrostplatte eine Böschung einstellen kann. Dadurch wird eine weitere Reduktion der auf die Spundwand wirkenden Erd- und Wasserdrücke erzielt. Vor der Spundwand wird schließlich der Boden abgetragen sowie das Hinterland aufgehöht. Es folgt die technische Ausrüstung der kombinierten Spundwand mit Fendern, Leitern und Pollern. Die Herstellung der Suprastruktur mit der Befestigung der landseitigen hochbelasteten Logistikflächen, der Aufstellung der Containerkrane sowie der Infrastruktur bildet den Abschluss.

Bei der Wasserbaustelle CT4 Bremerhaven wird stattdessen bereichsweise zunächst ein Bodenaustausch im Nassbaggerbetrieb vorgenommen. Von einer Hubplattform aus werden Doppeltragbohlen PSp 1000-22 mit einer Gesamtlänge von 39 m und mit einem Achsabstand von 2,31 m gerammt. Zur Lagesicherung wird dabei ein Führungsrahmen eingesetzt, der an der bereits eingebrachten Tragbohle bis zur Gewässersohle nach unten gleitet. Dadurch gelingt es, die Rammbohle am Ponton und an der Sohle zu führen. Parallel zum Einvibrieren der Zwischenbohlen PZa 675-12/23 mit einer Länge von 30,50 m werden die 47 m langen Schrägpfähle PSt 600/159 unter einer Neigung von 1:1,3 gerammt.

Danach wird die Spundwand mit Sand aus der Fahrrinne im Spülbetrieb mittels Hopperbaggern hinterfüllt und das Dränagesystem zur aktiven Regulierung des Grundwasserstands eingebaut. Sobald die Auffüllung oberhalb des tidebeeinflussten Wasserstands hinter der Wand fertiggestellt ist, wird auf Trockeneinbau umgestellt. Nach Erreichen dieser Ebene werden die unter 8:1 geneigten ca. 30 m langen Kaiplattenpfähle PSt 500/158 einvibriert und auf den letzten Metern nachgerammt. Das Rammen erfolgt auch hier, um eine ausreichende vertikale Tragfähigkeit zu erreichen. Anschließend folgt der Bau der fugenlos hergestellten Wellenkammer. Zur Vermeidung von Schwindrissen insbesondere in den Endabschnitten wird zusätzliche Bewehrung eingelegt. Die Auffüllung des Geländes bis zur Sollhöhe, die technische Ausrüstung der Kaje sowie die Herstellung der Suprastruktur bilden wiederum den Abschluss.

10.4 Tragverhalten

Ziel von bau- und betriebsbegleitenden Messkampagnen an Kajen ist es, das Tragverhalten der Kaikonstruktion besser zu verstehen und daraus Schlüsse für eine wirtschaftlichere Dimensionierung der Kajen zu gewinnen.

An der Landbaustelle CT Altenwerder wurde das Tragverhalten der Kaje von der TU Braunschweig messtechnisch und von *Mardfeldt* [127] mittels räumlicher Finite-Elemente-Analysen untersucht (s. Bild 35).

Es zeigt sich, dass es nur bedingt gelingt, das Tragverhalten der komplexen, herstellungs- und belastungsabhängigen Boden-Struktur-Interaktion mit klassischen, zumeist auf Grenzzuständen beruhenden, Ansätzen zu beschreiben. So zeigt sich in den Messungen und in den als class-A-prediction durchgeführten Finite-Elemente-Berechnungen eine blockartige wasserseitige Translation der gesamten Struktur um ca. 4,5 cm (s. Bild 36).

Die axial bemessenen Kaiplattenpfähle erfahren infolge der Zusammendrückung der Weichschicht durch die Hinterfüllung sowie deren Dübelwirkung im aktiven Erddruckbereich eine Biegebeanspruchung. Die dadurch bedingten horizontalen Auflagerkräfte werden über den Pfahlrost in den Schrägpfahl eingeleitet. Das vorgenannte Schieben des Hinterfüllbodens und die Entlastung unter der Kaiplatte nach dem Ausfließen des Bodens führt zu dem in Bild 37 gezeigten Normalkraftverlauf im Schrägpfahl. *Mardfeldt* zeigt, dass sich der Ankerkraftverlauf sowohl qualitativ als auch quantitativ vom klassischen Ansatz unterscheidet.

Modellversuche und Finite-Elemente-Berechnungen von *Mardfeldt* zeigen darüber hinaus, dass die Kaikonstruktion infolge Wechselbeanspruchungen aus sich mit der Tide zeitlich verändernden Wasserstän-

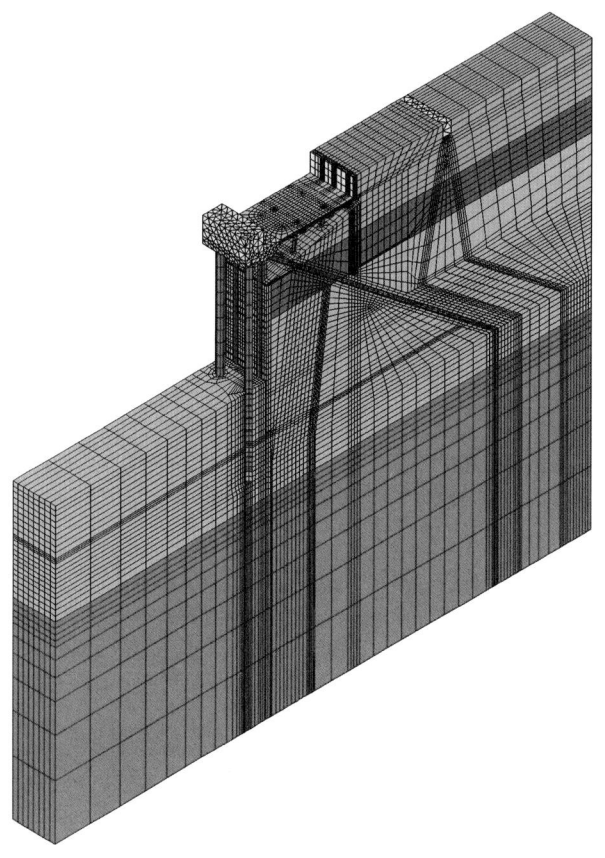

Bild 35. FE-Netz des Gesamtsystems [127]

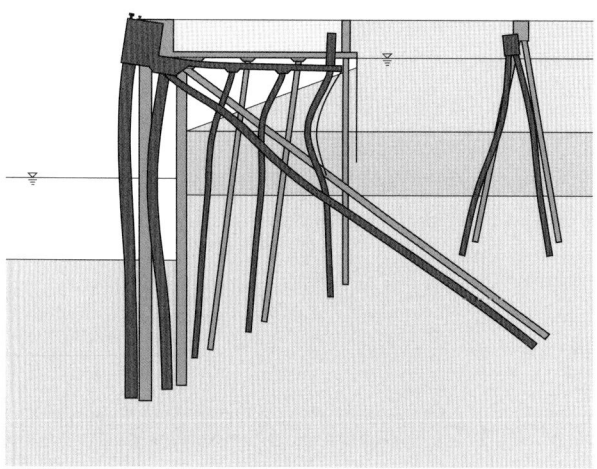

Bild 36. Verformte Kaistruktur, im Gebrauchszustand als Überlagerung mit dem unverformten System (hellgrau), Verformungen 40-fach überhöht [127]

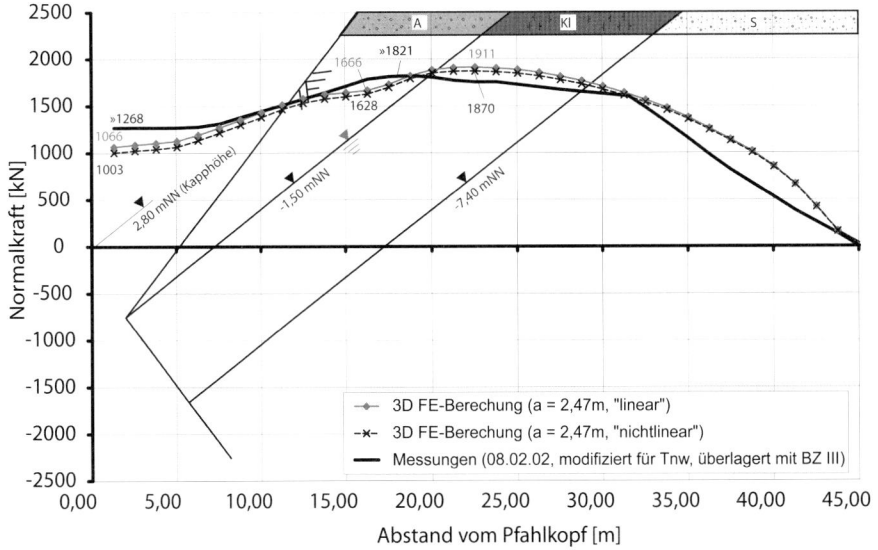

Bild 37. Berechneter und gemessener Normalkraftverlauf eines Schrägpfahls im Gebrauchszustand für gleiche Anfangs- und Randbedingungen [127]

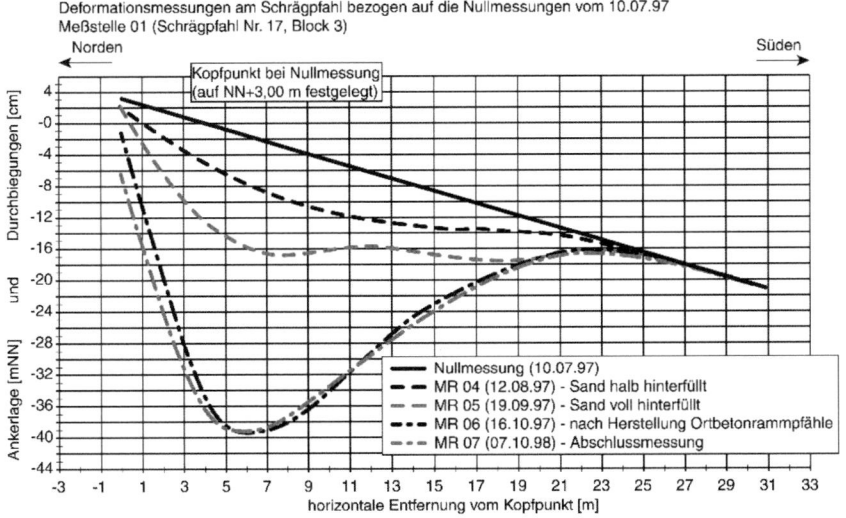

Bild 38. Ergebnisse von Messungen zur Schrägpfahldurchbiegung während der Bauzeit am Europakai [71]

den vor und hinter der Spundwand einen sich ständig anpassenden Lastabtrag erfährt, der sich letztlich einspielt. Der Schrägpfahl zieht mit zunehmender Anzahl der Lastzyklen größere Normalkräfte an und die Verteilung der Schubkräfte ändert sich. Somit wächst der mobilisierte Erdwiderstand und die Wandverformungen in Richtung Wasserseite akkumulieren, bis sich das System beruhigt, siehe [127].

Bei Wasserbaustellen, wie beispielsweise dem Europakai in Hamburg wurde gemessen, dass sich die Schrägpfähle während der Hinterfüllungsarbeiten der Spundwand um bis zu 20 cm durchbiegen. Durch die dynamische Einbringung der Kaiplattenpfähle zwischen den Schrägpfählen wächst die Durchbiegung sogar auf 30 bis 40 cm an (s. Bild 38).

Dies ist besonders für die beim Predöhlkai gewählte Ausführung des Schrägpfahls als Klappanker relevant, da am Anschluss zwischen Schrägpfahl und Klappankertafel die Normalkraft und ein Anschlussmoment angreifen und das System die Lasten nicht umlagern kann. Die Folge ist, dass der Klappanker gegebenenfalls versagt, was bei Schrägankern aufgrund ihrer Duktilität weniger zu befürchten ist.

Henke [95] weist anhand von Messungen am CT4 Bremerhaven und Finite-Elemente-Berechnungen nach, dass eine Beeinflussung des Bodens und angrenzender Strukturen durch die dynamische Einbringung der Kaiplattenpfähle vorliegt.

10.5 Besondere Hinweise für die Bemessung von Kajen

Bei der Bemessung von Kajen ist ein besonderes Augenmerk auf die Interaktion von Schiff, Struktur, Wasser und Boden zu legen.

So sind beispielsweise die bei An- und Ablegemanövern entstehenden Anlegedrücke sowie Strömungswirkungen zu beachten, die zur Entstehung temporärer oder dauerhafter Kolke führen können. Für den Extremfall der Kollision eines Schiffs mit der Kaje sind Schadensrisikobetrachtungen anzustellen.

Immer bedeutender für die Dimensionierung der Kajen werden zudem die Bemessungskranlasten. Die Kranlasten sind bedingt durch die zunehmenden Schiffsbreiten sowie den Wunsch gleichzeitig mehrere Container zu bewegen in den letzten Jahren erheblich gestiegen. Für die Ableitung dieser Vertikalkräfte in den Untergrund ist ein Nachweis gegen Versinken der kombinierten Spundwand zu führen [87]. Die für den Nachweis des Versinkens anzusetzenden Widerstände (Mantelreibung, Spitzenwiderstand) und Flächen von insbesondere offenen Stahlrohrprofilen von Trägern und Spundwänden wird ein für EAU, EAB, EA-Pfähle einheitliches Nachweisformat abgestimmt, für welches Publikationen folgen. Bewährt hat sich die Vorgehensweise, dass die Tragfähigkeit der im Wasser frei stehenden Doppelbohle mittels dynamischer Pfahlprobebelastung bestimmt wird. Für den Nachweis gegen Versinken werden die dynamisch ermittelten Widerstände der Tragbohle im Boden den Einwirkungen oberhalb der Gewässersohle gegenübergestellt.

Die tideabhängigen Wasserstände vor und hinter der Wand sind bei der Planung und Bemessung von Kajen besonders zu beachten. Maßgebend ist meist der zusammen mit dem höchsten Binnenwasserstand auftretende niedrigste Außenwasserstand. Hierzu sind oftmals grundwasserhydraulische Berechnungen notwendig. Des Weiteren ist in manchen Häfen der Lastfall Wellenschlag gemäß EAU 2012 zu untersuchen, siehe Abschnitt 3.3. Dies ist eine Welle, die von unten gegen die Konstruktion schlägt. Die Wucht des Aufpralls kann dabei extrem sein. Die Konstruktion wird gegebenenfalls so ausgelegt, dass einzelne Teile der Kaje nach oben herausgedrückt werden können, ohne dass die gesamte Konstruktion Schaden nimmt.

Der auf die Wand wirkende Erddruck wird durch die davor stehenden Pfahlreihen teilweise abgeschirmt, siehe Abschnitt 8.3.4. Dies kann gemäß *Qiu* [139] abgeschätzt oder mittels Erhöhung des Reibungswinkels berücksichtigt werden. Allerdings sind dann die in den Pfählen wirkenden Querkräfte in die Pfahlrostplatte einzuleiten und deren Lastabtrag zu verfolgen.

Zur Sicherstellung einer ausreichenden Gebrauchstauglichkeit der Kaje sind die Verformungen der Konstruktion infolge Konsolidierung und Kriechvorgängen von gegebenenfalls anstehenden bindigen Böden zu untersuchen. Das Verhalten der Konstruktion unter zyklischen Lasten lässt sich heutzutage noch nicht zuverlässig berechnen [81]. Dies ist besonders bei den derzeit aufgrund der erforderlichen Spurweiten für die Krane oft baulich getrennten Konstruktionen für die vordere und hintere Kranbahnschiene zu beachten. Aufgrund der Komplexität der Konstruktionen bietet sich zur Beurteilung der Gebrauchstauglichkeit die Finite-Elemente-Methode unter Verwendung nichtlinearer Stoffgesetze an. Als hochwertige Stoffgesetze für rollige Böden gelten z. B. das hypoplastische Stoffgesetz nach *von Wolffersdorf* [177] mit der Erweiterung intergranularer Dehnungen nach *Niemunis* und *Herle* [130] oder das "Small Strain Hardening Soil Model" nach *Benz* [16]. Für bindige Böden können das viskohypoplastische Stoffgesetz nach *Niemunis* [129] sowie das fortgeschriebene Cam Clay Modell verwendet werden. Für hochzyklische Beanspruchungen sei auf das HCA-Modell von *Wichtmann* [174] verwiesen.

Die Einwirkungen der Korrosion auf die in den unterschiedlichen Korrosionszonen liegenden Bauteile sind für den Zeitraum der Nutzungsdauer zu ermitteln. Durch Abrostungszuschläge, passiven Korrosionsschutz (Beschichtungen) oder aktiven Korrosionsschutz (Fremdstrom oder galvanische Anoden) oder ggf. durch deren Kombination ist eine entsprechend der Planung ausreichende Dauerhaftigkeit und Gebrauchstauglichkeit sicherzustellen. Bereiche mit zu erwartenden, hohen Korrosionsraten sollten nicht mit denen der höchsten, statischen Auslastung zusammenfallen.

In Gebieten mit erhöhtem Erdbebenrisiko sind zusätzlich Untersuchungen in Hinblick auf einen progressiven Kollaps und die Gefahr einer Bodenverflüssigung zu führen.

11 Seeschleusen

11.1 Einleitung

Seeschleusen unterscheiden sich von Binnenschleusen dadurch, dass sie in der Regel in der Küstenschutzlinie liegen und ein besonders hohes Sicherheitsniveau, Stichwort „doppelte Deichsicherheit", einhalten müssen und für tidebedingt schwankende Wasserstände und Wasserdruckdifferenzen auszulegen sind.

Grundsätzlich werden die Schleusenarten nach *Clasmeier* [36] unterschieden:

– Dockschleusen: die eine Durchfahrt nur bei ausgeglichenen Wasserständen ermöglichen und zumeist mit zwei unabhängigen Stemmtoren ausgestattet sind.

– Kammerschleusen: die mit einem Binnen- und Außenhaupt sowie einer Kammer ausgebildet sind und eine tideabhängige Durchfahrt durch die Deichlinie ermöglichen. Sie haben seitliche Umläufe oder Zuläufe in der Sohle und/oder Durchlässe in den Toren. Die Tore sind zumeist früher als Stemmtore und heute meist bei ausreichend Platz als Schiebetore ausgeführt.

– Dockhäfen mit dem Ziel tideunabhängiger Häfen und der Einsparung tidebeanspruchter Ufereinfassungen aus Wasserstand im Hafen und Grundwasser, allerdings mit einem möglicherweise erhöhten Schlickfall.

11.2 Abmessungen

Die Abmessungen der Seeschleusen richten sich nach der Größe des größten zu erwartenden Seeschiffs ggf. einschließlich vorderen und hinteren Schleppern zuzüglich 10 % der Schiffsbreite auf jeder Seite und mindestens 1 m Under Keel Clearance bezüglich Schiffstiefgang zur Festlegung der Drempelhöhe.

11.3 Konstruktion

Kammerschleusen werden als

– möglichst fugenloses integrales Bauwerk,
– als Stahlbetonrahmen oder
– in aufgelöster Bauweise mit Wand und Sohle

konstruiert.

Die Sohle ist gegen Schraubenstrahl und Strömung insbesondere an den Zuläufen zwingend zu sichern.

Integrale Bauwerke beispielsweise als Stahlbetonrahmen lassen sich günstigerweise in einer durch Grundwasserabsenkung trockengelegten Baugrube oder alternativ in Schwimm- oder Senkkastenbauweise erstellen. Grundwasserabsenkungen sind nach Wasserhaushaltsgesetz genehmigungspflichtig und können zu Setzungen in der Umgebung führen, was oftmals Ausschlusskriterien sind.

Als aufgelöste Bauweisen können die Wände wie Ufereinfassungen nach EAU 2012 [8] ausgewählt und dimensioniert werden. Für die Sohle sind im Falle einer trockengelegten Baugrube verklammerte Schnittsteine und Betonsohlen geeignet. Diese sind gegen Auftrieb mit Ansatz eines niedrigsten Wasserstands in der Kammer und ungünstig hohem Grundwasserstand nachzuweisen und gegebenenfalls rückzuverankern. Zu bedenken ist auch ein zu Wartungs- und Reparaturarbeiten erforderliches vollständiges Lenzen, was bei offenen Sohlsystemen nur im Rahmen einer Grundwasserabsenkung möglich ist. Ohne Grundwasserabsenkung in der Bauzeit lassen sich Sohlen als ggf. rückverankerte Unterwasserbetonsohlen oder als Düsenstrahlsohlen realisieren. Besondere Aufmerksamkeit ist dem Anschluss zwischen Wandkonstruktion und der Sohle sowie den Schlusshäuptern zu widmen.

Die Sohlenhäupter dienen zur Aufnahme der Verschlussorgane und deren Lastabtragung. Gewählt werden für die üblichen Schiebetore zumeist teilgegründete Spundwandkästen und Senkkästen.

Als Verschlussorgane wurden früher zumeist zweiflügelige Stemmtore verwendet. Heutzutage finden Schiebe- und Schwimmtore nach dem Prinzip einer Schubkarre Anwendung.

Die Befüllung und Entleerung der Kammer erfolgt über

– seitliche Umläufe in den Häuptern,
– Durchlassöffnungen in den Toren sowie
– Bodenein- und -ausläufen in der Schleusenkammersohle,

sodass die auf das Schiff wirkenden Strömungskräfte tolerier- und beherrschbar sowie die Befüll- und Entleerzeit minimiert sind.

11.4 Besondere Einwirkungen

Maßgeblich für die Wahl und die Dimensionierung der Binnen- und Außenhäupter ist die Aufnahme der Wasserdruckdifferenz an den Toren infolge Tide, windbedingten Aufstau der Wasserstände und Wellen. Des Weiteren ist der Nachweis des Auftriebs bei gelenzter Kammer zu beachten und der horizontale Lastabtrag am Gesamtsystem in Längsrichtung nachzuweisen.

12 Gründung von Leuchttürmen

12.1 Besonderheiten

Für die Gründung von Leuchttürmen gilt, wie für andere Seebauwerke, dass die horizontalen Kräfte gegenüber den Vertikalkräften im Vergleich zu Konstruktionen an Land wesentlich größer sind. Zudem führen die hochliegenden Angriffspunkte über bzw. in Höhe der Wasseroberfläche, beispielsweise durch Wind und Wellen, zu großen Momentenbeanspruchungen der Gründungsstrukturen. Die vertikalen Lasten sind für Konstruktionen im Wasser infolge des Auftriebs hingegen geringer.

Es sollte untersucht werden, ob die Eigenfrequenz des Turms im Bereich möglicher Anregungsfrequenzen, beispielsweise durch Wind und Wellen, liegt, da dies zu Resonanzeffekten führen kann.

12.2 Beispiele

Leuchttürme werden vornehmlich in Schwimm- und bzw. oder Senkkastenbauweise (siehe Abschnitt 5) bzw. mittels Pfählen (s. Abschnitt 8) gegründet.

Ein Beispiel für die Gründung eines Leuchtturms in Schwimmkastenbauweise ist der Leuchtturm Sjaellands Reff, dessen Querschnitt in Bild 39 dargestellt ist.

Der Turm wurde vollständig in einem Trockendeck gefertigt, zu seinem späteren Standort geschleppt und dort durch Ballastierung mit Sand auf der vorher mit einer Kiesschüttung geebneten Gründungssohle abgesetzt. Obwohl die Wassertiefe an der Einbaustelle lediglich 9,7 m beträgt, hat der Schwimmkasten eine Höhe von 14,3 m. Beim Schleppen hatte er einen Tiefgang von 8,3 m. Als Kolkschutz wurden Steine verwendet. Der Leuchtturm ist so konstruiert, dass durch Entfernen des Sandballasts ein Aufschwimmen und Versetzen auf eine andere Position möglich ist.

Ein Leuchtturm, der in offener Senkkastenbauweise errichtet wurde, ist der Leuchtturm „Alte Weser". Der Stahlsenkkasten ist durch eine Füllung mit Leichtbeton ballastiert, die von einer Abschluss-

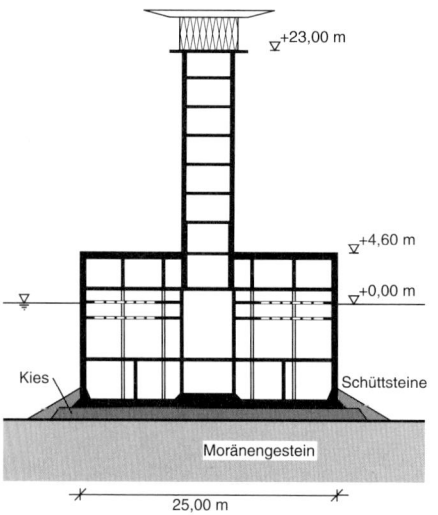

Bild 39. Querschnitt Leuchtturm Sjaellands Reff, Dänemark [156]

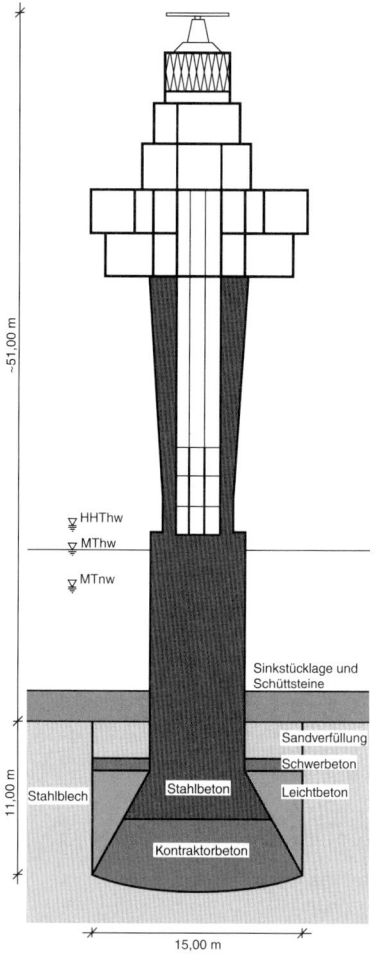

Bild 40. Querschnitt Leuchtturm „Alte Weser" [156]

platte aus Stahlbeton überdeckt ist. Da der Leuchtturm in einem Gebiet steht, in dem durch den Gezeitenwechsel hohe Strömungsgeschwindigkeiten entstehen können, wurde vor Baubeginn eine Sohlsicherung aus Buschwerkmatten und Steinen hergestellt. In dem Bereich, in dem der Kasten abgesenkt werden sollte, wurde dabei eine Aussparung vorgesehen. Um das Absenken des Kastens zu erleichtern, wurden an den Brunnenschneiden Spüldüsen angeordnet. Der innerhalb des Senkkastens gelöste Boden wurde überwiegend durch Pumpen gefördert. Nach Erreichen der Solltiefe wurde dann im Kontraktorverfahren die Sohle betoniert und anschließend der Turmfuß ausbetoniert. Sämtliche Arbeiten wurden dabei von einer Hubinsel aus durchgeführt. Ein Querschnitt des Leuchtturms „Alte Weser" ist in Bild 40 dargestellt.

Weitere Beispiele zur Gründung von Leuchttürmen finden sich in Kapitel 3.4 des Grundbau-Taschenbuchs [157].

13 Gründung von Windkraftanlagen offshore

13.1 Einleitung

Da Onshore-Standorte für Windenergieanlagen in Deutschland begrenzt und ausgeschöpft sind, wird derzeit eine Vielzahl von Windparks in der Nord- und Ostsee geplant. Dort herrschen zudem optimale Windverhältnisse, die einen sehr guten Wirkungsgrad der Windenergieanlagen erlauben. Die Bundesregierung hat mit dem Erneuerbaren Energien Gesetz (EEG) eine feste Einspeisevergütung für jede offshore produzierte Kilowattstunde festgelegt, um zusätzliche Anreize für die Energieproduktion auf dem Meer zu geben.

In der deutschen ausschließlichen Wirtschaftszone (AWZ) außerhalb der 12 Seemeilen-Grenze ist das Bundesamt für Hydrographie und Seeschifffahrt (BSH) für die Genehmigung der Windparks zuständig. Bild 41 zeigt die geplanten und genehmigten Projekte im Pilotgebiet in der deutschen Nordsee

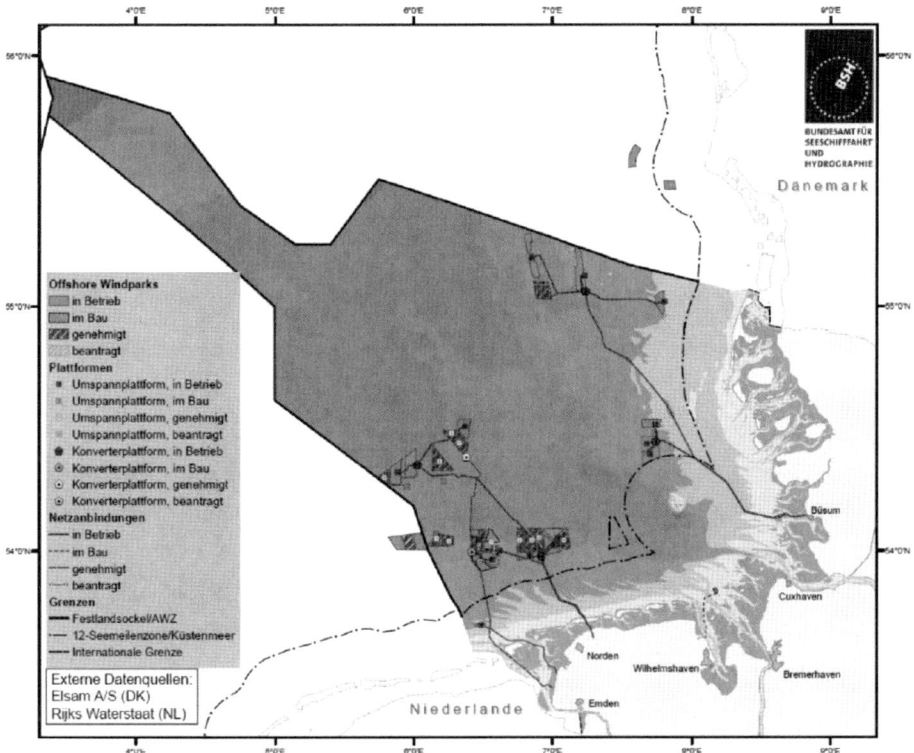

Bild 41. Geplante und genehmigte Pilotgebiete für Windparks in der Nordsee [26], Stand Oktober 2017

(Stand 13.10.2017). Im Jahr 2015 handelte es sich allein in Deutschland um etwa 9 Windparks, 75 errichtete Gründungen, 218 errichtete Turbinen, 406 angeschlossenen Turbinen und 1.706,3 MW, die vollständig an das Netz angeschlossen sind [70].

Im europäischen Ausland sind bereits mehrere Parks realisiert. Tabelle 8 stellt einige Projekte für deutsche Windparks der letzten Jahre zusammen. Der Vergleich mit den ausländischen Projekten zeigt, weshalb die deutschen Parks eine besondere Herausforderung darstellen. In der Regel muss von einer größeren Wassertiefe und damit verbundenen, erheblich größeren Lasten für die Gründung ausgegangen werden. Hinzu kommt, dass fast ausschließlich Anlagentypen der neuesten Generation (d. h. mindestens 5 MW Leistung) eingesetzt werden sollen, welche ebenfalls größere Lasten hervorrufen.

13.2 Arten

Die Gründung von Windenergieanlagen offshore erfordert die Entwicklung neuer Gründungstypen, da sich Konzepte, die sich onshore oder in der Öl- und Gasindustrie bewährt haben, nicht ohne Weiteres auf diese Aufgabenstellung übertragen lassen. Die wichtigsten Gründungsarten sind in Bild 42 schematisch dargestellt und werden im Folgenden genauer beschrieben.

Der **Monopile** stellt eine Einzelpfahlgründung für Offshore-Windenergieanlagen (OWEA) dar. Der Stahlrohrpfahl mit einem Durchmesser zwischen 4 und 7 m wird von einer Hubinsel aus in den Meeresboden eingerammt. Hierbei sind Maßnahmen zur Reduktion des Hydroschalls unabdingbar [29, 151]. Der Monopile trägt die angreifende Horizontalbelastung über Biegung in den Meeresboden ab. Oberhalb der Wasserlinie wird ein Übergangsstück ("*Transition Piece*") über den Pfahlkopf gestülpt und der Spalt mit Mörtel ("*Grout*") verpresst. Das Transition Piece hat die vornehmliche Aufgabe, eventuelle Schiefstellungen des Pfahls aus der Rammung auszugleichen. Der Turm der WEA wird auf dem Transition Piece befestigt. Zur Bemessung von Monopiles siehe Abschnitt 8.4. Monopiles können wirtschaftlich bis in Wassertiefen von 20 bis 25 m eingesetzt werden.

Schwergewichtsgründungen leiten sich aus den klassischen Flachgründungen ab. Sie werden zumeist in moderaten Wassertiefen eingesetzt (s. Tabelle 5), in Belgien wurde aber auch schon eine Variante mit einer Fundamenthöhe von 42 m eingesetzt. Schwergewichtsgründungen bestehen in der Regel aus Beton und werden an Land oder in Docks vorgefertigt und anschließend schwimmend oder auf einem Ponton zum Standort transportiert und abgesenkt, vgl. Abschnitt 7. Im Vorfeld ist der Meeresboden zumeist durch Baggerarbeiten zum Bodenaustausch und zur Erstellung einer ebenen Oberfläche vorzubereiten. Nach dem Absenken werden häufig noch zusätzlich Ballastmaterialien ergänzt, um das Eigengewicht und damit die Kippstabilität zu erhöhen. Zur Bemessung dieser Konstruktionen siehe DIN EN ISO 19002 [52].

Beim **Tripod** und beim **Jacket** werden die angreifenden Kräfte über Stabwerke abgetragen, die über lotrechte Pfähle im Untergrund verankert sind. Ein Jacket ist eine Gittermaststruktur mit relativ dünnen Stäben. Der Tripod hingegen hat nur wenige, aber dafür massive Stäbe, die in drei Auflagerknoten konzentriert werden. Insbesondere diese Knoten stellen hohe Anforderungen an den stahlbaulichen Entwurf dar. Beide Strukturen können wirtschaft-

Tabelle 8. Deutsche Offshore-Windparks von 2010 bis heute (Auswahl) nach [131]

Projekt		Installierte Leistung [MW]
Arkona	2018 im Bau	385
Merkur Offshore	2018 im Bau	396
Wikinger	2017	350
Nordsee One	2017	332
Nordergründe	2017	111
Verja Mate	2017	402
Sandbank	2017	288
Gode Wind 2	2016	252
Gode Wind 1	2016	330
Amrumbank West	2015	302
Riffgrund 1	2015	312
Butendiek	2015	288
Trianel Windpark Borkum	2015	200
Nordsee Ost	2015	295
Dan Tysk	2015	288
Global Tech 1	2015	400
Baltic 2	2015	288
Meerwind Süd/Ost	2014	288
Riffgat	2014	113
Bard Offshore 1	2013	400
Baltic 1	2011	48
Alpha Ventus	2010	60

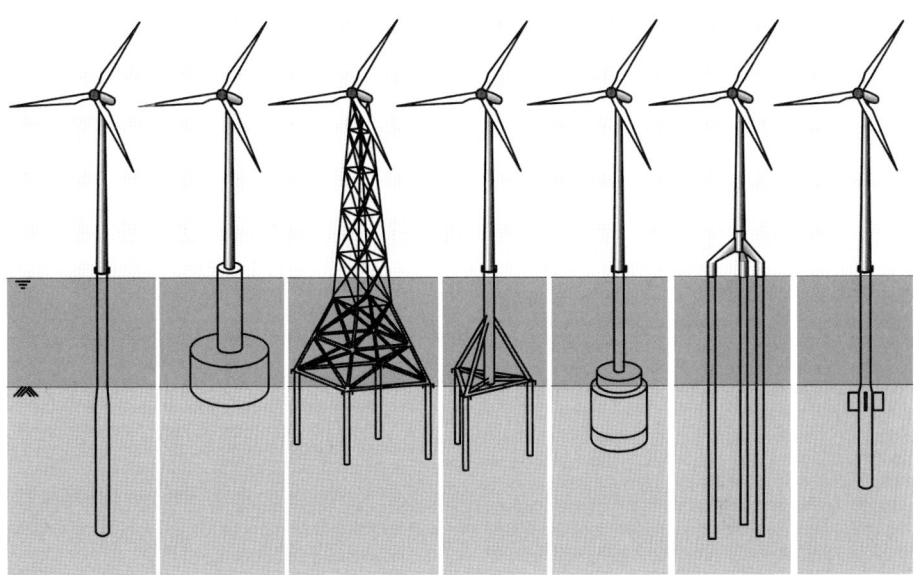

Bild 42. Gründungen von Offshore-WEA: Monopile, Schwergewichtsgründung, Jacket, Tripod, Suction Bucket, Tripile und Flügelpfahl

lich in Wassertiefen > 20 m eingesetzt werden. Die Ankerpfähle sind in erster Linie axial und horizontal belastet und daraufhin zu dimensionieren. Sie haben einen deutlich kleineren Durchmesser als Monopiles. Beide Konstruktionen werden an Land vorgefertigt und auf Pontons oder Schiffen eingeschwommen. Hinweise zur Bemessung der Pfähle finden sich in Abschnitt 8.4.

Das **Tripile** besteht aus drei Pfählen mit einem Durchmesser von ca. 3 m, die etwa 30 m in den Meeresgrund einbinden. Sie werden erst oberhalb des Wasserspiegels durch ein massives Stützkreuz miteinander verbunden. Auf dem Stützkreuz schließt der Turm der WEA an. Die Pfähle können 65 bis 90 m lang werden und sind in Wassertiefen von 25 bis 40 m einsetzbar. Das Tragverhalten eines Tripiles ist eine Mischung aus Tripod und Monopile.

Der **Suction Bucket** wird auf dem Meeresgrund abgesetzt und anschließend wird im Inneren ein Unterdruck erzeugt, der bewirkt, dass die Struktur in den Boden hineingesaugt wird. Das Tragverhalten der Konstruktion ähnelt dem einer Schwergewichtsgründung [159].

Der Flügelpfahl ist eine Weiterentwicklung der Monopiles [64]. Der Pfahlmantel wird am Pfahlkopf durch vertikale „Flügel" aufgeweitet, wodurch sich der Bettungswiderstand in diesem Bereich deutlich erhöht. Durch diese Erweiterung können Verformungen reduziert oder Pfahllänge eingespart werden. Außerdem zeigt dieser Pfahl in der dynamischen Analyse des Gesamtsystems eine deutliche Reduktion der Ermüdungslasten, sodass auch am Turm Stahl eingespart werden kann. Zur Berechnung von Flügelpfählen siehe *Dührkop* [67].

13.3 Besonderheiten

Windenergieanlagen stellen aufgrund der dynamischen Beanspruchung eine besondere Herausforderung an die Trag- und Gründungstruktur dar. Die Anregung erfolgt aus Wind, Wellen, Strömung sowie dem Blattdurchgang des Rotors. Eigenfrequenz der Struktur und deren Anregungsfrequenz liegen relativ nah beieinander, sodass eine exakte Erfassung der Bettungssteifigkeit erforderlich ist, um eine Systemresonanz zu vermeiden. Vom Zertifizierer werden daher in der Regel Ober- und Untergrenzen der Bettungssteifigkeit gefordert. Die Bettungssteifigkeit ist lastabhängig und hat bei Windenergieanlagen Einfluss auf die Systemantwort und auf die Lastrechnung, sodass die Berechnung einer Windenergieanlage immer ein iterativer Prozess ist. Der Gebrauchstauglichkeits- und Betriebsfestigkeitsnachweis kann daher durchaus maßgebend für die Dimensionierung der Struktur sein.

Neben der Dynamik ist auch das Langzeitverformungsverhalten der Gründung von großer Bedeutung. Da die Getriebe in den Gondeln ab einer gewissen Schiefstellung der Anlage nicht mehr richtig arbeiten, ist sicherzustellen, dass es zu keiner dauerhaften Neigung der Struktur kommt. Es ist noch nicht ausreichend erforscht, wie sich das System unter 10^9 Lastzyklen verhält und wie eine zuverlässige und wirtschaftliche Dimensionierung zu erfolgen hat.

Weitere Schwierigkeiten liegen in der wechselnden Lastangriffsrichtung, der Kolkbildung, der Netzintegration, der Störung der Meeresbiologie durch Herstellung und Betrieb der Anlagen und der Rammung von derart großen Pfählen in sehr dicht gelagerten Sanden oder festen Geschiebeböden und Kreide. Bei ausgedehnten Flachgründungen ist zudem eine Akkumulation von Porenwasserüberdrücken infolge einer zyklischen Bauwerksbewegung zu überprüfen.

Darüber hinaus stellt der Lastfall „Schiffskollision" eine Besonderheit von Offshore-Windenergieanlagen dar. Um Umweltkatastrophen zu vermeiden, ist während der Genehmigung dazulegen, dass bei der Kollision eines Schiffs mit der Struktur das Schiff nicht beschädigt wird. Bei einem Zusammenstoß sollen keine Güter, Container oder Treibstoff ins Meer gelangen. Drei Szenarien für eine Schiffskollision sind denkbar [17]:

1) Ein Schiff kommt vom Kurs ab und fährt in einen Windpark. In diesem Fall wird eine Kollision zwischen Schiffsbug und Offshore-Struktur erwartet. Durch die hohe Steifigkeit des Schiffsbugs wird die Wahrscheinlichkeit für einen Schaden am Schiff als gering angenommen.

2) Ein manövrierunfähiges Schiff, welches durch Wellen, Wind und Strömung gelenkt wird, driftet in einen Windpark und kollidiert seitlich mit einer Offshore-Struktur.

3) Während einer Schiffskollision kann es zu Beschädigungen oder Absturz beispielsweise der Gondel einer Windenergieanlage kommen.

Die Schiffsart, die Masse und die Geschwindigkeit des Schiffs haben einen großen Einfluss auf das Kollisionsverhalten zwischen Struktur und Schiff [17]. Der Steifigkeitsunterschied zwischen Schiff und Struktur ist maßgebend [17]. Strukturen mit einer geringen Steifigkeit, wie beispielsweise Monopiles, versagen vornehmlich in der aufgehenden Struktur und sehr steife Strukturen, wie beispielsweise Flachgründungen, führen zu einer Beschädigung des Schiffes mit gegebenenfalls katastrophalen Folgen für die Umwelt [17]. Für Gründungen aus Monopiles, Tripods und Jackets hat beispielsweise *Biehl* [17] numerische Untersuchungen zur Schiffskollision durchgeführt. Durch den Steifigkeitsunterschied zwischen Schiff und Gründungsstruktur versagt bei diesen Gründungsarten bei einem Anprall die aufgehende Struktur. Für Schwergewichtsgründungen liegen numerische Untersuchungen beispielsweise durch *Hamann* et al. [92] sowie *Osthoff* und *Grabe* [134] vor. Die untersuchten Szenarien zeigen, dass durch das Gewicht, die Steifigkeit und den resultierenden Struktur-Boden-Kontakt Schäden am Schiff bei einem Schiffsanprall auf einer Schwergewichtsgründung voraussichtlich auftreten.

Um den Schaden eines Schiffs im Fall einer Kollision mit einer Offshore-Struktur zu ermitteln, können empirische Methoden, numerische Analysen, Experimente oder vereinfachte Ansätze angewendet werden [182].

13.4 Nachweise

Hinweise zur Durchführung von Baugrunduntersuchungen für Offshore-Windenergieanlagen sind im BSH-Standard [28] zu finden. Die erforderlichen Nachweise und Genehmigungen zum Bau und Betrieb von Offshore-Windparks sind im BSH-Design-Standard [29] geregelt.

13.5 Bau

Der Bau von Offshore-Windenergieanlagen ist mit einem hohen logistischen Aufwand verbunden. Die Errichtung einer OWEA kann in mehrere Schritte unterteilt werden. Zuerst wird die Gründungsstruktur errichtet. Die Bestandteile der Struktur, beispielsweise die Pfähle und das *„Transition Piece"*, werden an Land gefertigt. Danach erfolgt ein Transport zum Standort des Windparks. Während *„Suction Buckets"* und Schwergewichtsgründungen eingeschwommen und auf dem Meeresboden abgesetzt werden und der Untergrund entsprechend vorbereitet sein muss, werden auf Pfählen basierte Gründungsformen (Monopile, Tripile, Tripod, Jacket) mit Errichterschiffen transportiert. Im Gebiet des Windparks erfolgt der Jack-up-Prozess des Errichterschiffs und von der entstehenden Plattform aus werden die Pfähle aufgestellt und in den Untergrund gerammt.

Bei allen Gründungsformen wird danach von Errichterschiffen aus das *Transition Piece* installiert und die Vermörtelung vorgenommen. Als letzter Schritt erfolgt dann die Installation der eigentlichen Windenergieanlage auf der Gründungsstruktur. Hierzu ist erneut der Einsatz von Jack-up-Schiffen oder Hubplattformen erforderlich, welche auch die Bestandteile der Anlage zum Windpark transportieren. Die Bestandteile werden erneut nach Möglichkeit onshore im Hafen vormontiert.

Je nach Gründungsform ist mit mehr oder weniger Schallemissionen während der Installation der Struktur zu rechnen. Die sehr hohen Schallpegel unter Wasser z. B. während Pfahlschlagrammungen von bis zu 228 dB re 1 µPa für Spitzenpegel, können insbesondere bei marinen Säugetieren zu temporären oder permanenten Hörschäden führen [151, 168]. Diese Schädigung bedingt eine Beeinträchtigung des Orientierungssinns, der Kommunikationsfähigkeit und der Nahrungssuche. Zum Schutz des marinen Ökosystems sind Schallpegelgrenzwerte erlassen worden. Mit schallarmen Installationsformen (*Suction Buckets* und Schwergewichtsfundamenten) sind die Grenzwerte einzuhalten. Bei schallreichen Installationen, die durch die schlagende Einbringung der Gründungspfähle verursacht wird, sind Schallminderungsmaßnahmen einzusetzen, um die Grenzwerte des Umweltbundesamtes [168] einzuhalten. Als Schallminderungsmaßnahmen haben sich Blasenschleier, Hydroschalldämpfer und Hüllrohre bewährt [107, 151].

13.6 Beispiel

Der Bau einer Offshore-Windenergieanlage kann beispielhaft am Projekt Beatrice in Großbritannien erläutert werden. Das etwa 70 m hohe Jacket wird samt Transition Piece an Land gefertigt und liegend zum Standort eingeschwommen. Dort wird es mithilfe eines Schwimmkrans aufgerichtet und auf dem Meeresboden abgesetzt. Anschließend werden die vier 44 m langen Ankerpfähle unter Wasser eingerammt. Turm, Gondel und Rotor werden bereits an Land zusammengesetzt und stehend mit dem Schwimmkran zum Standort transportiert. Es folgt die Montage auf dem Transition Piece (s. Bild 43).

Bild 43. Installation einer Offshore-WEA beim Projekt Beatrice (Foto: REpower Systems AG)

a)

b)

Bild 44. a) OWEA auf einer Tripile-Gründung im Windpark BARD Offshore 1 und b) Aufrichten eines Pfahls einer Tripilegründung, entnommen aus *Siegl* [151]

Beispiele für weitere ausgeführte Windparks sind BARD Offshore 1 und Borkum Riffgrund 1. Für den Windpark BARD Offshore 1 wurden 80 OWEA mit 5-MW-Turbinen errichtet, die auf Tripiles gegründet sind. Die Wassertiefe im Windpark beträgt etwa 42 m. Die drei Gründungspfähle sind jeweils oberhalb der Wasserlinie mit einem Stützkreuz gekoppelt. Auf diesem Stützkreuz wird der aufgehende Turm befestigt. Die Konstruktion und das Stellen eines der Gründungspfähle ist in Bild 44 dargestellt. Die Pfähle werden mit einem Errichterschiff zum Windpark transportiert. Mit dem Kran auf dem Schiff werden die Pfähle gestellt (vgl. Bild 44b). Danach erfolgt die schlagende Rammung der Pfähle in den anstehenden Untergrund. Um die Schallemissionen infolge der Schlagrammung zu mindern, wird der kleine Blasenschleier eingesetzt. Nach erfolgreicher Rammung aller drei Gründungspfähle wird das Stützkreuz aufgerichtet und installiert.

Im Windpark Borkum Riffgrund 1 in der deutschen Nordsee wurden 78 OWEA jeweils mit einer Leistung von 3,6 MW errichtet. Diese Anlagen sind auf Monopiles gegründet, wobei für eine Anlage eine Gründung mit *Suction Bucket* und aufgehender Jacketstruktur erfolgte. Die Wassertiefe im Windpark beträgt 23 bis 29 m. Die Rammung der Monopiles erfolgt schlagend. Zur Schallminderung wird ein *Noise Mitigation Screen* eingesetzt. Nach erfolgter Rammung der Monopiles wird von einem Errichterschiff aus, vergleichbar mit der Einbringung der Tripiles im Windpark BARD Offshore 1, dargestellt in Bild 44, das *Transition Piece* vom Errichterschiff aus aufgesetzt und vermörtelt. Dieser Prozess und das vermörtelte *Transition Piece* sind in Bild 45 abgebildet.

14 Gründung von Leitungen auf dem Meeresgrund

Zum Transport von flüssigen oder gasförmigen Medien werden Pipelines auf dem Meeresgrund installiert. Diese verbinden Offshore-Öl- und Gasfelder mit dem Festland oder überbrücken Meere. Darüber hinaus werden Seekabel am Meeresboden verlegt, um eine Energieversorgung des Festlandes zu ermöglichen.

Ein genereller Überblick zur Planung, Konstruktion und Gründung von Leitungen auf dem Meeresgrund findet sich in [12, 136].

14.1 Arten

Prinzipiell existieren zur Gründung von Unterwasser-Pipelines zwei Gründungsarten. Wenn es die Bodenverhältnisse und Umwelteinflüsse zulassen, werden die Leitungen direkt auf dem Meeresgrund verlegt. Hierbei ist zu beachten, dass das Eigengewicht der Leitung größer sein muss als der entstehende Auftrieb bei leerer oder mit Gas gefüllter Leitung. Zusätzlich müssen die horizontal angreifenden Kräfte auf die Leitung wie Wellenaufprall und Wasserströmung über die Reibung der Leitung auf dem Meeresboden abgetragen werden. Wenn die angreifenden Kräfte nur geringfügig größer sind als die Widerstände, kann das Eigengewicht der

a)   b)

Bild 45. a) Installation eines Transition Piece auf einem eingebrachten Monopile im Windpark Borkum Riffgrund 1 und b) ein vermörteltes Transition Piece, entnommen aus *Siegl* [151]

Leitung durch einen dickeren Stahlquerschnitt oder durch eine Betonummantelung erhöht und somit die Lagesicherheit gewährleistet werden.

Wenn größere hydrodynamische Lasten abgetragen werden müssen, sind folgende Optionen zur Stabilisierung der Pipeline möglich:
- Erhöhung des Eigengewichts,
- Verlegung im Graben,
- Aufschüttung mit Gestein,
- Beton-Matratzen/Sattel,
- künstliche Farnwedel,
- Anker/Gesteinsanker.

Die einfachste und günstigste Variante ist der Grabenaushub mit anschließender Wiederverfüllung mit dem ausgekofferten Material (s. Bild 46, A). Wenn die Bodenverhältnisse einen Grabenaushub nicht zulassen, sind der Voraushub oder die Sprengung eines Grabens in Abhängigkeit der Umweltbelastung Alternativen.

Müssen längere Strecken einer Pipeline korrigiert bzw. begradigt werden, so werden die neu ausgerichteten Pipelines üblicherweise mit Gestein überschüttet (s. Bild 46, B). Das Material, in der Regel größere Felsbrocken, ist zwar günstig, allerdings ist der Transport mit dem Schiff zur Abwurfstelle vergleichsweise teuer. Daher werden Steinaufschüttungen nur dann angewendet, wenn eine alte Steinschüttung wieder aufgenommen wird. Zusätzlich entstehen Kosten durch die Kontrollen an der Leitung, da diese durch die herabsinkenden Felsbrocken beschädigt werden könnte. Wenn große Felsbrocken zur Stabilisierung benötigt werden, ist gegebenenfalls eine Schüttung aus kleineren Felsbrocken notwendig, die als Schutzschicht fungiert.

Beton-Matratzen sind weit verbreitet, um den Leitungen auf dem Meeresgrund Stabilität und/oder einen zusätzlichen Schutz zu geben. Diese werden über die auf dem Grund liegende Pipeline gelegt (s. Bild 46, C). So erhält die Pipeline eine zusätzliche Auflast und die hydrodynamischen Beanspruchungen auf die Leitung verringern sich. Diese einfache und zugleich preiswerte Alternative kann auf dem Verlegeschiff mitgeführt und je nach Bedarf eingesetzt werden. Darüber hinaus sind die Matratzen mobil und auf diese Weise wiedergewinnbar. Da die Beton-Matratzen nicht fest mit der Pipeline verbunden sind, kann sich die Pipeline unter dieser bewegen, was zu Beeinträchtigungen führen kann. Weiterhin ist nachteilig anzumerken, dass die Matratzen durch die Schleppnetze von Trawlern entfernt werden können. Bei starker hydrodynamischer Beanspruchung ist die Lagestabilität der Matratze nicht mehr gewährleistet, da die Ecken angehoben werden können. Daher gibt es für die unterschiedlichen Anwendungsgebiete Beton-Matratzen mit unterschiedlichen Abmessungen und Gewichten.

Aus den oben genannten Gründen muss die Lagestabilität der Matratzen sichergestellt werden. Dies kann zum Beispiel durch Matratzen geschehen, auf denen künstliche Farnwedel befestigt sind (s. Bild 46, D). Diese üblicherweise einen Meter langen Farnwedel begünstigen die Ablagerung von Meeresboden. Sandablagerungen von bis zu einem Meter Höhe können sich innerhalb von einem Monat bilden. Bei bindigen Sedimenten dauert dieser Ablagerungsprozess durchschnittlich drei bis vier Monate. Diese künstlichen Farnwedel können entweder allein oder in Kombination mit Beton-Matratzen eingesetzt werden. Sie benötigen aber in jedem Fall ein Sediment im Wasser, welches sich ab-

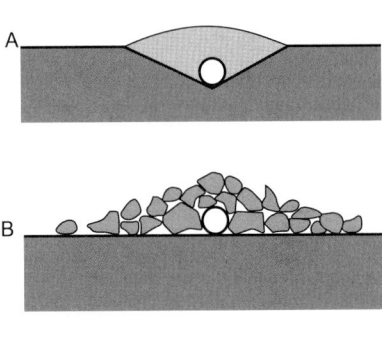

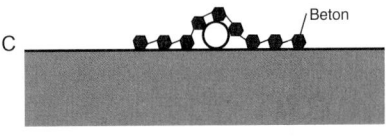

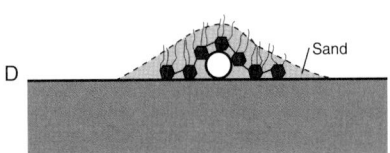

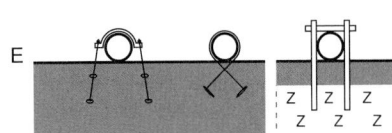

Bild 46. Stabilisierungsmöglichkeiten von Leitungen auf dem Meeresgrund; A: Grabenaushub und Auffüllen, B: Aufschüttung mit Gestein, C: Überdeckung mit Betonmatratzen, D: Betonmatratze mit künstlichen Farnwedeln, E: Anker/Gesteinsanker

lagern kann. Je mehr Sediment sich im Wasser befindet, desto schneller bildet sich ein schützender Wall über der Pipeline, der durch die Wedel zusammengehalten wird. Dieser gibt nicht nur zusätzliche Lagestabilität, sondern schützt auch vor Anprall und erhöht die thermische Isolierung der Pipeline.

Anker können ebenfalls zur Stabilisierung von Pipelines eingesetzt werden (s. Bild 46, E). Der Einsatz dieser Alternative ist abhängig vom Meeresgrund und äußert kostenintensiv, da die Anker mithilfe von Tauchern installiert werden müssen. In felsigen Untergründen werden in der Regel Gesteinsanker bzw. Gesteinsbolzen eingesetzt, die in einem Abstand von etwa 20 m die vertikalen und horizontalen Kräfte, die auf die Pipeline wirken, aufnehmen. In Lockergestein können Anker entweder in den Boden gedrückt oder geschraubt werden. Diese Alternative ist aber eher bei Überlandleitungen gebräuchlich.

Weitere Stabilisierungsmöglichkeiten sind die Einlagerung der Pipeline auf dem Meeresgrund mithilfe von schweren Ankerketten oder die Installation von sogenannten „doghouse"-Tunneln.

14.2 Besonderheiten

Bei der Planung und beim Bau von Leitungen auf dem Meeresgrund sind einige Besonderheiten zu beachten. Deren Lage und Gradiente wird durch folgende Aspekte beeinflusst:

- **Vorhandene Bauwerke** auf dem Meeresgrund: Dazu zählen Plattformen, Brunnen, WEKA, Schiffwracks, Kabel und andere Pipelines. Zu diesen muss ein Abstand von mindestens 500 m eingehalten werden. Zu sogenannten FSPOs (Floating Production, Storage and Offloading) oder ähnlichen Schiffstypen sind aufgrund der langen Ankerseile Abstände von ca. 2 km einzuhalten. Der Abstand zu parallel verlegten Leitungen sollte zwischen 50 und 100 m gewählt werden, es sei denn, die Leitungen werden zusammen in einem Korridor gebündelt. Hierbei sind Abstände von 20 bis 30 m sinnvoll. Kreuzungen von Leitungen sollten nach Möglichkeit umgangen oder zumindest minimiert werden. Kreuzungspunkte mit Kabeln aus der Telekommunikationsindustrie o. a. sind unproblematischer, da eine Gefahr der Beschädigung gering ist. Hier sind die Kreuzungspunkte zu verzeichnen und Messungen durchzuführen, ob die vorhandenen Kabel beschädigt worden sind.

- **Bodenverhältnisse** auf dem Meeresgrund: Steinige oder felsige Untergründe sind zu umgehen. Ebenso verhält es sich mit Sanddünen, bei sei denn, diese weisen eine einheitliche Struktur auf, sodass die Leitung im Tal zwischen den Sanddünen verlegt werden kann. Verläuft die Pipelineroute quer zu den Tälern, so besteht die

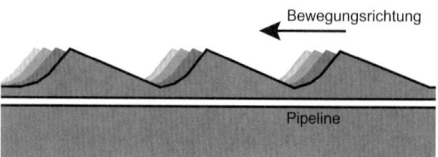

Bild 47. Pipelinelage bei Sanddünen auf dem Meeresgrund

Möglichkeit, die Leitung gemäß Bild 47 genügend tief zu verlegen. Bereiche, in denen Unterwasserhangrutschungen zu erwarten sind oder aktive, submarine Vulkane vorkommen, sind zu umgehen.

- **Andere Benutzer und Eigentümer** des Meeresgrunds: Zu dieser Gruppe gehören die unterschiedlichen Betreiber von Pipelines oder Kabeln auf dem Meeresgrund und Staaten mit ihren Hoheitsgebieten. Mit den Parteien müssen Einigungen getroffen werden oder die Konfliktareale wie Kreuzungspunkte oder territoriale Grenzüberschreitungen umgangen werden. Ebenso verhält es sich mit Verbots- oder Ausbaggerzonen sowie Fischereigebieten, Schiffsrouten oder Naturschutzgebieten.

- **Herstellungsbedingte Beschränkungen**: Hierzu zählen neben den erwähnten Kreuzungsproblemen auch minimal einzuhaltende Kurvenradien sowie die Annäherung an Plattformen und Küsten und deren Anschlüsse. Die Anbindung von Pipelines an Küsten sollte in einem 90°-Winkel erfolgen, da so die Wellenbeanspruchung auf die Leitung abgebaut werden kann.

Der Durchmesser der Leitung ist abhängig vom Durchfluss sowie den Eigenschaften des zu transportierenden Mediums. Zudem ist auch zu berücksichtigen, ob eine Einphasen- oder Mehrphasenströmung in der Leitung vorliegt.

Die Bemessung der Wandstärke von Leitungen auf dem Meeresgrund ist abhängig von thermischen Einflüssen sowie inneren und äußeren Einflüssen wie Korrosion, Wasser- und/oder Erddrücken bzw. Flüssigkeits- oder Gasdrücken. Es müssen Nachweise gegen Bersten, Kollaps und lokales Knicken geführt werden, siehe [4, 6, 24, 40]. Hinweise zu korrodierten Leitungen, Unterwasser-Reparaturen sowie Schutzmaßnahmen gegen Korrosion durch Ummantelung oder kathodische Opferelektroden finden sich in [42–44, 46, 51]. Ebenso sind die Einflüsse aus marinem Wachstum wie die Anlagerung von Algen oder Muscheln bei der Bemessung zu berücksichtigen. Durch die Anlagerung vergrößern sich der Durchmesser und das Gewicht der Leitung, woraus eine größere Anströmfläche und ein höheres Gesamtgewicht resultieren. Die Anlagerung und das Wachstum hängen stark von der Wassertemperatur und der Wassertiefe ab. Je wärmer das Wasser, desto schneller und stärker bilden sich die Effekte aus. Allerdings können diese Effekte ab einer Tiefe von ca. 100 m vernachlässigt werden, da sie in dieser Tiefe sehr gering sind.

Ein weiterer wichtiger Punkt ist die Sicherstellung der Lagestabilität in lateraler und vertikaler Richtung. Diese hängt mit der Dehnung der Leitung aufgrund von Temperaturschwankungen zusammen. Das zu transportierende Medium muss eine bestimmte Temperatur aufweisen, da sich sonst Ablagerungen in der Pipeline bilden. Bei Ölen lagern sich Wachse am inneren Leitungsmantel ab und bei Gasen bilden sich Hydrate, welche zu einer starken Verjüngung des Pipelinequerschnitts führen können. Deswegen sollten die Abkühlungsphasen immer von sehr kurzer Dauer sein. Die Temperatur darf aber auch nicht zu hoch gewählt werden, da sonst die im nachfolgenden Absatz aufgezählten Effekte verstärkt werden. Allgemein gilt für die Bemessung der Leitung für den stationären Strömungszustand: Minimal mögliche Temperatur des Fluides bei Ankunft am Zielort bei gleichzeitig maximaler Temperatur des Rohrs, um Ablagerungen am inneren Rohrmantel zu vermeiden.

Durch die Temperaturerhöhung dehnt sich das Rohr in axialer Richtung aus. Dies hat zwei Konsequenzen. An freien Enden kann sich die Leitung gegen den Reibungswiderstand am Meeresboden verlängern. Ab einem bestimmten Punkt, ist der sogenannten „virtual anchor", ist der Reibungswiderstand höher und die Leitung gilt als eingespannt. Wird nun die innere Spannung zu groß, weicht die Pipeline dem Druck aus. Bei eingegrabenen Leitungen entstehen lokale Hebungen der Pipeline (upheaval buckling). Bei Pipelines, die auf den Meeresboden gelegt worden sind, kommt es zu einem globalen, lateralen Beulen, siehe [49]. Beim Abkühlen der Pipeline durch Reparaturmaßnahmen o. Ä. verschiebt sich die Pipeline wieder in Richtung ihrer ursprünglichen Lage. Dieses seitliche Ausweichen bzw. Driften der Leitung auf dem Meeresgrund wird durch Meeresströmungen und Wellenbewegungen noch verstärkt. Durch die Aufheiz- und Abkühlungsphasen sowie die zyklische Wellenbeanspruchung gräbt sich die Pipeline langsam im Meeresboden ein (s. Bild 48). Dieser Effekt wird „Pipeline-Walking" genannt und wird u. a. in [21, 23, 31, 142] genauer beschrieben und untersucht. Die Knickgefahr durch das horizontale und vertikale Ausweichen der Leitung kann durch die erläuterten Stabilisierungsmaßnahmen aus Abschnitt 14.1 reduziert werden.

Am freien Ende der Leitung verursacht das Abkühlen eine Stauchung. Die Sohlreibungskraft der Leitung auf dem Meeresgrund verhindert, dass sich die Pipeline bis auf den Ausgangszustand verkürzt. Mit

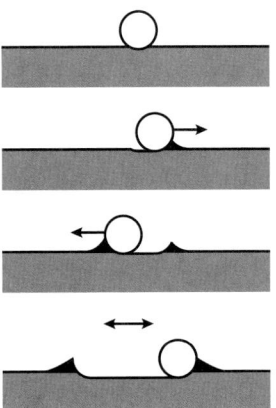

Bild 48. Pipeline-Walking

jedem Lastzyklus wandert daher der „virtual anchor" in Richtung freies Ende. Dieses Phänomen wird „Ratcheting" genannt.

Den axialen Verschiebungen aufgrund von Temperaturschwankungen wirkt der Poisson-Effekt entgegen. Während die Leitung in Betrieb ist, dehnt diese sich nicht nur durch die steigende Temperatur aus, sondern erfährt auch eine Druckbelastung. Dieser Druck führt zu einer Dehnung in radialer Richtung der Leitung, welche wiederum eine Verkürzung des Rohrs verursacht (Querkontraktion).

Bei der Planung und Bemessung von Unterwasser-Pipelines sind auch Unebenheiten oder Löcher im Meeresgrund zu berücksichtigen (s. Bild 49). An diesen Stellen wird das Rohr neben den axialen Belastungen und dem Eigengewicht auch stärker durch die Strömung belastet. Zudem steigt die Gefahr, dass sich die Gewichte der Grundschleppnetze darin verfangen. Die Knickgefahr nimmt daher mit der Größe der Spannweite zu. Durch die Meeresströmung können die vorhandenen Löcher vergrößert werden oder es kann auch zu einer Kolkbildung und Unterspülung von Leitungen kommen.

Neben dem Versagen durch Knicken oder Beulen ist auch das Ermüdungsversagen bei frei hängenden Leitungen zu untersuchen. Die meist horizontale Meeresströmung und die Wellenbelastung verursachen Verwirbelungen hinter der Leitung, die diese in vertikaler Richtung zum Schwingen bringen können. Diese sogenannten „vortex-induced vibrations" (VIV) bewirken, dass die Pipeline anfängt mit ihrer Eigenfrequenz zu schwingen, was über die Zeit zu einem Ermüdungsversagen führen kann. Untersuchungen zu diesem Phänomen und Bemessungsregeln für frei hängende Leitungsabschnitte finden sich u. a. in [1, 39, 45, 128].

Senke im Meeresboden

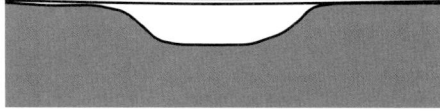

Neigungsänderung des Meeresbodens

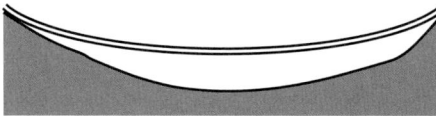

Felsaufbrüche im Meeresboden

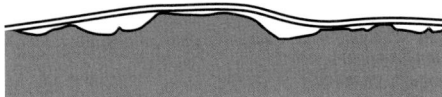

Bild 49. Unebenheiten auf dem Meeresboden

Weiterhin müssen die Leitungen auf dem Meeresgrund gegen herabsinkende Gegenstände von Schiffen oder Offshore-Plattformen, wie beispielsweise Bohrrohre, sowie gegen Fangnetze aus der Fischerei geschützt werden. Weitere Gefahrenquellen resultieren aus Schiffsankern, Bau von anderen Pipelines oder Offshore-Plattformen, Schiffwracks und Blindgängern aus dem Zweiten Weltkrieg. Mit dem Risikomanagement zum Schutz von Pipelines befasst sich die DNV [47], Informationen und Hilfestellungen zu den Schwierigkeiten zwischen der Fischerei und Pipelines finden sich in [50].

Allgemeine Regeln zur Bemessung von Pipelines und zur Sicherung der Lagestabilität von Leitungen auf dem Meeresgrund finden sich in [3, 24, 40, 48, 104]. Anzumerken ist hierbei, dass es eine Vielzahl von nationalen Bemessungsregeln und Richtlinien gibt, die sich untereinander leicht unterscheiden können.

14.3 Verlegetiefe

Für die Verlegetiefe von Offshore-Seekabeln und -Leitungen spielen verschiedene Aspekte eine Rolle. Zum einen soll die Verlegung kosteneffektiv erfolgen. Zum anderen sollen Leitungen und Kabel unbeschädigt bleiben. Das Reparieren der Leitungen erfordert Expertise und ist zeit- sowie kostenaufwendig, wodurch dieser Prozess nach Möglichkeit vermieden werden sollte. Zudem kann durch Schäden die Energieversorgung von großen Gebieten onshore gegebenenfalls beeinträchtigt werden. Die optimale Verlegetiefe von Leitungen und Seekabeln ist deshalb ein Kompromiss zwischen Kosten und Risikovermeidung.

In Bild 50 sind mögliche Gründe für die Beschädigung von Seekabeln nach *Carter* et al. [32] aufgelistet. Die häufigste Schadensursache sind harsche Bedingungen, Fischerei und Interaktion mit Ankern. Um die notwendige Verlegetiefe von Seekabeln bestimmen zu können, wurden Feldversuche und numerische Simulationen zum Penetrationsverhalten von Schiffsankern und der Kabel-Anker-Interaktion durchgeführt [14, 135].

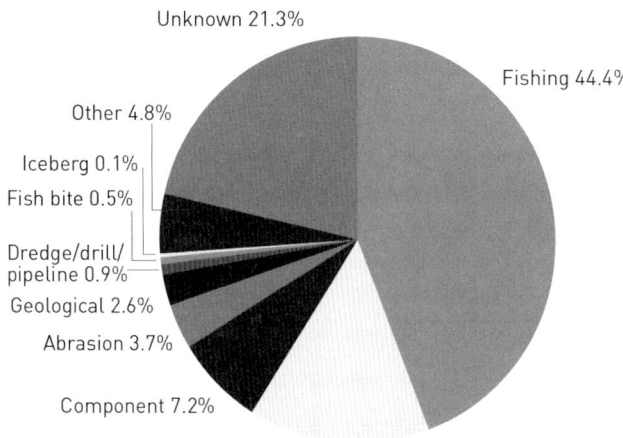

Bild 50. Gründe für Schäden an Seekabeln weltweit von 1995 bis 2006 nach *Carter* et al. [32]

Hierbei hat sich gezeigt, dass die Penetrationstiefe des Ankers von der Bodenart, der Ziehgeschwindigkeit, der Ankerart, der Lagerungsdichte des Bodens und den Dränagebedingungen im Boden während der Penetration abhängig ist [89, 91]. Für die Interaktion zwischen Seekabel und Anker haben *Osthoff* et al. [135] drei verschiedene Mechanismen abgeleitet. Bei keinem Kontakt treten Anker und Seekabel nicht in wechselseitigen Kontakt und weder die Ankerbewegung noch die Lage oder die Last auf das Kabel werden beeinflusst. Hierfür muss die Verlegetiefe ausreichend groß sein. Ist die Kabelverlegetiefe zu gering, tritt ein direkter Kontakt zwischen Kabel und Anker auf. Der Anker erfasst das Kabel während der Penetration und das Kabel wird an die Oberfläche transportiert. Hierdurch entstehen große Kräfte im Kabel, die zu einer Schädigung führen können. Im dritten Fall wird von einem indirekten Kontakt ausgegangen. Der Anker berührt das Kabel nicht. Durch die Bodenbewegung infolge des Penetrationsprozesses des Ankers verändern sich die Zustandsgrößen im Boden, wie beispielsweise Spannungen und Porenzahl. Je nach Verlegetiefe des Kabels können sich diese Veränderungen auf das Seekabel auswirken. So entsteht eine Bewegung des Kabels und Lasten auf das Kabel. Entsprechend ist es theoretisch möglich, dass ohne direkten Kontakt das Seekabel durch die Ankerpenetration indirekt beschädigt wird.

Darüber hinaus muss das 2-Kelvin-Kriterium formuliert durch das BSH eingehalten werden [29]. Ein Stromkabel unter Last erwärmt sich bis zu 70 °C. Die Kabel sind so zu verlegen, dass die Temperatur in einer Tiefe von 0,2 m unter der Geländeoberfläche höchstens 2 Kelvin höher ist als in der Umgebung.

15 Verankerung von schwimmenden Strukturen

Ankersysteme werden zum Festmachen von schwimmenden Strukturen, wie tension leg platforms (TLPs), semi-submersible production systems (FPSs), floating production storage and offloading vessels (FPSOs) und SPAR-Plattformen genutzt (s. Bild 51). Anker werden aber auch eingesetzt, um feste oder flexible Strukturen wie Jackets oder Compliant-tower-Plattformen zu fixieren.

Die schwimmenden Strukturen sind mit dem Meeresboden über Seilsysteme verbunden. TLPs werden dabei über senkrechte Spannglieder an die Ankerpfähle oder Senkkästen angeschlossen, die somit überwiegend vertikal belastet werden. Bei geringen Wassertiefen wird die Verbindung von schwimmenden Strukturen über durchhängende Zugseile hergestellt. Die am Anker angreifenden Lasten sind somit quasi-horizontal (~20° oder weniger). Bei größeren Wassertiefen werden straff gespannte Seile eingesetzt, die aus einer Kombination von Stahldrähten und synthetischem Seil bestehen. Durch die größeren Winkel von typischerweise 30 bis 40° müssen die Anker neben den Horizontalbelastungen auch die daraus resultierenden Vertikalbeanspruchungen abtragen können.

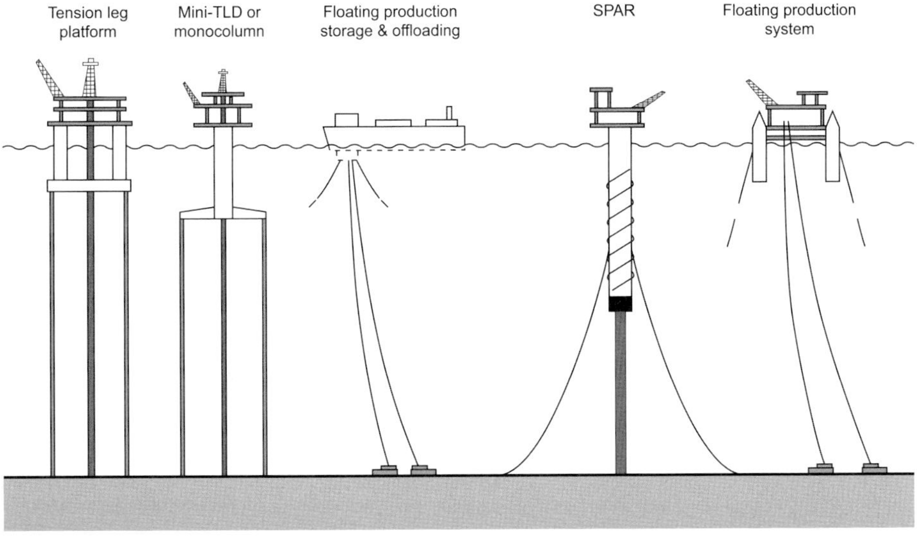

Bild 51. Schwimmende Strukturen [119]

15.1 Ankerarten

Es existieren viele verschiedene Ankerarten. Prinzipiell können diese in zwei Klassen eingeteilt werden: Schwergewichts- und eingebettete Anker. In die Klasse der Schwergewichtsanker fallen die Kisten- sowie Trägerrost- und Bermenanker (s. Bild 52a und b). Um Krankapazitäten bei der Installation einzusparen, werden üblicherweise Strukturelemente in Form von Behältern eingesetzt. Diese werden nach dem Absetzen auf der Ankerleine mit Felsbrocken oder schwererem Material wie beispielsweise Eisenerz gefüllt. Eine andere Möglichkeit ist der Einsatz von Trägerrost und Bermen-Strukturen, wie sie in Bild 52b dargestellt ist. Diese Ankerart hat einen geringeren Stahlverbrauch, es ist jedoch eine größere Menge an Ballast erforderlich. Weiterhin ist die Bemessung dieser Ankersysteme komplizierter, da verschiedene Versagensmechanismen eintreten können. So sind Gleitnachweise der gesamten Aufschüttung zu führen, Herausziehwiderstände des Ankerseils zu ermitteln oder Kombinationen von beiden Versagensmechanismen unter Berücksichtigung von asymmetrischen Bruchmechanismen zu untersuchen.

In die Klasse der in den Meeresgrund einbindenden Anker gehören

- Pfahlanker mit oder ohne Flügel,
- suction piles,
- Drag-Anker mit fester Fluke,
- vertikal belastbare Drag-Anker, die sogenannten VLAs (vertically loaded drag anchor),
- Platten-Anker, die mithilfe von Suction caissons eingebracht werden, sogenannte SEPLA (suction embedded plate anchor) und
- dynamisch eingebrachte Anker, DPA (dynamically penetrated anchor).

Das Tragverhalten und die Bemessung von Ankerpfählen gleichen prinzipiell den in Abschnitt 8 beschriebenen Pfahltypen.

Suction piles werden weltweit als Ankerlösung für eine Vielzahl von schwimmenden Strukturen eingesetzt. Als suction piles werden üblicherweise unten offene Stahlzylinder mit großen Durchmessern verwendet. Das Verhältnis von Länge zu Durchmesser (L/d) liegt meist zwischen 3 und 6. Vereinzelt kommen auch suction piles aus Beton zum Einsatz. Hauptsächlich werden suction piles jedoch aus Stahl hergestellt und weisen ein sehr hohes Verhältnis von Durchmesser zu Wandstärke von d/t ~ 100 bis 250 auf. Zusätzlich werden im Inneren des Zylinders Aussteifungen angebracht, um ein Beulen zu vermeiden. Dieses tritt während des Eindringvorgangs und durch die Seilzugkräfte sowie die auftretenden Erddrücke während der Einsatzzeit auf.

Die Installation von Suction piles erfolgt in zwei Stufen (s. Bild 53b). Zuerst gräbt sich der Zylinder unter Eigengewicht und bei geöffnetem Ventil im Deckel des Zylinders in den Meeresboden ein. Anschließend wird über abmontierbare Pumpen, die an die Ventile im Deckel angeschlossen sind, Wasser aus dem Inneren des Zylinders nach außen gepumpt. Durch den daraus resultierenden Unterdruck im Inneren des Stahlzylinders und dem großen hydrostatischen Wasserdruck entsteht eine Wasserdruckdifferenz, die den Suction pile nach unten in den Meeresboden drückt. Nach der Installation werden die Pumpen abmontiert und die Ventile geschlossen, um die Grenztragfähigkeit unter vertikaler Belastung zu maximieren. Der gesamte Installationsvorgang wird mit ferngesteuerten Unterwasserfahrzeugen, sogenannten ROVs (remotly operated vehicle), durchgeführt und überwacht.

Die angreifenden Kräfte werden über das Ankerseil an der Seite des Zylinders an der Stelle eingeleitet, mit der die Ankerkapazitäten des suction caissons optimal ausgenutzt werden. Dies wird erzielt, wenn die Richtung der Seilzugkraft die Mittelachse des Zylinders in einer Tiefe von 60 bis 70 % der Eindringtiefe kreuzt (vgl. Bild 53b).

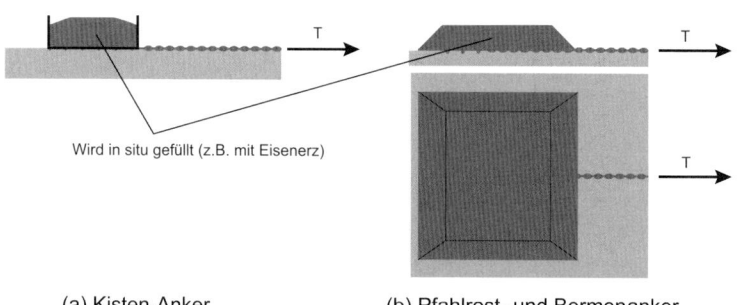

(a) Kisten-Anker   (b) Pfahlrost- und Bermenanker

Bild 52. Schwergewichtsanker [141]

Weitere Informationen zur Installation sowie zum horizontalen und vertikalen Tragverhalten von suction piles gibt *Randolph* [141]. Einen umfassenden Überblick über suction piles haben *Andersson* et al. [7] erstellt.

Hochbelastbare Offshore-Anker für semipermanente Verankerungen wurden aus konventionellen Schiffsankern entwickelt. Offshore- bzw. Drag-Anker haben in der Regel eine feste Fluke, deren Winkel je nach Bodenverhältnissen des Meeresgrunds zwischen 30 bis 50° gegenüber dem Ankerschaft variiert. Bei der Installation werden die Anker mithilfe von ROVs mit der korrekten Richtung auf dem Meeresboden platziert und dann durch Vorspannen des Seils in den Boden hineingezogen (vgl. Bild 53a). Die Vorspannkraft sollte so groß gewählt werden, dass durch die Belastungen während der Einsatzzeit nur noch geringfügige Verformungen auftreten.

Die Drag-Anker-Systeme (Bild 54a) sind nicht für vertikale Belastungen ausgelegt, das heißt, sie können nur für durchhängende Ankerseile mit überwiegend horizontaler Beanspruchung in flacheren Gewässern eingesetzt werden. Durch eine vertikale Zugbelastung können die Drag-Anker wieder geborgen werden. Für gespannte oder halb-gespannte Seilsysteme wurden Platten-Anker entwickelt. Hierzu gehören z. B. die technisch ausgereiften VLAs. Der VLA ist dem konventionellen Drag-Anker ähnlich, jedoch hat der VLA anstatt der festen Fluke eine Platte und der Ankerschaft wurde durch ein Seilsystem ersetzt (s. Bild 54b).

Die Installation gleicht ebenfalls der eines Drag-Ankers. Zuerst erfolgen wieder die Ausrichtung und die Einbettung des Ankers durch eine Horizontallast. Danach werden verschiedene Mechanismen benutzt, um die Platte des Ankers senkrecht zur Belastungsrichtung zu drehen. Nachteilig an diesem System ist, dass die genaue Eindringtiefe und somit die Überdeckung nicht bekannt ist. Dieses Problem wird mit einem anderen Platten-Ankertyp umgangen, dem SEPLA (suction embedded plate anchor, [65]). Hierbei sitzt eine Platte in einem vertikalen Schlitz an der Spitze eines suction caissons, die wie beschrieben in den Meeresboden eingebracht wird. Danach wird die Platte ausgeklinkt und der suction caisson wieder gezogen. Zum Schluss wird die Ankerleine gespannt, um die Platte senkrecht zur Belastungsrichtung zu drehen.

Alle Offshore-Platten-Anker wie VLAs oder SEPLAs unterliegen einer geringen Rotation im Meeresgrund, sobald die Gebrauchslast aufgebracht wird. Dies führt dazu, dass der Anker sich während der geringen Drehung aufwärts bewegt und sich durch den daraus resultierenden Verlust an Überlagerung mit Bodenmaterial die Tragkraft verringert.

Die enormen Herstellungskosten für Anker in tiefen Gewässern haben dazu geführt, neuartige Ankersysteme zu entwickeln, die sich im freien Fall selbstständig in den Meeresboden eingraben. Derartige Ankerarten werden als dynamisch eindringende Anker, DPA (dynamically penetrating anchors), bezeichnet. Die bisher in Feldversuchen und in der Praxis eingesetzten Anker haben einen Durchmesser von 0,75 bis 1,2 m und eine Gesamtlänge von 10 bis 15 m bei einem Gewicht von 250 bis 1000 kN. Einige Versionen haben am oberen Ende zusätzlich Führungsbleche angeschweißt.

Der Anker wird in einer Höhe von 20 bis 40 m über dem Meeresboden vom Halteseil ausgeklinkt und erreicht Geschwindigkeiten von 25 bis 35 m/s. Das Bild 55 zeigt schematisch den Herstellungsvorgang solch eines Ankers. DPAs sind so konstruiert, dass sie mit den erreichten Geschwindigkeiten Eindringtiefen von bis zu der dreifachen Ankerlänge erzielen können. Nach der Konsolidierung werden Ankerwiderstände zwischen dem Fünf- bis Zehnfachen des

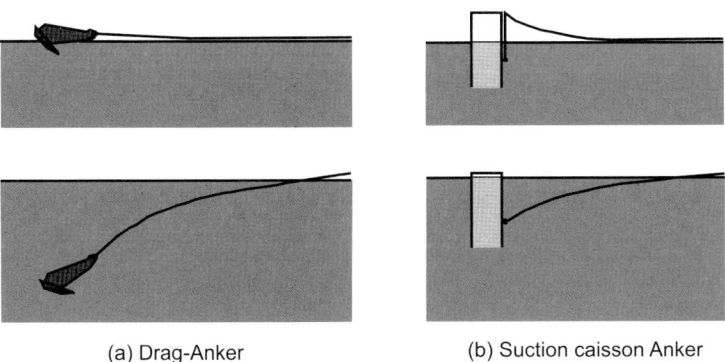

(a) Drag-Anker (b) Suction caisson Anker

Bild 53. Installation a) eines Drag-Ankers und b) eines Suction-caisson-Ankers [48]

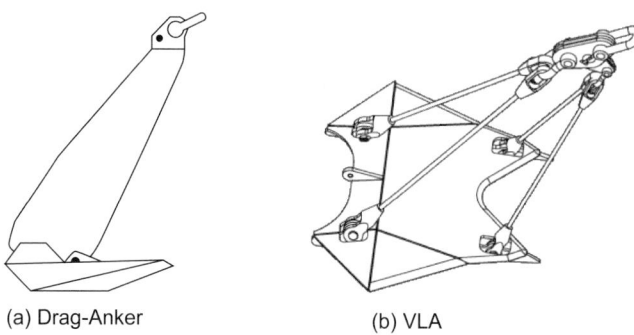

(a) Drag-Anker (b) VLA

Bild 54. Beispiele für Drag-Anker und VLA der Fa. Vryhof

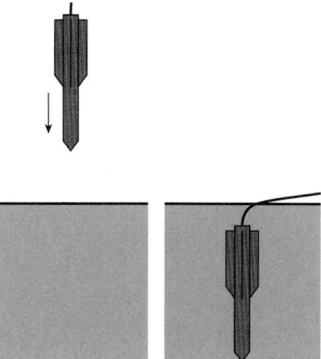

Bild 55. Installation eines DPAs

Ankergewichts erwartet. Die erreichte Effizienz ist zwar niedriger als bei anderen Ankerarten, jedoch wird dieser Nachteil durch die günstigeren Herstellungs- und Installationskosten kompensiert.

Die Entwicklung von Ankersystemen bringt immer neue Arten von Ankern auf den Markt. Einen umfassenden Überblick von Tiefseeankern mit Vor- und Nachteilen haben *Ehlers* et al. [69] erstellt.

15.2 Besonderheiten

Neben den bereits erläuterten Besonderheiten der einzelnen Ankerarten sind zusätzlich auch folgende Aspekte beim Einsatz von Ankern zu berücksichtigen:

- dynamische Ankerlasten, welche durch die infolge des Seegangs bewegten Strukturen verursacht werden,
- Seil-Differenzialgleichungen bei durchhängenden Ankerseilen,
- Reibungskräfte der Kette auf dem Meeresuntergrund,
- Verringerung der Ankerwiderstände durch Kolkbildung am Verankerungssystem und durch die Bewegung der Kette durch den Meeresgrund.

Danksagung

Den Mitarbeitern des Instituts für Geotechnik und Baubetrieb der Technischen Universität Hamburg-Harburg sei herzlich gedankt für die tatkräftige Unterstützung bei der Erstellung des Manuskripts. Die Druckfassung dient seit der ersten Veröffentlichung im Beton-Kalender im Jahr 2010 als wichtige Unterlage für die Vorlesung „Marine Geotechnik".

16 Literatur

[1] Achmus, M., Kuo, Y.-S., Abdel-Rahman K. (2009) *Behavior of monopile foundations under cyclic lateral load*, Computers and Geotechnics **36** (5), 725–735.

[2] Adams, A. J., Barltrop, N. D. P. (1991) *Dynamics of Fixed Marine Structures*. Butterworth-Heinemann, 3rd edition.

[3] American Gas Association AGA (1993) *Submarine Pipeline On-Bottom Stability*, Vol. 1, Analysis and Design Guidelines, AGA Project Report PR-178-9333.

[4] American Gas Association AGA (1986) *Hydrodynamic forces on pipelines – Model tests*. AGA Project Report PR-170-158.

[5] American Petroleum Institute API (2000) *Recommended practice for planning, designing and constructing fixed offshore platforms – Working Stress design*. API RP2A-WSD, 21st Edition, Washington.

[6] American Society of Mechanical Engineers ASME (2002) *Standards of Pressure Piping*. ASME B31, Washington.

[7] Andersen, K. H., Murff, J. D., Randolph, M. F., Clukey, E., Erbrich, C. T., Jostad, H. P., Hanson, B., Aube-

ny, C. P., Sharma, P., Supachawarote, C. (2005) *Suction anchors for deepwater applications*. In: ISFOG: Proceedings of the International Symposium on Frontiers in Offshore Geotechnics. Perth.

[8] Arbeitsausschuss „Ufereinfassungen" der Hafenbautechnischen Gesellschaft e. V. und der Deutschen Gesellschaft für Geotechnik e. V. (2012) *Empfehlungen des Arbeitsausschusses „Ufereinfassungen" Häfen und Wasserstraßen EAU 2012*, Ernst & Sohn, Berlin.

[9] Arbeitsausschuss „Ufereinfassungen" der Hafenbautechnischen Gesellschaft e. V. und der Deutschen Gesellschaft für Geotechnik e. V. (2008) Technischer Jahresbericht 2008, Teil II, *Bautechnik* **85** (12), 812–816.

[10] Arbeitskreis „Baugruben" der Deutschen Gesellschaft für Geotechnik e. V. (2018) *Empfehlungen des Arbeitskreises „Baugruben" EAB*, Ernst & Sohn, Berlin.

[11] Arbeitskreis „Pfähle" der Deutschen Gesellschaft für Geotechnik e. V. (2012) *Empfehlungen des Arbeitskreises Pfähle*, 1. Auflage, Ernst & Sohn, Berlin.

[12] Bai, Y., Bai, Q. (2005) *Subsea pipelines and risers*, 2nd Revised edition, Elsevier Science.

[13] Barron, R. A. (1948) Consolidation of Fine-Grain Soils by Drain Wells, *Transactions of the American Society of Civil Engineers* **113**, 718–742.

[14] Bundesanstalt für Wasserbau (BAW) (Ed.) (2013) *Untersuchung des Eindringverhaltens von Schiffsankern mittels Ankerzugversuchen – Bericht zur Vermessung der Ankereindringtiefe*, BAW, Hamburg.

[15] Been, K. et al. (2012) *Hydraulic Fill Manual for Dredging and Reclamation Works*, Ak Leiden, CRC Press/Balkema.

[16] Benz, T. (2007) *Small-Strain Stiffness of Soil and its Numerical Consequences*, Veröffentlichungen des Instituts für Geotechnik der Universität Stuttgart, Heft **55**. Stuttgart.

[17] Biehl, F. (2008) *Collision of Ships with Offshore Wind Turbines: Calculation and Risk Evaluation*, Dissertation, Institut für Konstruktion und Festigkeit von Schiffen der Technischen Universität Hamburg-Harburg.

[18] Biot, M. A. (1956) Theory of propagation of elastic waves in a fluid saturated porous solid, *The Journal of the Acoustical Society of America* **28** (2), 168–191.

[19] Blum, H. (1931) Beitrag zur Berechnung von Bohlwerken, *Bautechnik*, (2), 45–52.

[20] Bowmann, E., Soga, K. (2005) Mechanisms of setup of displacement piles in sand: laboratory creep tests, *Canadian Geotechnical Journal* **42** (5), 1391–1407.

[21] Bransby, M. F., Amman, S., Zajac, P. (2008) *Numerical analysis of the capacity of ,on-bottom' offshore pipelines*. In: ICOF 2008: Proc. 2nd British Geotechnical Association Int. Conf. on Foundations, University of Dundee, Scotland, pp. 789–800. Bre Press.

[22] Bray, R. N. (1997) *Dredging – A Handbook for Engineers*, Butterworth-Heinemann Ltd., London.

[23] Brennan, A. J., Cassidy, M. J. (2008) *Cyclic load response of unburied pipelines on silica sands*. In: ICOF 2008: Proc. 2nd British Geotechnical Association Int. Conf. on Foundations, University of Dundee, Scotland, pp. 801–812. Bre Press.

[24] British Standards Institution BSI (2004) *Code of practice for pipelines, Part 2: Subsea pipelines*, PD 8010. London.

[25] Bubel, J., Grabe, J. (2012) *Stability of Submarine Foundation Pits under Wave Loads*. In: Proceedings of the ASME 2012 31st International Conference on Ocean, Offshore and Arctic Engineering, Rio de Janeiro, Brazil, 2012, OMAE2012-83027.

[26] Buisman, A. S. K. (1936): *Results of Long Duration Settlement Tests*. In: International Conference on Soil Mechanics and Foundation Engineering, Vol. 1, pp. 103–106.

[27] Bundesamt für Seeschifffahrt und Hydrographie BSH: *Informationsangebot des Bundesamts für Seeschifffahrt und Hydrographie*, www.bsh.de.

[28] Bundesamt für Seeschifffahrt und Hydrographie BSH (2014) *Standard Baugrunderkundung für Offshore-Windenergieparks*, 1. Fortschreibung, Hamburg und Rostock.

[29] Bundesamt für Seeschifffahrt und Hydrographie BSH (2015) *Standard Konstruktive Ausführung von Offshore-Windenergieanlagen*, Hamburg und Rostock.

[30] Bundesamt für Seeschifffahrt und Hydrographie BSH (2013) Untersuchung der Auswirkungen von Offshore-Windenergieanlagen auf die Meeresumwelt (StUK 4).

[31] Carr, M., Sinclair, F., Bruton, D. (2006) *Pipeline Walking – Understanding the Field Layout Challenges, and Analytical Solutions Developed for the SAFEBUCK JIP*. In: OTC 2006: Offshore Technology Conference, Houston.

[32] Carter, L., Burnett, D., Drew, S., Marle, G., Hagadorn, L., Bartlett-McNeil, D., Irvine, N. (2009) *Submarine Cables and the Oceans: Connecting the 195 World*, UNEP-WCMC Bio-diversity Series No. 31. ICPC/UNEP/UNEPWCMC.

[33] Cathie, D. (2017) *Decommissioning and Removal of Monopiles*, Tagungsband zur Conference on Maritime Energy (COME) 2017 in Hamburg/Germany, Veröffentlichungen des Instituts für Geotechnik und Baubetrieb der Technischen Universität Hamburg-Harburg, Heft **38**, S. 83–98.

[34] Centre for Civil Engineering Research and Codes (CUR) (2005) *Handbook Quay Walls*. Gouda (Netherlands), Balkema.

[35] Clasmeier, H.-D. (1996) *Ein Beitrag zur erdstatischen Berechnung von Kreiszellenfangedämmen*, Mitteilungen des Institutes für Grundbau und Bodenmechanik, Universität Hannover, Heft **44**.

[36] Clasmeier, H.-D. (1980) *Neue Schleusen in Westeuropa*, Jahrbuch der Hafenbautechnischen Gesellschaft, 37. Band, 1979/1980.

[37] Clausen, C. J. F., Aas, P. M., Karlsrud, K. (2005) *Bearing Capacity of Driven Piles in Sand, the NGI*

Approach. In: ISFOG 2005: Proc. 1st Int. Symposium Frontiers in Offshore Geotechnics, University of Western Australia, Perth, pp. 677–682. Taylor & Francis, London.

[38] CUR (1992) *Artificial sand fills in water*, CUR, Report No. **152**, Gouda.

[39] Danish Hydraulic Institute (Ed.) (1986) *Hydrodynamic forces on pipelines – Model tests*. Final report to the AGA PR-170-185.

[40] Det Norske Veritas DNV (2007) *Submarine Pipeline Systems*, DNV-OS-F101, Oslo.

[41] Det Norske Veritas DNV (2004) *Design of Offshore Wind Turbine Structures*, DNV OS-J-101, Oslo.

[42] Det Norske Veritas DNV (2004) *Corroded Pipelines*, DNV-RP-F101, Oslo.

[43] Det Norske Veritas DNV (2003) *Pipeline Field Joint Coating and Field Repair of Linepipe Coating*, DNV-RP-F102, Oslo.

[44] Det Norske Veritas DNV (2003) *Cathodic Protection of Submarine Pipelines by Galvanic*, DNV-RP-F103, Oslo.

[45] Det Norske Veritas DNV (2006) *Free Spanning Pipelines*, DNV-RP-F105, Oslo.

[46] Det Norske Veritas DNV (2003) *Factory Applied External Pipeline Coatings for Corrosion Control*, DNV-RP-F106, Oslo.

[47] Det Norske Veritas DNV (2001) *Risk Assessment of Pipeline Protection*, DNV-RP-F107, Oslo.

[48] Det Norske Veritas DNV (2007) *Onbottom Stability of Design of Submarine Pipelines*, DNV-RP-F109, Oslo.

[49] Det Norske Veritas DNV (2007) *Global Buckling of Submarine Pipelines*, DNV-RP-F110, Oslo.

[50] Det Norske Veritas DNV (2006) *Interference between Trawl Gear and Pipelines*, DNV-RP-F111, Oslo.

[51] Det Norske Veritas DNV (2008) *Design of Duplex Stainless Steel Subsea Equipment Exposed to Cathodic Protection*, DNV-RP-F112, Oslo.

[52] DIN EN ISO 19902:2014-01 (2014): *Erdöl- und Erdgasindustrie – Gegründete Stahlplattformen* (ISO 19902:2007 + Amd 1:2013). Deutsches Institut für Normung e. V., Beuth Verlag, Berlin.

[53] DIN EN 1997-1:2014-03 (2014) *Eurocode 7: Entwurf, Berechnung und Bemessung in der Geotechnik – Teil 1: Allgemeine Regeln*; Deutsche Fassung EN 1997-1:2004 + AC:2009 + A1:2013. Deutsches Institut für Normung e. V., Beuth Verlag, Berlin.

[54] DIN 1054:2010-12 (2010) *Baugrund – Sicherheitsnachweise im Erd- und Grundbau*, Deutsches Institut für Normung e. V., Beuth Verlag GmbH, Berlin.

[55] DIN 18196:2006-06 (2006) *Erd- und Grundbau – Bodenklassifikation für bautechnische Zwecke*, Deutsches Institut für Normung e. V., Beuth Verlag GmbH, Berlin.

[56] DIN 4017:2006-03 (2006) *Baugrund – Berechnung des Grundbruchwiderstands von Flachgründungen*, Deutsches Institut für Normung e. V., Beuth Verlag GmbH, Berlin.

[57] DIN 4020:2010-09 (2010) *Geotechnische Untersuchungen für bautechnische Zwecke*, Deutsches Institut für Normung e. V., Beuth Verlag GmbH, Berlin.

[58] DIN 4084:2009-01 (2009) *Baugrund – Geländebruchberechnungen*, Deutsches Institut für Normung e. V., Beuth Verlag GmbH, Berlin.

[59] DIN 4085:2017-08 (2017) *Baugrund – Berechnung des Erddrucks*, Deutsches Institut für Normung e. V., Beuth Verlag GmbH, Berlin.

[60] Deutsche Gesellschaft für Geotechnik e. V. (DGGT) (1997) *Empfehlungen für Bewehrungen aus Geokunststoffen – EBGEO*. Ernst & Sohn, Berlin.

[61] Deutsche Vereinigung für Wasserwirtschaft, Abwasser und Abfall e. V. (2005), DWA-Arbeitsgruppe WW 7.3: *Dichtungssysteme in Deichen*, April 2005.

[62] Deutscher Verband für Wasserwirtschaft und Kulturbau e. V. (1986) *DVWK-Merkblatt 210 – Flussdeiche*, DWA Deutsche Vereinigung für Wasserwirtschaft, Abwasser und Abfall e. V.

[63] Deutscher Verband für Wasserwirtschaft und Kulturbau e. V. (1992) *DVWK-Merkblatt 221/1992 – Anwendung von Geotextilien im Wasserbau*, DWA Deutsche Vereinigung für Wasserwirtschaft, Abwasser und Abfall e. V.

[64] Deutsches Gebrauchsmuster 'Gründungspfahl' (2005), DE 20 2005 004 739.2.

[65] Dove, P., Treu, H., Wilde, B. (1998) *Suction embedded plate anchor (SEPLA): a new anchoring solution for ultra-deepwater mooring*. In: DOT: Proceedings of the Deep Offshore Technology Conference, New Orleans.

[66] Doyle, E. H. (1973) *Soil-Wave Tank Studies of Marine Soil Stability*. In: Fifth Annual Offshore Technology Conference: preprints Bd. II, OTC-1901.

[67] Dührkop, J. (2009) *Zum Einfluss von Aufweitungen und zyklischen Lasten auf das Verformungsverhalten lateral beanspruchter Pfähle in Sand*, Dissertation. Veröffentlichung des Instituts für Geotechnik und Baubetrieb der TU Hamburg-Harburg, Heft **20**.

[68] Duphorn, K., Kliewe, H., Niedermeyer, R.-O., Janke, W., Werner, F. (1995) Sammlung geologischer Führer 88: *Die deutsche Ostseeküste*. Gebrüder Borntraeger, Berlin – Stuttgart.

[69] Ehlers, C. J., Young, A. G., Chen, J. H. (2004) *Technology assessment of deepwater anchors*. In: OTC. Proceedings of the Annual Offshore Technology Conference, Housten, Paper OTC 16840.

[70] European Wind Energy Association (2015) *The European offshore wind industry – key trends and statistics 2015*. A report by the European Wind Energy Association.

[71] Gattermann, J., Fritsch, M., Stahlmann, J. (2005) *Auswahl- und Einbaukriterien geotechnischer Messgeber zur Bestimmung des Normalkraftverlaufs der Wand/Verankerung bei Kaimauerkonstruktionen und deren Ergebnisse*. Mitteilungen des Institutes für Grundbau und -Bodenmechanik der IGB-TUBS, Heft **80**, S. 21–41.

[72] Gavin, K., Igoe, D., Kirwan, L. (2013) The effect of ageing on the axial capacity of piles in sand, *Journal of Geotechnical Engineering* **166** (2), 122–130.

[73] Geduhn, M., Barbosa P. (2015) *Down scaled Offshore Pile Tests in Chalk and Glacial Till*. Tagungsband zum Pfahl-Symposium 2015, Mitteilungen des Instituts für Grundbau und Bodenmechanik der Technischen Universität Braunschweig, Heft **99**, S. 309–324.

[74] Germanischer Lloyd GL (2005) *Guideline for the Certification of Offshore Wind Turbines*, Hamburg.

[75] Gourvenec S.; White D. (2017): *In situ decommissioning of subsea infrastructure*. Tagungsband zur Conference on Maritime Energy (COME) 2017 in Hamburg/Germany, Veröffentlichungen des Instituts für Geotechnik und Baubetrieb der Technischen Universität Hamburg-Harburg, Heft **38**, S. 3–40.

[76] Göthel, O., Zielke, W. (2005) *Kolkbildung an meerestechnischen Konstruktionen*. Veröffentlichungen des Institutes für Geotechnik und Baubetrieb der Technischen Universität Hamburg-Harburg, Heft **9**, S. 199–206.

[77] Grabe, J. (2004) *Bodenmechanik und Grundbau*, Veröffentlichungen des Arbeitsbereiches Geotechnik und Baubetrieb der Technischen Universität Hamburg-Harburg, Heft **3**, neubearbeitete und erweiterte 3. Auflage.

[78] Grabe, J. (2005) *Phänomene an der Grenzschicht Wasser und Boden*, Veröffentlichungen des Institutes für Geotechnik und Baubetrieb der Technischen Universität Hamburg-Harburg, Heft **9**, S. 3–30.

[79] Grabe, J. (2005) Seehäfen für Containerschiffe zukünftiger Generationen, *HANSA International Maritime Journal*, **142** (1), 67–74.

[80] Grabe, J. (2005) *Untersuchungen zum Tragverhalten von Monopiles*. Tagungsband zum HTG-Kongress in Bremen, Hamburg, Hafenbautechnische Gesellschaft, S. 275–284.

[81] Grabe J. (2008) *Pile Foundations for Nearshore and Offshore Structures*. In: Peroc. of 11th Baltic Sea Geotechnical Conference, Gdansk University of Technology, Poland, pp. 445–462.

[82] Grabe J. (2017) Zweiter Technischer Halbjahresbericht 2017 des Arbeitsausschusses „Ufereinfassungen" und der Hafentechnischen Gesellschaft e. V. (HTG) und der Deutschen Gesellschaft für Geotechnik (DGGT), *Bautechnik* **94** (12), S. 1–6.

[83] Grabe, J.; Busch, P.; Hamann, T. (2014) *On the set-up of piles*. Proceedings of 33. International Conference on Ocean, Offshore and Arctic Engineering (OMAE) in San Francisco, USA, 2014. Electronically published under OMAE2014-24433.

[84] Grabe, J., Dührkop, J., Mahutka, K.-P. (2004) Monopilegründung von Offshore-Windenergieanlagen – Zur Bildung von Porenwasserüberdrücken aus zyklischer Belastung, *Bauingenieur* **79** (9), S. 418–422.

[85] Grabe, J., Kinzler, S., Miller, C. (2007) Entwicklung eines Kolk-Monitoring Systems, *HANSA International Maritime Journal* **144** (7), 104–108.

[86] Grabe, J., Mahutka, K.-P., Dührkop, J., Henke, S. (2006) *Inverse Bestimmung der horizontalen Bettung von Pfählen aus dem Schwingungsverhalten*. VDI-Fachtagung Baudynamik, Kassel, VDI-Berichte Nr. 1941, VDI-Verlag GmbH, Düsseldorf, S. 511–520.

[87] Grabe, J., Schallück, C., Kinzler, S. (2009) Zum vertikalen Lastabtrag von Spundwänden, *Bautechnik* **86** (8), 455–464.

[88] Grabe, J., Hügel, H.-M. (2007) *Zur Bemessung geotechnischer Konstruktionen mit Finite-Elemente Methoden*, Veröffentlichungen des Institutes für Geotechnik und Baubetrieb der Technischen Universität Hamburg-Harburg, Heft **14**, S. 1–16.

[89] Grabe, J., Qiu, G., Wu, L. (2015) Numerical simulation of the penetration process of ship anchors in sand, *Geotechnik* **38** (1), 36–45.

[90] Grabe, J.; Osthoff, D. (2016) *Zum Tragverhalten von Spundwänden unter Berücksichtigung von Lageimperfektionen*. In: Stahl-Informations-Zentrum (Hrsg.): Dokumentation: Stahlspundwände – Neues für Planung und Anwendung.

[91] Grabe, J., Wu, L. (2016) Coupled Eulerian-Lagrangian simulation of the penetration and braking behaviour of ship anchors in clay, *Geotechnik* **39** (3), 168–174.

[92] Hamann, T., Pichler,T., Grabe, J. (2013) *Numerical simulation of ship collision with gravity base foundations of offshore wind turbines*. Proc. of 32nd International Conference on Ocean, Offshore and Artic Engineering (OMAE) 2013 in Nantes/France, paper No. OMAE2013-11627.

[93] Hamburg Port Authority HPA (2005) *Leistungsbeschreibung Teil C – Anlage zu den Bemerkungen zum Leistungsverzeichnis (Teil B) für Uferbauwerke und Hochwasserschutzanlagen*. Stand Februar 2005. Freie und Hansestadt Hamburg, Behörde für Wirtschaft und Arbeit.

[94] Hauser, C., Walz, B., Thienert, C., Pulsfort, M. (2009) Zur inneren Standsicherheit eines Fangedammes, *Bautechnik* **86** (5).

[95] Henke, S. (2008) *Herstellungseinflüsse aus Pfahlrammung im Kaimauerbau*, Dissertation. Veröffentlichungen des Instituts für Geotechnik und Baubetrieb der TU Hamburg-Harburg, Heft **18**.

[96] Henke, S., Grabe, J. (2008) Numerische Untersuchungen zur Pfropfenbildung in offenen Profilen in Abhängigkeit des Einbringverfahrens, *Bautechnik* **85** (8), 521–529.

[97] Henkel, D. J. (1970) The role of waves in causing submarine landslides, *Géotechnique* **20** (1), 75–80.

[98] Henningsen, D., Katzung, G. (2006) *Einführung in die Geologie Deutschlands*, S. 1–234. Heidelberg, Spektrum Akad. Verlag.

[99] Heerten, G. (2009): *Geokunststoffe in Deichen*. In: DWA-Seminar Flussdeiche und Dichtungselemente im Wasserbau, Magdeburg.

[100] Hohl, R. (1989) *Die Entwicklungsgeschichte der Erde*, S. 703, 48. 7. Auflage. Leipzig, Brockhaus.

[101] Hölscher, P., Tol, F. van (Eds.) (2008) Rapid load testing on piles. Chapter *Rapid Load Testing on Piles*, Taylor & Francis Group, London, S. 1–12.

[102] Hsu, J. R. C., Jeng, D. S. (1994) Wave-Induced Soil Response in an Unsaturated Anisotropic Seabed of Finite Thickness, *International Journal for Numerical and Analytical Methods in Geomechanics* **18**, 785–807.

[103] Hupfer, P. (1978) *Die Ostsee – kleines Meer mit großen Problemen*, 1. Aufl. Leipzig, BSB B. G. Teubner Verlagsgesellschaft.

[104] ISO 13623 (2000) *Petroleum and natural gas industries – Pipeline transportation systems*, International Organization for Standardization ISO, Genf.

[105] Jardine, R., Chow, F., Overy, R., Standing, J. (2005) *ICP design Methods for driven Piles in Sands and Clays*, Imperial College. Thomas Telford Publishing, London.

[106] Jelinek, R., Ostermayer, H. (1967) Zur Berechnung von Fangedämmen und verankerten Stützwänden, *Bautechnik* (5), 167–171, (6), 203–207.

[107] Koschinski, S., Lüdemann, K. (2011) *Stand der Entwicklung schallminimierender Maßnahmen beim Bau von Offshore-Windenergieanlagen*, Studie im Auftrag vom Bundesamt für Naturschutz (BfN). https://www.bfn.de/fileadmin/MDB/documents/themen/meeresundkuestenschutz/downloads/Berichte-und-Positionspapiere/BfN-Studie_Bauschallminderung_Juli-2011.pdf. Version: 2011, Abruf: 02.08.2016.

[108] Kolk, H. J., Baaijens, A. E., Senders, M. (2005) *Design Criteria for Pipe Piles in Silica Sands*. In: ISFOG 2005: Proc. 1st Int. Symposium Frontiers in Offshore Geotechnics, University of Western Australia, Perth, pp. 711–716. Taylor & Francis, London.

[109] Kolymbas, D. (1991) Longitudinal impacts on piles, *Soil Dynamics and Earthquake Engineering* **10** (5), 264–270.

[110] Kolymbas, D. (2007) *Geotechnik – Bodenmechanik, Grundbau und Tunnelbau*, Springer-Verlag, Berlin, Heidelberg.

[111] König, F. (2008) *Zur zeitlichen Traglastentwicklung von Pfählen und der nachträglichen Erweiterung bestehender Pfahlgründungen*, Dissertation. Veröffentlichungen des Instituts für Geotechnik und Baubetrieb der TU Hamburg-Harburg, Heft **17**.

[112] König, F., Grabe, J. (2006) *Time-dependent increase of the bearing capacity of displacement piles*. In Proc. of 10th International Conference on Piling and Deep Foundations 2006 in Amsterdam, Netherlands, pp. 709–717.

[113] Krey, H. (1936) *Erddruck, Erdwiderstand und Tragfähigkeit des Baugrundes*, Ernst & Sohn, Berlin.

[114] Kudella, M., Oumeraci, H. (2005) *Seegangsinduzierte Prozesse im Sandbett unter monolithischen Bauwerken*. In: Grenzschicht Wasser und Boden – Phänomene und Ansätze, Veröffentlichungen des Arbeitsbereiches Geotechnik und Baubetrieb der Technischen Universität Hamburg-Harburg, Heft **9**.

[115] Kuo, Y.-S. (2008) *On the behavior of large-diameter piles under cyclic lateral load*, Dissertation. Mitteilungsheft des Instituts für Grundbau, Bodenmechanik und Energiewasserbau (IGBE) der Leibniz Universität Hannover, Heft **65**.

[116] Kuratorium für Forschung im Küsteningenieurwesen (2002) *Empfehlung des Ausschusses Küstenschutzwerke – Die Küste (EAK 2002)*.

[117] Lackner, E. (1950) *Berechnung mehrfach gestützter Spundwände*, Ernst & Sohn, Berlin.

[118] Lehane, B. M., Schneider, J. A., Xu, X. (2005) *The UWA-05 Method for Prediction of Axial Capacity of Driven Piles in Sand*. In: ISFOG 2005: Proc. 1st Int. Symposium Frontiers in Offshore Geotechnics, University of Western Australia, Perth, pp. 683–689. London, Taylor & Francis.

[119] Leffner, W. L., Pattarozzi, R., Sterling, G. (2003) *Deepwater Petroleum Exploration and Production*, Pen Well.

[120] Lesny, K. (2008) *Gründung von Offshore-Windenergieanlagen – Werkzeuge zur Planung und Bemessung*, Habilitationsschrift. Mitteilungen aus dem Fachgebiet Grundbau und Bodenmechanik, Universität Duisburg-Essen, Heft **36**, VGE Verlag.

[121] Lesny, K., Richwien, W. (2005) *Bemessung von Gründungen von Offshore-Windenergieanlagen*. HTG Kongress Bremen, S. 253–265.

[122] Madsen, O. S. (1978) Wave-induced pore pressures and effective stresses in a porous bed, *Géotechnique* **28** (4), 377–393.

[123] Magda, W. (1998) *Wave-induced pore pressure oscillations in sandy seabed sediments*, Dissertation, Technical University of Gdansk, Marine Civil Engineering Department.

[124] Magnus, K., Müller, H. H. (1990) *Grundlagen der Technischen Mechanik*, 6. Auflage, Teubner.

[125] Mahutka, K.-P., Dührkop, J., Grabe, J. (2008) *A Dynamic Method for Determining a Pile's Lateral Subgrade Reaction*. In: Proc. of 2nd British Geotechn. Ass. Int. Conf. on Foundations ICOF 2008 in Dundee (UK), pp. 417–426. IHS BRE Press.

[126] Mahutka, K.-P., König, F., Grabe, J. (2006) *Numerical modeling of pile jacking, driving and vibro driving*. In: Proceedings of International Conference on Numerical Simulation of Construction Processes in Geotechnical Engineering for Urban Environment (NSC06), Bochum, ed. by T. Triantafyllidis, Balkema, Rotterdam, pp. 235–246.

[127] Mardfeldt, B. (2005) *Zum Tragverhalten von Kaikonstruktionen im Gebrauchszustand*, Dissertation. Veröffentlichungen des Instituts für Geotechnik und Baubetrieb der TU Hamburg-Harburg, Heft **11**.

[128] Müller, V. (2005) *Untersuchungen zum 3D-Scour an Pipelines mittels diskreter Wirbelmethoden*. In: Grenzschicht Wasser und Boden – Phänomene und Ansätze, Technische Universität Hamburg-Harburg, Hamburg, Veröffentlichungen des Arbeitsbereiches Geotechnik und Baubetrieb, Heft **9**, S. 75–78.

[129] Niemunis, A. (2003) *Extended hypoplastic models for soils*, Habilitation. Schriftenreihe des Instituts für Grundbau und Bodenmechanik, Ruhr-Universität Bochum, Heft **34**.

[130] Niemunis, A., Herle, I. (1997) Hypoplastic model for cohesionless soils with elastic strain range, *Mechanics of Frictional and Cohesive Materials* (2), 279–299.

[131] Offshore-Windindustrie.de (2018) *Das Branchenportal rund um die Windenergie auf See, Windparks in Deutschland*, URL: http://www.offshore-windindustrie.de/windparks/deutschland [letzter Zugriff: 09.04.2018].

[132] Okusa, S. (1985) Wave-induced stresses in unsaturated submarine sediments, *Géotechnique* **35** (4), 517–532.

[133] Osthoff, D. (2018) *Zur Ursache von Schlosssprengungen und zu einbringbedingten Lageabweichungen von Spundwänden*, Dissertation. Veröffentlichungen des Instituts für Geotechnik und Baubetrieb der Technischen Universität Hamburg-Harburg, Heft **43**.

[134] Osthoff, D., Grabe, J. (2015) *Collision of double hall tanker with gravity base foundation of offshore wind turbine: case of horizontal drift and swell*. Proc. of 3rd International Symposium on Frontiers in Offshore Geotechnics 2015 in Oslo (Norway), V. Meyer (ed.), Taylor & Francis Group, London. Vol 2, pp. 795–800.

[135] Osthoff, D., Heins, E., Grabe, J. (2017) Impact on submarine cables due to ship anchor-soil interaction, *Geotechnik* **40** (4), 265–270, DOI: 10.1002/gete.201600027.

[136] Palmer, A. C., King, R. A. (2008) *Subsea Pipeline Engineering*, PennWell Books, 2nd Revised edition.

[137] PIANC (2018) Technical Reports of the World Association for Waterborne Transport Infrastructure, URL: https://www.pianc.org/technicalreports browseall.php [letzter Aufruf: 15.05.2018].

[138] Priebe, H. J. (1995) Die Bemessung von Rütteltstopfverdichtungen, *Bautechnik* **72** (3), 183–191.

[139] Qiu, G. (2012) *Coupled Eulerian Lagrangian Simulation of Selected Soil-Structure Problems*, Dissertation. Veröffentlichungen des Instituts für Geotechnik und Baubetrieb der Technischen Universität Hamburg-Harburg, Heft **24**.

[140] Randolph, M. F. (2003) Science and empiricism in pile foundation design, *Géotechnique* **53** (10), 847–875.

[141] Randolph, M. F., Caccidy, M., Gourvenec, S., Erbrich, C. (2005) *Challenges of offshore geotechnical engineering*. In: 16th ICSMGE: Proceedings of the 16th International Conference on Soil Mechanics and Geotechnical Engineering, Osaka, Japan, pp. 123–176. Millpress.

[142] Randolph, M. F., White, D. J. (2008) *Offshore foundation design – a moving target*. In: ICOF 2008: Proc. 2nd British Geotechnical Association Int. Conf. on Foundations, University of Dundee, Scotland, pp. 27–60. Bre Press.

[143] Raithel, M. (1999) *Zum Trag- und Verformungsverhalten von geokunststoffummantelten Sandsäulen*. Schriftreihe Geotechnik der Universität Gh Kassel Heft **6**.

[144] Rechtern, J. (1994) *Standsicherheit von Deichen*. In: Berichte aus der Wasserwirtschaft Nr. 2, Berücksichtigung des Naturschutzes beim Deichbau, S. 45–56, Baubehörde der Freien und Hansestadt Hamburg, Amt für Wasserwirtschaft, Hamburg.

[145] Reese, L. C., Cox, W. R., Koop, F. D. (1974) *Analysis of laterally loaded piles in sand*. Proceedings of the 6th Annual Offshore Technology Conference OTC, Houston, Texas, pp. 437–483.

[146] Reimann, K., Grabe, J. (2013) *Field measurements of hydro-sound emissions due to offshore piling at the construction site of BARD Offshore 1*. In: Proceedings of the Conference on Maritime Energy Bd. 26, Veröffentlichungen des Instituts für Geotechnik und Baubetrieb der Technischen Universität Hamburg-Harburg, S. 345–359.

[147] Rudolph, M. (2005) Beanspruchung und Verformung von Gründungskonstruktionen auf Pfahlrosten und Pfahlgruppen unter Berücksichtigung des Teilsicherheitskonzepts. Schriftenreihe Geotechnik, Universität Kassel, Heft **17**.

[148] Rudolph, C. (2015) *Untersuchungen zur Drift von Pfählen unter zyklischer, lateraler Last aus veränderlicher Richtung*, Dissertation. Veröffentlichungen des Instituts für Geotechnik und Baubetrieb der Technischen Universität Hamburg-Harburg, Heft 32.

[149] Schmertmann, J. H. (1991) The Mechanical Aging of Soil, *Journal of Geotechnical Engineering* **117** (9), 1288–1330.

[150] Schwarz, P. (2002) *Beitrag zum Tragverhalten von Verpresspfählen mit kleinem Durchmesser unter axialer zyklischer Belastung*. Schriftenreihe Lehrstuhl für Grundbau, Bodenmechanik und Felsmechanik der TU München, Heft **33**.

[151] Siegl, K. (2017) *Zur Pfahldynamik von gerammten Großbohrpfählen und der daraus resultierenden Wellenausbreitung in Wasser und im Meeresboden*. In: Grabe, J. (Hrsg.): Veröffentlichungen des Institutes für Geotechnik und Baubetrieb der Technischen Universität Hamburg-Harburg Bd. **40**, Dissertation, Hamburg.

[152] Sindowski, K.-H. (2001) *Das Quartär im Untergrund der Deutschen Bucht (Nordsee)*. In: Eiszeitalter und Gegenwart: Jahrbuch der Deutschen Quartärvereinigung, Band **21**, S. 33–46, 1970, Verlag Hohenlohe'sche Buchhandlung Ferd. Rau, Öhringen/Württemberg. In: GIGAWIND, Jahresbericht 2001 – Bau- und umwelttechnische Aspekte von Offshore Windenergieanlagen.

[153] Sleath, J. F. A. (1970) Wave-induced pressures in beds of sand, *Journal of the Hydraulics Division, Am. Soc. Civ. Engrs.* **96** (2), 367–379.

[154] Smith, E. A. L. (1960) Pile driving analysis by the wave equation, *Journal of the Soil Mechanics and Foundations Division* **86**, 35–61.

[155] Witt, K. J. (2017) *Grundbau-Taschenbuch, Teil 1: Geotechnische Grundlagen*, 8. Auflage. Ernst & Sohn, Berlin.

[156] Witt, K. J. (2018) *Grundbau-Taschenbuch, Teil 2: Geotechnische Verfahren*, 8. Auflage. Ernst & Sohn, Berlin.

[157] Witt, K. J. (2018) *Grundbau-Taschenbuch, Teil 3: Gründungen und geotechnische Bauwerke*, 8. Auflage. Berlin, Ernst & Sohn, Berlin.

[158] Stahlmann, J., Kirsch, F., Schallert, M., Klingmüller, O., Elmer, K.-H. (2004) *Pfahltests – modern dynamisch und/oder konservativ statisch*. In: Tagungsband zum 4. Kolloquium „Bauen in Boden und Fels" der Technischen Akademie Esslingen, 2004, S. 23–40.

[159] Stapelfeldt, M., Bubel J., Grabe J. (2015) *Numerical investigation of the installation process and the bearing capacity of suction bucket foundations*. In: Proceedings of 34th International Conference on Ocean, Offshore and Artic Engineering 2015 in St. John's (Canada), electronically published under paper No. OMAE2015-41808.

[160] Streif, H. (1990) Sammlung geologischer Führer 57: *Das ostfriesische Küstengebiet – Nordsee, Inseln, Watten, Marschen*. 2. Aufl. Berlin – Stuttgart, Gebrüder Borntraeger.

[161] Streif, H. (2002) *Nordsee und Küstenlandschaft – Beispiel einer dynamischen Landschaftsentwicklung*. Akad. Geowiss., Hannover, Veröffentl. **20**, S. 134–149.

[162] Sumer, B. M. (2014) *Liquefaction around marine structures*. New Jersey u. a.: World Scientific, (Advanced Series on Ocean Engineering, No. **39**).

[163] Taylor, D. W. (1948) *Fundamentals of Soil Mechanics*. New York, John Wiley & Sons.

[164] Terzaghi, K. (1925) *Erdbaumechanik auf bodenphysikalischer Grundlage*, Franz Deuticke, Leipzig.

[165] ThyssenKrupp GfT Bautechnik GmbH & HSP Hoesch Spundwand und Profil GmbH (2007) *Spundwandhandbuch Berechnung*.

[166] Titze, E. (1970) *Über den seitlichen Bodenwiderstand bei Pfahlgründungen*, Bauingenieurpraxis, Heft **77**. Ernst & Sohn, Berlin.

[167] Türk, H. (1998) *Statik im Erdbau*, Ernst & Sohn, Berlin.

[168] UBA (2011) *Empfehlung von Lärmschutzwerten bei der Errichtung von Offshore-Windenergieanlagen (OWEA)*.

[169] Van den Berg, J. H.; van Gleder, A.; Mastbergen, D. R. (2002) The importance of breaching as a mechanism of subaqueous slope failure in fine sands, *Sedimentology* **49** (1), 81–95.

[170] VGB-/BAW-Standard (2017) *Korrosionsschutz von Offshore-Bauwerken zur Nutzung der Windenergie, Teil 1: Allgemeines*. 2. Ausgabe 2017, VGB-S-021-01-2017-06-DE.

[171] VGB-/BAW-Standard (2017) *Korrosionsschutz von Offshore-Bauwerken zur Nutzung der Windenergie, Teil 2: Anforderungen an Korrosionsschutzsysteme*. 2. Ausgabe 2017, VGB-S-021-02-2017-06-DE.

[172] Vrijling, J. K. (1994) *Probabilistic design of water-retaining structures*, Delft Hydraulic Laboratory, Niederlande.

[173] Vollstedt, H.-W., Grabe, J., Ma, X., Henke, S., Möller, O. (2008) Untersuchungen zur Grundwasserentlastung Containerkaje Bremerhaven, *HANSA International Maritim Journal* **144** (9), S. 95–101.

[174] Wichtmann, T. (2005) *Explicit accumulation model for non-cohesive soils under cyclic loading*, Dissertation. Veröffentlichungen des Instituts für Bodenmechanik und Grundbau der Ruhr-Universität, Heft **38**.

[175] Wichtmann, T. (2016) *Soil behaviour und cyclic loading – experimental observations, constitutive description and application*, Habilitation, Veröffentlichungen des Instituts für Bodenmechanik und Felsmechanik des Karlsruher Instituts für Technologie, Heft **181**.

[176] Wichtmann, T., Triantafyllidis, T. (2011) Prognose der Langzeitverformungen für Gründungen von Offshore-Windenergieanlagen mit einem Akkumulationsmodell, *Bautechnik* **88** (11) 765–781.

[177] von Wolffersdorff, P.-A. (1996) A hypoplastic relation for granular materials with a predefined limit state surface, *Mechanics of Cohesive-Frictional Materials* (1), pp. 251–271.

[178] Weißenbach, A. (2001) *Baugruben, Teil 3 – Berechnungsverfahren*, Ernst & Sohn, Berlin.

[179] Welte, A. (2000) *Nassbaggertechnik*, Veröffentlichungen des Instituts für Maschinenwesen im Baubetrieb, Reihe V, Universität Fridericiana Karlsruhe.

[180] Witt, K. (2018) Grundbau-Taschenbuch, Teil 3: Gründungen und geotechnische Bauwerke. Ernst & Sohn, Berlin.

[181] Yamamoto, T., Koning, H. L., Sellmeijer, H., Hijum, E. (1978) On the response of a poro-elastic bed to water waves, *Journal for Fluid Mechanics* **87** (1), pp. 193–206.

[182] Zhan, S. (1999) *The Mechanics of Ship Collisions*, Dissertation. Technical university of Denmark.

V Stützbauwerke

Dietmar Adam, Wien

Konrad Bergmeister, Wien

Florin Florineth, Wien

1 Einführung

Stützkonstruktionen dienen in erster Linie zur Sicherung von bebauten oder unbebauten Geländesprüngen, Hangan- und -einschnitten, steilen Böschungen sowie von Kriech- und Rutschhängen, welche vordergründig aus kohäsionslosen und/oder kohäsiven Böden bzw. aus Fels mit unterschiedlichem Klüftungs- und Verwitterungsgrad bestehen. Dabei nehmen die Stützmaßnahmen die Erd- bzw. Felsdrücke auf, welche durch die Konstruktionen u. a. so umgeleitet werden, dass (auch) Erdwiderstände zur Hangstabilisierung aktiviert werden.

Stützbauwerke bestehen zumeist aus massiven Baustoffen (Konstruktionsbeton, Steine etc.), in einigen Fällen sind sie auch aus Stahl- oder Holzstrukturen bzw. verstärkten Kunststoffen und lebenden Pflanzen aufgebaut. Insbesondere das behutsame Umgehen mit dem Boden und Fels bzw. den Hanganschnitten sowie eine verantwortbare Planung der landschaftlichen Eingriffe durch die Verkehrsbauten und deren Stützkonstruktionen muss der Bauingenieur vorrangig berücksichtigen. Deshalb werden neben den massiven, konstruktiven Stützbauwerken auch die ingenieurbiologischen Stützmaßnahmen beschrieben, damit diese je nach Art der Einwirkung und Notwendigkeit der Sicherungsmaßnahme alleine oder ergänzend verwendet werden.

In diesem Kapitel werden ausgehend von einer Systematisierung der Stützbauwerke ausgewählte Typen der einzelnen Kategorien ausführlicher behandelt, wobei Tragverhalten, Bemessung und konstruktive Durchbildung im Vordergrund stehen. Gegenwärtige Normen, Richtlinien bzw. Vorschriften werden so detailliert behandelt, wie es für anwendungsorientierte Leser erforderlich ist.

Die Normen und Richtlinien im Beitrag wurden weitestgehend auf den Stand 2018 aktualisiert. Die Berechnungen und Bemessung der Stützkonstruktionen sind auf das in der europäischen Normung festgelegte Teilsicherheitskonzept ausgelegt.

Geländesprünge oder Böschungen sind in Abhängigkeit ihrer Höhe sowie den Eigenschaften des anstehenden Bodens (insbesondere Dichte und Scherfestigkeit) nur bis zu einem bestimmten Neigungswinkel ohne Zusatzmaßnahmen standsicher. Für eine steilere Ausführung sind daher besondere Konstruktionen notwendig, die definitionsgemäß als *Stützkonstruktionen* bezeichnet werden. Nach DIN 1054:2010-12 werden Stützkonstruktionen in Stützbauwerke und konstruktive Böschungssicherungen unterteilt.

Unter einem *Stützbauwerk* versteht man folglich eine Konstruktion, die einen Geländesprung abstützt. Wenn keine Stützfunktion vorliegt, sondern nur eine Schutzfunktion gegen Verwitterung, dann spricht man von Verkleidungsmauern oder -wänden. Stützbauwerke sind dadurch gekennzeichnet, dass sie sowohl horizontale als auch vertikale Lasten aus dem angrenzenden Erdreich aufnehmen können, die vor allem im Bereich der Fußeinbindung bzw. der Aufstandsfläche in den Boden abgetragen werden.

Die auftretenden Einwirkungen aus Erddruck, Eigengewicht usw. müssen bei den Stützmauern über die Mauersohle auf den Baugrund übertragen werden. Im Gegensatz dazu werden bei Stützwänden (Spund- oder Schlitzwände) auch Anker, Nägel und Steifen verwendet, um die Kräfte in das Erdreich abzuleiten. Bei *konstruktiven Böschungssicherungen*, die aus einer Außenhaut und in das Erdreich eingebrachten Sicherungselementen bestehen, wird der Boden verbessert bzw. so bewehrt, dass er im Wesentlichen selbst zur Lastabtragung herangezogen wird. Die *ingenieurbiologischen Bauweisen* binden den Boden aktiv mit Pflanzen oder Hölzern ein, wobei flächige, lineare oder punktuell wirksame Stützkonstruktionen angewandt werden können.

Sinnvoll ist es, eine konstruktiv abgewogene und landschaftlich sinnvolle Art der Stützkonstruktion zu wählen, wobei die Kombination von konstruktiven und ingenieurbiologischen, also naturnahen Bauweisen zweckmäßig sein kann.

Im Rahmen des Beton-Kalenders wurde das breite Themengebiet der Stützkonstruktionen bzw. Stützmauern zuletzt im Jahr 1959 von *Johannes Greiner* [51] und im Jahr 2007 von *Adam, Bergmeister, Florineth* ausführlich behandelt. An dieser Stelle sei angemerkt, dass eine umfassende Bearbeitung der seit dieser Zeit ungemein an Breite und Bedeutung zugenommenen Thematik den Rahmen dieses Beitrags sprengen würde. Es muss daher auf die weiterführende Literatur verwiesen werden, eine Auswahl von Zitaten findet sich am Ende des Beitrages.

2 Entwurf und Systematik der Stützkonstruktionen

Stützbauwerke sollen entsprechend ihrer Funktion und einer sinnvollen Einbindung in die umgebende Landschaft entworfen und nach konstruktiven Gesichtspunkten geplant werden. Dabei soll, soweit möglich, versucht werden, die einwirkenden Erddrücke möglichst gering zu halten und das bergseitig anfallende Wasser abzuleiten. Dadurch kann sich kein hydrostatischer Wasserdruck oder Strömungsdruck hinter der Stützmauer aufbauen. Vorzugsweise soll das anstehende Boden- und Felsmaterial auch direkt oder indirekt zur Lastübertragung herangezogen werden. Stets sollte auf eine gute Begrünung und eine Bepflanzung mit ortsüblichen Pflanzen Bedacht gelegt werden. Folgende Stützbauweisen können unter Bezugnahme auf den anstehenden Boden angedacht werden:

- Wenig standfester Boden
  Winkelstützmauern, angeheftete (genagelte) oder verankerte Futtermauern
- Bedingt standfester Boden mit rechnerischem Böschungswinkel β von bis zu 60°
  Schwergewichtsmauern, Trockenmauern, Raumgitterwände – Krainerwände, bewehrte Erden etc.
- Felsartiger Boden
  Bei Böden mit hoher Scherfestigkeit kann nahezu senkrecht abgeböscht werden. Deshalb können bei flachgründigen und trockenen Böschungen bepflanzte Pilotenwände, oder bei wasserzügigen und feuchten Böschungen sogenannte Hangfaschinen, Hydrosaat hinter Sicherheitsbermen etc. zur Anwendung kommen.

Stützkonstruktionen lassen sich entsprechend der konstruktiven Ausbildung bzw. nach ihrem Tragverhalten in flache und tiefe Stützbauwerke unterteilen. *Flache Stützbauwerke* („Stützmauern") leiten Erd- und Wasserdruck bzw. Momente im Wesentlichen im Bereich der Aufstandsfläche in den Boden ein. *Tiefe Stützbauwerke* („Stützwände") tragen infolge der geringen Aufstandsfläche die Lasten über Biegung, Schub oder Biegung und Schub ab.

Zu den flachen Stützbauwerken zählen

- Trockenmauern,
- Schwergewichtsmauern,
- Winkelstützmauern,
- Gabionen-Verbau,
- Polsterverbau und Verbundmauern,
- Schlaufenwände,
- Bewehrte Erde[1],
- Bodenvernagelung[1],
- Geotextil- und Geogitterverbau[1],
- Raumgitterwände,
- Ein- und zweiwandige Holzkrainerwände,
- Bepflanzte Pilotenwände,
- Lagenbau,
- Hangfaschinen.

---

[1] In DIN 1054 [3] werden Bewehrte Erde, Bodenvernagelung und Geotextilverbau sowie Verdübelungen den konstruktiven Böschungssicherungen zugeordnet.

Tiefe Stützbauwerke lassen sich entsprechend dem jeweils überwiegend auftretenden Teil der Beanspruchung unterteilen in

- biegebeanspruchte Stützwände (Spund-, Trägerbohl-, Bohrpfahl-, Schlitzwände),
- schubbeanspruchte Stützwände (Brunnen, Dübel[1]), Stützscheiben) sowie
- biege- und schubbeanspruchte Verbundwände (Zellen- und Kastenfangedämme).

3 Berechnungs- und Bemessungsgrundlagen

3.1 Allgemeines

Stützkonstruktionen werden auch als geotechnische Bauwerke bezeichnet, da bei diesen Bauwerken die grundbauspezifischen Einwirkungen überwiegen [3].

Bei den Einwirkungen auf Stützbauwerke muss prinzipiell zwischen folgenden Lasten unterschieden werden:

- Statische Einwirkungen aus einem aufliegenden Bauwerk, die sich aus der statischen Berechnung ergeben (Auflagerdrücke etc.).
- Statische grundbauspezifische Einwirkungen
  • Eigenlasten vom Stützbauwerk,
  • Erddruck,
  • Wasserdruck (hydrostatischer Druck, Strömungsdruck etc.),
  • Nutzlasten,
  • Verformungen infolge Hangkriechen.
- Veränderliche Einwirkungen durch Nutzlasten auf der Geländeoberfläche
  • Wind, Schnee, Eis.
- Dynamische Einwirkungen
  • Verkehrslasten,
  • Anprall- und Stoßlasten,
  • Erdbeben, Wellenbewegungen, Lawinen, Muren etc.

Dynamische Belastungen werden für die Berechnung vereinfacht als veränderliche statische Einwirkungen modelliert. Horizontale Verkehrslasten, wie z. B. durch den Schienenverkehr, werden mit einer Ersatzhorizontalkraft berücksichtigt, die von der Reisegeschwindigkeit und den Gleisverhältnissen abhängt. Die Auswirkungen einer dynamischen Radlastschwankung können durch einen multiplikativen Zuschlag zur statischen Wirkung berücksichtigt werden. Dieser dynamische Lasterhöhungsfaktor kann bei stark belasteten Straßen, wo eine nahezu direkte Lastübertragung auf die Stützkonstruktion vorliegt, mit 1,3 bis 1,5 und bei weniger stark befahrenen Infrastrukturen mit 1,2 angesetzt werden.

Anpralle zählen zu den außergewöhnlichen Einwirkungen und werden normativ in der DIN 1055-3, DIN EN 1991-2:2010-12 behandelt. Rackwitz schätzt die Wahrscheinlichkeit eines Kraftfahrzeuganpralls pro Bauwerk kleiner 10^{-7} ein [72]. Die Zuganpralllasten werden wie auch die Kraftfahrzeuganpralllasten in der DIN EN 1991-1-7 behandelt. Neben Bemessungskräften finden sich dort auch Informationen über die konstruktive Ausbildung von Anprallschutzeinrichtungen. Weitere Informationen zum Anprall von Zügen findet man bei *Grob* [52].

Erdbeben können vereinfacht ebenfalls als veränderliche statische Einwirkungen erfasst werden. Im Einzelfall müssen aber die Massenträgheitskräfte bei der Berechnung berücksichtigt werden. Genaue Angaben sind beispielsweise der DIN EN 1998 (EC 8) zu entnehmen.

Der Erddruck stellt bei Stützbauwerken die wichtigste Einwirkungsart dar. Seine Ermittlung ist weitgehend in der neuen Erddrucknorm DIN 4085 (2017) geregelt.

Für die Bemessung von Stützkonstruktionen sind Einwirkungskombinationen zusammenzustellen, wobei Ursache, Größe und Richtung bzw. Häufigkeit des Auftretens berücksichtigt werden müssen (s. Abschnitt 3.9).

3.2 Sicherheitsbetrachtungen

Stützkonstruktionen sind bautechnisch gesehen Bausysteme mit einer starken Interaktion zur Geotechnik. Eine Problematik bei den Sicherheitsbetrachtungen in der Geotechnik stellt die schwierige Abschätzbarkeit der tatsächlich auftretenden Größen und die Festlegung der Bemessungsgrößen bzw. der Bodeneigenschaften dar. Dabei wird häufig der Bodenaufbau oder die Bodenbeschaffenheit mit Baugrundmodellen beschrieben („Homogenbereiche") und die maßgeblichen Bodenparameter aus einzelnen (wenigen) Versuchen bzw. Erfahrungswerten abgeleitet.

Die Einwirkungen und Einwirkungskombinationen werden heute auf der Grundlage von Teilsicherheitsfaktoren bestimmt. Die Fassung der DIN 1054:2010-12 [3] basiert entsprechend der Vorgaben im Eurocode 7 auf dem Teilsicherheitskonzept, das die Grenzzustände der Tragfähigkeit und die Gebrauchstauglichkeit unterscheidet. Die normativen Berechnungs- und Bemessungsgrundlagen hierzu werden in Abschnitt 3.9 behandelt.

Standsicherheitsuntersuchungen von Stützbauwerken in heterogenem Untergrund oder verwittertem, klüftigem Fels werden weniger durch die Wahl der Berechnungsverfahren, sondern vielmehr von den Annahmen der Boden- bzw. Felskennwerte und der Sickerwasserverhältnisse beeinflusst. Vor allem im Bergland, im Bereich geologischer Störungszonen etc. streuen aber diese Parameter vielfach auf engstem Raum dermaßen, dass erdstatische oder felsmechanische Berechnungen nur als Grenzwertbetrachtungen zweckmäßig erscheinen und dementsprechend auch nur grobe Anhaltspunkte liefern. Wegen der Steilheit der Hänge und der Unsicherheit über die jeweils ungünstigen Wasser- und Bodenverhältnisse ist vielfach eine echte Standsicherheit im üblichen Sinne rechnerisch nicht nachweisbar. Als Stütz- und Sicherungssystem sind daher möglichst solche flexiblen Bauweisen anzustreben, mit denen man sich über Kontrollmessungen schrittweise technisch und wirtschaftlich optimal an örtlich unterschiedliche Bergdrücke, Hangbewegungen und Baugrundverhältnisse anpassen kann. Es wäre volkswirtschaftlich nicht vertretbar, bei rutschgefährdeten Hängen gleich von Beginn an die aufwändigsten Stützsysteme zu errichten. Vielmehr muss besonders im Bahn-, Straßen- und Autobahnbau in Gebirgstälern mit langen rutschverdächtigen Steilböschungen zwangsläufig mit „kalkuliertem Risiko" und semi-empirischer Bemessung [36] gearbeitet werden, indem bei bedeutend niedrigeren Baukosten und -zeiten eventuelle Ergänzungsarbeiten (und vertretbare Schäden) in Kauf genommen werden. Solche flexiblen Stützbauwerke können wesentlich billiger ausgeführt werden und erhalten werden, als die im Vorhinein „absolut sicher" dimensionierten Konstruktionen.

In manchen Fällen kann es auch sinnvoll sein, probabilistische Berechnungen für solche Stützbauwerke durchzuführen, wo einerseits die stochastischen Modelle für die Einwirkungen und die Widerstände bekannt sind und andererseits ein akzeptierbares Niveau der Versagenswahrscheinlichkeit angestrebt werden kann [28]. Für einfache Fälle kann die Versagenswahrscheinlichkeit mit Faltungsintegralen in geschlossener Form berechnet werden. Für schwierigere Problemstellungen, z. B. mehrere Variablen in der Grenzzustandsfunktion, kann man sich numerischer Lösungsalgorithmen bedienen, wie sie mittels Computerprogrammen sowohl als „free download" oder an Universitätsinstituten zur Verfügung stehen.

Für die stochastische Modellierung können beispielsweise für den Ortbeton statistische Parameter aus Tabelle 1 angesetzt werden.

Der Bewehrungsstahl bzw. die verstärkten Kunststoffe können mit einer Lognormalverteilung und einem Variationskoeffizienten von 5 % genügend genau erfasst werden [29].

Die geometrischen Größen können mit einer Normalverteilung und einem Variationskoeffizienten

Tabelle 1. Statistische Kenndaten von Ortbeton [85]

Beton	Parameter	Mittelwert	Standard-abweichung	Variations-koeffizient	Verteilung
C15	E [GPa]	18,9	3,0	0,16	LN
	f_c [MPa]	40,2	5,8	0,15	LN
	f_t [MPa]	3,5	1,1	0,32	LN
	ε_u [m/m]	$6{,}2 \cdot 10^{-3}$	$9{,}4 \cdot 10^{-4}$	0,15	LN
C25	E [GPa]	20,3	3,2	0,16	LN
	f_c [MPa]	49,5	6,4	0,13	LN
	f_t [MPa]	4,0	1,3	0,31	LN
	ε_u [m/m]	$6{,}0 \cdot 10^{-3}$	$9{,}0 \cdot 10^{-4}$	0,15	LN
C35	E [GPa]	21,2	3,3	0,15	LN
	f_c [MPa]	56,7	5,83	0,10	LN
	f_t [MPa]	4,4	1,4	0,31	LN
	ε_u [m/m]	$5{,}8 \cdot 10^{-3}$	$8{,}8 \cdot 10^{-4}$	0,15	LN
C45	E [GPa]	21,9	3,3	0,15	LN
	f_c [MPa]	62,0	5,2	0,08	LN
	f_t [MPa]	4,7	1,4	0,30	LN
	ε_u [m/m]	$5{,}7 \cdot 10^{-3}$	$8{,}6 \cdot 10^{-4}$	0,15	LN

zwischen 5 und 10% genügend genau beschrieben werden.

Auf der Einwirkungsseite kann beim Eigengewicht von einer Normalverteilung und einem Variationskoeffizienten von 10% sowie bei den Erddrücken von einer Normal- oder *Weibull*verteilung mit einem Variationskoeffizienten von 10–30% ausgegangen werden.

Insbesondere interessieren die möglichen Einwirkungen und die Gefährdungsbilder auf die Stützbauwerke. Die Gefährdungsbilder erlauben eine Gliederung in Leitgefahren und Begleitumstände.

Dabei gibt es immer eine Leitgefahr, welche eine Klassifizierung der Gefährdungsbilder und infolge die Auffindung des maßgebenden Gefährdungsbildes erlaubt. Das gesamte Gefährdungspotenzial wird auch objektives Gefährdungspotenzial genannt. Leider ist das objektive Gefährdungspotenzial niemals vollständig bekannt, da es unmöglich ist, die Gesamtheit der Gefahren zu kennen. Dem bekannten subjektiven Gefährdungspotenzial (z. B. unvorhersehbare Wassereinbrüche, überdurchschnittliche Regenfälle etc.) kann mit einer bewussten Akzeptanz der Gefahren oder einer geeigneten Maßnahme zur Abwehr der Gefahren begegnet wer-

Tabelle 2. Gefährdungsbilder

Situation	Leitgefahr	Begleitumstände
Hangrutschung	Steinschlag auf Straße	Wasser auf Straßenkörper

den. Diese Begegnung mündet in drei Kategorien, nämlich

– in das bewusst akzeptierte Risiko,
– in die Sicherheit durch Maßnahmen,
– in die Gefahren durch menschliche Fehlhandlungen.

Die Gefahren, wie nicht vorhersehbare Steinschläge, Bodenerosionen etc., akzeptieren bedeutet, dass stets ein bewusst akzeptiertes Restrisiko vorhanden ist. Aufgrund der subjektiv unerkannten, der vernachlässigten Gefahren und aufgrund von nicht geeigneten Stützmaßnahmen entstehen die durch menschliche Fehlhandlungen verbleibenden Restrisiken. Diese können durch kein Stützbauwerk und keine ingenieurmäßige Sicherungsmaßnahme reduziert oder ausgeschlossen werden.

3.3 Aktiver und passiver Erddruck – Grundlagen

Im Boden wirken je nach Bodenart Reibungskräfte, Kohäsionskräfte oder eine Kombination von beiden. Der aktive Erddruck („Erddruck") E_a bzw. der passive Erddruck (Erdwiderstand) E_p setzen sich daher aus Anteilen aus Reibung infolge Eigenlast des Bodens (Anteil aus Bodeneigenlast, E_{ag} bzw. E_{pg}) und/oder Anteilen aus Kohäsion (E_{ac} bzw. E_{pc}) zusammen.

Bei einer durch eine Flächenlast q und/oder örtlichen Belastung (örtliche Vertikallast V bzw. Horizontallast H) zusätzlich belasteten Geländeoberfläche enthält der Erddruck E weitere Anteile aus der jeweiligen Belastung (E_p und/oder E_V bzw. E_H). Wirken alle Anteile, so ergeben sich die Erddrucklast E bzw. die Erddruckspannungen (Erddruckkoordinaten) e wie folgt (beachte: „$-$" für E_a bzw. e_a und „$+$" für E_p bzw. e_p):

$$E = E_g \mp E_c + E_q + E_V + E_H \ldots \quad (1)$$

bzw.

$$e = e_g \mp e_c + e_q + e_V + e_H \quad (2)$$

3.3.1 Grenz- und Zwischenwerte des Erddrucks

Nach der möglichen Bewegungsrichtung der Wand sind folgende drei Grenzfälle zu unterscheiden:

1. Fall:
Die Stützwand bewegt sich vom Erdreich weg, ein Erdkeil rutscht nach und belastet die Mauer (Bruchzustand). Das Erdreich wirkt „aktiv" auf die Mauer, weshalb man vom „aktiven Erddruck E_a" spricht (kleinster Erddruck).

2. Fall:
Die Mauer bewegt sich zum Erdreich hin, schiebt hinter der Mauer einen Erdkeil ab und belastet das Erdreich (Bruchzustand). Das Erdreich wirkt „passiv", weshalb man vom „passiven Erddruck bzw. Erdwiderstand E_p" spricht (größter Erddruck).

3. Fall:
Wenn sich die Mauer nicht bewegt und damit keine Verformung auftritt, spricht man vom „Erdruhedruck E_0".

Zur Erreichung dieser Grenzwerte ist eine ausreichende Bewegung erforderlich, die von der Bodenart sowie der Art der Bewegung abhängt. In Bild 1 sind die erforderlichen Verschiebungswege (für E_a bzw. E_p) in ‰ der Stützwandhöhe h (Verschiebungsfaktoren κ_a, κ_p) für eine lockere und dichte Lagerung für 4 verschiedene Wandbewegungen angegeben. Die Verschiebungsfaktoren κ_p können nach DIN 4085:2017-08 bei Fußpunktverdrehung und Parallelverschiebung mit etwa dem 50-fachen Betrag bzw. bei Kopfpunktverdrehung mit etwa dem 10-fachen Betrag der Verschiebungswerte beim aktiven Erddruck angesetzt werden. Es ist deutlich zu erkennen, dass die Aktivierung des vollen passiven Erddrucks viel größere Bewegungen erfordert als die Mobilisierung des aktiven Erddrucks. Eine Verschiebung $s = s_a$, die ausreicht, um den aktiven Erddruck hervorzurufen, würde auf der passiven Seite nur rund den halben Erdwiderstand mobilisieren.

Wenn die zu erwartenden Wandbewegungen kleiner sind als jene Bewegungen, die zur Erreichung von E_a bzw. E_p erforderlich wären, treten Zwischenwerte des Erddrucks auf. In Abhängigkeit von der Größe der zu erwartenden Wandbewegung sind folgende Zwischenwerte möglich:

– „Erdruhedruck E_0" wenn $\kappa = 0$:
  Die Wand bewegt sich nicht, d. h. sie bleibt in „Ruhe". Nach [7] ist für $\kappa \leq 0{,}05$ ‰ der Erdruhedruck anzusetzen;
– „erhöhter Erddruck $E_a{'}$" wenn $\kappa < \kappa_a$;
– „verminderter passiver Erddruck $E_p{'}$" wenn $\kappa < \kappa_p$;
– „Verdichtungserddruck E_v" bei Verspannung der Hinterfüllung infolge starker Verdichtung.

3.3.2 Erddrucktheorien

Die klassischen Erddrucktheorien von *C. A. Coulomb* (1776) und *W. J. M. Rankine* (1856) werden nachfolgend kurz beschrieben.

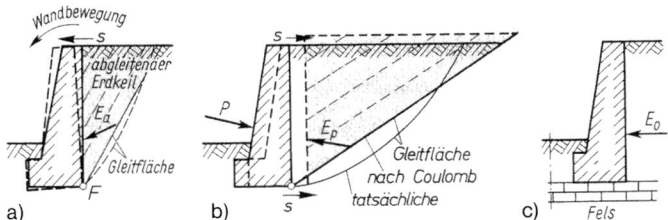

Bild 1. Grenzfälle des Erddrucks; a) aktiver Erddruck, b) passiver Erddruck, c) Erdruhedruck (nach [78])

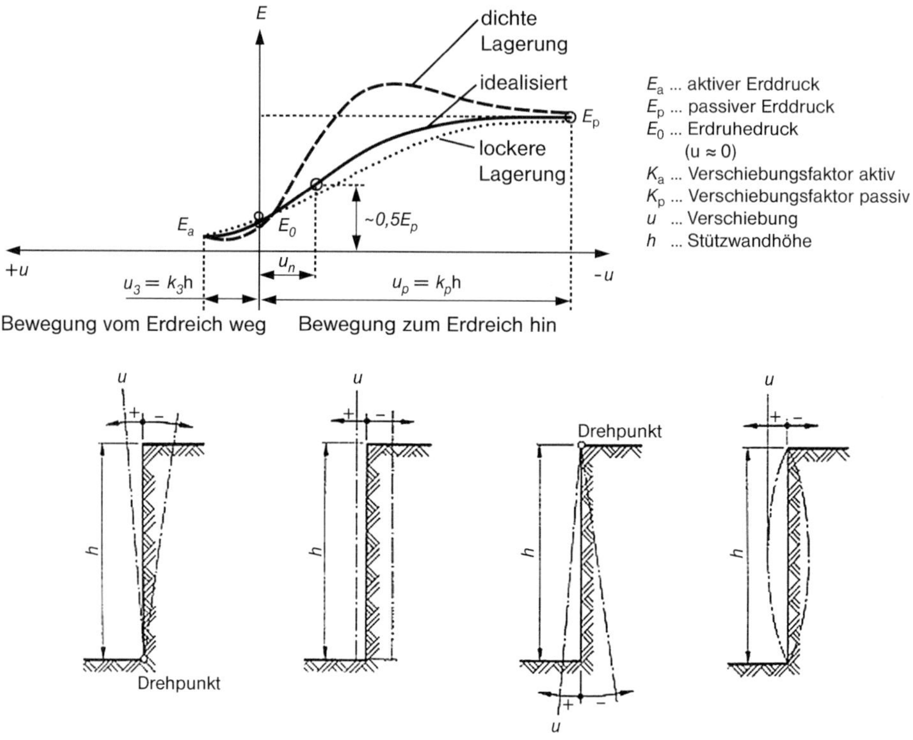

Stützbauwerke

E_a ... aktiver Erddruck
E_p ... passiver Erddruck
E_0 ... Erdruhedruck (u ≈ 0)
K_a ... Verschiebungsfaktor aktiv
K_p ... Verschiebungsfaktor passiv
u ... Verschiebung
h ... Stützwandhöhe

	Fußpunktdrehung		Parallelverschiebung		Kopfpunktdrehung		Durchbiegung	
	locker	dicht	locker	dicht	locker	dicht	locker	dicht
K_a [‰]	4-5	1-2	2	0,5-1	8-10	2-5	4-5	1-2
K_p [‰]	300	100	100	50	150	50	–	–

Bild 2. Erddruck und Wandbewegung. Erforderliche Verschiebungsfaktoren nach DIN 4085 bzw. ÖNORM B 4434

Coulomb'sche Erddrucktheorie

Coulomb betrachtet den Gleichgewichtszustand an einem begrenzten Erdkörper und geht von folgenden Annahmen aus:

1. ebenes Verformungsproblem,
2. ebene Gleitfläche, auf der der Boden als Monolith abrutscht (Linienbruch),
3. volle Reibungskraft in der Gleitfläche,
4. Fußpunktdrehung, die eine dreiecksförmige (hydrostatische) Erddruckverteilung bewirkt (homogener Boden und unbelastetes Gelände vorausgesetzt),
5. kohäsionsloses Erdreich,
6. bekannter Wandreibungswinkel δ.

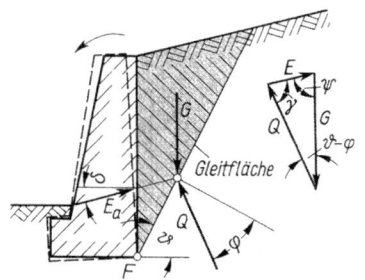

Bild 3. Bestimmung der aktiven Erddrucklast nach *Coulomb* [78]

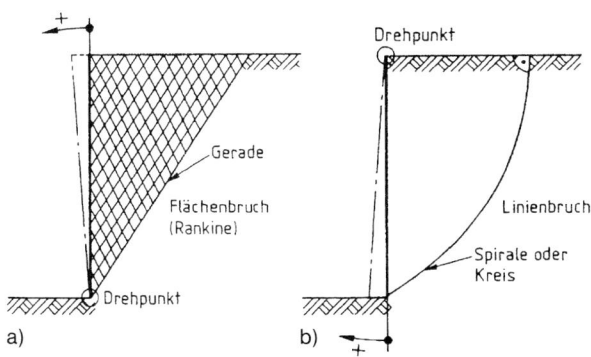

Bild 4. Bruchfiguren bei Drehung um den Fußpunkt (a) bzw. Kopfpunkt (b) [67]

Die *Coulomb*'sche Theorie nimmt grundsätzlich eine einzige Gleitfläche an (Linienbruch); bei der Berechnung der Spannungen auf der Wandrückseite wird jedoch so vorgegangen, dass durch jeden Punkt zueinander parallel laufende Gleitflächen angenommen werden (Flächenbruch), wodurch die Bestimmung des Angriffspunktes des Erddrucks möglich wird [63]. Aus der Voraussetzung des Flächenbruchs folgt die Beschränkung auf Reibungsböden, da bei Kohäsionsböden ein Linienbruch auftritt.

Diese im Jahr 1776 veröffentlichte und damit älteste Erddrucktheorie galt in ihrer ursprünglichen Form nur für den Fall der senkrechten Wand $\alpha = 0$, der waagerechten Geländeoberfläche $\beta = 0$ und des waagerecht angreifenden Erddrucks ($\delta = 0$). In der von *Müller-Breslau* erweiterten Form ist sie auch für $\alpha \neq 0$, $\beta \neq 0$ und $\delta \neq 0$ anwendbar, und mit den Ansätzen von *Fellenius* erfasst sie zudem den Einfluss der Kohäsion [89].

In Bild 4 sind die Bruchkörper für die Fälle einer Drehung um den Fußpunkt (a) bzw. um den Kopfpunkt (b) bei positiver Wandbewegung (vom Erdreich weg) dargestellt. Vereinfacht werden die tatsächlich gekrümmt verlaufenden Gleitflächen durch eine Gerade bzw. Spirale oder einen Kreis beschrieben.

Theorie von Rankine

Rankine geht von einem homogenen Spannungszustand im unbegrenzten Erdkörper aus und überträgt die an kleinen Bodenteilchen betrachteten Spannungsverhältnisse auf einen größeren Erdkörper. Anstelle einer einzelnen Gleitfläche ergibt sich hier eine Schar von Gleitflächen, die gegen die Horizontale um den Winkel $\vartheta_{a/p} = 45° \pm \varphi/2$ geneigt sind.

Ein *Rankine*'scher Zustand kann in der Praxis beispielsweise auftreten, wenn sich zwei Stützmauern, die ein Erdreich links und rechts abschließen, infolge von Beanspruchungen der Geländeoberfläche aufeinander zu- oder voneinander wegbewegen. Im ersten Fall kommt es zu einer Zerrung des eingeschlossenen Bodens (aktiver Fall), im zweiten Fall zu einer Pressung (passiver Fall).

Die Ergebnisse nach *Coulomb* und *Rankine* stimmen für den sog. *Rankine*-Fall $\alpha = 0$ und $\beta = \delta$ überein. In diesem Fall schneiden sich die *Coulomb*'schen Gleitkeilkräfte in einem Punkt, weshalb neben $\Sigma H = 0$ und $\Sigma V = 0$ (Krafteck) auch $\Sigma M = 0$ erfüllt ist. Nur wenn auch letztere Bedingung erfüllt ist, ist die *Coulomb*'sche Theorie widerspruchsfrei.

3.3.3 Grundwerte für die Berechnung

Grundwerte für die Berechnung des Erddrucks bzw. Erdwiderstands sind die Bodenkennwerte und der Wandreibungswinkel.

Bodenkennwerte

Die den Erddruck beeinflussenden Bodenkennwerte sind:

– die Wichte des Bodens γ bzw. γ' (Boden im Grundwasser unter Auftrieb),
– der Reibungswinkel φ und
– die Kohäsion c.

In einfachen Fällen können diese Werte entsprechend DIN 1055 Teil 2 angenommen werden. Genauere Werte, die häufig günstigere Ergebnisse liefern, erfordern die Ermittlung der Bodenkennwerte anhand von repräsentativen Bodenproben.

Die Kohäsion darf nur dann berücksichtigt werden, wenn der Boden in seiner Lage ungestört ist, oder bei Hinterfüllungen mit bindigem Material, wenn diese hohlraumfrei eingebaut worden sind, und gewährleistet ist, dass der Boden seine Zustandsform nicht ändern kann, d. h., er muss dauerhaft gegen Austrocknen und Frost geschützt sein. Außerdem darf er beim Durchkneten nicht breiig werden [63].

Tabelle 3. Wandreibungswinkel δ als Anteil des Reibungswinkels φ im Boden (ebene Gleitflächen bei $\varphi < 35°$) [7]

Wandrauigkeit	Ebene Gleitfläche (*Coulomb*'sche Erddrucktheorie)	Gekrümmte Gleitfläche
Verzahnt	$\delta = 2\,\varphi/3$	$\delta = \varphi$
Rau	$\delta = 2\,\varphi/3$	$27{,}5° \geq \delta \leq (\varphi - 2{,}5°)$
Weniger rau	$\delta = \varphi/3$	$\delta = \varphi/2$
Glatt	$\delta = 0$	$\delta = 0$

Bei der Festlegung der Werte ist zu beachten: Erhöht man die Wichte, so wird der aktive und auch der passive Erddruck größer; erhöht man den Winkel der inneren Reibung oder die Kohäsion, so wird der aktive Erddruck kleiner bzw. der passive Erddruck größer. Die Werte sind grundsätzlich so zu wählen, dass alle ungünstig wirkenden Einflüsse erfasst werden.

Wandreibungswinkel

Durch den Wandreibungswinkel δ wird die Reibung zwischen der Mauerrückwand und dem Erdreich erfasst. Er ist abhängig von der Scherfestigkeit des Bodens, von der Oberflächenrauigkeit der Wand und von der Relativbewegung zwischen Wand und Boden.

Der Erddruck wirkt in der Regel nicht senkrecht auf die betrachtete Stützfläche, sondern bildet mit der Flächennormalen einen Wandreibungswinkel, der bei optimaler Verzahnung mit der Wand maximal dem Reibungswinkel φ des Bodenmaterials entspricht.

Der Wandreibungswinkel ist in Abhängigkeit der Wandbeschaffenheit und der angenommenen Gleitfläche gemäß Tabelle 3 anzusetzen. Im Regelfall ist beim aktiven Erddruck $\delta = \delta_a \geq 0$ und beim passiven Erddruck $\delta = \delta_p \leq 0$.

Bei der Festlegung des Wandreibungswinkels ist zu beachten, dass bei Vergrößerung von δ der aktive Erddruck kleiner bzw. der passive Erddruck größer wird.

In Sonderfällen kann ein negativer Wandreibungswinkel auch beim aktiven Erddruck auftreten, z. B. wenn sich die Stützwand stark setzt oder im Fall einer Brunnengründung abgesenkt wird. Neben den o. g. Grundwerten ist δ auch vom Neigungswinkel der Mauerrückwand α und von der Geländeneigung β abhängig.

3.4 Erddruckberechnung

Im Folgenden wird auf die Erddruckberechnung mit Erddruckbeiwerten eingegangen, wobei die angegebenen Formeln für den allgemeinen Fall eines schiefwinkligen Erdkeils mit $\alpha \neq 0$, $\beta \neq 0$, $\delta_a \neq 0$ für den aktiven (obere Indizes und Vorzeichen) und passiven Fall (untere Indizes und Vorzeichen) mit der Vorzeichendefinition gemäß Bild 5 gelten.

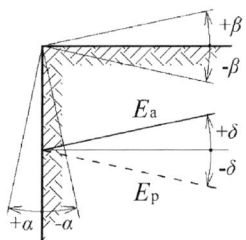

Bild 5. Vorzeichenregel für die Erddruckberechnung

Darin stellen e_{ah} bzw. e_{ph} die horizontalen Komponenten der Erddruckspannungen und K_{ah} bzw. K_{ph} die horizontalen Komponenten der Erddruckbeiwerte dar; die Wichte des Bodens wird mit γ und die Höhe des Geländesprungs mit h bezeichnet.

$$e_{\substack{ah \\ ph}} = \gamma \cdot h \cdot K_{\substack{ah \\ ph}} + q \cdot K_{\substack{ah,q \\ ph,q}} \mp 2 \cdot c \cdot K_{\substack{ah,q \\ ph,q}} \quad (3)$$

$$e_{\substack{ah \\ ph}} = e_{\substack{a \\ p}} \cdot \cos(\delta_{\substack{a \\ p}} - \alpha) \quad (4)$$

$$e_{\substack{av \\ pv}} = e_{\substack{a \\ p}} \cdot \tan(\delta_{\substack{av \\ pv}} - \alpha) \quad (5)$$

Die Erddruckbeiwerte zur Ermittlung der Erddruckanteile infolge Bodeneigenlast, Kohäsion c und unbegrenzter Flächenlast q errechnen sich wie folgt:

$$K_{\substack{ah \\ ph}} = \frac{\cos^2(\varphi \pm \alpha)}{\cos^2\alpha \cdot \left[1 \pm \sqrt{\frac{\sin(\varphi \pm \delta_p) \cdot \sin(\varphi \mp \beta)}{\cos(\delta_p - \alpha) \cdot \cos(\alpha + \beta)}}\right]^2} \quad (6)$$

$$K_{\substack{ah,c \\ ph,c}} = \frac{\cos\varphi \cdot \cos\beta \cdot \cos\left(\delta_{\substack{a \\ p}} - \alpha\right) \cdot (1 - \tan\alpha \cdot \tan\beta)}{1 \pm \sin\left(\varphi \pm \delta_{\substack{a \\ p}} \mp \alpha \mp \beta\right)}$$

$$= \sqrt{K_{\substack{ah \\ ph}}} \cdot f_c \qquad (7)$$

$$K_{\substack{ah,q \\ ph,q}} = K_{\substack{ah \\ ph}} \cdot \left[\frac{\cos\alpha \cdot \cos\beta}{\cos(\alpha + \beta)}\right] = K_{\substack{ah \\ ph}} \cdot f_q \qquad (8)$$

In der Praxis werden die Faktoren f_q und f_c meist gleich 1 gesetzt, was eine brauchbare Näherung ergibt. In [53] hat *Groß* neue, korrektere Formeln angegeben, die den Einfluss der Kohäsion auf die Gleitfuge berücksichtigen.

Für den Sonderfall $\alpha = \beta = \delta_a = 0$ vereinfacht sich der Erddruckbeiwert wie folgt:

$$K_{\substack{a \\ p}} = \tan^2\left(45° \mp \frac{\varphi}{2}\right) = \frac{1 \mp \sin\varphi}{1 \pm \sin\varphi} = \frac{1}{K_{\substack{p \\ a}}} \qquad (9)$$

Damit lässt sich die resultierende Erddruck- bzw. Erdwiderstandskraft für einen kohäsiven Boden unter Annahme einer dreiecksförmigen Erddruckverteilung berechnen:

$$E_{\substack{a \\ p}} = \frac{1}{2} \cdot \gamma \cdot h^2 \cdot K_{\substack{a \\ p}} \mp 2 \cdot c \cdot h \cdot \sqrt{K_{\substack{a \\ p}}} \qquad (10)$$

Die auf der Erddrucktheorie von *Coulomb* basierenden Gleichungen zur Berechnung des Erddruckbeiwertes K_a und des Gleitflächenwinkels ϑ_a dürfen nach DIN 4085 nur verwendet werden, wenn die Wandneigung α und die Geländeneigung β die in DIN 4085 angegebenen Bedingungen erfüllen.

Für die vom Grundfall abweichenden Fälle liefert die *Coulomb*'sche Erddrucktheorie unsichere Ergebnisse, weshalb gekrümmte oder gebrochene Gleitflächen anzunehmen sind. In Tabelle 4 sind für verschiedene Gleitflächen Autoren aufgeführt, die in ihren Werken zum Teil tabellierte Erddruckbeiwerte angeben.

Sokolovski verallgemeinert die Methode von *Rankine* für Wandreibungswinkel $-\varphi \leq \delta \leq +\varphi$ und erhält eine Bruchzone, deren untere Begrenzung aus einer gekrümmten Linie und einer Geraden zusammengesetzt ist. Im passiven Fall ist die Gleitfuge nach *Coulomb* im Mittel flacher geneigt, d. h. länger, und der aufgeschobene Erdkeil ist größer als die entsprechende plastische Zone nach *Sokolovski*. Bei Annahme einer geraden Gleitfuge für $\delta > 0$ ergibt sich folglich ein zu großer passiven Erddruck E_p, der mit zunehmendem Wandreibungswinkel δ immer mehr vom tatsächlich aufnehmbaren Erdwiderstandswert abweicht. Diese Abweichung ist bis etwa $\delta = \varphi/3$ vernachlässigbar gering [81].

Nach DIN 4085 ist deshalb der passive Erddruck bis auf den Sonderfall $\alpha = \beta = \delta = 0$ für Bruchmechanismen mit gekrümmten oder entsprechend zusammengesetzten ebenen Gleitflächen zu ermitteln.

Einen vergleichenden Überblick über verschiedene Verfahren der Erdwiderstandsermittlung findet man bei *Winkler*. Die Berechnung von Erdwiderstandsbeiwerten unter Zugrundelegung einer kreisförmigen Bruchfigur geht auf *Krey* zurück [64]. *Caquot* und *Kérisel* haben aus den Ergebnissen numerischer Berechnungen auf der Basis der Plastizitätstheorie Näherungsgleichungen abgeleitet [38]. *Gudehus* und *Groß* entwickelten Erdwiderstandsbeiwerte für kreisförmige Gleitflächen nach *Krey* (K_{pr} bei Rotation) und für gebrochene Gleitflächen (K_{pt} bei Translation).

In DIN 4085:2017-08 wird für die Bestimmung des Erdwiderstandes des Bruchmechanismus von *Sokolovski/Pregl* vorgeschlagen, der sich aus zwei geraden Gleitflächenabschnitten zusammensetzt, die über eine logarithmische Spirale verbunden sind [7].

Die horizontalen Erdwiderstandsbeiwerte K_{ph} für verschiedene Gleitflächen sind in Tabelle 5 zusam-

Tabelle 4. Literatur für Erddruckbeiwerte für verschiedene Gleitflächen (nach [4])

Gleitfläche	Verfasser
Eben	*Krey* (1936), *Ohde* (1938, 1948–1952), *Müller-Breslau* (1947), *Blum* (1951), *Kézdi* (1962), *Jumikis* (1962), *Streck* (1966), *Graßhoff* (1979)
Kreis	*Krey* (1936), *Gudehus* (1980)
Spirale	*Ohde* (1938), *Mayer-Vorfelder* (1971)
Kurve	*Brinch-Hansen* (1960), *Sokolovski* (1965), *Streck* (1966), *Caquot/Kérisel/Absi* (1973), *Pregl/Kristöfl* (1983), *Hoesch* (1978)
Gebrochen	*Weißenbach* (1977), *Gudehus* (1980)

Tabelle 5. Horizontale Erdwiderstandsbeiwerte K_{ph} für $\alpha = \beta = 0$ [88]

φ	Glatte Wand	Wenig raue Wand			
		Coulomb	Caquot/Kérisel	Krey	Goldscheider/Gudehus
	$\delta_p = 0$	$\delta_p = -\frac{1}{3}\varphi$	$\delta'_p = -\frac{1}{3}\varphi$	$\delta_p = -\frac{1}{3}\varphi$	$\delta_p = -\frac{1}{3}\varphi$
	K^*_{ph}	K_{ph}	K'_{ph}	$K_{ph}(r)$	$K_{ph}(t)$
0°	1,0	1,0	1,0	1,0	1,0
10°	1,4	1,5	1,6	1,4	1,4
20°	2,0	2,4	2,6	2,3	2,3
25°	2,5	3,1	3,4	2,9	2,9
27,5°	2,7	3,5	4,0	3,3	3,3
30°	3,0	4,1	4,6	3,8	3,8
32,5°	3,3	4,7	5,5	4,3	4,4
35°	3,7	5,6	6,6	4,9	5,1
37,5°	4,1	6,6	8,0	5,8	6,0
40°	4,6	7,9	9,8	6,7	6,9
42,5°	5,2	9,7	12,2	7,8	8,2
45°	5,8	12,0	15,5	9,4	9,9

φ	Glatte Wand	Raue Wand			
		Coulomb	Caquot/Kérisel	Krey	Goldscheider/Gudehus
	$\delta_p = 0$	$\delta_p = -\frac{2}{3}\varphi$	$\delta'_p = -\varphi$	$\delta_p = -\frac{2}{3}\varphi$	$\delta_p = -\frac{2}{3}\varphi$
	K^*_{ph}	K_{ph}	K'_{ph}	$K_{ph}(r)$	$K_{ph}(t)$
0°	1,0	1,0	1,0	1,0	1,0
10°	1,4	1,6	1,6	1,5	1,5
20°	2,0	2,8	2,8	2,7	2,8
25°	2,5	3,9	3,9	3,5	3,7
27,5°	2,7	4,7	4,7	4,1	4,4
30°	3,0	5,7	5,6	4,8	5,1
32,5°	3,3	7,2	6,9	5,8	6,3
35°	3,7	9,2	8,5	6,8	7,6
37,5°	4,1	(12,1)	10,7	8,3	9,4
40°	4,6	(16,7)	13,7	10,2	11,9
42,5°	5,2	(24,9)	18,1	12,7	15,5
45°	5,8	(39,9)	24,2	16,0	20,4

mengestellt. In der Praxis werden für $\varphi \geq 30°$ oft die Erdwiderstandsbeiwerte von Caquot/Kérisel verwendet [78].

Grafische Verfahren

Bei unterschiedlichen Oberflächenlasten ist es nicht mehr möglich, den Erddruck analytisch auszudrücken. Dasselbe gilt, wenn das Gelände nicht eben ist und eine unregelmäßige Form aufweist, oder wenn sich die Wichte des Bodens ändert. In diesem Fall sind grafische Lösungen anzuwenden.

Die zeichnerische Methode nach *Poncelet* (1840) ergibt direkt den Erddruck für eine ebene Wand und ebene Geländeoberfläche ohne bzw. mit Auflasten mithilfe des *Rebhann*'schen Satzes bzw. des Verallgemeinerten *Rebhann*'schen Satzes [50]. Mit der Konstruktion von *Jáky* lässt sich der minimale Erddruck durch Probieren bestimmen [63]. Das Verfahren nach *Culmann* (1866) eignet sich zur Erddruckermittlung bei unregelmäßigem und/oder belastetem Gelände; durch Modifikation kann auch die Kohäsion berücksichtigt werden [78]. Die Konstruktion von *Engesser* (1880) hat gegenüber dem

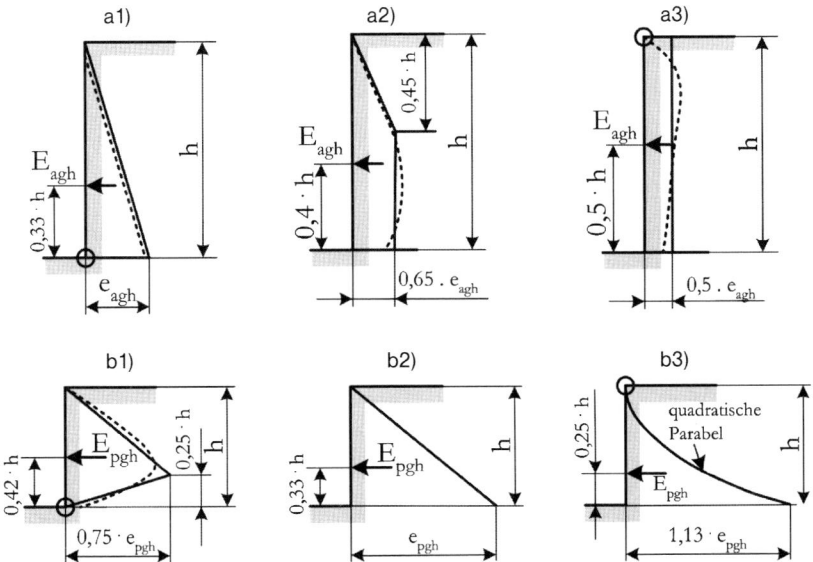

Bild 6. Aktive (a) und passive (b) Erddrücke aus Bodeneigenlast bei verschiedenen positiven bzw. negativen Wandbewegungen (- - - - tatsächlich, —— rechnerisch), nach [4, 67]
1) Drehung um Fußpunkt, 2) Parallele Bewegung, 3) Drehung um Kopfpunkt

Culmann-Verfahren den Vorteil, dass das mechanische Bild des Erddruckproblems nicht durch geometrische Hilfskonstruktionen verwischt wird und der Einfluss der Änderung des Richtungswinkels immer klar ersichtlich ist [63].

3.5 Erddruckverteilung

Die Verteilung des Erddrucks infolge Bodeneigenlast ist abhängig von der Wandbewegung. Eine dreiecksförmige Verteilung nach *Rankine* stellt sich beim aktiven Erddruck nur bei Fußpunktdrehung bzw. beim passiven Erddruck nur bei Parallelverschiebung ein. Alle übrigen Bewegungen ergeben eine abweichende Spannungsverteilung.

In Bild 6 sind die Erddruckverteilungen für verschiedene Arten der Wandbewegung dargestellt, wobei die verwendeten Größen e_{agh} bzw. e_{pgh} den Maximalwerten der horizontalen Erddruckkomponenten bei dreiecksförmiger Verteilung entsprechen.

Weitere Einflüsse auf die Erddruckverteilung ergeben sich aus Auflast, Bodenschichtung, Mauerform, Nachgiebigkeit, Kohäsion, Gleitflächenform und Erdbebeneinwirkung.

Der Einfluss von Wichte, Reibungswinkel und Kohäsion auf die Erddruckverteilung in einem zweischichtigen Untergrund ist in Bild 7 dargestellt.

Eine Änderung der Bodenwichte bewirkt einen Knick in der Verteilung, eine Änderung der Kohäsion einen Sprung, eine Änderung des Reibungswinkels einen Sprung und Knick.

Bei verankerten bzw. abgestützten Wänden sind die Verteilung des Erddrucks sowie der Angriffspunkt der resultierenden Erddruckkraft abhängig von der Höhenlage und Nachgiebigkeit der Aussteifung bzw. Verankerung sowie vom Bauzustand [22].

Mindesterddruck

Bei bindigen Böden ist stets zu prüfen, ob die bei gleicher Geometrie und Erddruckneigung mit K^*_{ah} (Erddruckbeiwert für $\varphi = 40°$ und $c = 0$) berechneten Erddruckkoordinaten größer sind als die mit K_{ah} (Erddruckbeiwert aus Eigengewicht und Auflast unter Berücksichtigung der Kohäsion) ermittelten [7]. Mit dieser Bedingung lässt sich die Tiefe

$$h^* = \frac{c \cdot K_{ac,h} - q \cdot K_{aq,h}}{\gamma \cdot (K_{ah} - K^*_{ah})} \quad (11)$$

bestimmen, bis zu der der Mindesterddruck

$$e^*_{ah} = K^*_{ah} \cdot \gamma \cdot h = K_{ah}(\varphi = 40°, \alpha, \beta, \delta) \cdot \gamma \cdot h \quad (12)$$

anzusetzen ist [95].

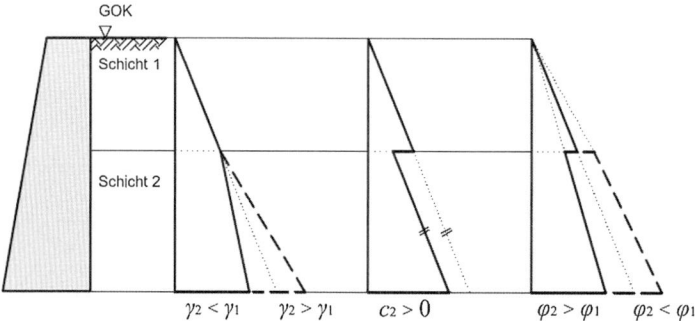

Bild 7. Erddruckverteilung bei geschichtetem Untergrund $\alpha = \beta = \delta = 0$

Früher wurde der Mindesterddruckbeiwert K^*_{ah} unabhängig von der Wand- und Geländeneigung mit 0,2 angenommen.

3.6 Sonderformen des Erddrucks

Neben aktivem und passivem Erddruck treten häufig folgende Sonderformen des Erddrucks auf:

- Erdruhedruck,
- erhöhter aktiver Erddruck,
- verminderter passiver Erddruck,
- räumlicher Erddruck,
- Verdichtungserddruck,
- Silodruck,
- Kriechdruck,
- Erddruckumlagerung,
- Erddruck unter Damm-/Grabenbedingungen.

Erdruhedruck

Der Erdruhedruck ist jene In-situ-Spannung, die auch auf der Rückseite eines starren und unbeweglichen Stützbauwerkes wirkt. Nach DIN 4085 berechnet sich der Ruhedruckbeiwert K_{0g} bei erstverdichtetem Boden für $\alpha = 0$ nach

$$K_{0g} = 1 - \sin\varphi \text{ für } \delta_0 = \beta = 0 \quad \text{bzw.} \quad (13)$$

$$K_{0g} = \cos\varphi \text{ für } \delta_0 = \beta = \varphi \quad (14)$$

Für den Fall $-\varphi \leq \beta \leq \varphi$ kann die von *Franke* hergeleitete Formel verwendet werden [67].

Bei der Ermittlung des Erdruhedrucks nach DIN 4085 geht die Kohäsion nicht ein.

Die Wirkungsrichtung der resultierenden Kraft ist parallel zur Geländeoberfläche anzusetzen, vorausgesetzt der für den aktiven Erddruck anzunehmende Wandreibungswinkel δ_a gemäß Tabelle 3 wird nicht überschritten, ansonsten ist δ_a maßgebend.

Erhöhter aktiver Erddruck

Der erhöhte aktive Erddruck liegt zwischen dem aktiven und dem Erdruhedruck und tritt bei unvollständigen Entspannungsbewegungen auf (s. Bild 2). Erhöhter Erddruck ist anzusetzen, wenn die Bewegung von Baugrubenwänden durch vorgespannte Anker verhindert bzw. eingeschränkt wird (s. Bild 10).

Verminderter passiver Erddruck (mobilisierter Erdwiderstand)

Der verminderte passive Erddruck liegt zwischen dem Erdruhedruck und dem Erdwiderstand. Er tritt auf, wenn die Wandverformung nicht ausreicht, um den vollen passiven Erddruck zu mobilisieren (s. Bild 2).

Räumlicher Erddruck

Bei einem durch einzelne Pfeiler abgestützten Erdreich verlagert sich der Erddruck im Bereich der nicht gestützten Wand durch Gewölbebildung auf die einzelnen Pfeiler, weshalb es zu einer Vergrößerung des Erddrucks kommt. Dieser vergrößerte Erddruck kann mit den Ansätzen nach *Lorenz* und *Neumeier* berücksichtigt werden [78].

Wirkt der Erddruck dagegen auf eine Längsrichtung begrenzte Fläche (z. B. suspensionsgestützter Schlitz), so bildet sich ein Bodengewölbe aus und der aktive Erddruck ist geringer als der ebene Erddruck nach der *Coulomb*'schen Theorie. Diese Gewölbebildung, die im Bruchzustand eine räumliche Bruchmuschel entsteht, wird bei der räumlichen Erddrucktheorie dadurch berücksichtigt, dass vereinfacht von sog. Bruchmodellen ausgegangen und die räumliche Wirkung

- durch Verringerung des Volumens des Modellbruchkörpers gegenüber dem im ebenen Fall auftretenden Bruchkörper oder

- durch Ansatz von seitlichen Schubkräften auf die vertikalen Stirnflächen des Modells erfasst wird [80]. In beiden Fällen wird auf dieses Weise das Gewicht und damit der Erddruck reduziert.

Die Berechnungsverfahren lassen sich nach [80] in Abhängigkeit der Bruchmodelle in 3 Gruppen unterteilen:

- prismatische Erdkeilmodelle (Verfahren nach *Prater, Terzaghi*),
- Bruchkörpermodelle (Verfahren nach *Piaskowski/Kowalewski, Karstedt*),
- vertikale Elementscheiben (Verfahren nach *Huder/Terzaghi, Schneebeli*).

Die theoretischen Grundlagen, Ansätze und Formeln zur Berechnung des räumlichen Erddrucks sowie die Anwendungsgrenzen der einzelnen Modelle finden sich in [80].

DIN 4085 verwendet das Bruchkörpermodell von *Piaskowski/Kowalewski* [71].

Verdichtungserddruck

Der Verdichtungserddruck E_v entsteht durch lageweisen Einbau und Verdichtung des Bodens bei einer Hinterfüllung.

Seit *Terzaghi* (1934) ist bekannt, dass die Verdichtung von Schüttungen zu zusätzlichen Erddrücken auf Stützwände führt [86]. In [83] referiert *Spotka* den Stand der Technik und schlägt aufgrund eigener großmaßstäblicher Versuche mit Sand für die Praxis ein vereinfachtes Lastbild zur angenäherten Erfassung des Verdichtungserddrucks vor, mit dem Größe und Tiefenwirkung des Verdichtungsgerätes bei weniger starker Verdichtung berücksichtigt werden können. Bei starker Verdichtung führt die Verspannung des Erdreichs zu einer Erhöhung des Verdichtungserddrucks. *Weißenbach* gibt eine Formel zur Berechnung des Verdichtungserddrucks an, mit der die Intensität der Verdichtung über einen Verspannungsbeiwert berücksichtigt wird [90].

Bei lageweisem Einbau und Verdichtung der Hinterfüllung starrer und unverschieblicher Wände entsteht nach DIN 1055 Teil 2 ein Verdichtungserddruck E_v in der Größe des Erdruhedrucks E_0.

Siloerddruck

Begrenzt eine starre Wand (z. B. Bauwerk oder Felsanschnitt) den Hinterfüllungsraum eines Stützbauwerks, dessen Breite so klein ist, dass sich der *Coulomb*'sche Rutschkeil nicht voll ausbilden kann, dann wird die vertikale Spannung und somit auch der Erddruck durch die an beiden Seiten des Erdkörpers wirkende Wandreibung reduziert (s. Abschnitt 4.4.4).

Formeln zur Berechnung von Boden- und Seitendruck in einem Silo nach der vereinfachten Theorie von *Janssen* und *Koenen* werden in [63] angegeben. Für den Füllprozess wurde die einfache Theorie durch Siloversuche bestätigt. Um die erhöhten Seitenspannungen infolge Leerung zu berücksichtigen, hat *Caquot* eine Formel entwickelt [63]. Für die Bemessung können die Lasten beim Füllen und Entleeren in endlicher bzw. unendlicher Tiefe mit den Formeln nach DIN EN 1991-4 berechnet werden.

Kriechdruck

Soll das Stützbauwerk unverschieblich einer kriechenden Masse Widerstand leisten, so wirkt auf sie ein über den aktiven Erddruck hinausgehender Erddruck (siehe z. B. [36]).

Erddruckumlagerungen

Wenn ein Stützbauwerk nicht um den hinteren Mauerfußpunkt kippen kann (Fußpunktverdrehung), stellt sich eine von der klassischen Dreieckform abweichende Erddruckverteilung ein, wobei sich der Erddruck bei gestützten Wänden im Allgemeinen auf die Stützpunkte konzentriert. Bei nachgiebiger Stützung ist die Umlagerung wesentlich geringer oder tritt gar nicht auf.

Voraussetzungen für die Umlagerung sind eine waagerechte Geländeoberfläche, ein mindestens mitteldicht gelagerter nichtbindiger bzw. mindestens steifer bindiger Boden sowie eine wenig nachgiebige Stützung (siehe z. B. [23]).

Erddruck auf Rohrleitungen

Der vertikale Druck auf eine in den Boden eingebettete Rohrleitung bildet sich in Abhängigkeit der Verformungen des Rohres und des umliegenden Bodens aus, wobei 3 Fälle zu unterscheiden sind (s. Bild 8):

Fall a: Die Rohrverformungen sind gleich den Verformungen des unendlichen Halbraums, weshalb die Spannungen auf dem Mantel des Rohrs mit denen des unendlichen Halbraums übereinstimmen und folglich mit dem Erdruhedruckbeiwert berechnet werden können (nur von theoretischer Bedeutung).

Fall b: Die Rohrleitung und der Boden unmittelbar darüber setzen sich mehr als die Umgebung. Das kann vorkommen, wenn das Rohr in einem engen Graben verlegt wird, mit lotrechten oder gering geneigten Seitenwänden ausgehoben und mit losem oder mitteldichtem Material wiederverfüllt worden ist. Die vertikale Belastung des Rohrs ist nun kleiner als das Eigengewicht der Hinterfüllung, da die Zusammendrückung des Rohres einerseits und die Verdichtung der Hinterfüllung andererseits Schubspannungen an den Seitenflächen des Grabens hervorrufen. Dieser Fall tritt bei einem äußerst biegsamen Rohr oder sehr lockerer Hinterfüllung auf (sog. Grabenbedingung).

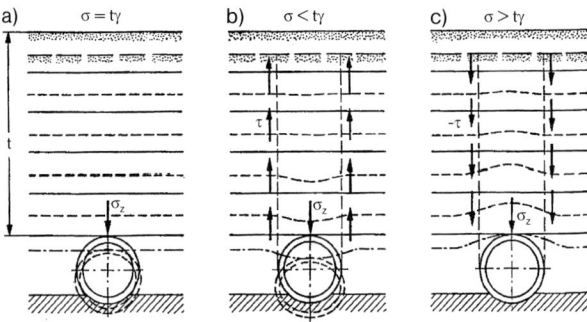

Bild 8. Die drei Grundfälle der Belastung eines eingebetteten Rohrs [63]

Fall c: Das Rohr ist steif, seine Bettung unnachgiebig. Das Erdmaterial darüber und daneben setzt oder verdichtet sich. Da das Rohr steifer als seine Umgebung ist, erfährt es eine Zusatzbelastung, weshalb die vertikale Belastung des Rohres größer ist als das Eigengewicht der Hinterfüllung. Dieser Fall kommt bei Rohren in breiten Gräben mit lockerer Wiederverfüllung oder bei Durchlässen und Rohren unter hohen Dämmen, die auf gewachsenem Boden gelegt werden, vor (sog. Dammbedingung).

3.7 Wasserdruck

Der Wasserdruck wirkt auf Stützkonstruktionen im Grundwasserbereich oder im offenen Wasser und tritt als Einwirkung aus Staudruck, Grundwasserdruck, Sohlenwasserdruck Fugenwasserdruck, Strömungswasserdruck und Porenwasserdruck.

Hydrostatischer Druck

Der hydrostatische Druck p wirkt senkrecht auf die belastete Fläche und ist nur von der Tiefe h unter dem Wasserspiegel und der Wichte des Wassers γ_w abhängig:

$$p = \gamma_w \cdot h \qquad (15)$$

Die resultierende Kraft greift im Schwerpunkt der Belastungsfläche an, d. h. bei einer senkrechten Wand mit dreieckförmiger Druckverteilung ergibt sich

$$F_w = \frac{1}{2} \cdot \gamma_w \cdot h^2 \qquad (16)$$

mit dem Angriffspunkt in $h/3$.

Staudruck

Der Staudruck wirkt auf senkrechte und geneigte Flächen im offenen Wasser. Seine Grenzwerte ergeben sich aus den Wasserständen.

Nach DIN 1054 werden sowohl belastende als auch entlastende Wasserdrücke als Einwirkung betrachtet. Der festgelegte niedrigste Wasserstand wird als ständige Einwirkung, dagegen der höhere Wasserpegel als veränderliche Einwirkung angesetzt. Für beide gelten aber die Teilsicherheitsbeiwerte für ständige Einwirkungen.

Sohlwasserdruck

Unter Sohlwasserdruck versteht man den in der Sohlfuge wirkenden Auftrieb. Er tritt im Grundwasserbereich auf und ist mit dem vollen hydrostatischen Druck anzusetzen.

Strömungsdruck

Bei durchströmtem Untergrund werden die Bodenteilchen mit dem Strömungsdruck belastet. Die spezifische Strömungskraft f_s (Kraft pro Volumeneinheit Boden) ist vom Gefälle des Grundwasserspiegels i abhängig:

$$f_s = i \cdot \gamma_w \qquad (17)$$

Ihre Wirkungsrichtung ist durch die Tangente an die Stromlinie vorgegeben.

Eine Wasserströmung um eine Baugrubenwand infolge unterschiedlicher Wasserstände vor und hinter der Wand hat eine horizontale und vertikale Wirkung. Die horizontale Wirkung wird vereinfacht durch Ansatz des hydrostatischen Wasserüberdrucks oder genauer durch Bestimmung des Strömungsdrucks aus einem Stromliniennetz erfasst, die senkrechte Wirkung durch Ansetzen der effektiven Wichte γ^*, welche die volumenbezogene Strömungskraft f_s berücksichtigt:

– Wichte für die Erddruckberechnung infolge der abwärts gerichteten Strömung auf der aktiven Seite:

$$\gamma^*_a = \gamma' + f_s = \gamma' + i \cdot \gamma_w = \gamma' + \Delta\gamma' \qquad (18)$$

– Wichte für die Erdwiderstandsberechnung infolge der aufwärts gerichteten Strömung auf der passiven Seite:

$$\gamma^*_p = \gamma' - f_s = \gamma' - i \cdot \gamma_w = \gamma' - \Delta\gamma' \qquad (19)$$

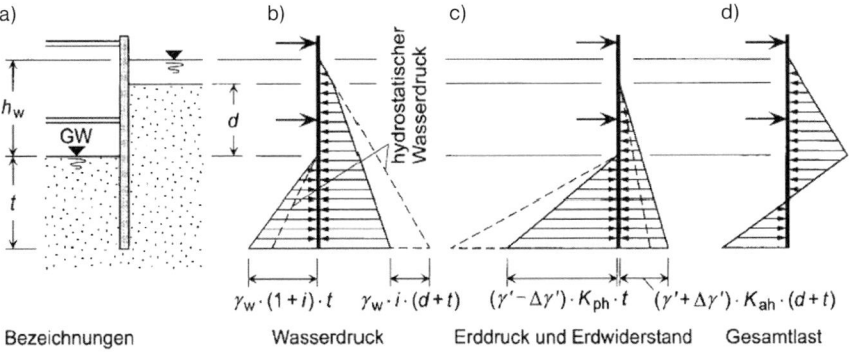

Bild 9. Lastbilder bei einer umströmten Baugrubenwand im Wasser [68]

Bild 9 zeigt den vergrößerten Erddruck auf der Außenseite einer Wand infolge Erhöhung der Wichte sowie den verringerten Erdwiderstand auf der Innenseite der Wand infolge reduzierter Wichte. Der Berechnung des Potenzialabbaus liegt ein konstanter hydraulischer Gradient zugrunde.

Bei der Umströmung eines Bauwerks ist das hydraulische Gefälle i jedoch nicht konstant, weshalb mit Näherungen gerechnet werden muss. Anstelle der genaueren Berechnungsmethode mithilfe des Strömungsnetzes kann für Spundwandberechnungen bei ausschließlich vertikaler Umströmung und homogenem Baugrund die Näherungsformel von *Brinch/Hansen* für das mittlere Gefälle i verwendet werden [23].

Durch die Annahme eines konstanten hydraulischen Gradienten nimmt der Wasserdruck auf der aktiven Seite stärker ab, als der Erddruck zunimmt, während die Verhältnisse auf der passiven Seite genau umgekehrt sind. Ein linear angenommener Druckabbau entlang der Spundwand führt folglich zu einer unsicheren Bemessung [95].

Hinsichtlich hydraulischem Grundbruch sowie Berücksichtigung des Wassers bei Gelände- und Böschungsbruchberechnungen wird auf [3, 7, 17] verwiesen.

3.8 Baustoffe der Stützbauwerke

Als primäre Baustoffe werden neben Steinen vor allem Beton verwendet. Dabei müssen einerseits die Expositionsklasse (z. B. nach DIN EN 1992-1-1) sowie die möglichen Angriffe aus der Atmosphäre und andererseits die Betonqualität berücksichtigt werden.

3.8.1 Wasserundurchlässiger Beton

Wasserundurchlässiger Beton weist aufgrund des Porensystems Diffusions- und Druckunterschiede (Permeation) auf (Expositionsklasse XC2). Betone mit geeigneter Zusammensetzung zeigen, dass sich wohl das Porensystem des Zementsteins im wasserzugewandten Bereich bis zu einer Tiefe von etwa 70 mm durch kapillares Saugen mit Wasser füllt, jedoch an der wasserabgewandten Seite eine Verdunstung passiert. Die Bauteilseite eines wasserundurchlässigen Betons kann dann als trocken angesehen werden, wenn das durch den Wasserquerschnitt transportierte Wasser durch Verdunsten an die Raumluft abgegeben wird. Daraus ergibt sich, dass es sich nicht um wasserdichte Bauwerke, sondern um Betonkonstruktionen mit sehr geringer Durchlässigkeit handelt.

So kann beispielsweise der wasserundurchlässige Beton über die Eindringtiefe beurteilt werden. Ein Beton gilt dann als wasserundurchlässig, wenn an drei gesondert hergestellten Probekörpern (Platten 200 × 200 × 120 mm) welche 28 Tage bei 20 °C wassergelagert worden sind, die Eindringtiefe von 50 mm bei einem 72 Stunden wirkenden Wasserdruck von 5 bar (= 50 mWS) unterschreitet.

Wird ein Beton dauernd durchfeuchtet, tritt ein Quellen des Mikrostruktur ein, wobei auch im Zuge der weiteren Hydratation eine zunehmende Verdichtung des Gefüges und damit der Durchlässigkeit stattfindet. Besondere Aufmerksamkeit ist der Verminderung von Rissen und der Nachbehandlung zu widmen. Dabei handelt es sich um folgende Maßnahmen:

− Verringerung der kritischen Temperaturdifferenz durch Senkung der Frischbetontemperatur, die Reduzierung des Zementgehaltes und die Verwendung von Zementen mit niedriger Hydratationswärme (Zement: 32,5, setzt eine Hydratationswärme von 50 bis 130 J/g nach einem Tag bzw. 120 bis 210 J/g nach drei Tagen um, während ein Zement 32,5R oder 42,5 bereits 120 bis 200 J/g nach einem Tag und 290 bis 300 J/g nach drei Tagen entwickeln).

- Rissesichernde Mindestbewehrung (max. Rissbreiten < 0,15 mm).
- Hoher Mehlkornanteil (0/0,25 mm) zwischen 380 kg/m³ und 450 kg/m³.
- Gute Betonnachbehandlung.

Wasserundurchlässige Betone werden nur bei Spezialanwendungen von Stützbauwerken, beispielsweise bei Schutzgalerien, verwendet.

3.8.2 Frost- und witterungsbeständiger Beton

Für einen frost- und witterungsbeständigen Beton soll der Wasserzementwert auf 0,5 begrenzt werden (Expositionsklasse XF1). Hilfreich ist der Zusatz von Luftporenbildnern in Abhängigkeit des Größtkorns, welche vor allem die Elastizität des Betons bei zyklischer Frost-Tau-Belastung verbessern. Dieser Mikroluftporenanteil (Mikroluftporen mit einem Durchmesser < 0,3 mm) schafft im Zementstein bestimmte Ausgleichräume für gefrierendes Wasser und behindert gleichzeitig den Transport von Wasser. Der geforderte Luftporenanteil hängt vom Größtkorn ab und soll bei einem Größtkorn von 32 mm etwa 5 % und bei einem Größtkorn von 8 mm etwa 7 % betragen. Die genaue Dosierung muss über Versuche ermittelt werden; wobei als Anhaltswert mindestens 0,05 %, aber maximal 0,1 % auf das Zementgewicht genommen werden kann.

Wirkungsvoll gerade für den Frost-Tau-Widerstand ist die Zugabe von Fließmittel und gleichzeitigem Zusatz von Luftporenbildner. Damit kann auch nach 200 Frost-Tau-Wechseln noch keine Veränderung am sogenannten dynamischen E-Modul festgestellt werden.

Frost- und witterungsbeständiger Beton wird bei nahezu allen Stützbauwerken gefordert. Wenn diese Stützkonstruktionen aber in Kontakt mit Tausalz wie beispielsweise im Straßenbau kommen, müssen diese auch entsprechend widerstandsfähig ausgeführt werden.

3.8.3 Frost- und taumittelbeständiger Beton

Der Frost- und Taumittelangriff gefährdet den Beton deshalb, da die Taumittel (Salzlösungen etc.) in den Beton eindringen (Expositionsklasse XF2). Gerade im Fahrbahnbereich oder die Mauerkronen von talseitigen Stützkonstruktionen sollten aus frost- und taumittelbeständigem Beton erstellt werden. Die vorhandenen Salzlösungen auf den Fahrbahnoberflächen verdünnen sich, weshalb der Beton in höherem Maß durchfeuchtet wird. Diese höheren Durchfeuchtungen führen zu größeren hydrostatischen Belastungen des Zementsteins beim Gefrieren, da der natürlich vorhandene luftgefüllte Ausgleichsraum im Beton geringer wird. Werden Taumittel eingesetzt, treten bei Lösung der Taumittel im Wasser zusätzliche Unterkühlungseffekte durch die benötigte Lösungswärme auf, welche die Kristallisationsgeschwindigkeit des Porenwassers im Zementstein beeinflussen. Im Extremfall kann es durch diese Einflüsse zu einem schichtweisen Gefrieren des Wassers in den Kapillarporen kommen. Zusätzlich entstehen durch das Gefrieren unterschiedliche thermische Ausdehnungen von Gesteinskörnung und Zementstein. Deshalb entstehen die Schädigungsmechanismen beim Frost-Taumittel-Angriff hauptsächlich durch die Volumenerhöhung des gefrierenden Wassers und durch die Erhöhung des hydraulischen Druckes im Zementgefüge. Einen Beton mit einem möglichst hohen Frost- und Tauwiderstand zu erzielen, ist nach dem heutigen Stand des Wissens der einzige Weg, einen dichten Beton herzustellen. Der Mehlkorngehalt sollte bei einer 0/32-Körnung zwischen 350 und 400 kg/m³ und bei einem Zuschlag von 0/16 mm zwischen 400 und 450 kg/m³ liegen.

Der frost- und taumittelbeständige Beton soll einen Wasserzementwert von 0,5 nicht übersteigen, eine Wassereindringtiefe von 50 mm unterschreiten und einen gewissen Mikroporenanteil wie beim frost- und witterungsbeständigen Beton aufweisen. Des Weiteren sollen der Frostwiderstand der Zuschläge sowie eine gediegene Nachbehandlung gewährleistet sein. Das Problem sind die Kapillar- und Verdichtungsporen, welche sich mit Wasser füllen und bei Temperaturabsenkungen eine zusätzliche Gefährdung darstellen können. Eine mangelnde Nachbehandlung sowie ein zu schnelles Drehen der Fahrzeugtrommel vergrößern den Kapillarporengehalt des Zementsteins und fördern die Inhomogenitäten. Ein zu hoher Luftgehalt wirkt sich negativ auf die Druckfestigkeit aus, da im Mittel 1 % Luftgehalt die Druckfestigkeit um ca. 3 % verringert.

In allen Fällen gilt, dass beim Einbringen des Betons und während der Verarbeitung auf eine gute Verdichtung und möglichst homogene Mischungsverteilung zu achten ist. Bei Bauteilen von Stützkonstruktion, welche mit den Straßenkörper und damit direkt oder indirekt mit Taumittel in Berührung kommen können, müssen frost- und taumittelbeständige Betone verwendet werden. Dazu ist es notwendig, auch konstruktiv die entsprechende Betondeckung einzuhalten.

3.8.4 Beton mit rezyklierten Gesteinskörnungen

Auch bei Stützkonstruktionen kann es vorkommen, dass bestehende Mauern abgebrochen oder bewusst rezyklierte Gesteinskörnungen verwendet werden. Der Umfang der Verwertung hängt von der Qualität des aufbereiteten Materials und der Art der Aufbereitung ab. Für Beton gelten grundsätzlich die gleichen Anforderungen wie für Gesteinskörnungen, welche in DIN 4226-101:2017-08 [10] enthalten sind bzw. in DIN EN 12620:2015-07 Entwurf [18] gestellt werden. Darüber hinaus gibt es zusätzliche Anforderungen, welche für die Betontechnik maßgebend sind. Sie betreffen die Frisch- und Festbetoneigenschaften. Im Einzelnen sind das:

- Zusammensetzung der rezyklierten Gesteinskörnungen,
- Kornrohdichte,
- Wasseraufnahme,
- Chloride (korrosionsfördernde Stoffe),
- Umweltrelevante Parameter.

Bei der Herstellung von Beton mit rezyklierten Gesteinskörnungen sind die Wasseraufnahme und die Kornrohdichte des verwendeten Materials im Gegensatz zur natürlich normalen Gesteinskörnung zu berücksichtigen. Diese materialspezifischen Kennwerte sind anzugeben.

Rezyklierte Gesteinskörnungen haben auch hinsichtlich des Widerstandes gegen Frost grundsätzlich die gleichen Anforderungen zu erfüllen, wie normale Gesteinskörnungen. Die Anforderungen sind in DIN 4226-101:2017-08 [10] festgelegt. Es kann aber vorkommen, dass die rezyklierten Gesteinskörnungen bei der Prüfung am Granulat die Anforderungen nach DIN 4226-101:2017-08 nicht erfüllen. Gründe dafür sind Gefügestörungen, die von mechanischen Kräften, die beim Abbruch von Tragstrukturen und der Aufbereitung des Abbruchgutes auf das Gefüge einwirken, herrühren. Wenn der Nachweis der Frostbeständigkeit am Granulat nicht zum Erfolg führt, kann der Frostwiderstand der rezyklierten Gesteinskörnungen durch das Verhalten im Beton beurteilt werden. Umfangreiche Versuche haben gezeigt [77], dass Betone unter Verwendung rezyklierter Gesteinskörnungen, die aufgrund eines Frostversuchs am Granulat als nicht ausreichend widerstandsfähig eingestuft worden sind, einen Frostwiderstand aufweisen, der mit dem von Normalbetonen vergleichbar ist. Dies liegt in der günstigen Mitwirkung der Mörteleinbettung der Gesteinskörner, die beim Frostversuch am Granulat nicht vorhanden ist. Die Prüfung am Korn stellt eine schärfere Beanspruchung dar, als die Prüfung seiner Frostbeständigkeit im Betonversuch.

Ein ausreichender Frostwiderstand beim Betonversuch liegt vor, wenn der Abwitterungsverlust eines mit rezyklierter Gesteinskörnung hergestellten Betons einen vorgegebenen Grenzwert nicht überschreitet. Dieser Grenzwert ist zu vereinbaren.

Der Frostwiderstand an den rezyklierten Gesteinskörnungen ist nach DIN EN 1367-1 [12] oder DIN EN 1367-2 [13] zu bestimmen. Die Beurteilung hinsichtlich des Verhaltens der rezyklierten Gesteinskörnungen im Beton ist nach DIN 4226-101:2017-08 [10], durchzuführen.

Die derzeitigen Erkenntnisse und Erfahrungen erlauben es, die rezyklierten Gesteinskörnungen unter bestimmten Randbedingungen für die Herstellung von Beton für Tragwerke nach DIN 1045 ohne Qualitätseinbußen zu verwenden. Die entsprechenden Regelungen sind in der Richtlinie „Beton nach DIN EN 206-1 und DIN 1045-2 mit rezyklierter Gesteinskörnung nach DIN 4226-101:2017-08 bzw. DIN 4226-102" niedergelegt.

Voraussetzung, dass Beton mit rezyklierten Gesteinskörnungen für Tragwerke bzw. Stützbauwerke nach DIN 1045-1:2008-08 [1] eingesetzt werden kann, ist, dass sich die damit ausgeführten Konstruktionen hinsichtlich Gebrauchstauglichkeit und Sicherheit nicht anders verhalten als bei Verwendung von Normalbeton. Die Forderung nach Gleichwertigkeit bedingt, dass der Beton mit rezyklierten Gesteinskörnungen vorerst nicht für alle Anwendungsgebiete der DIN 1045-1:2008-08 zugelassen ist. Diese Einschränkung gilt einmal für bestimmte Anwendungen, für die noch keine ausreichenden Erfahrungen mit Beton mit rezyklierten Gesteinskörnungen gesammelt wurden, was jedoch bei Stützbauwerken (nicht vorgespannt) nicht zutrifft.

Mit Rücksicht auf die negativen Einflüsse auf den Frischbeton und auf die Dauerhaftigkeit des Festbetons ist die Verwendung von Brechsand bis 2 mm, der aus der Aufbereitung von Baurestmassen stammt, für die Herstellung von Beton nach DIN EN 206-1 und DIN 1045-2 nicht erlaubt.

Bezüglich der dauerhaftigkeitsrelevanten Eigenschaften gelten die Vorgaben und Forderungen der jeweiligen Expositionsklasse. Die Anwendung von Beton mit rezyklierten Gesteinskörnungen ist nicht für alle Expositionsklassen zugelassen.

Expositionsklassen XO, XC1 bis XC4: Eine uneingeschränkte Anwendung ist möglich.

Expositionsklassen XF1 und XF3: Bei diesen Expositionsklassen sind Taumittel ausgeschlossen. Eine uneingeschränkte Anwendung ist möglich.

Die rezyklierte Gesteinskörnung muss einen ausreichenden Frostwiderstand aufweisen. Für die Expositionsklasse XF1 gelten die Anforderungen der Kategorie F_4 und für die Expositionsklasse XF3 die Anforderungen der Kategorie F_2. Die Kategorie F_2 muss an der Gesteinskörnung nachgewiesen werden. Werden mit dem Korngemisch durchgeführten Prüfung die Anforderungen der Kategorie F_4 nicht erfüllt, so ist der Nachweis der Frostbeständigkeit durch eine Betonprüfung zulässig.

Sinnvoll wäre es, gerade beim Bau von Stützkonstruktionen lokal vorkommende und auch rezyklierte Gesteinskörnungen zu verwenden, sofern die Qualitätsansprüche erfüllt werden können.

3.9 Normative Berechnungs- und Bemessungsgrundlagen

Als europäische Rahmenverordnung für den Entwurf, die Berechnung und Bemessung in der Geotechnik gilt der Eurocode 7 (DIN EN 1997-1), als nationales Anwendungsdokument (NAD) in Deutschland die DIN 1054:2010-12 mit A1:2012-08 und A2:2015-11 „Baugrund – Sicherheitsnachweise im Erd- und Grundbau". Beide Normenwerke beruhen auf dem Teilsicherheitskonzept.

Die Nachweise der Tragfähigkeit und der Gebrauchstauglichkeit für Stützmauern können nach folgenden Normen geführt werden:

- DIN 1054: Baugrund; Sicherheitsnachweise im Erd- und Grundbau (2010-12).
- DIN 4017: Baugrund; Berechnung des Grundbruchwiderstands von Flachgründungen (2006-03).
- DIN 4017, Beiblatt 1: Baugrund; Berechnung des Grundbruchwiderstands von Flachgründungen – Berechnungsbeispiele (2006-11).
- DIN 4084: Baugrund; Geländebruchberechnungen (2009-01).
- DIN EN 1997-1: Eurocode 7; Entwurf, Berechnung und Bemessung in der Geotechnik. Teil 1: Allgemeine Regeln (2014-03).

Die wesentliche Norm zur Ermittlung der Einwirkungen von Stützkonstruktionen (insbesondere Winkelstützmauern) ist:

- DIN 4085: Baugrund – Berechnung des Erddrucks (2017-08).

Für die Ausführung der Stützkonstruktionen kann auf folgende Richtlinien zurückgegriffen werden:

- EAB: Empfehlungen des Arbeitskreises „Baugruben", Hrsg.: Deutsche Gesellschaft für Geotechnik (2012).
- EAU 2012: Empfehlungen des Arbeitsausschusses „Ufereinfassungen" Häfen und Wasserstraßen, Ernst & Sohn, Berlin 2012.
- Richtlinien für die Anlage von Straßen, Entwässerung (RAS-Ew).
- ZTVE-StB 17: Zusätzliche technische Vertragsbedingungen und Richtlinien für Erdarbeiten im Straßenbau. Forschungsgesellschaft für Straßen- und Verkehrswesen, Arbeitsgruppe Erd- und Grundbau, Köln (2017).
- ZTVEw-StB 14: Zusätzliche technische Vertragsbedingungen und Richtlinien für den Bau von Entwässerungseinrichtungen im Straßenbau. Hrsg.: Bundesminister für Verkehr, Abteilung Straßenbau, Forschungsgesellschaft für Straßen- und Verkehrswesen Köln (2014).
- Merkblätter: Anwendung von Geotextilien und Geogittern im Erdbau des Straßenbaus. Forschungsgesellschaft für Straßen- und Verkehrswesen, Arbeitsgruppe Erd- und Grundbau, Köln (1994).
- Merkblätter über den Einfluss der Hinterfüllung auf Bauwerke. Forschungsgesellschaft für Straßen- und Verkehrswesen, Arbeitsgruppe Erd- und Grundbau, Köln (2017).
- Richtlinien und Vorschriften für das Straßenwesen (RVS), Österreichische Forschungsgesellschaft Straße-Schiene-Verkehr.

Teilsicherheitskonzept (gemäß DIN 1054:2010-12 mit A1:2012-08 und A2:2015-11)

Im Gegensatz zum globalen Sicherheitskonzept, bei dem das Verhältnis zwischen den maximal möglichen Widerständen (= charakteristische Widerstände R_k) und den tatsächlich wirkenden Einwirkungen (= charakteristische Einwirkungen F_k) bzw. Beanspruchungen E_k gebildet wird, werden beim Teilsicherheitskonzept im Grenzzustand die Bemessungswiderstände R_d den Bemessungseinwirkungen F_d bzw. -beanspruchungen E_d gegenübergestellt. Während beim globalen Sicherheitskonzept das Verhältnis deutlich größer als 1 sein muss (globaler Sicherheitsfaktor), muss beim Teilsicherheitskonzept lediglich die Ungleichung $F_d \leq R_d$ bzw. $E_d \leq R_d$ erfüllt sein.

Grenzzustände

Die DIN 1054:2010-12 unterscheidet zwischen Grenzzuständen der Tragfähigkeit und dem Grenzzustand der Gebrauchstauglichkeit.

Grenzzustände der Tragsicherheit (ULS)

Hierbei werden der Nachweis der Lagesicherheit, der Nachweis bei ständigen und vorübergehenden Bemessungssituationen von Grenzzuständen im Tragwerk und im Baugrund sowie getrennt Nachweis gegen Aufschwimmen und der Nachweis gegen einen hydraulischen Grundbruch gefordert (vgl. Tabelle 6).

Grenzzustand der Gebrauchstauglichkeit (SLS)

Dabei gilt es zu überprüfen, ob die Funktion eines Bauwerks oder eines Bauteils oder das Wohlbefinden der Nutzer oder das gewünschte Erscheinungsbild unter Gebrauchsbedingungen gegeben ist. In der Regel wird dazu überprüft, ob die Verformungen (Setzungen, Verdrehungen etc.) diesbezüglich schadlos sind. Dabei sind die Verformungen immer mit charakteristischen Größen zu bestimmen. Die Teilsicherheitsbeiwerte können in der Regel mit 1,0 angesetzt werden. Wenn nach Entfernung der maßgebenden Einwirkung die Überschreitung des Grenzzustandes bleibt, spricht man vom nicht um-

Tabelle 6. Grenzzustände der Tragfähigkeit in DIN 1054:2005-01 und DIN 1054:2010-12 [97]

DIN 1054:2005-01		DIN 1054:2010-12	
Benennung	Abkürzung	Benennung	Abkürzung
Verlust der Lagesicherheit	GZ 1A	Verlust der Lagesicherheit / Kippen	EQU (equilibrium)
		Aufschwimmen (Nachweis wie GZ 1A)	UPL (uplift)
		Hydraulischer Grundbruch (Nachweis wie GZ 1A)	HYD (hydraulic)
Versagen von Bauwerken und Bauteilen durch Bruch im Bauwerk oder im stützenden Baugrund	GZ 1B	Versagen des Tragwerks oder seiner Teile	STR (structural)
		Versagen des Bodens (Nachweis wie GZ 1B)	GEO-2
Grenzzustand des Verlustes der Gesamtstandsicherheit	GZ 1C	Versagen des Bodens (Nachweis wie GZ 1C)	GEO-3

kehrbaren Grenzzustand, sonst vom umkehrbaren Grenzzustand.

Charakteristischer Wert

Als charakteristischer Wert wird der Wert einer Einwirkung oder eines Widerstandes bezeichnet, von dem angenommen wird, „dass er mit vorgegebener Wahrscheinlichkeit im Bezugszeitraum unter Berücksichtigung der Nutzungsdauer des Bauwerks und der Bemessungssituation nicht überschritten oder unterschritten wird" [3]. Charakteristische Größen werden durch den Index „k" gekennzeichnet.

Die Festlegung von charakteristischen Bodenkennwerten zählt zu den schwierigsten Aufgaben in der Geotechnik und erfolgt in der Regel durch einen geotechnischen Sachverständigen.

Bemessungswert

Unter Bemessungswert versteht man den Wert einer Einwirkung, einer Beanspruchung oder eines Widerstandes, der für den Nachweis eines Grenzzustandes zugrunde gelegt wird. Die Bemessungswerte (Index „d") werden aus den charakteristischen Größen bestimmt, indem die Einwirkungen F bzw. Beanspruchungen E mit den Teilsicherheitsbeiwerten γ_F bzw. $\gamma_E \geq 1{,}0$ multipliziert und die Widerstände R durch den Teilsicherheitsbeiwert $\gamma_R \geq 1{,}0$ dividiert werden.

Die Teilsicherheitsbeiwerte der Einwirkungs- bzw. Widerstandsseite (s. Tabellen 7 und 8) sind abhängig von der Art des betrachteten Grenzzustandes und dem jeweiligen Lastfall.

Bei der Festlegung der Bemessungssituation und der Grenzzustände der Tragfähigkeit und Gebrauchstauglichkeit sind zu beachten:

– Baugrundverhältnisse allgemein und speziell hinsichtlich Geländebruchsicherheit und Bewegungen im Untergrund,
– Art und Größe des Bauwerkes sowie die an ein Bauwerk gestellten Anforderungen, z. B. Nutzungsdauer des Bauwerks und seiner Teile,
– aus der Umgebung herrührende Umstände (z. B. Nachbarbebauung, Verkehr, Versorgungsleitungen),
– Grundwasserverhältnisse,
– regionale Erdbebentätigkeit,
– Umwelteinflüsse (Hydrologie, Gewässer, Senkungen, jahreszeitliche Schwankungen von Temperatur und Feuchtigkeit).

Damit ist zunächst die Geotechnische Kategorie festzulegen.

Geotechnische Kategorien (GK)

Die 3 Geotechnischen Kategorien GK 1, GK 2 und GK 3 (Tabelle 7) legen die Mindestanforderungen an Umfang und Qualität geotechnischer Untersuchungen, Berechnungen und Überwachungsmaßnahmen fest.

Die Einordnung einer geotechnischen Konstruktion in eine Geotechnische Kategorie wird in DIN 1054 bei den zugehörigen Sicherheitsnachweisen behandelt. In DIN 4020 erfolgt die Zuordnung nach den Kriterien Bauwerk, Baugrund, Grundwasser und Bauwerk, wobei als Regelfall GK 2 betrachtet wird. Kriterien für die Einordnung in die GK 1 bzw. GK 3 nach *Kuntsche* sind in [95] angeführt, ebenso wie die Zuordnung zu den GK bei Stützwänden, die i. d. R. in die GK 2 fallen.

Tabelle 7. Geotechnische Kategorien nach DIN 1054 in Anlehnung an DIN 4020

GK	Schwierigkeitsgrad der Baumaßnahme	Berechnung	Nachweise	Grundlagen	Umfang
1	gering	nein	(Beurteilung aufgrund von Erfahrung)	Erfahrung	–
2	mittel	ja	Standsicherheit und Gebrauchstauglichkeit	Geotechnische Kenntnisse und Erfahrung	Geotechnischer Untersuchungs- und Entwurfsbericht
3	hoch	ja	Tragfähigkeit und Gebrauchstauglichkeit	Zusätzliche Untersuchungen sowie vertiefte Kenntnisse und Erfahrungen	Geotechnischer Untersuchungs- und Entwurfsbericht

Einwirkungen

Die vielfältigen Einwirkungsarten nach EC 7 und DIN 1054 werden auf folgende drei Hauptgruppen, die in [95] ausführlich erläutert sind, beschränkt:

- Gründungslasten,
- grundbauspezifische Einwirkungen,
- dynamische Einwirkungen.

Bei geotechnischen Bauwerken überwiegen die grundbauspezifischen Einwirkungen (insbes. Eigengewicht, Erddruck, Wasserdruck, Nutzlasten auf der Geländeoberfläche), wobei in der Geotechnik neben dem Wasserdruck vor allem der Ansatz des Erddrucks besondere Aufmerksamkeit erfordert (Bild 10).

Widerstände

Die Widerstände von Böden und Fels, welche auf das Fundament, den Gründungskörper oder auf das Stützbauwerk wirken, erzeugen Schnittgrößen bzw. Spannungen, die entweder im Bauwerk oder im Baugrund auftreten. Die Größe dieser Schnittgrößen oder Spannungen hängt wesentlich von den Steifigkeitsverhältnissen des Bodens zum Stützbauwerk bzw. der Interaktion Baugrund – Bauwerk ab. Folgende Widerstände können auftreten:

- Erdwiderstände,
- Eindring- und Herausziehwiderstände von Pfählen, Zuggliedern, Ankern etc.,
- Seitenwiderstände bzw. Reibwiderstände von Pfählen,

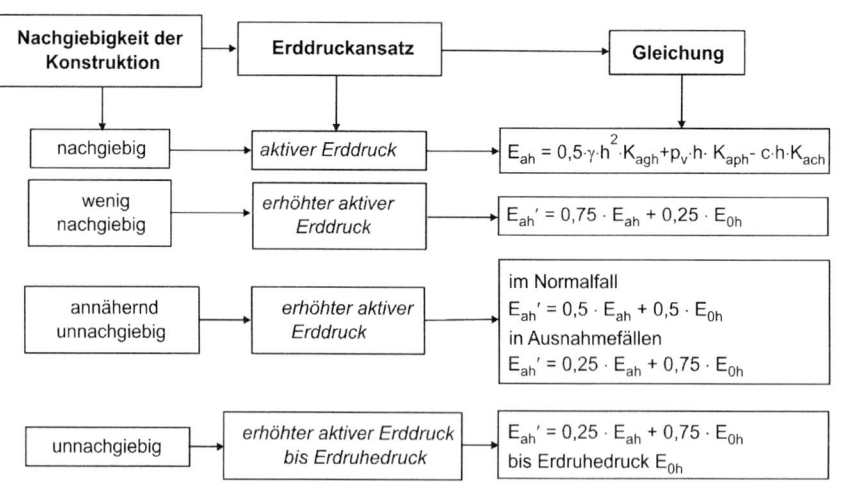

Bild 10. Erddruckansätze zur Bemessung von Stützwänden in Abhängigkeit der Nachgiebigkeit der Konstruktion (in Anlehnung an Tabelle A.2 von DIN 4085:2017-08) [95]

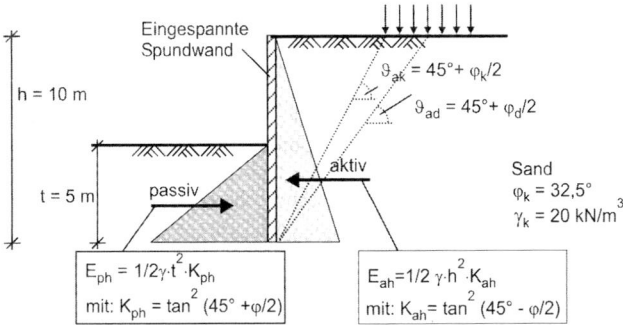

Bild 11. Nichteindeutigkeit von Einwirkungen und Widerständen beim Erddruck auf eine Baugrubenwand [95]

- Sohlwiderstände,
- Steifigkeiten,
- Scherfestigkeiten.

Problematisch ist in der Geotechnik, dass sich Widerstände und Einwirkungen nicht immer sauber voneinander trennen lassen, wie das Beispiel Erddruck auf eine Baugrubenwand in Bild 11 zeigt. Da sowohl E_a auf der Wandrückseite (Einwirkung) als auch E_p vor dem Wandfuß (Widerstand) vom Reibungswinkel abhängen, erhält man unterschiedliche Abmessungen für die Fußeinspannung der Wand infolge der unterschiedlichen Berücksichtigung der Sicherheitsfaktoren (Abminderung des charakteristischen Reibungsbeiwertes bzw. Abminderung der charakteristischen Erddruckgrößen).

Hinzu kommt die gegenseitige Abhängigkeit von Einwirkungen und Widerständen: Einerseits ist der passive Erdwiderstand (Widerstandsgröße) von der Wandbewegung (aufgrund der Einwirkung) abhängig und andererseits der aktive Erddruck (Einwirkungsgröße) vom Reibungswinkel (Widerstandsgröße).

Für die Einwirkungen und Beanspruchungen werden die Teilsicherheitsbeiwerte je nach Bemessungssituation zwischen 0,9 und 1,8 angesetzt (Tabelle 8).

Für die Bodenkennwerte werden Teilsicherheitsbeiwerte zwischen 1,0 und 1,25 angesetzt (Tabelle 9).

Für die Teilsicherheitsbeiwerte der Widerstände werden Werte zwischen 1,1 und 1,5 angesetzt werden (Tabelle 10).

Bemessungssituation

In der DIN 1054:2010-12 wird zwischen drei Bemessungssituationen unterschieden:

- ständige Bemessungssituation BS-P (permanent)
- vorübergehende Bemessungssituation BS-T (transient)
- außergewöhnliche Bemessungssituation BS-A (accidental)

Die Bemessungssituationen entsprechen prinzipiell den Einwirkungskombinationen EK 1, EK 2, EK 3 der Vorversion der DIN 1054:2005-01.

Zusätzlich wurde die Bemessungssituation für Erdbeben BS-E (earthquake) eingeführt. Bei dieser Bemessungssituation werden durchweg Teilsicherheitswerte der Größe 1,0 angesetzt.

Tabelle 8. Teilsicherheitsbeiwerte für Einwirkungen und Beanspruchungen [3, 97]

Einwirkung bzw. Beanspruchung	Formelzeichen	Bemessungssituation BS-P	BS-T	BS-A
ULS: HYD und UPL				
Destabilisierende ständige Einwirkungen [a]	$\gamma_{G,dst}$	1,05	1,05	1,00
Stabilisierende ständige Einwirkungen	$\gamma_{G,stb}$	0,95	0,95	0,95
Destabilisierende veränderliche Einwirkungen	$\gamma_{Q,dst}$	1,50	1,30	1,00
Stabilisierende veränderliche Einwirkungen	$\gamma_{Q,stb}$	0	0	0
Strömungskraft bei günstigem Untergrund	γ_H	1,35	1,30	1,20
Strömungskraft bei ungünstigem Untergrund	γ_H	1,80	1,60	1,35
ULS: EQU				
Ungünstige ständige Einwirkungen	$\gamma_{G,dst}$	1,10	1,05	1,00
Günstige ständige Einwirkungen	$\gamma_{G,stb}$	0,90	0,90	0,95
Ungünstige veränderliche Einwirkungen	γ_Q	1,50	1,25	1,00
ULS: STR und GEO-2				
Beanspruchungen aus ständigen Einwirkungen allgemein [a]	γ_G	1,35	1,20	1,10
Beanspruchungen aus günstigen ständigen Einwirkungen [b]	$\gamma_{G,inf}$	1,00	1,00	1,00
Beanspruchungen aus ständigen Einwirkungen aus Erdruhedruck	$\gamma_{G,E0}$	1,20	1,10	1,00
Beanspruchungen aus ungünstigen veränderlichen Einwirkungen	γ_Q	1,50	1,30	1,10
Beanspruchungen aus günstigen veränderlichen Einwirkungen	γ_Q	0	0	0
ULS: GEO-3				
Ständige Einwirkungen [a]	γ_G	1,00	1,00	1,00
Ungünstige veränderliche Einwirkungen	γ_Q	1,30	1,20	1,00
SLS				
$\gamma_G = 1,00$ für ständige Einwirkungen bzw. Beanspruchungen				
$\gamma_G = 1,00$ für veränderliche Einwirkungen bzw. Beanspruchungen				

[a] einschließlich ständigem und veränderlichem Wasserdruck
[b] nur wenn bei der Ermittlung der Bemessungswerte der Zugbeanspruchung eine gleichzeitig wirkende charakteristische Druckbeanspruchung aus günstigen ständigen Einwirkungen angesetzt wird

Tabelle 9. Teilsicherheitsbeiwerte für Bodenkennwerte [3, 97]

Bodenkenngrößen	Formel-zeichen	Bemessungssituation		
		BS-P	BS-T	BS-A
HYD und UPL				
Reibungswert $\tan \varphi'$ des dränierten Bodens und Reibungswert $\tan \varphi_u$ des undränierten Bodens	γ_φ, $\gamma_{\varphi u}$	1,00	1,00	1,00
Kohäsion c' des dränierten Bodens und Scherfestigkeit c_u des undränierten Bodens	γ_c, γ_{cu}	1,00	1,00	1,00
GEO-2				
Reibungswert $\tan \varphi'$ des dränierten Bodens und Reibungswert $\tan \varphi_u$ des undränierten Bodens	γ_φ, $\gamma_{\varphi u}$	1,00	1,00	1,00
Kohäsion c' des dränierten Bodens und Scherfestigkeit c_u des undränierten Bodens	γ_c, γ_{cu}	1,00	1,00	1,00
GEO-3				
Reibungswert $\tan \varphi'$ des dränierten Bodens und Reibungswert $\tan \varphi_u$ des undränierten Bodens	γ_φ, $\gamma_{\varphi u}$	1,25	1,15	1,10
Kohäsion c' des dränierten Bodens und Scherfestigkeit c_u des undränierten Bodens	γ_c, γ_{cu}	1,25	1,15	1,10

Tabelle 10. Teilsicherheitsbeiwerte für Widerstände [3, 97]

Widerstand	Formel-zeichen	Bemessungssituation		
		BS-P	BS-T	BS-A
STR und GEO-2				
Bodenwiderstände				
Erdwiderstand und Grundbruchwiderstand	$\gamma_{R,e}$, $\gamma_{R,v}$	1,40	1,30	1,20
Gleitwiderstand	$\gamma_{R,h}$	1,10	1,10	1,10
Pfahlwiderstände aus statischen und dynamischen Pfahlprobebelastungen				
Fußwiderstand	γ_b	1,10	1,10	1,10
Mantelwiderstand (Druck)	γ_s	1,10	1,10	1,10
Gesamtwiderstand (Druck)	γ_t	1,10	1,10	1,10
Mantelwiderstand (Zug)	$\gamma_{s,t}$	1,15	1,15	1,15
Pfahlwiderstände auf der Grundlage von Erfahrungswerten				
Druckpfähle	γ_b, γ_s, γ_t	1,40	1,40	1,40
Zugpfähle (nur in Ausnahmefällen)	$\gamma_{s,t}$	1,50	1,50	1,50
Herausziehwiderstände				
Boden- bzw. Felsnägel	γ_a	1,40	1,30	1,20
Verpresskörper von Verpressankern	γ_a	1,10	1,10	1,10
Flexible Bewehrungselemente	γ_a	1,40	1,30	1,20

4 Flache Stützkonstruktionen

Die flachen Stützkonstruktionen, die sowohl aus konstruktiven Werkstoffen, wie Beton, Stahl und verstärkten Kunststoffen [29], oder aus natürlichen Baustoffen, wie Holz und Pflanzen [43] bestehen können, lassen sich nach ihrer Stützwirkung wie folgt unterteilen:

- Stützwirkung durch Eigengewicht
  - Gewichtsstützmauern, Trockenmauern (Zyklopenmauern).
- Stützwirkung durch Eigengewicht und Erdauflast
  - Winkelstützmauern.
- Stützwirkung durch Aktivierung des Erdkörpers (Verbundkonstruktionen)
  - erdgefüllte Bauteile: Raumgitterwände,
  - Stützkonstruktionen aus bewehrter Erde,
  - Bodenvernagelungen,
  - Lagenbau,
  - Pilotenwand,
  - bepflanzter Hangrost.

Die Schutzkonstruktionen mit Pflanzen und Hölzern verlangen die richtige Wahl der Bauweise, die handwerkliche Errichtung der Schutzkonstruktion und die fachliche Einschätzung zur richtigen Auswahl des Saatgutes. Je nach Schutzfunktion werden

- flächige Bauweisen, wie Faschinenreihen, Krainerwand etc.,
- linear wirksame Bauweisen, wie Flechtzäune, Walzen, Uferpfahlwände etc. und
- punktuell wirksame Bauweisen, wie Steckhölzer, eingebaute Wurzelstöcke etc.

unterschieden. Die Wirkungsweise von ingenieurbiologischen Schutzkonstruktionen hängt aber stark von der möglichen Wurzeltiefe ab. Dabei sollte bei tragfähigen Hang- und Böschungssicherungen von Wurzeltiefen zwischen 0,5 und 4 m (im Mittel 2,0 bis 2,5 m) ausgegangen werden. Je nach der Tiefenwirkung werden die Bauweisen unterteilt in:

- Maßnahmen zum Schutz von Oberflächenerosion, wie Begrünungsmethoden,
- Maßnahmen zur Sicherung von flachgründigen (10 bis 50 cm tiefen) Hanginstabilitäten, wie bepflanzte Pilotenwand, Hangrost, einwandige Krainerwand,
- Maßnahmen zur Sicherung von mittelgründigen (50 bis 200 cm tiefen) Hanginstabilitäten, wie Blocksteinmauern, Lagenbau, Drahtsteinkörbe, bewehrte Erden, doppelwandige Krainerwand.

Wichtig ist aber die Erkenntnis, dass alle Pflanzen und Gehölze Zeit zum Wachsen brauchen. Deshalb kann es notwendig werden, Hilfsstrukturen unterstützend zu verwenden, damit die Wirksamkeit von Stützkonstruktionen schneller wirksam wird. Solche sind:

- kurzlebige Hilfsstrukturen (2 bis 5 Jahre): Jute, Kokosnetz, Fichten-, Tannenhölzer;
- mittelebige Hilfsstrukturen (10 bis 25 Jahre): Lärchen-, Eichen-, Robinienhölzer;
- langlebige Hilfsstrukturen (über 25 Jahre): verzinkte Drahtnetze, verstärkte Kunststoffnetze, Steine, Betonfertigteile.

Sämtliche ingenieurbiologische Bauweisen werden mit Pflanzen hergestellt, wodurch sowohl die Zug-, Druck- als auch die Abscherfestigkeit der Pflanze von Bedeutung sind.

Für den Nachweis der äußeren Standsicherheit können alle in diesem Kapitel besprochenen Stützkonstruktionen als Schwergewichtsmauern betrachtet und wie Flachgründungen unter Berücksichtigung der Bestimmungen in DIN 1054, 10 behandelt werden.

Bei der Planung und Herstellung sind die Grundsätze des Erdbaus und der Entwässerung zu beachten. Beim Aushub wird der Boden nur so weit entfernt, dass der Einschnitt nicht versagt. Die Mauer wird abschnittsweise aufgebaut und hinterfüllt. Im Zuge der Hinterfüllung ist auf eine ordnungsgemäße Herstellung der Drainage zu achten.

4.1 Gewichtsstützmauern

4.1.1 Allgemeines

Die Stützwirkung dieser Bauten erfolgt rein durch die Schwerkraft, d. h. das in der Sohlfuge wirkende Moment infolge horizontaler Erddrucklasten wird über das rückdrehende Moment aus vertikalen Eigengewichtslasten aufgenommen.

Gewichtsmauern übertragen die äußeren Lasten über eine Flachgründung in den Baugrund, in der Regel ohne Verankerung. Falls erforderlich, kann eine Verblendung mit Bruchsteinmauerwerk erfolgen.

Die Vorderseite dieser Stützmauern wird, bedingt durch eine Verdrehung der Wand um den Fußpunkt infolge des aktiven Erddruckes, im Allgemeinen etwa 4:1 bis 10:1 geneigt. Die Rückseite kann senkrecht, geneigt, gebrochen oder in Stufen abgetreppt verlaufen. Eine Unterschneidung im unteren Teil der Mauer verringert den Erddruck und die erforderliche Querschnittsfläche meist beträchtlich. Es ist jedoch zu beachten, dass die Standsicherheit der nicht hinterfüllten Mauer trotzdem gewährleistet bleibt.

Gewichtsmauern werden zumeist aus unbewehrtem Beton hergestellt. Falls erforderlich, erhalten sie

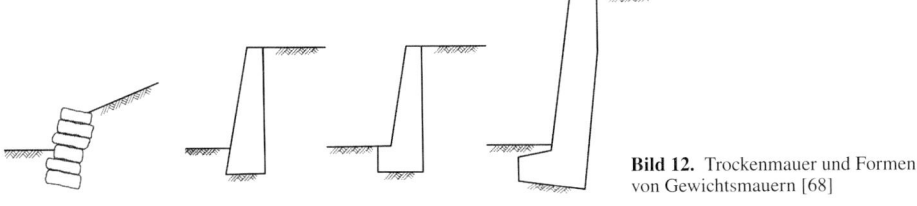

Bild 12. Trockenmauer und Formen von Gewichtsmauern [68]

eine leichte Zugbewehrung an der Rückseite, welche ggf. auftretende Zugkräfte aufnimmt und eine Rissbildung (klaffende Fuge) verhindert.

Diese Bauwerke erfordern zwar hohe Materialkosten, dafür aber ein vergleichsweise geringes Aushubvolumen.

Trockenmauern (Zyklopenmauern)

Gewichtsstützmauern aus formgenauen Steinen ohne Mörtel bezeichnet man als Trocken- oder Zyklopenmauern. Diese werden meist ≤ 5:1 bis 2:1 (12 bis 25°) geneigt und eignen sich als Stützkonstruktion geringer Höhe. Hinsichtlich der Tragfähigkeit und Dauerhaftigkeit sind vor allem der Schub- und Reibungsverbund zwischen den Steinen zu beachten, welche von der Passgenauigkeit und Größe der Kontaktflächen abhängen.

Je nach Konstruktion sind Übergänge von vermörteltem Mauerwerk bis hin zu schwach bewehrtem Beton möglich. Eine eingelegte flächige Bewehrung (8 mm ≤ d_s ≤ 14 mm, $s = 25$ cm) hilft zur Rissbegrenzung und kann auch eventuell auftretende Zugspannungen aufgrund von Erddrücken oder Setzungen aufnehmen. Um ein Ausbrechen von Steinen zu verhindern, können in gewissen Abständen abgewinkelte Bewehrungseisen in die Mauerwerksfuge in bestimmten Abständen (ca. alle 100 cm) eingelegt werden. Bei vermörtelten Mauern sind Entwässerungsbohrungen vorzusehen, generell ist auf eine funktionstüchtige Dränage zu achten.

Zyklopenmauern bieten vielfältige Möglichkeiten der Oberflächengestaltung. Die Steine sollten aus der Umgebung genommen werden, wodurch eine gute Anpassung an das Landschaftsbild gelingt. Die Zwischenräume der Trockenmauern können durch eine Gräser-Kräuter-Mischung mittels Hydrosaat ausgefüllt werden. Dabei erreicht man mit Weidensteckhölzern und/oder bewurzelten Laubgehölzen (gut geeignet sind Ballenpflanzen) einen guten Bewuchs. Sinnvoll ist die Einlage von Pflanzen während des Baus der Trockenmauer, jedoch besteht die Gefahr der Beschädigung durch die schweren Steine. So können die Steckhölzer und Pflanzen auch nach der Erstellung in die mit Erde gefüllten Zwischenräume eingesteckt werden.

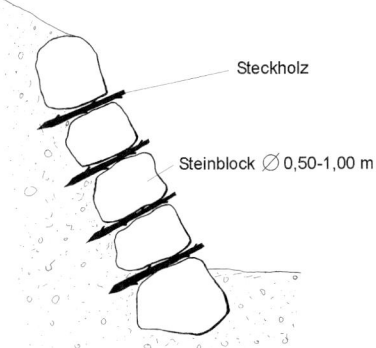

Bild 13. Bepflanzte Blocksteinmauer [43]

4.1.2 Berechnung und Bemessung

Gemäß DIN 4085:2017-08 [7] ist bei Gewichtsmauern in der Regel der aktive Erddruck anzusetzen. Für verformungsarme Konstruktionen ist der erhöhte aktive Erddruck (in Ausnahmefällen der Erdruhedruck) und bei hinterfüllten Stützbauwerken der Verdichtungserddruck maßgebend.

Gründungen auf Festgestein bei ebenen Systemen sind als unnachgiebig einzustufen und daher auf den erhöhten aktiven Erddruck (s. Bild 10), in Ausnahmefällen auf den Erdruhedruck, zu bemessen.

Die Abmessungen von Gewichtsmauern müssen so gewählt werden, dass die Sohlspannungsresultierende aus Eigengewicht und Erddruck (eventuell auch Wasserdruck), die Sohlfläche innerhalb der ersten Kernweite schneidet (Sicherheit gegen Kippen). Durch eine schräge Sohlfläche kann zwar die Gleitsicherheit nicht erheblich verbessert jedoch der Materialverbrauch verringert werden.

Äußere Standsicherheit

Die äußere (globale) Standsicherheit eines Stützbauwerkes ist dann gegeben, wenn Kippen, Grundbruch, Gleiten der Konstruktion sowie Gelände- und Böschungsbruch mit hinreichender Genauigkeit ausgeschlossen werden können. Nach DIN 1054 werden die einzelnen Nachweise wie für Flachgründungen geführt.

Nachweis der Tragfähigkei

- Nachweis der Lage der Resultierenden aller angreifenden Kräfte in der Sohle (Sicherheit gegen Kippen)

An der Fundamentsohle können nur Druckspannungen übertragen werden. Greifen auch Momente an, so wird die Spannungsverteilung asymmetrisch. Vereinfacht geht man von einer linearen Spannungsverteilung, z. B. von einem Spannungstrapez, aus. Eine klaffende Fuge tritt bei jener Exzentrizität

$$e = \frac{M}{N} \qquad (20)$$

auf, bei der sich nicht mehr an der gesamten Sohle Druckspannungen einstellen (s. Bild 14).

Die Sohlspannungen lassen sich, abhängig von der Lage der Resultierenden, mit den folgenden Formeln berechnen, wobei die Bezeichnung N für die resultierende Kraft mit F_v aus Bild 14 übereinstimmt und b_x bzw. b_y die Abmessungen der Sohlfläche in x- bzw. y-Richtung darstellen.

Resultierende in der ersten Kernweite:

$$\sigma_{1,r} = \frac{N}{b_x \cdot b_y} \cdot \left(1 \pm \frac{6 \cdot e_x}{b_x}\right) \qquad (21)$$

Resultierende in der zweiten Kernweite:

$$\sigma_{max} = \frac{2 \cdot N}{3 \cdot \left(\frac{b_x}{2} - e_x\right) \cdot b_y} \qquad (22)$$

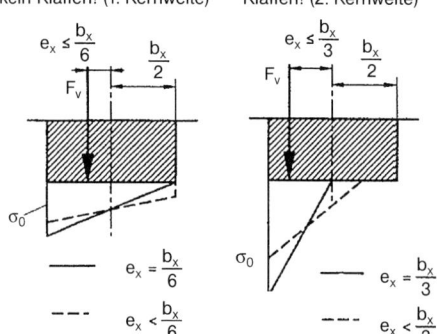

Bild 14. Sohlspannungsverteilung abhängig von der Lastexzentrizität [82]

Nachzuweisen ist die Lage der Resultierenden aller angreifenden Kräfte in der Sohle. Für den Nachweis der Tragfähigkeit sollte sie innerhalb der ersten Kernweite (keine klaffende Fuge) bzw. bei ungünstiger Lastkombination (z. B. Wasserdruck) innerhalb der zweiten Kernweite (klaffende Fuge) liegen.

Für die Lastfälle LF 1 und LF 2 ergibt sich die maßgebende Sohldruckresultierende aus der ungünstigsten Kombination der charakteristischen Werte aus ständigen und veränderlichen Einwirkungen.

Ist beim Lastfall LF 3 die Grundbruchsicherheit gegeben, so kann ein Nachweis der Sicherheit gegen Kippen entfallen (DIN 1054, 7.5.1).

- Nachweis der Grundbruchsicherheit

Der Nachweis der Grundbruchsicherheit ist für die Bemessung von Gewichtsstützmauern und erdgefüllten Bauteilen oft maßgebend. Ein Grundbruch tritt dann ein, wenn ein Fundament so stark belastet wird, dass der Scherwiderstand des Bodens im Bereich unter und unmittelbar neben dem Gründungskörper überwunden wird. Der Boden entweicht dann seitlich, und das Fundament sinkt ein.

Der charakteristische Grundbruchwiderstand $R_{n,k}$ ist nach DIN 4017 wie folgt zu ermitteln:

$$R_{n,k} = a' \cdot b' \cdot \left(\gamma_2 \cdot b' \cdot N_b + \gamma_1 \cdot d \cdot N_d + c \cdot N_c\right) \qquad (23)$$

Er ist abhängig von Gründungslänge a' und -breite b', von der Gründungstiefe d, von der Wichte des Bodens oberhalb (γ_1) bzw. unterhalb der Gründungssohle (γ_2) und der Kohäsion c. Außerdem sind Neigung und Exzentrizität der Sohldruckresultierenden sowie Form, Tragfähigkeit und Neigung des Geländes und der Sohle mit den Beiwerten N_b, N_d und N_c zu berücksichtigen.

Nach DIN 1054 wird der Bemessungswert des Grundbruchwiderstandes $R_{n,d}$ dem Bemessungswert der Einwirkung senkrecht auf die Fundamentsohle N_d gegenübergestellt:

$$N_d \leq R_{n,d} \qquad (24)$$

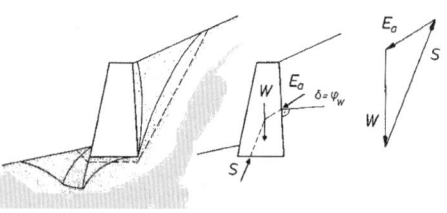

Bild 15. Grundbruch einer Gewichtsstützmauer: Gleitflächen, Kräfte und Krafteck im Grenzgleichgewicht [65]

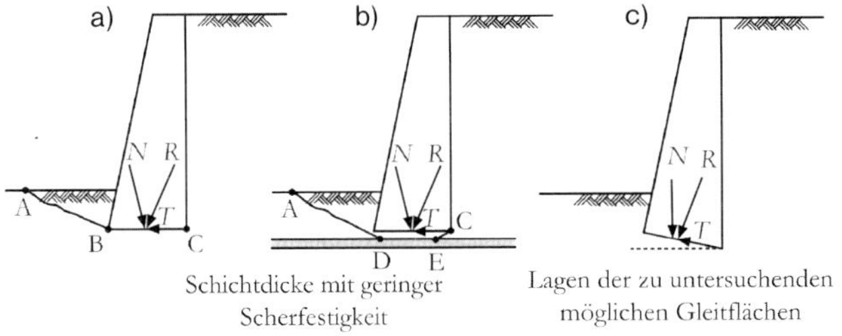

Bild 16. Gleiten von Stützmauern; a) und b) mögliche Gleitfugen, c) zu untersuchende Gleitfuge bei geneigter Sohle [65]

Die Teilsicherheitsbeiwerte zur Umrechnung der charakteristischen Werte in die Bemessungswerte auf Einwirkungs- und Widerstandsseite sind den Tabellen 7 und 8 zu entnehmen.

- Nachweis der Gleitsicherheit

Der Nachweis der Gleitsicherheit ergibt sich aus der Summe der horizontalen Kräfte. Auf der Widerstandsseite wirkt die Reibung zwischen Bauwerkssohle und Baugrund. Bei geneigten Sohlflächen ist zusätzlich der Nachweis in der Horizontalen zu führen.

Ob der passive Erddruck an der Stirnfläche der Mauer angesetzt wird, ist abhängig von der Verschiebung und vom Bauzustand. Eine Vernachlässigung des Erdwiderstands liegt stets auf der sicheren Seite, führt jedoch nicht zu einer wirtschaftlichen Bemessung.

Falls eine vorübergehende Abgrabung vor dem Stützmauerfuß beabsichtigt ist bzw. nicht ausgeschlossen werden kann, ist von einem Bauzustand auszugehen, und es sind hierfür die Teilsicherheitsbeiwerte für den LF 2 zu verwenden.

- Nachweis der zulässigen Sohldruckspannungen

DIN 1054 enthält hierzu ein vereinfachtes Regelfallverfahren mit Tabellenwerten, für das genaue Anwendungsvoraussetzungen gelten [3].

- Geländebruchsicherheit

Der Nachweis der Gesamtstandsicherheit ist bei Gewichtsstützwänden insbesondere dann zu erbringen, wenn die Rückseite der Wand stark zum Erdreich hin geneigt ist, das Gelände hinter der Wand ansteigt bzw. vor ihr abfällt, unterhalb des Wandfußes Boden mit geringer Tragfähigkeit ansteht oder im steilen Bereich der möglichen Gleitflächen besonders hohe Lasten wirken. Bild 17 zeigt mögliche Versagensfälle durch Geländebruch bei Stützmauern.

In DIN 4084:2009-01 wird ausreichende Sicherheit auch für die ungünstigste Gleitfläche verlangt.

- Sicherheit gegen hydraulischen Grundbruch sowie gegen Aufschwimmen

Wenn an der Stützmauersohle oder am gesamten Bauwerk hydrostatische Auftriebskräfte oder eine nach oben gerichtete Strömung angreifen, so ist eine ausreichende Sicherheit gegen Aufschwimmen nachzuweisen.

Hydraulischer Grundbruch tritt dann auf, wenn die Strömungskraft einer nach oben gerichteten Strömung größer als das Gewicht des unter Auftrieb stehenden Bodenkörpers wird.

Im Grenzzustand GZ 1A werden keine Widerstände betrachtet, sondern die Bemessungswerte der ungünstigen Einwirkungen (Auftriebskraft und zusätzlich wirkende ungünstige Kraft) mit denen der günstigen Einwirkungen verglichen. Von den veränderlichen Einwirkungen sind nur jene mit destabilisierender Wirkung (z. B. außergewöhnliche Wasserspiegelschwankungen) zu berücksichtigen.

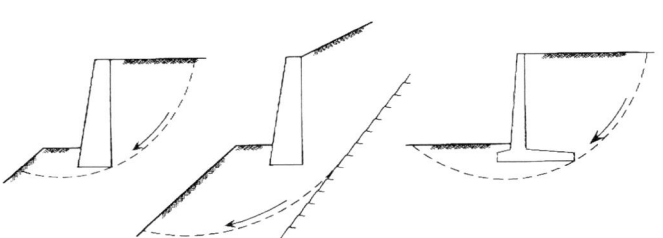

Bild 17. Versagensfälle bei Geländebruch [68]

- Nachweis der Gebrauchstauglichkeit

Der Nachweis der Gebrauchstauglichkeit kann auf der Grundlage von Erfahrungen erfolgen, wenn im LF 1 die Stützmauer auf mindestens mitteldicht gelagertem nichtbindigen oder mindestens steifem bindigen Boden gegründet ist und die Tragfähigkeit im GZ 1B und GZ 1C nachgewiesen wurde. Die Gebrauchstauglichkeit ist auch erfüllt, wenn Verdrehungen (Sohlspannungsresultierende aus ständigen Lasten innerhalb der ersten Kernweite – keine klaffende Fuge), Verschiebungen in der Sohlfläche und Setzungen begrenzt sind und die Nachweisführung gegen Böschungs- und Geländebruch im GZ 1C erfolgt.

Bei erhöhten Anforderungen an die Setzung und Verkantung aufgrund benachbarter empfindlicher Bauwerke sind gesonderte Nachweise mit den charakteristischen Werten der Einwirkungen zu führen, wobei das statische System der Schnittgrößenermittlung im GZ 1B maßgebend ist.

Bei Stützbauwerken in weichen Böden wird die Beobachtungsmethode nach DIN 1054, 4.5 empfohlen.

Innere Standsicherheit

Der Nachweis der inneren Standsicherheit für Gewichtsstützmauern erfolgt durch Untersuchungen der inneren Spannungen und Kräfte, abhängig vom jeweiligen Material des Bauwerks.

- Nachweis der Sicherheit gegen Materialversagen

Die Konstruktion und alle Bauteile müssen die Einwirkungen dauerhaft schadensfrei und ohne Verlust der Standsicherheit und Gebrauchstauglichkeit aufnehmen können. Im Fall von unbewehrten Stützmauern aus Beton sind die entsprechenden Vorschriften nach DIN 1045 und Eurocode 2 zu beachten.

- Nachweis der Gebrauchstauglichkeit durch Beschränkung der Rissbreiten

Dieser Nachweis ist nach DIN 1045:2008-08 [1] bzw. DIN EN 1992 (EC 2) zu führen. Zur Nachweisführung bei verankerten Stützmauern bzw. -konstruktionen siehe Abschnitt 5.1.3.

Auch durch stationäre Strömungszustände des Wassers im Boden können Belastungen auf das Stützmauerwerk erzeugt werden. Die dabei wirksamen Strömungskräfte erhöhen den aktiven Erddruck, wenn die Wasserbewegungen im Bereich des zu diesem Erddruck gehörenden Bruchkörpers zur Mauer hin gerichtet ist. Damit solche zusätzlichen Belastungen nicht auftreten, müssen entsprechende Dränage verlegt werden. Der Einbau einer vertikalen Filterschicht allein genügt gerade bei Niederschlägen nicht, weshalb sich bei ungenügendem Abfluss ein hydrostatischer Wasserdruck hinter der Mauer aufbaut [44, 57].

Der Einbau von Filtern und Dränagen muss auf die Bodenart der Hinterfüllung (bindiger Boden, gewachsen oder hinterfüllt) und auf den Untergrund (durch- oder undurchlässig) abgestimmt werden (s. Abschnitt 4.8).

4.2 Winkelstützmauern

4.2.1 Allgemeines

Winkelstützmauern werden schlanker als Gewichtsmauern ausgeführt und sind an einem verbreiterten Fuß eingespannt (s. Bild 18). Bei Betrachtung der inneren Stabilität werden sie primär auf Biegung beansprucht und daher bewehrt, um die auftretenden Zugspannungen aufzunehmen. Aufgrund der meist großen Aufstandsfläche eignen sie sich besonders auf wenig tragfähigem Baugrund. Die Eigenlast dieser Stahlbetonkonstruktion ist im Vergleich zur Schwergewichtsmauer gering, sie wird jedoch durch die Eigenlast der Hinterfüllung vergrößert. Charakteristisch für Winkelstützmauern ist, dass die Resultierende der Normalspannungen aus den Einwirkungen auch außerhalb der Kernweite des jeweiligen Mauerquerschnitts liegen kann.

Die Neigung der Wand entspricht ≈ 6:1 bis 12:1. Die statisch erforderliche Bewehrung liegt jeweils in der Zugzone (Erdseite). An der Außenseite wird eine konstruktive Schwindbewehrung angeordnet.

Fertigteil-Winkelstützmauern

Fertigteil-Winkelstützmauern eignen sich besonders zum Abstützen kleinerer Geländesprünge. Sie sind meist L-förmig und werden auf eine Sauberkeitsschicht gesetzt.

Durch Ausbildung einer Kragplatte kann der Erddruck auf die Mauerrückseite verringert werden. Die Erdauflast auf der Kragplatte verlagert die Resultierende und bewirkt einen teilweisen Momentenausgleich in der Mauer. Dadurch vergrößern sich aber die Vertikalkräfte und damit die Sohlspannung. Diese Mauerformen erfordern daher einen tragfähigen Baugrund. In Sonderfällen können auch Aussteifungsrippen angeordnet werden.

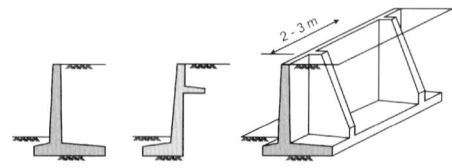

Bild 18. Formen von Winkelstützmauern [68]

Flache Stützkonstruktionen

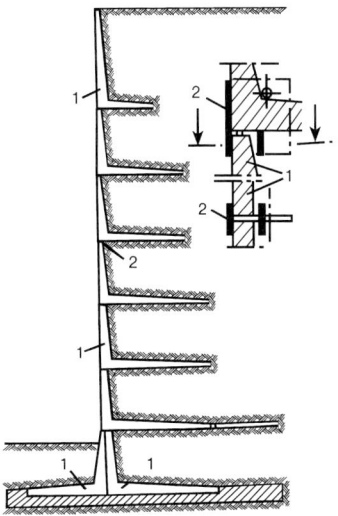

Bild 19. Fertigteil-Winkelstützmauer [79]

Überbelastete Stützmauern werden zur Sicherung rückwärtig verankert oder können durch Kopfbalken bzw. Rippen verstärkt werden.

Die Fugenabdichtung erfolgt bei sehr steifem Untergrund nur mittels Fugenband, bei weichem Boden müssen die Fugen schubsteif ausgeführt sein.

4.2.2 Berechnung und Bemessung

Bei der Berechnung der Einwirkung aus Erddruck ist zwischen der äußeren (Sicherheit gegen Grundbruch, Gleiten und Geländebruch) und der inneren Standsicherheit zu unterscheiden.

Äußere Standsicherheit

Bei der äußeren Standsicherheit geht man von einer Winkelstützmauer mit langem Horizontalschenkel aus, die dem Erddruck durch eine kleine Horizontalverschiebung nachgibt. Es bildet sich ein Gleitkeil, der nicht an der Mauerrückseite, sondern im Erdreich gleitet und mit der Theorie von *Rankine* betrachtet wird. Vereinfacht kann die Gegengleitkeilfläche durch eine lotrechte Wandfläche ersetzt werden, an der eine Ersatzerddruckkraft $E_{ag,E}$ parallel zur Geländeneigung $\delta_a = \beta$ angreift (homogener Boden, keine begrenzten Flächenlasten und kein gebrochener Geländeverlauf vorausgesetzt). Für kurze Horizontalschenkel gilt dieser Ansatz nur näherungsweise. Wenn keine Verschiebung bzw. Verkantung möglich ist, z. B. bei der Gründung auf Fels, ist der Erdruhedruck E_0 anzusetzen ($\delta_a = \beta$).

Untersuchungen zu den Einwirkungen auf Winkelstützwänden aus Bodeneigenlast und Oberflächenlasten finden sich in [27].

Die Nachweisführung erfolgt analog zu den Gewichtsmauern (s. Abschnitt 4.1.2).

- Nachweise der Tragfähigkeit
  - Grundbruchsicherheit,
  - Gleitsicherheit,
  - Geländebruchsicherheit,
  - Sicherheit gegen hydraulischen Grundbruch sowie gegen Aufschwimmen (wenn die Voraussetzungen gegeben sind).
- Nachweis der Gebrauchstauglichkeit

Lage der Sohlspannungsresultierenden, Begrenzung der Verschiebungen und Setzungen.

Innere Standsicherheit

- Sicherheit gegen Materialversagen

Um für den Nachweis der inneren Standsicherheit die Schnittkräfte im stehenden Schenkel zu ermitteln, ist gemäß [7] an der Rückseite der Wand der erhöhte aktive Erddruck anzusetzen, da es sich um eine annähernd unnachgiebige Konstruktion handelt (s. Bild 10). Für die zugehörigen Neigungswinkel gilt $\delta_a \neq \delta_0$.

4.3 Bemessungsbeispiel Winkelstützmauer

Die Bemessung erfolgt für den Grenzzustand der Tragfähigkeit nach DIN 1045-1.

4.3.1 Geometrien, Bodenkennwerte, Materialeigenschaften

Formelzeichen und Einheiten

h_M	Höhe der Stützmauer von Krone bis Fundamentoberkante	m
h_{M2}	Höhe der Stützmauer von Krone bis Schnitt 2	m
t_{Mk}	Tiefe der Mauer an der Krone	m
t_{MB}	Tiefe der Mauer an der Basis (Fundamentoberkante)	m
t_{FUN}	Fundamenttiefe	m
h_{FUN}	Fundamenthöhe	m
$h_{E,FUN}$	Einbindetiefe des Fundamentes	m
e_a	Ausmitte der Resultierenden der Kräfte in Richtung der Fundamenttiefe	m
γ_{Stb}	Wichte Stahlbeton	kN/m³
d	Nutzhöhe des Querschnitts	m
b_{1m}	Virtuelle Balkenbreite von 1 m	m
f_{yd}	Bemessungswert der Streckgrenze des Bewehrungsstahls	m
A_{S1}	Stahlquerschnittsfläche (Zugbewehrung)	
ζ	bezogener innerer Hebelarm	m

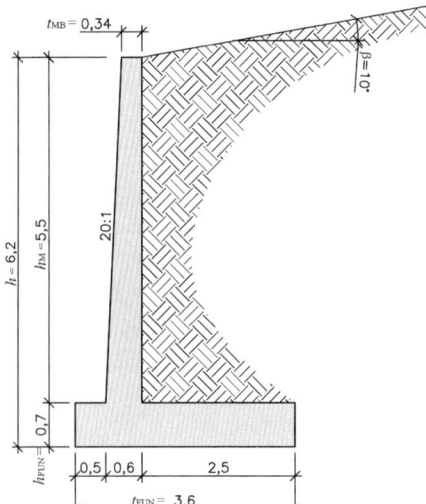

Bild 20. Geometrische Abmessungen der Winkelstützmauer

μ_{Eds}	bezogenes Moment (dimensionsloser Beiwert)	–
ϑ	Neigungswinkel der hinteren Gleitfläche	°
ϑ'	Neigungswinkel der vorderen Gleitfläche	°
G_i	Resultierende Kraft aus Eigengewicht	kN
α	Wandneigungswinkel	°
β	Geländeneigung	°
δ	Wandreibungswinkel	°
φ	Winkel der inneren Reibung (Erdreibungsbeiwert)	°
e_{ah}	horizontaler aktiver Erddruck	kN/m²
E_{ah}	Horizontalkomponente des aktiven Erddrucks	kN
E_{av}	Vertikalkomponente des aktiven Erddrucks	kN
K_{ah}	Beiwert aktiver Erddruck	–
E_0	Resultierende des Erdruhedrucks	kN
K_0	Ruhedruckbeiwert	–
γ'	wirksame Wichte des Bodens	kN/m³
e_{vorh}	vorhandene Exzentrizität	
$\sigma_{I,II}$	minimale und maximale Sohlspannung für äußere Standsicherheit	
p_i	Einwirkungen zur Ermittlung der inneren Standsicherheit	
M_{Ed}	Bemessungswert eines Momentes zur Ermittlung der inneren Standsicherheit	

N_{Ed} Bemessungswert einer Normalkraft zur Ermittlung der inneren Standsicherheit
V_{Ed} Bemessungswert einer Querkraft zur Ermittlung der inneren Standsicherheit
θ Druckstrebenwinkel in einem Betonbauteil

Bodenkennwerte

Bodengruppe: GW, GI (Kies sandig mit wenig Feinkorn), kohäsionslos

Wirksame Wichte des Bodens: $\gamma = 22$ kN/m³

Reibungswinkel des Bodens: $\varphi = 35°$

Baustoffe, Betondeckung

Expositionsklasse für luftseitige Wandfläche: XF2 (mäßige Wassersättigung mit Taumittel)

Mindestbetonfestigkeitsklasse: C25/30

Betondeckung Luftseite: 4,5 cm

Betondeckung Bodenseite: 5,5 cm (erdberührte Fläche gemäß DIN-Fachbericht 102)

Kennwerte Beton (C25/30): $f_{ck} = 25$ N/mm², $f_{ctm} = 2,6$ N/mm²

Kennwerte Bewehrungsstahl (BSt 500): $f_{yk} = 500$ N/mm²

4.3.2 Äußere Standsicherheit

Einwirkungen

Gibt die Winkelstützmauer dem Erddruck nach, so gleitet ein Keil abwärts, dessen beiderseits geneigte Gleitflächen vom hinteren Ende der Grundplatte ausgehen.

Winkel ϑ und ϑ' laut Bild 21:

$$e_{ph}^{ah} = \gamma \cdot h \cdot K_{ph}^{ah} + q \cdot K_{ph,q}^{ah} \mp 2 \cdot c \cdot K_{ph,q}^{ah} \quad (25)$$

$$\vartheta = \frac{1}{2} \cdot \left(\arccos\frac{\sin\beta}{\sin\varphi} + \varphi + \beta \right)$$

$$= \frac{1}{2} \cdot \left(\arccos\frac{\sin 10}{\sin 35} + 35 + 10 \right) = 58,7° \quad (26)$$

$$\vartheta' = 90 - \vartheta + \varphi = 90 - 58,7 + 35 = 66,3° \quad (27)$$

Der waagerechte Schenkel ist lang genug und die vordere Gleitfläche trifft nicht mehr die Rückseite der Wand.

Sicherheit gegen Kippen

Betrachtet wird ein 1 m breiter Mauerstreifen.

Eigengewichte der Mauer:

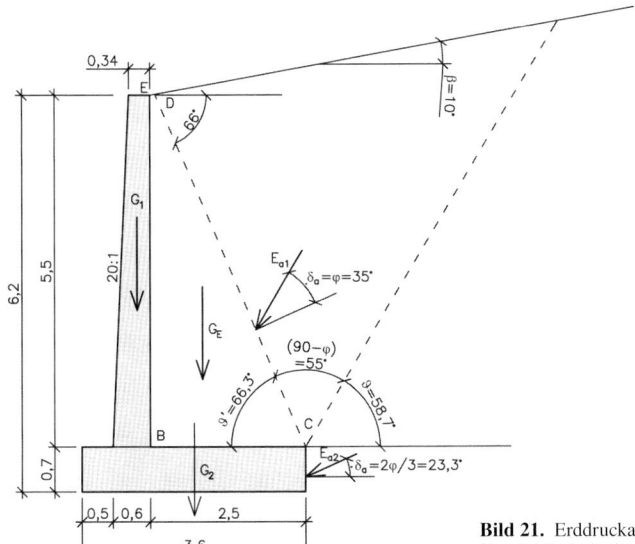

Bild 21. Erddruckansatz für die äußere Standsicherheit einer Winkelstützmauer

$$G_1 = \frac{h_M}{2} \cdot (t_{Mk} + t_{MB}) \cdot b_{1m} \cdot \gamma_{Bet}$$
$$= \frac{5,5}{2} \cdot (0,6 + 0,34) \cdot 1 \cdot 25$$
$$= 64,63 \text{ kN/m} \tag{28}$$

$$G_2 = t_{FUN} \cdot h_{FUN} \cdot \gamma_{Bet} = 3,6 \cdot 0,7 \cdot 25$$
$$= 63 \text{ kN/m} \tag{29}$$

Eigengewicht des Bodens:
$$G_E = \frac{5,5 \cdot 2,5}{2} \cdot 22 = 151,25 \text{ kN/m} \tag{30}$$

Aktiver Erddruck auf den Abschnitt DC (E_{a1}):

$$\delta_a = \varphi = 35°, \alpha = 90° - \vartheta' = 90 - 66,3$$
$$= 23,7°, \beta = 10°$$

$$e_{ah} = \gamma' \cdot h \cdot K_{ah} \tag{31}$$

$$E_{ah1} = \frac{e_{ah} \cdot h}{2} = \frac{\gamma' \cdot h^2 \cdot K_{ah}}{2}$$
$$= \frac{22 \cdot 5,5^2 \cdot 0,32}{2} = 106,48 \text{ kN/m} \tag{32}$$

$$E_{av1} = E_{ah} \cdot \tan(\alpha + \delta_a)$$
$$= 106,48 \cdot \tan(23,7 + 35)$$
$$= 175,13 \text{ kN/m} \tag{33}$$

$$K_{ah1} = \frac{\cos^2(\varphi - \alpha)}{\cos^2\alpha \cdot \left(1 + \sqrt{\frac{\sin(\varphi + \delta_a) \cdot \sin(\varphi - \beta)}{\cos(\alpha - \beta) \cdot \cos(\alpha + \delta_a)}}\right)^2} \tag{34}$$

$$K_{ah1} = \frac{\cos^2(35 - 23,7)}{\cos^2 23,7 \cdot \left(1 + \sqrt{\frac{\sin(35 + 35) \cdot \sin(35 - 10)}{\cos(23,7 - 10) \cdot \cos(23,7 + 35)}}\right)^2}$$
$$= 0,32 \tag{35}$$

Aktiver Erddruck auf die Rückseite des waagerechten Schenkels (E_{a2}): vernachlässigt.

Summe der Momente um den Schwerpunkt der Sohlfläche:

$$M = G_E \cdot 0,17 + E_{av1} \cdot 1 - G_1 \cdot 0,91 -$$
$$E_{ah1} \cdot 2,53 \tag{36}$$

$$M = 151,25 \cdot 0,17 + 175,13 \cdot 1 -$$
$$64,63 \cdot 0,91 - 106,48 \cdot 2,53$$
$$= -127,34 \text{ kNm/m} \tag{37}$$

Summe der Vertikalkräfte:
$$V = G_E + E_{av1} + G_1 + G_2$$
$$= 151,25 + 175,13 + 64,63 + 63$$
$$= 454,01 \text{ kN/m} \tag{38}$$

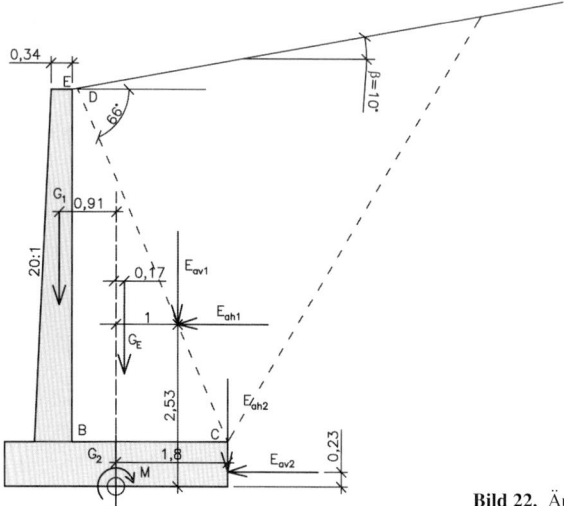

Bild 22. Äußere Standsicherheit: Darstellung der wirkenden Kräfte und deren Hebelarme

Summe der Horizontalkräfte:

$H = E_{ah1} = 106{,}48 \text{ kN/m}$ (39)

Vorhandene Ausmitte:

$e_{a,vorh} = \dfrac{M}{N} = \dfrac{127{,}34}{454{,}01} = 0{,}28 \text{ m}$ (40)

Kippkriterium:

$\dfrac{e_a}{t_{FUN}} = \dfrac{0{,}28}{3{,}6} = 0{,}08 \leq \dfrac{1}{6} = 0{,}17$

→ Nachweis erfüllt (41)

Sicherheit gegen Gleiten

$R_{t,d} = \dfrac{V_k \cdot \tan \delta_{s,k}}{\gamma_{Gl}} = \dfrac{454{,}01 \cdot \tan 35}{1{,}1}$

$= 289{,}0 \text{ kN/m}$ (42)

Gleitkriterium:

$T_d = H \leq R_{t,d} + E_{p,d}$ (43)

$T_d = 106{,}48 \text{ kN/m} \leq 289 \text{ kN/m} + 0$ (44)

→ Nachweis erfüllt (passiver Erddruck vernachlässigt)

Sicherheit gegen Grundbruch

Mittlere charakteristische Grundbruchspannung:

$\sigma_{g,k} = b_{1m} \cdot \gamma_{2,k} \cdot N_{b0} \cdot \nu_b \cdot i_b \cdot \lambda_b \cdot \xi_b$
$\quad + h_{E,FUN} \cdot \gamma_{1,k} \cdot N_{d0} \cdot \nu_d \cdot i_d \cdot \lambda_d \cdot \xi_d$ (45)

$\sigma_{g,k} = 1 \cdot 22 \cdot 22{,}6 \cdot 1 \cdot 0{,}55 \cdot 1 \cdot 1$
$\quad + 0{,}7 \cdot 22 \cdot 33{,}3 \cdot 1 \cdot 0{,}72 \cdot 1 \cdot 1$
$= 642{,}7 \text{ kN/m}^2$ (46)

Tragfähigkeitbeiwerte (N):

$N_{b0} = (N_{d0} - 1) \cdot \tan \varphi_k$
$= (33{,}3 - 1) \cdot \tan 35 = 22{,}6$ (47)

$N_{d0} = e^{\pi \cdot \tan \varphi_k} \cdot \tan^2\left(45° + \dfrac{\varphi_k}{2}\right)$
$= e^{\pi \cdot \tan 35} \cdot \tan^2\left(45° + \dfrac{35}{2}\right) = 33{,}3$ (48)

Lastneigungsbeiwerte (i):

$i_b = (1 - \tan \delta)^{m+1} = (1 - \tan 13{,}2)^{1{,}25+1}$
$= 0{,}55$ (49)

$i_d = (1 - \tan \delta)^m = (1 - \tan 13{,}2)^{1{,}25}$
$= 0{,}72$ (50)

Lastneigungswinkel δ:

$$\delta = \arctan\left(\frac{H}{V}\right) = \arctan\left(\frac{106,48}{454,01}\right) = 13,2° \quad (51)$$

$$m = \frac{2 + \left(\frac{t'_{FUN}}{b_{1m}}\right)}{1 + \left(\frac{t'_{FUN}}{b_{1m}}\right)} \cdot \cos^2 \omega$$

$$= \frac{2 + \left(\frac{3,04}{1}\right)}{1 + \left(\frac{3,04}{1}\right)} \cdot \cos^2 0 = 1,25 \quad (52)$$

Ersatzfläche, in der die Resultierende der Kräfte im Schwerpunkt angreift (Breite = b_{1m}; Länge = t'_{FUN})

$$t'_{FUN} = t_{FUN} - 2 \cdot e_a = 3,6 - 2 \cdot 0,28$$
$$= 3,04 \text{ m} \quad (53)$$

Formbeiwerte (ν)

$\nu_b = \nu_d = 1 \rightarrow$ Streifenfundament

Sohlneigungsbeiwert (ξ)

$\xi_b = \xi_d = 1 \rightarrow$ Sohlfläche horizontal

Geländeneigungsbeiwert (λ)

$\lambda_b = \lambda_d = 1 \rightarrow$ Gelände in der Nachweisebene horizontal

Grundbruchslast:

$$R_{n,d} = \frac{b_{1m} \cdot t'_{FUN} \cdot \sigma_{g,k}}{\gamma_{Gr}} = \frac{1 \cdot 3,04 \cdot 642,7}{1,4}$$
$$= 1396 \text{ kN/m} \quad (54)$$

Nachweis:

$$N_d = V = 454 \text{ kN/m} < R_{n,d}$$
$$= 1396 \text{ kN/m} \rightarrow \text{Nachweis erfüllt} \quad (55)$$

4.3.3 Innere Standsicherheit

Einwirkungen

Der Schenkel wird als unnachgiebig angenommen $\rightarrow$ Ansatz des Erdruhedrucks.

Berechnung des Erdruhedrucks

$\delta_a = \varphi = 35°, \alpha = 0°, \beta = 10°$

$$e_0 = \gamma' \cdot h \cdot K_0 \quad (56)$$

$$E_0 = \frac{e_0 \cdot h}{2} = \frac{\gamma' \cdot h^2 \cdot K_0}{2}$$

$$= \frac{22 \cdot 5,5^2 \cdot 0,487}{2} = 162,05 \text{ kN/m} \quad (57)$$

(wirkt normal auf die Wandrückseite)

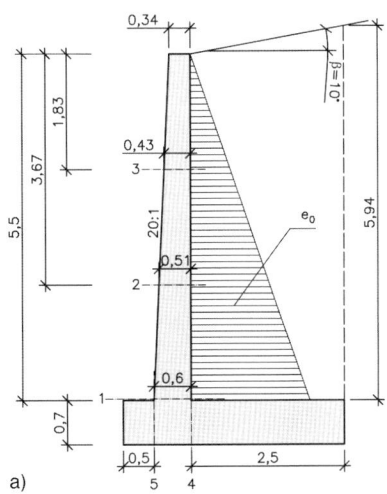

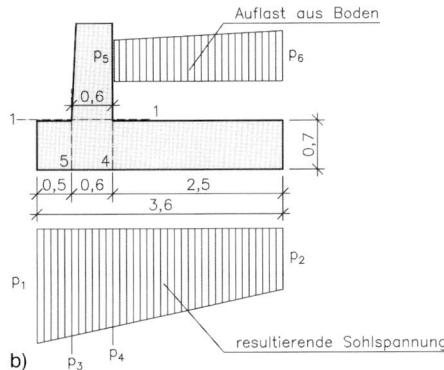

Bild 23. a) Erddruckansatz für die innere Standsicherheit einer Winkelstützmauer (Fall a lt. ÖNORM B 4434, 8.6.2). b) Spannungen, resultierend aus Einwirkungen laut Bild (a), auf den waagerechten Schenkel

Ruhedruckbeiwert K_0

$$K_0 = \cos^2\beta \cdot \frac{\sin\varphi - \sin^2\varphi}{\sin\varphi - \sin^2\beta} \cdot$$

$$\left(1 + \sin\beta \cdot \sqrt{\frac{\sin\varphi \cdot (1 - \sin\varphi)}{\sin\varphi \cdot (1 + \sin^2\beta) - \sin^2\beta \cdot (1 + \sin^2\varphi)}}\right)$$

$$(58)$$

$$K_0 = 0,487 \quad (59)$$

Schnittkräfte

Ermittlung der Resultierenden Spannungen auf dem waagerechten Schenkel.

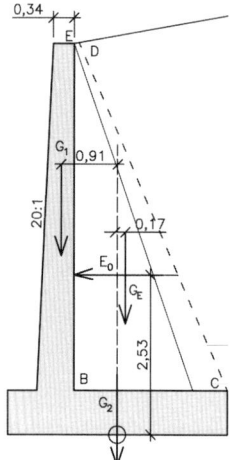

Bild 24. Innere Standsicherheit: Darstellung der wirkenden Kräfte und deren Hebelarme

Summe der Momente um den Schwerpunkt der Sohlfläche

$$M_{Ed} = \gamma_{G,inf} \cdot (G_E \cdot 0,17) -$$
$$\gamma_{G,sup} \cdot (G_1 \cdot 0,91 - E_0 \cdot 2,53) \quad (60)$$
$$M_{Ed} = 1,00 \cdot (151,25 \cdot 0,17) -$$
$$1,35 \cdot (64,63 \cdot 0,91 + 162,05 \cdot 2,53)$$
$$= -607,17 \text{ kNm/m} \quad (61)$$

Summe der Vertikalkräfte

$$N_{Ed} = \gamma_G \cdot (G_E + G_1 + G_2)$$
$$= 1,35 \cdot (151,25 + 64,63 + 63)$$
$$= 376,49 \text{ kN/m} \quad (62)$$

Resultierende Spannungen p_1 und p_2

$$p_{1,2} = \frac{N}{A_{Fun}} \pm \frac{M}{W_{Fun}} = \frac{376,49}{1 \cdot 3,6} \pm \frac{607,17}{3,89}$$
$$= \begin{array}{l} \rightarrow p_1 = 260,67 \text{ kN/m}^2 \\ \rightarrow p_2 = -51,50 \text{ kN/m}^2 \end{array} \quad (63)$$

Spannungsnulllinie

$$t_{comp} = \frac{p_1 \cdot t_{Fun}}{p_1 + p_2} = \frac{260,67 \cdot 3,6}{260,67 + 51,50} = 3,00 \text{ m} \quad (64)$$

Spannungen am Schnitt 4 und 5

$$p_4 = \frac{260,67 \cdot (3 - 0,5 - 0,6)}{3,00}$$
$$= 165,09 \text{ kN/m}^2 \quad (65)$$

$$p_3 = \frac{260,67 \cdot (3 - 0,5)}{3,00}$$
$$= 217,23 \text{ kN/m}^2 \quad (66)$$

Spannungen aus Bodenauflast p_5 und p_6 (wirken entlastend auf Schnitt 4)

$$p_5 = \gamma_{G,inf} \cdot \gamma' \cdot h_M = 1,00 \cdot 22 \cdot 5,5$$
$$= 121 \text{ kN/m} \quad (67)$$
$$p_6 = \gamma_{G,inf} \cdot \gamma' \cdot h_M = 1,00 \cdot 22 \cdot 5,94$$
$$= 130,68 \text{ kN/m} \quad (68)$$

Abstand Schwerpunkt von Schnitt 4

$$s_{5,6} = \frac{2,5}{3} \cdot \frac{121 + 2 \cdot 130,68}{121 + 130,68} = 1,27 \text{ m} \quad (69)$$

Abstand Schwerpunkt von Schnitt 5

$$s_{1,5} = \frac{0,5}{3} \cdot \frac{217,23 + 2 \cdot 260,76}{216,23 + 260,76}$$
$$= 0,26 \text{ m} \quad (70)$$

Schnittgrößen im Schnitt 1 (laut Bild 23a)

$$M_{Ed,01} = \gamma_G \cdot \frac{\gamma' \cdot h_M^2 \cdot K_0}{6}$$
$$= 1,35 \cdot \frac{22 \cdot 5,5^2 \cdot 0,487}{6}$$
$$= 72,92 \text{ kNm/m} \quad (71)$$

$$V_{Ed,01} = \gamma_G \cdot \frac{\gamma' \cdot h_M \cdot K_0}{2}$$
$$= 1,35 \cdot \frac{22 \cdot 5,5 \cdot 0,487}{2}$$
$$= 39,78 \text{ kN/m} \quad (72)$$

$$N_{Ed,01} = \gamma_G \cdot \frac{h_M}{2} \cdot (t_{Mk} + t_{MB}) \cdot \gamma_{Stb}$$
$$= 1,35 \cdot \frac{5,5}{2} \cdot (0,6 + 0,34) \cdot 1 \cdot 25$$
$$= 87,24 \text{ kN/m} \quad (73)$$

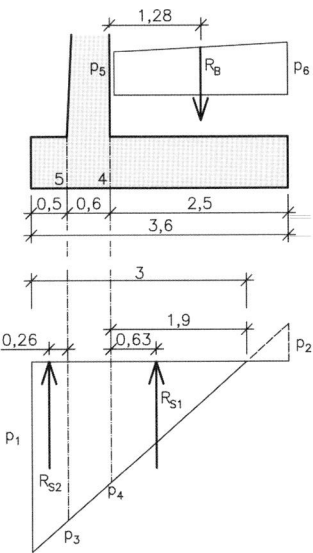

Bild 25. Innere Standsicherheit: Darstellung der wirkenden Kräfte und deren Hebelarme auf den waagerechten Schenkel

Schnittgrößen im Schnitt 2 (laut Bild 23a)

$$M_{Ed,02} = \gamma_G \cdot \frac{\gamma' \cdot h_{M2}^2 \cdot K_0}{6}$$

$$= 1{,}35 \cdot \frac{22 \cdot 3{,}67^2 \cdot 0{,}487}{6}$$

$$= 32{,}47 \text{ kNm/m} \quad (74)$$

$$V_{Ed,02} = \gamma_G \cdot \frac{\gamma' \cdot h_{M2} \cdot K_0}{2}$$

$$= 1{,}35 \cdot \frac{22 \cdot 3{,}67 \cdot 0{,}487}{2}$$

$$= 26{,}54 \text{ kN/m} \quad (75)$$

$$N_{Ed,02} = \gamma_G \cdot \frac{h_{M2}}{2} \cdot (t_{Mk} + t_{M2}) \cdot \gamma_{Stb}$$

$$= 1{,}35 \cdot \frac{3{,}67}{2} \cdot (0{,}51 + 0{,}34) \cdot 25$$

$$= 52{,}64 \text{ kN/m} \quad (76)$$

Schnittgrößen im Schnitt 3 (laut Bild 23a)

$$M_{Ed,03} = \gamma_G \cdot \frac{\gamma' \cdot h_{M3}^2 \cdot K_0}{6}$$

$$= 1{,}35 \cdot \frac{22 \cdot 1{,}83^2 \cdot 0{,}487}{6}$$

$$= 8{,}07 \text{ kNm/m} \quad (77)$$

$$V_{Ed,03} = \gamma_G \cdot \frac{\gamma' \cdot h_{M3} \cdot K_0}{2}$$

$$= 1{,}35 \cdot \frac{22 \cdot 1{,}83 \cdot 0{,}487}{2}$$

$$= 13{,}23 \text{ kN/m} \quad (78)$$

$$N_{Ed,03} = \gamma_G \cdot \frac{h_{M3}}{2} \cdot (t_{Mk} + t_{M3}) \cdot \gamma_{Stb}$$

$$= 1{,}35 \cdot \frac{1{,}83}{2} \cdot (0{,}43 + 0{,}34) \cdot 25$$

$$= 23{,}78 \text{ kN/m} \quad (79)$$

Schnittgrößen im Schnitt 4 (laut Bild 23b)

$$M_{Ed,04} = \frac{1{,}9^2 \cdot p_4}{2} - \frac{p_5 + p_6}{2} \cdot 2{,}5 \cdot 1{,}27 \quad (80)$$

$$M_{Ed,04} = \frac{1{,}9^2 \cdot 165{,}09}{2}$$

$$- \frac{121 + 130{,}68}{2} \cdot 2{,}5 \cdot 1{,}27$$

$$= -101{,}55 \text{ kNm/m} \quad (81)$$

(Zug an der Fundamentoberseite)

$$V_{Ed,04} = \frac{1{,}9 \cdot p_4}{2} - \frac{p_5 + p_6}{2} \cdot 2{,}5$$

$$= \frac{1{,}9 \cdot 165{,}09}{2} - \frac{121 + 130{,}68}{2} \cdot 2{,}5$$

$$= 157{,}76 \text{ kN/m} \quad (82)$$

$$N_{Ed,04} = 0 \quad (83)$$

Schnittgrößen im Schnitt 5 (laut Lastbild Bild 23b)
Kraft auf Konsole

$$F_{Ed} = V_{Ed,05} = \frac{p_1 + p_3}{2} \cdot 0{,}5$$

$$= \frac{260{,}67 + 217{,}23}{2} \cdot 0{,}5$$

$$= 119{,}48 \text{ kN/m} \quad (84)$$

4.3.4 Bemessung auf Biegung

Tabelle 11. Verfahren mit dimensionslosen Beiwerten

	h	d	z_{s1}[1]	μ_{Eds}[2]	ζ[3]	A_{s1}[4]	$A_{s,min}$[6]	d_s	s[5]	$A_{s1,vorh}$	$A_{s,q}$[4]	d_s	s[5]	$A_{sq,vorh}$
	cm	cm	cm	–	–	cm²/m	cm²/m	mm	cm	cm²/m	cm²/m	mm	cm	cm²/m
Schnitt 1 $M_{Ed} = 72{,}92$ kNm/m $N_{Ed} = -87{,}24$ kN/m $h = 60$ cm $d = 60 - 5{,}5 - 1{,}0/2 = 54$ cm	60	54,0	24,0	0,013	0,993	6,03	5,20	10	12	6,04	1,21	10	24	3,14
Schnitt 2 $M_{Ed} = 32{,}47$ kNm/m $N_{Ed} = -52{,}64$ kN/m $h = 51$ cm $d = 51 - 5{,}5 - 1{,}0/2 = 45$ cm	51	44,9	19,4	0,008	0,996	3,41	4,32	12	24	4,49	0,90	10	24	3,14
Schnitt 3 $M_{Ed} = 8{,}07$ kNm/m $N_{Ed} = -23{,}78$ kN/m $h = 41$ cm $d = 41 - 5{,}5 - 1{,}2/2 = 34{,}9$ cm	43	36,9	15,4	0,003	0,998	1,28	3,55	12	24	4,49	0,90	10	24	3,14
Schnitt 4 $M_{Ed} = -101{,}55$ kNm/m $N_{Ed} = 0$ kN/m $h = 70$ cm $d = 70 - 5{,}5 - 1{,}4/2 = 63{,}8$ cm	70	63,8	28,8	0,010	0,995	3,72	6,14	14	12	11,49	2,30	10	24	3,14

[1] $z_{s1} = d - \dfrac{h}{2}$

[2] $\mu_{Eds} = \dfrac{M_{Sds}}{b_{1m} \cdot d^2 \cdot f_{cd}}$ mit $M_{Eds} = M_{Ed} - N_{Ed} \cdot z_{s1}$ (Druckkraft negativ)
$\mu_{Eds} \leq \mu_{Eds,lim}$ → keine Druckbewehrung erforderlich
$\mu_{Eds,lim} = 0{,}371$ für C12 bis C50 und BSt 500

[3] $\zeta = \dfrac{1 + \sqrt{1 - 2{,}055 \cdot \mu_{Eds}}}{2}$

[4] $A_{s1} = \dfrac{M_{Eds}}{\zeta \cdot d \cdot f_{yd}} + \dfrac{N_{Ed}}{f_{yd}} \qquad A_{s,q} = A_{s,vorh} \cdot 0{,}2$

[5] Maximale Stababstände
Zugbewehrung
$h_{min,vorh} = t_k = 320$ mm > 250 mm → $s_{max} = 250$ mm
Querbewehrung
$h_{min,vorh} = t_k = 320$ mm > 250 mm → $s_{max,quer} = 250$ mm

[6] Mindestbewehrung
$A_{s,min} = \dfrac{f_{ctm} \cdot b_{1m} \cdot h^2}{5{,}4 \cdot d \cdot f_{yk}}$

4.3.5 Bemessung auf Querkraft

Tabelle 12. Tabellarische Bemessung

	Aus Biegebemessung			Querkraftbemessung				
	h	d	$A_{sl,\text{vorh}}$	$\kappa^{2)}$	$\rho_1{}^{3)}$	$\sigma_{cd}{}^{4)}$	$V_{Rd,ct}{}^{1)}$	Nachweis
	cm	cm	cm²/m	cm²/m	mm	cm	cm²/m	
Schnitt 1 $V_{Ed} = 39{,}78$ kN/m $N_{Ed} = -87{,}24$ kN/m $d = 60 - 5{,}5 - 1{,}0/2 = 54$ cm	60	54,0	6,04	1,61	0,001	0,15	120,63	$V_{Rd,ct} > V_{Ed} \rightarrow$ keine Schubbewehrung erforderlich
Schnitt 2 $V_{Ed} = 26{,}54$ kN/m $N_{Ed} = -52{,}64$ kN/m $d = 51 - 5{,}5 - 1{,}0/2 = 45$ cm	51	44,9	4,49	1,67	0,001	0,10	102,40	$V_{Rd,ct} > V_{Ed} \rightarrow$ keine Schubbewehrung erforderlich
Schnitt 3 $V_{Ed} = 13{,}23$ kN/m $N_{Ed} = 23{,}78$ kN/m $d = 41 - 5{,}5 - 1{,}2/2 = 34{,}9$ cm	43	36,9	4,49	1,74	0,001	0,06	96,18	$V_{Rd,ct} > V_{Ed} \rightarrow$ keine Schubbewehrung erforderlich
Schnitt 4 $V_{Ed} = 157{,}76$ kN/m $N_{Ed} = 0$ kN/m $d = 70 - 5{,}5 - 1{,}4/2 = 63{,}8$ cm	70	63,8	11,49	1,56	0,002	0,00	174,62	$V_{Rd,ct} > V_{Ed} \rightarrow$ keine Schubbewehrung erforderlich

[1] Tragfähigkeit des Querschnittes ohne Querkraftbewehrung

$$V_{Rd,ct} = \left[0{,}10 \cdot \eta_1 \cdot \kappa \cdot (100 \cdot \rho_1 \cdot f_{ck})^{1/3} - 0{,}12 \cdot \sigma_{cd}\right] \cdot b_{lm} \cdot d$$

für Normalbeton gilt: $\eta_1 = 1{,}0$

[2] $\kappa = 1 + \sqrt{\dfrac{200}{d}} \leq 2{,}0$ (d in mm)

[3] $\rho_1 = \dfrac{A_{sl}}{b_{lm} \cdot d} \leq 0{,}02$

[4] $\sigma_{cd} = \dfrac{N_{Ed}}{A_c}$

4.3.6 Bemessung des luftseitigen Fundamentvorsprungs als Konsole (Schnitt 5)

Konsolenbedingung:

$$\frac{s_{1,5}}{h_{Fun}} = \frac{26}{70} = 0,37 < 0,5 \rightarrow \text{kurze Konsole}$$

Resultierende Kraft aus Einwirkung:

$F_{Ed} = V_{Ed} = 119,48 \text{ kN/m}$

Statische Höhe aus Schnitt 4:

$d = 63,8 \text{ cm} \sim 44 \text{ cm}$

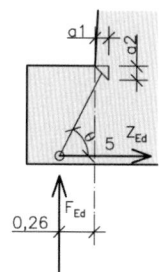

Ermittlung der Druckstrebenneigung θ (Nachweis nach *Schlaich/Schäfer*, Bild 23)

$$a_1 = \frac{F_{Ed}}{\sigma_{Rd,max} \cdot b_{1m}} = \frac{119,48}{15 \cdot 10} = 0,8 \text{ cm} \quad (85)$$

$\sigma_{Rd,max} = \nu \cdot \eta_1 \cdot f_{cd} = 0,75 \cdot 1 \cdot 20 = 15 \text{ N/mm}^2$

nach DIN 1054-1 (10.6.2) (86)

$c = s_{1,5} + 0,5 \cdot a_1 = 26 + 0,5 \cdot 0,8 = 26,40 \text{ cm}$ (87)

$$a_2 = d - \sqrt{d^2 - 2 \cdot a_1 \cdot c}$$
$$= 64 - \sqrt{64^2 - 2 \cdot 0,8 \cdot 26,4} = 0,33 \text{ cm} \quad (88)$$

Bewehrungsskizze

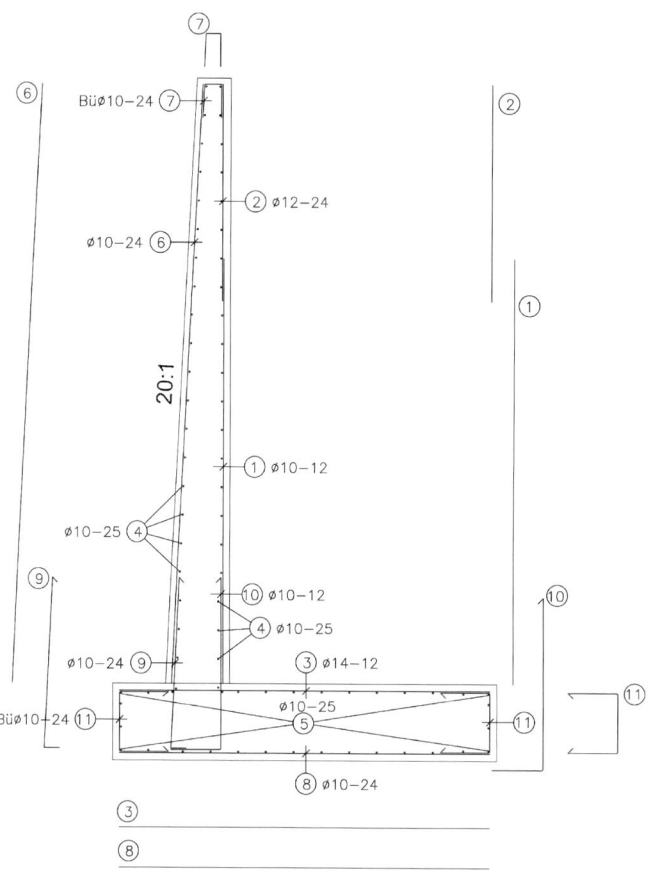

Bild 26. Anordnung der Bewehrung mit Positionsnummern

$$\tan\theta = \frac{d - 0.5 \cdot a_2}{s_{1,5} + 0.5 \cdot a_1}$$

$$= \frac{64 - 0.5 \cdot 0.33}{26 + 0.5 \cdot 0.8}$$

$$= 2.42 \rightarrow \theta = 67.5° \rightarrow \cot\theta = 0.41 \quad (89)$$

Nachweis der Druckstrebe

$$V_{Rd,max} = \frac{b_{1m} \cdot z \cdot \alpha_c \cdot f_{cd}}{\cot\theta + \tan\theta}$$

$$= \frac{1000 \cdot 0.9 \cdot 640 \cdot 0.75 \cdot 20}{1/2.42 + 2.42} \cdot 10^{-3}$$

$$= 3049.5 \text{ kN/m} \quad (90)$$

$V_{Rd,max} = 3049.5 \text{ kN/m} > V_{Ed} = 119,48 \text{ kN/m}$
→ Nachweis erfüllt (91)

Nachweis der Zugstrebe

$$Z_{Ed} = F_{Ed} \cdot \frac{s_{1,5} + 0.5 \cdot a_1}{z}$$

$$= 119,48 \cdot \frac{26 + 0.5 \cdot 0.8}{0.9 \cdot 64}$$

$$= 54,76 \text{ kN/m} \quad (92)$$

$$A_{s,erf} = \frac{Z_{Ed}}{f_{yd}} = \frac{54,76 \cdot 10}{435} = 1,26 \text{ cm}^2/\text{m} \quad (93)$$

4.4 Raumgitter-Stützkonstruktionen

4.4.1 Allgemeines zu Verbundkonstruktionen

Bei stützmauerartigen Verbundkonstruktionen erfüllen Fertigteilelemente, Anker oder Bewehrungsglieder und der Boden (Füllung oder natürlich gewachsen) eine gemeinsame Tragwirkung.

Stützmauern nach dem Verbundprinzip können rasch, einfach und weitgehend witterungsunabhängig hergestellt werden. Weitere Vorteile sind die gute Anpassungsmöglichkeit an örtlich unregelmäßige Gelände-, Erddruck- und Auflastverhältnisse, der naturnahe Verbau und die relativ einfache Reparatur- und Verstärkungsmöglichkeit.

Bei der klassischen Holzkastenbauweise werden Rund- oder Kanthölzer rahmenartig mittels Zug und Druck übertragenden Verblattungen verbunden und übereinander gesetzt. Die Verfüllung erfolgt meist mit Steinen. Diese Vorläufer der heutigen Raumgitter-Stützmauern werden im Alpenraum seit Jahrhunderten verwendet (Krainerwände). In den USA sind diese aus Beton-Fertigteilen hergestellten Konstruktionen als Crib-Walls bekannt.

4.4.2 Beton-Raumgitter-Stützmauern (Betonkrainerwände)

Raumgitter-Stützmauern aus Betonfertigteilelementen werden nach einem Baukastensystem derart aufeinander gelagert, dass sie ein räumliches Gitter bilden (Bilder 27 und 28). Als Baustoffe werden Stahl- oder Spannbeton neben der Holzbauweise verwendet. Es kommen auch Recyclingbaustoffe zum Einsatz.

Die Zellen des Gitters werden mit Boden verfüllt, wodurch ein tragender Verbundkörper entsteht. Als Füllkörper kommen nur Bodenarten infrage, die keine löslichen, grundwasserschädigenden Stoffe enthalten oder aufgrund ihrer Eigenschaften keine schädlichen Verformungen verursachen (in Sonderfällen auch Beton oder Kompost).

Raumgitterwände werden mit Neigungen von 10:1 bis 5:1 und Höhen bis ca. 25 m (abgetreppt bis 50 m) ausgeführt. Die Standardsysteme sind in zwei Hauptgruppen einzuteilen:

- gelenkige Systeme, bestehend aus Längselementen (Läufern) und Querelementen (Bindern),
- steife Systeme, bestehend aus Rahmen (Längsriegel, Querriegel).

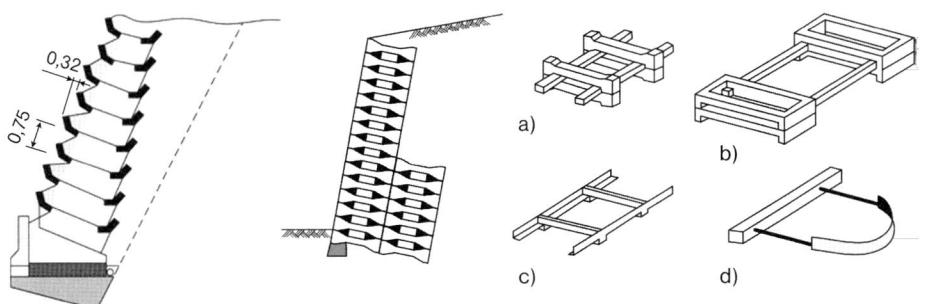

Bild 27. Verschiedene Systeme von Raumgitterwänden; a) Einzelelemente, b) Rahmen-Balken-Elemente, c) Rahmen, d) Schlaufen-Balken-Elemente [68]

erdselts offene Konstruktion (nur bei geringer Beanspruchung)

geschlossene Konstruktion ("klassischer" Typ)

kombinierte Konstruktion (Erddruck aus Hinterfüllung an mittlerer Knotenreihe ansetzen; durchgehende Gründung vorsehen)

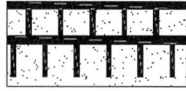
verstärkte geschlossene Konstruktion (etwas setzungsempfindlich in der Querrichtung; durchgehende Gründung vorsehen)

Bild 28. Verschiedene Konstruktionstypen von Raumgitterwänden

Auf eine Gründung der Gitterelemente kann in einfachen Fällen verzichtet werden. Ab einer Höhe von 6 m, bei wenig tragfähigem Untergrund oder unregelmäßigen Bedingungen sind unter den Längsträgern Streifenfundamente (aus Beton der Mindest-Festigkeitsklasse C20/25) zur Verteilung der Lasten und Reduzierung der Setzungen anzuordnen.

Die Vorderseite ist oft bewachsen (Bild 29), wobei die offenen Oberflächenbereiche des Füllbodens abschnittsweise geböscht oder mit Gewebe gehalten werden. Während des Bauens werden in den Verfüllboden (sofern geeignet) Sprosswurzeln bildende Gehölze oder Steckhölzer in einem Abstand von 10 bis 20 cm eingelegt. Die Wurzeln müssen feucht gehalten werden oder das Erdreich sollte schrittweise befeuchtet werden, damit die Pflanzen anwachsen können. Im Gegensatz zur Holzbauweise, welche wesentlich flacher ist, können mit Betonfertigteilen steilere Raumgitterwände erstellt werden. Dadurch kann weniger Regen einsickern und damit gespeichert werden.

Drahtsteinkörbe (Gabionen)

Eine Sonderform der erdgefüllten Bauwerke stellen die Drahtsteinkörbe, auch Gabionen genannt, dar. Dabei handelt es sich um mit Steinen gefüllte Drahtkörbe, die hintereinander und übereinander angeordnet werden können. Die Steine werden an den Sichtflächen sauber geschlichtet, um die Körbe formstabil zu halten. Für die Drahtkörbe sind entweder korrosionsgeschützte Materialien (verzinkte Drahtkörbe) zu verwenden oder es ist eine Abrostrate in Abhängigkeit von der Nutzungsdauer (ca. 5 bis 8 μm/Jahr) zu berücksichtigen. Diese mit Steinen gefüllten Körbe werden dicht übereinander gelegt und miteinander verbunden. Die Drahtsteinkörbe sollten mit einem Versatz von 10 bis 15 cm aufgeschichtet werden, wobei als Fundament entweder ein bewehrter Betonstreifen oder größere Drahtsteinkörbe auf Frosttiefe angeordnet werden. Drahtsteinkörbe werden in Größen von 0,5 bis 4,0 m³ hergestellt und dienen überwiegend als Auffangelemente an Hängen, um den horizontalen Erddruck aufzunehmen. Für eine Stützverbauung werden meist vorgefertigte und verzinkte Maschendrahtkörbe mit den Abmessungen von 2,0 m Länge × 1,0 m Breite × 1,0 m Höhe gewählt. Der leere Maschendrahtkorb wird mit Bindedrähten mit dem darunter liegenden gefüllten Korb verbunden und die Steine (in Handgröße) wie bei einer Trockenmauer eingeschlichtet. Nach einer Mauerhöhe von ca. 30 cm werden die Zwischenräume mit Erd-

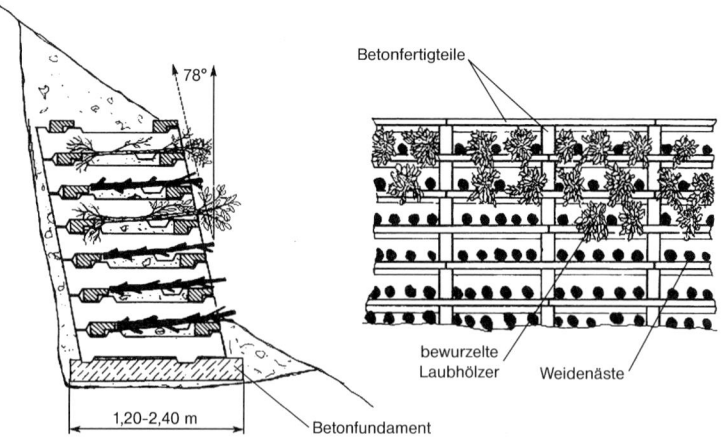

Bild 29. Bepflanzte Betonkrainerwand [43]

Flache Stützkonstruktionen

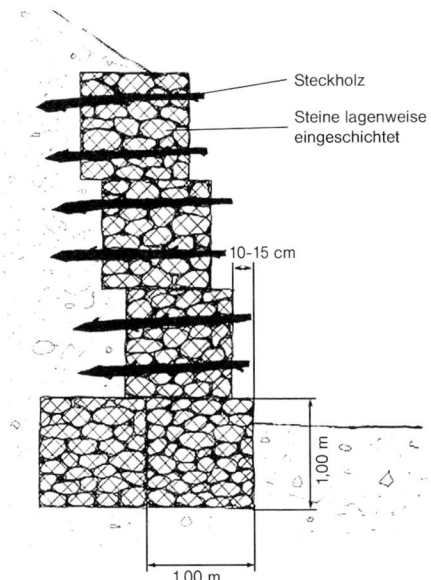

Bild 30. Bepflanzte Drahtsteinkörbe [43]

beschädigt und können gut anwachsen. Ein Einlegen der Steckhölzer und Pflanzen zwischen den einzelnen Steinkörben ist nicht sinnvoll und nahezu unmöglich, da durch den Baufortschritt die Steinkörbe miteinander verbunden werden und durch das Gewicht der Steine die Pflanzen beschädigt würden.

4.4.3 Holzkrainerwände

Holzkrainerwände bestehen aus eingegrabenen Längsrundhölzern (18 bis 25 cm) und können ein- oder doppelwandig ausgeführt werden. Vorzugsweise sollen ortsübliche Nadelhölzer wie Lärche, Rotkiefer, oder Laubhölzer wie Eiche, Robinie, Edelkastanie etc. verwendet werden.

Einwandige Holzkrainerwände (Bilder 31 und 32) eignen sich zur Sicherung von 30 bis 50 cm starken Böschungsschichten. Aufgrund der einwandigen Ausführung soll diese Art der Verbauung nicht höher als 3-lagig ausgeführt werden, was einer Höhe von ca. 1,0 m entspricht. Die Holzkrainerwand muss sich unterhalb des Straßenkörpers auf einem festen Grund bzw. auf geschlichteten Steinen stützen. Das erste Längsrundholz wird mit Eisen- oder Holzpiloten (eingeschlagene Vertikalstäbe) abgestützt. Darüber werden nun zugespitzte Querhölzer, sog. Zangen, in einem Abstand von 1,5 bis 2,0 m aufgelegt. Diese Querhölzer sollen nicht horizontal, sondern zur Hangseite nach unten geneigt (ca. 1:10) eingeschlagen werden. Darauf werden nun weitere Reihen an Längs- und Querhölzern aufgelegt, wobei gelegentlich die Auflagerflächen abgeplattet werden.

material verfüllt und (sofern geeignet) Weidensteckhölzer und/oder bewurzelte sprosswurzelfähige Laubhölzer eingelegt (Bild 30). Stark verzweigte Laubgehölze können nur sehr schwer aufgrund der geringen Maschenweite (5 bis 10 cm) eingesetzt werden. Auf den Absätzen der Steinkörbe können zur Aufnahme der Pflanzen auch Rasenziegel aufgelegt werden. Dadurch werden die Pflanzen nicht

Zur Bepflanzung werden alternierend in horizontaler Lage bewurzelte und sprosswurzelfähige Laubhölzer und/oder vegetativ vermehrbare Äste einge-

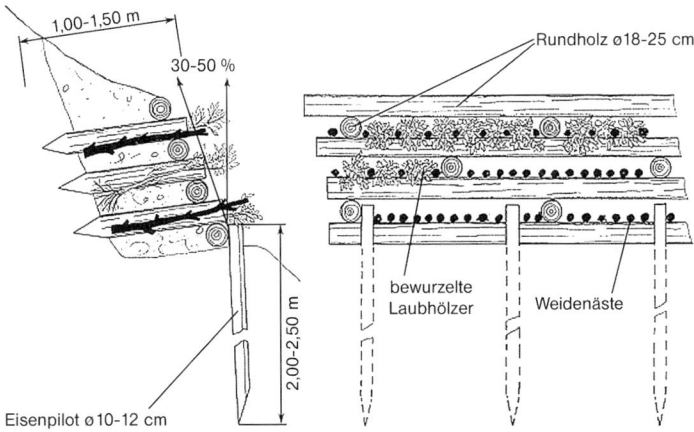

Bild 31. Bepflanzte Holzkrainerwand (einwandig) [43]

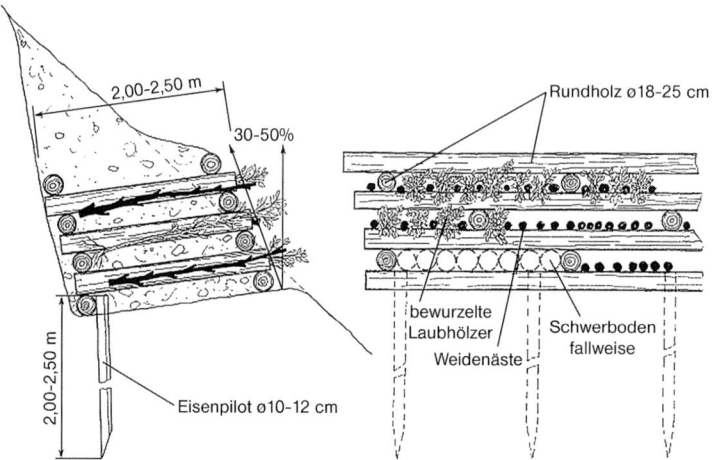

Bild 32. Bepflanzte Holzkrainerwand (einwandig) [43]

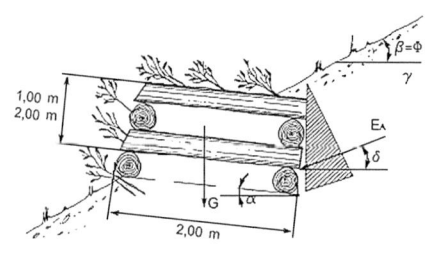

		Zug ∥	Druck ∥	Druck ⊥	Schub ⊥
Bruch-spannungen	(N/mm2)	50-100	25-50	5-10	20-30
zuläss. Spannungen	(N/mm2)	8,5	10	2	1

Berechnungsannahmen:

Stützhöhe	H	= 1,00m/2,00m
Reibungswinkel Boden	Φ	= 40°
Böschungsneigung	β	= Φ
Reibungswinkel Boden/Rückwand	δ	= 2/3 Φ
Reibungswinkel Boden/Sohle	δ_s	= Φ
Neigung Fundamentsohle	α	= 6°
Raumgewicht Holzkasten	γ_{HK}	= 20kN/m³
Raumgewicht Boden	γ_B	= 20kN/m³

Sicherheit gegen Geländebruch
Böschungsstabilität

Sicherheiten:			Stützhöhe 1,00m	Stützhöhe 2,00m
Kippsicherheit	F_{Kipp}		18	7
Gleitsicherheit	F_α		14	5
Exzentrizität	e	(cm)	-7	-3
Sohlpressung	σ_{max}	(N/mm²)	0,03	0,05
max. Erddruck	σ_{EA}	(N/mm²)	0,01	0,02

a)

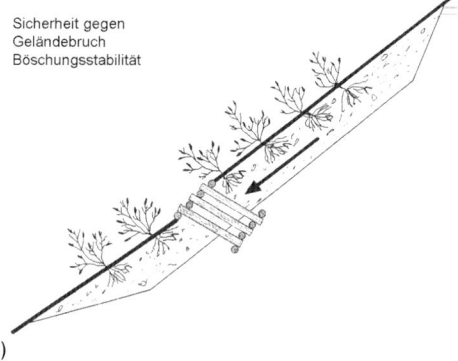

b)

Bild 33. Statische Berechnung einer Holzkrainerwand (nach [60])

legt. Diese Pflanzen werden mit geeignetem Erdmaterial zugedeckt.

Die Neigung der Krainerwand soll ca. 1:4 bis 1:2 oder 15 bis 25° betragen.

Doppelwandige Krainerwände eignen sich zur tieferen Böschungsverbauung bis zu einer Tiefe von ca. 2 m. Bei der doppelwandigen Krainerwand werden auch kastenförmig die Rundhölzer (18 bis 25 cm) längs und quer liegend aufgebaut. Im Unterschied zur einwandigen Holzkrainerwand werden hinten noch Längshölzer eingelegt. Zu einer besseren Verankerung der Krainerwand in der Böschung bzw. im Stützkörper können von den hinteren Längshölzern mindestens 2 m lange Eisenpiloten (Eisenprofile oder -stangen) in den Boden eingeschlagen werden. Genauso erfolgt die Bepflanzung der doppelwandigen Krainerwand, wobei Weidenäste und bewurzelte Laubhölzer eingelegt werden. Der gesamte Holzkasten soll auf Steinplatten oder Betonfundamenten bzw. mindestens bis zu einem Drittel der Gesamthöhe unterhalb des Bodenniveaus eingebaut werden.

Mehrere niedere Holzkrainerwände bis zu einer Höhe von 3 m entlang der Böschungslinie sind wirksamer und wesentlich stabiler als einzelne hohe Krainerwände [60].

Die übliche Lebensdauer von handwerklich gut gefertigten Krainerwänden beträgt 30 Jahre.

Maßgebend für die Berechnung dieser Stützkonstruktionen sind die Kipp- und Gleitsicherheit (s. auch [60]).

4.4.4 Berechnung und Bemessung (Bild 33)

Raumgitter-Stützmauern werden bezüglich der äußeren Standsicherheit als einheitlicher Verbundkörper (Monoliththeorie) betrachtet, beim Nachweis ihrer inneren Stabilität als eine Reihe von Silozellen (Silotheorie).

Auf ihrer Rückseite wirken Erddruck und eventuell Verkehrslasten. Die Erddruckverteilung ist wie bei geschlossenen Wänden anzusetzen, wobei die Resultierende aus Sicherheitsgründen in halber Wandhöhe angenommen wird. Der Wandreibungswinkel für die Erddruckberechnung kann in der Praxis gemäß Bild 34 ermittelt werden.

Äußere Standsicherheit

Gemäß DIN 1054 sind folgende Nachweise zu erbringen (s. Abschnitt 4.1.2):

Nachweise der Tragfähigkeit
– Grundbruchsicherheit,
– Gleitsicherheit,
– Geländebruchsicherheit,
– Sicherheit gegen hydraulischen Grundbruch sowie gegen Aufschwimmen (wenn die Voraussetzungen gegeben sind).

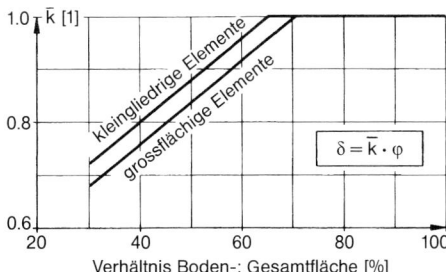

Bild 34. Wandreibungswinkel δ von Raumgitter-Stützmauern als Funktion des Verhältnisses Bodenfläche zur Gesamtfläche (Öffnungsverhältnis), der Gliedrigkeit (Verzahnung) der Wandrückseite und dem Reibungswinkel φ des Ver- bzw. Hinterfüllmaterials [36]

Nachweis der Gebrauchstauglichkeit
Begrenzung der Verkantung durch die zulässige Lage der Sohlspannungsresultierenden.

Innere Standsicherheit

Bemessung der Raumgitterelemente.

Silotheorie
Die horizontalen Innendrücke werden durch eine Exponentialfunktion beschrieben, die asymptotisch gegen den maximalen Wert

$$p_{hz,max} = \gamma \cdot z_0 \cdot K_0 \tag{94}$$

verläuft (s. Bild 35).

In den Formeln stehen γ für die Wichte des Verfüllmaterials, K_0 für den Erdruhedruckbeiwert (gemäß Gl. 13), A für die Zelleninnenfläche und U für deren Innenumfang. Der Neigungswinkel zur Zelleninnenwand wird vereinfacht mit $\delta = 2/3\,\varphi$ angenommen.

Mit

$$z_0 = \frac{A}{U} \cdot \frac{1}{K_0 \cdot \tan\delta} \tag{95}$$

ergibt sich der jeweilige Druck in horizontaler Richtung

$$p_{hz} = K_0 \cdot \gamma \cdot z_0 \cdot \left(1 - e^{-z/z_0}\right) \tag{96}$$

und der Druck in vertikaler Richtung zu

$$p_{vz} = \frac{p_{hz}}{K_0} \tag{97}$$

Untersuchungen über die Anwendung dieser Theorie bei Raumgitter-Stützmauern finden sich bei *Thamm* [87].

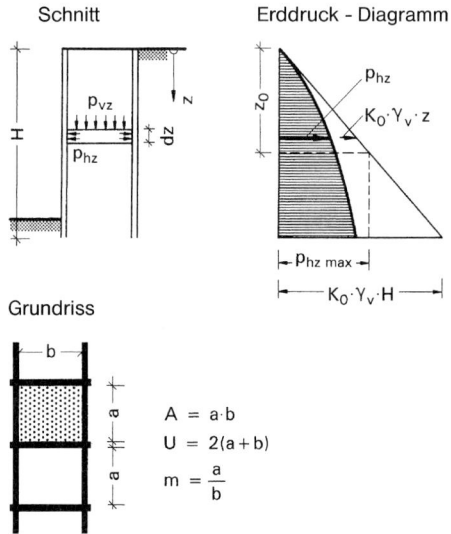

Bild 35. Ermittlung des Silodruckes in den Zellen von Raumgitterwänden [36]

4.5 Bewehrte Erde

4.5.1 Allgemeines

Allgemein wird unter dem Begriff „Bewehrte Erde" ein Verbundkörper aus Boden und „Bewehrung" verstanden (Bild 36). Diese Bewehrung kann aus Mikropfählen, Injektionsrohren, Stahl- oder Kunststoffstäben (Anker, Bodennägel), Reibungsbändern, Matten, Gittern und vielseitigen Formen von Geokunststoffen etc. bestehen, welche in verschiedenster Art und Richtung eingebracht werden (Bild 37); dementsprechend unterschiedlich ist auch ihre Beanspruchung.

Bei der Bewehrten Erde („Terre Armée") im klassischen Sinn handelt es sich um jene Form von Stützbauwerken, welche vom französischen Ingenieur *Henri Vidal* in den 1960er-Jahren entwickelt wurde. Darunter ist ein Boden mit eingelegten Bewehrungsbändern zu verstehen, welche Zugkräfte aufnehmen und diese über Reibung in den Boden abtragen. An der Luftseite wird die Bewehrte Erde durch eine Außenhaut aus Stahlbeton-Fertigteilen, Stahlblechen oder Stahlgittermatten abgeschlossen, an welche die Bewehrungsbänder anzuschließen sind. Eine Außenhaut aus feuerverzinkten oder unverzinkten Stahlgittermatten ermöglicht eine durchgehende Begrünung. Zum Trennen, Filtern und als Erosionsschutz dienen Geotextilien, die dem Wurzelwerk einen zusätzlichen Halt geben. Die Begrünung erfolgt in der Regel durch Hydroaussaat.

Die Bewehrungsbänder bestanden anfänglich aus glatten Flachbändern; heute werden fast ausschließlich warmgewalzte Stahlbänder mit Querrippen und Querschnittsverdickungen im Anschlussbereich verwendet. Der Korrosionsschutz erfolgt durch Feuerverzinkung oder durch thermisches Aufspritzen einer Zink-Aluminium-Verbindung, in Ausnahmefällen auch durch organische Beschichtungen. Zusätzlich müssen die Bewehrungsbänder und -laschen einen Korrosionszuschlag von 2 mm zur statisch erforderlichen Dicke aufweisen.

Empfehlungen zum Entwurf und der Herstellung sind in den Bedingungen für die Anwendung des Bauverfahrens „Bewehrte Erde" [21] zu finden, die zurzeit überarbeitet werden.

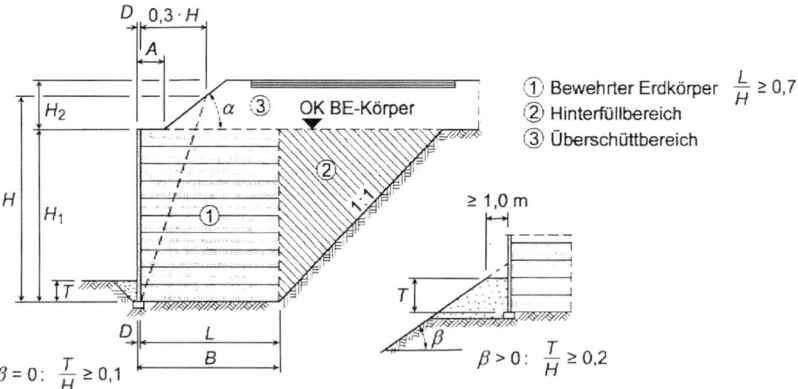

Bild 36. Festlegung des bewehrten Erdkörpers mit Abmessungen und Einbindetiefen [68]

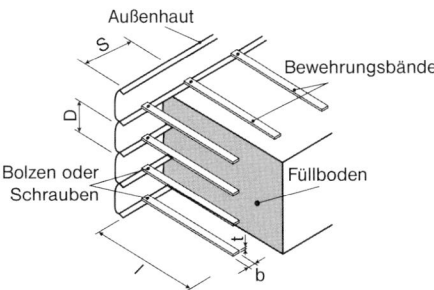

Bild 37. Bewehrte Erde

Bewehrte Stützkonstruktionen mit Geokunststoffen

In Anlehnung an die konventionellen Stützbauwerke aus Bewehrter Erde wurden zunächst die „Polsterwände" entwickelt. Es handelt sich ebenfalls um bewehrte Erde (Bild 38), doch bestehen sowohl die Verankerungselemente als auch die Außenhaut aus Geotextilien (meist Vliese oder Gewebe). Im Regelfall werden die Zugeinlagen an der Luftseite umgeschlagen, wodurch sich ein polsterähnliches Aussehen ergibt.

Sichtflächen aus Geokunststoffen weisen zwei Nachteile auf: die Problematik der UV-Stabilität über lange Zeiträume und die Gefährdung durch Anprall von Fahrzeugen sowie durch Vandalismus. Sie erhalten daher häufig eine Verkleidung („Außenhaut" bzw. „facing"). Diese kann aus bewehrtem Spritzbeton, aus Fertigteilplatten oder -trögen, aus begrünbaren Tragelementen, Baustahlgittern etc. bestehen. Auch Kombinationen mit Raumgittern haben sich bewährt, wobei verschiedenste Anschlüsse entwickelt wurden.

Als Bewehrungseinlagen von Geokunststoffen kommen primär folgende Materialien infrage:

- Gitter,
- Gewebe,
- Vliese,
- Matten bzw. Maschen,
- Geo-Verbundstoffe
  (z. B. gitterverstärkte Vliese, Raschelware).

Folgende Polymere dienen als Ausgangsmaterialien für Geokunststoffe (Reihung alphabetisch und nicht gewichtet):

- Aramid (AR),
- Glasfasern-G-Form,
- Kohlenstofffasern-C-Fasern,
- Polyamid (PA),
- Polyester (PES, PET),
- Polyethylen (PE),
- Polypropylen (PP),
- Polyvinylalkohol (PVA).

Die Geokunststoffe werden bevorzugt über die gesamte Grundrissfläche je Einbaulage verlegt, können aber auch in Form von Streifen eingebaut werden. Sie sind wasserdurchlässig und weisen folgende Vorteile auf:

- Keine Korrosionsprobleme wie bei Stahlbändern, allerdings muss für die Außenhaut UV-beständiges Material verwendet oder der Geokunststoff imprägniert bzw. abgedeckt werden.

- Die Herstellung eines eigenen Streifenfundamentes für die Außenhaut ist nicht erforderlich. Doch sollte in der Regel auch die Geokunststoffwand eine Gründungstiefe von $t \geq 0,1\ h$ aufweisen.

- Die sehr flexiblen Konstruktionen sind ausgesprochen unempfindlich gegenüber Setzungsdifferenzen. Es ist daher keine Winkelverdrehung der Außenhaut nachzuweisen.

- Der Reibungsbeiwert μ zwischen Geokunststoff und Füllboden kann durch besondere Formgebung bzw. Oberflächengestaltung der Bewehrungseinlage erhöht werden. Je nach Fabrikat und Bodeneigenschaften wird er mit zunehmender Schütthöhe kleiner, größer oder bleibt konstant. Anstelle des Reibungsbeiwertes wird auch der „Verbundbeiwert" herangezogen. Dieser ergibt sich aus dem Verhältnis des Reibungswinkels Geokunststoff/Füllboden zum Reibungswinkel des Füllbodens.

- Durch das Umschlagen der Bewehrungseinlagen an der Luftseite der Wand entfallen die Probleme des Bandanschlusses; eine eigene Außenhaut ist dann nicht erforderlich.

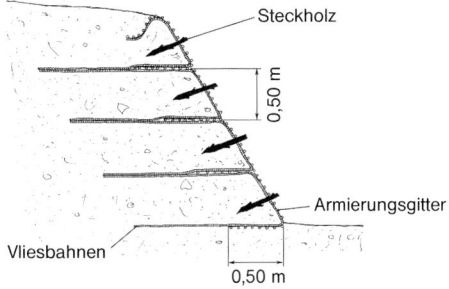

Bild 38. Bewehrte Erde [43]

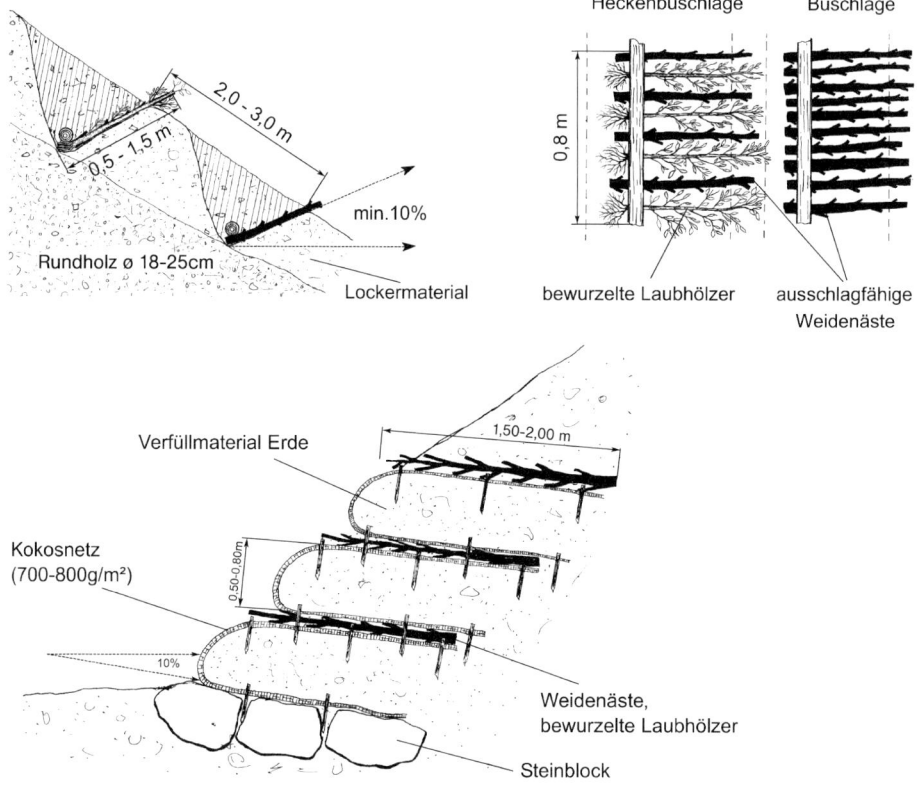

Bild 39. Lagenbau sowie Kombination mit Geotextilpackungen [43]

– Geokunststoffe können begrünt werden. Dafür kommen besonders hohlraumreiche, räumlich wirksame Matten und weitmaschige Gitter oder Gewebe infrage. Aber auch Stützbauwerke aus Vliesen sind biologisch verbaubar. Hierfür eignet sich jede Art von Sträuchern und Bewuchs mit geringem Humusbedarf, Einlagen von Steckhölzern in die Horizontalfugen usw. Die Geotextilien können durchwurzelt werden; der Bewuchs wird schließlich so dicht, dass diese kaum mehr erkennbar sind.

Die gestellten Anforderungen, die Berechnung nebst Beispielen, sowie Prüfung und Kontrolle solcher Konstruktionen sind in den Empfehlungen für Bewehrungen aus Geokunststoffen – EBGEO [24] zu finden.

Die Verbundkörper aus bewehrten Erden werden bis zu Neigungen von 80° errichtet. In dieses mit Bewehrungsmaterial verstärkte Erdreich können Sträucher mit Wurzelballen oder Steckhölzer eingeführt werden. Nach der Fertigstellung des Verbundkörpers wird die Außenseite mit einer Hydrosaat und einer Gräser-Kräuter-Mischung begrünt.

Lagenbau – Lebend Bewehrte Erde

Beim Lagenbau werden zum Unterschied Pflanzen und nicht Bewehrungsgitter aus Stahl oder Kunststoffen für den Verbundkörper der bewehrten Erde verwendet (Bild 39). Dazu wird auch der Ausdruck „Lebend Bewehrte Erde" verwendet. Mit dieser Bauweise, welche 0,5 bis 1,0 m tief in den Böschungskörper eingebaut wird, können Lockermaterialien gesichert werden.

4.5.2 Berechnung und Bemessung
Äußere Standsicherheit

Vereinfacht wird auch hier von der Monoliththeorie ausgegangen und die Standsicherheit wie bei einer Gewichtsmauer nachgewiesen (s. Abschnitt 4.1.2).

Nachweise der Tragfähigkeit
- Grundbruchsicherheit,
- Gleitsicherheit,
- Geländebruchsicherheit.

Wenn belegbare Erfahrungen zur Standsicherheit vorliegen, kann nach DIN 1054, 12.4.4 (2) auf den Nachweis der Tragfähigkeit verzichtet werden. Generell gilt bei der Nachweisführung, dass die einschlägigen Empfehlungen oder allgemeinen bauaufsichtlichen Zulassungen maßgebend sind.

Nachweis der Gebrauchstauglichkeit
Begrenzung der Verkantung durch die zulässige Lage der Sohlspannungsresultierenden.

Innere Standsicherheit

Für die innere Standsicherheit sind Bruchmechanismen (Bild 40a) zu behandeln, bei denen die möglichen Gleitflächen

- den bewehrten Erdkörper und mindestens eine Bewehrungslage (B) bzw.
- nur den bewehrten Erdkörper und keine Bewehrungslage schneiden (A).

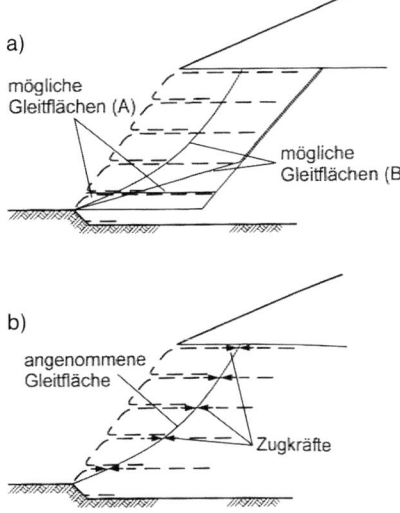

Bild 40. a) Bruchmechanismen, b) zur Gleitfläche gehörende Zugkräfte [68]

Die Nachweise der inneren Standsicherheit umfassen:
- Bemessung der Bewehrungsbänder bzw. Bewehrungslagen,
- Sicherheit gegen Herausziehen,
- Bemessung der Außenhaut bzw. des Außenhautanschlusses.

4.6 Bodenvernagelungen (Injektionsverdübelung)
4.6.1 Allgemeines

Ziel der Bodenvernagelungen ist es, die Zug und Scherfestigkeit des natürlich anstehenden Bodens soweit zu erhöhen, dass der vernagelte Bodenkörper als monolithischer Block angesehen werden kann. Sie können daher sowohl als „Bewehrte Erde" im weiteren Sinne als auch als „Verdübelungen" aufgefasst werden. Als Bewehrung des gewachsenen Bodens dienen Stahl- und Kunststoffstäbe in der Regel schlaffe, fallweise auch vorgespannte Anker, Injektionskörper samt belassenen Injektionsrohren und Pfähle. Nägel sind primär auf Zug beansprucht, können aber auch Scherkräfte aufnehmen. Bei der Bemessung von Konstruktionen für dauerhafte Zwecke darf der Scherwiderstand allerdings nur dann in Rechnung gestellt werden, wenn der Korrosionsschutz nicht gefährdet ist (z. B. bei Felsnägeln, die nur geringen Scherverschiebungen unterliegen).

Als Nagelwände (Bild 42) werden Stützkörper bezeichnet, welche aus drei Elementen bestehen:

- dem anstehenden Boden oder Fels,
- der Bewehrung aus Nägeln bzw. Ankern und
- einer Außenhaut an der Wandvorderseite.

Diese Außenhaut kann entweder aus Spritzbeton (meist bewehrt), aus Fertigteilelementen, einer Betonwand oder aus Gabionen bestehen. Eine Kombination der Nägel mit langen, vorgespannten Injektionsankern ist möglich und hat sich auf zahlreichen Baustellen bewährt.

Die Herstellung erfolgt durch abschnittsweisen Aushub (ca. 1 bis 1,5 m Höhe), abhängig von der Kurzzeitstandfestigkeit der Böden. Die freigelegte Wand wird dann mit Baustahlgewebe bewehrtem Spritzbeton (Dicke 10 bis 15 cm bei Kurzzeitvernagelung und 15 bis 25 cm bei Dauervernagelung) gesichert. Anschließend werden die Hohlräume zur Aufnahme der Nägel (meistens durch Bohren) geschaffen, diese eingebracht und auf ganzer Länge vermörtelt (Verfüllung oder Verpressung). Als Nägel dienen meist Gewindestähle d_s = 20 bis 36 mm, Baustähle, Injektionsbohranker (IBO), Titan-Stäbe oder perforierte Stahlrohre. Nach dem Erhärten des Mörtels wird der Nagelkopf mit der Spritzbetonhaut kraftschlüssig verbunden. Da die

Bild 41. Drahtsteinkörbe und Nagelwand

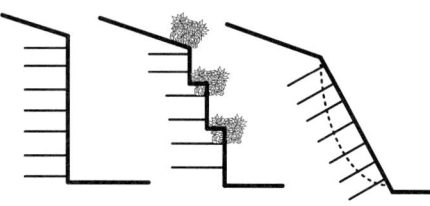

Bild 42. Anwendungsmöglichkeiten der Bodenvernagelung

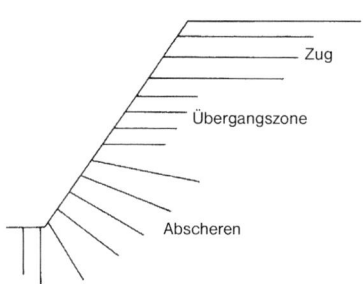

Bild 43. Überwiegende Beanspruchungsart der Nägel [36]

Nägel dicht nebeneinander gesetzt werden, kann eine Gurtung entfallen.

Im Regelfall können folgende Richtwerte angenommen werden:

– Nagellänge: 0,5 bis 0,7-fache Wandhöhe,
– Nagelneigung zur Horizontalen: 0 bis 30°,
– Nageldichte: 0,5 bis 2 Nägel/m^2,
– Knotenmaß: 0,7 bis 1,5 m.

Die Geometrie der Nagelung weist meistens einheitliche Längen und Neigungen der Nägel auf. Sie kann und soll aber den Boden- und Felseigenschaften, dem Verlauf der kritischen Gleitflächen und den unterschiedlichen Kräften angepasst werden.

In Bild 43 ist die überwiegende Beanspruchungsart der Nägel angedeutet. Im oberen Bereich wirkt Zug, dann folgt eine Übergangszone und im unteren Bereich werden die Nägel auf Abscheren beansprucht.

4.6.2 Berechnung und Bemessung

Einwirkungen ergeben sich aus Bodenwichte, dem Erddruck und veränderlichen Lasten (z. B. Verkehrslast), Widerstände aus dem Reibungswinkel des Bodens und der mittleren Grenzschubkraft des Nagels pro Nagelmeter.

Äußere Standsicherheit

Der vernagelte Erdkörper wird als Monolith betrachtet und seine Standsicherheit analog zu Gewichtsstützmauern (s. Abschnitt 4.1.2) nachgewiesen. Dabei wird eine rechnerische Rückwand durch das Ende der Nägel bzw. der bewehrten Elemente angenommen (Bild 44).

Nachweise der Tragfähigkeit
– Grundbruchsicherheit,
– Gleitsicherheit,
– Geländebruchsicherheit.

Wenn belegbare Erfahrungen zur Standsicherheit vorliegen, kann nach DIN 1054, 12.4.4 (2) auf den Nachweis der Tragfähigkeit verzichtet werden. Generell gilt bei der Nachweisführung, dass die einschlägigen Empfehlungen oder allgemeinen bauaufsichtlichen Zulassungen maßgebend sind.

Nachweis der Gebrauchstauglichkeit
Begrenzung der Verkantung durch die zulässige Lage der Sohlspannungsresultierenden.

Flache Stützkonstruktionen

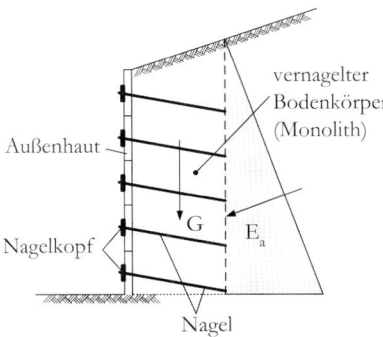

Bild 44. Lastansatz in der Sohlfuge für die Nachweise der Kipp-, Grundbruch- und Gleitsicherheit bei Nagelwänden [68]

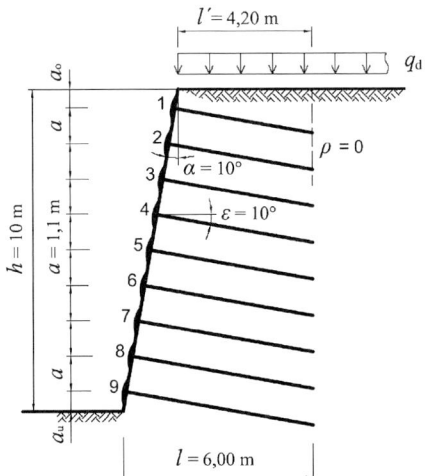

Bild 45. Geometrische Abmessungen der Nagelwand

Innere Standsicherheit

- Nachweis der Nageldichte und notwendigen Nagellänge,
- Sicherheit gegen Herausziehen der Nägel,
- Materialversagen,
- Bemessung der Spritzbetonschale nach DIN 1045 bzw. EC 2.

Als Einwirkung darf der aktive Erddruck nach *Coulomb*, vermindert mit dem Faktor 0,85, mit einer rechteckigen Verteilung angesetzt werden. Seine Berechnung erfolgt mit dem Wandreibungswinkel $\delta_a = 0$.

4.7 Bemessungsbeispiel Bodenvernagelung

4.7.1 Innere Standsicherheit – Sicherheit gegen Herausziehen

Gesucht ist der größte horizontale Nagelabstand b unter Einhaltung der Standsicherheit. Obwohl es sich dabei eigentlich um eine Untersuchung des Materialversagens des Bodennagels (lt. DIN 1054:2005 im GZ 1B zu führen) handelt, wird in Abschnitt 12.4.1 (2) für den *Nachweis der Standsicherheit von Bodenvernagelungen* oder bewehrten Stützkonstruktionen der GZ 1C eindeutig empfohlen [46].

4.7.2 Geometrien, Bodenkennwerte, Materialeigenschaften

Formelzeichen und Einheiten

h	Wandhöhe	m
l	Breite des vernagelten Bodenkörpers am Wandfuß	m
a	vertikaler Nagelabstand	m
a_o	Abstand oberster Nagel von Geländeoberkante	m
a_u	Abstand unterster Nagel von Böschungssohle	m
b	horizontaler Nagelabstand	m
α	Wandneigung zur Vertikalen	°
ε	Nagelneigung	°
ϑ	Neigungswinkel der hinteren Gleitfläche	°
l'	obere Breite des vernagelten Bodenkörpers	m
W	Eigengewicht des vernagelten Bodenkörpers	kN
α	Wandneigungswinkel	°
β	Geländeneigung	°
δ	Wandreibungswinkel	°
φ	Winkel der inneren Reibung (Erdreibungsbeiwert)	°
ϑ	Neigungswinkel der hinteren Begrenzung des vernagelten Bodenkörpers	°
E_a	aktiver Erddruck	kN
K_a	aktiver Erddruckbeiwert	–
γ	wirksame Wichte des Bodens	kN/m³
T_m	mittlere Grenzschubkraft eines Nagels pro m Nagellänge	kN/m
N	Nagelzugkraft	kN
Z	Resultierende der Nagelzugkräfte	kN
μ	Vernagelungsgrad	–

Anmerkung: Die Indizes k und d bezeichnen charakteristische Größen bzw. Bemessungswerte.

Bodenkennwerte

Bodengruppe: S (Sand), kohäsionslos
Wirksame Wichte des Bodens: $\gamma_k = 18$ kN/m
Reibungswinkel des Bodens: $\varphi_k = 22°$

Einwirkende Kräfte

Charakteristische Verkehrslast: $q_k = 23$ kN/m²

Widerstehende Größen

Mittlere charakteristische Grenzschubkraft des Nagels pro m Nagellänge: $T_{m,k} = 30$ kN/m

Dieser Wert ist vorab zu schätzen und mittels stichprobenartigen Nagelprüfungen in situ nachzuweisen.

4.7.3 Sicherheit gegen Herausziehen der Nägel (GZ 1C)

Berechnung der Bemessungswerte für LF1

Reibungswinkel

$$\tan\varphi_d = \frac{\tan\varphi_k}{\gamma_\varphi} \quad (98)$$

mit dem Teilsicherheitsbeiwert $\gamma_\varphi = 1,25$

$$\varphi_d = \arctan\left(\frac{\tan\varphi_k}{\gamma_\varphi}\right)$$

$$= \arctan\left(\frac{\tan 35}{1,25}\right) = 29,3° \approx 29° \quad (99)$$

Auflast

$$q_d = \gamma_Q \cdot q_k \quad (100)$$

mit dem Teilsicherheitsbeiwert $\gamma_Q = 1,30$

$$q_d = 1,3 \cdot 23 = 30 \text{ kN/m}^2 \quad (101)$$

Die DIN 1054 fordert für den Nachweis der Standsicherheit eine Untersuchung des maßgebenden Bruchmechanismus, bei welchem es sich, nach den Zulassungsbescheiden sowie DIN 4084-100, um einen Zweikörper-Bruchmechanismus mit ebenen Gleitflächen handelt (Bild 46).

Im Modell versucht ein Bodenkeil, der mit dem aktiven Erddruck auf die angenommene Rückwand des Nagel-Bodenkörpers wirkt, diesen auf einer unter dem Winkel ϑ geneigten ebenen Gleitfläche zur Luftseite zu schieben. Die durch die Gleitfläche stoßenden Nägel verankern den Körper im rückwärtigen gewachsenen Boden bzw. standfesten Gebirge. Der Gleitflächenwinkel, bei dem die größten Nagelkräfte zur Herstellung des Grenzgleichgewichtes erforderlich sind, ist nur durch Iteration bestimmbar (nach [93]).

Aus der Erfahrung kann der Startwert mit $\vartheta = 35°$ angenommen und in Schritten von $\Delta\vartheta = 5°$ variiert

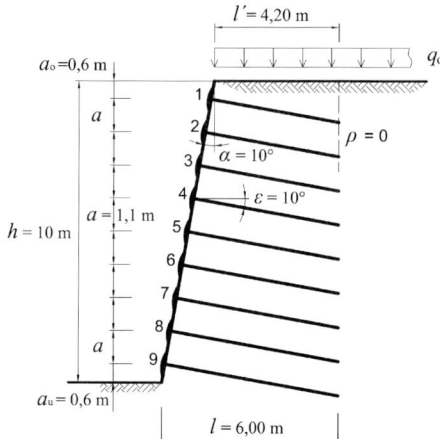

Bild 46. Ansatz der Kräfte und Ermittlung der Nagellängen

bzw. der Endpunkt der Gleitebene durch verschiedene Nagelenden gelegt werden.

Die erdstatische Analyse kann numerisch oder grafisch (Krafteck) erfolgen.

Einwirkungen

Resultierende Verkehrslast:

$$P_d = q_k \cdot b' = 30 \cdot 4,2 = 126 \text{ kN/m} \quad (102)$$

Gewicht des Bodenkörpers:

$$W_d = 694 \text{ kN/m} \quad (103)$$

Erddruck:

$$E_{a,d} = \frac{1}{2} \cdot h_1 \cdot (\gamma \cdot h_1 + 2 \cdot q_d) \cdot K_a(\varphi_d) \quad (104)$$

Der Erddruckbeiwert lässt sich mit einem angenommenen Wandreibungswinkel $\delta = \varphi_d = 29°$ sowie der Wandneigung $\alpha = 0°$ gemäß Gl. (6) zu $K_a = 0,308$ berechnen.

$$E_{a,d} = \frac{1}{2} \cdot 5,8 \cdot (18 \cdot 5,8 + 2 \cdot 30) \cdot 0,308$$

$$= 147 \text{ kN/m} \quad (105)$$

Widerstände

Für die Zugkraft der einzelnen Nägel gilt:

$$N_{i,d} = T_{m,d} \cdot l_i \quad (106)$$

Die Resultierende ergibt sich zu

$$N_d = \sum N_{i,d} = T_{m,d} \cdot \sum l_i \quad (107)$$

Tabelle 13. Ergebnisse der Variation der Gleitflächenwinkel

		$\vartheta_1 = 35°$	$\vartheta_2 = 40°$	$\vartheta_3 = 45°$
l_4	m	–	–	0,6
l_5	m	–	0,8	1,6
l_6	m	1,4	2,0	2,6
l_7	m	2,8	3,2	3,6
l_8	m	4,0	4,3	4,6
l_9	m	5,4	5,6	5,6
Summe	m	13,6	15,9	18,6
Z_d	kN/m	230	275	300
$T_{m,d} = \dfrac{Z_d}{\sum l_i}$	kN/m²	16,9	**Max = 17,3**	16,1

Für die erste Annahme von $\vartheta = 35°$ erhält man aus dem Krafteck die resultierende Zugkraft $Z_d = 230$ kN pro lfm Wand.

Die Längen der geschnittenen Nägel und die resultierenden Nagelzugkräfte für die einzelnen Gleitflächenwinkel sind in Tabelle 13 zusammengefasst.

Bemessungsschubkraft der Nägel:
$T_{m,d} = 17{,}3$ kN/m².

Mit dem Teilsicherheitsbeiwert im LF 1 für Bodennägel $\gamma_N = 1{,}4$ ergibt sich die charakteristische Nagelschubkraft:

$$T_{m,k} = \gamma_N \cdot T_{m,d} = 1{,}4 \cdot 17{,}3$$
$$= 24{,}2 \text{ kN/m}^2 = \overline{T}_{m,k} \qquad (108)$$

Bemessung des horizontalen Nagelabstands

Der horizontale Nagelabstand b ist das Verhältnis des zu Beginn geschätzten Wertes der charakteristischen Nagelschubkraft und des aus der Schnittführung entlang der maßgebende Gleitfläche ermittelten maximalen Wertes.

Nagelabstand

$$b = \frac{T_{m,k}}{\overline{T}_{m,k}} = \frac{30}{24{,}2} = 1{,}25 \text{ m} \qquad (109)$$

Für die rasche Vorbemessung ist der Vernagelungsgrad gut geeignet.

Vernagelungsgrad

$$\mu_k = \frac{T_{m,k}}{\gamma \cdot a \cdot b} = \frac{30}{18 \cdot 1{,}1 \cdot 1{,}25} = 1{,}21 \qquad (110)$$

Er kann direkt aus Bemessungsdiagrammen (Bild 47) in Abhängigkeit der Geometrie der Nagelwand, der Bodeneigenschaften sowie der Auflast abgelesen werden.

Zum Vergleich erhält man mit $\varphi_d = 29°$ und

$$\overline{q}_d = \frac{q_d}{\gamma \cdot h} = 0{,}17 \text{ aus dem Diagramm: } \mu_d = 0{,}87.$$

Mit dem Teilsicherheitsbeiwert für Bodennägel $\gamma_N = \gamma_\mu = 1{,}4$ errechnet sich:

$$\mu_k = \mu_d \cdot \gamma_\mu = 0{,}87 \cdot 1{,}4 = 1{,}22 \qquad (111)$$

4.8 Entwässerung

Jedes Stützbauwerk muss mit entsprechenden Entwässerungsmaßnahmen hergestellt werden, damit sich auf der Bergseite, also hinter der Stützmauer, kein zusätzlicher Druck auf die Stützhaut aufbaut, welcher Verformungen zur Folge hat.

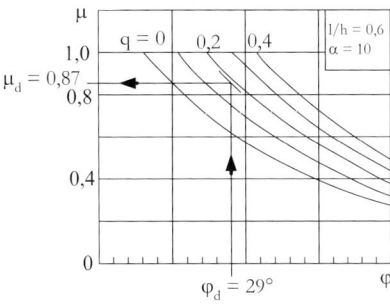

Bild 47. Bemessungsdiagramm für Reibungsböden [45]

Auch durch stationäre Strömungszustände des Wassers im Boden können Belastungen auf das Stützmauerwerk erzeugt werden. Dabei sind nachfolgende drei Wirkungen des Wassers zu unterscheiden:

- hangparalleler Strömungsdruck,
- vertikaler Strömungsdruck,
- hydrostatischer Wasserdruck.

Der hangparallele Strömungsdruck führt zur Herabsetzung der Sicherheit, gleichbedeutend mit der Reduktion des wirkenden Reibungswinkels auf rund die Hälfte. Im Nahbereich der Wand entsteht durch Umlenkung der Strömung der vertikale Strömungsdruck, der schließlich im Sättigungszustand in den hydrostatischen Wasserdruck übergeht.

Damit solche zusätzlichen Belastungen nicht auftreten, müssen entsprechende Dränagen verlegt werden. Der Einbau einer vertikalen Filterschicht allein genügt gerade bei Niederschlägen nicht, weshalb sich bei nicht genügendem Abfluss ein hydrostatischer Wasserdruck hinter der Mauer aufbaut [44, 57].

Der Einbau von Filtern und Dränagen muss auf die Bodenart der Hinterfüllung (bindiger Boden, gewachsen oder hinterfüllt) und auf den Untergrund (durch- oder undurchlässig) abgestimmt werden (Bild 48). Als zusätzliche Maßnahme sind in regelmäßigen Abständen in die Stützmauer Durchlässe oder Entwässerungsrohre (d_{min} = 100 mm) einzubauen, sofern keine Längsentwässerung sinnvoll realisierbar ist.

Auch die Hinterfüllbereiche müssen entwässert und das Oberflächen- sowie das Grundwasser gesammelt und abgeleitet werden (s. auch ZTVE-StB 17) (Bild 49). Der Rohrscheitel der Sickerrohrleitung muss mindestens 0,2 bis 0,3 m unterhalb der Sohle der zu entwässernden Schicht angeordnet werden. Das Sohlgefälle bzw. das Rohrleitungsgefälle sollte mindestens 0,3 % betragen; sinnvoll wäre 0,5 %, um die Selbstreinigung zu gewährleisten. Maximal alle 100 m sollten Schächte für die Wartung der Sickerrohrleitung angeordnet werden.

Des Weiteren muss das Oberflächenwasser mittels Rinnen, Halbrohren oder Mulden am Böschungsfuß bzw. hinter den Stützmauern abgefangen und gesammelt werden. Dadurch kann eine Erhöhung des aktiven Erddrucks aufgrund der Wassersättigung vermieden werden. Auch eine Bepflanzung wirkt sich positiv auf den Wasserhaushalt und das Vorhandensein von Oberflächenwasser aus.

Je nach Steilheit der Böschung können tief und weniger tief wurzelnde Pflanzen verwendet werden.

Für die Begrünung eignen sich tief wurzelnde Kräuter, wie

- Luzerne (*Medicago sativa*),
- Saat- oder Zottelwicke (*Vicia sativa* oder *Vicia villosa*) und
- Esparsette (*Onobrychis viciifolia*)

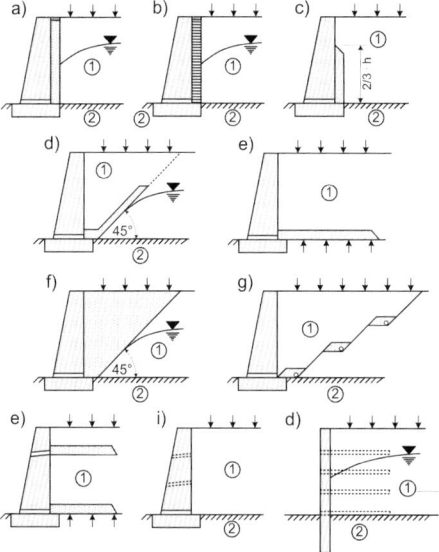

Bild 48. Mögliche Anordnungen von Filtern hinter Stützmauern (1 bindiger Boden, gewachsen oder hinterfüllt; 2 undurchlässiger Untergrund) [68]

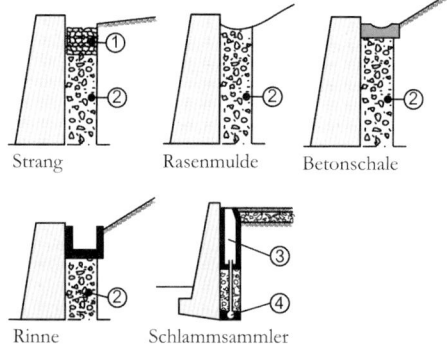

Bild 49. Abfangen und Ableiten von Oberflächenwasser hinter Stützmauern [68]
1 Kies oder Schotterstrang, Rundkies mit 30 bis 50 mm Korndurchmesser
2 Dränageschicht oder Filter
3 Schlammsammler
4 Sickerrohr mit Mindestdurchmesser 10 mm

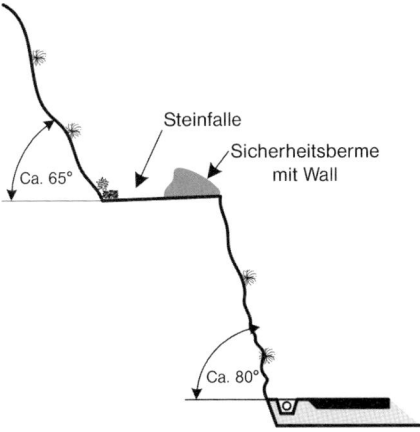

Bild 50. Renaturierung nach einer Struktursprengung [27]

sowie eine bestimme Menge (5 bis 10%) schnell wachsender Gräser, wie

- englisches Raygras (*Lolium perenne*),
- Knäuelgras (*Dactylis glomerata*) und
- Lieschgras (*Phleum pratense*).

Bei steileren Hängen muss durch spezielle Begrünungsmethoden, wie die Hydrosaat oder die Mulchsaat, ein Schutz gegen das Abschwemmen des Saatgutes aufgebaut werden.

Bei einem felsigen Gelände oder einem Einschnitt, der durch Sprengvortrieb erstellt wurde, findet man teils recht steile und teilweise senkrechte sowie meist glatte Böschungsflächen. Dabei können auf den Bermen nach dem Aufbringen von Fein- oder Humusmaterial kleine Bäume (z. B. Birken) oder Sträucher gepflanzt werden. Die Böschungsneigung sollte aber 65° (max. 80°) nicht überschreiten (Bild 50). Die Hydrosaat sollte 2- bis 3-mal wiederholt werden. Die aufgehenden Gräser- und Kräuterstreifen, teilweise in den Felsspalten, bilden dann eine wirkungsvolle Sammelfalle für anfliegende Gehölzsamen und damit für eine weitere Befruchtung.

5 Tiefe Stützbauwerke

Tiefe Stützbauwerke lassen sich nach der Art ihrer Beanspruchung wie folgt unterteilen:

- Primär auf Biegung beanspruchte tiefe Stützbauwerke
  - Spundwände,
  - Trägerbohlwände,
  - Pfahlwände,
  - Schlitzwände.
- Primär auf Schub beanspruchte tiefe Stützbauwerke
  - Brunnen, Dübel und Stützscheiben,
- Auf Biegung und Schub beanspruchte (tiefe) Stützbauwerke
  - Fangedämme.

Tief gegründete Stützbauwerke kommen in erster Linie dann zum Einsatz, wenn der Baugrund unter der Sohle zu weich für eine Flachgründung ist, oder wenn der Erdwiderstand zur Abtragung der Erddrücke aktiviert werden soll.

5.1 Spundwände

5.1.1 Allgemeines

Spundwände sind Flächentragwerke aus einzelnen biegesteifen Elementen (Spundbohlen). Sie können horizontale Einwirkungen aus Erd- und Wasserdruck, externe Lasten (benachbarte Bauwerke, Verkehrslasten) sowie vertikale Kräfte übertragen.

Spundbohlen werden aus Stahl, Holz, Stahl- und Spannbeton hergestellt, wobei hauptsächlich Stahlprofile verwendet werden, auf die im Folgenden näher eingegangen wird. Infolge ihres geringen Querschnitts lassen sie sich leichter in den Boden einbringen als Spundbohlen aus anderen Materialien. Sie können ohne Setzungswirkung gezogen und wieder verwendet werden. Zudem sind sie unempfindlicher beim Rammen in steinigen Böden und können Hindernisse wie Holz, altes Mauerwerk, Beton sowie leichten Fels durchschlagen [68].

Im Vergleich zu anderen Verbauarten, wie z. B. Trägerbohlwänden, sind Stahlspundwände teurer und weniger anpassungsfähig bei kreuzenden Versorgungsleitungen und Einbauten. Dafür sind sie aber bei weniger standfesten Böden geeignet und bilden einen nahezu dichten Verbau. Deshalb werden sie bevorzugt zur Umschließung von Baugruben im Grundwasserbereich und im offenem Wasser eingesetzt.

Schwächungen des Querschnitts können durch Korrosion und Sandschliff (in strömenden Wasser) auftreten, besonders bei dauerhaften Bauwerken. Der Einfluss dieser Faktoren auf die Tragsicherheit und Gebrauchstauglichkeit ist beim Entwurf und der Ausführungsplanung von ungeschützten Spundwandbauwerken zu berücksichtigen (s. E 35 der EAU [23]).

Die Verbindung der verschiedenen Elemente erfolgt durch Spundwandschlösser. Durch Verstopfung mit Feinteilen tritt i. d. R. eine zunehmende Selbstdichtung dieser Schlösser auf. Um eine sofortige Wasserdichtheit zu garantieren, gibt es die Möglichkeiten,

- die Schlossfugen nachträglich zu dichten (quellende Holzkeile, Gummi- oder Kunststoffschnüre, verschweißen),

Union Flachprofile von HSP

Kanaldielen von ThyssenKrupp

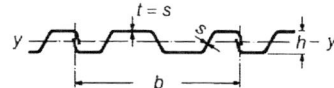

Leichtprofile von ThyssenKrupp

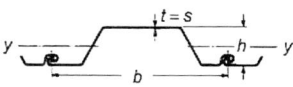

Larssen Profile von HSP

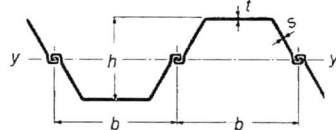

Z-Profile von HSP

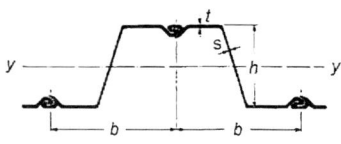

Peiner Kastenprofile von Peiner Träger

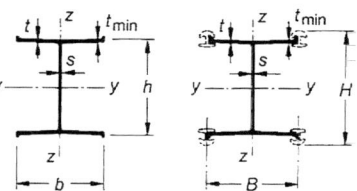

Bild 51. Verschiedene Spundwandprofile und mögliche Kombinationen [68]

- die Schlossfugen vor dem Einbringen mit bituminösen Materialien zu verfüllen (für temporäre Bauwerke) oder
- Schlossdichtungssysteme der Hersteller (für bleibende Bauwerke) zu verwenden.

An Formen existiert eine Vielfalt an Leicht- und Flachprofilen, Kanaldielen, Normal- (U), I-, Z-, und Kastenprofilen (Bild 51). Kombinationsmöglichkeiten ergeben sich durch Anschweißen von Lamellen oder Verbindungen mit Zwischen-, Abzweig- und Eck-Profilen.

5.1.2 Herstellverfahren

Spundwände werden mittels Rammen, Einrütteln (Vibrieren) oder Einpressen in den Boden eingebracht. Die Wahl des Verfahrens ist abhängig von den Baugrundeigenschaften, der Nachbarbebauung, dem Profil, der Länge und Neigung der Spundbohlen sowie der Umweltanforderungen (Lärm-, Erschütterungsemissionen). Das geeignete Einbringverfahren kann in Abhängigkeit von der Bodenart mithilfe von Tabelle 14 bestimmt werden.

Zum Rammen von Spundbohlen empfiehlt sich

- in nichtbindigen Böden die Verwendung von Schnellschlaghämmern (100 bis 400 Schläge/min),
- in bindigen Böden die Verwendung langsam schlagender schwerer Bären und

- in verwittertem Fels die Verwendung schwerer Rammbären mit geringer Fallhöhe.

In der Regel werden zwei zusammengezogene Bohlen (Doppelbohle) gerammt (I-Profile meist einzeln). Bei schweren langsamen Bären werden Rammhauben für Einzel-, Doppel-, 3- und 4-fach Bohlen verwendet, um das Rammgut zu schonen.

Das Einrütteln eignet sich relativ gut in nicht bindigen Böden. Durch die Vibration werden die Bodenteilchen in einen Schwebezustand versetzt, wodurch sich die Mantelreibung auf 10 bis 25% des Ruhewertes reduziert. Es kann aber auch zu einer Verdichtung des Untergrunds kommen. Dieses Einbringverfahren hat die Vorteile der geringeren Lärmentwicklung und Baugrunderschütterung sowie eines schonenderen Umgangs mit dem Rammgut (Bohlen).

Das Einpressen von Stahlspundbohlen ist vor allem in bindigen Böden geeignet. Es bietet besonders im städtischen Tiefbau aufgrund seiner erschütterungsfreien, geräuscharmen Arbeitsweise und des geringen Freiraumbedarfs der Geräte an.

Je nach Bodenart sind bei diesen Verfahren Einbringhilfen wie Nieder- bzw. Hochdruckspülungen, Entspannungsbohrungen oder Sprengungen erforderlich. Generell ist der Eindringwiderstand von trockenen Böden höher als von feuchten oder gesättigten Böden.

Tabelle 14. Einbringverfahren der Spundwand in Abhängigkeit von der Bodenart (nach [68])

Leichtes Rammen	– weiche, breiige Böden (Moor, Torf, Schlick, etc), – locker gelagerte Mittel- und Grobsande sowie Kiese (ohne Steine)
Mittelschweres Rammen	– steifer Ton und Lehm, – mitteldicht gelagerte Mittel- und Grobsande sowie Feinkiese
Schweres bis schwerstes Rammen	– halbfester bis fester Ton, – dicht gelagerte Mittel- und Grobkiese sowie schluffige und feinsandige Böden, – verwitterter weicher bis mittelharter Fels, – Geröll- und Moränenschichten, Geschiebemergel, – eingelagerte verkittete Schichten
Einrütteln (Vibrieren)	– Kiese und Sande mit runder Kornform, – breiige bis weiche Böden (Lehm, Löss, Schlick, etc)
Einpressen	– locker bis mitteldicht gelagerte Kiese und Sande, – weiche bis halbfeste Tone und Schluffe

In Fällen, in denen die Bodenverhältnisse bzw. Anforderungen an Dichtigkeit und/oder große Belastungen keine der oben angeführten Einbringverfahren zulassen, gibt es Kombinationsmöglichkeiten mit anderen Tiefgründungsverfahren, wie z. B. das Einstellen („Einhängen") von Spundwänden in vorgefertigte Schlitzwände.

5.1.3 Berechnung und Bemessung

Die auf eine Spundwand wirkenden Kräfte werden über deren Einbindung unterhalb der Baugrubensohle und über Anker und/oder Steifen abgetragen.

Bei der statischen Modellbildung werden folgende Systeme unterschieden (Bild 52):

a) nicht gestützt, eingespannt,

b) einfach gestützt und eingespannt,

c) einfach gestützt, unten frei aufgelagert,

d) ein- oder mehrfach gestützt, frei aufgelagert bzw. teilweise eingespannt.

Früher wurde zur Ermittlung der Einbindetiefe und der Schnittlasten das Verfahren von *Blum* benutzt, bei dem der aktive Erddruck (ggf. umgelagert) und

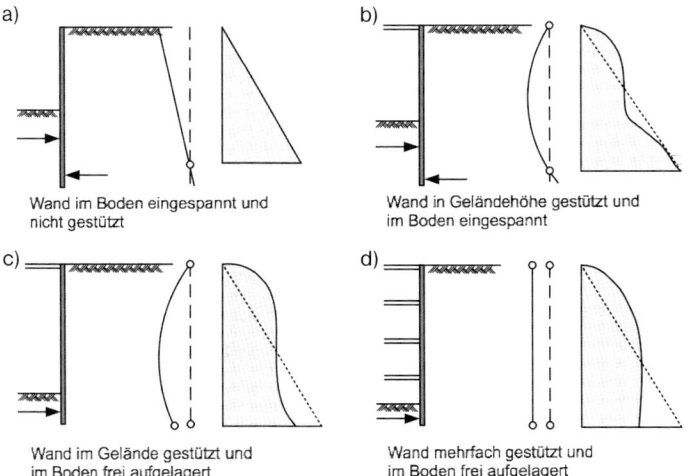

Bild 52. Statische Systeme und Erddruckverteilung hinter Stützwänden bei einfachen Wandbewegungen [68]

der abgeminderte Erdwiderstand überlagert werden. Aus dieser Lastfigur kann der Belastungsnullpunkt und die theoretische Einbindetiefe ermittelt werden.

Mit der Trennung von Einwirkungen und Widerständen nach dem Teilsicherheitskonzept gibt es keinen Belastungsnullpunkt mehr. Die Einbindetiefe muss demnach geschätzt und nach der Berechnung durch Iteration angepasst werden [91]. Eine genaue Diskussion dieses Punktes wird in der neuen Ausgabe der EAB erwartet. Eine Vorabschätzung nach dem Verfahren von *Blum* wird in [68] vorgeschlagen.

Erddruck und Erddruckverteilung

Bei nicht gestützten, in den Boden eingespannten Stützwänden beruht die Standsicherheit allein auf der Einspannung im Baugrund. Es stellt sich eine Drehung um einen tief gelegenen Punkt ein. Dementsprechend ist mit der klassischen Erddruckverteilung zu rechnen.

Bei gestützten Baugrubenwänden treten während des Baufortschrittes Drehbewegungen der Wand um höher gelegene, wechselnde Drehpunkte auf, verbunden mit Parallelbewegung und Durchbiegung.

Der Drehpunkt liegt immer in der unteren Hälfte des Einspannungsbereichs. Im oberen Bereich bewegt sich die Wand infolge Erddruck vom Erdreich weg und am Fußpunkt zum Erdreich hin. *Blum* liefert einen vereinfachten Ansatz der Spannungsverteilung für den Fall homogener Böden und einer unbegrenzten Flächenlast [68].

Die Berechnung der Einbindetiefe nach EAB erfolgt mit dem Ansatz von *Blum*. Wenn sich daraus eine zu große Kopfbewegung der Spundwand ergibt, ist eine größere Sicherheit anzunehmen [22].

Der Erdwiderstand kann entweder mit gekrümmten oder gebrochenen Gleitflächen ermittelt werden. Im Fall einer frei aufgelagerten Spundwand kommen ebene Gleitflächen nur dann infrage, wenn die Geländeoberfläche nicht ansteigt, der Reibungswinkel $\varphi < 35°$ ist und $\delta_p = 2/3\,\varphi$ angenommen wird. Bei weichen, bindigen Böden wird für den Wandreibungswinkel immer $\delta_p = 0$ gesetzt [68].

Bei gestützten Baugrubenwänden wird Erddruck bis zur Unterkante Spundwand berechnet und mit dem Erdwiderstand überlagert. Die Größe des anzusetzenden Erddrucks ist abhängig von der zulässigen Verformung des Bodens und von der Vorspannung der Steifen oder Anker. Im allgemeinen Fall wird auf der Einwirkungsseite der aktive Erddruck angesetzt. Die Berechnung erfolgt nach grafischen Verfahren, analytisch (z. B. nach *Blum*) oder numerisch.

Bei verankerten und ausgesteiften Wänden kommt es zu einer Umlagerung des Erddruckes. In der EAB sind vereinfachte Lastfiguren für ein-, zwei- und mehrfach gestützte Wände angegeben (Bild 53). Diese können als wirklichkeitsnah angesehen werden, sofern

– die Geländeoberfläche waagerecht ist,
– mitteldicht oder dicht gelagerter nichtbindiger Boden oder mindestens steifer bindiger Boden ansteht,
– eine wenig nachgiebige Stützung vorliegt und
– vor Einbau der jeweils nächsten Steifenlage nicht tiefer ausgehoben wird als für den Einbau erforderlich (ca. 0,5 m).

Bei ausgesteiften oder verankerten eingespannten Wänden mit großer Biegesteifigkeit kommt die Einspannwirkung wegen der Nachgiebigkeit des Bodens kaum zum Tragen und wird in der Regel nicht berücksichtigt.

Der passive Erddruck ist eine primär von der Verformung abhängige Reaktionskraft und kann daher nicht nach schematischen Erddruckbildern angesetzt werden. Es muss stets $\Sigma H = 0$ gelten, d. h. der rechnerische, konventionelle Erdwiderstand ist häufig umzulagern, wobei die möglichen Verformungsbilder der Wand zu berücksichtigen sind [23].

Auf der Erdwiderstandsseite wird in der Praxis eine lineare Spannungsverteilung angenommen. Wirtschaftlichere Ergebnisse lassen sich erreichen, wenn andere Berechnungsverfahren mit verformungsabhängigen Verteilungen, wie das Bettungsmodul-, das Steifemodulverfahren bzw. kombinierte Verfahren verwendet werden.

Das Bettungsmodulverfahren geht von der Annahme aus, dass an einer bestimmten Stelle die Spannung σ proportional zur Verformung x ist.

Der Proportionalitätsfaktor

$$k_s = \frac{\sigma}{x} \qquad (112)$$

stellt eine Federkonstante dar, den sog. Bettungsmodul. Er kann entweder versuchstechnisch (Plattendruckversuch, Dilatometer, Pressiometer) ermittelt oder aus Tabellenwerken übernommen werden.

Bei der Ermittlung der Bettungsspannungen ist zu berücksichtigen, dass der passive Erddruck an keiner Stelle überschritten werden darf. In diesen Fällen sind die Spannungen durch ein sog. „Spannungs-Cut off" zu kappen (Bild 54).

Äußere Standsicherheit

Teilsicherheitsbeiwerte für Einwirkungen und Widerstände sind in der DIN 1054 für den jeweiligen Grenzzustand gegeben (s. Tabellen 8 und 9), für den Wasserdruck gelten die Empfehlungen E 19, E 113, E 114 und die modifizierte Teilsicherheitsbeiwerte die Empfehlung E 214 der EAU.

Abgrabungen oder Auskolkungen vor dem Fuß des Stützbauwerkes sind durch Überwachung bzw.

Tiefe Stützbauwerke | 425

Lastbilder für einmal gestützte Spundwände und Ortbetonwände

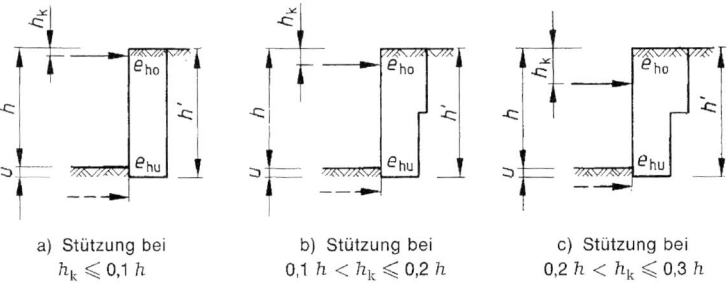

a) Stützung bei
$h_k \leqslant 0{,}1\,h$

b) Stützung bei
$0{,}1\,h < h_k \leqslant 0{,}2\,h$

c) Stützung bei
$0{,}2\,h < h_k \leqslant 0{,}3\,h$

Lastbilder für zweimal gestützte Spundwände und Ortbetonwände

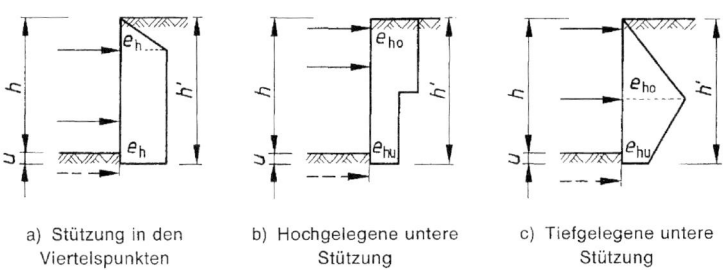

a) Stützung in den Viertelspunkten

b) Hochgelegene untere Stützung

c) Tiefgelegene untere Stützung

Lastbilder für dreimal oder öfter gestützte Spundwände und Ortbetonwände

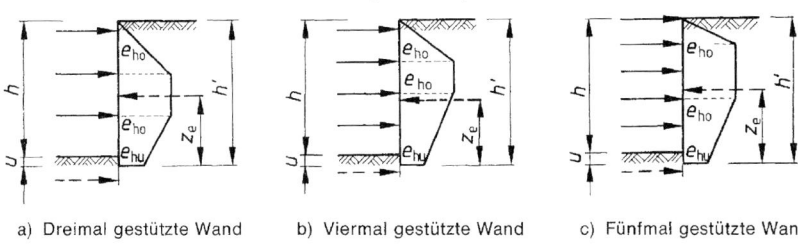

a) Dreimal gestützte Wand

b) Viermal gestützte Wand

c) Fünfmal gestützte Wand

Bild 53. Vereinfachte Lastfiguren für gestützte Spund- und Ortbetonwände nach EAB [22]

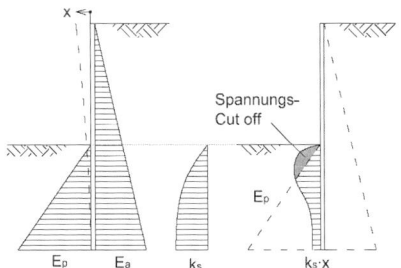

Bild 54. Vergleich der Bodenspannungen auf der Erdwiderstandsseite von Stützwänden

Schutzmaßnahmen auszuschließen oder beim Nachweis der Standsicherheit zu berücksichtigen.

Ändert sich während des Baufortschritts das statische System, sind alle Nachweise neu zu führen.

Nachweise der Tragfähigkeit (GZ 1)
- Nachweis der Tragfähigkeit des Erdwiderlagers (GZ 1B)

Dieser Nachweis ist für ausgesteifte oder verankerte wandartige Stützbauwerke, die teilweise durch den Erdwiderstand standsicher sind, und wandartige Stützbauwerke, die ausschließlich durch den Erdwiderstand standsicher sind, zu führen.

Beim Tragfähigkeitsnachweis im Grenzzustand GZ 1B wird vom Bruch des Bodens im Erdwiderstandsbereich infolge der Horizontalkraftbelastung ausgegangen. In der Grenzzustandsgleichung darf der Bemessungswert der Horizontalkraft im Bodenauflager $B_{h,d}$ nicht größer sein als der Bemessungswert des horizontalen Anteils der Erdwiderstandskraft $E_{ph,d}$:

$$B_{h,d} \leq E_{ph,d} \tag{113}$$

Um sicherzustellen, dass der angenommene Erdwiderstand vor dem Wandfuß auch tatsächlich mobilisiert werden kann (angenommener Wandreibungswinkel δ_p aktivierbar), ist das innere Gleichgewicht gem. Gl. (114) der Vertikalkräfte zu untersuchen.

$$V_k = \sum V_{k,i} \geq B_{v,k} = B_{h,k} \cdot \tan \delta_p \tag{114}$$

Darin wird die Summe der Vertikallasten der Vertikalkomponente der Bodenreaktion gegenübergestellt.

- Nachweis gegen Versinken der Wand (GZ 1B)

Des Weiteren wird ein axiales Versinken der Spundwand im Baugrund infolge der Vertikalkraftbeanspruchung V_d mit der Grenzzustandsgleichung $V_d \leq R_{l,d}$ untersucht. Der Bemessungswert $R_{l,d}$ stellt den Widerstand in axialer Richtung dar. Bei der Ermittlung darf ggf. eine negative Mantelreibung berücksichtigt werden [3].

Bei Verankerungen sind folgende Nachweise im GZ 1B zu führen:

- Nachweis gegen Aufbruch des Verankerungsbodens bei Ankerplatten (analog zum Versagen des Erdwiderlagers),
- Nachweis gegen Versagen der Lastübertragung durch Zugpfähle bzw. Ankerverpresskörper,
- Nachweis gegen Versagen in der tiefen Gleitfuge nach *Kranz* (GZ 1B).

Die Ankerlänge muss ausreichen, um ein Abrutschen des von der Verankerung erfassten Bodenkörpers auf einer tief liegenden Gleitfuge auszuschließen. Der Nachweis ist für den Grenzzustand GZ 1B zu führen, obwohl eigentlich ein Versagensmechanismus vorliegt, der dem Grenzzustand der Gesamtstandsicherheit GZ 1C entspricht. Da der Standsicherheitsnachweis in der tiefen Gleitfuge der Festlegung einer ausreichenden Bauteilabmessung in Form der Ankerlänge dient, wird er GZ 1B zugeordnet.

Einzelheiten der Sicherheitsnachweise finden sich in der EAB [22] und EAU [23].

Der frühere globale Nachweis in der tiefen Gleitfuge

$$\eta = \frac{A_{mögl,k}}{A_{vorh,k}} \geq 1{,}50 \tag{115}$$

wird durch einen mit dem Teilsicherheitskonzept nach DIN 1054 kompatiblen Ansatz nach Gl. (116) ersetzt.

$$\frac{A_{mögl,k}}{\gamma_{Ep}} \geq A_{Gvorh,k} \cdot \gamma_G + A_{Qvorh,k} \cdot \gamma_Q \tag{116}$$

Bei ausschließlich ständigen Einwirkungen ergibt sich für den LF 2 (bei SK 2) mit

$$\gamma_{Ep} \cdot \gamma_G = 1{,}30 \cdot 1{,}20 = 1{,}56 \tag{117}$$

ein annähernd vergleichbares Sicherheitsniveau. Bei überwiegend veränderlichen Einwirkungen steigt die einzuhaltende Sicherheit jedoch auf

$$\gamma_{Ep} \cdot \gamma_G = 1{,}30 \cdot 1{,}30 = 1{,}69 \tag{118}$$

Generell ist festzuhalten, dass beim Nachweis nach *Kranz* das Erdwiderlager durch die Wahl der Bruchursache in Richtung der Ankerkraft das Erdwiderlager nicht voll ausgenutzt wird [95].

Unter bestimmten Voraussetzungen müssen außerdem nachgewiesen werden:

- die Sicherheit gegen Aufschwimmen (GZ 1A),
- die Sicherheit gegen hydraulischen Grundbruch (GZ 1A),
- die Geländebruchsicherheit (GZ 1C).

Bei unverankerten Konstruktionen ist ein mögliches Verschieben oder Abrutschen des Stützbauwerks zusammen mit dem Boden im Bereich des Geländesprungs zu untersuchen. Bei verankerten Stützbauwerken sind Bruchmechanismen (Gleitlinien) zu untersuchen, bei denen es zu einem Abrutschen des Stützbauwerks zusammen mit dem vom Anker bzw. Zugpfählen erfassten Boden kommt, sowie Bruchmechanismen, bei denen ein Teil der Zugglieder von Gleitlinien geschnitten wird. Bezüglich der Berechnung wird auf DIN 4084 [6] verwiesen.

In Bild 55 ist der Unterschied zwischen den Versagensformen bei Geländebruch und Bruch in der tiefen Gleitfuge dargestellt.

Nachweis der Gebrauchstauglichkeit (GZ 2)

Um die Gebrauchsfähigkeit sicherzustellen, ist meist nachzuweisen, dass die Wandverschiebung ein bestimmtes Maß nicht überschreitet. Falls die Fußverschiebung zu begrenzen ist (z. B. neben Gebäuden oder in weichen bindigen Böden), wird empfohlen, den charakteristischen Erdwiderstand mit einem Anpassungsfaktor $\eta < 1$ abzumindern [3]. Das führt zu einer Vergrößerung der Einbindetiefe, und ein direkter Bezug zum Nachweis der Tragfähigkeit ist somit hergestellt.

Auch wenn ein erhöhter aktiver Erddruck oder Erdruhedruck angesetzt wurde, ist ein gesonderter Nachweis mit bauwerksbezogenen Kriterien zu führen.

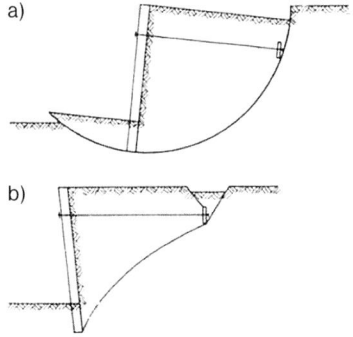

Bild 55. Vergleich der Versagensmechanismen
a) bei Geländebruch und b) bei Bruch in der tiefen Gleitfuge [40]

Innere Standsicherheit

- Sicherheit gegen das Versagen des Materials von Bauteilen der Spundwand (GZ 1B)

Den Bemessungsgrößen sind die Materialwiderstände gemäß der jeweiligen Bauartnorm gegenüberzustellen (z. B. nach DIN EN 1993 Stahlbau).

Empfehlungen und Regelungen für Spundwände sind in DIN EN 12063, DIN 1054, EAB, EAU zu finden, Angaben zur Bemessung in den Handbüchern der Hersteller (z. B. [61]).

5.2 Trägerbohlwände

5.2.1 Allgemeines

Trägerbohlwände bestehend aus vertikalen Trägern und einer Ausfachung des Zwischenraums werden als Tragelemente und/oder Dichtungselemente häufig zur Baugrubensicherung verwendet. Aufgrund der Flexibilität, der Anpassungsfähigkeit an andere Verfahren und der Rückbaubarkeit handelt es sich hierbei um eines der wirtschaftlichsten und gebräuchlichsten Verfahren. Aus dem Einsatz beim Bau der U-Bahn Berlin in den 1930er-Jahren stammt der verbreitete Name „Berliner Verbau".

Die Bohlen stützen sich auf Stahlträger ab, die vor dem Bodenaushub in den Baugrund eingebracht werden. Als Bohlträger dienen I-, IB-, IPB- und PSp-Profile, die in einem Abstand von 1 bis 3 m eingerammt oder eingerüttelt werden. Zudem können auch Bohrrohre, Pfähle oder in Bohrlöchern eingesetzte zusammengesetzte Profile (z. B. doppelte U-Profile) verwendet werden. Da die Abstände den Hindernissen im Boden angepasst werden können, ist diese Bauart flexibel und häufig in Anwendung. Die Einbindetiefe richtet sich nach den statischen Erfordernissen [79]. Die Träger müssen horizontale (Erddruck und Ankerkräfte) sowie vertikale Lasten (evt. Baugrubenabdeckung) aufnehmen.

Die Ausfachung erfolgt entweder waagerecht mittels horizontaler und gegen die Trägerflansche verkeilter Holzbohlen bzw. Kanaldielen oder senkrecht mit Gurtträgern. Bei standfesten Böden wird der Zwischenraum durch Spritzbeton oder Fertigteile geschlossen. Die von der Ausfachung aufgenommenen Erddruckkräfte werden in den Träger eingeleitet und teils auf die Aussteifung bzw. Verankerung (über horizontale Gurte), teils auf den Boden unterhalb der Baugrubensohle übertragen. Aufnehmbare Belastungsarten sind Druck, Biegung und Abscheren.

Die Aussteifung erfolgt ebenfalls schrittweise mittels Steifen oder rückwärtiger Verankerung (in diesem Fall bildet sich ein fangedammartiger Erdkörper aus, s. Abschnitt 5.9). Bei Verwendung von Verpressankern darf auf Gurte verzichtet werden, wenn die Anker zwischen doppelten U-Profilen angeordnet ist.

Da Trägerbohlwände nicht wasserdicht sind, ist bei Grund- und Schichtwasser entweder eine Wasserhaltung oder die Kombination mit einem dichten Trogbauwerk unterhalb des Grundwasserspiegels (Steckträgerverbau) erforderlich.

Geneigte Trägerbohlwände stellen Sonderbauweisen dar. Als weiterführende Literatur sind [41] und [84] zu erwähnen.

5.2.2 Berechnung und Bemessung

Nach der EAB dürfen bei ausgesteiften Trägerbohlwänden, abhängig von Anzahl und Lage der Aussteifungen, vereinfachte Lastfiguren angesetzt werden (Bild 53). Für die Nachweise der äußeren und inneren Standsicherheit eines Schlitzes im Endzustand gelten die im Abschnitt 5.1 getroffenen Aussagen, wobei folgende Unterschiede zu berücksichtigen sind:

Äußere Standsicherheit

Nachweis der Tragfähigkeit des Erdwiderlagers (GZ 1B)
Oberhalb der Baugrubensohle wirkt die Trägerbohlwand vollflächig wie eine Spund- oder Schlitzwand. Darunter werden die Lasten über die Stirnflächen der einzelnen Träger in den Baugrund übertragen. Somit kann der Erdwiderstand nur von den Einzelträgern aktiviert werden, und es bildet sich eine räumliche Tragwirkung (Bild 56) aus. Ein Berechnungsbeispiel findet sich in [41].

Innere Standsicherheit

Sicherheit gegen das Versagen des Materials von Bauteilen der Trägerbohlwand (GZ 1B)
Die Nachweise sind entsprechend den jeweiligen Normen und Empfehlungen sowohl für Träger als auch für die Ausfachung zu führen.

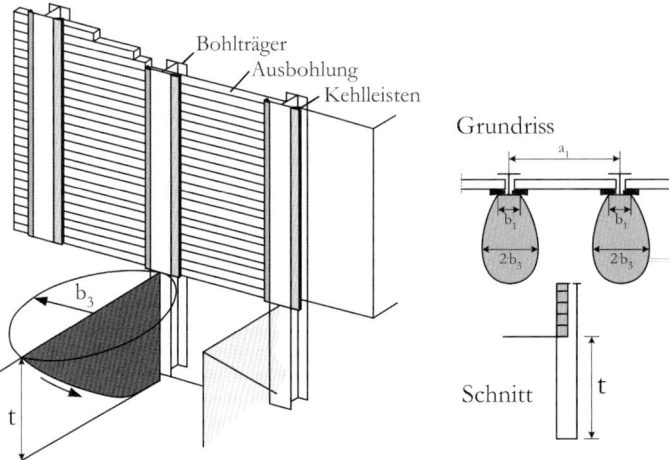

Bild 56. Ausbildung des räumlichen Erdwiderstandes vor einem Trägerfuß [41]

5.3 Pfähle und Pfahlwände

5.3.1 Pfähle

Als Pfahlmaterialien dienen Holz, Beton, Stahl, Stahl- und Spannbeton sowie auch stabilisierter/verfestigter Boden und Kunststoff. Nach der Fertigung unterscheidet man Fertigpfähle, Ortbetonpfähle, Bohrpfähle, Verdrängungs- und Einpresspfähle, Injektionspfähle sowie Deep Soil Mixing Pfähle.

Bauwerkslasten werden in der Regel über Normalkräfte aufgenommen und über Spitzendruck und/oder Mantelreibung in den Untergrund übertragen.

Verdrängungspfähle

Bei Verdrängungspfählen handelt es sich entweder um vorgefertigte Pfähle, Ortbetonpfähle oder eine Kombination, die durch Rammen, Einrütteln, Einpressen, Eindrehen oder ein kombiniertes Verfahren in den Boden eingebracht werden. Als Rammgeräte werden Freifallrammen, Explosions-, Dampf- und Pressluftrammen sowie Schnellschlagrammen (Vibrationsbär) verwendet.

Die Vorteile von Rammpfählen liegen in der raschen Herstellung, nachteilig sind die oft schweren Rammgeräte, die resultierende Erschütterung beim Einbringen, der Lärm und die Bodenverdichtung im Nahfeld. Außerdem ist die Rammtiefe begrenzt und vorher nicht genau bekannt.

Bohrpfähle

Bohrpfähle sind Ortbetonpfähle, die durch Einbringen von Beton (ggf. mit Bewehrung) in vorher ausgehobene Hohlräume im Boden hergestellt werden.

Durch Verrohrung, stützende Flüssigkeiten (z. B. Bentonitsuspension) oder durch die Verwendung durchgehender Bohrschnecken kann das Bohrloch gestützt werden. Als Bohrgeräte dienen Meißel, Bohrschnecke, Bohrkübel und hydraulische Greifer.

Die Durchmesser reichen bei Kleinbohrpfählen von 7 bis 30 cm (60 cm) über Standardbohrpfähle und Großbohrpfähle über 120 cm (bis ca. 5 m).

Beim Bohren treten keine relevanten Erschütterungen auf und Hindernisse können durchmeißelt werden. Im Vergleich zum Rammen wird der Baugrund in Pfahlumgebung aufgelockert, wodurch sich das Tragverhalten verschlechtert.

Bei der verrohrten Bohrung muss das Vortreibrohr der Ausräumung um 30 bis 50 cm vorauseilen, um eine Auflockerung zu verhindern. Beim Hochziehen des Rohres besteht die Gefahr des Mitreißens der Bewehrung. Bei gleichkörnigen lockeren Böden (besonders bei Schwimmsanden) können Auftriebserscheinungen auftreten.

Als Ausführungsnorm befasst sich DIN EN 1536 mit der Herstellung von Bohrpfählen, und weist im Besonderen auf die Gefahren durch unkontrolliertes Eindringen von Wasser in das Bohrloch hin. Ein Bohren im Grundwasser ohne entsprechende Wasserauflast im Bohrrohr führt zu Auflockerungen und zu hydraulischem Grundbruch. Außerdem können instabile Hohlräume neben den Pfahl sowie Schäden an noch nicht abgebundenem Beton im Pfahl entstehen. Für das Bohren unter dem Grundwasserspiegel oder im gespannten Grundwasser legt DIN 4014-500 einen Flüssigkeitsüberdruck mit einer Spiegeldifferenz von mindestens 1 m fest.

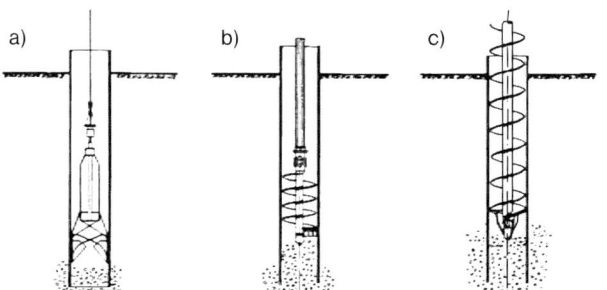

Bild 57. Herstellungsverfahren für verrohrte Pfähle [68]
a) mit Greifer
b) mit Schnecke oder Bohreimer
c) mit durchgehender Schnecke

Bohrung mit durchgehender Bohrschnecke – „Schneckenortbetonbohrpfahl SOB"

Das SOB-System zeichnet sich durch seine hohe Leistungsfähigkeit aus. Mit diesem Verfahren können Pfähle in allen Bodenarten (außer Fels und Blockwerk) und im Grundwasser hergestellt werden. Ein Durchörtern von Hindernissen im Boden ist nicht möglich.

Bei der Herstellung wird zuerst die lange Schnecke in den Boden eingedreht, wobei die Schneckenwendeln den gelösten Boden kontinuierlich nach oben fördern. Die mit Boden gefüllte Schnecke stabilisiert die Bohrung. Nachdem die Endtiefe erreicht ist, wird die Schnecke gezogen und gleichzeitig Beton durch die Hohlseele eingepumpt. Die Bewehrung wird – soweit erforderlich – nach dem Betonieren eingerüttelt oder eingedrückt.

5.3.2 Pfahlgruppen, Pfahlroste

Das Trag- und Verformungsverhalten von Pfahlgruppen und Pfahlrosten unterscheidet sich von jenem des Einzelpfahls, abhängig von Bodenart, Herstellung und statischem Ausnutzungsgrad. Es handelt sich dabei meist um statisch hochgradig unbestimmte Systeme. Grundsätzlich ergeben sich größere Setzungen als bei Einzelpfählen, da die Spannungszwiebel aufgrund der größeren Aufstandsfläche tiefer reicht.

5.3.3 Bohrpfahlwände

Bohrpfahlwände werden zur Abtragung horizontaler und vertikaler Lasten, zur Rückhaltung von Grundwasser, zur Einkapselung kontaminierter Altlasten und als konstruktive Ausfachung eingesetzt. Sie werden aus einzelnen, im Regelfall vertikal hergestellten Bohrpfählen mit Durchmessern $D = 30$ bis 150 cm gebildet, wobei eine maximale Neigung $\leq 1{:}10$ nach DIN EN 1536 [14] zulässig ist.

Pfahlwände weisen eine hohe Steifigkeit auf. Sie können dadurch große Biegemomente bei geringer Wandverformung aufnehmen. Die Horizontalverformungen lassen sich bei Rückverankerung auf 1 bis 2 ‰ begrenzen. Diese Konstruktionen werden daher bevorzugt für die Sicherung tiefer Baugruben neben bestehenden Bauten verwendet. Sie sind auch dann empfehlenswert, wenn eventuell tief reichende Gleitflächen unterhalb des Böschungsfußes verlaufen oder aktiviert werden können.

Bei Baugründen ohne Hindernisse ist ihre Herstellung erschütterungs- und lärmarm, aber teurer im Vergleich zu Spund- oder Trägerbohlwänden (ausgenommen aufgelöste Bohrpfahlwände). Da sie hohe vertikale Lasten aufnehmen können, werden sie neben ihrer Funktion als Stützbauwerk gerne als bleibende Umfassungsmauern genutzt und sind dann besonders wirtschaftlich.

Nach der Anordnung der Bohrpfähle unterscheidet man gemäß Bild 58

a) aufgelöste Pfahlwände,

b) tangierende Pfähle,

c) überschnittene Pfähle,

d) Pfahlscheiben (senkrecht zur Wandvorderfläche),

e) Pfahlscheiben mit Verfüllung des Zwischenraumes und/oder der Verkleidung sowie

f) „Pfahlzellen" mit Pfählen als Zwischengewölbe.

Aufgelöste Pfahlwände

Aufgelöste Pfahlwände bestehen aus bewehrten Einzelpfählen, die zumeist in Abständen $a = 1$ bis 3 m $> D$ angeordnet werden. Ihre Mindestanzahl ergibt sich aus der aufzunehmenden Belastung und der Standsicherheit des anstehenden Bodens.

Der Zwischenraum wird während des Aushubs mit Spritzbeton, Holz- oder Stahlverbau bzw. vor dem Aushub z. B. durch Mixed-In-Place-Pfähle (s. Abschnitt 9) ausgefacht. Die Spritzbetonsicherung kann entweder bewehrt (Tragwirkung Biegung) oder unbewehrt (Gewölbewirkung) erfolgen. Anstehendes Sickerwasser muss durch geeignetes Filtermaterial gefasst und abgeleitet werden.

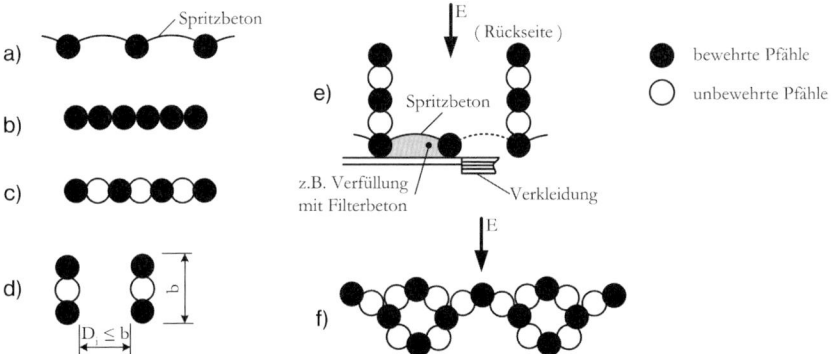

Bild 58. Verschiedene Arten von Pfahlwänden in Abhängigkeit von der Wandbeanspruchung

Tangierende Pfahlwände

Als Stützkonstruktionen bei unmittelbar anstehenden Bauwerken, oder wenn der Untergrund während des Aushubs nur gering aufgelockert werden darf, kommen tangierende Pfahlwände zum Einsatz. Da jeder Pfahl bewehrt wird, können große Lasten aufgenommen werden. Wie bei der aufgelösten Pfahlwand sollten die freigelegten Wandflächen oberhalb des Grundwasserspiegels liegen oder spezielle Dichtungsmaßnahmen werden erforderlich.

Ein Verbund (Scheibenwirkung) kann aufgrund der Ungenauigkeit beim Bohren nicht vorausgesetzt werden. Beim Bohren können Probleme durch Anschneiden des Nachbarpfahls und sogenanntes „Verlaufen" der vorauseilenden Bohrverrohrung auftreten.

Überschnittene Pfahlwände

Diese Wandkonstruktionen bilden annähernd wasserdichte Stützbauwerke. Sie bestehen aus unbewehrten Primärpfählen von geringerer Betongüte und bewehrten Sekundärpfählen, die im Pilgerschrittverfahren hergestellt werden. Das Maß der Überschneidung ist abhängig vom Pfahldurchmesser (meist bei 0,1 bis 0,2 D), der Pfahllänge, über die in der Wand keine klaffende Fuge auftreten darf, und von der Herstellungsgenauigkeit.

Die Herstellung kann mittels unverrohrter und verrohrter Bohrpfähle erfolgen. Für überschnittene Pfahlwände kommen nur verrohrte bzw. Schneckenbohrpfähle infrage. Um die hohen Anforderungen an die Richtungsgenauigkeit zu erfüllen, werden Bohrschablonen eingesetzt (ca. 50 cm hohe bewehrte Bauhilfskonstruktion, in situ hergestellt, später abgebrochen).

Verrohrt gebohrte Pfahlwände (z. B. Benoto-Pfahlwand) können in allen Bodenarten, unabhängig vom Grundwasser und auch geneigt ausgeführt werden. Bei unverrohrt gebohrten Bohrpfahlwänden werden die Wandungen des Bohrlochs durch eine thixotrope Flüssigkeit (z. B. Bentonit) gestützt.

Bei überschnittenen Pfählen kann jeder zweite, nicht bewehrte Pfahl geankert werden, im Fall tangierender Pfahlwände sitzen die Anker zwischen zwei Pfählen, wobei größere Ankerabstände, wie bei aufgelösten Pfahlwänden, lastverteilende Gurtträger erfordern.

5.3.4 Berechnung und Bemessung

Äußere und innere Standsicherheit

Für die Nachweise der äußeren und inneren Standsicherheit einer Pfahlwand im Endzustand gelten die im Abschnitt 5.1 getroffenen Aussagen. Detaillierte Angaben zur Berechnung bzw. zur Ausführung [3] sowie DIN EN 1536 [14] zu entnehmen.

5.4 Bemessungsbeispiel Bohrpfahlwand

Im Zuge einer innerstädtischen Baumaßnahme für den Neubau einer 2-gleisigen Eisenbahnstrecke werden umfangreiche Tunnelbaumaßnahmen in offener wie bergmännischer Bauweise erforderlich.

Im Bereich der offenen Bauweise ergeben sich Baugruben im Grundwasser mit Baugrubentiefen bis ca. 20 m. Die Baugrubensicherung erfolgt aufgrund der setzungsempfindlichen Bebauung mittels mehrfach ausgesteiften überschnittenen Bohrpfahlwänden.

Im Rahmen der Entwurfsplanung wurden die Bohrpfahlwände nach DIN 1054 (2005) und DIN 1045-1 bemessen.

Die vorliegenden Unterlagen zeigen beispielhaft die Bauwerksgeometrie und die Berechnungsansätze der Vorbauzustände.

5.4.1 Querschnitte (siehe Bild 59)

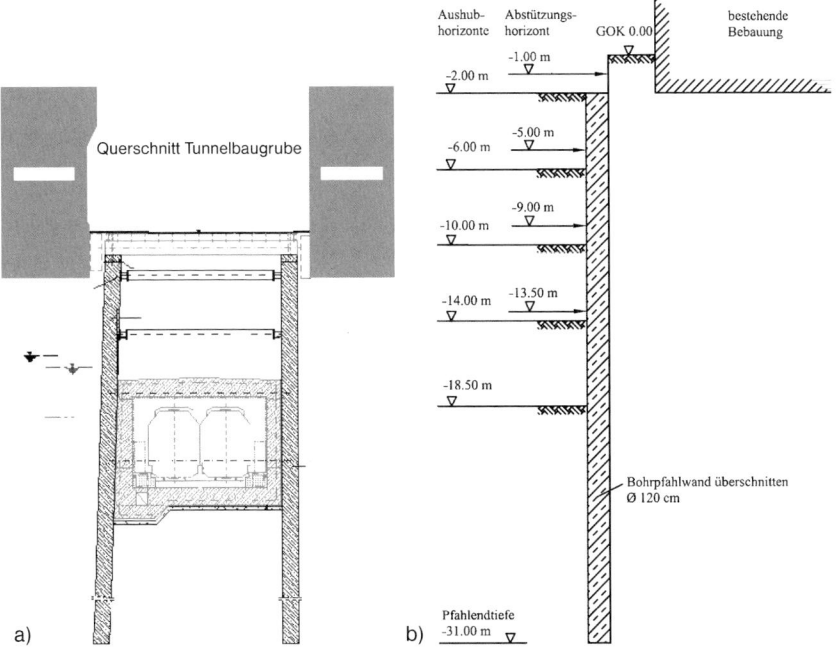

Bild 59. Tunnelquerschnitt und Pfahlwand mit Aushubzuständen

5.4.2 Geologie und Hydrogeologie
Bodenmechanische Kennwerte und Grundwasserstände

Tabelle 15. Charakteristische Werte der Bodenkenngrößen

Bodenart (DIN 18196)	Bis UK Schicht	Winkel der inneren Reibung φ'	Kohäsion c'	Wichte $\bar{\gamma}/\gamma'$	Steifemodul E_s
	m ü. NN	°	kN/m²	kN/m³	MN/m²
a) nichtbindig b) bindig	bis 528,5	30 25	0 5	21/12 19/10	– –
Dicht gelagerte quartäre Kiese GW, GE, GI, GU, GT, GU*, GT*	bis 518	37,5	0	22/13	50–150 cal. 80
Halbfeste/feste tertiäre Tone und Schluffe, teilweise mit Verfestigungen TL, TM, TA, UL, UM	2 Fälle – bis 514 – bis 508	25	25	20/10	40–90 cal. 60
Dicht gelagerte tertiäre Sande SU, SU*, SE, ST	2 Fälle – Zwischenschicht 514–512 – unterhalb 508	35	0	21/11	60–100 cal. 80

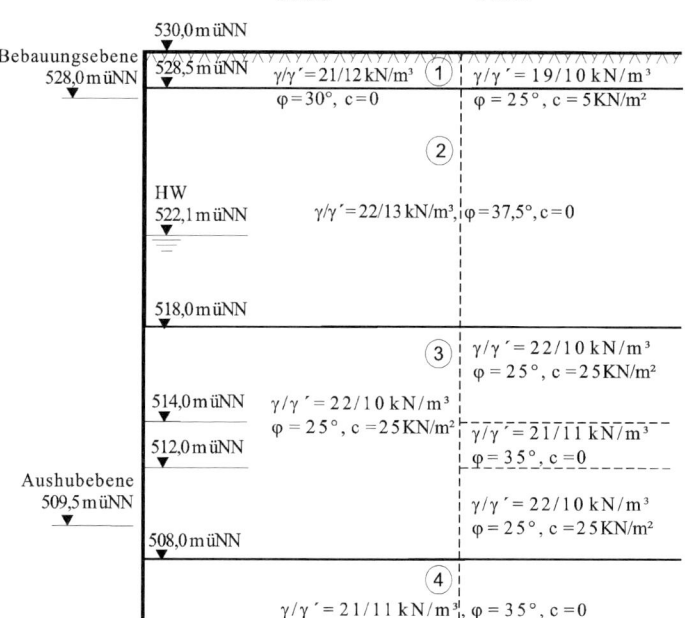

Bild 60. Boden- und Grundwasserhorizonte

5.4.3 Teilsicherheitsbeiwerte

Teilsicherheitsbeiwerte auf der Einwirkungsseite

GZ 1B: (LF 1)

γ_G = 1,35 (aktiver Erddruck)
$\gamma_{0,Eg}$ = 1,20 (Erdruhedruck)
γ_Q = 1,50 (veränderliche Einwirkungen)

Die Schnittgrößenermittlung erfolgt mit den charakteristischen Werten. Da im vorliegenden Fall keine veränderlichen Lasten anzusetzen sind, werden für die Bemessung die charakteristischen Schnittgrößen auf der sicheren Seite liegend mit γ = 1,35 multipliziert.

Teilsicherheitsbeiwerte auf der Widerstandsseite

LF 1

Die Schnittgrößen zur Bemessung der Bohrpfahlwand werden mit γ_{Ep} = 1,40 auf der Erdwiderstandsseite berechnet.

Aufgrund der Randbebauung wurde in Absprache mit dem Baugrundgutachter folgender Teilsicherheitsbeiwert für die Ermittlung der Einbindetiefe angesetzt.

γ_{Ep} = 2,00 (für den Erdwiderstand bei setzungsempfindlicher Randbebauung)

5.4.4 Bauteile

Baugrubenwände aus Ortbeton

Ortbetonwände werden nach DIN 1045-1 unter Berücksichtigung von DIN EN 1536 für Bohrpfahlwände nachgewiesen. Die Bemessung erfolgt für Beton C 25/30 und Betonstahl BSt 500. Die Wahl der Bauteilabmessungen und Einbindetiefen erfolgt nach statischen Erfordernissen. Die Betondeckung der Bewehrung wird mit d = 8 cm angesetzt.

Aussteifungen und Gurtungen

Auf die Bemessung der Steifen und Gurtungen, die nach EAB, 5. Aufl. zu erfolgen hat, wird im gegenständlichen Beitrag verzichtet.

5.4.5 Systemannahmen

Die Berechnung erfolgt nach DIN 1054 (2005) und DIN 4085 (1987). Der Teilsicherheitsbeiwert für den Erdwiderstand wird bei verformungsarmem Verbau mit 2,0 angesetzt. Der Verbaufuß wird horizontal verschieblich mit elastischer Bettung gerechnet. Die Einspanntiefe wird iterativ ermittelt. Die Steifen werden als starre Lager angesetzt. Die Verformungen aus den vorangegangenen Aushubzuständen werden jedoch berücksichtigt. Die im geotechnischen Gutachten angegebene Erddruckumlagerung wird erst ab der 2. Aushubphase berücksichtigt. Für die 1. Aushubphase wird die klassische Erddruckverteilung nach *Coulomb* angesetzt. Großflächige Auflasten werden mit dem erhöhten aktiven Erddruck je Schicht berechnet und als flächengleiches Rechteck umgelagert.

Die Biegesteifigkeit der Bohrpfahlwände wird ausschließlich mit den bewehrten Bohrpfählen ermittelt. Die Mitwirkung der unbewehrten Pfähle wird vernachlässigt, womit die Bemessung auf der sicheren Seite liegt.

5.4.6 Einwirkungen (Lastannahmen)

5.4.6.1 Ständige Einwirkungen

Erddruckansätze

Die Wahl des Erddruckansatzes aus Bodeneigengewicht kann in Abhängigkeit von der Entfernung zwischen Umschließungswand und Nachbarbebauung einem Winkel α zugeordnet werden. Dieser Winkel wird von der Verbindungslinie zwischen dem Schnittpunkt Aushubsohle/Umschließungswand und der Vorderkante Fundament sowie der Horizontalen gebildet. Folgende Fallunterscheidungen werden empfohlen:

Tabelle 16. Erddruckansätze in Abhängigkeit vom Winkel α

Winkel α	Erddruckansatz E_h
$< 37°$	Aktiver Erddruck E_{ah}
$37°$ bis $45°$	$0{,}25 \cdot$ Erdruhedruck E_{0h} + $0{,}75 \cdot$ aktiver Erddruck E_{ah}
$45°$ bis $63°$	$0{,}50 \cdot$ Erdruhedruck E_{0h} + $0{,}50 \cdot$ aktiver Erddruck E_{ah}
$> 63°$	$0{,}75 \cdot$ Erdruhedruck E_{0h} + $0{,}25 \cdot$ aktiver Erddruck E_{ah}

Der Erddruck auf die Umschließungswand ist (ausgehend von der rechnerischen Erddruckfigur nach *Coulomb*) in allen Fällen in ein flächengleiches Trapez bis zum Wandfuß umzulagern. Die Erddruckumlagerung erfolgt so, dass der Erddruck zunächst ab GOK linear bis zur Höhe der obersten Steife bzw. Anker ansteigt und darunter bis zum Wandfuß konstant verläuft. Unterhalb der Baugrubensohle kann der so ermittelte Erddruckverlauf in Abhängigkeit von den Untergrundverhältnissen wie folgt reduziert werden:

Wenn unterhalb der Baugrubensohle keine halbfesten tertiären Tone anstehen, kann auf der erdzugewandten Seite der Verbauwand ein linearer Rückgang, maximal bis auf den Wert des umgelagerten aktiven Erddrucks am Wandfuß, angesetzt werden.

Wenn unterhalb der Baugrubensohle ausschließlich mindestens halbfeste tertiäre Tone anstehen, kann die Erddruckfigur von dem konstanten Wert an der Baugrubensohle bis auf Null am Wandfuß weitergeführt werden.

Bei den genannten Umlagerungen ist sicherzustellen, dass das Integral über die Gesamtfläche des gewählten Lastansatzes den aktiven Erddruck nicht unterschreitet.

Bei der Ermittlung des Erdruhedruckanteils ist keine Wandreibung anzusetzen. Bei der Ermittlung des aktiven Erddrucks sowie des passiven Erddrucks kann der Wandreibungswinkel mit maximal $\delta_a = 2/3\, \varphi'$ bzw. $\delta_p = -2/3\, \varphi'$ angenommen werden. Die angesetzten Wandreibungswinkel sind durch die Kontrolle des vertikalen Wandgleichgewichts zu überprüfen.

Wasserdruck
Beim Ansatz des Wasserdrucks ist ohne Wasserhaltung außerhalb der Baugrube der hydrostatische Wasserdruck mit der Kote des jeweiligen Bemessungswasserstandes (ggf. Aufstau berücksichtigen) anzusetzen.

Gemäß dem geotechnischen Gutachten wurde für den im quartär liegenden Tunnel ein Grundwasseraufstau von bis zu 0,91 m im Bauzustand und 0,78 m im Endzustand ermittelt.

Ersatzlast für Gebäude
Für die vorhandene Bebauung mit Erdgeschoss und 4 Obergeschossen wird folgender Ansatz für die statische Vorberechnung gewählt:

Gründungstiefe $t = 2{,}0$ m $p = 120$ kN/m²

5.4.6.2 Veränderliche Einwirkungen

Veränderliche Lasten seitlich der Baugrubenwände werden aufgrund der geometrischen Verhältnisse (enge Randbebauung) nicht maßgebend.

Erddruckermittlung / Erddruckumlagerung

Erddruckanteil aus erhöhtem aktivem Erddruck
$(0{,}25 \cdot k_{agh} + 0{,}75 \cdot k_{0gh})$
$k_{gh,1} = 0{,}458$
$k_{gh,2} = 0{,}354$
$k_{gh,3} = 0{,}534$
$k_{gh,4} = 0{,}387$

Erddruckanteil aus großflächigen Auflasten (erhöhter aktiver Erddruck)
Ersatzlast $p = 120$ kN/m² (2,0 m unter GOK)
$e_1 = 0{,}458 \cdot 120 = 54{,}96$ kN/m²
$e_2 = 0{,}354 \cdot 120 = 42{,}48$ kN/m²
$e_3 = 0{,}534 \cdot 120 = 64{,}08$ kN/m²
$e_4 = 0{,}387 \cdot 120 = 46{,}44$ kN/m²

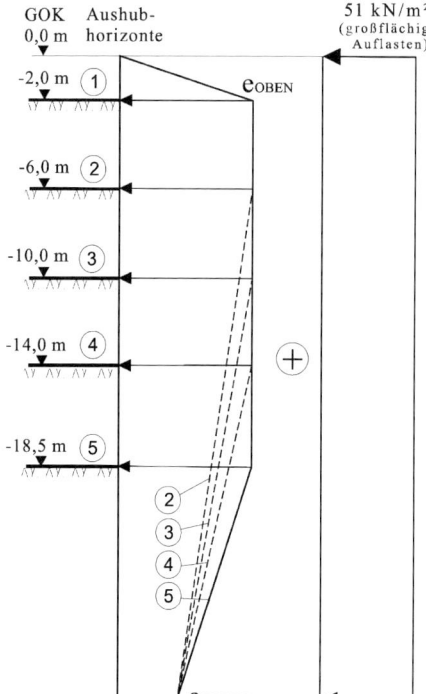

Bild 61. Ermittlung der umgelagerten Erddruck-koordinaten

Der Erddruck wird rechteckförmig von OK Verbau bis UK Verbau umgelagert.

$$e = \frac{(42{,}48 \cdot 10 + 64{,}08 \cdot 10 + 46{,}44 \cdot 11)}{31}$$

$$\approx 51 \text{ kN/m}^2 \qquad (119)$$

5.4.7 Bettungsmodulverlauf

Gemäß Baugrundgutachten ist folgende Bettungs-verteilung unterhalb der Aushubebene anzusetzen:

0 bis 3,0 m: parabolischer Verlauf von 0,0 bis 25,0 MN/m³
ab 3,0 m: konstant 25,0 MN/m³

5.4.8 Berechnung der Einbindetiefe

Mithilfe der Gleichgewichtsbedingung $\sum V = 0$ wurde die Mindesteinbindetiefe $t_{min} = 12{,}27$ m durch Iteration bestimmt.

Mit der Aushubtiefe im Bauzustand 5 $t_5 = 18{,}50$ m und der gewählten Einbindetiefe $t_{gew} = 12{,}50$ m ergibt sich die Wandhöhe $h = 31$ m.

5.4.9 Charakteristische Schnittgrößen

Tabelle 17. Charakteristische Abstützungskräfte pro lfm Wand

Aushub-zustand	Aushub-tiefe	Ab-stützungs-horizont	Ab-stützungs-kräfte A
	m ü. GOK	m ü. GOK	kN/m
1	2,0	–	–
2	6,0	1,0	711,47
3	10,0	1,0	321,23
		5,0	1231,73
4	14,0	1,0	452,55
		5,0	443,78
		9,0	1679,43
5	18,5	1,0	423,51
		5,0	618,04
		9,0	1063,77
		13,5	1459,73

5.4.10 Bemessung der Bohrpfahlwand nach DIN 1045-1

Maßgebende Bemessungsschnittgrößen (je Pfahl)

Alle charakteristischen Momente, Normal- und Querkräfte (Tabelle 17) wurden mit dem Pfahlabstand $a = 1{,}80$ m und dem Teilsicherheitsbeiwert $\gamma_G = 1{,}35$ multipliziert.

- Maximales Moment:

max $M_{1,d}$ = 3560,97 [kNm]
($= 1{,}80 \cdot 1978{,}32$) im Aushub 5
bei z_1 = 16,99 [m]
zug. N_1 = 2829,18 [kN]

- Minimales Moment:

$M_{2,d}$ = −2211,98 [kNm]
($= 1{,}80 \cdot -1228{,}88$) im Aushub 4
bei z_2 = 9,00 [m]
zug. $N_{2,d}$ = 1700,98 [kN]

- Maximale Querkraft:

max Q_d = 2494,32 [kN]
($= 1{,}80 \cdot 1385{,}73$) im Aushub 4
bei z_3 = 9,00 [m]
zug. Moment = −2211,98 [kNm]
zug. N_d = 1700,98 [kN]

Tabelle 18. Charakteristische Momente und Querkräfte bezogen pro lfm Wand

Aushub-zustand	max/min Moment M	zug. Querkraft Q	Tiefe z	max/min Querkraft Q	zug. Moment M	Tiefe z
	kNm/m	kN/m	m	kN/m	kNm/m	m
1	115,68	0,00		104,33	−59,10	
	−188,60	−30,30		−101,84	21,05	
2	1155,94	0,00	4,64	627,90	−36,36	1,00
	−229,78	−57,47	12,50	−374,81	515,51	7,50
3	1190,94	0,00	9,02	776,84	−416,54	5,00
	−416,54	776,84	5,00	−454,89	−416,54	5,00
4	1409,39	0,00	13,38	**1026,47**	−910,28	9,00
	−910,28	1026,47	9,00	−652,96	−910,28	9,00
5	**1465,42**	0,00	16,99	959,25	−244,66	13,50
	−566,15	−110,91	23,50	−630,94	586,11	19,50

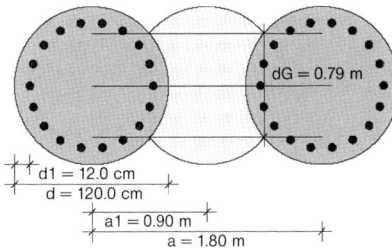

Bild 62. Systemgrundriss Bohrpfahlwand: Überschnittene Anordnung

- Biegebemessung:

DIN 1045-1 Beton: C25/30 Bewehrung: BSt 500 M

Durchmesser $D = 120,0$ [cm], $d_1 = 12,00$ [cm]

$EI = 1723,13$ MNm² (je lfm Wand, ohne Ausfachung)

bei z_1: Betondehnung $= -0,350$ [‰]
Stahldehnung $= 0,497$ [‰]
erf. Gesamtbew.: $A_s = 167,63$ [cm²/Pfahl]

bei z_2: Betondehnung $= -0,350$ [‰]
Stahldehnung $= 0,727$ [‰]
erf. Gesamtbew.: $A_s = 87,24$ [cm²/Pfahl]

- Schubbemessung:

bei z_3: Betondehnung $= -0,350$ [‰]
Stahldehnung $= 0,727$ [‰]
erf. Schubbew.: $A_{ss} = 98,64$ [cm²/m Pfahl]
erf. Biegebew.: $A_s = 87,24$ [cm²/Pfahl]

5.5 Schlitzwände

5.5.1 Allgemeines

Schlitzwände sind unterirdische Wände aus Stahlbeton, Beton oder anderen zementgebundenen Stoffen, die abschnittsweise in Bodenschlitzen hergestellt werden. Kennzeichnend ist die Stützung der Wände des ausgehobenen Hohlraumes mit einer Flüssigkeit.

Nach ihrer Funktion unterscheidet man Schlitzwände

- mit statischer Funktion (Baugrubensicherungen, permanente Stützbauwerke und Bauwerksteile),
- als Dichtungselemente (Dammbau, Wasserbau, Einkapselung von Deponien und Altlasten),
- mit abschirmender Funktion (Schutz eines anderen Gebäudes vor Schwingungen und/oder Deformationen im Baugrund).

Nach der Herstellungsart der Wände unterscheidet man Schlitzwände aus Ortbeton (Ein- und Zweiphasenschlitzwände), Fertigteil-Schlitzwände und Dichtungswände.

5.5.2 Herstellung

Vor Aushub werden beidseitig zur Schlitzwand sogenannte Leitwände hergestellt. Diese bilden Schablonen zur Führung des Aushubwerkzeugs und sichern den oberen Aushubbereich. Des Weiteren dienen Leitwände u. a. zur Aufhängung der Bewehrungskörbe sowie zur Abstützung der hydraulischen Pressen beim Ziehen der Abschalrohre.

Der Aushub erfolgt mittels geeigneter Werkzeuge in einzelnen Abschnitten bis zur geplanten Endtiefe. Zum Einsatz kommen dabei

- Seil- und Hydraulikgreifer (bis 40 bis 50 m Tiefe, in Sonderfällen bis 110 m),
- Freifallmeißel bei Hindernissen,
- Vorbohrungen,
- Fräsen (bis ca. 170 m Tiefe),
- Kombination dieser Verfahren.

Unter optimalen Bedingungen kann eine vertikale Genauigkeit von ca. 0,5 % der Aushubtiefe erreicht werden. Nach [9] ist die maximal zulässige vertikale Abweichung mit 1 % begrenzt.

Die ausgehobenen Schlitze werden mit Stützflüssigkeiten (meist Suspensionen auf Bentonitbasis) gegen Einbruch der Wandungen gesichert und, im Fall von Ortbetonwänden, nach dem Einbringen der Bewährung im Kontraktorverfahren betoniert (Bild 63).

Einphasenschlitzwände werden mit einer Bentonit-Zementsuspension gestützt, die nach dem Endaushub erhärtet.

Die einzelnen Elemente (Lamellen) können eine gerade Form oder Grundrisse mit erhöhtem Widerstandsmoment (T-, I- Form etc., Bild 64) aufweisen. Mithilfe von Abschalrohren oder Fugenelementen (als seitliche Schalung beim Betonieren) wird eine gute Verbindung zwischen den Schlitzwandelementen geschaffen. Konstruktion und Ausführung sind in DIN EN 1537 [9] bzw. DIN EN 1538 [16] geregelt.

Die in [9] genormten Wandbreiten betragen 40, 50, 60, 80, 100, 120, 150 und 200 cm (in Ausnahmefällen Breiten bis 300 cm möglich). Die Arbeitslängen der Aushubwerkzeuge reichen von 2,8 bis 4,2 m, wodurch die Minimallänge einer Lamelle vorgegeben ist. Die zulässigen Gesamtlängen von Schlitzwänden hängen von der Bodenart, der Schlitztiefe, dem Grundwasserstand und der Wichte der Stützflüssigkeit ab.

Fertigteil-Schlitzwände haben den Vorteil höherer Festigkeit und eines schnellere Baufortschritts, problematisch ist jedoch deren Fugenausbildung. Sie werden in den gestützten Schlitz eingebracht, an der Leitwand fixiert und nach dem Erhärten der Stützflüssigkeit freigelegt.

Die Einsatzgebiete sowie Herstellungskosten von Schlitzwänden entsprechen jenen von Bohrpfahlwänden. Bei kleinen Wandflächen, geringen Tiefen und/oder beengten Raumverhältnissen sind sie meist unwirtschaftlicher. Bei Tiefen über 25 m sind sie in jedem Fall vorzuziehen.

Im Vergleich zu Pfahlwänden ergibt sich der Vorteil, dass weniger Fugen auftreten. Zudem kann eine durchgehende Bewehrung über größere Wandlängen erfolgen.

Schlitzwände können vertikale Belastungen über Spitzendruck und Mantelreibung, Horizontalkräfte über Bettungskräfte in den Untergrund übertragen.

Falls eine Verankerung notwendig ist, so wird jeder Wandabschnitt, ein- oder auch mehrfach (siehe auf-

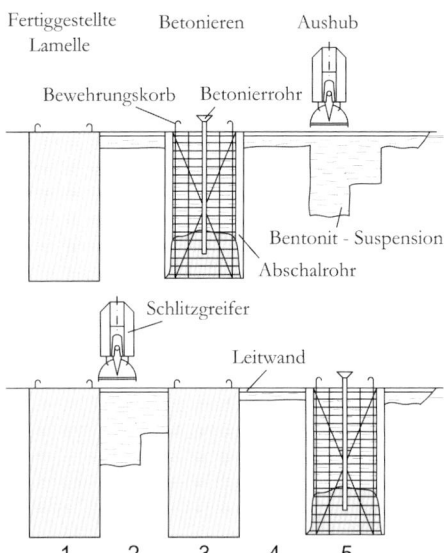

Bild 63. Herstellung von Schlitzwänden im Pilgerschrittverfahren (z. B. 1, 3, 5, 2, 4) [68]

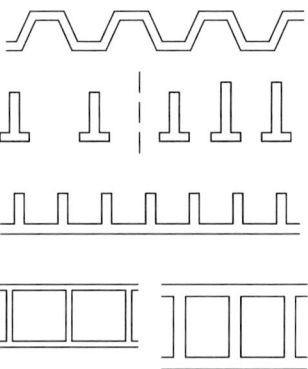

Bild 64. Schlitzwandformen mit erhöhtem Widerstandsmoment

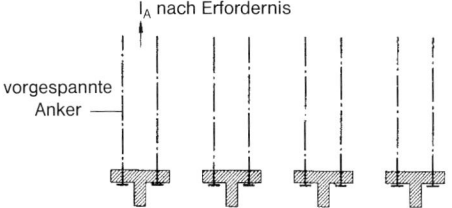

Bild 65. Beispiel der Verankerung von T-förmigen Schlitzwandelementen [36]

gelöste Konstruktion in Bild 65) geankert. Falls dies nicht möglich ist, kann die Wand entweder abgesteift oder mit Pfeilern gestützt werden.

5.5.3 Berechnung und Bemessung

Die Nachweise werden analog zu Spundwänden geführt (s. Abschnitt 5.1.3), es ist aber ein kleinerer Wandreibungswinkel ($\delta_a = \varphi/2$, $\delta_p = -\varphi/2$) zu wählen. Größere Winkel dürfen nur bei entsprechenden Nachweisen angenommen werden. Falls bei Sand- und Kiesböden damit zu rechnen ist, dass zwischen Aushub- und Betonierbeginn mehr als 30 Stunden liegen, ist $\delta_a = 0$ zu setzen [68].

Bei der Bemessung der Leitwände wird der Erddruck aus der Ermittlung der äußeren Standsicherheit angesetzt. Standsicherheitsnachweise sind für sämtliche Vor- und Rückbauzustände zu führen.

Äußere und innere Standsicherheit

Für die Nachweise der äußeren und inneren Standsicherheit eines Schlitzes im Endzustand gelten die in Abschnitt 5.1 getroffenen Aussagen. Für die Bauzustände sind besondere Nachweise zu führen, welche die Stützwirkung des Bentonits und die Stabilität offener Schlitz-Abschnitte betreffen (s. Abschnitt 5.6).

Detaillierte Angaben zur Berechnung und Bemessung von Schlitzwänden nach dem Teilsicherheitskonzept finden sich in DIN 1426 [19].

5.6 Stützflüssigkeiten

Zur Stützung werden thixotrope Suspensionen und Polymersuspensionen verwendet. Bentonitsuspensionen sind im Allgemeinen stabil, können aber durch Chemikalien, die sie aus dem Erdreich oder Grundwasser aufnehmen, zerstört werden. Entsprechendes Risiko besteht bei mit Wasserglas injizierten Böden, sulfathaltigem oder huminsaurem Untergrund und im Bereich anthropogener Anschüttungen [79].

Äußere Standsicherheit im Bauzustand

Nachzuweisen ist die Stützwirkung der Suspension während des Aushubes. Dabei muss der hydrostatische Druck der Suspension größer sein, als der auf den Schlitz wirkende Erd- und Wasserdruck.

Innere Standsicherheit

Nach *Müller-Kirchenbauer* [69] tritt dann ein Versagen der inneren Standsicherheit ein, wenn sich der Boden im Bereich der Eindringstrecke der Suspension im Zustand plastischen Fließens befindet. In diesem Fall besteht die Gefahr des Herauslösens einzelner Körner oder Korngruppen und damit der rückschreitenden Erosion. DIN 4126 bietet hierzu rechnerische Ansätze und Ableitungen.

Allgemeine Regelungen zu Stützflüssigkeiten und Berechnungen zur Standsicherheit des offenen bzw. mit Flüssigkeit gestützten Schlitzes finden sich in DIN EN 1538 [16], DIN 4126 [9] sowie ÖNORM B 4452.

Grundsätzlich ist bei den Nachweisen zu unterscheiden, ob sich der Schlitz in nichtbindigem, durchlässigem oder in bindigem, quasi undurchlässigem Boden befindet.

5.7 Verankerungen

Verankerungen ermöglichen es, große Zugkräfte in den Baugrund einzuleiten, und bilden dadurch wichtige Elemente von Stützbauwerken. Mit der Entwicklung der Ankertechnik sind bei Baugrubensicherungen Aussteifungen und massive Stützen entfallen, was ein wirtschaftlicheres, unkomplizierteres Arbeiten ermöglicht.

Generell kann man Nägel und Verpressanker unterscheiden. Von Boden- bzw. Felsnägeln spricht man bis zu einem Durchmesser des Zuggliedes von 32 mm. Sie werden nicht vorgespannt und sind auf der ganzen Länge im Boden bzw. Fels mit Zement oder Kunstharz verpresst. Im Unterschied zu den Verpressankern können Nägel auch planmäßig auf Scherung beansprucht werden.

Verpressanker bestehen aus dem Ankerkopf, dem Stahlzugglied und dem Verpresskörper. Das meist aus Spannstahl gefertigte Zugglied ist zwischen dem Ankerkopf und dem Verpresskörper in Längsrichtung frei beweglich und wird nach dem Erhärten des Verpresskörpers gespannt. Es wirkt dadurch aktiv auf den Bauteil bzw. Erdkörper ein, kann aber nur Zugkräfte aufnehmen. Um die Dehnungen der hochfesten Ankerstähle zu kompensieren, werden die Anker bei Baugruben- und Stützwänden stets zu 70 bis 100 % vorgespannt.

Besondere Bedeutung kommt bei Verankerungen dem Korrosionsschutz des Ankerstahls zu. Hier haben Aggressivität von Wasser, Boden und Atmosphäre, die Höhenlage des Grundwasserspiegels und die Durchlässigkeit des Untergrundes einen entscheidenden Einfluss.

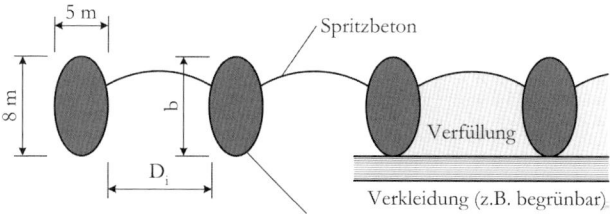

Elliptische Brunnen

Verkleidung (z.B. begrünbar)

Bild 66. Grundriss einer Brunnenwand

Nach DIN EN 1537 [15] werden Verpressanker folgenden Prüfungen unterzogen:

- Untersuchungsprüfung,
- Eignungsprüfung,
- Abnahmeprüfung.

Vertiefende Angaben zur Ausführung, Berechnung und Bemessung finden sich in [93] und [68].

5.8 Brunnen, Dübel und Stützscheiben

5.8.1 Allgemeines

Brunnen und Dübel werden meist auf Schub beansprucht, bei hohen schlanken Brunnen kann aber auch Biegung auftreten und abhängig von Einwirkungen und Geometrie sogar maßgebend sein.

Aufgrund der wirkenden Seitendruckkräfte werden Brunnen meist mit einem elliptischen Grundriss ausgeführt. Ihre Herstellung erfolgt in der Regel durch Abteufen von Schächten, wobei die Wandungen mit Spritzbeton (evt. bewehrt mit Baustahlmatten oder Faserspritzbeton) gesichert werden.

Die Dicke der Spritzbetonsicherung (ca. 5 bis 30 cm) richtet sich nach dem Brunnendurchmesser, den Boden- bzw. Felseigenschaften, den Wasserzutritt, der Aushubtiefe etc.

Brunnenwände (Bild 66) können als aufgelöste Pfahlwände mit großen Pfahldurchmessern angesehen werden.

Die Lastübertragung von Brunnen erfolgt durch Mantelreibung, Sohlpressung, seitliche Bodenreaktion und Sohlreibung. Diese Effekte hängen von den Untergrundverhältnissen und der Brunnengeometrie ab. Je gedrungener und steifer das Bauwerk, desto mehr Last wird über die Sohle übertragen.

Die Mantelreibung ist aufgrund der größeren Unebenheiten eher als Makroverzahnung mit geringerer Größenordnung als bei Pfählen zu sehen. Die zulässigen Sohldrücke liegen zwischen den Werten von Pfählen und Flachgründungen und sind den Normen für Großbohrpfähle (DIN EN 1536, ÖNORM B 4440-1) zu entnehmen.

Um einen Hang zu stabilisieren, ist am Tiefpunkt des Rutschkörpers der nötige Schubwiderstand sicherzustellen. Hangverdübelung können aus Klein- und Großbohrpfählen, Schlitzwänden oder Brunnen hergestellt werden. Sowohl teilweise oder ganz geschlossene Wände (Scheiben) als auch Einzelelemente besitzen eine Dübelwirkung (Bilder 67 und 68).

Bauteile, die Gleitflächen durchdringen, übertragen Dübelwiderstand. Ein Einzelpfahl kann dabei als gebetteter Biegebalken angesehen werden. Ein Versagen tritt abhängig von der Steifigkeit und Festigkeit durch den Seitenwiderstand, Biegebruch oder Schubbruch ein. Verläuft die Wirkungslinie der Lastresultierenden nicht durch die Pfahlachse, wird der Pfahl auf Biegung beansprucht.

Dübelreihen werden meist nach dem Verlauf von Höhenlinien oder Wegen angelegt. Sie sind im tragfähigen Untergrund eingespannt und können auch verankert werden.

Stützscheiben stehen in Fallrichtung auf festem Untergrund. Die Ausführung erfolgt meist als unbewehrte Ortbetonwände oder mit Bodenverbesserung.

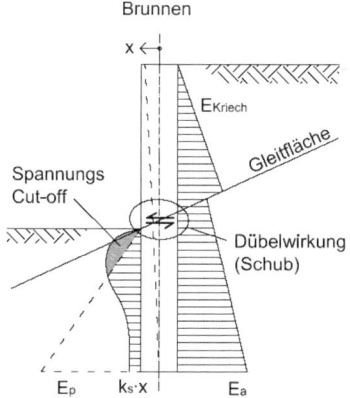

Bild 67. Dübelwirkung eines Brunnens

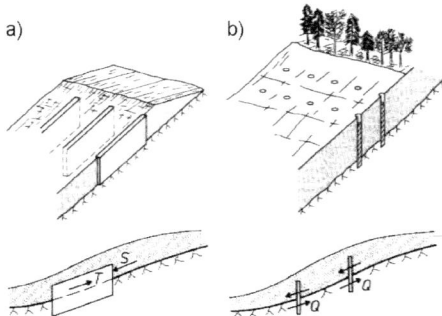

Bild 68. Hangsicherung und Dübelwiderstand:
a) bei Stützscheiben bzw. b) bei Pfahldübeln [65]

(DSV). Sie übertragen den Stirn- und Mantelwiderstand wie Streifenfundamente in den Untergrund.

5.8.2 Berechnung und Bemessung

Für die Nachweise der äußeren und inneren Standsicherheit gelten die im Abschnitt 5.1 getroffenen Aussagen.

Grundsätzlich werden Dübel und Stützscheiben auf ähnliche Art beansprucht, wobei sich die Unterschiede aus der Geometrie der Bauwerke ergeben. Für die Bemessung liegen viele verschiedene Ansätze vor. Als vertiefende Literatur wird auf [36] verwiesen.

Bei Gründungsbrunnen wird im Unterschied zu den Pfählen aufgrund der wesentlich größeren Abmessungen ihr Eigengewicht bei der Berechnung angesetzt. Dies trägt dazu bei, die aus der Biegebeanspruchung resultierenden Zugspannungen zu überdrücken, wodurch oft auf eine Bewehrung verzichtet werden kann.

In Hanglagen sind der (erhöhte) aktive Erddruck und gegebenenfalls auch der Kriechdruck (bei Hängen im Grenzgleichgewicht) anzusetzen. Bei der Ermittlung ist der Bruttoquerschnitt (Brunnen und Schachtauskleidung) zu berücksichtigen. Da in diesen Fällen meist nur Sicker- und Kluftwässer anstehen, ist der Wasserdruck zu vernachlässigen, es sind aber entsprechende Entwässerungsmaßnahmen (Dränagegräben, Bohrungen), bei labilem Zustand vor Baubeginn, vorzusehen.

Bemessungsansätze mit dem Bettungsmodulverfahren sowie nach räumlichen Erddrucktheorien sind in [33] und [36] zu finden.

Dübeltheorie

Nach *Gudehus/Schwarz* [59] kommt es bei einem Pfahl theoretisch zur Ausbildung eines Dübels, wenn an zwei Stellen beiderseits einer Gleitfläche die Biegefestigkeit nacheinander überschritten wird und sich Gelenke ausbilden. Da die Wechselwirkungen zwischen Boden und Pfahlverformung und die daraus resultierende Belastung unbekannt sind, wird näherungsweise eine konstante Beanspruchung angenommen. Verdübelungen basieren auf dem Ansatz des vollen Schubwiderstands [36]. Bei *Schwarz* (1987) finden sich Bemessungsdiagramme für die Querkraft und Dübelauslenkung in Höhe der Gleitfuge [75]. Trotz ihrer vereinfachten Annahmen liefert die Dübeltheorie in der Praxis gute Ergebnisse und ist zur Bemessung von offenen oder geschlossenen Wänden geeignet.

Palisadentheorie

Zur Dimensionierung von Scheiben aus Pfählen hat sich u. a. die Palisadentheorie gut bewährt. Dabei wird von einer Pfahlscheibe ausgegangen, die sowohl durch Horizontalkräfte und Momente in ihrer Längsrichtung als auch durch Vertikalkräfte beansprucht wird. Unter der Annahme, dass die einzelnen Pfähle miteinander verbunden sind, kann die Scheibe in ihrer Längsrichtung große Lasten in den Untergrund übertragen.

Durch die Einwirkungen kommt es zu einer Verschiebung und Verdrehung der Scheibe, wodurch an den Seitenflächen Schubkräfte, an der vorderen Stirnseite der Erdwiderstand und an der Sohlfläche Druck- und Schubkräfte mobilisiert werden [36].

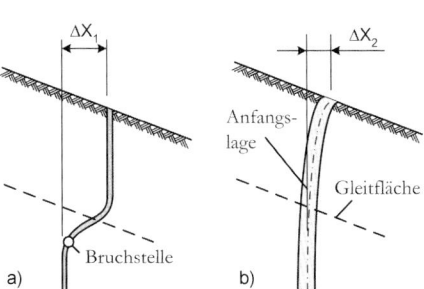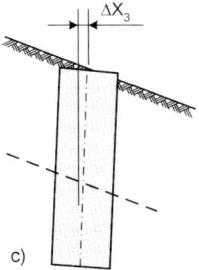

Bild 69. Verformungsbild von Dübeln in Kriechhängen [36]; a) Kleindübel $d \leq 20$ cm, b) normaler Dübelquerschnitt, c) Großdübel $d > 1{,}5$ m

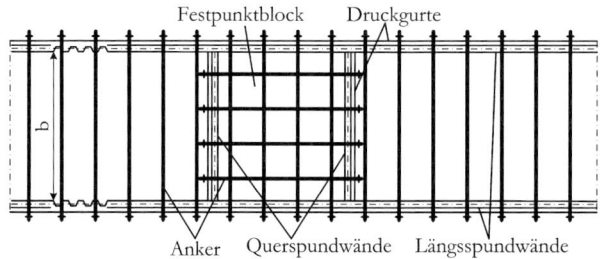

Bild 70. Grundriss Kastenfangedamm mit in sich verankerten Festpunktblöcken [23]

5.9 Fangedämme

5.9.1 Allgemeines

Fangedämme werden hauptsächlich als Baugrubenumschließungen in offenen Gewässern verwendet, um das Wasser zu „fangen", d. h. abzuhalten, sowie als permanente Bauwerke ausgeführt. Dabei handelt es sich um rahmenartige Stützkonstruktionen, die mit geeignetem Material verfüllt sind und auf Biegung und Schub beansprucht werden.

An Formen unterscheidet man geschüttete Fangedämme, Spundwand-, Bock-, Kasten- und Zellenfangedämme. Hier wird nur auf die beiden letzten Arten näher eingegangen.

Kastenfangedamm
Ein Kastenfangedamm (Bild 70) besteht aus zwei gegenseitig verankerten Wänden (gewöhnlich Stahlspundwänden), die mit nichtbindigem Boden oder Beton verfüllt und dadurch standfest gemacht werden. Querwände bzw. Festpunktblöcke bilden die Begrenzungen der einzelnen Bauabschnitte, in denen der Fangedamm gefüllt und verankert wird. Über dem gewachsenen Baugrund der Flusssohle ist ein Bodenfilter anzuordnen, der durch Schlitze in der luftseitigen Spundwand zur Baugrube hin entwässern kann. Eine Entwässerung (evt. dauerhaft) der Verfüllung ist sowohl bei Ufereinfassungen als auch bei Umschließungen im freien Wasser wichtig. Betonfangedämme bilden hier eine Sonderform, die bei Gründungen auf Fels angewendet wird und bei der die Spundwände nur als Schalung dienen.

Zellenfangedamm
Zellenfangedämme werden bei großen Wassertiefen auf felsigem und rammfähigem Untergrund, oft als Dauerbauten im Seehafenbau, z. B. für Molen, eingesetzt. Hier werden kreisförmige Zellen aneinander gesetzt, und dadurch die innere Verankerung gespart. Die Spundwände dieser Zellen werden praktisch nur auf Zug beansprucht und sind aus Flachprofilen zusammengesetzt. Unterschieden werden Kreiszellen- und Flachzellenfangedamm (Bild 71) sowie Monozellen und Zellenanordnungen um spezielle Festpunktzellen.

Bei einem echten Fangedamm werden sämtliche Lasten allein durch Schubspannungen im Füllboden sowie zwischen den Wänden und dem Füllboden aufgenommen und über die Sohle und die Einbindung der Wände in den Untergrund eingeleitet. Werden diese Schubspannungen zum ersten Mal mobilisiert, resultieren beträchtliche Kopfverschiebungen.

Ein unechter Fangedamm weist zusätzlich äußere Stützungen (Rückverankerungen, Aussteifungen gegen andere Bauwerke) auf.

Falls der Untergrund nicht rammfähig ist (z. B. Fels), ist der Fangedamm durch mindestens eine obere und eine untere Lage von Zugankern zu sichern. Bei rammfähigem Boden wird man versuchen, mit einer Ankerlage auszukommen.

5.9.2 Berechnung und Bemessung

Der Fangedamm wird idealisiert als monolithischer Block angesehen. Zellenfangedämme werden durch flächengleiche Parallel- oder Kastenfangedämme ersetzt. Als rechnerische Breite gilt die mittlere Breite bei Zellenfangedämmen und der Achsabstand der Spundwände bei Kastenkonstruktionen. Die genauen Berechnungshinweise sind in der EAU 2004 [23] zu finden.

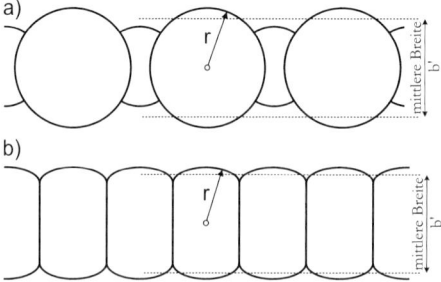

Bild 71. Schematische Grundrisse von Zellenfangedämmen; a) Kreiszellenfangedamm, b) Flachzellenfangedamm [23]

Äußere Standsicherheit

Die Standsicherheit des Kastenfangedammes ist abhängig von der Wichte γ und dem Scherwinkel φ des Füllmaterials sowie vom Verhältnis Breite B zu Höhe H. Als Erfahrungswert kann für den Entwurf $B \approx 0{,}8\,H$ angesetzt werden.

Im Sohlbereich muss stark durchlässiges Material eingebaut werden und eine Entwässerung zur Luftseite erfolgen, um die Einwirkung durch Auftrieb zu verhindern. Bei den Nachweisen kann dann mit der erdfeuchten Wichte des Verfüllmaterials gerechnet werden.

Für die globale Sicherheit F gilt nach *Schneebeli/Cavaille-Coll* [82]:

$$F = 0{,}003 \cdot \gamma \cdot \varphi \cdot \frac{B}{H} \qquad (120)$$

Jelinek/Ostermayer [62] untersuchten das Bruchverhalten von Kastenfangedämmen anhand kleinmaßstäblicher Modelle. Dabei zeigte sich, dass der Fangedamm beim Versagen eine gleitende Kippbewegung über eine Sohlbruchfuge in Form einer logarithmischen Spirale ausführt (Bild 72). Bei freier Auflagerung der Wände verläuft sie durch die Fußpunkte A und B ins Innere gewölbt. Außerdem bilden sich ebene Gleitlinienfelder, welche die Spirale unter dem Winkel $\varphi = 90°$ schneiden.

Ziel ist die Ermittlung der maßgeblichen Spirale, bei welcher der aufnehmbare Horizontalschub H_w (Einwirkung aus Wasserdruck) ein Minimum wird. Die Winkel α und β sind in Abhängigkeit von B/H bzw. φ aus Diagrammen zu entnehmen (näherungsweise gilt $\alpha = \pi/4 - \varphi/2$). Damit kann die Fläche zwischen Spirale und Sohle und die jeweilige Gewichtskraft G bestimmt und das Krafteck für die Ermittlung von H_w gezeichnet werden.

Nachweise der Tragfähigkeit
- Versagen gegen „gleitendes Kippen"

Maßnahmen um den Widerstand gegen diese Versagensform zu erhöhen sind die Verbreiterung der Konstruktion, der Austausch des Verfüllmaterials (größere Wichte und größerer Reibungswinkel), Entwässerung, eine tiefere Einbindung in den Baugrund sowie evtl. zusätzliche Ankerlagen.

- Grundbruchsicherheit

Für Fangedämme, die nicht auf Fels gegründet sind, ist der Nachweis nach DIN 4017 auf Grundlage der DIN 1054 zu führen.

- Geländebruchsicherheit

Unter den in DIN 1054 geregelten Bedingungen ist auch die Sicherheit gegen Gelände- und Böschungsbruch nachzuweisen, z. B. für hinterfüllte Fangedämme, die Teil eines Uferbauwerks sind. Dabei ist eine Gleitfläche durch die lastseitige ideelle Begrenzung (mittlere Breite) zu legen.

Bei vorhandener Wasserströmung ist

- der Strömungsdruck in den oberen Nachweisen zu berücksichtigen sowie
- der Nachweis gegen hydraulischen Grundbruch und Erosionsgrundbruch zu führen.

Um diese Versagensmechanismen auszuschließen, sind bei Gründung auf geklüftetem Fels oder veränderlich festem Gesteinen besondere Abdichtungsmaßnahmen am Spundwandfuß erforderlich.

Nachweis der Gebrauchstauglichkeit
Um die Gebrauchstauglichkeit des Bauwerks sicherzustellen, sind die Verformungen (Verdrehungen, Verschiebungen) zu begrenzen.

Innere Standsicherheit

Die innere Standsicherheit ist dann gegeben, wenn das Versagen der einzelnen Bauteile und Materialien (Spundwände und Verankerung) verhindert wird. Folgende Nachweise sind zu führen:

- Sicherheit gegen das Versagen des Materials von Bauteilen des Fangedamms

Bei Zellenfangedämmen kann das Spundwandprofil infolge Ringzugkraft versagen (Bild 73).

Die Ringzugkräfte Z werden nach der Kesselformel

$$Z = \sum p_i \cdot r \qquad (121)$$

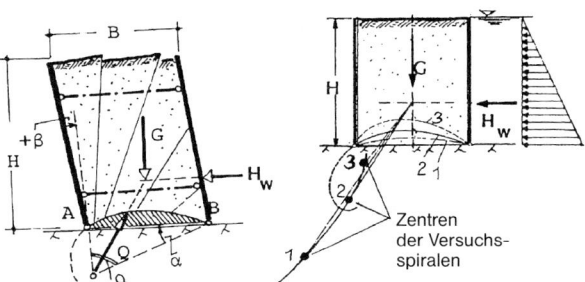

Bild 72. Tragmodell für den Fangedamm (nach *Jelinek/Ostermayer* [82])

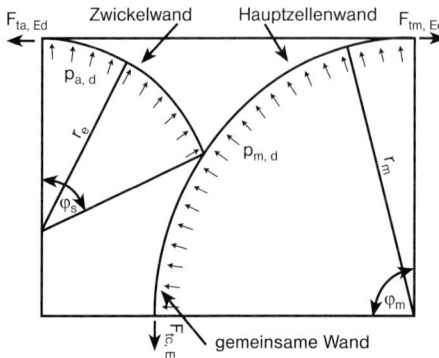

Bild 73. Ringzugkräfte in den einzelnen Wandelementen eines Kreiszellenfangedammes [23]

mit dem Innendruck p_i und dem Zellenradius r ermittelt. Als Innendruck ist der Erdruhedruck (gem. Gl. 13) anzusetzen.

Der Nachweis der Spundwandprofile sowie der geschweißten Abzweigungen erfolgt nach DIN EN 1993-5.

Bei Kastenfangedämmen ist das Versagen der Verankerung durch

- Aufbruch des Verankerungsbodens und
- Versagen in der tiefen Gleitfuge (Bild 74)

zu prüfen. Angaben zum Verlauf der tiefen Gleitfuge finden sich in [23].

6 Sonstige Stützkonstruktionen

6.1 Aufgelöste Stützkonstruktionen

Die aufgelösten Stützkonstruktionen umfassen im Wesentlichen:

- Steinstützkörper,
- Stützscheiben,
- flächenhafte Hangsicherungen und
- örtliche Sicherungen.

Zu den flächenhaften Hangsicherungen zählen z. B. Spritzbeton (mit und ohne Bewehrung), Felsverkleidungen mit Raumgittern, Böschungssprossen, Gitterroste, Trägerroste und Roste aus Fertigteil-Elementen.

Die örtlichen Sicherungen haben überwiegend eine Stütz- und Haltefunktion und werden fast ausschließlich im Felsbau verwendet; der Verkleidungseffekt ist meist nebensächlich. Falls diese Stützelemente in größerer Anzahl und in relativ engem Abstand gesetzt werden, entsteht letztlich wiederum eine flächenhafte Sicherung oder eine Wand (im Bedarfsfall verkleidet). Die Übergänge sind daher fließend. Sonderfälle für örtliche Stützmaßnahmen bilden die Sicherungen von Bauwerken in Hängen.

Zu den derzeit gebräuchlichsten Sicherungen für Felsböschungen gehören:

- Seilzäune, Drahtnetze, Stahlbänder, Baustahlgitter: vernagelt oder lose hängend;
- Verdübelungen, Nagelungen, Verankerungen (häufig in Verbindung mit den nachfolgend angeführten Maßnahmen);
- Spritzbetonsicherungen (meist bewehrt, häufig mit Felsnägeln angeheftet, die eine Zug- oder Dübelwirkung haben können);

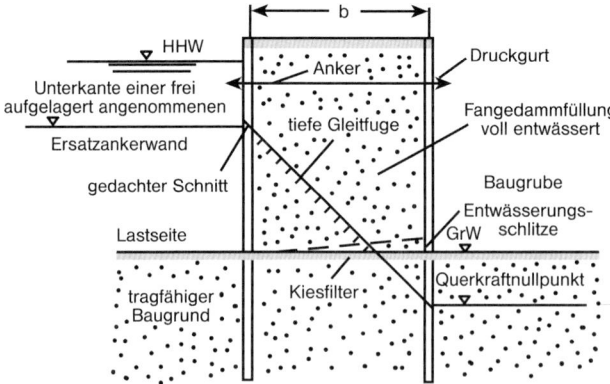

Bild 74. Nachweis der Standsicherheit in der Verankerung für die tiefe Gleitfuge [23]

- Plomben, Knaggen, Abstrebungen, Gurte: aus (bewehrtem) Beton, zur Abstützung überhängender oder lockerer Felsteile, vielfach verankert;
- Ankerblöcke: in Rastern angeordnet;
- Pfeiler, Rippen in der Falllinie angeordnet aus Stahlbeton, verankert; zur Sicherung überhängender bzw. lockerer Felsteile und/oder zur Erhöhung der Geländebruchsicherheit;
- Balken („Riegel"), Platten (aus Stahlbeton, verankert; häufig entlang von Bermen);
- Stützgewölbe: aus Steinmauerwerk, Massenbeton oder Stahlbeton;
- Kluft- bzw. Hohlraumverfüllungen, Injektionen, Wurzelpfähle etc., zur Erhöhung der Standfestigkeit von Felsböschungen.

6.2 Sonderformen von Stützbauwerken

Neben den bisher beschriebenen Arten von Stützmauern, -wänden und aufgelösten Stützkonstruktionen gibt es eine Reihe weiterer Lösungsvarianten und vielfache Kombinationsmöglichkeiten. Die konstruktive Ausbildung von Hangsicherungen und Stützbauwerken hängt von so vielen Faktoren ab, dass nahezu jedes größere Bauvorhaben ein Unikat darstellt. Die grundlegenden Elemente, Konzeptionen und Berechnungsmethoden sind zwar oft ähnlich, die Detailausführungen und Kombinationen der diversen Maßnahmen können jedoch stark variieren. Gerade auf dem Gebiet der Stützkonstruktionen bzw. Hangsicherungen steht dem Grundbauingenieur ein weites Betätigungsfeld konstruktiver Phantasie offen. Dabei sind Analogien zu Baugrubenumschließungen unverkennbar: Manche Methoden, welche ursprünglich für Hangsicherungen entwickelt wurden, bewähren sich auch zur Abstützung von Baugrubenwänden und umgekehrt.

Im Folgenden werden als Ergänzung zu den gängigen Konstruktionen einige Beispiele angeführt, welche als Anregung für Sonderlösungen dienen können:
- Gewölbemauern mit Strebepfeilern (im Bedarfsfall verankert),
- Stützmauern mit vorauseilenden Sicherungen,
- Pfahlböcke,
- Pfahlstühle (rahmenartige, biegesteife Konstruktionen),
- ausgesteifte Stützwände und -mauern (z. B. Druckriegel unterhalb einer Straße; Schrägstreben),
- Hangsicherungen mit Wurzelpfählen.

Zu den genannten Sicherungsmaßnahmen kommen vielfache Kombinationsmöglichkeiten von aufgelösten und/oder erschlossenen Stützkonstruktionen.

Im Fels sollten künstliche Böschungen und Stützkonstruktionen den vorhandenen Strukturen (Bankungen, Trennflächen bzw. Kluftscharen, Störungen etc.) möglichst angepasst werden. Außerdem wirkt die Auflockerung streng geometrischer Formen meist abwechslungsreich und naturnah.

6.3 Schutzgalerien

Bei diesen Sonderbauwerken kommt zum Problem der eigentlichen Böschungssicherung bzw. Hangabstützung noch jenes plausibler Lastannahmen aus Muren- und Lawinenschub. Bei Murenabgängen tritt eine Bodenverflüssigung ein, und der wirksame Scherwinkel der Rutschmassen sinkt auf einen sehr geringen Wert. Außerdem sind dynamische Einwirkungen zu berücksichtigen, was im Allgemeinen mit hinreichender Genauigkeit durch den Ansatz statischer Ersatzlasten erfolgen kann.

Hauptkonstruktionselemente von Galerien sind meist Rahmen, fachwerkartige Gesperre, Druckriegel, Einfeldträger oder Platten- bzw. Durchlauftragwerke und Gewölbe. Die großen Horizontalkräfte

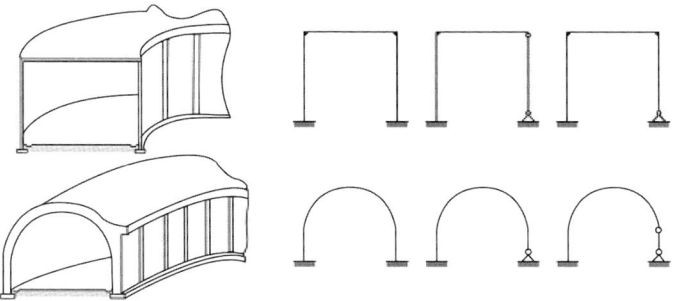

Bild 75. Formen von Schutzgalerien

können unter anderem wie folgt in den Untergrund abgeleitet werden:
- bergseitige Winkelstützmauern,
- Fundamentroste,
- Brunnengründungen bzw. Brunnenwände,
- Pfahlwände,
- Pfahl- oder Schlitzwandscheiben (in der Falllinie),
- Verankerungen.

6.4 Sicherung von Hangbrücken – Schalentragwerke

Bei Gründungen von Brücken, Leitungsmasten etc. in steilen, rutschgefährdeten Böschungen sind sowohl die eigentlichen Hangsicherungen im Gelände als auch besondere konstruktive Maßnahmen an den Fundamenten und Stützen erforderlich; deren gegenseitige Beeinflussung ist in fels- bzw. bodenmechanischer, statischer und konstruktiver Hinsicht zu berücksichtigen.

Die Gründung von Brücken in steilen und/oder rutschgefährdeten Hängen wird meist auf Brunnen, Scheiben oder Pfählen erfolgen. In vielen Fällen müssen die Brückenpfeiler bzw. -fundamente durch Schutzwände oder andere Stützmaßnahmen von den Seitenkräften rutschender Hangmassen abgeschirmt werden.

Vorteilhaft ist zweifellos eine konstruktive Trennung der Stützmaßnahmen (z. B. Ankerwände) vom eigentlichen Ingenieurbauwerk.

Als Stützmaßnahmen kommen – je nach Gefährdungsgrad – folgende Varianten infrage:
- Spritzbetonsicherung (bewehrt) mit und ohne Vernagelungen,
- Gewölbeschalen (bewehrter Spritzbeton mit Erd- oder Felsnägeln) und massiven Kämpfern mit Vorspannankern,
- verankerte Stahlbetonrippen und/oder Balken (mit Spritzbeton in den Zwischenfeldern),
- geschlossene Ankerwände, im Grundriss gerade oder gekrümmt,
- Pfahlwände (mit und ohne Verankerung).

7 Ingenieurbiologische Sicherungsmaßnahmen

7.1 Hangfaschinen

Eine stabilisierende Wirkung von Hängen kann durch sogenannte Hangfaschinen (Bild 76) erreicht werden, da 10 bis 20 cm flache und oberflächennahe instabile Bodenschichten vor dem Abrutschen gesichert werden. Es werden also schräg zur Böschungsfalllinie 20 bis 40 cm breite Gräben errichtet, wo dann im Abstand von 2 m Holzpflöcke (d = 10 bis 15 cm und h = 80 bis 120 cm lang) einge-

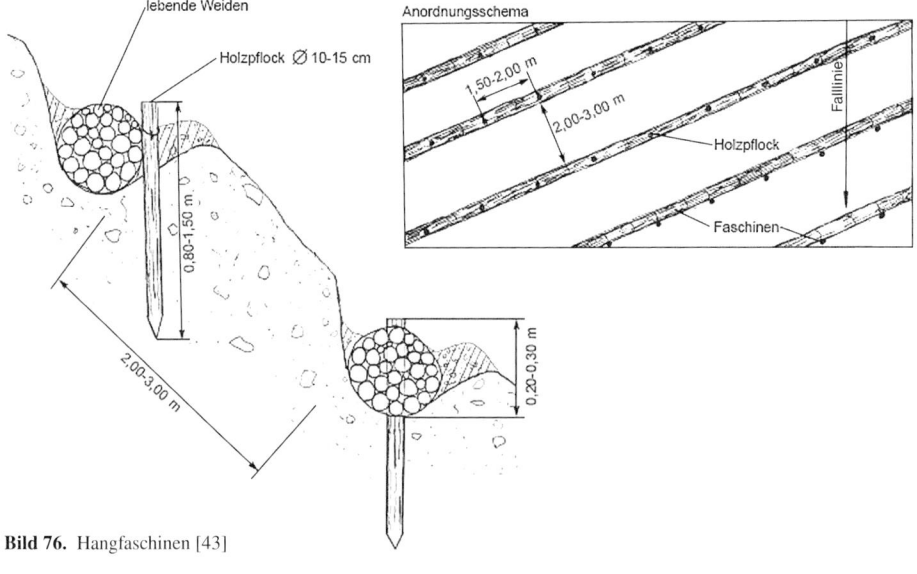

Bild 76. Hangfaschinen [43]

schlagen werden. Als Holzart sollte man Lärchenhölzer verwenden. An der Grabenbasis werden 100 bis 150 cm lange Drähte angewunden und darauf ein vegetativ vermehrbares Ast- und Baummaterial (lebendes Pflanzenmaterial) mit der Spitze nach unten faschinenförmig eingelegt und zusammengebunden. Dann werden die Hangfaschinen mit sandigem Erdmaterial (3 bis 4 cm) abgedeckt.

7.2 Bepflanzte Pilotenwand

Bepflanzte Pilotenwände (Bild 77) werden zur Absicherung von flachgründigen Bodenschichten, vielfach an trockenen Böschungen, wo für Hangfaschinen zu wenig Bodenfeuchtigkeit vorhanden ist, eingesetzt. Die Pilotenwand wird nicht mit diagonalen Gräben, sondern mit horizontalen Gräben und Steckhölzern versehen. Durch diese Art der oberflächennahen Sicherung können Bodenschichten bis zu 20 cm erreicht werden. Die Rundhölzer ($d = 18$ bis 25 cm) stützen das teilweise lockere Erdreich ab, und die eingelegten Pflanzen unterstützen diese Funktion und sorgen für eine dauerhaftere Sicherung. Diese bepflanzten Pilotenwände werden horizontal und alternierend zueinander in einem Höhenabstand von 2 bis 4 m am gesamten Böschungs- oder Stützkörperbereich angeordnet. Zuerst werden bis zu 2 m lange zugespitzte Holzpiloten, Stahlprofile oder -stangen eingeschlagen und dahinter ein bis zu 4 m langes Rundholz verlegt. Dann wird dieses teilweise mit Erdmaterial zugedeckt und bewurzelte Laubhölzer und/oder vegetativ vermehrbare Äste lagenweise eingelegt. Nach dem Anwachsen der Sträucher und Pflanzen halten diese Buschreihen erosionsgefährdetes Material zurück. Nach dem Abfaulen der Längshölzer übernehmen die Pflanzen die Sicherungsfunktion.

7.3 Bepflanzter Hangrost

Beim Hangrost (Bild 78) handelt es sich um keine punktuelle oder linienförmige Sicherungsstruktur, sondern um eine flächig zusammenhängende Holzkonstruktion. Man beginnt am Böschungsfuß mit einer sogenannten Fußsicherung, das heißt mit einem mächtigen Baumstamm (ca. 30 bis 50 cm stark). Auf diese Fußsicherung werden in einem seitlichen Abstand von 2 m vertikale Rundhölzer verlegt (14 bis 25 cm). Diese Holzunterlage wird bis zur Oberfläche mit Erdmaterial zugedeckt. Dann werden in horizontaler Richtung je nach Böschungsneigung in einem Höhenabstand von 1,0 bis 2,0 m horizontale Rundhölzer aufgenagelt. Dadurch entstehen 3 bis 4 m² große Hangroste, die dann mit dem Erdreich verdübelt werden. Dabei können zugespitzte Harthölzer, Stahlprofile oder -stangen oder auch Betonprofile verwendet werden. Anschließend erfolgt die Bepflanzung des Hangrostes. Dazu werden vegetativ vermehrbare Äste und/oder bewurzelte und sprosswurzelfähige Laubhölzer verwendet (Bild 79). Nach dem Verfüllen des Hangrostes mit geeignetem Erdmaterial wird dieser mit einer Hydrosaat begrünt.

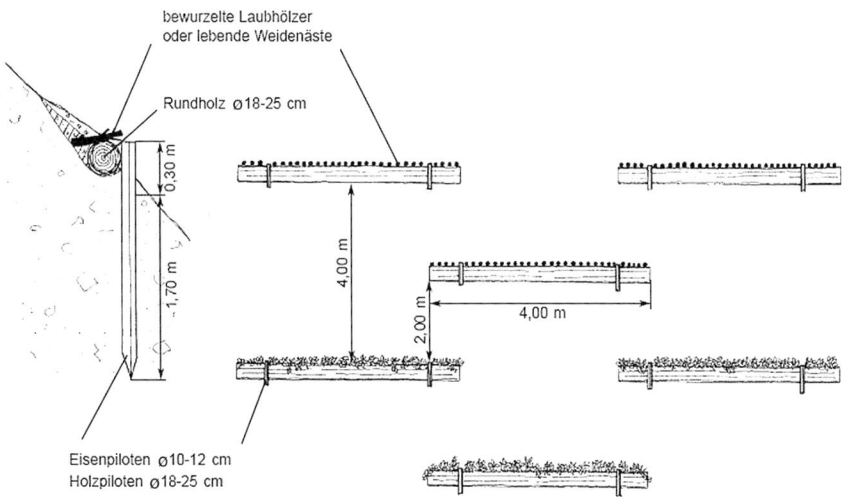

Bild 77. Bepflanzte Pilotenwand [43]

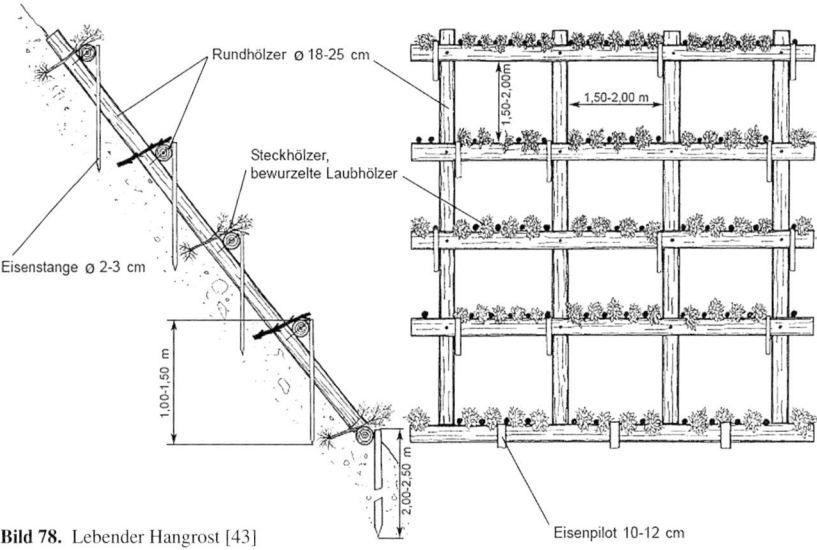

Bild 78. Lebender Hangrost [43]

Bild 79. Hangrost

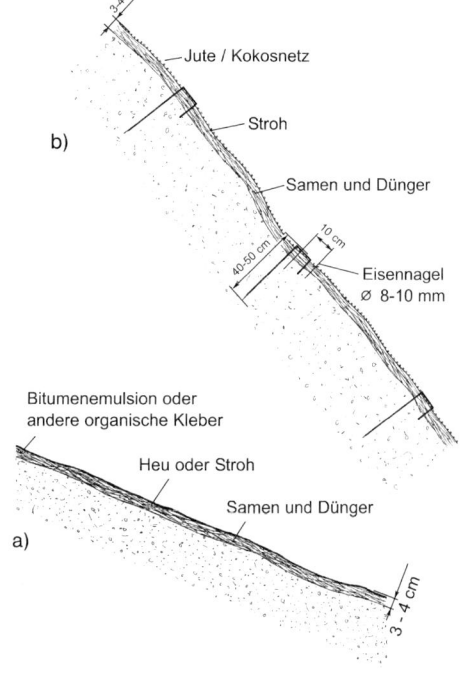

Bild 80. Begrünung mit Heu- oder Strohdecksaat (a) und Jute/Kokosnetz-Strohdecksaat (b) [43]

7.4 Begrünung

Für die Begrünung von steilen Böschungen, wie man sie primär bei Stützmaßnahmen vorfindet, eignen sich Nass-Saaten, auch Hydrosaaten genannt. Dabei werden Samen, Dünger, Mulchstoffe und Klebemittel mit Wasser vermischt und auf die zu begrünenden Böschungsflächen gespritzt (ca. 2 l/m²). So können auch Gehölzsamen gemeinsam mit der Hydrosaat aufgebracht werden. Als Klebemittel für die Hydrosaat eignen sich Produkte aus Algen oder anderen organischen Stoffen, wie Guakermehl, Pflanzenwachs etc. Diese Art der Hydrosaat eignet sich für Böschungen mit mildem Klima, während in klimatisch extremen Lagen Mulchsaaten verwendet werden sollten. Dabei werden Heu und Stroh als

Mulchstoffe verwendet und die Mulchschicht locker mit einer Höhe von 3 bis 5 cm ausgeführt. An sehr steilen Böschungen können Mulchdecken verklebt werden, wobei das Saatgut und der Dünger ausgesät und darüber eine 3 bis 5 cm starke Strohschicht mit einer Bitumenemulsion (in 30%iger wässriger Lösung) verklebt wird.

An sehr steilen Böschungen und Abbruchrändern kann anstelle des Klebers auch ein Jutenetz über die Strohschicht genagelt werden. Diese Begrünungsmethode wird auch als Jutenetz-, oder Kokosnetz- oder Glasfasernetz- oder Kohlenstofffasernetz-Strohdecksaat genannt (Bild 80). Die Jute hält je nach Klima und Witterungsbedingungen ca. 1 bis 2 Jahre, die Kokosfasern 3 bis 4 Jahre und die Glas- bzw. Kohlenstofffasern (gefährliche Fallen für Tiere) haben theoretisch eine unbegrenzte Lebensdauer.

8 Dauerhaftigkeit von Stützbauwerken

8.1 Qualitätskontrollen

Die Dauerhaftigkeit von Stützbauwerken hängt wesentlich von der Qualität der eingesetzten Baustoffe, der Systemwahl und den kontinuierlichen Inspektionskontrollen bzw. den Instandsetzungsmaßnahmen ab. Dabei ist es notwendig, auch diese Ingenieurbauwerke regelmäßig einer fachgerechten Inspektion zu unterziehen, welche vorrangig in Form einer visuellen Inspektion erfolgen kann. Während der Planungs- und Ausführungsphase von Stützbauwerken sollen die Untersuchungen und Nachweise sowie Kontrollen gemäß Tabelle 19 durchgeführt werden.

8.2 Baugrunderkundung

Vor jeder Sicherungs- und Stützmaßnahme von Bahn- und Straßenbauten muss der Boden entsprechend untersucht werden. Sinnvoll ist es, neben den üblichen geotechnischen Untersuchungen und Berechnungen sowie den Prognosen nahezu kontinuierlich den Baugrund und das Stützbauwerk zu beobachten. Dabei soll insbesondere die Kohäsion und ein möglicher Ansatz der Scherfestigkeit, in Verbindung mit möglichen hohen Niederschlägen und damit starker Reduktion der Scherfestigkeit, sorgfältig beachtet werden. Der Porenwasserdruck kann nämlich die Standsicherheit von Stützbauwerken negativ beeinflussen und gefährden.

8.3 Konstruktion

Konstruktive Durchbildung

Primär muss bei der konstruktiven Durchbildung von Stützbauwerken auf eine genügende Betondeckung abhängig von der Expositionsklasse geachtet werden. Die statische Modellierung entscheidet über die Lage und die Quantität der Bewehrung. Vorrangig handelt es sich bei Stützbauwerken entweder um eingespannte Kragbalken oder Plattentragwerke. Im Normalfall befindet sich daher bei einem Kragarm die Bewehrung bergseitig und bei Platten auch auf der Talseite aufgrund des positiven Feldmomentes. Schäden treten manchmal aufgrund der falschen Lage oder der ungenügenden Verankerungslänge auf.

Fugenausbildung

Stützkonstruktionen aus nicht bewehrten Baustoffen sollten eine Länge von ca. 10 m zwischen den Fugen nicht überschreiten. Bei bewehrten Stahlbetonstrukturen muss die Bauwerkslänge auf die Setzungsempfindlichkeit und die vorhandene Rissbewehrung abgestimmt werden. Die Fugen können durchgehend oder abgestuft als Querkraftfuge ausgebildet werden. Im Normalfall müssen die Fugen nicht wasserdicht ausgebildet werden. Es genügt, das anfallende Bergwasser über die Fuge abzuführen und am Fußpunkt abzuleiten. Auf alle Fälle

Tabelle 19. Untersuchungen, Nachweise und Kontrollen

I. Untersuchung	1. Geometrie	Geländegeometrie, Talseite, Hangseite, Einbausituation
	2. Baugrunduntersuchung	Untergrund, Hinterfüllung, Wasserverhältnisse, geologische und hydrogeologische Untersuchung
	3. Belastung	Verkehrs- und Bauwerkslasten, Wasser, Anschüttung, Abböschung, Anprallasten
II. Planung	1. Erdstatische Nachweise	Grundbuch, Geländebruch, Gleit- und Kippsicherheit
	2. Bauwerksbemessung	Schnittgrößenermittlung, Dimensionierung
	3. Ausführung	
III. Ausführung	1. Einbausituation	Einwirkungen von Baustellenfahrzeugen, Montagezustände
	2. Kontrollen	
	3. Bauüberwachung	

muss das Hangsickerwasser durch die Mauer bzw. das Oberflächenwasser über entsprechende Kanäle und eingelegte Dränageleitungen abgeleitet werden. Auf keinen Fall soll das Wasser über die Mauerkrone abfließen.

Werkstoffauswahl

Wichtig für Stützkonstruktionen sind die richtige Auswahl der Zuschlagstoffe und die Betonart. So gilt es, im Straßenraumbereich frost- und taumittelbeständige Betone zu verwenden. Kann das Spritzwasser nicht an die Stützkonstruktion heranreichen, dann genügt auch ein frost-tau-beständiger Beton. Die Festigkeit sollte mindestens für konstruktiv tragende Bauteile der Stützkonstruktionen ein C30/37 sein.

Die Hauptangriffsart der Baustoffe von Stützkonstruktionen vor allem im Nahbereich von Straßen sind die Chloride in flüssiger Form (Taumittel, Meerwasser) oder in Gasform. Als Chloride werden negative Ionen von Salzen bezeichnet, allen voran NaCl (Natriumchlorid), $CaCl_2$ (Calciumchlorid) und $MgCl_2$ (Magnesiumchlorid). Sowohl Aggregatzustand wie Dauer und Menge der Chlorideinwirkung bestimmen das Gefahrenpotenzial für die Konstruktion. Der Chloridtransport erfolgt über das Porenwasser. Im Unterschied zur Karbonatisierung handelt es sich hier also um eine Diffusion von Chloridionen in wassergefüllten Poren. Im Gegensatz zu Karbonatisierung können durch Chlorideinwirkung sowohl der Stahl als auch der Beton angegriffen werden.

8.4 Expositionsklassen

In Abhängigkeit von ihrer Exposition sind Stahlbetonkonstruktionen wie alle Bauwerke einer Vielzahl von Einwirkungen ausgesetzt. Die EN 206-1 und deren deutschen Anwendungsnorm DIN 1045-2 [2] enthalten eine detaillierte Tabelle, in der die klimatischen Einwirkungen auf den Beton in vier Expositionsklassen unterteilt sind. Die einzelnen Klassen werden durch folgende Schadensbilder charakterisiert:

– kein Korrosions- oder Angriffsrisiko,

– Korrosion ausgelöst durch Karbonatisierung,

– Korrosion ausgelöst durch Chloride (ausgenommen Meerwasser),

– Korrosion ausgelöst durch Chloride aus Meerwasser,

– Frost-Taumittel-Angriff,

– chemischer Angriff.

Stützbauwerke fallen hauptsächlich in Klasse 3 und Klasse 5.

8.5 Bewertung der Lebensdauer

Die Nutzungsdauer von Stützbauwerken, also die Zeitspanne bis sie abgebrochen und erneuert werden, hängt entscheidend von der regelmäßigen und sachgemäßen Unterhaltung bzw. den Inspektionen ab. Eine Sichtprüfung mag eine erste, vornehmlich qualitative und in Abhängigkeit von der Erfahrung des Prüfingenieurs unter Umständen auch subjektive Zustandsbewertung ergeben. Sehr viel genauere und objektivere Schlüsse können aus quantitativ erfassten Messgrößen gezogen werden. Dennoch sind solche, teilweise automatisierten, Systeme zur Bauwerksüberwachung vielmehr als Ergänzung und nicht als Ersatz für die visuelle Inspektion aufzufassen [31].

Es wäre auch für Stützbauwerke sinnvoll, Datenbanken anzulegen und den Erhaltungszustand in bestimmten Zeitabschnitten mindestens visuell zu erfassen. Die bestimmenden Attribute und Eigenschaften eines Stützbauwerks (Bezeichnung, Bauwerksart, Funktion, Position, Erhalter, u. a.) können in einer Datenbank abgelegt werden. Für die Bestandsaufnahme sollten die Stützbauwerke weiter in ihre Teile gegliedert werden. Im Hinblick auf die Verwendung der Daten sollen jene Bauwerksteile identifiziert und beschrieben werden, welche einem kostenbestimmenden Bauwerksteiltyp zugeordnet werden können. Die Bauwerksteile sollen auf eine logische Art aufgrund ihrer Geometrie, Funktion, der benutzten Konstruktionsmaterialien und ihrer Herstellungsmethode zugeordnet werden.

Die Aufteilung in Bauwerksteile erfolgt nach den Belangen der Bauwerkserhaltung entsprechend Typ und Ausmaß des Bauwerksteils. Dies bedeutet, dass die Aufteilung in für die Überwachung und Unterhalt zweckmäßige Einheiten (u. a. Anzahl, m, m^2) vorgenommen wird.

Als Ansatz kann für eine visuelle Inspektion Tabelle 20 verwendet werden.

Mit einer einfachen Bewertung von drei Klassen sollte eine erste Beurteilung einer Stützkonstruktion ermöglicht werden:

1. Klasse: geringe Schäden
langfristige Erhaltung < 30 Punkte

2. Klasse: mittlere Schäden
kurzfristige Erhaltung sinnvoll < 50 Punkte

3. Klasse: schwere Schäden
unmittelbare Erhaltung notwendig > 50 Punkte

Wenn in einer Klasse ein Schaden mit einer Bewertungsnote von 10 auftritt, sollte dieser Schaden auch unmittelbar behoben werden.

Die Lebensdauer beschreibt den Zeitabschnitt von der Bauausführung bis zum Ende der Funktionsfähigkeit eines Bauwerkes. Eine Ingenieurkonstruktion ist so lange funktionstüchtig, als die Grenzzu-

Tabelle 20. Bewertungstabelle für Schäden an Stützkonstruktionen

Hauptbereiche	Schadenstyp	Groß	Mittel	Klein
Fundamente	Setzungen	10	5	3
	Risse > 3 mm	10	5	3
	Betonschäden	5	3	1
Stützbauwerke	Versätze	10	5	3
	Risse	10	5	3
	Ausplatzungen	10	5	3
	Verformungen – Stabilität	10	5	3
Mauerwerkskrone	Beton- oder Korrosionsschäden	5	4	3
Entwässerung	Feuchteschäden	8	4	2
Bepflanzung	Schäden, Ausfall	5	3	1

Tabelle 21. Zuverlässigkeit für Tragsicherheit und Gebrauchstauglichkeit

	Bemessungszeitraum 1 Jahr		Gesamte Lebensdauer	
	β	P_f	β	P_f
Gebrauchstauglichkeit	3,0	$1,5 \cdot 10^{-3}$	1,5	$6,7 \cdot 10^{-2}$
Tragsicherheit	4,7	$1,3 \cdot 10^{-6}$	3,8	$7,2 \cdot 10^{-5}$

stände der Tragsicherheit, der Gebrauchstauglichkeit und der Dauerhaftigkeit mit einer gewissen Sicherheit gegeben sind. Die dabei auftretende Problemstellung der Beurteilung der Sicherheit wird in den Eurocodes durch die Einführung von reduzierten Werten für den Sicherheitsindex β formuliert. Aufgrund der Erfahrungen mit gealterter Bausubstanz sollten am Ende der theoretischen Nutzungsdauer eines Stützbauwerks noch die Mindestwerte gemäß Tabelle 21 vorhanden sein.

Die Lebensdauer von konstruktiven Stützbauwerken aus Beton sollte mit 100 Jahren angestrebt werden. Dabei ist die Tragsicherheit maßgebend. Die Lebensdauer von ingenieurbiologischen Stütz- und Sicherungsmaßnahmen kann mit 20 Jahren angenommen werden. Hier kann die Gebrauchstauglichkeit als Versagenskriterium angesetzt werden.

8.6 Robustheit

Auch Stützbauwerke müssen genauso wie Brücken und andere Ingenieurbauwerken robust sein. Die Robustheit ist die Fähigkeit von Baustrukturen, bei Ausfall eines oder mehrerer Tragglieder nicht zu versagen. Beim Versagen eines Traggliedes bleibt nur die Nutzung eingeschränkt und durch eine sichtbare Verformung ist die reduzierte Tragfähigkeit sichtbar. Dieser Zustand führt aber nicht zu einem Versagen der Stützkonstruktion.

Auf der Grundlage von *Ghosn* et al. [96] wurden zwei Nachweise mit entsprechenden Sicherheitsbeiwerten entwickelt, wo sowohl eine Sicherheit in Bezug auf eine beschränkte Funktionsfähigkeit (Gebrauchstauglichkeit) vorliegt als auch ein Nachweis mit einem erhöhten Sicherheitsbeiwert in Bezug auf ein Gesamtversagen.

$$R_f = LF_f / LF_1 R_u \leq 1,2 \quad (122)$$
$$R_u = LF_u / LF_1 R_u \leq 1,5 \quad (123)$$

LF_1 ist die Einwirkung, wodurch Versagen eines (des ersten) Bauelementes eintritt,

LF_u ist jene Einwirkung, bei der ein Gesamtversagen (Kollaps) der Stützkonstruktion erfolgt,

LF_f ist jene Einwirkung, wodurch eine beschränkte Funktionstüchtigkeit bewirkt wird.

8.7 Überwachung

Stützbauwerke müssen wie andere Ingenieurbauwerke periodisch überwacht werden. Grundsätzlich werden bei der Bauwerksüberwachung bzw. bei der Bauwerkserhaltung die 3 Ebenen der Überwachung mit unterschiedlichem Detaillierungsgrad unterschieden. Diese gliedern sich in die:

– Periodische Überwachung (Durchführung jährlich),
– Kontrolle (Durchführung alle 3 Jahre),
– Prüfung (Durchführung alle 6 Jahre).

Treten Naturereignisse bzw. außergewöhnliche Vorkommen am Stützbauwerk innerhalb der vorgenannten Perioden auf, sollte durch eine Sonderprüfungen der Zustand kontrolliert werden. Der Bedarf einer Sonderprüfung entsteht auch aus einer regelmäßigen Prüfung, wenn dabei unvorhergesehene Veränderungen am Tragwerk beobachtet werden.

Bei der periodischen Überwachung sollen die Funktionstüchtigkeit und die Gebrauchstauglichkeit der einzelnen Elemente sowie im Gesamten das Stützbauwerk visuell angeschaut und beurteilt werden. Dabei sind bei sachgemäßer Besichtigung Schäden und äußerlich erkennbare schadhafte Teile erkennbar. Ein besonderes Augenmerk ist auf eine funktionstüchtige Entwässerungssituation zu richten.

Im Rahmen einer Kontrolle werden Veränderungen des Zustands eines Stützbauwerks untersucht und beurteilt. Grundsätzlich wird der Zustand bzw. die Gebrauchstauglichkeit einer Stützstruktur insgesamt durch eine visuelle Kontrolle beurteilt. Die Kontrolle hat durch speziell geschultes Personal zu erfolgen. Die Schulung des Personals kann durch den Erhalter der Stützbauwerke (meistens die öffentliche Verwaltung) selbst oder durch externe Schulungen erfolgen. Die Kontrolle ist zumindest im Abstand von nicht mehr als 3 Jahren durchzuführen. Die Intervalle können entsprechend verkürzt werden, wenn dies der Zustand der Struktur bzw. einzelner Strukturteile erfordert. Zudem kann eine außerordentliche Kontrolle notwendig sein, wenn Schäden durch z. B. aufgetretene Ereignisse (Naturereignisse, Anprallwirkungen etc.) nicht ausgeschlossen werden können. Wichtig ist dabei, dass die festgestellten Mängel/Schäden dokumentiert und erforderliche Ertüchtigungsmaßnahmen innerhalb einer bestimmten Zeit (weniger als 6 Monaten bzw. bei möglichen früheren Naturereignissen oder Wintereinbrüchen auch früher) zur Behebung der Mängel/Schäden durchgeführt werden.

Im Zuge einer Prüfung (alle 6 Jahre) soll der Zustand des Stützbauwerks detaillierter untersucht, beschrieben und bewertet werden. Im Falle von Mängeln können durch weitere Beobachtungen/Messungen oder Untersuchungen Feststellungen getroffen werden, ob diese Auswirkungen auf die Funktionstüchtigkeit bzw. Gebrauchstauglichkeit sowie auf die Tragfähigkeit haben. Darauf basierend ist zu entscheiden, ob die Mängel bzw. Schäden sofort oder im Rahmen der nächsten Ertüchtigung behoben werden können. Im Allgemeinen hat die Prüfung im Abstand von jeweils 6 Jahren zu erfolgen. Die Prüfung hat durch einen qualifizierten Techniker zu erfolgen.

9 Innovationen

9.1 Mixed-in-Place-Verfahren (MIP)

Bei diesem neueren Verfahren wird der Boden mit drei Bohrschnecken, die nebeneinander angeordnet

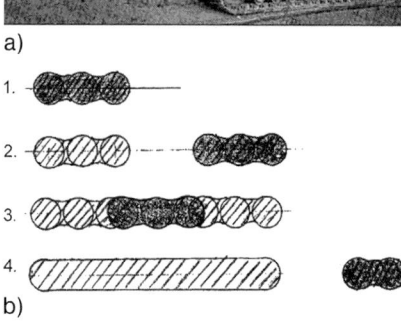

Bild 81. Lamellenherstellung mit MIP-Dreifachschnecke [66]

sind, bereichsweise aufgelockert und mit Bindemittelsuspension durchmischt. Dabei kann die Drehrichtung der Schnecken einzeln variiert bzw. der Anbauschlitten auf und ab bewegt werden, um eine homogene Durchmischung zu erreichen.

Der im Pilgerschritt (Bild 81) entstehende Boden-Beton hat je nach den Verfahrensparametern steuerbare Eigenschaften, wie z. B. Druckfestigkeit oder Wasserundurchlässigkeit.

Gegenüber anderen Bauverfahren, wie etwa der Schlitzwand- oder Bohrpfahlwandherstellung, liegt der Vorteil in den niedrigeren Kosten, dem geringen Anfall von Bohrgut sowie der erschütterungsarmen Bauweise.

Das Mixed-in-Place-Verfahren ist für viele Bodenarten geeignet, Fels sowie Böden mit großen Stein- und Blockvorkommen ausgenommen. Bei bindigen Böden ergeben sich geringere Festigkeiten.

9.2 Bewehrte DSV-Wände

Eine weitere Möglichkeit bilden tangierend oder überschnitten angeordnete bewehrte DSV-Elemente. Auf diese Weise entsteht eine Baugrubensicherung, die sowohl an die statischen Erfordernisse als auch an vorhandene Leitungsführungen und Einbauten flexibel angepasst werden kann.

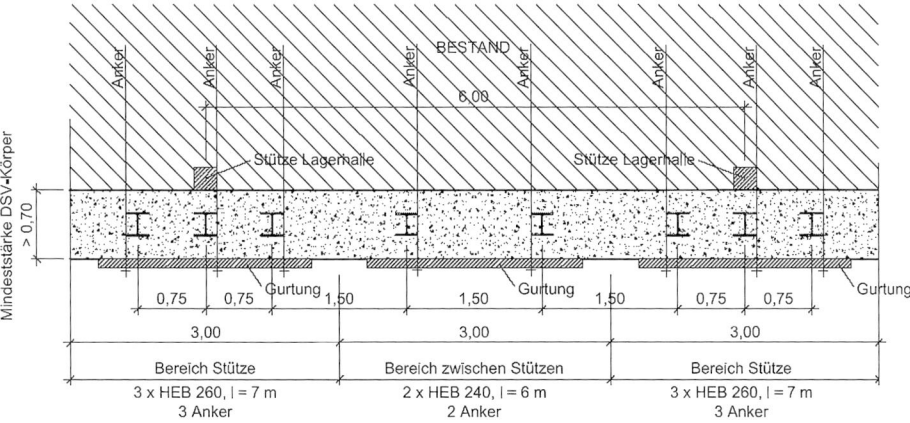

Bild 82. Grundriss einer rückverankerten bewehrten DSV-Wand

Eine mögliche Ausführung ist eine überschnittene Anordnung von halbkreis- oder kreisförmigen Elementen, wobei jedes zweite Element bewehrt wird (z. B. mit I-Trägern). Diese können mit Gurten versehen und temporär rückverankert werden (Bild 82).

Der Vorteil ist, dass das Verfahren in beengten Platzverhältnissen eingesetzt werden kann und aufgrund seiner Flexibilität wirtschaftlicher ist als herkömmliche Baumaßnahmen. Diese Methode kann besonders dann zur Anwendung kommen, wenn das Nachbargrundstück nicht durch herkömmliche Unterfangungsmaßnahmen beeinträchtigt werden soll.

Dank

Dieses Kapitel wurde durch den unermüdlichen Einsatz von Mitarbeitern der Autoren entscheidend mitgestaltet. Der Dank gilt den Herren Dipl.-Ing. Ivan Paulmichl und Andreas Hausenberger, die im Bereich der Geotechnik wesentliche Beiträge geleistet haben. Darüber hinaus hat sich Herr Hausenberger für die Zusammenführung der einzelnen Fachbereiche verdient gemacht. Herr Dipl.-Ing. Ulrich Puz hat zahlreiche Abbildungen für den konstruktiven Teil des Beitrages und Herr DDipl.-Ing. Jürgen Suda Bemessungsbeispiele erstellt, wofür ihnen gedankt sei. Fallbeispiele aus der Praxis wurden in freundlicher Kooperation vom Büro Obermeyer Planen + Beraten und vom Ingenieurteam Bergmeister zur Verfügung gestellt.

10 Literatur

[1] DIN 1045-1:2008-08 (2008) *Tragwerke aus Beton, Stahlbeton und Spannbeton – Teil 1: Bemessung und Konstruktion*, Beuth, Berlin.

[2] DIN 1045-2:2008-08 (2008) *Tragwerke aus Beton, Stahlbeton und Spannbeton – Teil2: Festlegung, Eigenschaften, Herstellung und Konformität Anwendungsregeln zu DIN EN 206-1*, Beuth, Berlin.

[3] DIN 1054:2010-12 (2010) *Baugrund; Sicherheitsnachweise im Erd- und Grundbau*, Beuth, Berlin.

[4] DIN 4085 Beiblatt 1:2011-12 (2011) *Baugrund – Berechnung des Erddrucks, Beiblatt 1: Berechnungsbeispiele*, Beuth, Berlin.

[5] DIN 4017:2006-03 (2006) *Baugrund; Berechnung des Grundbruchwiderstands von Flachgründungen*, Beuth, Berlin.

[6] DIN 4084:2009-01 (2009) *Baugrund; Geländebruchberechnung*, Beuth, Berlin.

[7] DIN 4085:2017-08 (2017) *Baugrund; Berechnung des Erddrucks*, Beuth, Berlin.

[8] DIN EN 1537:2014-07 (2014) *Ausführung von Arbeiten im Spezialtiefbau – Verpressanker*, Beuth, Berlin.

[9] DIN 4126:2013-09 (2013) *Nachweis der Standsicherheit von Schlitzwänden*, Beuth, Berlin.

[10] DIN 4226-101:2017-08 (2017) *Rezyklierte Gesteinskörnungen für Beton nach DIN EN 12620 – Teil 101: Typen und geregelte gefährliche Substanzen*, Beuth, Berlin.

[11] Fpr EN 12620:2015-07 (2015) *Gesteinskörnungen für Beton* (Vornorm), Beuth, Berlin.

[12] DIN EN 1367-1:2007-06 (2007) *Prüfverfahren für thermische Eigenschaften und Verwitterungsbeständigkeit von Gesteinskörnungen; Bestimmung des Widerstandes gegen Frost-Tau-Wechsel*, Beuth, Berlin.

[13] DIN EN 1367-2:2010-02 (2010) *Prüfverfahren für thermische Eigenschaften und Verwitterungsbeständigkeit von Gesteinskörnungen; Magnesiumsulfat-Verfahren*, Beuth, Berlin.

[14] DIN EN 1536:2015-10 (2015) *Ausführung von Arbeiten im Spezialtiefbau – Bohrpfähle*, Beuth, Berlin.

[15] DIN EN 1537:2014-07 (2014) *Ausführung von Arbeiten im Spezialtiefbau – Verpressanker*, Beuth, Berlin.

[16] DIN EN 1538:2015-10 (2015) *Ausführung von Arbeiten im Spezialtiefbau – Schlitzwände*, Beuth, Berlin.

[17] DIN EN 1997-1:2014-03 (2014) *Eurocode 7; Entwurf, Berechnung und Bemessung in der Geotechnik – Teil 1: Allgemeine Regeln*, Beuth, Berlin.

[18] DIN EN 12620:2015-07 (2015) *Gesteinskörnungen für Beton*, Beuth, Berlin.

[19] DIN 4126:2013-09 (2013) *Nachweis der Standsicherheit von Schlitzwänden*, Beuth, Berlin.

[20] Deutscher Ausschuss für Stahlbeton (2009) *DAfStb Richtlinie Beton nach DIN EN 206-1 und DIN 1045-2 mit rezyklierten Gesteinskörnungen nach DIN 12620*, Entwurf 2009-10, Beuth, Berlin.

[21] Bundesanstalt für Straßenwesen (1985) *„Bewehrte Erde"; Bedingungen für die Anwendung des Bauverfahrens „Bewehrte Erde"*, Ausgabe 1985, Bundesminister für Verkehr, Abteilung Straßenbau, Verkehrsblatt-Verlag.

[22] Deutsche Gesellschaft für Geotechnik (2012) *Empfehlungen des Arbeitskreises „Baugruben" EAB*; 5. Aufl., Ernst & Sohn, Berlin.

[23] Arbeitsausschuss „Ufereinfassungen" der HTG (2012) *Empfehlungen des Arbeitsausschusses „Ufereinfassungen" Häfen und Wasserstraßen EAU 2012*, 11. Aufl., Ernst & Sohn, Berlin.

[24] Deutsche Gesellschaft für Geotechnik (2012) *Empfehlungen für den Entwurf und die Berechnung von Erdkörpern mit Bewehrungen aus Geokunststoffen – EBGEO*, 2. Aufl. Ernst & Sohn, Berlin.

[25] Forschungsgesellschaft für Straßen und Verkehrswesen e. V. (1985) *Merkblatt für den Entwurf und die Herstellung von Raumgitterwänden und -wällen*, Ausgabe 1985, FGSV Arbeitsgruppe Erd- und Grundbau, Köln.

[26] ÖNORM B 4434:1993-01 (1993) *Erd- und Grundbau – Erddruckberechnung*, Austrian Standards International, Wien.

[27] Arnold, M. (2004) *Zur Berechnung des Erd- und Auflastdrucks auf Winkelstützwände im Gebrauchszustand*, aus Mitteilungen, Heft 13. (Hrsg. I. Herle) Institut für Geotechnik, technische Universität Dresden.

[28] Bergmeister, K., Novak, D., Pukl, R., Cervenka, V. (2006) Structural Assessment and Reliability Analysis for existing Engineering Structures, theoretical background, in *Structure and Infrastructure Engineering (SIE)*, special issue. Boulder.

[29] Bergmeister, K. (2003) *Kohlenstofffasern im Konstruktiven Ingenieurbau*, Ernst & Sohn, Berlin.

[30] Bergmeister, K. (2005) *Innovative Betondeckung – chemisch-physikalische und mechanische Voraussetzungen*, Beton- und Stahlbetonbau **100** (12), 991–996.

[31] Bergmeister, K., Strauss, A., Santa, U. (2005) Identificationprocess regarding the reliability based assessment of concrete structures. In: University of Michigan, CEE Dept.: 4th International Workshop on Life-Cycle Cost Analysis and Design of Civil Infrastructure Systems, May 8 – 11, 2005, Florida; Keynote-speaker.

[32] Blum, H. (1950) Beitrag zur Berechnung von Bohlwerken, *Bautechnik* **27** (2), 45–52.

[33] Brandl, H., Dalmatiner, J. (1988) Brunnen-Gründungen von Bauwerken in Hängen (insbesondere Brücken), Straßenforschung Heft **352**, Bundesministerium für wirtschaftliche Angelegenheiten, Wien.

[34] Brandl, H. (1987) Retaining Walls and other Restraining Structures, Ground Engineer's Reference Book, Verlag Butterworth.

[35] Brandl, H. (1984) Schadensfälle an Raumgitterstützmauern (Krainerwänden), Bundesministerium für Bauten und Technik, Straßenforschung Heft **251**; Forschungsgesellschaft für das Straßenwesen im Österreichischen Ingenieur- und Architektenverein, Wien.

[36] Brandl, H. (2018) *Stützbauwerke und Konstruktive Hangsicherung*, Sonderdruck aus Grundbau-Taschenbuch, Teil 3 Gründungen, Ernst & Sohn, Berlin.

[37] Brandl, H. (1980) Tragverhalten und Dimensionierung von Raumgitterstützmauern (Krainerwänden), Bundesministerium für Bauten und Technik, Straßenforschung Heft **141**. Forschungsgesellschaft für das Straßenwesen im Österreichischen Ingenieur- und Architektenverein, Wien.

[38] Caquot, A., Kérisel, J. (1948) *Tables for the Calculation of Passive Pressure*, Active Pressure and Bearing Capacity of Foundations, p. 120. Verlag Gauthier-Villars.

[39] Dörken, W., Dehne, E. (1993) *Grundbau in Beispielen; Teil 1: Gesteine, Böden Bodenuntersuchungen, Grundbau im Erd- und Straßenbau, Erddruck, Wasser im Boden*. Werner Verlag, Düsseldorf.

[40] Dörken, W., Dehne, E. (1993) *Grundbau in Beispielen; Teil 2: Kippen, Gleiten Grundbruch, Setzungen Fundamente, Stützwände, Neues Sicherheitskonzept, Anhang: Risse im Bauwerk*. Werner Verlag, Düsseldorf.

[41] Dörken, W., Dehne, E. (2005) *Grundbau in Beispielen; Teil 3: Baugruben und Gräben, Spundwände und Verankerungen, Böschungs- und Geländebruch*, 2. Aufl. Werner Verlag/Wolters Kluwer Deutschland.

[42] Druckfehlerberichtigung und Änderungen zur EAU 2004; www.htg-online.de.

[43] Florineth; F. (2012) *Pflanzen statt Beton – Sichern und Gestalten mit Pflanzen*. 2. Aufl. Patzerverlag, Berlin–Hannover.

[44] Floss, R. (1997) ZTVE-StB 94, Kommentar mit Kompendium Erd- und Felsbau. Kirschbaum Verlag, Bonn.

[45] Gäßler, G. (1987) *Vernagelte Geländesprünge; Tragverhalten und Standsicherheit*, Veröffentlichung des Institutes für Boden- und Felsmechanik, Heft **108**. Universität Karlsruhe.

[46] Gäßler, G. (2003) *Standsicherheitsnachweise bei Bodenvernagelungen*, Geotechnik-Seminar München, 17.10.2003.

[47] Geotechnik-Seminar DIN 1054-neu in München vom 17.10.2003, Teilnehmerunterlagen; Zentrum Geotechnik, Technische Universität München, 2003.

[48] Geotechnik-Seminar DIN 1054:2005 und EC 7-1 vom 28.10.2005, Teilnehmerunterlagen; Zentrum Geotechnik, Technische Universität München, 2005.

[49] Graßhoff, H., Siedek, P., Floß, R. (1982) *Handbuch Erd- und Grundbau, Teil 1: Baugrund, Gründungen, Stützbauwerke*. Werner Verlag, Düsseldorf.

[50] Graßhoff, H., Siedek, P., Floß, R. (1979) *Handbuch Erd- und Grundbau, Teil 2: Erdbau und Erddruck*. Werner Verlag, Düsseldorf, 1979.

[51] Greiner, J. (1959) Stützmauern, in *Beton-Kalender 1959*, Teil 2, S. 32–52. Ernst & Sohn, Berlin.

[52] Grob, J. (1992) Beitrag zu Entwurf und Bemessung von Tragwerken bei Gefährdung durch Zuganprall, *Bauingenieur* **67**, S. 365–370.

[53] Groß, H. (1981) Korrekte Berechnung des aktiven und passiven Erddrucks mit ebener Gleitfläche bei Böden mit Reibung, Kohäsion und Auflast, *Geotechnik* **4** (2), S. 66–69.

[54] Grübl, P., Rühl, M., Nealen, A., Müller, C. (1999) Betontechnik bei Beton mit rezykliertem Zuschlag, in *Beton mit rezykliertem Zuschlag für Konstruktionen nach DIN 1045-1*, DAfStb-Forschungskolloquium, Berlin.

[55] Grübl, P., Rühl, M. (2004) Beton mit rezyklierter Gesteinskörnung. Ein ambivalenter Baustoff. In *Festschrift zum 60. Geburtstag von Professor Zilch*, Springer Verlag.

[56] Grübl, P., Rühl, M. (2005) Beton mit rezyklierten Gesteinskörnungen, in *Beton-Kalender 2005* (Hrsg. Bergmeister, K., Wörner, J.-D.), Teil 2, S. 143–239, Ernst & Sohn, Berlin.

[57] Grundbau-Taschenbuch (2018), Teile 1 bis 3, 6. Aufl., Ernst & Sohn, Berlin.

[58] Gudehus, G. (1980) Erddruckermittlung, aus Grundbau-Taschenbuch, Teile 1 bis 3. Ernst & Sohn Berlin.

[59] Gudehus, G., Schwarz, W. (1984) *Stabilisierung von Rutschhängen durch Pfahldübel*, Vorträge der Baugrundtagung 1984 in Düsseldorf, S. 669–681.

[60] Hirt, R. (1990) *Holzbauwerke in der Ingenieurbiologie*, Jahrbuch 5, S. 79–83. Gesellschaft für Ingenieurbiologie, Eigenverlag, Aachen.

[61] HSP Spundwandhandbuch, Berechnung; Firmenbroschüre; HSP Hoesch Spundwand und Profil GmbH, www.spundwand.de.

[62] Jelinek, R., Ostermayer, H. (1967) Zur Berechnung von Fangedämmen und verankerten Stützwänden, *Die Bautechnik* **44** (5), S. 167–171, 203–207.

[63] Kézdi, A. (1962) *Erddrucktheorien*, Springer, Berlin, Göttingen, Heidelberg.

[64] Krey, H. D. (1932) *Erddruck, Erdwiderstand*, 4. Aufl., Ernst & Sohn, Berlin.

[65] Mehlhorn, G. (1995) *Der Ingenieurbau: Grundwissen Hydrotechnik Geotechnik*, Ernst & Sohn, Berlin.

[66] Mixed-in-Place-Verfahren; Informationsmaterial von Bauer Spezialtiefbau GmbH, Fachabteilung Dreifachschnecke; www.bauer.de.

[67] Möller, G. (1998) *Geotechnik, Teil 1 Bodenmechanik*, Werner Verlag, Düsseldorf.

[68] Möller, G. (2006) *Geotechnik – Grundbau*, Verlag Ernst & Sohn, Berlin.

[69] Müller-Kirchenbauer, H., Waltz, B., Kilchert, M. (1979) *Vergleichende Untersuchungen der Berechnungsverfahren zum Nachweis der Sicherheit gegen Gleitflächenbildung bei suspensionsgestützten Erdwänden*, Veröffentlichung des Grundbauinstitutes der TU Berlin, Heft **5**.

[70] Ohde, J. (1956) *Grundbaumechanik*, Hütte – des Ingenieurs Taschenbuch Band III, 28. Aufl., Ernst & Sohn, Berlin.

[71] Piaskowski, A., Kowalewski, Z. (1965) *Application of Thixotropic Clay Suspensions for Stability of Vertical Sides of Deep Trenches without Strutting*, Proc. Int. Conf SMFE/Vol III, Montreal.

[72] Rackwitz, R. (1997) *Einwirkungen*. In: Der Ingenieurbau: Grundwissen, Teil 8: Tragwerkszuverlässigkeit, Einwirkungen. (Hrsg. Mehlhorn, G.) Ernst & Sohn, Berlin.

[73] Richwien, W.: Studienunterlagen zur Vorlesung „Besondere Baugrubenkonstruktionen und Baugruben im Wasser"; www.uni-essen.de/grundbau.

[74] Rühl, M. (2001) *Einfluss der rezyklierten Gesteinskörnung auf die Eigenschaften von Frisch- und Festbeton*, Dissertation TU Darmstadt, D 17, 12.2001.

[75] Schwarz, W. (1987) *Verdübelung toniger Böden*, Heft **105**, Veröffentlichung d. Inst. f. Boden- u. Felsmechanik, Karlsruhe.

[76] Handbuch Eurocode 7 (2011) *Geotechnische Bemessung, Band 1 Allgemeine Regeln*, 2. Aufl., Beuth Verlag, Berlin, Mai 2011.

[77] Siebel, E., Kerkhoff, B., Haase, R., Aue, W. (1999) Aspekte der Dauerhaftigkeit bei Beton mit rezykliertem Zuschlag, in *Beton mit rezykliertem Zuschlag für Konstruktionen nach DIN 1045-1*. DAfStb-Forschungskolloquium, Berlin, 1999.

[78] Simmer, K. (1994) *Grundbau, Teil 1: Bodenmechanik und Erdstatische Berechnungen*, 19. Aufl., Verlag B. G. Teubner, Stuttgart, Leipzig.

[79] Simmer, K. (1999) *Grundbau, Teil 2: Baugruben und Gründungen*, 18. Aufl., Verlag B. G. Teubner, Stuttgart, Leipzig.

[80] Sonderkonstruktionen von Gründungen und Stützbauwerken, Fachbereich Grundbau und Bodenmechanik, Technische Universität Berlin, www.isis.tu-berlin.de.

[81] Studienunterlagen Grundbau 2, TU Berlin FG Grundbau und Bodenmechanik, Stand 17.5.06.

[82] Studienunterlagen Grundbau und Bodenmechanik, Zentrum Geotechnik, Technische Universität München, www.gb.bv.tum.de; Stand 2004.

[83] Spotka, H. (1977) *Einfluss der Bodenverdichtung mittels Oberflächen-Rüttelgeräten auf den Erddruck*

einer Stützwand bei Sand. In: Mitteilungen des Baugrundinstitutes Stuttgart Nr. 9, 1977.

[84] Starke, P. (1974) Zur Berechnung von Trägerbohlwänden in Böden ohne Kohäsion, *Die Bautechnik* **51**, S. 269.

[85] Strauss, A. (2003) *Stochastische Modellierung und Zuverlässigkeit von Betonkonstruktionen*, Dissertation, Institut für Konstruktiven Ingenieurbau, Universität für Bodenkultur, Wien.

[86] Terzaghi, K. (1934) *Large Retaining Wall Tests*, Engineering News Record 112.

[87] Thamm, B. (1986) Sicherung übersteiler Böschungen mit Raumgitterwänden, *Bautechnik* **63** (9), S. 294–304.

[88] Türke, H.: Statik im Erdbau. 3. Aufl.; Ernst & Sohn, Berlin, 1999.

[89] Hettler, A., Triantafyllidis, Th., Weißenbach, A. (2018) *Baugruben*, 3. Aufl., Ernst & Sohn, Berlin.

[90] Weißenbach, A. (1974) Erläuterungen zum Entwurf DIN 1055 Teil 2 (2.74), *Die Bautechnik*, (6).

[91] Weißenbach, A., Hettler, A. (2003) Berechnung von Baugrubenwänden nach der neuen DIN 1054, *Die Bautechnik* **80**, S. 857–874.

[92] Wetzell, O. (2002) *Wendehorst Bautechnische Zahlentafeln*. 30. Aufl., Verlag B. G. Teubner Stuttgart, Stuttgart, Leipzig, Wiesbaden.

[93] Wichter, L., Meininger, W. (2000) *Verankerungen und Vernagelungen im Grundbau*, Ernst & Sohn, Berlin.

[94] Winkler, A. (2003) Ermittlung des passiven Erddrucks mit Beiwerten, *Die Bautechnik* **80**, S. 81–89.

[95] Ziegler, M. (2012) *Geotechnische Nachweise nach EC 7 und DIN 1054 – Einführung mit Beispielen*, 3. Aufl., Verlag Ernst & Sohn, Berlin.

[96] Ghosn, M., Moses, F. (1998) NCHRP Report 406, Redundancy in Highway Bridge Superstructures, Transportation Research Board – National Research Council, National Academy Press, Washington, DC.

[97] Katzenbach, R., Bergmann, Ch., Weidle, A., Vogler, M. (2013) *Erste Erfahrungen mit der neuen Grundbaunorm EC 7*. 27. Fortbildungsseminar Tragwerksplanung am 03.09.2013 in Friedberg (Hessen).

VI Gradientenbeton

Daniel Schmeer, Stuttgart

Werner Sobek, Stuttgart

1 Einleitung

„Leichtbau – eine Forderung unserer Zeit" postulierte *Fritz Leonhardt* bereits im Jahre 1940 und mahnte das Bauwesen, die zur Verfügung stehenden Ressourcen materialsparend und zweckmäßig einzusetzen [1]. Leitete sich diese Notwendigkeit aus der damaligen wirtschaftlichen Situation in Deutschland ab, die kriegsbedingt durch einen akuten Ressourcenmangel geprägt war, so ist die Forderung nach Leichtbau heute und zukünftig notwendiger denn je [2]. Denn das Bauwesen steht weltweit für 50 % des Ressourcenverbrauchs [3], 40 bis 45 % des Energieverbrauchs [3], 30 % der CO_2-Emissionen [4] und – zumindest in Deutschland – für über die Hälfte des Massenmüllaufkommens [5]. Bauen wir bei stetigem Bevölkerungswachstum und zunehmendem Wohlstand in weiten Teilen der Erde weiter wie bisher, so werden bald Absolutwerte von unvorstellbarer Größenordnung erreicht, die mit den derzeit zur Verfügung stehenden Technologien nicht zu bewältigen sind, ohne unsere Umwelt dauerhaft und gravierend zu schädigen. Das damit einhergehende Ressourcenproblem macht sich schon jetzt bei der Beschaffung scheinbar einfacher Rohstoffe bemerkbar. Beispielsweise wird der für die Betonherstellung benötigte Sand für Bauprojekte im arabischen und asiatischen Raum vom Meeresboden vor der australischen Küste abgetragen, da der in der Region vorhandene Wüstensand durch Winderosion zu rundkörnig und deshalb für die Betonherstellung nicht geeignet ist [6]. Die Auswirkungen auf die Flora und Fauna in den Meeren und die Emissionen durch den Transport mit Schiffen, welche mit Schwerölen betrieben werden, sind immens.

Zur Senkung des Rohstoff- und Energieverbrauchs des zukünftigen Bauschaffens ist daher ein Leichtbau für alle gefragt. Dieser beinhaltet neben der Suche nach der leichtestmöglichen Konstruktion auch die Minimierung der auf fossilen Energieträgern basierenden Energie und eine rezyklierbare Bauweise [2]. Hierzu sind dringend bautechnische Innovationen in allen Bereichen des Bauwesens zu entwickeln; dies gilt insbesondere für den weltweit meistverbrauchten Werkstoff, nämlich Beton [7]. Es stellt sich daher die Frage nach „Masse oder Qualität im Betonbau?" [8], um es mit den Worten *Robert Maillarts* zu formulieren. Mögliche Antworten auf diese Frage wurden mit dem im Jahre 2011 gestarteten DFG-Schwerpunktprogramm 1542 – Leicht Bauen mit Beton – erarbeitet, das die Grundlagen für das zukünftige Bauschaffen mit dem Werkstoff Beton erforschte [9]. Im Rahmen dieses Programms wurde auch die von *Werner Sobek* entwickelte Technologie des Gradientenbetons zur Gewichtsminimierung von tragenden Betonbauteilen weiterentwickelt. Dieser technologische Ansatz basiert auf der bewussten Gestaltung des Bauteilinnenraums mit dem Ziel einer Homogenisierung der Spannungsfelder und damit verbunden einer signifikanten Masseneinsparung am Bauteil unter der stetigen Berücksichtigung einer rezyklierfähigen Bauweise.

2 Leichtbau

Das Verständnis des hier behandelten Themas wird durch eine zusammenfassende Darstellung der Grundlagen des Leichtbaus vereinfacht. Beim Entwerfen von Leichtbaukonstruktionen können prinzipiell drei grundlegende Kategorien angewendet und in unterschiedlichster Weise miteinander kombiniert werden: Material-, Struktur-, und Systemleichtbau [10]. Unter Materialleichtbau versteht man die Verwendung von Baustoffen mit einem günstigen Verhältnis von spezifischem Gewicht zur ausnutzbaren Festigkeit, zur ausnutzbaren Dehnung, zur ausnutzbaren Steifigkeit etc. Materialleichtbau muss prinzipiell unter Einbeziehung der konstruktiven Durchbildung der Bauteile diskutiert werden. Es genügt nicht, eine günstige Gesamtgeometrie und eine gewichtsoptimale Werkstoffbelegung eines Bauteils zu entwickeln, um danach aufgrund der teilweise erheblichen konstruktiven Probleme in den Krafteinleitungsbereichen Massenmehrungen infolge komplizierter und massebehafteter Details hinnehmen zu müssen. Den Fragen der Detaillierung, der Fügetechnik und der Werkstoffkombinationen kommt deshalb gerade im Leichtbau besondere Bedeutung zu.

Geht man von der Ebene der Werkstoffe sowie deren Kombination und Fügung zu derjenigen der Bauteile und der aus ihnen zusammengesetzten Tragwerke über, so stellt hier der Strukturleichtbau die Aufgabe, ein gegebenes Beanspruchungskollektiv mit einem Minimum an Eigengewicht der Konstruktion unter Einhaltung einer Reihe vorgegebener Restriktionen zu gegebenen Auflagerpunkten zu leiten. Strukturleichtbau beschäftigt sich also mit Art, Anzahl und Anordnung der Bauteile, aus denen eine tragende Struktur minimalen Gewichts gebildet wird. Unter Systemleichtbau versteht man das Prinzip, in einem Bauteil neben der lastabtragenden auch noch andere, wie zum Beispiel raumabschließende, speichernde, dämmende oder vergleichbare Funktionen zu vereinigen. Die tragenden Bauteile werden somit multifunktional, eine im Bauwesen immer wieder, wenn auch nicht oft genug bewusst benutzte Lösung.

Beton-Kalender 2019: Parkbauten; Geotechnik und Eurocode 7.
Herausgegeben von Konrad Bergmeister, Frank Fingerloos und Johann-Dietrich Wörner
© 2019 Ernst & Sohn GmbH & Co. KG. Published 2018 by Ernst & Sohn GmbH & Co. KG.

Die nachfolgenden Betrachtungen beschränken sich auf die Strukturoptimierung eines Bauteils, das als Teil einer übergeordneten Tragstruktur angesehen werden kann. Im Leichtbau wird zunächst die gesamte Tragstruktur durch eine Geometrie- und/oder eine Topologieoptimierung bei gleichzeitiger Einhaltung von Nebenbedingungen, wie beispielsweise einer Restriktion des Entwurfsraums, entwickelt. Danach wird das tragende Element wiederum als Struktur gesehen und einer Geometrie- und einer Topologieoptimierung unterworfen.

Die Geometrieoptimierung kann als Methode zur Ermittlung der idealen Form der Bauteilumhüllenden, also der Außenfläche eines Bauteils, angesehen werden [11]. Bei Einsatz des Werkstoffs Beton sind ausschließlich zugbeanspruchte Bauteile für die weitere Betrachtung irrelevant. Die Geometrieoptimierung führt so bei druckbeanspruchten Bauteilen zu einer dem jeweiligen Stabilitätsproblem angepassten Bauteilform bzw. bei biegebeanspruchten Bauteilen folgt die Bauteilumhüllende idealerweise dem Momentenverlauf. Es ist evident, dass eine Geometrieoptimierung bei druck- und biegebeanspruchten Bauteilen aufgrund der im Bauteilinneren vorliegenden inhomogenen Spannungsverteilung und der damit verbunden ineffizienten Materialausnutzung nicht zu einer gewichtsminimalen Lösung führen kann. Zudem ist im Bauwesen sehr häufig der Fall, dass aus übergeordneten gestalterischen, herstellungs- oder nutzungstechnischen Erwägungen die Findung einer geeigneten Bauteilgeometrie, die zu reduziertem Materialverbrauch führt, nicht möglich bzw. nicht durchsetzbar ist. Als einfachstes Beispiel können hierbei Geschossdecken aufgeführt werden, deren Unterseite aus schalungstechnischen Gründen genauso eben verlaufen muss wie die Oberseiten aus nutzungstechnischen Gründen – auch wenn eine unterschiedliche Ausgestaltung aus tragwerksplanerischer Sicht vorzuziehen wäre.

Eine Optimalität dieser tragenden Betonbauteile zum Erreichen von Gewichtsminimalität wird folglich nur durch eine Topologieoptimierung erzielt, bei der das Entstehen von Hohlräumen im Inneren des Bauteils zugelassen wird. Somit liegt die einzige Möglichkeit zur Aktivierung des vollen Gewichtseinsparpotenzials von druck- und biegebeanspruchten Bauteilen in der bewussten Gestaltung des Bauteilinnenraums.

3 Die Gestaltung des Bauteilinnenraums

Die Gestaltung des Innenraums eines Bauteils setzt als Erstes die Kenntnis und das Verständnis der dreidimensionalen Spannungszustände in einem biegebeanspruchten Bauteil voraus [11]. Die zu betrachtenden Spannungsfelder im Bauteilinneren verlaufen weder über den Querschnitt noch über die Bauteillänge hinweg konstant. Danach können diese Spannungsfelder in einem zweiten Schritt durch Verändern der Steifigkeiten im Bauteilinneren manipuliert werden, was durch Einbringen anderer Materialien (Sandwichbauweisen, Multimaterialbauweisen) und/oder die gezielte Platzierung von Kavitäten erfolgen. Beides geschieht mit dem Ziel einer Homogenisierung der Spannungsfelder nach dem Vorbild eines *fully-stressed design*.

Das Platzieren unterschiedlicher Steifigkeiten entlang mindestens einer der drei Raumachsen eines Bauteils wird als Gradiententechnologie bezeichnet. Die Anfänge dieser Strukturanpassung sind auf das Jahr 1972 mit der Erforschung gradierter Variationen von Fasern und deren Ausrichtung in Polymermatritzen [12] zurückzuführen. Erste Anwendungen in der Raumfahrttechnik erfolgten in Japan 1984 [13]. In Europa wurden maßgebliche Ergebnisse im DFG-SPP 733 – Gradientenwerkstoffe – erzielt [14]. Bei allen Anwendungen werden Multimaterialtechnologien eingesetzt, die im Hinblick auf eine ideale Anpassung der Steifigkeitsverteilungen innerhalb des Bauteils wahrscheinlich den am besten geeigneten Ansatz darstellen. Da hierbei aber zumeist verschiedene Materialien kraft- und formschlüssig miteinander zu verbinden sind, entsteht zwangsläufig das bei allen Hochleistungsverbundwerkstoffen bekannte Problem der Materialtrennung und Wiederverwertung – nur der Verbundwerkstoff Stahlbeton gehört nicht zu dieser Gruppe, da er nach Rückbau in der Regel relativ leicht von seiner Bewehrung getrennt werden kann [11].

Das Konzept der Gradiententechnologie wurde erstmals von *Werner Sobek* auf den Betonbau übertragen. Dabei werden die Betoneigenschaften wie Festigkeit, Dichte, Steifigkeit oder Wärmeleitfähigkeit gezielt an das im Bauteilinneren vorherrschende Beanspruchungsprofil angepasst [11]. Eingesetztes Material, welches nur geringfügig benötigt wird und somit das Eigengewicht der Konstruktion erhöht, wird dadurch vermieden. Das Ergebnis sind Bauteile mit einer drastischen Reduktion der Gesamtmasse bei gleichzeitiger Einhaltung von Standsicherheit und Funktionsfähigkeit. Die Forschungsarbeiten am Institut für Leichtbau Entwerfen und Konstruieren (ILEK) der Universität Stuttgart zur Gestaltung der Innenräume von Betonbauteilen widmen sich konsequenterweise den Monomaterialtechnologien, um eine vollständige Rezyklierbarkeit des Bauteils am Lebensende sicherzustellen. Die Gradierung des Betons innerhalb des Bauteils – die idealerweise der Beanspruchung folgende Bewehrung ist davon ausgeschlossen – wird durch zwei Maßnahmenbündel möglich, die auch miteinander kombiniert werden können (Bild 1). Bei Ersterem, der sogenannten Mikrogradierung, wird die Steifigkeit der Betonmatrix durch die Zugabe von porösen Leichtzuschlägen und schaumbildenden

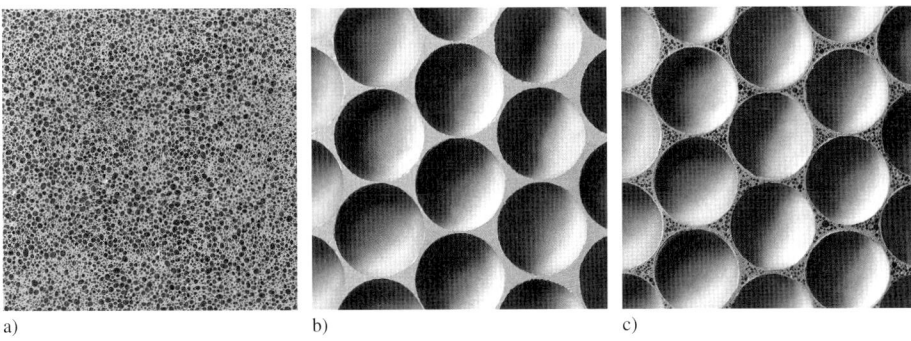

Bild 1. a) Mikrogradierung durch Leichtzuschläge oder durch Porenbildung, b) Mesogradierung durch mineralische Hohlkörper und c) Kombination der beiden Maßnahmenbündel

Technologien (1 bis 10 mm Porengröße) manipuliert. Das zweite Maßnahmenbündel, nämlich die Mesogradierung, besteht aus der Platzierung mineralischer Hohlkörper (10 bis 250 mm Durchmesser) im Bauteilinnenraum zwecks Manipulation des Spannungszustands.

4 Mikrogradierung von Betonbauteilen

4.1 Konzept

Das Konzept der Mikrogradierung sieht vor, die Dichte des Betons durch eine kontinuierliche Variation der Porosität mittels mineralischer Leichtzuschläge (Blähton, Blähglas etc.) oder durch Porenbildung zu manipulieren und das Material entsprechend dem vorliegenden Anforderungsprofil zielgerichtet im Bauteil zu platzieren. Hierzu bedarf es der systematischen Erforschung von dichteanpassbaren Betongemischen und deren Herstellung sowie der Formulierung von Entwurfs- und Berechnungsmethoden. Diese sich wechselseitig beeinflussenden Aspekte bestimmen den Grad bzw. die Auflösung der Gradierung im Bauteil und somit das Masseneinsparpotenzial. Die Grundlagen und Zusammenhänge sollen im Folgenden für die Mikrogradierung näher erläutert werden.

4.2 Herstellungsverfahren

Die Herstellung von Gradientenbeton erfordert die Erforschung innovativer Konzepte und darauf aufbauend die Entwicklung von Werkstoffrezepturen entsprechend den materialspezifischen und verfahrensbedingten Anforderungen. Die positionsgenaue Platzierung von definierten Materialeigenschaften kann durch additive Fertigungsverfahren erreicht werden [15–18]. Bei solchen Prozessen wird das Bauteil durch sukzessives Hinzufügen von neuem

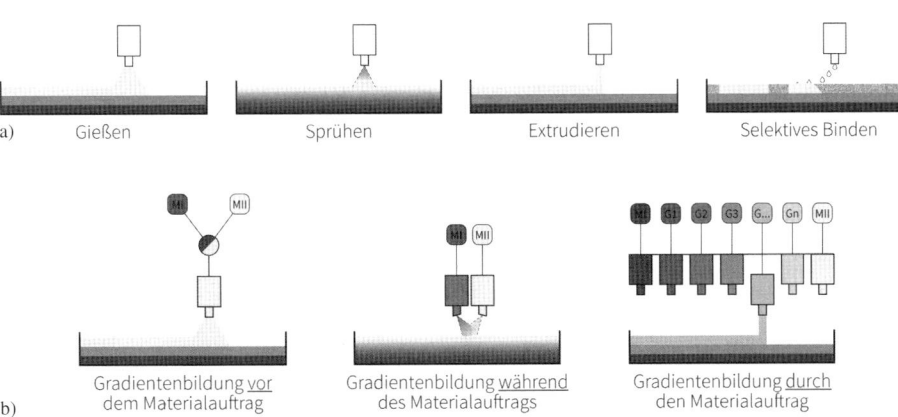

Bild 2. a) Applikationstechniken und b) Mischtechniken zur Gradientenbildung

Material aufgebaut. Dies ermöglicht eine schichtweise ebenso wie eine stufenlose Gradierung. Die hierzu zur Verfügung stehenden Applikationstechniken sind vielfältig (Gießen, Sprühen, Extrudieren oder Selektives Binden), bedürfen aber auch (vor, während oder durch den Materialauftrag) einer adäquaten Verfahrenstechnik zur Gradientenbildung (Bild 2). Nachfolgend werden zwei ausgewählte Herstellungsverfahren beschrieben, die sich bei den bisherigen Forschungsarbeiten als besonders zielführend erwiesen haben [19].

Schichtweises Gießen

Beim schichtweisen Gießen werden Betone mit unterschiedlichen Mischungszusammensetzungen und somit Eigenschaften horizontal und vertikal im Bauteil geschichtet. Die Eigenschaftsübergänge erfolgen durch den Materialauftrag und können anhand von Anzahl und Dicke der Schichten sowie Variationsgraden der Mischungen gesteuert werden (Bild 3). Mittels eines Nass-in-nass-Einbaus wird der Verbund zwischen den Schichten sichergestellt. Potenzial besitzt dieses Verfahren bei der Herstellung einachsiger Gradierungen für den Einsatz in einachsig lastabtragenden Biegebauteilen. Bei der eingesetzten Gradientenbildung durch den Materialauftrag ist eine Vielzahl von Betonmischungen erforderlich. Diskrete Schichtgrenzen im Inneren des Bauteils bleiben vorhanden.

Automatisiertes Sprühen

Mittels Sprühverfahren lassen sich stufenlose und somit kontinuierliche Gradierungen erzielen (Bild 4). Hierzu sind mindestens zwei Betonmischungen mit stark unterschiedlichen Eigenschaften notwendig, die durch eine Volumenstromregelung überlagert werden. Zur Förderung und Regelung des Massenstroms können sowohl Trocken- als auch Nassspritzverfahren eingesetzt werden. Die Gradientenbildung kann vor oder während des Materialauftrags durch Überlagerung zweier Sprühstrahle im Sprühnebel erfolgen. Dieser Prozess wurde in einer interdisziplinären Kooperation zwischen dem ILEK und den Instituten für Systemdynamik (ISYS) und Werkstoffe im Bauwesen (IWB) der Universität Stuttgart in einer Pilotanlage automatisiert; er setzt sich aus der Betonverfahrens- und der Applikationstechnik zusammen [20].

Die Betonverfahrenstechnik besteht aus einem Misch- und Förderprozess (Bild 5). Beim Trockenspritzverfahren werden zwei Basismischungen MI und MII in je einem Zwangsmischer trocken vorgemischt und den Rotortrockenspritzmaschinen über Fallrohre zugeführt. Der gewünschte Materialstrom wird durch eine Drehzahlregelung der Maschinen und einen definierten Luftvolumenstrom pneumatisch zum Düsensystem gefördert. Vor dem Austritt des Materials an der Düse wird die trockene Ausgangsmischung in Abhängigkeit vom Massestrom und w/z-Wert mittels eines Flüssigdosiergeräts benetzt. Die Gradierung erfolgt während des Materialauftrags. Beim Nassspritzverfahren wird der Frischbeton den Schneckenpumpen zugeführt und so direkt in den Herstellungsprozess integriert. Damit können die rheologischen Eigenschaften in einem vorgelagerten Mischprozess mit hoher Güte

Bild 3. Geschichteter Porositätsgradient [19]

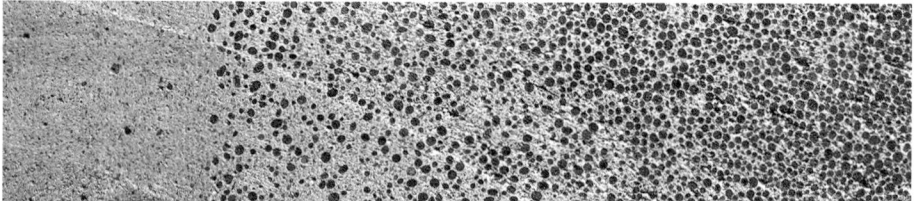

Bild 4. Gesprühter Porositätsgradient [19]

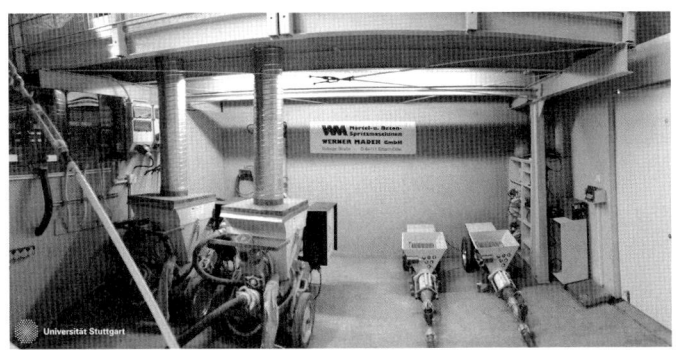

Bild 5. Rotortrockenspritzmaschinen (links) und Nassspritzmaschinen (rechts) [20]

eingestellt werden. Über die Regelung der Drehzahl der Schneckenpumpen wird der Frischbeton im Dichtstrom zur vorgelagerten Mischeinheit gefördert. Eine Manipulation der Betoneigenschaften kann durch die Zuführung von Additiven mittels Hydropumpen an der Düse erreicht werden.

Zur Herstellung gradierter Betonbauteile in reproduzierbarer und hoher Qualität muss neben der Betontechnologie auch die exakte Positionierung der Betone innerhalb des Bauteils sichergestellt werden. Hierzu wurde der Prototyp eines Applikationssystems entwickelt und realisiert (Bild 6) [21]. Dieses besteht aus einem Mehrachslinearsystem mit drei translatorischen Freiheitsgraden zur Ausführung der Düsenführungsbewegung und einer Parallelkinematik mit sechs Freiheitsgraden für die Umsetzung der Düseneigenbewegung. Die Bewegung der Parallelkinematik erlaubt einerseits die dreidimensionale Orientierung der Ausbringvorrichtung. Andererseits wird durch eine überlagerte hochdynamische, elliptische Bewegung der Düsen ein gleichmäßiger Materialauftrag erreicht.

4.3 Betontechnologie

Durch eine veränderliche Porositätsverteilung mittels Leichtzuschlägen wird die Herstellung von Bauteilen mit Mikrogradierung ermöglicht. Dieses Konzept erfordert die Entwicklung mindestens zweier Betonmischungen mit stark unterschiedlichen Eigenschaften. Das Fünf-Stoff-System Beton (Gesteinskörnung, Zement, Wasser, Zusatzstoffe und -mittel) bietet eine Vielzahl von Möglichkeiten zur Rezeptur- und Eigenschaftsanpassung [22]. So lassen sich beispielsweise ultrahochfeste Betone [23] oder Infraleichtbeton [24] erzielen.

a)   b)

Bild 6. a) Applikationssystem, b) mit Stewart-Gough-Plattform [20]

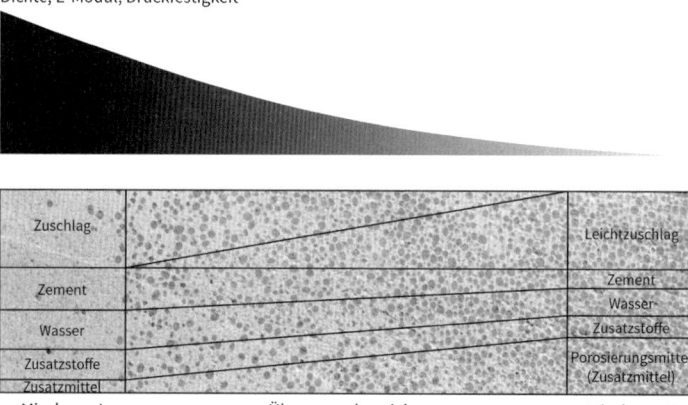

Bild 7. Eigenschaftsänderung der Betongemische durch Dichteanpassung [20]

Eine Optimalität von tragenden Betonbauteilen im Sinne einer Gewichtsminimalität kann nur erreicht werden, wenn mindestens eine Betonmischung die Tragfähigkeit gewährleistet und mindestens eine die Reduktion der Bauteilmasse ermöglicht. Auf dieser Grundlage wurde im Wesentlichen am IWB eine Mischung I (MI) mit maximaler Festigkeit und minimaler Porosität entwickelt, die die tragende Komponente abbildet. Anhand der Substitution des schweren Zuschlags von MI durch Leichtzuschlag wird die Basismischung II (MII) gebildet. Letztere ist aufgrund der reduzierten Dichte für die Gewichtsreduktion im Bauteil verantwortlich. Durch die volumenspezifische Überlagerung der beiden Basismischungen können die Betoneigenschaften entsprechend den Anforderungen manipuliert werden. So ist ein exponentieller Rückgang der Festigkeit und des E-Moduls bei linearer Abnahme der Rohdichte zwischen den beiden Referenzmischungen zu verzeichnen (Bild 7). Somit können für mittlere Spannungsniveaus innerhalb des Bauteils entsprechende Mischungsverhältnisse eingesetzt werden, bei einer vollständigen Ausnutzung des eingesetzten Materials.

Entsprechend wurden am IWB für die unterschiedlichen Herstellungsverfahren Betonrezepturen entwickelt, die sowohl die geforderten mechanischen Kennwerte (Festigkeit, Dichte, E-Modul etc.) als auch die notwendigen Anforderungen der Fertigung erfüllen (Tabelle 1). Für das schichtweise Gießen wurden sieben Mischungsrezepturen bereitgestellt, die eine abgestufte Gradierung ermöglichen. Ausgehend von einer tragfähigen Betonmischung wurden zunächst in drei weiteren Mischungen die schweren Bestandteile durch den Leichtzuschlag Blähglas substituiert und anschließend in wiederum drei Mischungen die Zementmatrix durch Mikrohohlkugeln schrittweise porosiert [19]. Für die automatisierte Gradientensprühtechnik wurden je zwei Mischungen für das Trockenspritzen und je zwei Frischbetonrezepturen für das Nassspritzen bereitgestellt [25]. Für beide Verfahren setzt sich die Basismischung MI in ihren Grundkomponenten aus Zement, Gesteinskörnung, Zuschlagstoffen und Wasser zusammen. Die Förderbarkeit der Frischbetonmischung für das Nassspritzen wird durch die Zugabe von Fließmittel und Stabilisator sichergestellt. Unter Zudosierung von Beschleuniger kann das Erstarrungsverhalten exakt auf die Bedürfnisse des additiven Fertigungsverfahrens angepasst werden. Die Porosität wird bei den beiden leichten Basismischungen ebenfalls durch die Verwendung des Leichtzuschlags Blähglas erzielt.

Tabelle 1. Zusammenfassung der Eigenschaftsbereiche der Festbetone für die Herstellungsverfahren des schichtweisen Gießens und des Trockenspritzens

Herstellungsverfahren	Dichte [g/m³]	Druckfestigkeit [N/mm²]	E-Modul [N/mm²]
Schichtweises Gießen	0,50 – 2,25	3,0 – 88,0	163 – 35.050
Trockenspritzen	1,10 – 2,20	8,0 – 64,0	7.754 – 35.718

4.4 Entwurf

Das Ziel des Entwurfs funktional gradierter Betonbauteile liegt in der Definition der beanspruchungsgerechten Materialverteilung im Inneren des Bauteils, der Bestimmung des sogenannten *Gradientenlayouts*. Dieses ist neben den Entwurfsrandbedingungen (Bauteilgeometrie, Belastung, Lagerung, Betoneigenschaften und Herstellungsverfahren) maßgeblich von der zu optimierenden Zielgröße abhängig. So wird beim tragstrukturellen Entwurfsansatz die ideale Materialverteilung zur Gewichtsreduktion eines monofunktionalen, lastabtragenden Bauteils angestrebt. Beim funktionalen Entwurfsansatz wird eine Materialminimierung des Gesamtbauteils unter Berücksichtigung zusätzlicher Anforderungen (z. B. Wärmedämmung, Schall- und Brandschutz) verfolgt [26]. Die nachfolgenden Ausführungen fokussieren auf den erstgenannten Ansatz, mit dem Ziel, eine gegebene Belastung unter Einhaltung von Randbedingungen mit einem Minimum an Materialeinsatz in der Konstruktion abzutragen [10]. Die damit einhergehende Masseneinsparung hat wie bei allen Leichtbaukonstruktionen die Folge, dass für den Entwurf nicht nur die maßgebenden Beanspruchungen ausschlaggebend sind, sondern auch die auftretenden Verformungen berücksichtigt werden müssen. Deshalb lassen sich die zwei Entwurfsprinzipien *design for strength* und *design for deformation* für gradierte Betonbauteile formulieren.

Design for strength

Die Materialverteilung erfolgt bei diesem Entwurfsprinzip auf Basis des im Bauteilinneren vorherrschenden Beanspruchungszustands. Dessen Bestimmung ist stark abhängig von Bauteilgeometrie, Auflagersituation und Laststellung. Für den einfachen Fall ebener und einachsig spannender Bauteile können jedoch die Beanspruchungen im Bauteilinneren anhand analytisch ermittelbarer Kraftgrößen (Schnittkräfte oder Hauptspannungen) bestimmt [27] und somit für die Materialverteilung herangezogen werden. Bild 8 zeigt ein beispielhaftes Ergebnis dieser Materialverteilungsstrategie. Vergleichbar mit einer Sandwichstruktur, wird das in Feldmitte auftretende maximale Biegemoment über eine obere und eine untere, aus fertigungstechnischen Gründen konstante Deckschicht abgetragen. Die Dicke der oberen Deckschicht lässt sich aus der vorherrschenden Druckresultierenden und der Druckfestigkeitsklasse der eingesetzten höherfesten Betonmischung (MI) bestimmen. Die untere Deckschichtstärke richtet sich nach der zur Aufnahme der Zugkräfte notwendigen Bewehrung und den damit verbundenen Konstruktionsregeln (Verbund, Betondeckung etc.). Die Gradierung des inneren Kerns leitet sich aus der Querkraftbeanspruchung ab. In den beiden Randbereichen wird eine Gradierung nach der wirkenden, betragsmäßig konstanten Querkraft dimensioniert. Der unbeanspruchte Bereich in der Mitte des Kerns kann, da keine Tragfähigkeitsanforderungen vorliegen, mit der minimalen Rohdichte der Betonmischung (MII) belegt werden. Dieses Vorgehen kann analog auch auf die

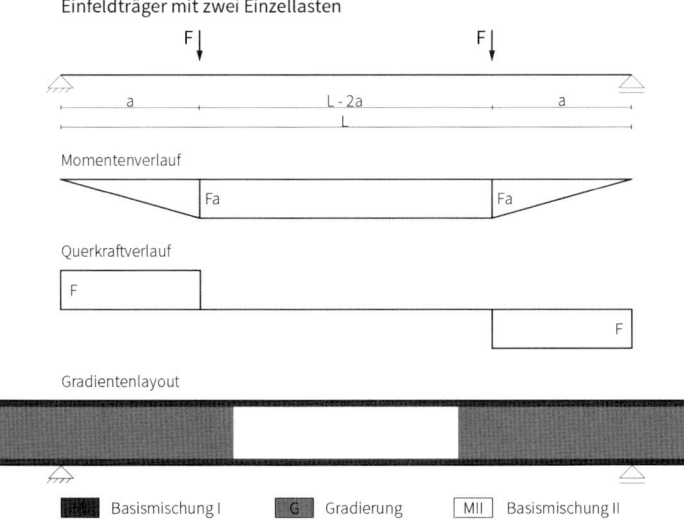

Bild 8. Dichteverteilung als Entwurfsergebnis nach dem Prinzip *design for strength*

Materialverteilung auf Basis der vorherrschenden Hauptspannungen im Bauteil übertragen werden. So folgen die Gradierungsstufen im Inneren des Bauteils den Hauptdruckspannungen. Um diese auch bei komplexer Bauteilgeometrie zu bestimmen, kommen numerische Berechnungsmethoden zum Einsatz. So kann folglich durch die Zielfunktion der Massenreduktion unter der Nebenbedingung zulässiger Druckspannungen das Material im Sinne eines *fully-stressed design* verteilt werden.

Design for deformation

Eine sukzessive Entmaterialisierung der Konstruktion führt im Leichtbau zu hohen Verformungen, weshalb mit dem folgenden Entwurfsansatz das Ziel der Maximierung der Bauteilsteifigkeit bei festgelegtem Materialvolumen bzw. die Minimierung des Bauteilgewichts bei zulässiger Verformung verfolgt wird. *Herrmann* hat hierzu in [28] eine erste Entwurfsmethode für funktional gradierte Betonbauteile auf Basis der Topologieoptimierung [29] aufgestellt. Dabei wird in einer iterativen Optimierungsroutine das Material in Form der relativen Dichte x_i umverteilt, bis die gewünschte Zielfunktion (Steifigkeitsmaximierung) erreicht ist. Mit der Potenzfunktion des SIMP-Ansatzes (Solid Isotropic with Penalization) [30] wird die Entwurfsvariable mit der Bauteilsteifigkeit (E-Modul) in Zusammenhang gebracht. Dies reduziert die Zielfunktion auf nur eine Variable.

$$\frac{E_i}{E_0} = (x_i)^p = \left(\frac{\rho_i}{\rho_0}\right)^p, p > 1$$

E_i beschreibt den E-Modul des betrachteten Elements und E_0 den E-Modul des massiven Elements. Die Dichte jedes Elements ρ_i wird ins Verhältnis zur massiven Dichte ρ_0 des isotropen Materials gesetzt und kann durch Anpassung des Bestrafungsfaktors p auf das jeweilige Eigenschaftsspektrum der gradierten Betone angepasst werden (Bild 9) [28].

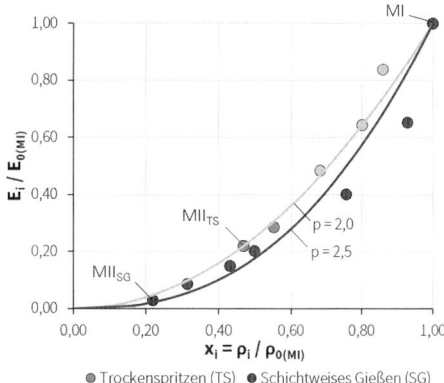

Bild 9. Anpassung des SIMP-Ansatzes an die vorliegenden Betoneigenschaften der jeweiligen Herstellungsverfahren

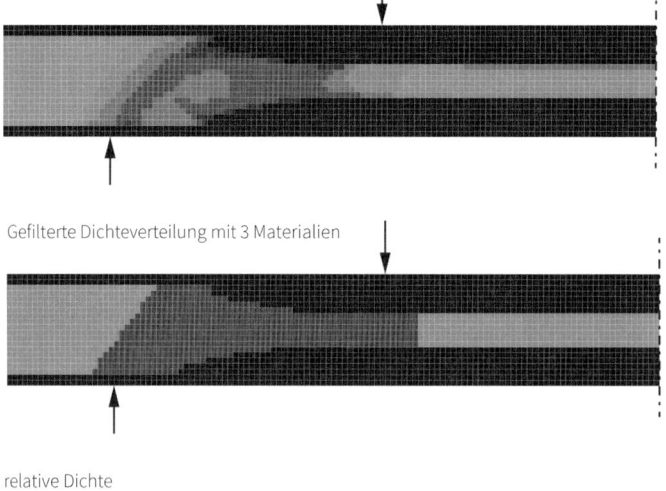

Bild 10. Dichteverteilung als Entwurfsergebnis nach dem Prinzip *design for deformation* unter Verwendung unterschiedlicher Dichtefilter

Die verfahrensbedingten Auflösungsgrade der Gradierung werden bei der Optimierung mithilfe eines Dichtefilters erfasst. Dieser kann beispielsweise so eingestellt werden, dass geglättete Materialübergänge in der Horizontalen entworfen und somit sprunghafte Eigenschaftsänderungen ausgeschlossen werden, wohingegen in der Vertikalen die Gradierungsstufen nicht beschränkt werden [31]. Zusätzlich kann die Anzahl der zur Verfügung stehenden Materialabstufungen in Abhängigkeit vom Herstellungsverfahren festgelegt bzw. in bestimmten Bereichen die Materialverteilung aus konstruktiven Gründen (Betondeckung, Bewehrungsverbund etc.) vordefiniert werden. Bild 10 zeigt ein beispielhaftes Entwurfsergebnis dieses Optimierungsverfahrens zur Materialverteilung.

4.5 Tragverhalten

4.5.1 Experimentelle Untersuchungen

Das Tragverhalten mikrogradierter Betonbauteile wurde in den letzten zehn Jahren am ILEK intensiv erforscht und ist in [20, 26–28, 31, 32] ausführlich veröffentlicht. Die nachfolgenden Erläuterungen sollen das grundlegende Tragverhalten der gradierten Bauteile aus Beton zusammenfassen, welches durch 4-Punkt-Biegeversuche an stabstahl- und faserverbundbewehrten, skalierten Probekörpern (1,2 m × 0,1 m × 0,1 m) experimentell ermittelt wurde.

Biegetragverhalten

Ausgangspunkt der Untersuchungen zur Biegetragfähigkeit bildet ein Referenzlayout (RL) mit homogener Materialverteilung der Basismischung MI, an dem das Tragverhalten der gradierten Probekörper validiert wird (Bild 11). Das Kammerlayout (KL) stellt das gradierte Betonbauteil nach dem Entwurfsprinzip *design for strength* dar und das Entwurfsprinzip *design for deformation* wird durch ein gefiltertes Topologielayout (TL) repräsentiert. Gefertigt wurden alle Probekörper mit dem automatisierten Gradiententrockensprühverfahren. Für eine detaillierte Erklärung des Herstellungsprozesses sei auf [21, 26, 31] verwiesen.

Grundsätzlich weisen gradierte Betonbauteile ein vergleichbares Biegetragverhalten wie Betonbauteile mit massivem Vollquerschnitt auf (Bild 11 und Tabelle 2). Sie unterscheiden sich lediglich im Betrag der Kraft und Verformung im ungerissenen (Z^I) und gerissenen Zustand (Z^{II}). Aufgrund der Platzierung von Betonen mit niedrigerem E-Modul im Inneren ist die Biegesteifigkeit des Bauteils im linear-elastischen Zustand I reduziert. Die Folge ist eine geringere Erstrisslast bei größerer Verformung, die über einen idealisierten Querschnitt analytisch bestimmbar ist [27]. Nach Erreichen der Erstrisslast weisen alle Versuchsserien ein qualitativ einheitliches Kraft-Verformungsverhalten in der Rissbildungsphase (Z^{IIa}) auf. Aufgrund eines vergleichbaren Spannungszustands im gerissenen Betonquer-

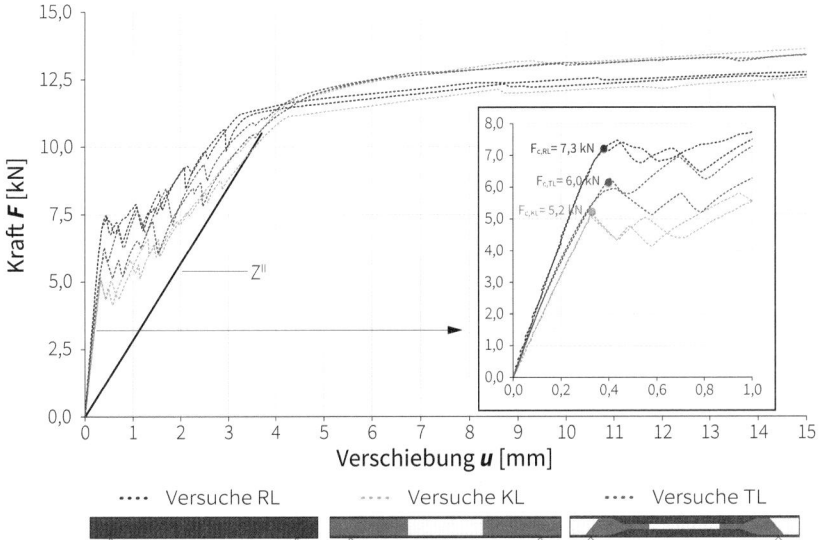

Bild 11. Kraft-Verformungsdiagramm der Versuchsserien zur Biegetragfähigkeit nach [31]

Tabelle 2. Zusammenfassung der Versuchsergebnisse zur Biegetragfähigkeit

Versuchsserie	RL_{TS}	KL_{TS}	TL_{TS}
Bauteilgewicht [kg]	27,8	21,7	23,2
Massenersparnis [%]	–	22	17
Erstrisslast [kN]	7,29	5,24	6,04
Prüflast [kN]	13,22	13,67	13,73
Versagensart	Biegeversagen	Biegeversagen	Biegeversagen

schnitt und den identischen Bewehrungseigenschaften stellt sich, gegenüber dem theoretischen reinen Zustand II [33], bei allen Versuchsserien ein paralleler Kraft-Verformungsverlauf in der Rissöffnungsphase (Z^{IIb}) ein. Danach wird die Last bei zunehmender Verformung nur noch gering gesteigert und der Stahl beginnt zu fließen (Z^{III}). Die maximale Prüfkraft in diesem Zustand weicht bei den unterschiedlichen Layouts nur geringfügig voneinander ab.

Querkrafttragverhalten

In [28] wurden die Auswirkungen von Schubschlankheit λ und Bewehrungsgrad ρ_l auf das Querkrafttragverhalten von gradierten Betonbauteilen mit Sandwichlayout ohne Querkraftbewehrung umfangreich untersucht. Die durchgeführten Versuche der im schichtweisen Gießen hergestellten Probekörper weisen allesamt Querkraftversagen infolge Biegeschub oder Längsschub in der Fuge auf (Bild 12). Beide Versagensarten sind eine Folge des Fortschreitens des kritischen Schubrisses und damit maßgeblich von der Schubschlankheit abhängig. Bei auflagernaher Lasteinleitung und folglich niedriger Schubschlankheit ($\lambda \leq 2,84$) versagt die horizontale Verbundfuge zwischen unterer Deckschicht und Kern. Bei höherer Schubschlankheit ($\lambda \geq 3,79$) tritt ein Biegeschubversagen auf. Dabei findet eine starke Einschnürung der Druckzone durch das Wachstum des kritischen Schubrisses in dem Bereich kombinierter Querkraft- und Momentenbeanspruchung statt [33].

Um das Querkrafttragverhalten gradierter Betonbauteile auch bei komplexer Materialverteilung und im Realmaßstab abschließend bewerten zu können, sind allerdings noch weitere Untersuchungen notwendig, insbesondere für die Verwendung von sehr leichten und niedrigfesten Betonen im Kernbereich.

4.5.2 Berechnungs- und Bemessungsvorschläge

Die Dimensionierung gradierter Betonbauteile kann für verhältnismäßig einfache Layouts an idealisierten Ersatzquerschnitten erfolgen und nach den technischen Regelwerken Eurocode 2 [34] und DIN EN 1520 [35] bemessen werden. Die Idealisierung des Querschnitts für die Biegebemessung erfolgt über die Reduktionszahl $n = E_G / E_{MI}$, durch die der gradierte Kern in eine äquivalente Stegbreite

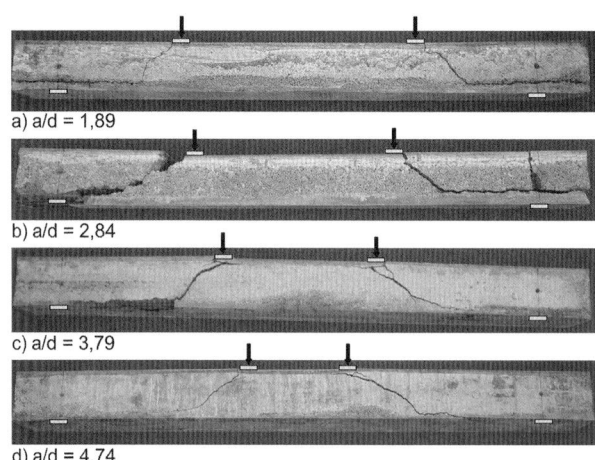

a) a/d = 1,89

b) a/d = 2,84

c) a/d = 3,79

d) a/d = 4,74

Bild 12. a), b) Versagen der Längsfuge bei niedriger Schubschlankheit und b), c) Biegeschubversagen bei hoher Schubschlankheit [27]

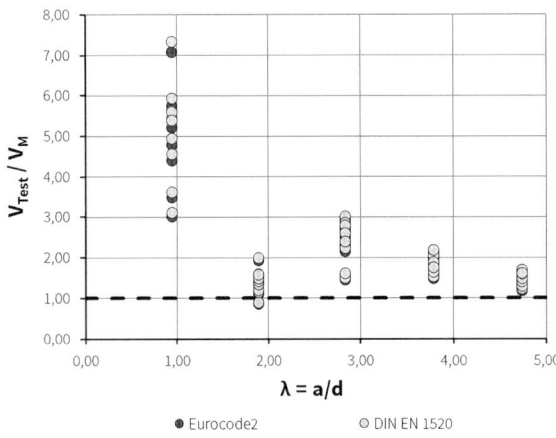

Bild 13. Verhältnis für Versuchsergebnis zu Bemessungsergebnis nach Eurocode 2 und DIN EN 1520 in Abhängigkeit der Schubschlankheit λ nach [27]

aus der höherfesten Basismischung MI überführt wird. An dem resultierenden Plattenbalken kann weiterhin unter Gültigkeit der Bernoulli-Balken-Theorie die Biegebemessung vorgenommen werden [28]. Die Bemessung der Querkrafttragfähigkeit erfolgt vereinfachend an einem homogenen Querschnitt aus der leichten Kernbetonmischung. Dieser Ansatz führt allerdings dazu, dass die berechnete Querkrafttragfähigkeit V_M gemäß Eurocode 2 und DIN EN 1520 gegenüber der experimentell ermittelten Querkrafttragfähigkeit V_{Test}, auf der sicheren Seite liegend, unterschätzt wird (Bild 13) [27].

Unabhängig von der Komplexität der Materialverteilung und der Bauteilgeometrie ist die Berechnung und Bemessung gradierter Bauteile mit der Finite-Elemente-Methode [36–39] am besten geeignet. Unter Verwendung eines nichtlinearen Materialmodells für den Werkstoff Beton (*Concrete Damaged Plasticity* [40]), welches von *Mark* in [41] ausführlich beschrieben ist, wird eine realitätsnahe Abbildung des Tragverhaltens erzielt. Dazu wird das Bauteil als dreidimensionaler Volumenkörper mit verschmierter Bewehrungsfläche (vollständige Verbundformulierung) modelliert und anschließend simuliert [31]. In Bild 14 sind die Ergebnisse der nichtlinearen numerischen FE-Simulation mit den bereits zuvor präsentierten Versuchsergebnissen zur Biegetragfähigkeit (RL, KL und TL) auf charakteristischem Lastniveau dargestellt. Die hinreichend genaue Übereinstimmung im Kraft-Verformungsverlauf zwischen Versuch und Simulation von RL bestätigt zunächst den Modellierungsansatz. Bei den gradierten Probekörpern (KL und TL) wird das Tragverhalten in der nichtlinearen FE-Berechnung leicht unterschätzt, aber im Rahmen der Streuung von Materialparametern und der Genauigkeit des automatisierten Herstellungsprozesses dennoch hinreichend genau abgebildet. Abschließend lässt sich festhalten, dass auf charakteristischem Lastniveau das Tragverhalten gradierter Betonbauteile durch eine nichtlineare FE-Simulation sehr gut abgebildet wird und sich diese Berechnungsmethode für den Nachweis der Bauteile im Grenzzustand der Tragfähigkeit mit den im Eurocode 2 [34] zu berücksichtigenden Bemessungskriterien eignet.

5 Mesogradierung von Betonbauteilen

5.1 Konzept

Bei der Anwendung der Mikrogradierung ist de facto an jedem Punkt im Inneren eines Bauteils Material zu platzieren. Da die Porengröße der Komponenten, die eine Schaum- oder Schwammstruktur ausbilden, nicht beliebig gesteigert werden kann, muss selbst in Bereichen mit sehr niedrigem Beanspruchungsniveau Material eingesetzt werden. Dies führt folglich zu mehr Masse im Bauteil. Dieses Problem kann durch die Platzierung größerer Hohlräume (10 mm bis 250 mm) im Bauteilinneren umgangen werden. Das Einbringen von Hohlräumen zur Reduktion des Eigengewichts ist bereits als Bautechnik im spätantiken Rom bekannt [42] und findet heute in der Baupraxis Verbreitung in den zweiachsigen Hohlkörperdecken [43]. Bei der letztgenannten Technik werden sich nicht berührende Kunststoffhohlkörper gleich großen Durchmessers in Höhe der neutralen Zone der Biegebeanspruchung im Bauteil mit Bewehrungskörben zur Auftriebssicherung eingebaut und anschließend einbetoniert. Die Hohlraumstruktur im Bauteilinneren verläuft also nach einer 0/1-Funktion und lässt somit eine Gradierung im eigentlichen Sinn nicht zu; darüber hinaus ist ein sortenreines Recycling des Bauteils in der Regel nicht mehr oder nur mit gro-

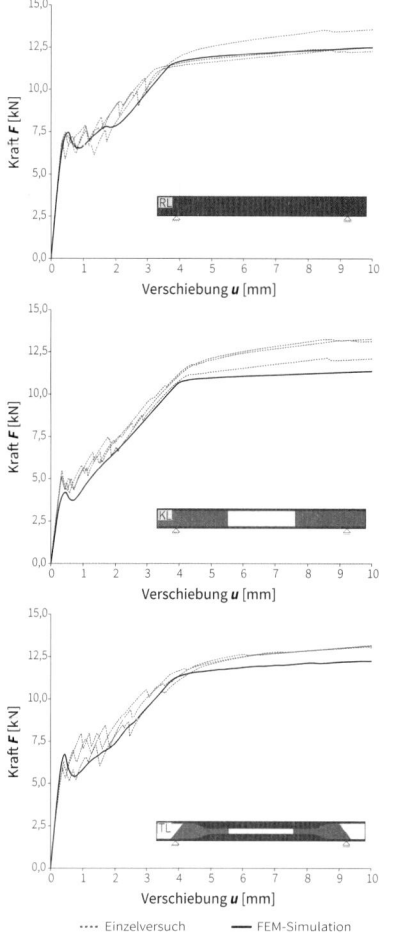

Bild 14. Kraft-Verformungsdiagramm der Versuchsserie RL, KL und TL in der FEM-Simulation und im Versuch

5.2 Herstellungsansätze

Hohlkörper aus Beton

Die Fertigungsmethode der Hohlkörper aus Beton ist ein erster, maßgebender Schritt für die Umsetzbarkeit des Konzepts der Mesogradierung. Zur Herstellung dünnwandiger, mineralischer Hohlkörper wurden Verfahren aus materialübergreifenden Bereichen analysiert und anschließend auf die Fertigung von Betonhohlkörpern überführt [44]. Als zielführend hat sich in dieser Untersuchung ein Rotationsprozess herausgestellt. Beim Rotationsverfahren wird eine Form mit dem Ausgangsstoff in eine zumeist biaxiale Rotation versetzt, sodass sich das im flüssigen Zustand befindliche Material gleichmäßig verteilen und während des Rotationsvorgangs erhärten kann [45]. Zur Gewährleistung einer gleichmäßigen Wandstärke der Hohlkörper und folglich einer gleichbleibenden Qualität wurde in Zusammenarbeit mit dem ISYS eine prototypische Zentrifuge inklusive Formhalterung entwickelt und realisiert (Bild 15) [31]. Die Zentrifuge besteht aus zwei unabhängig voneinander steuerbaren Rahmen und ermöglicht so die zielgerichtete, biaxiale Rotation des in den Rahmen fixierten Schalungsblocks. Durch die variabel verstellbare Formhalterung lassen sich Schalungsblöcke von bis zu 300 mm × 300 mm einsetzen. Somit können in einem Rotationsvorgang entweder individuelle, großformatige Hohlkörper oder eine Vielzahl an kleineren Hohlkugeln mit gleicher Geometrie gefertigt werden. Seitens des IWB wurde für die Hohlkörperherstellung eine Betonsuspension mit hoher Festigkeit und sehr guter Fließfähigkeit bereitgestellt. Durch die Anpassung der Beschleunigermenge in Verbindung mit der zielgerichteten Trajektorienplanung lassen sich Produktionszeiten von zwei bis 15 Minuten je nach Größe und Geometrie der Hohlkörper verwirklichen. Mit den herstellbaren Hohlkörpern bis zu einer Größe von 250 mm und Wandstärken von lediglich 1 bis 4 mm lassen sich alle derzeitigen Forschungsfragen der Mesogradierung experimentell unterstützen und verifizieren (Bild 15).

Mesogradierte Bauteile

Ähnlich wie bei der Herstellung zweiachsiger Hohlkörperdecken stellt die zielgenaue Positionierung und Lagesicherung der mineralischen Hohlkörper im Bauteil eine große Herausforderung dar. Selbstverständlich wäre ein Übertrag des in der Baupraxis eingesetzten, zweistufigen Betonageverfahrens möglich, bei dem die Hohlkörper zusätzlich zwischen Bewehrungslagen zur Auftriebssicherheit fixiert werden [43, 46]. Um die damit verbundenen Mehrmengen an Bewehrungsstahl zu reduzieren sowie die entstehende Verbundfuge zu vermeiden, werden derzeit von ILEK und ISYS alternative Herstellungsansätze für mesogradierte Bauteile gemeinsam erforscht. Die Untersuchungen reichen von teilautomatisierten Verfahren bis hin zu vollau-

ßem Aufwand möglich. Dagegen stellt die Mesogradierung einen neuen Ansatz zur Herstellung von sortenreinen und gewichtsoptimierten Betonbauteilen mittels mineralischer Hohlkörper unter Berücksichtigung der bisherigen Hohlkörperbauweisen dar. Die nachfolgenden Ausführungen geben den aktuellen Stand der Forschung der Mesogradierung wieder. Sie dienen einer ersten Einführung in die Herstellungstechnologie, geben Einblicke in die Entwurfsthematik und zeigen erste Untersuchungen zum Tagverhalten auf.

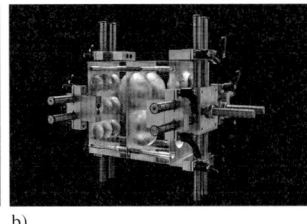

a)   b)   c)

Bild 15. a) Zentrifuge, b) modularer Schalungsblock und c) mineralische Hohlkörper [44]

tomatisierten Lösungen. Beispielsweise werden Hohlkörper temporär während eines zeitlich geregelten Gießprozesses unter Verwendung eines selbstverdichtenden und rasch erstarrenden Betons fixiert, bis das zunehmende Konstruktionseigengewicht gegenüber der steigenden Auftriebskraft überwiegt. Außerdem zeigen erste Ergebnisse ein hohes Potenzial für die robotische Platzierung von Hohlkugeln in der Struktur während des Betonsprühprozesses [31].

5.3 Entwurfsansätze

Es ist evident, dass die zuvor bei der Mikrogradierung vorgestellten Entwurfsziele und -prinzipen auch bei der Mesogradierung gültig sind. Jedoch ändern sich die Entwurfsrandbedingungen durch die Verwendung von Hohlkörpern, sodass die entwickelten Materialverteilungsstrategien der Mikrogradierung nicht direkt übertragbar sind und somit neue Entwurfsstrategien formuliert werden müssen.

Hohlkörper allgemeiner Geometrie

Basierend auf der Kenntnis des im Bauteil vorherrschenden Spannungszustands, der beispielsweise aus Stabwerkmodellen [47, 48] bestimmbar ist, kann die Definition der Hohlkörpergeometrie und deren Verteilung im Bauteil erfolgen. Bei den Stabwerkmodellen werden die Trajektorien einzelner Spannungsfelder im Bauteil zu resultierenden Druck- und Zugstreben zusammengefasst. Die sich ausbildenden Stabwerke, die mit den Minimalstrukturen von *Michell* [49] vergleichbar sind, können entsprechend dimensioniert werden. Die Zwischenräume lassen sich mit Hohlkörpern allgemeiner Geometrie ausfüllen. Mit dieser Verteilungsstrategie wird vermutlich eine Struktur minimalen Gewichts erreicht, deren Herstellung mit den heute zur Verfügung stehenden Fertigungsmethoden faktisch aber noch nicht realisierbar ist.

Kugelförmige Hohlkörper

Zur Reduktion der Komplexität der Entwurfs- und Herstellungsaufgabe für Agglomerationen von Hohlkörpern allgemeiner Geometrie beschränken sich die derzeitigen Untersuchungen auf kugelförmige Hohlräume, um ein Gewichtsminimum mit wiederholbarer Kugelgeometrie und bei reduzierter Kugelanzahl zu ermöglichen [11]. Für kugelförmige Hohlkörper stellen die Stabwerkmodelle jedoch keine angemessen Verteilungsstrategie dar, aufgrund erhöhter Materialansammlung in den Kugelzwischenräumen (Bild 16).

Ein vielversprechender Ansatz zur Kugelverteilung bildet daher die Theorie dichtester Kugelpackungen unter der Bedingung sich berührender Hohlkugeln. *Sir Walter Raleigh* formulierte Ende des 16. Jahrhundert erstmals die Frage, wie Kugeln zur Erreichung der maximalen Packungsdichte angeordnet werden müssen [50]. Mit der Beantwortung dieser Fragestellung beschäftigten sich u. a. *Johannes Kepler* und *Carl Friedrich Gauß* [50], deren Vermutungen von *Hales* und *Ferguson* [51] bewiesen

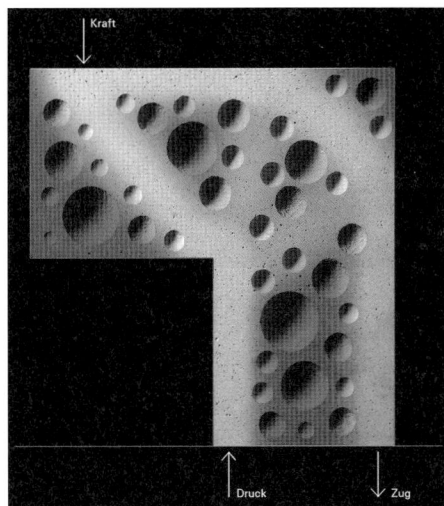

Bild 16. Betonhohlkugeln eingebracht in eine Konsole. Skizzierung des Kräfteverlaufs mittels Stabwerkmodell und daraus abgeleitete Platzierung der Hohlkörper [11]

wurden. Heute weiß man, dass bei Verwendung identischer Kugelgrößen eine maximale Packungsdichte von 74 % erreichbar ist. Dies kann auf Basis zweier Grundraster (orthogonales und hexagonales Raster) erreicht werden und dient als Vorbild für die weiteren Betrachtungen und Untersuchungen.

Bei der orthogonalen Anordnung liegen die Mittelpunkte der Kugeln mit dem Hauptdurchmesser $d_{1,o}$ auf einem orthogonalen Grundraster. Die Gitterknoten nehmen dabei den Abstand des Kugeldurchmessers $d_{1,o}$ ein. Unter der Annahme, dass der Durchmesser der Betonhohlkugel der Bauteilhöhe entspricht und Bauteillänge sowie -breite ein Vielfaches des Durchmessers einnehmen, beträgt bei dieser Anordnung die Packungsdichte und folglich die Masseneinsparung 52 % (Tabelle 3). Werden Kugeln möglichst dicht in der Ebene angeordnet, so entsteht ein hexagonales Grundraster. Die Platzierung der Kugeln mit dem Hauptdurchmesser $d_{1,h}$ erfolgt auf den Knotenpunkten eines gleichseitigen Dreiecks, mit der Seitenlänge $d_{1,h}$ und einem eingeschlossenen Winkel von 60°. Mit dieser Anordnung wird unter Vernachlässigung von Randeinflüssen eine maximale Gewichtsreduktion des Bauteils von 60 % erreicht (Tabelle 3).

Eine Möglichkeit zur Erhöhung der Packungsdichte innerhalb des Bauteils besteht in der Reduktion des Kugeldurchmessers und damit verbunden in der Stapelung der Kugeln über die Bauteilhöhe, sodass das Raumvolumen möglichst dicht ausgefüllt wird. Hierbei ist zu erkennen, dass eine rein parallele Verschiebung des orthogonalen Grundrasters hin zur kubisch primitiven Packung bzw. des hexagonalen Grundrasters hin zur hexagonal primitiven Packung keine Steigerung der Masseneinsparung zur Folge hat (Tabelle 4). Eine Erhöhung der Kugelanzahl führt lediglich zu einer Verlagerung des eingebrachten Materials in den Kugelzwischenräumen [11]. Werden allerdings die Kugellagen über die Bauteilhöhe versetzt angeordnet wie beispielsweise beim orthogonalen Raster in die rechteckförmigen Lücken (☐-Lücke) oder beim hexagonalen Raster in die dreieckförmigen Lücken (Δ- und ∇-Lücke), wird – unter Vernachlässigung der Randeinflüsse des Bauteils – jeweils die maximale Packungsdichte von 74 % erreicht (Tabelle 4).

Die Betrachtung eines Knotens (Bild 17), der innerhalb des mit Kugeln gefüllten Bauteils als Stelle maximaler Materialansammlung angesehen werden kann, legt als zweite Möglichkeit zur Steigerung der Gewichtsreduktion die Einführung von weiteren Kugeln mit kleinerem Durchmesser nahe. So ergibt sich bei der kubisch primitiven Packung durch die Platzierung von kleineren Kugeln in den von vier Kugeln aufspannenden Raum (Würfellücke) eine Steigerung des Hohlraumvolumens auf 73 %. Die Füllung weiterer Lücken mit immer kleineren Kugeldurchmessern bei dichtestmöglicher Kugelpackung (Bild 17) führt letztlich in die Theorie der Sieblinie. Basierend auf den Untersuchungen von *Fuller* und *Thompson* [52] resultiert hieraus für die zur Verfügung stehenden Durchmesser der Hohlkugeln von $10 < d < 250$ mm ein theoretisch erzielbares Hohlraumvolumen von über 90 % [11].

Tabelle 3. Anordnung identischer Kugeln in einer Ebene des Bauteils

Grundraster	Kugelverteilung	Masseneinsparung
		52 %
		60 %

Tabelle 4. Anordnung identischer Kugeln in mehreren Ebenen des Bauteils

Packung	Kugelverteilung	Masseneinsparung
kubisch primitiv		52 %
hexagonal primitiv		60 %
kubisch flächenzentriert		74 %
kubisch dichtest		74 %
hexagonal dichtest		74 %

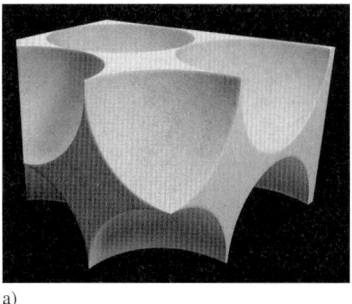

a)　　　　　　　　　　　　　b)

Bild 17. a) Knotengeometrie der Betonstruktur bei kubisch primitiver Packung [11] und b) kubisch primitive Packung mit Füllung der Oktaeder- und Tetraederlücken

Mit dieser Kenntnis zur dichtestmöglichen Anordnung von Kugeln im Raum können Entwurfsansätze für den Einsatz und die Verteilung kugelförmiger Hohlkörper in Betonbauteilen abgeleitet werden. Dabei liegt das tragstrukturelle Entwurfsziel der Mesogradierung im Erreichen einer höchstmöglichen Massenreduktion des Bauteils bei gleichzeitiger Aufrechterhaltung der Anforderungen an die Tragfähigkeit und Gebrauchstauglichkeit. Um dieses Ziel zu erreichen, wurde ein erster Entwurfsansatz nach dem Prinzip des *design for deformation* formuliert. Dabei wird die Begrenzung der Verformung des Bauteils durch die Einhaltung der Biegeschlankheit l/d nachgewiesen. Dies führt zur Ermittlung einer äquivalenten Biegesteifigkeit des mesogradierten Bauteils im Vergleich zu einem massiven Betonbauteil. Für eine vorbestimmte Kugelverteilung kann, unter Berücksichtigung der reduzierten Verformungsanteile aus Eigengewicht und der erhöhten Verformungsanteile unter Nutzlast, die erforderliche Bauteilhöhe bestimmt werden. Ist aus übergeordneten Entwurfsgründen die Bauteilhöhe begrenzt, so kann die notwendige Biegesteifigkeit durch die Einführung von Kugelabständen oder Deckschichten sowie durch Änderung der Betonfestigkeitsklasse erreicht werden. Unter diesen Randbedingungen ergibt sich eine abweichende Masseneinsparung zu der rein aus der Packungsdichte resultierenden. Am Beispiel eines Bauteils mit 1-lagiger kubisch primitiver Kugelverteilung kann dies in Abhängigkeit des Spannweiten-Kugeldurchmesser-Verhältnisses und der Betonfestigkeitsklasse verdeutlicht werden (Bild 18). Im Vergleich zu einem massiven Referenzbauteil aus der Betongüte C20/25 kann bei einer maßgebenden Einwirkung aus Eigengewicht sogar eine Gewichtsreduktion von über 52 % erreicht werden. Bei Eigengewicht-Nutzlast-Verhältnissen < 1 dominieren die Verformungsanteile aus Nutzlast aufgrund der geringeren Biegesteifigkeit, sodass die Gewichtsreduktion unterhalb der theoretisch erreichbaren 52 % liegt. Mit diesem Ansatz kann letztlich ein erster Vorentwurf durchgeführt werden, um anschließend die notwendigen Tragfähigkeitsnachweise zu führen. Mit der weiteren Erforschung eines ergänzenden Entwurfsansatzes nach dem Prinzip *design for strength* sollen die Kugeln auf Basis der im Bauteil vorherrschenden Spannungszustände verteilt werden.

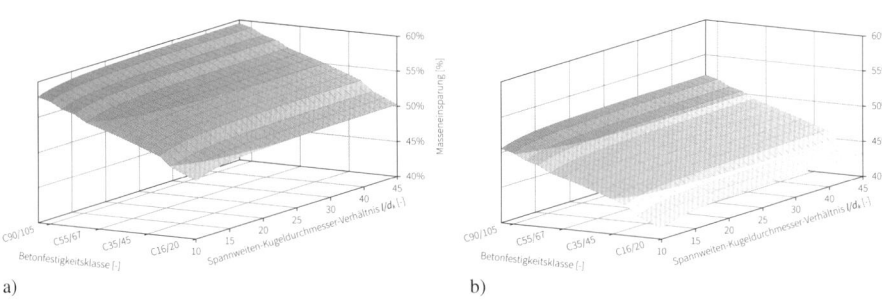

a)　　　　　　　　　　　　　b)

Bild 18. Masseneinsparung bei 1-lagiger kubisch primitiver Kugelverteilung in Abhängigkeit des Spannweiten-Kugeldurchmesser-Verhältnisses und der Betonfestigkeitsklasse für ein Eigengewicht-Nutzlast-Verhältnis von a) 3/1 und b) 1/3

5.4 Erste Untersuchungen zum Tragverhalten

Das Tragverhalten mesogradierter Betonbauteile wird derzeit am ILEK experimentell und numerisch erforscht. In einer ersten Versuchsserie wurde das Biegetragverhalten an stabstahlbewehrten, skalierten Probekörpern (1,2 m × 0,1 m × 0,1 m) untersucht. Als Verteilungsstrategie für das mesogradierte Betonbauteil (KP) wurde eine kubisch primitive Packung mit einem Kugeldurchmesser von 100 mm verwendet. Damit wird eine Masseneinsparung von rund 50 % gegenüber einem massiven Probekörper (M) mit homogener Materialverteilung erreicht. Alle Probekörper wurden mit einem höherfesten, selbstverdichtenden Beton im Gießprozess hergestellt.

Die Zusammenstellung der Prüfergebnisse in Tabelle 5 zeigt, dass bei einer Reduktion des Bauteilgewichts um 50 % die Tragfähigkeit um 15 % abnimmt. Zudem ändert sich das Versagensart von einem Biegeversagen des massiven Bauteils hin zu einem Querkraftversagen beim Bauteil mit integrierten Hohlkörpern. Diese Versagensarten und die erreichten Tragfähigkeiten lassen sich für die noch verhältnismäßig einfachen Verteilungsstrategien bei 1-lagiger Hohlkugelanordnung mit den Berechnungsansätzen der zweiachsigen Hohlkörperdecken verifizieren. Der Nachweis der Biegetragfähigkeit kann wie von *Pfeffer* in [53] beschrieben mit den herkömmlichen Methoden des Eurocodes 2 [34] geführt werden. Durch die Platzierung der Hohlkörper bis zum Bauteilrand wird allerdings die Druckzone geschwächt, was bei der Bemessung berücksichtigt werden muss. Der Nachweis der Querkrafttragfähigkeit für Bauteile ohne Querkraftbewehrung kann mit dem vereinfachten Ansatz von *Aldejohann* [54] geführt werden. Dabei wird die Querkrafttragfähigkeit in Abhängigkeit einer Massivdecke über einen Korrekturbeiwert und der geschwächten Querschnittsfläche der Hohlkörperdecke bestimmt. Des Weiteren ist analog zu [53, 54] eine Berechnung und Bemessung der mesogradierten Betonbauteile an einem Teilmodell mit oben genannter Finite-Elemente-Methode unter Verwendung eines nichtlinearen Materialgesetzes möglich. Dieser Berechnungsansatz ist jedoch aufgrund zahlreicher zu lösender Ungleichungssysteme mit einem erhöhten Rechenaufwand verbunden. Im Hinblick auf die Berechnung sowie die Optimierung komplexerer Strukturen ist dieser Ansatz kritisch zu bewerten. Aus diesem Grund wird derzeit am ILEK an neuen, alternativen Berechnungsmethoden geforscht, um das Potenzial der Mesogradierung weiter auszuschöpfen.

6 Potenzial und Perspektiven des Gradientenbetons

Mit der Erforschung und Entwicklung des Gradientenbetons steht dem Bauwesen künftig eine neue Technologie zur Verfügung, die es ermöglicht, das Eigengewicht eines tragenden Betonbauteils und damit den Ressourcenverbrauch signifikant zu reduzieren. So wird durch die funktionale Gradierung bei biegebeanspruchten Bauteilen (insbesondere für den Anwendungsfall der Geschossdecke) eine Massenreduktion von bis zu 50 % gegenüber einer Massivdecke bei gleichzeitiger Aufrechterhaltung der Anforderungen an Tragfähigkeit und Gebrauchstauglichkeit erreicht [55]. Unter der Annahme, dass das Konstruktionseigengewicht eines Gebäudes zu je 50 % auf die Deckenkonstruktion und die lastweiterleitenden Elemente verteilt ist, kann für die Gesamttragwerk die Massenreduktion auf über 60 % gesteigert werden. Dies ist zurückzuführen auf die Möglichkeit der zusätzlich schlankeren Ausbildung von lastweiterleitenden Elementen und Gründung. Eine solch signifikante Reduktion an verbauter Masse und Ressourcen geht auch einher mit reduzierten CO_2-Emissionen. Entsprechende Forschungsergebnisse zusammen mit der Abteilung Ganzheitliche Bilanzierung des Fraunhofer-Instituts für Bauphysik IBP haben dieses Potenzial bestätigt [56]. So liegt die CO_2-Einsparung für eine mikrogradierte Geschossdecke, die im Gradienten-Trockenspritzverfahren hergestellt wird, derzeit zwischen 10 und 20 %. Auf die Gesamtstruktur gesehen können die CO_2-Emissionen sogar um über 30 % verringert werden. Hochgerechnet auf den jährlichen deutschen Betonverbrauch im Hochbau, im 2015 [57] mit rund 50 Mio. m³ [58] bei 65 % des deutschen Betonverbrauchs lag, würde der flächendeckende Einsatz von Gradientenbeton in Deutschland zu einer jährlichen CO_2-Einsparung von

Tabelle 5. Zusammenfassung der Versuchsergebnisse zur Biegetragfähigkeit

Versuchsserie	M	KP
Bauteilgewicht [kg]	27,85	13,98
Massenersparnis [%]	/	50
Erstrisslast [kN]	7,69	2,25
Prüflast [kN]	10,46	8,81
Versagensart	Biegeversagen	Querkraftversagen

3,34 Mio. kg führen [59]. Weltweit wäre eine jährliche CO_2-Einsparung von 527 Mio. kg erreichbar, was 1,5 % des gesamten jährlichen CO_2-Ausstoßes entspricht [60].

Die dargestellten Bilanzierungswerte des derzeitigen Entwicklungsstands verdeutlichen bereits das hohe Potenzial der Technologie. Dieses soll für den Anwendungsfall funktional gradierter Betonbauteile in den kommenden Jahren weiter ausgebaut werden. Gepaart mit weiterführenden Untersuchungen zur großmaßstäblichen Umsetzung soll somit der Technologietransfer für den baupraktischen Einsatz der Gradientenbetontechnologie erreicht werden. Zusätzlich werden am ILEK die Anwendungsgebiete durch laufende Forschungsarbeiten erweitert. So führt etwa eine Gradierung durch die im Inneren des Bauteils entstehende Porenstruktur zu verbesserten Wärmedämmeigenschaften. In diesem Kontext konnten erste Zwischenergebnisse bei der Erforschung von multifunktionalen und rein mineralischen Außenwandbauteilen erzielt werden [61]. Dabei werden dichte und hochfeste Deckschichten innerhalb des Bauteilquerschnitts mit hochporösen Betonen durch fließende Porositätsverläufe dauerhaft verbunden. Mit diesem Ansatz lassen sich Wandstärken von nur 25 cm realisieren, die wie herkömmliche Bauteile allen Anforderungen an Tragfähigkeit, Dauerhaftigkeit, Wärmeschutz und architektonisches Erscheinungsbild gerecht werden – bei gleichzeitiger sortenreiner Rezyklierbarkeit und deutlich reduziertem Materialeinsatz.

7 Dank

Die hier vorgestellte Forschungsfrage konnte nur in einer engen interdisziplinären Kooperation bearbeitet werden. Die Autoren danken deshalb an dieser Stelle den beteiligten Wissenschaftlern Dr.-Ing. Walter Haase und Dr.-Ing. Michael Herrmann (ILEK), Dr.-Ing. Mark Wörner, M. Sc. Benjamin Schuler und Prof. Oliver Sawodny (ISYS) sowie Dipl.-Ing. Sören Sippel, M. Sc. Julian Pfinder, Prof. Harald Garrecht und Prof. Hans-Wolf Reinhardt (IWB). Weiterer Dank gilt den Fördergebern und den Partnern aus der Industrie für die Unterstützung in den Forschungsprojekten.

8 Literatur

[1] Leonhardt, F. (1940) Leichtbau – eine Forderung unserer Zeit: Anregungen für den Hoch- und Brückenbau, *Bautechnik* **18** (36/37), 413–423.

[2] Sobek, W. (2015) Die Zukunft des Leichtbaus: Herausforderungen und mögliche Entwicklungen, *Bautechnik*, **92** (12), 879–882, DOI 10.1002/bate.201500093.

[3] Fischer-Kowalski, M. et al. (2011) *Decoupling natural resource use and environmental impacts from economic growth: a report of the Working Group on Decoupling to the International Resource Panel*, United Nations Environment Programme, Paris.

[4] Dean, B. et al. (2016) *Towards zero-emission efficient and resilient buildings: Global status report 2016*, Global Alliance for Buildings and Construction, Paris.

[5] Statistisches Bundesamt (2017) *Umwelt-Abfallbilanz 2015*, Wiesbaden.

[6] Delestrac, D. (2013) *Sand Wars* (Dokumentarfilm, Frankreich, 74 min).

[7] Curbach, M. (2013) Bauen für die Zukunft, *Beton- und Stahlbetonbau* **108** (11), 751, DOI 10.1002/best.201390098.

[8] Maillart, R. (1931) Masse oder Qualität im Betonbau? *Schweizerische Bauzeitung* **98** (12), 149–150.

[9] Curbach, M. (2014) Anders Bauen ist notwendig und machbar, in *Leicht Bauen mit Beton: Forschung im Schwerpunktprogramm 1542, Förderphase 1* (Hrsg. S. Scheerer, M. Curbach), Technische Universität Dresden, Institut für Massivbau, Dresden, 5.

[10] Sobek, W. (1995) Zum Entwerfen im Leichtbau, *Bauingenieur* **70** (7/8), 323–329.

[11] Sobek, W. (2016) Über die Gestaltung der Bauteilinnenräume, in *Festschrift zu Ehren von Prof. Dr.-Ing. Dr.-Ing. E. h. Manfred Curbach* (Hrsg. Scheerer, S., van Stipriaan, U.), Technische Universität Dresden, Institut für Massivbau, Dresden, 62–76.

[12] Bever, M. B., Duwez, P. E. (1972) Gradients in composite materials, *Materials Science and Engineering* **10** (1), 1–8, DOI 10.1016/0025-5416(72)90059-6.

[13] Yamanouchi, M. et al. (eds.) (1990) *Proceedings of the First International Symposium on Functionally Gradient Materials, FGM '90: October 8–9, 1990, Sendai, Japan*, FGM Forum, Tokyo.

[14] Rödel, J. (1996) *Verfahren zur Herstellung von Gradientenwerkstoffen*. Patent DE 4435146 A1.

[15] Dini, E., Chiarugi, M., Nannini, R. (2008) *Method and device for building automatically conglomerate structures*. Patent US 2008/0148683 A1.

[16] Khoshnevis, B. (2004) Automated construction by contour crafting – related robotics and information technologies, *Automation in Construction* **13** (1), 5–19, DOI 10.1016/j.autcon.2003.08.012.

[17] Moser, S. (2004) *Vollautomatisierung der Spritzbetonapplikation: Entwicklung der Applikations-Prozesssteuerung*. Dissertation, Eidgenössische Technische Hochschule Zürich.

[18] Fromm, A. (2014) *3-D-Printing zementgebundener Formteile: Grundlagen, Entwicklung und Verwendung*. Dissertation, Universität Kassel.

[19] Heinz, P., Herrmann, M., Sobek, W. (2011) *Herstellungsverfahren und Anwendungsbereiche für funktional gradierte Bauteile im Bauwesen*, Abschlussbericht Forschungsinitiative Zukunft Bau. Universität Stuttgart, Institut für Leichtbau Entwerfen und Konstruieren, Stuttgart.

[20] Wörner, M. et al. (2016) Gradientenbetontechnologie: von der Mischungsentwicklung über den Bauteil-

[21] Wörner, M. (2017) *Automatisierte Herstellung funktional gradierter Betonbauteile.* Dissertation, Universität Stuttgart.

[22] Müller, H. S., Wiens, U. (2016) Beton, in *Beton-Kalender 2016* (Hrsg. Bergmeister, K., Fingerloos, F., Wörner, J.-D.), Ernst & Sohn, Berlin, S. 1–168, DOI 10.1002/9783433603413.ch1.

[23] Fehling, E. et al. (2013) Ultrahochfester Beton UHPC, in *Beton-Kalender 2013* (Hrsg. Bergmeister, K., Fingerloos, F., Wörner, J.-D.), Ernst & Sohn, Berlin, S. 117–239.

[24] Schlaich, M., El Zareef, M. (2008) Infraleichtbeton, *Beton- und Stahlbetonbau* 103 (3), 175–182, DOI 10.1002/best.200700605.

[25] Pfinder, J. et al. (2017) Gradientenbeton – Innovative Werkstofftechnologie zur Herstellung ressourcenschonender Betonbauteile, in *Werkstoffe, Denkmalschutz und ... – Festschrift zum 60. Geburtstag von Prof. Dr.-Ing. Harald Garrecht* (Hrsg. Hofmann, J.), Universität Stuttgart, Institut für Werkstoffe im Bauwesen, Stuttgart, 273–280.

[26] Wörner, M. et al. (2018) Optimalstrukturen aus funktional gradierten Betonbauteilen – Entwurf, Berechnung und automatisierte Herstellung, in *Leicht Bauen mit Beton: Forschung im Schwerpunktprogramm 1542, Förderphase 2* (Hrsg. S. Scheerer, M. Curbach), Technische Universität Dresden, Institut für Massivbau, Dresden.

[27] Herrmann, M., Haase, W. (2013) Tragverhalten biege- und querkraftbeanspruchter Bauteile aus funktional gradiertem Beton, *Beton- und Stahlbetonbau* 108 (6), 382–394, DOI 10.1002/best.201300017.

[28] Herrmann, M. (2015) *Gradientenbeton – Untersuchungen zur Gewichtsoptimierung einachsiger biege- und querkraftbeanspruchter Bauteile.* Dissertation, Universität Stuttgart.

[29] Bletzinger, K.-U., Kimmich, S. (1985) *Strukturoptimierung: im Teilprojekt D3 'Optimierung natürlicher Bauformen'*, Universität Stuttgart, Stuttgart.

[30] Bendsøe, M. P., Sigmund, O. (2004) *Topology optimization: theory, methods, and applications,* 2nd ed., Springer, Berlin, Heidelberg.

[31] Schmeer, D. et al. (2018) Effiziente automatisierte Herstellung multifunktionaler gradierter Bauteile mit mineralisierten Hohlkörpern, in *Leicht Bauen mit Beton: Forschung im Schwerpunktprogramm 1542, Förderphase 2* (Hrsg. S. Scheerer, M. Curbach), Technische Universität Dresden, Institut für Massivbau, Dresden.

[32] Schmeer, D. et al. (2015) Entwurf und automatisierte Herstellung von Bauteilen aus funktional gradiertem Beton, in *Beiträge zur 3. DAfStb-Jahrestagung mit 56. Forschungskolloquium, 11./12. November 2015, Universität Stuttgart*, Stuttgart, 15–22.

[33] Zilch, K., Zehetmaier, G. (2010) *Bemessung im konstruktiven Betonbau: nach DIN 1045-1 (Fassung 2008) und EN 1992-1-1 (Eurocode 2)*, 2. Aufl., Springer, Berlin.

[34] DIN EN 1992-1-1:2011-01 (2011) *Eurocode 2: Bemessung und Konstruktion von Stahlbeton- und Spannbetontragwerken – Teil 1-1: Allgemeine Bemessungsregeln und Regeln für den Hochbau*, Beuth, Berlin.

[35] DIN EN 1520:2011-06 (2011) *Vorgefertigte Bauteile aus haufwerksporigem Leichtbeton und mit statisch anrechenbarer oder nicht anrechenbarer Bewehrung*, Beuth, Berlin.

[36] Deger, Y. (2017) *Die Methode der Finiten Elemente: Grundlagen und Einsatz in der Praxis*, 8th ed., expert Verlag, Renningen.

[37] Wriggers, P. (2001) *Nichtlineare Finite-Element-Methoden*, Springer, Berlin.

[38] Kemmler, R., Ramm, E. (2001) Modellierung mit der Methode der Finiten Elemente, in *Beton-Kalender 2001* (Hrsg. Eibl, J.), Ernst & Sohn, Berlin, S. 143–208.

[39] Stempniewski, L., Eibl, J. (1996) Finite Elemente im Stahlbetonbau, in *Beton-Kalender 1996* (Hrsg. Eibl, J.), Ernst & Sohn, Berlin, S. 577–645.

[40] Dassault Systèmes Simulia Corp. (2009) *Analysis of concrete structures with Abaqus*, Providence, RI.

[41] Mark, P. (2006) *Zweiachsig durch Biegung und Querkräfte beanspruchte Stahlbetonträger.* Habilitationsschrift, Universität Bochum.

[42] Deichmann, F. W., Tschira, A. (1957) Das Mausoleum der Kaiserin Helena und die Basilika der Heiligen Marcellinus und Petrus an der Via Labicana vor Rom, *Jahrbuch des Deutschen Archäologischen Instituts* 72, 45–110.

[43] Albert, A., Pfeffer, K., Schnell, J. (2017) Hohlkörperdecken, in *Beton-Kalender 2017* (Hrsg. Bergmeister, K., Fingerloos, F., Wörner, J.-D.), Ernst & Sohn, Berlin, S. 519–549, DOI 10.1002/9783433606803.ch10.

[44] Schmeer, D., Sobek, W. (2017) Weight-optimized and mono-material concrete components by the integration of mineralized hollow spheres, in *Interfaces: architecture – engineering – science, IASS Symposium*, September 25–28, 2017, Hamburg.

[45] Crawford, R. J. (ed.) (1996) *Rotational moulding of plastics*, 2nd ed., Research Studies Press, Taunton, Somerset.

[46] Heinze Cobiax Deutschland GmbH (2018) *Betondecken leicht gemacht – Technologie* [online], http://www.cobiax.com/technologie [Zugriff am 10.04.2018].

[47] Schlaich, J., Schäfer, K. (2001) Konstruieren im Stahlbetonbau, in *Beton-Kalender 2001* (Hrsg. Eibl, J.), Ernst & Sohn, Berlin, S. 311–492.

[48] Reineck, K.-H. (2005) Modellierung der D-Bereiche von Fertigteilen, in *Beton-Kalender 2005* (Hrsg. Bergmeister, K., Wörner, J-D.), Ernst & Sohn, Berlin, S. 241–295.

[49] Michell, A. G. M. (1904) The limits of economy of material in frame-structures, *Philosophical Magazine,*

Series 6, **8** (47), 589–597, DOI 10.1080/14786440409463229.

[50] Szpiro, G. G. (2011) *Die Keplersche Vermutung: wie Mathematiker ein 400 Jahre altes Rätsel lösten*, Springer, Berlin, Heidelberg.

[51] Hales, T. C., Ferguson, S. P. (2011) *The Kepler conjecture: the Hales-Ferguson proof*, Springer, New York.

[52] Fuller, W. B., Thompson, S. E. (1907) The laws of proportioning concrete, *Transactions of the American Society of Civil Engineers* **59** (2), 67–143.

[53] Pfeffer, K. (2002) *Untersuchung zum Biege- und Durchstanztragverhalten von zweiachsigen Hohlkörperdecken*. Dissertation, Technische Hochschule Darmstadt.

[54] Aldejohann, M. (2008) *Zum Querkrafttragverhalten von Hohlkörperdecken mit zweiachsiger Lastabtragung*. Dissertation, Universität Duisburg-Essen.

[55] Herrmann, M., Sobek, W. (2014) *Entwicklung gewichtsoptimierter funktional gradierter Elementdecken*, Abschlussbericht Forschungsinitiative Zukunft Bau. Universität Stuttgart, Institut für Leichtbau Entwerfen und Konstruieren, Stuttgart.

[56] Baumann, M. et al. (2018) *Leichtbau im Bauwesen: ein Praxis-Leitfaden zur Entwicklung und Anwendung ressourcen- und emissionsreduzierter Bauprodukte*, Ministerium für Wirtschaft, Arbeit und Wohnungsbau Baden-Württemberg, Stuttgart.

[57] ERMCO – European Ready Mixed Concrete Organization (2016) *Ready-mixed concrete industry statistics: year 2015*, Brussels.

[58] Verein Deutscher Zementwerke e. V. (2017) *Umweltdaten der deutschen Zementindustrie 2015*, Düsseldorf.

[59] Umweltbundesamt (2018) *Treibhausgas-Emissionen in Deutschland* [online], http://www.umweltbundesamt.de/daten/klima/treibhausgas-emissionen-in-deutschland [Zugriff am 10.04.2018].

[60] Statista (2018) *Weltweiter CO_2-Ausstoß bis 2016* [online], https://de.statista.com/statistik/daten/studie/37187/umfrage/der-weltweite-co2-ausstoss-seit-1751/ [Zugriff am 10.04.2018].

[61] Schmeer, D. et al. (2017) *Entwicklung einer ökologischen und ökonomischen Bauweise durch den Einsatz vorgefertigter multifunktionaler Wandbauteile aus gradiertem Beton*, Zwischenbericht Forschungsinitiative Zukunft Bau. Universität Stuttgart, Institut für Leichtbau Entwerfen und Konstruieren, Stuttgart.

Stichwortverzeichnis

A

Abbrechverfahren zur Festigkeitsbestimmung I/52
Abdichtung
– Abschottung XII/657 f.
– Brücken XI/642, XII/649
– Beschichtung XII/658
– Dampfsperre XII/657
– Definition XII/651
– Durchfahrt XII/649
– Freideck XII/649
– Grundierung XII/657
– Haftbrücke XII/657
– Hofkellerdecke XII/649
– Inspektion XII/655
– Instandhaltungsplan XII/655
– Instandsetzung XII/655
– Nutzungsdauer XII/655
– Parkdeck XII/649
– Parkhaus *siehe dort*
– Technische Baubestimmungen XVIII/1015–1017
– Tunnelblockfuge XV/840
– unterirdische Bauwerke *siehe dort*
– Unterläufigkeit XIII/680
– Unterlaufsicherheit XII/656–658, XII/664
– Unterwassertunnel XV/817
– Verkehrsflächen XIII/673–680
– Verklebung XII/658, XIII/681 f.
– Versiegelung XII/657
– Vorbereitung XII/657
– Zuverlässigkeit XII/656, XII/658
– Zwischendecke XII/649
Abdichtungsbauarten XII/650, XII/652, XII/654–656, XIII/675
– Ausführung XII/655
– Bauweisen XII/655 f.
– Dauerhaftigkeit XII/655
– Einzelkomponentenprüfung XIII/678 f.
– Instandhaltung XII/655
– Nutzungsklassen XII/655 f.
– (für) Parkdecks XIII/669–712
– Planung XII/655
– Rissüberbrückungsfähigkeit XII/664
– Verkehrsflächen XII/655 f.
– Widerstandsfähigkeit XII/655
– Wirtschaftlichkeit XII/656
– Zuverlässigkeit XII/655 f., XII/664
Abdichtungsbauweisen XII/654 f., XIII/675
Abdichtungsschicht XII/654
abP *siehe* allgemeines bauaufsichtliches Prüfzeugnis
Abstandsfaktor I/96
Alkaliempfindlichkeitsklassen von Beton I/26 f.

Alkali-Kieselsäure-Reaktion I/25, I/85
Alkali-Richtlinie I/25 f.
Alkali-Silika-Reaktion (ASR) XVI/875
allgemeines bauaufsichtliches Prüfzeugnis (abP)
– unterirdische Bauwerke, Abdichtung XV/802
Anker
– Drag-Anker IV/358–360
– Schwergewichtsanker IV/358
– Suction-caisson-Anker IV/359
Anoden
– dimensionsstabile (DSA) XVI/879 f.
– galvanische XVI/877–879
– Inertanode XVI/879 f.
– Karbonnetzanode XVI/880 f.
– Kohlenstoffanode XVI/880
– Point-Anode XVI/878
– thermisch gespritzte XVI/877
– Ti-MMO-Bandanode XVI/879
– Ti-MMO-Gitteranode XVI/879
– Titanbandanode XVI/892, XVI/894
– Titannetzanode XVI/891 f.
– Zink-Hydrogel-Folie XVI/878
Anodenanschluss XVI/899
Anodeneinbettung XVI/881–884
Anodenkabel, Befestigung XVI/866
Anodenmaterial XVI/877–884
– mikroskopisches Bild XVI/866
Anodenmontage XVI/894
Anodenüberdeckung XVI/881
Ansäuerung XVI/871, XVI/873
Ansteifen
– Beton I/44
– Zement I/12
Aramidfasern I/135
AR-Glasfasern I/134
Arrhenius-Gleichung I/62
ASR *siehe* Alkali-Silika-Reaktion
Ausbreitfließversuch für Mörtel I/101
Ausfallkörnung I/30
Außenbauteile, Korrosionsrisiko I/84
Ausziehverfahren zur Festigkeitsbestimmung I/52

B

Bagger
– Eimerkettenbagger IV/312
– Greiferbagger IV/312
– Hopperbagger IV/311
– Schneidkopfsaugbagger IV/311
– Schneidradbagger IV/311
– Tieflöffelbagger IV/312
Baggergutgewinnung IV/311 f.

Barrette III/243, III/250
Basalt I/23
Bauausführung, Technische Baubestimmungen XVIII/1004–1006
Baugrube, Baugrunderkundungstiefe III/238
Baugrunderkundung III/233
– Beobachtungsmethode III/239 f.
– (nach) Eurocode 7 III/235–238
– (für) geothermisch aktiviertes Gründungssystem III/275
– in situ III/237
– (im) Labor III/237
– (für) Offshore-Gründung III/287, IV/299 f.
– Programm III/235 f., III/246
– Tiefe III/236–238
– Umfang
– – (bei) Baugruben III/237 f.
– – (bei) Gründungen III/236 f.
Baugrund-Tragwerk-Interaktion III/233–235, III/246
Baugrundverbesserung für marine Gründungsbauwerke *siehe dort*
Baustoffe, Technische Baubestimmungen XVIII/998–1004
bautechnische Maßnahmen, Geotechnische Kategorien XVIII/992–995
Bauteile, spezielle
– Technische Baubestimmungen XVIII/1007–1011
Bauteilinnenraum, Gestaltung VI/458 f.
Bauteilschutz XII/651 f., XII/665–667
– (gegen) Chloride XII/652, XII/662–667
Bauwerksschutz XII/651 f., XII/667
– Abdichtungsprinzipien XII/653–658
– (gegen) Wasser XII/652
Bauwerksverformung, Grenzwerte XVIII/991–995
Begrünung von Stützbauwerken V/446 f.
Belastungsgeschwindigkeit I/77
Bemessung, Technische Baubestimmungen XVIII/1004–1006
Beschichtung, leitfähige XVI/880
Beschleuniger I/31 f.
Bestandsgründung, Wiedernutzung III/274, III/279–284
– Alternativen III/281
– Beispiele III/282–284
– FE-Modell III/280
– geotechnische Nachweisführung III/281
– Nachweis der Tragfähigkeit III/281

- Untersuchungen III/281 f.
- Ziel III/286 f.
Beton
- Alkaliempfindlichkeitsklassen I/26 f.
- Ansteifen I/44
- Arten I/5
- Ausgangsstoffe I/8–40, I/59 f.
- – granulare, Packungsdichte I/145–149
- – Ökobilanzkennwerte I/144
- Betonfamilie I/7 f.
- Bewehrungskorrosion *siehe auch unter* Parkhaus XII/657
- Bindemittelzusammensetzung
- – Leistungsfähigkeit, Bewertung I/149
- Blockierring-Versuch I/103
- Bohrpfahlbeton I/37
- Bruchenergie I/65 f.
- Bruchverhalten I/58 f., I/65 f.
- Carbonatisierung XII/657
- chemischer Angriff *siehe dort*
- Chlorideinwirkung XII/651 f., XII/657–659
- Chloridschutz XII/662, XII/665
- Dauerhaftigkeit I/81–99
- Dauerstandbeanspruchung I/72
- Definition I/3 f.
- druckbeanspruchter, Wöhlerlinie I/78
- Druckfestigkeit I/58–65
- – Verhältniswerte I/67 f.
- Durchgangssumme I/29 f.
- dynamisch beansprucht I/77
- E-Modul I/70 f.
- Erhärtungsbedingungen I/60–64
- Ermüdung I/77–81
- Expositionsklassen I/48, I/83–88, XII/657
- Faserbeton *siehe dort*
- Feinheitsziffer I/29
- Festigkeitsklassen I/4 f., I/65
- Feuchtigkeitsklassen I/27
- Fließbeton I/43
- Fließen I/73
- Frischbeton *siehe dort*
- frost- und taumittelbeständiger V/384
- frost- und witterungsbeständiger V/384
- Frostangriff I/84
- Frostwiderstand I/35, I/95–97
- Gasbeton I/123
- Gesteinskörnung *siehe auch dort* I/22–30
- – Absorptionsverhalten I/113
- – Art I/23 f.
- – Auswahl I/114
- – Eigenschaften I/23 f.
- – geschlossenporige I/113 f.
- – Größtkorn I/28–30
- – Kernfeuchte I/114
- – Kornfestigkeit I/114
- – Kornform I/27 f.
- – Kornzusammensetzung I/28–30
- – leichte I/112–114
- – Oberfläche I/27 f.
- – offenporige I/114
- – schädliche Bestandteile I/24–27
- – Sinterhaut I/113
- – Sinterhautporen, Kapillarwirkung I/113
- – Struktur I/113
- – Verhalten I/113
- – Vorbehandlung I/114
- – Vornässen I/113
- – Wasseraufnahme I/113
- Gradientenbeton *siehe dort*
- Gruppen I/6
- hochfester I/155
- Hydratationsgrad I/90
- Hydratationswärme I/35
- Instandsetzungsbeton, Beanspruchbarkeitsklassen XVI/883
- junger Beton *siehe dort*
- Klassen I/5–7
- Klassifizierung I/5–8
- Körnungsziffer I/29 f.
- Korrosion durch Alkali-Kieselsäure-Reaktion I/85
- Korrosionsrisiko I/83 f.
- Kriechen I/72
- Leichtbeton *siehe dort*
- L-Kasten-Versuch I/102 f.
- Luftporenbeton I/95 f.
- massige Bauteile I/38
- Mehlkorngehalt I/34, I/40 f.
- mehrachsig beansprucher, Festigkeit I/68 f.
- Mikroriss I/58
- Mikrorissbildung I/71, I/90
- Mischungsentwicklung I/145–149
- Nachbehandlung I/35, I/47–49, I/61, I/67, I/92
- – Arten I/47
- – Dauer I/47–49
- – Schutzmaßnahmen, zusätzliche I/49
- nachhaltiger *siehe dort*
- Normalbeton *siehe dort*
- normative Entwicklung I/155 f.
- Oberflächenzugfestigkeit XIII/681
- Ökobeton *siehe* nachhaltiger Beton
- Ökobilanz I/143–145
- ökologische Kriterien I/142
- Porenbeton I/111, I/123
- Quellen I/54 f., I/72
- Querdehnzahl I/70 f.
- Reife I/60–64
- – gewichtete I/62
- – Reifegrad nach Saul-Nurse I/62
- Relaxation I/72, I/75
- (mit) rezyklierten Gesteinskörnungen V/384 f.
- Rissfreiheit I/38
- Sättigungsgrad I/97
- Schädigungsmechanismen I/82–89
- Schaumbeton I/111, I/123
- Schlitzwandbeton I/38
- Schwerbeton *siehe dort*
- Schwinden *siehe dort*
- Sedimentationsversuch I/103 f.
- selbstverdichtender (SVB) *siehe dort*
- Setzfließversuch I/102
- Sichtbeton *siehe dort*
- Sieblinien I/28–30
- Sorten I/7
- Spannungs-Dehnungs-Beziehungen I/69–71
- Spritzbeton, Festigkeitsbestimmung I/52
- Taumitteleinwirkung XII/651
- Taumittelwiderstand I/95–97
- Technische Baubestimmungen XVIII/998–1004
- Temperatur I/48
- Temperaturdehnung I/53 f.
- Temperaturdehnzahl, Richtwerte I/54
- Trichterauslaufversuch I/103
- ultrahochfester (UHFB) *siehe dort*
- unbeschichteter *siehe* Sichtbeton
- Verformungen
- – lastunabhängige I/53–58
- – zeitabhängige I/72–77
- Verschleißbeanspruchung I/85
- Verschleißwiderstand I/98
- Waschbeton I/105
- wasserundurchlässiger V/383 f.
- Wasserzementwert I/83
- Zeitfestigkeit I/78
- Zementgehalt, mindester I/83, I/95
- Zugfestigkeit I/65–68
- – Biegezugfestigkeit I/67
- – Einflüsse I/66
- – Spaltzugfestigkeit I/67
- – Verhältniswerte I/67 f.
- – zeitliche Entwicklung I/71 f.
- – zentrische I/66 f.
- Zusammensetzung I/59 f.
- Zusatzmittel I/30–33
- – Anforderungen I/33
- – Anwendungsgebiete I/31–33
- – Arten I/30 f.
- – Definition I/30
- – Wirkungsgruppen I/31

- Zusatzstoffe I/33–39
- – Definition I/33 f.
- Zuschlag *siehe* Beton, Gesteinskörnung
- Betonbau
- – Ausführungsgespräche I/158
- – Kommunikationsbedarf I/157
- – Normen, Defizitanalyse I/156 f.
- – Planungsgespräche I/158
- – Qualität I/156–158
- – – Klassen I/157 f.
- – Startgespräche I/158
- – Technische Baubestimmungen XVIII/996–1018
- Betonbauteile
- – Mesogradierung *siehe dort*
- – Mikrogradierung *siehe dort*
- Betondecke, Trennriss XII/651
- Betonfertigteile, Technische Baubestimmungen XVIII/1007–1011
- Betonkrainerwand V/407–409
- Betonstahl, Technische Baubestimmungen XVIII/998–1004
- Bewehrte Erde V/412–415
- – Bemessung V/415
- – Berechnung V/415
- – bewehrte Stützkonstruktionen mit Geokunststoffen V/413 f.
- – Lagenbau V/414
- – lebend bewehrte V/414
- Bewehrung, Korrosionsschutz I/90–95
- Bewehrungskorrosion *siehe auch unter* Parkhaus XII/657
- – chloridinduzierte XIII/671
- Bitumen XII/654, XII/659
- Bitumenschweißbahn XIII/708
- – Abreißfestigkeit XIII/682
- Blähglas I/113
- Blähmittel I/123
- Blähschiefer I/113, I/123
- Blähton I/113, I/123
- Blockierring-Versuch für Beton I/103
- Bodengrenzwerte I/86
- Bodenkennwerte V/375 f.
- Bodenvernagelungen V/415–417
- – Bemessung V/416–419
- – Berechnung V/416 f.
- – Injektionsverdübelung V/415–417
- – Nagelabstand V/419
- – Sicherheit gegen Herausziehen der Nägel V/418 f.
- Bohrpfahl II/207, II/216, III/243, V/428
- – axial belasteter
- – – Bemessung II/222–226
- – – Mantelreibung II/225 f.
- – – Nachweis der Gebrauchstauglichkeit II/224–226
- – – Nachweis der Tragfähigkeit II/224

- – – Pfahlkopfsetzung II/225
- – – Pfahlspitzenwiderstand II/225 f.
- – – Widerstands-Setzungs-Linie II/225
- – Herstellung III/244
- – Verdrängungsbohrpfahl III/243 f.
- – Widerstands-Setzungs-Linie II/217
- Bohrpfahlbeton I/37
- Bohrpfahlgruppe II/218
- Bohrpfahlwand V/429–435
- Bohrschnecke, durchgehende V/429
- Bohr- und Drucksondierung (SPT) IV/300
- Böschung
- – Felsböschung *siehe dort*
- – überbaute IV/340
- – Unterwasserböschung *siehe dort*
- – Versagen, Verflüssigungsversagen IV/302
- Brandschutz, Technische Baubestimmungen XVIII/1006 f.
- Brücken
- – Abdichtung XI/642, XII/649
- – Fußgängerbrücke *siehe dort*
- – Korrosionsschutz, kathodischer XVI/897–901
- – Radwegbrücke, Abdichtung XII/649
- – Straßenbrücke XII/650
- Brunnen V/438 f.
- Brunnengründung III/274, III/284–286
- – fertige III/286
- – Integritätstest III/285
- – Stahlbetonfertigteileinbau III/285

C

- Calciumaluminatferrit I/19
- Calciumhydroxid XIV/726
- Calciumhydrozinkat XVI/878
- Calciumkarbonat XIV/726
- Calciumsilicathydrat I/19
- Calciumsulfat I/8 f., I/19
- Carbonatisierung I/90–93, I/105, I/121, XVI/867–869
- Carbonatisierungsschwinden I/54
- Carbonatisierungszellen XVI/868
- CEM I I/9 f.
- – Anwendungsbereiche I/16
- CEM II I/9–11
- – Anwendungsbereiche I/16–18
- CEM III I/9, I/11
- – Anwendungsbereiche I/16
- CEM IV I/9, I/11
- – Anwendungsbereiche I/16, I/18
- CEM V I/9, I/11
- – Anwendungsbereiche I/16, I/18
- Chalcedon I/25

- chemischer Angriff auf Beton I/82, I/84 f., I/97 f., XVII/905–939
- – Austauschreaktion XVII/907
- – Bauwerksanforderungen XVII/924–929
- – Bekleidungen, dauerhafte XVII/926
- – Dauerhaftigkeitsbemessung XVII/929–935
- – – Grenzzustandsdefinition XVII/933–935
- – – leistungsbezogene Entwurfsverfahren XVII/929
- – – Prüfverfahren zum Materialwiderstand XVII/930 f.
- – – Schädigungstiefe, Entwicklung XVII/931
- – – vollprobabilistisches Nachweisverfahren XVII/934
- – – zeitabhängige Schädigung XVII/931–933
- – Feuchtigkeit XVII/923
- – Hochleistungsbeton XVII/926–929
- – kombinierter Angriff XVII/917 f.
- – – (durch) Schwefelsäure XVII/917
- – korrosive Auslaugung XVII/907
- – lösender Angriff XVII/908–911, XVII/918 f.
- – – Alkalihydroxidneutralisation XVII/909
- – – Aluminathydrathydrolyse XVII/909
- – – anorganische Säuren XVII/908
- – – Betonwiderstand XVII/927 f.
- – – C-S-H-Phasen-Hydrolyse XVII/910
- – – Ettringithydrolyse XVII/909
- – – Hydroniumionen XVII/908
- – – Korrosionszonen XVII/911 f.
- – – Lösungsmechanismen XVII/927
- – – Monosulfathydrolyse XVII/909
- – – Neutralisationskapazität der Bindemittelmatrix XVII/927
- – – organische Säuren XVII/908
- – – Phasen XVII/909 f.
- – – Portlanditauflösung XVII/909
- – Schädigungstiefe XVII/919
- – mechanische Einwirkungen XVII/923 f.
- – Opferbeton XVII/929
- – Phasenneubildung XVII/907
- – Schädigung, Einflussfaktoren XVII/918–924
- – Schädigungsmechanismen XVII/907–918
- – Schädigungsprozesse XVII/907
- – Schutzprinzipien XVII/924–929

- Schutzschichten XVII/926
- Stofftransport XVII/921–923
- – äußerer XVII/922 f.
- – innerer XVII/921 f.
- Temperatur XVII/923
- treibender Angriff XVII/911–915, XVII/919–921
- – betonangreifende Stoffe XVII/920
- – Betonwiderstand XVII/928 f.
- – Ettringitbildung XVII/912–914
- – Gipsbildung XVII/912–914
- – Korrosionszonen XVII/914 f.
- – Sulfatarten XVII/919
- zerstörender Angriff XVII/915–917
- – Thaumasitbildung XVII/915–917
Chloralkalielektrode XVI/879
Chlorelektrode XVI/879
Chloriddiffusion I/93–95, I/105
Chloride I/90
Chloridgehalt, korrosionsauslösender XVI/876
Chloridkonzentration, lochkorrosionsauslösende XVI/870
Chloridmigration XVI/874 f.
Chloridtransport XVI/876
Chromatreduzierer I/31 f.
Containerkran IV/306
Coulomb'sche Erddrucktheorie V/373–375
CPT IV/300

D
DAfStb
- Heft 400 IX/519
- Heft 525 IX/522–524
- Heft 526 IX/522–524
- Richtlinien XVIII/1019 f.
- – Betonbauqualität (BBQ) I/157 f.
Damm
- Baugrunderkundungstiefe III/237
- Fangedamm *siehe dort*
- Herstellung IV/312 f.
Darrversuch I/118
Datenbank Ökobau.dat I/143
DBV-Merkblätter XVIII/1020–1022
- Parkhäuser und Tiefgaragen XIII/682–685, XIV/722, XIV/767–773
- – Fassung Januar 2005 IX/523
- – Fassung September 2010 IX/525–527
DBV-Sachstandsberichte XVIII/1020–1022
Decken
- Betondecke, Trennriss XII/651
- Hofkellerdecke *siehe dort*

Dehngeschwindigkeit I/77
Deich IV/314–317
- Abdeckung mit Klei IV/314
- Bau IV/315
- Bemessung IV/315–317
- Deckschichteinbau IV/315
- Erosionsschutz IV/315
- Kernmaterialeinbau IV/315
- Querschnitt IV/314 f.
- Setzungen
- – Beobachtung IV/316
- – Langzeitsetzung IV/316
- – während der Bauzeit IV/315 f.
- Standsicherheit IV/316 f.
- Versagensursachen IV/315
Depassivierung I/94 f.
Design for deformation VI/463–465
Design for strenght VI/463–465
Deutscher Ausschuss für Stahlbeton e. V. *siehe* DAfStb
Deutscher Beton- und Bautechnik-Verein *siehe* DBV
Dicalciumsilicat I/19
Dichtungsmittel I/31 f.
Diffusion, Definition I/89
Diffusionskontrolle XVI/870
dimensionsstabile Anode (DSA) XVI/879 f.
DIN 1045:1988-07 IX/518 f.
DIN 1045-1:2001-07 IX/520, IX/523
DIN 1045-1:2008-08 IX/524–528
DIN 1045-2:2001-07 IX/520 f., IX/523
DIN 1045-2:2008-08 IX/524–528
DIN 1045-3:2001-07 IX/521–523
DIN 1045-3:2008-08 IX/524–528
DIN 1054 XVIII/943–995
DIN 18532 XII/647–668, XIII/674–679
- Anwendungsbereich XII/649–651
- Gliederung XII/649–651
DIN EN 1992-1-1:2011-01 IX/528–532
DIN EN 1997-1 XVIII/943–995
Diorit I/23
Dockhafen IV/345
Dockschleuse IV/345
Drag-Anker IV/358–360
Drahtsteinkörbe V/408 f.
Drehkran IV/306
Druckfestigkeit
- Beton I/58–65, I/67 f.
- Konstruktionsleichtbeton I/118 f.
Druckluftsenkkasten IV/318 f.
Druckpfahl II/211 f.
Druckpfahlgruppe, Nachweis der Tragfähigkeit II/219 f.
Drucksondierung (CPT) IV/300
DSA XV/879 f.

DSV-Wand, bewehrte V/450 f.
Dübel V/438 f.
DUCON I/137
Durchfahrt
- Abdichtung XII/649
- Oberflächenschutzsystem XII/662

E
EA-Pfähle IV/305
EAR VII/480
Edelmetallmischoxide XVI/879
Eigenkorrosion XVI/871
Eimerkettenbagger IV/312
Eindringverfahren zur Festigkeitsbestimmung I/52
Einpresshilfen I/31 f.
Einwirkungen, Technische Baubestimmungen XVIII/996–998
Einzelfundament, Baugrunderkundungstiefe III/237
Einzelpfahl
- Nachweis der Gebrauchstauglichkeit II/221
- setzungswirksame Einflusstiefe II/222
Eisdruck IV/305
Eisenanode XVI/865
Eisstoß IV/305
Elastomerbahn XII/651, XII/657
Elastomere XII/654
E-Modul
- Basalt I/23
- Beton I/70 f.
- Diorit I/23
- Gabbro I/23
- Granit I/23
- Grauwacke I/23
- Hochofenschlacke I/23
- Kalkstein I/23
- Konstruktionsleichtbeton I/119
- Quarzit I/23
- Quarzporphyr I/23
- Sandstein I/23
Empfehlungen des Arbeitskreises Pfähle IV/305
Empfehlungen für Anlagen des ruhenden Verkehrs (EAR) VII/480
Endschwindmaß I/57
Energiepfahl III/276–279
- Bewehrungsstoß III/278
- Kopf III/277
Entwässerung
- Parkhaus VII/499, X/593–595, XI/620–625, XIV/716, XIV/742, XIV/780 f.
- Stützbauwerke V/419–421
Environmental Product Declaration (EPD) I/143
Erddruck
- aktiver V/373–376
- – erhöhter V/380

- Berechnung V/376–379
- – grafische Verfahren V/378 f.
- – Grundwerte
- – – Bodenkennwerte V/375 f.
- – – Wandreibungswinkel V/376
- Grenzwerte V/373
- Kriechdruck V/381
- mindester V/379 f.
- passiver V/373–376
- – verminderter V/380
- räumlicher V/380 f.
- (auf) Rohrleitungen V/381 f.
- Ruhedruck V/380
- Sonderformen V/380–382
- Spundwand V/424
- Theorien
- – – (nach) Coulomb V/373–375
- – – (nach) Rankine V/373, V/375
- Umlagerungen V/381
- Verdichtungserddruck V/381
- Verteilung V/379 f., V/423 f.
- Zwischenwerte V/373
Erdwiderstand, mobilisierter V/380
Erosion IV/300 f.
Ettringit I/19, I/116
Eurocode 7 XVIII/943–995
Eutrophierungspotenzial I/143

F
Fangedamm IV/336–339, V/440–442
- bauliche Maßnahmen IV/338 f.
- Bemessung V/440–442
- Berechnung V/440–442
- Gleitsicherheitsnachweis IV/337
- Kastenfangedamm siehe dort
- Standsicherheit V/441 f.
- Umfassung IV/331
- Zellenfangedamm siehe dort
Faraday'sche Gesetze XVI/872
Faserbeton I/125–142
- Ausziehwiderstand I/129
- composite concept I/126
- Dauerhaftigkeit I/139 f.
- DUCON I/137
- Eigenschaften I/137–141
- Endverankerung I/129
- Fasergehalt I/129
- Frostwiderstand I/140
- gerissener I/127–133
- Haftlänge I/127
- HPFRCC I/133
- Kriechen I/139
- Rissbremse I/126
- Rissverteilung I/125
- Scherfestigkeit I/139
- Schwinden I/139
- SIFCON I/130, I/137, I/139
- SIMCON I/130, I/137
- spacing concept I/126
- Spannungs-Dehnungs-Linie I/129

- Stahlfaserbeton siehe dort
- Taumittelwiderstand I/140
- Temperaturverhalten I/140 f.
- Tragverhalten I/125
- Übereinstimmungsnachweis I/141
- Verbundspannungen I/127
- Verbundverhalten I/128
- Verfestigung I/133
- Verformungsverhalten I/132
- Verschleißwiderstand I/141
- Wasserzementwert I/137
- Zusammensetzung I/137
Fasern I/133–136
- adhäsive Haftung I/131
- Aramidfasern I/136
- Effektivität I/126
- feinfibrillierte I/135
- fibrillierte I/135
- Glasfasern I/134 f., I/140
- Kohlenstofffasern I/136
- Kunststofffasern I/135 f., I/140
- Kurzfasern I/125, I/134
- monofilamente I/135 f.
- organische I/135 f.
- Polyacrylnitrilfasern I/136
- Polyesterfasern I/136
- Polyolefinfasern I/136
- Polypropylenfasern I/136
- Polyvinylalkoholfasern I/136
- risshemmende Wirkung I/125
- Roving I/134
- Stahlfasern siehe dort
- Verankerung I/128
- Versagensmöglichkeiten I/128
- Zellulosefasern I/136
Faserschlankheit I/127
Feinheitsziffer I/29
Felsböschung, Sicherung V/442 f.
Fertigpfahl II/207
Fertigteil-Winkelstützmauer V/396 f.
Festbeton siehe Beton
Festigkeitsklassen
- Beton I/4 f., I/65
- Leichtbeton I/5
- Normalbeton I/5
- Schwerbeton I/5
- Zement I/12, I/61, I/76
Feuchtigkeitsklassen von Beton I/27
Flächengründung II/189–207
- Ausmitte II/191
- Baugrubensohle, Vorbereitung XVIII/980
- Baugrunderkundungstiefe III/237
- Bauteilbemessung XVIII/979 f.
- Beanspruchungen II/189–192
- Beispiele II/199–207
- Bemessungssituationen XVIII/971
- Bemessungswerte II/195

- Einwirkungen II/189–192
- exzentrische Belastung II/196
- (auf) Fels XVIII/979
- Fuge, klaffende II/197
- – Begrenzung II/197 f.
- Fundamentverdrehung II/197 f.
- geotechnische Kategorien II/189 f.
- Gleiten II/194–196
- Grenzzustand der Gebrauchstauglichkeit XVIII/975–979
- – Fuge, klaffende
- – – Begrenzung XVIII/977 f.
- – – Fundamentverdrehung XVIII/977 f.
- – – Hebung XVIII/977
- – – Schwingungsberechnung XVIII/977
- – – Setzung XVIII/976 f.
- – – Verschiebung an der Sohlfläche XVIII/978 f.
- Grenzzustand der Tragfähigkeit XVIII/971–975
- – – exzentrische Belastung XVIII/974 f.
- – – Gesamtstandsicherheit XVIII/971 f.
- – – Gleitwiderstand XVIII/973 f.
- – – Grundbruchwiderstand XVIII/972
- – – Sohlwiderstand, zulässiger XVIII/973
- – – Tragwerksversagen durch Fundamentbewegung XVIII/975
- Grundbruch II/192–194, II/196
- Hebungen II/196 f.
- Kippen II/196
- Nachweis
- – (in) bindigem Boden XVIII/984–986
- – (im) Fels XVIII/986
- – Gebrauchstauglichkeit II/196–198
- – (in) künstlich hergestelltem Baugrund XVIII/986 f.
- – (in) nichtbindigem Boden XVIII/981 f.
- – Sohlwiderstand
- – – Bemessungswerterhöhung XVIII/982 f.
- – – Bemessungswertverminderung XVIII/983 f.
- – Streifenfundamente XVIII/982
- – Standsicherheit II/195 f.
- – Tragfähigkeit II/195 f.
- – vereinfachte in Regelfällen II/198 f., XVIII/980–987
- Setzungen II/196 f.
- Sohlflächenverschiebung II/198
- Sohlreibung II/194
- Streifenfundament siehe dort

- Widerstände II/192–195
-- Erdwiderstand II/194
-- Gleitwiderstand II/194–196
-- Grundbruchwiderstand II/192–194, II/196
-- Sohlwiderstand II/198 f., XVIII/973, XVIII/982–984
- Flachgründung, Tragfähigkeitserhöhung III/241
- Fließbeton I/43
- Fließmittel I/31
- Flinte I/25
- Floating production storage and offloading vessel (FPSO) IV/357
- Flugasche I/8 f., I/34–39
- anrechenbare Mengen I/36 f.
- Anrechenbarkeitswert I/36
- Höchstmenge I/36
- Mindestmenge I/37
- Flügelpfahl IV/349
- Flurgeräte, Verkehrslasten IV/307
- Flüssigkunststoff XII/654
- flüssig zu verarbeitende Abdichtungsstoffe XII/651
- FPS IV/357
- FPSO IV/357
- Frischbeton I/40–49
- Ausbreitmaßklassen I/42
- Bluten I/46
- Einbau I/44 f.
- Entmischen I/45 f.
- Fördern I/44
- Konsistenz I/41–44
-- Regelkonsistenz I/43
- Luftgehalt I/41
- Pumpfähigkeit I/44 f.
- Rohdichte I/41
- Temperatur I/48
- Transport I/44 f.
- Verarbeitbarkeit I/41–44
- Verdichtungsarten I/45
- Verdichtungsmaßklassen I/42
- Frostwiderstand von Beton I/35
- Fully-stressed design VI/458, VI/464
- Fundament
- Bewegungen, Grenzwerte XVIII/991–995
- Einzelfundament, Baugrunderkundungstiefe III/237
- Streifenfundament *siehe dort*
- Fußgängerbrücke
- Abdichtung XII/649
- Nutzungsklasse XIII/677

G
- Gabbro I/23
- Gabionen V/408 f.
- Garage *siehe auch* Parkhaus
- automatische VII/480
- Großgarage VII/480
- Hochgarage, Zwischendecke VII/495–497
- Kleingarage VII/480
- Mittelgarage VII/480
- oberirdische VII/480
- ÖBV-Richtlinie XI/609–646
- offene VII/480
- Tiefgarage *siehe dort*
- übersichtliche VII/482
- unübersichtliche VII/482
- Garagenverordnung (GarVO) VII/480
- Muster-GarVO VII/480
- Gasbeton I/123
- Gashochdruckleitung
- Korrosionsschutz, kathodischer XVI/865
- Gelporen I/20
- Geologie
- Nordsee IV/298 f.
- Ostsee IV/299
- Geometrieoptimierung eines Bauteils VI/458
- Geotechnik
- Sachverständiger II/177 f.
- Technische Baubestimmungen XVIII/1013 f.
- Technische Regeln XVIII/943–995
- Geotechnische Bemessung
- Anforderungen XVIII/949–952
- Aufschwimmen XVIII/964–966
- Baugrundeigenschaften XVIII/957
- Bemessungssituationen XVIII/952 f.
- Bemessungswerte XVIII/958 f.
- Berechnung XVIII/949–952
- Dauerhaftigkeit XVIII/953
- Entwurf, Anforderungen XVIII/949–952
- Fundamentbewegungen, Grenzwerte XVIII/968
- geometrische Vorgaben
-- Bemessungswerte XVIII/959
-- charakteristische Werte XVIII/958
- geotechnische Einwirkungen XVIII/954–957
- Geotechnische Kategorien (GK) II/177
- bautechnische Maßnahmen XVIII/991–995
- Flächengründungen XVIII/970
- Gesamtstandsicherheit XVIII/987 f.
- geotechnische Kenngrößen
-- Bemessungswerte XVIII/959
-- charakteristische Werte XVIII/957 f.
- geotechnischer Entwurfsbericht XVIII/968 f.
- geotechnische Teilsicherheitsbeiwerte XVIII/965
- Grenzzustand der Gebrauchstauglichkeit XVIII/966–968
- Grenzzustand der Tragfähigkeit XVIII/959–966
- Grundlagen XVIII/949–969
- Lagesicherheitsverlust XVIII/965
-- (im) Baugrund XVIII/960–964
-- Nachweis der Lagesicherheit XVIII/960
-- (im) Tragwerk XVIII/960–964
- geotechnische Unterlagen XVIII/969 f.
- geotechnischer Untersuchungsbericht XVIII/970
- Geothermie III/233, III/275 f.
- Gesamtstandsicherheit
- Ausführung XVIII/989
- Bemessungssituationen XVIII/988 f.
- Berechnung XVIII/989
- Einwirkungen XVIII/988 f.
- geotechnische Kategorien XVIII/987 f.
- Grenzzustand der Gebrauchstauglichkeit XVIII/990 f.
- Grenzzustand der Tragfähigkeit XVIII/989 f.
- Kontrollmessungen XVIII/991
- Gesteinskörnung *siehe auch unter* Beton
- grobe, Absinken I/46
- Leichtbeton I/112
- Gesteinsmehl, getempertes I/39
- Gewichtsstützmauer V/392–396
- Gleiten V/395
- Grundbruch V/393 f.
- Standsicherheit
-- äußere V/393–396
-- innere V/396
- Trockenmauer V/393
- Versagensfälle V/395
- Gewölbemauer mit Strebepfeiler V/443
- GK *siehe* Geotechnische Kategorien
- Glasfasern I/134 f., I/140
- Gleichgewichtsdiagramm XVI/868
- Gleichgewichtspotenzial XVI/868
- Gradientenbeton VI/455–476
- (zum) Leichtbau *siehe dort*
- Gradiententechnologie XII/458
- Granit I/23
- Grauwacke I/23
- Greiferbagger IV/312
- Großgarage VII/480
- Grundkriechen I/73, I/75
- Grundschwinden I/55–57
- Gründung III/231–294
- Aufschwimmen II/185

- Beanspruchungen II/178, II/187
- – – charakteristische II/187
- Bemessung
- – – (nach) DIN 1054 II/173–229
- – – (nach) EC 7-1 II/173–229
- Bemessungssituationen II/183–185
- – – BS-A II/183
- – – BS-E II/183–185
- – – BS-P II/183
- – – BS-T II/183
- Bemessungswerte II/181
- charakteristischer Wert II/179 f.
- Einwirkungen II/178
- – – charakteristische II/187
- – – dynamische II/178
- – – Erdbeben II/178
- – – geotechnische II/178
- Erosion, innere II/186
- Flächengründung siehe dort
- geotechnische Besonderheiten II/181 f.
- Grenzzustände II/185–189
- – – EQU II/185
- – – Gebrauchstauglichkeit II/188 f.
- – – GEO II/186–188
- – – HYD II/186
- – – STR II/186
- – – UPL II/185 f.
- Grundbruch, hydraulischer II/186
- Hochhausgründung siehe unter Hochhaus
- Jacket-Gründung IV/349 f.
- Kippnachweis II/185
- kombinierte Pfahl-Plattengründung siehe dort
- Konstruktionsversagen II/186
- Lagesicherheit II/185
- Monopile-Gründung IV/348 f.
- Nachweisverfahren II/182
- Pfahlgründung siehe dort
- Piping II/186
- repräsentativer Wert II/180 f.
- Schnittgrößen nach Theorie II. Ordnung II/185
- Schwergewichtsgründung IV/348 f.
- Schwimmkastengründung siehe dort
- Senkkastengründung siehe dort
- Sicherheitsnachweis II/176–189
- Sondergründung siehe dort
- Standsicherheitsnachweis II/188
- Tiefgründung siehe dort
- Tragelementversagen II/186
- Tripile-Gründung III/287, IV/349

- Tripod-Gründung IV/348 f.
- Widerstände II/178 f.
- – – charakteristische II/187
- – – Materialwiderstand II/179
- – – summarische II/179
- Gründungsbauwerke, marine siehe dort
- Gründungspfahl III/241
- Gründungssystem
- Dimensionierung III/235
- Entwicklung III/233
- geothermisch aktiviertes III/274–279
- – – Baugrunderkundung III/275
- – – Dimensionierung III/276 f.
- – – Energiepfahlanlage III/278 f.
- – – Herstellung III/277 f.
- – – konstruktive Durchbildung III/277 f.
- – – Massivabsorber III/276
- – – Nachweis der Gebrauchstauglichkeit III/276
- – – Nachweis der Tragfähigkeit III/276
- – – Nachweisführung III/276 f.
- – – physikalische Grundlagen III/275 f.
- – – Wärmebilanz III/276
- – – hybrides III/240
- Pfahlposition III/242
- wirtschaftlich optimiertes III/250
- Grundwasser, Grenzwerte I/86
- Gussasphalt XII/651, XII/658 f., XII/664 f., XIII/676, XIII/708

H
- Hangbrücke, Sicherung V/444
- Hangfaschine V/444 f.
- Hangrost, bepflanzter V/445 f.
- Hjulström-Diagramm IV/300 f.
- Hochgarage, Zwischendecke VII/495–497
- Hochhaus
- Entwicklung III/234
- Gründung
- – – (in) Hanglage III/269–272
- – – (in) setzungsaktivem Baugrund III/266–269
- – – Standardfall III/255
- – – (neben) Tunnel III/266–269
- Hochofenschlacke I/23
- Hochofenzement I/94 f.
- Hochwasserschutzwand IV/335 f.
- bauliche Maßnahmen IV/336
- Beispiel IV/335 f.
- Berechnung IV/335
- Hofkellerdecke XII/650
- Abdichtung XII/649
- Oberflächenschutzsysteme XII/661 f.
- Holzkrainerwand V/409–411
- Holzpfahl III/243

- Hooke'sches Gesetz I/69
- Hopperbagger IV/311
- HPFRCC I/133
- Hüttenbims I/113, I/123
- Hüttensand I/8, I/39
- Hydratationsgrad I/90
- Zement I/21 f.
- Hydratationswärme
- Beton I/35
- junger Beton I/49 f.
- Konstruktionsleichtbeton I/116
- Mörtel I/35
- Zement I/13, I/19, I/116
- Hydroxidionen XVI/870

I
- Industrieböden, Verschleißbeanspruchung I/85
- Inertanode XVI/879 f.
- inerte Stoffe I/34
- Innenbauteile, Korrosionsrisiko I/83
- Instandsetzung, Technische Baubestimmungen XVIII/1014 f.
- Instandsetzungsbeton, Beanspruchbarkeitsklassen XVI/883
- Instandsetzungsmörtel, Beanspruchbarkeitsklassen XVI/883
- Intensivverdichtung, dynamische zur Baugrundverbesserung IV/310 f.

J
- Jacket-Gründung IV/349 f.
- junger Beton I/49–53
- Bedeutung I/49
- Definition I/49
- Dehnfähigkeit I/51 f.
- Erstarrungsbeginn I/50
- Festigkeitsbestimmung I/52 f.
- Hydratationswärme I/49 f.
- Rissneigung I/51 f.
- Spannungen I/50 f.
- Temperatur I/51
- Wärmedehnzahl I/50

K
- Kai IV/339–345
- Bemessung IV/344
- (in) Erdbebengebieten IV/345
- Landbaustelle IV/341
- Querschnitt IV/339 f.
- Systemskizzen IV/340
- Tragverhalten IV/341–344
- Wasserbaustelle IV/341
- Wasserdruck, aufnehmbarer IV/340
- Kalkstein I/8 f., I/23
- Kammerschleuse IV/345
- kapillares Saugen, Definition I/89
- Kapillarporen I/20
- Kapillarporosität I/70
- Karbonnetzanode XVI/880 f.

Stichwortverzeichnis

Kastenfangedamm IV/337 f., V/440 f.
– Standsicherheit der Verankerung IV/338
Kathodenanschluss XVI/899
kathodische Passivierung XVI/876
kathodischer Korrosionsschutz IX/556, XIV/726, XIV/734, XIV/762, XVI/863–904
– Ausführungsbeispiele XVI/888–901
– (von) Brücken XVI/897–901
– Fachpersonal-Zertifizierung XVI/886 f.
– Fremdstromschutz XVI/873–877
– Funktionsfähigkeit XVI/885
– galvanischer XVI/872 f.
– – Funktionsprinzip XVI/871
– Gashochdruckleitungen XVI/865
– Grundlagen XVI/866–877
– Leistungsanforderungen XVI/885
– Monitoring XVI/885
– (von) Parkhäusern XVI/888–893
– präventiver Einsatz XVI/866, XVI/888, XVI/893–895
– Regelwerke XVI/901
– Schutzkriterien XVI/885–888
– (von) Spannbetonbauwerken XVI/887 f.
– technische Regelwerke XVI/885–888
– (von) Tiefgaragen XVI/893–897
kathodischer Wasserstoff XVI/887
Kesselsand I/113
Kieselsäure, alkalireaktive I/24
Kleingarage VII/480
Kohlenstoffanode XVI/880
Kohlenstoffdioxid XVI/867
Kohlenstofffasern I/136
Kolk IV/300
– Abmessungen IV/301
Kombinationstyp (SVB) I/100
kombinierte Pfahl-Plattengründung (KPP) III/240–274
– Ausführung III/250–274
– Baugrunderkundungstiefe III/238
– Berechnungsmethoden III/245 f.
– – analytische III/246
– – empirische III/245 f.
– – (mit) Ersatzmodellen III/246
– – numerische III/246
– Deckelbauweise III/266
– (mit) exzentrischer Belastung III/259–264
– geotechnische Nachweisführung III/246–250
– Grenzzustand der Gebrauchstauglichkeit III/246

– Grenzzustand der Tragfähigkeit III/246
– horizontal belastete III/272–274
– Interaktionen III/242
– Kombination mit Deckelbauweise III/264–266
– Last-Setzungs-Verhalten III/251 f.
– Lasttransfer III/241
– Mantelreibungsverteilung III/254
– Messprogramm III/251
– messtechnische Instrumentierung III/267
– Nachweis der Gebrauchstauglichkeit III/247 f.
– Nachweis der Tragfähigkeit III/247
– (in) nichtbindigem Baugrund III/255–257
– Pfahllastverteilung III/254
– Qualität III/274
– Richtlinie III/250
– (in) setzungsaktivem bindigem Boden III/258 f.
– Setzungsverteilung III/254
– Sicherheit III/274
– Tiefgründungselemente III/243–245
– – Herstellung III/244 f.
– Tragverhalten III/241 f.
– Tragwirkung III/241
– Verformungsverhalten III/241 f.
– (auf) Verwerfungslinie III/269
– Wirtschaftlichkeit III/274
– Zeit-Last-Kurven III/263
– Zeit-Setzungs-Kurven III/253
Kompositzement I/142
Konsolidierungstheorie, lineare IV/301
Konstruktionsleichtbeton I/112–122
– Ausschreibung I/122
– Betondeckung I/121
– Biegezugfestigkeit I/119
– Carbonatisierungsverhalten I/121
– Dauerhaftigkeit I/120
– Dauerstandfestigkeit I/119
– Druckfestigkeit I/118 f.
– Druckschwellfestigkeit I/119
– E-Modul I/119
– Feuerwiderstand I/121
– Förderung I/117
– Frost-Tausalz-Widerstand I/121
– Frost-Tau-Widerstand I/121
– Gesamtwassergehalt I/118
– Herstellung I/117 f.
– Hydratationswärme I/116
– Kriechverhalten I/119
– Mischungsentwurf I/115
– Planung I/121 f.
– Rezeptur I/114

– Rohdichte I/115
– Schallschutzeigenschaften I/121
– Schubtragverhalten I/119
– Schwindverhalten I/120
– selbstverdichtender I/122 f.
– – Festbetoneigenschaften I/123
– – Pumpförderung I/122
– Spaltzugfestigkeit I/119
– Spannungs-Dehnungs-Linie I/118 f.
– Transport I/117 f.
– Trocknungsverhalten I/120
– Verarbeitung I/117 f.
– Verdichtung I/118
– Verdichtungsporen I/116
– Verformungsverhalten I/112, I/118–120
– Versagensmechanismen I/118
– Wärmedehnung I/119
– Wärmedurchlasswiderstand I/121
– Wärmeleitfähigkeit I/121
– Wasserzementwert I/114
– Zementarten I/116
– zentrische Zugfestigkeit I/119
– Zusatzmittel I/116
Körnungsziffer I/29 f.
Korrosion
– Bewehrungskorrosion *siehe dort und unter* Parkhaus
– Eigenkorrosion XVI/871
– flächige durch Carbonatisierung XVI/867–896
– Lochkorrosion *siehe dort*
– Muldenkorrosion XVI/869
– Schutz *siehe* Korrosionsschutz
– Spannungsrisskorrosion, wasserstoffinduzierte XVI/887 f.
– Teilprozess
– – anodischer XVI/867, XVI/879
– – kathodischer XVI/867
korrosionsbedingter Masseverlust XVI/872
Korrosionskinetik XVI/872
Korrosionspotenzial XVI/869
– freies XVI/872
Korrosionsprodukte XVI/868
Korrosionsschutz
– kathodischer *siehe dort*
– Kupferverkleidung eines Schiffes XVI/865
Korrosionsstromdichte XVI/868
KPP *siehe* kombinierte Pfahl-Plattengründung
Kran IV/306
Kriechen I/72–75
– Endkriechzahl I/76
– Grundkriechen I/73
– Kriechzahl I/73
– Trocknungskriechen I/74
– Ursachen I/74
– Vorhersageverfahren I/75–77

Kunststoff XII/654
– Flüssigkunststoff XII/654
Kunststoffbahn XII/651, XII/657
Kunststofffasern I/135 f., I/140
Kurzfasern I/125, I/134

L
Ladungsdichte XVI/876
Ladungstransport XVI/876
Landesbauordnung (LBO) XII/651
Landgewinnung IV/311–314
– Baggergutgewinnung *siehe dort*
– Einbauverfahren IV/312 f.
– – Boden-Wasser-Gemisch-Einspülung IV/313 f.
– – Dammherstellung IV/312 f.
– – Rainbow-Verfahren IV/312–314
– – Verklappen IV/313
– – Verpumpen IV/312 f.
– – Vorlandaufspülung IV/312
latent hydraulische Stoffe I/39
LBO XII/651
Leichtbau VI/457 f.
Leichtbeton *siehe auch* Konstruktionsleichtbeton I/4, I/112–124
– Festigkeitsklassen I/5
– Gesteinskörnung I/112
– haufwerksporiger I/112, I/123–125
– – Einbau I/124
– – Festigkeit I/124
– – Herstellung I/124
– – Korrosionsschutz I/124
– – Zusammensetzung I/124
– Rohdichteklassen I/6
– selbstverdichtender, Pumpförderung I/118
– Umrechnungsfaktoren I/6
leitfähige Beschichtungen XVI/880
Leitungen auf dem Meeresgrund, Gründung IV/352–357
– Arten IV/352–354
– Besonderheiten IV/354–356
– Kabelschäden IV/356
– Lagestabilität, Sicherstellung IV/355
– Leitungsstabilisierung IV/353
– Pipeline-Walking IV/355
– Verlegetiefe IV/356 f.
Leuchtturm, Gründung IV/346 f.
LH-Zement I/51
L-Kasten-Versuch für Beton I/102 f.
Lochelektrolyt XVI/871
Lochkorrosion XVI/869–872
– Adsorptionsmechanismus XVI/869
– Initiierung XVI/869, XVI/875
– Mechanismus XVI/871

– Penetrationsmechanismus XVI/869
– Potenzial XVI/870
– Schichtrissmechanismus XVI/869
– Stabilisierung XVI/869
– Wachstumsgeschwindigkeit XVI/870
– Wachstumskinetik XVI/870
Low-Strain-Methode III/282, III/284
Luftgehalt von Frischbeton I/41
Luftporenbeton I/95 f.
Luftporenbildner I/31 f.
Luftporensysteme I/96

M
Mantelreibung III/241 f., III/248 f., III/253 f.
Mantelwiderstand III/241 f.
marine Gründungsbauwerke IV/295–366
– Baugrundverbesserung IV/308–311
– – Intensivverdichtung, dynamische IV/310 f.
– – – Vakuumverfahren IV/311 f.
– – Rütteldruckverfahren IV/308 f.
– – Rüttelstopfverfahren IV/308 f.
– – Sandsäulen, geotextilummantelte IV/309 f.
– – Vertikaldränage IV/308
– Beanspruchungen IV/303–307
– – Bewuchs, biologischer IV/307
– – Eis IV/305
– – Korrosion IV/307
– – Kran IV/306
– – Schiff IV/306 f.
– – Strömungskräfte IV/304
– – Tide IV/303 f.
– – Verkehr IV/307
– – Wellen IV/304 f.
– – Wind IV/305 f.
– Besonderheiten IV/297 f.
– Betrieb, Überwachung IV/297
– Empfehlungen IV/298
– Erkundung IV/297
– Errichtung IV/297
– Kai *siehe dort*
– Lastannahmen IV/303–307
– Leitungen auf dem Meeresgrund *siehe dort*
– Leuchtturmgründung IV/346 f.
– Planungsunterlagen IV/298
– Regelwerke IV/298
– Risiken IV/297 f.
– Rückbau IV/297 f.
– schwimmende Strukturen *siehe dort*
– Seeschleuse *siehe dort*
– Stilllegung IV/297 f.

– Wände *siehe* Wände von marinen Gründungsbauwerken
– Windenergieanlagengründung, offshore *siehe* Offshore-Windenergieanlage
Massivabsorber III/276
Material-Factoring-Approach II/178 f.
Materialleichtbau VI/457
Mehlkorngehalt I/34, I/40 f.
Mehlkorntyp (SVB) I/100
Mesogradierung von Betonbauteilen VI/468–474
– Entwurfsansätze VI/469–473
– – Kugelpackung VI/469, VI/471
– – Kugelverteilung VI/469–471
– – Masseneinsparung VI/470–472
– – Packungsdichte VI/469
– Herstellungsansätze VI/468 f.
– – Betonhohlkörper VI/468
– Hohlkörperdecken VI/473
– Konzept VI/468
Mikrogradierung von Betonbauteilen VI/459–468
– Betontechnologie VI/461–463
– Dichteanpassung VI/462
– Dichteverteilung VI/463 f.
– Entwurf VI/463
– Gradientenlayout VI/463
– Herstellungsverfahren VI/459–461
– – automatisiertes Sprühen VI/459–461
– – schichtweises Gießen VI/459
– Konzept VI/459
– Tragverhalten VI/465–468
– – Bemessung VI/466–468
– – Biegetragverhalten VI/465 f.
– – experimentelle Untersuchungen VI/465 f.
– – Querkrafttragverhalten VI/466
Mikrohohlkugel I/96
Mikropfahl II/207, III/243 f.
– verpresster II/216
Mikropfahlgruppe II/218 f.
Mikrorissbildung I/71, I/90
MIP V/450
Mittelgarage VII/480
Mixed-in-Place-Verfahren (MIP) V/450
Monomaterialtechnologie VI/458
Monopile-Gründung IV/348 f.
Monosulfat I/19
Mörtel
– Ausbreitfließversuch I/101
– Haftzugfestigkeit auf Beton XVI/884
– Hydratationswärme I/35
– Instandsetzungsmörtel, Beanspruchbarkeitsklassen XVI/883

- Polymeranteil XVI/884
- spezifischer Widerstand XVI/884
- Spritzmörtel *siehe dort*
- Trichterauslaufversuch I/101 f.
- Zementmörtel, kunststoffmodifizierter XVI/882
- Muldenkorrosion XVI/869
- Muster-Verwaltungsvorschrift Technische Baubestimmungen XVIII/996

N
nachhaltiger Beton I/142–153
- Eigenschaften I/151–153
- Zusammensetzung I/151–153
Nassspritzmaschine VI/461
Naturbims I/113, I/123
Noise Mitigation Screen IV/357
Nordsee
- Geologie IV/298 f.
- quartärer Untergrund IV/298
Normalbeton I/4
- Festigkeitsklassen I/5
Normen XVIII/941–1024
Normenhandbuch II/176

O
Oberflächenschutzsysteme XII/654, XIII/685–709
- Abnutzungsvorrat XIII/701
- (mit) Abstreuung XII/661
- (in) Anlieferungsbereichen XII/659, XII/661
- Anwendungsregeln XII/658–662
- Applikation XIII/698
- Auswahl XIII/689–695
- (mit) Bandage XIII/691, XIII/699 f.
- befahrbare nach RL SIB XIII/687
- Deckschicht
- – reaktionsgebundene XIII/690
- – verschleißfeste gefüllte XII/660–662
- Deckversiegelung XII/659–661
- – abgefahrene XIII/705
- (für) Durchfahrten XII/662
- Entwurfsgrundsätze XIII/689–695
- Grundierung XII/659
- (auf) Hofkellerdecken XII/661 f.
- Inspektion XII/658, XII/664, XIII/706–709
- – Intervalle XII/666, XIII/709
- Instandhaltung XII/658 f., XII/664, XII/666
- – Kosten XII/659
- Instandsetzung XII/658 f., XII/666, XIII/707
- Lebensdauer XIII/700–704
- Leistungsmerkmale XIII/695–698

- Nutzungsdauer XII/659
- Nutzungsklassen XII/659
- (für) Parkdecks XIII/669–712
- Parkhaus *siehe dort*
- Prüfverfahren XIII/702
- (auf) Rampen XII/659, XII/661
- Rissbandage XII/665
- Rissbehandlung XII/659, XII/664–666
- Rissbeherrschung XII/664 f.
- Rissbildung XIII/704
- Rissbreite
- – Änderung XIII/699 f.
- – Begrenzung XII/664
- – überbrückbare XIII/691
- – rissüberbrückende Eigenschaften XII/659–661
- Rissüberbrückungsfähigkeit XII/658, XII/664, XIII/686
- Rissvermeidung XII/664, XIII/695
- Rissverteilung XII/664 f.
- Rutschhemmung, Anforderungen XIII/694
- Schichtdicke XIII/690
- Schnittstellenregelung in DIN 18832 XII/667
- Schutzschicht, reaktionsgebundene XIII/690
- (auf) Spindeln XII/659, XII/661
- Trockenschichtdicke, mindeste XII/659 f.
- Überarbeitbarkeit XIII/704–706
- Verkehrsflächenzuordnung XII/660
- Verschleiß XIII/692 f.
- – Klassifizierung XIII/703
- Verschleißfestigkeit XII/658
- Wartung XII/658, XII/666, XIII/707
ÖBV-Merkblätter XVIII/1023 f.
ÖBV-Richtlinien XVIII/1022 f.
- „Garagen und Parkdecks"
XI/609–646
- – Anwendungsbereich XI/616
- – Bedeutung XI/643–645
- – Bestimmungen XI/615–643
- – Eckpunkte XI/611
- – Grundlagen XI/611–613
- – Konsequenzen XI/643–645
- – Schadensursachen XI/613–615
- – Ziele XI/616
ÖBV-Sachstandsberichte XVIII/1024
Offshore-Gründung III/274, III/287
- Baugrunderkundung III/287, IV/299 f.
- Tripile-Gründung III/287
Offshore-Windenergieanlage, Gründung IV/347–352
- Arten IV/348 f.
- Bau IV/350 f.

- Beispiel IV/351 f.
- Besonderheiten IV/349 f.
- Jacket-Gründung IV/348 f.
- Monopile-Gründung IV/348
- Nachweise IV/350
- Schallminderung mit Noise Mitigation Screen IV/352
- Schallpegelgrenzwerte IV/351
- Schiffskollision IV/350
- Schwergewichtsgründung IV/348
- Suction bucket IV/349
- Tripile-Gründung IV/349
- Tripod-Gründung IV/348 f.
Ohm'sche Kontrolle XVI/870
Ökobeton *siehe* nachhaltiger Beton
Ölschiefer I/39
Opal I/25
organische Stoffe I/39
Ortbetonverdrängungspfahl III/243 f.
Österreichische Bautechnik Vereinigung *siehe* ÖBV
Ostsee, Geologie IV/299
Ozonabbaupotenzial I/143
Ozonbildungspotenzial, bodennahes I/143

P
Palmgren-Miner-Regel I/80
Parkbauten *siehe* Parkhaus
Parkdach *siehe* Parkdeck
Parkdeck *siehe auch* Parkhaus XII/650
- Abdichtung XII/469
- Abdichtungsbauarten XIII/669–712
- Nutzungsklasse XIII/677
- Oberflächenschutzsysteme XIII/669–712
- ÖBV-Richtlinie XI/609–646
- Ortbetonnutzschicht XIII/649
Parkflächen, Ausführungsvarianten XIII/683
Parkgarage *siehe* Parkhaus
Parkgasse VII/480
- frei überspannte VII/494
Parkhaus *siehe auch* Garage *und* Tiefgarage
- Abdichtung XII/649, XIV/716 f., XIV/742
- – (mit) Asphalt XI/616, XI/625–627
- – Asphalteinbau XI/627
- – bituminöse Abdichtung XI/626
- – Entwässerung auf zwei Ebenen XI/625 f.
- – Kunststoffabdichtung XI/626
- – Untergrundvorbereitung XI/627
- – (nach) DIN 18195-5 XIV/772 f.

– Abfertigungsgeräte VII/489 f.
– – Standort VII/490
– abtropfendes Wasser XIII/671
– Anfahrwinkel VII/490
– Anforderungen X/586
– – (aus) Betreibersicht
 VIII/505–514
– – betriebliche VIII/507 f.
– – funktionale VIII/507 f.
– – (aus) Nutzersicht
 VIII/505–514
– – wirtschaftliche VIII/508
– Anprall X/590
– Anprallschutz X/590, X/592 f.
– – Ausführungsmängel X/592
– – Kontrolle X/592
– – Rückhaltesystem X/593
– – Vorspannkabel X/593
– Arbeitsfuge XIV/717–719
– Ästhetik X/606
– Auflager XIV/740 f.
– Aufstellwinkel VII/483–485
– Aufzug VII/501
– – transparenter Schacht VII/501
– Ausbau
– – allgemeiner VII/501–503
– – technischer VII/498–501
– barrierefreies VII/492
– Bauaufsicht, örtliche XI/639 f.
– Bauformen XI/612
– Bauteile unter durchlässigen
 Belägen, Ausführungsvarianten
 IX/560 f.
– Bauverfahren XI/612
– Bauweisen XI/612 f.
– Bauwerksbuch VIII/513
– Bedarfsplanung VIII/511
– Belag X/591
– Belastungsklassen XI/623 f.
– Beleuchtung VII/500 f.
– Bemessungsfahrzeug VIII/510
– Benutzerfreundlichkeit X/606
– Beschichtung
– – Abdichtungsschicht X/600
– – abgefahrene X/601
– – Abrasion X/598
– – alte X/600
– – Anforderungen X/598
– – Ästhetik X/599
– – Auffrischung X/598
– – Brandverhalten X/600
– – Dichtheitsprüfung XIV/753
– – Eigenüberwachung XI/640
– – Fremdüberwachung
 XI/640 f.
– – Gleitfestigkeit X/600
– – Gleitreibung X/598 f.
– – (mit) Inspektionsbuch XI/616,
 XI/627–637
– – – Hydrophobierung XI/628 f.
– – – Rissüberbrückung XI/628
– – – Schichtdicke, mindeste
 XI/627

– – Oberflächenrauheit X/598–600
– – Orangenhautbildung X/598
– – Rissbild X/600
– – Rutschgefahr X/599
– – Systeme X/598
– – Verschleißschicht X/600
– – verschmutzte X/601
– Beschilderung
– – (für) Fußgänger VII/492
– – verdeckte VII/496
– Bestandsschutz XIV/757–759
– Betonabreißfestigkeit XI/617,
 XI/640
– Betondeckung X/591 f.,
 XI/617, XIV/715 f., XIV/719
– – Abminderung XIV/768
– – Anforderungen XIV/771
– – Bestimmung XIV/751 f.
– – Dichtheit IX/539–542
– – mindeste IX/533–539,
 XIV/716
– – Vorhaltemaß XIV/716
– Betoneinbau XI/620
– Betonfertigteilplatten XI/612
– Betonnester XI/619 f.
– Betonqualität XIV/715 f.
– Betonrandzone, Nachbehandlung
 IX/545–547
– Betonsorten XI/617
– Betonzugfestigkeit IX/545
– Betonzusammensetzung,
 Anforderungen IX/539–542
– Betreiberhaftung VIII/512
– Betrieb X/591
– Betriebskosten VIII/508
– Bewehrung, rissbreiten-
 beschränkende XIV/717
– Bewehrungskorrosion XI/611,
 XI/614 f., XIV/718,
 XIV/723–733
– – Ausmaßbestimmung
 XIV/742 f.
– – Biegerissbildung XIV/731
– – Carbonatisierungsfront
 XIV/727
– – Carbonatisierungs-
 geschwindigkeit XIV/727
– – carbonatisierungsinduzierte
 XIV/724, XIV/726 f.,
 XIV/731, XIV/735 f.
– – Chloridbeaufschlagung
 XIV/727
– – Chloridbindekapazität
 XIV/728
– – Chloridentzug, elektro-
 chemischer XIV/726
– – Chloridgehalt
– – – gesamter XIV/728
– – – kritischer korrosions-
 auslösender XIV/728–730
– – chlorindinduzierte XIV/727 f.,
 XIV/731, XIV/736–738,
 XIV/741–752, XIV/765

– – Chloridkonzentrationsprofil
 XIV/728
– – Chloridtransport XIV/727
– – Depassivierung von Stahl
 XIV/725
– – Diffusion XIV/727
– – Einleitungsphase XIV/725,
 XIV/731
– – elektrolytische Leitfähigkeit von
 Beton XIV/726
– – Elektrolytwiderstand von Beton
 XIV/727, XIV/730
– – Fugenbereiche XIV/740
– – kapillares Saugen XIV/727
– – kathodischer Korrosionsschutz
 XIV/726
– – Konsolen XIV/741
– – Korrosionsgeschwindigkeit
 XIV/732
– – Makrokorrosionselemente
 XIV/726
– – Mikrokorrosionselemente
 XIV/725
– – Monitoring XIV/733,
 XIV/762, XIV/764, XIV/785
– – Passivität von Stahl XIV/724
– – Passivschicht XIV/724,
 XIV/728
– – Potenzialdifferenzen XIV/726
– – Repassivierung XIV/736
– – Rissbandagierung XIV/732
– – (im) Rissbereich XIV/730–733
– – Rissbildung, korrosionsbedingte
 XIV/727
– – Rissverpressung XIV/732
– – Sauerstoffreduktion XIV/731
– – Sauerstoffkorrosion XIV/724
– – Säurekorrosion XIV/724
– – Schädigungsphase XIV/725,
 XIV/731 f.
– – Spannungsrisskorrosion
 XIV/724
– – Teilprozesse XIV/725,
 XIV/731
– – Trennrissbildung XIV/731
– – Unterzug XIV/740
– Bewehrungssondierung
 XIV/761
– Bewehrungsüberdeckungen
 X/590
– Bewirtschaftung VII/498 f.,
 X/591, X/604
– Biegeriss XIV/763
– Biegezugverstärkung
 X/595–598
– blinde Flecken XI/642 f.
– Bodenbelag X/588
– Bodenplatte XIV/739 f.,
 XIV/772
– Brandmeldeanlage VII/493
– Brandschutz XIV/739
– – baulicher VII/492 f.
– Brückenabdichtung XI/642

- Carbonatisierung XI/614
- Car Sharing VII/494
- Chlorid XI/614 f.
- Chloriddiffusionskoeffizient XIV/762
- Chlorideindringtiefe XI/615
- Chloridentzug, elektrochemischer XIV/762
- Chloridgehalt
- – Bestimmung XIV/743, XIV/761
- – kritischer korrosionsauslösender XIV/761
- Chloridkonzentration XIV/762
- – korrosionsauslösende XI/614 f.
- Chloridprofil XIV/743
- Chloridtransport XIV/762
- Chloridumverteilung XIV/762 f.
- Chloridwiderstand XI/619
- Dauerbetrieb XI/613
- Dauerhaftigkeit VII/497 f., IX/515–582, X/583–607, XI/614 f.
- Deckenoberseiten VII/497 f.
- – Hohlkehle VII/498
- – Regelwerk
- – – aktuelles IX/532
- – – Entwicklung seit 1988 IX/515–532
- DBV-Merkblatt „Parkhäuser und Tiefgaragen" XIV/767–773
- Deckenplatte, Rotationsfähigkeit X/596
- Deformation X/590, X/593–595
- Dehnfuge XIV/717–719
- Dokumente X/601, X/604
- Durchfahrtsbegrenzung VII/490
- Durchstanzanker X/595 f.
- Durchstanzbewehrung X/590–592
- Durchstanzen X/591 f.
- Durchstanzverstärkung X/595–598
- Ebenenkennzeichnung VII/502
- Einwirkungen X/590
- Einzelplatzzählung VII/498
- E-Ladestation VII/493, VIII/509
- Elektrolytwiderstand von Beton XIV/734, XIV/763, XIV/765, XIV/787–789
- Elektromobilität VII/493 f.
- – Hausanschlusswert VII/494
- – Ladestation VII/493, VIII/509
- Engstellen VIII/511
- Entwässerung VII/499, X/593–595, XI/620–625, XIV/716, XIV/742, XIV/780 f.
- Entwurf
- – Konstruktionen X/587 f.
- – Layout X/588

- – Umsetzungsmaßnahmen IX/565–575
- – – ausführungstechnische IX/572–574
- – – betontechnische IX/569–572
- – – Entkopplung der Tiefgaragen-WU-Betonwand vom Baugrubenverbau IX/569
- – – Festhaltepunktvermeidung IX/566 f.
- – – Hydratationsgassen, Anordnung IX/568
- – – konstruktive IX/566
- – – Sollrissfugen in Wänden, Anordnung IX/569
- – – während der Bauzeit IX/574 f.
- – – zwangmindernde bei Bodenplatten IX/567 f.
- Erhaltung X/586, X/603
- Expositionsklassen IX/533–539
- Fahrbahngeometrie VII/483–485
- Fahrgassenbreite VII/484, X/588
- Farbkonzept X/606
- Feuchtemonitoring XIV/787–789
- Feuchtigkeitsklassen IX/533–539
- Flügelglätten XI/617
- Freideck XI/612
- – Abdichtung XII/649
- – Frequenz XI/612
- Fugen XI/637–639, XIV/740
- – Ausführung XI/638 f.
- – Bewegungsfuge XI/616 f., XI/622, XI/637–639
- – Dauerhaftigkeit XI/637
- – Dehnfuge XI/616, XI/637–639
- – Planung XI/637 f.
- Fundament XIV/717
- Fußwegverbindungen VII/491 f.
- Gebrauchstauglichkeit VIII/510, X/594
- – gefährdete Bauteile XI/617
- Gefälle IX/562–565, X/594, XIV/716, XIV/719, XIV/741, XIV/780 f.
- – mindestes XI/622
- Gefällebeton XI/618
- Gefälleestrich XI/612
- (mit) geschlossener Fassade XI/612
- Grundierung, Dichtheitsprüfung XIV/752
- Gullys XI/616, XI/622
- Gussasphalt XIV/717, XIV/772
- Herstellkosten VIII/508, XI/644
- Hochgarage XI/612
- Honorare X/604
- Inbetriebnahme X/603

- Inspektion VIII/512, XI/613, XI/641 f.
- Intervalle XI/642
- Instandhaltung VIII/511–513, IX/575, XI/641–643
- – Dokumentation VIII/513
- – (der) Gebäudesubstanz VIII/512 f.
- – Planung XIV/782–784
- – rechtliche Anforderungen VIII/511 f.
- – (der) technischen Gebäudeausrüstung VIII/513
- Instandsetzung X/586–601, XI/613, XI/615, XIV/713–793
- – Baustoffverwendbarkeit XIV/721 f.
- – befahrene Flächen XIV/774–776
- – Belagoberkante XIV/777 f.
- – Beton XIV/765–767
- – – Austrocknungsschwinden XIV/766 f.
- – – kunststoffmodifizierter XIV/765 f.
- – – reaktionsharzgebundener XIV/766
- – – Spritzbeton XIV/765 f.
- – – Trockenbeton XIV/765
- – – Vergussbeton XIV/765–767
- – Betonabtrag XIV/773 f.
- – Bewehrungsbeschichtung XIV/734
- – Bodenplatte XIV/777
- – – (bei) carbonatisierungsinduzierter Korrosion XIV/735 f.
- – Chloridextraktion, elektrochemische XIV/734 f.
- – – (bei) chloridinduzierter Korrosion XIV/736–738
- – – (nach) DAfStb-Instandsetzungs-Richtlinie XIV/721, XIV/733
- – – (nach) DBV-Merkblatt „Parkhäuser und Tiefgaragen" XIV/722
- – – (nach) DIN EN 1504 XIV/720–722
- – Freideck XIV/776
- – Ist-Zustandsfeststellung XIV/738–757
- – kathodischer Korrosionsschutz XIV/734
- – Monitoring XIV/784–789
- – Mörtel XIV/765–767
- – – Trockenmörtel XIV/765
- – – Vergussmörtel XIV/765
- – Planung X/604, XIV/760–767
- – Rampe XIV/776 f.
- – Realkalisierung XIV/734
- – rechtliche Aspekte XIV/719–723

– – rechtzeitige XI/642 f.
– – (nach) RL-SIB 2001 XIV/720–722
– – Stützenfuß XIV/777
– – Umfang XIV/761–765
– – Wandfuß XIV/777
– – Wartungsintervall XIV/769
– – Wassergehaltbegrenzung des Betons XIV/734 f.
– – Wiederherstellung des alkalischen Milieus XIV/734
– – Zwischendeck XIV/776
– Komfortstufen X/588
– Konsolen XIV/740 f.
– – Bewehrungskorrosion XIV/741
– Konstruktionssysteme XI/617 f.
– Kontrollplan X/591
– Konzeption X/586
– Korrosion XI/614
– – Bewehrungskorrosion *siehe* Parkhaus, Bewehrungskorrosion
– – – chloridinduzierte XI/615
– – Lochfraßkorrosion XI/615
– – Bewehrung *siehe* Parkhaus, Bewehrungskorrosion
– – Unterzug XIV/718
– – Zwischendeckenunterseite XIV/718
– Korrosionsschutz, kathodischer XIV/762, XVI/888–893
– Krafteinleitung X/590–592
– kundenfreundliches VII/477–503
– Lebensdauer X/601, X/603
– Lebenszyklus X/602 f.
– – Kosten XI/644
– Leitfarben VII/501
– Lichtmanagementsystem VII/500
– Lichtraumprofil X/592
– Luftporenbeton XI/620
– Lüftung VII/499 f.
– Lüftungsleitungen XI/616
– Lunker XI/619 f.
– Makrozellkorrosion XIV/763
– Markierungsnägel VII/491
– Materialkreisläufe X/606
– Metallbauarbeiten VII/502
– Nachrechnungen X/591
– Nachrüstung X/595–601
– Neubau X/586–601
– – (mit) Fehlern VII/589–591
– Nutzerfreundlichkeit VIII/510
– Nutzung X/603, XI/611 f.
– Nutzungsdauer VIII/512, X/590, X/601
– Nutzungsintensität XI/611
– Nutzungsvereinbarung X/586, X/588 f.
– – bauwerksspezifische Umsetzung X/589

– Oberflächenschutzsysteme XI/628–637, XIV/716 f., XIV/719, XIV/742, XIV/762, XIV/765, XIV/768, XIV/771
– – Abriebfestigkeit XI/630, XI/636
– – Anwendung XI/629
– – Anwendungsbereiche XI/628
– – Aufbau XI/629
– – Auswahl XI/630–635
– – Beschreibung XI/628
– – Brandverhalten XI/630
– – Eigenschaften XI/630
– – Feuchteempfindlichkeit XI/630
– – Hochzug XI/636 f.
– – Hohlkehlen XI/636 f.
– – Rautiefe XI/633
– – Reaktionsharze XI/629
– – Regelungen, aktuelle IX/559
– – Rissüberbrückungsfähigkeit XI/630 f.
– – Rissüberbrückungsklassen XI/634
– – Rutschfestigkeit XI/630
– – Schichtdickenzuschlag XI/631
– – Verschleißfestigkeit XI/636
– Objektplanung VIII/511
– offenes VIII/507
– Ölabscheider XI/620
– Parkflächen VIII/509
– Parkgasse *siehe dort*
– Parkplatzanordnung *siehe* Parkhaus, Stellplatzanordnung
– Pflasterbelag VII/717
– Pfützenbildung XIV/716
– Planung VII/477–503, XI/643
– – Aufgaben IX/547 f.
– – Bedarfsplanung IX/548 f.
– – Fehler X/592
– – Tragwerksplanung VII/494–497
– Polarisationswiderstand, anodischer von Beton XIV/763
– Potentialfeldmessung, elektrochemische XIV/745–751
– Problempunkte X/590 f.
– Projektablauf X/601–604
– Projektbasis X/586, X/589
– Pumpensümpfe XI/624 f.
– Qualitätssicherung XI/639–641
– Querschnittsschwächung XIV/742 f.
– Rampen VII/485–489, IX/558 f.
– – Abfahrten VII/487 f.
– – D'Humy-System VII/482
– – Ende mit Spiegel VII/490
– – gerade VII/486
– – geschosshohe VII/481 f.
– – gewendelte VII/481, VII/486, VII/489
– – Grundrissgeometrie VII/487 f.
– – Höhenplanung VII/488

– – kreisförmige *siehe* Parkhaus, Rampen, gewendelte
– – Kuppenausrundung VII/488 f.
– – Neigung VII/488
– – Oberflächenschutzsysteme XII/659, XII/661
– – Parkrampe VII/481
– – Rampensystem VII/482
– – Split-Level VII/481 f., VII/487 f.
– – Vollgeschossrampe VII/481
– – Wannenausrundung VII/488 f.
– – Zufahrten VII/487 f.
– – Rauchabschnitte VII/493
– – Rautiefe, Prüfung XIV/752–754
– – Reinigung XI/621, XI/625, XI/641
– – – Intervalle XI/641
– – Ressourcen in Städten X/606
– – Rettungsweglänge VII/493
– – Rigolen XI/616 f., XI/621, XI/623
– – Risikoanalyse X/605
– – Risikomanagement X/605
– – Riss X/589–591, XI/613 f., XIV/717–719, XIV/742, XIV/769
– – – Chlorideindringen XIV/771
– – – Chloridgehalt XIV/744
– – Rissbandagierung IX/554, XIV/732, XIV/763, XIV/771, XIV/777
– – Rissbehandlung IX/554, XIV/770, XIV/772
– – Rissbeherrschung, Entwurfsgrundsätze IX/549–551
– – Rissbreite X/590, XI/613
– – Rissbreitenänderung XIV/718
– – Rissbreitenbegrenzung XI/613, XI/619, XIV/770
– – – Anforderungen IX/542–545
– – Rissüberbrückung XIV/718
– – Rissursachen XI/613
– – Rissvermeidung XIV/770
– – Rissverpressung XIV/732, XIV/761, XIV/763
– – Rissverteilung XIV/770
– – Robustheit X/590
– – Rückbau X/603
– – Rutschgefahr X/588
– – Schadensursachen XI/613–615, XI/643
– – Schlosserarbeiten VII/502
– – Schrammbord VII/491
– – Schutzmaßnahmen XI/616
– – Sicherheit VII/503
– – Soll-Zustandsfestlegung XIV/759 f.
– – Spindel
– – – anschließende VII/483
– – – Oberflächenschutzsysteme XII/659, XII/661
– – Sprinkleranlage VII/493

- Stahllamellenbewehrung X/592
- Stauraum VII/490
- Stellplatzanordnung X/588
- Stellplatzbreite X/606
- – beengte VIII/510
- – mindeste VIII/510
- Stellplätze für Frauen VIII/509
- Stellplatzgeometrie VII/483–485
- – (zur) Stützenvermeidung VII/495
- Steuerungsanlage VII/498 f.
- Straßenanbindung VII/489–491
- Stützen XIV/738 f.
- – Anordnung VII/485
- – Anprallspuren VII/495
- – Bewehrung, ausgeknickte XIV/739
- – Breitenzuschlag VII/493
- – Vermeidung
- – – (durch) Stellplatzgeometrie VII/495
- – – (durch) Tragsystemwahl VII/495–497
- Stützenfuß XI/619 f., XIV/717
- Tragkonstruktion XIV/738
- Tragwerk XI/616–620
- Tragwerksanalyse X/602
- Trends X/606 f.
- Trennriss XIV/764, XIV/772
- Trennrissbildung XIV/717, XIV/731
- Treppenhaus VII/501
- – Tür, verglaste VII/503
- Typen VII/480–482
- Übergabe X/604
- Überwachung X/603
- Umgebungsplan VII/502
- Unterhalt V/586, X/589–601
- Unterhaltsplan X/591, X/603
- Unterzug XIV/740
- – Abstützung XIV/739
- – Bewehrungskorrosion XIV/740
- Verdunstungsrinnen XI/624 f.
- Verkehrsflächen, Ausführungsvarianten IX/551–559
- – chloridbeanspruchte WU-Bodenplatten in drückendem Wasser IX/557 f.
- – – kathodischer Korrosionsschutz IX/556
- – – mit Abdichtung IX/555
- – – mit Oberflächenschutzsystem IX/554 f.
- – – nichtrostende chloridbeständige Bewehrung IX/557
- – – ohne Abdichtung IX/553 f.
- – – ohne Oberflächenschutzsystem IX/553 f.
- Verkehrsführung, innere VII/482 f.
- Verkehrssicherungspflicht VIII/512

- Verschmutzung X/606
- Verstärkung X/595
- Videoüberwachung VII/501
- visuelle Untersuchung XIV/741 f.
- von der Parkfläche aufgehende monolithische Bauteile, Ausführungsvarianten IX/561
- Voutenplatte VII/496
- Wände
- – Breitenzuschlag VII/493
- – tragende XIV/738 f.
- Wandfuß XI/619, XIV/717
- Wartung VIII/512, XIV/781 f.
- – Intervall XIV/783
- Wegeführung, verständliche VIII/509
- Weiße Wanne XI/620
- wirtschaftliches VII/477–503
- WU-Bodenplatte
- – (mit) EGS-a IX/575 f.
- – (mit) EGS-c IX/576–580
- – zerstörungsfreie Untersuchung XIV/754–757
- – – Impulsradarverfahren XIV/754, XIV/756 f.
- – – Ultraschallecho-Verfahren XIV/754–756
- Zwangriss XIV/769
- Zwischendecke XII/650
- – Abdichtung XII/649
Particle-Image-Velocity-Methode IV/303
Passivierung I/91
- kathodische XVI/876
Passivität eines Systems XVI/869
Passivoxid, Leitfähigkeit XVI/871
Passivschicht XVI/867
Permeabilitätskoeffizient I/89
Permeation, Definition I/89
Pfahl V/428 f.
- Arten IV/321
- axial belasteter
- – Nachweis der Tragfähigkeit II/219
- – Tragverhalten IV/322
- biegebelasteter, Tragverhalten IV/322–324
- Bohrpfahl siehe dort
- Bohrung mit durchgehender Bohrschnecke V/429
- Druckpfahl II/211 f.
- Einzelpfahl II/221
- Energiepfahl siehe dort
- Fertigpfahl II/207
- Flügelpfahl IV/349
- Gründungspfahl III/241
- (mit) Hohlquerschnitt IV/321
- Holzpfahl III/243
- horizontal belasteter, Tragverhalten IV/322–324
- Mantelreibung II/216, III/241 f., III/248 f., III/253 f.

- Mikropfahl siehe dort
- Probebelastung III/248–250
- Prüfung IV/330 f.
- quer belasteter II/219
- Rammpfahl siehe dort
- Saugpfahl IV/321
- Schneckenortbetonbohrpfahl (SOB) V/429
- Schrägpfahl IV/343
- Schraubpfahl II/207, III/243 f.
- Stahlpfahl III/243
- Tragfähigkeit
- – Bestimmung III/245
- – vertikale III/247
- Untersuchung, Low-Strain-Methode III/282, III/284
- Verdrängungspfahl siehe dort
- Verpresspfahl II/207
- (mit) Vollquerschnitt IV/321
- Wurzelpfahl V/443
- zugbeanspruchter, Tragverhalten IV/324
- Zugpfahl II/211 f., II/217
Pfahlblock V/443
Pfahlgründung III/321–331
- Anwachsen IV/331
- Bemessung IV/324–330
- Einbringverfahren IV/321 f.
- Pfahlprüfung siehe unter Pfahl
- Schallemissionsminderung beim Einbringen IV/321
- Tragverhalten IV/322–324
Pfahlgruppe V/429
- Bohrpfahlgruppe II/218
- Baugrunderkundungstiefe III/238
- Mikropfahlgruppe II/218 f.
- Nachweis der Gebrauchstauglichkeit II/221 f.
- Pfahlwiderstand, axialer II/218 f.
- setzungswirksame Einflusstiefe II/222
- Tragverhalten IV/324
- Verdrängungspfahlgruppe II/218 f.
- Zugpfahlgruppe siehe dort
Pfahl-Plattengründung, kombinierte siehe dort
Pfahl-Platten-Interaktion III/242
Pfahlplattenkoeffizient III/241 f., III/250 f.
Pfahlrost IV/340, V/429
- Tragverhalten IV/324
Pfahlspitzenwiderstand II/216
Pfahlstuhl V/443
Pfahlwand
- aufgelöste V/429
- Bemessung V/430
- Berechnung V/430
- Bohrpfahlwand V/429–435
- tangierende V/430
- überschnittene V/430

Pfahlwiderstand
– axialer II/218 f., IV/324–326
– horizontaler IV/326–330
– – Bettungsmodul IV/328 f.
– – Dalbenberechnung IV/327
– Mobilisierung IV/326
Phonolith I/39
Pigmente I/34
Pilotenwand, bepflanzte V/445
Point-Anode XVI/878
Poisson'sche Zahl I/69
Poller IV/306
Polyacrylnitrilfasern I/136
Polyesterfasern I/136
Polymer-Bitumenschweißbahn XII/651, XIII/676
Polyolefinfasern I/136
Polypropylen I/134
Polypropylenfasern I/136
Polyvinylalkoholfasern I/136
Porenbeton I/111, I/123
Porenelektrolyt XVI/867
Porenlösung, pH-Wert I/94
Porositätsgradient VI/460
Portlandzement I/142
Portlandzementklinker I/8
Pourbaix-Diagramm XVI/867 f.
Primärenergiebedarf I/143
Prioritätenliste XVIII/996
Puzzolane I/8, I/34–39

Q
Quarzporphyr I/23
Querdehnzahl von Beton I/70 f.

R
Radwegbrücke, Abdichtung XII/649
Rammpfahl II/207, II/214–216
– Stahlbetonrammpfahl III/243 f.
– Widerstand-Setzungs-Linie IV/325
Rankine'sche Erddrucktheorie V/373, V/375
Raumgitter-Stützkonstruktionen V/407–412
– Bemessung V/411 f.
– Berechnung V/411 f.
– Betonkrainerwand V/407–409
– Drahtsteinkörbe V/408 f.
– Holzkrainerwand V/409–411
– Verbundkonstruktionen V/407
Reaktionsharz XII/659–661
Realkalisierung XVI/877
Realkalisierungseffekt XVI/876
Recyclinghilfen für Waschwasser I/31 f.
Redoxelektrode XVI/873
Referenzelektrode XVI/885
Regelwerke XVIII/941–1024
Repassivierung XVI/870, XVI/876 f.

Rheologie
– Bingham-Fluid I/41 f.
– Fließgrenze I/41
– Newton-Fluid I/41 f.
– Scherspannung I/41
– Viskosität I/42
Richtlinien
– Alkali-Richtlinie I/25 f.
– Betonbauqualität I/157 f.
– (des) DAfStb XVIII/1019 f.
– kombinierte Pfahl-Plattengründung-Richtlinie III/250
– (des) ÖBV XVIII/1022 f.
– Technische Baubestimmungen XVIII/1017 f.
Rissarretierung I/131
Rissfreiheit I/38
Rohdichte
– Basalt I/23
– Diorit I/23
– Frischbeton I/41
– Gabbro I/23
– Granit I/23
– Grauwacke I/23
– Hochofenschlacke I/23
– Kalkstein I/23
– Konstruktionsleichtbeton I/114
– Quarzit I/23
– Quarzporphyr I/23
– Sandstein I/23
Rohrtrockenspritzmaschine VI/461
Rüstung, Technische Baubestimmungen XVIII/1011 f.
Rütteldruckverfahren zur Baugrundverbesserung IV/308 f.
Rüttelstopfverfahren zur Baugrundverbesserung IV/308 f.

S
Sachstandsberichte
– (des) DBV XVIII/1020–1022
– (des) ÖBV XVIII/1022–1024
Sachverständiger für Geotechnik II/177 f.
Sandsäule, geotextilummantelte zur Baugrundverbesserung IV/309 f.
Sandstein I/23
Sauerstoffelektrode XVI/868, XVI/873, XVI/879
Saugpfahl IV/321
Saul-Nurse-Reifegrad I/62
Schalentragwerk V/444
Schalung I/107 f.
– nichtsaugende I/107
– Oberflächeneigenschaften I/107
– saugende I/107
– Technische Baubestimmungen XVIII/1011 f.
– Trennmittel I/108
Schaumbeton I/111, I/123
Schaumbildner I/33

Schaumlava I/113, I/123
Schiefer, gebrannter I/8 f.
Schleuse
– Dockhafen IV/345
– Dockschleuse IV/345
– Kammerschleuse IV/345
– Seeschleuse siehe dort
Schlitzwand V/435–437
– Bemessung V/437
– Berechnung V/437
– Herstellung V/435–437
– Standsicherheit V/437
Schlitzwandbeton I/38
Schneckenortbetonbohrpfahl (SOB) V/429
Schneidkopfsaugbagger IV/311
Schneidradbagger IV/311
Schnellzement I/12
Schrägpfahl IV/343
Schraubpfahl II/207, III/243 f.
Schutz, Technische Baubestimmungen XVIII/1014 f.
Schutzgalerie V/443 f.
Schutzstromdichte XVI/875
Schwallwelle IV/304
Schweizer Ingenieur und Architektenverein (SIA) X/585 f.
Schweizerische Normen-Vereinigung (SNV) X/586
Schwerbeton I/4
– Festigkeitsklassen I/5
Schwergewichtsanker IV/358
Schwergewichtsgründung IV/348 f.
schwimmende Strukturen
– Floating production storage and offloading vessels (FPSO) IV/357
– Semi-submersible production system (FPS) IV/357
– SPAR-Plattform IV/357
– Tension leg platform (TLP) IV/357
– Verankerung IV/357–360
– – Ankerarten IV/358–360
– – – Drag-Anker IV/358–360
– – – Schwergewichtsanker IV/358
– – – Suction-caisson-Anker IV/359
– – Besonderheiten IV/360
Schwimmkastengründung IV/317–321
– Bau IV/317–319
– Bemessung IV/319–321
– Gebrauchstauglichkeit IV/320
– (von) Leuchttürmen IV/346
– Schneideinsinken IV/320
– Schneidengeometrie IV/320
– Schwimmstabilität IV/319 f.
– Standsicherheit IV/320 f.
Schwinden I/54–58, I/72
– autogenes I/54

- Carbonatisierungsschwinden I/54
- chemisches I/54
- Endschwindmaß I/57
- Grundschwinden I/55–57
- plastisches I/54
- Trocknungsschwinden I/54–56

SEACALF IV/300
Sedimentation IV/300 f.
Sedimentationsreduzierer I/31 f.
Sedimentationsversuch für Beton I/103 f.
Seeschleuse IV/345
Sekantenmodul für Druckbeanspruchung I/70
Sekundärettringitbildung I/116
selbstverdichtender Beton (SVB) I/99–105
- Eigenschaften I/105
- Mischungsentwurf I/100 f.
- Prüfung I/102–104
- Richtlinie I/104
- Typen I/100

Semi-submersible production system (FPS) IV/357
Senkkasten IV/340
- Ausbildung IV/318
- Druckluftsenkkasten III/286 f., IV/318 f.
- offener IV/318

Senkkastengründung III/233, III/274, III/286 f., IV/317–321
- Bau IV/317–319
- Bemessung IV/319–321
- Druckluftsenkkasten III/286 f.
- Gebrauchstauglichkeit IV/320
- (von) Leuchttürmen IV/346 f.
- offene III/284, III/286
- Schneideneinsinken IV/320
- Schneidengeometrie IV/320
- Schwimmstabilität IV/319 f.
- Standsicherheit IV/320 f.

Setzfließversuch für Beton I/102
SIA X/585 f.
Sichtbeton I/105–112
- Ausblühungen I/109
- Ausführung I/108
- Ausschreibung I/106
- Beurteilung I/108 f.
- Calciumkarbonatanteil I/109
- Definition I/105
- Einbau I/108
- Erprobungsflächen I/105
- farbiger I/111
- Farbunterschiede I/109
- Herstellung I/106 f.
- Kalkaussinterungen I/109
- Konsistenz I/106, I/108
- Leichtbeton I/110 f.
- Mängel I/109 f.
- - Beseitigung I/110 f.
- Marmorierungen I/109
- Mischreihenfolge I/107
- Nachbehandlung I/108
- Planung I/106
- Referenzflächen I/106
- Schalhaut I/107
- Schlieren I/107, I/109
- Schüttlagenhöhe I/108
- Trennmittel I/108
- Trocknung I/108
- Verdichtung I/108
- Verfärbungen I/109
- Wärmedämmung I/110
- weißer I/111
- Wolkenbildung I/107, I/109
- Zusammensetzung I/106 f.

Sieblinien I/28–30
SIFCON I/130, I/137, I/139
Silicastaub I/8 f., I/36, I/38 f., I/136
SIMCON I/130, I/137
Sinterbims I/113, I/123
SNV X/586
SOB V/429
Sohlwasserdruck V/382
Sondergründung III/274–287
- Bestandsgründung siehe dort
- Brunnengründung siehe dort
- geothermisch aktivierte Systeme siehe unter Gründungssystem
- Offshore-Gründung siehe dort
- Senkkastengründung siehe dort

Spannbetonbauteile, Standsicherheit XII/651
Spannbetonbauwerke
- Korrosionsschutz, kathodischer XVI/887 f.

Spannungsrisskorrosion, wasserstoffinduzierte XVI/887 f.
SPAR-Plattform IV/357
Spritzbeton, Festigkeitsbestimmung I/52
Spritzmörtel XVI/883 f.
SPT IV/300
Spundwand IV/336, V/421–427
- Bemessung V/423–427
- Berechnung IV/336, V/423–427
- Einbringverfahren V/423
- Erddruck V/423 f.
- Herstellverfahren V/422 f.
- kombinierte aus Trägern und Bohlen IV/331
- Standsicherheit
- - äußere V/424–427
- - innere V/427

Wellenspundwand IV/331
Stabilisierer I/31 f.
Stabilisierertyp (SVB) I/100
Stahlbetonbau, Technische Baubestimmungen XVIII/996–1018
Stahlbetonbauteile, Standsicherheit XII/651
Stahlbetonrammpfahl III/243 f.
Stahlfaserbeton I/137
- Arbeitslinien I/138
- Richtlinie I/141 f.

Stahlfasern I/130, I/133, I/140
- Korrosion I/140
Stahlpfahl III/243
Standardbeton I/6 f.
- Zementgehalt, mindester I/7
Staudruck V/382
Stewart-Gough-Plattform VI/461
Stokes'sches Gesetz I/46
Straßenbrücke XII/650
Strebepfeiler V/443
Streifenfundament II/199–207
- Baugrunderkundungstiefe III/237
- Fuge, klaffende
- - Begrenzung II/206
- Gleiten II/205
- Grundbruch II/204 f.
- Kippnachweis II/206
- Nachweis
- - Gebrauchstauglichkeit II/206
- - Standardnachweis II/203–206
- - Tragfähigkeit II/206
- - vereinfachter II/199–203
- Setzungen II/206
- Sohldruckbeanspruchung II/202
- Sohlflächenverschiebung II/206
- Sohlwiderstand II/200–203
- Verdrehung II/206

Strömungsdruck V/382 f.
Strömungskräfte IV/304
Strukturleichtbau VI/457
Strukturoptimierung eines Bauteils VI/458
Stützbauwerke siehe auch Stützkonstruktionen V/367–454
- Baustoffe V/383–385
- Begrünung V/446 f.
- Bemessungsgrundlagen V/370–391
- - normative V/386–391
- - Berechnungsgrundlagen V/370–391
- - normative V/386–391
- Dauerhaftigkeit V/447–450
- - Baugrunderkundung V/447
- - Expositionsklassen V/448
- - Fugenausbildung V/447 f.
- - Konstruktion V/447 f.
- - Lebensdauerbewertung V/448 f.
- - Qualitätskontrolle V/447
- - Schadensbewertung V/449
- - Werkstoffauswahl V/448
- DSV-Wand, bewehrte V/450 f.
- Entwässerung V/419–421
- Erddruck siehe dort
- Grenzzustände
- - Bauwerks- oder Bauteilversagen V/386 f., V/390
- - Gebrauchstauglichkeit V/386, V/390

– – Lagesicherheitsverlust V/386 f., V/390
– – Standsicherheitsverlust V/386 f.
– – Tragfähigkeit V/386 f., V/390
– Innovationen V/450 f.
– Mixed-in-Place-Verfahren (MIP) V/450
– Robustheit V/449
– Sicherheit V/371 f.
– Sicherungsmaßnahmen, ingenieurbiologische V/444–447
– – Begrünung V/446 f.
– – Hangfaschine V/444 f.
– – Hangrost, bepflanzter V/445 f.
– – Pilotenwand, bepflanzte V/445
– Teilsicherheitsbeiwerte
– – Beanspruchungen V/390
– – Bodenkennwerte V/391
– – Einwirkungen V/390
– – Widerstände V/391
– tiefe V/421–442
– – Brunnen V/438 f.
– – Dübel V/438 f.
– – Fangedamm *siehe dort*
– – Pfahl *siehe dort*
– – Pfahlwand *siehe dort*
– – Schlitzwand *siehe dort*
– – Spundwand *siehe dort*
– – Stützflüssigkeiten V/437
– – Stützscheiben V/438 f.
– – Trägerbohlwand V/427 f.
– – Verankerungen V/437 f.
– – Überwachung V/449 f.
– Verankerungen V/437 f.
– Wasserdruck V/382 f.
Stützflüssigkeiten V/437
Stützkonstruktionen *siehe auch* Stützbauwerke
– aufgelöste III/341
– Entwurf V/369 f.
– flache V/392–421
– – Bewehrte Erde *siehe dort*
– – Bodenvernagelungen *siehe dort*
– – Gewichtsstützmauer *siehe dort*
– – Raumgitter-Stützkonstruktionen *siehe dort*
– – Winkelstützmauer *siehe dort*
– Hangbrückensicherung V/444
– Hangfaschine V/444 f.
– Schalentragwerke V/444
– Schutzgalerien V/443 f.
– Systematik V/369 f.
– Stützscheiben V/438 f.
– Stützwand, ausgesteifte V/443
Suction bucket IV/349
Suction-caisson-Anker IV/359
Suction pile *siehe* Saugpfahl
Sulfathüttenzement I/12
Sunkwelle IV/304
SVB *siehe* selbstverdichtender Beton
Systemleichtbau VI/457

T
Tangentenmodul für Druck- und Zugbeanspruchung I/70
Technische Baubestimmungen
– Abdichtungen XVIII/1015–1017
– Bauausführung XVIII/1004–1006
– Baustoffe XVIII/998–1004
– Bemessung XVIII/1004–1006
– Beton XVIII/998–1004
– Betonbau XVIII/996–1018
– Betonfertigteile XVIII/1007–1011
– Betonstahl XVIII/998–1004
– Brandschutz XVIII/1006 f.
– Einwirkungen XVIII/996–998
– Geotechnik XVIII/1013 f.
– Grundlagen XVIII/996–998
– Instandsetzung XVIII/1014 f.
– Richtlinien XVIII/1017 f.
– Rüstung XVIII/1011 f.
– Schalung XVIII/1011 f.
– Schutz XVIII/1014 f.
– spezielle Bauteile XVIII/1007–1011
– Stahlbetonbau XVIII/996–1018
– Verordnungen XVIII/1017 f.
Technische Regeln, Geotechnik XVIII/943–995
Temperaturdehnzahl
– Basalt I/23
– Diorit I/23
– Gabbro I/23
– Granit I/23
– Grauwacke I/23
– Hochofenschlacke I/23
– Kalkstein I/23
– Quarzit I/23
– Quarzporphyr I/23
– Sandstein I/23
Tension leg platform (TLP) IV/357
Terrazzo I/105
Thermospeicher, saisonaler III/275
Tide IV/303 f.
Tiefgarage *siehe auch unter* Parkhaus
– Dachdecke VII/497
– Dauerhaftigkeit X/583–607
– Instandsetzung *siehe auch unter* Parkhaus XIV/713–793
– Korrosionsschutz, kathodischer XVI/893–897
– nicht überbaute VII/497
– Trennriss XIII/680
– überbaute VII/497
– Zwischendecke VII/495–497
Tiefgründung II/207–226, III/233
– Baugrunderkundungstiefe III/237
– Beanspruchungen II/210–212
– – Druck II/211

– – Zug II/211 f.
– Einwirkungen II/208–210
– Elemente III/243–245
– – Herstellung III/244 f.
– Fließdruck II/209 f.
– geotechnische Kategorien II/207 f.
– Gründungslasten II/208
– Hebungen II/209
– Mantelreibung II/212
– – negative II/208 f.
– Nachweis der Gebrauchstauglichkeit II/221 f.
– Nachweis der Tragfähigkeit II/219–221
– Pfahlarten *siehe auch* Pfahl II/207
– Probebelastung
– – dynamische II/214
– – statische II/212–214
– Spitzendruck II/212
– Streuungsfaktoren II/213 f.
– Tragverhalten II/207
– Widerstände II/212–219
– – Pfahlwiderstand, axialer II/212–214, II/217–219
– Widerstands-Hebungs-Linie II/212
– Widerstands-Setzungs-Linie II/212 f., II/215
Tieflöffelbagger IV/312
Ti-MMO-Bandanode XVI/879
Ti-MMO-Gitteranode XVI/879
Titanbandanode XVI/892, XVI/894
Titannetzanode XVI/891 f.
TLP IV/357
Tonerdeschmelzzement I/12
Tonerdezement I/12
Topologieoptimierung eines Bauteils VI/458, VI/464
Trägerbohlwand V/427 f.
Transportkoeffizient I/89
Treibhauspotenzial I/143
Tricalciumaluminat I/19
Tricalciumsilicat I/19
Trichterauslaufversuch
– Beton I/103
– Mörtel I/101 f.
Triple-Gründung III/287, IV/349
Tripod-Gründung IV/348 f.
Trockenmauer V/393
Trocknungskriechen I/74
Trocknungsschwinden I/54–56
Tunnelbau
– bergmännische Bauweise XV/822
– Berliner Bauweise XV/799
– Caissonbauweise XV/799
– geschlossener XV/798
– Hamburger Bauweise XV/799
– offener XV/798, XV/822

- Spritzbetonbauweise XV/799
- Stollenbauweise XV/799
- Tunnelblockfuge, Abdichtung XV/840
- Unterwassertunnel, Abdichtung XV/817
- – (mit) Stahlblech XV/817
- Vorpressen XV/799

U

Überlagerungsverfahren nach Morison IV/304
ultrahochfester Beton (UHFB) I/142
- Eigenschaften I/155
- Zusammensetzung I/155
unterirdische Bauwerke, Abdichtung XV/795–861
- Abdichtungsabschluss XV/802
- Abdichtungsanschluss XV/802, XV/853
- Abdichtungsgrund XV/802
- Abdichtungslage XV/802
- Abdichtungsrücklage XV/802
- Abdichtungsstoffe XV/811
- – flüssig zu verarbeitende XV/814
- Abdichtungsträger XV/802, XV/822
- abP XV/802
- Anforderungen XV/797
- Ankerrippe XV/802
- Arbeitsfuge XV/802
- Arbeitsfugenblech XV/802, XV/846 f.
- Asphaltmastix XV/813
- Ausführungsgrundsätze XV/810 f.
- Baugrundsätze XV/814
- Baustellenstoß XV/802
- Bauwerksnutzungsabhängigkeit XV/801
- Befestigungselement XV/802
- Bemessungswasserstand XV/802 f.
- bergmännische Bauweise XV/803
- (aus) Beton mit hohem Wassereindringwiderstand XV/838–853
- – Arbeitsfuge XV/846–850
- – Bewegungsfuge XV/838–845
- – Dehnfuge XV/838–845
- – Fugenabdichtung
- – – (im) Betonfertigteilbau XVIII/850–853
- – – (im) Ortbetonbau XV/838–850
- – Fugenband XV/838–850
- – Pressfuge XV/845
- Betonnut XV/803
- Bewegungsfuge XV/803, XV/812, XV/838–845
- Bitumenabdichtung XV/806, XV/808, XV/812
- – Lagenanzahl XV/812
- Bitumenschweißbahn XV/813
- Caissonbauweise XV/799, XV/803
- Dehnfuge XV/803, XV/838–845
- Dehnteil XV/803
- Dichtrippe XV/803
- Dichtteil XV/803
- Dichtungsrahmen XV/803
- drückendes Wasser XV/801, XV/803, XV/817–819
- druckwasserhaltende XV/803
- Durchdringung XV/803, XV/853–857
- – Brunnentopf XV/856 f.
- – Festflansch XV/854, XV/857
- – Klebeflansch XV/853
- – Klemmring XV/853
- – Klemmschiene XV/854
- – Losflansch XV/845 f., XV/857
- – Pfahlanschluss XV/857
- – Rohrdurchführung XV/856 f.
- – Schelle XV/853
- – Telleranker XV/855 f.
- Elastomer XV/803
- Festflanschkonstruktion XV/804, XV/811, XV/853–855
- Firstbereich XV/803
- Flüssigkunststoff XV/806, XV/808, XV/813, XV/816 f.
- Fugenband XV/803, XV/838–850
- – Abschlussband XV/844
- – Anforderungen XV/842
- – Arbeitsfugenband XV/846–849
- – außenliegendes XV/802, XV/844
- – Bewegungsfugenband XVIII/840 f.
- – Dehnfugenband XV/838–841, XV/844
- – Elastomer-Fugenband XV/803, XV/839, XV/844
- – innenliegendes XV/804, XV/842–847
- – Mittelschlauch XV/845
- – thermoplastisches XV/804, XV/839, XV/844 f.
- Fugeneinlage XV/848
- Fugenweite XV/803
- geschlossene Bauweise XV/798, XV/803
- Grundforderungen XV/797
- Gussasphalt XV/813
- Hartabdichtung XV/805, XV/807, XV/809 f., XV/817 f.
- – Dichtungsschlämme, nicht rissüberbrückende XV/807, XV/809
- – Epoxidharzbeschichtung XV/817
- – Gusseisen XV/807, XV/809
- – (von) innen drückendes Wasser XV/817
- – nicht drückendes Wasser XV/817
- – Polyesterharzbeschichtung XV/817
- – Stahlblech XV/807, XV/809
- Hohlkanal XV/803 f.
- KMB XV/812
- Kosten XV/810
- Kunststoffdichtungsbahn XV/804, XV/806, XV/808, XV/822–837
- Leistungsfähigkeit XV/810
- Losflanschkonstruktion XV/804, XV/811, XV/853–855
- maschineller Vortrieb XV/804
- Materialauswahl XV/806–810
- MDS, rissüberbrückende XV/812
- Netto-Pressfläche XV/811
- nicht drückendes Wasser XV/804 f., XV/810, XV/817–819
- Nutgrundabstand XV/804
- Nutzungseinfluss XV/801 f.
- offene Bauweise XV/798, XV/804
- Planungsgrundlagen XV/798–802
- Planungsgrundsätze XV/810–812, XV/814
- Planungskriterien XV/798
- PMBC XV/812
- Pressfuge XV/804
- Quellprofil XV/804
- Raumfuge XV/838
- Raumnutzungsklassen XV/810
- Regenschirmabdichtung XV/804, XV/822
- Rissklassen XV/810, XV/813
- Rissüberbrückungsklassen XV/811
- Rondelle XV/804
- Rundumabdichtung XV/804, XV/822
- Scheinfuge XV/804
- Schweißnaht XV/804
- Signalschicht XV/804
- Sollbruchfuge XV/799
- Sperranker XV/804
- Stahllasche XV/804
- Systemanforderungen XV/797 f.
- Systeme XV/805–821
- Thermoplast XV/804

- Tübbing XV/804 f., XV/850 f.
- Übergangskonstruktionen XV/853–857
- Verarbeitung XV/811
- Verformungsklassen XV/811
- Verpressschlauch XV/805, XV/849 f.
- Verwahrung XV/805
- Vulkanisation XV/804
- Wassereinfluss XV/800 f.
- – Bodenfeuchte XV/800 f., XV/805
- – – drückendes Wasser XV/801, XV/803, XV/810, XV/817–819
- – – Grundwasser XV/800
- – – Hangwasser XV/800
- – – Kluftwasser XV/800
- – – nicht drückendes Wasser XV/804 f., XV/810, XV/817–819
- – – Sickerwasser XV/800 f.
- – – – zeitweise aufstauendes XV/801
- – – Stauwasser XV/800
- Wassereinwirkungsklassen XV/810, XV/813
- Wasserprüfdruck XV/805
- wasserundurchlässige statisch tragende Konstruktion XV/805, XV/807, XV/809 f., XV/818
- – – Arbeitsfuge XV/819
- – – Bewegungsfuge XV/819
- – – Frischbetonverbundsystem XV/818–821
- – – Rissweiten XV/818 f.
- – – Weiße Wanne XV/807, XV/809, XV/818 f.
- – – WU-Beton XV/818 f.
- – – WUB-KO XV/807, XV/809, XV/818 f.
- – Weichabdichtung XV/805–810, XV/815–817
- – – (von) außen drückendes Wasser XV/815 f.
- – – Bentonitplatten XV/816
- – – Bitumenabdichtung XV/806, XV/808
- – – Bitumendickbeschichtung XV/806, XV/808
- – – Dichtungsschlämme
- – – – nicht rissüberbrückende XV/817
- – – – rissüberbrückende XV/806, XV/808, XV/816 f.
- – – ECB-Abdichtung XV/815
- – – Eintauchtiefe XV/817
- – – Elastomerbahn XV/806, XV/808
- – – EPDM-Abdichtung XV/815
- – – EVA-Abdichtung XV/815
- – – flüssig zu verarbeitende Abdichtungsstoffe XV/817
- – – Flüssigkunststoff XV/806, XV/808, XV/816 f.
- – – FPO-Abdichtung XV/815
- – – (von) innen drückendes Wasser XV/816 f.
- – – Kaltklebeverfahren XV/816
- – – KMB-Abdichtung XV/815
- – – Kunststoffdichtungsbahn XV/806, XV/808, XV/822–837
- – – – Anforderungen XV/823 f.
- – – – doppellagige Abdichtung XV/829
- – – – Fugenabdichtung XV/826 f.
- – – – Fügetechnik XV/824–826
- – – – Haftfolienverfahren XV/832–834
- – – – Heißluftschweißung XV/824 f.
- – – – Heizelementschweißung XV/825
- – – – Heizkeilschweißung XV/825
- – – – Hotmelt-Verfahren XV/835–837
- – – – Klettverfahren XV/834 f.
- – – – Leckortung XV/829–832
- – – – Nahtprüfung XV/827–829
- – – – Quellschweißung XV/826
- – – – Schutzschicht, geotextile XV/823
- – – – Warmgasschweißung XV/824
- – – – Warmgasextrusionsschweißverfahren XV/825
- – – nicht drückendes Wasser XV/815 f.
- – – PIB-Abdichtung XV/815
- – – PVC-P-Abdichtung XV/815
- – – schwarze Wanne XV/806, XV/808
- – – ÜMBC-Abdichtung XV/815
- – Werksstoß XV/804
- Unterwasserböschung IV/302 f.
- – aktive IV/302

V

Verankerung von Stützbauwerken V/437 f.
Verbund
- Anreicherung von sandreicheren Schichten I/46
- Gesteinskörnung, grobe
- – Absinken I/46
Verbundkonstruktionen, stützmauerartige V/407
Verdrängungsbohrpfahl III/243 f.
Verdrängungspfahl II/207, III/243, IV/428
- Ortbetonverdrängungspfahl III/243 f.
- verpresster II/216
Verdrängungspfahlgruppe II/218 f.
Verflüssiger I/31
Verflüssigungsversagen einer Böschung IV/302
Verkehrsfläche
- Abdichtung XIII/673–680
- Chloridschutz XII/662–664
- Einwirkungen aus Verkehr XII/653
- Korrosionsschutz XII/663
- Nutzungsklassen XII/653, XII/659 f., XIII/675
- Tausalzschutz XII/662–664
Verordnungen, Technische Baubestimmungen XVIII/1017 f.
Verpresspfahl II/207
Versauerungspotenzial I/143
Vertikaldränage zur Baugrundverbesserung IV/311
Verzögerer I/31 f.
Vibro-Corer IV/300
VLH-Zement I/19, I/51

W

Wände von marinen Gründungsbauwerken IV/331–339
- Art IV/331
- Bemessung IV/332–335
- – Einwirkungen IV/333
- – Grenzzustände IV/332 f.
- – Lastfälle IV/332 f.
- – Nachweise IV/334 f.
- – Sicherheitskonzept IV/332 f.
- – statische Systeme IV/333 f.
- – Widerstand IV/333
- Fangedamm *siehe dort*
- (zur) Fangedammumfassung IV/331
- Herstellverfahren IV/332 f.
- Hochwasserschutzwand *siehe dort*
- Spundwand *siehe dort*
- Verankerung IV/336
- Zweck IV/331
Wandreibungswinkel V/376
Waschbeton I/105
Waschwasser, Recyclinghilfen I/31 f.
Wasserdruck V/382 f.
Wasserstandszeichen IV/303
Wasserstoff, kathodischer XVI/887
Wasserstoffelektrode XVI/868
Wasserzementwert I/21 f., I/60, I/83
- Beton I/83
- Faserbeton I/137
- Konstruktionsleichtbeton I/115
Wave Slamming IV/304
Weibull-Theorie I/64
Wellen IV/304 f.
Wellenbrecher, monolithischer
- Versagen IV/321
Wellenspundwand IV/331
Wellentheorie, lineare IV/301 f.

Windenergieanlage, Offshore *siehe* Offshore-Windenergieanlage
Windlast auf Schiffe IV/305
Winkelstützmauer IV/340, V/396–407
– Bemessungsbeispiel V/397–407
– Biegung V/404
– Fertigteil-Winkelstützmauer V/396 f.
– luftseitiger Fundamentvorsprung V/406 f.
– Querkraft V/405
– Standsicherheit
– – äußere V/398–401
– – innere V/401–403
Wöhlerlinie
– Beton unter Druckbeanspruchung I/78
– Stahlfaserbeton I/81
– unbewehrter Beton I/81
Wurzelpfahl V/443

Z
Zellenfangedamm IV/336 f., V/440
– Berechnung IV/337 f.
Zellulosefasern I/136

Zement I/8–22
– Alkaligehalt, niedrig wirksamer I/14
– Ansteifen I/12
– Anwendungsbereiche I/15–19
– Anwendungszulassung I/12
– Arten *siehe auch* CEM I/8 f., I/12
– bautechnische Eigenschaften I/12–14
– (mit) besonderen Eigenschaften I/9
– Dehnungsmaß I/12
– Erhärtungsvermögen I/13
– Erstarrungsbeginn I/12
– Expositionsklassen I/15–18
– Festigkeitsklassen I/12, I/61, I/76
– Hauptbestandteile I/8 f., I/13
– Hochofenzement I/94 f.
– Hydratation I/19
– Hydratationsgrad I/21 f.
– Hydratationswärme I/13, I/19, I/116
– Kennfarben I/15
– Kompositzement I/142
– Konformitätsnachweis I/13
– LH-Zement I/51

– Mahlfeinheit I/14
– Portlandzement I/142
– Schnellzement I/12
– Sulfathüttenzement I/12
– Sulfatwiderstand, hoher I/14
– Tonerdeschmelzzement I/12
– Tonerdezement I/12
– VLH-Zement I/19, I/51
– Zusätze I/8 f.
Zementgel I/20 f.
Zementmörtel, kunststoffmodifizierter XVI/882
Zementstein I/20–22
– Durchlässigkeit I/21
– Kontaktzone zum Zuschlag I/22
Ziegelsplitt I/113, I/123
Zink-Hydrogel-Folie XVI/878
Zinkhydroxid XVI/878
Zink-Legierungen XVI/878
Zinkoxid V/262
Zugabewasser I/40
Zugpfahl II/211 f., II/217
Zugpfahlgruppe II/219
– Nachweis der Tragfähigkeit II/220 f.
Zwangsbeanspruchung I/52
Zyklopenmauer *siehe* Trockenmauer

Notizen

Notizen

Notizen

Notizen

Notizen

Notizen

Notizen

Notizen

Bauen mit Betonfertigteilen
– Anforderungen und Besonderheiten

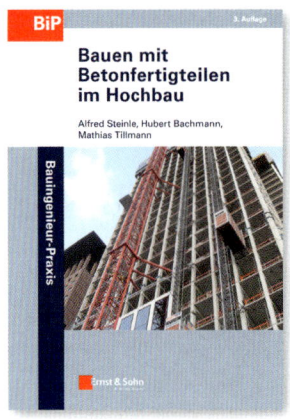

Alfred Steinle, Hubert Bachmann, Mathias Tillmann
Bauen mit Betonfertigteilen im Hochbau
3. Auflage
2018. 336 Seiten.
€ 55,–*
ISBN: 978-3-433-03224-4
Auch als ebook erhältlich.

BUNDLE: ebook + Print!
€ 79,–
ISBN 978-3-433-03263-3

Der Betonfertigteilbau ist eine der innovativsten Bauweisen – hier werden neue Betone, Bewehrungen und Herstellverfahren erstmals angewendet, denn das Fertigteilwerk bietet hervorragende Voraussetzungen für die industrielle Fertigung und die Herstellung von Einzelstücken.

Das vorliegende Buch führt in die Bauweise ein und vermittelt alles notwendige Wissen für die Konstruktion, Berechnung und Bemessung. Auch die geschichtliche Entwicklung und der Stand der europäischen Normung werden aufgezeigt.

Der Dreh- und Angelpunkt für den wirtschaftlichen und fehlerfreien Einsatz von Betonfertigteilen und Hauptanliegen dieses Buches ist der fertigungs- und montagegerechte Entwurf. Neben den zu beachtenden Randbedingungen werden typische Fertigteilkonstruktionen zur Diskussion gestellt. Die Verbindungen der Betonfertigteile sind als Schwachstelle gerade bei Horizontallasten besonders zu beachten. Daher wird die Aussteifung von Fertigteilgebäuden ausführlich behandelt. Insbesondere aufgrund von kritischen Detailnachweisen ist eine ingenieurmäßige vereinfachende Betrachtung der Aussteifung gegenüber einer computergestützten Berechnung vorzuziehen. Besonderheiten der Bemessung, z.B. Lager, Knoten und Stöße, werden vertieft dargestellt.

Online Bestellung: www.ernst-und-sohn.de

Ernst & Sohn
Verlag für Architektur und technische Wissenschaften GmbH & Co. KG

Kundenservice: Wiley-VCH
Boschstraße 12
D-69469 Weinheim

Tel. +49 (0)6201 606-400
Fax +49 (0)6201 606-184
service@wiley-vch.de

* Der €-Preis gilt ausschließlich für Deutschland. Inkl. MwSt. zzgl. Versandkosten. Irrtum und Änderungen vorbehalten. 1158046_dp

JACBO Pfahlgründungen GmbH, Telefon: 05923 96970, E-Mail: info@jacbo.de

Wir stehen seit über 20 Jahren für schnelle und erschütterungsfreie Bohrpfahlgründungen und Baugrundverbesserungen. Unsere Verfahren reichen von Schneckenbohrpfählen mit Durchmessern von 0,30 - 1,20 Meter bis hin zu Baugrundverbesserungen mit Teil- und Vollverdrängern. Rufen Sie uns an, wir beraten Sie gerne!

Augsburg - Berlin - Köln - Schüttorf - Schwerin www.jacbo.de

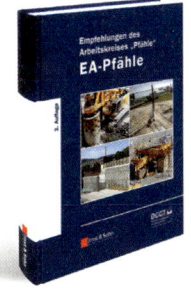

Empfehlungen des Arbeitskreises „Pfähle" – EA-Pfähle

Hrsg.: Deutsche Gesellschaft für Geotechnik e.V.
Empfehlungen des Arbeitskreises „Pfähle" – EA-Pfähle
2., wesentl. überarb. u. erw. Auflage 2012. 498 S.
€ 89,–
ISBN 978-3-433-03005-9
Auch als ebook erhältlich

Online Bestellung:
www.ernst-und-sohn.de

Dieses Handbuch gibt einen vollständigen Überblick über Pfahlsysteme und ihre Anwendungen und Herstellung sowie die Berechnung nach dem neuen Sicherheitskonzept anhand zahlreicher Beispiele für Einzelpfähle, Pfahlroste und -gruppen. Die Empfehlungen gelten als Regeln der Technik.

Englische Ausgabe erhältlich
■ Recommendations on Piling (EA Pfähle)

Ernst & Sohn
Verlag für Architektur und technische Wissenschaften GmbH & Co. KG

Kundenservice: Wiley-VCH
Boschstraße 12
D-69469 Weinheim

Tel. +49 (0)6201 606-400
Fax +49 (0)6201 606-184
service@wiley-vch.de

* Der €-Preis gilt ausschließlich für Deutschland. Inkl. MwSt. zzgl. Versandkosten. Irrtum und Änderungen vorbehalten. 1013106_dp

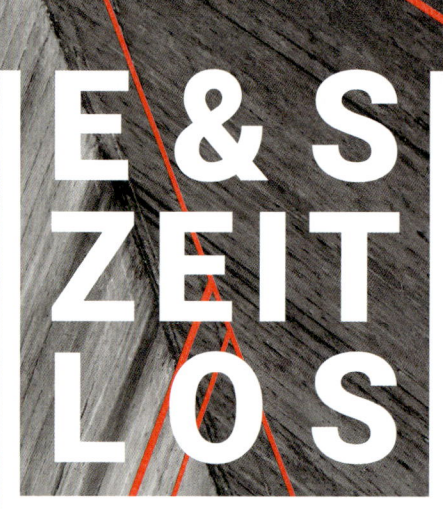

E & S ZEITLOS

KLASSIKER DES BAUINGENIEURWESENS

Mit der Reihe „E&S Zeitlos" macht der Verlag Ernst & Sohn vergriffene Standardwerke, die Meilensteine der Bauingenieurliteratur darstellen, als unveränderte Nachdrucke wieder verfügbar.

WILHELM ERNST & SOHN
Verlag für Architektur und technische Wissenschaften GmbH & Co. KG

www.ernst-und-sohn.de/zeitlos

KUNDENSERVICE: Wiley-VCH
Boschstraße 12 | D-69469 Weinheim
TEL. +49 (0)6201 606-400
FAX +49 (0)6201 606-184
MAIL service@wiley-vch.de

2019 BetonKalender

Parkbauten
Geotechnik und Eurocode 7

Herausgegeben von

Prof. Dipl.-Ing. DDr. Dr.-Ing. E.h. Konrad Bergmeister
Wien

Prof. Dr.-Ing. Frank Fingerloos
Berlin

Prof. Dr.-Ing. Dr. h.c. mult. Johann-Dietrich Wörner
Darmstadt

108. Jahrgang

2

Hinweis des Verlages
Die Recherche zum Beton-Kalender ab Jahrgang 1980 steht
im Internet zur Verfügung unter www.ernst-und-sohn.de

Titelbild: Das „Parkhaus Coesfelder Kreuz" bietet 1016 benutzerfreundliche Stellplätze.
Foto: Oliver Baucks, www.baucks.com

Bibliografische Information der Deutschen Nationalbibliothek
Die Deutsche Nationalbibliothek verzeichnet diese Publikation in der Deutschen Nationalbibliografie;
detaillierte bibliografische Daten sind im Internet über http://dnb.d-nb.de abrufbar.

© 2019 Wilhelm Ernst & Sohn, Verlag für Architektur und technische Wissenschaften GmbH & Co. KG,
Rotherstr. 21, 10245 Berlin, Germany

Alle Rechte, insbesondere die der Übersetzung in andere Sprachen, vorbehalten. Kein Teil dieses Buches
darf ohne schriftliche Genehmigung des Verlages in irgendeiner Form – durch Fotokopie, Mikrofilm
oder irgendein anderes Verfahren – reproduziert oder in eine von Maschinen, insbesondere von Datenverarbeitungsmaschinen, verwendbare Sprache übertragen oder übersetzt werden.

All rights reserved (including those of translation into other languages). No part of this book may be
reproduced in any form -- by photoprint, microfilm, or any other means – nor transmitted or translated
into a machine language without written permission from the publisher.

Die Wiedergabe von Warenbezeichnungen, Handelsnamen oder sonstigen Kennzeichen in diesem Buch
berechtigt nicht zu der Annahme, dass diese von jedermann frei benutzt werden dürfen. Vielmehr kann
es sich auch dann um eingetragene Warenzeichen oder sonstige gesetzlich geschützte Kennzeichen handeln,
wenn sie als solche nicht eigens markiert sind.

Umschlaggestaltung: Hans Baltzer, Berlin
Herstellung: HillerMedien, Berlin
Satz: Alexa Glanzner GmbH, Viernheim
Druck und Bindung: CPI Ebner & Spiegel, Ulm

Printed in the Federal Republic of Germany.
Gedruckt auf säurefreiem Papier.

Print ISBN: 978-3-433-03242-8
ePDF ISBN: 978-3-433-60936-1
ePub ISBN: 978-3-433-60934-7
oBook ISBN: 978-3-433-60933-0

ISSN 0170-4958

Geschichte der Baustatik

Karl-Eugen Kurrer
Geschichte der Baustatik
Auf der Suche nach dem Gleichgewicht
2., stark erweiterte Auflage
2015. 1188 S.
€ 109,–*
ISBN 978-3-433-03134-6
Auch als ebook erhältlich

Was wissen Bauingenieure heute über die Herkunft der Baustatik? Wann und welcherart setzte das statische Rechnen im Entwurfsprozess ein? Wir wissen viel über die Hervorbringung und Entfaltung von Bauformen, während die Phasen der Entwicklung von Berechnungsmethoden und -verfahren für die Mehrheit der Bauingenieure unbekannt sind. Das vorliegende Buch zeichnet die Entstehung von Statik und Festigkeitslehre als die Entwicklung vom geometrischen Denken der Renaissance über die klassische Mechanik bis hin zur modernen Strukturmechanik nach.

Eine Einführung eröffnet mit kurzen Einblicken in zwölf verbreitete Berechnungsverfahren den Zugang zum Thema aus der Berechnungspraxis der Gegenwart. Beginnend mit den Festigkeitsbetrachtungen von Leonardo und Galilei wird der Herausbildung einzelner baustatischer Verfahren und ihrer Formierung zur Baustatik nachgegangen. Dabei gelingt es dem Autor, die Unterschiedlichkeit der Akteure hinsichtlich ihres technisch-wissenschaftlichen Profils und ihrer Persönlichkeit plastisch zu schildern und das Verständnis für den gesellschaftlichen Kontext zu erzeugen.

Buchempfehlungen:

 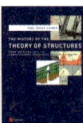

- Baustatik
- The History of the Theory of Structures

Online Bestellung:
www.ernst-und-sohn.de

Ernst & Sohn
Verlag für Architektur und technische
Wissenschaften GmbH & Co. KG

Kundenservice: Wiley-VCH
Boschstraße 12
D-69469 Weinheim

Tel. +49 (0)6201 606-400
Fax +49 (0)6201 606-184
service@wiley-vch.de

* Der €-Preis gilt ausschließlich für Deutschland. Inkl. MwSt. zzgl. Versandkosten. Irrtum und Änderungen vorbehalten. 1110126_dp

Schutzbauten gegen alpine Naturgefahren

Konrad Bergmeister,
Jürgen Suda,
Johannes Hübl,
Florian Rudolf-Miklau
Schutzbauwerke gegen Wildbachgefahren
Grundlagen, Entwurf und Bemessung, Beispiele
2009. 211 S.
€ 49,90*
ISBN 978-3-433-02945-9
Auch als ebook erhältlich

Hrsg.
Florian Rudolf-Miklau,
Siegfried Sauermoser
Handbuch Technischer Lawinenschutz
2011. 466 S.
€ 69,–*
ISBN 978-3-433-02947-3
Auch als ebook erhältlich

Set-Angebot:
€ 89,–*
ISBN 978-3-433-03092-9

Online Bestellung: www.ernst-und-sohn.de

Ernst & Sohn
Verlag für Architektur und technische
Wissenschaften GmbH & Co. KG

Kundenservice:
Wiley-VCH   Tel. +49 (0)6201 606-400
Boschstraße 12   Fax +49 (0)6201 606-184
D-69469 Weinheim   service@wiley-vch.de

*Der €-Preis gilt ausschließlich für Deutschland. Inkl. MwSt. zzgl. Versandkosten. Irrtum und Änderungen vorbehalten. 1032126_dp

Der Schwerlastträger.
Hohe Lastübertragung in Dehnfugen.

Der Schwerlastdorn Schöck Dorn Typ SLD erlaubt Konstruktionen ohne Doppelwände und Konsolen - und ermöglicht so eine Vergrößerung der Nutzfläche.

Die allgemeine bauaufsichtliche Zulassung sowie die Brandschutzklassifizierung R120 bieten die erforderliche Planungssicherheit.
Zudem sorgt eine komfortable Software für einfache Bemessung.

www.schoeck.de

Bautechnik. Materialunabhängig.
Fachübergreifend. Konstruktiv.

Die Diskussionsplattform für den gesamten Ingenieurbau. Aktuelle und zukunftweisende Themenschwerpunkte, wissenschaftliche Erstveröffentlichungen kombiniert mit Beträgen aus der Baupraxis, ein übersichtliches Layout: dieses Konzept macht **Bautechnik** zu einer der erfolgreichsten Fachzeitschriften für den Ingenieurbau – seit 90 Jahren!

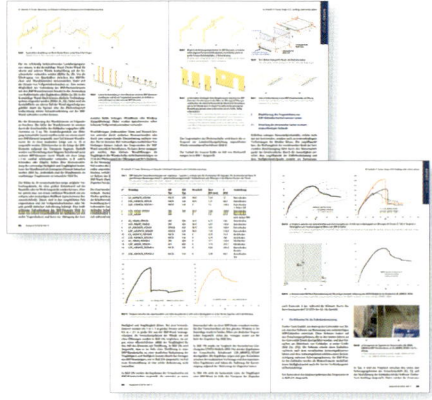

Hrsg.: Ernst & Sohn
Bautechnik
Zeitschrift für den
gesamten Ingenieurbau
94. Jahrgang 2017.
12 Hefte / Jahr
Impact-Faktor 2015: 0,311
ISSN 0932-8351 print
ISSN 1437-0999 online
Auch als e journal erhältlich.

Weitere Zeitschriften:

- Stahlbau
- UnternehmerBrief Bauwirtschaft
- geotechnik

Probeheft bestellen:
www.ernst-und-sohn.de/Bautechnik

Ernst & Sohn
Verlag für Architektur und technische
Wissenschaften GmbH & Co. KG

Kundenservice: Wiley-VCH
Boschstraße 12
D-69469 Weinheim

Tel. +49 (0)800 1800-536
Fax +49 (0)6201 606-184
cs-germany@wiley.com

1024106_dp

Ernst & Sohn
A Wiley Brand

Empfehlungen des Arbeitsausschusses „Ufereinfassungen" Häfen und Wasserstraßen EAU 2012

Die 11. Auflage „EAU 2012" berücksichtigt die neue Normengeneration auf Basis der Eurocodes. Die Empfehlungen gelten für Planung, Entwurf, Ausschreibung, Vergabe, Baudurchführung und Überwachung sowie bei Abnahme und Abrechnung von Hafen- und Wasserstraßenanlagen.

Empfehlungen des Arbeitsausschusses „Ufereinfassungen" Häfen und Wasserstraßen EAU 2012
11., vollst. überarb. Auflage
2012. 690 Seiten.
€ 125,–*
ISBN: 978-3-433-01848-4
Auch als **ebook** erhältlich.

Auch als digitale Version (DVD) erhältlich:
€ 119,–* / Juli 2013
ISBN 978-3-433-03065-3

Online Bestellung: www.ernst-und-sohn.de

Ernst & Sohn
Verlag für Architektur und technische
Wissenschaften GmbH & Co. KG

Kundenservice:
Wiley-VCH   Tel. +49 (0)6201 606-400
Boschstraße 12   Fax +49 (0)6201 606-184
D-69469 Weinheim   service@wiley-vch.de

*Der €-Preis gilt ausschließlich für Deutschland. Inkl. MwSt. zzgl. Versandkosten. Irrtum und Änderungen vorbehalten. 1094106_dp

SCHALUNGS-PLANUNG DER NEUEN GENERATION

NEU mit IFC-Schnittstelle für BIM

PPL 11.0
die BIM-fähige Software-Lösung

- NEU mit DXF-, DWG- und IFC-Schnittstelle
- Einlesen des Gebäudemodells über die IFC-Schnittstelle
- Vollautomatische Schalungsplanung mit der Möglichkeit individueller Anpassung
- Praxiserprobt

Tel.: +49 7832 71-0
www.paschal.com
service@paschal.de

Orientierungshilfe in der Planungs- und Gutachterpraxis

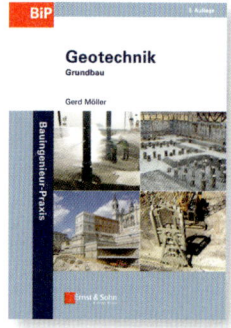

Gerd Möller
Geotechnik
Grundbau
3. Auflage 2016. 601 S.
€ 59,–*
ISBN 978-3-433-03172-8
Auch als ebook erhältlich

Geotechnik Set
3. Auflage – Februar 2017
€ 98,–
ISBN: 978-3-433-03176-6

Der Band befähigt Bauingenieure, grundbauspezifische Probleme zu erkennen und zu lösen. Prägnant und übersichtlich führt es insbesondere in alle wichtigen Methoden der Gründung und der Geländesprungsicherung ein. Auch Themen wie Frost im Baugrund, Baugrundverbesserung und Wasserhaltung werden behandelt. Dem Leser werden bewährte Lösungen für viele Fälle sowie eine große Zahl von Hinweisen auf weiterführende Literatur, insbesondere auf aktuelle Normen und Regelwerke, an die Hand gegeben.

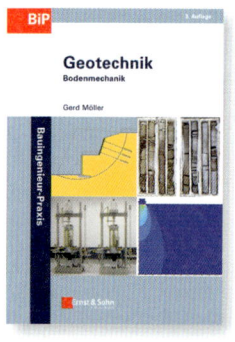

Gerd Möller
Geotechnik
Bodenmechanik
3. Auflage 2016. 584 S.
€ 59,–*
ISBN 978-3-433-03155-1
Auch als ebook erhältlich

Das Buch vermittelt alle wichtigen Aspekte über den Aufbau und die Eigenschaften des Bodens, die bei der Planung und Berechnung sowie bei der Begutachtung von Schäden des Systems Bauwerk-Baugrund zu berücksichtigen sind. Schwerpunkte sind die Baugrunderkundung, die Ermittlung von Bodenkennwerten im Labor sowie die Behandlung von Setzungs- und Tragfähigkeitsnachweisen einschließlich des Erddrucks. Alle Darstellungen basieren auf dem aktuellen technischen Regelwerk.

Online Bestellung: www.ernst-und-sohn.de

Ernst & Sohn
Verlag für Architektur und technische
Wissenschaften GmbH & Co. KG

Kundenservice: Wiley-VCH
Boschstraße 12
D-69469 Weinheim

Tel. +49 (0)6201 606-400
Fax +49 (0)6201 606-184
service@wiley-vch.de

* Der €-Preis gilt ausschließlich für Deutschland. Inkl. MwSt. zzgl. Versandkosten. Irrtum und Änderungen vorbehalten. 1027106_dp

Inhaltsübersicht

2

Inhaltsverzeichnis V

Anschriften XV

VII	Planung kundenfreundlicher und wirtschaftlicher Parkbauten .... 477 Bernd Beer	
VIII	Anforderungen an Parkbauten aus Betreiber- und Nutzersicht sowie die Instandhaltung von Parkbauten .... 505 Volker Buchholz	
IX	Dauerhaftigkeit von Parkbauten in Deutschland .... 515 Frank Fingerloos, Claus Flohrer, Dieter Räsch	
X	Regelungen zur Dauerhaftigkeit von Parkhäusern und Tiefgaragen in der Schweiz .... 583 Urs Järmann, Milutin Scepan	
XI	Erläuterungen zur Anwendung der öbv-Richtlinie „Garagen und Parkdecks" in Österreich .... 609 Susanna Arazli	
XII	Die Anwendung von DIN 18532 „Abdichtung von befahrbaren Verkehrsflächen aus Beton" .... 647 Christian Herold	
XIII	Oberflächenschutzsysteme und Abdichtungsbauarten für befahrene Parkdecks .... 669 Lars Wolff, Bernd Schwamborn	
XIV	Instandsetzung von Tiefgaragen und Parkhäusern .... 713 Christian Sodeikat, Till F. Mayer	
XV	Abdichtungen bei unterirdischen Bauwerken unter Berücksichtigung neuer Normen .... 795 Alfred Haack, Dominik Kessler	
XVI	Kathodischer Korrosionsschutz im Stahlbetonbau .... 863 Thorsten Eichler, Susanne Gieler-Breßmer	
XVII	Chemischer Angriff auf Beton .... 905 Björn Siebert, Jesko Gerlach	
XVIII	Normen und Regelwerke .... 941 Frank Fingerloos	

Stichwortverzeichnis 1025

Inhaltsübersicht

1

	Inhaltsverzeichnis	IX
	Anschriften	XVII
I	**Beton** Harald S. Müller, Udo Wiens	1
II	**Bemessung von Gründungen nach EC 7-1 und DIN 1054** Martin Ziegler, Benjamin Aulbach	173
III	**Kombinierte Pfahl-Plattengründungen und Sondergründungen im Hoch- und Ingenieurbau** Rolf Katzenbach, Steffen Leppla	231
IV	**Marine Gründungsbauwerke** Jürgen Grabe	295
V	**Stützbauwerke** Dietmar Adam, Konrad Bergmeister, Florin Florineth	367
VI	**Gradientenbeton** Daniel Schmeer, Werner Sobek	455
	Stichwortverzeichnis	XXI

Schwingungsprobleme – Kenngrößen und Beispiele

Obwohl Schwingungsprobleme in der Praxis zunehmend auftreten, werden sie von Tragwerksplanern gern umgangen. Statische Ersatzlasten, Stoßfaktoren oder Schwingbeiwerte werden angewendet, ohne sich der Anwendungsgrenzen bewusst zu sein.

Das Buch weckt das Grundverständnis für die den Theorien zugrunde liegenden Modellvorstellungen und die Begrifflichkeiten der Dynamik. Die wichtigsten Kenngrößen werden beschrieben und mit Beispielen verdeutlicht. Darauf baut der anwendungsbezogene Teil mit den Problemen der Baudynamik – Stoßvorgänge, freie und erzwungene Schwingungen etc. anhand von Beispielen auf.

Helmut Kramer
Angewandte Baudynamik
Grundlagen und Praxisbeispiele
2. Auflage –
April 2013. 344 Seiten
€ 57,90*
ISBN 978-3-433-03028-8
Auch als ebook erhältlich

Das könnte sie auch interessieren:

- Baustatik
- Bautechnik
- Geotechnik – Bodenmechanik

Online Bestellung:
www.ernst-und-sohn.de

Ernst & Sohn
Verlag für Architektur und technische Wissenschaften GmbH & Co. KG

Kundenservice: Wiley-VCH
Boschstraße 12
D-69469 Weinheim

Tel. +49 (0)6201 606-400
Fax +49 (0)6201 606-184
service@wiley-vch.de

* Der €-Preis gilt ausschließlich für Deutschland. Inkl. MwSt. zzgl. Versandkosten. Irrtum und Änderungen vorbehalten. 1076146_dp

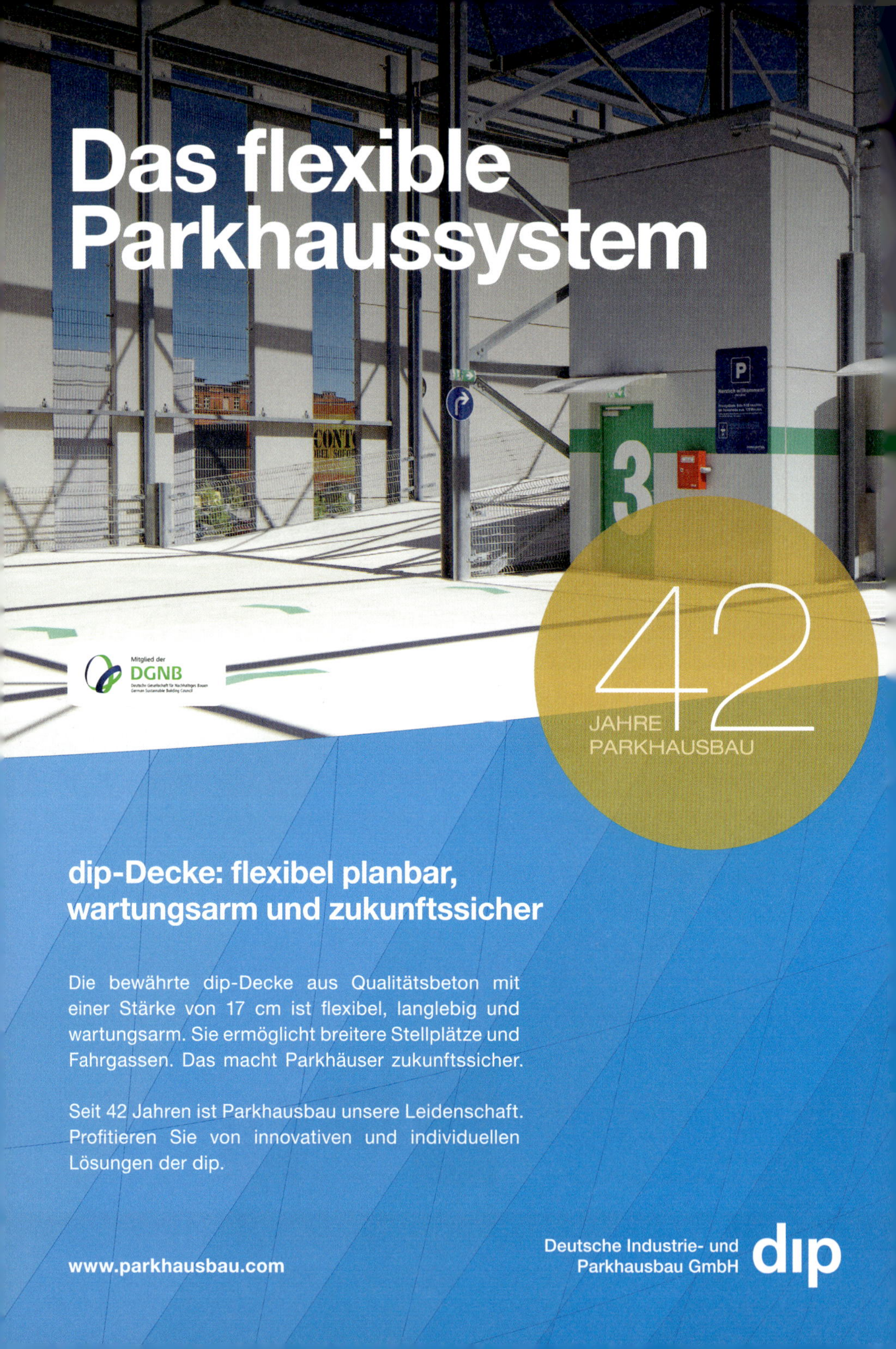

Das flexible Parkhaussystem
Mitglied der DGNB
42 JAHRE PARKHAUSBAU
dip-Decke: flexibel planbar, wartungsarm und zukunftssicher
Die bewährte dip-Decke aus Qualitätsbeton mit einer Stärke von 17 cm ist flexibel, langlebig und wartungsarm. Sie ermöglicht breitere Stellplätze und Fahrgassen. Das macht Parkhäuser zukunftssicher.
Seit 42 Jahren ist Parkhausbau unsere Leidenschaft. Profitieren Sie von innovativen und individuellen Lösungen der dip.
www.parkhausbau.com
Deutsche Industrie- und Parkhausbau GmbH
dip

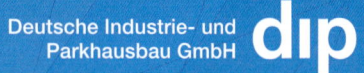

Inhaltsverzeichnis

2

VII	Planung kundenfreundlicher und wirtschaftlicher Parkbauten	477
	Bernd Beer	

1	Allgemeines	479
1.1	Weiterer Bedarf an Parkbauten	479
1.2	Grundprinzipien der Kundenfreundlichkeit	479
1.3	Begriffsdefinitionen	480
2	**Verkehrsplanung**	**480**
2.1	Parkbautypen	480
2.1.1	Geschosshohe gerade oder kreisförmige Rampen	481
2.1.2	Split-Level- oder d'Humy-System	482
2.1.3	Parkrampensystem	482
2.1.4	Hybridformen	482
2.2	Innere Verkehrsführung	482
2.3	Aufstellwinkel, Stellplatz- und Fahrbahngeometrie	483
2.4	Rampen	485
2.4.1	Grundrissgeometrie	487
2.4.2	Höhenplanung	488
2.4.3	Besonderheiten kreisförmiger Rampen	488
2.5	Straßenanbindung	489
2.6	Schrammborde	491
2.7	Fußwegverbindungen	491
2.8	Barrierefreies Bauen	492
2.9	Baulicher Brandschutz	492
2.10	Elektromobilität	493
2.11	Car Sharing	494
3	**Tragwerksplanung**	**494**
3.1	Allgemeines	494
3.2	Stützenvermeidung durch die Stellplatzgeometrie	495
3.3	Stützenvermeidung durch die Wahl des Tragsystems	495
3.3.1	Zwischendecken von Hoch- und Tiefgaragen	495
3.3.2	Dachdecken von Tiefgaragen	497
3.3.2.1	Nicht überbaute Tiefgaragen	497
3.3.2.2	Überbaute Tiefgaragen	497
4	**Dauerhaftigkeit**	**497**
4.1	Allgemeines	497
4.2	Deckenoberseiten	497
4.3	Stützen, Wände und Deckenunterseiten	498
5	**Technischer Ausbau**	**498**
5.1	Parkhaussteuerungs- und -bewirtschaftungsanlagen	498
5.2	Entwässerung	499
5.3	Lüftung	499
5.4	Beleuchtung	500
5.5	Videoüberwachung	501
5.6	Aufzüge und Treppenhäuser	501
6	**Allgemeiner Ausbau**	**501**
6.1	Anstricharbeiten	501
6.2	Schlosser- und Metallbauarbeiten	502
7	**Sicherheit in Parkbauten**	**503**
8	**Literatur**	**503**

VIII	Anforderungen an Parkbauten aus Betreiber- und Nutzersicht sowie die Instandhaltung von Parkbauten	505
	Volker Buchholz	

1	Einleitung	507
2	**Anforderungen an Parkbauten**	**507**
2.1	Anforderungen aus Sicht des Betreibers	507
2.1.1	Betriebliche und funktionale Anforderungen	507
2.1.2	Wirtschaftliche Anforderungen	508
2.2	Anforderungen aus Sicht des Nutzers	508
2.3	Die Umsetzung der Anforderungen in die Objektplanung des Architekten	511
3	**Instandhaltung von Parkbauten**	**511**
3.1	Rechtliche Anforderungen	511
3.2	Instandhaltung der Gebäudesubstanz	512
3.3	Instandhaltung der Technischen Gebäudeausrüstung	513
3.4	Dokumentation der Instandhaltung	513
4	**Literatur**	**513**

IX Dauerhaftigkeit von Parkbauten in Deutschland 515
Frank Fingerloos, Claus Flohrer, Dieter Räsch

1	Einführung 517	
2	Entwicklung des Regelwerks zur Dauerhaftigkeit von direkt befahrenen Parkdecks seit 1988 – Rückblick 517	
3	Das aktuelle Regelwerk zur Dauerhaftigkeit von Parkbauten – Überblick 532	
3.1	Einführung 532	
3.2	Zuordnung der Expositions-, Feuchtigkeitsklassen und Mindestbetondeckungen 533	
3.3	Dichtheit der Betondeckung – Anforderungen an die Betonzusammensetzung 539	
3.4	Anforderungen an die Rissbreitenbegrenzung 542	
3.5	Nachbehandlung der Betonrandzone 545	
4	Aufgaben der Planung 547	
5	Bedarfsplanung 548	
6	Entwurfsgrundsätze für die Rissbeherrschung 549	
7	Ausführungsvarianten für befahrene Verkehrsflächen 551	
7.1	Allgemeines 551	
7.2	Varianten A: Betonflächen ohne flächiges Oberflächenschutzsystem oder ohne Abdichtung 553	
7.2.1	Variante A1: rissvermeidende Bauweise 553	
7.2.2	Variante A2: gerissene Betonflächen mit lokalem Schutz der Risse und Fugen 553	
7.3	Varianten B: mit flächigem Oberflächenschutzsystem 554	
7.3.1	Variante B1: vollflächig starr beschichtet – OS 8 mit begleitender Rissbehandlung 554	
7.3.2	Variante B2: Betonfläche vollflächig rissüberbrückend beschichtet mit OS 10 und Nutzschicht oder OS 11 .. 554	
7.4	Varianten C: mit flächiger, rissüberbrückender Abdichtung 555	
7.4.1	Voraussetzungen 555	
7.4.2	Variante C1: unterlaufsichere bahnenförmige Abdichtung oder OS 10, jeweils mit Dichtungs- und Schutzschicht aus Gussasphalt 555
7.4.3	Variante C2: unterlaufsichere zweilagige bahnenförmige Abdichtung mit Schutzschicht 555
7.5	Variante KKS: präventiver Kathodischer Korrosionsschutz 556
7.6	Variante Rostfrei: nichtrostende chloridbeständige Bewehrung 557
7.7	Chloridbeanspruchte WU-Bodenplatten im drückenden Wasser 558
7.8	Rampen 558
7.9	Oberflächenschutzsysteme – aktueller Regelungsstand 559
8	Ausführungsvarianten bei Bauteilen unter durchlässigen Belägen 560
9	Ausführungsvarianten für von der Parkfläche aufgehende monolithische Bauteile 562
10	Gefälleausbildung 562
11	Maßnahmen zur Umsetzung der Entwurfsgrundsätze 565
11.1	Allgemeines 565
11.2	Konstruktive Maßnahmen 566
11.2.1	Überblick 566
11.2.2	Vermeidung von Festhaltepunkten .. 566
11.2.3	Zwangmindernde Maßnahmen bei Bodenplatten 567
11.2.4	Anordnung von Hydratationsgassen . 568
11.2.5	Anordnung von Sollrissfugen in Wänden 569
11.2.6	Entkopplung der Tiefgaragen-WU-Betonwand vom Baugrubenverbau 569
11.3	Betontechnische Maßnahmen 569
11.3.1	Allgemeines 569
11.3.2	Festlegung von Betonrezepturen mit niedriger Hydratationswärmeentwicklung 571
11.3.3	Niedrige Frischbetontemperatur 571
11.3.4	Kühlung des Betons 571
11.4	Ausführungstechnische Maßnahmen . 572
11.4.1	Überblick 572
11.4.2	Festlegung von Betonierabschnitten . 572
11.4.3	Wahl des Betonierzeitpunkts 573
11.4.4	Frühzeitige Nachbehandlung und Schutz vor direkter Sonneneinstrahlung 573
11.4.5	Wärmehaltende Nachbehandlung ... 573
11.5	Maßnahmen während der Bauzeit vor Nutzungsbeginn 574
12	Instandhaltung 575

13	Beispiele 575		13.2	Beispiel: befahrene WU-Bodenplatte	
13.1	Beispiel: befahrene WU-Bodenplatte			mit EGS-c 576	
	mit EGS-a 575		13.2.1	Objektbeschreibung 576	
13.1.1	Objektbeschreibung 575		13.2.2	Entwurfsgrundsatz 578	
13.1.2	Entwurfsgrundsatz 575		13.2.3	Konstruktive und objektplanerische	
13.1.3	Konstruktive Maßnahmen 575			Maßnahmen 579	
13.1.4	Betontechnische Maßnahmen 576		13.2.4	Betontechnische und ausführungs-	
13.1.5	Ausführungstechnische			technische Maßnahmen 579	
	Maßnahmen 576		13.2.5	Zusammenfassung 580	
13.1.6	Zusammenfassung 576				
			14	**Literatur** 580	

X Regelungen zur Dauerhaftigkeit von Parkhäusern und Tiefgaragen in der Schweiz 583
Urs Järmann, Milutin Scepan

1	**Einführung** 585		3.3	Themen Instandsetzung,	
				Nachrüsten 595	
2	**Regelwerke für Neubauten und**		3.3.1	Beispiel: Durchstanz- und	
	Instandsetzung 586			Biegezugverstärkungen in einem	
				ca. 50-jährigen Parkhaus 595	
3	**Spezielles zu den Themen Neubau,**		3.3.2	Oberflächenrauheit von	
	Instandsetzung und Unterhalt 586			Beschichtungen in Parkhäusern 598	
3.1	Neubauten 586		3.3.3	Zustand alter Beschichtungen in	
3.1.1	Grundsätzliches 586			Parkhäusern 600	
3.1.2	Nutzungsvereinbarung und				
	Projektbasis 586		4	**Projektablauf – Organisation** 601	
3.1.2.1	Nutzungsvereinbarung 586				
3.1.2.2	Projektbasis 589		5	**Leistungen und Honorare** 604	
3.2	Themen Neubau 589				
3.2.1	Beispiel: Neubau mit Fehlern 589		6	**Künftige Themen und Trends,**	
3.2.2	Krafteinleitung (Durchstanzen) und			**welche die Planung, Projektierung**	
	Belag 591			**und den Betrieb beeinflussen** 606	
3.2.3	Anprallschutz 592				
3.2.4	Deformationen und Entwässerung... 593		7	**Literatur** 607	

XI Erläuterungen zur Anwendung der öbv-Richtlinie „Garagen und Parkdecks" in Österreich 609
Susanna Arazli

1	**Einleitung** 611		3.3	Risse im Stahlbeton 613	
			3.4	Korrosion 614	
2	**Grundlagen** 611		3.5	Karbonatisierung 614	
2.1	Nutzung 611		3.6	Chlorid 614	
2.2	Bauformen, Bauverfahren,		3.6.1	Korrosionsauslösende	
	Bauweisen 612			Chloridkonzentration 614	
2.2.1	Allgemeines 612		3.6.2	Chloridinduzierte Korrosion 615	
2.2.2	Bauformen 612				
2.2.3	Bauverfahren 612		4	**Bestimmungen der Richtlinie** 615	
2.2.4	Bauweisen 612		4.1	Grundsätzliches 615	
			4.2	Anwendungsbereich und Ziele 616	
3	**Ursachen von Schäden in**		4.3	Wahl der Schutzmaßnahmen 616	
	Parkbauten 613		4.4	Tragwerk 616	
3.1	Allgemeines 613		4.4.1	Allgemeines 616	
3.2	Dauerbetrieb und Rampe als		4.4.2	Empfohlene Konstruktionssysteme .. 617	
	Nadelöhr 613		4.4.3	Reine Gefällebetone nicht zulässig .. 618	

4.4.4	Rissbreitenbeschränkung 619	4.7.6	Oberflächenschutzsysteme 635
4.4.5	Stützen- und Wandfüße 619	4.7.7	Erhöhung der Verschleiß- und
4.4.6	Nichttragende Bodenplatten und		Abriebfestigkeit 636
	Rampen 620	4.7.8	Hohlkehlen und Hochzüge 636
4.4.7	Wasserundurchlässige	4.8	Fugen 637
	Betonbauwerke – Weiße Wannen als	4.8.1	Allgemeines 637
	Verkehrsflächen 620	4.8.2	Planung 637
4.4.8	Betoneinbau 620	4.8.3	Ausführung von Bewegungsfugen... 638
4.5	Entwässerung 620	4.9	Qualitätssicherung 639
4.5.1	Allgemeines 620	4.9.1	Allgemeines 639
4.5.2	Entwässerungskonzept 621	4.9.2	Örtliche Bauaufsicht 639
4.5.3	Grundsätze der Planung 621	4.9.3	Eigenüberwachung Beschichtung ... 640
4.5.4	Ausführung 622	4.9.4	Fremdüberwachung Beschichtung... 640
4.5.5	Rigolen als Einbauteile 623	4.10	Instandhaltung und Reinigung 641
4.5.6	Das Problem mit Pumpensümpfen	4.10.1	Allgemeines 641
	und Verdunstungsrinnen 624	4.10.2	Reinigung 641
4.6	Abdichtung mit Asphalt als	4.10.3	Inspektion 641
	Fahrbahnbelag 625	4.10.4	Rechtzeitige Instandsetzung 642
4.6.1	Allgemeines 625		
4.6.2	Entwässerung auf zwei Ebenen 626	**5**	**Bedeutung und Konsequenzen der**
4.6.3	Ausführungsvarianten 626		**Richtlinie** 643
4.6.4	Untergrundvorbereitung 627	5.1	Garagen-Standard 643
4.6.5	Asphalteinbau 627	5.2	Die häufigsten Ursachen für
4.7	Beschichtung mit Inspektionsbuch .. 627		Schäden 643
4.7.1	Allgemeines 627	5.3	Die wichtigsten Planungs-
4.7.2	Unterschiede Reaktionsharze 629		grundsätze 643
4.7.3	Anwendung und Aufbau der	5.4	Lebenszykluskosten 644
	OS-Systeme 629	5.5	Aus Fehlern lernen 644
4.7.4	Eigenschaften von OS-Systemen.... 630	5.6	Ausblick 645
4.7.5	Auswahl des geeigneten		
	OS-Systems 630	**6**	**Literatur** 645

XII Die Anwendung von DIN 18532 „Abdichtung von befahrbaren Verkehrsflächen aus Beton" 647
Christian Herold

1	**Einleitung** 649	4.6	Zuverlässigkeit 655
		4.7	Unterlaufsicherheit 656
2	**DIN 18532 Anwendungsbereich und**	4.8	Reglungen für die Anwendung von
	Gliederung 649		Oberflächenschutzsystemen in
2.1	Anwendungsbereich 649		DIN 18532 Teil 6 658
2.2	Gliederung 650		
		5	**Prinzipien des Bauteilschutzes gegen**
3	**Unterscheidung zwischen Bauwerks-**		**die Einwirkung von Chloriden auf**
	schutz und Bauteilschutz 651		**befahrbare Betonbauteile nach EC 2**
			und den Regelungen des DAfStb und
4	**Prinzipien des Bauwerksschutzes bei**		**DBV** 662
	der Abdichtung befahrbarer	5.1	Maßgebende Regelungen 662
	Betonbauteile nach DIN 18532 653	5.2	Einwirkung und
4.1	Grundlagen 653		Schutzprinzipien 662
4.2	Zuordnung der Verkehrsflächen zu	5.2.1	Schutzprinzip 1 664
	Nutzungsklassen 653	5.2.2	Schutzprinzip 2 664
4.3	Abdichtungsbauarten 654	5.3	Rissbeherrschung 664
4.4	Abdichtungsbauweisen 654	5.4	Darstellung der Ausführungs-
4.5	Zuordnung von Abdichtungsbauarten		varianten für den Schutz von
	und Abdichtungsbauweisen 655		Betonbauteilen gegen Chloride 665

5.4.1	Variante A 665	6	Schnittstellenregelung in DIN 18532 . 667
5.4.2	Variante B 665		
5.4.3	Variante C 665	7	Zusammenfassung 668
5.5	Instandhaltung 666		
		8	Literatur 668

XIII Oberflächenschutzsysteme und Abdichtungsbauarten für befahrene Parkdecks 669
Lars Wolff, Bernd Schwamborn

1	**Einleitung.** 671	5.2	Auswahl von OS-Systemen 689
		5.3	Nachweis der Leistungsmerkmale
2	**Abgrenzung zwischen Oberflächenschutz und Abdichtung.** 672		von OS-Systemen. 695
		5.4	Applikation von OS-Systemen. 698
		5.5	Ausbildung von Bandagen. 699
3	**Abdichtung von befahrbaren**	5.6	Übliche Lebensdauer von
	Verkehrsflächen aus Beton. 673		OS-Systemen. 700
3.1	Allgemeines. 673	5.7	Überarbeitbarkeit von OS-Systemen . 704
3.2	Einführung in DIN 18532 674		
3.3	Sonderfall OS-Systeme 679	6	**Inspektion von Abdichtungen und**
			Oberflächenschutzsystemen in
4	**Problematik der möglichen**		**Parkbauten.** 706
	Unterläufigkeit bei Abdichtungen . . . 680	6.1	Allgemeines 706
4.1	Allgemeines. 680	6.2	Inspektion von Abdichtungs-
4.2	Regelungen der DIN 18532:2017 . . . 680		bauarten 707
4.3	Regelungen nach DBV-Merkblatt	6.3	Inspektion von Oberflächen-
	„Parkhäuser und Tiefgaragen",		schutzsystemen 708
	Ausgabe 2018. 682	6.4	Wahl der Inspektionsintervalle 709
5	**Oberflächenschutzsysteme für**	7	**Zusammenfassung.** 709
	Parkbauten. 685		
5.1	Allgemeines. 685	8	**Literatur** 709

XIV Instandsetzung von Tiefgaragen und Parkhäusern 713
Christian Sodeikat, Till F. Mayer

1	**Einleitung.** 715	4.3	Korrosion von Stahl in Beton 724
		4.4	Carbonatisierungsinduzierte
2	**Bauliche Situation älterer**		Bewehrungskorrosion 726
	Tiefgaragen und Parkhäuser 715	4.5	Chloridinduzierte
			Bewehrungskorrosion 727
3	**Rechtliche Aspekte bei der**	4.6	Kritischer korrosionsauslösender
	Instandsetzung von Parkbauten. 719		Chloridgehalt C_{Krit} 728
3.1	Einführung 719	4.7	Korrosion im Rissbereich 730
3.2	Die anerkannten Regeln der	4.7.1	Allgemeines 730
	Technik (aRdT) 719	4.7.2	Einleitungsphase im Bereich von
3.3	Regelwerke für Instandsetzungen:		Rissen 731
	Instandsetzungs-Richtlinie	4.7.3	Schädigungsphase im Bereich von
	(Rili-SIB 2001) und DIN EN 1504 . . 720		Rissen. 731
3.4	Weitere Regelwerke für	4.7.4	Korrosionsfortschritt nach
	Instandsetzungen 722		Verschließen der Risse. 732
3.5	Beratungs- und Aufklärungspflicht		
	der Planer gegenüber dem Bauherrn . 723	5	**Instandsetzung nach der Instandsetzungs-Richtlinie – Vorgehen und**
4	**Bewehrungskorrosion** 723		**technische Grundlagen** 733
4.1	Allgemeines. 723	5.1	Grundlagen. 733
4.2	Korrosion von Stahl allgemein 724	5.2	Instandsetzungsprinzipien 733

5.2.1	Allgemeines... 733	8.3.5	Kunststoffmodifizierter Spritzbeton und -mörtel (SPCC)... 766	
5.2.2	Instandsetzungsprinzipien bei carbonatisierungsinduzierter Korrosion... 735	8.3.6	Reaktionsharzgebundener Instandsetzungsbeton und -mörtel (PC)... 766	
5.2.3	Instandsetzungsprinzipien bei chloridinduzierter Korrosion... 736	8.3.7	Vergussbeton... 766	
5.3	Umsetzung von Instandsetzungen nach der Instandsetzungs-Richtlinie . 738	**9**	**DBV-Merkblatt „Parkhäuser und Tiefgaragen"**... 767	
		9.1	Einführung... 767	
6	**Ist-Zustandsfeststellung von Parkbauten – Durchführung erforderlicher Untersuchungen**... 738	9.2	Diskussion der Ausführungsvarianten nach DBV-Merkblatt „Parkhäuser und Tiefgaragen" Fassungen 2010 und 2018... 769	
6.1	Aufnahme der grundsätzlichen Bauwerkssituation... 738			
6.2	Tragkonstruktion... 738	**10**	**Instandsetzungsdetails bei Parkbauten**... 773	
6.3	Auffinden von Bereichen mit chloridinduzierter Korrosion(sgefahr)... 741	10.1	Einführung... 773	
6.3.1	Aufgabenstellung... 741	10.2	Betonabtrag – Technologie und Umfang... 773	
6.3.2	Visuelle Untersuchung... 741			
6.3.3	Bestimmung des Ausmaßes von Bewehrungskorrosion bzw. vorhandener Querschnittsschwächung... 742	10.2.1	Technologie... 773	
		10.2.2	Umfang des erforderlichen Betonabtrags... 773	
6.3.4	Bestimmung des Chloridgehalts... 743	10.3	Schutzmaßnahmen für befahrene Flächen... 774	
6.3.5	Elektrochemische Potentialfeldmessung... 745	10.3.1	Randbedingungen... 774	
		10.3.2	Zwischendecks... 776	
6.3.6	Bestimmung der Betondeckung... 751	10.3.3	Freidecks... 776	
6.4	Prüfung von Grundierungen und Beschichtungen auf Dichtheit... 752	10.3.4	Rampen... 776	
		10.3.5	Bodenplatten... 777	
6.5	Prüfung der Rautiefe... 752	10.4	Schutzmaßnahmen für aufgehende Bauteile über und unter Belagoberkante... 777	
6.6	Weitere zerstörungsfreie Untersuchungen... 754			
		10.5	Gefälle, Entwässerungseinrichtungen... 780	
7	**Bestandsschutz – Festlegung des Sollzustands**... 757			
		11	**Wartung, Instandhaltung und Überwachung**... 781	
8	**Instandsetzungsplanung**... 760			
8.1	Allgemeines... 760	11.1	Wartung und Instandhaltung... 781	
8.2	Notwendiger Instandsetzungsumfang bei chloridbeaufschlagten Bauteilen . 761	11.2	Instandhaltungsplan... 782	
8.3	Instandsetzungsbetone und -mörtel . . 765	11.3	Überprüfung des Instandsetzungserfolgs durch Monitoring... 784	
8.3.1	Allgemeines... 765	11.3.1	Anwendungsgebiete... 784	
8.3.2	Beton nach EC 2 und DIN EN 206-1/DIN 1045-2... 765	11.3.2	Korrosionsmonitoring... 785	
		11.3.3	Feuchtemonitoring... 787	
8.3.3	Spritzbeton nach DIN 18551 [39] bzw. DIN EN 14487 [38]... 766	**12**	**Literatur**... 789	
8.3.4	Kunststoffmodifizierter Instandsetzungsbeton und -mörtel (PCC)... 766			

XV **Abdichtungen bei unterirdischen Bauwerken unter Berücksichtigung neuer Normen**... 795

Alfred Haack, Dominik Kessler

1	Einleitung... 797	2.1	Einfluss von Boden, Bauwerk und Bauweise... 798	
2	Planungsgrundlagen... 798	2.2	Einfluss des Wassers... 800	
		2.3	Einfluss der Nutzung... 801	

3	Begriffe................... 802	5.8	Doppellagige Abdichtung aus Kunststoffdichtungsbahnen........ 829	
4	**Auswahlkriterien und Anwendungsgrenzen der verschiedenen Abdichtungssysteme............. 805**	5.9	Spezielle Entwicklungen.......... 829	
		5.9.1	Leckortung bei Kunststoffdichtungsbahnen............... 829	
4.1	Allgemeines.................. 805	5.9.2	Haftfolienverfahren............. 832	
4.2	Weichabdichtungen............. 815	5.9.3	Klettverfahren................. 834	
4.2.1	Allgemeines................... 815	5.9.4	Hotmelt-Verfahren.............. 835	
4.2.2	Schutz gegen nichtdrückendes und von außen drückendes Wasser...... 815	**6**	**Abdichtung aus Beton mit hohem Wassereindringwiderstand........ 837**	
4.2.3	Schutz gegen von innen drückendes Wasser...................... 816	6.1	Allgemeines................... 837	
4.3	Hartabdichtungen............... 817	6.2	Fugenabdichtung im Ortbetonbau... 838	
4.4	Wasserundurchlässige, statisch tragende Konstruktionen.......... 818	6.2.1	Allgemeines................... 838	
		6.2.2	Dehn- und Bewegungsfugen....... 838	
4.5	Weiterentwicklung von der WUB-KO zum Frischbetonverbundsystem..... 818	6.2.3	Pressfugen.................... 845	
		6.2.4	Arbeitsfugen................... 846	
5	**Abdichtung mit Kunststoffdichtungsbahnen................ 822**	6.3	Fugenabdichtung im Betonfertigteilbau................... 850	
5.1	Allgemeines................... 822	**7**	**Durchdringungen und Übergangskonstruktionen......... 853**	
5.2	Abdichtungsträger............... 822			
5.3	Schutzschicht.................. 823			
5.4	Kunststoffdichtungsbahn.......... 823	**8**	**Zusammenfassung............... 857**	
5.5	Fügetechnik von Kunststoffdichtungsbahnen untereinander und mit zugehörigen Fugenbändern..... 824	**9**	**Literatur..................... 858**	
		9.1	Normen...................... 858	
5.6	Fugenabdichtung............... 826	9.2	Richtlinien und Merkblätter........ 859	
5.7	Nahtprüfung................... 827	9.3	Fachliteratur................... 860	

XVI Kathodischer Korrosionsschutz im Stahlbetonbau....................... 863
Thorsten Eichler, Susanne Gieler-Breßmer

1	**Allgemeines................... 865**	4.1	DIN EN ISO 12696............. 885	
2	**Grundlagen................... 866**	4.2	DIN EN ISO 15257 zur Zertifizierung von Fachpersonal für den kathodischen Korrosionsschutz..... 886	
2.1	Korrosion von Stahl in Beton...... 867			
2.1.1	Flächige Korrosion durch Karbonatisierung................ 867	4.3	Kathodischer Korrosionsschutz von Spannbetonbauwerken............ 887	
2.1.2	Lochkorrosion in Anwesenheit von Chloriden................... 869	**5**	**Ausführungsbeispiele............ 888**	
2.2	Galvanischer Schutz............. 872	5.1	Parkhäuser und Tiefgaragen........ 888	
2.3	Fremdstromschutz............... 873	5.1.1	Cityparkhaus in Offenbach........ 889	
3	**Anodenmaterialien und -typen..... 877**	5.1.2	Präventiver kathodischer Korrosionsschutz in einer Tiefgarage.......... 893	
3.1	Galvanische Anoden............. 877			
3.2	Inertanoden 879	5.1.3	Kathodischer Korrosionsschutz hochbelasteter Stützen in einer Tiefgarage..................... 895	
3.3	Leitfähige Beschichtungen auf Kohlenstoffbasis................ 880			
		5.2	Brückenbauwerke............... 897	
3.4	Carbonnetzanoden.............. 880			
3.5	Anodeneinbettung.............. 881	**6**	**Zusammenfassung............... 901**	
4	**Schutzkriterien und technische Regelwerke................... 885**	**7**	**Literatur 901**	

XVII Chemischer Angriff auf Beton ... 905
Björn Siebert, Jesko Gerlach

1	Einleitung ... 907	
2	Schädigungsmechanismen ... 907	
2.1	Begriffsdefinition und Angriffsarten ... 907	
2.2	Lösender Angriff ... 908	
2.2.1	Allgemeines ... 908	
2.2.2	Phasen des lösenden Angriffs ... 909	
2.2.3	Korrosionszonen ... 910	
2.3	Treibender Angriff ... 911	
2.3.1	Allgemeines ... 911	
2.3.2	Ettringit- und Gipsbildung ... 912	
2.3.3	Korrosionszonen ... 914	
2.4	Zerstörender Angriff ... 915	
2.4.1	Allgemeines ... 915	
2.4.2	Thaumasitbildung ... 915	
2.5	Kombinierter Angriff ... 917	
3	Einflussfaktoren auf die Schädigung ... 918	
3.1	Allgemeines ... 918	
3.2	Konzentration und Art der angreifenden Stoffe ... 918	
3.2.1	Lösender Angriff ... 918	
3.2.2	Treibender Angriff ... 919	
3.3	Stofftransport ... 921	
3.3.1	Innerer Stofftransport ... 921	
3.3.2	Äußerer Stofftransport ... 922	
3.4	Umgebungsbedingungen ... 923	
3.4.1	Feuchtigkeit ... 923	
3.4.2	Temperatur ... 923	
3.4.3	Mechanische Einwirkungen ... 923	
4	Schutzprinzipien – Möglichkeiten und Grenzen ... 924	
4.1	Anforderungen an Bauwerke ... 924	
4.2	Sicherstellung der Bauwerksanforderungen ... 924	
4.2.1	Allgemeines ... 924	
4.2.2	Schutzschichten und dauerhafte Bekleidungen ... 926	
4.2.3	Hochleistungsbeton mit erhöhtem Widerstand ... 926	
4.2.4	Opferbeton ... 929	
5	Ansätze zur Dauerhaftigkeitsbemessung ... 929	
5.1	Allgemeines ... 929	
5.2	Prüfverfahren zur Ermittlung des Materialwiderstands ... 930	
5.3	Modelle zur Beschreibung der zeitabhängigen Schädigung ... 931	
5.4	Grenzzustandsdefinition und Bemessung ... 933	
6	Literatur ... 935	

XVIII Normen und Regelwerke ... 941
Frank Fingerloos

1	Einleitung ... 943	
2	Technische Regeln zur Geotechnik ... 943	
2.1	Einführung ... 943	
2.2	Kurzfassung Eurocode 7 DIN EN 1997-1: Entwurf, Berechnung und Bemessung in der Geotechnik mit DIN 1054 ... 944	

DIN EN 1997-1: Eurocode 7: Entwurf, Berechnung und Bemessung in der Geotechnik mit DIN 1054 ... 945
Inhalt ... 945
1 Allgemeines ... 945
   1.2 Normative Verweisungen ... 945
   1.3 Voraussetzungen ... 945
   1.4 Unterscheidung nach Grundsätzen und Anwendungsregeln ... 946
   1.5 Begriffe ... 946
   1.5.2.1 geotechnische Einwirkung ... 946
   1.5.2.2 vergleichbare Erfahrung ... 946
   1.5.2.3 Baugrund ... 946
   1.6 Symbole ... 946

2 Grundlagen der geotechnischen Bemessung ... 949
   2.1 Anforderungen an Entwurf, Berechnung und Bemessung ... 949
   A 2.1.1 Vorgaben zu Bemessungssituationen und Grenzzuständen ... 949
   A 2.1.2 Geotechnische Kategorien ... 949
   A 2.1.2.1 Allgemeines ... 949
   A 2.1.2.2 Geotechnische Kategorie GK 1 ... 950
   A 2.1.2.3 Geotechnische Kategorie GK 2 ... 950
   A 2.1.2.4 Geotechnische Kategorie GK 3 ... 951
   2.2 Bemessungssituationen ... 952
   2.3 Dauerhaftigkeit ... 953
   2.4 Geotechnische Bemessung auf Grund von Berechnungen ... 954
   2.4.1 Allgemeines ... 954
   2.4.2 Einwirkungen ... 954
   A 2.4.2.1 Grundsätzliche Festlegungen ... 954
   A 2.4.2.2 Weitere Angaben zu den geotechnischen Einwirkungen ... 955
   A 2.4.2.3 Weitere Angaben zu den Einwirkungen aus Bauwerken (Gründungslasten) ... 956
   2.4.3 Baugrundeigenschaften ... 957
   2.4.5 Charakteristische Werte ... 957

2.4.5.2	Charakteristische Werte von geotechnischen Kenngrößen 957		6.6	Bemessung im Grenzzustand der Gebrauchstauglichkeit 975
2.4.5.3	Charakteristische Werte von geometrischen Vorgaben 958		6.6.1	Allgemeines 975
2.4.6	Bemessungswerte 958		6.6.2	Setzung. 976
2.4.6.1	Bemessungswerte von Einwirkungen 958		6.6.3	Hebung 977
			6.6.4	Schwingungsberechnung 977
2.4.6.2	Bemessungswerte für geotechnische Kenngrößen 959		A 6.6.5	Fundamentverdrehung und Begrenzung einer klaffenden Fuge . . 977
2.4.6.3	Bemessungswerte für geometrische Vorgaben 959		A 6.6.6	Verschiebungen in der Sohlfläche . . . 978
2.4.7	Grenzzustände der Tragfähigkeit 959		6.7	Gründungen auf Fels; ergänzende Gesichtspunkte bei Entwurf und Bemessung. 979
2.4.7.1	Allgemeines 959			
2.4.7.2	Nachweis der Lagesicherheit 960		6.8	Bemessung der Bauteile von Flächengründungen 979
2.4.7.3	Nachweis von Grenzzuständen im Tragwerk und im Baugrund bei ständigen und vorübergehenden Bemessungssituationen 960			
			6.9	Vorbereitung der Baugrubensohle . . . 980
			A 6.10	Vereinfachter Nachweis in Regelfällen 980
2.4.7.4	Nachweisverfahren und Teilsicherheitsbeiwerte beim Aufschwimmen 964		A 6.10.1	Allgemeines 980
			A 6.10.2	Nichtbindiger Boden 981
			A 6.10.2.1	Bemessungswert des Sohlwiderstands 981
A 2.4.7.6	Teilsicherheitsbeiwerte für die Grenzzustände der Tragfähigkeit 964		A 6.10.2.2	Erhöhung des Bemessungswerts des Sohlwiderstands. 982
2.4.8	Grenzzustände der Gebrauchstauglichkeit 966		A 6.10.2.3	Verminderung des Bemessungswerts des Sohlwiderstands bei Grundwasser 983
2.4.9	Grenzwerte für Fundamentbewegungen 968			
2.5	Entwurf und Bemessung auf Grund von anerkannten Tabellenwerten 968		A 6.10.2.4	Verminderung des Bemessungswerts des Sohlwiderstands infolge von waagerechten Beanspruchungen. . . . 984
2.8	Geotechnischer Entwurfsbericht. 968			
3	Geotechnische Unterlagen 969		A 6.10.3	Bindiger Boden 984
3.1	Allgemeines 969		A 6.10.3.1	Bemessungswert des Sohlwiderstands 984
3.4	Geotechnischer Untersuchungsbericht. 970		A 6.10.3.2	Erhöhung des Bemessungswerts des Sohlwiderstands. 986
3.4.1	Anforderungen 970		A 6.10.3.3	Verminderung des Bemessungswerts des Sohlwiderstands 986
6	Flächengründungen 970			
6.1	Allgemeines 970		A 6.10.4	Fels 986
A 6.1.1	Anwendungsbereich und allgemeine Anforderungen 970		A 6.10.5	Künstlich hergestellter Baugrund 986
			11	Gesamtstandsicherheit 987
A 6.1.2	Einstufung in die Geotechnischen Kategorien 970		11.1	Allgemeines 987
6.2	Grenzzustände 970		A 11.1.1	Anwendungsbereich und allgemeine Anforderungen 987
6.3	Einwirkungen und Bemessungssituationen 971		A 11.1.2	Einstufung in die Geotechnischen Kategorien 987
6.4	Gesichtspunkte bei Bemessung und Ausführung 971		11.2	Grenzzustände 988
6.5	Nachweise für den Grenzzustand der Tragfähigkeit 971		11.3	Einwirkungen und Bemessungssituationen 988
6.5.1	Gesamtstandsicherheit 971		11.4	Gesichtspunkte bei Berechnung und Ausführung 989
6.5.2	Grundbruchwiderstand 972			
6.5.2.1	Allgemeines 972		11.5	Berechnung im Grenzzustand der Tragfähigkeit 989
6.5.2.2	Rechnerisches Verfahren 972			
6.5.2.4	Verwendung vorgegebener zulässiger Sohlwiderstände 973		11.5.1	Nachweis der Gesamtstandsicherheit 989
			11.6	Berechnung im Grenzzustand der Gebrauchstauglichkeit 990
6.5.3	Gleitwiderstand 973			
6.5.4	Stark exzentrische Belastung 974		11.7	Kontrollmessungen 991
6.5.5	Tragwerksversagen durch Fundamentbewegung. 975			

Anhang A (normativ)
Teilsicherheitsbeiwerte und Streuungsfaktoren für Grenzzustände der Tragfähigkeit und empfohlene Zahlenwerte 991

Anhang H (informativ)
Grenzwerte für Bauwerksverformungen und Fundamentbewegungen 991

A Anhang AA (informativ)
Merkmale und Beispiele zur Einstufung in die Geotechnischen Kategorien 992

3   Listen und Verzeichnisse 996

3.1   Technische Baubestimmungen für den Beton- und Stahlbetonbau...... 996

3.2   Verzeichnis der Richtlinien des Deutschen Ausschusses für Stahlbeton e. V.................. 1019

3.3   Deutscher Beton- und Bautechnik-Verein E. V. (DBV): Merkblätter und Sachstandberichte........... 1020

3.4   Österreichische Bautechnik Vereinigung (ÖBV): Richtlinien, Merkblätter und Sachstandberichte 1022

4   Literatur 1024

Stichwortverzeichnis 1025

Anschriften

Autoren

Adam, Dietmar, Univ.-Prof. Dipl.-Ing. Dr.-techn.
Technische Universität Wien
Institut für Geotechnik
Karlsplatz 13/220/2, A-1040 Wien

Arazli, Susanna, Ing.
Expertin für Garagen
Rosenhügelstraße 23/2, A-1120 Wien

Aulbach, Benjamin, Dr.-Ing.
ZAI Ziegler und Aulbach Ingenieurgesellschaft mbH
Schloss-Rahe-Straße 15, 52072 Aachen

Beer, Bernd, Dipl.-Ing.
AMP Parking Europe GmbH
Planung und Beratung für Parkbauten
Thujaweg 1, 76149 Karlsruhe

Bergmeister, Konrad, Prof. Dipl.-Ing. DDr. Dr.-Ing. E. h.
Universität für Bodenkultur Wien
Institut für Konstruktiven Ingenieurbau
Peter-Jordan-Straße 82, A-1190 Wien

Buchholz, Volker, Dipl.-Ing.
FRAPORT AG
Zentrales Infrastrukturmanagement
Flughafen Frankfurt, 60547 Frankfurt/Main

Eichler, Thorsten, Dr.-Ing.
CORR-LESS Isecke & Eichler Consulting
GmbH & Co. KG, Geschäftsführer
Kurfürstendamm 194, 10707 Berlin

Fingerloos, Frank, Prof. Dr.-Ing.
Deutscher Beton- und Bautechnik Verein E. V.
Kurfürstenstraße 129, 10785 Berlin

Flohrer, Claus, Prof. Dipl.-Ing.
Königsberger Straße 8, 61137 Schöneck

Florineth, Florin, Em. O. Univ.-Prof. Dr. phil.
Universität für Bodenkultur Wien
Institut für Konstruktiven Ingenieurbau
Peter-Jordan-Straße 82, A-1190 Wien

Gerlach, Jesko, Dipl.-Ing.
Leibniz Universität Hannover
Institut für Baustoffe
Appelstraße 9A, 30167 Hannover

Gieler-Breßmer, Susanne, Dipl.-Ing.
IGF Ingenieur-Gesellschaft für Bauwerksinstandsetzung
Gieler-Breßmer & Fahrenkamp GmbH
Tobelstraße 8, 73079 Süssen

Grabe, Jürgen, Prof. Dr.-Ing.
Technische Universität Hamburg-Harburg
Institut für Geotechnik und Baubetrieb
Harburger Schlossstraße 20, 21079 Hamburg

Haack, Alfred, Prof. Dr.-Ing.
STUVAtec GmbH
Studiengesellschaft für Tunnel und Verkehrsanlagen mbH
Mathias-Brüggen-Straße 41, 50827 Köln

Herold, Christian. Dipl.-Ing.
Bausachverständiger
Brixplatz 4, 14052 Berlin

Järmann, Urs, Dipl.-Ing. (FH)
Henauer Gugler AG
Ein Unternehmen der CSD Ingenieure AG
Senior-Experte
Kurvenstrasse 35, CH-8021 Zürich

Katzenbach, Rolf, Prof. Dr.-Ing.
Ingenieursozietät
Professor Dr.-Ing. Katzenbach GmbH
Robert-Bosch-Straße 9, 64293 Darmstadt

Kessler, Dominik, Dipl.-Ing.
STUVAtec GmbH
Studiengesellschaft für Tunnel und Verkehrsanlagen mbH
Mathias-Brüggen-Straße 41, 50827 Köln

Leppla, Steffen, Dr.-Ing.
Ingenieursozietät
Professor Dr.-Ing. Katzenbach GmbH
Robert-Bosch-Straße 9, 64293 Darmstadt

Mayer, Till Felix, Dr.-Ing.
Ingenieurbüro Schießl Gehlen Sodeikat GmbH
Landsberger Straße 370, 80687 München

Müller, Harald, S., Prof. Dr.-Ing.
SMP Ingenieure im Bauwesen GmbH
Stephanienstraße 102, 76133 Karlsruhe

Räsch, Dieter Dipl.-Ing.
SRP Sennewald + Räsch
Beratende Ingenieure Partnergesellschaft mbH
Paul-Gerhardt-Allee 52, 81245 München

Scepan, Milutin, Dipl.-Ing.
Henauer Gugler AG
Ein Unternehmen der CSD Ingenieure AG
Bereichsleiter Bauwerkserhaltung
Kurvenstrasse 35, CH-8021 Zürich

Schmeer, Daniel, M. Sc.
Universität Stuttgart
Institut für Leichtbau Entwerfen und Konstruieren
Pfaffenwaldring 14, 70569 Stuttgart

Schwamborn, Bernd, Dr.-Ing.
Ingenieurbüro Raupach Bruns Wolff GmbH &
Co. KG
Büchel 13–15, 52062 Aachen

Siebert, Björn, Prof.-Dr.-Ing.
Technische Hochschule Köln
Baustofftechnologie
Betzdorfer Straße 2, 50679 Köln

Sobek, Werner, Prof. Dr. Dr. E. h. Dr. h. c.
Universität Stuttgart
Institut für Leichtbau Entwerfen und Konstruieren
Pfaffenwaldring 14, 70569 Stuttgart

Sodeikat, Christian, Prof. Dr.-Ing.
Ingenieurbüro Schießl Gehlen Sodeikat GmbH
Landsberger Straße 370, 80687 München

Wiens, Udo, Dr.-Ing.
Deutscher Ausschuss für Stahlbeton
Budapester Straße 31, 10787 Berlin

Wolff, Lars, Dr.-Ing.
Ingenieurbüro Raupach Bruns Wolff GmbH &
Co. KG
Büchel 13–15, 52062 Aachen

Ziegler, Martin, Univ.-Prof. Dr.-Ing.
RWTH Aachen
Geotechnik im Bauwesen
Mies-van-der-Rohe-Straße 1, 52074 Aachen

Schriftleitung

Prof. Dipl.-Ing. DDr. Dr.-Ing. E. h.
Konrad **Bergmeister**
Universität für Bodenkultur Wien
Institut für Konstruktiven Ingenieurbau
Peter-Jordan-Straße 82, 1190 Wien

Prof. Dr.-Ing. Frank **Fingerloos**
Deutscher Beton- und Bautechnik-Verein E.V.
Kurfürstenstraße 129, 10785 Berlin

Prof. Dr.-Ing. Dr. h. c. mult.
Johann-Dietrich **Wörner**
Technische Universität Darmstadt
Karolinenplatz 5, 64289 Darmstadt

Verlag

Ernst & Sohn
Verlag für Architektur und technische
Wissenschaften GmbH & Co. KG
Rotherstraße 21, 10245 Berlin
www.ernst-und-sohn.de

2

Planung kundenfreundlicher und wirtschaftlicher Parkbauten
Bernd Beer — VII

Anforderungen an Parkbauten aus Betreiber- und Nutzersicht sowie die Instandhaltung von Parkbauten
Volker Buchholz — VIII

Dauerhaftigkeit von Parkbauten in Deutschland
Frank Fingerloos, Claus Flohrer, Dieter Räsch — IX

Regelungen zur Dauerhaftigkeit von Parkhäusern und Tiefgaragen in der Schweiz
Urs Järmann, Milutin Scepan — X

Erläuterungen zur Anwendung der öbv-Richtlinie „Garagen und Parkdecks" in Österreich
Susanna Arazli — XI

Die Anwendung von DIN 18532 „Abdichtung von befahrbaren Verkehrsflächen aus Beton"
Christian Herold — XII

Oberflächenschutzsysteme und Abdichtungsbauarten für befahrene Parkdecks
Lars Wolff, Bernd Schwamborn — XIII

Instandsetzung von Tiefgaragen und Parkhäusern
Christian Sodeikat, Till F. Mayer — XIV

2

Abdichtungen bei unterirdischen Bauwerken unter Berücksichtigung neuer Normen
Alfred Haack, Dominik Kessler

XV

Kathodischer Korrosionsschutz im Stahlbetonbau
Thorsten Eichler, Susanne Gieler-Breßmer

XVI

Chemischer Angriff auf Beton
Björn Siebert, Jesko Gerlach

XVII

Normen und Regelwerke
Frank Fingerloos

XVIII

VII Planung kundenfreundlicher und wirtschaftlicher Parkbauten

Bernd Beer, Karlsruhe

1 Allgemeines

Seitdem das erste Parkhaus im Jahre 1901 in der Nähe des Piccadilly Circus in London gebaut wurde, hat sich auf diesem Gebiet vieles verändert. Denn während es sich bei den ersten Parkhäusern aufgrund der geringen Motorleistung und des beträchtlichen Gewichtes der Fahrzeuge durchweg um mechanische Parkhäuser mit Aufzügen handelte, sind moderne Parkhäuser weit überwiegend mit Rampen ausgestattet. Die Fahrer steuern ihr Fahrzeug also selbst von der Einfahrt bis zum Parkplatz und von dort wieder bis zur Ausfahrt. Dazwischen sind sie als Fußgänger vom Parkplatz zum Ausgang und von dort wieder zurück zum Parkplatz unterwegs.

Auf diesen verschiedenen Wegen werden die Fahrer häufig mit nutzungsspezifischen Problemen konfrontiert, die das Parkhaus im Bewusstsein der meisten Menschen als einen „unfreundlichen" Ort verankert haben. Nicht von ungefähr finden Schießereien und Verfolgungsjagden in Krimis vorzugsweise in Parkhäusern, oder noch besser, in Tiefgaragen statt.

Während die unterschwelligen Ängste vor kriminellen Begegnungen in Parkbauten (die im Übrigen völlig unbegründet sind, weil auf jedem Parkplatz im Freien statistisch 9-mal so viele Straftaten begangen werden als in Parkbauten) ihre Ursache wohl überwiegend in derartigen Filmszenen haben, beruhen die unangenehmen Erfahrungen hinsichtlich der Nutzung von Parkbauten durchaus auf vielen praktischen Erfahrungen und sind meistens durch eine unsachgemäße Planung begründet. Grund genug, im Folgenden eine Lanze für die Planung benutzerfreundlicher Parkbauten zu brechen.

1.1 Weiterer Bedarf an Parkbauten

Während die durchschnittliche Fahrleistung je PKW in Deutschland schon seit Mitte der 1990er-Jahre kontinuierlich abnimmt, nimmt die Zahl der zugelassenen PKW von inzwischen rund 46 Millionen weiter zu. In der Folge fährt ein Auto nur etwa 1 Stunde pro Tag – die restlichen 23 Stunden parkt es. Um die Funktionsfähigkeit und Lebensqualität innerhalb der Städte zu erhalten bzw. zu verbessern, mussten und müssen auch weiterhin sinnvoll platzierte Parksammeleinrichtungen und großräumig angelegte Parkleitsysteme geschaffen werden.

Dabei handelt es sich bei Parkbauten um einen vergleichsweise neuen Gebäudetyp. Aus Strukturen wie Lagerhallen für Massengüter, Verkehrsbauten und schlichtem Behälterbau entwickelte sich unter städtebaulichen und gestalterischen Anforderungen erst im letzten Jahrhundert ein neuer Bautypus: das Parkhaus. Volumen und Nutzungszweck haben in der Baugeschichte keine Vorbilder.

Die meisten der heutigen Parkbauten sind Gewerbeimmobilien, von denen die Erwirtschaftung eines Gewinns erwartet wird. Die übrigen Parkbauten sind nicht eigenständig. Es handelt sich dabei um notwendige Infrastrukturmaßnahmen anderer Gewerbeimmobilien wie Bürogebäude, Einkaufszentren, aber auch Messen, Bahn- und Flughäfen.

Nach dem Standortfaktor ist die Kundenfreundlichkeit eines Parkbaus das maßgebliche Kriterium für dessen wirtschaftlichen Erfolg. Der vorliegende Beitrag zielt darauf ab, die wesentlichen Merkmale für die Kundenfreundlichkeit herauszuarbeiten, und dem Leser auf diese Weise als Hilfsmittel bei der Arbeit zu dienen.

1.2 Grundprinzipien der Kundenfreundlichkeit

Sicherheit und Kundenfreundlichkeit in einem Parkbau erfordern folgende bauliche Merkmale:

– helle, frei überschaubare und ausreichend dimensionierte Parkgassen;
– Vermeidung von die Sicht behindernden Einbauten wie Treppenhäuser, Wände, Stützen, Blechkanäle, Parkboxen oder Lagerräume;
– beiderseits der Fahrbahn nach Möglichkeit schräg angeordnete und ausreichend breite Stellplätze;
– Vermeidung von Kreuzungen;
– kurze Geh- und Fahrweglängen;
– pfützenfreie Geh- und Fahrwege;
– auch aus größerer Entfernung lesbare Beschilderungen für die Wegführung der fahrenden und der gehenden Nutzer;
– gerade anfahrbare Parkscheingeräte, die vom Wagen aus gut zu bedienen sind;
– Treppen- und Aufzuganlagen mit einem heute üblichen Nutzungsstandard, wobei gläserne Aufzugkabinen zusammen mit ausreichenden Raumüberwachung mittels Fernsehkameras optimale Sicherheit gewährleisten.

Hierzu gehören natürlich noch die betriebstechnischen Voraussetzungen wie Sauberkeit im Parkhaus und, sofern vorhanden, die Hilfsbereitschaft des Parkhauspersonals.

Beton-Kalender 2019: Parkbauten; Geotechnik und Eurocode 7.
Herausgegeben von Konrad Bergmeister, Frank Fingerloos und Johann-Dietrich Wörner
© 2019 Ernst & Sohn GmbH & Co. KG. Published 2018 by Ernst & Sohn GmbH & Co. KG.

Parkbauten haben sich nicht nur äußerlich harmonisch in die Umgebung einzufügen, sondern müssen vor allem auch innen funktionsgerecht geplant und kundenorientiert betrieben werden. Das Bewusstsein ist dahingehend in den letzten Jahren zunehmend gewachsen, nicht zuletzt dank der Bemühungen vieler verantwortlicher Planer aber auch des ADAC. So konnte dieser bei seinem 1987 erstmals durchgeführten Wettbewerb „Das kundenfreundliche Parkhaus" von 76 eingereichten Bewerbungen bereits 28 Preisträger auszeichnen. Das bedeutet im Umkehrschluss aber auch, dass nur etwa eines von drei eingereichten Parkbauten den Kriterien des ADAC standhielt. Und wenn man bedenkt, dass die meisten aus gutem Grund erst gar nicht zur Prüfung eingereicht wurden, stellt sich die Bilanz noch wesentlich ungünstiger dar. Daran hat sich nur wenig geändert. Im Verlauf des Zertifizierungsprogramms des Jahres 2010 erreichten nur 18 von 60 angemeldeten Parkbauten die Bewertung gut oder sehr gut.

Auswahlkriterien für die Kundenfreundlichkeit waren die bauliche und technische Gestaltung, die innerbetriebliche Verkehrsführung, die Beschaffenheit von Kontroll- und Leitsystemen sowie weitere Rahmenbedingungen, welche die Sicherheit der Fußgänger, die Information der Parkhauskunden und die Gebührenordnung betreffen.

Inzwischen werden vom ADAC zwar noch Parkhaustests durchgeführt, das Zertifizierungsprogramm wurde aber leider eingestellt. Lediglich die European Parking Association (EPA) betreibt mit dem European Standard Parking Award (ESPA) noch ein Zertifizierungsprogramm und kürt außerdem im Rahmen des 2-jährigen European Parking Award die besten Neubau- und Renovierungsprojekte Europas.

1.3 Begriffsdefinitionen

Die baurechtlichen Voraussetzungen für die Ausbildung eines Parkbaus werden in der Garagenverordnung (GarVO) des jeweiligen Bundeslandes geregelt [1]. Hier werden die gesetzlichen Mindeststandards definiert, deren Einhaltung in jedem Fall verbindlich ist.

Hinweis: Da es durchaus nennenswerte Unterschiede zwischen den GarVO der einzelnen Bundesländer gibt, wird im Folgenden stets auf die Muster-GarVO Bezug genommen.

Es ist jedoch im Sinne der Kundenfreundlichkeit in vielen Fällen durchaus wünschenswert, diese Mindeststandards nicht voll auszureizen, denn die schiere Einhaltung der Garagenverordnung schützt keinesfalls vor Planungsfehlern. Sehr viele wertvolle Hinweise über Fahrgeometrien und die Ausbildung von Stellplätzen gebe die „Empfehlungen für Anlagen des ruhenden Verkehrs" (EAR) der Forschungsgesellschaft Straßen- und Verkehrswesen

[2]. Die aktuelle Ausgabe stammt aus dem Jahr 2005.

Um die nachfolgenden Ausführungen leichter zu verstehen, werden im Folgenden die Begriffe erläutert, die sich im Wesentlichen aus § 1 (GarVO) ergeben. Der Wortlaut wird hier nur sinngemäß wiedergegeben.

Offene Garagen sind Garagen, deren Umfassungswände zu mindestens einem Drittel ihrer Fläche (nach außen) geöffnet sind. Diese Öffnungen müssen sich in mindestens zwei sich einander gegenüberliegenden Wänden befinden, die wiederum nicht weiter als 70 m voneinander entfernt liegen.

Oberirdische Garagen sind Garagen, deren Fußboden i. M. nicht mehr als 1,50 m unter der Geländeoberfläche liegt.

Automatische Garagen sind Garagen ohne Personen- und Fahrverkehr. Die Fahrzeuge werden mit Förderanlagen bewegt.

Kleingaragen haben eine Nutzfläche ≤ 100 m^2.

Mittelgaragen haben eine Nutzfläche ≤ 1.000 m^2.

Großgaragen haben eine Nutzfläche > 1.000 m^2.

Eine *Parkgasse* ist eine Fahrbahn mit ein- oder beidseitig angeordneten Stellplätzen.

2 Verkehrsplanung

2.1 Parkbautypen

Man unterscheidet 3 Typen von Parkbauten. Sie unterscheiden sich durch die Art der Geschossüberwindung.

- Geschossweise horizontale Parkebenen mit separaten geraden (Bild 1) oder gewendelten (Bild 2), geschosshohen Rampen außerhalb oder innerhalb des Baukörpers, sogenannte Vollgeschossrampen.
- Halbgeschossig versetzte, ebene Parkflächen mit kurzen dazwischenliegenden Halbrampen, sogenannte Halbgeschossrampen (auch Split-Level- oder nach ihrem Erfinder d'Humy-System genannt). Dabei sind sowohl getrennte (Bild 3) wie auch gemeinsame (Bild 4) Auf- und Abkreise möglich.
- Parkrampen als besonderer Parkhaustyp mit längs geneigten Parkdecks, bei denen die Geschossüberwindung durch die Neigung der Parkdecks selbst erfolgt. Sie werden überwiegend gerade ausgebildet, aber auch mit kreisförmigem Grundriss mit in der Regel getrenntem Auf- und Abverkehr ausgebildet (Bild 5).

Mechanische Parkhäuser werden heute aufgrund der oft höheren Bau- und Betriebskosten nur bei sehr beengten Verhältnissen gebaut.

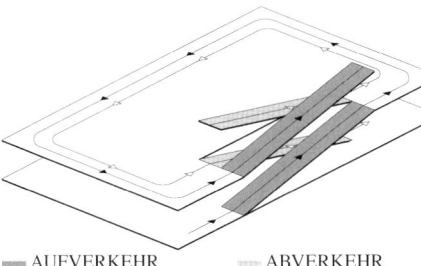

━ AUFVERKEHR   ━ ABVERKEHR

Bild 1. Gerade Vollgeschossrampe

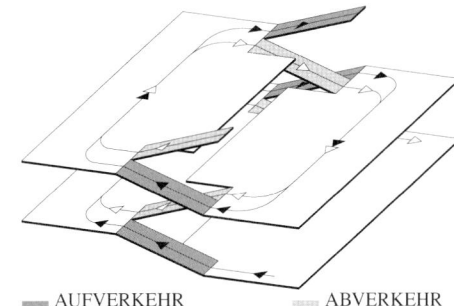

━ AUFVERKEHR   ━ ABVERKEHR

Bild 4. Split-Level – übereinanderliegende Kreise

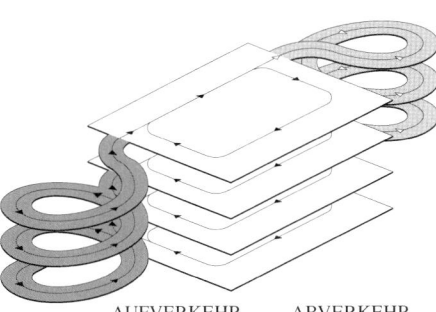

━ AUFVERKEHR   ━ ABVERKEHR

Bild 2. Gewendelte Vollgeschossrampe

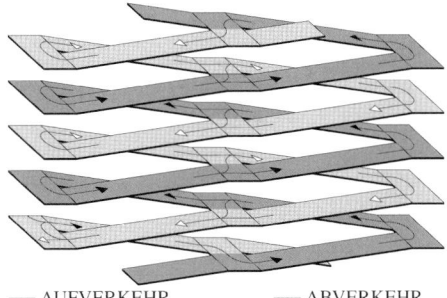

━ AUFVERKEHR   ━ ABVERKEHR

Bild 5. Parkrampe

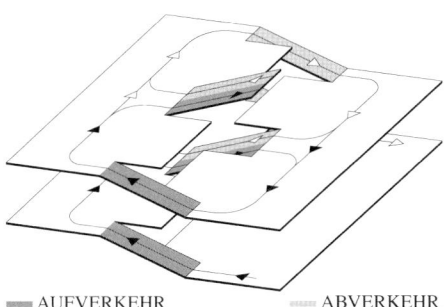

━ AUFVERKEHR   ━ ABVERKEHR

Bild 3. Split-Level – getrennte Kreise

2.1.1 Geschosshohe gerade oder kreisförmige Rampen

Je nach Zuschnitt der zur Verfügung stehenden Baufläche kann es insbesondere bei großen bzw. stark frequentierten Anlagen zweckmäßig sein, den geschossüberwindenden Verkehr weitgehend von den Parkdecks zu trennen. Der Auf- und Abverkehr erfolgt dann über geschosshohe, gerade oder gewendelte Rampen außerhalb des Baukörpers, wobei gewendelte Rampen mehr Vorteile bieten.

Als wichtigste seien hier die kurzen Fahrwege von und zu, sowie der fehlende Durchgangsverkehr innerhalb der Parkdecks genannt, was sich bei geraden Rampen meist nicht vermeiden lässt. Durch die Anzeige des Belegungsgrads in den einzelnen Geschossen können zudem Parksuchverkehre vermieden und die Fahrzeuge direkt zu den freien Plätzen geführt werden. Von den Parkdecks baulich getrennte Spindelrampen gewährleisten insbesondere in Verbindung mit Geschosszählungen die mit Abstand leistungsfähigsten Erschließungen.

Bei bis zu zweigeschossigen Parkbauten können aufgefächerte Rampen mit direkter Geschossan- und -abfahrt ohne eine Verbindung der Geschosse untereinander zweckmäßig sein. Sie haben sich bei einer großen Anzahl von Objekten langjährig bewährt. Richtig geplante und platzierte Steuerungs- und Zählanlagen ermöglichen dies. Durch die Trennung der Geschosse ergeben sich auch brandschutztechnische Vorteile.

Vorteile:

- hohe Leistungsfähigkeit,
- kurze Fahrwege,
- einfache Steuerung.

Nachteile:
- großer Flächenbedarf.

2.1.2 Split-Level- oder d'Humy-System

Bei kleineren und mittelgroßen Parkbauten wird der geschossüberwindende Verkehr im Allgemeinen über die Parkdecks selbst geführt. Dabei unterscheidet man zwischen dem sogenannten Split-Level- oder d'Humy-System und dem Parkrampen-System.

Beim Split-Level-System werden 2 parallele Parkgassen mit einem Höhenversatz von einem halben Geschoss untereinander gebaut. Auf der Länge zweier Stellplatztiefen, also rd. 10 m, kann diese Höhe mit kurzen, aber dafür steilen Rampen überwunden werden.

Das Split-Level-System ist bei den oberirdischen Parkbauten der am häufigsten gebaute Parkhaustyp, obwohl er durchaus eine ganze Reihe von funktionalen Nachteilen aufweist.

Vorteile:
- auch bei sehr kleinen Grundrissen anwendbar.

Nachteile:
- lange Fahrwege,
- hohes Verkehrsaufkommen innerhalb der Parkebenen,
- bei der Wahl von Einbahnverkehr ein hoher Flächenverbrauch pro Stellplatz.

2.1.3 Parkrampensystem

Beim Parkrampensystem werden die einzelnen Parkdecks längs geneigt, sodass weitere Rampen entbehrlich sind. Auf der Länge einer Gebäudelängsseite wird ein volles Geschoss überwunden und mit einer vollständigen Umdrehung zwei Geschosse. Hierdurch können zwei gegenläufige „Spindeln" ineinander verschachtelt und der auf- und abfahrende Verkehr voneinander getrennt werden. Im Hinblick auf die Bequemlichkeit beim Gehen auf diesen geneigten Flächen, aber auch um ein unbeabsichtigtes Aufschlagen der Fahrzeugtüren zu vermeiden, sollte die Längsneigung der Parkebenen 6 % nicht überschreiten. Bei einer Geschosshöhe von beispielsweise 2,80 m ergibt sich daraus eine erforderliche Gebäudelänge L von wenigstens 2,80/0,06 = ca. 47 m.

Vorteile:
- geringster Flächenverbrauch je Stellplatz,
- vergleichsweise kurze Fahrwege, da mit einer Umdrehung zwei Geschosse überwunden werden,
- vollständige Trennung von auf- und abfahrendem Verkehr.

Nachteile:
- nicht für Gepäckkarren oder Einkaufswagen geeignet,
- auf kurzen Baugrundstücken nur bedingt einsetzbar.

2.1.4 Hybridformen

Natürlich können die Vorteile der einzelnen Parkhaustypen auch vereint werden. So gibt es beispielsweise Parkrampen mit Ausspindeln.

Eine Ausspindel hat nämlich immer den Vorteil, den Ausverkehr auf schnellstem Wege nach draußen zu führen und dabei den Verkehr aus den Parkebenen fernzuhalten, während der Einverkehr an allen Stellplätzen vorbeigeführt wird.

Aber auch Parkrampen in Verbindung mit Split-Level-Rampen kommen gelegentlich vor.

2.2 Innere Verkehrsführung

Leider sind viele in Betrieb befindliche Garagen in hohem Maße unübersichtlich, die Verkehrsführung ist unklar, ein- und ausfahrende Verkehre kreuzen sich, Bereiche mit Einbahnverkehr und Gegenver-

Bild 6. Unübersichtliche Garage

Bild 7. Übersichtliche Garage

482a

Empfehlungen des Arbeitskreises „Baugruben" – EAB

Hrsg.: Deutsche Gesellschaft für Geotechnik e.V.
Empfehlungen des Arbeitskreises „Baugruben" – EAB
5., vollst. überarb. Auflage
2012. 332 S.
€ 69,–*
ISBN 978-3-433-02970-1
Auch als ebook erhältlich

Online Bestellung:
www.ernst-und-sohn.de

Dieses Werk mit normenähnlichem Charakter enthält alle Empfehlungen, die der Arbeitskreis Baugruben der DGGT bezüglich Baugrubenumschließungen und -konstruktionen verabschiedet hat. Die 5. Auflage der EAB wurde weitgehend überarbeitet und an den Eurocode 7 und die DIN 1054:2010 angepasst.

Englische Ausgabe erhältlich
- Recommendations on Excavations – EAB

Ernst & Sohn
Verlag für Architektur und technische Wissenschaften GmbH & Co. KG

Kundenservice: Wiley-VCH
Boschstraße 12
D-69569 Weinheim

Tel. +49 (0)6201 606-400
Fax +49 (0)6201 606-184
service@wiley-vch.de

* Der €-Preis gilt ausschließlich für Deutschland. Inkl. MwSt. zzgl. Versandkosten. Irrtum und Änderungen vorbehalten. 1014106_dp

Hohe Betontragfähigkeit zu geringen Ausführungskosten

BEKAERT — better together

Stahlfaserbeton erhöht die Tragfähigkeit und die Duktilität von Betonbauteilen. Durch die Kombination von Stahlfasern und Betonstahl bieten sich viele Vorteile:

- Schnellere Planung und baupraktische Vorzüge
- Höhere Wirtschaftlichkeit durch deutliche Reduzierung der herkömmlichen Bewehrung
- Zeitersparnis, erhöhte Sicherheit und Fehlerminimierung durch weniger Verlegearbeit

Dramix®
Stahldrahtfasern zur Betonbewehrung

Besuchen Sie uns auf www.bekaert.com/dramix und finden Sie Ihren zuständigen Dramix-Experten

Eurocode 2 für Deutschland.
Kommentierte Fassung.

Die mit dieser „Kommentierten Fassung" vorgelegte Aufbereitung des Eurocodes 2 soll den in der Praxis tätigen Tragwerksplanern vor allem die Einarbeitung in das neue europäische Regelwerk und die tägliche Arbeit damit erleichtern.

Hierzu wurden in einem Normenteil der Text von DIN EN 1992-1-1 und die dazugehörigen Festlegungen im Nationalen Anhang für Deutschland zusammengeführt und zu einer konsolidierten Fassung verwoben und redaktionell überarbeitet. Alle nationalen Regeln wurden nicht nur in den Text eingearbeitet, sondern auch in Bilder, Gleichungen und Tabellen, und durch eine Unterlegung kenntlich gemacht. Überflüssige Textteile von EN 1992-1-1, wie Anmerkungen, die durch nationale Regeln ersetzt wurden, oder Absätze und Anhänge, die in Deutschland nicht gelten, wurden entfernt. So kann sich der Leser auf den maßgebenden Normentext konzentrieren.

Frank Fingerloos, Josef Hegger, Konrad Zilch
Der Eurocode 2 für Deutschland.
Kommentierte Fassung.
DIN EN 1992-1-1 Bemessung und Konstruktion von Stahlbeton- und Spannbetontragwerken – Teil 1-1 Allgemeine Regeln für den Hochbau mit Nationalem Anhang
GEMEINSAM HERAUSGEGEBEN VON:
BVPI, DBV, ISB, VBI
2., überarb. Auflage 2016. 408 Seiten.
€ 118,–*
ISBN: 978-3-433-03109-4

BUNDLE ebook + Print!
€ 153,40* ISBN: 978-3-433-03177-3

Online Bestellung: www.ernst-und-sohn.de

Ernst & Sohn
Verlag für Architektur und technische Wissenschaften GmbH & Co. KG

Kundenservice: Wiley-VCH
Boschstraße 12
D-69469 Weinheim

Tel. +49 (0)6201 606-400
Fax +49 (0)6201 606-184
service@wiley-vch.de

* Der €-Preis gilt ausschließlich für Deutschland. Inkl. MwSt. zzgl. Versandkosten. Irrtum und Änderungen vorbehalten. 1125126_dp

kehr gehen ineinander über und viele Fahrbahnen enden als Sackgassen. Darüber hinaus verbergen sich oft Stellplätze hinter vorspringenden Wänden, Stützen oder Einbauten wie Treppenhäusern und Abstellräumen und einzelne Stellplätze sind gefangene Plätze. Kurz, ein nicht ortskundiger Kunde wird weder leicht einen Stellplatz noch den richtigen Ausgang finden und nach seiner Rückkehr womöglich lange nach seinem Fahrzeug suchen (Bild 6).

Parkhäuser sollten, wo immer möglich, im Einbahnverkehr befahren werden. Einbahnverkehr gewährleistet die höchste Leistungsfähigkeit und wird auch von den Benutzern am besten verstanden. Wechsel zwischen Einbahn- und Begegnungsverkehr sollten aus Sicherheitsgründen vermieden werden (Bild 7).

Bei zwei parallel verlaufenden Parkgassen sollte eine kreisförmige Verkehrsführung angestrebt werden. Sollten sich daran weitere Kreisverkehre anschließen (z. B. bei Spindelrampen oder abzweigenden Parkgassen), so ist darauf zu achten, dass die beiden Kreise eine gegensinnige Fahrrichtung (wie bei zwei Zahnrädern) aufweisen. Bewegt sich der Verkehr in den Parkgassen beispielsweise im Uhrzeigersinn, so sollte eine daran anschließende Spindel im Gegenuhrzeigersinn befahren werden und umgekehrt (Bild 8).

2.3 Aufstellwinkel, Stellplatz- und Fahrbahngeometrie

Die Ausmaße eines Parkbaus werden von den Abmessungen der Fahrbahnen und Stellplätze bestimmt, die für PKW mindestens 5,00 m lang und 2,30 m breit sein müssen. Aufgrund der immer breiter werdenden Fahrzeuge sollten die Stellplätze aber heutzutage nicht schmaler als 2,50 m ausgeführt werden. Denn tatsächlich stehen selbst bei einem 2,50 m breiten Stellplatz aufgrund der Dicke der Fahrzeugtüren nur 40 cm zum Aussteigen zur Verfügung (Bild 9).

Zusammen mit der Festlegung der inneren Verkehrsführung fällt auch die Entscheidung, ob die

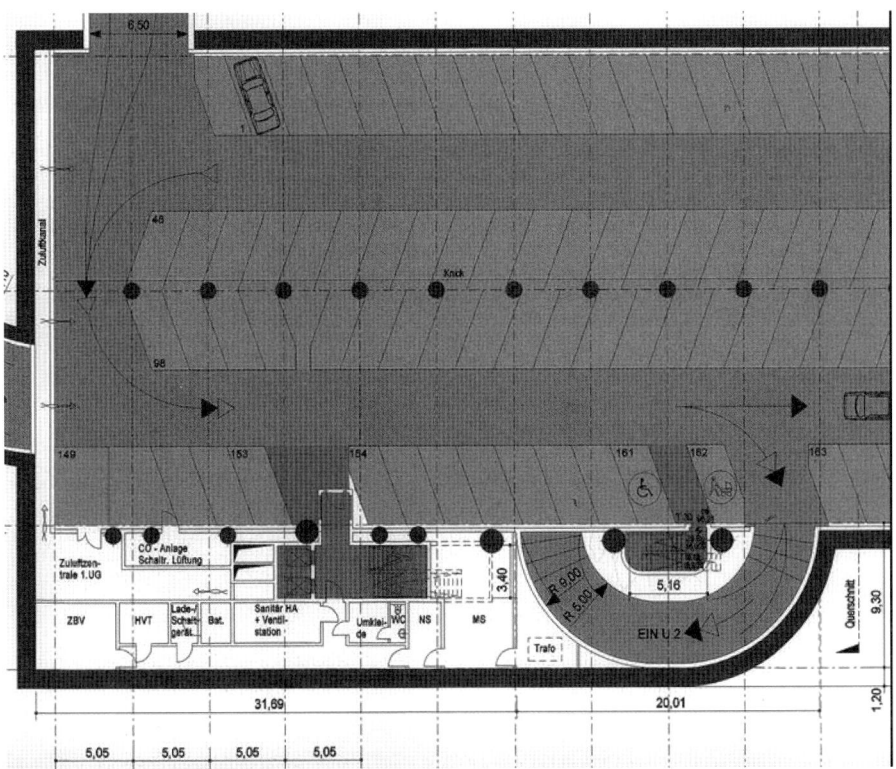

Bild 8. Anschließende Spindel

Bild 9. Öffnungsbreite an der Fahrzeugtür

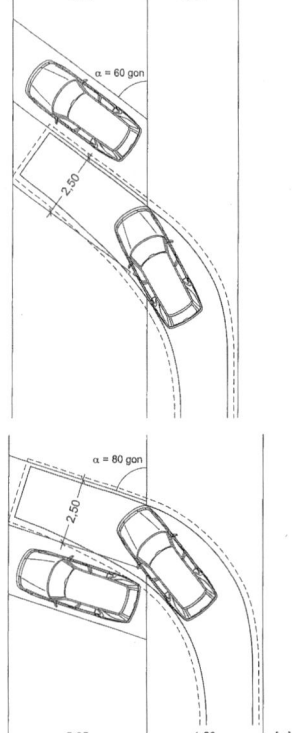

Bild 10. Einparkvorgang je Winkel [2]

Stellplätze senkrecht oder schräg angeordnet werden. Hieraus ergeben sich die notwendige Breite der Fahrbahnen und Parkstreifen und damit die Gesamtbreite der Parkgasse.

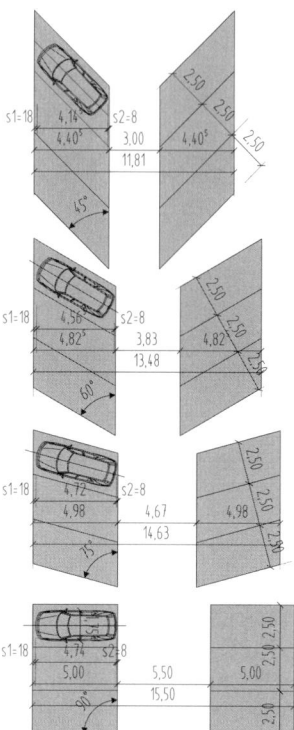

Bild 11. Fahrgassenbreite je Winkel

Die Fahrbahnen müssen je nach Aufstellwinkel und Stellplatzbreite 3,00 bis 6,50 m breit sein, wobei die erforderliche Breite zunimmt, je steiler die Fahrzeuge aufgestellt werden und je schmaler die Stellplätze sind. Dies ist einleuchtend, da die Fahrzeuge bei steileren Aufstellwinkeln zum Einparken „weiter ausholen" müssen (Bild 10).

Die hierzu verfügbaren Möglichkeiten sind durchaus beachtlich, denn je nach dem gewählten Aufstellwinkel differiert die Parkgassenbreite beispielsweise bei 2,50 m breiten Stellplätzen zwischen 15,50 m bei senkrechter Anordnung und 10,81 m bei einem Aufstellwinkel von 45°. Das entspricht einem Planungsspielraum von rund 4,70 m je Parkgasse.

Da meist zwei Parkgassen parallel nebeneinander angeordnet werden, stehen also bis zu 9,40 m Gebäudebreite zur Disposition (Bild 11). Das ist zum einen bei schmalen Grundstücken sehr hilfreich und zum anderen kann so auch die Breite der Garage an die Breite eines darüber liegenden Gebäudes angepasst werden.

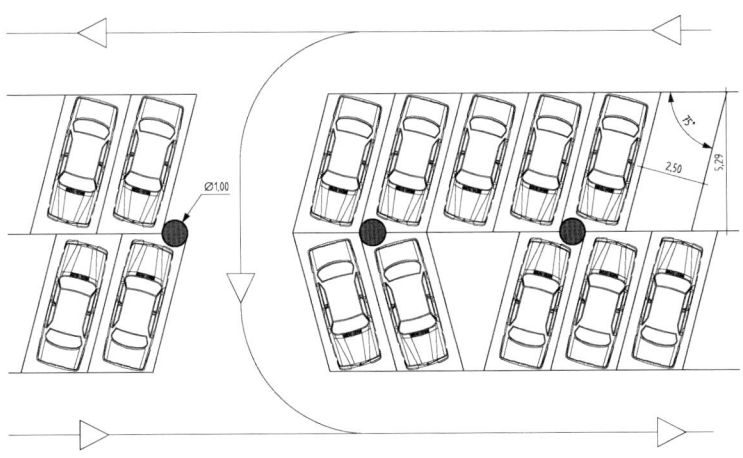

Bild 12. Stützenanordnung in Zwickeln

Wo immer möglich, sollte der Schrägaufstellung mit Aufstellwinkeln zwischen 60° und 75° der Vorzug gegeben werden. Sie hat wesentliche Vorteile gegenüber senkrecht angeordneten Stellplätzen. Zum einen kann das Fahrzeug rangierfrei in die Stellplätze ein- und ausfahren und zum anderen steht es nach dem Ausparken in der vom Planer gewünschten Fahrtrichtung zur Ausfahrt.

Neben der bereits erwähnten Anpassungsfähigkeit an den Grundstückszuschnitt ist es bei schräg angeordneten Stellplätzen außerdem möglich, Stützen oder Wandvorlagen in den nicht zum Parken genutzten Bereichen, den sogenannten „Zwickeln" unterzubringen und somit weitere Bauwerksbreite einzusparen (Bild 12).

Während sich die EAR 1991 bezüglich der erforderlichen Fahrbahnbreiten noch an den nichtlinearen fahrgeometrischen Notwendigkeiten orientiert hat, wurde mit der Neufassung im Jahre 2005 eine Harmonisierung mit den Garagenverordnungen vorgenommen. Die Garagenverordnungen interpolieren die notwendigen Fahrbahnbreiten in Abhängigkeit vom Aufstellwinkel allerdings linear. Dies führt dazu, dass die Fahrbahnbreiten bei flachen Aufstellwinkeln überdimensioniert und bei steilen Aufstellwinkeln zu gering sind. Der Vergleich zwischen der EAR 91 und der M-GarVO zeigt das sehr deutlich (Bild 13). Bei steilen Aufstellwinkeln werden bei den Fahrbahnabmessungen nach GarVO stets zusätzliche Rangiervorgänge erforderlich, durch die der nachfolgende Verkehr behindert wird.

Bei der Wahl der Fahrbahnbreite muss aber auch die Nutzung des jeweiligen Parkbaus beachtet werden. Insbesondere ist hier von Belang, ob Einkaufs- oder Gepäckwagen zu berücksichtigen sind, oder ob mit starkem (stoßweisem) Publikumsverkehr, z. B. bei Veranstaltungen, zu rechnen ist. In diesen Fällen sollte die Fahrbahn eine Breite von 5,00 m nicht wesentlich unterschreiten.

2.4 Rampen

Die Rampen in Parkbauten geben regelmäßig Anlass zur Kritik. An kaum einem anderen Ort in einem Parkbau wird man so viele Spuren von havarierten Fahrzeugen an den Wänden, am Fußboden und an der Decke finden. Die Ursachen liegen in zu

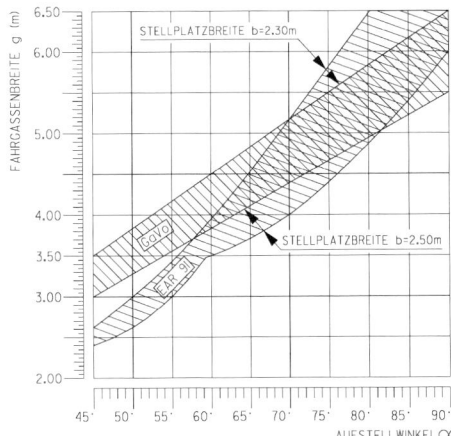

Bild 13. Vergleich der Fahrgassenbreite in Abhängigkeit vom Aufstellwinkel EAR 91 – M-GarVO

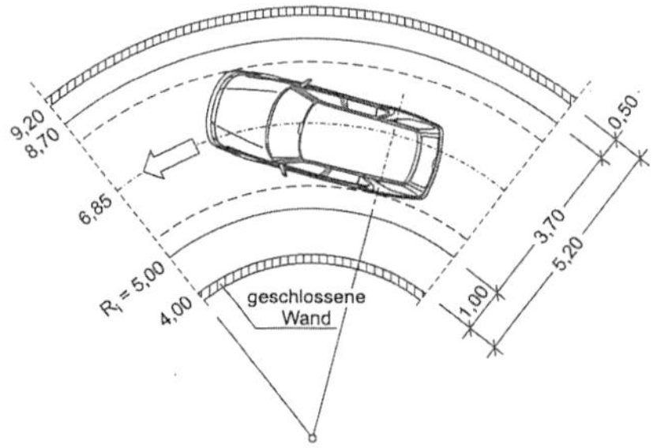

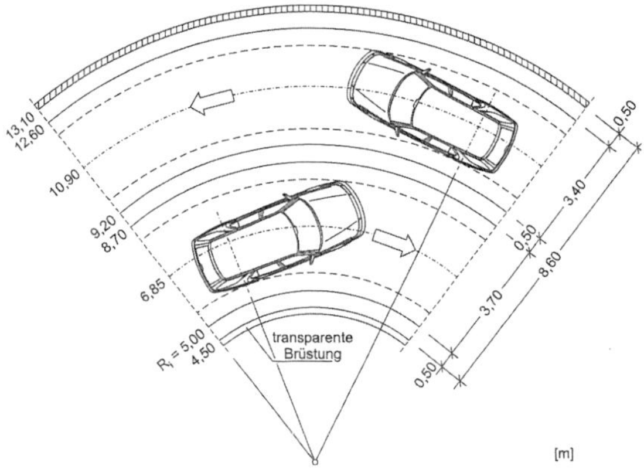

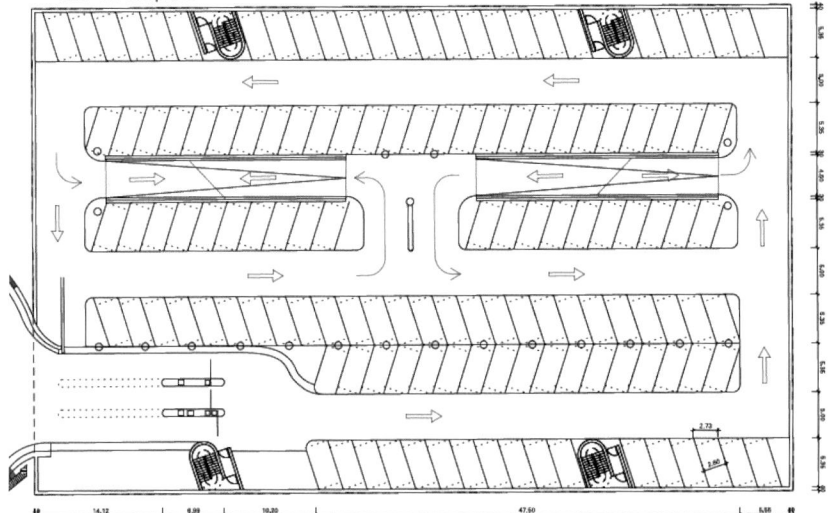

Bild 14. Gewendelte Rampe [2]

Bild 15. Gerade Rampe mit anschließender Kurve

Nachschlagewerk und Ratgeber in Einem

Hrsg.: Conrad Boley, Klaus Englert, Bastian Fuchs, Günther Schalk
Baurecht-Taschenbuch
Sonderbauverfahren Tiefbau Technische Erläuterungen – Rechtliche Lösungen
2010. 350 S.
€ 69,–
ISBN 978-3-433-02966-4

Das Baurecht-Taschenbuch ist Nachschlagewerk und Ratgeber für Sonderbauverfahren in Einem. Erläuterungen der rechtlichen Vorgaben, die das jeweilige Bauverfahren von der Planung über die Ausführung bis hin zur Abnahme begleiten, helfen Fehler auf allen Seiten und Streitigkeiten zu vermeiden. Die Autoren garantieren Praxisnähe.

Online Bestellung:
www.ernst-und-sohn.de

Ernst & Sohn
Verlag für Architektur und technische Wissenschaften GmbH & Co. KG

Kundenservice: Wiley-VCH
Boschstraße 12
D-69469 Weinheim

Tel. +49 (0)6201 606-400
Fax +49 (0)6201 606-184
service@wiley-vch.de

* Der €-Preis gilt ausschließlich für Deutschland. Inkl. MwSt. zzgl. Versandkosten. Irrtum und Änderungen vorbehalten. 1018106_dp

Schwerpunkte: Spannbeton, Spezialbetone

Dieser Beton-Kalender vereinigt Beiträge zum klassischen Stahlbetonbau und Spannbetonbau mit den Grundlagen für Sonderbetone für spezielle Anwendungen und Anforderungen, wie z. B. hohe Duktilität, erhöhten Brandschutz, hohe gestalterische Ansprüche oder Schutz gegen schädigende Alkalireaktion im Beton zur Verhinderung von Quelldruck.

In bewährter Weise wird die Eurocode-Kommentierung in Kurzfassungen fortgeführt.

Der Beton-Kalender 2017 ist eine besondere Fundgrube für Ingenieure in Planungsbüros und in der Bauindustrie.

Hrsg.: Konrad Bergmeister,
Frank Fingerloos,
Johann-Dietrich Wörner
Beton-Kalender 2017
Schwerpunkte: Spannbeton, Spezialbetone
2016. 942 Seiten.
€ 174,–*
ISBN 978-3-433-03123-0
Auch als ebook erhältlich.

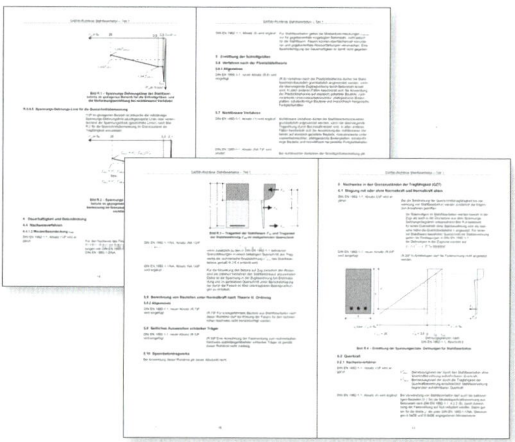

Online Bestellung: www.ernst-und-sohn.de

Ernst & Sohn
Verlag für Architektur und technische
Wissenschaften GmbH & Co. KG

Kundenservice: Wiley-VCH
Boschstraße 12
D-69469 Weinheim

Tel. +49 (0)6201 606-400
Fax +49 (0)6201 606-184
service@wiley-vch.de

* Der €-Preis gilt ausschließlich für Deutschland. Inkl. MwSt. zzgl. Versandkosten. Irrtum und Änderungen vorbehalten. 1132126_dp

geringer Breite, zu großer Steilheit und in fehlenden oder unzureichenden Ausrundungen.

2.4.1 Grundrissgeometrie

Die Breite der Fahrbahnen auf Rampen muss mindestens 2,75 m in geraden Bereichen und mindestens 3,50 m in gewendelten Bereichen betragen. Bei gewendelten Rampenteilen muss der Radius des inneren Fahrbahnrandes nach [1] mindestens 5 m betragen. Die empfohlenen Abmessungen in [2] gehen darüber noch etwas hinaus (Bild 14). Hierbei wird oft vergessen, dass die Gesamtbreite der Rampe sich zum einen aus der Fahrbahnbreite und zum anderen aus den seitlichen Sicherheitsstreifen zusammensetzt.

Aber auch bei geraden Rampen kann eine Verbreiterung der Fahrbahn erforderlich sein, wenn sich direkt im Anschluss eine Kurvenfahrt anschließt. In diesen Fällen müssen die Vorgaben für gewendelte Rampen berücksichtigt werden (Bild 15). Die neueren Garagenverordnungen berücksichtigen dies bereits.

Insbesondere bei Split-Level-Rampen ist dies von besonderer Bedeutung, da diese im Grundriss zwar gerade verlaufen, aber aufgrund ihrer geringen Länge wie eine kreisförmige Rampe befahren werden. Ein deutliches Zeichen sind die vielen Lackspuren an den Wänden von Split-Level-Rampen. Gemäß [2] sollte in solchen Fällen eine lichte Fahrbahnbreite von 4,00 m eingehalten werden (Bild 16). Bei Gegenverkehrsrampen ist in der Fahrbahnmitte ein zusätzlicher Sicherheitsstreifen von 1 m Breite erforderlich (Bild 17).

Häufige Missverständnisse gibt es hinsichtlich der Zu- und Abfahrten. Hierbei handelt es sich nämlich nur um den Bereich zwischen Garagen und den öffentlichen Verkehrsflächen (vereinfacht gesagt, die Strecke zwischen Gehweg und Schranke), der gemäß [1] mindestens 3,00 m lang und, sofern sich daran eine Rampe mit mehr als 10% Neigung anschließt, flach geneigt sein muss. Um den Fahrzeugen das Halten ohne in Anspruchnahme der öffentlichen Verkehrsflächen zu ermöglichen, sollten hier generell mindestens 5 m gewählt werden.

Die Rampe selbst gehört hingegen meistens nicht mehr zur Zu- und Abfahrt. Dies ist insbesondere wegen des neben Zu- und Abfahrten geforderten

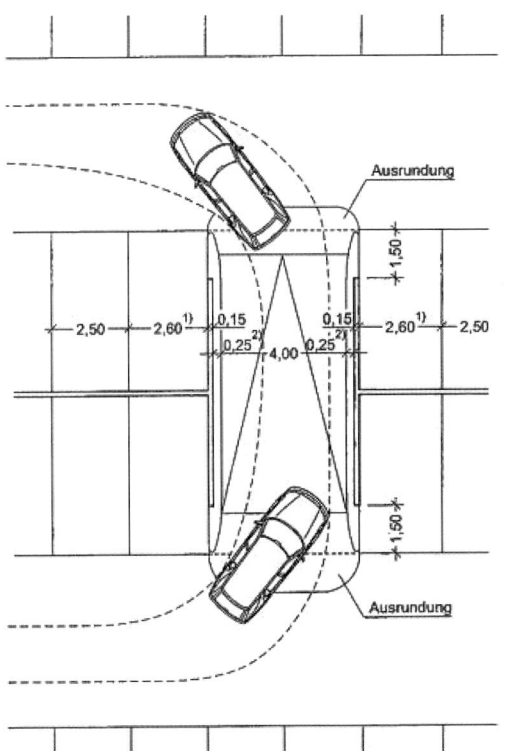

[1] Parkstandbreite 2,60 m, bei eingeschränktem Seitenabstand.
[2] Formal ausreichender Sicherheitsabstand für eine gerade Rampe.
Das Rastermaß wird im Rampenbereich eingehalten.
Angaben in [m]

Bild 16. Split-Level-Rampe [2]

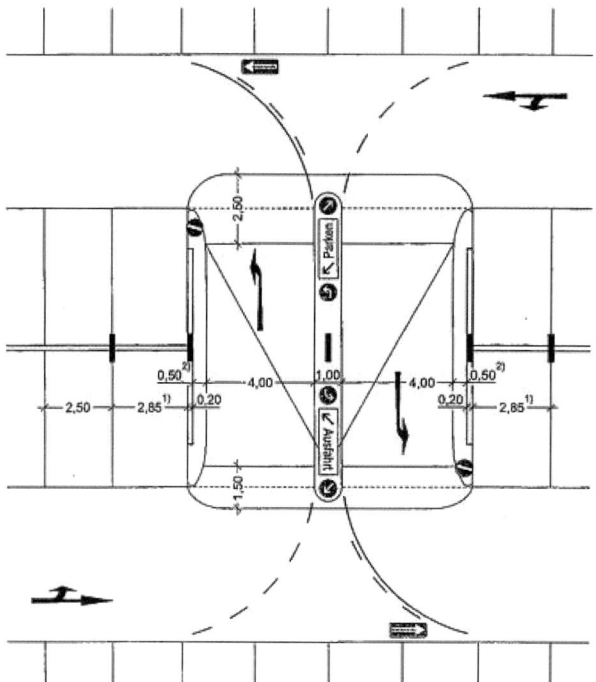

[1] Parkstandbreite 2,85 m, bei nicht eingeschränktem Seitenabstand.
[2] Sicherheitsabstand wie bei einer gekrümmten Rampe. Das Rastermaß wird im Rampenbereich unterbrochen.
Angaben in [m]

Bild 17. Split-Level-Rampe mit Gegenverkehr [2]

0,80 m breiten Gehwegs von Bedeutung, der gegenüber der Fahrbahn erhöht oder verkehrssicher abgegrenzt werden muss. Dieser Gehweg ist bei Rampen nämlich nur dann erforderlich, wenn diese planmäßig von Fußgängern benutzt werden sollen (z. B. als zweiter Rettungsweg). Wenn möglich, sollte die Benutzung von Rampen durch Fußgänger aber vermieden und durch Verbotsschilder deutlich gekennzeichnet werden.

2.4.2 Höhenplanung

Rampen von Mittel- und Großgaragen (> 100 m² Nutzfläche) dürfen nicht steiler als 15% geneigt sein [1]. Auch bei Rampen von Kleingaragen sollte diese Neigung nach Möglichkeit nicht wesentlich überschritten werden. Für frei bewitterte Rampen wird in [2] eine Neigung ≤ 10% empfohlen. Dies soll wohl die bessere Befahrbarkeit bei ungünstiger Witterung gewährleisten. Bei Glatteis spielt es nach Ansicht des Verfassers allerdings kaum eine Rolle, ob die Rampenneigung nun 10% oder 15% beträgt. Hier hilft nur eine Überdachung oder Beheizung der Rampe.

Die Steilheit der Rampen, ihre Breite und die gewählten Kurvenradien machen gerade bei kleineren Garagen einen großen Teil der Kundenfreundlichkeit aus. Hier sollten nicht grundsätzlich die Mindestwerte der Garagenverordnung angewendet werden, sondern diejenigen, die aufgrund der Platzverhältnisse unter angemessener Würdigung der Wirtschaftlichkeit realisierbar sind.

Gewendelte Rampenteile müssen außerdem ein Quergefälle von mindestens 3% aufweisen. Auch wenn dies in [1] nicht explizit erwähnt wird, sollte dieses Quergefälle zur Kreismitte, also nach innen gerichtet sein.

Um einen gewissen Fahrkomfort zu gewährleisten, vor allem aber, um ein Aufsetzen von Fahrzeugen zu vermeiden, müssen außerdem die Knicke zwischen Rampen und horizontalen Fahrflächen ausgerundet oder wenigstens abgeflacht werden. Die M-GarVO verlangt dies zwar nicht (neuere GarVO allerdings schon), jedoch sind fehlende oder unzureichende Ausrundungen von Kuppen und Wannen ein außerordentlich häufiger Planungsfehler (Bild 18).

2.4.3 Besonderheiten kreisförmiger Rampen

Kreisförmige bzw. gewendelte Rampen (Spindeln) werden grundsätzlich unterschieden in Halbkreis- und Vollkreisrampen.

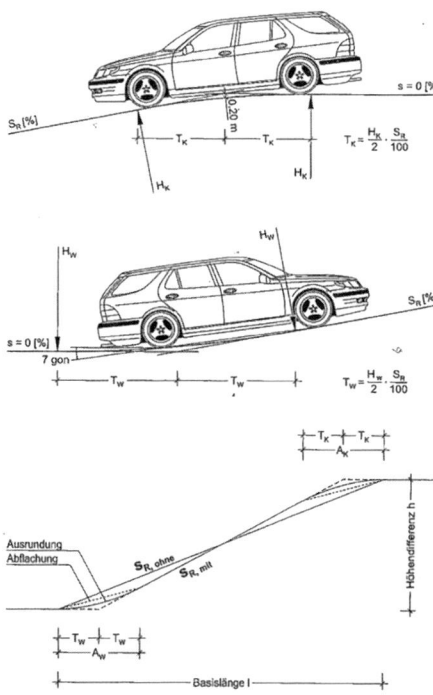

Bild 18. Kuppen- und Wannenausrundung [2]

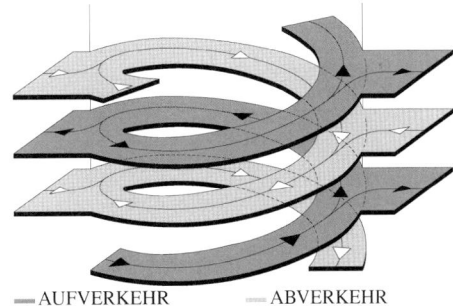

Bild 19. Gegenläufige Spindel

Zur Überwindung üblicher Geschosshöhen reicht die Abwicklungslänge eines Halbkreises mit den Abmessungen gemäß [2] immer aus. Der Radius der Fahrbahnachse von 6,85 m ergibt eine Abwicklungslänge von 22,50 m, mit der die Geschosshöhe auch unter Berücksichtigung der notwendigen Kuppen- und Wannenausrundungen überwunden werden können.

In diesen Fällen findet die Kreisfahrt zur einen Hälfte auf der geneigten Spindelfahrbahn und zur anderen Hälfte auf der annähernd horizontalen Parkgasse statt (Bild 8). Es handelt sich hierbei zwar um eine sehr platzsparende Lösung, allerdings ist der Auf- und Abverkehr in diesen Fällen nicht vollständig vom Parksuchverkehr in den Geschossen getrennt, da ja ein Teil der Fahrstrecke durch eine Parkgasse führt.

Vollkreisrampen haben dagegen einen sehr hohen Flächenverbrauch, egal ob sie innerhalb des Baukörpers liegen oder ausgelagert sind. Gemäß [2] haben sie einen Außendurchmesser von mindestens 19,20 m und werden daher meist nur dann gebaut, wenn eine außerordentlich hohe Leistungsfähigkeit verlangt wird (z. B. bei Veranstaltungsgaragen, Messen, Stadien etc. mit ausgeprägt stoßweisem Verkehrsaufkommen). Hier steht dann aber in der Regel auch die notwendige Fläche zur Verfügung.

Von den Vollkreisrampen gibt es verschiedene Unterformen, wie beispielsweise die gegenläufigen Spindelrampen, sowie die Doppelspindelrampen.

Während bei der einläufigen Spindelrampe mit einer vollen Umdrehung die Höhe eines Geschosses überwunden wird, wird bei der gegenläufigen Spindelrampe mit einer vollen Umdrehung die Höhe von zwei Geschossen überwunden. Hierdurch ist es (wie bei der gegenläufigen Parkrampe) möglich, den Auf- und den Abverkehr ineinander zu verschachteln (Bild 19) und damit den Flächenbedarf pro Stellplatz erheblich zu reduzieren.

Zu beachten ist hierbei jedoch, dass die Spindel von zwei sich gegenüberliegenden Seiten aus anfahrbar sein muss und somit idealerweise in der Mitte des Baukörpers liegen sollte. Außerdem sind zur Einhaltung der maximalen Steigungen größere Radien erforderlich, als sie sich gemäß [1] oder [2] ergeben würden. Bei einer Geschosshöhe von beispielsweise 2,80 m ist unter Wahrung von Kuppen- und Wannenausrundungen sowie einer ausreichenden Geschossanbindung ein Außendurchmesser der Spindel von wenigstens 24 m erforderlich.

Die zweispurige Doppelspindel wird im Gegenverkehr befahren. Sie hat den weitaus größten Flächenbedarf aller Spindelformen und führt außerdem zwangsläufig zu gefährlichen Kreuzungen in jedem Geschoss. Die empfohlenen Abmessungen gemäß [2] sind im (Bild 14) dargestellt.

2.5 Straßenanbindung

Die Ein- und Ausfahrten sollten immer großzügig, hell und ansprechend sein. Die Gestaltung sollte eine eindeutige Führung der Autofahrer zu den Abfertigungsgeräten und Schranken unterstützen.

Die Abfertigungsgeräte müssen so positioniert werden, dass das Fahrzeug nach einer Kurvenfahrt parallel zum Gerät steht. Ansonsten können diese durch das geöffnete Fenster nicht erreicht werden (Bild 20). Nach Rechtskurven beträgt die dafür notwendige Strecke 10 m (Bild 21).

Es sollte außerdem eine Vorrichtung angebracht sein, um zu hohe Fahrzeuge an der Einfahrt zu hindern. Diese sollte sich möglichst schon im Erdgeschoss befinden und nicht erst an einer Stelle, an der das Wenden kaum noch möglich ist (Bild 22).

Beim Ausfahren aus dem Parkbau sind die Sichtverhältnisse für den ausfahrenden Parkhauskunden oft außerordentlich ungünstig. Bei Tiefgaragen liegt dies meist daran, dass die Rampe erst kurz vor dem öffentlichen Gehweg endet und die Sicht durch ein Geländer, eine Brüstung oder gar durch eine Wand verdeckt ist. Häufig ist aber auch der Anfahrwinkel so ungünstig, dass der ausfahrende Parkhauskunde unzureichenden Sichtverhältnissen ausgesetzt ist. Der Anfahrwinkel sollte daher nicht kleiner als 70° und nicht größer als 110° sein. Wenn dies nicht möglich ist, können Spiegel die Sichtverhältnisse erheblich verbessern (Bild 23).

Das Anfahren in der Steigung ist für weniger geübte Fahrer ebenfalls schwierig. Daher sollte am Rampenende vor stark befahrenen Straßen unbedingt ein ausreichend langer Stauraum für wartende Fahrzeuge vorhanden sein. Dieser sollte nach Möglichkeit nur ein geringes Längsgefälle aufweisen. In einige Garagenverordnungen wurde dies bereits verbindlich aufgenommen.

Bei Garagen mit starkem oder stoßweisem Ausverkehr (z. B. bei Veranstaltungsgaragen) sollte beson-

Bild 20. Falscher Standort des Abfertigungsgeräts

Bild 22. Durchfahrtsbegrenzung

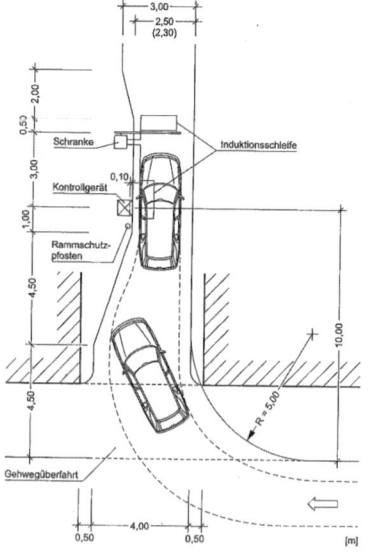

Bild 21. Richtiger Standort des Abfertigungsgeräts [2]

Bild 23. Rampenende mit Spiegel

Unser Stahl baut Tiefgaragen

Spundwände als Stützwand und Gründung des Bauwerks

- Zuverlässig von Anfang bis Ende
- Optimierung des umbauten Raums
- Innovative und umweltfreundliche Bauverfahren
- Abtragung hoher Lasten in tragenden Baugrund
- Rückbaubar – wertvoller Beitrag zur Kreislaufwirtschaft

Nutzen Sie unser kostenfreies Beratungsangebot und entwickeln Sie gemeinsam mit unserem technischen Büro Ihre maßgeschneiderte Lösung.

ArcelorMittal Commercial RPS S.à r.l.
Spundwand
T +352 5313 3105 (Hauptsitz)
spundwand@arcelormittal.com
spundwand.arcelormittal.com

in ArcelorMittal Sheet Piling (group)

ArcelorMittal Commercial Long Deutschland GmbH
Technisches Büro
T +49 (0)2331 3709 41

Stahlspundwände
Smarte Lösungen in der Geotechnik

Neubau Kattwykbrücke
Hamburg | Deutschland

Seehafen Wismar
Wismar | Deutschland

Neubaustrecke Karlsruhe-Basel
Tunnel Rastatt-Südportal | Deutschland

ArcelorMittal Commercial Long
Deutschland GmbH
T +49 (0)2331 3709 41 (Technisches Büro)

ArcelorMittal Commercial RPS S.à r.l.
Spundwand
T +352 5313 3105 (Hauptsitz)
spundwand@arcelormittal.com

ArcelorMittal Sheet Piling (group)

ders auf eine ausreichende Abflussmöglichkeit ganz besonders geachtet werden, da bei Rückstau in die Garage selbst bei überdimensionierten Abluftanlagen CO-Alarm ausgelöst werden kann.

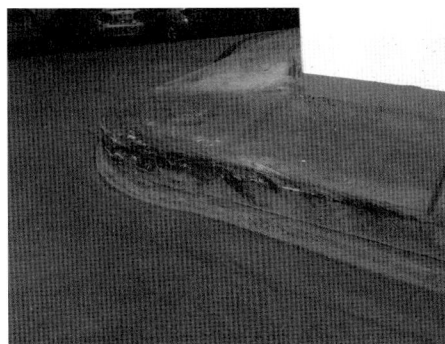

Bild 24. Zu hohes Schrammbord

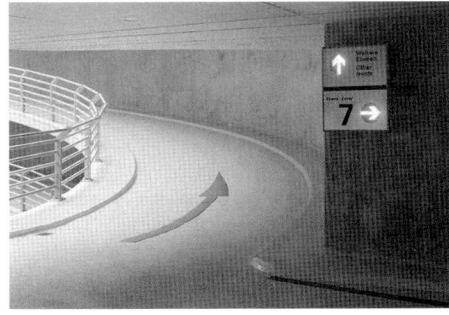

Bild 25. Richtig ausgebildetes Schrammbord

2.6 Schrammborde

Schrammborde sind ein häufig verwendetes Mittel, um Richtungsfahrbahnen zu trennen oder Abstand zu Wänden und anderen Bauteilen zu halten. Sie bringen jedoch neben den baulichen Problemen, wie Unterläufigkeiten durch fehlenden Verbund, auch eine Reihe von Nachteilen hinsichtlich des Betriebes des Parkhauses mit sich. Der Gummiabrieb der Reifen und die Schrammen der Felgen sind schon wenige Tage nach der Eröffnung eines Parkbaus deutlich an den Kanten ablesbar (Bild 24). Schrammborde tragen ihren Namen daher durchaus zu Recht.

Schrammborde sollte nur angeordnet werden, um ggf. vorhandene Parkscheingeber und Schranken vor Fahrzeuganprall zu schützen. Sie sollten jedoch nicht höher als 10 cm, die Vorderseite schräg geneigt und die Kanten nach Möglichkeit gebrochen sein (Bild 25). In allen anderen Fällen sollte auf die Ausführung von Schrammborden verzichtet werden. Viel kundenfreundlicher und dabei auch noch preiswerter ist die Anwendung von Markierungsnägeln. Die Gefahr, sich die Spur zu verstellen oder die Felgen und Radkappen zu zerkratzen ist hier ausgeschlossen. Der Fahrzeugführer wird durch das bekannte „Hoppeln" auf einen eventuellen Fahrfehler hingewiesen (Bild 26).

2.7 Fußwegverbindungen

Parkbauten sind Verknüpfungspunkte, in denen Autofahrer zu Fußgängern werden und umgekehrt. Somit kommt der Planung der Fußwegverbindungen eine ebenso große Bedeutung zu wie der Planung der Fahrverbindungen.

Die Fluchtwege zu den Ausgängen müssen auf jeden Fall auf dem Fußboden markiert werden. Sie können unter Verwendung nachleuchtender Farben

Bild 26. Markierungsnägel
(Foto: Horst Goebel, Görsroth)

Bild 27. Hinweismarkierung in der Tiefgarage

so ausgebildet werden, dass sie auch bei Stromausfall noch eine Zeit lang zu erkennen sind.

Es hat sich außerdem bewährt, die Hinweisbeschilderung für die Fußgänger farblich von derjenigen für den Fahrverkehr zu unterscheiden (z. B. weiße Schrift auf blauem Grund für den Fahrverkehr und schwarze Schrift auf weißem Grund für den fußläufigen Verkehr).

Das Schild „Ausgang" sollte innenbeleuchtet ausgeführt werden. Wenn es mehrere Ausgänge gibt, sollten die Schilder die Namen der jeweiligen Ausgänge tragen. Auch ansonsten können Hinweise, wie Straßennamen und Hausnummern oder auch die Namen bekannter Einrichtungen auf Schildern oder Wänden die Orientierung gerade in großen Parkhäusern erheblich erleichtern (Bild 27).

2.8 Barrierefreies Bauen

In vielen Bundesländern muss eine gewisse Anzahl von Stellplätzen für Personen mit eingeschränkter Mobilität vorgehalten werden. Aber auch wenn dies nicht der Fall ist, sollten mindestens 2 Plätze bzw. je nach Größe des Parkbaus 2 Plätze pro Etage für Behinderte vorgehalten werden.

Gemäß [1] müssen Stellplätze für Behinderte mindestens 3,50 m breit sein. Dieses Maß setzt sich aus der Stellplatzbreite von 2,50 m und einer Überstreichungsfläche von 1,00 m Breite zum vollständigen Öffnen der Tür zusammen. Diese Überbreite reduziert häufig empfindlich die Stellplatzzahl. Bild 28 zeigt, dass es auch ausreichend ist, wenn sich zwei Stellplätze diese Überstreichungsfläche teilen.

Stellplätze für Behinderte sollten grundsätzlich möglichst in der Nähe der Ausgänge, idealerweise im Erdgeschoss angeordnet werden. Falls dies nicht der Fall ist, müssen die Aufzugstüren eine lichte Öffnungsbreite von mindestens 90 cm aufweisen.

Die Kabinenbreite darf 1,10 m und die Kabinentiefe 1,40 m nicht unterschreiten. Außerdem müssen die Bedienelemente in einer Höhe angebracht werden, die es Behinderten ermöglicht, diese selbstständig zu bedienen.

Die Bewegungsflächen vor Aufzügen müssen so groß wie die Grundfläche der Aufzugskabine, mindestens jedoch 1,50 m breit und 1,50 m tief sein.

Da Glastüren oft sehr schwer sind, müssen diese unter bestimmten Umständen automatische Antriebe haben.

Türanschläge und Schwellen sollten grundsätzlich vermieden werden, wenigstens aber nicht höher als 2 cm ausgebildet werden.

In DIN 18040-3 [3] gibt es einen eigenen Abschnitt für das barrierefreie Bauen im Zusammenhang mit Stellplätzen, Garagen und Toilettenanlagen.

2.9 Baulicher Brandschutz

An oberirdisch offene Parkbauten werden nur wenige Anforderungen hinsichtlich des baulichen Brandschutzes gestellt. Lediglich die maximale Rettungsweglänge wird für Mittel- und Großgaragen auf 50 m begrenzt. Diese ist in der Luftlinie, nicht jedoch durch Bauteile zu messen. In manchen Bundesländern darf auch nicht über die Stellplätze gemessen werden. Außerdem müssen die tragenden Bauteile aus nicht brennbaren Materialien bestehen.

Es müssen mindestens zwei voneinander unabhängige Rettungswege vorhanden sein, wobei mindestens einer über eine notwendige Treppe führen muss. Der zweite darf dagegen auch über eine Rampe führen. Die Rettungswege müssen dauerhaft und leicht erkennbar gekennzeichnet werden.

An geschlossene und unterirdische Garagen werden dagegen wesentlich höhere Anforderungen gestellt,

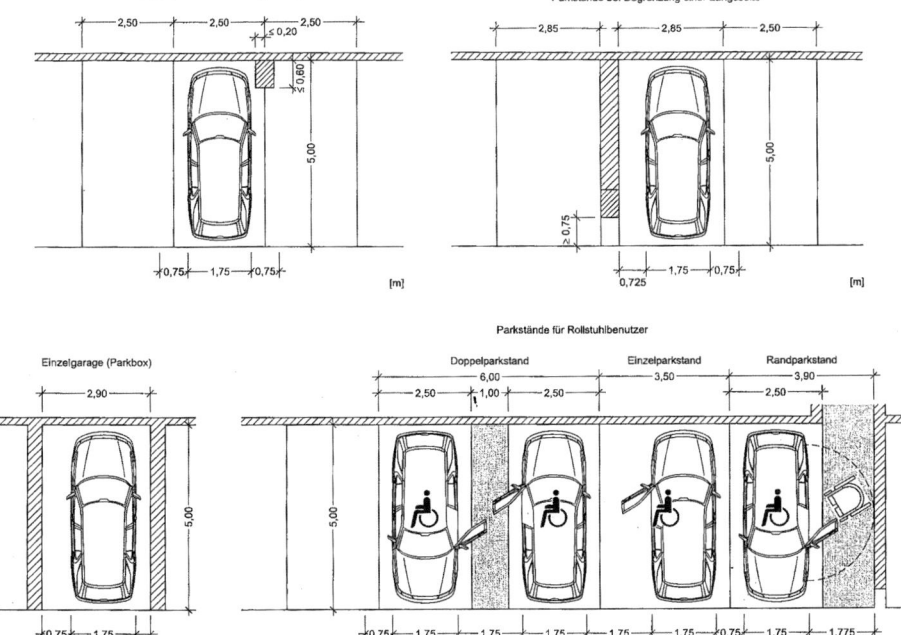

Bild 28. Breitenzuschläge bei Stützen und Wänden [2]

die in den einzelnen Bundesländern zum Teil sehr unterschiedlich sind. Die nachfolgenden Anmerkungen beziehen sich daher auf die Mustergaragenverordnung [1].

Zunächst müssen die tragenden Bauteile feuerbeständig (F 90) sein, weswegen die Stahlverbundbauweise in diesen Fällen aus Gründen der Wirtschaftlichkeit i. d. R. ausscheidet.

Die maximale Rettungsweglänge verkürzt sich von 50 m auf 30 m.

Oberirdische geschlossene Garagen müssen in Rauchabschnitte von maximal 5.000 m² unterteilt werden. Bei sonstigen geschlossenen Garagen dürfen diese maximal 2.500 m² groß sein. Die Rauchabschnittsgrößen dürfen jeweils verdoppelt werden, wenn die Garagen mit Sprinkleranlagen ausgestattet sind. In einigen Bundesländern ist dafür auch eine Rauch- und Wärmeabzugsanlage ausreichend.

Für Gebäude, die nicht allein der Garagennutzung dienen, gibt es noch weitergehende Anforderungen:

Sprinkleranlagen sind dann auch erforderlich, wenn der Fußboden der Garage mehr als 4 m unter der Geländeoberfläche liegt und die Garage mit den übrigen Nutzungen verbunden ist.

Flure, Treppenräume und Aufzugsvorräume, die nicht nur den Benutzern der Garage dienen, müssen mit Sicherheitsschleusen ausgestattet werden.

Und schließlich brauchen geschlossene Garagen Brandmeldeanlagen, wenn sie mit baulichen Anlagen oder Räumen in Verbindung stehen, für die Brandmeldeanlagen erforderlich sind.

2.10 Elektromobilität

Ladestationen für Elektrofahrzeuge sind bislang zwar nur in einem einzigen Bundesland verbindlich herzustellen, aber auch anderswo wird dem Thema inzwischen eine große Aufmerksamkeit zuteil.

Bei der Wahl und Dimensionierung der Anlagen müssen verschiedene Randbedingungen geklärt werden. Grundsätzlich wird zwischen langsam, schnell und sehr schnell ladenden Anlagen unterschieden. Diese unterscheiden sich gravierend durch ihre Leistungsaufnahme. Während die langsam ladenden Anlagen ab 4 kW benötigen, sind bei den sehr schnell ladenden Anlagen an Autobahnraststätten schon bis zu 150 kW erforderlich. Je nach Anzahl der Ladestationen steigt der Hausanschlusswert eines Parkbaus sehr schnell auf ein Vielfaches und kann dann gar nicht mehr aus dem Niederspannungsnetz befriedigt werden. In diesen Fällen werden zusätzlich Transformatoren erforderlich.

Bei der Wahl der Anlagen muss daher auf die Zweckbestimmung des Parkbaus abgestellt werden. In Park+Ride-Anlagen und in den Tiefgaragen von Bürogebäuden oder Wohnanlagen stehen die Fahrzeuge meist den ganzen Tag bzw. die ganze Nacht. Hier sind die langsam ladenden Anlagen mit 4 kW oder 5,6 kW Ladeleistung vollkommen ausreichend. Die Zeit zum Aufladen eines vollständig entladenen Akkus beträgt dann rund 6 bis 8 Stunden.

In Kurzparkergaragen (Innenstadt, Shoppingcenter) sollte dagegen die Ladung eines Akkus innerhalb von 3 Stunden möglich sein. Dort sind daher Anlagen mit 11 bzw. 22 kW Ladeleistung anzustreben.

An Flughäfen, wo Fahrzeuge oft sogar mehrere Tage oder sogar Wochen abgestellt werden, lohnen sich Lademanagementsysteme, welche die Ladung der einzelnen angeschlossenen Stellplätze nach dem Rückkehrzeitpunkt des jeweiligen Kunden ausrichten und auf diese Weise die Gesamtleistungsaufnahme erheblich minimieren.

2.11 Car Sharing

In vielen Parkbauten befinden sich heutzutage auch Fahrzeuge von Car-Sharing-Organisationen. Wenn diese Parkbauten nicht 24 Stunden am Tag geöffnet sind, muss ein Zutrittskontrollsystem vorhanden sein, welches den Car-Sharing Kunden den Zutritt auch außerhalb der Öffnungszeiten in das ansonsten geschlossene Gebäude ermöglich. Da die Buchungen in der Regel mit Mobiltelefonen ausgeführt werden und die Zutritts-Codes auch auf das Mobiltelefon übertragen werden, muss das gewählte Kontrollsystem diese Codes auch verarbeiten können.

Außerdem muss zumindest in der Etage, in der sich die Car-Sharing-Stellplätze befinden, volle Abdeckung aller drei Mobilfunknetze gewährleistet sein. Dies hat einige zusätzliche Installationen zur Folge.

Da viele Car-Sharing-Fahrzeuge Elektroantriebe haben, sind hier auch die vorstehenden Anmerkungen zum Thema Elektromobilität zu beachten.

3 Tragwerksplanung

3.1 Allgemeines

Die Kundenfreundlichkeit eines Parkbaus und somit auch dessen wirtschaftliche Ertragskraft werden, neben anderen Faktoren wie Verkehrsführung, Beleuchtung und Beschilderung, maßgeblich auch durch die Leichtigkeit des Ein- und Ausparkens so-

wie des Ein- und Aussteigens aus dem Fahrzeug bestimmt.

Diese Leichtigkeit hängt zum einen von der Stellplatzbreite und vom Aufstellwinkel, aber auch ganz gravierend vom Vorhandensein von Stützen oder Wänden an den Längsseiten der Stellplätze ab. Aus diesem Grund wird die Ausbildung von frei überspannten Parkgassen inzwischen in allen maßgeblichen Fachpublikationen dringend empfohlen.

Während dies bei Hochgaragen nicht zuletzt durch den Einfluss des Stahlbaus inzwischen längst zum Stand der Technik geworden ist, tun sich die Planer bei Tiefgaragen, die praktisch immer aus Stahlbeton hergestellt werden, nach wie vor sehr schwer.

Aufgrund des hohen Nutzungsdrucks auf die innerstädtischen Baugrundstücke werden Parkbauten dort in aller Regel als Tiefgaragen, oftmals ganz oder teilweise unterhalb von Gebäuden ausgeführt. Leider wird dann meistens die Anordnung der Stützen und Wände in den Garagengeschossen überwiegend aus den funktionalen Anforderungen der oberirdischen Nutzungen abgeleitet, d. h. Stützen und Wände werden aus den Obergeschossen durch die Parkgeschosse bis zur Gründung durchgeführt, was statisch natürlich am naheliegendsten ist. Aber selbst bei nicht überbauten Tiefgaragen finden sich oft noch Stützenraster von ca. 8,00 m × 8,00 m, was zwangsläufig zu Stützen im Bereich der Stellplätze führt. Die Zuschläge zur Stellplatzbreite, welche in [2] für derartige Fälle vorgesehen sind, werden in aller Regel nicht beachtet (Bild 28).Die Folge ist, salopp formuliert, ein „Wald" aus Stützen und Wänden. Und so, wie man sich in einem dichten Wald nur sehr schwer orientieren kann, wird man als Autofahrer oder Fußgänger in diesen Parkbauten große Schwierigkeiten haben, die Übersicht zu wahren. Hinzu kommen die unbequeme Befahrbarkeit und die erschwerte Zugänglichkeit zu den PKW (Bild 29). Das gewählte Tragsystem ist also die un-

Bild 29. Erschwertes Aussteigen neben Stützen

Bild 30. Anprallspuren an Stützen

mittelbare Ursache für die mangelhafte Kundenfreundlichkeit des Parkbaus. Aber auch der volkswirtschaftliche Schaden, der durch das Streifen der Stützen beim Ein- und Ausparken entsteht, muss bedacht werden. In Garagen mit Stützen zwischen den Stellplätzen finden sich nämlich nach einiger Zeit an fast allen Stützen entsprechende Lackspuren (Bild 30).

3.2 Stützenvermeidung durch die Stellplatzgeometrie

Aus der Wahl des Aufstellwinkels ergeben sich die Breite der mittleren Fahrbahn und damit die Breite der Parkgasse (Bild 11). Wie schon in Abschnitt 2.3 erwähnt, kann durch die Wahl des Aufstellwinkels die Spannweite des Systems erheblich reduziert werden. Außerdem ist es so möglich, sich den Außenmaßen der Überbauung anzupassen, denn viele Garagen sind breiter als das darüberliegende Gebäude. Und schließlich entstehen durch die Schrägaufstellung zusätzliche Flächen, die für Stützen genutzt werden können.

3.3 Stützenvermeidung durch die Wahl des Tragsystems

Für die stützenfreie Herstellung von Parkhäusern und Tiefgaragen steht eine ausreichende Zahl von Tragsystemen zur Verfügung.

3.3.1 Zwischendecken von Hoch- und Tiefgaragen

Eine Flachdecke aus schlaff armiertem Ortbeton ist zwar grundsätzlich immer möglich, wäre aber, da sie sich in ihrer Dimension nach dem ungünstigsten Fall zu richten hat, in der Regel ca. 50 cm dick und somit völlig unwirtschaftlich. Die große Bauteildicke zieht neben dem hohen Betonverbrauch eine entsprechend dichte Armierung gegen Durchstanzen über den inneren Stützenreihen sowie auch zur Rissbreitenbegrenzung und, durch ihr großes Gewicht, auch hohe Gründungsaufwendungen nach sich.

Erheblich günstiger ist die Verwendung von vorgespannten Hohldielen. Zwar beträgt auch hier die Deckenstärke rund 40 cm, allerdings wirken sich die wirtschaftlichen Vorteile der Fertigteilbauweise und das durch die eingelegten Hohlkörper eingesparte Gewicht positiv aus. Durch die Vorspannung reduziert sich außerdem die Bewehrung zur Begrenzung der Rissbreite.

Aufgrund der zu berücksichtigenden Fertigungstoleranzen und dem daraus entstehenden Höhenversatz der Elemente untereinander ist jedoch immer ein Belag aus Gussasphalt in Verbindung mit einer Abdichtung nach DIN 18532 [4] bzw. ZTV-ING [5] erforderlich, was wiederum zusätzliches Gewicht und zusätzliche Höhe, insbesondere aber auch zusätzliche Kosten zur Folge hat.

Bei Tiefgaragen werden außerdem Zusatzmaßnahmen für die großen Scheibenkräfte aus Erd- und/oder Wasserdruck erforderlich.

Bei allen Flachdeckensystemen ist grundsätzlich für die Installationen und die Beschilderung zusätzliche Geschosshöhe erforderlich.

Einige erhebliche Vorteile entstehen durch Verstärkungen der Flachdecken über den Wänden und Stützen bei gleichzeitiger Reduzierung der Deckenstärke über den Fahrbahnen. Während die Pilzdecken aufgrund des hohen Schalungsaufwands inzwischen kaum noch gebaut werden, hat sich die linienförmige Verstärkung mit Vouten sehr verbreitet (Bild 31). Der Betonverbrauch reduziert sich dadurch um ca. 30 % und mit ihm auch die Bewehrung, wenn auch in etwas geringerem Umfang. Weitere Vorteile sind das eingesparte Gewicht und die gewonnene Geschosshöhe, denn Installationen und Schilder können bei dieser Bauart im über den Fahrbahnen höher liegenden Deckenteil untergebracht werden, da hier genug Raumhöhe vorhanden ist.

Eine noch größere Wirtschaftlichkeit kann dadurch erreicht werden, dass bei der voutenförmig verstärkten Flachdecke der Bereich zwischen den Stützenachsen zusätzlich kassettiert wird (Bild 32). Bei geschickter Wahl der Voutenproportionen ergibt sich eine mittlere Deckenstärke von ca. 23 cm. Dadurch liegt der Betonverbrauch um mehr als 50 % niedriger als bei einer vollkommen flachen Decke. Der Stahlverbrauch reduziert sich auf rund 60 %. Das geringere Gewicht und die zusätzlich gewonnene Geschosshöhe sind weitere Vorteile dieses Tragsystems, mit dem bei Hochgaragen Herstellungskosten erreicht werden können, die mit dem Stahlverbundbau vergleichbar sind.

Die Auflösung der Flachdecke in Platten und Balken führt ebenfalls zu einer Halbierung des Materi-

Bild 31. Massive Voutenplatte
(Foto: Jürgen Arlt, Wiesbaden)

Bild 32. Aufgelöste Voutenplatte

Bild 33. Vom Unterzug verdeckte Beschilderung

alverbrauchs an Beton und Stahl, hat dafür aber andere Nachteile. So wächst z. B. der Schalungsaufwand durch die Unterzüge deutlich an und bei den in der Regel konstant hohen Unterzügen sind bei gleicher lichter Raumhöhe außerdem sehr große Geschosshöhen erforderlich. Aufgrund der erheblichen Kostenanteile für die Baugrube sind derartige Systeme daher bei Tiefgaragen nicht wirtschaftlich. Außerdem ist die zwischen den Balken aufgehängte Beleuchtung und Beschilderung oft schlecht sichtbar (Bild 33). Für Installationsstrassen sind aufwendige Durchdringungen der Balken notwendig.

3.3.2 Dachdecken von Tiefgaragen

3.3.2.1 Nicht überbaute Tiefgaragen

Die Dachdecken von Tiefgaragen, die nicht überbaut sind, liegen in der Regel unter Grünanlagen, Straßen oder Platzflächen, sodass sie gegenüber Zwischendecken ein Vielfaches an Flächenlasten abzutragen haben. Als grober Überschlag zur Ermittlung der mittleren Deckenstärke kann die Quadratwurzel des jeweiligen Vielfachen der Last gegenüber einer Zwischendecke herangezogen werden. Somit gelten alle zuvor für die Zwischendecken gemachten Aussagen in noch viel stärkerem Maße für die Dachdecken.

3.3.2.2 Überbaute Tiefgaragen

Tiefgaragen mit darüberliegenden Überbauungen erfordern eine gesonderte Betrachtung. Hier müssen die in der Regel unterschiedlichen Stützenraster zwischen Unter- und Obergeschossen durch Trägerrostkonstruktionen abgefangen werden. Bei Überbauungen bis zu 4 Obergeschossen wird der dadurch entstehende Mehraufwand in der Regel durch die zusätzlich gewonnenen Stellplätze wirtschaftlich kompensiert. Bei geschickter Planung können diese Rostkonstruktionen in die bestehende Struktur integriert werden, sodass keine zusätzliche Konstruktionshöhe erforderlich wird.

Und selbstverständlich hat auch die Zahl der Tiefgaragengeschosse großen Einfluss auf die stellplatzbezogenen Kosten der Abfangkonstruktion. Je mehr Geschosse sich unter dieser befinden, desto geringer sind deren anteilige Kosten.

Bei 5 bis 6 Obergeschossen ist eine Abfangung der oberirdischen Stützen zwar technisch möglich, jedoch bedarf es hier schon ausgefeilter Tragwerkskonzeptionen, um das Ganze wirtschaftlich darstellbar zu machen. In der Regel ist eine echte Abfangebene mit mindestens 1,5 m zusätzlicher Höhe erforderlich.

Häufig sind Tiefgaragen aber nur zum Teil überbaut. Durch die unter der Platz- oder Straßenfläche einzuhaltende Überdeckungshöhe ergibt sich dann oft automatisch die notwendige Konstruktionshöhe für die Abfangkonstruktion unter der Überbauung.

Bei mehr als 6 Obergeschossen macht eine Abfangung der Stützenachsen in der Regel keinen Sinn mehr. Hier müssen dann entweder das Achsraster der Tiefgarage auch in den Obergeschossen weitergeführt werden oder im umgekehrten Fall die Breitenzuschläge gemäß Bild 28 für die Stellplätze neben den Stützen Berücksichtigung finden.

4 Dauerhaftigkeit

4.1 Allgemeines

Parkbauten haben, wie andere Gebäude auch, keine einheitlich langen Lebenszyklen. Während inzwischen viele der ab den 1950er-Jahren gebauten Parkhäuser längst wieder abgerissen sind, muss man bei Tiefgaragen, insbesondere wenn sie überbaut sind, von einer wesentlich längeren Lebensdauer ausgehen. Die in DIN EN 1992-1-1 [6] unterstellte geplante Nutzungsdauer von 50 Jahren für übliche Hochbauten ist somit eher als die untere Grenze anzusehen.

Im Gegensatz zu anderen Gebäuden sind Parkbauten außerdem Beanspruchungen ausgesetzt, die mit denen von Verkehrsbauwerken durchaus vergleichbar sind. So tragen die Fahrzeuge beispielsweise regelmäßig Wasser ins Haus, durch die Fahr- und Rangierbewegungen sind die Decken mechanischen Beanspruchungen ausgesetzt und da Parkbauten in der Regel nicht beheizt werden, ist auch im Inneren des Gebäudes mit Frost zu rechnen. Als weitaus gefährlichste Beanspruchung hat sich aber im Laufe der Zeit die Beaufschlagung mit Tausalzen herausgestellt.

Wenn also von der Dauerhaftigkeit von Parkbauten die Rede ist, dann geht es im Kern hauptsächlich darum, das Wasser von der Bewehrung fernzuhalten. Denn mit dem Wasser dringt auch Tausalz in den Beton ein und auch der Frost wirkt sich nur in Verbindung mit Wasser schädlich aus. Oberstes Ziel muss es daher sein, die Parkdecks zu entwässern (siehe hierzu auch Abschnitt 5.2).

4.2 Deckenoberseiten

Die in DIN EN 1992-1-1 [6] für die verschiedenen Expositionen aufgeführten Anforderungen an die Eigenschaften des Betons und dessen Zusammensetzung sollen einen ausreichenden Chloridwiderstand der Fläche sicherstellen. Darüber hinaus sind jedoch zusätzliche Maßnahmen erforderlich um die Bewehrung auch im Bereich von Rissen vor Chloriden zu schützen.

Im DBV-Merkblatt [7] wird vieles zu diesen zusätzlichen Maßnahmen ausgesagt. Es wird an dieser Stelle daher auf detaillierte Ausführungen verzichtet.

Bild 34. Ausbildung einer Hohlkehle

Lediglich der Vollständigkeit halber sei angemerkt, dass sich neben den rissvermeidenden Bauweisen und dem unmittelbaren Schutz der Bewehrung vor Korrosion durch deren Beschichtung oder der Verwendung von nichtrostender Bewehrung vor allem die Beschichtung oder Abdichtung der Betonoberfläche als die am häufigsten ausgeführten zusätzlichen Maßnahmen herauskristallisiert haben.

Bei allen Beschichtungen und Belägen ist anzumerken, dass der Verarbeitung der Materialien auf der Baustelle höchste Aufmerksamkeit zu schenken ist. Dies betrifft die äußeren Bedingungen, wie die Untergrundvorbereitung, die Außen- und Bauteiltemperatur und die Bauteilfeuchte, aber auch die richtigen Mischungsverhältnisse, die Schichtstärken und die Ausbildung von Hohlkehlen an den aufgehenden Bauteilen (Bild 34).

4.3 Stützen, Wände und Deckenunterseiten

Durch die Verwendung von farbigen Oberflächenschutzsystemen nach Rili-SIB [8] können die Anforderungen an die Dauerhaftigkeit mit denen der Farbgestaltung kombiniert werden. Bei Neubauten kommt hierfür das System OS 2 infrage, welches den Zutritt von CO_2 zum Beton und dadurch dessen Karbonatisierung hemmt. Bei Instandsetzungen ist dagegen das System OS 4 einschlägig, welches eine zusätzliche Poren- und Lunkerspachtelung enthält.

5 Technischer Ausbau

5.1 Parkhaussteuerungs- und -bewirtschaftungsanlagen

Im Bereich der Anwohnergaragen besteht die Parkhausabfertigungsanlage im Wesentlichen aus einem Schlüsselschalter, der auf Anforderung das Rolltor zur Garage öffnet. Dieser kann auch durch eine Funksteuerung ersetzt werden, wenn ein solcher Komfort gewünscht wird.

Parkhausabfertigungsanlagen in öffentlichen Parkbauten bestehen in der Regel aus den Ein- und Ausfahrtsschranken, den Kassenanlagen sowie aus Zähl- und Steuerungselementen. Sie dienen der Zugangskontrolle der PKW, deren Steuerung innerhalb des Parkhauses sowie der Erfassung und Erhebung der Parkentgelte.

Die richtige Planung dieser Anlagen hat ganz wesentlichen Einfluss auf die Kundenfreundlichkeit eines Parkhauses. Der Parkhauskunde gewinnt durch sie den ersten und auch den letzten Eindruck von der Garage.

- Ob der Kassenautomat auch Kreditkarten, EC-Karten und Geldscheine oder nur Münzgeld annimmt,
- ob er jeden zweiten Geldschein wieder „ausspuckt",
- ob Kassenautomaten in ausreichender Zahl vorhanden sind oder
- ob der Kunde in einer langen Schlange auf seine Abfertigung warten muss,

sind Kriterien, die den Kunden bei seiner Parkhauswahl maßgeblich beeinflussen können.

Moderne Steuerungsanlagen führen die Fahrzeuge über Zählkreise direkt zu den noch freien Plätzen im Parkhaus. Zur Anwendung kommen in der Regel geschossweise, bei mehrgassigen Anlagen gelegentlich auch gassenweise Zählungen durch in den Boden eingelegte Induktionsschleifen. Insbesondere bei sehr großen und damit unübersichtlichen Parkbauten wird immer häufiger auch eine Einzelplatzzählung vorgesehen. In diesem Fall hängen über jedem Stellplatz farbige Leuchten, die schon von weitem anzeigen, ob der Platz frei oder belegt ist.

Die moderneren Anlagen arbeiten dabei mit Videokameras, die über der Fahrbahnmitte hängen und die Stellplätze auf beiden Seiten der Fahrbahn überwachen. Ist einer der überwachten Plätze frei, wird dies durch eine grüne LED-Leuchte angezeigt. Neben der Verkehrssteuerung ist so gleichzeitig eine flächendeckende Videoüberwachung der Parkebenen gewährleistet.

Wenn die Kameras zusätzlich mit einer Software zur Kennzeichenerkennung ausgestattet sind, kann auch das Fahrzeug bei Bedarf jederzeit auch in noch so großen Anlagen wiedergefunden werden.

Die meisten Parkbauten haben ein Kassensystem mit Magnetkarten oder Chipcoins. Das heißt, es muss bei der Ein- und Ausfahrt ein Parkscheingeber bzw. ein Kontrollgerät angefahren werden, das jeweils mit Schranken abgesichert ist. Diese Geräte müssen aus dem Wagen heraus vom Fahrer leicht bedienbar sein. Die Anfahrt auf einer Geraden oder in einer leichten Linkskurve erleichtert die Bedienung. Die Anforderungen bei Rechtskurven wurden bereits im Abschnitt 2.5 dargestellt. Die Standorte der Geräte und Schranken müssen daher schon im Vorplanungsstadium von Gebäude und Tragwerk festgelegt werden.

An jedem Hauptausgang sollten mindestens ein, besser zwei Kassenautomaten vorgesehen werden. Der Aufstellraum sollte videoüberwacht und hell beleuchtet sein (siehe auch Abschnitte 5.4 und 5.5). In den Kassenautomaten sollte auf jeden Fall eine Sprechverbindung zur Leitzentrale integriert sein. Hilfreich sind auch eine Taschenablage vor jedem Gerät und ein Papierkorb im Aufstellraum.

Bei der Dimensionierung von geschlossenen Parksystemen mit Parkscheingeber-Kontrollgeräten und Schranken sind die Leistungsfähigkeit der Abfertigungsanlage, aber auch Störungen durch falsche Bedienung der Geräte zu beachten. Je nach Verwendungszweck des Parkhauses (Langzeit- oder Kurzzeitparker oder Veranstaltungsgarage), Spurleistung und erforderlicher Entleerungszeit ergibt sich die notwendige Anzahl der Ausfahrtspuren. Wenn es machbar ist, sollte – zumindest bei der Ausfahrt – immer eine zweite Spur vorhanden sein. Sehr zweckmäßig sind in Fällen, bei denen Ein- und Ausfahrt nebeneinander liegen, drei Spuren mit einer mittleren Wechselspur, die je nach Bedarf zum Ein- oder Ausfahren verwendet werden kann.

5.2 Entwässerung

Durch die Fahrzeuge wird regelmäßig Wasser in die Parkbauten eingetragen – und zwar weniger bei Regenereignissen, sondern viel mehr im Winter. Häufig wird nicht bedacht, dass die Fahrzeuge je nach Region mehr oder weniger viel Schnee mit in das Parkhaus bringen, der im Laufe der Parkzeit abtaut und auf den Fußboden tropft. Die anfallenden Wassermengen sind durchaus beachtlich (in [9] werden bis zu 30 Liter je Fahrzeug genannt) und führen bei fehlender Entwässerung zwangsläufig zur Bildung von Pfützen. Bei entsprechenden Temperaturen kann sich Glatteis bilden. Außerdem ist dieses Wasser fast immer auch mit Tausalz belastet.

Die Pfützenfreiheit ist daher nicht nur ein weiteres Merkmal für die Kundenfreundlichkeit eines Parkbaus, sondern auch für dessen Dauerhaftigkeit. Gleichwohl gibt es derzeit kein Regelwerk, welches die Entwässerung von Parkbauten zwingend vorschreibt.

Wenn Pfützenfreiheit zwischen den Vertragsparteien vereinbart ist, dann muss sie durch die Einhaltung von ausreichendem Gefälle hergestellt werden. In [7] werden mindestens 2,5 % empfohlen. Soweit bezüglich der Fertigungstoleranzen bei der Herstellung der Stahlbetondecken besondere Vereinbarungen getroffen werden, ist auch ein etwas geringeres Gefälle denkbar. Ein Gefälle unter 1,5 % ist auf jeden Fall zu vermeiden.

Das anfallende Wasser ist dann in Rinnen oder Bodenabläufen zu sammeln und von dort dem Entwässerungssystem zuzuführen. Die Entwässerungselemente sind in ausreichender Anzahl vorzusehen und für die berechnete Wassermenge zu dimensionieren.

Häufig werden auch sogenannte Verdunstungsrinnen gebaut, in denen das gesammelte Wasser nicht abgeführt wird, sondern solange dort stehen bleiben soll, bis es verdunstet ist. Aufgrund der niedrigen Temperaturen im Winter und der geringen Durchlüftung ist dies bei Tiefgaragen aber praktisch ausgeschlossen. Da diese Rinnen, die sich meistens in Bodenplatten befinden, aus statisch/konstruktiven Gründen so flach wie möglich ausgebildet werden, laufen sie mit der Zeit oft über. Damit ist die Pfützenfreiheit natürlich nicht mehr gewährleistet. Hinzu kommt je nach Lage der Rinne auch noch die Stolpergefahr. Es handelt sich daher nicht um eine empfehlenswerte Bauweise.

5.3 Lüftung

Tiefgaragen und geschlossene Hochgaragen müssen mit mechanischen Lüftungsanlagen ausgerüstet werden, wenn die natürliche Belüftung über unverschließbare Öffnungen oder Schächte nicht ausreicht. Häufig werden zur Verteilung und Absaugung der Luft innerhalb der Garage Lüftungskanäle aus Metall verwendet. Soweit diese auch zur Entrauchung verwendet werden, müssen sie zusätzlich eine Brandschutzverkleidung erhalten.

Dies führt zum einen zu hohen Kosten, schränkt aber auch die Raumhöhe erheblich ein. Außerdem wird der optische Raumeindruck von dem vielen Blech an der Decke sehr nachteilig beeinflusst.

Vorteilhafter ist die freie Raumdurchlüftung mit mechanischen Be- und Entlüftungsanlagen ohne Blechkanäle. Hierbei werden an zwei sich gegenüber liegenden Seiten der Garage massive, raumhohe Lüftungskanäle angeordnet, durch die an einer Seite die frische Luft in die Garage eingeblasen und an der gegenüber liegenden Seite die verbrauchte Luft abgesaugt wird. Dazwischen fließt die Luft frei durch den Garagenraum (Bild 35).

Häufig wird dieses Prinzip auch durch unter der Decke hängende Jetventilatoren ergänzt, wodurch der Entrauchungsvorgang beschleunigt werden kann. Außerdem ist die Lüftungsrichtung umkehrbar, sodass der Rauch auf dem jeweils kürzesten Weg vom Brandherd zu den Absaugöffnungen transportiert werden kann. Häufig kann dadurch auf eine ansonsten erforderliche Sprinkleranlage verzichtet werden.

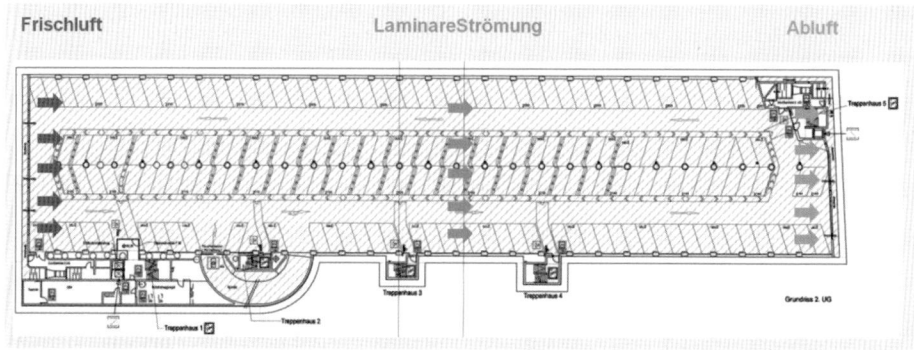

Bild 35. Freie Raumlüftung

5.4 Beleuchtung

Um einen guten Wirkungsgrad der Beleuchtung zu gewährleisten, sollten die Decken und Wände möglichst reinweiß beschichtet werden. So können sie bis zu 90 % der auftreffenden Lichtströme reflektieren. Die Beleuchtungskörper sollten so angebracht werden, dass ihre Leuchtkraft nicht durch Unterzüge, Lüftungskanäle oder Sprinklerleitungen eingeschränkt wird.

In vielen Parkbauten kann man beobachten, dass der Boden direkt unter jeder Leuchte zwar hell, der Zwischenraum zwischen den Leuchten aber dunkel ist. Auch bei rechnerisch gleicher durchschnittlicher Beleuchtungsstärke wirkt eine solche Garage subjektiv immer dunkler als bei einer gleichmäßigen Beleuchtung. Bei der Wahl von freihängenden Leuchtstoffröhren anstatt Wannenleuchten trägt die (weiße) Decke durch ihre Reflexion auch zur Vergleichmäßigung der Beleuchtung und somit zu einem wesentlich angenehmeren Raumeindruck bei (Bild 36).

Inzwischen haben sich jedoch die LED-Leuchten am Markt durchgesetzt. Deren längere Brenndauer sowie der erheblich geringere Stromverbrauch decken bei Weitem die höheren Investitionskosten. In Verbindung mit einem Lichtmanagementsystem, das durch Präsenzmelder, Zeit- und Dämmerungsschaltungen die Lichtstärke in den einzelnen Bereichen der Parkebenen den augenblicklichen Anforderungen anpasst, kann der Stromverbrauch um weit über die Hälfte abgesenkt werden. Die Investitionen in solche Anlagen haben sich in der Regel nach spätestens 5 Jahren selbst refinanziert. Allerdings ist das Licht aus LED ein gerichtetes Licht. Das bedeutet, dass trotz der häufig in die Leuchten eingebauten Optiken zur Lichtstreuung die Decke stets dunkel bleibt.

Die meisten Parkbauten erhalten heute Bodenbeschichtungen aus Kunstharzen. Sie stehen in einer sehr großen Zahl von Farbtönen zur Verfügung. Hier ist anzumerken, dass sich natürlich auch ein heller Bodenbelag positiv auf die Helligkeit in den Parkebenen auswirkt. Da auf den Stellplätzen idealerweise meistens Fahrzeugen stehen, genügt es, die Fahrbahnen hell auszuführen. Die Stellplätze können dagegen dunkler beschichtet werden. Dann fallen die mit zunehmender Betriebsdauer zwangsläufig immer häufiger werdenden Ölflecken nicht so negativ ins Auge.

Bild 36. Reflexion des Lichtes durch eine weiße Decke

Die gemäß M-GarVO [1] geforderte Beleuchtungsstärke von 20 lx ist aus Sicht der Kundenfreundlichkeit absolut unzureichend. Hier sollte sich der Planer an der DIN EN 12464-1 [10] (wenn es sich bei dem Parkbau um eine Arbeitsstätte handelt) orientieren. Die dort für Verkehrsflächen geforderten 75 lx sind für den weitaus größten Teil des Parkhauses angemessen und müssen nur in wenigen Teilbereichen erhöht werden. Gemäß DIN 67528 [11] kann dieser Wert in den Bereichen der Stellplätze auf 50 lx abgemindert werden.

Ein- und Ausfahrten sollten bei Tag mit 300 lx beleuchtet werden. Dies dient als Adaptionsstrecke, um die Augen vom hellen Tageslicht an die künstliche Beleuchtung zu gewöhnen. Bei Nacht sollte dann wieder auf die in den Parkgeschossen vorhandenen 75 lx zurückgefahren werden.

Treppenhäuser und Aufzüge, Kassenautomaten sowie die Bereiche der Sonderstellplätze für Behinderte, Frauen und Personen mit Kleinkindern sollten mit wenigstens 100 lx beleuchtet werden.

5.5 Videoüberwachung

Wenn auch die Überwachung der Garage mit Videokameras bei „einsamen" Anlieger- und Sammelgaragen noch viel wünschenswerter wäre als bei öffentlichen Großgaragen mit ständigem Publikumsverkehr, so scheitert dies doch meist schon an der Frage, wer die Monitore denn überwachen soll. Denn Anwohner- und Sammelgaragen sind in aller Regel nicht mit Personal besetzt.

Falls dies der Fall ist, sollte die Machbarkeit einer Fernüberwachung geprüft werden. Die Überwachung mehrerer Garagen von einem Standort aus ist technisch völlig problemlos. Die Aufzeichnungen werden dann an eine überwachende Zentrale weitergeleitet. Es muss daher lediglich ein geeigneter Partner gefunden werden, was aber im innerstädtischen Bereich relativ einfach ist.

Bei öffentlichen Großgaragen ist die Videoüberwachung mittlerweile eine Selbstverständlichkeit geworden. Eine gassenweise Überwachung mit Anordnung von Gegensprechanlagen vermittelt dem Parkhauskunden ein subjektives Sicherheitsgefühl und hat auf potenzielle Straftäter eine abschreckende Wirkung.

Um bei großen Anlagen die Zahl der zu überwachenden Monitore und damit auch die Kosten zu begrenzen, können Wechselschaltungen vorgesehen werden, bei denen nicht jede Kamera einen eigenen Monitor hat, sondern mehrere Kameras ihre Bilder abwechselnd in kurzen Abständen an einen gemeinsamen Monitor abgeben oder die Bilder mehrerer Kameras auf einem gemeinsamen Monitor in mehreren Fenstern gleichzeitig angezeigt werden.

Bild 37. Transparenter Aufzugschacht

5.6 Aufzüge und Treppenhäuser

Je nach Nutzung und Stockwerkszahl der Garage ist eine ausreichende Zahl von Personenaufzügen vorzusehen. Meistens wird dies schon durch die Vorschriften zum barrierefreien Bauen erforderlich.

Leider werden in öffentlichen Garagen zwar die Ein- und Ausfahrten sowie die Kassenautomaten ständig durch Videokameras überwacht, in den Treppenhäusern und Aufzügen sind die Parkhauskunden jedoch häufig sich selbst überlassen. Aus objektiven und subjektiven Sicherheitsaspekten sollten die Aufzüge daher grundsätzlich transparente Kabinen und Schächte erhalten (Bild 37).

Führt eine Treppe um einen geschlossenen Aufzugschacht herum, so entstehen zwangsläufig nicht einsehbare Bereiche. Wenn dann schon nicht die Kabine nicht verglast ist, sollte in diesem Fall wenigstens der Schacht transparent ausgeführt werden. Wenn auch das nicht möglich ist, sollte der Aufzugschacht neben der Treppe angeordnet werden.

6 Allgemeiner Ausbau

6.1 Anstricharbeiten

Aufgrund der besseren Lichtreflexion sollten Parkbauten innen grundsätzlich immer reinweiß beschichtet werden (siehe hierzu auch Abschnitte 4.3 und 5.4). Dadurch werden bis zu 90 % des auftreffenden Lichts reflektiert.

Bei mehrgeschossigen Anlagen sollten die einzelnen Geschosse außerdem durch zusätzliche Leitfarben (z. B. durch farbige Kennzeichnungen an den Stützen und Wänden) (Bild 38) kenntlich gemacht werden. Die Erfahrung zeigt, dass sich die zu ihrem Fahrzeug zurückkehrenden Nutzer wesentlich leich-

Bild 38. Ebenenkennzeichnung durch Farben (Foto: Horst Goebel, Görsroth)

ter an eine Farbe erinnern als an ihre Stellplatznummer oder an die Ebenenbezeichnung. Diese Leitfarben sind dann konsequenterweise auch an den Türen der Treppenhäuser und auf dem Bedientableau im Aufzug zu verwenden.

6.2 Schlosser- und Metallbauarbeiten

Neben den bereits im Abschnitt 2.5 erwähnten Durchfahrtsbegrenzungen und Taschenablagen tragen durchaus auch Papierkörbe zur Kundenfreundlichkeit, aber auch zu einem geringeren Reinigungsaufwand in Parkbauten bei. Sie sollten leicht zu leeren und in ausreichender Zahl vorhanden sein. Am besten befinden sie sich je Ebene an jedem Ausgang sowie im Bereich der Kassenautomaten.

Gerade bei großen Parkbauten sind Lagepläne an den Treppenausgängen eine sehr hilfreiche Einrichtung zur Orientierung (Bild 39). Häufig wurden im Auto bereits lange Wege, womöglich über Wendelrampen, von der Einfahrt bis zum Parkplatz zurückgelegt und die räumliche Orientierung gehörig durcheinandergebracht. In diesem Fall sind Hinweise zweckdienlich, wo man bei Benutzung des jeweiligen Ausgangs im Erdgeschoss herauskommt.

Die Türen zu den Treppenausgängen müssen aus brandschutztechnischen Gründen der Feuerwiderstandsklasse T 30 genügen. In der Regel sind sie daher aus Metall. Aus Gründen der Kundenfreundlichkeit sollten zumindest die Türen zu den Publikumstreppenhäusern immer einen möglichst großen Glasausschnitt aufweisen (Bild 40). Noch besser sind Stahlrohrrahmentüren.

Bei reinen Notausgängen sollte aus Sicherheitsgründen darauf geachtet werden, dass die Tür ins Freie nur von der Parkhausseite aus geöffnet werden kann. Dies kann sehr leicht erreicht werden, wenn diese Türen an ihrer Außenseite nur einen Knauf erhalten.

Bild 39. Umgebungsplan am Ausgang (Foto: Etienne van Sloun, Maastricht)

Bild 40. Verglaste Treppenhaustür

7 Sicherheit in Parkbauten

In der Phantasie vieler Autoren von Kriminalgeschichten spielen sich Schießereien und Verfolgungsjagden vorzugsweise in Parkbauten ab. Dies hat im Laufe der Zeit dazu beigetragen, dass Parkbauten auch in den Köpfen vieler Menschen als gefährliche Orte verrufen sind. Auch die öffentlichen Medien greifen dieses Thema gerne auf und fordern bei jeder Gelegenheit mehr Sicherheit im Parkhaus.

Die Wirklichkeit sieht freilich anders aus. So werden auf öffentlichen Parkplätzen im Freien statistisch gesehen neun Mal so viele Straftaten begangen wie in Parkbauten.

Parkbauten sind also wesentlich besser als ihr Ruf und das hat mehrere Gründe. Erstens sind Parkplätze im Freien in aller Regel wesentlich schlechter beleuchtet als die in Parkbauten, zweitens kann ein Straftäter von dort wesentlich einfacher flüchten, drittens sind Parkbauten häufig videoüberwacht und viertens fühlen sich die Menschen auf Parkplätzen im Freien sicherer und werden dadurch nachlässiger.

Gleichwohl kann durch die Beachtung der in diesem Beitrag aufgeführten Kriterien bei der Planung vieles zum besseren Image von Parkbauten beigetragen werden. Die meisten der vorstehend genannten Vorschläge führen nämlich gar nicht zwangsläufig zu höheren Kosten, mittelfristig aber sicher zu höheren Einnahmen. Es haben also alle Beteiligten etwas davon.

8 Literatur

[1] Fachkommission Bauaufsicht der ARGEBAU (2008) *Garagenverordnungen der Bundesländer, hier: Mustergaragenverordnung.* Fassung Mai 1993, geänd. 1996, 1997 und 2008.

[2] Forschungsgesellschaft Straßen- und Verkehrswesen (2005) *EAR – Empfehlungen für Anlagen des ruhenden Verkehrs.*

[3] DIN 18040-3:2014-12 (2014) *Barrierefreies Bauen – Planungsgrundlagen – Teil 3: Öffentlicher Verkehr und Freiraum*, Beuth, Berlin.

[4] DIN 18532:2017-07 (2017) *Abdichtung von befahrbaren Verkehrsflächen aus Beton*, Beuth, Berlin.

[5] Bundesanstalt für Straßenwesen (2018) *Zusätzliche Technische Vertragsbedingungen und Richtlinien für Ingenieurbauten – ZTV-ING.*

[6] DIN EN 1992-1-1:2011-01 (1992) *Eurocode 2 – Bemessung und Konstruktion von Stahlbeton- und Spannbetontragwerken – Teil 1-1: Allgemeine Bemessungsregeln für den Hochbau*, mit Nationalem Anhang, Beuth, Berlin.

[7] Deutscher Beton- und Bautechnik-Verein E. V., (2018) *DBV-Merkblatt „Parkhäuser und Tiefgaragen"*, 3. überarbeitete Ausgabe 2018.

[8] Deutscher Ausschuss für Stahlbeton (2014) *Richtlinien für den Schutz und die Instandhaltung von Betonbauteilen – Instandsetzungs-Richtlinie (Rili-SIB)*, 2001, ber. 2002, 2005 und 2014.

[9] Irmscher, I.: (2012) *Handbuch und Planungshilfe – Parkhäuser und Tiefgaragen*, 2 Bände, DOM publishers.

[10] DIN EN 12464-1:2011-08 (2011) *Licht und Beleuchtung – Beleuchtung von Arbeitsstätten – Teil 1: Arbeitsstätten in Innenräumen*, Beuth, Berlin.

[11] DIN 67528:2018-04 (2018) *Beleuchtung von öffentlichen Parkbauten und öffentlichen Parkplätzen*, Beuth, Berlin.

VIII Anforderungen an Parkbauten aus Betreiber- und Nutzersicht sowie die Instandhaltung von Parkbauten

Volker Buchholz, Frankfurt am Main

1 Einleitung

Was aufseiten des Parkraummanagements, der Betreiberseite, vor sich geht, bleibt den meisten Nutzern von Parkbauten weitgehend verborgen. Während sich der Prozess für den Garagennutzer im Idealfall mit einer möglichst störungsfreien Einfahrt, der Stellplatzsuche, dem Bezahlvorgang und der Ausfahrt erschöpft, muss auf Betreiberseite vieles bewegt und gestemmt werden. Aus der Vielfalt von Themen soll nachfolgend exemplarisch von einigen Herausforderungen des Parkraummanagements berichtet werden.

So vielfältig wie die Nutzerseite stellt sich auf der anderen Seite die Vielzahl der Eigentümer-/Betreiberkonstellationen dar. Zur besseren Lesbarkeit werden die Bezeichnungen im weiteren Text vereinheitlicht. Für alle Arten von Nutzern von Parkbauten wird der Terminus Nutzer verwendet. Die Seite der Eigentümer, Betreiber, Pächter wird gleichlautend als Betreiber bezeichnet.

Was Parkbauten für einen zweckbestimmten Betrieb leisten sollten, wird im Folgenden aus der Sicht des Betreibers und aus der Sicht des Nutzers beleuchtet. Die Anforderungen, Wünsche, Erwartungen der beiden Parteien sind in vielen Punkten identisch, in einigen aber auch gegensätzlich.

Im Anschluss daran widmet sich der Beitrag der Instandhaltung von Parkbauten aus Betreibersicht.

Die folgenden Ausführungen des Verfassers resultieren aus den jahrelangen Erfahrungen und dem intensiven Erfahrungsaustausch mit vielen Beteiligten des Parkraummanagements. Die Inhalte sollen und können keinen Anspruch auf Allgemeingültigkeit erheben. Naturgemäß gibt es dazu sicherlich andere Erfahrungen und Einschätzungen.

2 Anforderungen an Parkbauten

Das Business des Parkraummanagements ist ein klassisches Wechselspiel aus Angebot und Nachfrage. In diesem Wechselspiel haben die Hauptakteure, Nutzer und Betreiber, Anforderungen und Erwartungen an Parkbauten. Diese werden nachfolgend aufgezeigt.

2.1 Anforderungen aus Sicht des Betreibers

Das Management von Parkbauten wird von vielen unterschiedlichen Betreibern mit unterschiedlichen Rahmenbedingungen vollzogen.

Während die maßgeblichen betrieblichen und funktionalen Anforderungen weitgehend unabhängig vom Betreibermodell formuliert werden können, ergeben sich die Unterschiede im Wesentlichen in den wirtschaftlichen Rahmenbedingungen.

2.1.1 Betriebliche und funktionale Anforderungen

Die Bereitstellung von Stellplätzen bildet die Geschäftsgrundlage des Betreibers. Bei Stellplätzen in Parkbauten bedarf es dazu auch der Technischen Gebäudeausrüstung. Im Allgemeinen lassen sich die wesentlichen Anforderungen der Betreiber an Parkbauten wie folgt zusammenfassen:

- Höhe des Fußbodens des obersten Geschosses unterhalb 22 m über Geländeoberkante; zur Vermeidung der Anwendung der Muster-Hochhaus-Richtlinie (MHHR) [1] in Verbindung mit § 2 (4), Satz 1 der Musterbauordnung (MBO) [2],
- Einhaltung der Anforderungen an ein offenes Parkhaus gemäß Muster-Garagenverordnung (M-GarVO) [3] bei Parkhäusern,
- Anwendung der entsprechenden landesspezifischen Garagenverordnung,
- Einhaltung der Dauerhaftigkeitsanforderungen nach Eurocode 2 (EC 2) [4],
- Erstellung eines Instandhaltungsplans in der Errichtungsphase nach EC 2,
- Anwendung der Planungsgrundlagen des DBV-Merkblattes „Parkhäuser und Tiefgaragen" [5],
- ausreichend groß dimensionierte Verkehrs- und Stellplatzflächen,
- Anbindung der Ein- und Ausfahrten an das öffentliche Straßennetz,
- Nutzung der Dachfläche (Photovoltaik, Eventfläche, …),
- Ausführung einer funktionalen Flächenentwässerung aus Gründen der Nutzungsfreundlichkeit,
- hohe Anlagenverfügbarkeit der Technischen Gebäudeausrüstung,
- weitestmögliche Vermeidung wartungsintensiver technischer Gewerke (Brandschutzklappen, Sprinkleranlage, RLT-Anlagen, …),
- Auslegung Trafoanlagen für Versorgung E-Ladestationen,
- Wasser- und Stromanschlüsse für alle Maßnahmen der Instandhaltung,
- Sanitäranlagen (Warm-/Kaltwasser, Heizung, Frostschutz),
- Aufzugsanlagen.

Beton-Kalender 2019: Parkbauten; Geotechnik und Eurocode 7.
Herausgegeben von Konrad Bergmeister, Frank Fingerloos und Johann-Dietrich Wörner
© 2019 Ernst & Sohn GmbH & Co. KG. Published 2018 by Ernst & Sohn GmbH & Co. KG.

Im Zuge einer Neubauplanung ergeben sich in zahlreichen Detailfragen weitere Anforderungen bzw. ergibt sich notwendiger Klärungs- und Entscheidungsbedarf. Einige der vorgenannten Aufzählungen sind für den Betrieb einer Garage nicht zwingend erforderlich. Im Zuge einer Bedarfsplanung des Objektplaners mit dem Betreiber soll der objektbezogene Bedarf ausgearbeitet und festgelegt werden.

2.1.2 Wirtschaftliche Anforderungen

Die Rentabilität einer Parkimmobilie hängt von zahlreichen Faktoren wie bspw. der Art der Nutzung, der Lage oder auch der Ausstattung bzw. der Serviceausprägung ab.

In der Tiefgarage einer Wohnanlage sind die wirtschaftlichen Rahmenbedingungen ganz andere als in einem Parkhaus am Flughafen, in der Tiefgarage unter einer Oper, einem P+R-Parkhaus am Bahnhof, dem Parkdeck eines Möbelhauses oder einem von mehreren Parkhäusern um eine belebte Einkaufszone in Innenstadtlage. Im einen oder anderen Fall ist eine Rentabilität gar nicht erreichbar, da bspw. durch das Parken an sich keinerlei Erlöse erzielt werden (bspw. Parkdeck Möbelhaus). Bei einer P+R-Anlage ist wahrscheinlich in erster Linie die Kostendeckung das Ziel, während der Teileigentümer einer Wohnungseigentümergemeinschaft darauf hofft, dass die Rücklagen nicht durch den Betrieb und die Instandhaltung der Tiefgarage aufgezehrt werden. Für einen Flughafenbetreiber stellen die Erlöse aus Parkentgelten meist eine wichtige zusätzliche Einnahmequelle – bei (fast) automatischer Nachfrage – dar, während der Betreiber einer öffentlichen Innenstadtgarage, ggf. im direkten Wettbewerb mit dem „Nachbarn", die Nachfrage durch Preisgestaltung, Service, Vermietung usw. selbst ankurbeln muss.

Während sich die Erlösseite sehr unterschiedlich und objekt- bzw. nutzungsspezifisch darstellt und vom Betreiber ggf. nur bedingt beeinflusst werden kann, sind die wesentlichen Anforderungen auf der Kostenseite, durch Bau und Betrieb, bei allen Betreibern weitgehend identisch.

Allem voran steht dabei der Wunsch nach einer kostengünstigen („wirtschaftlichen") Realisierung des Parkbaus. Ein weit verbreiteter und häufig nachgefragter Kennwert für die Errichtung von Parkbauten sind die Herstellkosten pro Stellplatz. Ein Paradebeispiel des umgangssprachlichen Vergleiches von Äpfeln mit Birnen. So einzigartig wie jedes Bauwerk, auch bei Systembauweisen, so vielfältig sind die jeweiligen Rahmenbedingungen, die zu den entsprechenden Herstellkosten geführt haben. Sicherlich ist das Ziel eines niedrigen „Einheitspreises" (Kosten pro Stellplatz) zur Orientierung bzw. als Indikator wichtig. Allerdings nicht, wenn dieser dann für einen Vergleich mit anderen Objekten oder gar einem Benchmark herangezogen wird. Ein solcher Vergleich ist häufig irreführend.

In der Folge sollen sich auch die Betriebskosten in der Nutzungsphase auf einem möglichst niedrigen Niveau entwickeln. Die Voraussetzungen dazu werden in der Errichtungsphase geschaffen. Die Auswahl der Materialien und der technischen Anlagen beeinflusst diesen Kostenaspekt wesentlich. Die Erfahrung zeigt, dass die beste technische Anlage im Sinne der Folgekosten die ist, die – durch eine fundierte und vorausschauende Planung – erst gar nicht verbaut werden muss. Für die Anlagen, die nicht vermeidbar sind, sind dann verbrauchs- und wartungsarme sowie langlebige Lösungen der Anspruch des Betreibers (beispielsweise LED-Beleuchtung).

Des Weiteren können zusätzliche Maßnahmen in der Phase der Errichtung einen positiven Effekt auf die Betriebskosten in der Nutzungsphase haben. Zum Beispiel sind dies:

- eine Photovoltaikanlage auf dem Dach zur Energiegewinnung,
- die Nutzung von Brauchwasser für Sanitäranlagen,
- die Vorbereitung bzw. Ausweisung von Werbeflächen oder
- die Nutzung von Erdwärme für den Wärmebedarf einer Leitwarte, Sanitäranlage und zur Eisfreihaltung.

Mehr denn je gilt die gesicherte Erkenntnis, dass jeder zulasten der Qualität eingesparte Euro in der Errichtungsphase, im Betrieb und in der Instandhaltung mit einem Vielfachen aufgewendet werden muss.

2.2 Anforderungen aus Sicht des Nutzers

Das Parken erfüllt keinen Selbstzweck. Es steht immer im Zusammenhang mit einem anderen vom Nutzer geplanten Vorgang. Dies gilt für das Abstellen des Fahrzeuges während der Arbeitszeit, dem Einkaufen, der Freizeitbeschäftigung, dem Urlaub oder auch der Zeit zu Hause. Als solches ist der Parkvorgang immer Teil eines Beschäftigungsprozesses, aber eben nur ein untergeordneter Bestandteil dessen. Daher soll das Parken im Idealfall nicht vom eigentlichen Ziel ablenken. Dies ist dann der Fall, wenn der Parkvorgang möglichst störungsfrei abläuft.

Die „Grundbedürfnisse" der Nutzer sind unabhängig von der Art der Nutzung. Allen Nutzern gemein ist der Wunsch nach Stellplatzverfügbarkeit, möglichst kurzen Wegen zwischen Stellplatz und Zielort und einem „akzeptablen" Kosten/Nutzen-Verhältnis. Dies gilt für den Kurzzeitparker in einer öffentlichen Garage genauso wie für den Mieter als Dauerparker oder den Anteilseigner einer WEG in ei-

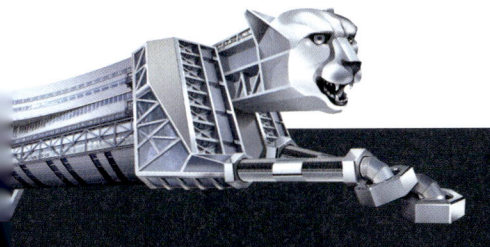

PREFLEX® PARKHAUS
EINFACH. SCHNELL. FLEXIBEL.

Schaffen Sie zusätzliche Parkflächen im Handumdrehen –
egal ob 10, 100 oder 1.000 Stellplätze.
Das Preflex® Parkhaus von CHRISTMANN + PFEIFER:
Anliefern, aufstellen, fertig!

Gern geben wir mit Ihnen gemeinsam Vollgas –
kontaktieren Sie uns!

C + P DYNAMIC LIVING SOURCES GMBH & CO. KG
TELEFON: +49 (0) 6464 929-0 | E-MAIL: MOBILPARKHAUS@CPBAU.DE | WWW.CPBAU.DE/MOBILPARKHAUS

Das Grundlagenwerk für Bauingenieure

Peter Marti
Baustatik
Grundlagen – Stabtragwerke
– Flächentragwerke
2. korrigierte Auflage
2014. 684 S.
€ 98,–*
ISBN 978-3-433-03093-6
Auch als ebook erhältlich

Online Bestellung:
www.ernst-und-sohn.de

Das Buch liefert eine einheitliche Darstellung der Baustatik auf der Grundlage der Technischen Mechanik. Es behandelt Stab- und Flächentragwerke nach der Elastizitäts- und Plastizitätstheorie. Es betont den geschichtlichen Hintergrund und den Bezug zur praktischen Ingenieurtätigkeit und dokumentiert erstmals in umfassender Weise die spezielle Schule, die sich in den letzten 50 Jahren an der ETH in Zürich herausgebildet hat.

Ernst & Sohn
Verlag für Architektur und technische
Wissenschaften GmbH & Co. KG

Kundenservice: Wiley-VCH
Boschstraße 12
D-69469 Weinheim

Tel. +49 (0)6201 606-400
Fax +49 (0)6201 606-184
service@wiley-vch.de

* Der €-Preis gilt ausschließlich für Deutschland. Inkl. MwSt. zzgl. Versandkosten. Irrtum und Änderungen vorbehalten. 1019106_dp

Der einfache Einstieg in die Praxis der Betonbrückenbemessung nach Eurocode

Nguyen Viet Tue,
Michael Reichel, Michael Fischer
Berechnung und Bemessung von Betonbrücken
2015. 456 Seiten.
€ 89,–*
ISBN 978-3-433-01866-8
Auch als ebook erhältlich.

Dieses Buch ist ein Praxisleitfaden für die Berechnung und Bemessung von Brückentragwerken aus Stahlbeton und Spannbeton. Eine 5-feldrige Spannbetonbrücke wird komplett im Sinne einer prüffähigen Statik durchgerechnet. Alle tragenden Teile, also auch Lager, Talpfeiler und Gründungen, werden behandelt. Zudem werden die einzelnen Schritte vertiefend erläutert und Bezüge zur Norm werden nachvollziehbar hergestellt.

Die Berechnungen erfolgen gemäß Eurocode 2 und den zugehörigen deutschen Nationalen Anhängen. Gegliedert ist das Buch in gewohnter Weise nach Heft 504, wodurch das Nachschlagen einzelner Berechnungsschritte erleichtert wird.

Mit diesem Buch geben die Autoren ihren umfangreichen Erfahrungsschatz in Planungs- und Prüfpraxis an den Leser weiter.

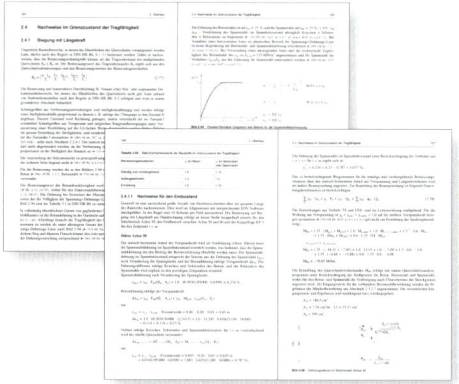

Online Bestellung: www.ernst-und-sohn.de

Ernst & Sohn
Verlag für Architektur und technische
Wissenschaften GmbH & Co. KG

Kundenservice: Wiley-VCH
Boschstraße 12
D-69469 Weinheim

Tel. +49 (0)6201 606-400
Fax +49 (0)6201 606-184
service@wiley-vch.de

* Der €-Preis gilt ausschließlich für Deutschland. Inkl. MwSt. zzgl. Versandkosten. Irrtum und Änderungen vorbehalten. 1099116_dp

ner Quartiersgarage. Darüber hinaus sind die Wünsche der Nutzer individuell und in ihrer Wichtigkeit unterschiedlich ausgeprägt.

Im Allgemeinen lassen sich die Anforderungen der Nutzer an eine Parkgarage, ohne Anspruch auf Vollständigkeit, wie folgt zusammenfassen:

- Stellplatzverfügbarkeit,
- ein „angemessener" Parktarif,
- geringer Parksuchverkehr,
- Sonder-Stellplätze (Behinderten-, Frauen-, Familienstellplätze), (Bild 2)
- Nutzungsfreundlichkeit,
- helle, gut einsehbare (stützenfreie) Parkbereiche und Fußwege (Bild 1),
- leicht verständliche Wegeführung (Bild 3),
- Hilfestellungen zum Wiederauffinden des Fahrzeugs,
- kurze Wege zum Ausgang,
- Sanitäranlagen und Mülleimer, Sauberkeit,
- Aufzüge,
- vielseitige Bezahlmöglichkeiten,
- schnelle Bezahl- und Ein- und Ausfahrtsvorgänge (Redundanzen),
- Mobilfunkempfang.

Aktuell und zukünftig ergeben sich, trendabhängig, neue Wünsche der Nutzer bzw. Services für den Nutzer. Dies sind beispielsweise:

- Ladestationen für E-Fahrzeuge (Bild 4),
- eine Preisdifferenzierung nach Flächenbedarf („Smart vs. SUV"),
- Smart Parking (u. a. App-gesteuerte Führung zum Parkplatz und Bezahlvorgang),
- autonomer, fahrerloser Parkvorgang des Fahrzeuges im Parkhaus oder
- die Möglichkeit der Vorreservierung.

Bild 1. Beispiel für offene, stützenfreie Parkflächen

Bild 3. Beispiel für eine verständliche Wegeführung

Bild 2. Angebot an Stellplätzen nur für Frauen

Bild 4. Angebot von E-Ladestationen

Auch beim Parken hält die zunehmende digitale Vielfalt der Informations- und Steuerungsmöglichkeiten Einzug.

Die vorgenannte Nutzungsfreundlichkeit oder auch Gebrauchstauglichkeit bedarf einer genaueren Betrachtung. Ein wesentliches Kriterium für die Nutzerfreundlichkeit ist das Angebot ausreichend großer Verkehrsflächen auf den Fahrwegen und auf den Abstellflächen der Parkbauten.

Der seit Jahren anhaltende Trend bei Autoherstellern und -käufern zu größeren geräumigeren Fahrzeugen verändert auch die Anforderung an Verkehrsflächen bzw. Stellplatzgrößen in Parkbauten.

Mit einer Ausnahme fordern alle landesspezifischen Garagenverordnungen, analog der M-GarVO, nach wie vor eine Mindeststellplatzbreite von 2,30 m. Lediglich in der Sonderbauverordnung des Landes Nordrhein-Westfalen [6] wird mittlerweile eine Mindestbreite von 2,45 m festgelegt. Die Empfehlungen für Anlagen des ruhenden Verkehrs (EAR) [7] der FGSV empfiehlt seit 2005 eine Mindestbreite von 2,50 m. Die diesen Empfehlungen zugrunde liegenden Abmessungen des Bemessungsfahrzeugs Pkw (Länge: 4,74 m, Breite ohne Außenspiegel: 1,76 m) sind seit 2001 unverändert. Eine durch den Bundesverband Parken initiierte Studie der Hochschule Zwickau kommt 2011 zum Ergebnis, dass das aus dem Fahrzeugangebot und der Marktverbreitung zum Untersuchungszeitpunkt abgeleitete Bemessungsfahrzeug mit den neuen geometrischen Kennwerten Länge: 4,93 m (+19 cm) und Breite 1,91 m (+15 cm) anzunehmen wäre. Immer breitere Fahrzeuge, gepaart mit heute deutlich dickeren Fahrzeugtüren (für Seitenairbag, Ablagefächer, Armauflagen, …) lassen immer weniger Raum für den Ein- und Ausstieg. Die Praxis zeigt, dass Stellplätze, die nach den Mindestanforderungen der M-GarVO mit einer Stellplatzbreite von 2,30 m (Bild 5) ausgeführt wurden – diese Anforderung besteht seit den 1970er-Jahren unverändert – als nicht nutzerfreundlich anzusehen sind! Selbst eine Stellplatzbreite von 2,50 m ist heute als absolutes Minimum im Sinne der Nutzerfreundlichkeit anzusehen. In Garagen mit einem hohen Anteil an Fahrzeugen der oberen Mittelklasse bzw. Oberklasse (beispielsweise Flughäfen, Oper, Theater, …) sind Stellplatzbreiten von 2,60 m und mehr empfehlenswert (Bild 6).

Sicherlich steht es dem Bauherrn frei, sich nicht an den Mindestmaßen des Verordnungsgebers zu orientieren und größere Stellplatzbreiten zu realisieren. Die Praxis zeigt aber auch, dass, mit dem Ziel

Bild 5. Beispiel für beengte Verhältnisse bei einer Stellplatzbreite von 2,30 m

Bild 6. Beispiel für großzügige Verhältnisse bei einer Stellplatzbreite von 2,65 m

Bild 7. Stumme Zeugen beengter Verkehrsräume

der Realisierung möglichst vieler Stellplätze, häufig noch Mindeststellplatzbreiten angewendet werden.

Neben der Stellplatzbreite sind auch ausreichend große Bewegungsräume für die Ein- und Ausfahrten sowie die inneren Fahrstraßen ein wichtiges Kriterium. Auch die Fahrflächen müssen der Fahrzeugentwicklung angepasst werden. Immer noch sehr häufig kann man nicht ausreichend große Verkehrsflächen am Farbspektrum der an Engstellen hinterlassenen Lackpartikel erkennen (Bild 7).

2.3 Die Umsetzung der Anforderungen in die Objektplanung des Architekten

Damit die unterschiedlichen Anforderungen des Garagenbetreibers, die zu Beginn einer Planung durchaus gegensätzlich sein können, in eine fachgerechte Objektplanung münden, sollte eine Bedarfsplanung durchgeführt werden. Im Zuge der Bedarfsplanung wird der Bauherrenwille analysiert und werden Vor- und Nachteile abgewogen. Am Ende steht dann der Anforderungskatalog, den der Objektplaner in den nächsten Planungshasen weiter zu Ausführungslösungen ausarbeitet.

Die Praxis zeigt nach wie vor, dass die Planung und Ausführung eines dauerhaften und robusten Parkhauses oder einer Tiefgarage planerisch anspruchsvoller ist, als dies zunächst erscheinen mag. In der Planungs- und in der Errichtungsphase gibt es vielfältige Fehlerquellen. Die Herausforderung ist nicht, ein Parkhaus zu errichten, das zur Inbetriebnahme und auch noch in der Gewährleistungsphase einen „optisch" guten Eindruck macht. Damit ein Parkbau, unter der Voraussetzung einer sachgerechten Instandhaltung in der Nutzungsphase, die Chance hat, seine planmäßige Nutzungsdauer zu erreichen, bedarf es viel Knowhow und Initiative.

Ein Bauherr ist immer gut beraten, die Objektplanung einem Planer anzuvertrauen, der über entsprechende Erfahrungen und Referenzen in der Planung und Objektüberwachung der Ausführung von Parkbauten verfügt. Das Hinzuziehen eines zusätzlichen Fachplaners, eines Sachkundigen Planers für Betoninstandsetzung, in die Neubauplanung wird sich immer „rechnen". Mit Unterstützung eines Sachkundigen Planers, der über Erfahrungen in der Betoninstandsetzung in Parkbauten verfügen sollte, können die meist bekannten Schäden aus der Errichtungs- und Nutzungsphase in der Neubauplanung berücksichtigt und idealerweise vermieden werden. Wurden in der Phase der Planung und Realisierung von Parkbauten alle wesentlichen Aspekte aus der Bedarfsplanung und die Anforderungen an die Dauerhaftigkeit und Funktionalität berücksichtigt bzw. erfüllt, erfolgt in der Nutzungsphase die wesentliche Weichenstellung für die Lebensdauer von Parkbauten.

Bild 8. Lackspuren an neuralgischen Engstellen

Der im Abschnitt 2.2 genannte Aspekt der Nutzungsfreundlichkeit hängt auch entscheidend von ausreichend bemessenen Verkehrsflächen ab. Nur begrenzt nutzbare Stellplätze, zu enge Kurvenradien und schlecht einsehbare Kreuzungsbereiche sind immer noch häufig anzutreffen (Bild 8). Hier ist ein Objektplaner gut beraten, sofern er nicht selbst über die entsprechenden Fachkenntnisse verfügt, die Fachplanung eines Verkehrsplaners hinzuzuziehen und seine Planung mit Schleppkurvenüberprüfungen ggf. zu optimieren. Im Zeitalter des digitalen Entwurfs kann auch ohne großen Aufwand das Bemessungsfahrzeug, im Kontext der vorgenannten Entwicklung der Fahrzeugabmessungen, individuell angepasst werden.

3 Instandhaltung von Parkbauten

3.1 Rechtliche Anforderungen

Die Verpflichtung des Garagenbetreibers zur Instandhaltung seines Parkhauses bzw. seiner Tiefgarage ergibt sich zunächst bauordnungsrechtlich aus der jeweiligen Landesbauordnung bzw. in der Frage der Haftung aus dem Bürgerlichen Gesetzbuch (BGB).

Der § 3 der Musterbauordnung besagt: „Anlagen sind so anzuordnen, zu errichten, zu ändern und instand zu halten, dass die öffentliche Sicherheit und Ordnung, insbesondere Leben, Gesundheit und die natürlichen Lebensgrundlagen, nicht gefährdet werden." Wird dem zuwider gehandelt, kann der Betreiber, genauer der zur Instandhaltung Verpflichtete (in erster Instanz der Eigentümer), in Haftung geraten. Dazu sagt der Gesetzgeber in den §§ 836 ff. BGB: „Wird … durch die Ablösung von Teilen des Gebäudes … die Gesundheit eines Menschen verletzt oder eine Sache beschädigt, so ist der Besitzer des Grundstücks, sofern der Einsturz oder die Ablösung die Folge fehlerhafter Errichtung oder mangelhafter Unterhaltung ist, verpflichtet, dem Verletzten den daraus entstehenden Schaden zu ersetzen."

Der Fokus der rechtlichen Anforderungen liegt im Kontext der Betreiberhaftung und der Verkehrssicherungspflicht. Hier geht es primär um die Vermeidung von Schäden und Folgen für Dritte.

Wenn Folgeschäden für Dritte bevorstehen, bspw. durch Betonabplatzungen oder aggressives Tropfwasser aus Trennrissen (Bilder 9 und 10), ist bereits wertvolle Zeit für die Instandhaltung verstrichen.

3.2 Instandhaltung der Gebäudesubstanz

Die Vermeidung von Schädigungen Dritter und damit einhergehend die Vermeidung von Haftungsrisiken ist sicherlich eine mögliche Motivation zur Instandhaltung der Gebäudesubstanz. Die wirtschaftlich sinnvollere Motivation ist der Werterhalt der Immobilie.

Bild 9. Abgeplatzte Betondeckung an einer Stahlbetondecke

Während der Objektplaner bei anderen üblichen Bauwerken ein großes Augenmerk auf das Fernhalten von Wasser vom Gebäude legen muss, werden bei der planmäßigen Nutzung von Parkbauten große Mengen an Schleppwasser oder Schlagregen ins Gebäude eingetragen. Dies macht die Planung und Instandhaltung von Parkbauten so besonders und anspruchsvoll. Die Belastungen aus mechanischer, dynamischer und chemischer Beanspruchung sind vergleichbar mit denen von Verkehrsbauwerken. Diesem Umstand muss in der Planung, der Errichtung, dem Betrieb und der Instandhaltung Rechnung getragen werden.

Bild 10. Aggressives Tropfwasser kann zu Lackschäden an Fahrzeugen führen

Abhängig von der Bauart, den verwendeten Materialien, der Ausführungsqualität und der Beanspruchung unterliegen die Bauteile eines Stahlbetonbauwerks, zusammen mit den entsprechenden Oberflächenschutzsystemen, unterschiedlichen Lebensdauern. Allen Ausführungen gemein ist die sehr große Wahrscheinlichkeit, dass das Bauwerk als Ganzes, ohne die notwendigen Maßnahmen der Instandhaltung, die planmäßige Nutzungsdauer von in der Regel mindestens 50 Jahren nicht uneingeschränkt erreichen wird.

Entscheidend ist es, dass mit einer bedarfsgerechten Instandhaltung des Gebäudes mit dem ersten Tag der Nutzung begonnen wird. In den ersten Jahren, solange die Gewährleistung des Errichters der jeweiligen Gewerks läuft, wird zumeist noch gehandelt, um den Verlust des Gewährleistungsanspruchs nicht zu verlieren. Danach hängt es von der Einstellung des Betreibers ab, wie intensiv die Instandhaltung betrieben wird.

Anders als bei den technischen Anlagen, resultiert der Zwang zur Instandhaltung des Gebäudes als solches lediglich aus den im Abschnitt 3.1 beschriebenen Bedingungen. Bis es allerdings zu einer Gefährdung durch Ausbrüche oder Ablösungen kommt, können viele Jahre vergehen. Dass notwendige Instandhaltungs- und Instandsetzungsmaßnahmen häufig verschleppt werden, liegt auch daran, dass die in Parkbauten typischen und nutzungsbedingten Schäden (Karbonatisierung, chloridinduzierte Korrosion) überwiegend im Verborgenen, im Beton, stattfinden. Treten erste Anzeichen in Form von Korrosionsspuren auf, behilft man sich auch gern mit einem neuen Anstrich. Nach dem Motto: „Das geht ja noch", verstreicht dann weitere kostbare Zeit.

Mit Durchführung einer regelmäßigen Instandhaltungsroutine aus Inspektion und daran, bei Bedarf, anschließender Wartung bzw. Instandsetzung, würden umfangreiche und meist sehr kostenintensive Instandsetzungsmaßnahmen verhindert. Neben den Kosten ließen sich auch die mit einer großen Instandsetzung meist einhergehenden betrieblichen und kapazitativen Einschränkungen vermeiden.

Die Inspektionen sollten idealerweise durch einen mit Schadensbildern in Parkbauten und deren Beseitigung vertrauten Sachkundigen Planer durchgeführt werden. Die Regelleistungen dazu können, wie in einem Wartungsvertrag für technische Anlagen üblich, in einem Inspektionsvertrag geregelt werden. Der Sachkundige Planer kann dann, abgeleitet aus den Inspektionsergebnissen, Wartungsbzw. Instandsetzungsmaßnahmen festlegen und deren fachgerechte Durchführung begleiten. Für den Betreiber entstehen dadurch regelmäßige Kosten für die Inspektionen, die dafür notwendige Ingenieurleistung und die Durchführungsbegleitung. Dafür hat er aber auch die Gewissheit, dass der Mangel, der Schaden, die Sollabweichung fachgerecht beseitigt wird. In der Regel ist ein Sachkundiger Planer, anders als die meisten nicht sachkundigen Betreiber, auch in der Lage, Gewährleistungsmängel als solche zu identifizieren.

Die den Inspektionen ggf. nachfolgenden Wartungs- und Instandsetzungskosten sind Sowieso-Kosten, die im Zuge einer regelmäßigen Instandhaltung ohnehin anfallen würden. Eine vorgenannte Systematik aus Inspektion durch einen Sachkundigen Planer und einem Wartungsunternehmen für die Mängelbeseitigung wird sich über die Nutzungsdauer immer rechnen.

3.3 Instandhaltung der Technischen Gebäudeausrüstung

Die technische Gebäudeausrüstung in Parkbauten unterliegt, im Gegensatz zur Gebäudesubstanz, einer wiederkehrenden Prüfpflicht. Die sicherheitstechnischen Anlagen, wie beispielsweise CO-Warnanlagen, Rauchabzugs- und Brandmeldeanlagen, müssen nach der Muster-Prüfverordnung (MPrüfVO) [8], ggf. mit länderspezifischen Abweichungen oder Ergänzungen, i. d. R. alle drei Jahre auf Wirksamkeit durch Prüfsachverständige überprüft und Mängel durch den Betreiber beseitigt werden. Die Prüfberichte müssen auf Verlangen der Bauaufsichtsbehörde vorgelegt werden. Analog der MBO (s. Abschnitt 3.1) steht auch hier für den Verordnungsgeber die Sicherheit Dritter im Vordergrund.

Für die meisten anderen in Parkbauten vorhandenen technischen Gewerke ergeben sich entsprechende Prüf- bzw. Instandhaltungspflichten aus den jeweiligen Normen und Regelwerken.

Die Praxis zeigt, dass hier das Vorhandensein der Prüfgrundlagen (Dokumentationen), zum Beispiel:

– Bauantrag/Baugenehmigung,
– Lüftungsgesuch,
– Entwässerungsgesuch,
– Brandschutzkonzept,
– Brandmeldeanlagenkonzept und anderes,

für den Prüfsachverständigen, oder noch mehr für den Betreiber, von elementarer Wichtigkeit ist.

Liegen diese nicht vor, muss der Sachverständige gerade bei älteren Anlagen, zu den Grundlagen eigene Annahmen treffen. Dies kann im Vergleich der Auslegung des Anlagen-Sollzustands mit dem Ist-Zustand zu zahlreichen Mängeln und unter Umständen zu umfangreichen Kosten zur Mängelbeseitigung führen.

3.4 Dokumentation der Instandhaltung

In der Nutzungsphase von Parkbauten wird im Rahmen der Instandhaltung vieles erneuert, umgebaut, verbessert/modernisiert, instand gesetzt oder auch abgebrochen. Auch heute noch liegt in der mangelnden Dokumentation des Geschehens, sowohl in der Errichtungs- als auch in der Nutzungsphase, ein großes Problem. Durch mangelndes Verständnis, unzureichende Prozesse, Eigentümerwechsel, Wechsel der handelnden Personen und andere Gründe gehen viele Unterlagen und Pläne zu einem Objekt verloren oder werden erst gar nicht verwahrt.

Das Problem liegt im Wesentlichen aufseiten des Betreibers. Er muss oftmals für die vorgenannten Veränderungen deutlich mehr Zeit und Geld aufwenden, als dies der Fall wäre, wenn es zum Objekt eine ausreichend lückenlose Dokumentation der in der Vergangenheit durchgeführten Maßnahmen gäbe.

Dabei helfen kann die Erstellung und Pflege eines Bauwerksbuchs, vergleichbar mit einer Mischung aus Fahrzeugbrief und Serviceschheckheft beim eigenen Auto. Wie so etwas in der Praxis aussehen kann, zeigt beispielsweise das Merkblatt „Bauwerksbuch" des DBV [9]. Die Herausforderung liegt erfahrungsgemäß weniger in der Erstellung, sondern vielmehr in der kontinuierlichen Pflege eines Bauwerksbuchs oder einer ähnlich gearteten Dokumentationssammlung.

In dem 50 und mehr Jahre andauernden Zeitraum der Nutzung ergeben sich naturgemäß immer Wechsel in der Betreuung von Gebäuden. Je besser die Vergangenheit dokumentiert wurde, desto leichter fällt es neuen Akteuren nahtlos an das Geschehen anzuknüpfen bzw. neue Maßnahmen darauf aufzusetzen.

4 Literatur

[1] Konferenz der für das Bauen zuständigen Minister und Senatoren der Länder (Bauministerkonferenz, ARGEBAU) (2012) *Muster-Hochhaus-Richtlinie (MHHR)*. Beschluss der Fachkommission Bauaufsicht der ARGEBAU, Fassung April 2008, zuletzt geändert durch Beschluss vom Februar 2012, www.bauministerkonferenz.de.

[2] Konferenz der für das Bauen zuständigen Minister und Senatoren der Länder (Bauministerkonferenz, ARGEBAU) (2016) *Musterbauordnung (MBO)*. Beschluss der Fachkommission Bauaufsicht der

ARGEBAU, Fassung November 2002, zuletzt geändert durch Beschluss vom 13.05.2016, www.bauministerkonferenz.de.

[3] Konferenz der für das Bauen zuständigen Minister und Senatoren der Länder (Bauministerkonferenz, ARGEBAU) (2008) *Muster einer Verordnung über den Bau und Betrieb von Garagen – Muster-Garagenverordnung (M-GarVO)*. Beschluss der Fachkommission Bauaufsicht der ARGEBAU, Fassung Mai 1993, geändert durch Beschlüsse vom 19.09.1996, 18.09.1997 und 30.05.2008, www.bauministerkonferenz.de.

[4] DIN EN 1992-1-1:2011-01 (2011) Eurocode 2: Bemessung und Konstruktion von Stahlbeton- und Spannbetontragwerken – Teil 1-1: Allgemeine Bemessungsregeln und Regeln für den Hochbau mit DIN EN 1992-1-1/A1:2015-03: A1-Änderung, Mit DIN 1992-1-1/NA:2013-04: Nationaler Anhang, Mit DIN EN 1992-1-1/NA/A1:2015-12: A1-Änderung, Beuth, Berlin.

[5] Deutscher Beton- und Bautechnik-Verein E. V. (2018) *Merkblatt Parkhäuser und Tiefgaragen*, Fassung Januar 2018, DBV, Berlin.

[6] Ministerium für Bauen, Wohnen, Stadtentwicklung und Verkehr des Landes Nordrhein-Westfalen (2016) *Verordnung über Bau und Betrieb von Sonderbauten (Sonderbauverordnung SBauVO)* vom 02. Dezember 2016.

[7] Forschungsgesellschaft für Straßen- und Verkehrswesen (FGSV) (2005) *Empfehlungen für Anlagen des ruhenden Verkehrs (EAR)*. Ausgabe 2005, FGSV-Verlag, Köln.

[8] Konferenz der für das Bauen zuständigen Minister und Senatoren der Länder (Bauministerkonferenz, ARGEBAU) (2011) *Muster-Verordnung über Prüfungen von technischen Anlagen nach Bauordnungsrecht – Muster-Prüfverordnung (MPrüfVO)*. Beschluss der Fachkommission Bauaufsicht der ARGEBAU, Fassung März 2011, www.bauministerkonferenz.de.

[9] Deutscher Beton- Und Bautechnik-Verein E. V. (2007) *Merkblatt Bauwerksbuch*, Fassung Juni 2007, DBV, Berlin.

IX Dauerhaftigkeit von Parkbauten in Deutschland

Frank Fingerloos, Berlin

Claus Flohrer, Schöneck

Dieter Räsch, München

Frischbetonverbundfolie adicon® AVS

Hybridabdichtungssystem für WU-Konstruktionen mit hochwertigen Nutzungsanforderungen. Nutzungsklasse A^0 bis A^{***} als vorweggenommene Rissabdichtung

- Nicht hinterläufige Abdichtung durch den flächigen Verbund mit der Betonkonstruktion

- Rissüberbrückende Abdichtung mit Rissweiten bis zu 5 mm

- Das Abdichtungssystem ist bauaufsichtlich bis 50 m Wasserdruck geprüft

- Praktisch diffusionsdicht sd = 620 m bzw. sd = 1.000 m

- Gewährleistungsübernahme auf die Dichtigkeit

SILAT® – der natürliche Weg

Umweltfreundliche Oberflächenschutzsysteme mit Silikat-Technologie

- Hochwertige Oberflächengestaltung und gleichzeitiger Schutz für privat und industriell genutzte Böden

- Hochbeständiger Schutz von Betonoberflächen vor chemischen und mechanischen Einflüssen

adicon® Gesellschaft für Bauwerksabdichtungen mbH
Max-Planck-Straße 6 · 63322 Rödermark
Telefon 06074 8951-0 · www.adicon.de

1 Einführung

Seit etwa 90 Jahren werden in Deutschland Parkhäuser aus Betonkonstruktionen erfolgreich geplant und errichtet. Im Zusammenspiel mit der Gestaltung, der Funktionalität und der Standsicherheit war und ist die Sicherstellung der Dauerhaftigkeit der Tragwerke von Parkhäusern und Tiefgaragen eine anspruchsvolle Ingenieuraufgabe. Dabei wurde in der frühen Phase der Entwicklung der Bauart Stahlbeton zunächst empirisch vorgegangen, d. h. detaillierte und ausführlichere Regelungen in den Normen des Betonbaus für die besonders durch Feuchte und Frost, später auch durch Chloride aus Tausalzen beanspruchten Parkdecks entwickelten sich erst über mehrere Normengenerationen. Dabei flossen immer wieder gesammelte positive und negative Erfahrungen während langjähriger Nutzung der Parkbauten ein.

Dieser Beitrag im Beton-Kalender 2019 soll nach einem kurzen Rückblick auf die Entwicklung der deutschen Regelungen der vergangenen 30 Jahre zur Dauerhaftigkeit von Betonparkdecks den aktuell erreichten Stand des Normenwerks und der begleitenden Sekundärliteratur zur Dauerhaftigkeit von Betonbauteilen in Parkhäusern und Tiefgaragen aufbereiten und den mit Planung und Ausführung befassten Ingenieuren die notwendigen Hintergründe und Erläuterungen geben.

2 Entwicklung des Regelwerks zur Dauerhaftigkeit von direkt befahrenen Parkdecks seit 1988 – Rückblick

Zunächst soll grundlegend reflektiert werden, wie sich in den vergangenen 30 Jahren die normativen Regelungen zur Sicherstellung der Dauerhaftigkeit von den am stärksten beanspruchten direkt befahrenen Parkdecks im wiedervereinigten Deutschland entwickelt haben. In DIN 1045 von 1988 wurde nämlich erstmals zusätzlich zur Betonqualität und Betondeckung ein besonderer Schutz von Trennrissen gefordert, die durch stark chloridhaltiges Wasser bei Tausalzeinsatz beansprucht werden.

In den Tabellen 1 bis 4 sind die im Zusammenhang mit tausalzhaltigen Wässern beanspruchten Betonparkdecks in Deutschland geltenden Regelungen chronologisch von 1988 bis Ende 2015 als Übersicht aufgeführt. Die aktuellen Regelungen in Deutschland ab 2016 werden ausführlich in Abschnitt 3 zusammengefasst. Die historische technische Entwicklung zu den relevanten Themen Betondichtheit, Betondeckung, Rissbreitenbegrenzung, zusätzlicher Schutz der Risse kann somit nachvollzogen werden. Diese Informationen können darüber hinaus auch nutzbringend bei der Beurteilung von Bestandsparkhäusern genutzt werden, um vorab einzuschätzen, welche Bauteileigenschaften bei regelkonformer Planung und Ausführung im jeweiligen Baujahr zu erwarten sein würden.

Tabelle 1. Regelungen zu mit tausalzhaltigen Wässern beanspruchten Betonparkdecks in Deutschland von 1988 bis 2001

	DIN 1045:1988-07: Beton- und Stahlbeton, Bemessung und Ausführung
1	**DIN 1045:1988-07: Betondeckung für Betonstahl nach Normenreihe DIN 488** [1)] – 13.2.1 (2), Tabelle 10: Betondeckung bezogen auf die Umweltbedingungen (Korrosionsschutz) – Zeile 4: Bauteile, die besonders korrosionsfördernden Einflüssen auf Stahl oder Beton ausgesetzt sind, z. B. durch **häufige Einwirkung angreifender Tausalze** (Sprühnebel- oder Spritzwasserbereich): c_{min} = **40 mm** und c_{nom} = 50 mm bei Beton ≥ B 25 (*Anm.: heute etwa C20/25*) – 13.2.1 (5): c_{min} = 35 mm und c_{nom} = 45 mm bei Beton ≥ B 35 (*Anm.: heute etwa C30/37*) – 13.2.1 (4): Mit besonderen qualitätssichernden Maßnahmen (z. B. nach Merkblatt Betondeckung [2)]): c_{nom} = 45 mm bei Beton ≥ B 25 – 13.2.1 (3): Vorhaltemaß der Betondeckung i. d. R. Δc = **10 mm** – 13.2.1 (5): Bei Beton ≥ B 35 und mit besonderen qualitätssichernden Maßnahmen gemäß (4): Reduziertes Vorhaltemaß der Betondeckung Δc ≥ 5 mm – 13.3 (1): Bei **zusätzlichen Schutzmaßnahmen**, wie außenliegende Schutzschichten nach der DIN-18195-Reihe (*Anm.: d. h. Abdichtungen gegen Feuchtebeanspruchungen*) oder dauerhafte Bekleidungen mit dichten Schichten: **Reduktion** auf Werte der Tabelle 10, Zeile 2: c_{min} = 20 mm und c_{nom} = 30 mm bei Beton ≥ B 25 (*Anm.: heute etwa C20/25*)
2	**DIN 1045:1988-07: Betongüte** – 13.2.1 (2): allgemein **mindestens B 25** (*Anm.: heute etwa C20/25*) – 6.5.7.4.: **LP-Beton mit hohem Frost- und Tausalzwiderstand** (Frost-Tauwechsel im durchfeuchteten Zustand bei Einwirkung von Tausalzen) mit bestimmten Zementen der Festigkeitsklasse ≥ Z 35 nach DIN-1164-Reihe, Wasserzementwert w/z ≤ 0,50 und Luftporen gemäß DIN 1045:1988-07, Tabelle 5 bei w/z ≥ 0,40 (*Anm.: heute etwa LP-Beton C30/37*) – 6.5.7.4.: Betonzuschläge (*Gesteinskörnung*) mit erhöhten Anforderungen an den Widerstand gegen Frost und Taumittel eFT nach DIN 4226-1
3	**DIN 1045:1988-07: Rissbreitenbegrenzung mit geripptem Betonstahl** – 17.6.1 (2): Wenn die **Konstruktionsregeln** nach 17.6.2 (Mindestbewehrung) und 17.6.3 (Grenzdurchmesser der Bewehrung bzw. Höchstwerte der Stababstände) eingehalten werden, wird die **Rissbreite** in dem Maße beschränkt, dass die **Dauerhaftigkeit von Stahlbetonbauteilen nicht beeinträchtigt** wird. – Die für die Konstruktionsregeln maßgebenden Betonstahlspannungen sind i. d. R. unter voller Gebrauchslast bzw. unter Einwirkung von Zwang zu ermitteln. – Gebrauchslast mit Eigenlasten nach DIN 1055-1:1978-07 und Verkehrslasten nach DIN 1055-3: 1971-06: **Nutzlasten auf Parkdecks** befahren mit Pkw bis zu zulässigem Gesamtgewicht ≤ **25 kN**: Parkdecks: q_k = **3,5 kN/m²** bis **5,0 kN/m²** (Tabelle 1, Zeile 4b, abhängig von der Spannweite) bzw. Zufahrten und Rampen q_k = **5,0 kN/m²** (Tabelle 1, Zeile 5c). – 17.6.1 (5): Bauteile, auf die **stark chloridhaltiges Wasser** (z. B. aus Tausalzanwendung) einwirkt und bei denen **Trennrisse** zu erwarten sind, bedürfen eines **besonderen Schutzes** nach 13.3 (Abdichtungen nach DIN 18195-Reihe oder dauerhafte dichte Schichten).
4	**DIN 1045:1988-07: Nachbehandlung** – 10.3: Beton ist bis zum genügenden Erhärten seiner oberflächennahen Schichten gegen schädigende Einflüsse zu schützen. Um den frisch eingebrachten Beton gegen vorzeitiges Austrocknen zu schützen und eine ausreichende Erhärtung der oberflächennahen Bereiche unter Baustellenbedingungen sicherzustellen, ist er ausreichend lange feucht zu halten. Die erforderliche Dauer richtet sich in erster Linie nach der Festigkeitsentwicklung des Betons und den Umgebungsbedingungen während der Erhärtung … – Aber: keine konkreten Empfehlungen für die Nachbehandlungsdauer.

E&S ZEITLOS

KLASSIKER DES BAUINGENIEURWESENS

Mit der Reihe „E&S Zeitlos" macht der Verlag Ernst & Sohn vergriffene Standardwerke, die Meilensteine der Bauingenieurliteratur darstellen, als unveränderte Nachdrucke wieder verfügbar.

www.ernst-und-sohn.de/zeitlos

SPANNBETON FÜR DIE PRAXIS
Fritz Leonhardt

erstmals erschienen: 1955, diese (3.) Auflage ist erschienen: 1973

ISBN
978-3-433-03236-7

PREIS
59,00 € *

Mit diesem erstmals 1955 erschienenen Grundlagenwerk, das in zahlreiche Sprachen übersetzt wurde, prägte Leonhardt die moderne Bauingenieurkunst nachhaltig. Es ist auch heute noch selbst für den erfahrenen Spannbetoningenieur eine nützliche Wissensquelle für die Praxis.

RAHMENFORMELN
Adolf Kleinlogel / Werner Haselbach

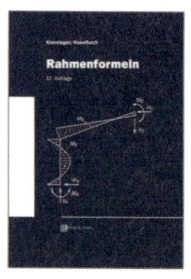

erstmals erschienen: 1914, diese (17.) Auflage ist erschienen: 1993

ISBN
978-3-433-03239-8

PREIS
59,00 € *

Auch wenn die Berechnungen von Rahmen mit dem Computer durchgeführt werden, so bietet das vorliegende Standardwerk eine zusätzliche und sichere Hilfe vor allem bei der Vordimensionierung und bei der Kontrolle von Ergebnissen.

WILHELM ERNST & SOHN
Verlag für Architektur und technische Wissenschaften
GmbH & Co. KG

KUNDENSERVICE:
Wiley-VCH
Boschstraße 12
D-69469 Weinheim

TEL. +49 (0)6201 606-400
FAX +49 (0)6201 606-184
MAIL service@wiley-vch.de

Ernst & Sohn
A Wiley Brand

* Der Preis gilt ausschließlich für Deutschland. Inkl. MwSt. zzgl. Versandkosten. Irrtum und Änderungen vorbehalten. Stand: 10/2017 – 1157046_zoo

Tabelle 1. Regelungen zu mit tausalzhaltigen Wässern beanspruchten Betonparkdecks in Deutschland von 1988 bis 2001 (Fortsetzung)

DIN 1045:1988-07: Beton- und Stahlbeton, Bemessung und Ausführung
5	**Erläuterungen des Deutschen Ausschusses für Stahlbeton (DAfStb) – DAfStb-Heft 400** [3)][4)] – Zu 13.3 (1) [3)]: Die Inanspruchnahme der Möglichkeit zur Verminderung der Betondeckung verpflichtet dazu, die **Schutzschichten** so auszubilden, dass die Umgebungseinflüsse vom Bauteil ferngehalten werden und sie **instand zu halten** oder Ausführungen zu wählen, die unter den gegebenen Umweltbedingungen **dauerhaft** sind. – Zu 17.6 (5) [3)]: Mit den genannten Bauteilen sind in erster Linie **statisch unbestimmt gelagerte, horizontale Parkdecks mit Chloridbeaufschlagung** gemeint, bei denen Trennrisse aus Zwangbeanspruchung praktisch unvermeidlich sind. Mit solchen direkt befahrenen Betondecken liegen sehr schlechte Erfahrungen vor, wenn Risse auftreten. Im Winter werden von Fahrzeugen über den anhaftenden Schneematsch größere Mengen Chlorid „eingeschleppt", die auch im Sommer wegen der Geometrie und Lage der Bauteile nicht „ausgewaschen" werden. Die Chloride dringen über Risse sehr rasch in den Beton ein und können bereits nach wenigen Wintern starke Korrosionsschäden an der Bewehrung verursachen, die in der Regel eine Instandsetzung unumgänglich machen. Die Forderung, **Risse unter Tausalzeinwirkung besonders zu schützen, ist auf Trennrisse beschränkt**, da bei Biegerissen, die nicht über die gesamte Querschnittshöhe reichen, zum einen ein Ausheilen durch selbsttätiges Verschließen der Risse möglich ist, zum anderen bei ausreichender Qualität der Betondeckungsschicht ein ausreichender Korrosionsschutz der Bewehrung auch bei Chlorideinwirkung nachgewiesen werden konnte. [5)] Allerdings ist auch im Falle nicht durchgehender Risse bei Chlorideinwirkung von oben auf horizontalen Flächen (z. B. Parkdecks) eine besondere Schutzmaßnahme, die die direkte Chlorideinwirkung auf gerissene Bauteilbereiche ausschließt, empfehlenswert. Als Maßnahmen kommen **rissüberbrückende Beschichtungen** des Betons oder eine kunststoffbeschichtete Bewehrung infrage. Eine Verzinkung der Bewehrung ist bei Chlorideinwirkung nicht beständig. – Kapitel 2.1 [4)]: Den Konstruktionsregeln zur Rissbreitenbegrenzung in DIN 1045 liegt für Bauteile unter besonders korrosionsfördernden Umweltbedingungen gemäß Tabelle 10, Zeile 4 (z. B. bei Tausalzen im Sprühnebel und Spritzwasserbereich) eine rechnerische Rissbreite von $w_{cal} = 0{,}25$ **mm** zugrunde.

[1)] DIN 488: Betonstahl. Teil 1:1984-09 und Teile 2–6:1986-06.
[2)] Merkblatt „Betondeckung": Fassung Oktober 1982. Hrsg.: Deutscher Beton-Verein E. V., Fachvereinigung Betonfertigteilbau e. V. im Bundesverband Deutsche Beton- und Fertigteilindustrie e. V., Bundesfachabteilung Fertigteilbau im Hauptverband der Deutschen Bauindustrie e. V.
[3)] DAfStb-Heft 400: Erläuterungen zu DIN 1045, Beton und Stahlbeton, Ausgabe 07.88. Zusammengestellt von Dieter Bertram und Norbert Bunke. Berlin: Beuth Verlag, 1. Auflage 1989.
[4)] Schießl, P.: Grundlagen zur Neuregelung zur Beschränkung der Rißbreite. In: DAfStb-Heft 400. Berlin: Beuth Verlag, 1989.
[5)] Schießl, P.: Einfluß von Rissen auf die Dauerhaftigkeit von Stahlbeton- und Spannbetonbauteilen. In: DAfStb-Heft 370. Berlin: Ernst & Sohn, 1986.

Tabelle 2. Regelungen zu direkt befahrenen Parkdecks in Deutschland von 2001 bis 2008

	DIN 1045: Tragwerke aus Beton, Stahlbeton und Spannbeton – Teil 1:2001-07: Bemessung und Konstruktion – Teil 2:2001-07: Beton – Festlegung, Eigenschaften und Konformität, Anwendungsregeln zu DIN EN 206-1 – Teil 3:2001-07: Bauausführung
1	**DIN 1045-1:2001-07: Betondeckung für Betonstahl nach Normenreihe DIN 488** [1] – 6.2 (2), Tabelle 3: Festlegung der Einwirkungen (Bewehrungskorrosion und Betonangriff) Expositionsklassen und Mindestbetonfestigkeit. – Tabelle 3, Zeile 3: Bewehrungskorrosion, ausgelöst durch Chloride (ausgenommen Meerwasser): **XD3** gilt für Umgebungsbedingungen „wechselnd nass und trocken", Mindestbetonfestigkeitsklasse i. d. R. **C35/45**. – Tabelle 3: Informative Beispiele für XD3-Exposition: Bauteile im Spritzwasserbereich von taumittelbehandelten Straßen; **direkt befahrene Parkdecks** [b]. – Tabelle 3, Zeile 5: Betonangriff durch Frost mit Taumittel: **XF2** gilt für Umgebungsbedingungen „mäßige Wassersättigung", min C35/45 oder C25/30 LP; **XF4** gilt für Umgebungsbedingungen „hohe Wassersättigung", min C30/37 LP (Mindestbetonfestigkeitsklassen nach DIN 1045-2: 2001-07). – Tabelle 3: Informative Beispiele für XF2-Exposition: Bauteile im Sprühnebel- oder Spritzwasserbereich von taumittelbehandelten Verkehrsflächen, soweit nicht XF4 … – Tabelle 3: Informative Beispiele für XF4-Exposition: Bauteile, die mit Taumitteln behandelt werden; Bauteile im Spritzwasserbereich von taumittelbehandelten Verkehrsflächen mit überwiegend horizontalen Flächen; **direkt befahrene Parkdecks** [b] … – Tabelle 3, Fußnote [b]: Ausführung direkt befahrener Parkdecks nur mit zusätzlichem Oberflächenschutzsystem für den Beton. – DIN 1045-1/Berichtigung 1:2002-07: Tabelle 3, Fußnote [b]: **Ausführung nur mit zusätzlichen Maßnahmen (z. B. rissüberbrückende Beschichtung).** – Hinweis: In DIN 1045-1/Berichtigung 2:2005-05 wurden u. a. die informativen Beispiele in Tabelle 3 weitgehend an die in DIN 1045-2, Tabelle 1 angepasst (siehe auch hier in Zeile 2). – 6.3 (3), Tabelle 4: **Mindestbetondeckung c_{min}** zum Schutz gegen Korrosion und **Vorhaltemaß Δc** in Abhängigkeit von der Expositionsklasse. – Tabelle 4, Zeile 3: XD3 [d] c_{min} = **40 mm** (Betonstahl) und c_{min} = 50 mm (Spannstahl) bei Beton ≥ C35/45. Gemäß Fußnote [a] darf c_{min} um 5 mm verringert werden, wenn Beton ≥ C45/55 verwendet wird. Fußnote [d]: Im Einzelfall können besondere Maßnahmen zum Korrosionsschutz der Bewehrung nötig sein. – Tabelle 4, Zeile 3: XD3: Vorhaltemaß der Betondeckung i. d. R. Δc = **15 mm**. – 6.3 (9): Das Vorhaltemaß Δc darf um 5 mm abgemindert werden, wenn dies durch eine entsprechende Qualitätskontrolle bei Planung, Entwurf, Herstellung und Bauausführung gerechtfertigt werden kann (z. B. nach DBV-Merkblättern „Betondeckung und Bewehrung" und „Abstandhalter" [2]).
2	**DIN 1045-2:2001-07: Betonzusammensetzung und Betonfestigkeitsklasse** – 4.1, Tabelle 1: Festlegung der Einwirkungen (Bewehrungskorrosion und Betonangriff) Expositionsklassen und Mindestbetonfestigkeit. – Tabelle 1, Zeile 3: Bewehrungskorrosion, ausgelöst durch Chloride (ausgenommen Meerwasser): XD3 gilt für Umgebungsbedingungen „wechselnd nass und trocken". – Tabelle 1: Informative Beispiele für XD3-Exposition: Teile von Brücken mit häufiger Spritzwasserbeanspruchung; Fahrbahndecken; Parkdecks. – DIN 1045-2/A1-Änderung:2005-01: Informatives Beispiel für XD3-Exposition geändert: **direkt befahrene Parkdecks** [a]. Fußnote [a]: **Ausführung nur mit zusätzlichen Maßnahmen (z. B. rissüberbrückende Beschichtung, siehe auch DAfStb-Heft 526).** – Tabelle 1, Zeile 5: Betonangriff durch Frost mit Taumittel: XF2 gilt für Umgebungsbedingungen „mäßige Wassersättigung"; XF4 gilt für Umgebungsbedingungen „hohe Wassersättigung".

Tabelle 2. Regelungen zu direkt befahrenen Parkdecks in Deutschland von 2001 bis 2008 (Fortsetzung)

	DIN 1045: Tragwerke aus Beton, Stahlbeton und Spannbeton – Teil 1:2001-07: Bemessung und Konstruktion – Teil 2:2001-07: Beton – Festlegung, Eigenschaften und Konformität, Anwendungsregeln zu DIN EN 206-1 – Teil 3:2001-07: Bauausführung
2	– Tabelle 1: Informative Beispiele für XF2-Exposition: wie DIN 1045-1, Tabelle 3. – Tabelle 1: Informative Beispiele für XF4-Exposition: Verkehrsflächen, die mit Taumitteln behandelt werden; Überwiegend horizontale Bauteile im Spritzwasserbereich von taumittelbehandelten Verkehrsflächen. – Anhang F: Empfehlungen für **Grenzwerte für Betonzusammensetzungen und -eigenschaften** (abhängig von den Expositionsklassen): DIN 1045-2:2001-07, Tabellen F.2.1 und F.2.2 → siehe hier Abschnitt 3.3, Tabelle 6. – Anhang F: Anwendungsbereiche für Zemente nach DIN EN 197-1 und DIN 1164 (abhängig von den Expositionsklassen): DIN 1045-2:2001-07, Tabellen F.3.1 bis F.3.3.
3	**DIN 1045-1:2001-07: Rissbreitenbegrenzung** – 11.2.1 (6), Tabelle 18: Anforderungen an die Begrenzung der Rissbreite und die Dekompression und Tabelle 19: Mindestanforderungsklassen in Abhängigkeit von der Expositionsklasse Rechenwerte: z. B. für Stahlbetonbauteile in XD3 [b] – Anforderungsklasse E mit $w_k = 0{,}3$ mm unter **quasi-ständiger Einwirkungskombination**. – Tabelle 19: Fußnote [b] Im Einzelfall können zusätzlich besondere Maßnahmen für den Korrosionsschutz notwendig sein. – ab DIN 1045-1/Berichtigung 1:2002-07: Tabelle 3, Zeile 3 (XD3): Fußnote [b]: **Ausführung nur mit zusätzlichen Maßnahmen (z. B. rissüberbrückende Beschichtung)**. – DIN 1055-100:2001-03: Einwirkungen auf Tragwerke – Teil 100: Grundlagen der Tragwerksplanung, Sicherheitskonzept und Bemessungsregeln, Anhang A, Tabelle A.2: Quasi-ständiger Lastanteil für Verkehrslasten Kategorie F mit Fahrzeuglast $\leq$ **30 kN**: $\psi_2 = 0{,}6$. – Bis 2006: Quasi-ständige Einwirkungskombination mit Eigenlasten nach DIN 1055-1:2002-06 und Verkehrslasten nach DIN 1055-3:1971-06: Nutzlasten auf Parkdecks befahren mit Pkw bis zu zulässigem Gesamtgewicht $\leq$ **25 kN**: Parkdecks: $q_k =$ **3,5 kN/m²** (Tabelle 1, Zeile 4b, abhängig von der Spannweite) bzw. Zufahrten und Rampen $q_k =$ **5,0 kN/m²** (Tabelle 1, Zeile 5c). Bauaufsichtlich gültig bis Muster-Liste der Technischen Baubestimmungen 2006-09. – ab 2007: Quasi-ständige Einwirkungskombination mit Eigenlasten nach DIN 1055-1:2002-06 und Nutzlasten nach DIN 1055-3:2006-03: 6.3 Gleichmäßig verteilte Nutzlasten für Parkhäuser mit Pkw bis zu zulässigem Gesamtgewicht $\leq$ **25 kN**: Verkehrs- und Parkflächen: Flächenlasten $q_k =$ **2,0 kN/m² bis 3,5 kN/m²** (Tabelle 3, Kategorien F1 bis F3 abhängig von Lasteinzugsfläche) bzw. Zufahrtsrampen $q_k =$ **3,5 kN/m² bis 5,0 kN/m²** (Tabelle 3, Kategorien F4 bis F5 abhängig von Lasteinzugsfläche). Alternativ anzusetzen: Achslast $2 \times Q_k =$ **20 kN**. Bauaufsichtlich gültig ab Muster-Liste der Technischen Baubestimmungen 2007-02.

4	**DIN 1045-3:2001-07: Nachbehandlung und Schutz**
	– 8.7.1: Während der ersten Tage der Hydratation ist der Beton nachzubehandeln und ggf. zu schützen, um
	  • das Frühschwinden gering zu halten;
	  • eine ausreichende Festigkeit und Dauerhaftigkeit der Betonrandzone sicherzustellen;
	  • den Beton vor schädlichen Witterungsbedingungen zu schützen;
	  • das Gefrieren zu verhindern;
	  • schädliche Erschütterungen, Stöße oder Beschädigungen zu vermeiden.
	– 8.7.4 (1): Die Nachbehandlungsdauer hängt von der Entwicklung der Betoneigenschaften in der Randzone ab.

Tabelle 2. Regelungen zu direkt befahrenen Parkdecks in Deutschland von 2001 bis 2008 (Fortsetzung)

	DIN 1045: Tragwerke aus Beton, Stahlbeton und Spannbeton – Teil 1:2001-07: Bemessung und Konstruktion – Teil 2:2001-07: Beton – Festlegung, Eigenschaften und Konformität, Anwendungsregeln zu DIN EN 206-1 – Teil 3:2001-07: Bauausführung
4	– 8.7.4 (2): Bei Umweltbedingungen in den Expositionsklassen XC2–XC4, XD, XS, XA, XF muss der Beton so lange nachbehandelt werden, bis die Festigkeit des oberflächennahen Betons 50 % der charakteristischen Festigkeit f_{ck} des verwendeten Betons erreicht hat (s. Tabelle 2). – Tabelle 2: Mindestdauer der Nachbehandlung von Beton bei den Expositionsklassen XC2–XC4, XD, XS, XA, XF: zwischen 1 Tag (Oberflächentemperatur $\geq +25\,°C$ und schnelle Festigkeitsentwicklung) bis zu 15 Tagen (Oberflächentemperatur $\geq +5\,°C$ und sehr langsame Festigkeitsentwicklung). Bei Expositionsklassen XM: Mindestnachbehandlungsdauer verdoppeln.
5	**Erläuterungen des Deutschen Ausschusses für Stahlbeton – DAfStb-Hefte 525** [3] **und 526** [4] – Heft 525, zu 6.1 (1): Die in DIN EN 206-1 und DIN 1045-2, Anhang F festgelegten Grenzwerte für die Betonzusammensetzungen sind für eine **angenommene Nutzungsdauer von mindestens 50 Jahren** bei einem **üblichen Instandhaltungsaufwand** festgelegt. Die getrennte Regelung von Maßnahmen auf der Seite der Betontechnologie und auf der Seite der Konstruktion kann zu einem ungleichmäßigen Dauerhaftigkeitsniveau über die Expositionsklassen führen. – Heft 525, zu **Tabelle 3, Fußnote b**: Bei Parkdecks handelt es sich i. d. R. um über mehrere Felder durchlaufende Flächentragwerke. Eine Rissbildung an der Bauteiloberseite infolge Lasten und Zwang ist im Allgemeinen zu erwarten. Entsprechend Fußnote [b] ist bei direkt befahrenen Parkdecks eine Ausführung nur mit **zusätzlichen Maßnahmen** (z. B. rissüberbrückende Beschichtung) zulässig. Diese Regelung berücksichtigt, dass horizontale Betonbauteile mit Rissbildung und Chloridbeaufschlagung von oben als Bauteile mit den schärfsten Beanspruchungen hinsichtlich Bewehrungskorrosion einzustufen sind. Durchlaufende Bauteile mit Rissen, die tiefer reichen als die obere Bewehrungslage, sind besonders kritisch einzustufen, da im Bereich der Risse eine rasche Depassivierung der Bewehrung auftritt und als Folge einer Makrokorrosionselementbildung (anodische Bereiche im Rissbereich, kathodische Bereiche außerhalb der Risse) mit extremen Korrosionsgeschwindigkeiten zu rechnen ist. Für die Chloridbeanspruchung ist die durch Fahrzeuge in Parkdecks eingeschleppte Tausalz hinreichend. Eine **rissüberbrückende Beschichtung mindestens OS 11** ist bei direkt befahrenen Parkdecks als eine ausreichende zusätzliche Maßnahme zu verstehen, wenn die sich für die Expositionsklasse **XD3** ergebenden Mindestbetondeckungen und -festigkeiten eingehalten und konstruktive Anforderungen an eine wirksame Entwässerung einschließlich der Stützen und Wandanschlüsse umgesetzt werden. Da bei Beschichtungen auf befahrenen Flächen i. Allg. von einer geringeren Lebensdauer als 50 Jahre ausgegangen wird, gilt die Einstufung in die Expositionsklasse **XD3** auch bei beschichteten Parkdecks. Sofern im Einzelfall die Beschichtungsmaßnahme jedoch so ausgeführt und instand gehalten wird, dass die Umwelteinflüsse dauerhaft vom Bauteil ferngehalten werden, ist eine Zuordnung in die Expositionsklasse **XD1** zulässig. Zur **dauerhaften** Sicherstellung der **Schutzwirkung** der Beschichtung ist ein **projektbezogener Wartungsplan** zu vereinbaren, in dem die Überprüfungshäufigkeit der Beschichtung und die Instandhaltungs- und Instandsetzungsmaßnahmen in Abhängigkeit vom Überprüfungsergebnis sowie die Verfahrensweisen und die Verantwortlichkeiten festgelegt sind. Die Wartungsintervalle müssen sich in jedem Fall an die Dauerhaftigkeit der Schutzmaßnahme anpassen. Bei entsprechend **kurzem Wartungsintervall** – Überprüfung zweimal jährlich vor und nach der Frostperiode und notwendiger Instandsetzung bei Feststellung von Schäden – kann wegen der kurzen Einwirkungszeiten die **Betondeckung** der Klasse XD1 **um 10 mm verringert** werden. Andere Abdichtungsmaßnahmen sind ebenfalls nach ihrer Lebensdauer zu bewerten. Gegebenenfalls können angepasste Wartungsintervalle vereinbart werden. Ein Asphaltbelag mit darunterliegender Abdichtung entsprechend ZTV-ING [5] ist als dauerhafter Schutz zu bewerten, sodass die Expositionsklasse **XC3** angewendet werden kann. Eine entsprechende Abdichtung der Stützen- und Wandanschlüsse ist ebenfalls erforderlich.

Tabelle 2. Regelungen zu direkt befahrenen Parkdecks in Deutschland von 2001 bis 2008 (Fortsetzung)

	DIN 1045: Tragwerke aus Beton, Stahlbeton und Spannbeton – Teil 1:2001-07: Bemessung und Konstruktion – Teil 2:2001-07: Beton – Festlegung, Eigenschaften und Konformität, Anwendungsregeln zu DIN EN 206-1 – Teil 3:2001-07: Bauausführung
5	Zusätzlich zur Einstufung in die Expositionsklasse XD ist bei Parkdecks eine Einstufung in die Expositionsklasse **XF** erforderlich, wenn die Bauteile Frost ausgesetzt sind. Die Einstufung richtet sich nach der zu erwartenden Durchfeuchtung der Bauteile und der Chloridbelastung. Wird der Beton durch eine rissüberbrückende Beschichtung oder durch einen Asphaltbelag mit darunterliegender Abdichtung in Anlehnung an ZTV-ING in Verbindung mit einem Wartungsplan dauerhaft geschützt, so ist bei Frostbeanspruchung in der Regel eine Einstufung in **XF1** ausreichend. Ohne derartigen dauerhaften Schutz ist bei freier Bewitterung eine Einstufung in die Expositionsklasse **XF4** und bei überdachten Flächen in der Regel eine Einstufung in **XF2** erforderlich. Die Formulierung der Fußnote [b)] lässt auch andere Maßnahmen zu, deren Gleichwertigkeit hinsichtlich des dauerhaften Schutzes gegen Bewehrungskorrosion im Einzelfall nachzuweisen ist. Beispiele: die Vermeidung von Rissen auf der Bauteiloberseite z. B. durch Vorspannung, die Vermeidung von obenliegender Bewehrung durch Ausführung von Einfeldsystemen, der Einbau von Bewehrung aus nichtrostendem Stahl. Wird eine Rissbildung auf der Bauteiloberseite vermieden, sind darüber hinaus hochdichte Betone zu verwenden und das Eindringen von Chloriden in den Beton durch entsprechende Gefällegebung und regelmäßige Oberflächenreinigung zu reduzieren und andererseits durch entsprechende Überwachungs- und Kontrollmaßnahmen während der Nutzung, z. B. durch regelmäßige Aufnahme von Chloridprofilen, den Gefährdungszustand der Bewehrung kontinuierlich zu verfolgen und bei erkennbarer zukünftiger Gefährdung zu einem späteren Zeitpunkt während der Nutzung eine Oberflächenbeschichtung aufzubringen.
6	**DBV-Merkblatt „Parkhäuser und Tiefgaragen", Fassung Januar 2005** Weitere Detaillierung möglicher Ausführungsvarianten für befahrene Betonflächen und aufgehende Bauteile auf der Grundlage von DIN 1045-1:2001-07 und DAfStb-Heft 525:2003 – **2.3.3.2: Ausführungsvarianten** – **Variante 1a:** Ausführung nach DIN 1045-1 mit rissüberbrückender Beschichtung als „besondere Maßnahme" zum Schutz des Bauteils an gerissenen Stellen. – **Variante 1b:** Ausführung nach DIN 1045-1 durch die Verhinderung von Rissen durch Wahl von Einfeldsystemen oder Aufbringen einer Vorspannung Berücksichtigung als „besondere Maßnahme". – **Variante 2:** Ausführung nach DAfStb-Heft 525 [3)] und DAfStb-Heft 526 [4)] mit rissüberbrückender Beschichtung, die regel- und planmäßig gewartet wird, unter Berücksichtigung der Möglichkeiten zur Reduzierung der Anforderungen an Betondeckung und Wahl der Expositionsklasse. – **Variante 3:** Ausführung mit Abdichtung im Verbund zur Betonunterlage aus Polymerbitumen-Schweißbahn in Verbindung mit einer Schicht aus Gussasphalt nach DIN 18195-5. Diese Ausführung ist eine Anlehnung an die Ausführung von Brückenbelägen nach ZTV-ING [3)]. (Einstufung des Bauteils i. d. R. XC3, evtl. XF1). – **2.3.3.1:** Die Beschichtung muss auf die maximal zu erwartende Rissbreite abgestimmt werden. So sollte z. B. bei einem Oberflächenschutzsystem OS 11 mit einer Rissüberbrückungsfähigkeit von etwa 0,3 mm eine Begrenzung der rechnerischen Rissbreite auf maximal $w_k = 0{,}25$ mm gewählt werden.

[1)] DIN 488: Betonstahl. Teil 1:1984-09 und Teile 2–6:1986-06.
[2)] DBV-Merkblätter „Betondeckung und Bewehrung", Fassung Juli 2002 und „Abstandhalter", Fassung Juli 2002.
[3)] DAfStb-Heft 525: Erläuterungen zu DIN 1045-1. Berlin: Beuth Verlag, 1. Auflage 2003 mit Berichtigung 1:2005-05.
[4)] DAfStb-Heft 526: Erläuterungen zu den Normen DIN EN 206-1, DIN 1045-2, DIN 1045-3, DIN 1045-4 und DIN 4226. Berlin: Beuth Verlag, 1. Auflage 2003.
[5)] Zusätzliche Technische Vertragsbedingungen und Richtlinien für Ingenieurbauten (ZTV-ING). Hrsg.: Bundesministerium für Verkehr, Bau- und Wohnungswesen (BMVBW), März 2003.

Tabelle 3. Regelungen zu direkt befahrenen Parkdecks in Deutschland von 2008 bis 2011

	DIN 1045: Tragwerke aus Beton, Stahlbeton und Spannbeton – Teil 1:2008-08: Bemessung und Konstruktion – Teil 2:2008-08: Beton – Festlegung, Eigenschaften und Konformität, Anwendungsregeln zu DIN EN 206-1 – Teil 3:2008-08: Bauausführung
1	**DIN 1045-1:2008-08: Betondeckung für Betonstahl nach Normenreihe DIN 488** [1] – wie DIN 1045-1:2001-07 (siehe hier Tabelle 2, Zeile 1), jedoch mit **folgenden Änderungen:** – Tabelle 3: Informative Beispiele für XD3-Exposition: Teile von Brücken mit häufiger Spritzwasserbeanspruchung; Fahrbahndecken; **direkt befahrene Parkdecks** [b]. – Tabelle 3: Informative Beispiele für XF4-Exposition: Verkehrsflächen, die mit Taumitteln behandelt werden; Überwiegend horizontale Bauteile im Spritzwasserbereich von taumittelbehandelten Verkehrsflächen … – Tabelle 3, Fußnote [b]: **Ausführung nur mit zusätzlichen Maßnahmen (z. B. rissüberbrückende Beschichtung, siehe auch DAfStb-Heft 525).** – Tabelle 3, Zeile 8: **Feuchtigkeitsklassen** wegen Betonkorrosion infolge Alkali-Kieselsäurereaktion, u. a.: **WF** – Beton, der während der Nutzung häufig oder längere Zeit feucht ist; **WA** – Beton, der zusätzlich zu der Beanspruchung nach Klasse WF häufiger oder langzeitiger Alkalizufuhr von außen ausgesetzt ist (wie z. B. Bauteile unter Tausalzeinwirkung ohne zusätzliche hohe dynamische Beanspruchung (z. B. Fahr- und Stellflächen in Parkhäusern).
2	**DIN 1045-2:2008-08: Betonzusammensetzung und Betonfestigkeitsklasse** – wie DIN 1045-2:2001-07 (s. hier Tabelle 2, Zeile 2).
3	**DIN 1045-1:2008-08: Rissbreitenbegrenzung** – wie DIN 1045-1:2001-07 (siehe hier Tabelle 2, Zeile 3), jedoch mit **folgenden Änderungen:** – Tabelle 3, Zeile 3 (XD3): Fußnote [b]: **Ausführung nur mit zusätzlichen Maßnahmen (z. B. rissüberbrückende Beschichtung, siehe auch DAfStb-Heft 525).** – Quasi-ständige Einwirkungskombination mit Eigenlasten und Nutzlasten in Parkhäusern: s. hier Tabelle 2, Zeile 3.
4	**DIN 1045-3:2008-08: Nachbehandlung und Schutz** – wie DIN 1045-3:2001-07 (s. hier Tabelle 2, Zeile 4).
5	**Erläuterungen des Deutschen Ausschusses für Stahlbeton – DAfStb-Hefte 525** [2] **und 526** [3] – wie DAfStb-Heft 525:2003 (s. hier Tabelle 2, Zeile 5), jedoch mit **folgenden Änderungen:** – Zu 6.2 (2): Das Beispiel „direkt befahrene Parkdecks" für die Expositionsklasse XF4 wurde aus Tabelle 3 entfernt, da dieser Fall (z. B. Parkdächer) nicht die Regel ist und die betontechnische Folge, nur Luftporenbeton verwenden zu dürfen, für die meisten Parkdecks nicht zielführend und beabsichtigt ist. – Zu 6.2 (2): Ein Prinzip bei der Sicherstellung der auf die Nutzungsdauer von mindestens 50 Jahren ausgelegten Dauerhaftigkeit der Stahlbeton- und Spannbetonbauteile besteht darin, dass diese nicht von Bauarten abhängen soll, die planmäßig geringere Lebensdauern aufweisen. Wird jedoch durch besondere Maßnahmen die Dichtheit z. B. einer Abdichtungsschicht dauerhaft im zuvor angesprochenen Sinne gesichert, können die Anforderungen an die Betonrandzone entsprechend reduziert werden. [4] Kellerfußböden und Bodenplatten, die nicht Bestandteil des Tragsystems sind, werden in DIN 1045-1 nicht explizit geregelt. Die Maßnahmen zur Dauerhaftigkeit solcher Böden, insbesondere zum Korrosionsschutz ggf. vorhandener Bewehrung, können im Verantwortungsbereich der Planer im Einzelfall z. B. mit Blick auf andere Nutzungsdauern oder Schadensfolgen abweichend festgelegt werden. – Zu Tabelle 3: Unter dem Beispiel „Einzelgarage" für die Expositionsklasse XD1 sind nur tragende Bauteile unter dem Pkw-Stellplatz innerhalb eines Einfamilienhauses oder in einer danebenstehenden Einzelgarage zu verstehen. Andere Fälle von Tausalzbelastung auf Bauteilen mit sehr geringer Nutzungsfrequenz durch Fahrzeuge sind im Einzelfall zu beurteilen und in entsprechende Expositionsklassen einzustufen.

Tabelle 3. Regelungen zu direkt befahrenen Parkdecks in Deutschland von 2008 bis 2011 (Fortsetzung)

	DIN 1045: Tragwerke aus Beton, Stahlbeton und Spannbeton – Teil 1:2008-08: Bemessung und Konstruktion – Teil 2:2008-08: Beton – Festlegung, Eigenschaften und Konformität, Anwendungsregeln zu DIN EN 206-1 – Teil 3:2008-08: Bauausführung
5	– Zu **Tabelle 3, Fußnote b**: … Für die Chloridbeanspruchung ist das durch Fahrzeuge in Parkdecks eingeschleppte Tausalz hinreichend. Zur Sicherstellung der Dauerhaftigkeit von direkt befahrenen Parkdecks ist aus den genannten Gründen stets zu beachten, dass Risse und Arbeitsfugen dauerhaft geschlossen bzw. geschützt werden müssen, um Schäden durch eindringendes chloridhaltiges Wasser und damit durch die chloridinduzierte Korrosion der Bewehrung zu vermeiden. Dieses Prinzip ist unabhängig davon anzuwenden, ob z. B. planmäßig breitere Einzelrisse in Kauf genommen werden, die nach Abschluss der Rissbildung wieder geschlossen oder beschichtet werden oder ob durch eine rissbreitenbegrenzende Bewehrung nach DIN 1045-1 mit mehreren kleineren Rissen gerechnet wird, die dann in der Fläche beschichtet oder abgedichtet werden müssen. Auch die Einstufung der Betonbauteile in die Expositionsklasse XD3 mit den damit verbundenen Mindestanforderungen setzt eine übliche Instandhaltung während der Nutzungsdauer voraus (s. DIN 1045-2, Anhang F). Hinweise zum Umfang einer Instandhaltung werden im DBV-Merkblatt [5] gegeben. Bei Aufbringung eines dauerhaften und flächigen Schutzes unter Einbeziehung einer regelmäßigen und in definierten Abständen vorzunehmenden erweiterten, d. h. über das Übliche hinausgehenden, Wartung auf der Basis eines Wartungsplans und der Durchführung notwendiger Instandsetzungsmaßnahmen sind Reduzierungen bei der Betondeckung (Dicke und Dichtheit) und Herabstufungen innerhalb der Expositionsklassen XD und XF möglich. Das DBV-Merkblatt [5] enthält für verschiedene Anwendungsfälle detaillierte Angaben zu den Inhalten des Wartungsplans, den erforderlichen Wartungsintervallen und den Instandsetzungsmaßnahmen sowie zu den Randbedingungen, unter denen eine Herabstufung der Expositionsklassen möglich ist. Das Merkblatt gibt auch Hinweise zur Auswahl geeigneter Oberflächenschutzsysteme und Abdichtungen für die verschiedenen Bauteile. Zum Schutz von aufgehenden Bauteilen ist eine Beschichtung oder Abdichtung von Stützen und Wandanschlüssen erforderlich (Ausführungsdetails im DBV-Merkblatt [5]). Die in den Normen der Reihe DIN 1045 und DIN EN 206-1 deskriptiv festgelegten Anforderungen an die Mindestbetondeckung sowie an die Betonzusammensetzung, hier insbesondere hinsichtlich des maximal zulässigen Wasserzementwerts, des Mindestzementgehalts und der Mindestbetonfestigkeitsklasse, stellen bei einem unbeschichteten und ungerissenen Beton für die jeweilige Expositionsklasse unter Berücksichtigung einer üblichen Instandhaltung eine Nutzungsdauer von 50 Jahren sicher. Wenn Risse und Arbeitsfugen (möglichst vor dem ersten Chlorideintrag) dauerhaft geschlossen und geschützt sind, ist somit aus Dauerhaftigkeitsgründen kein Gefälle notwendig. Besonderes Augenmerk ist dann auf mögliche Auswirkungen im Spritzwasserbereich zu richten. Die Formulierung der Fußnote [b] lässt auch andere Maßnahmen zu, …
6	**DBV-Merkblatt „Parkhäuser und Tiefgaragen", Fassung September 2010** Weitere Detaillierung möglicher Ausführungsvarianten für befahrene Betonflächen und aufgehende Bauteile auf der Grundlage von DIN 1045-1:2008-08 und DAfStb-Heft 525:2010 – 2.3.3.2: **Entwurfsgrundsätze** und **Ausführungsvarianten** für Parkflächen – **Entwurfsgrundsatz a):** Vermeidung von Rissen in der befahrenen, chloridbeanspruchten Bauteilfläche durch die Festlegung von konstruktiven, betontechnischen und ausführungstechnischen Maßnahmen; – **Entwurfsgrundsatz b):** Festlegung von Rissbreiten in der befahrenen Bauteilfläche, die die statische bzw. dynamische Rissüberbrückungsfähigkeit eines flächigen Oberflächenschutzsystems nach seinem Aufbringen nicht überschreiten; – **Entwurfsgrundsatz c):** Festlegung von rechnerischen Rissbreiten in der befahrenen Bauteilfläche möglichst in definierten Bereichen, die mit im Entwurf vorgesehenen lokalen Maßnahmen nach ihrem Auftreten dauerhaft geschlossen bzw. abgedichtet werden. – Für alle Entwurfsgrundsätze sind planmäßig Abdichtungsmaßnahmen für unerwartet entstandene Risse bzw. für Risse, deren Breite über dem entwurfsmäßig festgelegten Wert liegt, vorzusehen und in einem Wartungsplan (siehe 2.3.3.6) zu dokumentieren.

Tabelle 3. Regelungen zu direkt befahrenen Parkdecks in Deutschland von 2008 bis 2011 (Fortsetzung)

	DIN 1045: Tragwerke aus Beton, Stahlbeton und Spannbeton – Teil 1:2008-08: Bemessung und Konstruktion – Teil 2:2008-08: Beton – Festlegung, Eigenschaften und Konformität, Anwendungsregeln zu DIN EN 206-1 – Teil 3:2008-08: Bauausführung

6	– **Variante 1:** Hohe Anforderungen an Dichte und Dicke der Betondeckung sowie zusätzliche Maßnahme mit
	   – **Variante 1a:** Ausführung mit den Anforderungen der Expositionsklasse XD3 (ggf. XF) mit „zusätzlicher Maßnahme" zum Schutz des Bauteils vor Eindringen von Chloriden in gerissene Bereiche (Entwurfsgrundsatz b) oder c)).
	   – **Variante 1b:** Ausführung mit den Anforderungen der Expositionsklasse XD3 (ggf. XF) bei gleichzeitiger Vermeidung von Rissen durch Wahl von Einfeldsystemen oder Aufbringen einer Vorspannung als „zusätzliche Maßnahme" (Entwurfsgrundsatz a)).
	– **Variante 2:** Flächiger Oberflächenschutz mit
	   – **Variante 2a:** Ausführung mit den Anforderungen der Expositionsklasse XD1 (ggf. XF) mit einem flächigen Oberflächenschutzsystem, das mit erweitertem Instandhaltungskonzept zum Schutz des Bauteils vor Eindringen von Chloriden gewartet wird (Entwurfsgrundsatz b), Wartungsintervall mindestens 1-mal jährlich vor der Winterperiode).
	   – **Variante 2b:** Ausführung wie Variante 2a und zusätzlich mit einer reduzierten Mindestbetondeckung und einem flächigen Oberflächenschutzsystem, das mit erweitertem Instandhaltungskonzept zum Schutz des Bauteils vor Eindringen von Chloriden gewartet wird (Entwurfsgrundsatz b), Wartungsintervall mindestens 2-mal jährlich vor und nach der Winterperiode).
	– **Variante 3:** Ausführung mit den Anforderungen der Expositionsklasse XC3 mit dauerhafter und rissüberbrückender Abdichtung gegen nicht drückendes Wasser für hohe Beanspruchungen im vollflächigen Verbund zur Betonunterlage. Die Abdichtung kann bestehen aus Bitumen-Schweißbahnen im Verbund mit Gussasphalt nach DIN 18195-5:2000-08, 8.3.7 oder einem Oberflächenschutzsystem OS 10 nach Rili SIB [6] in Verbindung mit einer zusätzlichen Schutzschicht bzw. einer Dichtungsschicht aus Flüssigkunststoff nach TL/TP BEL-B 3 [7] in Verbindung mit einer zusätzlichen Schutzschicht.
	– Tabelle 7, Fußnote 3): Eine **begleitende Rissbehandlung** ist bei Aufbringen starrer Abdichtungen immer erforderlich. Nicht rissüberbrückende starre Beschichtungen OS 8 sind z. B. zweckmäßig, wenn sehr hohe mechanische Beanspruchungen (z. B. auf Rampen) oder drückende Wasserbeaufschlagung durch Trennrisse (Gefahr von Schäden am OS 11) zu erwarten sind. Die Rissbildung ist planmäßig so zu steuern, dass unvermeidliche Risse möglichst an definierten Stellen entstehen. Dabei sind ggf. wenige breitere Risse günstiger als viele kleinere (Entwurfsgrundsatz c)). Die begleitende Rissbehandlung ist insbesondere auf zu erwartende Rissbreitenänderungen abzustimmen (z. B. mit Bandagen). Das Instandhaltungskonzept ist im Wartungsplan zu dokumentieren (siehe 2.3.3.6).
	– Grundsätzlich sind die Bauteile immer planmäßig zu überprüfen, zu warten und ggf. instand zu setzen (siehe 2.3.3.6). Werden Anpassungen in den Expositionsklassen und damit den konstruktiven Anforderungen vorgenommen, ist ein erweitertes Instandhaltungskonzept umzusetzen (siehe 2.3.3.7).
	– 2.3.3.1: Als mögliche Kompensationsmaßnahme ist ein Schutzkonzept (z. B. Beschichtungen mit einem erweiterten Wartungs- und Instandhaltungskonzept) zu erarbeiten. Dieses muss sicherstellen, dass während der gesamten Nutzungsdauer der Zutritt von Chloriden in Risse bis zur Bewehrung zielsicher und dauerhaft verhindert wird (siehe auch 2.3.3.7). Das Konzept ist vertraglich zu vereinbaren. Klare vertragliche Festlegungen sind empfehlenswert, um Haftungsrisiken bei den Baubeteiligten zu vermeiden.

Tabelle 3. Regelungen zu direkt befahrenen Parkdecks in Deutschland von 2008 bis 2011 (Fortsetzung)

DIN 1045: Tragwerke aus Beton, Stahlbeton und Spannbeton – **Teil 1:2008-08: Bemessung und Konstruktion** – **Teil 2:2008-08: Beton – Festlegung, Eigenschaften und Konformität, Anwendungsregeln zu DIN EN 206-1** – **Teil 3:2008-08: Bauausführung**	
6	– 2.3.3.1: Je nach Expositionsklasse und Bauart (Stahlbeton, Spannbeton) muss die Abdichtung bzw. Beschichtung auf die maximal zu erwartende Rissbreite bzw. Rissbreitenänderung nach Aufbringen der Beschichtung abgestimmt werden. Hierbei sollten die Zusammenhänge zwischen rechnerischer und tatsächlicher Rissbreite am Bauteil beachtet werden. Näheres – auch zur Bewertung von Rissen in Stahlbetonbauteilen – enthält das DBV-Merkblatt „Rissbildung" [8]. Sind Rissbreitenänderungen nach dem Aufbringen des Oberflächenschutzes nicht auszuschließen, muss die dynamische Rissüberbrückungsfähigkeit der gewählten Abdichtung bzw. Beschichtung auf die zu erwartenden oder gemessenen Rissbreitenänderungen abgestimmt werden.

[1] DIN 488: Betonstahl. Teile 1–5:2009-08 und Teil 6:2010-01.
[2] DAfStb-Heft 525: Erläuterungen zu DIN 1045-1. Berlin: Beuth Verlag, 2. überarbeitete Auflage 2010.
[3] DAfStb-Heft 526: Erläuterungen zu den Normen DIN EN 206-1, DIN 1045-2, DIN 1045-3, DIN 1045-4 und DIN 4226. Berlin: Beuth Verlag, 2. überarbeitete Auflage 2011.
[4] Fingerloos, F.: Erläuterungen zu DIN 1045-1. In: Normen und Regelwerke, Beton-Kalender 2009/2, S. 451–477. Berlin: Ernst & Sohn.
[5] DBV-Merkblatt: „Parkhäuser und Tiefgaragen". 2. überarbeitete Ausgabe September 2010.
[6] DAfStb-Richtlinie für Schutz und Instandsetzung von Betonbauteilen (Rili SIB). Ausgabe Oktober 2001, Berlin: Beuth Verlag, 2001 und Berichtigungen 2002-01 und 2005-12.
[7] TL/TP BEL-B, Teil 3: Technische Lieferbedingungen und Technische Prüfvorschriften für Baustoffe zur Herstellung von Brückenbelägen auf Beton mit einer Dichtungsschicht aus Flüssigkunststoff. Hrsg.: Bundesanstalt für Straßenwesen.
[8] DBV-Merkblatt „Begrenzung der Rissbildung im Stahlbeton- und Spannbetonbau". Fassung Januar 2006.

Tabelle 4. Regelungen zu direkt befahrenen Parkdecks in Deutschland von 2011 bis 2016

	Eurocode 2: DIN EN 1992-1-1:2011-01: Bemessung und Konstruktion von Stahlbeton- und Spannbetontragwerken – Teil 1-1: Allgemeine Bemessungsregeln und Regeln für den Hochbau. **Eurocode 2: DIN EN 1992-1-1/NA:2011-01: Nationaler Anhang zu – Teil 1-1: Allgemeine Bemessungsregeln und Regeln für den Hochbau.** **DIN 1045: Tragwerke aus Beton, Stahlbeton und Spannbeton** – Teil 2:2008-08: Beton – Festlegung, Eigenschaften und Konformität, Anwendungsregeln zu DIN EN 206-1 **DIN EN 13670:2011-03: Ausführung von Tragwerken aus Beton** **DIN 1045-3:2012-03 Tragwerke aus Beton, Stahlbeton und Spannbeton** – Teil 3: Bauausführung – Anwendungsregeln zu DIN EN 13670
1	**DIN EN 1992-1-1: Betondeckung für Betonstahl nach Normenreihe DIN 488** [1] – 4.2, Tabelle 4.1: Expositionsklassen in Übereinstimmung mit DIN EN 206-1 und DIN 1045-2. – Tabelle 4.1, Zeile 3: Bewehrungskorrosion, ausgelöst durch Chloride (ausgenommen Meerwasser): **XD3** gilt für Umgebungsbedingungen „wechselnd nass und trocken", Mindestbetonfestigkeitsklasse i. d. R. **C35/45**. – 2011-01: Tabelle 4.1: Informative Beispiele für XD3-Exposition: Teile von Brücken, die chloridhaltigem Spritzwasser ausgesetzt sind; Fahrbahndecken; Parkdecks. Ergänzung im NA: **Ausführung von Parkdecks nur mit zusätzlichen Maßnahmen (z. B. rissüberbrückende Beschichtung, siehe DAfStb-Heft 600).** – 2013-04: Tabelle 4.1 im NA: Informative Beispiele für XD3-Exposition: Teile von Brücken mit häufiger Spritzwasserbeanspruchung; Fahrbahndecken; **direkt befahrene Parkdecks** [b]. → Fußnote [b]: **Ausführung von Parkdecks nur mit zusätzlichen Maßnahmen (z. B. rissüberbrückende Beschichtung, siehe DAfStb-Heft 600).** [2] – Tabelle 4.1, Zeile 5: Betonangriff durch Frost mit Taumittel: **XF2** gilt für Umgebungsbedingungen „mäßige Wassersättigung", min C35/45 oder C25/30 LP; **XF4** gilt für Umgebungsbedingungen „hohe Wassersättigung", min C30/37 LP (Mindestbetonfestigkeitsklassen nach DIN 1045-2:2008-08). – 2011-01: Tabelle 4.1: Informative Beispiele für **XF2**-Exposition: senkrechte Betonoberflächen von Straßenbauwerken, die taumittelhaltigem Sprühnebel ausgesetzt sind. – 2013-04: Tabelle 4.1 im NA: Informative Beispiele für **XF2**-Exposition: Bauteile im Sprühnebel- oder Spritzwasserbereich von taumittelbehandelten Verkehrsflächen, soweit nicht XF4 … – 2011-01, Tabelle 4.1: Informative Beispiele für **XF4**-Exposition: Straßendecken und Brückenplatten, die Taumitteln ausgesetzt sind; senkrechte Betonoberflächen, die taumittelhaltigen Sprühnebeln und Frost ausgesetzt sind … – 2013-04, Tabelle 4.1: Informative Beispiele für **XF4**-Exposition: Verkehrsflächen, die mit Taumitteln behandelt werden; Überwiegend horizontale Bauteile im Spritzwasserbereich von taumittelbehandelten Verkehrsflächen … – Tabelle 4.1 im NA, Zeile NA.7: **Feuchtigkeitsklassen** wegen Betonkorrosion infolge Alkali-Kieselsäurereaktion, u. a.: **WF** – Beton, der während der Nutzung häufig oder längere Zeit feucht ist; **WA** – Beton, der zusätzlich zu der Beanspruchung nach Klasse WF häufiger oder langzeitiger Alkalizufuhr von außen ausgesetzt ist (wie z. B. Bauteile unter Tausalzeinwirkung ohne zusätzliche hohe dynamische Beanspruchung (z. B. Fahr- und Stellflächen in Parkhäusern). – 4.4.1.2 (5), Tabelle 4.4DE: **Mindestbetondeckung** $c_{min,dur}$ – Anforderungen an die Dauerhaftigkeit von **Betonstahl** nach DIN 488: Spalte XD3: $c_{min,dur}$ = **40 mm**. – 4.4.1.2 (5), Tabelle 4.5DE: **Mindestbetondeckung** $c_{min,dur}$ – Anforderungen an die Dauerhaftigkeit von Spannstahl: Spalte XD3: $c_{min,dur}$ = **50 mm**. – 4.4.1.2 (5), Tabelle 4.3DE: **Modifikation** $c_{min,dur}$: darf um 5 mm verringert werden, wenn Beton ≥ C45/55 verwendet wird.

Tabelle 4. Regelungen zu direkt befahrenen Parkdecks in Deutschland von 2011 bis 2016 (Fortsetzung)

	Eurocode 2: DIN EN 1992-1-1:2011-01: Bemessung und Konstruktion von Stahlbeton- und Spannbetontragwerken – **Teil 1-1: Allgemeine Bemessungsregeln und Regeln für den Hochbau.** **Eurocode 2: DIN EN 1992-1-1/NA:2011-01: Nationaler Anhang zu** – **Teil 1-1: Allgemeine Bemessungsregeln und Regeln für den Hochbau.** **DIN 1045: Tragwerke aus Beton, Stahlbeton und Spannbeton** – **Teil 2:2008-08: Beton** – **Festlegung, Eigenschaften und Konformität, Anwendungsregeln zu DIN EN 206-1** **DIN EN 13670:2011-03: Ausführung von Tragwerken aus Beton** **DIN 1045-3:2012-03 Tragwerke aus Beton, Stahlbeton und Spannbeton** – **Teil 3: Bauausführung** – **Anwendungsregeln zu DIN EN 13670**
1	– 2011-01: 4.4.1.2 (8) NA: Mindestbetondeckung darf um $\Delta c_{dur,add}$ = 10 mm für Expositionsklassen XD bei dauerhafter, rissüberbrückender Beschichtung (s. DAfStb-Heft 600 [2]) abgemindert werden. – 2013-04: 4.4.1.2 (8) NA: Mindestbetondeckung bei Beton mit zusätzlichem Schutz (z. B. Beschichtung) darf um $\Delta c_{dur,add}$ = 10 mm für Expositionsklassen XD bei dauerhafter, rissüberbrückender Beschichtung (s. DAfStb-Heft 600 [2]) und **DBV-Merkblatt „Parkhäuser und Tiefgaragen"** [3]) abgemindert werden. – 4.4.1.3 (1) NA: Vorhaltemaß der Betondeckung i. d. R. Δc_{dev} = **15 mm**. – 4.4.1.3 (3) NA: Das Vorhaltemaß Δc_{dev} darf um 5 mm abgemindert werden, wenn dies durch eine entsprechende Qualitätskontrolle bei Planung, Entwurf, Herstellung und Bauausführung gerechtfertigt werden kann (siehe z. B. DBV-Merkblätter „Betondeckung und Bewehrung", „Unterstützungen" und „Abstandhalter") [4].
2	**DIN 1045-2:2008-08: Betonzusammensetzung und Betonfestigkeitsklasse** – wie **DIN 1045-2:2001-07** (s. hier Tabelle 2, Zeile 2).
3	**DIN EN 1992-1-1: Rissbreitenbegrenzung** – 7.3.1 (5), Tabelle 7.1DE im NA: Rechenwerte w_k (Grenzwerte w_{max}): z. B. für Stahlbetonbauteile in XD3 [d]: w_k = **0,3 mm unter quasi-ständiger Einwirkungskombination.** – Tabelle 7.1DE: Fußnote [d] Beachte 7.3.1 (7): Bei Bauteilen der Expositionsklasse XD3 können besondere Maßnahmen erforderlich werden. Die Wahl der entsprechenden Maßnahmen hängt von der Art des Angriffsrisikos ab. – Tabelle 4.1 im NA: Fußnote [b]: **Ausführung von Parkdecks nur mit zusätzlichen Maßnahmen (z. B. rissüberbrückende Beschichtung, siehe DAfStb-Heft 600).** [2] – DIN EN 1990:2010-12: Grundlagen der Tragwerksplanung. DIN EN 1990/NA:2010-12: Tabelle NA.A.1.1 Kombinationsbeiwerte im Hochbau: Quasi-ständiger Lastanteil für Verkehrsflächen Kategorie F mit Fahrzeuglast ≤ 30 kN: ψ_2 = **0,6**. – 2010-12: Quasi-ständige Einwirkungskombination mit Eigenlasten und Nutzlasten nach DIN EN 1991-1-1/NA: Tabelle 6.8DE – Lotrechte Nutzlasten für Parkhäuser mit Pkw bis zu zulässigem Gesamtgewicht ≤ 30 kN: Verkehrs- und Parkflächen: Flächenlasten q_k = **2,5 kN/m² bis 3,5 kN/m²** (Kategorien F1 und F2 abhängig von Lasteinzugsfläche) bzw. Zufahrtsrampen q_k = **3,5 kN/m² bis 5,0 kN/m²** (Kategorien F3 und F4 abhängig von Lasteinzugsfläche). Alternativ anzusetzen: Achslast 2 × Q_k = 20 kN. – 2015-05: Quasi-ständige Einwirkungskombination mit Eigenlasten und Nutzlasten nach DIN EN 1991-1-1/NA/A1-Änderung: Tabelle 6.8DE – Lotrechte Nutzlasten für Parkhäuser mit Pkw bis zu zulässigem Gesamtgewicht ≤ 30 kN: Verkehrs- und Parkflächen: Flächenlasten q_k = **3,0 kN/m²** (Kategorie F1) bzw. Zufahrtsrampen q_k = **5,0 kN/m²** (Kategorie F2). Alternativ anzusetzen: Achslast 2 × Q_k = 20 kN.

Tabelle 4. Regelungen zu direkt befahrenen Parkdecks in Deutschland von 2011 bis 2016 (Fortsetzung)

	Eurocode 2: DIN EN 1992-1-1:2011-01: Bemessung und Konstruktion von Stahlbeton- und Spannbetontragwerken – Teil 1-1: Allgemeine Bemessungsregeln und Regeln für den Hochbau. **Eurocode 2: DIN EN 1992-1-1/NA:2011-01: Nationaler Anhang zu** – Teil 1-1: Allgemeine Bemessungsregeln und Regeln für den Hochbau. **DIN 1045: Tragwerke aus Beton, Stahlbeton und Spannbeton** – Teil 2:2008-08: Beton – Festlegung, Eigenschaften und Konformität, Anwendungsregeln zu DIN EN 206-1 **DIN EN 13670:2011-03: Ausführung von Tragwerken aus Beton** **DIN 1045-3:2012-03 Tragwerke aus Beton, Stahlbeton und Spannbeton** – Teil 3: Bauausführung – Anwendungsregeln zu DIN EN 13670

4	**DIN EN 13670:2011-03 mit DIN 1045-3:2012-03 (NA): Nachbehandlung und Schutz**
	– 8.5 (1): Junger Beton muss nachbehandelt und geschützt werden, um
	  a) das Frühschwinden gering zu halten;
	  b) eine ausreichende Festigkeit in der Betonrandzone sicherzustellen;
	  c) eine ausreichende Dauerhaftigkeit der Betonrandzone sicherzustellen;
	  d) den Beton vor schädlichen Witterungsbedingungen zu schützen;
	  e) das Gefrieren zu verhindern;
	  f) schädliche Erschütterungen, Stöße oder Beschädigungen zu vermeiden.
	– 8.5 (2): Wenn junger Beton gegen schädigenden Kontakt mit angreifenden Stoffen (z. B. Chloride) geschützt werden muss, sind derartige Anforderungen in den bautechnischen Unterlagen anzugeben.
	– 8.5 (NA.6): Die Nachbehandlungsdauer hängt von der Entwicklung der Betoneigenschaften in der Randzone ab.
	– 8.5 (NA.7): Bei Umweltbedingungen in den Expositionsklassen XC2–XC4, XD, XS, XA, XF muss der Beton so lange nachbehandelt werden, bis die Festigkeit des oberflächennahen Betons 50 % der charakteristischen Festigkeit f_{ck} des verwendeten Betons erreicht hat (s. Tabelle 5.NA).
	– Tabelle 5.NA: Mindestdauer der Nachbehandlung von Beton bei den Expositionsklassen XC2–XC4, XD, XS, XA, XF: zwischen 1 Tag (Oberflächentemperatur $\geq +25\,°C$ und schnelle Festigkeitsentwicklung) bis zu 15 Tagen (Oberflächentemperatur $\geq +5\,°C$ und sehr langsame Festigkeitsentwicklung). Bei Expositionsklassen XM: Nachbehandlungsdauer verdoppeln.

5	**Erläuterungen des Deutschen Ausschusses für Stahlbeton – DAfStb-Heft 600** [2) 5)] – Zu Tabelle 4.1: Umgebungsbedingungen identisch mit DIN 1045-2. Im NA werden die abgestimmten Beispiele nach DIN 1045-2 übernommen inklusive der Forderung nach einer zusätzlichen Maßnahme für direkt befahrene Parkdecks in XD3. Diese wird über den NA wieder als Fußnote [b)] umgesetzt). – Zu **Tabelle 4.1, Fußnote b**: Bei Parkdecks handelt es sich i. d. R. um über mehrere Felder durchlaufende Flächentragwerke. Im Bereich der Auflager ergibt sich infolge Eigenlasten und Verkehrslasten eine Zugbeanspruchung an der Bauteiloberseite. Bei Behinderung der horizontalen Verformungen ist zusätzlich eine Zwangsbeanspruchung möglich. Eine Rissbildung an der Bauteiloberseite ist daher im Allgemeinen zu erwarten. Daher ist bei direkt befahrenen Parkdecks eine Ausführung nur mit zusätzlichen Maßnahmen (z. B. rissüberbrückende Beschichtung) zulässig. Diese Regelung berücksichtigt, dass horizontale Betonbauteile mit Rissbildung und Chloridbeaufschlagung von oben als Bauteile mit den schärfsten Beanspruchungen hinsichtlich Bewehrungskorrosion einzustufen sind. Durchlaufende Bauteile mit Rissen, die tiefer reichen als die obere Bewehrungslage, sind besonders kritisch einzustufen, da im Bereich der Risse eine rasche Depassivierung der Bewehrung auftritt und als Folge einer Makrokorrosionselementbildung (anodische Bereiche im Rissbereich, kathodische Bereiche außerhalb der Risse) mit extremen Korrosionsgeschwindigkeiten zu rechnen ist. Für die Chloridbeanspruchung ist das Tausalz, das durch Fahrzeuge in Parkdecks eingeschleppt werden kann, hinreichend. Zur Sicherstellung der Dauerhaftigkeit von direkt befahrenen Parkdecks ist aus den genannten Gründen stets zu beachten, dass Risse und Arbeitsfugen dauerhaft geschlossen bzw. geschützt werden müssen, um Schäden durch eindringendes chloridhaltiges Wasser und

Tabelle 4. Regelungen zu direkt befahrenen Parkdecks in Deutschland von 2011 bis 2016 (Fortsetzung)

Eurocode 2: DIN EN 1992-1-1:2011-01: Bemessung und Konstruktion von Stahlbeton- und Spannbetontragwerken – Teil 1-1: Allgemeine Bemessungsregeln und Regeln für den Hochbau. **Eurocode 2: DIN EN 1992-1-1/NA:2011-01: Nationaler Anhang zu – Teil 1-1: Allgemeine Bemessungsregeln und Regeln für den Hochbau.** **DIN 1045: Tragwerke aus Beton, Stahlbeton und Spannbeton** – Teil 2:2008-08: Beton – Festlegung, Eigenschaften und Konformität, Anwendungsregeln zu DIN EN 206-1 **DIN EN 13670:2011-03: Ausführung von Tragwerken aus Beton** **DIN 1045-3:2012-03 Tragwerke aus Beton, Stahlbeton und Spannbeton** – Teil 3: Bauausführung – Anwendungsregeln zu DIN EN 13670

5	damit durch die chloridinduzierte Korrosion der Bewehrung zu vermeiden. Dieses Prinzip ist unabhängig davon anzuwenden, ob z. B. planmäßig breitere Einzelrisse in Kauf genommen werden, die nach Abschluss der Rissbildung wieder geschlossen oder beschichtet werden oder ob durch eine rissbreitenbegrenzende Bewehrung mit mehreren kleineren Rissen gerechnet wird, die dann in der Fläche beschichtet oder abgedichtet werden müssen. Auch die Einstufung der Betonbauteile in die Expositionsklasse XD3 mit den damit verbundenen Mindestanforderungen setzt eine übliche Instandhaltung während der Nutzungsdauer voraus. Hinweise zum Umfang einer Instandhaltung werden im DBV-Merkblatt „Parkhäuser und Tiefgaragen"[3] gegeben. Bei Aufbringung eines dauerhaften und flächigen Schutzes unter Einbeziehung einer regelmäßigen und in definierten Abständen vorzunehmenden erweiterten, d. h. über das Übliche hinausgehenden, Wartung auf der Basis eines Wartungsplans und der Durchführung notwendiger Instandsetzungsmaßnahmen sind Reduzierungen bei der Betondeckung (Dicke und Dichtheit) und Herabstufungen innerhalb der Expositionsklassen XD und XF möglich. Das DBV-Merkblatt „Parkhäuser und Tiefgaragen"[3] enthält für verschiedene Anwendungsfälle detaillierte Angaben zu den Inhalten des Wartungsplans, den erforderlichen Wartungsintervallen und den Instandsetzungsmaßnahmen sowie zu den Randbedingungen, unter denen eine Herabstufung der Expositionsklassen möglich ist. Das Merkblatt gibt auch Hinweise zur Auswahl geeigneter Oberflächenschutzsysteme und Abdichtungen für die verschiedenen Bauteile. Zum Schutz von aufgehenden Bauteilen ist eine Beschichtung oder Abdichtung von Stützen und Wandanschlüssen erforderlich (Ausführungsdetails im DBV-Merkblatt „Parkhäuser und Tiefgaragen"[3]). Die in den Normen DIN EN 1992-1-1/NA und DIN EN 206-1 (*Anm.: mit DIN 1045-2*) deskriptiv festgelegten Anforderungen an die Mindestbetondeckung sowie an die Betonzusammensetzung, stellen bei einem unbeschichteten und ungerissenen Beton für die jeweilige Expositionsklasse unter Berücksichtigung einer üblichen Instandhaltung eine Nutzungsdauer von 50 Jahren sicher. Wenn Risse und Arbeitsfugen (möglichst vor dem ersten Chlorideintrag) dauerhaft geschlossen und geschützt sind, ist somit aus Dauerhaftigkeitsgründen kein Gefälle notwendig. Besonderes Augenmerk ist dann auf mögliche Auswirkungen im Spritzwasserbereich zu richten. Die Formulierung der Fußnote [b] lässt außer der genannten Beschichtung auch andere Maßnahmen zu, deren Gleichwertigkeit hinsichtlich des dauerhaften Schutzes gegen Bewehrungskorrosion im Einzelfall nachzuweisen ist. Als Beispiele können genannt werden: die Vermeidung von Rissen auf der Bauteiloberseite z. B. durch Vorspannung, die Vermeidung von obenliegender Bewehrung durch Ausführung von Einfeldsystemen (sofern keine Trennrisse zu erwarten sind), der Einbau von Bewehrung aus nichtrostendem Stahl (ggf. nur auf der Bauteiloberseite). Ein Prinzip bei der Sicherstellung der auf die Nutzungsdauer von mindestens 50 Jahren ausgelegten Dauerhaftigkeit der Stahlbeton- und Spannbetonbauteile besteht darin, dass diese nicht von Bauarten abhängen soll, die planmäßig geringere Lebensdauern aufweisen. Wird jedoch durch besondere Maßnahmen die Dichtheit z. B. einer Abdichtungsschicht dauerhaft im zuvor angesprochenen Sinne gesichert, können die Anforderungen an die Betonrandzone entsprechend reduziert werden. Unter dem Beispiel „Einzelgarage" für die Expositionsklasse XD1 sind nur tragende Bauteile unter dem Pkw-Stellplatz innerhalb eines Einfamilienhauses oder in einer danebenstehenden Einzelgarage zu verstehen. Andere Fälle von Tausalzbelastung auf Bauteilen mit sehr geringer Nutzungsfrequenz durch Fahrzeuge sind im Einzelfall zu beurteilen und in entsprechende Expositionsklassen einzustufen.

Tabelle 4. Regelungen zu direkt befahrenen Parkdecks in Deutschland von 2011 bis 2016 (Fortsetzung)

	Eurocode 2: DIN EN 1992-1-1:2011-01: Bemessung und Konstruktion von Stahlbeton- und Spannbetontragwerken – **Teil 1-1: Allgemeine Bemessungsregeln und Regeln für den Hochbau.** **Eurocode 2: DIN EN 1992-1-1/NA:2011-01: Nationaler Anhang zu – Teil 1-1: Allgemeine Bemessungsregeln und Regeln für den Hochbau.** **DIN 1045: Tragwerke aus Beton, Stahlbeton und Spannbeton** – **Teil 2:2008-08: Beton – Festlegung, Eigenschaften und Konformität, Anwendungsregeln zu DIN EN 206-1** **DIN EN 13670:2011-03: Ausführung von Tragwerken aus Beton** **DIN 1045-3:2012-03 Tragwerke aus Beton, Stahlbeton und Spannbeton** – **Teil 3: Bauausführung – Anwendungsregeln zu DIN EN 13670**
5	– Zu 4.4.1.2 (8): In DIN EN 1992-1-1/NA wird unter aufwendigen Randbedingungen für Parkdecks in der Expositionsklasse XD3 mit $\Delta c_{dur,add}$ ausnahmsweise eine Reduktion der Betondeckung um 10 mm bei dauerhafter, rissüberbrückender Beschichtung erlaubt. Voraussetzung ist die Aufbringung eines dauerhaften und flächigen Schutzes unter Einbeziehung einer regelmäßigen und in definierten Abständen vorzunehmenden erweiterten Wartung und der Durchführung notwendiger Instandsetzung. Das DBV-Merkblatt „Parkhäuser und Tiefgaragen" [3] enthält für verschiedene Anwendungsfälle detaillierte Angaben zu den Inhalten des Wartungsplans, den erforderlichen Wartungsintervallen und den Instandsetzungsmaßnahmen sowie zu den Randbedingungen, unter denen eine Herabstufung der Expositionsklassen möglich ist.
6	**DBV-Merkblatt „Parkhäuser und Tiefgaragen", Fassung September 2010** (s. hier Tabelle 3, Zeile 6).

[1] DIN 488: Betonstahl. Teile 1–5:2009-08 und Teil 6:2010-01.
[2] DAfStb-Heft 600: Erläuterungen zu DIN EN 1992-1-1 und DIN EN 1992-1-1/NA (Eurocode 2). Berlin: Beuth Verlag, 1. Auflage 2012.
[3] DBV-Merkblatt „Parkhäuser und Tiefgaragen". 2. überarbeitete Ausgabe September 2010.
[4] DBV-Merkblätter „Betondeckung und Bewehrung nach Eurocode 2", und „Abstandhalter nach Eurocode 2", und „Unterstützungen nach Eurocode 2", jeweils Fassung Januar 2011.
[5] DAfStb-Heft 526: Erläuterungen zu den Normen DIN EN 206-1, DIN 1045-2, DIN 1045-3, DIN 1045-4 und DIN 4226. Berlin: Beuth Verlag, 2. überarbeitete Auflage 2011.

3 Das aktuelle Regelwerk zur Dauerhaftigkeit von Parkbauten – Überblick

3.1 Einführung

Die maßgebenden, auch bauaufsichtlich eingeführten, Normen und Regelwerke des Betonbaus, die bei der Sicherstellung der Dauerhaftigkeit von Parkbauten zu berücksichtigen sind, sind für die Tragwerksplanung der Eurocode 2 mit Nationalem Anhang [1–3], für die Betonzusammensetzung DIN EN 206-1 [4] mit DIN 1045-2 [5] und für die Bauausführung DIN EN 13670 [6] mit DIN 1045-3 [7]. Bei massigen befahrenen Bodenplatten ist die DAfStb-Richtlinie „Massige Bauteile aus Beton" [8] einschlägig.

Für die Verwendung von Oberflächenschutzsystemen auf Betonflächen gilt nach wie vor weiterhin die DAfStb-Instandsetzungsrichtlinie [9] in Verbindung mit DIN V 18026 [10] sowie DIN EN 1504-2 [11]. Sobald die in Vorbereitung befindliche neue DAfStb-Instandhaltungsrichtlinie bauaufsichtlich eingeführt ist, wird dann diese als Grundlage der Planung, Ausschreibung und Ausführung von Oberflächenschutzsystemen zu verwenden sein.

Für die Abdichtung von befahrenen Verkehrsflächen aus Beton ist die neue Normenreihe DIN 18532 in 2017 [12] erschienen, die jedoch vorrangig den Bauwerksschutz vor Feuchte oder Wasser regelt und nicht uneingeschränkt den Bauteilschutz von chloridbeanspruchten Betonbauteilen.

Die „offiziellen" Erläuterungen zu den o. g. Normen des Betonbaus hat der Deutsche Ausschuss für Stahlbeton in seinen Heften 526 [13] und 600 [14] herausgegeben.

Das DBV-Merkblatt „Parkhäuser und Tiefgaragen" wird in diesen DAfStb-Heften in der jeweils aktuellen Fassung in Bezug genommen (derzeit in der

Fassung 2010, zukünftig nach Überarbeitung von [14] auch in der Fassung 2018 [15]). Das DBV-Merkblatt nimmt wiederum Bezug auf alle o. g. Normen und Regelwerke (und weitere) und setzt diese in praxisnahe Empfehlungen und detailliertere Anwendungsregeln um.

Der für den Eurocode 2 zuständige Normenausschuss NA 005-07-01 AA „Bemessung und Konstruktion" hat die Ergebnisse der Fachdiskussionen im DAfStb und DBV bis 2013 aufgegriffen und in einer A1-Änderung zum deutschen Nationalen Anhang DIN EN 1992-1-1/NA:2015-12 umgesetzt [1]. Ausführlichere Erläuterungen zu den Hintergründen sind in [16] enthalten.

Diese A1-Änderung [1] war ein wesentlicher Grund auch für die Überarbeitung des DBV-Merkblatts [15] und wurde in den neu bezeichneten Ausführungsvarianten A, B und C umgesetzt (s. Abschnitt 7).

In DIN EN 1992-1-1/NA/A1, Tabelle 4.1 wurden für die Expositionsklassen XC3, XD1 und XD3 informative Beispiele insbesondere zu tausalzbeanspruchten Verkehrsflächen ergänzt (vgl. Tabelle 1).

3.2 Zuordnung der Expositions-, Feuchtigkeitsklassen und Mindestbetondeckungen

In Tabelle 5 werden die genormten Expositions- und Feuchtigkeitsklassen mit den typischen Bauteilen in Parkbauten (informative Beispiele) verknüpft. Tabelle 5 enthält Regelungen aus DIN EN 1992-1-1/NA [1, 2], DIN 1045-2 [5], DIN-Auslegungen zu DIN EN 1992-1-1/NA [17] und dem DBV-Merkblatt „Parkhäuser und Tiefgaragen" [15].

Ganz allgemein gilt, dass zur Sicherstellung der Dauerhaftigkeit der Betonbauteile diese einer geplanten Instandhaltung inklusive Inspektion, Wartung und Instandsetzung unterliegen müssen (*Anmerkung der NCI zu 4.3 (2)P in* [1]).

Tabelle 5. Expositionsklassen X, Feuchtigkeitsklassen W und Mindestbetondeckung $c_{min,dur}$ in Parkbauten

1 Kein Korrosions- oder Angriffsrisiko	
Für Bauteile ohne Bewehrung oder eingebettetes Metall in nicht betonangreifender Umgebung kann die Expositionsklasse X0 zugeordnet werden.	
X0	**Umgebungsbedingungen: nicht betonangreifend**
	Informative Beispiele: Wände, Stützen, Fundamente ohne Bewehrung [2]; Bauteile mit nichtrostender Bewehrung [15] (aber ggf. abweichende Festlegungen in allgemeinen bauaufsichtlichen Zulassungen beachten).
	Mindestbetonfestigkeitsklasse: C8/10 (*Anmerkung der Autoren*: bei nichtrostender Bewehrung mindestens C20/25 empfohlen).

2 Korrosion, ausgelöst durch Karbonatisierung	
Wenn Beton, der Bewehrung oder anderes eingebettetes Metall enthält, Luft und Feuchte ausgesetzt ist, muss die Expositionsklasse wie folgt zugeordnet werden:	
XC1	**Umgebungsbedingungen: trocken oder ständig nass** [a]
	Informative Beispiele: – Fundamente ständig im Grundwasser; – Außenseite von WU-Betonbauteilen ständig im Grundwasser.
	Mindestbetonfestigkeitsklasse: C16/20 (s. a. Tabelle 6) Mindestbetondeckung [b]: Betonstahl $c_{min,dur}$ = 10 mm; Spannstahl $c_{min,dur}$ = 20 mm.
XC2	**Umgebungsbedingungen: nass, selten trocken** [a]
	Informative Beispiele: – Gründungsbauteile und Fundamente (nicht ständig im Grundwasser); – erdberührte Bauteiloberflächen (nicht ständig im Grundwasser).
	Mindestbetonfestigkeitsklasse: C16/20 (s. a. Tabelle 6) Mindestbetondeckung [b) c)]: Betonstahl $c_{min,dur}$ = 20 mm; Spannstahl $c_{min,dur}$ = 30 mm.

Tabelle 5. Expositionsklassen X, Feuchtigkeitsklassen W und Mindestbetondeckung $c_{min,dur}$ in Parkbauten (Fortsetzung)

XC3	**Umgebungsbedingungen: mäßige Feuchte** [a]
	Informative Beispiele: – Bauteile, zu denen die Außenluft häufig oder ständig Zugang hat [2], z. B. belüftete Parkebenen und Tiefgaragen; – aufgehende oberirdische Bauteile (Stützen, Wände) außerhalb des Spritzwasserbereichs mit zusätzlichem Sockelschutz [15]; – Dachflächen mit flächiger Abdichtung [1]; – Verkehrsflächen mit flächiger unterlaufsicherer Abdichtung [d) g)] [1].
	Mindestbetonfestigkeitsklasse: C20/25 (s. a. Tabelle 6) Mindestbetondeckung [a) c)]: Betonstahl $c_{min,dur}$ = 20 mm; Spannstahl $c_{min,dur}$ = 30 mm.
XC4	**Umgebungsbedingungen: wechselnd nass und trocken** [a]
	Informative Beispiele:
	– Außenbauteile mit direkter Beregnung [2], z. B. Fassadenaußenseiten oder Randflächen von überdachten unbeschichteten Parkdecks [15]; – freibewitterte Rampen, Parkdächer und Freidecks [15].
	Mindestbetonfestigkeitsklasse: C25/30 (s. a. Tabelle 6) Mindestbetondeckung [b) c)]: Betonstahl $c_{min,dur}$ = 25 mm; Spannstahl $c_{min,dur}$ = 35 mm.

3 Bewehrungskorrosion, ausgelöst durch Chloride aus Tausalzen

Wenn Beton, der Bewehrung oder anderes eingebettetes Metall enthält, chloridhaltigem Wasser, einschließlich Taumittel (ausgenommen Meerwasser) ausgesetzt ist, muss die Expositionsklasse wie folgt zugeordnet werden:

XD1	**Umgebungsbedingungen: mäßige Feuchte** [a]
	Informative Beispiele: – Einzelgaragen [2]; – Bauteile im Sprühnebelbereich von Verkehrsflächen [2]; – befahrene Verkehrsflächen mit vollflächigem Oberflächenschutz [d] [1]; – Bauteile mit Bewehrung unter präventivem Kathodischen Korrosionsschutz [15].
	Mindestbetonfestigkeitsklasse: C30/37 [f] (s. a. Tabelle 6) Mindestbetondeckung [b) c)]: Betonstahl $c_{min,dur}$ = 40 mm; Spannstahl $c_{min,dur}$ = 50 mm.
XD2	**Umgebungsbedingungen: nass, selten trocken** [a]
	Informative Beispiele: – ungeschützte aufgehende Bauteile (Stützen, Wände) im Spritzwasserbereich [15]; – Bauteile im erdberührten Bereich unter durchlässigen Fahrbelägen (z. B. unter Pflaster bei Parkflächen): überwiegend vertikale Oberflächen (z. B. Wände, Stützen, Fundamentseitenflächen) und Oberflächen mit starkem Gefälle (z. B. Fundamentoberflächen, Zerrbalken, erdüberschüttete Decken mit min 2,5 % Gefälle) [15, 17].
	Mindestbetonfestigkeitsklasse: C35/45 [f] (s. a. Tabelle 6) Mindestbetondeckung [b) c)]: Betonstahl $c_{min,dur}$ = 40 mm; Spannstahl $c_{min,dur}$ = 50 mm.

Tabelle 5. Expositionsklassen X, Feuchtigkeitsklassen W und Mindestbetondeckung $c_{min,dur}$ in Parkbauten (Fortsetzung)

XD3	**Umgebungsbedingungen: wechselnd nass und trocken** [a]
	Informative Beispiele: – befahrene Verkehrsflächen mit rissvermeidenden Bauweisen ohne Oberflächenschutz oder ohne Abdichtung [d] [1]; – befahrene Verkehrsflächen mit dauerhaftem lokalen Schutz von Rissen [d) e)] [1]; – Bauteile im erdberührten Bereich unter durchlässigen Fahrbelägen (z. B. unter Pflaster bei Parkflächen): Oberflächen ohne oder mit nur geringem Gefälle < 2,5 % (z. B. horizontale Fundamentoberflächen, Zerrbalken, erdüberschüttete Decken) [15, 17].
	Mindestbetonfestigkeitsklasse: C35/45 [f] (s. a. Tabelle 6) Mindestbetondeckung [b) c)]: Betonstahl $c_{min,dur}$ = 40 mm; Spannstahl $c_{min,dur}$ = 50 mm.

4 Bewehrungskorrosion, ausgelöst durch Chloride aus Meerwasser
Wenn Beton, der Bewehrung oder anderes eingebettetes Metall enthält, Chloriden aus Meerwasser oder salzhaltiger Seeluft ausgesetzt ist, muss die Expositionsklasse wie folgt zugeordnet werden:

XS1	**Umgebungsbedingungen: salzhaltige Luft, kein unmittelbarer Kontakt mit Meerwasser** [a]
	Informative Beispiele: Außenbauteile in Küstennähe [2], z. B. Fassaden.
	Mindestbetonfestigkeitsklasse: C30/37 [f] (s. a. Tabelle 6) Mindestbetondeckung [b) c)]: Betonstahl $c_{min,dur}$ = 40 mm; Spannstahl $c_{min,dur}$ = 50 mm.
XS2	**Umgebungsbedingungen: unter Wasser** [a]
	Informative Beispiele: – Bauteile, die ständig unter Meerwasser liegen, z. B. in Hafenanlagen [2]; – Gründungsbauteile im meerwasserhaltigem Boden.
	Mindestbetonfestigkeitsklasse: C35/45 [f] (s. a. Tabelle 6) Mindestbetondeckung [b) c)]: Betonstahl $c_{min,dur}$ = 40 mm; Spannstahl $c_{min,dur}$ = 50 mm.
XS3	**Umgebungsbedingungen: Tidebereiche, Spritzwasser- und Sprühnebelbereiche** [a]
	Informative Beispiele: befahrene Verkehrsflächen in Küsten- oder Hafenbereichen.
	Mindestbetonfestigkeitsklasse: C35/45 [f] (s. a. Tabelle 6); Mindestbetondeckung [b) c)]: Betonstahl $c_{min,dur}$ = 40 mm; Spannstahl $c_{min,dur}$ = 50 mm.

5 Betonangriff durch Frost mit und ohne Taumittel
Wenn durchfeuchteter Beton erheblichem Angriff durch Frost-Tau-Wechsel ausgesetzt ist, muss die Expositionsklasse wie folgt zugeordnet werden:

XF1	**Umgebungsbedingungen: mäßige Wassersättigung ohne Taumittel oder Meerwasser** [a]
	Informative Beispiele: – überwiegend vertikale Außenbauteile mit direkter Beregnung [2], z. B. Fassadenaußenseiten; – befahrene Verkehrsflächen mit vollflächigem Oberflächenschutz [d] [15].
	Mindestbetonfestigkeitsklasse: C25/30 (s. a. Tabelle 6).
XF3	**Umgebungsbedingungen: hohe Wassersättigung ohne Taumittel oder Meerwasser** [a]
	Informative Beispiele: Bauteile in der Wasserwechselzone von Süßwasser [2].
	Mindestbetonfestigkeitsklasse: C35/45 oder C25/30 LP (s. a. Tabelle 6).

Tabelle 5. Expositionsklassen X, Feuchtigkeitsklassen W und Mindestbetondeckung $c_{min,dur}$ in Parkbauten (Fortsetzung)

XF2	**Umgebungsbedingungen: mäßige Wassersättigung mit Taumittel oder Meerwasser** [a)]
	Informative Beispiele: – Bauteile im Sprühnebel- oder Spritzwasserbereich von taumittelbehandelten Verkehrsflächen, soweit nicht XF4 [2]; – nicht direkt bewitterte überdachte und unbeschichtete Parkdecks, Bodenplatten und Rampen [15]; – Betonbauteile im Sprühnebelbereich von Meerwasser [2].
	Mindestbetonfestigkeitsklasse: C35/45 oder C25/30 LP (s. a. Tabelle 6).
XF4	**Umgebungsbedingungen: hohe Wassersättigung mit Taumittel oder Meerwasser** [a)]
	Informative Beispiele: – Verkehrsflächen, die mit Taumitteln behandelt werden [2]; – überwiegend horizontale Bauteile im Spritzwasserbereich von taumittelbehandelten Verkehrsflächen [2]; – oberirdische überdachte und unbeschichtete Parkflächen, z. B. bei häufigen Fahrzeugwechseln oder intensiveren Witterungseinflüssen (z. B. Randflächen bei direkter Bewitterung) [15]; – freibewitterte Rampen, Parkdächer und Freidecks [15]; – Meerwasserbauteile in der Wasserwechselzone [2].
	Mindestbetonfestigkeitsklasse: C30/37 LP (s. a. Tabelle 6).
6 Betonangriff durch chemischen Angriff der Umgebung	
Wenn Beton chemischem Angriff durch natürliche Böden, Grundwasser, Meerwasser und Abwasser ausgesetzt ist, muss die Expositionsklasse wie folgt zugeordnet werden:	
XA1	**Umgebungsbedingungen: chemisch schwach angreifende Umgebung** [h)]
	Mindestbetonfestigkeitsklasse: C25/30 (s. a. Tabelle 6).
XA2	**Umgebungsbedingungen: chemisch mäßig angreifende Umgebung und Meeresbauwerke** [h)]
	Mindestbetonfestigkeitsklasse: C35/45 [f)] (s. a. Tabelle 6).
XA3	**Umgebungsbedingungen: chemisch stark angreifende Umgebung** [h)]
	Mindestbetonfestigkeitsklasse: C35/45 [f)] Zusätzliche Schutzmaßnahmen i. d. R. für den Beton erforderlich (s. a. Tabelle 6).
7 Betonangriff durch Verschleißbeanspruchung	
Wenn Beton einer erheblichen mechanischen Beanspruchung ausgesetzt ist, muss die Expositionsklasse wie folgt zugeordnet werden:	
XM1	**Umgebungsbedingungen: mäßige Verschleißbeanspruchung**
	Informative Beispiele: unbeschichtete stark mechanisch beanspruchte Fahrbereiche, z. B. Rampen und Zufahrten [15].
	Mindestbetonfestigkeitsklasse: C30/37 [f)] (s. a. Tabelle 6).

Tabelle 5. Expositionsklassen X, Feuchtigkeitsklassen W und Mindestbetondeckung $c_{min,dur}$ in Parkbauten (Fortsetzung)

8 Betonangriff infolge Alkali-Kieselsäurereaktion Anhand der zu erwartenden Umgebungsbedingungen ist der Beton einer der folgenden Feuchtigkeitsklassen zuzuordnen.	
WO	**Umgebungsbedingungen: Beton, der nach normaler Nachbehandlung nicht längere Zeit feucht und nach dem Austrocknen während der Nutzung weitgehend trocken bleibt**
	Informative Beispiele: – Bauteile, zu denen die Außenluft häufig oder ständig Zugang hat [2], z. B. belüftete Parkebenen und Tiefgaragen; – aufgehende oberirdische Bauteile (Stützen, Wände) außerhalb des Spritzwasserbereichs mit zusätzlichem Sockelschutz [15].
WF	**Umgebungsbedingungen: Beton, der während der Nutzung häufig oder längere Zeit feucht ist**
	Informative Beispiele: – ungeschützte Außenbauteile, die z. B. Niederschlägen, Oberflächenwasser oder Bodenfeuchte ausgesetzt sind [2]; – befahrene Verkehrsflächen mit vollflächigem Oberflächenschutz oder mit vollflächiger Abdichtung [d)] [15]; – massige Bauteile gemäß DAfStb-Richtlinie „Massige Bauteile aus Beton", deren kleinste Abmessung 0,80 m überschreitet (unabhängig vom Feuchtezutritt) [2].
WA	**Umgebungsbedingungen: Beton, der zusätzlich zu der Beanspruchung nach Klasse WF häufiger oder langzeitiger Alkalizufuhr von außen ausgesetzt ist**
	Informative Beispiele: Bauteile unter Tausalzeinwirkung ohne zusätzliche hohe dynamische Beanspruchung (z. B. Spritzwasserbereiche, Fahr- und Stellflächen in Parkhäusern) [2]; Bauteile mit Meerwassereinwirkung [2].

[a)] Die Feuchteangaben beziehen sich auf den Zustand innerhalb der Betondeckung der Bewehrung. Im Allgemeinen kann angenommen werden, dass die Bedingungen in der Betondeckung den Umgebungsbedingungen des Bauteils entsprechen. Dies braucht nicht der Fall zu sein, wenn sich zwischen dem Beton und seiner Umgebung eine Sperrschicht befindet.
[b)] Zusätzlich Mindestbetondeckung $c_{min,b}$ aus der Verbundbedingung nach DIN EN 1992-1-1 mit NA, 4.4.1.2 (3) beachten.
[c)] Die Werte dürfen für Bauteile aus Normalbeton, deren Betonfestigkeit um mindestens zwei Festigkeitsklassen höher liegt, als für die Expositionsklasse mindestens erforderlich ist, um 5 mm vermindert werden. (*Anmerkung der Autoren*: Dies entspricht etwa einer Reduktion des maximalen w/z-Werts gemäß DIN 1045-2 um –0,10).
[d)] Für die Sicherstellung der Dauerhaftigkeit ist ein Instandhaltungsplan im Sinne der DAfStb-Richtlinie „Schutz und Instandsetzung von Betonbauteilen" aufzustellen.
[e)] Für die Planung und Ausführung des dauerhaften lokalen Schutzes von Rissen gilt DAfStb-Richtlinie „Schutz und Instandsetzung von Betonbauteilen".
[f)] Bei Verwendung von Luftporenbeton (LP) aufgrund gleichzeitiger Anforderungen aus der Expositionsklasse XF, eine Betonfestigkeitsklasse niedriger.
[g)] Voraussetzung für die Unterlaufsicherheit einer direkt auf dem Betonuntergrund aufgebrachten Abdichtungsschicht ist eine vollflächige, dauerhaft kraftschlüssige Verbindung zur Betonunterlage. Der Betonuntergrund ist dazu vor Aufbringen der Abdichtungsbahn durch Kugelstrahlen vorzubereiten und mit Epoxidharz zu behandeln (Verfahren und Stoffe nach ZTV ING [18], Teil 7, Abschnitt 1:2003-01, Abschnitt 2:2010-04, Abschnitt 3:2003-01) (Anforderung aus [15]).
[h)] Chemische Grenzwerte für die Zuordnung zu Expositionsklassen bei chemischem Angriff XA sind in DIN EN 206-1 und DIN 1045-2 angegeben.

Für alle Ausführungsvarianten bei tausalzbeanspruchten Verkehrsflächen wird ausdrücklich ein Instandhaltungsplan im Sinne der DAfStb-Richtlinie „Schutz und Instandsetzung von Betonbauteilen" [9] gefordert. Diese Richtlinie [9] wird auch für die Planung und Ausführung eines dauerhaften lokalen Schutzes von Rissen in Bezug genommen (z. B. für Rissbandagen) [1].

Die in der Vergangenheit (bis Ende 2015) zulässige Reduktion der Mindestbetondeckung um 10 mm bei dauerhafter, flächiger rissüberbrückender Beschichtung auf Parkdecks in der Expositionsklasse XD3 unter Einbeziehung einer regelmäßigen und in definierten Abständen vorzunehmenden erweiterten Wartung und Instandsetzung ist nicht mehr zulässig. Es gilt für alle XD-Klassen $c_{min,dur}$ = 40 mm bei Betonstahl und 50 mm bei Spannstahl ($\Delta c_{dur,add}$ = 0 mm [1]). Bei entsprechender ausführlicher Risikoberatung des Bauherrn und zugehöriger Dokumentation der Entscheidung für diese Variante kann diese Kompensationsmöglichkeit aber weiterhin bei Bestandsparkbauten mit geringer vorhandener Betondeckung zweckmäßig sein.

Anhand der zu erwartenden Umgebungsbedingungen ist der Beton vom Tragwerksplaner einer von drei Feuchtigkeitsklassen WO, WF und WA der Alkali-Richtlinie [20] zuzuordnen. In Abhängigkeit von der gewählten Feuchtigkeitsklasse ist bei der Betonherstellung eine geeignete Gesteinskörnung bzw. ein geeigneter Zement zu verwenden. Die Feuchtigkeitsklassen sind in den Ausführungsunterlagen anzugeben, sie haben jedoch keine direkten Auswirkungen auf die Bemessung. Neben den informativen Beispielen finden sich in den Erläuterungen zur Alkali-Richtlinie [20] weitere Hinweise, wie aus der Einstufung eines Bauteils in die Expositionsklassen die Einstufung in die Feuchtigkeitsklasse erfolgen kann. Nach der DAfStb-Alkali-Richtlinie [20] ist zu prüfen, ob eine Gesteinskörnung alkalireaktiv ist. Alkaliempfindliche Gesteinskörnungen, wie z. B. Opalsandstein, Flint oder Grauwacke, sind in den Gewinnungsgebieten Schleswig-Holstein, Hamburg, Mecklenburg-Vorpommern sowie in Teilbereichen von Niedersachsen, Sachsen-Anhalt und Brandenburg (im mitteldeutschen Raum) zu erwarten. Es ist nicht auszu-

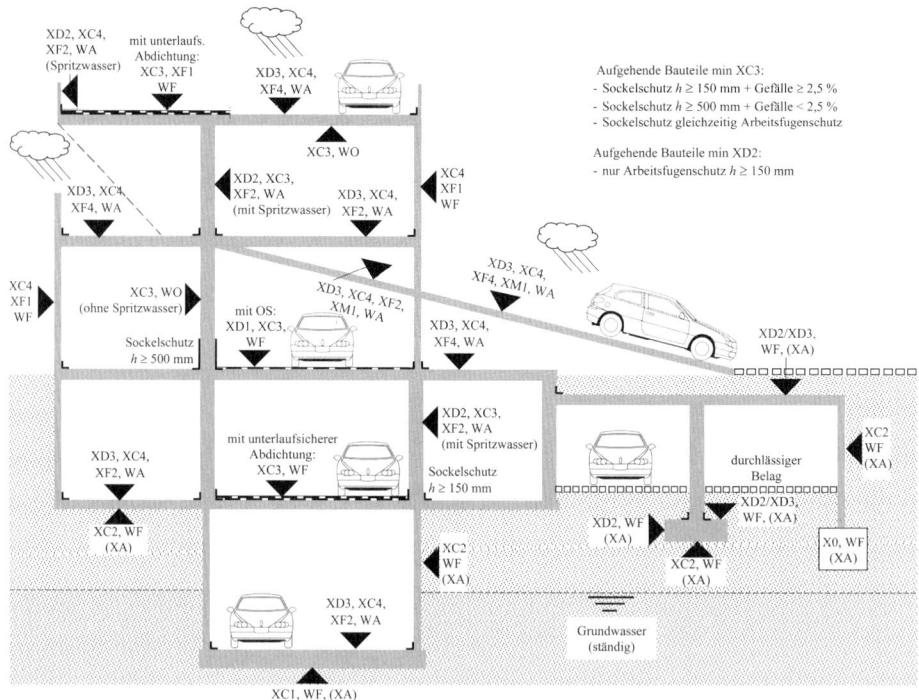

Bild 1. Beispiele für Zuordnung der Expositionsklassen bei Betonbauteilen in Parkbauten

schließen, dass solche Gesteinskörnungen an Betonwerke oder in Fertigteilen in andere Regionen geliefert werden [19].

In chloridhaltigem Beton sind verzinkte Stähle beständiger als unverzinkte, jedoch muss bei Chloridgehalten > 1,5 M.-% (bezogen auf Zement) mit einem raschen Zinkabtrag gerechnet werden. Bei erhöhten Chloridgehalten (z. B. bei Parkdecks) weisen Zinküberzüge lediglich einen temporären Korrosionsschutz auf [39]. Daher gelten für feuerverzinkte Bewehrungsstähle in allen Expositionsklassen dieselben Anforderungen an die Betondeckung wie für normale Betonstahlbewehrung [21].

Bild 1 zeigt ergänzend zu Tabelle 6 in einer Übersicht die beispielhafte Zuordnung von Expositions- und Feuchtigkeitsklassen für Betonbauteile in Parkbauten.

3.3 Dichtheit der Betondeckung – Anforderungen an die Betonzusammensetzung

Die Betondeckung der Bewehrung hat drei wesentliche Aufgaben zu erfüllen:

– Sicherstellung der Dauerhaftigkeit der Bewehrung durch eine ausreichend dicke und dichte Betonschicht, die das Vordringen korrosionsfördernder Stoffe bis zur Bewehrung im Verlauf der zugrunde gelegten Nutzungsdauer mit ausreichender Zuverlässigkeit verhindert,

– Sicherstellung der Übertragung der Kräfte zwischen Bewehrung und umhüllenden Beton über allseitigen Verbund,

– Sicherstellung einer Feuerwiderstandsdauer durch Verzögerung der Temperaturerhöhung des abgedeckten Bewehrungsstahls infolge einer Brandbeaufschlagung der Betonoberfläche.

Das entscheidende Maß für die Tragwerksplanung (statische Nutzhöhe d) und die Bauausführung (Bestellung der Abstandhalter) ist das Verlegemaß der Bewehrung c_v. Dieses ergibt sich aus der Bewehrungskonstruktion (Lagen und Durchmesser der Bewehrung) und den Lieferabmessungen der Abstandhalter und Unterstützungen. Daher wird auf den Bewehrungsplänen die Angabe des Verlegemaßes (für die Bestellung) und des Vorhaltemaßes Δc_{dev} (für die Überwachung) gefordert. Auf die Angabe des Mindestmaßes c_{min} sollte verzichtet werden, um Verwechslungen auszuschließen [19].

Die mittels der Expositionsklassen beschriebenen Umwelteinwirkungen erfordern Bauteilwiderstände, die durch das Mindestbetondeckung $c_{min,dur}$ am fertigen Bauteil (vgl. Tabelle 5) und die Eigenschaften der Betondeckung – insbesondere der Dichtheit – sichergestellt werden (ggf. ergänzt durch zusätzliche Schutzmaßnahmen, wie Oberflächenschutzsysteme oder Abdichtungen). Maßgebend für die Eigenschaften der Betondeckung sind die Anforderungen an die Betonzusammensetzung gemäß DIN 1045-2 [5] bzw. der DAfStb-Richtlinie für Massige Bauteile [8], die hier in Tabelle 6 zusammengefasst werden. Diese Anforderungen sind unter der Annahme einer geplanten Nutzungsdauer von mindestens 50 Jahren unter üblichen Instandhaltungsbedingungen festgelegt.

Tabelle 6. Anforderungen an die Betonzusammensetzung in Parkbauten

1 Kein Korrosions- oder Angriffsrisiko	
X0	Mindestbetonfestigkeitsklasse: C8/10
	(*Anmerkung der Autoren:* hier mindestens C20/25 für Bauteile mit nichtrostender Bewehrung empfohlen).
2 Korrosion, ausgelöst durch Karbonatisierung	
XC1 XC2	Mindestbetonfestigkeitsklasse: C16/20
	Wasserzementwert: $w/z \leq 0{,}75$;
	Mindestzementgehalt [a]: $z \geq 240$ kg/m³ (auch bei Anrechnung von Zusatzstoffen).
XC3	Mindestbetonfestigkeitsklasse: C20/25
	Wasserzementwert: $w/z \leq 0{,}65$;
	Mindestzementgehalt [a]: $z \geq 260$ kg/m³ ($z \geq 240$ kg/m³ bei Anrechnung von Zusatzstoffen).
XC4	Mindestbetonfestigkeitsklasse: C25/30
	Wasserzementwert: $w/z \leq 0{,}60$;
	Mindestzementgehalt [a]: $z \geq 280$ kg/m³ ($z \geq 270$ kg/m³ bei Anrechnung von Zusatzstoffen).

Tabelle 6. Anforderungen an die Betonzusammensetzung in Parkbauten (Fortsetzung)

3 Bewehrungskorrosion, ausgelöst durch Chloride	
XD1 XS1	Mindestbetonfestigkeitsklasse: C30/37 [b)] Wasserzementwert: $w/z \leq 0{,}55$; Mindestzementgehalt [a)]: $z \geq 300$ kg/m^3 ($z \geq 270$ kg/m^3 bei Anrechnung von Zusatzstoffen).
XD2 XS2	Mindestbetonfestigkeitsklasse: C35/45 [b) c)]; ([8] massige Bauteile: C30/37 [b)]) Wasserzementwert: $w/z \leq 0{,}50$; Mindestzementgehalt [a)]: $z \geq 320$ kg/m^3 ($z \geq 270$ kg/m^3 bei Anrechnung von Zusatzstoffen); ([8] massige Bauteile: $z \geq 300$ kg/m^3).
XD3 XS3	Mindestbetonfestigkeitsklasse: C35/45 [b)]; ([8] massige Bauteile: C30/37 [b) f)]) Wasserzementwert: $w/z \leq 0{,}45$; ([8] massige Bauteile: $w/z \leq 0{,}50$ [f)]) Mindestzementgehalt [a)]: $z \geq 320$ kg/m^3 ($z \geq 270$ kg/m^3 bei Anrechnung von Zusatzstoffen); ([8] massige Bauteile: $z \geq 300$ kg/m^3).
4 Betonangriff durch Frost ohne Taumittel	
XF1 ohne LP	Mindestbetonfestigkeitsklasse: C25/30 Wasserzementwert: $w/z \leq 0{,}60$; Mindestzementgehalt [a)]: $z \geq 280$ kg/m^3 ($z \geq 270$ kg/m^3 bei Anrechnung von Zusatzstoffen). Weitere Anforderungen: Frost-Tau-Widerstand Gesteinskörnung: Kategorie F_4
XF3 ohne LP	Mindestbetonfestigkeitsklasse: C35/45 [c)]; ([8] massige Bauteile: C30/37) Wasserzementwert: $w/z \leq 0{,}50$; Mindestzementgehalt [a)]: $z \geq 320$ kg/m^3 ($z \geq 270$ kg/m^3 bei Anrechnung von Zusatzstoffen); ([8] massige Bauteile: $z \geq 300$ kg/m^3). Weitere Anforderungen: Frost-Tau-Widerstand Gesteinskörnung: Kategorie F_2
XF3 mit LP	Mindestbetonfestigkeitsklasse: C25/30 LP Wasserzementwert: $w/z \leq 0{,}55$; Mindestzementgehalt [a)]: $z \geq 300$ kg/m^3 ($z \geq 270$ kg/m^3 bei Anrechnung von Zusatzstoffen). Weitere Anforderungen: Frost-Tau-Widerstand Gesteinskörnung: Kategorie F_2 Mindestluftporengehalt im Frischbeton [e)]
5 Betonangriff durch Frost mit Taumittel	
XF2 ohne LP	Mindestbetonfestigkeitsklasse: C35/45 [c)]; ([8] massige Bauteile: C30/37) Wasserzementwert [d)]: $w/z \leq 0{,}50$; Mindestzementgehalt [a)]: $z \geq 320$ kg/m^3 ($z \geq 270$ kg/m^3 bei Anrechnung von Zusatzstoffen [d)]); ([8] massige Bauteile: $z \geq 300$ kg/m^3). Weitere Anforderungen: Frost-Tausalz-Widerstand Gesteinskörnung: Kategorie MS_{25}
XF2 mit LP	Mindestbetonfestigkeitsklasse: C25/30 LP Wasserzementwert [d)]: $w/z \leq 0{,}55$; Mindestzementgehalt [a)]: $z \geq 300$ kg/m^3 ($z \geq 270$ kg/m^3 bei Anrechnung von Zusatzstoffen [d)]). Weitere Anforderungen: Frost-Tausalz-Widerstand Gesteinskörnung: Kategorie MS_{25} Mindestluftporengehalt im Frischbeton [e)]

Tabelle 6. Anforderungen an die Betonzusammensetzung in Parkbauten (Fortsetzung)

XF4 mit LP	Mindestbetonfestigkeitsklasse: C30/37 LP
	Wasserzementwert [d]: $w/z \leq 0{,}50$; Mindestzementgehalt [a]: $z \geq 320$ kg/m^3 ($z \geq 270$ kg/m^3 bei Anrechnung von Zusatzstoffen [d]). Weitere Anforderungen: Frost-Tausalz-Widerstand Gesteinskörnung: Kategorie MS$_{18}$ Mindestluftporengehalt im Frischbeton [e] (jedoch erdfeuchter Beton mit $w/z \leq 0{,}40$ ohne LP)

6 Betonangriff durch chemischen Angriff der Umgebung

XA1	Mindestbetonfestigkeitsklasse: C25/30
	Wasserzementwert: $w/z \leq 0{,}60$; Mindestzementgehalt [a]: $z \geq 280$ kg/m^3 ($z \geq 270$ kg/m^3 bei Anrechnung von Zusatzstoffen); ([8] massige Bauteile: $z \geq 240$ kg/m^3 bei Anrechnung von Zusatzstoffen).
XA2	Mindestbetonfestigkeitsklasse: C35/45 [b) c)]; ([8] massige Bauteile: C30/37)
	Wasserzementwert: $w/z \leq 0{,}50$; Mindestzementgehalt [a]: $z \geq 320$ kg/m^3 ($z \geq 270$ kg/m^3 bei Anrechnung von Zusatzstoffen); ([8] massige Bauteile: $z \geq 300$ kg/m^3).
XA3	Mindestbetonfestigkeitsklasse: C35/45 [b)]
	Wasserzementwert: $w/z \leq 0{,}45$; Mindestzementgehalt [a]: $z \geq 320$ kg/m^3 ($z \geq 270$ kg/m^3 bei Anrechnung von Zusatzstoffen).
	Weitere Anforderungen: Zusätzlich bei XA3 und unter Umgebungsbedingungen außerhalb der Grenzen von DIN EN 206-1, Tabelle 2, bei Anwesenheit anderer angreifender Chemikalien, chemisch verunreinigtem Boden oder Wasser, bei hoher Fließgeschwindigkeit von Wasser und Einwirkung von Chemikalien sind i. d. R. Schutzmaßnahmen für den Beton (z. B. Schutzschichten) erforderlich. Alternativ: andere Lösung über Gutachten.

7 Betonangriff durch Verschleißbeanspruchung

XM1	Mindestbetonfestigkeitsklasse: C30/37 [b)]
	Wasserzementwert: $w/z \leq 0{,}55$; Zementgehalt [a]: 360 kg/m^3 $\geq z \geq 300$ kg/m^3 ($z \geq 270$ kg/m^3 bei Anrechnung von Zusatzstoffen).

[a] Bei einem Größtkorn der Gesteinskörnung $d_g = 63$ mm darf der Mindestzementgehalt um 30 kg/m^3 reduziert werden.
[b] Bei Verwendung von Luftporenbeton (LP) aufgrund gleichzeitiger Anforderungen aus der Expositionsklasse XF, eine Betonfestigkeitsklasse niedriger. Fußnote [c] darf dann nicht gleichzeitig angewendet werden.
[c] Bei langsam und sehr langsam erhärtenden Betonen ($r < 0{,}30$) eine Festigkeitsklasse niedriger. Die Druckfestigkeit zur Einteilung in die geforderte Druckfestigkeitsklasse ist auch in diesem Fall an Probekörpern im Alter von 28 Tagen zu bestimmen. Fußnote [b] darf dann nicht gleichzeitig angewendet werden.
[d] Die Anrechnung auf den Mindestzementgehalt und den Wasserzementwert ist nur bei Verwendung von Flugasche zulässig. Weitere Zusatzstoffe des Typs II dürfen zugesetzt, aber nicht auf den Zementgehalt oder den w/z-Wert angerechnet werden. Bei gleichzeitiger Zugabe von Flugasche und Silikastaub ist eine Anrechnung auch für die Flugasche ausgeschlossen.
[e] Der mittlere Luftgehalt im Frischbeton (Volumenanteil in %) unmittelbar vor dem Einbau muss bei einem Größtkorn der Gesteinskörnung von 8 mm $\geq 5{,}5\%$, 16 mm $\geq 4{,}5\%$, 32 mm $\geq 4{,}0\%$ und 63 mm $\geq 3{,}5\%$ betragen. Einzelwerte dürfen diese Anforderungen um höchstens 0,5 % unterschreiten.
[f] Bei Verwendung von CEM II/B-V, CEM III/A oder CEM III/B ohne oder mit Flugasche als Betonzusatzstoff oder bei anderen Zementen der Tabellen F.3.1 oder F.3.2 nach DIN 1045-2 in Kombination mit Flugasche als Betonzusatzstoff, wobei der Mindestflugaschegehalt 20 % (Massenanteil) von $(z + f)$ betragen muss.

Weitere Anforderungen bestehen hinsichtlich der einsetzbaren Zemente. Gemäß DIN 1045-2 [5], Tabelle F.3.1, dürfen beispielsweise für die Expositionsklassen XC3, XC4, XD, XS, XF die kalkreichen Portlandflugaschenzemente CEM II/A/B-W, der Portlandkalksteinzement CEM II/B-LL, die Portlandkompositzemente CEM II/A/B-M sowie der stark hüttensandhaltige Hochofenzement CEM III/C nicht verwendet werden.

Im DBV-Merkblatt [15] wird darüber hinaus empfohlen, für ungeschützte chloridbeanspruchte Betonflächen bewehrter Bauteile in der Exposition XD Betone mit hohem Chlorideindringwiderstand zu wählen. Dies sind insbesondere Betone mit hüttensandhaltigen Zementen (CEM II/A/B-S oder CEM III/A/B) – aber auch andere Betone z. B. mit CEM I oder CEM II/A-LL, wenn diesen reaktive Zusatzstoffe zugegeben werden.

Bei vollflächig beschichteten Betonoberflächen sollte kein Luftporenbeton geplant werden (u. a. wegen möglicher Schäden am Oberflächenschutzsystem). In diesem Fall ist i. d. R. eine Einstufung in XF1 ausreichend. Betone mit Luftporenbildner (z. B. wegen XF4) können weder zielsicher geglättet noch abgescheibt werden [15].

Die DAfStb-Richtlinie Massige Bauteile aus Beton [8] gilt für massige Bauteile aus Beton, Stahlbeton und Spannbeton, bei denen eine erhöhte Bauteilerwärmung infolge Hydratation auftreten kann. Das sind Bauteile, deren kleinste Bauteilabmessung mindestens 0,80 m beträgt und bei denen Zwang und Eigenspannungen in besonderer Weise zu berücksichtigen sind. Massige Bauteile aus Beton unterliegen den gleichen Grundsätzen hinsichtlich Bemessung, Konstruktion, Betontechnik und Ausführung wie dünnere Bauteile. Mit der Einhaltung der z. T. abweichenden Regelungen aus der DAfStb-Richtlinie [8] (wie z. B. reduzierte Mindestbetonfestigkeitsklasse und Mindestzementgehalt bei XD, XS, XF, vgl. Tabelle 6), die zum großen Teil auf langjährigen Erfahrungen beruhen, wird sichergestellt, dass für massige Bauteile die Tragfähigkeits-, Gebrauchstauglichkeits- und Dauerhaftigkeitsanforderungen der für Betonbauteile einschlägigen Normen weiterhin erfüllt werden. Eine wirksame Begrenzung der Temperaturänderungen mit den damit verbundenen Zwang- und Eigenspannungen sowie der Minimierung der sich gegebenenfalls daraus ergebenden Rissbildung lässt sich maßgeblich durch konstruktive, betontechnische und ausführungstechnische Maßnahmen erreichen. Alle diese Maßnahmen sind gleichermaßen sorgfältig und durchgängig zu planen und aufeinander abzustimmen (Erläuterungen in [8]).

3.4 Anforderungen an die Rissbreitenbegrenzung

Die Bedingungen hinsichtlich der Dauerhaftigkeit und des Erscheinungsbildes des Bauwerks gelten als erfüllt, wenn in Abhängigkeit von der Expositionsklasse die Rissbreite auf einen maximal zulässigen Rechenwert w_k begrenzt wird [14].

Die normativen Anforderungen an die rechnerische Rissbreitenbegrenzung werden im DIN EN 1992-1-1/NA [1, 2], Tabelle 7.1DE festgelegt und sind hier für die in Parkbauten typischen Stahlbetonbauteile und die Bauteile mit Vorspannung mit sofortigem und ohne Verbund in den Tabellen 7 und 8 enthalten. Diese Anforderungen korrespondieren mit den deutschen Festlegungen für die Mindestbetondeckungen und für die Betonzusammensetzung (gemäß Tabellen 5 und 6 in diesem Beitrag). Berücksichtigt werden dabei die Aggressivität der Umgebungsbedingungen, charakterisiert durch die Expositionsklassen für Bewehrungskorrosion, und die Empfindlichkeit gegenüber Korrosion sowie das Gefährdungspotenzial für das gesamte Bauteil. Daher sind die Mindestanforderungen an die zulässigen rechnerischen Rissbreiten und ggf. an die Dekompression bei gleichen Expositionsklassen für Spannstahl im Verbund strenger als bei Betonstahlbewehrung. Bauteile mit Vorspannung ohne Verbund dürfen aufgrund des Primärkorrosionsschutzes in den Spanngliedern wie Stahlbetonbauteile klassifiziert werden [19].

Die Dauerhaftigkeit von Stahlbeton- und Spannbetonbauteilen hängt wesentlich von einem zuverlässigen Korrosionsschutz der Bewehrung ab.

Bei Rissen quer zur Bewehrungsrichtung sind die Dicke und Dichtheit der Betondeckung von weit

Tabelle 7. Zulässige rechnerische Rissbreiten w_k für Stahlbetonbauteile (nach [1, 2], Tabelle 7.1DE)

Expositionsklasse	Rechenwert w_k	Einwirkungskombination
X0, XC1	0,4 mm [a]	quasi-ständig
XC2–XC4; XS1–XS3; XD1–XD2, XD3 [b]	0,3 mm	quasi-ständig

[a] Bei den Expositionsklassen X0 und XC1 hat die Rissbreite keinen Einfluss auf die Dauerhaftigkeit und der Grenzwert 0,4 mm wird i. Allg. zur Wahrung eines akzeptablen Erscheinungsbildes gesetzt. Fehlen entsprechende Anforderungen an das Erscheinungsbild, darf dieser Grenzwert erhöht werden.
[b] Bei Bauteilen der Expositionsklasse XD3 können besondere Maßnahmen erforderlich sein. Die Wahl der entsprechenden Maßnahmen hängt von der Art des Angriffsrisikos ab. Bei Dach- oder Verkehrsflächen mit einer Chloridbeaufschlagung aus Tausalzen ist das Eindringen von Chloriden in Risse dauerhaft zu verhindern (siehe hier informative Beispiele in Tabelle 5).

Tabelle 8. Zulässige rechnerische Rissbreiten w_k für Bauteile mit Vorspannung mit sofortigem Verbund (nach [1, 2], Tabelle 7.1DE)

Expositions-klasse	Rechenwert w_k	Einwirkungs-kombination
X0, XC1	0,2 mm	häufig
XC2–XC4	0,2 mm	häufig
	Dekompression [a]	quasi-ständig
XS1–XS3, XD1–XD2, XD3 [b]	0,2 mm	selten
	Dekompression [a]	häufig

[a] Für die Einhaltung des Grenzzustands der Dekompression ist nachzuweisen, dass der Betonquerschnitt um das Spannglied im Bereich von 100 mm oder von 1/10 der Querschnittshöhe unter Druckspannungen steht. Der größere Bereich ist maßgebend. Die Spannungen sind im Zustand II nachzuweisen.

[b] Bei Bauteilen der Expositionsklasse XD3 können besondere Maßnahmen erforderlich werden. Die Wahl der entsprechenden Maßnahmen hängt von der Art des Angriffsrisikos ab. Bei Dach- oder Verkehrsflächen mit einer Chloridbeaufschlagung aus Tausalzen ist das Eindringen von Chloriden in Risse dauerhaft zu verhindern (siehe hier informative Beispiele in Tabelle 5).

Anmerkung: Für Bauteile mit Vorspannung ohne Verbund (z. B. mit Monolitzen in PE-Rohren vorgespannte Bodenplatten oder Parkdecks) gelten die Anforderungen wie für Stahlbetonbauteile (vgl. hier Tabelle 7).

größerer Bedeutung für die Dauerhaftigkeit als die Breite der Risse, solange die an der Bauteiloberfläche vorhandene Rissbreite nicht größer als 0,4 mm bis 0,5 mm wird. Bis zu dieser Grenze gibt es keinen signifikanten Zusammenhang zwischen dem Absolutwert der Rissbreite und dem Grad der Bewehrungskorrosion.

Auch bei Rissen parallel zu den Bewehrungsstäben ist die Qualität der Betondeckung entscheidend, jedoch können sich im Gegensatz zu den Querrissen die Längsrisse ungünstiger auf die Dauerhaftigkeit auswirken (vgl. *Schießl* in [22]).

Diese Aussagen gelten nicht für kritisch einzustufende oberseitige Risse auf vorwiegend horizontalen Bauteiloberflächen, auf die direkt chloridhaltiges Wasser von oben einwirkt. Hier können auch bei wesentlich kleineren Rissbreiten unter der für die Expositionsklassen XD grundsätzlich rechnerisch zulässigen 0,30 mm erhebliche Korrosionserscheinungen infolge der in Risse tief eindringenden Chloride auftreten.

Bei befahrenen Flächen von Parkdecks, die in die Expositionsklasse XD3 eingestuft werden, ist daher die Begrenzung der Rissbreite allein kein geeignetes Mittel zur Erzielung einer ausreichenden Dauerhaftigkeit. Offene Trennrisse sind hinsichtlich der Korrosionsintensität dabei kritischer zu bewerten als Biegerisse (vgl. [22, 58]). Hier sind daher zusätzliche Maßnahmen, wie z. B. das Aufbringen eines rissüberbrückenden Oberflächenschutzsystems oder lokaler Rissbandagen erforderlich (siehe auch Erläuterungen in Abschnitt 7).

Bei befahrenen Verkehrsflächen mit einer direkten Chloridbeaufschlagung aus Tausalzen ist das Eindringen von Chloriden in Risse dauerhaft zu verhindern. Je nach Ausführungsvariante (mit Abdichtung, mit Oberflächenschutzsystem, mit lokalen Bandagen oder bei direkt chloridbeaufschlagten Betonflächen) ist vom Tragwerksplaner stets ein passender Entwurfsgrundsatz in Bezug auf die Rissbreitenbegrenzung zu wählen (siehe Erläuterungen in Abschnitt 6) und mit dem Objektplaner abzustimmen.

Werden Oberflächenschutz- oder Abdichtungssysteme der Betonflächen geplant, sind die maximal zu erwartende Rissbreite auf der Bauteiloberfläche sowohl bei der Erstrissbildung als auch bei dynamischer Änderung von Rissen nach Applikation und die Leistungsfähigkeit des Systems aufeinander abzustimmen. Dies gilt auch für rissbegleitende Behandlungen wie z. B. rissüberbrückende Bandagen. Dabei ist zu beachten, dass die rechnerische Rissbreite einen streuenden und gemittelten Wert im Wirkungsbereich der rissbreitenbegrenzenden Bewehrung darstellt. Die Aussagegenauigkeit des Rechenmodells für die Rissbreite nach DIN EN 1992-1-1/NA nimmt mit der Rissbreite ab (etwa 90 % bei $w_k = 0,3$ mm und etwa 80 % bei $w_k = 0,2$ mm [23]). Außerdem nimmt der Unterschied zwischen dem Rechenwert w_k und der für Oberflächenschutzsysteme oder Abdichtungen relevanten auftretenden Rissbreite an der Bauteiloberfläche mit der Betondeckung zu [23]. Im DBV-Merkblatt „Parkhäuser und Tiefgaragen" [15] werden daher Empfehlungen für den Ansatz eines Rechenwerts der Rissbreite unter Annahme eines erfahrungsgemäß sicheren Vorhaltemaßes gegeben, die auf die geprüfte Rissüberbrückungsfähigkeit verschiedener Schutzmaßnahmen abgestimmt sind (s. Tabelle 9).

Der Nachweis der Rissbreiten unter der quasi-ständigen Einwirkungskombination ist i. d. R. für die Abstimmung der Rissüberbrückungsfähigkeit gemäß Entwurfsgrundsatz EGS-b nicht ausreichend (zu den Entwurfsgrundsätzen EGS siehe Abschnitt 6). Es sollte mindestens die häufige Einwirkungskombination zugrunde gelegt werden. Die Auswirkungen der Einwirkungskombinationen mit größerem Nutzlastanteil sind bei Parkbauten nicht sehr gravierend. Beispielsweise beträgt die gleichmäßig verteilte Nutzflächenlast [26, 27] für Parkdecks / Zufahrten und Rampen zzgl. zu den Eigenlasten:

Tabelle 9. Empfehlungen für den Rechenwert der Rissbreite w_k für verschiedene Oberflächenschutz- bzw. Abdichtungssysteme (nach Tabelle A.0 in [15])

Regelwerk	Oberflächenschutz- bzw. Abdichtungssystem	Empfehlung für Rechenwert der Rissbreite w_k [a)]
DAfStb-Instandsetzungsrichtlinie [9]	OS 8	–
	OS 10	0,30 mm
	OS 11	0,25 mm
DIN 18532-2 [12] ZTV-ING [18], 7.1 (2003)	Polymer-Bitumen-Schweißbahn zzgl. Gussasphalt	0,30 mm
DIN 18532-6 [12]	Flüssigkunststoff nach TP-BEL-B3 [24]	0,30 mm
	Flüssigkunststoff nach ETAG 033 [25]	0,25 mm

[a)] In der Regel unter häufiger Einwirkungskombination.

- quasi-ständig:
  $q_{k,qs} = 1,8$ kN/m² / 3,0 kN/m²,
- häufig:
  $q_{k,fr} = 2,1$ kN/m² / 3,5 kN/m²,
- charakteristisch:
  $q_k = 3,00$ kN/m² / 5,0 kN/m².

Wenn Zwang nicht wesentlich reduziert (im Sinne des EGS-c) oder vermieden (im Sinne des EGS-a) werden kann, ist i. d. R. die auf die Betonzugfestigkeit bezogene rissbreitenbegrenzende Mindestbewehrung einzulegen. Wird die Rissschnittgröße auch bei genauerer Berechnung, die sowohl die Last- als auch Zwangseinwirkungen umfasst, nicht erreicht, darf die rissbreitenbegrenzende Bewehrung auf die tatsächlich einwirkende Schnittgröße bezogen werden. Dieser Fall tritt insbesondere bei statisch bestimmter Lagerung ohne Zwang ein. Die für ein duktiles Bauteilverhalten erforderliche Robustheitsbewehrung nach DIN EN 1992-1-1/NA [2], 9.2.1.1 muss jedoch mindestens eingelegt werden.

Der Erläuterungstext zur maßgebenden wirksamen Betonzugfestigkeit $f_{ct,eff}$ wurde in der DIN EN 1992-1-1/NA/A1-Änderung [1] allgemeiner gefasst. Der Fall „später Zwang" wird nunmehr als Regelfall behandelt. Das heißt, wenn der Zeitpunkt der Rissbildung nicht mit Sicherheit innerhalb der ersten 28 Tage festgelegt werden kann (z. B. wegen Differenzschwinden benachbarter Bauteile, jahreszeitliche Temperaturdifferenzen bei Bauteilen mit verformungsbehindernder Einspannung bzw. Festhaltung) ist „später Zwang" zu berücksichtigen und für die Ermittlung der Mindestbewehrung (Rissschnittgröße) sollte mindestens eine Zugfestigkeit von 3,0 N/mm² für Normalbeton angenommen werden. Der Mindestwert für $f_{ct,eff} = 3,0$ N/mm² ist nur für die Ermittlung der Mindestbewehrung (Rissschnittgröße auf der Einwirkungsseite) anzuwenden. Für die Rissbreitenberechnung ist dagegen die zum Zeitpunkt der Rissbildung zu erwartende, ggf. niedrigere Betonzugfestigkeit einzusetzen, da diese hier günstig wirkt (Mitwirkung des Betons zwischen den Rissen auf der Widerstandsseite).

Wird vom Tragwerksplaner unter Festlegung entsprechender Randbedingungen und Abschätzung der Risiken nur „früher Zwang" angesetzt, werden Empfehlungen für den Ansatz der frühen Betonzugfestigkeit abhängig von Festigkeitsentwicklung des Betons und der Bauteildicke im DBV-Merkblatt „Rissbildung" [23] gegeben (s. Tabelle 10). Wenn (noch) keine genaueren Angaben des Betonherstellers bzw. des Bauausführenden über die Festigkeitsentwicklung des Betons vorliegen, sollte vom Tragwerksplaner ein heutzutage üblicher Beton mit mittlerer Festigkeitsentwicklung (statt langsamer oder sehr langsamer) angenommen werden. Die Verwendung von Beton mit langsamer Festigkeitsentwicklung ist zum einen bei den dünneren Parkdecks i. d. R. technisch unsinnig (im Gegensatz zu massigen Bauteilen nach [8]) und zum anderen auch mit Schwierigkeiten und erhöhten Kosten in der Bauausführung verbunden (wegen möglicher regionaler Lieferschwierigkeiten des Zements oder Betons, verlängerten Ausschal- und Ausrüstzeiten und verlängerten Nachbehandlungsfristen, die mit kurzen Bauzeiten nicht vereinbar sind). Hinweis des Tragwerksplaners in der Baubeschreibung und auf den Ausführungsplänen mitgeteilt werden, damit Betonhersteller und Bauausführende diese Anforderungen bei der Festlegung des Betons und bei der Bauausführung umsetzen können.

Im DAfStb-Heft 600 [14] wird in Anlehnung an das DBV-Merkblatt „Rissbildung" [23] mit Blick auf den Tragwerksplaner auch schon erläutert, dass es bei Festigkeitsklassen $\geq$ C30/37 nicht zielsicher möglich ist, die Festigkeitsentwicklung des Betons

Tabelle 10. Empfohlene rechnerische Anhaltswerte für die Betonzugfestigkeit bei frühem Zwang aus Abfließen der Hydratationswärme (aus [23])

Festigkeitsentwicklung des Betons	Bauteildicke h			
	$\leq 0{,}30$ m	$\leq 0{,}80$ m	$\leq 2{,}0$ m	$> 2{,}0$ m
langsam ($r < 0{,}30$) [a) b)]	_ [c)]	$0{,}60 f_{ctm}$	$0{,}70 f_{ctm}$ [d)]	$0{,}80 f_{ctm}$ [d)]
mittel ($r < 0{,}50$) [a)]	$\mathbf{0{,}65} f_{ctm}$	$\mathbf{0{,}75} f_{ctm}$	$\mathbf{0{,}85} f_{ctm}$	$\mathbf{0{,}95} f_{ctm}$
schnell ($r \geq 0{,}50$) [a)]	$0{,}80 f_{ctm}$	$0{,}90 f_{ctm}$	$1{,}00 f_{ctm}$	$1{,}00 f_{ctm}$

[a)] Festigkeitsentwicklung des Betons mit $r = f_{cm,2d}/f_{cm,28d}$ aus der Eignungsprüfung, Angabe auf dem Betonlieferschein (oder bei Bestimmung der Druckfestigkeit zu einem späteren Zeitpunkt $t > 28$ Tage: $r = f_{cm,2d}/f_{cm,56d}$, bzw. $r = f_{cm,2d}/f_{cm,91d}$), z. B. bei massigen Bauteilen).
[b)] Bei Festigkeitsklassen $\geq$ C30/37 ist es i. d. R. nicht möglich, das Festigkeitsverhältnis $r \leq 0{,}30$ bezogen auf 28 Tage zu begrenzen. In diesen Fällen ist es erforderlich, den Zeitpunkt des Nachweises der Festigkeitsklasse auf einen späteren Zeitpunkt (z. B. 56 oder 91 Tage) zu vereinbaren.
[c)] Die Auslegung der Bewehrung bei dünnen Bauteilen auf eine langsame Festigkeitsentwicklung ist nicht sinnvoll. Es sollte grundsätzlich mindestens eine mittlere Festigkeitsentwicklung angenommen werden.
[d)] Der empfohlene Anhaltswert für massige Bauteile ist erst bei der Verwendung von langsam erhärtenden Betonen mit einem Prüfalter von 91 Tagen zu erwarten.

ausreichend zu verzögern, um die Betonzugfestigkeit von $0{,}50 f_{ctm}$ während des Abfließens der Hydratationswärme einzuhalten. Dies gilt insbesondere für dickere Bauteile, deren maximale Temperatur infolge der Hydratation erst nach mehreren Tagen erreicht wird und bei denen das Abfließen der Hydratationswärme länger dauert.

Für die Auswahl einer geeigneten Betonsorte kann in Bezug auf die Begrenzung der Betonzugfestigkeit näherungsweise weiterhin die Druckfestigkeitsentwicklung herangezogen werden (r-Werte). Hierbei wird die unterschiedliche Entwicklung von Druck- und Zugfestigkeit vernachlässigt. Dieser Ansatz ist mit Blick auf die Streuungen der Festigkeitswerte und die sonstigen teilweise groben Annahmen im Rechenmodell ausreichend genau. Ein expliziter Nachweis der Betonzugfestigkeit nach 3 oder 5 Tagen ist nicht notwendig [19].

3.5 Nachbehandlung der Betonrandzone

Die Nachbehandlung der Betonbauteile trägt entscheidend zur Dichtheit der Betondeckung und damit zur Dauerhaftigkeit der Parkbauten bei. Bauteile in Expositionsklasse XD3 sind besonders sorgfältig nachzubehandeln.

Die Nachbehandlung und der Schutz des jungen Betons soll

– das Frühschwinden reduzieren,
– eine ausreichende Festigkeit und Dichtheit in der Betonrandzone sicherstellen,
– die Temperaturentwicklung und -verteilung infolge der Hydratationswärme im Bauteil zu steuern,
– schädliche Witterungseinflüsse fernhalten,
– schädliche Erschütterungen, Stöße oder Beschädigungen vermeiden.

Nach dem Verdichten und nach der Oberflächenbearbeitung ist die Betonoberfläche daher i. d. R. unverzüglich nachzubehandeln. Bei niedrigen Umgebungstemperaturen können die Nachbehandlungsmaßnahmen durch wärmedämmende Maßnahmen ergänzt werden.

Geeignete Nachbehandlungsverfahren reduzieren die Verdunstungsrate von Wasser an der Betonoberfläche. Folgende Verfahren sind sowohl allein als auch in Kombination für die Nachbehandlung geeignet ([7], 8.5 (NA.3)):

– Belassen in der Schalung,
– Abdecken mit dampfdichten Folien (Kanten und Stößen gegen Durchzug gesichert),
– Auflegen von Wasser speichernden Abdeckungen unter ständigem Feuchthalten bei gleichzeitigem Verdunstungsschutz (z. B. Jutebahnen),
– Aufrechterhalten eines sichtbaren Wasserfilms auf der Betonoberfläche (z. B. durch Besprühen, Fluten),
– Anwendung von Nachbehandlungsmitteln mit nachgewiesener Eignung.

Die Nachbehandlung von Parkflächen nach dem Glätten sollte mit aufgelegten Folien bzw. saugfähigen Betonabdeckbahnen oder feuchtgehaltenen Jutebahnen erfolgen [15].

Nachbehandlungsmittel sind in der Regel nicht zulässig in Arbeitsfugen und bei Oberflächen, die beschichtet werden sollen. In diesen Fällen ist entweder nachzuweisen, dass keine nachteilige Auswirkung auf die nachfolgenden Arbeiten besteht, oder die Nachbehandlungsmittel sind von der Betonoberfläche zu entfernen. Sollen doch Nachbehandlungsmittel eingesetzt werden, muss die Verträglichkeit mit nachfolgenden Systemgrundierungen (z. B. für Oberflächenschutzsysteme und Abdichtungssysteme) nachgewiesen werden ([7], 8.5 (NA.12))

Eine Zwischennachbehandlung der frischen Betonoberfläche vor der Oberflächenbearbeitung kann sinnvoll sein, wenn die Rissbildung an der freien Oberfläche infolge Frühschwindens vermieden werden soll (z. B. Besprühen mit Wasser oder der Auftrag eines Zwischennachbehandlungsmittels). Allgemein ist zu beachten, dass der Einsatz verzögernder Betonzusatzmittel einer besonderen Planung der Zwischennachbehandlung der Betonoberfläche bedarf, um eine zu starke Austrocknung des Frischbetons vor der abschließenden Oberflächenbearbeitung zu verhindern [34].

Nach DIN 1045-3 [7] muss der Beton in der Regel so lange nachbehandelt werden, bis die Festigkeit des oberflächennahen Betons 50 % der charakteristischen Druckfestigkeit f_{ck} des verwendeten Betons erreicht hat (jedoch 70 % von f_{ck} bei Expositionsklassen XM). Diese Anforderung ist in Tabelle 11 (entspricht [7], Tabelle 5.NA) für die Expositionsklassen XC2–XC4, XD, XS, XF, XA in eine entsprechende Mindestdauer der Nachbehandlung umgesetzt.

Die Festigkeitsentwicklung des Betons in einem Betonbauteil hängt neben betontechnologischen Einflussgrößen (z. B. Zementart und Wasserzementwert) auch von bauteilspezifischen Faktoren (z. B. Bauteildicke und Wärmedämmung) sowie von den Witterungseinflüssen ab. Die tatsächliche Festigkeitsentwicklung des Bauteils weicht regelmäßig von dem unter Laborbedingungen nachgewiesenen Erhärtungsverlauf ab [34].

Massige Bauteile nach DAfStb-Richtlinie [8] sind ebenfalls entsprechend DIN 1045-3 nachzubehandeln und zu schützen. Hier besteht darüber hinaus ein erhebliches Rissrisiko infolge Hydratationswärme: Hohe Maximaltemperaturen im Bauteil können zu verstärkter Trennrissbildung, hohe Temperaturgradienten zwischen Bauteilkern und Bauteiloberfläche zur Schalenrissbildung führen. Die Temperaturgradienten können durch entsprechende wärmedämmende Maßnahmen reduziert werden. Derartige Maßnahmen sollten aber nicht zu einer deutli-

Tabelle 11. Mindestdauer der Nachbehandlung von Beton in den Expositionsklassen XC2–XC4, XD, XS, XF, XA (nach Tabelle 5.NA aus [7])

Oberflächentemperatur (Lufttemperatur)	Mindestdauer der Nachbehandlung [a]			
	Festigkeitsentwicklung des Betons [c] [d]			
	schnell $r \geq 0{,}50$	mittel $r \geq 0{,}30$	langsam $r \geq 0{,}15$	sehr langsam $r < 0{,}15$
$T \geq +25\,°C$	1 Tag	2 Tage	2 Tage	3 Tage
$+25\,°C > T \geq +15\,°C$			4 Tage	5 Tage
$+15\,°C > T \geq +10\,°C$	2 Tage	4 Tage	7 Tage	10 Tage
$+10\,°C > T \geq +5$ [b]	3 Tage	6 Tage	10 Tage	15 Tage

[a] Bei mehr als 5 h Verarbeitbarkeitszeit des Betons ist die Nachbehandlungsdauer angemessen zu verlängern.
Bei **Expositionsklassen XM**: Ohne genaueren Nachweis der Festigkeit (70 % von f_{ck}) sind die Tabellenwerte der Mindestnachbehandlungsdauer zu verdoppeln.
[b] Bei $T < +5\,°C$: Nachbehandlungsdauer um die Zeit verlängern, während Temperatur unter $+5\,°C$ lag.
[c] Die Festigkeitsentwicklung des Betons wird durch das Verhältnis der Mittelwerte der Druckfestigkeiten nach 2 Tagen und nach 28 Tagen $f_{cm,2d}/f_{cm,28d}$ beschrieben (r-Wert, ermittelt nach DIN EN 12390-3, Angabe auf dem Betonlieferschein), das bei der Eignungsprüfung oder auf der Grundlage eines bekannten Verhältnisses von Beton vergleichbarer Zusammensetzung (d. h. gleicher Zement, gleicher w/z-Wert) ermittelt wurde.
Wird bei besonderen Anwendungen die Druckfestigkeit zu einem späteren Zeitpunkt als 28 Tage bestimmt, ist für die Ermittlung der Nachbehandlungsdauer der Schätzwert des Festigkeitsverhältnisses aus dem Verhältnis der mittleren Druckfestigkeit nach 2 Tagen ($f_{cm,2d}$) zur mittleren Druckfestigkeit zum Zeitpunkt der Bestimmung der Druckfestigkeit ($f_{cm,56d}$ oder $f_{cm,91d}$) zu ermitteln oder eine Festigkeitsentwicklungskurve bei 20 °C zwischen 2 Tagen und dem Zeitpunkt der Bestimmung der Druckfestigkeit anzugeben.
[d] Zwischenwerte dürfen eingeschaltet werden.

chen Anhebung der Maximaltemperatur im Bauteil führen. Wärmedämmende Matten dürfen nicht unmittelbar nach Abschluss der Betonierarbeiten aufgelegt werden, um den Wärmeabfluss während der Hydratation anfangs nicht zu behindern. Nach Erreichen der Maximaltemperatur im Bauteil sind wärmedämmende Matten oft zweckmäßig. In der Abkühlphase kann es nachteilig sein, wärmedämmende Matten auf einmal komplett zu entfernen, weil dies zu einem Temperaturschock an der Bauteiloberfläche führen könnte. Eine gestaffelte Rücknahme von einzelnen Lagen der Wärmedämmmatten ist hier oftmals günstiger. Alle Maßnahmen zur Steuerung des Wärmeabflusses sollten in einem Qualitätssicherungsplan festgelegt und entsprechend den Klimabedingungen im Bauzeitenplan berücksichtigt werden [8].

4 Aufgaben der Planung

Erfolgreiche Planung für Parkbauten ist nicht als Tätigkeit eines Einzelnen zu verstehen, sondern als das koordinierte Zusammenwirken der Verantwortlichen für die verschiedenen Planungsbereiche. Ähnlich wie in der DAfStb-WU-Richtlinie [28] werden die Planungsaufgaben im Folgenden speziell für Parkbauten strukturiert (analog [29]).

Beteiligt sind:

– Objektplaner (Architekt, im Regelfall der Koordinator der Planungstätigkeiten und Vertreter des Bauherrn),
– Tragwerksplaner,
– Planer der Technischen Ausrüstung (TA-Planer),
– Betontechnologe,
– Bauausführende (beispielsweise Arbeitsvorbereitung),
– Sachverständiger für Geotechnik,
– ggf. Bauphysiker,
– ggf. Sachkundiger Planer nach DAfStb-Instandsetzungsrichtlinie [9].

Die zeitlich unterschiedliche Einbindung der verschiedenen Beteiligten erfordert von Beginn an eine entsprechende Koordination der Planung. Für die Koordination des gesamten Planungsablaufs für einen Parkbau muss ein Verantwortlicher festgelegt werden. In der Regel obliegt diese Koordination dem Objektplaner. Die Planung des Parkbaus ist vom Objektplaner unter Beteiligung von Fachplanern durchzuführen. Die technischen Verantwortlichkeiten der Planungsbeteiligten sowie der Koordinierungsumfang und Informationsaustausch sind zu Projektbeginn für die einzelnen Teilbereiche der Planung (Entwurfs- und Ausführungsplanung) festzulegen. Insbesondere ist zu klären, wie und von wem ausführungs- und betontechnische Planungsleistungen in der Projektphase, in der der Bauausführende noch nicht beteiligt ist, zu leisten sind.

Bei der Planung sind **mindestens** die folgenden Aufgaben und Maßnahmen zur Sicherstellung der Dauerhaftigkeit und Gebrauchstauglichkeit einzeln und in ihrem Zusammenwirken zu berücksichtigen:

(1) Bedarfsplanung (dokumentierte Nutzungsanforderungen);

(2) Entwurf Objektplanung: Nutzungsfreundlichkeit im Vordergrund (z. B. Verkehrsführung, Aufstellwinkel und Geometrie der Parkplätze, Pfützenakzeptanz – Entscheidung für oder gegen Gefälle, Art der Entwässerung);

(3) Festlegung der Einwirkungen aus der Konstruktion (z. B. Temperaturbeanspruchung und Zwang), der mechanischen Beanspruchungen (Anzahl Pkw, Flächen- und Radlasten) und der Umwelteinwirkungen (Expositionsklassen) und des erforderlichen Widerstands der Bauteile und der genutzten Oberfläche;

(4) Wahl der Bauarten (Betonkonstruktion, Stahlkonstruktion, Fertigteilkonstruktionen) und der statischen Systeme (Spannweiten, statisch bestimmt oder unbestimmt);

(5) Bei WU-Tiefgaragen: Festlegung der Beanspruchungsklasse und der Nutzungsklasse (i. d. R. NKL-B) und des Nutzungsbeginns;

(6) Wahl einer nutzungsgerechten Ausführungsvariante: ohne oder mit lokalen bzw. flächigen Oberflächenschutzsystemen oder mit flächigen Abdichtungen oder mit nichtrostender chloridbeständiger Bewehrung oder mit präventivem Kathodischen Korrosionsschutz;

(7) Wahl der ergänzenden Schutzmaßnahmen im Sockelbereich bei aufgehenden Bauteilen (Stützen, Wände);

(8) Entwurf und laufende Fortschreibung des Instandhaltungsplans für alle Ausführungsvarianten;

(9) Bauteilbezogene und auf die Ausführungsvariante abgestimmte Wahl eines Entwurfsgrundsatzes: „Risse vermeiden", „Rissbreiten für Oberflächenschutzsysteme bzw. Abdichtungen begrenzen", „Breite Einzelrisse zulassen und planmäßig abdichten";

(10) Festlegung der aus den Entwurfsgrundsätzen folgenden konstruktiven, betontechnischen und ausführungstechnischen Maßnahmen;

(11) Wahl von Bauteilabmessungen, Bewegungsfugen, Sollrissfugen;

(12) Wahl möglichst zwangarmer Lagerung von Parkdecks und Bodenplatten;

(13) Bemessung und Bewehrungskonstruktion;

(14) Planung von Einbauteilen und Durchdringungen;

(15) Planung von Bauablauf, Betonierabschnitten, Arbeitsfugen, einschließlich der erforderlichen Qualitätssicherungsmaßnahmen;

(16) Bei WU-Tiefgaragen: Planung des geschlossenen Fugenabdichtungssystems;

(17) Planung und Ausschreibung der Abdichtung für alle planmäßigen und unplanmäßigen Trennrisse;

(18) Dokumentation aller relevanten Festlegungen und Entscheidungen in der Planung und Weitergabe an alle Beteiligten;

(19) Beschreibung der für die Nutzung möglicherweise folgenden Einschränkungen (beispielsweise erforderliche rissbegleitende Behandlung mit Rissbandagen, Annahmen für den Zeitraum und die Bedingungen für die Selbstheilung);

(20) Planung der technischen Ausrüstung und der objektspezifischen Ausbauplanung unter Berücksichtigung der Folgen der Tragwerksplanung und der festgelegten Ausführungsvariante.

Die Planung muss sicherstellen, dass die planmäßigen Einwirkungen durch die Umweltbedingungen und durch den Pkw-Verkehr so aufgenommen werden können, dass die gemeinsam mit dem Bauherrn festgelegten Nutzungsanforderungen sicher erfüllt werden. Dies stellt hohe Anforderungen an das gesamte Planungsteam. Die Nutzungsanforderungen müssen von dem Bauherrn oder seinem Bevollmächtigten geklärt und eindeutig beantwortet werden. Die Ergebnisse müssen als Grundlage für die weiteren planerischen Festlegungen dokumentiert werden (Bedarfsplanung nach DIN 18205 [30]).

Alle Planungsergebnisse sind zu dokumentieren. Idealerweise erstellt der Tragwerksplaner bis spätestens zur Leistungsphase Entwurfsplanung ein Risskonzept, in dem die Festlegungen und getroffenen Annahmen beschrieben werden. Insbesondere sind die Folgen der Planung zu beschreiben. Aus der Dokumentation der konstruktiven, betontechnischen und ausführungstechnischen Planung müssen Erfordernisse für die weitere Planung der technischen Ausrüstung und der Objektplanung hervorgehen, die durch die beteiligten Planer umzusetzen sind.

Die häufig geübte Praxis, Details wie die Fugenausbildung den Bauausführenden zu überlassen, führt oft zu Lösungen, die die Annahmen des Tragwerksplaners nicht ausreichend berücksichtigen. Grundsätzlich hat die Planung aller Fugen durch den Tragwerksplaner in Abhängigkeit des gewählten Entwurfs zu erfolgen. Will oder muss der Bauausführende von der geplanten Umsetzung der Fugenanordnung und -ausbildung abweichen, ist eine Abstimmung mit dem Tragwerksplaner erforderlich. Zur Sicherstellung der Ausführbarkeit ist jedoch eine möglichst frühzeitige Einbindung des Bauausführenden in den Planungsprozess anzustreben.

Die Entscheidung über den Einsatz von Fertigteilen muss so früh wie möglich – idealerweise schon während der Entwurfsplanung – fallen.

Das Ergebnis der einzelnen Planungsphasen ist jeweils mit den Vorgaben und Nutzungsanforderungen des Bauherrn abzugleichen und erforderlichenfalls anzupassen, wenn die Bauherrenwünsche aus der Bedarfsplanung nicht sicher erreichbar sind oder sich während der Planungs- und Bauphase ändern.

Zur Sicherstellung der Ausführbarkeit ist die frühzeitige Beteiligung des Bauausführenden an der Planung der Ausführungsvarianten und der Details zu empfehlen. Eine solche Zusammenarbeit bedingt jedoch, dass die Verantwortlichkeiten der Beteiligten für die Planung einschließlich der gegenseitigen Informationspflichten und der Koordination der einzelnen Planungstätigkeiten möglichst klar festgelegt werden.

Zur nutzungsgerechten Planung und Ausführung eines Parkbaus ist eine Vielzahl von Planungsleistungen unterschiedlich eingebundener Fachplaner erforderlich. So müssen beispielsweise betontechnisch umsetzbare Kennwerte vom Tragwerksplaner erfragt und eingeplant werden. Boden-, Dach- und Wandaufbauten müssen vom Objektplaner in Abstimmung mit dem Tragwerksplaner (ggf. Bauphysiker) detailliert werden. Ebenso muss die TA-Planung die Folgen der Tragwerksplanung berücksichtigen. Die Tragwerksplanung muss beispielsweise auch berücksichtigen, welche Betone zum Zeitpunkt der erwarteten Bauausführung eingesetzt werden können oder welche Frischbetontemperaturen erwartet werden können. Ist dies in einer frühen Planungsphase nicht möglich, hat der Tragwerksplaner Bedingungen für die Ausführung vorzugeben, die der Bauausführende dann auch einhalten muss.

Dies zeigt, dass der Informationsfluss und die daraus erforderlichen Planungsmaßnahmen über viele Schnittstellen hinweg erfolgen und funktionieren müssen, um das nutzungsbedingt erforderlichen Eigenschaften eines Parkbaus sicher am ausgeführten Bauwerk zu erhalten.

5 Bedarfsplanung

Planung, Errichtung, Betrieb und Instandhaltung eines Parkbaus müssen auf die Bedürfnisse und Wünsche des Bauherrn bzw. der späteren Nutzer, also auf deren Bedarf, ausgerichtet sein. Daher ist es sinnvoll, diesen Bedarf vor Beginn der eigentlichen Planung systematisch zu ermitteln und ihn als Grundlage für die weitere Projektbearbeitung zu definieren.

Eine methodische Ermittlung der Bedürfnisse von Bauherren und Nutzern durch zielgerichtete Aufbereitung als Bedarf und dessen Umsetzung in bauliche Anforderungen bietet die Bedarfsplanung. Hilfestellung diesbezüglich gibt DIN 18205 „Bedarfsplanung im Bauwesen" [30], welche keine Vorschriften enthält, sondern lediglich empfehlenden Charakter hat.

Die Bedarfsplanung ist den klassischen Leistungsphasen nach HOAI [31] vorgelagert. Nach DIN 18205 liegt sie im Verantwortungsbereich des Bauherrn und wird von ihm selbst in der Regel mit Unterstützung von Beratern, Projektentwicklern usw. erarbeitet. Die HOAI nennt ausdrücklich die Bedarfsplanung als besondere Leistung des Objektplaners im Rahmen der Leistungsphase 1 (Grundlagenermittlung). Die Bedarfsplanung umfasst die wesentlichen Grundsatzfragen des Projekts. Diese sind Ausdruck der Erwartungen des Bauherrn in Bezug auf das Bauwerk, die Wirtschaftlichkeit und die Projektorganisation.

Ausführlichere Erläuterungen zur Bedarfsplanung in Parkbauten und die Folgen für mögliche Instandhaltungskonzepte werden in [15, 32, 33] gegeben.

Einige Beispiele für wichtige Frage- und Weichenstellungen in einer Bedarfsplanung für Parkbauten sind:

- vorgesehene Nutzung: öffentlich oder privat, im Eigentum oder Vermietung, Anzahl der Parkplätze, vorgesehene Nutzungsdauer,
- Nutzungsfreundlichkeit: optimierte innere Verkehrsführung, bevorzugter Parkhaustyp, weitgehende Stützenfreiheit im Bereich der Parkflächen, Pfützenfreiheit durch Ausbildung eines Gefälles, Barrierefreiheit, Sonderstellplätze, E-Ladestationen,
- Wirtschaftlichkeit: Optimierung der Gesamtkosten aus Herstell- und Betriebskosten, Vorgabe eines möglichst geringen Nutzungsausfalls durch Wartungs- und Instandsetzungsarbeiten.

6 Entwurfsgrundsätze für die Rissbeherrschung

Bei befahrenen Verkehrsflächen mit einer Feuchte- und Chloridbeaufschlagung aus Tausalzen ist das Eindringen von Chloriden in Risse dauerhaft zu verhindern (Prinzip). Je nach Ausführungsvariante (mit Abdichtung, mit Oberflächenschutzsystem, mit lokalen Bandagen oder bei direkt chloridbeaufschlagten Betonflächen) ist vom Tragwerksplaner stets ein passender Entwurfsgrundsatz in Bezug auf die Rissvermeidung bzw. die Rissbreitenbegrenzung zu wählen. Die Entwurfsgrundsätze sind sinngemäß auch für die anderen Betonbauteile in Parkbauten anzuwenden.

Die auf Parkbauten zugeschnittenen planerischen Entwurfsgrundsätze für die Rissbreitenbegrenzung sind in Tabelle 12 aufgeführt (im Sinne von [15]).

Bei Anwendung des EGS-a muss eine Trennrissvermeidungsstrategie konzipiert werden. Es handelt sich bei EGS-a um ein sehr anspruchsvolles Konzept, welches zahlreiche Vorsorgemaßnahmen und die intensivste Abstimmung zwischen allen Beteiligten erfordert (erhöhter Zeitbedarf). Notwendig sind ein entsprechendes Problembewusstsein, vertiefte technische Kenntnisse und Erfahrungen im Entwurf und Ausführung im Rahmen eines derartigen Konzepts, ausreichender Planungsvorlauf, frühzeitige betontechnische Vorbereitungen und ein koordinierter Bauablauf. Für den EGS-a sollte auf der sicheren Seite liegend nachgewiesen werden, dass die charakteristische Zugfestigkeit des Betons $f_{ctk;0,05}(t)$ zu keinem Zeitpunkt durch auftretende, überwiegend zentrische Zugspannungen überschritten wird (vgl. auch Bild 28). Hierfür ist eine planmäßige Vermeidung oder Minderung von Zwang durch betontechnische, konstruktive und ausführungstechnische Maßnahmen erforderlich (analog [28, 29]). Insbesondere bei zu erwartendem späten Zwang ist der EGS-a auf Basis rechnerischer Nachweise oft nicht mehr zielführend umsetzbar, wenn trotz relativ hoher vorhandener Betonzugfestigkeit z. B. durch winterlich bedingte Abkühlung die Zugbruchdehnung des Betons überschritten wird. Hier müssen dann i. d. R. konstruktive Maßnahmen, wie statisch bestimmte oder vorgespannte Tragsysteme, ergriffen werden.

Die ausführlichen Angaben zur rechnerischen Begrenzung der Rissbreiten mit EGS-b sind in Abschnitt 3.4 enthalten.

Die Festlegung größerer Rissbreiten nach EGS-c ist nur für Bauteilseiten möglich, die für eine planmäßige Rissbehandlung zum Zeitpunkt der Rissentstehung und für eine Rissdetektion zugänglich sind. Anderenfalls müssen dort die Anforderungen an die Rissbreitenbegrenzung nach DIN EN 1992-1-1/NA [2], Tabelle 7.1DE (hier Tabellen 7 und 8), eingehalten werden. Auch unter Berücksichtigung von Zwang ist rechnerisch nachzuweisen, dass die Streckgrenze des Bewehrungsstahls f_{yk} = 500 N/mm² (bei Zwang) bzw. $0{,}8 f_{yk}$ = 400 N/mm² (bei Last und Zwang in Kombination) unter der seltenen (charakteristischen) Einwirkungskombination nicht überschritten wird, um bleibende klaffende Risse und übergroße Bauteilverformungen zu vermeiden. Auch beim EGS-c sind besondere konstruktive, betontechnische und ausführungstechnische Maßnahmen notwendig, um die wahrscheinlich auftretende Anzahl der Risse

Tabelle 12. Entwurfsgrundsätze zur Risskontrolle bei Parkbauten

Entwurfsgrundsatz a (EGS-a)	Entwurfsgrundsatz b (EGS-b)	Entwurfsgrundsatz c (EGS-c)
Rissvermeidung	Rissverteilung	Rissbildung mit planmäßiger nachträglicher Behandlung
Beschreibung: Vermeidung von Rissen durch die Festlegung von besonderen konstruktiven, betontechnischen und ausführungstechnischen Maßnahmen.	Beschreibung: Festlegung von rechnerischen Rissbreiten, die die Mindestanforderungen des Eurocode 2 erfüllen, oder von geringeren rechnerischen Rissbreiten, die besondere Anforderungen rissüberbrückender Oberflächenschutz- und Abdichtungssysteme in Bezug auf die Rissüberbrückungsfähigkeit erfüllen.	Beschreibung: Festlegung von tolerierbaren rechnerischen Rissbreiten möglichst in definierten Bereichen (wenige breite Risse), die mit im Entwurf planmäßig vorgesehenen lokalen Maßnahmen nach ihrem Auftreten dauerhaft geschlossen bzw. abgedichtet werden.
Ziele: ungerissene Betonbauteile, daher kein Chlorideintrag in oberseitig offene Biege- oder Trennrisse. Bei WU-Tiefgarage: kein Wasserdurchtritt durch Trennrisse.	Ziele: viele schmale Risse, sodass bei direkt befahrenen Flächen die Rissüberbrückungsfähigkeit von Oberflächenschutz- oder Abdichtungssystemen nicht überschritten wird. Bei unbeschichteten Flächen: Mindestanforderungen des Eurocode 2 – Risse dürfen offenbleiben (z. B. erdberührte Bauteilseiten). Bei WU-Tiefgaragenwänden: Der Wasserdurchtritt soll bei BKL-1 durch Selbstheilung der Trennrisse begrenzt werden.	Ziele: wenige breite Risse, die planmäßig so behandelt werden, dass dauerhaft keine relevante Bewehrungskorrosion (z. B. durch Umweltexposition wie Chlorideintrag) stattfindet. Bei WU-Tiefgarage: Der Wasserdurchtritt wird bei BKL-1 durch planmäßige Rissabdichtung verhindert.
Maßnahmen: umfassende Festlegung von konstruktiven, betontechnischen und ausführungstechnischen Maßnahmen.	Maßnahmen: Begrenzung auf relativ kleine Rissbreiten durch Bemessung rissbreitenbegrenzender Bewehrung (in der Regel mit hohen Bewehrungsgraden).	Maßnahmen: Festlegung von konstruktiven, betontechnischen und ausführungstechnischen Maßnahmen für wenige breitere Risse an möglichst definierten Stellen. Kombination mit im Entwurf vorgesehener planmäßiger und zielsicherer Abdichtung der Risse.
Anmerkung: Besonders für befahrene WU-Bodenplatten geeignet, um Wasserdurchtritt von außen und Chlorideintrag von innen in Risse gleichzeitig zu vermeiden.	Anmerkung: Oberflächenschutz- bzw. Abdichtungssysteme so spät wie möglich nach möglichst abgeschlossener Rissbildung aufbringen. Bei WU-Tiefgaragen: Randbedingungen für Selbstheilung beachten (insbesondere Wasserbeaufschlagung und Dauer).	Anmerkung: Mindestanforderungen an die rechnerischen Rissbreiten nach DIN EN 1992-1-1/NA, 7.3.1 auf nichtzugänglichen Bauteilseiten sind einzuhalten (z. B. erdberührte oder unter Abdichtungen bzw. hinter Bekleidungen). Alternativ für befahrene WU-Bodenplatten geeignet.

weiter zu reduzieren. Die im Regelfall nicht auszuschließenden höheren Endzugfestigkeiten von langsam erhärtenden Betonen wirken sich bei EGS-c günstig aus, weil der Beton deutlich höhere Zugspannungen rissfrei aufnehmen kann.

Nutzungsbedingte Anforderungen können auch die Zugänglichkeit und planmäßige Rissbehandlung und damit die Anwendung des EGS-c einschränken. Die Herstellung des Einvernehmens zwischen den Beteiligten und die Dokumentation der Risikoaufklärung und eine vertragliche Fixierung des EGS-c unter Berücksichtigung des Verhältnisses von Nutzen und Kosten sind zu empfehlen.

Bei allen Entwurfsgrundsätzen sollten planmäßig Maßnahmen zum dauerhaften Schließen auch für unerwartet entstandene oberseitige Risse vorgesehen, ausgeschrieben und in einem Instandhaltungsplan dokumentiert werden. Gleiches gilt für Risse, deren tatsächliche Breite über dem entwurfsmäßig festgelegten und berechneten Wert liegt.

7 Ausführungsvarianten für befahrene Verkehrsflächen

7.1 Allgemeines

In den Erläuterungen zum Eurocode 2 im DAfStb-Heft 600 [14] wird nochmals klargestellt, dass zur Sicherstellung der Dauerhaftigkeit von direkt befahrenen Parkdecks Risse und Arbeitsfugen dauerhaft geschlossen bzw. geschützt werden müssen, um Schäden durch eindringendes chloridhaltiges Wasser und damit auch die chloridinduzierte Korrosion der Bewehrung weitgehend zu vermeiden. Dieses Prinzip ist unabhängig davon anzuwenden, ob z. B. planmäßig breitere Einzelrisse in Kauf genommen werden, die nach Abschluss der Rissbildung wieder geschlossen oder beschichtet werden (EGS-c) oder ob durch eine rissbreitenbegrenzende Bewehrung mit vielen kleineren Rissen gerechnet wird, die dann in der Fläche beschichtet oder abgedichtet werden müssen (EGS-b). Auch die Einstufung der ungerissenen Bereiche (EGS-a) von direkt chloridbeaufschlagten Betonbauteilen in die Expositionsklasse XD3 mit den damit verbundenen Mindestanforderungen setzt eine übliche Instandhaltung während der Nutzungsdauer voraus.

Bei Aufbringung eines dauerhaften und flächigen Schutzes unter Einbeziehung einer regelmäßigen und in definierten Abständen vorzunehmenden Wartung auf der Basis eines Instandhaltungsplans und der Durchführung notwendiger Instandsetzungsmaßnahmen sind im Vergleich zu direkt chloridbeaufschlagten Betonbauteilen von XD3 und XF4 abweichende Einstufungen der Expositionsklassen möglich (vgl. DIN EN 1992-1-1/NA/ A1-Änderung:2015-12 [1]).

DAfStb-Heft 600 [14] verweist in diesem Zusammenhang weiter auf das DBV-Merkblatt „Parkhäuser und Tiefgaragen" [15], welches für verschiedene Anwendungsfälle detaillierte Angaben zu den Inhalten des Instandhaltungsplans, den erforderlichen Inspektionsintervallen und den Instandsetzungsmaßnahmen sowie zu den Randbedingungen, unter denen eine Herabstufung der Expositionsklassen möglich ist, enthält. Das Merkblatt gibt auch Hinweise zur Auswahl geeigneter Oberflächenschutzsysteme und Abdichtungen für die verschiedenen Bauteile

und zu Ausführungsdetails zum Schutz von aufgehenden Bauteilen mit einer Beschichtung oder Abdichtung von Stützen und Wandanschlüssen. In der Ausgabe 2012 des DAfStb-Hefts 600 wurde das DBV-Merkblatt „Parkhäuser und Tiefgaragen" in der Fassung 2010 in Bezug genommen. In der überarbeiteten Neuausgabe des DAfStb-Hefts 600 (in Vorbereitung) wird dann der Bezug auf die Merkblattfassung 2018 [15] aktualisiert werden.

Für die im Folgenden beschriebenen Ausführungsvarianten des DBV-Merkblatts „Parkhäuser und Tiefgaragen" [15] (vgl. Tabelle 13) gelten grundsätzliche Randbedingungen. Alle Varianten bedürfen einer sorgfältigen Detailplanung. Hierzu ist die rechtzeitige Einschaltung von Fachplanern zu empfehlen. Die Bauteile sind stets planmäßig zu inspizieren, zu warten und ggf. instand zu setzen. Die für die Ausführung von befahrenen tragenden Betonkonstruktionen im DBV-Merkblatt enthaltenen drei prinzipiellen Ausführungsvarianten A, B und C entsprechen den neu aufgenommenen informativen Beispielen für Verkehrsflächen in der Expositionsklassentabelle 4.1 in DIN EN 1992-1-1/NA/ A1:2015-12 [1] für XD3, XD1 und XC3.

Wegen der Vielzahl möglicher Ausführungsvarianten und -details zur Sicherstellung der Dauerhaftigkeit von feuchte- und chloridbeanspruchten Stahlbeton- und Spannbetonbauteilen in Parkbauten wird der Deutsche Beton- und Bautechnik-Verein das DBV-Heft 42: „Ausführungsvarianten für dauerhafte Bauteile in Parkbauten – Beispielsammlung" [59] herausgeben, welches den Planern und Ausführenden zusätzliche Hilfestellungen bei der Umsetzung der Hinweise und Empfehlungen des DBV-Merkblatts [15] geben soll.

Es sind alternative Produkte oder Bauarten möglich, wenn deren Gleichwertigkeit mit den in den Varianten festgelegten Oberflächenschutzsystemen oder Abdichtungsbauarten nachgewiesen wird.

Für alle Ausführungsvarianten ist ein Instandhaltungsplan im Sinne der DAfStb-Richtlinie „Schutz und Instandsetzung von Betonbauwerken" [9] erforderlich. Bei Neubauten sollte der Instandhaltungsplan vorzugsweise vom Tragwerksplaner oder vom Sachkundigen Planer gemäß [9] angefertigt werden. Für Abdichtungen ist ein objektspezifischer Instandhaltungsplan nach DIN 18352-1:2017-07, Abschnitt 10.2 und ggf. DIN 18532-2:2017-07: Abschnitt 10 mit Instandhaltungskonzept zu erarbeiten. Weil der Instandhaltungsplan in den Grundleistungen der HOAI [31] nicht enthalten ist, sollte dieser im Planervertrag zusätzlich (z. B. als besondere Leistung) vereinbart werden.

Die Inspektionsintervalle sind in den ersten 5 Jahren sind bei allen Ausführungsvarianten mit mindestens einmal jährlich festzulegen. Danach können abhängig von der Robustheit der ausgeführten Varianten angepasste Inspektionsintervalle vereinbart werden (vgl. Tabelle 14).

In gerissenen Bereichen kann nicht ausgeschlossen werden, dass Chloride aus Tausalz bereits bei kurzzeitiger Einwirkung in die Risse eingedrungen sind und zur Korrosion der Bewehrung geführt haben können. Nach derzeitigem Erkenntnisstand ist bei kurzen Einwirkzeiten (maximal eine Wintersaison) i. d. R. nicht mit relevanten Korrosionsschäden der Bewehrung zu rechnen [15]. Diese Risse sind daher immer kurzfristig und dauerhaft unmittelbar nach der Wintersaison rissüberbrückend im Sinne der DAfStb-Instandsetzungsrichtlinie [9] zu schließen, sodass eine weitere Chlorid- und Feuchtezufuhr verhindert wird [48, 49].

Im DBV-Heft 35 „Korrosion der Bewehrung in Trennrissen" [49] wird allerdings darauf hingewiesen, dass die durch Rissverpressung instand gesetzten Prüfkörper anhand der beobachteten Untersuchungsergebnisse bezüglich ihrer momentanen Tragfähigkeit und ihrer Dauerhaftigkeit in den meisten Fällen als unkritisch bewertet werden kön-

Tabelle 13. Ausführungsvarianten für befahrene Parkflächen aus Stahlbeton oder Spannbeton

Variante	Untervariante	EGS	Klassen
A: ohne flächiges Oberflächenschutzsystem, ohne Abdichtung [15] a)	A1: rissvermeidende Bauweise	EGS-a	XD3, XC4, XF2 (ggf. XF4), WA
	A2: lokaler Schutz der Risse und Fugen mit begleitender Rissbehandlung b) (z. B. rissüberbrückende Bandage)	EGS-c	
B: mit flächigem Oberflächenschutzsystem [15] a) d)	B1: vollflächig starr beschichtet: OS 8 mit begleitender Rissbehandlung b) (z. B. rissüberbrückende Bandage)	EGS-a EGS-c	XD1, XC3, XF1, WF
	B2: vollflächig rissüberbrückend beschichtet: OS 10 mit Nutzschicht oder OS 11	EGS-a EGS-b	
C: mit flächiger, rissüberbrückender Abdichtung und Schutzschicht [15] a) d)	C1: OS 10 oder unterlaufsichere c) bahnenförmige Abdichtung, jeweils mit Dichtungs- und Schutzschicht aus Gussasphalt	EGS-a EGS-b	XC3, (ggf. XF1), WF
	C2: unterlaufsichere c) zweilagige bahnenförmige Abdichtung mit Schutzschicht		
KKS: präventiver Kathodischer Korrosionsschutz Ohne Beschichtung, ohne Abdichtung, jedoch Abdichtung von Trennrissen und Arbeitsfugen in Parkdecks erforderlich		EGS-a EGS-c	XD1, XF2 (ggf. XF4) WA
Rostfrei: nichtrostende chloridbeständige Bewehrung mit abZ Ohne Beschichtung, ohne Abdichtung, jedoch Abdichtung von Trennrissen und Arbeitsfugen in Parkdecks erforderlich		EGS-a EGS-c	XF2 (ggf. XF4) WA

a) Für alle Varianten ist ein Instandhaltungsplan im Sinne der DAfStb-Richtlinie Schutz und Instandsetzung von Betonbauteilen [9] erforderlich.
b) Planung und Ausführung des dauerhaften lokalen Schutzes von Rissen und Fugen nach DAfStb-Richtlinie Schutz und Instandsetzung von Betonbauteilen [9].
c) Voraussetzung für die Unterlaufsicherheit einer direkt auf dem Betonuntergrund aufgebrachten Abdichtungsschicht ist eine vollflächige, dauerhaft kraftschlüssige Verbindung zur Betonunterlage. Der Betonuntergrund ist dazu vor Aufbringen der Abdichtungsbahn durch Kugelstrahlen vorzubereiten und mit Epoxidharz zu behandeln. Dabei sollen die Verfahren, Stoffe und Nachweise für Brückenbeläge auf Beton nach ZTV ING [18], Teil 7, Abschnitt 1:2003-01 (eine Dichtungsschicht aus einer Bitumen-Schweißbahn), Abschnitt 2:2010-04 (eine Dichtungsschicht aus zwei Bitumen-Schweißbahnen), Abschnitt 3:2003-01 (eine Dichtungsschicht aus Flüssigkunststoff) zugrunde gelegt werden.
d) Alternative Produkte oder Bauarten sind möglich, wenn deren Gleichwertigkeit mit den Oberflächenschutzsystemen oder Abdichtungen nachgewiesen wird.

nen. Die Ergebnisse gelten jedoch zunächst nur für vollständige Verpressung unter Laborbedingungen, die in der Praxis nicht unbedingt erreicht wird. Auch deshalb ist es nicht ganz auszuschließen, dass unter ungünstigen Bedingungen teilweise noch ein signifikanter Querschnittsverlust zu verzeichnen ist. Deshalb sollte diese Instandsetzungsmethode von Rissen stets mit einer intensiven Überwachung, z. B. durch Applikation eines Monitoringsystems zur Überwachung der Austrocknung durch Korrosionsströme und elektrische Widerstände des Betons verbunden werden.

Die aktuellsten von *Keßler* et al. [48] bis 2017 durchgeführten umfangreichen Untersuchungen zeigten, dass bei Biegerissen die alleinige Beschichtung der Betonoberfläche tatsächlich schon eine wirksame Maßnahme darstellt, um eine kurzzeitig an der risskreuzenden Bewehrung initiierte Makrozellkorrosion nach zeitweiser Chloridexposition, wie sie in Parkhäusern über eine Winterperiode im unbeschichteten Zustand zu erwarten ist, wieder zu deaktivieren. Die festgestellten Querschnittsverluste der Bewehrung sind als nicht standsicherheitsrelevant einzuschätzen. Nach derzeitigem Erkenntnisstand sind diese Ergebnisse vermutlich auch auf beschichtete Trennrisse übertragbar, da die weitere Chloridzufuhr nach der Beschichtung genauso verhindert wird. Welche Auswirkungen der gegenüber Biegerissen abweichende Chlorideintrag in die Trennrisse genau hat, sollte noch gesondert untersucht werden.

7.2 Varianten A: Betonflächen ohne flächiges Oberflächenschutzsystem oder ohne Abdichtung

7.2.1 Variante A1: rissvermeidende Bauweise

Wenn die ungeschützten Verkehrsflächen ohne (oberseitige) Trenn- und Biegerisse bleiben sollen, ist der Entwurfsgrundsatz EGS-a anzuwenden. Hierfür sind umfängliche konstruktive, betontechnische und ausführungstechnische Maßnahmen erforderlich, die nicht in jedem Parkbau umsetzbar sind. Beispiele für konstruktive zwangreduzierende Maßnahmen sind statisch bestimmte Systeme, Vorspannung, Anordnung von Bewegungsfugen oder zwangarme „weiche" Auflagerungen (z. B. Bodenplatten auf geglätteter Sauberkeitsschicht mit wirksamen Gleitschichten).

Das Inspektionsintervall nach den ersten 5 Jahren ist auf mindestens alle 2 Jahre festzulegen (über die gesamte Nutzungsdauer).

7.2.2 Variante A2: gerissene Betonflächen mit lokalem Schutz der Risse und Fugen

Wenn oberseitige Risse nicht ausreichend sicher ausgeschlossen werden können, sind diese rechtzeitig festzustellen und dann dauerhaft zu schließen, um einen weiteren Chlorideintrag zu verhindern. Diese begleitende Rissbehandlung ist bei Variante A2 immer erforderlich.

Deshalb ist die Rissbildung planmäßig so zu steuern, dass wenige unvermeidliche Risse möglichst an definierten Stellen entstehen. Dabei sind wenige breitere Risse günstiger als viele schmalere (Entwurfsgrundsatz EGS-c).

Die begleitende Rissbehandlung ist insbesondere auf zu erwartende zukünftige Rissbreitenänderungen abzustimmen. Hierfür haben sich rissüberbrückende Bandagen bewährt. Rissbandagen sind lokale Maßnahmen, die Einzelrisse, Arbeitsfugen oder rissgefährdete Bereiche dauerhaft vor dem Eindringen von Chloriden schützen. Ein Vorteil von Rissbandagen ist, dass die Leistungsfähigkeit der einzelnen Bandagen auf die zu erwartenden Rissbewegungen spezifisch abgestimmt werden kann, da die Bandagen erst nach Entstehung der Risse aufgebracht werden. Die mindestens 200 mm breiten Bandagen sollten etwa 5 mm eingefräst („verkrallt") und oberflächenbündig ausgeführt werden, um Wasseransammlungen an den Rändern und größere Beanspruchungen beim Überfahren zu vermeiden.

Der Bauherr muss über die Folgen der ggf. erforderlichen begleitenden Rissbehandlung wie etwaige Nutzungseinschränkungen und das oft optisch auffällige Erscheinungsbild der bandagierten Verkehrsflächen aufgeklärt werden und diese akzeptieren (vgl. Bild 2).

Mit der Umsetzung instandhaltungspflichtiger Schutzmaßnahmen (z. B. begleitende Rissbehandlung oder Oberflächenschutzsysteme) während der gesamten Nutzungszeit durch Eigentümer bzw. Nutzer eines Parkbaus ist ein entsprechendes Risiko aus zukünftigem nichtkontrolliertem menschlichen Handeln und ein vertragliches Risiko verbunden. Trotz der normativen Vorgaben zur erforderlichen Instandhaltung für die Sicherstellung der Dauerhaftigkeit ist das allgemeine Verständnis zu diesem Problem bei den Eigentümern und Nutzern noch nicht ausreichend vorhanden. Dieser Risikohinweis mit der damit verbundenen Aufklärungsverpflichtung gegenüber dem Bauherrn gilt ganz allgemein für alle Ausführungsvarianten, bei denen die Dauerhaftigkeit der chloridbeanspruchten Betonbauteile erst durch zusätzliche Schutzmaßnahmen mit planmäßig geringer Nutzungsdauer (wie z. B. die Oberflächenschutzsysteme) sichergestellt werden soll, deren Funktionsfähigkeit über die geplante Nutzungsdauer von z. B. 50 Jahren erst durch Wartung, Inspektion und Instandsetzung während der Nutzung erreicht werden muss.

Das Inspektionsintervall nach den ersten 5 Jahren ist auf mindestens einmal jährlich festzulegen (über die gesamte Nutzungsdauer).

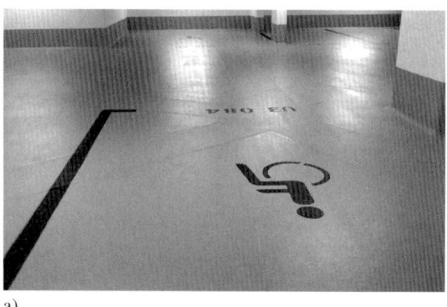

a) b)

Bild 2. Beispiele mit Rissbandagen nach begleitender Rissbehandlung; a) Variante B1 in Tiefgarage, b) Variante A2 auf Rampe

7.3 Varianten B: mit flächigem Oberflächenschutzsystem

7.3.1 Variante B1: vollflächig starr beschichtet – OS 8 mit begleitender Rissbehandlung

Die Variante B1 mit starrer Beschichtung kann zweckmäßig sein, wenn sehr hohe mechanische Beanspruchungen (z. B. Bremsen und Anfahren auf Rampen) oder eine rückwärtige Beaufschlagung mit hohem oder ständigem Wasserdruck durch Trennrisse zu erwarten sind (WU-Bodenplatten).

Der hauptsächliche Vorteil des OS 8 ist der relativ hohe mechanische Widerstand dieser Beschichtung, der flächige Schutz der Betonfläche (Reduktion auf XD1 zulässig) und die relative Wirtschaftlichkeit aus Sicht der Herstellungskosten. Der Nachteil ist die fehlende Rissüberbrückungsfähigkeit, die durch die erforderliche begleitende Rissbehandlung (i. d. R. mit Rissbandagen, s. Bild 2) mit deren Folgen für etwaige Nutzungseinschränkungen und die

Bild 3. Beispiel Variante B2: rissüberbrückendes OS in Fahrgasse und auf Stellplätzen

Instandhaltungskosten kompensiert werden muss (s. hierzu Abschnitt 7.2.2 Variante A2).

Auch hier ist wegen der erforderlichen begleitenden Rissbehandlung folglich die Rissbildung so zu steuern, dass unvermeidliche Risse möglichst an definierten Stellen entstehen. Dabei sind wenige breitere Risse (und damit möglichst wenige Rissbandagen) anzustreben (Entwurfsgrundsatz EGS-c). Die Umsetzung der Variante B1 gelingt nicht, wenn der Entwurfsgrundsatz EGS-b zugrunde gelegt wird.

Das Inspektionsintervall nach den ersten 5 Jahren ist auf mindestens einmal jährlich festzulegen (über die gesamte Nutzungsdauer).

7.3.2 Variante B2: Betonfläche vollflächig rissüberbrückend beschichtet mit OS 10 und Nutzschicht oder OS 11

Die Variante B2 mit rissüberbrückenden Oberflächenschutzsystemen ist besonders geeignet bei zwangbeanspruchten Zwischendecks, bei denen regelmäßig mit vielen und immer wiederkehrenden Rissen (Abkühlung im Winter) gerechnet werden muss (s. Bild 3).

Der zweckmäßige Entwurfsgrundsatz ist hier EGS-b, wobei die geplante rechnerische kleine Rissbreite auf die Leistungsfähigkeit des rissüberbrückenden Oberflächenschutzsystems abzustimmen ist (s. hier Tabelle 9). Dabei ist jedoch zu berücksichtigen, dass das erforderliche rissüberbrückende Oberflächenschutzsystem nur einen relativ begrenzten Verschleißwiderstand aufweisen kann.

Der Bauherr sollte auch hier aufgeklärt werden, dass trotz rissüberbrückender Beschichtung OS 10 oder OS 11 eine nachträgliche Abdichtung einzelner Risse (z. B. mit Rissbandagen) nicht immer auszuschließen ist, da die Rissüberbrückung der Beschichtung bei ggf. unerwarteten breiteren Rissen aus spätem Zwang bei Überfestigkeiten einer späteren Betonzugfestigkeit nicht ausreichen kann. Die begleitende Rissbehandlung ist im Instandhaltungsplan daher als mögliche Instandsetzungsmaßnahme aufzunehmen.

Das Inspektionsintervall nach den ersten 5 Jahren ist auf mindestens einmal jährlich festzulegen (über die gesamte Nutzungsdauer).

7.4 Varianten C: mit flächiger, rissüberbrückender Abdichtung

7.4.1 Voraussetzungen

Da die Ausführungsvariante C so dauerhaft, sicher und robust den Zutritt von chloridhaltigen Wässern an die Betonkonstruktion verhindern soll, dass die Einstufung der horizontalen Betonbauteile unter der Abdichtung in die Expositionsklasse XC3 (mäßige Feuchte ohne Chloride) gerechtfertigt ist, werden zwei wesentliche Voraussetzungen definiert:

- mindestens zwei verbundene Abdichtungsschichten,
- unterlaufsichere Ausführung einer Abdichtungsschicht auf dem Konstruktionsbeton.

Im DAfStb-Heft 525 [36] wurde schon in der 1. Auflage von 2003 auf die Brückenbelagsabdichtung entsprechend ZTV-ING Bezug genommen, um eine Herabstufung der somit vor Feuchte und Chlorideintrag dauerhaft geschützten Betonfläche auf eine Expositionsklasse XC3 zu begründen.

Voraussetzung für die Unterlaufsicherheit einer direkt auf dem Betonuntergrund aufgebrachten Abdichtungsschicht ist eine vollflächige, dauerhaft kraftschlüssige Verbindung zur Betonunterlage. In der Regel ist als unmittelbare Abdichtungsschicht auf dem Beton eine Lage Polymerbitumen-Schweißbahn vorzusehen. Der Betonuntergrund ist dazu vor Aufbringen der Abdichtungsbahn durch Kugelstrahlen vorzubereiten und mit Epoxidharz zu behandeln (auf dem Niveau der Brückenbeläge, d.h. Verfahren, Stoffe und Nachweise nach ZTV-ING [18], Teil 7, Abschnitte 1 bis 3; siehe auch [59]). Diese Anforderungen konkretisieren die Angaben zur Unterlaufsicherheit in DIN 18532-1 [12] und gehen teilweise darüber hinaus. Für wärmegedämmte Parkdächer mit Abdichtung und Nutzschicht oberhalb der Wärmedämmung (in DIN 18532 als Abdichtungsbauweise 2b bezeichnet) bedeutet das auch, dass die übliche Dampfsperre nach DIN 18532-1 auf dem Konstruktionsbeton durch eine vollwertige unterlaufsicher aufgebrachte Polymerbitumen-Schweißbahn ersetzt werden muss.

Für die geregelten Abdichtungsbauweisen und Abdichtungsbauarten nach DIN 18532 [12], die nicht die o.g. zusätzlichen Anforderungen erfüllen, ist aus Sicht des Bauteilschutzes ein Verzicht auf eine XD-Expositionsklasse nicht ohne Weiteres gerechtfertigt. Der Planer muss entsprechende Randbedingungen festlegen und eine dann vertretbare Expositionsklasse zuordnen.

Weitere Erläuterungen zu den Anforderungen, Bauweisen und Bauarten von Abdichtungen nach DIN 18532 [12] werden von *Wolff* und *Schwamborn* in diesem Beton-Kalender gegeben [35].

7.4.2 Variante C1: unterlaufsichere bahnenförmige Abdichtung oder OS 10, jeweils mit Dichtungs- und Schutzschicht aus Gussasphalt

Die Ausführung nach Variante C1 für Pkw-befahrene Zwischendecks besteht i.d.R. aus einer vollflächigen Abdichtungsschicht bzw. einem OS 10 und einer einlagigen 35 mm dicken Deckschicht aus Gussasphalt, wenn diese gleichzeitig 2. Abdichtungs- und Schutzschicht sein soll (nicht geeignet auf Rampen). Alternativ wird ein zweischichtiger Gussasphalt als 25 mm dicke erste Abdichtungsschicht mit zusätzlicher mindestens 25 mm dicker Deckschicht aufgebracht (s. Bild 4, jedoch z.B. bei teil- oder freibewitterten Flächen Gussasphaltdeckschicht 30 mm mit Absplittung).

Die zweckmäßigen Entwurfsgrundsätze sind EGS-a oder EGS-b. Beim EGS-b ist die geplante rechnerische kleine Rissbreite auf die Leistungsfähigkeit der Abdichtungsbauart abzustimmen (i.d.R. mit w_k = 0,30 mm, siehe auch hier Tabelle 9). Der EGS-c ist nicht geeignet, da die Zugänglichkeit für eine planmäßige spätere Rissabdichtung von oben nach Aufbringen der Abdichtung nicht mehr gegeben ist.

Das Inspektionsintervall nach den ersten 5 Jahren ist auf mindestens alle 2 Jahre festzulegen (über die gesamte Nutzungsdauer).

7.4.3 Variante C2: unterlaufsichere zweilagige bahnenförmige Abdichtung mit Schutzschicht

Bei der Ausführung nach Variante C2 werden zwei bahnenförmige Abdichtungsschichten unterlaufsi-

Bild 4. Beispiel Variante C1: eine Abdichtungsschicht mit Gussasphaltschichten als Dichtungs- und Schutzschicht auf Rampen (Schrammborde aufgesetzt)

Bild 5. Beispiel Variante C2: zweilagige bahnenförmige Abdichtung mit Betonplatten als befahrene Nutzschicht und Blechabdeckung der an aufgehender Wand hochgeführten Abdichtung

cher auf die Betonkonstruktion aufgebracht. Darauf kann die Wärmedämmung (z. B. bei Umkehr-Parkdächern über beheizten hochwertig genutzten Räumen) und die Schutzschicht (i. d. R. mit lastverteilenden Platten) aufgebaut werden (s. Bild 5).

Die zweckmäßigen Entwurfsgrundsätze sind EGS-a oder EGS-b (i. d. R. mit w_k = 0,30 mm, siehe auch hier Tabelle 9).

Das Inspektionsintervall nach den ersten 5 Jahren ist auf mindestens alle 2 Jahre festzulegen (über die gesamte Nutzungsdauer).

7.5 Variante KKS: präventiver Kathodischer Korrosionsschutz

Der Kathodische Korrosionsschutz (KKS) ist ein dauerhafter wirkungsvoller Schutz gegen Bewehrungskorrosion bei Einwirkung von Chloriden. Es handelt sich um ein Verfahren, welches die elektrochemischen Korrosionsvorgänge über kathodische Polarisation der Bewehrung beeinflusst. Planung und Ausführung des KKS sind in DIN EN ISO 12696 [37] geregelt.

Ziel des präventiven KKS ist, die Stahl-/Betonpotenziale so zu verschieben, dass der Beginn der Korrosion soweit unterdrückt wird, dass während der Lebensdauer eines Bauwerks Bewehrungskorrosion auch bei Anwesenheit von Tausalzen vermieden wird.

Der präventive Einsatz des KKS bietet besondere Vorteile, da der Schutz dann auch bei neuen Betonbauteilen im gerissenen Zustand besteht. Es ist nicht erforderlich, Chlorid vom Bauteil fernzuhalten. Auch bei KKS ist jedoch mindestens die Expositionsklasse XD1 für die Bauteile zu wählen. Die Installation der Anodensysteme am Bewehrungskorb vor dem Betonieren ist einfacher als der nachträgliche Einbau etwa bei Instandsetzungen korrodierter Bewehrung durch KKS.

Soll bei einem Parkbau präventiver KKS angewendet werden, so ist dieser bereits frühzeitig in der Planung zu berücksichtigen. Geschützt werden i. d. R. die Park- und Fahrflächen, die Rampen, die Stützen- und Wandsockel bis in eine Höhe von 300 mm bis 500 mm und die Gebäudefugen [15].

Gemäß DIN EN ISO 12696 [37], Abschnitt 9.3 muss für jedes KKS-System ein ausführliches Bedienungs- und Wartungshandbuch angelegt werden. Im Absatz a) wird dort eine detaillierte Systembeschreibung und ein Satz Zeichnungen im Einbauzustand gefordert. Diese Dokumentation muss sorgfältig erstellt und dem Bauherrn übergeben werden. Alle KKS-Bauteile sind dabei genau einzumessen und ihre Lage zu dokumentieren. Dies hat insbesondere erhebliche Bedeutung beim präventiven KKS in Parkbauten. Es kann nie gänzlich ausgeschlossen werden, dass nachträglich in die betreffenden Bauteile gebohrt werden muss. So ist das nachträgliche Rissverpressen systemimmanent (insbesondere auch bei WU-Betonkonstruktionen) und muss immer möglich sein. Damit beim Verpressen oder aber bei nachträglichen Einbauten das KKS-System nicht zerstört wird, darf nicht in

– Referenzelektroden,

– Anoden- und Kathodenanschlüsse,

– Messanschlüsse

– und möglichst nicht in Primäranoden

gebohrt werden. Ein einzelnes Anbohren von Sekundäranoden ist eher unschädlich, Primäranoden können ggf. neu verschweißt werden. Das KKS-System bietet jedoch ausreichend Raum für nachfolgende Einbauteile, da die Sekundärbänder i. d. R. in einem Abstand von ca. 200 mm und die Primäranoden, die Sekundäranoden mit Strom speisen in weitaus größeren Abständen verlegt sind. KKS und nachträgliche Bohrungen sind somit kein Widerspruch. Es muss jedoch selbstverständlich sein, dass vor jeglichen Bohrarbeiten in ein mit KKS-geschütztes Bauteil immer die KKS-Firma einzubeziehen ist. Dies ist im Instandhaltungsplan aufzunehmen.

Trennrisse sowie Arbeits- und Sollrissfugen bei Parkdecks müssen dennoch rissüberbrückend abgedichtet werden, unter dem Decks abgestellte Fahrzeuge und die Nutzer vor Beeinträchtigungen durch abtropfendes Wasser zu schützen. Das kann sowohl nachträglich (durch rissüberbrückende Bandagen) oder vorab durch planmäßige Abdichtung der Fugen mittels Fugeneinlagen (wie bei WU-Betonkonstruktionen) erfolgen. Es ist auch darauf zu achten, dass Tausalz nicht durch Risse oder Bauteilfugen an Bauteilflächen gelangt, deren Bewehrung nicht durch KKS geschützt ist.

Wartung und Instandhaltung sind Bestandteil des Schutzprinzips bei Einsatz des KKS als präventive Schutzmaßnahme gegen chloridinduzierte Korrosion. Ein Instandhaltungsplan gemäß DIN EN ISO 12696 [37], Abschnitt 10 ist vom Planer aufzustellen und vom Bauherrn einzuhalten.

Ausführlichere Erläuterungen zum Einsatz von KKS u. a. auch bei Parkbauten werden von *Eichler* und *Gieler-Bressmer* in diesem Beton-Kalender gegeben [38].

7.6 Variante Rostfrei: nichtrostende chloridbeständige Bewehrung

Wenn eine chloridbeständige nichtrostende Bewehrung (in Deutschland mit allgemeiner bauaufsichtlicher Zulassung) in Bauteilen aus Normalbeton eingesetzt wird, müssen die oberseitig offenen Risse aus Dauerhaftigkeitsgründen nicht abgedichtet werden. Die Zulassungen sind insbesondere auch für die Bemessung und Konstruktion zu beachten.

Die Verwendung nichtrostender Betonstähle ist eine der zuverlässigsten Möglichkeiten eines zusätzlichen Korrosionsschutzes. Diese Betonstähle sind im alkalischen und karbonatisierten Beton passiv. Im Betonriss ist der Bewehrungsstahl einem chloridhaltigen karbonatisierten Beton ausgesetzt. In Anwesenheit von Chloridsalzen neigen nicht ausreichend hoch legierte Edelstähle zu Lochkorrosion, am ehesten in Bereichen von Schweißungen. Dem kann durch Anheben der Gehalte an Chrom und Molybdän im Edelstahl zuverlässig begegnet werden [39].

Es kommen zulassungsgemäß ungeschweißte und geschweißte nichtrostende Bewehrungsstähle der Werkstoff-Nr. 1.4362 und 1.4571 (für mittlere Chloridbelastung) und Werkstoff-Nr. 1.4462 (für starke Chloridbelastung) infrage. Chloridgehalte bis 5 M.-% (bezogen auf den Zement) können ohne Schädigung ertragen werden. Die Bezeichnung der Stähle erfolgt in Anlehnung an DIN EN 10088 [40]. Die Rissbreiten sollten bei EGS-b mit einem Rechenwert von $w_k = 0{,}4$ mm begrenzt werden.

Für die Betondeckung des nichtrostenden Betonstahls der Werkstoff-Nr. 1.4362, 1.4571 und 1.4462 ist für alle Expositionsklassen eine Mindestbetondeckung von 10 mm zzgl. 10 mm Vorhaltemaß einzuhalten. Zu beachten ist jedoch, dass zur Verbundsicherung die Mindestbetondeckung $c_{min,b}$ nicht kleiner sein darf als der Stabdurchmesser des Betonstahls.

Bei unbeschichteten oder nicht abgedichteten feuchte- und chloridbeanspruchten Verkehrsflächen ist nur eine Einstufung in XF2 (ggf. XF4 bei freier Bewitterung), WA erforderlich.

Alternativ zum nichtrostenden Betonstahl kann auch profilierte glasfaserverstärkte Kunststoffbewehrung in Parkbauten verwendet werden (GFK-Bewehrung, s. Bild 6). Derzeit gibt es hierfür nur eine allgemeine bauaufsichtliche Zulassung [41]. Diese GFK-Bewehrung ist korrosionsbeständig für alle Expositionsklassen XC, XD und XS. Für alle Expositionsklassen ist nur eine Mindestbetondeckung von 10 mm zzgl. 10 mm Vorhaltemaß einzuhalten. Zur Verbundsicherung darf die Mindestbetondeckung $c_{min,b}$ auch nicht kleiner sein als der Stabdurchmesser der GFK-Bewehrung. Außerdem ist die Verwendung als tragende GFK-Druckbewehrung nicht zulässig.

In allen Expositionsklassen XC, XD und XS darf der Rechenwert der Breite w_k der Risse quer zu den GFK-Stäben 0,4 mm sowie parallel zu den GFK-Stäben im Bereich der Verankerung 0,2 mm nicht überschreiten [41].

Wie bei der Variante KKS müssen auch bei Verwendung von nichtrostender Bewehrung Trennrisse und Fugen in Parkdecks abgedichtet werden, um unter den Decks abgestellte Fahrzeuge und die Nutzer vor Beeinträchtigungen durch abtropfendes Wasser zu schützen.

Bei Verwendung nichtrostender chloridbeständiger Bewehrung sind keine zusätzlichen Betriebskosten für die Instandhaltung während der gesamten Lebensdauer des Bauteils erforderlich (außer für ggf. erforderliche Trennrissbandagen). Wegen der möglichen dickeren Betondeckungen ist u. a. eine oft vorteilhafte Reduzierung der Plattendicken und der Eigengewichte möglich. Vor dem Hintergrund der gesamten Lebenszykluskosten eines Parkbaus kann diese Ausführung also auch sehr wirtschaftlich sein.

Alle ggf. außerdem vorhandenen anderen rostenden Betonstahlbewehrungen, Verbundbleche oder Stahleinbauteile (z. B. Kopfbolzen, Querkraftdorne) müssen dann ebenfalls einen so dauerhaften und ausreichenden Korrosionsschutz aufweisen.

Bild 6. Beispiel Variante Rostfrei: GFK-Bewehrung im Parkdeck (Foto: Schöck Bauteile GmbH)

7.7 Chloridbeanspruchte WU-Bodenplatten im drückenden Wasser

Befahrene WU-Bodenplatten in Tiefgaragen sind besonders anspruchsvolle Bauteile, da sowohl der Bauteilwiderstand gegen die von oben angreifende chloridhaltige Feuchte als auch die Wasserundurchlässigkeit gegenüber des von unten anstehenden drückenden Grundwassers in der Beanspruchungsklasse 1 der DAfStb-WU-Richtlinie [28] erreicht werden muss. WU-Bodenplatten, die von unten nur durch Bodenfeuchte in der Beanspruchungsklasse 2 beaufschlagt werden, sind dagegen relativ unproblematisch: Sie können wie Parkdecks mit allen Ausführungsvarianten für die Chloridbeanspruchung ausgelegt werden, da kein Wasser durch Trennrisse von unten eindringen kann.

Eine oberseitige Abdichtung nach Variante C in der Beanspruchungsklasse 1 ist ungeeignet, da ein Wasserdurchtritt durch die WU-Bodenplatte nicht frühzeitig festgestellt und bei entsprechendem Wasserdruck eine Unterläufigkeit der Abdichtung nicht ausgeschlossen werden kann.

Ein rissüberbrückendes Oberflächenschutzsystem nach Variante B2 auf ständig druckwasserbeanspruchten WU-Bodenplatten ist ebenfalls nicht zu empfehlen, wenn Trennrisse nach Aufbringen der Beschichtung und der Aufbau eines Wasserdrucks von außen (Beanspruchungsklasse 1 nach [28]) nicht auszuschließen sind. In diesem Fall besteht infolge eines möglichen hohen Wasserdrucks im Trennriss die Gefahr von Ablösungen und Beschädigung des Oberflächenschutzsystems (z. B. beim Überfahren von Blasen, s. Bild 7).

Langjährige Erfahrungen zeigen aber auch, dass bei WU-Bodenplatten in Wasserwechselzonen mit relativ geringer maximal 2 m Wasserdruckhöhe ein rissüberbrückendes Oberflächenschutzsystem OS 11 dennoch anwendbar sein kann. Wenn sich an Trennrissen doch örtlich Blasen bilden sollten, müssen die dazugehörigen Trennrisse durch eine begleitende Rissbehandlung wie bei Variante B1 geschlossen und die Beschichtung instand gesetzt werden (Instandhaltungsplan) [15].

Bei Applikation von Oberflächenschutzsystemen auf WU-Bodenplatten muss darauf geachtet werden, dass nur Grundierungen verwendet werden, die für eine hohe Restfeuchte des Betons ausgelegt sind. Es ist eine zweilagige Grundierung oder eine zusätzliche Sperrschicht auszuführen, um eine rückseitige Feuchteeinwirkung auf die hauptsächlich wirksame Oberflächenschutzschicht (hwO) des Oberflächenschutzsystems und ggf. eine osmotische Blasenbildung zu verhindern.

Als weitere Möglichkeiten für WU-Bodenplatten kommen die Varianten A oder B1 mit lokaler Rissbehandlung infrage. Rissbehandlung bedeutet hier in der Regel die Applikation rissüberbrückender Bandagen und bei Wasserdurchtritt vorab eine zusätzliche abdichtende Rissverpressung möglichst im der Wasserseite zugewandten Querschnittsbereich, bei dem praktisch keine weiteren Rissbreitenänderungen wegen der gleichmäßigen Temperierung und des fehlenden Trocknungsschwindens an der erdberührten feuchten Bauteilseite mehr zu erwarten sind.

Weitere Alternativen sind der präventive Kathodische Korrosionsschutz der Bewehrung (s. Abschnitt 7.5) oder die Verwendung nichtrostender chloridbeständiger Bewehrung (s. Abschnitt 7.6), wenn die Risse in WU-Bodenplatten nicht in Bezug auf Verhinderung des Chlorideintrags behandelt werden und die WU-Abdichtung über Selbstheilung der Trennrisse gemäß DAfStb-WU-Richtlinie [28] erfolgen soll.

7.8 Rampen

Rampen und Zufahrten gehören zu den mechanisch am intensivsten beanspruchten Flächen in Parkbauten. Dies ist in der höchsten Anzahl der Überfahrten und mit den erhöhten Anfahr- und Bremskräften auf den geneigten Flächen begründet. Hinzu kommen bei frei bewitterten Rampen die gegenüber überdachten Parkdeck extremeren Temperaturbeanspruchungen aus Außenluft und Niederschlag sowie ggf. durch eine Rampenheizung.

Rampen von Mittel- und Großgaragen (mehr als 100 m^2 Nutzfläche) sowie unbeheizte Rampen im Freien sollten nicht steiler als 15 % längsgeneigt sein und müssen in gewendelten Bereichen ein Quergefälle von 3 % aufweisen [15].

In stark mechanisch beanspruchten Kurven und auf Rampen sind OS-11-Systeme nur eingeschränkt verwendbar, da die Schubfestigkeit in der Schwimmschicht sowie die Verschleißbeständigkeit

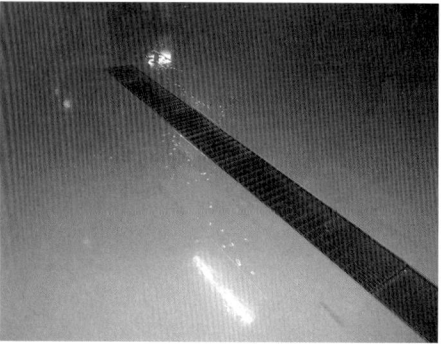

Bild 7. Blasenbildung eines OS 11 auf einer druckwasserbeanspruchten WU-Bodenplatte

der Deckversiegelung hierfür nicht ausreichen. Hier sind angepasste Ausführungsvarianten erforderlich. Erforderliche Rissbandagen auf Rampen bei den Varianten A2 oder B1 (Tabelle 13) erfordern eine besondere mechanische Widerstandsfähigkeit (z. B. Polymethylmethacrylat PMMA). Auf unbeschichteten Rampen ist eine Einstufung in Expositionsklasse XM1 zu empfehlen, die jedoch ohne Weiteres mit einem XD3-Beton erreicht wird.

Gelangt eine Abdichtungsbauart mit Gussasphalt auf Rampen (Variante C1) zur Ausführung, muss diese den größeren Schubbeanspruchungen beim Bremsen und Anfahren standhalten. Die Abdichtungslagen sind mit dem Untergrund und untereinander so zu verbinden, dass ein Abgleiten ausgeschlossen ist. Bei einer Rampenneigung bis maximal 15 % und spezieller Mischgutzusammensetzung (viskositätsverändernder Zusatz) ist i. d. R. keine besondere Schubsicherung bei einer vollflächig verklebten Polymerbitumen-Schweißbahn in Verbindung mit zweilagigem Gussasphalt erforderlich [57].

Für Rampenoberflächen sind nachfolgende Eigenschaften relevant [15]:

– Griffigkeit der Oberfläche bei jedem Wetter (empfohlen: Rutschhemmungsklasse R 11 und Verdrängungsraum V 4 allgemein bzw. V 6 bei stark geneigten Rampen nach [56]),
– schnelle und gezielte Entwässerung über ausreichend leistungsfähige Rinnensysteme,
– mechanischer Widerstand der Rampenoberfläche (XM1 empfohlen wegen Bremsen/Anfahren).

Die rissvermeidende Betonvariante A1 (oder die Variante A2 z. B. mit statisch bestimmt gelagerten Rampenplatten, s. Bild 8) und die Abdichtungsvariante C1 mit Gussasphalt-Nutzschicht (Bild 4) sind besonders geeignet für wartungsarme Rampen.

Bild 8. Beispiel für zwangarm gelagerte Rampenplatten (Systemparkhaus) nach Variante A2

Die Variante KKS mit präventivem Kathodischen Korrosionsschutz und die Variante Rostfrei mit nichtrostender Bewehrung sind bei unbeschichteten Rampen ebenfalls sehr zweckmäßig. Der große Vorteil ist die Wartungsfreiheit der Bewehrung. Das heißt, dass diese Rampen praktisch nie für Wartungsarbeiten z. B. für Oberflächenschutzsysteme gesperrt werden müssen (und damit die Zufahrt zu vielen Parkplätzen). Die Wirtschaftlichkeit ist daher bei den im Verhältnis zur Gesamtparkfläche begrenzten Rampenflächen i. d. R. nachweisbar.

7.9 Oberflächenschutzsysteme – aktueller Regelungsstand

Für die Verwendung von Oberflächenschutzsystemen auf Betonflächen gilt die DAfStb-Instandsetzungsrichtlinie [9] in Verbindung mit DIN V 18026 [10] sowie DIN EN 1504-2 [11]. Sobald die in Vorbereitung befindliche neue DAfStb-Instandhaltungsrichtlinie bauaufsichtlich eingeführt ist, wird dann diese als Grundlage der Planung, Ausschreibung und Ausführung von Oberflächenschutzsystemen zu verwenden sein.

Für Schutzmaßnahmen zur Sicherstellung der Dauerhaftigkeit gemäß Varianten A2 und B sollten bis dahin Oberflächenschutzsysteme gemäß DAfStb-Instandsetzungsrichtlinie [9] geplant werden. Die Auswahl des Oberflächenschutz- bzw. Abdichtungssystems ist in Abhängigkeit von der Rissbreite, der zu erwartenden Rissbewegung und der Belastung (insbesondere Einwirkungen aus Temperatur und Pkw-Verkehr) zu wählen.

Als Hilfestellung für den Planer sind im DBV-Merkblatt „Parkhäuser und Tiefgaragen" [15] die erforderlichen Leistungsmerkmale (Anforderungen und Prüfverfahren) für die für Parkbauten relevanten Oberflächenschutzsysteme in einem Anhang A zusammengefasst und können somit einfacher in Bezug genommen und ausgeschrieben werden. Im Anhang A von [15] sind die notwendigen Verwendungsregeln und Merkmale von Produkten und Systemen für den Oberflächenschutz in Parkbauten (OS 5b, OS 8, OS 10 und OS 11) enthalten, sie orientieren sich an DIN V 18026 [10]. Diese Norm wurde zwar vom DIN zurückgezogen, aber inhaltlich und technisch sind ihre Regelungen nach wie vor relevant, bis die neue DAfStb-Instandhaltungsrichtlinie diese Norm tatsächlich ersetzen wird.

Sämtliche vom Planer gewählten und ausgeschriebenen Leistungsmerkmale der Oberflächenschutzsysteme sind dann über prüffähige Technische Dokumentationen der Produkthersteller nachzuweisen und zu dokumentieren. Diese Nachweise können insbesondere auch über „DIBt-Gutachten über die Einhaltung von Anforderungen an bauliche Anlagen bei Einbau des (entsprechenden) Produkts" (s. [42]) oder ggf. über allgemeine bauaufsichtliche

Zulassungen oder allgemeine Bauartgenehmigungen erfolgen.

Weitere Erläuterungen zur Planung und Ausführung von Oberflächenschutzsystemen für Parkbauten werden von *Wolff* und *Schwamborn* in diesem Beton-Kalender gegeben [35].

8 Ausführungsvarianten bei Bauteilen unter durchlässigen Belägen

Ungeschützte tragende Stahlbetonbauteile im erdberührten Bereich unter durchlässigen Fahrbelägen (z. B. Stützen und Fundamente unter Pflaster bei Parkflächen) können durch hindurchsickerndes tausalzhaltiges Wasser mit Chloriden beaufschlagt werden (s. a. Bild 9). Daher sind diese Stahlbetonbauteile in XD-Klassen einzustufen. Da die unterirdischen Bauteile auch nicht inspiziert und gewartet werden können, sind Einstufungen über XD1 hinausgehend gerechtfertigt.

Horizontale unterirdische Oberflächen und Oberflächen mit nur geringem Gefälle und damit möglicher Chloridaufkonzentration sind in XD3 einzustufen (z. B. bewehrte Fundamentoberseiten, Bild 10). Überwiegend vertikale Oberflächen (z. B. aufgehende Wände, Stützen, Fundamentseitenflächen) und Oberflächen mit starkem Gefälle (min 2,5 %) sind unterhalb der Pflasterfläche mindestens in XD2 einzustufen. Bewehrte Arbeitsfugen zwischen Fundamenten und aufgehenden Bauteilen müssen immer gesondert geschützt werden [17] (s. Bild 11).

Wenn die Stahlbetonbauteile unterhalb des durchlässigen Fahrbelags mit einer flüssig aufzubringenden oder bahnenförmigen Abdichtung nach DIN 18533 [44] dauerhaft geschützt und damit nicht mit Chlorid beaufschlagt werden, ist eine Einstufung in XC3 ausreichend (Bild 12). Eine Einstufung in die XD-Klassen ist somit nicht erforderlich (vgl. auch Auslegungen des NA 005-07-01 AA zu DIN EN 1992-1-1 mit NA [17]).

Es kann davon ausgegangen werden, dass auch OS-5b-Systeme, die die Anforderungen an eine Abdichtung nach DIN 18533 [44] erfüllen, die Dauerhaftigkeit von Stahlbetonbauteilen unter Pflasterbelägen gewährleisten. Ein entsprechender Nachweis muss vom Hersteller erbracht werden (z. B. mit einem allgemeinen bauaufsichtlichen Prüfzeugnis, vgl. auch [45]).

Alle Abdichtungen bzw. ein OS 5b müssen mit zusätzlichen Schutzmaßnahmen vor dem anstehenden Bettungssplitt (z. B. Noppenbahn, Geotextil, Bautenschutzmatte) ausgeführt werden.

Alternativ zu den betontechnischen oder abdichtenden Schutzmaßnahmen kann nichtrostende chloridbeständige Bewehrung (keine XD-Anforderung) oder kathodischer Korrosionsschutz eingesetzt werden (XD1-Anforderung).

Alternativ sollte anstelle von bewehrten Fundamenten auch die Anordnung gedrungener unbewehrter Einzel- oder Streifenfundamente ohne Anschlussbewehrung für die aufgehenden Bauteile untersucht werden (Bild 13). Dem Mehraushub und Mehrbeton stehen deutliche Vorteile wie Wartungsfreiheit und Korrosionsfreiheit (Expositionsklasse X0) gegenüber.

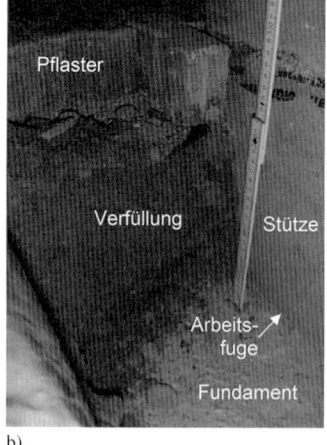

Bild 9. Beispiele durchlässiger Pflasterbelag;
a) Pflasterbelag mit Randstein vor Stahlstützen, b) freigelegte Bauteile im Baugrund

Ausführungsvarianten bei Bauteilen unter durchlässigen Belägen

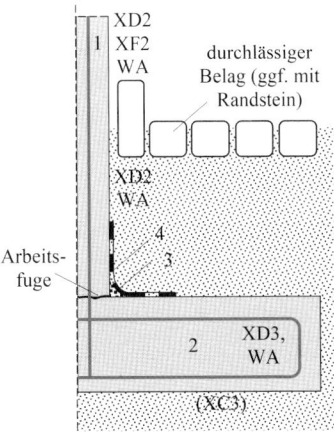

Legende
1 Aufgehendes Stahlbetonbauteil Stütze/Wand
2 Stahlbetonfundament (XD3 ohne Gefälle)
3 Dreiecks- oder Hohlkehle (min 30 mm)
4 Schutz der Arbeitsfuge, jeweils ≥ 150 mm hoch und breit mit Abdichtung nach DIN 18533 mit Schutzschicht oder streifenförmige WU-Fugenabdichtung mit abP

Bild 10. Bauteile unter durchlässigem Belag – ohne Gefälle

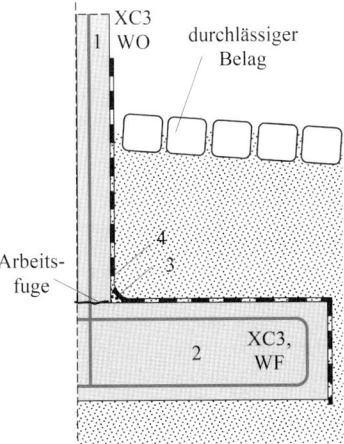

Legende
1 Aufgehendes Stahlbetonbauteil Stütze/Wand
2 Stahlbetonfundament (XC3)
3 Dreiecks- oder Hohlkehle
4 Abdichtung nach DIN 18533 oder OS 5b mit abP als Abdichtung (jeweils mit zusätzlicher Schutzmaßnahme), oberirdisch hochgezogen als Sockelschutz ≥ 150 mm über OK Belag (ohne Spritzwasser wegen Gefälle ≥ 2,5 %) bzw. ≥ 500 mm (mit Spritzwasser)

Bild 12. Bauteile unter durchlässigem Belag – abgedichtet

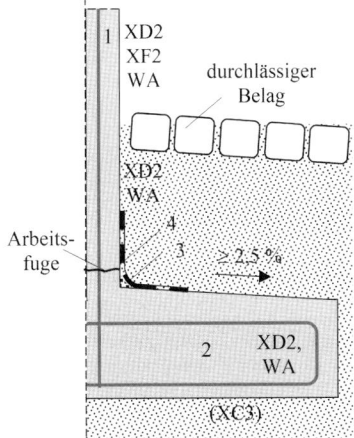

Legende
1 Aufgehendes Stahlbetonbauteil Stütze/Wand
2 Stahlbetonfundament (XD2 mit Gefälle ≥ 2,5 %)
3 Dreiecks- oder Hohlkehle (min 30 mm)
4 Schutz der Arbeitsfuge, jeweils ≥ 150 mm hoch und breit mit Abdichtung nach DIN 18533 mit Schutzschicht oder streifenförmige WU-Fugenabdichtung mit abP

Bild 11. Bauteile unter durchlässigem Belag – mit Gefälle

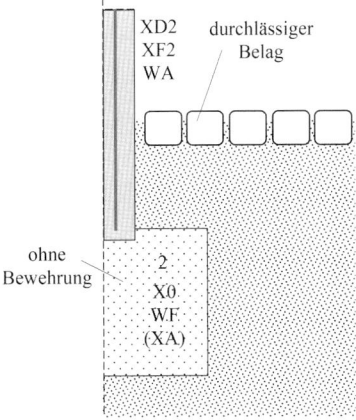

Legende
1 Aufgehendes Stahlbetonbauteil Stütze/Wand ohne Sockelschutz (z. B. auch Fertigteile)
2 Betonfundament und Bauteilfuge ohne Bewehrung (X0)

Bild 13. Bauteile unter durchlässigem Belag – Fundament ohne Bewehrung

9 Ausführungsvarianten für von der Parkfläche aufgehende monolithische Bauteile

Von der Parkfläche aufgehende unbeschichtete Bauteile (Stützen und Wände) sind im Sockelbereich in der Regel in XD2, WA (ggf. in XF2) einzustufen (Bild 14).

Wenn chloridhaltiges Spritzwasser die Betonoberfläche, z. B. infolge eines aufgebrachten Oberflächenschutzes oder einer Abdichtung, nicht beanspruchen kann, brauchen aufgehende Bauteile (Stützen und Wände) nicht in XD-Expositionsklassen eingeordnet zu werden.

Ein zusätzlicher Sockelschutz der aufgehenden Bauteile vor Chloridbeanspruchung ist erforderlich, wenn die aufgehenden Bauteile nur in mindestens XC3 (mäßige Feuchte – Außenluftzugang in natürlich belüftetem Parkbau) eingestuft werden.

Wird ein ausreichendes Gefälle ($\geq 2{,}5\,\%$) geplant, sodass Pfützen vermieden werden und Spritzwasser ausgeschlossen werden kann, sollte der Sockelschutz mindestens 150 mm hochgezogen werden (Bild 15). Befinden sich die aufgehenden Bauteile in der Nähe von Fahrgassen ohne oder mit nur geringem Gefälle, ist mit chloridhaltigem Spritzwasser aus dem Durchfahren möglicher Pfützen zu rechnen. Deshalb sollte dann der Sockelschutz mindestens 500 mm hochgezogen werden (Bild 16).

Der Sockelschutz muss dauerhaft mechanisch beständig (z. B. Reinigen) und beständig gegen Feuchte und Chloridbeanspruchung sein. Hierfür sind folgende Beschichtungen bzw. Abdichtungen geeignet [15]:

- Lunker- und Porenspachtelung (ggf.), Grundierung mit 2-facher Kopfversiegelung (jeweils auf Reaktionsharzbasis) eines OS-8- oder OS-11-Systems,
- oder OS-5b-System (Hinweis: Beeinträchtigung des ggf. zusätzlich aufgebrachten Farbanstrichs wegen Reinigung möglich),
- oder Flüssigabdichtung mit Vlies nach DIN 18532-2 [12],
- oder Hochführen einer Abdichtung nach DIN 18532-2 im Zusammenhang mit Variante C (s. Bild 15).

Die Arbeitsfuge zwischen horizontalem und aufgehendem Bauteil ist in jedem Fall durch entsprechende Maßnahmen vor dem Zutritt chloridhaltigen Wassers zu schützen. Dabei ist in einem mindestens 150 mm breiten Streifen um die Stütze herum oder vor der Wand eine Beschichtung aufzubringen. Diese Beschichtung sollte als Teil des Oberflächenschutzsystems aus der Horizontalen durch Ausbildung einer gefügedichten Dreiecks- bzw. Hohlkehle angeschlossen werden. Eine geeignete Beschichtung muss hierbei auch mindestens 150 mm an den aufgehenden Bauteilen hochgeführt werden, um Hinterläufigkeiten bis zur Arbeitsfuge auszuschließen (Bild 14).

10 Gefälleausbildung

Pfützenfreiheit ist ein wesentliches Merkmal für nutzungsfreundliche Parkbauten. Zur Vermeidung von Pfützen ist ein funktionierendes Entwässerungssystem erforderlich. Hierfür ist die Planung eines Gefälles in den Park- und Fahrebenen zu entsprechenden Entwässerungseinrichtungen erforderlich.

Eine Gefälleausbildung hat Vor- und Nachteile (s. a. [46]).

Vorteile Gefälle (Auswahl):

- geringere Gebrauchsfähigkeitseinschränkung durch Pfützenbildung (Nutzung),
- geringere Gefährdung der Verkehrssicherheit bei eventueller Eisbildung (Nutzung),

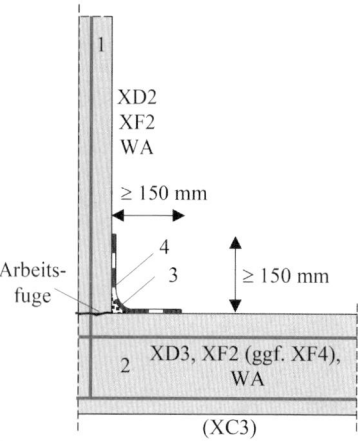

Legende
1 Aufgehendes Stahlbetonbauteil Stütze/Wand (mit Spritzwasser > 150 mm hoch)
2 Parkdeck oder Bodenplatte (Beispiel: unbeschichtet XD3 ohne Gefälle)
3 Dreiecks- oder Hohlkehle (min 30 mm)
4 Schutz der Arbeitsfuge, jeweils $\geq$ 150 mm hoch und breit mit
 – Spachtelung, Grundierung mit 2-facher Kopfversiegelung (jeweils Reaktionsharz)
 – oder OS 5b
 – oder Flüssigabdichtung mit Vlieseinlage nach DIN 18532-6

Bild 14. Beispiel: oberirdische aufgehende Bauteile mit Spritzwasser – Fläche ohne Gefälle (nur Arbeitsfugenschutz)

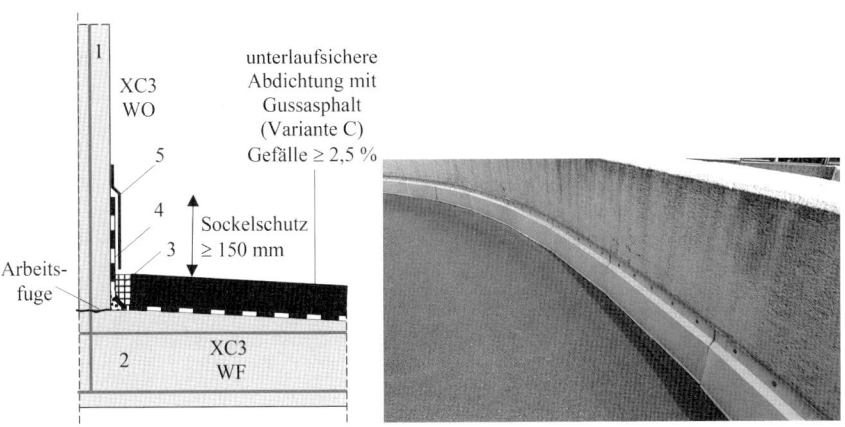

Legende
1 Aufgehendes Stahlbetonbauteil Stütze/Wand (XC3)
2 Parkdeck oder Bodenplatte (Beispiel: XC3 unter unterlaufsicherer Abdichtung)
3 Randfuge mit elastischer Verfüllung (DIN 18532-1)
4 Abdichtungsschicht hochgeführt
5 ggf. Schutzabdeckung (DIN 18532-1)

Bild 15. Beispiel: oberirdische aufgehende Bauteile ohne Spritzwasser – Fläche abgedichtet mit Gefälle (Abdichtung auch als Sockelschutz ≥ 150 mm hochgeführt)

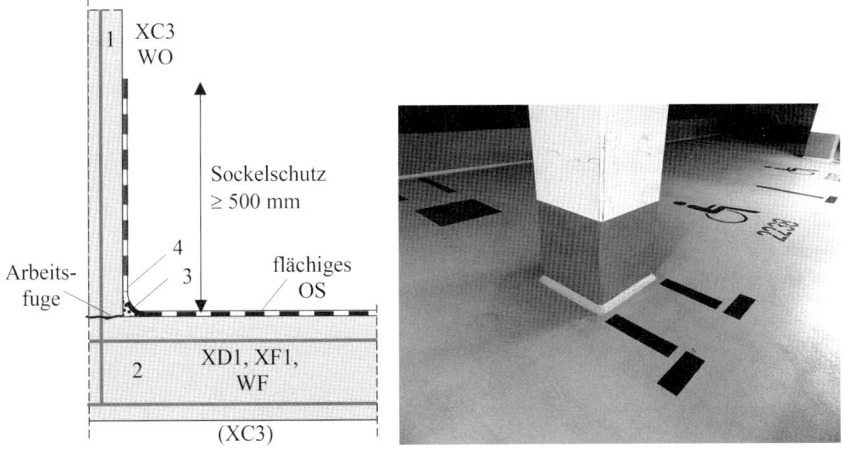

Legende
1 Aufgehendes Stahlbetonbauteil Stütze/Wand (XC3)
2 Parkdeck oder Bodenplatte (hier XD1 unter flächigem OS bis OK Hohlkehle)
3 Dreiecks- oder Hohlkehle (min 30 mm)
4 Sockelschutz im Spritzwasserbereich ≥ 500 mm mit
 – Spachtelung, Grundierung mit 2-facher Kopfversiegelung (jeweils Reaktionsharz)
 – oder OS 5b
 – oder Flüssigabdichtung mit Vlieseinlage nach DIN 18532-6

Bild 16. Beispiel: Sockelschutz an Stütze ≥ 500 mm hochgeführt, OS aus der horizontalen Fläche über Hohlkehle angeschlossen

564 Dauerhaftigkeit von Parkbauten in Deutschland

Bild 17. Beispiel Einkaufswagen-Fixierpunkte wegen Gefälle (Motto: „Entspannter Shoppen")

Bild 18. Beispiel einer gefällelosen beschichteten Tiefgarage unter einem Bürohaus (Vorrang aus Bedarfsplanung: geringe Herstellkosten)

- geringere Beaufschlagung der aufgehenden Bauteile durch Spritzwasser (Dauerhaftigkeit),
- reduzierter Tausalzangriff auf Boden-Sockel-Anschlüsse (Dauerhaftigkeit),
- reduzierte Aufkonzentration von Tausalz (Dauerhaftigkeit),
- einfachere Nassreinigung (Unterhaltskosten).

Nachteile Gefälle (Auswahl):

- tiefere Gründung ggf. mit aufwendigerem Verbau und Wasserhaltung (Herstellkosten),
- u. U. größere Bauteildicken und Geschosshöhen (Herstellkosten),
- u. U. kompliziertere Bewehrungsführung (Herstellkosten),
- zusätzliche Bauteildurchdringungen durch die Entwässerungseinrichtungen,
- Bedenken bei Einkaufszentren wegen erschwerter Handhabung von Einkaufswagen (Nutzung s. Bild 17).

Der Bauherr ist hierüber durch den Planer aufzuklären. Im Rahmen der Bedarfsplanung, spätestens bei der Grundlagenermittlung muss die Entscheidung zum Umgang mit Pfützen und damit zum Gefälle mit dem Bauherrn herbeigeführt werden. Dabei sollten Konsequenzen, mögliche Vor- und Nachteile, Fragen der Nutzungsfreundlichkeit, Gebrauchstauglichkeit und Dauerhaftigkeit geklärt werden.

Bei kommerziell betriebenen und stark frequentierten Parkbauten wird von den Betreibern grundsätzlich eine Gefälleausbildung erwartet. Aber auch bei privat genutzten und wenig frequentierten Parkbauten muss eine Entscheidung mit dem Bauherrn über ein Gefälle herbeigeführt werden.

Wird eine Pfützenbildung unter Verzicht auf Gefälle in Kauf genommen (vgl. Bild 18), ist eine ausdrückliche schriftliche Vereinbarung zwischen den Planern und dem Bauherrn erforderlich. Diese Vereinbarung muss Inhalt der Planungs- und Bauverträge werden. Die Konsequenzen in Bezug auf Nutzung und Wartung müssen in Kauf- bzw. Nutzungsverträge einfließen.

Pfützenfreiheit im Sinne des DBV-Merkblatts [15] bedeutet die Vermeidung von stehenden, größeren Wasserflächen mit Tiefen von mehr als etwa 2 mm zzgl. der Oberflächenrauigkeit. Aufgrund der Ebenheitstoleranzen nach DIN 18202 [47], Tabelle 3, Zeile 3, bei der Herstellung einer befahrenen Fläche und unter Beachtung möglicher Bauteilverformungen ist ein Gefälle von i. d. R. 2,5 % der befahrenen und begangenen Fläche der Planung zugrunde zu legen (s. [46], Bild 19). Wenn das nicht beachtet wird, kann das zu gering geplante Gefälle bei Ausnutzung der zulässigen Ebenheitstoleranzen und Durchbiegung des Parkdecks durch Gegengefälle aufgehoben werden. Ungewollte Pfützenbildung ist die Folge (Bild 20).

Das über das Gefälle ggf. in Rinnen gesammelte Wasser sollte auf kürzestem Wege den ausreichend dimensionierten Entwässerungseinrichtungen zugeführt werden.

Bei frei bewitterten Parkdächern und Freidecks ist eine Gefälleausbildung wegen der relativ großen Niederschlagsmengen erforderlich.

Grundsätzlich ist ein Gefälle für die Dauerhaftigkeit als positiv zu bewerten, weil dadurch chloridhaltige Wässer auf direktem Weg abgeführt werden.

Sind Risse und Arbeitsfugen dauerhaft geschlossen und geschützt, ist auch bei Bauteilen ohne zusätzliches Oberflächenschutzsystem oder ohne Abdichtung, aber mit ausreichend hohem Chlorideindringwiderstand des Betons, aus Dauerhaftigkeitsgründen kein Gefälle erforderlich [14]. Dies gilt auch bei

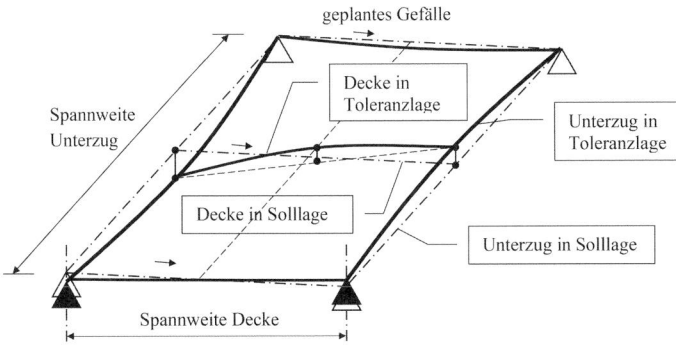

Bild 19. Theoretische Überlagerung von Toleranzen Unterzug und Decke in ungünstiger Richtung (überhöht) (aus [46])

Bild 20. Beispiel: Pfützenbildung infolge Gegengefälle bei ausgenutzten Ebenheitstoleranzen in der Bauausführung und nach Durchbiegung

einmaliger Chlorideinwirkung in Rissen, die danach kurzfristig und dauerhaft geschlossen werden (zum Umgang mit solchen Rissen s. a. Abschnitt 7.1).

11 Maßnahmen zur Umsetzung der Entwurfsgrundsätze

11.1 Allgemeines

Zur Umsetzung der im Abschnitt 6 beschriebenen Entwurfsgrundsätze sind insbesondere bei EGS-a und EGS-c zwangmindernde konstruktive, ausführungstechnische und betontechnische Maßnahmen erforderlich. Im Folgenden werden die Hinweise zur DAfStb-WU-Richtlinie in [29] aus dem Beton-Kalender 2018 nochmals aufgegriffen und auf die Umsetzung in Parkbauten angepasst. Für WU-Tiefgaragen gelten diese ohnehin.

Die Anwendung der Entwurfsgrundsätze und deren Umsetzung wurden auch in die DBV-Merkblätter für die Planung von WU-Dächern [50] und für Parkhäuser und Tiefgaragen [15] übernommen. In beiden Fällen sind in der Regel die EGS-a und EGS-c technisch zielführend, da bei beiden Nutzungsarten Trennrisse nutzungsbedingt oder wegen der Sicherstellung der Dauerhaftigkeit auszuschließen oder dauerhaft abzudichten sind.

Vor allem der EGS-a stellt besondere Herausforderungen an die Planung, da hierbei rissauslösende Zwangspannungen vermieden werden müssen. Zwang entsteht durch behinderte Verformungen (s. Bilder 21 und 22). Vermeiden von Zwang bedeutet somit, entweder Verformungen so klein zu halten oder Verformungsbehinderungen weitestgehend zu vermeiden, dass daraus keine rissauslösenden Zugspannungen entstehen.

Ein gesamtheitliches Risskonzept muss die konstruktiven, betontechnischen und ausführungstechnischen Maßnahmen aufeinander abstimmen und optimieren. Wenn diese Optimierung nicht durchgängig gelingt, sind entsprechende Schwerpunkte auf eine oder zwei Maßnahmengruppen zu legen. Dabei ist abzuwägen, wie bestimmte Einschränkungen (beispielsweise konstruktive Verformungsbehinderungen durch nichtentkoppelte Pfahlgründungen) durch aufwendigere Maßnahmen in Betontechnik und Ausführung kompensiert werden können (s. Bild 28).

Die Vermeidung von Verformungsbehinderungen gelingt durch konstruktive Maßnahmen (Bild 21), die Reduzierung von indirekten verformungserzeugenden Einwirkungen (beispielsweise Temperatur, Schwinden) durch betontechnische und ausführungstechnische Maßnahmen (s. Bild 22). Die Vermeidung von Trennrissen in Wänden gelingt mit höherer Wahrscheinlichkeit als in Bodenplatten, da

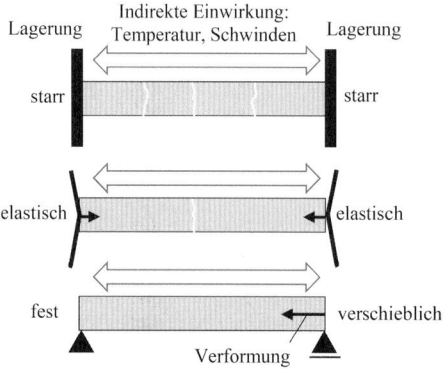

Bild 21. Reduzierung von Zwang durch Verringerung von Verformungsbehinderungen durch konstruktive Maßnahmen

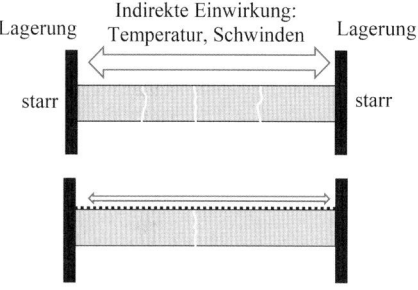

Bild 22. Reduzierung von Zwang durch Verringerung von indirekten verformungserzeugenden Einwirkungen durch betontechnische und ausführungstechnische Maßnahmen

Wände einfacher von angrenzenden Bauteilen entkoppelbar sind und die Abschnittslängen sich durch Sollrissfugen verringern lassen.

11.2 Konstruktive Maßnahmen

11.2.1 Überblick

Zweckmäßige konstruktive Maßnahmen sind beispielsweise:

a) Für Parkdecks und Rampen:
- Wahl statisch bestimmter Systeme,
- Vorspannung,
- Reduktion von Festhaltepunkten (z. B. aussteifender Kern zentral im Gebäudegrundriss, elastische Fassadenstützen, entkoppelte Rampenplatten auf Längs- oder Querkonsolen),
- Anordnung von Hydratationsgassen (Temperaturgassen) zur Entkopplung der Parkdecks zwischen Festpunkten,
- Anordnung von Fugen und Sollrissfugen.

b) Für Bodenplatten:
- Verminderung der Reibung durch geglättete Sauberkeitsschicht,
- Anordnung von reibungsmindernden Zwischenschichten unterhalb der Bodenplatte als Trennlagen (beispielsweise Bitumenbahnen auf Sauberkeitsschicht) oder Gleitschichten (beispielsweise Brechsandschicht mit Folien),
- Vermeidung von Festhaltepunkten (Einspannungen vermeiden) durch ebene Unterseiten ohne Versprünge,
- vereinfachte Geometrie – möglichst Bodenplatten gleicher Dicke,
- Anordnung von Hydratationsgassen (Temperaturgassen) zur Entkopplung der Bodenplatte zwischen Festpunkten, vorbetonierten Kanälen, Unterfahrten usw.,
- Vorspannung,
- Vermeidung von einspringenden Ecken,
- Anordnung von Fugen und Sollrissfugen (müssen ggf. in Wänden übernommen werden),
- nichttragende Platten oder Pflasterbelag (wenn keine WU-Bodenplatte).

c) Für WU-Tiefgaragenwände:
- Anordnung von Sollrissfugen,
- Entkopplung der Wand vom Baugrubenverbau,
- Anordnung von Hydratationsgassen,
- Vorspannung.

11.2.2 Vermeidung von Festhaltepunkten

Bei reinen oberirdischen Parkbauten lässt sich die Anordnung der aussteifenden Bauteile (Wandscheiben, Kerne, Fachwerkverbände) oft so optimieren, dass möglichst wenige Festhaltungen entstehen. Optimal sind beispielsweise zentrale Aussteifungskerne und parallel angeordnete Aussteifungswände (Bild 23).

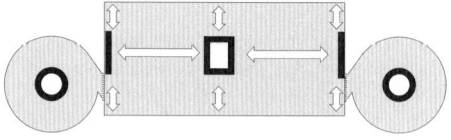

Bild 23. Beispiel für optimierte Anordnung der aussteifenden Bauteile und Abtrennung von Bauwerksabschnitten durch Bewegungsfugen (Grundriss mit Spindelrampen)

Bild 24. Beispiel Systemparkhaus: Parkdeck von Bauteil Spindelrampe durch Bewegungsfuge getrennt

Rampenanlagen an den gegenüberliegenden Parkbauseiten sollten durch Bewegungsfugen vom dazwischenliegenden Parkdeck abgetrennt sein (Bilder 23 und 24).

11.2.3 Zwangmindernde Maßnahmen bei Bodenplatten

Die Anordnung von Trennlagen oder Gleitschichten unter Bodenplatten richtet sich nach der Dicke der Bodenplatte und den Abmessungen der Betonierabschnitte.

Empfohlen wird für eine signifikante Reibungsminderung unter der WU-Bodenplatte eine geglättete und gratfreie Sauberkeitsschicht mit einer Ebenheitstoleranz von etwa 20 mm auf 10 m. Diese besonderen Anforderungen müssen im Leistungsverzeichnis ausgeschrieben sein.

Für reibungsmindernde Trennlagen auf Sauberkeitsschichten werden empfohlen:

- stumpf gestoßene Bitumenschweißbahnen,
- bituminöse Gussmassen,

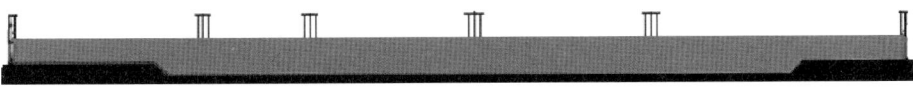

a)

b)

Bild 25. Günstige konstruktive Randbedingungen – geringe Verformungsbehinderungen; a) Beispiel: einfach gestufte Sohlplatte – Schnitt, b) Bauausführung – Bewehren auf Sauberkeitsschicht mit Folienauflage

Bild 26. Festpunkte: ungünstigste konstruktive Randbedingungen – voller Zwang in der Bodenplatte

- druckfeste Wärmedämmschicht mit einer PE-Baufolie (1 × 0,5 mm dick) abgedeckt,
- zweilagige PE-Baufolien (2 × 0,5 mm dick).

Bituminöse Trennlagen sind wegen ihres Kriechvermögens wesentlich wirkungsvoller als PE-Folien.

Eine Gleitschicht ohne steife Sauberkeitsschicht kann auch durch eine mit einer 0,5 mm dicken PE-Folie abgedeckten etwa 50 mm dicken Brechsandschicht mit ca. 2 mm Korngröße hergestellt werden. Der sich verzahnende verdichtete Brechsand weist zwar höhere Reibungsbeiwerte als rolliger Flusssand auf, stellt aber sicher, dass keine relevanten Eindrückungen während der Bauausführung und bei Verlegen der Bewehrung auf Abstandshaltern mit angepasster Aufstandsfläche auftreten. Der Reibungsbeiwert kann dabei mit etwa 0,7 abgeschätzt werden.

Zu den bei verschiedenen Trennschichtaufbauten ansetzbaren Reibungswerten sind z. B. im DBV-Merkblatt „Industrieböden" [51] (tabellarische Zusammenfassung) Angaben enthalten.

Geringe Verformungsbehinderungen durch geeignete Lagerungsbedingungen lassen sich bei Bodenplatten vor allem durch Vermeidung von unnötigen Festhaltungen/Gliederungen in der Bodenfuge erzielen. Anstelle von Einzelfundamenten in Kombination mit dünnen Bodenplatten ist in der Regel eine durchgehende dickere Bodenplatte zur Zwangsreduktion bzw. zur Erzielung der Wasserundurchlässigkeit günstiger. Diese Lösung ist dabei oftmals unter Berücksichtigung des reduzierten Aufwands bei Bodenaushub, Sauberkeitsschicht und Bewehrungskonstruktion auch wirtschaftlicher (s. Bild 25). In Bild 26 ist als negatives Beispiel eine Kombination ungünstigster konstruktiver Randbedingungen dargestellt: Festpunkte aus Aufzugsunterfahrt, Plattenverstärkungen, Kranfundamenten, Verdickungen für Grundleitungen.

11.2.4 Anordnung von Hydratationsgassen

Im Falle besonders starker, unvermeidbarer Gliederungen kann großen Verformungsbehinderungen auch durch die Anordnung von möglichst schmalen Hydratationsgassen vorgebeugt werden. Im Gegensatz zu Arbeitsfugen, bei denen eine Behinderung der Querdehnung vorliegt, werden die Betonierabschnitte durch Hydratationsgassen vollständig entkoppelt. Das Prinzip dieser Lösung ist einfach: Offenlassen einer Betonierlücke geringer Betonmenge, deren Hydratationswärme die benachbarten, bereits

Bild 27. Beispiel Hydratationsgasse (1. Betonierabschnitt links betoniert, 2. Betonierabschnitt rechts vor dem Betonieren abgestellt, Brunnentopf für Wasserhaltung als Festpunkt in der Gasse)

betonierten Abschnitte in ihrem Verformungsverhalten praktisch nicht beeinflussen kann. Die Verwirklichung dieser Lösung bedarf allerdings umsichtiger Entwurfsmaßnahmen der zugehörigen Bewehrungsführung (100%-Übergreifungsstoß ohne durchlaufende Stäbe), die unter Beachtung der geometrischen Verhältnisse der Hydratationsgasse auch eine ordnungsgemäße wasserundurchlässige Ausbildung der benachbarten Arbeitsfugen und eine Säuberung der Lücke vorm Betonieren ermöglichen muss (s. Bild 27). Das Ausbetonieren der Hydratationsgasse sollte möglichst spät erfolgen (etwa nach 10 bis 14 Tagen abhängig von der Plattendicke und der Zeit bis zum Erreichen einer Differenztemperatur von nur noch ca. 5 K bis 8 K zwischen Plattenkern und Lufttemperatur).

Das konstruktive Konzept von Hydratationsgassen kann sinngemäß auch in Wänden durch Kombination verschieden langer Wandabschnitte und nacheinander ablaufenden Betoniervorgängen (beispielsweise im Pilgerschrittverfahren) erfolgreich umgesetzt werden.

11.2.5 Anordnung von Sollrissfugen in Wänden

Die Verformungsbehinderung von Wänden, die mit der Bodenplatte monolithisch verbunden sind, ist abhängig von den Steifigkeitsverhältnissen Wand/Bodenplatte/Boden und von der Länge der Betonierabschnitte, wobei Letztere von Wirtschaftlichkeitsüberlegungen der Ausführung bestimmt wird. Konstruktiv kann durch zweckmäßige Anordnung und dem EGS-c sowie den Nutzungsanforderungen entsprechende Ausbildung von Sollrissquerschnitten dafür gesorgt werden, dass die Wandabschnitte zwischen den Sollrissquerschnitten rissefrei bleiben. Die zu wählenden Abschnittslängen richten sich nach den Lagerungsbedingungen. Falls der Spannungszustand der Wandabschnitte nicht näher untersucht wird, sollten für die Bedingungen eines starren Verbunds die Abstände der Sollrissquerschnitte etwa die 2-fache Wandhöhe nicht überschreiten. Für Elementwände kann der Abstand auf etwa die 3-fache Wandhöhe vergrößert werden. Bei diesen Wandabschnittslängen kommt erfahrungsgemäß der volle trennrissverursachende Spannungszustand nicht zustande.

11.2.6 Entkopplung der Tiefgaragen-WU-Betonwand vom Baugrubenverbau

Durch die Entkopplung soll sich die WU-Betonwand zwängungsarm unabhängig von Festhaltungen am Baugrubenverbau verformen können. Geeignete Maßnahmen sind beispielsweise:

– Herstellung einer möglichst ebenen Wandvorlage mit Trennlage (beispielsweise Spritzbeton oder vorbetonierte Magerbetonwand),
– Verwendung einer mit Trennlage bedeckten Elementdecke als einhäuptige verlorene Schalung (glatte Seite innen, Gitterträger auf der Baugrubenwandseite),
– Verwendung einer Elementdecke als Bestandteil der WU-Wand gleichzeitig als einseitige Schalung (glatte Seite außen) in dickeren WU-Wänden mit späterer Verfüllung des Zwischenraums zur Baugrubenwand,
– Verwendung von Elementwänden mit späterer Verfüllung des Zwischenraums.

11.3 Betontechnische Maßnahmen

11.3.1 Allgemeines

Ein wesentliches Entwurfsprinzip bei der Planung von befahrenen Betonbauteilen besteht darin, den Zwang in Bauteilen zu minimieren, um Trennrisse möglichst zu vermeiden. Der Zwang im frühen Betonalter resultiert aus der Hydratationswärmeentwicklung im Bauteil. Abhängig von Lagerungsbedingungen (Zwängung), Bauteildicke, Betonzusammensetzung und Umgebungsbedingungen (insbesondere Temperatur) kann es zu Rissbildungen im Bauteil kommen. Dies ist der Fall, wenn die auftretenden Betonspannungen im jungen Betonalter die Zugfestigkeit des Betons überschreiten.

Die Zusammenhänge zwischen den betontechnischen und ausführungstechnischen Maßnahmen mit dem Ziel der Abstimmung der Betonzugspannungen auf die Betonfestigkeitsentwicklung sind im Bild 28 dargestellt.

Durch betontechnische Maßnahmen lassen sich die zu erwartenden Verformungen wirksam vermindern, sofern Betonrezepturen mit begrenzter Wärmeentwicklung verwendet werden. Ergänzend dazu ist zu beachten, dass niedrige Wärmeentwicklung mit langsamer Festigkeitsentwicklung einhergeht, was für die richtige Einschätzung der Zwangsschnittgrößen bzw. ihrer rissauslösenden Wirkung ebenso wie für den frühen Vorspannzeitpunkt beachtet werden muss. Weiterhin ist zu beachten, dass sich bei heute üblichen Betonen und bei langsamer Festigkeitsentwicklung die Ausschalfristen erheblich verlängern können und dass eine ausgeprägte Nacherhärtung bis zur etwa doppelten Nennfestigkeit nach 28 Tagen zu erwarten ist. Durch eine abgesenkte Frischbetontemperatur und damit Bauteiltemperatur könnte rissbreitenbegrenzte Bewehrung eingespart und die nachträgliche Verpressung von Rissen infolge Frühzwang vermieden werden.

570 | Dauerhaftigkeit von Parkbauten in Deutschland

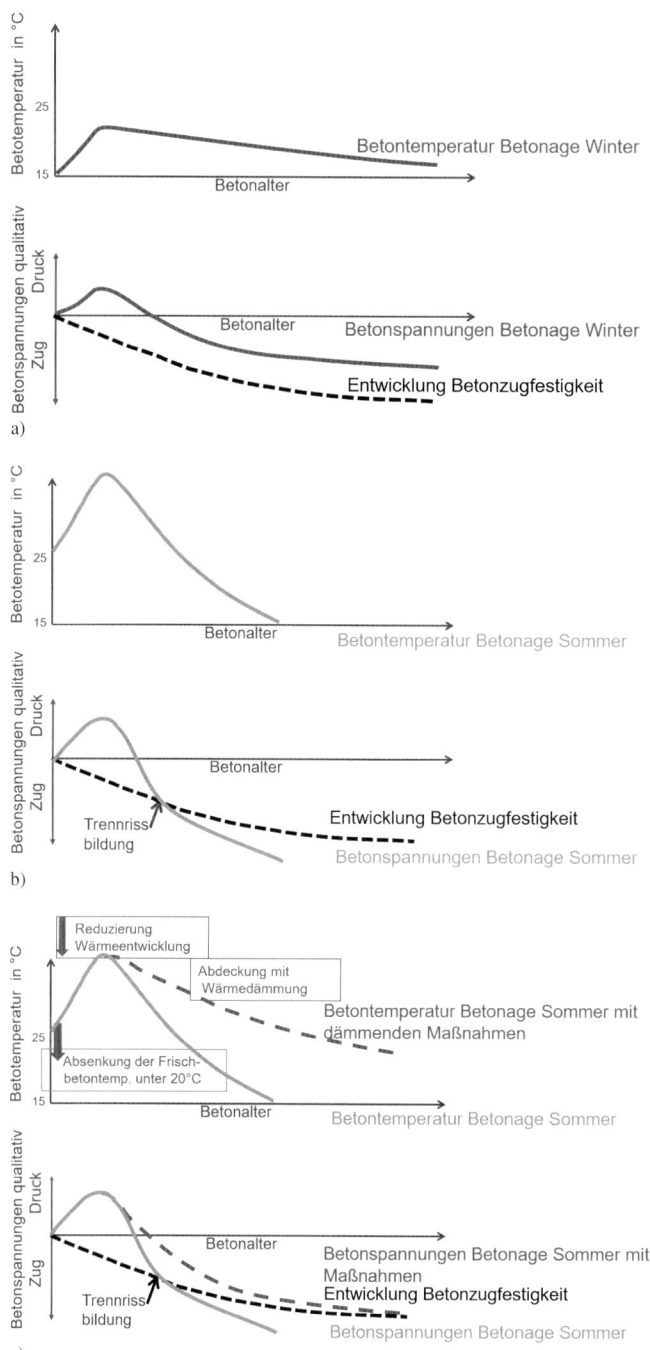

Bild 28. Reduzierung der verformungserzeugenden Einwirkungen zur Vermeidung der Trennrissbildung durch betontechnologische und ausführungstechnische Maßnahmen; a) Situation im Winter, b) Situation im Sommer mit Trennrissbildung, c) Situation im Sommer mit abgesenkter Frischbetontemperatur und wärmehaltenden Maßnahmen und in der Folge keine Trennrissbildung

Zwangreduzierende betontechnische Maßnahmen sind beispielsweise:

- Verwendung von Betonrezepturen mit niedriger Hydratationswärmeentwicklung (ggf. ergänzt durch wärmehaltende Nachbehandlung),
- Einsatz von hydratationswärmereduziertem Massenbeton,
- Betonage mit möglichst niedrigen Frischbetontemperaturen,
- Kühlung des Frischbetons.

11.3.2 Festlegung von Betonrezepturen mit niedriger Hydratationswärmeentwicklung

Günstig wirken Zemente, die herstellungsbedingt eine niedrige Hydratationswärme entwickeln. Dazu zählen die sogenannten LH-Zemente (Low-Heat-Zemente).

Die Verwendung von Flugasche als teilweisem Zementersatz und Anrechnung auf den äquivalenten Wasserzementwert wirkt sich ebenfalls günstig aus. Der Zementgehalt wird verringert, es entwickelt sich weniger Hydratationswärme als bei reinem Zementbeton; das Temperaturmaximum im Bauteil sinkt. Zudem verteilt sich die Hydratationswärme-Entwicklung über einen längeren Zeitraum, da die Flugasche erst reagieren kann, wenn die Zementhydratation begonnen hat. Vor dem Hintergrund der Energiewende in Deutschland wird der Einsatz von Flugasche jedoch zukünftig zunehmend schwieriger werden, da die Verfügbarkeit und die Gleichmäßigkeit der Stoffeigenschaften abnehmen (Abschaltung von Kohlekraftwerken, Importe verschiedenster nicht fremdüberwachter Flugaschequalitäten).

Bei Verwendung von langsam erhärtendem Beton ist in der Regel der Nachweis der Betondruckfestigkeit im Alter von 56 oder 91 Tagen zweckmäßig, da der Nennfestigkeitswert einer geforderten Druckfestigkeitsklasse nach 28 Tagen in der Regel noch nicht erreicht wird. Die Verschiebung des Nachweiszeitpunktes ist mit zusätzlichen Anforderungen verbunden (beispielsweise Qualitätssicherungsplan nach DAfStb-Richtlinie „Massige Bauteile aus Beton" [8] oder bauaufsichtliche Anforderungen). Eine Abstimmung zwischen Tragwerksplaner und Bauausführenden hierzu ist zwingend erforderlich.

Für massige Bodenplatten ist der Einsatz speziell abgestimmter Betonrezepturen zweckmäßig, die auch lagenweise eingebaut werden können. Für den massigen Kernquerschnitt sind Betone mit besonders niedriger Hydratationswärmentwicklung zu bevorzugen (beispielsweise nach DAfStb-Richtlinie „Massige Bauteile aus Beton" [8] oder mit allgemeiner bauaufsichtlicher Zulassung).

11.3.3 Niedrige Frischbetontemperatur

Durch Einsatz von Betonen mit niedriger Frischbetontemperatur wird erreicht, dass die Temperaturdifferenz zwischen maximaler Temperatur infolge Hydratationswärme-Entwicklung und Umgebungstemperatur klein gehalten wird und die Zugbruchdehnung des Betons möglichst nicht überschritten wird. Im günstigsten Fall sollte die Temperaturdifferenz unter etwa 10 K bleiben.

Im Winter, späten Herbst und beginnendem Frühjahr stehen im Allgemeinen Betone mit Frischbetontemperaturen unter 20 °C ohne zusätzliche Maßnahmen zur Verfügung. Wird vom Tragwerksplaner zur Umsetzung der Entwurfsgrundsätze EGS-a und EGS-c auch im Sommer von niedrigen Frischbetontemperaturen ausgegangen, ist dies im Risskonzept vorzugeben und durch ausführungstechnische Maßnahmen umzusetzen. Empfohlen wird eine Begrenzung der Frischbetontemperatur unter die nach DIN 1045-3 [7] zulässigen +30 °C. Wenn im gesamtheitlichen Risskonzept nur begrenzte konstruktive und ausführungstechnische Maßnahmen umgesetzt werden können, wird eine Festlegung der Frischbetontemperatur auf maximal +20 °C empfohlen.

11.3.4 Kühlung des Betons

Eine effektive Möglichkeit, die auftretenden Betonzugspannungen zu reduzieren, ist die Betonkühlung (vor allem bei sommerlichen Witterungsbedingungen). Hierzu können verschiedene Maßnahmen ergriffen werden.

Die Frischbetontemperatur kann näherungsweise gemäß Zementmerkblatt B21 [52] mittels einer Näherungsformel abgeschätzt werden. Demnach wird die Frischbetontemperatur etwa zu 70 % von der Gesteinskörnungstemperatur, zu 20 % von der Wassertemperatur und zu 10 % von der Zementtemperatur bestimmt.

Am effektivsten ist daher die Kühlung der Gesteinskörnung. Mit einer Abkühlung der Gesteinskörnung um -10 K lässt sich die Frischbetontemperatur um etwa -7 K bis -8 K reduzieren. Zur Kühlung der Gesteinskörnung zählt auch eine schattige Lagerung, die bei manchen Transportbetonwerken standortbedingt gegeben ist. Sehr vorteilhaft ist eine Lagerung in Tiefbunkern. Weiterhin besteht die Möglichkeit, durch ständiges Nässen der groben Gesteinskörnung die Temperatur abzusenken. Der Kühleffekt basiert auch auf der Verdunstungskälte [53].

Nicht selten werden im Sommer Zemente mit +70 °C oder mehr zu Transportbetonwerken geliefert. Durch Lagerung von Zement auf Vorrat kann die Temperatur gesenkt werden.

Eine Kühlung von Zement bis auf +30 °C kann durch Einblasen von Stickstoff (-196 °C) in das Zementsilo erreicht werden.

Mit Scherbeneis ist die Kühlung von Zugabewasser bzw. Wasser zum Berieseln der Gesteinskörnungen und die Kühlung des Frischbetons im Zwangsmischer möglich. Für Scherbeneis sollten Bruchstückgrößen von bis zu 3 mm verwendet werden. Die Bruchstückgröße ist so klein zu halten, damit sich das Eis während des Mischprozesses vollständig auflöst. Die Zugabe erfolgt in den Zwangsmischer im Herstellwerk. Gemäß [53] ist wegen der hohen Investitionskosten die Zugabe von Scherbeneis erst ab einer Betonage von 60.000 m^3 wirtschaftlich.

Eine Kühlung des Zugabewassers kann auch durch Wasserkühlanlagen oder Kältemaschinen erfolgen. Eine Kühlung ist bis auf +2 °C möglich [53].

Ein Kühlen von Frischbeton erfolgt, indem mittels Lanzen flüssiger Stickstoff von −196 °C in den Fahrmischer eingeblasen wird. Der Stickstoff ist inert und reagiert nicht mit dem Beton. Diese Methode ist auch bei kleineren Betonagen wirtschaftlich [53]. Die Dauer des Kühlvorgangs beträgt in Abhängigkeit von der Frischbeton-Ausgangstemperatur 15 bis 35 Minuten.

Ein weiteres Element in der Kühlkette zur Absenkung der Frischbetontemperatur ist das Beschatten und Nässen der Betonfahrzeuge vor und während des Beladens. Auch während des Entladens sollten Fahrzeuge beschattet und benässt werden.

Eine abgesenkte Frischbetontemperatur und damit Bauteiltemperatur kann auch wirtschaftlich sein, weil in der Regel rissbreitenbegrenzende Bewehrung eingespart werden kann und die nachträgliche Verpressung von Rissen infolge Frühzwang deutlich reduziert (EGS-c) oder vermieden werden kann (EGS-a).

Die Maßnahmen zur Betonkühlung sind rechtzeitig zu planen und auszuschreiben. Hinweise zur Vergütung von Frischbetonkühlung wurden von BTB/DBV-Arbeitskreis Schnittstellenfragen zusammengestellt [54].

11.4 Ausführungstechnische Maßnahmen

11.4.1 Überblick

Zwangreduzierende ausführungstechnische Maßnahmen sind beispielsweise:

- Festlegung von zweckmäßigen Betonierabschnitten (Abmessungen, Seitenverhältnisse, Betonierreihenfolge, Fugenausbildung, Festpunktzuordnung),
- Wahl des richtigen Betonierzeitpunkts (möglichst niedriger Frischbetontemperatur, Bauablauf),
- rechtzeitig einsetzende Nachbehandlung,
- Schutz vor direkter Sonneneinstrahlung,
- wärmehaltende Nachbehandlung nach Überschreiten des Temperaturmaximums,
- vollständige Trennung der Kranfundamente von der Bodenplatte,
- Reibungsminderung unter Bodenplatten (Glätten der Sauberkeitsschicht, Verlegung von Gleitschichten).

Weitere Zusatzanforderungen bei Parkbauten resultieren aus der besonderen Oberflächenbearbeitung der ungeschalten Flächen von Bodenplatten, Decken und Rampen, die auf die direkte Befahrung oder auf das Aufbringen von Oberflächenschutzsystemen oder Abdichtungen abgestimmt sind. Zweckmäßig ist der Oberflächenschluss durch maschinelles Abscheiben und ggfs. Glätten. Die dafür erforderlichen Eigenschaften der Betone sind mit dem Transportbetonwerk zu vereinbaren. Der Lieferant sollte deshalb möglichst frühzeitig in die Betonier- und Sortenplanung eingebunden werden.

11.4.2 Festlegung von Betonierabschnitten

Die Festlegung von geeigneten Betonierabschnitten muss in Übereinstimmung mit dem gewählten Entwurfsgrundsatz und einem möglichen Bauablauf stehen und zwischen Tragwerksplaner und Bauausführendem rechtzeitig abgestimmt werden.

In der Betonierplanung ist bei der Festlegung von maximalen Betonierabschnittsgrößen besonders auf die Abstimmung zwischen Einbauleistung und Oberflächenbearbeitung zu achten.

Zweckmäßig sind Betonierabschnitte, die Festhaltungen voneinander abkoppeln. Die Seitenverhältnisse sollten möglichst klein sein (optimal etwa bis 1:2). Einspringende Ecken sind zu vermeiden, eine Aufteilung der Betonierabschnitte in einfache geometrische Formen ist angezeigt (Quadrat, Rechteck, Trapez, Dreieck).

Hinzuweisen ist darauf, dass bei Arbeitsfugen eine zwangerzeugende Behinderung der Querdehnung vorliegt und auch bei einer Anordnung von vielen Arbeitsfugen (z. B. bei einem Pilgerschrittverfahren) keine wesentliche Zwangsreduktion erreicht wird. Im Gegensatz dazu kann mit Hydratationsgassen eine vollständige Entkoppelung von Betonierabschnitten und Festpunkten erreicht werden, sodass wesentlich größere Betonierabschnitte zwangarm hergestellt werden können. Dies kompensiert in der Regel die Verdopplung der Arbeitsfugen je Hydratationsgasse.

Auch eine Betonierreihenfolge, die auf gesondert schützende bewehrte Arbeitsfugen in chloridbeanspruchten Bereichen verzichtet, kann sehr zweckmäßig sein. Beispielsweise wäre die Betonage von Platten und aufgehenden Bauteilen ohne Unterbrechung sinnvoll (wie etwa bei an Stützen angeformten Fertigteilfundamenten).

Die Verwendung von Fertigteilkonstruktionen in Parkbauten ist grundsätzlich günstig. Mit Fertigteilen werden unter günstigen Bedingungen herzustellende Betonierabschnitte quasi ausgelagert. Die Fugen (z. B. bei am Fußpunkt gelenkig gelagerten Stützen und Wänden oder zwischen Parkdeckplatten) werden in der Regel ohne durchlaufende Anschlussbewehrung ausgeführt. Die Querkraftaufnahme kann konstruktiv durch korrosionsbeständige Schubknaggen (auch aus Beton) sichergestellt werden. Die Fertigteilfugen werden dann starr oder elastisch abgedichtet, um beispielsweise Verschmutzungen oder Durchlaufen von Wasser zu vermeiden.

11.4.3 Wahl des Betonierzeitpunkts

Die Wahl eines zweckmäßigen Betonierzeitpunkts ist im Ortbetonbau entscheidend. Die Betonage sollte mit möglichst niedrigen Frischbetontemperaturen durchgeführt werden. Vorteile für die Temperaturentwicklung bietet eine Betonage bei kühlen Witterungsbedingungen. Unter sommerlichen Witterungsbedingungen ist die Betonage in den kühlen Abend- und Nachtstunden zu empfehlen. Innerstädtisch ist dies wegen Lärmentwicklung und Ruhezeiten von üblicherweise 20 Uhr abends bis 7 Uhr morgens nur beschränkt möglich. Bauverfahrenstechnisch ist dabei im Zeitplan ein eventuelles Glätten und die Nachbehandlung des Betons zu berücksichtigen.

11.4.4 Frühzeitige Nachbehandlung und Schutz vor direkter Sonneneinstrahlung

Die Nachbehandlungs- und Schutzmaßnahmen von Parkflächen nach dem Glätten sind auf die Witterungsbedingungen abzustimmen. Die ungünstigen Auswirkungen von hohen Sonneneinstrahlungsintensitäten können durch wasserhaltende Nachbehandlungsmaßnahmen (beispielsweise feuchtgehaltene Jutematten, Bild 29) abgemindert werden. Bei starken gewitter- oder windbedingten Abkühlungen ist beispielsweise die Abdeckung mit PE-Folien eine geeignete Nachbehandlungsmaßnahme.

Eine schnelle Verdunstung in oberflächennahen Bereichen der Bauteile ist durch geeignete Maßnahmen zu verhindern (beispielsweise frühzeitige Zwischennachbehandlung), da anderenfalls die randnahe Rissbildung aus daraus resultierenden hohen Eigenspannungen den Bauteilquerschnitt schwächt und eine folgende Trennrissbildung infolge von Zwangsspannungen begünstigen. Die jahreszeitlich unterschiedlich erforderlichen Hilfsmittel zum Witterungsschutz zu den beschriebenen Maßnahmen sind auf der Baustelle vorzuhalten.

11.4.5 Wärmehaltende Nachbehandlung

Über den Schutz des jungen Betons vor schneller Austrocknung hinaus müssen alle Maßnahmen der Nachbehandlung zusätzlich auch der Erfüllung wärmetechnischer Gesichtspunkte genügen. Grundsätzlich muss die Abkühlung der Bauteile unter geregelten Bedingungen erfolgen, die die Bauteildicken, Witterungsbedingungen usw. berücksichtigen.

Durch Auflegen von wärmehaltenden Matten oder Folien (beispielsweise Winterbaufolien) auf die Frischbetonoberfläche unmittelbar nach Überschreiten der Maximaltemperatur infolge Hydratationswärme-Entwicklung wird ein schneller Temperaturabfluss verhindert (Bild 30). Dadurch werden Eigenspannungen durch Unterschiede zwischen Betonoberfläche und Kernbeton reduziert. Zudem fällt die Bauteiltemperatur sehr langsam ab, während dessen sich die Betonzugfestigkeit entwickeln kann. So bleiben die entstehenden Zugspannungen des Betons unter der jeweiligen Zugfestigkeit des Betons (s. Bild 28).

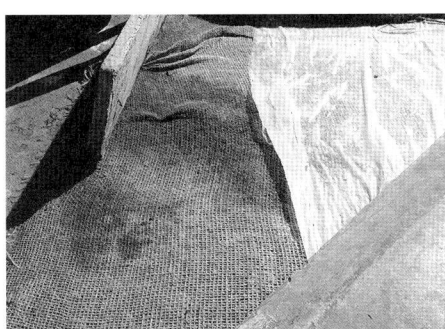

Bild 29. Beispiel: Nachbehandlung durch feuchtgehaltene Jutematten (Freideck im Sommer)

Bild 30. Beispiel: wärmehaltende Nachbehandlung mit aufgelegten Dämmmatten

11.5 Maßnahmen während der Bauzeit vor Nutzungsbeginn

Wichtig ist, auch während der Bauzeit die Anforderungen an die Dauerhaftigkeit der Betonbauteile nicht zu vernachlässigen.

Zu gegenüber der späteren Nutzung ungünstigeren Umgebungsbedingungen gehören mögliche erhebliche Frost-Tauwechselbeanspruchungen bei in der Bauzeit noch nicht überdachten oder noch nicht beschichteten bzw. abgedichteten oder noch nicht anderweitig witterungsgeschützten Betonflächen. Außerdem können während der Bauzeit im Winter auch Baufahrzeuge auf den ungeschützten ggf. gerissenen Rohbauteilen Chloride aus Tausalzen einschleppen.

Sind zusätzliche temporäre Schutzmaßnahmen während der Bauzeit erforderlich, sind diese – soweit erkennbar – auszuschreiben und in jedem Fall im Rahmen der Arbeitsvorbereitung bei der Abstimmung der Bauabläufe und der Baustellenlogistik vorzusehen.

Tabelle 14. Empfohlene Inspektionsintervalle (nach [15]), hier für KKS und Rostfrei ergänzt)

Konstruktion	Inspektionsgegenstand	Inspektionsintervall [3]
Variante A1: [1] unbeschichtet, Rissvermeidung	Risse und Fehlstellen in den Betonflächen	max. 2 Jahre [2]
Variante A2: [1] unbeschichtet, lokale Rissbehandlung	Risse, Fehlstellen und Verschleiß im Oberflächenschutzsystem und in ungeschützten Betonflächen	max. 1 Jahr
Variante B1: [1] flächig starr beschichtet, begleitende Rissbehandlung	Risse, Fehlstellen und Verschleiß im Oberflächenschutzsystem	max. 1 Jahr
Variante B2: [1] Flächig rissüberbrückend beschichtet	Risse und Fehlstellen und Verschleiß im Oberflächenschutzsystem	max. 1 Jahr
Variante C: [1] unterlaufsichere Abdichtung mit Schutzschicht	Undichtigkeiten auf Bauteilunterseite, Fehlstellen in der Schutzschicht	max. 2 Jahre [2]
KKS: präventiver Kathodischer Korrosionsschutz	Funktionsfähigkeit KKS (Stromversorgung, Datenerfassung/Steuerung, Anodensystem), Undichtigkeiten auf Bauteilunterseite, Trennrisse in den Betonflächen, ggf. Kontrolle von lokalen Abdichtungen von Fugen und Trennrissen auf Parkdecks	max. 1 Jahr
Rostfrei: nichtrostende chloridbeständige Bewehrung	Undichtigkeiten auf Bauteilunterseite, Trennrisse in den Betonflächen, ggf. Kontrolle von lokalen Abdichtungen von Fugen und Trennrissen auf Parkdecks	max. 1 Jahr
Stützen, Wände	Dichtigkeit des Sockelschutzes (optisch)	max. 1 Jahr
WU-Bodenplatte	Wasserundurchlässigkeit (Risse, Fugen, Anschlüsse, Durchdringungen)	max. 1 Jahr
Fugenkonstruktionen	Funktionsfähigkeit, Gefügestörungen Beton, Fugenvergussmassen	max. 1 Jahr

[1] Ausführungsvarianten nach Tabelle 13.
[2] In den ersten 5 Jahren nach Herstellung ist eine jährliche Inspektion auf Risse und Fehlstellen erforderlich, da in diesem Zeitraum das Auftreten von Rissen am wahrscheinlichsten ist.
[3] Zeitlicher Abstand zwischen den Inspektionen.

Bei noch nicht geschlossenen Bauwerken im Winter kann infolge der witterungsbedingten Abkühlung später Zwang maßgebend werden, auch wenn nutzungsbedingt nicht mit spätem Zwang gerechnet wird (z. B. bei wärmegedämmten Parkdächern). Hier sind entweder Einhausungen und Baustellenheizungen vorzusehen (auch auszuschreiben) oder besser noch, für die temporäre Bauzeit mit Entwurfsgrundsatz EGS-c ein entsprechendes Konzept der planmäßigen Rissbehandlung vor Nutzungsbeginn umzusetzen.

12 Instandhaltung

Die Instandhaltung umfasst alle Maßnahmen der Inspektion, Wartung und Instandsetzung.

Der Bauherr sollte vom Planer über das mit den gewählten Ausführungsvarianten verbundene Instandhaltungskonzept über die gesamte Nutzungsdauer (inkl. Instandhaltungsplan) vor dem Hintergrund der Folgen für Gebrauchstauglichkeit und Dauerhaftigkeit sowie entsprechende laufende Betriebskosten ausführlich aufgeklärt werden. Besonders wichtig sind Hinweise auf die Instandsetzungspflichten bei den Oberflächenschutzsystemen und die Maßnahmen bei detektierten Rissen mit Rissbandagen als begleitender Rissbehandlung. Die Zuordnung der Verantwortlichkeit und der Kostentragung für die Instandhaltung in Bauphase, Gewährleistungsphase, Nutzungsphase sollte rechtzeitig zwischen den am Bau Beteiligten geklärt und vertraglich vereinbart werden. Dies gilt insbesondere auch bei der Informationsweitergabe in Kauf- und Nutzerverträgen. Empfohlen wird, entsprechende Inspektionen und Wartungen an Fachleute bzw. Fachfirmen zu beauftragen [15].

Die Erfahrung zeigt, dass in vielen Fällen Einsparungen in Planung und Realisierung mit höheren Instandhaltungskosten in der Nutzungsphase einhergehen. Es ist eine Entscheidung des Auftraggebers bzw. des Bauherrn erforderlich, welches Verhältnis Investitions- zu Instandhaltungskosten für ihn akzeptabel ist [15].

Im bauwerksspezifischen Instandhaltungsplan müssen die Inspektionsintervalle der umgesetzten Ausführungsvarianten, die Wartungs- und Instandsetzungsmaßnahmen in Abhängigkeit vom Ergebnis der Inspektion sowie die Verfahrensweisen und Verantwortlichkeiten festgelegt werden (s. Tabellen 13 und 14). Der Instandhaltungsplan sollte ständig aktualisiert und fortgeschrieben werden. Dies gilt insbesondere auch für die Instandhaltung des Sockelschutzes von aufgehenden Bauteilen, der Fugenkonstruktionen und der Entwässerungseinrichtungen.

Die Festlegungen des Instandhaltungsplans sollten in ein Bauwerksbuch einfließen. In diesem Bauwerksbuch sind auch alle Instandsetzungsmaßnahmen während der Nutzungsdauer zu dokumentieren. Dies sichert auch den Wert einer Immobilie.

Als Inspektionsintervall (zeitlicher Abstand zwischen den Inspektionen) für alle Ausführungsvarianten wird maximal einmal jährlich in den ersten fünf Jahren der üblichen Gewährleistungszeit empfohlen [15]. Innerhalb der ersten 5 Jahre sind erfahrungsgemäß der überwiegende Teil der zu erwartenden Risse aufgetreten. Nach diesem Zeitraum sind als Inspektionsintervalle für Betonbauteile nach den Ausführungsvarianten A2 und B maximal einmal jährlich und für die Ausführungsvarianten A1 und C maximal alle zwei Jahre vorzusehen.

13 Beispiele

13.1 Beispiel: befahrene WU-Bodenplatte mit EGS-a

13.1.1 Objektbeschreibung

Das unterste Geschoss einer zweigeschossigen Tiefgarage eines Bürogebäudes war ursprünglich als WU-Betonkonstruktion mit dem EGS-b und mit rissüberbrückender OS-11-Beschichtung geplant. Die Geometrie der Bodenplatte war zur wirtschaftlichen Optimierung als aufgelöste Bodenplatte mit Einzel- und Streifenfundamenten unter den Stützen und unter den Außenwänden vorgesehen. Der Bemessungswasserstand für den Lastfall eines späteren Grundwasseranstiegs lag 0,10 m über Bodenplattenoberkante. Die Herstellung der Bodenplatte war für den Hochsommer vorgesehen. Wegen der geplanten hochfrequenten Nutzung der Tiefgarage und der temporären rückseitigen Wasserbeanspruchung musste das Konzept auf die geplante Nutzung angepasst werden.

13.1.2 Entwurfsgrundsatz

Im Entwurfskonzept wurde eine Bodenplatte entsprechend dem EGS-a (Risse vermeiden) der WU-Richtlinie [8] und den Hinweisen in DAfStb-Heft 555 [55] umgesetzt. Ein tiefer liegender Teil im Nahbereich des Gebäudes wurde entsprechend EGS-c konzipiert. Die umgebenden Tiefgaragen-Außenwände wurden als WU-Elementwände hergestellt.

Die nachfolgend beschriebenen Maßnahmen zur Umsetzung des EGS-a wurden geplant und ausgeführt.

13.1.3 Konstruktive Maßnahmen

– Bemessung der Bodenplatte nur für Last (ohne Zwang), da Zwang durch die nachfolgend beschriebenen Maßnahmen ausgeschlossen wurde;
– Bodenplatte gleichmäßig dick (250 mm), vollständig von aufgehenden Bauteilen getrennt und

durch Dehnfugenprofile an aufgehenden Bauteilen abgedichtet (Bild 31), Biegerisse sind daher ausgeschlossen;
- zwangarme Lagerung durch Brechsandschicht und Folie auf der Tragschicht;
- drei Betonierabschnitte, Bodenplatte unterhalb der Rampe vorbetoniert (Bild 32);
- gefällelose Betonoberfläche mit Aufklärung des Endinvestors, dass Pfützen entstehen können.

13.1.4 Betontechnische Maßnahmen

- Expositionsklasse XD3, XC4, XF2, WA (C35/45, $w/z = 0{,}45$, $c_{min} = 40$ mm) mit CEM II 42,5 NW und Nachweis der Betondruckfestigkeit nach 56 Tagen;
- zwei Wochen Nachbehandlung mit Folie (im Schutze des aufgehenden Bauwerks).

13.1.5 Ausführungstechnische Maßnahmen

Durch die Trennung der Bodenplatte von den aufgehenden Bauteilen konnte die Bodenplatte bei günstigen Frischbetontemperaturen im Frühjahr des folgenden Jahres eingebaut werden. Damit wurde eine Oberfläche wie bei einem Industrieboden erzielt, der eine hohe Ebenheit aufweist, sodass ein wirtschaftliches starres Oberflächenschutzsystem mit einer Dicke von nur 1,5 mm als ergänzende Schutzmaßnahme aufgebracht werden konnte. Der Beton erfüllt zwar bereits allein alle Dauerhaftigkeitsanforderungen auch ohne das OS 8. Diese zusätzliche Schutzmaßnahme verlängert die zu erwartende Nutzungsdauer, da das Eindringen von Chloriden auch in XD3-Beton verhindert bzw. verzögert wird. Weitere positive Nebeneffekte sind die Verhinderung des oberseitigen Trocknungsschwindens und eine Verbesserung des optischen Erscheinungsbilds.

13.1.6 Zusammenfassung

Die Bodenplatte weist auch nach Jahren keinen Riss auf und hat alle Merkmale einer robusten Konstruktion. Der ergänzende Oberflächenschutz verhindert das Eindringen von Chloriden und verbessert somit weiter die Robustheit. Für die Tiefgarage wurde ein Instandhaltungsplan erstellt.

In den Bildern 33 bis 39 sind die wesentlichen Ausführungsschritte unter Beachtung der vorgenannten Maßnahmen dargestellt.

13.2 Beispiel: befahrene WU-Bodenplatte mit EGS-c

13.2.1 Objektbeschreibung

Die als WU-Betonkonstruktion geplanten Untergeschosse eines Wohn- und Geschäftshauses mit einer Grundfläche von ca. 5000 m² werden als Tiefgarage, Technikräume und Keller genutzt. Nutzungsbedingtes Ziel war die Herstellung einer möglichst rissefreien Bodenplatte, die jedoch durch Pfahlgründung in Teilbereichen, Doppelparkergruben, Kranfundamente und lasteinleitungsbedingten Verdickungen verformungsbehindert gelagert ist. Der Bemessungswasserstand ergibt die Beanspruchungsklasse 1 für beide Untergeschosse (Bild 40). Die Tiefgarage wurde der Nutzungsklasse NKL-B, die übrigen Räume der NKL-A gemäß DAfStb-WU-Richtlinie [28] zugeordnet.

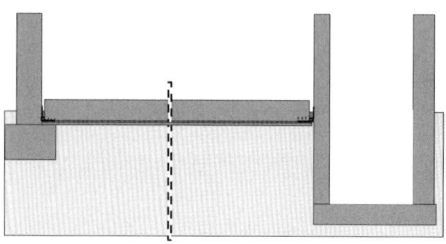

Bild 31. Konstruktionsprinzip der Bodenplatte: zwangarme Lagerung, EGS-a

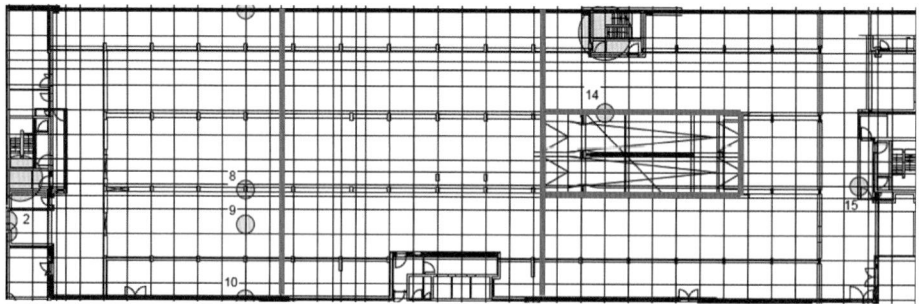

Bild 32. Grundriss der Bodenplatte mit Fugeneinteilung

Bild 33. Brechsandschicht als zwangmindernde Unterlage und Dehnfugenband zwischen Bodenplatte und aufgehendem Bauteil, an aufgehendes Bauteil geklebt

Bild 36. Räumliche Trennung der WU-Bodenplatte von aufgehender Stütze (20 bis 30 mm PE-Schaum)

Bild 34. PE-Folie 0,5 mm auf Brechsandschicht

Bild 37. Betonieren der WU-Bodenplatte im fertiggestellten Rohbau

Bild 35. Verlegte Bewehrung für WU-Bodenplatte bei EGS-a

Bild 38. Nachbehandlung – Abdeckung mit PE-Folien

13.2.2 Entwurfsgrundsatz

Durch Festlegung des EGS-c nach DAfStb-WU-Richtlinie [28] für Wände und Bodenplatte sowie der Ausführungsvariante B1 (s. Tabelle 13: flächige Beschichtung mit begleitender Rissbehandlung) war das Ziel, Trennrisse aus Frühzwang durch konstruktive, betontechnologische und ausführungstechnische Maßnahmen weitgehend zu vermeiden. Ergänzend wurden ein starres, verschleißwiderstandsfähiges, vollflächiges Oberflächenschutzsystem OS 8 sowie OS-11a-Rissbandagen für vereinzelt aus Spätzwang nicht auszuschließende Trennrisse und oberseitige Biegerisse geplant. Die Außenwände aus Ortbeton wurden ebenfalls nach dem EGS-c durch Anordnung von Sollrissfugen geplant.

Bild 39. Rissfreie WU-Bodenplatte nach 5 Jahren Nutzung als Tiefgarage

Die nachfolgend beschriebenen Maßnahmen wurden planmäßig umgesetzt, um das Ziel der Robustheit und weitestgehender Rissevermeidung infolge Zwang zu erreichen.

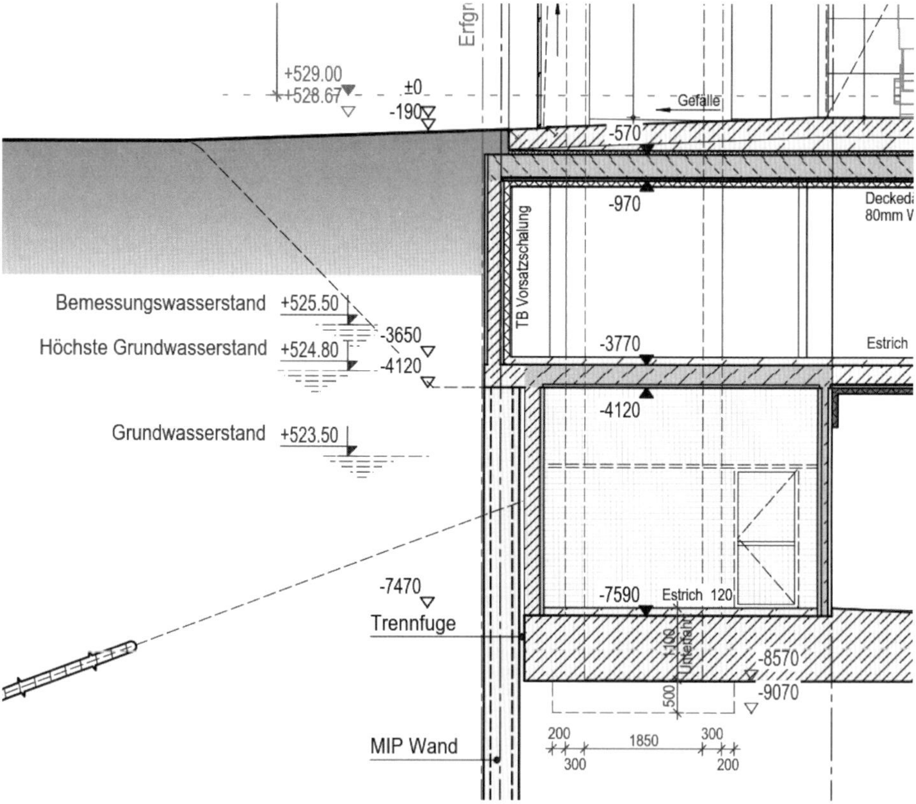

Bild 40. Der Bemessungswasserstand ergibt die Beanspruchungsklasse 1 für beide Untergeschosse

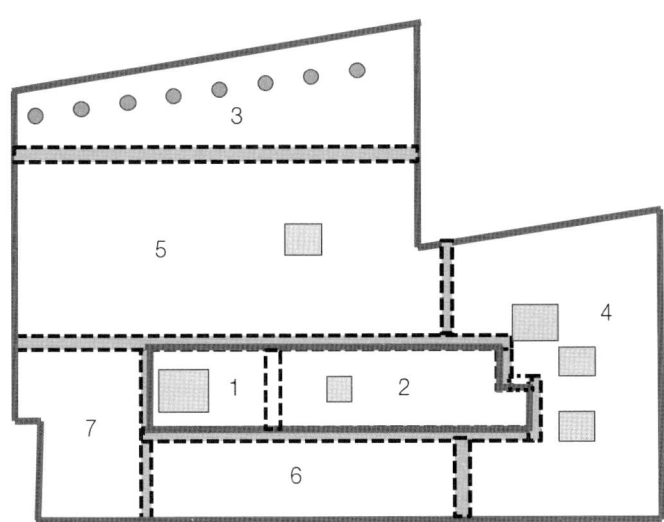

Bild 41. Schematischer Grundriss, Festpunkte, durch Temperaturgassen entkoppelte Flächen

13.2.3 Konstruktive und objektplanerische Maßnahmen

- Bemessungsrissbreiten: erdseitig $w_k = 0{,}3$ mm, luftseitig $w_k = 0{,}4$ mm, (für frühen Zwang unter Ansatz von $f_{ct,eff} = 0{,}5 f_{ctm}$);
- Risse werden planmäßig verpresst und in der Tiefgarage mit rissüberbrückenden Bandagen geschlossen;
- Geometrie der Bodenplatte vereinfacht;
- möglichst große Betonierabschnitte durch Temperaturgassen getrennt mit mittig liegenden Festpunkten (Bild 41),
- Doppelparkergrube durch Temperaturgassen entkoppelt (Bild 42);
- 2,5 % Gefälle der Betonoberfläche, ausgebildet in der geglätteten Bodenplatte;

- Verbundestriche in den Technik- und Nutzräumen;
- Technikkomponenten nicht an der Außenwand;
- Risskontrolle vor Aufbau von schwimmenden Estrichen in Treppenhäusern;
- Arbeitsabschnitte von Wänden oder Anordnung von Sollrissfugen mit $a \leq$ 2-fache Wandhöhe.

13.2.4 Betontechnische und ausführungstechnische Maßnahmen

- Expositionsklasse XD3, XC4, XF2, WA (C35/45, $w/z = 0{,}45$, $c_{min} = 40$ mm). *Anmerkung*: Mit der flächigen Beschichtung OS 8 wäre auch eine Reduktion auf XD1 zulässig gewesen;
- langsam erhärtende Betonsorte mit CEM III/A und Flugasche, Nachweis Betondruckfestigkeit nach 91 Tagen;
- bei der Vorabbetonage des Kranfundaments wurde die Entwicklung der Temperatur in der Bodenplatte erfasst und der Zeitpunkt der maximalen Bauteiltemperatur ermittelt;
- Zwischennachbehandlung des Betons nach dem Einbau und Abziehen der Oberfläche mit einem Nachbehandlungsmittel;
- Auflegen von PE-Folien nach dem Glätten;
- zusätzliche wärmedämmende Folie nach Erreichen der Maximaltemperatur (ca. 2 Tage nach Betonage) zum verzögerten Wärmeabfluss, Nachbehandlungsdauer 10 Tage.

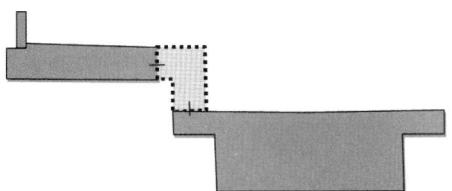

Bild 42. Schematischer Schnitt durch Bodenplatte und Doppelparkergrube mit Temperaturgasse zischen BA 1 und BA5

Bild 43. Fertiggesteller BA3, Vorbereitung für Betonage BA5, dazwischen Temperaturgasse

Bild 45. Wärmehaltende Nachbehandlung im BA4

Bild 44. Abgeschaltete Temperaturgasse zwischen BA1 und BA5

13.2.5 Zusammenfassung

Durch die Umsetzung der geplanten konstruktiven, betontechnischen und ausführungstechnischen Maßnahmen (Bilder 43 bis 45) weisen die etwa 5000 m² große massige Bodenplatte und die Außenwände keine Trennrisse aus Frühzwang auf. Auch nach dem zweiten Winter sind keine Trennrisse und oberseitigen Biegerisse vorhanden. Die infolge der Nacherhärtung hohe Zugfestigkeit des langsam erhärtenden Betons weist Vorteile für die Aufnahme von Zugspannungen aus Spätzwang aus.

14 Literatur

[1] DIN EN 1992-1-1/NA/A1:2015-12 (2015) *Eurocode 2: Bemessung und Konstruktion von Stahlbeton- und Spannbetontragwerken – Nationaler Anhang zu Teil 1-1* – A1-Änderung, Beuth, Berlin (auch im Beton-Kalender 2017/2).

[2] DIN EN 1992-1-1/NA:2013-04 (2013) *Eurocode 2: Bemessung und Konstruktion von Stahlbeton- und Spannbetontragwerken – Nationaler Anhang zu Teil 1-1*, Beuth, Berlin (auch im Beton-Kalender 2017/2).

[3] DIN EN 1992-1-1:2011-01 (2011) *Eurocode 2: Bemessung und Konstruktion von Stahlbeton- und Spannbetontragwerken – Teil 1-1: Allgemeine Bemessungsregeln und Regeln für den Hochbau*, Beuth, Berlin (auch im Beton-Kalender 2017/2).

[4] DIN EN 206-1:2001-07 (2001) *Beton – Teil 1: Festlegung, Eigenschaften, Herstellung und Konformität* und A1-Änderung:2004-10 und A2 Änderung:2005-09, Beuth, Berlin (auch im Beton-Kalender 2018/2).

[5] DIN 1045-2 (2008) *Tragwerke aus Beton, Stahlbeton und Spannbeton – Teil 2: Anwendungsregeln zu DIN EN 206-1:2008-08*, Beuth, Berlin (auch im Beton-Kalender 2018/2).

[6] DIN EN 13670:2011-03 (2011) *Ausführung von Tragwerken aus Beton*, Beuth, Berlin (auch im Beton-Kalender 2017/2).

[7] DIN 1045-3:2012-03 (2011) *Tragwerke aus Beton, Stahlbeton und Spannbeton – Teil 3: Bauausführung – Anwendungsregeln zu DIN EN 13670 mit DIN 1045-3/Ber 1:2013-07*: Berichtigung 1, Beuth, Berlin (auch im Beton-Kalender 2017/2).

[8] Deutscher Ausschuss für Stahlbeton e. V. (2010) *DAfStb-Richtlinie Massige Bauteile aus Beton: Teil 1: Ergänzungen zu DIN 1045-1, Teil 2: Änderungen und Ergänzungen zu DIN EN 206-1 und DIN 1045-2, Teil 3: Änderungen und Ergänzungen zu DIN 1045-3.* Ausgabe 2010-04, Beuth Verlag, Berlin, (auch im Beton-Kalender 2018/2).

[9] Deutscher Ausschuss für Stahlbeton e. V. (2005) *DAfStb-Richtlinie für Schutz und Instandsetzung von Betonbauteilen (Instandsetzungsrichtlinie)*, Ausgabe Oktober 2001 mit Berichtigungen 2002-01 und 2005-12. Beuth Verlag, Berlin.

[10] DIN V 18026:2005-01 (2005) *Oberflächenschutzsysteme für Beton aus Produkten nach DIN EN 1504-2*, Beuth, Berlin.

[11] DIN EN 1504-2:2005-01 (2005) *Produkte und Systeme für den Schutz und die Instandsetzung von Betontragwerken – Definitionen, Anforderungen, Qualitätsüberwachung und Beurteilung der Konformität – Teil 2: Oberflächenschutzsysteme für Beton*, Beuth, Berlin.

[12] DIN 18532:2017-07 (2017) *Abdichtung von befahrbaren Verkehrsflächen aus Beton.
Teil 1: Anforderungen, Planungs- und Ausführungsgrundsätze,
Teil 2: Abdichtung mit einer Lage Polymerbitumen-Schweißbahn und einer Lage Gussasphalt,
Teil 3: Abdichtung mit zwei Lagen Polymerbitumenbahnen,
Teil 4: Abdichtung mit einer Lage Kunststoff- oder Elastomerbahn,
Teil 5: Abdichtung mit einer Lage Polymerbitumenbahn und einer Lage Kunststoff- oder Elastomerbahn,
Teil 6: Abdichtung mit flüssig zu verarbeitenden Abdichtungsstoffen*, Beuth, Berlin.

[13] Deutscher Ausschuss für Stahlbeton e. V. (2011) *Erläuterungen zu den Normen DIN EN 206-1, DIN 1045-2, DIN 1045-3, DIN 1045-4 und DIN 4226*, DAfStb-Heft **526**, 2. überarbeitete Auflage 2011, Beuth Verlag, Berlin.

[14] Deutscher Ausschuss für Stahlbeton e. V. (2012) *Erläuterungen zu Eurocode 2 (DIN EN 1992-1-1)*, DAfStb-Heft **600**, Ausgabe 2012, Beuth Verlag, Berlin.

[15] Deutscher Beton- und Bautechnik-Verein E. V. (2018) *Merkblatt Parkhäuser und Tiefgaragen*, 3. überarbeitete Ausgabe, Fassung Januar 2018, DBV, Berlin.

[16] Fingerloos, F., Hegger, J. (2016) Erläuterungen zur Änderung des deutschen Nationalen Anhangs zu Eurocode 2 (DIN EN 1992-1-1/NA/A1:2015-12), *Beton- und Stahlbetonbau* **111** (1), 2–8.

[17] DIN Normenausschuss Bauwesen (2017) *Auslegungen des NA 005-07-01 AA zu DIN EN 1992-1-1 mit NA* (Stand: 04.10.2017), in: Auslegungen zu Normen des NABau – Antworten zu Auslegungs-Anfragen. www.nabau.din.de.

[18] Bundesanstalt für Straßenwesen (2018) *Zusätzliche Technische Vertragsbedingungen und Richtlinien für Ingenieurbauten – ZTV-ING*, Ausgabe Januar 2018, www.bast.de.

[19] Fingerloos, F., Hegger, J., Zilch, K. (2016) *Der Eurocode 2 für Deutschland – DIN EN 1992-1-1 Bemessung und Konstruktion von Stahlbeton- und Spannbetontragwerken – Teil 1-1: Allgemeine Bemessungsregeln und Regeln für den Hochbau – Konsolidierte und kommentierte Fassung*, 2. überarbeitete Auflage 2016, Hrsg.: BVPI, DBV, ISB, VBI. Beuth Verlag und Verlag Ernst & Sohn, Berlin.

[20] Deutscher Ausschuss für Stahlbeton e. V. (2017) *DAfStb-Richtlinie Vorbeugende Maßnahmen gegen schädigende Alkalireaktion in Beton (Alkali-Richtlinie)*, Ausgabe Oktober 2013. Beuth Verlag, Berlin (auch im Beton-Kalender 2017/2).

[21] Deutsches Institut für Bautechnik (2019) *Allgemeine bauaufsichtliche Zulassung Z-1.4-165: Feuerverzinkte Betonstähle*. Institut Feuerverzinken Düsseldorf. Vom 20.11.2014, gültig bis 30.11.2019, DIBt, Berlin.

[22] Deutscher Ausschuss für Stahlbeton e. V. (1994) Schließl, P.: *Grundlagen der Neuregelung zur Beschränkung der Rißbreite*, in DAfStb-Heft **400**, 1. Auflage 1989, 3. berichtigter Nachdruck 1994. Beuth Verlag, Berlin.

[23] Deutscher Beton- und Bautechnik-Verein E. V. (2016) *Merkblatt Begrenzung der Rissbildung im Stahlbeton- und Spannbetonbau*, Fassung Mai 2016, DIBt, Berlin.

[24] Bundesanstalt für Straßenwesen (1995) *TL/TP BEL-B, Teil 3: Technische Lieferbedingungen und Technische Prüfvorschriften für Baustoffe zur Herstellung von Brückenbelägen auf Beton mit einer Dichtungsschicht aus Flüssigkunststoff*, Ausgabe 1995, www.bast.de.

[25] Deutsches Institut für Bautechnik (2010) *ETAG 033 – Leitlinie für die europäische technische Zulassung für Bausätze für flüssig aufzubringende Brückenabdichtungen*, Fassung Juli 2010, in: Schriften des Deutschen Instituts für Bautechnik, Reihe LL, Heft **033**, DIBt, Berlin.

[26] DIN EN 1990:2010-12 (2012) *Eurocode: Grundlagen der Tragwerksplanung mit DIN EN 1990/ NA:2010-12: Nationaler Anhang, mit DIN EN 1990/A1:2012-08*: A1-Änderung, Beuth, Berlin.

[27] DIN EN 1991-1-1:2010-12 (2015) *Eurocode 1: Einwirkungen auf Tragwerke – Teil 1-1: Wichten, Eigengewicht und Nutzlasten im Hochbau mit DIN EN 1991-1-1/NA:2010-12: Nationaler Anhang, mit DIN EN 1991-1-1/NA/A1:2015-05*: A1-Änderung.

[28] Deutscher Ausschuss für Stahlbeton e. V. (2017) *DAfStb-Richtlinie Wasserundurchlässige Bauwerke aus Beton (WU-Richtlinie)*, Ausgabe Dezember 2017, Berlin: Beuth Verlag, Berlin.

[29] Alfes, Ch., Fingerloos, F., Flohrer, C. (2018) Hinweise und Erläuterungen zur Neuausgabe der DAfStb-Richtlinie „Wasserundurchlässige Bauwerke aus Beton", in *Beton-Kalender 2018/1*, (Hrsg. Bergmeister, K, Fingerloos, F., Wörner, J.-D.), Ernst & Sohn, Berlin, S. 175–226.

[30] DIN 18205:2016-11 (2016) *Bedarfsplanung im Bauwesen*, Beuth, Berlin.

[31] Verordnung über die Honorare von Architekten- und Ingenieurleistungen (Honorarordnung für Architekten und Ingenieure – HOAI). Ausgabe Juli 2013.

[32] Bastert, H., Kiltz, D., Meier, A. (2015) *Bedarfsplanung bei Parkbauten – Grundlage für eine erfolgreiche Bauaufgabe* in: DBV-Heft **36** „Dauerhafte Parkbauten in Betonbauweise – Gut informiert, sicher planen und bauen", Deutscher Beton- und Bautechnik-Verein E. V., 2015.

[33] Bastert, H., Meyer, L. (2014) Instandhaltungskonzepte für Parkbauten als Ergebnis der Bedarfsplanung, *Beton- und Stahlbetonbau* **109** (6), 428–434.

[34] Schwabach, E. (2017) Erläuterungen zu den Normen für die Bauausführung DIN EN 13670 und DIN 1045-3, in *Beton-Kalender 2017/2*: Fingerloos, F.: Normen und Regelwerke, (Hrsg. Bergmeister, K., Fingerloos, F., Wörner, J.-D.), Ernst & Sohn, Berlin, S. 585–603.

[35] Wolff, L., Schwamborn, B. (2019) Oberflächenschutzsysteme und Abdichtungen für Parkbauten, in *Beton-Kalender 2019*, (Hrsg. Bergmeister, K., Fingerloos, F., Wörner, J.-D.), Ernst & Sohn, Berlin, S. 669–712.

[36] Deutscher Ausschuss für Stahlbeton e. V. (2010) *Erläuterungen zu DIN 1045-1*, DAfStb-Heft **525**, 1. Auflage 2003, 2. überarbeitete Auflage 2010, Beuth Verlag, Berlin.

[37] DIN EN ISO 12696:2017-05 (2017) *Kathodischer Korrosionsschutz von Stahl in Beton*, Beuth, Berlin.

[38] Eichler, Th., Gieler-Breßmer, S. (2019) Kathodischer Korrosionsschutz im Stahlbetonbau, in *Beton-Kalender 2019*, (Hrsg. Bergmeister, K., Fingerloos, F., Wörner, J.-D.), Ernst & Sohn, Berlin, S. 863–904.

[39] Informationsstelle Edelstahl Rostfrei (2011) *Merkblatt 866: Nichtrostender Betonstahl*, 1. Auflage 2011, Düsseldorf.

[40] DIN EN 10088:2014-12 (2014) *Teil 1: Verzeichnis der nichtrostenden Stähle; Teil 3: Technische Lieferbedingungen für Halbzeug, Stäbe, Walzdraht, gezogenen Draht, Profile und Blankstahlerzeugnisse aus korrosionsbeständigen Stählen für allgemeine Verwendung*, Beuth, Berlin.

[41] Deutsches Institut für Bautechnik (2018) Allgemeine bauaufsichtliche Zulassung Z-1.6-238: Bewehrungsstab Schöck ComBAR aus glasfaserverstärktem Kunststoff – Nenndurchmesser: 8, 12, 16, 20 und 25 mm. Schöck Bauteile GmbH. Vom 04.06.2014, gültig bis 31.12.2018.

[42] Breitschaft, G. (2017) *Freiwillige Nachweise: Lückenschluss über DIBt-Gutachten*, in DBV-Rundschreiben **255** (Dezember 2017). Hrsg.: Deutscher Beton- und Bautechnik-Verein E. V., Eigenverlag, Berlin, 2017.

[43] Fingerloos, F., Meier, A. (2011) Dauerhaftigkeit von Betonbauteilen und Fundamenten unter durchlässigem Fahrbelag, *Beton- und Stahlbetonbau* **106** (9), 622–628.

[44] DIN 18533:2017-07 (2017) *Abdichtung von erdberührten Bauteilen* (Teile 1 bis 3), Beuth, Berlin.

[45] Becker, F., Dauberschmidt, Ch. (2017) *Dauerhafte Stahlbetonbauteile unter Pflasterbelägen in Tiefgaragen*. Forschungsbericht zum Vorhaben DBV 298, A05/12 vom 31.10.2012. Hochschule für angewandte Wissenschaften München. (Kurzbericht zum DBV-Forschungsvorhaben 298 siehe auch DBV-Rundschreiben **254** September 2017).

[46] Fingerloos, F., Meyer, L., Wiens, U. (2010) Zur Notwendigkeit von Gefällen bei Parkdecks, *Beton- und Stahlbetonbau* **105** (11), S. 695–702.

[47] DIN 18202: 2013-04 (2013) Toleranzen im Hochbau – Bauwerke, Beuth, Berlin.

[48] Keßler, S., Hiemer, F., Gehlen, Ch. (2017) Einfluss einer Betonbeschichtung auf die Mechanismen der Bewehrungskorrosion in gerissenem Stahlbeton, in *Beton- und Stahlbetonbau* **112** (4), Heft 4, 198–206.

[49] Deutscher Beton- und Bautechnik-Verein E. V. (2015) *Korrosion der Bewehrung im Bereich von Trennrissen nach kurzzeitiger Chlorideinwirkung*, Heft **35**, Fassung Juni 2015, DBV, Berlin.

[50] Deutscher Beton- und Bautechnik-Verein E. V. (2013) *Merkblatt WU-Dächer*, Fassung Juli 2013, DIBt, Berlin.

[51] Deutscher Beton- und Bautechnik-Verein E. V. (2017) *Merkblatt Industrieböden aus Beton*, Fassung Februar 2017, DIBt, Berlin.

[52] InformationsZentrum Beton (2014) *Merkblatt Betontechnik: Betonieren bei extremen Temperaturen*, Erkrath. B21, Fassung 12.2014.

[53] Pfeuffer, M., Kraus, R., Kohlhepp, R., Paltian, A. (2002) Kühlen des Frischbetons bei einer Autobahneinhausung – Maßnahmen zur Senkung der Frischbetontemperatur, Verlag Bau+Technik, *beton* (6), 302 ff.

[54] BTB/DBV-Arbeitskreis Schnittstellenfragen (2002) Vergütung von Frischbetonkühlung. Hrsg.: Bundesverband der Deutschen Transportbetonindustrie e. V. (BTB), Deutscher Beton- und Bautechnik-Verein E. V., Verlag Bau+Technik, *beton* (6), 312 ff.

[55] Deutscher Ausschuss für Stahlbeton e. V. (2006) *Erläuterungen zur DAfStb-Richtlinie wasserundurchlässige Bauwerke aus Beton (inkl. WU-Richtlinie:2003)*, DAfStb-Heft **555**, Beuth Verlag, Berlin.

[56] Hauptverband der gewerblichen Berufsgenossenschaften (2003) BGR 181: *Fußböden in Arbeitsräumen und Arbeitsbereichen mit Rutschgefahr*, aktualisierte Fassung Oktober 2003.

[57] BWA-Richtlinien für Bauwerksabdichtungen. Technische Regeln für die Planung und Ausführung von Abdichtungen von Parkdecks, Hofkellerdecken und ähnlichen Konstruktionen. Hrsg.: Bundesfachabteilung Bauwerksabdichtungen im Hauptverband der Deutschen Bauindustrie e. V., Berlin: Otto Elsner Verlagsgesellschaft 2010 (Neuausgabe in Vorbereitung).

[58] Sodeikat, Ch., Mayer, T. F. (2019) Instandsetzung von Tiefgaragen und Parkhäusern, in *Beton-Kalender 2019*. (Hrsg. Bergmeister, K., Fingerloos, F., Wörner, J.-D.), Ernst & Sohn, Berlin, S. 713–794.

[59] Deutscher Beton- und Bautechnik-Verein E. V. (2019) *Ausführungsvarianten für dauerhafte Bauteile in Parkbauten – Beispielsammlung*, DBV-Heft **42**, DIBt, Berlin (in Vorbereitung 2019).

X Regelungen zur Dauerhaftigkeit von Parkhäusern und Tiefgaragen in der Schweiz

Urs Järmann, Zürich

Milutin Scepan, Zürich

1 Einführung

Es gibt in der Schweiz im Grundsatz spezifische Regelungen zur Dauerhaftigkeit von Parkhäusern und Tiefgaragen. Diese sind in verschiedensten Normen- und Regelwerken nach Themen aufgeführt und gelten als der aktuelle Schweizer Stand der Technik. Ein spezifisches und umfassendes Regelund Normenwerk, welches nur Bauwerke von Parkhäusern thematisiert – sprich Neubau, Unterhalt, Instandsetzung –, ist nicht vorhanden.

Das Normenwerk ist in folgende **Untergruppen** eingeteilt [1]:
– Normenarten,
– Normenklassen,
– Internationale Normen.

Das Normenwerk: Normen stellen die Regeln der Baukunde dar, dokumentieren gesichertes Wissen, machen Wissen aus der Forschung der praktischen Tätigkeit zugänglich und liefern Impulse zu weiterer Forschung. Damit fördern sie – unter Berücksichtigung der Nachhaltigkeit – die Sicherheit von Bauten und Anlagen sowie deren Funktionalität, Dauerhaftigkeit und Wirtschaftlichkeit in allen Phasen des Lebenszyklus. Gleichzeitig bilden Normen eine Verständigungs- und Rechtsgrundlage.

Das in seiner Kompaktheit beispiellose Normenwerk des SIA umfasst technische Normen, Vertragsnormen und Verständigungsnormen. Diese werden klassiert als
– Normen und Ordnungen,
– Vornormen,
– Merkblätter, sogenannte nationale Elemente,
– Empfehlungen.

Normenarten: Im SIA-Normenwerk – Schweizer Ingenieur und Architektenverein – werden drei Arten von Normen unterschieden:
– Technische Normen: Sie sind Regeln der Baukunde.
– Vertragsnormen: Sie regeln die Zusammenarbeit zwischen den Parteien.
– Verständigungsnormen: Sie unterstützen die Zusammenarbeit.

Normenklassen: Je nach ihrem Charakter und dem erreichten Stand der Anerkennung werden die Normungsergebnisse als
– Norm,
– Vornorm,
– Merkblatt oder als nationales Element veröffentlicht.

Das Normenwerk wird nach Normenklassen wie folgt eingeteilt:
– **Normen:** Als Normen werden alle Publikationen mit reglementarischem Inhalt bezeichnet, die die vorgesehenen Prozesse der Erarbeitung und Genehmigung durchlaufen haben und den vorgesehenen Formvorschriften entsprechen. Eine Betreuung und Überwachung muss sichergestellt sein. Normen werden alle fünf Jahre auf ihre Gültigkeit überprüft.
  - **Ordnungen:** Vertragsnormen oder Verständigungsnormen (siehe Normenarten), die für die Arbeit der Planer von besonderer Bedeutung sind, werden als Ordnungen bezeichnet.
  - **Merkblätter:** Merkblätter enthalten Erläuterungen und ergänzende Regelungen zu speziellen Themen. Das Genehmigungsverfahren ist gegenüber den Normen und Vornormen vereinfacht. Ebenso sind geringere formale Ansprüche einzuhalten. Die Gültigkeit von Merkblättern wird alle drei Jahre bestätigt.
  - **Nationale Elemente:** Europäische Normen werden in der Schweiz übernommen und bei Bedarf mit nationalen Elementen (Titelblatt, Vorwort, Anhänge) ergänzt. Diese Texte dienen der Anpassung an die spezifischen nationalen Gegebenheiten.
– Internationale Normen
  - **Europäische Normen:** Im Auftrag der EU und der EFTA werden in Europa seit Anfang der 1990er-Jahre Normen erarbeitet, die den freien Warenfluss in Europa erleichtern sollen. Diese Normen gelten vor allem für handelbare Güter, die in Bauwerke eingebaut werden können. Eine europäische Produktnorm umschreibt alle Eigenschaften des Produkts, die ein Bauwerk wesentlich beeinflussen können.

    Das europäische Normensystem wird im Bauwesen rund 800 Produktnormen umfassen. Dazu kommen etwa 1800 Prüfnormen und rund 400 unterstützende Normen, die beispielsweise die Terminologie festlegen. Alle diese Normen müssen national umgesetzt werden.
  - **Internationales Normenwerk ISO:** Neben der europäischen Normung besteht ein internationales Normenwerk, bei dessen Erarbeitung sich Kommissionen des SIA in geringerem Umfang beteiligen. Dieses ISO-Normen-

werk hat jedoch nur einen geringen Einfluss auf das Schweizer Normenwerk, da hier keine Übernahmepflicht besteht.

- **Eurocodes – Swisscodes:** Die Tragwerksplanung gilt ebenfalls als ein handelbares Gut und soll europaweit harmonisiert werden. Die im Entstehen begriffenen Eurocodes bilden mit über 60 Einzelnormen ein äußerst komplexes Gebilde, an deren Erarbeitung Hunderte von Fachleuten aus ganz Europa beteiligt sind. Die Übernahmepflicht wird hier – im Gegensatz zu den Produktenormen – einen ganz erheblichen Einfluss auf das Normenwerk des SIA haben. Aus diesem Grund wurde 1999 das Projekt Swisscodes ins Leben gerufen. Dessen Ziel ist die Entwicklung einfacher, praxistauglicher Tragwerksnormen für die Schweiz, die mit den Eurocodes kompatibel sind. Eurocodes dürfen auch in der Schweiz angewendet werden. Allerdings müssen in diesem Fall alle national zu bestimmenden Parameter (NDP) zwischen Planer und Bauherr projektbezogen vereinbart werden. Das Projekt zu einer schweizweiten Festlegung dieser Parameter wurde vom SIA vorerst aufgegeben.

Rolle des Schweizer Ingenieur- und Architektenvereins (SIA)

Für die Umsetzung der europäischen Normen in der Schweiz ist der SIA verantwortlich. Er bildet dazu einen Fachbereich der Schweizerischen Normen-Vereinigung SNV. Bei der Übernahme der Normen müssen diese mit einem nationalen Vorwort ergänzt werden. Daneben muss sichergestellt werden, dass die rein nationalen Normen, die sich mehrheitlich mit ganzen Systemen und nicht mit einzelnen Produkten befassen, mit den europäischen Normen im Einklang stehen.

Prüfingenieur in der Schweiz

Der Einsatz des Prüfingenieurs in der Schweiz wird von institutionellen Bauherren (Bund, Kantone, Städte, private Aktiengesellschaften mit gesamthaften Portfolios von Gebäuden) je nach Objekt systemisch oder fallweise beauftragt. Bei komplexen Bauvorhaben (größeren Brücken, Tunneln o. Ä.) wird in der Regel die Qualität durch den Prüfingenieur sichergestellt. Diese Arbeiten werden nach Qualifikation und Leistungsfähigkeit mit Anforderungsprofilen (ev. öffentliche Ausschreibungen) durch die institutionellen Bauherren in Auftrag gegeben.

Ziel und Zweck dieses Beitrags

Der vorliegende Beitrag im Beton-Kalender 2019 beleuchtet die Themen und Regelwerke für den Neubau von Parkgaragen und deren Konzeption, die Erhaltung von Tragwerken und die Instandsetzung derselben in der Schweiz. Weiter werden Schutzmaßnahmen (nicht abschließend) der Tragwerke sowie die Konzeption von Parkierungsanlagen und deren Gestaltung (ohne Ausrüstung wie Beleuchtung, sekundäre Bauteile etc.) aufgezeigt.

Zudem bildet der vorliegende Beitrag einen Querschnitt über die verschiedenen Schweizer Normen und Richtlinien ab, welcher jedoch weder abschließend ist noch einen Anspruch auf Vollständigkeit erhebt.

Als Grundlage für diesen Beitrag dienen jahrzehntelange Erfahrungen im Parkhaus-Neubau, im -Unterhalt und in der -Instandsetzung. Dabei wurden über die letzten 20 Jahre bzw. über eine Generation verschiedene Anpassungen der Normen und Regelwerke (technologische Veränderungen, veränderte Sicherheitsbedürfnisse, Erfahrungen aus dem Betrieb von Parkhäusern und vieles mehr) vorgenommen.

Im vorliegenden Beitrag sind in den Abschnitten 2 bis 6 die aus Sicht der Autoren nicht abschließenden Erfahrungen dargelegt.

2 Regelwerke für Neubauten und Instandsetzung

Siehe Tabelle 1.

3 Spezielles zu den Themen Neubau, Instandsetzung und Unterhalt

3.1 Neubauten

3.1.1 Grundsätzliches

Bei der Planung von Neubauten – auch Parkgaragen – stehen dem projektierenden Bauingenieur die Normenwerke nach SIA zur Verfügung (s. Tabelle 1). Eines der wichtigsten Instrumente sind hierbei die Nutzungsvereinbarung und die darin enthaltene Projektbasis.

Sie dienen allen Beteiligten als Grundlage für die gegenseitige Definition der Bedürfnisse und deren technischer, sprich planerischer und baulicher Umsetzung. Diese beiden Dokumente sind als eine „Gebrauchsanleitung" für das vom Bauherrn bestellte Bauwerk zu verstehen.

3.1.2 Nutzungsvereinbarung und Projektbasis

3.1.2.1 Nutzungsvereinbarung

Laut der Nutzungsvereinbarung nach SIA-Norm 260:2013 werden die Anforderungen, Sonderrisiken, Vorgehensdefinitionen in einem gemeinsamen Dokument festgehalten und gegenseitig unterzeichnet. Die Nutzungsvereinbarung soll als gegenseitiges Bindeglied zu den Themen verstanden werden, jedoch nicht als Abgrenzung zur Interessenwahrung einzelner Parteien. Für den Gesamtplaner ist es hilf-

Tabelle 1. Neubauten und Instandsetzung; Themen und Regelwerke nicht abschließend

Thema	Neubau, Unterhalt Gültigkeitsdatum	Instandsetzung, Unterhalt Gültigkeitsdatum
Entwurf von Parkhäusern – Konstruktionen		
Robustheit	SN 505 260 (SIA 260, 01.08.2013)	SN 505 260 (SIA 260, 01.08.2013) SN 505 269 (SIA 269, 01.01.2011)
Nutzungsdauer	SN 505 260 (SIA 260, 01.08.2013)	SN 505 260 (SIA 260, 01.08.2013) SN 505 269 (SIA 269, 01.01.2011)
Einwirkungen	SN 505 261 (SIA 261, 01.07.2014)	SN 505 261 (SIA 261, 01.07.2014) SN 505 269/1 (SIA 269/1, 01.01.2011)
Bewehrungsüberdeckungen	SN 505 262 (SIA 262, 01.01.2013) SN 505 262/1 (SIA 262/1, 01.08.2013)	SN 505 262 (SIA 262, 01.01.2013) SN 505 262/1 (SIA 262/1, 01.08.2013) SN 505 269/2 (SIA 269/2, 01.01.2011)
Krafteinleitung (Durchstanzen)	SN 505 262 (SIA 262, 01.01.2013) SN 505 262/1 (SIA 262/1, 01.08.2013)	SN 505 262 (SIA 262, 01.01.2013) SN 505 262/1 (SIA 262/1, 01.08.2013) SN 505 269/2 (SIA 269/2, 01.01.2011)
Erdbeben	SN 505 261 (SIA 261, 01.07.2014)	SN 505 261 (SIA 261, 01.07.2014) SIA Merkblatt 2018 (01.10.2004)
Brand	SN 505 260 (SIA 260, 01.08.2013) SN 505 261 (SIA 261, 01.07.2014) Brandschutzvorschriften 2015 inkl. Teilrevision 2017 des VKF (01.01.2017)	SN 505 260 (SIA 260, 01.08.2013) SN 505 261 (SIA 261, 01.07.2014) SN 505 269/1 (SIA 269/1, 01.01.2011) Brandschutzvorschriften 2015 inkl. Teilrevision 2017 des VKF (01.01.2017)
Anprall	SN 505 261 (SIA 261, 01.07.2014)	SN 505 261 (SIA 261, 01.07.2014) SN 505 269/1 (SIA 269/1, 01.01.2011)
Deformationen	SN 505 260 (SIA 260, 01.08.2013)	SN 505 269 (SIA 269, 01.01.2011)

Tabelle 1. Neubauten und Instandsetzung; Themen und Regelwerke nicht abschließend (Fortsetzung)

Thema	Neubau, Unterhalt Gültigkeitsdatum	Instandsetzung, Unterhalt Gültigkeitsdatum
Rissbreiten	SN 505 262 (SIA 262, 01.01.2013) SN 564 272 (SIA 272, 01.08.2009)	SN 505 262 (SIA 262, 01.01.2013) SN 505 269/2 (SIA 269/2, 01.01.2011) SN 564 272 (SIA 272, 01.08.2009)
Entwässerungen und Beläge	SN 640 292a (01.02.2007) SN 583 270 (SIA 270, 01.01.2014) SN 564 272 (SIA 272, 01.08.2009)	SN 640 292a (01.02.2007) SN 583 270 (SIA 270, 01.01.2014) SN 564 272 (SIA 272, 01.08.2009)
Erschütterungen; Erschütterungseinwirkungen auf Bauwerke	SN 640 312: 2013	
Entwurf von Parkhäusern – Layout		
Parkplatz-Anordnungen; Längs-, Schräg- und Senkrechtparken	SN 640 280 (01.11.2000) SN 640 291a (01.02.2006) SN 640 292a (01.02.2007)	i. d. R. vorgegeben
Komfortstufen, Fahrzeugkategorien und Zugänglichkeit	SN 640 291a (01.02.2006) SN 640 293 (01.04.1982)	
Fahrgassenbreiten	SN 640 291a (01.02.2006) SN 640 292a (01.02.2007)	
Entwurf Be- und Entlüftung, Ausrüstung	SN 640 292a (01.02.2007)	SN 640 292a (01.02.2007)
Be- und Entlüftung	Richtlinie VA103-01: Lüftungsanlagen für Parkhäuser (Mittel- und Großgaragen) des SWKI (März 2017)	Richtlinie VA103-01: Lüftungsanlagen für Parkhäuser (Mittel- und Großgaragen) des SWKI (März 2017)
Ausrüstung	SN 640 292a (01.02.2007)	SN 640 292a (01.02.2007)
Betrieb und Bewirtschaftung von Parkierungsanlage	SN 640 282 (01.12.2013)	SN 640 282 (01.12.2013)
Bodenbeläge – Anforderungen an die Gleitsicherheit in öffentlichen und privaten Bereichen mit Rutschgefahr	bfu-Anforderungsliste 2005 oder DIN 51130/51097 (Doku überholt, aktuell: bfu Fachdoku 2.032/2018)	bfu-Anforderungsliste 2005 oder DIN 51130/51097
Schutz und Instandsetzung von Betontragwerken – Definitionen, Anforderungen, Güteüberwachung und Beurteilung der Konformität – Teil 1: Definitionen	SIA 262.401; EN 1504-1:2005	SIA 262.401; EN 1504-1:2005
Produkte und Systeme für den Schutz und die Instandsetzung von Betontragwerken – Definitionen, Anforderungen, Güteüberwachung und Beurteilung der Konformität – Teil 2: Oberflächenschutzsysteme für Beton	SIA 262.402; EN1504-2:2004	SIA 262.402; EN1504-2:2004

Die Grundlagen werden in der Nutzungsvereinbarung festgehalten (s. Abschnitt 3.1.2.1).

reich, wenn er Empathie zu den verschiedenen Entscheidungsträgern aufbaut, ohne dass er die Ziele, Anforderungen der Auftraggeber und Eigentümer sowie normative Grenzen aus den Augen verliert und auf Vor- und Nachteile hinweist. Mit diesem Vorgehen und dem mediativen Handeln spricht er die hypothetisch vorhandenen Risiken mit allen Entscheidungsträgern an, welche dann auf einer gemeinsamen Basis miteinander entscheiden können.

Die Nutzungsvereinbarung umschreibt SIA 260, Art. 2.2.2)

– allgemeine Ziele für die Nutzung des Bauwerks,
– Umfeld und Drittanforderungen,
– Bedürfnisse des Betriebs und des Unterhalts,
– besondere Vorgaben der Bauherrschaft,
– Schutzziele und Sonderrisiken,
– normbezogene Bestimmungen.

3.1.2.2 Projektbasis

Die Projektbasis (SIA 260: Art. 2.5.2) ist die bauwerksspezifische Umsetzung der Nutzungsvereinbarung. Die Projektbasis ist, weil fachbezogen, in der Sprache des Ingenieurs formuliert:

– Umschreibung der Nutzungsdauer,
– Nutzungszuständigkeiten,
– Gefährdungsbilder,
– Tragsicherheit,
– Gebrauchstauglichkeit,
– Dauerhaftigkeit der vorgesehenen Maßnahmen,
– akzeptierte Risiken.

Der Umfang und Inhalt der Projektbasis richten sich nach der Bedeutung und Gefährdung des Bauwerks. Zudem ist sie auf die Risiken für die Umwelt abgestimmt (s. Bild 11 im Abschnitt 4 „Projektablauf – Organisation"). Die Projektbasis bildet die Grundlage für die weitere Umsetzung von Tragwerk und Sicherheit.

Bezogen auf den Neubau einer Tiefgarage könnte eine Nutzungsvereinbarung wie folgt gegliedert sein:

– Ausgangslage,
– Grundlagen,
– Zweck und Umfang der Nutzungsvereinbarung,
– Auszug aus dem Baubeschrieb,
– Nutzlasten,
– Nutzungsdauer,
– Baugrund und Wasserverhältnisse,
– Umfeld und Drittanforderungen,
– Schutzziele und Sonderrisiken,
– Integraler Sicherheitsplan,
– Baulicher Brandschutz,
– Fluchtwege,
– Bauetappen,
– Nachhaltigkeit der Materialien,
– Besondere Vorgaben der Bauherrschaft,
– Erdbebensicherheit,
– Tiefgaragen-Bodenplatten und Wände mit Wasserdruck,
– Aufgehende Bauteile; Wände, Stützen, Anprall,
– Wasserdichtigkeit,
– Rissbreiten,
– Angaben zur Gebrauchstauglichkeit und Dauerhaftigkeit,
– usw.

3.2 Themen Neubau

3.2.1 Beispiel: Neubau mit Fehlern

Bei einem Parkhaus in der Schweiz wurden kurz nach dessen Rohbaufertigstellung Risse an den Außenstützen (Bild 1a) und im Bereich der Deckenränder (Bild 1b) festgestellt. Die Ausbauarbeiten wie das Anbringen von Entwässerungsleitungen, Ein-

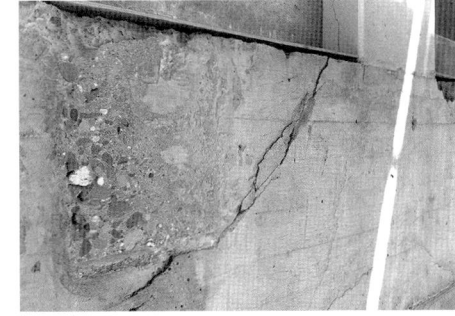

Bild 1. a) Riss an der Außenstütze, b) Risse am Deckenrand (Stützenfuß)

Tabelle 2. Problempunkte und Folgen

Anforderung	Festgestellter Problempunkt	Folgen
Robustheit	Anstelle einer leichten und steiferen Rippendecke, welche mit normgemäßem Gefälle hätte ausgebildet werden können, wurde eine deutlich schwerere, vorgespannte Flachdecke ohne Gefälle gewählt.	Zu „weiches" Deckensystem führte zu großen Deformationen im Feldbereich und zu starken Verdrehungen der Deckenränder, Stützenköpfe und somit zu großen Rissen.
Nutzungsdauer	Verlängerung der Nutzungsdauer von 50 auf 75 Jahre.	Erhöhung der Anforderungen nach Norm SIA.
Einwirkungen	Lastfall-Kombinationen unvollständig: „Schachbrett"-Anordnung von Flächenlasten und Einzellasten wurden nicht berücksichtigt.	Örtliche Überschreitung der zulässigen Biegemomente. Verstärkung wurde notwendig.
Bewehrungsüberdeckungen	Unterschreiten der erforderlichen Bewehrungsüberdeckung resp. Nichteinhalten der Normvorgaben und der Abmachungen in der Nutzungsvereinbarung sowie in den Plänen.	Reduktion der Zugfestigkeit der oberen Bewehrung.
	Obere Bewehrung sichtbar infolge mangelhafter Bewehrungsüberdeckung.	Korrosionsschutz ist nicht mehr gewährleistet.
Krafteinleitung (Durchstanzen) [1]	Mangelhafte/örtlich sehr geringe Bewehrungsüberdeckung.	Überprüfung des Durchstanzwiderstandes aufgrund mangelhafter Ausführung.
	Durchstanzbewehrung bei den Stützen in der Deckendraufsicht erkennbar.	Berücksichtigung/Messung der effektiven Betonfestigkeit als Basis für die statischen (Schub-) Nachweise.
	Betonausbrüche bei der Durchstanzbewehrung.	Sanierung mittels Epoxidharz anstelle Mörtel (Alkalität).
Anprall [1]	Nachträglich, fehlerhaft angebrachter Anprallschutz.	Neubemessung und Ersatz der Stützenkopfplatten und Dübel.
	Fehlende Koordination der Bohrungen.	Bohrungen im Bereich der dicht angeordneten Bewehrung.
Deformationen [1]	Anpassung der Tragstruktur infolge Änderung der Projektvorgaben (Stützenabstand) und die Folgen.	Wahl eines suboptimalen und zu weichen Tragsystems.
Rissbreiten	Massive Überschreitung der in der Nutzungsvereinbarung abgemachten Rissbreiten (0,2/0,4 mm)	Sehr große Risse in den Stützen und Deckenrändern führten u. a. zur Aufdeckung von Planungs- und Ausführungsfehlern.
Entwässerungen [1]	Keine geplante Entwässerung.	Entwässerung mittels sich einstellender Deckendeformation, Bohrungen und Leitungsführung willkürlich.
Beläge [1]	Belag zu dünn, direkt auf Betonplatte aufgebracht.	Rückbau Belag und Aufbringen einer Abdichtung inkl. Belag mit minimaler Stärke von 35 statt der normgerechten 70 mm infolge Auflastbeschränkung.

Tabelle 2. Problempunkte und Folgen (Fortsetzung)

Anforderung	Festgestellter Problempunkt	Folgen
Parkplatz Anordnungen Komfortstufen Fahrgassenbreiten	Projektänderung in der Bauphase: Wunsch der Bauherrschaft nach komfortableren Parkplätzen.	Verdoppelung der Spannweiten von 8,40 m auf 16,50 m in Querrichtung führte zu Anpassungen der gesamten Gebäudestatik und bereits erstellten Bauteilen.
Betrieb und Bewirtschaftung von Parkgaragen	Kontroll- und Unterhaltsplan infolge festgestellter Mängel nicht mehr vollständig.	Grundlegende Anpassung und Erweiterung des Kontroll- und Unterhaltsplans infolge Baumängeln und Nichterfüllens der Vorgaben der Nutzungsvereinbarung.

[1] In den Abschnitten 3.2.2 bis 3.2.4 werden einzelne Aspekte speziell beleuchtet.

bauen von Abdichtungen und Belägen usw. hatten gerade erst begonnen.

Die festgestellten Risse führten zu umfangreichen Untersuchungen und Nachrechnungen, die auf Entscheidungs- und Planungsfehler sowie auf Ausführungsfehler beruhten.

Tabelle 2 zeigt auf, welche Problempunkte bei dem gerade fertiggestellten Rohbau einer Parkgarage festgestellt wurden und die Folgen daraus.

3.2.2 Krafteinleitung (Durchstanzen) und Belag

Sachverhalt

- Bei einer Begehung vor Ort wurde festgestellt, dass an diversen Stellen die Bewehrungsüberdeckung mangelhaft, respektive die obere Biegebewehrung und die Durchstanzbewehrung (Verbindungsdrähte der Schubdübel) sichtbar waren. An einigen Stellen – besonders bei den Durchstanzbewehrungen – war der Beton entlang und oberhalb dieser Elemente bis zu einer Tiefe von 20 bis 25 mm ausgebrochen (s. Bild 2a und b).
- Bei der oben liegenden, sichtbaren Bewehrung zeigten sich deutliche, sogenannte „Absackungen" des Betons (Bild 2c).
- Aufgrund dieser Feststellungen wurden die Vorgaben in der Nutzungsvereinbarung mit den Gegebenheiten vor Ort verglichen. In der Nutzungsvereinbarung war eine Bewehrungsüberdeckung für die Decken der Einstellhalle mit 35 mm vorgeschrieben worden; dies unter der Annahme, dass ein Hartbeton (als Belag) mit der Stärke von 30 mm auf eine Epoxidharzbeschichtung aufgebracht wird.
- Auf den Schalungsplänen war aber eine Überdeckung von nur 20 mm vorgegeben worden und es wurde auch der Aufbau des Belags geändert. Anstelle einer Epoxidharzbeschichtung mit Hartbeton wurde zu Beginn nur ein Gussasphaltbelag mit einer Stärke von 35 mm eingebracht.
- Die Statik musste sowohl bezüglich des Biegewiderstands der oberen Deckenbewehrung als auch bezüglich des Durchstanzwiderstands überprüft werden. Es wurden die Deckenbereiche direkt über den innenliegenden und den am Rand versetzten Stützen bezüglich ihres Biege- und Durchstanzwiderstands nachgerechnet.
- Um die mangelnde Überdeckung, sprich unvollständige Umhüllung der Bewehrung und deren Stöße in den Berechnungen berücksichtigen zu können, wurden die zulässigen Stahlspannungen nach *Schenkel* [2] abgemindert. Im vorliegenden Beispiel wurden die Stahlspannungen σ_{s0} als Funktion von c/d_s (Betondeckung/Bewehrungsdurchmesser) – unter der Annahme $c/d_s = 0$ – um ca. 50 % reduziert.
- Neben der mangelnden Überdeckung wurden auch schon gleichmäßige, senkrecht zu den Krafttrajektorien verlaufende Netzrisse festgestellt. Diese ließen darauf schließen, dass sich die Decken- und Drillmomente bereits umgelagert haben. Diese Feststellung führte dazu, dass sämtliche Berechnungen unter der Annahme einer drillweichen Platte durchgeführt wurden.
- Sämtliche Durchstanznachweise konnten erst erbracht werden, nachdem die effektiven, sprich höheren Betonfestigkeiten, vor Ort gemessen und bestimmt wurden (C35/45 anstelle der planmäßigen Betonqualität C30/37). Dies geschah unter Berücksichtigung einer drillweichen Platte (Lastumlagerungen infolge Rissbildung) und daraus resultierenden, deutlich tieferen, nichtlinearen Durchstanzlasten.
- Leider wurden die festgestellten Betonausbrüche nicht fachmännisch instand gesetzt. Anstelle eines zementgebundenen und alkalischen Mörtels wurden die Fehlstellen mittels eines

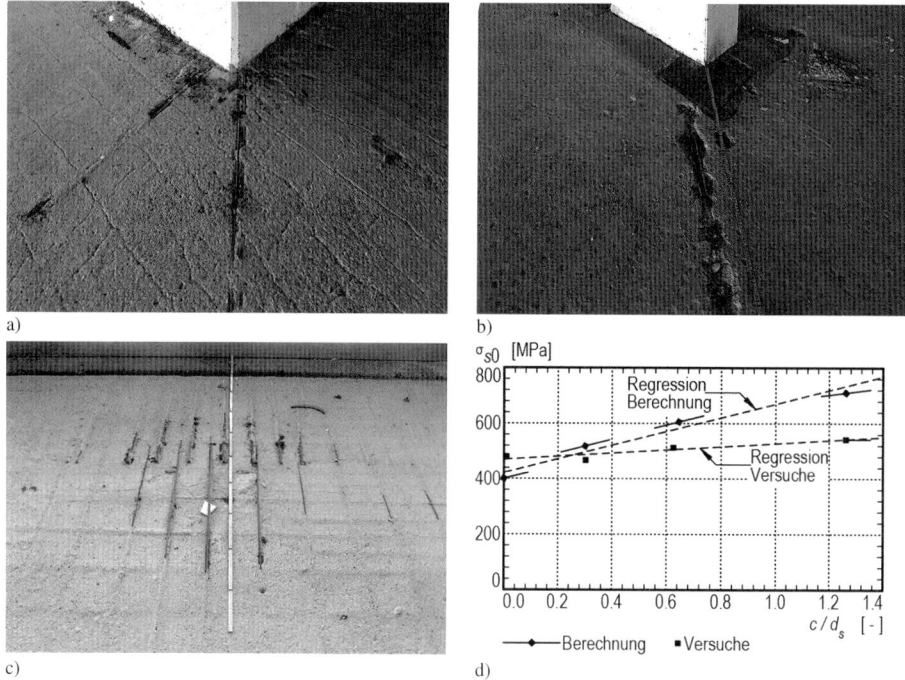

Bild 2. a) Sichtbare Durchstanzbewehrung bei einer Wandecke, b) sichtbare Durchstanzbewehrung über den Stützen, c) sichtbare Bewehrung mit Sackungsrissen, d) Versagenslast bei Übergreifungsstößen bei 0 cm Überdeckung

Epoxidharzes verfüllt. Es darf aber davon ausgegangen werden, dass dank der im Nachhinein aufgebrachten Abdichtung der Wasserzutritt zu diesen Stellen verhindert wird.

Fazit

- Obwohl in der Nutzungsvereinbarung eine Betondeckung von 35 mm vorgeschrieben wurde, wurde sie nicht richtig umgesetzt. Eine kurze, wiederholte Sichtung der Unterlagen seitens der Projektverantwortlichen hätte diesen Planungsfehler verhindern können. Bei der Bauausführung wurden nur die minimalen Betondeckungen (20 mm) berücksichtigt.
- Durch das Befolgen des ebenfalls in der Nutzungsvereinbarung definierten Belagaufbaus (Abdichtung mit Hartbetonüberzug) hätte man den Rückbau des bereits eingebrachten Gussasphalts verhindern können.
- Die kosten- und zeitintensiven Rückbau- und Verbesserungsmaßnahmen sowie die umfangreichen Nachrechnungen hätten bei Beachtung und Umsetzung der in der Nutzungsvereinbarung definierten Vorgaben alle vermieden werden können.

3.2.3 Anprallschutz

Sachverhalt

- Als Fassade und gleichzeitiger Anprallschutz für die Fahrzeuge wurde ein Streckmetallnetz, welches an einer Stahlunterkonstruktion befestigt wurde, bestimmt. Der Stützenabstand der Stahlunterkonstruktion wurde mit 1,26 m so gewählt, dass abirrende Fahrzeuge direkt mit den Stahlstützen zurückgehalten werden können. Die außen, senkrecht zu den Deckenstirn mittels verdübelten Stahlplatten angebrachten Profilstahlstützen wurden so dimensioniert, dass sie diese Lasten aufnehmen können.

- Eine visuelle Kontrolle vor Ort ergab, dass an diversen Stellen Ausführungsmängel bei den Verankrungsplatten und Setzdübeln vorhanden waren. Dadurch war die Tragsicherheit der Konstruktion bezüglich Anprallkräften nicht mehr gewährleistet. Die auftretenden, horizontalen Schubkräfte konnten nicht wie geplant in die Deckenstirn eingeleitet werden (Versagen der Betonkanten infolge zu geringer Randabstände). (s. Bild 3a).

Spezielles zu den Themen Neubau, Instandsetzung und Unterhalt

a) b)
Bild 3. a) Unkorrekt verdübelte Stahlplatte, b) korrekt verdübelte und sanierte Stahlplatte

Die Sichtung der Nutzungsvereinbarung ergab, dass diese, für die Verkehrssicherheit äußerst wichtige und maßgebende Konstruktion nicht erwähnt worden war. Die Anprallkräfte nach Norm wurden zwar aufgelistet, nicht aber deren Rückhaltekonstruktion definiert. Offenbar war die Fassadenkonstruktion zum Zeitpunkt der Erstellung der Nutzungsvereinbarung noch nicht bekannt.

- Nach Rücksprache mit dem Lieferanten der Fassadenelemente erfuhr man, dass die möglichen Befestigungspunkte (Setzorte der Dübel) von den Projektverantwortlichen erst nach Erstellung der Decken und nur grob angegeben wurden. Einzig bei den Verankerungen im Bereich der Vorspannkabel wurde korrekterweise ein absolutes Bohrverbot erlassen.
- Die daraufhin getätigten Bohrungen wurden mittels einer Schlagbohrmaschine anstelle eines Diamant-Bohrgeräts ausgeführt. Dadurch wurde sehr oft die starke Randbewehrung getroffen und es mussten immer wieder neue Bohrungen in der Decke ausgeführt werden; dies so lange, bis keine Bewehrungseisen mehr im Wege waren und die Setztiefen für die Dübel ihren Sollwert erreichten.
- Mancherorts mussten infolge der sehr dichten, für das Bohrgerät nicht durchbohrbaren Bewehrung, mehr als die berechneten 4 Dübel versetzt werden. Meistens wurden diese viel zu nahe am Deckenrand gebohrt. Dies führte an einigen Orten zum Betonkantenbruch und komplettem

Tragfähigkeitsverlust der Verankerungen (s. Bild 3a).

Fazit

- Die Planung der Fassade hinkte offenbar der Planung des eigentlichen Rohbaus hinterher.
- In der Nutzungsvereinbarung wurden zwar die Anpralllasten, aber nicht das Rückhaltesystem definiert.
- Bei 70 Stahlplatten mussten die Dübel neu gesetzt, respektive z. T. die Platten selbst ersetzt werden (Bild 3b).
- Diese kosten- und zeitintensiven Rückbau- und Instandsetzungsmaßnahmen sowie die Nachrechnungen hätten – bei rechtzeitiger Planung der Rückhalteverankerungen und deren Beschreibung in der Nutzungsvereinbarung – vermieden werden können. Man hätte z. B. mit Schubdübeln und innenliegenden Gewinden versehene Stahlplatten auf die Schalung präzise versetzen und die Kopfplatten dann anschrauben können.

3.2.4 Deformationen und Entwässerung

Sachverhalt

- Das ursprünglich vorgesehene Tragsystem, welches ein Stützenraster von 8,20/8,30 m × 8,35 m aufwies, wurde während des Erstellens des Fundaments auf 16,50 m × 8,35 m geändert. Die ursprünglich angedachte Decke mit einer konstanten Stärke von 28 cm (Deckenstärke zu Spannweite = 1/30) und mit Gefällen von 1,6 % wurde durch eine gevoutete und teilweise vorgespannte Decke ersetzt und ausgeführt. Die Decken über den Stützen weisen eine Stärke von 47 cm und im Feldbereich eine Stärke von 28 cm auf.

- Bedingt durch diese Bauweise wurden maximale Durchbiegungen nachgerechnet, welche in Feldmitte – trotz einer Schalungsüberhöhung von 30 mm und Berücksichtigung der Vorspannung – 92 mm betrugen. Dies entspricht einem Verhältnis von 1/180 (Deformation zu Spannweite) und liegt somit weit höher als die von den Normen erlaubte, maximale Deformation von 1/300; d. h. eine maximal erlaubte Durchbiegung von 55 mm. Bei diesen Nachrechnungen wurde der maßgebende Langzeiteinfluss, das Kriechens des Betons, nicht berücksichtigt.

- Diesen Nachrechnungen wurden die Nutzlasten für Parkhäuser, vollflächig verteilt, von 2,00 kN/m² zugrunde gelegt. Infolge der vorzusehenden Fahrgassen und üblichen Fahrzeuggewichte ist die maximal mögliche, normgemäße Nutzlast jedoch kaum je wirken.

- In der Annahme, dass generell größere Verformungen eintreten werden, wurde – entgegen der Nutzungsvereinbarung – kein Gefälle in den Decken ausgebildet. Das normkonforme Gefälle von 2 % wurde schon im ursprünglichen Projekt unterschritten, im ausgeführten jedoch vollständig weggelassen.

- Die Projektverantwortlichen einigten sich darauf, dass die Entwässerungsöffnungen im Nachhinein erstellt werden sollen, und zwar dort, wo die größten Durchbiegungen – nach Erstellung des Parkhauses! – auftreten werden. Diese doch etwas unkonventionelle Planung einer Parkhausentwässerung ist im Zusammenhang mit der vorhandenen Vorspannung in den Decken als sehr risikoreich einzustufen; von der Ausführbarkeit von korrekten Anschlüssen der Abdichtung bei den Bohrungen und (Abwasser-) Leitungsführung ganz zu schweigen (s. Bild 4a).

Fazit

- Eine Umplanung des Tragsystems während der Bauphase Realisierung führte zu sehr großen und umfangreichen Projektänderungen und -anpassungen, welche nachteilig auf das ausgeführte Tragwerk auswirkten. Neben offensichtlichen Schäden (Risse, Deformationen) wurden praktisch nirgends die Normvorgaben eingehalten. Die Tragfähigkeit des Parkhauses ist zwar gewährleistet, die Anforderungen an die Gebrauchstauglichkeit und Dauerhaftigkeit sind jedoch nicht erfüllt.

- Das beim vorliegenden Objekt gewählte „Entwässerungssystem" widerspricht jeglichen Regeln der Baukunst. Weder können damit die Normvorgaben eines Gefälles von min. 2 % eingehalten noch die Entwässerung geplant werden. Ohne Gefälle stellen sich die „tiefsten Punkte" irgendwo in den Deckendraufsichten ein, zumal die Oberflächen nie vollkommen eben ausgebildet werden können.

- Die Konsequenz einer solchen „Planung" sind willkürlich angeordnete Bohrlöcher und an den Deckenuntersichten „wild" geführte Entwässerungsleitungen (Bild 4a und b). (Im vorliegenden Beispiel ist dieses Vorgehen sogar als gefährlich einzustufen, zumal die Decken vorgespannt sind).

- Ob die wilde Anordnung der Leitungen dem Investor gefällt und ästhetisch ansprechbar für den Nutzer ist, sei dahingestellt. Auf lange Sicht bzw. für die angestrebte Lebensdauer von 75

a)

b)

Bild 4. a) Entwässerungsbohrungen/-leitungen, teilweise schon erstellt, b) Leitungsführung, den Bohrlöchern folgend

Jahren kann eine Nachrüstung problematisch sein. Zum Beispiel nachträglich zu erstellende Kernbohrungen können nur außerhalb von Vorspannungsbereichen ausgeführt werden. Das in 40 bis 50 Jahren tätige Fachpersonal sollte auf aktuelle bzw. nachgeführte Konstruktionspläne zurückgreifen und dann danach handeln können.

- Eine robustere, sprich steifere, den stark vergrößerten Spannweiten besser Rechnung tragende Konstruktion hätte geholfen, praktisch alle oben aufgeführten Mängel und deren Folgen zu beheben.

- Die Projektverantwortlichen hätten sofort nach Bekanntgabe der Änderungswünsche reagieren, Alternativen und den Vorgaben entsprechende Lösungen anbieten sollen. Dem Bauherrn hätten die Konsequenzen seines „Wunsches" besser vor Augen geführt und auf die Risiken aufmerksam gemacht werden müssen. Vielleicht wäre dann dieser Wunsch „Wunschdenken" geblieben und die ursprünglich geplante und den Normvorgaben entsprechende Konstruktion hätte realisiert werden können; dies ohne oben beschriebene Probleme und Folgen daraus ...

3.3 Themen Instandsetzung, Nachrüsten

3.3.1 Beispiel: Durchstanz- und Biegezugverstärkungen in einem ca. 50-jährigen Parkhaus

Sachverhalt

- Ein Geschäftshaus in Zürich (Baujahr 1968; 4 Untergeschosse, ein Erdgeschoss und 6 Obergeschosse) wurde in den Jahren 2013/2014 bis auf die Tragwerk-Grundstruktur zurückgebaut und ertüchtigt (vollständige Sanierung), um den künftigen Nutzungsanforderungen zu genügen. Nebst Anpassungen der Tragkonstruktion selbst wurde die geänderte Tragstruktur noch bezüglich Erdbeben und Durchstanzen nachgerüstet. Mit der Sanierung wurden auch die nichttragenden Elemente wie Beläge, Beleuchtung etc. der Tiefgarage nachhaltig instand gesetzt.

- In diesem Beitrag werden die Durchstanzverstärkungen in der Tiefgarage speziell beleuchtet. Es wurden alle gültigen SIA-Normen (speziell unter Einbezug der SIA-Normenreihe 269:2011) angewendet.

- Der Durchstanzwiderstand aller Parkdeck-Geschossdecken wurde vom Erfüllungsgrad im

a)

b)

c)

Bild 5. Verstärkungen bei den Wandscheibenenden bzw. Stützen; a) Bewehrungsdetektion an einer Deckenuntersicht, b) Bohreinrichtung an der Deckenuntersicht, c) Wandende, versetzte Durchstanzanker vor dem Vermörteln

Bestand, welcher zwischen 0,25 und 0,42 lag, auf den Erfüllungsgrad von 1,0 gemäß den aktuellen Normen angehoben (Bild 6a, b). Wie erwartet, sind die heute aktuellen Normen, besonders die Anforderungen bezüglich Durchstanzen gegenüber denen aus der Erstellungszeit (SIA 162/1968), bedeutend strenger gefasst.

Folgendes **Vorgehen** betreffend die Verstärkungsarbeiten wurde gewählt:

– Für die Erhöhung des Durchstanzwiderstands spielt die Rotationsfähigkeit der Deckenplatte eine zentrale Rolle. Nebst dem Einbau der Stützenkopfverstärkungen wurde eine zusätzliche Biegeverstärkung über den Auflagern im neuen

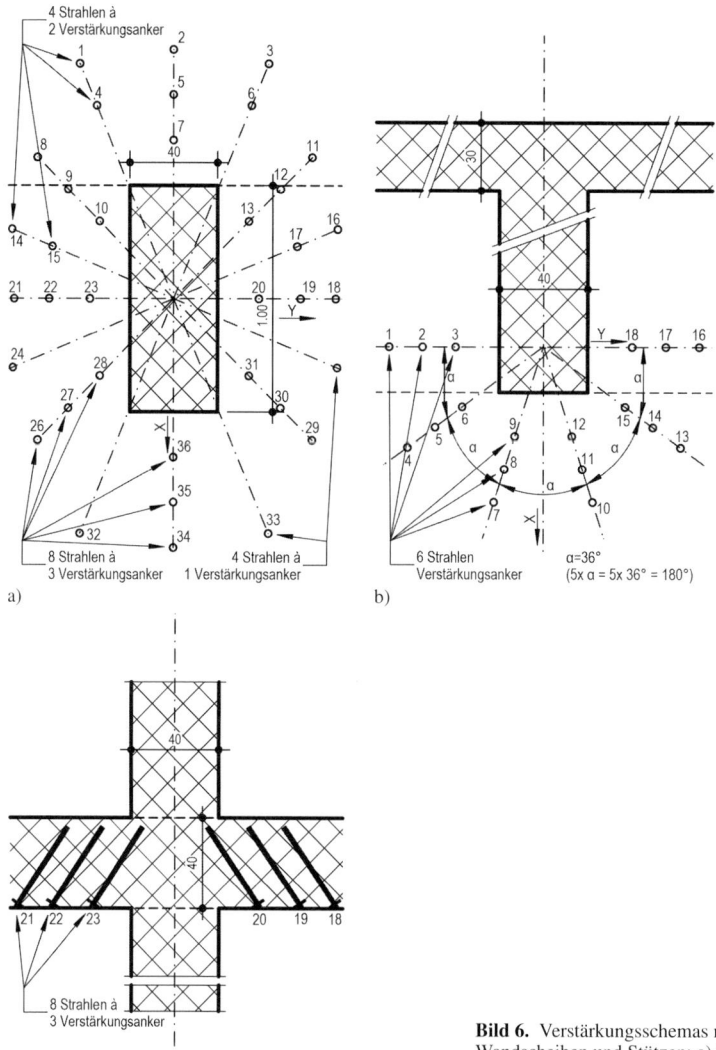

Bild 6. Verstärkungsschemas mit Durchstanzanker, Wandscheiben und Stützen; a) Grundriss, b) Grundriss, c) Querschnitt

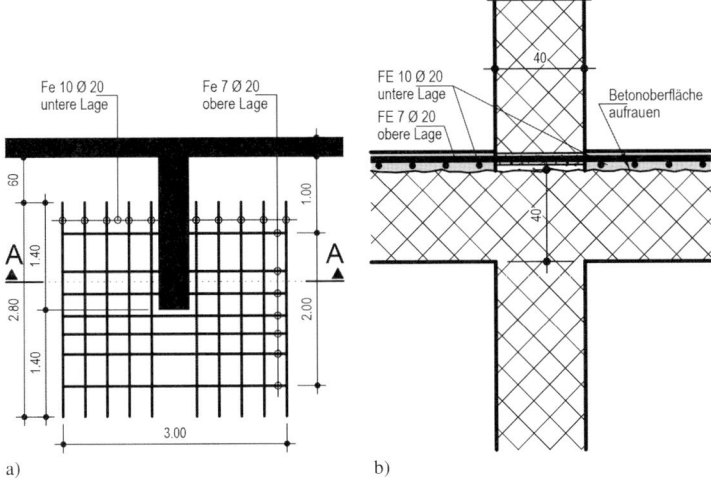

a) b)

Bild 7. Biegezugverstärkung; Verstärkungsschemas Biegezugverstärkungen Wandscheiben; a) Grundriss, b) Schnitt A-A

Konstruktions-Überbeton (Bild 7a, b und Bild 8a) eingelegt; dieses, nachdem der Gefällebeton bzw. die Überzüge (Auflasten) entfernt und kaum Nutzlasten während der Bauarbeiten zugelassen wurden. Mit dieser Ertüchtigung im Wandenden-Bereich wurde gleichzeitig auch die Decken-Rotationsfähigkeit verbessert.

- Aus architektonischen Gründen wurde eine nicht sichtbare, das Lichtraumprofil einhaltende Stützenkopfverstärkung gewählt. Die schräg gebohrten Zuganker (Bild 5c und Bild 6c) verlaufen senkrecht zu den ideellen Durchstanz-Rissen. Mit dieser Anordnung wurden – gegenüber vertikal angeordneten Zugankern – weniger Bohrungen benötigt.

- Bereits in der Planungsphase „Bauprojekt" wurde die Machbarkeit schräg angeordneter Stützenkopfverstärkungen für ein solches Vorgehen untersucht und definiert. Anhand von detaillierten Bestandsaufnahmen der unteren und oberen Bewehrungslagen, der Konstruktionshöhe und Klärung der gegenseitigen Lage in den Deckenplatten, konnten die neuen Bewehrungsanschlüsse bei den Stützen- und Wandenden bemessen und nachgewiesen werden. Die Ergebnisse dieser Nachweise bildeten letztlich die Grundlage für die Ausschreibung der Leistungen für den Bauunternehmer.

- Die Verankerungen wurden so tief gesetzt, dass der Brandschutz durch die vorhandene Betonüberdeckung allein gewährleistet ist.

- Die Erstellung von Schrägbohrungen, beginnend an den Deckenunterseiten ist anspruchsvoll und benötigt eine intensive technische Betreuung. Die Geometrie der Verstärkungen und die statischen Modelle wurden während den Bohrarbeiten laufend den örtlich vorgefundenen Gegebenheiten angepasst.

- Nachdem die Biegeverstärkungsbewehrung über den Wandscheibenenden (Bild 7a, b, Bild 8a) und die Durchstanzbewehrung (Bild 6a, b, c) ausgeführt waren, wurden in den Deckenfeldern die Bewehrungen mit Stahllamellen verstärkt.

Bild 8. Biegezugverstärkungen Wandscheiben, Ausschnitt vor dem Betonieren

Fazit

- Bereits in der Vor- und Bauprojektphase sind systemische Abhängigkeiten und deren Machbarkeit zu klären.
- Eine Klärung solcher Prämissen in der Ausführungsphase kann ein System kippen. Die Folge sind technische Änderungen, welche die vereinbarte Nutzung (Nutzungsvereinbarung) beeinträchtigen können. Projektänderungen und nachträglich einzuholende Bewilligungen mit einem zeitlichen Verzug sowie mögliche Mehraufwendungen sind die Folge.
- Die klare Definition der Prämissen in den Veränderungen im Bestand bedeutet oft, dass „strategische Details" bereits in der Konzept- und Projektierungsphase identifiziert werden müssen. Diese sind dann mit dem Auftraggeber zu kommunizieren und das weitere Vorgehen zu definieren. Die Ergebnisse dieses gegenseitigen Austausches sind in der Nutzungsvereinbarung festzuhalten.

3.3.2 Oberflächenrauheit von Beschichtungen in Parkhäusern

Sachverhalt

- Die Parkdeckoberflächen in zwei Untergeschossen eines Einkaufszentrums, welches Anfang der 1970er-Jahre erstellt wurde und öffentlich zugänglich ist, wurden wegen Schäden an der Stahlbewehrung infolge des Chlorideintrags in den Jahren 2010 bis 2011 instand gesetzt. Um weitere Chlorideindringungen in die Tragstruktur zu vermeiden, wurden die Parkdeckoberflächen mit einer Beschichtung geschützt. In diesem Beitrag wird die Beschichtung der Parkhausoberflächen speziell beleuchtet.
- Die statischen Nachrechnungen zeigten, dass die Parkdeckkonstruktionen – unter Berücksichtigung des Ist-Zustands – ohne zusätzliche Auflasten (z. B. PBD-Abdichtung auf Hessensiegel mit zweischichtigem Gussasphalt, zusätzlichen Gefällebeton etc.) ohne Minderung der Tragsicherheit die Nutzungslasten noch aufnehmen konnten.
- Umfangreiche statische Verstärkungen wären bei einem Aufbringen von zusätzlichen Auflasten notwendig gewesen. Die Zustandsuntersuchungen zeigten auch, dass diverse Risse mit den vor Ort festgestellten Deckenschwingungen korrelierten.
- Die Bauherrschaft wünscht sich eine möglichst helle und unterhaltsarme Bodenbeschichtung, um die Attraktivität des Parkhauses anzuheben.
- Die Bauherrschaft entschied sich im Grundsatz für eine dauerhafte, abdichtende Beschichtung. Aufgrund der verschiedenen Muster, welche während der Projektierungsarbeiten ausgeführt wurden, und aufgrund von Referenzobjekten entschied die Bauherrschaft auf Antrag des Projektierenden, den Oberflächenschutz mit dem System OS 11 auszuführen. Auf den Einbau eines starren Beschichtungssystems wurde bewusst verzichtet.
- Die Muster, welche während der Applikation des Oberflächenschutzes erstellt wurden, wurden auf ihre Oberflächenrauheit bzw. deren Gleitreibung geprüft und den Vorgaben der Gleitfestigkeit nach Norm gegenübergestellt. Die Anforderungen an die Gleitfestigkeit wurden zwischen den gedeckten Rampenflächen (GS3) und den Parkflächen (GS2) [3] unterschieden. Die Nutzungsvereinbarung wurde aufgrund des Entscheids ergänzt und zusammen mit dem Unterhaltsplan für die Beschichtung gegenseitig unterzeichnet. Die Instandsetzung der Tragstrukturen und die Applikation des Oberflächenschutzes erfolgten in den Jahren 2010 bis 2011.
- Ungefähr 4 Jahre nach Inbetriebnahme der instandgesetzten Parkgarage wurde der Bauherrschaft bzw. Eigentümerin ein Personenunfall (Ausrutschen bei feuchter Oberfläche) gemeldet. Die Bauherrschaft veranlasste daraufhin die entsprechenden Maßnahmen und Prüfungen. Die Prüfungen wurden an denselben Stellen durchgeführt, welche damals, direkt nach der Erstellung, getätigt wurden. Dadurch wurde ein direkter Vergleich zwischen den damaligen und heutigen Werten ermöglicht. Die Messungen zeigten, dass die Gleitfestigkeit bei feuchter Oberfläche nach einer Nutzungszeit von 4 Jahren die Anforderungen gemäß GS2 erfüllte (Bild 9a, c).
- Zusammen mit obigen Untersuchungen wurden auch die kritischen Stellen, wie zum Beispiel die Fahrgassen bei Richtungsänderungen mit Walkbeanspruchungen, visuell begutachtet. Dabei wurden eine leichte Abrasion der Oberflächen der Quarzsandkörner (Bild 9b) sowie der Beginn einer „Orangenhaut"-Bildung festgestellt. Die Prüfungsresultate zeigten aber, dass die Anforderungen an die Gleitreibung und die Dichtigkeit ebenfalls erfüllt waren. Der Projektant einigte sich daraufhin mit der Bauherrschaft, die kritischen Stellen nach ca. 10 Jahren nochmals zu begutachten, die Flächen für eine Auffrischung zu definieren und diese neu beschichten zu lassen. Diese Einigung wurde schriftlich in den Bauwerksakten festgehalten.

Fazit

- Bei Neubauten, Umbauten und Instandsetzungen von Parkhäusern und deren Zugängen stellt sich bereits in der Projektierungsphase Vorprojekt- bzw. Konzeptphase die Frage nach den Anforderungen an die Bodenbeläge. Die Sys-

Spezielles zu den Themen Neubau, Instandsetzung und Unterhalt | 599

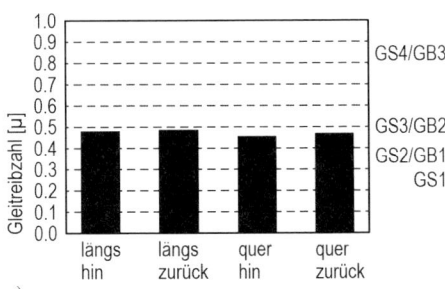

a)

b)

c)

Bild 9. a) Messewerte-Auswertung der Gleitreibung einer Messstelle; Quelle Tecnotest AG Rüschlikon CH, b) Oberflächenrauigkeit; Abrasion an einer Rampenoberfläche, Einstreuung mit synthetischem Hartstoff, c) Messung der Oberflächenrauigkeit mit Gummi und Kunststoff-Schleifer auf mit einem Netzmittel benetztem Untergrund

temwahl hängt von verschiedensten Prämissen ab wie
- Geometrie,
- Dichtigkeit,
- Bewitterung,
- statischen Verhältnissen, auch Einwirkungen von Sekundärlasten,
- Gefälleverhältnissen,
- Lichtraumprofil,
- Schwingungsverhältnissen,
- vorgesehener Nutzungsdauer,
- Beleuchtungsverhältnisse etc.
- Weiter stellt sich oft die Frage nach der Ästhetik, welches das Parkhaus „ausstrahlen" muss. Hierbei spielt auch die Oberflächenrauigkeit eine signifikante Rolle. Somit ist es wichtig, die Anforderungen an die Oberflächenrauigkeit zu kennen, der die Parkhaus- und die Zugangsflächen entsprechen müssen.
- Bei Instandsetzungen sind infolge der statischen Prämissen und Lichtraumprofil-Vorgaben oft kaum Veränderungen der Entwässerungs- und Gefälleverhältnisse möglich. Meist sind somit stärkere Beschichtungs- und/oder Belagsauf-

bauten nicht realisierbar. In einzelnen Fällen wird die Wahl von bestimmten Beschichtungssystemen infolge der Schwingungsverhältnisse der Parkdecken unmöglich.

- Die Oberflächenbeschaffenheit bzw. -rauigkeit ist bezüglich der Rutschgefahr für Personen und Fahrzeuge maßgebend. Eine raue Oberfläche ist oft verschmutzungsanfällig und deshalb reinigungs- und unterhaltsintensiv. Besonders hoch sind die Walkbeanspruchungen der Beschichtung in den Kurven und Fahrgassen. Die Folge sind die Abnutzung der eingestreuten Quarzkörner und Abrasion der obersten Beschichtungsschicht, welche zur sogenannten „Glatzenbildung" führt. Zudem kann es, je nach der Fahrzeugbelastung im Parkhaus, zu einer „Orangenhautbildung" der Oberfläche (OS11a) führen (s. a. Abschnitt 3.3.3 „Zustand alter Beschichtungen in Parkhäusern"). Es ist zu prüfen, ob der Belag für die vorgesehene Verwendung ausreichend rutschhemmend und stolperfrei ist. Zudem ist zu prüfen, ob die mechanische Festigkeit, die Beständigkeit gegen chemische Einwirkungen sowie die Haftung auf dem Untergrund den zu erwartenden Beanspruchungen entsprechen.

- Oft muss ein Kompromiss zwischen den verschiedenen Prämissen, auch Wünsche des Bauherrn, gefunden werden. Dem Faktor „Rutsch-Sicherheit" ist aber immer die nötige Beachtung beizumessen. Bei der Wahl eines Beschichtungssystems ist zudem dessen Verhalten im Brandfall zu klären.
- Es ist zu empfehlen, dass Parkhausbeschichtungen regelmäßig (z. B. alle 3 bis 5 Jahre) visuell kontrolliert und fallweise auf ihre Gleitfestigkeit geprüft werden. Auf Basis der Beobachtungen und Messergebnisse sind die nicht mehr den Anforderungen genügenden Oberflächen auszubessern. Der Unterhaltplan ist zu aktualisieren.

3.3.3 Zustand alter Beschichtungen in Parkhäusern

Sachverhalt

- Anfang der 1990er-Jahre wurden in der Schweiz befahrbare Abdichtungsschichten auf Hart- oder Konstruktionsbeton aufgebracht. Damit keine Feuchtigkeit (Chlorideintrag) in die Tragkonstruktion und Tropfwasser (Beschädigung der Fahrzeuglacke) in die unteren Parkhausebenen eindringen konnten, wurden diverse Systeme angewendet. Bei diesem beschriebenen Objekt im Raum Zürich wurde eine Beschichtung – ein modifiziertes OS-11-System – nach der entsprechenden Betoninstandsetzung und Untergrundvorbereitung appliziert. Aus den Bauwerksakten des Bauherrn waren weder Hinweise über die zu erreichenden Eigenschaften und Anforderungen der Beschichtung noch zum Materialeinsatz zu entnehmen.
- Die Zustandsanalyse im Jahr 2003 ergab folgenden **Aufbau** von unten nach oben:
  - Mineralischer Untergrund; die Chloridbelastung Cl^- betrug im ersten Zentimeter der Beschichtung hin um die 0,3 M.-%/Z.
  - Epoxid-Grundierung mit Quarzsand-Abstreuung.
  - Abdichtungsschicht auf Polyurethanbasis, Schichtdicke ca. 2,0 mm. In dieser Schicht liegt lokal eine Gewebe- oder Vlieseinlage (in den Bohrkernentnahmen wurde diese Einlage nicht überall festgestellt).
  - Verschleißschicht auf Polyurethanbasis, Schichtdicke ca. 2,0 mm.
  - Deckversiegelung mit Quarzsand-Abstreuung.
- Die Untersuchungen ergaben, dass im Bereich einer Hohlstelle (Bild 10c) unter der Gewebe-Vlieseinlage keine Epoxid-Grundierung und keine Abdichtungsmasse vorhanden waren. Somit war dieses Vlies nicht in der Beschichtungs-Matrix eingebettet und auch nicht mit dem Untergrund kraftschlüssig verbunden.
- Der von der Oberfläche in die Tiefe, vollständig durch die Verschleißschicht führende, verschmutzte Riss endet oberhalb der Abdichtungsschicht (Bild 10c).
- In einer anderen Probenentnahme (Bild 10b), welche unmittelbar neben der Fehlstelle (Bild 10a) vor der Fotoaufnahme entnommen wurde, lag die Vlieseinlage vollständig in der Abdichtungsschicht, im Übergangsbereich zur Verschleißschicht. Wie in Bild 10a ersichtlich ist, war der Verschleißschicht neben der Fehlstelle vollständig in runder Form ausgebrochen und die Abdichtungsschicht trat zutage.

Fazit

- Diese oberflächennahen Risse wurden durch Schubbeanspruchungen der Fahrzeugräder im Kurvenbereich verursacht. Im mehrschichtigen Systemaufbau führen diese Einwirkungen zu Walkbewegungen zwischen der Abdichtung bzw. der elastischen Membrane und der durch die Quarzsandeinbindung vergleichsweise starren Verschleißschicht. Das beobachtete Rissbild, entstand während einer Gebrauchsdauer von über 10 Jahren und ist typisch für solche Belastungen.
- Solche Risssysteme deuten bei einer visuellen Erstbeurteilung auf Undichtigkeiten hin. Wie die Untersuchungen jedoch zeigen, reichen diese Risse nur bis auf die Abdichtungsschicht. Diese Risse entstehen in der obersten, etwas härteren Beschichtungsschicht und führen in der Regel bis an die „weichere" Abdichtungsschicht. Die weichere Abdichtungsschicht blieb deshalb in ihrer Funktion erhalten.
- Gewebe- oder Vlieseinlagen werden in der Regel nicht eingelegt. Bei solchen Einlagen besteht die Gefahr einer ungenügenden oder gestörten Verbindung zwischen dem Untergrund und dem Beschichtungsaufbau, wie im Bild 10c ersichtlich ist. Die Folge sind faustgroße Fehlstellen in der Beschichtung, welche nach über 10 Jahren vollständig aufbrechen.
- Bis auf die einzelnen Fehlstellen war die Beschichtung noch dicht. Es muss jedoch in den nächsten 10 Jahren mit einer langsam fortschreitenden Undichtigkeit gerechnet werden. Die Fehlstellen wurden angezeichnet und repariert. Im Unterhaltsplan wurden regelmäßige, visuelle Prüfungen und Prüfungen mit Abklopfen verdächtiger Stellen auf Ablösungen hin festgelegt. Inzwischen wurden bestimmte Flächen der ca. 25 Jahre alten Beschichtung durch eine neue ersetzt.

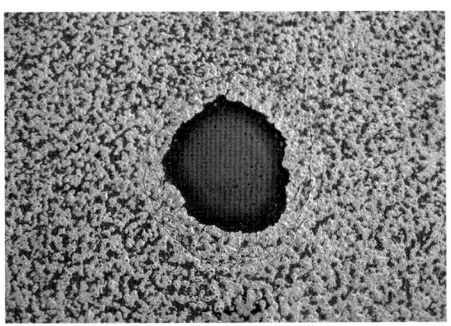

a)

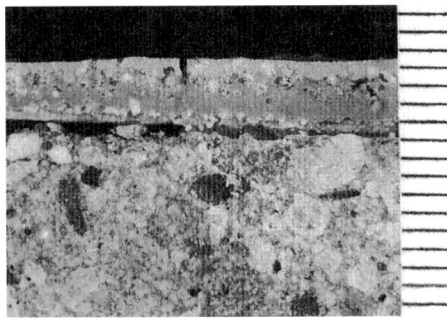

b)

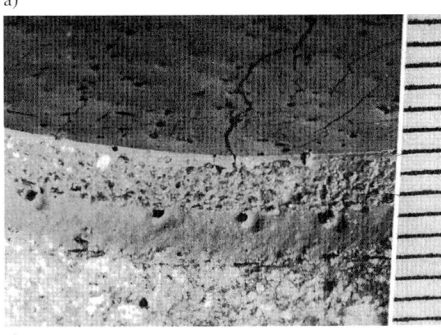

c)

Bild 10. a) Ansicht von oben vor der Probeentnahme: abgefahrene und verschmutzte Beschichtung mit „Orangenhaut-Riss"-Oberfläche mit lokalem Ausbruch nach ca. 8 Jahren Nutzungsdauer, b) Querschnittsansicht Bohrkernentnahme von der Seite und oben; Beschichtungsaufbau mit verschmutztem Oberflächenriss, c) Querschnittsansicht Bohrkernentnahme von der Seite; Beschichtungsaufbau mit Oberflächenriss und Beschichtungsablösung zwischen Beton und Beschichtung

4 Projektablauf – Organisation

Projektabläufe sind in Ländern und Regionen verschieden. Die Projektabläufe basieren grundsätzlich auf der aktuellen Norm SN 505 260 Ausgabe 2013. Diese gelten generell als Grundlage für die Projektierung von Bauwerken im Allgemeinen und somit auch für Parkhäuser.

Bild 11 zeigt im groben Überblick den Gebäude- bzw. Tragwerkslebenszyklus. Während der Lebensdauer werden verschiedene übergeordnete Tätigkeiten, welche als Sammelbegriffe zu verstehen sind, ausgeübt. Damit die Nachvollziehbarkeit von Anforderungen, Anpassungen, Veränderungen etc. über die gesamte Lebensdauer – unabhängig von Personen, Unternehmungen, Eigentümer etc. – gewährleistet werden kann, sind die entsprechenden Dokumente, welche nachzuführen sind, zu erstellen.

Dem Bauherrn bzw. dem Auftraggeber steht es in der Schweiz frei, Gesamtsysteme, Bauwerke oder Bauteile speziell durch einen Prüfingenieur prüfen zu lassen oder Zweitmeinungen einzuholen, um die Gewissheit einer möglichst hohen Schadens- und Mängelfreiheit zu erhalten. Dabei ist es wichtig, die Verantwortlichkeiten der beteiligten Parteien spätestens bei Vertragsabschuss zu regeln.

Ein Tragwerk soll bei angemessener Einpassung und Gestaltung während der Nutzungsdauer wirtschaftlich, robust, zuverlässig und dauerhaft sein und bleiben. Die Nutzungsdauer ist zu vereinbaren. In der Regel gelten folgende **Richtwerte**:

– temporäre Bauwerke bis 10 Jahre,
– austauschbare Bauteile bis 25 Jahre,
– Gebäude und andere Bauwerke von normaler Bedeutung 50 Jahre,
– Bauwerke von übergeordneter Bedeutung 100 Jahre.

Im Zusammenhang mit Bild 11 sind innerhalb eines Gebäudezyklus folgende übergeordnete Themen zu beachten bzw. zu klären:

– Projektierung – Entwurf
  • Definition der Anforderungen, Normen,
  • Definition der Robustheit,
  • Definition und Festlegen der Tragsicherheit – Zuverlässigkeit – Gebrauchstauglichkeit – Dauerhaftigkeit,
  • Klärung Materialeinsatz und Nachhaltigkeit, Zertifikate/Label (z. B. Energiebilanz, Nanotechnologie, Einsatz chemischer Stoffe und Wiederverwendung bzw. „Urban

Regelungen zur Dauerhaftigkeit von Parkhäusern und Tiefgaragen in der Schweiz

Gebäude-Lebenszyklus		Übergeordnete Tätigkeiten	Bauwerkspezifische Dokumente
Umwelt			
Bauwerk / Tragwerk			
Projektierung		Entwurf	Nutzungsanforderungen
			Nutzungsvereinbahrung
		Tragwerk-Analyse	Einwirkungen
			Tragwerksmodell
			Auswirkungen
		Bemessung	Gefährdungsbilder
			Nutzungszustände
			Grenzzustände
			Bemessungssituationen
			Tragsicherheit/Gebrauchstauglichkeit
			Berichte, Übersichts- und Detailpläne
			Materiallisten e.t.c.
			Statische Berechnung
Ausführung		Vorbereitung Ausführung	Ausschreibungsunterlagen
		Ausführungskontrollen	Dokumente der Ausführung
		Abnahmen	Kontroll- und Prüfplan
			Dokumente des Bauwerkes
Nutzung		Inbetriebnahme	Nutzungsanweisungen
		Nutzungsdauer	Betriebsanweisungen
		Ertüchtigung	Ausserbetriebssetzung
Erhaltung		Überwachung	Überwachungsplan
		Instandhaltung	Unterhaltsplan
		Überprüfung	Berichte, Pläne, Kontrolle
		Massnahmenplanung	Massnahmenbericht
Rückbau		Rückbauplanung/Leitfaden	Schadstoffkataster
		Statischer Rückbau/Konzept	Bericht

Bild 11. Beziehungen zwischen dem Gebäude-Lebenszyklus eines Bauwerks/Tragwerks, übergeordnete Tätigkeiten und wichtige Dokumente in Anlehnung an die SIA 260:2003

- Mining → Rohstoff-Zurückgewinnung", biologische und technische Stoffkreisläufe etc.),
- Bewilligungsfähigkeit der Anlage (z. B. UVP, Akzeptanz etc.).
- Projektierung – Tragwerksanalyse
  - Einwirkungen (mechanisch, physikalisch, chemisch, biologisch, andere),
  - Tragwerks- bzw. Berechnungsmodell (geometrische Größen, Baustoff- und Baugrundeigenschaften, Berechnungsmodelle für statische und dynamische Einwirkungen, Brand),

- Zuverlässigkeit – Berücksichtigung von „Unschärfen" in der Erfassung von Einwirkungen, in der Tragwerksmodellierung und in der Ermittlung von Auswirkungen → Nachweiskonzept,
- Auswirkungen (Spannungen, Schnittgrößen, Reaktionen, Verformungen, Verschiebungen, bauartenspezifische Auswirkungen).

- Projektierung – Bemessung
  - Bestimmung der für die Bemessung maßgebenden Gefährdungsbilder und relevanten

Nutzungszustände (andauernd, vorübergehend, außergewöhnlich),
- Grenzzustände für die Tragsicherheit (Gesamtstabilität, Tragwiderstand, Ermüdungsfestigkeit) und Gebrauchstauglichkeit (Funktionstüchtigkeit, Komfort, Aussehen),
- Lastfälle (Nachweis der Tragsicherheit und Gebrauchstauglichkeit),
- versuchsgestützte Bemessung,
- Zuverlässigkeitstheorie → Sicherheit einer angemessenen Robustheit,
- konstruktive Durchbildung (Festlegen und gegenseitige Abstimmung der Konstruktionsdetails).
- Ausführung – Realisierungsphase
  - Vorbereitung Ausführung: Vorbereitungsarbeiten des definierten Projekts für die Ausführung mit allen involvierten Parteien und Behörden,
  - Ausführungskontrollen: Baukontrollen durch die Fachplaner und durch die Behörden,
  - Abnahmen; Übergabe des Bauwerks oder einzelner Bauwerksteile an den Auftraggeber bzw. an den Betrieb → Garantiefristen. Instruktion des Betriebspersonals, Übergabe der Bauwerksakten, Überwachungs- und Unterhaltsplans.
- Nutzung – Nutzung während der Nutzungsdauer
  - Inbetriebnahme; Aufnahme des Betriebs mit der vereinbarten Nutzung von Bau- und Tragwerken.
  - Unterhaltsplan/Überwachungsplan (Wartung, Intensität, Unterhalts-Schwerpunkte, basierend auf den angenommenen bzw. geplanten Nutzungsintensitäten, Kontrollen, Überwachung von Bauteilen, Erstellen von Unterhaltsvereinbarungen etc.). Nicht gebrauchsfähige Bauteile sind außer Betrieb zu nehmen oder frühzeitig instand zu setzen.
  - Nutzungsdauer: Definierte Zeitspanne ab Inbetriebnahme, während derer ein Tragwerk oder ein Bauteil wie vorgesehen genutzt werden kann; dies unter Berücksichtigung der Vorgaben gemäß dem Überwachungs- und Unterhaltsplan.
  - Ertüchtigung: z. B. Erhöhen der Tragfähigkeit durch Nachrüsten von Bauteilen im Zusammenhang mit aktualisierten Normen (Beispiel: Erhöhung von Verkehrslasten), Verbesserung der Ermüdungsfestigkeit von Bauteilen, Erhöhung der Gebrauchstauglichkeit und Dauerhaftigkeit, d. h. werterhaltende oder werterhöhende Maßnahmen).
  - Maßnahmen nach Erkennung von Schadstoffen, sicherheitsrelevante Einrichtungen wie Brandschutzergänzungen (neue Erkenntnisse aus der Wissenschaft, gesellschaftliche und politische Veränderungen, Akzeptanz) etc. → Nachrüstung.
- Erhaltung – während der Nutzungsdauer
  - Überwachung (Beobachtung, Inspektion, Kontrollmessungen wie Gleitsicherheit etc.),
  - Überprüfung (Zustandserfassung, Zustandsbeurteilung, Maßnahmenempfehlung),
  - Maßnahmenplanung: (Anpassung des Unterhaltsplans, Erneuerungsplanung, Instandsetzungsprogramm mit Budgetierung, EDV-gestütztes Erhaltungsmanagement, Anpassung von Unterhaltsvereinbarungen etc.),
  - Instandhaltung/Instandsetzung; unter der Instandsetzung ist eine grundsätzliche Instandhaltung, basierend auf einer Instandhaltungsplanung, zu verstehen; die Maßnahmen sind als werterhaltend und nicht primär werterhöhend zu verstehen. Die Instandsetzung beinhaltet alle Maßnahmen zur Beseitigung von Schäden an Bauwerksteilen und Anlagen, welche die Tragsicherheit und Gebrauchstauglichkeit sowie deren Nutzung vermindern bzw. beeinträchtigen können. Die Instandsetzung (z. B. Reparatur oder Ersatz von minderwertigen oder verschlissenen Beton-, Abdichtungs- und Belagsteilen in Tiefgaragen).
- Rückbau – zurück zur Ausgangslage
  - Rückbauplanung/Leitfaden (Schadstoffe), Prozess der Außerbetriebsetzung, Ausarbeitung des Stilllegungsprojekts, Entsorgungskonzept etc.,
  - statischer Rückbau/Konzept: statischer Rückbau der Tragstrukturen nach Freigabe/Bestätigung des Fehlens von Schadstoffen

Fazit

- Die Spannweite der Lebensdauer von Tragstrukturen in der Schweiz beträgt zwischen 50 und 80 Jahre. Während dieser Lebensdauer fallen in der Regel die ursprünglichen Investitionskosten für den Unterhalt nochmals in derselben Größenordnung (ohne Betrieb) an. Unter Berücksichtigung der Lebensdauer ist eine zielführende Bewirtschaftung sehr wichtig. Als Grundlage dienen greifbare Bauwerksakten, welche aktualisiert den größten Wert haben.
- Eigentümer, Auftraggeber und Projektanten sollen sich der Sachlage bewusst sein, dass die wichtigen Dokumente über den ganzen Lebenszyklus von Tragwerken entsprechend zu bewirtschaften und vor wahren sind. Dokumentenübergaben bei einem Eigentümer- oder Vertreterwechsel sind zu planen. Der Planer hat dabei die Möglichkeit, den Eigentümer als „Treuhän-

der" für dessen Objekte zu betreuen und ihn zu beraten. Dies bedarf jedoch einer regelmäßigen Kontaktpflege zum Eigentümer bzw. deren Vertreter. Die professionelle Nachführung von bauwerksspezifischen Dokumenten ist dann vertraglich zu vereinbaren und zu gewährleisten.

- Mit jedem Wechsel des Projektanten, des Eigentümers (Handänderung), Bewirtschafters oder von Verantwortlichen entstehen Schnittstellen und somit auch Informations- und Know-how-Verluste. Nur mit nachgeführten Bauwerksdokumenten und zeitgerechten, ordentlichen Dokument-Übergaben können diese Informationsverluste klein gehalten werden. Langfristige vertragliche Bindungen mit geplanten Kontrollen kann ein weiteres Führungsmittel für eine letztlich schlanke Bewirtschaftung von Konstruktionen sein.

- Damit ein möglichst geringer Informationsverlust an der Schnittstelle erreicht werden kann, sind die wichtigen Informationen der Schnittstellen und die Dokumente bei jedem Wechsel ordnungsgemäß zu übergeben. Bei Übergaben von Bauwerken und Bauteilen sind auch Themen bezüglich des aktuellen Zustands, Unterhalts, der Instandsetzung bzw. werterhaltender Maßnahmen und Inspektionen und deren Prioritätensetzung anzusprechen. Bauteile mit erhöhten Risiken sind speziell zu bezeichnen.

5 Leistungen und Honorare

Hypothese: Ertüchtigungen und Instandsetzungen generieren oft kaum einen Mehrwert eines Objekts, welcher beim Mieter eingefordert oder beim Verkauf gebührend mit berücksichtigt werden kann. Beispiel: Ein Balkon, welcher aus statischen Gründen instand gesetzt wird, bietet nach der Instandsetzung kaum eine größere Fläche und einen Zusatznutzen für den Mieter. Folglich wird beim Mieter das Argument betreffend einen nachgerüsteten, normgerechten und sicheren Balkon und damit verbundenen, höheren Mietaufwand kaum verfangen. Bei Umbauten aber wird in der Regel ein Mehrwert generiert.

Unter dem Aspekt der kaum überwälzbaren Kosten für die Planung von Instandsetzungen werden oft die notwendigen Phasen gekürzt, nicht geleistet bzw. Bauwerks ist eine der wichtigsten Voraussetzungen bzw. das Fundament für eine zielgerichtete Projektarbeit (Grundlagenbeschaffung).

Die in der Regel knappen finanziellen und zeitlichen Ressourcen bewirken oft eine „Verschiebung" der Klärung von wichtigen Entscheidungen bereits in der Konzeptphase. Die fehlenden Entscheide werden zu einem späteren Zeitpunkt zwangsläufig wieder – zur Unzeit – nachgefragt. Mehraufwendungen in der Planung und bei der Ausführung sind die Folge.

Eine absolute Notwendigkeit ist die Klärung der Ausgangslage, die Aufgabenstellung, das Vorgehen und Abgrenzung zur Definition von Planerleistungen bei der Angebotserstellung, spätestens aber bei der Ausarbeitung des Vertrags. Die Abschätzung der Risiken (Eintretenswahrscheinlichkeit × Schadenausmaß) werden mit diesem Vorgehen minimiert.

Lebensweisheit: Was ich nicht weiß (Bild 12), macht mir nicht heiß; diese Lebensweisheit mag ja in gewisser Hinsicht seine Berechtigung haben, ist jedoch bei der Definition von Leistungen und Honoraren nicht zu empfehlen. Hypothese: Dies kann Ausdruck einer Strategie sein, um unangenehmen Dingen aus dem Weg zu gehen, indem man sie vorerst nicht wissen und später lösen will (Bild 13).

Bild 12. Was ich nicht weiß …

Bild 13. …ist oft besonders heiß!

Unternehmerisches Handeln besteht aus dem bewussten Akzeptieren und Eingehen von Risiken. Der bewusste Umgang mit finanziellen und technischen Risiken gehört zur Kernkompetenz einer Unternehmung. Eine vollkommene Sicherheit kann und wird nie das Ziel des Risikomanagements sein. Das akzeptierte Risiko ist gleich dem unwidersprochenen und somit hingenommenen Risiko gleichzustellen.

Als Basis für die Erbringung von Leistungen und für die Honorare dient die Ordnung SIA 103/2014 – Ordnung für Leistungen und Honorare der Bauingenieurinnen und Bauingenieure. Die aktuelle Ordnung

- umschreibt die Rechte und Pflichten der Parteien beim Abschluss und bei der Abwicklung von Verträgen über Ingenieurleistungen,
- erläutert die Aufgaben und Stellung des Ingenieurs,
- beschreibt die Leistungen des Ingenieurs,
- beschreibt die Leistungen und Entscheide des Auftraggebers,
- enthält die Grundlagen zur Ermittlung einer angemessenen Honorierung.

In dieser Ordnung enthaltene Leistungsbeschreibungen und Kalkulationshilfen haben den Charakter von Empfehlungen und sind für die Vertragsparteien verbindlich, wenn sie im Vertrag vereinbart sind.

In der Regel wird hierzu ein SIA-Vertrag (Planervertrag SIA 1001, Ausgabe 2014) verwendet. Für einen umfassenden Planungs- und Bauablauf und die Bewirtschaftung sind die gesamten Leistungen (Ordnung SIA 103:2014) entsprechend Tabelle 3 in Phasen und Teilphasen gegliedert und beschrieben.

Die Angebote oder Teilangebote können auf Basis von Aufwandschätzungen oder honorarberechtigten Baukosten erfolgen. Bei einem Angebot auf der Basis von honorarberechtigten Baukosten ist eine Aufteilung der Teilphasen mit prozentualer Gewichtung vorgesehen.

Die Aufwendungen und deren Verteilung von Leistungen bzw. Teilleistungen in den Phasen und Teilphasen können individuell gestaltet werden.

Fazit

- Wie man sich bettet – so liegt man; eine der wichtigsten und nicht wegzudenkenden Arbeiten ist die Risikoanalyse, welche zu jeder anzubietenden (offerierenden) Leistung gehört. Mit dieser Arbeit werden bewusst die Grundlagen und Arbeitsschritte analysiert, bewertet und die Risiken greifbar gemacht. Mit dieser Vorgehensweise können auch Teilrisiken abgeschätzt werden (z. B. was passiert, wenn …).
- Eine aufwandorientierte Preisbildung ist anzustreben. Letztlich sollen die Aufwendungen für die Erbringung einer Dienstleistung – auch bei sogenannten „Überraschungen" – gedeckt sein.
- Die Ausgangslage von Ertüchtigungs- und Instandsetzungsprojekten und Umbauten können sehr unterschiedlich sein. Es ist zu überlegen, welche Teilleistungen in welcher Phase geleistet werden müssen, um die Konzeptionen und deren Machbarkeit aufgrund der gestellten Anforderungen nachzuweisen.
- Unabhängig von der Angebotsstruktur und der Berechnungsmethode empfiehlt es sich, eine Aufwandschätzung mit den potenziell einzusetzenden Personen zu erarbeiten. Diese kann dann auch für Teilaufträge an die einzelnen Mitarbeiter weiter verwendet werden.
- Fehler vermeiden hat sehr viel mit guter Kommunikation zu tun. Im Grundsatz geht es darum, dass der Planer sich vergewissern muss, ob das von ihm Geplante auch vom Auftraggeber verstanden wird.
- Sobald sich alle involvierten Parteien auf das gleiche gemeinsame Ziel geeinigt haben, sind diese Ziele in der Nutzungsvereinbarung festzuhalten.

Tabelle 3. Gliederung der Leistungen in Phasen und Teilphasen

Phasen	Teilphasen, Teilleistungen
1 Strategische Planung	Bedürfnisformulierung, Lösungsstrategien
2 Vorstudien	Definition des Bauvorhabens, Machbarkeitsstudie
	Auswahlverfahren
3 Projektierung	Vorprojekt
	Bauprojekt
	Bewilligungsverfahren/ Auflageprojekt
4 Ausschreibung	Ausschreibung, Angebotsvergleich, Vergabeantrag
5 Realisierung	Ausführungsprojekt
	Ausführung
	Inbetriebnahme, Abschluss
6 Bewirtschaftung	Betrieb
	Überwachung/Überprüfung/ Wartung
	Instandhaltung

6 Künftige Themen und Trends, welche die Planung, Projektierung und den Betrieb beeinflussen

Diskussionen Parkplatzbreiten und -längen

- Die Diskussionen um Parkplatzbreiten und -längen sind wieder aktuell. Fahrzeuge werden größer, Parkplatzgrößen nicht. Im Gegensatz zu den Parkplätzen sind in den vergangenen Jahrzehnten (ca. 35 Jahren) viele Personenwagen deutlich breiter und länger geworden. Beispiel: das meistverkaufte Fahrzeug in der Schweiz in den letzten Jahren – der VW Golf war in seiner ersten Version 1,61 m breit, der Kompaktwagen weist heute eine Breite von 1,78 m auf. Die Länge wuchs von 3,72 m auf 4,20 m.
- Parkplatzbreiten bleiben somit, Autos werden größer, Lackschäden und Beulen sind die Folge. Bei den heutigen Autogrößen stößt man oft bereits mit 2,50 m Parkplatzbreite an die Grenze. Die Korrektur bestehender Parkplatzbreiten ist oft schwierig und nur mit einer Reduktion der Parkplatzanzahl in der Anlage zu realisieren. Die Rechnung kann trotzdem aufgehen: größere Parkplätze sind generell besser ausgelastet.
- Die Benutzerfreundlichkeit eines Parkhauses und somit auch dessen wirtschaftliche Ertragskraft werden neben anderen Faktoren wie Verkehrsführung, Beleuchtung und Beschilderung maßgeblich auch durch die Leichtigkeit des Ein- und Ausparkens sowie des Ein- und Aussteigens aus dem Fahrzeug bestimmt. Diese Leichtigkeit hängt zum einen von der Stellplatzbreite und vom Aufstellwinkel, aber auch ganz stark vom Vorhandensein von Stützen oder Wänden an den Längsseiten der Stellplätze ab. Aus diesem Grunde wird die Ausbildung von frei überspannten Parkgassen und Parkplätzen inzwischen in einigen Fachpublikationen dringend empfohlen (Bild 14).
- Wo immer möglich, sollte der Schrägaufstellung mit Aufstellwinkeln zwischen 60° und 75° der Vorzug gegeben werden. Sie hat wesentliche Vorteile gegenüber senkrecht angeordneten Parkplätzen. Einmal kann das Fahrzeug rangierfrei in die Stellplätze ein- und ausfahren, zum anderen steht es nach dem Ausparken in der vom Planer gewünschten Fahrtrichtung zur Ausfahrt. Außerdem ist es bei schräg angeordneten Stellplätzen möglich, Stützen oder Wandscheiben zwischen den Parkplatzköpfen unterzubringen (Bild 14). Eine Decken-Mehrstärke infolge von größeren Deckenspannweiten wird dadurch notwendig.

Lage von Elektroladestationen

Elektroautos Ladestationen und Infrastruktur für Ladestationen: Es ist bereits in der Grundkonzeptphase zu klären, ob Ladestationen für Elektroautos in Tiefgaragen anzuordnen sind. In der Regel sollen diese Stationen rund um die Uhr zugänglich sein. Es gibt Parkgaragen, welche zur Minimierung von Vandalismusschäden über Nacht geschlossen werden.

Farbkonzepte, Ästhetik und Verschmutzung

Parkhäuser werden aus Gründen der Sicherheit und auch der Ästhetik halber auf Basis von Farbkonzepten aufgefrischt. In neuen Parkhäusern sind diese ästhetischen Elemente bereits Standards. Nebst der Signalisierung werden verschiedenste Farbgebungen an Wänden und Decken zwecks Aufhellung der Parkebenen ausgeführt. Bei Beschichtungen werden oft auch helle Farben gewählt. Verschmutzungen wie Kaugummis, Süßgetränke, Fahrspuren aus Pneu-Abrieb etc. lassen sich kaum mit regelmäßigen Reinigungen beseitigen. Es ist bereits in der Konzeptionsphase zu beachten, welche Schutzsysteme die engere Auswahl genommen werden. Generell werden bei dunkleren Oberflächen die Verschmutzungen weniger wahrgenommen. Allenfalls ist die Beleuchtung den Gegebenheiten anzupassen.

Ressourcen in Städten

Hier geht es um wiederverwendbare Ressourcen in Städten und Agglomerationen. Der Rückbau von Bauteilen (z.B. Abdichtungen, bewehrtem Beton etc.) ist zeit- bzw. kostenintensiv. Nicht trennbare Baustoffe müssen oft speziell entsorgt werden. Hier sind bereits heute gesetzgebende Aktivitäten vorhanden, welche dem Thema „Wiederverwendbare Stoffe" große Beachtung schenken. Gesetzgeberische Auflagen, welche in einer Baubewilligung stehen, kosten in der Regel immer Geld und Zeit (Bewilligungsfähigkeit eines Bauprojekts, Abänderungsgesuch).

Die Entwicklung in diesem Bereich ist zu verfolgen und beim Neubau wie bei der Instandsetzung/ Nachrüstung unbedingt bereits in der Konzeptions- und Entwurfsphase (Materialkreisläufe, Einsatz von Primär-Material etc.) zu thematisieren und fallweise an die künftigen Anforderungen an die Bauwerke und Bauteile anzupassen.

Reduktion des Energieverbrauchs Beton = Reduktion der pH-Kapazität im Beton

Im Zusammenhang mit der Energiewende, der Reduktion des Energieverbrauchs und der Optimierung der Energiebilanz für die Erstellung und den Umbau von Gebäuden macht man auch keinen Halt bei der Herstellung und dem Einsatz von Beton. Als graue Energie wird die Energiemenge bezeichnet, die für die Herstellung, den Transport, die Lagerung und Entsorgung eines Betons benötigt wird. Dabei werden auch die Vorprodukte bis zur Rohstoffgewinnung berücksichtigt und der Energieeinsatz von

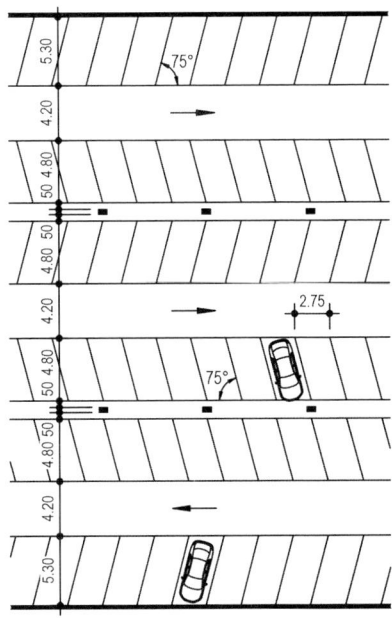

Bild 14. Stützenfreie Parkplatzanordnung

allen angewandten Produktionsprozessen addiert. Beispielsweise mit Einsatz von Hüttensanden im Beton (CEM IIIb) kann der pH-Gehalt soweit absinken, dass die Bewehrung infolge der reduzierten pH-Kapazität gegenüber einem Beton ohne Zusatzstoffe auf lange Sicht nicht mehr geschützt ist. Die Folge ist Bewehrungskorrosion, je nach Vorhandensein von Feuchtigkeit im oberflächennahen Bereich. Hüttensande z. B. können relativ hohe Sulfatkonzentrationen und Gesamtsalzgehalte aufweisen, welche den Beton letztlich während der Lebensdauer belasten und letztlich unliebsame, später kaum zu erklärende Folgen haben können. Das Beton-Grundkonzept ist bereits in der Konzeptphase zu thematisieren und mit den Anforderungen an die Bauteile und Bauwerke zu definieren.

7 Literatur

[1] http://www.sia.ch/de/dienstleistungen/sia-norm/.

[2] Schenkel, M. (1998) *Zum Verbundverhalten von Bewehrung bei kleiner Betondeckung*, ETH Zürich.

[3] bfu R9811, Martin Hugi Bern (2005) *Bodenbeläge Anforderungsliste: Anforderungen an die Gleitfestigkeit in öffentlichen und privaten Bereichen mit Rutschgefahr* (Doku ist überholt, aktuell: bfu Fachdoku 2.032/2018).

XI Erläuterungen zur Anwendung der öbv-Richtlinie „Garagen und Parkdecks" in Österreich

Welche Konsequenzen ergeben sich aus den Festlegungen der neuen Richtlinie?

Susanna Arazli, Wien

1 Einleitung

Garagen und Parkdecks werden zum Hochbau gezählt, daher wurden sie lange Zeit in ihrer Komplexität unterschätzt. Parkbauten sind vielmehr in die Kategorie der Ingenieurbauwerke einzustufen und benötigen besondere Kenntnisse, nicht nur bei der Planung und Ausführung, sondern auch in der Erhaltung. Die Auswirkungen von Karbonatisierung und Chlorideinwirkung auf das Stahlbetonbauwerk, in Verbindung mit dem Wechsel aus feucht und trocken, haben großen Einfluss auf deren Beständigkeit.

Die neue öbv-Richtlinie „Garagen und Parkdecks" aus dem Jahr 2017 [1] baut auf dem aktuellen Wissensstand und den gesammelten Erkenntnissen der in den Arbeitskreisen beteiligten maßgeblichen Vertreter der Auftraggeber, Planer, Bau- und Baustoffindustrie und Prüfanstalten auf. Die Richtlinie soll den aktuellen Stand der Technik abbilden. Ziel der Richtlinie ist es, sich positiv auf das zukünftige Baugeschehen auszuwirken und damit Einfluss auf die Qualität der Garagen zu nehmen.

Im Oktober 2010 wurde in Österreich erstmals die ÖBBV-Richtlinie (später erfolgte eine Namensänderung auf „öbv") „Befahrbare Verkehrsflächen in Garagen und Parkdecks" [2] veröffentlicht. Sie schloss eine Lücke, da bis dahin keine Regelwerke in Österreich existierten, die den aktuellen Stand der Bautechnik in der Form für Garagen und Parkdecks widerspiegelten. Schon damals stand die Dauerhaftigkeit der speziellen Bauwerke im Mittelpunkt der Richtlinie.

Die Beobachtung von immer frühzeitiger auftretenden Schäden, sowohl in den bisher als weniger beansprucht eingestuften Wohnhausgaragen als auch der Vormarsch der Beschichtungen als Schutzsystem im Garagenbau, führte 2014 zu dem Wunsch, die alte Richtlinie zu überarbeiten und zu erweitern. Das Ergebnis lag Mitte 2017 in der Form der öbv-Richtlinie „Garagen und Parkdecks" [1] vor.

Beim Verfassen der neuen Richtlinie standen die gesamte Lebensdauer und die damit verbundenen Lebenszykluskosten des Garagenbauwerks im Fokus. Dies beinhaltet, neben der Planung und Ausführung, folglich auch die Phase des Betriebs und der Instandhaltung. Bei der Erarbeitung der Inhalte war es daher das angestrebte Ziel, eine einfache und sichere Bauweise zu finden, die den Wartungsaufwand für Einbauteile, wie Dehnfugen reduziert bzw. das Risiko der Bewehrungskorrosion minimiert. Dadurch sollen kostenintensive Instandsetzungen verhindert werden.

Die wichtigsten Eckpunkte der öbv-Richtlinie

Die Richtlinie [1] wurde unter Zugrundelegung der aktuellen technischen Normen- und Richtlinienlage in Österreich sowie den Erkenntnissen der letzten Jahre erstellt. Dabei wurden folgende Eckpunkte festgelegt:

– Gefälle mind. 2,5 %, Ausnahme: Tiefgarage mind. 2,0 % bei Einhaltung der Richtlinie [1]
– Entwässerung nur mit Ablauf
  • Pumpensumpf oder Verdunstungsrinne sind nicht mehr Stand der Technik
– Gefälleausbildung in Ortbeton als Teil der Tragkonstruktion
  • nichttragender Aufbeton zur Gefälleausbildung ist ungeeignet
– Dauerhafter Schutz für das Tragwerk
  • Abdichtung mit Asphalt als Fahrbahnbelag – die Ausführung von ausschließlich Asphalt als Abdichtung ist unzulässig
  • Kunstharzbeschichtung
– Wahl und Einbau von Einbauteilen wie Rigolen und Dehnfugen
– Jährliche Reinigung
– Regelmäßige Inspektion.

Die Gesamtheit dieser Eckpunkte bildet grob den aktuellen „Garagenstandard" für Garagen und Parkdecks ab 250 m² Nutzfläche in Österreich ab.

2 Grundlagen

2.1 Nutzung

Parkbauten tauchen in vielfältiger Weise und Nutzung auf, z. B. als Tiefgaragen unter Wohn- oder Bürohäusern, als befahrbare Freidecks bei Einkaufszentren oder in Form von Parkdecks als separat stehende Gebäude. Die Nutzung dieser Verkehrsflächen kann gering bis sehr intensiv ausfallen, abhängig davon, ob sie lediglich von Dauerparkern oder auch Kurzparkern benutzt werden.

Eine Parkfläche bei einem Einkaufszentrum, Supermarkt oder Krankenhaus zählt sicher zu den an intensivsten genutzten Verkehrsflächen. Pro Stellplatz kommt es dabei zu einem mehrfachen Wechsel am Tag. Je öfter ein Stellplatz belegt wird, umso mehr wird auch das Bauwerk mit Feuchtigkeit sowie Tausalz beansprucht und mechanisch belastet. Die Nutzungsintensität wirkt sich direkt auf die technischen Anforderungen aus. Sie ist abhängig von der Garagengröße, den Betriebszeiten, der Parkdauer und

Beton-Kalender 2019: Parkbauten; Geotechnik und Eurocode 7.
Herausgegeben von Konrad Bergmeister, Frank Fingerloos und Johann-Dietrich Wörner
© 2019 Ernst & Sohn GmbH & Co. KG. Published 2018 by Ernst & Sohn GmbH & Co. KG.

Tabelle 1. Belastung in Abhängigkeit der Nutzung

Nutzung von Garagen und Parkdecks für	Tägliche Ein- und Ausfahrten pro Stellplatz	Belastung durch Feuchtigkeit, Chlorid und mechanische Beanspruchung
Wohnanlagen	< 1	gering
Verwaltungsgebäude	1–1,2	mäßig
Park&Ride, öffentliche Gebäude	1,2–2,5	hoch
Einkaufszentrum, Freideck	> 2,5–10	sehr hoch

wie viele Fahrzeugwechsel pro Tag und Jahr stattfinden [3].

Entsprechend der Richtlinie [1] und in Anlehnung an *Lohmayers* „Parkdecks" [3] wird in Abhängigkeit der Nutzung die in Tabelle 1 aufgeführte Kategorisierung für die Belastung vorgeschlagen.

Die Frequenz einer Garage hat mitunter die größte Auswirkung auf deren Beständigkeit. In der Richtlinie wurde jedoch die geringe Frequenz bei Wohnhausanlagen ausschließlich dahingehend berücksichtigt, dass Erleichterungen bei der Abdichtung möglich sind (einlagige Abdichtung und Asphalt zulässig).

2.2 Bauformen, Bauverfahren, Bauweisen

2.2.1 Allgemeines

Kein Garagenprojekt gleicht dem anderen. Die Wahl der Bauform, des Bauverfahrens und der Bauweise haben sehr viel mit der Örtlichkeit und den Anforderungen auf das Bauwerk zu tun. Ebenso spielt die Erfahrung und das spezielle Wissen des Planers eine große Rolle. Ungünstige Entscheidungen oder fehlendes Know-how, vor allem bei der Bauweise, können im Nachhinein meist nicht mehr korrigiert werden. Daher ist jedem Planer eine intensive Auseinandersetzung mit den Themen der aktuellen Richtlinie zu empfehlen.

Durch die große Bandbreite an Varianten ergeben sich immer wieder neue Konstellationen und Möglichkeiten. Es gilt bereits in der Planung die Auswirkungen der kommenden 50 Jahre einzuschätzen. Herausforderungen, die vor allem der Tragwerksplaner zu lösen hat. Wie die Erfahrung zeigt, eignen sich einige Konstruktionen weniger gut für den Bau von Garagen und Parkdecks. Insbesondere, nachträglich aufgebrachte, nichttragende Gefälleestriche werden daher in der Richtlinie ausgeschlossen. Nicht beschichtete Betonfertigteilplatten werden in der Richtlinie nicht behandelt.

Unter Zugrundelegung der Richtlinie in den Verträgen für die Planung und Ausführung kommen nur erprobte und anerkannte Bauweisen zur Anwendung.

2.2.2 Bauformen

Parkbauten unterteilen sich grundsätzlich in Tief- und Hochgaragen. Tiefgaragen können unter Gebäuden oder befahrenen Straßen und Plätzen liegen. Hochgaragen gliedern sich in Parkdecks mit offener Fassade, Parkhäuser mit geschlossener Fassade und Freidecks am Dach. Dazu kommen alle möglichen Mischformen.

Die Bauform hat großen Einfluss auf den Eintrag von Feuchtigkeit und die Einwirkungen durch Frost und damit auch auf die Frost-Tausalzbeanspruchung.

Unterirdische Garagen dienen auch gleichzeitig als Fundament des darüber liegenden Bauwerks. Liegt die Tiefgarage unter einer Straße oder einem Platz, so sind die darüber liegenden Verkehrslasten, Einbauten und auch die möglichen Beeinträchtigungen durch unterirdische Wasserläufe zu berücksichtigen.

Bei allen Bauformen lässt sich wiederum die Art der Gebäudeabdichtung gegen Feuchtigkeit von außen unterscheiden. Tiefgaragen lassen sich im Allgemeinen als weiße, braune oder schwarze Wanne ausbilden.

2.2.3 Bauverfahren

In innerstädtischen Bereichen, bei der Lückenbebauung, gibt es eine Vielfalt an Bauverfahren. Ob Deckelbauweise, Schlitzwände, Bohrpfahlwände, Spundwände etc., in allen Fällen wird spezielles Know-how für den Tiefbau bzw. die Baugrubensicherungen benötigt. Das gewählte Bauverfahren hat Auswirkungen auf die innere Konstruktionsweise und in der Folge auch auf das Eindringen von Feuchtigkeit und die Bildung von Rissen.

2.2.4 Bauweisen

Auch bei der Bauweise bieten sich unterschiedliche Methoden an. Man kann ganz grob Ortbeton-, Halbfertigteil-, Fertigteil- und Stahlverbund-Bauweise unterscheiden sowie entsprechende Mischformen. Die Auswirkungen auf die Rissbildung und den Tragwerksschutz sind oft noch erheblicher als diejenigen des Bauverfahrens. Allgemein sind Ausführungen mit Halbfertigteilen und Fertigteilen in Kombination mit einer Beschichtung aufgrund der möglichen Rissbildung entlang der Trennfugen sehr sorgfältig zu planen und gewissenhaft auszuführen.

An den unterschiedlichen Ausführungsvarianten ist erkennbar, dass eine kaum überschaubare Vielfalt an Problemen entstehen kann und viele Detailfragen vom Planer zu lösen sind.

3 Ursachen von Schäden in Parkbauten

3.1 Allgemeines

Die häufigsten Ursachen von Schäden in Parkbauten sind in den im Hochbau unterschätzten Beanspruchungen wie Chlorid, Frost und Feuchtigkeit zu finden. Um diesen Anforderungen zu genügen, ist ein ausreichender Schutz des Stahlbetontragwerks mit gut überlegten Details erforderlich.

Parkbauten sind ebenso wie Brücken dem Schnee, Regen und Frost ausgesetzt und somit auch dem Tausalz und dem Wasser, das durch PKW in nicht zu geringem Maße eingebracht wird. Aus diesem Grund wurden einige Punkte der von der österreichischen Forschungsgesellschaft für Straße – Schiene – Verkehr herausgegebenen Richtlinienreihe „RVS", die Anforderungen an Parkdecks und Garagen [4–6] betreffen, in die öbv-Richtlinie eingearbeitet.

Hinzu kommen dynamische Beanspruchungen an den Belag durch die Anfahr-, Dreh- und Bremskräfte der Fahrzeuge.

3.2 Dauerbetrieb und Rampe als Nadelöhr

Zur Komplexität trägt im besonderen Maße der durchgehende Betrieb (24 h/365 Tage im Jahr) bei, der eine Behebung von Mängeln äußerst schwierig macht. Das Rampenbauwerk bildet gleichsam das „Nadelöhr", eine Sperre desselben ist daher als besonders problematisch anzusehen. Es finden sich gerade bei Rampenrigolen im Einfahrtsbereich die meisten Schäden. Die folgenschwere Konsequenz ist, dass es meist zum Aufschieben grundsätzlich einfacher Mängelbehebungen kommt, weil eine Sperre der Rampe oder des ganzen Parkhauses für den Betreiber nicht infrage kommt. Man stelle sich nur vor, dass eine Park&Ride-Anlage oder ein Parkbereich am Flughafen oder bei anderen Infrastrukturprojekten für ein paar Tage außer Betrieb genommen wird. Das wäre verkehrspolitisch kaum tragbar.

Mängel und Schäden können also durchaus bekannt sein, aber trotzdem nicht behoben werden. Bei Konstruktionen mit Abdichtungen und Asphaltbelag verstärkt sich dieses Problem aufgrund des noch größeren Sanierungsaufwands durch den Abtrag des Asphalts. Verbunden damit sind weitläufige Parkplatzsperren und große Lärm- und Staubentwicklung. Die Entscheidung zur Durchführung der Instandsetzung wird daher leider oft viele Jahre hinausgeschoben. Das führt dazu, dass die chloridinduzierte Korrosion meist schon weit fortgeschritten ist, wenn Sanierungsmaßnahmen angesetzt werden.

3.3 Risse im Stahlbeton

In keinem anderen Bauwerk im Hochbau sind Risse im Stahlbeton so relevant für die Dauerhaftigkeit wie bei Garagen und Parkdecks. Über Risse dringen schädigende Substanzen wie Wasser und Chlorid ein und verursachen mit der Zeit Schäden, wie chloridinduzierte Bewehrungskorrosion.

In Stahlbetonkonstruktionen ist grundsätzlich mit Verformungen und damit mit dem Auftreten von Rissen zu rechnen. Stahlbeton ist ein Verbundbaustoff, bei dem Beton die Druckkräfte und Stahl die Zugkräfte aufnimmt. Der ungerissene Stahlbeton, bei dem die Zugfestigkeit des Betons nicht überschritten ist, wird als Zustand I bezeichnet.

Der gerissene Stahlbeton, bei dem die Bewehrung die auftretenden Zugkräfte übernimmt, wird als Zustand II bezeichnet und kann als Normalzustand des Stahlbetontragwerks angesehen werden. Risse sind Bestandteil der Stahlbetonbauweise und deren Entstehung ist bereits bei der Planung zu berücksichtigen.

Die Ursachen, die zu Rissbildungen führen können, sind vielfältig: lastbedingte Ursachen, Zwangsrisse durch Temperatur oder Auflagersetzung, Zwangsrisse bei Verformungsbehinderung infolge Schwinden, Kriechen und Schrumpfen, zudem Risse bei Dehnfugen und Arbeitsfugen etc.

Durch offene Risse kommt es an den Rissflanken zu einem beschleunigten Eintrag von CO_2 und Feuchtigkeit aus der Luft bzw. von Wasser mit Chlorid.

Daher sind die Rissbreiten bei Parkbauten auch gering zu halten und rechnerisch zu begrenzen. Zu bedenken ist, dass die rechnerischen Rissbreiten lediglich Rechengrößen angeben, die nur bedingt etwas über die reale Rissbreiten am Tragwerk aussagen.

Darüber hinaus ist mit unvorhergesehener Rissbildung durch Zwangsspannungen oder Risse durch Fehler bei der Konstruktion, Ausführung oder Nutzung zu rechnen. Um den Eintrag schädlicher Substanzen über diese Risse in das Gefüge zu verhindern, sind jährliche Inspektionen mit anschließender Risssanierung vorgesehen.

Deshalb war bereits in der Vorgänger-Richtlinie [2] aus dem Jahr 2010 eine regelmäßige, meist jährliche, Inspektion als wesentliche Instandhaltungsmaßnahme enthalten. Doch die tatsächliche Umsetzung von Inspektionen ist bei den Eigentümern,

Betreibern und Hausverwaltungen noch nicht im gewünschten Ausmaß in der Praxis erfolgt. In der aktuellen Richtlinie wurde die Bedeutung der Garagen-Inspektion daher noch deutlicher hervorgehoben. Denn nur regelmäßige Überprüfungen durch Experten können dauerhafte Schäden an Parkbauten verhindern und dadurch die Kosten für die Instandhaltung reduzieren.

3.4 Korrosion

Chloridinduzierte und durch Karbonatisierung ausgelöste Korrosion, wie in Bild 1 zu sehen, sind die häufigsten Ursachen für Schäden in Parkbauten.

Aufgrund der Einwirkungen von Frost und Frost-Tausalzangriff, im Zusammenspiel mit Karbonatisierung und erhöhter Feuchtigkeit, kann es sowohl am Beton als auch an der Bewehrung zu Schäden kommen, welche die Dauerhaftigkeit und Gebrauchstauglichkeit stark beeinträchtigen können. Um diese zerstörenden Mechanismen zu verhindern, ist es wichtig, die Vorgänge der Korrosion durch Karbonatisierung und Chlorideintrag zu verstehen. Das Verständnis dieser Abläufe hilft bei der richtigen Herangehensweise an die Tragwerksplanung und die Ausführung eines Garagenbauwerks, das zumindest 50 Jahre Standsicherheit und Gebrauchstauglichkeit gewährleisten soll.

3.5 Karbonatisierung

Karbonatisierung ist ein langsamer und ganz natürlicher Vorgang im Stahlbeton. Grundsätzlich ist die Bewehrung im Beton durch eine sogenannte Passivierungsschicht vor Korrosion geschützt. Diese entsteht beim Erhärten des Betons infolge des bei der Hydratation entstehenden Calciumhydroxids, welches im Beton einen pH-Wert von ca. 12,5 erzeugt.

Durch das langsame Eindringen von CO_2 aus der Luft kommt es zur Umwandlung von Calciumhydroxid ($Ca(OH)_2$) mit Wasser zu Kohlensäure, welches wiederum zu Calciumcarbonat ($CaCO_3$) umgewandelt wird. Dieser Vorgang wird Karbonatisierung genannt, wobei das alkalische Milieu auf einen pH-Wert unter 9 fällt, bei dem die Passivierungsschicht mit der Zeit wieder aufgelöst wird. Dieser Vorgang erfolgt von der Betonoberfläche aus nach innen.

Wenn die Karbonatisierungstiefe die Höhe der Bewehrung erreicht hat, wird diese nicht mehr vor Korrosion geschützt und es kommt zur flächigen Sauerstoffkorrosion am Stahl. Die entstehende Volumenvergrößerung der Korrosionsprodukte führt in der Folge zu Rissen im Beton über der Bewehrung und später zu Betonabplatzungen.

Folgende Faktoren beeinflussen die Geschwindigkeit der Karbonatisierung: die Größe der Betonde-

Bild 1. Bewehrungskorrosion an der Decke
(Quelle: K. Deix)

ckung, die Porosität der Randzonen, die Feuchtigkeit und der w/z-Wert [7].

3.6 Chlorid

3.6.1 Korrosionsauslösende Chloridkonzentration

Chloride im Beton können grundsätzlich auf vier Wegen in den Beton gelangen: durch Ausgangsstoffe bei der Betonherstellung, das Einwirken von Meerwasser, den Einsatz von Tausalz oder Brand in Verbindung mit PVC, wobei nur zwei davon relevant für Garagenbauwerke sind, nämlich Tausalz und Brand.

Neben dem natürlichen Vorgang der Karbonatisierung ist das Eindringen von Chloriden in den Stahlbeton durch das Einschleppen von Tausalz im Winter die größte Schadensursache in Parkbauten.

In Bild 2 sind Bewehrungskorrosion sowie Aussinterungen am Unterzug erkennbar. Sie wurden ausgelöst durch den Eintrag von Chlorid und Feuchtigkeit eines darüber befindlichen Gehwegs. Der Schutz der Garagendecke wurde vernachlässigt.

Als Auftaumittel wird in Österreich hauptsächlich Natriumchlorid (NaCl) verwendet. Dieses gelangt

Bild 3. Lochfraßkorrosion (Quelle: K. Deix)

Bild 2. Bewehrungskorrosion durch Chlorideintrag am Unterzug

über den in den Radkästen befindlichen Schnee auf die Verkehrsflächen des Garagentragwerks. Ist der beaufschlagte Bauteil ungeschützt, kommt es durch kapillares Saugen bzw. über mögliche Diffusionsvorgänge zum Chlorideintrag in den Beton. Risse im Tragwerk spielen dabei ebenso eine Rolle.

Die Chlorideindringtiefe ist abhängig von drei Außenbedingungen: der Feuchtigkeit im Beton, der Konzentration und der Einwirkdauer des Chlorids. Die Auswirkungen sind von weiteren Faktoren abhängig: Zementart, Porosität der Randzonen, Dichtigkeit des Zementsteins, Risse und Karbonatisierung. Je poröser die Betonstruktur am Stützen- oder Wandfuß ist, umso rascher erfolgt das kapillare Saugen. Zugaben von Flugaschezement und Hüttenzement haben dabei eine höhere Bindekraft von Chloriden und wirken sich positiv aus, weil sie dadurch freie Chloridionen reduzieren können [7].

Gemäß den technischen Regelwerken in Österreich ÖNORM B 4706 [8] und öbv-Richtlinie „Erhaltung und Instandsetzung von Bauten aus Beton und Stahlbeton" [9] ist ein Chloridgehalt im Beton von unter 0,6 % der Zementmasse ein Anhaltswert, der nicht überschritten werden sollte, solange keine Korrosion an der Bewehrung aufgetreten ist.

Liegt der Gehalt zwischen 0,6 % und 1,0 %, ohne Anzeichen von Korrosion, können Instandsetzungsmaßnahmen noch aufgeschoben werden, wenn regelmäßige Überprüfungen, alle 1 bis 3 Jahre, auf Korrosionserscheinungen erfolgen.

Bei mehr als 1,0 % Chloridgehalt sind mindestens jährliche Kontrollen durchzuführen. Beim Auftreten von ersten Korrosionserscheinungen sind die betroffenen Bereiche instand zu setzen und ein weiterer Zutritt von Chlorid ist zu verhindern. Der kritische Chloridgehalt, bei gleichzeitiger Karbonatisierung bis zur Bewehrung, wird gemäß ÖNORM B 4706 [8] mit 0,2 % d.ZM. angegeben.

Wie Beispiele aus der Realität zeigen, kann mitunter auch bereits bei geringerem Chloridgehalt Korrosion an der Bewehrung auftreten. Einen allgemeingültigen korrosionsauslösenden Chloridwert gibt es demnach nicht. Die ablaufenden Vorgänge, bei der durch Chloridionen induzierten Korrosion sind komplex und bis heute nicht restlos geklärt [10].

3.6.2 Chloridinduzierte Korrosion

Bei der chloridinduzierten Korrosion setzen Sauerstoff, Wassermoleküle und freie Chloridionen im Beton einen Korrosionskreislauf in Gang. Durch die Ausbildung von Anode und Kathode am Bewehrungsstahl kommt es in der Folge zur sogenannten Mulden- oder Lochfraßkorrosion, wie in Bild 3 dargestellt, wobei an der Anode die Eisenauflösung und an der Kathode die Sauerstoffreduktion stattfinden. Zu beachten ist auch, dass Chlorid bei der Korrosion nicht verbraucht wird und immer wieder neue Korrosion auslösen kann [10].

Bei größeren Betondicken kann durch die Ausbildung von Sackungen (Hohlräumen) hinter der Bewehrung, die beim Betonieren und Rütteln entstehen können, die Korrosion auch im randfernen Bereich auftreten.

4 Bestimmungen der Richtlinie

4.1 Grundsätzliches

Das Stahlbetontragwerk von Garagen und Parkdecks ist vor dem Eindringen von Wasser und Chloriden zu schützen, um die Dauerhaftigkeit des Garagenbauwerks in der Regel für mindestens 50 Jahre sicherzustellen. Wie die Erfahrung mit Parkbauten zeigt, ist diese Vorgabe nicht ohne Weiteres zu erreichen. Es sind dafür gut durchdachte, möglichst einfache Konstruktionsweisen, wie Ortbetondecken mit möglichst wenigen Bewegungsfugen, und erprobte Schutzmaßnahmen, wie Rissbreitenbegrenzung und dauerhaft dichter Tragwerksschutz, erforderlich. Bei der Planung ist auch die Berücksichtigung einer späteren Zugänglichkeit aller Bauteile für die Instandhaltung von Bedeutung.

So wie das unglückliche Zusammentreffen von mehreren Planungs- und Ausführungsfehlern oft ausschlaggebend für das Ausmaß der Schäden in Garagen ist, so stellt der Einsatz mehrerer kombinierter Schutzmaßnahmen den Erfolg für das Erreichen der Dauerhaftigkeit am besten sicher. Dieses Ziel wird durch die Anwendung der Richtlinie [1] mit folgenden Schwerpunkten erreicht:

- Ausbildung eines Gefälles,
- Einbau einer Entwässerung,
- Bestimmungen zum Tragwerk,
- Schutz des Tragwerks,
- jährliche Inspektion,
- Reinigung und Instandhaltung.

Auch wenn einer dieser Faktoren versagen oder ausfallen sollte, gibt es noch weitere Schutzebenen, die eine bestimmte Zeit lang verhindern, dass gravierende Einschnitte in die Dauerhaftigkeit zu erwarten sind.

4.2 Anwendungsbereich und Ziele

Der Anwendungsbereich wurde grundsätzlich für den Neubau und die Sanierung von Garagen und Parkdecks ab einer Nutzfläche von 250 m² festgelegt. Das entspricht ca. 8 bis 10 Stellplätzen. Die Größenordnung ist an die OIB-Richtlinie 2.2 „Brandschutz bei Garagen, überdachten Stellplätzen und Parkdecks" [11] angelehnt, die ab mehr als 250 m² Nutzfläche keine Erleichterungen im Brandschutz mehr zulässt.

Aufgrund der unterschiedlichen Größen, Anforderungen und Nutzungen von Parkbauten wurde in den Arbeitskreisen der Richtlinie die Entscheidung getroffen, „einen Garagenstandard" festzulegen, bei dem davon auszugehen ist, dass für alle Garagen und Parkdecks eine Dauerhaftigkeit von zumindest 50 Jahren sichergestellt ist.

4.3 Wahl der Schutzmaßnahmen

Jede befahrbare Verkehrsfläche aus Stahlbeton ist mit einem Schutzsystem vor dem Eindringen von Feuchtigkeit und Chloriden zu schützen. Dabei stehen grundsätzlich mehrere Möglichkeiten zur Verfügung. Es können aber nur wenige als Stand der Technik betrachtet werden:

- Abdichtung mit Asphaltbelag,
- Beschichtung mit Inspektionsbuch.

Folgende Eigenschaften sollten erfüllt werden:

- Dichtheit gegenüber Flüssigkeiten,
- Verbundwirkung mit dem Stahlbeton,
- mechanische Beständigkeit,
- dichter Anschluss an Einbauteile, wie Dehnfugen und Rigolen,
- Ausführbarkeit von Hochzügen o. Ä. zur Verhinderung des seitlichen Wassereindringens,
- Reinigbarkeit,
- Beständigkeit gegen Benzin und Öl.

Die Rissüberbrückungsfähigkeit, als spezielle Eigenschaft, kann zusätzlich ganz wesentlich zur Reduzierung des Korrosionsrisikos beitragen.

4.4 Tragwerk

4.4.1 Allgemeines

Schäden in Garagen und Parkdecks entstehen überall dort, wo Feuchtigkeit in Kombination mit Chloriden in Fugen oder Bauteile eindringen und dort ungehindert den Mechanismus der Chloridbeaufschlagung und folglich der chloridinduzierten Korrosion in Gang setzen kann. Beaufschlagungen können durch Spritzwasser, anstehendes oder versickerndes Wasser an der Stahlbetonoberfläche erfolgen.

Manche Bauteile in Verkehrsbauwerken sind unsanierbar, weil sie für Reparaturmaßnahmen nicht oder nur unter hohem Aufwand zugänglich sind. Als Beispiele sind hier nicht geschützte Fundamente unter Rigolen genannt, Unterzüge oder Decken, die durch Lüftungsleitungen wie in Bild 4 verbaut sind, Abläufe (Gullys) oder Dehnfugen, die unter Schrammborden verdeckt eingebaut wurden (Bild 22), aber auch komplexe Konsolausbildung von Bewegungsfugen in Decken (Bild 23).

Eine vorausschauende Planung, welche die Zugänglichkeit für Wartungs- und Instandsetzungsarbeiten mitberücksichtigt, wie bei anderen Ingenieurbauten

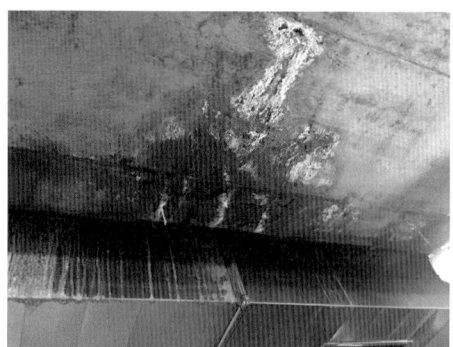

Bild 4. Lüftungsleitungen an der Decke

üblich, wäre auch für Verkehrsbauten wie Tiefgaragen und Parkhäuser wünschenswert.

Folgende Bauteile sind aufgrund ihrer Lage durch chloridinduzierte Korrosion oder spätere Unzugänglichkeit besonders gefährdet:

– Stützen- und Wandfüße vor allem im Einfahrtsbereich,
– Fundamente am Übergang zu Stützen- und Wandfüßen,
– Tiefpunkte (geplante und reale) von befahrbaren Zwischendecken und Bodenplatten,
– offene Betonrinnen,
– Betonaussparungen unter Rigolen,
– Unterzüge bzw. Decken unter Rigolen,
– Bewegungsfugen,
– Arbeitsfugen.

Diesen Bauteilen sollte daher die größte Beachtung bei der Planung, Ausführung und Instandhaltung zukommen.

Der sicherste Garant für die Dauerhaftigkeit erfolgt im Allgemeinen über den Schutz des Tragwerks mit Abdichtungen und Asphalt als Fahrbahnbelag oder rissüberbrückenden Beschichtungen mit jährlicher Inspektion.

4.4.2 Empfohlene Konstruktionssysteme

Behandelt werden in der Richtlinie die befahrenen Verkehrsflächen, wie Zwischendecken, Bodenplatten und Rampen. Die Decken über dem Garagenbauwerk sind entsprechend den üblichen Normen und Regelwerken herzustellen, wobei natürlich auch hier ein möglicher Chlorideintrag zu berücksichtigen ist.

Gemäß ÖNORM B 4710-1 [13] sind betontechnologische Maßnahmen wie die Wahl der richtigen Expositionsklassen, die Einhaltung der erforderlichen Betondeckung und Mindestbewehrung sicherzustellen. Begrenzung der Rissbreiten, Betonnachbehandlung und -nachbearbeitung sind dabei weitere wesentliche Parameter.

Demnach sind die Betonsorten B2 bis B7 für Verkehrsflächen in Garagen geeignet.

Zur Sicherstellung der Dauerhaftigkeit des Stahlbetontragwerks sind betontechnologische Maßnahmen mit den entsprechenden konstruktiven Regeln erforderlich: Mindestdruckfestigkeitsklasse C25/30, Expositionsklasse XD3, bei Frost-Taumittelangriff XF4 und XD3, gemäß nationalem Anhang der ÖNORM B 1992-1-1 [14] eine Mindestbetondeckung $c_{min,dur}$ von 40 mm und eine max. rechnerische Rissbreitenbeschränkung w_{max} von 0,30 mm. Der Grenzwert w_{max} ist dabei vom vorgesehenen Gebrauch abhängig. Bei Bauteilen mit der Expositionsklasse XD3 für Garagenböden, die vor eindringendem Wasser und Chlorid zu schützen sind, können besondere Maßnahmen erforderlich werden.

Infolge der unglücklichen Kombination von einem flügelgeglätteten Luftporenbeton B7 mit einer OS-Beschichtung kam es in der Vergangenheit zu Schäden an der Betonoberfläche, da der flügelgeglättete Beton aufgrund der zugesetzten Luftporen nicht die geforderte Abreißfestigkeit aufwies. Es mussten mehrere Millimeter Beton ab- und neu aufgetragen werden.

Aus dieser Erfahrung entstand in der Vorgänger-Richtlinie die Empfehlung einer Kombination von luftporenfreiem Beton B2 mit einer Kunstharzbeschichtung, die sich mittlerweile in Österreich allgemein bewährt hat.

Auch in der aktuellen Richtlinie wurde daher die Ausführung für befahrene Bodenplatten und Zwischendecken mit der Betonsorte B2 und gleichzeitig dem Tragwerksschutz, durch Abdichtung mit Asphaltbelag bzw. Kunstharzbeschichtung mit Inspektion, empfohlen. Die Betonsorte B2 deckt die Expositionsklassen XC4/XW1/XD2/XF1/XA1L ab und enthält keine künstlichen Luftporen.

Durch den zusätzlichen Oberflächenschutz des Tragwerks kann die Betondeckung auf 35 mm reduziert werden. Gleichzeitig sind besondere Maßnahmen für die Applikation des Oberflächenschutzes erforderlich:

– maschinelles Flügelglätten bei beschichteten Oberflächen, Flügelglätten oder Abziehen bei Abdichtungen,
– Abreißfestigkeit der Betonoberfläche mind. 1,5 N/mm² im Mittel und mind. 1,2 N/mm² (Beschichtung) bzw. 1,3 N/mm² (Abdichtung) für den Einzelwert,
– Ebenheit gemäß ÖNORM DIN 18202, Tab. 3, Zeile 3 [15],
– zulässige Rissbreiten in Abstimmung auf das gewählte Schutzsystem.

Befahrbare Zwischendecken und tragende Bodenplatten aus Stahlbeton sind im Gefälle herzustellen und mit einem Tragwerksschutz gemäß Richtlinie [1] zu versehen. Dies kann durch die Ausbildung von

– geneigten Ortbetondecken,
– Halbfertigteildecken mit Aufbeton im Gefälle,
– oder durch Stahlverbundbauweise mit Aufbeton im Gefälle

erfolgen.

Nichttragende Aufbetone, die nachträglich als Gefällebeton auf die tragende Decke aufgebracht werden, sind im Neubau nicht zulässig.

Tabelle 2. Zusammenfassung Tragwerk gemäß öbv- Richtlinie Garagen und Parkdecks 2017

Befahrbare Verkehrsflächen in Garagen und Parkdecks

Bodenplatten nicht tragend flächenfertig				Bodenplatten, Decken u. Rampen tragend beschichtet		Bodenplatten, Decken u. Rampen tragend Abdichtung mit Asphalt	
Bewehrt		unbewehrt		Inspektionsbuch		1-lagig	2-lagig
Innen	Außen	Innen	Außen	Innen	Außen	XC3, XF1, XD1	XC3, XF1, XD1
XD3	XF4	XC3	XF4	XD2	XF1, XD2	C25/30 B2	C25/30 B2
oder						MA	MA oder AC
XD2				BS VF (Weiße Wanne)		nur Wohnbau	
c_{min} = 40 mm				c_{min} = 35 mm		c_{min} = 35 mm	c_{min} = 35 mm

In Tabelle 2 wurden die Ausführungsvarianten für befahrbare Flächen gemäß Richtlinie [1] zusammengefasst.

4.4.3 Reine Gefällebetone nicht zulässig

Die Erfahrung der letzten Jahre, seit Erstellung der Richtlinie im Jahr 2010 [2], hat gezeigt, dass durch die Ausbildung von Gefällebetonen auf befahrbaren Verkehrsflächen in Garagen und Parkdecks das Risiko von Schäden stark steigt.

Bei Einhaltung eines Mindestgefälles von 2,0 % ergeben sich bei einer Länge von 8 bis 16 m, Höhenunterschiede im Gefällebeton von 16 bis 32 cm. Bei einer Mindestdicke von ca. 5 cm entstehen am anderen Ende Betonstärken von 21 bis 37 cm. Dadurch kommt es zu erheblich unterschiedlichen Austrocknungszeiten. In der Folge können Schwindrisse entstehen, es kann zum „Aufschüsseln" der Randbereiche wie auch zu möglichen Hohllagen und damit zu unerwünschten Unterläufigkeiten kommen. Diese Wassereintritte unter den Gefällebeton sind nicht nur schwierig zu orten und zu verfolgen, sondern auch nur unter großem Aufwand instand zu setzen.

Aufbetone erfordern Schwindfugen, die meist als Wartungsfugen, wie in Bild 5 dargestellt, ausgeführt werden müssen. Sie sind nicht dauerhaft dicht und bedürfen somit einer regelmäßigen Erneuerung.

Auch bei Inspektionen kann die Dichtheit der Fugen nicht mit Sicherheit überprüft werden. Der Instandhaltungsaufwand sowie auch das Risiko für Schäden steigen bei der Anwendung von Aufbetonen zur Gefälleherstellung in Garagenbauten sprunghaft an. Daher sind sie gemäß der neuen Richtlinie im Neubau nicht zulässig.

Die Ausführung von kleinen nachträglichen Gefällekeilen z. B. als Anrampung zum Treppenhaus oder zur Gefällekorrektur sollten aus schwindfreien Epoximörtel hergestellt werden.

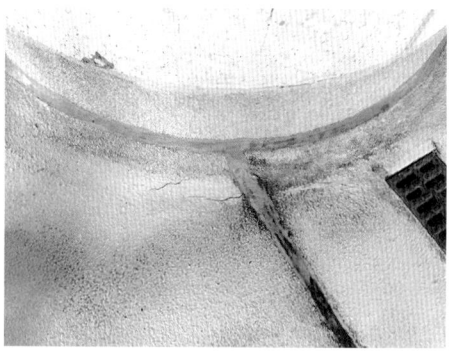

Bild 5. Aufbeton mit Wartungsfugen und Rissen

4.4.4 Rissbreitenbeschränkung

Gemäß ÖNORM EN 1992-1-1 [12] ist die maximal rechnerische Rissbreite mit 0,30 mm für befahrbare Betonflächen festgelegt. Zu berücksichtigen ist, dass es sich hierbei um einen rein rechnerischen Wert handelt.

Die Rissüberbrückungsfähigkeit von Beschichtungen, wie OS-11b-Systemen, spielt daher eine wesentliche Rolle beim Schutz des Stahlbetons. Starre Systeme, wie das OS 8, sind für befahrbare Verkehrsflächen nur bedingt geeignet. Die regelmäßige Überprüfung auf Risse in der Beschichtung und die anschließende Verschließung mit Rissbandagen sind ausschlaggebend für die Dauerhaftigkeit des Bauwerks.

4.4.5 Stützen- und Wandfüße

Fußbereiche von Stützen und Wänden sind mit großer Sorgfalt herzustellen. Der meiste Chlorideintrag fällt dabei in der Nähe der Einfahrt im Sockelbereich von Stützen und Wänden an. Durch Spritzwasser kann es ebenfalls zu stärkeren Belastungen kommen, als in weiter entfernt gelegenen Bereichen der Garage.

Dass gerade am Stützen- oder Wandfuß die meisten Fehlstellen im Beton entstehen können, ist im Garagenbau besonders relevant. Das korrekte Verdichten des Betons am Fuße der Stütze ist dabei wesentlich für die Betonqualität und damit für den Chloridwiderstand. Gerade dieser Bereich ist hingegen ausgesprochen anfällig für mögliche Ausführungsmängel beim Betoniervorgang, die z. B. aus zu großer Fallhöhe oder zu großer Bewehrungsdichte herrühren können.

Bei den Schalungsarbeiten entstehen Zwickel entlang des Gefälles, die nicht mit PU-Schaum, wie in den Bildern 6 und 7 zu sehen, sondern mit einem Dichtband abgedichtet werden sollten.

Beim Betonieren hält dieser dem Druck nicht stand und die Betonschlempe rinnt aus der Schalung. Zurück bleiben Betonnester, Lunker, wie in Bild 8 gezeigt, und evtl. sogar Hohlräume durch Dämmstoffeinlagen, wie in den Bildern 9 und 10 zu sehen ist.

Bild 7. Stützenfuß mit PU-Schaum abgedichtet

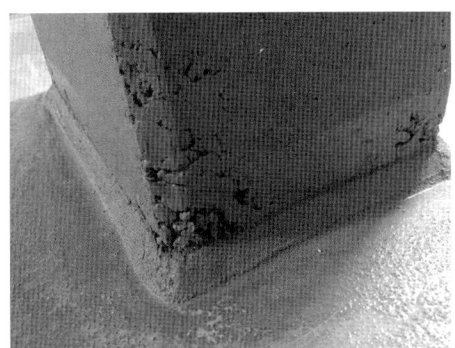

Bild 8. Stützenfuß mit Lunker

Bild 6. Rahmenschalung mit PU-Schaum abgedichtet

Bild 9. Stützenfuß mit Styroporresten

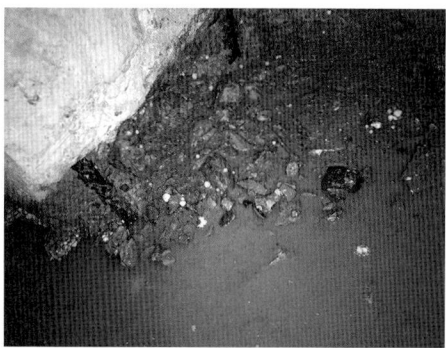

Bild 10. Stützenfuß mit freiliegender Bewehrung

Es muss daher selbstverständlich sein, dass Betonnester, Lunker o. Ä. im Bereich von Stützen- und Wandfüßen in Garagen und Parkdecks vor dem Aufbringen einer Abdichtung oder Beschichtung fachgerecht instand zu setzen sind.

4.4.6 Nichttragende Bodenplatten und Rampen

Bei der Ausführung von nichttragenden Bodenplatten, Straßenaufbauten, Pflasterungen oder erdberührten Rampen kann ein Schutz derselben aus statischen Gründen entfallen. Doch die darunter liegenden Fundamente mit ihren Anschlussbewehrungen für aufgehende Bauteile, wie Wände und Stützen, sind vor Chloridangriff und Feuchtigkeit zu schützen. Dabei ist eine Abdichtung von der Fundamentunterkante bis mind. 15 cm über die fertige Fahrbahnoberkante auszuführen. Die Ausführung hat gemäß ÖNORM B 3692 „Planung und Ausführung von Bauwerksabdichtungen" zu erfolgen [16]. Der Untergrund muss frei von scharfen Kanten, Ecken, Betongraten etc. sein. Ichsel sind auszurunden. Bei Verwendung von unterschiedlichen überlappenden Werkstoffen ist eine Verträglichkeit der beiden Materialien im Vorhinein zu prüfen und sicherzustellen.

4.4.7 Wasserundurchlässige Betonbauwerke – Weiße Wannen als Verkehrsflächen

Grundsätzlich ist beim Bauen im Grundwasser die öbv-Richtlinie „Wasserundurchlässige Betonbauwerke – Weiße Wannen" [17] aus dem Jahr 2018 zu berücksichtigen. In der Richtlinie [1] wurde für Garagen mit eigener Betonstandard für beschichtete Verkehrsflächen definiert: „Betonstandard Verkehrsflächen BSVF" mit max. 2,5 % Luftgehalt (keine Zugabe von Luftporenmittel). Luftporenbetone mit 2,5 % bis 6,5 % bzw. 4,0 % bis 8,0 % Luftporen-

gehalt im Beton sind für flügelgeglättete Oberflächen nicht geeignet.

Wird Luftporenbeton flügelgeglättet, so kann es nach *Büttner* [18] zu großflächigen Hohllagen und lokalen Abplatzungen im oberflächennahen Bereich des Betons kommen und damit zur Verschlechterung der Abreißfestigkeit des Betons. Eine Schädigung des Luftporen-Systems kann auch einen mangelnden Frost/Tausalzwiderstand nach sich ziehen.

Ist ein Luftporenbeton aus konstruktiven Gründen geplant, so ist kein Glätten des Betons durchzuführen, sondern das Aufbringen einer Ausgleichsschicht vorzunehmen.

4.4.8 Betoneinbau

Zur Rissvermeidung sollte der Beton entsprechend ÖNORM B 4710-1 [13] mit möglichst geringem Wassergehalt hergestellt werden. Das richtige Verdichten und die Nachbehandlung des Betons im Sommer haben großen Einfluss auf das Erreichen einer rissarmen Oberfläche sowie einer dichten Randzone, die ausreichend Widerstand gegen Karbonatisierung und Chlorideintrag bildet.

4.5 Entwässerung

4.5.1 Allgemeines

Die häufigsten und größten Schäden in Parkbauten entstehen im Bereich der Entwässerungen, wie Rinnen, Rigolen oder Pumpensümpfen, da hier die Konzentration der Chloride und Wasser am größten ist. Zusätzlich erhöht sich das Risiko für Schäden durch weitere Erschwernisse wie

– Schwächung des Tragwerks,
– mögliche fehlende Betondeckung in der Rinne oder den anschließenden Wänden,
– kein Flügelglätten möglich,
– kein Kugelstrahlen möglich,
– Wahl ungeeigneter Produkte,
– Ausführungsfehler beim Einbau,
– fehlende Reinigung und Instandhaltung.

In der Vorgänger-Richtlinie [2] war das Kapitel „Entwässerung" auf ein paar Sätze beschränkt. Eine gut durchdachte Entwässerung ist für befahrene Verkehrsflächen aber ein ganz wesentlicher Teil, wenn nicht sogar der wesentlichste Teil, um die Dauerhaftigkeit der Parkbauten sicherzustellen.

Die Aufgabe der Entwässerung liegt darin, das Wasser und andere angreifende Substanzen, wie Schmutz, Benzin, Öl und Chloride, aufzunehmen und rasch abzuleiten. Durch das rasche Abführen des Wassers über Rohrleitungen und Ölabscheider kommt es zu einer ganz wesentlichen Reduzierung des Schadensrisikos durch rückstauende Wässer in Verdunstungsrinnen oder Pumpensümpfen.

Der Eintrag von Regenwasser über die Fahrzeuge liegt bei etwa 5 Liter je PKW-Einfahrt. Im Winter wird Schneematsch aus den Radkästen der Autos eingetragen. Pro PKW-Einfahrt können dabei bis zu 25 Liter tausalzhaltiges Wasser in Garagen eingebracht werden. Dazu kommen mögliche Einträge durch Schlagregen und Flugschnee bei offenen Fassaden in Parkdecks, aber auch bei Rampen [3].

Die Anforderungen an das Entwässerungssystem sind grundsätzlich in der ÖNORM B 2501 [19] und B 2504 [20] geregelt.

Um die Dauerhaftigkeit von Verkehrsbauwerken wesentlich zu erhöhen, wurde in den Ausschüssen der Richtlinie [1] nach langen Diskussionen entschieden, Entwässerungsrinnen ohne Ablauf als nicht zulässig bzw. als nicht richtlinienkonform zu erklären.

4.5.2 Entwässerungskonzept

Bei Entwässerungssystemen kann unterschieden werden zwischen offenen und geschlossenen Entwässerungsrinnen, befahrenen und unbefahrenen sowie Punkt- und Linienentwässerungen.

Offene Entwässerungsrinnen sind nicht abgedeckte im Betontragwerk ausgebildete Vertiefungen, die bituminös oder mit Kunstharzbeschichtung abzudichten sind. Geschlossene Entwässerungsrinnen oder Rigolen bestehen meist aus einem Rinnenkörper, der in sich dicht geschweißt ist, und einem Abdeckrost.

Die Grundsatzüberlegung zum Entwässerungskonzept liegt bei der Entscheidung, ob Entwässerungsrinnen oder Abläufe im Fahrbahnbereich oder an den Außenwänden angeordnet werden. Aus dieser Wahl leiten sich unterschiedliche Anforderungen an die Rinnen ab.

In der Fahrbahnmitte können Rinnen in der Regel aus Sicherheitsgründen nicht offen ausgeführt werden. Zu bedenken ist, dass Rigolen im Fahrbahnbereich größeren mechanischen Belastungen durch den PKW-Verkehr ausgesetzt sind, die sich durch Beschleunigungs-, Brems- und Scherkräfte auf die Rinnen übertragen. Die ausreichende Stabilität des Rinnenkörpers und die sichere Befestigung des Gitterrostes sind dabei nicht einfach sicherzustellen.

Der Rost soll einerseits für Reinigungszwecke leicht öffenbar sein und gleichzeitig sicher gegen Abheben durch die Reifen sein.

Rinnen im Außenwandbereich dagegen können offen bleiben, da sie nicht befahren bzw. nur an wenigen Stellen begangen werden. Bei dieser Wahl ist zu berücksichtigen, dass tausalzhaltiges Wasser nahe an die tragenden Wände und Stützen geleitet wird. Kommt es durch unzureichende Reinigung zu einem Verstopfen eines oder mehrerer Abläufe, kann ein wiederholtes Überschwappen der Rinnen zum möglichen Eintrag von Chlorid in die Tragkonstruktion und damit zur Schädigung führen. Von größter Bedeutung sind daher bei wandnahen offenen Rinnen ein dichter Beschichtungshochzug mit Hohlkehlenausbildung sowie eine regelmäßige Inspektion.

Wird nicht linienförmig in Rinnen oder Rigolen, sondern punktförmig über Abläufe entwässert, so sind ausreichend viele Abflüsse vorzusehen und das Gefälle entsprechend zum Einlauf hin auszubilden. Bei einer flügelgeglätteten Betonoberfläche kann das in Ortbeton durchaus zu einer schwierigen Herausforderung für das ausführende Unternehmen sein.

4.5.3 Grundsätze der Planung

Die Wässer sind auf möglichst kurzen Wegen über das Gefälle zu den Entwässerungseinrichtungen zu führen und dort rasch abzuleiten. Dabei sind nach der Richtlinie [1] Entwässerungsrinnen ohne Ablauf, sogenannte Verdunstungsrinnen, und Pumpensümpfe ohne stationäre Pumpen nicht mehr zulässig.

Da die Ebenflächigkeit des Untergrunds für eine funktionierende Entwässerung von großer Bedeutung ist, wurde die Toleranz in der Richtlinie [1] gemäß ÖNORM DIN 18202, Tabelle 3, Zeile 3 [15] (hier Tabelle 3) festgelegt.

Diese Grenzwerte sind vor allem in den offenen Entwässerungsrinnen, die meist gefällelos ausgebildet werden, in den Bereichen zwischen den Einläufen einzuhalten.

Ein wichtiger Beitrag zur Dauerhaftigkeit sind die jährliche Reinigung und Wartung der Entwässerungssysteme, um Verunreinigungen und Verstopfungen zu vermeiden.

Tabelle 3. Ebenheitsabweichungen für Verkehrsflächen in Garagen und Parkdecks gemäß ÖNORM DIN 18202, Tab. 3, Zeile 3

Messpunktabstände in m bis	0,1 m	1 m	4 m	10 m	15 m
		Stichmaße als Grenzwerte in mm			
Flächenfertige Böden, z. B. Estriche als Nutzestriche, Estriche zur Aufnahme von Bodenbelägen, Bodenbeläge, Fliesenbeläge, gespachtelte und geklebte Beläge	2	4	10	12	15

Folgende Punkte sind bei der Entwässerungsplanung gemäß Richtlinie [1] zu berücksichtigen:

- Mindestgefälle von 2,5 % bzw. 2,0 % bei Tiefgaragen unter Anwendung der Richtlinie [1], gemessen in der Falllinie zur Entwässerung.
- Unterschreitung des Regelgefälles bis auf 1,5 % bei kleinflächigen Quergefällebereichen, z. B. bei Abläufen.
- Für freibewitterte oder dem Schlagregen ausgesetzte Rampen sind Rampenrigolen mit einer Nennweite von mind. DN 150 vorzusehen. Gitterroste mit Stegen quer zur Fließrichtung erleichtern das rasche Abfließen der Wässer.
- Punkteinläufe (Gullys) als Entwässerungssystem in der Fahr- und Parkebene sind alle 250 m² anzuordnen.
- In gefällelosen Ortbetonrinnen ist ein Ablauf mindestens alle 6 Stellplätze, bei 90°-Aufstellung, vorzusehen, d. h. im Abstand von ca. 15,0 bis 16,0 m, damit es durch Bauungenauigkeiten nicht zu großen stehenden lokalen Wasseransammlungen (in Österreich auch als „Lacken" bezeichnet) zwischen den Abläufen kommt.
- Verzinkter Stahl als Rinnenmaterial ist in Garagen aufgrund der Tausalzbeanspruchung ungeeignet.
- Entwässerung über Brandabschnittsgrenzen ist nicht zulässig.
- Entwässerung über Bewegungsfugen ist nicht zulässig.
- Kreuzungspunkte von Rinnen und Bewegungsfugen sind nicht zulässig.
- Bei Rampen und Rampengaragen sind Entwässerungsrinnen vor Bewegungsfugen anzuordnen.
- Der Mindestachsabstand für Entwässerungsrinnen/Abläufe zu Bewegungsfugen ist 100 cm, Sonderkonstruktionen, wie in Bild 11, in Form von kombinierten Lösungen sind zulässig.

4.5.4 Ausführung

Die Anbindung aller Entwässerungssysteme an die Beschichtung oder Abdichtung hat dauerhaft flüssigkeitsdicht zu erfolgen. Alle Einbauteile sind daher mit einem entsprechenden Flansch einzubinden oder müssen auf andere Weise die dauerhafte Dichtigkeit sicherstellen. So müssen Polymerbetonrinnen, die oft weder einen Flansch noch einen dichten Rinnenkörper aufweisen, eine darunter durchgeführte Abdichtung aufweisen. Die darunterliegende Ebene ist dabei ebenfalls zu entwässern.

Um einen wasserdichten Anschluss an Abläufe in offenen Betonrinnen zu gewährleisten, sind Abläufe in Zwischendecken und in Bodenplatten nur mit Beschichtungs- oder Abdichtungsflansch, wie in Bild 12, zu verwenden. Flanschlose Abläufe in Rinnen sind ungeeignet.

Bei der Ausführung von Ortbetonrinnen kommt es oft zu einem unerwünschten Effekt. Die Abläufe werden zur Fixierung an die Bewehrung angeschweißt und dazwischen werden Schalungsformen für die Rinnenausbildung eingelegt. Beim Betoniervorgang kann es durch das Besteigen der Rinnenschalung zu einem Absacken der Schalung kommen. Als Folge entstehen Tiefpunkte zwischen den Abläufen. Dies gilt es zu vermeiden, da sonst zwischen den Abläufen Wasser in der Rinne stehen bleibt oder die Rinnen sogar abschnittsweise wassergefüllt bleiben, wie in Bild 13 zu sehen.

Ein weiterer Ausführungsfehler ist eine zu geringe Betondeckung in der Rinne, wie in Bild 14 abgebildet. Gerade in Rinnen ist die Betondeckung von großer Bedeutung und daher sicherzustellen.

Auch eine zu geringe Betondeckung im Fußpunktbereich, der an die Rinne anschließenden Wand, wie in Bild 15, kann bei stehendem Wasser in der Rinne rasch zur Bewehrungskorrosion führen. Das Einleiten von Wässern der oberen Parkebene in die darunter befindliche Parkebene kann die Korrosionspro-

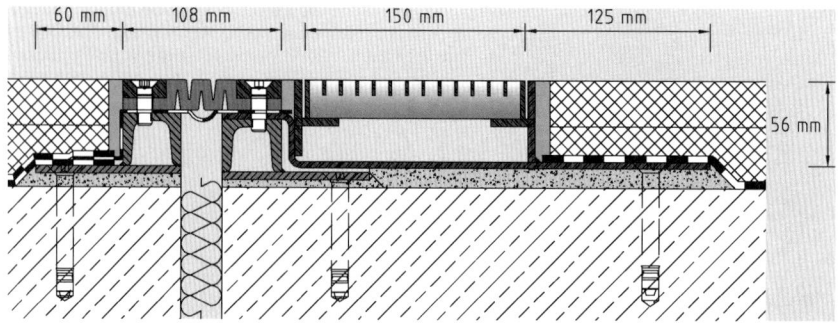

Bild 11. Rinnen-Dehnfugen-Kombination von *Buchberger*, Profilsysteme, www.buprofile.de

Bild 14. Fehlende Betondeckung in der Rinne

Bild 12. Ablauf von Purator, Wallner & Neubert Gesellschaft m.b.H. mit Beschichtungsflansch

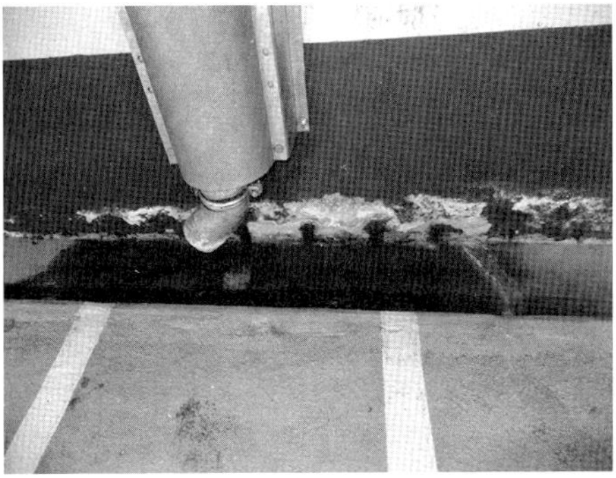

Bild 15. Fehlende Betondeckung in der Rinnenwand

Bild 13. Bildung lokaler Wasseransammlungen (Lacken) in der Rinne

blematik noch beschleunigen. Diese „Kaskadenentwässerung" ist daher keinesfalls zu empfehlen.

4.5.5 Rigolen als Einbauteile

Entwässerungsrinnen bzw. Rigolen sind Einbauteile, die einer bestimmten Belastung ausgesetzt sind. In Garagen und Parkdecks liegen die Rigolen meist in befahrbaren Bereichen wie Rampen oder Fahrbahn. Die Rigolen müssen daher hohen Belastungen, z. B. durch Bremskräfte, standhalten. Die

ÖNORM EN 1433 [21] teilt die Rinnen in sechs verschiedene Belastungsklassen ein. In Tabelle 4 wurden die fünf für Parkbauten wesentlichen Belastungsklassen mit der erforderlichen Prüfkraft, maximalen Radlast sowie dem Anwendungsbereich in Anlehnung an *Lohmayer* [3] zusammengefasst.

Die zulässige Belastung ist nicht gleich der Prüfkraft, sondern wesentlich geringer.

Für Garagen und Parkdecks kommen in der Regel die Klassen B 125 bis D 400 zum Einsatz. Für relativ stark beanspruchte Rigolen in Fahrbahnmitte oder in der Rampe sollte mindestens die Klasse C 250 gewählt werden. Um möglichst lange schadfrei zu bleiben, ist es bei geringen Ausschreibungsmengen empfehlenswert, Rigolen in der Einfahrtsrampe in Klasse D 400 auszubilden.

Tabelle 4. Belastungsklassen gemäß ÖNORM EN 1433 [21]

Gruppe	Klasse	Prüfkraft	Radlast	Anwendungsbereich
1	A 15	15	0,5 t	Verkehrsflächen, die ausschließlich von Fußgängern und Radfahrern benutzt werden. Auch für Grünflächen geeignet.
2	B 125	125	2,5 t	Gehwege, Fußgängerzonen und vergleichbare Flächen, PKW-Parkflächen und PKW-Parkdecks.
3	C 250	250	7,5 t	Bodenrinnenbereich, Parkplätze und unbefahrbare Seitenstreifen und Ähnliches. [1]
4	D 400	400	12,5 t	Fahrbahnen von Straßen (auch Fußgängerstraßen), Seitenstreifen von Straßen und Parkflächen, die für alle Arten von Straßenfahrzeugen zugelassen sind. [1]
5	E 600	600	25 t	Verkehrsflächen, die mit besonders hohen Radlasten befahren werden. [1]

[1] Abdeckungen ab der Klasse C 250 müssen verkehrssicher befestigt sein.

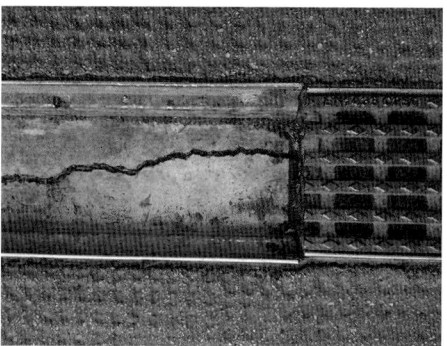

Bild 16. Gebrochene Rampenrigole

Es gibt eine Vielzahl an gut und weniger gut geeigneten Produkten für Garagen und Parkdecks. Daher kommt der richtigen Wahl des Produkts eine wichtige Bedeutung zu. Auch der richtige Einbau gemäß den Einbauempfehlungen der Hersteller ist essenziell für die Beständigkeit. Die Einbauteile müssen entsprechend stabil und dicht eingebaut werden, um den Schutz des Tragwerks zu gewährleisten. Die gebrochene Polymerbetonrinne in Bild 16 zeigt, welchen Schubkräften Rigolen im Rampenbereich ausgesetzt sind. Werden diese Rigolen nicht mit einem entsprechenden Betonfundament versehen, brechen sie früher oder später auseinander, da der Asphalt die Schubkräfte nicht aufnehmen kann.

4.5.6 Das Problem mit Pumpensümpfen und Verdunstungsrinnen

Eine wesentliche Neuerung der Richtlinie [1] stellt die Festlegung dar, dass Entwässerungsrinnen ohne Ablauf nicht den Planungsgrundsätzen der Richtlinie entsprechen und damit Pumpensümpfe, Verdunstungsrinnen und Rinnen ohne Ablauf o. Ä. nicht den Stand der Technik wiedergeben.

In der RVS 03.07.33 „Technische Garagenausstattung" [6] finden sich zu Verdunstungsrinnen und Sammelgruben folgende Hinweise:

„Wenig frequentierte Wohnbaugaragen werden fast ausschließlich mit ebenen Böden und Sammelrinnen („Verdunstungsrigole") ausgeführt" ... „Erfahrungsgemäß sind Sammelgruben und Sammelrinnen ohne Kanalanschluss in den Wintermonaten bereits innerhalb kurzer Zeit durch das Schmelzwasser des mitgeführten Schnees voll, eine Verdunstung findet kaum statt. Ein Ausschöpfen verursacht Kosten und löst eine meist unsachgemäße Entsorgung aus. An exponierten Stellen können Pfützen frieren und zu Glatteisunfällen führen.

Sammelgruben und -rinnen sollten daher vermieden bzw. auf wenig frequentierte Wohnhausgaragen beschränkt bleiben. In allen anderen Fällen ist ein vollwertiges Abwassersystem vorzusehen."

Die langjährige Erfahrung zeigt immer mehr, dass auch in Tiefgaragen von Wohnhäusern mit geringer Frequenz bei Ausführung von Pumpensümpfen oder Verdunstungsrinnen massive Schäden am Tragwerk auftreten können. Dies vor allem in Kombination mit fehlendem oder mangelhaftem Tragwerksschutz, zu geringem Gefälle oder der Nähe zu Stützen- und Wandfüßen.

Einerseits sorgt das meist jährliche Überlaufen der Pumpensümpfe im Winter für lokale Wasseransammlungen im Bereich der aufgehenden Stahlbetonbauteile. Andererseits kommt es in den Sammelgruben selbst zur starken Aufkonzentration der chloridhaltigen Wässer (Bild 17).

Bild 17. Konzentriertes Chlorid im Pumpensumpf

Bild 19. Pumpensumpf Hochgarage

Bild 18. Pumpensumpf Wohnhausgarage

Diese werden beim Ansteigen des Wasserpegels nach oben geschwemmt und verteilen sich im Umkreis um den Pumpensumpf. Nicht nur die umliegenden Stahlbetonteile sind stark beansprucht, sondern auch die Stahlrahmen und Gitterrostabdeckungen. Dieser starken Chlorideinwirkung hält meist kein Einbauteil lange stand. Innerhalb von wenigen Jahren kann es auch in Wohnbautiefgaragen zum Durchrosten der Gitterroste kommen.

Meist kommt es aus Kostengründen zu einer reduzierten Reinigung. Das heißt, die Tausalze werden nicht, wie vorgesehen, einmal jährlich aus den Rigolen gespült oder von der Fahrbahn gewaschen, da sich sonst die Pumpensümpfe füllen und überlaufen.

Bild 18 zeigt einen Pumpensumpf in einer Wohnhausgarage nach ca. 18 Jahren. Die angeschlossene Rigole musste bereits drei Jahre vorher erneuert werden. Die Lage des Pumpensumpfes zeigt, wie sehr auch die Stütze bereits in Mitleidenschaft gezogen wurde.

Aber auch Pumpensümpfe in mehrgeschossigen Garagen, die z. B. als Betonfertigteil in die Decke eingehängt sind, können nach einigen Jahren zu einer Gefahrenquelle werden. Im schlimmsten Fall kann es zum plötzlichen Versagen durch korrodierte Eisen kommen. Im Bild 19 ist nicht die innere Undichtigkeit des Pumpensumpfes selbst die Ursache für die Feuchtespuren, sondern der undichte Anschluss des Einlaufs darüber. Das Wasser rinnt außen am Pumpensumpf herunter und beaufschlagt so das Stahlbetonbauteil mit Chlorid.

Abschließend lässt sich zusammenfassen, dass bei fehlendem Einbau einer Entwässerung mit Ablauf, das Risiko einer frühzeitigen Sanierung stark steigt und damit die geforderte Dauerhaftigkeit von 50 Jahren nicht erreicht werden kann.

4.6 Abdichtung mit Asphalt als Fahrbahnbelag

4.6.1 Allgemeines

Mit Abdichtungen und Asphalt als Fahrbahnbelag zum Schutz des Tragwerks gibt es jahrzehntelange Erfahrungen. Sie sind daher baupraktisch gut erprobt und bilden grundsätzlich die sicherste und dauerhafteste Form der Garagenabdichtung.

Dies gilt jedoch nur unter bestimmten Bedingungen: solange sie zweilagig, normgerecht und mängelfrei ausgeführt werden und es vor allem später zu keiner Perforierung kommt. Werden später unsachgemäß durchgeführte Bodenmontagen von z. B. Pollern, Rammschutz vor Brandschutztoren oder Einkaufswagenstationen o. Ä. durchgeführt, kommt es zu Undichtheiten, die einer Behebung harren, bis möglicherweise schwere Schäden am Tragwerk entstanden sind. Wie im Bild 20 erkennbar, wurden zum Schutz des Brandschutztors ein Rammschutz davor und dahinter sowie mittig auf der Fahrbahn ein Toranschlag montiert. Unter allen Perforierun-

Bild 20. Nachträglich montierter Rammschutz und Toranschlag auf der Asphaltrampe

gen kam es zu Chlorideinträgen und Korrosionsschäden.

Tatsächlich werden vor allem Garagen und Parkdecks im Wohnhausbau mit möglichst kostengünstigen Abdichtungssystemen ausgebildet. Eine solche Lösung sind z. B. Abdichtungsstreifen, die nur im Hochzug- und Rinnenbereich verlegt werden und darüber Asphaltbeton als Belag. Diese o. ä. Konstruktionen sind jedoch in den technischen Regelwerken nicht abgebildet und können daher nicht als Stand der Technik bezeichnet werden.

Die 2015 neu überarbeiteten Regelwerke der RVS zur „Abdichtung auf Brücken und anderen Verkehrsflächen aus Beton" [22–29] wurden daher in die neue Richtlinie [1] eingearbeitet.

Die Verwendung von ausschließlich Guss- oder Stabasphalt als Abdichtung ist demnach keinesfalls richtlinienkonform. Anschlüsse von Stabasphalt an Abläufen, wie in Bild 21 abgebildet, Rigole und

Bild 21. Stabasphalt im Bereich des Ablaufs

Dehnfugen sind mit diesen Materialien nicht dauerhaft dicht herzustellen.

Auch die erforderlichen Hochzüge können in einer reinen Asphaltvariante nicht ausgebildet werden. Obwohl diese Systeme gern in Wohnhausgaragen zur Anwendung kommen, entsprechen diese Systeme nicht den technischen Richtlinien oder Normen für Abdichtung und Schutz des Tragwerks.

4.6.2 Entwässerung auf zwei Ebenen

Der abzudichtende Untergrund ist mit einem Gefälle auszubilden. Wie bei einer Dachabdichtung ist es nicht zulässig, die Abdichtung auf einen ebenen Untergrund aufzubringen. Eine Abdichtung mit Asphalt weist immer zwei Entwässerungsebenen auf. Der Großteil der Wässer wird an der Oberfläche in die Einläufe geleitet, ein weiterer Teil wird auf der Abdichtungsebene unter dem Asphalt entwässert. Nur wenn alle Einläufe wie Gullys und Rigolen Entwässerungsschlitze auf der Abdichtungsebene aufweisen, ist eine schadensfreie Entwässerung gewährleistet.

4.6.3 Ausführungsvarianten

Es können sowohl bituminöse Abdichtungssysteme als auch Kunststoffabdichtungen mit Asphalt ausgeführt werden.

Die 2015 aktualisierten RVS der Reihe „Abdichtung und Fahrbahn auf Brücken und anderen Verkehrsflächen aus Beton", RVS 15.03.11 bis 15 „Bauausführung" [22–26] und die RVS 08.07.03 „Technische Vertragsbedingungen" [27] und RVS 11.06.81 „Abnahmeprüfungen" [28] definieren in Österreich die technisch richtige Ausführung von Abdichtungen von befahrbaren Verkehrsflächen in Garagen und Parkdecks.

Die RVS 15.03.12 „Abdichtungssysteme mit Polymerbitumenbahnen" [23] unterscheidet Regel- und Sonderbauweisen. Als Regelbauweise gilt eine zweilagige bituminöse Abdichtung mit Asphaltbeton oder Gussasphalt mit Reaktionsharz als Primer.

Die Sonderbauweise mit einem einlagigen bituminösen Abdichtungssystem und Gussasphalt wurde bei geringer Nutzung nur im Wohnbau mit geringer Frequenz zugelassen.

Obwohl unzählige Fallbeispiele zeigen, dass Asphalt als alleiniger Tragwerksschutz den Beanspruchungen durch Chlorid und Feuchtigkeit nicht dauerhaft standhält, wird im geförderten Wohnbau immer noch viel zu oft auf diese Sparvariante zurückgegriffen. Bereits nach 10 bis 15 Jahren kann es zu sichtbaren Schäden an den Stützen und Wandfüßen kommen. Die anfängliche Sparvariante in der Errichtung wird dann möglicherweise zur Kostenfalle im Betrieb.

Asphalt ohne Abdichtung ist daher gemäß Richtlinie [1] kein geeigneter Schutz für tragende Bauteile in Garagen.

Als Abdichtungslagen können auch Kunststoffabdichtungen verwendet werden. Bei Polyurethan- oder Polyurea-Spritzfolien mit Asphalt als Schutzbelag wird dann von einem OS-10-System gesprochen.

Alle Ausführungsvarianten sind mit einem mind. 15 cm Hochzug, Klemmleiste und Schutz gegen mechanische Beschädigung auszubilden.

4.6.4 Untergrundvorbereitung

Gemäß RVS 08.07.03 „Technische Vertragsbedingungen" [27] ist die Untergrundvorbereitung wie folgt auszuführen:

Durchführung

Vor der Ausführung erfolgt das Entfernen aller losen Teile, der Zementschlämme oder anderen trennenden Substanzen, wie Verdunstungsschutz und alter Primer.

Folgende Verfahren können angewendet werden:

- Wasserstrahlen,
- Strahlen mit festem Strahlmittel, wie z. B. Kugelstrahlen.

Sonstige Verfahren wie Fräsen, Schleifen oder Stocken sind bei kleinen Einzelflächen, Hochzügen, Kanten o. Ä. erlaubt.

Anforderungen an die vorbehandelte Tragwerksoberfläche

Betonfeuchte: $\leq 4{,}0$ M.-% im Bereich zwischen 2 und 4 cm Tiefe, gemessen mit dem CM-Gerät

Rautiefe: Flämmverfahren: 0,3 bis 1,0 mm

Gießverfahren: 0,3 bis 1,5 mm

Abreißfestigkeit: Mittelwert $\geq 1{,}5$ N/mm^2
Einzelwert $\geq 1{,}3$ N/mm^2

Anforderungen an den aufgebrachten Primer

Für die Primer-Systeme I (Grundierung und Versiegelung), II (Grundierung und Kratzspachtelung), SO 1 (Sonderanwendung auf „jungem Beton") und SO 3 (Sonderanwendung auf „frischem Beton") gelten folgende Anforderungen:

Rautiefe: Flämmverfahren: 0,3 bis 1,0 mm

Gießverfahren: 0,3 bis 1,5 mm

Abreißfestigkeit: Mittelwert $\geq 1{,}5$ N/mm^2
Einzelwert $\geq 1{,}3$ N/mm^2

4.6.5 Asphalteinbau

Die Ausführung erfolgt gemäß RVS 08.16.01 „Anforderungen an Asphaltschichten" [29]. Die Hitzebeständigkeit der Abdichtung beim Einbau des heißen Asphalts muss gewährleistet sein. Mechanische Schäden an der Abdichtung sind zu vermeiden. Als Belag kommen folgende ein-, zwei- oder mehrschichtige Asphaltaufbauten zur Anwendung:

- Gussasphalt: MA
- Asphaltbeton: AC 8 deck oder AC 11 deck

Einschichtiger Asphaltaufbau

- geringe und mäßige Belastung,
- nicht frei bewittert,
- Schutzschicht = Deckschicht,
- Gesamtaufbau min. 100 kg/m^2 (ca. 4,0 cm).

Zweischichtiger Asphaltaufbau

- geringe und mäßige Beanspruchung, frei bewittert,
- hoch und sehr hoch beansprucht,
- Schutzschicht min. 2,0 cm,
- Deckschicht min. 3,0 cm,
- Gesamtaufbau min. 150 kg/m^2 (ca. 6,0 cm).

Rampen

- bis 10 % Neigung: ein- oder mehrlagige Ausführung mit Gussasphalt (Riffelung bzw. Absplitten erforderlich); Asphaltbeton bei maschinellem Einbau möglich,
- über 10 % Neigung: zweilagig mit Gussasphalt erforderlich,
- bei Rampenheizung: zusätzliche Gussasphaltschicht erforderlich.

4.7 Beschichtung mit Inspektionsbuch

4.7.1 Allgemeines

Unter einer Beschichtung ist ein Oberflächenschutzsystem (kurz „OS-System") gemäß den Anforderungen der RL SIB [30] des DAfStb zu verstehen. Die Hauptaufgabe von OS-Systemen in Parkbauten ist es, die befahrbaren Verkehrsflächen vor dem Eindringen von Feuchtigkeit und Chlorid in den Beton zu schützen und eine entsprechend abriebfeste und optisch ansprechende Oberfläche zu bieten. Es gibt verschiedene OS-Systeme für unterschiedliche Anwendungen und Anforderungen. Um verlässliche Eigenschaften, wie z. B. eine bestimmte Rissüberbrückung zu erhalten, müssen die Systeme gemäß ÖNORM EN 1504-2 [31] geprüft sein und eine bestimmte Mindestschichtdicke aufweisen.

In der RL SIB [30] werden zehn verschiedene Oberflächenschutzsysteme definiert mit Angaben zu

- Systembezeichnung,
- Kurzbeschreibung,
- Anwendungsbereiche,
- Eigenschaften,

- Bindemittelgruppen der hauptsächlich wirksamen Oberflächenschutzschicht (kurz „hwO"),
- Regelaufbau,
- Schichtdicke der hwO,
- Rissüberbrückung.

In Tabelle 5 sind die OS-Systeme mit ihren Kurzbeschreibungen und Anwendungsgebieten definiert. Ebenso wurde die Mindestschichtdicke und Schichtdickenzuschlag in Abhängigkeit von der Rautiefe festgelegt.

Bei den OS-Systemen ist grundsätzlich zwischen Hydrophobierung und Beschichtung zu unterscheiden.

Hydrophobierung

Hydrophobierungen (OS 1) bilden keinen Film aus und haben eine zeitlich begrenzte wasserabweisen-

Tabelle 5. Kurzbeschreibung und Anwendungsbereiche der OS-Systeme gemäß RL SIB [30]

Systembezeichnung	Kurzbeschreibung	Anwendungsbereich
OS 1	Hydrophobierung	bedingter Feuchteschutz bei vertikalen und geneigten freibewitterten Betonbauteilen, z. B. Brückenkappen, Stützwände; nicht wirksam bei drückendem Wasser
OS 2	Beschichtung für nicht begeh- und befahrbare Flächen (ohne Kratz- und Ausgleichsspachtelung)	vorbeugender Schutz von freibewitterten Betonbauteilen mit ausreichendem Wasserabfluss auch im Sprühbereich von Auftausalzen
OS 4	Beschichtung mit erhöhter Dichtigkeit für nicht begeh- und befahrbare Flächen (mit Kratz- und Ausgleichsspachtelung)	freibewitterte Betonbauteile auch im Sprühbereich von Auftausalzen. Regelmäßnahme bei Instandsetzungen nach den Korrosionsprinzipien W und C, wenn der Untergrund rissfrei ist
OS 5a OS 5b	Beschichtung mit geringer Rissüberbrückungsfähigkeit für nicht begeh- und befahrbare Flächen (mit Kratz- bzw. Ausgleichsspachtelung)	freibewitterte Betonbauteile mit oberflächigen Rissen und im Sprühbereich von Auftausalzen
OS 7	Beschichtung unter Dichtungsschichten für begeh- und befahrbare Flächen	Grundierungen, Versiegelungen, Kratzspachtelungen als Teil der Abdichtung von Brücken und ähnlichen Bauwerken
OS 8	chemisch widerstandsfähige Beschichtung für befahrbare, mechanisch stark belastete Flächen	alle mechanisch und chemisch beanspruchten Betonflächen, z. B. Fahrbahnen, Industrieböden, Behälterwandungen
OS 9	Beschichtung mit erhöhter Rissüberbrückungsfähigkeit für nicht begeh- und befahrbare Flächen (mit Kratz- und Ausgleichsspachtelung)	freibewitterte Betonbauteile mit oberflächennahen Rissen und/oder Trennrissen auch im Sprüh- oder Spritzbereich von Auftausalzen
OS 10	Beschichtung als Dichtungsschicht mit hoher Rissüberbrückung unter Schutz- und Deckschichten für begeh- und befahrbare Flächen	Abdichtung von Betonbauteilen mit Trennrissen und planmäßiger mechanischer Beanspruchung, z. B. Brücke, Trog- und Tunnelsohlen, u. ä. Bauwerken wie Parkdecks
OS 11	Beschichtung mit erhöhter dynamischer Rissüberbrückungsfähigkeit für begeh- und befahrbare Flächen	freibewitterte Betonbauteile mit oberflächennahen Rissen und/oder Trennrissen und planmäßiger mechanischer Beanspruchung auch im Sprüh- oder Spritzwasserbereich von Auftausalzen, z. B. Parkhaus-Freidecks und Brückenkappen
OS 13	Beschichtung mit nicht dynamischer Rissüberbrückungsfähigkeit für begeh- und befahrbare, mechanisch belastete Flächen.	mechanisch und chemisch beanspruchte, überdachte Betonbauteile mit oberflächennahen Rissen auch im Einwirkungsbereich von Auftausalzen, z. B. geschlossene Parkgaragen und Tiefgaragen

de Wirkung. Sie sind als alleiniger Schutz für befahrbare Garagenflächen keinesfalls ausreichend.

Beschichtungen

Bei den Garagenbeschichtungen gibt es starre (OS 8) und rissüberbrückende Systeme (OS 13, OS 11a und OS 11b).

Systeme OS 7 und OS 10

Beim OS 7 und OS 10 handelt es sich um keine eigenständigen OS-Systeme, sondern um Dichtschichten, da sie nur in Kombination mit Schutz- und Deckschichten wie Gussasphalt oder Beschichtung anzuwenden sind.

4.7.2 Unterschiede Reaktionsharze

Als Bestandteile von Garagenbeschichtungen können verschiedene Reaktionsharze und auch Kombinationen davon mit unterschiedlichen Merkmalen zur Anwendung kommen. Bei den in der Folge angeführten Eigenschaften handelt es sich um eine Auswahl an besonders typischen Charakteristika [32]:

Epoxide (EP)

– hohe Festigkeit,
– hohe Klebekraft,
– Schlag- und Verschleißfestigkeit.

Polyurethane (PUR)

– Verwendung für rissüberbrückende Beschichtungen,
– hohe Festigkeit,
– Härte und Dehnbarkeit ist einstellbar.

Polymethylmethacrylat (PMMA)

– hohe Härte und Festigkeit,
– zähelastisch,
– schnellhärtend, quasi sofort belastbar,
– Geruchsbildung beim Auftragen,
– härtet auch bei tiefen Temperaturen (bis $-10\,°C$).

Polyurea

– Verwendung als Spritzbeschichtung im Heißspritzverfahren,
– hohe Dehnbarkeit,
– schnelle Verarbeitbarkeit,
– permanente Wasserbeständigkeit,
– Verarbeitungstemperatur von $-10\,°C$ bis $+60\,°C$,
– temperaturbeständig von $-30\,°C$ bis $+150\,°C$.

4.7.3 Anwendung und Aufbau der OS-Systeme

OS-Systeme bestehen aus mehreren Schichten und werden in verschiedenen Arbeitsschritten aufgebracht. Die einzelnen Schichten müssen untereinander einen starken Verbund eingehen, damit die erforderlichen Haftzugwerte erreicht werden [33, 34].

Epoxispachtelung

– für Fehlstellen,
– kleine Gefälleausbildungen.

Kratzspachtel

– Poren, Lunker schließen,
– bei zu hoher Untergrund-Rauigkeit,
– in manchen Fällen bei rückwärtiger Durchfeuchtung,
– Egalisierung von Unebenheiten,
– Auftrag auf frische Grundierung ohne Abstreuung.

Grundierung

– Haftvermittler zum Untergrund,
– Verbundwirkung zur nächsten Schicht,
– evtl. Staubbindung,
– Verfestigung des Betons im oberflächennahen Bereich,
– Abstreuung mit Quarzsand (Korn an Korn).

hwO – hauptsächlich wirksame Oberflächenschutzschicht

auch Verschleißschicht oder Einstreuschicht genannt, besitzt eine oder mehrere der folgenden Eigenschaften:

– Wasserdichtigkeit,
– Rissüberbrückung,
– Verschleißfestigkeit,
– Widerstandsfähigkeit gegenüber mechanischer und chemischer Beanspruchung,
– Wasserdampfdurchlässigkeit.

Versiegelung

auch Deck- oder Kopfversiegelung genannt

– Schutz der hwO vor äußeren Einwirkungen,
– Einbindung des Abstreukorns,
– Erhöhung des Verschleißwiderstands,
– farbliche Gestaltung.

Spritzfolie

Beschichtung aus Polyurethan oder Polyurea wird mit einem Zwei-Komponenten-Mischgerät unter hohem Druck mit einer Mischdüse aufgespritzt.

4.7.4 Eigenschaften von OS-Systemen

Grundsätzlich werden die Eigenschaften von Beschichtungen in sogenannten Grundprüfungen nach der RL SIB [30] definiert und gemäß EN 1504-2 [31] geprüft. Die festgelegten Prüfverfahren für die einzelnen Eigenschaften sind aber nicht immer ganz praxisnah angelegt, z. B. zur Abriebfestigkeit. Mittlerweile gibt es Forschungsberichte zur Verschleißfestigkeit [35, 36] mit neuen Prüfverfahren zu verschiedenen Eigenschaften von Beschichtungen, in denen versucht wird, aussagekräftigere Ergebnisse für die praktische Anwendung zu erzielen.

Abriebfestigkeit

Befahrbare Beschichtungen in Garagen und Parkdecks erfahren, vor allem durch die mechanische Belastung, einen Materialverlust an der Oberfläche. Dies erfolgt hautsächlich durch abgeschliffene Kornspitzen oder ausgebrochene Quarzkörner. Diese Bereiche können sich verdichten und am Ende zum Abtrag der Versiegelung und in der Folge zur Zerstörung der gesamten Verschleißschicht führen. Die Geschwindigkeit und das Ausmaß des Abriebs können sehr verschieden sein, je nach OS-System und Produktwahl.

Viele verschiedene Parameter können Einfluss auf das Verschleißverhalten der applizierten Beschichtung nehmen:

- Untergrundbeschaffenheit,
- Lage im Bauwerk,
- Materialeigenschaften,
- mechanische Beanspruchung,
- Verarbeitungsqualität,
- Dicke der Kopfversiegelung,
- Art der Einstreuung,
- Schichtdicken,
- Belastung durch Feuchtigkeit.

Feuchteempfindlichkeit bei der Verarbeitung

Die klimatischen Bedingungen, insbesondere die relative Luftfeuchtigkeit während des Beschichtungsauftrags, können von großer Relevanz für die Dauerhaftigkeit des OS-Systems sein. Die Verarbeitungsbedingungen vor Ort sind daher streng einzuhalten und zu dokumentieren. Die genauen Parameter sind den Systemdatenblättern bzw. technischen Merkblättern zu entnehmen.

Rissüberbrückungsfähigkeit

Die Fähigkeit zur Rissüberbrückung wird unterteilt in gering, erhöht dynamisch und hoch. Die Beschichtung hat auch die Aufgabe Risse aus dem Untergrund zu überbrücken (ausgenommen beim OS-8-System). Statische oder dynamische Risse im Stahlbetontragwerk können hervorgerufen werden durch Zwänge, wie Änderungen bei der Temperatur, oder infolge von Lastbeanspruchung. Unter Beanspruchung kann sich der Riss weiter verändern, durch Breitenänderung, Scherung oder Höhenversatz oder auch eine Kombination daraus. Folglich ergeben sich unterschiedliche Beanspruchungen an die Anforderungen der Beschichtung, die in den Rissüberbrückungsklassen (s. Tabelle 8) geregelt sind.

Brandverhalten B_{fl}

In Österreich muss gemäß der Richtlinie OIB 2.2 „Brandschutz bei Garagen, überdachten Stellplätzen und Parkdecks" [11] die Klassifizierung des Brandverhaltens als B_{fl} nach der EN 13501-1:2010-01 „Klassifizierung von Bauprodukten und Bauarten zu ihrem Brandverhalten" [37] erfüllt und die brandschutztechnische Eignung nachgewiesen werden.

Rutschfestigkeit

Gemäß der Richtlinie OIB 4 „Nutzungssicherheit und Barrierefreiheit" [38] müssen allgemein zugängliche Bereiche „über eine dem Verwendungszweck entsprechend ausreichend rutschhemmende Oberfläche verfügen."

In der ÖNORM Z 1261 [39] ist die Messung des Gleitreibungskoeffizienten für begehbare Oberflächen geregelt.

4.7.5 Auswahl des geeigneten OS-Systems

Die Auswahl der Systeme sollte vom Planer in Abstimmung mit Spezialisten wie z. B. Produktberater der Herstellerfirmen unter Berücksichtigung der spezifischen Eigenschaften erfolgen.

Folgende Faktoren sind bei der Auswahl des geeigneten OS-Systems zu beachten:

- Funktion des Bauteils
  - Zwischendecke
  - Bodenplatte
  - Freideck
  - Rampe
  - Doppelparkergruben
- Rissüberbrückungsfähigkeit, Einwirkungsbereich von Tausalz
- Befahr- und Begehbarkeit
- Dichtigkeit
- Verschleißfestigkeit.

Aufgrund erhöhter mechanischer Beanspruchungen kann es in Kurven- und Einfahrtsbereich höhere Anforderungen an die Verschleißfestigkeit geben.

Um das geeignete OS-System und Produkt zu finden, ist jedes Bauteil getrennt zu betrachten. Dabei kann es hilfreich sein, eine Checkliste wie in Tabelle 6 zu verwenden, um die Anforderungen an die

Tabelle 6. Checkliste zur Auswahl des OS-Systems

Checkliste	Umgebungsbedingungen							Anforderungen an die Beschichtung									OS-System
Bauteil								Rissüberbrückung					Verschleiß				
	Gefälle	Entwässerung	Grundwasserbereich	Befahrbarkeit	erhöhte mech. Beanspruchung	Frost, z. B. Parkdecks	hohe Temp.-Differenz, z. B. Parkdecks	keine	gering	erhöht	dynamisch	Dichtigkeit	gering	hoch	Zugänglichkeit	Inspektion möglich	Auswahl OS-System bzw. Produkt
Zwischendecke			✓														
Bodenplatte																	
Rampe																	
Freideck			✓														
Sonderfälle																	
Weiße Wanne																	
wärmeged. Freideck																	
Doppelparkergruben				✓	✓										✓		
Pallettenparkanlagen																	
……																	

Beschichtung für jedes Bauteil zu definieren und mit den Eigenschaften der Produkte abzugleichen. Die Checkliste soll auch verdeutlichen, welche verschiedenen Umgebungsbedingungen möglich sind und damit unterschiedliche Anforderungen an die Beschichtungen zu berücksichtigen sind.

Die Ausbildung von Gefälle und Entwässerung spielen bei dieser Analyse der Umgebungsbedingungen die größte Rolle, aber es sollte auch überlegt werden, ob die Zugänglichkeit an jeder Stelle gegeben ist, z. B. bei mechanischen Einbauteilen wie Doppelparkergruben oder Pallettenparkanlagen.

Abhängig von der Rautiefe der Betonoberfläche sind die Mindestschichtdicken der OS-Systeme gemäß RL SIB [30] evtl. mit einem Schichtdickenzuschlag zu erhöhen, wodurch sich der Materialverbrauch erhöhen kann. Die für die Bauausführung relevanten Mindestschichtdicken (ohne einen möglichen Schichtdickenzuschlag) sind der Tabelle 7 bzw. jeweils den Anweisungen der jeweiligen Beschichtungshersteller zu entnehmen. Hier wurden auch die wesentlichen Parameter der OS-Systeme in Bezug zur Befahrbarkeit und ihrer Anwendung für Verkehrsbauwerke mit ihren Eigenschaften aufgelistet.

Zum besseren Verständnis werden die für Garagen und Parkdecks relevanten Rissüberbrückungsklassen in Tabelle 8 näher erläutert.

Für die Rissüberbrückungsfähigkeit eines OS-Systems werden in der RL SIB [30] die Prüfbedingungen festgelegt. Hier handelt es sich um Laborbedingungen, bei denen bestimmte Temperaturen und Lastwechsel genau einzuhalten sind. Wird eine Beschichtung auf den Betonuntergrund appliziert, kommen zusätzliche Parameter hinzu, wie Abreißfestigkeit des Betons, Rautiefe, Bauteil- und Lufttemperatur. Luftfeuchtigkeit sowie mögliche unvorhersehbare Witterungseinflüsse wie Regen können das Ergebnis ebenfalls beeinflussen.

Tabelle 7. OS-Systeme gemäß RL SIB [30]

System-bezeich-nung	Anwendung	Bauwerke wie z. B.	begeh-bar	befahr-bar	Rissüber-brückung	Rissüber-brückungs-klasse	max. Riss-breite	Prüftemp.	Mindestschicht-dicke
OS 2	freibewitterte Betonbauteile mit ausreichendem Wasserabfluss, auch im Sprühbereich von Auftausalzen								80 µm
OS 4	freibewitterte Betonbauteile, auch im Sprühbereich von Auftausalzen								80 µm
OS 5a	freibewitterte Betonbauteile mit oberflächennahen Rissen, auch im Sprühbereich von Auftausalzen				gering	I_T	0,15 mm	−20 °C	300 µm
OS 5b									2000 µm
OS 7	Grundierungen, Versiegelungen, Kratzspachtelungen als Teil der Abdichtung von Brücken u. ä. Bauwerken	Brücken u. ä. Bauwerke	ja	ja					
OS 8	alle mechanisch und chemisch beanspruchten Betonflächen	Fahrbahnen	ja	ja					2500 µm Gesamt-schichtdicke
OS 9	freibewitterte Betonbauteile mit oberflächennahen Rissen und/oder Trennrissen auch im Sprüh- oder Spritzbereich von Auftausalzen				erhöht	II_{T+V}		−20 °C	1000 µm

Tabelle 7. OS-Systeme gemäß RL SIB [30] (Fortsetzung)

System-bezeichnung	Anwendung	Bauwerke wie z. B.	begeh-bar	befahr-bar	Rissüber-brückung	Rissüber-brückungs-klasse	max. Rissbreite	Prüftemp.	Mindestschicht-dicke
OS 10	Beschichtung als Dichtungsschicht unter Schutz- und Deckschichten wie z. B. Gussasphalt oder Deckschicht und Versiegelung, Abdichtung von Betonbauteilen mit Trennrissen und planmäßiger mechanischer Beanspruchung	Parkdeck	ja	ja	hoch	IV_{T+V}	0,40 mm		
OS 11 a	freibewitterte Betonbauteile mit oberflächennahen Rissen und/oder Trennrissen und planmäßiger mechanischer Beanspruchung auch im Sprüh- oder Spritzbereich von Auftausalzen	Freideck	ja	ja	erhöht, dynam.	II_{T+V}	0,3 mm bzw. 0,2 mm unter Temp.- u. Lastbeanspr.	−20 °C	3000 µm 1500 µm
OS 11 b		Parkdeck							4000 µm
OS 13	mechanisch und chemisch beanspruchte, überdachte Betonbauteile mit oberflächennahen Rissen auch im Einwirkungsbereich von Auftausalzen	Geschlossene Park- und Tiefgaragen	ja	ja	statisch	A1	0,10 mm	−10 °C	2500 µm Gesamtschichtdicke
	OS-Systeme für befahrbare Verkehrsflächen								

Tabelle 8. Rissüberbrückungsklassen gemäß RL SIB [30]

Rissüberbrückungsklasse	Rissüberbrückungsfähigkeit	Rissart und -verhalten	max. Rissbreitenveränderung	max. Rissbreite	verkehrsbedingte Rissbreitenänderung	temperaturbedingte Rissbreitenänderung	OS-System
I_T	gering	vorhandene und nachträglich entstehende oberflächennahe (Schwind-) Risse, Bewegung unter Temperaturbeanspruchung	0,05 mm	0,15 mm	—	0,05 mm	OS 5
II_{T+V}	erhöht	vorhandene und nachträglich entstehende oberflächennahe (Trenn-) Risse, Bewegung unter Temperatur- und Lastbeanspruchung, (überlagerte Rissbreitenwechsel mit Sinusfunktion aus Temperatur- u. Lastbeanspruchung aus Verkehr (T+V))	0,2 mm	0,3 mm	± 0,05 mm	0,2 mm	OS 9 OS 11
A1	statisch	vorhandene und nachträglich entstehende Risse	—	0,1 mm	—	—	OS 13

Es ist daher von großer Bedeutung für den Erfolg, die angegebenen Umgebungs- sowie die Verarbeitungsbedingungen der Anleitungen des Herstellers genau einzuhalten.

Die tatsächliche Rissüberbrückungsfähigkeit der Beschichtung ist abhängig von der applizierten Gesamtschichtdicke. Daher ist ein gleichmäßiger ebener Untergrund sowie bei einer erhöhten Rautiefe eine Kratzspachtelung bzw. ein entsprechender Schichtdickenzuschlag erforderlich. Die Gesamtschichtdicke sollte über der gesamten Fläche eingehalten und stichprobenartig überprüft werden.

Aufgrund der Komplexität der Beschichtungssysteme und deren Anwendung werden in der aktuellen Richtlinie vornehmlich rissüberbrückende OS-11b- oder OS-11a-Systeme als Schutz des Tragwerks empfohlen. Sie verursachen den geringsten Wartungsaufwand, da ein nachträgliches Bandagieren von Rissen nicht von vornherein eingeplant wird. Gleichzeitig ist mit einer jährlichen Inspektion sicherzustellen, dass keine Risse oder Abnutzungen in der Beschichtung aufgetreten sind. Unter dieser Bedingung wurde eine Gleichwertigkeit zur Abdichtung definiert:

„Beschichtungen der Systeme OS 11 in zwingender Kombination mit jährlicher Inspektion und Wartung, gemäß dieser Richtlinie ausgeführt, sind als gleichwertiger Schutz zu einer Abdichtung mit Asphaltbau gemäß Kapitel 6 anzusehen." [1]

Dies schließt jedoch nur die OS-Systeme OS 11b und OS 11a mit jährlicher Inspektion ein, da sie eine erhöhte dynamische Rissüberbrückung aufweisen. Starre Systeme wie OS 8 fallen nicht in diese Kategorie.

Grundsätzlich können, wenn keine Rissweitenbewegungen mehr zu erwarten sind, z. B. bei Instandsetzungen, auch die Systeme OS 8 oder OS 13 zur Anwendung kommen. Diese sind verschleißfester als OS-11-Systeme, bieten dafür aber keine oder nur geringe Rissüberbrückung. Mit einer zweimal jährlich durchgeführten Inspektion sollen unerwartete Risse möglichst rasch erfasst werden und durch Bandagen geschlossen werden. Dies birgt jedoch ein größeres Risiko des Chlorideintrags. Eine Entscheidung, ob vom empfohlenen OS-11-System abgewichen werden kann, ist durch den Tragwerksplaner zu treffen, mit entsprechenden Hinweisen für den Auftraggeber auf den höheren Wartungsaufwand.

Für Rampenbeschichtungen werden in der Richtlinie OS-8- und OS-13-Systeme genannt. Diese sind jedoch nicht oder nur gering rissüberbrückend, daher sind hier vom Tragwerksplaner Maßnahmen gegen Rissbildung zu setzen.

Die Verwendung von OS-11-Systemen auf Rampen ist unüblich, denn sie haben aufgrund ihrer hohen Schichtstärke ein zu starkes Fließverhalten auf der geneigten Fläche. Der Einsatz von einem Stellmittel würde ein Verlaufen der Verschleißschicht nicht mehr möglich machen und damit wäre ein homogener Auftrag mit einer gleichmäßigen Schichtstärke nur schwer sicherzustellen.

4.7.6 Oberflächenschutzsysteme

Gemäß RL SIB [30] sind folgende OS-Systeme für befahrene Verkehrsflächen relevant und näher beschrieben:

Oberflächenschutzsystem OS 8

Kurzbeschreibung: starre Beschichtung für befahrbare, mechanisch stark belastete Flächen.

Anwendungsbereiche: alle mechanisch und chemisch beanspruchten Betonflächen, z. B. Fahrbahnen, Rampen, Industrieböden.

Eigenschaften

gefordert:

- Verhinderung der Aufnahme von in Wasser gelösten Schadstoffen,
- Verbesserung der Chemikalienbeständigkeit,
- Verbesserung des Verschleißwiderstands,
- Verbesserung des Frost- oder Frost-Tausalzwiderstands,
- Verbesserung der Griffigkeit,
- Erhöhung der Schlagfestigkeit;

nicht gefordert:

- Verhinderung der Kohlendioxiddiffusion,
- starke Reduzierung der Wasserdampfdiffusion.

Bindemittelgruppen der hwO: Epoxidharz

Regelaufbau

1) Grundierung (ein OS 8 ohne Grundierung ist nicht vorgesehen),
2) verschleißfeste, ggf. vorgefüllte Oberflächenschutzschicht abgestreut, ggf. mehrlagig,
3) ggf. Deckversiegelung.

Oberflächenschutzsystem OS 13

Kurzbeschreibung: Beschichtung mit nicht dynamischer Rissüberbrückungsfähigkeit für begeh- und befahrbare, mechanisch belastete Flächen.

Anwendungsbereiche: mechanisch und chemisch beanspruchte, überdachte Betonbauteile mit oberflächennahen Rissen auch im Einwirkungsbereich von Auftausalzen, z. B. geschlossene Parkgaragen und Tiefgaragen.

Eigenschaften

gefordert:

- Verbesserung der Chemikalienbeständigkeit,
- Verminderung des Verschleißes,
- Schlagverhalten (impact resistance),
- zusätzlich, je nach Anforderung: Eignung bei rückseitiger Durchfeuchtung.

Bindemittelgruppen der hwO

- modifiziertes Epoxidharz,
- Polyurethan,
- 2-K-Polymethylmethacrylat.

Regelaufbau

1) Grundierung,
2) verschleißfeste, ggf. vorgefüllte Oberflächenschutzschicht abgestreut, ggf. mehrlagig,
3) ggf. Deckversiegelung.

Oberflächenschutzsysteme OS 11 – OS 11b und OS 11a

Kurzbeschreibung: Beschichtung mit erhöhter dynamischer Rissüberbrückungsfähigkeit für begeh- und befahrbaren Flächen.

Anwendungsbereiche: freibewitterte Betonbauteile mit oberflächennahen Rissen und/oder Trennrissen und planmäßiger mechanischer Beanspruchung auch im Sprüh- oder Spritzwasserbereich von Auftausalzen, z. B. Parkhaus-Freidecks und Brückenkappen. Bei befahrenen Freidecks darf nur Aufbau OS 11a eingesetzt werden.

Eigenschaften

gefordert:

- Verbesserung des Frost-Tausalzwiderstands,
- Verbesserung der Griffigkeit,
- Verbesserung des Frost-Widerstands;

nicht gefordert:

- Verhinderung der Kohlendioxiddiffusion,
- starke Reduzierung der Wasserdampfdiffusion.

Bindemittelgruppen der hwO

- Polyurethan,
- modifiziertes Epoxidharz,
- 2-K-Polymethylmethacrylat.

Regelaufbau OS 11b

1) Grundierung,
2) verschleißfeste, vorgefüllte* Oberflächenschutzschicht abgestreut, (hwO),

*nur durch Abstreuen gefüllte Schicht ist nur bei gelegentlichem Begang zulässig

*abhängig von der Viskosität (mind. 20 M.-%)

3) Deckversiegelung,
4) ggf. Abstreuung und zweite Deckversiegelung.

Regelaufbau OS 11a

1) Grundierung,
2) nicht vorgefüllte elastische Oberflächenschutzschicht (hwO), nicht abgestreut,
3) Verschleißfeste, vorgefüllte* Deckschicht, abgestreut (hwO),

   *nur durch Abstreuen gefüllte Schicht ist nur bei gelegentlichem Begang zulässig

   *abhängig von der Viskosität (mind. 20 M.-%)
4) ggf. Deckversiegelung.

Oberflächenschutzsystem OS 10

Kurzbeschreibung: Beschichtung als Dichtungsschicht mit hoher Rissüberbrückung unter Schutz- und Deckschichten für begeh- und befahrbare Flächen.

Anwendungsbereiche: Abdichtung von Betonbauteilen mit Trennrissen und planmäßiger mechanischer Beanspruchung z. B. Brücke, Trog- und Tunnelsohlen u. ä. Bauwerken wie Parkdecks.

Eigenschaften

gefordert:

– Verhinderung der Wasseraufnahme,
– Verhinderung des Eindringens beton- und stahlangreifender Stoffe,
– dauerhafte Rissüberbrückung vorhandener und neu entstehender Trennrisse unter temperatur- und lastabhängigen Bewegungen,
– Hitzebeständigkeit bis 250 °C (kurzzeitig),
– Übertragung von Schubkräften aus Verkehr über Gussasphaltschutzschicht.

Bindemittelgruppen der hwO

Polyurethan und andere.

Regelaufbau

1) Grundierung,
2) Versiegelung,
3) Kratzspachtelung,
4) ggf. Haftvermittler,
5) Dichtungsschicht (hwO),
6) ggf. Verbindungsschicht,
7) Gussasphalt, in bestimmten Fällen ist auch eine verschleißfeste, vorgefüllte, ggf. abgestreute Deckschicht, ggf. mit Deckversiegelung möglich; die RL SIB [30] enthält dafür jedoch keine Prüfvorschriften.

4.7.7 Erhöhung der Verschleiß- und Abriebfestigkeit

In der Praxis haben sich zwei mögliche Varianten für die Erhöhung der Verschleißfestigkeit herausgestellt:

– Verwendung von Quarzsand 0,7 bis 1,2 mm anstelle 0,3 bis 0,9 mm mit der damit einhergehenden Erhöhung des Materialverbrauchs,

– Aufbringen einer zusätzlichen Deckversieglung in mechanisch hoch beanspruchten Bereichen wie z. B. Kurven- oder Einfahrtsbereichen. Dabei wird die erste Lage Deckversiegelung mit Quarzsand 0,7 bis 1,2 mm im Überschuss abgestreut und innerhalb des Überarbeitungsfensterns eine zweite Deckversiegelung aufgebracht.

4.7.8 Hohlkehlen und Hochzüge

Hohlkehlen und Hochzüge wurden lange Zeit vernachlässigt und nur ausgeführt, wenn diese gesondert in der Leistungsbeschreibung mit einer Position vermerkt sind. Doch wie bei Abdichtungen ist eine Beschichtung ohne Hohlkehle und Hochzug kein ausreichender Schutz für ein befahrbares Tragwerk. Jeder Übergang in der befahrenen Verkehrsfläche von der Vertikalen in die Horizontalen bzw. überall, wo Spritzwasser hingelangen kann, ist mit einer Hohlkehle und einem mind. 15 cm Hochzug zu schützen.

Die Hohlkehle dient dabei dem Schutz der Kante oder dem Ichsel. Besonders in offenen Betonrinnen verbleibt an einer 90°-Kante zu wenig Beschichtungsmaterial und die Schichtdicke wird dabei unterschritten. Ein 45°-Hohlkehle soll die ausreichende Materialstärke sicherstellen. Werden die Abschrägungen in Beton ausgebildet, so sind entgratete und saubere Kanten erforderlich.

Bevor Hochzüge ausgebildet werden, ist der Untergrund im Stützen- oder Wandfußbereich zu überprüfen und ggf. Hohlstellen, Betonnester oder Lunker mit einem Instandsetzungsmörtel der Belastungsklasse R 3 (statische Belastungen) oder R 4 (besonders hohe statische Belastungen und Belastungen durch Frost, Frost-Taumittel bzw. bei erhöhten Schwindspannungen) instand zu setzen (siehe ÖNORM EN 1504-3 [40]).

Die Ausbildung des Hochzugs ersetzt nicht die Untergrundvorbereitung. Nur ein dichter Beton verzögert beim Auftreten eines Risses im Hochzugbereich das Eindringen von Chloriden.

Hochzug im Oberflächenschutzsystem OS 8 bzw. OS 13

„In der Regel sind bei den Systemen OS 8 + OS 13 die vorab hergestellte Hohlkehle und der Hochzug mit einer Lage Grundierung und 2 Lagen der Deckversiegelung auszuführen." [1]

Folgende praktische Hochzugausführung in OS 8 bzw. OS 13 leitet sich daraus ab:

- Untergrundvorbereitung: Schleifen der Wandoberfläche im Hochzugbereich,
- Grundierung,
- Versiegelung mit Quarzsand abgestreut,
- Versiegelung.

Hochzug im Oberflächenschutzsystem OS 11b

„Bei den Systemen OS 11 + OS 10 ist die vorab hergestellte Hohlkehle sowie der Hochzug gemäß der abdichtenden Systemkomponenten herzustellen. Dabei muss die Einstreuschicht nicht wie in der vom System geforderten Schichtdicke hergestellt werden." [1]

Gemäß Richtlinie sind Hochzüge mind. 15 cm hoch und mit Hohlkehle im System auszuführen. Als Empfehlung für die Höhe des Hochzugs im Spritzwasserbereich wird 50 cm angemerkt, gemäß Richtlinie handelt es sich dabei um eine OS-4-Beschichtung.

Folgende praktische Hochzugausführung in OS 11b leitet sich daraus ab:

- Untergrundvorbereitung: Schleifen der Wandoberfläche im Hochzugbereich,
- Grundierung,
- Dichtungsschicht, mit Stellmittel, ohne Abstreuung,
- Versiegelung.

4.8 Fugen

4.8.1 Allgemeines

Grundsätzlich können folgende Fugenarten unterschieden werden:

- Bewegungsfugen zur Aufnahme von Dehnungen und Setzungen,
- Arbeitsfugen als Betonierabschnittsfugen,
- Stoß- und Anschlussfugen zwischen Fertigteilen,
- Scheinfugen als Sollbruchstellen in Estrichen.

Die Richtlinie [1] beschränkt sich auf die Befassung mit Bewegungsfugen, da diese Fugen in befahrenen Verkehrsflächen ganz besonderen Anforderungen unterliegen und es schwierig ist, in technischen Richtlinien Anleitungen für die Planung und Ausführung zu finden. Daher ist für die Bewegungsfugen ein eigenes Kapitel vorgesehen.

Die Anforderungen an Dehnfugen beschränken sich nicht nur auf die Aufnahme der Verkürzungen, Ausdehnungen und Setzungen; sie müssen vor allem den mechanischen Beanspruchungen durch das häufige Befahren standhalten. Dabei können sie an neuralgischen Punkten, wie der Ein- und Ausfahrt oder am Fußpunkt einer Rampe, durch Brems-, Beschleunigungs- und Scherkräfte großen dynamischen Kräften ausgesetzt sein. Deshalb spielt die Flüssigkeitsdichtheit und Robustheit der Fugenkonstruktion eine wichtige Rolle.

Wesentlich für die Dauerhaftigkeit von Dehnfugen und damit der Parkbauten ist zum einem die richtige Wahl des Produkts, die mit unterschiedlichen Materialien angeboten werden und zum anderen der technisch richtige Einbau. Ein gutes Produkt kann schlecht eingebaut werden. Es zeigt sich, dass beide Parameter gleichbedeutend sind. Erst durch langjährige Beobachtung und Erfahrung lassen sich geeignete Produkte von weniger geeigneten Produkten unterscheiden.

Üblicherweise entscheidet leider nur der Preis über die Wahl des Produkts. Die Folge sind hohe Wartungs- und Instandsetzungskosten bei den Fugenprofilen selbst und auch Korrosionsschäden an genau jenen Bereichen der Tragwerkkonstruktion, die für Sanierungen nur schwer zugänglich sind.

4.8.2 Planung

Fugen segmentieren den Baukörper und sorgen dafür, dass die Auswirkungen von Temperaturunterschieden geordnet aufgenommen werden können.

Sind Parkbauten Veränderungen der Temperatur ausgesetzt, so kommt es zu einer Ausdehnung oder Verkürzung des Bauteils und bei Behinderung zu Spannungen. Bewegungsfugen werden angeordnet, um Spannungen und Risse durch Längenänderungen zu vermeiden und durch unterschiedliche Setzungen verursachte horizontale Verschiebungen aufzunehmen. Die Berücksichtigung von Längenänderungen ist vor allem in langgezogenen Parkbauten und bei großen Temperaturunterschieden ausgesetzten Hochgaragen erforderlich.

Bewegungsfugen sind vom Tragwerksplaner im erforderlichen Ausmaß und zur Aufnahme der möglichen Bewegungen vorzugeben und zu berechnen. In Parkhäusern ist zusätzlich zu berücksichtigen, dass die Stirnseiten der Betonkonstruktion Chlorid und Feuchtigkeit sowie Frost ausgesetzt sind. Der Planer hat daher die notwendigen Entscheidungen über die Art der Ausführung zu treffen sowie alle Anschlussdetails in den Plänen bereits vor der Ausführung auszuarbeiten. Diese Aufgabe sollte nicht dem ausführenden Bauunternehmen überlassen werden, da sich zu dem Zeitpunkt der Handlungsspielraum schon stark eingeschränkt hat.

Planungsgrundsätze

Die spezielle Herausforderung bei der Planung von Bewegungsfugen in Parkbauten ist es, alle grundlegenden Planungsgrundsätze einzuhalten.

Im Inneren von Garagen und Parkdecks sind Fugen jeder Art im Fahrbahnbereich gering zu halten und dauerhaft dicht auszuführen, damit keine Wässer mit betonangreifenden Substanzen eindringen können. Grundsätzlich ist zu unterscheiden zwischen befahrenen und unbefahrenen Bewegungsfugen.

Befahrene Fugenkonstruktionen müssen den mechanischen Beanspruchungen standhalten und entsprechend kraftschlüssig mit dem Untergrund verbunden sein, ohne die Bewegungen der Bauteile zu behindern.

Bewegungsfugen

- müssen wasserundurchlässig sein,
- sollen am Hochpunkt angeordnet sein,
- sind mit 15 cm Hochzug auszubilden,
- benötigen eine geeignete Anschlussmöglichkeit für die Abdichtung oder Garagenbeschichtung,
- sollten für Wartungs- und Instandhaltungszwecke frei zugänglich sein,
- müssen jährlich inspiziert werden.

Fugenausbildungen in der Gebäudeabdichtung, die das Tragwerk von außen vor Feuchtigkeit schützen, werden in der Richtlinie [1] nicht weiter erörtert. Sie sind entsprechend den Regelwerken ÖNORM B 3692 [16] und öbv-Richtlinie „Wasserundurchlässige Betonbauwerke – Weiße Wannen" [17] auszubilden.

Aus den Erfahrungen der letzten Jahrzehnte weiß man, dass Dehnfugen oder Teile davon innerhalb von 50 Jahren einer Erneuerung bedürfen. Daraus folgt, dass eine Anordnung über Unterzügen oder in unzugänglichen Bereichen der Konstruktion ungünstig ist. Vielmehr ist bereits in der Planung zu überlegen, wie eine Reparaturmaßnahme durchzuführen wäre. Dehnfugen, die unter Bauteilen, wie z. B. Treppenhauswänden oder Schrammborden,

Bild 23. Komplexe Dehnfugenausbildung

wie in Bild 22 dargestellt, hindurchgehen, erfüllen diese Anforderung nicht.

Komplexe Anordnungen von mehreren Bewegungsfugen, wie in Bild 23 zu sehen, lassen eine Instandsetzung an dieser Stelle zu einer fast unmöglichen Herausforderung werden.

Verschneidungen und Richtungsänderungen in Bewegungsfugen sind daher zu vermeiden.

4.8.3 Ausführung von Bewegungsfugen

Bewegungsfugen gehören zu den größten Problemstellen in Parkbauten. Die Gründe liegen unabhängig von der Materialwahl, der Qualität der Produkte, vor allem am richtigen Einbau bzw. am dichten Anschluss an die Profile.

Grundsätzlich ist für Bewegungsfugen in Abdichtungen die ÖNORM B 3692 [16] anzuwenden. Dehnfugenprofile für bituminöse Abdichtungen sind langjährig erprobt und erfordern immer einen Klebeflansch bzw. einen Dichtflansch.

Der Einbau in Beschichtungen stellt eine komplexe Schnittstelle im Arbeitsablauf dar. Das ausführende Bauunternehmen stellt die Aussparung her, das Dehnfugenprofil wird dann von diesem oder dem Beschichtungsunternehmen eingebaut. Manche Profil- oder Fugenhersteller bauen aber auch selbst ihr Produkt ein, um die Qualität sicherzustellen.

Dabei ist großes Know-how gefragt, denn das Profil muss satt aufliegen, kraftschlüssig verbunden sein und mit schwindfreiem Mörtel vergossen werden. Jedes Schwinden oder Hohlliegen kann zu einer frühzeitigen Erneuerung des Profils führen.

Damit ist aber das Profil noch nicht dicht angeschlossen. Das Beschichtungsunternehmen hat die Aufgabe, einen dichten Anschluss zur Garagenbeschichtung herzustellen. Dies erfolgt über einen sogenannten Beschichtungsflansch.

Bild 22. Wartungsproblem bei Dehnfuge unter Schrammbord

Bild 24. Gerissener Übergang Dehnfuge Boden – Ichsel – Wand

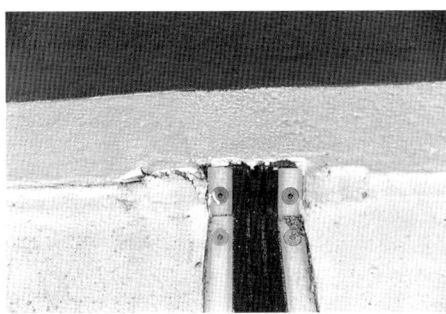

Bild 25. Gerissene Dehnfuge Boden – Ichsel

Bewegungsfugen sind im Übergang zur Wand und in aufgehende Bauteile fortzusetzen, da es sonst unweigerlich zur Rissbildung kommt, wie in den Bildern 24 und 25 zu sehen.

Bei dem Kreuzungspunkt zwischen Rinne und Bewegungsfuge, wie im Bild 26, wurde die Rinne über die Dehnfuge gesetzt. Dies führt dazu, dass die Rigole die Bewegung mitmachen muss und folglich undicht wird. Daher muss bei Kreuzungen immer die Bewegungsfuge durchgeführt und die Rinne unterbrochen werden.

4.9 Qualitätssicherung

4.9.1 Allgemeines

Bei der Qualitätssicherung ist zu unterscheiden zwischen der Überwachung der Bauausführung durch die Örtliche Bauaufsicht, einer Fremdüberwachung durch externe Sachverständige für spezielle Eigenschaften der Bauprodukte sowie der Eigenüberwachung durch die ausführenden Unternehmen.

Der Qualitätssicherung beim Garagenbau kommt vor allem durch die heutige Verwendung von chemischen Bauprodukten eine immer größere Bedeutung zu.

Bild 26. Verschneidung Dehnfuge – Rinne

Die meisten eingesetzten Beschichtungs- als auch Abdichtungsmaterialien dürfen nur in einem ganz bestimmten Temperatur- und Feuchtigkeitsfenster angewendet werden. Sie reagieren vor allem bei niedrigen Temperaturen und zu hoher Feuchtigkeit nicht in der gewünschten Weise. Termindruck, aber auch schlecht geschultes Personal führen manchmal dazu, dass diese Fenster nicht eingehalten werden. Die Folge sind schwerwiegende Mängel wie nicht ausgehärtete Schichten, verminderter Haftzug sowie Veränderungen in der Oberfläche, die z. B. erhöhte Verschmutzungsanfälligkeit verursachen können.

4.9.2 Örtliche Bauaufsicht

Der Aufgabe der ÖBA kommt dabei eine besonders wichtige Rolle zu. Wie in den Abschnitten zuvor beschrieben, sind die Planungsvorgaben des Tragwerksplaners exakt einzuhalten. Insbesondere kommt der Betondeckung, der Verdichtung des Betons sowie der Nachbehandlung eine wichtige Bedeutung zu. Die Erst-, Konformitäts- und Identitätsnachweise des Betons sind daher regelmäßig einzufordern und zu überprüfen.

Generell ist bei der Betoneinbringung zu berücksichtigen, dass entstandene Fehler nach Abschluss des Vorgangs so gut wie nicht behebbar sind, da ein kompletter Abtrag des Betons bei mangelhafter Ausführung in der Praxis selten durchgeführt wird. In der Folge werden Maßnahmen zur Verbesserung eingesetzt; aber der ursprüngliche Sollzustand kann dabei meist nicht mehr auf allen Ebenen erreicht werden. Es ist daher in der Phase des Betonierens besonders viel Augenmerk auf die Qualitätssicherung gemäß der ÖNORM B 4710-1 [13] zu legen.

Für die Qualitätssicherung der Abdichtungsarbeiten ist die RVS 11.06.81 [28] heranzuziehen. Hier werden die erforderlichen Abnahmeprüfungen beschrieben.

Für die Qualitätssicherung der Beschichtung hat sich die Kombination von Eigen- und Fremdüberwachung sehr bewährt.

4.9.3 Eigenüberwachung Beschichtung

Die Eigenüberwachung für Beschichtungen durch den Auftragnehmer vor und während der Ausführung wird in der IBF-Richtlinie „Industrieböden aus Reaktionsharz" [41] beschrieben. Sie beinhaltet den erforderlichen Umfang und die Dokumentation von Prüfungen der Umgebung, dem Untergrund und den Baustoffen. In dieser Richtlinie findet sich auch eine praktische Vorlage für ein Eigenüberwachungsprotokoll.

In der Richtlinie [1] werden alle Prüfungen und deren Häufigkeit im Zuge der Ausführung, der Eigen- und Fremdüberwachung sowie deren Prüfvorschrift zusammengefasst.

Gemäß ÖNORM B 2110 [42] ist die Prüfung des Untergrunds als Nebenleistung in Form einer Prüf- und Warnpflicht durch den Ausführenden der Beschichtung in jedem Fall erforderlich. Bei Zugrundelegung der Richtlinie in der Leistungsbeschreibung ist sichergestellt, dass auch die Dokumentation und Übergabe derselben an den Auftraggeber erfolgen muss. Seitens der ÖBA sollte diese Eigenüberwachung eingefordert und rechtzeitig deren Durchführung überprüft werden.

Bei der Eigenüberwachung ist nach dem Kugelstrahlen der Betonuntergrund auf Mängel, Risse, Hohllagen und Kiesnester sowie die erforderliche Ebenheit des Untergrunds durch den Ausführenden zu untersuchen.

In offenen Betonrinnen, die später beschichtet werden sollen, liegen häufig konstruktive Bewehrungseisen, die der Befestigung der Schalung dienen, oft wochenlang im Wasser und korrodieren, wodurch es zu einer starken Volumenvergrößerung des Stahls kommt. Dieser Vorgang kann sich auch noch nach dem Beschichten fortsetzen und, wie in Bild 27 zu sehen, zu einer Zerstörung der Beschichtung von innen führen. Daher sind alle Hilfseisen in der Boden- oder Rinnenfläche mindestens 1 bis 2 cm tief freizulegen und abzuschneiden, damit es in der Folge nicht zur Aufplatzung der Beschichtung von innen her kommt.

Die erforderliche Betonabreißfestigkeit ist mit mindestens einer Prüfserie je Betonierabschnitt bzw. mind. 1 Prüfserie pro 500 m² zu prüfen. Die verwendeten Baustoffe sind mithilfe von Merkblättern, Sicherheitsdatenblättern, Systemkomponentenbeschreibungen, Lieferscheinen etc. zu dokumentieren. Während der Ausführung sind die Umstände der Leistungserbringung, wie Taupunkt, Temperatur und Luftfeuchtigkeit mehrmals täglich zu prüfen und zu dokumentieren. Die Nassschichtdicke und die Haftzugfestigkeit der Beschichtung sowie eine optische Prüfung auf Blasen- und Hohlstellenfreiheit sind ebenfalls in Eigenverantwortung zu überprüfen.

4.9.4 Fremdüberwachung Beschichtung

Die Fremdüberwachung für Beschichtungen vor und während der Ausführung wird ebenfalls in der

Bild 27. Rostende Eisen in offenen Betonrinnen können die Beschichtung zerstören

IBF-Richtlinie „Industrieböden aus Reaktionsharz" [41] beschrieben.

Aufgrund der Komplexität der chemischen Produkte ist es für den Bauherrn empfehlenswert, eine Fremdüberwachung, also einen qualifizierten und unabhängigen Prüfer, mit der Überwachung der vertraglich vereinbarten Leistung zu beauftragen. Der genaue Umfang der Fremdüberwachung ist dabei entsprechend dem Leistungsumfang des Beschichtungsunternehmens zu definieren. Er ist abhängig von der Größe und Art des Objekts sowie den Anforderungen des Auftraggebers.

Empfohlen wird die Prüfung des Untergrunds nach der Untergrundvorbehandlung: Rautiefe, Restfeuchte, Abreißfestigkeit des Betons, optische Mängel im Betonuntergrund. Während der Ausführung erfolgt die Prüfung der Nassschichtdicken der hwO sowie der Materialverbrauch anhand der Lieferscheine und gelieferten Gebinde vor Ort.

Das Einhalten der Verarbeitungs- und der Überarbeitungszeit stellt wesentliche Parameter der Qualität sicher. Ein zu spätes Absanden der Einstreuschicht führt dazu, dass der Quarzsand nicht mehr vollständig aufgenommen wird, was wiederum zu einer Veränderung der Eigenschaften der Beschichtung führen kann.

Nach der Fertigstellung der Arbeiten sind Prüfungen der Trockenschichtdicke und Haftzugfestigkeit der Beschichtung sowie optische Mängel vorzunehmen. Der theoretische Materialverbrauch wird anhand der Lieferscheine und der beschichteten Flächen ermittelt und überprüft.

Die Fremdüberwachung mündet in einen Endbericht, der alle Besonderheiten der Ausführung dokumentiert und für spätere Gewährleistungsansprüche die Basis bilden kann.

4.10 Instandhaltung und Reinigung

4.10.1 Allgemeines

Die Bedeutung der regelmäßigen Instandhaltung wird aufgrund der Erfahrung mit Schäden immer deutlicher. Immer mehr Regelwerke und Gesetze, wie die ÖNORM EN 1990 [43], die ÖNORM EN 1992-1-1 [12], die ÖNORM B 1301 [44], die Wiener Bauordnung [45] (in Form eines Bauwerksbuchs) und die öbv-Richtlinie [1] schreiben in Österreich dem Eigner oder Betreiber von Garagen eine geregelte Instandhaltung vor.

Die Prüfintervalle für die entsprechenden Bauteile sind grundsätzlich vom Planer festzulegen.

4.10.2 Reinigung

Die Basis der Garageninstandhaltung ist eine regelmäßige Reinigung.

Tabelle 9. Empfohlene Reinigungsintervalle gemäß der Richtlinie [1]

Reinigung	
Bauteil	Häufigkeit
Fahr- und Parkflächen	1 × jährlich reinigen
Abläufe, Rigolen, Rohrleitungen, Rinnen	1 × jährlich spülen
Bewegungsfugen	1 × jährlich Splitt entfernen

In der Phase des Betriebs ist eine höhere Aufmerksamkeit erforderlich, als das bisher meist der Fall ist. Dies trifft auf beschichtete Verkehrsflächen ganz besonders zu. Die jährliche Reinigung und die regelmäßige Überprüfung der Funktionstüchtigkeit des Tragwerkschutzes gehören mit zu den wichtigsten Garanten für die Dauerhaftigkeit.

Die jährliche Grundreinigung zur Entfernung des aggressiven Tausalzes bildet dabei eine der wesentlichen Instandhaltungsmaßnahmen. Kosteneinsparungen bei der Reinigung haben bereits bei vielen Projekten gravierende Folgen in verkürzter Lebensdauer und erhöhten Instandhaltungskosten gezeigt.

Der vor allem im Winter angehäufte Vorrat an Streusplitt, Tausalz und Feinstaub lagert sich in Abflussrohren, Rinnen und Dehnfugengummifalten ab. Die Lebensdauer der Einbauteile und auch des Oberflächenschutzsystems können durch die jährliche Entfernung der Verunreinigungen erhöht werden. Vor allem Rohre mit geringer oder ohne Neigung sind besonders gefährdet, je nach Material, durchzurosten oder durch Ablagerungen zu verstopfen.

Die Erneuerung der Rohre kann eine komplexe Unterfangung sein und wird in der Folge lange hinausgeschoben, was wieder eine Erhöhung des Schadensausmaßes nach sich zieht. Aber auch die Sanierung mit der sogenannten „Inliner"-Technik, bei der ein Reaktionsharz getränkter Glasfaserschlauch verwendet wird, kann bei einem verstopften oder eingefallenen Rohr oft nicht mehr helfen.

Die empfohlenen Intervalle für die Reinigung gemäß Richtlinie [1] sind in Tabelle 9 aufgelistet.

4.10.3 Inspektion

Die jährliche Garageninspektion dient der visuellen Prüfung der Tragwerksoberflächen und des Oberflächenschutzsystems auf Risse, Schäden und Verschleißerscheinungen sowie der Einbauteile wie Dehnfugenprofile und Rigolen auf ihren Zustand. Auch Abdichtungen müssen regelmäßig auf Beschädigungen untersucht werden. Bei der Inspektion geht es um die Sicherstellung, dass auftretende Mängel und Schäden rechtzeitig erkannt und behoben werden. Das Einwirken von Wasser und Chlorid soll so gering wie möglich gehalten und damit das Risiko einer Betoninstandsetzung gesenkt werden.

Vor allem bei der Verwendung von Beschichtungen als Tragwerksschutz ist eine jährliche Inspektion unerlässlich, da die tatsächlichen Rissbreiten meist in der Praxis nicht 100%ig mit der Rissüberbrückungsfähigkeit des OS-Systems übereinstimmen. Hinzu kommt, dass Beschichtungen nicht als Fertigprodukt wie z. B. Fliesen eingebaut werden, sondern vor Ort gemischt und appliziert werden. Partielle Unterdicken oder fehlende Haftungen am Untergrund und sonstige Mängel können nicht ausgeschlossen werden und müssen regelmäßig visuell erhoben werden.

Die Empfehlung der Richtlinie an die Planer von jährlichen Inspektionsintervallen, wie in Tabelle 10, beruht auf einem sehr pragmatischen Zugang. Obwohl bereits in der Richtlinie 2010 [2] eine jährliche Inspektion verpflichtend vorgesehen war, wurde diese nur spärlich und meist nicht jährlich von den Betreibern bzw. Eigentümern im Sinne der Richtlinie umgesetzt. Ein häufigeres Inspektionsintervall, als einmal jährlich, ist also praktisch kaum realistisch. Viel sinnvoller ist es, die Inspektion jedes Jahr zur gleichen Zeit und von derselben Person durchführen zu lassen, da sich im Jahresvergleich bessere Aussagen machen lassen z. B. über die Schnelligkeit des Abriebs der Beschichtung.

Tabelle 10. Empfohlene Inspektionsintervalle gemäß der Richtlinie [1]

Inspektion allgemeiner Bauteile	
Bauteil	Häufigkeit
Wartungsfugen	1 × jährlich
Bewegungsfugen	1 × jährlich
Gullys, Rigolen, Rohrleitungen, Rinnen	1 × jährlich
Inspektion Beschichtung	
Beschichtung inkl. Hochzug	1 × jährlich
Inspektion Abdichtung mit Asphalt – Regelbauweise	
2-lagige Abdichtung mit Asphalt inkl. Hochzug	1 × 2-jährlich
Inspektion Abdichtung mit Asphalt – Sonderbauweise	
1-lagige Abdichtung mit Asphalt inkl. Hochzug	1 × jährlich

Idealerweise erfolgt eine Prüfung nach dem Winter und nach der Grundreinigung noch in der kalten Jahreszeit, da im Winter die Risse am größten und daher leichter sichtbar sind. Aber das wird aus organisatorischen Gründen nicht immer möglich sein. Umso wichtiger ist es, diese Prüfungen jährlich durchzuführen, um „blinde Flecken" auf Dauer zu vermeiden.

In einem sogenannten Inspektionsbuch werden die Mängel oder Schäden eingetragen. Nach einer Checkliste, die vom Planer zu erstellen ist, werden alle Bauteile erfasst und in der Begehung abgearbeitet.

Es ist anzumerken, dass auch Abdichtungen oder Tragwerksausbildungen mit B7 bzw. XD3 regelmäßig zu inspizieren sind, so wie das im Brückenbau seit vielen Jahren der Fall ist.

Eine zweilagige Brückenabdichtung gem. RVS 15.03.12 [23] als Tragwerksschutz in einer Garage kann grundsätzlich als weniger rissanfällig gegenüber einem OS-11-System angesehen werden, daher wurde die Inspektion alle zwei Jahre festgelegt. Undichtheiten lassen sich aufgrund der darüber liegenden Schutzschicht aus Asphalt jedoch viel schwieriger feststellen. Die Deckenuntersicht gibt dafür sehr viel Aufschluss über den Zustand der darüber liegenden Abdichtung.

Ein großes Problem bei Abdichtungen kann das nachträgliche Perforieren der Abdichtung für die Montage von Einkaufswagen- und Kofferwagendepots sowie Temposchwellen, Pollern oder sonstigen Rammschutzeinrichtungen sein. Daher sind solche Einrichtungen schon von Beginn an vom Planer entsprechend einzuplanen und nicht vom Nutzer durch ein Schlosserunternehmen nachträglich einbauen zu lassen.

Eine Inspektion stellt sicher, falls es doch zu einer nachträglichen Montage gekommen ist, dass rechtzeitig eine Verbesserungsmaßnahme zum Schutz gegen Eindringen von Stoffen entlang der Perforierung durchgeführt wird.

4.10.4 Rechtzeitige Instandsetzung

Nach Durchführung der Inspektion ist die zeitnahe Abarbeitung aller aufgelisteten Mängel erforderlich. Dabei ist es zielführend, Undichtigkeiten im Tragwerksschutz zu priorisieren und möglichst noch vor dem nächsten Winter wieder instand zu setzen, um zu verhindern, dass Chlorid und Feuchtigkeit in den Beton eindringen können.

Nur die zeitnahe Instandsetzung bzw. die geplante Erneuerung bei den Schutzsystemen führt zu einer dauerhaften Sicherstellung des Tragwerksschutzes. Werden die Maßnahmen aus budgetären Gründen immer wieder verschoben, sollte bedacht werden, dass jeder Winter eine weitere Konzentration von

Chloriden im Beton hervorruft und damit bald der korrosionsauslösende Faktor überschritten wird.

5 Bedeutung und Konsequenzen der Richtlinie

5.1 Garagen-Standard

Die Absicht der Richtlinie ist den Stand der Technik zum Zeitpunkt der Erstellung abzubilden. Die wesentliche Bedeutung besteht darin, dass sie die Inhalte der bestehenden Regelwerke aus Österreich, die Garagen und Parkdecks betreffen, in einer Richtlinie zusammenfasst und die noch fehlenden Aspekte für die Sicherstellung der Dauerhaftigkeit ergänzt. Das soll zu einer Vereinfachung und besseren Übersicht in der Planung und Ausführung führen.

Eine weitere Konsequenz ist, dass private und öffentliche Auftraggeber einfachen Zugang zum aktuellen Standard für Garagen und Parkdecks haben. Die Richtlinie kann bei Ausschreibungen für Planungen und ausführende Gewerke zu Grunde gelegt werden, sodass nicht alle Regelwerke im Vertragstext aufgezählt werden müssen.

Auch private Eigentümergemeinschaften haben die Möglichkeit, bei ihrer Tiefgarage einen Vergleich zum Stand der Technik herzustellen. Denn gerade bei Tiefgaragen unter Wohnbauprojekten kommt es vor, dass die erforderliche Dauerhaftigkeit teils aus Kostengründen oder aus fehlendem Wissen vernachlässigt wird. Die Eigentümergemeinschaft hat manchmal bereits nach wenigen Jahren die Rechnung dafür in Form von Instandsetzungsmaßnahmen zu zahlen.

5.2 Die häufigsten Ursachen für Schäden

Die folgende Zusammenfassung zeigt das breite Spektrum der wesentlichen und häufigsten Ursachen für Schäden in Garagenbauwerken. Bei dieser Fülle an möglichen Fehlern sollten vorhersehbare Mängel von vornherein vermieden werden, um die Risiken für Schäden zu minimieren.

1) Planung:
   - fehlendes oder zu geringes Gefälle,
   - fehlende Entwässerung,
   - Fehler bei der Tragwerksplanung,
   - fehlender oder falscher Schutz des Tragwerks,
   - falsche Produktwahl für Einbauteile.
2) Ausführung:
   - zu viele und große Risse,
   - zu geringe Betondeckung,
   - Kiesnester und Hohlstellen,
   - Ausführungsfehler bei der Beschichtung oder Abdichtung,
   - Einbaufehler bei Rigolen und Dehnfugen.

3) Betrieb:
   - fehlende Reinigung,
   - nachträgliche Bodenmontagen.
4) Instandhaltung:
   - fehlende Inspektion,
   - unzureichende Wartung,
   - unzureichende oder zu späte Reparatur,
   - zu späte Erneuerung des Tragwerksschutzes.

Bei der Ursachenforschung zu Instandsetzungen von Garagenbauwerken tritt sehr oft zutage, dass nicht ein Fehler allein die Ursache für auftretende Schäden war, sondern die Schadensursachen meist aus einer Kombination von zumindest zwei Problemen bestehen. Wasser und Chlorid werden erst zum Problem, wenn sie in den Stahlbeton eindringen können. Daher ist Entwässerung und Schutz des Tragwerks die Basis der Richtlinie.

5.3 Die wichtigsten Planungsgrundsätze

Daraus leiten sich die wichtigsten Planungsgrundsätze ab:

1) Ausbildung eines Gefälles,
2) Sicherstellung der Entwässerung,
3) dauerhafter Schutz für das Tragwerk:
   a) OS-Beschichtung
   b) oder Abdichtung mit Asphaltbelag,
4) Ausbildung geeigneter Dehnfugen, Rigolen und Gullys für Garagen,
5) Sicherstellung der Qualität von Beton und Tragwerksschutz.

Diese fünf wesentlichen Grundsätze, wie in Bild 28 dargestellt, sind ausschlaggebend für die Dauerhaftigkeit von chloridbeaufschlagten Verkehrsflächen. Dabei ist keinesfalls einer der Parameter auf Kosten des anderen zu vernachlässigen.

Ein häufiger Einwand im Hochbau, dass Betonnester im Stützen- oder Wandfußbereich nicht von Bedeutung sind und daher nicht überarbeitet werden müssen, da ja ohnehin beschichtet wird, kann so nicht gelten. Denn es ist immer mit Rissen oder auch Beschädigungen zu rechnen, wodurch Wasser und Chlorid durch die Beschichtung dringen kann.

Bei der Durchführung einer jährlichen Inspektion kann nicht davon ausgegangen werden, dass wirklich alle Mängel und Schäden entdeckt werden. Es ist mit „blinden Flecken" bei der Inspektion zu rechnen, die nur durch regelmäßiges Inspizieren sichtbar gemacht werden können. Ein PKW-freies perfekt gereinigtes Parkdeck zu inspizieren, stellt dabei leider nicht die Regel dar.

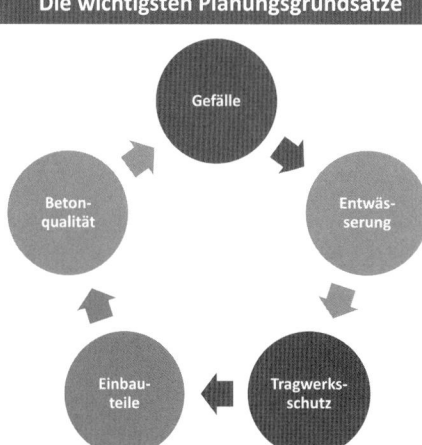

Bild 28. Diagramm Planungsgrundsätze

5.4 Lebenszykluskosten

Aufgrund der Erhöhung des Ausführungsstandards bei Tiefgaragen und Parkdecks durch die Richtlinie kann es möglicherweise zu einer geringen Erhöhung der Herstellkosten kommen. Dies gliedert sich im Wesentlichen in die in Tabelle 11 angegebenen Punkte.

Die Inhalte der Richtlinie basieren auf dem Grundsatz der Lebenszykluskosten und sollen verhindern, dass die Herstellkosten gering gehalten werden auf Kosten der Instandhaltung.

Die Aufwendungen für eine Betoninstandsetzung in Garagen liegen in einem Bereich zwischen 150 und 350 € je Quadratmeter, abhängig davon, wie stark geschädigt die Bauteile sind. Diese Ausgaben können bereits nach 10 Jahren oder auch erst nach 30 Jahren anfallen. Das Ziel der Richtlinie ist es, durch die Einhaltung der Planungsgrundsätze und regelmäßige Reinigungs- und Inspektionsintervalle sowie Instandhaltungsmaßnahmen 50 Jahre Dauerhaftigkeit ohne eine solche Sanierung zu erreichen. Wenn man die Aufwendungen einer möglichen Stahlbetoninstandsetzung mitberücksichtigt, dann sehen die Gesamtkosten über die Lebensdauer gerechnet ganz anders aus. Leider wird das heute noch kaum bei der Planung berücksichtigt.

Unter diesem Gesichtspunkt ist der Anstieg der Herstellkosten für die Errichtung einer Entwässerung mit einem Ölabscheider und die regelmäßige Durchführung einer Inspektion als eher geringfügig anzusehen.

Es ist zu beobachten, dass sich der Zeitpunkt, an dem bereits Maßnahmen zur Instandsetzung des Tragwerks zu setzen sind, in den letzten Jahren nach vorn verschoben hat. Bereits nach 8 bis 10 Jahren können außerordentliche Sanierungsmaßnahmen aufgrund erhöhter Chloridwerte und Korrosionserscheinungen erforderlich werden.

Die Ursachen sind sicher vielfältig. Einer der Gründe könnte möglicherweise in den neuen Betonzusammensetzungen liegen, mit ihrem Einsatz von mehr Chemie und weniger Zement gegenüber früher. Es kommen aber auch immer mehr neue Verfahren und Produkte auf den Markt, die noch nicht lange genug erprobt sind.

5.5 Aus Fehlern lernen

Parkbauten werden aufgrund ihres untergeordneten Stellenwerts in einem Bauwerk nach der Errichtung kaum auf Mängel und Schäden überprüft. Einen

Tabelle 11. Änderungen bei den Herstellkosten

Nicht mehr zulässig gemäß Richtlinie	Konsequenzen
Pumpensumpf Verdunstungsrinne Schöpfgrube	Anschlussgebühren an Kanal Ölabscheider evtl. Hebeanlage
Asphalt flächenfertige Oberfläche / Hydrophobierung	mind. 1-lagige Abdichtung mit Asphalt Beschichtung OS 11 b mit Inspektionsbuch
unregelmäßige Reinigung	jährliche Reinigung
unregelmäßige Überprüfungen	jährliche Inspektion (bei Beschichtungen)
Fertigteildecken ohne Aufbeton[*]	Fertigteildecken mit Aufbeton
Gefällebeton	Ortbeton im Gefälle

[*] Konstruktive Sonderlösungen z. B. aus B7 sind nicht Bestandteil der Richtlinie [1]

verschmutzten mit Fahrzeugen zugestellten Raum gründlich zu inspizieren, erfordert Zeit und Erfahrung. Doch gerade diese Begutachtungen liefern wichtige Erkenntnisse über geglückte Lösungen und erforderliche Optimierungen mancher Techniken. Durch diesen Feedback-Prozess aus den regelmäßigen Inspektionen lassen sich Erkenntnisse und Verbesserungen ableiten, die wiederum in technische Richtlinien einfließen können.

5.6 Ausblick

Die Dauerhaftigkeit von Parkbauten rückt immer mehr in den Blickpunkt der am Bau Beteiligten. Nicht zuletzt, weil es viele Schadensfälle gibt und die vor allem in Wien entstandenen Wohnhausgaragen für Pflichtstellplätze in die Jahre gekommen sind.

Bauwerke aus Stahlbeton benötigen aufgrund ihrer Rissbildung eine besondere Betrachtung, sobald Feuchtigkeit und Tausalz ins Spiel kommen. Neue Technologien brauchen auch entsprechende Richtlinien. Dazu sind technische Regelwerke erforderlich, die den Beteiligten als Vertrags- und Rechtsgrundlage dienen. Eine kontinuierliche Überarbeitung der Richtlinien mit den neuesten Erkenntnissen stellt sicher, dass der Stand der Technik aktuell bleibt.

Es sind aber auch Grenzen gesetzt bei der Abbildung der Regeln der Technik in einer Richtlinie. Nicht alles kann darin erfasst und geregelt werden; speziell Garagen und Parkdecks sind so vielfältig wie Bauprojekte nur sein können.

6 Literatur

[1] österreichische bautechnik vereinigung (2017) *Richtlinie Garagen und Parkdecks*, öbv, Wien.

[2] Österreichische Vereinigung für Beton- und Bautechnik (2010) *Richtlinie Befahrbare Verkehrsflächen in Garagen und Parkdecks*, ÖBBV, Wien.

[3] Lohmeyer, G., Ebeling, K. (2011) *Parkdecks, Hinweise auf Empfehlungen zur Gebrauchstauglichkeit und Dauerhaftigkeit für Parkdecks aus Beton*, 2.Auflage, Verlag Bau+Technik, Düsseldorf, S. 237.

[4] Österreichische Forschungsgesellschaft Straße – Schiene – Verkehr (2010) *Merkblatt RVS 03.07.31 Vorplanung zu Garagenstandorten, Straßenplanung, Nebenanlagen und sonstige Verkehrsflächen, Parkhäuser und Garagen*, RVS, Wien.

[5] Österreichische Forschungsgesellschaft Straße – Schiene – Verkehr (2010) *Merkblatt RVS 03.07.32 Entwurfsgrundlagen für Garagen, Straßenplanung, Nebenanlagen und sonstige Verkehrsflächen, Parkhäuser und Garagen*, RVS, Wien.

[6] Österreichische Forschungsgesellschaft Straße – Schiene – Verkehr (2010) *Merkblatt RVS 03.07.33 Technische Garagenausstattung, Straßenplanung, Nebenanlagen und sonstige Verkehrsflächen, Parkhäuser und Garagen*, RVS, Wien.

[7] Röhling, S., Eifert, H., Jablinski, M. (2012) *Betonbau, Zusammensetzung – Dauerhaftigkeit – Frischbeton*, (Band 1), 1.Auflage, Fraunhofer IRB Verlag, Stuttgart.

[8] ÖNORM B 4706:2009-06-15 (2009) *Instandsetzung, Umbau und Verstärkung von Betonbauten, Allgemeine Regeln und nationale Umsetzung der ÖNORM EN 1504*, Austrian Standard Institute, Wien.

[9] Österreichische Vereinigung für Beton- und Bautechnik (2010) *Richtlinie Erhaltung und Instandsetzung von Bauten aus Beton und Stahlbeton*, ÖBBV, Wien.

[10] Schöppel, K. (2014) *Tiefgaragen im Spannungsfeld zwischen Bauherren, Planern, Sachverständigen und Juristen*, Eigenverlag, München.

[11] Österreichisches Institut für Bautechnik (2015) *Richtlinie 2.2 Brandschutz bei Garagen, überdachten Stellplätzen und Parkdecks*, OIB, Wien.

[12] ÖNORM EN 1992-1-1:2012-02-15 (2012) *Eurocode 2: Bemessung und Konstruktion von Stahlbeton- und Spannbetontragwerken – Teil 1-1: Allgemeine Bemessungsregeln und Regeln für den Hochbau (konsolidierte Fassung)*, Austrian Standard Institute, Wien.

[13] ÖNORM B 4710-1:2007-10-01 (2007) *Beton, Teil 1: Festlegung, Herstellung, Verwendung und Konformitätsnachweis*, Austrian Standard Institute, Wien.

[14] ÖNORM B 1992-1-1:2007-02-01 (2007) *Eurocode 2 – Bemessung und Konstruktion von Stahlbeton- und Spannbetontragwerken, Teil 1-1: Grundlagen und Anwendungsregeln für den Hochbau, Nationale Festlegungen zu ÖNORM EN 1992-1-1*, nationale Erläuterungen und nationale Ergänzungen, Austrian Standard Institute, Wien.

[15] ÖNORM DIN 18202 2013-12-15 (2013), Tabelle 3, Zeile 3 *Toleranzen im Hochbau – Bauwerke*, Austrian Standard Institute, Wien.

[16] ÖNORM B 3692:2014-11-15 (2014) *Planung und Ausführung von Bauwerksabdichtungen*, Austrian Standard Institute, Wien.

[17] österreichische bautechnik vereinigung (2018) *Richtlinie Wasserundurchlässige Betonbauwerke – Weiße Wannen*, öbv, Wien.

[18] Büttner, T., Wolff, L., Raupach, M., Göpert, T. (2010) *Schadensbilder beim maschinellen Glätten von LP-Beton – Ursachen und Lösungsansätze*, http://www.bauwerkserhaltung.ac/fileadmin/redaktionsfreigabe/Veroeffentlichungen/TAE_Esslingen_2010_Glaetten_Beton.pdf.

[19] ÖNORM B 2501:2015-04-01 (2015) *Entwässerungsanlagen für Gebäude und Grundstücke – Planung, Ausführung und Prüfung – Ergänzende Richtlinien zu ÖNORM EN 12056 und ÖNORM EN 752*, Austrian Standard Institute, Wien.

[20] ÖNORM B 2504:2017-07-01 (2017) *Schächte für Entwässerungsanlagen – Ausführung und Baugrundsätze von Einsteig-, Kontroll- und Probenahmeschächten*, Austrian Standard Institute, Wien.

[21] ÖNORM EN 1433:2006-01-01 (2006) *Entwässerungsrinnen für Verkehrsflächen – Klassifizierung,*

Bau- und Prüfgrundsätze, Kennzeichnung und Beurteilung der Konformität (konsolidierte Fassung), Austrian Standard Institute, Wien.

[22] Österreichische Forschungsgesellschaft Straße – Schiene – Verkehr (2015) *RVS 15.03.11 Grundlagen und Begriffsbestimmungen, Brücken, Bauausführung, Abdichtung und Fahrbahn auf Brücken und anderen Verkehrsflächen aus Beton*, RVS, Wien.

[23] Österreichische Forschungsgesellschaft Straße – Schiene – Verkehr (2015) *RVS 15.03.12 Abdichtungssysteme mit Polymerbitumenbahnen, Brücken, Bauausführung, Abdichtung und Fahrbahn auf Brücken und anderen Verkehrsflächen aus Beton*, RVS, Wien

[24] Österreichische Forschungsgesellschaft Straße – Schiene – Verkehr (2015) *RVS 15.03.13 Flüssig aufzubringende Abdichtungssysteme, Brücken, Bauausführung, Abdichtung und Fahrbahn auf Brücken und anderen Verkehrsflächen aus Beton*, RVS, Wien.

[25] Österreichische Forschungsgesellschaft Straße – Schiene – Verkehr (2015) *RVS 15.03.14 Ausgleichs- und Instandsetzungsmörtel, Brücken, Bauausführung, Abdichtung und Fahrbahn auf Brücken und anderen Verkehrsflächen aus Beton*, RVS, Wien.

[26] Österreichische Forschungsgesellschaft Straße – Schiene – Verkehr (2015) *RVS 15.03.15 Fahrbahnaufbau, Brücken, Bauausführung, Abdichtung und Fahrbahn auf Brücken und anderen Verkehrsflächen aus Beton*, RVS, Wien.

[27] Österreichische Forschungsgesellschaft Straße – Schiene – Verkehr (2015) *RVS 08.07.03 Abdichtung und Fahrbahn auf Brücken und anderen Verkehrsflächen aus Beton, Technische Vertragsbedingungen, Oberflächenschutz und Abdichtung von Beton*, RVS, Wien.

[28] Österreichische Forschungsgesellschaft Straße – Schiene – Verkehr (2015) *RVS 11.06.81 Abnahmeprüfungen, Qualitätssicherung Bau, Prüfungen, Abdichtung und Fahrbahn auf Brücken und anderen Verkehrsflächen aus Beton*, RVS, Wien.

[29] Österreichische Forschungsgesellschaft Straße – Schiene – Verkehr (2010) *RVS 08.16.01 Anforderungen an Asphaltschichten, Technische Vertragsbedingungen, Bituminöse Trag- und Deckschichten*, RVS, Wien.

[30] Deutscher Ausschuss für Stahlbeton (2005) *Richtlinie Schutz und Instandsetzung von Betonbauteilen (Instandsetzungs-Richtlinie RL SIB)*, Oktober 2001 mit Berichtigungen Ber1:2002-01und Ber2:2005-12.

[31] ÖNORM EN 1504-2 (2005) *Produkte und Systeme für den Schutz und die Instandsetzung von Betontragwerken – Definitionen, Anforderungen, Qualitätsüberwachung und Beurteilung der Konformität – Teil 2: Oberflächenschutzsysteme für Beton*, Austrian Standard Institute, Wien.

[32] Deix, K. (2016) *Kunstharzböden, Grundlagen – Planung – Prüfung*, Klein Publishing GmbH, Wien.

[33] Gieler, R., Dimming-Osburg, A. (2006) *Kunststoffe für den Bautenschutz und die Betoninstandsetzung*, Birkhäuser Verlag, Basel.

[34] Orlowsky J. (2012) *Zur Dauerhaftigkeit von Oberflächenschutzsystemen für die Erhaltung von Betonbauwerken*, Habilitationsschrift, Fakultät für Bauingenieurwesen, Aachen.

[35] Breit, W., Ladner, E. (2017) *Dauerhaftigkeit von rissüberbrückungsfähigen Beschichtungssystemen*, Fraunhofer IRB Verlag, Stuttgart.

[36] Book, U. (2015) *Entwicklung von verlässlichen Prüf- und Bewertungskriterien für das Verschleißverhalten und die Dauerhaftigkeit rissüberbrückender OS-Beschichtungen für befahrbare Betonflächen*, Fraunhofer IRB Verlag, Stuttgart.

[37] EN 13501-1:2010-01 (2010) *Klassifizierung von Bauprodukten und Bauarten zu ihrem Brandverhalten – Teil 1: Klassifizierung mit den Ergebnissen aus den Prüfungen zum Brandverhalten von Bauprodukten*; Deutsche Fassung, Beuth, Berlin.

[38] Österreichisches Institut für Bautechnik (2015) *Richtlinie 4 Nutzungssicherheit und Barrierefreiheit*, OIB, Wien.

[39] ÖNORM Z 1261:2009-07-15 (2009) *Begehbare Oberflächen, Messung des Gleitreibungskoeffizienten in Gebäuden und im Freien an Arbeitsstätten*, Austrian Standard Institute, Wien.

[40] ÖNORM EN 1504-3:2015-08-15 (2015) *Produkte und Systeme für den Schutz und die Instandsetzung von Betontragwerken – Definitionen, Anforderungen, Qualitätsüberwachung und AVCP – Teil 3: Instandsetzungsbeton und -mörtel*, Austrian Standard Institute, Wien.

[41] OFI Institut für Bauschadensforschung (2013) *IBF-Richtlinie Industrieböden aus Reaktionsharz*, OFI, Wien.

[42] ÖNORM B 2110:2013-03-15 (2013) *Allgemeine Vertragsbestimmungen für Bauleistungen, Werkvertragsnorm*, Austrian Standard Institute, Wien.

[43] ÖNORM EN 1990:2013-03-15 (2013) *Eurocode – Grundlagen der Tragwerksplanung* (konsolidierte Fassung), Austrian Standard Institute, Wien

[44] ÖNORM B 1301 und Anhang A Checklisten:2016-04-15 (2016) *Objektsicherheitsprüfungen für Nicht-Wohngebäude – Regelmäßige Prüfroutinen im Rahmen von Sichtkontrollen und Begutachtungen – Grundlagen und Checklisten*, Austrian Standard Institute, Wien.

[45] Bauordnung für Wien, 2014-07-15 (2014) *Bauordnungsnovelle 2014, LGBl 25/2014*.

XII Die Anwendung von DIN 18532 „Abdichtung von befahrbaren Verkehrsflächen aus Beton"

Mit Hinweisen zur Schnittstelle zu den Regelungen für den Schutz von Betonbauteilen gegen Chloride

Christian Herold, Berlin

1 Einleitung

DIN 18532 „Abdichtung von befahrbaren Verkehrsflächen aus Beton" ist eine neue Norm. Sie wurde im DIN-Arbeitsausschuss NA 005-02-96 AA erarbeitet und ist erstmals in der Ausgabe Juli 2017 in den Teilen 1 bis 6 [1] erschienen. Sie entstand unter Zugrundelegung bestehender Regelungen der bisherigen DIN 18195 Teil 5 [2]. Diese Regelungen wurden an den „Stand der Technik" angepasst und umfassend ergänzt. DIN 18532 ist eine eigenständige Planungs- und Ausführungsnorm für die Abdichtung befahrbarer Verkehrsflächen aus Beton. Sie ist eine von fünf neuen Normen für die Abdichtung von Bauwerken, die im Jahr 2017 erschienen sind und die die Abdichtungsnormen DIN 18195 [2] und DIN 18531 [3] ersetzen.

Entsprechend dem neuen Konzept für die Normung der Abdichtung von Bauwerken wurden fünf Einzelnormen erstellt, die sich auf die abzudichtenden Bereiche eines Bauwerks: Dächer, befahrbare Bauteile, erderührte Bauteile, Innenräume, Becken und Behälter beziehen (s. Bild 1).

Die bisherige Abdichtungsnorm DIN 18195 wurde zurückgezogen. Unter derselben Nummer wurde die Norm „Abdichtung von Bauwerken – Begriffe" [4] herausgegeben. Sie gilt für die Definition der wesentlichen abdichtungstechnischen Begriffe in den neuen Abdichtungsnormen. Die Nummerngleichheit mit der alten Norm für Bauwerksabdichtungen soll den Einstieg in die neue Struktur der Abdichtungsnormen erleichtern. Sie enthält dazu einleitend entsprechende Hinweise.

2 DIN 18532 Anwendungsbereich und Gliederung

2.1 Anwendungsbereich

DIN 18532 gilt für die Abdichtung von Fußgänger- und Radwegbrücken, für die verschiedenen Nutzungsebenen von Parkhäusern (Zwischendecks, Freidecks), für Parkdächer, für Hofkellerdecken und Durchfahrten sowie für die Abdichtung von Fahrbahntafeln von Brücken für Fahrzeuge aller Art (s. Bilder 2 bis 6).

Vom Anwendungsbereich der DIN 18532 sind ausgenommen:

– Eisenbahnbrücken, siehe DB-Richtlinie 804 [5].

– Fahrbahntafeln von Brückenbauwerken im Zuge von Bundesstraßen und Autobahnen; für sie gelten weiterhin die Regelungen der ZTV-ING Teil 7 [6].

– Befahrbare Bodenplatten; sie werden von der erberührten Unterseite gegen Wasser nach DIN 18533 [7] abgedichtet. Sie benötigen jedoch ggf. einen Schutz gegen Chloride auf der befahrenen Oberseite.

– Erdüberschüttete befahrbare Deckenflächen werden nach DIN 18533 abgedichtet, der Schutz gegen Chloride ist zu beachten.

– Befahrbare Trog- und Tunnelsohlen; siehe hierzu die Regelungen der ZTV-ING Teil 5 [8].

– Wasserundurchlässige Betonbauteile; siehe hierzu die Regelungen der WU-Richtlinie [9].

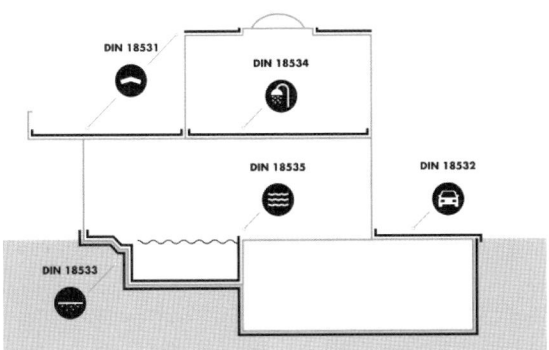

Bild 1. Anwendungsbereiche der neuen Abdichtungsnormen (Quelle: die bitumenbahn GmbH)

Beton-Kalender 2019: Parkbauten; Geotechnik und Eurocode 7.
Herausgegeben von Konrad Bergmeister, Frank Fingerloos und Johann-Dietrich Wörner
© 2019 Ernst & Sohn GmbH & Co. KG. Published 2018 by Ernst & Sohn GmbH & Co. KG.

- Parkdecks aus Beton, die ohne eine zusätzliche Schutzmaßnahme gegenüber Chloriden ausreichend beständig sind; siehe Konstruktionsvariante A nach dem DBV-Merkblatt Parkhäuser und Tiefgaragen [10]).

2.2 Gliederung

DIN 18532 regelt unterschiedliche Abdichtungsbauarten in verschiedenen Abdichtungsbauweisen. Sie besteht aus sechs Teilen (s. Bild 7).

Bild 2. Parkhaus (Quelle: Triflex)

Bild 3. Zwischendeck in einem Parkhaus (Quelle: Triflex)

Bild 4. Parkdach (Quelle: Göker)

Bild 5. Hofkellerdecke und Durchfahrt

Bild 6. Straßenbrücke, Berlin-Spandau

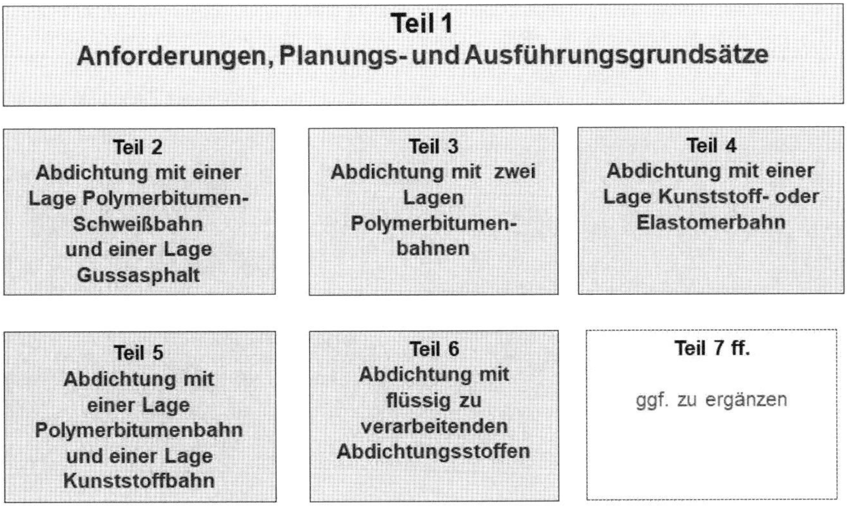

Teil 1
Anforderungen, Planungs- und Ausführungsgrundsätze

Teil 2	Teil 3	Teil 4
Abdichtung mit einer Lage Polymerbitumen-Schweißbahn und einer Lage Gussasphalt	Abdichtung mit zwei Lagen Polymerbitumenbahnen	Abdichtung mit einer Lage Kunststoff- oder Elastomerbahn

Teil 5	Teil 6	Teil 7 ff.
Abdichtung mit einer Lage Polymerbitumenbahn und einer Lage Kunststoffbahn	Abdichtung mit flüssig zu verarbeitenden Abdichtungsstoffen	ggf. zu ergänzen

Bild 7. Gliederung der DIN 18532

Im Teil 1 finden sich allgemeine Anforderungen sowie Planungs- und Ausführungsgrundsätze, die für alle Abdichtungsbauarten gelten. In den Teilen 2 bis 4 werden die möglichen Abdichtungsbauarten geregelt. Sie unterscheiden sich in stofflicher und konstruktiver Weise.

Es gilt somit immer der Teil 1 der DIN 18532 zusammen mit einem Teil für die jeweilige Abdichtungsbauart. Das System ist modular so aufgebaut, dass ggf. weitere Bauartteile leicht ergänzt werden können.

3 Unterscheidung zwischen Bauwerksschutz und Bauteilschutz

Nach den in der neuen DIN 18195 definierten Begriffen ist Abdichtung eine „bautechnische Maßnahme zum Schutz eines Bauwerks und seiner Bauteile gegen Wasser und/oder Feuchte". Abdichtung ist somit die Planungs- und Ausführungsmaßnahme, mit der dieses Schutzziel erreicht werden soll.

Im Sinne der Definition dient die Abdichtung von befahrbaren Bauteilen in erster Linie dem Schutz der darunter liegenden Bereiche des Bauwerks vor Wasser, um ihre Nutzung sicherstellen. Zugleich dient sie aber auch dem Schutz des abgedichteten Bauteil gegen Wasser.

Bei befahrbaren Bauteilen aus Beton geht es insbesondere auch um den Schutz vor der Einwirkung von in Wasser gelösten Chloriden aus Taumitteln. Die dauerhafte Standsicherheit von Stahl- und Spannbetonbauteilen kann ohne einen, auf diese Einwirkungen besonders abgestellten Schutz erheblich beeinträchtigt werden (s. Bild 8).

Der Schutz des Bauwerks vor Wasser zur Sicherstellung seiner Nutzbarkeit (Bauwerksschutz) wie auch der Schutz des Bauteils vor Chloriden zu Sicherstellung der dauerhaften Standsicherheit (Bauteilschutz) sind in Deutschland auch Schutzziele der Landesbauordnungen (LBO) auf der Grundlage der §§ 12 und 13 der Musterbauordnung (MBO) [11]. Sie sind somit auch gesetzlich zu erfüllen. Mit einer Abdichtungsmaßnahme nach DIN 18532 müssen daher beide Schutzziele erreicht werden.

Bild 8. Trennrisse mit Korrosionsspuren unter einer befahrenen Betondecke

In DIN 18532 werden Abdichtungsbauarten geregelt, die unter den äußeren Einwirkungen aus Verkehr und Witterung den Schutz des Bauwerks und seiner Bauteile gegen Wasser sicherstellen. Für den darüber hinausgehenden Schutz der Betonbauteile gegen Chloride gelten DIN EN 1992-1-1, der sogenannte Eurocode 2 (EC 2) [12] mit dem nationalen Anhang DIN EN 1992-1-1/NA [13]. Dieses Regelwerk wird ergänzt durch Erläuterungen und Hinweise des Deutschen Ausschusses für Stahlbeton (DAfStb) im Heft 600 „Erläuterungen zu DIN EN 1992-1-1 und DIN EN 1992-1-1/NA" [14] und die „Richtlinie für Schutz- und Instandsetzung von Betonbauteilen" (RL SIB) [15]. Zu beachten ist auch das Merkblatt „Parkhäuser und Tiefgaragen" des Deutschen Beton- und Bautechnik-Vereins (DBV) [10].

Für DIN 18532 ergibt sich somit eine regelungstechnische Nähe zu den Regelungen für den Betonschutz. Dies führt zu einer klassischen Schnittstelle zwischen den Regelwerken (s. Bild 9).

An dieser Schnittstelle müssen beide Regelwerke aufeinander so abgestimmt sein, dass sie widerspruchsfrei angewendet werden können. Das heißt: Mit einer Abdichtungsmaßnahme nach DIN 18532 oder einer Schutzmaßnahme nach dem Regelwerk für den Betonschutz müssen die Anforderungen beider Regelwerke in Bezug auf den Bauwerks- und den Bauteilschutz regelungskonform erfüllt werden können.

Damit dies regelungstechnisch sichergestellt werden konnte, erfolgten die Beratungen zu DIN 18532 im DIN-Arbeitsausschuss in enger Abstimmung mit dem Deutschen Ausschuss für Stahlbeton (DAfStb) und dem Deutschen Beton- und Bautechnikverein (DBV). Vertreter dieser Institutionen haben dazu im zuständigen DIN-Arbeitsausschuss NA 005-02-96 AA mitgearbeitet.

Trotz intensivster Bemühungen, zu einer gemeinsamen Lösung aller an der Normung beteiligten Interessengruppen zu gelangen, ist dies leider – was die Anwendung von Oberflächenschutzsystemen nach der RL SIB im Rahmen der DIN 18532 betrifft – zunächst nicht in vollem Umfang gelungen. Die DIN 18532 wurde nach Durchführung des regulären Einspruchverfahrens aufgrund eines mehrheitlichen Votums des DIN-Arbeitsausschusses im Juli 2017 veröffentlicht.

Nach einem zweistufigen Schlichtungsverfahren konnten sich alle an der Schlichtung beteiligten Parteien im Mai 2018 dann doch darauf verständigen, die DIN 18532 in der veröffentlichten Fassung als Planungs- und Ausführungsgrundlage zu akzeptieren. Es sollen so Erfahrungen gesammelt werden, ob und wie sich diese Norm in der praktischen Handhabung bei Planern und Ausführenden bewährt. Diese Erfahrungen sollen dann bei einer turnusmäßigen Überarbeitung nach ca. fünf Jahren berücksichtigt werden.

Damit sichergestellt ist, dass die geforderten Schutzziele mit der Anwendung der Regelwerke erreicht werden, muss der Planer der Abdichtung und des Schutzes einer befahrbaren Verkehrsfläche beide Regelwerke verstehen und richtig anwenden können. Im Folgenden werden daher die Regelungsprinzipien und deren Hintergründe an der Schnittstelle beider Regelwerke dargestellt und es wird erläutert, was sich daraus für die Planung und die Ausführung der Abdichtung wie auch für die spätere Nutzungsphase des Bauwerks ergibt.

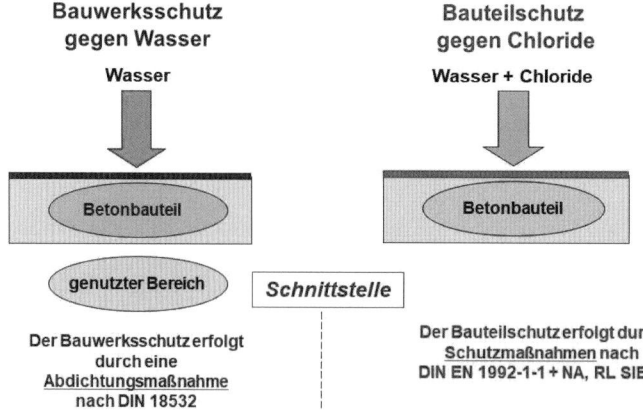

Bild 9. Schnittstelle zwischen dem Regelwerk für den Bauwerksschutz gegen Wasser und dem Regelwerk für den Bauteilschutz gegen Chloride

4 Prinzipien des Bauwerksschutzes bei der Abdichtung befahrbarer Betonbauteile nach DIN 18532

4.1 Grundlagen

Nach DIN 820-1 [16] sollen DIN-Normen den „Stand der Technik" berücksichtigen. DIN-Normen sollen sich auch als „allgemein anerkannte Regel der Technik" einführen. Das setzt voraus, dass Maßnahmen in einer Norm geregelt werden, die sich als technisch geeignet und bewährt erwiesen haben und die unter Fachleuten überwiegend als bekannt vorausgesetzt werden können. Weiterhin muss die Norm nach den Regeln von DIN 820 in einem Beratungs-, Umfrage- und abschließenden Veröffentlichungsverfahren erstellt und bekannt gemacht werden. Um diesem Anspruch gerecht zu werden, wurden Abdichtungsbauarten und Beschichtungen z. T. auch auf der Basis vorher durchgeführter Markterhebungen nach bestimmten Kriterien ausgewählt und in die DIN 18532 aufgenommen.

Zum Entstehungsprozess einer DIN-Norm siehe auch [20].

4.2 Zuordnung der Verkehrsflächen zu Nutzungsklassen

Der Einstieg in die Planung der Abdichtung eines befahrbaren Bauteils nach DIN 18532 ist zunächst die Zuordnung der jeweiligen Verkehrsfläche und ihrer Nutzungsmerkmale zu einer Nutzungsklasse. Diese Zuordnung ergibt sich aus Tabelle 1.

Tabelle 1. Zuordnung von Nutzungsmerkmalen und Verkehrsflächen zu den Nutzungsklassen nach DIN 18532-1

Nutzungs-klasse	Nutzungsmerkmale, zugeordnete Verkehrsbelastung, Neigung der Verkehrsfläche	Art der Verkehrsfläche [a], Art der Einwirkungen aus Verkehr [b]
N1-V [c]	gering belastete Verkehrsflächen für Fuß- und/oder Radverkehr unabhängig von der Neigung	– Fußgänger- und Radwegbrücken
N2-V [c]	mäßig belastete Verkehrsflächen für vorwiegend ruhenden Verkehr mit leichten Fahrzeugen bis 30 kN Gesamtgewicht (PKW) maximale Neigung bis 4 %, bei Neigung größer 4 % Zuordnung zu N3-V	– Zwischendecks von Parkhäusern für PKW-Verkehr – Freidecks von Parkhäusern für PKW-Verkehr – Parkdächer für PKW-Verkehr – Hofkellerdecken und Durchfahrten für PKW-Verkehr
N3-V	hoch belastete Verkehrsflächen für vorwiegend ruhenden Verkehr mit Fahrzeugen bis 160 kN Gesamtgewicht (leichte LKW), Bereichsweise auch mit schweren Fahrzeugen > 160 kN (schwere LKW) unabhängig von der Neigung	– Zwischendecks von Parkhäusern für PKW- und leichten LKW-Verkehr – Freidecks von Parkhäusern für PKW- und leichten LKW-Verkehr – Parkdächer für PKW- und leichten LKW-Verkehr – Zufahrtsrampen und Spindeln von Parkhäusern für PKW- und leichten LKW-Verkehr – Anlieferzonen und Feuerwehrzufahrten in Parkhäusern auch für schweren LKW-Verkehr – Hofkellerdecken und Durchfahrten auch für schweren LKW-Verkehr
N4-V	sehr hoch belastete Verkehrsflächen für nicht vorwiegend ruhenden Verkehr mit Fahrzeugen auch > 160 kN Gesamtgewicht unabhängig von der Neigung	– Fahrbahntafeln von Brücken für Fahrzeuge aller Art [d]

[a] und vergleichbare Flächen.
[b] Bei wärmegedämmten Fahrbahnkonstruktionen mit der Bauweise 2a (Umkehrdachaufbau) ist die Begrenzung der Verkehrslast in der jeweiligen allgemeinen bauaufsichtlichen Zulassung für den Dämmstoff zu beachten.
[c] Flächen von N1-V und N2-V, die auch mit Reinigungs- oder Räumfahrzeugen befahren werden, sind N3-V zugeordnet.
[d] Straßenbrücken für die nicht die Regelungen der ZTV-ING Teil 7 gelten.

4.3 Abdichtungsbauarten

In DIN 18532 werden verschiedene Abdichtungsbauarten geregelt, mit denen der Schutz des Bauwerks und seiner Bauteile erreicht werden kann. Nach DIN 18195 ist eine Abdichtungsbauart der „stoffliche und konstruktive Aufbau der Abdichtung". Die Abdichtungsbauarten unterscheiden sich somit stofflich und konstruktiv und weisen auch verschiedene technische Leistungsfähigkeiten auf.

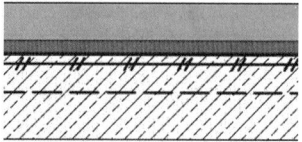

Bild 10. Bauweise 1a

Das sind:

- Abdichtungsbauarten mit bahnenförmigen Stoffen aus Bitumen, Kunststoffen oder Elastomeren in stoffgleicher wie auch in stoffverschiedenem Verbund,
- Abdichtungsbauarten in Verbindung mit Asphalt,
- Abdichtungsbauarten mit Flüssigkunststoffen.

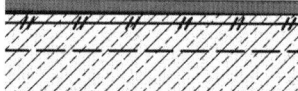

Bild 11. Bauweise 1b

Die Abdichtungsbauarten werden in den Teilen 2 bis 6 der DIN 18532 geregelt. Der allgemeine Teil 1 gilt für alle Bauarten gleichermaßen. Er ist daher immer zusammen mit einem der Bauartteile anzuwenden (s. Bild 7).

Eine Besonderheit weist der Teil 6 der DIN 18532 auf. Dort wird neben den Abdichtungsbauarten mit Flüssigkunststoffen auch die Anwendung von Beschichtungen mit den Oberflächenschutzsystemen OS 8, OS 10 und OS 11 nach RL SIB geregelt. In der RL SIB sind diese Systeme als Schutzmaßnahme von Betonbauteilen gegen Chloride geregelt. Diese Oberflächenschutzsysteme haben unter bestimmten Voraussetzungen und konstruktiven Randbedingungen aber auch eine abdichtungstechnische Wirkung im Hinblick auf den Schutz der unterhalb der befahrenen Flächen liegenden Bereiche eines Bauwerks gegen Wasser und Feuchte. Sie werden seit vielen Jahren auch in dieser Funktion auf Verkehrsflächen von Parkbauten eingesetzt. Dies ist „Stand der Technik" und war daher in DIN 18532 zu berücksichtigen.

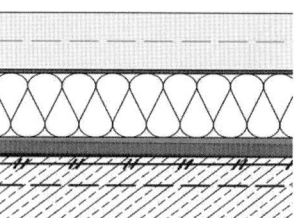

Bild 12. Bauweise 2a

Bisher gab es keine Regelungen für die Anwendung von Oberflächenschutzsystemen nach abdichtungstechnischen Gesichtspunkten. Dies erfolgt nunmehr erstmals in der DIN 18532. Dadurch wird die Planungs- und Ausführungssicherheit für diese Systeme deutlich erhöht.

4.4 Abdichtungsbauweisen

Unter einer Abdichtungsbauweise wird nach DIN 18195 die „Anordnung der Abdichtungsschicht innerhalb der Fahrbahnkonstruktion" verstanden. Es werden vier Bauweisen unterschieden:

1a – Abdichtungsschicht auf dem Konstruktionsbeton unter einer Nutzschicht (s. Bild 10).

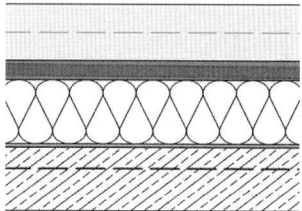

Bild 13. Bauweise 2b

1b – Abdichtungsschicht auf dem Konstruktionsbeton, direkt befahrbar (s. Bild 11).

2a – Abdichtungsschicht auf dem Konstruktionsbeton unter einer Wärmedämmschicht (Umkehrdachbauweise) mit darüber angeordneter Lastverteilungs- und Nutzschicht (s. Bild 12).

2b – Abdichtungsschicht auf der Wärmedämmschicht unter einer Lastverteilungs- und Nutzschichtschicht (s. Bild 13).

Die Bauweisen ohne Wärmedämmung (1a, 1b) werden auf befahrbaren Flächen von Brücken oder Parkbauten angewendet, unter denen i. d. R. auch eine vergleichbare Nutzung als Parkfläche stattfindet.

Prinzipien des Bauwerksschutzes

Die Bauweisen mit Wärmedämmung (2a, 2b) werden auf Flächen angewendet, unter denen i. d. R. eine hochwertige Nutzung, z. B. als Verkaufs-, Aufenthalts- und Wohnbreich, stattfindet.

4.5 Zuordung von Abdichtungsbauarten und Abdichtungsbauweisen

Die in den Teilen 2 bis 6 der DIN 18532 geregelten Abdichtungsbauarten werden tabellarisch diesen Klassen zugeordnet und dürfen dort angewendet werden. Eine generelle Übersicht der Zuordnung der Bauarten erfolgt im allgemeinen Teil 1 der DIN 18532. Hierin wird auch angegeben, welche Abdichtungsbauweisen nach den Teilen 2 bis 6 in den mit einem „x" markierten Bereichen angewendet werden dürfen (s. Tabelle 2).

Maßgebend für diese Zuordnungen sind die Widerstandsfähigkeit der Abdichtungsbauarten gegenüber den Einwirkungen aus Verkehr und Wasser, die Fähigkeit, Risse im Beton zu überbrücken, sowie Erfahrung durch eine langjährige Anwendungspraxis, das die jeweilige Bauart die Abdichtung des Bauwerks mit einer für die jeweilige Nutzung ausreichenden Zuverlässigkeit und Dauerhaftigkeit erbringt.

Eine für alle Abdichtungsbauarten geltende Bedingung ist, dass die Abdichtung durch regelmäßige Inspektionen und ggf. Instandsetzungen nach einem bauwerksspezifischen Instandhaltungsplan instand gehalten werden muss (s. Abschnitt 5.5).

4.6 Zuverlässigkeit

In DIN 18532 wie auch in den anderen Abdichtungsnormen wurde erstmals auch der Begriff „Zuverlässigkeit" eingeführt. Nach DIN 18195 bedeutet Zuverlässigkeit „Fähigkeit einer Maßnahme, die gestellten Anforderungen für einen Anwendungsbereich für die geplante Nutzungsdauer mit einer qualitativ zu beurteilenden ausreichend hohen Wahrscheinlichkeit zu erfüllen".

Die in DIN 18532 geregelten Abdichtungsbauarten haben sich bewährt und können grundsätzlich ihre Funktion in den ihnen zugeordneten Nutzungs- und Anwendungsbereichen unter den üblichen Anforderungen und baulichen Randbedingungen bei fachgerechter Planung, Ausführung und Instandhaltung für eine angemessene Nutzungsdauer mit ausreichender Zuverlässigkeit erfüllen. Es wird jedoch in der Norm darauf verwiesen, dass die für einen Anwendungsbereich möglichen Abdichtungsbauarten in stofflicher und funktioneller Hinsicht Unterschiede aufweisen, die Einfluss auf ihre dauerhafte Funktionsweise und somit auch auf den Grad ihrer Zuverlässigkeit haben können. Nicht alle möglichen Abdichtungsbauarten sind daher für einen konkreten Planungsfall gleichermaßen gut geeignet.

Der Planer muss daher die spezifischen Eigenschaften der für den konkreten Planungsfall zulässigen Abdichtungsbauarten beurteilen können, um eine zweckmäßige Abdichtungsbauart zu wählen.

Tabelle 2. Zuordnung der Abdichtungsbauarten zu Nutzungsklassen, Verkehrsflächen und Bauweisen nach DIN 18532-1

Nutzungs-klasse	Verkehrsfläche	Bauweise				Bauart nach DIN 18532 Teil X
		1a	1b	2a	2b	
N1-V	Fußgänger- und Radwegbrücken	x	–			2 / 3 / 4 / 5 / 6
		–	x[b)]			–
N2-V	Zwischendecks von Parkhäusern für PKW-Verkehr	x	x	x	x	2
		x	–	x	x	3 / 4 / 5
		x	x	x	–	6
		–	x[b)]	–	–	6
	Freidecks von Parkhäusern für PKW-Verkehr	x	–			2 / 3 / 4 / 5 / 6
		–	x[b)]			6
	Parkdächer für PKW-Verkehr	x	–	x	x	2 / 3 / 4 / 5
				x	x	6
	Hofkellerdecken und Durchfahrten für PKW-Verkehr	x	–	x	–	2 / 3 / 4 / 5
		x	–	x	–	6
		–	x[b)]	–	–	6

Tabelle 2. Zuordnung der Abdichtungsbauarten zu Nutzungsklassen, Verkehrsflächen und Bauweisen nach DIN 18532-1 (Fortsetzung)

Nutzungs-klasse	Verkehrsfläche	Bauweise 1a	1b	2a	2b	Bauart nach DIN 18532 Teil X
N3-V	Zwischendecks von Parkhäusern für PKW- und leichten LKW-Verkehr	x	x	–	x	2
		x	–	–	x	3 / 4 / 5
		x	–	–	–	6
		–	x[b)]	–	–	6
	Freidecks von Parkhäusern für PKW- und leichten LKW-Verkehr	x	–			2 / 3 / 4 / 5 / 6
		–	x[b)]			6
	Parkdächer für PKW- und leichten LKW-Verkehr			–	x	2 / 3 / 4 / 5
	Zufahrtsrampen und Spindeln von Parkhäusern für PKW- und leichten LKW-Verkehr	x	–	–	x	2 / 3 / 4 / 5
		x	–	–	–	6
		–	x[b)]	–	–	6
	Anlieferzonen und Feuerwehrzufahrten in Parkhäusern auch für schweren LKW-Verkehr	x	–	–	x	2 / 3 / 4 / 5
		x	–	–	–	6
		–	x[b)]	–	–	6
	Hofkellerdecken und Durchfahrten und auch für schweren LKW-Verkehr	x	–	–	x	2 / 3 / 4 / 5
		x	–	–	–	6
N4-V	Fahrbahntafeln von Brücken für Fahrzeuge aller Art [a)]	x	–			2 / 3 / 6
x	Bauweise zulässig					
–	Bauweise nicht zulässig					
	Bauweise per Definition nicht vorgesehen					

[a)] Straßenbrücken, für die nicht die Regelungen der ZTV-ING gelten.
[b)] Unter bestimmten Voraussetzungen kann nach DIN 18532-6 eine Beschichtung mit OS-Systemen nach RL SIB nach DIN 18532-6 verwendet werden.

Von welchen Kriterien die Zuverlässigkeit einer Abdichtungsbauart abhängig sein kann, ist Gegenstand eines nicht normativen Anhangs B zum Teil 1 der DIN 18532. Hier findet der Planer eine Art Checkliste, an der er sich dabei orientieren kann.

Dem Planer kommt mit der Umsetzung der in der Norm geforderten ausreichenden Zuverlässigkeit einer Abdichtungsmaßnahme für den jeweiligen Anwendungsfall eine erhöhte Verantwortung bei der Wahl einer geeigneten Abdichtungsbauart oder Beschichtung zu. Dazu gehört auch die entsprechende Beratung des Bauherrn auch unter dem Aspekt der Wirtschaftlichkeit der zu planenden Abdichtungsmaßnahme.

4.7 Unterlaufsicherheit

Die Unterlaufsicherheit dient der Minimierung der Gefahr, dass bei den Abdichtungsbauweisen 1a, 2a und 2b, bei denen die Abdichtungsschicht nicht direkt kontrolliert werden kann, durch Verbreiten von chloridhaltigem Wasser unter einer schadhaften Abdichtungsschicht Schäden am Betonbauteil entstehen können. Durch eine unterlaufsicher verlegte Abdichtung wird die Zuverlässigkeit der Abdichtung in dieser Hinsicht deutlich erhöht.

Dies ist daher auch eine Anforderung der Regelungen des Betonschutzes gegen Chloride. Nach DIN EN 1992-1-1/NA/A1:2015-12 muss die Abdichtung eines befahrbaren Betonbauteils unterlaufsicher sein, damit die Voraussetzungen für die Zuord-

Tabelle 3. Nationale Anpassung der Tabelle 4.1 – Expositionsklassen von DIN EN 1992-1-1

Expositions-klasse	Beschreibung der Umgebung	Beispiel für die Zuordnung
XC3	Bewehrungskorrosion, ausgelöst durch Karbonatisierung mäßige Feuchte	– Bauteile, zu denen die Außenluft häufig oder ständig Zugang hat, z. B. offene Hallen, Innenräume mit hoher Luftfeuchtigkeit, z. B. in gewerblichen Küchen, Bädern, Wäschereien, in Feuchträumen von Hallenbädern und in Viehställen – Dachflächen mit flächiger Abdichtung – *Verkehrsflächen mit unterlaufsicherer Abdichtung* [b)]
XD1	Bewehrungskorrosion, ausgelöst durch Chloride, ausgenommen Meerwasser mäßige Feuchte	– Bauteile im Sprühnebelbereich von Verkehrsflächen – Einzelgaragen – *befahrene Verkehrsflächen mit vollflächigem Oberflächenschutz*
XD3	Bewehrungskorrosion, ausgelöst durch Chloride, ausgenommen Meerwasser wechselnd nass und trocken	– Teile von Brücken mit häufiger Spritzwasserbeanspruchung – Fahrbahndecken – *befahrene Verkehrsflächen mit rissvermeidenden Bauweisen ohne Oberflächenschutz oder Abdichtung* [b)] – *befahrene Verkehrsflächen mit dauerhaftem lokalem Schutz von Rissen* [b), d)]

[b)] Für die Sicherstellung der Dauerhaftigkeit ist ein Instandhaltungsplan im Sinne der DAfStb-Richtlinie „Schutz und Instandsetzung von Betonbauteilen" RL SIB aufzustellen.
[d)] Für die Planung und Ausführung des dauerhaften lokalen Schutzes von Rissen gilt die DAfStb-Richtlinie „Schutz und Instandsetzung von Betonbauteilen" RL SIB.

nung des Betonbauteils zur Expositionsklasse XC3 erfüllt werden (s. Tabelle 3).

Eine wesentliche Voraussetzung dafür, dass eine vollflächig auf der Betonunterlage haftende Abdichtungsschicht auch unterlaufsicher ist, ist eine entsprechende Vorbereitung und Behandlung der Betonoberfläche. Der Beton muss z. B. durch Kugelstrahlen mechanisch abtragend vorbereitet werden. Dadurch werden Verschmutzungen und wasserleitende, haftungsmindernde Feinmörtelschichten bis auf den Kernbeton abgetragen. Je nach dem nachfolgend aufzubringenden Abdichtungsstoff werden durch eine Grundierung oder eine Versiegelung nach TL BEL-EP [17] auf der Basis von Epoxidharz oder durch eine Haftbrücke nach DIN EN 14188-4 [18] die Poren im Beton geschlossen. Damit wird die Voraussetzung für eine haftfeste, unterlaufsichere Verbindung zwischen Beton und Abdichtungsschicht geschaffen.

Bei der Bauweise 2b kann die gewünschte Unterlaufsicherheit durch eine auf einem entsprechend vorbereiteten und behandelten Betonuntergrund verlegte qualitativ hochwertige Dampfsperre aus einer Polymerbitumenbahn erreicht werden. Auch kann bei wasserleitenden Dämmstoffen eine Abschottung im Dämmstoffquerschnitt die Ausbreitung von ggf. durch Schadstellen in der Abdich-

tungsschicht eingedrungenem Wasser begrenzen (s. Bild 14).

Die Unterlaufsicherheit ist nicht bei allen Bauarten in DIN 18532 gegeben. Kunststoff- und Elastomerbahnen können nach DIN 18532 Teil 4 neben einer

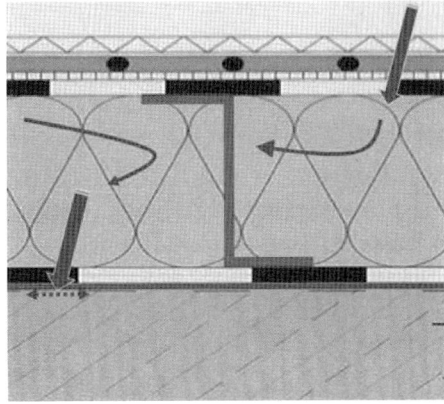

Bild 14. Unterlaufsicherheit durch eine unterlaufsicher verklebte Dampfsperre; Abschottung im Dämmstoffquerschnitt

vollflächigen Verklebung auch teilflächig verklebt oder lose verlegt werden und sind dann nicht unterlaufsicher. In diesen Fällen kann die Unterläufigkeit durch Abschottungsmaßnahmen unter der Abdichtungsschicht nur begrenzt werden. Eine nicht unterlaufsichere Verlegung der Abdichtungsschicht hat somit eine geringere Zuverlässigkeit, was den Schutz des Betonbauteils gegen Chloride betrifft.

Die Abdichtungsbauarten nach den Teilen 2, 3, 5 und 6 sind bei regelgerechter Ausführung unterlaufsicher.

4.8 Reglungen für die Anwendung von Oberflächenschutzsystemen in DIN 18532 Teil 6

Im Teil 6 der DIN 18532 wird neben der Abdichtungsbauart mit Flüssigkunststoffen in Verbindung mit einer Gussasphaltschutzschicht auch die Anwendung von einer Beschichtung mit Oberflächenschutzsystemen geregelt.

Dazu heißt es im Abschnitt 1 Anwendungsbereich:

Unter bestimmten Bedingungen darf im Anwendungsbereich dieser Norm auch eine Beschichtung mit den Oberflächenschutzsystemen OS 8, OS 10 oder OS 11 nach der DAfStb-Richtlinie — Schutz- und Instandsetzung von Betonbauteilen (RL SIB) verwendet werden. Dies ist eine Maßnahme zur Erhöhung der Widerstandsfähigkeit von Betonbauteilen gegen das Eindringen von betonangreifenden oder korrosionsfördernden Stoffen und zur Erhöhung der Widerstandsfähigkeit gegen mechanische Einwirkungen auf oberflächennahen Bereichen. Unter den in der DAfStb-Richtlinie genannten Bedingungen an Untergrund, Aufbau, Produkteigenschaften und Ausführung kann diese Beschichtung auch als Maßnahme zum Schutz eines Bauwerks und seiner Bauteile zur Verhinderung des Eindringens von in Wasser gelösten Stoffen verwendet werden. Dabei sind die besonderen Eigenschaften und Erfordernisse dieser Systeme insbesondere auch im Hinblick auf ihre Instandhaltung zu beachten.

ANMERKUNG Im Nationalen Anhang zum Eurocode 2, 1-1 (DIN EN 1992-1-1/NA) wird bei befahrenen Verkehrsflächen mit vollflächiger Oberflächenschutz durch die Einstufung in die Expositionsklasse XD1 davon ausgegangen, dass temporäre Wassereintritte in das Bauteil nicht ausgeschlossen werden können. Daher werden in der DAfStb-Richtlinie (RL SIB) Instandhaltungsmaßnahmen gefordert, um diese zeitlich eng zu begrenzen und abzustellen.

Zur Einordnung dieser Regelung ist Folgendes zu sagen:

– In DIN 18195 ist der Begriff Beschichtung als „bautechnische Maßnahme zur Herstellung einer geschlossenen Schutzschicht auf einer Bauteiloberfläche zur Verhinderung des Eindringens von flüssigen Stoffen in das Bauteil" definiert. Die Beschichtung dient also zunächst nur dem Bauteilschutz. Die Beschichtung mit den Oberflächenschutzsystemen OS 8, OS 10 und OS 11 nach RL SIB dient vor allem dem Schutz von Betonbauteilen gegen Chloride aus Taumitteln, die in Wasser gelöst in das Bauteil vor allem über Risse eindringen können.

– Die Beschichtung mit OS 8, OS 10 oder OS 11 erzeugen eine geschlossene Schutzschicht auf der Betonoberfläche mit Schichtdicken je nach System von mindestens 2 bis 4,5 mm. Sie stellt daher grundsätzlich auch einen Schutz gegen das Eindringen von Wasser in die unterhalb der befahrbaren Bauteile liegenden Bauwerksbereiche dar und hat somit auch eine abdichtende Wirkung. Aufgrund der direkten Befahrung der OS-Systeme ohne eine Schutzschicht erfolgt dies allerdings auf einem Schutzniveau mit einer geringeren Zuverlässigkeit, als dies bei den in der DIN 18532 geregelten Abdichtungsbauarten der Fall ist.
Die Beschichtung mit diesen Oberflächenschutzsystemen ist somit nicht mit den in der Norm geregelten Abdichtungsbauarten gleichwertig.

– OS 8 ist ein starres, nicht rissüberbrückendes System mit hoher Verschleißfestigkeit. Bei örtlichen Rissen im Beton kommt es auch zu Rissen in der Beschichtung.
OS 10 und OS 11 sind in unterschiedlicher Weise rissüberbrückend. Aber auch bei diesen Systemen sind Risse nicht ausgeschlossen, wenn die begrenzte Rissüberbrückungsfähigkeit der Systeme überschritten wird.
Damit das über die Risse eingedrungene chloridhaltige Wasser nicht zu dauerhaften Schäden im Beton oder zu Schäden infolge von Wasserdurchtritten in das Bauwerk führt, müssen Wassereintritte in das Bauteil zeitlich eng begrenzt werden. Dazu sind in regelmäßigen Abständen Inspektionen, Wartungs- und ggf. auch Instandsetzungsmaßnahmen durchzuführen. Dafür müssen die Systeme zugänglich sein. Dies begrenzt die Anwendung der Oberflächenschutzsysteme auf die Bauweise 1b (direkt befahrene Flächen).

– Beschichtungen mit OS 8, OS 10 oder OS 11 sind unterlaufsicher, wenn die Systeme auf einem entsprechend nach RL SIB vorbereiteten und behandelten Betonuntergrund verarbeitet werden. Damit werden im Zusammenhang mit den Anforderungen an die Instandhaltung auch die Anforderungen der DIN EN 1992-1-1/NA/A1:2015-12 an einen vollflächigen Oberflächenschutz und somit auch die Voraussetzungen für die Zuordnung des Betonbauteils zur Expositionsklasse XD1 erfüllt.

- Beschichtungen mit OS 8, OS 10 und OS 11 werden seit vielen Jahren in Parkbauten auch zum Schutz des Bauwerks, also der unter einer befahrbaren Fläche liegenden Bauwerksbereiche, gegen Wasser angewendet. Dies ist „Stand der Technik".
Sie weisen gegenüber den klassischen Abdichtungsbauarten aufgrund ihrer geringen Systemdicken konstruktive und wirtschaftliche Vorteile auf. Wegen der höheren Instandhaltungskosten und der geringeren Nutzungsdauer bis zur Erneuerung dieser Systeme muss die Wirtschaftlichkeit einer solchen Maßnahme aber auch langfristig geprüft werden.
Auch ist einzuschätzen, ob das höhere Schadensrisiko, das mit der Anwendung insbesondere einer starren, nicht rissüberbrückenden Beschichtung verbunden ist, im Einzelfall vertretbar ist.

- Für Beschichtungen, die auch als abdichtungstechnische Maßnahme im Bereich von Parkbauten verwendet werden, gab es bisher keine Regelungen. In DIN 18532 Teil 6 wird erstmals geregelt, unter welchen Randbedingungen Beschichtungen mit OS 8, OS 10 und OS 11 auch für *abdichtungstechnische Zwecke* angewendet werden dürfen. Dies ist nur auf bestimmten Arten von Verkehrsflächen und unter bestimmten Anwendungs-, Nutzungs- und Instandhaltungsbedingungen möglich. Durch die Aufnahme von Oberflächenschutzsystemen in die DIN 18532 Teil 6 wird die Planungs- und Anwendungssicherheit für diese Systeme im Anwendungsbereich der Norm deutlich erhöht.
Bei der Anwendung von Oberflächenschutzsystemen sind, ebenso wie für Abdichtungsbauarten, auch die Regelungen des DAfStb und des DBV für den Betonschutz gegen Chloride und damit die Anforderungen an die Betonkonstruktion zu berücksichtigen.

- Generell haben Oberflächenschutzsysteme bei regelmäßiger Instandhaltung eine Nutzungsdauer von ca. 8 bis 10 Jahren, im Vergleich z. B. zu Abdichtungsbauarten unter Verwendung von Bitumenbahnen und Gussasphalt von ca. 15 bis 25 Jahren, nach der ggf. eine Erneuerung erforderlich wird.
Aufgrund der vielen Besonderheiten, die bei Beschichtungen zu berücksichtigen sind, sollte die Anwendung als Abdichtungsmaßnahme im Rahmen der DIN 18532 immer nach vorheriger Beratung und Abstimmung mit dem Bauherrn erfolgen.

Beschichtungen mit OS 8, OS 10 und OS 11 sind in der Bauweise 1a aufgrund von abdichtungstechnischen Gesichtspunkten nach DIN 18532-6:2017-07 nur auf bestimmten Verkehrsflächen der Nutzungsklassen N1-V, N2-V und N3-V als direkt befahrbare Oberflächenschutzsysteme (Abdichtungsbauweise 1b) einsetzbar (s. Tabelle 4).

Im Einzelnen bedeutet dies:
- Beschichtungen mit den Oberflächenschutzsystemen OS 8, OS 10 und OS 11 nach den Stoffanforderungen der RL SIB Teil 2 dürfen im Rahmen von DIN 18532 Teil 6 als abdichtungstechnische Maßnahme auf Verkehrsflächen, nur in der Bauweise1b (direkt befahrene Bauteile) angewendet werden. So kann im Rahmen der Instandhaltung eine regelmäßige Inspektion und ggf. Instandsetzung z. B. bei Rissen stattfinden.

- Unter diesen Flächen darf keine höherwertige Nutzung stattfinden. Das heißt, die Nutzung unterhalb dieser Flächen darf nur durch Fahrzeuge und Personen erfolgen, die keine besondere, über das übliche Maß bei abgestellten und geparkten Fahrzeugen hinausgehende Schutzbedürftigkeit haben.

Weiterhin gelten die in den Fußnoten zu Tabelle 4 angegebenen zusätzlichen Bedingungen. Das bedeutet für die genannten Oberflächenschutzsysteme:

OS 8

- OS 8 nach RL SIB Teil 2 ist eine starre, hoch verschleißfeste Beschichtung für mechanisch stark belastete, begeh- und befahrbare Flächen (s. Bild 15).

- Besonders häufig wird OS 8 auf Flächen angewendet, in denen durch hohe mechanische Einwirkungen ein höherer Verschleiß zu erwarten ist, wie z. B. auf Rampen oder Spindeln oder in Anlieferungsbereichen oder Feuerwehrzufahrten.

- OS 8 besteht aus einem vorgefüllten Reaktionsharz (z. B. EP) und wird in mehreren Arbeitsgängen einschließlich einer Grundierung, Abstreuung und ggf. einer Deckversiegelung aufgebracht. Die Mindesttrockenschichtdicke der Reaktionsharzschicht beträgt 2,5 mm.

- OS 8 darf nur in den Nutzungsklassen N2-V und N3-V auf nicht frei bewitterten Flächen angewendet werden. Da OS 8 keine rissüberbrückenden Eigenschaften hat, darf es nur auf Bauteilen angewendet werden, deren Oberflächen aufgrund ihrer Konstruktion und Lage rissfrei bleiben oder bei denen nach Aufbringen der Beschichtung keine Risse oder Rissbreitenänderungen vorhandener Risse zu erwarten sind. Da trotzdem auftretende Risse nicht auszuschließen sind, ist eine *begleitende Rissbehandlung* erforderlich.

Tabelle 4. Zuordnung von OS 8, OS 10 und OS 11 zu Nutzungsklassen und Verkehrsflächen nach DIN 18532-6

Nutzungs-klasse	Verkehrsfläche	Bauweise			
		1a	1b	2a	2b
N1-V	Fußgänger- und Radwegbrücken	–	OS 10 OS 11a [d]	✕	✕
N2-V	Zwischendecks von Parkhäusern für PKW-Verkehr	–	OS 8 [b] OS 10 OS 11a/b [d]	–	–
	Freidecks von Parkhäusern für PKW-Verkehr	–	OS 10 OS 11a	✕	✕
	Parkdächer für PKW-Verkehr	✕	✕	–	–
	Hofkellerdecken und Durchfahrten für PKW-Verkehr	–	OS 10 OS 11a	–	–
N3-V	Zwischendecks von Parkhäusern für PKW- und leichten LKW-Verkehr	–	OS 8 [b] OS 10 OS 11a/b [d]	–	–
	Freidecks von Parkhäusern für PKW-Verkehr und leichten LKW-Verkehr	–	OS 10	✕	✕
	Parkdächer für PKW- und leichten LKW-Verkehr	✕	✕	–	–
	Zufahrtsrampen und Spindeln von Parkbauten für PKW- und leichten LKW-Verkehr	–	OS 8 [b] OS 10 [c]	–	–
	Anlieferzonen und Feuerwehrzufahrten in Parkhäusern auch für schweren LKW-Verkehr	–	OS 8 [b]	–	–
	Hofkellerdecken und Durchfahrten auch für schweren LKW-Verkehr	–	–	–	–
N4-V	Fahrbahntafeln von Brücken für Fahrzeuge aller Art [a]	–	–	✕	✕
–	Bauweise nicht zulässig				
✕	Bauweise per Definition nicht vorgesehen				

[a] Straßenbrücken, für die nicht die Regelungen der ZTV-ING Teil 7 gelten.
[b] nicht auf frei bewitterten Bereichen;
nur auf Verkehrsflächen über nicht höherwertig genutzten Bereichen;
nur für Bauteile die als rissefrei gelten oder bei denen nach Aufbringen der Beschichtung keine Rissbreitenänderungen vorhandener Risse zu erwarten sind.
[c] nur bei PKW-Verkehr
[d] In stark beanspruchten Kurvenbereichen sind ggf. zusätzliche Maßnahmen erforderlich.

OS 10

– OS 10 nach RL SIB Teil 2 ist eine elastische Beschichtung mit rissüberbrückender Eigenschaft für mechanische stark belastete begeh- und befahrbare Flächen (s. Bild 16).

– OS 10 besteht aus einem Reaktionsharz (z. B. PMMA) und wird in mehreren Arbeitsgängen im Verbund mit einer verschleißfesten, gefüllten Deckschicht und ggf. einer Deckversiegelung aufgebracht. Die elastische Schicht hat eine Mindesttrockenschichtdicke von 2,0 mm.

– Die dynamische Rissüberbrückungseigenschaft von OS 10 beträgt mindestens 0,45 mm bei $-20\,°C$. OS 10 darf nur auf Betonbauteilen verwendet werden, bei denen die rechnerische

OS 8 nach RL SIB

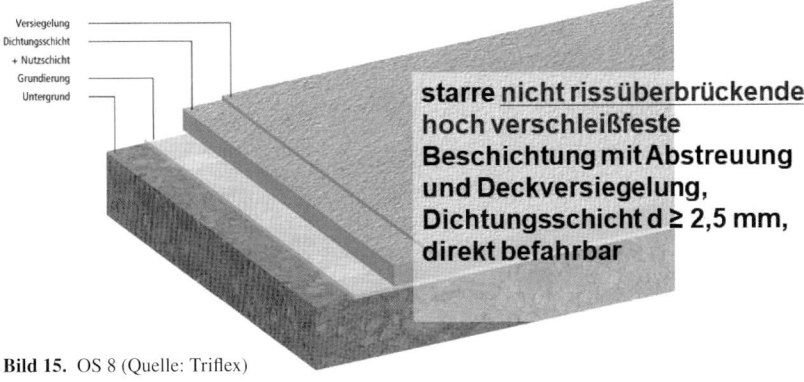

Bild 15. OS 8 (Quelle: Triflex)

OS 10 nach RL SIB

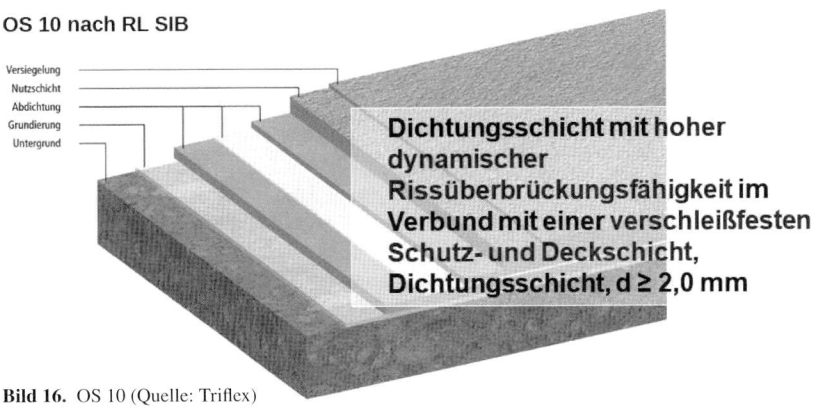

Bild 16. OS 10 (Quelle: Triflex)

Rissbreite auf 0,30 mm beschränkt ist, siehe [10].

- OS 10 darf in den Nutzungsklassen N2-V und N3-V grundsätzlich auf frei bewitterten und nicht frei bewitterten Flächen angewendet werden.
Auf Hofkellerdecken und Anlieferungszonen, auf denen auch schwerer LKW-Verkehr stattfindet, darf OS 10 nicht angewendet werden. Auf Zufahrtsrampen und Spindeln ist eine Anwendung nur bei PKW-Verkehr zulässig.

OS 11

- OS 11 nach RL SIB Teil 2 ist eine elastische Beschichtung mit erhöhter dynamischer rissüberbrückender Eigenschaft für stark belastete begeh- und befahrbare Flächen (s. Bild 17).
- OS 11 besteht aus einem Reaktionsharz (z. B. PUR). In zweischichtiger Ausführung (OS 11a) besteht das System aus einer nicht gefüllten, elastischen Schicht mit einer Mindesttrockenschichtdicke von 1,5 mm im Verbund mit einer verschleißfesten, gefüllten Deckschicht mit Abstreuung von mindestens 3,0 mm Dicke und ggf. einer Deckversiegelung (Mindesttrockenschichtdicke insgesamt 4,5 mm).
In einschichtiger Ausführung (OS 11b) besteht das System aus einer gefüllten elastischen Schicht mit einer Mindesttrockenschichtdicke von 4,0 mm und erhält eine Abstreuung und eine Deckversiegelung (s. Bild 17).

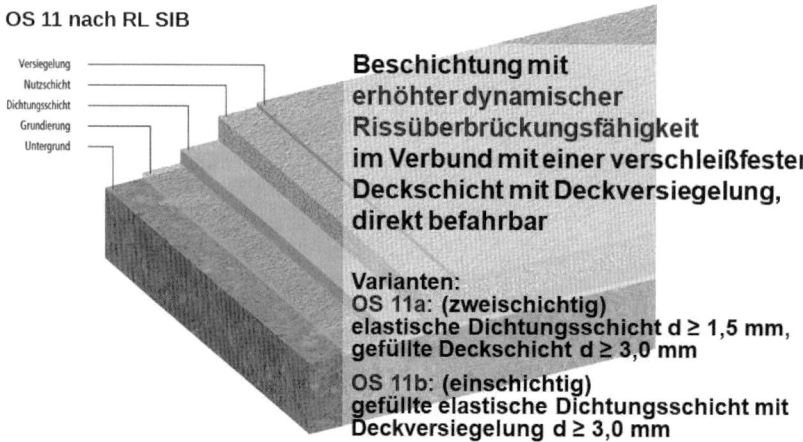

Bild 17. OS 11a/b (Quelle: Triflex)

- Die dynamische Rissüberbrückungseigenschaft von OS 11 beträgt mindestens 0,35 mm bei −20 °C. OS 11 darf nur auf Bauteilen verwendet werden, bei denen die rechnerische Rissbreite auf 0,25 mm beschränkt ist [10].
- In der Nutzungsklasse N2-V darf OS 11 auf allen frei bewitterten und nicht frei bewitterten Flächen, in der Nutzungsklasse N3-V nur auf nicht frei bewitterten Flächen angewendet werden. In stärker beanspruchten Kurvenbereichen ist bei OS 11b mit erhöhtem Verschleiß zu rechnen. Gegebenenfalls ist hier besser OS 11a, OS 10 oder ggf. auch OS 8 oder eine Abdichtungsbauart anzuwenden.

Auf Hofkellerdecken und Durchfahrten bei schwerem LKW-Verkehr dürfen Oberflächenschutzsysteme gar nicht angewendet werden.

Zu weiteren Informationen über die Eigenschaften der OS-Systeme siehe DBV-Merkblatt „Parkhäuser und Tiefgaragen", Fassung Januar 2018, Anhang A [10].

Die Anwendung der Oberflächenschutzsysteme OS 8, OS 10 und OS 11 ist in DIN 18532 Teil 6 nach abdichtungstechnischen Gesichtspunkten geregelt. Sie können daher nicht auf allen Flächen gleichermaßen angewendet werden, wie dies nach der RL SIB und dem DBV-Merkblatt möglich ist, da diese Regelungen nur den Betonschutz zum Inhalt haben und abdichtungstechnische Gesichtspunkte dabei nicht berücksichtigt werden.

Bei der Anwendung der OS-Systeme wie auch bei der Anwendung von Abdichtungsbauarten sind immer auch die geltenden Regelungen für den Chloridschutz von befahrbaren Betonbauteilen zu berücksichtigen.

5 Prinzipien des Bauteilschutzes gegen die Einwirkung von Chloriden auf befahrbare Betonbauteile nach EC 2 und den Regelungen des DAfStb und DBV

5.1 Maßgebende Regelungen

Die maßgebenden Regelungen für den Schutz von Betonbauteilen zur Sicherstellung ihrer Dauerhaftigkeit bei äußeren Einwirkungen von Chloriden finden sich in DIN EN 1992-1-1 [12] und DIN EN 1992-1-1/NA [13] sowie in der Richtlinie für Schutz und Instandsetzung von Betonbauteilen des DAfStb (Instandsetzungsrichtlinie RL SIB) [15]. Weitere Informationen finden sich in den Erläuterungen zu DIN EN 1992-1-1 und DIN EN 1992-1-1/NA (Heft 600 des DAfStb) [14] und im Merkblatt des DBV „Parkhäuser und Tiefgaragen [10]. Die wesentlichen Kriterien, nach denen bei der Planung des Betonschutzes vorzugehen ist, werden im Folgenden dargestellt. Hierzu gibt es im DBV-Merkblatt mit Tabelle 5 eine übersichtliche Darstellung der verschiedenen Möglichkeiten (s. Tabelle 5).

5.2 Einwirkungen und Schutzprinzipien

Bei befahrbaren Verkehrsflächen aus Beton wirken vor allem im Winter im Wasser gelöste Chloride aus

Tabelle 5. Ausführungsvarianten für befahrene Parkflächen aus Stahlbeton oder Spannbeton (Tabelle 5 aus dem DBV-Merkblatt „Parkhäuser und Tiefgaragen", Ausgabe Januar 2018)

1		2	3	4	5	6	7
Variante		**Variante A**		**Variante B**		**Variante C**	
Beschreibung		ohne flächiges Oberflächenschutzsystem oder ohne Abdichtung (jedoch mit besonderer Maßnahme bei Rissen und Fugen)		mit flächigem Oberflächenschutzsystem [d]		mit flächiger, rissüberbrückender Abdichtung und Schutzschicht [d]	
Untervariante		A1	A2	B1	B2	C1	C2
		rissvermeidende Bauweise	lokaler Schutz der Risse und Fugen [b] (z. B. rissüberbrückende Bandage)	vollflächig starr beschichtet: OS 8 mit begleitender Rissbehandlung [b] (z. B. rissüberbrückende Bandage)	vollflächig rissüberbrückend beschichtet: OS 10 mit Nutzschicht oder OS 11	OS 10 oder unterlaufsichere [c] bahnenförmige Abdichtung, jeweils mit Dichtungs- und Schutzschicht aus Gussasphalt	unterlaufsichere [c] zweilagige bahnenförmige Abdichtung mit Schutzschicht
Entwurfsgrundsatz		a	c	c	b	a, b	a, b
Expositions- und Feuchtigkeitsklasse		XD3, XC4, WA (ggf. XF2 oder XF4)		XD1, XC3, WF (ggf. XF1)		XC3, WF (ggf. XF1)	
Mindestbetondeckung c_{min}		Betonstahl 40 mm Spannstahl 50 mm		Betonstahl 40 mm Spannstahl 50 mm		Betonstahl 20 mm Spannstahl 30 mm	
Inspektion [a]		jährlich in den ersten 5 Jahren, danach mindestens:					
		alle 2 Jahre	jährlich	jährlich	jährlich	alle 2 Jahre	alle 2 Jahre

[a] Für alle Varianten ist ein Instandhaltungsplan im Sinne der DAfStb-Richtlinie Schutz und Instandsetzung von Betonbauteilen [R1] erforderlich.
[b] Planung und Ausführung des dauerhaften lokalen Schutzes von Rissen und Fugen nach DAfStb-Richtlinie Schutz und Instandsetzung von Betonbauteilen [R1].
[c] Voraussetzung für die Unterlaufsicherheit einer direkt auf dem Betonuntergrund aufgebrachten Abdichtungsschicht ist eine vollflächige, dauerhaft kraftschlüssige Verbindung zur Betonunterlage. Der Betonuntergrund ist dazu vor Aufbringen der Abdichtungsbahn durch Kugelstrahlen vorzubereiten und mit Epoxidharz zu behandeln (Verfahren und Stoffe nach ZTV ING [R60], Teil 7, Abschnitt 1:2003-01, Abschnitt 2:2010-04, Abschnitt 3:2003-01).
[d] Alternative Produkte oder Bauarten sind möglich, wenn deren Gleichwertigkeit mit den Oberflächenschutzsystemen oder Abdichtungen nachgewiesen wird.
Anmerkung: Sobald die in Vorbereitung befindliche DAfStb-Instandhaltungs-Richtlinie bauaufsichtlich eingeführt ist, ist diese als Grundlage der Planung, Ausschreibung und Ausführung von Oberflächenschutzsystemen zu verwenden.

Tausalzen auf die Verkehrsflächen und deren aufgehende Randbereiche aus Beton ein. Zur Sicherstellung der Dauerhaftigkeit der Bauteile ist zu vermeiden, dass chloridhaltiges Wasser bis zur Bewehrung vordringt und es dort zu Schäden durch chloridinduzierte Korrosion (Lochfraßkorrosion) kommt. Dies erfolgt nach zwei sich ergänzenden Schutzprinzipien.

5.2.1 Schutzprinzip 1

Das Schutzprinzip 1 lautet:
Das befahrene Bauteil muss so ausgeführt sein, dass den einwirkenden Chloriden ein ausreichender Bauteilwiderstand entgegengesetzt wird.

Dieses Prinzip ist bei Verwendung üblicher Betonstahl- und Spannstahlbewehrung so anzuwenden, dass das Vordringen von Chloriden über die ungerissene Betondeckung bis zur Bewehrung innerhalb einer Nutzungszeit von 50 Jahren vermieden wird. Hierzu muss die ungerissene Betondeckung so dick und dicht sein, dass den in den Beton eindringenden Chloriden ein ausreichender Widerstand entgegengesetzt wird.

- Dies ist gegeben, wenn ein Beton der Expositionsklasse XD3 und XC4 nach [12, 13] ohne zusätzliche Schutzmaßnahmen eingebaut wird und eine Mindestbetondeckung von 40 bzw. 50 mm am fertigen Bauteil eingehalten wird. Im Rahmen der Instandhaltung muss alle zwei Jahre eine Inspektion der geschützten Fläche erfolgen (s. Abschnitt 5.5).

- Ebenso kann ein ausreichender Widerstand des Bauteils erreicht werden, wenn ein weniger dichter Beton zusätzlich durch eine flächige Beschichtung mit einem direkt befahrbaren Oberflächenschutzsystem OS 8, OS 10 oder OS 11 geschützt wird. Unter einer flächigen Beschichtung reicht dabei der Einbau eines Betons der Expositionsklassen XD1, XC3 aus, sofern auch hier die Mindestbetondeckung von 40 bzw. 50 mm am fertigen Bauteil eingehalten wird. Mit der Einstufung in XD1, XC3 wird zum Ausdruck gebracht, dass eine gewisse (geringe) Chloridmenge in Kombination mit mäßiger Feuchte auf den Beton über Risse oder lokale Beschädigungen der Beschichtung in einem zeitlich begrenzten Maße auf den Beton einwirken kann. Dass dies nur zeitlich begrenzt und ohne dauerhafte Schädigung möglich ist, ist durch eine jährliche Inspektion sicherzustellen.

- Bei einer unterlaufsicher verlegten Abdichtung nach DIN 18532, bei der die obere Lage der Abdichtungsschicht aus Gussasphalt besteht oder die unter einer Schutzschicht aus anderen Stoffen liegt, ist die Einstufung des Betonbauteils in die Expositionsklasse XC3 ausreichend, da hierbei davon ausgegangen werden kann, dass die Abdichtungsschicht dauerhaft und mit hoher Zuverlässigkeit ihre Funktion erfüllt und der Beton somit dauerhaft vor Chloriden geschützt ist. Dies führt dann auch zu einer reduzierten Mindestbetondeckung von 20 bzw. 30 mm am fertigen Bauteil und eine Inspektion wird nur alle 2 Jahre erforderlich.
Die Forderung, dass die Abdichtungsschicht auf der Betonoberfläche nicht unterläufig sein darf, wird erhoben, damit bei eventuellen Schäden oder Verarbeitungsfehlern eine unkontrollierte Ausbreitung von chloridhaltigem Wasser unter der Abdichtungsschicht auf der Betonoberfläche vermieden wird (s. Abschnitt 4.7). Die anwendungstechnischen Voraussetzungen dafür sind in der Fußnote c) zu Tabelle 6 des DBV Merkblatts angegeben. Sie entsprechen den Reglungen in DIN 18532.

5.2.2 Schutzprinzip 2

Das Schutzprinzip 2 lautet:
Das Eindringen von Chloriden über Risse und Arbeitsfugen bis zur Bewehrung ist zu verhindern.

Wenn Risse und Arbeitsfugen in durch Chloride beaufschlagten Bereichen nicht vermieden werden oder sich nicht vermeiden lassen, ist zusätzlich zum Prinzip 1 das Prinzip 2 anzuwenden, und zwar unabhängig davon, ob planmäßig breitere Einzelrisse in Kauf genommen werden oder ob aufgrund einer rechnerischen Rissbreitenbegrenzung durch eine entsprechende Bewehrung mit vielen schmaleren Rissen gerechnet werden kann.
Entweder sind bei planmäßig wenigen breiten Rissen lokale Maßnahmen zum Schutz zu ergreifen (begleitende Rissbehandlung durch örtliche Rissbandagen) oder die feinverteilt und zufällig gerissene Betonoberfläche ist ganzflächig rissüberbrückend mit OS 10 oder OS 11 nach RL SIB zu beschichten oder mit einer unterlaufsicheren Abdichtung nach DIN 18532 zu versehen.
Die Produkte für Abdichtungsbauarten haben eine nachgewiesene Rissüberbrückungsfähigkeit nach DIN EN 14224 [19] von mindestens 0,32 mm bei $-20\,°C$. Der tatsächliche Grenzwert kann aber bei bahnenförmigen Abdichtungsprodukten deutlich höher liegen. Das erhöht die Zuverlässigkeit bei der Anwendung einer Abdichtung. Die rechnerische Rissbreite der Betonbauteile sollte aber auch hier auf 0,30 mm beschränkt werden.

5.3 Rissbeherrschung

Zur sogenannten Rissbeherrschung bei Stahlbeton- und Spannbetonkonstruktionen werden im DBV-Merkblatt drei Entwurfsgrundsätze (EGS) unterschieden:

EGS a Rissvermeidung

Vermeidung von Rissen durch Festlegung von besonderen konstruktiven, betontechnischen und ausführungstechnischen Maßnahmen.

EGS b Rissverteilung

Festlegung von rechnerischen Rissbreiten, die die Mindestanforderungen des Eurocodes 2 (0,3 mm) erfüllen, oder von geringeren rechnerischen Rissbreiten, die die besonderen Eigenschaften rissüberbrückender Oberflächenschutz- und Abdichtungssysteme in Bezug auf die Rissüberbrückungsfähigkeit erfüllen.

Anmerkung:
Die tatsächlichen Rissbreiten können in Einzelfällen die rechnerische Rissbreite um ca. 0,1 bis 0,15 mm überschreiten. Die rechnerische Rissbreite sollte daher etwa 0,10 bis 0,15 mm unter der bei $-20°$ gemessenen Rissüberbrückungsfähigkeit des angewendeten Oberflächenschutz- oder Abdichtungssystems liegen.

EGS c Rissbildung mit planmäßiger nachträglicher Behandlung

Festlegung von tolerierbaren rechnerischen Rissbreiten möglichst in definierten Bereichen (wenige breite Risse), die mit im Entwurf planmäßig vorgesehenen lokalen Maßnahmen nach ihrem Auftreten dauerhaft geschlossen bzw. abgedichtet werden (z. B. Rissbandagen).

5.4 Darstellung der Ausführungsvarianten für den Schutz von Betonbauteilen gegen Chloride

Auf der Grundlage der dargestellten Prinzipien ergeben sich für den Schutz von befahrbaren Betonbauteilen gegen Chloride grundsätzlich drei Planungs- und Ausführungsvarianten mit jeweils zwei Untervarianten (s. Tabelle 5). Sie sind nachfolgend in den Bildern 18 bis 20 dargestellt.

5.4.1 Variante A

Schutz des Betonbauteils durch einen hohen Widerstand des Betons gegen das Eindringen von Chloriden ohne eine flächige Beschichtung oder eine Abdichtung, ggf. mit lokalem Schutz bei Rissen und Arbeitsfugen (s. Bild 18).

A1 – rissvermeidende Bauweise, Entwurfsgrundsatz a.

A2 – lokaler Schutz von Rissen (z. B. Rissbandagen mit rissüberbrückendem OS-System), Entwurfsgrundsatz c.

Anmerkung:
Die Planungsvariante A ist eine Maßnahme, die aus dem Geltungsbereich der DIN 18532 ausgenommen ist, da die Abdichtungsfunktion des ungerissenen Betonbauteils ähnlich wie beim WU-Beton allein von der Betontechnologie und weiteren konstruktiven Maßnahmen abhängt. Eine Abdichtung ist aber immer eine zusätzliche flächige Schutzmaßnahme auf einem nicht wasserdichten Bauteil.

5.4.2 Variante B

Schutz des Betonbauteils durch eine zusätzliche flächige Beschichtung mit einem starren oder rissüberbrückenden Oberflächenschutzsystem nach RL SIB (s. Bild 19).

B1 – vollflächige starre Beschichtung mit OS 8 mit begleitender Rissbehandlung (z. B. mit rissüberbrückenden Bandagen), Entwurfsgrundsatz c.

B2 – vollflächige rissüberbrückende Beschichtung mit OS 10 oder OS 11, Entwurfsgrundsatz b.

5.4.3 Variante C

Flächige rissüberbrückende und unterlaufsichere Abdichtung nach DIN 18532 (s. Bild 20).

C1 – OS 10 oder einlagige bahnenförmige Abdichtung mit einer Dichtungs- und Schutzschicht aus Gussasphalt, Entwurfsgrundsatz a oder b.

C2 – zweilagige bahnenförmige Abdichtung mit einer Schutzschicht, Entwurfsgrundsatz a oder b.

Chloride / **Bauteilschutz**

- **ohne flächige Schutzmaßnahmen** (A1)
- **oder lokaler Rissschutz** (A2)
  (z.B. Rissbandagen)

Betonüberdeckung / Bewehrung / Betonqualität
Betonbauteil

- **Betonüberdeckung**
  $c_{min} = 40/50$ mm
- **Rissmanagement**
  rissvermeidende Bauweise (A1) oder wenige breite Risse (A2)
- **betontechnische Maßnahmen**
  für Expositionsklassen XD3, XC4; WA
- **Inspektion**
  erste 5 Jahre jährlich, dann jährlich/2-jährlich

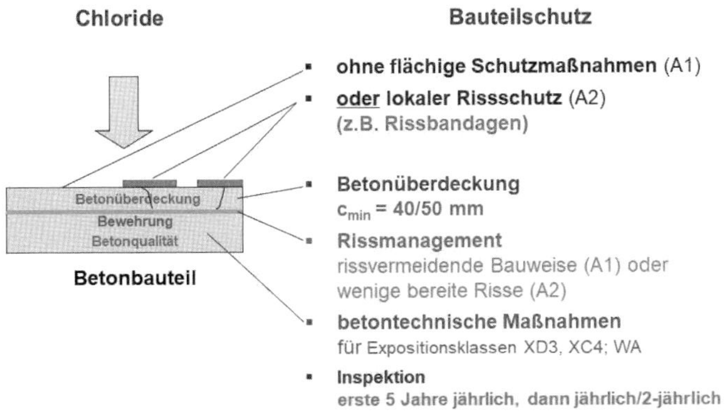

Bild 18. Planungsvariante A: Schutz des Betonbauteils durch betontechnische Maßnahmen, jedoch mit besonderen Schutzmaßnahmen bei Rissen

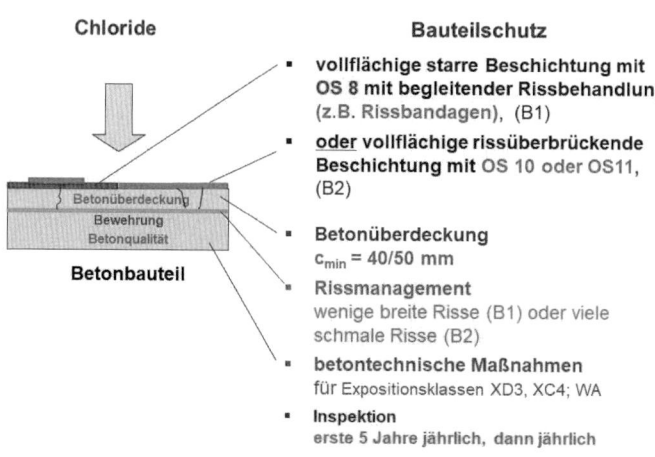

Bild 19. Planungsvariante B: Schutz des Betonbauteils durch eine flächige Beschichtung mit einem Oberflächenschutzsystem OS 10 oder OS 11

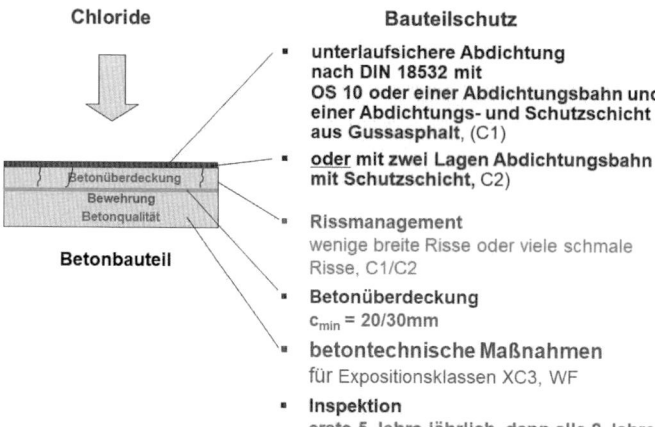

Bild 20. Planungsvariante C: Schutz des Betonbauteils durch eine flächige, rissüberbrückende und unterlaufsichere Abdichtung nach DIN 18532

5.5 Instandhaltung

Die konstruktiven und betontechnischen Regelungen für befahrene Bauteile aus Stahl- und Spannbeton sind auf eine mindesten 50-jährige Nutzungsdauer ausgelegt, dies unter der Voraussetzung, dass im Rahmen der Instandhaltung regelmäßige Inspektionen stattfinden. Dafür ist vom Planer ein bauwerksspezifischer Instandhaltungsplan zu erstellen.

Im Instandhaltungsplan müssen die Inspektionsintervalle, die Wartungs- und Instandsetzungsmaßnahmen in Abhängigkeit vom Ergebnis der Inspektion sowie die Verfahrensweisen und Verantwortlichkeiten festgelegt werden.

Nach DBV-Merkblatt [10] ist innerhalb der ersten fünf Jahre für alle Ausführungsvarianten mindestens einmal jährlich eine Inspektion vorzunehmen. Im Anschluss daran sind die Inspektionen je nach Ausführungsvariante jährlich oder alle zwei Jahre vorzunehmen. Die Oberflächenschutzbeschichtungen sind dabei auf Beschädigungen, Abrieb und auf Risse zu kontrollieren. Auch abgedichtete Flächen sind ober- und unterseitig und an kritischen Punkten wie Fugen, Abschlüssen und Durchdringungen zu kontrollieren.

Unabhängig davon ist eine Beschichtung, für die eine begleitende Rissbehandlung erforderlich ist (OS 8), auch zwischenzeitlich auf Risse zu kontrollieren. Diese sind baldmöglichst zu schließen oder abzudichten.

Die Durchführung der Instandhaltungsmaßnahmen liegt im Verantwortungsbereich des Eigentümers bzw. des Betreibers des Bauwerks. Im DBV-Merkblatt [10] sind in Abschnitt 4 zur Planung und Durchführung der Instandhaltungsmaßnahmen in der Planungs-, Gewährleistungs- und Nutzungsphase grundsätzliche und detaillierte Angaben gemacht.

6 Schnittstellenregelung in DIN 18532

In DIN 18532 werden Reglungen für die Abdichtung befahrbarer Flächen aus Beton nach dem „Stand der Technik" getroffen. Diese Norm hat aufgrund ihres Zustandekommens nach DIN 820-1 die begründete Vermutung für sich, dass sie die „anerkannten Regeln der Technik" auf diesem Gebiet darstellt [16, 20] und sie dient dem bauaufsichtlich geforderten Schutz des Bauwerks gegen Wasser. Darüber hinaus ist der bauaufsichtlich ebenso geforderte Schutz des Bauteils für die Dauerhaftigkeit der Standsicherheit von befahrenen Betonbauteilen unter der Einwirkung von Chloriden aus Taumitteln sicherzustellen. Basis hierfür ist die bauaufsichtlich eingeführte DIN EN 1992-1-1 (EC 2) [12] nebst nationalem Anhang (NA) [13].

Beide Regelwerke sind bei der Planung der Abdichtung befahrbarer Betonbauteile nach DIN 18532 nach bauvertraglichen und öffentlich rechtlichen Regeln zu beachten. Weiterhin sind die Richtlinien und Empfehlungen des DAfStb und des DBV [9, 10, 14] zu berücksichtigen.
Ziel der Planung ist es, eine Schutz- oder Abdichtungsmaßnahme auszuwählen, die die Anforderungen beider Regelwerke erfüllt. Die Auswahlkriterien für diese Maßnahmen sind in beiden Regelwerken unterschiedlich:
Beim Bauwerksschutz nach DIN 18532 sind die Größe der Verkehrsbelastung sowie die Lage und Funktion des Bauteils im Hinblick auf die darunter stattfindende Nutzung die wesentlichen Kriterien für die Zuordnung von Abdichtungsbauarten und Beschichtungen.

Beim Bauteilschutz nach DIN EN 1992-1-1 ff geht es unabhängig von Art und Lage des Bauteils oder der Nutzung des Bauwerks um die konstruktiven und betontechnischen Voraussetzungen, um mit einer Schutz- oder Abdichtungsmaßnahme den Schutz des Betonbauteils gegen Chloride dauerhaft zu sichern.

Für das jeweilige Bauteil muss daher eine Maßnahme gewählt werden, die nach beiden Regelwerken möglich und zulässig ist. Dazu nehmen beide Regelwerke aufeinander Bezug und verweisen aufeinander (s. Bild 21).

Bei der Planung einer Abdichtung nach DIN 18532 sind daher immer auch die Regelungen für den Betonschutz zu berücksichtigen. Das heißt: Die gewählte Abdichtungsmaßnahme muss auch als Schutzmaßnahme gegen Chloride zulässig sein und es müssen die dafür geltenden konstruktiven, betontechnologischen und instandhaltungstechnischen Voraussetzungen eingehalten werden (s. Abschnitt 5). In DIN 18532 Teil 1 wird deswegen bereits einleitend auf die zugleich geltenden Reglungen des EC 2 und der RL SIB sowie auf die weiteren Empfehlungen des DAfStb und des DBV hingewiesen.

Umgekehrt müssen bei der Planung nach den Regelungen des Betonschutzes auch die Regelungen der DIN 18532 für die zugleich notwendige Abdichtung im Hinblick auf den Bauwerksschutz eingehalten werden. Das heißt, nicht alle nach den Regeln für den Betonschutz möglichen Schutz- und Abdichtungsmaßnahmen sind auch auf allen Verkehrsflächen nach DIN 18532 zulässig. Maßgebend hierfür sind die Zuordnungstabellen der Teile 2 bis 6 von DIN 18532.

Für alle Maßnahmen ist die Instandhaltung auf der Basis eines bauwerksspezifischen Instandhaltungsplans durchzuführen, siehe Abschnitt 5.5. In DIN 18532 Teile 2 ff werden dazu auch bauartspezifische Angaben gemacht.

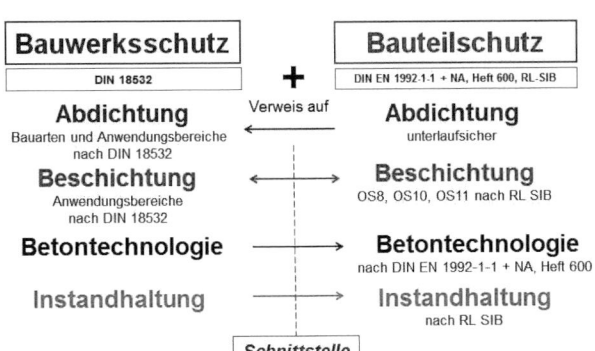

Bild 21. Bauwerkschutz und Bauteilschutz nach DIN 18532 und DIN EN 1992-1-1 ff mit einer Maßnahme

7 Zusammenfassung

Befahrbare Betonbauteile von Parkbauten, Brücken, Dächern und Kellerdecken sind nach DIN 18532 gegen Wasser abzudichten, um die unterhalb dieser Flächen stattfindende planmäßige Nutzung dauerhaft sicherzustellen. Die Abdichtung muss zugleich auch eine Schutzmaßnahme für das Betonbauteil gegen die Einwirkung von Chloriden aus Taumitteln sein. Hierfür gelten eigenständige Regelungen für den Betonschutz auf der Grundlage von DIN EN 1992-1-1 (Eurocode 2).

An der Schnittstelle zwischen beiden Regelwerken ist sicherzustellen, dass mit einer Schutz- oder Abdichtungsmaßnahme die Anforderungen beider Regelwerke erfüllt werden.

Für alle Maßnahmen ist die Instandhaltung auf der Basis eines bauwerksspezifischen Instandhaltungsplans erforderlich.

In diesem Beitrag werden wichtige Erläuterungen und Hinweise zum Verständnis beider Regelwerke als Grundalge für eine sachgerechte Planung und Ausführung der Abdichtung und des Schutzes von befahrbaren Bauteilen aus Beton gegeben.

8 Literatur

[1] DIN 18532:2017-07 (2017) *Abdichtung von befahrbaren Verkehrsflächen aus Beton*
Teil 1: Anforderungen, Planungs- und Ausführungsgrundsätze
Teil 2: Abdichtung mit einer Lage Polymerbitumenbahn und einer Lage Gussasphalt
Teil 3: Abdichtung mit zwei Lagen Polymerbitumenbahnen
Teil 4: Abdichtung mit einer Lage Kunststoff- oder Elastomerbahn
Teil 5: Abdichtung mit einer Lage Polymerbitumenbahn und einer Lage Kunststoff- oder Elastomerbahn
Teil 6: Abdichtung mit flüssig zu verarbeitenden Abdichtungsstoffen, Beuth, Berlin.

[2] DIN 18195-5:2011-12 (2011) *Bauwerksabdichtungen, Teil 5: Abdichtung gegen nichtdrückendes Wasser auf Deckenflächen und in Nassräumen, Bemessung und Ausführung*, Beuth, Berlin (zurückgezogen im Juli 2017 und überführt in [4])

[3] DIN 18531:2010:05 (2010) *Dachabdichtungen – Abdichtungen für nicht genutzte Dächer, Teile 1 bis 4*; ersetzt durch DIN 18532:2017-07 *Abdichtung von Dächern sowie von Balkonen, Loggien und Laubengängen, Teile 1 bis 5*, Beuth, Berlin.

[4] DIN 18195:2017-07 (2017) *Abdichtung von Bauwerken – Begriffe*, Beuth, Berlin.

[5] DB-Richtlinie 804.6101 (2011) *Abdichtung von massiven Eisenbahnbrücken, Widerlagern und Pfeilern*, 1.9.2011, DB Deutsche Bahn.

[6] ZTV-ING (2003–2010) *Zusätzliche Technische Vertragsbedingungen und Richtlinien für Ingenieurbauten, Teil 7 Brückenbeläge*, BASt.

[7] DIN 18533:2017-07 (2017) *Abdichtung von erdberührten Bauteilen, Teile 1 bis 3*, Beuth, Berlin.

[8] ZTV-ING (2015) *Zusätzliche Technische Vertragsbedingungen und Richtlinien für Ingenieurbauten, Teil 5 Tunnelbau*, BASt.

[9] Deutscher Ausschuss für Stahlbeton (2017) *DAfStb-Richtlinie — Wasserundurchlässige Bauwerke aus Beton (WU-Richtlinie)*, Dezember 2017, Beuth, Berlin.

[10] Deutscher Beton- und Bautechnikverein (2018) *DBV-Merkblatt – Parkhäuser und Tiefgaragen*, Januar 2018, DBV, Berlin.

[11] Musterbauordnung – MBO (2016) Fassung November 2002, geändert am 13.5.2016, Argebau.

[12] DIN EN 1992-1-1:2011-01 (2011) *Eurocode 2: Bemessung und Konstruktion von Stahlbeton- und Spannbetontragwerken – Teil 1-1: Allgemeine Bemessungsregeln und Regeln für den Hochbau*, Änderung A1:2015-03, Beuth Berlin.

[13] DIN EN 1992-1-1/NA:2013-04 (2013) *Nationaler Anhang – National festgelegte Parameter – Eurocode 2: Bemessung und Konstruktion von Stahlbeton- und Spannbetontragwerken – Teil 1-1: Allgemeine Bemessungsregeln und Regeln für den Hochbau*, Änderung A1:2015-12, Beuth, Berlin.

[14] Deutscher Ausschuss für Stahlbeton (2017) *Erläuterungen zu DIN EN 1992-1-1 und DIN EN 1992-1-1/NA (Eurocode 2)*, DAfStb-Heft 600, September 2017, Beuth, Berlin.

[15] Deutscher Ausschuss für Stahlbeton (2001) *DAfStb-Richtlinie für Schutz und Instandsetzung von Betonbauteilen (RL SIB)*, Ausgabe Oktober 2001, Beuth, Berlin.

[16] DIN 820 (2014–2018) *Normungsarbeit, Teil 1: Grundsätze, Teil 2: Gestaltung von Dokumenten, Teil 3: Begriffe, Teil 4: Geschäftsgang*, Beuth, Berlin.

[17] TL-BEL-EP (2018) *Technische Lieferbedingungen für Reaktionsharze für Grundierungen, Versiegelungen und Kratzspachtelungen unter Asphaltbelägen auf Beton*, Ausgabe 30.05.2018, BASt.

[18] DIN EN 14188-4:2009-10 *Fugeneinlagen und Fugenmassen – Teil 4: Spezifikationen für Voranstriche für Fugeneinlagen und Fugenmassen*, Beuth, Berlin.

[19] DIN EN 14224:2010-11 *Abdichtungsbahnen – Abdichtungssysteme für Betonbrücken und andere Verkehrsflächen aus Beton – Bestimmung der Rissüberbrückungsfähigkeit*, Beuth, Berlin.

[20] Herold, C. (2016) *Entwicklung von DIN-Normen zur Einführung als anerkannte Regel der Technik in ihrer Anwendung*, Tagungsband der Aachener Bausachverständigentage 2016, Wiesbaden, Springer Vieweg, S. 135 ff.

XIII Oberflächenschutzsysteme und Abdichtungsbauarten für befahrene Parkdecks

Lars Wolff, Aachen

Bernd Schwamborn, Aachen

1 Einleitung

Der folgende Beitrag behandelt Oberflächenschutzsysteme und Abdichtungsbauarten für befahrene Parkdecks. Zu diesen Parkdecks als Teil von Parkbauten zählen im Verständnis dieses Beitrags die folgenden Bauteilgruppen:

- Bodenplatten,
- Zwischendecks,
- Freidecks,
- Parkdächer,
- Rampen bzw. Spindeln.

Die genannten Bauteile zählen aufgrund der kombinierten Beanspruchung durch Verschleiß infolge Befahrung, direkter Bewitterung (im Fall von Parkdächern und Freidecks) bzw. Einwirken von Frost (bei allen genannten Bauteilen je nach objektspezifischen Randbedingungen) und direkter oder indirekter (durch Einschleppen von Pkw) Beaufschlagung mit Chloriden durch winterlichen Tausalzeinfluss zu den am stärksten beanspruchten Stahlbetonbauteilen.

Aus diesem Grund werden sowohl an die Stahlbetonbauteile als auch die aufgebrachten Oberflächenschutzsysteme oder Abdichtungsbauarten hohe Anforderungen gestellt.

Eine Besonderheit besteht bei Parkdecks darin, dass sich die Betonzusammensetzung und Betondeckung des Stahlbeton- oder Spannbetonbauteils sowie die Art des OS-Systems oder die Abdichtungsbauart gegenseitig beeinflussen, d. h. die Auswahl geeigneter OS-Systeme oder Abdichtungsbauarten kann nicht getrennt von der Festlegung der Betonzusammensetzung und Betondeckung des darunter liegenden Stahlbeton- bzw. Spannbetonbauteils erfolgen. Zudem muss auch der Entwurfsgrundsatz der Rissbeherrschung des Stahlbeton- bzw. Spannbetonbauteils mit dem OS-System oder der Abdichtungsbauart abgestimmt werden.

Diese direkten Wechselwirkungen mit daraus folgenden Abhängigkeiten wurden in der Vergangenheit nicht immer in ausreichendem Maße berücksichtigt. So wurde häufig vom Tragwerksplaner eine statische Bemessung des Stahlbeton- oder Spannbetonbauteils vorgenommen und später vom Objektplaner ein Oberflächenschutzsystem ausgewählt, ohne dass die hier bestehenden Zusammenhänge in ausreichendem Maße beachtet wurden.

Zudem müssen von einem Oberflächenschutzsystem oder einer Abdichtungsbauart stets zwei Funktionen erfüllt werden und zwar

- der Schutz des Betonbauteils gegenüber beton- oder stahlangreifenden Stoffen (s. Bild 1)

und

- die Sicherstellung der bestimmungsgemäßen Nutzbarkeit unter dem Parkdeck liegender Bereiche (Vermeidung von Feuchteschäden in unter dem Parkdeck liegenden Bereichen, z. B. durch von der Decke abtropfendes Wasser – s. Bild 2)

Es ist daher elementare Aufgabe der Planung eines Parkbaus, dass Bauteilschutz (Sicherstellung der Standsicherheit und Dauerhaftigkeit) und Sicherstellung der bestimmungsgemäßen Nutzbarkeit in

Bild 1. Chloridinduzierte Bewehrungskorrosion durch fehlenden Bauteilschutz gegenüber Chlorideindringen

Bild 2. Einschränkung der Gebrauchstauglichkeit durch auf Pkw abtropfendes Wasser mit der Gefahr von Lackschäden

Beton-Kalender 2019: Parkbauten; Geotechnik und Eurocode 7.
Herausgegeben von Konrad Bergmeister, Frank Fingerloos und Johann-Dietrich Wörner
© 2019 Ernst & Sohn GmbH & Co. KG. Published 2018 by Ernst & Sohn GmbH & Co. KG.

gleichem Maße erfüllt sind. Hierbei ist es zunächst unerheblich, ob es sich um eine Neubaumaßnahme oder eine Instandsetzungsmaßnahme handelt.

Hierfür steht dem Planer eines Parkdecks eine Reihe von Regelwerken zur Verfügung. Im Beitrag wird zum besseren Verständnis ein Überblick über die unterschiedliche Entwicklung der Regelwerke gegeben. Zusätzlich werden Überschneidungen, Abgrenzungen, aber auch Unterschiede, z. B. beim Nachweis von Systemeigenschaften, aufgezeigt.

2 Abgrenzung zwischen Oberflächenschutz und Abdichtung

Da, wie bereits in Abschnitt 1 erläutert, die Art des Oberflächenschutzes oder der Abdichtung maßgeblich die Beschaffenheit des Betons beeinflusst, ist hier zunächst eine Abgrenzung der Begriffe erforderlich.

Die Einstufung von Bauteilen in Expositionsklassen wurde erstmals mit der Ausgabe 2001 der DIN 1045-1:2001 [1] eingeführt, siehe auch den Beitrag von *Fingerloos, Flohrer* und *Räsch* in diesem Beton-Kalender [2].

In den Erläuterungen zu DIN 1045-1:2001 [1], dem Heft 525 des DAfStb aus dem Jahr 2003 [3] wurde bezüglich des Zusammenhangs zwischen Oberflächenschutzsystem bzw. Abdichtung und Expositionsklasse des Betonbauteils folgende Einstufung vorgenommen:

Aufgrund der i. Allg. geringeren Lebensdauer von Oberflächenschutzsystemen gilt nach [3] die Einstufung des Betonbauteils in die Expositionsklasse XD3 auch bei beschichteten Parkdecks. Bei einer Instandhaltung (Erweitertes Instandhaltungskonzept) derart, dass Umwelteinflüsse dauerhaft vom Bauteil ferngehalten werden, ist nach [3] eine Herabstufung der Expositionsklasse XD des Betonbauteils auf XD1 zulässig. Dies bedeutet, bei Oberflächenschutzsystemen ist das Bauteil generell bezüglich einer Chloridexposition zu klassifizieren. Eine Abstufung ist lediglich hinsichtlich der Intensität der Beanspruchung zulässig (XD1 oder XD3).

Weiter wurde in Heft 525 des DAfStb [3] in der 1. Ausgabe ausgeführt, dass ein Asphaltbelag mit darunter liegender Abdichtung nach ZTV-ING [4] als dauerhafter Schutz zu bewerten ist, sodass die Expositionsklasse XC3 angesetzt werden kann.

Diese Einstufungen fanden sich jedoch nicht in DIN 1045-1:2001 [1], sondern lediglich im Heft 525 [3] als Kommentar zur DIN 1045-1:2001 [1].

In Heft 525, Ausgabe 2010 [5] finden sich vergleichbare Regelungen. Auch hier sind bei Aufbringen von Oberflächenschutzsystemen, je nach Um-

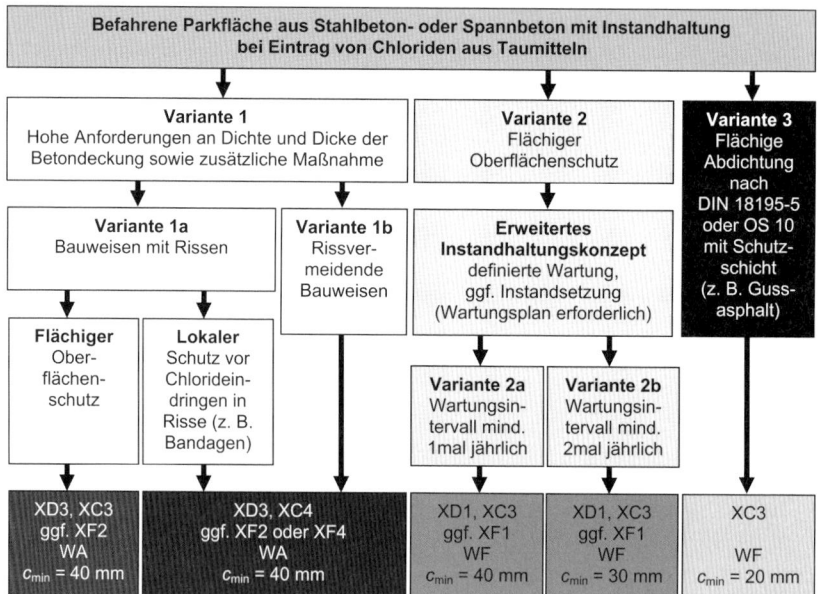

Bild 3. Ausführungsvarianten für Parkdecks (Bild 7 aus dem nicht mehr aktuellen, inzwischen überarbeiteten DBV-Merkblatt „Parkhäuser und Tiefgaragen", Ausgabe 2010 [6])

672a

Klaus Holschemacher,
Torsten Müller, Frank Lobisch
**Bemessungshilfsmittel
für Betonbauteile
nach Eurocode 2**
2012. 363 S.
€ 59,–*
ISBN 978-3-433-02971-8
Auch als ebook erhältlich

Diagramme und Tabellen
– tägliches Handwerkszeug
für Ingenieure

Im Rahmen der rechnerischen Nachweisführung von Stahlbetonbauteilen hat die Verwendung von Bemessungshilfsmitteln nach wie vor große Bedeutung. Sie müssen stets mit den Regelungen der ihnen zugrunde liegenden Berechnungsvorschriften übereinstimmen.

Online Bestellung:
www.ernst-und-sohn.de

Ernst & Sohn
Verlag für Architektur und technische
Wissenschaften GmbH & Co. KG

Kundenservice: Wiley-VCH
Boschstraße 12
D-69469 Weinheim

Tel. +49 (0)6201 606-400
Fax +49 (0)6201 606-184
service@wiley-vch.de

* Der €-Preis gilt ausschließlich für Deutschland. Inkl. MwSt. zzgl. Versandkosten. Irrtum und Änderungen vorbehalten. 1005116_dp

Schnell saniert.
Ohne Sperrungen.

- Perfekter Oberflächenschutz für Tiefgaragen und Parkhäuser nach RiLi-SIB 2001 des DAfStb.

- Geprüfte Systeme nach DIN V 18026 und EN 1504-2

- Salz- und hydrolysebeständig

WestWood Kunststofftechnik GmbH
Fon: 0 57 02 / 83 92 -0 · www.westwood.de

Die Fachzeitschrift zum gesamten Massivbau

Neueste wissenschaftliche Erkenntnisse, Themen aus der Baupraxis und anwendungsorientierte Beiträge über neue Normen, Vorschriften und Richtlinien machen Beton- und Stahlbetonbau zu einem unverzichtbaren Begleiter und einer der bedeutendsten Zeitschriften für den Bauingenieur, seit mehr als 100 Jahren. Mit Berichten über ausgeführte Projekte und Innovationen im Baugeschehen erhält der Ingenieur weitere praktische Hilfestellungen für seine tägliche Arbeit.

Hrsg.: Ernst & Sohn
Beton- und Stahlbetonbau
113. Jahrgang 2018
12 Hefte / Jahr
Impact Faktor 2016: 0,691
ISSN 0005-9900 print
ISSN 1437-1006 online
Auch als e journal erhältlich.

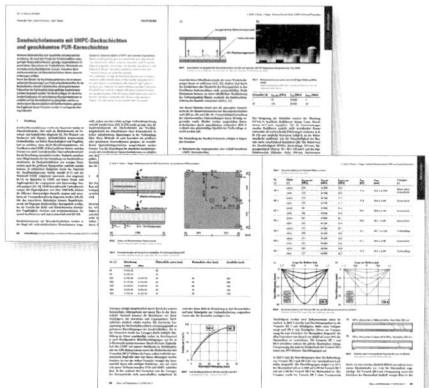

Probeheft bestellen:
www.ernst-und-sohn.de/Zeitschriften

Ernst & Sohn
Verlag für Architektur und technische
Wissenschaften GmbH & Co. KG

Kundenservice: Wiley-VCH
Boschstraße 12
D-69469 Weinheim

Tel. +49 (0)800 1800-536
Fax +49 (0)6201 606-184
cs-germany@wiley.com

1097166_dp

fang der Wartung gemäß Instandhaltungsplan lediglich Abstufungen innerhalb der Expositionsklasse XD möglich, eine mögliche Chloridexposition des Betons ist jedoch stets zugrunde zu legen. Hinsichtlich der Randbedingungen für eine Herabstufung innerhalb der Expositionsklasse XD wird in Heft 525, 2. Auflage [5] auf das DBV-Merkblatt „Parkhäuser und Tiefgaragen", Ausgabe 2010 [6] verwiesen. Die Einstufung des Betonbauteils in Abhängigkeit der Schutzmaßnahme ist in Bild 3 dargestellt.

Ähnliche Ausführungen wie in Heft 525, Ausgabe 2010 [5], finden sich auch im Heft 600 des DAfStb, den Erläuterungen zu DIN EN 1992-1-1 und DIN EN 1992-1-1/NA (Eurocode 2) [7].

Allen vorgenannten Heften des DAfStb ist gemein, dass hier Regelungen zur Einstufung von Parkdecks bezüglich der Expositionsklassen getroffen wurden, die in der jeweils kommentierten oder erläuterten Norm, DIN 1045-1 oder Eurocode 2, nicht enthalten sind.

Erst mit Erscheinen der A1-Änderung der DIN EN 1992-1-1/NA aus dem Jahr 2015 [8] wurden die vorgenannten Einstufungen des Betons von Parkflächen in Abhängigkeit des Vorhandenseins eines Oberflächenschutzsystems oder einer Abdichtung in die Expositionsklasse XD bzw. XC auch in der Norm in Form informativer Beispiele genannt (s. Tabelle 1).

Für alle in Bild 3 genannten Verkehrsflächen ist zur Sicherstellung der Dauerhaftigkeit ein Instandhaltungsplan im Sinne der RL SIB [9] aufzustellen.

Eine „wartungsfreie" Verkehrsfläche kann es nach den Vorgaben der DIN EN 1992-1-1/NA/A1 [8] also nicht geben. Vielmehr muss für alle Verkehrsflächen in Parkbauten ein objektspezifischer Instandhaltungsplan aufgestellt werden, unabhängig davon, ob es sich um eine unbeschichtete Betonfläche, eine Betonfläche mit einem lokalen oder flächigen Oberflächenschutzsystem oder eine Betonfläche mit einer Abdichtung handelt.

Abstufungen hinsichtlich der Häufigkeit der Inspektionsintervalle hingegen sind durchaus möglich, siehe auch Abschnitt 6 dieses Beitrags.

3 Abdichtung von befahrbaren Verkehrsflächen aus Beton

3.1 Allgemeines

Im Juli 2017 wurde als Nachfolger der Normenreihe DIN 18195 *Bauwerksabdichtungen* die neue Normenreihe DIN 18531 bis 18535 veröffentlicht.

Die bisherige Normenreihe DIN 18195 *Bauwerksabdichtungen* bestand aus 10 Teilen wie folgt:

- DIN 18195-1: Bauwerksabdichtungen – Teil 1: Grundsätze, Definitionen, Zuordnung der Abdichtungsarten; Ausgabe 2011 [20],
- DIN 18195-2: Bauwerksabdichtungen – Teil 2: Stoffe; Ausgabe 2009 [21],
- DIN 18195-3: Bauwerksabdichtungen – Teil 3: Anforderungen an den Untergrund und Verarbeitung der Stoffe; Ausgabe 2011 [22],
- DIN 18195-4: Bauwerksabdichtungen – Teil 4: Abdichtungen gegen Bodenfeuchte (Kapillarwasser, Haftwasser) und nichtstauendes Sickerwasser an Bodenplatten und Wänden, Bemessung und Ausführung; Ausgabe 2011 [23],
- DIN 18195-5: Bauwerksabdichtungen – Teil 5: Abdichtungen gegen nichtdrückendes Wasser auf Deckenflächen und in Nassräumen, Bemessung und Ausführung; Ausgabe 2011 [24],
- DIN 18195-6: Bauwerksabdichtungen – Teil 6: Abdichtungen gegen von außen drückendes Wasser und aufstauendes Sickerwasser, Bemessung und Ausführung; Ausgabe 2011 [25],
- DIN 18195-7: Bauwerksabdichtungen – Teil 7: Abdichtungen gegen von innen drückendes Wasser, Bemessung und Ausführung; Ausgabe 2009 [26],
- DIN 18195-8: Bauwerksabdichtungen – Teil 8: Abdichtungen über Bewegungsfugen; Ausgabe 2011 [27],
- DIN 18195-9: Bauwerksabdichtungen – Teil 9: Durchdringungen, Übergänge, An- und Abschlüsse; Ausgabe 2010 [28],
- DIN 18195-10: Bauwerksabdichtungen – Teil 10: Schutzschichten und Schutzmaßnahmen; Ausgabe 2011 [29].

Tabelle 1. Zuordnung von Expositionsklassen (Auszug aus den Regelungen der DIN EN 1992-1-1/NA/A1:2015 [8])

Klasse	Beschreibung der Umgebung	Beispiele für die Zuordnung von Expositionsklassen (informativ) – Auszug
XC3	mäßige Feuchte	Verkehrsflächen mit flächiger unterlaufsicherer Abdichtung
XD1	mäßige Feuchte	befahrene Verkehrsflächen mit vollflächigem Oberflächenschutz
XD3	wechselnd nass und trocken	befahrene Verkehrsflächen mit dauerhaftem lokalem Schutz von Rissen

Die DIN 18195 galt lt. Teil 1 [20] in allgemeiner Form für die Abdichtung von nicht wasserdichten Bauwerken oder Bauteilen gegenüber

- Bodenfeuchte (nach DIN 18195-4),
- nichtdrückendem Wasser (nach DIN 18195-5),
- von außen drückendem Wasser (nach DIN 18195-6),
- von innen drückendem Wasser (nach DIN 18195-7).

Die Anwendung der Normenteile 4 bis 7 der DIN 18195 hing also nicht von der Art des Bauteils ab, sondern von der Art der Wasserbeanspruchung. So war der Teil 5 der DIN 18195 [24] beispielsweise sowohl für die Abdichtung von Parkdecks und Hofkellerdecken, aber auch für die Abdichtung von Umgängen in Schwimmbädern, öffentlichen Duschen oder gewerblichen Duschen heranzuziehen.

Die Teile 1 bis 3 der DIN 18195 regelten übergreifend Grundsätze, Definitionen und Zuordnungen der Abdichtungsarten (Teil 1), Stoffe (Teil 2) sowie Anforderungen an den Untergrund (Teil 3).

Die Teile 8 bis 10 regelten ebenso übergreifende Punkte bzw. Detailausbildungen der Abdichtung über Bewegungsfugen (Teil 8), Durchdringungen, Übergänge, An- und Abschlüsse (Teil 9) sowie Schutzschichten und Schutzmaßnahmen (Teil 10).

Bauteil- oder nutzungsbezogene Details, wie z. B. im Fall der Abdichtung befahrbarer Verkehrsflächen, konnten in einer solchen Normenreihe aufgrund der Vielfalt der betrachteten Bauteile und Bauwerke zielführend nicht geregelt werden.

3.2 Einführung in DIN 18532

Aus den in Abschnitt 3.1 genannten Gründen wurde beschlossen, die DIN 18195 nicht zu überarbeiten, sondern gänzlich neue Normenreihen mit direktem Bauteilbezug zu erarbeiten, die Normenreihen der DIN 18531 bis DIN 18535. Jede der genannten Normen gilt für eine bestimmte Bauteilgruppe, wodurch in den spezifischen Normen wesentlich klarer auf bauteilspezifische Aspekte eingegangen werden kann. Die DIN 18195 in der Ausgabe 2017 [30] enthält für alle Normen der Normenreihen der DIN 18531 bis 18535 identische Begriffsdefinitionen.

Eine Übersicht über die einzelnen Normen und die jeweils darin betrachteten Bauteile enthält Bild 4.

Die DIN 18532 Abdichtung von befahrbaren Verkehrsflächen aus Beton besteht aus 6 Teilen. Analog zu den übrigen Normen der Normenreihe der DIN 18531 bis DIN 18535 behandelt der Teil 1 Anforderungen sowie Planungs- und Ausführungsgrundsätze [10], während die Teile 2 bis 6 [11–15] unterschiedliche Abdichtungsbauarten, hierzu zu verwendende Stoffe sowie stoffspezifische Aufbauten und Regelungen enthalten.

Die Bezeichnung der einzelnen Teile lautet wie folgt:

- DIN 18532-1: Abdichtung von befahrbaren Verkehrsflächen aus Beton – Teil 1: Anforderungen, Planungs- und Ausführungsgrundsätze; Ausgabe 2017 [10],
- DIN 18532-2: Abdichtung von befahrbaren Verkehrsflächen aus Beton – Teil 2: Abdichtung mit einer Lage Polymerbitumen-Schweißbahn und einer Lage Gussasphalt; Ausgabe 2017 [11],
- DIN 18532-3: Abdichtung von befahrbaren Verkehrsflächen aus Beton – Teil 3: Abdichtung mit zwei Lagen Polymerbitumenbahnen; Ausgabe 2017 [12],

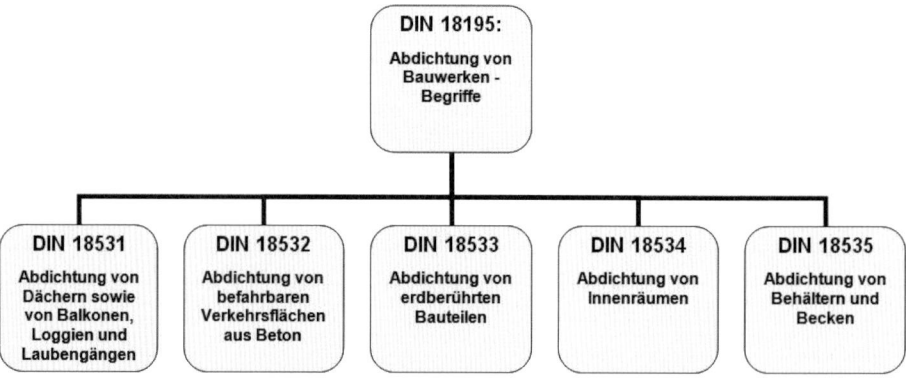

Bild 4. Schema der Normenreihen der DIN 18531 bis 18535

- DIN 18532-4: Abdichtung von befahrbaren Verkehrsflächen aus Beton – Teil 4: Abdichtung mit einer Lage Kunststoff- oder Elastomerbahn; Ausgabe 2017 [13],
- DIN 18532-5: Abdichtung von befahrbaren Verkehrsflächen aus Beton – Teil 5: Abdichtung mit einer Lage Polymerbitumenbahn und einer Lage Kunststoff- oder Elastomerbahn; Ausgabe 2017 [14],
- DIN 18532-6: Abdichtung von befahrbaren Verkehrsflächen aus Beton – Teil 6: Abdichtung mit flüssig zu verarbeitenden Abdichtungsstoffen; Ausgabe 2017 [15].

Der Anwendungsbereich der DIN 18532 umfasst gemäß Teil 1 [10] die neu hergestellte sowie ganz oder in Teilbereichen erneuerte Abdichtung von

- Straßenbrücken, für die nicht die Regelungen der ZTV-ING gelten;
- Fußgänger- und Radwegbrücken, für die nicht die Regelungen der ZTV-ING gelten;
- Parkdecks, Zufahrtsrampen und Spindeln von Parkhäusern;
- Parkdächern, Hofkellerdecken und Durchfahrten.

Ausgenommen vom Anwendungsbereich sind beispielsweise befahrbare Bodenplatten, WU-Konstruktionen oder „Parkdecks aus Beton, die allein aufgrund von betontechnologischen und konstruktiven Maßnahmen gegenüber Chloriden als ausreichend dauerhaft gelten (Konstruktionsvariante A nach Heft 600 des DAfStb)" [10].

Gemäß Einleitung der DIN 18532-1:2017 [10] dienen die in dieser Norm beschriebenen Maßnahmen sowohl der Sicherstellung der bestimmungsgemäßen Nutzbarkeit des Bauwerks für die geplante Nutzungsdauer als auch dem Bauteilschutz in der Form, dass Chloride vom Bauteil ferngehalten werden und damit die Dauerhaftigkeit des Stahlbetonbauteils sichergestellt ist.

Weitergehende Regelungen zur Festlegung der Expositionsklasse des Betons in Abhängigkeit der Abdichtungsbauweisen oder Abdichtungsbauarten enthält die Normenreihe der DIN 18532 jedoch nicht.

In DIN 18532 werden Abdichtungsbauweisen und Abdichtungsbauarten unterschieden.

Die Abdichtungsbauweise beschreibt die Anordnung der Abdichtung innerhalb der Bauwerks- oder Bauteilkonstruktion [30].

Unterschieden werden die ungedämmten Abdichtungsbauweisen 1a und 1b sowie die wärmegedämmten Bauweisen 2a und 2b.

Die einzelnen Abdichtungsbauweisen lauten wie folgt:

- Bauweise 1a:
Abdichtungsschicht auf dem Konstruktionsbeton unter der Nutzschicht,
- Bauweise 1b:
Abdichtungsschicht auf dem Konstruktionsbeton, direkt genutzt,
- Bauweise 2a:
Abdichtungsschicht auf dem Konstruktionsbeton unter der Wärmedämmschicht,
- Bauweise 2b:
Abdichtungsschicht auf der Wärmedämmschicht unter einer Lastverteilungsschicht.

Weiterhin beschreibt die DIN 18532 Abdichtungsbauarten. Hierbei handelt es sich nach DIN 18195: 2017 um den stofflichen und konstruktiven Aufbau der Abdichtung [30].

Die Beschreibung des stofflichen und konstruktiven Aufbaus der Abdichtungsbauarten erfolgt in den Teilen 2 bis 6 der DIN 18532.

Beispiele für Abdichtungsbauarten und sich daraus ergebende Abdichtungsbauweisen enthalten die Bilder 5 und 6.

Eine Besonderheit hinsichtlich der Abdichtungsbauart nehmen Oberflächenschutzsysteme nach RL SIB [9] ein. So können nach DIN 18532-6:2017 [15] im Anwendungsbereich der DIN 18532 unter bestimmten Bedingungen auch Oberflächenschutzsysteme nach RL SIB [9] verwendet werden. Hierbei ist zwingend zu beachten, dass in DIN 18532-6:2017 [15] an keiner Stelle ein OS-System nach RL SIB [9] als Abdichtung bezeichnet wird. Es wird vielmehr im Anwendungsbereich der DIN 18532-6:2017 [15] explizit darauf hingewiesen, dass bei OS-Systemen temporäre Wassereintritte in das Bauteil nicht ausgeschlossen werden können und daher das Betonbauteil, wie in Abschnitt 2 dieses Beitrags beschrieben, bei vollflächigem Oberflächenschutz gleichwohl in die Expositionsklasse XD1 eingestuft werden muss.

In DIN 18532 werden Nutzungsklassen unterschieden. Diese werden mit den Klassen N1 bis N4 sowie dem Zusatz „V" für Verkehrsflächen bezeichnet.

Beispiele für die vier Nutzungsklassen enthalten die Bilder 7 bis 10.

Weiterhin definiert DIN 18532 Rissklassen wie folgt [10]:

R0-V: keine oder keine neu entstehenden Risse oder keine Rissbreitenänderungen bereits vorhandener Risse,

R1-V: rechnerische Rissbreite bis 0,3 mm überlagert durch Rissbreitenänderung aus Temperatur- und/oder Verkehrseinwirkung.

„V" steht für Verkehrsflächen.

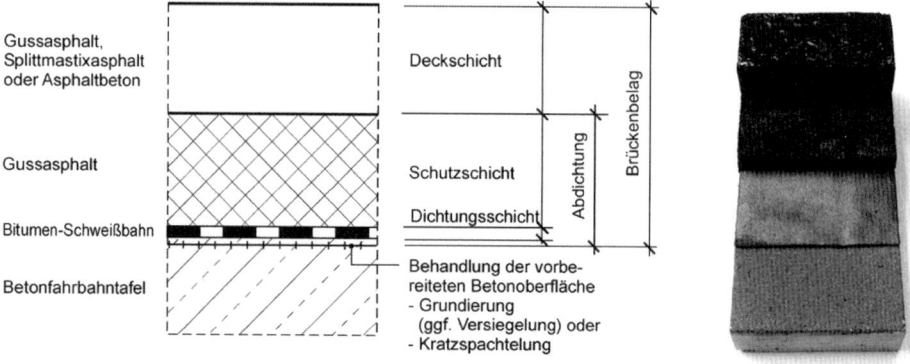

Bild 5. Abdichtungsbauweise 1a unter Verwendung der Abdichtungsbauart bestehend aus einer Lage Polymerbitumen-Schweißbahn und einer Lage Gussasphalt unter einer Nutzschicht (hier als Deckschicht bezeichnet, aus [16])

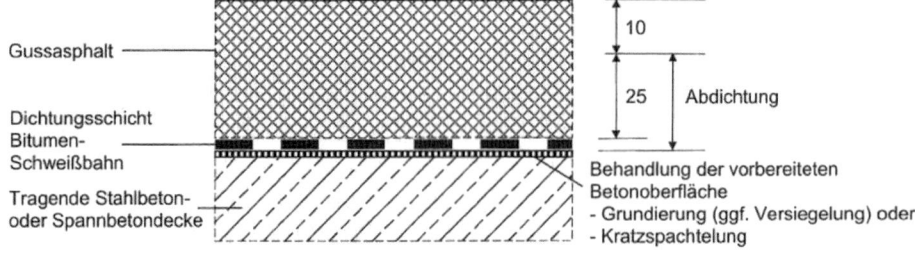

Bild 6. Abdichtungsbauweise 1b unter Verwendung der Abdichtungsbauart, bestehend aus einer Lage Polymerbitumen-Schweißbahn und einer Lage Gussasphalt, welche zugleich die obere Lage der Abdichtung sowie die Nutzschicht darstellt (aus [6])

Neue Risse entstehen bei Parkbauten vorzugsweise in den ersten Jahren nach Erstellung. Aus diesem Grund wird beispielsweise im aktuellen DBV-Merkblatt „Parkhäuser und Tiefgaragen", Ausgabe 2018 [31] in den ersten 5 Jahren, unabhängig vom Entwurfsgrundsatz, eine jährliche Wartung empfohlen.

In den späteren Jahren nimmt die Wahrscheinlichkeit neu entstehender Risse i. d. R. stark ab. Bei der Mehrzahl der Parkhäuser und Tiefgaragen treten jedoch weiterhin Rissbreitenänderungen vorhandener Risse auf. Die Ursachen dieser Rissbreitenänderungen sind meist nur in geringem Maße lastbedingt. Vielmehr führen jahreszeitliche Temperaturänderungen zu Bauteilverformungen und damit zu Rissbreitenänderungen. So können selbst bei großen Tiefgaragen mit mehreren Parkdecks in den unteren, weit von den Zufahrten entfernten Bereichen mitunter große jahreszeitliche Temperaturänderungen auftreten, wenn die Belüftung der Tiefgaragen durch Einblasen der nicht temperierten Außenluft erfolgt oder Lichtschächte vorhanden sind. Daher können bei andauerndem Lüftungsbetrieb selbst in großen Tiefgaragen im Winter bei geringen Außentemperaturen Bauteiltemperaturen um oder sogar unter dem Gefrierpunkt erreicht werden.

Die Rissklasse R0-V dürfte daher bei Parkbauten eher die Seltenheit, die Rissklasse R1-V die Regel sein.

Grundsätzlich sind aber nur die Rissneubildungen und Rissbewegungen für die Abdichtung relevant, die nach Applikation der Abdichtung auftreten.

Hinsichtlich der Zuordnung von Abdichtungsbauarten zu den Rissklassen nennt DIN 18532-1: 2017 [10] das folgende Vorgehen:

„Die Abdichtungsbauarten werden in den Teilen 2 ff. dieser Norm der Rissüberbrückungsklasse RÜ1-V zugeordnet, wenn sie Risse der Rissklasse R1-V bei einer Temperatur von mindestens $-20\,°C$ *überbrücken können. Dies erfolgt auf der Basis einer durch langjährige Erfahrung begründeten*

Klaus Stiglat
Apokalypse Bau
Karikaturen aus zwei
Jahrzehnten
2010. 128 S.
€ 19,90
ISBN 978-3-433-02964-0

Online Bestellung:
www.ernst-und-sohn.de

Karikaturen aus dem Alltag eines Bauingenieurs

Eine Offenbarung über das Ende des Bauens wird mit dieser „Apokalypse Bau" nicht vorgelegt, es sind aber die Kassandrarufe eines mit Verstand und Herz Sehenden und die Enthüllung einer Zeitenwende, welche sich nicht in der europäisch harmonisierten Umstellung unserer Normen erschöpft. Wer dies meint, dem öffnen die Karikaturen von Klaus Stiglat die Augen für das Ausmaß der Zeitenwende, die uns Bauingenieure im gesellschaftlichen Kontext ereilt und deren apokalyptische Reiter Karrierismus, Kritiklosigkeit und Bürokratie heißen könnten.

Ernst & Sohn
Verlag für Architektur und technische
Wissenschaften GmbH & Co. KG

Kundenservice: Wiley-VCH
Boschstraße 12
D-69469 Weinheim

Tel. +49 (0)6201 606-400
Fax +49 (0)6201 606-184
service@wiley-vch.de

* Der €-Preis gilt ausschließlich für Deutschland. Inkl. MwSt. zzgl. Versandkosten. Irrtum und Änderungen vorbehalten. 1021106_dp

---

Werterhaltung durch StoCretec-Systemlösungen für Betonschutz und -instandsetzung

e Produkte und Systeme entsprechen den Vorgaben d Prüfkriterien der EN 1504: Betoninstandsetzung, erflächenschutz, Tragwerksverstärkung, Risssanierung, thodischer Korrosionsschutz (KKS) für Wände, Stützen d Decken.

Hoch entwickelte Bodenbeschichtungssysteme haben sich auf vielen Millionen Parkhaus-Quadratmetern bestens bewährt: Auf Bodenplatten, Gehflächen, Zwischen- und Freidecks, Rampen sowie an Wänden, Stützen und Decken.

toCretec GmbH
utenbergstraße 6 | 65830 Kriftel | Telefon 06192 401-104
ocretec@sto.com | www.stocretec.de

Bewusst bauen.

Die Vielfalt von Betonoberflächen

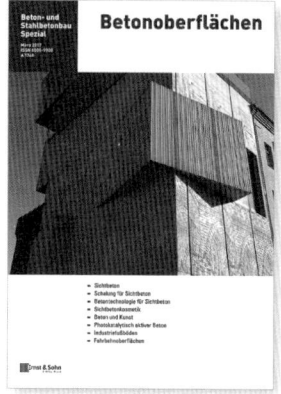

Ob glatt, farbig oder bedruckt, ob chemisch, mechanisch oder handwerklich bearbeitet – Betonoberflächen lassen sich in unterschiedlicher Weise herstellen. Die Möglichkeiten der Gestaltung sind vielfältig, angefangen bei den glatten, über strukturierte oder farbige Oberflächen bis hin zu mechanisch, technisch oder chemisch behandelten Betonflächen.

Das Sonderheft **Betonoberflächen** enthält verschiedenste Beiträge zum Thema, angefangen beim Sichtbeton und Kunst mit Beton über Industriefußböden bis hin zu Betonfahrbahnen, und bietet damit Bauingenieuren, Architekten und ausführenden Bauunternehmen eine wertvolle Planungs- und Ausführungshilfe.

Hrsg.: Ernst & Sohn
Betonoberflächen 2017
Sonderheft von Beton- und Stahlbetonbau
April 2017.
Bestell-Nr. 5093 0117
€ 25,–*
Auch als ejournal erhältlich.

Das könnte Sie auch interessieren:

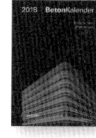

- Zeitschrift Bautechnik
- Beton-Kalender 2018
- Spannbeton für die Praxis
- Rahmenformeln

Online Bestellung:
www.ernst-und-sohn.de/sonderhefte

Ernst & Sohn
Verlag für Architektur und technische Wissenschaften GmbH & Co. KG

Kundenservice: Wiley-VCH
Boschstraße 12
D-69469 Weinheim

Tel. +49 (0)800 1800-536
Fax +49 (0)6201 606-184
cs-germany@wiley.com

* Der €-Preis gilt ausschließlich für Deutschland. Inkl. MwSt. und Versandkosten. Irrtum und Änderungen vorbehalten. 1097246_dp

Abdichtung von befahrbaren Verkehrsflächen aus Beton

Bild 8. Beispiel für Nutzungsklasse N2 – Parkdeck eines Parkhauses ausschließlich für leichten Pkw-Verkehr bis 30 kN Gesamtgewicht

Bild 7. Beispiel für Nutzungsklasse N1 – Fußgängerbrücke

Kenntnis über das jeweilige Rissüberbrückungsverhalten bestimmter Stoffe. Wenn dies nicht vorliegt, ist ein Nachweis nach DIN EN 14224 zu erbringen, dass die Abdichtungsschicht Risse der Rissklasse R1-V bei $-20\,°C$ überbrücken kann.

Die Eignung einer Abdichtungsbauart, ggf. auch größere Risse als R1-V zu überbrücken, ist in vergleichbarer Weise nachzuweisen."

Bild 9. Beispiel für Nutzungsklasse N3 – Parkdeck einer Tiefgarage für Fahrzeuge mittleren Gewichts bis 160 kN (Pkw und leichte Lkw)

Dies bedeutet, ein Prüfnachweis für die tatsächliche Rissüberbrückungsfähigkeit einer Abdichtungsbauart ist nach DIN 18532:2017 nicht zwingend erforderlich.

Aus Sicht der Autoren muss diese Herangehensweise kritisch hinterfragt werden und zwar aus den im Folgenden genannten Gründen.

Aussagekraft langjähriger Erfahrungen

Die Aussagekraft aus langjähriger Erfahrung ist begrenzt. So haben sich in den letzten Jahren durch die zunehmende europäische Normung die Anforderungen an Produkte z. T. wesentlich geändert.

Beispielsweise wurden Bitumen-Schweißbahnen im Regelungsbereich der ZTV-ING früher ausschließlich nach den Vorgaben der TL/TP-BEL-B [19, 32] geprüft. Aufgrund der europäischen Normung werden heutzutage Bitumen-Schweißbahnen

Bild 10. Beispiel für Nutzungsklasse N4 – Brücke, für die nicht die Regelungen der ZTV-ING gelten und die mit Fahrzeugen mit einem Gesamtgewicht von mehr als 160 kN befahren wird

im Regelungsbereich der ZTV-ING zusätzlich nach der DIN 14695:2010 [33] in Verbindung mit DIN V 20000-203 [34] und ausgewählten Prüfungen nach TP-BEL-B, Teil 1, Ausgabe 1999 [32] geprüft.

Auch bei Neu- oder Weiterentwicklungen von Produkten oder sich ändernden Zusammensetzungen der Ausgangsstoffe können sich Produkteigenschaften ändern, sodass auch diese Aspekte bezüglich der Sicherstellung bestimmter Produkteigenschaften gegen einen ausschließlichen Bezug auf die Erfahrung sprechen.

Aussagekraft von Prüfungen an Einzelkomponenten auf die Abdichtungsbauart

Bei Oberflächenschutzsystemen sind Grundprüfungen zur Feststellung von Systemeigenschaften bereits seit dem Jahr 1990 Standard, vgl. TL/TP-OS aus dem Jahr 1990 [35, 36] oder RL SIB, Ausgabe 1990/1992 [37]].

Auch bei Brückenbelägen im Regelungsbereich der Bundesfernstraßen sind solche Prüfungen am Gesamtsystem seit 1987 üblich, z. B. die Prüfung der Rissüberbrückungsfähigkeit einer Bitumen-Schweißbahn mit einer Schutz- und Deckschicht aus Gussasphalt nach den TP-BEL-B, Teil 1, Abschnitt 4.5. Hierbei wirkt auf einen Grundkörper mit den Abmessungen 50 cm × 25 cm × 5 cm ein vollständiger Brückenbelag, bestehend aus Epoxidharzvorbehandlung des Betons, Bitumen-Schweißbahn und Gussasphaltschutz- sowie -deckschicht aufgebracht. Vor der Prüfung wird in den Probekörper ober- und unterseitig eine Sollbruchstelle jeweils 40 mm tief eingeschnitten. Nach Einbau des Probekörpers in die Prüfmaschine wird zunächst ein Riss im Probekörper erzeugt. Anschließend erfolgt die Prüfung der Rissüberbrückungsfähigkeit in einer Temperatur von $-20\,°C$ in einer dynamischen Prüfung, bei der der Riss zyklisch aufgeweitet und wieder geschlossen wird. Es werden also keine Produkteigenschaften, sondern Systemeigenschaften geprüft.

So verhält sich eine vollflächig auf den Untergrund aufgeschweißte Bitumen-Schweißbahn in der Prüfung der Rissüberbrückung durch die Wechselwirkungen der ober- und unterseitig anhaftenden Schichten anders als eine Bitumen-Schweißbahn im Zugversuch ohne Verbund zu einem Substrat.

Aus diesem Grund sollte aus Sicht der Autoren eine Prüfung der Rissüberbrückungseigenschaft immer am Gesamtaufbau durchgeführt werden, nicht aber nur an einzelnen Produkten oder Teilaufbauten. So beeinflusst nicht nur der Verbund zum Beton, sondern auch eine im Verbund angeordnete Schutzschicht, z. B. Gussasphalt, das Dehnungsverhalten und damit auch die Rissüberbrückungsfähigkeit einer Bitumen-Schweißbahn maßgeblich.

Grundsätzlich muss bei der Auswahl geeigneter Abdichtungsbauarten, genau wie im Fall von Oberflächenschutzsystemen (vgl. Abschnitt 5), eine Abstimmung zwischen Abdichtungsbauart und Konzept der Rissbeherrschung (Entwurfsgrundsatz) erfolgen. Viele Abdichtungsbauarten weisen zwar gewisse Reserven bezüglich der rissüberbrückenden Eigenschaften gegenüber den Obergrenzen der in Grund- oder Laborprüfungen ermittelten rissüberbrückenden Eigenschaften auf. Gleichwohl muss im Zuge einer abgestimmten Planung von Parkbauten ein Abgleich zwischen vom Tragwerksplaner festgelegter rechnerischer Rissbreite und von der Abdichtungsbauart maximal überbrückbarer Rissbreite erfolgen. Aufgrund der Rissklasse R1-V von 0,3 mm nach DIN 18532-1:2017 [10] können Abdichtungsbauarten nach der Normenreihe der DIN 18532:2017 nur in Kombination mit den Entwurfsgrundsätzen *a – Rissvermeidung* sowie *b – Rissverteilung* angewendet werden, siehe auch Tabelle 2.

In den Teilen 2 bis 6 der DIN 18532 sind Zuordnungen wie folgt enthalten:

– Zuordnung, welche Bauweise nach DIN 18532-1:2017 [10] mit der jeweiligen Abdichtungsbauart möglich ist,
– Zuordnung der jeweiligen Abdichtungsbauart zu einer Rissklasse,
– Zuordnung der jeweiligen Abdichtungsbauart zu einer Nutzungsklasse,
– Zuordnung der Abdichtungsbauart zu Verkehrsflächen.

Diese Zuordnungen erfolgen z. T. in Textform im Anwendungsbereich der jeweiligen Teile 2 bis 6 der DIN 18532, z. T. auch in Kapitel 8 „*Planungs- und Baugrundsätze*" der jeweiligen Teile 2 bis 6.

So ist beispielsweise in DIN 18532-2 [11] eine Zuordnung in der Form enthalten, dass

– die in DIN 18532-2:2017 [11] geregelte Abdichtungsbauart (Abdichtung mit einer Lage Polymerbitumen-Schweißbahn und einer Lage Gussasphalt) für die Bauweisen 1a, 1b, 2a und 2b gilt;
– die Abdichtungsbauart nach DIN 18532-2:2017 [11] je nach Abdichtungsbauweise für die Abdichtung von Verkehrsflächen der Nutzungsklassen N1-V bis N4-V verwendbar ist;
– die Abdichtungsbauart nach DIN 18532-2:2017 [11] der Rissüberbrückungsklasse RÜ1-V zugeordnet wird.

Je nach Abdichtungsbauweise und Abdichtungsbauart sind nach DIN 18532:2017 verschiedene Schutzschichten der Abdichtung möglich. Ebenso enthält DIN 18532:2017 auch Regelungen für verschiedene Nutzschichten.

Als Schutzschichten kommen, je nach Teil der Norm, beispielsweise Gussasphalt, Asphaltbeton, Gussasphaltestrichmörtel, Ortbeton oder Zementestrichmörtel in Betracht. Es ist allerdings zu beachten, dass Schutzschichten oberhalb der Abdichtung nicht in allen Fällen erforderlich sind. So ist nach DIN 18532-2:2017 [11], unabhängig von der Abdichtungsbauweise, eine Schutzschicht aus Gussasphalt vorzusehen. Nach DIN 18532-6:2017 [15] ist in den Abdichtungsbauweisen 1a und 1b eine Schutzschicht aus Gussasphalt vorzusehen.

Im Fall der Abdichtungsbauweise 2a kann aber auch die Wärmedämmung eine geeignete Schutzschicht darstellen.

Je nach Abdichtungsbauart und Abdichtungsbauweise sind verschiedene Nutzschichten, wie z. B. Gussasphalt, Asphaltbeton, Betonfertigteile, Ortbeton oder Pflasterbelag möglich (s. Bilder 11 bis 13). Die jeweiligen Teile 2 bis 6 der DIN 18532 enthalten hierzu entsprechende Tabellen, aus denen zulässige Stoffkombinationen von Abdichtungsbauart, Schutzschicht und Nutzschicht hervorgehen.

Es sei abschließend deutlich darauf hingewiesen, dass eine singuläre Anwendung der DIN 18532 im Zuge der Planung von Schutzmaßnahmen für befahrene Parkdecks ohne Berücksichtigung weiterer wesentlicher Regelwerke nicht ausreicht. So sind aus Sicht der Autoren die Tabellen der DIN 18532 in Bezug auf die Zuordnung von Abdichtungsbauarten zu Nutzungsklassen, Verkehrsflächen und Abdichtungsbauweisen nicht geeignet, um eine objektspezifische Festlegung geeigneter Abdichtungsbauarten vorzunehmen. Diesbezüglich ist es erforderlich, ausgehend von der Bedarfsplanung eines Parkbaus, die Gesamtkonstruktion einheitlich zu planen und die Abhängigkeiten zwischen Konstruktion, Schutzmaßnahme und Nutzung in ausreichendem Maße zu berücksichtigen.

Für weitere Ausführungen wird an dieser Stelle auf die jeweiligen Teile der DIN 18532 verwiesen.

Bild 12. Beispiel für eine Nutzschicht aus einem Pflasterbelag

Bild 13. Beispiel für eine Nutzschicht aus Gussasphalt

3.3 Sonderfall OS-Systeme

Wie bereits im vorangegangenen Abschnitt erläutert, sind in Teil 6 der DIN 18532:2017 [15] auch OS-Systeme enthalten.

Detaillierte Regelungen zu OS-Systemen, wie Angaben zu Aufbauten, Schichtdicken o. Ä. sind in DIN 18532-6:2017 [15] nicht enthalten, diesbezüglich wird auf die RL SIB [9] verwiesen.

Die Anwendung von OS-Systemen im Regelungsbereich der DIN 18532 ist allerdings begrenzt auf die Bauweise 1b, d. h. Abdichtungsschicht auf dem Konstruktionsbeton – direkt genutzt. Hier ist allerdings explizit darauf hinzuweisen, dass in Kapitel 8 der DIN 18532-6:2017 [15] die *Zuordnung der Beschichtung zu den Nutzungsklassen, Verkehrsflächen und Bauweisen* erfolgt im Gegensatz zu den übrigen Abdichtungsbauarten, bei denen eine Zuordnung der **Abdichtungsbauart** zu den Nutzungsklassen, Verkehrsflächen und Abdichtungsbauweisen erfolgt. Hier wird also bewusst eine begriffliche Trennung zwischen Abdichtung und Beschichtung vorgenommen.

Auch ist durch die vorgenannte Zuordnung der Beschichtung (hier wird nicht der Begriff Oberflächen-

Bild 11. Beispiel für eine Nutzschicht aus Ortbeton

schutzsystem verwendet) ausschließlich zu Bauweise 1b (auch hier erfolgt eine begriffliche Trennung, es wird in Zusammenhang mit OS-Systemen von Bauweise 1b, nicht von Abdichtungsbauweise gesprochen) ausgeschlossen, dass wärmegedämmte Bauweisen oder Bauweisen unterhalb einer Nutzschicht unter Verwendung von OS-Systemen gebaut werden können.

Hintergrund dieser Regelungen ist die Forderung, dass das OS-System für eine Inspektion zugänglich und einsehbar sein muss. Ist oberhalb des OS-Systems eine weitere Schicht vorhanden (Pflasterbelag, Wärmedämmung etc.), ist diese Einsehbarkeit nicht mehr gegeben. Schäden am OS-System, z. B. Risse, könnten nicht mehr erkannt werden.

Die Regelungen der DIN 18532-6:2017 [15] bezüglich der Anwendbarkeit von OS-Systemen wurden in der Fachwelt durchaus kontrovers diskutiert. Aus diesem Grund wurde seitens des DAfStb eine Stellungnahme zu DIN 18532-6:2017 [15] herausgegeben, siehe [38].

Die Zusammenfassung dieser Stellungnahme lautet wie folgt:

„Zusammenfassend wird deutlich, dass die starren Zuordnungen von Oberflächenschutzsystemen zu Nutzungsklassen, Verkehrsflächen und Abdichtungsbauweisen in DIN 18532-6 den Ausführungen anderer Regelwerke und Regelwerksetzer (DIN EN 1992-1-1+NA+A1 und RL SIB) widersprechen und die Vielfalt an Konstruktionen für befahrene Verkehrsflächen nicht berücksichtigt wird. DIN 18532-6 eröffnet durch ihre pauschalen Bezüge auf die Regelwerke das erhebliche Risiko von Fehlanwendungen, die in der Konsequenz zu Planungs- und Ausführungsfehlern führen können."

Für weitere Ausführungen sei an dieser Stelle auf [38] verwiesen.

4 Problematik der möglichen Unterläufigkeit bei Abdichtungen

4.1 Allgemeines

Nach Tabelle 4.1 der DIN EN 1992-1-1/NA/ A1:2015 [8] ist eine Zuordnung eines Bauteils zu Expositionsklasse XC3 nur dann zulässig, wenn eine „flächige unterlaufsichere Abdichtung" angeordnet wird.

Hintergrund dieser Forderung ist, dass im Fall vorhandener Unterläufigkeiten der Abdichtung Fehlstellen in der Dichtungsschicht zu einem unbemerkten großflächigen Eindringen von Chloriden in die Konstruktion führen können. So wird eine solche vorhandene Unterläufigkeit in der Regel nur dann bemerkt, wenn Trennrisse in der Konstruktion vorhanden sind und Unterläufigkeiten anhand von

Bild 14. Wasseraustritte im Bereich von Trennrissen an der Deckenuntersicht einer Tiefgarage infolge einer unterläufigen Abdichtung

Feuchteaustritten an der Deckenuntersicht erkennbar werden. Ein Beispiel eines solchen Feuchteaustritts an einer Deckenuntersicht enthält Bild 14. In einem solchen Fall ist dann zwar eine Wasseraustrittsstelle bekannt, nicht aber die Wassereintrittsstelle.

Vor dem Hintergrund der Formulierung „unterlaufsicher" in DIN EN 1992-1-1/NA/A1:2015 [8] stellt sich die Frage, wie der Begriff der Unterlaufsicherheit definiert werden kann. So finden sich in verschiedenen Regelwerken durchaus unterschiedliche Definitionen der Unterlaufsicherheit.

Eine wesentliche Voraussetzung für das Auftreten von Unterläufigkeiten ist, dass die Abdichtung keine dauerhafte vollflächige Verklebung mit dem Untergrund aufweist.

Dies bedeutet, lose verlegte Abdichtungsbauarten müssen per Definition als nicht unterlaufsicher eingestuft werden. Solche Systeme würden damit nach Vorgabe der DIN EN 1992-1-1/NA/A1:2015 [8] einer Einstufung einer Verkehrsfläche in die Expositionsklasse XC3 entgegenstehen.

Auf die Einstufung weiterer, im Verbund verlegter Abdichtungsbauarten wird in den folgenden Abschnitten eingegangen.

4.2 Regelungen der DIN 18532:2017

In DIN 18532-1:2017 [10] wird eine Unterlaufsicherheit der Abdichtung nicht generell gefordert. So können beispielsweise Kunststoff- oder Elastomerbahnen nach DIN 18532-4:2017 [13] vollflächig oder teilflächig nach DIN 18532-1:2017 [10] verklebt werden. Auch eine lose Verlegung von Kunststoff- oder Elastomerbahnen nach DIN 18532-4: 2017 [13] ist zulässig. Im Rahmen der DIN 18532-3:2017 [12] ist auch die Verwendung einer

Eine Abhandlung der wichtigsten Werkstoffe

Hans-Wolf Reinhardt
Ingenieurbaustoffe
2., vollst. überarb. Auflage
2010. 382 S.
€ 39,90*
ISBN 978-3-433-02920-6
Auch als **ebook** erhältlich

Dieses Buch behandelt die wichtigsten Werkstoffe des Konstruktiven Ingenieurbaus. Es ist dabei aber keine Enzyklopädie der Baustoffe, es ist vielmehr eine systematische Abhandlung mit Betonung auf den Grundlagen des Stoffverhaltens, um somit das Verständnis für die Abhängigkeiten der Werkstoff-konstanten, die eigentlich keine Konstanten sind, zu fördern.

Online Bestellung:
www.ernst-und-sohn.de

Ernst & Sohn
Verlag für Architektur und technische
Wissenschaften GmbH & Co. KG

Kundenservice: Wiley-VCH
Boschstraße 12
D-69469 Weinheim

Tel. +49 (0)6201 606-400
Fax +49 (0)6201 606-184
service@wiley-vch.de

* Der €-Preis gilt ausschließlich für Deutschland. Inkl. MwSt. zzgl. Versandkosten. Irrtum und Änderungen vorbehalten. 1017106_dp

HIGH-TECH BODENFUGENPROFILE
FÜR PARKHÄUSER, PARKDECKS UND TIEFGARAGEN

- metallfrei, daher nicht korrosiv
- dichter Beschichtungsanschluss
- wasserdicht
- geringe Einbauhöhe
- individuelle Farbgestaltung

FloorBridge®

www.floorbridge.com

E&S KALENDER STARK REDUZIERT

  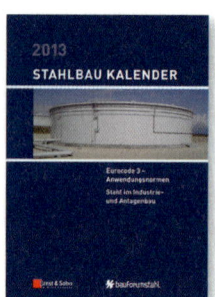 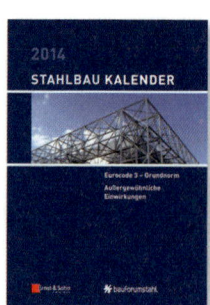

 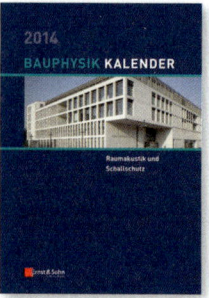

je € 79,– statt € 144,–

Wir haben unsere Kalender der Jahrgänge 2013 und 2014 im Preis gesenkt.

Online Bestellung:
www.ernst-und-sohn.de/kalender-reduziert

Haftbrücke zulässig, d. h. Voranstrichmittel oder Dispersionen auf Bitumen- oder Kunststoffbasis nach DIN EN 14188-4:2009 [44].

Gemäß Abschnitt 4.1.14 der DIN 18532-1:2017 [10] darf jedoch bei geforderter Unterlaufsicherheit keine derartige Wasserweiterleitung unter der Abdichtungsschicht möglich sein, die zur Ausbreitung von chloridhaltigem Wasser auf dem Betonuntergrund führt.

Auch aus Abschnitt 8.4.6 der DIN 18532-1:2017 [10] geht hervor, dass eine Unterlaufsicherheit nach dieser Norm nicht zwingend gefordert wird, obwohl diese Norm explizit für Verkehrsflächen aus Beton gilt, bei denen eine Chloridbeanspruchung, wenn überhaupt, in den seltensten Fällen gänzlich ausgeschlossen werden kann. So heißt es auch in diesem Abschnitt: *„Wenn sichergestellt werden soll, dass sich bei einer möglichen Fehlstelle in einer auf dem Betonuntergrund verlegten Abdichtungsschicht eingedrungenes chloridhaltiges Wasser nicht auf der Betonoberfläche ausbreiten kann, muss die Abdichtungsschicht unterlaufsicher verlegt sein."*

Um die Unterlaufsicherheit zu erreichen, wird in DIN 18532-1:2017 [10] ein vollflächiger kraftschlüssiger Verbund zwischen dem Betonuntergrund und der Abdichtungsschicht gefordert. Hierzu muss der Betonuntergrund durch mechanisch abtragende Verfahren vorbereitet und behandelt werden. Die hierzu jeweils erforderlichen Maßnahmen sind in den Teilen 2 bis 6 der DIN 18532:2017 beschrieben (s. [11–15]).

Eine detaillierte Beschreibung der Art der Untergrundvorbereitung, Anforderungen an die Beschaffenheit des Betonuntergrunds (u. a. Anforderungen an die Oberflächenzugfestigkeit des mechanisch vorbereiteten Betonuntergrunds, Anforderungen an die Behandlung des Betonuntergrunds mit Reaktionsharzen oder an den Verbund zwischen Dichtungsschicht und Betonunterlage) sind, anders als beispielsweise in den ZTV-ING, Teile 7.1 bis 7.3 [16–18], in den Teilen 2 bis 6 der DIN 18532:2017 jedoch nicht durchgängig enthalten (s. [11–15]).

So sind in der ZTV-ING, Teile 7.1 bis 7.3 [16–18] beispielsweise jeweils Anforderungen an die Oberflächenzugfestigkeit des mechanisch vorbereiteten Betonuntergrunds bzw. an die Abreißfestigkeit des vorbehandelten Betonuntergrunds enthalten. Die Einhaltung dieser Anforderungen muss im Zuge der Eigenüberwachung durch das ausführende Unternehmen überprüft werden.

Auch an die Abreißfestigkeit der aufgebrachten Dichtungsschicht werden in der ZTV-ING, Teile 7.1 bis 7.3 [16–18] spezifische Anforderungen gestellt.

An dieser Stelle sollen nicht alle Anforderungen der ZTV-ING, Teile 7.1 bis 7.3 [16–18], aufgeführt werden, die in Zusammenhang mit der Sicherstel-

Bild 15. Prüfung der Abreißfestigkeit einer Bitumen-Schweißbahn nach den ZTV-ING, Teil 7.1 durch Aufkleben und Abziehen eines Prüfstempels

lung eines vollflächigen Verbunds stehen. Nachfolgend sollen lediglich beispielhaft die Anforderungen der ZTV-ING, Teil 7.1 [16] auszugsweise erläutert werden.

Anforderungen an die Oberflächenzugfestigkeit des vorbereiteten und vorbehandelten Betons

Nach ZTV-ING, Teil 7.1 [16] muss die Oberflächenzugfestigkeit des Betons (in [16] wird diese als Abreißfestigkeit bezeichnet) im Mittel mindestens 1,5 N/mm² betragen. Werden im Zuge der Prüfung Einzelwerte kleiner als 1,0 N/mm² festgestellt, ist durch mindestens zwei Einzelmessungen in örtlicher Nähe (ca. 1 m²) nachzuprüfen, ob es sich um Messfehler handelt. Erfüllen die zusätzlichen Werte die Anforderungen, wird der Einzelwert durch die zusätzlich gemessenen Werte ersetzt. Wird der Einzelwert bestätigt, ist der fehlerhafte Bereich einzugrenzen.

Die gleiche Vorgehensweise gilt auch für den mit Epoxidharz behandelten Beton, d. h. nach Auftrag der Grundierung, Versiegelung oder Kratzspachtelung.

Prüfung der Verklebung der Dichtungsschicht

Die Prüfung der Verklebung der Dichtungsschicht auf dem Betonuntergrund ist nach ZTV-ING, Teil 7.1 [16] entweder durch Abziehen eines Streifens von Hand (vgl. Bild 16) oder Aufkleben und Abziehen eines Prüfstempels (vgl. Bild 15) zu prüfen.

Während in der Erstprüfung einer Bitumen-Schweißbahn nach den TL-BEL-B [19] quantitative Anforderungen an den Verbund zwischen Bitumen-Schweißbahn und Betonuntergrund gestellt werden, sind in der ZTV-ING, Teil 7.1 [16] lediglich qualitative Anforderungen an die Qualität des Verbunds enthalten. Basis für die Bewertung ist die Regelung der ZTV ING, Teil 7.1, Anhang B 4.1 [16], die wie folgt lautet:

„(1) Je Bauwerk bzw. je angefangene 500 m² ist die Qualität der Verklebung der Bitumen-Schweißbahn auf der Unterlage durch Abziehen eines Streifens von Hand oder Abreißen eines aufgeklebten Stempels mit einem Prüfgerät zu prüfen. Eine Prüfung besteht aus mindestens drei gleichmäßig verteilten Einzelprüfungen.

(2) Es wird zwischen folgenden Trennfällen unterschieden:

a) Trennung innerhalb der Bitumen-Schweißbahn

b) Trennung zwischen Klebemasse der Bitumen-Schweißbahn und behandelter Betonoberfläche mit verbleibenden Klebemasseresten auf der Unterlage

c) Trennung zwischen Klebemasse der Bitumen-Schweißbahn und behandelter Betonoberfläche ohne verbleibende Klebemassereste auf der Unterlage

d) Trennung in oder unterhalb der behandelten Betonoberfläche

(3) Eine flächige und ausreichende Verklebung ist gegeben, wenn sich Trennfälle nach a) oder b) einstellen, wobei im Fall b) die Klebemassereste den überwiegenden Teil der Unterlage bedecken müssen. Werden Trennfälle nach c) oder d) festgestellt, ist der fehlerhafte Bereich einzugrenzen und zu erneuern."

In Bild 16a ist ein Beispiel für den unzulässigen Trennfall c) nach ZTV ING, Teil 7.1, Anhang B 4.1 dargestellt, in Bild 16b ein Beispiel für den zulässigen Trennfall a).

4.3 Regelungen nach DBV-Merkblatt „Parkhäuser und Tiefgaragen", Ausgabe 2018

Im DBV-Merkblatt „Parkhäuser und Tiefgaragen", Ausgabe 2018 [31] ist ein Schaubild enthalten, welches u. a. eine Verknüpfung von Ausführungsvarianten, Entwurfsgrundsätzen, Expositions- und Feuchtigkeitsklassen sowie der Mindestbetondeckung vornimmt (s. Tabelle 2).

In den Spalten 6 und 7 dieser Tabelle werden Details zu Variante C beschrieben. In beiden Spalten werden als Untervariante unterlaufsichere Abdichtungen genannt, in Spalte 6 in Form eines Oberflächenschutzsystems oder einer unterlaufsicheren bahnenförmigen Abdichtung, jeweils mit Dichtungs- und Schutzschicht aus Gussasphalt und in Spalte 7 als unterlaufsichere zweilagige bahnenförmige Abdichtung mit Schutzschicht.

Auf Details der Abdichtungsbauarten wird in Tabelle 2 nicht weiter eingegangen. Über die Fußnote c) werden jedoch jeweils Stoffe und Verfahren nach den ZTV-ING, Teil 7, Abschnitte 1 [16], 2 [17] oder 3 [18], gefordert.

In Tabelle 6 des DBV-Merkblatts „Parkhäuser und Tiefgaragen", Ausgabe 2018 [31] ist eine Übersicht enthalten, welche Voraussetzungen für die Zuordnung von Abdichtungsbauweisen und Abdichtungsbauarten nach DIN 18532:2017 zu den Ausführungsvarianten nach Tabelle 5 des DBV-Merkblatt „Parkhäuser und Tiefgaragen", Ausgabe 2018 [31] nennt.

Die wesentlichen Inhalte sind in Tabelle 2 wiedergegeben.

Es sei an dieser Stelle noch einmal deutlich gemacht, dass die im DBV-Merkblatt „Parkhäuser und

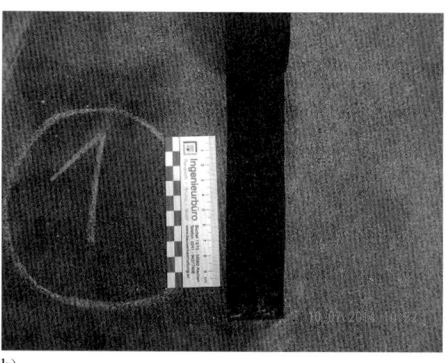

a)   b)

Bild 16. Prüfung der Abreißfestigkeit einer Bitumen-Schweißbahn nach den ZTV-ING, Teil 7.1 durch Abziehen eines Streifens von Hand; a) Beispiel für den unzulässigen Trennfall c) nach ZTV ING, Teil 7.1, Anhang B 4.1 (hier: Versagen zwischen behandelter Betonoberfläche und Bitumen-Schweißbahn), b) Beispiel für den zulässigen Trennfall a) nach ZTV ING, Teil 7.1, Anhang B 4.1

Tabelle 2. Ausführungsvarianten für befahrbare Parkflächen aus Stahlbeton oder Spannbeton (Tabelle 5 aus [31])

	1	2	3	4	5	6	7
1	Variante	Variante A		Variante B		Variante C	
2	Beschreibung	ohne flächiges Oberflächenschutzsystem oder ohne Abdichtung (jedoch mit besonderer Maßnahme bei Rissen und Fugen)		mit flächigem Oberflächenschutzsystem [d]		mit flächiger, rissüberbrückender Abdichtung und Schutzschicht [d]	
3	Untervariante	A1 rissvermeidende Bauweise	A2 lokaler Schutz der Risse und Fugen [b] (z. B. rissüberbrückende Bandage)	B1 vollflächig starr beschichtet: OS 8 mit begleitender Rissbehandlung [b] (z. B. rissüberbrückende Bandage)	B2 vollflächig rissüberbrückend beschichtet: OS 10 mit Nutzschicht oder OS 11	C1 OS 10 oder unterlaufsichere [c] bahnenförmige Abdichtung, jeweils mit Dichtungs- und Schutzschicht aus Gussasphalt	C2 unterlaufsichere [c] zweilagige bahnenförmige Abdichtung mit Schutzschicht
4	Entwurfsgrundsatz	a	c	c	b	a, b	a, b
5	Expositions- und Feuchtigkeitsklasse	XD3, XC4, WA (ggf. XF2 oder XF4)		XD1, XC3, WF (ggf. XF1)		XC3, WF (ggf. XF1)	
6	Mindestbetondeckung c_{min}	Betonstahl 40 mm Spannstahl 50 mm		Betonstahl 40 mm Spannstahl 50 mm		Betonstahl 20 mm Spannstahl 30 mm	
7	Inspektion [a]			jährlich in den ersten 5 Jahren, danach mindestens:			
		alle 2 Jahre	jährlich	jährlich	jährlich	alle 2 Jahre	alle 2 Jahre

[a] Für alle Varianten ist ein Instandhaltungsplan im Sinne der DAfStb-Richtlinie Schutz und Instandsetzung von Betonbauteilen [R1] erforderlich.

[b] Planung und Ausführung des dauerhaften lokalen Schutzes von Rissen und Fugen nach DAfStb-Richtlinie Schutz und Instandsetzung von Betonbauteilen [R1].

[c] Voraussetzung für die Unterlaufsicherheit einer direkt auf dem Betonuntergrund aufgebrachten Abdichtungsschicht ist eine vollflächige, dauerhaft kraftschlüssige Verbindung zur Betonunterlage. Der Betonuntergrund ist dazu vor Aufbringen der Abdichtungsbahn durch Kugelstrahlen vorzubereiten und mit Epoxidharz zu behandeln (Verfahren und Stoffe nach ZTV ING [R60], Teil 7, Abschnitt 1:2003-01, Abschnitt 2:2010-04, Abschnitt 3:2003-01).

[d] Alternative Produkte oder Bauarten sind möglich, wenn deren Gleichwertigkeit mit den Oberflächenschutzsystemen oder Abdichtungen nachgewiesen wird.

Anmerkung: Sobald die in Vorbereitung befindliche DAfStb-Instandhaltungs-Richtlinie bauaufsichtlich eingeführt ist, ist diese als Grundlage der Planung, Ausschreibung und Ausführung von Oberflächenschutzsystemen zu verwenden.

Tiefgaragen", Ausgabe Januar 2018 [31] bzw. Tabelle 3 genannte Ausführung gemäß ZTV-ING, Teile 7.1 bis 7.3 sich nur auf die Untergrundvorbereitung des Betons, die Vorbehandlung mit Epoxidharz und die Applikation der Bitumen-Schweißbahn bzw. Polymerbitumenbahn bezieht (Verfahren und Stoffe nach ZTV-ING, Teile 7.1 und 7.2). Die Ausführung einer Schutz- oder Deckschicht aus Gussasphalt nach den ZTV-ING, Teile 7.1 bis 7.3 ist für Parkbauten i. d. R. nicht geeignet, da für Parkbauten andere Asphalteigenschaften gefordert sind als bei Brücken, um beispielsweise Schäden, wie in Bild 17 gezeigt, zu vermeiden.

Tabelle 3. Voraussetzungen für die Zuordnung von Abdichtungsbauarten und -bauweisen nach DIN 18532:2017 zu Ausführungsvarianten gemäß Tabelle 5 des DBV-Merkblatts „Parkhäuser und Tiefgaragen", Ausgabe Januar 2018 [31] (s. a. Tabelle 2) – Darstellung auf Basis von [31]

Abdichtungsbauart	Abdichtungsbauweisen nach DIN 18532-1:2017			
	Bauweise 1b: Direkt genutzte Abdichtungsschicht auf dem Konstruktionsbeton	Bauweise 1a: Abdichtungsschicht auf dem Konstruktionsbeton unter einer Nutzschicht	Bauweise 2a: Abdichtungsschicht auf dem Konstruktionsbeton unter einer Wärmedämmschicht	Bauweise 2b: Abdichtungsschicht auf der Wärmedämmschicht unter einer Lastverteilungsschicht
1	2	3	4	5
Nach DIN 18532-2: 1 Lage Polymer-Bitumen-Schweißbahn und eine Lage Gussasphalt	Bei regelgemäßer Ausführung nach DIN 18532:2017: **Zuordnung durch den Planer.**			Wenn zusätzlich zu DIN 18532-1 die Dampfsperre als auf dem Konstruktionsbeton unterlaufsicher (nach ZTV-ING) aufgebrachte Polymerbitumen-Schweißbahn aufgebracht wird, dann Variante C2 nach [31] möglich.
	Wenn zusätzlich zu DIN 18532-1 die Polymerbitumen-Schweißbahn auf dem Konstruktionsbeton unterlaufsicher (nach ZTV-ING) aufgebracht wird, dann Variante C2 nach [31] möglich.			
Nach DIN 18532-3: 2 Lagen Polymer-Bitumenbahnen	Bauweise 1b nach DIN 18532-3 nicht möglich.	Bei regelgemäßer Ausführung nach DIN 18532:2017: **Zuordnung durch den Planer.**		
		Wenn zusätzlich zu DIN 18532-1 die Polymerbitumenbahn auf dem Konstruktionsbeton unterlaufsicher (nach ZTV-ING) aufgebracht wird, dann Variante C2 nach [31] möglich.		
Nach DIN 18532-4: 1 Lage Kunststoff- oder Elastomerbahn	Bauweise 1b nach DIN 18532-4 nicht möglich.	–	–	
Nach DIN 18532-5: 1 Lage Polymer-Bitumenbahn und 1 Lage Kunststoff- oder Elastomerbahn	Bauweise 1b nach DIN 18532-5 nicht möglich.	–	–	
Nach DIN 18532-6: Flüssig zu verarbeitende Abdichtungsstoffe mit Gussasphaltestrich bzw. Gussasphalt	Einstufung des Betons in Variante C1 nach [31] möglich.			Bauweise 2b nach DIN 18532-6 nicht möglich.

Die im DBV-Merkblatt „Parkhäuser und Tiefgaragen", Ausgabe Januar 2018 [31] enthaltene Zuordnung von Abdichtungsbauweisen zu Variante C gemäß Tabelle 3, d. h. unter anderem ein Beton der Expositionsklasse XC3, entspricht der bereits in Heft 525 des DAfStb aus dem Jahr 2003 [3] enthaltenen Regelung, nach der ein Asphaltbelag mit darunter liegender Abdichtung nach ZTV-ING [4] als dauerhafter Schutz zu bewerten ist, sodass die Expositionsklasse XC3 angewendet werden kann (s. a. Abschnitt 2).

Bild 17. Freideck mit deutlichen Vertiefungen im Gussasphalt durch Reifenabdrücke

5 Oberflächenschutzsysteme für Parkbauten

5.1 Allgemeines

Alternativ zu Abdichtungsbauarten können für Parkbauten auch Oberflächenschutzsysteme verwendet werden.

Die Auswirkungen eines teilflächigen oder vollflächigen Oberflächenschutzsystems auf die Einstufung des Betonbauteils in Expositionsklassen wurden bereits in Abschnitt 2 erläutert. Demnach kann nur bei vollflächig angeordnetem Oberflächenschutzsystem eine Abminderung der Expositionsklasse von XD3 auf XD1 vorgenommen werden (vgl. auch Tabelle 1.)

Weiterhin können bei vollflächigem Oberflächenschutzsystem auch Abminderungen bezüglich der Expositionsklasse XF vorgenommen werden. So ist bei unbeschichteten oder teilflächig beschichteten direkt befahrenen Betonoberflächen die Expositionsklasse XF2, bei direkter Bewitterung (z. B. bei Freidecks) die Expositionsklasse XF4 zu wählen (s. a. [31]).

Bei vollflächigem Oberflächenschutz hingegen (Variante B nach Tabelle 2) kann ggf. die Expositionsklasse XF1 gewählt werden. Es wird empfohlen, bei vorgesehener Applikation eines vollflächigen Oberflächenschutzsystems diese Abminderung auch in Anspruch zu nehmen, da die Beschichtung von LP-Beton schadensträchtig ist, vor allem, wenn der Beton zum Erreichen einer sehr ebenen Betonoberfläche abschließend bedarfsweise maschinell flügelgeglättet wird (siehe z. B. [39]).

Oberflächenschutzsysteme wurden außerhalb des Regelungsbereichs der Bundesfernstraßen erstmals in der RL SIB, Ausgabe 1990 geregelt [37]. In dieser Richtlinie wurden typische Anwendungsbereiche, Aufbauten, Schichtdicken, Eigenschaften und Leistungsmerkmale von verschiedenen OS-Systemen (OS 1 bis OS 12) detailliert beschrieben.

In der 2. Ausgabe der RL SIB aus dem Jahr 2001 [9] wurde die Art der Beschreibung von OS-Systemen beibehalten. Bei dieser Ausgabe handelt es sich um die gemäß den Landesbauordnungen der Länder derzeit bauordnungsrechtlich bindende Fassung, wenn auch seit Juni 2016 die Instandhaltungs-Richtlinie [46] als Gelbdruck vorliegt.

Einzelne OS-Systeme wurden in der 2. Ausgabe der RL SIB [9] allerdings gestrichen (OS 3, OS 8, OS 12). Bezüglich OS 8 war vorgesehen, dieses System in der europäischen Norm für Estriche, der DIN EN 13813 [68], zu regeln. Da dieser europäische Weg jedoch scheiterte, wurde OS 8 in Deutschland mit der 2. Berichtigung der RL SIB aus dem Jahr 2005 wieder eingeführt.

Mit bauaufsichtlicher Einführung der Produktteile der Normenreihe der DIN EN 1504 und damit auch der DIN EN 1504-2:2005 [42] musste Teil 4 der RL SIB, Ausgabe 2001 [9] zurückgezogen werden. Als Anwendungsnorm für Oberflächenschutzsysteme für Beton aus Produkten nach DIN EN 1504-2:2005 [42] wurde die DIN V 18026:2006 [41] erstellt und bauaufsichtlich eingeführt.

In DIN V 18026:2006 [41] sind jedoch keine umfänglichen Regelungen für OS-Systeme enthalten wie in den Ausgaben der RL SIB. So stellt die DIN V 18026:2006 [41] lediglich das Bindeglied zwischen DIN EN 1504-2:2005 [42] und RL SIB, Ausgabe 2001 [9] her. In DIN V 18026:2006 [41] sind Anforderungen an Systeme, aber beispielsweise keine Aufbauten von OS-Systemen oder Schichtdicken geregelt. Vielmehr wird bezüglich Aufbau, Schichtdicke, Anwendungsbereich etc. in DIN V 18026:2006 [41] auf die RL SIB, Ausgabe 2001 [9] verwiesen. Systemaufbauten und Schichtdicken haben sich daher mit Erscheinen der DIN V 18026: 2006 [41] gegenüber der RL SIB, Ausgabe 2001 [9] nicht geändert.

Für die in der RL SIB, Ausgabe 2001 [9] für die einzelnen OS-Systeme geforderten Eigenschaften erfolgt in DIN V 18026:2006 [41] eine Verknüpfung zu i. d. R. europäischen Prüfnormen.

Im Zuge dieser Verknüpfung wird bezüglich der Anforderungen auf die Leistungsmerkmale der DIN EN 1504-2:2005 [42] zurückgegriffen. Während beispielsweise im Rahmen von Grundprüfungen nach RL SIB, Ausgabe 1990 [37] oder Ausgabe 2001 [9] betreffend den Diffusionswiderstand gegenüber H_2O-Dampf der jeweilige Prüfwert anzugeben war (In RL SIB, Ausgabe 1990 [37] oder RL SIB, Ausgabe 2001 [9] war lediglich die zulässige Obergrenze dieses Leistungsmerkmals genannt), erfolgt in DIN EN 1504-2:2005 [42] diesbezüglich eine Zuordnung zu einer Klasse, wobei Klasse I mit

5 m Diffusionswiderstand gegenüber H_2O-Dampf die höchste Anforderung darstellt. Für ein bestimmtes Produkt wird also nicht mehr der exakte Prüfwert angegeben, sondern nur noch die erreichte Klasse.

Durch die Notwendigkeit der Bezugnahme auf europäische Prüfnormen, welche in der DIN EN 1504-2:2005 [42] genannt werden, änderten sich zudem einige Anforderungen an OS-Systeme. Neben geringfügigen Änderungen bei Anforderungen an Mindestwerte, z. B. der Abreißfestigkeiten einzelner Systeme, betraf dies vor allem die Prüfkriterien für die Prüfung der Rissüberbrückungsfähigkeit von OS 5 und OS 11.

In der RL SIB, Ausgabe 2001 [9] sind sehr genaue Kriterien für die Bewertung der Prüfung der Rissüberbrückungsfähigkeit beschrieben. Dies betrifft beispielsweise die Zulässigkeit von ober- oder unterseitigen Anrissen des Systems oder Ablösungen der hwO von der Grundierung.

Nach der europäischen Prüfnorm für die Prüfung der Rissüberbrückungsfähigkeit, der DIN EN 1062-7:2004 [43], müssen zwar im Zuge der Prüfung ggf. auftretende An- oder Durchrisse sowie Enthaftungen dokumentiert werden, Kriterien für das Bestehen dieser Prüfung sind aber weder in der DIN EN 1062-7:2004 [43], der DIN EN 1504-2:2005 [42] noch in der DIN V 18026:2006 [41] enthalten.

Ein Ergebnis eines Versuchs zur Bestimmung der rissüberbrückenden Eigenschaften eines OS-11a-Systems wie in Bild 18 gezeigt, wäre demnach nach DIN EN 1062-7:2004 [43], DIN EN 1504-2:2005 [42] und DIN V 18026:2006 [41] ggf. zulässig, nicht aber nach RL SIB, Ausgabe 2001 [9].

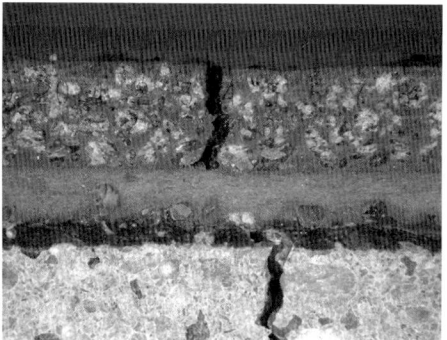

Bild 18. Ergebnis einer Prüfung der Rissüberbrückungsfähigkeit an einem OS-11a-System gemäß Klasse B 3.2 bei $-20\,°C$ nach DIN EN 1062-7:2004 [43]

Selbst wenn, wie im Fall von Bild 18 dargestellt, im Bereich des Risses noch keine Undichtigkeiten des OS-11a-Systems vorliegen, stellt sich doch in der Praxis die Frage, wie solche oberflächlichen Anrisse zu bewerten sind, insbesondere im Fall von befahrenen Parkdecks. Weitere Ausführungen hierzu enthält Abschnitt 6.3.

Eine Übersicht der in der RL SIB, Ausgabe 2001 [9] enthaltenen befahrbaren OS-Systeme enthält Tabelle 4.

Gegenüber der RL SIB, Ausgabe 2001 [9] wurde in dieser Tabelle OS 8 gemäß 2. Berichtigung der RL SIB aus dem Jahr 2005 ergänzt.

Hinsichtlich der Neuregelung zu OS 8 sind in der 2. Berichtigung der RL SIB aus dem Jahr 2005 [9] zwei Schichtdickenangaben zu finden und zwar 2500 µm sowie 1500 µm. Zur Erläuterung der Schichtdicke von 1500 µm wird ausgeführt, dass dies die *„Gesamtschichtdicke incl. Grundierung und Deckversiegelung bei reinen Schutzmaßnahmen im Sinne von DIN EN 13813"* sei. Bei der DIN EN 13813 handelt es sich um eine Norm für Estrichmörtel, Estrichmassen und Estriche [68]. Der Anwendungsbereich dieser Norm wird wie folgt beschrieben [68]: *„Diese Europäische Norm legt Anforderungen an Estrichmörtel fest, die für Fußbodenkonstruktionen in Innenräumen eingesetzt werden."* Also ein Anwendungsbereich, der keinesfalls den Schutz oder die Instandsetzung von befahrenen Betonflächen in Parkbauten betrifft.

Mit reinen Schutzmaßnahmen gemäß 2. Berichtigung der RL SIB aus dem Jahr 2005 [9] sind daher Maßnahmen gemeint, die nicht der Sicherstellung der Standsicherheit des Bauteils dienen, sondern beispielsweise aus optischen Gesichtspunkten oder anderen nutzungsbedingten Aspekten, wie leichtere Reinigungsfähigkeit gegenüber einem unbeschichteten Betonboden, vorgesehen werden. Es ist beispielsweise denkbar, ein OS-8-System gemäß 2. Berichtigung der RL SIB aus dem Jahr 2005 [9] mit einer systemspezifischen Mindestschichtdicke von 1500 µm bei Variante A gemäß Tabelle 2 anzuordnen. Bei Variante A erfolgt die Sicherstellung der Dauerhaftigkeit ausschließlich durch entsprechende Betonzusammensetzungen und Betondeckungen, ggf. (bei Variante A2) durch den zusätzlichen Schutz der Risse und Fugen.

Bei Variante B1 nach Tabelle 2 hingegen hat das OS-8-System eine Standsicherheitsrelevanz, da bei dieser Variante Abminderungen bezüglich der Betonzusammensetzung in Anspruch genommen werden können (Expositionsklasse XD1 anstelle von XD3). In diesem Fall muss OS 8 mit einer systemspezifischen Mindestschichtdicke von 2,5 mm angeordnet werden.

Hintergrund dieser Regelung ist u. a., dass OS 8 mit geringen Schichtdicken von z. B. 1500 µm, je nach

Tabelle 4. Befahrbare Oberflächenschutzsysteme nach RL SIB, Ausgabe 2001 inkl. OS 8 nach 2. Berichtigungsblatt 2005 (Auszug aus [9])

	Systembezeichnung	OS 8	OS 10 (TL/TP-BEL-B3)	OS 11 (OS F)	OS 13
	1	2	8	9	10
1	Kurzbeschreibung	Starre Beschichtung für befahrbare, mechanisch stark belastete Flächen	Beschichtung als Dichtungsschicht mit hoher Rissüberbrückung unter Schutz- und Deckschichten für begeh- und befahrbare Flächen	Beschichtung mit erhöhter dynamischer Rissüberbrückungsfähigkeit für begeh- und befahrbare Flächen	Beschichtung mit nicht dynamischer Rissüberbrückungsfähigkeit für begeh- und befahrbare, mechanisch belastete Flächen
2	Anwendungsbereiche	Alle mechanisch und chemisch beanspruchten Betonflächen, z. B. Fahrbahnen, Rampen, Industrieböden	Abdichtung von Betonbauteilen mit Trennrissen und planmäßiger mechanischer Beanspruchung, z. B. Brücke, Trog- und Tunnelsohlen u. ä. Bauwerke wie Parkdecks	freibewitterte Betonbauteile mit oberflächennahen Rissen und/oder Trennrissen und planmäßiger [4)] mechanischer Beanspruchung im Sprüh- oder Spritzbereich von Auftausalzen z. B. Parkhaus-Freidecks und Brückenkappen	mechanisch und chemisch beansprucht, überdachte Betonbauteile mit oberflächennahen Rissen auch im Einwirkungsbereich von Auftausalzen, z. B. geschlossene Parkgaragen und Tiefgaragen
3	Eigenschaften	*gefordert* – Verhinderung der Aufnahme von in Wasser gelösten Schadstoffen – Verbesserung der Chemikalienbeständigkeit – Verbesserung des Verschleißwiderstandes – Verbesserung des Frost- oder Frost-Tausalz-Widerstandes – Verbesserung der Griffigkeit – Erhöhung der Schlagfestigkeit – nicht gefordert – Verhinderung der Kohlendioxiddiffusion – starke Reduzierung der Wasserdampfdiffusion	*gefordert* – Verhinderung der Wasseraufnahme – Verhinderung des Eindringens beton- und stahlangreifender Stoffe – dauerhafte Rissüberbrückung vorhandener und neu entstehender Trennrisse unter temperatur- und lastabhängigen Bewegungen – Hitzebeständigkeit bis 250 °C (kurzzeitig) – Übertragung von Schubkräften aus Verkehr über Gussasphaltschutzschicht	*gefordert* – Verhinderung der Wasseraufnahme – Verhinderung des Eindringens beton- und stahlangreifender Stoffe – dauerhafte Rissüberbrückung vorhandener und neu entstehender Trennrisse unter temperatur- und lastabhängigen Bewegungen – Verbesserung des Frost-Tausalz-Widerstandes – Verbesserung der Griffigkeit – Verbesserung des Frost-Widerstandes nicht gefordert – Verhinderung der Kohlendioxiddiffusion – starke Reduzierung der Wasserdampfdiffusion	– Verbesserung der Chemikalienbeständigkeit – Verminderung des Verschleißes – Schlagverhalten (impact resistance) – Zusätzlich, je nach Anforderung: Eignung bei rückseitiger Durchfeuchtung

Tabelle 4. Befahrbare Oberflächenschutzsysteme nach RL SIB, Ausgabe 2001 inkl. OS 8 nach 2. Berichtigungsblatt 2005 (Auszug aus [9]) (Fortsetzung)

	Systembezeichnung	OS 8	OS 10 (TL/TP-BEL-B3)	OS 11 (OS F)	OS 13
	1	2	8	9	10
4	Bindemittelgruppen der hauptsächlich wirksamen Oberflächenschutzschicht	Epoxidharz	Polyurethan und andere	Polyurethan mod. Epoxidharze 2-K Polymethylmethacrylat	modifizierte Epoxidharze Polyurethan 2-K Polymethylmethacrylat
5	Regelaufbau	1. Grundierung 2. Verschleißfeste, ggf. vorgefüllte Oberflächenschutzschicht abgestreut, ggf. mehrlagig 3. ggf. Deckversiegelung	1. Behandlung der Betonoberfläche nach OS 7 2. gegebenenfalls Haftvermittler 3. Dichtungsschicht (hwO) 4. gegebenenfalls Verbindungsschicht 5. Gussasphalt. In bestimmten Fällen ist auch eine verschleißfeste, vorgefüllte, ggf. abgestreute Deckschicht, ggf. mit Deckversiegelung möglich; diese Richtlinie enthält jedoch dafür keine Prüfvorschriften	a) 1. Grundierung 2. nicht vorgefüllte elastische Oberflächenschutzschicht (hwO), nicht abgestreut 3. Verschleißfeste vorgefüllte [8), 9)] Deckschicht, abgestreut (hwO) 4. gegebenenfalls Deckversiegelung[10)] b) 1. Grundierung 2. verschleißfeste, vorgefüllte [8), 9)] Oberflächenschutzschicht, abgestreut (hwO) 3. Deckversiegelung 4. ggf. Abstreuung und zweite Deckversiegelung	1. Grundierung 2. verschleißfeste gegebenenfalls vorgefüllte Oberflächenschutzschicht, abgestreut 3. Deckversiegelung
6	Schichtdicke der hauptsächlich wirksamen Oberflächenschutzschicht	(Die für die Bauausführung relevanten Schichtdicken sind den Anweisungen zur Ausführung zu entnehmen.)			
7	Rissüberbrückung	–	Klasse IV$_{T+V}$ (ZTV-BEL-B-3)	Klasse II$_{T-V}$	Klasse A1 ($-10\,°C$)

[4)] Bei nur gelegentlichem Begang (z. B. Dienststege) kein Nachweis der Verschleißfestigkeit erforderlich
[8)] Nur durch Abstreuen gefüllte Schicht ist nur bei gelegentlichem Begang zulässig
[9)] Abhängig von der Viskosität (mind. 20 M.-%)
[10)] Systeme mit Deckversiegelung sind ohne Versiegelung komplett zu prüfen; Griffigkeit, Verschleiß und Rissüberbrückung sind zusätzlich mit Versiegelung zu prüfen

(Anmerkung: Die in Tabelle 4 nicht verwendeten Fußnoten aus [9] wurden hier nicht dargestellt, die Nummerierung nach [9] wurde jedoch beibehalten).

Ausführung, keine ausreichende Dichtheit gegenüber Chloriden aufweist. So wurde beispielsweise in Untersuchungen im Zuge der Erstellung von [45] bei einem Objekt unterhalb eines OS-8-Systems 10 Jahre nach Inbetriebnahme der Tiefgarage bereits ein deutlich erhöhter Chloridgehalt in der Betondeckung festgestellt. In diesem Fall wurde das OS-8-System nur mit einer an der unteren Grenze der RL SIB, Ausgabe 1990 [37] liegenden Mindestschichtdicke von etwa 1 bis 1,5 mm aufgetragen (s. Bild 19). Diese Mindestschichtdicke resultierte zudem im Wesentlichen aus der Größe der enthaltenen Quarzkörner, nicht jedoch aus der Dicke der reinen Epoxidharzschicht. Somit ergaben sich im Bereich größerer Quarzkörner Durchlässigkeiten der Beschichtung, da in diesen Bereichen ausschließlich die nicht abgestreute Grundierung die durchgehende Filmbildung bewirkt hat.

Im Gelbdruck der Instandhaltungs-Richtlinie (IH-RL) [46] wird bezüglich der systemspezifischen Mindestschichtdicke von OS 8 ausschließlich ein Wert von 2,5 mm (Gesamtschichtdicke) genannt.

OS 10 nimmt neben OS 7 in den Klassen von Oberflächenschutzsystemen nach RL SIB, Ausgabe 2001 [9] eine Sonderrolle ein. Während die befahrbaren Systeme OS 8, OS 11 und OS 13 in der RL SIB, Ausgabe 2001 [9] als vollständige Oberflächenschutzsysteme exakt beschrieben werden (d. h. Beschreibung aller erforderlichen Schichten mit Materialangabe, systemspezifischer Mindestschichtdicke etc.), können vom Planer einer Maßnahme mit Systemen der Bezeichnung OS 10 Systeme mit stark unterschiedlicher Dicke der verschleißfesten Deckschicht auf Basis vorliegender allgemeiner bauaufsichtlicher Prüfzeugnisse gewählt werden.

In [52] sind beispielhaft verschiedene Aufbauten von OS 10 beschrieben, die Dicke der jeweiligen Deckschicht variierte etwa zwischen 1 mm und 100 mm. Somit handelt es sich bei diesem System nicht um ein vollständig mit Mindestschichtdicken der einzelnen Schichten beschriebenes Oberflächenschutzsystem im Sinne der Systematik der RL SIB [9], sondern – wie auch die Kurzbeschreibung des Systems aussagt – lediglich um eine einzelne Schicht, die sogenannte Dichtungsschicht. Weiter ist darauf hinzuweisen, dass OS-10-Systeme im Gegensatz zu Systemen der Klasse OS 8, OS 11 und OS 13 nicht aus Produkten nach DIN EN 1504-2: 2005 [42] hergestellt werden können.

Im aktuellen DBV-Merkblatt „Parkhäuser und Tiefgaragen", Ausgabe 2018 [41] sind Empfehlungen für Anforderungen an reaktionsharzgebundene Schutz- und Deckschichten von OS 10 enthalten (s. Tabelle 5). Diese Empfehlungen basieren auf am Markt verfügbaren und seit vielen Jahren erfolgreich eingesetzten OS-10-Systemen mit polymerer Deckschicht.

Neben den „klassischen" Oberflächenschutzsystemen nach RL SIB [9] existieren weitere befahrbare Oberflächenschutzsysteme verschiedener Produkthersteller, häufig unter Verwendung von zu Epoxidharz und Polyurethan alternativen Bindemitteln, z. B. PMMA. Teilweise wurden solche Systeme in Analogie zu OS 8 oder OS 10 nach RL SIB [9] geprüft.

5.2 Auswahl von OS-Systemen

Die Auswahl geeigneter Oberflächenschutzsysteme für neu zu errichtende Parkbauten darf keinesfalls allein anhand des in Zeile 2 von Tabelle 4 beispielhaft genannten Anwendungsbereichs erfolgen.

So muss im Zuge der Planung eines Parkbaus bereits in der Tragwerksplanung zunächst ein geeigneter Entwurfsgrundsatz bezüglich der Rissbeherrschung festgelegt werden. Die Entwurfsgrundsätze sollen an dieser Stelle noch einmal kurz genannt werden [31] (s. a. Zeile 4 in Tabelle 2). Zu Erläuterungen siehe den Beitrag von *Fingerloos/Flohrer/ Räsch* [2].

Entwurfsgrundsatz a – Rissvermeidung

Vermeidung von Rissen durch die Festlegung von besonderen konstruktiven, betontechnischen und ausführungstechnischen Maßnahmen.

Entwurfsgrundsatz b – Rissverteilung

Festlegung von rechnerischen Rissbreiten, die die Mindestanforderungen des Eurocode 2 erfüllen, oder von geringeren rechnerischen Rissbreiten, die besondere Anforderungen rissüberbrückender Oberflächenschutz- und Abdichtungssysteme in Bezug auf die Rissüberbrückungsfähigkeit erfüllen.

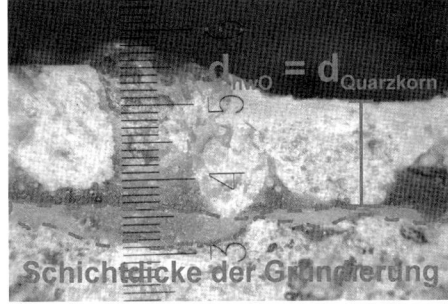

Bild 19. OS-8-System mit nicht ausreichender Schichtdicke der hwO und ungünstiger Abstimmung zwischen Trockenschichtdicke und Größe des Quarzkorns (1 Skalenteilung entspricht 0,1 mm) [45]

Tabelle 5. Empfehlungen für reaktionsgebundene Schutz- und Deckschichten von OS 10 (Auszug aus [31])

	Empfehlungen für reaktionsharzgebundene Schutz- und Deckschichten		
7	Abriebfestigkeit	DIN EN ISO 5470-1	Masseverlust < 3000 mg Reibrad: H22/1000 Zyklen/Last 1000 g Zusätzlich müssen die Anforderungen der EN 13813 erfüllt sein
8	CO_2-Durchlässigkeit	DIN EN 1062-6	$S_d > 50$ m
9	Wasserdampf-Durchlässigkeit	EN ISO 7783	entfällt
10	Kapillare Wasseraufnahme und Wasserdurchlässigkeit	DIN EN 1062-3	$W < 0{,}1$ kg/(m² × $h^{0,5}$)
11	Haftfestigkeit nach Prüfung auf Temperaturwechselverträglichkeit Für Verwendungen im Außenbereich unter Einfluss von Tausalzen: Gewitterregenbeanspruchung (Temperaturschock) (10×) und Frost-Tau-Wechselbeanspruchung mit Tausalzangriff (50×)	DIN EN 13687-2 DIN EN 13687-1	Nach Temperaturwechselbeanspruchung a) keine Risse, Blasen, Ablösungen b) Abreißversuch ≥ 1,5 (1,0) N/mm²; Der Wert in Klammern ist der kleinste zulässige Wert jeder Ablesung.
12	Widerstandsfähigkeit gegen starken chemischen Angriff Klasse I: 3 d ohne Druck Prüfflüssigkeiten: Gruppen 1, 3 und 10 nach DIN EN 13529	DIN EN 13529	24 h nach der Entnahme der Beschichtung aus der Prüfflüssigkeit Verringerung der Härte um weniger als 50 % bei Messung nach dem Eindruckversuch nach *Buchholz*, EN ISO 2815, oder Shore-Härte, EN ISO 868
13	Rissüberbrückungsfähigkeit Im Anschluss an die Konditionierung nach DIN EN 1062-11, 4.1 – 7 Tage bei 70 °C für Reaktionsharzsysteme	DIN EN 1062-7	B 4.2 (−20 °C) und A3 (20 °C) (nach DIN EN 1062-7)*
14	Dichtigkeit	EN 14224:2010 bzw. ETAG	kein Wasserdurchtritt
15	Schlagfestigkeit	ISO 6272-2	entfällt
16	Abreißversuch	DIN EN 1542	≥ 1,5 (1,0) N/mm² (Der Wert in Klammern ist der kleinste zulässige Wert jeder Ablesung)
17	Brandverhalten	EN 13501-1	entfällt
18	Griffigkeit/Rutschfestigkeit	EN 13036-4	Klasse III: > 55 im nassen Zustand geprüfte Einheiten (außen)

* Empfehlung

Entwurfsgrundsatz c – Rissbildung mit planmäßiger nachträglicher Behandlung

Festlegung von tolerierbaren rechnerischen Rissbreiten möglichst in definierten Bereichen (wenige breite Risse), die mit im Entwurf planmäßig vorgesehenen lokalen Maßnahmen nach ihrem Auftreten dauerhaft geschlossen bzw. abgedichtet werden.

Die Auswahl geeigneter OS-Systeme kann nur in Abstimmung mit dem zuvor vom Tragwerksplaner gewählten Entwurfsgrundsatz erfolgen.

Die Auswahl rissüberbrückender OS-Systeme nach RL SIB [9] kann i. d. R. nur dann erfolgen, wenn seitens des Tragwerksplaners der Entwurfsgrundsatz b gewählt wurde und die Größe der rechnerischen Rissbreite auf die prüftechnisch maximal überbrückbare Rissbreite des Oberflächenschutzsystems zzgl. eines Vorhaltemaßes abgestimmt wurde. Als Größenordnung für dieses Vorhaltemaß wird in [31] für OS 10 ein Wert von 0,15 mm und für OS 11 ein Wert von 0,10 mm empfohlen.

Tabelle 6. Prüftechnisch zu überbrückende Rissbreiten von befahrbaren Oberflächenschutzsystemen nach RL SIB, Ausgabe 2001 [9]

1	2	3	4	5
Regelwerk	Oberflächenschutzsystem	Im Versuch maximal überbrückte Rissbreite	Dynamische Rissbreitenänderung	Bemerkung
1 RL SIB, Ausgabe 2001	OS 8	–	–	–
2	OS 10	0,45 mm (dynamisch bei $-20\,°C$), anschließend Rissaufweitung auf 1 mm $\pm 0,1$ mm (einmalig) bei $23\,°C$	$0,3 \pm 0,1$ mm, jeweils überlagert mit $\pm 0,05$ mm	Klasse IV_{T+V} nach TP-BEL-B3, Ausgabe 1999 [48]
		0,55 mm (dynamisch)	$0,35 \pm 0,15$ mm, jeweils überlagert mit $\pm 0,05$ mm	Klasse B 4.2 nach DIN EN 1062-7: 2004 [43], Prüftemperatur nach DIN EN 1062-7:2004 [43] nicht vorgegeben [1)]
3	OS 11	0,35 mm (dynamisch bei $-20\,°C$),	$0,2 \pm 0,1$ mm, jeweils überlagert mit $\pm 0,05$ mm	Klasse II_{T+V} nach RL SIB [9]
4	OS 13	0,1 mm statisch (einmalig) bei $-10\,°C$	–	Klasse A1 nach DIN EN 1062-7: 2004 [43]

[1)] Diese Prüfung ist in RL SIB, Ausgabe 2001 [9] nicht vorgesehen, wurde aber in den letzten Jahren häufig für OS 10 angewendet, siehe auch [31]

In Tabelle 6 sind die jeweils zu überbrückenden Rissbreiten der befahrbaren OS-Systeme nach RL SIB [9] zusammengestellt. Bei OS 10 mit polymerer Deckschicht sind mittlerweile Produkte auf dem Markt, bei denen die Prüfung der Rissüberbrückungsfähigkeit nicht mehr nach den Vorgaben der TP-BEL-B3, Ausgabe 1999 [48] erfolgt, sondern nach DIN EN 1062-7:2004 [43] (vgl. auch Tabelle 5). Bei Ansatz einer Prüftemperatur von $-20\,°C$ sind die Klasse IV_{T+V} nach TP-BEL-B3, Ausgabe 1999 [48] und B 4.2 nach DIN EN 1062-7:2004 [43] näherungsweise identisch, siehe auch Tabelle 6.

Wird das Oberflächenschutzsystem nicht vollflächig, sondern teilflächig in Form einer Bandage im Bereich eines Risses vorgesehen, gelten grundsätzlich die gleichen Überlegungen. Für Bandagen werden allerdings häufig OS-Systeme mit produktspezifisch ermittelter größerer Rissüberbrückungsfähigkeit, z. T. auch größerer produktspezifischer Schichtdicke verwendet. So sind auf dem Markt beispielsweise OS-10-Systeme verfügbar, deren maximale Rissüberbrückungsfähigkeit über die in Tabelle 4 genannte Klasse hinausgeht.

In diesem Fall kann bei Kenntnis dieser größeren produktspezifischen Rissüberbrückungsfähigkeit auch Entwurfsgrundsatz c herangezogen werden und ein über die maximal zulässigen rechnerischen Rissbreiten nach Eurocode 2 [62] hinausgehender Rechenwert der Rissbreite angesetzt werden (vgl. Variante A2 oder B1 nach Tabelle 2). Auch hier sollte vom Tragwerksplaner ein angemessenes Vorhaltemaß zwischen Rechenwert der Rissbreite und produktspezifisch ermittelter größerer Rissüberbrückungsfähigkeit vorgesehen werden. Wichtig ist, dass in diesem Fall auch im Leistungsverzeichnis die erforderliche Leistungsfähigkeit bezüglich der Rissüberbrückungsfähigkeit genannt wird und nicht nur die Systemklasse nach RL SIB.

OS 13 nach RL SIB ist vor dem Hintergrund der Entwurfsgrundsätze praktisch nicht anwendbar. So weist OS 13 nur eine statische, d. h. einmalige Rissüberbrückung von 0,1 mm auf. Dies bedeutet, dass selbst eine zweimalige Rissbewegung theoretisch bereits zu einem Aufreißen des OS-Systems führen kann. Zudem ist bei einer solch geringen Rissbreite praktisch kein Vorhaltemaß mehr möglich, was dazu führen dürfte, dass bei Ansatz eines Rechenwerts der Rissbreite von 0,1 mm ein Großteil der Risse zu einem Aufreißen des OS 13 führen dürfte. So nimmt die Aussagegenauigkeit der Rechenmodelle zur Rissbreitenberechnung nach DIN EN 1992-1-1/NA [62] mit kleiner werdender rechnerischer Rissbreite stetig ab. So können bei einer rechnerischen Rissbreite von 0,1 mm 30% der Risse größere Rissbreiten an der Oberfläche annehmen als 0,1 mm [47] (s. auch Bild 20).

Grundsätzlich kann es aber auch bei der Wahl eines Vorhaltemaßes zwischen rechnerischer Rissbreite im Zuge der Tragwerksplanung und maximal überbrückbarer Rissbreite der Systemklasse des OS-Systems zu einzelnen Durchrissen im OS-System kommen. Häufig handelt es sich hierbei um neue Risse, die sich erst nach Applikation des OS-Systems gebildet haben. In diesem Fall kann es durchaus ausreichend sein, das vorhandene OS-System im Rissbereich durch lokalen Abtrag und Neuauftrag desselben Systems zu ertüchtigen. Eine Einzelfallbetrachtung ist jedoch erforderlich.

Ein weiterer wesentlicher Aspekt ist die objektspezifische Auswahl der Oberflächenschutzsysteme vor dem Hintergrund der Frequentierung. Auf keinen Fall sollte eine solche Auswahl allein anhand der in Tabelle 4 genannten Anwendungsbereiche erfolgen, sondern es sollten in jedem Fall die objektspezifischen Randbedingungen, z. B. Art, Größe und Nutzung des Parkbaus, sowie die lokal vorhandenen Beanspruchungen aus Fahrbetrieb mit einbezogen werden.

Die Objektgröße allein ist dabei für sich gesehen noch kein ausreichendes Kriterium. Vielmehr muss hier auch die Nutzung berücksichtigt werden. Bei einem Büroparkhaus mit 100 Stellplätzen beispielsweise ist anzunehmen, dass der Großteil der Nutzer morgens in das Objekt einfährt und abends wieder ausfährt, d. h. die Anzahl der Stellplätze entspricht näherungsweise der Anzahl der täglichen Nutzer. Gehört dieses Objekt aber beispielsweise zu einem Einkaufsmarkt, sind durchaus 1 bis 2 Nutzer je Stunde möglich, d. h. pro Tag können sich daraus u. U. an exponierten Stellen, wie z. B. Schranken, deutlich über 1000 Nutzer ergeben.

Ein weiterer Aspekt ist die innere Verkehrsführung. Gerade vor und hinter steilen Rampen oder in Kurven der hier erforderlichen Anfahr-, Brems- und Scherkräfte sowie Lenkbewegungen größere Verschleißbeanspruchungen des OS-Systems auf als beispielsweise im Bereich gerader Fahrgassen (s. Bild 21). Auch der Bereich vor den Ausfahrtsschranken wird am Ende von langen Fahrgassen treten aufgrund durch das hier erforderliche Anhalten und Anfahren besonders stark beansprucht (s. Bild 22).

In Parkbauten können durchaus einzelne Bereiche durch Verschleiß, der nicht durch Pkw verursacht wird, übermäßig beansprucht werden, z. B. im Bereich der Abrollwege von Containern in Ladehöfen

Bild 21. Verschleißerscheinungen eines OS-11b-Systems in einer Kurve nach einer langen Fahrgasse

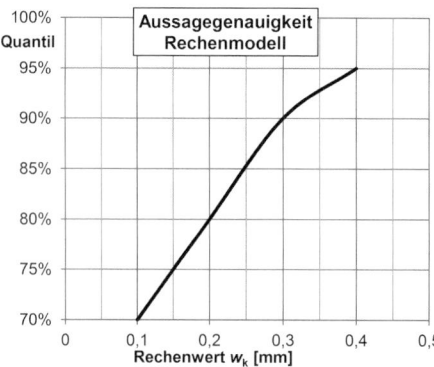

Bild 20. Vorhersagegenauigkeit des Modells für die Rissbreitenberechnung nach Eurocode 2/NA (aus [47])

Bild 22. Verschleißerscheinungen eines OS-11b-Systems vor einer Ausfahrtsschranke

(s. Bild 23) von Shopping-Centern oder den Abstellbereichen von Einkaufswagen. In diesen Fällen reicht es häufig aus, diese lokal begrenzten Bereiche mit einer sehr starken Verschleißbeanspruchung durch Sondermaßnahmen zu schützen, beispielsweise durch Auflegen von Stahlblechen (vgl. Bild 24).

In DIN V 18026:2006 [41] wird in Abschnitt 4.2.2 „Abriebfestigkeit" Folgendes ausgeführt: „Unter mechanischer Beanspruchung sind Beanspruchungen nach DIN 18560-7 der Beanspruchungsgruppe III zu verstehen."

DIN 18560-7 regelt hoch beanspruchbare Estriche (Industrieestriche) [49]. Die Beanspruchungsgruppe III der DIN 18560-7:2004 [49] wird dort in der Tabelle in Gruppen mechanischer Beanspruchung wie folgt beschrieben (Auszug):

Bild 23. Lokal sehr starke Verschleißerscheinungen eines OS-8-Systems durch Absetzen und Aufnehmen einer Abrollmulde im Ladehof in einer Tiefgarage eines Shopping-Centers

Bild 24. Schutz des Belags im Bereich der Stellplätze von Einkaufswagen durch aufgelegte Stahlbleche

„*Bereifungsart Elastik und Luftreifen*"

„*Fußgängerverkehr bis 100 Personen je Tag*"

Im Gelbdruck der Instandhaltungs-Richtlinie [46] wird bezüglich OS 11 u. a. Folgendes ausgeführt:

„*OS-11-Systeme sind vorwiegend für geringe Nutzungsfrequenzen ausgelegt (ca. 100 Pkw/Tag). Der Einsatz von OS 11 sollte bei höheren Nutzungsfrequenzen nur in Verbindung mit einem Instandhaltungsplan erfolgen, in dem detaillierte Vorgaben zu Wartungsintervallen sowie definierten Maßnahmen zur Überarbeitung des durch Verschleiß geschädigten OS-Systems vorzusehen sind.*"

Aus dieser Regelung folgt also keine Beschränkung des Einsatzes von OS 11 auf Objekte mit einer Nutzungsfrequenz von maximal ca. 100 Pkw/Tag. Bei höheren Nutzungsfrequenzen müssen aber detaillierte Maßnahmen zur Überarbeitung des OS 11-Systems im Instandhaltungsplan enthalten sein. Weitere Ausführungen zur Überarbeitung von OS-Systemen enthält Abschnitt 5.7.

Ein Sonderfall zur Auswahl von Oberflächenschutzsystemen stellen WU-Bodenplatten oder Bodenplatten älterer Bauwerke (vor Erscheinen der WU-Richtlinie im Jahr 2003) dar, bei denen ebenfalls wasserführende Trennrisse auftreten können. Ausführungen hierzu sind auch im Beitrag *Fingerloos/Flohrer/Räsch* [2] enthalten. Dort wurde bereits ausgeführt, dass bei WU-Bodenplatten mit zeitweise auftretendem Wasserdruck mit maximal 2 m Wasserdruckhöhe OS-11-Systeme eine Alternative zu OS 8 mit begleitender Rissbehandlung darstellen können. In [50] sind Kurzzeitversuche beschrieben, bei denen u. a. OS-11-Systeme kurzzeitig einem rückseitigen Wasserdruck in einem vom OS-System überbrückten Trennriss ausgesetzt wurden. Bei den zwei untersuchten OS-11a-Systemen konnte bei dem rückseitig, kurzzeitig im Trennriss aufgebrachten Wasserdruck von 5 bar (50 m Wassersäule) kein Versagen festgestellt werden. Es handelte sich bei diesen Versuchen jedoch nur um einzelne Kurzzeitversuche, nicht um eine umfangreiche Forschungsarbeit zu diesem Thema.

Bei massigen Bodenplatten von Tiefgaragen besteht weiterhin häufig das Problem, dass selbst Monate nach Betonage der Bodenplatten diese noch eine sehr hohe Restfeuchte in der Betonrandzone aufweisen. Um hier z. B. OS-10- oder OS-11-Systeme schadfrei applizieren zu können und auch eine spätere Bildung flüssigkeitsgefüllter Blasen infolge von Feuchteumverteilungen im Beton zu vermeiden, sollten hier besondere Maßnahmen bei Auswahl und Applikation der Grundierung vorgesehen werden.

Wesentlich für die Vermeidung wassergefüllter Blasen oberhalb der Grundierung ist, dass die Grundierung keine Fehlstellen aufweist und damit keine

Verbindung zwischen dem Kapillarporengefüge des Betons und der Unterseite der Schwimm- bzw. Dichtungsschicht besteht. Erreicht werden kann dies beispielsweise durch die Anordnung einer zweilagigen Grundierung oder die Anordnung einer kapillarbrechenden Schicht in Form eines ECC, siehe auch [51].

Besonders in Parkbauten von Arbeitsstätten, z. B. Tiefgaragen von Bürogebäuden, muss das applizierte OS-System häufig auch die Anforderungen an die Rutschhemmung nach DGUV [53] (früher: BGR 181 [54]) erfüllen. So sind nach [53] für Parkbereiche, je nach Lage, Anforderungen an die Bewertungsgruppe der Rutschhemmung (R-Gruppe) von R10 oder R11 zu stellen, zusätzlich ist z. T. noch der Verdrängungsraum V4 nachzuweisen.

Die Bestimmung der R-Gruppe erfolgt nach DIN 51130:2014 [55], ebenso die Bestimmung des Verdrängungsraums.

Solche Anforderungen an OS-Systeme sind weder in der RL SIB [9] noch in der DIN V 18026 [41] enthalten. Viele Produkthersteller bieten jedoch OS-Systeme an, für die jeweils die R-Klasse und der Verdrängungsraum angegeben sind. Wesentlich ist allerdings, dass in diesem Fall die Applikation des OS-Systems am Objekt mit den identischen Verbrauchsmengen und Körnungen erfolgt, wie vom Produkthersteller angegeben. Dies betrifft vor allem die Abstreuung der obersten Lage des OS-Systems (z. B. die Verschleißschicht des OS-11a- oder OS-11b-Systems) und die Deckversiegelung. Auch die klimatischen Randbedingungen spielen aufgrund des Einflusses auf die Viskosität und den Viskositätsanstieg des polymeren Bindemittels eine entscheidende Rolle. Kritisch können in diesem Zusammenhang auch zusätzlich aufgebrachte farbige Absetzungen von Stellflächen, Fußwegen o. Ä. sein. So gelten die an einem spezifischen OS-System bestimmte R-Klasse oder der Verdrängungsraum für den in der Prüfung vorhandenen Aufbau. In der Regel ist die systemzugehörige Deckversiegelung hierbei die oberste Schicht. Werden nun am Objekt aus gestalterischen oder anderen Gründen auf die Deckversiegelung weitere Schichten appliziert, verringert dies zwangsläufig den Verdrängungsraum und hat zudem i. d. R. einen negativen Einfluss auf die R-Klasse. Hier sind ggf. in Rücksprache mit dem Produkthersteller zusätzliche Maßnahmen erforderlich, z. B. Wahl eines anderen, gröberen Abstreukorns der obersten Schicht.

Die Prüfung der R-Klasse nach DIN 51130 [55] ist nur im Labor möglich, nicht aber am Objekt. Soll im Einzelfall die R-Klasse auch an dem am Objekt vorhandenen Aufbau bestimmt werden, ist aber denkbar, parallel zur Applikation der Bodenbeschichtung eine Prüfplatte mit identischen Materialien und gleichen Verarbeitungsschritten und Materialverbräuchen zu beschichten (s. Bild 25).

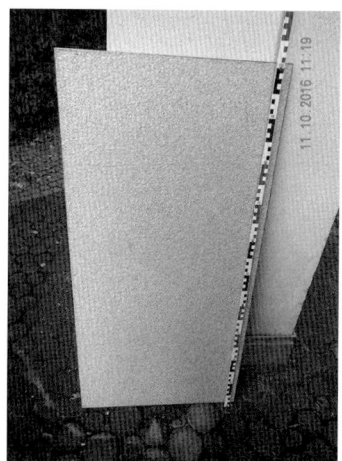

Bild 25. Parallel zur Applikation einer Bodenbeschichtung beschichtete Prüfplatte, an der die R-Klasse nach DIN 51130 [55] bestimmt werden kann

An dieser Prüfplatte kann anschließend die R-Klasse nach DIN 51130 [55] im Labor bestimmt werden.

Häufig wurde in der Vergangenheit über die Wahl geeigneter OS-Systeme für Rampen diskutiert. Aufgrund des hohen Verschleißwiderstands wurde hier häufig OS 8 mit begleitender Rissbehandlung empfohlen.

Die Fahrflächen von Rampen unterliegen infolge der stärkeren Anfahr- und Bremskräfte grundsätzlich einem stärkeren Verschleiß als die horizontalen Parkflächen. Zudem treten aufgrund der Querschnittssprünge zwischen Parkdeck und Rampe häufig im Bereich der Rampen Trennrisse infolge späten Zwangs auf. Temperaturbedingt ist hier häufig wiederkehrend mit nennenswerten Rissbewegungen zu rechnen, in deutlich stärkerem Maße bei Parkhäusern, weniger stark bei Tiefgaragen.

Eine alleinige Rissbehandlung durch Injektion eines Rissfüllstoffs auf PUR-Basis nach RL SIB [9] bzw. DIN 18028:2006 [78] ist bei Rampen aufgrund der häufig wiederkehrenden Rissbewegungen nur selten ausreichend, um den Riss dauerhaft zu schließen.

Rissüberbrückende Oberflächenschutzsysteme der Klasse OS 11 haben sich hingegen auf Rampen aufgrund der hier besonders hohen Verschleißbeanspruchung nur in Ausnahmefällen bewährt. Zudem ist selbst bei flach geneigten Rampen eine zielgerichtete Applikation der Schwimm- und Verschleißschicht nicht bedingt bzw. nur noch möglich, da das polymere Bindemittel gefällebedingt zum Rampenfuß läuft. Die Verwendung von Stellmittel kann hier ggf. helfen, allerdings hängt insbesondere in diesem Fall die Gleichmäßigkeit der Schichtdicke maßgeblich von der Sorgfalt und Erfahrung des ausführenden Unternehmens ab.

Alternativ kommen für Rampen ggf. PMMA-basierte Systeme infrage, die i. d. R. einen höheren Verschleißwiderstand aufweisen als beispielsweise OS 11. Im Fall stark geneigter Rampen muss aber auch hier darauf geachtet werden, dass ein für den Anwendungsfall geeignetes, d. h. steifer eingestelltes, Bindemittel verwendet wird, um dieses auf der geneigten Rampe zielgerichtet mit der Sollschichtdicke applizieren zu können. Es stellt sich jedoch grundsätzlich die Frage, ob durch den Stellmitteleinsatz nicht technische Eigenschaften des OS-Systems verändert werden. Der Nachweis der Verwendbarkeit solcher Systeme kann beispielsweise durch ein allgemeines bauaufsichtliches Prüfzeugnis (abP) nach RL SIB, Ausgabe 2001 [9] für OS 10 erfolgen.

Die vorgenannten Ausführungen sollten vornehmlich jedoch für Rampen in bestehenden Parkbauten gelten.

Für Neubauten sollte bereits im Zuge der Entwurfsplanung der Entwurfsgrundsatz a) gewählt werden, d. h. Rissvermeidung. Dies kann erreicht werden durch Ausbildung der Rampen als Einfeldträger. Risse können konstruktionsbedingt somit i. d. R. nur an der Unterseite, nicht an der befahrenen Oberseite auftreten.

Zur Verbesserung der Rutschhemmung und Griffigkeit kann auf solche Rampen ein OS-8-System nach RL SIB [9] aufgebracht werden.

OS-Systeme auf Rampen sollten nach [31] mindestens die Rutschhemmklasse R11 und einen Verdrängungsraum V4 aufweisen (s. [53] oder [54]), bei stark geneigten Rampen u. U. Verdrängungsraum V6.

Bild 26. Variante A1 mit Entwurfsgrundsatz a) – rissvermeidende Bauweise bei einer Rampe auf einem Freideck

5.3 Nachweis der Leistungsmerkmale von OS-Systemen

Bis zum Jahr 2009 erfolgte der Nachweis der Leistungsmerkmale der RL SIB zunächst auf Basis der Ausgabe 1990/1992 [37], später auf Basis der Ausgabe 2001 [9]. Der Nachweis der Leistungsmerkmale von OS-Systemen nach RL SIB, Ausgabe 2001 [9] erfolgte über allgemeine bauaufsichtliche Prüfzeugnisse (abP). Bestandteil dieser abP waren u. a. verbindliche Angaben zur Ausführung.

Mit bauaufsichtlicher Einführung der Produktteile der Normenreihe der DIN EN 1504 und damit auch der DIN EN 1504-2:2005 [42] musste Teil 4 der RL SIB, Ausgabe 2001 [9] zurückgezogen werden. Als Anwendungsnorm für Oberflächenschutzsysteme für Beton aus Produkten nach DIN EN 1504-2: 2005 [42] wurde die DIN V 18026:2006 [41] erstellt und bauaufsichtlich eingeführt. Diese Restnorm erlaubte die Verwendung von Oberflächenschutzsystemen mit Produkten nach DIN EN 1504-2 [42] auch für den standsicherheitsrelevanten Bereich. Der Verwendbarkeits- und Übereinstimmungsnachweis für Produkte nach DIN V 18026 [41] erfolgte gemäß Bauregelliste in Form eines Übereinstimmungszertifikats (ÜZ). Dieses Übereinstimmungszertifikat war die Bestätigung einer bestandenen Erstprüfung unter Einhaltung der Anforderungen der Restnorm, einer werkseigenen Produktionskontrolle sowie einer Fremdüberwachung durch eine anerkannte Überwachungsstelle und bestätigte die Übereinstimmung mit der für das Bauprodukt geltenden technischen Regel.

Das weiterhin auf den Gebinden angebrachte CE-Zeichen war erforderlich, um das jeweilige Produkt in Verkehr bringen zu dürfen. Das CE-Zeichen war und ist jedoch für sich gesehen ungeeignet, die Leistung eines Oberflächenschutzsystems zu erklären. Zum einen kann ein CE-Zeichen nur für ein Produkt gelten, nicht aber für ein System. Es können also nur Produkteigenschaften deklariert werden, z. B. die Abreißfestigkeit einer Grundierung auf einem Betonprüfkörper. Systemeigenschaften, z. B. die Rissüberbrückungsfähigkeit eines aus mehreren Produkten bestehenden OS-11-Systems, können nicht mit einem CE-Zeichen deklariert werden. Zum anderen reicht es für eine CE-Kennzeichnung aus, lediglich ein einzelnes Produktmerkmal zu deklarieren. Die Leistung eines Oberflächenschutzsystems wird aber durch eine Vielzahl an unterschiedlichen Leistungsmerkmalen gekennzeichnet.

Ausgenommen von dieser Vorgehensweise waren OS-7- und OS-10-Systeme nach RL SIB, Ausgabe 2001 [9]. Da die Leistungsmerkmale dieser Systeme nicht mit Leistungsmerkmalen nach DIN EN 1504-2:2005 [42] abgebildet werden konnten, erfolgte der Nachweis dieser Oberflächen-

schutzsysteme mittels allgemeinem bauaufsichtlichen Prüfzeugnis.
Aufgrund des Urteils C-100/13 des Europäischen Gerichtshofs vom 16. Oktober 2014, in dem das Vorgehen Deutschlands, nationale Zusatzanforderungen an Bauprodukte mit CE-Kennzeichnung zu stellen, für unzulässig erklärt worden war, musste im Oktober 2016 das deutsche Bauordnungsrecht in weiten Teilen geändert werden. So wurden u. a. für die Bauprodukte, für die harmonisierte europäische Normen und damit CE-Kennzeichnungen existieren, deutsche Regelungen, die zu einer über eine CE-Kennzeichnung hinausgehenden Kennzeichnung mit einem Ü-Zeichen geführt haben, gestrichen werden. Dies betraf auch die DIN V 18026 [41].

Seit Mitte Oktober 2016 konnten sich die am Bau Beteiligten nur auf die länderspezifischen Vollzugshinweise zur Umsetzung des EuGH-Urteils vom 16.10.2014 in der Rechtssache C-100/13 beziehen,

Tabelle 7. Auszug aus der MVV TB, Teil A – Ausgabe 2017/1 [57]

Lfd. Nr.	Anforderungen an Planung, Bemessung und Ausführung gem. § 85a Abs. 2 MBO[1]	Technische Regeln/Ausgabe	Weitere Maßgaben gem. § 85a Abs. 2 MBO[1]
1	2	3	4
A 1.2.2.7	Ausführung von besonderen geotechnischen Arbeiten (Spezialtiefbau) - Injektionen Bemessung von verfestigten Bodenkörpern - Hergestellt mit Düsenstrahl-, Deep-Mixing- oder Injektions-Verfahren	DIN EN 12715:2000-10 DIN SPEC 18187:2015-08 DIN 4093:2015-11	
A 1.2.3	**Bauliche Anlagen im Beton-, Stahlbeton- und Spannbetonbau**		
A 1.2.3.1	Bemessung und Konstruktion von Stahlbeton- und Spannbetontragwerken	DIN EN 1992	
	Allgemeine Bemessungsregeln und Regeln für den Hochbau	DIN EN 1992-1-1:2011-01 DIN EN 1992-1-1/A1:2015-03 DIN EN 1992-1-1/NA:2013-04 DIN EN 1992-1-1/NA/A1:2015-12	Anlagen A 1.2.3/1 und A 1.2.3/2
	Tragwerksbemessung für den Brandfall	DIN EN 1992-1-2:2010-12 DIN EN 1992-1-2/NA:2010-12 DIN EN 1992-1-2/NA/A1:2015-09	Anlage A 1.2.3/3
	Beton, Stahlbeton und Spannbeton	DIN 1045-2:2008-08 DIN EN 206-1:2001-07 DIN EN 206-1/A1:2004-10 DIN EN 206-1/A2:2005-09 DIN EN 206-9:2010-09	Anlage A 1.2.3/4
	Ausführung von Tragwerken aus Beton	DIN 1045-3:2012-03 DIN 1045-3 Ber. 1:2013-07 DIN EN 13670:2011-03	Anlage A 1.2.3/4
	Fertigteile	DIN 1045-4:2012-02	
	Ziegeldecken	DIN 1045-100:2011-12	
A 1.2.3.2	Schutz und Instandsetzung von Betonbauteilen	DAfStb-Richtlinie - Schutz und Instandsetzung von Betonbauteilen: 2001-10 Ber. 2:2005-12 Ber. 3:2014-09	Anlage A 1.2.3/5

was bezüglich der Anwendung von Bauprodukten eine erhebliche Rechtsunsicherheit bedeutet hat und in Teilbereichen weiterhin bedeutet.

In den Vollzugshinweisen des Landes NRW vom 21.10.2016 stand beispielsweise, dass der Verwendbarkeitsnachweis u. a. in Form einer allgemeinen bauaufsichtlichen Zulassung oder eines allgemeinen bauaufsichtlichen Prüfzeugnisses erbracht werden kann [56]. Ein ebenfalls in [56] genanntes Ü-Zeichen war für CE-gekennzeichnete Instandsetzungsprodukte nicht mehr zulässig. Da für OS-Systeme nach DIN V 18026 [41] allgemeine bauaufsichtliche Zulassungen oder allgemeine bauaufsichtliche Prüfzeugnisse nicht üblich waren, konnte ein Verwendbarkeitsnachweis in dieser Form für die genannten Produktgruppen nicht erbracht werden.

Auch die Einführung der MVV TB im Juli 2017 [57] brachte bezüglich der Art von Verwendbarkeitsnachweisen für Oberflächenschutzsysteme keine Klärung, da anders als aus den bis Oktober 2016 gültigen Bauregellisten bekannten Spalten 4 und 5 in der MVV TB keine Angaben zu den Übereinstimmungs- oder Verwendbarkeitsnachweisen enthalten sind (s. Tabelle 7).

Die in Zeile A 1.2.3.2 von [57] benannte Anlage A 1.2.3/5 besagt Folgendes:

„Wenn in der DAfStb-Instandsetzungsrichtlinie Produktmerkmale angesprochen werden, die als wesentliche Merkmale nach der EU-Bauproduktenverordnung europäisch harmonisiert sind, so ist die für die Erfüllung der jeweiligen Bauwerksanforderungen erforderliche Leistung vom sachkundigen Planer gemäß der jeweiligen harmonisierten technischen Spezifikation festzulegen. Für die betroffenen Produkte sind die Festlegungen zum Übereinstimmungsnachweis und zur Kennzeichnung mit dem Ü-Zeichen nicht anzuwenden."

Durch diese Anlage wurde die Unzulässigkeit des Ü-Zeichens für europäisch harmonisierte Produktmerkmale nochmals bestätigt.

Durch die MVV TB, Ausgabe 2017/1 [57] wird jedoch in allgemeiner Form im Vorgehen aufgezeigt, wonach projektspezifische Anforderungen an Bauprodukte unmittelbar aus den Anforderungen an das in Rede stehende Bauwerk bzw. Bauteil abgeleitet werden können. Details zu diesem Vorgehen sind in der neuen Instandhaltungs-Richtlinie des DAfStb [46] als Nachfolger der RL SIB [9] enthalten. Im Zuge dieses Vorgehens erfolgen alle Festlegungen zur Qualitätssicherung von OS-Systemen, Betonersatzsystemen und Rissfüllstoffen für Stahlbetonbauteile künftig nicht mehr in standardisierter Form, sondern projektspezifisch durch den jeweiligen Bauherrn bzw. den von diesem beauftragten Sachkundigen Planer. Die neue Instandhaltungs-Richt-

linie des DAfStb liegt aktuell allerdings nur im Gelbdruck vor [46].

Da weiterhin die DIN V 18026 [41] vom DIN zurückgezogen wurde, stellt sich umso mehr die Frage, in welcher Form und mit welchen Leistungsmerkmalen OS-Systeme für Parkbauten aktuell ausgeschrieben werden können und in welcher Form die Leistung deklariert werden kann.

Im aktuellen DBV-Merkblatt „Parkhäuser und Tiefgaragen", Ausgabe 2018 [31] sind daher für die für Parkbauten üblichen Oberflächenschutzsysteme OS 5b, OS 8, OS 10 und OS 11 die Leistungsmerkmale abgedruckt. Im Fall der OS-Systeme OS 5b, OS 8 und OS 11 stimmt diese Zusammenstellung in weiten Teilen mit DIN V 18026 [41] überein. Berücksichtigt wurden Änderungen im Zuge der Neuerstellung der Instandhaltungs-Richtlinie des DAfStb (Gelbdruck [46]). OS 5b wird in diesem Zusammenhang genannt, da es in Parkbauten für den Schutz aufgehender Bauteile verwendet werden kann, nicht aber für befahrene Parkdecks.

Hinsichtlich OS 10 wurde bereits erläutert, dass dieses System nicht in der DIN V 18026 [41] enthalten ist. Die im aktuellen DBV-Merkblatt „Parkhäuser und Tiefgaragen", Ausgabe 2018 [31] für OS 10 abgedruckten Leistungsmerkmale entsprechen bezüglich der Dichtungsschicht daher der RL SIB, Ausgabe 2001 [9]. Bei den in [31] genannten Leistungsmerkmalen für die reaktionsharzgebundene Schutz- und Deckschicht handelt es sich um Empfehlungen, vgl. auch Tabelle 5.

Zur Auswahl der Leistungsmerkmale und Nachweise ist im aktuellen DBV-Merkblatt „Parkhäuser und Tiefgaragen", Ausgabe 2018 [31] die folgende Empfehlung enthalten:

„Sämtliche vom Planer gewählten und ausgeschriebenen Leistungsmerkmale der Oberflächenschutzsysteme sind über prüffähige Technische Dokumentationen der Produkthersteller nachzuweisen und zu dokumentieren."

Im Fall von OS 10 ist weiterhin der Nachweis über abP möglich.

Im Zuge der Neuerstellung der ZTV-ING, Abschnitte 3.4 und 3.5 [58] und der ZTV-W LB 219 [59] wurde bezüglich des Nachweises der Leistungsmerkmale alternativ zum projektspezifisch zu erbringenden Nachweis der geforderten Leistungsmerkmale eine prüffähige Bescheinigung einer entsprechend Art. 30 der Bauproduktenverordnung (BauPVO) qualifizierten Stelle beschrieben. Diese Vorgehensweise wird auch nach BAWBrief 01/2017 [60] regelmäßig als gleichwertige Alternative anerkannt, sofern diese *„den Anforderungen der Leistungsbeschreibung vollumfänglich genügt"*.

In Deutschland ist das Deutsche Institut für Bautechnik (DIBt) die nach Art. 30 BauPVO für alle

Produktbereiche benannte technische Bewertungsstelle. Das DIBt soll Gutachten, mit denen die Einhaltung bestimmter Leistungsmerkmale (Verwendbarkeitsnachweis), Art und Umfang von Übereinstimmungsnachweisen sowie die Inhalte der Angaben zur Ausführung auf freiwilligem Antrag von Produktherstellern bescheinigt werden, erstellen (s. auch [60]).

Bei der Überarbeitung der ZTV-ING, Abschnitte 3.4 und 3.5 [58] und ZTV-W LB 219 [59] wurde, soweit möglich, darauf geachtet, dass keine Widersprüche zur künftigen Instandhaltungs-Richtlinie des DAfStb entstehen.

In der ZTV-ING, Abschnitte 3.4 und 3.5 [58], und ZTV-W LB 219 [59] sind jedoch nicht alle für Parkbauten üblichen OS-Systeme enthalten. So ist in ZTV-W LB 219 [59] lediglich OS 5b enthalten, in ZTV-ING, Abschnitte 3.4 und 3.5 [58] sind OS 5b und OS 11 enthalten.

Da die Erstellung von DIBt-Gutachten auf freiwilliger Basis seitens der Produkthersteller erfolgt, kann ein Produkthersteller allerdings vermutlich auch für die in ZTV-ING, Abschnitte 3.4 und 3.5 [58], und ZTV-W LB 219 [59] nicht enthaltenen OS-Systeme DIBt-Gutachten beantragen.

Zum Zeitpunkt der Erstellung dieses Beitrags lag allerdings noch kein DIBt-Gutachten vor, sodass zurzeit nicht absehbar ist, ob anstelle des projektspezifischen Nachweises auch DIBt-Gutachten als Alternative zum Nachweis der ausgeschriebenen Leistungsmerkmale dienen können.

5.4 Applikation von OS-Systemen

Grundsätzlich sollte die Applikation der OS-Systeme nach den Angaben zur Ausführung des jeweiligen Produktherstellers erfolgen. Vor Oktober 2016, d. h. vor Zurückziehen der deutschen Restregelungen zum Ü-Zeichen, waren diese Angaben zur Ausführung verbindlicher Bestandteil des Übereinstimmungszertifikats. Sofern aktuell OS-Systeme nicht im Anwendungsbereich der ZTV-ING (z. B. OS 8) appliziert werden, fehlt derzeit die verbindliche Vorgabe für diese Angaben zur Ausführung.

OS-Systeme können aber nur dann zielsicher die systemspezifischen Eigenschaften aufweisen, wenn sie analog zu dem Vorgehen im Zuge der Grund- bzw. Erstprüfung appliziert werden (Schichtenfolge, Schichtdicke, Materialverbräuche etc.).

Neben allgemeinen Aspekten bei der Applikation von OS-Systemen, die hier nicht im Detail wiederholt werden sollen (u. a. Einhaltung der klimatischen Randbedingungen, fachgerechte Untergrundvorbereitung, ausreichende Verbrauchsmengen zur Einhaltung der produktspezifischen Schichtdicken etc.) wird nachfolgend kurz auf einige Aspekte eingegangen, die im Zuge der Applikation von OS-Systemen in Parkbauten besonders beachtet werden sollten.

Viele Parkflächen werden, zumindest bei Tiefgaragen von Bürogebäuden, aufgrund des üblichen Baufortschritts häufig lange Zeit vor Inbetriebnahme erstellt. Hier sollten die OS-Systeme erst zum spätest möglichen Zeitpunkt appliziert werden. Auf diese Weise wird einerseits eine übermäßige Beanspruchung aus der Bauphase (z. B. Überfahren mit Rollgerüsten, Abstellen von Baumaterial etc.) vermieden. Andererseits sind im Zeitraum zwischen Erstellung des Parkdecks und Applikation des OS-Systems u. U. bereits viele der insgesamt auftretenden Risse entstanden, wodurch das rissüberbrückende OS-System nur noch die Rissbewegungen vorhandener Risse, nicht aber neu entstehende Risse überbrücken muss. So stellt die Überbrückung neu entstehender Risse für ein OS-System, selbst bei gleicher Rissbreite, eine ungleich höhere Beanspruchung dar als die Überbrückung von Rissbewegungen bestehender Risse. Vorteilhaft in diesem Zusammenhang ist auch, wenn bereits vor Applikation des OS-Systems eine jahreszeitlich bedingte zeitweise Abkühlung des Parkdecks mit der Folge des Entstehens von Rissen erfolgt und nicht erstmals nach Applikation des OS-Systems.

Ein weiterer Aspekt für das Auftreten von Rissen infolge temperaturbedingtem späten Zwang sind die Beton- und Umgebungstemperaturen während der Herstellung des Betonbauteils. Ohne zwangmindernde Maßnahmen wird eine in den warmen Sommermonaten hergestellte, nicht zwangfrei gelagerte Betonplatte tendenziell mehr und größere Risse aufweisen als eine in den kalten Wintermonaten hergestellt nicht zwangfrei gelagerte Betonplatte. Für weitere Ausführungen zu diesem Thema siehe auch den Beitrag von *Fingerloos/Flohrer/Räsch* [2].

Bei der Beschichtung von Betonbauteilen mit hoher Restfeuchte im Kernbeton sollte über die Anordnung einer zweilagigen Grundierung oder einer Zwischenschicht (ECC) nachgedacht werden. Dieser Sachverhalt wurde bereits in Abschnitt 5.2 in Zusammenhang mit WU-Bodenplatten behandelt. Aber auch bei massigen Bodenplatten, die nicht durch zeitweise anstehendes Grundwasser beansprucht werden, kann die hohe Restfeuchte im Kernbeton zu Blasen im OS-System führen, da nach Applikation des OS-Systems Feuchteumverteilungen zwischen Kernbeton und Betonrandzone stattfinden.

Die Applikation von OS-Systemen auf LP-Beton ist ausführungstechnisch schwierig und kann zu Schäden am OS-System führen. So können die oberflächennahen Luftporen im Zuge der Applikation von Grundierung und weiteren Schichten zu einer Perforation dieser Schichten führen, was die Dichtheit des OS-Systems und auch weitere Eigenschaften

(u. a. Verschleißwiderstand, Rissüberbrückungsfähigkeit etc.) nachteilig beeinflussen kann.

Aus diesem Grund sollte, sofern ein vollflächiges OS-System geplant wird (Variante B gemäß Tabelle 2), die Expositionsklasse XF1 (Frostangriff ohne Taumittel, mäßige Wassersättigung) gewählt werden.

Ein Aspekt zur Erhöhung des Verschleißwiderstands von befahrbaren OS-Systemen ist die Beschaffenheit der Deckversiegelung. Gemäß Tabelle 5.1 der RL SIB, Ausgabe 2001 [9] ist bei OS 11 die Applikation einer zweilagigen Deckversiegelung mit Zwischenabstreuung möglich. Durch diese vergleichsweise wenig aufwendige Maßnahme kann der Verschleißwiderstand von OS 11 u. U. maßgeblich gesteigert werden. Untersuchungen im Zuge der Erstellung von [61] haben gezeigt, dass nach Abfahren der Deckversiegelung der Verschleiß, d. h. der Schichtdickenabtrag des OS-Systems, *progressiv* zunimmt. In diesem Zusammenhang kommt also der Instandhaltung der Deckversiegelung eine maßgebliche Bedeutung in Zusammenhang mit der Lebensdauer des OS-Systems zu (s. a. Abschnitt 5.7).

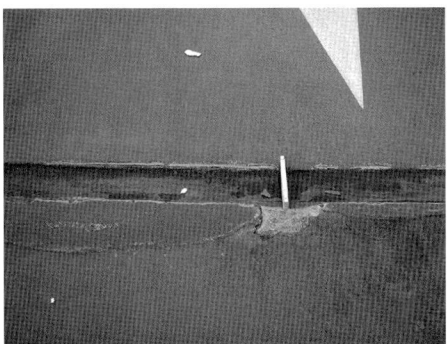

Bild 27. OS-11-System in einer beschichteten Entwässerungsrinne mit deutlichen Verschleißerscheinungen an den Kanten

Wie auch in Zusammenhang mit der Applikation von Bandagen im nachfolgenden Abschnitt beschrieben, sollten befahrene Kanten von OS-Systemen grundsätzlich vermieden werden, z. B. im Bereich von beschichteten Entwässerungsrinnen. So treten an solchen Kanten bei Überfahrung i. d. R. sehr schnell Verschleißerscheinungen auf. Zudem ist bereits die Applikation eines OS-Systems in einer ausreichenden Schichtdicken an solchen Kanten schwierig (s. auch Bild 27).

Details, wie in Bild 27 dargestellt, sollten vorzugsweise durch Einbau vorgefertigter Rinnenelemente ausgebildet werden. Müssen objektspezifisch Rinnen zwingend beschichtet werden, so sollten diese mit geeigneten Gitterrosten abgedeckt oder aber die Ecken durch geeignete Profile geschützt werden.

5.5 Ausbildung von Bandagen

Bei Bandagen handelt es sich üblicherweise um lokale Maßnahmen, um Einzelrisse oder rissgefährdete Bereiche dauerhaft vor dem Eindringen schädlicher Substanzen zu schützen. Der Aufbau des Oberflächenschutzsystems an diesen Stellen weicht hierbei von dem flächigen Schutzsystem ab, z. B. OS-11-Bandage in einer mit einem OS-8-System versehenen Fläche oder OS-10-Bandage mit erhöhten Rissüberbrückungseigenschaften in einer mit OS 11 belegten Fläche oder aber Anordnung eines rissüberbrückenden OS-Systems in einer ansonsten unbeschichteten Fläche (vgl. Bild 28).

Als Bandagen kommen grundsätzlich alle rissüberbrückenden Oberflächenschutzsysteme infrage. Be-

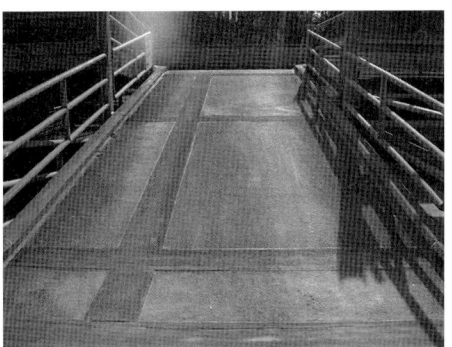

Bild 28. Rissüberbrückende Bandage auf einer unbeschichteten Rampe eines Parkhauses

sonderes Augenmerk ist hierbei auf die folgenden Aspekte zu richten.

Zu erwartende Rissbreitenänderung

Die Anordnung von Bandagen erfolgt i. d. R. aus einem der folgenden Gründe:

- Eine lokale Überschreitung der rechnerischen Rissbreite am Objekt hat zur Überschreitung der maximal überbrückbaren Rissbreite des vorhandenen OS-Systems geführt (i. d. R. bei Entwurfsgrundsatz b der Fall).

- Geplante Anordnung von Bandagen im Bereich lokal zu erwartender Risse (i. d. R. bei Entwurfsgrundsatz c der Fall).

Da im Zuge des Entwurfsgrundsatzes c ein Rissbild in der Form angestrebt wird, dass sich wenige u. U. größere Einzelrisse (an definierten Stellen) und nicht viele gleichmäßig verteilte kleine Risse (Entwurfsgrundsatzes b) bilden, sind bezüglich der Auswahl geeigneter Systeme für die Bandage häufig Sonderlösungen erforderlich. So wird bei der Wahl des Entwurfsgrundsatzes c) häufig eine über die Vorgaben der maximalen Rissbreiten nach EC2 [62] hinausgehende rechnerische Rissbreite angesetzt. Wird diese beispielsweise auf 0,4 oder 0,5 mm festgelegt, wären unter Berücksichtigung der Angaben zur maximalen Rissüberbrückungsfähigkeit von OS-Systemen gemäß Tabelle 6 und eines lt. [31] empfohlenen Vorhaltemaßes in der Größenordnung von ca. 0,1 mm keine OS-Systeme nach RL SIB [9] für solche Bandagen anwendbar. Hier muss also im Einzelfall bewertet werden, welche Sonderlösungen hier anwendbar sind. Es existieren beispielsweise auf dem Markt OS-Systeme der Klasse OS 10 mit abP, bei denen höhere überbrückbare Rissbreiten als in Tabelle 6 genannt, prüftechnisch nachgewiesen wurden. Wichtig ist, dass diese Prüfung bei geringen Prüftemperaturen durchgeführt wurde (Anmerkung: Alle in Tabelle 6 genannten Prüfungen erfolgen bei einer Prüftemperatur von $-20\,°C$). So treten die größten Rissbreiten i. d. R. in der kalten Jahreszeit auf. Prüftechnische Nachweise der rissüberbrückenden Eigenschaften eines OS-Systems bei Raumtemperatur oder Temperaturen über dem Gefrierpunkt sind vor dem Hintergrund der bei Kunststoffen i. d. R. stark temperaturabhängigen elastischen Eigenschaften somit nicht aussagekräftig.

Da Bandagen entweder in das vorhandene Oberflächenschutzsystem integriert werden oder aber bei ansonsten unbeschichteten Betonflächen lokal auf die Oberfläche aufgesetzt werden müssen, sind hier besondere Anforderungen an die Detailausbildung der Randanschlüsse zu stellen.

Es sollte angestrebt werden, die Bandage oberflächenbündig in die Oberfläche einzuarbeiten. Bei ansonsten unbeschichteter Betonoberfläche sollten Bandagen daher in zuvor in der Betonoberfläche erstellten Vertiefungen angeordnet werden. Die Auswirkungen auf die Betondeckungen sind hierbei zu beachten.

Deutlich hervorstehende Bandagenränder unterliegen i. d. R. einem starken Verschleiß und können, je nach Art des Parkbaus, bereits nach kurzer Nutzung nennenswerte Schäden aufweisen (s. Bild 29).

Auch im Zuge der in [63] dokumentierten Untersuchungen an Bandagen aus OS-11-Systemen in Flächenbeschichtungen aus OS-8-Systemen zeigte sich unter realitätsnahen Verschleißbedingungen, dass erhöhte, nicht flächenbündig applizierte Bandagen an den Kanten Verschleißerscheinungen zeigten, was bei flächenbündig applizierten Bandagen nicht der Fall war. Dieses Phänomen gilt nicht nur für Bandagen, sondern für alle Ränder von nicht oberflächenbündig applizierten OS-Systemen, z. B. auch

Bild 29. Rand einer auf die Betonoberfläche aufgesetzten, nicht oberflächenbündigen Bandage mit deutlichen Verschleißerscheinungen am Rand

Bild 30. Bandagen auf einer sonst unbeschichteten Betonoberfläche

im Bereich von Anschlüssen an Entwässerungseinrichtungen (vgl. Bild 27) oder Fugenprofile.

Grundsätzlich muss beachtet werden, dass sich Bandagen, z. B. je nach Ausführungsart oder Vorhandensein eines Oberflächenschutzsystems auf der Fläche, optisch deutlich von der übrigen Fläche abheben können (s. Bilder 28 und 30).

5.6 Übliche Lebensdauer von OS-Systemen

Wenn über die übliche Lebensdauer von befahrbaren OS-Systemen gesprochen wird, muss zunächst geklärt werden, welche Lebensdauer gemeint ist.

So ist das Verständnis für das Erfordernis der einzelnen Schichten eines befahrbaren OS-Systems, z. B. OS 11, in der Praxis z. T. höchst unterschiedlich.

Bei OS 11a heißt eine der Schichten gemäß RL SIB [9] „*verschleißfeste vorgefüllte Deckschicht, abgestreut (hwO)*", bei OS 11b „*verschleißfeste, vorge-

füllte Oberflächenschutzschicht, abgestreut (hwO)". In der RL SIB [1] werden diese beiden Schichten auch mit dem **Kurzbegriff** „*Verschleißschicht*" bezeichnet.

Hieraus ergibt sich folgende Frage: Handelt es sich bei diesen Schichten also um eine Verschleißschicht in dem Sinne, dass diese im Zuge der Nutzung teilweise oder vollständig abgefahren werden darf oder muss diese Schicht zum Funktionserhalt aller Eigenschaften des OS-Systems dauerhaft in Gänze vorhanden sein?

In der zukünftigen Instandhaltungs-Richtlinie IH-RL des DAfStb [46] als Nachfolger der RL SIB [9] wird bei Instandsetzungsmaßnahmen der Begriff „*Abnutzungsvorrat*" eingeführt. Dieser ist in [46] wie folgt definiert:

„*Abnutzungsvorrat*"

Vorrat der möglichen Funktionserfüllungen unter festgelegten Bedingungen, der einer Betrachtungseinheit aufgrund der Herstellung, Instandsetzung oder Verbesserung innewohnt (DIN 31051:2012.09).
Der vorhandene Abnutzungsvorrat ist der Abstand zwischen Ist-Zustand und Mindest-Sollzustand (Abnutzungsgrenze), den ein Bauteil hinsichtlich Standsicherheit und Gebrauchstauglichkeit aufgrund der Herstellung, Wartung, Instandsetzung oder Verbesserung aufweist."

Bei Verschleißbeanspruchungen von Belägen auf Parkdecks stellt sich somit die Frage, wie der sogenannte Abnutzungsvorrat bei solchen Belägen definiert werden kann und welche Instandhaltungsmaßnahmen für den Funktionserhalt solcher Beläge erforderlich sind. Bei Betreibern von Parkbauten, Baufirmen, Prüfstellen oder Produktherstellern sind durchaus unterschiedliche Ansichten darüber vorhanden, welche Schichten in welcher Form durch Verschleiß abgebaut werden dürfen und wann Instandhaltungsmaßnahmen erforderlich sind.

Damit gehen auch die Ansichten über die übliche Lebensdauer von OS-Systemen häufig weit auseinander.

Der Begriff „Verschleiß" stammt aus der Tribologie, dem Forschungsgebiet und der Technologie von wechselwirkenden Oberflächen in relativer Bewegung. In DIN 52108:2010 [64] wurde der Begriff „Verschleiß" wie folgt definiert:

„*Verschleiß ist der fortschreitende Materialverlust aus der Oberfläche eines festen Körpers, hervorgerufen durch mechanische Ursachen, d. h. Kontakt und Relativbewegung eines festen, flüssigen oder gasförmigen Gegenkörpers.*"

Somit ist klar, dass sich das Phänomen des Verschleißes immer nur auf eine Schicht und nicht auf ein vollständiges System aus mehreren Schichten beziehen kann.

Die Verschleißfestigkeit von OS-11-Systemen wurde im Rahmen der Grundprüfungen nach RL SIB, Ausgabe 2001 [9] in Anlehnung an die DIN EN 660-1:1999 [65] geprüft. Auch im Gelbdruck der IH-RL [46] taucht die Prüfung in Teil 4 wieder auf. Prinzip dieses Versuchs ist die Beanspruchung des auf Faserzementplatten aufgetragenen Oberflächenschutzsystems durch einen walkenden Körper mit einem aufgespannten, definierten Gummisohlenmaterial auf einer sich drehenden Platte (s. Bild 31).

Kriterien für die Bewertung des Versuchs sind nach RL SIB, Ausgabe 2001 [9] für OS 11 eine Mindestanforderung an die Griffigkeit (Definition von mindestens zu erreichenden Skalenteilen beim SRT-Versuch) vor und nach der Beanspruchung sowie an die Verschleißfestigkeit in der Form, dass keine ganzen Körner, die zu ≥ 50 % ihrer Oberfläche eingebunden sind, aus der Beschichtung herausgelöst werden dürfen.

Der Prüfung wurde also die Annahme zugrunde gelegt, dass ein Abrieb des OS-Systems von der Oberseite ausgeht und kein nennenswerter Schichtdickenabtrag stattfindet (kein Herauslösen ganzer Körner, die zu ≥ 50 % ihrer Oberfläche eingebunden sind). Einige für den Verschleiß relevante Randbedingungen wie Temperatur, Verschmutzung, Alterung etc. wurden im Zuge der Versuche nicht variiert bzw. berücksichtigt.

In der DIN EN 1504-2:2005 [42] bzw. der DIN V 18026:2006 [41] taucht dieses Prüfverfahren nicht auf.

Als Prüfverfahren werden in DIN V 18026:2006 [41] die Tests BCA nach DIN EN 13892-4:2003 [67] oder Verschleißwiderstand gegen Rollbean-

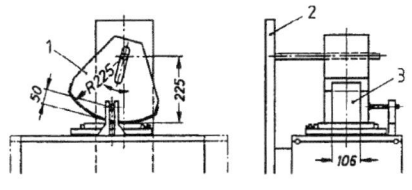

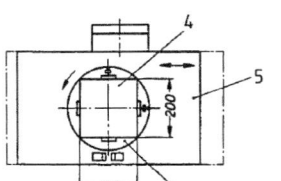

1 Pendel
2 Ständer
3 Schleifpapier oder Ledersohle
4 Probekörper
5 Rolltisch
6 Drehteller mit Probenaufspannvorrichtung

Bild 31. Schema der Verschleißprüfmaschine nach DIN EN 660-1:1999-06 [65]

spruchung nach DIN EN 13892-5:2003 [66] gefordert. In beiden Fällen handelt es sich jedoch bei den Laufrädern um Stahlräder, also um keine mit der Realität (Bereifung mit luftgefüllten Gummireifen) vergleichbare Verschleißbeanspruchung. Da zudem im Zuge der Prüfung hohe Temperaturen an der Oberseite des OS-Systems auftreten können, sind auch die aus der Prüfung resultierenden Schadensbilder an den OS-Systemen in keiner Weise mit den typischen Verschleißerscheinungen an OS-Systemen in Parkbauten vergleichbar.

Die Kriterien für die vorgenannten Prüfungen sind nach DIN V 18026:2006 [41] folgende:

- Verschleißprüfung nach DIN EN 13892-4:2003 [67]: Erreichen der Klasse AR1 nach DIN EN 13813:2003 [68], d. h. maximal zulässige Abriebtiefe nach Prüfung: 100 μm.
- Verschleißprüfung nach DIN EN 13892-5:2003 [66]: Erreichen der Klasse RWA10 nach DIN EN 13813:2003 [68], d. h. Abriebmenge < 10 cm³. Bei einer Prüffläche von 1100 cm³ gemäß DIN EN 13892-5:2003 [66] entspricht dies einer Abtragstiefe von ca. 90 μm.

In beiden Fällen ist im Zuge der Bewertung der Verschleißprüfung also nur ein begrenzter Schichtdickenabtrag zulässig.

Vor dem Hintergrund der vorgenannt beschriebenen Tatsache, dass bisher kein genormtes praxisnahes Verschleißprüfverfahren für OS-Systeme verfügbar ist, wurden von Baufirmen (z. B. Bilfinger Berger AG) oder Herstellern von Oberflächenschutzsystemen (z. B. Sika Deutschland GmbH) eigene Prüfverfahren entwickelt. Sie basieren auf einem sich drehenden Rad, welches auf einem beschichteten Betonprobekörper aufsitzt, siehe z. B. Bild 32.

Das Prüfverfahren der Fa. Sika nach [69] definiert bei der Auswertung verschiedene Schädigungstypen der Beschichtungssysteme wie folgt:

- abgeschliffene Kornspitzen,
- ausgebrochene Einzelkörner,
- ausgebrochene Bereiche über mehrere Körnchen hinweg,

- Risse in der Deckversiegelung,
- vollständige Zerstörung der Verschleißschicht.

Im Zuge eines Forschungsvorhabens an der TU Kaiserslautern wurde der vorgenannt beschriebene Prüfstand weiterentwickelt [71].

In den Versuchen im Rahmen des Forschungsvorhabens wurden Verschleißprüfungen an OS-8-, OS-10- und OS-11-Systemen (OS 11a und OS 11b) durchgeführt. Die Verschleißprüfung, Drehen eines üblichen Pkw-Reifens auf einem mit dem OS-System beschichteten Betonprobekörper um einen Winkel von 90° mit anschließender kurzer Pause, erfolgte über insgesamt 15.000 Zyklen.

Nach 15.000 Zyklen wurden bei OS 8 (4 Systeme) ausschließlich Oberflächen gemäß Verschleißklasse VK 1 festgestellt (vgl. Tabelle 8). Bei OS 11a (5 Systeme) wurden Verschleißklassen VK 1 bis VK 3 und bei OS 11b (5 Systeme) Verschleißklassen VK 1 bis VK 5 ermittelt. Das geprüfte OS-10-System versagte nach 7500 Zyklen [71].

Abschließend wurden in [71] Vorschläge für ein Prüfverfahren zur Bestimmung des Verschleißwiderstands von Oberflächenschutzsystemen auf Basis des verwendeten Prüfstands gemacht. Hierbei wurden die sogenannte Verschleißklassen eingeführt, mithilfe derer die Oberflächen der OS-Systeme nach der Verschleißbeanspruchung bewertet werden können (vgl. Tabelle 8).

Die Frage der Lebensdauer von OS-Systemen allgemein, besonders aber von rissüberbrückenden OS-10- und OS-11-Systemen (OS 11a und OS 11b) ist damit vor allem eine Frage der Anzahl der Überfahrten, bis nutzungsbedingt ein Abtrag der sogenannten Verschleißschicht beginnt.

Auch die praktische Erfahrung zeigt, dass die Lebensdauer sowohl produktabhängig als auch in erheblichem Maße abhängig von der Nutzungsfrequenz und -intensität ist.

In der einschlägigen Literatur findet sich eine Vielzahl an Angaben zu Lebensdauern von OS-11-Systemen. Allerdings wird die jeweils angegebene Jahreszahl nur in wenigen Fällen in Bezug gesetzt

Bild 32. a) Prüfverfahren für befahrbare Beschichtungen nach [69] und
a) b) b) Parking Abrasion Test PAT nach [70]

zur jeweiligen Nutzungsfrequenz. Literaturangaben zur Lebensdauer von befahrbaren OS-Systemen schwanken zwischen minimal etwa 4 bis etwa 15 Jahren, siehe z. B. [72–75].

Vor dem Hintergrund der in [71] dokumentierten Versuche und der großen Unterschiede zwischen den geprüften OS-Systemen innerhalb einer Klasse und auch der praktischen Erfahrung erscheint eine pauschale Angabe zur Lebensdauer von befahrbaren rissüberbrückenden OS-Systemen nicht sinnvoll. Hierzu erscheint die Vielzahl an Parametern (Objektgröße, Frequentierung, spezifisches Produkt, Art der als Ende der Lebensdauer definierten Verschleißgrenze, Reinigungstechnik und Häufigkeit einer Reinigung etc.) zu groß.

Sinnvoll erscheint in diesem Zusammenhang vielmehr, wie in [71] beschrieben, die Anzahl an Überfahrten bis zum Auftreten bestimmter Verschleiß-

Tabelle 8. Klassifizierung der Oberflächen nach der Verschleißbeanspruchung nach [71]

Verschleiß-klasse	Einstufung	Beschreibung	Beispiel
VK 1	Sehr geringe Abnutzung	Deckversiegelung über Kornspitzen abgefahren bzw. vereinzelte Quarzsandkörner herausgebrochen	
VK 2	Geringe Abnutzung	Deckversiegelung über Kornspitzen abgefahren und punktuell beschädigt bzw. Quarzsandkörner kleinflächig bis ⌀ 10 mm zusammenhängend herausgebrochen	
VK 3	Mittlere Abnutzung	Deckversiegelung großflächig abgefahren bzw. Quarzsandkörner kleinflächig bis ⌀ 30 mm zusammenhängend herausgebrochen	
VK 4	Starke Abnutzung	Abtrag der Deckversiegelung und Verschleißschicht, Abtragstiefen ≤ 50% der ursprünglichen Schichtdicke der Verschleißschicht	
VK 5	Sehr starke Abnutzung	Sehr starker Abtrag der Verschleißschicht mit Abtragstiefen > 50% der ursprünglichen Verschleißschicht	
VK 6	Systemausfall	Beschädigung der Abdichtungsschicht	

grenzen anzugeben. Auch dies erlaubt noch keine direkte Umrechnung der Anzahl schadlos überstandener Überfahrten in eine Lebensdauer, beispielsweise in Jahren. So ist der tatsächlich am Objekt auftretende Verschleiß von vielen Faktoren abhängig. Anhand dem in [71] vorgeschlagenen Prüfverfahren ist aber zumindest eine Klassifizierung des Verschleißverhaltens von OS-Systemen und damit eine qualitative Unterscheidung der Leistungsfähigkeit von Produkten einer Systemklasse möglich.

Im Zuge der Erstellung der Instandhaltungs-Richtlinie des DAfStb als Nachfolger der Instandsetzungs-Richtlinie [9] wird darüber diskutiert, das in [71] beschriebene Prüfverfahren als optionale Prüfung in die Richtlinie aufzunehmen, um mit diesem Prüfverfahren Erfahrungen zu sammeln.

Neben einer Verschleißbeanspruchung unterliegt ein rissüberbrückendes Oberflächenschutzsystem jedoch auch Alterungsprozessen. Üblicherweise schreitet der verschleißbedingte Abtrag schneller fort als die Alterungsprozesse, sodass i. d. R. ein Austausch eines OS-11-Systems vor einer nennenswerten Versprödung erfolgt. In [76] ist ein Beispiel eines OS-11-Systems auf einem Freideck eines zum Untersuchungszeitpunkt ca. 15 Jahre alten Parkhauses enthalten (s. Bild 33). Die Rissbreiten und der Rissverlauf im OS-11-System lassen darauf schließen, dass hier bereits in einem nennenswerten Ausmaß Versprödungseffekte stattgefunden haben und das OS-System nicht mehr die im Rahmen der Grundprüfung ermittelten rissüberbrückenden Eigenschaften aufweist.

In der Praxis dürften Alterungsprozesse von Oberflächenschutzsystemen der Klasse OS 11 vermutlich nur in den seltensten Fällen eine Rolle spielen. Viel häufiger wird die Lebensdauer von OS-11-Systemen durch Erreichen einer Verschleißgrenze definiert werden, wobei die tatsächliche Verschleißgrenze, d. h. der Zeitpunkt von ausgeführten Instandsetzungsmaßnahmen, vermutlich in vielen Fällen erst bei Erreichen von VK 4 bis VK 6 nach Tabelle 8 bzw. [71] angesetzt werden dürfte. Dies bedeutet, die Funktionalität des OS-11-Systems war zu diesem Zeitpunkt bereits nicht mehr gegeben.

Bei OS 8 nach RL SIB [9] hingegen handelt es sich um ein starres, nicht rissüberbrückendes OS-System. Die Hauptbindemittelbasis ist meist Epoxidharz. Solche Systeme weisen zum einen einen deutlich größeren Verschleißwiderstand auf, zum anderen unterliegt ein vergleichsweise sprödes Epoxidharz nicht in gleichem Maße Alterungsprozesse wie ein Polyurethan als übliches Bindemittel der hwO von OS-11-Systemen.

In [77] sind Untersuchungen an bis zu 30 Jahre alten Parkbauten beschrieben. Einige dieser Parkbauten waren mit zu OS 8 vergleichbaren Oberflächenschutzsystemen versehen. Aufgrund der Bauzeit einiger der im Rahmen von [77] untersuchten Projekte vor Erscheinen der 1. Ausgabe der RL SIB in den Jahren 1990/1992 [37] handelt es sich bei den vorgefundenen Beschichtungen nicht um OS-Systeme im heutigen Sinne. An einigen mit OS 8 vergleichbaren Aufbauten konnten allerdings auch nach mehr als 20 Jahren noch keine nennenswerten Verschleißerscheinungen festgestellt werden, trotz z. T. starker Frequentierung der jeweiligen Parkbauten.

Wie bereits ausgeführt, wurden im Zuge der in [71] dokumentierten Versuche an OS 8 (4 Systeme) nach 15.000 Zyklen ausschließlich Verschleißklasse VK 1 nach Tabelle 8 festgestellt. Auch dies bestätigt neben den praktischen Erfahrungen die vergleichsweise hohe Verschleißfestigkeit von OS 8.

5.7 Überarbeitbarkeit von OS-Systemen

Die Überarbeitung von OS-Systemen, d. h. Wiederherstellung des näherungsweise ursprünglichen Zustands durch Applikation/Ergänzung einer oder mehrerer Schichten, ist weder in der RL SIB [9] noch in der DIN V 18026 [41] enthalten.

Eine rechtzeitige Überarbeitung bestehender, durch Verschleiß beanspruchter OS-Systeme ist in vielen Fällen jedoch einer vollständigen Erneuerung, d. h. vollständiger Abtrag und Wiederauftrag, vorzuziehen. So wird bei vollständigem Abtrag eines bestehenden OS-Systems i. R. auch die Betondeckung, zumindest geringfügig, verringert. Zudem steigt die Gefahr von Gefügeauflockerungen im Beton durch den Einsatz mechanisch abtragender Verfahren. Auch die Wirtschaftlichkeit und Dauer von Maßnahmen einer Überarbeitung bestehender OS-Systeme gegenüber einem vollständigen Austausch sollten hier bedacht werden.

Bisher liegen jedoch nur wenige Erfahrungen hinsichtlich der Überarbeitung befahrbarer, rissüber-

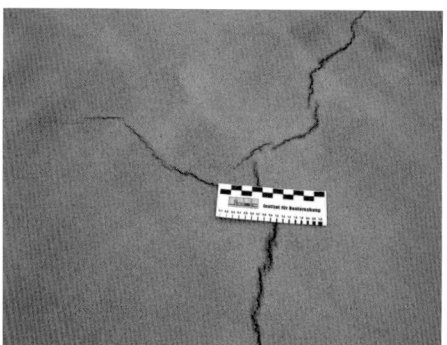

Bild 33. Rissbildung in einer 15 Jahre alten polymeren Beschichtung der Klasse OS 11b infolge Versprödung der PUR-basierten verschleißfesten Oberflächenschutzschicht [76]

brückender OS-Systeme vor bzw. wird in der Literatur selten über derartige Maßnahmen berichtet. Es besteht somit noch Forschungsbedarf, damit zukünftig die Überarbeitung von OS-Systemen zielsicher und nachhaltig in Instandhaltungspläne integriert werden kann.

Vonseiten der Produkthersteller wurden mittlerweile allerdings erste Leitfäden zur partiellen Überarbeitung von befahrbaren OS-Systemen veröffentlicht. In diesen Leitfäden sind allgemeine Informationen zur Vorgehensweise im Zuge der Überarbeitung partiell abgefahrener OS-Systeme beschrieben.

Gleichwohl dürfte in der Vergangenheit die zeitnahe Überarbeitung von OS-Systemen in der Praxis kaum eine Rolle gespielt haben, auch dürfte in den wenigsten Fällen ein Austausch eines OS-Systems bereits bei Erreichen von Verschleißerscheinungen vergleichbar mit VK 3 nach Tabelle 8 stattgefunden haben.

Überlegungen, welche Verschleißerscheinungen an rissüberbrückenden OS-Systemen noch zulässig sind und in welchen Stadien bereits von einer wesentlichen Unterschreitung der Leistungsmerkmale des OS-Systems, vor allem einer Abnahme der Rissüberbrückungsfähigkeit auszugehen ist, sind u. a. in [79] enthalten.

Grundsätzlich sollte angestrebt werden, befahrbare OS-Systeme, dies betrifft vor allem OS 11, in einem frühen Verschleißstadium zu überarbeiten, d. h. bei erkennbar abgefahrener Deckversiegelung, jedoch vor einem nennenswerten verschleißbedingten Abtrag der darunter liegenden Schichten. Auch in [71] wird empfohlen, OS-Systeme in einem solchen Zustand, d. h. entsprechend etwa VK 3 nach Tabelle 8 bzw. [71] durch Neuauftrag der Deckversiegelung zu überarbeiten, um die Funktionalität des OS-Systems zu erhalten und den Verschleißwiderstand wieder auf das ursprüngliche Maß anzuheben. So ist davon auszugehen, dass ein OS-11-System, bei dem lediglich die Deckversiegelung partiell abgefahren ist, im Wesentlichen noch seine ursprüngliche Leistungsfähigkeit bezüglich der Rissüberbrückungsfähigkeit aufweist.

Hat hingegen bereits ein nennenswerter Schichtdickenabtrag der *verschleißfesten, vorgefüllten Deckschicht* stattgefunden (vollständiger Name der nach RL SIB [9] auf die Deckversiegelung folgenden Schicht; Kurzbezeichnung nach RL SIB: *Verschleißschicht*), ist dieser Aufbau nicht mehr mit dem in der Grund- oder Erstprüfung vorhandenen Aufbau vergleichbar. Es kann also nicht ausgeschlossen werden, dass bei einem nennenswerten, über die Dicke der Deckversiegelung hinausgehenden Abtrag die rissüberbrückenden Leistungsfähigkeiten eines OS-11-Systems abnehmen.

Die Kurzbezeichnung „*Verschleißschicht*" impliziert somit eine Eigenschaft, nämlich einen zulässi-

gen Verschleiß (Schichtdickenabnahme), welche unter der Voraussetzung gleichbleibender Systemeigenschaften nicht zulässig ist. Somit ist der Begriff zumindest als irreführend zu bezeichnen.

Im Zuge der Neuerstellung der IH-RL [46] wurde daher über eine Änderung dieses Begriffs beraten.

Weiterhin zeigt die Erfahrung, dass nach Abtrag der Deckversiegelung der Verschleiß bzw. Schichtdickenabtrag der hwO deutlich schneller abläuft als der Abtrag der Deckversiegelung, sodass sich allein aus diesem Grund anbietet, ein OS-11-System möglichst frühzeitig zu überarbeiten (s. Bild 34).

Sind hingegen partiell bereits mehrere Schichten von einem verschleißbedingten Schichtdickenabtrag betroffen, wird es zunehmend schwieriger, noch eine fachgerechte Überarbeitung des OS-Systems vorzunehmen. Sind, wie in Bild 35 zu erken-

Bild 34. Beispiel für eine abgefahrene Deckversiegelung eines OS-11b-Systems – eine Überarbeitung im Rahmen der Instandhaltung ist grundsätzlich möglich

Bild 35. Beispiel für einen verschleißbedingten Abtrag aller Schichten eines OS-11b-Systems – die lokale Neuerstellung des OS-Systems ist erforderlich

nen, bereits alle Schichten des OS-Systems von einem verschleißbedingten Schichtdickenabtrag betroffen, erscheint eine Neuerstellung des OS-Systems nach Abtrag des ursprünglichen OS-Systems unabdingbar.

In der IH-RL des DAfStb werden nach jetzigem Stand (Gelbdruck – siehe [46]) erstmals allgemeine Anforderungen und Randbedingungen für die Überarbeitung von OS-Systemen enthalten sein. So gibt es im Gelbdruck [46] die folgende Passage:

„*Sofern eine Überarbeitbarkeit von OS-Systemen angestrebt wird, muss der Planer ein Produkt auswählen, das eine grundsätzliche Überarbeitbarkeit ermöglicht. In diesem Fall muss im Instandhaltungsplan über die vorgegebenen Wartungsintervalle sichergestellt werden, dass OS 11 Systeme mit Verschleißerscheinungen möglichst in einem frühen Stadium überarbeitet werden können, z. B. durch Ergänzung einer partiell abgefahrenen Deckversiegelung.*

Im Zuge der Überarbeitung müssen im System geprüfte Produkte verwendet werden."

Da eine wesentliche Funktion eines OS-8-Systems in dem Schutz der Betonoberfläche gegenüber Chlorideindringen besteht, hat in diesem Fall die Einhaltung einer produktspezifischen Mindestschichtdicke, anders als beim rissüberbrückenden OS-11-System, technisch nach Ansicht der Autoren einen etwas geringeren Stellenwert. Aber auch hier muss sichergestellt sein, dass die Funktionalität des OS-8-Systems dauerhaft erhalten bleibt. Auch ein OS-8-System sollte daher frühzeitig überarbeitet werden, bevor wesentliche Anteile der Gesamtschichtdicke abgefahren sind. Spätestens, wenn Kornfraktionen der abgestreuten Grundierung durch eine Überfahrung ausbrechen, muss von einer nennenswerten Durchlässigkeit des OS-8-Systems gegenüber Chloriden ausgegangen werden. Ein solcher Zustand muss also vermieden werden.

Falls eine Überarbeitung von OS-Systemen in Erwägung gezogen wird, sollte zunächst die ausreichende Adhäsion zum Untergrund überprüft werden. Die systemspezifischen Anforderungen nach RL SIB [9] bzw. DIN V 18026:2006 [41] bzw. der zukünftigen Instandhaltungs-Richtlinie (Stand Gelbdruck siehe [46]) sollten eingehalten werden.

Gegebenenfalls sollten, bei dem Erfordernis der Überarbeitung größerer Bereiche, Musterflächen angelegt werden. Im Zuge dieser Musterflächen können wesentliche Verfahrensschritte der Überarbeitung, wie z. B. Untergrundvorbereitung des OS-Systems (ggf. leichtes Anstrahlen mit festem Strahlgut), Applikationsschritte, Verbrauchsmengen etc. objektspezifisch festgelegt werden.

Auch nach Fertigstellung der Überarbeitung sollte der Erfolg der Maßnahme im Zuge der Eigenüberwachung durch Abreißprüfungen und Schichtdickenmessungen überprüft werden. Hierbei können die Prüfstellen der Abreißprüfungen u. U. direkt zur Schichtdickenkontrolle verwendet werden.

Im Zuge der Überarbeitung von OS-Systemen sollten die ursprünglichen Aufbauten nicht mehr als unbedingt nötig verändert werden (ggf. Verwendung einer zusätzlichen Grundierung oder eines Haftvermittlers). Es sollte aber vermieden werden, gänzlich neue Schichten hinzuzufügen. Nach Möglichkeit sollten die gleichen Produkte wie in der Grund- oder Erstprüfung verwendet werden. Sind diese nicht mehr verfügbar, sollte der Produkthersteller des OS-Systems geeignete, vergleichbare Produkte benennen. Da sich die Überarbeitung von OS-Systemen aus Sicht der Autoren noch nicht etabliert hat, sondern lediglich erstmalig in einem Regelwerk genannt wird (s. [46]), sollten im Fall einer vorgesehenen Überarbeitung alle Beteiligten der geplanten Vorgehensweise zustimmen.

Anhand der vorgenannten Aspekte wird die Bedeutung eines Bauwerksbuchs bzw. Instandhaltungsplans (siehe z. B. [31] oder [46]) deutlich. So sollte in einem Bauwerksbuch bzw. Instandhaltungsplan die genaue Bezeichnung des OS-Systems einschließlich der jeweils verwendeten Produkte angegeben sein. Nur wenn Informationen zum ursprünglich verwendeten OS-System verfügbar sind, kann eine Überarbeitung eines OS-Systems nach den Vorgaben der IH-RL [46] erfolgen.

Zudem sollte bereits im Zuge der Ausschreibung von Beschichtungsmaßnahmen für Parkdecks darauf hingewiesen werden, dass im Fall einer vorgesehenen Überarbeitbarkeit nur OS-Systeme zu verwenden sind, für die seitens des Produktherstellers Empfehlungen für eine solche Überarbeitbarkeit vorhanden sind.

6 Inspektion von Abdichtungen und Oberflächenschutzsystemen in Parkbauten

6.1 Allgemeines

Grundsätzlich müssen Parkbauten, unabhängig von Art, Konstruktion, Größe und Nutzung, instand gehalten werden. So heißt es in DIN EN 1992-1-1: 2011 [62]:

„*Die Anforderung nach einem angemessen dauerhaften Tragwerk ist erfüllt, wenn dieses während der vorgesehenen Nutzungsdauer seine Funktion hinsichtlich der Tragfähigkeit und der Gebrauchstauglichkeit ohne wesentlichen Verlust der Nutzungseigenschaften bei einem angemessenen Instandhaltungsaufwand erfüllt (für allgemeine Anforderungen, siehe auch EN 1990).*

Der erforderliche Schutz des Tragwerks ist unter Berücksichtigung seiner geplanten Nutzung und Nutzungsdauer (siehe EN 1990), der Einwirkungen und durch Planung der Instandhaltung sicherzustellen."

Bereits aus dieser Passage geht die projektspezifische Erarbeitung eines Instandhaltungsplans für jedes Objekt hervor, unabhängig von seiner Konstruktion, Größe, Nutzung o. Ä.

Bei Parkbauten, die durch Witterung, Frost, Tausalz, Verschleiß etc. beansprucht werden, gilt diese Forderung umso mehr.

Diese allgemeine Forderung wird auch aus den Ausführungen im aktuellen DBV-Merkblatt „Parkhäuser und Tiefgaragen", Ausgabe 2018 [31] deutlich. Unabhängig vom Entwurfsgrundsatz oder der Ausführungsvariante wird für alle Varianten und Entwurfsgrundsätze pauschal ein Instandhaltungsplan im Sinne der RL SIB [9] gefordert (vgl. Tabelle 2).

Im Entwurf der zukünftigen Instandhaltungs-Richtlinie des DAfStb (Gelbdruck [46]) erfolgt die Abgrenzung von Inspektion sowie Wartungs- und Instandsetzungsmaßnahmen unter Heranziehung der Definitionen der DIN 31051:2012 [40] wie folgt:

Inspektion

„Maßnahmen zur Erfassung des Ist-Zustandes und zur frühzeitigen Erkennung von Veränderungen bzw. Abweichungen zum erwarteten Zustand des Bauwerks."

Wartung

„Maßnahmen zur Verzögerung des Abbaus des vorhandenen Abnutzungsvorrates" (DIN 31051:2012-09). Wartungsarbeiten dienen lediglich der Aufrechterhaltung der Funktionalität eines Bauteils und beinhalten keine Instandsetzungs- oder Verbesserungsmaßnahmen."

Instandsetzung

„Wiederherstellen des Soll-Zustandes oder der vollen Gebrauchsfähigkeit eines Bauwerks oder Bauteils in einer Ausführung, die den allgemein anerkannten Regeln der Technik entspricht, ohne verbessernden Charakter."

Der objektspezifisch zu erstellende Instandhaltungsplan sollte mindestens die folgenden Elemente enthalten (s. a. [31] oder [46]):

1) Allgemeine Projektangaben:
   Bauvorhaben, Lage, Bauherr, Planer, Nutzung ...
2) Spezielle Angaben zu den Parkdecks:
   Geschosse, Bauweise, Oberflächenschutzsystem bzw. Abdichtungsbauart, verwendete Materialien (Angabe von Produkthersteller, System-bezeichnung, technische Merkblätter, Angaben zur Ausführung etc. ...)
3) Inspektion:
   Intervalle, ggf. anlassbezogene Inspektionen, Prüfungsaufgaben, Hinweise auf besondere Bauweisen oder besonders zu kontrollierende Details, Dokumentation von festgestellten Schäden, Aufmaß von Schädigungen, Betreibergespräch etc.
4) Wartungs- bzw. Instandsetzungsmaßnahmen:
   Auswertung der Inspektionsergebnisse aus 3), Planung der Maßnahmen durch einen Sachkundigen Planer, Art der Rissbehandlung, Kontrolle, Projektüberwachung, Aktualisierung Bauwerksbuch etc.

Vor allem bei OS-Systemen ist die Dokumentation der vorhandenen Systeme, der verwendeten Produkte und Angabe des Produktherstellers von elementarer Bedeutung für später ggf. erforderliche Überarbeitungen des OS-Systems. Sind diese Informationen nicht oder nur unzureichend dokumentiert, ist eine spätere Überarbeitung u. U. allein aus formalen Gründen schwierig bis unmöglich, da die Empfehlungen der Instandhaltungs-Richtlinie in diesem Fall nicht eingehalten werden können (vgl. auch Abschnitt 5.7).

Es empfiehlt sich, bei Neubauten den Instandhaltungsplan mit Abnahme des Objekts dem Bauherrn bzw. dem Betreiber zu übergeben.

Auf allgemeine Hinweise zur regelmäßigen Reinigung sowie Inspektion, wie die regelmäßige Kontrolle von Entwässerungseinrichtungen auf ihre intakte Befestigung (z. B. Rohrleitungen), einwandfreien Zustand und Funktion, Beseitigung von Stolperfallen und Unfallgefahren etc., wird an dieser Stelle nicht weiter eingegangen, da diese Punkte selbstverständlich sein sollten, wenn auch in vielen Parkbauten immer wieder das Gegenteil angetroffen wird.

Einige Details zur Inspektion von mit Abdichtungsbauarten bzw. Oberflächenschutzsystemen versehenen Parkbauten enthalten die folgenden Abschnitte.

6.2 Inspektion von Abdichtungsbauarten

Eine Besonderheit bei Abdichtungsbauarten ist, dass der Zustand der Abdichtung unterhalb der Nutzschicht bauartbedingt nicht einsehbar ist. Je nach Abdichtungsbauweise können sich an der Oberfläche Gussasphalt oder andere Asphaltbauweisen, Beton, Pflasterbelag o. Ä. befinden (vgl. auch Bilder 11 bis 13).

Mögliche Unterläufigkeiten der Abdichtung können daher nur durch Undichtigkeiten im Bereich von Trennrissen an der Deckenunterseite des Parkdecks erkannt werden (vgl. Bild 14). Problematisch ist hierbei, dass zum Zeitpunkt des Sichtbarwerdens bereits Schäden unbekannten Ausmaßes an der Deckenoberseite vorliegen können, beispielsweise chloridbelastete Biegerisse.

Im Zuge einer Inspektion einer Abdichtung beschränkt sich die Inaugenscheinnahme daher im Wesentlichen auf Randanschlüsse an aufgehende Bauteile, Fugen, Abläufe, sonstige Einbauteile oder Durchdringungen sowie die Deckenuntersicht des jeweiligen Parkdecks.

Bei Inspektion von Abdichtungsbauarten bestehend aus Bitumen-Schweißbahn und Gussasphalt in älteren Objekten ist weiterhin eine Besonderheit zu beachten. Diese Bauart wurde zeitweise in der Form ausgeführt, dass die Bitumen-Schweißbahn nur in einem schmalen Streifen entlang von aufgehenden Bauteilen angeordnet wurde, nicht aber vollflächig (s. Bild 36). An den aufgehenden Bauteilen sind in

Bild 36. Abdichtungsbauart mit einer Nutzschicht aus Gussasphalt auf einer Bitumen-Schweißbahn – die Bitumen-Schweißbahn ist nur in Randbereichen zu aufgehenden Bauteilen vorhanden

Bild 37. Körner der Absplittung des Belags auf der Dehneinlage einer Fugenkonstruktion

diesem Fall also Verwahrungen der Bitumen-Schweißbahn zu erkennen, die zunächst auf das flächige Vorhandensein einer Abdichtung schließen lassen. Sind in der Fläche eines solchen Aufbaus ohne vollflächige Abdichtung aber Schäden im Belag vorhanden, beispielsweise Risse oder Bohrungen, besteht hier unmittelbar die Gefahr großflächiger Unterläufigkeiten, da Gussasphalt auf einem unbehandelten Beton i. d. R. keinen dauerhaften, unterlaufsicheren Verbund aufweist.

Bei abgesplitteten Belägen sollten regelmäßig Reinigungen mit Aufnehmen losen Splitts durchgeführt werden, da der Splitt z. B. die Dehneinlagen von Fugenprofilen zerstören kann oder aber in Abläufen und Entwässerungsrohren zu Verstopfungen führen kann (Bild 37). Die Dehneinlagen sind nach dem Reinigen auf Beschädigungen oder Perforationen zu überprüfen.

Auch elastisch ausgebildete Fugenfüllungen, z. B. zwischen Belag und Fugenprofil, sollten im Zuge von Inspektionen auf ihren Zustand hin kontrolliert werden.

6.3 Inspektion von Oberflächenschutzsystemen

Der wesentliche Unterschied zwischen Abdichtungen und Oberflächenschutzsystemen ist, dass die Oberseite der OS-Systeme direkt auf Schäden in Form von Rissen, Verschleißerscheinungen, Ablösungen etc. hin untersucht werden kann. Die Bewertung vorgefundener Risse muss allerdings fallbezogen in Abhängigkeit des vorhandenen OS-Systems erfolgen. So stellen Risse in einem OS-8-System i. d. R. immer einen Schaden dar, da der Riss im OS-System i. d. R. mit einem Riss im Untergrund korrespondiert, sodass hier das Risiko von Bewehrungskorrosion der risskreuzenden Bewehrung besteht.

Bei Rissen in OS-11-Systemen hingegen ist an der Oberfläche nicht erkennbar, ob es sich hier nur um einen Anriss oder aber einen Durchriss handelt (s. Bild 38). Sicher ist dies i. d. R. nur anhand von Bohrkernentnahmen zu klären, was jedoch eine punktuelle Zerstörung des OS-Systems bedeutet. Zudem erhält man anhand eines Bohrkerns nur eine Information an einer einzigen Stelle, ob die Aussage auf die gesamte Risslänge übertragbar ist, ist fraglich.

Es empfiehlt sich, vor der Inspektion von OS-Systemen eine Nassreinigung durchzuführen, um auch feine Risse sicher erkennen zu können. Allerdings ist zu beachten, dass in Anbetracht der üblichen Bedingungen in Parkbauten, wie z. B. bereichsweise schlechte Ausleuchtung, viele Schattenwürfe, fest anhaftende Verschmutzungen etc., selbst bei intensiver Inaugenscheinnahme feine Risse häufig nur schwer erkennbar sind.

Bild 38. OS 11a auf einem Freideck – Anriss oder Durchriss?

Aus diesem Grund sollte die Inspektion nur von geschultem Personal durchgeführt werden, nicht aber von Personen, die bezüglich der Relevanz auch feiner Risse im OS-System nicht zwingend die erforderliche Sensibilität aufweisen. Auch hilft häufig das statische Verständnis der Konstruktion, um ggf. besonders rissgefährdete Bereiche zu erkennen und hier in besonderem Maße auf Risse zu schauen.

Auch das Erkennen des korrekten Zeitpunkts für das Erfordernis der Überarbeitung verschleißgeschädigter OS-Systeme bedarf einer entsprechenden Fachkenntnis. Nur wenn ein partiell abgefahrenes OS-System rechtzeitig festgestellt wird, kann eine Überarbeitung erfolgen.

6.4 Wahl der Inspektionsintervalle

In Tabelle 2 werden Hinweise für Intervalle von Inspektionen gegeben. Die Abstufung erfolgt dabei in Abhängigkeit des Objektalters ($\leq$ 5 Jahre, > 5 Jahre) sowie in Abhängigkeit der gewählten Ausführungsvariante. Genannt werden Intervalle zwischen einem und 2 Jahren. Je nach Objektart und -nutzung kann es allerdings sinnvoll sein, vor allem bei OS-Systemen, eine Inspektion häufiger als jährlich durchzuführen, wenn in diesem Objekt besonders starke Verschleißbeanspruchungen durch eine starke Frequentierung auftreten können.

Gegebenenfalls können diese häufigeren Inspektionen auch auf besonders stark beanspruchte Bereiche beschränkt werden, z. B. Bereiche vor, auf oder hinter Rampen, Kurven, Bereiche vor den Schrankenanlagen. So können an solchen Bereichen Verschleißerscheinungen von OS-Systemen bereits nach wenigen Monaten auftreten, während andere Bereiche desselben Parkbaus auch nach vielen Jahren kaum oder gar keine verschleißbedingten Schäden am OS-System zeigen.

Die Wahl der Inspektionsintervalle sollte daher immer unter Berücksichtigung der objektspezifischen Randbedingungen erfolgen.

7 Zusammenfassung

Im vorliegenden Beitrag wurden Regelungen für Abdichtungsbauarten und Oberflächenschutzsysteme für befahrene Parkdecks beschrieben. In erster Linie betreffen diese Regelungen den Neubau von Parkbauten. Im Bestand, d. h. im Zuge der Instandsetzung von Parkbauten, können diese Regelungen sinngemäß angewendet werden, wobei Änderungen an der Konstruktion oder den Entwurfsgrundsätzen i. d. R. zu diesem Zeitpunkt nicht mehr durchführbar sind, sondern diese üblicherweise als gegeben zu betrachten sind.

Im Zuge der Instandsetzung von Parkbauten sollte allerdings die RL SIB [9] beachtet werden, d. h. vor Entscheidung zugunsten einer Abdichtungsbauart oder eines Oberflächenschutzsystems sollte der Ist-Zustand in ausreichendem Maße erfasst werden.

8 Literatur

[1] DIN 1045-1:2001-07 (2001) *Tragwerke aus Beton, Stahlbeton und Spannbeton – Teil 1: Bemessung und Konstruktion*, Beuth, Berlin.

[2] Fingerloos, F., Flohrer, C., Räsch, D. (2019) Dauerhaftigkeit von Parkbauten in Deutschland, in *Beton-Kalender 2019* (Hrsg. Bergmeister, K. Fingerloos, F., Wörner, J.-D.), Ernst & Sohn, Berlin, S. 515–582.

[3] Deutscher Ausschuss für Stahlbeton (2003) *Erläuterungen zu DIN 1045-1*, DAfStb Heft **525**, 1. Auflage September 2003, Beuth Verlag, Berlin.

[4] Bundesministerium für Verkehr, Bau- und Wohnungswesen (BMVBW) (2003): Zusätzliche Technische Vertragsbedingungen und Richtlinien für Ingenieurbauten (ZTV-ING). März 2003.

[5] Deutscher Ausschuss für Stahlbeton (2010) *Erläuterungen zu DIN 1045-1*, DAfStb Heft **525**, 2. überarbeitete Auflage 2010, Beuth Verlag, Berlin.

[6] Deutscher Beton- und Bautechnik-Verein E. V. (2010) *Merkblatt Parkhäuser und Tiefgaragen*, Fassung September 2010, DBV, Berlin.

[7] Deutscher Ausschuss für Stahlbeton (2012) *Erläuterungen zu DIN EN 1992-1-1 und DIN EN 1992-1-1/NA (Eurocode 2)*, DAfStb Heft **600**, 1. Auflage 2012, Beuth Verlag, Berlin.

[8] DIN EN 1992-1-1/NA/A1:2015-12 (2015) *Nationaler Anhang – National festgelegte Parameter – Eurocode 2: Bemessung und Konstruktion von Stahlbeton und Spannbetontragwerken – Teil 1-1: Allgemeine Bemessungsregeln und Regeln für den Hochbau*; Änderung A1, Beuth, Berlin.

[9] Deutscher Ausschuss für Stahlbeton (2001) *Instandsetzungs-Richtlinie: Schutz und Instandsetzung von Betonbauteilen, Teil 1: Allgemeine Regelungen und Planungsgrundsätze, Teil 2: Bauprodukte und Anwen-

dung, Teil 3: Anforderungen an die Betriebe und Überwachung der Ausführung, Teil 4: Prüfverfahren. Ausgabe Oktober 2001. einschl. Berichtigungsblättern, Beuth, Berlin.

[10] DIN 18532-1:2017-07 (2017) Abdichtung von befahrbaren Verkehrsflächen aus Beton – Teil 1: Anforderungen, Planungs- und Ausführungsgrundsätze, Beuth, Berlin.

[11] DIN 18532-2:2017-07 (2017) Abdichtung von befahrbaren Verkehrsflächen aus Beton – Teil 2: Abdichtung mit einer Lage Polymerbitumen-Schweißbahn und einer Lage Gussasphalt, Beuth, Berlin.

[12] DIN 18532-3:2017-07 (2017) Abdichtung von befahrbaren Verkehrsflächen aus Beton – Teil 3: Abdichtung mit zwei Lagen Polymerbitumenbahnen, Beuth, Berlin.

[13] DIN 18532-4:2017-07 (2017) Abdichtung von befahrbaren Verkehrsflächen aus Beton – Teil 4: Abdichtung mit einer Lage Kunststoff- oder Elastomerbahn, Beuth, Berlin.

[14] DIN 18532-5:2017-07 (2017) Abdichtung von befahrbaren Verkehrsflächen aus Beton – Teil 5: Abdichtung mit einer Lage Polymerbitumenbahn und einer Lage Kunststoff- oder Elastomerbahn, Beuth, Berlin.

[15] DIN 18532-6:2017-07 (2017) Abdichtung von befahrbaren Verkehrsflächen aus Beton – Teil 6: Abdichtung mit flüssig zu verarbeitenden Abdichtungsstoffen, Beuth, Berlin.

[16] Bundesanstalt für Straßenwesen (2003) Zusätzliche Technische Vertragsbedingungen und Richtlinien für Ingenieurbauten ZTV-ING, Teil 7: Brückenbeläge, Abschnitt 1: Brückenbeläge auf Beton mit einer Dichtungsschicht aus einer Bitumen-Schweißbahn, Stand 01.2003.

[17] Bundesanstalt für Straßenwesen (2003) Zusätzliche Technische Vertragsbedingungen und Richtlinien für Ingenieurbauten ZTV-ING, Teil 7: Brückenbeläge, Abschnitt 2: Brückenbeläge auf Beton mit einer Dichtungsschicht aus zweilagig aufgebrachten Bitumen-Dichtungsbahnen, Stand 01.2003.

[18] Bundesanstalt für Straßenwesen (2003) Zusätzliche Technische Vertragsbedingungen und Richtlinien für Ingenieurbauten ZTV-ING, Teil 7: Brückenbeläge, Abschnitt 3: Brückenbeläge auf Beton mit einer Dichtungsschicht aus Flüssigkunststoff, Stand 01.2003.

[19] Forschungsgesellschaft für Straßen- und Verkehrswesen, Arbeitsgruppe Asphaltstraßen (1999) Technische Lieferbedingungen für die Dichtungsschicht aus einer Bitumen-Schweißbahn zur Herstellung von Brückenbelägen auf Beton nach den ZTV-BEL-B, Teil 1 (TL-BEL-B, Teil 1), Ausgabe 1999.

[20] DIN 18195-1:2011-12 (2011) Bauwerksabdichtungen – Teil 1: Grundsätze, Definitionen, Zuordnung der Abdichtungsarten, Beuth, Berlin.

[21] DIN 18195-2:2009-04 (2009) Bauwerksabdichtungen – Teil 2: Stoffe, Beuth, Berlin

[22] DIN 18195-3:2011-12 (2011) Bauwerksabdichtungen – Teil 3: Anforderungen an den Untergrund und Verarbeitung der Stoffe, Beuth, Berlin

[23] DIN 18195-4:2011-12 (2011) Bauwerksabdichtungen – Teil 4: Abdichtungen gegen Bodenfeuchte (Kapillarwasser, Haftwasser) und nichtstauendes Sickerwasser an Bodenplatten und Wänden, Bemessung und Ausführung, Beuth, Berlin.

[24] DIN 18195-5:2011-12 (2011) Bauwerksabdichtungen – Teil 5: Abdichtungen gegen nichtdrückendes Wasser auf Deckenflächen und in Nassräumen, Bemessung und Ausführung, Beuth, Berlin.

[25] DIN 18195-6:2011-12 (2011) Bauwerksabdichtungen – Teil 6: Abdichtungen gegen von außen drückendes Wasser und aufstauendes Sickerwasser, Bemessung und Ausführung, Beuth, Berlin.

[26] DIN 18195-7:2009-07 (2009) Bauwerksabdichtungen – Teil 7: Abdichtungen gegen von innen drückendes Wasser, Bemessung und Ausführung, Beuth, Berlin.

[27] DIN 18195-8:2011-12 (2011) Bauwerksabdichtungen – Teil 8: Abdichtungen über Bewegungsfugen, Beuth, Berlin.

[28] DIN 18195-9:2010-05 (2010) Bauwerksabdichtungen – Teil 9: Durchdringungen, Übergänge, An- und Abschlüsse, Beuth, Berlin.

[29] DIN 18195-10:2011-12 (2011) Bauwerksabdichtungen – Teil 10: Schutzschichten und Schutzmaßnahmen, Beuth, Berlin.

[30] DIN 18195:2017-07 (2017) Abdichtung von Bauwerken – Begriffe, Beuth, Berlin.

[31] Deutscher Beton- und Bautechnik-Verein (2018) Merkblatt Parkhäuser und Tiefgaragen, Fassung Januar 2018, DBV, Berlin.

[32] Forschungsgesellschaft für Straßen- und Verkehrswesen, Arbeitsgruppe Asphaltstraßen (1999) Technische Prüfvorschriften für Brückenbeläge auf Beton mit Dichtungsschicht aus einer Bitumen-Schweißbahn nach den ZTV-BEL-B, Teil 1 (TP-BEL-B, Teil 1) Ausgabe 1999.

[33] DIN EN 14695:2010-05 (2010) Abdichtungsbahnen – Bitumenbahnen mit Trägereinlage für Abdichtungen von Betonbrücken und anderen Verkehrsflächen aus Beton – Definitionen und Eigenschaften; Deutsche Fassung EN 14695:2010, Beuth, Berlin.

[34] DIN V 20000-203:2010-05 (2010) Anwendung von Bauprodukten in Bauwerken – Teil 203: Anwendungsnorm für Abdichtungsbahnen nach europäischen Produktnormen zur Verwendung für Abdichtungen von Betonbrücken und anderen Verkehrsbauwerken aus Beton, Vornorm, Beuth, Berlin.

[35] Bundesministerium für Verkehr, Abteilung Straßenbau (1990) TL OS – Technische Lieferbedingungen für Oberflächenschutzsysteme, Ausgabe 1990.

[36] Bundesministerium für Verkehr, Abteilung Straßenbau (1990) TP OS – Technische Prüfvorschriften für Oberflächenschutzsysteme, Ausgabe 1990.

[37] Deutscher Ausschuss für Stahlbeton (1992) DAfStb-Richtlinie für Schutz und Instandsetzung von Betonbauteilen – Teile 1 und 2, 1990; Teil 3, 1991; Teil 4, 1992, Beuth, Berlin.

[38] Deutscher Ausschuss für Stahlbeton (2017) *Stellungnahme des Deutschen Ausschusses für Stahlbeton (DAfStb) zur DIN 18532-6:2017-07 „Abdichtung von befahrbaren Verkehrsflächen aus Beton – Teil 6: Abdichtung mit flüssig zu verarbeitenden Abdichtungsstoffen"*, Berlin, 07. November 2017. Abrufbar unter: www.dafstb.de [Zugriff Mai 2018].

[39] Büttner, T., Wolff, L., Raupach, M., Göpfert, T. (2011) Schadensbilder beim maschinellen Glätten von LP-Beton, *Beton* (7/8), S. 282–289.

[40] DIN 31051:2012-09 (2012) *Grundlagen der Instandhaltung*, Beuth, Berlin.

[41] DIN V 18026:2006-06 (2006) *Oberflächenschutzsysteme für Beton aus Produkten nach DIN EN 1504-2:2005-01*, Deutsche Fassung DIN V 18026:2006, Beuth, Berlin.

[42] DIN EN 1504-2:2005-03 (2006) *Produkte und Systeme für den Schutz und die Instandsetzung von Betontragwerken – Definitionen, Anforderungen, Qualitätsüberwachung und Beurteilung der Konformität – Teil 2: Oberflächenschutzsysteme für Beton*; Deutsche Fassung EN 1504-2:2005, Beuth, Berlin.

[43] DIN EN 1062-7:2004-08 (2004) *Beschichtungsstoffe – Beschichtungsstoffe und Beschichtungssysteme für mineralische Untergründe und Beton im Außenbereich – Teil 7: Bestimmung der rissüberbrückenden Eigenschaften*, Beuth, Berlin.

[44] DIN EN 14188-4:2009-10 (2009) *Fugeneinlagen und Fugenmassen – Teil 4: Spezifikationen für Voranstriche für Fugeneinlagen und Fugenmassen*; Deutsche Fassung EN 14188-4:2009, Beuth, Berlin.

[45] Raupach, M., Wolff, L. (2005) *Reduktion der Bewehrungsüberdeckung bei vorhandener Beschichtung bei Parkhausneubauten*, in DBV-Heft **9**. Deutscher Beton- und Bautechnikverein E. V., Berlin, Juni 2005.

[46] Deutscher Ausschuss für Stahlbeton (2016) *DAfStb-Richtlinie „Instandhaltung von Betonbauteilen"*, Gelbdruck-Entwurf Stand 2016-06-14, Beuth, Berlin.

[47] Deutscher Beton- und Bautechnik-Verein (2006) *Merkblatt Begrenzung der Rissbildung im Stahlbeton- und Spannbetonbau*, Fassung Mai 2006, DBV, Berlin.

[48] Forschungsgesellschaft für Straßen- und Verkehrswesen (1999) *TP-BEL-B Teil 3: Technische Prüfvorschriften für Baustoffe zur Herstellung von Brückenbelägen auf Beton mit Dichtungsschicht nach ZTV-BEL-B, Teil 3*, Ausgabe 1999.

[49] DIN 18560-7:2004-04 (2004) *Estriche im Bauwesen – Teil 7: Hochbeanspruchbare Estriche (Industrieestriche)*, Beuth, Berlin.

[50] Wolff, L. (2004) *Innenabdichtungen bei Weißen Wannen. Internal. Sealings of Water Tight. Constructions*, in ibac. Kurzbericht **17**, Nr. 110.

[51] Wolff, L. (2009) *Mechanismen der Blasenbildung bei Reaktionsharzbeschichtungen auf Beton*, DAfStb Heft **576**, Beuth, Berlin.

[52] Ehrenthal, O., Magner, J. (2008) *Abdichtung für Parkhäuser – OS 10*, in 3. Kolloquium Verkehrsbauten. Schwerpunkt Parkhäuser/Brücken. Technische Akademie Esslingen, Ostfildern 2008.

[53] DGUV Regel 108-003 (2003) *Fußböden in Arbeitsräumen und Arbeitsbereichen mit Rutschgefahr*. Hrsg. Deutsche Gesetzliche Unfallversicherung DGUV, Ausgabe Oktober 2003.

[54] Berufsgenossenschaftliche Regeln für Sicherheit und Gesundheit bei der Arbeit (2003) *BGR 181: Fußböden in Arbeitsräumen und Arbeitsbereichen mit Rutschgefahr*, aktualisierte Fassung Oktober 2003.

[55] DIN 51130:2014-12 (2014) *Prüfung von Bodenbelägen; Bestimmung der rutschhemmenden Eigenschaft; Arbeitsräume und Arbeitsbereiche mit erhöhter Rutschgefahr; Begehungsverfahren; Schiefe Ebene*, Beuth, Berlin.

[56] Ministerium für Bauen, Wohnen, Stadtentwicklung und Verkehr des Landes des Landes Nordrhein-Westfalen (2016) *Vollzug des Bauproduktenrechts*; Umsetzung des Urteils des EuGH vom 16.10.2014 in der Rechtssache C-100/13 – Erlass betreffend den bauaufsichtlichen Vollzug bei der Verwendung harmonisierter Bauprodukte nach der Verordnung (EU) Nr.305/2011 – Stand 21.10.2016.

[57] Deutsches Institut für Bautechnik E. V. (2017) *MVV TB Muster-Verwaltungsvorschrift Technische Baubestimmungen*, Ausgabe 2017/1, DBV, Berlin.

[58] ZTV-ING (2017) *Zusätzliche Technische Vertragsbedingungen und Richtlinie für Ingenieurbauwerke*, Abschnitte 3.4 und 3.5, Ausgabe Oktober 2017, Bundesanstalt für Straßenwesen, Bergisch-Gladbach.

[59] ZTV-W LB 219 (2017) *Zusätzliche Technische Vertragsbedingungen – Wasserbau (ZTV-W) für die Instandsetzung der Betonbauteile von Wasserbauwerken (Leistungsbereich 219)*, Ausgabe 2017. Bundesministerium für Verkehr und digitale Infrastruktur, Abteilung Wasserstraßen, Schifffahrt.

[60] Westendarp, A. (2017) *Betoninstandsetzung im Verkehrswasserbau – Überarbeitung der ZTV-W LB 219 und der zugehörigen Regelwerke*. BAW-Brief 01/2017, Bundesanstalt für Wasserbau BAW.

[61] Grandel, P. (2013) *Schadensbilder an Oberflächenschutzsystemen der Klasse OS 11b auf direkt befahrenen Flächen*. Masterarbeit an der Fachhochschule Kaiserslautern – Technische Akademie Südwest e. V. 2013.

[62] DIN EN 1992-1-1:2011-01 (2011) *Eurocode 2: Bemessung und Konstruktion von Stahlbeton- und Spannbetontragwerken – Teil 1-1: Allgemeine Bemessungsregeln und Regeln für den Hochbau*; Deutsche Fassung EN 1992-1-1:2004 + AC:2010, Beuth, Berlin.

[63] Breit, W., Ladner, E. M. (2017) *Dauerhaftigkeit von rissüberbrückungsfähigen Beschichtungssystemen unter realitätsnaher Beanspruchung*. Abschlussbericht. Fraunhofer IRB Verlag, Stuttgart, 75 S., ISBN: 978-3-8167-9979-5.

[64] DIN 52108:2010-05 (2010) *Prüfung anorganischer nichtmetallischer Werkstoffe – Verschleißprüfung*, Beuth, Berlin.

[65] DIN EN 660-1:1999-06 (1999) *Elastische Bodenbeläge – Ermittlung des Verschleißverhaltens – Teil 1: Stuttgarter Prüfung*, Beuth, Berlin.

[66] DIN EN 13892-5:2003-09 (2003) *Prüfverfahren für Estrichmörtel und Estrichmassen – Teil 5: Bestimmung des Widerstandes gegen Rollbeanspruchung von Estrichen für Nutzschichten*; Deutsche Fassung EN 13892-5:2003, Beuth, Berlin.

[67] DIN EN 13892-4:2003-02 (2003) *Prüfverfahren für Estrichmörtel und Estrichmassen – Teil 4: Bestimmung des Verschleißwiderstandes nach BCA*; Deutsche Fassung EN 13892-4: 2002, Beuth, Berlin.

[68] DIN EN 13813:2003-01 (2003) *Estrichmörtel, Estrichmassen und Estriche – Estrichmörtel und Estrichmassen – Eigenschaften und Anforderungen*; Deutsche Fassung EN 13813:2002, Beuth, Berlin.

[69] Zilg, C., Pusel, T., Bänziger, H. (2008) *Abnutzungsprüfung von OS Parkhaussystemen unter „Real-Bedingungen"*, in 3. Kolloquium Verkehrsbauten – Schwerpunkt Parkhäuser/Brücken. TAE Esslingen 29. und 30. Januar 2008.

[70] Krams. J. (2010) *Wartung und Instandhaltung von Parkbauten*, DBV Heft **20** „Parkhäuser und Tiefgaragen – das neue Merkblatt", DBV, Berlin.

[71] Breit, W., Ladner, E. M., Krams, J. (2014) *Nachweis der Verschleißbeständigkeit von Parkhausbeschichtungssystemen unter realitätsnahen Prüfbedingungen*. Abschlussbericht. Fraunhofer IRB Verlag, Stuttgart, 129 S., ISBN: 978-3-8167-9469-1.

[72] Flohrer, C. (2006) DIN 1045 neu: Befahrene Flächen in Parkhäusern und Tiefgaragen – Konzept und Maßnahmen zur Sicherstellung der Dauerhaftigkeit, *Beton* (6).

[73] Curbach, M., Ehmann, J., Köster, T., Proske, D., Schmohl, L., Taferner, J. (2004) Parkhäuser, in *Beton-Kalender 2004*, Band 2, Ernst & Sohn, Berlin.

[74] Herres, M., Göker, G. (2010) BWA – Richtlinien für Bauwerksabdichtungen. Bundesfachabteilung Bauwerksabdichtung im Hauptverband der Deutschen Bauindustrie e. V., Otto Elsner Verlagsgesellschaft.

[75] Fiebrich, M. (2013) *Überlegungen zur Abschätzung der Lebensdauer von filmbildenden Oberflächenschutzsystemen für Stahlbetonbauwerke – Ergebnisse von Feldstudien*, in 3. Kolloquium „Erhaltung von Bauwerken", Technische Akademie Esslingen, 22. und 23. Januar 2013.

[76] Wolff, L., Raupach, M. (2008) *Beschichtungsschäden – Schadensmechanismen und Lösungsansätze*, in 3. Kolloquium Verkehrsbauten – Schwerpunkt Parkhäuser, Brücken, 29. und 30. Januar 2008.

[77] Raupach, M.; Wolff, L. (2005) *Reduktion der Bewehrungsüberdeckung bei vorhandener Beschichtung bei Parkhaus-Neubauten*, DBV Heft **9**, DBV, Berlin.

[78] DIN V 18028:2006-06 (2006) *Rissfüllstoffe nach DIN EN 1504-5:2005-03 mit besonderen Eigenschaften*, Beuth, Berlin.

[79] Wolff, L., Schwamborn, B. (2018) Oberflächenschutzsysteme für Betonbauteile, in *Beton-Kalender 2018*, Ernst & Sohn, Berlin, S. 259–301.

XIV Instandsetzung von Tiefgaragen und Parkhäusern

Christian Sodeikat, München

Till F. Mayer, München

1 Einleitung

Dieser Beitrag basiert auf einem Beitrag, welcher im Beton-Kalender 2015 erschien. Aufgrund der unverändert hohen Relevanz dieses Themas wurde er für diese Ausgabe des Beton-Kalenders ergänzt und aktualisiert, z. B. um Änderungen, welche sich aus der Umsetzung des EuGH Urteils vom 16.10.2016 (Rechtssache C-100/13) ergeben – der Umsetzungsprozess ist hier jedoch, wie es aussieht, noch lange nicht abgeschlossen –, um neue gesetzliche Vorschriften, Normen und Regelwerke und um neue wissenschaftliche Erkenntnisse, z. B. bezüglich chloridinduzierter Korrosion in Rissbereichen.

Bei nahezu allen Bauwerken treten im Laufe ihrer Nutzungsdauer früher oder später Schäden auf, die eine Instandsetzung erforderlich machen. Besonders häufig ist dies bei Verkehrsbauwerken wie z. B. Brücken, Tunneln, Parkhäusern und Tiefgaragen der Fall, da hier die dauerhaftigkeitsrelevanten Umwelteinwirkungen sehr ausgeprägt sind. Obwohl das Problem der Dauerhaftigkeit von Verkehrsbauwerken mittlerweile seit Jahrzehnten bekannt ist, zeigt die Praxis immer noch, dass gerade bei der Instandsetzung von Parkbauten häufig nicht die gleiche Sorgfalt an den Tag gelegt wird, wie dies bei einem Neubau der Fall ist. Gründe hierfür sind zum einen, dass Parkbauten von den Eigentümern häufig nur eine untergeordnete Bedeutung beigemessen wird, sodass die Wartung und Instandhaltung in vielen Fällen vernachlässigt werden und die Notwendigkeit einer Instandsetzung zu spät erkannt wird. Gleichzeitig fehlt in vielen Fällen die Bereitschaft, für die Instandhaltung und Instandsetzung von Parkbauten umfangreiche Gelder zu investieren. Zum anderen wird die Tragweite der vorhandenen Schäden häufig nicht erkannt und auch die Auswirkungen einer unsachgemäßen Instandsetzung, die bis zum Gebäudeeinsturz führen können, werden nicht erfasst. Gerade Instandsetzungen können jedoch weitaus schwieriger sein als die Erstellung eines Neubaus, da die bestehende Bausubstanz in die Planung und Umsetzung der Maßnahme mit einbezogen werden muss. Von entscheidender Bedeutung für einen dauerhaften Instandsetzungserfolg ist das Erkennen der jeweiligen Schadensursachen und das Fachwissen, um auf die Schadensursachen abgestimmte Instandsetzungskonzepte auszuwählen und letztlich dann fachgerecht umzusetzen.

Die Planung von Instandsetzungen von Parkhäusern, Tiefgaragen und ganz allgemein von Stahlbetonbauteilen ist eine typische Ingenieuraufgabe, auch wenn dies vielfach noch anders gesehen und gehandhabt wird. Zur Planung der auszuführenden Instandsetzungsarbeiten nach Ausführungsart und -umfang, Instandsetzungsmaterialien, durchzuführenden Prüfungen etc. liegen zahlreiche Regelwerke, Richtlinien und Merkblätter vor. Das rechtlich bindende Regelwerk stellt in Deutschland immer noch und auch zukünftig die „Richtlinie für Schutz und Instandsetzung von Betonbauteilen" des Deutschen Ausschusses für Stahlbeton (Instandsetzungs-Richtlinie) dar [1], auch wenn in Deutschland Teile der europäischen Instandsetzungs-Produktnormen DIN EN 1504 [2] als harmonisierte Bauproduktnormen a priori gültig sind. Die Instandsetzungs-Richtlinie ist bauaufsichtlich eingeführt und war bisher in der Bauregelliste und ist zukünftig in der Muster-Verwaltungsvorschrift Technische Baubestimmungen (MVV TB) enthalten. Planer und Ausführende, die gegen die Instandsetzungsprinzipien der Instandsetzungs-Richtlinie verstoßen, können sowohl zivilrechtlich wie auch strafrechtlich, z. B. bei Personenschaden durch ein evtl. Bauteilversagen, haftbar gemacht werden.

Eine Neufassung der Instandsetzungs-Richtlinie als DAfStb-„Instandhaltungs-Richtlinie" befindet sich derzeit unverändert in der Abstimmungs-/Genehmigungsphase. Daher wird diese in dem vorliegenden Beitrag nur am Rande betrachtet.

2 Bauliche Situation älterer Tiefgaragen und Parkhäuser

Über Jahrzehnte wurde der Dauerhaftigkeit von Betonkonstruktionen mit Ausnahme spezieller Fälle relativ wenig Augenmerk geschenkt. Es wurde allgemein davon ausgegangen, dass Betonkonstruktionen wartungsfrei sind, wenn gewisse Grundregeln der Betontechnologie und Bauausführung beachtet werden. Allerdings hat sich herausgestellt, dass speziell bei Park- und Verkehrsbauten, die ca. vor dem Jahr 2005 fertiggestellt wurden, die Normenanforderungen nicht ausreichend waren, um in allen Fällen unter den in Deutschland herrschenden Umweltbedingungen eine ausreichende Dauerhaftigkeit sicher zu erzielen. Insbesondere wurden bei diesen Bauwerken die Schädigungsmechanismen der carbonatisierungsinduzierten und chloridinduzierten Bewehrungskorrosion unterschätzt.

Betondeckung – Betonqualität

Um dauerhafte(re) Bauwerke zu erzielen – die Normengeneration seit 2001 geht von einer geplanten Nutzungsdauer von 50 Jahren bei angemessener Instandhaltung aus –, wurden die Anforderungen an Stahlbetonbauwerke sukzessive verschärft. So betrug die geplante Betondeckung für Bauteile, wel-

---

Beton-Kalender 2019: Parkbauten; Geotechnik und Eurocode 7.
Herausgegeben von Konrad Bergmeister, Frank Fingerloos und Johann-Dietrich Wörner
© 2019 Ernst & Sohn GmbH & Co. KG. Published 2018 by Ernst & Sohn GmbH & Co. KG.

che einem Tausalzangriff (Chloriden) ausgesetzt sind, nach DIN 1045:1978 [3] 30 mm (für Beton ≥ B25), wobei kein Vorhaltemaß angesetzt wurde. DIN 1045:1988 [4] verlangte ein Mindestmaß der Betondeckung von 40 mm, wobei erstmals ein Vorhaltemaß von 10 mm einzuhalten war, um Verlegeungenauigkeiten beim Bewehrungseinbau ausgleichen zu können. Ab DIN 1045-1, Ausgabe 2001 [5] betrug die Mindestbetondeckung dann c_{min} = 40 mm bei einem Vorhaltemaß von Δc = 15 mm. Diese Betondeckung wird weiterhin in DIN EN 1992-1-1/NA:2013-04: Eurocode 2 (EC2) [6, 7] gefordert, auch wenn die einzelnen Erhöhungs- und Abminderungsfaktoren zunächst verwirrend erscheinen. Neben den Anforderungen an die Betondeckung wurden auch die Anforderungen an den Beton verschärft. Nach DIN 1045:1978 und DIN 1045:1988 betrug die Mindestbetonfestigkeitsklasse für tausalzbeanspruchte Bauteile B25 (entspricht heute C20/25), weitergehende Anforderungen an den Beton wurden nicht gestellt. Mit Veröffentlichung der neuen Generation der DIN 1045er-Reihe 2001 wurden die Anforderungen an Beton, welcher korrosiven Beanspruchungen für die Bewehrung, insbesondere Chloriden aus Tausalz ausgesetzt ist, deutlich heraufgesetzt. Diese Anforderungen sind jetzt unverändert im EC2/NA enthalten. Bauteile, die einer direkten Tausalzbeanspruchung ausgesetzt sind, werden der höchsten Expositionsklasse XD3 zugeordnet. Die Mindestdruckfestigkeitsklasse beträgt jetzt C35/45 bei einem höchstzulässigen Wasserzementwert von 0,45. Nicht zuletzt wurden auch die Anforderungen bez. weiterer Schutzmaßnahmen – DIN 1045:2001 spricht von „zusätzlichen Maßnahmen" – für Bauteile mit Rissen, welche bis zur Bewehrung reichen, verschärft, da risskreuzende Bewehrung, die dem Angriff von Chloriden ausgesetzt ist, besonders rasch korrodieren kann.

Entwässerung – Gefällesituation

Die Ausbildung eines Gefälles in Tiefgaragen und Parkhäusern war und ist auch heute normativ nicht gefordert, wenngleich eine Gefälleausbildung die Dauerhaftigkeit von Fahrbahnflächen deutlich erhöhen kann, vgl. u. a. [8]. In DAfStb-Heft 600 [9] wird hierzu ausgeführt, dass aus Dauerhaftigkeitsgründen kein Gefälle notwendig ist, wenn Risse und Arbeitsfugen durch geeignete Maßnahmen (z. B. ein rissüberbrückendes Oberflächenschutzsystem) dauerhaft vor einem Chlorideintrag geschützt werden. Gerade in älteren Parkbauten findet man die Fahrbahnflächen i. d. R. ohne oder nur mit einem sehr geringen Gefälle und ohne Entwässerungseinrichtungen vor. Die fehlende Ausbildung eines gezielten Gefälles führt in vielen Fällen zur lokalen Pfützenbildung aufgrund lokaler Gefälleunterschiede – häufig besonders im Bereich von Stützen- und Wandfüßen (Bild 1). Ist ein planmäßiges Gefälle vorhanden, wird das in Parkbauten eingeschleppte

Bild 1. Pfützenbildung infolge ungünstiger Gefällesituation

Wasser oft in sogenannten Verdunstungsrinnen und Senkkästen ohne eigentliche Entwässerungsmöglichkeit gesammelt, um es von den Fahrbahnflächen fernzuhalten. Verdunstungsrinnen und Senkkästen sind z. T. so geplant, dass sie bei hohem Wasseranfall abzusaugen sind, was in der Praxis aber nur sehr selten tatsächlich ausgeführt wird. Aufgrund der unzureichenden Wartung dieser Bauteile sind diese einer langanhaltenden Wasser- bzw. Chloridbeaufschlagung ausgesetzt, weshalb diese Bereiche häufig starke Schäden aufweisen. In der Neufassung 2018 des DBV-Merkblatts Parkhäuser und Tiefgaragen werden erstmals Vor- und Nachteile einer Gefälleausbildung dargestellt [10]. Ob bei einem Neubau oder einer Instandsetzung ein Gefälle ausgebildet wird, unterliegt letztlich einem Abwägungsprozess.

Oberflächenschutzsysteme und Abdichtungen im Fahrbahnbereich

Bei einem Großteil älterer Parkbauten sind die Fahrbahnflächen nicht mit einem Oberflächenschutzsystem nach der Instandsetzungs-Richtlinie oder einer Abdichtung nach ZTV-ING [11] oder DIN 18195 [12] bzw. DIN 18532:2017 [13] versehen. Chloride können in diesem Fall kapillar über Jahre in hoher Konzentration tief in den Beton eindringen. Mitunter sind zementgebundene Verbundestriche oder Gussasphaltestriche ohne darunter liegende Abdichtung aufgebracht. Diese Estriche stellen, wenn sie tatsächlich dauerhaft im Verbund liegen, einen gewissen Schutz gegen eindringende Chloride dar. Beide Estricharten liegen aber häufig großflächig oder lokal hohl, sodass sich Chloride unterhalb des Estrichs verteilen und in die Stahlbetonoberflächen eindringen können.

Eine Besonderheit stellen Gussasphaltestriche dar, die auf einer Trennlage, zumeist einem Vlies, aufgebracht wurden. Durch den Einbau des Vlieses sollte die Bildung von Dampfblasen verhindert werden, die beim Aufbringen des heißen Asphalts durch das Verdampfen des Überschusswassers des Betons entstehen können. Diese Ausführungsvariante birgt jedoch ein sehr hohes Schadenspotential, da sich chloridhaltiges Wasser über Fehlstellen großflächig auf der gesamten Betonoberfläche über das Vlies ausbreiten kann. Bei solchen Ausführungen muss mit großflächiger chloridinduzierter Korrosion gerechnet werden, wie in Abschnitt 6.3.5 anhand eines Praxisbeispiels gezeigt wird. Diese Art der Abdichtung ist bei Brücken seit Jahrzehnten nicht mehr zulässig, wurde allerdings in DIN 18195-5:2011 immer noch als zulässige Variante geführt. In der neuen Abdichtungsnorm DIN 18532:2017 für befahrbare Verkehrsflächen aus Beton wird nunmehr eine unterlaufsichere Verklebung der Abdichtung auf dem Untergrund gefordert.

Aufgehende Bauteile – Stützen- und Wandfüße

Die horizontalen Arbeitsfugen zwischen Fahrbahn und Stützenfüßen sowie Fahrbahn und Wandfüßen sind häufig nicht oder unzureichend gegen das Eindringen von Chloriden geschützt. In der Folge können Chloride weit in die Arbeitsfuge hinein gelangen, ferner können sie bis in Höhen von einigen Dezimetern kapillar „aufgesaugt" werden (Bild 2). Korrosion in diesen zumeist statisch hoch belasteten Bauteilen ist besonders zu berücksichtigen. Obwohl die Forderung nach Schutzmaßnahmen für Stützen- und Wandanschlüsse bereits in DAfStb-Heft 525 [14] (vgl. auch DAfStb-Heft 600 [9]) explizit enthalten ist, weisen auch neuere Parkbauten hier oft keinen ausreichenden Schutz auf. Ein Großteil der Stützen- und Wandfüße in bestehenden Parkbauten wurde ohne geeignetes Oberflächenschutzsystem ausgeführt, häufig noch in Verbindung mit einem lokal negativen Gefälle zu den aufgehenden Bauteilen hin, das die Bildung von Pfützen und somit eine wiederkehrende Wasserbeaufschlagung begünstigt.

Bauteile und Fundamente unterhalb Belagoberkante

Bodenplatten aus Stahlbeton und unbewehrtem Beton sind häufig nicht statisch wirksam und deshalb nicht dicht an aufgehende Bauteile wie Stützen und Wandfüße angeschlossen. Mitunter ist der Fahrbahnbelag auch als Pflasterbelag ausgeführt. Über nicht abgedichtete Bodenplattenfugen und Pflasterbeläge kann chloridhaltiges Wasser direkt nach unten gelangen und sich dort über einen langen Zeitraum aufkonzentrieren. Chloridinduzierte Korrosion kann deshalb sowohl an den vertikalen Flächen von Stützen- und Wandfüßen unterhalb der OK Bodenplatte als auch an Fundamenten, hier insbesondere an den Fundamentoberseiten, auftreten (Bilder 3 und 4).

Risse, Arbeitsfugen und Dehnfugen

Chloride können in Risse und Arbeitsfugen eindringen, wenn diese nicht dauerhaft rissüberbrückend abgedichtet sind. Tragsicherheitsrelevant sind insbesondere Risse quer zur Tragrichtung. Viele Zwischendecken und Bodenplatten weisen eine unzureichende rissbreitenbeschränkende Bewehrung auf, häufig weil der erforderliche Lastfall „Zentri-

Bild 2. Farbablösungen und Bewehrungskorrosion an einem Stützen- und Wandfuß ohne funktionsfähiges Oberflächenschutzsystem

Bild 3. Instandsetzung an einem Stützenfuß und der Fundamentoberseite unterhalb eines befahrenen Pflasterbelags

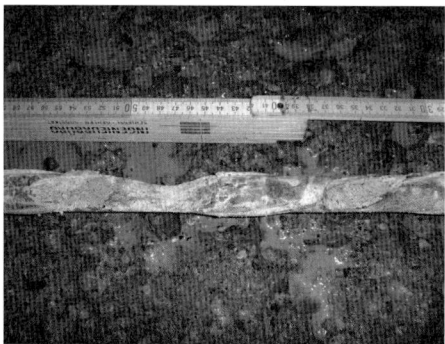

Bild 4. Bewehrungskorrosion an einer Fundamentoberseite unterhalb eines befahrenen Pflasterbelags

scher Zwang im späten Alter" nicht berücksichtigt und nur der Lastfall „Abfließende Hydratationswärme" angesetzt wurde. In der Folge sind die Oberflächenschutzsysteme dann nicht in der Lage, die größeren Rissbreiten und Rissbreitenänderungen dauerhaft zu überbrücken. Dehnfugen sind oftmals überhaupt nicht abgedichtet, eingebaute Fugenprofile sind häufig den Beanspruchungen aus aufzunehmender Dehnung, Wasseranfall und Verkehr nicht gewachsen und undicht. Besonders im Bereich von Geschossdecken führen eine Trennrissbildung ohne rissüberbrückende Abdichtung oder undichte Bauwerksfugen innerhalb von kurzer Zeit zur starken Aufkonzentration von Chloriden auf Höhe der (tragenden) unteren Bewehrungslage und in der Folge zu ausgeprägter Korrosion (Bilder 5 und 6).

Zusammenfassend bedeutet dies, dass ältere Parkbauten in Qualitätsstandards ausgeführt wurden, die bei Weitem nicht den heutigen Anforderungen entsprechen. Notwendige Wartungsarbeiten, die zur Sicherstellung der Dauerhaftigkeit und Gebrauchstauglichkeit von Parkbauten erforderlich sind, werden und wurden in vielen Fällen vernachlässigt.

Instandsetzungen dieser Bauwerke müssen o. g. Gesichtspunkten gerecht werden. Es sei in diesem Zusammenhang erwähnt, dass auch heute noch viele Park- und Verkehrsbauten nicht den aktuellen Regelwerken entsprechend bzw. in einem Standard ausgeführt werden, welcher nur eine sehr geringe Dauerhaftigkeit bzw. intensive Wartungs- und Instandhaltungsarbeiten zur Folge hat.

Eine bauteilbezogene Übersicht über häufige Bauteilsituationen und Schadensbilder an der Stahlbetonkonstruktion bestehender Parkbauten enthält Tabelle 1.

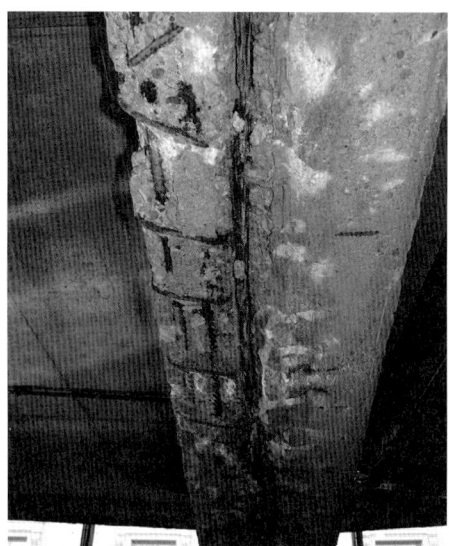

Bild 5. Korrosion an einem Unterzug im Anschluss an eine undichte Bauwerksfuge

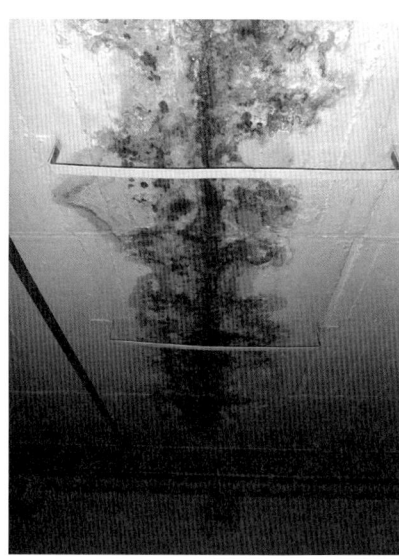

Bild 6. Korrosion im Rissbereich der Unterseite einer Zwischendecke

projekt **w** – Systeme aus Stahl GmbH
Geseker Straße 36 | 33154 Salzkotten
Tel. +49 5258 9828-0 | info@projekt-w.de
www.projekt-w.de

INTEGRA   DIE CLEVERE ABSTURZSICHERUNG FÜR NEUBAU UND PARKHAUSSANIERUNG

Systemhöhen 943 mm oder 1143 mm, max. Elementbreite 5506 mm
Erfüllt die Anforderungen der DIN EN 1991-1-7 für PKW-Anpralllasten sowie Personen-Absturzsicherungen
Verfügt über eine allgemeine bauaufsichtliche Zulassung vom Deutschen Institut für Bautechnik (DIBt)
Verzinkt nach DIN EN ISO 1461, optional zusätzlich pulverbeschichtet nach RAL
Mit dem Zubehör Handlauf und Blendschutz der INTEGRA Extra Produktserie zu ergänzen

TEAMS WORK.

Weil Erfolg nur im Miteinander entstehen kann.
Die ZÜBLIN-Bauwerkserhaltung setzt Ingenieur- und Verkehrsbauwerke, Parkbauten sowie Gewerbe- und Wohnimmobilien instand – termingerecht und zum besten Preis. Wir glauben an die Kraft des Teams. Und daran, dass genau das den Unterschied macht.

www.bauwerkserhaltung.zueblin.de

Ed. Züblin AG, Direktion Bauwerkserhaltung, Albstadtweg 5, 70567 Stuttgart, Tel. +49 711 7883-9736, bauwerkserhaltung@zueblin.de

Geomechanics and Tunnelling

The contributions published in Geomechanics and Tunnelling deal with tunnelling, rock engineering and applications of rock and soil mechanics as well as engineering geology in practice. Each issue focuses on a current topic or specific project. Brief news, reports from construction sites and news on conferences round off the content. An internationally renowned Editorial Board assures a highly interesting selection of topics and guarantees the high standard of the contributions.

 ÖSTERREICHISCHE GESELLSCHAFT FÜR GEOMECHANIK

Editor: ÖGG – Österreichische Gesellschaft für Geomechanik (Austrian Society for Geomechanics)
Geomechanics and Tunnelling
Geomechanik und Tunnelbau
Volume 11, 2018.
6 issues/year.
Language of Publication: English/German
ISSN 1865-7362 print
ISSN 1865-7389 online
Also available as **e**journal.

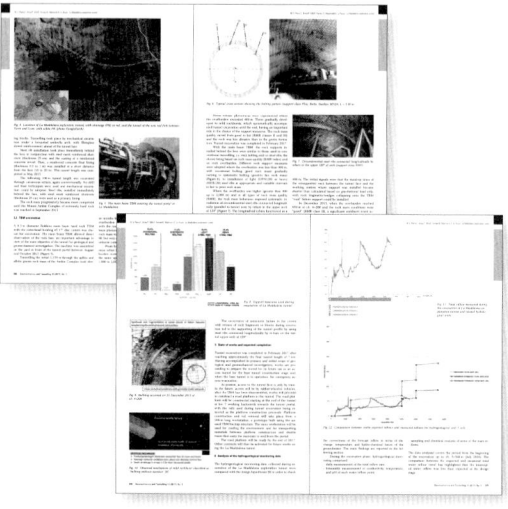

Order a free sample copy:
www.ernst-und-sohn.de/Geomechanics-and-Tunnelling

Ernst & Sohn
Verlag für Architektur und technische
Wissenschaften GmbH & Co. KG

Customer Service: Wiley-VCH
Boschstraße 12
D-69451 Weinheim

Tel. +49 (0)800 1800-536
Fax +49 (0)6201 606-184
cs-germany@wiley.com

Tabelle 1. Typische Bauteilsituationen und Schadensbilder

Bauteil	Oberflächenschutzsystem/ Abdichtung	Gefälle	Betondeckung	Rissbildung	Typisches Schadensbild
Fahrbahnflächen	– nicht vorhanden – zu geringer Standard – nicht rissüberbrückend	– nicht vorhanden – zu gering, um wirksam zu sein – ungünstig (in Richtung aufgehender Bauteile)	– sehr gering – ungleichmäßig	– Trennrissbildung – Biegerissbildung – Netzrissbildung	– Chloridbelastung – Bewehrungskorrosion – Frostschäden – Betonabplatzungen bzw. Hohllagenbildung
Stützen-/ Wandfüße	– nicht vorhanden – zu geringer Standard – nicht rissüberbrückend		– sehr gering – ungleichmäßig – Bewehrungskorb verschoben	– selten Biegerisse	– Chloridbelastung – Bewehrungskorrosion – Betonabplatzungen bzw. Hohllagenbildung
Fugen	– nicht abgedichtet – Fugenabdichtung nicht funktionsfähig – Dehnfähigkeit zu gering	– ungünstig	– im Flankenbereich zu gering	– Zwangrissbildung – Biegerissbildung	– Chloridbelastung – Bewehrungskorrosion – Betonabplatzungen bzw. Hohllagenbildung – Fugenprofile undicht/schadhaft

3 Rechtliche Aspekte bei der Instandsetzung von Parkbauten

3.1 Einführung

Die aktuelle Situation hinsichtlich der einzuhaltenden „anerkannten Regeln der Technik" (aRdT) und Regelwerke beim Schutz und der Instandsetzung von Betonbauteilen ist für Bauherren, Planer und ausführende Firmen unübersichtlich. Zum einen gibt es in Deutschland zahlreiche Regelwerke, Merkblätter und Richtlinien, welche zu beachten sind. Zum anderen werden in Europa fortlaufend teilweise harmonisierte Normen veröffentlicht, welche in Deutschland allerdings nur zum Teil verbindlich sind, weil sie gegenüber den zumeist „strengeren" deutschen Regelwerken ein geringeres Sicherheitsniveau aufweisen. Welche Bauweisen und Ausführungsvarianten den aRdT entsprechen, ist in der Fachwelt umstritten und wird auch im Streitfall vor Gericht unterschiedlich bewertet.

Eine umfassende Übersicht über den aktuellen Stand der Regelwerke kann [15] und [16] entnommen werden. Nachfolgend werden deshalb nur die für den Anwender wichtigsten Regelungen dargestellt.

3.2 Die anerkannten Regeln der Technik (aRdT)

Planer und ausführende Firmen haben entsprechend den anerkannten Regeln der Technik (aRdT), manchmal auch als allgemein anerkannte Regeln der Technik bezeichnet, zu planen und zu bauen. Die Beurteilung, ob eine Bauweise der aRdT entspricht, ist jedoch häufig nicht eindeutig möglich. Dies beginnt bei der Bewertung, ob Regelwerke, nach denen sich Planer richten oder zu richten haben, den aRdT entsprechen. Nach [17] ist dies u. a. von den Normengremien und dem Regelwerksetzungsverfahren abhängig. Demnach gilt für DIN-Normen zunächst die Vermutung, dass sie den aRdT entsprechen, insbesondere wenn diese bauaufsichtlich eingeführt sind. Das Jahrbuch Baurecht [18] schränkt diese Vermutungswirkung auf sogenannte qualifizierte Regelwerke ein, die als kodifizierte Regelwerke auf Grundlage eines geregelten Regelwerksetzungsverfahrens entstehen, welches Vertrauenswürdigkeit und Anerkennung gewährleistet. Ein derartiges Normgebungsverfahren wird bei allen DIN-Normen durchgeführt, jedoch nicht generell bei Heften des DAfStb und ebenso nicht bei Merkblättern privatrechtlicher Vereine und Verbände. Die aRdT beziehen sich neben den Regelwerken auch auf Bauweisen. Nach Darlegung des Bundesverfassungsgerichts können die aRdT wie folgt formuliert werden: „Als allgemein anerkannte Regeln der Technik sind die Regeln zu verstehen, die auf wissenschaftlicher Grundlage und/oder fachlichen Erkenntnissen (Erfahrungen) beruhen, in der Praxis erprobt und bewährt sind, Gedankengut der auf dem betreffenden Fachgebiet tätigen Personen geworden sind und von deren Mehrheit als richtig anerkannt und angewandt werden" [19, 20]. Nach [21] kann „von einer solchen repräsentativen Mehrheit dann gesprochen werden, wenn die Auffassung von mehr als 80% der Fachkundigen geteilt werde."

3.3 Regelwerke für Instandsetzungen: Instandsetzungs-Richtlinie (Rili-SIB 2001) und DIN EN 1504

Im Bereich der Instandsetzung gibt es die europäische Normenreihe DIN EN 1504 „Produkte und Systeme für den Schutz und die Instandsetzung von Betontragwerken" [2], welche in zehn Teilen vorliegt (Tabelle 2). Verbindlich eingeführt sind in Deutschland seit dem 1. Januar 2009 die Teile 2 bis 7, welche harmonisierte europäische Produktnormen (hEN) darstellen. Flankierend gelten für Definitionen und Qualitätsüberwachung die Teile 1 und 8, welche selbst keine Produktnormen darstellen. Nicht harmonisiert und nicht verbindlich eingeführt wurden in Deutschland die Teile 9 (Planung) und 10 (Ausführung), da man sich einig war, dass mit der Instandsetzungs-Richtlinie ein bewährtes Regelwerk vorliegt, welches ein höheres Sicherheitsniveau gewährleistet, als nach den Regelungen nach DIN EN 1504 zu erwarten wäre. Die Instandsetzungs-Richtlinie stellt eine sogenannte „Nationale Anwendungsregel" dar. Die Teile 1 bis 3 der Rili-SIB 2001 gelten in Deutschland verbindlich, da sie bauaufsichtlich eingeführt sind. An der Neufassung der Instandsetzungsrichtlinie, der Instandhaltungsrichtlinie, wird derzeit intensiv gearbeitet, aufgrund der Vielzahl der Einsprüche gegen den Gelbdruck ist der Zeitpunkt der Veröffentlichung derzeit jedoch noch nicht vorhersehbar.

Von der Bundesanstalt für Materialforschung und -prüfung BAM, Berlin, wurde im Rahmen eines Forschungsprojekts [22] untersucht, inwieweit bei Instandsetzungen mit Produkten nach den Vorgaben

Tabelle 2. Übersicht über die Normenreihe DIN EN 1504 Produkte und Systeme für den Schutz und die Instandsetzung von Betontragwerken (in Anlehnung an [16])

DIN EN 1504	Produkt/Gegenstand
-1:2005-10	Definitionen
-2:2005-01	Oberflächenschutzsysteme für Beton
-3:2006-03	Statisch und nicht statisch relevante Instandsetzung (Schutz-/Instandsetzungsmörtel, -beton)
-4:2005-02	Kleber für Bauzwecke für Ankleben von Laschen für Ankleben von Mörtel/Beton
-5:2005-03	Injektion von Betonbauteilen Rissfüllstoffe für kraftschlüssiges Verbinden Rissfüllstoffe für dehnfähiges Verbinden Gele
-6:2006-11	Mörtel zur Verankerung der Bewehrung
-7:2006-11	Vermeidung von Korrosion der Bewehrung (Beschichtungsstoffe für Betonstahlbewehrung)
-8:2005-02	Qualitätsüberwachung und Beurteilung der Konformität
-9:2008-11	Allgemeine Prinzipien für die Anwendung von Produkten und Systemen
-10:2004-05 Ber.1:2006-10	Anwendung von Produkten und Systemen auf der Baustelle, Qualitätsüberwachung der Ausführung

der DIN EN 1504-3 (Instandsetzungsmörtel) ein Sicherheitsniveau erreicht wird, welches dem in Deutschland relevanten Regelwerk (Instandsetzungs-Richtlinie) entspricht. Es wurde aufgezeigt, dass die in DIN EN 1504-3 geforderten Nachweise nicht ausreichen, um das bislang in Deutschland geforderte Sicherheitsniveau zu erreichen. Eine Darstellung relevanter technischer Abweichungen für Instandsetzungsbetone und -mörtel kann [23] entnommen werden.

Wie nachfolgend noch näher erläutert wird, definiert die DAfStb-Instandsetzungs-Richtlinie sogenannte Instandsetzungsprinzipien. Werden die Vorgaben dieser Prinzipien eingehalten, so wird mit sehr hoher Sicherheit der Instandsetzungserfolg erreicht. Die zu verwendenden Instandsetzungsmaterialien sind bezüglich ihrer Materialeigenschaften auf diese Prinzipien abgestimmt und werden in Zulassungsprüfungen entsprechend geprüft. Der Produkthersteller muss sicherstellen, dass seine Produkte die erforderlichen Eigenschaften aufweisen, um für das jeweilige Prinzip verwendbar und ausreichend dauerhaft zu sein.

Wird eine Instandsetzung hingegen nach DIN EN 1504 geplant, muss der verantwortliche Planer selbst festlegen, welche Eigenschaften die zu verwendenden Instandsetzungsprodukte aufweisen müssen, um den Instandsetzungserfolg sicherzustellen. Die aus diesem Unterschied resultierenden Schwierigkeiten für den Planer sollen im Folgenden anhand eines Beispiels erläutert werden:

Oberflächenschutzsysteme (OS 4, OS 5), die carbonatisierungsinduzierte Korrosion durch Austrocknung des Betons unterbinden sollen (Prinzip W), müssen nach der Instandsetzungs-Richtlinie einen Diffusionswiderstand gegenüber Wasserdampf von $S_d \leq 4$ m sicherstellen. Wird dieser Wert eingehalten, das zeigt die Praxis, trocknet das Bauteil ausreichend schnell aus, um die Korrosion zu stoppen. Bei der Planung nach DIN EN 1504, Teile 2 und 9, müsste der Planer hingegen selbst bestimmen, welche Wasserdampfdiffusionszahl im konkreten Fall erforderlich ist, um die Korrosion zu stoppen und darauf abgestimmt das richtige Produkt in der richtigen Schichtdicke auswählen. Praxistaugliche Berechnungsmodelle für diesen Fall gibt es nicht, die Vorgaben der Instandsetzungs-Richtlinie basieren z. T. auch auf Erfahrungswerten. Dies macht deutlich, dass es für Planer schwierig bis unmöglich ist, Produkteigenschaften zu bestimmen bzw. auszuwählen und von den Herstellern einzufordern, welche sicherstellen, dass Korrosion unterbunden wird.

Verwendbarkeit von Baustoffen

Die EU-Bauproduktenverordnung [24, 25] regelt seit Juli 2013 im Bereich des Bauwesens das Inverkehrbringen und die Verwendung von Bauprodukten. Bauprodukte, für die eine Leistungserklärung vorliegt, müssen eine CE-Kennzeichnung aufweisen.

Die Defizite der Produktnormen der EN 1504 wurden seit 2009 durch sogenannte nationale Restregelungen ausgeglichen [16]. Dies waren die Restnormen DIN V 18026 [26] und DIN V 18028 [27] für die Teile 2 und 5, für Produkte nach den Teilen 3, 4, 6 und 7 wurden allgemeine bauaufsichtliche Prüfzeugnisse (abP) bzw. allgemeine bauaufsichtliche Zulassungen (abZ) erstellt und gefordert. Dadurch wurden beispielsweise aus Oberflächenschutzprodukten nach EN 1504-2 systemgeprüfte Oberflächenschutzsysteme nach der Instandsetzungs-Richtlinie wie OS 8 und OS 11.

Instandsetzungsprodukte an standsicherheitsrelevanten Stahlbetonbauteilen – hiervon ist bei Instandsetzungen zunächst immer auszugehen – durften nach der Bauaufsicht in Deutschland bis Oktober 2016 nur Vorlage eines bauaufsichtlichen Verwendbarkeitsnachweises eingesetzt werden. Diese Verwendbarkeitsnachweise waren in der Bauregelliste des DIBt enthalten, z. B. als Übereinstimmungsnachweis in Form eines Übereinstimmungszertifikats (ÜZ). Das erteilte Übereinstimmungszertifikat lieferte den Nachweis, dass das jeweilige Bauprodukt den produktspezifischen technischen Regeln entsprach. Die Produkte unterlagen jeweils einer werkseigenen Produktionskontrolle und einer Fremdüberwachung. Durch eine bauaufsichtlich anerkannte Zertifizierungsstelle wurde die Übereinstimmung bestätigt und das Ü-Zeichen erteilt, in dem u. a. die Technische Regel angegeben war.

Das gesetzlich vorgeschriebene Konformitätszeichen war jedoch weiterhin das CE-Zeichen, sodass in Deutschland bis 2016 für Bauprodukte nach EN 1504 das CE-Zeichen und das Ü-Zeichen parallel geführt wurden. Die Verwendbarkeit nach deutschem Baurecht wurde jedoch ausschließlich durch das Ü-Zeichen bestätigt. Seit Oktober 2016 ist nach dem EuGH-Urteil die Verwendung des Ü-Zeichens nicht mehr zulässig, die Restnormen DIN V 18026 und DIN V 18028 mussten zurückgezogen werden, abPs und abZs sind nicht mehr zulässig bzw. nicht mehr verpflichtend. Dies hat zu einer entscheidenden Veränderung der Bauregelliste geführt. Die bis dato verpflichtend bestehende Erbringung zusätzlicher Verwendbarkeits- und Übereinstimmungsnachweise und somit auch das verpflichtende Ü-Zeichen sind nach europäischem Recht nicht mehr zulässig.

Jedoch bleiben die technischen und rechtlichen Anforderungen an die Bauprodukte bestehen, diese regelt die 2016 geänderte Musterbauordnung (MBO), welche die Länderbauordnungen übernehmen müssen. Es muss auch zukünftig sichergestellt werden, dass für Instandsetzungen nur geeignete Bauprodukte verwendet werden, welche die Stand- und Verkehrssicherheit gewährleisten und die Dauerhaftigkeit sicherstellen. Die Anforderungen können jetzt jedoch nicht mehr an die einzelnen Bauprodukte gestellt werden (welche bis dato nach ihrem Verwendungszweck universell einsetzbar waren), sie müssen an das Bauwerk selbst gestellt werden. Die Bauprodukte müssen dann die Bauwerksanforderungen erfüllen.

Die erforderlichen Nachweise für den Einsatz von Bauprodukten sind nunmehr vom Planer vorzugeben. Der Weg hierzu kann z. B. über die Expositionsklassen der aktuellen Betonnormung führen. Im Gelbdruck der neuen Instandhaltungsrichtlinie werden den Expositionsklassen bestimmte Leistungsmerkmale der Bauprodukte zugeordnet. Den gleichen Weg beschreiten derzeit die Neufassungen der ZTV-W Leistungsbereich 219 Fassung 2017 und der ZTV-ING [28–30].

In der Musterverwaltungsvorschrift Technische Baubestimmungen (MVV TB) [31] sind Bauwerksanforderungen enthalten, auf die in der MBO verwiesen wird. Durch die MVV TB werden die alten Bauregellisten des DIBt sowie die Listen der technischen Baubestimmungen der Länder (LTB) [32] ersetzt. Die MVV TB benennt weiterhin die Instandsetzungs-Richtlinie als anzuwendendes Regelwerk.

Ausblick
Die derzeitige Rechtssituation hinsichtlich der Verwendung von Bauprodukten ist unklar, unsicher und für alle Seiten unbefriedigend. Die neue MBO bzw. MVV TB geben nach *Bastert* [15] keine praxisgerechte Antwort, wie der Wegfall des Ü-Zeichens als Verwendbarkeitsnachweis ersetzt werden könnte. In Diskussion stehen freiwillige Nachweise der Hersteller und auch Gutachten des DIBt, welche für Bauprodukte erstellt werden und die früheren Prüfungen nach den Restnormen und auch die abP und abZ ersetzen können.

Letztlich stellt zurzeit die Beurteilung, ob die vorhandenen Nachweise der Produkthersteller für die Verwendbarkeit der Bauprodukte für das jeweilige Bauvorhaben geeignet und ausreichend sind, sowohl Planer als auch Baufirmen vor enorme Schwierigkeiten. Von einigen namhaften Produktherstellern wird (noch) ein freiwilliger Nachweis geführt, dass sich bezüglich der Produktion und Produktionskontrolle gegenüber den alten Regelungen mit Restnormen und abP sowie abZ nichts geändert hat und somit das ursprüngliche Qualitätsniveau erhalten bleibt. Dies stellt für Planer und Anwender zumindest eine gewisse Sicherheit dar.

Es ist allen Beteiligten anzuraten, die neusten Entwicklungen mitzuverfolgen.

3.4 Weitere Regelwerke für Instandsetzungen

Neben den bereits benannten Regelwerken gibt es bei der Planung, Ausführung und Abnahme von Instandsetzungen weitere Regelwerke, welche je nach Instandsetzungsvariante zu beachten sind. Verbindlichen Charakter hatten bzw. haben DIN 1045:2008 Teile 1 bis 3 und 4 sowie die Hefte 525 [14] und 526 [35] des DAfStb, welche teilweise durch DIN EN 1992-1-1:2011 (Eurocode 2) [6] in Verbindung mit DIN EN 1992-1-1/NA:2013 [7] und DAfStb-Heft 600 [9] ersetzt wurden. Ferner sind DIN EN 206-1 [36], DIN EN ISO 12696:2016 [37], welche den Kathodischen Korrosionsschutz regelt, DIN EN 14487 [38] und DIN 18551:2010 [39] (noch verbindlich in [33] und [34]) für die Anwendung von Spritzbeton sowie Richtlinien des DAfStb (u. a. Trockenbetonrichtlinie [40], Vergussbetonrichtlinie [41], WU-Richtlinie [42]) zu beachten. Die genannten Regelwerke geben i. d. R. die geschuldeten Anforderungen bzw. die gesetzlichen Anforderungen vor.

Ferner gibt es zahlreiche Veröffentlichungen und Merkblätter von Fachverbänden, Vereinen etc. Diese Merkblätter beinhalten nur z. T. rechtlich verbindliche Regelungen, z. B. wenn von bauaufsichtlich eingeführten DIN-Normen auf Merkblätter verwiesen wird. Einen solchen Verweis gibt es z. B. für die einzuhaltende Betondeckung im EC2, der sich auf das DBV-Merkblatt „Betondeckung und Bewehrung nach Eurocode 2" [43] bezieht. Nach EC2 bzw. DBV-Merkblatt ist es möglich, das Vorhaltemaß Δc_{dev} der Betondeckung um 5 mm abzumindern, wenn durch sorgfältigen Einbau gewährleistet wird, dass mit der geforderten Sicherheit die Mindestbetondeckung eingehalten wird. Eine Abminderung der Mindestbetondeckung c_{min} nach EC2 um $\Delta c_{dur,add}$ = 10 mm war bis Ende 2015 möglich, wenn bei Bauteilen der Expositionsklasse XD3 eine dauerhafte rissüberbrückende Beschichtung nach DAfStb Heft 600 und DBV-Merkblatt Parkhäuser und Tiefgaragen aufgebracht und entsprechend gewartet wurde. Diese Regelung wurde mit DIN EN 1992-1-1/NA/A1:2015-12 inzwischen wieder gestrichen. Merkblätter von Fachverbänden weisen zumeist eine höhere Regelungstiefe auf und stellen technische Ausführungsdetails dar.

Ein wichtiges Merkblatt ist das DBV-Merkblatt „Parkhäuser und Tiefgaragen" ([44] bzw. [45]), welches unter anderem in DAfStb-Heft 600 verwiesen wird. Das Merkblatt wurde u. a. deshalb überarbeitet, da einzelne Regelungen zu einer unzureichenden Dauerhaftigkeit führten und auch neue wissenschaftliche Erkenntnisse bezüglich chloridinduzierter Korrosion in Rissen vorliegen (auf diese Forschungsprojekte wird nachfolgend noch genauer eingegangen). Wie erwähnt, wurde im EC2 die Regelung des DAfStb-Hefts 600 und des DBV-Merkblatts „Parkhäuser und Tiefgaragen" Fassung 2010, dass bei einer bestimmten intensivierten Wartung, die Betondeckung gegenüber den Vorgaben des EC2 reduziert werden darf, gestrichen (vgl. DAfStb, April 2014 [46]) und ist in der Neufassung 2018 des Merkblatts nicht mehr enthalten [45]. Dennoch sind beide Fassungen des Merkblatts nach Auffassung der Autoren nicht in allen Teilen als verbindliches Regelwerk anzusehen, u. a. weil einige Regelungen bzw. Ausführungsvarianten Vorgaben des EC2 nicht vollständig umsetzen und auch in der Fachwelt noch heftig diskutiert werden. In Abschnitt 9 wird auf das alte und das neue DBV-Merkblatt „Parkhäuser und Tiefgaragen" ausführlicher eingegangen.

Bei Instandsetzungen müssen ferner die Garagenverordnungen der Länder beachtet werden, welche bundesweit nicht einheitlich sind.

Bereits die Anwendung o. g. Regelwerke führt nicht zu einheitlichen Bauweisen, auch ist die Regelungstiefe sehr unterschiedlich. Die Anwendung des DBV-Merkblatts „Parkhäuser und Tiefgaragen" hat in der Fachwelt zu sehr unterschiedlichen Einschätzungen bezüglich technischer Richtigkeit und auch bezüglich der Einordnung als aRdT geführt. Von rechtlicher Seite gibt es hinsichtlich der Einstufung der einzelnen Ausführungsvarianten unterschiedliche Meinungen und Einschätzungen, welche im Fluss sind und sich im Laufe der Jahre z. T. auch grundlegend geändert haben (vgl. [17, 47]). Die gerichtliche Wertung einzelner Ausführungsvarianten steht noch aus, auch hier wird wohl zunächst sehr unterschiedliche Urteile zu erwarten.

3.5 Beratungs- und Aufklärungspflicht der Planer gegenüber dem Bauherrn

Diese insgesamt unübersichtliche Lage macht es für den Planer nicht einfach, eine Instandsetzung nach der tatsächlichen technischen Notwendigkeit zu planen und gleichzeitig auch die aRdT zu beachten, denn deren Einhaltung schuldet der Planer im Sinne des Werkvertragsrechts, wenn nicht ausdrücklich eine bestimmte bzw. abweichende Beschaffenheit vertraglich vereinbart wird. In der Vergangenheit ist es immer wieder vorgekommen, dass Planer und auch Baufirmen zu Schadenersatz verurteilt wurden, nicht weil sie technisch falsch geplant oder ausgeführt hätten, sondern weil sie formal gegen normative Regelungen verstoßen haben (Mangel ohne Schaden). Abweichungen von normativen Vorgaben bzw. von den aRdT für Neubauten und die „kreative" ingenieurmäßige Kompensation dieser Abweichungen durch andere Maßnahmen sind bei Parkbauten im Bestand jedoch oft unvermeidlich und ermöglichen erst eine sinnvolle und wirtschaftliche Instandsetzung. Es ist deshalb für Planer und auch Baufirmen essenziell, ihren Bauherrn über Ausführungsvarianten und -details, welche nicht vollständig normativ abgedeckt sind, genau zu informieren und ihn über Vor- und Nachteile sowie Risiken aufzuklären. Von Fachjuristen wird dies in die griffige Form „wer schreibt, der bleibt" gebracht. Diese Aufklärung sollte schriftlich vom Bauherrn bestätigt und die danach entschiedene Ausführungsvariante vertraglich vereinbart werden. Im Zweifel empfiehlt es sich, rechtlichen Beistand zu suchen.

4 Bewehrungskorrosion

4.1 Allgemeines

Die Instandsetzungs-Richtlinie, Teil 1, 3.1 (1) gibt vor, dass mit der Beurteilung und Planung von Instandsetzungsarbeiten ein sachkundiger Planer beauftragt werden muss, der die „erforderlichen besonderen Kenntnisse auf dem Gebiet von Schutz und Instandsetzung bei Betonbauwerken hat." Da der überwiegende Teil der Parkbauten infolge von Chlorideintrag und daraus resultierender Bewehrungskorrosion instand gesetzt werden muss, ist es demnach für den Erfolg von Instandsetzungsmaßnahmen von entscheidender Bedeutung, dass der sachkundige Planer über ausreichende Kenntnisse hinsichtlich der Grundlagen der Bewehrungskorrosion verfügt, um die Korrosionsverhältnisse am Bauwerk zutreffend einschätzen und das resultierende Instandsetzungserfordernis und die -maßnahme ableiten zu können. Daher wird im Folgenden eine kurze Einführung in die Grundlagen der Bewehrungskorrosion gegeben, um die in Abschnitt 5.2 darauf aufbauenden Instandsetzungsprinzipien besser nachvollziehen zu können.

Die Ermittlung der Korrosionsursachen schadhafter Stahlbetonbauteile, die richtige Einschätzung der ablaufenden Korrosionsprozesse und das Fachwissen, wie laufende Korrosionsprozesse dauerhaft gestoppt werden können, sind die Grundvoraussetzung für einen dauerhaften Instandsetzungserfolg. Leider kann jedoch in der Praxis bei durchgeführten Instandsetzungsmaßnahmen noch sehr oft beobachtet werden, dass die Instandsetzung korrodierender Bewehrungsbereiche aus einem mehr oder weniger gründlichen Entfernen entfestigter Betonbereiche, dem anschließenden Bestreichen des Bewehrungsstahls mit dubiosen Anstrichmitteln und einem abschließenden Zuspachteln – häufig mit hierfür ungeeigneten Instandsetzungsmaterialien – besteht (Bilder 7 und 8). Die falsche Anwendung von Instandsetzungsmaßnahmen ist im günstigsten Fall unwirksam, im schlimmsten Fall wird eine vorher langsam ablaufende Korrosion drastisch beschleunigt. Da durch Bewehrungskorrosion in den meisten Fällen die Standsicherheit von Gebäuden betroffen ist, kommt der korrekten Beurteilung der ablaufenden Korrosion und der richtigen Ableitung erforderlicher Instandsetzungsmaßnahmen eine übergeordnete Bedeutung für den Gesamterfolg der Maßnahme zu.

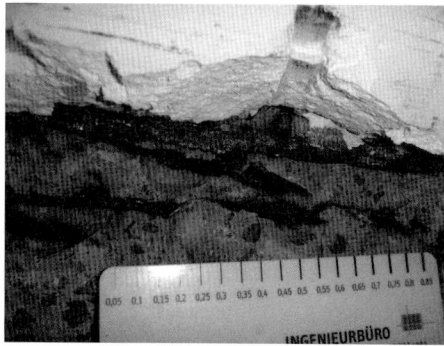

Bild 7. Instandsetzung einer Hohllage über korrodierender Spannbewehrung mit Gipsputz

Bild 8. Erneute Abplatzung und Bewehrungskorrosion infolge unsachgemäßer Instandsetzung einer Schadstelle

4.2 Korrosion von Stahl allgemein

Der Begriff „Korrosion" beschreibt die Neigung von Metallen, aus ihrem während der Verhüttung gewonnenen, metallischen Zustand in einen energieärmeren, oxidischen Zustand überzugehen. Bei der Korrosion von Stahl kann hierfür eine Vielzahl verschiedener Korrosionsmechanismen ursächlich sein, so z. B. sehr niedrige pH-Werte (Säurekorrosion), bakterielle Einwirkungen oder auch hohe, andauernd wirkende Spannungen in Kombination mit der Einwirkung korrosiver Medien (Spannungsrisskorrosion). Der häufigste Korrosionstyp für Stähle unter atmosphärischen Bedingungen ist die sogenannte Sauerstoffkorrosion. Dabei erfolgt der eigentliche Korrosionsabtrag an der sogenannten Anode, während an der Kathode Sauerstoff reduziert wird. Als Korrosionsstimulatoren sind bei atmosphärischer Korrosion ungeschützter Stähle praktisch immer Sulfate (SO_4^{2-}) beteiligt. Auch Chloride und Thiocyanate zählen zu den Korrosionsstimulatoren. Sie beschleunigen den Korrosionsvorgang, werden dabei aber nicht verbraucht.

Korrosionsprozesse unter atmosphärischen Bedingungen beginnen – in Abhängigkeit von der Konzentration der Korrosionsstimulatoren – bereits bei relativen Luftfeuchtigkeiten oberhalb von 50 %. Größere Korrosionsabträge sind jedoch erst bei wesentlich höheren Feuchtigkeitsgehalten, i. d. R. erst bei Wasserkontakt, z. B. durch Regen, möglich. Mikroskopisch gesehen gehen bei korrosionsbereiten Metallen, also auch bei Stahl, in Kontakt mit einem Elektrolyten (Wasser) an der Oberfläche positiv geladene Metallionen (Me+) in Lösung. Die überschüssigen Elektronen (e^-) werden von Wasser und Sauerstoff (der in ausreichender Menge im Wasser gelöst ist) unter Bildung von negativ geladenen Hydroxidionen (OH^-) aufgenommen, sodass sowohl im Metall als auch im Elektrolyten das Ladungsgleichgewicht erhalten bleibt. Die Metallauflösung (Bildung von Me+, bei Stahl Fe^{++}) wird als anodischer Teilprozess, die Bildung von Hydroxidionen (OH^-) als kathodischer Teilprozess bezeichnet. Das in Bild 10 gezeigte Korrosionsschema für Stahl in Beton gilt für die Korrosion des Sauerstofftyps allgemein. Vereinfacht betrachtet, entspricht die Korrosion in einem Korrosionselement den Vorgängen in einer Batterie mit einem elektrischen und einem elektrolytischen Teil eines Stromkreislaufs [48, 49].

4.3 Korrosion von Stahl in Beton

Betonstahl und Spannstahl sind im „gesunden Beton" vor Korrosion geschützt, da sich infolge des hochalkalischen Milieus mit einem pH-Wert von i. d. R. pH > 13,3 auf der Oberfläche eine mikroskopisch dünne, dichte Oxidschicht ausbildet, durch die eine weitergehende Eisenauflösung auf vernachlässigbare Raten reduziert wird. Der Vorgang dieser Oxidschichtbildung wird als Passivierung und die Oxidschicht selbst dementsprechend als Passivschicht bezeichnet. Die Passivität von Stahl im hochalkalischen Milieu des Betons stellt eine Grundvoraussetzung für die Dauerhaftigkeit der Stahlbetonbauweise dar.

Für die Zerstörung dieser Passivschicht und den damit einhergehenden Verlust der Passivität können in der Baupraxis im Wesentlichen zwei grundsätzlich verschiedene Mechanismen verantwortlich sein: der Verlust der Alkalität des umgebenden Betons durch eine Reaktion der Alkalien im Beton mit dem Kohlendioxid aus der Atmosphäre („carbonatisierungsinduzierte Bewehrungskorrosion") oder eine lokale Zerstörung der Passivschicht durch Chloride z. B. aus Tausalzanwendungen, die von der Oberfläche ins Bauteilinnere transportiert werden und auf Bewehrungshöhe einen kritischen Grenzwert, den sogenannten kritischen korrosionsauslösenden Chlo-

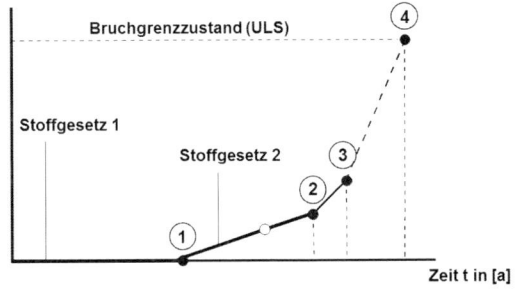

Bild 9. Zeitlicher Ablauf der Depassivierung von Bewehrungsstahl und der anschließenden Schädigung infolge von Korrosionsprozessen nach *Tuutti* [50] (aus [51])

ridgehalt, überschreiten („chloridinduzierte Bewehrungskorrosion").

Die Lebensdauer eines Stahlbetonbauwerks wird zur Veranschaulichung häufig schematisch in zwei distinkte Phasen unterteilt [50] (Bild 9). Die Phase bis zur Zerstörung der Passivschicht wird als Einleitungsphase bezeichnet. Die Einleitungsphase ist vom Fortschreiten der Carbonatisierung des Betons von der Oberfläche nach innen bzw. dem Eindringen von Chloriden von der Oberfläche ausgehend in das Bauteilinnere geprägt. Eine Schädigung des Bauteils findet in dieser Phase aufgrund der intakten Passivschicht jedoch noch nicht statt. Die Einleitungsphase endet mit der Zerstörung der Passivschicht („Depassivierung") infolge der Carbonatisierung des umgebenden Betons oder des Überschreitens des kritischen korrosionsauslösenden Chloridgehalts auf Bewehrungshöhe. Erst in der nun anschließenden „Schädigungsphase" setzt die Korrosion der Bewehrung ein, die – in Abhängigkeit von den Rahmenbedingungen – von einer rein optischen Beeinträchtigung über eine Einschränkung der Gebrauchstauglichkeit bis hin zum Verlust der Tragfähigkeit (Bauteilversagen) führen kann.

Die während der Schädigungsphase ablaufende Bewehrungskorrosion gliedert sich in zwei Teilprozesse: Im sogenannten *anodischen* Teilprozess werden positiv geladene Eisenionen (Fe^{2+}) an den umgebenden Elektrolyten (i. d. F. die Porenlösung des Betons) abgegeben. Die dabei freigesetzten, überschüssigen Elektronen (e^-) werden im Stahl transportiert und beim *kathodischen* Teilprozess bei der Bildung von negativ geladenen Hydroxidionen (OH^-) unter Anwesenheit von Wasser und Sauerstoff aufgenommen, sodass sowohl im Eisen als auch im Elektrolyten das Ladungsgleichgewicht erhalten bleibt. Die dabei gebildete Korrosionszelle mit den beteiligten Teilprozessen sowie dem elektrischen und dem elektrolytischen Teil des Stromkreislaufs ist schematisch in Bild 10 dargestellt.

In Abhängigkeit des zugrunde liegenden Korrosionsmechanismus ist sowohl die Ausbildung einer flächigen, ebenmäßigen Korrosion als auch einer lokal konzentrierten Korrosion möglich. Bei ebenmäßiger, abtragender Korrosion laufen die anodischen und kathodischen Teilprozesse örtlich nicht trennbar unmittelbar nebeneinander ab. Die hierbei gebildeten Korrosionselemente werden aufgrund ihrer räumlichen Ausbildung als Mikrokorrosionselemente bezeichnet. Die Bildung von Mikrokorrosionselementen führt in der Regel zu einem weitgehend gleichmäßigen, flächigen Korrosionsabtrag an der depassivierten Stahloberfläche. Mikrokorro-

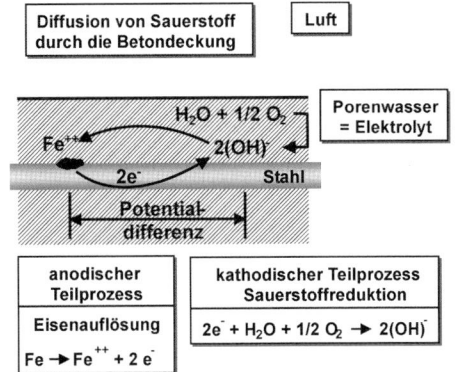

Bild 10. Vereinfachtes Schema der Korrosion von Stahl in Beton

sionselemente liegen z. B. bei carbonatisierungsinduzierter Korrosion vor. Bilden sich anodisch und kathodisch wirkende Stahloberflächenbereiche hingegen örtlich getrennt aus, werden die entstehenden Korrosionselemente als Makrokorrosionselement bezeichnet. Makrokorrosionselementbildung kommt in der Praxis sehr häufig vor, z. B. bei chloridinduzierter Korrosion. In Abhängigkeit von den Elektrolyt-, Belüftungs- und Potentialverhältnissen können anodische und kathodische Teilbereiche bis zu mehreren Metern entfernt gebildet werden.

Unabhängig von der Art der Korrosionselementbildung gilt für die Bewehrungskorrosion, dass insgesamt fünf Voraussetzungen gleichzeitig erfüllt sein müssen, bevor es zu nennenswerten Korrosionsabträgen an den Stahloberflächen kommt:

1) Eine anodische Eisenauflösung muss möglich sein. Diese Voraussetzung ist in den anodischen Oberflächenbereichen durch die Zerstörung der Passivschicht erfüllt.
2) Die elektrische Leitfähigkeit des Stahls muss gegeben sein, d. h., anodische Bewehrungsoberflächen und kathodisch wirkende Metalloberflächen müssen elektrisch leitend miteinander verbunden sein. Diese Voraussetzung muss innerhalb eines Bauteils grundsätzlich als gegeben angenommen werden. Wird eine Instandsetzung durch elektrochemische Verfahren (Kathodischer Korrosionsschutz oder elektrochemischer Chloridentzug) geplant, kommt der elektrisch leitfähigen Verbindung auch bei der Instandsetzungsplanung eine große Bedeutung zu.
3) Der Beton muss eine ausreichend hohe elektrolytische Leitfähigkeit aufweisen, da andernfalls nur Korrosionselemente geringer Reichweite gebildet werden können, bei denen aufgrund geringer verfügbarer Kathodenflächen ein geringer Korrosionsabtrag stattfindet. In Abhängigkeit von dem zugrunde liegenden Korrosionsmechanismus kann dieser Zusammenhang bei der Planung von Instandsetzungsmaßnahmen genutzt werden, indem durch Aufbringen von Beschichtungen die Feuchtegehalt des Betons gezielt dauerhaft herabgesetzt wird.
4) Im Bereich der kathodisch wirksamen Oberflächen ist ein ausreichendes Sauerstoffangebot für den kathodischen Teilprozess der Bewehrungskorrosion erforderlich. Dieses muss für unbeschichtete Bauteiloberflächen – mit Ausnahme vollständig wassergesättigter Bauteile ohne elektrisch leitende Verbindung zu belüfteten Bauteiloberflächen – grundsätzlich als gegeben angenommen werden.
5) Zwischen anodischen und kathodischen Bewehrungsoberflächen müssen sich Potentialdifferenzen ausbilden, die als Treibspannung im Korrosionselement wirken. Die Ausbildung von Potentialdifferenzen muss aufgrund lokaler Depassivierung, unterschiedlicher Belüftungs- und Feuchteverhältnisse etc. ebenfalls als gegeben angenommen werden.

Zur Vermeidung von Bewehrungskorrosion bzw. zum Korrosionsschutz, aber auch zum Unterbinden bereits ablaufender Korrosionsprozesse ist es ausreichend, *eine* der genannten Voraussetzungen auszuschalten. Dies ist letztlich die Zielsetzung jeder empfohlenen Instandsetzung. Folgerichtig beruhen auch die Instandsetzungsprinzipien der Instandsetzungs-Richtlinie jeweils auf dem gezielten Ausschalten einer (oder mehrerer) der oben beschriebenen Korrosionsvoraussetzungen (Abschnitt 5.2).

Wie bereits erwähnt, sind unter baupraktischen Bedingungen besonders die carbonatisierungsinduzierte und die chloridinduzierte Bewehrungskorrosion für Stahlbetonbauwerke von Bedeutung. Auf die Besonderheiten dieser beiden Korrosionsformen hinsichtlich Depassivierung und Korrosionsfortschritt sowie möglicher Instandsetzungsmaßnahmen wird daher im Folgenden gesondert eingegangen.

4.4 Carbonatisierungsinduzierte Bewehrungskorrosion

Der Begriff „Carbonatisierung" bezeichnet den Verlust der Alkalität des Betons als Folge einer Reaktion des Calciumhydroxids und der Alkalihydroxide KOH und NaOH mit Kohlendioxid aus der Atmosphäre unter Bildung von Calciumcarbonat $CaCO_3$ bzw. Alkalicarbonate. Das dabei entstehende Calciumcarbonat ist nahezu unlöslich, während die gebildeten Alkalicarbonate unmittelbar mit gelöstem $Ca(OH)_2$ zu Calciumcarbonat und Alkalihydroxid reagieren [52], d. h., dass eine dauerhafte Carbonatisierung der Alkalihydroxide erst stattfindet, wenn in der Porenlösung kein gelöstes $Ca(OH)_2$ mehr vorliegt. Mit der Carbonatisierung geht eine Neutralisierung der Porenlösung einher, deren pH-Wert auf Werte ≤ 9 reduziert wird. In diesem pH-Bereich sind die für die Passivität des Stahls maßgebenden Eisenoxidphasen Fe_3O_4 und γFe_2O_3 thermodynamisch nicht mehr stabil und werden in die löslichen Spezies Fe^{2+} und $HFeO^-$ umgewandelt [53]. Dieser Verlust der Passivität bedingt in der Regel eine deutliche Zunahme der Eisenauflösungsgeschwindigkeit. Da die Carbonatisierung des Betons zumeist nicht lokal, sondern annähernd gleichzeitig in größeren Oberflächenbereichen stattfindet, resultiert aus der Carbonatisierung ein flächiger, gleichmäßiger Korrosionsabtrag mit relativ geringen Abtragsgeschwindigkeiten.

Das zeitabhängige Fortschreiten der Carbonatisierung ins Bauteilinnere hängt im Wesentlichen von der Betonzusammensetzung (Zementsteinporenraum), der Vorlagerung (Nachbehandlung des Betons) und den Lagerungsbedingungen während

Carbonatisierung (relative Luftfeuchte, Feuchtigkeitsgehalt des Betons, CO_2-Gehalt der Luft) ab. Die Zunahme der Carbonatisierungstiefe x_c mit der Zeit t lässt sich vereinfacht mit einem Wurzel-Zeit-Ansatz

$$x_c = a \cdot \sqrt{t}$$

beschreiben, wobei der Parameter a von den oben beschriebenen Einflussgrößen abhängig ist. Bei relativen Luftfeuchtigkeiten von 50 bis 70 % treten die größten Carbonatisierungsgeschwindigkeiten auf, da einerseits genügend Wasser für die chemische Reaktion zur Verfügung steht und andererseits die Poren noch nicht wassergefüllt sind und das CO_2-Gas durch die Poren diffundieren kann. Mit zunehmender Feuchtigkeit nimmt die Eindringgeschwindigkeit der Carbonatisierungsfront ab, weil die Feuchtigkeit den Porenraum für das eindringende CO_2-Gas blockiert. Bei wechselnder Durchfeuchtung (Außenbauteile) verläuft die Carbonatisierung langsamer als dem Wurzel-Zeit-Gesetz entsprechend und erreicht bei direkt beregneten Bauteilen nach 10 bis 20 Jahren praktisch einen Grenzwert. Eine mit dem Wurzel-Zeit-Gesetz durchgeführte Abschätzung der Eindringtiefe der Carbonatisierung liegt grundsätzlich auf der sicheren Seite. Eine ausführliche Beschreibung der Einflüsse auf die Carbonatisierung und ein zugehöriges Rechenmodell enthält [54].

Die Korrosionsgeschwindigkeit nach erfolgter Depassivierung hängt im Wesentlichen vom Elektrolytwiderstand des umgebenden Betons und damit besonders den Feuchteverhältnissen innerhalb der Betondeckung ab. Mit steigender Austrocknung des oberflächennahen Betons steigt der Elektrolytwiderstand des Betons exponentiell an. Da die Reichweite des Korrosionselements und somit die Größe der aktivierbaren kathodischen Bereiche mit steigendem Elektrolytwiderstand sinkt, nimmt im gleichen Maße auch die Korrosionsgeschwindigkeit bei der carbonatisierungsinduzierten Bewehrungskorrosion ab. Untersuchungen von *Weydert* [55] zeigen, dass selbst bei relativen Umgebungsfeuchten von 90 % keine nennenswerte Korrosion stattfindet. Statisch relevante Korrosionsabträge treten bei carbonatisierungsinduzierten Bewehrungskorrosion dementsprechend erst bei direkter Wasserbeaufschlagung der Bauteiloberflächen – z. B. durch direkte Beregnung oder Tauwasserbildung – auf. Im Gegensatz zum Korrosionsfortschritt nach erfolgter Depassivierung läuft die Carbonatisierungsreaktion jedoch bei Umgebungsfeuchten zwischen 50 und 70 % am schnellsten ab. Dies führt bei älteren Parkbauten häufig zu der scheinbar paradoxen Situation, dass bei nicht feuchtebeaufschlagten Bauteilen wie z. B. Deckenuntersichten und Stützenköpfen sehr hohe Carbonatisierungstiefen festgestellt werden, die Bewehrung trotz jahrelanger Exposition im carbonatisierten Beton jedoch keine Korrosion aufweist. In vielen dieser Fälle wird aufgrund mangelnden Verständnisses der Korrosionsgrundlagen dennoch eine aufwendige und kostenintensive Instandsetzung durchgeführt, bei der häufig – wenn ein Abtrag des carbonatisierten Betons vorgenommen wird – die tatsächliche Bauteiltragfähigkeit faktisch sogar herabgesetzt wird.

Die bei der carbonatisierungsinduzierten Korrosion gebildeten Korrosionsprodukte (in Abhängigkeit von den Belüftungsverhältnissen im Wesentlichen Goethit und Hämatit-Hydrat) weisen ein bis zu rd. 6,5-mal größeres Volumen als das Ausgangsvolumen des Stahls auf. Durch die Bildung der Korrosionsprodukte werden daher innerhalb der Betondeckung Zugspannungen im Beton induziert. Überschreiten diese die Zugfestigkeit des Betons, führt dies zur Rissbildung und im weiteren Verlauf zur Abplatzung der Betondeckung. Dabei steigt die Gefahr korrosionsbedingter Rissbildung mit steigendem Verhältnis von Bewehrungsdurchmesser zu Betondeckung [56]. Die korrosionsbedingte Rissbildung, häufig einhergehend mit Korrosionsfahnen an den Bauteiloberflächen, erlaubt im fortgeschrittenen Korrosionsstadium ein sehr einfaches Auffinden der Korrosionsbereiche.

Carbonatisierungsinduzierte Bewehrungskorrosion kann sowohl bei Neubauprojekten durch eine ausreichende Dimensionierung der Betondeckung als auch bei der Instandsetzung z. B. durch das Aufbringen eines Oberflächenschutzsystems mit vergleichsweise einfachen Maßnahmen beherrscht werden.

4.5 Chloridinduzierte Bewehrungskorrosion

Der chloridinduzierten Korrosion liegen wesentlich komplexere Mechanismen zugrunde als der carbonatisierungsinduzierten Korrosion, da es sich hierbei nicht um eine flächige Depassivierung infolge eines pH-Wert-Abfalls, sondern um eine lokale Zerstörung der Passivschicht i. d. R. ohne vorhergehenden Verlust der Alkalität handelt.

Chloride sind negative Ionen von Salzen und werden bei Parkbauten in erster Linie als Tausalze (i. d. R. als NaCl und $CaCl_2$) mit einfahrenden PKWs in das Bauwerk eingeschleppt. Der Transport der Chloride mit dem Oberflächenwasser erfolgt im Porensystem des Zementsteins. Hier können – in Abhängigkeit von den Feuchteverhältnissen und dem Abstand von der Betonoberfläche – unterschiedliche Transportprozesse (Diffusion, kapillares Saugen, Permeation) maßgebend sein. In wassergesättigten Poren erfolgt der Chloridtransport in erster Linie durch Diffusion aufgrund von Konzentrationsunterschieden. Bei Betonbauteilen mit intermittierender Chloridbeaufschlagung, wie sie bei Parkbauten in der Regel bei Parkdeckoberflächen und aufgehenden Bauteilen ohne Beschichtung vorliegt, wird der Chloridtransport oberflächennah zusätzlich durch Huckepack-Transporte, Rücktransport von Chloriden bei Austrocknung oder auch Veränderung der Chloridbindekapazität infolge Carbonatisierung oder Auslaugen bestimmt, sodass das Chlorideindringen z. T. deutlich vom reinen Diffusionsverhalten abweicht. Besonders Huckepack-Transporte können oberflächennah zu einem deutlich beschleunigten Chlorideintrag führen [57, 58]. Modelle zur Beschreibung des Chlorideintrags in den Beton beruhen i. d. R. auf dem 2. Fick'schen Diffusionsgesetz, wobei dem abweichenden Verhalten im oberflächennahen Beton durch Ansatz sogenannter Konvektionszonen Rechnung getragen wird. Eine ausführliche Beschreibung der dem Transport zugrunde liegenden Prozesse und der Möglichkeiten zur mathematischen Modellierung des Chlorideintrags enthalten [54–59].

Durch die Beaufschlagung mit chloridhaltigem Wasser bildet sich im Beton ein Chloridkonzentrationsprofil aus, das mit dem Abstand von der Betonoberfläche ab- und mit der Zeit bzw. der Beaufschlagungsdauer mit Chloriden zunimmt. Ein Teil der eindringenden Chloride kann vom Zementstein chemisch und physikalisch gebunden werden. Gebundene Chloride sind für den Korrosionsprozess nicht relevant, da lediglich freie Chloridionen in der Porenlösung Korrosion an der Bewehrung auslösen können. Bei der Ermittlung von Chloridkonzentrationsprofilen an Bauwerksbetonen wird jedoch praktisch immer der Gesamtchloridgehalt, nicht der Gehalt an freiem Chlorid, ermittelt, was eine gewisse Unsicherheit bei der Abschätzung der Korrosionsgefahr zur Folge hat. Überschreitet der Chloridgehalt auf Bewehrungshöhe einen kritischen Wert, den sogenannten kritischen korrosionsauslösenden Chloridgehalt, führt dies zu einer lokalen Zerstörung des Passivfilms. Zur Beschreibung der elektrochemischen Prozesse bei der Zerstörung des Passivfilms existieren verschiedene Modellansätze [60]. Als Konsequenz der Depassivierung liegt die Bewehrung zumeist lokal korrosionsbereit vor, während die Passivschicht in den benachbarten Oberflächenbereichen stabil bleibt. In der Folge bilden sich zwischen depassivierten und passiven Oberflächenbereichen sogenannte Aktiv/Passiv-Zellen aus, bei denen aufgrund der ungünstigen Oberflächenverhältnisse mit u. U. hohen Korrosionsgeschwindigkeiten einsetzt [61]. Aufgrund des damit verbundenen, lokal streng begrenzten Korrosionsabtrags an den depassivierten Oberflächen wird dieser Mechanismus auch als „Lochkorrosion" bezeichnet. Die Lochkorrosion wird durch eine Absenkung des pH-Werts infolge einer Ansäuerung in der Lochnarbe und eine Potentialverschiebung am Lochboden zusätzlich beschleunigt. Das Zusammenwachsen einzelner Lochnarben wird als Muldenkorrosion bezeichnet.

Im Gegensatz zur carbonatisierungsinduzierten Bewehrungskorrosion mit ihrem nahezu gleichmäßigen flächigen Korrosionsabtrag findet die chloridinduzierte Korrosion i. d. R. örtlich sehr stark begrenzt statt. Zudem weisen die dabei gebildeten Korrosionsprodukte (u. a. Magnetit) eine höhere Mobilität sowie eine geringere Volumenzunahme auf. Beide Effekte führen dazu, dass bei chloridinduzierter Korrosion in vielen Fällen trotz großer Querschnittsverluste an der Bewehrung keine Rissbildung an der Bauteiloberfläche zu erkennen ist, was das Auffinden von chloridinduzierter Bewehrungskorrosion deutlich erschwert.

Während bei carbonatisierungsinduzierter Bewehrungskorrosion bei üblichen Umgebungsfeuchten nicht mit nennenswerter Korrosion gerechnet werden muss, liegt bei chloridinduzierter Bewehrungskorrosion aufgrund der Hygroskopizität der Salze auch bei niedrigeren Umgebungsfeuchten häufig eine ausreichende Leitfähigkeit des Betons vor, um Korrosion zu ermöglichen. Dieser Punkt ist besonders für die Auswahl der Instandsetzungsmaßnahmen bei chloridinduzierter Korrosion relevant und wird in Abschnitt 8.2 aufgegriffen.

4.6 Kritischer korrosionsauslösender Chloridgehalt C_{Krit}

Der Begriff des kritischen korrosionsauslösenden Chloridgehalts C_{Krit} bezeichnet den Gesamtchloridgehalt des Betons, bei dem ein lokaler Zusammenbruch des Passivfilms und in der Folge Bewehrungskorrosion auftritt. Die Korrosionsgefahr bzw. die Korrosionswahrscheinlichkeit steigt mit zunehmendem Chloridgehalt [62] (Bild 12).

So zentral der kritische korrosionsauslösende Chloridgehalt für die Bewertung des Bauwerkszustands und die Planung von Instandsetzungsmaßnahmen

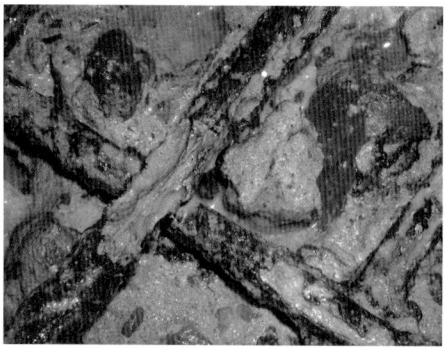

Bild 11. Das Zusammenwachsen von Lochnarben führt zu Muldenkorrosion

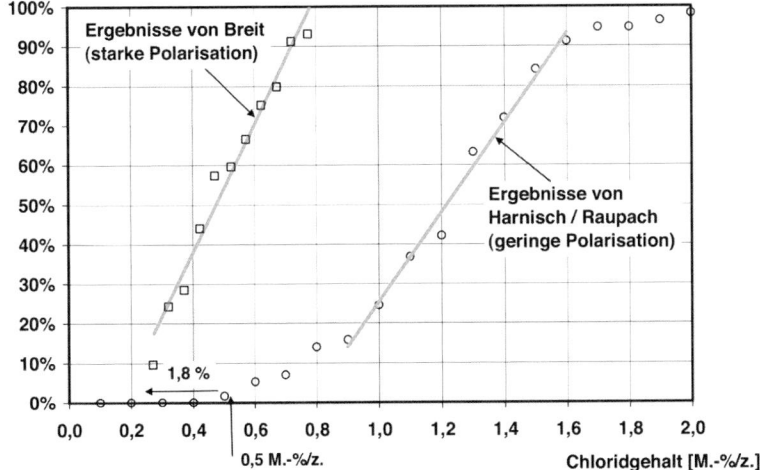

Bild 12. Korrosionswahrscheinlichkeit in Abhängigkeit des Chloridgehalts (aus [62])

ist, so schwierig und mit Unsicherheiten behaftet ist gleichzeitig seine Quantifizierung:

- Bei Korrosion handelt es sich um einen stochastischen Prozess, weshalb auch C_{Krit} selbst eine streuende Größe ist.
- C_{Krit} hängt von einer Vielzahl von Einflussfaktoren ab, sodass eine allgemeingültige Definition für unterschiedlichste Bauwerkssituationen generell nicht möglich ist.
- Die Bestimmung von C_{Krit} anhand von Laborversuchen ist in hohem Maße von den gewählten Versuchsbedingungen abhängig. Eine umfangreiche Literaturauswertung von *Angst* et al. [63] ergab für unterschiedliche Untersuchungsmethoden und Ausgangsstoffe eine Bandbreite für C_{Krit} von rd. 0,15 bis 2,5 M.-% bezogen auf den Zementgehalt. Die Bestimmung von C_{Krit} anhand von Bauwerksuntersuchungen andererseits ist aufgrund der Probenentnahme und der Identifikation des Zeitpunkts der Korrosionsinitiierung schwierig.
- Schließlich ist die Bestimmung des Chloridgehalts während der Zustandserfassung in Abhängigkeit von Größtkorn und Anzahl der Beprobungsstellen ebenfalls mit Unsicherheiten behaftet.

Aufgrund dieser Schwierigkeiten bei der Festlegung von C_{Krit} wird in der Instandsetzungs-Richtlinie für Stahlbetonbauwerke ein mehrstufiges Vorgehen vorgeschlagen, bei dem in einem ersten Schritt orientierend der Chloridgehalt innerhalb der Betondeckung bestimmt werden soll. Sofern hierbei (integrale) Chloridgehalte $\geq 0,2$ M.-% bezogen auf den Zementgehalt [M.-%/z] festgestellt werden, ist in einem zweiten Schritt eine tiefengestaffelte Bestimmung des Chloridgehalts vorzunehmen. Werden hierbei Chloridgehalte $\geq 0,5$ M.-%/z ermittelt, ist zur Bewertung der Korrosionsgefährdung und des Instandsetzungserfordernisses ein sachkundiger Planer einzuschalten. In der Praxis wird in aller Regel auf den ersten Schritt verzichtet und direkt eine tiefengestaffelte Bestimmung des Chloridgehalts durchgeführt. Die Quantifizierung von C_{Krit} hat in den vergangenen Jahren in der Fachwelt eine kontroverse Diskussion ausgelöst, nachdem vereinzelt von Bauwerksuntersuchungen berichtet wurde, bei denen bereits bei Chloridgehalten von 0,1 M.-% bezogen auf den Zementgehalt ausgeprägte Korrosion mit deutlichen Querschnittsverlusten an der Bewehrung aufgetreten war.

C_{Krit} wird baupraktisch von einer Vielzahl von Faktoren beeinflusst. Dabei spielt die Betonzusammensetzung selbst nur eine untergeordnete Rolle. Zwar ist bekannt, dass mit steigendem pH-Wert auch C_{Krit} steigt, weshalb tendenziell höhere Werte für C_{Krit} bei Verwendung von Portlandzementen zu erwarten wären. Allerdings bildet sich bei Verwendung von Zementen mit Hüttensand oder Flugaschezugabe andererseits eine dichtere Kontaktzone zwischen Beton und Bewehrungsstahl aus, die den Einfluss des geringeren pH-Werts zumindest kompensiert. Wesentlich größer ist der Einfluss der Exposition auf C_{Krit}. Sowohl bei sehr trockenem Beton als auch im wassergesättigten Beton ist zwar eine Depassivierung der Bewehrung möglich, diese führt aber aufgrund des sehr hohen Elektrolytwiderstands bzw. des behinderten Sauerstofftransports zu den Kathoden nicht zu relevanten Korrosionsabträgen. Die geringsten Werte für C_{Krit} sind daher bei dauerhaft feuchten Oberflächen bzw. Oberflächen mit intermittierender Feuchtebeaufschlagung zu erwarten (Bild 13). Zudem nehmen die Expositionsbedingungen auch auf die Polarisation der Bewehrung und somit C_{Krit} Einfluss. Besonders groß ist der Einfluss einer gleichzeitigen Carbonatisierung der Betondeckung, da durch diese der pH-Wert und damit C_{Krit} deutlich verringert werden und gleichzeitig gebundene Chloride wieder freigesetzt werden, wodurch sich der Anteil freier Chloride am Gesamtchloridgehalt signifikant erhöht. Daneben ist besonders die Ausbildung der Kontaktzone zwischen Stahl und Beton von Relevanz. Untersuchungen von *Glass* et al. [64] zeigen mit steigendem Porenanteil der Kontaktzone eine Verschiebung von C_{Krit} hin zu niedrigeren Werten. Herstellungsbedingt bildet sich die größte Porosität der Kontaktzone bei horizontalen Bewehrungsstäben an der Unterseite der Bewehrungsstäbe aus („Betonierschatten"), sodass hier niedrigere Werte für C_{Krit} als an der Oberseite zu erwarten sind. Diese Feststellung deckt sich mit den Erfahrungen von Bewehrungssondierungen im Rahmen von Zustandserfassungen und wird auch durch neuere Forschungsergebnisse von *Harnisch* et al. [65] unterstrichen, bei denen „stehend" betonierte Probekörper gegenüber „liegend" betonierten Probekörpern bei anschließend identischer Beaufschlagung erst bei deutlich höheren Chloridgehalten Korrosion aufwiesen. Eigene Untersuchungen der Autoren an unbeschichtet ausgeführten Parkdecks, die mit einem umfangreichen Korrosionsmonitoring-System ausgestattet wurden, ergaben bei den oberflächennahen Sensoren kritische korrosionsauslösende Chloridgehalte zwischen 0,57 und 0,65 M.-%/z [62], die dementsprechend geringfügig oberhalb des Anhaltswerts von 0,50 M.-%/z gemäß der Instandsetzungs-Richtlinie liegen.

Die oben beschriebenen Einflussfaktoren unterstreichen die Notwendigkeit, die vorhandenen Chloridgehalte bauteilspezifisch unter Berücksichtigung der individuellen Randbedingungen zu beurteilen. Gleichzeitig zeigen jedoch sowohl Laborversuche unter baupraktischen Bedingungen als auch Bauwerksuntersuchungen, dass selbst bei stark unterschiedlichen Expositionsbedingungen im ungerissenen, nicht carbonatisierten Beton bei Chloridgehalten < 0,5 M.-%/z kein relevanter Korrosionsabtrag festgestellt werden konnte. Vor diesem Hintergrund erscheint der in der Instandsetzungs-Richtlinie genannte Richtwert von 0,5 M.-%/z unverändert als sinnvolle Festlegung für den unteren Schwellenwert von C_{Krit}. Eine allgemeine Verschärfung dieses Kriteriums hin zu niedrigeren Grenzwerten ist aus der Sicht der Autoren technisch nicht erforderlich und wirtschaftlich nicht zu vertreten.

4.7 Korrosion im Rissbereich

4.7.1 Allgemeines

Die Bildung von Rissen im Betonquerschnitt bei Überschreiten der Betonzugfestigkeit ist Bestandteil des Konstruktionsprinzips der Stahlbetonbauweise. Durch konstruktive Maßnahmen (Beweh-

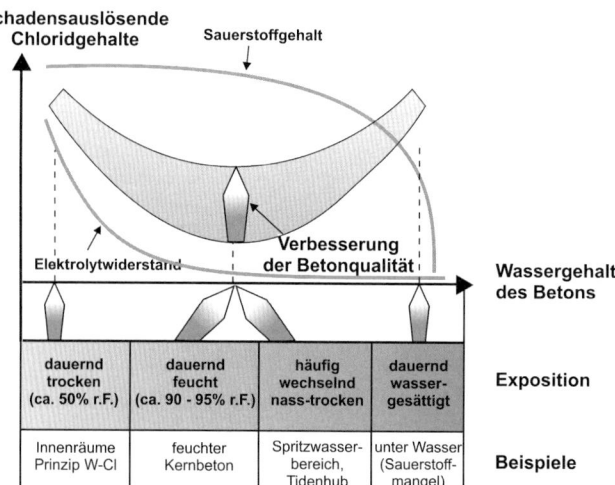

Bild 13. Einfluss der Expositionsbedingungen auf den kritischen korrosionsauslösenden Chloridgehalt [51]

rungsführung, Stahlspannung, Mindestbewehrung zur Beschränkung der Rissbreite) ist es zwar möglich, Risse in ihrer Breite zu beschränken, gänzlich verhindert werden können sie jedoch nur mit erheblichem – in vielen Fällen unverhältnismäßigem – Aufwand (z. B. mehraxiale Vorspannung). Da die Bildung von Rissen sowohl auf die Dauer bis zur Depassivierung als auch auf die anschließende Korrosionsgeschwindigkeit Einfluss nimmt, ist bei der Dauerhaftigkeitsbemessung von Bauwerken prinzipiell zwischen ungerissenen und gerissenen Stahlbeton- und Spannbetonbauteilen zu unterscheiden. Dabei ist neben der Unterscheidung in gerissene und ungerissene Betonquerschnitte auch die Art der Rissbildung (Trennrissbildung über den gesamten Betonquerschnitt oder Biegerissbildung) zu berücksichtigen.

4.7.2 Einleitungsphase im Bereich von Rissen

Das Korrosionsverhalten von Bewehrung im Bereich von Rissen ist bereits seit Ende der 1950er-Jahre Gegenstand zahlreicher Forschungsarbeiten. Dabei zeigte sich, dass sowohl bei carbonatisierungsinduzierter Korrosion als auch bei Chloridbeaufschlagung die Transportprozesse im Rissbereich stark beschleunigt ablaufen. Reichen Risse von der Betonoberfläche durchgehend bis zur Bewehrung, wird die Einleitungsphase bei beiden Mechanismen deutlich verkürzt, vgl. hierzu [66, 67].

Für die Länge der Einleitungsphase im Rissbereich sind primär die Betondeckung, die Expositionsbedingungen und die Art der Rissbildung maßgebend, die Rissbreite spielt hingegen nur eine untergeordnete Rolle. Das Eindringen der *Carbonatisierungsfront* im Rissbereich ist von der vierten Wurzel der Zeit und der Quadratwurzel der Rissbreite abhängig. Die Betondeckung wirkt sich demnach wesentlich stärker auf den Einleitungszeitraum der Korrosion im Rissbereich aus als die Rissbreite.

Da der Eintrag von *Chloriden* mit einer Wasserbeaufschlagung einhergeht, ist für die Geschwindigkeit des Chlorideintrags im Rissbereich die Häufigkeit der Wasserbeaufschlagung maßgebend. Daneben spielt besonders die Art der Rissbildung eine zentrale Rolle. Bei Trennrissbildung erfolgt der Chlorideintrag u. a. durch kapillares Saugen, wodurch auch nach kurzer Zeit bereits in großen Tiefenlagen deutlich erhöhte Chloridgehalte vorliegen können. Ist unterseitig eine schnelle Abtrocknung des Risses möglich (z. B. bei Geschossdecken), begünstigt dies häufig nach kurzer Beaufschlagungsdauer eine starke Chloridaufkonzentration an der Unterseite. Bei Biegerissen hingegen, bei denen zwischen zwei Beaufschlagungszyklen keine Abtrocknung des Risses stattfindet, findet der Chloridtransport primär durch Diffusion statt. In diesem Fall ist von einem wesentlich langsameren Chloridtransport auszugehen. Zudem deuten Untersuchungsergebnisse aus [68] sowie praktische Erfahrungen aus Bauwerksuntersuchungen darauf hin, dass bei Trennrissbildung auch geringere Chloridgehalte als bei Biegerissen bereits korrosionsauslösend wirken können, wodurch die Einleitungsphase bei Trennrissen zusätzlich verkürzt wird. Die Rissbreite spielt für den Chloridtransport, unabhängig von der Art der Rissbildung, erneut nur eine untergeordnete Rolle.

Sowohl bei carbonatisierungsinduzierter Korrosion als auch bei chloridinduzierter Korrosion muss davon ausgegangen werden, dass im Bereich von Rissen ohne weiterführende Maßnahmen die Depassivierung des Bewehrungsstahls für den Zeitraum der Nutzung in der Regel nicht verhindert werden kann. Bei ungünstigen Randbedingungen kann die Dauer bis zur Depassivierung sogar (sehr deutlich) unter fünf Jahren liegen.

4.7.3 Schädigungsphase im Bereich von Rissen

Sowohl die Carbonatisierung der Rissflanken als auch der Chlorideintrag im Rissbereich führen zu einer lokalen Zerstörung des Passivfilms der Bewehrung im Riss. Sofern die in Abschnitt 4.3 genannten Voraussetzungen für den Korrosionsprozess gegeben sind (z. B. ausreichender Feuchte- und Sauerstoffgehalt im Beton), setzt nach der Depassivierung die Schädigungsphase, d. h. die eigentliche Phase der Bewehrungskorrosion ein.

Die Korrosionsbedingungen im Riss unterscheiden sich bei *Chloridbeaufschlagung* z. T. deutlich von den Verhältnissen im ungerissenen Beton. Sie sind von signifikanten Potentialunterschieden zwischen depassivierter Bewehrung im Riss und angrenzenden, passiven Bereichen sowie sehr ungünstigen Anoden-/Kathodenverhältnissen geprägt. Der anodische Teilprozess der Eisenauflösung innerhalb dieses Makroelements findet an der depassivierten Bewehrung unmittelbar im Riss statt, während für den kathodischen Teilprozess der Sauerstoffreduktion die passive Bewehrungsoberfläche zwischen den Rissen zur Verfügung steht, die um ein Vielfaches größer ist als die Fläche der Anode (Bild 14). Die Geschwindigkeit der kathodischen Teilreaktion wird dabei primär von der Sauerstoffdiffusion durch den (ungerissenen) Beton zur Bewehrungsoberfläche bestimmt und hängt somit im Wesentlichen vom Diffusionswiderstand des Betons selbst, dem Grad der Wassersättigung des Porengefüges und der Betondeckung ab. Die Rissbreite spielt auch bei der Geschwindigkeit des Korrosionsprozesses – analog zur Einleitungsphase – keine Rolle, sodass innerhalb der im Stahlbetonbau üblichen Rissbreiten bis zu rd. 0,4 mm keine weitere Differenzierung hinsichtlich der Rissbreite erforderlich ist [48] (Bild 15).

Unter den ungünstigen Korrosionsverhältnissen im Riss können innerhalb einer vergleichsweise kurzen

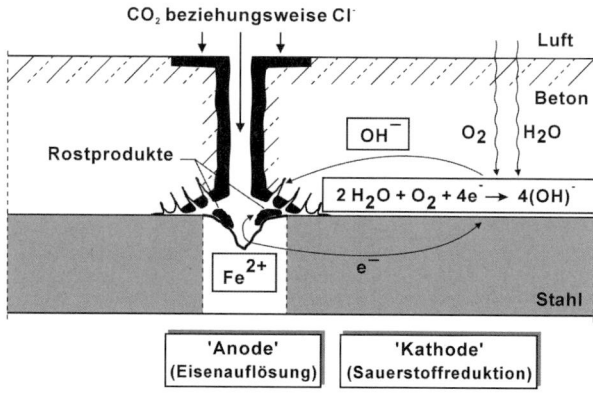

Bild 14. Schema des Korrosionsprozesses im Bereich von Rissen

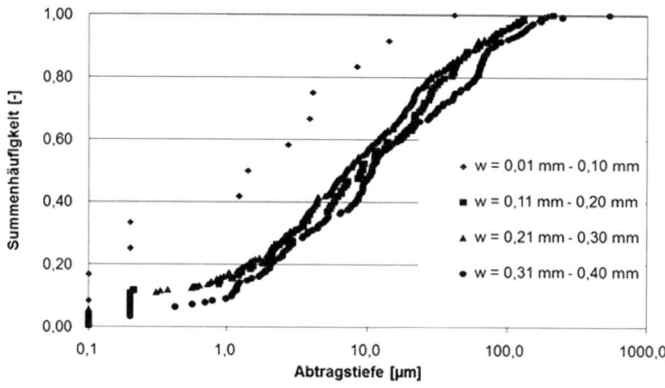

Bild 15. Einfluss der Rissbreite auf die Korrosionsgeschwindigkeit, Bild aus [69] nach Versuchsergebnissen von [48]

Zeit große Abtragstiefen hervorgerufen werden [67]. Die größten Querschnittsverluste sind hierbei erfahrungsgemäß bei chloridbeaufschlagten Trennrissen in befahrenen Geschossdecken von Parkbauten zu erwarten, bei denen – sofern nicht frühzeitig entsprechende Maßnahmen eingeleitet werden – innerhalb weniger Jahre Querschnittsverluste an der Bewehrung auftreten können, die bis zum Verlust der Tragfähigkeit des betroffenen Bauteils führen können.

Im Gegensatz zur chloridinduzierten Korrosion treten bei der *carbonatisierungsinduzierten* Korrosion bei Rissbreiten bis zu rd. 0,4 mm nur sehr kleine Abtragsraten auf, die in der Regel selbst bei längerer Nutzungsdauer nicht zu einer Beeinträchtigung der Tragfähigkeit führen werden.

4.7.4 Korrosionsfortschritt nach Verschließen der Risse

Die Frage, inwiefern durch ein Verschließen chloridbeaufschlagter Risse – z. B. durch oberseitiges Bandagieren oder Verpressen – ohne Abtrag des chloridbelasteten Betons der Korrosionsfortschritt auf ein vernachlässigbares Maß reduziert werden kann, wird in der Fachwelt kontrovers diskutiert. Anlass dieser Diskussion war die im DBV-Merkblatt „Parkhäuser und Tiefgaragen" formulierte Position, dass bei kurzen Einwirkzeiten von Chloriden (maximal eine Wintersaison) die eingetragenen Chloride erfahrungsgemäß zwar ausreichen, um eine Depassivierung der Bewehrung hervorzurufen, nicht aber, um standsicherheitsrelevante Korrosionsabträge zu bedingen. Aufbauend auf dieser Feststellung wird ein zeitnahes und dauerhaftes Verschließen der Risse auch ohne Abtrag des chloridbelasteten Betons als ausreichende Instandsetzungsmaßnahme eingestuft.

Dieser Fragestellung wurde in den vergangenen Jahren in mehreren Forschungsvorhaben nachgegangen, bei denen die Auswirkungen von Rissverpressungen und Rissbandagen auf die Korrosionsgeschwindigkeit anhand von Laborprobekörpern und Messungen an Referenzbauwerken untersucht wurden. Untersuchungsergebnisse an Laborprobekörpern mit Rissverpressung nach Depassivierung der Bewehrung zeigen, dass durch die Rissverpressung ein signifikanter Rückgang des Korrosionsfortschritts auf ein i. d. R. vernachlässigbares Maß erzielt werden konnte [68]. Diese Feststellung wird auch durch die Ergebnisse eines weiteren Forschungsvorhabens bestätigt, bei dem an Laborprobekörpern mit Biegerissen nach kurzzeitiger Chloridbeaufschlagung eine Rissbandage appliziert und die Veränderung der Korrosionsaktivität anhand von Potential-, Elementstrom- und Polarisationswiderstandsmessungen überwacht wurde [70]. Auch in diesen Versuchen wurde fast durchgängig ein Rückgang der Korrosionsaktivität nach dem Bandagieren auf ein vernachlässigbares Maß festgestellt. Abweichend von der ursprünglichen Annahme war dies jedoch nicht auf einen Anstieg des Elektrolytwiderstands, sondern primär auf einen Anstieg des anodischen Polarisationswiderstands – voraussichtlich infolge von Deckschichtbildungen durch Korrosionsprodukte oder Chloridumverteilungsprozesse – zurückzuführen.

Neben Ergebnissen von Forschungsvorhaben mit Laborprobekörpern liegen mittlerweile auch Ergebnisse von Instandsetzungen an realen Bauwerken vor, bei denen durch Rissbandagen in Verbindung mit einem Korrosionsmonitoringsystem bei entsprechenden Randbedingungen eine signifikante Reduzierung der Korrosion bis hin zur vollständigen Repassivierung erreicht werden konnte ([73] und Abschnitt 11.3.2).

5 Instandsetzung nach der Instandsetzungs-Richtlinie – Vorgehen und technische Grundlagen

5.1 Grundlagen

Die DAfStb-Instandsetzungs-Richtlinie in der Fassung von 2001 stellt bis zur Veröffentlichung der neuen Instandhaltungsrichtlinie weiterhin das für Instandsetzungen gültige Regelwerk dar (vgl. Darlegungen in Abschnitt 3 und die MBO mit MVV TB). Nachfolgend werden daher die Instandsetzungsprinzipien nach der Fassung 2001 erläutert. Diese Prinzipien werden in der neuen Instandhaltungsrichtlinie anders bezeichnet und zugeordnet, die dahinter stehenden wissenschaftlichen und technischen Prinzipien sind jedoch die gleichen.

Die Instandsetzungsrichtlinie 2001 besteht aus folgenden vier Teilen:

Teil 1: Allgemeine Regelungen und Planungsgrundsätze

Teil 2: Bauprodukte und Anwendung

Teil 3: Anforderungen an die Betriebe und Überwachung der Ausführung

Teil 4: Prüfverfahren

Nach Teil 1 der Instandsetzungs-Richtlinie lässt sich eine Instandsetzung prinzipiell in vier Phasen gliedern:

1) Vor Instandsetzungsmaßnahmen ist der Istzustand des Bauwerks aufzunehmen. Dies bedeutet in der Regel eine gründliche Bestandsanalyse des Gebäudes, bei der sowohl Schäden an der Bausubstanz als auch die Konstruktion des Gebäudes selbst aufzunehmen sind.

2) Nach der Feststellung des Istzustands ist der Sollzustand des Gebäudes nach der Instandsetzung, d. h. das Instandsetzungsziel, festzulegen. Dies muss auch aus rechtlichen Gesichtspunkten gemeinsam mit dem Bauherrn erfolgen.

3) Nachdem der Istzustand festgestellt und der Sollzustand festgelegt wurde, kann die eigentliche Instandsetzungsplanung durch den „sachkundigen Planer" beginnen.

4) Nach erfolgter Planung, Ausschreibung und Vergabe beginnt als letzte Phase die Ausführung der Instandsetzung.

Die Instandsetzungs-Richtlinie verlangt für die Umsetzung aller Phasen einer Instandsetzung einen sogenannten „sachkundigen Planer". Dieser muss die Fachkenntnis haben, anhand der Beurteilung des Istzustands die Ursachen von Mängeln und Schäden zu erkennen und darauf basierend ein geeignetes Instandsetzungskonzept zu entwickeln, um letztlich den gewünschten Sollzustand zu erreichen (vgl. Abschnitt 7). Der sachkundige Planer stellt hierbei keinen fest definierten Begriff dar bzw. es gibt keine verbindliche Prüfung, welche eine Person als sachkundigen Planer ausweist. Der sachkundige Planer muss auch keine Einzelperson sein, vielmehr ist es häufig so, dass bei komplizierteren Instandsetzungen Fachleute unterschiedlicher Fachdisziplinen zusammenarbeiten. Dies führt dann zur Bildung eines sachkundigen „Planerteams", welches z. B. aus Fachleuten für die eigentliche Instandsetzung, Tragwerksplanern, Bauphysikern, Brandschutzspezialisten und Bauwerksprüfern bestehen kann [68]. Von verschiedener Seite gibt es inzwischen Lehrgänge zum Thema „Instandsetzung", die nach einer bestandenen Prüfung mit einem Zertifikat als sachkundiger Planer abschließen. Diese Zertifizierung ist jedoch zurzeit noch nicht verbindlich und wird es auch nach der neuen Instandhaltungsrichtlinie nicht sein.

5.2 Instandsetzungsprinzipien

5.2.1 Allgemeines

Die grundlegenden Regelungen und Planungsgrundsätze sind in Teil 1 der Instandsetzungs-Richtlinie angegeben. Wie in Abschnitt 4.3 erläutert, müssen für das Ablaufen von Korrosion fünf Korrosionsvoraussetzungen gleichzeitig erfüllt sein. Ist nur eine dieser fünf Voraussetzungen nicht gegeben, findet keine Korrosion statt. Genauso gilt, dass es bei ablaufender Korrosion genügt, nur eine der fünf Voraussetzungen auszuschließen, um den Korrosionsprozess zu stoppen. Auf dieser Erkenntnis bauen die Instandsetzungsprinzipien der Instandsetzungs-Richtlinie und der europäischen Instandsetzungsnorm DIN EN 1504-9 [2] auf. Die Instandsetzungs-Richtlinie regelt die folgenden Instandsetzungsprinzipien, auf spezielle Aspekte wird in den nachfolgenden Abschnitten eingegangen.

Instandsetzungsprinzip R – Korrosionsschutz durch Wiederherstellung des alkalischen Milieus

Dieses Prinzip basiert auf der Wiederherstellung der Passivschicht auf der Stahloberfläche durch die Applikation zementgebundener Instandsetzungsmaterialien (Realkalisierung). Durch die Realkalisierung wird eine erneute Depassivierung der Stahloberfläche unterbunden. Instandsetzungsprinzip R kann sowohl bei carbonatisierungsinduzierter Korrosion als auch bei chloridinduzierter Korrosion verwendet werden und stellt die Standardvariante bei korrosionsbedingten Instandsetzungen dar. Auf den Stahl dürfen keine Beschichtungen aufgetragen werden, welche die Repassivierung des Stahls verhindern.

Instandsetzungsprinzip W – Korrosionsschutz durch Begrenzung des Wassergehalts des Betons

Dieses Prinzip basiert auf der Absenkung und Vergleichmäßigung des Wassergehalts des Betons und der damit verbundenen Erhöhung des elektrolytischen Widerstands. Die Korrosion wird dadurch unterbunden bzw. auf zu vernachlässigende Werte reduziert.

Instandsetzungsprinzip C – Korrosionsschutz durch Beschichtung der Bewehrung

Dieses Prinzip basiert auf der Applikation von Beschichtungen, wie sie im Stahlbau üblich sind. Die jetzige Instandsetzungs-Richtlinie sieht dieses Vorgehen nur für Sonderfälle vor, wenn z. B. nach der Instandsetzung keine Betondeckung größer als 10 mm möglich und das Instandsetzungsprinzip W nicht anwendbar ist. Die Praxis hat gezeigt, dass das Instandsetzungsprinzip C nicht sicher anwendbar ist, da bereits kleinste Fehlstellen in der Beschichtung, z. B. in Kreuzungspunkten von Bewehrungsstäben oder der Rückseite von Doppelstäben, zu sehr hohen Korrosionsraten führen können. Die Instandsetzungs-Richtlinie gibt hierzu entsprechende Warnhinweise. Auf das erhöhte Risiko dieser Variante muss der sachkundige Planer in seinem Instandsetzungsplan hinweisen. Aufgrund der schlechten Erfahrungen mit stahlbaumäßigen Beschichtungen wird das Instandsetzungsprinzip C in der Neufassung der Instandsetzungs-Richtlinie nicht mehr enthalten sein.

Instandsetzungsprinzip K – Kathodischer Korrosionsschutz KKS

Kathodischer Korrosionsschutz findet vorwiegend bei chloridinduzierter Korrosion Anwendung, kann jedoch in Abhängigkeit von den Randbedingungen auch bei carbonatisierungsinduzierter Bewehrungskorrosion sinnvoll sein [72]. Bei diesem Verfahren wird auf die Bewehrung ein Fremdstrom aufgebracht, welcher das Bewehrungspotential soweit in kathodische Richtung verschiebt, dass die gesamte Bewehrung primär als Kathode wirkt und die Stahlauflösung auf ein vernachlässigbares Maß reduziert wird. Vorteilig beim kathodischen Korrosionsschutz ist, dass kein Betonabtrag des chloridbelasteten Betons erfolgen muss. Dadurch ist kein Eingriff in die tragende Bausubstanz erforderlich, wodurch keine aufwendigen Abstützmaßnahmen erforderlich sind und weniger Lärm, Staub und Dreck entstehen. Instandsetzungsmaßnahmen durch KKS sind außerdem häufig schneller durchzuführen und kostengünstiger als konventionelle Instandsetzungen, weshalb KKS zunehmend an Bedeutung gewinnt. Nachteilig ist, dass die KKS-Anlage über die weitere Nutzungsdauer des Bauwerks dauerhaft betrieben werden muss. Die Planung und Ausführung von KKS-Systemen erfordert ein hohes Maß an Fachkenntnissen, sodass für Planung und Ausführung Ingenieurbüros mit speziellen Kenntnissen auf dem Gebiet des KKS bzw. Fachfirmen für KKS-Installationen beauftragt werden müssen. Die Instandsetzungs-Richtlinie beinhaltet keine detaillierten Ausführungsregeln für KKS, das maßgebende Regelwerk stellt die bauaufsichtlich eingeführte DIN EN ISO 12696 [37] dar. Weiterführende Angaben finden sich z. B. in [75] bis [77].

Da beim KKS möglichst wenig in die vorhandene Bausubstanz eingegriffen wird, ist KKS grundsätzlich an die Voraussetzung geknüpft, dass die vorhandenen Bewehrungsquerschnitte für die Tragfähigkeit ausreichen. Sind aufgrund fortgeschrittener Korrosion oder z. B. aufgrund von Lasterhöhungen Bewehrungsergänzungen erforderlich, ist KKS i. d. R. unwirtschaftlich.

Instandsetzung durch Chloridextraktion

Die elektrochemische Chloridextraktion ECE stellt eine Sonderlösung für die Instandsetzung von chloridbelasteten Stahlbetonbauteilen dar. Bei der ECE werden über ein zeitweise auf die Bauteiloberfläche aufgebrachtes elektrisches Feld die negativ geladenen Chloridionen aus dem Beton herausgezogen. Ziel der Maßnahme ist es, den Chloridgehalt im Bereich der Bewehrung auf ein unkritisches, d. h. nicht mehr korrosionsauslösendes Niveau abzusenken. Analog zum Kathodischen Korrosionsschutz kann

SIKA SANIERUNGSBETON
DIREKT MIT DEM FAHRMISCHER
AUF DIE BAUSTELLE

BAU- UND SPERRZEITVERKÜRZUNG
durch leistungsfähigen Einbau

KOSTENREDUZIERUNG
durch Materialkosteneinsparung und Bauzeitverkürzung

ARBEITSERLEICHTERUNG
durch Wegfall von Baustelleneinrichtungen für Trockenbeton

SICHERER EINBAU
durch leichtverarbeitbaren Beton (F5)

SIKA DEUTSCHLAND GMBH
ornwestheimer Straße 103-107
0439 Stuttgart
l.: +49 711 8009 - 0
ax: +49 711 8009 - 321
ww.sika.de

Peter-Schuhmacher-Straße 8
69181 Leimen
Tel.: +49 6224 988 - 04
Fax: +49 6224 988 - 522
E-Mail: info@de.sika.com

BUILDING TRUST

KOMPETENZ IN BETON:
- Betoninstandsetzung
- Zusatzmittel für Drän-, Bankett-, Architektur- und Sanierungsbeton

EINSATZGEBIETE:
- Parkbauten
- Brücken
- Industrieböden
- Tunnel
- Fahrbahnbeläge

YOUR SIKA – YOUR SOLUTION

BUILDING TRUST

auch beim ECE auf den Abtrag des chloridbelasteten Betons verzichtet werden. Gegenüber KKS bietet ECE den Vorteil, dass die Maßnahme i. d. R. innerhalb von wenigen Wochen oder Monaten abgeschlossen werden kann und anschließend keine weitere Wartung einer Anlage erforderlich ist. Allerdings ist die Anwendung von ECE in hohem Maße von der tatsächlichen Chloridverteilung im Bauteil abhängig. Günstige Verhältnisse für ECE liegen bei hohen Chloridgehalten primär im oberflächennahen Beton und ausgeprägten Chloridkonzentrationsgradienten zum Bauteilinneren hin vor. Sobald bereits hinter der äußeren Bewehrungslage stark erhöhte Chloridgehalte vorliegen, ist die Anwendung von ECE schwierig. Zudem ist eine Erfolgskontrolle nur durch die tiefengestaffelte Bestimmung des Chloridgehalts an ausgewählten Beprobungsstellen nach Abschluss der Maßnahme möglich und dementsprechend stark stichprobenartig. ECE stellt bei der Instandsetzung von Stahlbetonbauwerken einen Sonderfall dar, auf den an dieser Stelle nicht vertieft eingegangen wird. Nähere Informationen enthalten [78, 79].

5.2.2 Instandsetzungsprinzipien bei carbonatisierungsinduzierter Korrosion

Die Instandsetzungs-Richtlinie unterscheidet bei der Instandsetzung durch Wiederherstellung des alkalischen Milieus (Instandsetzungsprinzip R) die Grundsatzlösungen R1 für großflächige Maßnahmen und R2 für lokale Instandsetzungen.

Grundsatzlösung R1: Flächiger Auftrag von alkalischem Mörtel oder Beton

Bei dieser flächigen Instandsetzung wird über die Fehlstellenbereiche und über die gesamte Betonoberfläche eine Schicht aus zementgebundenem Beton oder Mörtel aufgebracht (Bild 16). Wichtig ist, dass der Altbeton nur soweit abgetragen werden muss, wie er infolge von Bewehrungskorrosion gelockert und gerissen ist. Allerdings darf dann der Beton um nicht mehr als 20 mm hinter die äußerste Bewehrungslage carbonatisiert sein. Die flächige Ausbesserung ist sinnvoll, wenn große Bauteilbereiche eine große Carbonatisierungstiefe und/oder nur eine sehr geringe Betondeckung aufweisen.

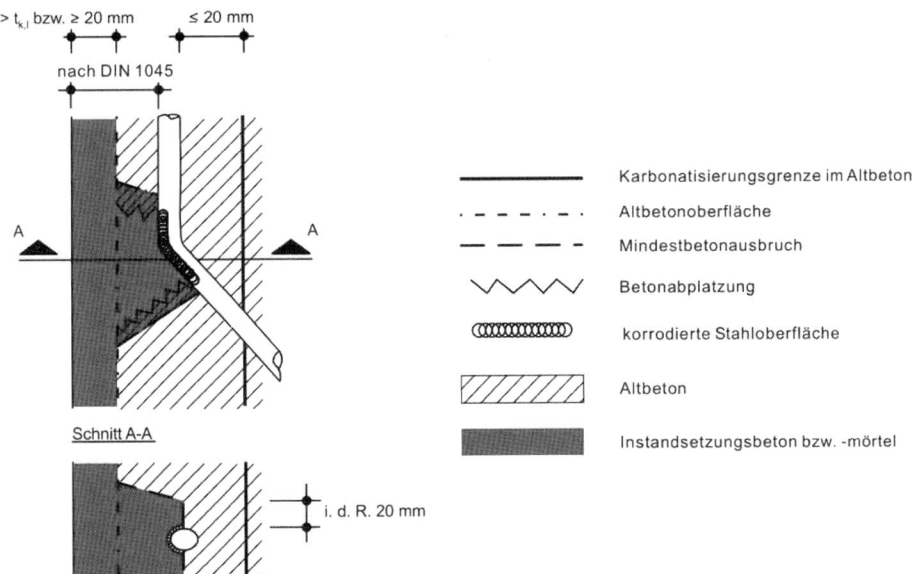

Bild 16. Grundsatzlösung R1 (Bild 6.1 aus [1])

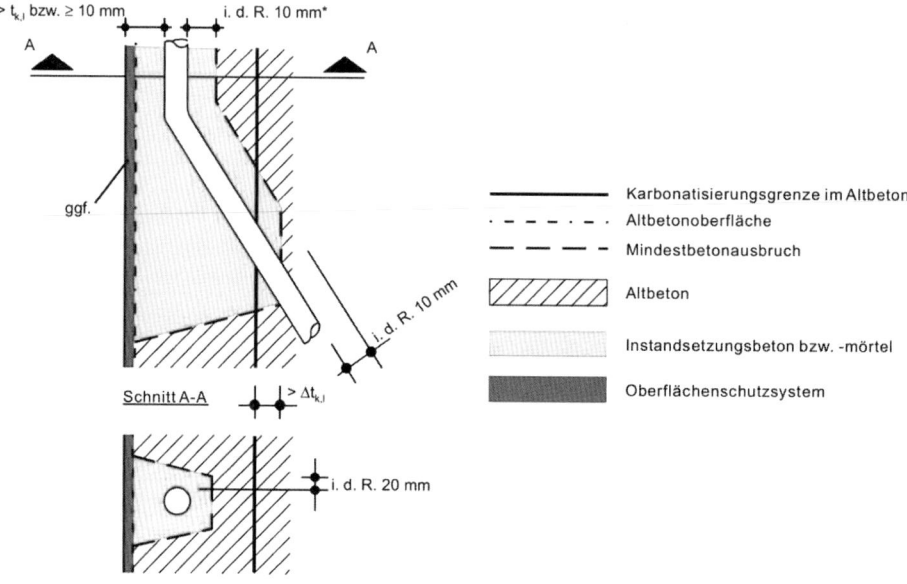

$t_{k,l}$ = maximale Karbonatisierungstiefe im Instandsetzungsmörtel
$\Delta t_{k,l}$ = maximale zusätzliche Karbonatisierungstiefe des Altbetons

* kann 0 sein, wenn Betondeckung nach der Instandsetzung ≥ 20 mm

Bild 17. Grundsatzlösung R2 (Bild 6.2 aus [1])

Grundsatzlösung R2: Örtliche Ausbesserung mit alkalischem Beton bzw. Mörtel

Die lokale Ausbesserung (Grundsatzlösung R2) wird angewendet, wenn nur in örtlich eng begrenzten Bereichen Korrosion aufgetreten ist, z. B. infolge von örtlich großen Carbonatisierungstiefen (im Bereich von Kiesnestern etc.) oder in Bereichen mit nur örtlich zu geringer Betondeckung (Bild 17). Die Instandsetzungs-Richtlinie empfiehlt, im Anschluss die gesamte Betonoberfläche zu beschichten, um auch in anderen Bereichen die Dauerhaftigkeit zu erhöhen. Hier ist ggf. die Restlebensdauer abzuschätzen. Die Grundsatzlösung R2 darf nur angewendet werden, wenn nach der Instandsetzung die Betondeckung mindestens 10 mm beträgt, ansonsten ist Grundsatzlösung C (Korrosionsschutz durch Beschichtung der Bewehrung) anzuwenden. Hiervon ist jedoch abzuraten (vgl. Abschnitt 5.2.1).

Instandsetzungsprinzip W – Korrosionsschutz durch Begrenzung des Wassergehalts des Betons

Das Instandsetzungsprinzip W stellt eine Standardlösung für carbonatisierungsinduzierte Korrosion dar. Es sieht das flächige Aufbringen eines Oberflächenschutzsystems auf die zu schützenden Oberflächen vor (Bild 18). Nach der Instandsetzungs-Richtlinie ist im Vorfeld der Beton im Bereich von Fehlstellen und darüber hinaus bis zum korrosionsfreien Bereich zu entfernen. Liegt nur oberflächliche Korrosion ohne Bildung volumenfordernder Korrosionsprodukte vor, ist dies jedoch aus technischer Sicht nicht notwendig. Diese Forderung wird in der Neufassung der Instandsetzungs-Richtlinie daher nicht mehr enthalten sein.

5.2.3 Instandsetzungsprinzipien bei chloridinduzierter Korrosion

Die Instandsetzungs-Richtlinie weist explizit auf die Tatsache hin, dass der kritische korrosionsauslösende Chloridgehalt von einer Reihe von Einflussfaktoren abhängt (Abschnitt 4.6) und im jeweiligen Einzelfall vom sachkundigen Planer zu beurteilen ist.

Grundsatzlösung R1-Cl (flächig) und R2-Cl (lokal)

Eine Repassivierung infolge von Chlorideintrag depassivierter oder korrodierender Stahloberflächen durch den Auftrag alkalischer Beschichtungen ist technisch nicht möglich. Der Beton muss daher überall dort bis zur Bewehrung bzw. um einen Sicherheitszuschlag darüber hinaus abgetragen wer-

Instandsetzung nach der Instandsetzungs-Richtlinie

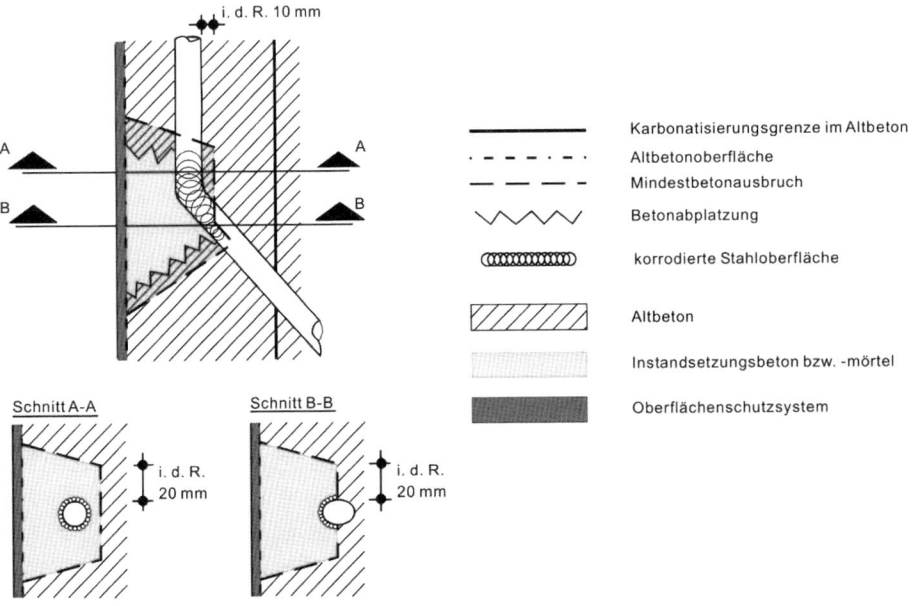

Bild 18. Grundsatzlösung W (Bild 6.3 aus [1])

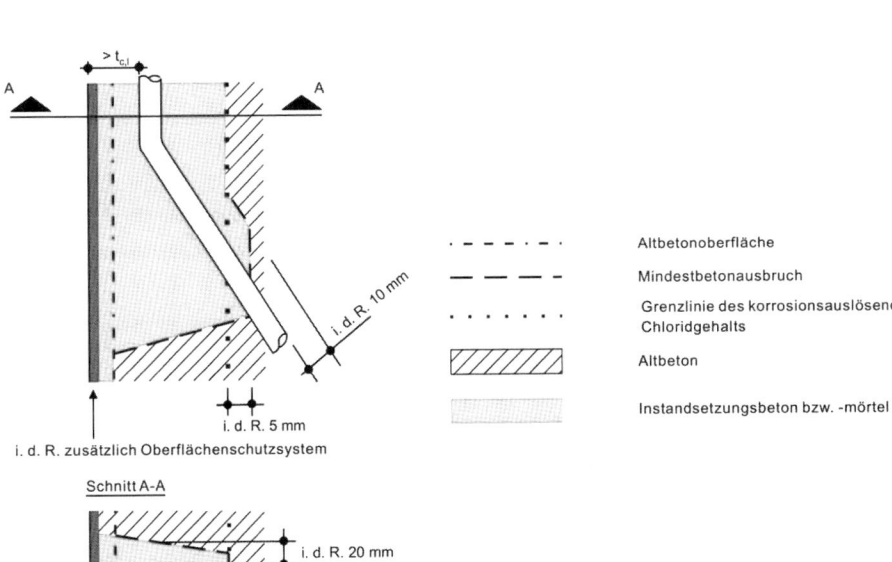

$t_{c,l}$ = maximale Chlorideindringtiefe am Ende der Restnutzungsdauer

Bild 19. Grundsatzlösung R1-Cl (Bild 6.5 aus [1])

den, wo der kritische korrosionsauslösende Chloridgehalt überschritten wird (Bild 19). Anschließend wird flächig ein alkalischer Beton oder Mörtel aufgetragen. Das erneute Eindringen von Chloriden soll durch Oberflächenschutzmaßnahmen verhindert werden. Die Reprofilierung mit dem ausgewählten Instandsetzungsmaterial muss sicherstellen, dass sich infolge von Rückdiffusion aus dem Altbeton an der Bewehrung kein erneuter kritischer korrosionsauslösende Chloridgehalt einstellt.

Neben der Grundsatzlösung R1-Cl sieht die Instandsetzungs-Richtlinie auch eine Grundsatzlösung R2-Cl vor, bei der – analog zur Grundsatzlösung R2 bei carbonatisierungsinduzierter Korrosion – auf einen anschließenden flächigen Beton- oder Mörtelauftrag verzichtet und lediglich lokal der Beton dort abgetragen wird, wo er den kritischen korrosionsauslösenden Chloridgehalt überschreitet.

Instandsetzungsprinzip W-Cl

Nach der Instandsetzungs-Richtlinie sollte dieses Prinzip nur angewendet werden, wenn durch Probeinstandsetzungen an Referenzflächen bzw. -bauteilen vor der eigentlichen Instandsetzungsmaßnahme nachgewiesen wird, dass der Korrosionsfortschritt auf ein akzeptables Maß abgesenkt werden kann. Die Überprüfung hat z. B. durch den Einbau geeigneter Korrosionsstrommessvorrichtungen zu erfolgen (vgl. Abschnitt 11.3.2).

5.3 Umsetzung von Instandsetzungen nach der Instandsetzungs-Richtlinie

In Teil 2 der Instandsetzungs-Richtlinie sind wichtige Angaben und Anforderungen für die Umsetzung von Instandsetzungsmaßnahmen enthalten. Es finden sich allgemeine Angaben zu Anforderungen und Prüfungen an Instandsetzungsprodukten, ferner Anforderungen an den Betonuntergrund, die Vorbehandlung der Bewehrung, Anforderungen an Instandsetzungsbetone und -mörtel, Oberflächenschutzsysteme, das Vorgehen beim Füllen von Rissen und Hohlräumen und erforderliche Angaben für die Lieferung von Instandsetzungsmaterialien. Auf einzelne Punkte wird nachfolgend noch detaillierter eingegangen.

Teil 3 der Instandsetzungs-Richtlinie enthält Anforderungen an die Betriebe und die Überwachung der Ausführung. Instandsetzungsmaßnahmen sind grundsätzlich durch eine dafür anerkannte Überwachungsstelle zu überwachen. Auf diese Überwachung darf lediglich verzichtet werden, wenn es sich nur um eine kleine Maßnahme handelt, die nicht standsicherheitsrelevant ist. In Teil 3 wird detailliert angegeben, welche Prüfungen in welchem Umfang während der Instandsetzung durchgeführt werden müssen. Diese Prüfungen sind ein wichtiges Instrument, um während der Ausführung die erforderliche Qualität nachzuweisen und auch, falls es zu Mängeln in der Ausführung gekommen ist, nachvollziehen zu können, was für diese Mängel ursächlich gewesen ist.

In Teil 4 sind alle notwendigen Angaben zur Durchführung von Prüfungen enthalten, welche nach Teil 3 durchgeführt werden müssen bzw. können.

6 Ist-Zustandsfeststellung von Parkbauten – Durchführung erforderlicher Untersuchungen

6.1 Aufnahme der grundsätzlichen Bauwerkssituation

Neben dem Erfassen spezifischer Schäden des Bauwerks muss im Rahmen der Ist-Zustandsfeststellung entsprechend Teil 1 der Instandsetzungs-Richtlinie auch die allgemeine bauliche und nutzerbedingte Situation erfasst werden. Dies betrifft neben dem konstruktiven Ausbildung, d. h. dem statischen System, den Stellplatzabmessungen, der Durchfahrtshöhe oder der Grundwassersituation, auch dauerhaftigkeitsrelevante Details wie Gefälleausbildung, Entwässerungseinrichtungen, vorhandene Schutzmaßnahmen, Entlüftungseinrichtungen etc. Ferner ist die Nutzung des Bauwerks aufzunehmen, z. B. die Verkehrsführung, die Frequentierung einzelner Bauwerksbereiche, die Entlüftung (Zwangsbelüftung oder Schwerkraftlüftung), Heizung und – falls vorhanden – Daten über Reinigungs- oder Wartungsarbeiten etc.

6.2 Tragkonstruktion

Das statische System ist vollumfänglich zu erfassen. Die sichere Lastabtragung des Gebäudes muss sowohl für den Bauzustand während der Instandsetzung als auch nach der Instandsetzung jederzeit gewährleistet sein. Ferner ist der Brandschutz zu jeder Zeit zu gewährleisten, dies gilt insbesondere für Bauzustände, bei denen die Bewehrung über längere Zeit freiliegt (z. B. Stützeninstandsetzung, Bild 20). Für die Ausführungsplanung im Vorfeld und auch während der Instandsetzung ist ein Tragwerksplaner einzuschalten.

Wichtige Punkte, welche bei der Instandsetzungsplanung und der späteren Ausführung zu berücksichtigen sind, werden im Folgenden aufgeführt.

Ausführung von Stützen und tragenden Wänden

Die statische Auslastung der stützenden Bauteile beeinflusst maßgebend die Ausführung der Instandsetzung. Bei wenig ausgelasteten Stützen kann der Abtrag des chloridbelasteten Betons in der Regel an allen vier Stützenseiten gleichzeitig erfolgen. Bei höher ausgelasteten Stützen können häufig nur zwei

Bild 20. Brandschutzmatten zum temporären Brandschutz während der Maßnahme

Bild 22. Ausgeknickte Bewehrung einer Stütze infolge Betonabtrags und fehlender Zwischenunterstützung (von *K. Schöppel*)

Bild 21. Abstützung eines Unterzugs mit Schwerlaststützen

Seiten gleichzeitig oder gar nur jeweils eine Fläche bearbeitet werden. Analog ist auch bei höher ausgelasteten Wandbereichen häufig nur eine abschnittsweise Bearbeitung möglich. Bei hoch ausgelasteten Stützen sind in der Regel Abstützmaßnahmen notwendig, die vom zuständigen Tragwerksplaner geplant werden müssen. Bei hohen Auslastungsgraden und ungünstigen konstruktiven Randbedingungen können die Kosten für Abstützmaßnahmen einen erheblichen Anteil an den Gesamtkosten betragen (Bild 21). Bei unzureichenden Abstützmaßnahmen besteht die Gefahr eines Bauteilversagens z. B. durch Ausknicken der Bewehrung (Bild 22).

Bodenplatte

Die meisten Bodenplatten älterer Tiefgaragen sind bewehrt, wobei die Bewehrung häufig keine statische Funktion übernimmt und nur als „konstruktive Bewehrung" eingelegt wurde. Der erforderliche Instandsetzungsumfang von Bodenplatten ist maßgebend von der statischen Funktion abhängig. Bevor die Instandsetzungsplanung erfolgt, ist deshalb die statische Funktion abzuklären.

Bei sehr tief liegender Bewehrung (Betondeckung rd. 6 cm und höher) treten in der Regel trotz ablaufender chloridinduzierter Korrosion keine Betonabplatzungen auf. Erfüllt die Bewehrung keinerlei tragende Funktion, kann deshalb aus Gründen der Wirtschaftlichkeit erwogen werden, die Bewehrung bewusst „wegkorrodieren" zu lassen und keine Instandsetzungsmaßnahmen durchzuführen.

Bei manchen Tiefgaragen erfüllt die Bodenplatte keine tragende Funktion im Sinne von Lastableitung von Gebäuden, Grundwasserrückhaltung etc., aber sie wird zur Gebäudeaussteifung in horizontaler Richtung benötigt. Horizontale Lasten können als Druckbelastung, z. B. zur Weiter- bzw. Durchleitung von Erddruck oder als Zuglasten für die Gebäudeaussteifung auftreten. In diesen Fällen ist die Dauerhaftigkeit und Lastaufnahme der Bodenplatten zu gewährleisten.

Bei hohen Grundwasserständen und Ausführung als Weiße Wanne übernehmen Bodenplatten sowohl die Dichtfunktion als auch statische Funktionen bei der Lastabtragung. Eine Reprofilierung kann dann jeweils nur in kleinen Abschnitten erfolgen, da beim Betonabtrag die oben liegende, unter Zug stehende Bewehrung freigelegt oder ggf. die Betondruckzone reduziert wird und die Lastabtragung über die Nachbarbereiche gewährleistet sein muss.

Unterzüge

Unterzüge sind i.d.R. nur dann chloridbelastet, wenn die darüber liegende Decke Chloridbelastungen ausgesetzt ist und Chloride über Trennrisse, Bauwerksfugen oder Konsolbereiche zutreten können (Bild 23).

Fugenbereiche

Fugenbereiche sind häufig nicht oder nur unzureichend dauerhaft abgedichtet. In der Folge kann chloridhaltiges Wasser eindringen und Bewehrungskorrosion auslösen. Besonders gefährdet sind die Fugenflanken und die Unterseiten. An den Unterseiten treten häufig besonders hohe Chloridkonzentrationen auf, da sich hier das durchdringende Wasser seitlich ausbreiten und verdunsten kann, was zu einer Aufkonzentration von Tausalz führt (Bild 24). Im Zuge der Schalarbeiten werden häufig saugfähige Einlagen verwendet. Fugeneinlagen speichern dauerhaft Wasser und Tausalze und geben diese fortlaufend an den umgebenden Beton ab, sehr hohe Chloridkonzentrationen und Querschnittsverluste der Bewehrung können die Folge sein (Bild 25).

Konsolbereiche, Auflager

Konsolbereiche sind bei älteren Tiefgaragen häufig ein Problem, da Zwischendecken über Unterzügen mit Bauwerksfugen ausgeführt wurden und keine oder nur wenig dauerhafte Abdichtungen eingebaut wurden. Zutretendes chloridhaltiges Wasser konnte sich dann in vielen Fällen über Jahre auf dem Unterzug und zugehörigen Konsolbereichen verteilen (Bild 26). Da Konsolen an der Oberseite zugbean-

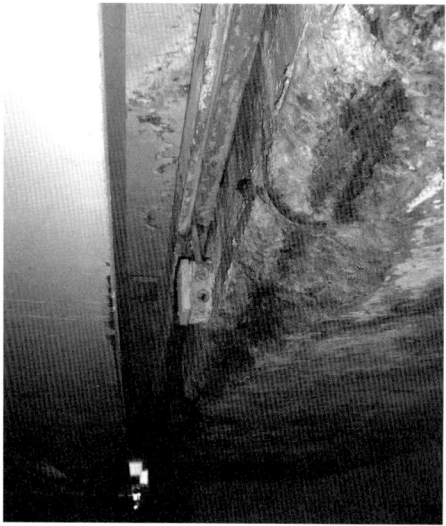

Bild 23. Unterzug mit chloridinduzierter Bewehrungskorrosion

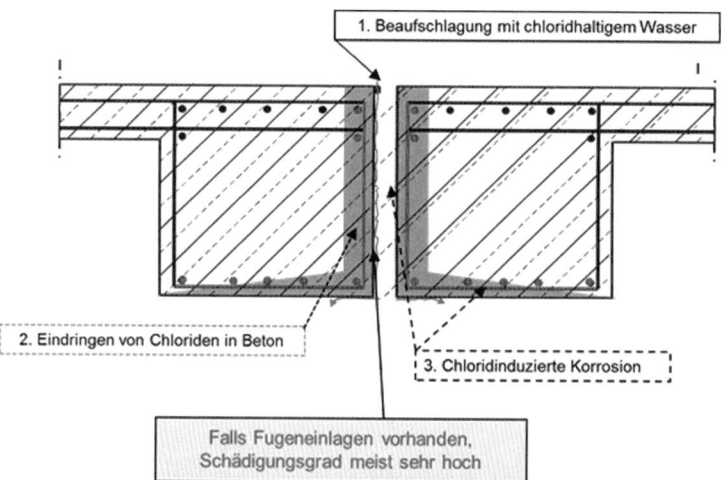

Bild 24. Schema der Bewehrungskorrosion in Fugenbereichen

Bild 25. Fugenbereich nach Entfernen des chloridbelasteten Betons mit dem Höchstdruckwasserstrahlverfahren. Zu erkennen ist eine saugfähige Fugeneinlage.

sprucht sind, kann Chloridbelastung dort zu einer gravierenden Beeinträchtigung der Tragsicherheit führen.

6.3 Auffinden von Bereichen mit chloridinduzierter Korrosion(sgefahr)

6.3.1 Aufgabenstellung

Chloridinduzierte Korrosion an der Bewehrung entsteht, wenn der kritische korrosionsauslösende Chloridgehalt erreicht bzw. überschritten wird. Von entscheidender Bedeutung bei der Instandsetzung von Park- und Verkehrsbauten ist das Auffinden von Bereichen mit aktiver Korrosion, aber auch von Bereichen der Bewehrung mit ehemals aktiver Korrosion, welche sich nun aber passiv verhalten. Ferner müssen Bereiche detektiert werden, bei welchen zurzeit noch keine Korrosion abläuft, bei denen aber die Gefahr besteht, dass durch Chloridumverteilungsprozesse zukünftig Korrosion an der Bewehrung entstehen kann, auch wenn durch Schutzmaßnahmen (Oberflächenschutzsysteme) keine weiteren Chloride mehr in das Bauteil eindringen können, vgl. auch Grundsatzlösungen R-Cl und W-Cl.

Das Auffinden o. g. Bereiche sollte über aufeinander abgestimmte Untersuchungen bzw. Untersuchungsschritte erfolgen. Am Anfang steht immer eine visuelle Untersuchung, bevor über Laboruntersuchungen und die Ausführung zerstörungsfreier Untersuchungen tiefergehende Analysen durchgeführt werden.

6.3.2 Visuelle Untersuchung

Gefällesituation

Chloridinduzierte Korrosion läuft bevorzugt in Bereichen ab, zu denen tausalzhaltiges Wasser häufig

Bild 26. Korrosion an der Konsolbewehrung unterhalb einer undichten Bauwerksfuge

zutreten kann. Solche Bereiche sind z. B. Tiefpunkte in Zwischendecken und Bodenplatten, in denen sich Pfützen bilden können, sowie aufgehende Bauteile wie Stützen und Wände, die im Tiefpunktbereich oder Entwässerungsbereich von horizontalen Bauteilen liegen. Mitunter sind Tiefgaragen und Parkhäuser „verkehrsgünstig" gebaut, d. h., Fahrzeuge können mit hoher Geschwindigkeit fahren, was dann zusätzlich zu Spritzwasserbeaufschlagung an Stützen und Wänden führen kann. Eine schnelle, aber effektive Methode zur Überprüfung der Gefällesituation ist der Gießkannentest, bei dem im Umfeld von aufgehenden Bauteilen Wasser auf die Oberfläche von Fahrbahnflächen aufgebracht und beobachtet wird, wohin das Wasser abfließt. Fließt das Wasser zu Stützen- oder Wandfüßen und sind dort keine funktionsfähigen Oberflächenschutzsysteme angebracht, besteht an diesen Stellen eine hohe Wahrscheinlichkeit einer Chloridbelastung.

Anzeichen von Chloridbelastung und Korrosion

An aufgehenden Bauteilen sind häufig bis in Höhen von wenigen Zentimetern bis einigen Dezimetern Salz- bzw. Feuchteränder zu erkennen (Bild 27). Salzhaltiges Wasser wird dabei kapillar solange hoch gesaugt, bis das Aufsaugen und das oberflächliche Abtrocknen ein Gleichgewicht finden. Bei Stützen- und Wandfüßen mit einem Dispersi-

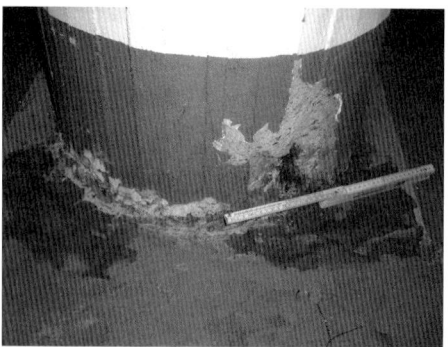

Bild 27. Feuchteränder, Abplatzungen

Bild 28. Trennriss mit Feuchtespuren und Rostfahnen

onsanstrich geht diese Feuchtebelastung i. d. R. mit Farbablösungen einher, die ebenfalls ein guter Indikator für eine wiederkehrende Wasserbeaufschlagung sind. Im Bereich der sichtbaren Feuchteränder sind Chloridbelastungen dann häufig besonders hoch. Chloridinduzierte Korrosion kann bei geringem Sauerstoffangebot ohne Bildung volumenfordernder Korrosionsprodukte ablaufen, vgl. Abschnitt 4.5, weshalb die Abwesenheit von Abplatzungen und Hohllagen nicht als Nachweis gesehen werden kann, dass keine Korrosion abläuft bzw. nicht bereits mit vorhandenen Querschnittsschwächungen der Bewehrung gerechnet werden muss. Hierzu müssen auf jeden Fall weitere Untersuchungen durchgeführt werden. An aufgehenden Bauteilen ist jedoch häufig ein hohes Sauerstoffangebot vorhanden, weshalb dort chloridinduzierte Korrosion Abplatzungen der Betondeckung hervorrufen kann. Dies ist insbesondere dann der Fall, wenn chlorid- und carbonatisierungsinduzierte Korrosion gleichzeitig ablaufen und vergleichsweise geringe Betondeckungen vorliegen. Alle Bauteile sind auf sichtbare Anzeichen von Bewehrungskorrosion hin zu untersuchen.

Rissbereiche

Die Tragsicherheit von Zwischendecken und Bodenplatten kann sehr stark gefährdet sein, wenn chloridbelastete Risse die tragende Bewehrung kreuzen. Wie in Abschnitt 4.7 dargestellt, kann Korrosion sowohl in Biegerissen als auch in Trennrissen auftreten, wobei die Korrosionsgefahr in Trennrissen besonders hoch ist. Alle Fahrbahnflächen müssen sorgfältig auf Rissbildung untersucht werden. Gut zu erkennen sind Risse an der Unterseite von Zwischendecken im Bereich von Feuchte- und Korrosionsspuren (Bild 28).

Abdichtungen und Oberflächenschutzsysteme

Vorhandene Abdichtungen etc. sollten u. a. auf Ausführungsart, z. B. starr oder rissüberbrückend, und

Bild 29. Korrosion im Bereich einer undichten Entwässerungseinrichtung

Funktionsfähigkeit bzw. Schäden wie Ablösungen, Lunker, Risse, mechanischen Abrieb etc. hin untersucht werden.

Entwässerungseinrichtungen

Entwässerungseinrichtungen wie z. B. Bodeneinläufe von Parkdecks sind besonders bei alten Parkbauten in vielen Fällen undicht, sodass – analog zu undichten Bauteilfugen – auch hier eine Chloridaufkonzentration an der Deckenunterseite und in der Folge ausgeprägte Bewehrungskorrosion auftreten kann (Bild 29). Entwässerungseinrichtungen sollten dementsprechend ebenfalls grundsätzlich hinsichtlich Anzeichen von Undichtigkeiten untersucht werden.

6.3.3 Bestimmung des Ausmaßes von Bewehrungskorrosion bzw. vorhandener Querschnittsschwächung

Zur Abschätzung, ob die Tragsicherheit eines Bauwerks oder einzelner Teile eingeschränkt ist, ob Bewehrung zugelegt werden muss oder ob die Ausführung eines KKS grundsätzlich möglich ist, muss das Ausmaß der Bewehrungskorrosion bzw. der Querschnittsverlust der Bewehrung bekannt sein. Die Bestimmung des Ausmaßes von chloridinduzierter Korrosion ist nur durch Freilegen der Bewehrung und Bestimmung des Querschnittsverlustes möglich – auch wenn hin und wieder in Ausschreibungen verlangt wird, die Querschnittsverluste zerstörungsfrei mit Bewehrungssuchern oder mit der Potentialfeldmessung zu ermitteln. Das Freilegen der Bewehrung wird in der Regel nur bei einem begründeten Verdacht und nur lokal vorgenommen. Dementsprechend sind in einem ersten Schritt zunächst Bereiche mit erhöhter Gefahr chloridinduzierter Korrosion zu identifizieren. Zu diesem Zweck stehen im Wesentlichen zwei indirekte Verfahren zur Verfügung, die nach Möglichkeit kombiniert eingesetzt werden sollten: das Bestimmen des Chloridgehalts im Bereich der Bewehrung (Abschnitt 6.3.4) und die sogenannte Potentialfeldmessung (Abschnitt 6.3.5).

6.3.4 Bestimmung des Chloridgehalts

Die Kenntnis des Chloridgehalts des Bauwerksbetons ist für die Bewertung der Gefahr chloridinduzierter Bewehrungskorrosion elementar und gehört daher zu den Standardverfahren bei der Zustandserfassung von Verkehrs- und Parkbauten. Die Durchführung der Untersuchungen zur Bestimmung des Chloridgehalts sind in Deutschland in DIN EN 14629 [80] und in [81] geregelt.

Durchführung

Die Bestimmung des Chloridgehalts erfolgt anhand von Bauwerksproben, die aus dem zu untersuchenden Bauwerk entnommen und anschließend im Labor chemisch analysiert werden. Die Entnahme erfolgt in der Regel durch Bohrmehlentnahme mit einem Hohlbohrer und Absaugvorrichtung oder durch Entnahme von Bohrkernen. Da der Chloridtransport durch Diffusion bzw. kapillare Saugprozesse zur Ausbildung von Konzentrationsgradienten im Beton führt, erfolgt die Probenentnahme in der Regel tiefengestaffelt, um die tatsächliche Chloridverteilung innerhalb der Betondeckung abbilden zu können (Chloridprofile). Allerdings sind sehr feinstufige Entnahmen aufgrund der Heterogenität des Betons und der Ungenauigkeit bei der Entnahmetiefe nicht zielführend. In der Praxis haben sich Tiefenstufen von rd. 10 mm bis 20 mm etabliert. Werden statt Bohrmehlproben Bohrkerne entnommen, werden diese in die entsprechenden Tiefenstufen gesägt und anschließend für die chemische Analyse aufgemahlen.

Die Entnahme sollte in beiden Fällen mindestens bis auf Bewehrungshöhe erfolgen. Sollen im Zuge von Instandsetzungsplanungen Aussagen über erforderliche Abtragstiefen getroffen werden, sind auch Probenentnahmen bis hinter die äußere Bewehrung notwendig.

Die Probenvorbereitung und die chemische Analyse im Labor erfolgt gemäß DIN EN 14629 [80] bzw. [81]. Dabei werden die Proben zunächst getrocknet, aufgemahlen und homogenisiert und anschließend mit Säure aufgeschlossen. Die Bestimmung des Chloridgehalts erfolgt mittels potentiometrischer Titration oder argentometrisch nach *Vollhard*. Da durch den Säureaufschluss auch chemisch bzw. physikalisch gebundene Chloride gelöst werden, wird durch beide Verfahren der Gesamtchloridgehalt der Probe bestimmt. Dieser wird in M.-% bezogen auf die Betonprobe angegeben und kann bei Kenntnis der Betonzusammensetzung oder mit entsprechenden Annahmen in M.-% bezogen auf den Zementgehalt [M.-%/z] umgerechnet werden. Sind keine näheren Angaben zum Zementgehalt des Betons bekannt – und dies ist der Regelfall –, so liefert der Faktor 7 einen guten Anhaltswert.

Festlegung der Entnahmestellen

Im Gegensatz zur Potentialfeldmessung, die eine flächige Aussage über Korrosionswahrscheinlichkeiten auf den untersuchten Oberflächen erlaubt, handelt es sich bei der Bestimmung des Chloridgehalts um ein punktuelles Untersuchungsverfahren. Zudem muss davon ausgegangen werden, dass Chloridgehalte im Beton tatsächlich selbst bei nahe beieinander liegenden Untersuchungsstellen große Unterschiede ergeben können. So ist es z. B. bei der Entnahme von Proben aus Stützensockeln ein großer Unterschied, ob die Probe in einer Höhe von 5 cm oder 20 cm entnommen wird. Daher kommt der Festlegung der Untersuchungsstellen eine zentrale Bedeutung zu.

Bei der Festlegung der Entnahmestellen ist grundsätzlich die individuelle Beaufschlagungssituation des Bauwerks zu berücksichtigen. Geeignete Entnahmestellen ergeben sich i. d. R. aus den zuvor durchgeführten Arbeitsschritten der visuellen Aufnahme (Abschnitt 6.3.2), der Aufnahme der Gefällesituation und der Potentialfeldmessung (Abschnitt 6.3.5). Solche Stellen sind z. B.:

- Tiefpunktbereiche mit Anzeichen einer wiederkehrenden Pfützenbildung bei horizontalen (Parkdeck-)Oberflächen,
- Bereiche im Anschluss an Entwässerungseinrichtungen zur Überprüfung möglicher Umläufigkeiten (häufig in Verbindung mit Ablaufspuren z. B. an der Untersicht von Zwischendecken),
- Parkdeckoberflächen mit erkennbaren Ablösungen des Oberflächenschutzsystems,
- Rissbereiche bei horizontalen Bauteiloberflächen,
- Stützen- und Wandfüße mit erkennbaren Anzeichen wiederkehrender Feuchtebeaufschlagungen (Farbablösungen, Feuchteränder, Salzablagerungen) im Bereich der Feuchtespuren,

- Bereiche mit erkennbaren Korrosionsspuren,
- Oberflächenbereiche, bei denen aufgrund der Ergebnisse der Potentialfeldmessung von einer erhöhten Korrosionsgefahr ausgegangen werden muss,
- Bereiche, die gemäß der Tragwerksanalyse besonders kritisch sind.

Diese Aufstellung erhebt keinen Anspruch auf Vollständigkeit und kann in Abhängigkeit von der bauwerksspezifischen Situation beliebig fortgesetzt werden. Daher ist es elementar, dass die Beprobungsstellen von einem sachkundigen Planer unter Einbeziehung aller ihm vorliegenden Ergebnisse bereits durchgeführter Untersuchungen festgelegt werden. Besonders wichtig ist dabei, dass die tatsächlich auffälligen Bereiche selbst beprobt werden und nicht in einem Abstand von mehreren Zentimetern. Die Information über den Chloridgehalt an einem aufgehenden Bauteil in einer Höhe von 40 cm kann für die Festlegung erforderlicher Abtragshöhen im Rahmen der Instandsetzungsplanung hilfreich sein, für die eigentliche Zustandserfassung ist jedoch in der Regel der Chloridgehalt im unmittelbaren Fußbereich maßgebend. Daher ist die Entnahmestelle durch den sachkundigen Planer am Bauwerk eindeutig zu kennzeichnen und nach Entnahme sorgfältig zu dokumentieren.

Anzahl der Entnahmestellen

Die Festlegung der Anzahl der Entnahmestellen erfolgt anhand der tatsächlichen Bauwerkssituation. Eine Festlegung der Anzahl im Vorfeld allein aufgrund der Bauwerksgröße ist in der Regel nicht zielführend [82]. Dabei sollte vor Ort grundsätzlich nach dem Prinzip verfahren werden, dass nicht eindeutige Aussagen durch Erhöhung des Probenumfangs abzusichern sind. Diese ergänzenden Beprobungen verursachen zwar kurzfristig Mehrkosten, die jedoch i. d. R. im Vergleich zu den tatsächlichen Kosten bei einer Fehleinschätzung des Instandsetzungsbedarfs (sowohl bei einer Überschätzung des erforderlichen Instandsetzungsumfangs als auch bei einer Unterschätzung) vernachlässigbar sind.

Da Beton ein heterogener Baustoff ist, besteht bei lediglich einem Bohrloch je Entnahmestelle die Gefahr einer nicht repräsentativen Probenentnahme. Diese kann sowohl auftreten, wenn die Probe überwiegend Gesteinskörnung enthält, als auch bei einem zu großen Anteil an Zementsteinmatrix. Um die Gefahr einer nicht repräsentativen Probenentnahme zu minimieren, werden in [81] Festlegungen getroffen, wie viele Bohrlöcher je Entnahmestelle in Abhängigkeit vom Größtkorn der Gesteinskörnung und vom Bohrerdurchmesser herzustellen sind (Tabelle 3).

Chloridgehalt in Rissbereichen

Die Bestimmung des Chloridgehalts in ungerissenen Bereichen ist vergleichsweise einfach, da i. d. R. nur ein Konzentrationsgefälle senkrecht, ausgehend von der Bauteiloberfläche auftritt. In Rissbereichen treten hingegen zwei Konzentrationsgefälle auf, eines senkrecht zur Bauteiloberfläche und eines senkrecht zur Rissflanke. Je nach Chloridausbreitung senkrecht zum Riss, Bohrerdurchmesser und auch der Abweichung der Bohrung zum Rissverlauf wird der tatsächliche Chloridgehalt auf Höhe der risskreuzenden Bewehrung mehr oder weniger unterschätzt werden. Hinzu kommt, dass entlang der Bewehrung häufig Verbundstörungen vorhanden sind, welche die Ausbreitung von Chloriden begünstigen (Bilder 30, 31). Bei der Beprobung von Rissbereichen ist es zunächst entscheidend, ob überhaupt Chloride bis zur Bewehrung eingedrungen sind. Wenn ja, sind immer weitergehende Untersuchungen und Überlegungen erforderlich.

Bewertung der Ergebnisse

Als Ergebnis der Bohrmehlentnahme und chemischen Analyse ist der tiefenabhängige Chloridgehalt im Beton bekannt. Zur Bewertung, inwiefern dieser für das untersuchte Bauwerk als kritisch einzustufen ist, sind jedoch aufgrund der Abhängigkeit des kritischen korrosionsauslösenden Chloridgehalts von der spezifischen Bauwerkssituation weiterführende Informationen erforderlich. So ist eine belastbare Aussage nur in Verbindung mit stichprobenartigen Bewehrungssondierungen und Bestimmung ggf. vorhandener Querschnittsverluste bzw. in Verbindung mit Potentialfeldmessungen möglich. Da zudem der Chloridgehalt auf Bewehrungshöhe für die Bewertung maßgebend ist, muss auch die tatsächliche Betondeckung am Bauwerk bestimmt werden. Ohne Vorliegen dieser Informationen sollte eine abschließende Bewertung nur bei eindeutigen – ent-

Tabelle 3. Mindestanzahl der Bohrlöcher in Abhängigkeit von Bohr- und Größtkorndurchmesser [81]

Größtkorndurchmesser in mm	Anzahl der Bohrlöcher bei Bohrerdurchmesser in mm			
	20	26	32	40
8	1	1	1	1
16	2	1	1	1
32	5	3	2	1

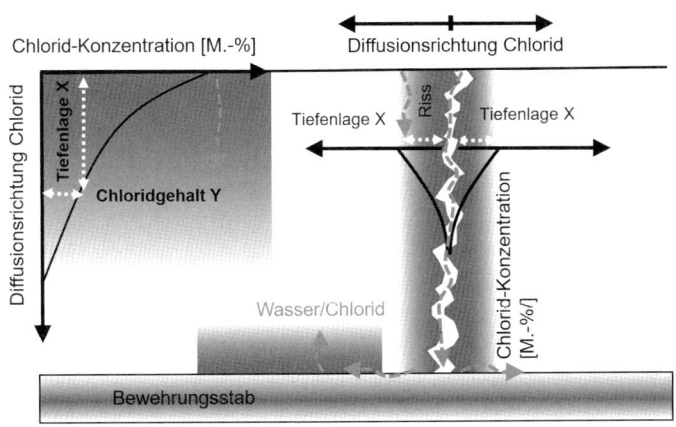

Bild 30. Eindringwege des Chlorids in Beton und Ausbildung von Konzentrationsgefällen

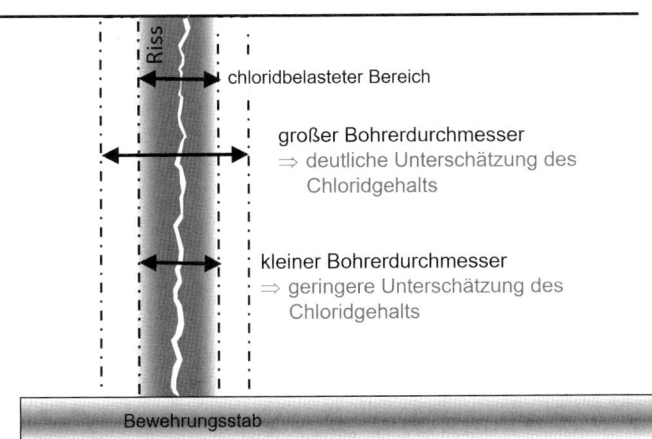

Bild 31. Einfluss des Bohrerdurchmessers auf den gemessenen Chloridgehalt im Riss

weder sehr stark erhöhten oder unauffälligen – Chloridgehalten oder aber unter eindeutigem (schriftlichem) Hinweis auf die damit verbundenen Unsicherheiten und Risiken erfolgen.

6.3.5 Elektrochemische Potentialfeldmessung

Die elektrochemische Potentialfeldmessung eignet sich besonders zum effektiven Untersuchen großer Bauteilflächen auf mögliche chloridinduzierte Bewehrungskorrosion, weshalb sie mittlerweile zu den Standardverfahren bei der Untersuchung im Vorfeld von Instandsetzungen flächiger Verkehrsbauwerke wie Brücken, Tiefgaragen oder Parkdecks gehört.

Die Durchführung und Bewertung von Potentialfeldmessungen wird in Deutschland vom Merkblatt B3 „Elektrochemische Potentialmessungen zur Detektion von Bewehrungsstahlkorrosion" der DGZfP geregelt. Bereits 1990 erschien die erste Fassung des Merkblatts, damals noch veröffentlicht im DAfStb-Heft 422 als Empfehlungen und Hinweise für Prüfungen nach DIN 1048 [83]. Grundlegende Überarbeitungen erfolgten 2008 und 2014 [84]. In Deutschland liegen somit bald drei Jahrzehnte Erfahrung mit den o. g. Regelwerken und auch in der praktischen Anwendung vor [85–87].

Grundlagen

Die Potentialfeldmessung ist ein Verfahren zum zerstörungsfreien Auffinden von Bauwerksbereichen mit erhöhter Korrosionsgefährdung [88]. Das Prinzip der Potentialfeldmessung beruht auf der Messung der Potentialdifferenz zwischen dem Bewehrungsstahl im Beton und einer auf der Betonoberfläche aufgesetzten Bezugselektrode, Bild 32 oben. Dringen Chloride von der Bauteiloberfläche bis zur anfangs passiven Bewehrung vor und überschreitet die Chloridkonzentration auf Bewehrungshöhe eine kritische Konzentration, führt dies zu einer lokalen Zerstörung des Passivfilms an der Bewehrungsoberfläche („Depassivierung"). In der Folge bildet sich ein Korrosionselement, bei dem die anodische Korrosionsreaktion der Eisenauflösung in den depassivierten Oberflächenbereichen stattfindet, während die kathodische Gegenreaktion primär an unverändert passiven Oberflächen abläuft. Innerhalb dieses Korrosionselements stellen sich Potentialdifferenzen zwischen Anode und Kathode ein, die durch deutlich negativere (unedlere) Potentiale im Bereich der Anoden und edlere Potentiale an den kathodischen Oberflächen gekennzeichnet sind. Durch rasterförmiges Versetzen der Bezugselektrode auf der Betonoberfläche können die an der Betonoberfläche messbaren Potentialwerte aufgezeichnet und darüber anodische und kathodische Bewehrungsabschnitte im Beton identifiziert werden. Lokal begrenzte, ausgeprägte Potentialverschiebungen hin zu negativeren Potentialwerten, sogenannte Potentialtrichter, sind – wie in Bild 32 unten schematisch dargestellt – hierbei häufig ein Hinweis auf aktive Bewehrungskorrosion. Dabei ist jedoch zu berücksichtigen, dass die an der Bauteiloberfläche messbaren Potentialwerte neben der Korrosionsaktivität der Bewehrung auch von einer großen Zahl anderer Faktoren beeinflusst werden können, sodass für die seriöse Bewertung der gemessenen Potentialwerte weitere, begleitende Untersuchungen zwingend erforderlich sind.

Durchführung

Bei der Potentialfeldmessung wird die zu untersuchende Betonstahlbewehrung an einer Stelle im Beton freigelegt und dort mit einem elektrischen Kabel ein hochohmiges Spannungsmessgerät (Voltmeter) und eine Bezugselektrode (in der Regel eine $Cu/CuSO_4$-Elektrode) angeschlossen. Die Betonoberfläche muss im Vorfeld der Messung gereinigt werden und frei von elektrisch isolierenden Anstrichen oder Beschichtungen sein. Ist unklar, ob eine Messung durch eine vorhandene Beschichtung möglich ist, ist diese ggf. lokal zu entfernen und das Messergebnis vorher und nachher zu vergleichen. Generell wird empfohlen, die Betonoberfläche vor der Potentialfeldmessung anzufeuchten (empfohlene Befeuchtungszeit rd. 20 Minuten), um einen guten elektrolytischen Kontakt zur Bezugselektrode zu schaffen, hohe Oberflächenwiderstände zu beseitigen und die Oberflächenfeuchte zu vergleichmäßigen. Im Rahmen des Messvorgangs wird die Bezugselektrode über die Betonoberfläche geführt und die Potentialdifferenz zwischen Bezugselektrode und Bewehrung gemessen. In Abhängigkeit von der

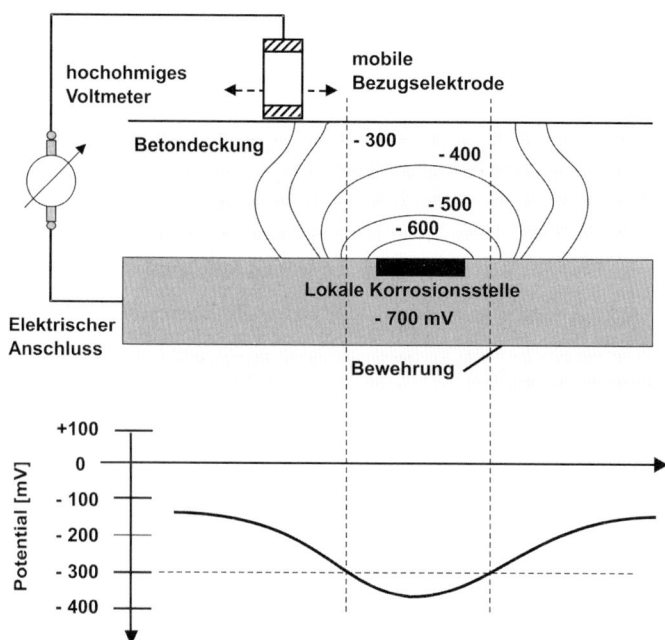

Bild 32. Prinzip der elektrochemischen Potentialfeldmessung (oben) und zugehöriges Messergebnis (unten) [87]

Ist-Zustandsfeststellung von Parkbauten

Bild 33. Durchführung einer flächigen Potentialfeldmessung mit einer Vierradelektrode

Aufgabenstellung können zu diesem Zweck sowohl automatisch messende Radelektroden mit Wegaufzeichnung bei großflächigen Anwendungen (Bild 33) als auch Punkt- oder Stabelektroden bei kleinflächigen Messungen bzw. bei vertikalen Bauteiloberflächen eingesetzt werden.

Auswertung und Anwendungsgrenzen

Die Wahrscheinlichkeit, dass aktive Korrosionsprozesse in einem Bauteil ablaufen, steigt grundsätzlich bei negativeren gemessenen Potentialen. Allerdings kann in Abhängigkeit von den Randbedingungen schon das Potential passiver Bewehrung über einen Potentialbereich von mehreren 100 mV schwanken, sodass eine Bewertung des Korrosionszustands der Bewehrung allein aufgrund des Absolutwerts des gemessenen Potentials in der Regel nicht möglich ist (Bild 34). Deshalb erweist sich die Auswertung ortsabhängiger Potentialgradienten an der Oberfläche i. d. R. als zielführender. Chloridinduzierte Bewehrungsstahlkorrosion führt häufig zu örtlich stark begrenzten korrodierenden Bereichen, die ausgeprägte Potentialunterschiede in räumlich abgegrenzten Bereichen, den sogenannten Potentialtrichtern, nach sich ziehen. Im Zentrum solcher Potentialtrichter liegt das Potential häufig 200 bis 400 mV negativer als in den umliegenden Bereichen. Hier kann mit sehr hoher Wahrscheinlichkeit von einer örtlichen Depassivierung der Stahlbewehrung ausgegangen werden. Eine besonders wirkungsvolle Möglichkeit zur Identifizierung von Potentialtrichtern und Visualisierung von Korrosionswahrscheinlichkeiten ist die grafische Darstellung der Potentialfeldmessdaten, bei der unterschiedlichen Potentialen unterschiedliche Farben zugeordnet werden. Bei geschickter Wahl der Farben und der Skalierung (i. d. R. 50 mV) erlaubt dies einen schnellen und aussagekräftigen Überblick über die räumliche Potentialverteilung innerhalb eines Bauwerks.

Mit der Potentialfeldmessung können grundsätzlich nur aktuell ablaufende Korrosionsprozesse erfasst werden. Die Messungen geben zudem keine Rückschlüsse auf den Grad der Schädigung der Bewehrung oder auf früher stattgefundene Korrosion. Querschnittsverluste an der Bewehrung sind daher anhand von Sondierungsöffnungen zu bestimmen. Im Regelfall wird die Potentialfeldmessung an der Bauteiloberfläche durchgeführt, welche der korrosionsgefährdeten Bewehrung am nächsten liegt. Ist diese Oberfläche einer Messung nicht zugänglich, weil z. B. eine Abdichtung vorhanden ist, kann unter bestimmten Umständen auch an der gegenüberliegenden Bauteiloberfläche (Unterseite einer Zwischendecke) gemessen werden, [86]. Allerdings

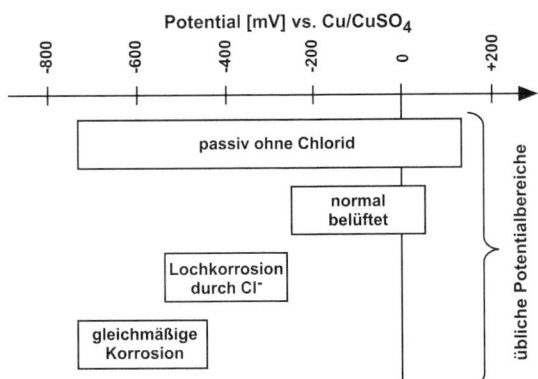

Bild 34. Übliche Potentialbereiche von Bewehrungsstahl [83]

sind derartige Messungen prinzipiell durch stichprobenartige Untersuchungen an der beaufschlagten Oberfläche zu plausibilisieren und zu kalibrieren.

Ergänzende Untersuchungen

Aufgrund der Vielzahl möglicher Einflussfaktoren auf die Potentialverteilung ist eine belastbare Auswertung von Potentialfeldmessungen grundsätzlich nur in Verbindung mit begleitenden Zusatzuntersuchungen möglich. Der notwendige Umfang dieser Untersuchungen ist objektabhängig. Nach Merkblatt B3 sind ergänzend mindestens die folgenden Untersuchungen durchzuführen:

– eine umfassende visuelle Aufnahme der Flächen, d. h. Kartierung von freiliegender Bewehrung, Rissen, Abdichtungsresten, Entwässerungseinrichtungen, Einbauteilen etc.,
– ein vollflächiges Abklopfen der Oberflächen auf Hohllagen. Im Bereich von Hohllagen kann der elektrolytische Kontakt zur Bewehrung gestört sein, gleichzeitig sind sie in vielen Fällen ein Hinweis auf fortgeschrittene Bewehrungskorrosion.
– vollflächige Betondeckungsmessungen zur Bewertung von Chloridtiefenprofilen,
– die Entnahme von Bohrmehlproben zur tiefengestaffelten Chloridgehaltsbestimmung zur Interpretation der gemessenen Potentiale. Dabei sollten die Entnahmestellen auf Grundlage der Ergebnisse der Potentialfeldmessung grundsätzlich so gewählt werden, dass sowohl Bereiche mit hoher und mittlerer Korrosionsgefährdung als auch tendenziell unauffällige Bereiche als Referenzflächen beprobt werden.
– stichprobenartige Bewehrungssondierungen zur Kalibrierung und Bestimmung des tatsächlichen Schädigungsgrads der Bewehrung auf Grundlage der Ergebnisse der Potentialfeldmessung.

Die Ergebnisse dieser ergänzenden Untersuchungen sind bei der Bewertung der gemessenen Potentialverteilung zu berücksichtigen.

Anwendungsbeispiele

Tiefgaragenbodenplatte [88]
Die hier betrachtete Tiefgarage umfasst auf vier Ebenen rd. 140 Stellplätze. Als Belag wurde auf den Zwischendecken und der Bodenplatte ein Gussasphalt auf einem Rohglasvlies ohne zusätzliche Abdichtung ausgeführt. Infolge von Undichtigkeiten konnte chloridhaltiges Wasser unter die Gussasphalt eindringen und sich im Rohglasvlies zwischen Gussasphalt und Betonoberseite großflächig verteilen, ohne dass dies von der Oberseite erkennbar war. Erkannt wurde diese Problematik erst, als im Bereich von Trennrissen in den Zwischendecken an den Deckenunterseiten ausgeprägte Korrosion und Betonabplatzungen auftraten, die nach 10-jähriger Nutzung der Tiefgarage zu Teilsperrungen und Notabstützungen führte. Im Rahmen einer umfassenden Instandsetzung wurde der Gussasphaltbelag vollflächig entfernt und zur Festlegung der Betonabtragsflächen eine vollflächige Potentialfeldmessung durchgeführt. Die Ergebnisse sind für einen Bodenplattenabschnitt beispielhaft in Bild 35 dargestellt.

Aus der grafischen Darstellung der Potentiale in Bild 35 kann in diesem Fall bereits eine Vielzahl an Informationen über das Bauwerk abgeleitet werden:

– Die Potentiale sind auf einem Großteil der betrachteten Bodenfläche offensichtlich vergleichsweise unedel, sodass von einem großflächigen Chlorideintrag in den Konstruktionsbeton ausgegangen werden muss.
– Die negativsten Potentiale in Verbindung mit den deutlichsten Potentialgradienten liegen in Fahrspurmitte vor. Hier ist es im Anschluss an eine Fertigteilrinne ohne Abdichtung offensichtlich zu Unterläufigkeiten der Rinne gekommen. Allerdings ist hier auch z. T. durch vorhandene Einbauteile das Potential in negative Richtung verschoben, was durch den Abgleich mit der visuellen Aufnahme nachvollzogen werden kann.
– Im Anschluss des Gussasphalts an die Stützen- und Wandfüße wurde ebenfalls keine Abdichtung ausgeführt, wodurch auch in diesen Bereichen verstärkt chloridhaltiges Wasser eindringen konnte. Dieser Effekt ist an den Außenwänden i. d. R. ausgeprägter als an den Stützen.

Chloridgehaltsbestimmungen an Proben, die aus unterschiedlichen Potentialbereichen entnommen wurden, ergaben eine gute Korrelation zwischen Potentialverteilung und Chloridgehalt. Diese wurde durch die Auswertung der vollflächigen Betondeckungsmessungen und lokale Sondieröffnungen zur Bestimmung des Korrosionszustands abgesichert, sodass durch Kombination aller Untersuchungsergebnisse eine zuverlässige Festlegung der erforderlichen Betonabtragsflächen getroffen werden konnte. Diese ergab trotz der vergleichsweise kurzen Nutzungsdauer, dass infolge des äußerst unglücklichen Bodenaufbaus auf mehr als 60 % der Bodenplattenoberseite der Beton mittels Höchstdruckwasserstrahlen bis hinter die erste Bewehrungslage abgetragen werden musste.

Parkhausbodenplatte mit Rissbildung [88]
Das hier betrachtete Parkhaus wurde 1995 errichtet und besitzt eine Gesamtfläche von rd. 12.000 m^2, die sich auf zwei Parkebenen verteilt. Als Bodenaufbau wurde ein zementgebundener Verbundestrich ohne zusätzliche Abdichtung ausgeführt. Die Instandsetzungsplanung sah einen vollflächigen Abtrag des Verbundestrichs und einen Betonabtrag auf Grundlage einer baubegleitenden Potentialfeld-

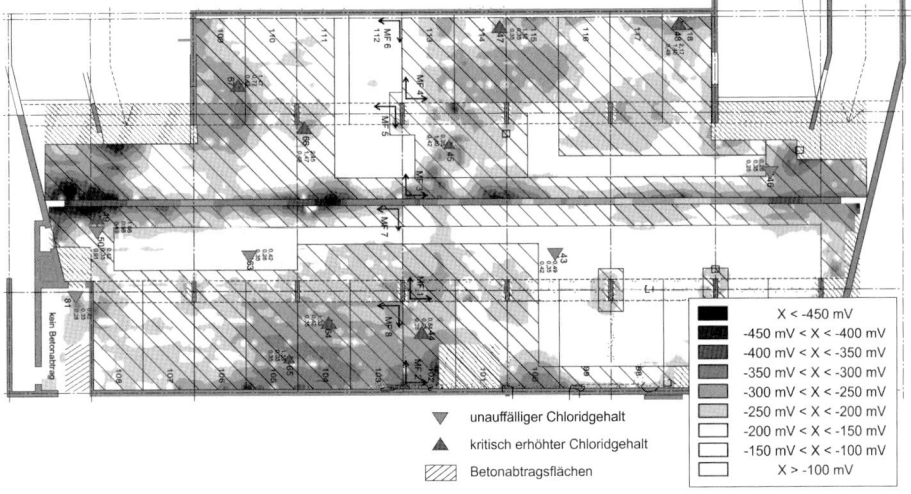

Bild 35. Ergebnisse der Potentialfeldmessung an einer TG-Bodenplatte

messung vor. Die Potentialfeldmessung wurde nach dem Abfräsen des Estrichs auf der Betonoberfläche durchgeführt (Bild 36).

Die linienförmig ausgeprägten Potentialtrichter deuten auf eine Rissbildung in der Bodenplatte hin, die jedoch an den gefrästen Flächen nicht festgestellt werden konnte und offensichtlich auch bei der ursprünglichen Zustandserfassung nicht aufgenommen wurde. Daraufhin wurde mit der ausführenden Firma vereinbart, dass die Oberflächen zunächst mittels HDW vorbereitet und anschließend eine Rissaufnahme durchgeführt werden sollte. Nach HDW-Untergrundvorbereitung konnten die Risse an den Betonoberflächen festgestellt und kartiert werden. Das Ergebnis der Risskartierung ist in Bild 37 über das vorgefundene Potentialbild gelegt.

Wie aus Bild 37 hervorgeht, liegt insgesamt eine überzeugende Übereinstimmung von Potentialfeld und Rissbild vor. Allerdings wurden bei der Risskartierung auch Risse aufgenommen, die sich z. T. nicht im Potentialfeld widerspiegeln. Zur Festlegung, welche Risse tatsächlich instand gesetzt werden müssen, wurden in Abhängigkeit von den gemessenen Potentialen umfangreiche Chloridbeprobungen und Bewehrungssondierungen durchgeführt, um eine Korrelation von Potentiallage, Betondeckung, Chloridbelastung und Korrosionszustand herzustellen. Dabei zeigte sich, dass in Rissen, die im Potentialbild nicht durch Gradienten erkennbar waren, i. d. R. der Riss nicht bis zur Bewehrung reichte und keine kritisch erhöhten Chloridgehalte bzw. Korrosion vorlagen, während in den anderen Rissen sowohl deutlich erhöhte Chloridgehalte auf Bewehrungshöhe als auch Lochkorrosion im unmittelbaren Rissbereich vorgefunden wurden. Durch die Kombination der Potentialfeldmessung mit ergänzenden Untersuchungen konnte somit für die Parkhausbodenplatte eine technisch und wirtschaftlich optimierte Festlegung des Instandsetzungsumfangs erfolgen.

Parkhaus-Zwischendecke mit Asphaltbelag [88]
Dieses Anwendungsbeispiel beschreibt eine Sonderanwendung der Potentialfeldmessung, da im vorliegenden Fall die Messungen zum Auffinden von Korrosion der oberen Bewehrungslage an der Deckenuntersicht durchgeführt wurden.

Das untersuchte Parkhaus mit insgesamt rd. 400 Stellplätzen auf acht Ebenen wurde in den 1980er-Jahren fertiggestellt. Die Dicke der Zwischendecken betrug rd. 18 cm, auf der Oberseite wurde ein Asphaltbelag ohne Abdichtung ausgeführt, der großflächig hohl lag und unterläufig war. Im Bereich von Rissen und Rohrdurchführungen war die Korrosion an der Deckenuntersicht z. T. bereits weit fortgeschritten und Betonabplatzungen erkennbar. Durch die Untersuchungen sollte die Frage beantwortet werden, ob eine Instandsetzung des Parkhauses angesichts der fortgeschrittenen Schädigung noch wirtschaftlich sinnvoll war. Da das Parkhaus zum Zeitpunkt der Untersuchungen vollständig vermietet war, waren Sperrungen größerer zusammenhängender Bereiche und Entfernen des Asphaltbelags für Potentialfeldmessungen nicht möglich. Daher wurde mit dem Bauherrn folgende Vorgehensweise vereinbart:

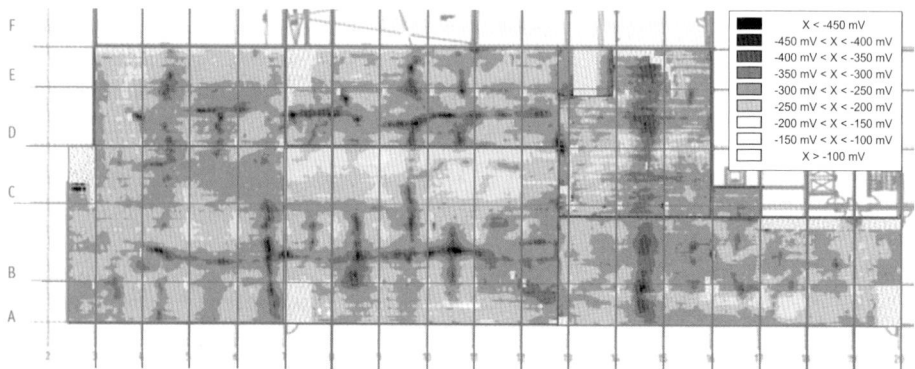

Bild 36. Ergebnisse der Potentialfeldmessung nach Abfräsen des Estrichbelags

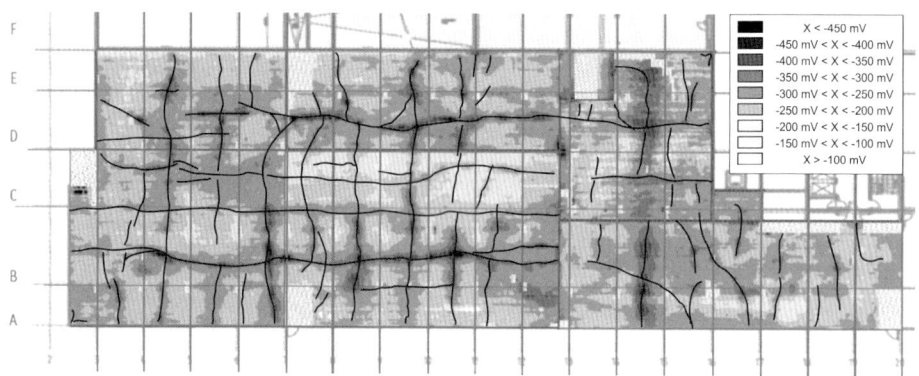

Bild 37. Überlagerung von Risskartierung und Potentialfeldmessung

- Die Potentialfeldmessungen zum Auffinden oberseitiger Korrosion wurden von der Deckenuntersicht durchgeführt. Dies erschien im vorliegenden Fall grundsätzlich möglich, da die Decken vergleichsweise dünn waren und der Konstruktionsbeton eine hohe Leitfähigkeit aufwies. Zudem konnte davon ausgegangen werden, dass an der Untersicht keine Korrosion durch Carbonatisierung vorlag, welche die oberseitige Korrosion „verschattet" hätte. Das bedeutet, Korrosion an der Deckenuntersicht war nur in Bereichen zu erwarten, in denen chloridhaltiges Wasser von der Oberseite eingedrungen war, sodass in diesen Bereichen folgerichtig auch oberseitig mit Korrosion gerechnet werden musste.
- Zum Nachweis der Anwendbarkeit wurde an einem augenscheinlich auffälligen Deckenbereich zunächst unterseitig eine Potentialfeldmessung durchgeführt und danach eine detaillierte visuelle Aufnahme der Asphaltflächen und der Betonoberflächen nach Entfernen des Asphaltbelags. Im Anschluss wurde oberseitig eine Potentialfeldmessung durchgeführt und Bewehrung sondiert. Der Vergleich der unterseitigen Messungen mit der oberseitigen Kartierung der visuellen Auffälligkeiten ergab grundsätzlich eine sehr gute Übereinstimmung.
- Anschließend wurden an allen Deckenunterseiten vollflächige Potentialfeldmessungen durchgeführt und in jeder Parkebene zur Kalibrierung der Messergebnisse noch einmal auf einer Fläche von mindestens zwei Stellplätzen samt zugehöriger Fahrspur der Asphaltbelag entfernt und zum Abgleich Potentialfeldmessungen von der Oberseite durchgeführt.

Dabei zeigte sich grundsätzlich eine gute Übereinstimmung zwischen den Ergebnissen der Messungen von der Unterseite und den Potentialfeldmessungen bzw. weiteren Untersuchungsergebnissen von der Oberseite. Erwartungsgemäß waren die gemessenen Potentiale in ihrem Absolutwert gegenüber den oberseitigen Potentialen um mehrere 100 mV in positive Richtung verschoben, was in der grafischen Darstellung entsprechend berücksichtigt wurde. Oberseitige Potentialgradienten konnten aber auch an der Deckenunterseite gemessen werden. Dabei hängt die Detektionswahrscheinlichkeit von der Größe der jeweiligen Korrosionsstelle ab: bei kleinen Anoden bildet sich der Potentialtrichter in der Regel ebenfalls nur lokal aus, sodass diese ggf. an der Unterseite nicht erkennbar sind. Größere Anoden konnten jedoch an der Unterseite zuverlässig aufgefunden werden. Das „Übersehen" kleinflächiger Anoden war im vorliegenden Fall unkritisch, da auf der Basis der Ergebnisse keine detaillierte Instandsetzungsplanung entwickelt, sondern vielmehr eine konzeptionelle Entscheidung über die weitere Vorgehensweise unterstützt werden sollte. Aufgrund der Ergebnisse wurde entschieden, dass eine Instandsetzung nicht mehr wirtschaftlich sinnvoll war und stattdessen ein Parkhausneubau gewählt.

An dieser Stelle soll noch einmal betont werden, dass es sich bei der Messung an der Deckenuntersicht nicht um den Regelfall, sondern um eine Sonderlösung handelt, die grundsätzlich nur mit der entsprechenden Erfahrung und Expertise in Potentialfeldmessungen gewählt werden sollte. Unter den hier herrschenden Randbedingungen (dünne De-

ckensysteme, großflächige Anodenbereiche) und in Verbindung mit der wiederkehrenden Verifizierung und Kalibrierung der Messergebnisse anhand von oberseitigen Belagsöffnungen stellte diese Vorgehensweise eine sehr wirtschaftliche und gleichzeitig zuverlässige Form der Zustandserfassung bei laufendem Betrieb dar.

6.3.6 Bestimmung der Betondeckung

Die Kenntnis der Betondeckung ist zur Beurteilung der Gefahr chloridinduzierter Korrosion von Stahlbetonbauteilen erforderlich und ist bei der Bewertung der Potentialfeldmessung und der Chloridgehaltsbestimmungen einzubeziehen. Zur Bestimmung der Betondeckung stehen verschiedene Messgeräte zur Verfügung. Zur korrekten Bestimmung der Betondeckung ist es erforderlich, die Messwerte anhand von lokalen Öffnungsstellen zu kalibrieren. Hinweise zu Anforderungen an Messgeräte und zur Durchführung und Auswertung von Betondeckungsmessungen können dem DBV-Merkblatt „Betondeckung und Bewehrung nach Eurocode 2" [43], dem DBV-Merkblatt „Anwendung zerstörungsfreier Prüfverfahren im Bauwesen" (Fassung 01/2014) sowie [89] entnommen werden.

Zu beachten ist, dass die quantitative Bestimmung der Betondeckung mit magnetisch/induktiven Messgeräten durchzuführen ist. Zur Bestimmung der Betondeckung größerer Bereiche werden in der Regel Linienscans (Bild 38) und zur genaueren Be-

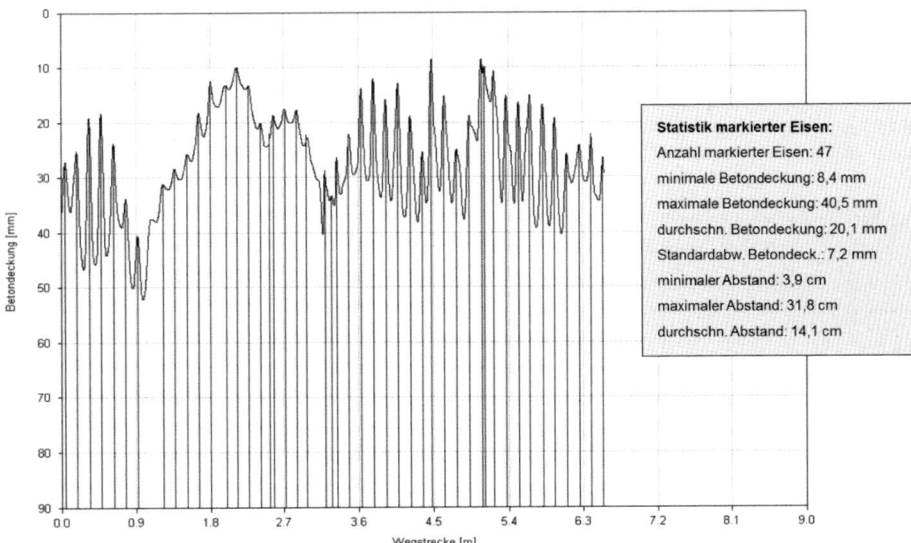

Bild 38. Linienscan zur Ermittlung der Betondeckung (Messverfahren: magnetisch/induktiv)

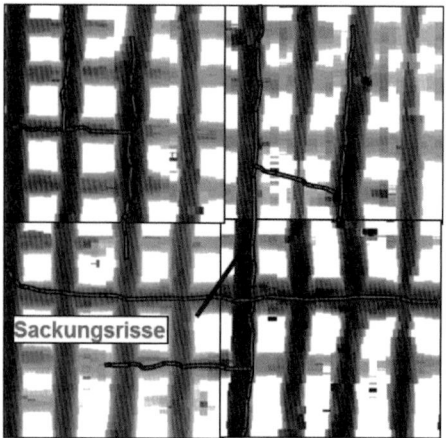

Bild 39. Flächenscan zur Ermittlung der Bewehrungsführung, hier um die Ursache von Oberflächenrissen zu ermitteln (Messverfahren: magnetisch/induktiv)

stimmung der Bewehrungsführung Flächenscans (Bild 39) verwendet.

Die Bestimmung tiefliegender Bewehrung, z. B. unterer Bewehrungslagen, ist mit herkömmlichen Betondeckungsmessgeräten nicht möglich, hierzu müssen je nach Randbedingungen das Ultraschallbzw. das Impulsradarverfahren angewendet werden.

6.4 Prüfung von Grundierungen und Beschichtungen auf Dichtheit

Grundierungen unter Oberflächenschutzsystemen und Abdichtungen im Freien und insbesondere unter Schweißbahnen mit Gussasphalt sollten immer zweilagig (Grundierung + Versiegelung) ausgeführt werden, um eine Blasenbildung zu vermeiden. Bei nur einlagiger Grundierung ohne Versiegelung verbleiben immer Kanälchen zum Beton, durch die bei Erwärmung warme Luft und Wasserdampf nach oben steigen kann, mit der Folge der Blasenbildung

und Ablösung in den darüber liegenden Schichten. Die Dichtheit von Grundierungen und auch die Funktionsfähigkeit von Altbeschichtungen lässt sich mit einem Durchschlagstester prüfen. Hier wird ein Hochvoltprüfgerät (Spannung bis zu 8 kV) an die Bewehrung angeschlossen und mit einem leitenden Messingbesen (Flächenelektrode) über die Messfläche gestrichen. Im Bereich von Poren in der ansonsten elektrisch isolierenden Grundierung oder Altbeschichtung entsteht ein Funkenüberschlag durch die Luft in den Beton. Dieser elektrische Kurzschluss wird vom Messgerät angezeigt (Bild 40). Die im Messgerät einzustellende elektrische Spannung richtet sich dabei nach der Dicke der Grundierung/Beschichtung.

6.5 Prüfung der Rautiefe

Die Rautiefe stellt eine wichtige Materialeigenschaft von Bauteiloberflächen dar. Eine Mindestrautiefe des Untergrunds ist in der Regel erforderlich für Betonoberflächen als Untergrund für Beschichtungen, Spritzbeton, Reprofilierungsbeton, PCC etc. Bei vielen Materialien wie z. B. Epoxidharzgrundierungen wird die Haftung nicht durch einen chemischen Verbund erzielt, sondern ausschließlich durch eine mechanische Verkrallung des Harzes in Poren/Unebenheiten des Untergrunds, was die Rautiefe zu einer maßgebenden Größe für eine ausreichende Haftung macht. In der aktuellen Instandsetzungsrichtlinie werden zwar Anforderungen an die Oberflächenzugfestigkeit des Untergrunds gestellt (zumeist 1,5 N/mm²), jedoch keine Anforderungen an die Rauheit. Die neue Instandhaltungsrichtlinie hingegen wird je nach Material, welches auf den Untergrund appliziert wird, bestimmte Rautiefen, angegeben als mittlere Rautiefe, fordern.

Das übliche Verfahren zur Bestimmung der Rautiefe ist das Sandflächenverfahren nach *Kaufmann*. Ein bestimmtes Materialvolumen V, zumeist 50 cm³ sehr feinkörniger Sand, wird auf der Prüffläche verteilt und solange kreisförmig verrieben, bis sich eine konstante Kreisfläche mit Radius D eingestellt hat. Anschließend wird der Durchmesser an 4 Stel-

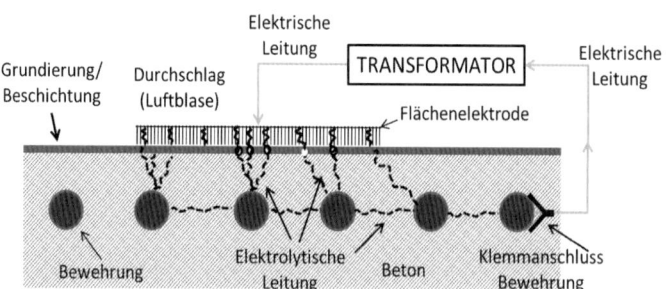

Bild 40. Funktionsweise des Durchschlagstesters zum Prüfen der Dichtheit von Grundierungen und Beschichtungen

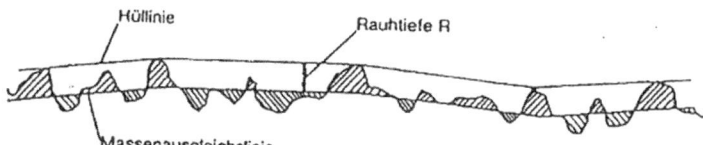

Bild 41. Definition der mittleren Rautiefe als Massenausgleichslinie nach dem Sandflächenverfahren nach *Kaufmann*, DIN EN 13036-1 [90]

len gemessen und gemittelt und die mittlere Rautiefe zu $4V/\pi D^2$ errechnet (Bild 41). Bei einem geometrisch gleichmäßigen Profil stellt die mittlere Rautiefe die Hälfte der Profiltiefe dar (Abstand der Hochpunkte zu den Tiefpunkten). Bei Planungen/ Ausschreibungen ist darauf zu achten, dass genau vorgegeben wird, ob es sich bei den Oberflächenanforderungen um mittlere Rautiefen oder Profiltiefen handelt.

Die Bestimmung der Rautiefe mit dem Sandflächenverfahren ist eine vergleichsweise zeitaufwendige Prüfung, weshalb es sich empfiehlt, bei größeren Messflächen die ELAtexturmessung (Lasertriangulation) nach DIN EN ISO 13473-1:2004 [91] zu verwenden (Bild 42). Dieses Messgerät bestimmt berührungsfrei innerhalb von Sekunden das Oberflächenprofil in zwei 360°-Kreisbahnen. Der Rechenalgorithmus nach DIN EN ISO 13473 ist etwas anders als das Massenausgleichsverfahren nach *Kaufmann*. Bestimmt wird die sogenannte Mittlere Profiltiefe MPD (mean profile depth), welche in die geschätzte mittlere Rautiefe ETD (estimated profile

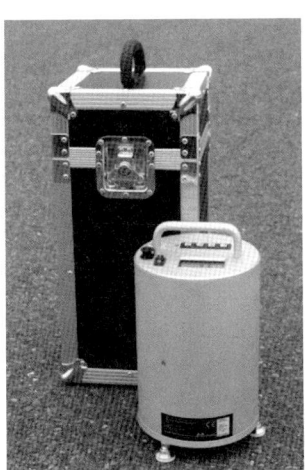

Bild 42. ELAtextur-Messgerät zur Bestimmung von Oberflächenrauheiten nach DIN EN ISO 13473

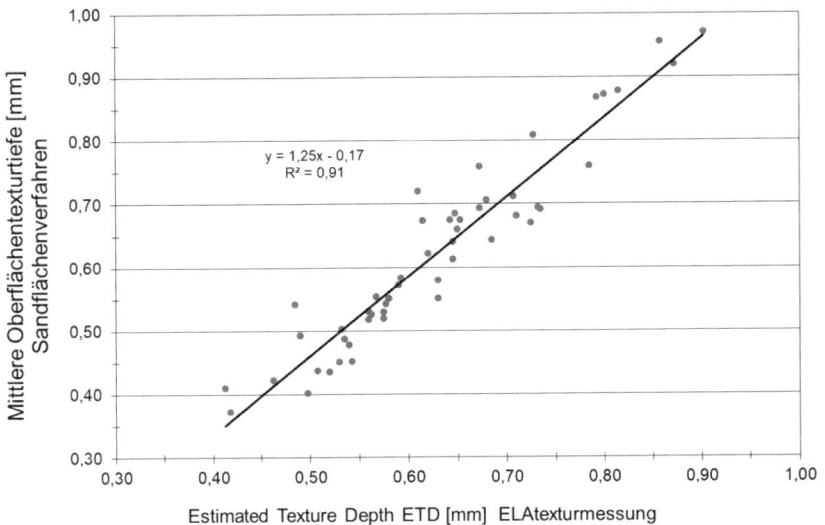

Bild 43. Korrelation zwischen der mittleren Rautiefe nach *Kaufmann* und der geschätzten mittleren Rautiefe ETD nach DIN EN ISO 13473 gemessen mit dem ELAtextur-Messgerät. Dargestellt sind Messungen an einer Betonoberfläche mit Besenstrich.

depth) mit der Formel ETD = 1,1 · MPD (mm) umgerechnet werden kann. Nach dem Entwurf E DIN EN ISO 13473-1:2017:08 [92] ist diese Umrechnung im Bereich 0,3 mm < MPD < 3,0 mm ausreichend präzise.

Wird in Planungen der Nachweis der Rautiefe nach dem Sandflächenverfahren von *Kaufmann* gefordert, kann bei größeren Messflächen eine Korrelation zwischen der mittleren Rautiefe nach *Kaufmann* und dem ETD-Wert ermittelt werden. Die Messungen werden dann mit dem ELAtextur-Messgerät durchgeführt und in die mittlere Rautiefe umgerechnet (Bild 43).

Neben der möglichen Haftung von Instandsetzungsmaterialien auf dem Untergrund stellt die Rautiefe bei Verkehrsflächen eine wichtige Eigenschaft dar, da sie maßgebend den Reibbeiwert und damit die Verkehrssicherheit bestimmt. Ferner beeinflusst sie die Entwässerungseigenschaften und auch die Lärmentwicklung.

6.6 Weitere zerstörungsfreie Untersuchungen

Zur Ist-Zustandsfeststellung von Parkbauten kann es notwendig sein, weitergehende zerstörungsfreie Prüfverfahren (ZfP-Verfahren) einzusetzen. Dies können u. a. Ultraschall- und Impulsradaruntersuchungen sowie endoskopische Prüfungen und Thermografieuntersuchungen sein. Weitergehende Informationen zur Anwendung von ZfP-Verfahren im Bauwesen können u. a. [93] bis [98] entnommen werden. Nachfolgend werden einige typische Anwendungsfälle dargestellt.

Messprinzip Ultraschallecho- und Impulsradarverfahren

Beide Messverfahren beruhen auf dem Echoprinzip. Ultraschall- bzw. Radarwellen werden in das Bauwerk gesendet, dort werden sie an Reflektoren wie Konstruktionselementen (z. B. Spannbewehrung, Einbauteile etc.), Hohllagen und Rückwänden zurückgesendet und am Messgerät mit ihrer Laufzeit und Amplitude aufgezeichnet (Bild 44). Die Messtiefe von Ultraschallgeräten beträgt zwischen rd. 70 cm und 100 cm, von Radargeräten je nach Feuchtzustand des Betons zwischen rd. 30 cm und 40 cm. Beide Messverfahren sind keine Standardverfahren im üblichen Sinne und setzen bei den Anwendern ein hohes Maß an Erfahrung und theoretischer Sachkenntnis voraus.

Typische Anwendungsfälle für das Ultraschallecho-Verfahren

Durch die Entwicklung niederfrequenter Ultraschall-Prüfköpfe und die Anordnung mehrerer Prüfköpfe zu einem Array sind zahlreiche neue Prüfaufgaben in der Praxis mit dem Ultraschallecho-Verfahren lösbar geworden. Andere gängige ZfP-Verfahren sind hierfür nicht oder nur mit deutlich höherem Aufwand geeignet. Diese speziellen Prüfköpfe können ohne Koppelmittel an Betonoberflächen angekoppelt werden, was die Messungen wesentlich vereinfacht. Durch die vergleichsweise kleine Bauweise und den Batteriebetrieb dieser Geräte sind sie baustellengeeignet (Bild 45).

Für folgende Prüfaufgaben bei Beton-, Stahlbeton- und Spannbetonbauteilen kann das Ultraschallecho-Verfahren bevorzugt eingesetzt werden:

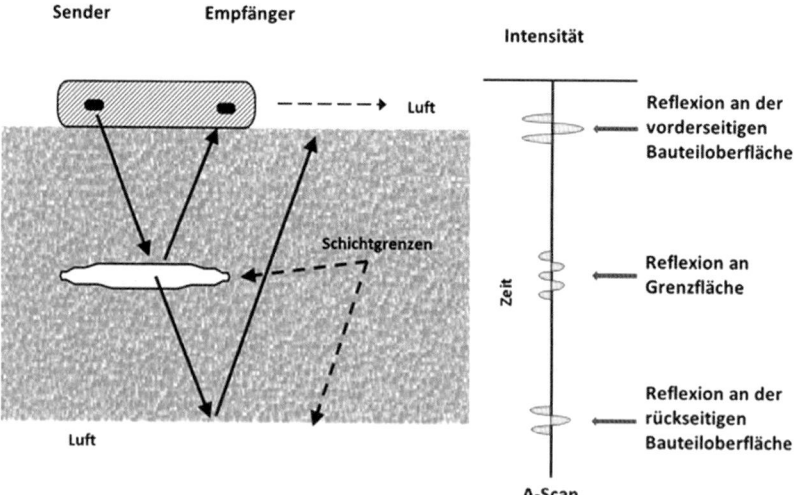

Bild 44. Funktionsprinzip Ultraschallecho- und Impulsradarverfahren

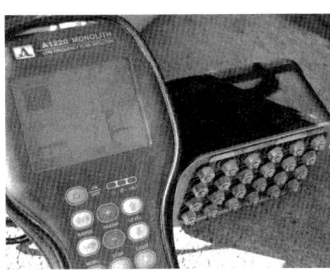

Bild 45. Ultraschallecho-Messgerät und Messkopf mit 24 bzw. 16 Punktkontakt-Prüfköpfen

- Dickenmessung und Ermittlung der Bauteilgeometrie bei einseitiger Zugänglichkeit,
- Bestimmung der Bewehrungsführung, Lokalisierung von Konstruktionselementen (Rohrdurchführungen, Einbauteile etc.),
- Lokalisierung von Ablösungen und Hohlstellen (mehrschichtige Systeme, Estrich),
- Ermittlung lastbedingter Schäden (Biegerisse an Konsolen, Schubrisse etc.),
- Untersuchung von Elementwänden (Dreifachwände),
- Lokalisierung von Verpressfehlern in Hüllrohren (Spannbetonkonstruktionen),
- Lokalisierung von Verdichtungsmängeln, insbesondere um Einbauteile.

Beispiel: Bestimmung der Dicke eines Industrieestrichs
Bild 46 zeigt das Ergebnis einer Ultraschallmessung (A-Scan bzw. Einzelmessung) zur Bestimmung der Dicke eines Betonestrichs. Anhand von Ultraschallmessungen wurden Bereiche des Estrichs detektiert, deren Dicke die Solldicke von 150 mm z. T. deutlich unterschritten hatte, was letztlich zu einer reduzierten Lastaufnahme geführt hat. Bild 46 zeigt einen entsprechenden Ultraschall-Scan. Die Dicke des Estrichs und die zweite Reflexion (zweifache Estrichdicke) sind deutlich zu erkennen.

Beispiel: Bestimmung der Spannbewehrung und der Hohlkörper einer Spannbetonplatte
Zur statischen Nachrechnung einer Stahlbetonplatte wurde die Lage der Spannglieder und der Hohlkörper von der Unterseite aus ermittelt. Die Messungen konnten die Planangaben im Wesentlichen bestätigen. Es war möglich, die beiden untersten Spanngliedlagen zu detektieren, die Spanngliedlagen darüber wurden durch die untersten Spanngliedlagen verschattet und konnten nicht erkannt werden. Die seitlichen Abmessungen und die Tiefenlage der Hohlkörper zeigt Bild 47.

Beispiel: Auffinden von Schubrissen in einer Stahlbetondecke
Im folgenden Beispiel ist es bei der Herstellung einer Tiefgarage zu einem partiellen Einsturz gekommen. Grund des Einsturzes war ein Deckenversagen infolge einer zu geringen Schubbewehrung. Durch entsprechende Messungen sollte geklärt werden, ob weitere Decken des Gebäudekomplexes ähnliche Schäden bzw. Schubrisse aufweisen. Das Ultraschallgerät wurde an der Deckenunterseite angekoppelt, da die Unterseite eine höhere Ebenheit aufwies als die Oberseite. Im Zuge der Messungen wurde festgestellt, dass sich an weiteren Decken ein Schubversagen ankündigte. Da das Gebäude akut einsturzgefährdet war, wurde eine sofortige Evakuierung angeordnet. Da sämtliche Decken des Gebäudes eine unzureichende Tragfähigkeit aufwiesen, wurden alle Stützen und alle Stützbereiche der Decken nachträglich verstärkt (Bild 48).

Beispiel: Bestimmung der Bewehrungsführung und der Dicke einer vorgespannten Fahrbahnplatte
Im Zuge der Instandsetzung einer rd. 40 Jahre alten vorgespannten Fahrbahnplatte sollte die Betonstahl- und insbesondere die Lage der Spannbewehrung ermittelt werden. Aufgrund der dichten Betonstahl-

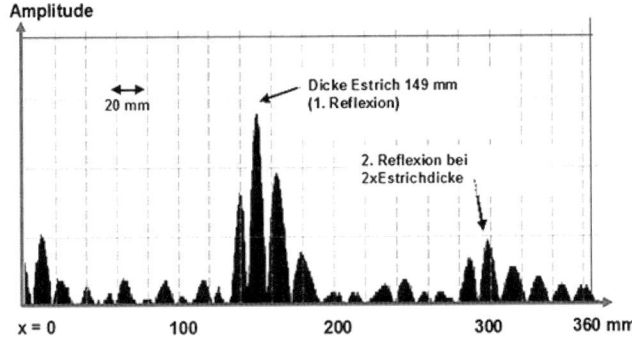

Bild 46. Ultraschall-Scan mit Angabe der ermittelten Estrichdicke

756 Instandsetzung von Tiefgaragen und Parkhäusern

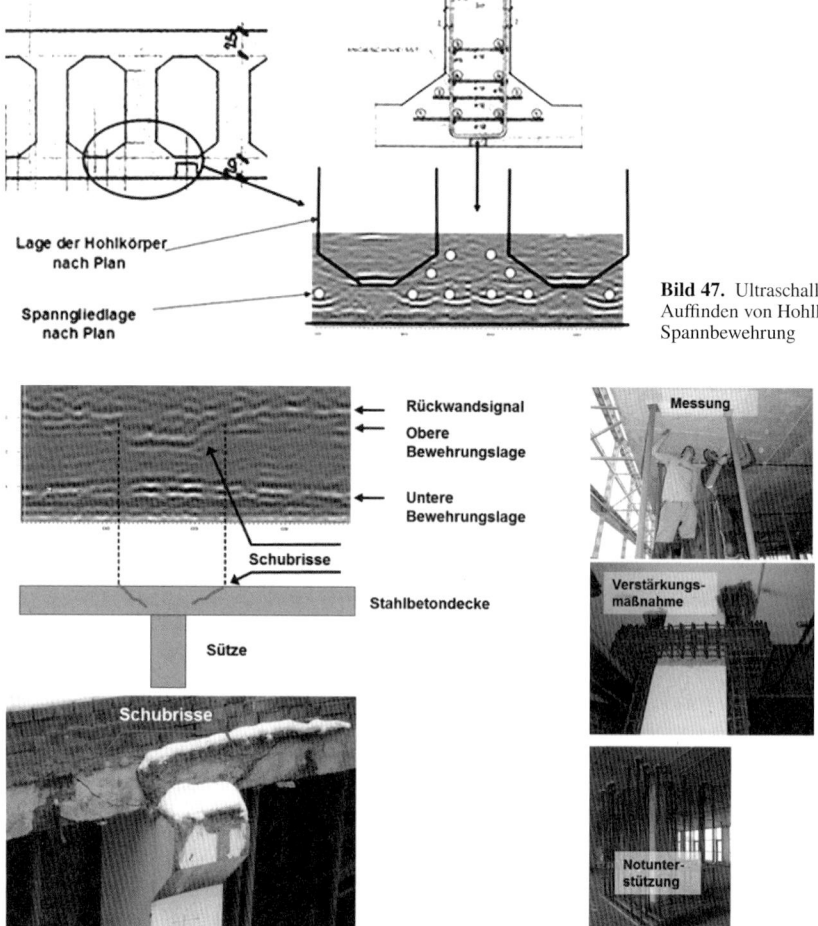

Bild 47. Ultraschall-Scan zum Auffinden von Hohlkörpern und Spannbewehrung

Bild 48. Einsturzbereich einer Stahlbetondecke einer Tiefgarage mit Schubrissbildung (unten links); Ultraschallscan mit detektiertem Schubriss im Deckenstützbereich (oben links); Durchführung der Ultraschallmessung, Verstärkungsmaßnahme und Notunterstützung (rechts von oben nach unten)

bewehrung wurden die Messungen zur Detektion der Spannbewehrung mit dem Ultraschallecho-Verfahren durchgeführt. Die in Bild 49 zu erkennenden Hyperbeln stellen jeweils die Betonstahl- und Spannbewehrung dar, die untere durchgehende Linie (jeweils unter dem Spannglied verschattet) kennzeichnet die Rückwand.

Auffinden von Gründungsbauteilen und Bestimmung von Bauteildicken

Zur Bestimmung der Bauteildicke von einseitig zugänglichen Bauteilen, wie z. B. Bodenplatten, und zum Auffinden von Gründungsbauteilen, Anvoutungen von Bodenplatten etc. eignet sich insbesondere das Ultraschallecho-Verfahren und unter bestimmten Randbedingungen das Radarverfahren.

Typische Anwendungsfälle für das Impulsradarverfahren

Beispiel: Rekonstruktion der Bewehrung eines Stützenkopfes

An einer Stahlbetonkonstruktion sind Schadensanzeichen infolge einer möglichen statischen Überlastung festgestellt worden. Aus diesem Grund sollte eine statische Nachrechnung erfolgen. Da keine Bewehrungspläne mehr vorhanden waren, musste die gesamte Bewehrungsführung zerstörungsfrei ermittelt werden. Die Messung erfolgte mit einem Radarflächenscanner. Anhand der Messung aller zugänglichen Flächen des Stützenkopfes konnte die Bewehrungsführung aller Bewehrungseisen rekonstruiert werden (Bild 50).

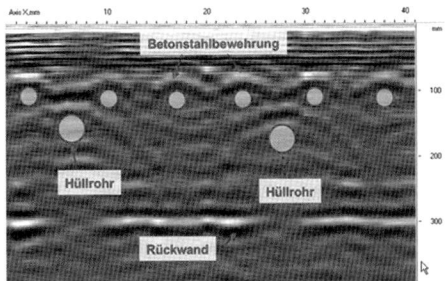

Bild 49. Ultraschallmessungen an einer vorgespannten Brückenplatte

7 Bestandsschutz – Festlegung des Sollzustands

Bestandsschutz

Bei der Durchführung von Instandsetzungsmaßnahmen wird in die bestehende Bausubstanz eingegriffen, um Schäden an Bauteilen zu beheben und die Dauerhaftigkeit wiederherzustellen, es werden Schutzmaßnahmen ergriffen und zukünftige Wartungsarbeiten geplant. Für die Planung und Ausführung von Instandsetzungsmaßnahmen stellt sich die Frage, nach welchen Regelwerken bzw. Technischen Baubestimmungen die Arbeiten ausgeführt werden müssen (oder auch können) bzw. welche Ausführungsqualität die instand gesetzten Bauteile aufweisen müssen. Die Instandsetzungs-Richtlinie ist einzuhalten, sie regelt aber nicht alle Details, die im Rahmen von Instandsetzungen geplant werden müssen. Zu klären ist im Einzelfall, ob die instand gesetzten Bauteile oder Bauwerksbereiche in den Stand gebracht werden müssen, welcher den heutigen normativen Regelungen entspricht oder ob es genügt, den Stand wiederherzustellen, welcher zum Zeitpunkt der Errichtung des Bauwerks vorlag. Dies bedeutet, dass man sich im Zuge der Planung und Ausführung von Instandsetzungsmaßnahmen recht-

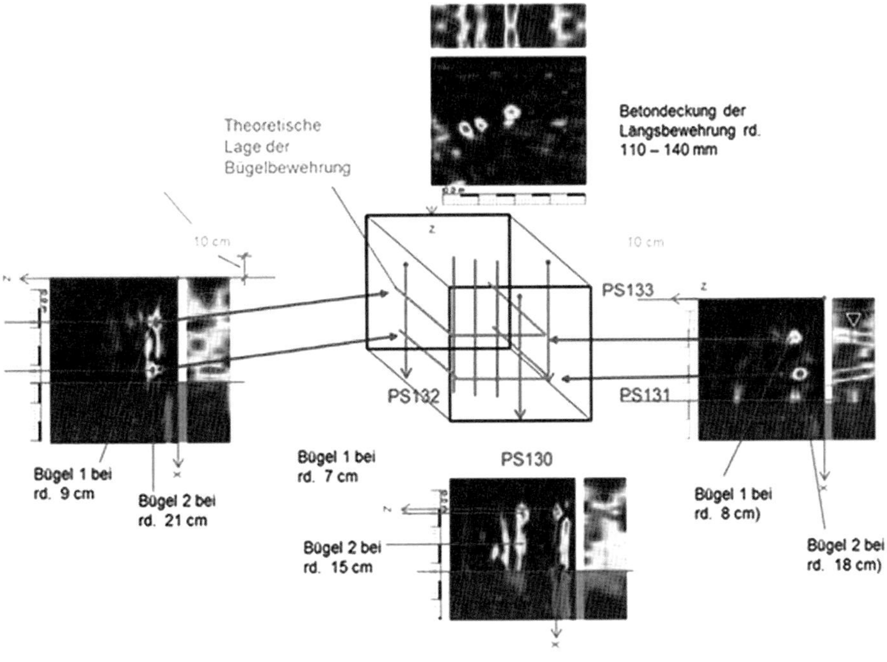

Bild 50. Dreidimensionale Bewehrungsrekonstruktion eines Stützenkopfes mit einem Radarflächenscanner

lich mit den Regelungen des Bestandsschutzes befassen muss.

Bestandsschutz für bauliche Anlagen ergibt sich aus der Eigentumsgarantie des Artikels 14, Absatz 1 des Grundgesetzes, eine eigene baurechtliche Regelung existiert hingegen nicht. Nach [99] haben „bauliche Anlagen grundsätzlich auch weiterhin Bestandsschutz, wenn sie nicht mehr dem inzwischen geänderten Recht (z. B. den aktuellen Technischen Baubestimmungen) entsprechen." Voraussetzung hierfür ist, dass die bauliche Anlage zu irgendeinem Zeitpunkt entsprechend den damaligen Technischen Baubestimmungen geplant und auch ausgeführt wurde. Erweisen sich die Planung und/oder Ausführung hierzu hingegen als nicht konform, z. B. weil die statischen Nachweise falsch oder unzureichend geführt wurden oder die Betondeckung schon die damaligen Anforderungen nicht erreicht, so besteht kein Bestandsschutz, weil juristisch gesehen keine Baugenehmigung vorliegt.

Vor Beginn von Instandsetzungsmaßnahmen ist zu prüfen, ob eine Baugenehmigung erforderlich ist. Die Regelungen hierzu sind in den einzelnen Bundesländern unterschiedlich. Bis August 2017 waren nach der Bayerischen Bauordnung, Artikel 57, Absatz 6 Instandhaltungsarbeiten verfahrensfrei. Da Instandsetzungsarbeiten jedoch in der Regel zumindest zeitweise einen erheblichen Eingriff in die Bausubstanz mit Änderung der Lastabtragung darstellen, sind sie nach einer Änderung der Bayerischen Bauordnung nicht mehr verfahrensfrei. Es ist ein Bauantrag einzureichen, ein statischer Nachweis ist zu erstellen, welcher von einem Prüfingenieur geprüft werden muss. Über die Ausgestaltung des Bauantrags bzw. der Baugenehmigung wird zurzeit noch diskutiert, da es beispielsweise wenig Sinn macht, bei einer Tiefgaragensanierung einen Baumbestandsplan zu erstellen, wie er für einen Neubau erforderlich ist.

Nach [99] kann der Grundsatz des Bestandsschutzes seitens der Bauaufsichtsbehörden durchbrochen werden, wenn „Leben oder Gesundheit durch erhebliche Gefahren bedroht sind". Dies entspricht auch den Anforderungen von § 3, Absatz 1 der Musterbauordnung MBO, welche zwar kein eigenständiges Gesetz darstellt, aber in das Landesbauordnung LBO in zumeist nur geringfügig veränderter Version übernommen wurde und somit über diesen Weg trotzdem einzuhalten ist. Nach [100] ist § 3, Absatz 3 MBO uneingeschränkt für das Instandhalten, Ändern und Beseitigen baulicher Anlagen anzuwenden. Der Eigentümer selbst bleibt unabhängig vom Bestandsschutz für den ordnungsgemäßen Zustand seines Gebäudes verantwortlich.

§ 3 Allgemeine Anforderungen der Musterbauordnung lauten wie folgt:

„(1) Anlagen sind so anzuordnen, zu errichten, zu ändern und in Stand zu halten, dass die öffentliche Sicherheit und Ordnung, insbesondere Leben, Gesundheit und die natürlichen Lebensgrundlagen nicht gefährdet werden.

(2) Bauprodukte und Bauarten dürfen nur verwendet werden, wenn bei ihrer Verwendung die baulichen Anlagen bei ordnungsgemäßer Instandhaltung während einer dem Zweck entsprechenden angemessenen Zeitdauer die Anforderungen dieses Gesetzes oder auf Grund dieses Gesetzes erfüllen und gebrauchstauglich sind.

(3) Die von der obersten Bauaufsichtsbehörde durch öffentliche Bekanntmachung als Technische Baubestimmungen eingeführten technischen Regeln sind zu beachten. Bei der Bekanntmachung kann hinsichtlich ihres Inhalts auf die Fundstelle verwiesen werden. Von den Technischen Baubestimmungen kann abgewichen werden, wenn mit einer anderen Lösung in gleichem Maße die allgemeinen Anforderungen des Absatzes 1 erfüllt werden; § 17 Abs. 3 und § 21 bleiben unberührt.

(4) Für die Beseitigung von Anlagen und für die Änderung ihrer Nutzung gelten die Absätze 1 und 3 entsprechend.

(5) Bauprodukte und Bauarten, die in Vorschriften anderer Vertragsstaaten des Abkommens vom 2. Mai 1992 über den europäischen Wirtschaftsraum genannten technischen Anforderungen entsprechen, dürfen verwendet und angewendet werden, wenn das geforderte Schutzniveau in Bezug auf Sicherheit, Gesundheit und Gebrauchstauglichkeit gleichermaßen dauerhaft erreicht wird."

Der Bestandsschutz umfasst neben dem errichteten Bauwerk (nicht einem geplanten) auch dessen Nutzung. In den Bestandsschutz fallen

– Unterhaltungsmaßnahmen,
– Instandsetzungsmaßnahmen und
– Modernisierungsmaßnahmen
  (in einem gewissen Umfang).

Unter bestimmten Randbedingungen kann der Bestandsschutz entfallen, z. B.

– wenn der Bestand über notwendige Unterhaltungs- und Instandsetzungsmaßnahmen hinaus verändert wird, d. h. bauliche Veränderungen so umfassend werden, dass sie einem Neubau gleichkommen, vgl. Absatz 7 in [99].

– wenn die Nutzung geändert wird. Sollen vormals anderweitig genutzte Bereiche eines Gebäudes als Verkehrsfläche/Parkraum genutzt werden, so sind notwendige Umbau- bzw. Verstärkungsmaßnahmen nach den aktuellen Technischen Baubestimmungen auszuführen. Die übrigen Gebäudebereiche genießen weiterhin Bestandsschutz.

– wenn ein Schaden nachweislich infolge einer mittlerweile als unzureichend erkannten, nicht mehr aktuellen Regelung aufgetreten ist oder aufgrund neuer Erkenntnisse Bedenken hinsichtlich der Standsicherheit bestehen, vgl. auch § 3 MBO. In diesem Fall ist das aktuelle Regelwerk anzuwenden. Im Falle der Standsicherheit ist dies in den meisten Fällen eher weniger zu erwarten, bezüglich des erforderlichen Brandschutzes hingegen schon.

- wenn die Nutzung aufgegeben oder über eine längere Zeit unterbrochen wird. Für die Dauer einer Nutzungsunterbrechung, ab welcher der Bestandsschutz entfällt, gibt es keine einheitliche Regelung, hierüber muss im Einzelfall entschieden werden, [100] gibt für diesen Zeitraum 3 bis 5 Jahre an.
- bei Funktionsverlust des Gebäudes.

Bauherren, welche Instandsetzungen durchführen wollen, werden i. d. R. darauf bedacht sein, die notwendigen Instandsetzungsmaßnahmen unter dem Dach des Bestandsschutzes auszuführen, da dies einen geringeren Eingriff in die bestehende Bausubstanz bedeutet und somit auch einen geringeren zeitlichen und finanziellen Aufwand erfordert. Der sachkundige Planer muss im Zuge seiner Instandsetzungsplanung den möglichen Verlust des Bestandsschutzes im Auge behalten. Wünscht der Bauherr so weitgehende Veränderungen an seinem Gebäude, dass der Verlust des Bestandsschutzes nicht ausgeschlossen werden kann, sollte der sachkundige Planer diesen Sachverhalt mit seinem Bauherrn besprechen, ihn über mögliche Konsequenzen aufklären und schließlich eine Entscheidung einfordern.

Fallbeispiel 1:
Die Stützen einer Tiefgarage weisen chloridinduzierte Korrosion auf und müssen instand gesetzt werden. Die Betondeckung wurde den damaligen Technischen Baubestimmungen entsprechend geplant und auch ausgeführt, die Stützen weisen damit Bestandsschutz auf. Nach [99] dürfen bei Instandsetzungsmaßnahmen Teile baulicher Anlagen identisch ersetzt werden. Die Betondeckung muss im Zuge der Instandsetzung deshalb nicht erhöht werden (auch wenn dies natürlich die Dauerhaftigkeit verbessern würde), um den heutigen Anforderungen zu genügen.

Fallbeispiel 2:
Bauliche Situation wie Fallbeispiel 1, jedoch weisen 3 von 50 Stützen eine bezogen auf die damaligen Anforderungen zu geringe Betondeckung auf. Grund hierfür waren Ausführungsmängel. Da nur 3 von 50 Stützen eine zu geringe Betondeckung aufweisen, sind die Abweichungen juristisch gesehen nicht erheblich, die Stützen weisen wiederum Bestandsschutz auf. Die Betondeckung der 3 Stützen muss daher lediglich entsprechend den damaligen, nicht jedoch den heutigen Technischen Baubestimmungen erhöht werden.

Fallbeispiel 3:
Bauliche Situation wie Fallbeispiel 1, jedoch weisen 48 von 50 Stützen eine bezogen auf die damaligen Anforderungen zu geringe Betondeckung auf. Grund hierfür waren systematische Ausführungsmängel. Da praktisch alle Stützen eine zu geringe Betondeckung aufweisen, sind die Abweichungen juristisch gesehen nun erheblich, Bestandsschutz für die Stützen liegt nicht vor. Im Zuge einer Instandsetzung ist die Betondeckung für alle Stützen entsprechend den derzeitigen Technischen Baubestimmungen zu erhöhen.

Rechtlich schwierig wird die Situation, wenn der Bestandsschutz für Bauteile nicht gegeben ist und diese den heutigen Technischen Baubestimmungen entsprechend ertüchtigt werden müssten, dies aber aus praktischen Gründen nicht möglich ist. Die kann der Fall sein, wenn die Betondeckung von Stützen oder Unterzügen erhöht werden müsste, dadurch aber die Anforderungen an die Größe der Einstellflächen oder die Durchfahrtshöhe nicht mehr eingehalten werden können.

Da es bei der Auslegung des Bestandsschutzes einen erheblichen Ermessensspielraum gibt, empfiehlt es sich, in Zweifelsfällen baurechtliche Fragen frühzeitig mit der zuständigen Bauaufsichtsbehörde abzustimmen [99, 100]. Zu erwähnen ist noch, dass die Beweislast, dass für einen konkreten Fall Bestandsschutz vorliegt, vom Eigentümer zu erbringen ist. Zur Vertiefungen seien [99] und [100] empfohlen, dort sind weitere Fallbeispiele enthalten.

Festlegung des Sollzustands

Bevor eine Instandsetzungsplanung erstellt und Instandsetzungsmaßnahmen durchgeführt werden, muss mit dem Bauherrn bzw. dem Auftraggeber der Sollzustand nach Abschluss der Maßnahme vereinbart sein. Entsprechend [101] sollte dies bereits vor Abschluss des Planervertrags erfolgen. Nach Ansicht der Autoren lässt sich dies allerdings baupraktisch in den wenigsten Fällen realisieren, da erst im Zuge der Planung auf die speziellen Randbedingungen des jeweiligen Bauwerks eingegangen werden kann. Die gemeinsame Festlegung des Sollzustands bedeutet nicht, dass sich der Planer auf eine unsachgemäße Ausführung einlassen sollte, um dem Bauherrn Kosten zu sparen. Letztlich haftet der Planer im Sinne des Werkvertragsrechts zunächst immer für eine fachgerechte Ausführung, wobei der Ausführungsstandard zwischen Bauherrn und Planer vertraglich geregelt werden kann [101]. Bei der Instandsetzung von älteren Parkbauten ist man immer gezwungen, auf die Bestandssituation einzugehen. Die bauliche Situation lässt es zumeist nicht zu, im Rahmen von Instandsetzungen einen Bauwerkszustand zu schaffen, der einem Neubaustandard gleichkommt; wie oben erwähnt, ist dies bei Beachtung des Bestandsschutzes rechtlich auch nicht erforderlich. Die Abweichungen sollten im Vorfeld der Maßnahme mit dem Bauherrn vereinbart werden.

Abweichungen gegenüber dem Neubaustandard betreffen häufig die Betondeckung. Ältere Tiefgaragen wurden, wie bereits dargestellt, mit geringeren Betondeckungen errichtet, als es die heutigen Anforderungen hinsichtlich der einzelnen Expositionsklassen vorgeben. Da ältere Tiefgaragen zudem häufig sehr geringe Stellplatzabmessungen aufweisen, kann es vorkommen, dass bei einer nachträglichen Erhöhung der Betondeckung die erforderliche Stellplatzbreite nach der Garagenverordnung nicht mehr eingehalten werden kann. Bei stark ausgelasteten Zwischendecken kann die Erhöhung der Betondeckung aus statischen Gründen ausgeschlossen sein. In derartigen Fällen muss ein tragfähiger Kompromiss gefunden werden, d. h., dass die letztliche Ausführung mit dem Bauherrn einvernehmlich vereinbart und schriftlich dokumentiert werden muss.

Die geplante Nutzungsdauer von Stahlbetonbauteilen nach EC2 im Hochbau, früher nach DIN 1045, wird, eine übliche Wartung und Instandhaltung vorausgesetzt, zu 50 Jahren (structural class S3 nach EC2) angenommen. Von einer ähnlichen Nutzungsdauer geht die Instandsetzungs-Richtlinie aus, auch wenn bestimmte Elemente wie z. B. Oberflächenschutzsysteme eine deutliche geringere Lebensdauer aufweisen. Wenn von vornherein feststeht, dass für ein Bauwerk eine geringere Restnutzungsdauer ausreichend ist, kann in bestimmten Punkten von den Vorgaben der Instandsetzungs-Richtlinie, was die Dauerhaftigkeit betrifft, abgewichen werden. Dies setzt natürlich voraus, dass die Tragsicherheit und Verkehrssicherheit zu jeder Zeit während der geplanten Restnutzungsdauer gewährleistet ist. Über die verbindliche Umsetzung einer zeitlich begrenzt wirksamen Instandsetzung muss sich der Planer vorab mit dem Bauherrn abstimmen.

Die Ausführung von Instandsetzungen kann, selbst wenn sie nach den gültigen Regelwerken ausgeführt wird, sehr unterschiedlichen Qualitätsstandards entsprechen. Unterschiede sind insbesondere bei der Ausführung von Schutzmaßnahmen gegenüber chloridinduzierter Korrosion möglich. Dauerhaftere Schutzmaßnahmen, wie z. B. Abdichtungen mit Bitumenschweißbahn und Gussasphalt, sind mit höheren Anfangsinvestitionen verbunden, weisen jedoch eine wesentlich längere Lebensdauer auf, weshalb sie auf lange Sicht häufig günstiger sind. Weniger dauerhafte Oberflächenschutzsysteme wie OS-11-Beschichtungen sind anfangs kostengünstiger, müssen jedoch, insbesondere bei stärkerer mechanischer Belastung, bereits nach wenigen Jahren überarbeitet und ggf. sogar ersetzt werden. Dauerhafte Schutzmaßnahmen benötigen einen geringeren Wartungsaufwand als weniger dauerhafte. Dies schlägt sich im jeweiligen Instandhaltungsplan, welcher im Anschluss an jede Instandsetzungsmaßnahme erstellt werden muss, nieder. Letztlich muss der Bauherr entscheiden, welchen Weg er gehen will. Der Planer muss ihn jedoch über die Konsequenzen der jeweiligen Ausführungsvarianten hinsichtlich Baukosten, Lebensdauer, erforderlicher Wartung und Folgekosten aufklären.

Gebäude mit Tiefgaragen werden von den Eigentümern häufig vor einem Weiterverkauf instand gesetzt. Die Verkäufer sind in diesem Fall eher geneigt, die Instandsetzungskosten gering zu halten und stattdessen höhere Aufwendungen in die nachfolgende Wartung und Instandhaltung zu verlagern, während die Käufer genau die umgekehrte Interessenlage haben. Bei einer weniger dauerhaften Ausführung der Schutzmaßnahmen sind der Wartungsplan und die ggf. erforderlichen laufenden Instandhaltungsmaßnahmen Teil der Instandsetzungsplanung und müssen entsprechend umgesetzt werden. Der Instandhaltungsplan muss dem Käufer übergeben werden, damit auch dieser die erforderlichen Maßnahmen umsetzen (und den damit verbundenen finanziellen Aufwand abschätzen) kann und nicht infolge einer mangelhaften Wartung und Instandhaltung Folgeschäden entstehen. Auf diesen Umstand sollte der sachkundige Planer den Bauherrn schriftlich hinweisen, um bei unsachgemäßer Wartung nicht selbst für Folgeschäden verantwortlich gemacht werden zu können. Für den sachkundigen Planer kann sich hier ein Interessenskonflikt ergeben.

Mitunter wird in Kaufverträgen ein bestimmter Qualitätsstandard für vorab durchzuführende Instandsetzungsmaßnahmen verlangt. Wenn dem sachkundigen Planer vom Bauherrn, der als Verkäufer auftritt, dieser Qualitätsstandard genannt wird, muss dieser den Bauherrn über die hierfür erforderliche Ausführung aufklären.

Wichtige Detailpunkte, die vorab abzuklären sind:

– Betondeckung (Erhöhung gewünscht bzw. möglich, Kompensationsmöglichkeiten),
– Gefällesituation (Verbesserung gewünscht bzw. möglich),
– Entwässerung (Installation von Entwässerungseinrichtung gewünscht bzw. sinnvoll und möglich),
– Brandschutz (bauliche Verbesserung oder Einbau technischer Anlagen erforderlich und gewünscht),
– Wartung und nachfolgende Instandhaltungskosten.

8 Instandsetzungsplanung

8.1 Allgemeines

Nach Abschluss der Zustandserfassung und Definition des Sollzustands beginnt im nächsten Schritt die eigentliche Instandsetzungsplanung. Diese erfolgt auf Grundlage der in der Instandsetzungs-Richtlinie beschriebenen Instandsetzungsprinzipien, die bereits in Abschnitt 5.2 dargestellt wurden. Daher wird an dieser Stelle auf eine erneute Erläuterung der Instandsetzungsprinzipien verzichtet.

Bei der Instandsetzungsplanung von Parkbauten ergeben sich konstruktions- und expositionsbedingt wiederkehrende Fragestellungen bei der Festlegung des normativ und technisch erforderlichen Instandsetzungsumfangs sowie bei der Planung bauteilspezifischer Instandsetzungsdetails. Auf einige dieser Fragestellungen und Detailpunkte wird in Abschnitt 8.2 und 10 eingegangen. Die Eignung verschiedener Instandsetzungsbetone und -mörtel für die Durchführung von Instandsetzungen in Parkbauten wird in Abschnitt 8.3 erörtert.

8.2 Notwendiger Instandsetzungsumfang bei chloridbeaufschlagten Bauteilen

Während der Festlegung des erforderlichen Instandsetzungsumfangs bei carbonatisierungsinduzierter Korrosion vergleichsweise einfach ist, gestaltet sich diese Fragestellung bei chloridbeaufschlagten Bauteilen wesentlich komplizierter. Fragestellungen, die in diesem Zusammenhang immer wieder auftreten, sind z. B.:

- Wie hoch ist der kritische korrosionsauslösende Chloridgehalt am Bauteil einzuschätzen?
- Bis zu welchen Chloridgehalten können Chloride im Bauteil belassen werden?
- Welche Instandsetzung ist im Bereich chloridbelasteter Risse vorzunehmen?
- Kann die Korrosion allein durch Beschichtungen/Rissverpressungen gestoppt werden?

Diese Fragestellungen können bis dato zum Teil nicht abschließend beantwortet werden oder sind gegenwärtig Forschungsgegenstand. Der aktuelle Wissensstand zu diesen Themen soll im Folgenden diskutiert werden.

Wie hoch ist der kritische korrosionsauslösende Chloridgehalt am Bauteil einzuschätzen?
Wie bereits in Abschnitt 4.6 ausgeführt, handelt es sich bei dem kritischen korrosionsauslösenden Chloridgehalt C_{Krit} keinesfalls um einen allgemeingültigen Grenzwert, sondern vielmehr um ein Kriterium, das sehr stark von den bauwerksspezifischen Randbedingungen abhängt. Soll bei der Instandsetzungsplanung auf eine Bestimmung von C_{Krit} für das instand zu setzende Bauwerk verzichtet werden, bleibt dem Planer lediglich die Möglichkeit, auf den vergleichsweise konservativen Wert von 0,50 M.-%/z zurückzugreifen, der in der Instandsetzungs-Richtlinie als Anhaltswert für das Einschalten eines sachkundigen Planers genannt wird. Die Wahrscheinlichkeit, dass dieser Ansatz auf der unsicheren Seite liegt, wird als sehr gering eingestuft. Lediglich bei Betonen, die ein sehr haufwerksporiges Gefüge aufweisen bzw. gleichzeitig carbonatisiert sind, liegt C_{Krit} ggf. niedriger. Dieser Grenzwert führt jedoch u. U. zu einer unwirtschaftlichen Instandsetzungsmaßnahme, da der bauwerksspezifische kritische korrosionsauslösende Chloridgehalt mitunter deutlich höher liegen kann (vgl. Abschnitt 4.6). Allerdings ist die Bestimmung des kritischen korrosionsauslösenden Chloridgehalts für das jeweilige Bauwerk mit einem erhöhten Untersuchungsaufwand (und damit Kosten) im Vorfeld der Maßnahme verbunden. Eine aus Sicht der Autoren sinnvolle Vorgehensweise ist:

- Vollflächige Potentialfeld- und Betondeckungsmessung an den zu beurteilenden Bauteiloberflächen zum Auffinden von Bereichen mit aktiver Korrosion bzw. von unauffälligen Referenzbereichen,
- Entnahme von Bohrmehlproben und Bestimmung des Chloridgehalts auf Bewehrungshöhe sowohl für Bereiche mit aktiver Bewehrungskorrosion als auch für passive Referenzbereiche,
- Bewehrungssondierungen zur Bestimmung des Korrosionszustands der Bewehrung im Bereich repräsentativer Bohrmehlentnahmestellen,
- Festlegen des kritischen korrosionsauslösenden Chloridgehalts innerhalb der Spanne, die sich zwischen dem höchsten Chloridgehalt an der noch passiven Bewehrung und dem niedrigsten Chloridgehalt bereits aktiv korrodierender Bewehrung ergibt.

Aus der Beschreibung der Vorgehensweise lässt sich bereits erkennen, dass diese Methode nur bei einem entsprechend großen Probenumfang sowohl aus aktiv korrodierenden Bereichen als auch aus passiven Bereichen sinnvoll anwendbar ist. Besonders bei großen zu bewertenden Bauteilen oder bei Bauteilen, bei denen aufgrund der spezifischen Bedingungen tendenziell hohe kritische korrosionsauslösende Chloridgehalte zu erwarten sind, kann durch diese Untersuchungen jedoch u. U. eine deutliche Reduzierung des Instandsetzungsumfangs erzielt werden, die den höheren Aufwand rechtfertigt.

Einen innovativen Ansatz zur Bestimmung eines bauwerksspezifischen Werts für C_{krit} an Bohrkernen liefern *Angst* et al. [102], allerdings ist dieser mit einem vergleichsweise hohen versuchstechnischen Aufwand und entsprechenden Anforderungen an die technische Ausstattung verbunden.

Bis zu welchen Chloridgehalten können Chloride im Bauteil belassen werden?
Das Entfernen und Reprofilieren von chloridbelastetem Beton stellt bei Instandsetzungsmaßnahmen zumeist den größten Kostenfaktor dar. Um zum ei-

nen die Instandsetzungsmaßnahme im technisch notwendigen Umfang und zum anderen mit der gebotenen Wirtschaftlichkeit durchführen zu können, muss abgeschätzt werden, ob und ggf. wieviel Chloride in Betonbauteilen belassen werden können, ohne dass in der weiteren Nutzung des Bauwerks mit chloridinduzierter Korrosion gerechnet werden muss.

Chloridbelasteter Beton in nicht gerissenen Bauteilbereichen, in denen bereits Korrosion abläuft, muss in der Regel vollständig entfernt und anschließend wieder reprofiliert werden (sofern nicht eine Instandsetzung durch KKS oder elektrochemischen Chloridentzug oder eine Instandsetzung nach dem Prinzip W-Cl, s. u., erfolgt). Findet trotz Chloridbelastung noch keine Korrosion statt, muss abgeschätzt werden, ob ohne Abtrag des chloridbelasteten Betons und Reprofilierungsmaßnahmen allein das Verhindern einer weiteren Chloridzufuhr – z. B. durch Aufbringen eines Oberflächenschutzsystems – ausreicht, um zukünftig Korrosion mit ausreichend hoher Wahrscheinlichkeit ausschließen zu können. Neben der Abschätzung des kritischen Chloridgehalts ist zur Beantwortung dieser Fragestellung die mögliche Umverteilung der Chloride innerhalb der Betondeckung zu ermitteln.

Auch ohne Zufuhr von Chloriden von der Bauteiloberfläche findet infolge der Konzentrationsunterschiede innerhalb der Betondeckung eine Umverteilung der Chloride statt, von der angenommen werden kann, dass sie grundsätzlich dem 2. Fick'schen Diffusionsgesetz folgt [54]. Allerdings wird dieses Konzentrationsausgleichsbestreben von einem entgegengerichteten Chloridrücktransport infolge des Bauteilaustrocknens überlagert, durch den die Chloridaufkonzentration in größeren Tiefenlagen behindert wird. Die Austrocknung führt darüber hinaus auch zu einer deutlichen Verlangsamung des Diffusionsprozesses. Eine rechnerische Abschätzung des Chloridtransports nach Aufbringen eines Oberflächenschutzsystems unter Berücksichtigung aller beschriebenen Effekte ist derzeit nicht möglich. Ein vergleichsweise pragmatischer Ansatz zur Abschätzung der Chloridumverteilung ist die Annahme einer Rechteckverteilung über die Betondeckung. In einem ersten Schritt wird hierzu zu diesem Zweck das Flächenintegral der eingedrungenen Chloride innerhalb der Betondeckung anhand entnommener Bohrmehlprofile berechnet. Unter der Annahme, dass keine Chloridzufuhr von außen mehr stattfindet, kann so berechnete Chloridfracht in eine Rechteckverteilung überführt werden. Von diesem sehr pragmatischen Ansatz kann angenommen werden, dass er ausreichend weit auf der sicheren Seite liegt. Ergibt eine Umverteilungsberechnung mit dem Rechteckansatz, dass infolge Umverteilung mit Korrosion gerechnet werden muss, kann alternativ eine zeitabhängige Umverteilungsberechnung unter Verwendung eines Diffusionsansatzes durchgeführt werden. Mit der Methode der Minimierung der Fehlerquadrate kann anhand von Chloridprofilen der Chloriddiffusionskoeffizient des Betons und die Chloridoberflächenkonzentration ermittelt werden. Mithilfe dieser Eingangsgrößen kann dann die zeitabhängige Chloridumverteilung mit dem 2. Fick'schen Diffusionsgesetz rechnerisch abgeschätzt werden. Als Randbedingung ist hierbei anzusetzen, dass der Gesamtchloridgehalt des Betons konstant bleibt, da eine weitere Chloridzufuhr von außen unterbunden wird. Da die Prozesse, die den Chloridtransport behindern, bei diesem Ansatz vernachlässigt werden, kann davon ausgegangen werden, dass dieser Ansatz ebenfalls auf der sicheren Seite liegt, das tatsächliche Umverteilungsverhalten aber wesentlich genauer beschreibt als der Rechteckansatz.

In einem konkreten Fall sollte für eine Bodenplatte einer etwa 20 Jahre alten Tiefgarage abgeschätzt werden, ob bereits eingedrungene Chloride belassen werden können oder ob ein großflächiger Betonabtrag mit anschließender Reprofilierung notwendig ist. Ein weiterer Chlorideintrag sollte durch die Applikation einer Abdichtung nach ZTV-ING ausgeschlossen werden. Zunächst wurde die Chloridverteilung anhand zahlreicher Bohrmehlproben bestimmt (Bild 51). Darauf basierend wurden die Oberflächenkonzentration und der Diffusionskoeffizient bestimmt und die Chloridumverteilung für die Zeiträume 10 Jahre und 45 Jahre abgeschätzt (die Zeiträume basierten dabei auf Nutzungsszenarien des Bauherrn). Der kritische korrosionsauslösende Chloridgehalt wurde zu 0,60 M.-%/z angenommen, da aufgrund der Abdichtungsmaßnahme mit Austrocknung des Betons sowie einer Vergleichmäßigung des Feuchtegehalts gerechnet werden konnte. Die Berechnung des Chloridgehalts ergab, dass bei einer Betondeckung von 30 mm weder nach 10 Jahren noch nach 45 Jahren mit einer kritischen korrosionsauslösenden Chloridkonzentration gerechnet werden muss (Bild 51). Bei einer Betondeckung von 20 mm wurde hingegen bereits nach 10 Jahren der kritische korrosionsauslösende Chloridgehalt erreicht. Da die Betondeckung der Bodenplatte in sehr wenigen Bereichen unter 30 mm, aber immer noch deutlich über 20 mm betrug, wurde die Betonoberfläche abgedichtet, ohne vorab einen Betonabtrag durchzuführen. Der Erfolg der Maßnahme wurde durch Installation eines Korrosionsmonitoring-Systems überwacht (s. Abschnitt 11.3).

Durch die oben beschriebenen Ansätze zur Abschätzung der Chloridumverteilung nach Aufbringen eines Oberflächenschutzsystems kann ggf. der Instandsetzungsumfang signifikant reduziert werden. Allerdings ist diese Vorgehensweise natürlich nur möglich, wenn durch Wartung und ggf. Erneuerung des Oberflächenschutzsystems für die gesamte weitere Nutzungsdauer des Bauwerks ein erneuter Chlorideintrag auch zuverlässig ausgeschlos-

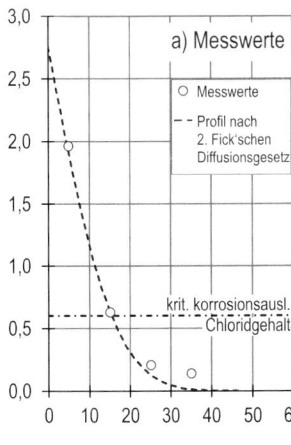
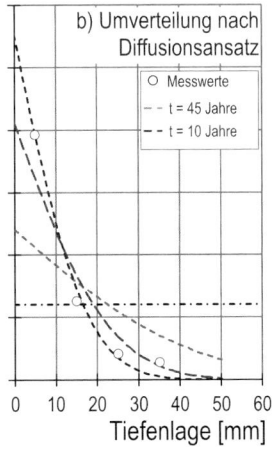

Bild 51. Abschätzung der Chloridumverteilung

sen werden kann. Aufgrund der Unsicherheiten, die mit der Prognose der Umverteilung verbunden sind, wird in jedem Fall empfohlen, den Bauherrn schriftlich auf die Vorteile und Risiken dieser Vorgehensweise hinzuweisen und den Instandsetzungserfolg durch ein geeignetes Korrosionsmonitoring-System zu überwachen.

Welche Instandsetzung ist im Bereich chloridbelasteter Risse vorzunehmen?

Die Diskussion um geeignete Instandsetzungsverfahren bei chloridbelasteten Rissen wurde in den letzten Jahren durch die Empfehlungen des DBV-Merkblatts „Parkhäuser und Tiefgaragen" neu entfacht. Während bei (Trenn-)Rissen, die über einen längeren Zeitraum einer Chloridbeaufschlagung ausgesetzt sind, unstrittig ein Abtrag des chloridbelasteten Betons und eine anschließende Reprofilierung erforderlich sind, empfiehlt das Merkblatt für Risse mit kurzer Beaufschlagungsdauer (maximal eine Wintersaison), auf einen Betonabtrag zu verzichten und die Risse lediglich dauerhaft zu verschließen. Dieser Empfehlung liegt die Annahme zugrunde, dass innerhalb einer Wintersaison zwar durchaus korrosionsauslösende Chloridgehalte in ein gerissenes Bauteil eingebracht werden können, dass dieser Zeitraum aber nicht ausreicht, um bereits relevante Querschnittsverluste zuzulassen und dass der zukünftige Korrosionsfortschritt durch das Austrocknen des Rissbereichs bzw. Chloridumverteilungsprozesse vergleichsweise langsam verläuft. Schließlich mögen bei dieser Empfehlung auch pragmatische Aspekte eine Rolle gespielt haben, da die in der Baupraxis etablierte Ausführung von Tiefgaragen als Weiße Wanne mit einem starren Oberflächenschutzsystem OS 8 oder von rissüberbrückenden Oberflächenschutzsystemen, die im Laufe der Nutzungsdauer auch abgenutzt und dann offene Risse freilegen werden, andernfalls praktisch nicht mehr anwendbar ist.

Die Ergebnisse von zwei Forschungsvorhaben, die in den letzten Jahren zum Einfluss einer Rissverpressung [68] bzw. einer Rissbandagierung von Biegerissen [70] auf die Korrosionsaktivität durchgeführt wurden, deuten darauf hin, dass – in Abhängigkeit von den Randbedingungen – in vielen Fällen tatsächlich eine deutliche Reduzierung des Korrosionsfortschritts durch Verschließen der Risse erzielt werden kann (vgl. Abschnitt 4.7.4). Beispielhaft zeigt Bild 52 die zeitliche Entwicklung des Elementstroms zwischen der Bewehrung im Rissbereich (Anode) und der Bewehrung im ungerissenen Beton (Kathode) sowie die zeitabhängige Veränderung der Potentialdifferenz zwischen Anode und Kathode nach Auftrag einer Rissbandage [70]. Dabei zeigt sich, dass im vorliegenden Beispiel der Elementstrom innerhalb eines halben Jahres nach Applikation der Rissbandage um rd. eine Größenordnung abnimmt (Bild 52). Die Untersuchungen zu den Kontrollanteilen der Makrozellkorrosion ergaben, dass abweichend von ursprünglichen Annahmen in diesem Fall nicht der Anstieg des Elektrolytwiderstands, sondern der zeitabhängige Anstieg des anodischen Polarisationswiderstands für den Rückgang der Korrosionsaktivität maßgebend ist (Bild 53). Als mögliche Gründe werden hierfür eine Deckschichtbildung an der Lochnarbe sowie Chloridumverteilungsprozesse aus der Risswurzel in den ungerissenen Beton diskutiert.

Erfahrungen aus Untersuchungen an gerissenen Parkflächen zeigen überwiegend, dass bei Boden-

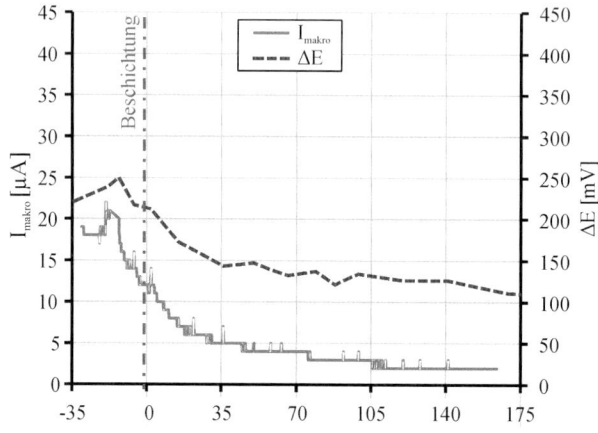

Bild 52. Zeitliche Entwicklung von Potentialdifferenz und Elementstrom nach Applikation der Rissbandage [70]

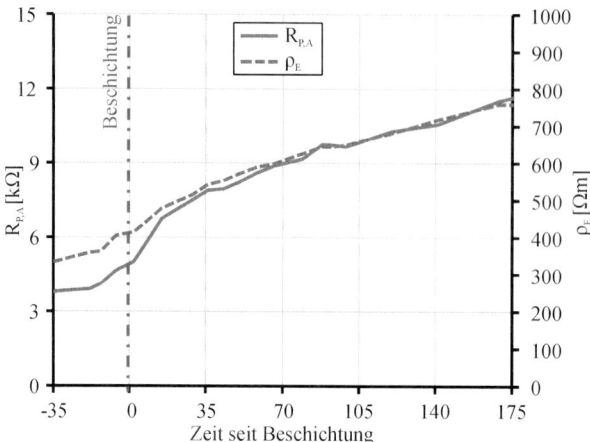

Bild 53. Zeitliche Entwicklung von anodischem Polarisationswiderstand und Elektrolytwiderstand nach Applikation der Rissbandage [70]

platten nach vergleichbarer Expositionsdauer in den meisten Fällen deutlich weniger Korrosion festgestellt werden kann als bei Zwischendecken. Ein ähnlicher Effekt zeigt sich auch bei Biegerissen, in denen in der Regel bei gleicher Exposition wesentlich weniger Korrosion festgestellt wird als bei Trennrissen. Bisher sind den Autoren keine Praxisfälle bekannt, bei denen bei Biegerissen oder Rissen in Bodenplatten trotz eines frühzeitigen Verschließens der Risse im Weiteren ein so schneller Korrosionsfortschritt festgestellt wurde, dass anschließend eine umfassendere Instandsetzung durchgeführt werden musste.

Aufgrund der derzeitigen Unsicherheit auch hinsichtlich der zukünftigen rechtlichen Bewertung dieser Vorgehensweise erscheint es angebracht, grundsätzlich auch bei nur kurzer Beaufschlagungsdauer zunächst den Chloridgehalt im Rissbereich zu bestimmen und bei korrosionsauslösenden Chloridgehalten im Rissbereich entweder auf eine konventionelle Betoninstandsetzung zurückzugreifen oder aber bei Verzicht auf einen Betonabtrag den Bauherrn nachweislich über die Chancen und Risiken dieser Vorgehensweise aufzuklären. Auch hier kann durch den Einsatz eines Korrosionsmonitorings der Korrosionsfortschritt nach Instandsetzung überwacht und somit alle Beteiligten vor bösen Überraschungen bewahrt werden. Ein Praxisbeispiel, bei dem durch Rissbandagen in Verbindung mit einem umfassenden Korrosionsmonitoringsystem an einer Tiefgaragenbodenplatte auf eine umfassende Instandsetzung verzichtet werden kann, enthält Abschnitt 11.3.2.

Kann die Korrosion allein durch Beschichtungen gestoppt werden?

Durch das Applizieren eines Oberflächenschutzsystems bei aktiver chloridinduzierter Korrosion soll ein sukzessives Austrocknen des Bauteils erreicht werden. Durch den damit einhergehenden Anstieg des Elektrolytwiderstands soll der Korrosionsstrom auf ein vernachlässigbares Maß reduziert werden. Insofern ähnelt die Fragestellung der zuvor diskutierten Frage zur Vorgehensweise bei chloridbelasteten Rissen. Im Gegensatz zu dieser Frage ist im vorliegenden Fall jedoch von einer längerfristigen Chloridbeaufschlagung auszugehen, da andernfalls im ungerissenen Beton bei üblichen Betondeckungen nicht mit einer Depassivierung infolge von Chlorideintrag gerechnet werden müsste. Gegenüber der Korrosion im Rissbereich ist in diesem Fall folglich davon auszugehen, dass nicht nur in einem lokal sehr begrenzten Bereich, sondern in größeren Oberflächenbereichen deutlich erhöhte Chloridgehalte vorliegen. Das bedeutet, dass positive Effekte wie eine Reduzierung des Chloridgehalts auf Bewehrungshöhe infolge von Umverteilungsprozessen hier nicht in Ansatz gebracht werden dürfen. Zudem muss aufgrund der großen Mengen an Chloriden, die in diesem Fall eingebracht wurden, damit gerechnet werden, dass der erhoffte Anstieg des Elektrolytwiderstands aufgrund der Hygroskopizität des Chlorids und des Leitfähigkeitsbeitrags von Chlorid in geringerem Maße stattfindet. Aufgrund dieser Unsicherheiten wird in der Instandsetzungs-Richtlinie darauf hingewiesen, dass die Anwendung des Prinzips W-Cl (das ist das Aufbringen eines Beschichtungssystems bei chloridinduzierter Korrosion, Abschnitt 5.2.3) nur in Verbindung mit Testflächen bzw. einem Überwachungssystem zulässig ist. Sofern infolge eingedrungener Chloride bereits eine Depassivierung der Bewehrung stattgefunden hat oder mit hoher Wahrscheinlichkeit zu erwarten ist, sollte aus Sicht der Autoren grundsätzlich ein Austausch des chloridbelasteten Betons erfolgen oder aber durch KKS oder elektrochemischen Chloridentzug die Bewehrung vor weiterer Korrosion geschützt werden. Das Beschichten ohne vorherigen Abtrag des chloridbelasteten Betons ist sowohl technisch als auch rechtlich derzeit mit sehr hohen Unsicherheiten verbunden und daher, bis auf wenige Sonderfälle (z. B. Bauwerke mit kurzer Restnutzungsdauer), zu vermeiden. Empfehlungen, welche Randbedingungen mindestens erfüllt sein müssen, damit das Prinzip W-Cl grundsätzlich als Alternative zu einer konventionellen Instandsetzung in Betracht gezogen werden kann, gibt [103].

8.3 Instandsetzungsbetone und -mörtel

8.3.1 Allgemeines

Die für Instandsetzungen zulässigen Materialien sind in der Instandsetzungs-Richtlinie, Teil 2, benannt (vgl. auch Abschnitt 3). In Grundprüfungen ist deren Eignung für den jeweiligen Verwendungszweck nachzuweisen. Gesonderte Grundprüfungen sind entbehrlich, wenn Baustoffe eingesetzt werden, welche der Instandsetzungs-Richtlinie zulässig und für die andere Regelwerke maßgebend sind. Dies betrifft z. B. Beton nach EC2 bzw. DIN EN 206-1/DIN 1045-2.

Bei den meisten Instandsetzungen sind Reprofilierungen der Beton- bzw. Stahlbetonbauteile erforderlich, weshalb die hierfür zulässigen und geeigneten Materialien eine entscheidende Bedeutung zukommt. Nach der Instandsetzungs-Richtlinie sind folgende Materialien zulässig:

- Beton nach EC2 bzw. DIN EN 206-1/DIN 1045-2,
- Spritzbeton nach DIN 18551 bzw. DIN EN 14487,
- Zementmörtel,
- kunststoffmodifizierter Instandsetzungsbeton und -mörtel (PCC) mit den zugehörigen Systemkomponenten,
- im Spritzverfahren aufzubringender kunststoffmodifizierter Instandsetzungsbeton und -mörtel (SPCC) mit den zugehörigen Systemkomponenten,
- reaktionsharzgebundener Instandsetzungsbeton und -mörtel (PC) mit den zugehörigen Systemkomponenten.

Die Verwendung von Trockenbeton(-mörtel) und Vergussbeton(-mörtel) ist mit bestimmten Einschränkungen möglich.

Die o. g. Materialien weisen bestimmte Vorteile, Nachteile und auch Einschränkungen in ihrer Verwendung auf, welche bei der Planung und Durchführung von Instandsetzungen zu beachten sind. Nachfolgend werden Vor- und Nachteile der einzelnen Materialien dargestellt und auf Einschränkungen hingewiesen.

8.3.2 Beton nach EC 2 und DIN EN 206-1/ DIN 1045-2

Beton kann normativ bei allen Reprofilierungen von Stahlbetonbauteilen eingesetzt werden. Da Beton in der jeweils erforderlichen Festigkeitsklasse hergestellt werden kann, stellt die Wiederherstellung der Tragfähigkeit in der Regel kein Problem dar. Auch im Vergleich zu vielen kunststoffmodifizierten Materialien hohe Brandschutz stellt einen Vorteil dar. Nachteilig ist, dass häufig nur geringe Schichtdicken reprofiliert werden müssen, z. B. bei Stützeninstandsetzungen. Beton sollte nicht eingesetzt werden, wenn die Schichtdicken mindestens 50 mm betragen. Da dünne Betonschichten nur schwer verdichtet werden können, müssen die Betone in sehr weicher Konsistenz eingebaut werden.

Ein weiterer Nachteil besteht darin, dass häufig nur sehr geringe Mengen verbaut werden müssen, die kleinste Abnahmemenge für Transportbeton aber rd. 4 m^3 beträgt. Je nach tatsächlicher Einbaumenge müssen nicht verbaute Restmengen nicht nur bezahlt, sondern auch kostenpflichtig entsorgt werden. Dies verteuert den Einsatz von Beton.

8.3.3 Spritzbeton nach DIN 18551 [39] bzw. DIN EN 14487 [38]

Ebenso wie Beton nach EC2 bzw. DIN EN 206-1/DIN 1045-2 kann Spritzbeton bei fast allen Reprofilierungen eingebaut werden. Nicht bzw. nur eingeschränkt möglich ist die Verwendung bei horizontalen Bauteilen von der Oberseite. Spritzbeton soll nicht nach unten gespritzt werden, da ansonsten der Rückprall mit eingespritzt werden würde. Vorteilig ist die hohe Flexibilität des Spritzbetons, da er im Prinzip in beliebigen Schichtdicken, auf beliebigen Formen verwendet werden kann und im Gegensatz zu Beton auch keine Schalungen benötigt werden. Nachteilig ist der hohe maschinentechnische Aufwand sowie die hohe Lärm- und Staubentwicklung. Die Verwendung von Spritzbeton ist deshalb erst ab bestimmten Verbrauchsmengen wirtschaftlich. Wie bei Beton ist auch bei Spritzbeton die hohe Tragfähigkeit und der hohe Brandwiderstand vorteilig.

8.3.4 Kunststoffmodifizierter Instandsetzungsbeton und -mörtel (PCC)

PCC wurde speziell für Instandsetzungsmaßnahmen entwickelt. Durch den Zusatz von Kunststoffen weisen PCC eine gute Verarbeitungsfähigkeit und Haftung auf Betonuntergründen auf, aufgrund des Kunststoffzusatzes jedoch einen geringen E-Modul und ein hohes Kriechen. Dies ist von Vorteil, weil bei Verformungsbehinderung z. B. durch das Austrocknungsschwinden geringere Zwangsspannungen entstehen und dadurch die Rissgefahr geringer ist. Nachteilig ist dies, weil sich der PCC in reprofilierten Querschnitten infolge der geringeren Steifigkeit weniger an der Lastübertragung beteiligt und sich infolge des größeren Kriechens der Lastaufnahme entzieht. Bei hoch belasteten Bauteilen ist deshalb die Verwendung von PCC in größeren Querschnittsbereichen nicht möglich. Viele PCC weisen nicht die Brandschutzklasse A1 wie z. B. Beton auf. Dies ist beim Nachweis des baulichen Brandschutzes zu berücksichtigen.

8.3.5 Kunststoffmodifizierter Spritzbeton und -mörtel (SPCC)

SPCC weist im Wesentlichen die gleichen Vor- und Nachteile auf wie Spritzbeton und PCC.

8.3.6 Reaktionsharzgebundener Instandsetzungsbeton und -mörtel (PC)

PC wird nur in Ausnahmefällen verwendet, z. B. wenn eine sehr schnelle Aushärtung erforderlich ist, die erforderliche Nachbehandlung für zementgebundene Materialien nicht möglich ist oder die für zementgebundene Materialien erforderlichen Mindestschichtdicken nicht eingehalten werden können. Nachteilig ist der sehr hohe Preis und die bei höheren Schichtdicken entstehenden großen Erhärtungstemperaturen. Obwohl PC-Mörtel einen vergleichsweise geringen E-Modul aufweist, können aufgrund der hohen Wärmedehnzahl bei Applikation größerer Schichtdicken und Auftreten größerer Temperaturunterschiede sehr starke Spannungen zwischen Untergrund und PC-Mörtel auftreten. Die entstehenden Schub- und insbesondere Schälspannungen (Bild 54) können zum Abreißen des PC vom Untergrund führen. Der Bruch tritt dabei infolge der auftretenden Spannungsverteilungen in der Regel wenige Millimeter unter der Verbundfuge auf [104].

8.3.7 Vergussbeton

Bei der Instandsetzung kleinformatiger Bauteile wie Stützen- und Wandfüße hat sich der Einsatz von Vergussbeton als geeignet erwiesen. Vergussbeton kann in der jeweils benötigten Menge direkt auf der Baustelle angemischt werden. Durch seine guten Fließeigenschaften ist die Herstellung dünner Reprofilierungsschichten zielsicher möglich, bei sehr dünnen Schichtdicken wird häufig Vergussbeton mit Größtkorn > 4 mm eingesetzt. Bei der Verwendung von Vergussbeton im Rahmen von Instandsetzungen nach der Instandsetzungs-Richtlinie müssen neben den normativen Regelungen insbesondere auch die technischen Randbedingungen der jeweiligen Vergussbetone beachtet werden.

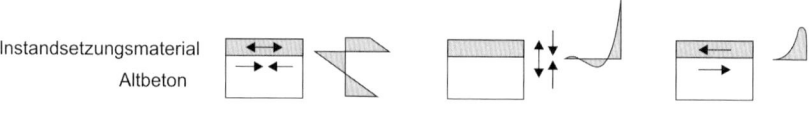

Bild 54. Schematische Spannungsverteilung infolge unterschiedlichen Verformungsbestrebens einzelner Schichten in einem Mehrschichtsystem am Beispiel eines 2-Schichtsystems

Vergussbetone werden in der Regel als fertig konfektionierte Sackware geliefert. Auf der Baustelle wird dann nur noch Wasser zugegeben und gemischt. Vergussbetone weisen zumeist eine sehr hohe Festigkeit größtenteils oberhalb der Druckfestigkeitsklasse C50/60 auf – häufig werden sogar Festigkeiten über 100 N/mm² erreicht –, ferner einen hohen E-Modul und insbesondere einen sehr hohen Bindemittelgehalt. Dieser hohe Bindemittelgehalt kann zu einem im Vergleich zu Beton sehr hohen Austrocknungsschwinden führen, was von den Herstellern meist als Nachschwinden bezeichnet wird. Dieses Austrocknungsschwinden kann zu hohen Zugeigenspannungen an der Bauteiloberfläche und damit zum Entstehen von Oberflächenrissen und Ablösungen führen. Bei vergleichsweise dünnen Querschnittsergänzungen und hohen Schwindmaßen ist es möglich, dass sich der ergänzte Betonquerschnitt durch das Austrocknungsschwinden nicht nur der Lastaufnahme entzieht, sondern vielmehr sogar den Restquerschnitt des Bauteils zusätzlich auf Druck belastet.

Aus o. g. Gründen war die Anwendung von Vergussbeton bzw. Vergussmörtel für Instandsetzungen bislang nur unter Einschränkungen möglich. Die Verwendung von Vergussbeton/-mörtel wurde in der 3. Berichtigung zur Instandsetzungs-Richtlinie jedoch grundlegend neu geregelt. Vergussbeton gemäß Vergussbetonrichtlinie darf nunmehr zur Reprofilierung von Betonbauteilen nach DIN EN 206-1 in Verbindung mit DIN 1045-2 generell verwendet werden, wenn er der Schwindklasse SKVB 0 oder SKVB I entspricht. Die Schichtdicke darf das 25-Fache des Größtkorns nicht überschreiten. Bei einem Größtkorn von 16 mm sind demnach Schichtdicken von bis zu 40 cm möglich, was für die meisten Anwendungsfälle ausreichend ist. Bezüglich der Einbaudicke ergibt sich eine weitere Einschränkung: Bei Schichtdicken über 100 mm dürfen die hohen Frühfestigkeitsklassen A (40 N/mm²) und B (20 N/mm²) nicht verwendet

werden. Zur Sicherstellung des Verbundes ist Vergussbeton zu bewehren und mit dem Untergrund zu verankern. Ferner ist er gegen Zwang zu bemessen, bei druckbeanspruchten Stützen ist i. d. R. Umschnürungsbewehrung erforderlich.

Vergussmörtel (Größtkorn ≤ 4 mm) darf nicht mehr für die Instandsetzung nach der Instandsetzungs-Richtlinie verwendet werden. Er ist nur noch zum Verfüllen von Hohlräumen zulässig.

9 DBV-Merkblatt „Parkhäuser und Tiefgaragen"

9.1 Einführung

Im Jahr 2005 erschien die erste Ausgabe des DBV-Merkblatts „Parkhäuser und Tiefgaragen". Ziel des DBV-Merkblatts „Parkhäuser und Tiefgaragen" war und ist eine Zusammenfassung von in der Praxis anerkannten Leitlinien für „Planungsgrundlagen, Lösungen für Detailpunkte, Ausführungshinweise und Maßnahmen zur Sicherstellung einer ausreichenden Dauerhaftigkeit" für die Erstellung von Parkbauten zu schaffen, vgl. auch Abschnitte 1 und 3.

Da die 3. überarbeitete Fassung des DBV-Merkblatts „Parkhäuser und Tiefgaragen" erst Anfang 2018 erschienen ist, zahlreiche bisherige Planungen jedoch noch in Anlehnung an die Fassung 2010 durchgeführt wurden, wird nachfolgend auch noch auf die Fassung 2010 eingegangen.

In den DAfStb-Heften 525 und 526 wurde auf das DBV-Merkblatt „Parkhäuser und Tiefgaragen" Bezug genommen. Im Jahr 2010 erfolgte die Veröffentlichung einer 2. überarbeiteten Fassung des DBV-Merkblatts „Parkhäuser und Tiefgaragen", die DAfStb-Hefte 525 und 526 wurden angepasst. Das DAfStb-Heft 600 nimmt ebenfalls Bezug auf das DBV-Merkblatt „Parkhäuser und Tiefgaragen".

Beton- bzw. Mörtelart	Größtkorn- durchmesser [mm]	Schichtdicke [mm]	
		min.	max.
1	2	3	4
2c Spritzmörtel, der den Anforderungen der DIN EN 14487-1 in Verbindung mit DIN 18551, Abschnitte 1 bis 4 entspricht	≤ 4	15	30
2d Vergussbeton, der den Anforderungen gemäß Teil 1 dieser Richtlinie und gemäß DAfStb-Richtlinie „Herstellung und Verwendung von zementgebundenem Vergussbeton und Vergussmörtel" entspricht	> 4	60[1]	25 x Größtkorn[2]

[1] ANMERKUNG: Sicherstellung einer ausreichenden Betondeckung.
[2] Bei Schichtdicken ≥ 100 mm darf Vergussbeton der Frühfestigkeitsklassen A und B nicht verwendet werden.

Bild 55. Vorgaben für die Verwendung von Spritzbeton und Vergussbeton nach der 3. Berichtigung zur Instandhaltungs-Richtlinie

DAfStb-Heft 525 (Fassung 2003) enthielt Erläuterungen, Ausführungsdetails und Ausführungsvarianten zu DIN 1045:2001-1 bezüglich der Umsetzung der Forderungen zur Gewährleistung der Dauerhaftigkeit bei Tausalzbeanspruchung für die Expositionsklasse XD3 und hier im Besonderen für horizontale Bauteile wie Bodenplatten und Zwischendecks von Parkhäusern und Tiefgaragen. Mit der Ausgabe 2010 von DAfStb-Heft 525 entfielen die vormals enthaltenen Ausführungsdetails und Ausführungsvarianten, stattdessen wurde direkt auf die Ausführungsvarianten des DBV-Merkblatts „Parkhäuser und Tiefgaragen" verwiesen, dies wurde in DAfStb-Heft 600 so beibehalten.

Im Januar 2018 erschien die 3. überarbeitete Fassung des DBV-Merkblatts „Parkhäuser und Tiefgaragen". In dieser Fassung wurden zwischenzeitlich gewonnene Erfahrungen berücksichtigt und neue Erkenntnisse hinsichtlich der Dauerhaftigkeit und Schutzmaßnahmen aufgenommen. Ausführungsvarianten von Abdichtungen und Oberflächenschutzmaßnahmen wurden neu geordnet, hierauf wird nachfolgend noch genauer eingegangen.

Das DBV-Merkblatt „Parkhäuser und Tiefgaragen" bezieht sich dem Grunde nach auf den Neubau von Parkbauten, dennoch sind viele Regelungen, Ausführungsdetails und Ausführungsvarianten auf Instandsetzungen übertragbar und rechtlich gesehen zunächst einzuhalten. Dies ist aus dem Bestandsschutz abzuleiten. Bestandsschutz gilt für bestehende Bauwerke, welche instand gesetzt werden. Wie in Abschnitt 7 erläutert, genügt es, die zum Zeitpunkt der Errichtung des Bauwerks gültigen Baubestimmungen einzuhalten bzw. wiederherzustellen, es sei denn, eine Bauweise hat sich nachträglich als unzureichend und schadensauslösend herausgestellt, vgl. § 3 MBO. Die Forderung nach einem wirksamen Schutz von Stahlbetonbauteilen gegenüber dem Eindringen von Tausalz war in den früheren Ausgaben der DIN 1045 nicht enthalten. Nach DIN 1045:1988 und den zugehörigen Erläuterungen in DAfStb-Heft 400 waren Schutzmaßnahmen bei Stahlbetondecken mit Tausalzbeanspruchung zwingend nur bei durchgehende Trennrissen gefordert, bei Biegerissen wurde dies lediglich empfohlen. In älteren Ausgaben der DIN 1045 gab es diesbezüglich überhaupt keine Anforderungen. Das Fehlen von ausreichenden Schutzmaßnahmen gegenüber dem Angriff von Tausalzen hat nachweislich zu immensen Schäden an der Bausubstanz von Verkehrsbauten geführt, weshalb hier vorausgesetzt werden kann, dass der Bestandsschutz bei fehlendem Schutz von Bauwerken/Bauteilen gegenüber chloridinduzierter Korrosion infolge Tausalzbelastung nicht mehr gegeben ist. Die Instandsetzung hat deshalb entsprechend den gültigen Baubestimmungen zu erfolgen. Da die Betondeckungen und Betongüten bestehender Stahlbetonbauteile nicht mehr geändert werden können, ist nach Meinung der Autoren hierfür zwangsläufig Bestandsschutz gegeben, die auszuführenden Schutzmaßnahmen, i. d. R. Oberflächenschutzsysteme und Abdichtungen sind jedoch nach den derzeit gültigen Baubestimmungen zu planen und auszuführen. Abschließend ist deshalb zunächst festzuhalten, dass dem DBV-Merkblatt „Parkhäuser und Tiefgaragen" normativer Charakter zukommt.

Das DBV-Merkblatt „Parkhäuser und Tiefgaragen" Fassung 2010 enthält 3 Varianten (1 bis 3), mit Untervarianten insgesamt sechs Ausführungsvarianten für die Ausführung von Schutzmaßnahmen für befahrene Flächen. Diese Ausführungsvarianten enthält im Wesentlichen auch die Neufassung 2018, wobei die Zuordnung zu 3 Hauptvarianten nunmehr konsequenter ausfällt und auf die A1-Änderung des EC2/NA von 2015-12 abgestimmt ist. Bezüglich der Dauerhaftigkeit, Kosten, Wartungsintensität und Instandsetzungsrisiko weisen sowohl die Varianten nach Fassung 2010 als auch 2018 Unterschiede auf.

Einzelne dieser Varianten haben in der Fachöffentlichkeit sowohl in technischer, z. B. [106], als auch rechtlicher Hinsicht, z. B. [47], zu großen Diskussionen geführt, welche zum jetzigen Zeitpunkt auch noch nicht abgeschlossen sind.

Hauptdiskussionspunkt war und ist die technische und rechtliche Frage, inwieweit eine qualitativ geringere Ausführungsqualität verbunden mit einem erhöhten Dauerhaftigkeitsrisiko durch eine intensivere Wartung/Instandhaltung kompensiert werden kann. Motzke [17] spricht hier von „Reduktionsmodellen" für Bauweisen mit erhöhtem und „Komplettmodellen" für Bauweisen mit üblichem Instandhaltungsbedarf. Oben genannte Fragestellung sei anhand der Ausführungsvariante 2b sowie dem Entwurfsgrundsatz c der Merkblattfassung 2010 kurz erläutert, nähere technische Erläuterungen siehe nachfolgenden Abschnitt.

Ausführungsvariante 2b: Abminderung der Expositionsklasse und der Betondeckung Merkblattfassung 2010
(Grundlage: DAfStb-Heft 525)
Die eigentlich in DIN 1045-1:2008-08 geforderte Expositionsklasse XD3 wird zu XD1 abgemindert, die Mindestbetondeckung von c_{min} = 40 mm auf c_{min} = 30 mm reduziert. Die Dauerhaftigkeit bzw. der Bauteilwiderstand gegenüber chloridinduzierter Korrosion ist dadurch deutlich reduziert. Um dennoch eine ausreichende Dauerhaftigkeit zu erreichen, ist die dauerhafte Funktionalität der flächigen Oberflächenschutzmaßnahme zu gewährleisten. Aus diesem Grund wird eine intensivere Wartung – 2-mal jährlich, jeweils vor und nach der Winterperiode – gefordert. Diese wartungsbezogene Abminderung der Betondeckung von 40 mm auf 30 mm bei Oberflächenschutzsystemen nach der Instandset-

zungsrichtlinie ist nach Diskussionen im DAfStb und DBV für Neubauten insbesondere wegen der juristischen Fragen im NA des EC2 (nach der A1-Änderung) und folgerichtig auch in der Merkblatt-Neufassung 2018 nicht mehr zulässig, vgl. Varianten B1 und B2 nach Merkblattfassung 2018. Das Wartungsintervall wird von halbjährlich (intensiv) auf jährlich herabgesetzt. Bei Bestandsbauten ist jedoch eine Betondeckungserhöhung häufig nicht möglich und auch technisch nicht sinnvoll. Nach entsprechender Risikobewertung und Aufklärung des Bauherrn kann ein Belassen der vorhandenen (zu geringen) Betondeckung und Kompensation mit einer intensiven Wartung und Instandhaltung zweckmäßig sein.

Entwurfsgrundsatz c, Rissverschließen nach ihrem Auftreten, Merkblattfassung 2010 und 2018
Da die Risse planmäßig erst nach ihrem Auftreten verschlossen werden, wird der Anforderung von Heft 600 „Risse und Arbeitsfugen dauerhaft gegenüber dem Eindringen von Chloriden zu schützen" nicht von Anfang an entsprochen. Zwangsrisse infolge Temperaturbeanspruchung treten in der Regel in der kühlen Jahreszeit auf, in der keine Oberflächenschutzmaßnahmen ausgeführt werden. In der Folge ist mit Chlorideintrag zumindest über eine Winterperiode zu rechnen. Nach DBV-Merkblatt „Parkhäuser und Tiefgaragen" ist davon auszugehen, dass innerhalb dieses Zeitraums kein korrosionsauslösender Chlorideintrag erfolgt bzw. im Falle eines korrosionsauslösenden Chlorideintrags der Zeitraum nicht ausreicht, um relevante Querschnittsverluste zuzulassen und der zukünftige Korrosionsfortschritt durch das Austrocknen des Rissbereichs bzw. Chloridumverteilungsprozesse vergleichsweise langsam verläuft, sodass die Risse planmäßig ohne weitere Maßnahmen verschlossen werden können. Dies gilt im Übrigen auch, wenn unplanmäßig Risse und Undichtigkeiten in Oberflächenschutzsystemen einmalig auftreten. Wie erwähnt, ist diese Einschätzung wissenschaftlich/technisch nicht endgültig abgesichert, aktuelle Forschungsergebnisse [68, 70] und auch Praxiserfahrungen stützen jedoch die Annahme, dass bei kurzfristiger Chloridbeaufschlagung und entsprechend geringen Chloridgehalten im Rissbereich durch Verschließen der Risse tatsächlich eine signifikante Reduzierung der Korrosionsaktivität erzielt werden kann, s. auch Abschnitt 8.2 und 11.3.2.

Im Jahr 2012 kommt *Motzke* [47] zu dem Schluss, dass die Kompensation einer geringen Ausführungsqualität (welche für sich genommen nicht den normativen Anforderungen entspricht) nicht o. W. durch einen erhöhten Wartungsaufwand (d. h. zukünftig menschliches Handeln) kompensiert werden kann, insbesondere da die Wartung und Instandsetzung in der Praxis erfahrungsgemäß „viel zu nachlässig" wahrgenommen werden. Die Anwendung o. g. Ausführungsvariante würde demzufolge einen Regelwerkverstoß bzw. einen Verstoß gegen die aRdT bedeuten, mit den entsprechenden Rechtsfolgen für den Planer, aber auch für die ausführenden Firmen. Zu dieser Einschätzung wurde vonseiten des DBV in Form einer Leserzuschrift Stellung genommen und im Ergebnis widersprochen [71]. Vonseiten des DBV wird hier insbesondere auf die kurzen Wartungsintervalle verwiesen und dargelegt, dass nach DBV-Merkblatt „Parkhäuser und Tiefgaragen", Fassung 2010 Instandhaltung auch Instandsetzung bedeutet. In der Erwiderung auf diese Zuschrift weist *Motzke* darauf hin, dass bezüglich der Einordnung der Varianten 2a und 2b im Streitfall letztlich Gerichte entscheiden werden. Im Jahr 2014 schlussfolgert *Motzke* [17], dass ein Abweichen von den Regeln, welche in EC2 ff. enthalten sind, infolge der gesetzlich verankerten Vertragsfreiheit möglich ist. Diese Abweichungen bzw. erforderlichen Kompensationen müssen jedoch vertraglich als besondere Beschaffenheit des Werks fixiert sein, diese sind dann integraler Teil der Instandsetzungsplanung und -ausführung. Kommt der Bauherr oder Betreiber diesem Kompensationsaufwand in Form von Wartung und Instandhaltung nicht nach, handelt es sich nach [17] um eine Pflichtverletzung gegen sich selbst, deren Verletzungsfolgen zulasten des Bauherrn bzw. Betreibers gehen. Den rechtlichen Hintergrund hierzu stellt § 254 BGB dar.

Die Autoren sind in jüngster Zeit mit mehreren Streitfällen befasst gewesen, in denen die Wartungspflichten und insbesondere auch die Instandhaltungspflichten den Käufern bzw. Nutzern nicht oder nicht ausreichend klar dargelegt wurden oder die Käufer/Nutzer nach Ansicht der Autoren diesen Pflichten schuldhaft nicht nachgekommen sind. In allen Fällen sind hohe Kosten für Untersuchungen, Gutachten, Gegengutachten und auch Instandsetzungen entstanden, deren Übernahme in den meisten Fällen noch nicht (gerichtlich) geklärt ist. Instandsetzungsplanern und auch ausführenden Firmen sei an dieser Stelle angeraten, ihren Beratungspflichten gewissenhaft nachzukommen und die Aufklärung und das Einverständnis der Auftraggeber schriftlich ggf. unter Mithilfe eines rechtlichen Beistands bestätigen zu lassen.

Nachfolgend werden die im DBV-Merkblatt „Parkhäuser und Tiefgaragen" enthaltenen Ausführungsvarianten hinsichtlich o. g. Fragestellungen diskutiert. Bezüglich der Erstellung von Instandhaltungsplänen und der Ausführung von Instandhaltungsarbeiten wird auf Abschnitt 11 verwiesen.

9.2 Diskussion der Ausführungsvarianten nach DBV-Merkblatt „Parkhäuser und Tiefgaragen" Fassungen 2010 und 2018

Die nachfolgend beschriebenen Ausführungsvarianten beziehen sich auf Neubauten, sie sind jedoch sinngemäß auf Instandsetzungen übertragbar. Der Instandsetzungsplaner muss anhand der vorhandenen Randbedingungen wie des vorhandenen statischen Systems, der Nutzung, der gewünschten Wartung/Instandhaltung/Instandsetzung festlegen, welche Ausführungsvariante die geeignetste ist.

Im DBV-Merkblatt „Parkhäuser und Tiefgaragen" Fassung 2010 werden in Weiterführung der Vorgaben des EC2, DAfStb-Heft 600 (vormals DIN 1045:2001-1, DAfStb-Heft 525) drei Entwurfsgrundsätze und insgesamt sechs Ausführungsvarianten für die Ausbildung von Parkflächen aus Stahlbeton angegeben.

Die Ausführungsvarianten Merkblattfassung 2010 beziehen sich auf 3 Entwurfsgrundsätze: die Vermeidung von Rissen (a), die Beschränkung der Rissbreite und der Rissbreitenänderungen auf Werte, welche Oberflächenschutzsysteme dauerhaft überbrücken können (b) sowie auf die Beschränkung der Rissbreite mit anschließender lokaler Rissbehandlung von tatsächlich aufgetretenen Rissen (c), Bild 56.

Die Ausführungsvarianten Merkblattfassung 2018 beziehen sich ebenfalls auf 3 Entwurfsgrundsätze: auf die Rissvermeidung (a), die Rissverteilung und Rissbreitenbeschränkung auf Werte, welche Oberflächenschutzsysteme dauerhaft überbrücken können (b) sowie die nachträgliche lokale Rissbehandlung von tatsächlich aufgetretenen Rissen (c) (Bild 57).

Aus diesen Entwurfsgrundsätzen wurden die folgenden Ausführungsvarianten in den Merkblattfassungen 2010 und 2018 abgeleitet.

a) Vermeidung von Rissen in der befahrenen, chloridbeanspruchten Bauteilfläche durch die Festlegung von konstruktiven, betontechnischen und ausführungstechnischen Maßnahmen;

b) Festlegung von Rissbreiten in der befahrenen Bauteilfläche, die die statische bzw. dynamische Rissüberbrückungsfähigkeit eines flächigen Oberflächenschutzsystems nach seinem Aufbringen nicht überschreiten;

c) Festlegung von rechnerischen Rissbreiten in der befahrenen Bauteilfläche möglichst in definierten Bereichen, die mit im Entwurf vorgesehenen lokalen Maßnahmen nach ihrem Auftreten dauerhaft geschlossen bzw. abgedichtet werden.

Bild 56. Entwurfsgrundsätze für Parkflächen nach DBV-Merkblatt „Parkhäuser und Tiefgaragen", Fassung 2010

EGS [a] Rissvermeidung

Vermeidung von Rissen durch die Festlegung von besonderen konstruktiven, betontechnischen und ausführungstechnischen Maßnahmen.

EGS [b] Rissverteilung

Festlegung von rechnerischen Rissbreiten, die die Mindestanforderungen des Eurocode 2 erfüllen, oder von geringeren rechnerischen Rissbreiten, die besondere Anforderungen rissüberbrückender Oberflächenschutz- und Abdichtungssysteme in Bezug auf die Rissüberbrückungsfähigkeit erfüllen.

EGS [c] Rissbildung mit planmäßiger nachträglicher Behandlung

Festlegung von tolerierbaren rechnerischen Rissbreiten möglichst in definierten Bereichen (wenige breite Risse), die mit im Entwurf planmäßig vorgesehenen lokalen Maßnahmen nach ihrem Auftreten dauerhaft geschlossen bzw. abgedichtet werden.

Bild 57. Entwurfsgrundsätze für Parkflächen nach DBV-Merkblatt „Parkhäuser und Tiefgaragen", Fassung 2018

- Merkblatt 2010

Variante 1: Hohe Anforderungen an Dichte und Dicke der Betondeckung sowie zusätzliche Maßnahme mit

- **Variante 1a:** Ausführung mit den Anforderungen der Expositionsklasse XD3 (ggf. XF) mit „zusätzlicher Maßnahme" zum Schutz des Bauteils vor Eindringen von Chloriden in gerissene Bereiche (Entwurfsgrundsatz b) oder c)).
- **Variante 1b:** Ausführung mit den Anforderungen der Expositionsklasse XD3 (ggf. XF) bei gleichzeitiger Vermeidung von Rissen durch Wahl von Einfeldsystemen oder Aufbringen einer Vorspannung als „zusätzliche Maßnahme" (Entwurfsgrundsatz a)).

Variante 2: Flächiger Oberflächenschutz mit

- **Variante 2a:** Ausführung mit den Anforderungen der Expositionsklasse XD1 (ggf. XF) mit einem flächigen Oberflächenschutzsystem, das mit erweitertem Instandhaltungskonzept zum Schutz des Bauteils vor Eindringen von Chloriden gewartet wird (Entwurfsgrundsatz b)), Wartungsintervall mindestens 1-mal jährlich vor der Winterperiode).
- **Variante 2b:** Ausführung wie Variante 2a und zusätzlich mit einer reduzierten Mindestbetondeckung und einem flächigen Oberflächenschutzsystem, das mit erweitertem Instandhaltungskonzept zum Schutz des Bauteils vor Eindringen von Chloriden gewartet wird (Entwurfsgrundsatz b)), Wartungsintervall mindestens 2-mal jährlich vor und nach der Winterperiode).

Variante 3: Ausführung mit den Anforderungen der Expositionsklasse XC3 mit **dauerhafter und rissüberbrückender Abdichtung** gegen nicht drückendes Wasser für hohe Beanspruchungen im vollflächigen Verbund zur Betonunterlage.

- Merkblatt 2018

Variante A: ohne flächiges Oberflächenschutzsystem, ohne Abdichtung (Expositionsklassen XD3, XF) mit

- **Variante A1:** rissvermeidende Bauweise (Entwurfsgrundsatz a)),
- **Variante A2:** lokaler Schutz der Risse und Fugen mit begleitender Rissbehandlung (z. B. rissüberbrückende Bandage, Entwurfsgrundsatz c)).

Variante B: mit flächigem Oberflächenschutzsystem (Expositionslasse XD1, ggf. XF) mit

- **B1:** vollflächig starr beschichtet: OS 8 mit begleitender Rissbehandlung (z. B. rissüberbrückende Bandage, Entwurfsgrundsatz c)),
- **B2:** vollflächig rissüberbrückend beschichtet: OS 10 mit Nutzschicht oder OS 11 (Entwurfsgrundsatz b)),
- **Variante C: mit flächiger, rissüberbrückender Abdichtung und Schutzschicht** (Expositionsklasse XC3) mit
- **Variante C1:** OS 10 oder unterlaufsichere bahnenförmige Abdichtung, jeweils mit Dichtungs- und Schutzschicht aus Gussasphalt (Entwurfsgrundsatz a) oder b)),
- **Variante C2:** unterlaufsichere zweilagige bahnenförmige Abdichtung mit Schutzschicht (Entwurfsgrundsatz a) oder b)).

Variante 1a, Flächiger Oberflächenschutz, Merkblattfassung 2010

Diese Variante entspricht dem Entwurfsgrundsatz b), es erfolgt die Applikation eines vollflächigen Oberflächenschutzsystems mit ausreichender Rissüberbrückungsfähigkeit, bevor eine Tausalzbelastung auftreten kann. Damit wird der normativen Forderung von Heft 600 entsprochen, dass „Risse und Arbeitsfugen dauerhaft geschlossen bzw. geschützt werden müssen". Die normativ anzusetzende Expositionsklasse XD3 und die geforderte Betondeckung $c_{min} = 40$ mm werden eingehalten. Die Variante 1a stellt somit kein erhöhtes Ausführungsrisiko dar.

Variante 1a, Lokaler Schutz vor Chlorideindringen in Risse (z. B. Bandagen), Merkblattfassung 2010 – entspricht:

Variante A2, Lokaler Schutz der Risse (z. B. rissüberbrückende Bandage), Merkblattfassung 2018

Diese Varianten entsprechen dem Entwurfsgrundsatz c, es erfolgt *keine* Applikation eines vollflächigen Oberflächenschutzes. Auftretende Risse werden im Nachhinein (falls möglich aber vor Nutzungsbeginn mit Tausalzeintrag) lokal vor dem Eindringen von Tausalzen, z. B. planmäßig durch Rissbandagen, geschützt. Wie erwähnt, wird jedoch bei nachträglichem Aufbringen des lokalen Schutzes der normativen Forderung von Heft 600 nicht von Anfang an entsprochen, dass „Risse und Arbeitsfugen dauerhaft geschlossen bzw. geschützt werden müssen". Die Varianten 1a und A2 mit nachträglichem lokalen Schutz stellen ein erhöhtes Ausführungsrisiko dar. Wie erwähnt, ist noch nicht abschließend geklärt, ob nicht innerhalb einer Wintersaison Chloride in einer kritischen Konzentration in Risse auf Bewehrungshöhe eindringen können und die eintretende Korrosion in allen Fällen durch nachträgliche Beschichtungsmaßnahmen gestoppt werden kann. Dieser Sachverhalt wird von *Motzke* [17] nicht erkannt bzw. gewürdigt, weshalb er die Variante 1a ebenfalls als den aRdT entsprechend bewertet. Dies gilt jedoch nur bei Aufbringen des lokalen Schutzes vor Beginn des Chlorideintrags. Nach Auffassung der Autoren ist diese Bewertung zum jetzigen Zeitpunkt bei nachträglichem lokalen Schutz nicht zutreffend; der Bauherr/Betreiber sollte auf das erhöhte Ausführungsrisiko hingewiesen werden.

Bis zum Schließen der Trennrisse von Zwischendecks ist je nach den speziellen Randbedingungen (Gefällesituation, Frequentierung bzw. Verkehrsbelastung, Rissbreite) mit einem Wasserdurchtritt in die darunter liegende Ebene zu rechnen. Da das durchtretende Wasser große Mengen an $Ca(OH)_2$ enthält, kann der Lack von Fahrzeugen, die unterhalb solcher Risse geparkt sind, innerhalb kurzer Zeit irreparabel geschädigt werden. Auch darauf muss der Bauherr bzw. Betreiber aufmerksam gemacht werden.

Varianten 1b und A1, Rissvermeidende Bauweise

Durch die Vermeidung von Rissen – entsprechend Entwurfsgrundsatz a – und den Ansatz der Expositionsklassen XD3, XC4 sowie XF2 bzw. XF4 werden die Anforderungen nach EC2 vollumfänglich erfüllt. Ein erhöhtes Ausführungsrisiko existiert nicht.

Varianten 2a und 2b, Flächiger Oberflächenschutz (1-mal und 2-mal jährliche Wartung), Merkblattfassung 2010

Diese Varianten entsprechen dem Entwurfsgrundsatz b, es erfolgt die Applikation eines vollflächigen rissüberbrückungsfähigen Oberflächenschutzes. Bei den Varianten 2a und 2b wird die geforderte Expositionsklasse XD3 za XD1 abgemindert, bei Variante 2b zusätzlich die Mindestbetondeckung auf $c_{min} = 30$ mm verringert. (Wie erwähnt, ist diese Abminderung nach DIN EN 1992-1-1/NA/A1:2015-12 nicht mehr zulässig.) Die Dauerhaftigkeit bzw. der Bauteilwiderstand gegenüber chloridinduzierter Korrosion wird dadurch deutlich reduziert. Eine ausreichende Dauerhaftigkeit wird nur erreicht, wenn die Oberflächenschutzmaßnahme dauerhaft anfallende Chloride vom Beton abhält. Dies soll die erhöhte Wartung – 1-mal jährlich bei Variante 2a, 2-mal jährlich bei Variante 2b – gewährleisten. Wie in Abschnitt 9.1 ausgeführt, stellt die Anwendung der Varianten 2a und 2b ein erhöhtes Risiko dar, welches vom Bauherrn/Betreiber zu genehmigen, vertraglich zu vereinbaren und zu beauftragen ist [17].

Variante B1, Vollflächig starr beschichtet, (OS 8) mit begleitender Rissbehandlung (z.B. rissüberbrückende Bandage) (jährliche Wartung), Merkblattfassung 2018

Diese Variante sieht die Merkblattfassung 2018 nur noch für Bodenplatten vor und nicht mehr für Zwischengeschossdecken, wie das noch in der Merkblattfassung 2010 der Fall war.

Prinzipiell gilt für diese Variante im Wesentlichen die Beurteilung wie für die Varianten 1a und A2. Da OS-8-Systeme nicht rissüberbrückend sind, Rissbildungen bevorzugt in der kalten Jahreszeit auftreten, dann aber keine Rissbandagen appliziert werden können, ist jeweils über eine Wintersaison mit Chlorideintrag zu rechnen. Allerdings gibt es für WU-Bodenplatten mit Wasserdruck von unten weniger Alternativen als bei Zwischengeschossdecken. Bodenplatten im Grundwasser sind in der Regel sehr massiv ausgebildet. Aufgrund von elektrochemischen Potentialverschiebungen der unteren Bewehrungslage (liegt auf Dauer in wassergesättigtem Beton) läuft chloridinduzierte Bewehrungskorrosion der oberen Bewehrungslage langsamer ab als bei Zwischendecken. Aus o. g. genannten Gründen ist die Gefahr kritischer Bewehrungskorrosion bei Rissen, in welche Chlorid eindringen konnte geringer als bei Zwischendecks, vgl. Abschnitt 10.3.5.

Variante 3, Flächige Abdichtung nach DIN 18195-5 oder OS 10 mit Schutzschicht aus Gussasphalt, Merkblattfassung 2010 – entspricht:

Variante 3, mit unterlaufsicherer flächiger, rissüberbrückender Abdichtung und Schutzschicht, Merkblattfassung 2018

Diese Varianten entsprechen dem Entwurfsgrundsatz b, bei der Applikation einer vollflächigen, rissüberbrückungsfähigen Abdichtung. Die Abdichtung kann nach Merkblattfassung 2010 mit einer Bitumenschweißbahn im Verbund mit Gussasphalt nach DIN 18195-5 bzw. in Anlehnung an ZTV-ING BEL B1 (einlagige Bitumenschweißbahn), selten nach ZTV-ING BEL B2 (zweilagige Bitumenschweißbahn) erfolgen. Eine weitere Möglichkeit besteht aus der Applikation einer Abdichtungsschicht aus Flüssigkunststoff (Flüssigfolie) OS 10 mit Schutzlage, in der Regel aus Gussasphalt bzw. Ausführung in Anlehnung an ZTV-ING BEL B3 (ebenfalls Abdichtungsschicht aus Flüssigkunststoff mit Gussasphaltschicht).

In der Merkblattfassung 2018 wird nunmehr ausdrücklich gefordert, dass die Abdichtungsbahnen unterlaufsicher sein und eine dauerhaft kraftschlüssige Verbindung zum Untergrund aufweisen müssen. Dies ist durch Kugelstrahlen des Untergrunds und Epoxidharzgrundierung sicherzustellen. Es sei hier noch einmal auf die Notwendigkeit einer zweilagigen Grundierung bzw. Grundierung und nachfolgende Versiegelung hingewiesen, welche in DIN 18532-1:2017-07 auch ausdrücklich gefordert wird.

Der normativen Forderung von Heft 600 wird entsprochen, dass „Risse und Arbeitsfugen dauerhaft geschlossen bzw. geschützt werden müssen". Normativ wird angenommen, dass diese Art der flächigen Abdichtung eine sehr hohe Lebensdauer aufweist, verbunden mit einem geringen Schadensrisiko. Aus diesem Grund erfolgen Abminderungen der Expositionsklasse von XD3 auf XC3, bei einer Mindestbetondeckung von $c_{min} = 20$ mm. Aufgrund der langjährigen Erfahrungen mit diesen Abdichtungen besteht normativ und technisch gesehen kein erhöhtes Ausführungsrisiko, diese Ausführung entspricht den aRdT, vgl. auch [17].

10 Instandsetzungsdetails bei Parkbauten

10.1 Einführung

Nachfolgend werden Ausführungsdetails zur Instandsetzung typischer Bauteile wie Stützenfüße, Wandfüße, Arbeitsfugen, Schutzmaßnahmen für Zwischendecken, Bodenplatten, Freidecks und Rampen sowie Fundamente etc. vorgestellt und z. T. hinsichtlich Vor- und Nachteilen bez. verschiedener Ausführungsvarianten diskutiert. Diese Aufstellung erhebt keinen Anspruch auf Vollständigkeit. Viele Ausführungsdetails können der Fachliteratur – hier sei insbesondere das DBV-Merkblatt „Parkhäuser und Tiefgaragen" erwähnt – aber auch Firmenunterlagen, z. T. auch Regelwerken entnommen werden.

10.2 Betonabtrag – Technologie und Umfang

10.2.1 Technologie

Der Betonabtrag geschädigter Bereiche bis *hinter die Bewehrung* kann mechanisch mit Abbruchmeißeln oder mit dem Höchstdruckwasserstrahlverfahren (HDW-Verfahren; Wasserdruck ca. 800 bar bis 2.500 bar) erfolgen.

Falls baubetrieblich möglich, sollte dem HDW-Verfahren stets der Vorzug gegeben werden, da hierdurch ein schonender und selektiver Abtrag erfolgt. Die erzielte Betonoberfläche weist eine hohe Rauigkeit und Haftzugfestigkeit auf, was sich auf das Erzielen eines hohen Haftverbundes mit den Reprofilierungsmaterialien günstig auswirkt (Bild 58). Die Bewehrung wird von anhaftenden Chloriden abgewaschen, eine weitere Behandlung der Stahloberfläche ist nicht erforderlich, insbesondere ist der sonst erforderliche Reinheitsgrad des Bewehrungsstahls SA2½ nicht erforderlich. Die Betonoberfläche sollte unmittelbar nach dem Abtrag mit Hochdruckwasser (ca. 100 bar) nachgewaschen werden. Ansonsten kann sich auf der Oberfläche eine dünne $Ca(OH)_2$-Schicht bilden, welche sich mit dem Luftkohlendioxid zu $CaCO_3$ verbindet und als Schmierschicht bzw. Trennlage wirken kann. Auf keinen Fall sollte auf die Abtragsfläche eine Haftbrücke appliziert werden. Ein gleichmäßiger, dünner Auftrag der Haftbrücke und das nachfolgende Aufbringen des Reprofilierungsmaterials frisch in frisch mit der Haftbrücke ist baupraktisch nicht möglich. Die Gefahr von Verbundstörungen und Ablösungen bei Verwendung von Haftbrücken ist dementsprechend

Bild 58. Mit dem Höchstdruckwasserstrahlverfahren bearbeitete Betonoberfläche

hoch. Nach Einschätzung der Berufsgenossenschaft München sind HDW-Arbeiten im Sinne von „Sicherheits- und Gesundheitsschutz auf Baustellen" als besonders gefährliche Arbeiten einzustufen, auch wenn HDW-Arbeiten nach der Baustellenverordnung (BaustellV) nicht in Anhang II der besonders gefährlichen Arbeiten nach § 2 Abs. 3 aufgeführt sind. In den meisten Kommunen sind sogenannte 3-Kammer-Absetzbecken zur Abwasserbehandlung vorgeschrieben. Weitere Informationen können dem DBV-Merkblatt „Hochdruckwasserstrahltechnik im Betonbau" entnommen werden [107].

Bei einem mechanischen Betonabtrag ist darauf zu achten, dass keine Gefügestörungen im Restquerschnitt verbleiben. Das Ansetzen der Abbruchmeißel an die Bewehrung ist unbedingt zu vermeiden.

Erfolgt der Betonabtrag an horizontalen Flächen nicht bis hinter die Bewehrung, werden aus Kostengründen häufig Fräsverfahren angewendet. Durch das Abfräsen werden in der Oberfläche des Restquerschnitts Anrisse induziert, welche die Haftzugfestigkeit deutlich herabsetzen können. Zum Erzielen einer ausreichenden Haftzugfestigkeit sind die abgefrästen Oberflächen deshalb mit dem Kugelstrahlverfahren, i. d. R. im Kreuzgang nachzustrahlen.

10.2.2 Umfang des erforderlichen Betonabtrags

Zwischendecken

Kritisch belasteter Beton in Fahrbahnflächen sollte bis hinter die Bewehrung abgetragen werden, um einen ausreichenden Verbund des Reprofilierungsbetons mit dem Altbeton zu erzeugen (Bild 59).

Chloridbelastete Trennrisse sind i. d. R. über die gesamte Querschnittshöhe beidseitig auf einer Breite

Bild 59. Betonabtrag mit dem HDW-Verfahren bis hinter die Bewehrung

von etwa 5 bis 10 cm auszuräumen (Bild 60). Durch den Betonabtrag ist die Standsicherheit des Deckensystems für die Dauer der Maßnahme eingeschränkt bzw. nicht mehr gegeben. Unterstützungsmaßnahmen sind daher zu planen und auszuführen (Bild 61).

Konsolbereiche

Bei Konsolen ist darauf zu achten, dass der gesamte chloridbelastete Beton entfernt wird (Bilder 62, 63). Im oberen Eckbereich der Konsole können schräg verlaufende Risse auftreten, welche von der Aufhängebewehrung gekreuzt werden. Der Betonabtrag muss sicherstellen, dass in diesen Rissen keine Chloride verbleiben, ansonsten kann die Tragsicherheit der Konsole auf Dauer gefährdet sein. Häufig sind aufwendige Unterstützungen notwendig.

Stütze und Fundament

Bei Stützen empfiehlt sich ebenfalls ein Betonabtrag bis hinter die Bewehrung, um den Reprofilierungsbeton statisch gut wirksam in die Bewehrung einzubinden. Bei hochbelasteten Stützen kann es erforderlich sein, seitenweise vorzugehen. Die weitere Bearbeitung darf immer erst nach ausreichender Erhärtung der reprofilierten Seitenflächen erfolgen. Bei Fundamenten sollte darauf geachtet werden, nur dort chloridbelasteten Beton zu entfernen, wo auch Bewehrung vorhanden ist. Dies ist häufig nur an den Außenbereichen der Fundamentoberseiten und den Seitenflächen der Fall.

10.3 Schutzmaßnahmen für befahrene Flächen

10.3.1 Randbedingungen

Bezüglich der Ausführung von Schutzmaßnahmen für befahrene Flächen wie Zwischendecks, Bodenplatten, Freidecks und Rampen gibt es eine Vielzahl

Bild 60. Mit dem HDW-Verfahren ausgeräumter Riss

Bild 61. Temporäre Unterstützung einer Zwischendecke während der Instandsetzung

von Fachveröffentlichungen sowie Empfehlungen von Fachverbänden [8] und Materialherstellern, vgl. u. a. das DBV-Merkblatt „Parkhäuser und Tiefgaragen", Fassungen 2010 und 2018 sowie [8, 106, 108–110].

Insbesondere die folgenden technischen Randbedingungen sind bei der Auswahl der Schutzmaßnahmen zu berücksichtigen.

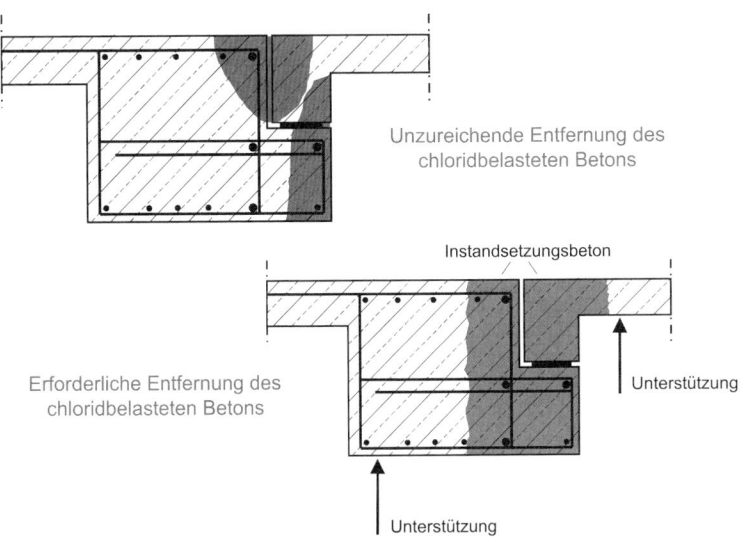

Bild 62. Schema des Betonabtrags einer Konsole

Bild 63. Betonabtrag an einer Konsole

Rissbreiten und Rissbreitenänderungen

Die Rissbreiten und Rissbreitenänderungen hängen von der Bewehrungsführung (Menge, Durchmesser, Anordnung etc.), der konstruktiven Ausbildung (mögliche Verformungsbehinderung mit Zwangbeanspruchung durch den Anschluss an aufgehende Wände, Treppenhäuser etc.) und den betrieblichen Randbedingungen ab. Die betrieblichen Randbedingungen, d. h. das Vorhandensein von Garagentoren, Zwangsbelüftung oder Schwerkraftlüftung (offene Lichtschächte etc.), beeinflussen über die Größe der möglichen Temperaturänderungen das Auftreten von Zwang und somit die Rissbreitenänderungen.

Die gewählte Schutzmaßnahme ist hinsichtlich ihrer Rissüberbrückungsfähigkeit auf die Rissbreite und die zu erwartende Rissbreitenänderung des zu schützenden Bauteils abzustimmen.

Verkehrsbelastung

Die Robustheit bzw. Verschleißbeständigkeit von Schutzmaßnahmen sollte der Verkehrsbelastung angepasst werden. Die Verkehrsbelastung ist von der Frequentierung, d. h. dem vorhandenen Verkehr und der baulichen Ausführung abhängig. Fahrbereiche mit engen Kurvenradien und geringen Parkplatzabmessungen, welche zu häufigen und starken Lenkbewegungen auf engem Raum führen, erhöhen den Verschleiß.

Tragfähigkeit/Tragreserven und Durchfahrtshöhe

Bei der Ausführung von dauerhaften Schutzmaßnahmen wie Abdichtungen mit Bitumenschweißbahnen oder Flüssigfolie mit Schutzlagen aus Gussasphalt (Ausführung nach ZTV-ING bzw. DIN 18532-1) muss vorab tragwerksplanerisch untersucht werden, ob das Mehrgewicht von der bestehenden Deckenkonstruktion aufgenommen werden kann – dies gilt auch für den Kathodischen Korrosionsschutz, wenn die Anoden in oberflächlich aufgebrachten Ankopplungsmörtel eingebettet werden. Bei beiden Systemen muss zudem vorab überprüft werden, ob die verbleibende Durchfahrtshöhe ausreichend ist.

Neben den technischen Randbedingungen sind auch die Vorgaben des Bauherrn bezüglich des einzuhaltenden Kostenrahmens, der gewünschten Dauerhaftigkeit bzw. des nachfolgendem Wartungs- und Instandhaltungsaufwands zu berücksichtigen.

10.3.2 Zwischendecks

Die Praxis zeigt, dass bei älteren Tiefgaragen und Parkhäusern nur in wenigen Fällen Bestandsunterlagen vorhanden sind, welche Aufschluss über die geplante Rissbreitenbeschränkung und mögliche Tragreserven geben. Um eine geeignete Schutzmaßnahme auswählen zu können, kann deshalb die tragwerksplanerische Nachrechnung erforderlich werden, was häufig eine vorausgehende Bestandsaufnahme (Ermittlung der Bewehrungsführung, Betonfestigkeit, Bauteilabmessungen) erforderlich macht.

Bei der Instandsetzung von Zwischendecks mit chloridbelasteten Rissen werden die Rissbereiche in der Regel beidseitig mit dem Höchstdruckwasserstrahlverfahren ausgeräumt und mit Reprofilierungsbeton wieder verschlossen. Ist die Decke nachfolgend Zwangbeanspruchung ausgesetzt, ist mit der Neubildung von Rissen und Rissbreitenänderungen zu rechnen. Dabei kann die Rissbildung – in Abhängigkeit von der Festigkeit des Bestands- und Reprofilierungsbetons – sowohl im ursprünglichen Rissquerschnitt, als im Anschluss von Bestandsbeton an Reprofilierungsbeton oder aber vollständig im bis dato ungerissenen Bestandsbeton auftreten. Die Schutzmaßnahmen müssen darauf abgestimmt werden.

Nach Auffassung der Autoren sollte angestrebt werden, von Anfang an ein Oberflächenschutzsystem oder eine Abdichtung mit einer Rissüberbrückungsfähigkeit aufzubringen, die an die zu erwartenden Rissbreiten und Rissbreitenänderungen angepasst ist. Die Gefahr eines „planmäßigen" Chlorideintrags, wie er bei der nachträglichen Rissbehandlung, z. B. der Rissbandagierung, auftritt, wird damit minimiert. Sollte dies von Bauherrenseite nicht gewünscht sein, sollte der Planer den Bauherrn schriftlich auf die Risiken und den erhöhten Wartungsaufwand hinweisen und sich die gewünschte Ausführung schriftlich bestätigen lassen (vgl. Abschnitte 3, 9 und 11).

10.3.3 Freidecks

Bei Freidecks gelten im Wesentlichen die gleichen Randbedingungen wie bei Zwischendecks. Verschärfend kommt hinzu, dass Freidecks schärferen Witterungsbeanspruchungen ausgesetzt sind. Neben größeren Temperaturschwankungen sind Freidecks UV-Belastung, Niederschlag und häufig auch mechanischer Belastung durch Schneeräumfahrzeuge ausgesetzt.

Als Schutzmaßnahmen sollten nur rissüberbrückende Oberflächenschutzsysteme nach der Instandsetzungs-Richtlinie oder Abdichtungen nach DIN 18532-1 bzw. ZTV-ING angewendet werden. Bei Applikation eines Oberflächenschutzsystems muss das zweischichtige OS-11a-System verwendet werden, die Verwendung des einschichtigen OS-11b-Systems ist nach der DAfStb-Instandsetzungs-Richtlinie ausgeschlossen. Bei Applikation eines Abdichtungssystems mit Flüssigfolie (OS 10, DIN 18532, ZTV-ING) oder Bitumenschweißbahn (DIN 18532, ZTV-ING) sollten die nachfolgenden Gussasphaltschichten (Abdichtungs- und Verschleißschicht bzw. Schutz- und Deckschicht) eine Gesamtschichtdicke von mindestens 55 mm aufweisen (vgl. [44]).

10.3.4 Rampen

Aufgrund ihrer Neigung sind Oberflächenschutzmaßnahmen auf Rampen einer erhöhten Verschleißbeanspruchung ausgesetzt. Bezüglich der technischen Randbedingungen gelten zunächst die gleichen Punkte wie bei Zwischendecks. Liegen die Rampen im Freien, sind sie zudem Freidecks gleichzusetzen.

Bei Rampen mit großen Neigungen, engen Kurvenradien und hoher Verkehrsbelastung ist bei Verwendung von OS-11-Systemen mit einem sehr schnellen Verschleiß zu rechnen, häufig wird nicht einmal die übliche 5-jährige Gewährleistungsfrist mangelfrei überstanden. Deutlich beständiger sind Abdichtungen nach ZTV-ING bzw. DIN 18532. Bei großen Rampenneigungen sind beim Gussasphalteinbau besondere Maßnahmen zu ergreifen [111], in gewissen Abständen sind Schubknaggen zu verwenden, damit die Gussasphaltschichten nicht im Laufe der Zeit nach unten „absacken" und sich „Aufwellungen" bilden können.

Rampen unterliegen i. d. R. nur Zwangbeanspruchungen in Längsrichtung, z. B. bei Einspannung in Rampenwände. Zwangrisse treten deshalb überwiegend in Spannrichtung auf und kreuzen nur wenige, zumeist sogar nur ein Bewehrungseisen. Der Tragfähigkeitsverlust infolge möglicher chloridinduzierter Korrosion ist daher in der Regel gering. Je nach konstruktiven Randbedingungen und Tragreserven der Bewehrung kann deshalb erwogen werden, die Rampen nachträglich mit Rissbandagen zu versehen.

In den letzten Jahren haben sich bei Rampen Abdichtungssysteme aus PMMA (Polymethylmethacrylat – OS-10-Systeme) bewährt. Die Autoren haben mehrfach selbst gute Erfahrungen mit diesem System gemacht, die im Kollegenkreis bestätigt wurden. Diese Systeme weisen eine hohe Rissüberbrückungsfähigkeit infolge einer größeren Schichtstärke und eines eingelegten Gewebes sowie eine hohe Verschleißbeständigkeit auf. Durch die Möglichkeit einer Profilausbildung an der Oberfläche kann ein sehr guter Haftbeiwert erzielt werden.

10.3.5 Bodenplatten

Für Bodenplatten, welche nicht im Grundwasser stehen, gelten die gleichen Randbedingungen wie für Zwischendecks. Bei Bodenplatten in WU-Bauweise, welche dauerhaft Grundwasserdruck ausgesetzt sind, gestaltet sich die Ausführung eines Oberflächenschutzes hingegen schwieriger. Bei der Applikation von rissüberbrückenden Oberflächenschutzmaßnahmen mit Bitumenschweißbahnen besteht die Gefahr von Unterläufigkeiten bei rückseitigen Wassereintritten. Nach [112] besteht diese Gefahr bereits bei Wassersäulen von rd. 1 m. Die nachfolgende Lokalisierung der Leckagestellen gestaltet sich allgemein als schwierig und aufwendig. Bei kunststoffbasierten Oberflächenschutzsystemen wie OS 10 und OS 11 können ebenfalls Ablösungen entstehen, welche dann überwiegend im Bereich von Rissufern auftreten. Die Gefahr der Ablösung von den Rissufern kann maßgebend verringert werden, indem die Rissufer vor der Applikation des Grundierung (i. d. R. Epoxidharz) und der nachfolgenden Schichten gründlich vorgetrocknet werden, z. B. mit Heißluftföns. In der Praxis wird berichtet, dass mit OS 11 Wasserdrücke von 5 m über Jahre schadlos aufgenommen wurden, wenn die Rissufer entsprechend vorbehandelt wurden. Treten Grundwasserdrücke nur zeitlich begrenzt auf, z. B. infolge von temporär anstehendem Sickerwasser, verringert sich die Gefahr von Ablösungen ebenfalls. Das DBV-Merkblatt „Parkhäuser und Tiefgaragen" in der Fassung 2018 sieht daher erstmals als mögliche Ausführungsvariante für Bodenplatten in der Wasserwechselzone mit bis zu 2 m temporär auftretenden Wasserdrucks erstmals die Anwendung von OS-11-Systemen mit zweilagiger Grundierung und zusätzlicher Sperrschicht vor.

Bei dauerhaft anstehendem Grundwasser werden i. d. R. starre Oberflächenschutzsysteme OS 8 aufgebracht. In diesem Fall ist eine begleitende Rissbehandlung erforderlich (vgl. [44]).

Seit einiger Zeit gibt es am Markt Rissbandagen, welche für Grundwasserdrücke von 15 m (bei Applikation auf der druckabgewandten Seite) bzw. 20 m (bei Applikation auf der druckzugewandten Seite) und rechnerische Rissbreiten $w_{cal} = 0,20$ mm geprüft wurden [113].

Soll bei WU-Bodenplatten – speziell bei höherem Wasserdruck – auf den Einsatz von starren Oberflächenschutzsystemen und die damit verbundene Rissbehandlung verzichtet werden, besteht bei Neubauten alternativ die Möglichkeit, durch detaillierte Planung und qualitätsbewusste Ausführung von hinterlaufsicheren Frischbetonverbundsystemen eine rückseitige Wasserbeaufschlagung auftretender Risse weitestgehend zuverlässig zu verhindern

[114], sodass in der Kombination von Frischbetonverbundsystemen auch rissüberbrückende Oberflächenschutzsysteme auf WU-Bodenplatten eingesetzt werden können. Da die Rissbreitenbemessung nach Auffassung der Autoren in diesem Fall nicht mehr auf eine potenzielle Selbstheilung gemäß WU-Richtlinie [115], sondern in erster Linie auf die Rissüberbrückungsfähigkeit des Oberflächenschutzsystems abgestimmt werden muss, ist diese Ausführungsvariante in Abhängigkeit von den Randbedingungen u. U. auch eine wirtschaftlich sinnvolle Alternative. Analog zu den Ausführungsvarianten des DBV-Merkblatts „Parkhäuser und Tiefgaragen" bestehen auch bei dem Einsatz von Frischbetonverbundsystemen in Verbindung mit WU-Bauwerken unterschiedliche Auffassungen hinsichtlich der Übereinstimmung mit den anerkannten Regeln der Technik, sodass auch hier eine umfassende Information des Bauherrn und eine vertragliche Beschaffenheitsvereinbarung dringend empfohlen wird. Da es bisher keine technischen Regeln für Frischbetonverbundsysteme gibt, ist eine formale Zuordnung zu den aRdT generell (noch) nicht möglich.

10.4 Schutzmaßnahmen für aufgehende Bauteile über und unter Belagoberkante

Stützen- und Wandfüße

Entsprechend DAfStb-Heft 600 müssen Stützen- und Wandanschlüsse beschichtet oder abgedichtet werden. Je nach Verkehrsführung und Gefälleausbildung der Fahrbahnflächen ist zusätzlich eine Spritzwasserbeaufschlagung möglich. In diesem Fall ist ein Oberflächenschutzsystem in ausreichender Höhe zu applizieren, das DBV-Merkblatt „Parkhäuser und Tiefgaragen" [44] gibt eine Höhe ≥ 500 mm vor. Kann Spritzwasser ausgeschlossen werden, genügt eine Höhe von ≥ 150 mm. Während das DBV-Merkblatt „Parkhäuser und Tiefgaragen" in der Fassung von 2010 hierfür noch ein Oberflächenschutzsystem OS 4 vorsah, wurden die Anforderungen in der Neufassung des Merkblatts von 2018 auf ein OS 5b bzw. zweifache Kopfversiegelung eines OS-8- oder OS-11-Systems angehoben. Im Übergangsbereich zwischen horizontalem und vertikalem Bauteil ist eine Hohlkehle anzubringen. Weitere Details können [45] entnommen werden.

Schutzmaßnahmen an Bauteilen unter Belagoberkante bei Fahrbahndecken mit Pflasterbelag

Aufgrund des geringen Wartungsaufwands werden Bodenplatten in Tiefgaragen oder Parkhäusern vermehrt mit Pflasterbelag ausgeführt. Hierbei stellt sich die Frage, inwieweit die angrenzenden Stahlbetonbauteile, die im Zuge von Instandsetzungen, gegen das Eindringen von Chloriden geschützt werden müssen. Aus der Praxis ist bekannt, dass im

Bereich von Pflasterbelägen bei den angrenzenden Stahlbetonbauteilen in vielen Fällen unter dem Oberflächenniveau die größten Korrosionsschäden auftreten. In Bild 64 ist eine Stütze vor und nach der Öffnung der Betondeckung zu sehen. Unterhalb der OK des Pflasterbelags sind Chloride in erheblichem Maße eingedrungen, die Bewehrung wies deutliche Querschnittsverluste auf [116]. Oberhalb des Pflasterbelags waren an der Stütze praktisch keine visuellen Anzeichen vorhanden, die auf die vorgefundenen massiven Korrosionsschäden hingedeutet hätten.

EC2, Tabelle 4.1, Zeile 3, Fußnote b schreibt vor, dass bei direkt befahrenen Parkdecks mit Rissen, die bis zur Bewehrung reichen (Expositionsklasse XD3), zusätzliche Maßnahmen erforderlich sind (z. B. die Applikation von Oberflächenschutzsystemen). Stützen und Wände sind nicht horizontal, sodass dort eine zusätzliche Maßnahme nicht zwingend erforderlich ist. Fundamente, Zerrbalken etc. sind keine Parkdecks und werden nicht direkt befahren, haben hingegen horizontale Flächen und können Risse und Arbeitsfugen zu den senkrecht anschließenden Bauteilen aufweisen.

Aus technischer und normativer Sicht sind die Arbeitsfugen Fundament/Wand bzw. Fundament/Stütze zu schließen. Dies ergibt sich auch anhand der Auslegung des Normenausschusses NA 005-07-01 AA zu DIN EN 1992-1-1 mit NA (Stand 04.10.2017). Unter der laufenden Nr. 15 heißt es „Arbeitsfugen zwischen Fundamenten und aufgehenden Bauteilen sollten gesondert geschützt werden".

Bild 64. Der größte Chlorideintrag und die größten Querschnittsverluste der Bewehrung sind unterhalb der OK Pflasterbelag aufgetreten

382	06.02	Tab. 3	In welche Expositionsklassen sind Stahlbetondecken mit darüberliegender Erdüberschüttung einzuordnen, wenn die Oberfläche der Stahlbetondecke keine schützende Abdichtung erhält (z. B. "Weiße Decken")?	Die Umgebungsbedingungen für erdüberdeckte „Weiße Decken" sind „nass, selten trocken" bzw. "mäßige Feuchte" → XC2, WF. Beträgt die Erdüberdeckung mindestens 300 mm darf auf eine Einstufung in XF verzichtet werden.	
			Müssen besondere Schutzmaßnahmen in Abhängigkeit von der Nutzung oberhalb der Erdaufschüttung getroffen werden? Als Nutzung kommen infrage: öffentlich genutzte Grünflächen, Vorgärten von Wohnanlagen, befestigte Wege innerhalb von Wohnanlagen (Zuwegungen zu Hauseingängen), Feuerwehrzufahrten, Parkplätze und deren Zufahrten.	Wird auf der Erdüberdeckung mit nichtbindigen Böden eine befahrene (Park-)Fläche angeordnet, ist nicht mit rechnen. Diese Tausalze können sich bei durchlässigen Belägen innerhalb der Erdüberdeckung anreichern und werden bei freier Bewitterung regelmäßig weitergespült und verdünnt. Wird ein wirksames Gefälle auf "Weißen Decke" angeordnet, ist nicht mit länger stehenden tausalzbelasteten Wasseransammlungen zu rechnen. Dann darf eine Einstufung der Deckenoberseite in XD1, XC2, WA erfolgen. Bei gefällelosen UG-Decken kann tausalzbelastetes Wasser dagegen länger stehen bleiben und das Eindringen von Chloriden in Risse erfolgt über längere Zeiträume. In diesem Fall ist die Einstufung in XD3 mit zusätzlicher Maßnahme nach Fußnote b), XC2, WA zu empfehlen.	05/2009
				Wird die Decke mit einer Bahnen-Abdichtung nach DIN 18195 versehen, darf die dauerhaft durch die Erdüberdeckung geschützte, abgedichtete Decke in XC3, WO eingestuft werden.	

Bild 65. Bewertung des NABau für erdüberschüttete Stahlbetondecken unterhalb von Fahrflächen

Bei oberseitiger Bewehrung und oberseitigen Rissen, welche die Bewehrung kreuzen, sind aus technischer Sicht zusätzliche Maßnahmen erforderlich. Nach Meinung der Autoren sind die Vorgaben der Fußnote b sinngemäß auf Stahlbetonbauteile unterhalb von durchlässigen Belägen zu übertragen. Bei gefällelosen Stahlbetondecken mit Erdüberschüttung und darüber angeordneter Park- bzw. Fahrfläche wurde nach der Normenauslegung des Normenausschuss Bauwesen (NABau) unter der laufenden Nr. 382 05/2009 von einem länger stehenden Wasseranfall ausgegangen, die Einordnung in XD3 und die Ausführung einer zusätzlichen Maßnahme nach Fußnote b für Rissbereiche wurde empfohlen (Bild 65). Diese Bewertung kann 1:1 für Fundamente unter durchlässigen Belägen übertragen werden.

Auslegung Nr. 382 wurde mit der Auslegung Nr. 15 des Normenausschusses NA 005-07-01 zurückgezogen. Auf oberseitige Risse wird nun nicht mehr eingegangen. Aufgrund zahlreicher Schäden, welche die Autoren in den letzten Jahren an Fundamenten aufgefunden haben (Bilder 3 und 66) und die jeweils umfangreiche Instandsetzungen erforderlich machten, wird dringend angeraten, im Zuge von Bestandsuntersuchungen diese Bereiche zu untersuchen und im Zuge der Instandsetzung nachfolgend zu schützen. Bei Neubauten sollten von vornherein Schutzmaßnahmen nach Fußnote b, d angeordnet werden. Die Kosten für derartige Schutzmaßnahmen sind mit rd. 50 bis 70 €/m² überschaubar und stehen in keinem Verhältnis zu nachfolgenden Instandsetzungskosten.

Abdichtungen nach DIN 18532 und ZTV-ING sind als Schutzmaßnahmen als dauerhafte Lösung anzusehen, OS-Systeme nach der Instandsetzungs-Richtlinie hingegen nur bedingt, da diese formal regelmäßig gewartet werden müssen. Da bei Bauteilen unterhalb der Belagoberkante eine Wartung der Abdichtung nicht möglich ist (von einem regelmäßigen Aufgraben einmal abgesehen), scheiden „nicht dauerhafte" OS-Systeme eigentlich aus. OS-Systeme unterhalb von Fahrbahnflächen sind jedoch keinem Verschleiß durch Verkehr, UV-Licht oder großen Temperaturschwankungen unterworfen, sodass dort von einem geringeren Verschleiß ausgegangen werden kann. Rein technisch gesehen, hat die Verwendung von OS-Systemen gegenüber der Verwendung von Abdichtungen nach DIN 18532 und ZTV-ING durchaus Vorteile, insbesondere in Bezug auf Anschlussdetails und Verwahrungen. Schützt man die OS-Systeme ausreichend durch Geotextilien und Noppenfolie etc. vor mechanischem Angriff (Bilder 68 bis 70) und verwendet Systeme mit dauerhaftem Widerstand gegenüber Wasseranfall (vom Produkthersteller zu bestätigen),

Bild 66. Vollständig durchgerostete Durchstanzbewehrung eines Fundaments unterhalb des Pflasterbelags einer Tiefgarage

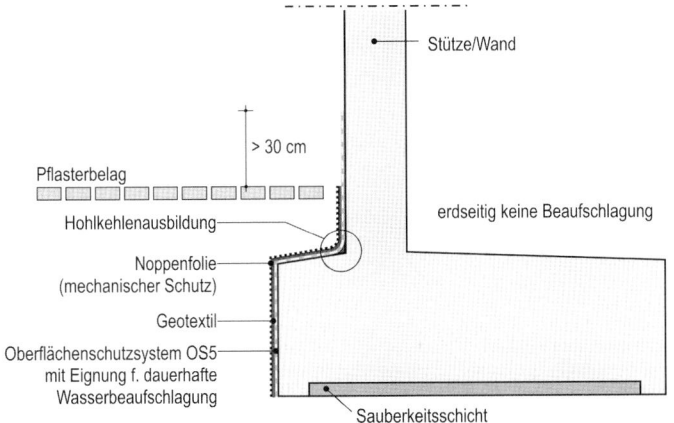

Bild 67. Schutz eines Wandfußes unterhalb Belagoberkante und eines Streifenfundaments vor Chloriden, welche von der Oberseite her durch den nicht dichten Pflasterbelag eindringen können (aus [116])

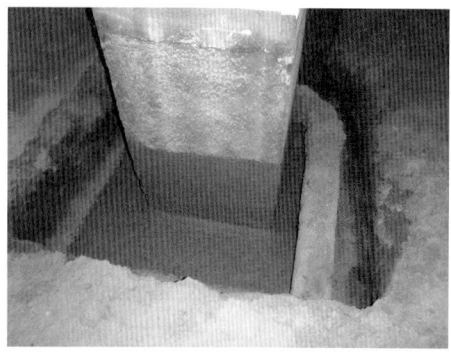

Bild 68. Auftrag eines Oberflächenschutzsystems auf Fundamentoberseite und Stützenfuß unterhalb des Belags

Bild 70. Schutz von Fundament und Stützenfuß unterhalb des Belags mit einer Noppenfolie

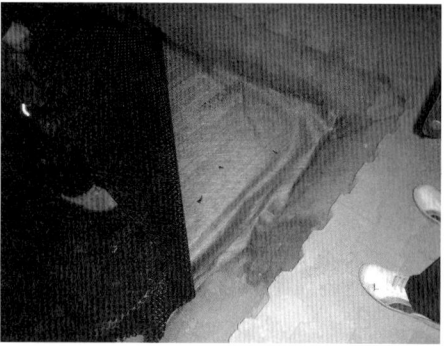

Bild 69. Schutz einer Fundamentoberfläche mit Geotextil und Noppenfolie

so kann mit einer langen Lebensdauer gerechnet werden. OS-5b-Systeme sollten die Anforderungen an Abdichtungen nach DIN 18533 (mit abP-Nachweis) erfüllen und werden dementsprechend auch als mögliche Ausführung für Fundamentoberseiten unterhalb von durchlässigen Belägen in der Neufassung des DBV-Merkblatts „Parkhäuser und Tiefgaragen" geführt. Die Verwendung von OS-Systemen sollte aus Sicht der Autoren ungeachtet dessen vorab mit dem Bauherrn vereinbart werden.

Eine technisch sinnvolle Lösung kann wie in Bild 67 dargestellt aussehen. Einige weitere Ausführungsbeispiele werden z. B. auch in [117] und in [118] erläutert. Bei Streifenfundamenten und Zerrbalken können Risse auftreten, deshalb sollte hier eine rissüberbrückende Schutzmaßnahme auf den horizontalen Flächen vorgesehen werden.

Schutzmaßnahmen bei Fahrbahnplatten aus (Stahl)Beton mit Fugenausbildung

Eine Ausführung von nichttragenden Bodenplatten in Parkbauten ist die Ausbildung von unbewehrten oder bewehrten Einzelplatten, welche durch Scheinfugen oder Raumfugen abgetrennt sind, um wilde (Zwang)Risse zu vermeiden. Die Fugen zwischen den Einzelplatten und zwischen den Einzelplatten und den aufgehenden Bauteilen (Wände und Stützen) werden häufig nicht abgedichtet. Falls die Fugen eine Abdichtung erhalten, dann meist in Form von dauerelastischen Verfugungen. Dauerelastische Verfugungen sind Wartungsbauteile, ohne regelmäßige Instandsetzung werden sie undicht. Durch undichte Fugen kann tausalzhaltiges Wasser zu den Stützenfüßen, zu den Arbeitsfugen Fundamente/ aufgehende Bauteile und auf die Oberseiten der Fundamente gelangen und dort, falls keine Schutzmaßnahmen vorhanden sind, Korrosion auslösen. Analog zu den Ausführungen des vorangegangenen Abschnitts müssen auch diese Bereiche im Rahmen der Ist-Zustandserfassung untersucht und – falls notwendig – instand gesetzt werden. Schutzmaßnahmen können entweder auf den Stützen, Fundamente etc. ausgeführt werden oder man stellt an den Bodenplatten sicher, dass keine Chloride durch Fugen an die darunter liegenden Bauteile gelangen können (Bilder 71 bis 74).

10.5 Gefälle, Entwässerungseinrichtungen

Bei der Instandsetzung von Bestandsbauten ist es zumeist nicht möglich, nachträglich die Entwässerungssituation zu verbessern, indem ein Gefälle eingebaut oder erhöht wird. In diesem Fall sollte der Bauherr darauf aufmerksam gemacht werden, dass weiterhin mit Pfützen etc. zu rechnen ist. Sollte im Zuge der Instandsetzungsmaßnahme ein Gefälle-

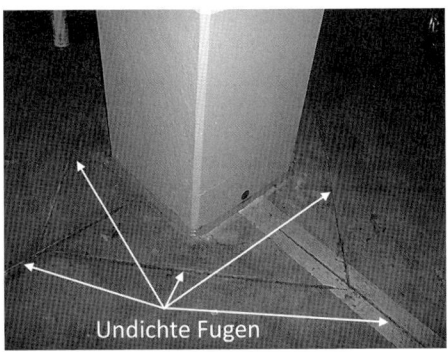

Bild 71. Die Fugen der Stahlbetonbodenplatte waren undicht, Chloride konnten an den Stützenfuß und auf das Fundament gelangen

Bild 73. Freigelegter Stützenfuß und freigelegtes Fundament

Bild 72. Zum Freilegen der Stützenfüße und Fundamente wurden Trennschnitte in der Bodenplatte ausgeführt

Bild 74. Querschnittsverlust über 50 % an einzelnen Bewehrungseisen des Fundaments

einbau möglich sein, sollte eine genaue Planung anhand eines Flächennivellements erfolgen. Zwangspunkte wie Tür- und Torbereiche, Durchfahrtshöhen, Entwässerungseinrichtungen etc. müssen beachtet werden.

Zusätzliche Entwässerungseinrichtungen können i. d. R. nicht oder nur mit einem sehr hohen Aufwand im Zuge von Instandsetzungen hergestellt werden. Bestehende Entwässerungseinrichtungen sollten hingegen geprüft und, falls erforderlich, getauscht bzw. ertüchtigt werden.

Vor- und Nachteile einer Gefälleausbildung sind in der Merkblattfassung 2018 dargestellt.

11 Wartung, Instandhaltung und Überwachung

11.1 Wartung und Instandhaltung

Die Dauerhaftigkeit von Bauwerken allgemein und von Parkbauten im Speziellen hängt maßgebend von deren Wartung und Instandhaltung ab. Während die Instandsetzungs-Richtlinie, Fassung 2001 den Schwerpunkt auf die Instandsetzung legt, legt die Neufassung der Richtlinie den Fokus auch auf die Instandhaltung, was sich bereits im Titel „DAfStb-Richtlinie für die Instandhaltung (Instandhaltungs-Richtlinie)" widerspiegelt.

Nach DIN 31051:2012-09 „Grundlagen der Instandhaltung" [119] wird Instandhaltung wie folgt definiert:

„Kombination aller technischen und administrativen Maßnahmen sowie Maßnahmen des Managements während des Lebenszyklus einer Einheit, die dem Erhalt oder der Wiederherstellung ihres funktionsfähigen Zustands dient, sodass sie die geforderte Funktion erfüllen kann".

DIN 31051 stammt ursprünglich aus dem Bereich des Maschinenbaus, kann sinngemäß aber auf das Bauwesen übertragen werden. Die Instandhaltungsrichtlinie enthält dementsprechend einen direkten Bezug. Abnutzung wird in DIN 31051 als Abbau des Abnutzungsvorrats durch chemische und/oder physikalische Vorgänge wie Reibung, Korrosion, Ermüdung, Alterung, Bruch etc. beschrieben, Vorgänge bzw. Schadensmechanismen, wie sie auch bei Bauwerken bzw. deren Bauteilen vorkommen.

Entsprechend DIN 31051:2012-09 gliedert sich die Instandhaltung in die Grundmaßnahmen:

- Wartung: Maßnahmen zur Verzögerung des Abbaus des vorhandenen Abnutzungsvorrats.
- Inspektion: Maßnahmen zur Feststellung und Beurteilung des Istzustands einer Einheit einschließlich der Bestimmung der Ursachen der Abnutzung und dem Ableiten der notwendigen Konsequenzen für eine künftige Nutzung.
- Instandsetzung: Physische Maßnahme, die ausgeführt wird, um die Funktion einer fehlerhaften Einheit wieder herzustellen.
- Verbesserung: Kombination aller technischen und administrativen Maßnahmen sowie Maßnahmen des Managements zur Steigerung der Zuverlässigkeit und/oder Instandhaltbarkeit und/oder Sicherheit einer Einheit (4.2.1), ohne ihre ursprüngliche Funktion (4.5.1) zu ändern.

Die zukünftige Instandhaltungs-Richtlinie wird die o. g. Grundmaßnahmen speziell auf Betonbauteile beziehen und weitergehend und detaillierter regeln, als es DIN 31051:2012-09 zurzeit vorsieht.

Die Planung der Instandhaltung wird bereits jetzt in den einschlägigen Regelwerken normativ gefordert. In DIN EN 1992-1-1, Abschnitt 4.1(2)P heißt es: „Der erforderliche Schutz des Tragwerks ist unter Berücksichtigung seiner geplanten Nutzung und Nutzungsdauer (siehe EN 1990), der Einwirkungen und durch *Planung der Instandhaltung* sicherzustellen." Nach der Instandsetzungs-Richtlinie Teil 1, Abschnitt 3.3 ist „vom sachkundigen Planer für die gewählte Ausführung ein Instandhaltungsplan zu erstellen, der planmäßige Inspektionen und Angaben zu Wartung und Instandsetzungsmaßnahmen enthält."

Werden die Vorgaben für die Betonzusammensetzung und Betondeckung entsprechend den anzusetzenden Expositionsklassen nach DIN EN 1992-1-1, früher nach DIN 1045-2:2008, eingehalten, so geht man bei einer üblichen Instandhaltung von einer geplanten Nutzungsdauer von 50 Jahren aus. DIN 1045-1:2008-08, Tabelle 3, Fußnote b forderte für die Expositionsklasse XD3 für direkt befahrene Parkdecks die Ausführung zusätzlicher Maßnahmen wie z. B. rissüberbrückende Beschichtungen und verweist für nähere Ausführungsdetails auf DAfStb-Heft 525, vgl. auch die vorangegangenen Abschnitte. Gleichlautend formuliert sind Vorgaben in DIN EN 1992-1-1 in Verbindung mit DIN EN 1992-1-1/NA (Abschnitt 4.2, Tabelle 4.1, Zeile 3), welche auf DAfStb-Heft 600 verweisen. Risse und Arbeitsfugen müssen nach DAfStb-Heft 600 dauerhaft geschlossen bzw. geschützt werden, um das Eindringen von Tausalzen und dadurch entstehende Bewehrungskorrosion zu vermeiden.

Oberflächenschutzsysteme nach der Instandsetzungs-Richtlinie, welche Chloride dauerhaft vom Beton bzw. der Bewehrung fernhalten sollen, weisen jedoch eine wesentlich geringere Lebensdauer als 50 Jahre auf. Damit die angestrebte Nutzungsdauer des Bauwerks erreicht werden kann, müssen die Oberflächenschutzsysteme über den gesamten Nutzungszeitraum funktionsfähig sein. Um die Funktionsfähigkeit jederzeit aufrechterhalten zu können, müssen rechtzeitig Instandsetzungsmaßnahmen durchgeführt werden. Eine unzureichende Funktionsfähigkeit kann nur durch regelmäßige Inspektion, Wartung und Instandsetzung erkannt werden.

11.2 Instandhaltungsplan

Grundlagen

Wie in Abschnitt 7 „Bestandsschutz" erläutert, genügt es prinzipiell, im Rahmen von Instandhaltungen die zum Zeitpunkt der Errichtung des Bauwerks gültigen Baubestimmungen einzuhalten bzw. den entsprechenden Bauwerkszustand wiederherzustellen. Jedoch kann der Bestandsschutz entfallen, wenn ein Schaden nachweislich infolge einer mittlerweile als unzureichend erkannten, nicht mehr aktuellen Regelung aufgetreten ist oder aufgrund neuer Erkenntnisse Bedenken hinsichtlich der Standsicherheit bestehen, vgl. auch [99] und § 3 MBO. Die Ausführung/Instandsetzung von befahrenen Stahlbetonbauteilen, welche direkter Tausalzbeanspruchung ausgesetzt sind, ohne Schutzmaßnahmen (zusätzliche Maßnahmen nach DIN EN 1992-1-1/NA, Tabelle 4.1, Fußnote b bzw. DIN EN 1992-1-1/NA/A1:2015-12, Tabellen 4.1 und 7.1 DE) ist nachweislich unzureichend und schadensauslösend hinsichtlich Bewehrungskorrosion. Im Rahmen von Instandsetzungen sind deshalb Schutzmaßnahmen bzw. zusätzliche Maßnahmen durchzuführen, Bestandsschutz ist hier nicht gegeben.

Oberflächenschutzsysteme nach der Instandsetzungs-Richtlinie weisen je nach Ausführungsart eine sehr unterschiedliche Lebensdauern auf. Rissüberbrückende Systeme (z. B. OS 11) unterliegen i. d. R. einem wesentlich schnelleren Verschleiß als nicht rissüberbrückende, starre Systeme (OS 8). Abdichtungssysteme in Anlehnung an ZTV-ING oder DIN 18195, jetzt DIN 18532 (OS 10 und Bitumenschweißbahn mit Gussasphaltabdeckung) werden normativ als dauerhaft angesehen [14], Wartungsintervalle und die Zuordnung zu Expositionsklassen können dementsprechend angepasst werden. DAfStb-Heft 525 enthält in Abhängigkeit der anzusetzenden Dauerhaftigkeit einzelner Oberflächenschutzmaßnahmen bzw. Abdichtungen detailliertere Angaben bez. Wartungsintervall, anzusetzende Expositionsklasse und Betondeckung. DAfStb-Heft 600 verweist nunmehr direkt auf die im DBV-Merkblatt „Parkhäuser und Tiefgaragen" [44] angegebenen Ausführungsvarianten.

Bei Ausführungsvariante 2, Flächiger Oberflächenschutz, wurde ein „Erweitertes Instandhaltungskonzept" gefordert. Nach Variante 2a ist ein mindestens 1-jährliches Wartungsintervall erforderlich, nach Variante ist 2-mal jährlich (vor und nach der Winterperiode) zu warten. Bei Ausführungsvariante 2a dürfen die Expositionsklassen auf XD1 und XC3, bei Variante 2b dürfen die Expositionsklassen ebenfalls auf XD1 und XC3 sowie zusätzlich die Betondeckung auf c_{min} = 30 mm reduziert werden. Für nähere Angaben siehe DBV-Merkblatt „Parkhäuser und Tiefgaragen", vgl. Abschnitt 9. Diese Möglichkeit der Abminderungen ist nunmehr nicht mehr möglich, vgl. Positionspapier des DAfStb von April 2014 [46]. Für ältere Bauwerke, welche nach

dieser Regelung gebaut wurden, sollten die alten Wartungsintervalle jedoch weiterhin eingehalten werden.

Dies bedeutet, dass neben der generellen Notwendigkeit der Erstellung und Durchführung eines Instandhaltungsplans auch die bauliche Situation der Bauwerke entsprechend berücksichtigt werden muss. Dabei gilt der Grundsatz, dass risikoreichere, d. h. weniger dauerhaftere Ausführungen einer intensiveren Wartung und Instandhaltung bedürfen als risikoarme, dauerhaftere Ausführungen.

Die Instandsetzungs-Richtlinie erwähnt die Notwendigkeit eines Instandhaltungsplans, enthält jedoch keine spezifischen Ausführungsdetails für die Umsetzung. Die zukünftige Instandhaltungs-Richtlinie wird hier detailliertere Vorgaben enthalten, vgl. Abschnitt 11.1.

Instandhaltungsplan nach DBV-Merkblatt „Parkhäuser und Tiefgaragen"

Nach dem DBV-Merkblatt „Parkhäuser und Tiefgaragen" müssen in einem Instandhaltungsplan die Überprüfungshäufigkeit der Oberflächenschutzmaßnahme bzw. der Abdichtung, die Instandsetzungsmaßnahmen in Abhängigkeit des Prüfergebnisses und die Verfahrensweisen sowie die Verantwortlichkeiten festgelegt sein. Wartungspläne sollen die in Bild 75 aufgeführten Angaben enthalten.

Nach [44] und [45] werden die in den Tabellen 4 und 5 dargestellten Wartungsintervalle in Abhängigkeit der dort angegebenen Konstruktionsvorschläge bzw. Ausführungsvarianten empfohlen.

---

1) Allgemeine Projektangaben:
Bauvorhaben, Lage, Bauherr, Planer, Nutzung...

2) Spezielle Angaben zu den Parkdecks:
Geschosse, Bauweise, Beschichtungsart, verwendete Materialien, Hersteller, Produktdatenblätter...

3) Überprüfung:
Intervalle (x-mal jährlich), siehe Tabelle 8,
ggf. anlassbezogen auf Anforderung in ...
Prüfungsaufgaben: mechanischer Verschleiß, Spurrillen, Ablösungen, Korrosion, Risse, Fugenfunktion, Entwässerungseinrichtungen...
Dokumentation,
Aufmaß von Schädigungen,
Betreibergespräch...

4) Instandhaltungsmaßnahmen:
Auswertung der Prüfergebnisse aus 3)
Planung der Maßnahmen durch sachkundigen Planer (nach RiliSIB)...
Konzept der begleitenden Rissbehandlung (planmäßige Abdichtung von Rissen)...
Kontrolle, Projektüberwachung,
Dokumentation,
Aktualisierung Bauwerksbuch...

Bild 75. Erforderliche Angaben eines Instandhaltungsplans nach [44] und [45]

Tabelle 4. Empfohlene Wartung nach [44] (Fassung 2010)

1	2		3	4
Konstruktion	Erweitertes Instandhaltungskonzept			Mindest-instandhaltung
	intensiv 2 × jährlich	regelmäßig 1 × jährlich		üblich ≤ 3 Jahre
	Inspektionsgegenstand			
1 Parkfläche Variante 1a: [1)] flächig oder lokal beschichtet	–	_ [2)]		Risse, Fehlstellen und Verschleiß in der Beschichtung und in ungeschützten Betonflächen
2 Parkfläche Variante 1b: [1)] Rissvermeidung, unbeschichtet	–	_ [2)]		Risse und Fehlstellen in den Betonflächen
3 Parkfläche Variante. 2a: [1)] Flächig beschichtet Reduktion XD1	–	Risse, Fehlstellen und Verschleiß in der Beschichtung		–
4 Parkfläche Variante 2b: [1)] Flächig beschichtet Reduktion XD1 und c_{min}	Risse und Fehlstellen in der Beschichtung	Verschleiß der Beschichtung		–
5 Parkfläche Variante 3: [1)] rissüberbrückende Abdichtung nach DIN 18195-5 oder OS 10 mit Schutzschicht	–	_ [2)]		Undichtigkeiten auf Bauteilunterseite, Fehlstellen in der Schutzschicht
6 Stützen, Wände	–	–		Dichtigkeit des Sockelschutzes (optisch)
7 WU-Bodenplatte	–	Wasserundurchlässigkeit (Risse, Fugen, Anschlüsse, Durchdringungen)		–

[1)] Ausführungsvarianten nach 2.3.3.2.
[2)] In den ersten 5 Jahren nach Herstellung ist eine jährliche Inspektion auf Risse und Fehlstellen erforderlich, da in diesem Zeitraum das Auftreten von Rissen am wahrscheinlichsten ist.

11.3 Überprüfung des Instandsetzungserfolgs durch Monitoring

11.3.1 Anwendungsgebiete

Wie bereits erläutert, erfolgt die Wartung von Parkbauten primär durch visuelle Aufnahme des Bauwerkszustands, z. B. Rissaufnahmen, Überprüfen des Zustands von Oberflächenschutzsystemen oder der Funktionstüchtigkeit von Fugenkonstruktionen/ Fugenvergussmassen. Besonders bei Instandsetzungsmaßnahmen, bei denen auf einen vollständigen Abtrag des chloridbelasteten Betons verzichtet wird und stattdessen Annahmen zur zu erwartenden Umverteilung der Chloride und der Austrocknung des Bauteils getroffen werden, ist eine Überwachung des Instandsetzungserfolgs durch visuelle Überprüfung allein jedoch nicht möglich. Gleiches

Tabelle 5. Empfohlene Wartung nach [45] (Fassung 2018)

Z	Konstruktion	Inspektionsgegenstand	Inspektions-intervall [3]
1	**Variante A1:** [1] Unbeschichtet, Rissvermeidung	Risse und Fehlstellen in den Betonflächen	max 2 Jahre [2]
2	**Variante A2:** [1] Unbeschichtet, lokale Rissbehandlung	Risse, Fehlstellen und Verschleiß im Oberflächenschutzsystem und in ungeschützten Betonflächen	max 1 Jahr
3	**Variante B1:** [1] Flächig starr beschichtet, begleitende Rissbehandlung	Risse, Fehlstellen und Verschleiß im Oberflächenschutzsystem	max 1 Jahr
4	**Variante B2:** [1] Flächig rissüberbrückend beschichtet	Risse und Fehlstellen und Verschleiß im Oberflächenschutzsystem	max 1 Jahr
5	**Variante C:** [1] Unterlaufsichere Abdichtung mit Schutzschicht	Undichtigkeiten auf Bauteilunterseite, Fehlstellen in der Schutzschicht	max 2 Jahre [2]
6	**Stützen, Wände**	Dichtigkeit des Sockelschutzes (optisch)	max 1 Jahr
7	**WU-Bodenplatte**	Wasserundurchlässigkeit (Risse, Fugen, Anschlüsse, Durchdringungen)	max 1 Jahr
8	**Fugenkonstruktionen**	Funktionsfähigkeit, Gefügestörungen Beton, Fugenvergussmassen	max 1 Jahr

[1] Ausführungsvarianten nach Tabelle 5.
[2] In den ersten 5 Jahren nach Herstellung ist eine jährliche Inspektion auf Risse und Fehlstellen erforderlich, da in diesem Zeitraum das Auftreten von Rissen am wahrscheinlichsten ist.
[3] Zeitlicher Abstand zwischen den Inspektionen.

gilt auch für Bauteile, die nach Abschluss der Instandsetzungsmaßnahme nicht mehr direkt zugänglich sind. Für derartige Bauteile stellt Monitoring u. U. eine geeignete Möglichkeit zur Überwachung des Instandsetzungserfolgs dar. Bei Anwendung des Instandsetzungsprinzips W-Cl (Korrosionsschutz durch Begrenzen des Wassergehalts bei chloridbeaufschlagten Bauteilen) wird in der Instandsetzungs-Richtlinie die Überwachung der Auswirkung der Maßnahme auf den Korrosionsfortschritt der Bewehrung durch Einbau geeigneter Korrosionsstrommessvorrichtungen sogar explizit gefordert. Mögliche Anwendungen von Monitoring zur Überwachung des Instandsetzungserfolgs bei Parkbauten sind z. B.:

– Die Installation von (tiefengestaffelten) Korrosionssensoren innerhalb der Betondeckung zur Überprüfung von Chloridumverteilungsprozessen,
– Korrosionsstrommessungen an der Bewehrung bzw. an Korrosionssensoren auf Bewehrungshöhe bei Anwendung des Instandsetzungsprinzips W-Cl,
– Korrosionsstrommessungen an der Bewehrung bzw. an Korrosionssensoren auf Bewehrungshöhe im Rissbereich bei Anordnung von Rissbandagen oder bei Rissverpressung,
– (tiefengestaffeltes) Feuchtemonitoring zur Überwachung der Funktionstüchtigkeit von Oberflächenschutzsystemen/Abdichtungssystemen/Fugenabdichtungen oder zum Überprüfen des Austrocknungsverhaltens des Betons.

11.3.2 Korrosionsmonitoring

Korrosionsmonitoring umfasst als Überbegriff eine Vielzahl von Messprinzipien, die geeignet sind, in Abhängigkeit von der jeweiligen Fragestellung die unterschiedlichen Teilprozesse der Bewehrungskorrosion zu überwachen. Eine umfassende Zusammenstellung möglicher Messprinzipien, Anforderungen an Sensorsysteme und Anwendungsbeispiele enthält das Merkblatt B 12 „Korrosionsmonitoring bei Stahl- und Spannbetonbauten" der Deutschen Gesellschaft für zerstörungsfreie Prüfung, das 2018 erstmals erschienen ist [120]. Bei Bestandsbauwerken beruht das Korrosionsmonitoring i. d. R. auf der Messung elektrochemischer

Kenngrößen (Elementstrommessung, Potentialmessung, ggf. Polarisationswiderstandsmessung) zur Beschreibung der zeitabhängigen Veränderung des Korrosionsverhaltens der Bewehrung. Je nach Art und Anwendungsgebiet werden die Messungen direkt an der Betonstahlbewehrung, an isolierten Bewehrungsstücken oder an Anoden durchgeführt, die nachträglich in das Bauteil eingebracht werden. Als Kathode werden in der Regel Titan-MMO-Stäbe oder Netze verwendet, die in den Konstruktionsbeton eingebracht und mit einem zementhaltigen Mörtel eingebettet werden. Alternativ kann zur realitätsnahen Abbildung der Korrosionsverhältnisse auch die Bestandsbewehrung verwendet werden. Bei einigen Anwendungen wird zusätzlich eine Referenzelektrode in der Nähe der zu überwachenden Bewehrung installiert. Die Depassivierung der Bewehrung bei anfangs passiver Bewehrung wird bei diesen Messungen – in Abhängigkeit von den angewandten Messmethoden – durch einen deutlichen Abfall des Potentials der zu untersuchenden Bewehrung, einen Anstieg des Elementstroms und einen deutlichen Rückgang des Polarisationswiderstands der zu untersuchenden Bewehrung angezeigt [121]. Umgekehrt deuten eine Verschiebung des freien Korrosionspotentials in positive Richtung, einhergehend mit einem Rückgang des Elementstroms und einem Anstieg des Polarisationswiderstands, bei anfangs aktiv korrodierenden Systemen auf einen Rückgang der Korrosionsaktivität hin.

Ein großes Problem beim Korrosionsmonitoring bestehender Bauwerke ist die nachträgliche Instrumentierung der Bauteile. Korrosionssensorsysteme, wie sie für Neubauprojekte seit mehr als zwanzig Jahren erfolgreich eingesetzt werden, sind für diesen Anwendungszweck aufgrund ihrer Größe nicht geeignet. Vielmehr müssen Sensorsysteme verwendet werden, bei deren Installation möglichst wenig in das bestehende Bauteil eingegriffen wird, die Messungen das Korrosionsverhalten der Bewehrung im Originalbeton bei der vorhandenen Chloridbelastung wiedergeben sollen. Wenn keine tiefengestaffelte Anordnung der Anoden erforderlich ist, erfolgen die Messungen idealerweise an der Bewehrung selbst. Zu diesem Zweck kann ein Bewehrungsabschnitt von der restlichen Bauteilbewehrung elektrisch isoliert und mit einer Kabelverbindung versehen werden. Diese Vorgehensweise bietet gegenüber Messungen an der gesamten Bauteilbewehrung den Vorteil, dass die Oberfläche der zu untersuchenden Bewehrung vergleichsweise klein und zudem bekannt ist. Dadurch wird die Gefahr minimiert, dass eine lokale Depassivierung der Bewehrung aufgrund des gemessenen Mischpotentiale „übersehen" wird. Zudem ermöglicht das Kenntnis der Bewehrungsoberfläche eine bessere Bewertung der gemessenen Ströme bzw. Polarisationswiderstände. Die oben beschriebene Vorgehensweise wurde schon wiederholt in der Praxis angewandt, um die zeitliche Entwicklung der Korrosionsaktivität im Rissbereich nach Aufbringen einer Rissbandage zu überprüfen.

Anwendungsbeispiel – Bodenplatte einer Tiefgarage mit Rissbildung [73]
Bei einer eingeschossigen Tiefgarage mit einer Gesamtfläche von rd. 4.000 m² wurde nach 15-jähriger Nutzung eine ausgeprägte Rissbildung in der Bodenplatte mit rd. 3.000 lfm Rissen festgestellt. Die rd. 25 cm bis 40 cm dicke Bodenplatte war im vorliegenden Fall zwar Teil der WU-Konstruktion, die Lastabtragung erfolgte aber primär über Streifen- und Einzelfundamente unterhalb der Stützen und Wände. Chloridgehaltsbestimmungen im Rissbereich ergaben bis auf Höhe der Bewehrung (Betondeckung im Mittel rd. 50 mm) lokal sehr stark erhöhte Chloridgehalte bis zu rd. 2,0 M.-%/z, in den meisten Rissen betrug der Chloridgehalt auf Bewehrungshöhe zwischen rd. 0,50 M.-%/z und 0,90 M.-%/z. Aufgrund der starken Abnutzung der anfangs vorhandenen Beschichtung konnte auch in den ungerissenen Bereichen auf rd. 60 % der Fläche nicht ausgeschlossen werden, dass allein infolge von Umverteilungsprozessen auch ohne weiteren Chlorideintrag zukünftig Korrosion an der Bewehrung einsetzen wird. Bewehrungssondierungen im Rissbereich ergaben maximale Querschnittsverluste an der Bewehrung von lediglich rd. 10 %.

Eine konventionelle Instandsetzung der Bodenplatte nach dem Instandsetzungsprinzip R hätte neben den sehr hohen Kosten auch längerfristige Nutzungseinschränkungen während der Instandsetzung zur Folge gehabt. Da die Bodenplattenbewehrung statisch nur eine untergeordnete Relevanz besitzt und geringe korrosionsbedingte Querschnittsverluste vorlagen, wurde in enger Zusammenarbeit mit dem Bauherrn ein alternativer Instandsetzungsansatz gewählt, bei dem auf Betonabtrag verzichtet und oberseitig eine Beschichtung bzw. im Rissbereich Rissbandagen angeordnet wurden. In gerissenen und ungerissenen Bereichen wurde ein umfangreiches Korrosionsmonitoring-System zur Überwachung der zeitabhängigen Veränderung der Korrosionsaktivität nach Beschichtung installiert.

Insgesamt wurden 40 Monitoringstellen in Rissbereichen mit stark erhöhten Chloridgehalten sowie z. T. in ungerissenen Bereichen mit erhöhten Chloridgehalten und als Referenz in ungerissenen Oberflächen ohne erhöhte Chloridgehalte ausgewählt. An den Monitoringstellen wurde jeweils ein einzelner Bewehrungsabschnitt im Rissverlauf durch Überbohren der Kreuzungspunkte mit der risskreuzenden Bewehrung mit einer Kernbohrung vom Bewehrungskorb isoliert und an den Schnittflächen des isolierten Bewehrungsabschnitts („Anode") und des Bewehrungskorbs eine Kabelverbindung hergestellt und anschließend die Bohrkernlöcher wieder mit Mörtel verschlossen. Zusätzlich wurde je ein

Ti/MMO Stab und ggf. eine Bezugselektrode in Bohrungen außerhalb des Rissverlaufs eingebaut und die Bohrlöcher ebenfalls mit zementgebundenem Mörtel verfüllt.

Anfangs wurden in einem zweimonatlichen Rhythmus Messungen des Elementstroms zwischen isoliertem Bewehrungselement (Anode) und Bewehrungskorb sowie des Korrosionspotentials des kurzgeschlossenen Systems gegen den Ti/MMO-Stab bzw. die Bezugselektrode gemessen. Anschließend wurde der Kurzschluss aufgehoben und nach einer Depolarisationsdauer von rd. zwei Stunden das freie Korrosionspotential von Anode und Bewehrungskorb und stichprobenartig der lineare Polarisationswiderstand der Anode bestimmt. Zwischen den Messterminen wurden Anode und Bewehrungskorb kurzgeschlossen, um möglichst realitätsnahe Verhältnisse sicherzustellen.

Die Bilder 76 und 77 zeigen exemplarisch den zeitlichen Verlauf von Potential und Elementstrom für zwei Sensoren. Bei dem in Bild 76 dargestellten Sensor mit anfangs erhöhter Korrosionsaktivität trat nach Aufbringen der Beschichtung ein signifikanter Anstieg des freien Korrosionspotentials der Anode in Verbindung mit einem deutlichen Rückgang des Elementstroms ein. Bei dem in Bild 77 dargestellten Sensor wurde über den Betrachtungszeitraum zwar ein Anstieg des freien Korrosionspotentials und ein Rückgang des Elementstroms festgestellt, allerdings ist für diesen Sensor rd. ein Jahr nach Aufbringen der Rissbandage unverändert von aktiver Korrosion auszugehen.

Für den Großteil der Sensoren wurde kurzfristig nach Applikation der Beschichtung ein deutlicher Rückgang der Korrosionsaktivität festgestellt. An

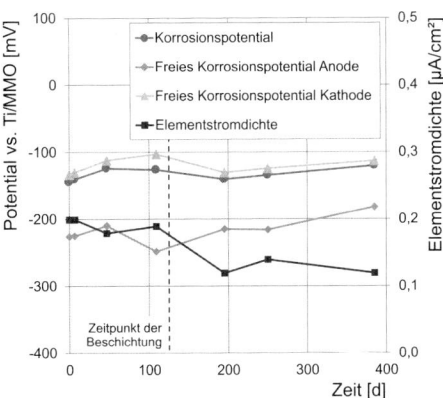

Bild 77. Potential- und Elementstromverläufe an Korrosionssensoren im Rissbereich (geringer Rückgang der Korrosionsaktivität nach Beschichtung) [73]

einzelnen Sensoren wurden hingegen auch mehrere Monate nach Beschichtungsauftrag noch erhöhte Elementströme aufgezeichnet. Eine Korrosionsinitiierung an Sensoren, die vor der Beschichtung als passiv eingestuft wurden, z. B. infolge von Umverteilungsprozessen wurde, zumindest im ersten Jahr Monitoring, an keinem Sensor festgestellt.

Ähnlich der Chloridgehaltsbestimmung anhand von Bohrmehlproben ist auch das Korrosionsmonitoring eine stichprobenartige Untersuchungsmethode, weshalb auch hier der richtigen Auswahl der Überwachungsstellen eine zentrale Bedeutung zukommt. Zudem sind sowohl die Sensorinstallation selbst als auch die Interpretation der Messdaten u. U. sehr komplex, sodass für das Korrosionsmonitoring an Bestandsbauteilen nach Auffassung der Autoren grundsätzlich Fachleute mit entsprechendem elektrochemischem Hintergrundwissen hinzugezogen werden sollten.

11.3.3 Feuchtemonitoring

Feuchtemonitoring kann im Rahmen von Instandsetzungen z. B. zur Überwachung der Funktionstüchtigkeit von Oberflächenschutzsystemen, Abdichtungen oder Fugenkonstruktionen verwendet werden. Ein weiteres Anwendungsgebiet ist die Überwachung des Austrocknungsverhaltens von Betonen bei Anwendung des Instandsetzungsprinzips W, bei dem durch den Anstieg des Elektrolytwiderstands als Folge der Austrocknung der Korrosionsabtrag auf ein vernachlässigbares Maß reduziert werden soll.

Aufgrund der Korrelation des Elektrolytwiderstands mineralischer Baustoffe mit ihrem Feuchtegehalt werden zum Feuchtemonitoring in der Regel

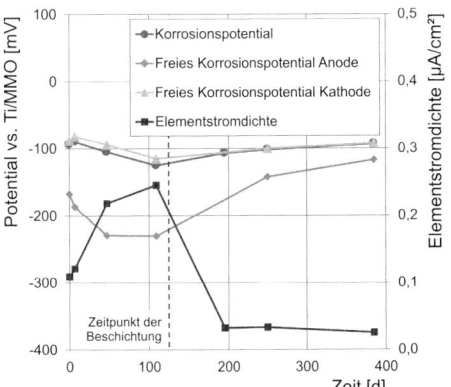

Bild 76. Potential- und Elementstromverläufe an Korrosionssensoren im Rissbereich (deutlicher Rückgang der Korrosionsaktivität nach Beschichtung) [73]

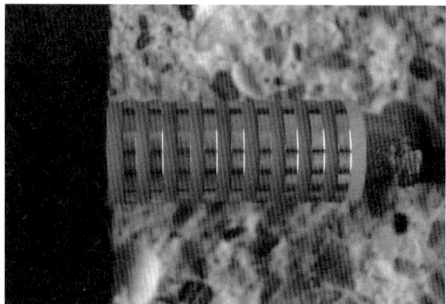

Bild 78. Multiring-Elektrode zur Messung tiefengestaffelter Widerstandsprofile [121]

Wechselstrom-Widerstandsmessungen zur Bestimmung des Elektrolytwiderstands des Betons durchgeführt. Das Sensorsystem, das für diesen Anwendungszweck am häufigsten eingesetzt wird, ist die sogenannte Multiring-Elektrode (Bild 78). Sie besteht aus Edelstahlringen, die mit einem Achsabstand von i. d. R. rd. 5 mm zueinander angeordnet und durch einen Isolierring voneinander getrennt sind. Durch sukzessive Messung des Wechselstromwiderstands zwischen benachbarten Ringen kann so ein tiefengestaffeltes Elektrolytwiderstandsprofil und somit indirekt ein Feuchteprofil über die Betondeckung gemessen werden. Beispielhaft ist dies in Bild 79 für zwei Probekörper dargestellt, von denen zur Überwachung der Dauerhaftigkeit von Tiefenhydrophobierungen je ein Probekörper mit einer Tiefenhydrophobierung versehen und ein Probekörper unbehandelt belassen wurde. Anschließend wurden beide Probekörper im Portalbereich eines Autobahntunnels ausgelagert. Der Vergleich der Widerstandsprofile belegt die Funktionstüchtigkeit der Tiefenhydrophobierung über die bisherige Auslagerungsdauer. Ein sukzessiver Verlust der Funktionstüchtigkeit zeigt sich im Widerstandsprofil theoretisch durch einen deutlichen Rückgang des Elektrolytwiderstands zunächst im oberflächennahen Beton, der sich bei Verzicht auf entsprechende Gegenmaßnahmen schnell auch in größeren Tiefen fortsetzt.

Multiring-Elektroden waren ursprünglich für den Einsatz bei Neubauprojekten konzipiert, können jedoch auch bei Bestandsbauwerken verwendet werden. Zu diesem Zweck werden sie in eine Bohrung eingesetzt, die nur einen geringfügig größeren Durchmesser als der Sensor selbst besitzt. Der verbleibende Ringspalt zwischen Sensor und Bohrlochwandung wird mit einem geeigneten Mörtel verfüllt. Umfangreiche Untersuchungen zeigen, dass bei ausreichend kleinem Ringspalt und Verwendung eines geeigneten Mörtels die Feuchteverhältnisse im Mörtel qualitativ sehr schnell denen im angrenzenden (zu überwachenden) Konstruktionsbeton entsprechen.

Da der Elektrolytwiderstand neben der Bauteilfeuchte auch von der Bauteiltemperatur beeinflusst wird, empfiehlt sich zur besseren Vergleichbarkeit der Messergebnisse bei (saisonalen) Temperaturänderungen eine Temperaturkompensation.

Der Elektrolytwiderstand mineralischer Baustoffe korreliert zwar unmittelbar mit ihrem Feuchtegehalt, eine direkte Umrechnung des Elektrolytwiderstands in die Bauteilfeuchte ist jedoch nicht mög-

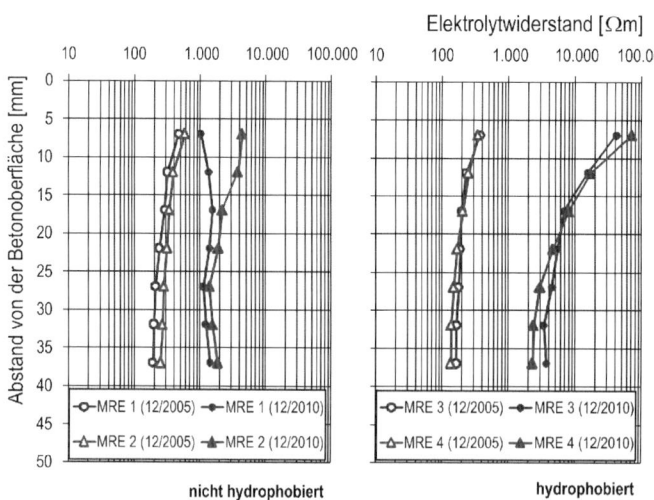

Bild 79. Zeitabhängige Widerstandsprofile an nicht hydrophobierten (links) und hydrophobierten (rechts) Probekörpern, ermittelt mit Multiring-Elektroden

lich, da der Elektrolytwiderstand neben dem Wassergehalt in hohem Maße vom w/z-Wert und dem verwendeten Bindemittel abhängt. In aller Regel ist jedoch die qualitative Aussage über die zeitabhängige Veränderung des Elektrolytwiderstands zur Bewertung des Austrocknungsverhaltens ausreichend.

12   Literatur

[1] Deutscher Ausschuss für Stahlbeton (2014) *Schutz und Instandsetzung von Betonbauteilen (Instandsetzungs-Richtlinie Rili SIB)*, Oktober 2001 mit 1. Berichtigung Januar 2002, 2. Berichtigung Dezember 2005 und 3. Berichtigung Oktober 2014, Beuth Verlag, Berlin.

[2] DIN EN 1504 *Produkte und Systeme für den Schutz und die Instandsetzung von Betontragwerken – Definitionen, Anforderungen, Güteüberwachung und Beurteilung der Konformität*, Beuth, Berlin.

[3] DIN 1045:1978-12 (1978) *Beton und Stahlbeton; Bemessung und Ausführung*, Beuth, Berlin.

[4] DIN 1045:1988-07 (1988) *Beton und Stahlbeton – Bemessung und Ausführung*, Beuth, Berlin.

[5] DIN 1045:2001-07 (2001) *Tragwerke aus Beton, Stahlbeton und Spannbeton*, Beuth, Berlin.

[6] DIN EN 1992-1-1:2011-01 (2011) *Eurocode 2: Bemessung und Konstruktion von Stahlbeton- und Spannbetontragwerken – Teil 1-1: Allgemeine Bemessungsregeln und Regeln für den Hochbau*; Deutsche Fassung EN 1992-1-1:2004 + AC:2010, Beuth, Berlin.

[7] DIN EN 1992-1-1/NA:2013-04 (2013) *Nationaler Anhang – National festgelegte Parameter – Eurocode 2: Bemessung und Konstruktion von Stahlbeton- und Spannbetontragwerken – Teil 1-1: Allgemeine Bemessungsregeln und Regeln für den Hochbau*, Beuth, Berlin.

[8] „Münchner Runde" (2013) *Tiefgaragenbauwerke und Parkgaragen. Grundsätze Regelbauweise NEUBAU*, Stand März 2013.

[9] Deutscher Ausschuss für Stahlbeton (2012) *Erläuterungen zu DIN EN 1992-1-1 und DIN EN 1992-1-1/NA (Eurocode 2)*, Heft **600** Beuth Verlag, Berlin.

[10] Deutscher Beton- und Bautechnik-Verein E. V. (2018) *Merkblatt Parkhäuser und Tiefgaragen*. 3. überarbeitete Ausgabe Januar 2018, DBV, Berlin.

[11] ZTV-ING (2013) *Zusätzliche Technische Vertragsbedingungen und Richtlinien für Ingenieurbauten*, Stand: Dezember 2013, Bundesanstalt für Straßenwesen.

[12] DIN 18195 *Bauwerksabdichtungen. Schutz von Bauwerken gegen Feuchtigkeit und Wasser*, Beuth, Berlin.

[13] DIN 18532:2017-07 (2017) Teile 1 bis 5: *Abdichtung von befahrbaren Verkehrsflächen aus Beton*, Beuth, Berlin.

[14] Deutscher Ausschuss für Stahlbeton (2010) *Erläuterungen zu DIN 1045-1*, DAfStb Heft **525**, Beuth Verlag, Berlin.

[15] Bastert, H. (2018) *Schutz und Instandsetzung von Betonbauteilen – Aktueller Stand der Regelwerke*. Heftreihe des Deutschen Beton- und Bautechnik-Vereins (aktualisierte Ausgabe 2012), Heft **39**, S. 1–6, Ergänzung zu den Tagungsunterlagen der DBV-Arbeitstagung Februar 2018.

[16] Hintzen, W. (2012) *Bauaufsichtliche Umsetzung der Normenreihe DIN EN 1504*. Heftreihe des Deutschen Beton- und Bautechnik-Vereins (aktualisierte Ausgabe 2012), Heft **19**, S. 21–30.

[17] Motzke, G. (2014) *Anerkannte Regeln der Technik und Wartungs-/Instandsetzungsbedarf als Parameter sachmangelfreier Planung und Ausführung – Wartungsbedarf-Kompensation und anerkannte Regeln der Technik aus rechtlicher Sicht?* 6. Kolloquium Parkbauten. Technische Akademie Esslingen 2014.

[18] Kamphausen (2000) *Jahrbuch Baurecht 2000*, S. 218, 223.

[19] U. v. 8.8.1978, NJW 1979, 359.

[20] Veit, A. H. *Ursachen und Haftung bei Bauschäden und Baumängeln* (in Motzke/Veit, Seidel/Koberling), Teil 4, Kap. 3.3, S. 17.

[21] Soergel (2000) Bewertung in Festschrift Mantscheff, 2000, S. 203.

[22] Gutachten (2007) *Unterschiede zwischen der DIN EN 1504-3 und den nationalen Regelwerken „DAfStb-Richtlinien Schutz und Instandsetzung von Betonbauteilen – RL SIB", der „ZTV-ING"*, Bundesanstalt für Materialforschung und -prüfung (BAM), Juni 2007.

[23] Kühne, H.-C. *Technische Umsetzung und Verwendung der DIN EN 1504-3 für Instandsetzungsmörtel und -betone in Deutschland*, Heftreihe des Deutschen Beton- und Bautechnik-Vereins (2012), Heft **19**, S. 31–46.

[24] Bauproduktenverordnung (EU-BauPVO) (2011) *Verordnung (EU) Nr. 305/2011 des Europäischen Parlaments und des Rates vom 9. März 2011 zur Festlegung harmonisierter Bedingungen für die Vermarktung von Bauprodukten und zur Aufhebung der Richtlinie 89/106/EWG des Rates* (ABl. der EU L 88 vom 4.4.2011).

[25] Bauproduktengesetz (2012) *Gesetz zur Anpassung des Bauproduktengesetzes und weiterer Rechtsvorschriften an die Verordnung (EU) Nr. 305/2011 zur Festlegung harmonisierter Bedingungen für die Vermarktung von Bauprodukten* vom 5. Dezember 2012.

[26] DIN V 18026:2006-06 (2006) *Oberflächenschutzsysteme für Beton aus Produkten nach DIN EN 1504-2:2005-01*, Beuth, Berlin (vom DIN zurückgezogen 2017).

[27] DIN V 18028:2006-06 (2006) *Rissfüllstoffe nach DIN EN 1504-5:2005-03 mit besonderen Eigenschaften*, Beuth, Berlin (vom DIN zurückgezogen 2017).

[28] BMVI (2017) *Zusätzliche Technische Vertragsbedingungen – Wasserbau (ZTV-W) für die Instandsetzung der Betonbauteile von Wasserbauwerken (Leistungsbereich 219)*, Bundesministerium für Verkehr und digitale Infrastruktur (BMVI), Wasserstraßen, Schifffahrt, Ausgabe 2017.

[29] Bundesanstalt für Wasserbau (2017) *BAW-Empfehlung Instandsetzungsprodukte – Hinweise für den Sachkundigen Planer zu bauwerksbezogenen Produktmerkmalen und Prüfverfahren*, Ausgabe 2017.

[30] ZTV-ING, Teil 3 (2017) *Zusätzliche Technische Vertragsbedingungen und Richtlinien für Ingenieurbauten, Massivbau*, Abschnitte 4 und 5, 10/2017, Bundesanstalt für Straßenwesen.

[31] Deutsches Institut für Bautechnik (2016) *Entwurf Muster-Verwaltungsvorschrift Technische Baubestimmungen (MVV TB)*, Stand 20. Juli 2016, DIBt, Berlin.

[32] Liste der als Technische Baubestimmungen eingeführten technischen Regeln der Bundesländer LTB.

[33] Bauregelliste A, Baugrelliste B und Liste C – Ausgabe 2014/1. www.dibt.de.

[34] Muster-Liste der Technischen Baubestimmungen, Deutsches Institut für Bautechnik (DIBt) im Auftrag der Bundesländer, www.dibt.de.

[35] Deutscher Ausschuss für Stahlbeton (2011) *Erläuterungen zu den Normen DIN EN 206-1, DIN 1045-2, DIN 1045-3, DIN 1045-4 und DIN EN 12620*, DAfStb Heft **526**, Beuth Verlag, Berlin.

[36] DIN EN 206-1:2001-07 (2001) *Beton: Festlegung, Eigenschaften, Herstellung und Konformität* mit Änderungen A1:2004-10 und A2:2005-09, Beuth, Berlin.

[37] DIN EN ISO 12696:2016 (2016) *Kathodischer Korrosionsschutz von Stahl in Beton*, Beuth, Berlin.

[38] DIN EN 14487, Teile 1 und 2: *Spritzbeton*, Beuth, Berlin.

[39] DIN 18551:2010-02 (Neuausgabe 2014-08) (2014) *Spritzbeton – Nationale Anwendungsregeln zur Reihe DIN EN 14487 und Regeln für die Bemessung von Spritzbetonkonstruktionen*, Beuth, Berlin.

[40] Deutscher Ausschuss für Stahlbeton (2005) *DAfStb-Richtlinie für die Herstellung und Verwendung von Trockenbeton und Trockenmörtel (Trockenbetonrichtlinie)*, Ausgabe Juni 2005, Beuth, Berlin.

[41] Deutscher Ausschuss für Stahlbeton (2011) *DAfStb-Richtlinie für die Herstellung und Verwendung von zementgebundenem Vergussbeton und Vergussmörtel*, Ausgabe November 2005, Beuth, Berlin.

[42] Deutscher Ausschuss für Stahlbeton (2017) *DAfStb-Richtlinie für Wasserundurchlässige Bauwerke aus Beton (WU-Richtlinie)*, Ausgabe Dezember 2017, Beuth, Berlin.

[43] Deutscher Beton- und Bautechnik-Verein E. V. (2011) *Merkblatt Bautechnik – Betondeckung und Bewehrung nach Eurocode 2*, Januar 2011, DBV, Berlin.

[44] Deutscher Beton- und Bautechnik-Verein E. V. (2010) *DBV-Merkblatt „Parkhäuser und Tiefgaragen"*, November 2010, DBV, Berlin.

[45] Deutscher Beton- und Bautechnik-Verein E. V. (2018) *DBV-Merkblatt „Parkhäuser und Tiefgaragen"*, Januar 2018, DBV, Berlin.

[46] Schnell, J.; Wiens, U. (2014) Beitrag zur Dauerhaftigkeit von befahrenen Parkdecks – Zwischenfazit, Bericht des DAfStb, *Beton- und Stahlbetonbau* **109** (4), 302–303.

[47] Motzke, G. (2012) Parkhäuser und Tiefgaragen – Zur rechtlichen Wertigkeit des gleichnamigen Merkblatts des Deutschen Beton- und Bautechnik-Vereins e. V., Ausgabe September 2010, *Beton- und Stahlbetonbau* **107** (9), 579–589.

[48] Meyer, L., Motzke, G. (2013) Zuschrift von Lars Meyer zu [47] und Erwiderung von Gerd Motzke, *Beton- und Stahlbetonbau* **108** (1), 71–76.

[49] Schießl, P. (1976) *Zur Frage der zulässigen Rissbreite und der erforderlichen Betondeckung im Stahlbetonbau unter besonderer Berücksichtigung der Carbonatisierung des Betons*, Berlin: Ernst & Sohn. In: Schriftenreihe des Deutschen Ausschusses für Stahlbeton (1976), Heft **255** München, Technische Universität, Dissertation, 1976.

[50] Sodeikat, Ch.; Gehlen, C.; Schießl, P. (2002) Auffinden von Bewehrungskorrosion mithilfe der Potentialfeldmessung – Schilderung eines ungewöhnlichen Praxisfalles. *Beton- und Stahlbetonbau* **97** (9), 437–444.

[51] Tuutti, K. (1982) *Corrosion of Steel in Concrete*, Swedish Cement and Concrete Research Institute, Stockholm. In: CBI Research (1982), No. Fo 4:82.

[52] Gehlen, C. (2001) Lebensdauerbemessung – Zuverlässigkeitsberechnungen zur wirksamen Vermeidung von verschiedenartig induzierter Bewehrungskorrosion, *Beton- und Stahlbetonbau* **96** (7), 478–487.

[53] Stark, J.; Wicht, B. (2001) *Dauerhaftigkeit von Beton – Der Baustoff als Werkstoff*, Birkhäuser-Verlag, Berlin.

[54] Pruckner, F. (2001) *Corrosion and Protection of Reinforcement in Concrete – Measurements and Interpretation*, Dissertation, Universität Wien.

[55] Gehlen, Ch. (2010) *Probabilistische Lebensdauerbemessung von Stahlbetonbauwerken*, DAfStb Heft **510**, Deutscher Ausschuss für Stahlbeton, Beuth Verlag, Berlin.

[56] Weydert, R. (2006) *Randbedingungen bei Instandsetzung nach dem Schutzprinzip W bei Bewehrungskorrosion in karbonatisiertem Beton*, DAfStb Heft **552**, Deutscher Ausschuss für Stahlbeton, Beuth Verlag, Berlin.

[57] Bohner, E. (2013) *Rissbildung in Beton infolge Bewehrungskorrosion*, Karlsruher Institut für Technologie.

[58] Comité Euro-International du Béton (CEB) (1989) *Durable Concrete Structures*, CEB Design Guide, Second Edition, 1989. Lausanne: Comité Euro-International du Béton. In: Bulletin d'Information (1989), N° 182.

[59] Volkwein, A. (1991) *Untersuchungen über das Eindringen von Wasser und Chlorid in Beton*, Dissertation, Lehrstuhl für Baustoffkunde und Werkstoffprüfung der Technischen Universität München.

[60] Kapteina, G. (2011) *Modell zur Beschreibung des Eindringens von Chlorid in den Beton von Verkehrsbauwerken*, Dissertation, Technische Universität München.

[61] Dauberschmidt, C. (2006) *Untersuchungen zu den Korrosionsmechanismen von Stahlfasern in chloridhaltigem Beton*, Dissertation, RWTH Aachen.

[62] Raupach, M. (1992) *Zur chloridinduzierten Makroelementkorrosion von Stahl in Beton*, DAfStb Heft 433, Deutscher Ausschuss für Stahlbeton, Beuth Verlag, Berlin.

[63] Breit, W.; Dauberschmidt, Ch.; Gehlen, Ch. et al. (2011) Zum Ansatz eines kritischen Chloridgehalts bei Stahlbetonbauwerken, *Beton- und Stahlbetonbau* **106** (5), 290–298.

[64] Angst, U.; Elsener, B.; Larsen, C.; Vennesland, O. (2009) Critical chloride content in reinforced concrete – A review, *Cement and Concrete Research* **39** (10), 1122–1138.

[65] Glass, G. K.; Reddy, B. (2002) *The Influence of the Steel-Concrete-Interface on the Risk of Chloride Induced Corrosion Initiation*. In: Corrosion of Steel in Reinforced Concrete Structures COST 521, Final Workshop, Luxemburg, 2002, pp. 227–232.

[66] Harnisch, J., Raupach, M. (2011) Untersuchungen zum kritischen korrosionsauslösenden Chloridgehalt unter Berücksichtigung der Kontaktzone zwischen Stahl und Beton, *Beton- und Stahlbetonbau* **106** (5), 299–307.

[67] Kashino, N. (1984) *A Durability Investigation of Existing Buildings*, International Symposium on Long-Term Observations of Concrete Structures, Budapest, September 1984.

[68] Schießl, P. (1986) *Einfluss von Rissen auf die Dauerhaftigkeit von Stahlbeton- und Spannbetonbauteilen*, DAfStb Heft 370, Deutscher Ausschuss für Stahlbeton, Beuth Verlag, Berlin.

[69] Kosalla, M.; Raupach, M. (2015) *Korrosion der Bewehrung im Bereich von Trennrissen nach kurzzeitiger Chlorideinwirkung*, DBV Heft 35, Deutscher Beton- und Bautechnik-Verein E. V., Berlin.

[70] Gehlen, C.; Sodeikat, C. (2003) Gerissener Stahlbeton: Wie korrosionsgefährdet ist die Bewehrung? *Materials and Corrosion* **54** (6), 424–429.

[71] Keßler, S.; Hiemer, F.; Gehlen, C. (2017) Einfluss einer Betonbeschichtung auf die Mechanismen der Bewehrungskorrosion in gerissenem Stahlbeton, *Beton- und Stahlbetonbau* **112** (4), 199–206.

[72] Meyer. L. (2013) Zuschrift zu [47], *Beton- und Stahlbetonbau* **107** (1), 71–74.

[73] Isecke, B.; Eichler, T.; Fischer, J. (2009) *Möglichkeiten des kathodischen Korrosionsschutzes in karbonatisiertem Beton*. In: Tagungsband zum 7. Symposium Kathodischer Korrosionsschutz von Stahlbetonbauwerken, Technische Akademie Esslingen, 2009.

[74] Mayer, T. F. (2018) *Merkblatt Korrosionsmonitoring*. In: Tagungsband zur DGZfP-Fachtagung Bauwerksdiagnose 2018 (www.bauwerksdiagnose2018.de).

[75] Schöppel, K. (2006) Der nicht-sachkundige Planer und seine Auswirkungen, *Beton- und Stahlbetonbau* **101** (8), 367–642.

[76] Gieler-Bressmer, S.; Eichler, T. (2019) Kathodischer Korrosionsschutz im Stahlbetonbau, in *Beton-Kalender 2019*, (Hrsg. Bergmeister, K., Fingerloos, F., Wörner, J.-D.), Ernst & Sohn, Berlin.

[77] Mayer, T. F.; Sodeikat, Ch.; Schöning, M. (2011) Kathodischer Korrosionsschutz an Bauwerksfugen – Instandsetzung des Stachusbauwerks, München, *Beton- und Stahlbetonbau* **106** (5), 325–331.

[78] Sodeikat, Ch.; Mayer, T. F.; Vestner, S. (2009) *Kathodischer Korrosionsschutz für Spezialanwendungen*. Kolloquium „Kathodischer Korrosionsschutz von Stahlbetonbauwerken", 26./27.11.2009, Ostfildern.

[79] Gehlen, Ch.; Sodeikat, Ch. (2005) Alternative Schutz- und Instandsetzungsmethoden für Stahlbetonbauteile. Sonderheft 1 „Erhaltung, Verstärkung, Instandsetzung", *Beton- und Stahlbetonbau* **100**, 15–23.

[80] Schneck, U. (2009) Zerstörungsfreier elektrochemischer Chloridentzug an der Donaubrücke Pfaffenstein: Langzeiterfahrungen über eine bauwerksschonende und verkehrserhaltende Technologie, *Beton- und Stahlbetonbau* **104** (3), 145–153.

[81] DIN EN 14629:2007-06 (2007) *Produkte und Systeme für den Schutz und die Instandsetzung von Betontragwerken – Prüfverfahren – Bestimmung des Chloridgehaltes in Festbeton*, Beuth, Berlin.

[82] Springenschmid, R. (1989) *Anleitung zur Bestimmung des Chloridgehaltes von Beton*. Arbeitskreis: Prüfverfahren – Chlorideindringtiefe. DAfStb Heft 401, Deutscher Ausschuss für Stahlbeton, Beuth Verlag, Berlin.

[83] Schöppel, K. (2010) Aussagekraft von Chloridwerten aus Betonbauwerken hinsichtlich der Korrosionsgefährdung, *Beton- und Stahlbetonbau* **105** (11), 703–713.

[84] DGZfP, Merkblatt B3 (2014) *Merkblatt für elektrochemische Potentialmessungen zur Ermittlung von Bewehrungsstahlkorrosion in Stahlbetonbauwerken*, Deutsche Gesellschaft für Zerstörungsfreie Prüfung e. V.

[85] Mayer, T. F. (2014) Elektrochemische Potentialmessungen zum Auffinden von Bewehrungskorrosion, *Beton- und Stahlbetonbau* **109** (7), 503–504.

[86] Elsener, B.; Böhni, H. (1987) Lokalisierung von Korrosion im Stahlbeton, *Schweizer Ingenieur und Architekt* **105**, (19).

[87] Sodeikat, Ch.; Gehlen, Ch.; Schießl, P. (2002) Auffinden von Bewehrungskorrosion mit Hilfe der Potentialfeldmessung – Schilderung eines ungewöhnlichen Praxisfalles, *Beton- und Stahlbetonbau* **97** (9), 437–444.

[88] Sodeikat, Ch. (2004) *Auffinden von Bewehrungskorrosion mithilfe der Potentialfeldmessung*. 1. Kolloquium Verkehrsbauten. Technische Akademie Esslingen, Januar 2004. Tagungsband S. 637–648.

[89] Mayer, T. F.; Sodeikat, Ch. (2017) Ermittlung korrosionsaktiver Bereiche mittels Potentialfeldmessung. In: „Ist-Zustandserfassung von Parkbauten in Betonbauweise", DAfStb Heft **39**, Deutscher Beton- und Bautechnik-Verein E. V., Berlin.

[90] DGZfP-Merkblatt B2 (2014) *Merkblatt zur zerstörungsfreien Betondeckungsmessung und Bewehrungsortung an Stahl- und Spannbetonbauteilen*, Deutsche Gesellschaft für Zerstörungsfreie Prüfung e. V, April 2014.

[91] DIN EN 13036-1:2010-10 (2010) *Oberflächeneigenschaften von Straßen und Flugplätzen – Prüfverfahren – Teil 1: Messung der Makrotexturtiefe der Fahrbahnoberfläche mit Hilfe eines volumetrischen Verfahrens*; Deutsche Fassung EN 13036-1:2010, Beuth, Berlin.

[92] DIN EN ISO 13473-1:2004-7 (2004) *Charakterisierung der Textur von Fahrbahnbelägen unter Verwendung von Oberflächenprofilen – Teil 1: Bestimmung der mittleren Profiltiefe (ISO 13473-1:1997)*; Deutsche Fassung EN ISO 13473-1:2004, Beuth, Berlin.

[93] E DIN EN ISO 13473-1:2017-08 (2017) Entwurf: *Charakterisierung der Textur von Fahrbahnbelägen unter Verwendung von Oberflächenprofilen – Teil 1: Bestimmung der mittleren Profiltiefe (ISO/DIS 13473-1:2017)*; Deutsche und Englische Fassung prEN ISO 13473-1:2017, Beuth, Berlin.

[94] Moderne ZfP bei der Bauwerkserhaltung: Abschlusskolloquium DFG-Forschergruppe FOR 384 (Mai 2007). Verlag: Universität Stuttgart, Inst. f. Werkstoffe im Bauwesen.

[95] Taffe, A.; Gehlen, Ch. (2007) Anwendung der Zuverlässigkeitsanalyse auf Messungen mit zerstörungsfreien Prüfverfahren am Beispiel der Tunnelinnenschalenprüfung, *Beton- und Stahlbetonbau* 102 (12), 812–824.

[96] ZfPBau-Kompendium der BAM (http://www.bam.de/microsites/zfp_kompendium/welcome.html).

[97] Taffe, A.; Feistkorn, S.; Diersch, N. (2012) Erzielbare Detektionstiefen metallischer Reflektoren mit dem Impulsradarverfahren an Beton, *Beton- und Stahlbetonbau* 107 (7), 442–450.

[98] Sodeikat, C., Dauberschmidt C., Schoßmann A. (2008) Ultraschall-Echo-Verfahren und Impulsradar in der Praxisanwendung eines Ingenieurbüros, *Beton- und Stahlbetonbau* 103 (12), 819–827.

[99] Sodeikat, Ch.; Knab, F. (2014) Aufnahme von historischen Deckensystemen mit verschiedenen Methoden der zerstörungsfreien Prüfung ZfP, *Beton- und Stahlbetonbau* 109 (7), 453–462.

[100] Hinweise und Beispiele zum Vorgehen beim Nachweis der Standsicherheit beim Bauen im Bestand (Stand 07.04.08). Fachkommission Bautechnik der Bauministerkonferenz (ARGEBAU).

[101] Deutscher Beton- und Bautechnik-Verein E. V. (2008) *Merkblatt Bauen im Bestand*, DBV, Berlin, Januar 2008.

[102] Müller, Th. (2014) *Bezahlbare Instandsetzung von Parkraum in der Praxis im Dschungel von Regelwerken und Rechtsprechung*. 6. Kolloquium Verkehrsbauten, Technische Akademie Esslingen 2014.

[103] Angst, U.; Boschmann, C.; Wagner, M.; Elsener, B. (2017) Experimental Protocol to Determine the Chloride Threshold Value for Corrosion in Samples Taken from Reinforced Concrete Structures, *Journal of Visualized Experiments* 126, https://doi.org/10.3929/ethz-b-000213327.

[104] Raupach, M. (2017) Prinzip W bei Chloridangriff, *beton* 67 (10), 380–383.

[105] Sodeikat; Ch. (2002) Beanspruchung von Betonfahrbahnen mit sehr unterschiedlichen Eigenschaften von Ober- und Unterbeton durch Feuchte- und Temperaturänderungen, *Beton- und Stahlbetonbau* 97 (1), 20–35.

[106] Breitenbücher, R.; Wiens, U.; Siebert, B. (2008) Herstellung und Verwendung von zementgebundenem Vergussbeton und Vergussmörtel – Erläuterungen zur DAfStb-Richtlinie, *Beton- und Stahlbetonbau* 103 (9), 433–440.

[107] Schöppel, K.; Stenzel, G. (2012) Konstruktionsregeln für Parkbauten in Betonbauweise, *Beton- und Stahlbetonbau* 107 (5), 302–317.

[108] Deutscher Beton- und Bautechnik-Verein (1999) *Merkblatt Hochdruckwasserstrahltechnik im Betonbau*, DBV, Berlin, Juni 1999.

[109] Raupach, M.; Wolff, L. (2005) Reduktion der Bewehrungsüberdeckung bei vorhandener Beschichtung bei Parkhaus-Neubauten. In: DBV Heft 9, Deutscher Beton- und Bautechnikverein E. V., Berlin.

[110] Wolff, L. (2011) Beschichtung direkt befahrener Parkdecks – Welche Lösung an welcher Stelle? In: DBV Heft 20, Deutscher Beton- und Bautechnikverein E. V., Berlin.

[111] Krams, J. (2011) Wartung und Instandhaltung von Parkbauten. In: Heft 20, Deutscher Beton- und Bautechnikverein E. V., Berlin.

[112] Asphalt-Kalender 2014 (2014), bga, Ernst & Sohn, Berlin.

[113] Wolff, L. (2004) Innenabdichtungen bei Weißen Wannen. Internal Sealings of Water Tight Constructions. In: ibac Kurzbericht 17 (110), Institut für Bauforschung der RWTH Aachen.

[114] Krams, J. (2014) *Rissbandagen bei rückseitiger Druckwasserbeanspruchung*. 6. Kolloquium Verkehrsbauten, Technische Akademie Esslingen, Januar 2014. Tagungsband S. 151–154.

[115] Bloch, M.; Zitzelsberger, T. (2018) WU-Konstruktionen mit Frischbetonverbundsystemen, in *Bauphysik-Kalender 2018* ((Hrsg. Fouad, N. A.), Ernst & Sohn, Berlin.

[116] Deutscher Ausschuss für Stahlbeton (2017) *DAfStb-Richtlinie „Wasserundurchlässige Bauwerke aus Beton" (WU-Richtlinie)*, Beuth Verlag, Berlin.

[117] Sodeikat, Ch. (2012) Theorie und Praxis der Betoninstandsetzung – Schadensfälle und Instandsetzung (Praxisbeispiele). In: DBV Heft 19, Deutscher Beton- und Bautechnikverein E. V., Berlin.

[118] Fingerloos, F.; Meier, A. (2011) Dauerhaftigkeit von Betonbauteilen und Fundamenten unter durchlässigem Fahrbelag, *Beton- und Stahlbetonbau* 106 (9), 622–628.

[119] Fingerloos, F.; Flohrer, C.; Räsch, D. (2019) Dauerhaftigkeit von Parkbauten in Deutschland, in *Beton-Kalender 2019*, (Hrsg. Bergmeister, K., Fingerloos, F., Wörner, H.-D.) Ernst & Sohn, Berlin.

[120] DIN 31051:2012-9 (2012) *Grundlagen der Instandhaltung*, Beuth, Berlin.

[121] DGZfP Merkblatt B 12 (2018) *Korrosionsmonitoring bei Stahl- und Spannbetonbauwerken*. 1. Ausgabe, Deutsche Gesellschaft für zerstörungsfreie Prüfung, Berlin.

[122] www.sensortec.de.

XV Abdichtungen bei unterirdischen Bauwerken unter Berücksichtigung neuer Normen

Alfred Haack, Köln

Dominik Kessler, Köln

Beton-Kalender 2019: Parkbauten; Geotechnik und Eurocode 7.
Herausgegeben von Konrad Bergmeister, Frank Fingerloos und Johann-Dietrich Wörner
© 2019 Ernst & Sohn GmbH & Co. KG. Published 2018 by Ernst & Sohn GmbH & Co. KG.

DYWIDAG-SYSTEMS INTERNATIONAL

Preprufe®
Frischbetonverbundabdichtung
mit 100% Haftverbund

- komplette Systemabdichtung für hochwertigste Bauvorhaben
- vollflächiger adhäsiver Verbund mit dem frischen Beton
- Erzeugnis nach REACH; keine SVHC-Stoffe enthalten
- keine Hinterläufigkeit
- Wasserdampfdiffusionswiderstand bis S_d=1000 m
- wasserdicht geprüft bis 7 bar
- Rissüberbrückung von 5 mm
- hohe chemische Widerstandsfähigkeit
- 25 Jahre Langzeiterfahrung
- gas- u. radondicht
- sicher bis ins Detail
- einfach in der Verlegung

contaflex*activ* Systemfuge

- Fugenbleche mit aktiver Bentonitbeschichtung
- komplette Systemlösung für WU-Bauwerke
- Elementwandabdichtung mit System
- kombinierte Sperr- und Quelldichtung
- doppelte Sicherheit
- mit Werksplanung
- mit Aktivstoß
- einbaufertig

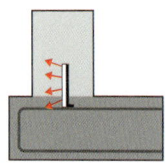

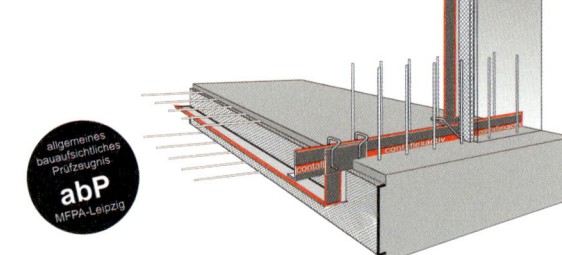

DYWIDAG-Systems International GmbH
Geschäftsbereich
contec® Abdichtungssysteme
Südstraße 3
D-32457 Porta Westfalica
www.contec-bau.de

recostal® Schalungssysteme
Fon +49 (0) 5731/7678-0
Fax +49 (0) 5731/7678-79
contec@dywidag-systems.com

1 Einleitung

Die Aufgabe einer Abdichtung bei einem unterirdischen Bauwerk besteht darin, dieses vor Schäden infolge Wassereintritt und Durchfeuchtung sowie vor Gefährdung durch aggressive Wässer oder Böden zu schützen und so dessen langfristige Nutzung zu sichern. Dabei unterscheiden sich die Anforderungen an Aufbau und Detailgestaltung der Abdichtung einerseits nach der Art der Beanspruchung durch das Wasser und andererseits durch die Art der geplanten Bauwerksnutzung. Naturgemäß kommt der zuverlässigen Funktion einer Abdichtung besondere Bedeutung bei Bauwerken zu, die nach ihrer Erstellung

- nur noch schwer oder überhaupt nicht mehr für nachträgliche Reparaturen zugänglich sind (z. B. bergmännisch erstellte Tunnel, überbaute unterirdische Anlagen) oder
- für den dauernden Aufenthalt von Personen bestimmt sind oder
- der Aufnahme hochwertiger Einrichtungen und/oder feuchteempfindlicher Lagergüter dienen.

Insbesondere im Bereich von drückendem Wasser in Form von Grund-, Hang- oder Stauwasser müssen bestimmte Grundforderungen von einem Abdichtungssystem erfüllt werden, wenn es den gestellten Aufgaben genügen soll. Dazu zählen vor allem folgende Punkte:

(1) Die Abdichtung muss auf Dauer beständig sein gegen das anstehende Boden-Wasser-Gemisch einschließlich aller darin enthaltenen Chemikalien. Sofern die Gefahr der Beimengung industrieller chemischer Substanzen besteht, muss sie auch gegen diese schützen und nachgewiesenermaßen resistent sein.

(2) Die Abdichtung muss beständig sein gegen alle angrenzenden Baustoffe.

(3) Die Abdichtung muss widerstandsfähig sein gegen die zu erwartenden statischen und dynamischen Belastungen und die daraus resultierenden Verformungen. Dabei sind die Verhältnisse des Bauwerks (auch im Bauzustand), seiner Nutzung und des angrenzenden Bodens zu berücksichtigen.

(4) Die Abdichtung muss eine ausreichende mechanische Festigkeit bei allen während der Bauausführung und nach der Fertigstellung zu erwartenden Temperaturen aufweisen. In besonderen Fällen, z. B. bei Fernwärmeleitungen, unterirdisch geführten Hochspannungstrassen oder anderen Anlagen mit höheren Temperaturabstrahlungen, sind geeignete Schutzvorkehrungen zu treffen.

(5) Das Abdichtungssystem muss fehlerfrei und möglichst einfach einzubauen sein. Das setzt bei bahnenartig aufgebauten Systemen auch eine gut und leicht erzielbare Verbindung der einzelnen Bahnen untereinander in Längs- und Querrichtung voraus.

(6) Die Abdichtung darf während des Einbauvorgangs keine gesundheitsschädigenden Stoffe oder Dämpfe freisetzen. Die MAK-(maximale Arbeitsplatz-Konzentrations-)Werte sind zu beachten.

(7) Eine hautartig aufzubringende Abdichtung muss sich an die Bauwerksgeometrie anpassen lassen, z. B. im Bereich von Kanten, Kehlen und Ecken (Bild 1). Das bedeutet in der Regel die Notwendigkeit einer Abstimmung des Bauwerks in der Formgebung bestimmter Detailpunkte auf das jeweils vorgesehene Abdichtungssystem. Dies trifft in besonderer Weise auch auf Bauwerke aus wasserundurchlässigem Beton zu (Abschnitt 6).

(8) Die Abdichtung muss reparierfähig sein, um während der Bauausführung oder später in der Nutzungsphase auftretende Mängel einwandfrei beheben zu können. Der dabei oder bei Rückbau der Gebäudestruktur am Ende der Nutzungsphase anfallende Bauschutt darf weder Gesundheit noch Umwelt gefährden und muss den Anforderungen des Wirtschaftskreislaufgesetzes genügen.

(9) Eine hautartig aufgebrachte Abdichtung muss mehrlagig aufgebaut oder hinsichtlich ihrer Funktionsfähigkeit zuverlässig prüfbar sein. Die Sicherheit gegen handwerkliche Einbaufehler (z. B. in der Nahtverbindung) muss in jedem Fall über „1" liegen.

Zu diesen grundlegenden Forderungen an die physikalischen, chemischen und technologischen Eigenschaften eines Abdichtungssystems können in Einzelfällen weitere Forderungen wie erhöhte Verformbarkeit oder besondere Druckfestigkeit (z. B. unter befahrenen Flächen oder extrem schweren Baukörpern) hinzukommen.

In vollem Maße wird die Tragweite der aufgezählten Grundanforderungen vielfach erst bewusst, wenn man sich die Nutzungsdauer abzudichtender unterirdischer Bauwerke oder Bauwerksteile vor Augen hält. So wird für Verkehrstunnel eine Nutzungsdauer von mehr als 100 Jahren angesetzt. Bei

---

Beton-Kalender 2019: Parkbauten; Geotechnik und Eurocode 7.
Herausgegeben von Konrad Bergmeister, Frank Fingerloos und Johann-Dietrich Wörner
© 2019 Ernst & Sohn GmbH & Co. KG. Published 2018 by Ernst & Sohn GmbH & Co. KG.

Bild 1. Deckenabdichtung mit ECB-Dichtungsbahnen im U-Bahn-Bau

werksteile. Erst wenn diese Angaben und ergänzende Erläuterungen zum Bauverfahren und Bauablauf verbindlich vorliegen, können die konstruktiven Anforderungen an das Bauwerk im Zusammenhang mit der Wahl des Abdichtungssystems und der zu verarbeitenden Stoffe festgelegt werden. Besondere Erschwernisse wie die Schaffung einer ebenen und trockenen Unterlage zum Aufbringen der Abdichtung können dabei von ausschlaggebender Bedeutung sein (z. B. bei einem unterirdisch aufzufahrenden Tunnel). Von daher gesehen haben die einzelnen stofflich verschiedenen Systeme durchaus unterschiedliche Anwendungsbereiche.

Wenn die zu erwartenden Beanspruchungen eine Beschädigung der vorgesehenen Hautabdichtung nicht von vornherein sicher ausschließen lassen, sind konstruktive Maßnahmen zu treffen, die günstigere Verhältnisse herbeiführen. Dazu können die Veränderung der Bauwerksgründung, eine Vergrößerung der Fugenanzahl oder eine geänderte Fugenaufteilung, die Umstellung von Bauzuständen oder die Verkürzung bestimmter Bauabläufe zählen. Bereits im frühen Stadium der Planung eines Bauvorhabens sollten daher alle Baumaßnahmen im Hinblick auf mögliche negative Auswirkungen für das Abdichtungssystem überprüft werden. Zur Beurteilung sollten Fachfirmen und auf diesem Gebiet erfahrene Ingenieure hinzugezogen werden, um Fehlentscheidungen weitestgehend auszuschließen.

2 Planungsgrundlagen

2.1 Einfluss von Boden, Bauwerk und Bauweise

hochtechnisierten Industrieanlagen, die nicht selten 10 bis 15 m, in Sonderfällen auch tiefer unter Erdgleiche gegründet werden, und im Kraftwerksbau wird von mindestens 30 Jahren Nutzungs- und Betriebsdauer ausgegangen.

Hinsichtlich der Gesamtheit aller Anforderungen ist Folgendes zu bedenken: Grundsätzlich ist ein Abdichtungssystem so zu wählen und zu planen, dass es im Hinblick auf die Erfordernisse aus der geplanten Nutzung einerseits und auf die technischen und wirtschaftlich vertretbaren Möglichkeiten andererseits die optimale Lösung darstellt. Eine Voraussetzung für die richtige Auswahl ist die verbindliche Angabe von Planungskriterien durch den Bauherrn bzw. die von ihm eingeschalteten Sonderfachleute (z. B. Tragwerksplaner, Bodengutachter, Hydrologe, Betoningenieur, Bauphysiker). Diese Angaben müssen sich im Einzelnen erstrecken auf den höchsten zu erwartenden Wasserstand, die Pressung aus anstehendem Boden oder Baukörpern im Bau- und Endzustand, das Schwinden der Betonbauteile, die Bewegungen infolge Temperaturänderung sowie die Setzungen des Bauwerks oder einzelner Bau-

Bei einer Vielzahl von Bauwerken werden Bauweise, Bauablauf und konstruktive Gestaltung entscheidend von den Boden- und Oberflächenverhältnissen bestimmt [68]. Das gilt beispielsweise für den Tunnel- und Kavernenbau, aber in vielen Fällen generell auch für den Ingenieurbau. Hier wird je nach der örtlichen Situation der Baukörper in offener oder beim Tunnel- und Kavernenbau auch in geschlossener (bergmännischer) Bauweise erstellt. Bei der offenen Bauweise ist wiederum zwischen der Berliner Bauweise ohne seitlichen Arbeitsraum und der Hamburger Bauweise mit Arbeitsraum zu unterscheiden. In beiden Fällen liegt – von Konstruktionen aus wasserundurchlässigem Beton abgesehen – die Abdichtung außen auf den für Wasser- und Erddruck sowie alle weiteren Lasten berechneten Bauteilen. Für die geschlossene Bauweise seien von den zahlreichen Möglichkeiten beispielhaft nur folgende genannt:

– Der Schildvortrieb mit fugendurchsetztem Tübbingausbau (Bild 2) mit Abdichtung s. Abschnitt 6.3), in Sonderfällen auch mit einer zusätzlichen, in Blöcken aufgegliederten Ortbetoninnenschale,

100% DICHT HALTEN

Hochtechnische Abdichtungslösungen für Gebäude, Tunnel und Fundamente. Weltweit im Einsatz.

www.bpa-waterproofing.com

BPA GmbH | Behringstraße 12 | 71083 Herrenberg
TEL +49 (0)7032 89399-0 | info@bpa-waterproofing.com

Hrsg.: Deutsche Gesellschaft für Geotechnik e.V., Deutsche Gesellschaft für Geowissenschaften e.V.
Empfehlung Oberflächennahe Geothermie – Planung, Bau, Betrieb und Überwachung – EA Geothermie
2014. 300 S.
€ 89,–
ISBN 978-3-433-02967-1
Auch als ebook erhältlich

„Staufen" vermeiden – EA Geothermie

Das Ziel der Empfehlung ist die fachgerechte Erschließung des Untergrundes für geothermische Zwecke. Sie soll helfen, Schäden für den Boden und das Grundwasser sowie für den Betrieb der Anlage und der Bebauung zu vermeiden.

Online Bestellung:
www.ernst-und-sohn.de

Ernst & Sohn
Verlag für Architektur und technische Wissenschaften GmbH & Co. KG

Kundenservice: Wiley-VCH
Boschstraße 12
D-69469 Weinheim

Tel. +49 (0)6201 606-400
Fax +49 (0)6201 606-184
service@wiley-vch.de

* Der €-Preis gilt ausschließlich für Deutschland. Inkl. MwSt. zzgl. Versandkosten. Irrtum und Änderungen vorbehalten. 1012106_dp

geotechnik – das Fachgebiet im Überblick

Seit 1978 erscheint die technisch-wissenschaftliche Fachzeitschrift **geotechnik** als Organ der Deutschen Gesellschaft für Geotechnik e.V. (DGGT). Sie behandelt das ganze Fachgebiet der Geotechnik und gibt einen Einblick in die vielfältigen Ziele und Aufgaben der DGGT. Alle Beiträge werden standardmäßig in einem Peer-review Prozess begutachtet.

DGGT
Deutsche Gesellschaft
für Geotechnik e. V.
German Geotechnical Society

Hrsg.: Deutsche Gesellschaft
für Geotechnik e.V. (DGGT)
geotechnik
41. Jahrgang 2018
4 Hefte / Jahr
ISSN 0172-6145 print
ISSN 2190-6653 online
Auch als **ejournal** erhältlich.

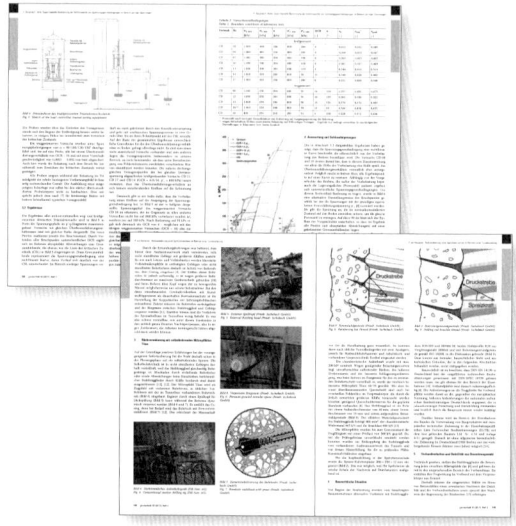

Probeheft bestellen:
www.ernst-und-sohn.de/geotechnik

Ernst & Sohn
Verlag für Architektur und technische
Wissenschaften GmbH & Co. KG

Kundenservice: Wiley-VCH
Boschstraße 12
D-69469 Weinheim

Tel. +49 (0)800 1800-536
Fax +49 (0)6201 606-184
cs-germany@wiley.com

- die Spritzbetonbauweise mit geschlossener äußerer Spritz- und nachgezogener innerer Ortbetonschale,
- das Vorpressen von Betonfertigteilen (Bild 3; zur Abdichtung s. Abschnitt 6.3) und
- die Stollenbauweise mit abschnittsweise hergestellter massiver Ortbetonauskleidung.

Auf die vorgenannten, völlig unterschiedlichen Bauweisen muss naturgemäß die Abdichtung hinsichtlich des Systems und der zugehörigen Stoffe abgestimmt werden. Bei in offener Bauweise erstellten Tunneln gelangen meist Außenabdichtungen oder Konstruktionen aus Beton mit geringer Wassereindringtiefe und rissebegrenzender Zusatzbewehrung (= wasserundurchlässige Betonkonstruktionen – WUB-KO) zur Anwendung. Dagegen wirken sich bei Tunneln der geschlossenen Bauweise die örtlich vorliegenden Bedingungen außerdem auf die Anordnung der Abdichtung innerhalb der Konstruktion aus und führen dementsprechend zu einer Außen-, Zwischen- oder Innenabdichtung.

Bild 2. Fugendurchsetzter Tunnelausbau mit Stahlbetonkassettentübbings

Ähnlich verhält es sich mit Bauwerken, die nicht in den Bereich des Tunnelbaus fallen. Je nach Art der Baugrube kann auch hier die Abdichtung nach dem Prinzip der Berliner Bauweise oder der Hamburger Bauweise als Außenabdichtung eingebaut werden. Die Baugrubensicherung mit starren, endgültig im Boden verbleibenden Schlitz-, Bohrpfahl- oder Spundwänden erfordert für Hautabdichtungen bei fehlendem Arbeitsraum die Anordnung einer flächenhaften Sollbruchfuge, um bei unterschiedlichen Setzungen zwischen Baugrubenwand und Baukörper die Abdichtung nicht zu beschädigen. Die genannten starren Wände schirmen den Erddruck ab. Das setzt für Wandabdichtungen mit nackten Bitumenbahnen zur Erzielung der nötigen Einpressung z. B. den Einbau von Metallriffelbändern voraus. Stattdessen kann aber auch eine Umstellung in der Stoffwahl der Abdichtung erfolgen. Abdichtungen mit Bitumendichtungs-, Bitumenschweiß- oder Kunststoffdichtungsbahnen erfordern nämlich im Gegensatz zu solchen aus nackten Bitumenbahnen nur eine Einbettung und keine Einpressung [66].

Bild 3. Kanalbau mit Stahlbetonvorpressrohren

Von großer Bedeutung ist die Frage der Flächenpressung. Je nach Art der Gründung (Einzel-, Streifen- oder Plattenfundamente) können örtlich sehr hohe Druckspannungen auftreten. Extreme Belastungen fallen häufig bei der Überbauung in offener Bauweise erstellter Tunnel oder Tiefgaragen mit Hochhäusern an. Sie können die Stoffwahl entscheidend beeinflussen. Grundsätzlich sind bei der Planung des Abdichtungssystems hinsichtlich der zu erwartenden Druckbelastung nicht nur die Endzustände, sondern auch die Bauzustände zu berücksichtigen. Deutlich wird dies z. B. im Zusammenhang mit der Umsteifung bei der Berliner Bauweise nach Fertigstellung des Sohlbetons, beim Schild-

vortrieb in der Anfahrphase des Schildes oder in Verbindung mit der Caissonbauweise.

Die Wasserdurchlässigkeit des Bodens spielt ebenfalls eine große Rolle bei der Überlegung, ob die Abdichtung durch Bodenfeuchte, Sickerwasser oder drückendes Wasser beansprucht wird. Schließlich sind Form und Abstufung der Bodenkörnung von Bedeutung. Scharfkantiger, steiniger Boden darf in keinem Fall unmittelbar gegen Bitumenabdichtungen einschließlich Bitumendickbeschichtungen, Bitumen-Schutzschichten oder Kunststoffdichtungsbahnen verfüllt werden. Derartiges Verfüllmaterial setzt vielmehr die Sicherung der Abdichtung durch feste mineralische Schutzschichten voraus.

Auch der Bauablauf, die Festlegung von Betonierabschnitten und die allgemeine Formgebung des Bauwerks stellen Faktoren dar, die Einzelheiten der Abdichtung oder die Anordnung von Fugen in Konstruktionen aus WU-Beton entscheidend beeinflussen können. Im Bereich von Arbeitsraumverfüllungen erfordern überkragende Bauteile in Sohlenflächen bei Hautabdichtungen die Anordnung von Tellerankern, um bei Bodensackungen ein Ablösen der Sauberkeitsschicht bzw. des Unterbetons und damit ein Aufreißen der Abdichtung zu verhindern. Einseitig geneigte Sohlen- und Deckenflächen sollten zur Aufnahme der Horizontalkräfte mit statisch bemessenen Nocken ausgebildet werden. Breite Baugruben mit Queraussteifung erfordern u. U. Mittelträger oder für die Wasserhaltung ggf. Durchdringungen der Sohlen- und Deckenabdichtungen z. B. mit Brunnentöpfen.

Die vorstehenden Ausführungen lassen die Vielfalt der Wechselwirkung zwischen Boden, Bauwerk und Bauweise erkennen. Allgemein sind die Verhältnisse aber bei jedem Bauwerk anders gelagert. Es kommt daher im Wesentlichen auf das Wissen um die grundlegenden, hier aufgezeigten Abhängigkeiten an.

2.2 Einfluss des Wassers

Maßgeblich wird eine Abdichtung von der Art und Beschaffenheit des im Boden befindlichen Wassers und der daraus zu erwartenden Beanspruchung beeinflusst. Wie der Boden muss auch das anfallende Wasser hinsichtlich seiner chemischen Zusammensetzung überprüft werden. Das Analysenergebnis kann sich entscheidend auf die Stoffwahl auswirken. Dabei ist grundsätzlich zu unterscheiden zwischen Bauwerken, die ganz oder teilweise in das Grundwasser eintauchen, und solchen, die oberhalb des Grundwasserspiegels errichtet werden. Für diese beiden Fälle bestehen wesentliche Unterschiede hinsichtlich der Beanspruchungsintensität des Wassers. Oberhalb des Grundwassers können Bodenfeuchte oder Sickerwasser (nichtdrückendes Wasser) auftreten. Beide Wasserformen üben keinen hydrostatischen Druck auf Abdichtung und Bauwerk aus. In bergigen Regionen ist je nach den geologischen Verhältnissen mit Stau-, Kluft- oder Hangwasser zu rechnen, das wie Grundwasser zumindest zeitweise einen Wasserdruck aufbaut. Hier ist eine ausreichend bemessene, dauerhaft funktionsfähige Dränung vorzusehen oder eine Abdichtung auszuführen, die zumindest einen vorübergehenden Wasserdruck aufnehmen kann. In Zweifelsfällen empfiehlt sich immer der Einbau einer wasserdruckhaltenden Abdichtung (Bild 4).

Bei Einsatz von Hautabdichtungen müssen diese bei allen unterirdischen Bauteilen zumindest gegen

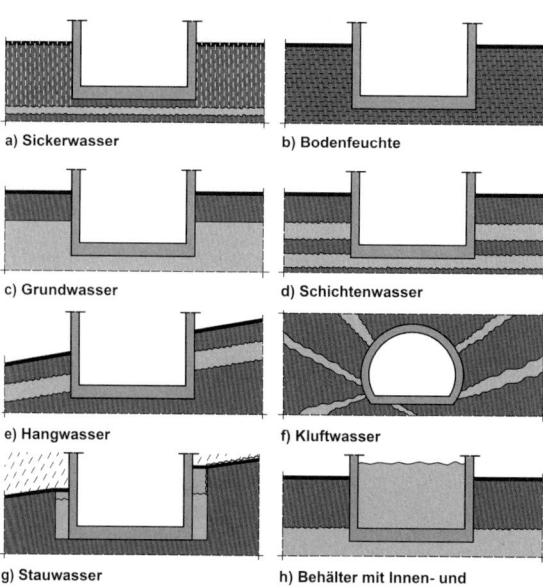

Bild 4. Verschiedene Arten von nichtdrückendem (a und b) bzw. von außen (c bis g) und von innen (h) drückendem Wasser

Bodenfeuchte (DIN 18533-1) [12] ausgelegt sein. Sie müssen die Poren und eventuell vorhandene Risse in den Bauteilen schließen bzw. die Kapillarität unterbrechen, um das Eindringen bzw. Aufsteigen von Feuchtigkeit zu verhindern. Das geschieht in waagerechten Bodenflächen und an Wänden im Allgemeinen mit einlagig aufgebrachten Bitumen- oder Kunststoffdichtungsbahnen, an den Wänden auch mit kunststoffmodifizierten Bitumendickbeschichtungen oder mineralischen Dichtungsschlämmen. Nicht alle diese Abdichtungen vermögen Schwindrisse mit einer üblichen Breite von 0,2 bis 0,5 mm zu überbrücken. Daher ist nach VOB DIN 18336 [11] auch für den Bereich der Bodenfeuchte eine Abdichtung aus Bitumenbahnen auszuführen. Sind größere Rissbreiten nicht auszuschließen, muss auf einen dafür geeigneten z. B. auch mehrlagigen Aufbau zurückgegriffen werden.

Abdichtungen gegen Sickerwasser bzw. nichtdrückendes Wasser nach DIN 18533-1 [12] für Außenwände bzw. für Deckenflächen müssen drucklos fließendes Wasser ableiten. Sie setzen in Deckenflächen ausreichendes Gefälle und im Wandbereich ein dauerhaft zuverlässiges Fortleiten des Wassers, nötigenfalls durch Dränung voraus. Die Norm unterscheidet im Teil 1 zwischen mäßiger und hoher Beanspruchung. Je nach Einstufung sind der Aufbau der Abdichtung und die Anzahl der Lagen unterschiedlich. Auch bei Konstruktionen aus WU-Beton ist der Einfluss des Wassers bezüglich der Auslegung von Flächen und besonders der Fugen zu beachten. Einzelheiten zur Fugenabdichtung sind in DIN 18197 [8] geregelt. Hinweise zu anderen Abdichtungsmaterialien enthält [66].

Abdichtungen gegen von außen bzw. von innen drückendes Wasser (DIN 18533-1 [12] bzw. DIN 18535-1 [13]) müssen unter Einwirkung des Wasserdrucks dauerhaft dicht und beständig sein. Bitumenabdichtungen werden in Abhängigkeit von der Eintauchtiefe und der Stoffwahl mindestens zwei-, höchstens fünflagig ausgebildet. Der zweilagige Aufbau setzt die Verwendung mechanisch besonders widerstandfähiger Bitumendichtungs- oder Bitumenschweißbahnen und eine Eintauchtiefe von weniger als 9 m voraus.

Besonders zu beachten ist die Beanspruchung durch zeitweise aufstauendes Sickerwasser bei fehlender Dränung und wenig durchlässigen Böden. Für diesen Lastfall regelte DIN 18195 in der Ausgabe 2000 [6] erstmalig, und zwar in Teil 6, Abschnitt 9 die technischen Einzelheiten. Im Einzelnen werden neben Abdichtungen aus Bitumen- und Kunststoffdichtungsbahnen auch kunststoffmodifizierte Bitumendickbeschichtungen zugelassen.

Auch Abdichtungen aus lose verlegten Kunststoffdichtungsbahnen gegen von außen drückendes Wasser sind in DIN 18533-2 bis 4 m Eintauchtiefe zugelassen. Tunnelabdichtungen mit Kunststoffdichtungsbahnen sind in [38, 41] gesondert geregelt und im Allgemeinen bei Straßentunneln für Wasserdrücke bis 25 m und bei Bahntunneln bis 30 m Wassersäule, in Sonderfällen auch höher, zugelassen. Konstruktionen aus wasserundurchlässigem Beton lassen sich nach den derzeit gültigen Regelwerken (Stand 2018) ebenfalls bis zu einer Eintauchtiefe von 25 m bzw. 30 m einsetzen [38, 41].

2.3 Einfluss der Nutzung

Die Art der Bauwerksnutzung wirkt sich in verschiedenster Hinsicht ebenfalls auf die Gestaltung der Abdichtung aus. So erfordern beispielsweise Räume, die für den häufigen oder längerfristigen Aufenthalt von Personen bestimmt sind (Tiefge-

Anforderungs-grad	Bauwerksnutzung	Gefährdung bei Undichtigkeiten
höher ↑	längerer Personenaufenthalt	chronische Erkrankungen
	feuchtigkeitsempfindliche Ausrüstung, Lagerung hochwertiger Güter	Korrosion Verrottung
	frostgefährdete Abschnitte (bei Tunneln: Portalzonen)	Eiszapfenbildung Glatteis
	frostfreie Abschnitte (Tunnel), Tiefgarage, Gebäudekeller	Schädigung der Tragwerkstrukturen
	Versorgungsleitungen	Korrosion der Leitungen
↓ niedriger	Entsorgungsleitungen	Umweltschäden im Boden Überbelastung der Kläranlage

Bild 5. Einstufung der Bauwerksabdichtung in Abhängigkeit von der Bauwerksnutzung

schosse von Einkaufszentren, Haltestellen von unterirdischen Bahnanlagen) einen deutlich höheren abdichtungstechnischen Aufwand als solche mit geringeren nutzungsbedingten Anforderungen wie Tiefgaragen (Bild 5). Für die Ver- und Entsorgung der Bauwerksanlagen sind besondere Maßnahmen zu treffen. Kabel, Rohrleitungen, Durchgänge und andere Öffnungen bedingen eine Unterbrechung der Abdichtungshaut und deren geeigneten Anschluss. Wenn die damit verbundenen Fragen der Anflanschung und Verwahrung nicht bis ins Detail für das gewählte Abdichtungssystem lösbar sind, muss eine entsprechende Umstellung in der Stoffwahl erfolgen. In dieser Hinsicht sind vor allem für außerhalb der Normung neu eingeführte Stoffe und Systeme sorgfältige Überlegungen und gegebenenfalls auch Versuchsreihen erforderlich.

Besondere Maßnahmen können mit längerfristig auftretenden, höheren Temperaturen in der Abdichtungsebene verbunden sein. Fernwärmekanäle, Abgasschächte und unterirdische Industrieanlagen erfordern deswegen besondere Beachtung. Die Stoffe müssen auf die erhöhte Beanspruchung abgestimmt sein, wobei eine ausreichende Sicherheit vorzugeben ist. Bei bitumenverklebten Abdichtungen wird dies z. B. dadurch gewährleistet, dass die Temperatur an der Abdichtung mindestens 30 K unter dem Erweichungspunkt Ring und Kugel der eingesetzten Bitumenklebe- und Deckaufstrichmassen bleiben muss. Je nach Anwendungsfall ist ein entsprechend steifes Bitumen zu wählen. Bei Kunststoffdichtungsbahnen sind die auf den Werkstoff abgestimmten Angaben der Hersteller zu beachten.

3 Begriffe

Die im Zusammenhang mit der Abdichtung bei unterirdischen Bauwerken relevanten Begriffe werden nachfolgend erläutert. Hierbei werden zur Vermeidung von Verwechslungen, soweit verfügbar die Erläuterungen aus den einschlägigen DIN-Normen und Regelwerken [5–8, 14, 46] sowie aus der Fachliteratur (z. B. [76]) verwendet. Im Einzelnen sind dies die folgenden Begriffe:

Abdichtungslage: Flächengebilde aus Abdichtungsstoffen. Eine oder mehrere vollflächig untereinander verklebte oder im Verbund hergestellte Abdichtungslagen bilden die Abdichtung [7].

Abdichtungsrücklage: Festes Bauteil, auf das eine Abdichtung für senkrechte oder stark geneigte Flächen aufgebracht wird, wenn die Abdichtung zeitlich vor dem zu schützenden Bauwerksteil hergestellt wird [7].

Abdichtungsuntergrund oder auch Abdichtungsträger: Fläche, auf die die Abdichtung unmittelbar aufgebracht wird [6].

Abdichtungsabschluss: Das gesicherte Ende oder der gesicherte Rand einer Bauwerksabdichtung [7].

Abdichtungsanschluss: Die Verbindung von Teilbereichen einer Abdichtungslage oder mehrerer Abdichtungslagen miteinander, die zu verschiedenen Zeitabschnitten hergestellt werden, z. B. bei Arbeitsunterbrechungen [7].

Allgemeines bauaufsichtliches Prüfzeugnis (abP): Ein abP ist erforderlich für ungeregelte Bauprodukte. Es wird durch eine vom Deutschen Institut für Bautechnik (DIBt, Berlin) anerkannte Prüfstelle wie z. B. eine Materialprüfanstalt (MPA) erstellt. In dem abP sind das jeweilige System, die Prüfung sowie der Einsatzbereich des Bauprodukts beschrieben. Eine Zusammenstellung der gültigen abP für Fugenabdichtungen findet sich unter www.abp-fugenabdichtungen.de.

Ankerrippe: Profilierung des Fugenbands im Dichtteil zur Verlängerung des Wasserumlaufwegs beim Labyrinthprinzip.

Arbeitsfuge: Fuge mit durchgehender Bewehrung, die aus Gründen des Arbeitsablaufs oder als konstruktive Maßnahme planmäßig in einem Bauteil oder Bauwerk angeordnet wird [8].

Arbeitsfugenblech: Stahlblech, das zur Abdichtung einer Arbeitsfuge verwendet wird. Die Abdichtung erfolgt hierbei durch den Haftverbund zwischen dem – in Sonderfällen auch speziell beschichteten – Stahlblech und dem umgebenden Beton.

Außenliegendes Fugenband: Fugenband aus elastomerem oder thermoplastischem Material, das nur beidseitig eine Profilierung aufweist. Das außenliegende Fugenband wird im Allgemeinen auf der wasserseitigen Oberfläche des Bauwerks oder des Bauteils angeordnet.

Baustellenstoß: Auf der Baustelle ausgeführte, ausschließlich rechtwinklig zur Fugenbandachse verlaufende, stumpf gestoßene Verbindung (Fügung) gleicher Fugenbandprofile in einer Ebene [8].

Befestigungselement: Zur temporären Befestigung der geotextilen Schutzlage und/oder der Kunststoffdichtungsbahn auf dem Abdichtungsträger erforderliches Montagehilfsmittel.

Bemessungswasserstand in Meter Wassersäule [mWS]:

(1) Bei stark oder sehr stark durchlässigem Boden ($k > 10^{-4}$ m/s):
Höchster innerhalb der planmäßigen Nutzungsdauer zu erwartender Grund-, Schichten-, Stau- oder Hochwasserstand unter Berücksichtigung langjähriger Beobachtungen und zu erwartender zukünftiger Gegebenheiten [8].

(2) Bei weniger durchlässigem Boden
($k \leq 10^{-4}$ m/s):
Der in der Höhe der Geländeoberfläche angenommene Wasserstand bzw. der höchste, nach Möglichkeit aus langjähriger Beobachtung ermittelte Hochwasserstand [8].

(3) Bei Behältern, Becken und vergleichbaren Bauwerken:
Höchster anzunehmender Flüssigkeitsstand.

Bergmännische Bauweise: Geschlossene Bauweise, bei der der Tunnel weitgehend horizontal von einem Startschacht zu einem Zielschacht ohne Nutzung einer sonstigen offenen Baugrube unterirdisch aufgefahren wird. Zu den geschlossenen Bauweisen zählen z. B. der Vortrieb mit einer Tunnelvortriebsmaschine oder die Spritzbetonbauweise.

Betonnut: Umlaufende Aussparung im Tübbing, in die das Dichtungsprofil eingeklebt bzw. verankert wird [76].

Bewegungsfuge/Dehnfuge: Zwischenraum mit definierter Fugenweite über die Bauteildicke zwischen zwei Bauwerken oder Bauteilen, der unterschiedliche Bewegungen ermöglicht. Im Gegensatz zur Arbeitsfuge ist die Bewehrung in einer Bewegungsfuge unterbrochen, sodass für das Fugenband Dehnungen bzw. Stauchungen sowie Scherverformungen in Fugenbandlängs- als auch -querrichtung möglich sind.

Caissonbauweise: Bauweise, bei der ein unten offener Stahlbetonbehälter (sogenannter Senkkasten bzw. französisch: Caisson) an der Geländeoberfläche hergestellt und später abgesenkt wird. Hierzu ist der Senkkasten an seiner Unterseite mit einer umlaufenden Schneide versehen und als Arbeitsraum ausgebildet. Durch Überdruck der Luft in diesem Arbeitsraum wird verhindert, dass im Boden gegebenenfalls anstehendes Wasser in den Arbeitsraum eindringt. Der an der Unterseite des Arbeitsraumes angetroffene Baugrund wird nach und nach entfernt, sodass sich der Senkkasten infolge Eigengewicht schrittweise absenkt. Im Tunnelbau werden mehrere derartige Senkkästen aneinandergereiht abgesenkt und wasserdicht miteinander verbunden. Die anfangs quer verlaufenden Wände werden nachfolgend entfernt, um einen durchgängigen Tunnel zu erzielen.

Dehnteil: Mittlerer Bereich eines Fugenbands, der die Verformungen aus Bauteilbewegungen aufnimmt [8]. Er besteht aus Mittelschlauch oder Mittelschlaufe und seitlich anschließenden, unprofilierten Bandbereichen und grenzt sich bei innenliegenden Fugenbändern durch die Ankerrippen, bei außenliegenden und Fugenabschlussbändern durch die dem Dehnteil nächstgelegenen Sperranker ab.

Dichtrippe: Profilierung des Fugenbands im Dichtteil zur Verlängerung des Wasserumlaufwegs beim Labyrinthprinzip.

Dichtteil: Äußere, jeweils beidseitig an den Dehnteil anschließende Bereiche eines Fugenbands [8], die mit Dichtrippen und / oder Randverstärkungen bzw. Sperrankern versehen sind. Er kann durch eine am Rand eingebundene Stahllasche ergänzt werden und bleibt bei Bauteilbewegungen im Wesentlichen unverformt. Er dient der formschlüssigen Einbindung in den Beton.

Dichtungsrahmen: Im Herstellwerk für die verschiedenformatigen Tübbings innerhalb eines Tübbingrings genau vorgefertigte Rahmen aus den auf Länge geschnittenen Dichtungsprofilabschnitten und anvulkanisierten Rahmenecken.

Drückendes Wasser: Stehendes oder fließendes Wasser, das auf eingetauchte oder angrenzende feste Körper einen hydrostatischen Druck ausübt [7].

Druckwasserhaltende Abdichtung: Abdichtung gegen drückendes Wasser in allen Bereichen eines Bauwerks oder Bauteils unterhalb des Bemessungswasserstands.

Durchdringung: Ein Bauteil, das die Bauwerksabdichtung durchdringt, z. B. Rohrleitung, Geländerstütze, Ablauf, Brunnentopf, Telleranker [7].

Elastomer: Elastomere sind polymere Werkstoffe, die sich im Gebrauchstemperaturbereich gummielastisch verhalten [5].

Elastomer-Fugenband: Band aus Kautschuk, der mit Füllstoffen, Verarbeitungshilfsmitteln gemischt und anschließend zum Elastomer vulkanisiert wird [5].

Firstbereich: Scheitelbereich eines unterirdischen röhrenartigen Bauwerks.

Fugenweite: Abstand zwischen den Flanken einer Bewegungsfuge/Dehnfuge.

Fugenband: Abdichtungselement mit ein- oder beidseitig angeordneten, durchlaufenden Sperrankern, die im Bereich der Arbeits- und Dehnfugen in den Beton einbetoniert werden.

Geschlossene Bauweise: Vergleiche Bergmännische Bauweise.

Hohlkanal: Um eine Kompression der Dichtungsprofile zwischen den Tübbings, z. B. bei der Montage, zu ermöglichen, sind die Dichtungsprofile in der Regel mit mehreren längs laufenden Hohlkanälen und Rillennuten versehen. Der massive Querschnitt des Dichtungsprofils muss kleiner als der minimal verbleibende freie Nutquerschnitt sein. Bei einem in Bezug auf den freien Nutquerschnitt zu geringen Hohlkanalvolumen besteht die Gefahr, dass bei einer Kompression des Dichtungsprofils die Rückstellkräfte so stark ansteigen, dass es zu Abplatzungen des Betons kommt [76].

Injektionsschlauch: siehe *Verpressschlauch*

Innenliegendes Fugenband: Fugenband aus elastomerem oder thermoplastischem Material, das auf beiden Fugenbandseiten Profilierungen aufweist. Das innenliegende Fugenband wird im Allgemeinen in der Querschnittsmitte des Bauteils angeordnet.

Kunststoffdichtungsbahn (KDB): Kunststoffdichtungsbahnen sind Flächengebilde aus einem thermoplastischen oder elastomeren Werkstoff oder aus Mischpolymerisaten dieser Werkstoffe mit einer Mindestdicke von 1 mm. Im Sinne der EAG-EDT (Empfehlungen des Arbeitskreises AK 5.1 „Kunststoffe in der Geotechnik und im Wasserbau" zu Dichtungssystemen im Tunnelbau) gelangen im Tunnelbau ausschließlich thermoplastische Dichtungsbahnen ohne vernetzte Polymere in Materialdicken von 2 bis 4 mm zum Einsatz. Sie stellen das wesentliche Abdichtungselement bei Abdichtungen mit Kunststoffdichtungsbahnen dar [46].

Los- und Festflanschkonstruktion: Eine im Regelfall aus Stahl bestehende zweiteilige Konstruktion zum Einklemmen einer Abdichtung, um durch Anpressen eine wasserdichte Verbindung herzustellen [7].

Maschineller Vortrieb: Herstellung eines Tunnels mithilfe einer Tunnelvortriebsmaschine (TVM).

Mittelschlauchummantelung: Schutz des Dehnschlauchs eines innenliegenden Fugenbands bei großen Fugenbewegungen oder bei Pressfugen. Sie wird bereits bei der Herstellung des Fugenbands als Hohlkammer angeformt.

Nichtdrückendes Wasser: Wasser in tropfbar flüssiger Form, das auf natürlichem Wege oder durch bauliche Einrichtungen ständig fortgeleitet wird, sodass es nicht aufstauen und daher auf angrenzende feste Körper keinen hydrostatischen Druck ausüben kann [8].

Nutgrundabstand: Abstand der beiden gegenüberliegenden Nutgründe in der Fuge zwischen zwei benachbarten Tübbings. In Abhängigkeit vom Nutgrundabstand kann die Kompression des Dichtungsprofils eindeutig angegeben werden [76].

Offene Bauweise: Herstellung eines unterirdischen Bauwerks in einer offenen Baugrube (Vergleiche auch bergmännische bzw. geschlossene Bauweise).

Pressfuge: Eben oder verzahnt ausgebildete Fuge, in der zwei Bauteile ohne Zwischenraum gegeneinander ohne monolithische Verbindung und ohne durchgehende Bewehrung betoniert werden [8]; bezogen auf das Fugenband sind Zug in x-Richtung sowie Scheren in y- und z-Richtung möglich.

Quellprofil: Abdichtungselement im Bereich einer Arbeitsfuge, das bei Zutritt von Wasser aufquillt und so die Arbeitsfuge abdichtet. Bei späterer Austrocknung schrumpft das Profil wieder.

Regenschirmabdichtung: Tunnelabdichtung im Bereich des aufgehenden Gewölbes, die wie ein Regenschirm das Bauwerk gegen drucklos zufließendes Bergwasser abdichtet [46].

Rondelle: Halteteller zur Befestigung des Schutzvlieses an der Tunnelwandung; dient zugleich zur punktweisen Fixierung der Kunststoffdichtungsbahn mittels Heißluftschweißung. Die Rondelle besitzt im Allgemeinen eine Sollbruchstelle, um eine örtliche Überlastung der Kunststoffdichtungsbahn und somit deren Beschädigung zu vermeiden.

Rundumabdichtung: Abdichtung, die das gesamte Bauwerk wasserdicht umschließt [46].

Scheinfuge: Fuge mit durchlaufender Bewehrung, in der durch Einbauteile der Querschnitt gezielt geschwächt wird, damit sich eventuell entstehende Risse auf diesen Bereich konzentrieren (Sollbruchstelle).

Schweißung: Fügeverfahren zum Verbinden von thermoplastischen Fugenbändern. Das Fugenbandmaterial wird im Fügebereich mithilfe eines Schweißschwerts angeschmolzen und anschließend nach Entfernen des Schweißschwerts zusammengepresst, sodass die beiden Fugenbandenden miteinander verbinden.

Signalschicht: Hellfarbene, tunnelseitig angeordnete, dünne Beschichtung der Kunststoffdichtungsbahn, die bei ihrer mechanischen Beschädigung z. B. beim Einbau der Bewehrung die dunklere Schicht der Kunststoffdichtungsbahn erkennen lässt.

Sperranker: Angeformte, längsdurchlaufende Profilierung an den Fugenbandschenkeln zur Verankerung im Beton und zur Verlängerung des Wasserwegs entlang der Fugenbandschenkel.

Stahllasche: Bei innenliegenden Elastomer-Fugenbändern nach DIN 7865-1 [5] in den seitlichen Fugenbandschenkeln einvulkanisierte Stahlbleche. Die Abdichtung erfolgt durch Haftverbund zwischen Stahllasche und umgebendem Beton.

Thermoplast: Kunststoff, der sich in einem bestimmten Temperaturbereich z. B. zum Fügen verformen lässt. Bei Einhaltung der stoffspezifischen Schweißtemperaturen ist diese Verformung beliebig oft wiederholbar.

Thermoplastisches Fugenband: Fugenband aus thermoplastischem Kunststoff nach DIN 18541-1 und -2 [14].

Tübbing: Betonfertigteil für den Ausbau eines in geschlossener Bauweise erstellten Tunnels. Die Abdichtung der Tübbingfugen erfolgt mittels eingeklebter oder im Beton verankerter Tübbingdichtungsrahmen aus Elastomer-Material.

Verpressschlauch: Technisches Hilfsmittel zum Transport des eigentlichen Abdichtungsprodukts (z. B. Verpressharz oder Feinstzementsuspension) in den abzudichtenden oder zu verfüllenden Bereich wie z. B. Arbeitsfugen. Für die Verpressung ist der Verpressschlauch mit speziellen Öffnungen ausgestattet, die sich erst ab einem bestimmten Innendruck (Verpressdruck) öffnen, sodass das Verpressmaterial austreten kann. Beim Betonieren selbst müssen diese Öffnungen geschlossen sein, damit keine Betonschlämme in den Verpressschlauch eindringt.

Verwahrung: Die Sicherung der Ränder von Abdichtungen gegen Abgleiten und das Hinterlaufen von Wasser [7].

Vulkanisation: Verfahren zum Fügen von Elastomer-Fugenbändern, bei dem unter Zugabe von zusätzlichem Material, Wärme und Druck eine Verbindung hergestellt wird.

Wasserprüfdruck: Der Wasserprüfdruck wird in den Versuchen zum Nachweis für die Eignung des ausgewählten Dichtungsprofils gegenüber dem Bemessungswasserdruck um den Faktor 2,0 erhöht. Diese Erhöhung berücksichtigt die Abnahme der Profilrückstellkraft mit der Zeit (Relaxation). Ein zusätzlicher Sicherheitsfaktor ist gegebenenfalls festzulegen [76].

Werksstoß: Alle nicht zur Ausführung als Baustellenstoß vorgesehenen Fugenbandfügungen [8].

4 Auswahlkriterien und Anwendungsgrenzen der verschiedenen Abdichtungssysteme

4.1 Allgemeines

Hinsichtlich der Stoffwahl bieten die verschiedenen einschlägigen Normen, Regelwerke und Merkblätter (vgl. Abschnitt 9) zahlreiche Möglichkeiten, Abdichtung eines Bauwerks im Sinne von Abschnitt 2 auf die jeweiligen örtlichen Randbedingungen und auf die nutzungsbedingte Aufgabenstellung des Bauwerks anzupassen. Berücksichtigt wird dabei die beachtliche Weiterentwicklung der letzten Jahrzehnte gerade auch auf dem Gebiet der Abdichtungsstoffe und Abdichtungssysteme.

Grundsätzlich lassen sich die Abdichtungssysteme je nach ihren mechanisch-physikalischen Eigenschaften unterscheiden. Eine entsprechende Übersicht vermittelt Bild 6. Dort sind Weichabdichtungen, Hartabdichtungen und wasserundurchlässige, statisch tragende Konstruktionen aufgeführt. Alle drei Abdichtungsarten können sowohl zum Schutz gegen Bodenfeuchte als auch gegen nicht drücken-

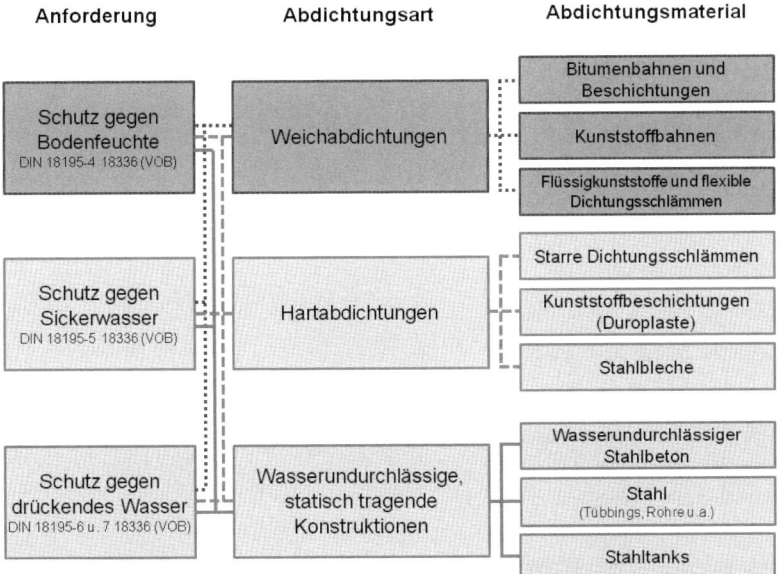

Bild 6. Prinzipielle Unterscheidung der Abdichtungsarten und Abdichtungsmaterialien

Tabelle 1. Übersicht zur Materialauswahl für die Abdichtung von Ingenieurbauwerken

Zeile	Kriterium	Weichabdichtungen				
		mehrlagige Bitumenabdichtung (schwarze Wanne)	kunststoffmodifizierte Bitumendickbeschichtung (PMBC)[1)]	lose verlegte einlagige Kunststoffdichtungsbahnen[2)] oder Elastomerbahnen	Flüssigkunststoff (FLK)	rissüberbrückende mineralische Dichtungsschlämme (MDS)
0	1	2	3	4	5	6
1	Bauaufsichtliche Regelung	DIN 18533 u. DIN 18535	DIN 18533	DIN 18533 u. DIN 18535	DIN 18533 u. DIN 18535	DIN 18533-3 DIN 18535-3
2	Anwendung in Deutschland seit	> 100 Jahren	ca. 20 Jahren	> 50 Jahren	ca. 20 Jahren	ca. 40 Jahren
3	Zulässige Flächenpressung	je nach Aufbau 0,6–1,5 MN/m² (DIN 18533-2)	0,06 MN/m² (DIN 18533-3)	je nach Material 0,6–1,0 MN/m² (DIN 18533-2)	ca. 25 MN/m²	ca. 25 MN/m²
4	Zulässige Eintauchtiefe	> 9 m (DIN 18533-2) in Praxis > 25 m	3 m (DIN 18533-3)	4 m (DIN 18533-2) 30 m (Ril 853, ZTV-ING)	nach abP 3 bis 20 m	3 m (DIN 18533-3 10 m (DIN 18535-1 und -3)
5	Zulässige Rissweite im Abdichtungsuntergrund	je nach Aufbau 2–5 mm (DIN 18533-1 und -2)	1 mm (DIN 18533-1 und -3)	2–5 mm (DIN 18533-1)	2 mm (DIN 18533-3)	0,4 mm (DIN 18533-3)
6	Zulässige Wasserbeanspruchung durch					
	Bodenfeuchte (DIN 18533-1)	ja	ja	ja	ja[4)]	ja
	Sickerwasser (DIN 18533-1)	ja	ja	ja	ja[4)]	ja
	temporäres Stauwasser (DIN 18533-1)	ja	ja	ja	ja (abP)	ja (abP)
	von außen drückendes Wasser (DIN 18533-1)	ja	ja, bis 3 m	ja	ja (abP)	ja (abP)
	von innen drückendes Wasser (DIN 18535-1)	ja	nein	ja	ja	ja
7	Prinzip der flächenhaft aufgebrachten Abdichtung, Lage am Bauwerk, Einbauweise	wasserseitig aufgeklebt	wasserseitig aufgerollt / aufgespritzt / aufgespachtelt	wasserseitig ausgelegt, punktweise fixiert	wasserseitig aufgerollt / aufgespritzt	wasserseitig aufgerollt / aufgespritzt / aufgespachtelt

Fußnoten am Ende der Tabelle

Auswahlkriterien und Anwendungsgrenzen

				Hartabdichtungen			wasserundurchlässige, statisch tragende Konstruktionen
hbetonverbundsystem in Verbindung mit WU-Beton[12)]				Bentonit (Braune Wanne)	nicht rissüberbrückende (starre) mineralische Dichtungsschlämme (MDS)	Stahlblech/ Gusseisen	Betonkonstruktion (WUB-KO) (Weiße Wanne)
rufe 300R :e/ ec)	SikaProof A-12	Polyfleece SX 1000 (StekoX)	Dual Proof light (BAS-de)				
8	9	10	11	12	13	14	
rten-abP 00/728/ IPA BS vom 2.2017, g bis 1.2022	Bauarten-abP P-22-MPA NRW-11990-2 vom 13.12.2017, gültig bis 12.12.2022	Bauarten-abP P-5252/587/ 13-MPA BS vom 01.08.2016 gültig bis 31.07.2021	Bauarten-abP P-1201/365/ 16- MPA BS vom 20.09.2016 gültig bis 31.05.2021	Bauregelliste C (kein abP erforderlich)	DIN 18535-3	DIN 4100 geschweißte Stahlhochbauten	DIN 1045 DBV-Merkblatt
3 Jahren	ca. 8 Jahren	ca. 6 Jahren	ca. 5 Jahren	> 35 Jahren	> 45 Jahren	> 100 Jahren (im Bergbau und beim Bau von Wasserkraftanlagen)	> 50 Jahren
MN/m^2)	$20\ MN/m^2$ (abP)	$20\ MN/m^2$ (abP)	$20\ MN/m^2$ (abP)	$\geq 25\ MN/m^2$	in der Regel $25–30\ MN/m^2$, in Sonderfällen auch höher	in der Regel $25–30\ MN/m^2$, in Sonderfällen auch höher	in der Regel $25–30\ MN/m^2$, in Sonderfällen bis $115\ MN/m^2$
$m^{3)}$ (abP)	$20\ m^{3)}$ (abP)	$20\ m^{3)}$ (abP)	$20\ m^{3)}$ (abp)	8 m	> 30 m	> 30 m	in Abhängigkeit von Bauteildicke 30 m (DB Ril 853) (ZTV-ING)
$m^{9)}$	$3\ mm^{9)}$	$2\ mm^{9)}$ (abP)	2 mm (abP)	0,3 mm	0 mm	abhängig vom Konstruktionsprinzip	abhängig vom Wasserdruck; 0,10–0,20 mm (DB Ril 853) (ZTV-ING) (WU Ril)
	ja	ja	ja	nein	ja	ja	ja
	ja	ja	ja	nein	ja	ja	ja
	ja	ja	ja	ja	nein	nein	ja
	ja	ja	ja	ja	nein	ja	ja
	8)	8)	8)	nein	ja	ja	ja
chbetonbundbahn, sserseitig	Frischbetonverbundbahn, wasserseitig	Frischbetonverbundbahn, wasserseitig	Frischbetonverbundbahn, wasserseitig	wasserseitig ausgelegt, punktweise fixiert	wasserseitig aufgerollt / aufgespritzt / aufgespachtelt	wasserundurchlässig	wasserundurchlässig

808 Abdichtungen bei unterirdischen Bauwerken

Tabelle 1. Übersicht zur Materialauswahl für die Abdichtung von Ingenieurbauwerken (Fortsetzung)

Zeile	Kriterium		Weichabdichtungen				
			mehrlagige Bitumenabdichtung (schwarze Wanne)	kunststoffmodifizierte Bitumendickbeschichtung (PMBC)[1]	lose verlegte einlagige Kunststoffdichtungsbahnen[2] oder Elastomerbahnen	Flüssigkunststoff (FLK)	rissüberbrückende mineralische Dichtungsschlämme (MDS)
0	1		2	3	4	5	6
8	Vermeidung von Hinterläufigkeit durch		vollflächige Verklebung	vollflächiges Aufbringen	sektionsweise linienhafte Abschottung	stoffliche Adhäsion	hydraulischer Haftverbund
9	Abdichtungselement		mehrfacher Bitumenfilm	kunststoffmodifizierter Bitumenfilm	1,5 bis 3 (im Tunnelbau bis 4) mm dicke Kunststoffdichtungs- oder Elastomerbahn	auf Basis von PMMA, PUR oder UP[5]	hydraulisches Feinkorngem mit Polymeranteil
10	aufkaschiertes / eingelegtes Vlies	Stoffbasis	nicht relevant	nicht relevant	nicht relevant	PES[11]	nicht relevant
		Flächengewicht g/m²				160 bis 225	
11	Nahtverbindung	längs	Bitumenverklebung	nicht relevant	thermische Verschweißung	nicht relevant	nicht relevant
		quer					
12	Einsatz möglich	auf der Decke	ja	ja	ja	ja	ja
		überkopf	ja	ja	ja	ja	ja
13	Eignung für den Tunnelbau		ja	nein	ja	ja, nur lokal	ja, nur lokal
14	Kosten relativ zur mehrlagigen Bitumenabdichtung		1,0	geringer	geringer	höher	geringer

[1] PMBC = Polymer Modified Bitumenous Coating (früher KmB)
[2] bei Ausrüstung mit luftseitig angeordneter Vlieskaschierung auch als FBVS einsetzbar, z. B. Fabrikat Dual Proof mit 1,2 mm oder 2,0 mm dicker PVC-Dichtungsbahn (siehe Spalte 10)
[3] unter Berücksichtigung eines Sicherheitsbeiwertes von 2,5
[4] ZTV-ING, Teil 7, Abschnitt 3: Brückenbeläge auf Beton mit einer Dichtungsschicht aus Flüssigkunststoff
[5] PMMA = Polymethylmethacrylat, PUR = Polyurethan, UP = ungesättigtes Polyesterharz
[6] HDPE = Polyethylen hoher Dichte

				Hartabdichtungen			wasserundurchlässige, statisch tragende Konstruktionen
nbetonverbundsystem in Verbindung mit WU-Beton[12]				Bentonit (Braune Wanne)	nicht rissüberbrückende (starre) mineralische Dichtungsschlämme (MDS)	Stahlblech/ Gusseisen	Betonkonstruktion (WUB-KO) (Weiße Wanne)
ufe 300R e/ ec)	SikaProof A-12	Polyfleece SX 1000 (StekoX)	Dual Proof light (BAS-de)				
	8	9	10	11	12	13	14
- und no- olen Kle-	Penetration von Zementleim in Vlieskaschierung mit speziell eingearbeitetem quellfähigen Dichtstoff	Penetration von Zementleim in Vlies mit speziell eingearbeitetem quellfähigen Dichtstoff	Penetration von Zementleim in Vlieskaschierung	Quelldruck nach mehrstündiger Reaktionszeit	hydraulischen Haftverbund	sektionsweise linienhafte Abschottung / Untergießen mit Quellmörtel	nicht relevant
der m dicke E[6]-Dich- sbahn	0,5[13] oder 0,8 oder 1,2 mm dicke FPO[7]-Dichtungsbahn	Vlies mit silanmodifizierter Polymerbeschichtung	0,8 mm dicke FPO[7]-Dichtungsbahn	bei Wasserzutritt quellfähiges Mineral mit Quellabsorbern	hydraulisches Feinkorngemisch	≥ 6 mm Stahlblech	Beton nach spezieller Rezeptur
t relevant	Polypropylen 55	PP/PES[11] 150	Polypropylen 150	nicht relevant	nicht relevant	nicht relevant	nicht relevant
st- estreifen[9]	Selbstklebestreifen[9]	Selbstklebestreifen[9]	Selbstklebestreifen[9]	10 cm Überlappung	nicht relevant	thermische Verschweißung	nicht relevant
pel- eband[9]	Doppelklebeband oder Heißkleber[9]	Doppelklebeband[9]	Doppelklebeband oder PUR-Kleber[9]				
(Systemtz durch stklebe- n Preprufe PA)	nein (Systemersatz durch Selbstklebebahn SikaProof P-12)	nein (Systemersatz erforderlich)	nein (Systemersatz erforderlich)	ja, mit Auflast, produktspezifisch	ja	ja[10]	ja
(Systemtz durch stklebe- n Preprufe PA)	nein (Systemersatz durch Selbstklebebahn SikaProof P-12)	nein (Systemersatz erforderlich)	nein (Systemersatz erforderlich)	nein	ja	ja[10]	ja
	[8]	[8]	[8]	ja, nur offene Bauweise	nein	ja	ja
nger-	geringer	geringer	geringer	geringer	geringer	höher	geringer

[7] FPO = Flexibles Polyolefin
[8] keine Praxiserfahrung
[9] Wirksamkeit über Funktionsprüfung nachgewiesen
[10] Korrosionsschutz mit hohlraumfreier Quellmörtelunterfüllung
[11] PP = Polypropylen, PES = gesättigter Polyester
[12] WU-Beton = Beton mit hohem Wassereindringwiderstand
[13] nur im Bereich nicht drückenden Wassers

des Wasser und sogar gegen von außen bzw. von innen drückendes Wasser eingesetzt werden.

Die vorstehend und in Bild 6 erläuterten Abdichtungssysteme sind in Tabelle 1 differenziert nach Weichabdichtungen, Hartabdichtungen und wasserundurchlässigen, statisch tragenden Konstruktionen. Sie werden hinsichtlich ihrer anwendungs- und funktionstechnischen Aspekte, hinsichtlich ihrer Leistungsfähigkeit und ihrer relativen Kosten im Vergleich zu einer mehrlagigen Bitumenabdichtung gegenübergestellt und bewertet. Die Tabelle enthält auch Hinweise zu den bauaufsichtlichen Regelungen bezüglich der verschiedenen Systeme.

Mitte 2017 wurde die bis dahin gültige Abdichtungsnorm DIN 18195 [6] im Wesentlichen ersetzt durch die folgende neue Normenreihe:

- DIN 18531: Abdichtung von Dächern sowie von Balkonen, Loggien und Laubengängen,
- DIN 18532: Abdichtung von befahrbaren Verkehrsflächen aus Beton,
- DIN 18533: Abdichtungen von erdberührten Bauteilen,
- DIN 18534: Abdichtung von Innenräumen,
- DIN 18535: Abdichtung von Behältern und Becken.

Zum besseren Verständnis für den an die DIN 18195 [6] gewohnten Leser erfolgt mit Tabelle 2 eine Gegenüberstellung der neuen Normen DIN 18533 [12] und DIN 18535 [13] mit der zurückgezogenen Norm DIN 18195.

Tabelle 2. Gliederung der neuen Abdichtungsnormen DIN 18533 und DIN 18535 mit Kapitelhinweisen sowie Zuordnung zur alten Norm DIN 18195

Neue DIN 18533 Abdichtung von erdberührten Bauteilen, Teil 1: Anforderungen, Planungs- und Ausführungsgrundsätze (Juli 2017)			Zurückgezogene DIN 18195
5.1 Wassereinwirkungsklassen Tab. 1	W1-E	**Bodenfeuchte und nichtdrückendes Wasser**	Teil 4
	W1.1-E	Bodenfeuchte und nichtdrückendes Wasser bei Bodenplatten und erdberührten Wänden ohne Dränung	
	W1.2-E	Bodenfeuchte und nichtdrückendes Wasser bei Bodenplatten und erdberührten Wänden mit Dränung	
	W2-E	**Drückende Wasser**	Teil 6
	W2.1-E	mäßige Einwirkung ≤ 3 m Eintauchtiefe	
	W2.2-E	hohe Einwirkung > 3 m Eintauchtiefe	
	W3-E	**nicht drückendes Wasser auf erdüberschütteten Decken**	Teil 5
	W4-E	**Spritzwasser und Bodenfeuchte am Wandsockel sowie Kapillarwasser in und unter Wänden**	Teil 4
5.4 Rissklassen Tab. 2	R1-E	≤ 0,2 mm	Teil 4
	R2-E	≤ 0,5 mm	Teil 5
	R3-E	≤ 1,0 mm, Rissversatz ≤ 0,5 mm	
	R4-E	≤ 5,0 mm, Rissversatz ≤ 2,0 mm	Teil 6
5.5 Raumnutzungsklassen	RN1-E	geringe Anforderung	Teil 4
	RN2-E	übliche Anforderung	Teil 5, 6
	RN3-E	hohe Anforderung	

Tabelle 2. Gliederung der neuen Abdichtungsnormen DIN 18533 und DIN 18535 mit Kapitelhinweisen sowie Zuordnung zur alten Norm DIN 18195 (Fortsetzung)

Neue DIN 18533 Abdichtung von erdberührten Bauteilen, Teil 1: Anforderungen, Planungs- und Ausführungsgrundsätze (Juli 2017)						Zurückgezogene DIN 18195	
7.2	Rissüberbrückungsklassen	RÜ1-E	gering ≤ 0,2 mm			Teil 4	
		RÜ2-E	mäßig ≤ 0,5 mm				
		RÜ3-E	hoch ≤ 1,0 mm mit Rissversatz ≤ 0,5 mm			Teil 5	
		RÜ4-E	sehr hoch ≤ 5,0 mm mit Rissversatz ≤ 2,0 mm			Teil 6	
10	Abd. Durchdringungen					Teil 9	
11	Verformungsklassen bei Bewegungsfugen, Tab. 9		max. resultierende Verformung	max. Einzelverformung V_x	max. Einzelverformung V_y	Teil 8, Tab. 1	
		VK1-E	≤ 5 mm	–	–		
		VK2-E	≤ 10 mm	10	10		
		VK3-E	≤ 15 mm	20	20		
		VK4-E	≤ 20 mm	30	30		
		VK5-E	≤ 25 mm	40	–		
13	Schutz der Abdichtung					Teil 10	
Einbauteile Anhang A						Teil 9	
Regelmaße Los- und Festflanschkonstruktion, Tab. A1						Teil 9, Tab. 1	
Netto-Pressfläche, Tab. A2						Teil 9, Tab. 2	
Neue DIN 18533 Abdichtung von erdberührten Bauteilen, Teil 2: Abdichtung mit bahnenförmigen Abdichtungsstoffen (Juli 2017)						**Zurückgezogene DIN 18195**	
7.1	**Abdichtungsstoffe**						
	Tab. 1		Bitumenbahnen			Teil 2	Tab. 3
	Tab. 2		Metallbänder				Tab. 5
	Tab. 3		Kunststoff- und Elastomerbahnen				Tab. 4
	Tab. 4		Klebemassen				Tab. 1
7.2	**Verarbeitung der Stoffe**						
	Tab. 5		Verarbeitungstemperaturen von Bitumen			Teil 3	Tab. 1
	Tab. 6		Einbaumengen			Teil 5	Tab. 1
	Tab. 7		Fügeverfahren bei Kunststoff- und Elastomerbahnen			Teil 3	Tab. 2
	Tab. 8		Fügebreiten				Tab. 3

Tabelle 2. Gliederung der neuen Abdichtungsnormen DIN 18533 und DIN 18535 mit Kapitelhinweisen sowie Zuordnung zur alten Norm DIN 18195 (Fortsetzung)

Neue DIN 18533 Abdichtung von erdberührten Bauteilen, Teil 2: Abdichtung mit bahnenförmigen Abdichtungsstoffen (Juli 2017)			Zurückgezogene DIN 18195
8	Planungsgrundsätze		
	Tab. 9	Anwendungsbereiche Bitumenbahnen	Teile 4 bis 6
	Tab. 10	Abdichtungen für Bodenplatten bei W1, **Lagenanzahl**	Teil 4
	Tab. 11	Abdichtung für Wände bei W1, **Lagenanzahl**	
	Tab. 12	Abdichtung für Boden und Wände bei W2.1, **Lagenanzahl**	Teil 6
	Tab. 13	Abdichtungen für Boden und Wände bei W2.2, **Lagenanzahl**	
	Tab. 14	Abdichtungen für erdüberschüttete Decken bei W2, **Lagenanzahl**	Teil 5
	Tab. 15	Querschnittsabdichtung in druckbelasteten Wänden bei W4,	Teil 4
	Tab. 16	Querschnittsabdichtung in nicht druckbelasteten Wänden bei W4	
	Tab. 17	Anwendungsbereiche Kunststoff- und Elastomerbahnen	Teile 4 bis 6
	Tab. 18	Abdichtungen für Bodenplatten bei W1	Teil 4
	Tab. 19	Abdichtungen für Wände bei W1.2	
	Tab. 20	Abdichtungen für Boden und Wände bei W2.1	Teil 6
	Tab. 21	Abdichtungen für Boden und Wände bei W2.2	
	Tab. 22	Abdichtungen für erdüberschüttete Decken bei W3	Teil 5
	Tab. 23	Querschnittsabdichtung in druckbelasteten Wänden bei W4	Teil 4
	Tab. 24	Querschnittsabdichtung in nicht druckbelasteten Wänden bei W4	
9	Übergang zwischen Boden und Wandabdichtung		Teile 4 bis 6
11	Abdichtung von Bewegungsfugen		
	Tab. 25	Bewegungsfugen mit Bitumen bei W1 und W3	Teil 8
	Tab. 26	Bewegungsfugen mit Bitumen bei W2	
	Tab. 27	Bewegungsfugen mit KDB bei W1 und W3	
	Tab. 28	Bewegungsfugen mit KDB bei W2	
Neue DIN 18533 Abdichtung von erdberührten Bauteilen, Teil 3: Abdichtung mit flüssig zu verarbeitenden Abdichtungsstoffen (Juli 2017)			Zurückgezogene DIN 18195
8.2	Tab. 1	Anwendungsbereich von Abdichtungsbauarten	Teil 4 bis 6
9	Abdichten mit **PMBC** (früher KMB)		Teile 2 bis 6
	Tab. 2	Anforderungen an PMBC bei W1 bis W4	Teil 2, Tab. 6
	Tab. 3	Anforderungen an PMBC beim Übergang zu WUB-KO bei W2.1	
	Tab. 4	Anwendungsbereiche für PMBC	Teile 4 bis 6
	Tab. 5	Fugenabdichtung mit PMBC	

Auswahlkriterien und Anwendungsgrenzen

Tabelle 2. Gliederung der neuen Abdichtungsnormen DIN 18533 und DIN 18535 mit Kapitelhinweisen sowie Zuordnung zur alten Norm DIN 18195 (Fortsetzung)

	Neue DIN 18533 Abdichtung von erdberührten Bauteilen, Teil 3: Abdichtung mit flüssig zu verarbeitenden Abdichtungsstoffen (Juli 2017)		Zurückgezogene DIN 18195
10	Abdichtung mit **rissüberbrückender MDS**		Teile 2 und 7
	Tab. 6	Anforderungen an rissüberbrückende MDS	Teil 2, Tab. 7
	Tab. 7	Anwendungsbereiche für rissüberbrückende MDS	Teil 7
	Tab. 8	Fugenabdichtung mit MDS	
11	Abdichtung mit **Flüssigkunststoffen (FLK)**		Teile 2 und 7
	Tab. 9	Anforderungen an FLK	Teil 2, Tab. 9
	Tab. 10	Anwendungsbereich für FLK	Teil 7
	Tab. 11	Fugenabdichtung mit FLK	
12	Abdichtung mit **Gussasphalt (GA)**		Teil 2, Tab. 2
	Tab. 12	Anwendungsbereich für Gussasphalt	
	Tab. 13	Fugenabdichtung mit Gussasphalt bei W1	
13	Abdichtung mit **Asphaltmastix (AM)**		Teil 2, Tab. 2
	Tab. 14	Anwendungsbereich für Asphaltmastix	Teil 4
	Tab. 15	Fugenabdichtung mit Asphaltmastix	
14	Abdichtung mit **Asphaltmastix (AM) und Gussasphalt (GA)**		Teil 2, Tab. 2
	Tab. 16	Anwendungsbereich für Asphaltmastix und Gussasphalt	Teil 5
	Tab. 17	Fugenabdichtung mit Asphaltmastix und Gussasphalt	
15	Abdichtung mit **Bitumen-Schweißbahn und GA**		Teil 2, Tab. 2 und 3
	Tab. 18	Anwendungsbereich für Polymerbitumen-Schweißbahn und Gussasphalt (GA)	Teil 5
	Tab. 19	Fugenabdichtung mit Bitumen-Schweißbahn und Gussasphalt	

	Neue DIN 18533 Abdichtung von erdberührten Bauteilen, Teil 1: Anforderungen, Planungs- und Ausführungsgrundsätze (Juli 2017)			Zurückgezogene DIN 18195
5	**Einwirkungen**			Teil 7
5.1	Wassereinwirkungsklassen von Behältern Tab. 1	W1-B	Füllhöhe $\leq$ 5 m	
		W2-B	Füllhöhe $\leq$ 10 m	
		W3-B	Füllhöhe $>$ 10 m	
5.2	Rissklassen von Behältern Tab. 2	R0-B	Rissbreitenänderung, Neurissbildung: keine	Teil 7, Kap. 5 und 6
		R1-B	$\leq$ 0,2 mm	
		R2-B	$\leq$ 0,5 mm	
		R3-B	$\leq$ 1,0 mm	
			Rissversatz $\leq$ 0,5 mm	

Tabelle 2. Gliederung der neuen Abdichtungsnormen DIN 18533 und DIN 18535 mit Kapitelhinweisen sowie Zuordnung zur alten Norm DIN 18195 (Fortsetzung)

Neue DIN 18533 Abdichtung von erdberührten Bauteilen, Teil 1: Anforderungen, Planungs- und Ausführungsgrundsätze (Juli 2017)				Zurückgezogene DIN 18195
6	Standort des Behälters			
	Standort Tab. 3	S1-B	im Außenbereich, ohne Verbindung zu einem Bauwerk	
		S2-B	im Außenbereich, mit Verbindung zu einem Bauwerk oder im Innenbereich	
8	Planungs- und Baugrundsätze			
8.2	Zuordnung der Abdichtungsbauarten Tab. 4	bahnenförmige Abdichtungsstoffe		Teil 7, Kap. 7.2 und 7.3
		flüssig zu verarbeitende Abdichtungsstoffe (MDS, FLK)		Teil 7, Kap. 7.4 und 7.6
		Flüssig zu verarbeitende Abdichtungsstoffe im Verbund mit Fliesen und Platten (AIV-F)		Teil 7, Kap. 7.5
Neue DIN 18533 Abdichtung von erdberührten Bauteilen, Teil 2: Abdichtung mit bahnenförmigen Abdichtungsstoffen (Juli 2017)				Zurückgezogene DIN 18195
7	Planungs- und Baugrundsätze			
7.1	Tab. 1	Zuordnung der Abdichtungsbauarten mit bahnenförmigen Abdichtungsstoffen		Teil 7, Kap. 7.1
7.2	Tab. 2	Stoffe für die Abdichtung mit Bitumen- und Polymerbitumenbahnen: Bahnenart		Teil 7, Kap. 7.2
	Tab. 3	Zuordnung der Bahnenart zum Verarbeitungsverfahren		
	Tab. 4	Klebe- und Deckaufstrichmassen – heiß zu verarbeiten		
	Tab. 5	Stoffe für die Abdichtung mit Bitumen- und Polymerbitumenbahnen: Lagenfolge		
	Tab. 6	Verarbeitungstemperatur für Klebemassen und Deckaufstrichmittel		
	Tab. 7	Einbaumengen für Klebeschichten und Deckaufstriche		
7.3	Tab. 8	Stoffe für Abdichtung mit Kunststoff- und Elastomerbahnen: Bahnenart		Teil 7, Kap. 7.3
	Tab. 9	Fügeverfahren und Mindestfügebreite		
7.5	Tab. 10	Regelmaße für Los- und Flanschkonstruktionen		Teil 9
	Tab. 11	Erforderliche Anziehmomente (Baustellenwerte) für dreimaligen Anziehen		
Neue DIN 18533 Abdichtung von erdberührten Bauteilen, Teil 3: Abdichtung mit flüssig zu verarbeitenden Abdichtungsstoffen (Juli 2017)				Zurückgezogene DIN 18195
6	Bauliche Erfordernisse			Teil 7, Kap. 5 und 6
	Tab. 1	Alter des Betonuntergrundes zum Verarbeitungszeitpunkt der Abdichtungsstoffe		
7	Planungs- und Baugrundsätze			Teil 7, Kap. 7.4 bis 7.6
7.1	Tab. 2	Zuordnung der flüssig zu verarbeitenden Abdichtungsstoffe		

4.2 Weichabdichtungen

4.2.1 Allgemeines

Die Weichabdichtungen (Tabelle 1, Spalten 2 bis 11) stellen in der Regel unabhängig von Aufbau und Einbautechnik im Endzustand elasto-plastische, flexible Häute dar. Sie zeichnen sich vor allem dadurch aus, dass sie sich nachträglichen Verformungen des Bauwerks oder seiner Bauteile anpassen und bis zu einem systemspezifischen Grenzmaß auch Risse in der abgedichteten Bauteilfläche schadlos überbrücken. Dabei bestehen zwischen den einzelnen Werkstoffen naturgemäß Unterschiede, die u. a. durch den E-Modul gekennzeichnet sind. Weiterhin ist das rheologische Verhalten von großer Wichtigkeit. Stoffe mit ausgeprägtem Fließverhalten, d. h. einer bei konstanter Last zeitabhängigen Formänderung wie insbesondere Bitumenwerkstoffe, bieten in dieser Frage zusätzliche Vorteile. Sie bauen im Laufe der Zeit die infolge Bauwerksverformung aufgezwungenen Spannungen durch entsprechende Fließvorgänge ab. Voraussetzung dabei ist allerdings, dass die Bauwerksverformung hinsichtlich Entstehungsgeschwindigkeit und Endmaß bestimmte temperaturabhängige Grenzwerte nicht überschreitet und somit die Abdichtungshaut nicht zerstört. Die in vielerlei Hinsicht positiven Fließeigenschaften erfordern eine abgestimmte konstruktive Durchbildung der Abdichtung, um mögliche negative Folgen aus ungewollten Fließerscheinungen zu vermeiden. So darf beispielsweise das Bitumenmaterial im Bereich einer Los- und Festflanschkonstruktion nicht übermäßig ausgepresst oder ein Bauwerksteil nicht als Ganzes auf der Abdichtung infolge Horizontaldruck um mehrere Zentimeter verschoben werden (Gleitsicherung).

4.2.2 Schutz gegen nichtdrückendes und von außen drückendes Wasser

Aus der Sicht der Normung lassen sich 2018 die Anwendungsbereiche der dehnfähigen Abdichtungen folgendermaßen charakterisieren. Als Schutz gegen nichtdrückendes sowie von außen drückendes Wasser werden unverändert Lösungen mit nackten Bitumenbahnen, ggf. kombiniert mit kalottengerieffelten Kupferbändern, angewandt (Bild 7).

Hierbei ist der erforderliche Mindesteinpressdruck von 0,01 MN/m² zu beachten, sofern der Abdichtungsaufbau ausschließlich aus nackten Bitumenbahnen besteht. Darüber hinaus sind Bitumen-Dichtungsbahnen und Bitumen-Schweißbahnen [12, 66] anwendbar. Kaltselbstklebende Bahnen auf Bitumen- oder Polymerbitumenbasis dürfen auf Sohlen und Wänden im Bereich von Bodenfeuchte und nichtdrückendem Wasser eingesetzt werden, im Bereich drückenden Wassers aber nur als untere Lage, wenn die Folgelage aus einer Bitumen-Schweißbahn besteht. Auf erdüberschütteten Decken dürfen selbstklebende Polymerbitumenbahnen im Bereich

Bild 7. Einbau einer mehrlagigen Bitumenabdichtung gegen von außen drückendes Wasser

der Wassereinwirkungsklasse W3-E als untere Lage ebenfalls Anwendung finden, wenn die Oberlage aus einer Polymerbitumen-Schweißbahn besteht. Von den Kunststoffdichtungsbahnen sind ECB-, PIB-, PVC-P-, EVA- und FPO-Bahnen sowie Elastomerbahnen auf EPDM-Basis in Verbindung mit nackten Bitumenbahnen zugelassen.

Aufgrund der praktischen Erfahrungen mit lose verlegten KDB-Abdichtungen im Einsatz gegen von außen drückendes Wasser (Wassereinwirkungsklasse W 2.2-E) ist nach DIN 18533 [12] die Verwendung von PVC-P-Dichtungsbahnen bis 4 m Eintauchtiefe zugelassen. Ihr Einsatz im Bereich von Sickerwasser wurde dagegen nach DIN 18195-5 [6] schon seit Anfang der 1980er-Jahre als Stand der Technik angesehen. Für Abdichtungen im Tunnelbau gelten gesonderte, weitergehende Regelungen (s. Abschnitt 2.2).

Über die bereits genannten Stoffe hinaus sind für eine Anwendung gegen Bodenfeuchte, nichtdrückendes Wasser sowie drückendes Wasser bei mäßiger Einwirkung (Wassereinwirkungsklasse W 2.1-E) auch kalt zu verarbeitende kunststoffmodifizierte **B**itumendickbeschichtungen (**PMBC** = **P**olymer **M**odified **B**itumen **C**oating; früher: KMB), nicht aber nackte Bitumenbahnen wegen der i. Allg. nicht ausreichenden Einpressung im Sinne der Norm als geeignet anzusehen. PMBC sind nach DIN 18533 auch geeignet für den Einsatz gegen nichtdrückendes Wasser auf erdüberschütteten Decken sowie gegen Spritzwasser und Bodenfeuchte am Wandsockel (Wassereinwirkungsklassen W3-E und W4-E).

Kalt oder heiß aufgetragene Bitumendeckaufstriche als Maßnahmen zum Schutz gegen Bodenfeuchte kommen nach DIN 18533 [12] generell nicht mehr in Betracht. Ihre dauerhafte Funktion und eine ausreichende Rissüberbrückungsfähigkeit wurden bei der Neuformulierung des normativen Regelwerks als unzureichend eingestuft.

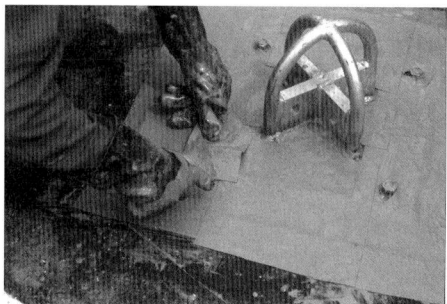

Bild 8. Aufbringen einer Abdichtung aus Flüssigkunststoff (FLK) mit eingearbeiteter Kunststoff-Vliesverstärkung

In der Praxis werden in speziellen Fällen auch Beschichtungen auf Basis von Flüssigkunststoffen (FLK) mit Vliesverstärkung (Bild 8) im Bereich der Wassereinwirkungsklassen W3-E und W4-E eingesetzt. Kunststoffmodifizierte rissüberbrückende (flexible) mineralische Dichtungsschlämmen (MDS) werden angewandt gegen nichtdrückendes Wasser im Sinne der Wassereinwirkungsklassen W1-E und W4-E.

In einigen speziellen Fällen wurden Bauwerke auch mit Bentonitpanels gegen äußere Wassereinwirkung abgedichtet. Voraussetzung für den Einsatz dieses Abdichtungssystems ist die ständige Benetzung der Bauteilflächen mit Grundwasser. Das Prinzip dieser besonderen Art der Abdichtung besteht darin, dass stark quellfähiger Natrium-Bentonit in Granulatform in Wellpappen, Wirrvliese oder eine Kombination von oberseitigem Kunststoffnetz, Vlies und unterseitiger HDPE-Folie eingefüllt und so als Flächengebilde transportiert und an den abzudichtenden Bauwerksflächen montiert werden kann. Das Bentonitmineral weist eine Plättchenstruktur auf. In Anwesenheit von Feuchtigkeit oder Wasser wird Wasser zwischen die Plättchen eingelagert und das Volumen der Trockenmasse vergrößert (innerkristallines Quellvermögen). Der Quellvorgang ist im Wesentlichen reversibel. Wird Bentonit im abgeschlossenen Raum gequollen, so übt er auf die Umfassung einen Quelldruck aus. Das Quellen kommt dann zum Stillstand, wenn der durch die Wasseraufnahme entstehende Quelldruck mit den von der Umschließung aufzubringenden Kräften im Gleichgewicht steht. Der Quelldruck kann bis zu $0,2$ MN/m^2 betragen und muss gegebenenfalls statisch berücksichtigt werden.

Das System wird als Abdichtung erst wirksam, wenn der Bentonit ausreichend gequollen ist und sich ein Quelldruck aufgebaut hat. Der zeitliche Verlauf dieses Vorgangs ist vom Wasserangebot abhängig. Es kann deshalb einige Stunden, aber auch einige Tage oder Wochen dauern, bis das System als Abdichtung wirkt. Einmal aufgequollen, verliert es seine abdichtende Wirkung erst, wenn der Bentonit wieder vollständig ausgetrocknet ist oder der Quelldruck, z. B. durch Abgrabungen, entfällt.

Im ersten Zulassungsbescheid Mitte der 1980er-Jahre wurde der Anwendungsbereich für Bentonit-Abdichtungen wie folgt eingegrenzt:

(1) Abdichtungen mit Bentonitpanels sind nur zulässig für die Herstellung von Abdichtungen gegen drückendes Wasser bei Eintauchtiefen bis zu 10 m. Oberhalb des niedrigsten bekannten Grundwasserstands ist ein anderes Abdichtungssystem zu wählen.

(2) Das Abdichtungssystem darf nur für die Abdichtung von Bauwerken und Bauteilen angewendet werden, bei denen die durch das Bauteil hindurchdiffundierende Feuchtigkeit hinnehmbar ist.

(3) Die Anwendung von Bentonit ist nicht zulässig für
   a) die Abdichtung von Bauten, bei denen Risse $\geq 2,0$ mm zu erwarten sind,
   b) die Abdichtung von Behältern,
   c) Abdichtungen im Überkopfbereich bei Innenabdichtungen,
   d) Abdichtungen im Bereich Beton angreifender Wässer und Böden, die nach DIN 4030 [2] als stark oder sehr stark angreifend einzustufen sind,
   e) Abdichtungen von Bauteilen, die gegen Einwirkung von Erdbeben zu bemessen oder die im Bereich von Maschinenfundamenten ständigen oder länger andauernden Schwingungen ausgesetzt sind.

Bentonitpanels sind generell gut geeignet für den Einsatz bei der Sanierung von Abdichtungsschäden. Häufig werden diese Materialien auch genutzt, um Fugenabdichtungen von der Bauwerksinnenseite her zu schützen. Schließlich wird Bentonit in Form von Profilstäben auch als zusätzliche Sicherung in Arbeitsfugen bei Beanspruchung durch drückendes Wasser eingesetzt.

4.2.3 Schutz gegen von innen drückendes Wasser

Als Maßnahme gegen von innen drückendes Wasser im Schwimmbad- und Behälterbau hatte DIN 18195-7:2011-12 [6] gegenüber der Weißdruckausgabe von 1989 völlig neue Wege aufgezeigt. So konnten neben Abdichtungen aus Bitumenbahnen, die mindestens zweilagig im Heißklebe-, Schweiß- oder Kaltklebeverfahren aufgebracht werden, auch solche aus Kunststoffdichtungs- oder Elastomerbahnen lose verlegt oder im Kaltklebeverfahren eingebaut werden. Letztere konnten auch in Kombination mit einer Lage Polymerbitumen-Schweißbahn im

Flämmverfahren eingesetzt werden. Die Kunststoffdichtungs- oder Elastomerbahnen mussten bei einer Füllhöhe (= Eintauchtiefe) bis 10 m mindestens 1,5 mm dick sein, bei einer größeren Füllhöhe mindestens 2 mm. Außerdem waren mineralische Dichtungsschlämmen (MDS), nicht rissüberbrückend oder rissüberbrückend, bei einer Mindesttrockenschichtdicke von 2 mm zulässig.

Die neue DIN 18535-1 bis -3:2017-07 [13] hat diese Regelungen weitgehend unverändert übernommen. Unter Berücksichtigung der im abP festgelegten Anforderungen ist das Material in mindestens zwei Arbeitsgängen aufzubringen (Rollen, Spritzen, Spachteln). Der zweite Auftrag darf erst erfolgen, wenn der erste ausreichend erhärtet ist. Nicht rissüberbrückende MDS-Beschichtungen dürfen bis zu einer Füllhöhe von über 10 m bis zum Grenzwert nach abP eingesetzt werden, rissüberbrückende MDS-Beschichtungen maximal bis 10 m unter Beachtung des Grenzwerts nach abP.

Abdichtungen mit flüssig zu verarbeitenden Abdichtungsstoffen im Verbund mit Fliesen und Platten (AIV-F) dürfen ebenfalls gegen von innen drückendes Wasser angewandt werden. Dabei wird zwischen AIV mit nicht rissüberbrückenden und rissüberbrückenden mineralischen Dichtungsschlämmen (MDS) unterschieden. Die Trockenschichtdicke der AIV mit mineralischer Dichtungsschlämme muss mindestens 2 mm betragen, bei einer AIV mit Reaktionsharzen mindestens 1 mm. In beiden Fällen darf die Füllhöhe (= Eintauchtiefe) den im abP (allgemeines bauaufsichtliches Prüfzeugnis) angegebenen Wert nicht überschreiten. Schließlich ist nach DIN 18535-3 [13] eine Abdichtung mit Flüssigkunststoffen (FLK) auf Basis von PMMA-, PUR- oder UP-Harzen mit oder ohne Füllstoffe einsetzbar (Bild 8). Auch hier ist eine Füllhöhe (= Eintauchtiefe) bis maximal zu dem im abP aufgeführten Wert zulässig. Die Mindesttrockenschichtdicke ist mit 2 mm festgelegt.

4.3 Hartabdichtungen

Im Gegensatz zu den dehnfähigen Weichabdichtungen stehen die sogenannten „starren" Hartabdichtungen (Tabelle 1, Spalten 12 und 13). Zu ihnen zählen die nicht rissüberbrückenden mineralischen Dichtungsschlämmen (MDS) [42, 66] als mineralische, zementgebundene Systeme. Sie sind bei geeigneter Zusammensetzung und fachgerechter Verarbeitung als wasserundurchlässig zu bezeichnen. Ihre Anwendung setzt aber voraus, dass im Abdichtungsuntergrund nach Aufbringen der Beschichtung keine Risse mehr entstehen. DIN 18533-1 bis -3 [12] lässt ihren Einsatz nicht zu, lediglich DIN 18535-1 bis -3 [9] bei Behältern und Becken nur im Bereich des von innen drückendes Wasser. In der Praxis werden solche Stoffe aber auch gegen Bodenfeuchte und nichtdrückendes Wasser bei mäßiger Beanspruchung angewandt. Die Abdichtung ist in mindestens zwei Arbeitsgängen aufzubringen. Sie muss eine geschlossene zusammenhängende Schicht mit guter Haftung auf dem Untergrund ergeben. Die Mindesttrockenschichtdicke beträgt 2 mm. Bei Abdichtungen gegen von innen drückendes Wasser richtet sich die maximale Füllhöhe (= Eintauchtiefe) nach den Vorgaben des abP (allgemeines bauaufsichtliches Prüfzeugnis); vgl. hierzu Abschnitt 4.2.3.

Auch die duroplastischen Kunststoffe wie z. B. Epoxid- oder Polyesterharzbeschichtungen fallen in die Gruppe der Hartabdichtungen [57]. Hierzu gibt es vor allem im Tunnel- und Kavernenbau verschiedene Anwendungsbeispiele. So wurden in Frankreich und in der Schweiz, später auch in Deutschland, verschiedene Eisenbahntunnel in den 1950er- und 1960er-Jahren mit aufgespritzten Kunststoffabdichtungen auf Basis von Epoxid- und Polyesterharzen abgedichtet. Ein interessantes Beispiel stellt der U-Bahn-Tunnel „Baedekerstraße" in Essen aus dem Jahr 1967 dar.

Im Vergleich zu den Weichabdichtungen ist den Hartabdichtungen gemeinsam, dass sie sich nachträglichen Bauwerksverformungen nur wenig anpassen. Ihre Bruchdehnung ist mit 1 bis 2% für die nicht rissüberbrückenden mineralischen Dichtungsschlämmen bzw. maximal 4 bis 5% für Kunstharzbeschichtungen außerordentlich gering. Entsprechend hoch ist die Gefährdung durch Rissbildung im Abdichtungsuntergrund und im Zusammenhang mit Bewegungen und Verformungen einzelner Bauteile. Die Verwendung starrer Abdichtungen setzt demzufolge in hohem Maße verformungsarme Baukörper voraus. Temperatur- und gründungsbedingte Bewegungen sind durch geeignete Bauwerksgliederung auf entsprechend ausgebildete, in der Regel in kurzem Abstand aufeinander folgende Fugen zu konzentrieren. Das gilt in gleicher Weise für eventuell mit der Nutzung verbundene Formänderungen. Vor dieser Hintergrund kann beispielsweise die Auskleidung eines Tunnels bzw. einer Kaverne in standfestem Fels oder eine massive, biegesteife Betonkonstruktion, insbesondere im Gründungsbereich für den Einsatz einer starren Abdichtung geeignet sein [57].

In Sonderfällen wie z. B. bei Unterwassertunneln oder Bauteilen mit hoher Druck- oder sonstiger mechanischer Beanspruchung gelangen auch Stahlbleche zur Anwendung. Sie dienen meist zugleich als Betonschalung und mechanischer Schutz ([58], dort Ausgabe 1983 und [65]). In ihren Eigenschaften entspricht die Stahlblechabdichtung eher einer starren als einer weichen Abdichtung. Anwendungstechnisch gelten daher ähnliche Überlegungen wie für eine starre Hartabdichtung. Besonders markante Anwendungsbeispiele dieser Abdichtungstechnik stellen die Einschwimmelemente im Zuge des Elbtunnels BAB 7 in Hamburg aus den frühen 1970er-Jahren dar. Auch die rahmenartigen Vortriebselemente zur Unterfahrung der Binnenalster in Hamburg, in Verbindung mit der S-Bahn-Linie Hauptbahnhof–Altona, sind in diesem Zusammenhang zu nennen.

4.4 Wasserundurchlässige, statisch tragende Konstruktionen

Zur Kategorie der wasserundurchlässigen, statisch tragenden Konstruktionen (Tabelle 1, Spalte 14) zählen neben stählernen Tanks zur Lagerung von Mineralölprodukten oder Chemikalien sowie Rohrleitungen aus Stahl, Kunststoff (z. B. Polyethylen) oder Steinzeug in erster Linie Konstruktionen aus wasserundurchlässigem Stahlbeton (WUB-KO). Sie finden im Industrie- und Wirtschaftsbau seit mehr als fünf Jahrzehnten eine breite Anwendung und haben sich dort vielfältig bewährt. Auch U-Bahn-Streckentunnel wurden bei Blocklängen bis zu 12 m etwa seit 1970 selbst bei vorhandenem Grundwasser zunehmend aus wasserundurchlässigem Beton (WUB-KO) erstellt. Sohl-, Wand- und Deckendicke betragen hierbei in der Regel über 50 cm. Besonderes Augenmerk ist bei solchen Bauwerken auf die Anordnung und Ausbildung der Bewegungs- und Arbeitsfugen sowie auf die Rissbegrenzung und betontechnologische Auslegung im Sinne der DIN 1045 [1] und der WU-Richtlinie [53] zu legen. Die Abdichtung der Fugen ist detailliert in [65, 66, 73, 82] abgehandelt. Kennzeichnend für Konstruktionen aus wasserundurchlässigem Beton ist generell auch eine hohe Druckfestigkeit. In diesem Punkt sind sie ähnlich wie die Hartabdichtungen den dehnfähigen Weichabdichtungen deutlich überlegen, nicht aber im Hinblick auf die Wasserdampfdurchlässigkeit. Weitere Einzelheiten zu Planung und Ausführung von Konstruktionen aus wasserundurchlässigem Beton sind in Abschnitt 6 enthalten.

Seit etwa 12 bis 13 Jahren zeichnet sich in Deutschland eine aus den USA kommende neuartige Entwicklung bei Bauwerken aus wasserundurchlässigem Beton ab. Die Ausgangsüberlegung hierzu war verbunden mit dem für solche Konstruktionen bekannten Problem der systemimmanenten Rissbildung. Zur besseren Verteilung der Risse und zur Begrenzung deren Öffnungsweite wird üblicherweise die sogenannte Rissebegrenzende Zusatzbewehrung angeordnet. Sie verhindert aber nicht absolut sicher das Auftreten einzelner wasserführender Risse mit Rissweiten von mehr als 0,20 mm bei nichtdrückendem Wasser bzw. 0,10 oder 0,15 mm bei drückendem Wasser. Derartige Risse sind nicht abgedeckt durch die im Allgemeinen bei der Berechnung der Zusatzbewehrung zugrunde gelegte 95%-Fraktile. Sie besagt, dass der Größenordnung nach etwa 95 % aller entstehenden Risse die genannten Rissweiten nicht überschreiten. Durch Auswaschung von chemisch bei der Aushärtung des Betons nicht gebundenem Kalziumhydroxid und anschließende Bildung von Kalziumkarbonat sintern diese feinen Risse zu (sog. Selbstheilungsprozess). Voraussetzung hierfür ist allerdings das laminare Durchströmen von Leckwasser durch die entstandenen Risse und deren Abtrocknung an der luftseitigen Oberfläche des betroffenen Bauteils. Dieser Prozess benötigt einige Tage, unter Umständen auch Wochen. Er ist äußerlich erkennbar an den weißlichen Ablagerungen auf der Bauwerksinnenseite. Die verbleibenden etwa 5 % der entstehenden Risse weisen eine größere Rissweite auf und sind – sofern durchgängig – wasserführend. Sie sintern nicht zu und müssen folglich verpresst werden.

4.5 Weiterentwicklung von der WUB-KO zum Frischbetonverbundsystem

Die neuartige Entwicklung im Zusammenhang mit Bauwerken aus Beton mit hohem Wassereindringwiderstand (WU-Beton, *nicht* WUB-KO!) besteht darin, an der wasserseitigen Bauteiloberfläche im Sohlbereich auf der Sauberkeitsschicht und im Wandbereich auf der äußeren Schalung flächenhaft ein sogenanntes Frischbetonverbundsystem anzuordnen. Ein solches System geht mit dem darauf bzw. dagegen eingebrachten Frischbeton eine hinterlaufsichere Verbindung ein und ist in der Lage bei 2,5-facher Sicherheit (bezogen auf den Wasserdruck), im jungen bereits erhärteten Beton entstehende Risse bis 0,4 mm oder 0,5 mm Öffnungsweite bei Wasserdrücken bis 20 m Wassersäule schadlos zu überbrücken. Je nach eingesetzter Verbundtechnologie kann die zulässige Rissweite sogar 3,0 mm bis 5,0 mm betragen. Anders als bei einer traditionellen WUB-KO ist bei Einsatz eines Frischbetonverbundsystems von vornherein im Rissbereich nicht mit einem Feuchtigkeitsdurchtritt über die Dauer von einigen Tagen oder auch Wochen zu rechnen. Das mit einem Frischbetonverbundsystem versehene Bauwerk/Bauteil ist vielmehr unmittelbar nach dem Ausschalen abgedichtet und ohne Einschränkung bestimmungsgemäß nutzbar. Auch für solche Teilflächen im Wandbereich, die nicht von Anfang an bis in Höhe des Bemessungswasserstands im Sinne von DIN 18533-1 [12] von Grundwasser benetzt sind, besteht nicht zu einem späteren Zeitpunkt (unter Umständen erst nach Jahren) die Gefahr einer eventuellen vorübergehenden Durchfeuchtung im Rissbereich. Eine solche Gefahr ist aber bei einer WUB-KO gegeben, bis nämlich der weiter oben beschriebene Selbstheilungsprozess (s. Abschnitt 4.4) nach Eintritt des höheren Wasserstands abgeschlossen ist.

Ein weiterer Vorteil des Frischbetonverbundsystems gegenüber einer WUB-KO besteht darin, aufgrund seiner Rissüberbrückungsfähigkeit bis zu einer Rissweite von mindestens 0,4 mm die Risse begrenzende Zusatzbewehrung entfallen kann. Dadurch lassen sich beim Ingenieurbau in vielen Fällen nicht unerhebliche Kosten einsparen.

Zurzeit werden verschiedene Fabrikate von Frischbetonverbundsystemen in Deutschland angeboten [87–94]. Ihr Einsatz erfolgt in Verbindung mit einem Beton mit hohem Wassereindringwiderstand (nicht mit einer WU-Betonkonstruktion = WUB-KO oder Weiße Wanne). Die Verbundtechnik beruht bei diesen Systemen auf physikalisch unterschiedlichen Prinzipien (s. Tabelle 1, Spalten 7 bis 10, Zeile 8). Um das Prinzip der Frischbetonverbundsysteme im Vergleich zu den bisher üblichen Abdichtungssystemen auf der Basis von Weichabdichtungen, Hartabdichtungen oder Konstruktionen aus wasserundurchlässigem Beton besser einstufen zu können, werden nachstehend einige grundlegende Aspekte zusammengestellt:

(1) Das Abdichtungssystem auf der Basis von Frischbetonverbundbahnen stellt eine außenliegende Abdichtung dar.

(2) Das Abdichtungssystem auf der Basis von Frischbetonverbundbahnen kann und sollte nicht als Sekundärabdichtung bezeichnet werden.
Die Bezeichnung als Sekundärabdichtung führt zwangsläufig zu technischen Missverständnissen. Sie erweckt den Eindruck der Nachrangigkeit des Frischbetonverbundsystems und des Vorhandenseins einer Primärabdichtung. Im Anwendungsfall des Frischbetonverbundsystems ist die Situation aber genau umgekehrt: Das Frischbetonverbundsystem wird unmittelbar und direkt von dem im Boden befindlichen Sicker- oder Druckwasser benetzt. Es übernimmt vorrangig und planmäßig alleinig die Dichtfunktion und wird von dem dahinter liegenden Beton lediglich gestützt. Allenfalls nachrangig wird bei örtlichem Versagen der Frischbetonverbundbahn auch das stützende Betonbauwerk von Wasser benetzt. Dies erfolgt aber wegen des systemimmanenten flächenhaften Verbunds zur Betonunterlage bei fachgerechtem Einbau nur örtlich und sehr begrenzt.

(3) Für Frischbetonverbundsysteme sollten im Ingenieurbau bei Einsatz im Bereich nichtdrückenden Wassers als Trägermaterial nur Kunststoffdichtungsbahnen mit einer Dicke von mindestens 0,4 mm verwendet werden. Bei Einsatz gegen drückendes Wasser sollte die Dicke des Trägermaterials mindestens 0,8 mm betragen. Systeme, die auf einem andersartigen Trägersystem beruhen, sollten entsprechend ihrer bauaufsichtlichen Zulassung ausgelegt sein.

(4) Am ehesten vergleichbar ist das Abdichtungssystem auf Basis von einlagig und vollflächig eingesetzten Frischbetonverbundbahnen mit einer wasserdruckhaltenden Abdichtung nach DIN 18533-2 aus lose (nicht im Verbund) verlegten Kunststoffdichtungsbahnen bei einem zugelassenen Wasserdruck bis 4 m Wassersäule (im Tunnelbau auch mehr). Das Abdichtungssystem auf Basis von Frischbetonverbundbahnen weist aber gegenüber der vergleichbaren Normlösung aus lose verlegten Kunststoffdichtungsbahnen einen signifikanten Vorteil auf: Es ist nicht großflächig hinterläufig, sondern im Schadensfall allenfalls lokal und sehr begrenzt. Arbeitsfugen werden zur weiteren Systemertüchtigung ergänzend abgedichtet z. B. mit Arbeitsfugenblechen oder Quellprofilen. Eventuell außerdem auszubildende Bewegungsfugen werden z. B. mit Dehnfugenbändern in Kombination mit Verpressschläuchen abgedichtet.

(5) Die in Deutschland eingesetzten Systeme müssen – da nicht genormt – durch allgemeine bauaufsichtliche Prüfzeugnisse (abP) zertifiziert sein. Diese Prüfzeugnisse enthalten wichtige technische Hinweise zu den Anwendungsgrenzen. Einzelheiten enthält Tabelle 1 in den Spalten 7 bis 10 beispielhaft für verschiedene in Deutschland eingesetzte Systeme. Ergänzend verdeutlichen die Bilder 9 bis 12 einige wichtige systembedingte Unterschiede und lassen einbautechnische Details erkennen (vgl. auch [95]).

(6) Die in den abP [88, 90, 92 und 94] und durch Zusatzversuche belegten zulässigen Fugenaufweitungen von mind. 2 mm (vgl. Tabelle 1, Spalten 7 bis 10, Zeile 9) bei einem Wasserprüfdruck von jeweils 5 bar zeigen, dass Rissweiten im stützenden Beton von 0,4 mm bei einer Dicke der Trägerbahn von 0,8 mm oder mehr keinerlei Probleme bezüglich eines eventuellen örtlichen Versagens der Frischbetonverbundbahn infolge Wasserdruck erwarten lassen. Dies bedeutet auch, dass die stützende Betonkonstruktion keine erhöhten Anforderungen wie die für eine WUB-KO (Weiße Wanne) übliche Rissweitenbegrenzung (Rissweiten ≤ 0,2 mm) erfüllen muss. Eine gegenüber Normalbeton besondere Zusatzbewehrung zur Rissebegrenzung kann demzufolge entfallen.

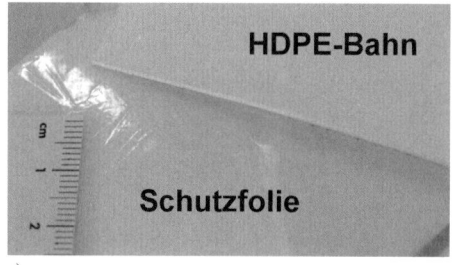
a)

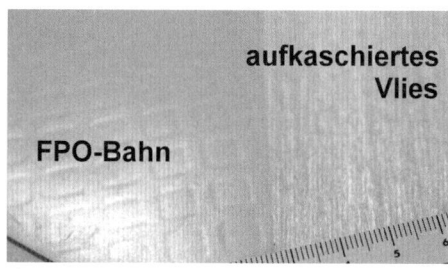
a)

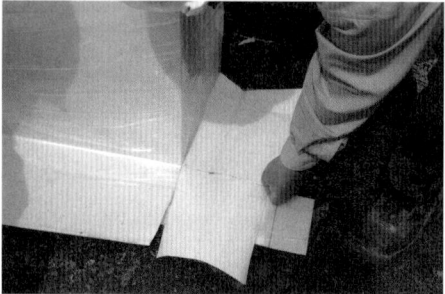
b)

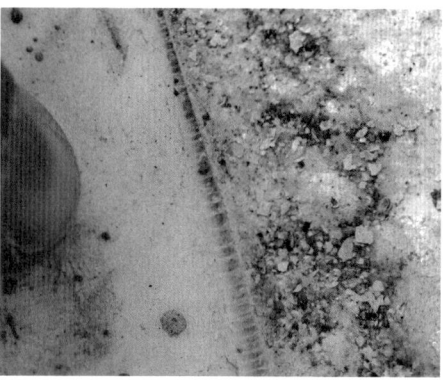
c)

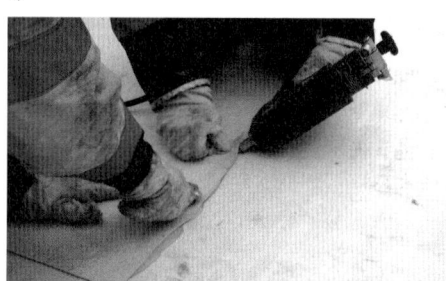
b)

c)

Bild 9. Frischbetonverbundsystem Preprufe 300 R; a) Materialdetail, b) Einbau einer Außenecke auf der Baustelle, c) Haftverbund mittels Spezialkleber

Bild 10. Frischbetonverbundsystem SikaProof A-12; a) Materialdetail, b) eingebaute Innenecke mit davor aufgestellter Bewehrung, c) Nahtverbindung mittels Heißkleber

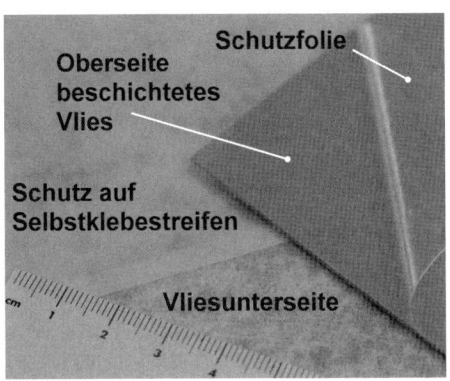

a)

a)

b)

b)

c)

c)

Bild 11. Frischbetonverbundsystem Polyfleece;
a) SX1000, Materialdetail, b) Abdichtung im Übergang Sohle/Wand, c) Eckausbildung sowie Anschluss von Gründungspfählen

Bild 12. Frischbetonverbundsystem Dual Proof;
a) eingebaute Innenecke mit davor aufgestellter Bewehrung, b) Anschluss eines Fundamenterders mit PUR-Klebemasse, c) Ausbildung einer Kellerinnenecke mit PUR-Kleberaupen für die Anschlussbahn

5 Abdichtung mit Kunststoffdichtungsbahnen

5.1 Allgemeines

Bei der Abdichtung von Tunnelbauwerken mit Kunststoffdichtungsbahnen sind grundsätzlich zwei verschiedene Abdichtungsarten zu unterscheiden:

(1) ableitende Abdichtungen (sogenannte Regenschirmabdichtungen), bei denen das vorhandene Gebirgswasser an der Außenseite der dort nur im Gewölbebereich des Tunnels befindlichen Abdichtung nach unten abgeleitet und einer Vorflut zugeführt wird oder versickern kann;

(2) druckwasserhaltende Abdichtungen (sogenannte Rundumabdichtungen), bei denen der gesamte Tunnel von der Abdichtung umschlossen ist, sodass er insgesamt vom Gebirgswasser umgeben sein kann.

Die Wahl der Abdichtungsart hängt in erster Linie von der örtlich angetroffenen Wasserbeanspruchung ab. So werden Regenschirmabdichtungen bei nichtdrückendem Wasser und Rundumabdichtungen bei drückendem Wasser eingesetzt. Da die in offener Bauweise errichteten Tunnelbauwerke in der Regel oberflächennah liegen und somit vielfach nur durch Sickerwasser beansprucht werden, ist dort häufig eine Regenschirmabdichtung ausreichend, während bei der bergmännischen Bauweise beide Abdichtungsarten anzutreffen sind.

Der prinzipielle Aufbau der Abdichtung bei Tunnelbauwerken in offener und bergmännischer Bauweise ist in Tabelle 3 zusammengestellt.

5.2 Abdichtungsträger

Der Abdichtungsträger wird bei der offenen Bauweise vom Konstruktionsbeton und bei der bergmännischen Bauweise von der Spritzbetonschicht mit Oberflächenverbesserung (OFV) gebildet. Bei der bergmännischen Bauweise handelt es sich um eine separat aufzubringende mindestens 3 cm dicke Schicht, die auch bei WU-Betonkonstruktionen vorzusehen ist. Der Abdichtungsträger dient als Rücklage für die Abdichtung und soll den spannungsarmen und faltenfreien Einbau der Abdichtung ermöglichen. Für diesen Zweck werden folgende nennenswerte Anforderungen an den Abdichtungsträger gestellt ([38], dort Teil 5, Abschnitt 1, [41, 46]):

(1) frei von losen und/oder scharfkantigen Bestandteilen, Kiesnestern und Graten,

(2) ausreichende Festigkeit (Betonfestigkeit mindestens C20/25),

(3) Mindestradius der Ausrundungen an Kanten und Kehlen 0,2 m,

(4) weitgehend trockene Oberfläche; eventuelle Wasserzutritte sind vorlaufend zu fassen und abzuleiten,

(5) die Oberfläche des Abdichtungsträgers soll ein möglichst vollflächiges Anliegen der geotextilen Schutzschicht und der Abdichtung mit Kunststoffdichtungsbahnen zulassen,

(6) Größtkorndurchmesser 8 mm, Rundkorn oder kubisch gebrochenes Korn,

(7) die Unebenheiten des Abdichtungsträgers dürfen ein Maß von 1:20 bezogen auf die jeweilige Basislänge nicht überschreiten.

Der Abdichtungsträger ist vor dem Einbau der geotextilen Schutzschicht von der Abdichtungsfirma abzunehmen. Diese Abnahme wird in Form eines Protokolls dokumentiert und der örtlichen Bauüberwachung als Vertreter des Bauherrn oder dessen direkt übergeben. Der Einbau der geotextilen Schutzschicht und auch der Abdichtung mit Kunststoffdichtungsbahnen ist vom Bauherrn bzw. seinem Vertreter freizugeben.

Tabelle 3. Dichtungsaufbau (von außen nach innen) bei offener und bergmännischer Tunnelbauweise

Offene Bauweise	Bergmännische Bauweise
Angeschütteter Boden	Spritzbetonschicht mit Oberflächenverbesserung (OFV) als Abdichtungsträger (Abdichtungsrücklage)
Bodenseitige Schutz-/Dränschicht	Bergseitige Schutzschicht (Geotextil) ggf. mit Dränelementen
Abdichtung mit Kunststoffdichtungsbahnen (Regenschirm- oder Rundumabdichtung)	Abdichtung mit Kunststoffdichtungsbahnen (Regenschirm- oder Rundumabdichtung)
Bauwerkseitige Schutzschicht (Geotextil)	Ggf. luftseitige Schutzschicht z. B. in der Sohle
Konstruktionsbeton als Abdichtungsträger (Abdichtungsuntergrund)	Innenbetonschale

The potential and the limitations of numerical methods

Ulrich Häussler-Combe
Computational Methods for Reinforced Concrete Structures
2014. 354 pages
€ 59,–*
ISBN 978-3-433-03054-7
Also available as ebook

Order online:
www.ernst-und-sohn.de

The book gives a compact review of finite element and other numerical methods. The key to these methods is through a proper description of material behavior. Thus, the book summarizes the essential material properties of concrete and reinforcement and their interaction through bond.

Most problems are illustrated by examples which are solved by the program package ConFem, based on the freely available Python programming language. The ConFem source code together with the problem data is available under open source rules in combination with this book.

Ernst & Sohn
Verlag für Architektur und technische
Wissenschaften GmbH & Co. KG

Customer Service: Wiley-VCH   Tel. +49 (0)6201 606-400
Boschstraße 12   Fax +49 (0)6201 606-184
D-69469 Weinheim   service@wiley-vch.de

* € Prices are valid in Germany, exclusively, and subject to alterations. Prices incl. VAT. excl. shipping. 1044136_dp

Die beste Lösung -
wolfseal FBV Dichtungsbahnen

🙼 Auf www.wolfseal.de
erkläre ich Ihnen
persönlich warum!

Roland Wolf

DAS MÜSSEN SIE WISSEN

 Roland Wolf GmbH · Großes Wert 21 · D-89155 Erbach
Tel. +49 (0) 7305.96 22-0 · www.wolfseal.de

WU-Beton – ein aktueller Überblick

Wasserundurchlässige Bauwerke aus Beton haben sich in den letzten Jahrzehnten vielfach bewährt und finden sich in vielen Bereichen des Ingenieurbaus, des Hoch- und Industriebaus und des Wasser- und Tiefbaus. Der aktuelle Wissensstand der **WU-Bauweise** wird in diesem Sonderheft umfassend dargestellt. Die Fachbeiträge behandeln dabei alle wesentlichen Teilbereiche, beginnend bei den Grundlagen der Bemessung mit Erläuterungen zur neu überarbeiteten DAfStb-WU-Richtlinie, betontechnologischen und ausführungstechnischen Hinweisen sowie Fragen im Rahmen der Planung über Fugenabdichtungssysteme, Weiße Wannen und Elementwände bis hin zur Abdichtung von Rissen und Fehlstellen sowie rechtlichen Fragen.

Hrsg.: Ernst & Sohn
Wasserundurchlässige Bauwerke aus Beton 2018
Sonderheft von Beton- und Stahlbetonbau
2. überarb. u. erw. Auflage
2018. 100 Seiten.
€ 25,–*
Bestell-Nr. 5093 0118

Online Bestellung: www.ernst-und-sohn.de/sh-paketangebot

Ernst & Sohn
Verlag für Architektur und technische Wissenschaften GmbH & Co. KG

Kundenservice: Wiley-VCH
Boschstraße 12
D-69469 Weinheim

Tel. +49 (0)800 1800-536
Fax +49 (0)6201 606-184
cs-germany@wiley.com

* Der €-Preis gilt ausschließlich für Deutschland. Inkl. MwSt. und Versandkosten.. Irrtum und Änderungen vorbehalten. 1097136_dp

5.3 Schutzschicht

Um eine mögliche Beschädigung der Kunststoffdichtungsbahnen zu vermeiden, ist zwischen diesen und dem Abdichtungsträger eine geotextile Schutzschicht anzuordnen. Sie kann beispielsweise bei Regenschirmabdichtungen und anfallendem Sickerwasser auch mit einer integrierten Dränschicht ausgestattet sein. Die für einen Einsatz im Tunnelbau geeigneten Schutzschichten mit oder ohne Dränfunktion bzw. Dränschichten müssen den Anforderungen der Technischen Lieferbedingungen und Technischen Prüfvorschriften für Schutz- und Dränschichten aus Geokunststoffen (TL/TP SD) [38] erfüllen.

Folgende nennenswerte Anforderungen werden hierin an die Schutzschichten für den Einsatz im Tunnelbau gestellt ([38], Tabelle 1):

(1) Art der Schutzschicht: mechanisch verfestigter Vliesstoff mit oder ohne Gewebe. Für die eindeutige Identifizierbarkeit im Zusammenhang mit der Langzeitbeständigkeit, der Umweltverträglichkeit und des Brandverhaltens sind ausschließlich Originalrohstoffe zugelassen.

(2) Flächenbezogene Masse, ermittelt nach DIN EN ISO 9864 [32]: mindestens 900 g/m^2 bei bergmännischer Bauweise und mindestens 450 g/m^2 bei offener Bauweise.

(3) Die Dicke der Schutzschicht sollte unter der anstehenden Belastung mindestens 4 mm und maximal 10 mm betragen, um einerseits die Kunststoffdichtungsbahnen zuverlässig vor Beschädigungen zu schützen und andererseits die Breite des Ringspalts zwischen Abdichtungsträger und Innenschale für die Übertragung der Bettungsreaktionen gering zu halten.

(4) Zugkraft bei 10% Dehnung in Produktionsrichtung nach DIN EN ISO 10319 [34]: mindestens 4 kN/m (bergmännische Bauweise).

(5) Stempeldurchdrückkraft nach DIN EN ISO 12236 [35]: mindestens 7 kN und maximal 20 kN (bergmännische Bauweise).

(6) Brandverhalten nach DIN EN 13501-1 [27] und DIN EN ISO 11925-2 [34]: Klasse E.

Weitere Anforderungen und Erläuterungen zu den Schutzschichten und Dränschichten sind in den EAG-EDT [46] zusammengestellt.

Im Sohlbereich ist bei der bergmännischen Bauweise zusätzlich auch auf der Tunnelseite der Kunststoffdichtungsbahn eine Schutzschicht erforderlich, um die Kunststoffdichtungsbahn bis zum Einbau des Sohlbetons vor Beschädigungen durch den Baubetrieb zu schützen. Hierzu wird entweder ein bewehrter, mindestens 7 cm dicker Schutzbeton oder aber eine Kunststoffschutzbahn eingesetzt. Die Kunststoffschutzbahn muss mindestens 3 mm dick sein und mit der Kunststoffdichtungsbahn im Sohlbereich dauerhaft materialverträglich sowie verschweißbar sein. Bei einer vorgesehenen Befahrung der Sohle vor dem Einbau des Sohlbetons ist unbedingt eine Schutzschicht aus Beton anzuordnen.

Im Gewölbebereich werden die geotextilen Schutzschichten von einem verfahrbaren Verlegegerüst aus mit einer Überlappung an den Nähten von mindestens 10 cm auf der Tunnelwandung verlegt und abschnittsweise mit speziellen Befestigungselementen, sogenannten Rondellen, fixiert. Üblicherweise werden die Rondellen mit Bolzensetzgeräten durch die geotextile Schutzschicht hindurch angeschossen. Die Rondellen weisen eine zentrale Vertiefung für die Aufnahme des Nagelkopfes und einer Metallscheibe auf. Die Anzahl der Befestigungselemente ist abhängig von der Lage im Tunnelquerschnitt. Folgende Anzahl von Befestigungselementen ist im Allgemeinen ausreichend ([38], Teil 5, Abschnitt 5):

– Sohle: 1 Stück/m^2,
– Ulme: 2 Stück/m^2,
– Firste: 3 Stück/m^2.

Bei der Auslegung der Anzahl der Rondellen pro m^2 ist zu berücksichtigen, dass diese neben der Befestigung der geotextilen Schutzschicht auch gleichzeitig der Befestigung der Kunststoffdichtungsbahnen dienen. Um eine Überbeanspruchung der Kunststoffdichtungsbahnen und damit deren Beschädigung zu vermeiden, müssen die Rondellen mit einer Sollbruchstelle ausgestattet sein, die bei einer Überbeanspruchung zu einem Bruch in den Rondellen (und nicht der Kunststoffdichtungsbahn) führt.

5.4 Kunststoffdichtungsbahn

Die Kunststoffdichtungsbahn wird wie die geotextile Schutzschicht von einem Verlegegerüst aus entlang der Tunnelwandung montiert. Die Kunststoffdichtungsbahn muss im Ulmen- und Firstbereich solange temporär fixiert werden, bis der Beton für die Innenschale eingebracht und ausreichend erhärtet ist. Danach ist eine Befestigung der Kunststoffdichtungsbahn nicht mehr erforderlich, da sie durch den Innenschalenbeton gestützt wird. Die Kunststoffdichtungsbahn schützt die Innenschale und damit den Tunnel vor Wasserzutritt.

Auf den vorbereiteten Abdichtungsträger wird zunächst die geotextile Schutzschicht, das Schutzvlies verlegt (vgl. Abschnitt 5.3). Im Ulmen- und Firstbereich wird sie mithilfe von Rondellen an der Tunnelwandung fixiert. Die Kunststoffdichtungsbahnen werden dann auf der Gebirgsseite und somit auf ihrer Rückseite an diese Rondellen angeschmolzen. Dies setzt entsprechendes handwerkliches Geschick und Erfahrung voraus. Hierzu wird der Kunststoff sowohl der Dichtungsbahn als auch der Rondellen mittels Heißluft angeschmolzen. Nach dem Erkalten der Schweißstelle wird so ein ausreichend fester Verbund der Kunststoffdichtungsbahn mit den Rondellen erreicht. Bei dieser Vorgehensweise lassen sich Schwachstellen, die von der Tunnelinnenseite her nicht unbedingt sichtbar sind, nicht ausschließen. Beim anschließenden Einbringen des Innenschalenbetons besteht dann die Gefahr, dass im Bereich der durch die Verschweißung unter Umständen geschwächten Kunststoffdichtungsbahn eine punktuelle Undichtigkeit entsteht. Zur Vermeidung dieser möglichen Beschädigung der Kunststoffdichtungsbahnen wurden spezielle Verfahren zu deren Fixierung entwickelt (vgl. Abschnitte 5.9.2 bis 5.9.4).

Für den Einsatz im Tunnelbau werden an geeignete Kunststoffdichtungsbahnen gemäß den Technischen Lieferbedingungen und Technischen Prüfvorschriften für Kunststoffdichtungsbahnen und zugehörige Profilbänder (TL/TP KDB) [38] sowie den EAG-EDT [46] folgende nennenswerte Anforderungen gestellt:

(1) Art der Kunststoffdichtungsbahn: einseitig helle Signalbeschichtung mit Kontrast zur Grundfarbe der Kunststoffdichtungsbahn,

(2) Material: Thermoplaste aus Polyolefinen (TPO), thermoplastische Polyolefin-Elastomere mit unvernetzter Gummiphase (TPE-O) oder Polyvinylchlorid-weich (PVC-P),

(3) Allgemeine Beschaffenheit nach DIN EN 1850-2 [24]: frei von Blasen, Rissen, Lunkern und Fremdeinschlüssen; vollflächiger Verbund der Signalbeschichtung mit dem Grundmaterial, keine Beeinträchtigung der Schweißbarkeit durch die Signalbeschichtung,

(4) Dicke ohne Signalbeschichtung nach DIN EN 1849-2 [23]: 2 mm, 3 mm oder 4 mm (Nenndicke); Mittelwert mindestens gleich Nenndicke,

(5) Dicke der Signalbeschichtung nach DIN EN 1849-2 [23]: maximal 0,2 mm,

(6) Zugfestigkeit in Längs- und Querrichtung nach DIN EN ISO 527-1 und -3 (Probekörper 5) [31]: mindestens 15 N/mm^2 bei Polyolefinen und mindestens 12 N/mm^2 bei PVC-P,

(7) Bruchdehnung in Längs- und Querrichtung nach DIN EN ISO 527-1 und -3 (Probekörper 5) [31]: mindestens 500% bei Polyolefinen und mindestens 250% bei PVC-P,

(8) Wölbbogendehnung im mehrachsigen Zugversuch gemäß DIN EN 14151 [30] mit 1 m Probekörperdurchmesser: mindestens 50%,

(9) Brandverhalten nach DIN EN 13501-1 [27] und DIN EN ISO 11925-2 [34]: Klasse E,

(10) Fehlerfreie Ausführung der Fügenaht nach DVS 2225-5 [55],

(11) Verhalten der Fügenaht im Scherversuch nach DIN EN 12317-2 [26]: Abriss außerhalb der Fügenaht,

(12) Verhalten der Fügenaht im Schälversuch nach DIN EN 12316-2 [25]: Aufschälen nach Erreichen des Schälwiderstands von mindestens 6 N/mm^2 zulässig.

Weitere Anforderungen sowie eine ausführliche Beschreibung der Prüfungen sind in den EAG-EDT [46] zusammengestellt.

5.5 Fügetechnik von Kunststoffdichtungsbahnen untereinander und mit zugehörigen Fugenbändern

Die üblicherweise im Tunnelbau verwendeten Kunststoffdichtungsbahnen haben eine Fertigungsbreite von 2 m bis zu 4 m. Dies führt dazu, dass in Tunnellängsrichtung im Abstand der Bahnenbreite die Kunststoffdichtungsbahnen zu stoßen sind. Im Stoßbereich sind die aneinandergrenzenden Bahnen durch eine Naht wasserdicht miteinander zu verbinden. Bei der druckwasserhaltenden Abdichtung oberhalb der Anschlussbewehrung zwischen Sohlbereich und aufgehendem Gewölbe ist in der Regel eine weitere Naht, diesmal in Tunnellängsrichtung erforderlich. Aufgrund der Vielzahl der herzustellenden Nähte bei einem Tunnelbauwerk und der zum Teil ungünstigen Einbaubedingungen wie beispielsweise bei Überkopfeinbau kommt der Ausführung der Nahtverbindungen eine große Bedeutung zu. Die Herstellung der Nähte sollte deshalb möglichst wenig anfällig gegenüber Einbaufehlern sein. Für die Herstellung von Nahtverbindungen bei Kunststoffdichtungsbahnen im Tunnelbau sind folgende Schweißverfahren geeignet:

(1) Thermische Nahtverbindung durch Heißluftschweißung (Warmgasschweißung) bei Hand- und Automatenbetrieb

Bei der Heißluftschweißung werden die Kunststoffdichtungsbahnen ohne Zugabe von Material allein durch heiße Luft im Fügebereich angeschmolzen und dann im angeschmolzenen Zusatz aneinander gepresst. In der einfachsten Ausführung wird die Heißluftdüse (Bild 13) handgeführt in den Überlappbereich gehalten und mit einer ebenfalls handgeführten Rolle angepresst. Diese Ausführung ist nur für kleinere Arbeiten z. B. bei Flicken oder in Bereichen einsetzbar, die sich nicht für die maschinelle Ausführung eignen. Bei der maschinellen Ausführung werden die beiden zu fügenden Dichtungsbahnen im Nahtbereich rechts und links neben einem zu Prüfwecken belassenen Prüfkanal mittels Heißluft angeschmolzen und über zwei gegenläufig angetriebene Rollen gegeneinander gepresst. Durch den Rollenantrieb fährt der Schweißautomat (Bild 14) an der zufügenden Naht entlang.

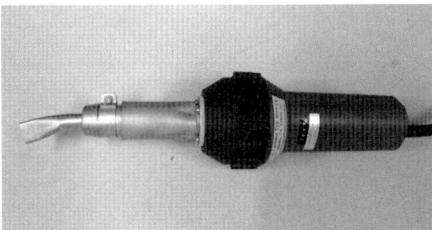

Bild 13. Heißlufthandschweißgerät

Bild 15. Heizkeilschweißautomat

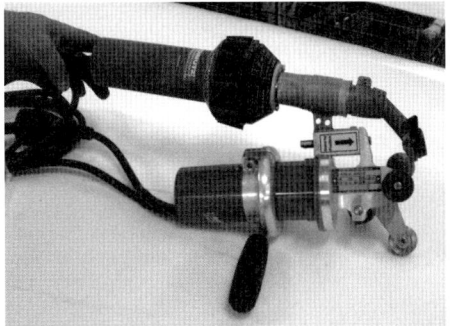

Bild 14. Heißluftschweißautomat

Bild 16. Handextruder

(2) Thermische Nahtverbindung durch Heizkeilschweißung (Heizelementschweißung) bei Automatenbetrieb
Bei der Heizkeilschweißung erfolgt das Anschmelzen der beiden zu fügenden Bahnen mittels eines keilförmigen, elektrisch beheizten Heizelements (Bild 15). Die Anpressung der angeschmolzenen Bahnen geschieht wie beim Heißluftschweißautomaten, wiederum mithilfe zweier gegenläufig angetriebener Rollen.

(3) Thermische Nahtverbindung mit zusätzlichem Materialauftrag durch Warmgasextrusionsschweißung bei Handbetrieb
Ein weiteres Handschweißverfahren ist mit dem Warmgasextrusionsschweißverfahren gegeben, bei dem zusätzliches Material durch Heißluft angeschmolzen und im Nahtbereich mittels Handextruder (Bild 16) aufgetragen wird (sog. Auftragsnaht).

Die Anforderungen an die Ausbildung der Schweißnähte zwischen zwei Kunststoffdichtungsbahnen bzw. zwischen einer Kunststoffdichtungsbahn und einem Fugenband sind im Einzelnen der DVS 2225-5 [55] zu entnehmen. Folgende nennenswerte Anforderungen sind bei der Ausbildung der Nähte zu beachten:

(1) Vor Beginn der Schweißarbeiten sind unter Baustellenbedingungen Schweißmuster herzustellen, um die Schweißparameter Temperatur, Anpressdruck und Schweißgeschwindigkeit aufeinander abzustimmen.

(2) Die lose verlegten Kunststoffdichtungsbahnen sind im Nahtbereich mindestens 8 cm breit zu überlappen.

(3) Die Schweißnähte zwischen zwei benachbarten Kunststoffdichtungsbahnen sind in der Regel als Automatennaht mit Prüfkanal auszuführen. Die Breite des Prüfkanals ist in Abhängigkeit vom Bahnenmaterial zwischen 10 mm und 20 mm breit auszuführen. Die Breite der Einzelnähte einer Überlappnaht mit Prüfkanal muss mindestens 15 mm betragen.

(4) Bei T-Stößen, zum Beispiel im Übergangsbereich der Gewölbe- zur Sohlabdichtung, muss die zuletzt geschweißte Naht durchgängig prüfbar ausgebildet sein.
(5) Kreuzstöße sind nicht zulässig.
(6) Klebeverbindungen und Quellschweißungen sind nicht zulässig.
(7) Unter bestimmten Einbaubedingungen z. B. bei Querschnittsänderungen und Nischen im Tunnelausbau sowie beim Aufsetzen von Flicken können die Schweißnähte nicht als Überlappnaht mit Prüfkanal ausgebildet werden. In diesen Fällen ist dann eine mindestens 30 mm breite Überlappnaht ohne Prüfkanal als Vollnaht mit Warmgasschweißung zulässig.
(8) Die Nahtschweißungen von lose verlegten Kunststoffdichtungsbahnen dürfen ohne besondere Maßnahmen nicht bei Umgebungstemperaturen unter 5 °C und nicht bei relativer Luftfeuchtigkeit über 80 % hergestellt werden.
(9) Die Fügeschweißungen von Kunststoffdichtungsbahnen untereinander bzw. mit zugehörigen Fugenbändern dürfen nur von Schweißern mit gültigem Prüfzeugnis gemäß DVS 2212-3 [54] ausgeführt werden.

Im Rahmen der Dokumentation sind die Umgebungsbedingungen und Schweißparameter z. B. Schweißtemperatur und Vorschubgeschwindigkeit, sowie namentlich auch der ausführende Schweißer festzuhalten.

5.6 Fugenabdichtung

Gemäß ZTV-ING Teil 5, Abschnitt 5 [38] sind bei einer Rundumabdichtung gegen drückendes Wasser Abschottungen an den Blockfugen erforderlich. Hierzu werden luftseitig spezielle Schottfugenbänder umlaufend auf die Kunststoffdichtungsbahn aufgeschweißt. Bei diesen Schottfugenbändern handelt es sich um außenliegende Fugenbänder, deren Sperranker später in die Innenschale einbetoniert werden.

An ein geeignetes Schottfugenband werden im Einzelnen folgende Anforderungen gestellt ([38], dort Abschnitt 5):

(1) Das Fugenbandmaterial muss dem der Kunststoffdichtungsbahn entsprechen.
(2) Eine Verschweißung des Fugenbands mit der Kunststoffdichtungsbahn muss möglich sein.
(3) Bei druckwasserhaltenden Abdichtungen muss die Breite des Fugenbands mindestens 0,60 m betragen (Bild 17).
(4) Es muss bei druckwasserhaltenden Abdichtungen mindestens 6 Sperranker aufweisen (Bild 17).

(5) Die Fugenbänder sind an ihren Rändern mit einer mindestens 30 mm breiten Fügenaht auf die zuvor verlegten und untereinander gefügten Kunststoffdichtungsbahnen aufzuschweißen. Ein nachträgliches Ablösen der Fugenbänder von der Abdichtung ist auszuschließen.
(6) Bei Abdichtungen gegen nichtdrückendes Wasser ist im Blockfugenbereich kein Schottfugenband erforderlich. Hier reicht es aus, mittig über die Blockfuge luftseitig einen mindestens 0,50 m breiten zusätzlichen Verstärkungsstreifen aus dem Material der Kunststoffdichtungsbahn oder in gleicher Breite eine Kunststoffschutzbahn in der Materialdicke der Kunststoffdichtungsbahn anzuordnen und beidseitig aufzuschweißen.
(7) Bei der bergmännischen Bauweise befinden sich im Firstbereich die Sperranker des luftseitig zur Kunststoffdichtungsbahn angeordneten Schottfugenbands an dessen Unterseite. Beim Einbau des Innenschalenbetons besteht deshalb die Gefahr, dass zwischen den Sperrankern Luft eingeschlossen wird. Dies muss durch die Anordnung von mindestens drei Entlüftungs- bzw. Nachbetonierschläuchen je Sperrankerzwischenraum verhindert werden (Bild 18).
(8) Bei einer der druckwasserhaltenden Abdichtung ist im Firstbereich außerdem eine Öffnung im Schottfugenband vorzusehen, um beim Betonieren der Innenschale einen Lufteinschluss zwischen Kunststoffdichtungsbahn und Schottfugenband zu vermeiden. Sinngemäß gilt dies auch für den Verstärkungsstreifen bei Abdichtungen gegen nichtdrückendes Wasser.
(9) Darüber hinaus sind im Bereich der Blockfugenbänder weitergehende Maßnahmen wie beispielsweise Polsterstreifen erforderlich, wenn die zu erwartenden Bewegungen in der Blockfuge einen Wert von 5 mm zwischen den angrenzenden Blöcken überschreiten.
(10) In den einzelnen längslaufenden Arbeitsfugen zwischen Sohl- und Firstgewölbe werden bei Abdichtungen aus Kunststoffdichtungsbahnen in der Regel keine Arbeitsfugenbänder angeordnet. Stattdessen werden dort Verpressschläuche zur bedarfsweisen Verpressung eingesetzt.

Neben dem in Bild 17 für Straßentunnel dargestellten Schottfugenband nach ZTV-ING Teil 5 Abschnitt 5 [38] sind nach Ril 853 ([41], dort Modul 4101) für Eisenbahntunnel noch Anschlussbänder für den Übergang von Tunnelbereichen mit Abdichtungen aus Kunststoffdichtungsbahnen zu Konstruktionen aus wasserundurchlässigem Ortbeton (WUB-KO) enthalten. Diese sind im Abstand von mindestens 50 cm von der Übergangsfuge entfernt im WUB-KO-Abschnitt anzuordnen. Hinsichtlich

Abdichtung mit Kunststoffdichtungsbahnen

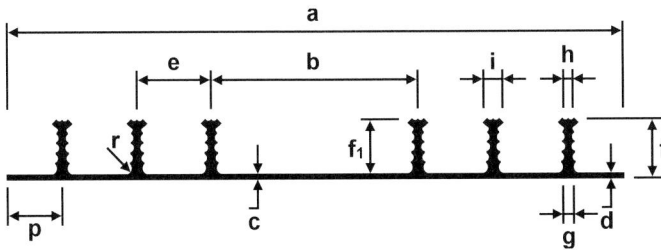

Breiten			Dicken			Profilierung					
a [mm]	b [mm]	p [mm]	c [mm]	d [mm]	n [–]	e [mm]	f [mm]	f_1 [mm]	g [mm]	h [mm]	i [mm]	r [mm]
600	200–220	50–60	4–5	3–4	6	70	30–35	≥ 26	≥ 5	≥ 4	12–14	≥ 3

a Gesamtbreite des Fugenbandes
b Breite des Dehnteils
c Dicke der Grundplatte
d Dicke der Anschweißenden
e Achsabstand der Sperranker
f Gesamthöhe des Fugenbandes
f_1 Höhe der Sperranker über der Grundplatte (ohne Rippen)
g Breite der Sperranker am Fuß oberhalb der Ausrundung
h Breite der Sperranker an der schmalsten Stelle (ohne Rippen)
i Breite der Kopfverstärkung an den Sperrankern
n Anzahl der Sperranker
p Breite der Anschweißenden
r Radius der Ausrundung für den Anschluss an die Grundplatte

Bild 17. Abmessungen eines Schottfugenbands nach ZTV-ING Teil 5, Abschnitt 5 [38]

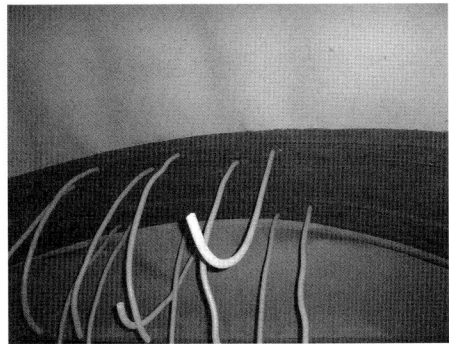

Bild 18. Anordnung der Entlüftungs- bzw. Nachbetonierschläuche im Firstbereich

ihrer Geometrie sind die Anschlussbänder in etwa mit einem halben Schottfugenband vergleichbar. Für diese Anschlussbänder gelten sinngemäß auch die oben für die Schottfugenbänder aufgelisteten Anforderungen.

5.7 Nahtprüfung

Unabhängig vom jeweils gewählten Schweißverfahren und den eingesetzten Fügegeräten für den Hand- oder Automatenbetrieb bergen die Baustellennähte mögliche Fehlerquellen, die zu einem örtlichen Versagen der Abdichtung führen können. Dies liegt einerseits daran, dass die Schweißnähte zum Teil unter ungünstigen Bedingungen wie z. B. überkopf oder bei einer unebenen Arbeitsunterlage hergestellt werden müssen, mit der Folge einer erheblichen Beeinträchtigung der Schweißqualität. Andererseits weist die Abdichtung eines bergmännisch erstellten Tunnels mit Kunststoffdichtungsbahnen in Tunnellängsrichtung alle 2 m bis 4 m umlaufende Schweißnähte auf, die über den gesamten Tunnel betrachtet eine Länge von mehreren Kilometern erreichen. So beträgt beispielsweise die Schweißnahtlänge eines Autobahntunnels mit einer Länge von 1 km und einem Umfang von 40 m bei einer Bahnenbreite von 2 m bereits etwa 20 km, die Quernähte gar nicht gerechnet. Hieraus wird ersichtlich, dass sowohl die fehlerfreie Schweißnahtausführung als auch die Nahtprüfung eine große Bedeutung haben. Eine lückenlose Nahtprüfung der auf der Baustelle hergestellten Nähte zwischen den Kunststoffdichtungsbahnen und mit den zugehörigen Fugenbändern ist somit unumgänglich und zwingend erforderlich.

Folgende Prüfverfahren stehen für eine Überprüfung der Nähte zur Verfügung [12, 58]:

(1) Optische Prüfung durch Inaugenscheinnahme.
(2) Mechanische Prüfung mit einer Reißnadel; hierbei wird die Reißnadel entlang der Nahtkante geführt. Nachteilig bei diesem Verfahren ist, dass es keine lückenlos zuverlässige Aussage über die Nahtdichtigkeit zulässt, da insbesondere kapillare Fehlstellen unentdeckt bleiben.
(3) Prüfung mit elektrischer Hochspannung; hierbei muss sich auf der Rückseite der Naht eine elektrisch leitende Gegenelektrode (z. B. ausreichend leitender Betonuntergrund, erdfeuchtes Gebirge) befinden. Bei der Prüfung wird die metallische spitzenförmige Prüfelektrode (Stab oder gebündelter Besen) eines Hochspannungsgeräts (Funkeninduktor) entlang der Nahtkante geführt (Bild 19). Eine fehlerhafte Nahtverbindung wird durch einen Funkenschlag und durch ein akustisches Signal angezeigt. Bei der Prüfung mit elektrischer Hochspannung sollte die Prüfspannung einerseits möglichst hoch gewählt werden, um Fehlstellen sicher zu erkennen. Andererseits muss die Prüfspannung aber auch deutlich unter der Durchschlagsspannung der jeweils zu prüfenden Kunststoffdichtungsbahn bleiben. Bei Kunststoffdichtungsbahnen aus PE-Material empfiehlt sich beispielsweise bei einer handgeführten Elektrode in Kombination mit dem Gebirge als Gegenelektrode eine Prüfspannung von 40 kV bis maximal 50 kV ([58], Ausgabe 1981).

Bild 19. Prüfung eines Fugenbandschweißmusters mit elektrischer Hochspannung bei Verwendung einer gebündelten Besenelektrode

(4) Prüfung mit Unterdruck (Vakuumprüfung); bei dieser Prüfung wird eine durchsichtige Prüfglocke auf die Schweißnaht gesetzt und anschließend die Luft bis zu einem vereinbarten Unterdruck abgesaugt (Bild 20). Die zu prüfende Naht wird vorlaufend mit einer materialverträglichen Prüfflüssigkeit wie z. B. Seifenlauge benetzt. Bei einer Undichtigkeit kommt es im Bereich der von außen nachströmenden Luft zu einer Blasenbildung. Während der Prüfung darf bei einem Unterdruck von 0,5 bar nach 10 Sekunden kein Druckabfall auftreten. Als Nachteil erweist sich bei diesem Prüfverfahren, dass die Prüfglocke hinsichtlich ihrer Geometrie an die Geometrie des Baukörpers angepasst sein muss. Außerdem muss die Prüfglocke zur Prüfung einer kompletten Naht häufig umgesetzt werden (intermittierende Prüfung).

(5) Prüfung mit Druckluft oder Druckwasser; die Prüfung mit Druckluft oder Druckwasser ist nur bei einer Doppelnaht mit Prüfkanal anwendbar. Bei der Druckluftprüfung werden beide Enden des Prüfkanals zunächst druckdicht verschlossen. Anschließend wird der Prüfkanal an einer beliebigen Stelle mit einem Einstichmanometer (Bild 21) angestochen und der Prüfdruck mittels Kompressor aufgebracht. Der hierfür erforderliche Überdruck ist stoffabhängig festzulegen. Bei Bahnen aus PVC-P beträgt er etwa 2 bis 2,5 bar, bei Bahnen aus VLDPE etwa 4 bar und bei PIB-Bahnen ca. 1 bis 1,5 bar. Der Prüfdruck darf ohne weitere Druckluftzufuhr nach 10 Minuten maximal um 10 bis 20 % abfallen. Der Druckabfall ergibt sich unvermeidlich infolge des Kriechverhaltens des Bahnenmaterials, verursacht durch den Prüfdruck im Prüfkanal. Bei einer Undichtigkeit der zur Prüfung anstehenden Naht würde der Druck im Prüfkanal schlagartig auf 0 bar abfallen. Die Druckluftprüfung liefert als einziges der aufgeführten Prüfverfahren eine Aussage sowohl zur Dichtigkeit als auch zur quantitativen Festigkeit der Schweißnaht. Vorteilhaft bei diesem Prüfverfahren ist außerdem, dass es leicht anwendbar ist und große Schweißnahtlängen von 20 bis 25 m und mehr in einem Schritt geprüft werden können.

Zusammenfassend ist festzustellen, dass für die überwiegenden Schweißnahtlängen die Druckluftprüfung eine deutliche Zeitersparnis bietet und eine Aussage sowohl zur Dichtigkeit als auch zur Festigkeit der Schweißnaht erlaubt. Da jedoch nicht alle Nähte als Überlappnaht mit Prüfkanal herstellbar sind, wird dieses Verfahren durch die Vakuumprüfung und die Prüfung mit der Reißnadel im Bereich der nicht durch die Druckluftprüfung erfassbaren Nahtabschnitte ergänzt.

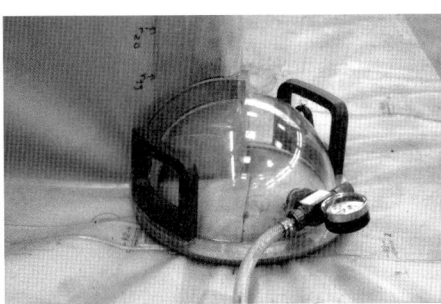

Bild 20. Prüfglocke (3/8-Kugel) für die Vakuumprüfung einer Ecke

Bild 21. Einstichmanometer für die Druckluftprüfung

5.8 Doppellagige Abdichtung aus Kunststoffdichtungsbahnen

Eine einlagige Abdichtung aus Kunststoffdichtungsbahnen reicht nach Ril 853, Modul 4101 [41] bei schwach oder mäßig betonangreifendem Bergwasser bis zu einem Wasserdruck von 30 mWS aus. Darüber hinaus ist bis zu einem Wasserdruck von 60 mWS und bei stark betonangreifendem Bergwasser die einlagige Abdichtung mit Kunststoffdichtungsbahnen mit einer Konstruktion aus wasserundurchlässigem Ortbeton (WUB-KO; s. Abschnitte 4.4 und 6) zu kombinieren. Ab einem Wasserdruck von mehr als 60 mWS kann die Konstruktion aus wasserundurchlässigem Ortbeton anstelle mit einer einlagigen und 4 mm dicken Kunststoffdichtungsbahn auch mit einer doppellagigen Abdichtung aus Kunststoffdichtungsbahnen kombiniert werden. Bei der doppellagigen Abdichtung mit einem Wasserdruck von mehr als 60 mWS soll die gebirgsseitige Kunststoffdichtungsbahn 3 mm und die tunnelseitige 2 mm dick sein. Bei geringeren Wasserdrücken ist auch gebirgsseitig eine 2 mm dicke Kunststoffdichtungsbahn ausreichend. Wenn eine doppellagige Abdichtung zur Ausführung kommt, sind die Sohl- und Firstabschnitte gegeneinander abzuschotten.

Bei der doppellagigen Abdichtung werden die gebirgsseitige und die tunnelseitige Kunststoffdichtungsbahn vielfach bereits im Herstellwerk miteinander als sogenannte Kammerelemente verschweißt. Die Werksfertigung bewirkt gegenüber einer Fertigung auf der Baustelle eine bessere Schweißnahtqualität und spart aufgrund der Vorfertigung auch deutlich an Verlegezeit. Die vorgefertigten Kammerelemente werden auf der Baustelle mit jeweils einer einzelnen gebirgsseitigen und einer tunnelseitigen Kunststoffdichtungsbahn so miteinander verbunden, dass zwischen den vorgefertigten Kammerelementen weitere Kammern entstehen.

Zur Überprüfung der Dichtigkeit der einerseits vorgefertigten und andererseits vor Ort gefertigten Kammern eignet sich vor allem die Vakuumprüfung. Hierzu sind in den einzelnen Kammern spezielle Prüfstutzen anzuordnen, an die dann die Vakuumpumpe mit Manometer angeschlossen werden kann. Die Vakuumprüfung sollte erstmals nach dem Fertigstellen der Abdichtung durchgeführt werden. Weitere Prüfzeitpunkte sind nach EAG-EDT [46] wie folgt empfohlen:

(1) nach dem Einbau der Bewehrung, aber vor dem Betonieren der Innenschale,

(2) nach dem Betonieren der Innenschale, aber vor der Firstspaltverpressung,

(3) nach der Firstspaltverpressung, aber vor der Einstellung der Wasserhaltung.

Bei einer kontinuierlichen Vakuumprüfung mit entsprechender akustischer und/oder optischer Anzeige können die gesonderten Prüfungen nach dem Einbau der Bewehrung (1) und nach dem Betonieren der Innenschale (2) entfallen. Bei Erkennen eines Schadens kann dieser noch vor dem Einbau der Bewehrung sowie bei eingeschränkter Zugänglichkeit auch nach dem Einbau der Bewehrung, aber vor dem Einbau des Innenschalenbetons repariert werden. Später ist dann nur noch eine Verpressung des undichten Kammerelements möglich.

Weitergehende Informationen zu den doppellagigen Abdichtungen finden sich u. a. in [38, 41, 46, 67].

5.9 Spezielle Entwicklungen

5.9.1 Leckortung bei Kunststoffdichtungsbahnen

Zur Feststellung mechanischer Beschädigungen in einer Abdichtung aus Kunststoffdichtungsbahnen bereits vor Betonieren der Innenschale sind üblicherweise helle Signalschichten auf der Tunnelinnenseite der Kunststoffdichtungsbahnen angeordnet. Wenn nun die Signalschicht zum Beispiel beim Bewehrungseinbau mechanisch beschädigt wurde, ist dies daran zu erkennen, dass an der Schadstelle die vergleichsweise dunkelfarbene Kunststoffdichtungsbahn sichtbar ist. Da dies allerdings eine rein optische Kontrolle darstellt, besteht die Gefahr, dass nicht jede, insbesondere eine kleinere, lokal be-

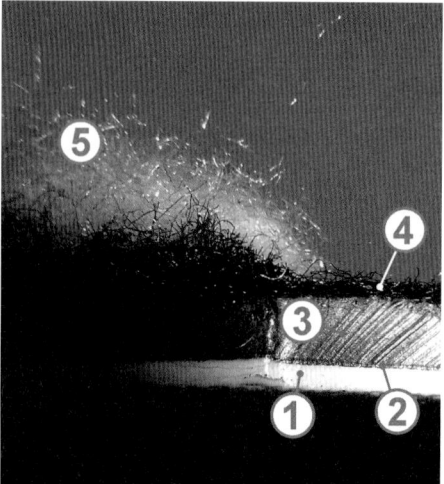

Bild 22. Schichtaufbau der Kunststoffdichtungsbahn zur Leckortung [85]; zur Beschreibung der Schichtenfolge (1) bis (5) vergleiche Text

grenzt auftretende, Beschädigung erkannt wird. Dies ist vor allem dann der Fall, wenn die Beschädigungen durch die bereits eingebaute Bewehrung verdeckt sind.

Um eine möglichst lückenlose Überprüfung der Kunststoffdichtungsbahnen in Bezug auf mechanische Beschädigungen zu ermöglichen, wurde eine speziell ausgestattete Kunststoffdichtungsbahn entwickelt. Sie dient selbst als Sensor zur Leckortung und ermöglicht es, auch kleine mechanische Beschädigungen zu lokalisieren. Die Überprüfung der Dichtigkeit ist in jeder Bauphase möglich, auch dann, wenn die Rückseite der Kunststoffdichtungsbahn zum Prüfzeitpunkt nicht wasserbenetzt sein sollte [85].

Für dieses Leckortungssystem ist eine spezielle mehrschichtige Kunststoffdichtungsbahn mit folgendem Aufbau von der Tunnelinnenseite zur Gebirgsseite hin erforderlich (Bild 22):

(1) tunnelinnenseitige Signalschicht (nicht leitfähig),
(2) innere leitfähige Schicht,
(3) Kunststoffdichtungsbahn (nicht leitfähig),
(4) außen aufkaschierte leitfähige Vliesschicht,
(5) gebirgsseitig aufkaschierte Schicht zur Befestigung an der Schutzvliesschicht mittels Klettsystem nach Abschnitt 5.9.3 (nicht leitfähig).

Zunächst werden die 5-schichtigen Kunststoffdichtungsbahnen mit einem automatisierten Verlegegerüst z. B. in einer Bahnenbreite von 4 m verlegt (Bilder 23 und 24). Unmittelbar nach dem Verlegen kann die Kunststoffdichtungsbahn das erste Mal auf Dichtigkeit geprüft werden. Dies erfolgt mithilfe eines speziell entwickelten, computergesteuerten Prüfgeräts (Bild 25). Hierzu wird sowohl an der Tunnelinnenseite als auch an der Gebirgsseite die leitfähige Schicht lokal begrenzt freigelegt und mithilfe von Klemmen an das Prüfgerät angeschlossen. Anschließend wird von dem Prüfgerät eine Gleichspannung erzeugt, die bei einer 2 mm dicken Kunststoffdichtungsbahn kontinuierlich bis zu einem Maximalwert von etwa 10 kV gesteigert wird.

Bei einer unbeschädigten Bahn kann zum einen die Spannung bis zum eingestellten Sollwert gesteigert werden und zum anderen ist kein Stromfluss zwischen den beiden leitfähigen Schichten festzustellen. Wenn hingegen die Kunststoffdichtungsbahn eine Beschädigung aufweist, kommt es im Bereich der Schadstelle bei einer entsprechend hohen Span-

Bild 23. Installation der Abdichtung mit einem Verlegegerüst [85]

Bild 24. Installierte Tunnelabdichtung [85]

nung zu einem Kurzschluss und somit zu einem Stromfluss. Der Stromfluss und damit die Tatsache, dass der geprüfte Bereich der Kunststoffdichtungsbahn eine Beschädigung aufweist, wird von dem Prüfgerät erkannt und am Display angezeigt. Da die Lokalisierung der Beschädigung mit dem Prüfgerät selbst nicht möglich ist, sind weitergehende Untersuchungen erforderlich.

Durch den Lichtbogen an der Leckstelle kommt es zu einer punktuellen Erwärmung der Kunststoffdichtungsbahn in diesem Bereich. Mithilfe einer Wärmebildkamera kann diese Beschädigung schnell und zuverlässig lokalisiert werden (Bild 26). Nach Reparatur der Schadstelle durch Aufschweißen eines Flickens wird die Prüfung wiederholt, sodass auch ggf. vorhandene weitere Beschädigungen festgestellt werden können.

Die Überprüfung kann erstmals vor dem Einbau der Bewehrung durchgeführt werden, um zu belegen, dass vor dem Einbau der Bewehrung keine Beschädigungen vorliegen. Ein zweites Mal sollte die Prüfung vor dem Einbau des Betons durchgeführt werden, um eventuelle Beschädigungen durch den Bewehrungseinbau rechtzeitig festzustellen. Durch dieses Verfahren ist eine systematische und lückenlose Kontrolle der kompletten Kunststoffdichtungsbahnenabdichtung zu verschiedenen Zeitpunkten möglich, sodass sowohl das Risiko einbaubedingter Beschädigungen deutlich reduziert als auch die Zuordnung der Verantwortlichkeit erleichtert wird. Darüber hinaus kann durch die Verwendung von RFID-Chips (radio-frequency identification) auf den Kunststoffdichtungsbahnen und mithilfe der zugehörigen Lesegeräte die lückenlose Dokumentation deutlich vereinfacht und beschleunigt werden.

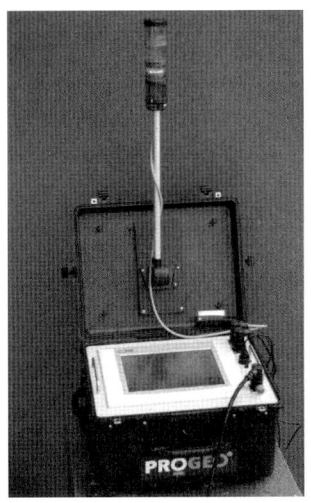

Bild 25. Automatische Dichtigkeitskontrolle mit computergesteuertem Prüfgerät [85]

Erstmalig eingesetzt wurde dieses Verfahren im Zusammenhang mit dem Bau eines Druckwassertunnels beim Niagara Tunnel Facility Project in Kanada 2010 [85]. Obwohl das Verfahren von verschiedensten am Bau Beteiligten wie Behörden, einschlägigen Planungsbüros, Bauunternehmen und Herstellern von Kunststoffdichtungsbahnen interessiert aufgenommen wurde, kam es bislang im Tunnelbau – anders als bei Brückenabdichtungen – zu keiner weiteren Anwendung des beschriebenen

Bild 26. Punktgenaue Leckortung mit Wärmebildkamera [85]

Leckortungssystems. Als Ursache hierfür kommen am ehesten Innovationshemmnisse z. B. aufgrund behördlicher Auflagen infrage. Sie verhindern, dass selbst einfache und relativ kostengünstige technische Verbesserungen ihren Weg in die Praxis finden.

5.9.2 Haftfolienverfahren

Bis zum Einbau der Innenschale muss die Kunststoffdichtungsbahn im Ulmen- und Firstbereich temporär befestigt werden. Bei dem Haftfolienverfahren wird zu diesem Zweck eine speziell aufbereitete Kunststoffdichtungsbahn eingesetzt, die bereits im Werk gebirgsseitig mit Haftfolienstreifen ausgestattet wurde. Diese Haftfolienstreifen dienen der schnellen Verbindung des geotextilen Schutzvlieses und der Kunststoffdichtungsbahn. Sie sind vor allem dann erforderlich, wenn das gebirgsseitige Schutzvlies und die Kunststoffdichtungsbahn nicht aus demselben Rohstoff bestehen, sodass eine direkte Verschweißung der beiden unterschiedlichen Materialien nicht ohne Weiteres möglich ist. Die Haftfolie weist im Allgemeinen eine Dicke von etwa 0,1 bis 0,2 mm auf und besteht aus mindestens zwei Schichten. Hiervon ist die dem Schutzvlies zugewandte Schicht aus einem Material gefertigt, das sich gut mit dem bereits auf der Tunnelwandung befestigten Schutzvlies verbinden lässt. Die zweite Schicht der Haftfolie ist der Kunststoffdichtungsbahn zugewandt und muss deshalb gut mit dem Material der Kunststoffdichtungsbahn verschweißbar sein. Wenn diese beiden Schichten der Haftfolie nicht direkt miteinander zu verbinden sind, ist eine dritte Schicht erforderlich, die als Haftvermittler fungiert.

Die Kunststoffdichtungsbahn weist gebirgsseitig etwa drei bis vier in Bahnenlängsrichtung verlaufende etwa 0,2 m breite Haftfolienstreifen auf. Die wirksame Gesamtbreite der Haftfolienstreifen beträgt bei einer 4 m breiten Kunststoffdichtungsbahn dann insgesamt etwa 0,8 m (Bild 27).

Auch beim Haftfolien-Verfahren wird zunächst die gebirgsseitige Schutzschicht im Bereich der Tunnelwandung verlegt. Dies geschieht beim Haftfolienverfahren mithilfe eines automatisierten Verlegegerüsts (Bild 28). Es besteht aus einer in Tunnelquerrichtung verschieblichen und drehbaren Arbeitsbühne, mit der in einem definierten Abstand die gesamte Tunnelwandung abgefahren werden kann. Das Verlegegerüst selbst ist in Längsrichtung des

Bild 27. Verfahrbare Arbeitsbühne mit Kunststoffdichtungsbahn und drei dunklen Haftfolienstreifen auf der Rückseite der Kunststoffdichtungsbahn

Bild 28. Verlegegerüst zum automatisierten Einbau des Schutzvlieses und der Kunststoffdichtungsbahn beim Haftfolienverfahren

Tunnels auf der Tunnelsohle verfahrbar, sodass die komplette Wandung des Tunnels erreicht werden kann. An der verschieblichen Arbeitsbühne befindet sich eine Vorrichtung zur Aufnahme der bis zu 4 m breiten Schutzvlies- bzw. Kunststoffdichtungsbahnenrollen (Bild 29).

Bei der Fixierung der Kunststoffdichtungsbahn nach dem Haftfolienverfahren wird – wie bereits erwähnt – zunächst das geotextile Schutzvlies mittels Verlegegerüst radial entlang der Tunnelwandung verlegt und über spezielle Andrückrollen gegen den Abdichtungsträger gepresst. Die Befestigung des Schutzvlieses erfolgt im Ulmen- und Firstbereich mittels Rondellen, die von der Arbeitsbühne des Verlegegerüsts aus in den Abdichtungsträger gesetzt werden.

Die Kunststoffdichtungsbahn wird nach der Montage des Schutzvlieses mit demselben Verlegegerüst entlang der Tunnelwandung abgerollt, wobei die Andrückrollen die Kunststoffdichtungsbahn gegen das geotextile Schutzvlies drücken (Bild 30).

Die Kunststoffdichtungsbahn wird unabhängig von den Rondellen an dem Schutzvlies befestigt. Hierzu werden die Haftfolienstreifen beim Ausrollen der Kunststoffdichtungsbahn kontinuierlich maschinell mittels Heißluftdüsen erhitzt, aktiviert und teilweise plastifiziert (Bild 31). Die Temperatur der Heißluft-

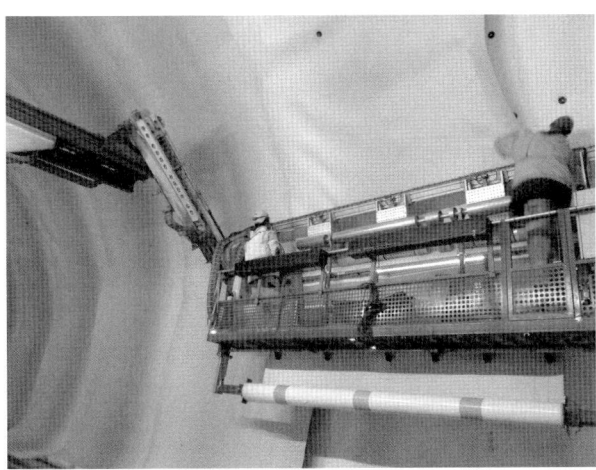

Bild 29. Einbau der Kunststoffdichtungsbahn mit Haftfolienstreifen und Vorratsrolle

Bild 30. Andrückrolle und Heißluftdüse zum Erhitzen des Haftfolienstreifens

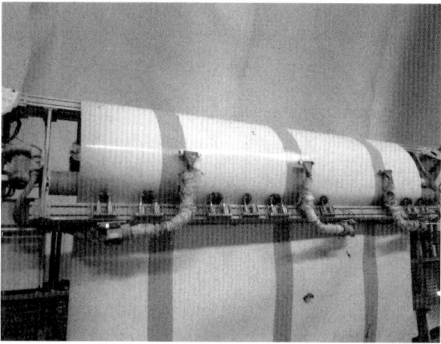

Bild 31. Heißluftdüsen im Bereich der Haftfolienstreifen

gebläse wird so gewählt, dass der Haftfolienstreifen nur an der Oberfläche plastifiziert wird. Die hierfür erforderliche Temperatur beträgt etwa 100 bis 130 °C.

Die Heißluftdüsen sind an der verfahrbaren Arbeitsbühne so angeordnet, dass die Heißluft auf die Haftfolie im Zwickel zwischen Kunststoffdichtungsbahn und geotextilem Schutzvlies strömt. Durch die Verwendung von einzelnen Heißluftdüsen wird ausschließlich der Bereich der Haftfolienstreifen erhitzt. Eine nennenswerte thermische Beanspruchung der Kunststoffdichtungsbahn wird auf diese Weise vermieden. Durch den kontinuierlichen automatisierten Arbeitsablauf werden lokale thermische Überbeanspruchungen, wie sie beim händischen Installieren möglich sind, von der Kunststoffdichtungsbahn weitestgehend ausgeschlossen.

Beim Einbau der Kunststoffdichtungsbahn wird diese im Bereich der angeschmolzenen, plastifizierten Haftfolienstreifen mithilfe der speziellen Andrückrollen gegen das geotextile Schutzvlies gepresst. Die Fasern der Vliesschicht werden dabei in die plastifizierte gebirgsseitige Schicht der Haftfolie hineingedrückt. Da nur die Haftfolienstreifen erhitzt werden, kühlen diese nach dem Andrücken an das geotextile Schutzvlies schnell wieder ab, sodass die angestrebte Fixierung der Kunststoffdichtungsbahn unmittelbar gewährleistet ist. Nach dem Erkalten ist über die Haftfolie ein mechanischer Verbund zwischen Kunststoffdichtungsbahn und geotextilem Schutzvlies gegeben. Dieser Verbund reicht aus, um die Kunststoffdichtungsbahn auch im Überkopfbereich bis zum Einbringen des Innenschalenbetons am geotextilen Schutzvlies zu halten. Sowohl das Aufschmelzen der Haftfolienstreifen und das Anpressen der Kunststoffdichtungsbahn durch die Andrückrollen als auch der Verlegevorgang insgesamt erfolgen kontinuierlich. Ein besonderer Vorteil des Haftfolienverfahrens besteht schließlich darin, dass die Kunststoffdichtungsbahn nahezu völlig ohne aufwendige Handarbeit an der Tunnelwand aufgebracht werden kann. Eingesetzt wurde dieses Verfahren zur Abdichtung des Eisenbahntunnels Silberberg auf der Strecke Ebensfeld–Erfurt im Jahre 2013.

5.9.3 Klettverfahren

Das Klettverfahren stellt eine weitere Art der Fixierung der Kunststoffdichtungsbahn an der Tunnelwandung im Ulmen- und Firstbereich dar. Es wurde 2003 beim Hafnerberg-Straßentunnel mit zwei parallelen ca. 1350 m bzw. 1390 m langen Röhren bei Birmesdorf in der Schweiz eingesetzt [83]. Bei diesem Verfahren gelangt eine spezielle Kunststoffdichtungsbahn zur Anwendung, bei der das bergseitige Schutzvlies bereits werkseitig aufkaschiert ist.

Zur punktuellen Fixierung der Kunststoffdichtungsbahn an der Tunnelwandung im Ulmen- und Firstbereich werden zunächst mit Klettvlies versehene Rondellen auf dem Abdichtungsträger mit dem Bolzensetzgerät befestigt (Bilder 32 und 33). Anstelle einer punktuellen Fixierung mittels Rondellen ist z. B. beim Tübbingausbau eines Tunnels auch eine linienhafte Fixierung mittels Klettvliesstreifen möglich.

Abdichtung mit Kunststoffdichtungsbahnen

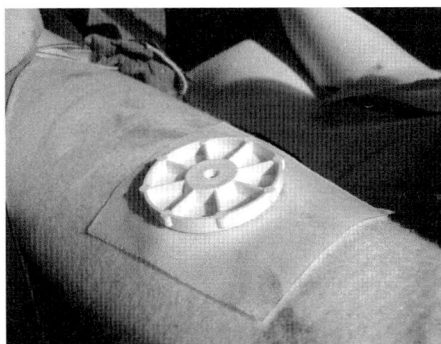

Bild 32. Befestigungselement mit aufkaschiertem Klettvliesstück

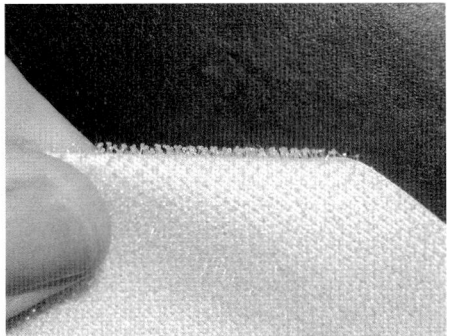

Bild 33. Klettvlies

Bild 34. Andrückrollen

Kunststoffdichtungsbahn und dem damit verbundenen hohen Flächengewicht ist für die Verlegung der Bahnen ein automatisiertes Verlegegerüst unumgänglich.

5.9.4 Hotmelt-Verfahren

Ein weiteres Verfahren zur temporären Fixierung der Kunststoffdichtungsbahnen im Ulmen- und Firstbereich gelangte mit dem Hotmelt-Verfahren ebenfalls 2003 im Onzbergtunnel zur Anwendung, einem 3160 m langen zweigleisigen Eisenbahntunnel bei Herzogenbuchsee in der Schweiz. Bei diesem Verfahren wird das Schutzvlies in Kombination mit der Kunststoffdichtungsbahn an der Tunnelwandung mit einem Heißkleber aufgeklebt. Bei dem Hotmelt-Verfahren handelt es sich um ein neuartiges, leistungsfähiges Montageprinzip für Abdichtungen aus Kunststoffdichtungsbahnen [83].

Das Verfahren bietet große Vorteile insbesondere bei Tunneln mit einer Tübbingauskleidung. Unter Einsatz eines speziell ausgelegten Verlegegerüsts (Bild 35) werden die Dichtungsbahnen mit bergseitig aufkaschiertem Vliesrücken nach vorauslaufender, tunnelinnenseitiger mechanischer Reinigung der Tübbingoberflächen (Bild 36) in einem Arbeitsgang ringförmig auf die Tübbingschale aufgeklebt. Wie bei dem Klettsystem erfordert dieses Verfahren eine mehrschichtige Kunststoffdichtungsbahn mit

Anschließend wird die Kunststoffdichtungsbahn maschinell ausgerollt und mit nachlaufenden Andrückrollen (Bild 34) gegen die Klettvliesstücke gedrückt. Diese verkrallen sich mit dem Schutzvlies und halten so das Schutzvlies einschließlich Kunststoffdichtungsbahn bis zum Einbringen des Betons für die Innenschale in Position.

Der Vorteil dieses Systems besteht unter anderem darin, dass das Schutzvlies und die Kunststoffdichtungsbahn in einem Arbeitsgang verlegt werden und so ein Arbeitsgang eingespart werden kann. Dies führt insbesondere bei Verwendung von 4 m statt 2 m breiten Bahnen zu einer deutlich erhöhten Verlegeleistung.

Das Klettverfahren setzt voraus, dass Schutzvlies und Kunststoffdichtungsbahn bereits werkseitig miteinander verbunden sind. Die Herstellung einer solchen mehrschichtigen Dichtungsbahn ist jedoch relativ aufwendig. Aufgrund der mehrschichtigen

Bild 35. Verlegegerüst beim Einbau der Tunnelabdichtung im Hotmelt-Verfahren

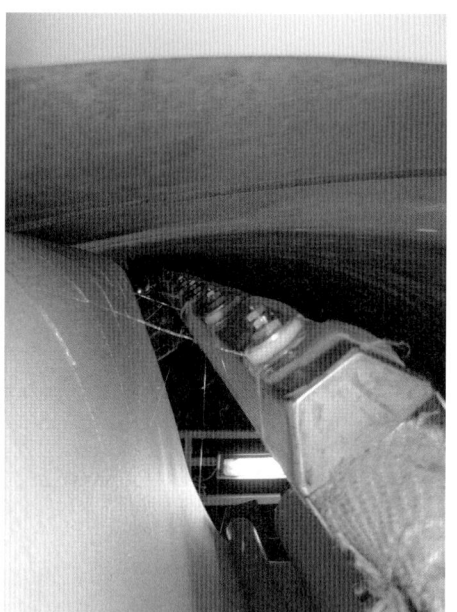

Bild 37. Aufbringen der Leimraupen in ca. 20 cm Abstand

Bild 38. Balken mit Heißluftbreitschlitzdüsen zum Aufschmelzen der Leimraupen

Bild 36. Vorlaufende Reinigung der Tübbingoberflächen mittels Bürstenrolle

einer Schutzvliesrückseite. Eine weitere Voraussetzung ist eine möglichst ebene Kontaktfläche im Bereich der späteren Verklebung. Insbesondere Tübbingtunnel weisen eine derartige Oberfläche auf.

Beim Hotmelt-Verfahren wird ein erhitzter, flüssiger Polyurethankleber in Form von Leimraupen (Abstand untereinander etwa 20 cm) in Tunnelumfangsrichtung auf die Tunnelwandung aufgetragen (Bild 37). Unmittelbar vor dem Einbau der Kunststoffdichtungsbahn werden die Leimraupen mittels Heißluft aufgeschmolzen (Bild 38). In den flüssigen Kleber wird dann der Schutzvliesrücken der Kunststoffdichtungsbahn mittels Rollen angedrückt (Bild 39). Möglich wird dies durch ein automatisiertes Verlegegerüst, mit dem die Kunststoffdichtungsbahn in einem Arbeitsgang abgerollt und aufgeklebt wird. Vorteilhaft ist die hohe Verlegeleistung, die lineare ringförmige Verklebung und die

Bild 39. Andrückrollen

dadurch gewährleistete Ableitung eventuell anfallenden Bergwassers in den ca. 20 cm breiten Kanälen zwischen den Verklebungen. Das derart gefasste Bergwasser wird am Fuß der Innenbetonschale gesammelt und der Hauptentwässerung des Tunnels zugeführt.

Von einem gesonderten Nachläufer (Bild 40) aus werden die einzelnen Dichtungsbahnen mittels Schweißautomaten nach dem Heizkeilverfahren miteinander verbunden.

6 Abdichtung aus Beton mit hohem Wassereindringwiderstand

6.1 Allgemeines

Bei Abdichtungen aus Beton mit hohem Wassereindringwiderstand hat der Beton neben der statischen, konstruktiven Funktion zusätzlich noch eine abdichtende Aufgabe. Der letztgenannte Effekt lässt sich jedoch allein durch die Verwendung eines WU-Betons, das heißt eines Betons mit einem hohen Wassereindringwiderstand (Wassereindringtiefe maximal 50 mm), nicht erreichen. Damit die gesamte Betonkonstruktion die geforderte Dichtfunktion erfüllt, sind vielmehr weitere Maßnahmen erforderlich. Dazu zählt beispielsweise eine zusätzliche Bewehrung, die die Rissweite des Stahlbetons je nach Art der Wasserbeanspruchung rechnerisch auf maximal 0,2 mm beschränkt. Ferner ist der Beton so einzubauen, dass keine Entmischung beim Einbringen in die Schalung erfolgt. Die sorgfältige Verdichtung des Betons sowie eine fachgerechte Nachbehandlung sind ebenfalls notwendig, um Fehlstellen wie Kiesnester und Hohlstellen oder größere Risse möglichst von vornherein zu vermeiden.

Seit Erscheinen der überarbeiteten Fassung der Richtlinie „Wasserundurchlässige Bauwerke aus Beton" (WU-Richtlinie) des deutschen Ausschusses für Stahlbeton im Jahr 2017 werden folgende zwei **Beanspruchungsklassen** unterschieden [53]:

Bild 40. Schweißgerüst

(1) Beanspruchungsklasse 1: betrifft die Beanspruchung durch drückendes und nichtdrückendes Wasser sowie zeitweise aufstauendes Sickerwasser.

(2) Beanspruchungsklasse 2: gilt bei einer Beanspruchung durch Bodenfeuchte und nichtstauendes Sickerwasser.

Darüber hinaus werden in Abhängigkeit von der Funktion des Bauwerks und von den Nutzungsanforderungen an das Bauteil folgende **Nutzungsklassen** festgelegt:

(1) Nutzungsklasse A: Bei Bauwerken der Nutzungsklasse A ist ein Feuchtetransport in flüssiger Form (Wasserdurchtritt) durch die Betonbauteile nicht zulässig.

(2) Nutzungsklasse B: An die Dichtigkeit der Bauwerke mit Nutzungsklasse B werden geringere Anforderungen gestellt. So sind Feuchtstellen auf der luftseitigen Bauteiloberfläche zulässig.

Ein Tunnelbauwerk, das sich zumindest bereichsweise unterhalb des Bemessungswasserstands befindet und durch dessen Betonkonstruktion kein Wasser durchdringen darf, fällt somit in die Beanspruchungsklasse 1 und die Nutzungsklasse A. Damit eine Betonkonstruktion die Beanspruchungsklasse 1 erfüllen kann, sind bei der Ortbetonbauweise Wanddicken von mindestens 24 cm und Sohlplattendicken von mindestens 25 cm empfehlenswert. Bei Fertigteilen ist die erforderliche Mindestdicke mit jeweils etwa 20 cm insgesamt etwas geringer. Diese für die Beanspruchungsklasse 1 empfohlenen Mindestdicken werden im Tunnelbau sicher erreicht und in der Regel deutlich überschritten.

6.2 Fugenabdichtung im Ortbetonbau

6.2.1 Allgemeines

Entscheidend für die abdichtungstechnische Wirksamkeit einer wasserundurchlässigen Betonkonstruktion (WUB-KO) ist neben der fachgerechten Planung und Ausführung der Betonbauteile die Ausbildung der Fugen, da in diesen Bereichen die Betonkonstruktion eine Unterbrechung aufweist. Die Erfahrungen der Praxis zeigen, dass gerade die Fugen in vielen Fällen mögliche Schwachpunkte darstellen. Der Planung des gesamten Abdichtungskonzepts einschließlich des Fugenverlaufs und der Ausführung der einzelnen Fugen kommt somit eine große Bedeutung zu. An die Planung der Fugen werden folgende, nennenswerte Anforderungen gestellt:

(1) Der Fugenverlauf soll geradlinig, übersichtlich und ohne Versprünge sein.

(2) Dehn- und Bewegungsfugen müssen durch das gesamte Bauwerk durchlaufend ausgebildet werden.

(3) Alle Fugen müssen ein in sich geschlossenes und umlaufendes Gesamtsystem ergeben.

(4) Dieses Gesamtsystem ist im Vorfeld einschließlich der jeweiligen Verbindungen zwischen den einzelnen Fugenbandtypen und Fugenbandabschnitten im Detail zu planen.

(5) Die Anzahl der Fugen ist, soweit betontechnologisch und verfahrenstechnisch möglich, auf ein Mindestmaß zu reduzieren.

(6) Dehn- und Arbeitsfugen sollten jeweils in möglichst schwach beanspruchten Bereichen des Bauwerks angeordnet werden.

Die im Ortbetonbau anzutreffenden, verschiedenen Fugenarten und deren Abdichtung werden im Folgenden näher erläutert (s. a. [65]).

6.2.2 Dehn- und Bewegungsfugen

Dehn- und Bewegungsfugen sind bei Betonbauwerken immer dann anzuordnen, wenn zwei benachbarte Bauteile eines Bauwerks planmäßig unterschiedliche Verformungen z. B. infolge Setzungen oder Temperaturänderungen erfahren. Bei den Dehn- und Bewegungsfugen wird die Bewehrung unterbrochen und eine Raumfuge ausgebildet. Durch die Anordnung eines Fugenspalts sind in den Dehn- und Bewegungsfugen horizontale und/oder vertikale Verformungen sowie Verdrehungen möglich.

Die Abdichtung der Dehn- und Bewegungsfugen erfolgt bei WU-Betonkonstruktionen mit innenoder außenliegend einbetonierten Dehnfugenbändern mit Mittelschlauch bzw. Mittelschlaufe. In Teil 1 der DIN 7865 [5] sind die Mindestabmessungen und die Geometrie der geeigneten elastomeren und im Teil 1 der DIN 18541 [14] die von thermoplastischen Fugenbändern festgelegt. In Tabelle 4a (Elastomere) und in Tabelle 4b (Thermoplaste) sind die wesentlichen Angaben zur Geometrie dieser Fugenbänder sowie der zulässige Wasserdruck und die resultierende Verformung zusammengestellt. Die Angaben zum Wasserdruck und zur resultierenden Verformung stellen den allgemeinen Anwendungsbereich dar, in dem diese Fugenbänder ohne weiteren Nachweis eingesetzt werden können. Dieser Bereich ist durch die Auswahldiagramme gemäß DIN 18197 [8] abgedeckt.

Die Materialeigenschaften der Fugenbänder sind in dem jeweils zugehörigen Teil 2 der genannten Stoffnormen beschrieben (Tabelle 5) [5, 14].

Zur Auswahl geeigneter innen- und außenliegender Dehnfugenbänder enthält DIN 18197 [8] spezielle auf Erfahrungen und Versuchen basierende Diagramme. Als Eingangswerte dienen hierbei der Bemessungswasserdruck in bar und die erwartete resultierende Verformung in mm. Die resultierende Verformung kann aus den Verformungen in x-, y-

und z-Richtung durch vektorielle Addition berechnet werden.

Ein Vergleich der beiden Fugenbandmaterialien (Elastomer bzw. Thermoplast) zeigt deutlich, dass für die Fugenbänder aus Elastomer-Material bei vergleichbarer Fugenbandbreite nach den Auswahldiagrammen in DIN 18197 ein höherer Wasserdruck und auch eine größere resultierende Verformung zulässig sind als für ein gleichbreites Fugenband aus thermoplastischem Kunststoff. Dies ist gut zu erkennen bei einem Vergleich der durchgezogenen Kurve in Bild 41 für die Elastomer-Fugenbänder FM 500 und FMS 500 mit der gestrichelten Kurve für das thermoplastische Fugenband D 500. Bei derselben Fugenbandbreite weisen die Elastomer-Fugenbänder hinsichtlich des aufnehmbaren Wasserdrucks und der zulässigen resultierenden Verformung erhebliche Vorteile gegenüber den thermoplastischen Fugenbändern auf.

Der Vergleich der Einbauposition verschiedener Elastomer-Fugenbänder (innenliegend bzw. außenliegend) zeigt, dass bei gleicher Fugenbandbreite und identischen resultierenden Verformungen die innenliegend angeordneten Dehnfugenbänder bei höheren Wasserdrücken eingesetzt werden können als die außenliegend angeordneten (Bilder 41 und 42).

Zusammenfassend ist festzuhalten, dass sich gemäß DIN 18197 [8] für höhere Wasserdrücke insbesondere die 500 mm breiten, innenliegenden Dehnfugenbänder aus Elastomer-Material der Typen FM 500 und FMS 500 besonders eignen. Der maximal zulässige Wasserdruck gemäß Auswahldiagramm ist in Abhängigkeit von der maximalen resultierenden Verformung mit 25 mWS festgelegt (Bild 41). Für Werte darüber hinaus ist eine Auslegung der Fugenbänder anhand der vorgenannten Diagramme in DIN 18197 nicht möglich.

Für den Fall, dass in der Praxis höhere Wasserdrücke und/oder größere resultierende Verformungen anstehen, ist gemäß DIN 18197, Kapitel 5.4.1.2 [8] vorgesehen, einen speziellen Eignungsnachweis in Form von Versuchen, Berechnungen oder eines Vergleichs mit erfolgreichen ähnlich gelagerten Anwendungsbeispielen zu führen.

Zusätzliche Festlegungen zur Auswahl geeigneter Fugenbänder sind für Straßentunnel in den Zusätzlichen Technischen Vertragsbedingungen und Richtlinien für Ingenieurbauten (ZTV-ING) im Teil 3 „Massivbau" [37] und Teil 5 „Tunnelbau" [38] enthalten. Für Bahntunnel gilt analog die Richtlinie Ril 853 [41].

Generell ist für Straßentunnel in den ZTV-ING Teil 3 „Massivbau" im Abschnitt 3 unter 5.1 geregelt, dass zur Abdichtung der Bauwerksfugen nur Elastomer-Fugenbänder eingesetzt werden dürfen. Lediglich zum Verschluss der Raumfugen dürfen auch thermoplastische Fugenabschlussbänder verwendet werden [37].

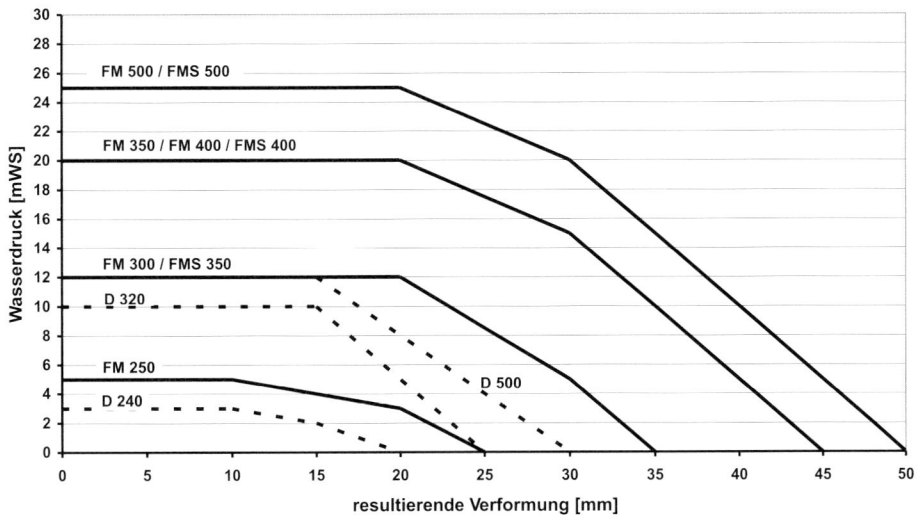

Bild 41. Gegenüberstellung der Einsatzgrenzen von innenliegenden Elastomer-Dehnfugenbändern (Typ FM bzw. FMS) mit denen der thermoplastischen Dehnfugenbänder (Typ D) [8]

Tabelle 4a. Ausgewählte Dehn- und Bewegungsfugenbänder (Elastomer) nach DIN 7865 [5] (Mindestanforderungen)

Material	Lage des Fugenbands	Form	Gesamtbreite [mm]	Breite eines Dichtteils [mm]	Breite Dehnteil [mm]	Dicke Dehnteil [mm]	Wasserdruck [mWS]	Resultierende Verformung [mm]
Elastomer	außenliegend	AM 250	250	75	100	6	0	30
							3	20
		AM 350	350	125	100	6	0	35
							7	20
		AM 500	500	175	150	6	0	40
							1	20
	außenliegend (Fugenabschluss)	FAE 50	55	0	90	5	0	20
		FAE 100	105	50	90	5	1	20
		FAE 150	155	100	90	5	3	20
	innenliegend	FM 250	250	62,5	125	9	0	25
							5	10
		FM 300	300	62,5	175	10	0	35
							12	20
		FM 350 / FM 400	350 / 400	85	180 / 230	12	0	45
							20	20
		FM 500	500	100	300	13	0	50
							25	20
		FMS 350	350	45 + 70	120	10	0	35
							12	20
		FMS 400	400	45 + 70	170	11	0	45
							20	20
		FMS 500	500	65 + 70	230	12	0	50
							25	20

Darüber hinaus wird im Teil 5 „Tunnelbau" für die in geschlossener Bauweise errichteten Straßentunnel ausgeführt, dass zur Abdichtung der Tunnelblockfugen nur innenliegende Elastomer-Fugenbänder mit beidseitigen Stahllaschen und Verpressmöglichkeiten in einer Mindestbreite von 350 mm eingesetzt werden dürfen (vgl. [38], Teil 5, Abschnitt 1; 8.3.4 (3)). Bei in offener Bauweise hergestellten Straßentunnelbauwerken müssen die Fugenbänder gemäß [38] zur Abdichtung der Blockfugen mit mindestens 400 mm geringfügig breiter ausgelegt sein als die Fugenbänder bei der geschlossenen Bauweise (vgl. [38], Teil 5, Abschnitt 2, 7.4.2 (7)). Der maximal von außen anstehende Wasserdruck darf für Straßentunnel nach [38] in Anpassung an DIN 18197 [8] für eine als WUB-KO errichtete Innenschale ohne zusätzliche Abdichtung den Wert von 25 mWS nicht übersteigen (vgl. [8], Teil 5, Abschnitt 1, 8.3.1 (3)). Bei Wasserdrücken von mehr als 25 mWS sind ergänzende Maßnahmen wie z. B. der Einbau einer zusätzlichen Abdichtung mit Kunststoffdichtungsbahnen erforderlich. Diese Maßnahmen sind projektspezifisch im Einzelfall festzulegen.

Tabelle 4b. Ausgewählte Dehn- und Bewegungsfugenbänder (Thermoplast) nach DIN 18541 [14] (Mindestanforderungen)

Material	Lage des Fugenbands	Form	Gesamtbreite [mm]	Breite eines Dichtteils [mm]	Breite Dehnteil [mm]	Dicke Dehnteil [mm]	Wasserdruck [mWS]	Resultierende Verformung [mm]
Thermoplast	außenliegend	DA 240	240	80	80	4	0	25
		DA 320	320	110	100	5	0	27
							3	20
		DA 500	500	175	150	6	0	35
							10	20
	außenliegend (Fugenabschluss)	FA 70	70	0	90	5	0	40
		FA 90	90	45	90	5	1	20
		FA 130	130	90	90	5	3	20
	innenliegend	D 240	240	80	80	4	0	20
							3	10
		D 320	320	110	100	5	0	25
							10	15
		D 500	500	175	150	6	0	30
							12	15

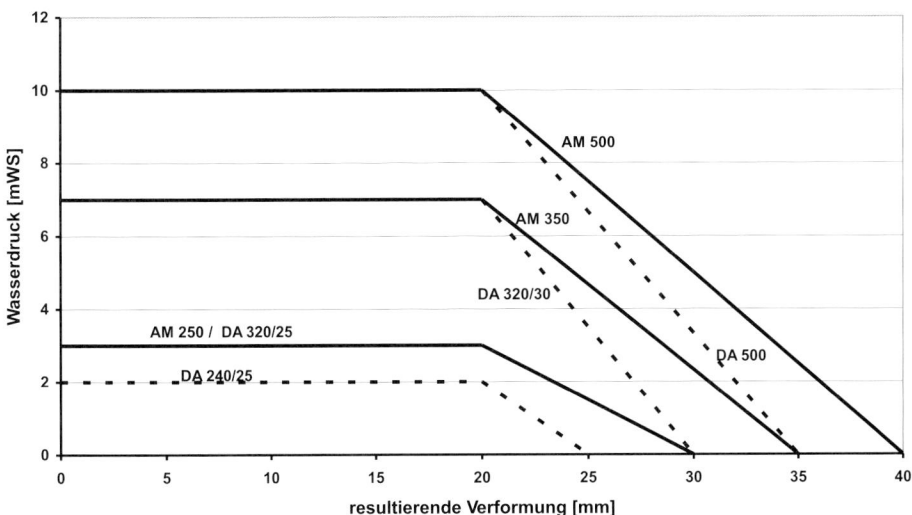

Bild 42. Gegenüberstellung der Einsatzgrenzen von außenliegenden Elastomer-Dehnfugenbändern (Typ AM) mit denen der thermoplastischen Dehnfugenbänder (Typ DA) [8]

Tabelle 5. Ausgewählte Materialmindestanforderungen für elastomere und thermoplastische Fugenbänder nach DIN 7865 [5] bzw. DIN 18541 [14]

Materialeigenschaft	Elastomer	Thermoplast
Shore-A-Härte	62 ± 5	67 ± 5
Reiß-/Zugfestigkeit [MPa]	≥ 10	≥ 10
Reiß-/Bruchdehnung [%]	≥ 380	≥ 350
Weiterreißwiderstand [N/mm]	≥ 8	≥ 12
Gebrauchstemperaturbereich:		
– nichtdrückendes Wasser	−20 °C bis +60 °C	−20 °C bis +60 °C
– drückendes Wasser	−20 °C bis +40 °C	−20 °C bis +40 °C

In der DB-Richtlinie Ril 853 ([41], dort Modul 4101, Bild 1) werden die Anforderungen an die Abdichtung und die Entwässerung für Planung und Bau neuer Eisenbahntunnel beschrieben. Gemäß dieser Richtlinie sind innenliegende Fugenbänder nur bei reinen WU-Betonkonstruktionen ohne ergänzende abdichtungstechnische Maßnahmen vorgesehen. Hierbei sind Elastomer-Fugenbänder mit Mittelschlauch und beidseitigen Stahllaschen vom Typ FMS nach DIN 7865 [5] zu verwenden. Abweichend von DIN 18197 [8] ist gemäß Ril 853 [41] jedoch ein Wasserdruck von maximal 30 mWS anstelle von 25 mWS zulässig. Unter bestimmten Voraussetzungen ist aber noch eine Erhöhung des maximalen Wasserdrucks für die zu verwendenden innenliegenden Elastomer-Fugenbänder von bis zu 10 %, das heißt auf 33 mWS zulässig. Diese Überschreitung muss allerdings sowohl mit der DB Netz AG als auch mit dem Eisenbahnbundesamt (EBA) abgestimmt sein. Voraussetzung für eine Genehmigung ist allerdings, dass hierdurch ein Wechsel der Abdichtungskonzeption in den nächst höheren Wasserdruckbereich (30 bis 60 mWS mit zusätzlicher Anordnung einer Kunststoffdichtungsbahnenabdichtung) vermieden wird.

Der aktuelle Stand der Normung und der Regelwerke zu den im Tunnelbau einzusetzenden Dehnfugenbändern ist in Tabelle 6 zusammengefasst.

Abschließend ist festzuhalten, dass im Tunnelbau für Bahn und Straße zur Abdichtung von Dehnfugen bei hohen Wasserdrücken nach derzeitigem Stand der Normung und Regelwerke generell Elastomer-Fugenbänder nach DIN 7865 [5] zu verwenden sind. Die Auswahldiagramme in DIN 18197 bleiben insgesamt auf der sicheren Seite und enden mit Wasserdrücken von maximal 25 mWS. Höhere Wasserdrücke sind nur nach den speziellen Regelwerken für den Bahntunnelbau zulässig und reichen bis hin zu 33 mWS.

Neben der richtigen Auswahl der Dehnfugenbänder bei der Planung ist deren fachgerechter Einbau entscheidend für den in der Praxis erzielten Abdichtungserfolg. Beim Einbau der Dehnfugenbänder ist im Einzelnen Folgendes zu beachten:

(1) Die Fugenbänder müssen lagerichtig und ausreichend befestigt werden. Der Abstand der Befestigungselemente zueinander sollte 25 cm nicht überschreiten (Bild 43).

(2) Verschmutzungen, Schnee und Eis im Bereich der einzubetonierenden Fugenbandschenkel sind vor dem Einbetonieren zu entfernen (Bild 44).

(3) Die Fugenbandschenkel müssen vollständig und hohlraumfrei einbetoniert werden. Hierzu ist es erforderlich, dass bei horizontal verlaufenden innenliegenden Fugenbändern in der

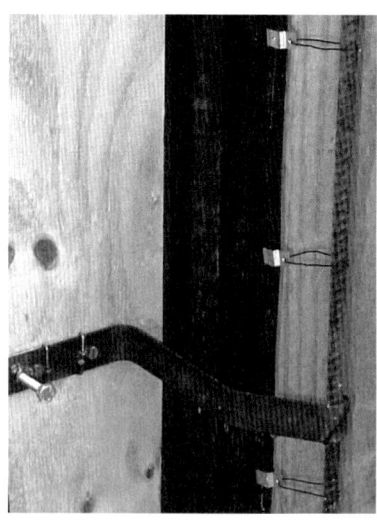

Bild 43. Lagerichtige und sichere Befestigung eines innenliegenden Fugenbands

Tabelle 6. Maximaler Wasserdruck und zulässige Verformung für ausgewählte innenliegende Dehnfugenbänder aus Elastomer-Material in Abhängigkeit von den genannten Regelwerken

Regelwerk	Fugenbandtyp	Bezeichnung nach DIN 7865 [5]	Maximaler Wasserdruck [mWS]	Zulässige Fugenverformung [mm] bei maximalem Wasserdruck	Bemerkung
DIN 18197 [8]	innenliegendes Fugenband	FM 350 / FM 400 / FMS 400	20	0 bis 20	
		FM 500 / FMS 500	25	0 bis 20	
ZTV-ING Teil 5, Abschnitt 1, 8.3.4 [38]	innenliegendes Fugenband mit Stahllaschen mind. 350 mm breit	FMS 350 / FMS 400 / FMS 500	25	keine Angabe	Mit Verpressmöglichkeit
ZTV-ING Teil 5, Abschnitt 2, 7.4.2 [38]	innenliegendes Fugenband mit Stahllaschen mind. 400 mm breit	FMS 400 / FMS 500	25	keine Angabe	Mit Verpressmöglichkeit
Ril 853.4101 [41]	innenliegendes Fugenband mit Mittelschlauch und Stahllaschen	FMS 350 / FMS 400 / FMS 500	33[*]	keine Angabe	

[*] Überschreitung der Regelgrenze von 30 mWS bis 10% in Abstimmung mit der Zentrale der DB Netz AG und dem EBA möglich, wenn dadurch zur Bemessung der Abdichtungsmaßnahmen die Anwendung der nächst höheren Wasserdruckstufe vermieden wird.

Sohle und in der Decke die Fugenbandschenkel um etwa 15° zu ihren Rändern hin nach oben aufgewinkelt werden.

(4) Bis zum Einbetonieren sind die Fugenbänder vor mechanischen Beschädigungen und Verschmutzungen zu schützen.

(5) Der lichte Abstand zwischen Fugenband und Bewehrung oder anderen Einbauteilen muss überall mindestens 20 mm betragen.

(6) Die Einbindetiefe eines innenliegenden Fugenbands (= Breite des Fugenbandschenkels) muss kleiner sein als die Betonüberdeckung. Dies führt dazu, dass in der Regel die Bauteildicke bei innenliegenden Fugenbändern mindestens der Fugenbandbreite entsprechen muss. Eine Ausnahme hiervon bilden Fugenbänder des Typs FM 250, die auch in 240 mm dicken Bauteilen eingebaut werden dürfen und der Typen A 320 und D 320, bei denen eine Bauteildicke von 300 mm ausreicht.

(7) Die Betondeckung der Sperranker muss mindestens 30 mm betragen.

(8) Bei der Verlegung der Fugenbänder müssen diese selbst eine Temperatur von mindestens 0°C aufweisen. Während der Fugenbandfügung auf der Baustelle muss die Umgebungstemperatur mindestens 5°C betragen.

(9) Fugenbänder sind bei Zwischenlagerung und in Bauzuständen vor direkter Sonneneinstrahlung z. B. durch Abdeckungen zu schützen.

(10) Wellenförmige Deformationen der Sperranker sind zu vermeiden. Diese entstehen insbesondere bei außenliegenden thermoplastischen Fugenbändern als Folge nicht fachgerechter Handhabung bei Transport und Lagerung.

(11) Aus dem Vorläuferbeton herausragende Fugenbandenden müssen für einen fachgerechten Anschluss mindestens 100 cm lang sein und fachgerecht verwahrt werden (vgl. Bild 45).

Bild 44. Durch Schnee und Eis verunreinigter Werksstoß eines thermoplastischen Dehnfugenbands

Bild 46. Werksformteil eines thermoplastischen Dehnfugenbands

Bild 45. Fachgerechte Verwahrung eines innenliegenden, später nach oben fortzuführenden Fugenbands durch Aufhängen am Baugrubenverbau

(12) Bei Dehnfugenbändern sind die offenen Enden des Mittelschlauchs so zu verschließen, dass während der Bauzeit keine Fremdkörper (Betonzuschläge, Zementschlämpe etc.) in den Mittelschlauch gelangen können.

(13) Innenliegende Fugenbänder sind vollständig innerhalb des Betonquerschnitts einzubauen. Hierbei muss der Abstand zum Bauteilrand mindestens die Hälfte der Fugenbandbreite betragen (Ausnahmen siehe unter (6)).

Bild 47. Baustellen-Vulkanisation eines elastomeren FMS-Fugenbands

(14) Außenliegende Fugenbänder sind im Sohlen- und Wandbereich wasserseitig und bündig zur Oberfläche der späteren Betonaußenfläche einzubauen. Der Einbau auf der Oberseite von waagerechten oder schwach geneigten Deckenbauteilen ist bei WU-Betonkonstruktionen nicht zulässig.

(15) Fugenabschlussbänder werden um das Maß der Betonkantenfasung zurückversetzt in die Fuge eingebaut.

(16) Fugenbandfügungen auf der Baustelle sind nur als rechtwinklig zur Fugenbandachse angeordnete Stumpfstöße in einer Ebene und mit denselben Fugenbandtypen und Fugenbandmaterialien zulässig. Alle anderen Fügungen sind im Herstellwerk als Werksfügung zu fertigen (Bild 46).

(17) Elastomer-Fugenbänder dürfen nur durch Vulkanisation, d. h. unter Zugabe von Rohkautschuk-Bandagen und Einwirkung von Wärme und Druck in einer Baustellen-Vulkanisierpresse nach der Vulkanisieranleitung des Herstellers, gefügt werden. In dieser Anleitung sind unter anderem die erforderlichen Parameter wie Temperatur und Zeit vorgegeben. Die Vulkanisierpresse verfügt über zwei profilbezogene Matrizen und eine Längsverspannung (Bild 47). Eine Verbindung mit Vulkanisiermitteln ohne Wärmeeinwirkung oder mithilfe von Klebstoffen oder Klebebändern ist nach DIN 18197 [8] nicht zulässig.

(18) Thermoplastische Fugenbänder können auf der Baustelle durch Schweißen gefügt werden. Hierzu werden die zu verbindenden Fugenbandenden mittels Schweißschwert angeschmolzen und im plastischen Zustand durch eine Führungsmechanik zusammengefügt (Bild 48). Die Baustellenschweißgeräte müssen den Gesamtquerschnitt des Fugenbands gleichmäßig aufschmelzen, temperaturgesteuert sein und einen dosierten Andruck der Fugenbandenden ermöglichen. Die Ausführung der Baustellenstöße muss nach der Schweißanleitung des Herstellers erfolgen. Eine Verbindung mithilfe von Klebstoffen ist nach DIN 18197 [8] nicht zulässig.

(19) Der bei der Schweißung von thermoplastischen Fugenbändern im Bereich der Fügenaht entstehende Schweißwulst (Bild 49) ist vorsichtig mit einer Zange zu entfernen, da er ansonsten quer zur Fugenbandlängsrichtung eine Kanüle bildet, die den Wasserweg nennens-

Bild 48. Baustellen-Schweißung eines thermoplastischen Fugenbands

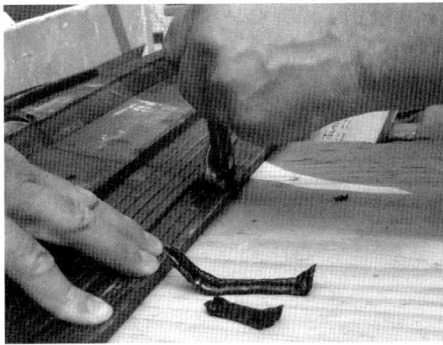

Bild 49. Entfernen des vorstehenden Schweißwulstes bei einem thermoplastischen Fugenbandstoß

wert verkürzt. Der maximal zulässige Versatz der Sperrankerachsen gegeneinander beträgt 2 mm.

(20) Nach [8] sollten die Verbindungen der Fugenbänder auf der Baustelle durch Fachkräfte des Fugenbandherstellers oder durch von ihm geschulte, seitens der Ausführungsfirma namentlich benannte Fügetechniker hergestellt werden. Der Nachweis über die erfolgreiche Schulung sollte nicht länger als 2 Jahre zurückliegen und z. B. durch ein Teilnahmezertifikat dokumentiert werden. Die Schulungen sollten das Fügen von Fugenbändern in Theorie und Praxis sowie damit zusammenhängende anwendungstechnische Hinweise für Fugenbänder und ergänzende Abdichtstoffe beinhalten. Bei Bauwerken im Bereich drückenden Wassers empfiehlt sich, vor Beginn der Arbeiten von jedem durch den Auftragnehmer namentlich benannten Fügetechniker eine Probeverbindung (Baustellenstoß) nach Angaben des Herstellers mit den vorgesehenen Geräten und Hilfsstoffen unter Baustellenbedingungen herstellen und durch die Bauüberwachung auf ihre fachgerechte Beschaffenheit prüfen zu lassen.

6.2.3 Pressfugen

Bei Pressfugen ist die Bewehrung wie bei Dehn- und Bewegungsfugen ebenfalls unterbrochen. Im Gegensatz zu den Dehn- und Bewegungsfugen wird jedoch mit einer Pressfuge keine Raumfuge ausgebildet und dementsprechend keine Fugenfüllplatte angeordnet. Bei ihrer Herstellung wird der nachfolgende Beton nur durch eine dünne Trennlage (z. B. nackte Bitumenbahn) getrennt direkt gegen den Vorläuferbeton eingebracht. Dies führt dazu, dass planmäßig ein durchgängiger Fugenspalt ohne räumliche Trennung entsteht. Eine schwind- oder temperaturbedingte Verkürzung der angrenzenden Bauteile führt somit zu einer Dehnung des Fugenbands. Hingegen bewirkt eine Ausdehnung der benachbarten Bauteile gegenüber dem Ausgangszustand, z. B. infolge Bauteilerwärmung, eine Druckübertragung im Fugenbereich. Während Dehn- und Bewegungsfugen Verformungsmöglichkeit in x-, y- und z-Richtung zulassen, sind in Pressfugen nur Dehnungen in x-Richtung und gegebenenfalls Scherungen in y-Richtung für das Fugenband zu erwarten.

Da die Verformungsmöglichkeiten eines Fugenbands in einer Pressfuge stets geringer sind als in einer Dehn- und Bewegungsfuge, sind generell für die Abdichtung von Dehn- und Bewegungsfugen geeignete Fugenbänder grundsätzlich auch für die Abdichtung von Pressfugen einsetzbar. Es gelten somit die in Abschnitt 6.2.2 für die Dehnfugenbänder getroffenen Angaben sinngemäß auch für die Fugenbänder in Pressfugen. Nach [8] sind für den Einsatz bei Pressfugen ohne Scherverformungen sowohl innen- als auch außenliegende thermoplastische bzw. elastomere Fugenbänder mit Mittelschlauch (Typen D und DA bzw. Typen FM, FMS und AM) geeignet. Wenn allerdings in einer Pressfuge planmäßig auch mit Scherverformungen zu rechnen ist, dürfen nur innenliegende Fugenbänder mit Mittelschlauchummantelung mit fabrikmäßig angeformter Hohlkammer verwendet werden. Hierbei dient die angeformte Hohlkammer dazu, eine ausreichende Verformungskammer im Beton freizuhalten. Durch die Mittelschlauchummantelung wird der Mittelschlauch des innenliegenden Fugenbands bei einer Scherbewegung vor den scharfen Betonkanten im Fugenbereich und somit vor Beschädigungen geschützt. Eine nachträglich aufgeklebte Mittelschlauchummantelung, z. B. aus geschlossenzelligem Zellelastomer, ist gemäß [8] nicht mehr zulässig.

6.2.4 Arbeitsfugen

Arbeitsfugen sind in der Regel aus Gründen des Arbeitsablaufs erforderlich, um in ein und demselben Bauteil wie z. B. Sohle/Sohle, Wand/Wand oder Decke/Decke oder aber auch zwischen einzelnen Bauteilen wie z. B. Sohle/Wand und Wand/Decke einzelne Betonierabschnitte herzustellen. Die Bewehrung läuft im Bereich einer Arbeitsfuge durch. Sie wird nicht wie bei den anderen Fugenarten unterbrochen. Obwohl die im Tunnelbau üblichen Bauteildicken das Mindestmaß von 30 cm überschreiten, ab dem prinzipiell die Arbeitsfuge auch ohne zusätzliche Abdichtungselemente wasserdicht hergestellt werden könnte, wird der Einbau einer Fugenabdichtung als Regelausbildung empfohlen.

Bild 50. Nicht fachgerecht verwahrtes Arbeitsfugenblech in einer Deckenfuge mit deutlich erkennbarem Bewuchs

Folgende geregelte Abdichtungselemente eignen sich für den Einsatz in einer Arbeitsfuge:

(1) Fettfreie, unbeschichtete Arbeitsfugenbleche
Die für den Einsatz im Tunnelbau geeigneten unbeschichteten Arbeitsfugenbleche müssen entsprechend Abschnitt 10.2 der WU-Richtlinie [53] eine Mindestblechdicke von 1,5 mm und eine Mindestbreite von 250 mm aufweisen. Derartige Bleche eignen sich bis zu einem Wasserdruck von 3 mWS. Bei Wasserdrücken zwischen 3 mWS und 10 mWS muss die Blechbreite mindestens 300 mm betragen. Bei noch höheren Wasserdrücken ist die Blechbreite entsprechend zu vergrößern.

Die unbeschichteten Arbeitsfugenbleche dichten durch ihre hohlraumfreie Einbettung in den umgebenden Beton ab (Einbettungsprinzip). Hierzu wird das Arbeitsfugenblech so ausgerichtet und lagesicher fixiert, dass nach dem Betonieren die eine Hälfte des Blechs in den Vorläuferbeton eingebettet ist. Später wird die andere Hälfte in den folgenden Betonierabschnitt eingebettet. Ein nachträgliches Eindrücken des Arbeitsfugenblechs in den Frischbeton ist nicht zulässig, da hierbei aufgrund der Verdrängung einzelner größerer Zuschlagskörner seine hohlraumfreie Einbettung im Beton nicht zuverlässig erzielt werden kann. Die bereits halbseitig einbetonierten Arbeitsfugenbleche sind während der Bauzeit vor Verschmutzungen und mechanischen Beschädigungen zu schützen. Besondere Vorkehrungen sind zum Schutz der zunächst noch frei bleibenden Fugenblechhälften zu treffen. Hierbei ist zu beachten, dass derartige Bauzustände bei großen Projekten im Ingenieurbau zum Teil über Monate und mehrere Jahre andauern können und deshalb die fachgerechte Verwahrung sowie der Korrosionsschutz der Abdichtungselemente besonders wichtig sind. Ein entsprechend fehlgeschlagenes Beispiel zeigt Bild 50. Hier sind neben der Verschmutzung der Anschlussbewehrung und der Gewindeschraub-

anschlüsse mit Betonresten und Zementschlempe eine stärkere Begrünung sowie Korrosion des freistehenden Arbeitsfugenblechs zu erkennen.

Zur Verbindung zweier benachbarter Arbeitsfugenblechabschnitte werden die Bleche im Stoßbereich quer zur Blechlängsrichtung um etwa 5 mm versetzt überlappt. Dies ermöglicht eine einwandfreie umlaufende und wasserdichte Schweißung der querlaufenden Stoßnähte an der Blechvorder- und -rückseite sowie der längslaufenden Stoßnähte (sog. vierseitige Verschweißung). Die geringe Blechdicke erfordert in der Regel den Einsatz einer Schutzgasschweißung.

(2) Innenliegende Arbeitsfugenbänder
Bei der Dimensionierung der innenliegenden Arbeitsfugenbänder aus Elastomer-Material (Typen F und FS nach DIN 7865 [5]) bzw. thermoplastischem Material (Typ D nach DIN 18541 [14]) ist der jeweils anstehende Wasserdruck maßgeblich. Da hierbei die Dichtteilbreite der innenliegenden Arbeitsfugenbänder genau derjenigen für Dehnfugenbänder entspricht, können für die Dimensionierung der innenliegenden Arbeitsfugenbänder die in DIN 18197 [8] für vergleichbare Dehnfugenbänder und einer resultierenden Verformung von $v_r = 0$ mm angegebenen Werte herangezogen werden. Für innenliegende thermoplastische Arbeitsfugenbänder nach DIN 18541 darf nach der Neuauflage der DIN 18197 [8] der für innenliegende thermoplastische Dehnfugenbänder bei $v_r = 0$ mm angegebene zulässige Wasserdruck um 80 % erhöht werden. Die sich hieraus ergebende zulässige Wasserdruckbeanspruchung ist in Tabelle 7 für die verschiedenen innenliegenden Arbeitsfugenbänder zusammengestellt.

Tabelle 7. Zulässige Wasserdruckbeanspruchung von innenliegenden Arbeitsfugenbändern (nach DIN 18197 [8])

Fugenbandtyp	Form nach	Dichtteilbreite [mm]	Zulässiger Wasserdruck [mWS]
F 200	DIN 7865-1 (Elastomer)	62,5	5–12
F 250		85	20
F 300		100	25
FS 310		115	12–20
A 240	DIN 18541-1 (Thermoplast)	≥ 62,5	5,4
A 320		≥ 75	18
A 500		≥ 100	21,6

(3) Außenliegende Arbeitsfugenbänder
Die Dimensionierung der außenliegenden Arbeitsfugenbänder aus Elastomer-Material (Typ A nach DIN 7865 [5]) bzw. thermoplastischem Material (Typ AA nach DIN 18541 [14]) erfolgt analog zu den außenliegenden Dehnfugenbändern. Dabei ist nicht die Breite des Dichtteils, sondern die Anzahl und die Höhe der Sperranker maßgebend (Tabelle 8).

Darüber hinaus können zur Abdichtung von Arbeitsfugen auch ungeregelte Systeme eingesetzt werden, sofern ein Verwendbarkeitsnachweis in Form eines allgemeinen bauaufsichtlichen Prüfzeugnisses (abP) vorliegt, aus dem die Einsatzbedingungen wie beispielsweise der maximal zulässige Wasserdruck hervorgehen.

Folgende ungeregelte Abdichtungselemente sind zur Abdichtung von Arbeitsfugen in der Praxis anzutreffen:

(4) Beschichtete Arbeitsfugenbleche
Die beschichteten Arbeitsfugenbleche benötigen aufgrund ihrer speziellen Beschichtung mit Quellwirkung bei Wasserzutritt eine geringere Einbindetiefe in den Beton. Dadurch ist in der Regel eine geometrische Aussparung in der Bewehrungsführung nicht erforderlich. Derartige Arbeitsfugenbleche weisen je nach System eine einseitige oder auch beidseitige Beschichtung auf. Es werden hierbei quellfähige Beschichtungen auf Basis von Bentonit oder hydrophilen Kunststoffen oder aber Beschichtungen aus Butylkautschuk-Bitumen verwendet. Nachteilig bei den quellfähigen Beschichtungen ist, dass diese während der Bauzeit vor dem Einbetonieren vor jeglichem Zutritt von Wasser (auch Niederschlagswasser) geschützt werden müssen, da ansonsten der Quellvorgang bereits vorzeitig stattfindet und wegen der fehlenden Einbettung gewisser-

Tabelle 8. Zulässige Wasserdruckbeanspruchung von außenliegenden Arbeitsfugenbändern (nach DIN 18197 [8])

Fugenbandtyp	Form nach	Höhe der Sperranker einschließlich Grundplatte [mm]	Anzahl der Sperranker	Zulässiger Wasserdruck [mWS]
A 250	DIN 7865-1 (Elastomer)	31	4	3
A 350		31	6	7
A 500		31	8	10
AA 240	DIN 18541-1 (Thermoplast)	≥ 20	4	0
		≥ 25	4	2
AA 320		≥ 25	6	3
		≥ 30	6	7
AA 500		≥ 30	8	10

maßen „verpufft". Der zur Abdichtung erforderliche Quelldruck kann sich dann unter Umständen später nicht mehr in ausreichendem Maße entwickeln. Um solche Fehler zu vermeiden, ist die quellfähige Beschichtung in der Regel mit einer Schutzfolie versehen.

Auch die Butylkautschuk-Bitumen-Beschichtung weist eine derartige Schutzfolie auf. Die Schutzfolie hat in diesem Fall jedoch die Aufgabe, die Beschichtung vor einer Verschmutzung zu schützen. Anderenfalls kann die satte Einbettung der Beschichtung in den Beton beeinträchtigt werden. Bei der Verlegung ist zu beachten, dass die Schutzfolie rechtzeitig vor dem Betonieren entfernt wird.

Wegen der Beschichtung können derartige Arbeitsfugenbleche nicht als Rollenware geliefert werden. Beim Aufrollen für den Transport bestünde die Gefahr, dass die Beschichtung abplatzt. Die beschichteten Arbeitsfugenbleche werden deshalb üblicherweise in Stücklängen von z. B. 2 m geliefert und auf der Baustelle überlappt gestoßen. Zur Fixierung in den Überlappstößen und an der Bewehrung werden spezielle systemeigene Befestigungsklammern des jeweiligen Herstellers verwendet. Einzelheiten hierzu sind den zugehörigen Verarbeitungshinweisen und dem abP zu entnehmen.

(5) Quellfähige Fugeneinlagen
Das Abdichtungsprinzip bei quellfähigen Fugeneinlagen beruht auf deren quellbedingtem Anpressdruck gegen den anzuschließenden Beton. Die quellfähigen Fugeneinlagen bestehen nach [73] im Wesentlichen aus folgenden Materialien:
– Bentonit (s. a. „Braune Wanne" in Tabelle 1),
– Quellprodukte auf Kautschukbasis,
– extrudierte Kunststoffe mit eingelagerten, wasserquellfähigen Polymeren,
– Quellprodukte aus Acrylatpolymeren.

Der Anpressdruck entsteht durch das Aufquellen der Fugeneinlage und damit durch die Volumenzunahme bei Wasserzutritt. Hierbei muss der entstehende Anpressdruck größer als der anstehende Wasserdruck sein. Die üblicherweise verwendeten quellfähigen Fugeneinlagen sind so eingestellt, dass die Quellwirkung etwas zeitverzögert einsetzt, damit nicht das bereits verlegte, aber noch nicht einbetonierte bzw. durch abgebundenen Beton umschlossene Quellprofil bereits bei Niederschlag oder durch das noch nicht gebundene Betonmachwasser aufquillt. Dies führt jedoch dazu, dass bei Wasserzutritt erst eine gewisse Zeit lang Nässe oder Wasser durch die Arbeitsfuge dringen kann, bevor eine ausreichende Quellwirkung einsetzt und so die Fuge abdichtet. Da das Quellprofil bei völliger Austrocknung wieder schrumpft, kann die Arbeitsfuge bei erneutem Wasserzutritt zunächst wiederum undicht sein, bevor das Quellprofil wieder ausreichend gequollen ist. Aus diesem Grund rät der Deutsche Betonverein davon ab, quellfähige Fugeneinlagen in Wasserwechselzonen oder oberhalb des Bemessungswasserstands einzusetzen.

Folgende Punkte sind bei der Anwendung von quellfähigen Fugeneinlagen zu beachten [51, 73]:
– Schutz der quellfähigen Fugeneinlage vor Nässe und Sonneneinstrahlung während der Lagerung und nach der Verlegung, aber noch vor dem Einbetonieren,
– ausreichende Betonüberdeckung von mindestens 10 cm zur Vermeidung von Betonabplatzungen infolge des hohen Quelldrucks,
– Reinigung der Arbeitsfugenoberfläche von losen, trennenden Bestandteilen,
– Verlegung auf einen ebenen, trockenen Betonuntergrund,
– ausreichende Befestigung der quellfähigen Fugeneinlage auf der Oberfläche der Arbeitsfuge im Abstand untereinander von maximal 15 cm.

(6) Kombi-Arbeitsfugenbänder
Bei einem Kombi-Arbeitsfugenband (KAB) wird ein thermoplastisches innenliegendes Arbeitsfugenband (siehe weiter oben Abschnitt (2)) mit einem Quellprofil kombiniert. Das Quellprofil und ein etwa 30 mm breiter Bereich des Arbeitsfugenbands binden hierbei in den Vorläuferbeton und das restliche etwa 100 mm breite Arbeitsfugenband in den nachfolgenden Beton ein. Die „fehlende Einbindetiefe" des unteren Fugenbandbereichs wird durch das an der Unterseite des Kombi-Arbeitsfugenbands integrierte Quellprofil kompensiert. Dieses Profil quillt bei Wasserzutritt auf und stellt so die Dichtigkeit im Vorläuferbeton her. Der Vorteil bei diesem System liegt darin, dass das Kombi-Arbeitsfugenband beispielsweise bei einer Arbeitsfuge Sohle/Wand direkt auf die obere Bewehrungslage der Sohlplatte aufgestellt werden kann und somit eine Betonaufkantung im Bereich der Arbeitsfuge Sohle/Wand oder aber eine Aussparung in der Bewehrung entbehrlich ist. Die Kombi-Arbeitsfugenbänder können mit der üblichen Schweißtechnik für thermoplastische Fugenbänder untereinander und mit anderen thermoplastischen Fugenbändern verbunden werden. Die Einsatzgrenzen hinsichtlich des zulässigen Wasserdrucks sind dem jeweiligen allgemeinen bauaufsichtlichen Prüfzeugnis zu entnehmen.

(7) Verpressschlauchsysteme

Ein weiteres Abdichtungselement zur Abdichtung von Arbeitsfugen stellen Verpressschlauchsysteme dar. Bei dieser Art der Abdichtung werden die ungewollten Hohlräume im Fugenbereich und die Arbeitsfuge selbst über einen Verpressschlauch mit einem abdichtenden Verpressmaterial verfüllt (Verfüllprinzip). Als Verpressmaterial kommen folgende Materialien infrage:
– Zementleim und Zementsuspension,
– Polyurethan-Harz,
– Acrylatgel.

Die Auswahl eines geeigneten Verpressmaterials ist abhängig vom verwendeten Verpressschlauchsystem und vom jeweiligen Einsatzzweck des Bauwerks/Bauteils. So sind beispielsweise Zementleim und Zementsuspensionen sowie Acrylatgele für mehrfach verpressbare Verpressschläuche geeignet, da bei diesen Materialien das noch nicht ausreagierte Verpressgut durch einen Unterdruck wieder aus dem Verpressschlauch herausgesaugt werden kann. Dies ist bei einer Verpressung mit Polyurethan-Harz nicht möglich. Bei der Verwendung von Acrylatgelen ist zu beachten, dass beim Einsatz in Stahlbetonkonstruktionen nachgewiesen sein muss, dass das Acrylatgel nicht zu einer Korrosion der Bewehrung führt. Weitergehende Angaben zu den einzelnen Verpressmaterialien sind in [86] enthalten.

Der Transport des Verpressmaterials in den möglicherweise abzudichtenden Bereich erfolgt mithilfe eines Verpressschlauchs, der vor dem Betonieren im Bereich der Arbeitsfuge befestigt wurde. An einen geeigneten Verpressschlauch werden vor allem folgende Anforderungen gestellt:
– ausreichend großer Querschnitt, um das Verpressmaterial in dem Schlauch zu transportieren,
– gleichmäßiger Austritt des Verpressmaterials über die gesamte Schlauchlänge,
– effektiver Schutz gegen das Eindringen von Betonschlempe beim Betonieren.

Eine umfassende Übersicht der verschiedenen auf dem Markt befindlichen Verpressschlauchsysteme mit Erläuterung des jeweiligen Funktionsprinzips ist in [73] zu finden. Das abP des jeweiligen Verpressschlauchsystems enthält Angaben zu den Einsatzgrenzen wie z. B. zum zulässigen Wasserdruck, zur Verpressbarkeit (einmalig oder mehrfach) und zu den verwendbaren Verpressmaterialien.

Bei Verlegen und Verpressen der Verpressschlauchsysteme ist im Einzelnen Folgendes zu beachten:
– Ein Aufschwimmen des Verpressschlauchs im Frischbeton ist durch einen entsprechend engen Befestigungsabstand von etwa 20 cm zu vermeiden. Bei einer sehr unebenen Oberfläche ist der Abstand entsprechend zu verkürzen.
– Der Verpressschlauch muss eng auf der Oberfläche der Arbeitsfuge aufliegen. Er ist jeweils in den Tiefpunkten der Oberfläche zu befestigen. Ein girlandenartiger Verlauf ist nicht zulässig.
– Die maximale Verpressschlauchlänge gemäß abP oder Verlegeanleitung des Herstellers darf nicht überschritten werden, da ansonsten der Materialtransport entlang des gesamten Verpressschlauchs unter Umständen nicht sichergestellt ist. Bei den auf dem Markt üblichen Systemen ist davon auszugehen, dass im Allgemeinen eine Länge von etwa 10 m sicher verpressbar ist.
– Der Mindestabstand zwischen zwei im Stoß parallel verlaufenden Verpressschlauchabschnitten beträgt 5 cm. Hierdurch ist sichergestellt, dass beim Verpressen des ersten Schlauchabschnitts nicht bereits Verpressmaterial auch in den zweiten Schlauchabschnitt eindringt und dieser so für die spätere Verpressung unbrauchbar wird.
– Bei einer Kreuzung von zwei Verpressschläuchen sind bei dem oberen Schlauch auf einer Länge von etwa 15 cm die Austrittsöffnungen für das Verpressmaterial z. B. mittels Klebeband zu verschließen. Alternativ kann anstelle der Umwicklung mit Klebeband auch ein kurzer Abschnitt eines Füll- bzw. Entlüftungsschlauchs ohne Austrittsöffnungen verwendet werden.
– Der Verpressschlauch ist knickfrei zu verlegen. Enge Knicke können den Materialtransport entlang des Schlauchs einschränken oder sogar unterbinden. Hierzu kann es erforderlich sein, Betonkanten z. B. bei Höhenversprüngen im Verlauf der Arbeitsfuge abzuschrägen oder den Verpressschlauch über die Kante speziell geschlauft zu verlegen.
– Der Verpressschlauch ist an beiden Enden mit einem Füll- bzw. Entlüftungsschlauch ohne Austrittsöffnungen für das Verpressmaterial auszustatten. Die Enden der Füllbzw. Entlüftungsschläuche sind für die spätere Verpressung in Verwahrdosen zu verlegen. Der Übergang zwischen dem Verpressschlauch und dem Füll- bzw. Entlüftungsschlauch muss mindestens 5 cm tief im Beton eingebettet sein, um ein vorzeitiges Austreten des Verpressmaterials zu vermeiden.
– Der Verlauf der Verpressschläuche, der zugehörigen Füll- bzw. Entlüftungsschläuche sowie die Lage der Verwahrdosen sind in entsprechenden Plänen so zu dokumentie-

ren, dass eine gezielte Verpressung einzelner Abschnitte möglich ist. Hierzu ist es erforderlich, dass die Füll- bzw. Entlüftungsschläuche verschiedenfarbig gekennzeichnet und im Plan eingetragen sind.
- Insbesondere bei Verpressschlauchsystemen, die erst später im Bedarfsfall verpresst werden sollen, sind die Enden der Füll- bzw. Entlüftungsschläuche durch Stopfen zu verschließen. Ansonsten besteht die Gefahr, dass die Verpressschläuche wie eine Dränageleitung wirken und mit der Zeit zusintern. Hierdurch wird die ursprünglich vorgesehene spätere Verpressung deutlich erschwert, wenn nicht sogar völlig unmöglich.
- Bei der Verpressung eines Verpressschlauchsystems wird das Verpressmaterial an dem einen Ende des Schlauchs eingefüllt, während am anderen Ende der Materialaustritt überwacht wird. Sobald am anderen Ende das Verpressmaterial blasenfrei austritt, wird dieses Ende verschlossen und der Druck kontinuierlich gesteigert.
- Bei vertikal verlaufenden Verpressschlauchsystemen erfolgt die Verpressung stets von unten nach oben, um einen „Materialabriss" während des Verpressens auszuschließen.
- Die Verpressung ist durch ein entsprechendes Protokoll zu dokumentieren. Dieses Protokoll soll Angaben zum Bauwerk und zum Bauteil (Bauteil- und Außentemperatur) sowie zum Verpressschlauch (z. B. Nummer und Länge) und zur Verpressung (z. B. Material, Verbrauch, Druck, Anzahl der Nachverpressungen) enthalten.

6.3 Fugenabdichtung im Betonfertigteilbau

Bergmännisch mithilfe einer Tunnelvortriebsmaschine aufgefahrene Tunnel werden vielfach mit einer einschaligen Auskleidung aus Stahlbetonfertigteilen, sogenannten Tübbings, ausgekleidet. Diese Tübbingauskleidung kann im Bedarfsfall bei anstehendem Wasserdruck als wasserundurchlässige Betonkonstruktion (WUB-KO) hergestellt werden. Bei einschaligen Tübbingauskleidungen im Bereich drückenden Wassers werden die Tübbingfugen durch umlaufende, komprimierte Dichtungsprofile aus Elastomer abgedichtet (Kompressionsdichtung). Die lückenlos wirksame Abdichtung dieser Tübbingfugen ist aufgrund der Vielzahl der Fugen und ihrer Gesamtlänge entscheidend für den Abdichtungserfolg und damit für die Gebrauchstauglichkeit des Bauwerks. Prinzipiell sind bei einer Tübbingauskleidung umlaufende Fugen (Ringfugen) und längslaufende Fugen (Längsfugen) zu unterscheiden. Bei einem 1 km langen Autobahntunnel mit einem Umfang von 40 m und einer Tübbingbreite von 1 m weisen allein die Ringfugen zusammen eine Länge von etwa 40 km auf (1.000 Fugen mit einer Länge von je 40 m). Geht man weiterhin von 8 Tübbings pro Ring aus, beträgt die Gesamtlänge der Längsfugen etwa 8 km (8 Fugen pro Ring mit einer Länge von jeweils 1,0 m pro Ring). Die Fugen in dem Beispieltunnel erreichen somit eine Gesamtlänge von nahezu 50 km. Da pro Fugenseite jeweils ein Dichtungsprofil eingesetzt wird, ergibt dies eine Gesamtlänge der Dichtungsprofile von fast 100 km.

Die Dichtungsprofile weisen längslaufende Hohlkanäle und an ihrer Unterseite Dichtungstrippen sowie Rillennuten auf (Bild 51). Die elastomeren Dichtungsprofile werden im Extrusionsverfahren gespritzt und anschließend vulkanisiert. Die Kontaktfläche zweier aneinanderstoßender Dichtungsprofile ist in der Regel eben, während die Dichtungsprofilunterseite Dichtrippen aufweist (Bild 51). Die Dichtungsprofile werden im Herstellwerk abgelängt und zu umlaufenden Dichtungsrahmen vulkanisiert.

Zur Aufnahme der Dichtungsprofile sind in den Seitenflächen der Tübbings in der Regel spezielle Nuten vorgesehen, die auf die Geometrie des jeweiligen Dichtungsprofils abgestimmt sind. Die Betonnut im Tübbing muss für die erforderliche Dichtfunktion eben und lunkerfrei sein. Üblicherweise werden die Dichtungsprofile im Tübbingwerk oder auf der Baustelle in einem wettergeschützten Raum in diese Nuten eingeklebt (sog. verklebte Dichtungsprofile). Alternativ können speziell geformte Dichtungsprofile auch bereits bei der Herstellung der Tübbings mit einbetoniert werden (sog. verankerte Dichtungsprofile).

Die Anforderungen an geeignete Dichtungsprofile für Tübbingauskleidungen sind in der STUVA-Empfehlung für die Prüfung und den Einsatz von Dichtungsprofilen in Tübbingauskleidungen [76] zusammengefasst. Die zugehörigen Prüfungen sind ebenfalls in [76] und in den Technischen Lieferbedingungen und Prüfvorschriften für Dichtungsprofile TL/TP DP [38] beschrieben.

Bild 51. Tübbingdichtungsprofile mit Hohlkanälen und Dichtrippen

Bild 52. Stahlprüfeinrichtung der STUVAtec zur Dichtigkeitsprüfung von Dichtungsprofilen für den Tübbingausbau

Zum Nachweis der Dichtigkeit können kleinmaßstäbliche Kurzzeitversuche entweder in Betonprobekörpern oder in Stahlprüfeinrichtungen durchgeführt werden (Bild 52). In den Dichtigkeitsversuchen wird im Allgemeinen eine T-Fugenausbildung untersucht, da ein solcher Fugenschnittpunkt bei der Tübbingauskleidung in jedem Tübbingring wiederholt auftritt. Wesentlich weniger gebräuchlich und aus abdichtungstechnischer Sicht unerwünscht ist die Anordnung von Kreuzfugen. Aber auch diese Fugen können im Dichtigkeitsversuch hinsichtlich ihrer Dichtfunktion überprüft werden. Die Rahmenbedingungen für die Durchführung der Dichtigkeitsversuche wie z. B. der Nutgrundabstand (= Öffnungsweite des Fugenspalts + 2 × Nuttiefe), das Versatzmaß und der Wasserprüfdruck sind jeweils projektspezifisch festzulegen. Der vorgegebene Wasserprüfdruck muss mindestens 20 Stunden ohne Leckage gehalten werden. Hierbei ist zu beachten, dass der Wasserprüfdruck im Versuch das Doppelte des Bemessungswasserdrucks betragen muss. Dies ist erforderlich, um die Abnahme (Relaxation) der Rückstellkraft des elastomeren Dichtungsprofils über die Zeit zu berücksichtigen.

Entscheidend für die Dichtfunktion ist die Rückstellkraft des Dichtungsprofils, die mit enger werdendem Nutgrundabstand deutlich ansteigt und je nach Profil bei ansonsten identischen Randbedingungen stark unterschiedlich ausfallen kann (Bild 53). Der Zusammenhang zwischen der Rückstellkraft und dem Verformungsweg kann an geraden, 200 mm langen Dichtungsprofilabschnitten versuchstechnisch bestimmt werden [38, 76]. Die Rückstellkraft sollte abhängig von der Betondruckfestigkeit bei einem Bemessungswasserdruck < 12 bar einen Wert von etwa 60 kN/m bis maximal 90 kN/m nicht überschreiten ([38], dort TL/TP DP). Bei höheren Rückstellkräften besteht die Gefahr, dass der Beton unmittelbar neben dem Dichtungsprofil abplatzt. Da die Dichtungsprofile an der Tunnelaußenseite liegen, sind diese Betonabplatzungen von der Tunnelinnenseite her nicht zu erkennen. Jüngste Projekte wie z. B. das Follo Line Bahnprojekt in Norwegen mit einem Bemessungswasserdruck von 33 bar erfordern höhere Rückstellkräfte und besondere Aufmerksamkeit beim Fugen- und Nutdesign.

Für die Überprüfung des Abplatzverhaltens wurde in [76] ein Verfahren festgelegt, bei dem Würfel mit der beim Tunnelprojekt vorgesehenen Betonrezeptur verwendet werden. Die Prüfwürfel mit einer Kantenlänge von 40 cm verfügen über entsprechende Betonnuten. Die geometrische Ausbildung der Nut in den Betonversuchskörpern muss der Betonnut im späteren Tübbing entsprechen. In diese werden dann die Dichtungsprofile eingelegt und komprimiert. Die Betonversuchskörper werden so aufgebaut, dass die mit Dichtungsprofilen versehenen Seiten eine T-Fuge oder aber eine Kreuzfuge bilden (Bild 54).

Zuerst wird die vertikale Fuge zwischen den beiden unteren Probekörpern auf den minimalen Nutgrundabstand + 2 mm geschlossen. Dann wird der obere Probekörper aufgesetzt. Zur Berücksichtigung des Ablaufs beim Ringbau wird der obere Probekörper frühestens 5 Minuten nach dem Verspannen der beiden unteren Probekörper mit einer Presse zusammengedrückt, bis der minimale Nutgrundabstand erreicht ist. Die Dichtungsprofile gelten für den vorgesehenen Nutgrundabstand als geeignet, wenn es nach 30 Minuten nicht zu Betonabplatzungen gekommen ist. Das Abplatzverhalten von verankerten Dichtungsprofilen kann analog geprüft werden. An die Herstellung und Maßhaltigkeit der Probekörper für die Abplatzversuche sind dieselben hohen Genauigkeitsanforderungen zu stellen wie an die spätere Tübbingproduktion.

Bei kleineren Tunnel- bzw. Leitungsquerschnitten können die Betonfertigteile auch den gesamten Querschnitt umfassen. Dies ist zum Beispiel bei Stahlbetonvorpressrohren im Kanalbau der Fall. Zur Abdichtung der Ringfuge zwischen zwei Vorpressrohren gelangen auch hier wieder elastomere Dichtungen zum Einsatz, die in der Regel in eine Betonnut eingelegt werden. Im Gegensatz zu den Dichtungsprofilen im Tübbingausbau, die an Ort

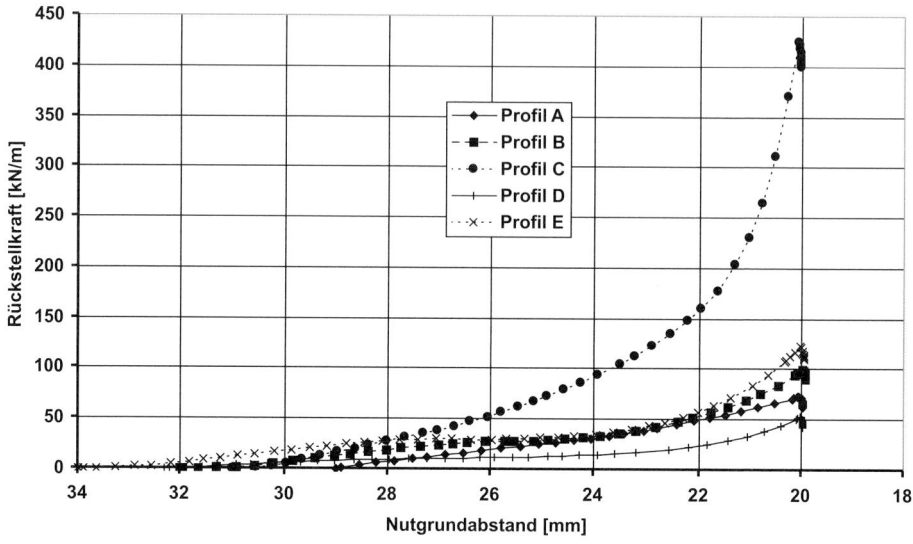

Bild 53. Kraft-Weg-Diagramme verschiedener Dichtungsprofile

Bild 54. Versuchsstand der STUVAtec zur Prüfung des Abplatzverhaltens [96]

Bild 55. Versuchsstand der STUVAtec zur Dichtigkeitsprüfung von Rohrfugendichtungen

und Stelle eingebaut werden und praktisch keine alternierenden Verformungen erfahren, müssen die Dichtungen in der Ringfuge zwischen zwei Vorpressrohren auch bei Verwinklungen in der Fuge funktionstüchtig bleiben. Die Verwinklungen ergeben sich daraus, dass die Rohrschüsse im Startschacht eingebaut und entlang der Vortriebsstrecke mit allen Richtungsänderungen vorgepresst werden. Auch die gleichzeitige Beanspruchung durch Wasserdruck und durch eine Verwinklung in der Rohrfuge kann praxisgerecht geprüft werden (Bild 55).

In offener Bauweise können auch rechteckige Querschnitte als Fertigteile eingesetzt werden. Die Stahlbetonfertigteile werden in diesem Fall direkt an der Einbaustelle ineinander geschoben. Die Abdichtung erfolgt wiederum mithilfe von elastomeren Dichtungsprofilen, die z. B. mit einer Lippendichtung (Bild 56) versehen sind. Sie werden in eine entsprechende Aussparung an der Stirnseite der Fertigteile eingebaut. Wichtig hierbei ist, wie bei allen Kompressionsdichtungen, dass die Fugengeometrie der Betonkonstruktion auf die Rückstellkraft des Dich-

a)

b)

Bild 56. Lippendichtung bei einem rechteckigen Kanalfertigteil; a) Übersicht, b) Detail

tungsprofils abgestimmt ist. Sonst kann es zu Betonabplatzungen kommen oder das Spitzende des Kanalquerschnitts nicht in das Stumpfende eingeschoben werden.

7 Durchdringungen und Übergangskonstruktionen

Leitungen zur Ver- und Entsorgung von Bauwerken, Entwässerungsbrunnen während der Bauzeit, Mittelrammträger oder für die Gründung eingesetzte Zug- und Druckpfähle erfordern bei einer äußeren Hautabdichtung deren Durchdringung. Sie bestehen im Regelfall aus Stahlkonstruktionen, die in sich dicht sein müssen. Ständig frei liegende Stahlteile sind vor Korrosion zu schützen oder aus Edelstahl herzustellen. Der Anschluss der Abdichtung kann bei Bodenfeuchte und Sickerwasser mithilfe von Klebeflanschen, Schellen, Klemmringen oder Klemmschienen erfolgen. Bei drückendem Wasser muss aber grundsätzlich eine Los- und Festflanschkonstruktion angewendet werden, deren Regelmaße aus Tabelle 9 (DIN 18533-1, Anhang A, Tabelle A1 [9]) zu entnehmen sind. Die in Tabelle A2 des gleichen Normanhangs enthaltenen Detailangaben zur Netto-Pressfläche und zu den Anziehmomenten in Abhängigkeit von dem jeweils eingesetzten Abdichtungsmaterial sind bei Planung und Ausführung besonders zu beachten. Dabei wird für bitumenverklebte Abdichtungen mit Kupferbändern und nackten Bitumenbahnen R 500 N nach den erforderlichen dreimaligen Anziehvorgängen differenziert.

Die Los- und Festflanschkonstruktion bewirkt ein Einklemmen der Abdichtungsstoffe und unterbindet damit sowohl den Wasserweg im Abdichtungspaket als auch dessen Hinterläufigkeit. In Planung und Ausführung müssen die Flanschteile auf die jeweilige Beanspruchung und das angewandte Abdichtungsmaterial abgestimmt sein. So sollte beispielsweise die Fließneigung von Bitumen beachtet und erforderlichenfalls durch besondere Maßnahmen dessen Ausweichen infolge Einpressung verhindert werden, z. B. durch Anordnung von Quetschleisten.

Allgemein sind Durchdringungen im Bauwerk so anzuordnen, dass die Abdichtung an sie fachgerecht herangeführt und angeschlossen werden kann. Sie müssen mit ihren Außenkanten mindestens 30 cm von Ecken, Kanten oder Kehlen des Bauwerks und mindestens 50 cm von Bauwerksfugen entfernt liegen. Schneiden sich linienförmige Flanschkonstruktionen, so sollte ein Schnittwinkel von etwa 90° angestrebt werden. Spitzwinklige Fugenschnitte können nen zu Wellen- und Faltenbildung bei den Abdichtungslagen und damit zu Undichtigkeiten führen.

Bei Los- und Festflanschkonstruktionen (Bild 57) sollte die Länge der Losflansche aus einbautechnischen Gründen im Regelfall nicht mehr als 1500 mm betragen. Es muss ein passgerechter Einbau ohne Beschädigung der Bolzen sichergestellt sein. Über den Nahtstellen der Festflansche sollen die Losflansche gestoßen sein. Die Abdichtung darf im Bereich der Losflanschstöße insbesondere bei bituminösen Abdichtungen nicht mehr als 4 mm frei liegen, sonst ist durch Einlegen dünner Blechstreifen ein Ausquetschen von Bitumen zu verhindern. Der Losflansch darf nicht steifer ausgebildet sein als der Festflansch.

Die Stumpfstöße der Festflansche sind voll durchzuschweißen und auf der Abdichtungsseite plan zu schleifen. Alle Schweißnähte, die den Wasserweg unterbinden sollen, müssen wasserdicht und nach Möglichkeit 2-lagig ausgeführt werden. Der Festflansch und die angrenzenden abzudichtenden Bauwerksflächen müssen zusammen in einer Ebene bilden. Ein Wechsel des Festflansches von der Wasser- zur Luftseite oder umgekehrt innerhalb ein und derselben Flanschkonstruktion ist unzulässig ([40], dort Abs. 180). Der Festflansch ist immer in dem zuerst erstellten Bauteil anzuordnen, in der Regel auf der wasserabgewandten Seite (DIN 18533-1, Anhang A, Abschnitt A6 [9]). Als Bolzen sind in der Regel rohe Schrauben zu verwenden. Die Bolzen können als aufgeschweißte Gewindebolzen, durchgesteckte

Tabelle 9. Regelmaße für Klemmschienen sowie Los- und Festflansche gemäß DIN 18533-1:2017-07, Anhang A, Tabelle A1 [9]

Zeile	Bauteil	Beanspruchung durch nichtdrückendes Wasser		Beanspruchung durch drückendes Wasser	Beanspruchung durch nichtdrückendes oder drückendes Wasser
		Klemmschienen	Los- und Festflansche[1]		
		Abdichtung aus Bitumen-, Kunststoff- oder Elastomerbahnen	Abdichtung aus Bitumenbahnen (verklebt), Kunststoff- oder Elastomerbahnen (lose verlegt)	Abdichtung aus Bitumenbahnen (verklebt), Kunststoff- oder Elastomerbahnen (lose verlegt)	Elastomere Klemmfugenbänder
		mm	mm	mm	mm
0	1	2	3	4	5
1	Dicke des Losflansches	5–7	≥ 6	≥ 10	≥ 10
2	Breite des Losflansches	≥ 45	≥ 60	≥ 150	≥ 100
3	Lochdurchmesser im Losflansch	≥ 10[2]	≥ 14	≥ 22	≥ 22
4	Bolzendurchmesser[2]	≥ 8[4]	≥ 12	≥ 20	≥ 20
5	Bolzenabstand (Achsmaß)[2, 3]	150–200	75–150	75–150	75–150
6	Bolzenrandabstand, längs	≤ 75	≤ 75	≤ 75	≤ 75
7	Dicke des Festflansches	–	≥ 6	≥ 10	≥ 10
8	Breite des Festflansches	–	≥70	≥ 160	≥ 110

[1] In DIN 18533-1, Anhang A Tabelle A2 sind ergänzend die zugehörigen Netto-Pressflächen und Anziehmomente aufgeführt.
[2] Der Bolzendurchmesser kann in Sonderfällen in Abhängigkeit vom Bolzenabstand und der nachzuweisenden Flanschpressung verändert werden.
[3] Bolzen sind im Regelfall mittig vom Los- und Festflansch anzuordnen.
[4] Bei geeigneter Profilgebung mit mindestens gleichem Widerstandsmoment, aber kleinerem Schraubenabstand können auch Schrauben ≥ 6 mm verwendet werden. Der Lochdurchmesser in der Klemmschiene ist dann entsprechend anzupassen.

Kopfschrauben oder Stiftschrauben ausgebildet werden. Aufgeschweißte Gewindebolzen erfordern keine Bohrungen in den Festflanschen und sind daher bevorzugt anzuwenden. Die Bolzenlänge ist so festzulegen, dass nach Aufsetzen der Schraubenmutter im ungepressten Zustand der Abdichtung etwa 1 bis 2 Gewindegänge am Bolzenende frei sind. Die Schraubenmuttern sind mehrmals anzuziehen, letztmalig unmittelbar vor dem Einbetonieren bzw. Einmauern. Das Anziehmoment muss mit einem Drehmomentschlüssel aufgebracht und überprüft werden. Es muss auf die Flanschkonstruktion und das eingesetzte Abdichtungsmaterial abgestimmt sein. Jeder Bolzen und jedes Gewinde muss vor Verschmutzung und Beschädigung geschützt sein, sodass der Einbau des Losflansches und das mehrmalige Anziehen der Muttern bzw. Schrauben einwandfrei erfolgen können.

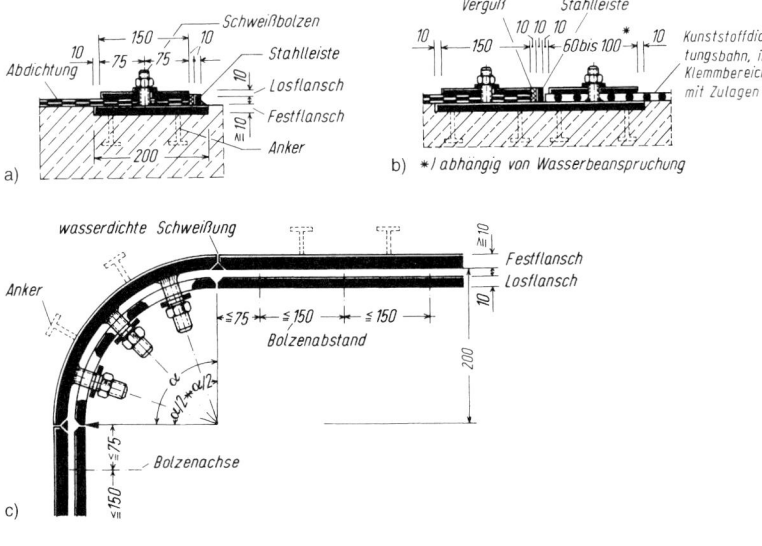

Bild 57. Los- und Festflanschkonstruktion [12, 61, 65, 66]; a) Einzelflansch (schematisch), b) Doppelflansch (schematisch), c) Ausrundung im Kanten- und Kehlenbereich, d) Beispiel zu c) aus der Praxis

Zum Einbau der Abdichtung in Flanschkonstruktionen müssen die Bolzenlöcher in die einzelnen Lagen bzw. Bahnen der Abdichtung mit Locheisen gestanzt werden. Bei erforderlichen Nähten im Flanschbereich sind die Dichtungsbahnen stumpf zu stoßen und die Nähte von Lage zu Lage gegeneinander versetzt anzuordnen. Das gilt auch für die bei Kunststoffabdichtungen eventuell erforderlichen Dichtungsbeilagen. Wenn sich die Neigungen der Abdichtungsebenen bezogen auf die Längsrichtung einer Flanschkonstruktion um mehr als 45° ändern, sind die Festflansche an diesen Stellen mit einem Radius von mindestens 200 mm auszurunden (Bild 57c). In der Winkelhalbierenden ist dann ein Bolzen anzuordnen. Der gekrümmte Losflansch ist als Passstück auszubilden und außer in der Winkelhalbierenden mit Langlöchern zu versehen. Abmessungen sind sinngemäß nach Bild 57c zu wählen. Im Bereich der Passstücke sind wegen der Langlöcher Unterlegscheiben erforderlich [61, 65]. Bei kleineren Neigungswechseln bezogen auf die Längsrichtung der Los- und Festflanschkonstruktion darf eine polygonale Umlenkung vorgenommen werden. Die Umlenkung sollte dabei allerdings nicht scharfkantig erfolgen, sondern mit einem Radius von etwa 5 bis 10 mm. Die Aufteilung eines 90°-Winkels beispielsweise in zwei 45°-Umlenkungen ist aus abdichtungstechnischer Sicht akzeptabel, wenn die beiden Teilumlenkungen untereinander einen Abstand von etwa 25 cm oder mehr aufweisen.

Bei Tellerankern (Bild 58) ist die Losplatte vorzugsweise kreisrund auszubilden. Bei einer quadratischen Form der Festplatte ist die Kantenlänge mindestens 10 mm größer als der Durchmesser der Losplatte vorzusehen. Der Bolzen der Losverankerung muss mindestens um das Maß seines Durch-

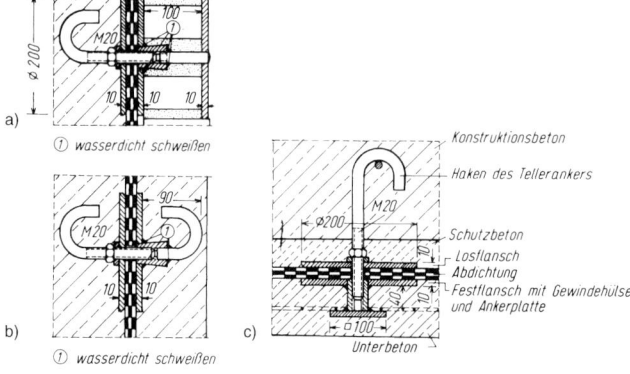

Bild 58. Telleranker (schematisch) [39, 61, 66]; a) Ausbildung bei gemauerter Wandrücklage, b) Ausbildung bei Betonrücklage, c) Ausbildung für Unterbeton

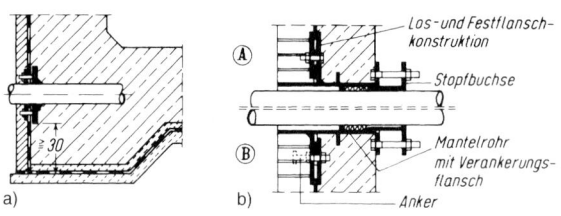

Bild 59. Rohrdurchführung (schematisch) [61, 65]; a) Anordnung im Sohlenbereich, b) Mantelrohr mit Stopfbuchse: (A) Anschluss der Abdichtung von außen, (B) Anschluss der Abdichtung von innen

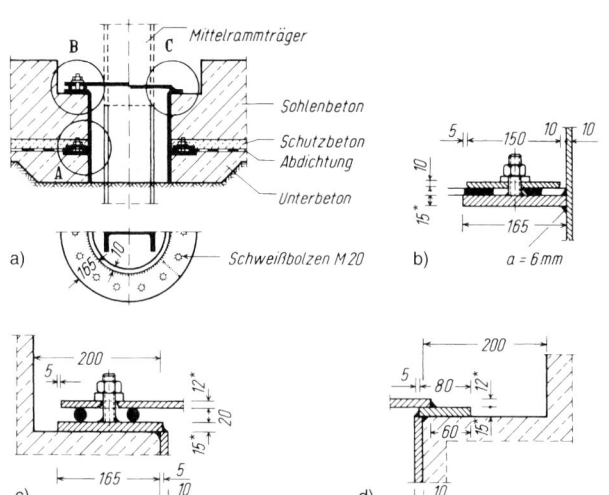

Bild 60. Brunnentopf in geschweißter Ausführung (schematisch) [39, 61, 65, 66]; a) Übersicht mit Aufsicht auf Detail A, b) Anflanschung einer Bitumenabdichtung (Detail A), c) Deckeldichtung mit Elastomerschnüren (Detail B), d) Deckeldichtung durch Schweißung (Detail C); *nach Norm ≥ 10 mm

messers in die Gewindehülse des Festflansches eingeschraubt werden. Die Gewindehülse ist vor Verschmutzung zu schützen und für den Einbau der Losverankerung in ihrer Lage zu kennzeichnen, z. B. durch vorläufiges Eindrehen eines kurzen Gewindestücks. Die Form der Verankerungen für die Los- und Festplatten muss den örtlichen konstruktiven Erfordernissen entsprechen, z. B. Ankerplatten anstatt Haken bei sehr dünnen Konstruktionsgliedern (Bild 58c). Anzahl und Anordnung der Teller-

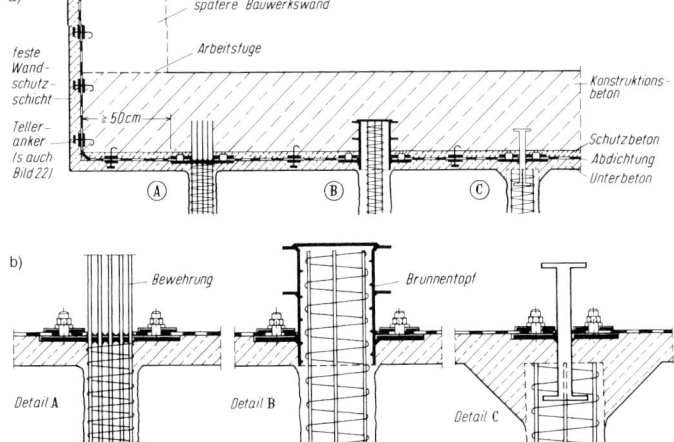

Bild 61. Abdichtungsanordnung bei einer Gründung mit Druck- und Zugpfählen (schematisch); a) Übersicht, b) Einzelheiten zum Pfahlanschluss

anker sind den statischen Erfordernissen anzupassen [66].

Rohrdurchführungen (Bild 59) müssen auf die erforderliche Beweglichkeit der Ver- und Entsorgungsleitungen und auf die möglichen Bauwerksbewegungen abgestimmt werden. Das erfordert in vielen Fällen die Anordnung von Mantelrohren und Stopfbuchsen [57, 61, 66].

Eine besondere Art der Durchführung stellen Brunnentöpfe dar. Bei ihnen wird die Abdichtung mittels Los- und Festflansch angeschlossen. Für die Dichtung des Deckels zeigt Bild 60 zwei Möglichkeiten auf [61, 66].

Durchdringungen ergeben sich auch bei einer Gründung mit Druck- und Zugpfählen. Hier müssen die Pfähle kraftschlüssig durch die Abdichtung hindurch mit dem konstruktiven Sohlbeton verbunden werden. Drei Lösungsmöglichkeiten hierzu zeigt Bild 61. In abdichtungstechnischer Hinsicht ist eine Ausführung nach Detail B oder C gegenüber Detail A vorzuziehen. Lösung A birgt ein größeres Risiko für Undichtigkeiten, da die Pfahlbewehrung durch die entsprechend gebohrte Festflanschplatte geführt und jeder einzelne Bewehrungsstab mit dieser wasserdicht verschweißt werden muss. Bei Lösung B erfolgt die Druck- und Zugverankerung mithilfe einer in den Brunnentopf eingeschweißten Spiralbewehrung.

Der Anschluss von Druckpfählen (Bild 62) erfordert abdichtungstechnisch keine besonderen Maßnahmen, wenn für die statisch bemessene Gründungsplatte ausreichend Bauhöhe zur Verfügung steht. Die eventuelle Ausbildung einer Bauwerksfuge muss im Pfahlraster sowie bei der Gründungsplatte berücksichtigt werden (Bild 62a).

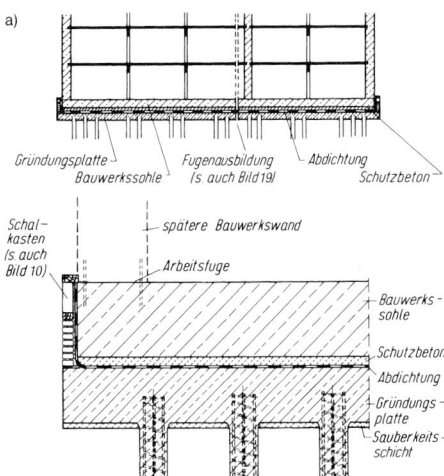

Bild 62. Abdichtungsanordnung bei einer Gründung mit Druckpfählen (schematisch); a) Übersicht, b) Einzelheit zum Pfahlanschluss

8 Zusammenfassung

Die Bauwerksabdichtung übernimmt hinsichtlich der dauerhaften Funktion und Erhaltung eines Gebäudes oder einer baulichen Anlage eine entscheidende Aufgabe. Dies betrifft insbesondere den Bereich drückenden Wassers. Bei Planung und Vergabe vor allem komplexer Abdichtungsmaßnahmen im Ingenieur- und Tunnelbau gilt aufgrund jahrzehntelanger Erfahrungen, dass in vielen Fällen angesichts der zum Teil sehr langen Nutzungsdauer die billigste Lösung keineswegs zugleich auch die wirtschaftlichste Lösung darstellt. Vielmehr ist zunehmend die Erkenntnis gereift, dass sich ein wohldurchdachtes technisches Konzept und ein nur geringer Mehraufwand beim Neubau auf längere Sicht positiv auswirken. Beides führt zu einer deutlich angehobenen Bauwerksqualität und damit zu einem verringerten Ausfallrisiko, gleichzeitig aber auch zu einem wesentlich kleineren Instandhaltungsaufwand.

Das Versagen einer Bauwerksabdichtung und damit der Eintritt von Feuchte, Nässe oder Wasser in das Bauwerksinnere, sei es aufgrund von Planungsdefiziten, falsch eingesetzten Materialien oder von Ausführungsmängeln, bewirkt immer – zum Teil erhebliche – bauliche und auch volkswirtschaftliche Schäden. Schwierigkeiten lassen sich weitgehend ausschließen, wenn bereits im frühen Planungsstadium eine Abstimmung zwischen allen Beteiligten erfolgt. Zur Lösung grundsätzlicher Konzeptfragen und schwieriger Detailpunkte sollten dabei fachtechnische Experten hinzugezogen werden.

Die gerade auch in jüngster Zeit deutlich erweiterte Vielfalt an technischen Möglichkeiten zur Abdichtung von Bauwerken selbst mit höchsten Nutzungsansprüchen bietet heutzutage technologisch und wirtschaftlich geeignete Lösungen für die unterschiedlichsten Anforderungen. Die breit gefächerte Palette an Weichabdichtungen, Hartabdichtungen und wasserundurchlässigen, statisch tragenden Konstruktionen sind in den vorstehenden Abschnitten im Einzelnen beschrieben und bezüglich ihrer Einsatzfelder miteinander verglichen. So wird Bauherren, Planern und Ausführenden eine wichtige Hilfe für die in der Praxis anstehenden Fragen an die Hand gegeben. Ergänzt werden die Ausführungen durch zahlreiche bildhafte Darstellungen und ein umfangreiches Literatur- und Quellenverzeichnis.

Die Beachtung der zuvor gegebenen Hinweise trägt bei zu einer nachhaltig verbesserten Qualität bei Planung und Ausführung der Abdichtungstechnik für immer komplexer werdende bauliche Anlagen im Hoch- und Tiefbau.

9 Literatur

9.1 Normen

[1] DIN 1045:2008-08 (2008) *Tragwerke aus Beton, Stahlbeton und Spannbeton*, Beuth, Berlin.

[2] DIN 4030:2008-06 (2008) *Beurteilung betonangreifender Wässer, Böden und Gase; Teil 1: Grundlagen und Grenzwerte; Teil 2: Entnahme und Analyse von Wasser- und Bodenproben*, Beuth, Berlin.

[3] DIN 4095:1990-06 (1990) *Baugrund; Dränung zum Schutz baulicher Anlagen; Planung, Bemessung und Ausführung*, Beuth, Berlin.

[4] DIN 7864-1:1984-04 (1984) *Elastomer-Bahnen für Abdichtungen; Anforderungen, Prüfung*, Beuth, Berlin.

[5] DIN 7865:2015-02 (2015) *Elastomer-Fugenbänder zur Abdichtung von Fugen in Beton; Teil 1: Formen und Maße; Teil 2: Werkstoff-Anforderungen und Prüfung; Teil 3: Verwendungsbereich*, Beuth, Berlin.

[6] DIN 18195 (2009–2011) *Bauwerksabdichtungen; Teil 1: Grundsätze, Definitionen, Zuordnung der Abdichtungsarten (2011-12); Teil 2: Stoffe (2009-04); Teil 3: Anforderungen an den Untergrund und Verarbeitung der Stoffe (2011-12); Teil 4: Abdichtungen gegen Bodenfeuchte (Kapillarwasser, Haftwasser) und nichtstauendes Sickerwasser an Bodenplatten und Wänden, Bemessung und Ausführung (2011-12); Teil 5: Abdichtungen gegen nichtdrückendes Wasser auf Deckenflächen und in Nassräumen, Bemessung und Ausführung (2011-12); Teil 6: Abdichtungen gegen von außen drückendes Wasser und aufstauendes Sickerwasser, Bemessung und Ausführung (2011-12); Teil 7: Abdichtungen gegen von innen drückendes Wasser, Bemessung und Ausführung (2009-07); Teil 8: Abdichtungen über Bewegungsfugen (2011-12); Teil 9: Durchdringungen, Übergänge, An- und Abschlüsse (2010-05); Teil 10: Schutzschichten und Schutzmaßnahmen (2011-12); Beiblatt 1: Beispiele für die Anordnung der Abdichtung (2011-03)*, Beuth, Berlin.

[7] DIN 18195:2017-07 (2017) *Abdichtung von Bauwerken – Begriffe*. Diese Norm enthält in Kapitel 4 auch eine Zusammenstellung von Abkürzungen und Bezeichnungen. Beiblatt 2: Hinweise zur Kontrolle und Prüfung der Schichtdicken von flüssig verarbeiteten Abdichtungsstoffen. Beuth, Berlin.

[8] DIN 18197:2018-01 (2018) *Abdichten von Fugen in Beton mit Fugenbändern*, Beuth, Berlin.

[9] DIN 18299:2016-09 (2016) *VOB Vergabe- und Vertragsordnung für Bauleistungen; Teil C: Allgemeine Technische Vertragsbedingungen für Bauleistungen: Allgemeine Regelungen für Bauarbeiten jeder Art*, Beuth, Berlin.

[10] DIN 18331:2016-09 (2016) *VOB Vergabe- und Vertragsordnung für Bauleistungen; Teil C: Allgemeine Technische Vertragsbedingungen für Bauleistungen; Betonarbeiten*, Beuth, Berlin.

[11] DIN 18336:2016-09 (2016) *VOB Vergabe- und Vertragsordnung für Bauleistungen; Teil C: Allgemeine Technische Vertragsbedingungen für Bauleistungen; Abdichtungsarbeiten*, Beuth, Berlin.

[12] DIN 18533:2017-07 (2017) *Abdichtung von erdberührten Bauteilen; Teil 1: Anforderungen, Planungs- und Ausführungsgrundsätze; Teil 2: Abdichtung mit bahnenförmigen Abdichtungsstoffen; Teil 3: Abdichtung mit flüssig zu verarbeitenden Abdichtungsstoffen*, Beuth, Berlin.

[13] DIN 18535:2017-07 (2017) *Abdichtung von Behältern und Becken, Teil 1: Anforderungen, Planungs- und Ausführungsgrundsätze; Teil 2: Abdichtung mit bahnenförmigen Abdichtungsstoffen; Teil 3: Abdich-

tung mit flüssig zu verarbeitenden Abdichtungsstoffen, Beuth, Berlin.

[14] DIN 18541:2014-11 (2014) *Fugenbänder aus thermoplastischen Kunststoffen zur Abdichtung von Fugen in Ortbeton; Teil 1: Begriffe, Formen, Maße; Kennzeichnung; Teil 2: Anforderungen an die Werkstoffe, Prüfung und Überwachung*, Beuth, Berlin.

[15] DIN SPEC 20000-202:2016-03 (2016) *Anwendung von Bauprodukten in Bauwerken; Teil 202: Anwendungsnorm für Abdichtungsbahnen nach Europäischen Produktnormen zur Verwendung als Abdichtung von erdberührten Bauteilen, von Innenräumen und von Behältern und Becken*, Beuth, Berlin.

[16] DIN 52129:2014-11 (2014) *Nackte Bitumenbahnen; Begriff, Bezeichnung, Anforderungen*, Beuth, Berlin.

[17] DIN 52130 *Bitumen-Dachdichtungsbahnen; Begriffe, Bezeichnungen, Anforderungen*, Beuth, Berlin.

[18] DIN 52131 *Bitumen-Schweißbahnen; Begriffe, Bezeichnungen, Anforderungen*, Beuth, Berlin.

[19] DIN 52132 *Polymerbitumen-Dachdichtungsbahnen; Begriffe, Bezeichnungen, Anforderungen*, Beuth, Berlin.

[20] DIN 52133 *Polymerbitumen-Schweißbahnen; Begriffe, Bezeichnungen, Anforderungen*, Beuth, Berlin.

[21] DIN 52143 *Glasvlies-Bitumendachbahnen; Begriffe, Bezeichnung, Anforderungen*, Beuth, Berlin.

[22] DIN 52144:2014-11 (2014) *Abdichtungsbahnen – Nackte Bitumenbahnen – Werkseigene Produktionskontrolle*, Beuth, Berlin.

[23] DIN EN 1849-1:2000-01 (2000) *Abdichtungsbahnen – Bestimmung der Dicke und flächenbezogenen Masse – Teil 1: Bitumenbahnen für Dachabdichtungen*, Beuth, Berlin.

[24] DIN EN 1850-2:2001-09 (2001) *Abdichtungsbahnen – Bestimmung sichtbarer Mängel – Teil 2: Kunststoff- und Elastomerbahnen für Dachabdichtungen*, Beuth, Berlin.

[25] DIN EN 12316-2:2013-08 (2013) *Abdichtungsbahnen – Bestimmung des Schälwiderstandes der Fügenähte – Teil 2: Kunststoff- und Elastomerbahnen für Dachabdichtungen*, Beuth, Berlin.

[26] DIN EN 12317-2:2010-12 (2010) *Abdichtungsbahnen – Bestimmung des Scherwiderstandes der Fügenähte – Teil 2: Kunststoff- und Elastomerbahnen für Dachabdichtungen*, Beuth, Berlin.

[27] DIN EN 13501-1:2010-01 (2010) *Klassifizierung von Bauprodukten und Bauarten zu ihrem Brandverhalten – Teil 1: Klassifizierung mit den Ergebnissen aus den Prüfungen zum Brandverhalten von Bauprodukten*, Beuth, Berlin.

[28] DIN EN 13967:2012-05 (2012) *Abdichtungsbahnen – Kunststoff- und Elastomerbahnen für die Bauwerksabdichtung gegen Bodenfeuchte und Wasser – Definitionen und Eigenschaften*, Beuth, Berlin.

[29] DIN EN 13969:2007-03 (2007) *Abdichtungsbahnen – Bitumenbahnen für die Bauwerksabdichtung gegen Bodenfeuchte und Wasser – Definitionen und Eigenschaften*, Beuth, Berlin.

[30] DIN EN 14151:2010-11 (2010) *Geokunststoffe – Bestimmung der Berstdruckfestigkeit*, Beuth, Berlin.

[31] DIN EN ISO 527 (2012) *Kunststoffe – Bestimmung der Zugeigenschaften; Teil 1: Allgemeine Grundsätze (2012-06); Teil 3: Prüfbedingungen für Folien und Tafeln (2003-07)*, Beuth, Berlin.

[32] DIN EN ISO 9864:2005-05 (2005) *Geokunststoffe – Prüfverfahren zur Bestimmung der flächenbezogenen Masse von Geotextilien und geotextilverwandten Produkten*, Beuth, Berlin.

[33] DIN EN ISO 10319:2008-10 (2018) *Geokunststoffe – Zugversuche an breiten Streifen*, Beuth, Berlin.

[34] DIN EN ISO 11925:2011-02 (2011) *Prüfungen zum Brandverhalten – Entzündbarkeit von Produkten bei direkter Flammeneinwirkung – Teil 2: Einzelflammentest*, Beuth, Berlin.

[35] DIN EN ISO 12236:2006-11 (2006) *Geokunststoffe – Stempeldurchdrückversuch (CBR-Versuch)*, Beuth, Berlin.

9.2 Richtlinien und Merkblätter

[36] ZTV-ING (2012) *Zusätzliche Technische Vertragsbedingungen und Richtlinien für Ingenieurbauten, Teil 1: Allgemeines, Abschnitt 1: Grundsätzliches (12/ 2012); Abschnitt 2: Technische Bearbeitung (12/ 2012); Abschnitt 3: Prüfung während der Ausführung (12/2012)*, BASt.

[37] ZTV-ING (1990–2017) *Zusätzliche Technische Vertragsbedingungen und Richtlinien für Ingenieurbauten, Teil 3: Massivbau,*
Abschnitt 3: Bauwerksfugen (12/2012)
Abschnitt 4: Schutz und Instandsetzung von Betonbauteilen (10/2017)
TL/TP BE-PCC: Technische Lieferbedingungen und Technische Prüfvorschriften für Betonersatzsysteme aus Zementmörtel/Beton mit Kunststoffzusatz (PCC) (1990)
TL/TP BE-SPCC: Technische Lieferbedingungen und Technische Prüfvorschriften für im Spritzverfahren aufzubringende Betonersatzsysteme aus Zementmörtel/ Beton mit Kunststoffzusatz (1990)
TL/TP BE-PC: Technische Lieferbedingungen und Technische Prüfvorschriften für Betonersatzsysteme aus Reaktionsharzmörtel/Reaktionsharzbeton (PC) 1990
Abschnitt 5: Füllen von Rissen und Hohlräumen in Betonbauteilen (10/2017)
TL FG-ZL/ZS: Technische Lieferbedingungen für Füllgut aus Zementleim / Zementsuspension und zugehöriges Injektionsverfahren (1995)
TP FG-ZL/ZS: Technische Prüfvorschriften für Füllgut aus Zementleim / Zementsuspension und zugehöriges Injektionsverfahren (1995), BASt.

[38] ZTV-ING (2017–2018) *Zusätzliche Technische Vertragsbedingungen und Richtlinien für Ingenieurbauten*
Teil 5: Tunnelbau
Abschnitt 1: Geschlossene Bauweise (01/2018)
Abschnitt 2: Offene Bauweise (01/2018)
Abschnitt 3: Maschinelle Schildvortriebsverfahren (01/ 2018)

TL/TP DP: *Technische Lieferbedingungen und Technische Prüfvorschriften für Dichtungsprofile (10/2017) Abschnitt 5: Abdichtung (01/2018)*
TL/TP SD: *Technische Lieferbedingungen und Technische Prüfvorschriften für Schutz- und Dränschichten aus Geokunststoffen (10/2017)*
TL/TP KDB: *Technische Lieferbedingungen und Technische Prüfvorschriften für Kunststoffdichtungsbahnen und zugehörige Profilbänder (10/2017)*, BASt.

[39] Normalien für Abdichtungen (1991) Hrsg. Baubehörde der Freien und Hansestadt Hamburg, Tiefbauamt.

[40] Ril 835.9101 (1999) *Geschäftsrichtlinie: Ingenieurbauwerke abdichten: Hinweise für die Abdichtung von Ingenieurbauwerken (AIB); Fassung vom 1.9.1999*, Deutsche Bahn AG.

[41] Ril 853 (2014) *Eisenbahntunnel planen, bauen und instand halten; Fassung vom 1.11.2014*, Deutsche Bahn AG.

[42] Industrieverband Bauchemie und Holzschutzmittel e. V. (2002) *Richtlinie für die Planung und Ausführung von Abdichtungen von Bauteilen mit mineralischen Dichtungsschlämmen*, Eigenverlag, Frankfurt/Main.

[43] Industrieverband Bauchemie und Holzschutzmittel e. V. (2006) *Richtlinie für die Planung und Ausführung von erdberührten Bauteilen mit flexiblen Dichtungsschlämmen*, Eigenverlag, Frankfurt/Main.

[44] Deutsche Bauchemie e. V. Deutscher Holz- und Bautenschutzverband e. V. u. a. (2010) *Richtlinie für die Planung und Ausführung von Abdichtungen mit kunststoffmodifizierten Bitumendickbeschichtungen (KMB) – erdberührte Bauteile – (KMB-Richtlinie)*, Eigenverlag Frankfurt/Main.

[45] Deutscher Ausschuss für Stahlbeton (2001) *Richtlinie Schutz und Instandsetzung von Betonbauteilen (Instandsetzungs-Richtlinie); Teil 1: Allgemeine Regelungen und Planungsgrundsätze; Teil 2: Bauprodukte und Anwendung; Teil 3: Anforderungen an die Betriebe und Überwachung der Ausführung; Teil 4: Prüfverfahren*, Beuth, Berlin.

[46] Deutsche Gesellschaft für Geotechnik e. V. (DGGT) (2018) *Empfehlungen zu Dichtungssystemen im Tunnelbau EAG-EDT. Empfehlungen des Arbeitskreises AK 5.1 Kunststoffe in der Geotechnik und im Wasserbau*, 2. vollständig überarbeitete Auflage, Ernst & Sohn, Berlin.

[47] vdd Industrieverband Bitumen-Dach- und Dichtungsbahnen e. V. (2012) *Technische Regeln für die Planung und Ausführung von Abdichtungen mit Polymerbitumen- und Bitumenbahnen ("abc der Bitumenbahnen"*, erstmals 1952, Ausgabe 07/2012).

[48] Verein Deutscher Zementwerke e. V. (2010) *Zement-Merkblatt H10: Wasserundurchlässige Betonbauwerke*, Ausgabe Januar 2010.

[49] Bundesverband der Deutschen Zementindustrie e. V. (2002) *Zement-Merkblatt B22: Arbeitsfugen*, Ausgabe Januar 2002, Köln.

[50] Deutscher Beton- und Bautechnik-Verein e. V. (2011) *DBV-Merkblatt Betondeckung und Bewehrung nach Eurocode 2*, Januar 2011, DBV, Berlin.

[51] Deutscher Beton- und Bautechnik-Verein e. V. (2010) *DBV-Merkblatt: Injektionsschläuche und quellfähige Einlagen für Arbeitsfugen*, Dezember 2010, DBV, Berlin.

[52] Deutscher Beton- und Bautechnik-Verein e. V. (2001) *DBV-Merkblatt: Fugenausbildung für ausgewählte Baukörper aus Beton*, April 2001, DBV, Berlin.

[53] Deutscher Ausschuss für Stahlbeton e. V. (2017) *DAfStb-Richtlinie – Wasserundurchlässige Bauwerke aus Beton (WU-Richtlinie)*, überarbeitete Fassung 12/2017, Beuth, Berlin.

[54] Dt. Verband für Schweißen und verwandte Verfahren e. V. (1994) *DVS-Richtlinie 2212 – Prüfung von Kunststoffschweißern – Prüfgruppe III Bahnen im Erd- und Wasserbau* (10/1994) DVS, Düsseldorf.

[55] Dt. Verband für Schweißen und verwandte Verfahren e. V. (2011) *DVS-Richtlinie 2225-5: Schweißen von Dichtungsbahnen aus thermoplastischen Kunststoffen im Tunnelbau* (03/2011) DVS, Düsseldorf.

[56] Deutscher Beton- und Bautechnik-Verein e. V. (2016) *Frischbetonverbundfolie*, DBV-Heft 37 – Beiträge des Fachkolloquiums vom 26.04.2016, DBV, Berlin.

9.3 Fachliteratur

[57] Girnau, G., Haack, A. (1969) Tunnelabdichtungen – Dichtungsprobleme bei unterirdisch hergestellten Tunnelbauwerken, in *Forschung + Praxis, U-Verkehr und unterirdisches Bauen*, Bd. 6 (Hrsg. STUVA, Düsseldorf), Alba-Buchverlag, Düsseldorf.

[58] Haack, A. (1981–1983) Abdichtungen im Untertagebau, in *Taschenbuch für den Tunnelbau*, Bd. 5 (1981), S. 275–323; Bd. 6 (1982), S. 147–179; Bd. 7 (1983), S. 193–267, Verlag Glückauf, Essen.

[59] Haack, A. (1982) Bauwerksabdichtung – Hinweise für Konstrukteure, Architekten und Bauleiter, *Bauingenieur* **57** (11), 407–412.

[60] Haack, A., Poyda, F. (1985) *Hinweise und Empfehlungen für die lose Verlegung von Kunststoff- und Elastomerbahnenabdichtungen*, STUVA-Forschungsbericht 19/85, Eigenverlag.

[61] Emig, K.-F., Haack, A. (2000) *Abdichtung mit Bitumen; Ausführungen unter Geländeoberfläche*. ARBIT-Schriftenreihe „Bitumen", Heft **61**.

[62] Haack, A. (1986) Wasserundichtigkeiten bei unterirdischen Bauwerken – Erforderliche Dichtigkeit, Vertragsfragen, Sanierungsmethoden, *Tiefbau-Ingenieurbau-Straßenbau* **28** (5) 245–254.

[63] Lohmeyer, G. (2009) *Weiße Wannen – einfach und sicher*, 9. Auflage, Beton-Verlag, Düsseldorf.

[64] Braun, E. (1991) *Bitumen: Anwendungsbezogene Baustoffkunde für Dach- und Bauwerksabdichtungen*, 2. Auflage, Rudolf Müller Verlag, Köln.

[65] Klawa, N., Haack, A. (1990) *Tiefbaufugen: Fugen- und Fugenkonstruktionen im Beton- und Stahlbetonbau*, Hrsg. Hauptverband der Deutschen Bauindustrie und STUVA, Ernst & Sohn, Berlin.

[66] Haack, A., Emig, K.-F. (2003) *Abdichtungen im Gründungsbereich und auf genutzten Deckenflächen*, 2. Auflage, Ernst & Sohn, Berlin.

[67] Maier, G., Kuhnhenn, K. (1996) Ausführung und Erkenntnisse mit der doppellagigen Abdichtung im Tunnel Gernsbach, *Tunnel* **15** (6), 31–52.

[68] Haack, A. (2009) *Abdichtungen und Fugen im Tiefbau*. In: Grundbau-Taschenbuch, Teil 2, 7. Auflage, Kap. 2.11. Ernst & Sohn, Berlin (in der 8. Auflage 2018 nicht mehr als eigenständiges Thema enthalten).

[69] Bayer, E., Kampen, R., Moritz, H. (1999) *Beton-Praxis*, 8. Auflage. Schriftenreihe der Bauberatung Zement, Verlag Bau + Technik GmbH, Düsseldorf.

[70] Deutscher Ausschuss für Stahlbeton (2005) *Erläuterungen zur DAfStb-Richtlinie wasserundurchlässige Bauwerke aus Beton*, DAfStb-Heft **555**, Beuth, Berlin.

[71] Hohmann, R. (2005) *Verpresste Injektionsschlauchsysteme*. In: Fugenabdichtung bei wasserundurchlässigen Bauwerken aus Beton, Fraunhofer IRB Verlag, Stuttgart.

[72] Deutscher Beton- und Bautechnik-Verein e. V. (2008) Weiße Wannen – technisch und juristisch immer wieder problematisch? Tagungsband, Fraunhofer-Informationszentrum Raum und Bau. IRB Verlag, Stuttgart.

[73] Hohmann, R. (2009) Fugenabdichtung bei wasserundurchlässigen Bauwerken aus Beton. 2. überarbeitete und erweiterte Auflage, Fraunhofer IRB Verlag, Stuttgart.

[74] Graeve, H. (2004) Konstruktive Ausbildung von Bauteilen und Gebäuden unter besonderer Beachtung bauphysikalischer Kriterien. Nachträgliche Abdichtung von WU-Betonbauteilen, in *Bauphysik-Kalender* **2004**, Ernst & Sohn, Berlin, S 675–702.

[75] Schreyer, J. (2001) Abdichtungen von einschaligen Tübbingauskleidungen mit Dichtungsprofilen. Vortrag zur STUVA-Tagung 2001, *Forschung + Praxis, U-Verkehr und unterirdisches Bauen*, Bd. **39**, S. 142–149. Bertelsmann Fachzeitschriften.

[76] Autorenkollektiv (2005) STUVA-Empfehlung für die Prüfung und den Einsatz von Dichtungsprofilen in Tübbingauskleidungen, *Tunnel* **24** (8), 8–21 ([76] und [77] werden derzeit in einer 2. Auflage zusammengefasst).

[77] Autorenkollektiv (2006) STUVA-Empfehlung für die Verwendung von Dichtungsrahmen in Tübbingauskleidungen, *Tunnel* **25** (2), 28–33 ([76] und [77] werden derzeit in einer 2. Auflage zusammengefasst).

[78] Höft, H., Diener, A., Gutschmidt, H. (2009) Dichtungsprofile für den Tübbingausbau, in *Schildvortrieb mit Tübbingausbau*, S. 184–194, Hrsg. Wissenschaftsstiftung Deutsch-Tschechisches Institut (WSDTI).

[79] Graeve, H. (2009) Nachdichtung von Tunneln mit einschaligem Tübbingausbau, in *Schildvortrieb mit Tübbingausbau*, S. 199–213, Hrsg. Wissenschaftsstiftung Deutsch-Tschechisches Institut (WSDTI), 2009.

[80] Pickhard, R., Bose, Th., Schäfer, W. (2012) *Beton-Herstellung nach Norm: Arbeitshilfe für Ausbildung, Planung und Baupraxis*. 19. überarbeitete Auflage 2012. Hrsg. BetonMarketing Deutschland GmbH.

[81] Weber, R. (2010) *Guter Beton: Ratschläge für die richtige Betonherstellung*, 23. überarbeitete Auflage. Verlag Bau + Technik, Düsseldorf, Oktober 2010.

[82] Haack, A., Schreyer, J., Grünewald, M. (2004) Zusammenstellung der baupraktischen Hinweise zur Ausbildung von Fugen bei Tunneln in offener Bauweise; Schriftenreihe Forschung Straßenbau und Straßenverkehrstechnik, Heft **890**; Hrsg. Bundesministerium für Verkehr, Bau- und Wohnungswesen, Bonn.

[83] Haack, A. (2005) Weiterentwicklung bei der Abdichtung bergmännisch gebauter Tunnel, *Tunnel* **24** (3), 16–22.

[84] Hohmann, R. (2008) Der druckwasserdichte Anschluss an WU-Bauwerke, *Beton- und Stahlbetonbau* **103** (9), 625–632.

[85] Rödel, A. (2012) *Einsatz einer elektronisch prüfbaren Tunnelabdichtung beim Niagara-Tunnel-Facility Projekt in Kanada*; Vortrag beim DGGT-Workshop: „KDB-Dichtungssysteme im Tunnelbau – Neue Entwicklungen; Greven Verlag, 05.09.2012.

[86] STUVA (2014) Abdichten von Bauwerken durch Injektion (ABI-Merkblatt), 3. Auflage, Fraunhofer IRB-Verlag, Stuttgart.

[87] Firmenunterlagen Grace ltd., u. a. Verarbeitungsrichtlinie, Stand 2018.

[88] Allgemeines bauaufsichtliches Prüfzeugnis P-1200/728/17-MPA BS vom 01.12.2017, gültig bis 30.11.2022: „Abdichtungsbahnen Preprufe 300 R Plus und Preprufe 300R LT Plus für Bauwerksabdichtungen".

[89] Firmenunterlagen Sika, u. a. Sika-Handbuch „Frischbetonverbundtechnologie – Das SikaProof Gesamtsystem, Stand 2017.

[90] Allgemeines bauaufsichtliches Prüfzeugnis P-22-MPA NRW-11990-2 vom 13.12.2017, gültig bis 12.12.2022: „Abdichtungsbahn SikaProof A-12 für Bauwerksabdichtungen".

[91] Firmenunterlagen StekoX, Stand 2018.

[92] Allgemeines bauaufsichtliches Prüfzeugnis P-5252/587/13-MPA BS vom 01.08.2016 gültig bis 31.07.2021: „Abdichtungsbahn Polyfleece SX 1000 für Bauwerksabdichtungen".

[93] Firmenunterlagen BAS-de, Stand 2018.

[94] Allgemeines bauaufsichtliches Prüfzeugnis P-1201/365/16- MPA BS vom 20.09.2016 gültig bis 31.05.2021: „Abdichtungsbahn Dual Proof LP für Bauwerksabdichtungen".

[95] Schrod, K.-H. (2012) „Weiße Wannen – einfach und sicher" oder „Weiße Wannen – technisch und juristisch immer wieder problematisch", *Beton- und Stahlbetonbau* **107** (11).

[96] Schreyer, J., Kessler, D. (2012) Belastungsversuche an Tunnelauskleidungen, in *Taschenbuch für den Tunnelbau 2012*, Hrsg. DGGT, VGE-Verlag, Essen, S. 131–152.

XVI Kathodischer Korrosionsschutz im Stahlbetonbau

Thorsten Eichler, Berlin

Susanne Gieler-Breßmer, Süssen

1 Allgemeines

In der ersten Hälfte des 19. Jahrhunderts, im Jahr 1824, wurde der kathodische Korrosionsschutz (KKS) erstmals durch Sir *Humphry Davy* als technische Anwendung im Schiffsbau eingesetzt. *Davy* schützte die Kupferverkleidung eines Schiffs der britischen Admiralität mithilfe von Eisenanoden galvanisch vor Korrosion. In den nachfolgenden Jahrzehnten wurden umfangreiche experimentelle Arbeiten zum Thema durchgeführt, welche unter anderem in der Feststellung des kathodischen Schutzkriteriums für Rohrleitungen (-850 mV$_{Cu/CuSO4}$) im Jahr 1928 durch *Robert J. Kuhn* mündeten. *Kuhns* Arbeit führte letztendlich auch dazu, dass der kathodische Korrosionsschutz für Gashochdruckleitungen im Jahr 1967 mit der DIN 2470 Teil 2 als allgemein anerkannte Regel der Technik eingeführt wurde. Für Ferngasleitungen mit Drücken über 4 bzw. 16 bar und für Mineralölleitungen zum Befördern gefährdender Flüssigkeiten ist der kathodische Korrosionsschutz in Deutschland seit 1974 vorgeschrieben. Die frühen Anwendungen des KKS betrafen neben dem Schutz von Schiffen und Rohrleitungen auch den Innenschutz von Dampfkesseln, welcher erstmals im Jahr 1905 von *E. G. Cumberland* in den Vereinigten Staaten von Amerika angewendet wurde. 1924 stattete die Chicagoer Eisenbahngesellschaft mehrere Dampfkessel ihrer Bahnen mit kathodischem Schutz aus und konnte so die zuvor sehr hohen Instandhaltungskosten deutlich reduzieren, vgl. [1].

Im Stahlbetonbau wird der kathodische Korrosionsschutz bereits seit Anfang der 1970er-Jahre erfolgreich bei der Instandsetzung von Bauwerken und -teilen eingesetzt, welche vornehmlich durch Chloride geschädigt oder gefährdet sind. Bereits in den 1950er-Jahren wurden erste Versuche hierzu durch *R. F. Stratfull* an der San Mateo-Hayward Bridge durchgeführt. In Ermangelung adäquater Anodenmaterialien wurde das Verfahren für den Stahlbetonbau zunächst jedoch wieder verworfen, vgl. [2, 3]. Im Jahr 1973 gewann der kathodische Korrosionsschutz für den Stahlbetonbau eine neue Bedeutung. Die Sly-Park Bridge in Kalifornien, an der State Route 50 gelegen, wurde wiederum durch *Stratfull* mit einem weiterentwickelten Anodensystem zum kathodischen Korrosionsschutz der Brückenfahrbahn ausgestattet. *Stratfull* integrierte Koks als leitfähige Phase in eine Asphaltbeschichtung und nutzte Eisen-Silizium-(FeSi)Anoden zur Stromeinleitung (vgl. Bild 1).

Broomfield und *Tinnea* [4] erwähnen im Jahr 1992 die KKS-Anlage der Sly-Park Bridge im SHRP-C/UWP-92-618 und kommen zu dem Schluss: „... The oldest systems, built in 1973 and 1974 in California, are still working ...".

In Deutschland wurde der kathodische Korrosionsschutz erstmals 1985/86 im Rahmen eines europäischen Forschungsvorhabens, dem sog. BRITE-Projekt [5], an einer Stützwand des Berliner Autobahnrings unter Federführung von *Bernd Isecke* eingesetzt. Diese KKS-Anlage wurde über 15 Jahre lang wissenschaftlich durch die BAM Bundesanstalt für Materialforschung und -prüfung begleitet und im Jahr 2001 aufgrund von Umbaumaßnahmen außer Betrieb genommen [6]. Als Anodenmaterial kam eine damals häufig eingesetzte Polymerkabelanode zum Einsatz. Bild 2 zeigt den Einbau der Polymerkabelanoden vor dem Einbetten mit Spritzbeton. Dieser Anodentyp zeigte nach einer 15-jährigen Betriebszeit bereits deutliche Degradationserscheinungen durch Oxydation des Kohlenstoffs (vgl. Bild 3).

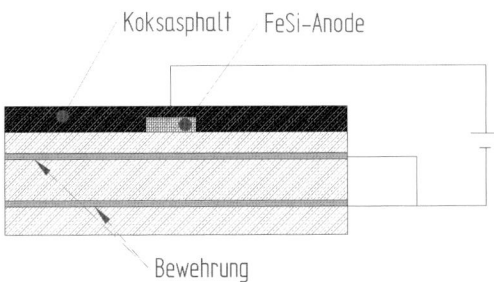

Bild 1. Schema des von *Stratfull* verwendeten Systemaufbaus mit Einbau von FeSi-Anoden im leitfähigen Asphalt

Beton-Kalender 2019: Parkbauten; Geotechnik und Eurocode 7.
Herausgegeben von Konrad Bergmeister, Frank Fingerloos und Johann-Dietrich Wörner
© 2019 Ernst & Sohn GmbH & Co. KG. Published 2018 by Ernst & Sohn GmbH & Co. KG.

Bild 2. Befestigung der Anodenkabel auf der vorbereiteten Betonoberfläche der Stützwand des Berliner Autobahnrings vor ihrer Einbettung in Spritzbeton

Durch die ausreichende Dimensionierung der Schutzstromgeräte konnte die Bewehrung der Schutzmauer durch Anpassen der Gleichrichterausgangsspannung, trotz der zunehmenden Degradation der Anoden, bis zum Rückbau der Anlage kathodisch geschützt werden.

Die frühen, experimentellen Arbeiten zum kathodischen Korrosionsschutz von Stahl in Beton und die aus diesen Arbeiten gewonnenen Erfahrungen haben wesentlich zum Stand der Wissenschaft und Technik beigetragen und bilden die Grundlage für die heutige Regelung des Verfahrens. So haben die Ergebnisse der Berliner Stützmauer dazu geführt, dass Polymerkabelanoden wegen ihrer durch die Kohlenstoffoxydation begrenzten Lebensdauer heute nicht mehr eingesetzt und in der DIN EN ISO 12696 [7] nicht als verwendbare Anoden empfohlen werden.

2 Grundlagen

Der kathodische Korrosionsschutz ist im Allgemeinen immer dann eine wirtschaftliche und bevorzugte Instandsetzungsmethode, wenn hohe Chloridgehalte mit einer Depassivierung der Bewehrung einhergehen, die jedoch noch nicht zu einer starken Schädigung des Bauwerks geführt haben. In den letzten Jahren wird der kathodische Korrosionsschutz auch bei Neubaumaßnahmen – insbesondere Verkehrsbauten z. B. Parkhäusern – präventiv eingesetzt. Die Mechanismen, welche zur Depassivierung der Bewehrung führen können und die daraus

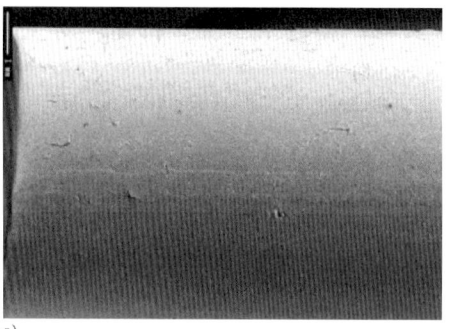

a)

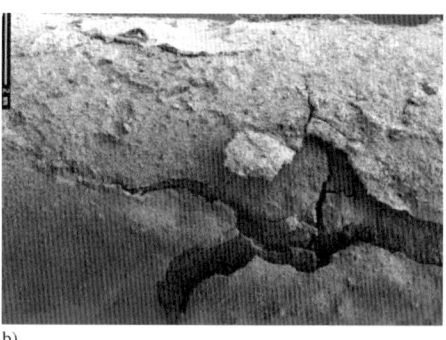

b)

Bild 3. a) Mikroskopische Aufnahme des Anodenmaterials vor dem Einbau; b) Oberfläche (Kontaktfläche zum Beton) der nach 15-jährigem Betrieb ausgebauten Anode

resultierenden Auswirkungen werden im Folgenden kurz erläutert. Die Texte zu den Grundlagen von Korrosion und Korrosionsschutz wurden z. T. mit ausdrücklicher Genehmigung des Autors aus [8] entnommen und können dort in gleicher oder ähnlicher Form nachgelesen werden.

2.1 Korrosion von Stahl in Beton

Sofern Stahl in einer intakten und nicht durch äußere Einwirkungen veränderten Betonmatrix liegt, ist er durch eine fest anhaftende, als porenfrei anzusehende und wenige Nanometer dicke Oxydschicht, der sog. Passivschicht, ausreichend vor Korrosion geschützt. In dem stark alkalischen Milieu, welches durch den Porenelektrolyten bei pH-Werten zwischen 12 und 14 zur Verfügung gestellt wird, ist die Passivschicht stabil und die Eisenauflösung (1) stark gehemmt.

$$Fe \rightarrow Fe^{2+} + 2e^- \qquad (1)$$

Können korrosionsfördernde Stoffe, wie z. B. Halogenide oder Kohlenstoffdioxyd, in die Betonmatrix eindringen, kann es dazu kommen, dass sich die Korrosivität des Porenelektrolyten verändert und das System depassiviert. Die Korrosionsgeschwindigkeit eines depassivierten Systems ist definitionsgemäß höher als die eines passiven Systems, vgl. [9]. Wie hoch die Korrosionsgeschwindigkeit tatsächlich ist, ergibt sich jedoch nicht allein aus Kinetik der anodischen Teilreaktion (1), sondern aus dem Zusammenspiel zwischen der Kinetik der anodischen und der kathodischen Teilreaktion. Als kathodische Teilreaktionen kommen für das System Stahl/Beton im Wesentlichen die Reaktionen nach (2) und (2a) infrage:

$$2H_2O + O_2 + 4e^- \rightarrow 4OH^- \qquad (2)$$

$$2H^+ + 2e^- \rightarrow H_2 \uparrow \qquad (2a)$$

Während die Sauerstoffreduktion (2) sowohl für flächige als auch für lokale Korrosionsphänomene von Bedeutung ist, ist die Wasserstoffreduktion (2a) nur im Falle der durch Halogenide (insb. Chlorid) ausgelösten Korrosionsarten für den Stahlbetonbau relevant.

Dieses ohnehin schon komplexe Zusammenspiel verschiedener Faktoren wird durch die Eigenschaften der Betonmatrix und des in ihrem Porensystem vorhandenen Elektrolyten weiter verkompliziert. Sowohl der Porensättigungsgrad als auch die Porosität an sich und die Porenverteilung sind für die Geschwindigkeit, mit der Stahl im Beton korrodieren kann, von entscheidender Bedeutung. Neben einer Reihe weiterer Faktoren, wie beispielsweise der Zementart und der Betonzusammensetzung (Anteile an Flugasche und Silikatstaub, Pufferkapazität des Elektrolyten etc.), hat der Elektrolytwiderstand einen bedeutenden Einfluss auf die Korrosion.

2.1.1 Flächige Korrosion durch Karbonatisierung

Unter Karbonatisierung versteht man die Veränderung der chemischen Zusammensetzung des Betonporenelektrolyten. Dieser besteht in seiner ursprünglichen Zusammensetzung im Wesentlichen aus Wasser, $Ca(OH)_2$, $NaOH$ und KOH (vgl. [10]). Dringt Kohlenstoffdioxid (CO_2) aus der Umgebungsluft in den Beton ein, sinkt der pH-Wert des Betonporenelektrolyten von 12 bis 14 auf 6 bis 9 ab. Dabei bleibt er so lange im Bereich von 12,5, bis sämtliches $Ca(OH)_2$, welches den wichtigen Alkalitätspuffer des Elektrolyten bildet, umgesetzt wurde. Die Reaktionsschritte, die bei der Karbonatisierung stattfinden, werden anhand der Gln. (3)–(3c) veranschaulichend dargestellt.

$$CO_2 + H_2O \leftrightarrow H_2CO_3 \qquad (3)$$
$$H_2CO_3 + 2NaOH \rightarrow Na_2CO_3 + 2H_2O \qquad (3a)$$
$$H_2CO_3 + 2KOH \rightarrow K_2CO_3 + 2H_2O \qquad (3b)$$
$$H_2CO_3 + Ca(OH)_2 \rightarrow CaCO_3 + 2H_2O \qquad (3c)$$

Wie bereits *Koelliker* in [11, 12] darlegt, ist wegen der als Kaustifizierung der Pottasche bekannten Reaktion, vgl. (4), die Wahrscheinlichkeit, dass KOH und NaOH karbonatisieren, gering, solange noch $Ca(OH)_2$ zur Verfügung steht.

$$K_2CO_3 + Ca(OH)_2 \rightarrow CaCO_3 + 2KOH \qquad (4)$$

Für den pH-Wert des Betonporenelektrolyten ist nach erfolgter Karbonatisierung das Gleichgewicht zwischen Karbonat und Bi-Karbonat (bzw. Hydrogenkarbonat) von entscheidender Bedeutung, da das gleichzeitige Vorhandensein von CO_3^{2-} und HCO_3^- als pH-Puffer dient. Wie aus den Gln. (5)–(5b) leicht zu erkennen ist, ist das Fortschreiten der Karbonatisierung und letztendlich dafür, welcher pH-Wert sich im Betonporenelektrolyten einstellt, wiederum das Vorhandensein von CO_2 und H_2O bedeutend.

$$Na_2CO_3 + 2H_2O + CO_2 \rightarrow 2NaHCO_3 \qquad (5)$$
$$K_2CO_3 + 2H_2O + CO_2 \rightarrow 2KHCO_3 \qquad (5a)$$
$$CaCO_3 + H_2O + CO_2 \rightarrow Ca(HCO_3)_2 \qquad (5b)$$

Spätestens seit *Marcel Pourbaix* auf der Korrosionstagung 1954 in Frankfurt am Main über die „Anwendungen der Elektrochemie auf Korrosionsuntersuchungen" (vgl. [13]) vorgetragen hat, sind die thermodynamischen Stabilitätsbereiche einzelner Spezies in wässrigen Elektrolyten für Korrosionsforscher wichtig. Bild 2 zeigt das vereinfachte Pourbaix-Diagramm für Eisen in sauerstofffreiem Wasser mit einer Fe^{2+}-Konzentration von 10^{-6} mol/l (vgl. [14]).

Man erkennt neben den Bereichen I–IV, in denen Eisen sowie die Oxyde Fe_3O_4 und Fe_2O_3 stabil sind (I und III), Eisen als Fe^{2+} (II) oder unter der Bil-

Gleichgewichtspotentiale der Reaktionen a bis 8:

a: $E_0 = 1{,}223 - 0{,}0591 \cdot pH$

b: $E_0 = -0{,}0591 \cdot pH$

1: $\log(Fe^{3+}) = -0{,}72 - 3 \cdot pH$

2: $E_0 = 0{,}728 - 0{,}1773 \cdot pH - 0{,}0591 \cdot \log(Fe^{2+})$

3: $E_0 = 0{,}980 - 0{,}2364 \cdot pH - 0{,}0886 \cdot \log(Fe^{2+})$

4: $E_0 = 0{,}221 - 0{,}0591 \cdot pH$

5: $E_0 = -0{,}440 - 0{,}0295 \cdot \log(Fe^{2+})$

6: $E_0 = -0{,}085 - 0{,}0591 \cdot pH$

7: $E_0 = -1{,}819 - 0{,}0295 \cdot pH - 0{,}0886 \cdot \log(HFeO_2^-)$

8: $E_0 = 0{,}493 - 0{,}0886 \cdot pH - 0{,}0295 \cdot \log(HFeO_2^-)$

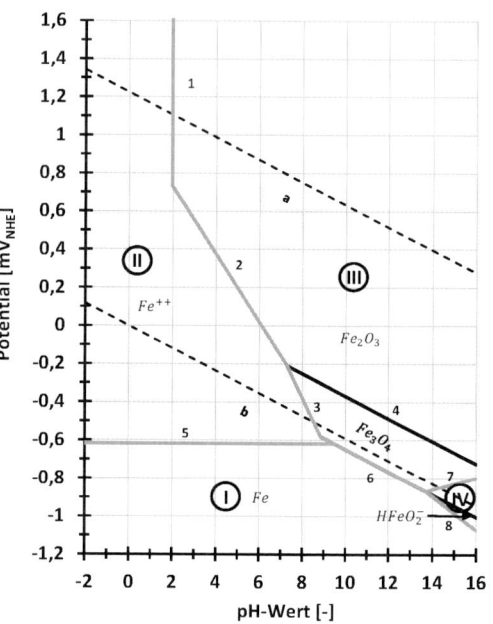

Bild 4. Vereinfachtes Pourbaix-Diagramm für das System Fe-H_2O unter sauerstofffreien Bedingungen bei einer Fe^{2+}-Konzentration im Elektrolyten von 10^{-6} mol/l

dung von Ferraten ($HFeO_2^-$) in Lösung geht (IV), als gestrichelte Linien die Gleichgewichtspotentiale der Wasserstoff- und der Sauerstoffelektrode, welche gleichzeitig den Stabilitätsbereich des Wassers begrenzen. Bei pH-Werten < 9 werden die für die Passivität des Eisens wesentlichen Oxyde (Fe_3O_4 und Fe_2O_3) instabil und Eisen kann nach Gl. (1) verstärkt in Lösung gehen.

Pourbaix-Diagramme bieten in der Korrosionsforschung die Möglichkeit, sich einen guten Überblick über mögliche Reaktionen und Stabilitätsbereiche gut definierter Systeme zu verschaffen. Das heißt, dass binäre Beurteilungen erfolgen können, ob ein System unter bestimmten Bedingungen korrodieren kann oder nicht. Es ist jedoch nicht möglich, mithilfe thermodynamischer Gleichgewichtsdiagramme eine Aussage über vorhandene und mögliche Korrosionsgeschwindigkeiten zu treffen. Derartiges erfordert erweiterte Kenntnisse über die Kinetik des betrachteten Systems.

Im Falle karbonatisierter Stahlbetonbauteile sind die resultierenden Korrosionsgeschwindigkeiten vergleichsweise gering. Parrott führt in [15] Untersuchungen von Tuuti aus dem Jahr 1980 an und stellt fest, dass die Korrosionsrate von Betonstahl in karbonatisiertem Beton eine Funktion der relativen Feuchte (r. H.) mit einer maximalen Korrosions-

stromdichte von etwa 5 µA/cm^2 ist. Korrosionsstromdichten in der gleichen Größenordnung wurden bereits von Menzel im Rahmen von Untersuchungen an Karbonatisierungszellen [16] festgestellt. Jüngere Untersuchungen von Weydert [17] beziffern die Korrosionsstromdichten in karbonatisiertem Beton mit etwa 10 % der von Parrott und Menzel festgestellten Werte (0,2 bis 0,3 µA/cm^2). Rechnet man die o. g. Werte mithilfe der Faraday'schen Gesetze in eine Abtragsrate um, so ergeben sich Querschnittsverluste von 2,3 bis 58 µm/a. Den Verlust der Integrität erleiden karbonatisierte Stahlbetonbauteile folglich nicht durch hohe Querschnittsverluste am Stahl, sondern dadurch, dass es als Begleiterscheinung der Korrosion zu Abplatzungen und Delamination der Betondeckung kommen kann. Korrosionsprodukte haben, wie Weizhong, Raupach und Wie-Liang in [18] darstellen, je nach ihrer Zusammensetzung ein etwa 1,7- bis 6,5-faches Volumen gegenüber dem Ausgangsmaterial Stahl. Tabelle 1 zeigt eine Auswahl von Eisenoxyden und -hydroxyden sowie deren Volumenfaktoren aus [18].

Den stärksten Beitrag zur Volumenvergrößerung liefern die sog. Fe-Oxyhydroxyde, ($Fe_2O_3 \cdot xH_2O$ mit k(x = 3) = 6,5), welche auch infolge von Karbonatisierung entstehen. Diese können einen erheb-

EBGEO – komplett aktualisiert und erweitert

Hrsg.: Deutsche Gesellschaft für Geotechnik e.V.
Empfehlungen für den Entwurf und die Berechnung von Erdkörpern mit Bewehrungen aus Geokunststoffen – EBGEO
2., vollst. überarb. u. erw. Auflage 2010. 327 Seiten.
€ 87,90*
ISBN 978-3-433-02950-3
Auch als ebook erhältlich.

Die Empfehlungen behandeln die Grundlagen der Nachweisführung und die Anwendung von Geokunststoffen zur Bewehrung von unterschiedlichen Gründungssystemen, Bodenverbesserungsmaßnahmen, im Verkehrswegebau, bei Böschungen und Stützkonstruktionen und im Deponiebau.

Auch als englische Ausgabe erhältlich:
ISBN 978-3-433-02983-1   € 99,–*

Online Bestellung: www.ernst-und-sohn.de

Ernst & Sohn
Verlag für Architektur und technische Wissenschaften GmbH & Co. KG

Kundenservice: Wiley-VCH   Tel. +49 (0)6201 606-400
Boschstraße 12   Fax +49 (0)6201 606-184
D-69469 Weinheim   service@wiley-vch.de

* Der €-Preis gilt ausschließlich für Deutschland. Inkl. MwSt. zzgl. Versandkosten. Irrtum und Änderungen vorbehalten. 1020106_dp

Instandsetzung & KKS von Stahl in Beton

Die instakorr GmbH ist Ihr Experte für die Ausführung aller elektrochemischen Korrosionsschutzmethoden von Stahl in Beton.

> Kathodischer Korrosionsschutz
> Elektrochemischer Chloridentzug
> Betrieb und Wartung von KKS-Anlagen

www.instakorr.de

Ernst & Sohn
A Wiley Brand

Anleitung zum Hinsehen, Denken, Verstehen

Zur Beurteilung von Tragwerken bei Umnutzung, Einschätzung der Standsicherheit, Definition der Tragreserven und Gefahrenpotentiale historischer Konstruktionen: eine unverzichtbare Anleitung für Bauingenieure zum Hinsehen, Denken, Verstehen. Mit Beispielen. In zwei Bänden.

Stefan Holzer
Statische Beurteilung historischer Tragwerke
Mauerwerkskonstruktionen
2013. 322 S.
€ 55,–*
ISBN 978-3-433-02959-6
Auch als ebook erhältlich

Es werden die notwendigen Untersuchungen und Beobachtungen am Bauwerk ausführlich erläutert und nützliches Hintergrundwissen über Materialeigenschaften, Formen und Herstellungsverfahren historischer Bogen- und Gewölbekonstruktionen dargestellt. Dabei stehen die Bewertung der Standsicherheit von Gesamtsystemen und die Identifizierung von Gefahrenquellen im Fokus.

Stefan Holzer
Statische Beurteilung historischer Tragwerke
Holzkonstruktionen
2015. 302 S.
€ 55,–*
ISBN 978-3-433-03058-5
Auch als ebook erhältlich

Das Bauen im Bestand wird zu einem immer wichtigeren Teilbereich des Bauwesens. Gerade historische Holzkonstruktionen für Dachwerke sind für Umwelteinwirkungen und Überlastungssituationen anfällig und daher meist nicht schadensfrei. Bei realistischer Beurteilung können Tragreserven durch Reparaturmaßnahmen aktiviert und somit die Eingriffe auf ein Mindestmaß begrenzt werden, was besonders unter denkmalpflegerischen Randbedingungen erwünscht ist.

- Set-Angebot:
  € 98,–*
  ISBN 978-3-433-03060-8

Online Bestellung:
www.ernst-und-sohn.de

Ernst & Sohn
Verlag für Architektur und technische
Wissenschaften GmbH & Co. KG

Kundenservice: Wiley-VCH
Boschstraße 12
D-69469 Weinheim

Tel. +49 (0)6201 606-400
Fax +49 (0)6201 606-184
service@wiley-vch.de

* Der €-Preis gilt ausschließlich für Deutschland. Inkl. MwSt. zzgl. Versandkosten. Irrtum und Änderungen vorbehalten. 1041126_dp

Tabelle 1. Zusammenstellung ausgewählter Eisenoxyde und -hydroxyde und deren Volumenfaktoren (aus [18])

Spezies [–]	Molare Masse [g/mol]	Dichte [g/cm^3]	Molares Volumen [cm^3/mol]	Volumenfaktor k [–]	Farbe [–]
Fe	55,85	7,86	7,11	1,00	silbern
FeO	71,85	5,70	12,61	1,77	schwarz
Fe$_2$O$_3$	159,70	5,24	15,24	2,14	rotbraun
Fe$_2$O$_3$·H$_2$O	177,70	4,00	22,21	3,12	gelb
Fe$_3$O$_4$	231,55	5,18	14,90	2,10	schwarz
Fe$_2$O$_3$·3H$_2$O	213,74	2,31	46,22	6,50	rötlich braun

lichen Anteil am Integritätsverlust des Bauteils haben, auch wenn die Querschnittsschwächung des Stahls selbst nur gering ist. Im Falle lokaler Korrosionserscheinungen, welche vornehmlich durch Chloride hervorgerufen werden, können selbst starke Querschnittsverluste ohne sichtbare Betonschäden vorliegen. Diese Korrosionsart wird nachfolgend behandelt.

2.1.2 Lochkorrosion in Anwesenheit von Chloriden

Die DIN EN ISO 8044 [9] definiert den Begriff Lochkorrosion als „örtliche Korrosion ..., die zu Löchern führt, d. h. zu Hohlräumen, die sich von der Oberfläche ins Metallinnere ausdehnen". Weder die Anwesenheit von Chloriden noch die Passivität bzw. die Passivierbarkeit eines Systems ist nach o. g. Definition Voraussetzung für das Auftreten von Lochkorrosion. Der Begriff Lochkorrosion umfasst sämtliche Korrosionserscheinungen, auf die die o. g. Definition zutrifft. Wie *Kaesche* jedoch bereits in [19] feststellt, sind die „... eigentlich wichtigen Fälle die des Lochfraßes passiver Metalle, ...", was letztlich auch die Signifikanz der Lochkorrosion für den Stahlbeton, welcher ebenfalls als passives System angesehen werden kann, belegt. Für die Lochkorrosion passiver Systeme ist die Anwesenheit einer bestimmten Gruppe von Anionen, den Halogeniden, entscheidend. Im Falle des Stahlbetons sind aus dieser Gruppe die Chloride als Hauptursache für Lochkorrosionsschäden zu nennen.

Eine wesentliche Voraussetzung für die Initiierung und Stabilisierung der Lochkorrosion passiver Metalle ist das Überschreiten des sog. Lochkorrosionspotentials E_L. *Kaesche* schreibt in [19]: „... das Lochfraßpotential ε_L ... hängt, ..., vom pH-Wert der Lösung nicht ab ... Typisch ist, daß ε_L mit zunehmender Cl$^-$-Konzentration negativer wird." Das bei *Kaesche* beschriebene Lochfraßpotential ε_L ist mit dem hier verwendeten Begriff Lochkorrosionspotential identisch und nach [9] definiert als: „niedrigster Wert des Korrosionspotentials ..., bei dem in einem bestimmten Korrosionsmedium Löcher auf einer passiven Oberfläche entstehen können". Im Falle der Existenz von E_L ist Passivität definitionsgemäß eine notwendige Voraussetzung. Eine weitere Erscheinungsform der örtlichen Korrosion ist die sog. Muldenkorrosion. Diese Form der örtlichen Korrosion wird zwar in [9] nicht explizit beschrieben, kann aber in der Praxis häufig beobachtet werden.

Im Folgenden soll der Begriff Lochkorrosion ausschließlich für örtliche Korrosionserscheinungen an sonst passiven Metallen verwendet werden Die Existenz von E_L wird folglich vorausgesetzt.

Obwohl zur Lochkorrosion passiver Metalle und Legierungen eine Vielzahl von Veröffentlichungen existiert, ist der Mechanismus in Gänze bislang nicht erschlossen worden. Die gängigsten Theorien zu den Startvorgängen der Lochkorrosion sind der Penetrationsmechanismus, der Adsorptionsmechanismus und der Schichtrissmechanismus, welche ausführlich unter anderem in [19] und [20] dargestellt werden.

In [21] entwerfen *Marcus* et al. ein Modell zur Initiierung der Lochkorrosion. Dieses Modell stellt den kristallinen Charakter der Passivschicht und die damit verbundenen Inhomogenitäten an den Korngrenzen des Passivoxyds in den Vordergrund der Betrachtungen. Die Autoren stellen fest, dass sog. „Nanopits" bereits ohne das Einwirken von Chloriden oder anderen Halogeniden im Passivoxyd entstehen. Sofern Chloride gar nicht oder nicht in ausreichender Konzentration im Elektrolyten vorhanden sind, folgt direkt nach der Entstehung derartiger „Nanopits" ihre Repassivierung. Unter der Voraussetzung einer ausreichenden Konzentration stehen Cl^- und OH^- bzw. O^{2-} an der Phasengrenze zum Elektrolyten in Konkurrenz zueinander. Je nach Art und Weise der Entstehung des vorangehenden „Nanopits" wird den drei zuvor genannten Mechanismen (Adsorption, Schichtriss und Penetration) in der Modellvorstellung von *Marcus* et al. Rechnung getragen. Die hier genannten Beobachtungen stehen in guter Übereinstimmung zu Untersuchungen von *Göllner*, welche in [21] von *Klapper* beschrieben werden. Es ist daher wahrscheinlich, dass lochkorrosionsauslösende Halogenide, wie Chloride, eher die Repassivierung verhindern, als dass sie Passivschichtdurchbrüche aktiv hervorrufen.

In verschiedenen Publikationen, unter anderem auch in [19], wird auf die inhibierende Wirkung von OH^--Ionen eingegangen. Für Stahl CrNi 18-8 wurde diesbezüglich von *Leckie* und *Uhlig* [22] der folgende formelmäßige Zusammenhang (6) gefunden.

$$\log(a_{Cl^-}) = 1{,}62 \cdot \log\bigl(a_{OH^-}\bigr)_{krit} + 1{,}84 \quad (6)$$

Andere Autoren beschreiben ähnliche für das Auslösen der Lochkorrosion kritische Zusammenhänge zwischen Chlorid- und Hydroxidionen für Stahl in Beton und in künstlicher Betonporenlösung. *Breit* gibt in [23] Folgendes an,

$$\log(c_{Cl^-})_{krit} = 1{,}5 \cdot \log(c_{OH^-}) - 0{,}245 \quad (6a)$$

während *Angst* et al. in [24] eine Übersicht über die in der Literatur angeführten kritischen Verhältniswerte von $[Cl^-]/[OH^-]$ bieten und die teilweise drastischen Unterschiede (0,09–45) in Relation zu Parametern wie Versuchsaufbau, Testmethode, Art der Chloridquelle und des Chlorideindringens in das jeweils betrachtete Medium sowie dem Medium selbst etc. setzen.

Die Ermittlung von Lochkorrosionspotentialen steht bei den meisten der Untersuchungen zum kritischen lochkorrosionsauslösenden Chloridkonzentration nicht im Vordergrund, was nach *Kaesche* [19] auch nicht notwendig ist, da das Lochkorrosionspotential, wie auch von *Vetter* und *Strehblow* [25] gezeigt wurde, lediglich von der Chloridionenkonzentration abhängig ist, jedoch nicht vom pH-Wert des Mediums. Die o. g. Autoren konnten in [25] weiterhin feststellen, dass mit steigendem pH-Wert der Lösung auch die Lochkorrosionsneigung abnimmt, weswegen die dort vorgenommenen Untersuchungen zum Lochkorrosionspotential in stark alkalischen Elektrolyten nach starker kathodischer Vorpolarisation, d. h. an kathodisch aktivierten Proben, durchgeführt wurden.

Berücksichtigt man, dass E_L mit steigender Chloridkonzentration negativer wird, erscheint vor dem Hintergrund der Gln. (6) und (6a), die belegen, dass mit steigender OH^--Ionenkonzentration auch die kritische Chloridkonzentration steigt, die Aussage, dass E_L unabhängig vom pH-Wert sei, als unwahrscheinlich. *Leckie* und *Uhlig* zeigen in [22], dass das Lochkorrosionspotential von Stahl CrNi 18-8 im pH-Wertebereich zwischen 0 und ca. 6 zwar weitgehend unabhängig vom pH-Wert ist, dieser jedoch bei Werten größer 7 einen starken Einfluss hat und E_L von etwa 0,4 V bei pH = 8 auf fast 1,0 V bei pH = 10 ansteigt.

Alonso et al. [26] geben für Stahl in Beton E_L in Abhängigkeit von $\lg[Cl^-]/[OH^-]$ an:

$$E_L = -465 \cdot \lg\frac{(c_{Cl^-})}{(c_{OH^-})} - 24 \quad (6b)$$

und kommen zu dem Schluss, dass diese Beziehung für Potentiale kleiner -200 mV gegenüber der gesättigten Kalomelektrode (SCE) gilt. Bei positiveren Werten als -200 mV_{SCE} ist das kritische Verhältnis von $[Cl^-]/[OH^-] = 1{,}76 \pm 0{,}03$.

Frankel gibt in [27] eine Übersicht über die kritischen Faktoren bei der Lochkorrosion und beschreibt den Zusammenbruch der Passivschicht, welcher der initiierende Schritt zur Lochkorrosion ist, als den wahrscheinlich am wenigsten verstandenen Aspekt bezüglich des Phänomens Lochkorrosion. Für das System Stahl in Beton bzw. in alkalischen Elektrolyten wird die Gültigkeit dieser Aussage allein durch die Fülle der Veröffentlichungen über korrosionsauslösende Chloridkonzentrationen und den zum Teil sehr unterschiedlichen Ergebnissen deutlich.

Hinsichtlich der Wachstumskinetik bei stabiler Lochkorrosion existieren ebenfalls unterschiedliche Auffassungen über die geschwindigkeitsbestimmenden Prozesse. *Böhni* erläutert in [28] verschiedene Theorien zur Wachstumskinetik bei stabiler Lochkorrosion. Ausgehend von einer anfänglich sehr hohen Wachstumsgeschwindigkeit, die sich durch Stromdichten von einigen A/cm^2 auszeichnet, wird die fortschreitende Lochkorrosion durch eine diffusions- bzw. widerstandskontrollierte Wachstumsrate beschrieben. Während bei diffusionskontrolliertem Wachstum die Ausbildung einer Salzschicht auf dem Lochgrund verantwortlich für die Diffusionskontrolle der Metallauflösung ist, wird bei Ohm'scher Kontrolle die Entwicklung großer Mengen an Wasserstoff im Loch beobachtet, wodurch ein hoher Ohm'scher Spannungsabfall im Lochelektrolyten erklärt wird. Auffällig ist im Hinblick auf die beschriebenen Kontrollmechanismen, dass die Theorie zur Salzschichtbildung überwiegend auf Grundlage von Untersuchungen an Eisenwerkstoffen mit elektrisch gut leitfähigen Passiv-

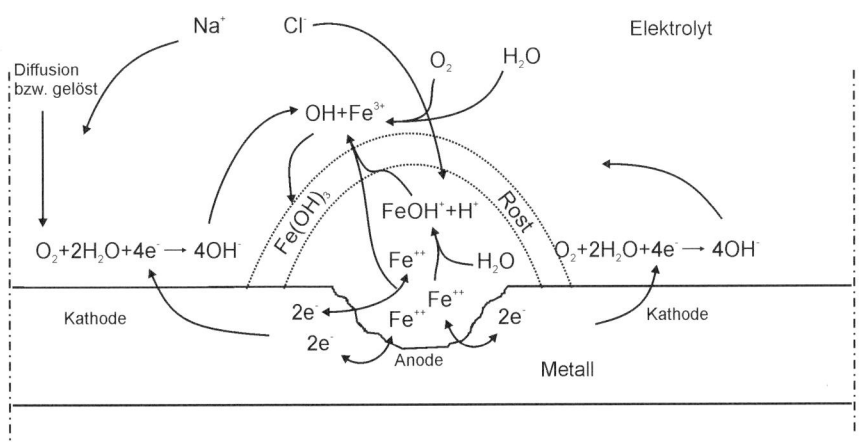

Bild 5. Schema des Mechanismus der Lochkorrosion in Anlehnung an *Kaesche* [19]

oxyden entstanden sind, während das widerstandskontrollierte Lochwachstum, z. B. an Aluminium- und Titanwerkstoffen, mit elektrisch sehr schlecht leitendem Passivoxyd beobachtet werden konnte.

Kaesche erläutert in [19] ebenfalls verschiedene Theorien zur Wachstumskinetik der Lochkorrosion und merkt an, dass in den meisten Untersuchungen zur Lochkorrosion eine Betrachtung der Leitfähigkeit des Passivoxyds, welches an den nichtaktiven Stellen der Elektrode unzweifelhaft vorhanden ist, fehlt. Die Berücksichtigung der Eigenschaften der Passivschichten erscheint sinnvoll, da die Korrosionsrate im Loch wesentlich durch die Elementwirkung zwischen aktiven und passiven Oberflächenbereichen der Elektrode und damit durch die kathodischen Eigenschaften der Passivschicht beeinflusst wird. Für die Lochkorrosion von Eisen in schwach alkalischer, chloridhaltiger Lösung kann das in Bild 5 dargestellte Reaktionsschema angenommen werden.

Nach der Initiierungsphase kommt es im Loch durch Hydrolyse des Kations, vgl. (7a) und (7b), zur Ansäuerung des Lochelektrolyten:

$$Fe^{2+} + H_2O \rightarrow Fe(OH)^+ + H^+ \qquad (7a)$$

Nach ausreichender Ansäuerung kann im Loch ein zusätzlicher kathodischer Teilprozess nach Gl. (11b) stattfinden:

$$2H^+ + 2e^- \rightarrow H_2 \qquad (7b)$$

Die Chloride wirken bei den o. g. Reaktionen als Katalysator und verhindern, wiederum unter der Voraussetzung ausreichender Konzentration, die Repassivierung des Loches. Die Potentialdifferenz zwischen lokaler Anode und umgebenden Kathoden bewirkt bei diesem Prozess die Migration der Chloride in den Lochelektrolyten, vorausgesetzt dass die Deckschicht aus Korrosionsprodukten über dem Loch offenporig genug ist, um diese nicht zu unterbinden. *Beck* [29] bezeichnet den Anteil des Korrosionsstroms, der durch die Hydrolyse im Loch hervorgerufen wird, als Eigenkorrosion und beziffert diesen für das System Stahl in Beton mit 10 bis 50 % der Gesamtkorrosion. Anhand von Bild 5 wird deutlich, dass folgende Faktoren für das Fortschreiten und die Stabilität der Lochkorrosion von Eisen in schwach alkalischen Elektrolyten wesentlich sind:

– Ein ausreichendes Angebot an Sauerstoff muss im umgebenden Medium vorhanden sein, damit die kathodische Teilreaktion außerhalb des Loches stattfinden kann.

– Chloride müssen in ausreichendem Maß in das Loch transportiert werden können.

– Wasser muss in ausreichendem Maß zur Verfügung stehen.

– Der Abtransport der Korrosionsprodukte aus dem Lochelektrolyten muss möglich sein.

Ist eine der o. g. Voraussetzungen nicht oder nur zum Teil erfüllt, wirkt sich das als zusätzlicher Widerstand im Korrosionssystem aus, der beim Fortschreiten der Korrosionserscheinung überwunden werden muss.

Aus den bisher betrachteten Mechanismen zur Korrosion sowie im Speziellen zur Korrosion von Stahl in Beton wird deutlich, dass jeder einzelne Teilprozess, ob nun anodischer oder kathodischer Natur, oder auch Transportprozess Anteil an der Reaktionskinetik hat. Will man daher das System vor dem Fortschreiten oder vor der Initiierung der Korrosion

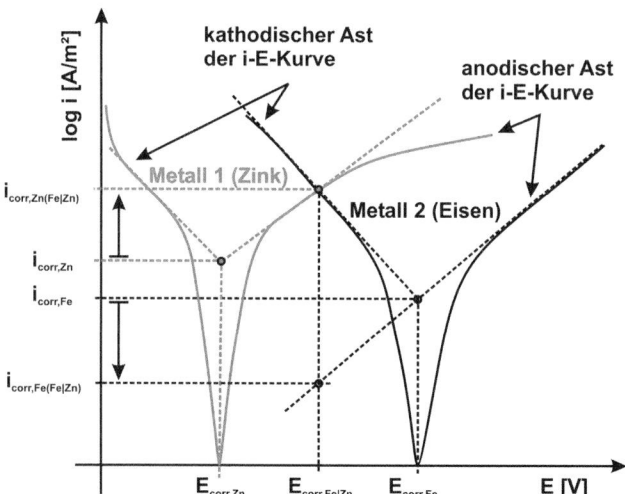

Bild 6. Schema des Funktionsprinzips des galvanischen kathodischen Korrosionsschutzes

schützen, kann es sinnvoll sein, einzelne oder mehrere Teilprozesse derart zu beeinflussen, dass der Gesamtwiderstand der Reaktion erhöht wird, um so die im System verbleibende Korrosionsrate auf technisch vernachlässigbare Werte abzusenken. Eine Möglichkeit zur Beeinflussung einzelner Teilprozesse bilden die elektrochemischen Schutzverfahren, welche im Folgenden erläutert werden.

2.2 Galvanischer Schutz

Das Prinzip des kathodischen Korrosionsschutzes beruht auf der Potentialabhängigkeit der Elektrodenkinetik. Durch kathodische Polarisation wird die verbleibende Korrosionsrate des Schutzobjekts so weit verringert, dass diese technisch gesehen vernachlässigbar wird. Prinzipiell kann dieses Schutzziel auf zwei Arten erreicht werden: durch Fremdstrompolarisation oder mithilfe von galvanischen Anoden. Die beiden Polarisationsarten sind in den Bildern 6 und 7 veranschaulichend dargestellt.

Beim galvanischen KKS bewirkt der Kurzschluss zweier korrodierender Metalle (z. B. Eisen und Zink) die gegenseitige Polarisation. Das Metall mit dem positiveren Freien Korrosionspotential $E_{corr,Fe}$ wird kathodisch polarisiert, wodurch sich die ursprüngliche Korrosionsstromdichte $i_{corr,Fe}$ des zu schützenden Metalls auf $i_{corr,Fe(Fe|Zn)}$ verringert, während das Metall mit dem negativeren Freien Korrosionspotential $E_{corr,Zn}$ anodisch polarisiert wird und sich dessen korrosionsbedingter Masseverlust, entsprechend der Zunahme der Korrosionsstromdichte auf $i_{corr,Zn(Fe|Zn)}$, erhöht.

Der Zusammenhang zwischen Masseverlust und Korrosionsstrom lässt sich aus den Faraday'schen Gesetzen wie folgt ableiten:

$$\Delta m = \frac{M}{z \cdot F} \cdot \int I(t) \cdot dt \qquad (8)$$

mit

Δm elektrochemisch umgesetzte Masse (g)

M molare Masse des betrachteten Stoffs $(g \cdot mol^{-1})$

z Valenz der Elektrodenreaktion (−)

F Faradaykonstanten $(A \cdot s \cdot mol^{-1})$

I(t) Stromfluss zwischen Anode und Kathode (A) als Funktion der Zeit

t Zeit (s)

Die Effektivität des galvanischen Elementes hinsichtlich der Verringerung der Korrosionsrate des Schutzobjekts hängt dabei im Wesentlichen von den Freien Korrosionspotentialen der beiden betrachteten Metalle sowie deren Polarisierbarkeit ab. Beim galvanischen KKS existieren kaum Möglichkeiten, steuernd in den Schutzprozess einzugreifen, sodass der Auswahl geeigneter Anodenmaterialien eine entscheidende Bedeutung zukommt. Anders als beim KKS mit Fremdstrom lässt sich beispielsweise die Treibspannung nicht erhöhen und der Schutzgrad des Schutzobjekts hängt während der gesamten restlichen Lebensdauer des Systems ausschließlich vom Zusammenspiel der Korrosionskinetik der beiden Teilsysteme sowie deren zeitlicher Veränderung ab.

Grundlagen 873

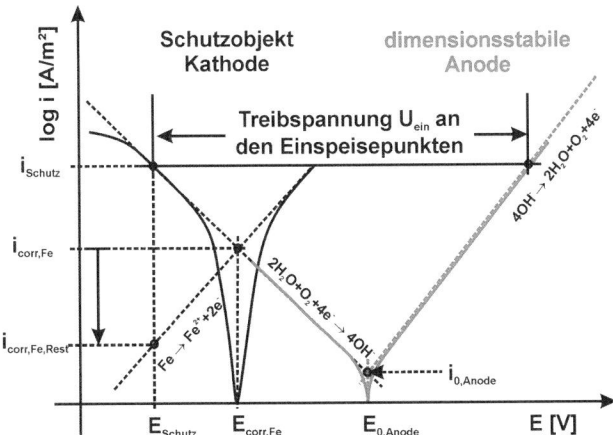

Bild 7. Idealisiertes und veranschaulichendes Prinzip des Fremdstrom-KKS mit inerten Anoden

2.3 Fremdstromschutz

Bei Fremdstromsystemen wird zwischen Schutzobjekt und Anode eine regelbare oder auch steuerbare Strom- bzw. Spannungsquelle geschaltet, welche in der Regel aus einer Transformator- und Gleichrichtereinheit besteht, die an die Netzspannungsversorgung angeschlossen wird. Mithilfe solch einer regelbaren Quelle lassen sich je nach Betriebsmodus die Treibspannung oder der Schutzstrom vorgeben und an die Erfordernisse des Schutzobjekts anpassen.

Bild 7 zeigt anschaulich das Polarisationsverhalten von Anode und Kathode bei Fremdstrompolarisation. Die Anode ist idealisiert als Redoxelektrode dargestellt, an der lediglich eine Elektrodenreaktion stattfindet, während die Stromdichte-Potentialkurve des Schutzobjekts, wiederum idealisiert abgebildet, aus der Überlagerung der Sauerstoff- und der Eisenelektrode besteht. Man kann erkennen, dass das Anlegen einer Treibspannung U_{ein} eine kathodische Polarisation des Schutzobjekts und die anodische Polarisation der Fremdstromanode bewirkt. Das Ausmaß der Polarisation wird von der jeweiligen Steigung des infrage kommenden Astes der Stromdichte-Potential-Kurve bestimmt, welche häufig auch als anodischer bzw. kathodischer Polarisationswiderstand ($R_{P,A}$ und $R_{P,K}$) bezeichnet wird. In der DIN EN ISO 8044 [9] ist der Polarisationswiderstand als „Differentialquotient aus der Änderung des Elektrodenpotentials ... und der dazugehörigen Änderung des Stroms" definiert, wobei angemerkt wird: „Üblicherweise wird der Polarisationswiderstand am Freien Korrosionspotential ... bestimmt (im linearen Bereich der Stromdichte-Potential-Kurve) ...", sodass die Abgrenzung bzw. die Erweiterung des Begriffs Polarisationswiderstand um die

Ausdrücke „anodischer" oder „kathodischer" zwar nach Definition nicht erforderlich ist, jedoch zur Differenzierung sinnvoll erscheint. Die im System verbleibende Korrosionsrate lässt sich nach Gl. (8) aus der, auch nach kathodischer Polarisation bis zum Schutzpotential E_{Schutz}, auf der Elektrodenoberfläche verbleibenden anodischen Stromdichte $i_{corr,Fe,Rest}$ errechnen. Ein weiteres wesentliches Merkmal des Fremdstrom-KKS mit inerten Elektroden ist die vernachlässigbar geringe Auflösungsrate der Anode. Die Polarisation der Anode bewirkt daher nicht wie im Falle galvanischer Anoden einen erhöhten Metallabtrag, sondern die Ansäuerung des Anolyten, je nach pH-Wert, aufgrund verschiedener Reaktionen an der Elektrodenoberfläche. Für basische Elektrolyte, wie z. B. Betonporenlösungen, erfolgt die Ansäuerung im Anodenraum aufgrund der Sauerstoffentwicklung nach (9), welche der Kinetik des anodischen Teils der Sauerstoffelektrode entspricht.

$$4OH^- \rightarrow 2H_2O + O_2 + 4e^- \qquad (9)$$

Der Mechanismus der Sauerstoffelektrode ist relativ kompliziert, da die Reaktion nach (9) nicht in einem einzelnen Schritt abläuft, sondern in zumindest zwei Teilschritten, wie beispielsweise in [30] beschrieben. Aufgrund der erforderlichen Stromdichten bleibt der Sauerstoff im Normalfall im Elektrolytvolumen gelöst. Gasförmig tritt dieser erst dann aus, wenn hohe Stromdichten bei verhältnismäßig großen Überspannungen gegenüber dem Gleichgewichtspotential der Sauerstoffelektrode erreicht werden, vgl. (10).

$$E_{O_2} = 1{,}23 - 0{,}059 \text{pH} \qquad (10)$$

Beim kathodischen Korrosionsschutz im Stahlbetonbau (KKSB) wird die Problematik der Ansäuerung im anodennahen Elektrolytraum häufig durch stark vereinfachte Rechnungen, welche die Pufferkapazität des $Ca(OH)_2$ und den OH^--Transport im Elektrolyten nicht berücksichtigen, dramatisiert. *Isecke* et al. (zitiert in [3]) konnten bereits 1992 zeigen, dass die Ansäuerung im Anodenraum unter normalen Betriebsbedingungen auch nach mehr als 10-jährigem Betrieb nicht messbar war, was sich mit neueren Erkenntnissen auf Grundlage numerischer Berechnungen von *Peelen* et al. [31] deckt.

In den letzten etwa 40 Jahren wurde eine Vielzahl an Untersuchungen und Fallstudien zum KKSB publiziert, wobei diese überwiegend Fragen nach der Wirksamkeit und den Möglichkeiten des Nachweises der Wirksamkeit nachgingen.

Bereits im Jahr 1974 konnte *Stratfull* [32] anhand von Makrozellsensoren zeigen, dass die durch Tausalze geschädigte Bewehrung einer Brücke mit einer Stromdichte von ca. 7,5 mA/m^2 Bewehrungsoberfläche sicher vor dem Fortschreiten der Korrosion geschützt werden konnte.

Im Strategic Highway Research Program (SHRP) wurden Anfang der 90er-Jahre durch unterschiedliche Forschungsinstitute und Organisationen umfangreiche Untersuchungen zu möglichen Nachweiskriterien und Leistungsdaten verschiedener KKS-Materialen durchgeführt, welche im SHRP-S-670 [33] zusammengefasst wurden. Es konnte bereits hier anhand von Modellrechnungen gezeigt werden, dass durch den kathodischen Korrosionsschutz die Cl^-- und OH^--Ionenverteilung nach ausreichend langen Schutzzeiten signifikanten Veränderungen unterliegen müssen. Als eine der wesentlichen Schlussfolgerungen der Untersuchungen wurde genannt, dass sowohl die Chloridkonzentration als auch der pH-Wert einen starken Einfluss auf die Korrosionsrate des Systems haben. Quantifiziert wurden diese Aussagen jedoch nicht.

Drei Jahre vor der Veröffentlichung des SHRP-S-670 wurde der „Final Summary Report" [5] des 1986 initiierten BRITE-Projekts veröffentlicht. Neben Untersuchungen zur Beständigkeit von Anodenmaterialien waren wesentliche Aspekte des Projekts die Klärung sicherer Nachweiskriterien für den KKSB sowie Fragen hinsichtlich der Migration verschiedener Ionenspezies. Während die Frage nach sicheren Nachweiskriterien in die Ausschussarbeit des CEN TC 219 einfloss und zur Entwicklung der DIN EN 12696 geführt hat, konnten hinsichtlich der Ionenmigration lediglich geringe messbare Effekte festgestellt werden.

Das sog. 100-mV-Kriterium, welches mittlerweile das am meisten angewandte Kriterium zum Nachweis der Wirksamkeit des kathodischen Schutzes atmosphärisch exponierter Stahlbetonbauteile ist, wird seit den frühen 90er-Jahren kontrovers diskutiert.

Funahashi und *Bushman* [34] schließen aus experimentell ermittelten Tafelsteigungen die Notwendigkeit zu einer kathodischen Polarisation von bis zu 240 mV in Abhängigkeit von der Chloridkonzentration des Betons, um den Stahl ausreichend vor Korrosion zu schützen. Als wesentliche Schlussfolgerung der Arbeit steht die Aussage, dass eine Polarisation um 100 mV möglicherweise nicht in allen Fällen ausreichend ist, um den Stahl vor weiterer Korrosion zu schützen.

Glass und *Buenfeld* [35] stellen ebenfalls den Zusammenhang zwischen erforderlicher Polarisation und vorhandener Korrosionsstromdichte dar. Sie zeigen, dass die erforderlichen Schutzstromdichten zum Erreichen einer Polarisation von 100 mV auf Grundlage theoretischer Überlegungen deutlich größer als die in der Praxis üblichen sein müssten und führen die geringen tatsächlich erforderlichen Stromdichten auf die Wirkung der sekundären Schutzmechanismen, namentlich die Chloridmigration im elektrischen Feld und die Erhöhung des pH-Wertes an der Phasengrenze Stahl/Beton als Auswirkung des Forcierens der kathodischen Teilreaktion, zurück.

An dieser Stelle sei angemerkt, dass die beiden zuletzt genannten Untersuchungen sich mit der Polarisation von mehr oder weniger aktiv korrodierenden Elektroden befassen und nicht, wie es in der Praxis der Fall ist, mit der Polarisation von Makroelementen, sodass der Rückschluss auf erforderliche Potentialverschiebungen bzw. Schutzstromdichten theoretischer Natur und nicht eins zu eins auf die Praxis übertragbar ist.

Pedeferri gibt in [36] eine Übersicht über die Wirkmechanismen beim Kathodischen Korrosionsschutz und stellt die Unterschiede im Operationsmodus zwischen konventionellem KKS, z. B. beim Rohrleitungsschutz, und dem KKSB heraus. Der Einfluss der sekundären Schutzmechanismen wird anhand theoretischer Überlegungen qualitativ erläutert und die Anwendbarkeit des sog. 100-mV-Kriteriums sowie des Potentialkriteriums (−720 mV gegen Ag/AgCl/0,5 M KCl) diskutiert. *Pedeferri* stellt zudem die Unterschiede zwischen kathodischem Schutz und kathodischer Prävention heraus und veranschaulicht die unterschiedlichen Operationsmodi anhand des sog. Pedeferri-Diagramms, welches Eingang in die DIN EN 12696 fand. Weiterhin werden mögliche negative Auswirkungen des kathodischen Korrosionsschutzes, namentlich die Schädigung des Betons durch die mögliche Förderung einer Alkali-Silika-Reaktion, der Verbundverlust zwischen Stahl und Beton, welcher im Wesentlichen bei Glattstählen und sehr hohen Stromdichten auftreten kann, und die Wasserstoffversprödung bei Spannstählen diskutiert. Aus den aufgezeigten Überlegungen wird deutlich, dass keiner der erwähnten Schädigungsmechanismen bei sachgerechter Anwendung des kathodischen Korrosionsschutzes in der Praxis wirksam wird.

Die Möglichkeit zur elektrochemischen Initiierung einer Alkali-Silika-Reaktion (ASR) wird auch von *Sergi, Page* und *Thompson* [37] diskutiert. Die Untersuchungen fanden an kathodisch polarisierten Stahlproben, welche in verschiedene Betone eingebettet waren, statt. In der Nähe der Proben, die in Beton mit reaktivem Zuschlag eingebettet waren, konnten größere Expansionsspannungen gemessen werden als in stahlfernen Regionen, woraus auf die Möglichkeit geschlossen wurde, dass die kathodische Polarisation und die damit verbundene Erhöhung der OH^--Ionenkonzentration in der nächsten Umgebung des Stahls ASR-fördernd wirken kann. An den Probekörpern mit nicht reaktiven Zuschlägen konnte keine schädigende Wirkung festgestellt werden. Die Frage, ob der kathodische Korrosionsschutz bzw. die kathodische Polarisation ASR-auslösend wirken kann, wenn potentiell reaktive Zuschläge in der Betonmatrix vorhanden sind, jedoch noch nicht aktiviert wurden, kann anhand der Untersuchungen jedoch nicht beantwortet werden.

Untersuchungen zur Verringerung der Verbundfestigkeit zwischen Stahl und Beton durch kathodischen Korrosionsschutz finden sich von Zeit zu Zeit immer wieder als Publikationen in einschlägigen Fachzeitschriften. *Batic* et al. [38] haben im Februar 2001 ihre Untersuchungen zur Veränderung der Verbundfestigkeit bei kathodisch geschützten Probekörpern, welche über einen Zeitraum von zwei Jahren polarisiert wurden, veröffentlicht. Die wesentlichen Ergebnisse dieser Arbeit waren, dass bei Polarisation des Stahls auf -850 mV bzw. -1000 mV gegen SCE (Saturated Calomel Electrode) die Verbundfestigkeit gegenüber unpolarisierten Proben ab und im Verbundverlust bei -1250 mV gegen SCE um ca. 10 % festgestellt werden konnte. Der Verlust der Verbundfestigkeit wurde auf die bei diesem Potential mögliche Wasserstoffentwicklung an der Stahloberfläche zurückgeführt. *Batic* et al. stellten zudem heraus, dass bei -850 mV gegen SCE Unterschutz vorliege, da bei diesem Potential die Lochinitiierung möglich sei. Erstaunlich daran ist, dass bereits *Hausmann* [39] 1969 festgestellt hat, dass die Initiierung der Lochkorrosion in chloridhaltigem, wässrigem Zementsteinauszug bereits bei einem Potential von -500 mV gegen CSE (Copper-Sulphate-Electrode), was etwa einem Potential von -430 mV gegen SCE entspricht, sicher unterdrückt werden kann.

Chang [40] befasst sich in einer im Jahr 2002 veröffentlichten Studie ebenfalls mit dem Verbundverlust von kathodisch polarisiertem Stahl. Der Autor bezieht seine Untersuchungen ausdrücklich auf den kathodischen Korrosionsschutz und kommt zu dem Schluss, dass wesentliche Veränderungen in der Stahl/Beton-Kontaktzone durch die angelegten Ströme hervorgerufen werden. Es konnten Verluste hinsichtlich der Verbundfestigkeit von 42 % (bei einer Stromdichte von 400 µA/cm^2) und von 55 % (bei einer Stromdichte von 1200 µA/cm^2) nach einer Polarisationszeit von 5 Monaten festgestellt werden. Bezieht man die in der Studie verwendeten Parameter auf die beim KKSB übliche Einheit mA/m^2, stellt man fest, dass diese 4000 mA/m^2 bzw. 12000 mA/m^2 betrugen, also etwa um den Faktor 1000 gegenüber den beim KKSB üblichen Stromdichten erhöht.

Bei genauerer Betrachtung der beiden zuletzt erwähnten Publikationen zu den möglichen negativen Auswirkungen des KKSB drängt sich der Eindruck auf, dass schädigende Prozesse, welche möglicherweise durch Anwendung des KKSB hervorgerufen werden können, bereits durch *Pedeferri* [36] im Jahr 1995 ausreichend beschrieben wurden und außer bei massivem Überschutz über längere Zeiträume nicht zu erwarten sind.

Koleva et al. [41, 42] führten Untersuchungen über mikrostrukturelle Veränderungen in der Stahl/Beton-Kontaktzone durch und konnten zeigen, dass durch den kathodischen Schutz bereits bestehende Oxidphasen, welche bei der Korrosion von Stahl in chloridhaltigem Mörtel entstehen, in höher valente Phasen umgewandelt werden. Die Morphologie der Oxyde wurde durch den kathodischen Korrosionsschutz von großvolumigen Phasen hin zu kompakten Phasen verändert. Die Autoren stellten neben den strukturellen Veränderungen der Oxydphasen weitere günstige Veränderungen im stahlnahen Mörtelgefüge fest, wie das Auftreten einer $Ca(OH)_2$-reichen Schicht und einer signifikanten Verringerung der Chloridkonzentration in einem Bereich von ca. 100 µm um den Stahl herum. Die Untersuchungen von *Koleva* et al. bilden einen deutlichen Kontrast zu den bereits weiter oben besprochenen Untersuchungen zu den Gefügeveränderungen beim KKSB und zeigen, dass bei sachgerechter Anwendung des KKS hinsichtlich des Korrosionsverhaltens des Stahls positive Veränderungen im Beton/Mörtelgefüge möglich sind.

Seit den 90er-Jahren werden auch die Auswirkungen der sekundären Schutzmechanismen beim kathodischen Korrosionsschutz von Stahl in Beton hinsichtlich ihres Einflusses auf die Effektivität des Schutzes diskutiert. Chloridmigration und pH-Werterhöhung werden häufig als Ursache für die geringen erforderlichen Schutzstromdichten angeführt. Der Zusammenhang zwischen der Veränderung des Korrosionszustandes und dem Wirken der sekundären Schutzmechanismen wurde bislang nicht quantifiziert. Daher sind Aussagen bezüglich ihrer Auswirkungen zwar plausibel, jedoch bislang vornehmlich theoretischer Natur.

Pruckner et al. führen in [43] den Anstieg der Durchtrittswiderstände kathodisch geschützter Proben auf die Verringerung der Chloridkonzentration in der Nähe der Stahloberfläche sowie die Erhöhung des pH-Wertes zurück. Die Messungen wurden nach Unterbrechung des, aus praktischer Sicht sehr hohen, Schutzstroms (200 bis 5000 mA/m^2) im depolarisierten Zustand durchgeführt, wobei die Durchtrittswiderstände mit zunehmender kathodisch geflossener Ladungsmenge anstiegen. Eine Quantifizierung der sekundären Schutzmechanismen wurde nicht vorgenommen.

Glass et al. befassen sich in verschiedenen Untersuchungen mit den Auswirkungen der sekundären Schutzeffekte [44–46], mit der Suche nach alternativen Schutzkriterien [47] und Fragen hinsichtlich der Schutzstromverteilung in Abhängigkeit von der Bewehrungsgeometrie [48]. Eine Quantifizierung der Effekte wurde in [49] für kurzzeitige kathodische Strompulse von 100 bis 250 mA/m^2 vorgenommen, wobei festgestellt werden konnte, dass bei einer Strompulsdichte von 250 mA/m^2, welche für die Dauer von 2 h im Abstand von 12 h über 25 Wochen aufgeprägt wurde, sich das Cl$^-$/OH$^-$-Ionenverhältnis um eine Größenordnung verringerte. In [50] schlussfolgerten *Glass* et al., dass nach der Applikation einer Ladungsdichte von weniger als 100 kC/m^2 bereits wieder passivierende Bedingungen erzeugt und Stellen, an denen Lochkorrosion aufgetreten ist, realkalisiert werden können.

Bertolini et al. [51] untersuchten die Repassivierung von Betonstahl in karbonatisierten Betonprobekörpern als Folge des kathodischen Korrosionsschutzes. Es konnte gezeigt werden, dass bereits bei einer Stromdichte von 10 mA/m^2 signifikante Realkalisierungseffekte nach zweijähriger Versuchsdauer messbar waren. Repassivierungseffekte wurden anhand von steigenden Depolarisationswerten und der Veredelung der Freien Korrosionspotentiale aufgezeigt. Zusätzlich wurden auch Polarisationswiderstände im depolarisierten Zustand gemessen. Diese waren jedoch in jedem Fall, in dem auf die Repassivierung anhand der Potential- und Depolarisationswerte geschlossen wurde, kleiner als bei korrodierenden Proben, welche nicht kathodisch geschützt waren. Eine mögliche Erklärung dieses Phänomens ist nach den Ausführungen der Autoren eine durch die veränderte chemische Umgebung des vormals korrodierenden Stahls begründete, andersartig ausgebildete Passivschicht. Ungeachtet der widersprüchlichen Ergebnisse der Depolarisations- und der Polarisationswiderstandsmessungen schließen *Bertolini* et al. aus ihren Beobachtungen, dass der Anstieg der 4-Stunden-Depolarisationswerte auf 100 bis 150 mV auf die Repassivierung der meisten Oberflächenbereiche des Stahls hinweist. Die positive Wirkung einer schnellen Realkalisierung des Stahl/Beton-Kontaktzone auf die Schutzstromverteilung wird als Designempfehlung für die KKS von karbonatisierten Stahlbetonbauteilen hervorgehoben.

In einer weiteren Untersuchung befassen sich *Bertolini* et al. [52] mit den Auswirkungen der kathodischen Prävention auf den korrosionsauslösenden Chloridgehalt für Stahl in Beton. Es konnte gezeigt werden, dass bereits mit sehr geringen Stromdichten (0,4 und 0,8 mA/m^2) eine signifikante Erhöhung der korrosionsauslösenden Chloridgehalte im Beton von 0,7 % bezogen auf die Zementmasse ohne kathodische Polarisation auf bis zu 1,5 % erzielt werden konnte. Bei einer Schutzstromdichte von 1,7 mA/m^2 konnte auch nach 5-jähriger Versuchsdauer und einem Chloridgehalt von 3 % bezogen auf die Zementmasse keine Korrosionsinitiierung festgestellt werden. Eine weitere wesentliche Folgerung aus den Ergebnissen dieser Arbeit war, dass die geringen verwendeten Stromdichten keinen Einfluss auf das Eindringverhalten der Chloride in den Beton hatten.

Mit den Auswirkungen der kathodischen Polarisation auf den Chloridtransport befassen sich auch *Eichler* et al. in [53]. Die Autoren konnten an nicht wassergesättigten Mörtelprobekörpern eine signifikante Umverteilung der im Probekörper vorhandenen Chloridionen durch das Anlegen einer im KKSB üblichen Treibspannung von 2 V zeigen. Auf Grundlage der dargestellten Versuche wurde ein vereinfachtes Modell zum Chloridtransport im elektrischen Feld aufgestellt, welches den Anteil der Chloride am Ladungstransport als vernachlässigbar voraussetzt, sodass die entscheidende Größe für den Chloridtransport, nicht wie beispielsweise beim elektrochemischen Chloridentzug die Stromdichte, sondern die elektrische Feldstärke darstellte. Anhand von Vergleichsrechnungen konnten nach verschiedenen Versuchszeiten experimentell ermittelten Chloridprofile numerisch simuliert werden, sodass die Anwendbarkeit des stark vereinfachten Modells auf reale Probekörper gezeigt werden konnte. Als wesentliches Ergebnis der Arbeit wurde festgestellt, dass bereits bei geringen Feldstärken, wie beim KKSB üblich sind, der Chloridgehalt im kathodennahen Mörtel nach einer Versuchsdauer von 2877 h von 2,5 M.-% Cl/CEM auf etwa 1,5 M.-% Cl/CEM absenkt wurde und demnach deutliche Effekte messbar waren. Eine Verifizierung der These, dass der Anteil der Chloridionen am Ladungstransport vernachlässigbar ist, konnte anhand der durchgeführten Untersuchungen nicht vorgenommen werden.

Mit dem Phänomen der „Kathodischen Passivierung" befassen sich *Tkalenko* et al. in [54] sowie *Novák* et al. in [55] und stellen hierzu thermodynamische Überlegungen an. Die Autoren kommen in beiden Fällen zu dem Schluss, dass die Prozesse, welche bei der kathodischen Polarisation der Elektroden hervorgerufen werden, zum Zustand der Passivität des Systems führen. Thermodynamische Betrachtungen in der Elektrochemie haben jedoch den Nachteil, dass sie sich ausschließlich auf Gleichgewichtszustände beziehen, die in der Praxis selten vorkommen. Aus Sicht der elektrochemischen Kinetik, welche auch auf Systeme angewendet werden kann, die sich nicht im Gleichgewicht befinden, lässt sich das genannte Phänomen jedoch nicht ohne Weiteres erklären. Der Zustand der Passivität kann an dieser Stelle aus Platzgründen nicht ausführlich diskutiert werden, daher soll hier lediglich darauf verwiesen werden, dass die Passivität der Metalle ein nicht triviales Problem darstellt, welches auch in der Literatur keine einheitliche Darstellung findet. In [8] finden sich weiterführende Überlegungen zum Begriff Passivität und dessen Anwendbarkeit auf kathodisch geschützte Systeme.

Christodoulou et al. [56] untersuchten im Rahmen einer Feldstudie die Langzeitwirkung des KKSB. Zu diesem Zweck wurden insgesamt 10 Anlagen untersucht, die ihr geplantes Lebensdauerende erreicht hatten. Der Korrosionszustand der Bewehrung wurde über 24 Monate in Abständen von je einem Monat überprüft und bewertet. Die ältesten untersuchten Anlagen waren vor dem Abschalten ca. 16 Jahre lang in Betrieb. Das wesentliche Ergebnis der Studie war, dass auch nach 24-monatiger Ausschaltzeit an keiner der untersuchten Anlagen Anzeichen für eine erneute Korrosionsinitiierung gefunden werden konnten. Aus Korrosionsratenmessungen und den ermittelten Potentialdaten ziehen die Autoren den Schluss, dass die Bewehrung der untersuchten Bauwerke zu den Zeitpunkten der Messungen passiv war, selbst in solchen Bereichen, in denen kritische Chloridgehalte in Höhe der Bewehrung zu finden waren.

Die Repassivierung von unlegiertem Stahl in chloridhaltigem Beton als Folge kathodischer Polarisation wird von *Eichler* et al. in [57] untersucht. Die Autoren konnten mittels elektrochemischer Messungen an kathodisch polarisierten Proben zeigen, dass die Durchtrittswiderstände potentiostatisch polarisierter Proben während der betrachteten Polarisationszeitraums kleiner wurden. Aus dieser Beobachtung schlossen die Autoren, dass das bereits weiter oben zitierte Phänomen der „kathodischen Passivierung" einer Überprüfung nach klassischer Definition der Passivität nicht standhalten kann. Die Ausbildung einer Passivschicht hätte auch unter kathodischer Polarisation dazu führen müssen, dass die kathodischen Durchtrittswiderstände steigen. Die Fortführung der Messungen ergab, dass mit fortschreitender Zeit nach der Depolarisation der Proben ein Anstieg der Durchtrittswiderstände zu verzeichnen war. Daraus konnte zwar keine Repassivierung im klassischen Sinne nach dem Abschalten des Schutzstromes abgeleitet werden, jedoch konnte eine signifikante Verringerung der Korrosionsrate als mögliche Langzeitauswirkung auch bei nicht mehr präsentem Schutzstrom gezeigt werden.

In einer im Jahr 2011 veröffentlichten Studie [58] versuchen *Polder* et al. die Realkalisierung von stabilen Löchern durch den kathodischen Korrosionsschutz mittels der Finite-Elemente-Methode (FEM) zu simulieren. Die Autoren berechnen auf Grundlage der Annahme, dass die kathodische Teilreaktion, welche durch eine externe Polarisation im Loch hervorgerufen wird, die Sauerstoffreduktion nach Gl. (6a) sei und kommen zu dem Schluss, dass eine vollständige Realkalisierung (vom Ausgangs-pH-Wert 3 auf einen pH-Wert > 12) des Lochelektrolyten bereits nach wenigen Stunden bis Tagen bei einer Polarisationsstromdichte von 10 mA/m^2 möglich wäre. Bei genauerer Betrachtung der zugrunde gelegten Annahmen fällt auf, dass die Autoren korrosionskinetische Betrachtungen sowie notwendige mechanistische Überlegungen vernachlässigen. Bei einem pH-Wert des Lochelektrolyten von 3 ließe sich die Korrosionsrate des Systems durch kathodische Polarisation mit einer Stromdichte von 10 mA/m^2 nicht signifikant verringern. Die Hydrolyse des Kations, vgl. Gl. (7a), und die damit verbundene fortwährende Ansäuerung des Lochelektrolyten findet ebenfalls keine Berücksichtigung bei den Berechnungen. Insgesamt erscheinen die getroffenen Annahmen zu stark vereinfacht, um näherungsweise die Realität abzubilden, sodass die Schlussfolgerung der Autoren, dass weiterführende Forschungsarbeiten auf diesem Gebiet erforderlich sind, begrüßenswert ist.

3 Anodenmaterialien und -typen

Seit den Anfängen des kathodischen Korrosionsschutzes von Stahl in Beton in den 1950er-Jahren wurden die vorhandenen Anodenmaterialien stetig weiterentwickelt, sodass heutzutage Anoden existieren, mit denen ein dauerhafter und sicherer Schutz erreicht werden kann. Grundsätzlich unterscheidet man heute zwei unterschiedliche Arten von Anoden: galvanische Anoden und sog. dimensionsstabile oder Inertanoden, welche mit Fremdstrom betrieben werden. Leitfähige Beschichtungen auf Kohlenstoffbasis fallen streng genommen in keine der beiden Kategorien hinein, weswegen diese nachfolgend gesondert aufgeführt werden.

3.1 Galvanische Anoden

Bereits in den 80er-Jahren wurden erste Versuche mit galvanischen Anoden für den kathodischen Korrosionsschutz durchgeführt. *Funahashi* und *Young* berichten in [59], dass bereits im Jahr 1977 zwei galvanische Systeme in Illinois getestet, wegen hoher Kosten und geringer Leistung jedoch umgehend wieder verworfen wurden. 1983 wurde Zink erstmals als thermisch gespritzte Anode eingesetzt und umfangreich untersucht.

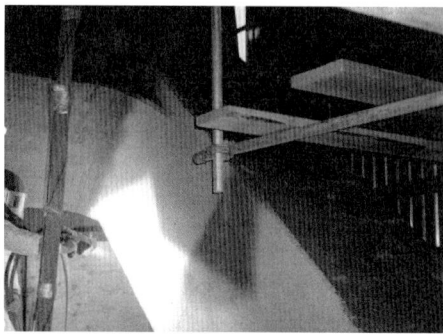

Bild 8. Thermisches Spritzen von Zink-Anoden

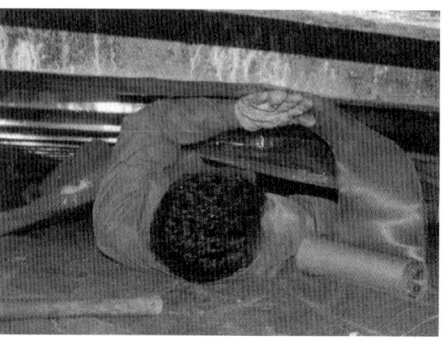

Bild 9. Applikation einer Zink-Hydrogel-Folie

In den 80er- und 90er-Jahren erfolgte die systematische Weiterentwicklung galvanischer Anoden und es wurden zahlreiche Erfahrungen mit verschiedenen Zink-Legierungen gesammelt.

In den Vereinigten Staaten werden heutzutage Zn-, Zn-Al- und Zn-Al-In-Anoden für den kathodischen Schutz von Brückenuntersichten in Meerwassernähe sowie für den Schutz von Pfeilern und Stützen in der Spritzwasserzone von Meerwasserbauwerken eingesetzt, vgl. [60].

Neben den thermisch gespritzten Anoden werden sowohl Zink-Hydrogel-Folie (vgl. Bilder 8 und 9) als auch sog. Point-Anodes für den galvanischen Schutz eingesetzt.

Letztere werden wegen der Tendenz von Zink zur Passivierung durch die Bildung von Calciumhydrozinkaten an der Phasengrenze Zink/Beton in spezielle hochalkalische calciumarme und offenporige Mörtel eingebettet.

Der Mechanismus der Calciumhydrozinkatbildung wird anhand von (11a)–(11d) veranschaulicht.

$$Zn \rightarrow Zn^{++} + 2e^- \quad (11a)$$

$$Zn^{++} + 2OH^- \rightarrow Zn(OH)_2 \quad (11b)$$

$$Zn(OH)_2 \rightarrow ZnO + H_2O \quad (11c)$$

$$Zn(OH)_2 + 2H_2O + Ca(OH)_2$$
$$\rightarrow Ca[Zn(OH)_3]_2 \cdot 2H_2O \quad (11d)$$

Der Reaktionsschritt von (11b) zu (11c), d. h. die Reaktion von Zinkhydroxid zu amphoterem Zinkoxyd, ist in Anwesenheit von Calciumhydroxyd unwahrscheinlich, weswegen als Korrosionsprodukte des Zinks im Beton in aller Regel schwerlösliche Calciumhydrozinkate nach (11d) entstehen.

Die Bildung von Calciumhydrozinkaten ist im Falle verzinkter Betonstahlbewehrung notwendige Voraussetzung für ihre Anwendbarkeit. Für Zink als galvanische Anode bedeutet die Reaktion, dass neben einem ausreichenden Feuchtigkeitsangebot auch eine ausreichend hohe Chloridkonzentration in der anodennahen Umgebung vorhanden sein muss, um die Zinkpassivierung nach (11a)–(11d) sicher zu verhindern und eine gute Leistungsfähigkeit des Schutzsystems zu gewährleisten.

Die o. g. Zusammenhänge zeigen sich unter anderem in den sehr unterschiedlichen Erfahrungen mit galvanischen Anoden, die in der Literatur zu finden sind. Unter scharfen Bedingungen, wie im Meerwasserbereich bzw. der Spritzwasserzone von Meerwasserbauwerken, wird überwiegend eine gute bis sehr gute Leistung von galvanischen Anoden verzeichnet, vgl. [61]. Diese wird jedoch zu Lasten der Dauerhaftigkeit und zugunsten einer hohen Eigenkorrosionsrate erreicht, sodass im Einzelfall die Kosten-Nutzen-Analyse, wie bei allen anderen Systemen auch, über den Einsatz von galvanischen Anoden entscheidet. Bei geringen Chloridgehalten im Beton sowie mäßiger Feuchte steigt zwar die Lebensdauer der Anoden deutlich an, sodass rein rechnerisch problemlos Lebensdauern von 30 Jahren und mehr erreicht werden können, jedoch kommt es unter diesen Bedingungen häufig zur Passivierung der Anode, sodass ein Schutz nicht zwangsläufig zu gewährleisten ist, vgl. [62].

Zur Lösung des o. g. Problems wurde in der Vergangenheit versucht, galvanische Systeme bei gemäßigten Bedingungen mithilfe von Gleichrichtern zu betreiben. Die dabei erforderlichen sehr hohen Treibspannungen führten jedoch nicht zu den erhofften Ergebnissen, sodass derartige Betriebsmodi im Allgemeinen verworfen wurden.

Der Einsatz galvanischer Anoden für den kathodischen Korrosionsschutz erfordert folglich mehr noch als bei Fremdstromsystemen die genaue Kenntnis des zu schützenden Systems sowie dessen voraussichtliche zeitliche Veränderung. Sobald ein

Bild 10. An einem Brückenauflager verlegte Ti-MMO-Gitteranoden vor dem Einbetten mit Spritzbeton

Bild 11. Mit Kunststoffdübel auf der Betonoberfläche befestigte Ti-MMO-Bandanode vor dem Einbetten mit PCC-Einbettungsmörtel

galvanisches System verbaut wurde, kann nur mit hohem Aufwand in das vorhandene System eingegriffen werden. Daher ist die Kenntnis der Anodenkinetik und deren zeitliche und umgebungsabhängige Veränderung notwendige Voraussetzung für den erfolgreichen Einsatz galvanischer Systeme für den kathodischen Korrosionsschutz.

3.2 Inertanoden

Als Inertanoden kommen im Stahlbetonbau im Wesentlichen sog. Ti-MMO-Anoden zum Einsatz. Diese Anodenart besteht aus Titan als Trägermaterial, welches thermisch mit Edelmetallmischoxyden der Platingruppe (Iridium, Rhodium etc.) beschichtet wird. Titan selbst bildet im alkalischen Milieu des Betonporenelektrolyten eine elektrisch nichtleitende Oxydschicht aus, welche den Ladungsdurchtritt aus dem Metall in den Elektrolyten stark behindert. Die Beschichtung aus Edelmetallmischoxyden verhindert die Bildung des nichtleitenden Titanoxyds und sorgt für geringe anodische Durchtrittswiderstände, sodass Anoden dieses Typs eine vergleichsweise hohe Effizienz aufweisen. Ti-MMO-Anoden sind handelsüblich in verschiedenen Bauformen zu erhalten. Die Bilder 10 bis 12 zeigen die drei am häufigsten eingesetzten Typen (Ti-MMO-Gitteranoden, Ti-MMO-Bandanoden und sog. diskrete Anoden aus Ti-MMO).

Als anodische Teilreaktionen kommen für diesen Anodentyp die nachfolgend aufgeführten infrage:

$$4OH^- \rightarrow 2H_2O + O_2 + 4e^- \quad (12)$$

$$2H_2O \rightarrow O_2 + 4H^+ + 4e^- \quad (12a)$$

$$2Cl^- \rightarrow Cl_2 + 2e^- \quad (13)$$

Während die Reaktionen nach (12) und (12a) dem Mechanismus der Sauerstoffelektrode folgen (s. auch Gl. 9) und im neutralen bis alkalischen bzw. im sauren pH-Wertbereich elektrolytseitig an der Anode stattfinden, folgt die Reaktion nach (13) dem Mechanismus der Chlorelektrode, welche nur bei hohen Treibspannungen, wie sie beispielsweise beim elektrochemischen Chloridentzug vorkommen, stattfindet. Für den kathodischen Korrosionsschutz hat die Chlorgasentwicklung bei ordnungsgemäß betriebenen Anlagen keine Bedeutung.

Ti-MMO-Anoden wurden ursprünglich für die Chloralkalielektrolyse entwickelt und können sehr hohen Belastungen widerstehen. Im Vergleich dazu ist auch stark chloridhaltiger Beton ein vergleichsweise gering belastendes Medium, sodass die Lebensdauer der Anoden häufig mit 50 bis 100 Jahren angegeben wird. Entscheidend für die Lebensdauer der Anoden ist, auch im Stahlbeton, die Qualität der Beschichtung. Sollte diese sich Ablösen, werden die für die anodische Durchtrittsreaktion erforderlichen Überspannungen, wegen der Ausbildung nichtleitender Passivoxyde auf der Titanoberfläche, sehr groß. Daher wird für die Qualitätssicherung im Bauwesen durch den Deutschen Ausschuss für Stahlbeton in einer Stellungnahme zum kathodi-

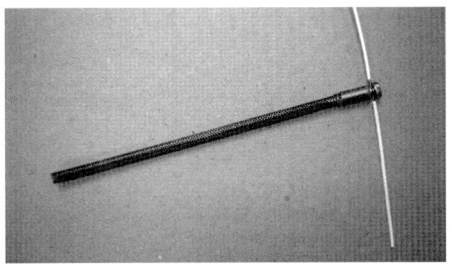

Bild 12. Diskrete Ti-MMO-Anode vor dem Einbau

schen Korrosionsschutz [63] die Prüfung der Anoden nach NACE TM 0294 [64] empfohlen.

3.3 Leitfähige Beschichtungen auf Kohlenstoffbasis

Sofern ein Fremdstromsystem mit einer Anode aus nichtinertem Material betrieben wird, wie es beispielsweise bei Kohlenstoffanoden der Fall ist, muss davon ausgegangen werden, dass sowohl die Oxydation des Elektrolyten (12) und (12a) als auch die Oxydation der Anode selbst als elektrochemische Teilreaktionen infrage kommen. Im Fall der Kohlenstoffanode sind folgende Reaktionen wahrscheinlich:

$$C + 2H_2O \rightarrow CO_2 + 4H^+ + 4e^- \quad (14)$$

$$C + 3H_2O \rightarrow H_2CO_3 + 4H^+ + 4e^- \quad (14a)$$

Welche der Reaktionen (12), (12a), (14) oder (14a) überwiegend stattfindet, ist abhängig vom Anode/Beton-Potential und aufgrund der Komplexität der Reaktionen sowie ihrer Kinetik und ihrem Zusammenwirken nicht ohne Weiteres bestimmbar. Im Allgemeinen empfehlen die Hersteller kohlenstoffbasierter Anodenmaterialien in diesem Zusammenhang die Begrenzung der Treibspannung zwischen Anode und Bewehrung, um ein frühes Versagen der Anode zu verhindern. Wie veranschaulichend in Bild 7 dargestellt, bewirkt die Begrenzung der Treibspannung ebenfalls eine Begrenzung des Anode/Beton-Potentials.

Hierbei ist entscheidend, dass die maßgebliche Elektrodenreaktion nach (12) stattfinden soll und (14) bzw. (14a) eine untergeordnete Rolle beim Elektrodenprozess spielen. Das Zusammenspiel aus Reaktionsmechanismus und Medium, in dem die Anode angewendet wird, wirkt sich dementsprechend stark auf die Lebensdauer der Anode aus.

Leitfähige Beschichtungen eignen sich im Allgemeinen dann, wenn keine „Hotspot"-Bildung durch teilweise durchfeuchtete Bauteile oder keine sehr hohe Feuchtigkeit des Bauteils zu erwarten sind. Bild 13 zeigt die Applikation einer leitfähigen Beschichtung an einem Stützenfuß im Parkhaus.

Die Lebensdauer von leitfähigen Beschichtungen wird in der Literatur häufig mit ca. 15 bis 20 Jahren angegeben, vgl. [65, 66], was im Vergleich zu Ti-MMO verhältnismäßig kurz ist. In vielen Fällen bieten leitfähige Beschichtungen jedoch eine vernünftige Alternative für andere Systeme, weil sie wegen ihrer geringen Auflasten auch solche Systeme kathodisch schützen können, die statisch bereits stark ausgelastet sind.

3.4 Carbonnetzanoden

Netzförmige Anoden aus Kohlenstofffasern wurden bereits Anfang der 2000er-Jahre bei einer Reihe von kathodischen Korrosionsschutzanlagen, vornehmlich im europäischen Ausland, eingesetzt. Dabei wurde ein flexibles Netz aus Fasern in einen speziellen, fließfähigen Mörtel eingebettet und über Einspeisepunkte mit Strom versorgt. Dieses System konnte sich wegen Problemen mit der Lebensdauer der Einspeisepunkte am deutschen Markt nicht etablieren.

Neuere Entwicklungen mit vergleichsweise steifen Kohlenstofffasernetzen, welche aus mit Styrol-Butadienkautschuk (SBR) beschichteten Fasern bestehen, sind mittlerweile am Markt erhältlich. Die grundsätzliche Eignung dieser Art der Anode steht nach derzeitigem Stand der Erkenntnisse außer Frage, während Angaben zur Dauerhaftigkeit und Bemessungsgrundlagen zur Stromabgabe im Rahmen von laufenden Forschungsvorhaben noch zu klären sind. Konservative Anhaltspunkte lassen sich

Bild 13. Leitfähige Beschichtung auf Kohlenstoffbasis vor Applikation einer Deck- und Schutzbeschichtung

Bild 14. Kohlenstofffasernetz mit SBR-Beschichtung

diesbezüglich aus der vorhandenen Datenbasis bereits durchgeführter Projekte ableiten, sodass ein projektbezogener Einsatz von Kohlenstofffasernetzen durchaus als Alternative zu inerten Anoden infrage kommt.

Ein weiteres Einsatzgebiet dieser Anode stellt die Kombination aus kathodischem Korrosionsschutz und statischer Verstärkung dar. Diesbezüglich laufen aktuelle Forschungsvorhaben, welche Erkenntnisse über die Veränderungen der Festigkeitseigenschaften und des Verbundverhaltens der Anode bei dauerhafter Stromabgabe als Zielsetzung haben.

3.5 Anodeneinbettung

Titanband- und -netzanoden müssen mit einem zementösen Material eingebettet werden, an das hinsichtlich der Eignung für den KKS besondere Anforderungen gestellt werden. Insbesondere Spritzmörteln und -betonen kommt bei der Instandsetzung vertikaler Flächen große Bedeutung zu, bei horizontalen Flächen können sowohl Beton nach DIN 1045-2 [67] als auch vorkonfektionierte zementöse Mörtel und Betone eingesetzt werden.

Die Anodeneinbettungsmörtel können vor der Installation der KKS-Komponenten, aber auch bei folgenden Arbeitsschritten im Rahmen der Gesamtmaßnahme Anwendung finden, wie

- der Reprofilierung von örtlichen Schadstellen infolge Betonschäden mit und ohne Bewehrungskorrosion (Bild 15),
- dem Einmörteln von Bewehrungsanschlüssen und Referenzelektroden (Bild 16).

Nach der Instandsetzung der Betonschäden werden die KKS-Elemente installiert. Die Anode bestehend aus Titanbändern bzw. -netzen ist dann mit der zementhaltigen Überdeckung zu fixieren (Bilder 17 und 18), die gleichzeitig die Aufgabe erfüllt, als Elektrolyt zwischen Anode, Beton und Bewehrung zu fungieren. Hierzu werden bei vertikalen Flächen und über Kopf Spritzmörtel und -betone eingesetzt.

Die eingesetzten Materialien müssen einerseits den Zweck erfüllen, die Betonoberfläche bzw. den Betonquerschnitt so wieder herzustellen, dass das Bauteil seinen vorgesehenen Verwendungszweck erfüllen kann, andererseits müssen sie bez. der elektrochemischen Eigenschaften den Anforderungen bei der Anwendung des kathodischen Korrosionsschutzes genügen.

Die DIN EN ISO 12696 [7] fordert in Abschnitt 5.10.4, dass die Betonschadstellen unter Verwendung von zementhaltigen Werkstoffen wiederherzustellen sind. Dabei darf das eingesetzte Material kein Metall, weder in Form von Fasern noch in Form von Staub, enthalten. Die Wiederherstellung der Betonoberfläche muss in Übereinstimmung zur DIN EN 1504 [69] geschehen. Außerdem müssen

Bild 15. Örtliche Betonabplatzungen über korrodierender Bewehrung an den Stützen einer Brücke

Bild 16. Eingebetteter Bewehrungsanschluss

der spezifische Widerstand sowie die mechanischen Eigenschaften ähnlich denjenigen des Originalbetons sein.

In Abschnitt 5.11 wird in DIN EN ISO 12696 festgelegt, dass Anodenüberdeckungen das Zweifache des spezifischen Widerstandes des Ausgangsbetons überschreiten dürfen, solange die Anode in der Überdeckung in der Lage ist, den entsprechenden Bemessungsstrom bei Bemessungsspannung in einer Überdeckung mit diesem spezifischen Widerstand unter sämtlichen für das Bauwerk geltenden Witterungs- und Beanspruchungsbedingungen fließen zu lassen.

Bild 17. Einzubettende Titannetze auf der Stützenreihe einer Überführung

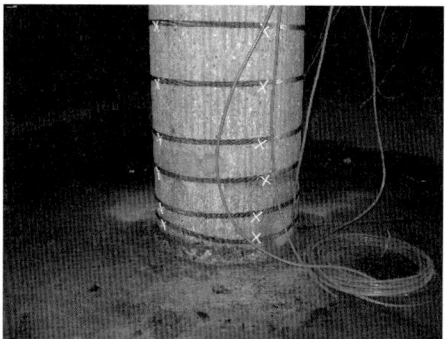

Bild 18. Einzubettende Titanbänder auf einer Stütze

Hintergrund dieser Forderungen an das Reprofilierungs- und Einbettungsmaterial ist das Ziel einer möglichst gleichmäßigen Verteilung der Schutzströme innerhalb der zu schützenden Bewehrungsoberflächen. Eine gleichmäßige Schutzstromverteilung ist jedoch nur dann möglich, wenn der spezifische Widerstand des Reparatur- bzw. Einbettungsmaterials dem des Originalbetons relativ ähnlich ist. Ist der Widerstand des Reparaturmaterials zu groß, so wird die Bewehrung innerhalb der Reparaturstelle ansonsten nicht ausreichend geschützt. Ist der Widerstand innerhalb der Reparaturstelle dahingegen zu klein, so kann es zu einem erhöhten Stromfluss im Bereich der Reparaturstelle kommen, was Einfluss auf die Dauerhaftigkeit des Anodensystems haben kann.

Der spezifische Widerstand des Ausgangsbetons ist keine feste Größe. Vielmehr unterliegt dieser Widerstand erheblichen materialspezifischen und umgebungsbedingten Streuungen. Das Gleiche gilt für die einzusetzenden Reparatur- und Einbettungsmaterialien.

In der Praxis stellte sich deshalb bei der Anwendung des kathodischen Korrosionsschutzes die Frage, welche Instandsetzungsmörtel und -betone, die bei Instandsetzungsmaßnahmen nach europäischen Normen sowie nationalen Normen und Richtlinien verwendet werden, auch für das Instandsetzungsprinzip des kathodischen Korrosionsschutzes geeignet sind und wie die Eignung nachgewiesen wird.

Der sachkundige Planer bzw. das ausführende Unternehmen muss sich im Vorfeld der Anwendung von Spritzmörteln und -betonen mit Kunststoffzusatz davon überzeugen, dass der spezifische Widerstand in dem für kathodischen Korrosionsschutz geeigneten Bereich liegt.

Am Beispiel Deutschland und Österreich werden mögliche Wege zum Eignungsnachweis eines SPCC zur KKS-Anwendung in unterschiedlichen Ländern dargestellt.

Eignungsnachweise für SPCC zur KKS-Anwendung in Deutschland

In Deutschland müssen die Instandsetzungsmörtel und -betone der Instandsetzungsrichtlinie des Deutschen Ausschusses für Stahlbeton [70] entsprechen.

Grundsätzlich gilt für kunststoffmodifizierte Zementmörtel (PCC[1], SPCC[2]):

- Der Zementgehalt muss mindestens 400 kg/m³ betragen.
- Der Wasser-/Zementwert darf 0,5 nicht überschreiten.
- Die Festigkeit muss mindestens der Festigkeitsklasse 32,5 nach alter Norm entsprechen.
- Für die Beanspruchbarkeitsklassen M 2 und M 3 (Tabelle 2) muss ein CEM I nach DIN EN 197-I verwendet werden.
- Für die Beanspruchbarkeitsklassen M 2 und M 3 (Tabelle 2) müssen Zuschläge mit erhöhten Anforderungen an den Widerstand gegen Frost und Taumittel verwendet werden.

Der Nachweis der Eignung der Mörtel für den vorgesehenen Anwendungsfall ist trotz der europäischen Normung in Deutschland auch noch über Grundprüfungen und allgemeine bauaufsichtliche Prüfzeugnisse zuzüglich einer freiwilligen Fremdüberwachung möglich. Andere Möglichkeiten sind die ETA (Europäisch technische Bewertung) oder eine technische Dokumentation unter Einschaltung einer entsprechend Artikel 30 Bauproduktenverordnung qualifizierten Stelle.

---

[1] PCC   Polymer Cement Concrete
[2] SPCC Sprayed Polymer Cement Concrete

Tabelle 2. Beanspruchbarkeitsklassen von Instandsetzungsbetonen und -mörteln

Beanspruchbarkeitsklasse	Anforderung
M 1	Die Betone bzw. Mörtel müssen zum Ausfüllen von Fehlstellen im Betonuntergrund geeignet sein. Sie müssen eine ausreichende Festigkeit als Untergrund für die vorgesehenen Oberflächenschutzsysteme aufweisen.
M 2	Zusätzlich zu den Anforderungen an die Beanspruchbarkeitsklasse M 1 müssen bei den zementgebundenen Betonen und Mörteln Mindestwerte des Karbonatisierungswiderstandes eingehalten werden. Eine einwandfreie Applikation und Auswertung bei dynamischer Beanspruchung muss gegeben sein.
M 3	Zusätzlich zu den Anforderungen an die Betone und Mörtel der Beanspruchbarkeitsklasse M 3 werden erhöhte Anforderungen im Hinblick auf die Berücksichtigung bei den Nachweisen auf Tragfähigkeit und der Gebrauchstauglichkeit gestellt.

Erfüllt ein SPCC die Anforderungen der Instandsetzungsrichtlinie [70] so ist die Eignung für den Gebrauch bei KKS-Projekten gemäß DIN EN ISO 12696 [7] ebenfalls zu prüfen.

Die in SPCCs enthaltenen Kunststoffanteile können den spezifischen Widerstand im Sinne des kathodischen Korrosionsschutzes negativ beeinflussen. Möglicherweise weisen sie dann keine ausreichende Leitfähigkeit mehr auf.

Derzeit bedarf es bei Anwendung des kathodischen Korrosionsschutzes in Deutschland einer Zustimmung im Einzelfall für den Betonersatz und die Einbettungsmaterialien.

Für den sachkundigen Planer bei einer Schutz- und Instandsetzungsmaßnahme nach dem Instandsetzungsprinzip des kathodischen Korrosionsschutzes stellt sich nun die Frage, wie er beurteilen kann, ob ein eingesetztes Material tatsächlich für KKS geeignet ist. Prüfverfahren für die elektrochemischen Eigenschaften werden weder in [7] noch in [69] angegeben.

Im Januar 2008 veröffentlichte der Deutsche Ausschuss für Stahlbeton eine Empfehlung für eine KKS-Funktionsprüfung an Betonersatz und Einbettungsmörteln, die einen möglichst großen Bereich der in der Praxis auftretenden Fälle abdecken soll [63]. Darin werden für den Betonersatz und den Einbettungsmörtel folgende Nachweise zur einheitlichen Beurteilung der Eignung zur Erzielung der Zustimmung im Einzelfall empfohlen:

- KKS-Funktionsprüfung:
  Erreichen des Schutzkriteriums, z. B. 100-mV-Kriterium mit dem gesamten Anodensystem (z. B. Anode und Einbettungsmörtel, ggf. mit vorgesehenem Betonersatzsystem (Haftbrücke, Instandsetzungsmörtel etc.) für den KKS für die zu erwartenden Umgebungsbedingungen und Betondeckungen.

- Prüfung des spezifischen Widerstandes zur Abstimmung des Einbettungsmörtels auf den Betonuntergrund:
  Nachweis der Ähnlichkeit der elektrischen Widerstände des Einbettungsmörtels und des Betonuntergrundes für sämtliche zu erwartenden Umgebungsbedingungen. Dies ist insbesondere bei trockener Lagerung relevant, da die spezifischen Widerstände der Mörtel nach gewisser Austrocknung unter Umständen im Vergleich zum Ausgangsbeton erheblich ansteigen.

Die Prüfung der einzusetzenden Materialien nach der Empfehlung des Deutschen Ausschusses für Stahlbeton ist eine Möglichkeit nachzuweisen, dass das einzusetzende Material den Anforderungen der DIN EN ISO 12696 genügt und deshalb geeignet ist.

Der Nachweis der Eignung für den kathodischen Korrosionsschutz kann jedoch auch über Probeinstandsetzungen am Objekt erfolgen.

Eine andere Möglichkeit ist die Bestimmung des spezifischen Widerstands des Materials im Labor. Dabei wird der spezifische Widerstand des einzusetzenden Materials unter verschiedenen Umgebungsbedingungen in Bezug auf die Umgebungsfeuchte im Bereich üblicher Betone unter atmosphärischen Bedingungen geprüft. Die Bestimmung der Elektrolytwiderstände erfolgt dabei in der Regel an Mörtelprismen mit eingeklebten aktivierten Titanelektroden. Die Prüfungen finden bei unterschiedlichen relativen Luftfeuchten und Temperaturen statt, die den Anwendungsfall in der Praxis simulieren sollen.

Bei diesen Prüfungen wird die Entwicklung der spezifischen Widerstände überprüft. In der Regel steigt der Widerstand bei Austrocknung der Materialien.

Dem sachkundigen Planer ist anzuraten, die Durchführung einer solchen Prüfung auf jeden Fall bei der Anwendung von vorkonfektionierten kunststoffmodifizierten Spritzmörteln und -betonen zu fordern, bevor er diese Materialien für die Instandsetzung mit dem Verfahren des kathodischen Korrosionsschutzes freigibt.

Anforderungen an SPCC zur KKS-Anwendung in Österreich

Während in Deutschland die Anwendung des kathodischen Korrosionsschutzes bezüglich der Instandsetzungs- und Einbettungsmaterialien an die Zustimmung im Einzelfall gekoppelt ist, werden in Österreich in Abschnitt 5.2.1.2 der Richtlinie des Österreichischen Betonvereins vom Mai 2018 [71] allgemeingültige Anforderungen an den zu verwendenden Zementmörtel gestellt. Diese sind im Einzelnen:

- Grundsätzlich sind alle Leistungsanforderungen gemäß ÖNORM EN 1504-3 und öbv-Richtlinie „Erhaltung und Instandsetzung von Bauten aus Beton und Stahlbeton" vom Einbettungsmörtel für den jeweiligen Anwendungsfall zu erfüllen. Zudem sind Mörtel mit reduziertem Schwinden anzuwenden ($\leq$ 1,2 mm/m).
- Darüber hinaus ist die Prüfung der elektrischen Leitfähigkeit bei zumindest 3 Luftfeuchtigkeiten (z.B. 100 %, 80 %, 60 %) durch eine akkreditierte Prüfanstalt durchzuführen (siehe Anhang 3).
- Um die Lebensdauer des KKS-Systems zu gewährleisten, muss der Zementmörtel eine ausreichende Pufferkapazität gegen mögliche Säurebildung an der Anode aufweisen und ausreichend gasdurchlässig sein.
- Die Überdeckung des eingebetteten Anodenmaterials muss mindestens dem dreifachen Größtkorndurchmesser des eingesetzten Mörtels und mind. 10 mm entsprechen.
- Der spezifische Widerstand des Mörtels ist vom Systemplaner durch Auswahl eines geeigneten Materials auf den Bestandsbeton (Widerstandsprüfung nach *Wenner* (siehe Begriffsbestimmungen)) abzustimmen.
- Eine eventuell notwendige Haftbrücke ist als Systemkomponente mit zu berücksichtigen.

Anmerkung: Haftbrücken, Mörtel und Betone mit Portlandzement als einzigem Bindemittel (CEM-I) erfüllen in der Regel diese Anforderungen in Bezug auf die elektrische Leitfähigkeit.

Der Nachweis für die Tauglichkeit ist durch eine nachfolgenden Möglichkeiten zu erbringen.
- Nachweis durch eine Produkt-Systemprüfung (Erklärung).
- Die Funktion kann vor der Installation des Kathodischen Korrosionsschutzes an einer Musterinstallation mit zumindest einem Jahreszeitenzyklus nachgewiesen werden.
- Die Funktion kann durch eine mindestens 5-jährige erfolgreiche Anwendung bei entsprechenden, bereits bestehenden Referenzobjekten nachgewiesen werden.

Diese Anforderungen der österreichischen Richtlinie sind sehr praxisorientiert und lassen dabei ein breites Spektrum an unterschiedlichsten Mörtelsystemen zu.

Das österreichische Regelwerk orientiert sich dabei sehr eng an der DIN EN ISO 12696. Nachweismethoden für die in den Verkehr zu bringenden Materialien werden dabei nicht explizit festgelegt.

Die Verantwortung hinsichtlich der Definition Anforderungen an das Material liegt im Zuge der Ausschreibung direkt beim sachkundigen Planer. Das ausführende Unternehmen hat die Nachweise zu führen. Letztendlich obliegt es dann dem Hersteller der Materialien, die Eignungsnachweise zu führen.

Anforderungen an Spritzmörtel und -betone als Betonersatz und Anodeneinbettung in der Praxis

Unter Berücksichtigung der Anforderungen, die in Normen und Regelwerken an SPCCs bei der Anwendung in Verbindung mit KKS gestellt werden, gibt es allgemeingültige Anforderungen aus der Praxis:

Eigenschaften ähnlich denjenigen des Bauwerksbetons

- geringes Schwindverhalten,
- geringe Reißneigung,
- guter Verbund mit dem einzubettenden Bewehrungsstahl,
- gute Haftung am Betonuntergrund,
- gegebenenfalls dem Anwendungsfall angepasstes Brandverhalten,
- gegebenenfalls hoher Frost-/Taumittelwiderstand.

Zusätzlich zu den materialspezifischen Anforderungen an kunststoffmodifizierte Spritzmörtel und Betone bei der Anwendung bei KKS-Projekten sind diese Materialien auch Anforderungen hinsichtlich der Verarbeitungsfreundlichkeit zu stellen.

Besonders folgende Kriterien sind für die Praxis von Relevanz:

- einfache Handhabung des Applikationsverfahrens,
- keine Neigung zu Wasserabsonderung,
- geringer Rückprall,
- zuverlässige Aufbringung praxisrelevanter Schichtdicken,
- Korngröße dem Anodengitter angepasst.

4 Schutzkriterien und technische Regelwerke

Die Ergebnisse der umfangreichen Forschungsarbeiten der 1980er- und 90er-Jahre haben zur Entstehung des für den kathodischen Korrosionsschutz wichtigsten Regelwerks, der DIN EN ISO 12696 geführt. Während die DIN EN ISO 12696 die Leistungsanforderungen an KKSB-Systeme regelt, wurde aufgrund der Erfahrungen bei der Umsetzung des kathodischen Korrosionsschutzes, vor allem in England, Italien und Frankreich die Notwendigkeit nach einem verbindlichen Ausbildungsstandard gesehen und mit der Einführung der DIN EN 15257 umgesetzt. Beide Regelwerke werden nachfolgend kurz vorgestellt.

4.1 DIN EN ISO 12696

Für die Anwendung des kathodischen Korrosionsschutzes ist die DIN EN ISO 12696 [7] das mit Abstand wichtigste Dokument. Sie ist ein sogenannter Performancestandard und regelt die Leistungsanforderungen an KKSB-Anlagen. Neben klar definierten Leistungskriterien enthält die DIN EN ISO 12696 Angaben zu notwendigen Planungsschritten und zur Anlagendokumentation. Im Kap. 4.2 „Personal" werden Anforderungen sowohl an das ausführende Personal als auch an Personal, welches mit der Planung und Überwachung betraut ist, beschrieben. Hier wird unter anderem auf die DIN EN 15257 [72] hingewiesen, welche die Qualifikationsgrade, Anforderungen und die Zertifizierung von Personal regelt, das für den kathodischen Korrosionsschutz geschult ist.

In der DIN EN ISO 12696 lassen sich drei Kriterien finden, anhand derer die Funktionsfähigkeit und die Schutzwirkung kathodischer Korrosionsschutzsysteme für den Stahlbetonbau nachgewiesen werden können. Dabei reicht es, eines der drei in Tabelle 3 aufgezeigten Kriterien nachzuweisen, um sicherstellen zu können, dass die Betonstahlbewehrung des betroffenen Bauwerks sicher vor dem Fortschreiten einer korrosionsbedingten Schädigung geschützt ist.

Die o. g. Schutzkriterien weisen gleichzeitig darauf hin, dass es unumgänglich ist, zusätzlich zu einem adäquaten Anodensystem sowie den zugehörigen elektronischen Bauteilen ein voll funktionsfähiges Monitoringsystem einzubauen. In seiner einfachsten und gängigsten Form besteht ein derartiges Monitoringsystem aus Referenzelektroden, mithilfe derer die Stahl/Beton-Potentiale an den kritischsten Stellen, d. h. den Stellen mit den höchsten Korrosionswahrscheinlichkeit, überwacht werden können. Im Vergleich zu konventionellen Instandsetzungsvarianten stellt der obligatorisch Einbau eines Monitoringsystems einen erheblichen Mehrwert dar, da die Wirksamkeit der Instandsetzungsmaßnahme jederzeit überwacht und bewertet werden kann. Ein rechtzeitiges Eingreifen im Falle des Ausfallens einer Komponente des Systems wird durch die permanente Überwachung ebenfalls möglich, sodass gerade auch bei kritischen Konstruktionen der KKS ein wirkungsvolles Mittel für die Instandsetzung darstellt.

Die o. g. Schutzkriterien sind konservativ gewählt, d. h. das Einhalten der Kriterien garantiert den voll umfänglichen Schutz. Der Umkehrschluss ist jedoch nicht zulässig. Sofern keines der drei in der DIN EN ISO 12696 verankerten Kriterien nachweisbar ist, muss ein Sonderfachmann eingeschaltet werden, der auf Grundlage weiterführender Erkenntnisse und Untersuchungen die Funktionsfähigkeit der Anlage überprüft. Wer Sonderfachmann ist, lässt sich für Außenstehende, wie es Bauherren normalerweise sind, schwer beurteilen, sodass der im folgenden Abschnitt vorgestellten DIN EN ISO 15257 [68] eine weitere wesentliche Bedeutung zukommt.

Tabelle 3. Schutzkriterien der DIN EN ISO 12696

Kriterium		Erklärung	Anwendung
1	100 mV	Der Potentialanstieg ausgehend vom IR-freien Stahl/Beton-Potential innerhalb von 24 h nach dem Ausschalten des Schutzstromes muss mindestens 100 mV betragen	Atmosphärisch exponierte Stahlbetonbauteile
2	150 mV	Der Potentialanstieg ausgehend vom IR-freien Stahl/Beton-Potential nach mehr als 24 h nach dem Ausschalten des Schutzstromes muss mindestens 150 mV betragen	Atmosphärisch exponierte Stahlbetonbauteile
3	−720 mV	Das IR-freie Potential der geschützten, schlaffen Stahlbewehrung liegt zwischen −720 mV und −1100 mV gegen eine Ag/AgCl/0,5 M KCl-Elektrode, oder bei Spannstahl zwischen −720 mV und −900 mV	Bauteile, die im Erdboden bzw. in dauerfeuchter Umgebung oder unter Wasser liegen

4.2 DIN EN ISO 15257 zur Zertifizierung von Fachpersonal für den kathodischen Korrosionsschutz

Inhaltlich befassen sich die bisherige DIN EN 15257 [72] und auch die neue DIN EN ISO 15257 [68] sowohl mit den organisatorischen und administrativen Abläufen der Zertifizierung als auch mit den Anforderungen an das zu zertifizierende Personal. In Abschnitt 5 werden die Qualifikationsgrade definiert. Wobei nicht mehr, wie es bisher der Fall war, nach drei unterschiedlichen Graden differenziert wird, sondern nach fünf unterschiedlichen Qualifikationsgraden. Nach Grad 1 zertifizierte Personen sind im Normalfall solche, die „... *einfache KKS-Leistungsdaten einfacher KKS-Systeme ... erfassen und weitere einfache KKS-Aufgaben in Übereinstimmung mit technischen Anweisungen ...*" ausführen. Die Bewertung der Leistungsdaten darf nicht von Grad 1 zertifiziertem Personal vorgenommen werden. Nach Grad 2 zertifiziertes Personal muss in der Lage sein, Beaufsichtigungstätigkeiten sowie KKS-Arbeiten auf der Baustelle nach Anweisung durch Personal höherer Qualifikation durchzuführen und über ein ausreichendes Grundlagenwissen verfügen sowie sich darüber bewusst sein, welche Konsequenzen grobe Fehler bei der Installation haben können. Darüber hinaus muss nach Grad 2 zertifiziertes Personal über Grundlagen der Elektrik, der Korrosion sowie über Beschichtungen, Sicherheitsmaßnahmen und Messverfahren verfügen.

Die Anforderungen an Fachpersonal, welches nach Grad 3 zertifiziert ist, sind konsequenterweise höher als die Anforderungen an nach Grad 1 und Grad 2 zertifiziertem, da der Grad-3-Zertifizierte nicht nur die Anleitung des Grad-1- und Grad-2-Personals übernehmen, sondern auch eine Bewertung der gesammelten Daten vornehmen können muss. Nach Grad 3 zertifizierte Personen sind daher typischerweise sog. Cheftechniker, welche administrative und technische Aufgaben übernehmen. Darüber hinaus müssen nach Grad 3 zertifizierte Personen in der Lage sein, die Planung einfacher KKS-Systeme ohne Aufsicht durchzuführen.

Als Kathodischer Korrosionsschutz-Spezialist werden Personen bezeichnet, welche über die Qualifikation nach Grad 4 verfügen. Sie müssen detaillierte Kenntnisse der Korrosionstheorie sowie Grundlagen der Elektotechnik und KKS-Planung, -Installation, -Inbetriebnahme, -Prüfung und -Wirksamkeitsprüfung haben und in allen KKS-Bereichen über fundierte Kenntnisse verfügen.

Die höchsten Anforderungen bestehen an Personal, welches nach Grad 5 zertifiziert ist. Entsprechend der DIN EN ISO 15257 sind Grad-5-zertifizierte Personen Experten, deren Fachwissen deutlich über das Maß dessen hinausgeht, was für den normalen Sachkundigen üblich ist. Grad-5-Personal muss dabei nachweislich in der Lage sein, den Stand der Wissenschaft und Forschung auf seinem jeweiligen Gebiet weiterzuentwickeln und im Rahmen von Schulungsveranstaltungen eigenverantwortlich weiterzuvermitteln.

Der Qualifikationsnachweis, den das KKS-Fachpersonal mit einer Zertifikation entsprechenden Grades

Tabelle 4. Anforderungen an die Mindesterfahrung von Kandidaten nach DIN EN ISO 15257 [72]

Ziel-Qualifikationsgrad	Ausbildung	Mindesterfahrung in Jahren mit KKS
1	Alle Fälle	0
2	Relevanter ingenieurtechnischer oder wissenschaftlicher Abschluss und Spezialausbildung auf dem Gebiet der Korrosion	1
	Technische Ausbildung	1
	Alle anderen Fälle	1
3	Relevanter ingenieurtechnischer oder wissenschaftlicher Abschluss und Spezialausbildung auf dem Gebiet der Korrosion	2
	Technische Ausbildung	3
	Alle anderen Fälle	4
4	Relevanter ingenieurtechnischer oder wissenschaftlicher Abschluss und Spezialausbildung auf dem Gebiet der Korrosion	5
	Technische Ausbildung	8
	Alle anderen Fälle	12

erbringt, ist folglich vergleichsweise umfangreich und geeignet, ein hohes Maß an Sicherheit hinsichtlich einer gleichbleibend guten Ausführungsqualität von KKS-Anlagen zu gewährleisten. Die Norm geht an dieser Stelle jedoch noch einen Schritt weiter und definiert nicht nur die Inhalte der Qualifikationsgrade, sondern auch Voraussetzungen zur Zertifizierung, welche über die wissenschaftliche bzw. technische Qualifikation des Personals hinausgehen. In Abschnitt 6 „Anforderungen an die Qualifikation von Personen für verschiedene Qualifikationsgrade und Anwendungsbereiche" wird definiert, welche Zulassungsvoraussetzungen zur Zertifizierungsprüfung im normativen Anhang A der DIN EN ISO 15257 erbracht werden müssen. Neben allen Anforderungen und erforderlichen Weiterbildungsmaßnahmen wird als Zulassungsvoraussetzung zur Zertifizierungsprüfung auch ein, vom jeweiligen Zertifizierungsgrad abhängiges, Mindestmaß an Berufseerfahrung vorausgesetzt. In Tabelle 4 sind die Anforderungen an die Mindesterfahrung von Kandidaten entsprechend der DIN EN ISO 15257 zusammengestellt.

Die Anhänge A, B und C der DIN EN ISO 15257 definieren und konkretisieren die erforderlichen Fähigkeiten und Aufgaben, welche unabhängig und abhängig vom qualifizierten Bereich und vom Qualifikationsgrad mindestens erfüllt werden müssen, sowie die Übertragbarkeit bestehender Zertifizierungsgrade nach DIN EN 15257 mit den neuen Graden nach DIN EN ISO 15257.

Den beiden zuvor genannten Normen kommt bei der Planung, der Ausführung und dem Betrieb von kathodischen Korrosionsschutzanlagen in Stahlbetonbau eine entsprechend große Bedeutung zu, da sie nicht nur den „Stand der Technik" und die „anerkannten Regeln der Technik", vgl. Begriffsdefinition nach DIN EN 45020:2006 [73], sondern ebenfalls die Qualifikationsanforderungen für alle Baubeteiligten definieren. Einer vorwiegend deutschen Auffassung, die Ausführung von Instandsetzungsprinzipien über Regelwerke normieren zu müssen, entsprechen diese Dokumente nicht. Dem Planer kommt bei Anwendung des kathodischen Korrosionsschutzes ein hohes Maß an Freiheit, aber auch ein hohes Maß an Verantwortung zu. Echte Designcodes existieren zwar, sind jedoch immer vor dem Hintergrund landesspezifischer Regeln und typischer Ausführungsbedingungen zu betrachten. Der SHRP-S-372-Bericht [69] ist einer der wenigen Designcodes, welche Ausführungsempfehlungen, wie z. B. die Anwendung des sog. 300-mV-Kriteriums, für die Bemessung von Anodensystemen enthält. Die Ausführungs- und Bemessungsempfehlungen des SHRP-S-372 sind mittlerweile allgemein anerkannt und werden zum Teil auch in Deutschland angewendet.

4.3 Kathodischer Korrosionsschutz von Spannbetonbauwerken

Obwohl *Pietro Pedeferri* im Jahr 1996 bereits alles Wichtige zum kathodischen Korrosionsschutz von vorgespannten Stahlbetonbauwerken geschrieben hat [36] und spätestens mit der Einführung der DIN EN 12696 (welche in die DIN EN ISO 12696 überführt wurde) auch der kathodische Schutz von Spannbetonbauwerken geregelt wird, wird dieses Thema immer wieder kontrovers dargestellt. Aus diesem Grund sollen an dieser Stelle die wichtigsten Fakten zum Thema kathodischer Korrosionsschutz von Spannbetonbauwerken zusammengefasst werden:

1) Spannstahl, der im Hüllrohr liegt, kann nicht kathodisch polarisiert werden, da das Hüllrohr den Schutzstrom auch dann abschirmt, wenn das Spannglied im Innern des Hüllrohrs anliegt. Zur Polarisation müssen der elektrische und der elektrolytische Kontakt vorhanden sein.

2) Spannstahl, welcher im direkten Verbund liegt, kann mithilfe des kathodischen Korrosionsschutzes sicher vor Korrosionsschäden geschützt werden.

3) Eine Gefährdung durch kathodischen Wasserstoff kann bei Anwendung der Vorgaben der DIN EN ISO 12696 sicher ausgeschlossen werden.

Insbesondere Punkt drei der o. g. Aufzählung führt immer wieder zu Diskussionen, wenn die Frage nach der wasserstoffinduzierten Spannungsrisskorrosion, ggf. im Zusammenhang mit nachweislich empfindlichen, vergüteten und hochfesten Stählen, kommt. An dieser Stelle sei auf das dritte Schutzkriterium der Tabelle 3 verwiesen, welches im Falle des Vorhandenseins von Spannstahl besagt, dass ein Grenzpotential von -900 mV gegen die Ag/AgCl/ 0,5-M-KCl-Referenzelektrode nicht unterschritten werden darf. Für die Wasserstoffentwicklung an einer Elektrodenoberfläche gelten die in Bild 4 dargestellten thermodynamischen Gesetzmäßigkeiten. Das heißt, dass eine spezifische Potentialgrenze für die Wasserstoffentwicklung existiert. Diese Potentialgrenze wird durch das Gleichgewichtspotential der Wasserstoffelektrode bei gegebenem pH-Wert definiert durch:

$$E_{H_2}^0 = -0{,}059 \cdot pH \qquad (15)$$

wobei berücksichtigt werden muss, dass die Potentiale nach (15) auf die Wasserstoffelektrode bezogen sind und somit um den Betrag des Potentials der Ag/AgCl/0,5-M-KCl-Elektrode korrigiert werden müssen. Für den Stahlbeton bei einem pH-Wert von $> 12{,}6$ bedeutet das, dass das Wasserstoffentwicklungspotential, bezogen auf die Ag/AgCl/ 0,5-M-KCl-Elektrode, bei

$$E_{H_2}^0 = -0,059 \cdot pH - 0,25$$
$$= -0,059 \cdot 12,6 - 0,25$$
$$= -993 \text{ mV}$$

liegt. Bei höheren pH-Werten, wie sie für nicht karbonatisierte Betonporenelektrolyten vorliegen, ergeben sich entsprechend negativere Werte. Aus diesen Betrachtungen wird offenbar, dass – zumal keine Reaktionsüberspannungen berücksichtigt werden, die eine derartige Potentialgrenze zusätzlich ins Negative verschieben – eine verhältnismäßig große Sicherheit zur Vermeidung der Bildung von kathodischem Wasserstoff bei Anwendung der DIN EN ISO 12696 vorliegt und eben diese sicher vermieden werden kann. Ohne Wasserstoffentwicklung kann jedoch auch keine wasserstoffinduzierte Spannungsrisskorrosion eintreten. Es ist daher bei ordnungsgemäß betriebenen Anlagen ausgeschlossen, dass durch den kathodischen Korrosionsschutz eine wasserstoffinduzierte Spannungsrisskorrosion hervorgerufen oder begünstigt wird.

Gleichermaßen obligatorisch ist jedoch, dass gerade für den Schutz von Spannbetonbauwerken ausschließlich nachweislich sachkundiges Personal eingesetzt werden muss und die Planung derartiger Korrosionsschutzmaßnahmen vertiefte Kenntnisse über Spannstahlkorrosion und die Mechanismen der Spannungsrisskorrosion erfordern.

5 Ausführungsbeispiele

Nachdem der kathodische Korrosionsschutz als Instandsetzungsprinzip lange Jahre in Deutschland kaum Anwendung fand, hat er seit dem Jahr 2003 wieder erheblich an Bedeutung bei der Instandsetzung als auch präventiv beim Neubau von Stahl- und Spannbetonbauwerken gegen chloridinduzierte Korrosion gewonnen. Heute werden zahlreiche Bauwerke, insbesondere Parkhäuser und Brücken, mit KKS geschützt. Folgerichtig wurde auch der präventive KKS als eine zweckmäßige Ausführungsvariante in das DBV-Merkblatt „Parkhäuser und Tiefgaragen" 2018 [80] ausdrücklich aufgenommen. Geschützt werden in einem Parkbau i. d. R. Park- und Fahrflächen, Rampen, Stützen- und Wandsockel und Gebäudefugen. Immer mehr Planer haben sich spezielle Kenntnisse über dieses äußerst wirtschaftliche und technisch sinnvolle Verfahren verschafft.

Vor der Durchführung einer Instandsetzungsmaßnahme mit dem Verfahren des kathodischen Korrosionsschutzes muss ein sachkundiger Planer [70], analog zu der Vorgehensweise bei Anwendung der konventionellen Verfahren, den Ist-Zustand des geschädigten Betonbauwerks detailliert feststellen. Dabei sind nachfolgende Prüfungen unverzichtbar:

Visuelle Begutachtung mit Schadenskartierung auf Betonabplatzungen, Risse, Korrosion der Bewehrung, Undichtigkeiten u. a.

– Feststellung des Chloridgehaltes in unterschiedlichen Tiefen,
– Bestimmung der Betondeckung der Bewehrung,
– Bestimmung der Betondruckfestigkeit,
– Bestimmung der Karbonatisierungstiefe,
– Durchführung von Potentialfeldmessungen,
– Widerstandsmessungen.

Neben den betontechnologischen Untersuchungen muss sich der sachkundige Planer auch mit der Historie des Bauwerks beschäftigen. Sollte dieses bereits zu einem früheren Zeitpunkt instand gesetzt worden sein, so ist festzustellen, welche Materialien hierfür verwendet wurden.

Nach Durchführung der Ist-Zustandsanalyse muss ein Instandsetzungskonzept möglichst in Alternativen erarbeitet werden. Dabei ist die vorgesehene Restnutzungsdauer des Bauwerks festzulegen. Das Instandsetzungskonzept muss nicht nur unter technischen, sondern auch unter wirtschaftlichen Gesichtspunkten aufgestellt werden. Eine Machbarkeitsstudie für die Anwendung des kathodischen Korrosionsschutzes ist sinnvoll, manchmal auch verbunden mit einer Probeinstandsetzung.

In dieser Phase der Planung der Instandsetzungsmaßnahme kommt dem sachkundigen Planer eine besondere Bedeutung zu. Nach der Instandsetzungsrichtlinie des Deutschen Ausschusses für Stahlbeton [70] ist ein sachkundiger Planer eine Person, die die erforderlichen besonderen Kenntnisse auf dem Gebiet von Schutz und Instandsetzung bei Betonbauwerken hat. In der Praxis der Betoninstandsetzung ist der sachkundige Planer nach der Instandsetzungsrichtlinie nicht automatisch auch kompetent auf dem Gebiet des kathodischen Korrosionsschutzes. Hier ist es häufig erforderlich, zusätzliche Fachleute hinzuzuziehen, die ausreichend Erfahrung auf dem Gebiet des kathodischen Korrosionsschutzes mitbringen. Häufig ist eine sachorientierte Teamarbeit unterschiedlicher Fachrichtungen bei der Instandsetzung von Stahlbetonbauwerken mit kathodischem Korrosionsschutz unerlässlich.

In diesem Zusammenhang ist auch zu beachten, dass ein erheblicher Abstimmungsbedarf zwischen den ausführenden Firmen der klassischen Betoninstandsetzung und des kathodischen Korrosionsschutzes besteht.

Einige Beispiele zeigen die Praxis der Ausführung.

5.1 Parkhäuser und Tiefgaragen

Die Stahl- und Spannbetonbauteile in Parkhäusern und Tiefgaragen werden durch das von Fahrzeugen

Bild 19. Ansicht Parkhaus Mittelseestraße

eingeschleppte Tausalz (i. d. R. Natriumchlorid) aufgrund mangelhafter Schutzmaßnahmen sehr häufig durch chloridinduzierte Korrosion stark geschädigt. Besonders betroffen sind die Bodenplatte, Geschossdecken und die Sockel der aufgehenden Bauteile. Bei konventionellen Verfahren der Instandsetzung ist es notwendig, den chloridbelasteten Beton bis zum korrosionsauslösenden Chloridgehalt abzutragen. Dies stellt einen erheblichen Eingriff in die Statik des Bauwerks dar. Aus diesem Grund ist KKS eine sinnvolle Alternative, die den konventionellen Verfahren sowohl technisch als auch wirtschaftlich bei der Planung gegenübergestellt werden sollte.

Nachfolgend werden Beispiele aus dem Bereich der Instandsetzung, aber auch des vorbeugenden Schutzes gezeigt.

5.1.1 Cityparkhaus in Offenbach

Im Jahr 2004 fand der KKS nach langer Pause erstmals wieder bei einem innerstädtischen öffentlichen Parkhaus, dem im Jahr 1971 in Stahlbetonbauweise mit Fertigteilen erstellten Cityparkhauses in Offenbach, Anwendung. Dieses wurde in den Jahren 2004 bis 2006 in drei Bauabschnitten instand gesetzt.

Das Parkhaus besteht aus 12 halbgeschossig versetzten Ebenen, die über ein innen liegendes Rampensystem erschlossen werden.

Bild 20. Freideck in Ebene 12

Die Fassade besteht aus vorgehängten Brüstungsplatten aus Stahlbetonfertigteilen, die in den Stirnkanten der Geschossdecken verankert waren. Die Giebelwände auf den kurzen Fassadenseiten des Parkhauses wurden in Ortbetonbauweise erstellt. Sämtliche Stützen und Unterzüge bestehen aus Betonfertigteilen mit Betongüten der Festigkeitsklassen B 300, B 450 und B 600 (alte Bezeichnungen).

Zur Herstellung der Geschossdecken und Rampen wurden zunächst Filigranplatten als Halbfertigteile mit einer Dicke von 4 cm auf die in Querrichtung verlaufenden Unterzüge aufgelegt. Auf diese Filigranplatten wurde ein 12 cm dicker Aufbeton aufgebracht. Die Bewehrung besteht aus Mattenbewehrung.

Sowohl die Geschossdecken als auch die Rampen wurden mit einer Epoxidharzbeschichtung bereits bei der Erstellung des Parkhauses beschichtet. Das Freideck erhielt einen Gussasphaltbelag auf Trennlage.

Bei der Ist-Zustandsanalyse im Jahr 2003 wurde folgendes Schadensbild festgestellt:

– Brüstungsplatten an der Fassade
- zu geringe Betondeckung der Bewehrung und hohe Karbonatisierung des Betons, als Folge Betonabplatzungen über korrodierender Bewehrung,
- starke Korrosion der Anschlussbewehrung zwischen Brüstungsplatte und Geschossdecke,
- ausgeprägte Betonabplatzungen über korrodierender Bewehrung an den seitlichen und unteren Stirnkanten,
- Aufgrund der Korrosion der Anschlussbewehrung Gefahr des Versagens der Brüstungselemente.

– Geschossdecken/Rampen
- wasserdurchlässige Risse,
- abgefahrene Epoxidharzbeschichtung, insbesondere in den Kurvenbereichen,
- hohe Chloridgehalte, insbesondere im Rissbereich und dort, wo die Beschichtung abgefahren ist,
- örtlich Bewehrungskorrosion,
- geringe Betondeckung der Bewehrung mit freiliegenden Bewehrungsstählen an der Oberfläche.

Durch die Epoxidharzbeschichtung war der Chloridgehalt nur örtlich im Bereich von Fehlstellen und Rissen deutlich erhöht, dort allerdings dann auch mit bis zu 2,7 % bezogen auf Zement sehr hoch. Insgesamt fiel jedoch dennoch der Querschnittsverlust an der eingelegten Bewehrung in der Fläche noch relativ gering aus. Sehr ausgeprägt dahingegen war der Schadensgrad an den Stirnkanten der Geschossdecken.

– Stützen
- Betonabplatzungen im Eckbereich,
- Rissbildungen im Eckbereich,
- Korrosion der Eckbewehrung.

– Unterzüge
- Diese waren aufgrund der sehr hohen Betongüte nicht geschädigt.

– Freideck
- Unterläufigkeit des Gussasphaltbelags,
- Undichtigkeiten im Bereich von Rissen,
- abgerissene Abdichtung an den Anschlüssen.

Bild 21. Geschossdecken vor der Instandsetzung

Bild 22. Bauzustand

Aufgrund der Untersuchungsergebnisse wurden zunächst Instandsetzungsmöglichkeiten diskutiert. Da im Erdgeschoss des Parkhauses zahlreiche Ladengeschäfte und Gastronomiebetriebe untergebracht sind, war es für den Parkhausbetreiber und Eigentümer völlig undenkbar, mit den konventionellen Instandsetzungsverfahren eine Instandsetzung durchzuführen. Bei dem konventionellen Verfahren hätte der Betonabtrag mittels Höchstdruckwasserstrahlen in erheblicher Menge erfolgen müssen. Ein Weiterbetrieb der Ladengeschäfte und der Restaurants wäre deshalb während der Instandsetzung nur eingeschränkt möglich gewesen. Dies war für den Bauherren inakzeptabel.

Der Bauherr entschied sich, die Geschossdecken und Stützensockel mit dem Instandsetzungsprinzip des kathodischen Korrosionsschutzes instand zu setzen. Parallel zu diesen Arbeiten wurden die Brüstungsplatten aus Stahlbetonfertigteilen aufgrund der umfangreichen Schäden komplett abgeschnitten und durch eine neue leichte Stahlfassade ersetzt.

Sämtliche Arbeiten fanden unter laufendem Betrieb in drei Bauabschnitten statt. Es wurden jeweils nur Teilflächen gesperrt, wobei im ersten Los im Jahr 2004 das gesamte Freideck gesperrt war.

Nach dem Abschneiden der Brüstungsplatten kamen sowohl ausgeprägte Verdichtungsmängel mit weiträumigen Hohlräumen als auch stark korrodierende Bewehrung an den Stirnkanten der Geschossdecken zum Vorschein (Bild 23). Hier waren dann zunächst umfangreiche Instandsetzungsarbeiten mit für KKS geeigneten Mörtelsystemen notwendig.

An den Stützen wurden in Zementmörtel eingebettete Titanbänder als Anoden verwendet (Bilder 24 und 25).

Bei den Geschossdecken wurde eine Titannetzanode in zementösen Verlaufsmörtel eingebettet (Bild 27).

Beim zweiten Bauabschnitt wurden insgesamt 3 Halbebenen in einem Zeitraum von 3 Monaten komplett instand gesetzt. Die Arbeiten verliefen terminlich reibungslos unter laufendem Verkehr. Das Parkhaus konnte zum vorgesehenen Eröffnungstag wieder in Benutzung genommen werden.

Auf das Anodensystem, bestehend aus Titannetzanoden in einem zementösen Einbettungsmörtel, wurde eine OS-8-Beschichtung aufgebracht. Auf eine rissüberbrückende Beschichtung wurde verzichtet, da die Parkdecks nur wenige Risse aufwie-

Bild 23. Korrosion der Bewehrung an der Stirnkante der Geschossdecken

Bild 24. Titanbandanode am Stützensockel

Bild 25. Applikation von Titanbandanoden auf dem Randstreifen

Bild 26. Titannetzanode auf der Geschossdecke

Bild 27. Einbettung der Titannetzanode

Bild 28. Fertige Geschossdecke

Bild 29. Fertige Fassade

sen und durch ständige Inspektionen und Kontrollen eventuell vorhandene Risse mit wenig Aufwand schnellstmöglich wieder geschlossen werden können.

Nach Fertigstellung der Betoninstandsetzungsarbeiten und des kathodischen Korrosionsschutzes sowie sämtlicher Beschichtungsarbeiten auf den Parkdecks (Bild 28) wurde dann die neue Fassade (Bild 29) angebracht.

Die konventionelle Instandsetzung hätte Mehrkosten von 1,3 Mio. € verursacht, wobei der wirtschaftliche Vorteil durch kürzere Bauzeiten noch nicht mitberücksichtigt ist.

Im Jahr 2007 wurde das Parkhaus durch den Bau eines angrenzenden Einkaufszentrums um 191 Parkplätze erweitert. Dabei mussten einzelne Komponenten des KKS-Systems umgebaut werden. Die KKS-Anlage ist weiterhin aktiv.

5.1.2 Präventiver kathodischer Korrosionsschutz in einer Tiefgarage

Die Kreissparkasse in Göppingen hat in den Jahren 2009 bis 2014 umfangreiche Umbau- und Neubaumaßnahmen rund um den Göppinger Hauptbahnhof ausgeführt. Dabei wurde auch eine Tiefgarage errichtet, die aufgrund der guten Erfahrungen mit KKS als Instandsetzungsprinzip direkt bei der Errichtung kathodisch geschützt wurde.

Die Tiefgarage ist eingeschossig. Das Untergeschoss ist als weiße Wanne konstruiert. Insgesamt war eine Fläche von ca. 1005 m^2 WU-Bodenplatte und 94 m^2 Rampe präventiv kathodisch zu schützen. Aufgrund der Bauteilfuge wurde die Fläche in 2 Schutzzonen unterteilt.

Für die Realisierung des präventiven kathodischen Korrosionsschutzes wurden Titanbandanoden an der Unterseite der Bewehrung angebracht. Die Anbringung erfolgte mit Abstandhaltern, da zur Vermeidung von Kurzschlüssen nach DIN EN ISO 12696 [7] ein Abstand von 15 mm zur Bewehrung gefordert ist. Vor Ort war als Zielvorgabe ein Abstand von 20 mm einzuhalten. Alle 30 cm wurden die Titanbandanoden montiert. Zum Schutz der Sockelflächen der Stützen und Wände in der Tiefgarage wurden unmittelbar unter den Bauteilen Anodenbänder an der Bewehrung befestigt. Primäranoden in regelmäßigen Abständen sorgten für die Stromversorgung (Bild 30).

Die Montage unter dem Bewehrungskorb sollte gewährleisten, dass bei dem Betoneinbau niemand auf die Anodenbänder tritt und gleichzeitig die Rüttelflaschen nicht an die Bänder gelangen. Gleichzeitig wurden die Verlegebereiche der Primäranode farbig markiert.

Die Ausführung erfolgte im Februar/März 2010 bei niedrigen Temperaturen. Die Anodenmontage ist witterungsunabhängig, wenn auch für das ausführende Personal sehr anstrengend (s. Bild 32).

Beim Betonieren wurde die Bewehrung zur Kurzschlusskontrolle polarisiert. Die Betonierkolonne wurde vor der Ausführung grundlegend in die Besonderheiten des Objekts eingeführt und auf die Notwendigkeit besonders umsichtigen Umgangs mit dem Betonschlauch und den Rüttelflaschen hingewiesen.

Die Rüttelstrecken wurden farbig markiert (Bild 34); hier befanden sich keine Anodenbänder. Die Ausführung erfolgte völlig reibungslos.

Die Rampe ist kein WU-Bauteil. Der präventive kathodische Korrosionsschutz wurde auch hier ausgeführt (Bild 33).

Bild 30. Hoch bewehrte Bodenplatte einer Schutzzone, Kennzeichnung der Primäranode

Bild 31. Mit Abstandhaltern fixierte Titanbandanode

Bild 32. Anodenmontage bei Minustemperaturen

Die präventiv geschützten Bauteile wurden im Winter bis Sommer 2010 hergestellt. Die Beschichtung zur farblichen Gestaltung wurde dann erst nach Fertigstellung des Anbaus im Sommer 2011, also 1 Jahr nach der Herstellung appliziert (Bild 36).

Bild 33. Einbau des Anodensystems an der Rampe

Der präventive kathodische Korrosionsschutz erstreckte sich über folgende Teilflächen:

Rampe: 94 m²,

Tiefgarage Fläche 1: 566 m²,

Tiefgarage Fläche 2: 438 m².

Es wurden insgesamt 18 Referenzelektroden eingebaut, 14 Bewehrungsanschlüsse und 22 Anodenanschlüsse. Die Kabel verlaufen geschützt in den Bauteilen.

Zwischenzeitlich ist der präventive kathodische Korrosionsschutz in Betrieb genommen worden.

Die Kosten für den präventiven kathodischen Korrosionsschutz sind derzeit im Vergleich zu reinen Beschichtungsmaßnahmen noch relativ hoch (etwa 75 bis 95 €/m²). Verglichen mit den Kosten einer Instandsetzung infolge chloridinduzierter Korrosion (überschlägig zwischen 150 bis zu 350 €/m² je nach Schadensausmaß) sind sie jedoch sicher überlegenswert.

Ausführungsbeispiele | 895

Bild 34. Betonieren und Verdichten im Bereich gekennzeichneter Rüttelstrecken

Bild 36. Fertiggestellte Tiefgarage

Bild 35. Betoneinbau im Bereich der Anodenbänder

5.1.3 Kathodischer Korrosionsschutz hochbelasteter Stützen in einer Tiefgarage

Unter einem im Jahr 1975 erbauten 8-stöckigen Verwaltungsgebäude in Mainz befindet sich eine Tiefgarage mit 156 Stellplätzen (Bild 37) für Mitarbeiter und ein kleinerer Anbau.

Die Lasten aus der Überbauung werden in der Tiefgarage über 67 hochbelastete Stützen abgetragen. Zwischen den Stützen bestand der Aufbau der Bodenplatte aus einer 15 cm dicken Stahlbetonbodenplatte, die in Felder unterteilt war. Als Belag war eine Lage Gussasphalt aufgebracht worden. Die Bodenplatte schloss direkt an die Stützen an. Die Stützensockel waren vor dem Eintrag von Tausalz nicht geschützt.

Aufgrund des mangelhaften Gefälles stand ständig Wasser vor den aufgehenden Bauteilen, welches im Winter tausalzhaltig ist. Im Laufe der Jahre ist es dann zu ernsthaften Korrosionsschäden an der Stützenbewehrung durch Chlorideintrag gekommen. Der Chloridgehalt im Stützensockel lag bei Werten von bis zu 4,5 % bezogen auf Zement. Örtlich war die Längsbewehrung der Stützen zu 100 % durchkorrodiert (Bild 38).

Aufgrund der schweren Schädigung waren Sofortmaßnahmen in Form von Schwerlastabstützungen erforderlich.

Bei der Planung zeigte sich schnell, dass eine Instandsetzung nach konventionellen Methoden unmöglich war. Die enge Bewehrung an den Stützensockeln (Bild 39) ließ keinen Betonabtrag in der erforderlichen Tiefe zu.

Die Möglichkeit der Anwendung von KKS wurde zunächst im Rahmen einer Machbarkeitsstudie an 2 Stützen erprobt. Die Erfahrungen aus dieser Machbarkeitsstudie konnten dann sinnvoll bei der Planung der Gesamtmaßnahme in ein Ausführungskonzept umgesetzt werden.

Bei einigen Stützen war Verstärkung erforderlich, bei anderen musste der Brandschutz ertüchtigt werden. Diese Stützen erhielten eine 5 cm dicke Ummantelung aus bewehrtem Stahlbeton.

Der KKS wurde dann bei diesen Stützen nach folgendem Grundprinzip ausgeführt: Titanbandanoden an dem Bewehrungsnetz der Ummantelung für den Schutz der vorderen Bewehrung, diskrete Anoden zum Schutz der Rückseite der Bewehrung (Bild 40).

Folgende Arbeitsschritte wurden grundsätzlich bei den zu verstärkenden Stützen ausgeführt:

– HDW-Betonabtrag bis zur Längsbewehrung,

– Einbau einer konstruktiven Längs- und Bügelbewehrung als Bewehrung der Stützensockelverstärkung zur Ertüchtigung des Brandschutzes und als „Träger" der Titanbandanode,

Bild 37. Zustand vor der Instandsetzung

Bild 38. 100 % Querschnittsverlust durch chloridinduzierte Korrosion

Bild 40. KKS-Komponenten am Stützensockel

Bild 39. Enge Bewehrungsführung am Stützensockel

- Einbau der diskreten Anoden,
- Einbau der Titanbandanoden am vorderen Bewehrungskorb,
- Verkabelung KKS-Elemente,
- Einbau der 5 cm dicken Betonummantelung zur Herstellung des Brandschutzes (Bild 41).

Die Stützen, die nicht ertüchtigt werden mussten, wurden mit Titanbandanoden, eingebettet in eine für KKS geprüfte Mörtelschicht, instand gesetzt (Bild 42).

Die Ausführung erfolgte im Jahr 2008. Für das Projekt wurde die Zustimmung im Einzelfall gemäß Empfehlung des Deutschen Ausschusses für Stahlbeton [63] bei der obersten Bauaufsichtsbehörde

 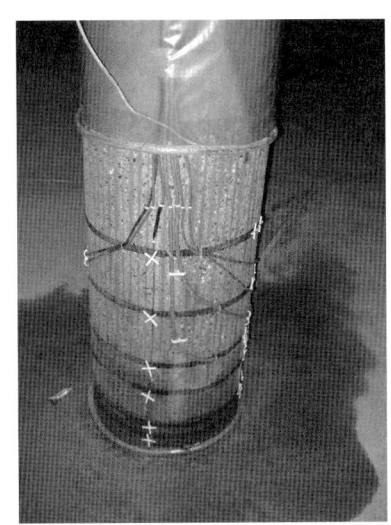

Bild 41. Verstärkter Stützensockel nach der Fertigstellung

Bild 42. KKS an nicht zu verstärkenden Stützen

beantragt. Diese wurde am 09.05.2008 erteilt und war damit die erste Zustimmung im Einzelfall für KKS.

Die Bauzeit betrug 10 Monate. Die Belästigungen für die Nutzer der über der Tiefgarage liegenden Büros hielten sich im Rahmen. Nur durch die Anwendung von KKS war dieses Bauwerk wirtschaftlich sinnvoll instand zu setzen.

5.2 Brückenbauwerke

Besonders bei Brückenbauwerken kann der KKS eine sehr sinnvolle Instandsetzungsvariante sein. Das folgende Praxisbeispiel handelt von der Instandsetzung der Stützenreihen von 13 Überführungsobjekten an der A2-Südautobahn [79].

Beim Bau der A2-Südautobahn wurden in den Jahren 1959 bis 1964 zahlreiche Brücken in der im Bild 44 dargestellten typischen Bauweise erbaut.

Bild 43. Fertiggestellte Tiefgarage

Bild 44. Typische Bauart der Überführungsobjekte an der A2

Die Tragwerke der Brücken ruhen auf 3 bis 4 Stützenreihen zwischen den Widerlagern. Diese Stützenreihen bestehen aus 4 bis 5 Einzelstützen, die über einen oberen und einen unteren Querriegel verbunden sind. Einige der Brücken sind Doppelbrücken mit je 2 Stützenreihen.

Die Konstruktionsart der Stützenreihen ist sehr ähnlich, es kann zwischen 4 Arten differenziert werden:

- quadratische Stützen mit Abmessungen 0,60 m × 0,60 m,
- rechteckige Stützen mit Abmessungen 0,70 m × 0,60 m und 0,50 m × 0,60 m,
- wandartige Stützen,
- runde Stützen ⌀ 1,20 m.

Die Stützenhöhen differieren je nach örtlichen Gegebenheiten. Die Betonoberfläche der Stützen ist entweder gestockt oder aber mit Brettschalung glatt hergestellt. Einige Stützen sind nachträglich beschichtet worden.

Die Bewehrung entspricht den statischen Erfordernissen des jeweiligen Überführungsobjekts. Es ist Längsbewehrung bis Durchmesser 34 mm sowie Bügelbewehrung mit Durchmessern bis 10 mm vorhanden. Die planmäßige Betondeckung der Bewehrung beträgt 2 cm.

Aufgrund der Schäden an den Stützenreihen der viel befahrenen Autobahn wurde im Jahr 2006 eine umfassende Betonsonderprüfung zur Erfassung des Ist-Zustands durchgeführt.

Hierbei zeigte sich eine hohe Chloridkontamination der Stützen bis in große Höhen, deutliche Korrosion an der eingelegten Bewehrung bei Querschnittsverlusten, die überwiegend noch im statisch vertretbaren Rahmen lagen.

Nachdem der Bauherr, die ASFINAG, bereits an den Stützenreihen der Überführungsobjekte Ü 05 bis Ü 12 im Jahr 2003 sehr positive Erfahrungen mit dem kathodischen Korrosionsschutz gemacht hatte, wurde aufgrund der Untersuchungsergebnisse die Entscheidung getroffen, auch die Stützenreihen der Überführungsobjekte Ü 13 bis Ü 22 mittels KKS instand zu setzen.

Die Planung des KKS an den Überführungen sah folgende Besonderheiten vor:

Die Gleichrichtereinheiten werden in sogenannten Streckenstationen (SST) im Bereich des Banketts neben dem Standstreifen der Fahrspur in Richtung Wien untergebracht. Sie sind mit einer Datenaufzeichnungseinheit kombiniert. Die Datenaufzeichnung, -speicherung erfolgt in einer zentralen Einheit, die von der ASFINAG festgelegt wird. Der Datentransfer läuft über Lichtwellenleiter.

Durch die zentrale Datenverwaltung hat der Auftraggeber ständigen uneingeschränkten Zugriff auf sein Bauwerk und kann es durchgängig überwachen.

Das geplante und ausgeführte KKS-System besteht im Wesentlichen aus folgenden Einzelkomponenten:

- Steuereinheit mit Gleichrichter für Stromversorgung,
- Anodensystem (Titannetz, Einbettungsmörtel),
- Bewehrung als Kathode,
- Überwachungssensoren (Referenzelektroden),
- Elektroinstallation.

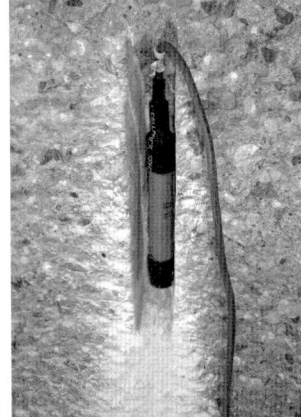
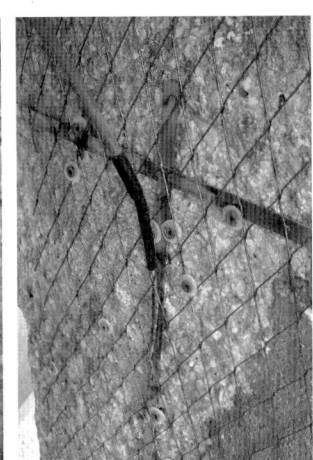

Bild 45. Kathodenanschluss   **Bild 46.** Referenzelektrode   **Bild 47.** Anodengitter, Anodenanschluss

Jede Stützenreihe ist i. d. R. eine Schutzzone. Kathodisch geschützt werden die Stützen sowie der obere und untere Querriegel.

Schadstellen an den mit KKS zu schützenden Bauteilen waren vor der Anodenmontage mit einem für KKS geeigneten Reprofilierungsmörtel gemäß DIN EN ISO 12696 zu reprofilieren. Keinesfalls durften dabei kunststoffgebundene Haftbrücken verwendet werden. Es wurde der gleiche Mörtel wie für die Einbettung der Anode verwendet.

Nach der Reprofilierung der Schadstellen wurden die Kathodenanschlüsse (Bild 45) hergestellt und Referenzelektroden (Bild 46) eingesetzt.

Als Anode wurde ein Titangitter (Bild 47) verwendet.

Nach der Reprofilierung von örtlichen Schadstellen und der Montage des Anodengitters und der Elektroinstallation sowie vor dem Aufbringen des Anodeneinbettungsmörtels war der Untergrund nochmals sorgfältig zu reinigen, um alle Staub- und Schmutzpartikel (z. B. durch Bohren von Befestigungen) zu entfernen.

Die Einbettung der Anode erfolgte mit einem für KKS geeigneten spritzbaren Instandsetzungsmörtel. Der Mörtel muss eine ausreichende Pufferkapazität gegen mögliche Säurebildung an der Anode aufweisen und ausreichend gasdurchlässig sowie frost-/tausalzbeständig sein. Hinsichtlich des elektrolytischen Widerstands sind die Anforderungen der DIN EN ISO 12696 einzuhalten.

Der Mörtel wurde in einer Schichtdicke von im Mittel 5 cm appliziert (Bild 48).

Die Nachbehandlung gestaltete sich an der A2 mit hohem Windanfall in der warmen Sommerzeit als äußerst schwierig. Man entschied sich schließlich Nachbehandlungs-Sprühmittel aufzusprühen.

Die Oberfläche des Anodeneinbettungsmörtels bleibt nach der Fertigstellung unbeschichtet. Sie wird spritzrau stehengelassen.

Nach der Anodeneinbettung erfolgte die Elektroinstallation (Bild 49).

Zur Kabelzusammenführung benötigt jede Schutzzone Nebenverteiler, die im Hauptverteiler münden. Die im Hauptverteiler zusammengeführten Einzelkabel werden in entsprechenden Sammelkabeln zur Gleichrichtereinheit sowie zum Datenaufzeich-

Bild 48. Einbettung der Anode

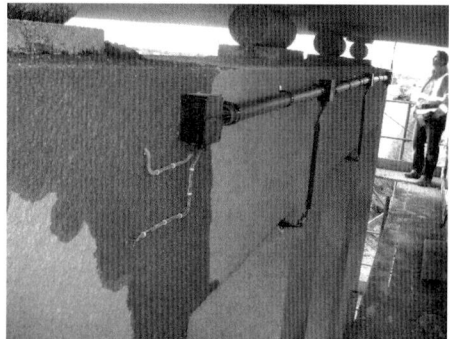

Bild 49. Verkabelung

Bild 50. Fertiggestellte Stützenreihe

nungssystem weitergeführt. Die Verteilerdosen wurden vorzugsweise in nicht zugänglichen Bereichen montiert.

Die Datenaufzeichnung, -speicherung erfolgt in einer zentralen Einheit, die von der ASFINAG festgelegt wurde. Der Datentransfer läuft über Lichtwellenleiter.

Zusammenfassung der Installationsschritte

Zur Installation und Ausführung des KKS an den einzelnen Stützenreihen waren folgende Einzelmaßnahmen erforderlich:

- Untergrundvorbereitung am Beton zur Reinigung und Erzielung eines tragfähigen Untergrundes,
- Betoninstandsetzungsmaßnamen an Schadstellen,
- Prüfungen, im Einzelnen
  - Betondeckung der Bewehrung
  - Oberflächenzug-, Haftzugfestigkeit
  - metallleitende Durchverbindung
  - elektrische Leitfähigkeit zwischen Bewehrung und Betonoberfläche
  - Kurzschlussmessung mit Hochvolt-Bürstengerät
  - Kurzschlussmessungen bei Anodengittermontage
  - Kontinuitätsmessungen des Anodengitters
  - Kurzschlussmessungen bei Anodeneinbettung (permanent)
  - Kurzzeitpolarisationsmessungen
  - Überprüfung der Zuleitungen
  - Inbetriebnahmemessung
- Erhöhung der Betondeckung der Bewehrung an Stellen, die weniger als 15 mm Betondeckung vorweisen,

Bild 51. Fertige Verkabelung

- Einbinden von metallenen Einbauten in das KKS-System,
- Kathodenanschlüsse herstellen,
- Einbau der Referenzelektroden,
- Installation des Anodengitters und der Primäranode,
- Herstellen der Anodenanschlüsse,
- Elektroinstallation,
- Einbettung des Anodengitters,
- Komplettverkabelung,
- Anschlüsse an Streckenstationen,
- Funktionskontrollmessungen der Referenzelektroden, am KKS-System und den Datenaufzeichnungsgeräten,
- Inbetriebnahme, Regelung der Schutzströme,
- Einstellmessung nach 1 bis 2 Monaten, ggf. Nachregelung.

Die Generalerneuerung der A2 zwischen Guntramsdorf und Wiener Neudorf erforderte ein Arbeiten in mehreren Bauabschnitten unter Zugrundelegung einer von der ASFINAG vorgegebenen Bauzeitenplanung in Abhängigkeit der Verkehrsführungen. Das Zeitfenster war zum Teil sehr eng.

Der erste Bauabschnitt mit der Installation des KKS-Systems an den Stützenreihen der Fahrtrichtung Graz wurde im Jahr 2007 abgeschlossen. Im Frühjahr 2008 folgte die mittlere Stützenreihe, im Sommer/Herbst 2008 die Fahrtrichtung Wien. Erst danach wurde der KKS für sämtliche Stützenreihen in Betrieb genommen werden.

5 Jahre nach Fertigstellung der KKS-Schutzanlage an den 13 Überführungen funktioniert die Anlage einwandfrei und bietet einen hohen Schutz für die Bauwerke vor weiterführender chloridinduzierter Korrosion.

6 Zusammenfassung

Der vorliegende Beitrag zum Thema kathodischer Korrosionsschutz von Stahlbetonbauwerken gibt einen guten Überblick über die Grundlagen, den Stand der Technik und der Wissenschaft sowie einige interessante Fälle aus der praktischen Umsetzung. Ein Anspruch auf Vollständigkeit im Hinblick auf sämtliche Hintergründe, historische Entwicklungen und die gängige Ausführungspraxis kann aus Zeit- und Platzgründen an dieser Stelle nicht bestehen. Es sollte jedoch herausgearbeitet werden, dass der kathodische Korrosionsschutz ein seit vielen Jahren bewährtes, wissenschaftlich sehr gut fundiertes und vor allem auch in der Praxis konkurrenzfähiges, weil wirtschaftliches Verfahren zur Instandsetzung und zum Schutz von neuen Stahl- und Spannbetonbauwerken ist. Die Entwicklung der letzten Jahre hat vor allem verdeutlicht, dass in vielen Fällen, außer kathodischem Schutz lediglich Teil- oder Kompletterneuerungen von Tragwerken für die Ertüchtigung von Bauwerken infrage kommen. Diese sind jedoch im Gegensatz zum kathodischen Korrosionsschutz in aller Regel massive Eingriffe in bestehende und „noch" funktionierende Systeme, welche nach Möglichkeit, nicht nur weil sie wenig wirtschaftlich sind, sondern weil sie mitunter auch zu einem völlig anderen Tragverhalten des angrenzenden Tragwerks führen können, zu vermeiden sind.

Die vorhandenen Regelwerke zum kathodischen Korrosionsschutz bilden die Grundlage für einen sicheren, wirtschaftlichen und technisch einwandfreien Einsatz dieses Verfahrens. Dabei stellen nicht nur die klar definierten Leistungsanforderungen an KKSB-Systeme, wie sie in der DIN EN ISO 12696 verankert sind, einen wesentlichen Sicherheitsaspekt dar, sondern auch und gerade die Möglichkeit des Einsatzes von Fachpersonal, welches nach DIN EN ISO 15257 zertifiziert ist. Für Bauherren ist ein derartiger, objektiver Qualifikationsnachweis ein wünschenswertes Instrument, um hohe Folgekosten bei der Instandsetzung, die auf eine mangelnde Ausführung zurückzuführen sind, zu vermeiden.

7 Literatur

[1] Baeckmann, W. v. (1999) *Historische Entwicklungen des elektrochemischen Schutzes. In: Handbuch des kathodischen Korrosionsschutzes – Theorie und Praxis der elektrochemischen Schutzverfahren*, S. 1–14. (Hrsg. Baeckmann, W. v., Schwenk, W.), 4. völlig überarb. Aufl. Wiley-VCH, Weinheim New York Chichester Brisbane Singapore Toronto.

[2] Stratfull, R. F. (1959) Progress Report on Inhibiting the Corrosion od Steel in a Reinforced Concrete Bridge, *Corrosion* **15** (6), 331t–334t.

[3] Isecke, B. (1999) *Kathodischer Korrosionsschutz von Bewehrungsstahl in Betonbauten. In: Handbuch des kathodischen Korrosionsschutzes –Theorie und Praxis der elektrochemischen Schutzverfahren*, S. 530. (Hrsg. Baeckmann, W. v., Schwenk, W.), 4. Aufl., Wiley-VCH, Weinheim New York Chichester Brisbane Singapore Toronto.

[4] Broomfield, J. P., Tinnea, J. S. (1992) SHRP-C/UWP-92-618 *Cathodic Protection of Reinforced Concrete Bridge Components*, Strategic Highway Research Program National Research Council, Washington DC.

[5] BRITE-Project (1990) *Electrochemically-based Techniques for Assessing and Preventing Corrosion of Steel* in Concrete Final technical report.

[6] Mietz, J., Fischer, J. Isecke, B. (2001) *Materials and Corrosion* **52**, p. 920.

[7] DIN EN ISO 12696:2017-05 (2017) *Kathodischer Korrosionsschutz von Stahl in Beton* (ISO 12696:2017); Deutsche Fassung EN ISO 12696:2016, Beuth, Berlin.

[8] Eichler, T. (2012) *Zu den sekundären Schutzmechanismen beim kathodischen Korrosionsschutz von Stahl in alkalischen Medien*. Fakultät für Bauingenieurwesen der RWTH Aachen.

[9] DIN EN ISO 8044:2015-12 (2015) *Korrosion von Metallen und Legierungen – Grundbegriffe* (ISO 8044:2015); Dreisprachige Fassung EN ISO 8044:2015, Beuth, Berlin.

[10] Grübl, P., Weigler, H., Karl, S. (2001) *Beton – Arten, Herstellung und Eigenschaften*, Ernst & Sohn, Berlin.

[11] Kolliker, E. (1990) Die Carbonatisierung – ein Überblick, *Beton- und Stahlbetonbau* **85** (6), 148.

[12] Kolliker, E. (1990) Die Carbonatisierung – ein Überblick, *Beton- und Stahlbetonbau* **85** (6), 187.

[13] Pourbaix, M. (1954) Anwendungen der Elektrochemie auf Korrosionsuntersuchungen, *Werkstoffe und Korrosion* (11), 433–440.

[14] Verink, E. D. Jr. (2000) Simplified Procedure for Constructing Pourbaix Diagrams, in *Uhlig's Corrosion Handbook*, John Wiley & Sons, Inc., Second Edition.

[15] Parrott, L. J. (1990) Damage caused by carbonation of reinforced concrete, *Materials and Structures / Matériaux et Constructions* (23), 230–234.

[16] Menzel, K. (1988) Karbonatisierungszellen – Ein Beitrag zur Korrosion von Stahl in karbonatisiertem Beton, *Werkstoffe und Korrosion* 39 (3), 123–129.

[17] Weydert, R. (2002) Einfluss der Umgebungsbedingungen auf das Instandsetzungsprinzip W bei Korrosion infolge Karbonatisierung des Betons, *Materials and Corrosion* 54, 447–453.

[18] Weizhong, G., Raupach, M., Wei-Liang, J. (2010) Korrosionsprodukte und deren Volumenfaktor bei der Korrosion von Stahl in Beton, *Beton- und Stahlbetonbau* 105 (9), 572–578.

[19] Kaesche, H. (1990) *Die Korrosion der Metalle*, Springer Verlag, Berlin, Heidelberg, New York, London, Paris, Tokyo, Hong Kong, Barcelona.

[20] Strehblow, H. H. (1976) Nucleation and Repassivation of Corrosion Pits for Pitting on Iron and Nickel, *Materials and Corrosion / Werkstoffe und Korrosion* 27 (11), 792–799.

[21] Klapper, H. (2009) *Der Einfluss des kathodischen Prozesses auf das elektrochemische Rauschen bei den Keimbildungsprozessen der Lochkorrosion*, Otto-von-Guericke-Universität, Magdeburg 2009.

[22] Uhlig, H. P. L.; H. H. (1966) Environmental Factors Affecting the Critical Potential for Pitting in 18-8 Stainless Steel, *Journal of The Electrochemical Society* 113 (12), 1262.

[23] Breit, W. (1998) Kritischer Chloridgehalt – Untersuchungen an Stahl in chloridhaltigen alkalischen Lösungen, *Materials and Corrosion* 49, pp. 539–550.

[24] Angst, U., Elsner, B., Larsen, C. K., Vennesland, Ø. (2009) Critical chloride content in reinforced concrete – A review, *Cement and Concrete Research* 39, 1122–1138.

[25] Strehblow, H.-H., Vetter, K. J. (1970) Lochfraßpotentiale und Lochfraßinhibitionspotentiale an reinem Eisen, *Berichte der Bunsen-Gesellschaft für physikalische Chemie* 74 (5), 449–455.

[26] Alonso, M., Castellote, C., Andrade, C. (2002) Chloride threshold dependence of pitting potential of reinforcements, *Electrochimica Acta* 47 (21), 3469–3481.

[27] Frankel, G. S. (1998) Pitting Corrosion of Metals: A Review of the Critical Factors, *Journal of the Electrochemical Society* 145 (6), 2186–2198.

[28] Böhni, H. (1987) Localized Corrosion, in *Corrosion Mechanisms*, New York, Basel, Marcel Dekker, Inc., 1987, pp. 285–327.

[29] Beck, M. (2010) *Zur Entwicklung der Eigenkorrosion von Stahl in Beton*, Fakultät für Bauingenieurwesen der RWTH-Aachen, Dissertation.

[30] Hamann, C. H., Vielstich, W. (2003) *Elektrochemie*, Wiley-VCH,Weinheim, New York, Chichester, Brisbane, Singapore, Toronto.

[31] Peelen, W. H. A., Polder, R. B., Radaelli, E., Bertolini, L. (2008) Qualitative model of concrete acidification due to cathodic protection, *Materials and Corrosion* 59 (2), 77–211.

[32] Stratfull, R. F. (1974) *Experimental Cathodic Protection of a Bridge Deck*, State of California Buisiness and Transportation Agency Department of Transportation Division of Highways, Sacramento.

[33] Bennet, J. E., Batholomew, J. J., Turk, T. et al. (1993) *Control Criteria and Materials Performance Studies for Cathodic Protection of Reinforced Concrete*, Strategic Highway Research Program, Washington DC.

[34] Funahashi, M., Bushman, J. B. (1991) Technical Review of 100-mV Polarization Shift Criterion, *Corrosion* 47 (5), 376–386.

[35] Glass, G. K., Buenfeld, N. R. (1995) On the current density required to protect steel in atmospherically exposed concrete structures, *Corrosion Science* 37 (10), Nr. 10, 1643–1646.

[36] Pedeferri, P. (1996) Cathodic protection and cathodic prevention, *Construction and Building Materials* 5, 391–402.

[37] Sergi, G., Page, C., Thompson, D. M. (1991) Electrochemical induction of alkali-silica reaction in concrete, *Materials and Structures* 24, (5), 359–361.

[38] Batic, O. R., Yetew, V. F., Romagnolil, R. et al. (2001) Variation in steel-mortar bond strength and microstructure in cathodically protected specimens after two-year exposure, *Materials and Structures* 34 (1), 27–33.

[39] Hausmann, D. A. (1969) Criteria for Cathodic Protection of Steel in Concrete, *Materials Protection* 8 (10), 23–26.

[40] Chang, J. J. (2002) A study of the bond degradation of rebar due to cathodic protection current, *Cement and Concrete Resaerch* 32 (4), 657–663.

[41] Koleva, D. A., Hu, J., Fraaij, A. L. A. et al. (2006) Cathodic protection revisited: Impact on structural morphology sheds new light on its efficiency, *Cement and Concrete Composites* 28, 696–706.

[42] Koleva, D. A., Guo, Z., van Breugel K., de Wit, J. H. W. (2009) The beneficial secondary effects of conventional and pulse cathodic protection for reinforced concrete, evidenced by X-ray and microscopic analysis of the steel surface and the steel/cement paste interface, *Materials and Corrosion* 60 (9), 704–715.

[43] Pruckner, F., Theiner, J., Eri, J., Nauer, G. E. (1996) In-situ monitoring of the efficiency of the cathodic protection of reinforced concrete by electrochemical impedance spectroscopy, *Electrochimica Acta* 41 (7)–(8), 1233–1238.

[44] Glass, G. K., Buenfeld, N. R. (2000) The inhibitive effects of electrochemical treatment applied to steel in concrete, *Corrosion Science* 42 (6), 923–927.

[45] Glass, G. K., Hassanein, A. M. (2003) Surprisingly Effective Cathodic Protection, *The Journal of Corrosion Science and Engineering* 4.

[46] Glass, G. K., Hassanein, A. M. Buenfeld, N. R. (2001) Cathodic protection afforded by an intermittent

current applied to reinforced concrete, *Corrosion Science* **43** (6), 1111–1131.

[47] Glass, G. K., Hassanein A. M, Buenfeld, N. R. (1997) Monitoring the passivation of steel in concrete induced by cathodic protection, *Corrosion Science* **39** (8), 1451–1458.

[48] Hassanein, A. M., Glass, G. K., Buenfeld, N. R. (2001) Protection current distribution in reinforced concrete cathodic protection systems, *Cement and Concrete Composites*, **24** (1), 159–167.

[49] Hassanein, A. M., Glass, G. K. Buenfeld, N. R. (1999) Effect of intermittent cathodic protection on chloride and hydroxyl concentration profiles in reinforced concrete, *British Corrosion Journal* **34** (4), 254–261.

[50] Glass, G., Davison, N., Roberts, A. C. (2006) Pit realkalisation and its role in the electrochemical repair of reinforced concrete, *The Journal of Corrosion Science and Engineering* (9).

[51] Bertolini, L., Pedeferri, P., Redaelli, E., Pastore, T. (2003) Repassivation of steel in carbonated concrete induced by cathodic protection, *Materials and Corrosion* **54** (3), 163–175.

[52] Bertolini, L. Bolzoni, F. Gastaldi, M. et al. (2009) Effects of cathodic prevention on the chloride threshold for steel corrosion in concrete, *Electrochimica Acta* **54** (5), pp. 1452–1463.

[53] Eichler, T., Isecke, B., Wilsch, G. et al. (2001) Investigations on the chloride migration in consequence of cathodic polarisation, *Materials and Corrosion* **61** (6), 512–517.

[54] Tkalenko, M. D., Tkalenko, D. A., Kublanovs'kyi, V. S. (2002) Change in the pH of Solutions and the Cathodic Passivation of Metals under the Conditions of Electrochemical Protection in Aqueous Media, *Materials Science* **38** (3), 394–398.

[55] Novák, P., Kouril, M., Msallamová, S., Krticka, S. (2007) Cathodic Passivation, in *1st International Conference Corrosion and Material Protection EFC event no. 294*, Prague, Europea Federation of Corrosion, 2007.

[56] Christodoulou, C., Glass, G., Webb, J. et al. (2010) Assessing the long term benefits of Impressed Current Cathodic Protection, *Corrosion Science* **52** (8), 2671–2679.

[57] Eichler, T., Isecke, B., Bäßler, R. (2009) Investigations on the re-passivation of carbon steel in chloride containing concrete in consequence of cathodic polarisation, *Materials and Corrosion* **60** (2), 119–129.

[58] Polder, R. B., Peelen, W. H. A., Stoop, B. T. J., Neeft, E. A. C. (2011) Early stage beneficial effects of cathodic protection in concrete structures, *Materials and Corrosion* **62** (2), pp. 105–110.

[59] Funahashi, M., Young, W. T. (1998) *Field Evaluation of a New Alumium Alloy as a Sacrificial Anode for Steel Embedded in Concrete*, U.S Department of Transportation Federal Highway Administration, 6300 Georgetown Pike.

[60] Covino, B. S., Cramer, S. D., Bullard, S. J. et al. (2002) *Performance of Zinc Anodes for Cathodic Protection of Reinforced Concrete Bridges*, Federal Highway Administration, Washington DC.

[61] Sagüés, A. A., Powers, R. G. (1995) *Sprayed-Zinc Sacrificial Anodes for Reinforced Concrete in Marine Service*, CORROSION 95 in Olando, NACE, 1995.

[62] Mietz, J., Burkert, A., Eich, G., Raupach, M. (2005) Development of a new combined corrosion protection system for chloride-contaminated reinforced concrete structures, *Materials and Corrosion* **56** (2), 104–110.

[63] Empfehlungen des Deutschen Ausschusses für Stahlbeton (DAfStb) zu den erforderlichen Nachweisen der Bauprodukte für den kathodischen Korrosionsschutz (KKS) im Betonbau. Deutscher Ausschuss für Stahlbeton (DAfStb), Berlin, Stand: 2009-06-05, Ersatz für die Empfehlungen vom 16.04.2008.

[64] National Association of Corrosion Engineers NACE (2007) *TM 0294-2007: Testing of Embeddable Impressed Current Anodes for Use in Cathodic Protection of Atmospherically Exposed Steel-Reinforced Concrete.*

[65] Eastwood, B., Christiansen, P., Armstrong R., Bates, N. (1999) Electrochemical oxidation of a carbon black loaded polymer electrode in aqueous electrolytes, *Journal Solid State Electrochemistry* (3), 179–186.

[66] FHWA-RD-01-096 (2001) *Long-Term Effectiveness of Cathodic Protection Systems on Highway Structures*, U. S. Department of Transpotation, Federal Highway Administration, Research and Development, 6300 Georgetown Pike, McLean, VA 22101–2296.

[67] DIN 1045-2:2008-08 (2008) *Tragwerke aus Beton, Stahlbeton und Spannbeton - Teil 2: Anwendungsregeln zu DIN EN 206-1:2001*, Beuth, Berlin.

[68] DIN EN ISO 15257:2017-09 (2017) Kathodischer Korrosionsschutz – Qualifikationsgrade von mit kathodischem Korrosionsschutz befassten Personen – Grundlage für ein Zertifizierungsverfahren (ISO 15257:2017); Deutsche Fassung EN ISO 15257:2017, Beuth, Berlin.

[69] DIN EN 1504 (2006) *Produkte und Systeme für den Schutz und die Instandsetzung von Stahlbetonbauwerken*, Teile 1–10. Beuth, Berlin 2005–2006.

[70] Deutscher Ausschuss für Stahlbeton (2001) *DAfStb-Richtlinie: Schutz und Instandsetzung von Betonbauteilen – Instandsetzungs-Richtlinie*, Teile 1–4, Beuth, Berlin.

[71] Österreichische Vereinigung für Beton- und Bautechnik (2018) *Richtlinie Kathodischer Korrosionsschutz von Stahlbetonbauteilen*, öbv, Wien.

[72] DIN EN 15257:2007-03 (2007) *Kathodischer Korrosionsschutz – Qualifikationsgrade und Zertifizierung von für den kathodischen Korrosionsschutz geschultem Personal; Deutsche Fassung EN 15257:2006*, Beuth, Berlin.

[73] DIN EN 45020:2007-03 (2007) *Normung und damit zusammenhängende Tätigkeiten – Allgemeine Begriffe* (ISO/IEC Guide 2:2004; Dreisprachige Fassung prEN 45020:2006), Beuth, Berlin.

[74] Bennet, J. E., Bartholomew, J. J., Bushman, J. B. et al. (1993) *SHRP-S-372 Cathodic Protection of Consrete Bridges: A Manual of Practice*, Strategig Highway Research Program National Research Council, Washington DC.

[75] ZTV-ING:2018-01 (2018) *Zusätzliche technische Vertragsbedingungen und Richtlinien für Ingenieurbauten*, BASt Bundesanstalt für Straßenwesen, Verkehrsblattverlag.

[76] DIN 18532:2017-07 (2017) *Abdichtung von befahrbaren Verkehrsflächen aus Beton*, Beuth, Berlin.

[77] Gieler-Breßmer, S. (2004) 1. Kolloquium Verkehrsbauten, Schwerpunkt Parkhäuser, 27./28.01.2004 Tagungshandbuch, S. Gieler-Breßmer (Hrsg.) TAE Technische Akademie, Esslingen 2004.

[78] Bertolini, L., Elsener, B., Pedeferri, P. et al. (2013) *Corrosion of Steel in Concrete: Prevention, Diagnosis, Repair*, 2nd Edition, Wiley-VCH.

[79] Gieler-Breßmer, S., Schalko, D., Pruckner, F. (2008) Generalerneuerung der A2-Südautobahn Wien-Graz: Kathodischer Korrosionsschutz an den Stützenreihen der Überführungen Ü 13 bis Ü 22, *Beton- und Stahlbetonbau* **103** (5), 344–354.

[80] Deutscher Beton- und Bautechnik-Verein E. V. (2018) *DBV-Merkblatt Parkhäuser und Tiefgaragen*, 3. überarbeitete Ausgabe, Fassung Januar 2018.

XVII Chemischer Angriff auf Beton

Björn Siebert, Köln

Jesko Gerlach, Hannover

Beton-Kalender 2019: Parkbauten; Geotechnik und Eurocode 7.
Herausgegeben von Konrad Bergmeister, Frank Fingerloos und Johann-Dietrich Wörner
© 2019 Ernst & Sohn GmbH & Co. KG. Published 2018 by Ernst & Sohn GmbH & Co. KG.

1 Einleitung

Beton ist nicht zuletzt aufgrund der vergleichsweise einfachen Herstellung und den gezielt einstellbaren Eigenschaften im frischen und festen Zustand ein beliebter Baustoff für die Errichtung von Bauwerken. Als mittlerweile komplexes Mehr-Stoffsystem ist Beton in der Lage, den zum Teil vielfältigen Einwirkungen aus der Umgebung und Nutzung eines Bauwerks einen ausreichenden Widerstand über den Zeitraum der Lebensdauer eines Bauwerks entgegenzusetzen. Die möglichen Einwirkungen reichen von physikalisch/mechanisch, z. B. Frost, Abrasion, biologisch, z. B. Einwirkung von Mikroorganismen, bis hin zu chemisch, z. B. Angriff durch Säuren oder Sulfate.

Zwar lässt sich Beton bei Kenntnis über Art, Dauer und Intensität der Einwirkungen bereits bei der Herstellung durch gezielte Maßnahmen ein hoher Widerstand verleihen, jedoch ist die Dauerhaftigkeit – wie bei jedem Stoffsystem – auf einen bestimmten Zeitraum begrenzt. Insbesondere bei Bauwerken des konstruktiven Ingenieurbaus werden bereits bei der Herstellung große Anstrengungen unternommen, um Bauteile mit einem möglichst hohen Widerstand gegenüber den im Laufe der Nutzungsdauer zu erwartenden Beanspruchungen auszustatten. Häufig sind jedoch vor Ablauf des planmäßigen Nutzungszeitraums Instandsetzungsmaßnahmen unumgänglich. Um unerwartete und frühzeitige Schädigungen des Betons zu vermeiden und bereits bei dessen Herstellung vorbeugende Maßnahmen treffen zu können oder vorhandene Schädigungen mit geeigneten Instandsetzungsmaßnahmen zu begegnen, sind genaue Kenntnisse zu den Hintergründen der jeweiligen Schädigungsmechanismen erforderlich.

Dieser Beitrag setzt sich mit chemisch-aggressiven Einwirkungen auf Betonbauwerke auseinander und betrachtet wesentliche Aspekte des Betonangriffs auf der Einwirkungs- und Widerstandsseite. Da die wesentlichen Arten des chemischen Betonangriffs in Kontakt mit Säure (lösend) oder Sulfat (treibend) auftreten, wird der Fokus auf diese beiden Angriffsformen gelegt.

Dieser Beitrag konzentriert sich auf den Baustoff Beton als Stellvertreter für zementgebundene Baustoffe. Unter Berücksichtigung der Besonderheiten dieses Baustoffs lassen sich jedoch die Darstellungen auf weitere zementgebundene Materialien übertragen.

2 Schädigungsmechanismen

2.1 Begriffsdefinition und Angriffsarten

Unter dem Begriff „chemischer Angriff" wird im Betonbau die Wechselwirkung zwischen Beton und einem betonumgebenden Medium verstanden, das den Beton angreift und dessen Eigenschaften nachteilig beeinflusst [1]. In Abhängigkeit des betonangreifenden Stoffs und der Komponenten des Betons kann es zu unterschiedlichen Wechselwirkungen kommen, die nach *Regourd* [1] in drei übergeordnete chemische Schädigungsprozesse eingeteilt werden können (vgl. Bild 1).

Die **korrosive Auslaugung** ist zunächst durch das kontinuierliche Herauslösen von $Ca(OH)_2$ aus dem Zementstein gekennzeichnet. Die damit verbundene Absenkung der Alkalität kann letztendlich auch zu einer Decalcifizierung der C-S-H-Phasen führen. Eine auslaugende Wirkung besitzen u. a. weiche Wässer, wie z. B. Regen-, Schmelz- und destilliertes Wasser.

Die Korrosion durch **Austauschreaktion** beruht im Wesentlichen auf der chemischen Umwandlung der einzelnen Zementsteinphasen, wobei die bei der Austauschreaktion entstehenden Reaktionsprodukte bzw. Salze in Abhängigkeit ihrer Löslichkeit aus dem Zementstein herausgelöst werden. Zu diesem chemischen Schädigungsprozess kann es einerseits durch den Angriff von Säuren bzw. saurer Wässer kommen. Weiterhin können Salze, deren Basen schwächer als die des $Ca(OH)_2$ sind, z. B. Magnesium- und Ammoniumsalze, betonkorrosiv wirken. Die eindringenden Ionen, z. B. NH_4^+ oder Mg^{2+}, substituieren die Ca^{2+}-Ionen der Zementsteinphasen, was zu Auflösungen des Zementsteingefüges bzw. Festigkeitsverlusten führen kann.

Neben den bisher dargestellten chemischen Schädigungsprozessen, die überwiegend zu einem lösenden Angriff führen, kann es auch zu einem treibenden Betonangriff kommen. Dieser Schädigungsprozess ist durch eine **Phasenneubildung** mit einhergehender Volumenvergrößerung gekennzeichnet. Die damit verbundenen Gefügespannungen führen letztendlich zu einer Rissbildung und Zerstörung des Betongefüges. Als Beispiel kann der Angriff von magnesium- oder sulfathaltigen Wässern genannt werden. Weiterhin besteht beim Angriff von sulfathaltigen Wässern und in Gegenwart carbonathaltiger Bestandteile die Möglichkeit der Thaumasitbildung. Damit verbunden ist ein Angriff auf die festigkeitsbildenden C-S-H-Phasen, der zu einem zerstörenden Betonangriff führt.

Beton-Kalender 2019: Parkbauten; Geotechnik und Eurocode 7.
Herausgegeben von Konrad Bergmeister, Frank Fingerloos und Johann-Dietrich Wörner
© 2019 Ernst & Sohn GmbH & Co. KG. Published 2018 by Ernst & Sohn GmbH & Co. KG.

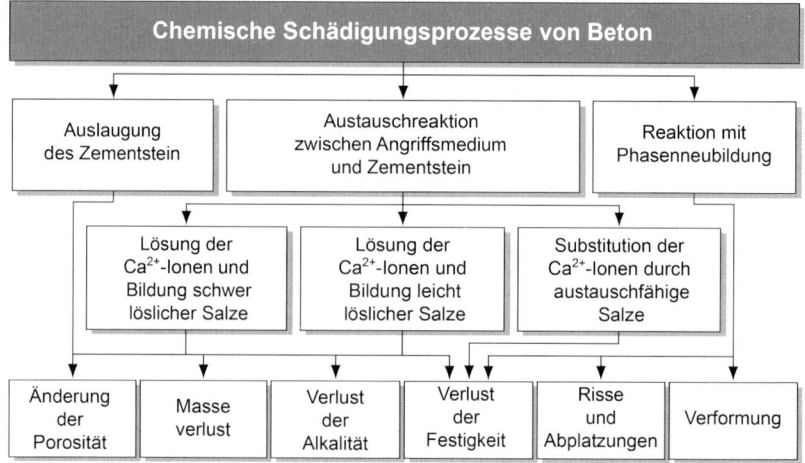

Bild 1. Chemische Schädigungsprozesse von Beton (in Anlehnung an *Regourd* [1])

Da die wesentlichen Arten des chemischen Betonangriffs in Kontakt mit Säuren (lösender Angriff) oder Sulfaten (treibender oder zerstörender Angriff) auftreten, werden diese in den nachfolgenden Abschnitten intensiver betrachtet. Eine umfangreiche Zusammenstellung weiterer betonangreifender Stoffe und ihrer Wirkung findet sich u. a. in *Grübl* et al. [2].

2.2 Lösender Angriff

2.2.1 Allgemeines

Beim lösenden Angriff durch Säuren kommt es in erster Linie zu einer chemischen Reaktion zwischen angreifender Säure und Zementstein, der sich im Gegensatz zur häufig inerten Gesteinskörnung reaktiv verhält. Mit dem Transport der Säure ins Betoninnere schreitet auch die Zerstörung des Zementsteingefüges voran, indem feste reaktive Bestandteile als lösliche Produkte entfernt oder in schwer lösliche Produkte umgewandelt werden.

Allgemein sind Säuren (HA) Molekülsubstanzen, die im Wasser in positiv geladene Hydroniumionen (H_3O^+) und negativ geladene Anionen (A^-) dissoziieren. Alle Dissoziationen von Säuren in Wasser stellen Protolysereaktionen dar, wobei die Dissoziation einer Säure in einer wässrigen Lösung mit folgender Gleichung beschrieben werden kann:

$$HA + H_2O \rightleftharpoons H_3O^+ + A^- \qquad (1)$$

In welchem Maße eine Säure mit Wasser reagiert, kann mithilfe des Säureexponenten pK_S beschrieben werden. Je geringer der pK_S-Wert ist, desto stärker ist das Protolysegleichgewicht in Richtung der rechten Seite von Gl. (1) verschoben und desto stärker ist die Säure. Tabelle 1 liefert eine Übersicht über pK_S-Werte einiger korrespondierender Säure-Basen-Paare.

Ursache der betonkorrosiven Wirkung von Säuren sind die sich bei Dissoziation von Säuren in Wasser bildenden H_3O^+-Ionen, die in der Chemie verkürzt als H^+-Ionen bezeichnet werden. Anorganische Säuren wie Salpetersäure, Salzsäure oder Schwefelsäure sind starke Säuren, die nahezu vollständig in Wasser dissoziieren. Folglich stellt sich eine hohe Konzentration an H^+-Ionen ein, wodurch sich ein niedriger pH-Wert in der Lösung ergibt. Aufgrund der nahezu vollständigen Dissoziation stellt der pH-Wert bei starken bzw. anorganischen Säuren ein hinreichend genaues Maß zur Abschätzung des chemischen Angriffspotenzials dar. Vollständig dissoziierte Säuren üben im Allgemeinen bei gleichem pH-Wert unabhängig vom Säureanion, z. B. NO_3^-, Cl^- etc., einen nahezu gleich starken Angriff auf den Zementstein aus, soweit als Reaktionsprodukte lediglich leichtlösliche Salze bei der Neutralisationsreaktion entstehen. Organische Säuren wie Buttersäure, Essigsäure oder Milchsäure sind schwache Säuren, die nur teilweise in Wasser dissoziieren. Werden während der Korrosion H^+-Ionen verbraucht, wird die Säure zu weiteren Dissoziationen gezwungen. Somit stehen bei der Korrosion sowohl die freien als auch die gebundenen H^+-Ionen zur Verfügung. Da der pH-Wert nur den freien (dissoziierten) Anteil der H^+-Ionen abbildet, stellt der pH-Wert kein ausreichendes Maß zur Abschätzung des chemischen Angriffspotenzials von organischen Säuren dar.

Tabelle 1. Säureexponenten pK_S und Basenexponenten pK_B korrespondierender Säure-Base-Paare (beispielhaft) [3]

$$HA + H_2O \rightleftharpoons H_3O^+ + A^-$$

	pK_S	Säure (HA)		Base (A⁻) zu (HA)		pK_B	
	≈ −6,0	HCl	Salzsäure	Cl^-	Chlorid-Ion	≈ 20	⇓
	≈ −3,0	H_2SO_4	Schwefelsäure	HSO_4^-	Hydrogensulfat-Ion	≈ 17	Stärke der Base nimmt zu
	−1,74	H_3O^+	Oxonium-Ion	H_2O	Wasser	15,74	
	−1,32	HNO_3	Salpetersäure	NO_3^-	Nitrat-Ion	15,32	
	1,42	$C_2H_2O_4$	Oxalsäure	$C_2O_4H^-$	Oxalat-Ion	12,58	
	1,92	H_2SO_3	Schweflige Säure	HSO_3^-	Hydrogensulfit-Ion	12,08	
	2,16	H_3PO_4	Phosphorsäure	$H_2PO_4^-$	Phosphat-Ion	11,84	
⇑	3,08 bis 3,86	$C_3H_6O_3$	Milchsäure	$C_3H_5O_3^-$	Lactat-Ion	10,92 bis 10,14	⇓
Stärke der Säure nimmt zu	3,14	HF	Fluorwasserstoffsäure	F^-	Fluorid-Ion	10,86	
	3,75	HCOOH	Ameisensäure	$HCOO^-$	Formiat-Ion	10,25	
	4,75	$C_2H_4O_2$	Essigsäure	CH_3COO^-	Acetat-Ion	9,25	
	6,52	H_2CO_3	Kohlensäure	HCO_3^-	Hydrogencarbonat-Ion	7,48	
	6,92	H_2S	Schwefelwasserstoff	HS^-	Hydrogensulfid-Ion	7,08	
	15,74	H_2O	Wasser	OH^-	Hydroxid-Ion	−1,74	
⇑	≈24,0	OH^-	Hydroxid-Ion	O_2^{2-}	Oxid-Ion	≈ −10,0	

2.2.2 Phasen des lösenden Angriffs

Der Säureangriff auf Beton wurde in einschlägigen Studien bereits ausführlich untersucht (vgl. z. B. [4–6]). Demnach werden die einzelnen Phasen des Zementsteins infolge der Einwirkung der H^+-Ionen sukzessive lösend angegriffen. Aufgrund der unterschiedlichen Stabilität der einzelnen Zementsteinphasen ergibt sich eine charakteristische Reihenfolge der beim Säureangriff ablaufenden Gleichgewichtsreaktionen, die unabhängig vom Säurerest und damit von der Säureart sind. Mit der sukzessiven Abnahme des pH-Werts im Zementstein laufen folgende Gleichgewichtsreaktionen ab:

Phase I: Neutralisation der Alkalihydroxide

Grundsätzlich beginnt der Mechanismus des lösenden Angriffs mit der Diffusion von H^+-Ionen über die Poren in die Betonrandzone, was gleichzeitig eine Gegendiffusion der löslichen und leicht auslaugbaren Ionen (Na^+, K^+, Mg^{2+}, Ca^{2+}) einleitet [7]. Dabei werden zunächst die löslichen Alkalihydroxide im Zementstein ausgelaugt.

$$NaOH + H^+ \rightleftharpoons Na^+ + H_2O$$
$$KOH + H^+ \rightleftharpoons K^+ + H_2O$$

Phase II: Auflösung von Portlandit

Der weniger lösliche Portlandit ($Ca(OH)_2$) bleibt bis zu einem pH-Wert von rd. 12,5 stabil [8]. Bei Unterschreiten dieses pH-Werts wird auch der Portlandit destabilisiert und herausgelöst, was mit einer Abnahme des Ca/Si-Verhältnisses einhergeht [4].

$$Ca(OH)_2 + 2H^+ \rightleftharpoons Ca^{2+} + 2H_2O$$

Phase III: Hydrolyse der Aluminathydrate

Bei weiterer Abnahme des pH-Werts findet zwischen pH 11,1 und 10,6 die Hydrolyse der Aluminathydrate, z. B. C_4AH_{19}, und die Bildung von Hydroxiden statt [4].

$$4CaO \cdot Al_2O_3 \cdot 19H_2O + 8H^+$$
$$\rightleftharpoons 4Ca^{2+} + 2Al(OH)_3 + 20H_2O$$
$$4CaO \cdot Al_2O_3 \cdot 19H_2O + 14H^+$$
$$\rightleftharpoons 4Ca^{2+} + 2Al^{3+} + 26H_2O$$

Phase IV: Hydrolyse der AFm/AFt-Phasen

Die Hydrolyse von Ettringit (AFt-Phasen) beginnt ab einem pH-Wert von 11,6, die Hydrolyse von Monosulfat (Afm-Phasen) ab einem pH-Wert von 11,5 [8].

$4CaO \cdot Al_2O_3 \cdot 19H_2O + 8H^+$
$\rightleftharpoons 4Ca^{2+} + 2Al(OH)_3 + 20H_2O$
$3Ca \cdot Al_2O_3 \cdot CaSO_4 \cdot 12H_2O$
$\rightleftharpoons 4Ca^{2+} + 2Al(OH)_3 + SO_4^{2-} + 6OH^-$
$+ 6H_2O$

Die aus dem Zerfall der AFt- bzw. AFm-Phasen entstehenden Aluminium- und Eisenhydroxide sind im Neutralbereich nur sehr schwer löslich. Aluminiumhydroxid löst sich sowohl im basischen (pH > 9,5) als auch im sauren Milieu (pH < 4). Die untere Grenze der Löslichkeit von Eisenhydroxid liegt bei rd. pH 3 und steigt mit zunehmender Säurekonzentration deutlich an [4, 8].

$Al(OH)_3 + 3H^+ \rightleftharpoons Al^{3+} + 3H_2O$

$Fe(OH)_3 + 3H^+ \rightleftharpoons Fe^{3+} + 3H_2O$

Phase V: Hydrolyse der C-S-H-Phasen

Durch den stetigen Abbau von $Ca(OH)_2$ ist die alkalische Pufferung der Porenlösung nicht mehr gegeben, sodass schließlich auch die festigkeitsbildenden C-S-H-Phasen angegriffen und instabil werden. Die H^+-Ionen diffundieren über die Porenwandung in die C-S-H-Phasen und lösen ab einem Wert von rd. pH 10,4 die Calcium-Verbindungen auf [7]. Mit abnehmendem pH-Wert reduziert sich der Calciumgehalt der C-S-H-Phasen, bis schließlich bei pH-Werten zwischen 9,1 und 9,9 als Hydrolyseprodukt poröses Silika-Gel (amorphes SiO_2) zurückbleibt [4, 5, 7, 8].

$xCaO \cdot ySiO_2 \cdot nH_2O + 2xH^+$
$\rightleftharpoons xCa^{2+} + ySiO_2 + (x + n)H_2O$

Grundsätzlich werden die C-S-H-Phasen mit steigendem Ca/Si-Verhältnis anfälliger gegenüber Säureangriffen und folglich leichter zersetzt [10]. Calciumärmere C-S-H-Phasen, die vorzugsweise durch puzzolanische oder latent-hydraulische Reaktionen entstehen, unterliegen einer langsameren Auflösungsrate und hinterlassen ein dichteres Silika-Gel als vergleichsweise calciumreiche C-S-H-Phasen aus der Hydratation der Klinkerphasen.

Das amorphe SiO_2 (Kieselsäure), das den größten Anteil der Restschicht bildet, kann aus verschiedenen Mechanismen resultieren [4, 11]:

- Aneinanderreihung von Kieselsäure-Monomeren,
- Polymerisation der monomeren Kieselsäure,
- Wachstum bzw. Aggregatbildung von Partikeln.

Mit fortschreitender Reaktionsdauer und zunehmender Acidität der angreifenden Lösung findet eine stärkere Vernetzung der SiO_4-Tetraeder zu einem räumlichen Gerüst unter adsorptiver Anlagerung von H_2O-Molekülen statt [5].

$nSi(OH)_4 \rightleftharpoons (SiO_2)_n + 2n \cdot H_2O$

Die Löslichkeit von amorphem SiO_2 ist in erster Linie vom pH-Wert abhängig, wobei die geringste Löslichkeit im Bereich von pH 2 bis 3 vorliegt. Neben dem pH-Wert ist die Löslichkeit von amorphem SiO_2 auch von Temperatur, Polymerisationsgrad, Anwesenheit von Fremdionen und spezifischer Oberfläche des Silika-Gels abhängig.

In schwach alkalischen Bereichen mit pH < 9 ist Calcium weitgehend aus den gerüstbildenden Phasen herausgelöst. Alle Hydratphasen sind vollständig zersetzt und zu schwerlöslichen sowie gelösten Reaktionsprodukten (Siliciumdioxid, Aluminium- und Eisenhydroxid, gelöste Alkalien, schwerlösliche Calciumverbindungen wie z. B. Gips) umgewandelt.

2.2.3 Korrosionszonen

Die im vorherigen Abschnitt dargestellte Reihenfolge der ablaufenden Gleichgewichtsreaktionen findet sich auch mehr oder weniger ausgeprägt in den beim Säureangriff im Beton entstehenden Korrosionszonen wieder.

In Bild 2 sind exemplarisch die Korrosionszonen und der Phasenbestand eines durch ein salzsaures Angriffsmedium mit pH 3 geschädigten Zementsteins dargestellt. Zwischen dem sauren Angriffsmedium und dem im Zementstein vorherrschenden alkalischen Milieu bildet sich ein pH-Gradient aus. Aufgrund des selektiven Abbaus und unterschiedlichen Lösungsverhaltens der einzelnen Zementsteinphasen (insbesondere der AF- und C-S-H-Phasen) bilden sich entlang dieses pH-Gradienten verschiedene Korrosionszonen mit jeweils charakteristischen Eigenschaften aus.

Durch die Auslaugung der Porenlösung bildet sich im Vergleich zum intakten bzw. unveränderten Beton zunächst eine von Alkalien extrahierte Zone aus, in der ein pH-Wert von ca. 12,5 vorherrscht. Aufgrund der Alkaliextraktion nimmt die Löslichkeit von Portlandit sprunghaft zu, sodass anstelle einer ursprünglichen überwiegend NaOH/KOH-Elektrolytlösung im Porenraum nunmehr eine nahezu reine $Ca(OH)_2$-Lösung vorliegt [5].

In der Zone, die an die Alkaliextraktionszone angrenzt, wird das $Ca(OH)_2$ allmählich aufgelöst. Das dadurch aufrechterhaltene alkalische Milieu schützt die C-S-H-Phasen noch weitgehend vor einer Hydrolyse. Mit der Extraktion von Calcium aus den festen Zementsteinphasen wie Portlandit treten erste Veränderungen der mechanischen Eigenschaften und des Gefüges auf, wodurch die Wegsamkeit für den Ionentransport zunimmt [5]. Im lösungsnäheren Bereich der $Ca(OH)_2$ ausgelaugten Zone werden zunächst die AFm- und AFt-Phasen und schließlich auch die C-S-H-Phasen unter der Freisetzung von Fe^{3+}- und Al^{3+}-Ionen hydrolytisch gespalten. Die Fe^{3+}-Ionen und Al^{3+}-Ionen diffundieren zum Teil in die angreifende Lösung oder werden als Hydroxide ausgefällt. Die Ausfällung dieser braunen eisen- und aluminiumreichen Schicht wird durch den pH-Gradienten bestimmt, wobei der Fällungs-pH-Bereich von $Fe(OH)_3$ bei etwa pH 3 beginnt [5]. Demnach fällt bei einer sauren Lösung mit pH 3 die Schicht an der Oberfläche aus (vgl. Bild 2). Bei pH-Werten größer pH 3 fehlt diese Schicht.

In der äußeren Zone, die im direkten Kontakt mit dem Angriffsmedium steht, ist das $Ca(OH)_2$ vollständig gelöst. Die C-S-H-Phasen sind in diesem Bereich zu einer stark vernetzten SiO_2-reichen Schicht hydrolytisch zersetzt worden. Diese Zone weist keine ursprünglichen Zementsteinphasen mehr auf [4].

Der beschriebene Aufbau der Korrosionszonen kann sowohl beim Angriff von anorganischen Säuren (vgl. z. B. [5, 12]) als auch von organischen Säuren (vgl. z. B. [13]), deren Anionen leicht lösliche Calciumsalze besitzen, beobachtet werden. Die räumliche Ausdehnung sowie die Zusammensetzung der Korrosionszonen hängen maßgeblich von der Höhe des außen anstehenden pH-Werts ab. Während bei einem starken Säureangriff die Korrosionsreaktionen auf engstem Raum in sehr schmalen Korrosionszonen ablaufen, werden bei geringeren Säurekonzentrationen die unterschiedlichen Reaktionsgeschwindigkeiten und Transporteigenschaften des Materials anhand von breiteren und langsamer voranschreitenden Korrosionszonen erkennbar [8].

Beim Angriff von Schwefelsäure dringen zusätzlich Sulfationen in die $Ca(OH)_2$ ausgelaugte Zone ein, die maßgeblich zu einer treibenden Korrosionsreaktion durch die Neubildung von sekundären Sulfatphasen beitragen [5]. Bei stark schwefelsauren Lösungen (pH < 3) bildet sich zusätzlich auf der Oberfläche eine dicke und dichte Schicht aus gelartiger Kieselsäure und Gips („verkieselte Gipsschicht"). Der nur weiche und schwer lösliche Gips wird dabei durch das SiO_2-Gerüst stabilisiert. Die Schicht aus gelartiger Kieselsäure und Gips schützt den Beton vor dem raschen Eindringen der aggressiven Ionen.

Die beschriebenen, an reinen Zementsteinproben beobachteten Zonen treten auch beim Säureangriff auf Beton auf. Die Grenzen sind im Vergleich zum reinen Zementstein jedoch recht unscharf.

2.3 Treibender Angriff

2.3.1 Allgemeines

Die gefügeschädigende Wirkung von Sulfaten aus Wässern und Böden auf Betonbauteile ist seit mehr als 100 Jahren bekannt. Die Betonzerstörung zeigt sich in morphologischen Veränderungen wie Deh-

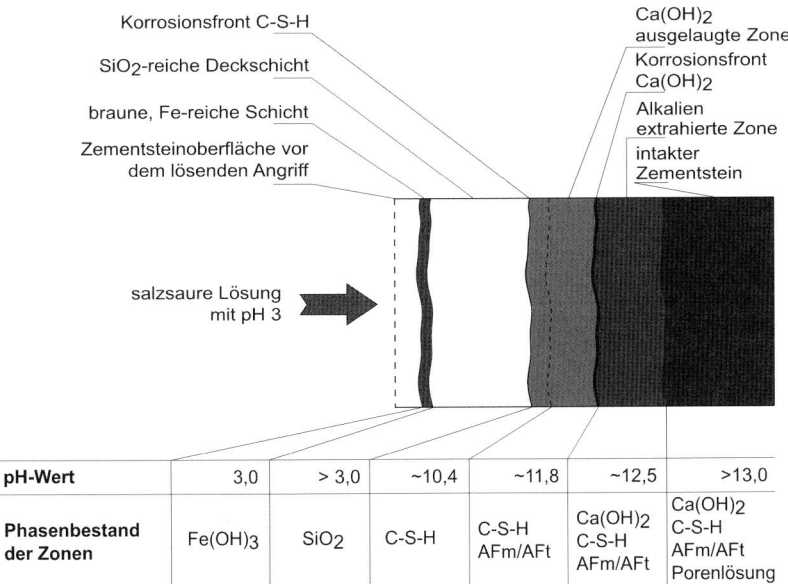

Bild 2. Korrosionszonen und Phasenbestand eines säuregeschädigten Zementsteins durch eine salzsaure Lösung mit pH 3 (in Anlehnung an *Herold* [5])

nungen, Rissentwicklung und im fortgeschrittenen Stadium in Festigkeitsverlusten bzw. in chemisch-mineralogischen Veränderungen des Betongefüges durch Phasenneubildungen oder -umbildungen.

Einem Sulfatangriff liegen sehr komplexe Reaktionen zugrunde, die direkt oder über die Bildung von Zwischenprodukten ablaufen und sich durch Reaktionsgleichungen nur unzureichend beschreiben lassen. Aus den Reaktionen gehen Produkte, wie z. B. Ettringit und Gips, hervor, von denen eine treibende bzw. gefügestörende Wirkung auf das Betongefüge ausgehen kann.

Neben einer Sulfateinwirkung durch Wässer und Böden von außen können Sulfationen auch aus Quellen im Betoninneren, z. B. bei zu hohen Gipsgehalten im Zement, schädigend auf den Beton einwirken. Auf diese Form des inneren Sulfatangriffs wird im Weiteren nicht näher eingegangen, sondern auf die Literatur verwiesen (vgl. z. B. [14, 15]).

Treibende Reaktionen werden nicht nur bei Sulfateinwirkung, sondern auch infolge Alkali-Kieselsäure-Reaktion (AKR) ausgelöst. Die AKR läuft zwischen unterschiedlichen Formen der Kieselsäure ($SiO_2 \cdot nH_2O$) aus den Gesteinskörnungen und den Alkalihydroxiden (NaOH, KOH) der Porenlösung des erhärteten Betons und ggf. von außen eindringenden Alkalien ab. Mit der bei der AKR entstehenden Gelbildung ist eine Volumenvergrößerung verbunden, die zur Schädigung des Betongefüges führen kann. Unter folgenden Grundvoraussetzungen kann AKR im Beton auftreten:

- ausreichend gelöste Menge an Alkalien in der Porenlösung,
- Vorhandensein potenziell reaktiver Gesteinskörnungen,
- ausreichend Feuchtigkeit im Beton.

Aufgrund der Komplexität des Schädigungsprozesses infolge AKR wird dieses Thema hier nicht näher behandelt. Weitergehende Hinweise finden sich beispielsweise in [15].

2.3.2 Ettringit- und Gipsbildung

Zwar liegen in der Fachwelt zu den physikalisch-chemischen Schädigungsmechanismen kontroverse Auffassungen vor, doch lassen sich sulfatverursachte Treibschäden auf die sekundäre Bildung von Schadmineralen, in erster Linie Ettringit und Gips, im bereits erhärteten Beton zurückführen. Zur Unterscheidung von den unmittelbar beim Hydratationsprozess entstehenden „primären" Sulfatphasen, die keine Betonkorrosion verursachen, werden die erst später durch Sulfatangriff gebildeten Phasen als „sekundär" bezeichnet. Im Weiteren bezieht sich die Beschreibung von Gips- und Ettringitbildung – wenn nicht explizit der primäre Phasentyp erwähnt wird – auf den sekundären, betonschädigenden Phasentyp.

Der Angriffsgrad von Sulfat auf Beton nimmt grundsätzlich mit zunehmender Konzentration zu, wobei kein linearer Zusammenhang zwischen Angriffsgrad und Sulfatkonzentration besteht.

Während Ettringitbildung vorzugsweise bei geringen Sulfatkonzentrationen ($< 1\,000$ mg/l [17]) und hohen C_3A-Gehalten den Schädigungsmechanismus dominiert, ist bei höheren Sulfatkonzentrationen ($> 4\,000$ mg/l [18]) und niedrigen C_3A-Gehalten die Bildung von sekundärem Gips die Hauptursache für Schädigungen. Voraussetzung für die Gipsbildung ist allerdings, dass der pH-Wert der Porenlösung 12,9 nicht übersteigt und folglich der ursprüngliche pH-Wert der Porenlösung unter diesen Grenzwert abgesunken ist. In carbonatisiertem Beton wird auch bei abgesunkenem pH-Wert kein Gips gebildet, da Portlandit als Reaktionspartner bereits verbraucht wurde. Bezüglich der Bildungsparameter (Sulfatkonzentration und C_3A-Gehalt) ist der Übergang zwischen Gips- und Ettringitbildung fließend, wobei auch beide Sekundärphasen gleichzeitig auftreten können [19]. Ab einer Sulfatkonzentration von etwa 10 000 mg/l findet keine weitere Erhöhung des Angriffsgrads statt.

Neben der Sulfatkonzentration ist auch der pH-Wert der Porenlösung bzw. des angreifenden Mediums für die Bildung und Stabilität der Schadminerale maßgeblich verantwortlich. Reiner (aluminathaltiger) Ettringit, der als die eigentliche Ursache der Treiberscheinungen angesehen wird, bildet sich nur im alkalischen Milieu zwischen pH 12,5 und pH 12,9 [21] und ist nach *Skalny* [22] in Lösungen bis rd. pH 10,6 stabil. Bei niedrigeren pH-Werten wandelt sich Ettringit in Aluminiumhydroxid (Gibbsit) und Gips um. Ettringit kann in der Reaktion zwischen verschiedenen Calciumaluminathydraten und Sulfat entstehen, ebenso wie das für das Betongefüge unschädliche (nicht treibende) Monosulfat. Ob Ettringit oder Monosulfat gebildet wird, hängt u. a. vom Mengenverhältnis $CaSO_4$ zu Al_2O_3 ab und wird in Tabelle 2 verdeutlicht.

Nach allgemeiner Auffassung erfolgt die sekundäre **Ettringitneubildung** bei Sulfatangriff auf Beton in erster Linie durch die Reaktion der eindringenden Sulfationen mit von bereits vorhandenem Gips mit im Zementstein vorliegenden AFm-Phasen [19]. Ein möglicher Reaktionsweg lautet:

$$C_3A \cdot CaSO_4 \cdot 12H_2O + 2Ca(OH)_2$$
$$+ 2SO_4^{2-} + 20H_2O$$
$$\rightleftharpoons C_3A \cdot 3CaSO_4 \cdot 32H_2O + 4OH^-$$

Seltener dienen andere aluminathaltige Phasen wie unhydratisiertes C_3A als Aluminiumquelle [22].

Tabelle 2. Bildung von Monosulfat und Ettringit in Abhängigkeit vom CaSO$_4$/Al$_2$O$_3$-Verhältnis

CaSO$_4$/Al$_2$O$_3$-Verhältnis	Entstehungsprodukt
> 3,0	Ettringit und Gips
3,0	Ettringit
3,0 ... 1,0	Ettringit und Monosulfat
1,0	Monosulfat
< 1,0	Monosulfat + Calciumaluminathydrat (z. B. C$_4$AH)

Bild 3. ESEM-Aufnahme von Ettringit [14]

In Abhängigkeit von der aluminathaltigen Phase, die an der Reaktion beteiligt ist, variiert das Expansionspotenzial für die Ettringitbildung. Die Bildung des kristallwasserreichen Ettringits aus C$_3$A erfolgt unter Aufnahme von 32 Molekülen Wasser, was mit einer rd. 8-fachen Volumenvergrößerung gegenüber der Ausgangsphase verbunden ist. Geringer ist die Volumenausdehnung, wenn Ettringit aus anderen Aluminatverbindungen, z. B. aus C$_3$AH$_6$-Mischkristallen (4,8-fach) oder aus Monosulfat (2,3-fach), gebildet wird [15].

Die erforderlichen Calciumionen werden zunächst durch die Auflösung von Portlandit und schließlich durch Verringerung des Calciumgehalts in den C-S-H-Phasen bereitgestellt [19, 22]. Solche Auslaugungseffekte, die auch bei der Bildung von Gips auftreten, sind nicht unmittelbar sulfatspezifisch, sondern z. B. auch bei Einwirkung saurer Wässer zu beobachten und bewirken einen allmählichen Abbau der C-S-H-Phasen und damit eine Entfestigung des Gefüges, ohne treibende Reaktionen.

Hinsichtlich der Bildungsmechanismen und der gefügeschädigenden Wirkung von Ettringit existieren in der Fachwelt unterschiedliche Theorien (vgl. z. B. [14, 15, 21, 23–25]). Die am weitesten verbreitete Theorie geht davon aus, dass sich Ettringitkristalle entweder aus der übersättigten Lösung oder topochemisch auf aluminathaltigen Feststoffpartikeln bilden („Kristallisationsdruck-Theorie").

Je nach Umgebungsbedingungen kann Ettringit in unterschiedlichen hexagonal-prismatischen Erscheinungsformen, z. B. lange schlanke Nadeln, kurze prismatische Kristalle etc., auftreten (vgl. Bild 3).

Bei ausreichendem Expansionsraum in Form von größeren Poren (Verdichtungsporen, Luftporen) und vorhandenen Rissen, insbesondere Haftrissen zwischen Gesteinskörnung und Zementsteinmatrix, können Ettringitkristalle bis zu einem gewissen Maß spannungsfrei wachsen, sodass keine inneren Gefügeschädigungen und äußeren Dehnungen auftreten [16]. Erst nach weit fortgeschrittener Verdichtung von gröberen Poren durch Ettringit stellten *Gollop* et al. [19] auch eine anschließende Gefügedehnung mit Bildung von Mikrorissen fest. Das Auftreten großer Ettringitkristalle in Poren oder Rissen von Beton ist aber meist eine Folge von anderweitig ausgelösten Gefügeschäden, die durch Ettringitbildung weiter verstärkt werden können [26]. Nur selten ist die Neubildung dieses Sulfatminerals in gröberen Poren die primäre Ursache von Rissen.

Findet hingegen die Ettringitbildung in nur wenigen μm-großen Poren oder in der Mikrostruktur der C-S-H-Phasen statt, wird sich bei einsetzendem Kristallwachstum rasch ein Kristallisationsdruck aufbauen, der bei Überschreitung der Bindungskräfte des Mikrogefüges eine innere Schädigung in Form von Mikrorissbildung verursacht [14].

Da der Aufbau eines Kristallisationsdrucks maßgeblich davon abhängt, ob das Wachstum der Schadminerale behindert wird, lässt sich keine allgemeingültige Beziehung zwischen der Gefügedehnung und der gebildeten Ettringitmenge finden [22, 23, 27].

Die allmähliche Häufung von Mikrorissen bewirkt eine Expansion der Matrix. Unter Spannungsumlagerung akkumulieren sich mehrere Mikrorisse zu einzelnen breiteren und längeren Makrorissen. Gleichzeitig mit den Makrorissen bilden sich auch Haftrisse zwischen Bindemittelmatrix und Gesteinskörnung. Durch die Anbindung von Makrorissen an die Haftrisse entsteht ein verzweigtes Netzwerk, was unter Umständen den Eintrag von außen anstehenden Medien in den Beton beschleunigt.

Ein treibender Angriff durch Ettringitbildung setzt einen wirksamen Transport der Sulfationen im Betongefüge voraus. So findet die Ettringitbildung lediglich in Bereichen lokaler Sulfatanreicherung statt. Allerdings folgt aus den verschiedenen Arten des Kristallwachstums, dass zwischen rissgeschädigten Bereichen und benachbarten makroskopisch ungeschädigten Bereichen nicht zwangsläufig ein signifikanter Unterschied in der Sulfatkonzentration vorliegen muss. Daher deutet ein Sulfateintrag zwar auf eine korrosive Einwirkung hin, stellt aber kein Maß für einen Schädigungsgrad dar. Als potenzielle Treibzentren innerhalb des Betongefüges gelten Stellen, die räumlich eng begrenzt sind, Anreicherungen von Portlandit aufweisen und häufig in der Nähe zu Zementklinkerrelikten liegen [16].

Bei hohen Sulfatkonzentrationen oder wenn für eine weitere Ettringitbildung zwar Sulfat, aber nicht (mehr) ausreichend Aluminat zur Verfügung steht, kann durch die Reaktion von Calciumhydroxid mit Sulfationen **Gips** entstehen:

$$Ca(OH)_2 + SO_4^{2-} + 2H_2O$$
$$\rightleftharpoons CaSO_4 \cdot 2H_2O + 2OH^-$$

Bild 4. REM-Aufnahme von Gips [37]

Bild 5. REM-Aufnahme von Gipsbildung in Poren und im Übergangsbereich von Bindemittelmatrix und Gesteinskörnung [37]

Gips kristallisiert sowohl vereinzelt in der Mikrostruktur – häufig eingebunden in die C-S-H-Phasen – als auch in Form von Bändern dicht unterhalb und parallel zur beaufschlagten Betonoberfläche [14, 19]. Weiterhin erfolgt Gipsbildung bevorzugt in Luftporen sowie größeren Rissen, besonders Haftrissen zwischen Bindemittelmatrix und Gesteinskörnung (vgl. Bilder 4 und 5).

Während Ettringitbildung maßgeblich Dehnungen hervorruft, verursacht Gipsbildung in erster Linie einen Adhäsionsverlust zwischen Matrix und Gesteinskörnung sowie eine Erweichung der Zementsteinmatrix [16, 28]. Die Erweichung ist auf den Verbrauch von Calciumhydroxid sowie die Auslaugung und schließlich den Abbau der festigkeitsbildenden C-S-H-Phasen zurückzuführen [19, 29]. Ob und inwieweit die Bildung von Gips zu einem treibenden Angriff führt, wurde in der Vergangenheit immer wieder kontrovers diskutiert [22, 28]. Dehnungen, die auf die Umwandlung von Portlandit in Gips zurückzuführen sind, wurden zwar immer wieder festgestellt, allerdings teilweise erst nach sehr langen Versuchszeiträumen [29] oder bei hohen Sulfatkonzentrationen [19]. Im Vergleich zur expansiveren Ettringitbildung fallen der Kristallisationsdruck aufgrund der Volumenausdehnung (Faktor 1,2 bis 2,2) und die dadurch hervorgerufenen Zugspannungen im Gefüge bei Gipsbildung deutlich schwächer aus [30]. Bei sehr hohen Sulfatkonzentrationen kann die korrosive Wirkung der Gipsbildung jedoch den schädigenden Einfluss durch Ettringitbildung übertreffen [14].

Zusammenfassend ist aus derzeitigen Erkenntnissen zu schließen, dass Ettringit und Gips gleichzeitig im Beton auftreten und zu einer Schädigung des Betongefüges führen können. Während mit der Ettringitbildung in erster Linie treibende Reaktionen und Rissbildungen verbunden sind, wird durch Gipsbildung das Betongefüge maßgeblich durch Calciumauslaugung aus den festigkeitswirksamen C-S-H-Phasen geschädigt. Die treibende Wirkung von sekundärem Gips ist im Vergleich zu sekundärem Ettringit nur gering.

2.3.3 Korrosionszonen

Der äußere Sulfatangriff vollzieht sich im Allgemeinen durch allmählich ins Betoninnere wandernde Schädigungszonen. Die Zusammensetzung dieser einzelnen Zonen mit jeweils charakteristischer Art und Menge an Schadmineralen resultiert aus komplexen Reaktionen der eingedrungenen Sulfationen mit den aluminat- und calciumhaltigen Phasen des Zementsteins.

Stehen außen hohe Sulfatkonzentrationen an, so ist in der oberflächennahen Randzone in erster Linie Gips vorzufinden, meist in Form von Bändern parallel zur Oberfläche. Daneben können auch vereinzelt Ettringitminerale als Folge der Sulfateinwir-

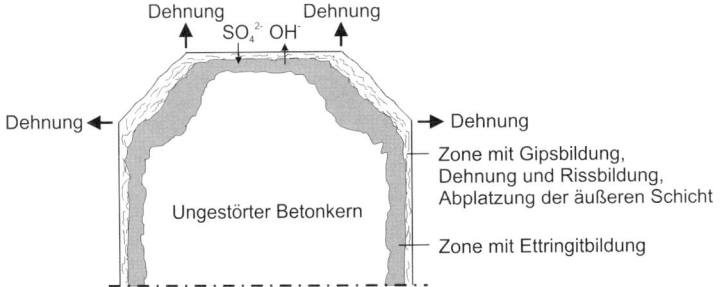

Bild 6. Schädigungsprinzip beim Angriff hoher Sulfatkonzentrationen auf Beton [19]

kung gebildet werden. Der Portlandit ist in diesem Bereich weitgehend durch die Bildung dieser Sekundärphasen aufgebraucht, sodass zum einen die Porosität erhöht und die C-S-H-Phasen allmählich decalcifiziert und somit abgebaut werden [19]. Die Gips- und Ettringitminerale kristallisieren bevorzugt in bereits vorhandenen Rissen oder Poren. Wird die Mindestsulfatkonzentration für Gipsbildung unterschritten, findet in der Regel bei ausreichendem C_3A-Angebot weiterhin Ettringitbildung statt, da für diesen Prozess im Vergleich zur Gipsbildung deutlich geringere Sulfatkonzentrationen benötigt werden. So ist bei äußerem Sulfatangriff im Beton häufig eine voranschreitende Ettringitzone zu beobachten [32]. Von dieser Zone und den darüberliegenden Bereichen gehen Treibspannungen aus, die in einer angrenzenden tieferen, chemisch unveränderten Zone Zugspannungen bzw. Rissbildung meist in Form von Haftrissen zwischen Gesteinskörnung und Matrix hervorrufen [20]. Im fortgeschrittenen Stadium treten schließlich Abplatzungen der gipsreichen Oberfläche auf. Dies erfolgt aufgrund des höheren Einflusses der Oberfläche verstärkt im Bereich von Kanten und Ecken. Der Schädigungsmechanismus, der bei einem solchen Angriff durch hohe Sulfatkonzentrationen im Beton abläuft, ist schematisch in Bild 6 dargestellt.

2.4 Zerstörender Angriff

2.4.1 Allgemeines

Zahlreiche Schadensfälle an Betonbauwerken, die in Verbindung mit oxidierenden pyrithaltigen Böden vermehrt in Großbritannien, aber auch in Nordamerika, Skandinavien und der Schweiz in der Vergangenheit auftraten, ließen sich in Gegenwart von Calciumcarbonat meist auf die intensive Bildung der Phase Thaumasit zurückführen (vgl. z. B [18, 33–35]). Nur selten war die maßgebende Schadensursache Ettringit- oder Gipsbildung [36]. Im Gegensatz zur strukturverwandten Phase Ettringit geht von Thaumasit keine Treibwirkung aus, sondern ein Angriff auf die festigkeitsbildenden C-S-H-Phasen. Infolgedessen wird der Zementstein des Betons in eine helle, weiche Masse überführt (vgl. Bild 7). Neben dieser als TSA (thaumasite form of sulfate attack) bezeichneten Schädigung kann sich Thaumasit auch ohne Auswirkungen auf die Betonfestigkeit durch vereinzelte Ausfällung in Poren, Rissen und anderen Fehlstellen des Gefüges bilden [33].

Die Thaumasitkristalle weisen wie die optisch und röntgenographisch ähnlichen Ettringitkristalle eine hexagonal-prismatische Struktur auf. Zusammen mit Ettringit können sie auch in Form eines Ettringit-Thaumasit-Mischkristalls, dem sogenannten Woodforditt, auftreten [34]. Bei Bauwerksschäden ist jedoch häufig die reine Form von Thaumasit festzustellen [14].

2.4.2 Thaumasitbildung

Die Bildung von Thaumasit kann unter der Voraussetzung einer ausreichenden Sulfatzufuhr und Feuchtigkeit sowie bevorzugt bei niedriger Umgebungstemperatur in Gegenwart von reaktivem Silikat und löslichem Carbonat erfolgen. In der Literatur werden für den Bildungsmechanismus von

Bild 7. Thaumasitbildung im Beton bei Kontakt mit pyrithaltigem Boden [37]

Thaumasit ein direkter und ein indirekter Reaktionsweg diskutiert (vgl. [14, 21]).

Beim direkten Weg einer Thaumasitbildung wird von der Reaktion der C-S-H-Phasen mit Sulfat und Carbonat aus einer übersättigten Lösung ausgegangen, wobei als Sulfatquelle sowohl eindringende Sulfationen als auch Gips herangezogen werden:

$Ca_3Si_2O_7 \cdot 3H_2O + 2(CaSO_4 \cdot 2H_2O)$
$+ 2CaCO_3 + 24H_2O \rightleftharpoons$
$\rightleftharpoons 2(CaSiO_3 \cdot CaSO_4 \cdot CaCO_3 \cdot 15H_2O)$
$+ Ca(OH)_2$

Auf dem indirekten Reaktionsweg entsteht zunächst aus bereits gebildetem Ettringit der Mischkristall Woodfordit, der anschließend bei Carbonat- und SiO_2-Zufuhr durch Substitutionen in der Kristallstruktur in Thaumasit umgewandelt wird:

$C_3A \cdot 3CaSO_4 \cdot 32H_2O + Ca_3Si_2O_7 \cdot 3H_2O$
$+ 2CaCO_3 + 2H_2O \rightleftharpoons$
$\rightleftharpoons 2CaSiO_3 \cdot CaSO_4 \cdot CaCO_3 \cdot 15H_2O$
$+ CaSO_4 \cdot 2H_2O + 2Al(OH)_3 + 4Ca(OH)_2$

Der direkte Reaktionsweg läuft aufgrund reiner Diffusionskontrolle langsamer ab als der indirekte Reaktionsweg. Bei Letzterem werden infolge Ettringit- und ggf. auch Gipsbildung zunächst Treibschäden im Gefüge hervorgerufen, die die Reaktionsfläche für die Thaumasitbildung vergrößern und den Transportprozess der an der Thaumasitbildung beteiligten Ionen beschleunigen. *Lipus* et al. [38] folgerten aus ihren Untersuchungen, dass eine technisch relevante Gefügeschädigung durch Thaumasit ausschließlich infolge einer solchen vorausschreitenden Treibschädigung durch sekundären Ettringit und Gips auftritt. Wie zahlreiche Schadensfälle in der Praxis belegen, kann das Schädigungsausmaß durch Thaumasitbildung die Auswirkungen rein treibender Reaktionen weitaus übertreffen (vgl. z. B. [14]).

Da siliziumhaltige C-S-H-Phasen den größten Anteil im Zementsteingefüge einnehmen, kann prinzipiell ein Großteil des Gefüges in Thaumasit umgewandelt und vollständig entfestigt werden. Als Carbonatquelle können kalksteinhaltige Zumahlstoffe bzw. Nebenbestandteile im Zement, carbonathaltige Gesteinskörnung (Kalkstein, Dolomit) bzw. Füller dienen. Darüber hinaus können auch äußere Quellen, wie z. B. in eindringendem Wasser gelöstes CO_2 oder Calcit aus der Carbonatisierung von Calciumhydroxid, vorhanden sein. Letztere Carbonatquelle ist in der Regel auf die Betonrandzone beschränkt. Der Verzicht auf die Zugabe carbonathaltiger Zusatz- oder Zumahlstoffe stellt somit eine notwendige, jedoch keine hinreichende Bedingung für die Vermeidung von Thaumasitbildung im Beton dar [14].

Wie bei Ettringit und Gips ist auch die Höhe der minimalen Sulfatkonzentration für eine schädigende Thaumasitbildung vom pH-Wert abhängig. *Mulenga* [21] und *Bellmann* [14] stellten fest, dass im ungestörten alkalischen Milieu des Betons Thaumasit bereits bei geringen Sulfatkonzentrationen (rd. 1500 mg/l) gebildet werden kann. Bei Abwesenheit von Portlandit, z. B. bei Verbrauch puzzolanische oder latent-hydraulische Reaktion, nimmt die erforderliche Sulfatkonzentration zu. Thaumasit entsteht bevorzugt bei pH-Werten über 10,5 [33] und bleibt in Kontakt mit Lösungen bis zu einem pH-Wert von 7 stabil [39].

An sulfatgeschädigten, carbonathaltigen Betonen wurde des Öfteren nachgewiesen, dass die Bildung von Thaumasit einer fortgeschrittenen Gips- und Ettringitbildung zeitlich und in die Tiefe nachfolgt [32]. Aufgrund des direkten Zugangs der Sulfationen zu den decalcifizierten C-S-H-Phasen und Ettringit beginnt die Thaumasitbildung bevorzugt oberflächennah und setzt sich ins Innere fort. Dagegen hat eine nur oberflächlich stattfindende Thaumasitbildung im Allgemeinen keine dauerhaftigkeitsrelevante Bedeutung [38]. Demzufolge vermindert sich das Schädigungsausmaß durch Thaumasitbildung in Betonen, in denen die Bildung von Gips und Ettringit eingeschränkt bzw. vermindert wird.

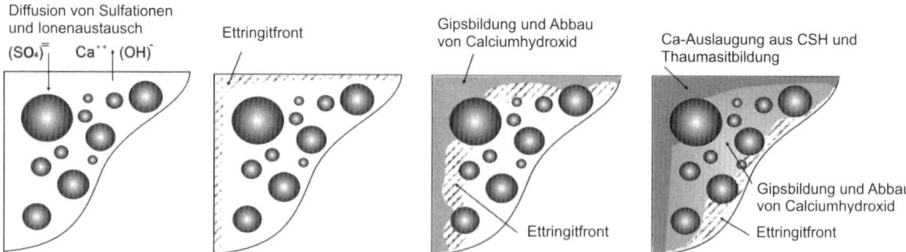

Bild 8. Schematische Darstellung der zeitlichen und tiefenspezifischen Abfolge der Schadminerale beim Sulfatangriff auf Beton (in Anlehnung an *Irassar* et al. [32])

Treten alle drei genannten Sulfatminerale nebeneinander in einem Beton als Folge eines äußeren Sulfatangriffs auf, so vollzieht sich die Schädigung zeitlich und über die Tiefe wie in Bild 8 zusammenfassend schematisch dargestellt.

2.5 Kombinierter Angriff

In der Praxis treten die beschriebenen Schädigungsmechanismen selten singulär, sondern häufig in Kombination auf. Meist dominiert ein chemisches Merkmal, z. B. bezüglich des Angriffsgrads, sodass die im Vergleich dazu nachgeordneten chemischen Merkmale keinen nennenswerten Einfluss auf den Schädigungsmechanismus und damit den Korrosionsfortschritt ausüben. Gemäß DIN 1045-2 [41] bzw. DIN 4030-1 [42] orientiert sich die Einstufung des chemischen Angriffsgrads folgerichtig lediglich an dem dominierenden chemischen Merkmal.

Liegen allerdings mindestens zwei chemische Merkmale in gleicher Größenordnung in Bezug auf die Betonaggressivität vor und lässt sich anhand der Einwirkungsgrößen kein Weiteres wie keine dominierende Angriffsart identifizieren, ist die Wechselwirkung zwischen diesen Merkmalen entscheidend für den Schädigungsmechanismus im Beton. Die besondere Komplexität des transport- und reaktionsabhängigen Schädigungsprozesses kann dazu führen, dass solche kombinierten Einwirkungen den Schädigungsprozess im Beton in Abhängigkeit weiterer Einflussgrößen auf der Einwirkungs- und Widerstandsseite entweder verlangsamen oder beschleunigen können. Genaue Vorhersagen lassen sich in dem Fall in der Regel nur auf Basis eingehender Untersuchungen treffen.

Eine in der Praxis häufig auftretende Form des kombinierten chemischen Angriffs stellt der Betonangriff durch Schwefelsäure bzw. biogener Schwefelsäure, die durch Bakterien beispielsweise in Abwasseranlagen gebildet wird, dar. Hierzu liegen aufgrund der praktischen Relevanz, z. B. im Bereich von Abwasseranlagen, bereits umfangreiche Kenntnisse in Bezug auf Reaktionskinetik und Praxiserfahrungen vor, die beispielsweise *Weismann* und *Lohse* [43] zu entnehmen ist.

Daneben tritt die Kombination von Säure und Sulfat beispielsweise in pyrithaltigem Baugrund auf, in dem infolge von Verwitterungsprozessen (Oxidation) neben Schwefelsäure auch Eisensulfat gebildet wird. Die besondere Bedeutung weiterer Einflussgrößen für den Schädigungsprozess bei einem kombinierten chemischen Angriff – neben der Konzentration betonangreifender Stoffe – wird an folgendem Beispiel deutlich. Bei Böden mit Pyrit- bzw. Sulfidgehalten zwischen 0,2 und 1,3 M.-% können sich Sulfatkonzentrationen von rd. 8 000 bis 40 000 mg/l und pH-Werte zwischen 2,2 und 2,5 einstellen [37]. Aufgrund nur mäßiger Bodenfeuchte und damit langsamer Transportprozesse kann in der Kontaktzone Boden/Beton ein Anstieg des pH-Werts auftreten, der die Bildung von Schutzschichten an der Betonoberfläche hervorruft. Der Korrosionsfortschritt wird infolge dieser Schutzschichtbildung gebremst. Bei ähnlichen Säure- und Sulfatkonzentrationen in wässrigen Lösungen lässt sich hingegen feststellen, dass sich aufgrund des rascheren Ionentransports keine Schutzschichten ausbilden, was letztlich zu einer Dominanz des Säureangriffs und einer erheblichen Beschleunigung des Schädigungsfortschritts insgesamt führt.

Darüber hinaus wurde die Interaktion betonangreifender Stoffe im Beton bislang nur sehr selten untersucht. In Untersuchungen an Mörteln mit CEM I in Lösungen mit Na_2SO_4 (33 800 mg/l SO_4^{2-}) und Schwefelsäure (u. a. pH 3 und pH 7) wurde ebenfalls ein Einfluss des pH-Werts der Umgebung auf den Schädigungsverlauf beim Sulfatangriff festgestellt [31]. Während bei einem kombinierten Säure-Sulfat-Angriff mit hohen Sulfat- und niedrigeren Säurekonzentrationen (33 800 mg/l SO_4^{2-} und pH $\geq$ 7) die maßgebliche Schädigung vom Sulfatangriff ausgeht und daher der C_3A- und C_3S-Gehalt des Zements einen entscheidenden Einfluss auf den Korrosionswiderstand des Betons ausüben, intensiviert eine Absenkung des pH-Werts in den sauren Bereich die Calciumauslaugung der Zementsteinphasen und insbesondere die Hydrolyse der C-S-H-Phasen im Zementstein. Letzteres beschleunigt den Korrosionsprozess nachweislich durch höhere Festigkeitsverluste. Die Kinetik des kombinierten Säure-Sulfat-Angriffs ist folglich sowohl von den absoluten Säure- und Sulfatkonzentrationen als auch von deren Verhältnis im angreifenden Medium abhängig.

Um einen möglichst hohen Betonwiderstand gegenüber einer Sulfateinwirkung bei gleichzeitig niedrigen pH-Werten zu erzielen, sind Maßnahmen, die nur auf eine Angriffsart (Säure oder Sulfat) ausgerichtet sind, unter Umständen nicht ausreichend und zielführend. Sofern die Maßnahmen den physikalischen Widerstand, also den Eindringwiderstand gegenüber aggressiven Medien betreffen, z. B. Erzielen einer höheren Dichtigkeit der Zementsteinmatrix durch Austausch von Klinker gegen Silikastaub, Flugasche (vgl. Bild 9) oder Hüttensand (vgl. Bild 10) im Bindemittel, so wird sich in der Regel sowohl der Sulfat- als auch Säurewiderstand des Betons erhöhen. Chemische Stellgrößen können sich dagegen völlig unterschiedlich oder gegensätzlich auf den Sulfat- und Säurewiderstand auswirken. Während beispielsweise die Zugabe von Kalksteinmehl die Neutralisationskapazität des Betons erhöht und damit den Korrosionsprozess infolge Säureangriff unter stationären Umgebungsbedingungen verlangsamt, wird bei gleichzeitiger Sulfateinwirkung das Schädigungspotenzial aufgrund von Thaumasitbildung erhöht.

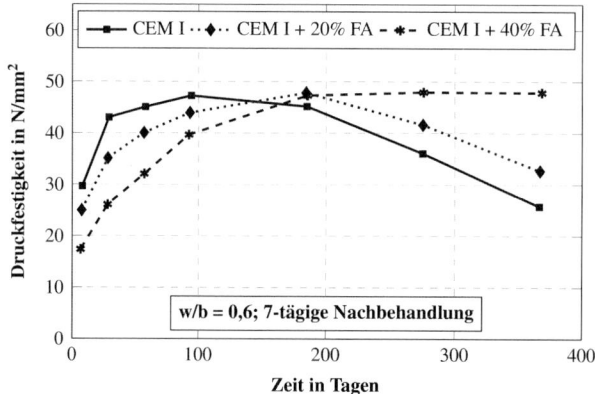

Bild 9. Festigkeitsentwicklung von Mörtel mit Flugasche/Zement-Gemisch in Sulfatlösung (33 800 mg/l SO_4^{2-}) mit Schwefelsäure (pH 3), in Anlehnung an *Cao* et al. [31]

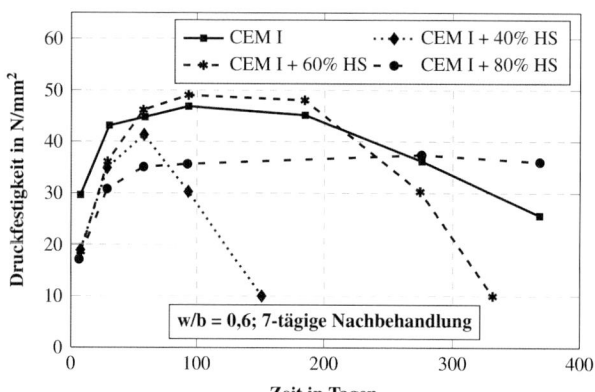

Bild 10. Festigkeitsentwicklung von Mörtel mit Hüttensand/Zement-Gemisch in Sulfatlösung (33 800 mg/l SO_4^{2-}) mit Schwefelsäure (pH 3), in Anlehnung an *Cao* et al. [31]

3 Einflussfaktoren auf die Schädigung

3.1 Allgemeines

Die beim chemischen Betonangriff ablaufenden Schädigungsprozesse werden einerseits durch die Konzentration und Art der angreifenden Stoffe bestimmt. Dieser Einfluss wird in Abschnitt 3.2 genauer betrachtet. Andererseits ist der Transport der betonaggressiven Stoffe zu berücksichtigen. Dabei wird zwischen einem inneren Stofftransport, der im Wesentlichen das Eindringen und den Transport der betonaggressiven Stoffe im Beton betrachtet (s. Abschnitt 3.3.1), und einem äußeren Stofftransport, der im Wesentlichen den An- und Abtransport von Korrosioneduktionen und -produkten an der Betonober-fläche betrachtet (s. Abschnitt 3.3.2), unterschieden. Weiterhin sind vorherrschende Umgebungsbedingungen, die sich auf die ablaufenden Schädigungsprozesse auswirken können, zu berücksichtigen (s. Abschnitt 3.4).

3.2 Konzentration und Art der angreifenden Stoffe

3.2.1 Lösender Angriff

Die beim lösenden Angriff ablaufenden Mechanismen werden maßgeblich durch das betonangreifende Medium bestimmt, wobei insbesondere die Konzentration und die Art der angreifenden Stoffe zu berücksichtigen sind.

Generell gilt, dass die Intensität des lösenden Angriffs mit der H$^+$-Konzentration der Säure zunimmt. Dies ist exemplarisch in Bild 11 verdeutlicht, in dem Untersuchungsergebnisse von *Pavlík* [44] zum Einfluss der H$^+$-Ionenkonzentration auf die Angriffsintensität dargestellt sind. Es wird deutlich, dass die Schädigungstiefe bzw. die Angriffsintensität mit steigender Konzentration sowohl für anorganische (Salpetersäure) als auch für organische Säuren (Essigsäure) zunimmt. Grundsätzlich ist jedoch zu beachten, dass es durch die mögliche Bildung von sekundären Phasen, z. B. Sulfatphasen beim Schwefelsäureangriff, zu abweichenden Sonderfällen kommen kann [3].

Neben den korrosiv wirkenden H$^+$-Ionen können auch die Anionen der Säure und die sich daraus bildenden Reaktionsprodukte den Schädigungsprozess beeinflussen. Der Einfluss ist im Wesentlichen von der Löslichkeit der Reaktionsprodukte bzw. der sich bildenden Salze abhängig.

Beim Angriff von Säuren, die leicht lösliche Salze bilden, z. B. Salz- und Salpetersäure, ist der Schädigungsprozess primär durch eine Auslaugung der Zementsteinmatrix gekennzeichnet, wobei die zurückbleibende Schicht aus schwer löslichen Reaktionsprodukten (Korrosionszone) eine erhöhte Porosität und einen geringeren Diffusionswiderstand aufweist [45]. Aufgrund der Löslichkeit des sich bildenden Salzes besitzt das Säureanion folglich keinen signifikanten Einfluss auf den Schädigungsprozess. Daher üben stark dissoziierte Säuren, die leicht lösliche Salze bilden, unabhängig vom Säureanion bei gleichem pH-Wert einen nahezu gleich starken chemischen Angriff auf Beton aus [5].

Bei Säuren, die schwer lösliche Reaktionsprodukte bilden, können die entstehenden Salze in der Korrosionszone oder auf der Betonoberfläche ausfallen. Dies kann einerseits zu einer Verminderung der Korrosionsgeschwindigkeit führen, da die entstehenden Salze als Schutzschicht fungieren und somit den Diffusionswiderstand steigern. Neben einer schützenden bzw. reaktionshemmenden Wirkung können die ausgefällten Salze andererseits auch eine zerstörende bzw. reaktionsfördernde Wirkung besitzen. Ursache ist die Entstehung expansiver Reaktionsprodukte, die neben einem lösenden Angriff auch zu einem treibenden Angriff führen können. Die Bewertung der Wirkung muss letztendlich in Abhängigkeit der Säure erfolgen unter Berücksichtigung der Konzentration und der vorherrschenden Randbedingungen [46].

Beispielsweise kann es bei hohen Sulfatkonzentrationen von schwefelsauren Wässern (pH < 3) aufgrund der vorherrschenden Randbedingungen (keine oder nur seltene Erneuerung der Säure) zu einer Aufkonzentration der Sulfate und ggf. zur Bildung von Gips oder Ettringit kommen. Während diese sekundären Sulfatphasen im Bereich sehr hoher Konzentrationen (< pH 1) eine zerstörende Wirkung besitzen, wirken diese im Bereich von pH 1 bis pH 3 tendenziell eher reaktionshemmend (vgl. [3]), wobei mit zunehmendem pH-Wert und damit sinkendem Sulfatgehalt die Bildung von sulfatischen Mineralen, vor allem von Gips und dessen reaktionshemmende Wirkung, abnimmt. Bei einem Angriff mit pH > 3 sind die Unterschiede im Korrosionsprozess zwischen schwefelsauren Wässern und beispielsweise salpeter- oder salzsauren Wässern deutlich weniger ausgeprägt [5].

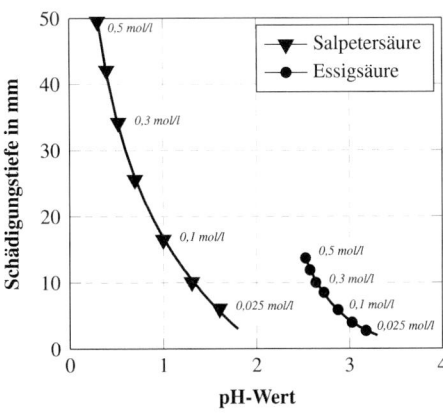

Bild 11. Einfluss des pH-Werts bzw. der Konzentration auf die Schädigungstiefe von Mörteln, nach Untersuchungen von *Pavlík* [44]

Abschließend sind in Tabelle 3 das Vorkommen und die Wirkung unterschiedlicher saurer bzw. betonaggressiver Stoffe dargestellt.

3.2.2 Treibender Angriff

Wie beim lösenden Säureangriff sind auch beim treibenden Angriff durch Sulfat die Konzentration und Art der einwirkenden Stoffe für das Angriffspotenzial und die Schädigungsmechanismen im Beton von entscheidender Bedeutung.

Der Einfluss der Sulfatkonzentration wurde bereits in Abschnitt 2.3.2 eingehend behandelt.

Die Sulfatart ergibt sich aus den positiv geladenen Ionen, die zusammen mit den negativ geladenen Sulfationen im angreifenden Medium vorliegen. Diese Kationen können den Mechanismus und das Ausmaß der Schädigung signifikant beeinflussen. Beispielsweise wird beim Angriff durch Magnesiumsulfat, das in der Praxis häufig als Taumittel bei frostbeanspruchten Bauteilen verwendet wird, unter maßgeblicher Mitwirkung des Magnesiumions Brucit gebildet. Dieses Reaktionsprodukt verlangsamt

Chemischer Angriff auf Beton

Tabelle 3. Beispielhafte Vorkommen verschiedener betonaggressiver Stoffe und deren Wirkung auf Beton (in Anlehnung an [47])

Betonangreifende Stoffe	Vorkommen	Wirkung auf Beton
(annähernd) chemische reine Wässer	Kondenswasser, Regen-, Schneewasser, weiche Quellwässer	lösend, auswaschend, praktisch wirksam unter 3 °d
Anorganische Säuren		
(Salz-, Schwefel-, Salpeter-, Phosphor-, Flusssäure, Kohlensäure, schweflige Säure)	chemische Industrie, besonders Kohlensäure und schweflige Säure, auch in natürlichen Wässern	lösend und zersetzend; je stärker die Säure, desto intensiver zersetzend; zunehmende Wirkung also mit sinkendem pH-Wert
Organische Säuren		
(Essig-, Milch-, Gerb-, Ameisensäure)	Molkereien, Konservenfabriken, Grünfuttersilos, Schweine-/Rinderstallungen, Fleischereien, Schlachthöfe, Färbereien u. a.	lösend; Angriffsstärke steigt mit der Konzentration
Humussäure	Böden und verunreinigte Gesteinskörnungen	erhärtungsstörend, langsam lösend
Oxalsäure	Färbereien, chemische Fabriken	nicht schädigend
Phenol und Kresol	industrielle Abwässer und Abgase	langsam zersetzend
Pflanzliche und tierische Öle und Fette (Oliven-, Raps-, Lein-, Kokos-, Mohn-, Fischöl, Talg, Schmalz, Schweinefett)	Lebensmittelindustrie	auflockernd, lösend durch Reaktion mit Fettsäuren mit Ca-Salzen zu weichen, fettsauren Salzen (Kalkseifen)
Erdöl und Steinkohlenteer destillate (Leicht-, Schweröl, Benzol, Anthrazen, Paraffin, Pech)	Maschinenhallen, Tankstellen, Raffinerien	falls säurefrei, nicht schädigend; alle Öle geringer Viskosität dringen in Beton ein → festigkeitsmindernd
Wässrige Lösungen mit		
Mg^{2+}-Ionen	natürliche und industrielle Wässer	langsam lösend
NH_4^+-Ionen	landwirtschaftliche Betriebe, Kunstdüngerfabriken	lösend (bei Ammoniumsulfat: stark lösend und treibend)
SO_4^{2-}-Ionen	natürliche und industrielle Wässer	lösend und treibend
pH-Wert < 6,5 (sauer)	natürliche und industrielle Wässer	lösend
kalklösender Kohlensäure (CO_2)	natürliche und industrielle Wässer	lösend
ausschließlich Natrium-, Kalium-, Calcium-, Eisen-, Aluminium-, Silicium-, Nitrat-, Phosphat- und Silikationen	natürliche und industrielle Wässer	nicht schädigend

zum einen als Deckschicht den Ionenaustausch zwischen Beton und dem aggressiven Medium und greift zum anderen alle Zementsteinkomponenten einschließlich der C-S-H-Phasen an [23]. In Alkalisulfatlösungen hat das Kation demgegenüber nur einen untergeordneten Einfluss auf die Betonkorrosion. In Abhängigkeit des Kations verringert sich der Angriffsgrad auf Beton in folgender Reihenfolge: $NH_4^+ > Mg^{2+} > Na^+ > Ca^{2+}$. Ammoniumsulfat $(NH_4)_2SO_4$ weist die stärkste korrosionsauslösende Wirkung auf und tritt insbesondere bei landwirtschaftlich genutzten Bauwerken, z. B. Güllebehältern oder Düngemittellagern, auf. Bei unzureichendem Schutz bzw. chemischem Widerstand des Betons können bereits nach kurzen Einwirkungsdauern nennenswerte Schädigungstiefen im Zentimeterbereich auftreten. Bild 12 zeigt am Querschnitt eines Bohrkerns eine etwa 1 cm tiefe Schädigung eines Betons (ohne erhöhten Sulfatwiderstand) nach 9-monatiger Einwirkung von Ammoniumsulfat.

Bild 12. Schädigung der Betonrandzone durch Ammoniumsulfat (Quelle: B. Siebert)

Eine besondere Bedeutung kommt dem Kation beim Angriff durch Eisen(II)-sulfat $(FeSO_4)$ zu. Bei der Oxidation von Fe^{2+}-Ionen fällt Eisenhydroxid auf der Betonoberfläche in Form eines kolloidalen, gallertartigen Niederschlags aus, der als schwer lösliches Reaktionsprodukt die offenen Poren abdichtet und den Ionentransport ins Betoninnere verlangsamt [48]. Bei der Fe^{2+}-Oxidation werden Protonen freigesetzt, sodass von Eisensulfat in Lösung per se ein kombinierter Säure-Sulfat-Angriff auf Beton ausgehen kann. Durch die Protonenfreisetzung unterscheidet sich Eisensulfat grundsätzlich von den meisten anderen Sulfatarten, wie z. B. $NaSO_4$, $CaSO_4$ oder $MgSO_4$, bei denen sich sehr rasch basische Umgebungsbedingungen in den Lösungen bei Kontakt mit Beton einstellen (vgl. [37]).

3.3 Stofftransport

3.3.1 Innerer Stofftransport

Im ungerissenen Beton wird das Eindringen und der Transport durch die Dichtigkeit bzw. Porosität des Zementsteins bestimmt, die durch das Gesamtporenvolumen, die Porenart (geschlossen bzw. durchgängig) und die Porenradienverteilung charakterisiert werden kann. Bei Betrachtung der Porosität im gesamten Beton sind verschiedene Größenbereiche zwischen der Makro- und Nanoebene zu berücksichtigen.

Makroskopisch kann bereits durch die Abstimmung einzelner Korngruppen der Gesteinskörnung eine möglichst dichte Kornpackung erreicht und damit die Gefahr gröberer Poren verringert werden. Im mikroskopischen Fein- und Feinstteilbereich lassen sich durch Einsatz geeigneter Feinststoffe, z. B. Flugasche, inerte Gesteinsmehle oder Microsilica, die Packungsdichte des Betons weiter erhöhen, der Wasseranspruch reduzieren und so rein physikalisch ein dichteres Gefüge erreichen [49].

Einen wesentlichen Anteil an dem Eintrag aggressiver Medien ins Betoninnere – eine ausreichende Verdichtung vorausgesetzt – nehmen die praktisch immer untereinander verbundenen Kapillarporen ein [14]. Der Durchmesser solcher Poren wird von *Setzer* [50] mit 0,02 bis 200 μm bzw. von *Hillemeier* et al. [51] mit 0,10 bis 100 μm angegeben, wobei nach *Herold* [5] eine scharfe Abgrenzung dieser Porenart hinsichtlich ihrer Größe nicht möglich ist. Der Anteil der Kapillarporen am Gesamtporenraum ist in erster Linie von der Betonzusammensetzung, d. h. Wasserzementwert, Art des Bindemittels, Zusatzstoffe etc., dem Hydratationsgrad und der Nachbehandlung abhängig [21]. Bei einem Wasserzementwert (w/z-Wert) von ca. 0,38 bis 0,40 wird davon ausgegangen, dass sich kein nennenswerter Kapillarporenraum im Beton bildet. Mit einer deutlichen Reduzierung des Kapillarporenanteils (w/z ≤ 0,40) kann daher nach *Hearn* et al. [52] eine Dichtigkeit von Beton erreicht werden, die nur noch sehr geringe Mengen an Ionen eindringen lässt.

Hinsichtlich der Art des Bindemittels wirkt sich im Allgemeinen ein hohes C_2S/C_3S-Verhältnis positiv auf die Dichtigkeit des Gefüges aus [53]. Weiterhin findet infolge puzzolanischer oder latent-hydraulischer Reaktionen eine Verdichtung im Kapillarporenraum durch zusätzliche C-S-H-Phasen statt. Dadurch wird die Porengrößenverteilung in den Gelporenbereich verschoben und das $Ca(OH)_2$-Netz, das einen raschen Ionentransport ins Betoninnere bewirken kann, unterbrochen [21, 22, 49].

Die Gesteinskörnung selbst enthält praktisch keine Poren und trägt in der Regel nicht zum Ionentransport bei. Abgesehen von carbonathaltigen Gesteinsarten verhält sie sich inert gegenüber einem chemischen Angriff und stellt Hindernisse dar, die von den in den Beton eindiffundierenden oder nach außen hin wandernden Ionen umlaufen werden müssen (Tortuosität) [54]. Der im Vergleich zum geradlinigen Verlauf kompliziertere, d. h. auch wesentlich längere Diffusionspfad verlangsamt die Transportgeschwindigkeit um ein Vielfaches. Durch Auswahl einer optimalen Sieblinie, die durch einen erhöhten Anteil im Feinstbereich zulasten des gröberen Kornbereichs (> 2 mm) gekennzeichnet ist, kann so der Eindringwiderstand gegenüber außen anstehenden Medien physikalisch erhöht werden.

Die Dichtigkeit von Beton resultiert nicht nur aus dem Zementstein und dem darin befindlichen Porenraum, sondern auch aus der Phasengrenzfläche zwischen Zementsteinmatrix und Gesteinskörnung. Dieser Übergangsbereich weicht in Bezug auf Mikrostruktur, Dichte sowie chemischer und phasenanalytischer Zusammensetzung entscheidend von der durchschnittlichen Zementsteinmatrix ab [5]. Innerhalb dieser Grenzfläche mit einer Dicke von rd. 30 bis 50 μm reichern sich an der Oberfläche der Gesteinskörnung Portlanditkristalle an, was auf einen im Vergleich zur Zementsteinmatrix höheren w/z-Wert und eine damit verbundene höhere Porosität im Bereich der Übergangszone zurückzuführen ist (Bild 13) [55]. Aufgrund dieser höheren Porosität gilt die Übergangszone zwischen Zementsteinmatrix und Gesteinskörnung als durchlässiger für Transportvorgänge und ist weiterhin als bevorzugter Ort für Mineralneubildungen anfälliger gegenüber einem chemischen Angriff. In diesem Zusammenhang sei erwähnt, dass auch in der Zementsteinmatrix höhere Porositäten aufgrund einer lokalen Erhöhung des w/z-Werts beispielsweise bei Verwendung von nicht saugender Schalung, z. B. filmbeschichtete Sperrholzplatte, in den oberflächennahen Randbereichen auftreten können, die das Eindringen aggressiver Medien in den Beton erleichtern [21].

Zeitlich betrachtet ist die Dichtigkeit von Beton keine konstante, sondern eine veränderliche Größe. Beispielsweise können bei Einwirkung aggressiver Medien chemische Reaktionen zwischen den gelösten eindringenden Ionen und den Zementsteinphasen Modifikationen der Mikrostruktur und damit der Porosität hervorrufen (Auslaugung von calciumhaltigen Phasen, Rissbildung, Bildung sekundärer Sulfatphasen etc.). Während sich die Porosität der Betonrandzone bei Säureangriff durch Auslaugungseffekte unter Bildung leichtlöslicher Reaktionsprodukte im Allgemeinen erhöht, kann sie bei Sulfatangriff durch Bildung schwerlöslicher Produkte herabgesetzt werden.

3.3.2 Äußerer Stofftransport

Bei der Beschreibung des Antransports von betonaggressiven Stoffen an die Betonoberfläche und des Abtransports von Korrosionsprodukten wird in der Regel zwischen stationären Systemen und dynamischen Systemen unterschieden. Bei der Bewertung des Angriffspotenzials ist jedoch weniger die Art des Systems, sondern die sich im angreifenden Medium einstellende Konzentration an gelösten Zementsteinkomponenten entscheidend, da mit steigender Konzentration an gelösten Zementsteinkomponenten die Reaktionsfähigkeit des angreifenden Mediums abnimmt. Die Entwicklung der Konzentration an gelösten Zementsteinkomponenten wird im Wesentlichen durch die Erneuerungs- bzw. Fließrate des Angriffsmediums bestimmt.

Insbesondere bei stehenden und schwach fließenden Angriffsmedien besteht die Möglichkeit, dass sich die gelösten Reaktionsprodukte an der Nähe der Betonoberfläche aufkonzentrieren. Dadurch wird das chemische Gleichgewicht zwischen angreifendem Medium und dem Beton begünstigt. Der Korrosionsprozess wird dadurch verlangsamt, wobei dieser mit dem Erreichen der Sättigungskonzentration zum Erliegen kommt [5].

Beim chemischen Angriff in Böden können je nach Bodenbeschaffenheit aggressive Stoffe über weite Distanzen im Boden durch Grund- oder Sickerwasser transportiert werden. Der Transport bzw. Fließrate hängt maßgeblich von der Permeabilität des Bodens in der Umgebung des Bauteils, z. B. Bohrpfahl oder Fundament, ab. In DIN 18130-1 [57] werden Böden anhand der Durchlässigkeitsbeiwerts k in mehrere Bereiche von sehr schwach durchlässig ($k < 10^{-8}$ m/s) bis sehr stark durchlässig ($k > 10^{-2}$ m/s) eingeteilt.

Aus baupraktischer Sicht lassen sich Böden grundsätzlich hinsichtlich der Transportbedingungen nach *Grube* und *Rechenberg* [58] in zwei Arten unterscheiden:

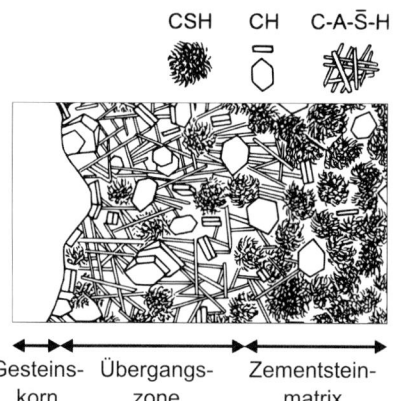

Bild 13. Schematische Darstellung der Mikrostruktur der Übergangszone zwischen Gesteinskörnung und Zementstein (nach *Metha* [56])

- durchlässige Böden mit Durchlässigkeitsbeiwerten von $k > 10^{-6}$ m/s (langsam fließendes Grundwasser oder offenes Wasser)
- kompakte, dichte Böden mit Durchlässigkeitsbeiwerten von $k < 10^{-6}$ m/s (extrem langsam bewegtes Grundwasser).

Als stark wasserdurchlässig gelten nach DIN 18130-1 [57] Böden, die Durchlässigkeitsbeiwerte $> 10^{-4}$ m/s erreichen, was z. B. aus hohen Anteilen an Kies, Sand, Torf etc. resultieren kann. Mit frei beweglichem Wasser stellen sie dynamische Systeme mit nicht abrasiven Bedingungen dar, die eine schützende Deckschichtbildung erlauben. Aggressive Stoffe werden in einem solchen dynamischen System je nach Durchflussmenge des Bodens mehr oder weniger rasch weggetragen. Bei Böden mit einem k-Wert $< 10^{-5}$ m/s kann von absolut stationären Bedingungen ausgegangen werden, in denen mehr oder weniger kein Abtransport der Korrosionsprodukte nahe der angegriffenen Betonoberfläche stattfindet. Zudem können sich schützende Deckschichten auf der Betonoberfläche ausbilden. Beide Aspekte können dazu führen, dass sich die Geschwindigkeit des Korrosionsprozesses und damit der Korrosionsfortschritt erheblich verlangsamen. Weiterhin kann auch der pH-Wert in der Umgebung aufgrund der $Ca(OH)_2$-Auslaugung aus dem Beton ansteigen, wenn keine weitere Säurezufuhr von außen erfolgt.

3.4 Umgebungsbedingungen

3.4.1 Feuchtigkeit

Ein ausreichendes Angebot an Feuchtigkeit ist eine zwingende Voraussetzung sowohl für den Ionentransport als auch für den Ablauf von treibenden Schadreaktionen, in denen große Mengen an Wassermolekülen in die Kristallstruktur eingebaut werden [40].

Bei der Bewertung des Einflusses muss insbesondere der Feuchtegehalt in der Betonrandzone berücksichtigt werden. Bei einer ständig gesättigten Randzone erfolgt der Transport der angreifenden Ionen in den Beton primär durch Diffusionsvorgänge. Wird Beton nach einer Trockenlagerung einer aggressiven Lösung ausgesetzt, so dringen die Ionen der Lösung rasch konvektiv über kapillares Saugen in das Porensystem ein. Die Eintragsgeschwindigkeit bei Konvektionsprozessen steigt nach *De Belie* [59] im Vergleich zu Diffusionsprozessen um eine Größenordnung. Insbesondere bei alternierender Feucht-Trockenlagerung können durch kapillares Saugen erhebliche Mengen an aggressiven Ionen in den Beton eingetragen werden. Mit zunehmender Sättigung des Betons nimmt das kapillare Saugen ab, bis schließlich bei weitgehend gesättigtem Betongefüge die Diffusion als maßgeblicher Transportmechanismus dominiert.

Hinsichtlich des Feuchtegehalts bei treibender Schadreaktion ist weiterhin zu beachten, dass sich das Feuchteangebot in weitgehend dichtem Zementsteingefüge im Laufe der Hydratation so weit verringern kann, dass für die Bildung der wasserhaltigen Ettringitkristalle nicht ausreichend Feuchtigkeit zur Verfügung steht. Daher tritt dieses Mineral auch bevorzugt in Rissen im Beton auf, in die Feuchtigkeit von außen rasch eindringen kann.

3.4.2 Temperatur

Der Einfluss der Temperatur auf den Korrosionsprozess beim lösenden Angriff ist in zahlreichen Untersuchungen dokumentiert (vgl. u. a. [5, 8, 60–62]), wobei daraus hervorgeht, dass die Angriffsintensität mit der Temperatur zunimmt. Als Ursache für die beschleunigte Korrosionskinetik wird einerseits das Lösungsverhalten der Zementsteinphasen genannt, da abgesehen von Portlandit die Löslichkeit der Zementsteinphasen mit steigender Temperatur zunimmt. Andererseits steigt mit der Temperatur das Diffusionsvermögen der Ionen. Weiterhin kann sich bei hohen Temperaturen (T $> 70\,°C$) die Stabilität der Zementsteinphasen verändern. Die damit verbundenen temperaturbedingten Gefüge- bzw. Porositätsänderungen können den Korrosionsprozess beeinflussen [61].

Beim treibenden Angriff nimmt anders als reaktionskinetisch zu erwarten, das Schädigungsausmaß tendenziell mit sinkender Temperatur zu, was mit der temperaturabhängigen Stabilität der Sulfatminerale Ettringit, Gips und Thaumasit begründet werden kann [63, 64]. Übliche Bodentemperaturen in Deutschland von rd. $8\,°C$ stellen optimale Bedingungen für Neubildungen dieser Minerale dar und entsprechen auch annähernd der jährlichen Durchschnittstemperatur des oberflächennahen Grundwassers ($10\,°C$).

3.4.3 Mechanische Einwirkungen

Durch zusätzliche mechanische Einwirkungen, z. B. durch Abrasion oder Gefügeauflockerungen aus Treibreaktionen, z. B. Gips- bzw. Ettringitbildung, kann die Schutzwirkung der sich aus den schwer löslichen Reaktionsprodukten bildenden SiO_2-reichen Schicht verringert oder bei einem kontinuierlichen Abtrag vollständig aufgehoben werden. Infolgedessen kann die Korrosionsgeschwindigkeit um ein Vielfaches ansteigen.

Umfangreiche Untersuchungen zum Einfluss abrasiver Beanspruchungen führten *Grube* und *Rechenberg* [9, 58] durch, wobei die wesentlichen Erkenntnisse in Bild 14 zusammenfassend dargestellt sind. Bleibt unter nicht abrasiven Bedingungen die SiO_2-reiche Schicht unbeeinträchtigt, ist der Korrosionsprozess durch den Ionentransport zwischen Reaktionsfront und angreifender Lösung gekennzeichnet und verläuft diffusionskontrolliert. Die

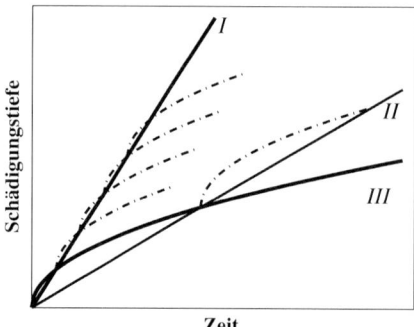

Bild 14. Qualitative Darstellung der zeitabhängigen Schädigungsentwicklung, mit häufiger (Linie I), gelegentlicher (Linie II) und keiner (Linie III) Entfernung der SiO_2-reichen Schicht, in Anlehnung an [9]

zeitabhängige Schädigungsentwicklung kann folglich mithilfe einer Wurzelfunktion abgeschätzt werden (vgl. Graph III). Kommt es unter stark abrasiven Bedingungen zu einem kontinuierlichen Abtrag der SiO_2-reichen Schicht, verliert der diffusionsgesteuerte Transport der Reaktionsedukte und Reaktionsprodukte an Bedeutung. Die Korrosionsreaktion verläuft oberflächenkontrolliert und es kann von einer linearen Schädigungsentwicklung ausgegangen werden. Die zu erwartende Schädigung wird maßgeblich durch die Häufigkeit der abrasiven Beanspruchung beeinflusst (vgl. Graph I und Graph II). Je kürzer die Zeitabstände zwischen der abrasiven Beanspruchung sind, desto größer wird die zeitabhängige Schädigung.

4 Schutzprinzipien – Möglichkeiten und Grenzen

4.1 Anforderungen an Bauwerke

Vorrangiges Ziel im Bauwesen ist es, Bauwerke zu schaffen, die über einen möglichst langen Zeitraum die baulichen Grundanforderungen, allem voran Standsicherheit und Brandschutz, sowie die Bedürfnisse der Nutzer (Gebrauchstauglichkeit) erfüllen. Je nach Art und Nutzung des Bauwerks kann das Anforderungsspektrum darüber hinaus komplexer sein. Beispielsweise sind bei baulichen Anlagen, die in Kontakt mit betonangreifenden Stoffen stehen, nicht selten neben den grundsätzlichen Belangen des Bauordnungsrechts auch wasserrechtliche Anforderungen gemäß Wasserhaushaltsgesetz (WHG) zu berücksichtigen. Letzteres kann den Aufwand z. B. zur Sicherstellung der Dichtigkeit beim Bau bzw. bei Instandsetzung solcher Bauwerke erheblich erhöhen.

In Bezug auf Bauwerksanforderungen steht im Folgenden die Dauerhaftigkeit im Vordergrund.

4.2 Sicherstellung der Bauwerksanforderungen

4.2.1 Allgemeines

Die Sicherstellung der Dauerhaftigkeit von chemisch beanspruchten Stahlbeton- und Spannbetontragwerken erfolgt nach dem derzeit gültigen Normenpaket deskriptiv, wobei sowohl Anforderungen an die Konstruktion (DIN EN 1992-1-1 [67]), den Beton (DIN EN 206-1 [68] in Verbindung mit DIN 1045-2 [41]) und die Ausführung (DIN EN 13670 [69] in Verbindung mit DIN 1045-3 [70]) berücksichtigt werden müssen. Die Anforderungen ergeben sich in Abhängigkeit der umgebungsbedingten Einwirkungen (Expositionsklassen) und werden in den zugehörigen nationalen Anwendungsdokumenten spezifiziert. Diesen Regeln liegt eine beabsichtigte Nutzungsdauer von mindestens 50 Jahren unter üblichen Instandhaltungsbedingungen zugrunde.

Der chemische Angriff auf Beton wird in DIN EN 206-1 [68] in Verbindung mit DIN 1045-2 [41] mit der Expositionsklasse XA erfasst. Dabei wird zwischen einer chemisch schwach, mäßig und stark angreifenden Umgebung unterschieden. Die Einteilung in die einzelnen Klassen erfolgt anhand der in Tabelle 4 aufgeführten chemischen Merkmale und Grenzwerte. Der Klassifizierung dieser Grenzwerte liegen nach DIN 4030-1 [42] folgende Annahmen zugrunde.

- das einwirkende Wasser ist stehend oder schwach fließend,
- das einwirkende Wasser ist in großen Mengen vorhanden,
- das einwirkende Wasser wirkt unmittelbar auf den Beton,
- die angreifende Wirkung des einwirkenden Wassers wird nicht durch die Reaktion mit dem Beton vermindert.

Die Sicherstellung der Dauerhaftigkeit chemisch beanspruchter Betonbauteile erfordert im Wesentlichen, dass expositionsabhängige Anforderungen an die Zusammensetzung und Eigenschaften des Betons gemäß DIN EN 206-1 [68] in Verbindung mit DIN 1045-2 [41] eingehalten werden. Eine Übersicht über einzuhaltende Grenzwerte liefert Tabelle 5. Weiterhin sind Anforderungen an die zulässigen Arten und Klassen von Ausgangsstoffen, z. B. Zement mit hohem Sulfatwiderstand nach DIN EN 197-1 [71], zu berücksichtigen.

Hinsichtlich der Konstruktion bzw. der einzuhaltenden Betondeckung resultiert bei einem chemischen Betonangriff aus DIN EN 1992-1-1/NA:2013-04 [67] keine Mindestbetondeckung aus Dauerhaftigkeitsanforderungen. Die einzuhaltende Mindestbe-

Tabelle 4. Expositionsklassen beim chemischen Angriff nach DIN EN 206-1 [68] in Verbindung mit DIN 1045-2 [41] (Auszug)

Angriffsgrad	XA1	XA2	XA3
	schwach	mäßig	stark
pH-Wert im Grundwasser	$\geq 5{,}5$ u. $\leq 6{,}5$	$\geq 4{,}5$ u. $< 5{,}5$	$\geq 4{,}0$ u. $< 4{,}5$
SO_4^{2-}-Gehalt [mg/l] im Grundwasser	≥ 200 u. ≤ 600	> 600 u. ≤ 3000	> 3000 u. ≤ 6000
SO_4^{2-}-Gehalt [mg/l] im Boden [a]	≥ 2000 u. ≤ 3000 [b]	> 3000 [b] u. ≤ 12000	> 12000 u. ≤ 24000

[a] Tonböden mit einer Durchlässigkeit von weniger als 10^{-5} m/s dürfen in eine niedrigere Klasse eingestuft werden.
[b] Falls die Gefahr der Anhäufung von Sulfationen im Beton – zurückzuführen auf wechselndes Trocknen und Durchfeuchten oder kapillares Saugen – besteht, ist der Grenzwert 3000 mg/kg auf 2000 mg/kg zu vermindern.

Tabelle 5. Grenzwerte für die Zusammensetzung und Eigenschaften von Beton nach DIN EN 206-1 [68] in Verbindung mit DIN 1045-2 [41]

Expositionsklasse	XA1	XA2	XA3 [c]
Höchstzulässiger w/z-Wert	0,60	0,50	0,45
Mindestdruckfestigkeitsklasse	C25/30	C35/45 [a], [b]	C35/45 [a]
Mindestzementgehalt in kg/m³	280	320	320
Mindestzementgehalt bei Anrechnung von Zusatzstoffen in kg/m³	270	270	270

[a] Bei Verwendung von Luftporenbeton, z. B. aufgrund gleichzeitiger Anforderungen aus der Expositionsklasse XF, eine Festigkeitsklasse niedriger.
[b] Bei langsam und sehr langsam erhärtenden Betonen (r < 0,30) eine Festigkeitsklasse niedriger. Die Druckfestigkeit zur Einteilung in die geforderte Druckfestigkeitsklasse nach 4.3.1 ist auch in diesem Fall an Probekörpern im Alter von 28 Tagen zu bestimmen. In diesem Fall darf Fußnote a nicht angewendet werden.
[c] Schutzmaßnahmen nach DIN 1045-2:2008-08, Abschnitt 5.3.2.

tondeckung ergibt sich somit aus den Anforderungen zur Sicherstellung des Verbunds und des erforderlichen Feuerwiderstands. In diesem Zusammenhang ist zu erwähnen, dass im Rahmen der Tragwerksplanung davon ausgegangen wird, dass bei einem chemischen Angriff die statisch in der Bemessung angesetzte Betondeckung bzw. Bauteildicken grundsätzlich auch noch am Ende der Nutzungsdauer vorliegen, ggf. mit veränderten Eigenschaften, jedoch intakt in Bezug auf die Betondruck- und Betonzugfestigkeit. Die Tatsache, dass chemisch beanspruchte Betonbauteile am Ende ihrer Nutzungsdauer eine gegenüber der ursprünglich vorhandenen Bauteildimension reduzierte Abmessung (Abtrag und/oder Entfestigung der Betonrandzone) aufweisen, wird in der derzeitigen Normenphilosophie nicht berücksichtigt [72].

Darüber hinaus fließen auch stets Erfahrungen seitens der Hersteller und betontechnologische Empfehlungen aus wissenschaftlichen Studien ohne normativen Charakter in die Festlegung der Betonrezeptur solcher widerstandsfähigen Betone ein. Letztlich sind auch immer die Regeln zur Herstellung eines „guten" Betons, z. B. gute Verdichtung, ausreichende Nachbehandlung etc., zu befolgen.

Bei Beachtung dieser betontechnologischen Regelungen und Empfehlungen kann Beton zwar temporäre Belastungen durch einen stark chemischen Angriff im Allgemeinen innerhalb der vorgesehenen Lebensdauer durchaus ertragen. Bedeutende Schädigungen treten aber auf, wenn eine solche Belastung permanent anhält. Liegt dauerhaft ein sehr starker Angriff im Bereich der Expositionsklasse XA3 (s. Tabelle 4) vor oder wird der normative Regelungsbereich mit pH-Werten < 4,0 und Sulfatgehalten > 6000 mg/l gar überschritten, so sind für den Beton zusätzliche Schutzmaßnahmen, wie

Schutzschichten oder dauerhafte Bekleidungen erforderlich.

Nicht in jedem Fall lässt sich auf Materialien mit höherem chemischen Widerstand, z. B. aus inerten Kunststoffen oder Keramiken, ausweichen. Im Fall von nicht oder nur einseitig zugänglichen Bauteilen, wie z. B. Bauwerksfundamente, Tunnelschalen etc., sind derartige Schutzmaßnahmen nur mit erheblichem Aufwand umzusetzen. Die Bestrebungen der Baupraxis zielen daher immer häufiger auf besondere betontechnologische Maßnahmen ab, wie beispielsweise den Einsatz von Hochleistungsbeton mit niedrigem w/z-Wert unter Verwendung von Betonzusatzstoffen. Alternativ besteht die Möglichkeit der Anordnung einer Opferbetonschicht. Diese alternativen Schutzmaßnahmen im Bereich der Expositionsklasse XA3 erfordern jedoch eine gutachterliche Stellungnahme.

Im Folgenden werden weitere Hinweise zu den einzelnen genannten Schutzmaßnahmen gegeben.

4.2.2 Schutzschichten und dauerhafte Bekleidungen

Eine in der Praxis gängige Methode, Bauwerke vor chemisch betonangreifenden Stoffen zu schützen, ist deren Kontakt durch eine für den angreifenden Stoff weitgehend inerte und undurchlässige Trennebene zu verhindern.

Nicht zuletzt aus Kostengründen wird die Trennlage häufig als kunststoffbasierte Beschichtung ausgeführt. Je nach Art bzw. Intensität der äußeren Einwirkungen, z. B. Abrasionen und Temperatur, sowie weiteren Anforderungen, z. B. Rissüberbrückungsfähigkeit, werden unterschiedliche Kunststoffe, z. B. Epoxidharz (EP), Polyurethan (PUR), Polymethylmethacrylat (PMMA) oder Polyester (UP) eingesetzt. Zur Leistungsfähigkeit der verschiedenen Kunststoffe werden im DBV-Merkblatt „Chemischer Angriff auf Betonbauwerke – Bewertung des Angriffsgrads und geeignete Schutzprinzipien" [72] nähere Hinweise gegeben. Bei Betrachtung der Lebenszykluskosten eines Bauwerks ist zu beachten, dass die Funktionsfähigkeit solcher Beschichtungen unter aggressiven Bedingungen i. d. R. auf wenige Jahre begrenzt und nur durch Instandsetzungen wiederherzustellen ist.

Neben den genannten Schutzschichten lässt sich eine schützende Trennlage zwischen betonaggressiven Stoffen und dem Betonbauteil auch mit folien- oder plattenartigen Bekleidungen realisieren. Mit höherer wirksamer Schichtdicke der schützenden Trennlage steigert sich der Abnutzungsvorrat und damit der Bauteilwiderstand. Anders als bei Beschichtungen kann bei Verwendung dickerer Bekleidungen möglicherweise auf Erneuerungen der schützenden Trennlagen innerhalb der planmäßigen Nutzungsdauer verzichtet werden. Insbesondere bei betrieblichen Anlagen mit hohen Kosten für Stillstands- bzw. Revisionszeiten kann der Schutz des Bauwerks mit Bekleidungen langfristig die wirtschaftlichste Methode darstellen.

Neben dünnen Kunststofffolien aus PEHD, PP oder PVC werden plattenförmige Bekleidungen aus Materialien wie Keramik, Kunststoffe (PEHD oder PP) oder Glas eingesetzt. Je nach Art der Bekleidung lässt sich dessen Haftverbund auf dem Bauteil entweder bereits bei der Bauteilherstellung beispielsweise durch noppenförmige Verankerungen in den Frischbeton oder nachträglich z. B. mit Kleber herstellen.

Sollen Beschichtungen oder Bekleidungen neben dem Schutz des Betons auch wasserrechtliche Anforderungen an die Dichtigkeit erfüllen, sind insbesondere die Vorgaben der seit Mitte 2017 geltenden Anlagenverordnung wassergefährdender Stoffe (AwSV) zu beachten. Der besondere Stellenwert der sorgfältigen Planung von Bauwerken im Geltungsbereich der AwSV wird in der Begründung dieser Verordnung [65] deutlich. Demnach sind bei Neuanlagen 60 % aller Schäden auf fehlerhafte Planungen zurückzuführen. Der Anteil fehlerhafter Planungen bei der Instandsetzung von Anlagen zum Umgang mit wassergefährdenden Stoffen läge sogar noch höher als bei Neuanlagen. Möglicherweise werden die an die AwSV anknüpfenden Technischen Regeln wassergefährdender Stoffe (TRwS) die Qualität der Planung solcher Bauwerke zukünftig verbessern. Problematisch erscheint allerdings noch die vollständige Umsetzung der TRwS in der Praxis, da beispielsweise im Bereich von Fermentern in Biogasanlagen keine einheitlichen Prüfverfahren zur Beurteilung der Eignung von Innenbeschichtungen und Auskleidungen existieren.

4.2.3 Hochleistungsbeton mit erhöhtem Widerstand

Für Betonbauwerke mit einer planmäßig hohen Lebensdauer und hohen Anforderungen an den chemischen Widerstand, z. B. Abwasserbauwerken, erweist sich Hochleistungsbeton als vorteilhaft. Die Erhöhung des Widerstands von Hochleistungsbeton zielt sowohl auf physikalische als auch chemische Aspekte ab. Das Grundprinzip des Betonentwurfs sieht einerseits vor, ein möglichst dichtes Zementsteingefüge herzustellen, um das Eindringen und den Transport von Schadstoffen zu vermeiden. Andererseits ist das Ziel, die Reaktionspartner im Beton, in erster Linie $Ca(OH)_2$, zu eliminieren und somit die Reaktivität zu verringern.

Auf die Aspekte zum physikalischen Widerstand, die darauf abzielen, dem Beton ein möglichst diffusionsdichtes Gefüge zu verleihen, wurde bereits in Abschnitt 3.3.1 eingegangen. Der chemische Betonwiderstand resultiert maßgeblich aus der Art und Zusammensetzung des Bindemittels, beispielsweise der Zementart oder dem Gehalt an latent-hydraulischen und puzzolanischen Bestandteilen. Auf diese Aspekte wird nachfolgend näher eingegangen, wobei dabei zwischen lösendem und treibendem Angriff unterschieden wird.

Widerstand beim lösenden Angriff

Der chemische Widerstand von Beton gegenüber einem lösenden Angriff wird maßgeblich durch die Reaktivität bzw. Widerstandsfähigkeit der einzelnen Bestandteile der Bindemittelmatrix und ggf. der Gesteinskörnung bestimmt. Da beim lösenden Angriff zuerst das $Ca(OH)_2$ der Bindemittelmatrix gelöst wird, zielen die betontechnischen Maßnahmen zur Steigerung des chemischen Widerstands in der Regel darauf ab, den $Ca(OH)_2$-Gehalt in der Bindemittelmatrix zu begrenzen und das dreidimensional vernetzte $Ca(OH)_2$-Gefüge zu unterbrechen.

Grundsätzlich erweisen sich hierfür Bindemittel mit möglichst niedrigem Ca/Si-Verhältnis als vorteilhaft, was im Wesentlichen durch die Reduzierung des Klinkeranteils realisiert werden kann [72]. Betontechnisch kann dies entweder durch eine Reduzierung des Klinkeranteils im Zement, d. h. durch die Verwendung von CEM-II- oder CEM-III-Zementen erfolgen. Alternativ kann der Anteil leicht löslicher Ca-Verbindungen in der Bindemittelmatrix durch den Einsatz puzzolanischer oder latenthydraulischer Zusatzstoffe, wie Hüttensand, Microsilica, Flugasche oder Metakaolin, verringert werden. Neben der Steigerung des physikalischen Widerstands (Verringerung der Kapillarporosität) wirkt sich der Einsatz puzzolanischer oder latenthydraulischer Zumahl- oder Zusatzstoffe aufgrund des Verbrauchs von leicht löslichem $Ca(OH)_2$ und der zusätzlichen Bildung von stabileren C-S-H-Phasen positiv auf den chemischen Widerstand aus. Darüber hinaus tragen die zusätzlich gebildeten C-S-H-Phasen aufgrund ihres inkongruenten Lösungsverhaltens (Bild 15) zur Bildung und Stabilisierung einer Deckschicht auf der angegriffenen Betonoberfläche bei, was den Korrosionswiderstand begünstigt [4, 5].

Untersuchungen zum Einfluss unterschiedlicher Bindemittelzusammensetzungen auf den Säurewiderstand sowie Erfahrungen aus der Praxis zeigen, dass der Betonwiderstand auf vielfältige Weise mit unterschiedlichen Zementen und unterschiedlichen Zusatzstoffen sowie mit deren Kombination gesteigert werden kann (vgl. z. B. [60, 73–76]). Im Wesentlichen ergibt sich die Wirkungsweise einzelner Betonzusatzstoffe aus deren Art und Kombination sowie in Verbindung mit dem verwendeten Zement [74]. Eine ausführliche Betrachtung der Wirkungsweise einzelner Zemente und Zusatzstoffe findet sich u. a. in *König* [74].

Bei dem Einsatz von puzzolanischen und/oder latent-hydraulischen Zusatzstoffen und der damit verbundenen Begrenzung des $Ca(OH)_2$-Gehalts ist jedoch zu beachten, dass damit auch die Neutralisationskapazität der Bindemittelmatrix abnimmt. Die Neutralisationskapazität, die sich aus der für die Umsetzung von Hydratphasen verbrauchten Säuremenge ergibt, spiegelt sich primär in der Menge an $Ca(OH)_2$, C-S-H-Phasen und ggf. Carbonat (Kalksteinmehl) wider [4]. Sie gewinnt an Bedeutung, wenn dem angreifenden Medium eine vergleichsweise große Menge an löslichem Calciumoxid gegenübersteht, das chemisch umgesetzt bzw. neutralisiert werden muss. Die Neutralisationskapazität kann insbesondere bei Systemen, in denen kein Säureaustausch stattfindet oder sehr geringe Erneue-

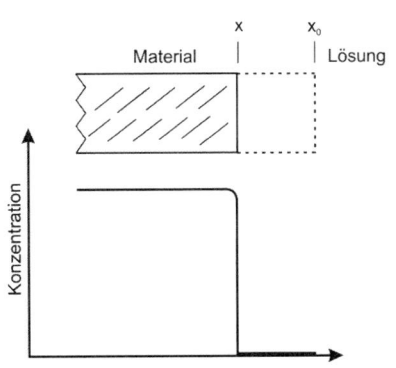
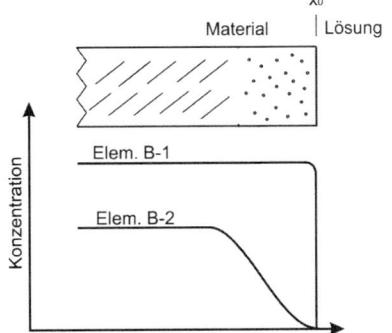

Kongruentes Lösen
Stoff wird einheitlich aufgelöst.
Oberfläche geht kontinuierlich von x_0 auf x zurück.

Inkongruentes Lösen
Mobile Komponente B-2 wird ausgetauscht.
Matrix (B-1) bleibt bestehen.

Bild 15. Schematische Darstellung verschiedener Lösungsmechanismen (nach *Grabau* [4])

rungsraten vorherrschen, d. h. in stehenden oder schwach fließenden Angriffsmedien, den Schädigungsfortschritt maßgeblich beeinflussen. Unter solchen Bedingungen können klinkerreiche Bindemittel aufgrund ihrer höheren Neutralisationskapazität einen höheren Widerstand als substituierte Bindemittelsysteme aufweisen [3].

Grundsätzlich kann der chemische Widerstand auch durch eine Reduzierung des Zement- bzw. Bindemittelgehalts gesteigert werden, da dadurch das säurelösliche Volumen des Bindemittels reduziert werden kann. Andererseits ist jedoch zu beachten, dass damit auch eine Verringerung der Neutralisationskapazität des Betons einhergeht, die – wie im vorherigen Absatz dargestellt – unter bestimmten Umgebungsbedingungen vorteilhaft sein kann. Eine Auswertung unterschiedlicher experimenteller Untersuchungen in [3] kommt zu dem Ergebnis, dass der Einfluss des Bindemittelgehalts für den Widerstand gegen chemischen Betonangriff vergleichsweise von untergeordneter Bedeutung ist. In den meisten Untersuchungen ist eine Erhöhung des Bindemittelgehalts tendenziell mit einer Steigerung des Schädigungsgrads verbunden.

Bei Reduzierung des w/z-Werts kann neben dem physikalischen Widerstand nach *Hillemeier* et al. [51] auch der chemische Widerstand von Beton gesteigert werden. Durch die Wahl von w/z-Werten unter 0,42 hydratisiert der Zement nicht mehr vollständig, wodurch der Anteil an $Ca(OH)_2$ reduziert wird. Die Verringerung des $Ca(OH)_2$-Gehalts und die damit verbundene Unterbrechung des dreidimensional vernetzten $Ca(OH)_2$-Gefüges führen zu einer Steigerung des Widerstands gegenüber einem lösenden Angriff.

Widerstand beim treibenden und zerstörenden Angriff

Der chemische Widerstand von Beton gegenüber Sulfatangriff lässt sich erhöhen, indem das Bildungspotenzial von Schadmineralphasen durch die Reaktion des Zementsteins mit eindringenden Sulfationen reduziert wird. In Bezug auf die Ettringitbildung wird dies durch den Einsatz von Zementen mit hohem Sulfatwiderstand (CEM I-SR 3 oder niedriger, CEM III/B-SR, CEM III/C-SR) nach DIN EN 197-1 [71] erreicht. Der höhere Sulfatwiderstand dieser Zemente basiert auf einer Verringerung des C_3A- bzw. Al_2O_3-Gehalts bzw. weitgehendem Ersatz von Aluminat (C_3A) durch Ferritphasen (C_4AF). Aufgrund eines vorhandenen hohen molaren Verhältnisses von Sulfat zu Aluminat entsteht bei der Hydratation solcher Zemente mit hohem Sulfatwiderstand kaum Monosulfat, sondern überwiegend eisenreiches Ettringit [19]. Da die häufig beobachtete Rückbildung dieses eisenreichen Ettringits zu Monosulfat i. Allg. ausbleibt, liegt im erhärteten Beton auch kein erhöhtes Potenzial für eine weitere Ettringitbildung bei nachträglicher Sulfatzufuhr von außen vor. Zudem werden durch den eisenreichen Ettringit, der aus den Ferritphasen kleine Prismen bildet, im Gegensatz zum eisenarmen, langstängeligen Ettringit kein nennenswerter Kristallisationsdruck und damit keine signifikanten Gefügeschädigungen hervorgerufen [77].

Hinsichtlich Gips- und Thaumasitbildung sind SR-Zemente nicht widerstandsfähiger als herkömmliche Portlandzemente, da die Gehalte der für die Bildung dieser Schadminerale erforderlichen Bestandteile annähernd gleich sind [21, 33]. Insbesondere bei hohen Sulfatgehalten, wenn Gipsbildung den Schädigungsmechanismus dominiert, ist nach *Monteney* et al. [78] der verringerte C_3A-Gehalt solcher Zemente für den Sulfatwiderstand nur von untergeordneter Bedeutung. Aus den Ausführungen in Abschnitt 2.3.2 geht hervor, dass die Gipsbildung im Wesentlichen durch den $Ca(OH)_2$-Gehalt begünstigt wird. Da dieser maßgeblich durch den C_3S-Gehalt im Zement beeinflusst wird, neigen alitreiche Zemente zu einer verstärkten Gipsbildung in Form massiver Gipsbänder [79, 80]. Bei geringeren C_3S-Gehalten wird Gips eher fein verteilt in der Matrix gebildet [31]. Nach *Dimic* et al. [79] sollte der C_3S-Gehalt des Zements für einen ausreichenden Sulfatwiderstand 66 M.-% nicht überschreiten. Dieser Forderung nach einer Begrenzung des C_3S-Gehalts steht sein positiver Beitrag zur Dichtigkeit und damit zum physikalischen Widerstand des Betons gegenüber [14].

Die Thaumasitbildung wird durch carbonathaltige Bestandteile im Beton gefördert. Mit Verringerung des Ca/Si-Verhältnisses der C-S-H-Phasen kann der Widerstand des Zementsteins gegenüber dem zerstörenden Angriff erhöht werden [81]. Grundsätzlich ist die Thaumasitbildung nicht auf Portlandzementsysteme beschränkt, sondern trat in Laboruntersuchungen – wenn auch etwas verzögert – ebenfalls bereits bei Verwendung von Hochofenzement sowie beim Einsatz von Flugasche auf [14, 36, 82, 83]. In der Praxis wurde allerdings bislang nicht über eine Thaumasitbildung bei Betonen mit hohem Sulfatwiderstand berichtet.

Durch den Einsatz von puzzolanischen bzw. latent-hydraulischen Stoffen, z. B. Steinkohlenflugasche bzw. Hüttensand, kann neben dem physikalischen Widerstand (s. Abschnitt 3.3.1) auch der chemische Widerstand des Betons gegen Säure- bzw. Sulfatangriff erhöht werden. Die chemische Wirksamkeit liegt in erster Linie im Verbrauch von $Ca(OH)_2$ während der puzzolanischen bzw. latent-hydraulischen Reaktion. Durch den Portlanditverbrauch wird den eindringenden Sulfationen der Reaktionspartner für die Gipsbildung entzogen. Gleichzeitig wird die Bildung von Ettringit, Thaumasit oder deckschichtbildender Phasen, wie z. B. Brucit (bei $MgSO_4$-Angriff), verringert. Ein ähnlicher Effekt, der ebenfalls auf der Reduzierung des Portlanditgehalts beruht und damit im Allgemeinen zur Verbesserung des Sulfatwiderstands beiträgt, erfolgt infolge der Carbonatisierung der Betonrandzone [84].

Weiterhin trägt auch die Verringerung des bindemittelbezogenen C_3A-Gehalts durch den teilweisen Austausch von Zement gegen Flugasche (Verdünnungseffekt) zur Erhöhung des Sulfatwiderstands bei. Daher dürfen zur Herstellung eines Betons mit hohem Sulfatwiderstand nach Betonnorm DIN EN 206-1 [68] in Verbindung mit DIN 1045-2 [41] anstelle eines Zements mit hohem Sulfatwiderstand auch eine Mischung aus Zement ohne erhöhten Sulfatwiderstand und Steinkohlenflugasche nach DIN EN 450-1 [85] verwendet werden, wenn bestimmte Voraussetzungen (Sulfatgehalt ≤ 1500 mg/l, Zementart, Mindestgehalt an Flugasche) erfüllt sind. Da die puzzolanische bzw. latent-hydraulische Reaktion erst nach einigen Wochen voll wirksam und zudem bei niedrigeren Temperaturen erheblich verzögert wird, ist der Zeitpunkt der ersten Sulfatbeaufschlagung für einen ausreichenden Hydratationsgrad und damit auch für den Sulfatwiderstand durchaus von Bedeutung [21]. *Metha* [86] empfiehlt je nach Umgebungstemperatur vor der Beaufschlagung mit einem aggressiven Medium eine Vorlagerung von mindestens vier bis sechs Wochen.

Ob und inwieweit der Einsatz von Kalksteinmehl den Sulfatwiderstand erhöht, wurde bereits häufig diskutiert. Während einige Untersuchungen eine positive Wirkung von Kalksteinmehl im Zement bzw. Beton auf den Sulfatwiderstand gezeigt haben und dies in erster Linie auf den Füllereffekt zurückführen ist [36, 87, 88], stellten andere Studien ein Reduzieren des Sulfatwiderstands fest [21, 32, 89]. Vor allem bei tiefen Temperaturen besteht grundsätzlich die Gefahr, dass die Zugabe von Kalksteinmehl unter entsprechenden Bedingungen die Thaumasitbildung fördert und damit den Sulfatwiderstand verringert.

Unter Umständen kann auch der SO_3-Gehalt des Bindemittels den Sulfatwiderstand beeinflussen. Mit höherem Sulfatgehalt des Zements, der üblicherweise im Bereich von ca. 1 bis 4 M.-% eingestellt wird, nimmt der Sulfatwiderstand zu, da bei höheren Sulfatgehalten bereits während der Hydratation größere Mengen von Sulfatphasen wie Ettringit gebildet werden und das Bildungspotenzial solcher Phasen bei einem späteren Sulfatangriff verringert wird [90].

Die Bedeutung des w/z-Werts für den Sulfatwiderstand wird in der Literatur konträr diskutiert. Einige Autoren berichten darüber, dass sich der Sulfatwiderstand mit abnehmendem w/z-Wert und damit dichterem Gefüge erhöht [89, 91]. Demgegenüber stellen andere Autoren bei höheren w/z-Werten (> 0,50) ein günstigeres Verhalten der Betone fest und führen dies auf den größeren Poren- bzw. Expansionsraum für sulfatische Mineralneubildungen zurück [78].

In großem Umfang wurde Hochleistungsbeton mit erhöhtem chemischen Widerstand in jüngster Zeit beim Bau des Abwasserkanals Emscher [92] eingesetzt.

4.2.4 Opferbeton

Bei unzugänglichen Bauwerken oder Bauwerken, bei denen keine erhöhten Anforderungen an die Oberflächenbeschaffenheit gestellt werden, kann unter Umständen eine Opferbetonschicht zum Schutz des eigentlichen (Stahlbeton-)Tragwerks zweckmäßig sein. Durch eine Erhöhung der statisch erforderlichen Querschnittsabmessungen bzw. der erforderlichen Betondeckung soll der zu erwartende Korrosionsabtrag bzw. die zu erwartende Schädigungstiefe kompensiert werden. Dadurch soll gewährleistet werden, dass am Ende der Nutzungsdauer die statisch erforderlichen Querschnittsabmessungen unbeeinträchtigt vorliegen. Zur Festlegung der Dicke der Opferbetonschicht eines Bauteils ist ein Prognosemodell zur Vorhersage des zu erwartenden Schädigungsfortschritts erforderlich.

Grundlegende Empfehlungen zur Ausführung von Opferbetonschichten können dem DBV-Merkblatt „Chemischer Angriff auf Betonbauwerke – Bewertung des Angriffsgrads und geeignete Schutzprinzipien" [72] entnommen werden.

Praktische Anwendungsbeispiele dieser Strategie zur Sicherstellung der Dauerhaftigkeit finden sich u. a. im Bereich von Abwasseranlagen (vgl. z. B. *Weismann* und *Lohse* [43]), beim landwirtschaftlichen Bauen (vgl. z. B. *Rothenbacher* et al. [93]), bei Vergärungsanlagen (vgl. z. B. *Budnik* [94]) und im Bereich von Gründungskonstruktionen (vgl. z. B. *Burg* [95]).

5 Ansätze zur Dauerhaftigkeitsbemessung

5.1 Allgemeines

Neben dem in Abschnitt 4.2.1 dargestellten deskriptiven und empirisch basierten Konzept zur Sicherstellung der Dauerhaftigkeit gewinnen in der Praxis leistungsbezogene (performance-basierte) Entwurfsverfahren zunehmend an Bedeutung. Diese beruhen auf einer quantitativen Betrachtung der Dauerhaftigkeit, indem einem potenziellen Beton- bzw. Bauteilwiderstand eine zu erwartende umgebungsbedingte Einwirkung gegenübergestellt wird. Die zunehmende Bedeutung leistungsbezogener Entwurfsverfahren resultiert aus den Grenzen des derzeitigen deskriptiven Konzepts, das nach *Beushausen* et al. [96] und *Gehlen* et al. [97] u. a. folgende Nachteile hat:

– mangelnde Transparenz bzw. Kenntnis über das erzielbare Dauerhaftigkeits- bzw. Zuverlässigkeitsniveau,

– keine Berücksichtigung der Leistungsfähigkeit unterschiedlicher Ausgangsstoffe (Zement, Zusatzstoffe etc.),

– starre Nutzungsdauer,

– Hindernis für die Anwendung neuartiger Betone und Bauweisen,

– unwirtschaftlich.

Während für die Expositionsklassen XC sowie XD/XS bereits Konzepte zur Dauerhaftigkeitsbemessung entwickelt und eingeführt wurden (vgl. z. B. fib Model Code for Service Life Design [98], fib Model Code for Concrete Structures 2010 [99]), sind im Bereich des chemischen Betonangriffs entsprechende Konzepte nur bedingt verfügbar. Dies kann sowohl mit dem Fehlen von standardisierten Prüfverfahren [100] als auch mit dem derzeit noch nicht einheitlichen bzw. nicht verfügbaren Schädigungsmodellen [99] begründet werden.

Grundsätzlich sehen performance-basierte Konzepte vor, die Eignung eines Betons nicht anhand der Zusammensetzung und der Ausgangsstoffe zu beurteilen, sondern diese u. a. auf der Grundlage von anerkannten und erprobten Prüfungen und Leistungskriterien nachzuweisen, die die tatsächlichen Verhältnisse ausreichend berücksichtigen. Bei der Festlegung von Leistungskriterien muss beachtet werden, dass chemisch beanspruchte Bauteile am Ende ihrer planmäßigen Nutzungsdauer eine gegenüber den ursprünglich geforderten bzw. ausgeführten Bauteildimensionen reduzierte Abmessung aufweisen (vgl. Abschnitt 4.2.1). Folglich ist eine Festlegung von Leistungskriterien allein auf Baustoffebene in der Regel nicht ausreichend. Demnach ist für den leistungsbezogenen Nachweis der Dauerhaftigkeit beim chemischen Betonangriff in der Regel eine bauteilbezogene Betrachtung erforderlich, die auf der Widerstandsseite neben dem Materialwiderstand auch erforderliche Querschnittsabmessungen berücksichtigt. Dies erfordert eine quantitative, mathematische Beschreibung der im Einzelfall maßgebenden Schädigungsmechanismen, wobei die zu erwartenden Einwirkungen und Materialwiderstände sowie die vorgesehene Nutzungsdauer bzw. der Abnutzungsvorrat in die Nachweisführung einfließen. Diese quantitative Bemessung der Dauerhaftigkeit erfordert u. a.

– Prüfverfahren zur Bestimmung erforderlicher Materialwiderstände (Modellparameter),

– Stoffgesetze bzw. Modelle zur Beschreibung der zeitabhängigen Schädigung,

– Kriterien, die den Verbrauch des Abnutzungsvorrats festlegen (Grenzzustandsdefinition).

Vor diesem Hintergrund wird nachfolgend zunächst auf Prüfverfahren zur Ermittlung des Materialwiderstands eingegangen (vgl. Abschnitt 5.2) sowie auf Prognosemodelle zur Beschreibung der zeitabhängigen (Bauteil-)Schädigung (vgl. Abschnitt 5.3). Darauf aufbauend wird in Abschnitt 5.4 auf die Grenzzustandsdefinition und die Bemessung chemisch beanspruchter Betonbauteile eingegangen. Die nachfolgende Betrachtung behandelt ausschließlich den lösenden Angriff durch Säuren.

5.2 Prüfverfahren zur Ermittlung des Materialwiderstands

In Deutschland existiert derzeit kein einheitliches oder normativ geregeltes Verfahren zur Prüfung und Beurteilung des Säurewiderstands von Beton. Vielmehr wurden in der Vergangenheit unterschiedliche Prüfverfahren entwickelt, die sich hinsichtlich der gewählten Prüfbedingungen sowie der Kriterien zur Beurteilung des Säurewiderstands unterscheiden. Dies ist in Tabelle 6 verdeutlicht, in der gewählte Prüfparameter bei derzeit zur Anwendung kommenden Säureprüfverfahren aufgeführt sind.

Im DBV-Merkblatt „Chemischer Angriff auf Beton – Empfehlung zur Prüfung und Bewertung" [66] wird erstmals ein Ansatz zur Verfügung gestellt, der eine Vereinheitlichung von derzeit existierenden Prüfverfahren vorsieht. Dieser Ansatz basiert auf der grundlegenden Annahme, dass Säureprüfverfahren vergleich- und reproduzierbare Untersuchungsergebnisse liefern, wenn bei jeder Prüfung

– eine annähernd vergleichbare Einwirkung generiert wird und

– die Prüfbedingungen so gewählt werden, dass die Kinetik des Korrosionsprozesses vergleichbar ist.

Um eine vergleichbare Einwirkung und Korrosionskinetik bei jeder Prüfung sicherzustellen, müssen Anforderungen an die zu wählenden Prüfparameter (Prüfgrundsätze) eingehalten werden. Diese ermöglichen eine Vergleichbarkeit und Reproduzierbarkeit von Prüfungen unter definierten Angriffs- und Randbedingungen, auch wenn unterschiedliche Prüfapparaturen verwendet werden. Neben dem vereinheitlichten Vorgehen bei der Herstellung und Lagerung von Probekörpern sind insbesondere folgende Prüfgrundsätze zu beachten [66]:

– Die Konzentration bzw. der pH-Wert des Prüfmediums ist konstant bzw. in engen Grenzen zu halten.

– Eine (Auf-)Sättigung des Prüfmediums während der Lagerung ist zu vermeiden. Das Prüfmedium ist daher unter Berücksichtigung der relevanten Ionen der Zementsteinmatrix in Abhängigkeit der säurespezifischen Sättigungskonzentration regelmäßig zu erneuern. Dabei ist

Tabelle 6. Spektrum gewählter Prüfparameter in Säureprüfverfahren, in Anlehnung an [46]

Prüfparameter		Spektrum
Probenmaterial/Skala		Zementstein, Mörtel, Beton
Probekörper	Geometrie	Prismen, Zylinder, Platten, Rohre etc.
	Lagerung	Klima- und Wasserlagerung
	Probealter	28 oder 56 Tage
Prüfmedium	Art der Säure	organische und anorganische Säuren
	pH-Wert/Konzentration	pH-Stat, Puffersystem, keine Regelung
	Sättigung	in den meisten Fällen nicht spezifiziert
	Temperatur	20 bis 35 °C
Prüfrandbedingungen	mechanische Abrasion	keine, manuell, automatisch
	Durchmischung	keine, Umwälzung, Rotation der Proben
Beurteilungskriterien	am Probekörper ermittelbare Merkmale	Schädigungstiefe, Abtragstiefe, Masseverlust, Restfestigkeit etc.
	am Prüfmedium ermittelbare Merkmale	Säureverbrauch, Änderung der chem. Zusammensetzung, Änderung des pH-Werts

zu beachten, dass die Lösungsreaktion bereits vor dem Erreichen der Sättigungskonzentration beeinflusst wird.
- Die Fließgeschwindigkeit des Prüfmediums ist in definierten Grenzen zu halten.
- Die Temperatur des Prüfmediums ist in definierten Grenzen zu halten.
- Eine Zonierung des Prüfmediums ist durch eine geeignete Durchmischung zu verhindern.

Weiterführende Informationen zur Herleitung dieser Prüfgrundsätze können *Gerlach* und *Lohaus* [46] sowie *Gerlach* [101] entnommen werden.

5.3 Modelle zur Beschreibung der zeitabhängigen Schädigung

Modelle zur Beschreibung baustofflicher Schädigungsprozesse lassen sich nach *Nilsson* [102] in Ingenieurmodelle und wissenschaftliche Modelle unterscheiden. Ingenieurmodelle basieren primär auf Erfahrungen und stellen eine Kombination aus vereinfachten mathematischen Modellansätzen und experimentell sowie real ermittelten Daten dar. Bei wissenschaftlichen Modellen wird das Ziel verfolgt, die ablaufenden physikalischen und chemischen Prozesse möglichst exakt und naturwissenschaftlich begründet abzubilden. Folglich basieren wissenschaftliche Modelle auf grundlegenden physikalischen und chemischen Gesetzmäßigkeiten [102].

Eine Betrachtung der in den vergangenen Jahren entwickelten wissenschaftlichen Modelle zur Beschreibung von Korrosionsprozessen beim chemischen Betonangriff (vgl. z. B. *Franke* et al. [103]) verdeutlicht, dass diese eine Vielzahl an Eingangsparametern (Porositätskenndaten, Transportkenndaten) erfordern, deren Bestimmung mit einem erheblichen Aufwand verbunden ist. Weiterhin führt die Komplexität der gewählten Ansätze zu Modellgleichungen, die in der Regel numerische Näherungsverfahren erfordern. Die für Bemessungszwecke erforderliche baupraktische Anwendbarkeit dieser Modelle ist folglich nur bedingt gegeben [101].

Ingenieurmodelle können sowohl auf rein empirischen Zusammenhängen beruhen als auch theoretisch begründet sein. Eine Zusammenstellung ausgewählter in der Literatur veröffentlichter empirischer Modellansätze zur Abschätzung der Schädigungstiefe beim Säureangriff findet sich u. a. in *Gerlach* [101]. Als derzeit gängigstes Ingenieurmodell zur Beschreibung der Schädigung bei einem lösenden Angriff kann das im fib MC 2010 [99] veröffentlichte Modell der Betondegradation infolge des Angriffs von Säuren gesehen werden. Dieses beschreibt die zeitabhängige Entwicklung der Schädigungstiefe, wobei die Auflösung der Reaktionsprodukte bzw. deren Abtrag nicht berücksichtigt wird. Unter der Annahme, dass die Konzentration der angreifenden Säure konstant ist, kann die Entwicklung der Schädigungstiefe mit folgender Funktion beschrieben werden:

$$x_s(t) = k_c \cdot \sqrt{c_s \cdot t} \qquad (2)$$

mit

x_s Schädigungstiefe

k_c Materialkonstante zur Beschreibung des Materialwiderstands

c_s Säurekonzentration an der Betonoberfläche

t Zeit

Die Betrachtung des im fib MC 2010 [99] zur Verfügung gestellten Schädigungsmodells zeigt, dass der Abtrag der Betonoberfläche nicht erfasst werden kann. Die Bedeutung und der Einfluss des Oberflächenabtrags auf die Kinetik des Schädigungsprozesses wurde erstmals von *Grube* und *Rechenberg* [9] hervorgehoben. Diese konnten in theoretischen Überlegungen und experimentellen Untersuchungen zeigen, dass abrasive Beanspruchungen die Schädigungsentwicklung maßgeblich beeinflussen können (vgl. Abschnitt 3.4.3). Neben dem von *Grube* und *Rechenberg* [9] betrachteten abrasiven Abtrag (Abtrag infolge mechanischer Beanspruchungen) kommt es beim lösenden Betonangriff jedoch auch zu einem lösenden Abtrag (Abtrag ohne abrasive Beanspruchungen) [101]. Dies hat zur Konsequenz, dass der Schädigungsprozess vom charakteristischen Wurzel-Zeit-Verlauf abweicht und bei langen Beanspruchungsdauern zu einer annähernd linearen Entwicklung der Schädigungstiefe führt. Folglich hätte eine Nichtberücksichtigung des Oberflächenabtrags eine Unterschätzung der zu erwartenden Schädigung zur Konsequenz.

Vor diesem Hintergrund wurde in *Gerlach* [101] ein physikalisch begründetes Diffusions-Abtrags-Modell entwickelt. Dieses Modell beschreibt einen diffusionskontrollierten Stofftransport der Reaktanten (H^+-Ionen) zur Reaktionszone und den Abtransport der Reaktionsprodukte aus der Reaktionszone. Durch die chemische Umsetzung der H^+-Ionen in der Reaktionszone, wandert diese mit der Zeit sukzessive ins Beton- bzw. Bauteilinnere. Es bildet sich eine geschädigte Zone und eine intakte Zone aus. Diese beiden Zonen sind durch die Reaktionszone bzw. Schädigungsfront getrennt. Die treibende Kraft für den Stofftransport ist der Konzentrationsgradient zwischen der angreifenden Säure und dem Bauteilinneren (intakte Zone). Dabei wird die Annahme getroffen, dass die Konzentration an der Betonoberfläche c_s und die Konzentration im Bauteilinneren c_0 konstant sind. Anderseits ist der Schädigungsprozess durch den (lösenden) Abtrag der Betonoberfläche bzw. die geschädigte Zone gekennzeichnet. Die Schädigungstiefe (geschädigte Zone) setzt sich folglich aus einer Diffusionstiefe bzw. Diffusionszone (x_d) und einer Abtragstiefe (x_{abr}) zusammen. Diese konzeptionelle Betrachtung der ablaufenden Schädigungsmechanismen ist zusammenfassend in Bild 16 dargestellt.

Die Überführung dieses konzeptionellen Modellansatzes in ein mathematisches Modell führt zu einer Differenzialgleichung, deren analytische Lösung die Modellgleichung des Diffusions-Abtrags-Modells zur zeitabhängigen Ermittlung der Schädigungstiefe darstellt. Die Herleitung der Modellgleichung kann *Gerlach* [101] entnommen werden.

$$x_s(t) = \frac{\left(R_a^{-1}\right)^2 \cdot c_s}{2 \cdot v_a} \cdot \left[W\left(-\exp\left(\frac{2 \cdot t \cdot v_a^2}{c_s \cdot \left(R_a^{-1}\right)^2} - 1 \right) \right) + 1 \right] + t \cdot v_a \qquad (3)$$

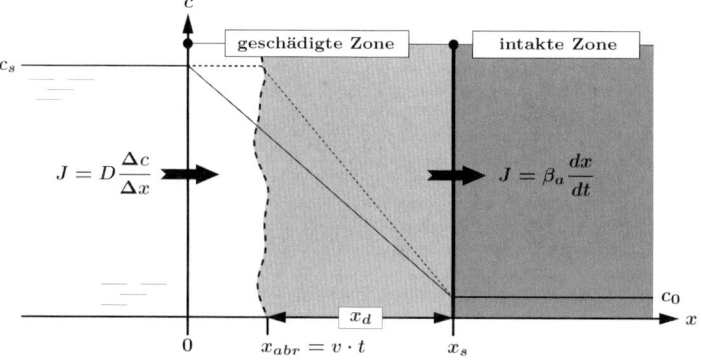

Bild 16. Konzeptioneller Modellansatz des Diffusions-Abtrags-Modells (Schädigungstiefe x_s = Abtragstiefe x_{abr} + Diffusionstiefe x_d) [101]

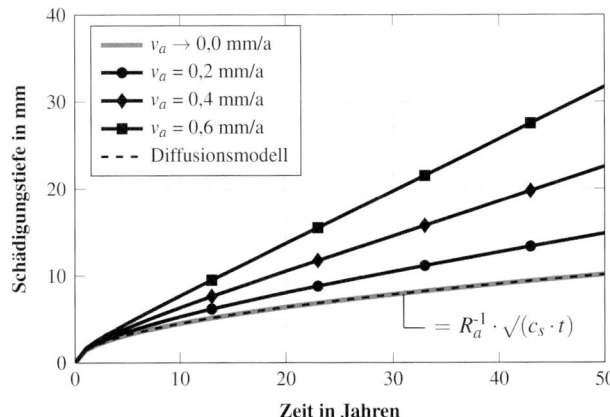

Bild 17. Zeitliche Entwicklung der Schädigungstiefe in Abhängigkeit von der Abtragsgeschwindigkeit v_a nach Gl. (3) ($c_s = 10^{-4,0}$ mol/l, $R_a^{-1} = 7{,}5$ m/(d mol/l)$^{-0,5}$) [101]

mit

- $x_s(t)$ Schädigungstiefe
- R_a^{-1} Materialkonstante zur Beschreibung des Materialwiderstands
- c_s Säurekonzentration an der Betonoberfläche
- v_a Abtragsgeschwindigkeit
- t Zeit
- $W(\bullet)$ Lambert'sche W-Funktion

Die Abtragsgeschwindigkeit v_a bzw. der Oberflächenabtrag hängt neben ggf. vorhandenen abrasiven Beanspruchungen und der Art und Konzentration der angreifenden Säure auch von der Widerstandsseite (Bindemittel, Sieblinie und Gesteinskörnung) ab. Da dieser Parameter bei der Beurteilung des Säurewiderstands bislang nur bedingt berücksichtigt wurde, fehlen abgesicherte Erkenntnisse. Die Abtragsgeschwindigkeit ist daher – wie der Materialwiderstand – im Rahmen von Säureprüfungen zu ermitteln.

Mithilfe von Gl. (3) kann das diffusionskontrollierte Voranschreiten der Schädigungsfront unter Berücksichtigung des (lösenden) Abtrags der Betonoberfläche beschrieben werden. Zur besseren Verdeutlichung sind in Bild 17 zeitliche Entwicklungen von Schädigungstiefen in Abhängigkeit von unterschiedlichen Abtragsgeschwindigkeiten dargestellt. Die Darstellung hebt den deutlichen Einfluss des (lösenden) Abtrags der Betonoberfläche hervor.

5.4 Grenzzustandsdefinition und Bemessung

Da chemisch beanspruchte Bauteile am Ende ihrer planmäßigen Nutzungsdauer meist eine gegenüber den ursprünglich geforderten bzw. ausgeführten Bauteildimensionen reduzierte Abmessung aufweisen, ist für den leistungsbezogenen Nachweis der Dauerhaftigkeit beim chemischen Betonangriff in der Regel eine bauteilbezogene Betrachtung erforderlich. Dabei ist nachzuweisen, dass die beim chemischen Angriff ablaufenden baustofflichen Schädigungsprozesse und die damit verbundene Degradation des Materialwiderstands keine nachteiligen Auswirkungen auf die Tragfähigkeit des Tragwerks und die Gebrauchstauglichkeit besitzen. Da es sich sowohl beim Materialwiderstand als auch bei der Einwirkung um streuende Größen handelt, erfolgt der Nachweis zweckmäßig im Rahmen einer zuverlässigkeitsbasierten Grenzzustandsbetrachtung. Weiterhin ist zu beachten, dass Dauerhaftigkeitsprobleme an Betonkonstruktionen mit zeitabhängigen Schädigungsprozessen verbunden sind. Daher ist bei der Beurteilung der Dauerhaftigkeit ein Bezugszeitraum (planmäßige Nutzungsdauer) anzugeben [104]. Die Nutzungsdauer eines Tragwerks kann nach ISO 16204 [105] durch folgende Aspekte charakterisiert werden:

- ein für den Schädigungsmechanismus definierter Grenzzustand,
- eine betrachtete Zeitspanne,
- ein grenzzustandsbezogenes Zuverlässigkeitsniveau, das innerhalb der betrachteten Zeitspanne nicht unterschritten wird.

Für den betrachteten lösenden Betonangriff kann nach fib MC 2010 [99] die Nutzungsdauer eines Bauteils als die Zeitspanne betrachtet werden, in der die baustoffliche Schädigung eine maximal zulässige Tiefe erreicht hat. Dies führt zu dem nachfolgenden Grenzzustand G, der einer zulässigen Schädigungstiefe a_{zul} eine zeitveränderliche Schädigungstiefe x_s gegenüberstellt, wobei letztere beispielsweise mithilfe des in Abschnitt 5.3 entwickelten Diffusions-Abtrags-Modells beschrieben werden kann:

$$G = a_{zul} - x_s(t) \qquad (4)$$

Weiterhin erfordert die Bemessung der Dauerhaftigkeit mit Grenzzuständen die Definition eines grenzzustandsbezogenen Zuverlässigkeitsniveaus. Dieses kann als die zulässige Eintrittswahrscheinlichkeit eines „Versagens" (Erreichen bzw. Überschreiten eines Grenzzustands) verstanden werden und ist im Vorfeld der Bemessung als Bemessungskriterium festzulegen. Im Bauwesen wird die zu verantwortende Versagenswahrscheinlichkeit üblicherweise durch den Zuverlässigkeitsindex β_0 angegeben.

In der europäischen Normung ergeben sich die Anforderungen an die Zuverlässigkeit aus DIN EN 1990 [106], wobei beispielsweise für Grenzzustände der Gebrauchstauglichkeit ein Zuverlässigkeitsindex β_0 von 1,5 empfohlen wird.

Der Nachweis, dass der Grenzzustand in Gl. (4) nicht überschritten wird, kann nach DIN EN 1990 [106] mit unterschiedlichen Nachweisverfahren bzw. Bemessungsformaten erfolgen, wobei folgende Formate zur Verfügung stehen:

– vollprobabilistische Nachweise,
– semiprobabilistische Nachweise mit Teilsicherheitsbeiwerten,
– Nachweise mit vereinfachten Verfahren.

Um die Dauerhaftigkeit vollprobabilistisch zu bemessen, ist es erforderlich, den in Gl. (4) definierten Grenzzustand in eine vollprobabilistische Bemessungsgleichung zu überführen. Zur Gewährleistung einer ausreichenden Sicherheit bzw. Dauerhaftigkeit, darf die zeitabhängige Schädigungstiefe x_s die zulässige Schädigungstiefe a_{zul} nur bis zu einer bestimmten Wahrscheinlichkeit p_0 überschreiten:

$$p_f = p\{a_{zul}(X) - x_s(X,t) < 0\} \leq p_0 \qquad (5)$$

Weiterhin erfordert die vollprobabilistische Bemessung, dass die in Gl. (4) enthaltenen Basisvariablen in Zufallsvariablen überführt werden. Bei diesem Schritt erfolgt eine statistische Beschreibung der Variablen als streuende Größen (Mittelwert, Standardabweichung, Verteilungsart). Unter der Annahme, dass die zeitabhängige Schädigung x_s mit dem Diffusions-Abtrags-Modell aus Abschnitt 5.3 beschrieben werden kann, müssten demnach neben der zulässigen Schädigungstiefe a_{zul} auch der Materialwiderstand R_a^{-1}, die Konzentration der angreifenden Säure c_s sowie die Abtragsgeschwindigkeit v_a statistisch beschrieben werden.

Für die sachgerechte Zusammenstellung und Beschreibung der Zufallsvariablen ist besondere Fachkunde erforderlich, da die Einhaltung der Zuverlässigkeitsniveaus ansonsten nicht sichergestellt ist. Weiterhin setzt die Anwendung probabilistischer Verfahren ein eingehendes Verständnis der maßgebenden Schädigungsprozesse sowie eine hinreichende Datengrundlage auf der Einwirkungs- und Widerstandsseite voraus [66].

Da die Lösung von Gl. (5) auf analytischem Weg nur in Sonderfällen möglich ist, werden meist Näherungsverfahren, z. B. FORM und SORM, oder Simulationstechniken, z. B. Monte-Carlo-Simulation, verwendet.

Mithilfe von Gl. (5) und unter Berücksichtigung der Zufallsvariablen kann die Dauerhaftigkeit durch Säureangriff beanspruchter Betonbauteile schließlich vollprobabilistisch bemessen werden. Es ist abschließend der Nachweis zu führen, dass die Wahrscheinlichkeit, dass die zulässige Schädigungstiefe a_{zul} kleiner als die Schädigungstiefe x_s ist, kleiner als die zu verantwortende Versagenswahrscheinlichkeit p_0 bzw. größer als die Zielzuverlässigkeit β_0 ist.

Dies ist exemplarisch in Bild 18 verdeutlicht, wobei zu beachten ist, dass neben der zulässigen Schädigungstiefe a_{zul} noch eine zusätzliche Opferbetonschicht a_{opfer} eingeführt wurde. Die Summe aus beiden ist das erforderliche Mindestmaß a_{erf} zur Kompensation der säureinduzierten Schädigung. Die im Beispiel gewählte Parametrisierung führt bei einer Nutzungsdauer von 50 Jahren zu einer Versagenswahrscheinlichkeit von 5,9 %. Unter der Annahme einer normalverteilten Grenzzustandsgleichung ergibt sich ein Zuverlässigkeitsindex von 1,57. Da dieser größer ist als die geforderte Zielzuverlässigkeit von 1,5, ist die Dauerhaftigkeit für das betrachtete Anwendungsbeispiel sichergestellt. Weiterführende Informationen zur Herleitung und Wahl der im Beispiel verwendeten Zufallsvariablen können *Gerlach* [101] entnommen werden.

Da vollprobabilistische Nachweisverfahren spezielle Fachkenntnisse von Planern erfordern und mit erheblichem Zeitaufwand verbunden sein können, ist deren Anwendung nur in wenigen Fällen praktikabel. Daher kommen probabilistische Nachweisverfahren in der Regel nur bei der Bemessung von Sonderbauwerken zur Anwendung, z. B. bei Bauwerken mit hohem öffentlichen Interesse oder Bauwerken mit deutlich längerer Nutzungsdauer als die normativ vorgegebenen 50 Jahre [97]. Alternativ besteht die Möglichkeit, die Dauerhaftigkeit semiprobabilistisch mithilfe von Teilsicherheitsbeiwerten nachzuweisen oder mithilfe von vereinfachten Nachweisverfahren, z. B. Bemessungsnomogrammen. Für chemisch beanspruchte Betonbauteile wurden derartige Konzepte erstmals von *Gerlach* [101] entwickelt.

Der wesentliche Vorteil von leistungsbezogenen Entwurfsverfahren, bei denen der Materialwiderstand unter Berücksichtigung der Querschnittsabmessungen quantitativ betrachtet wird, ist die Möglichkeit, abweichend von konservativen normativen Vorgaben maßgeschneiderte Lösungen im Einzel-

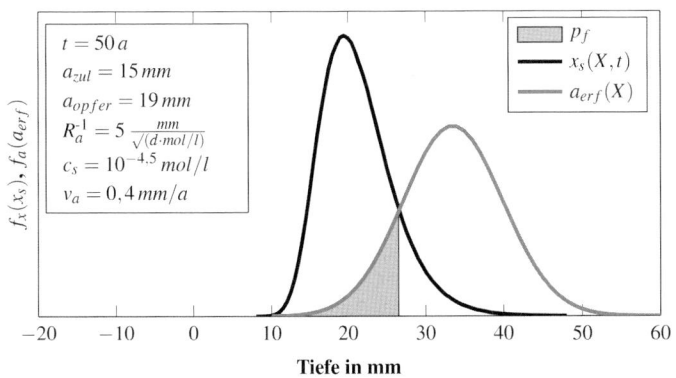

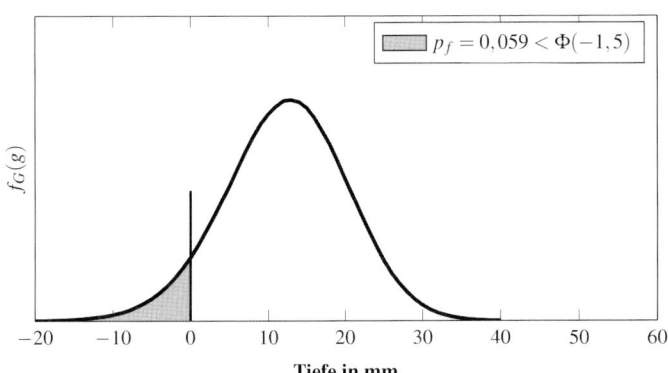

Bild 18. Vollprobabilistische Nachweisführung

fall wirtschaftlicher zu realisieren. Ebenso lassen sich möglicherweise rein betontechnologische Lösungen in Bereichen umzusetzen, die normativ nicht abgedeckt werden, z. B. XA3 und höher. Dabei können beispielsweise unterschiedliche Strategien zur Sicherstellung der Dauerhaftigkeit, z. B. die Verwendung von Betonen mit erhöhtem Säurewiderstand oder die Dimensionierung von Opferbetonschichten sowie deren Kombination, quantitativ betrachtet, vergleichend bewertet und begründet ausgewählt werden. Weiterhin lassen sich im Bereich der Instandhaltung Restnutzungsdauern chemisch beanspruchter Bauteile mithilfe einer Dauerhaftigkeitsbemessung zuverlässiger abschätzen und darüber unterschiedliche Instandsetzungsprinzipien vergleichend betrachten.

6 Literatur

[1] Regourd, M. (1981) 32-RCA – Resistance of concrete to chemical attack, *Matériaux et Construction* **14** (2), 130–137.

[2] Grübl, P., Weigler, H., Karl, S. (2002) *Beton: Arten, Herstellung und Eigenschaften. Handbuch für Beton-, Stahlbeton und Spannbetonbau*, Ernst & Sohn, Berlin.

[3] Gerlach, J., Lohaus, L. (2016) *Sachstandbericht – Verfahren zur Prüfung des Säurewiderstands von Beton*. Schriftenreihe des Deutschen Ausschusses für Stahlbeton, Heft **620**, Beuth Verlag, Berlin.

[4] Grabau, J. (1994) *Untersuchungen zur Korrosion zementgebundener Materialien durch saure Wässer unter besonderer Berücksichtigung des Schwefelsäureangriffs*, Dissertation, TU Hamburg-Harburg.

[5] Herold, G. (1999) *Korrosion zementgebundener Werkstoffe in mineralsauren Wässern*, Dissertation, Universität Karlsruhe.

[6] Nelskamp, H. (1992) *Untersuchungen zum Angriff von Mineralsäuren auf Beton*, Mitteilungen des Instituts für Baustoffkunde und Materialprüfung, Universität Hannover, Heft **65**.

[7] Lefebvre, Y., Jolicoer, C., Page, M., Seabrook, P. T. (1997) Degradation kinetics of Portland cement pastes, mortars and concretes in acidic environments. Michigan: American Concrete Institute, ACI SP-170,

1997. In Malhotra, V. M. (Ed.): *Durability of Concrete*. Proceedings of the fourth CANMET/ACI International Conference, Sydney, Vol. II, 1487–1510.

[8] Kiekbusch, J. (2007) *Säureangriff auf zementgebundene Materialien*, Dissertation, TU Hamburg-Harburg.

[9] Grube, H., Rechenberg, W. (1987) Betonabtrag durch chemisch angreifende saure Wässer (Teil 1 und 2), *beton* **37** (11), 446–451 und (12), 495–499.

[10] Shi, C., Stegemann, J. A. (2000) Acid corrosion resistance of different cementing materials, *Cement and Concrete Research* **30**, 803–808.

[11] Iler, R. K. (1979) *The Chemistry of Silica*, John Wiley & Sons, New York.

[12] Pavlík, V. (1994) Corrosion of hardened cement paste by acetic and nitric acids – Part I (1994): Calculation of corrosion depth, *Cement and Concrete Research* **24**, 551–562; Part II (1994): Formation and chemical composition of the corrosion products layer, *Cement and Concrete Research* **24**, 1495–1508; Part III (1996): Influence of water/cement ratio, *Cement and Concrete Research* **26**, 475–490.

[13] Bertron, A., Escadeillas, G., Duchesne, J. (2004) Cement pastes alteration by liquid manure organic acids: chemical and mineralogical characterization, *Cement and Concrete Research* **34** (10), 1823–1835.

[14] Bellmann, F. (2005) *Zur Bildung des Minerals Thaumasit beim Sulfatangriff auf Beton*, Dissertation, Bauhaus-Universität Weimar.

[15] Stark, J., Wicht, B. (2013) *Dauerhaftigkeit von Beton*, F. A. Finger-Institut für Baustoffkunde, Bauhaus-Universität Weimar, Springer Vieweg, Wiesbaden.

[16] Malorny, W. (1997) *Mikrostrukturuntersuchungen zum Sulfatangriff bei Beton*, Dissertation, TU Carolo-Wilhelmina Braunschweig.

[17] Biczok, J. (1968) *Betonkorrosion – Betonschutz*, Verlag für Bauwesen, Berlin.

[18] Schneider, M., Puntke, S., Sylla, H.-M., Lipus, K. (2012) The influence of cement on the sulfate resistance of mortar and concrete, *Cement International* **1** (1), 130–147.

[19] Gollop, R. S., Taylor, H. F. W. (1996) Microstructural and microanalytical studies of sulfate attack. I. (1992) Ordinary Portland Cement Paste, *Cement and Concrete Research* **22**, 1027–1038; II. (1994) Sulfate-resisting Portland cement: Ferrite composition and hydration chemistry, *Cement and Concrete Research* **24**, 1347–1358; III. (1995) Sulfate-resisting Portland Cement: Reactions with sodium and magnesium solutions, *Cement and Concrete Research* **25**, 1581–1590; IV. (1996) Reactions of a slagcement pastie with sodium and magnesium sulfate solutions, *Cement and Concrete Research* **26**, 1013–1028; V. (1996) Comparison of different slag blends, *Cement and Concrete Research* **26**, 1029–1044.

[20] Ferraris, C. F., Clifton, J. R., Stutzman, P. E., Gaboczi, E. J. (1997) *Mechanism of degradation of Portland cement-based systems by sulfate attack*. In: Scrivener, K.; Young, J. F. (Eds.): Mechanism of chemical degradation of cement-based systems, E&FN Spon, 172–185.

[21] Mulenga, D. W. (2002) *Zum Sulfatangriff auf Beton und Mörtel einschließlich der Thaumasitbildung*, Dissertation, Bauhaus-Universität Weimar.

[22] Skalny, J., Marchand, J., Odler, I. (2002) *Sulfate attack on concrete*, Spon Press, London.

[23] Brown, P. W., Taylor, H. F. W. (1999) *The role of ettringite in external sulfate attack*. In: Marchand, J.; Skalny, J. (Eds.): Materials Science of Concrete Special Volume: Sulfate Attack Mechanisms, The American Ceramic Society, Westerville, 73–98.

[24] Marchand, J., Skalny, J. P. (1998) *Materials Science of Concrete: Sulfate Attack Mechanisms*. Proceedings from Seminar on Sulfate Attack Mechanisms, Quebec/Canada, 5.–6. October 1998, The American Ceramic Society, Westerville.

[25] Scherer, G. W. (1999) Crystallisation in pores, *Cement and Concrete Research* **29**, 1347–1358.

[26] Stark, J., Bollmann, K., Seyfarth, K. (1997) *Ettringit – Schadensverursacher, Schadensverstärker oder unbeteiligter Dritter?* 13. Int. Baustofftagung-Ibausil. F. A. Finger-Institut für Baustoffkunde, Bauhaus-Universität Weimar, 1_0379–1_0399.

[27] Schmidt-Döhl, D. (1996) *Ein Modell zur Berechnung von kombinierten chemischen Reaktions- und Transportprozessen und seine Anwendung auf die Korrosion mineralischer Baustoffe*, Dissertation, TU Braunschweig.

[28] Cohen, M. D., Mather, B. (1991) Sulfate attack on concrete – research needs, *ACI Materials Journal* **16**, (1), 62–69.

[29] Tian, B., Cohen, M. D. (2000) Does gypsum formation during sulfate attack on concrete lead to expansion? *Cement and Concrete Research* **30**, 117–123.

[30] Gasser, M. (1987) *Untersuchungen über das Zustandekommen des Sulfattreibens*, Dissertation, TU Clausthal.

[31] Cao, H. T., Bucea, L., Ray, A., Yozghatlian, S. (1997) The effect of cement composition and pH of environment on sulfate resistance of Portland cements and blended cements, *Cement and Concrete Composites* **19**, 161–171.

[32] Irassar, E. F., Bonavetti, V. L., González, M. (2003) Microstructural study of sulfate attack on ordinary and limestone Portland cements at ambient temperature, *Cement and Concrete Research* **33**, 31–41.

[33] Clark, L. (1999) *The Thaumasite form of sulfate attack: Risks, diagnosis, remedial works and guidance on new construction*. Report of the Thaumasite Expert Group.

[34] Lukas, W. (1975) Betonzerstörung durch SO_3-Angriff unter Bildung von Thaumasit und Woodfordit, *Cement and Concrete Research* **5**, 503–507.

[35] Breitenbücher, R., Heinz, D., Lipus, K., Paschke, J., Thielen, G., Urbonas, L., Wisotzky, F. (2006) *Sulfatangriff auf Beton – Sachstandsbericht*, Schriftenreihe des Deutschen Ausschusses für Stahlbeton, Heft **554**, Beuth Verlag, Berlin.

[36] Crammond, N.J., Halliwell, M.A. (1995) *The Thaumasite Form of Sulfate Attack in Concrete Containing a Source of Carbonate Ions – A Microstructural Overview, Advances in Concrete Technology.* Proceedings CANMET/ACI Int. Symposium, Las Vegas, 357–378.

[37] Siebert, B. (2010) *Betonkorrosion infolge kombinierten Säure-Sulfat-Angriffs bei Oxidation von Eisendisulfiden im Baugrund*, Dissertation, Institut für Konstruktiven Ingenieurbau, Ruhr-Universität Bochum.

[38] Lipus, K., Puntke, S. (2003) Sulfatwiderstand unterschiedlich zusammengesetzter Betone. Teil 1: *beton* **53** (2), 97–100; Teil 2: *beton* **53** (3), 153–157.

[39] Gaze, M. E, Crammond, N.J. (2000) The formation of thaumasite in a cement:lime:sand mortar exposed to cold magnesium and potassium sulfate solutions, *Cement and Concrete Composites* **22**, 209–222.

[40] Hobbs, D.W., Taylor, M.G. (2000) Nature of the thaumasite sulfate attack mechanism in field concrete, *Cement and Concrete Research* **30**, 529–533.

[41] DIN 1045-2:2008-08 (2008) *Tragwerke aus Beton, Stahlbeton und Spannbeton – Teil 2: Beton – Festlegung, Eigenschaften, Herstellung und Konformität – Anwendungsregeln zu DIN EN 206-1.* Beuth Verlag, Berlin.

[42] DIN 4030-1:2008-06 (2008) *Beurteilung betonangreifender Wässer, Böden und Gase – Teil 1: Grundlagen und Grenzwerte*, Beuth Verlag, Berlin.

[43] Weismann, D., Lohse, M. (2007) *Sulfid-Praxishandbuch der Abwassertechnik – Biogene Korrosion, Geruch, Gefahr verhindern und Kosten beherrschen*, Vulkan-Verlag, Essen.

[44] Pavlík, V. (1994) Corrosion of hardened cement paste by acetic and nitric acids part I: Calculation of corrosion depth, *Cement and Concrete Research* **24** (3), 551–562.

[45] Duchesne, J., Bertron, A. (2013) *Leaching of Cementitious Materials by Pure Water and Strong Acids (HCl and HNO₃)*. In: Performance of Cement-Based Materials in Aggressive Aqueous Environments. Eds. von Alexander, M. G.; Bertron, A.; De Belie, N. Springer Netherlands, 91–112.

[46] Gerlach, J., Lohaus, L. (2017) Prüfung des Säurewiderstands von Beton – Ergebnisse des DAfStb-Sachstandberichts und weiterführende Diskussion, *beton* **67** (3), 10–13, (4), 66–71.

[47] Henning, O., Knöfel, D. (2002) *Baustoffchemie*, 6. Aufl., Verlag Bauwesen, Berlin.

[48] Moum, J., Rosenqvist, I.T. (1959) Sulfate attack on concrete in Oslo region, *Journal of the American Concrete Institute* **31** (3), 257–264.

[49] Härdtl, R. (1995) *Veränderungen des Betongefüges durch die Wirkung von Steinkohlenflugasche*, Schriftenreihe des Deutschen Ausschusses für Stahlbeton, Heft **448**, Beuth Verlag, Berlin.

[50] Setzer, M.J. (1994) Entwicklung und Präzision eines Prüfverfahrens zum Frost-Tausalz-Widerstand. *Wissenschaftliche Zeitschrift der Hochschule für Architektur und Bauwesen Weimar-Universität* **40**, (5)–(7), 87–93.

[51] Hillemeier, B., Buchenau, G., Herr, R., Hüttl, R., Klüßendorf, S., Schubert, K. (2006) Spezialbetone, in *Beton-Kalender 2006* (Hrsg. Bergmeister, K.; Wörner, J.-D.), Ernst & Sohn, Berlin, 519–584.

[52] Hearn, N., Young, F. (1999) *W/C ratio, porosity and sulfate attack – a review*. In: Marchand, J.; Skalny, J. (Eds.): Materials science of concrete – Special Volume: Sulfate attack mechanisms. American Ceramic Society, Westerville, 189–205.

[53] Verbeck, G.J. (1967) *Field and laboratory studies of the sulfate resistance of concrete*. Portland Cement Association, Research Bulletin 227, 114–124.

[54] Pavlík, V., Uncík, S. (1997) The rate of corrosion of hardened cement pastes and mortars with additive of silica fume in acids, *Cement and Concrete Research* **27**, 1731–1745.

[55] Struble, L., Mindess, S. (1983) Morphology of the cement-aggregate bond, *The International Journal of Cement Composites and Lightweight Concrete* **5** (2), pp. 79–83.

[56] Mehta, P. K. (1986) *Concrete Structure, Properties and Materials*. Prentice-Hall, London.

[57] DIN 18130-1:1998-05 (1998) *Baugrund – Untersuchung von Bodenproben; Bestimmung des Wasserdurchlässigkeitsbeiwerts, Teil 1: Laborversuche*, Beuth Verlag, Berlin.

[58] Grube, H., Rechenberg, W. (1989) Durability of concrete structures in acidic water, *Cement and Concrete Research* **19** (5), 783–792.

[59] De Belie N. (2013) *General Considerations*. In Alexander M.; Bertron A. und De Belie N. (Eds.): Performance of Cement-Based Materials in Aggressive Aqueous Environments, Springer Netherlands, 221–234.

[60] Breit W. (2002) Säurewiderstand von Beton, *beton* **52** (10), 505–510.

[61] Kamali, S., Moranville, M., Leclercq, S. (2008) Material and environmental parameter effects on the leaching of cement pastes: Experiments and modelling, *Cement and Concrete Research* **38** (4), 575–585.

[62] Romben, L. (1979) *Aspects on Testing Methods for Acid Attacks on Concrete – Further Experiments*. Swedish Cement and Concrete Research Institute.

[63] Aardt, J. H. P. van, Viser, S. (1975) Thaumasite formation: A cause of deterioration of Portland cement and related substances in the presence of sulphates. *Cement and Concrete Research* **5**, 225–232.

[64] Därr, G.-M. (1977) *Über die Sulfatbeständigkeit von Zementmörtel*. Dissertation, RWTH Aachen.

[65] Bundesrat-Drucksache 144/16 (Beschluss): *Begründung zur Verordnung über Anlagen zum Umgang mit wassergefährdenden Stoffen (AwSV)* vom 18. April 2017.

[66] Deutscher Beton- und Bautechnik-Verein E. V. (2017) *Merkblatt Chemischer Angriff auf Beton – Empfehlung zur Prüfung und Bewertung*, DBV, Berlin.

[67] DIN EN 1992-1-1:2011-01 (2011) *Eurocode 2: Bemessung und Konstruktion von Stahlbeton- und Spannbetontragwerken – Teil 1-1: Allgemeine Bemessungsregeln und Regeln für den Hochbau* mit DIN EN 1992-1-1/NA:2013-04 (2013) Nationaler Anhang, Beuth Verlag, Berlin.

[68] DIN EN 206-1:2001-07 (2001) *Beton – Teil 1: Festlegung, Eigenschaften, Herstellung und Konformität*, Deutsche Fassung EN 206-1:2000, Beuth Verlag, Berlin.

[69] DIN EN 13670:2011-03 (2011) *Ausführung von Tragwerken aus Beton*, Deutsche Fassung EN 13670:2009, Beuth Verlag, Berlin.

[70] DIN 1045-3:2012-03 (2012) *Tragwerke aus Beton, Stahlbeton und Spannbeton – Teil 3: Bauausführung – Anwendungsregeln zu DIN EN 13670*, Beuth Verlag, Berlin.

[71] DIN EN 197-1:2011-11 (2011) *Zement – Teil 1: Zusammensetzung, Anforderungen und Konformitätskriterien von Normalzement*, Deutsche Fassung EN 197-1:2011, Beuth Verlag, Berlin.

[72] Deutscher Beton- und Bautechnik Verein E. V. (2014) *Merkblatt Chemischer Angriff auf Betonbauwerke – Bewertung des Angriffsgrads und geeignete Schutzprinzipien*, Fassung Juli 2014, DBV, Berlin.

[73] Dehn, F., Friedmann, K., Schmidt, D. (2003) Säureresistente Hochleistungsbetone. Optimierung der Mischung sowie Verifizierung der Eigenschaften, *BFT International* **69** (3), 30–38.

[74] König, A. (2012) *Biogener Säureangriff auf Betone im Biogasanlagenbau – Schädigungsmechanismen sowie Entwicklungspotentiale*, Dissertation, Fakultät für Chemie und Mineralogie, Universität Leipzig.

[75] Lohaus, L., Petersen, L. (2007) Hochleistungsbetone mit erhöhtem Säurewiderstand für den Kühlturmbau, *Beton-Information* **47** (5)+(6), 71–79.

[76] Siad, H., Mesbah, H. A., Khelafi, H. et al. (2010) Effect of mineral admixture on resistance to sulphuric and hydrochloric acid attacks in self-compacting concrete, *Canadian Journal of Civil Engineering* **37** (3), 441–449.

[77] Smolczyk, H. G. (1961) Die Ettringit-Phasen im Hochofenzement, *Zement-Kalk-Gips International* **14** (7), 277–283.

[78] Monteny, J., Vincke, E., Beeldens, A., De Belie, N., Taerwe, L., Van Gemert, D. (2000) Chemical, microbiological and in situ test methods for biogenic sulfuric acid corrosion of concrete, *Cement and Concrete Research* **30**, 623–634.

[79] Dimic, D., Droljc, S. (1986) *The influence of alite content on the sulphate resistance of Portland cement*. 8th International Congress on Chemistry of Cement, Rio de Janeiro, 195–199.

[80] Shanahan, N., Zayed, A. (2007) Cement composition and sulfate attack. – Part I: *Cement and Concrete Research* **37**, 618–623.

[81] Bellmann, F., Stark, J. (2007) Prevention of thaumasite formation in concrete exposed to sulphate attack, *Cement and Concrete Research* **37**, 1215–1222.

[82] Mulenga, D, Stark, J., Nobst, P. (2002) *Thaumasite formation in mortars containing fly ash*. First International Conference on Thaumasite in Cementitious Materials, 19.–21.06.2002, Garston/UK.

[83] Nobst, P., Stark, J. (2002) *Investigations on the influence of cement type on the thaumasite formation*. First International Conference on Thaumasite in Cementitious Materials, 19.–21.06.2002, Garston/UK.

[84] Mangat, P. S., El-Khatib, J. M. (1992) Influence of initial curing on sulphate resistance of blended cement concrete, *Cement and Concrete Research* **22**, 1089–1100.

[85] DIN EN 450-1:2012-10 (2012) *Flugasche für Beton – Teil 1: Definition, Anforderungen und Konformitätskriterien*, Beuth Verlag, Berlin.

[86] Mehta, P. K. (1992) Sulfate attack on concrete – A critical review. In: Skalny, J. (Ed.): Materials science of concrete III. Westerville: American Ceramic Society, 105–130.

[87] Mulenga, D. M., Nobst, P., Stark, J. (2000) *Sulfatbeständigkeit von Zementen mit Kalksteinmehl- und Flugaschezusatz*. 14. Int. Baustofftagung-Ibausil. F. A. Finger-Institut für Baustoffkunde, Bauhaus-Universität Weimar, 1_1195-1_1208.

[88] Stark, J. (2004) Optimierte Bindemittelsysteme für die Betonindustrie, *beton* **54** (10), 486–490.

[89] Barker, A. P., Hobbs, D. W. (1999) Performance of Portland limestone cements in mortar prisms immersed in sulphate solutions at 5 °C, *Cement and Concrete Composites* **21**, 129–137.

[90] Normenausschuss Bauwesen (2006) *N 382: Sulfatwiderstand – Statusbericht*. NA 005.

[91] Stark, D. (2002) *Performance of concrete in sulfate environments. Research and Development Bulletin*, RD129, Portland Cement Association.

[92] Götz, M. (2014) Betone mit erhöhtem Säurewiderstand beim Bau des Abwasserkanals Emscher, *beton* **64** (4), 124–128.

[93] Rothenbacher, W., Hemrich, W., Zimmermann, H. (2008) Planung für landwirtschaftliche Bauten nach neuer Norm Gärfuttersilos, Güllebehälter, Biogasanlagen, *Bauen für die Landwirtschaft* (1), 19–20.

[94] Budnik, J. (2015) Chemischer Angriff – Schutzprinzip Opferbeton am Praxisbeispiel Vergärungsanlage, *beton* **65** (7), 386–389.

[95] Burg, R. (2011) *Gründungskonstruktionen in chemisch angreifender Umgebung*. In: Müller, H. S.; Nolting, U.; Haist, M. (Hrsg.) 8. Symposium Baustoffe und Bauwerkserhaltung – Schutz und Widerstand durch Betonbauwerke bei chemischem Angriff. KIT Scientific Publishing, 39–44.

[96] Beushausen, H.; Alexander, M. G.; Basheer, N.; Baroghel-Bouny, V.; d'Andréa, R.; Gonçalves, A.; Gulikers, J.; Jacobs, F.; Khrapko, M.; Monteiro, A. V.; Nanukuttan, S. V.; Otieno, M.; Polder, R.; Torrent, R. (2016) *Principles of the Performance-Based Approach for Concrete Durability*. In: Performance-Based Specifications and Control of Concrete Durability: State-of-the-Art Report RILEM TC 230-PSC. Eds. Beus-

hausen, H.; Fernandez, L. L. Springer Netherlands, 107–131.

[97] Gehlen, C.; Mayer, T. F.; Greve-Dierfeld, S. von (2011) Lebensdauerbemessung, in: *Beton-Kalender 2011* (Hrsg. Bergmeister, K.; Fingerloos, F.; Wörner, J.), Ernst & Sohn, 229–278.

[98] federation internationale du beton (fib) (2006) *fib Model Code for Service Life Design*.

[99] federation internationale du beton (fib) (2013) *fib Model Code for Concrete Structures 2010*, Ernst & Sohn, Berlin.

[100] Gerlach, J.; Lohaus, L. (2016) *Steps toward a performance-based design of concrete structures in acidic environments*. In: fib Symposium 2016: Performance-Based Approaches for Concrete Structures. Eds. Beushausen, H., federation internationale du beton (fib).

[101] Gerlach, J. (2017) *Ein performance-basiertes Konzept zur Dauerhaftigkeitsbemessung chemisch beanspruchter Betonbauteile*. Dissertation, Leibniz Universität Hannover, Institut für Baustoffe. doi.org/10.15488/2711.

[102] Nilsson, L.-O. (2006) Present limitations of models for predicting chloride ingress into reinforced concrete structures, *Journal de Physique* **IV** (136), 123–130.

[103] Franke, L.; Deckelmann, G.; Espinosa-Marzal, R. (2009) *Simulation of Time Dependent Degradation of Porous Materials – Final Report on Priority Program 1122*. Cuvillier Verlag.

[104] Müller, H. S.; Vogel, M. (2008) Lebenszyklusmanagement im Betonbau – Bedeutung, Grundlagen, Anwendungen, *beton* **58** (5), 206–214.

[105] ISO 16204:2012-09 (2012) *Dauerhaftigkeit – Nutzungsdauerorientierte Bemessung von Betontragwerken*, International Organization for Standardization.

[106] DIN EN 1990:2010-12 (2010) *Eurocode: Grundlagen der Tragwerksplanung*; Deutsche Fassung EN 1990:2002 + A1:2005 + A1:2005/AC:2010. Beuth Verlag, Berlin.

XVIII Normen und Regelwerke

Frank Fingerloos, Berlin

Beton-Kalender 2019: Parkbauten; Geotechnik und Eurocode 7.
Herausgegeben von Konrad Bergmeister, Frank Fingerloos und Johann-Dietrich Wörner
© 2019 Ernst & Sohn GmbH & Co. KG. Published 2018 by Ernst & Sohn GmbH & Co. KG.

1 Einleitung

Der Schwerpunkt „Geotechnik" des Beton-Kalenders 2019 wird auch im Kapitel „Normen und Regelwerke" aufgegriffen. Abgedruckt wird eine für den üblichen Hochbau aufbereitete, gekürzte und aktuelle Fassung des Eurocode 7 DIN EN 1997-1 „Entwurf, Berechnung und Bemessung in der Geotechnik" [1, 2] inklusive der mitgeltenden Regelungen von DIN 1054 „Sicherheitsnachweise im Erd- und Grundbau – Ergänzende Regelungen zu DIN EN 1997-1" [3] im Abschnitt 2.

Dazugehörige und weitergehende geotechnische Erläuterungen hierzu enthält in diesem Beton-Kalender 2019 der Beitrag II von *Ziegler* und *Aulbach* „Bemessung von Gründungen nach EC 7-1 und DIN 1054".

Die Verzeichnisse der wichtigsten für den Beton-, Stahlbeton- und Spannbetonbau relevanten Baunormen und technischen Baubestimmungen, der aktuellen Richtlinien des Deutschen Ausschusses für Stahlbeton e. V. (DAfStb), der Merkblätter des Deutschen Beton- und Bautechnik-Vereins E. V. (DBV) und der Richtlinien und Merkblätter der Österreichischen Bautechnik Vereinigung (ÖBV) sind in den Abschnitten 3.2 bis 3.4 enthalten.

Das Literaturverzeichnis komplettiert den Beitrag „Normen und Regelwerke" als Abschnitt 4.

2 Technische Regeln zur Geotechnik

2.1 Einführung

Eurocode 7 DIN EN 1997-1:2009-09: „Entwurf, Berechnung und Bemessung in der Geotechnik – Teil 1: Allgemeine Regeln" [1] mit Nationalem Anhang DIN EN 1997-1/NA [2] und DIN 1054 „Baugrund – Sicherheitsnachweise im Erd- und Grundbau – Ergänzende Regelungen zu DIN EN 1997-1" [3] waren und sind bauaufsichtlich eingeführt (auch bei länderweiser Übernahme der neuen MVV TB [4]). Zusätzliche nationale Anwendungsregeln zum Eurocode 7 im Sinne von NCI (**N**on-**C**ontradictory **C**omplementary **I**nformation) sind in DIN 1054 [3] enthalten. Die drei Normentexte wurden in einem Normen-Handbuch [5] zu einem in sich abgeschlossenen Werk, mit fortlaufend lesbarem Text, anwenderfreundlich zusammengeführt.

Die aktuellste Ausgabe von DIN EN 1997-1: 2014-03 enthält im Wesentlichen einen geänderten Abschnitt 8: Anker. Diese Version wurde jedoch nicht bauaufsichtlich eingeführt.

Darüber hinaus sind weitere Normen des Spezialtiefbaus (für verschiedene Pfahltypen und für Verpressanker) zusammen mit ergänzenden Festlegungen in Spezifikationen (DIN SPEC) bauaufsichtlich eingeführt [6–13].

Die Bemessung in Grenzzuständen mit Teilsicherheitsbeiwerten ist auch für Standsicherheitsnachweise in der Geotechnik eingeführt worden. Dabei weichen einzelne Regelungen in Bezug auf die Grundlagen des Sicherheitskonzepts von den Bemessungsregeln im Betonbau ab. Einige Unterschiede im Sicherheitskonzept können ohne differenzierte Betrachtung zu Inkonsistenzen beim Zusammenwirken von Tragkonstruktionen mit dem Baugrund führen, insbesondere an den Schnittstellen zwischen diesen Gründungsbauteilen und angrenzendem Boden. Daraus ergeben sich im Grenzzustand der Tragfähigkeit in der Bodenfuge andere Gleichgewichtsbedingungen für die Stahlbetonbemessung als für den Nachweis der Tragfähigkeit des Baugrunds. Die Unterschiede in den Sicherheitskonzepten sind im Wesentlichen darauf zurückzuführen, dass die Tragwiderstandsmodelle im Betonbau mit Bemessungswerten bzw. Grenzwerten der Materialeigenschaften für den GZT hergeleitet wurden, während die Modelle für Baugrundwiderstände auf charakteristischen Werten oder modifizierten Bemessungswerten der Baugrundeigenschaften beruhen und darüber hinaus gleichzeitig von den Beanspruchungen abhängen [14].

Grünberg und *Vogt* haben in [14] Lösungswege für weitere geotechnische Problemstellungen aufgezeigt und zweckmäßige Nachweisverfahren anhand typischer Gründungen im Hochbau veranschaulicht. Ausführlichere Erläuterungen zu den Grundlagen der geotechnischen Nachweise werden auch von *Schuppener* et al. in [15], von *Katzenbach* und *Leppla* in „Gründungen im Hoch- und Ingenieurbau" [16] sowie von *Hettler* und *Triantafyllidis* in „Baugruben" [17, 18] und in diesem Beton-Kalender 2019 im Beitrag II von *Ziegler* und *Aulbach* in „Bemessung von Gründungen nach EC 7-1 und DIN 1054" und im Beitrag III von *Katzenbach* und *Leppla* „Kombinierte Pfahl-Plattengründungen und Sondergründungen im Hoch- und Ingenieurbau" gegeben.

Darüber hinaus wird weiterführend auf das umfassende Standardwerk der Geotechnik, das Grundbau-Taschenbuch in seiner 8. vollständig überarbeiteten und aktualisierten Auflage 2018 [19] verwiesen.

Beton-Kalender 2019: Parkbauten; Geotechnik und Eurocode 7.
Herausgegeben von Konrad Bergmeister, Frank Fingerloos und Johann-Dietrich Wörner
© 2019 Ernst & Sohn GmbH & Co. KG. Published 2018 by Ernst & Sohn GmbH & Co. KG.

2.2 Kurzfassung Eurocode 7
DIN EN 1997-1: Entwurf, Berechnung und Bemessung in der Geotechnik mit DIN 1054

Vorbemerkungen der Redaktion

Für den Beton-Kalender 2019 wurde **Eurocode 7 – DIN EN 1997-1:2009-09** mit dem dazugehörigen Nationalen Anhang für Deutschland und **DIN 1054** in einer **Kurzfassung** zusammengeführt. Die Regelungen aus dem **Nationalen Anhang DIN EN 1997-1/NA:2010-12** werden dabei in schwarzer Schrift und grau unterlegt, die Regelungen aus **DIN 1054:2010-12 (inkl. A2-Änderung 2015-12)** in blauer Schrift und grau unterlegt abgedruckt.

Vor dem Hintergrund, dass sich im Hochbau die geotechnische Bemessung im Wesentlichen auf Flächengründungen bezieht, wurde die Langfassung der DIN EN 1997-1 mit NA und DIN 1054 für die praktische Anwendung um alles dafür Überflüssige gekürzt. Wir gehen davon aus, dass dies die praktische Anwendbarkeit des Eurocode 7 für viele Tragwerksplaner erleichtert.

Das heißt, dass Folgendes in dieser Kurzfassung **nicht enthalten** ist:

– Vorwort;
– Probebelastungen und Modellversuche;
– Beobachtungsmethode;
– Geotechnischer Entwurfsbericht und geotechnische Unterlagen;
– Bauüberwachung, Kontrollmessungen und Instandhaltung;
– Schüttungen, Wasserhaltung, Bodenverbesserung und Bodenbewehrung;
– Pfahlgründungen;
– Verankerungen;
– Stützbauwerke;
– hydraulisch verursachtes Versagen;
– Erddämme;
– Anmerkungen zu den NDP, die durch eine nationale Regelung ersetzt wurden;
– Textteile und Regeln, die in Deutschland nicht angewendet werden sollen.

Für die vollständige Langfassung wird z. B. auf [5] verwiesen.

Frank Fingerloos, Berlin im September 2018

DIN EN 1997-1: Eurocode 7: Entwurf, Berechnung und Bemessung in der Geotechnik mit DIN 1054

Inhalt

1 Allgemeines   945

2 Grundlagen der geotechnischen Bemessung   949

3 Geotechnische Unterlagen   969

6 Flächengründungen   970

11 Gesamtstandsicherheit   987

Anhang A (normativ) Teilsicherheitsbeiwerte und Streuungsfaktoren für Grenzzustände der Tragfähigkeit und empfohlene Zahlenwerte   991

Anhang H (informativ) Grenzwerte für Bauwerksverformungen und Fundamentbewegungen   991

A Anhang AA (informativ) Merkmale und Beispiele zur Einstufung in die Geotechnischen Kategorien   993

1 Allgemeines

1.2 Normative Verweisungen

Die folgenden Normen enthalten Regelungen, auf die durch Hinweis Bezug genommen wird. Bei datierten Hinweisen gelten spätere Änderungen oder Ergänzungen der in Bezug genommenen Normen nicht. Jedoch sollte bei Bedarf geprüft werden, ob die jeweils gültige Ausgabe der Normen angewendet werden darf. Bei undatierten Hinweisen gilt die jeweils gültige Ausgabe der in Bezug genommenen Norm.

DIN 4017:2006-03, *Baugrund – Berechnung des Grundbruchwiderstands von Flachgründungen*

DIN 4019 (alle Teile), *Baugrund – Setzungsberechnungen*

DIN 4020, *Geotechnische Untersuchungen für bautechnische Zwecke – Ergänzende Regelungen zu DIN EN 1997-2*

DIN 4084, *Baugrund – Geländebruchberechnungen*

DIN 4085, *Baugrund – Berechnung des Erddrucks*

DIN 4123:2000-09, *Ausschachtungen, Gründungen und Unterfangungen im Bereich bestehender Gebäude*

DIN 4124:2002-10, *Baugruben und Gräben, Böschungen, Verbau, Arbeitsraumbreiten*

DIN 4126, *Standsicherheit Nachweis der von Schlitzwänden*

DIN 4150-1, *Erschütterungen im Bauwesen – Vorermittlung von Schwingungsgrößen*

DIN 4150-2, *Erschütterungen im Bauwesen – Einwirkungen auf Menschen in Gebäuden*

DIN 4150-3, *Erschütterungen im Bauwesen – Einwirkungen auf bauliche Anlagen*

DIN EN 1990:2010-12, *Eurocode: Grundlagen der Tragwerksplanung; Berichtigung zu DIN EN 1990:2002*

DIN EN 1990/NA, *Nationaler Anhang – National festgelegte Parameter – Eurocode: Grundlagen der Tragwerksplanung*

DIN EN 1991-1-1, *Eurocode 1: Einwirkungen auf Tragwerke – Teil 1-1: Allgemeine Einwirkungen auf Tragwerke; Wichten, Eigengewicht und Nutzlasten im Hochbau*

DIN EN 1991-1-7, *Eurocode 1: Einwirkungen auf Tragwerke – Teil 1-7: Allgemeine Einwirkungen – Außergewöhnliche Einwirkungen*

DIN EN 1993-5, *Eurocode 3: Bemessung und Konstruktion von Stahlbauten – Teil 5: Pfähle und Spundwände*

DIN EN 1997-2:2010-10, *Eurocode 7: Entwurf, Berechnung und Bemessung in der Geotechnik – Teil 2: Erkundung und Untersuchung des Baugrunds*

DIN EN 1998-5/NA, *Nationaler Anhang – National festgelegte Parameter – Eurocode 8: Auslegung von Bauwerken gegen Erdbeben – Teil 5: Gründungen, Stützbauwerke und geotechnische Aspekte*

DIN EN ISO 13793:2001-06, *Wärmetechnisches Verhalten von Gebäuden – Wärmetechnische Bemessung von Gebäudegründungen zur Vermeidung von Frosthebung*

DIN EN ISO 14689-1:2004-04, *Geotechnische Erkundung und Untersuchung – Benennung, Beschreibung und Klassifizierung von Fels – Teil 1: Benennung und Beschreibung*

1.3 Voraussetzungen

(2) Die Bestimmungen dieser Norm beruhen auf nachstehenden Voraussetzungen:

– die für die Planung erforderlichen Unterlagen wurden von angemessen qualifiziertem Personal gesammelt, dokumentiert und interpretiert;

– die Bauwerke werden von angemessen qualifiziertem und erfahrenem Personal geplant;

- bei den für die Erstellung der Entwurfsgrundlagen, für die Planung und für die Ausführung Zuständigen sind Kontinuität und eine sachgerechte Kommunikation gegeben;
- eine angemessene Überwachung und Qualitätskontrolle in Produktionsstätten, Anlagen und auf der Baustelle sind vorhanden;
- die Bauarbeiten werden norm- und vertragsgerecht von entsprechend geschultem und erfahrenem Personal ausgeführt;
- Baustoffe und Bauprodukte werden entsprechend den Vorgaben dieser Norm oder den entsprechenden Lieferbedingungen für Stoffe und Produkte eingesetzt;
- das Bauwerk wird in angemessenem Umfang und für die Dauer seiner Nutzung so unterhalten, dass seine Sicherheit und Gebrauchstauglichkeit sichergestellt sind;
- das Bauwerk wird so genutzt, wie in der Planung vorgesehen.

(3) Es ist notwendig, dass sich Planverfasser und Auftraggeber dieser Voraussetzungen bewusst sind. Zur Vermeidung von Unklarheiten sollten sie aktenkundig gemacht werden, z. B. im Geotechnischen Entwurfsbericht.

A *Anmerkung* zu (3): Wenn der Planverfasser auf einzelnen Fachgebieten nicht die erforderliche Sachkunde und Erfahrung hat, sind geeignete Fachplaner heranzuziehen. Diese sind der von ihnen gefertigten Unterlagen, die sie zu unterzeichnen haben, verantwortlich. Für das ordnungsgemäße Ineinandergreifen aller Fachplanungen bleibt der Planverfasser verantwortlich. Dem Fachplaner der Geotechnik entspricht der Sachverständige für Geotechnik nach DIN 4020.

1.4 Unterscheidung nach Grundsätzen und Anwendungsregeln

(1) Je nach dem Charakter der einzelnen Regeln wird in DIN EN 1997-1 zwischen Grundsätzen und Anwendungsregeln unterschieden.

(2) Die Grundsätze umfassen:
- allgemeine Feststellungen und Begriffsbestimmungen, zu denen es keine Alternative gibt;
- Anforderungen und Berechnungsmodelle, bei denen ohne ausdrückliche Zustimmung keine Abweichung zulässig ist.

(3) Den Grundsätzen wird der Buchstabe P vorangestellt.

(4) Die Anwendungsregeln sind Beispiele allgemein anerkannter Regeln, die den Grundsätzen und den Anforderungen entsprechen.

(5) Alternativen zu den in DIN EN 1997-1 angegebenen Anwendungsregeln sind zulässig, wenn sie den einschlägigen Grundsätzen entsprechen und hinsichtlich Sicherheit, Gebrauchstauglichkeit und Dauerhaftigkeit mindestens dem entsprechen, was man bei Anwendung der Eurocodes erwarten würde.

A (5) Die ergänzenden Regelungen dieser Norm sind Anwendungsregeln, die den Anforderungen von 1.4 (5) entsprechen. Hierzu gehört beispielsweise die Einteilung der Bemessungssituationen.

1.5 Begriffe

1.5.2.1 geotechnische Einwirkung

Einwirkung auf das Bauwerk durch den Baugrund, eine Auffüllung, Gewässer oder Grundwasser.

1.5.2.2 vergleichbare Erfahrung

Dokumentierte oder anderweitig belegte Informationen zum Baugrund, die beim Entwurf, der Berechnung und der Bemessung bei gleichen Boden- oder Felsarten Verwendung finden, soweit vergleichbares geotechnisches Verhalten bei vergleichbaren Bauwerken zu erwarten ist. Als besonders relevant sind dabei örtlich gewonnene Erkenntnisse anzusehen.

1.5.2.3 Baugrund

Boden, Fels und Auffüllung, die vor Beginn der Baumaßnahme vor Ort vorhanden sind.

A 1.5.3.1 Geotechnische Kategorie (GK)

Gruppe, in die bautechnische Maßnahmen und Verfahren nach dem Schwierigkeitsgrad des Bauwerks, der Baugrundverhältnisse sowie der zwischen ihnen und der Umgebung bestehenden Wechselwirkungen eingestuft werden.

1.6 Symbole

Lateinische Buchstaben

A'	rechnerische Sohlfläche
A_C	gedrückter Teil einer Sohlfläche
a_d	Bemessungswert einer geometrischen Angabe
a_{nom}	Nennwert einer geometrischen Angabe
Δa	Sicherheitszuschlag für die Nennwerte geometrischer Angaben bei speziellen Nachweisen
B	Fundamentbreite
b'	rechnerische Fundamentbreite
b_B	kürzere Fundamentbreite
b_B'	reduzierte Fundamentbreite b_B
b_L	längere Fundamentbreite

b_L'	reduzierte Fundamentbreite b_L	$G_{dst,d}$	Bemessungswert der ständigen destabilisierenden Einwirkungen beim Nachweis gegen Aufschwimmen
B_k	charakteristischer Wert der seitlichen Bodenreaktion an einem Fundament		
C_d	maßgebendes Kriterium für die Gebrauchstauglichkeit	$G_{dst,k}$	charakteristischer Wert ständiger destabilisierender vertikaler Einwirkungen
c	Kohäsion des Bodens	$G_{stb,d}$	Bemessungswert der ständigen stabilisierenden vertikalen Einwirkungen beim Nachweis gegen Aufschwimmen
c'	wirksame Kohäsion		
c_u	Kohäsion im undränierten Zustand	$G'_{stb,d}$	Bemessungswert der ständigen stabilisierenden Einwirkungen beim Nachweis der Sicherheit gegen Aufschwimmen (mit der Wichte des Bodens unter Auftrieb)
D	Lagerungsdichte		
D_{Pr}	Verdichtungsgrad		
d	Einbindetiefe	$G_{stb,k}$	unterer Wert stabilisierender ständiger vertikaler Einwirkungen des Bauwerks
E_d	Bemessungswert einer Auswirkung der Einwirkungen		
		H	Horizontallast oder Einwirkungskomponente parallel zur Fundamentsohle
$E_{G,d}$	Bemessungswert der Auswirkung aus ständigen Einwirkungen	H_d	Bemessungswert von H
$E_{G,k}$	charakteristischer Wert der Auswirkung aus ständigen Einwirkungen	H_k	charakteristischer Wert der Horizontallast H
E_k	charakteristischer Wert der Auswirkung der Einwirkungen	$H_{G,k}$	ständiger Anteil von H_k
$E_{p,d}$	Bemessungswert des Erdwiderstands	$H_{Q,rep}$	veränderlicher und repräsentativer Anteil von H unter Berücksichtigung der Kombinationsregeln
$E_{Q,d}$	Bemessungswert der Auswirkung aus veränderlichen Einwirkungen		
$E_{Q,k}$	charakteristischer Wert der Auswirkung aus veränderlichen Einwirkungen	h	Wandhöhe
		k	Verhältnis $\delta_d/\varphi_{cv,d}$
$E_{Q,rep}$	repräsentativer Wert der Auswirkung aus veränderlichen Einwirkungen	k_s	Kriechmaß
		$k_{s,k}$	charakteristischer Wert des Bettungsmoduls
E_{rep}	repräsentative Auswirkung der Einwirkungen		
		L	Fundamentlänge
$E_{stb,d}$	Bemessungswert der stabilisierenden Auswirkung der Einwirkungen	ℓ'	rechnerische Fundamentlänge
		$Q_{dst,d}$	Bemessungswert der destabilisierenden vertikalen veränderlichen Einwirkungen beim Auftriebsnachweis
$E_{dst,d}$	Bemessungswert der destabilisierenden Auswirkung der Einwirkungen		
e_L, e_B	Ausmittigkeiten von resultierenden bzw. repräsentativen Beanspruchungen in der Fundamentsohle	$Q_{dst,rep}$	charakteristischer bzw. repräsentativer Wert veränderlicher destabilisierender vertikaler Einwirkungen
$e_{p,k}$	charakteristischer Wert des passiven Erddrucks bzw. der Erdwiderstandsspannung	Q_{rep}	repräsentativer Wert der veränderlichen Einwirkungen
$e_{ph,k}$	Horizontalkomponente von $e_{p,k}$	q_c	Spitzenwiderstand der Drucksonde
$e_{p,mob,k}$	mobilisierter Anteil von $e_{p,k}$	R_d	Bemessungswert des Widerstands gegen eine Einwirkung
e_r	zulässige Ausmittigkeit der charakteristischen Sohldruckresultierenden eines runden Fundamentes		
		R_k	charakteristischer Wert der Widerstände
F_d	Bemessungswert einer Einwirkung	$R_{p,d}$	Bemessungswert des Erdwiderstands neben einer Gründung
F_k	charakteristischer Wert einer Einwirkung		
F_{rep}	repräsentativer Wert einer Einwirkung	r	Radius eines runden Gründungsköpers

s	Setzung	γ_m	Teilsicherheitsbeiwert für eine Bodenkenngröße (Materialeigenschaft
s_0	Sofortsetzung		
s_1	Konsolidationssetzung	γ_M	Teilsicherheitsbeiwert für eine Bodeneigenschaft unter Berücksichtigung von Modellunsicherheiten
s_2	Kriechsetzung (sekundäre Setzung)		
T_k	charakteristischer Wert des Scher- bzw. Reibungswiderstands in einer Fuge zwischen Boden und Bauwerk	γ_Q	Teilsicherheitsbeiwert für eine veränderliche Einwirkung
		γ_R	Teilsicherheitsbeiwert für einen Widerstand
V	Vertikallast oder Komponente der Einwirkungs-Resultierenden normal zur Fundamentsohlfläche	$\gamma_{Q,dst}$	Teilsicherheitsbeiwert für eine veränderliche destabilisierende Einwirkung
V_d	Bemessungswert von V	$\gamma_{Q,stb}$	Teilsicherheitsbeiwert für eine veränderliche stabilisierende Einwirkung
V'_d	Bemessungswert der wirksamen Vertikallast bzw. Normalkomponente der auf die Fundamentsohle wirkenden Resultierenden	γ_W	Wichte des Wassers
		$\gamma_{\varphi'}$	Teilsicherheitsbeiwert für den Reibungswinkel ($\tan\varphi'$)
$V_{dst,d}$	Bemessungswert einer destabilisierenden vertikalen Einwirkung auf ein Bauwerk	γ_γ	Teilsicherheitsbeiwert für die Wichte
		θ	Richtungswinkel von H
$V_{dst,k}$	charakteristischer Wert einer destabilisierenden vertikalen Einwirkung auf ein Bauwerk	σ_0	vertikale Sohldruckbeanspruchung
		$\sigma_{E,d}$	Bemessungswert des Soldrucks (Index E für effect – Auswirkung)
v	Verschiebung, Verformung		
X_d	Bemessungswert einer Materialkenngröße	$\sigma_{R,d}$	Bemessungswert des Soldruckwiderstandes
X_k	charakteristischer Wert einer Materialkenngröße	ψ	Faktor zur Ableitung des repräsentativen Wertes aus dem charakteristischen Wert (Kombinationsbeiwert)
z	vertikaler Abstand		

Griechische Buchstaben

α	Neigung einer Fundamentsohle gegen die Horizontale	ψ_0	Kombinationsbeiwert für begleitende veränderliche Einwirkung
β	Geländeanstiegswinkel hinter einer Stützwand (aufwärts positiv)	ψ_1	Kombinationsbeiwert zum Festlegen des häufigen Werts der veränderlichen Leiteinwirkung
δ	Wand- oder Sohlreibungswinkel		
φ'	wirksamer (effektiver) Reibungswinkel	ψ_2	Kombinationsbeiwert zum Festlegen des quasi-ständigen Werts der veränderlichen Einwirkung
γ	Wichte		
γ'	Wichte des Bodens unter Auftrieb		

Abkürzungen

γ_E	Teilsicherheitsbeiwert für eine Beanspruchung	BS-P	Ständige Bemessungssituation
		BS-T	Vorübergehende Bemessungssituation
γ_f	Teilsicherheitsbeiwert für Einwirkungen, der die Möglichkeit einer ungünstigen Abweichung der Einwirkungen gegenüber den repräsentativen Werten berücksichtigt	BS-A	Außergewöhnliche Bemessungssituation
		BS-E	Bemessungssituation bei Erdbeben
		EQU	Grenzzustand bei einem Gleichgewichtsverlust des als starrer Körper angesehenen Tragwerks oder des Baugrunds, wobei die Festigkeiten der Baustoffe und des Baugrunds für den Widerstand nicht entscheidend sind (equilibrium)
γ_F	Teilsicherheitsbeiwert für eine Einwirkung		
γ_G	Teilsicherheitsbeiwert für eine ständige Einwirkung		
$\gamma_{G,dst}$	Teilsicherheitsbeiwert für eine ständige destabilisierende Einwirkung		
		FEM	Finite-Elemente-Methode
$\gamma_{G,stb}$	Teilsicherheitsbeiwert für eine ständige stabilisierende Einwirkung	FDM	Finite-Differenzen-Methode

GEO-2	Grenzzustände des Bodens, bei denen das Nachweisverfahren 2 angewendet wird
GEO-3	Grenzzustände des Bodens, bei denen das Nachweisverfahren 3 angewendet wird
GK	Geotechnische Kategorie
HYD	Grenzzustand des Versagens verursacht durch Strömungsgradienten im Boden, z. B. hydraulischer Grundbruch, innere Erosion und Piping (hydraulic)
NCI	Nicht widersprechende zusätzliche Angaben, die dem Anwender heim Umgang mit dem Eurocode helfen (en: non-contradictory complemantary information)
NDP	National festzulegende Parameter (en: nationally determined parameters)
SLS	Grenzzustand der Gebrauchstauglichkeit (Serviceabilty Limit State)
STR	Grenzzustand des Versagens oder sehr großer Verformungen des Tragwerks oder seiner Einzelteile, einschließlich der Fundamente, Pfähle, Kellerwände usw., wobei die Festigkeit der Baustoffe für den Widerstand entscheidend ist (structural)
ULS	Grenzzustand der Tragfähigkeit (Ultimate Limit State)
UPL	Grenzzustand bei einem Gleichgewichtsverlust des Bauwerks oder des Baugrunds infolge von Aufschwimmen durch Wasserdruck oder anderen vertikalen Einwirkungen (uplift)

2 Grundlagen der geotechnischen Bemessung

2.1 Anforderungen an Entwurf, Berechnung und Bemessung

A 2.1.1 Vorgaben zu Bemessungssituationen und Grenzzuständen

(1)P Bei jeder geotechnischen Bemessungssituation muss sichergestellt sein, dass kein maßgebender nach DIN EN 1990 definierter Grenzzustand überschritten wird.

(2) Bei der Festlegung der Bemessungssituationen und der Grenzzustände sollten folgende Punkte beachtet werden:

– die Baugrundverhältnisse hinsichtlich Gesamtstandsicherheit und Bewegungen im Untergrund;
– Art und Größe des Bauwerks und seiner Teile einschließlich etwaiger besonderer Anforderungen wie etwa an die geplante Nutzungsdauer;
– aus der Umgebung herrührende Umstände (z. B. Nachbarbebauung, Verkehr, Versorgungsleitungen, Vegetation, gefährliche Chemikalien);
– Baugrundverhältnisse;
– Grundwasserverhältnisse;
– regionale Erdbebentätigkeit;
– Umwelteinflüsse (Hydrologie, Gewässer, Senkungen, saisonale Schwankungen von Temperatur und Feuchtigkeit).

(3) Grenzzustände können entweder im Baugrund oder im Bauwerk oder als gemeinsames Versagen von Bauwerk und Baugrund eintreten.

(4) Grenzzustände sollten mit einem der nachstehenden Verfahren oder mit einer Kombination der Verfahren untersucht werden:

– Anwendung der in 2.4 beschriebenen rechnerischen Nachweise;
– Anwendung der in 2.5 beschriebenen konstruktiven Maßnahmen.

(5) In der Praxis kann es sich oft zeigen, welche Art von Grenzzustand die Planung bestimmen wird, so dass es genügt, die Vernachlässigung anderer Grenzzustände überschlägig zu prüfen.

(6) Bauwerke sollten in der Regel gegen das Eindringen von Grundwasser oder die Übertragung von Dampf oder von Gasen in ihre Innenräume geschützt werden.

(7) Soweit möglich, sollten die Ergebnisse der Planung an Hand vergleichbarer Erfahrungen geprüft werden.

A 2.1.2 Geotechnische Kategorien

A 2.1.2.1 Allgemeines

(8)P Um Mindestforderungen an Umfang und Qualität geotechnischer Untersuchungen, Berechnungen und der Bauüberwachung stellen zu können, muss die Komplexität jeder Gründungsmaßnahme im Zusammenhang mit den damit verbundenen Risiken gesehen werden. Insbesondere muss unterschieden werden zwischen

– leichten und einfachen Bauten und kleineren Erdarbeiten, bei denen gesichert ist, dass die Mindestanforderungen durch Erfahrung und qualitative geotechnische Untersuchungen mit vernachlässigbarem Risiko erfüllt sind und
– anderen Grundbauwerken.

NDP Zu 2.1 (8)P In Deutschland sind Geotechnische Kategorien zur Festlegung der Mindestanforderungen an Umfang und Qualität von geotechnischen Untersuchungen, Berechnungen und der Bauüberwachung abhängig von der Schwierigkeit einer baulicher Anlage und des Baugrunds anzuwenden.

(9) Bei Bauwerken und Erdarbeiten von geringem geotechnischem Schwierigkeitsgrad und geringem Risiko, wie oben definiert, dürfen vereinfachte Nachweise angewendet werden.

A (10) In DIN 1054 werden für die drei Geotechnischen Kategorien 1, 2, 3 die Kurzzeichen GK 1, GK 2, GK 3 verwendet.

A (11) Die Einstufung in die Geotechnischen Kategorien GK 1, GK 2 oder GK 3 ist vor Beginn der geotechnischen Erkundung unter Beachtung der nachfolgenden Regeln und der DIN 4020 vorzunehmen. Maßgebend für die Einstufung ist jenes Kriterium, das die höchste Geotechnische Kategorie ergibt. Die Einstufung und die daraus resultierenden Anforderungen sind im Zuge der Projektbearbeitung aufgrund der Ergebnisse geotechnischer Untersuchungen, Berechnungen und der Bauausführung zu überprüfen und gegebenenfalls anzupassen.

(12) Die aufwändigeren Verfahren für Bauwerke der höheren Kategorien können durch wirtschaftlichere Entwürfe gerechtfertigt sein oder vom Aufsteller als sachgemäß angesehen werden.

(13) Die verschiedenen Gesichtspunkte können bei der Planung eines Bauwerks eine Bearbeitung nach unterschiedlichen Geotechnischen Kategorien erfordern. Das ganze Bauvorhaben braucht nicht nach der höchsten dieser Kategorien eingestuft zu werden.

A 2.1.2.2 Geotechnische Kategorie GK 1

A (14) Die Geotechnische Kategorie GK 1 umfasst Baumaßnahmen mit geringem Schwierigkeitsgrad im Hinblick auf Bauwerk und Baugrund.

(15) Verfahren für Bauwerke der Geotechnischen Kategorie 1 sollten nur dort angewendet werden, wo hinsichtlich Gefährdung durch Geländebruch oder Bewegungen im Baugrund keine Bedenken bestehen, und bei Baugrundverhältnissen, für die vergleichbare örtliche Erfahrungen für ein einfaches Verfahren ausreichen. In solchen Fällen dürfen Planung und Bemessung der Gründung und des Bauwerks nach routinemäßigen Verfahren erfolgen.

A (16a) Die Geotechnische Kategorie GK 1 setzt einfache und überschaubare Baugrundverhältnisse voraus. Gegebenheiten, die diese Einstufung rechtfertigen, liegen vor, wenn der Baugrund in waagerechtem oder schwach geneigtem Gelände nach gesicherter örtlicher Erfahrung als tragfähig und setzungsarm bekannt ist.

A (16b) Die Einstufung in die Geotechnische Kategorie GK 1 setzt voraus, dass das Grundwasser unterhalb der Baugruben- bzw. Gründungssohle liegt.

A (16c) Gegebenheiten des Bauwerks, die eine Einstufung in die Geotechnische Kategorie GK 1 rechtfertigen, liegen in der Regel vor, wenn folgende Voraussetzungen erfüllt sind:

– Es handelt sich um setzungsunempfindliche, flach gegründete Bauwerke mit Stützenlasten bis 250 kN und Streifenlasten bis 100 kN/m wie Einfamilienhäuser, eingeschossige Hallen, Garagen;
– es handelt sich um Bauwerke, bei denen nach DIN EN 1998-5/NA im Hinblick auf Erdbebenbelastung kein Nachweis der Standsicherheit erforderlich ist;
– Nachbargebäude, Verkehrswege, Leitungen usw. werden durch das Bauwerk selbst oder durch die für seine Errichtung notwendigen Bauarbeiten nicht in ihrer Standsicherheit gefährdet oder in ihrer Gebrauchstauglichkeit beeinträchtigt.

A (16d) Weitere einzuhaltende Kriterien sowie Beispiele für eine Einstufung in die Geotechnische Kategorie GK 1 sind in A 6.1.2 A (2) und A 11.1.2 A (2) angegeben. Eine Zusammenfassung von Merkmalen und Beispielen zur Einstufung in die Geotechnischen Kategorien befindet sich in A Anhang AA.

A 2.1.2.3 Geotechnische Kategorie GK 2

A (17) Die Geotechnische Kategorie GK 2 umfasst Baumaßnahmen mit mittlerem Schwierigkeitsgrad im Hinblick auf das Zusammenwirken von Bauwerk und Baugrund.

A (18) Bauwerke der Geotechnischen Kategorie GK 2 erfordern eine ingenieurmäßige Bearbeitung und einen rechnerischen Nachweis der Standsicherheit und der Gebrauchstauglichkeit.

A (19a) Die Geotechnische Kategorie GK 2 setzt durchschnittliche Baugrundverhältnisse voraus, die nicht in GK 1 oder GK 3 fallen.

A (19b) Die Geotechnische Kategorie GK 2 setzt durchschnittliche Grundwasserverhältnisse voraus. Beispiele dafür sind:

– Die freie Grundwasseroberfläche liegt höher als die Bauwerkssohle;
– Grundwasserzutritte bzw. die Wasserhaltung sind mit üblichen Maßnahmen beherrschbar;
– Durch diese Maßnahmen sind keine ungünstigen Einflüsse auf die Umgebung zu befürchten.

A (19c) Zur Geotechnischen Kategorie GK 2 gehören:
- übliche Hoch- und Ingenieurbauten auf Einzelfundamenten, Streifenfundamenten, Gründungsplatten oder auf Pfahlgründungen;
- Leitungsgräben bis 5 m Tiefe;
- Bauwerke der Bedeutungskategorien I und II nach DIN EN 1998-5/NA, bei denen im Hinblick auf Erdbebenbelastung ein Nachweis der Standsicherheit erforderlich ist;
- Bauvorhaben, bei denen durch konstruktive Maßnahmen, z. B. dichte und steife Baugrubenumschließung, ein schädlicher Einfluss der Baumaßnahme auf Nachbarschaft und Umgebung nicht zu erwarten ist.

A (19d) In der Regel dürfen auch besondere Bauwerke wie unterirdisch aufgefahrene Hohlraumbauten, Tunnel, Stollen und Schächte in festem, wenig geklüftetem Fels der Geotechnischen Kategorie GK 2 zugeordnet werden.

A (19e) Als sonstige Baumaßnahmen zählen in der Regel zur Geotechnischen Kategorie GK 2 auch
- Boden- und Felsdeponien ohne Kontamination und
- übliche Horizontalbohrungen für den Leitungsbau.

A 2.1.2.4 Geotechnische Kategorie GK 3

(20) Die Geotechnische Kategorie 3 sollte alle Bauwerke oder Bauwerksteile umfassen, die nicht zu den Geotechnischen Kategorien 1 und 2 gehören.

(21) Die Geotechnische Kategorie 3 sollte im Allgemeinen nach anspruchsvolleren Vorgaben und Regeln als den in dieser Norm genannten untersucht werden.

Anmerkung: Beispiele für die Geotechnische Kategorie 3 sind:
- sehr große und ungewöhnliche Bauwerke;
- Bauwerke mit außergewöhnlichen Risiken oder ungewöhnlichen oder ungewöhnlich schwierigen Baugrund- oder Belastungsverhältnissen;
- Bauwerke in seismisch stark betroffenen Gebieten;
- Bauwerke in Gebieten, in denen mit instabilen Baugrundverhältnissen oder mit andauernden Bewegungen im Untergrund zu rechnen ist, so dass ergänzende Untersuchungen oder Sondermaßnahmen erforderlich sind.

A (22) Bauwerke der Geotechnischen Kategorie GK 3 erfordern über die Vorgaben von A (18) hinaus zusätzliche Untersuchungen sowie vertiefte geotechnische Kenntnisse und Erfahrungen in dem jeweiligen Spezialgebiet.

A (23) Die Geotechnische Kategorie GK 3 umfasst Baumaßnahmen mit hohem Schwierigkeitsgrad im Hinblick auf das Zusammenwirken von Bauwerk und Baugrund.

A (24) Gegebenheiten des Baugrunds, die in der Regel eine Einstufung in die GK 3 erfordern, sind ungewöhnliche oder besonders schwierige Baugrundverhältnisse wie:
- geologisch junge Ablagerungen mit regelloser Schichtung bzw. geologisch wechselhafte Formationen;
- Böden, die zum Kriechen, Fließen, Quellen oder Schrumpfen neigen;
- bindige Böden, bei denen die Restscherfestigkeit maßgebend sein kann;
- bindige Böden ohne ausreichende Duktilität, siehe 2.4.1 A (11), z. B. strukturempfindliche Seetone;
- weiche organische und organogene Böden größerer Mächtigkeit;
- Fels, der zur Auflösung oder zu starkem Zerfall neigt, z. B. Salz, Gips und verschiedene veränderlich feste Gesteine;
- Fels, der in Bezug auf das Bauvorhaben ungünstig verlaufende Störungszonen oder Trennflächen enthält;
- Bergsenkungsgebiete oder Gebiete mit Erdfällen oder Baugrund mit ungesicherten Hohlräumen;
- unkontrolliert geschüttete Auffüllungen.

A (25) Gespanntes Grundwasser, das durch Bodenaushub zu artesischem Grundwasser werden kann, ist der Geotechnischen Kategorie GK 3 zuzuordnen.

A (26) Ergänzend zur Anmerkung in (21) werden als Beispiele für Bauwerke der Geotechnischen Kategorie GK 3 genannt:
- Bauwerke mit hohem Sicherheitsanspruch oder hoher Verformungsempfindlichkeit;
- Bauwerke mit ungewöhnlichen Lastkombinationen, die für die Gründung maßgebend werden;
- Bauwerke, die durch Wasser mit einer Druckhöhe von mehr als 5 m belastet sind;
- Einrichtungen und Baumaßnahmen, die den Grundwasserspiegel vorübergehend oder bleibend verändern, sofern damit ein Risiko für benachbarte Bauten entsteht;
- Bauwerke der Bedeutungskategorien III und IV nach DIN EN 1998-5/NA, bei denen im Hinblick auf Erdbebenbelastung ein Nachweis der Standsicherheit erforderlich ist;
- Bauwerke oder Baumaßnahmen, bei denen die Beobachtungsmethode zum Nachweis der Standsicherheit und der Gebrauchstauglichkeit angewendet wird.

A (27) Als besondere Bauwerke zählen in der Regel zur Geotechnischen Kategorie GK 3 auch
- Senkkastengründungen mit Druckluft;
- unterirdisch aufgefahrene Hohlraumbauten, Tunnel, Stollen und Schächte in Lockergestein oder in geklüftetem Fels;
- kerntechnische Anlagen;
- Offshore-Bauten;
- Chemiewerke und Anlagen, in denen gefährliche chemische Stoffe erzeugt, gelagert oder umgeschlagen werden.

A (28) Als sonstige Baumaßnahmen zählen in der Regel zur Geotechnischen Kategorie GK 3 auch
- Deponien aller Art, ausgenommen nicht kontaminierte Böden und Felsaushübe;
- Horizontalbohrungen mit hohen Spülungsdrücken, z. B. im HDD-Verfahren (Horizontal Direction Drilling), Microtunneling;
- Verfahren des Spezialtiefbaus wie Schlitzwände, Einpressarbeiten und Düsenstrahlarbeiten.

2.2 Bemessungssituationen

(1)P Sowohl kurzfristige als auch langfristige Bemessungssituationen müssen berücksichtigt werden.

NCI Zu 2.2 (1)P *Anmerkung*: DIN EN 1990:2010-12, 3.2, definiert ständige, vorübergehende und außergewöhnliche Situationen sowie Situationen infolge von Erdbeben. Sie werden in DIN 1054 bei geotechnischen Nachweisen für den Grenzzustand der Tragfähigkeit als Bemessungssituationen BS-P, BS-T, BS-A und BS-E bezeichnet. Die Definitionen der DIN EN 1990 werden für geotechnische Situationen ergänzt. Den genannten Bemessungssituationen sind unterschiedlich große Teilsicherheitsbeiwerte und Kombinationsbeiwerte zugeordnet. In DIN 1054:2010-12 sind die Teilsicherheitsbeiwerte für Einwirkungen und Beanspruchungen in Tabelle A 2.1, für geotechnische Kenngrößen in Tabelle A 2.2 und für Widerstände in Tabelle A 2.3 zusammengestellt.

(2) Bei der Planung von Gründungsmaßnahmen sollten die Detailbeschreibungen von Bemessungssituationen, soweit zutreffend, enthalten:
- die Einwirkungen, ihre Kombinationen und Lastfälle;
- die allgemeine Eignung des Baugrunds, auf dem das Bauwerk stehen soll, hinsichtlich der Gesamtstandsicherheit und der Bewegungen im Untergrund;
- die Lage und Klassifizierung der verschiedenen Boden- und Felsformationen sowie der Konstruktionselemente, die von irgendeinem der Berechnungsmodelle betroffen sind;
- geneigte Gründungsebenen;
- Bergbau-Aktivitäten, Hohlräume oder sonstige untertägige Bauwerke;
- bei Bauwerken auf oder in der Nähe von Fels:
  - eingelagerte harte oder weiche Schichten;
  - Störungszonen, Klüfte und Spalten;
  - möglicherweise instabil gelagerte Felsblöcke;
  - durch Auslaugung entstandene Hohlräume, wie Karstkamine oder mit weichem Material gefüllte Spalten, sowie fortschreitende Lösungsvorgänge;
- die Umgebung des Bauvorhabens einschließlich folgender Punkte:
  - Auswirkungen von Kolken, Erosion und Bodenabtrag auf die Geländeform;
  - Auswirkungen chemischer Korrosion;
  - Verwitterungseinflüsse;
  - Frosteinwirkungen;
  - Auswirkungen lang anhaltender Trockenperioden;
  - Schwankungen des Grundwasserspiegels einschließlich beispielsweise der Auswirkungen von Wasserhaltungen, möglicher Überflutungen, dem Versagen von Entwässerungseinrichtungen, Wassergewinnungsmaßnahmen;
  - Gasaustritte aus dem Untergrund;
  - sonstige zeitliche und Umwelteinflüsse auf die Festigkeit und andere Eigenschaften der Materialien, wie z. B. die Auswirkung von Löchern durch tierische Aktivitäten;
- Erdbeben;
- Bewegungen im Untergrund durch Sackungen infolge eines Bergbaus oder anderer Ursachen;
- Verformungsempfindlichkeit des Bauwerks;
- die Rückwirkung des Neubaus auf bestehende Bauwerke, auf Versorgungsleitungen und auf die Umwelt.

A (4) Die vier Bemessungssituationen werden wie folgt definiert:

a) Bemessungssituation BS-P:
- Den ständigen Situationen (Persistent situations), die den üblichen Nutzungsbedingungen des Tragwerks entsprechen, wird die Bemessungssituation BS-P zugeordnet. Hierbei werden ständige und während der Funktionszeit des Bauwerks regelmäßig auftretende veränderliche Einwirkungen berücksichtigt.

b) Bemessungssituation BS-T

Den vorübergehenden Situationen (Transient situations), die sich auf zeitlich begrenzte Zustände beziehen, z. B.

- Bauzustände bei der Herstellung eines Bauwerks,
- Bauzustände an einem bestehenden Bauwerk, z. B. bei Reparaturen oder infolge von Aufgrabungs- oder Unterfangungsarbeiten,
- Baumaßnahmen für vorübergehende Zwecke, z. B. Baugrubenböschungen und Baugrubenkonstruktionen, soweit für Steifen, Anker und Mikropfähle nichts anderes festgelegt ist,
- Zustand mit einer planmäßig einmaligen Einwirkung oder Gegebenheit

wird die Bemessungssituation BS-T zugeordnet.

c) Bemessungssituation BS-A:

Den außergewöhnlichen Situationen (Accidental situations), die sich auf außergewöhnliche Bedingungen des Tragwerks oder seiner Umgebung beziehen, z. B. auf Feuer oder Brand, Explosion, Anprall, extremes Hochwasser oder Ankerausfall, wird die Bemessungssituation BS-A zugeordnet. Hierbei werden in der Regel neben jeweils einer außergewöhnlichen Einwirkung ständige und regelmäßig auftretende veränderliche Einwirkungen wie bei den Bemessungssituationen BS-P und BS-T berücksichtigt.

Eine außergewöhnliche Situation ist auch dann gegeben, wenn gleichzeitig mehrere voneinander unabhängige seltene Einwirkungen, z. B. ungewöhnlich große oder planmäßig einmalige Einwirkungen, zu berücksichtigen sind. Hierzu siehe auch A (5) und A 2.4.7.6.1 A (4).

d) Bemessungssituation BS-E:

Der Situation infolge von Erdbeben wird die Bemessungssituation BS-E zugeordnet.

A *Anmerkung* zu A (4) c) und A (4) d): Im Fall der Bemessungssituationen B-A und BS-E kann nicht ausgeschlossen werden, dass das Bauwerk nach deren Eintreten nicht mehr den Anforderungen an die Gebrauchstauglichkeit genügt. Sofern die damit möglicherweise verbundenen Schäden am Bauwerk vermieden werden sollen, wird empfohlen, Maßnahmen zu ergreifen, mit denen die Gebrauchstauglichkeit nachgewiesen werden kann.

A (5) Die Einwirkungen infolge eines Ausfalls von Betriebs- und Sicherungseinrichtungen sind entsprechend der zu erwartenden Häufigkeit des Auftretens in Verbindung mit den möglichen Folgen entweder mit Hilfe der Kombinationsregeln nach A 2.4.6.1.1 zu erfassen oder der Bemessungssituation BS-A zuzuordnen. Das Gleiche gilt sinngemäß für weitere unplanmäßige Situationen, z. B.

für die Möglichkeit eines unplanmäßigen Mehraushubs oder einer Kolkbildung.

A (6) Bei Baugrubenkonstruktionen darf in besonderen Situationen, wie sie in EAB[1] beschrieben sind, die Bemessungssituation BS-T mit abgeminderten Teilsicherheitsbeiwerten unter der Bezeichnung BS-T/A eingefügt werden.

2.3 Dauerhaftigkeit

(1)P In der Entwurfsphase einer Gründungsmaßnahme müssen die internen und externen Umweltbedingungen ermittelt werden, um ihre Bedeutung für die Dauerhaftigkeit zu erfassen und Vorkehrungen zum Schutz oder für einen angemessenen Widerstand der Baustoffe zu treffen.

(2) Bei der Planung für die Dauerhaftigkeit der im Baugrund eingesetzten Stoffe sollte Folgendes berücksichtigt werden:

a) bei Beton:

- aggressive Substanzen im Grundwasser oder im Boden oder in einer Auffüllung wie Säuren oder Sulfatsalze;

b) bei Stahl:

- chemischer Angriff bei Gründungselementen in einem Boden, der für strömendes Grundwasser und Sauerstoff ausreichend durchlässig ist;
- Korrosion auf der Wasserseite von Spundwänden, vor allem in der Wasserwechselzone;
- Lochfraß bei Stahleinlagen in gerissenem oder porösem Beton, besonders bei Walzstahl, bei dem sich zwischen der Walzhaut und Katode und dem Stahl darunter als Anode elektrolytische Effekte entwickeln können;

c) bei Holz:

- Befall von Pilzen und aeroben Bakterien bei Zutritt von Sauerstoff;

d) bei Kunststoffen:

- Alterung unter der Einwirkung von UV-Strahlen oder Ozon oder durch das Zusammenwirken von Temperatur und Spannung sowie sekundäre Auswirkungen chemischer Zersetzung.

(3) Auf die in den Baustoffnormen angegebenen Vorschriften zur Dauerhaftigkeit sollte Bezug genommen werden.

---

[1] EAB Empfehlungen des Arbeitskreises „Baugruben", herausgegeben von der Deutschen Gesellschaft für Geotechnik e. V. (DGGT), 4. Auflage, Verlag Ernst & Sohn (2006), Nachdruck 2007. (*Anm. d. Red.*: Neuausgabe 5. Aufl., Ernst & Sohn (2012)).

2.4 Geotechnische Bemessung auf Grund von Berechnungen

2.4.1 Allgemeines

(1)P Rechnerische Nachweise müssen entsprechend den grundsätzlichen Anforderungen der DIN EN 1990 und nach den speziellen Regeln dieser Norm geführt werden. Eine Bemessung durch Berechnung umfasst:

- Einwirkungen, entweder als äußere Kräfte oder als eingeprägte Verschiebungen, z. B. durch Bewegungen im Baugrund;
- Eigenschaften der Böden, Gesteine und anderer Materialien;
- geometrische Angaben;
- Grenzwerte für Verformungen, Rissweiten, Schwingungen usw.;
- Rechenmodelle.

(2) Es sollte berücksichtigt werden, dass die Kenntnis der Baugrundverhältnisse vom Umfang und von der Güte der Baugrunduntersuchungen abhängt. Deren Kenntnis und die Überwachung der Bauarbeiten sind im Allgemeinen wichtiger für die Einhaltung der grundsätzlichen Anforderungen als die Genauigkeit der Rechenmodelle und Teilsicherheitsbeiwerte.

(3)P Das Rechenmodell muss beschreiben, welches Baugrundverhalten im untersuchten Grenzzustand vorausgesetzt wird.

(4)P Falls für einen speziellen Grenzzustand kein zuverlässiges Rechenmodell zur Verfügung steht, muss der Nachweis mit einem anderen Grenzzustand geführt werden, wobei Teilsicherheitsbeiwerte anzusetzen sind, mit denen gesichert ist, dass der speziell zu untersuchende Grenzzustand nicht überschritten wird. Alternativ ist die Bemessung mit zulässigen Werten, Modellversuchen und Probebelastungen auszuführen oder die Beobachtungsmethode anzuwenden.

(5) Als Rechenmodell kommen in Frage:

- ein analytisches Verfahren;
- ein halbempirisches Verfahren;
- ein numerisches Verfahren.

(6)P Jedes Rechenmodell muss entweder hinreichend genau sein oder zur sicheren Seite hin abweichen.

(7) Ein Rechenmodell darf Vereinfachungen enthalten.

(11) Grenzzustände mit Bildung eines Bruchmechanismus im Boden sollten in einfacher Weise mit einem Rechenmodell überprüft werden. Bei Grenzzuständen auf Grund von Verformungsbetrachtungen sollten die Verformungen nach 2.4.8 berechnet oder auf andere Weise abgeschätzt werden.

Anmerkung: Viele Rechenmodelle basieren auf der Annahme eines hinreichend duktilen Verhaltens des Systems Baugrund/Bauwerk. Wenn diese Duktilität allerdings fehlt, führt das zu einem Grenzzustand der Tragfähigkeit, der durch einen plötzlichen Bruch gekennzeichnet ist.

A *Anmerkung* zu (11): Ein ausreichend duktiles Verhalten liegt vor, wenn sich ein Grenzzustand der Tragfähigkeit durch große Verformungen ankündigt. Dies ist z. B. nicht der Fall, wenn wassergesättigter Boden wegen eines zu großen Hohlraumgehaltes schon bei geringer Störung flüssig werden kann, insbesondere zum Setzungsfließen neigender Sand oder Quickton.

(12) Numerische Verfahren können geeignet sein, die Verträglichkeit von Dehnungen oder die Wechselwirkung von Bauwerk und Baugrund in einem Grenzzustand zu untersuchen.

A *Anmerkung* zu (12): Hierzu zählen insbesondere die Finite-Elemente-Methode (FEM) und die Finite-Differenzen-Methode (FDM) sowie numerische Anwendungen auf das Steifemodulverfahren und das Bettungsmodulverfahren.

(13) Im Grenzzustand sollte die Verträglichkeit der Dehnungen untersucht werden. In Fällen, wo ein gemeinsames Versagen von Bauteilen und des Baugrunds eintreten könnte, sollte eine detaillierte Untersuchung angestellt werden, in die das Steifigkeitsverhältnis von Bauwerk und Baugrund eingeht. Beispiele dafür sind Plattengründungen, seitlich belastete Pfähle und biegsame Stützwände. Besondere Aufmerksamkeit sollte der Verträglichkeit der Dehnungen bei Materialien gewidmet werden, die spröde sind oder zur Entfestigung neigen.

2.4.2 Einwirkungen

A 2.4.2.1 Grundsätzliche Festlegungen

(1)P Die Definition der Einwirkungen ist DIN EN 1990 zu entnehmen. Die Werte der Einwirkungen, die in Frage kommen, sind DIN EN 1991 zu entnehmen.

(2)P Die Werte der geotechnischen Einwirkungen müssen so ausgewählt werden, dass sie bei einer Berechnung als Eingangsdaten bekannt sind; sie können sich möglicherweise im Zuge der Berechnung ändern.

Anmerkung: Da sich die Werte geotechnischer Einwirkungen im Verlauf einer Berechnung verändern können, werden sie in solchen Fällen als eine erste Schätzung eingeführt, um die Berechnung mit einem vorläufig bekannten Wert zu beginnen.

(3)P Jede Wechselwirkung zwischen Bauwerk und Baugrund muss in Rechnung gestellt werden, wenn die der Bemessung zu Grunde zu legenden Einwirkungen ermittelt werden.

A (3) Bei der Schnittgrößenermittlung von Fundamenten, Gründungsplatten, Pfahlgruppen, Pfahlrosten und kombinierten Pfahl-Plattengründungen, die durch das aufgehende Bauwerk ausgesteift sind, ist die Umlagerung der Gründungslasten infolge der Wechselwirkung Baugrund–Bauwerk zu berücksichtigen.

(4) Bei der geotechnischen Bemessung sollten folgende Einwirkungen einbezogen werden:
- die Eigengewichte von Boden, Fels und Wasser;
- die Spannungen im Untergrund;
- Erddrücke;
- Wasserdrücke offener Gewässer einschließlich der Wellendrücke;
- Grundwasserdrücke;
- Strömungsdrücke;
- ruhende und eingeprägte Bauwerkslasten;
- Auflasten;
- Pollerzugkräfte;
- Entlastungen oder Bodenaushub;
- Verkehrslasten;
- durch Bergbau oder andere Aushöhlungen oder Tunnelbauten verursachte Bewegungen;
- durch die Vegetation, das Klima oder Feuchtigkeitsänderungen verursachtes Schwellen und Schrumpfen;
- Bewegungen infolge von kriechenden, rutschenden oder sich setzenden Bodenmassen;
- Bewegungen infolge von Entfestigung, Suffusion, Zerfall, Eigenverdichtung und chemischen Lösungsvorgängen;
- Bewegungen und Beschleunigungen durch Erdbeben, Explosionen, Schwingungen und dynamische Belastungen;
- Temperatureinwirkungen einschließlich der Frostwirkung;
- Eislasten;
- Vorspannung von Bodenankern oder Steifen;
- abwärts gerichteter Zwang (z. B. negative Mantelreibung).

A *Anmerkung* zu (4): Weitere Angaben hierzu siehe A 2.4.2.2 und A 2.4.2.3.

(5)P Bei den veränderlichen Einwirkungen muss die Möglichkeit geprüft werden, dass sie sowohl gemeinsam als auch unabhängig voneinander auftreten können.

A (5) Wenn nachfolgend nichts anderes gesagt wird, gelten die Regelungen immer unter der Annahme, dass die veränderlichen Einwirkungen voneinander unabhängig sind. Voneinander abhängige Einwirkungen sind zusammen wie eine unabhängige Einwirkung zu behandeln.

(6)P Die Dauer von Einwirkungen muss im Hinblick auf den Einfluss der Zeit auf die Bodeneigenschaften betrachtet werden, speziell was die Dränung und Zusammendrückbarkeit feinkörniger Bodenarten anbelangt.

(7)P Einwirkungen, die wiederholt auftreten, und Einwirkungen wechselnder Stärke müssen im Hinblick auf fortgesetzte Bewegungen, Bodenverflüssigung, veränderte Steifigkeit und Festigkeit des Untergrundes usw. besonders beachtet werden.

(8)P Einwirkungen, die im Bauwerk und im Baugrund eine dynamische Reaktion hervorrufen, müssen besonders beachtet werden.

A (8a) Übliche zyklische, dynamische oder stoßartige Einwirkungen auf den Baugrund aus Regellasten auf Bauwerke und Verkehrsflächen oder aus Baubetrieb dürfen als veränderliche statische Einwirkungen berücksichtigt werden.

A (8b) Bei erheblichen zyklischen, dynamischen oder stoßartigen Einwirkungen auf Bauteile, z. B. infolge von Stößen durch Aufprall, Anprall nach DIN EN 1991-1-7, Druckwellen in Luft oder Wasser oder durch Schwingungen, z. B. durch Maschinen, ist zu prüfen, ob sie durch statische Ersatzlasten berücksichtigt werden dürfen oder ob besondere Untersuchungen zur Erfassung von Trägheits- und Entfestigungseffekten bzw. von Verformungs- oder Porenwasserdruckakkumulation notwendig sind.

A (8c) Zur Berücksichtigung von Erdbebeneinwirkungen ist DIN EN 1998-5/NA zu beachten.

(9)P Einwirkungen, bei denen die Kräfte des Grundwassers und des offenen Wassers vorherrschen, müssen im Hinblick auf Verformungen, Rissbildungen, Veränderung der Durchlässigkeit und Erosion besonders beachtet werden.

A 2.4.2.2 Weitere Angaben zu den geotechnischen Einwirkungen

A (2) Verformungen des Baugrunds infolge der mit der Herstellung und Nutzung des Bauwerkes verbundenen Belastung sowie infolge der Belastung des benachbarten Bodens sind als dem Bauwerk aufgezwungene Setzungsmulden bzw. als unterschiedlich große Horizontalverschiebungen der Gründungselemente zu berücksichtigen.

A (3) Weiträumige Verformungen des Baugrunds, z. B. infolge von untertägiger Massenentnahmen, Tektonik oder Hangkriechen, sind wie folgt zu berücksichtigen:

a) wenn sich das Bauwerk den Verformungen anpassen kann, sind diese während der Bauzeit und der Betriebszeit durch Messungen zu registrieren und erforderlichenfalls auszugleichen;
b) wenn sich das Bauwerk den Verformungen nicht anpassen kann, sind die entstehenden Bodenreaktionen als Einwirkungen einzustufen. Sie dürfen in begründeten Fällen wie planmäßig einmalige Einwirkungen nach A 2.2 A (4) c) behandelt werden.

A (4) Physikalisch oder chemisch verursachte Volumenänderungen, z. B. infolge von Temperaturänderungen oder Feuchtigkeitsänderungen in Bauteilen oder infolge von Quellen oder Schrumpfen des Bodens, sind als aufgezwungene Verformungen, gegebenenfalls auch als erhöhte oder verminderte Bodenreaktionen nach A (3) b) zu berücksichtigen.

A (5) Weitere geotechnische Einwirkungen können sich aus den Randbedingungen des Einzelfalls ergeben.

A 2.4.2.3 Weitere Angaben zu den Einwirkungen aus Bauwerken (Gründungslasten)

A (1) Die Einwirkungen bzw. Beanspruchungen aus Bauwerken (Gründungslasten) ergeben sich aus der statischen Berechnung des aufliegenden Tragwerkes nach den dafür geltenden Regeln und Normen. Sie sind im Hinblick auf eine wirtschaftliche geotechnische Bemessung für die weitere Berechnung und Bemessung vom Tragwerksplaner für jede kritische Einwirkungskombination in den maßgebenden Bemessungssituationen

– für den Grenzzustand der Tragfähigkeit nach 2.4.7 (Ultimate limit state, ULS) und
– für den Grenzzustand der Gebrauchstauglichkeit nach 2.4.8 (Serviceability limit state, SLS)

in der Regel als charakteristische bzw. repräsentative Schnittgrößen in Höhe der Oberkante der Gründungskonstruktion anzugeben.

A *Anmerkung* zu A (1): Werden bei geotechnischen Nachweisen die Bemessungswerte E_d der Gesamtbeanspruchung verwendet, liegt dieses Vorgehen auf der sicheren Seite. Dies kann zu unwirtschaftlicheren Abmessungen führen.

A (2) In der Regel ist bei der Ermittlung der charakteristischen bzw. repräsentativen Gründungslasten wie folgt vorzugehen:

a) Im Regelfall der linear-elastischen Schnittgrößenermittlung werden die Beanspruchungen $E_{G,k}$ und $E_{Q,k}$ bzw. $E_{Q,rep}$, die sich aus charakteristischen bzw. repräsentativen Einwirkungen ergeben, für die kritischen Einwirkungskombinationen in der Gründungsfuge unmittelbar übergeben. Als Gründungsfuge gilt
   – bei Flächengründungen die Aufstandsfläche,
   – bei Pfahlgründungen entweder die Oberkante der Gründungskonstruktion oder die Schnittstelle von Pfahlkopf und Tragwerk.
b) Bei der Ermittlung der Gründungslasten von Fundamenten, bei denen Verkantungen der Gründung zu nennenswerten Zusatzbeanspruchungen führen, z. B. bei einem Turm auf einer Fundamentplatte, sind die Schnittgrößen nach Theorie 2. Ordnung zu berücksichtigen. Dabei ist vereinfacht und auf der sicheren Seite liegend folgender Berechnungsweg zulässig: Die Verformungen des Tragwerks einschließlich seiner Gründung werden mit den kritischen Einwirkungskombinationen unter Verwendung von Bemessungswerten der Einwirkungen ermittelt. Bei der Verformungsermittlung der Gründung dürfen dabei die für charakteristische Lasten ermittelten Steifigkeiten (z. B. die Drehfedersteifigkeit als das Verhältnis von Einspannmoment zu Verkantung) verwendet werden. In einer zweiten Berechnung werden anschließend unter Berücksichtigung dieser zuvor ermittelten Verformungen für die gleichen Einwirkungskombinationen die charakteristischen bzw. repräsentativen Werte $E_{G,k}$ und $E_{Q,rep}$ der Beanspruchungen aus ständigen und veränderlichen Einwirkungen in den Gründungsfugen mit den charakteristischen bzw. repräsentativen Werten G_k und Q_{rep} der Einwirkungen am Tragwerk bestimmt.
c) Bei der Anwendung physikalisch nichtlinearer Verfahren nach Theorie 1. Ordnung zur Berechnung der Schnittgrößen (z. B. Plastizitätstheorie) ergeben sich im Grenzzustand der Tragfähigkeit Bemessungswerte E_d der Gründungslasten, die in jeweils einen Anteil $E_{G,d}$ aus ständigen Einwirkungen und einen Anteil $E_{Q,d}$ aus veränderlichen Einwirkungen aufgeteilt werden dürfen. Diese Aufteilung darf sich z. B. an denjenigen Gründungslasten orientieren, die sich bei linearer Berechnung oder am statisch bestimmten Tragwerk ergeben. Die so bestimmten Anteile $E_{G,d}$ und $E_{Q,d}$ dürfen durch die zugehörigen Teilsicherheitsbeiwerte nach Tabelle A 2.1 dividiert werden, um die äquivalenten charakteristischen Werte $E_{G,k}$ und $E_{Q,k}$ der Beanspruchungen aus ständigen und veränderlichen Einwirkungen in den Gründungsfugen zu berechnen.

d) Bei der Ermittlung der Schnittgrößen in den Gründungselementen werden die nach a), b) oder c) für die Gründungsfuge ermittelten Werte $E_{G,k}$, $E_{Q,k}$ bzw. $E_{Q,rep}$ als Einwirkungen G_k und Q_{rep} eingeführt.

A *Anmerkung* zu A (2): Im Folgenden werden die Beanspruchungen aus veränderlichen Einwirkungen stets mit dem Symbol $E_{Q,rep}$ gekennzeichnet, unabhängig davon, ob diese mit einem Kombinationsbeiwert behaftet sind oder nicht. Charakteristische veränderliche Einwirkungen werden somit als repräsentative Einwirkungen behandelt, die sich aus der Multiplikation mit $\psi = 1$ ergeben haben.

2.4.3 Baugrundeigenschaften

(1)P Die Eigenschaften der Boden- und Felsformationen, die für die rechnerischen Nachweise durch geotechnische Kenngrößen quantifiziert werden, müssen entweder direkt oder durch Korrelation, Theorie oder Erfahrung aus Versuchsergebnissen oder aus anderen einschlägigen Quellen ermittelt werden.

(2)P Die Kennwerte aus Versuchsergebnissen oder anderen Quellen sind für den jeweils untersuchten Grenzzustand sachgerecht zu interpretieren.

(3)P Die möglichen Unterschiede zwischen den versuchsmäßig ermittelten Baugrundeigenschaften und geotechnischen Kenngrößen einerseits und andererseits jenen, die das Verhalten der Gründung bestimmen, müssen berücksichtigt werden.

2.4.5 Charakteristische Werte

2.4.5.2 Charakteristische Werte von geotechnischen Kenngrößen

(1)P Die Wahl charakteristischer Werte für geotechnische Kenngrößen muss an Hand der Ergebnisse und abgeleiteten Werte aus Labor- und Feldversuchen erfolgen, ergänzt durch vergleichbare Erfahrungen.

(2)P Der charakteristische Wert einer geotechnischen Kenngröße ist als eine vorsichtige Schätzung desjenigen Wertes festzulegen, der im Grenzzustand wirkt.

A (2) Der Ansatz eines vorsichtigen Schätzwerts des Mittelwerts der Scherfestigkeit als charakteristischer Wert setzt voraus, dass sich der Boden ausreichend duktil verhält. Hierzu siehe 2.4.1 A (11).

(3)P Die größere Streuung von c' im Vergleich zu $\tan \varphi'$ ist bei der Festlegung ihrer charakteristischen Werte zu berücksichtigen.

(4)P Bei der Wahl charakteristischer Werte der geotechnischen Kenngrößen muss Folgendes beachtet werden:

- geologische und andere Hintergrundinformationen wie die Werte von früheren Projekten;
- die Streuung der gemessenen Eigenschaft und andere einschlägige Informationen, z. B. auf Grund vorhandener Kenntnisse;
- der Umfang der Feld- und Laboruntersuchung;
- Art und Anzahl der Bodenproben;
- die Ausdehnung des Baugrundbereichs, der für das Verhalten des geotechnischen Bauwerks im betrachteten Grenzzustand maßgebend ist;
- die Fähigkeit des geotechnischen Bauwerks, Lasten aus weicheren in festere Bereiche des Baugrunds umzulagern.

(5) Charakteristische Werte können untere Werte sein, die niedriger sind als die wahrscheinlichsten, oder obere Werte, die darüber liegen.

A (5) Bei der Anwendung von numerischen Verfahren, insbesondere der FEM oder der FDM, werden Stoffmodelle benötigt, deren Auswahl und Parameterbestimmung besondere Fachkenntnis und Erfahrung erfordern.

(6)P Bei jedem Nachweis muss die ungünstigste Kombination von unteren und oberen Werten voneinander unabhängiger Kenngrößen angewendet werden.

(7) Der für das Verhalten des geotechnischen Bauwerks maßgebende Baugrundbereich ist gewöhnlich viel größer als ein Versuchskörper oder als der Bodenbereich, der von einem Feldversuch erfasst wird. Daher sind die maßgebenden Kenngrößen oft Mittelwerte aus einem Wertebereich über eine große Fläche oder ein großes Volumen des Baugrunds. Der charakteristische Wert sollte dann ein vorsichtiger Schätzwert dieses Mittelwertes sein.

(8) Falls das Verhalten des geotechnischen Bauwerks im betrachteten Grenzzustand vom niedrigsten oder vom höchsten Wert der Bodeneigenschaft gesteuert wird, sollte der charakteristische Wert ein vorsichtig gewählter niedrigster bzw. höchster Wert sein, in der für das Verhalten maßgebenden Zone auftreten kann.

(9) Bei der Festlegung des für das Verhalten geotechnischen Bauwerks im Grenzzustand maßgebenden Baugrundbereichs sollte beachtet werden, dass dieser Grenzzustand vom Verhalten des gestützten Bauwerks abhängt. Wenn beispielsweise für ein Gebäude auf mehreren Einzelfundamenten der Grenzzustand der Tragfähigkeit untersucht wird und das Bauwerk nicht in der Lage ist, ein örtliches Versagen eines Einzelfun-

daments zu überstehen, dann sollte die maßgebende Festigkeit der Mittelwert der Festigkeiten sein, die über jede einzelne der Bodenschichten unter einem Einzelfundament angesetzt werden.

Ist dagegen das Bauwerk steif genug, sollte die maßgebende Kenngröße der Mittelwert aller einzelnen Mittelwerte im gesamten Bereich oder in dem Teil des Baugrunds unter dem Gebäude sein.

(10) Falls statistische Verfahren bei der Auswahl charakteristischer Werte von Baugrundeigenschaften eingesetzt werden, sollten Verfahren verwendet werden, die sowohl zwischen örtlich entnommenen Proben (lokale Stichprobe) und Proben aus der weiteren Umgebung (regionale Stichprobe) unterscheiden als auch Vorkenntnisse vergleichbarer Bodenarten berücksichtigen können.

(11) Falls statistische Verfahren benutzt werden, sollte der charakteristische Wert so abgeleitet werden, dass für den betrachteten Grenzzustand die rechnerische Wahrscheinlichkeit für einen ungünstigeren Wert nicht größer als 5% ist.

Anmerkung: In diesem Zusammenhang entspricht der vorsichtig gewählte Mittelwert einem Mittelwert mit einem 95%igen Vertrauensbereich für einen begrenzten Satz von Werten der geotechnischen Kenngröße. Ist dagegen örtliches Versagen angezeigt, entspricht eine vorsichtige Wahl dem einer 5%-Fraktile zuzuordnenden unteren Wert.

(12)P Wenn Tabellen für Baugrund-Kenngrößen verwendet werden, muss der charakteristische Wert als sehr vorsichtiger Wert gewählt werden.

2.4.5.3 Charakteristische Werte von geometrischen Vorgaben

(1)P Die charakteristischen Werte von Geländehöhen und Spiegelhöhen des Grundwassers oder offener Gewässer müssen Messwerte, Nennwerte oder geschätzte obere oder untere Höhenangaben sein.

(2) Die charakteristischen Werte von Geländehöhen und Abmessungen der geotechnischen Bauwerke oder Bauwerksteile sollten in der Regel Nennwerte sein.

2.4.6 Bemessungswerte

2.4.6.1 Bemessungswerte von Einwirkungen

A 2.4.6.1.1 Ermittlung und Kombination der Bemessungswerte

(1)P Der Bemessungswert einer Einwirkung muss nach DIN EN 1990 bestimmt werden.

(2)P Der Bemessungswert einer Einwirkung F_d muss entweder direkt festgelegt oder aus repräsentativen Werten nach folgender Gleichung abgeleitet werden:

$$F_d = \gamma_F \cdot F_{rep} \quad (2.1a)$$

mit

$$F_{rep} = \psi \cdot F_k \quad (2.1b)$$

A *Anmerkung* zu (2)P: Bei ständigen Einwirkungen und bei der Leiteinwirkung der veränderlichen Einwirkungen gilt $F_{rep} = F_k$.

A (2a) Bei mehreren unabhängigen veränderlichen charakteristischen Einwirkungen $Q_{k,i}$ ist die Untersuchung von Kombinationen mit den Beiwerten ψ in (2.1b) erforderlich, wobei fallweise jeweils eine der unabhängigen Einwirkungen als Leiteinwirkung $Q_{k,1}$ anzusetzen ist.

$$Q_{rep} \,{\bf{,,}}{=}{\bf{''}}\, Q_{k,1} \,{\bf{,,}}{+}{\bf{''}}\, \sum \psi_{0,i} \cdot Q_{k,i} \quad A\,(2.1\,c)$$

A *Anmerkung* zu A (2a): Entsprechend DIN EN 1990 hat die Zeichenkombination „=" die Bedeutung „ergibt sich aus", die Zeichenkombination „+" die Bedeutung „in Verbindung mit".

A (2b) Beim Nachweis der Sicherheit gegen Aufschwimmen (UPL nach 2.4.7.1 (1)) und der Sicherheit gegen hydraulischen Grundbruch (HYD nach 2.4.7.1 (1)) sind die Bemessungswerte F_d der Einwirkungen in den Bemessungssituationen BS-P, BS-T und BS-A aus den charakteristischen Werten F_k der Einwirkungen und den Teilsicherheitsbeiwerten γ_F für Einwirkungen ohne Berücksichtigung von Kombinationsbeiwerten zu ermitteln.

$$F_d = F_k \cdot \gamma_F \quad \text{bzw.} \quad F_d = \sum_{i \geq 1} F_{k,i} \cdot \gamma_{F,i} \quad A\,(2.1\,d)$$

A (3) Zusätzlich zu den im Nationalen Anhang zu DIN EN 1990:2010-12, Tabelle NA 1.1 angegebenen Kombinationsbeiwerten für Hochbauten sind in der Geotechnik die Kombinationsbeiwerte für sonstige Einwirkungen ($\psi_0 = 0{,}8$, $\psi_1 = 0{,}7$, $\psi_2 = 0{,}5$) aus der genannten Tabelle anzuwenden.

NDP Zu 2.4.6.1 (4)P Die Zahlenwerte der Teilsicherheitswerte für Einwirkungen bzw. Beanspruchungen in den einzelnen Grenzzuständen und Bemessungssituationen sind Tabelle A 2.1 zu entnehmen.

(5) Falls Bemessungswerte geotechnischer Einwirkungen direkt festgelegt werden, sind die Teilsicherheitsbeiwerte (*Anm. d. Red. nach Tabelle A 2.1*) als Richtwerte für das erforderliche Sicherheitsniveau anzusehen.

A 2.4.6.1.2 Bemessungswerte von Grundwasserdrücken

(6)P Bei der Behandlung von Grundwasserdrücken in Grenzzuständen mit erheblichen Konsequenzen (in der Regel Grenzzustände der Tragfähigkeit) müssen die Bemessungswerte die ungünstigsten Werte sein, die während der Nutzungsdauer des Bauwerks auftreten könnten. Bei Grenzzuständen mit weniger schweren Konsequenzen (in der Regel Grenzzustände der Gebrauchstauglichkeit) müssen als Bemessungswerte die ungünstigsten Werte angesetzt werden, die unter normalen Umständen auftreten könnten.

A (6) Bei der Ermittlung der Bemessungswerte der Beanspruchungen aus freiem Wasser und aus Grundwasser sind auch für den veränderlichen Anteil des Wasserdrucks die Teilsicherheitsbeiwerte für ständige Einwirkungen zugrunde zu legen.

(7) In bestimmten Fällen dürfen extreme Wasserdrücke nach DIN EN 1990, 1.5.3.5 als außergewöhnliche Einwirkungen behandelt werden.

(8) Nach 2.4.5.3 (1)P dürfen die Bemessungswerte für Grundwasserdrücke entweder mit Teilsicherheitsbeiwerten auf charakteristische Wasserdrücke oder mit einem Sicherheitszu- oder -abschlag für den charakteristischen Wasserstand abgeleitet werden.

(9) Folgende Faktoren können sich auf die Wasserdrücke auswirken und sollten berücksichtigt werden:
– die Spiegelhöhe des offenen Gewässers oder des Grundwassers;
– die günstigen oder ungünstigen Auswirkungen einer natürlichen oder künstlichen Entwässerung, wobei deren künftige Wartung zu berücksichtigen ist;
– die Wassermenge infolge von Niederschlägen, Überschwemmungen, Rohrbrüchen oder infolge anderer Ursachen;
– Veränderungen der Wasserdrücke durch wachsende oder gerodete Vegetation.

(10) Beachtet werden sollten ungünstige Wasserstände, die durch veränderte Wasserfassungen und verminderte Dränung infolge von Verstopfung, Frosteinwirkung oder aus anderen Gründen auftreten können.

(11) Sofern die Zuverlässigkeit des Entwässerungssystems nicht nachgewiesen und seine Wartung nicht sicher ist, sollte als Bemessungs-Grundwasserstand die höchste mögliche Kote genommen werden, d. h. möglicherweise die Geländeoberfläche.

2.4.6.2 Bemessungswerte für geotechnische Kenngrößen

(1)P Bemessungswerte für geotechnische Kenngrößen X_d müssen entweder aus charakteristischen Werten mit folgender Gleichung

$$X_d = \frac{X_k}{\gamma_M} \quad (2.2)$$

abgeleitet oder direkt festgelegt werden.

NDP Zu 2.4.6.2 (2)P Die Zahlenwerte der Teilsicherheitsbeiwerte für geotechnische Kenngrößen in den einzelnen Grenzzuständen und Bemessungssituationen sind Tabelle A 2.2 zu entnehmen.

(3) Falls Bemessungswerte für geotechnische Kenngrößen direkt festgelegt werden, sind die Teilsicherheitsbeiwerte (*Anm. d. Red. nach Tabelle A 2.2*) als Richtwerte für das erforderliche Sicherheitsniveau anzusehen.

A (4) Beim Nachweis der Gesamtstandsicherheit (GEO-3) sind die charakteristischen Werte der Scherfestigkeit wie folgt mit den Teilsicherheitsbeiwerten $\gamma_{\varphi'}$ und $\gamma_{c'}$ bzw. γ_{cu} und $\gamma_{\varphi u}$ mit Werten $\gamma > 1$ in Bemessungswerte der Scherfestigkeit umzurechnen:

$$\tan\varphi'_d = \tan\varphi'_k / \gamma_{\varphi'} \quad \text{A (2.2a)}$$
$$c'_d = c'_k / \gamma_c \quad \text{A (2.2b)}$$
$$c_{u,d} = c_{u,k} / \gamma_{cu} \quad \text{A (2.2c)}$$
$$\tan\varphi_{u,d} = \tan\varphi_{u,k} / \gamma_{\varphi u} \quad \text{A (2.2d)}$$

2.4.6.3 Bemessungswerte für geometrische Vorgaben

(1) Die Teilsicherheitsbeiwerte für Einwirkungen und Materialien (γ_F und γ_M) enthalten einen Spielraum für kleinere Streuungen geometrischer Vorgaben, so dass in solchen Fällen keine weitere Sicherheit für geometrische Vorgaben gefordert werden sollte.

(2)P In Fällen, in denen Abweichungen bei den geometrischen Vorgaben eine nachhaltige Wirkung auf die Zuverlässigkeit eines Bauwerks haben, müssen die Bemessungswerte a_d der geometrischen Vorgaben entweder direkt festgelegt oder aus Nennwerten mit der Gleichung (siehe 6.3.4 in DIN EN 1990:2010-12)

$$a_d = a_{nom} \pm \Delta a \quad (2.3)$$

abgeleitet werden, wobei die Werte von Δa in 6.5.4 (2) angegeben sind.

2.4.7 Grenzzustände der Tragfähigkeit

2.4.7.1 Allgemeines

(1)P Soweit zutreffend, muss nachgewiesen werden, dass folgende Grenzzustände nicht überschritten werden:
– Verlust der Lagesicherheit des als starrer Körper angesehenen Bauwerks oder des Baugrunds, wobei die Festigkeiten der Baustoffe und des Baugrunds für den Widerstand nicht entscheidend sind (EQU);
– inneres Versagen oder sehr große Verformung des Bauwerks oder seiner Bauteile, einschließlich der Fundamente, Pfähle, Kellerwände

usw., wobei die Festigkeit der Baustoffe für den Widerstand entscheidend ist (STR);

- Versagen oder sehr große Verformung des Baugrunds, wobei die Festigkeit der Locker- und Festgesteine für den Widerstand entscheidend ist (GEO);
- Verlust der Lagesicherheit des Bauwerks oder Baugrunds infolge Aufschwimmens (Auftrieb) oder anderer vertikaler Einwirkungen (UPL);
- hydraulischer Grundbruch, innere Erosion und Piping im Boden, verursacht durch Strömungsgradienten (HYD).

Anmerkung: Der Grenzzustand GEO ist oft für die Bemessung von Bauelementen bei Gründungen oder Stützbauwerken und zuweilen für die Festigkeit von Tragwerksgliedern maßgebend.

A *Anmerkung* zu (1)P: Dem Grenzzustand GEO werden zwei verschiedene Arten von Nachweisverfahren (GEO-2 und GEO-3) zugeordnet. Siehe 2.4.7.3.4.3 und 2.4.7.3.4.4.

NDP Zu 2.4.7.1 (2)P Die Zahlenwerte der Teilsicherheitsbeiwerte für Einwirkungen, Beanspruchungen, geotechnische Kenngrößen und Widerstände in den einzelnen Grenzzuständen und Bemessungssituationen sind Tabellen A 2.1 bis A 2.3 zu entnehmen.

NDP Zu 2.4.7.1 (3) Die Zahlenwerte der Teilsicherheitsbeiwerte für Einwirkungen, Beanspruchungen, geotechnische Kenngrößen und Widerstände in außerordentlichen Bemessungssituationen sind Tabellen A 2.1 bis A 2.3 zu entnehmen.

(4) Höhere Werte als die im Anhang A empfohlenen sollten in Fällen außergewöhnlichen Risikos oder ungewöhnlicher oder außerordentlich schwieriger Baugrundverhältnisse oder Belastungen angesetzt werden.

NDP Zu 2.4.7.1 (4) Von dieser Möglichkeit wird in A 2.4.6.1.1 A (2b) durch die Einführung von zusätzlichen Teilsicherheitsbeiwerten für die Einwirkungen bei der Bemessungssituation BS-A Gebrauch gemacht.

(5) Geringere Werte als die im Anhang A empfohlenen dürfen bei zeitlich befristeten Tragwerken oder bei vorübergehenden Bemessungssituationen angesetzt werden, wenn die möglichen Folgen das rechtfertigen.

NDP Zu 2.4.7.1 (5) Von dieser Möglichkeit wird in 2.2 A (4) durch die Einführung der Bemessungssituation BS-T Gebrauch gemacht.

2.4.7.2 Nachweis der Lagesicherheit

(1)P Bei der Betrachtung des Grenzzustands der Lagesicherheit oder von Gesamtverschiebungen des Tragwerks oder des Baugrunds (EQU) muss nachgewiesen werden, dass

$$E_{dst,d} \leq E_{stb,d} + T_d \tag{2.4}$$

ist, mit

$$E_{dst,d} = E\left\{\gamma_F \cdot F_{rep}; \frac{X_k}{\gamma_M}; a_d\right\}_{dst} \tag{2.4a}$$

und

$$E_{stb,d} = E\left\{\gamma_F \cdot F_{rep}; \frac{X_k}{\gamma_M}; a_d\right\}_{stb} \tag{2.4b}$$

A *Anmerkung* zu (2)P: Zum Nachweis der Sicherheit gegen Kippen siehe 6.5.4 A (3).

NDP Zu 2.4.7.2 (2)P Die Zahlenwerte der Teilsicherheitsbeiwerte für Einwirkungen bzw. Beanspruchungen im Grenzzustand des Verlustes der Lagesicherheit sind Tabelle A 2.1 zu entnehmen.

2.4.7.3 Nachweis von Grenzzuständen im Tragwerk und im Baugrund bei ständigen und vorübergehenden Bemessungssituationen

2.4.7.3.1 Allgemeines

(1)P Bei der Betrachtung eines durch Bruch oder sehr große Verformung gekennzeichneten Grenzzustands in einem Tragelement, in einem Querschnitt oder im Baugrund (STR und GEO) muss nachgewiesen werden, dass

$$E_d \leq R_d \tag{2.5}$$

ist.

A (2) Die in diesem Abschnitt beschriebenen Nachweise gelten für die in 2.2 A (4) genannten Bemessungssituationen BS-P, BS-T, BS-A und BS-E.

2.4.7.3.2 Bemessungswert der Beanspruchungen

(1) Die Teilsicherheitsbeiwerte für die Einwirkungen können entweder auf die Einwirkungen F_{rep} selbst oder ihre Auswirkungen E angewendet werden:

$$E_d = E\left\{\gamma_F \cdot F_{rep}; \frac{X_k}{\gamma_M}; a_d\right\} \tag{2.6a}$$

oder

$$E_d = \gamma_E \cdot E\left\{F_{rep}; \frac{X_k}{\gamma_M}; a_d\right\} \tag{2.6b}$$

A (1a) Die Bemessungswerte der Beanspruchungen E_d sind stets in den maßgebenden Schnitten durch das Bauwerk und den Baugrund sowie in den Berührungsflächen zwischen Bauwerk und Baugrund zu ermitteln. Die Abschnitte 2.4.7.3.4.3 und 2.4.7.3.4.4 enthalten die Festlegungen dazu, bei welchen Grenzzuständen welche der beiden Gleichungen anzuwenden ist. Nachfolgend werden zwei Fälle unterschieden.

A (1b) Im allgemeingültigen Fall, der auch
- nichtlinear-elastische Berechnungen und die
- Anwendung der Theorie 2. Ordnung

erfasst, ergeben sich die Bemessungswerte E_d der Beanspruchungen unter Beachtung der Teilsicherheitsbeiwerte und Kombinationsbeiwerte aus folgenden Ansätzen:

- für die Bemessungssituationen BS-P und BS-T:

$$E_d = E\left(\sum_{j \geq 1} \gamma_{G,j} \cdot G_{k,j} \; „+" \; \gamma_P \cdot P_k \; „+" \; \gamma_{Q,1} \cdot Q_{k,1} \; „+" \; \sum_{i>1} \gamma_{Q,i} \cdot \psi_{0,i} \cdot Q_{k,i}\right)$$
A (2.6c)

- für die Bemessungssituation BS-A

$$E_d = E\left(\sum_{j \geq 1} \gamma_{G,j} \cdot G_{k,j} \; „+" \; \gamma_P \cdot P_k \; „+" \; A_d \; „+" \; \gamma_{Q,1} \cdot (\psi_1 \text{ oder } \psi_2) \cdot Q_{k,1} \; „+" \; \sum_{i>1} \gamma_{Q,i} \cdot \psi_{2,i} \cdot Q_{k,i}\right)$$
A (2.6d)

- für die Bemessungssituation BS-E:

$$E_d = E\left(\sum_{j \geq 1} G_{k,j} \; „+" \; P_k \; „+" \; A_{Ed} \; „+" \; \sum_{i \geq 1} \psi_{2,j} \cdot Q_{k,i}\right)$$
A (2.6e)

A Anmerkung 1 zu A (1b): Entsprechend DIN EN 1990 hat die Zeichenkombination „+" die Bedeutung „in Verbindung mit".

A Anmerkung 2 zu A (1b): Für Nachweise in der Geotechnik werden auch bei der Bemessungssituation BS-A Teilsicherheitsbeiwerte eingeführt. Damit wird die Regelung in 2.4.7.1 (3) konkretisiert.

A Anmerkung 3 zu A (1b): Die Wahl zwischen ψ_1 oder ψ_2 in Gleichung A (2.6d) hängt von der maßgebenden außergewöhnlichen Bemessungssituation ab. Siehe hierzu DIN EN 1990:2010-12, 6.4.3.3 (3) und (4).

A (1c) In den Gleichungen A (2.6c) bis A (2.6e) sind

E_d Bemessungswert einer Beanspruchung;

$\gamma_{G,j}$ Teilsicherheitsbeiwert γ_G für die j-te ständige charakteristische Einwirkung $G_{k,j}$. Bei Erdruhedruck als ständiger Einwirkung ist hier $\gamma_{G,E0}$ aus Tabelle A 2.1 einzusetzen;

$G_{k,j}$ j-te ständige charakteristische Einwirkung ($j \geq 1$);

γ_P Teilsicherheitsbeiwert für Einwirkungen aus Vorspannen;

P_k charakteristische Einwirkung aus Vorspannung;

$\gamma_{Q,1}$ Teilsicherheitsbeiwert für die Leiteinwirkung der veränderlichen charakteristischen Einwirkungen;

$Q_{k,1}$ Leiteinwirkung der veränderlichen Einwirkungen;

$\gamma_{Q,i}$ Teilsicherheitsbeiwert für die i-te veränderliche charakteristische Einwirkung ($i > 1$);

$\psi_{0,i}$ Kombinationsbeiwert ψ_0 für begleitende veränderliche Einwirkung $Q_{k,i}$;

$Q_{k,i}$ i-te veränderliche Einwirkung ($i \geq 1$);

A_d Bemessungswert einer außergewöhnlichen Einwirkung;

ψ_1 Kombinationsbeiwert zum Festlegen des häufigen Werts der veränderlichen Leiteinwirkung $Q_{k,1}$;

ψ_2 Kombinationsbeiwert zum Festlegen des quasi-ständigen Werts der veränderlichen Leiteinwirkung $Q_{k,1}$;

A_{Ed} Bemessungswert einer Einwirkung infolge von Erdbeben nach DIN EN 1990:2010-12, Tabelle A.1.3;

$\psi_{0,i}, \psi_{1,i}, \psi_{2,i}$ Beiwerte für Kombinationen, zugehörig zur i-ten veränderlichen charakteristischen Einwirkung. Der erste Index bezieht sich dabei immer auf die Art des Beiwertes:

0 – Beiwert für Kombinationsbeiwerte veränderlicher Einwirkungen;

1 – Beiwert für häufige Werte veränderlicher Einwirkungen;

2 – Beiwert für quasi-ständige Werte veränderlicher Einwirkungen,

siehe 2.4.6.1.1 A (3).

A (1d) Im Fall der Nachweisführung mit linearelastischer Theorie und Gültigkeit des Superpositionsprinzips sind mit dem Nachweisverfahren 2 nach 2.4.7.3.4.3 A (3) die Einwirkungen stets als charakteristische Werte G_k bzw. Q_k in die Berechnung einzuführen. Erst bei der Aufstellung der Grenzzustandsbedingung sind die mit diesen Werten ermittelten charakteristischen bzw. repräsentativen Beanspruchungen in Form von Schnittgrößen (z. B. Querkräfte, Auflagerkräfte, Biegemomente) oder Spannungen (z. B. Normalspannungen, Schubspannungen, Vergleichsspannungen) mit dem Teilsicherheitsbeiwert γ_F und ggf. mit den Kombinationsbeiwerten ψ für Einwirkungen bzw. Beanspruchungen in Bemessungswerte E_d der Beanspruchungen umzurechnen. Danach ergeben sich die Bemessungswerte der Gesamtbeanspruchungen

– bei der Bemessungssituationen BS-P und BS-T nach der Gleichung

$$E_d = \sum_{j\geq 1}\gamma_{G,j} \cdot E(G_{k,j}) + \gamma_P \cdot E(P_k) + \gamma_{Q,1} \cdot E(Q_{k,1}) + \sum_{i>1}\gamma_{Q,i} \cdot \psi_{0,i} \cdot E(Q_{k,i}) \quad \text{A (2.6f)}$$

– bei der Bemessungssituation BS-A nach der Gleichung

$$E_d = \sum_{j\geq 1}\gamma_{G,j} \cdot E(G_{k,j}) + \gamma_P \cdot E(P_k) + E(A_d) + \gamma_{Q,1} \cdot (\psi_1 \text{ oder } \psi_2) \cdot E(Q_{k,1}) + \sum_{i>1}\gamma_{Q,i} \cdot \psi_{2,i} \cdot E(Q_{k,i})$$
$$\text{A (2.6g)}$$

– bei der Bemessungssituation BS-E nach der Gleichung

$$E_d = \sum_{j\geq 1}E(G_{k,j}) + E(P_k) + E(A_{Ed}) + \sum_{i\geq 1}\psi_{2,i} \cdot E(Q_{k,i}) \quad \text{A (2.6h)}$$

A *Anmerkung* 1 zu Gleichung A (2.6g): Für Nachweise der Geotechnik werden auch bei der Bemessungssituation BS-A Teilsicherheitsbeiwerte eingeführt. Damit wird die Regelung in 2.4.7.1 (4) konkretisiert.

A *Anmerkung* 2 zu Gleichung A (2.6g): Sofern sich die Auswirkungen von unplanmäßigen Situationen, z. B. des Ausfalls von Betriebs- und Sicherungseinrichtungen, eines unplanmäßigen Mehraushubs oder einer Kolkbildung, nicht in Form einer Einwirkung A_d, sondern in Form einer Erhöhung von Schnittgrößen ausdrücken, wird $A_d = 0$ gesetzt.

A *Anmerkung* 3 zu Gleichung A (2.6g): Die Wahl zwischen ψ_1 oder ψ_2 in Gleichung A (2.6d) hängt von der maßgebenden außergewöhnlichen Bemessungssituation ab. Siehe hierzu DIN EN 1990:2010-12, 6.4.3.3 (3) und (4).

Außer den Bezeichnungen in A (1c) gelten in den Gleichungen A (2.6f) bis A (2.6h) zusätzlich folgende Symbole:

$E(G_{k,j})$ Beanspruchung aus einer ständigen Einwirkung ($j \geq 1$);

$E(P_k)$ Beanspruchung aus einer Einwirkung aus Vorspannung;

$E(Q_{k,1})$ Beanspruchung aus der Leiteinwirkung der veränderlichen Einwirkungen;

$E(Q_{k,i})$ Beanspruchung aus begleitenden veränderlichen Einwirkungen ($i \geq 1$);

$E(A_d)$ Beanspruchung aus einer außergewöhnlichen Einwirkung;

$E(A_{Ed})$ Beanspruchung aus Erdbeben.

(2) Es gibt Bemessungssituationen, bei denen die Anwendung der Teilsicherheitsbeiwerte auf die geotechnischen Einwirkungen (wie Erd- und Wasserdrücke) zu Bemessungswerten führen könnte, die nicht plausibel oder sogar physikalisch unmöglich sind. In solchen Fällen sollten die Teilsicherheitsbeiwerte direkt auf die aus den Repräsentativwerten der Einwirkungen abgeleiteten Beanspruchungen angewendet werden.

NDP Zu 2.4.7.3.2 (3)P Die Zahlenwerte der Teilsicherheitsbeiwerte für Einwirkungen bzw. Beanspruchungen den einzelnen Grenzzuständen und Bemessungssituationen sind Tabelle A 2.1 zu entnehmen.

2.4.7.3.3 Bemessungswiderstände

(1) Die Teilsicherheitsbeiwerte können entweder auf Baugrundeigenschaften X oder auf die Widerstände R oder auf beide folgendermaßen angewendet werden:

$$R_d = R\left\{\gamma_F \cdot F_{rep}; \frac{X_k}{\gamma_M}; a_d\right\} \quad (2.7a)$$

oder

$$R_d = \frac{R\{\gamma_F \cdot F_{rep}; X_k; a_d\}}{\gamma_R} \quad (2.7b)$$

oder

$$R_d = \frac{R\left\{\gamma_F \cdot F_{rep}; \frac{X_k}{\gamma_M}; a_d\right\}}{\gamma_R} \qquad (2.7c)$$

Anmerkung: Wenn bei der Bemessung die Beanspruchungen faktorisiert werden, ist der Teilsicherheitsbeiwert der Einwirkungen $\gamma_F = 1{,}0$.

A (1) Die Bemessungswiderstände sind beim Nachweisverfahren GEO-2 nach Gleichung (2.7b) und beim Nachweisverfahren GEO-3 nach Gleichung (2.7a) zu ermitteln.

NDP Zu 2.4.7.3.3 (2)P Die Zahlenwerte der Teilsicherheitsbeiwerte für Widerstände in den einzelnen Grenzzuständen und Bemessungssituationen sind Tabelle A 2.3 zu entnehmen.

2.4.7.3.4 Nachweisverfahren

2.4.7.3.4.1 Allgemeines

(1)P Die Art und Weise, wie die Gleichungen (2.6) und (2.7) angewendet werden, muss durch eines von drei Verfahren festgelegt werden.

NDP Zu 2.4.7.3.4.1 (1)P In Deutschland werden die Nachweisverfahren 2 und 3 angewendet.

2.4.7.3.4.3 Nachweisverfahren 2

(1)P Es muss nachgewiesen werden, dass ein Grenzzustand durch Bruch oder zu große Verformungen mit der folgenden Kombination von Gruppen von Teilsicherheitsbeiwerten ausgeschlossen ist:

Kombination: A1 „+" M1 „+" R2

Anmerkung 1: Bei diesem Verfahren werden die Teilsicherheitsbeiwerte auf die Einwirkungen oder Beanspruchungen und auf die Widerstände des Baugrunds angewendet.

Anmerkung 2: Wenn dieses Verfahren auf den Nachweis der Böschungsbruch- und der Gesamtstandsicherheit angewendet wird, wird die resultierende Beanspruchung in der Gleitfläche mit γ_E multipliziert und der Scherwiderstand längs der Gleitfläche durch $\gamma_{R,e}$ dividiert.

A (1) Das Nachweisverfahren 2 ist bei der Ermittlung der Schnittgrößen sowie beim Nachweis eines ausreichenden Erdwiderstands, beim Nachweis der Sicherheit gegen Gleiten und Grundbruch, beim Nachweis der Tragfähigkeit von Pfählen und Ankern und beim Nachweis der Standsicherheit in der tiefen Gleitfuge anzuwenden. Es darf auch angewendet werden, um die Standsicherheit von konstruktiven Böschungssicherungen nachzuweisen. Grenzzustände des Bodens, bei denen das Nachweisverfahren 2 verwendet wird, werden als GEO-2 bezeichnet.

A (2) Die Bemessungswerte der Beanspruchungen E_d sind im Nachweisverfahren 2 nach (2.6b) mit den Kombinationsgleichungen A (2.6f) bis A (2.6h) zu ermitteln.

A (3) Das Nachweisverfahren 2 (STR und GEO-2) besteht aus folgenden Schritten, sofern nicht im Einzelfall etwas anderes zweckmäßig ist oder verlangt wird:

1) Entwurf des Bauwerks und Festlegung des statischen Systems einschließlich der Abmessungen, soweit dies für die Rechnung erforderlich ist;

2) Ermittlung der charakteristischen bzw. repräsentativen Werte $G_{k,i}$, $Q_{k,i}$ bzw. $Q_{rep,i}$ der Einwirkungen, z. B. aus Eigengewicht, Erddruck, Wasserdruck oder Verkehr, sowie ggf. Vorgabe von charakteristischen Werten oder anderen repräsentativen Werten der Gründungslasten nach A 2.4.2.3 A (2);

3) Ermittlung der charakteristischen bzw. repräsentativen Beanspruchungen $E_{Gk,j}$ bzw. $E_{Qrep,i}$ in Form von Schnittgrößen, z. B. Querkräfte, Auflagerkräfte, Biegemomente oder Spannungen, z. B. Normalspannungen, Schubspannungen, Vergleichsspannungen, in den maßgebenden Schnitten durch das Bauwerk und in Berührungsflächen zwischen Bauwerk und Baugrund, bei linear-elastischen Systemen getrennt nach ständigen Einwirkungen, regelmäßig auftretenden veränderlichen Einwirkungen und begleitenden veränderlichen Einwirkungen, gegebenenfalls mit ihren Kombinationsbeiwerten entsprechend dem maßgebenden Bemessungssituationen nach 2.2;

4) Ermittlung der charakteristischen Widerstände $R_{k,i}$ des Baugrunds, z. B. Erdwiderstand, Grundbruchwiderstand, durch Berechnung, Probebelastung oder aufgrund von Erfahrungswerten;

5) Ermittlung der Bemessungswerte $E_{d,i}$ der Beanspruchungen durch Multiplikation der charakteristischen bzw. repräsentativen Beanspruchungen mit den Teilsicherheitsbeiwerten für Einwirkungen;

6) Ermittlung der Bemessungswerte $R_{d,i}$ der Widerstände des Baugrunds durch Division der charakteristischen Widerstände $R_{k,i}$ mit den Teilsicherheitsbeiwerten γ_R für Bodenwiderstände: $R_{d,i} = R_{k,i}/\gamma_R$ sowie Ermittlung der Bemessungswiderstände $R_{d,i}$ der Bauteile, z. B. widerstehende Druck-, Zug-, Querkräfte, Biegemomente oder Spannungen nach den Regeln der jeweiligen Bauartnormen;

7) Nachweis der Einhaltung der Grenzzustandsbedingung

$$E_d = \sum E_{d,i} \leq \sum R_{d,i} = R_d \qquad A (2.7e)$$

mit den Bemessungswerten E_d der Beanspruchungen und den Bemessungswiderständen R_d in den maßgebenden Schnitten.

A (4) Zur Ermittlung der charakteristischen bzw. repräsentativen Beanspruchungen aus veränderlichen Einwirkungen nach Schritt 3 für die jeweils untersuchte Lastkombination darf bei nichtlinearen statischen Systemen bzw. bei Verwendung von numerischen Verfahren wie folgt vorgegangen werden:
- Ermittlung der Gesamtbeanspruchung $E_{k,i}$ infolge der charakteristischen bzw. repräsentativen ständigen und veränderlichen Einwirkungen;
- Ermittlung der Beanspruchung $E_{Gk,i}$ infolge der charakteristischen ständigen Einwirkungen;
- Ermittlung der Beanspruchung $E_{Qrep,i}$ infolge der repräsentativen veränderlichen Einwirkungen aus dem Ansatz:

$E_{Qrep,i} = E_{k,i} - E_{Gk,i}$ A (2.7f)

A (5) Sofern eine getrennte Behandlung von ständigen und veränderlichen Einwirkungen nicht erforderlich ist, dürfen alle veränderlichen Einwirkungen, die über eine großflächige Gleichlast $p_k = 10$ kN/m² hinausgehen, mit dem Faktor $f_q = \gamma_Q/\gamma_G$ multipliziert werden. Dies gilt auch für nichtlineare statische Systeme und für numerische Verfahren. (*Anm. d. Red.*: Formulierung nach [58]).

Anmerkung zu A (5): Dieses Vorgehen ersetzt die Aufteilung der charakteristischen Beanspruchungen für die jeweils untersuchte Lastkombination nach ständigen und veränderlichen Einwirkungen. Zur Ermittlung der Bemessungsbeanspruchung braucht die charakteristische Gesamtbeanspruchung nur noch mit dem Teilsicherheitsbeiwert γ_G multipliziert zu werden.

2.4.7.3.4.4 Nachweisverfahren 3

(1)P Es muss nachgewiesen werden, dass ein Grenzzustand durch Bruch oder zu große Verformungen mit der folgenden Kombination von Gruppen von Teilsicherheitsbeiwerten ausgeschlossen ist:

Kombination: (A1* oder A2†) „+" M2 „+" R3

* bei Einwirkungen aus dem Tragwerk
† bei geotechnischen Einwirkungen

A (2) Das Nachweisverfahren 3 ist beim Nachweis der Gesamtstandsicherheit zu verwenden. Es darf auch angewendet werden, um die Standsicherheit von konstruktiven Böschungssicherungen nachzuweisen und die Schnittgrößen zur Bemessung ihrer Einzelteile zu ermitteln. Grenzzustände des Bodens, bei denen das Nachweisverfahren 3 verwendet wird, werden als GEO-3 bezeichnet.

A (3) Sofern mehrere unabhängige veränderliche Einwirkungen zu berücksichtigen sind, dürfen sie als repräsentative Einwirkungen nach A 2.4.6.1.1 angesetzt werden.

A (4) Die Bemessungswerte der Beanspruchungen E_d sind im Nachweisverfahren 3 in den maßgebenden Schnitten durch das Bauwerk sowie in den Berührungsflächen zwischen Bauwerk und Baugrund entsprechend Gleichung (2.6a) mit den Kombinationsregeln aus 2.4.6 zu ermitteln.

2.4.7.4 Nachweisverfahren und Teilsicherheitsbeiwerte beim Aufschwimmen

(1)P Der Nachweis gegen Aufschwimmen (UPL) muss so geführt werden, dass der Bemessungswert der Kombination von destabilisierenden ständigen und veränderlichen vertikalen Einwirkungen $V_{dst,d}$ kleiner oder gleich der Summe des Bemessungswertes der stabilisierenden ständigen vertikalen Einwirkungen $G_{stb,d}$ und gegebenenfalls des Bemessungswertes eines zusätzlichen Widerstands gegen Aufschwimmen R_d ist:

$V_{dst,d} \leq G_{stb,d} + R_d$ (2.8)

wobei

$V_{dst,d} \leq G_{stb,d} + Q_{dst,d}$

ist.

(2) Ein zusätzlicher Widerstand gegen Aufschwimmen darf als stabilisierende ständige vertikale Einwirkung $G_{stb,d}$ behandelt werden.

NDP Zu 2.4.7.4 (3)P Die Zahlenwerte der Teilsicherheitsbeiwerte für Einwirkungen bzw. Beanspruchungen in den einzelnen Grenzzuständen und Bemessungssituationen sind Tabelle A 2.1 zu entnehmen.

A *Anmerkung* zu 2.4.7.4: Zur Kombination von veränderlichen Einwirkungen beim Nachweis gegen Aufschwimmen siehe A 2.4.6.1.1 A (2b).

A 2.4.7.6 Teilsicherheitsbeiwerte für die Grenzzustände der Tragfähigkeit

A *Anmerkung* zu A 2.4.7.6: Mit den in der Tabelle A 2.1 angegebenen Teilsicherheitsbeiwerten in Verbindung mit den Teilsicherheitsbeiwerten nach den Tabellen A 2.2 und A 2.3 wird das bisherige Sicherheitsniveau auf der Grundlage des Globalsicherheitskonzepts im Wesentlichen beibehalten. Insbesondere bei vorübergehenden Bemessungssituationen, z. B. bei Bauzuständen, liegt es um ein angemessenes Maß unter dem konventionellen Niveau der in DIN EN 1997-1 empfohlenen Werte.

A 2.4.7.6.1 Teilsicherheitsbeiwerte für Einwirkungen und Beanspruchungen

A (1) Beim Nachweis von Grenzzuständen sind für Einwirkungen bzw. Beanspruchungen die Teilsicherheitsbeiwerte der Tabelle A 2.1 zu verwenden.

Tabelle A 2.1. Teilsicherheitsbeiwerte γ_F [1] bzw. γ_E [2] für Einwirkungen und Beanspruchungen

Einwirkung bzw. Beanspruchung	Formel-zeichen	Bemessungssituation		
		BS-P	BS-T	BS-A
UPL: Grenzzustand des Versagens durch Aufschwimmen				
Destabilisierende ständige Einwirkungen [a]	$\gamma_{G,dst}$	1,05	1,05	1,00
Stabilisierende ständige Einwirkungen	$\gamma_{G,stb}$	0,95	0,95	0,95
Destabilisierende veränderliche Einwirkungen	$\gamma_{Q,dst}$	1,50	1,30	1,00
Stabilisierende veränderliche Einwirkungen	$\gamma_{Q,stb}$	0	0	0
EQU: Grenzzustand des Verlusts der Lagesicherheit				
Ungünstige ständige Einwirkungen	$\gamma_{G,dst}$	1,10	1,05	1,00
Günstige ständige Einwirkungen	$\gamma_{G,stb}$	0,90	0,90	0,95
Ungünstige veränderliche Einwirkungen	γ_Q	1,50	1,25	1,00
STR und GEO-2: Grenzzustand des Versagens von Bauwerken, Bauteilen und Baugrund				
Beanspruchungen aus ständigen Einwirkungen allgemein [a]	γ_G	1,35	1,20	1,10
Beanspruchungen aus ständigen Einwirkungen aus Erdruhedruck	$\gamma_{G,E0}$	1,20	1,10	1,00
Beanspruchungen aus ungünstigen veränderlichen Einwirkungen	γ_Q	1,50	1,30	1,10
Beanspruchungen aus günstigen veränderlichen Einwirkungen	γ_Q	0	0	0
GEO-3: Grenzzustand des Versagens durch Verlust der Gesamtstandsicherheit				
Ständige Einwirkungen [a]	γ_G	1,00	1,00	1,00
Ungünstige veränderliche Einwirkungen	γ_Q	1,30	1,20	1,00
SLS: Grenzzustand der Gebrauchstauglichkeit				
γ_G = 1,00 für ständige Einwirkungen bzw. Beanspruchungen				
γ_Q = 1,00 für veränderliche Einwirkungen bzw. Beanspruchungen				

[a] einschließlich ständigem und veränderlichem Wasserdruck
[1] Der Beiwert γ_F ist ein Oberbegriff für die jeweils auf den Einzelfall der Einwirkungen F bezogenen Teilsicherheitsbeiwerte.
[2] Der Beiwert γ_E ist ein Oberbegriff für die jeweils auf den Einzelfall der Beanspruchungen E bezogenen Teilsicherheitsbeiwerte.

A *Anmerkung* 1: Abweichend von DIN EN 1990 sind die Teilsicherheitsbeiwerte γ_G und γ_Q für Beanspruchungen aus ständigen und ungünstigen veränderlichen Einwirkungen für die Bemessungssituation BS-A von $\gamma_G = \gamma_Q = 1,00$ auf $\gamma_G = \gamma_Q = 1,10$ angehoben worden, um das bisher bewährte Sicherheitsniveau beizubehalten.

A *Anmerkung* 2: Die Teilsicherheitsbeiwerte $\gamma_{G,E0}$ sind gegenüber den Teilsicherheitsbeiwerten γ_G herabgesetzt worden, weil der Erdruhedruck bereits bei geringen Entspannungsbewegungen auf einen geringeren Erddruck, im Grenzfall auf den wesentlich kleineren aktiven Erddruck absinkt.

A *Anmerkung* 3: In der Bemessungssituation BS-E werden nach DIN EN 1990 keine Teilsicherheitsbeiwerte angesetzt.

A (2) Bei der Umrechnung von charakteristischen bzw. repräsentativen Werten in Bemessungswerte ist eine Einwirkung immer als einheitliches Ganzes zu behandeln. Wird eine Einwirkung bzw. eine Beanspruchung in Komponenten zerlegt, so sind diese jeweils mit den gleichen Teilsicherheitsbeiwerten zu belegen.

A (3) Sofern größere Verschiebungen und Verformungen des Bauwerkes die Standsicherheit und Gebrauchstauglichkeit des Bauwerks nicht beeinträchtigen, darf in begründeten Fällen der Teilsicherheitsbeiwert γ_G im Fall des Erd- und Wasserdruckes herabgesetzt werden. Die Herabsetzung darf jedoch höchstens einer Umstufung der Bemessungssituation von BS-P nach BS-T bzw. von BS-T nach BS-A entsprechen. Zur Herabsetzung des Teilsicherheitsbeiwerts γ_G ist Sachkunde und Erfahrung auf dem Gebiet der Geotechnik erforderlich.

A *Anmerkung* zu A (3): Weitere fachspezifische Regelungen für Ufereinfassungen, Häfen und Wasserstraßen siehe EAU[2)].

A (4) Für den Extremfall einer Bemessungssituation mit einer äußerst unwahrscheinlichen Einwirkungskombination, bei der die auftretenden Verschiebungen und Verformungen hinnehmbar sind, kann es in begründeten Sonderfällen angemessen sein, die Teilsicherheitsbeiwerte für Beanspruchungen gleich $\gamma_F = \gamma_R = 1{,}00$ zu setzen. Dazu ist Sachkunde und Erfahrung auf dem Gebiet der Geotechnik erforderlich.

A *Anmerkung* 1 zu A (4): Hierzu siehe das Merkblatt „Standsicherheit von Dämmen an Bundeswasserstraßen" (MSD, 2005).

A *Anmerkung* 2 zu A (4): Der Beiwert γ_R ist ein Oberbegriff für die jeweils auf den Einzelfall des Widerstands bezogenen Teilsicherheitsbeiwerte.

A 2.4.7.6.2 Teilsicherheitsbeiwerte für geotechnische Kenngrößen

A (1) Beim Nachweis geotechnischer Grenzzustände sind für geotechnische Kenngrößen die Teilsicherheitsbeiwerte der Tabelle A 2.2 zu verwenden.

A 2.4.7.6.3 Teilsicherheitsbeiwerte für Widerstände

A (1) Beim Nachweis geotechnischer Grenzzustände sind für Widerstände die Teilsicherheitsbeiwerte der Tabelle A 2.3 zu verwenden.

A (4) Sofern bewusst größere Verschiebungen des Bauwerkes in Kauf genommen werden, darf in begründeten Fällen der Teilsicherheitsbeiwert γ_{Ep} für den Erdwiderstand herabgesetzt werden. Die Herabsetzung darf jedoch höchstens einer Umstufung der Bemessungssituation von BS-P nach BS-T bzw. von BS-T nach BS-A entsprechen. Zur Herabsetzung des Teilsicherheitsbeiwertes γ_{Ep} ist Sachkunde und Erfahrung auf dem Gebiet der Geotechnik erforderlich.

A *Anmerkung* zu A (4): Weitere fachspezifische Regelungen für Ufereinfassungen, Häfen und Wasserstraßen siehe EAU[2)].

A (5) Für den Extremfall einer Bemessungssituation mit einer äußerst unwahrscheinlichen Einwirkungskombination, bei der die auftretenden Verschiebungen und Verformungen hinnehmbar sind, kann es in begründeten Sonderfällen angemessen sein, die Teilsicherheitsbeiwerte für Widerstände gleich $\gamma_F = \gamma_R = 1{,}00$ zu setzen. Dazu ist Sachkunde und Erfahrung auf dem Gebiet der Geotechnik erforderlich.

A *Anmerkung* zu A (5): Hierzu siehe das Merkblatt „Standsicherheit von Dämmen an Bundeswasserstraßen" (MSD, 2005).

2.4.8 Grenzzustände der Gebrauchstauglichkeit

(1)P Für Grenzzustände der Gebrauchstauglichkeit im Baugrund oder in einem Tragwerksquerschnitt, einem Bauteil oder einem Anschluss muss entweder nachgewiesen werden, dass

$$E_d \leq C_d \qquad (2.10)$$

ist oder der Nachweis durch das in 2.4.8 (4) angegebene Verfahren erbracht werden.

A *Anmerkung* zu (1)P: Mit dem Symbol E_d für Auswirkungen von Einwirkungen werden hier in der Regel geometrische Größen bezeichnet, z. B. Verformungen, Verschiebungen und Verdrehungen.

NDP Zu 2.4.8 (2) Die Zahlenwerte der Teilsicherheitsbeiwerte für Grenzzustände der Gebrauchstauglichkeit sind gleich 1,0 zu setzen.

[2)] EAU 2004 Empfehlungen des Arbeitsausschusses „Ufereinfassungen, Häfen und Wasserstraßen", herausgegeben von der Hafenbautechnischen Gesellschaft e. V. (HTG) und der Deutschen Gesellschaft für Geotechnik e. V. (DGGT), 10. Auflage, Verlag Ernst & Sohn (2005). (*Anm. d. Red.*: Neuausgabe EAU 2012, 11. Aufl., Ernst & Sohn (2013)).

Tabelle A 2.2. Teilsicherheitsbeiwerte γ_M [1] für geotechnische Kenngrößen

Bodenkenngröße	Formel-zeichen	Bemessungssituation		
		BS-P	BS-T	BS-A
GEO-2: Grenzzustand des Versagens von Bauwerken, Bauteilen und Baugrund				
Reibungsbeiwert $\tan\varphi'$ des dränierten Bodens und Reibungsbeiwert $\tan\varphi_u$ des undränierten Bodens	$\gamma_{\varphi'}, \gamma_{\varphi u}$	1,00	1,00	1,00
Kohäsion c' des dränierten Bodens und Scherfestigkeit c_u des undränierten Bodens	$\gamma_{c'}, \gamma_{cu}$	1,00	1,00	1,00
GEO-3: Grenzzustand des Versagens durch Verlust der Gesamtstandsicherheit				
Reibungsbeiwert $\tan\varphi'$ des dränierten Bodens und Reibungsbeiwert $\tan\varphi_u$ des undränierten Bodens	$\gamma_{\varphi'}, \gamma_{\varphi u}$	1,25	1,15	1,10
Kohäsion c' des dränierten Bodens und Scherfestigkeit c_u des undränierten Bodens	$\gamma_{c'}, \gamma_{cu}$	1,25	1,15	1,10

[1] Der Beiwert γ_M ist ein Oberbegriff für die jeweils auf den Einzelfall bezogenen Teilsicherheitsbeiwerte.

A *Anmerkung*: In der Bemessungssituation BS-E werden nach DIN EN 1990 keine Teilsicherheitsbeiwerte angesetzt.

Tabelle A 2.3. Teilsicherheitsbeiwerte γ_R [1] für Widerstände

Widerstand	Formel-zeichen	Bemessungssituation		
		BS-P	BS-T	BS-A
STR und GEO-2: Grenzzustand des Versagens von Bauwerken, Bauteilen und Baugrund				
Bodenwiderstände				
– Erdwiderstand und Grundbruchwiderstand	$\gamma_{R,e}, \gamma_{R,v}$	1,40	1,30	1,20
– Gleitwiderstand	$\gamma_{R,h}$	1,10	1,10	1,10
GEO-3: Grenzzustand des Versagens durch Verlust der Gesamtstandsicherheit				
Scherfestigkeit – siehe Tabelle A 2.2				

[1] Der Beiwert γ_R ist ein Oberbegriff für die jeweils auf den Einzelfall des Widerstands bezogenen Teilsicherheitsbeiwerte.

A *Anmerkung*: In der Bemessungssituation BS-E werden nach DIN EN 1990 keine Teilsicherheitsbeiwerte angesetzt.

A (2a) Grenzzustände der Gebrauchstauglichkeit (SLS) beziehen sich im Regelfall auf einzuhaltende Verformungen bzw. Verschiebungen. Im Einzelfall können auch weitere Kriterien maßgebend sein. Siehe DIN EN 1990, die übrigen Bauartnormen und die Normen, die vom Technischen Komitee CEN/TC 288 „Ausführung von besonderen geotechnischen Arbeiten (Spezialtiefbau)" erarbeitet worden sind.

A (2b) Bei Nachweisen der Grenzzustände der Gebrauchstauglichkeit sind Größe, Dauer und Häufigkeit der Einwirkungen zu berücksichtigen. Für Verformungsberechnungen sind die ständigen sowie die quasi-ständigen veränderlichen Einwirkungen (z. B. Stapellasten unter Berücksichtigung eines mittleren Beschickungsgrades) maßgebend. Die Verformungen v werden dementsprechend mit den Bezeichnungen aus A 2.4.6.1.1 wie folgt ermittelt:

$$v = v\left(\sum_{j\geq 1} G_{k,j} \,„+" \, P_k \,„+" \sum_{i\geq 1}(\psi_{0,i} \text{ oder } \psi_{1,i} \text{ oder } \psi_{2,i}) \cdot Q_{k,i}\right) \qquad A\,(2.8a)$$

Die Kombinationsbeiwerte $\psi_{0,i}$ bzw. $\psi_{1,i}$ bzw. $\psi_{2,i}$ sind auf der Grundlage von Sachkunde und Erfahrung sorgfältig und dem Einzelfall entsprechend angemessen derart zu wählen, dass die setzungswirksamen Anteile der Lasten in Abhängigkeit vom Zeitsetzungsverhalten der beteiligten Böden zutreffend und auf der sicheren Seite liegend erfasst sind.

A (2c) Sofern die beim Standsicherheitsnachweis für den Grenzzustand STR bzw. GEO-2 zugrunde gelegten Einwirkungen ausreichend genau auch den Grenzzustand der Gebrauchstauglichkeit wiedergeben, z. B. bei wandartigen Bauwerken, kann für die Nachweise der Gebrauchstauglichkeit auf die im Berechnungsschritt 3 nach 2.4.7.3.4.3 A (3) ermittelten Verformungen und Verschiebungen zurückgegriffen werden.

(3) Die charakteristischen Werte sollten angemessen verändert werden, falls sich die Baugrundeigenschaften, beispielsweise durch Grundwasserabsenkung oder Austrocknung, während der Nutzungsdauer des Bauwerks verändern können.

(4) Der Nachweis darf dadurch geführt werden, dass ein hinreichend geringer Anteil der Bodenfestigkeit mobilisiert wird, so dass die Verformungen innerhalb der für die Gebrauchstauglichkeit geforderten Grenzen bleiben, vorausgesetzt, dieser vereinfachte Nachweis ist auf Bemessungssituationen beschränkt, in denen
– die Größe der Verformung beim Nachweis der Gebrauchstauglichkeit nicht erforderlich ist,
– vergleichbare Erfahrung mit ähnlichem Baugrund, Tragwerk und entsprechender Anwendungsregel

vorliegt.

A (4) Die Nachweise dürfen auch geführt werden:
– durch Bemessung einfacher Baugrubenkonstruktionen aufgrund der Festlegungen der DIN 4124;
– durch den vereinfachten Nachweis für Flächengründungen nach A 6.10.

(5)P Ein Grenzwert für eine bestimmte Verformung ist der Wert, bei dem zu vermuten ist, dass die Gebrauchstauglichkeit – etwa durch nicht hinnehmbare Risse oder klemmende Türen – im Bauwerk nicht gegeben ist. Dieser Grenzwert muss während der Planung des Bauwerks vereinbart werden.

2.4.9 Grenzwerte für Fundamentbewegungen

(1)P Beim Entwurf von Gründungen müssen Grenzwerte für die Fundamentbewegungen festgelegt werden.

NDP Zu 2.4.9 (1)P Die zulässigen Fundamentbewegungen sind im Einzelfall festzulegen.

A *Anmerkung* zu (1)P: Zur Festlegung des maßgebenden Kriteriums C_d für die Gebrauchstauglichkeit, z. B. der gerade noch verträglichen Verformungen, Verdrehungen und Verschiebungen von Flächengründungen siehe auch Grundbau-Taschenbuch, 7. Auflage, Teil 3, Kapitel 3.1 „Flachgründungen", 3.2.12.

(2)P Unterschiedliche Fundamentbewegungen, die zur Verformung im aufgehenden Tragwerk führen, müssen begrenzt werden, um zu erreichen, dass sich im Tragwerk dadurch kein Grenzzustand einstellt.

2.5 Entwurf und Bemessung auf Grund von anerkannten Tabellenwerten

(1) Bei Bemessungssituationen, für die es keine Rechenmodelle gibt oder keine notwendig sind, lassen sich Grenzzustände durch Anwendung anerkannter Tabellenwerte vermeiden. Dazu gehören die gewohnten und damit im Allgemeinen konservativen Entwurfsregeln und die Sorgfalt bei der Auswahl und Prüfung der Baumaterialien, bei der Ausführung der Arbeit sowie bei den Schutz- und Unterhaltungsmaßnahmen.

(2) Die Bemessung auf Grund anerkannter Tabellenwerte darf angewendet werden, wenn vergleichbare Erfahrung, wie in 1.5.2.2 definiert, einen statischen Nachweis unnötig macht. Sie darf ebenfalls benutzt werden, um eine Dauerhaftigkeit gegen Frostwirkung und chemische oder biologische Angriffe zu erreichen, bei denen direkte Berechnungen im Allgemeinen nicht zum Ziel führen.

A (3) Die in (1) genannten Voraussetzungen treffen insbesondere in folgenden Fällen zu:
a) Der Bemessung von Baugrubenböschungen und einfachen Baugrubenkonstruktionen dürfen die Festlegungen der DIN 4124 zugrunde gelegt werden.
b) Der Bemessung von Flächengründungen dürfen die im Abschnitt A 6.10 genannten Tabellenwerte für Bemessungswerte für Sohlwiderstände zugrunde gelegt werden.
c) Bei der Festlegung von Böschungsneigungen dürfen anerkannte Tabellen und Nomogramme aus der Fachliteratur verwendet werden.

2.8 Geotechnischer Entwurfsbericht

(1)P Die Voraussetzungen, Vorgaben, Rechenverfahren und die Ergebnisse der Nachweise der Sicherheit und Gebrauchstauglichkeit müssen im Geotechnischen Entwurfsbericht dokumentiert werden.

(2) Das Maß an Detaillierung wird im Geotechnischen Entwurfsbericht je nach Art des Entwurfs sehr unterschiedlich sein. In einfachen Fällen kann ein einziges Blatt genügen.

(3) Der Geotechnische Entwurfsbericht sollte auf den Geotechnischen Untersuchungsbericht (siehe 3.4) und andere, mehr ins Einzelne gehende Unterlagen Bezug nehmen und in der Regel folgende Punkte enthalten:

– eine Beschreibung des Baugrundstücks und seiner Umgebung;
– eine Beschreibung der Baugrundverhältnisse;
– eine Beschreibung der vorgesehenen Baumaßnahme, einschließlich der Einwirkungen;
– Bemessungswerte für die Boden- und Felseigenschaften samt Begründung, falls angebracht;
– Feststellungen zu den herangezogenen Normen und Richtlinien;
– Feststellungen zur Eignung des Baugrundstücks für die geplante Konstruktion und der Höhe akzeptabler Risiken;
– geotechnische Berechnungen und Zeichnungen;
– Empfehlungen zur Gründung;
– einen Hinweis auf Dinge, die während der Bauausführung zu kontrollieren sind oder die eine Instandhaltung oder Kontrollmessungen erfordern.

A *Anmerkung* zu (3): Die Erstellung des Geotechnischen Entwurfsberichtes nach 2.8 und die Erstellung des Geotechnischen Untersuchungsberichtes nach 3.4 können in einer Hand liegen, sofern die dafür erforderliche Sachkunde und Erfahrung vorliegen. Liegen sie in verschiedenen Händen, sollte der Bauherr die Zuständigkeitsbereiche abgrenzen.

A (3a) Im Geotechnischen Entwurfsbericht ist auf den Geotechnischen Bericht nach DIN 4020:2010-12, A 7.1 und Bild A 7.1 Bezug zu nehmen.

A (3b) Annahmen, die auf Grundlage von Entscheidungsspielräumen der vorliegenden Norm getroffen werden, sind darzustellen und zu begründen. Hierzu gehören insbesondere

– gegebenenfalls Abweichungen von den nach DIN EN 1997-2 und DIN 4020 angegebenen geotechnischen Kenngrößen, z. B. Auswahl von Parametern, Übertragung von örtlicher Erfahrung;
– Festlegung von Bemessungssituationen und Sicherheitsbeiwerten;
– Auswahl der Berechnungsverfahren, z. B. Auswahl von Methode und statischem System;
– Auswertung von Bauteilversuchen.

(4)P Der Geotechnische Entwurfsbericht muss einen Plan für eine geeignete Überwachung und Kontrolle durch Messungen enthalten. Umstände, die während der Bauausführung zu prüfen sind oder die eine Instandhaltung nach der Fertigstellung erfordern, müssen in dem Bericht klar herausgestellt werden. Sobald die erforderlichen Prüfungen während der Bauausführung vorgenommen worden sind, müssen sie in einem Nachtrag zum Bericht festgehalten werden.

(5) Hinsichtlich der Überwachung und der Kontrollmessungen sollte der Geotechnische Entwurfsbericht angeben:

– den Zweck jeder Gruppe von Beobachtungen und Messungen;
– die Teile des Tragwerks, bei denen Messungen vorzunehmen sind, und die Stellen, an denen die Beobachtungen vorgenommen werden sollen;
– die Häufigkeit, mit der die Ablesungen vorzunehmen sind;
– die Auswertungsverfahren;
– den erwarteten Wertebereich der Messergebnisse;
– den Zeitraum nach Bauende, in dem die Messungen fortgesetzt werden sollen;
– die Verantwortlichen für die Messungen und Beobachtungen, für die Auswertung der Ergebnisse und für den Betrieb und die Instandhaltung der Instrumente.

(6)P Eine Kurzfassung des Geotechnischen Entwurfsberichtes, der die Überwachung, die Kontrollmessungen und die Instandhaltungsbedingungen für das fertige Bauwerk enthält, muss dem Eigentümer bzw. Auftraggeber zur Verfügung gestellt werden.

3 Geotechnische Unterlagen

3.1 Allgemeines

(1)P Eine sorgfältige Zusammenstellung, Dokumentation und Auswertung der geotechnischen Befunde muss stets vorgenommen werden. Sie soll die Geologie, Geomorphologie, Seismologie, Hydrogeologie und Geschichte des Baugrundstücks enthalten. Hinweise auf die Veränderlichkeit des Baugrunds müssen berücksichtigt werden.

(2)P Baugrunduntersuchungen müssen so geplant werden, dass die Herstellung und die Anforderungen an das geplante Tragwerk berücksichtigt werden. Der Umfang der Baugrunduntersuchung muss regelmäßig überprüft werden, wenn sich neue Erkenntnisse während der Bauausführung ergeben.

3.4 Geotechnischer Untersuchungsbericht

3.4.1 Anforderungen

(1)P Die Ergebnisse der Baugrunderkundung müssen in einem Geotechnischen Untersuchungsbericht zusammengefasst werden, der Teil des in 2.8 beschriebenen Geotechnischen Entwurfsberichtes sein soll.

A (1a) Bei Bauvorhaben der Geotechnischen Kategorie GK 1 bedarf es keines Geotechnischen Untersuchungsberichts. Jedoch muss in einem Geotechnischen Bericht nach DIN 4020 schriftlich niedergelegt werden, dass die in A 2.1.2.2 aufgeführten Bedingungen eingehalten sind.

A (1b) Der Geotechnische Untersuchungsbericht muss im Geotechnischen Bericht nach DIN 4020 enthalten sein.

(3) Der Geotechnische Untersuchungsbericht sollte in der Regel bestehen aus:
- einer Darstellung aller verfügbaren geotechnischen Befunde einschließlich geologischer Eigenschaften und relevanter Daten;
- einer geotechnischen Bewertung der Befunde mit Angabe der Annahmen, die bei der Auswertung der Versuchsergebnisse getroffen wurden.

Die Befunde können entweder innerhalb eines Berichtes oder in Anlagen zum Bericht dargestellt werden.

A *Anmerkung* zu (3): Die Erstellung des Geotechnischen Untersuchungsberichts mit den Ergänzungen nach DIN 4020 und die Erstellung des Geotechnischen Entwurfsberichts nach 2.8 können in einer Hand liegen, sofern die dafür erforderliche Sachkunde und Erfahrung vorliegen.

6 Flächengründungen

6.1 Allgemeines

A 6.1.1 Anwendungsbereich und allgemeine Anforderungen

(1)P Die Vorgaben dieses Abschnitts beziehen sich auf Flächengründungen, d. h. Einzelfundamente, Streifenfundamente und Sohlplatten.

(2) Einige der Vorgaben lassen sich auf Tiefgründungen wie Senkkästen anwenden.

A 6.1.2 Einstufung in die Geotechnischen Kategorien

A (1) Bei der Einstufung von Baumaßnahmen mit Flach- und Flächengründungen in eine Geotechnische Kategorie sind zusätzlich zu den in A 2.1.2 genannten Kriterien die nachfolgend genannten Merkmale hinsichtlich des Schwierigkeitsgrads der Konstruktion heranzuziehen. Sie stellen keine vollständige Aufzählung dar. Die Einstufung der Baumaßnahmen in die Geotechnische Kategorie GK 1 oder GK 2 setzt voraus, dass baugrund- und grundwasserbezogene Kriterien nicht die Einstufung in eine höhere Kategorie erfordern.

A (2) Baumaßnahmen mit folgenden Merkmalen dürfen der Geotechnischen Kategorie GK 1 zugeordnet werden:
- Einzel- und Streifenfundamente von Bauwerken entsprechend A 2.1.2.2 A (16c), bei denen die Voraussetzungen für den vereinfachten Tragfähigkeitsnachweis nach A 6.10.1 A (1) a) bis c) erfüllt sind;
- Gründungsplatten für maximal zweigeschossige gut ausgesteifte Bauwerke.

A (3) Zur Geotechnischen Kategorie GK 2 gehören Baumaßnahmen mit üblichen Einzelfundamenten, Streifenfundamenten und Fundamentplatten, soweit sie nicht in die Geotechnische Kategorie GK 1 eingestuft werden dürfen.

A (4) Folgende Merkmale erfordern die Einstufung der Baumaßnahmen in die Geotechnische Kategorie GK 3:
- Bauwerke mit besonders hohen Lasten, z. B. Einzellasten über 10 MN;
- Gründungen für Brücken mit großen Spannweiten, z. B. über 40 m, und mit statisch unbestimmt gelagerten Überbauten, die bei Setzungsunterschieden der Stützen und Widerlager maßgebende Zwangsbeanspruchungen erfahren; auch für integrale Brücken;
- Maschinenfundamente mit hohen dynamischen Lasten;
- Gründungen für hohe Türme wie Sendemasten und Industrieschornsteine;
- ausgedehnte Plattengründung auf Baugrund mit unterschiedlichen Steifigkeiten im Grundriss;
- Gründungen neben bestehenden Gebäuden, wenn die in DIN 4123:2000-09, 7.1, 8.1 und 9.1 angegebenen Voraussetzungen nicht zutreffen;
- Gründung eines Bauwerkes bei teils hoch, teils tief liegender Gründungsebene oder mit unterschiedlichen Gründungselementen;
- Kombinierte Pfahl-Plattengründung.

6.2 Grenzzustände

(1)P Folgende Grenzzustände müssen berücksichtigt und in einer entsprechenden Liste zusammengestellt werden:

- Verlust der Gesamtstandsicherheit;
- Grundbruch, Versagen durch Durchstanzen, Stauchen;
- Gleiten;
- gemeinsames Versagen von Baugrund und Bauwerk;
- Tragwerksversagen infolge von Fundamentbewegung;
- übermäßige Setzungen;
- übermäßige Hebung durch Schwellen, Frost oder andere Ursachen;
- unzulässige Schwingungen.

6.3 Einwirkungen und Bemessungssituationen

(1)P Bemessungssituationen müssen nach den in 2.2 genannten Grundsätzen ausgewählt werden.

(2) Bei der Wahl der Grenzzustände für die Nachweise sollten die in 2.4.2 (4) aufgezählten Einwirkungen berücksichtigt werden.

(3) Falls die Tragwerkssteifigkeit von Bedeutung ist, sollte eine Untersuchung der Wechselwirkung zwischen Tragwerk und Baugrund erfolgen, um die Verteilung der Einwirkungen zu ermitteln.

6.4 Gesichtspunkte bei Bemessung und Ausführung

(1)P Bei der Wahl der Gründungstiefe einer Flächengründung muss Folgendes beachtet werden:
- Erreichen einer geeigneten tragfähigen Schicht;
- die Tiefe, bis zu der durch das Schwellen und Schrumpfen von Tonböden infolge von Witterungseinflüssen oder durch Bäume oder Sträucher beträchtliche Bewegungen verursacht werden können;
- die Tiefe, bis zu der Frostschäden auftreten können;
- der Grundwasserspiegel im Untergrund und die Erschwernisse, die auftreten können, wenn ein Baugrubenaushub bis unter dieses Niveau erforderlich ist;
- mögliche Bodenbewegungen und Festigkeitseinbußen in der tragenden Schicht durch Sickerwasser, klimatische Einflüsse oder den Baubetrieb;
- die Rückwirkungen von Baugruben auf benachbarte Gründungen und Bauwerke;
- Baugruben für Versorgungsleitungen dicht an der Gründung;
- hohe oder niedrige Temperaturen, die vom Gebäude ausgehen;
- mögliche Kolke;
- die Auswirkungen wechselnder Wassergehalte bei langen Trockenperioden mit anschließenden Regenperioden auf die Eigenschaften strukturempfindlicher Bodenarten in ariden Gebieten;
- das Vorhandensein löslicher Stoffe, wie z. B. Kalkstein, Tonstein, Gips, Salzgestein.

(2) Frostschäden können vermieden werden, wenn
- der Boden nicht frostempfindlich ist,
- frostfrei gegründet wird und
- Frosteinwirkung durch Dämmung ausgeschaltet wird.

A (2) Sofern die Frostsicherheit der Sohlflächen von Gründungen nicht auf andere Weise nachgewiesen wird, muss der Abstand von der dem Frost ausgesetzten Fläche bis zur Sohlfläche der Gründung mindestens 0,80 m betragen.

(3) DIN EN ISO 13793 darf für den Frostschutz von Gebäudegründungen angewendet werden.

(4)P Zusätzlich zur Erfüllung der Anforderungen an das Bauwerksverhalten muss die Wahl der Fundamentbreite auch praktischen Erwägungen Rechnung tragen, die sich aus einem wirtschaftlichen Aushub, der Einhaltung von Toleranzen, dem erforderlichen Arbeitsraum und den Abmessungen der Wand oder Stütze ergeben, die das Fundament tragen soll.

(5)P Beim Entwurf von Flächengründungen muss eines der folgenden Verfahren angewendet werden:
- eine direkte Bemessungsmethode, bei der für jeden Grenzzustand ein getrennter Nachweis geführt wird. Bei der Untersuchung eines Grenzzustands der Tragfähigkeit muss das Rechenmodell den betrachteten Bruchmechanismus so genau wie möglich wiedergeben. Bei Untersuchung eines Grenzzustands der Gebrauchstauglichkeit muss eine Setzungsberechnung ausgeführt werden;
- ein Verfahren, bei dem zulässige Sohldrücke angewendet werden (siehe 2.5).

(6) Die in 6.5 bzw. 6.6 angegebenen Rechenmodelle für Grenzzustände der Tragfähigkeit und Gebrauchstauglichkeit von Flächengründungen im Boden sollten angewendet werden. Für die Bemessung von Flächengründungen auf Fels sollten die in 6.7 vorgegebenen Sohldrücke angewendet werden.

6.5 Nachweise für den Grenzzustand der Tragfähigkeit

6.5.1 Gesamtstandsicherheit

(1)P Mit oder ohne Gründungen muss die Gesamtstandsicherheit vor allem in folgenden Fällen nachgewiesen werden:

- nahe oder auf einer natürlichen oder künstlich angelegten Böschung;
- neben einer Baugrube oder einem Stützbauwerk;
- neben einem Fluss, einem Kanal, einem See, einem Staubecken oder am Meeresufer;
- in der Nähe von Bergbauten oder unterirdischen Bauwerken.

(2)P In solchen Fällen muss gezeigt werden, dass bei Anwendung der in Abschnitt 11 dargelegten Grundsätze ein Versagen jenes Bodenbereiches, in dem die Gründung liegt, unwahrscheinlich ist.

A *Anmerkung* zu 6.5.1 (2)P: Beim Nachweis der Gesamtstandsicherheit ist nach DIN EN 1997-1/NA:2010-12 zu 2.4.7.3.4.1 (1)P das Nachweisverfahren 3 (GEO-3) anzuwenden.

6.5.2 Grundbruchwiderstand

6.5.2.1 Allgemeines

(1)P Folgende Ungleichung muss für alle Grenzzustände der Tragfähigkeit erfüllt sein:

$$V_d \leq R_d \qquad (6.1)$$

(2)P R_d muss nach 2.4 berechnet werden.

(3)P V_d muss das Fundamenteigengewicht, das Gewicht aller Hinterfüllungen und alle Erddrücke, ob günstig oder ungünstig, enthalten. Nicht von der Fundamentlast verursachte Wasserdrücke müssen als Einwirkungen mit einbezogen werden.

A (4) Der Nachweis der Grundbruchsicherheit ist bei Einzel- und Streifenfundamenten unter Bauteilen sowie bei flach gegründeten Stützwänden für jedes Fundament einzeln zu führen. Bei Flächengründungen, Trägerrostfundamenten, bei Einzel- und Streifenfundamenten mit geringem gegenseitigen Abstand sowie bei Einzel- und Streifenfundamenten, die durch einen steifen Überbau zu Fundamentgruppen verbunden sind und über die gesamte Grundfläche des Bauwerks als einheitlicher Gründungskörper wirken, kann es in Sonderfällen, z. B. bei geneigtem Gelände oder bei einer tiefer liegenden weichen Bodenschicht, erforderlich sein, zusätzlich den Nachweis der Grundbruchsicherheit für das Gesamtbauwerk zu führen. Dieser Nachweis darf gegebenenfalls auch in Form des Nachweises der Gesamtstandsicherheit nach Abschnitt 11 geführt werden.

6.5.2.2 Rechnerisches Verfahren

A (1) Für die Grundbruchberechnung sind die in DIN 4017 genannten Verfahren anzuwenden.

A *Anmerkung* zu A (1): Beim Nachweis gegen Grundbruch ist nach DIN EN 1997-1/NA:2010-12 zu 2.4.7.3.4.1 (1)P das Nachweisverfahren 2 anzuwen-

den (GEO-2). In der zugehörigen Gleichung (2.7b) in 2.4.7.3.3 ist vorgesehen, dass die Einwirkungen mit einem Teilsicherheitsbeiwert γ_F multipliziert werden. Dieser ist mit $\gamma_F = 1$ anzusetzen, da nach 2.4.7.3.2 A (1d) im Regelfall die Beanspruchungen faktorisiert werden (siehe Anmerkung zu 2.4.7.3.3 (1)). Dies bedeutet, dass bei der Ermittlung des Grundbruchwiderstands die Exzentrizität und die Lastneigung aus den charakteristischen bzw. repräsentativen Einwirkungen ermittelt werden, siehe A (9).

(2)P Eine rechnerische Ermittlung des Bemessungswiderstands R_d für den Anfangszustand und den Endzustand muss besonders bei feinkörnigen Bodenarten vorgenommen werden.

(3)P Wenn der Baugrund unter einem Fundament eine deutlich erkennbare Struktur von Schichten oder anderen Diskontinuitäten aufweist, müssen diese bei dem angenommenen Bruchmechanismus und den gewählten Scher- und Verformungskenngrößen berücksichtigt werden.

(4)P Wenn der Bemessungswiderstand einer Gründung auf Baugrundschichten berechnet wird, deren Eigenschaften stark differieren, müssen die Bemessungswerte der geotechnischen Kenngrößen für jede Schicht bestimmt werden.

(5) Wenn eine feste Schicht unter einer weichen liegt, kann der Grundbruchwiderstand mit den Scherparametern der weichen Schicht berechnet werden. Im umgekehrten Fall sollte das Versagen durch Durchstanzen geprüft werden.

(6) Rechnerische Verfahren sind auf die in 6.5.2.2 (3)P, 6.5.2.2 (4)P und 6.5.2.2 (5) angesprochenen Bemessungssituationen oft nicht anwendbar. Dann sollten die ungünstigsten Bruchmechanismen mit numerischen Verfahren ermittelt werden.

(7) Die in Abschnitt 11 beschriebenen Nachweise der Gesamtstandsicherheit dürfen hier ebenfalls angewendet werden.

A (8) Der charakteristische Grundbruchwiderstand $R_{n,k}$ ist in der Regel nach DIN 4017 unter Berücksichtigung von Neigung und Ausmittigkeit der resultierenden charakteristischen bzw. repräsentativen Beanspruchung an der Sohlfläche nach A 6.3.2 zu ermitteln. Wahlweise ist es auch zulässig, unmittelbar die Bemessungswerte E_d der Gesamtbeanspruchung nach 2.4.6.1, in der Folge also die daraus resultierende Lastneigung und Lastexzentrizität für die Ermittlung des Grundbruchwiderstands zu verwenden.

A *Anmerkung* 1 zu A (8): In DIN 4017:2006-03, 7.2, ist die Größe $R_{n,k}$ als R_n bezeichnet.

A *Anmerkung* 2 zu A (8): Das wahlweise genannte Vorgehen liegt auf der sicheren Seite. Es führt in der

Regel zu unwirtschaftlicheren Fundamentabmessungen.

A (9) Der Bemessungswert R_d des Grundbruchwiderstands ergibt sich aus dem charakteristischen Grundbruchwiderstand $R_{n,k}$ durch Division mit dem Teilsicherheitsbeiwert für den Grenzzustand GEO und das Nachweisverfahren 2 (GEO-2). Die Zahlenwerte der Teilsicherheitsbeiwerte sind aus Tabelle A 2.3 zu entnehmen.

$$R_d = R_{n,k}/\gamma_{R,v} A \qquad (6.1a)$$

Dabei ist

$R_{n,k}$ die normal zur Sohlfläche wirkende Komponente des Grundbruchwiderstands (R_n nach DIN 4017:2006-03, 7.2) aus charakteristischen Bodenkenngrößen.

A (10) Bei der Ermittlung der resultierenden charakteristischen bzw. repräsentativen Beanspruchung in der Sohlfläche darf eine Bodenreaktion B_k an der Stirnseite des Fundaments wie eine charakteristische Einwirkung angesetzt werden. Sie darf jedoch höchstens so groß sein wie die parallel zur Sohlfläche angreifende charakteristische bzw. repräsentative Beanspruchung aus den Einwirkungen nach 2.4.2. Außerdem darf sie mit Rücksicht auf die Verschiebungen beim Wecken des Erdwiderstands höchstens mit 50 % des charakteristischen Erdwiderstands, der mit einem Erddruckneigungswinkel $\delta = 0$ zu ermitteln ist, angesetzt werden.

A (11) Bei Ringfundamenten ist die Ringbreite für die Ermittlung des Grundbruchwiderstands maßgebend.

A (12) Bei Fundamentgründungen mit durchbrochener Sohlfläche dürfen die äußeren Abmessungen als maßgebend angenommen werden, solange die Summe der Aussparungen nicht mehr als 20 % der gesamten umrissenen Sohlfläche ausmacht.

6.5.2.4 Verwendung vorgegebener zulässiger Sohlwiderstände

A Anmerkung zu 6.5.2.4: Nachfolgend sind die Begriffe „zulässiger Sohldruck" und „zulässiger Sohlwiderstand" zu verstehen als „Bemessungswerte des Sohlwiderstands".

(1) Bei der Anwendung zulässiger Sohldrücke sollte ein allgemein unerkanntes Verfahren verwendet werden.

A Anmerkung zu 6.5.2.4 (1): Die Empfehlung zur Ermittlung von Bemessungswerten des Sohlwiderstands bei Flächengründungen auf Fels nach Anhang G wird eingeschränkt auf die in A 6.10.4 angegebenen Regelungen.

A (2) Bemessungswerte $\sigma_{R,d}$ des Sohlwiderstands dürfen nach Maßgabe von A 6.10 angewandt werden. Dabei wird nachgewiesen, dass die Bemessungswerte $\sigma_{E,d}$ der Sohldruckbeanspruchung höchstens so groß sind wie die Bemessungswerte $\sigma_{R,d}$ des Sohlwiderstands.

6.5.3 Gleitwiderstand

(1)P Wenn der Lastvektor nicht normal zur Sohlfläche steht, müssen die Fundamente gegen ein Versagen durch Gleiten in der Sohlfläche untersucht werden.

(2)P Folgende Ungleichung muss erfüllt werden:

$$H_d \leq R_d + R_{p,d} \qquad (6.2)$$

A Anmerkung 1 zu 6.5.3 (2)P: Beim Nachweis gegen ein Versagen durch Gleiten ist nach 2.4.7.3.4.3 A (1) das Nachweisverfahren 2 anzuwenden (GEO-2).

A Anmerkung 2 zu 6.5.3 (2)P: H_d ist die Resultierende aller tangentialen Bemessungseinwirkungen in der Sohlfläche bzw. einer anderen Prüffläche.

(3)P H_d muss die Bemessungswerte aller aktiven Erddruckkräfte enthalten, die auf das Fundament einwirken.

(4)P R_d muss nach 2.4 berechnet werden.

(5) Die Werte von R_d und $R_{p,d}$ sollten auf das Maß der für den betrachteten Grenzzustand vorhersehbaren Verschiebung abgestimmt sein. Bei großen Verschiebungen sollte der Einfluss des Bodenverhaltens nach Überschreiten des Scheitelwertes der Scherfestigkeit beachtet werden. Der für $R_{p,d}$ gewählte Wert sollte der vorgesehenen Nutzungsdauer des Tragwerks entsprechen.

(6)P Bei Fundamenten auf Tonböden, die innerhalb der Zone mit jahreszeitlich bedingten Bewegungen gegründet werden, muss von der Möglichkeit ausgegangen werden, dass der Tonboden neben den Fundamenten schrumpft.

(7)P Die Möglichkeit, dass der Boden vor dem Fundament durch Erosion oder menschliche Einwirkung entfernt wird, muss in Betracht gezogen werden.

(8)P Im konsolidierten Zustand muss der Bemessungswert des Scherwiderstands R_d entweder mit den Bemessungswerten der Bodenkenngrößen aus:

$$R_d = V_d' \cdot \tan\delta_d \qquad (6.3a)$$

oder mit dem Bemessungswert des Scherwiderstands aus

$$R_d = V_d' \frac{\tan\delta_k}{\gamma_{R,d}} \qquad (6.3b)$$

berechnet werden.

Anmerkung: Bei Nachweisverfahren, bei denen die Beanspruchungen mit einem Teilsicherheitsbeiwert belegt werden, wird in Gleichung (6.3b) $\gamma_F = 1,0$ und $V_d' = V_k'$ gesetzt.

A (8) Es ist die Gleichung (6.3b) unter Berücksichtigung der Anmerkung anzuwenden:

$$R_d = V_k' \cdot \tan\delta_k / \gamma_{R,h} \qquad \text{A (6.3c)}$$

(9)P Bei dem Ansatz von V_d' muss berücksichtigt werden, ob H_d und V_d' Einwirkungen sind, die voneinander abhängen oder nicht.

(10) Als Bemessungswert δ_d des Sohlreibungswinkels darf bei Ortbetonfundamenten der Bemessungswert des kritischen Reibungswinkels $\varphi'_{cv,d}$, bei vorgefertigten glatten Fundamenten $2/3\ \varphi'_{cv,d}$ angesetzt werden. Jegliche effektive Kohäsion sollte vernachlässigt werden.

A *Anmerkung* zu 6.5.3 (10): Der kritische Reibungswinkel ist der Reibungswinkel nach großen Scherwegen.

A (10) Sofern der Sohlreibungswinkel δ nicht eigens ermittelt wird, darf bei Ortbetonfundamenten anstelle des kritischen Reibungswinkels der charakteristische Reibungswinkel φ'_k angesetzt werden, jedoch darf ein Wert von 35° nicht überschritten werden. Dies gilt auch bei vorgefertigten Fundamenten, wenn die Fertigteile im Mörtelbett verlegt werden. Bei vorgefertigten glatten Fundamenten ohne Mörtelbett ist als charakteristischer Sohlreibungswinkel $\delta_k = 2/3\varphi'_k$ zu verwenden.

(11)P Im unkonsolidierten Zustand muss der Bemessungswert R_d des Scherwiderstands durch

$$R_d = \frac{(A \cdot c_{u,k})}{\gamma_{R,d}} \qquad (6.4b)$$

begrenzt werden.

(12)P Wenn die Möglichkeit besteht, dass Wasser oder Luft in die Sohlfläche zwischen Fundament und einem undränierten Tonboden eindringen, muss folgende Kontrolle vorgenommen werden:

$$R_d \leq 0,4 \cdot V_d \qquad (6.5)$$

(13) Auf die Forderung in Gleichung (6.5) darf nur verzichtet werden, wenn die Bildung einer klaffenden Fuge zwischen Fundament und Boden durch Saugzugspannungen in den nicht gedrückten Flächenbereichen verhindert ist.

A *Anmerkung* zu 6.5.3 (13): Da Saugspannungen nicht sicher nachgewiesen werden können, sollte stets von der Bildung einer klaffenden Fuge ausgegangen werden.

A (14) Bei in Gleitrichtung ansteigender Sohlfläche ist – wie bei Fundamenten mit einem Sporn – zusätzlich eine ausreichende Sicherheit gegen Gleiten in Bruchflächen nachzuweisen, die nicht in der Sohlfläche des Fundamentes, sondern durch den Boden verlaufen. Für die Berechnung des Bemessungswertes R_d des Gleitwiderstands ist dann die folgende Gleichung A (6.6) maßgebend.

$$R_d = (V_k' \cdot \tan\varphi'_k + A \cdot c'_k)/\gamma_{R,h} \qquad \text{A (6.6)}$$

A (15) Der Nachweis der Gleitsicherheit ist bei Einzel- und Streifenfundamenten unter Bauteilen sowie bei flach gegründeten Stützkonstruktionen für jedes Fundament einzeln zu führen. Bei Flächengründungen, Trägerrostfundamenten sowie bei Einzel- und Streifenfundamenten, die zu Fundamentgruppen verbunden sind und als einheitlicher Gründungskörper wirken, darf der Nachweis der Gleitsicherheit für das Gesamtbauwerk geführt werden.

A (16) Sofern beim Nachweis der Sicherheit gegen Gleiten an der Stirnseite des Fundamentkörpers eine Bodenreaktion angesetzt wird, ist zur Bestimmung ihrer Größe zunächst der charakteristische Wert $R_{p,k}$ der Komponente des Erdwiderstands parallel zur Sohlfläche zu bestimmen. Der Erdwiderstand sollte mit dem Erddruckneigungswinkel $\delta = 0$ berechnet werden. Der größte zulässige Bemessungswert $R_{p,d}$ ergibt sich aus dem charakteristischen Erdwiderstand $R_{p,k}$ durch Division mit dem Teilsicherheitsbeiwert γ_{Ep} für den Grenzzustand GEO und das Nachweisverfahren 2 (GEO-2). Die Zahlenwerte der Teilsicherheitsbeiwerte sind aus Tabelle A 2.3 zu entnehmen.

$$R_{p,d} = R_{p,k}/\gamma_{Ep} \qquad \text{A (6.7)}$$

6.5.4 Stark exzentrische Belastung

(1)P Besondere Vorkehrungen müssen getroffen werden, wenn die Ausmittigkeit der Lastresultierenden bei Rechteckfundamenten 1/3 der Seitenlänge, bei Kreisfundamenten das 0,6-Fache des Radius überschreitet.

Solche Vorkehrungen umfassen:

- eine sorgfältige Überprüfung der Bemessungswerte der Einwirkungen nach 2.4.2;
- die Bemessung der Fundamentkanten unter Berücksichtigung der Größe von Bautoleranzen.

A *Anmerkung* zu 6.5.4 (1)P: Bei Beachtung von A (3) und A 6.6.5 werden die genannten Ausmittigkeiten (Exzentrizitäten) nicht überschritten.

(2) Sofern nicht besondere Sorgfalt bei der Herstellung aufgewandt wird, sollten Toleranzen bis zu 0,10 m berücksichtigt werden.

A (3) Bei Flach- und Flächengründungen ist die Sicherheit gegen Gleichgewichtsverlust durch Kippen (Grenzzustand EQU) nachzuweisen. Obwohl eine Drehachse innerhalb des Fundamentes zu erwarten ist, darf der Nachweis näherungsweise nach Gleichung 2.4 durch Vergleich destabilisierender und stabilisierender Bemessungsgrößen der Einwirkungen bezogen auf eine fiktive Kippkante am Fundamentrand geführt werden. Zusätzlich müssen die Nachweise zur Gebrauchstauglichkeit nach A 6.6.5 erbracht werden.

A *Anmerkung* 1 zu A (3): Die tatsächliche Kippkante wandert mit abnehmender Steifigkeit und Scherfestigkeit des Untergrunds zunehmend in die Fundamentfläche hinein. Daher ist der Nachweis um die Fundamentkante allein nicht ausreichend. Der Nachweis der klaffenden Fuge, der in A 6.6.5 als Nachweis der Gebrauchstauglichkeit (Verdrehung) geregelt wird, stellt sicher, dass die Sohldruckreaktion bei charakteristischen bzw. repräsentativen Lasten in einem erfahrungsgemäß ausreichend großen Fundamentbereich wirkt. Für diesen gedrückten Fundamentbereich wird außerdem ein Grundbruchversagen durch Anwendung von 6.5.2 ausgeschlossen.

A *Anmerkung* 2 zu A (3): Häufig wird die Abmessung von stark exzentrisch belasteten Fundamenten durch den unter A (3) genannten Nachweis bestimmt. Die derart gefundenen Abmessungen sind dann gleichzeitig ausreichend groß, um bei der Bauteilbemessung eine Gleichgewichtsgruppe von Bemessungseinwirkungen – einschließlich Sohldruckreaktion – am Fundament berücksichtigen zu können.

A (4) Für den Nachweis der Standsicherheit (Gleiten, Kippen, Grundbruch) eines ausreichend tief in den Untergrund einbindenden Fundamentkörpers, der durch Momente und Horizontallasten beansprucht wird, darf ein Kräftepaar aus beidseitigen Bodenreaktionen angesetzt werden. Die Größe des Kräftepaars darf aus den Gleichgewichtsbedingungen für die Bemessungswerte der Einwirkungen abgeleitet werden, wobei die Randbedingung

$$E_{p,mob} \leq 0{,}25 E_{p,k} \qquad \text{A (6.7)}$$

eingehalten werden sollte, siehe Bild A 6.1, wobei $E_{p,k}$ bis zur Tiefe des Drehpunkts ermittelt werden darf.

Dabei ist

$E_{p,mob}$ der mobilisierte Anteil des charakteristischen Erdwiderstands;

$E_{p,k}$ der charakteristische Erdwiderstand.

A *Anmerkung* zu A (4): Die Größe der drei in Bild A 6.1 dargestellten horizontal wirkenden Reaktionskräfte im Boden ergibt sich außer aus den Gleichgewichtsbedingungen aus Überlegungen zur Mobilisierung

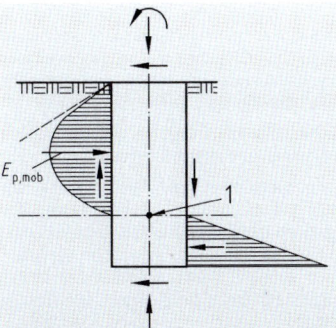

Legende
1 Drehpunkt (etwa im unteren Drittelspunkt)
$E_{p,mob}$ der mobilisierte Anteil des charakteristischen Erdwiderstands

Bild A 6.1. Aufnahme einer stark exzentrischen Belastung durch ein Kräftepaar aus mobilisiertem Erdwiderstand

von Sohlreibungskräften und Erdwiderstand, einschließlich eines Abbaus vom Erdruhedruck auf den aktiven Erddruck. Die horizontale Sohlreaktionskraft kann in der Regel bereits bei sehr kleinen Verformungen mobilisiert werden. Zusätzlich können eine Exzentrizität der vertikalen Sohlreaktionskraft sowie Wandreibungskräfte auftreten.

6.5.5 Tragwerksversagen durch Fundamentbewegung

(1)P Horizontale und vertikale Verschiebungsunterschiede der Fundamente müssen nachgewiesen werden, um zu verhindern, dass sie im Tragwerk einen Grenzzustand der Tragfähigkeit verursachen.

(2) Ein zulässiger Sohlwiderstand (siehe 2.5) darf angesetzt werden, vorausgesetzt, dass nicht durch Verschiebungen ein Grenzzustand der Tragfähigkeit im Tragwerk eintritt.

(3)P Bei einem Baugrund, der zum Schwellen neigt, sind die möglichen Hebungsunterschiede festzulegen und Gründung und Tragwerk so auszulegen, dass sie dem widerstehen oder sich anpassen können.

6.6 Bemessung im Grenzzustand der Gebrauchstauglichkeit

6.6.1 Allgemeines

(1)P In Rechnung zu stellen sind Fundamentverschiebungen infolge von Einwirkungen wie den in 2.4.2 (4) zusammengestellten.

(2)P Bei der Ermittlung der Größe von Fundamentverschiebungen muss die in 1.5.2.2 definierte vergleichbare Erfahrung in die Betrachtung einbezogen werden. Wenn nötig, müssen auch Berechnungen von Verschiebungen ausgeführt werden.

(3)P Bei weichen Tonen müssen in jedem Fall Setzungsberechnungen ausgeführt werden.

(4) Bei Flachfundamenten der Geotechnischen Kategorien 2 und 3, die auf steifen und festen Tonen stehen, sollten gewöhnlich die vertikalen Verschiebungen (Setzungen) nachgewiesen werden. Verfahren, um durch Fundamenteinwirkungen verursachte Setzungen zu berechnen, werden in 6.6.2 angegeben.

(5)P Die Bemessungslasten für den Grenzzustand der Gebrauchstauglichkeit müssen angesetzt werden, wenn Fundamentverschiebungen für einen Vergleich mit den Kriterien der Gebrauchstauglichkeit berechnet werden.

A (5) Für den Nachweis der Gebrauchstauglichkeit sind die Hinweise zu den Einwirkungen in 2.4.8 zu beachten.

(6) Setzungsberechnungen sollten nicht als exakt zutreffend angesehen werden. Sie liefern lediglich angenähert die Größenordnung der Setzungen.

(7)P Bei Fundamentverschiebungen müssen sowohl die Verschiebung der gesamten Gründung als auch die Verschiebungsdifferenzen zwischen Gründungsteilen untersucht werden.

(8)P Die Mitwirkung benachbarter Gründungen und Auffüllungen muss in Rechnung gestellt werden, wenn der Spannungszuwachs im Baugrund und seine Wirkung auf die Zusammendrückbarkeit berechnet werden.

(9)P Der mögliche Bereich von relativen Verdrehungen der Gründung muss ermittelt und mit den maßgebenden Grenzwerten für die Verschiebungen verglichen werden, die in 2.4.9 behandelt sind.

6.6.2 Setzung

(1)P Setzungsnachweise müssen sowohl die Sofortsetzungen als auch die zeitlich verzögerte Konsolidations- und Kriechsetzung umfassen.

(2) Bei teilgesättigten oder voll gesättigten Böden sollten folgende drei Setzungskomponenten erfasst werden:
- s_0 die Sofortsetzung; bei voll gesättigtem Boden infolge volumenkonstanter Scherung und bei teilgesättigtem Boden infolge Scherung und Volumenverminderung;
- s_1 die Setzung infolge von Konsolidierung;
- s_2 die Kriechsetzung.

(3) Zur Setzungsermittlung sollte ein allgemein anerkanntes Verfahren verwendet werden.

A (3) Die Größe der Setzungen von Flach- und Flächengründungen soll auf der Grundlage der DIN 4019 (alle Teile) ermittelt werden, soweit die dort genannten Voraussetzungen erfüllt sind.

(4) Besonders beachtet werden sollten Bodenarten wie etwa organische Böden oder weiche Tone, bei denen die Setzung infolge des Kriechens sehr lange andauern kann.

(5) Die Tiefe, bis zu der kompressible Bodenschichten bei einer Setzungsberechnung berücksichtigt werden sollten, hängt von der Fundamentform und -größe, der Veränderlichkeit der Steifigkeit mit der Tiefe und vom Abstand der Fundamente ab.

(6) In der Regel darf als maßgebend eine Tiefe genommen werden, bei der die wirksame Vertikalspannung aus der Fundamentbelastung 20% der wirksamen Auflastspannung ausmacht.

(7) In vielen Fällen darf als maßgebende Tiefe auch grob die ein- bis zweifache Fundamentbreite geschätzt werden. Die maßgebende Tiefe darf aber bei leicht belasteten, ausgedehnten Gründungsplatten verringert werden.

Anmerkung: Dieser Ansatz gilt nicht für sehr weiche Böden.

(8)P Jede mögliche zusätzliche Setzung durch Eigenverdichtung des Untergrundes muss ermittelt werden.

(9) Folgendes sollte beachtet werden:
- die möglichen Einflüsse von Eigengewicht, Überflutung und Erschütterung auf geschüttete und zu Sackungen neigende Böden;
- die Wirkungen von Spannungsänderungen auf brüchige Sande.

(10)P Für die Bodensteifigkeit müssen je nach Zweckmäßigkeit entweder lineare oder nichtlineare Modelle angesetzt werden.

(11)P Um einen Grenzzustand der Gebrauchstauglichkeit sicher zu vermeiden, müssen bei der Ermittlung von Setzungsdifferenzen und relativen Verdrehungen sowohl die Lastverteilung als auch die mögliche Veränderlichkeit des Untergrundes berücksichtigt werden.

(12) Berechnungen von Setzungsunterschieden, bei denen die Tragwerkssteifigkeit außer Acht bleibt, tendieren zu Überschätzungen der Setzungsunterschiede. Durch eine Untersuchung der Wechselwirkung zwischen Baugrund und Tragwerk können reduzierte Werte der Setzungsunterschiede begründet werden.

(13) Für Setzungsunterschiede infolge der Streuung der Baugrundeigenschaften sollte ein möglicher Wert vorgesehen werden, sofern sie nicht durch die Überbausteifigkeit verhindert werden.

(14) Bei Flächengründungen auf gewachsenem Boden sollte in Rechnung gestellt werden, dass sich in der Regel ein gewisser Setzungsunterschied einstellt, auch wenn die Rechnung nur eine gleichmäßige Setzung vorhersagt.

(15) Die Verkantung eines ausmittig belasteten Fundaments sollte dadurch abgeschätzt werden, dass eine lineare Sohldruckverteilung angesetzt und dann die Setzung an den Fundamentecken über die zugehörige Vertikalspannungsverteilung und mit den zuvor genannten Rechenverfahren ermittelt wird.

(16) Bei auf Tonböden gegründeten konventionellen Tragwerken sollte das Verhältnis der Baugrund-Tragfähigkeit im unkonsolidierten Anfangszustand zu der für die Gebrauchstauglichkeit angesetzten Belastung berechnet werden (siehe 2.4.8 (4)). Wenn dieses Verhältnis kleiner als 3 ist, sollten die Setzungen stets berechnet werden. Ist es kleiner als 2, dann sollten die Berechnungen die nichtlineare Steifigkeit des Untergrundes berücksichtigen.

A (17) Bei nichtbindigen Böden sind regelmäßig auftretende veränderliche Einwirkungen bei der Ermittlung der Setzungen zu berücksichtigen. Bei der Ermittlung von Konsolidationssetzungen bindiger Böden dürfen veränderliche Einwirkungen vernachlässigt werden, deren Einwirkungszeit wesentlich kleiner ist als die zum Ausgleich des Porenwasserüberdrucks erforderliche Zeit.

A (18) Bei zyklisch wirkenden Lasten sind hinsichtlich der damit verbundenen Setzungen, insbesondere bei wassergesättigten, bindigen Böden, besondere Untersuchungen durchzuführen.

A (19) Die rechnerischen Setzungen der einzelnen Gründungselemente eines Gebäudes oder anderer baulicher Anlagen sind unter Berücksichtigung der Konstruktion des Tragwerks und seiner Funktion zu beurteilen (siehe z. B. EVB[3]).

A (20) Sofern die Setzungen bei der Bemessung des Tragwerks berücksichtigt werden sollen, sind sie
– sowohl als charakteristische Werte in Form von vorsichtigen Schätzwerten des Mittelwerts (wahrscheinliche Setzungen)
– als auch als kleinste und größte zu erwartende (mögliche) Setzungen
anzugeben.

A (21) Wird die Tragfähigkeit der Gründung mit den Tabellenwerten nach dem vereinfachten Nachweis nach A 6.10 nachgewiesen, dann ist damit zu rechnen, dass bei mittig belasteten Fundamenten die in A 6.10.2.1 A (3) angegebenen Setzungen auftreten werden. Bei einer Erhöhung des Bemessungswerts des Sohlwiderstands nach A 6.10.2.2 A (2) bzw. nach A 6.10.3.2 sind die zu erwartenden Setzungen entsprechend der in Anspruch genommenen Erhöhung zu vergrößern.

6.6.3 Hebung

(1)P Folgende Ursachen von Hebungen müssen unterschieden werden:
– Verminderung der wirksamen Spannung;
– Volumenzunahme teilgesättigter Böden;
– Anhebungen infolge von Volumenkonstanz voll gesättigter Böden durch die Setzung von Nachbargebäuden.

(2)P Bei der Berechnung einer Hebung müssen sowohl die sofortige als auch die verzögerte Hebung erfasst werden.

6.6.4 Schwingungsberechnung

(1)P Tragwerksgründungen, die Schwingungen ausgesetzt sind oder dynamische Einwirkungen zu übertragen haben, müssen so bemessen werden, dass durch Schwingungen keine übermäßigen Setzungen und Erschütterungen ausgelöst werden.

(2) Durch entsprechende Vorkehrungen sollte erreicht werden, dass zwischen der Betriebsfrequenz und der Eigenfrequenz des Systems Gründung/Tragwerk keine Resonanzerscheinung auftritt und eine Bodenverflüssigung ausgeschlossen werden kann.

(3)P Durch Erdbeben verursachte Erschütterungen müssen nach DIN EN 1998 berücksichtigt werden.

A 6.6.5 Fundamentverdrehung und Begrenzung einer klaffenden Fuge

A (1) Die maßgebende Sohldruckresultierende ergibt sich als resultierende charakteristische bzw. repräsentative Beanspruchung in der Sohlfläche aus der ungünstigsten Kombination der charakteristischen bzw. repräsentativen Werte ständiger und veränderlicher Einwirkungen für die Bemessungssituationen BS-P und gegebenenfalls BS-T entsprechend 2.2. Maßgebend ist die größte Ausmittigkeit.

A (2) Bei Gründungen auf nichtbindigen und bindigen Böden darf in der Sohlfläche infolge der aus ständigen Einwirkungen resultierenden charakteristischen Beanspruchung keine klaffende Fuge auftreten. Diese Bedingung ist eingehalten, wenn die Sohldruckresultierende innerhalb der 1. Kern-

---

[3] EVB Empfehlungen „Verformungen des Baugrundes bei baulichen Anlagen", herausgegeben von der Deutschen Gesellschaft für Geotechnik e. V. (DGGT), Ernst & Sohn (1993).

weite liegt (bei Rechteckfundamenten: schraffierte Fläche in Bild A 6.2).

A (3) Die Ausmittigkeit der Sohldruckresultierenden bei ständigen und veränderlichen Einwirkungen darf höchstens so groß werden, dass die Gründungssohle des Fundaments noch bis zu ihrem Schwerpunkt durch Druck belastet bleibt (2. Kernweite). Bei Fundamenten, deren Grundriss einen rechteckigen oder kreisförmigen Vollquerschnitt hat, muss somit die resultierende charakteristische bzw. repräsentative Beanspruchung infolge der ungünstigsten Kombination der charakteristischen bzw. repräsentativen Werte ständiger und veränderlicher Einwirkungen die Sohlfläche innerhalb eines Bereiches schneiden, der

- beim rechteckigen Vollquerschnitt nach Bild A 6.2 durch die Ellipse

$$\left(\frac{x_e}{b_L}\right)^2 + \left(\frac{y_e}{b_B}\right)^2 = \frac{1}{9} \qquad A\,(6.8)$$

- beim kreisförmigen Vollquerschnitt durch einen Kreis mit dem Radius

$$r_e = 0{,}59 \cdot r \qquad A\,(6.9)$$

begrenzt ist.

Dabei ist

e_L, e_B die Ausmittigkeiten der resultierenden charakteristischen bzw. repräsentativen Beanspruchung in der Sohlfläche in Richtung der Fundamentachsen x und y mit den höchstzulässigen Werten x_e und y_e;

b_L, b_B die dazugehörigen Fundamentbreiten;

r der Radius bei kreisförmigen Fundamenten.

A (4) Bei Einhaltung der zulässigen Ausmittigkeit der Sohldruckresultierenden nach A (3) darf angenommen werden, dass bei Einzel- und Streifenfundamenten auf mindestens mitteldicht gelagertem nichtbindigem Boden bzw. mindestens steifem bindigem Boden keine unzuträglichen Verdrehungen des Bauwerkes auftreten.

A (5) Liegen Hinweise dafür vor, dass ungleichmäßige Setzungen der Gründung oder von Teilen der Gründung zu Schäden am Bauwerk oder an dessen Umgebung führen können, dann sind die Verdrehungen in Anlehnung an 6.6.3 zu ermitteln.

A 6.6.6 Verschiebungen in der Sohlfläche

A (1) Bei Flach- und Flächengründungen darf der Nachweis gegen unzuträgliche Verschiebungen des Fundaments in der Sohlfläche als erbracht angesehen werden, wenn

- beim Nachweis der Gleitsicherheit nach 6.5.3 auf der Stirnseite des Fundaments keine Bodenreaktion angesetzt wird oder
- bei mindestens mitteldicht gelagerten nichtbindigen Böden bzw. bei mindestens steifen bindigen Böden
- nicht mehr als zwei Drittel des charakteristischen Gleitwiderstands in der Fundamentsohle sowie
- nicht mehr als ein Drittel des charakteristischen Erdwiderstands vor der Stirnseite des Fundamentkörpers

zur Herstellung des Gleichgewichts der charakteristischen bzw. repräsentativen Kräfte parallel zur Sohlfläche erforderlich sind.

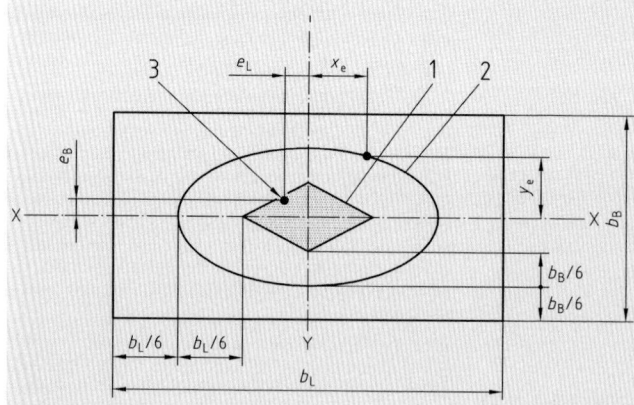

Legende
1 1. Kernweite
2 2. Kernweite
3 Angriffspunkt der resultierenden charakteristischen Beanspruchung

Bild A 6.2. Grundriss eines rechteckigen Fundamentes; Bezeichnungen bei zweiachsiger Ausmittigkeit

A (2) Sofern
- der Erdwiderstand vor der Stirnseite des Gründungskörpers in höherem Maße in Anspruch genommen wird als in A (1) angegeben
oder
- der Boden nicht den unter A (1) genannten Anforderungen entspricht

ist nachzuweisen, dass bei Ansatz der charakteristischen bzw. repräsentativen Werte der ständigen und der regelmäßig auftretenden veränderlichen Einwirkungen sowie infolge der charakteristischen bzw. repräsentativen Werte der seltenen oder einmaligen planmäßigen Einwirkungen keine unzuträglichen Verschiebungen des Fundaments in der Sohlfläche der Flach- oder Flächengründung auftreten.

6.7 Gründungen auf Fels; ergänzende Gesichtspunkte bei Entwurf und Bemessung

(1)P Die Bemessung von Flächengründungen auf Fels muss folgenden Gesichtspunkten Rechnung tragen:

- Verformbarkeit und Festigkeit von Fels und zulässige Setzung des zu gründenden Tragwerks;
- Vorhandensein weicher Einlagerungen, Anzeichen von Hydrolyse, Störzonen usw. unter dem Fundament;
- Vorhandensein von Trennflächen und anderen Diskontinuitäten sowie deren Merkmale (z. B. Kluftfüllung, Durchgängigkeit, Kluftweite, Abstand);
- Zustand der Verwitterung, Zersetzung und Zerlegung des Gesteins;
- Störung des natürlichen Gebirgszustands durch bauliche Tätigkeiten wie z. B. unterirdische Arbeiten und Aushub von Böschungen in Gründungsnähe.

(2) Flächengründungen auf Fels dürfen normalerweise mit zulässigen Sohlpressungen bemessen werden. Bei harten und intakten Erstarrungsgesteinen, gneisartigen Gesteinen, Kalksteinen und Sandsteinen ist die zulässige Sohlpressung durch die Druckfestigkeit des Fundamentbetons begrenzt.

A (2) Wenn die zugehörigen Voraussetzungen vorliegen, sollen Bemessungswerte des Sohlwiderstandes nach A 6.10.4 ermittelt werden.

(3) Die Fundamentsetzung darf auf Grund vergleichbarer Erfahrungen in Abhängigkeit von der Gebirgsklassifizierung ermittelt werden.

6.8 Bemessung der Bauteile von Flächengründungen

(1)P Das innere Versagen von Flächengründungen ist in Übereinstimmung mit 2.4.6.4 auszuschließen.

A (1) Grenzzustände des Versagens innerhalb der Bauteile der Flächengründungen müssen nach DIN EN 1992 bis DIN EN 1996 und DIN EN 1999 nachgewiesen werden.

(2) Bei starren Fundamenten darf eine lineare Sohldruckverteilung angesetzt werden. Durch genauere Untersuchungen der Wechselwirkung zwischen Baugrund und Tragwerk darf eine wirtschaftliche Bemessung begründet werden.

(3) Bei biegeweichen Gründungen darf die Sohldruckverteilung in der Weise ermittelt werden, dass die Gründung als Balken oder Platte auf einem verformten Kontinuum oder durch Federn mit geeigneter Steifigkeit und Festigkeit modelliert wird.

A *Anmerkung* zu 6.8 (3): Zur Berechnung biegeweicher Gründungen siehe DIN-Fachbericht 130[4].

A (3) Sohlplatten, die unter Auftrieb stehen, sind für die ungünstigste Kombination der Bemessungswerte der Auflasten ($G_d = \gamma_G \cdot G_k$ und $Q_d = \gamma_Q \cdot Q_{rep}$) sowie für den Bemessungswert des Sohlwasserdrucks W_d in den Grenzen für günstige Wirkung bei niedrigstem Wasserstand ($\gamma_{G,inf} \cdot W_{k,min}$) und ungünstige Wirkung bei höchstem Wasserstand ($\gamma_G \cdot W_{k,max}$) zu bemessen. Die resultierende Sohldruckreaktion $N_{d,res}$ ergibt sich dann aus dem Gleichgewicht der Vertikallasten unter Berücksichtigung der Baugrundreaktion:

$$N_{d,res} = \gamma_G \cdot G_k + \gamma_Q \cdot Q_{rep} - W_d \qquad A\ (6.10)$$

Um bei nichtlinearen Effekten im Baugrund (lokales Plastifizieren des Baugrunds am Rand der Platte, Entstehen von Bereichen, in denen Zugspannungen ausgeschlossen werden müssen, nichtlineares Last-Setzungs-Verhalten) sicherzustellen, dass die Baugrundreaktion etwa im Bereich der charakteristischen Beanspruchung ermittelt wird, wird in solchen Fällen empfohlen, die Baugrundreaktion in einem Lastniveau der charakteristischen Einwirkungen zu berechnen. Dazu sind de veränderlichen repräsentativen Lasten um einen Faktor γ_Q/γ_G zu erhöhen und danach z. B. mit Hilfe des Bettungsmodulverfahrens, des Steifemodulverfahrens oder von Finite-Element-Berechnungen eine resultierende Sohldruckreaktion $N_{k,res}$ zu errechnen:

$$N_{k,res} = G_k + \gamma_Q/\gamma_G \cdot Q_{rep} - W_k \qquad A\ (6.11)$$

---

[4] DIN-Fachbericht 130, Wechselwirkung Baugrund/Bauwerk bei Flachgründungen (2003).

Die Berechnung ist sowohl für $W_{k,max}$ als auch für $W_{k,min}$ durchzuführen. Nach Ermittlung von $N_{k,res}$ ergibt sich $N_{d,res}$ aus Multiplikation mit dem Teilsicherheitsbeiwert γ_G.

(4)P Die Gebrauchstauglichkeit von Streifen- oder Plattengründungen muss dadurch nachgewiesen werden, dass die Belastung im Grenzzustand der Gebrauchstauglichkeit und eine Sohldruckverteilung angesetzt werden, die den Verformungen der Gründung und des Untergrundes entspricht.

(5) Bei Einzellasten auf Streifen- oder Plattengründungen dürfen die Querkräfte und Biegemomente im Tragwerk mittels Bettungsmodulverfahren der linearen Elastizitätstheorie abgeleitet werden. Die Bettungsmodulen dürfen durch eine Setzungsberechnung auf Grund der sachgerechten Einschätzung der Sohldruckverteilung bestimmt werden. Die Modulen dürfen so angepasst werden, dass die berechneten Sohldrücke nicht Werte annehmen, für die das lineare Verhalten nicht mehr zutrifft.

(6) Die Gesamtsetzung und die Setzungsunterschiede des Tragwerks als Ganzes sollten nach 6.6.2 berechnet werden. Zu diesem Zweck ist das Bettungsmodulverfahren oft ungeeignet. Genauere Verfahren wie Finite-Element-Berechnungen sollten herangezogen werden, wenn die Wechselwirkung zwischen Baugrund und Tragwerk dominiert.

6.9 Vorbereitung der Baugrubensohle

(1)P Der Baugrund unter einer Flächengründung muss sehr sorgfältig vorbereitet werden. Wurzeln, Hindernisse und weiche Einschlüsse müssen ohne Störung des anstehenden Bodens entfernt werden. Etwa sich ergebende Löcher müssen mit Boden (oder anderem Material) so ausgefüllt werden, dass die Steifigkeit des anstehenden Bodens wiederhergestellt wird.

(2) Bei empfindlichen Bodenarten wie Ton sollte die Abfolge des Baugrubenaushubs vorgeschrieben werden, um Störungen gering zu halten. Gewöhnlich reicht es aus, in horizontalen Schichten auszuheben. In Fällen, in denen die Hebung der Aushubsohle kontrolliert werden muss, sollte der Aushub in alternierenden Abschnitten erfolgen, die betoniert werden, ehe die dazwischen befindlichen Abschnitte ausgehoben werden.

A 6.10 Vereinfachter Nachweis in Regelfällen

A 6.10.1 Allgemeines

A (1) Die Nachweise für die Grenzzustände Grundbruch und Gleiten sowie der Gebrauchstauglichkeit (Nachweis der Setzungen) dürfen durch die Verwendung von Erfahrungswerten für den Bemessungswert $\sigma_{R,d}$ des Sohlwiderstands ersetzt werden, sofern folgende Voraussetzungen erfüllt sind:

a) Die Fundamentsohle ist waagerecht und die Geländeoberfläche sowie Schichtgrenzen verlaufen annähernd waagerecht.

b) Der Baugrund weist bis in eine Tiefe unter der Gründungssohle, die der zweifachen Fundamentbreite entspricht, mindestens aber bis in 2,0 m Tiefe, eine ausreichende Festigkeit auf; hierzu siehe A 6.10.2.1 A (4) bei nichtbindigem Boden bzw. A 6.10.3.1 A (4) bei bindigem Boden.

c) Das Fundament wird nicht regelmäßig oder überwiegend dynamisch beansprucht. In bindigen Schichten entsteht kein nennenswerter Porenwasserüberdruck.

d) Eine stützende Wirkung des Bodens vor dem Fundament darf nur in Rechnung gestellt werden, wenn sein Verbleib durch konstruktive oder andere Maßnahmen sichergestellt ist.

e) Die Neigung der charakteristischen bzw. repräsentativen Sohldruckresultierenden hält die Bedingung $\tan\delta = H/V \leq 0{,}2$ ein.

A *Anmerkung* zu A (1) e): Wahlweise ist es auch zulässig, die Neigung der Sohldruckresultierenden aus der Bemessungsbeanspruchung zu ermitteln. Dieses Vorgehen liegt auf der sicheren Seite und kann zu unwirtschaftlicheren Fundamentabmessungen führen.

f) Die Bedingungen hinsichtlich der zulässigen Ausmittigkeit der Sohldruckresultierenden für charakteristische bzw. repräsentative Beanspruchungen nach 6.6.5 sind eingehalten.

g) Der Nachweis gegen Gleichgewichtsverlust durch Kippen entsprechend 6.5.4 A (3) ist erfüllt.

A (2) Ausreichende Sicherheiten gegen Grundbruch und bauwerksverträgliche Setzungen dürfen als nachgewiesen angesehen werden, wenn die Bedingung

$$\sigma_{E,d} \leq \sigma_{R,d} \qquad \text{A (6.12)}$$

erfüllt ist.

Dabei ist

$\sigma_{E,d}$ der Bemessungswert der Sohldruckbeanspruchung nach A (3);

$\sigma_{R,d}$ Bemessungswert des Sohlwiderstands nach A (4).

A (3) Der Bemessungswert der Sohldruckbeanspruchung ergibt sich aus der ungünstigsten Einwirkungskombination. Hierfür kommen folgende Wege in Frage:

- Sofern die Schnittgrößen mit charakteristischen bzw. repräsentativen Werten der Einwirkungen ermittelt wurden, ergibt sich der Bemessungswert $\sigma_{E,d}$ der Sohldruckbeanspruchung aus den charakteristischen bzw. repräsentativen Vertikalbeanspruchungen $N_{G,k}$ und $N_{Q,k}$ bzw. $N_{Q,rep}$, multipliziert mit den Teilsicherheitsbeiwerten γ_G und γ_Q für Grenzzustände GEO und das Nachweisverfahren 2 (GEO-2). Die Zahlenwerte der Teilsicherheitsbeiwerte sind aus Tabelle A 2.1 zu entnehmen.
- Sofern die Schnittgrößen mit Bemessungswerten der Einwirkungen ermittelt wurden, ergibt sich der Bemessungswert der Sohldruckbeanspruchung aus dem Bemessungswert der Vertikalbeanspruchung $V_d = N_d$.

A *Anmerkung* 1 zu A (3): Die Ermittlung der Ausmittigkeit mit Bemessungswerten liegt auf der sicheren Seite und kann zu unwirtschaftlicheren Fundamentabmessungen führen.

Bei ausmittiger Lage der Sohldruckresultierenden darf nur derjenige Teil A' der Sohlfläche angesetzt werden, für den die resultierende charakteristische bzw. repräsentative Beanspruchung im Schwerpunkt steht, also bei Rechteckfundamenten mit den Seitenlängen b_L und b_B und zugeordneten Ausmittigkeiten e_L und e_B die Fläche (siehe Bild A 6.2):

$$A' = b_L' \cdot b_B' = (b_L - 2 \cdot e_L) \cdot (b_B - 2 \cdot e_B)$$
A (6.13)

Als maßgebende Sohldruckbeanspruchung ist in diesem Fall die Spannung anzusetzen, die sich aus der Division der Vertikalbeanspruchung durch die reduzierte Sohlfläche A' ergibt.

A *Anmerkung* 2 zu A (3): Wegen der unterschiedlichen Teilsicherheitsbeiwerte für ständige und vorübergehende Beanspruchungen ergibt sich auf der Basis charakteristischer bzw. repräsentativer Werte der Beanspruchungen eine günstigere Bemessung als auf der Basis von entsprechenden Bemessungswerten.

A (4) Der Bemessungswert $\sigma_{R,d}$ des Sohlwiderstands ergibt sich nach A 6.10.2 bzw. A 6.10.3, gegebenenfalls erhöht nach A 6.1 2.2 bzw. A 6.10.3.2 oder vermindert nach A 6.10.2.3, A 6.10.2.4 bzw. A 6.10.3.3.

A (5) Ist die Einbindetiefe auf allen Seiten des Gründungskörpers $d > 2,00$ m, so darf der Bemessungswert $\sigma_{R,d}$ des Sohlwiderstands nach A 6.10.2 bzw. A 6.10.3 um die Spannung erhöht werden, die sich aus der 1,4-fachen Bodenentlastung ergibt, die sich aus der über 2 m hinausgehenden Tiefe ergibt. Dabei darf der Boden weder vorübergehend noch dauernd entfernt werden, solange die maßgebende Beanspruchung vorhanden ist.

A (6) Die in A 6.10.2.1 und A 6.10.3.1 angegebenen Setzungen beziehen sich auf allein stehende Fundamente mit mittiger Belastung; sie können sich bei gegenseitiger Beeinflussung benachbarter Fundamente vergrößern. Bei ausmittig belasteten Fundamenten treten Verdrehungen auf, die nach 6.6.5 nachgewiesen werden müssen, sofern sie den Grenzzustand der Gebrauchstauglichkeit wesentlich beeinflussen.

A 6.10.2 Nichtbindiger Boden

A 6.10.2.1 Bemessungswert des Sohlwiderstands

A (1) Der unter den in A 6.10.1 genannten Voraussetzungen bei

- einem Boden mit mittlerer Festigkeit nach A (4) und
- senkrechter Richtung der Sohldruckbeanspruchung

für Streifenfundamente maßgebende Bemessungswert $\sigma_{R,d}$ des Sohlwiderstands darf in Abhängigkeit von der tatsächlichen Fundamentbreite b bzw. von der reduzierten Fundamentbreite b' den Tabellen A 6.1 und A 6.2 entnommen werden.

A *Anmerkung* zu A (1): Die Tabellenwerte sind für die Bemessungssituation BS-P ermittelt worden, die Anwendung für die Bemessungssituation BS-T liegt auf der sicheren Seite. Der mit zunehmender Fundamentbreite ebenfalls zunehmende Bemessungswert des Sohlwiderstands $\sigma_{R,d}$ nach Tabelle A 6.1 ist auf der Grundlage einer ausreichenden Grundbruchsicherheit ermittelt worden, der ab b bzw. $b' > 1,00$ m mit zunehmender Fundamentbreite abnehmende Bemessungswert des Sohlwiderstands $\sigma_{R,d}$ nach Tabelle A 6.2 auf der Grundlage einer Begrenzung der Setzungen.

A (2) Bei den Tabellen A 6.1 und A 6.2 dürfen Zwischenwerte geradlinig interpoliert werden. Wenn bei ausmittiger Belastung die kleinere reduzierte Seitenlänge $b' < 0,50$ m wird, dürfen die Tabellenwerte hierfür geradlinig extrapoliert werden.

A (3) Für mittige Belastung gilt:

- Die auf der Grundlage der Tabelle A 6.1 bemessenen Fundamente können sich bei Fundamentbreiten bis 1,50 m um etwa 2 cm, bei breiteren Fundamenten ungefähr proportional zur Fundamentbreite stärker setzen;
- die auf der Grundlage der Tabelle A 6.2 bemessenen Fundamente können sich um ein Maß setzen, das bei Fundamentbreiten bis 1,50 m etwa 1 cm, bei breiteren Fundamenten etwa 2 cm nicht übersteigt.

Tabelle A 6.1. Bemessungswerte $\sigma_{R,d}$ des Sohlwiderstands für Streifenfundamente auf nichtbindigem Boden auf der Grundlage einer ausreichenden Grundbruchsicherheit mit den Voraussetzungen nach Tabelle A 6.3

Kleinste Einbindetiefe des Fundaments	Bemessungswerte $\sigma_{R,d}$ des Sohlwiderstands in kN/m² b bzw. b'					
	0,50 m	1,00 m	1,50 m	2,00 m	2,50 m	3,00 m
0,50 m	280	420	560	700	700	700
1,00 m	380	520	660	800	800	800
1,50 m	480	620	760	900	900	900
2,00 m	560	700	840	980	980	980
bei Bauwerken mit Einbindetiefen 0,30 m $\leq d \leq$ 0,50 m und mit Fundamentbreiten b bzw. $b' \geq$ 0,30 m	210					

Achtung: Die angegebenen Werte sind Bemessungswerte des Sohlwiderstands, keine aufnehmbaren Sohldrücke nach DIN 1054:2005-01 und keine zulässigen Bodenpressungen nach DIN 1054:1976-11.

Tabelle A 6.2. Bemessungswerte $\sigma_{R,d}$ des Sohlwiderstands für Streifenfundamente auf nichtbindigem Boden auf der Grundlage einer ausreichenden Grundbruchsicherheit und einer Begrenzung der Setzungen mit den Voraussetzungen nach Tabelle A 6.3

Kleinste Einbindetiefe des Fundaments	Bemessungswerte $\sigma_{R,d}$ des Sohlwiderstands in kN/m² b bzw. b'					
	0,50 m	1,00 m	1,50 m	2,00 m	2,50 m	3,00 m
0,50 m	280	420	460	390	350	310
1,00 m	380	520	500	430	380	340
1,50 m	480	620	550	480	410	360
2,00 m	560	700	590	500	430	390
bei Bauwerken mit Einbindetiefen 0,30 m $\leq d \leq$ 0,50 m und mit Fundamentbreiten b bzw. $b' \geq$ 0,30 m	210					

Achtung: Die angegebenen Werte sind Bemessungswerte des Sohlwiderstands, keine aufnehmbaren Sohldrücke nach DIN 1054:2005-01 und keine zulässigen Bodenpressungen nach DIN 1054:1976-11.

A (4) Die für die Anwendung des Bemessungswerts $\sigma_{R,d}$ des Sohlwiderstands nach den Tabellen A 6.1 und A 6.2 geforderte mittlere Festigkeit darf angenommen werden, wenn eine der in Tabelle A 6.3 angegebenen Bedingungen eingehalten ist. Maßgebend ist jeweils der Mittelwert der gemessenen Werte von Lagerungsdichte D, Verdichtungsgrad D_{pr} oder Spitzenwiderstand q_c der Drucksonde innerhalb des in A 6.10.1 A (1) b) beschriebenen Bodenbereiches.

A (5) In den Fällen, die durch die Tabellen A 6.1 und A 6.2 nicht erfasst sind, müssen die Grenzzustände der Tragfähigkeit und der Gebrauchstauglichkeit nachgewiesen werden.

A 6.10.2.2 Erhöhung des Bemessungswerts des Sohlwiderstands

A (1) Bei Fundamenten mit mindestens 0,50 m Breite und 0,50 m Einbindetiefe ist es zulässig, den nach A 6.10.2.1 ermittelten Bemessungswert des Sohlwiderstands, wie nachstehend angegeben, zu erhöhen und gegebenenfalls die einzelnen Erhöhungen zu addieren.

A (2) Bei Rechteckfundamenten mit einem Seitenverhältnis $b_B/b_L < 2$ bzw. $b_B'/b_L' < 2$ und bei Kreisfundamenten darf der in den Tabellen A 6.1 und A 6.2 angegebene Bemessungswert $\sigma_{R,d}$ des Sohlwiderstands um 20% erhöht werden. Für die auf der Grundlage des Grundbruchs ermittelten Werte (Tabelle A 6.1) gilt dies aber nur dann, wenn die Einbindetiefe größer ist als $0{,}60b$ bzw. $0{,}60b'$.

A (3) Der in den Tabellen A 6.1 und A 6.2 angegebene Bemessungswert $\sigma_{R,d}$ des Sohlwiderstands darf um bis zu 50% erhöht werden, wenn sich bis in die in A 6.10.1 (1) b) angegebene Tiefe nachweisen lässt, dass der Boden eine hohe Festigkeit aufweist. Dies ist der Fall, wenn eine der in Tabelle A 6.4 genannten Bedingungen erfüllt ist. Maßgebend ist jeweils der Mittelwert der gemessenen Werte von Lagerungsdichte D, Verdichtungsgrad D_{Pr} oder Spitzenwiderstand q_c der Drucksonde innerhalb des in A 6.10.1 (1) b) beschriebenen Bodenbereichs.

A 6.10.2.3 Verminderung des Bemessungswerts des Sohlwiderstands bei Grundwasser

A (1) Der in Tabelle A 6.1 angegebene Bemessungswert $\sigma_{R,d}$ des Sohlwiderstands gilt für den Fall, dass der Abstand zwischen Grundwasserspiegel und Gründungssohle mindestens so groß ist wie die maßgebende Fundamentbreite b_B bzw. b_B' nach A 6.10.1 A (3). Liegt der Grundwasserspiegel in Höhe der Gründungssohle, dann ist der Bemessungswert $\sigma_{R,d}$ des Sohlwiderstands nach Tabelle A 6.1 um 40% zu verringern.

A (2) Ist der Abstand zwischen dem maßgebenden Grundwasserspiegel und der Gründungssohle kleiner als die maßgebende Fundamentbreite b bzw. b', dann darf zwischen dem um 40% abgeminderten und dem nicht abgeminderten Bemessungswert des Sohlwiderstands in Abhängigkeit von der maßgebenden Spiegelhöhe geradlinig interpoliert werden.

Tabelle A 6.3. Voraussetzungen für die Anwendung der Bemessungswerte $\sigma_{R,d}$ des Sohlwiderstands nach den Tabellen A 6.1 und A 6.2 bei nichtbindigem Boden

Bodengruppe nach DIN 18196	Ungleichförmigkeitszahl nach DIN 18196 U	Mittlere Lagerungsdichte nach DIN 18126 D	Mittlerer Verdichtungsgrad nach DIN 18127 D_{Pr}	Mittlerer Spitzenwiderstand der Drucksonde q_c MN/m²
SE, GE, SU, GU, ST, GT	≤ 3	$\geq 0{,}30$	$\geq 95\%$	$\geq 7{,}5$
SE, SW, SI, GE, GW, GT, SU, GU	> 3	$\geq 0{,}45$	$\geq 98\%$	$\geq 7{,}5$

Tabelle A 6.4. Voraussetzungen für die Erhöhung der Bemessungswerte $\sigma_{R,d}$ des Sohlwiderstands nach A 6.10.2.2 A (3) bei nichtbindigem Boden

Bodengruppe nach DIN 18196	Ungleichförmigkeitszahl nach DIN 18196 U	Mittlere Lagerungsdichte nach DIN 18126 D	Mittlerer Verdichtungsgrad nach DIN 18127 D_{Pr}	Mittlerer Spitzenwiderstand der Drucksonde q_c MN/m²
SE, GE, SU, GU, ST, GT	≤ 3	$\geq 0{,}50$	$\geq 98\%$	≥ 15
SE, SW, SI, GE, GW, GT, SU, GU	> 3	$\geq 0{,}65$	$\geq 100\%$	≥ 15

A (3) Liegt der Grundwasserspiegel über der Gründungssohle, dann reicht die Abminderung der in Tabelle A 6.1 angegebenen Bemessungswerte des Sohlwiderstands um 40 % nur dann aus, wenn die Einbindetiefe größer ist als 0,80 m und außerdem größer ist als die Fundamentbreite b. Sofern diese beiden Voraussetzungen nicht erfüllt werden, müssen die Grenzzustände der Tragfähigkeit und der Gebrauchstauglichkeit nachgewiesen werden.

A (4) Der in Tabelle A 6.2 angegebene Bemessungswert $\sigma_{R,d}$ des Sohlwiderstands gilt für den Fall, dass er nicht größer ist als der verminderte Bemessungswert des Sohlwiderstands auf der Grundlage einer ausreichenden Sicherheit gegen Grundbruch nach Tabelle A 6.1. Maßgebend ist der kleinere Wert.

A 6.10.2.4 Verminderung des Bemessungswerts des Sohlwiderstands infolge von waagerechten Beanspruchungen

A (1) Bei Fundamenten, bei denen außer der resultierenden senkrechten Sohldruckbeanspruchung V_k auch eine waagerechte Komponente H_k angreift, ist der in Tabelle A 6.1 auf der Grundlage einer ausreichenden Grundbruchsicherheit angegebene, gegebenenfalls nach A 6.10.2.2 erhöhte bzw. nach A 6.10.2.3 verminderte Bemessungswert $\sigma_{R,d}$ des Sohlwiderstands wie folgt abzumindern:
- mit dem Faktor $(1 - H_k/V_k)$, wenn H_k parallel zur langen Fundamentseite wirkt und das Seitenverhältnis $b_L/b_B \geq 2$ bzw. $b_L'/b_B' \geq 2$ ist;
- mit dem Faktor $(1 - H_k/V_k)^2$ in allen anderen Fällen.

A *Anmerkung* zu A (1): Es ist zulässig, anstelle des Verhältnisses H_k/V_k das Verhältnis H_d/V_d zu verwenden. Dieses Vorgehen liegt auf der sicheren Seite und führt in der Regel zu unwirtschaftlicheren Fundamentabmessungen.

A (2) Der in Tabelle A 6.2 angegebene Bemessungswert $\sigma_{R,d}$ des Sohlwiderstands darf unverändert verwendet werden, solange er nicht größer ist als der herabgesetzte, auf der Grundlage einer ausreichenden Grundbruchsicherheit in Tabelle A 6.1 angegebene Wert. Maßgebend ist der kleinere Wert.

A 6.10.3 Bindiger Boden

A 6.10.3.1 Bemessungswert des Sohlwiderstands

A (1) Der unter den in A 6.10.1 genannten Voraussetzungen bei bindigem Baugrund für Streifenfundamente maßgebende Bemessungswert des Sohlwiderstands darf den Tabellen A 6.5 bis A 6.8 entnommen werden. Die Sohldruckbeanspruchung darf senkrecht oder geneigt angreifen.

A *Anmerkung* zu A (1): Die Tabellenwerte sind für die Bemessungssituation BS-P ermittelt worden, die Anwendung für die Bemessungssituation BS-T liegt auf der sicheren Seite.

A (2) Die Werte in den Tabellen A 6.5 bis A 6.8 sind nicht auf Bodenarten anwendbar, bei denen ein plötzlicher Zusammenbruch des Korngerüsts zu befürchten ist, z. B. auf Lössboden.

A (3) Die Anwendung der in den Tabellen A 6.5 bis A 6.8 genannten Werte für den Bemessungswert des Sohlwiderstands kann bei mittig belasteten Fundamenten zu Setzungen in der Größenordnung von 2 cm bis 4 cm führen.

A (4) Die für die Anwendung des Bemessungswertes $\sigma_{R,d}$ des Sohlwiderstands nach den Tabellen A 6.5 bis A 6.8 geforderte Festigkeit des Bodens muss durch folgende Untersuchungen ermittelt werden:

Tabelle A 6.5. Bemessungswerte $\sigma_{R,d}$ des Sohlwiderstands für Streifenfundamente auf reinem Schluff (UL nach DIN 18 196) mit Breiten b bzw. b' von 0,50 m bis 2,00 m bei steifer bis halbfester Konsistenz oder einer mittleren einaxialen Druckfestigkeit $q_{u,k} > 120$ kN/m²

Kleinste Einbindetiefe des Fundaments	Bemessungswerte $\sigma_{R,d}$ des Sohlwiderstands in kN/m²
0,50 m	180
1,00 m	250
1,50 m	310
2,00 m	350

Achtung: Die angegebenen Werte sind Bemessungswerte des Sohlwiderstands, keine aufnehmbaren Sohldrücke nach DIN 1054:2005-01 und keine zulässigen Bodenpressungen nach DIN 1054:1976-11.

- Entweder muss aus Laborversuchen nach DIN EN 1997-2:2010-10, 5.5.7 oder aus Handversuchen nach DIN EN ISO 14688-1: 2003-01, 5.14 die Zustandsform (Konsistenz) bestimmt werden,
- oder es muss die einaxiale Druckfestigkeit nach DIN EN 1997-2:2010-10, 5.8.4 ermittelt werden.

Ergeben sich bei mehreren Versuchen unterschiedliche Werte der Zustandsform oder der einaxialen Druckfestigkeit, dann ist jeweils der Mittelwert innerhalb des in A 6.10.1 A (1) b) beschriebenen Bodenbereichs maßgebend.

A (5) Sofern Versuche zur Ermittlung der Scherfestigkeit c_u des undränierten Bodens vorliegen, darf die einaxiale Druckfestigkeit q_u näherungsweise mit $\varphi_u = 0$ aus dem Ansatz

$$q_{u,k} = 2 \cdot c_{u,k} \qquad \text{A (6.14)}$$

ermittelt werden.

A (6) In den Fällen, die durch die Tabellen A 6.5 bis A 6.8 nicht erfasst sind, müssen die Grenzzustände der Tragfähigkeit und der Gebrauchstauglichkeit nachgewiesen werden.

Tabelle A 6.6. Bemessungswerte $\sigma_{R,d}$ des Sohlwiderstands für Streifenfundamente auf gemischtkörnigem Boden (SU*, ST, ST*, GU*, GT* nach DIN 18 196; z. B. Geschiebemergel) mit Breiten b bzw. b' von 0,50 m bis 2,00 m

Kleinste Einbindetiefe des Fundaments	Bemessungswerte $\sigma_{R,d}$ des Sohlwiderstands in kN/m²		
	mittlere Konsistenz		
	steif	halbfest	fest
0,50 m	210	310	460
1,00 m	250	390	530
1,50 m	310	460	620
2,00 m	350	520	700
Mittlere einaxiale Druckfestigkeit $q_{u,k}$ in kN/m²	120 bis 300	300 bis 700	> 700

Achtung: Die angegebenen Werte sind Bemessungswerte des Sohlwiderstands, keine aufnehmbaren Sohldrücke nach DIN 1054:2005-01 und keine zulässigen Bodenpressungen nach DIN 1054:1976-11.

Tabelle A 6.7. Bemessungswerte $\sigma_{R,d}$ des Sohlwiderstands für Streifenfundamente auf tonig-schluffigem Boden (UM, TL, TM nach DIN 18 196) mit Breiten b bzw. b' von 0,50 m bis 2,00 m

Kleinste Einbindetiefe des Fundaments	Bemessungswerte $\sigma_{R,d}$ des Sohlwiderstands in kN/m²		
	mittlere Konsistenz		
	steif	halbfest	fest
0,50 m	170	240	390
1,00 m	200	290	450
1,50 m	220	350	500
2,00 m	250	390	560
Mittlere einaxiale Druckfestigkeit $q_{u,k}$ in kN/m²	120 bis 300	300 bis 700	> 700

Achtung: Die angegebenen Werte sind Bemessungswerte des Sohlwiderstands, keine aufnehmbaren Sohldrücke nach DIN 1054:2005-01 und keine zulässigen Bodenpressungen nach DIN 1054:1976-11.

Tabelle A 6.8. Bemessungswerte $\sigma_{R,d}$ des Sohlwiderstands $\sigma_{R,d}$ für Streifenfundamente auf Ton-Boden (TA nach DIN 18 196) mit Breiten b bzw. b' von 0,50 m bis 2,00 m

Kleinste Einbindetiefe des Fundaments	Bemessungswerte $\sigma_{R,d}$ des Sohlwiderstands in kN/m²		
	mittlere Konsistenz		
	steif	halbfest	fest
0,50 m	130	200	280
1,00 m	150	250	340
1,50 m	180	290	380
2,00 m	210	320	420
Mittlere einaxiale Druckfestigkeit $q_{u,k}$ in kN/m²	120 bis 300	300 bis 700	> 700

Achtung: Die angegebenen Werte sind Bemessungswerte des Sohlwiderstands, keine aufnehmbaren Sohldrücke nach DIN 1054:2005-01 und keine zulässigen Bodenpressungen nach DIN 1054:1976-11.

A 6.10.3.2 Erhöhung des Bemessungswerts des Sohlwiderstands

A (1) Bei Rechteckfundamenten mit einem Seitenverhältnis $b_L/b_B < 2$ bzw. $b_L'/b_B' < 2$ und bei Kreisfundamenten darf der in den Tabellen A 6.5 bis A 6.8 angegebene bzw. der nach A 6.10.3.3 für größere Fundamentbreiten ermittelte Bemessungswert $\sigma_{R,d}$ des Sohlwiderstands um 20 % erhöht werden.

A 6.10.3.3 Verminderung des Bemessungswerts des Sohlwiderstands

A (1) Bei Fundamentbreiten zwischen 2 m und 5 m muss der in den Tabellen A 6.5 bis A 6.8 angegebene Bemessungswert $\sigma_{R,d}$ des Sohlwiderstands um 10 % je Meter zusätzlicher Fundamentbreite vermindert werden.

A (2) Bei Fundamentbreiten von mehr als 5 m müssen die Grenzzustände der Tragfähigkeit und der Gebrauchstauglichkeit nachgewiesen werden.

A 6.10.4 Fels

A (1) Besteht der Baugrund aus gleichförmigem beständigem Fels in ausreichender Mächtigkeit, so dürfen Fundamente mit der Annahme eines Bemessungswerts $\sigma_{R,d}$ des Sohlwiderstands bemessen werden. Der für quadratische Fundamente maßgebende Bemessungswert $\sigma_{R,d}$ des Sohlwiderstands darf in Abhängigkeit von der einaxialen Druckfestigkeit und vom Kluftabstand des Gebirges dem Diagramm in Bild A 6.3 entnommen werden. Die Einstufung als beständiger Fels ist gegeben, wenn die folgenden Felseigenschaften erfüllt sind:

- Raumausfüllung: dicht oder porös
  (nach DIN EN ISO 14 689-1:2004-04, NA.4);
- mindestens mäßige Kornbindung
  (nach DIN EN ISO 14 689-1:2004-04, NA.5);
- in Wasser nicht veränderlich
  (nach DIN EN 150 14 689-1:2004-04, 2.4.6).

Sofern die vorgenannten Felseigenschaften nicht vorliegen oder aufgrund eines Gehalts an Gips, Anhydrit, Salz oder quellfähigen Tonmineralen mit Quell- und Lösungserscheinungen zu rechnen ist, sind Einzelbetrachtungen erforderlich.

A Anmerkung zu A (1): Der Inhalt des Bildes A 6.3 ist modifizierter Teil des informativen Anhangs G aus DIN EN 1997-1:2009-09. Lokale Erfahrungen haben in der Regel Vorrang.

A (2) Der angegebene Bemessungswert des Sohlwiderstands gilt unter der Voraussetzung, dass im Grenzzustand der Gebrauchstauglichkeit Setzungen in der Größenordnung von 0,5 % der kleineren Fundamentbreite zugelassen werden können. Werte für den Bemessungswert des Sohlwiderstands bei anderen Setzungsvorgaben dürfen geradlinig interpoliert werden.

A 6.10.5 Künstlich hergestellter Baugrund

A (1) Wenn künstlich hergestellter Baugrund oder Schüttungen

- die unter A 6.10.1 A (1) genannten Voraussetzungen erfüllen und
- für bindige Schüttstoffe ein Verdichtungsgrad $D_{Pr} \geq 100\%$ im Mittel, mindestens aber 97 % als Untergrenze nachgewiesen wird,

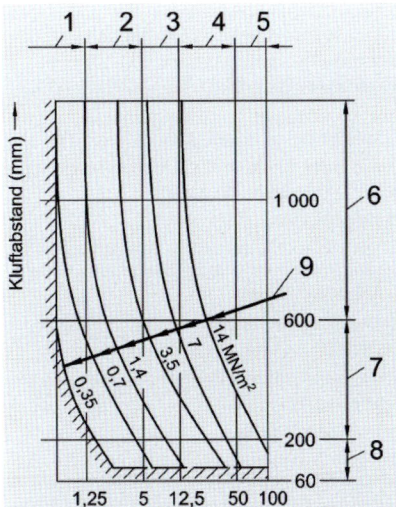

Achtung: Die angegebenen Werte sind Bemessungswerte des Sohlwiderstands, keine aufnehmbaren Sohldrücke nach DIN 1054:2005-01 und keine zulässigen Bodenpressungen nach DIN 1054:1976-11.

Legende
1 sehr mürb
2 mürb
3 mäßig mürb
4 mäßig hart
5 hart
6 weitständige Trennflächen (dickbankig)
7 mittelständige Trennflächen (mittelbankig)
8 engständige Trennflächen (dünnbankig)
9 Bemessungswert des Sohlwiderstands

Bild A 6.3. Bemessungswerte $\sigma_{R,d}$ des Sohlwiderstands für quadratische Einzelfundamente auf Fels

dürfen die Werte für den Bemessungswert des Sohlwiderstands nach A 6.10.2 bzw. A 6.10.3 für Fundamente verwendet werden, die auf diesem Baugrund gegründet werden.

11 Gesamtstandsicherheit

11.1 Allgemeines

A 11.1.1 Anwendungsbereich und allgemeine Anforderungen

(1)P Die Vorgaben dieses Abschnitts müssen auf die Gesamtstandsicherheit und die Bewegungen im gewachsenen oder aufgefüllten Untergrund bei Fundamenten, Stützbauwerken, Hängen, Dämmen oder Baugruben angewendet werden.

(2) Beachtet werden sollten die Regelungen, die sich im Abschnitt 6 auf die Gesamtstandsicherheit beziehen.

A (3) Dieser Abschnitt gilt für den Nachweis der Gesamtstandsicherheit zum Ausschluss von Böschungs- oder Geländebrüchen. Hierbei werden im Wesentlichen die nachfolgend genannten Konstruktionen erfasst:

- Hänge, Böschungen und Dämme, die nicht oder nur durch eine Oberflächenabdeckung gesichert sind;
- nicht verankerte Stützbauwerke wie Gewichtsstützwände, Winkelstützwände, Raumgitterkonstruktionen, Stützkonstruktionen aus Gabionen sowie nicht gestützte, im Boden eingespannte Wände, z. B. Spundwände, Bohrpfahlwände, Schlitzwände, Trägerbohlwände;
- einfach oder mehrfach durch Zugelemente verankerte Stützwände, z. B. Spundwände, Schlitzwände, Bohrpfahlwände, Trägerbohlwände, die durch ihre Fußeinbindung waagerechte und senkrechte Kräfte in den Baugrund übertragen können;
- konstruktive Böschungssicherungen, z. B. Hangverdübelung, Felsverankerung, Bodenvernagelung, Elementwand, geotextilbewehrte Böschungen und geotextilbewehrte Konstruktionen sowie Bewehrte-Erde-Bauwerke, die dadurch gekennzeichnet sind, dass die Außenhaut außer ihrem Eigengewicht keine weiteren waagerechten oder senkrechten Auflagerlasten direkt in den Baugrund eintragen kann.

A (4) Die für den Nachweis der Gesamtstandsicherheit erforderlichen Unterlagen sind in DIN 4084 aufgeführt.

A (5) Der Boden einer Böschung oder eines Hanges bzw. vor und hinter einem Stützbauwerk muss gegen Erosion gesichert sein. Freie Erdoberflächen von Böschungen sind rechtzeitig durch Begrünung oder sonstige Maßnahmen gegen Erosion durch Oberflächenwasser zu schützen.

A 11.1.2 Einstufung in die Geotechnischen Kategorien

A (1) Bei der Einstufung der in A (3) genannten Konstruktionen in die Geotechnischen Kategorien sind zusätzlich zu den in A 2.1.2 genannten Kriterien die nachfolgend genannten Merkmale hinsichtlich des Schwierigkeitsgrades der Konstruktion heranzuziehen. Sie stellen keine vollständige Aufzählung dar.

A (2) Geböschte Baugruben und nicht verbaute Gräben nach DIN 4124 ohne Einwirkung aus

Grundwasser dürfen der Geotechnischen Kategorie GK 1 zugeordnet werden.

A (3) Zur Geotechnischen Kategorie GK 2 gehören in der Regel Böschungshöhen bis 10 m bei nichtbindigen Böden, bindigen Böden mit mindestens steifer Konsistenz oder Fels mit bekannten geotechnischen Eigenschaften.

A (4) Folgende Merkmale erfordern in der Regel die Einstufung von Hängen, Böschungen und Dämmen, nicht verankerten Stützbauwerken und Baugrubenwänden sowie konstruktiven Böschungssicherungen in die Geotechnische Kategorie GK 3:
– allgemein bei mehr als 10 m Höhe;
– ausgeprägte Kriechfähigkeit des Bodens;
– Gefahr von Setzungsfließen;
– nichtausreichen ebener Betrachtungen von Bruchkörpern im Boden;
– bei Berücksichtigung von Erdbeben.

A (5) Die Einstufung in die Geotechnische Kategorie GK 3 ist in der Regel auch erforderlich beim Nachweis der Gesamtstandsicherheit von einfach oder mehrfach verankerten Stützbauwerken und Baugrubenwänden mit dicht angrenzenden, verschiebungs- oder setzungsempfindlichen Bauwerken.

11.2 Grenzzustände

(1)P Alle für den speziellen Baugrund in Frage kommenden Grenzzustände müssen untersucht werden, um die grundsätzlichen Anforderungen an Standsicherheit, Begrenzung der Verformungen, Dauerhaftigkeit und Verschiebungstoleranzen für benachbarte Gebäude und Leitungen zu erfüllen.

(2) Einige der möglichen Grenzzustände sind folgende:
– Verlust der Gesamtstandsicherheit des Bodens und damit verbundener Tragwerke;
– übermäßige Bodenbewegungen infolge von Scherverformungen, Setzung, Schwingungen oder Hebung;
– Schaden oder Einbuße der Gebrauchstauglichkeit bei Nachbargebäuden, Straßen oder Leitungen durch Bewegungen im Untergrund.

11.3 Einwirkungen und Bemessungssituationen

(1) Bei der Aufstellung der Einwirkungen für Grenzzustandsberechnungen sollte von der in 2.4.2 (4) angegebenen Zusammenstellung ausgegangen werden.

(2)P Soweit zutreffend, müssen die Wirkungen nachstehender Umstände in die Betrachtung einbezogen werden:
– Bauverfahren;
– neue Böschungen und Bauten in der Nähe des betreffenden Baugeländes;
– frühere oder andauernde Bodenbewegungen aus verschiedenen Ursachen;
– Schwingungen;
– Klimawechsel einschließlich Temperaturänderungen (Frost und Tauen); Dürren und schweren Niederschlägen;
– Bewuchs und seine Entfernung;
– Aktivitäten von Menschen oder Tieren;
– Änderungen des Wassergehalts oder Porenwasserdrucks;
– Wellenbewegungen.

(3)P Die Bemessungs-Spiegelhöhen der Gewässer und des Grundwassers oder ihrer Kombination müssen bei Grenzzuständen der Tragfähigkeit nach verfügbaren hydrologischen Werten und örtlichen Beobachtungen gewählt werden, um die ungünstigsten Bedingungen zu erfassen, die in der betrachteten Bemessungssituation auftreten könnten. Die Möglichkeit, dass Dränagen, Filter oder Abdichtungen versagen, muss beachtet werden.

A (3) Zur Berücksichtigung einer Verminderung oder Begrenzung des Wasserdrucks durch bauliche Maßnahmen: Eine durch bauliche Maßnahmen, z. B. Dichtungen, Drän- oder Entspannungsbrunnen, bewirkte Verminderung bzw. Begrenzung des Wasserdrucks darf nur berücksichtigt werden, wenn
– ihre Wirkung dauerhaft sichergestellt ist oder
– ihre Wirkung regelmäßig überwacht wird und ohne wesentliche Einschränkungen des Betriebs wieder hergestellt werden kann oder wenn
– zusätzliche Flutungs- bzw. Ballastierungsmaßnahmen vorgesehen werden.

Bereits beim Entwurf ist festzulegen, wie gegebenenfalls die Wirkung der Entspannungseinrichtungen wieder hergestellt werden kann bzw. wie eine Flutung oder Ballastierung automatisch eingeleitet wird.

(4) Die Möglichkeit, dass ein Kanal oder Staubecken zu Wartungszwecken oder bei einem Dammbruch geleert wird, sollte ebenfalls bedacht werden. Bei Grenzzuständen der Gebrauchstauglichkeit darf ein normaler Wasserspiegel oder Porenwasserdruck zu Grunde gelegt werden.

(5) Bei Uferböschungen sind die ungünstigsten hydraulischen Bedingungen in der Regel die sta-

tionäre Durchsickerung bei höchstem Grundwasserstand und eine rasche Spiegelabsenkung im offenen Wasser.

(6)P Bei der Ableitung von Bemessungsverteilungen des Porenwasserdrucks muss die mögliche Bandbreite der Anisotropie der Durchlässigkeit und der Veränderlichkeit des Untergrundes in Rechnung gestellt werden.

11.4 Gesichtspunkte bei Berechnung und Ausführung

(1)P Beim Überprüfen der Gesamtstandsicherheit eines Geländes und der Bewegungen im gewachsenen oder künstlich hergestellten Untergrund müssen vergleichbare Erfahrungen im Sinne von 1.5.2.2 einbezogen werden.

(2)P Die Gesamtstandsicherheit und Bewegungen in dem Baugrund, der vorhandene Gebäude, neue Tragwerke, Böschungen oder Baugruben trägt, müssen nachgewiesen werden.

(3) In Fällen, in denen die Standsicherheit des Baugrundes vor Beginn der Planung nicht eindeutig geklärt werden kann, sollten zusätzliche Untersuchungen, Kontrollmessungen und Berechnungen nach den Vorgaben von 11.7 ausgeschrieben werden.

(4) Typische Situationen, in denen ein Nachweis der Gesamtstandsicherheit geführt werden sollte, sind:

- Stützbauwerke;
- Baugruben, Böschungen oder Verkehrsdämme;
- Gründungen in geböschtem Gelände, auf Hängen oder Verkehrsdämmen;
- Gründungen neben einer Baugrube, einem Einschnitt oder unterirdischen Bauwerken oder am Ufer.

(5)P Wenn die Standsicherheit eines Geländes nicht abschließend nachgewiesen werden kann oder die festgestellten Bewegungen für den beabsichtigten Zweck nicht hinnehmbar sind, muss die Örtlichkeit ohne stabilisierende Maßnahmen als ungeeignet beurteilt werden.

(6)P Durch die Planung muss erreicht werden, dass alle Bautätigkeiten vor Ort so geplant und ausgeführt werden können, dass ein Auftreten von Grenzzuständen der Tragfähigkeit oder Gebrauchstauglichkeit hinreichend unwahrscheinlich ist.

(7)P Böschungsflächen, die möglicherweise einer Erosion ausgesetzt sind, müssen erforderlichenfalls geschützt werden, um zu erreichen, dass ihre Sicherheit erhalten bleibt.

(8) Böschungen sollten versiegelt, bepflanzt oder künstlich geschützt werden. Bei Böschungen mit Bermen sollte ein Dränsystem auf der Berme berücksichtigt werden.

(9)P Der Bauablauf muss in Rechnung gestellt werden, soweit davon die Gesamtstandsicherheit und die Größenordnung der Bewegungen beeinflusst sein könnten.

(10) Potentiell instabile Böschungen können durch

- eine Betonabdeckung mit oder ohne Verankerung,
- ein Widerlager aus Gabionen, entweder mit Körben aus Stahl oder aus Geokunststoffen,
- Bodenvernagelung,
- Begrünung,
- ein Dränsystem und
- eine Kombination der genannten Maßnahmen

befestigt werden.

A *Anmerkung* zu (10): Für Bodenvernagelungen und für Gabionen ist ein bauaufsichtlicher Verwendbarkeitsnachweis erforderlich, z. B. eine allgemeine bauaufsichtliche Zulassung.

11.5 Berechnung im Grenzzustand der Tragfähigkeit

11.5.1 Nachweis der Gesamtstandsicherheit

NDP Zu 11.5.1 (1)P: Der Nachweis der Gesamtstandsicherheit ist nach DIN 4084 mit dem Nachweisverfahren 3 (GEO-3) nach 2.4.7.3.4.4 durchzuführen. Die Zahlenwerte der Teilsicherheitsbeiwerte für die Ermittlung der Gesamtstandsicherheit sind Tabellen A 2.1 bis A 2.3 zu entnehmen.

(2)P Bei der Ermittlung der Böschungsbruchsicherheit müssen alle in Frage kommenden Versagensformen einbezogen werden.

(3) Bei der Wahl eines Berechnungsverfahrens sollte Folgendes beachtet werden:

- Schichtaufbau des Untergrundes;
- Vorkommen und Einfallswinkel von Diskontinuitäten;
- Sickerwasser und Porenwasserdruckverteilung;
- kurzfristige und langfristige Standsicherheit;
- Kriechen durch Scherverformung;
- Bruchmechanismus (kreisförmige oder nichtkreisförmige Gleitfläche; Kippen; Fließen);
- Anwendung numerischer Verfahren.

(4) Die von der Gleitfläche umschlossene Boden- oder Felsmasse sollte in der Regel als starrer Körper oder in Form mehrerer starrer Körper behandelt werden, die sich gleichzeitig bewegen. Die Gleitflächen oder Grenzflächen zwischen starren Körpern können viele Formen haben – einschließ-

lich ebener, kreisförmiger und komplizierterer Formen. Wahlweise darf die Standsicherheit durch eine Grenzzustandsberechnung oder mit finiten Elementen nachgewiesen werden.

(5) Wenn der Baugrund oder das Dammschüttmaterial relativ homogen und isotrop ist, sollten in der Regel kreisförmige Gleitflächen angenommen werden.

(6) Bei Böschungen in geschichteten Böden mit deutlich wechselnden Scherfestigkeiten sollte den Schichten mit geringer Festigkeit besondere Aufmerksamkeit gewidmet werden. Möglicherweise erfordert das die Berechnung mit nichtkreisförmigen Gleitflächen.

(7) Bei geklüftetem Material wie hartem Fels und geschichteten oder gerissenen Böden kann die Gleitflächenform teilweise oder gänzlich durch Diskontinuitäten vorgeprägt sein. In diesem Fall muss in der Regel die Untersuchung dreidimensionaler Keile vorgenommen werden.

(8) Bereits vorhandene Gleitflächen, die unter Umständen reaktiviert werden können, sollten sowohl mit kreisförmigen als auch nichtkreisförmigen Gleitflächen untersucht werden. Die sonst für Nachweise der Gesamtstandsicherheit angegebenen Teilsicherheitsbeiwerte können dann ungeeignet sein.

(9) Wenn der Bruchzustand nicht als ebener Zustand angesehen werden kann, sollte die Anwendung dreidimensionaler Gleitflächenformen erwogen werden.

(10) Das Verfahren sollte das Gesamtmoment und die vertikale Standsicherheit des Bruchkörpers nachweisen. Wenn ein Lamellenverfahren angewendet wird und das horizontale Gleichgewicht nicht überprüft wird, sollten die Lamellenseitenkräfte horizontal angenommen werden.

(11)P In Fällen, in denen ein gemeinsames Versagen von Bauteilen und Boden auftreten könnte, muss deren Wechselwirkung berücksichtigt werden, indem ihre unterschiedliche relative Steifigkeit herangezogen wird. Derartige Fälle betreffen Gleitflächen, die konstruktive Elemente wie Pfähle oder biegsame Wände schneiden.

(12) Da es bei der Festlegung der ungünstigsten Gleitfläche nicht möglich ist, zwischen günstigen und ungünstigen Gewichtslasten zu unterscheiden, sollten Unsicherheiten beim Ansatz der Wichte des Bodens durch die Anwendung oberer und unterer charakteristischer Werte berücksichtigt werden.

(13)P Es muss nachgewiesen werden, dass die Baugrundverformung unter Bemessungslasten infolge Kriechens oder großräumiger Setzungen keine unzulässigen Schäden an Tragwerken oder Infrastruktureinrichtungen anrichten kann, die sich im Baugrund, im Baugelände oder in seiner Nähe befinden.

A (14) Stabilisierende Effekte aus Kapillarspannungen dürfen nur dann berücksichtigt werden, wenn deren Wirkung dauerhaft zu erwarten ist.

A (15) Bei Böden, die sich nach 2.4.1 A (11) nicht ausreichend duktil verhalten, ist zu prüfen, ob fortschreitendes Versagen (progressiver Bruch) als Versagensursache in Frage kommt, z. B. bei geschüttetem Boden auf strukturempfindlichem Untergrund.

A (16) Räumliche Bruchmechanismen dürfen durch ebene Bruchmechanismen ersetzt werden, wenn dadurch der Grenzzustand der Tragfähigkeit auf der sicheren Seite liegend erfasst wird.

A (17) Die Tragwirkung von Zuggliedern, Dübeln und Pfählen, die von der Gleitfuge geschnitten werden, ist nach DIN 4084 zu berücksichtigen.

A (18) Bei Eingriffen in Hängen muss eine mögliche Aktivierung geologisch vorgegebener Gleitflächen berücksichtigt werden.

11.6 Berechnung im Grenzzustand der Gebrauchstauglichkeit

(1)P Entwurf und Berechnung müssen zeigen, dass die Verformung des Baugrunds keinen Grenzzustand der Gebrauchstauglichkeit bei Tragwerken und Infrastruktureinrichtungen auf dem Baugelände oder in seiner Nähe verursacht.

(2) Die durch folgende Ursachen bedingten Senkungen des Geländes sollten beachtet werden:

– Veränderungen der Grundwasserverhältnisse und der entsprechenden Porenwasserdrücke;
– langfristiges Kriechen unter dränierten Verhältnissen;
– Volumenverluste tiefliegender löslicher Schichten;
– Bergbau und ähnliche Aktivitäten wie eine Gasgewinnung.

(3) Da die derzeitig verfügbaren analytischen und numerischen Verfahren gewöhnlich keine zuverlässigen Voraussagen zur Verformung eines natürlichen Hanges machen können, sollte das Eintreten eines Grenzzustands der Gebrauchstauglichkeit entweder durch

– eine Begrenzung der mobilisierten Scherfestigkeit oder
– die Beobachtung der Bewegungen und die Festlegung von Maßnahmen, diese zu bremsen oder erforderlichenfalls zu unterbinden, vermieden werden.

A (4) Bei mindestens mitteldicht gelagerten nichtbindigen und bei mindestens steifen bindigen Böden beinhalten die Teilsicherheitsbeiwerte der Tabellen A 2.1 bis A 2.3 für die Bemessungssituation BS-P im Grenzzustand GEO-3 in der Regel auch eine ausreichende Sicherheit gegen den Grenzzustand der Gebrauchstauglichkeit.

A (5) Bei Geländesprüngen neben Gebäuden oder Verkehrsflächen, die erhöhten Gebrauchstauglichkeitsanforderungen unterliegen, kann entweder in begründeten Einzelfällen der Nachweis der Gebrauchstauglichkeit dadurch erbracht werden, dass der Grenzzustand GEO-3 mit durch Anpassungsfaktoren abgeminderten Bodenwiderständen nachgewiesen oder die Beobachtungsmethode nach 2.7 angewendet wird.

A (6) Wenn bei einer als Gewichtsstützwand modellierten Stützkonstruktion die Sohldruckresultierende im Kern liegt, kann davon ausgegangen werden, dass eine ausreichende Sicherheit gegen Kippen eingehalten wird.

A (7) Beim Nachweis der Gebrauchstauglichkeit von Stützkonstruktionen mit nicht vorgespannten Zuggliedern ist die Verträglichkeit der Verformungen des gesamten Systems mit den Dehnungen der Zugglieder zu prüfen.

11.7 Kontrollmessungen

(1)P Kontrollmessungen am Baugrund müssen mit geeigneter Ausrüstung vorgenommen werden, wenn es entweder

- nicht möglich ist, durch Berechnung oder konstruktive Vorkehrungen nachzuweisen, dass die in 11.2 genannten Grenzzustände mit ausreichender Wahrscheinlichkeit nicht eintreten werden oder
- die in den Berechnungen getroffenen Annahmen nicht auf zuverlässigen Werten beruhen.

(2) Die vorgesehenen Kontrollmessungen sollten Kenntnis geben von:

- Grundwasserkoten oder Porenwasserdrücken im Untergrund, so dass Berechnungen mit wirksamen Spannungen ausgeführt oder geprüft werden können;
- seitlichen und vertikalen Bewegungen im Untergrund, um weitere Verformungen vorhersagen zu können;
- der Tiefe und Form einer aktiven Gleitfläche, um die Kennwerte der Bodenfestigkeit für die Planung von Gegenmaßnahmen zu gewinnen;
- den Verformungsgeschwindigkeiten, um vor nahender Gefahr zu warnen. In solchen Fällen kann eine digitale Datenübermittlung von den Instrumenten zu einem entfernten Punkt oder ein Fernmelde-Alarmsystem geeignet sein.

Anhang A (normativ)
Teilsicherheitsbeiwerte und Streuungsfaktoren für Grenzzustände der Tragfähigkeit und empfohlene Zahlenwerte

NDP Zu Anhang A: Die Zahlenwerte der Teilsicherheitsbeiwerte und Streuungsfaktoren für Einwirkungen, Beanspruchungen, geotechnische Kenngrößen und Widerstände in den einzelnen Grenzzuständen und Bemessungssituationen sind Tabelle A 2.1, Tabelle A 2.2 und Tabelle A 2.3 zu entnehmen. Für den Nachweis der Sicherheit gegen Kippen (EQU) sind die Teilsicherheitsbeiwerte nach DIN EN 1990:2010-12, Anhang A, Tabelle A. 1.2(A) maßgebend.

Anhang H (informativ) Grenzwerte für Bauwerksverformungen und Fundamentbewegungen

NDP Zu Anhang H: Die im Anhang H genannten Angaben zu zulässigen Fundamentverformungen sind keine normativen Vorgaben. Andere Literaturangaben, z. B. Grundbautaschenbuch 7. Auflage, Band 2 dürfen in Deutschland gleichberechtigt angewendet werden. Im Einzelfall können Nachweise und spezielle Betrachtungen an der Baukonstruktion erforderlich werden, um die zulässigen Verformungsgrößen festzulegen.

(1) Die zu untersuchenden verschiedenen Arten von Fundamentbewegungen umfassen die Setzung, den Setzungsunterschied, die Drehung, die Verkantung, den Biegestich, die Winkeländerung, die Horizontalverschiebung und die Schwingungsamplitude. In Bild H.1 sind die Definitionen einiger Begriffe für die Fundamentbewegung und -verformung dargestellt.

(2) Die maximal aufnehmbaren Winkeländerungen für offene Rahmenkonstruktionen, ausgekleidete Rahmen und tragende oder durchlaufende Mauerwände sind sicherlich nicht dieselben, bewegen sich aber in dem Bereich zwischen etwa 1/2000 und etwa 1/300, um einen Grenzzustand der Gebrauchstauglichkeit im Bauwerk zu verhüten. Eine Verdrehung von höchstens 1/500 kann von vielen Tragwerken aufgenommen werden. Die Verdrehung, die wahrscheinlich zu einem Grenzzustand der Tragfähigkeit führt, liegt bei etwa 1/150.

(3) Die in (2) genannten Verhältniswerte gelten für den Fall der Sackung, wie in Bild H.1 dargestellt. Bei einer Sattellagerung (Kantensetzung größer als Mittensetzung) sollten die Werte halbiert werden.

(4) Bei den normalen Bauwerken mit Einzelfundamenten sind Gesamtsetzungen bis zu 50 mm oft

hinnehmbar. Auch größere gleichmäßige Setzungen können zulässig sein, wenn die Setzungsunterschiede innerhalb der Toleranzwerte bleiben und die Setzung nicht zu Schwierigkeiten mit Leitungsanschlüssen führt oder eine Verkantung verursacht usw.

(5) Diese Hinweise auf Grenzwerte von Setzungen beziehen sich auf gewöhnliche Gebäude. Sie sollten nicht auf Gebäude oder Tragkonstruktionen außergewöhnlicher Art angewendet werden oder deren Belastung deutlich ungleichmäßig ist.

A Anhang AA (informativ) Merkmale und Beispiele zur Einstufung in die Geotechnischen Kategorien

Nach A 2.1.2.1 A (11) ist die Einstufung der bautechnischen Maßnahmen in die Geotechnischen Kategorien GK 1, GK 2 oder GK 3 vor Beginn der geotechnischen Erkundung vorzunehmen. Maßgebend für die Einstufung ist jenes Merkmal, das die höchste Geotechnische Kategorie ergibt. Die Einstufung und die daraus resultierenden Anforderungen sind im Zuge der Projektbearbeitung aufgrund der Ergebnisse geotechnischer Untersuchungen, Berechnungen und der Bauausführung zu überprüfen und gegebenenfalls anzupassen. Der A Anhang AA fasst die in DIN EN 1997-1 und in den einzelnen Abschnitten der DIN 1054 enthaltenen Regelungen in einer Übersicht zusammen (siehe Tabelle AA.1).

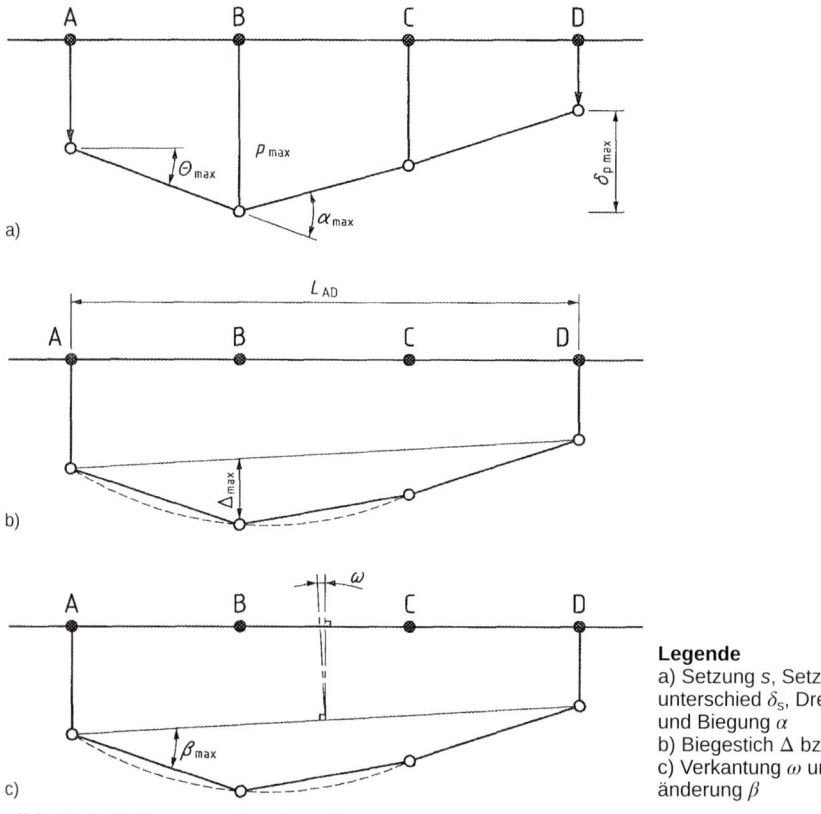

Bild H.1. Definitionen von Fundamentbewegungen

Legende
a) Setzung s, Setzungsunterschied δ_s, Drehung θ und Biegung α
b) Biegestich Δ bzw. Δ/L_{AD}
c) Verkantung ω und Winkeländerung β

Tabelle AA1. Merkmale und Beispiele zur Einstufung in die Geotechnischen Kategorien

Situation	GK 1	GK 2	GK 3
1 Baugrund (aus Abschnitt 2)	Baugrund in waagerechtem oder schwach geneigten Gelände, der nach gesicherter örtlicher Erfahrung als tragfähig und setzungsarm bekannt ist	durchschnittliche Baugrundverhältnisse, die nicht in GK 1 und GK 3 fallen	Ungewöhnliche oder besonders schwierige Baugrundverhältnisse wie: – geologisch junge Ablagerungen mit regelloser Schichtung bzw. wechselhafte Formationen; – Böden, die zum Kriechen, Fließen, Quellen oder Schrumpfen neigen; – bindige Böden, bei denen die Restscherfestigkeit maßgebend sein kann; – bindige Böden ohne ausreichende Duktilität, z. B. strukturempfindliche Seetone; – weiche organische und organogene Böden größerer Mächtigkeit; – Fels, der zur Auflösung oder zu starkem Zerfall neigt, z. B. Salz, Gips und verschiedene veränderliche feste Gesteine; – Fels, der in Bezug auf das Bauvorhaben ungünstig verlaufende Störungszonen und Trennflächen enthält; – Bergsenkungsgebiete oder Gebiete mit Erdfällen oder Baugrund mit ungesicherten Hohlräumen; – unkontrolliert geschüttete Auffüllungen.
2 Grundwasser (aus Abschnitt 2)	Grundwasser liegt unterhalb der Baugruben- bzw. Gründungssohle	– Freie Grundwasseroberfläche liegt höher als die Bauwerkssohle. – Grundwasserzutritt bzw. die Wasserhaltung sind mit üblichen Maßnahmen beherrschbar. – Durch diese Maßnahmen sind keine ungünstigen Einflüsse auf die Umgebung zu befürchten.	Gespanntes Grundwasser kann durch Bodenaushub zu artesischem Grundwasser werden.

Tabelle AA1. Merkmale und Beispiele zur Einstufung in die Geotechnischen Kategorien (Fortsetzung)

| 3 Bauwerk allgemein (aus Abschnitt 2) | – setzungsempfindliche, flach gegründete Bauwerke mit Stützenlasten bis 250 kN und Streifenlasten bis 100 kN/m wie Einfamilienhäuser, eingeschossige Hallen, Garagen;
– Bauwerke, bei denen nach DIN EN 1998-5/NA im Hinblick auf Erdbebenbelastung kein Nachweis der Standsicherheit erforderlich ist;
– Benachbarte Gebäude, Verkehrswege, Leitungen usw. werden durch das Bauwerk selbst oder durch die für seine Errichtung notwendigen Bauarbeiten nicht in ihrer Sandsicherheit gefährdet oder in ihrer Gebrauchstauglichkeit beeinträchtigt. | – übliche Hoch- und Ingenieurbauten auf Einzelfundamenten, Streifenfundamenten, Gründungsplatten oder Pfahlgründungen;
– Leitungsgräben bis 5 m Tiefe;
– Bauwerke der Bedeutungskategorien I und II nach DIN EN 1998-5/NA, bei denen im Hinblick auf Erdbebenbelastung ein Nachweis der Standsicherheit erforderlich ist;
– Durch konstruktive Maßnahmen, z. B. dichte und steife Baugrubenumschließung, ist ein schädlicher Einfluss der Baumaßnahme auf Nachbarschaft und Umgebung nicht zu erwarten. | – Bauwerke mit hohem Sicherheitsanspruch oder hoher Verformungsempfindlichkeit;
– Bauwerke mit ungewöhnlichen Lastkombinationen, die für die Gründung maßgebend werden;
– Bauwerke, die durch Wasser mit einer Druckhöhe von mehr als 5 m belastet sind;
– Einrichtungen und Baumaßnahme, die den Grundwasserspiegel vorübergehend oder bleibend verändern, sofern damit ein Risiko für benachbarte Bauten entsteht;
– Bauwerke der Bedeutungskategorie III und IV nach DIN EN 1998-5/NA, bei denen im Hinblick auf Erdbebenbelastung ein Nachweis der Standsicherheit erforderlich ist;
– Bauwerke oder Baumaßnahmen, bei denen die Beobachtungsmethode zum Nachweis der Standsicherheit und Gebrauchstauglichkeit angewendet wird. |

6 Flächengründungen (aus Abschnitt 6)	– Einzel- und Streifenfundamente von Bauwerken entsprechend A 2.1.2 A (16c), bei denen die Voraussetzungen für den vereinfachten Tragfähigkeitsnachweis nach A 6.10 A (1) a) bis c) erfüllt sind; – Gründungsplatten für maximal zweigeschossige, gut ausgesteifte Bauwerke.	übliche Einzelfundamente, Streifenfundamente und Fundamentplatten, soweit sie nicht in die Geotechnische Kategorie GK 1 eingestuft werden dürfen.	– Bauwerke mit besonders hohen Lasten; – Gründungen für Brücken mit großen Spannweiten, z. B. über 40 m, und mit statisch unbestimmt gelagerten Überbauten, die bei Setzungsunterschieden der Stützen und Widerlager maßgebende Zwangsbeanspruchungen erfahren; auch für integrale Brücken; – Maschinenfundamente mit hohen dynamischen Lasten; – Gründungen für hohe Türme wie Sendemasten, Industrieschornsteine; – ausgedehnte Plattengründung auf Baugrund mit unterschiedlichen Steifigkeiten im Grundriss; – Gründungen neben bestehenden Gebäuden, wenn die in DIN 4123:2000-09, 7.1, 8.1 und 9.1 angegebenen Voraussetzungen nicht zutreffen; – Gründung eines Bauwerks bei teils hoch, teils tief liegender Gründungsebene oder mit unterschiedlichen Gründungselementen; – Kombinierte Pfahl-Plattengründungen.

11 Gesamtstandsicherheit (aus Abschnitt 11)	geböschte Baugruben und nicht verbaute Gräben nach DIN 4124 ohne Einwirkung aus Grundwasser.	Böschungshöhen bis 10 m bei nichtbindigen Böden, bindigen Böden mit mindestens steifer Konsistenz oder Fels mit bekannten geotechnischen Eigenschaften.	– Hänge, Böschungen und Dämme, nicht verankerte Stützbauwerke und Baugrubenwände sowie konstruktive Böschungssicherungen in folgenden Fällen:
			  – allgemein bei mehr als 10 m Höhe;
			  – bei ausgeprägter Kriechfähigkeit des Bodens;
			  – bei Gefahr von Setzungsfließen;
			  – bei Nichtausreichen ebener Betrachtungen von Bruchkörpern im Boden;
			  – bei maßgeblichem Einfluss von Erdbeben;
			– Gesamtstandsicherheit bei einfach oder mehrfach verankerten Stützbauwerken und Baugrubenwänden mit dicht angrenzenden, verschiebungs- oder setzungsempfindlichen Bauwerken.

3 Listen und Verzeichnisse

3.1 Technische Baubestimmungen für den Beton- und Stahlbetonbau

Alle genannten Normen und Richtlinien sind zu beziehen bei der Beuth Verlag GmbH, 10772 Berlin (*www.beuth.de*). Dort können DIN-Normen sowie weitere nationale, europäische und internationale Normen unterschiedlicher Herausgeber online recherchiert, als Papierfassung bestellt oder als Datei (PDF) kostenpflichtig heruntergeladen werden.

Auslegungen zu DIN-Normen und Übersichten über aktuelle Normen werden auf der Internetseite des Normenauschusses Bauwesen (NABau) unter *www.nabau.din.de* → *Auslegungen zu Normen des NABau* zur Verfügung gestellt. Ein Online-Portal für Norm-Entwürfe, die im Einspruchsverfahren der Öffentlichkeit zur Verfügung stehen, ist verfügbar unter *www.entwuerfe.din.de*. Es bietet einen kostenfreien Zugang zu aktuellen Norm-Entwürfen und die Möglichkeit, online Stellungnahmen abzugeben.

Die Normenliste ist wie folgt gegliedert:

Grundlagen, Einwirkungen (S. 996)

Baustoffe, Beton und Betonstahl (S. 998)

Bemessung, Ausführung (S. 1004)

Brandschutz (S. 1006)

Spezielle Bauteile, Betonfertigteile (S. 1007)

Schalung, Rüstung (S. 1011)

Geotechnik (S. 1013)

Schutz und Instandsetzung (S. 1014)

Abdichtungen (S. 1015)

Richtlinien (S. 1017)

DIN [a]		Titel	Ausgabe	Einführung [b]	in BK
1 Grundlagen, Einwirkungen					
EN	40-3-1	Lichtmaste – Teil 3-1: Bemessung und Nachweis; Charakteristische Werte der Lasten	2013-06	–	–
	1356-1	Bauzeichnungen – Teil 1: Arten, Inhalte und Grundregeln der Darstellung	1995-02		
EN	1990	Eurocode: Grundlagen der Tragwerksplanung	2010-12	MVV TB	2016/2 (tw.)
	1990/NA	Nationaler Anhang – National festgelegte Parameter – Eurocode: Grundlagen der Tragwerksplanung	2010-12	MVV TB	
	1990/NA/A1	Nationaler Anhang – A1-Änderung	2012-08	–	–

[a] Abkürzungen:
CEN/ TS Europäische Technische Spezifikation
EN deutsche Ausgabe einer Europäischen Norm
EN ISO deutsche Ausgabe einer Europäischen Norm, identisch mit einer Internationalen Norm
Fb Fachbericht
ISO deutsche Ausgabe einer Internationalen Norm
SPEC Technischer Bericht (Spezifikation)
V Vornorm
[b] Abkürzungen, Listen:
BMVBS: vom Bundesministerium für Verkehr, Bau und Stadtentwicklung mit dem Allgemeinen Rundschreiben Straßenbau Nr. 22/2012 vom 26. November 2012 (Az.: StB 17/7192.10/81-1811030) zur Anwendung für die Brücken- und Ingenieurbau bekannt gegeben (Anwendung ab 1. Mai 2013)
MVV TB Muster-Verwaltungsvorschrift Technische Baubestimmungen (MVV TB), Ausgabe 2017/1 (auch für in Bezug genommene Normen)
PRIO Prioritätenliste – Ausgewählte verwendungsspezifische Leistungsanforderungen zur Erfüllung der Bauwerksanforderungen: Hinweisliste sortiert nach harmonisierten Bauproduktnormen der EU-BauPVO (Stand 12. Dezember 2017), Hrsg.: Deutsches Institut für Bautechnik DIBt

Technische Baubestimmungen für den Beton- und Stahlbetonbau

DIN [a]		Titel	Ausgabe	Einführung [b]	in BK
EN	1991-1-1	Eurocode 1: Einwirkungen auf Tragwerke – Teil 1-1: Allgemeine Einwirkungen auf Tragwerke; Wichten, Eigengewicht und Nutzlasten im Hochbau	2010-12	MVV TB	2016/2 (tw.)
	1991-1-1/NA	Nationaler Anhang – National festgelegte Parameter zu DIN EN 1991-1-1	2010-12	MVV TB	
	1991-1-1/ NA/A1	Nationaler Anhang – A1-Änderung	2015-05	MVV TB	
EN	1991-1-3	... – Teil 1-3: Allgemeine Einwirkungen; Schneelasten	2010-12	MVV TB	2016/2 (tw.)
	1991-1-3/A1	... – Teil 1-3: A1-Änderung	2015-12	–	
	1991-1-3/NA	Nationaler Anhang – National festgelegte Parameter zu DIN EN 1991-1-3	2010-12	MVV TB	
EN	1991-1-4	... – Teil 1-4: Allgemeine Einwirkungen; Windlasten	2010-12	MVV TB	2016/2 (tw.)
	1991-1-4/NA	Nationaler Anhang – National festgelegte Parameter zu DIN EN 1991-1-4	2010-12	MVV TB	
EN	1991-1-5	... – Teil 1-5: Allgemeine Einwirkungen; Temperatureinwirkungen	2010-12		2016/2 (tw.)
	1991-1-5/NA	Nationaler Anhang – National festgelegte Parameter zu DIN EN 1991-1-5	2010-12		
EN	1991-1-6	... – Teil 1-6: Allgemeine Einwirkungen; Einwirkungen während der Bauausführung	2010-12		2016/2 (tw.)
	1991-1-6/ Ber 1	Berichtigung 1 zu DIN EN 1991-1-6	2013-08		
	1991-1-6/NA	Nationaler Anhang – National festgelegte Parameter zu DIN EN 1991-1-6	2010-12		
EN	1991-1-7	... – Teil 1-7: Allgemeine Einwirkungen; Außergewöhnliche Einwirkungen	2010-12	MVV TB	2016/2 (tw.)
	1991-1-7/A1	A1-Änderung zu DIN EN 1991-1-7	2014-08	–	
	1991-1-7/NA	Nationaler Anhang – National festgelegte Parameter zu DIN EN 1991-1-7	2010-12	MVV TB	
EN	1991-2	... – Teil 2: Verkehrslasten auf Brücken	2010-12	BMVBS	–
	1991-2/NA	Nationaler Anhang – National festgelegte Parameter zu DIN EN 1991-2	2012-08	BMVBS	–
EN	1991-3	... – Teil 3: Einwirkungen infolge von Kranen und Maschinen	2010-12	MVV TB	–
	1991-3/Ber 1	Berichtigung 1 zu DIN EN 1991-3	2013-08	MVV TB	–
	1991-3/NA	Nationaler Anhang – National festgelegte Parameter zu DIN EN 1991-3	2010-12	MVV TB	–

Technische Baubestimmungen für den Beton- und Stahlbetonbau

DIN [a]		Titel	Ausgabe	Einführung [b]	in BK
EN	1991-4	... – Teil 4: Einwirkungen auf Silos und Flüssigkeitsbehälter	2010-12	MVV TB	–
	1991-4/Ber 1	Berichtigung 1 zu DIN EN 1991-4	2013-08	MVV TB	–
	1991-4/NA	Nationaler Anhang – National festgelegte Parameter zu DIN EN 1991-4	2010-12	MVV TB	–
Fb	140	Auslegung von Siloanlagen gegen Staubexplosionen	2005-01	MVV TB	–
EN	1998-1	Eurocode 8: Auslegung von Bauwerken gegen Erdbeben – Teil 1: Grundlagen, Erdbebeneinwirkungen und Regeln für Hochbauten	2010-12		–
	1998-1/A1	A1-Änderung zu DIN EN 1998-1	2013-05		–
	1998-1/NA	Nationaler Anhang – National festgelegte Parameter zu DIN EN 1991-8	2011-01		–
EN ISO	3766	Zeichnungen für das Bauwesen – Vereinfachte Darstellung von Bewehrungen	2004-05		–
	3766/Ber 1	Berichtigung 1 zu DIN EN ISO 3766	2005-01		
	4172	Maßordnung im Hochbau	2015-09		–
	18200	Übereinstimmungsnachweis für Bauprodukte – Werkseigene Produktionskontrolle, Fremdüberwachung und Zertifizierung von Produkten	2000-05 2018-09		–
	18202	Toleranzen im Hochbau – Bauwerke	2013-04		–
2 Baustoffe, Beton und Betonstahl					
EN	18202	Zement – Teil 1: Zusammensetzung, Anforderungen und Konformitätskriterien von Normalzement	2011-11	MVV TB	–
EN	197-2	Zement – Teil 2: Konformitätsbewertung	2014-05		2003/2
Fb	197	Leitlinien für die Anwendung von EN 197-2: Zement – Teil 2: Konformitätsbewertung	2001		
EN	197-4	Zement – Teil 4: Zusammensetzung, Anforderungen und Konformitätskriterien von Hochofenzement mit niedriger Anfangsfestigkeit	2004-08		–
EN	206	Beton – Teil 1: Festlegung, Eigenschaften, Herstellung und Konformität	2017-01		–
EN	206-1	Beton – Teil 1: Festlegung, Eigenschaften, Herstellung und Konformität	2001-07	MVV TB	2018/2
	206-1/A1	DIN EN 206-1/A1-Änderung	2004-10	MVV TB	
	206-1/A2	DIN EN 206-1/A2-Änderung	2005-09	MVV TB	
EN	206-9	Beton – Teil 9: Ergänzende Regeln für selbstverdichtenden Beton (SVB)	2010-09	MVV TB	–
EN	445	Einpressmörtel für Spannglieder – Prüfverfahren	1996-07 2008-01	MVV TB –	–

Technische Baubestimmungen für den Beton- und Stahlbetonbau

DIN [a)]		Titel	Ausgabe	Einführung [b)]	in BK
EN	446	Einpressmörtel für Spannglieder – Einpressverfahren	1996-07 2008-01	MVV TB –	–
EN	447	Einpressmörtel für Spannglieder – Allgemeine Anforderungen	1996-07 2017-09	MVV TB –	–
EN	450-1	Flugasche für Beton – Teil 1: Definition, Anforderungen und Konformitätskriterien	2012-10	PRIO	–
EN	450-2	... – Teil 2: Konformitätsbewertung	2005-05		–
EN	480-1	Zusatzmittel für Beton, Mörtel und Einpressmörtel – Prüfverfahren – Teil 1: Referenzbeton und Referenzmörtel für Prüfungen	2015-01		–
	488-1	Betonstahl – Teil 1: Stahlsorten, Eigenschaften, Kennzeichnung	2009-08	MVV TB	–
	488-2	... – Teil 2: Betonstabstahl	2009-08	MVV TB	–
	488-3	... – Teil 3: Betonstahl in Ringen, Bewehrungsdraht	2009-08	MVV TB	–
	488-4	... – Teil 4: Betonstahlmatten	2009-08	MVV TB	–
	488-5	... – Teil 5: Gitterträger	2009-08	MVV TB	–
	488-6	... – Teil 6: Übereinstimmungsnachweis	2010-01	MVV TB	–
EN	490	Dach- und Formsteine aus Beton für Dächer und Wandbekleidungen – Produktspezifikationen	2012-01 2017-04		–
EN	492	Faserzement-Dachplatten und dazugehörige Formteile – Produktspezifikation und Prüfverfahren	2018-07		–
EN	523	Hüllrohre aus Bandstahl für Spannglieder – Begriffe, Anforderungen und Konformität	2003-11		–
EN	934-1	Zusatzmittel für Beton, Mörtel und Einpressmörtel – Teil 1: Gemeinsame Anforderungen	2008-04	MVV TB	–
EN	934-2	... – Teil 2: Betonzusatzmittel; Definitionen und Anforderungen, Konformität, Kennzeichnung und Beschriftung	2012-08	MVV TB	–
EN	934-4	... – Teil 4: Zusatzmittel für Einpressmörtel für Spannglieder; Definitionen, Anforderungen, Konformität, Kennzeichnung und Beschriftung	2009-09	MVV TB	–
EN	934-5	... – Teil 5: Zusatzmittel für Spritzbeton – Begriffe, Anforderungen, Konformität, Kennzeichnung und Beschriftung	2008-02		–
EN	934-6	... – Teil 6: Probenahme, Konformitätskontrolle und Bewertung der Konformität	2006-03		–
EN	1008	Zugabewasser für Beton – Festlegung für die Probenahme, Prüfung und Beurteilung der Eignung von Wasser, einschließlich bei der Betonherstellung anfallendem Wasser, als Zugabewasser für Beton	2002-10	MVV TB	–

Technische Baubestimmungen für den Beton- und Stahlbetonbau

DIN [a]		Titel	Ausgabe	Einführung [b]	in BK
	1045-2	Tragwerke aus Beton, Stahlbeton und Spannbeton – Teil 2: Beton; Festlegung, Eigenschaften, Herstellung und Konformität; Anwendungsregeln zu DIN EN 206-1	2008-08	MVV TB	2017/2
	1164-10	Zement mit besonderen Eigenschaften – Teil 10: Zusammensetzung, Anforderungen und Übereinstimmungsnachweis von Zement mit niedrigem wirksamen Alkaligehalt	2013-03	MVV TB	–
	1164-11	Zement mit besonderen Eigenschaften – Teil 11: Zusammensetzung, Anforderungen und Übereinstimmungsnachweis von Zement mit verkürztem Erstarren	2003-11	MVV TB	–
	1164-12	... – Teil 12: Zusammensetzung, Anforderungen und Übereinstimmungsnachweis von Zement mit einem erhöhten Anteil an organischen Bestandteilen	2005-06	MVV TB	–
EN	1354	Bestimmung der Druckfestigkeit von haufwerksporigem Leichtbeton	2005-09		–
	4159	Ziegel für Ziegeldecken und Vergusstafeln, statisch mitwirkend	2014-05	MVV TB	–
	4160	Ziegel für Decken, statisch nicht mitwirkend	2000-04	MVV TB	–
	4166	Porenbeton-Bauplatten und Porenbeton-Planbauplatten	1997-10	MVV TB	–
	4226-100	Gesteinskörnungen für Beton und Mörtel – Teil 100: Rezyklierte Gesteinskörnungen	2002-02		–
	4226-101	Rezyklierte Gesteinskörnungen für Beton nach DIN EN 12620 – Teil 101: Typen und geregelte gefährliche Substanzen	2017-08		–
	4226-102	... – Teil 102: Typprüfung und Werkseigene Produktionskontrolle	2017-08		–
EN	12350-1	Prüfung von Frischbeton – Teil 1: Probenahme	2009-08		–
EN	12350-2	... – Teil 2: Setzmaß	2009-08		–
EN	12350-3	... – Teil 3: Vebe-Prüfung	2009-08		–
EN	12350-4	... – Teil 4: Verdichtungsmaß	2009-08		–
EN	12350-5	... – Teil 5: Ausbreitmaß	2009-08		–
EN	12350-6	... – Teil 6: Frischbetonrohdichte	2011-03		–
EN	12350-7	... – Teil 7: Luftgehalte; Druckverfahren	2009-08		–
EN	12350-8	... – Teil 8: Selbstverdichtender Beton – Setzfließversuch	2010-12		–
EN	12350-9	... – Teil 9: Selbstverdichtender Beton – Auslauftrichterversuch	2010-12		–
EN	12350-10	... – Teil 10: Selbstverdichtender Beton – L-Kasten-Versuch	2010-12		–

Technische Baubestimmungen für den Beton- und Stahlbetonbau

DIN [a]		Titel	Ausgabe	Einführung [b]	in BK
EN	12350-11	... – Teil 11: Selbstverdichtender Beton – Bestimmung der Sedimentationsstabilität im Siebversuch	2010-12		–
EN	12350-12	... – Teil 12: Selbstverdichtender Beton – Blockierring-Versuch	2010-12		–
EN	12390-1	Prüfung von Festbeton – Teil 1: Form, Maße und andere Anforderungen für Probekörper und Formen	2012-12		–
EN	12390-2	... – Teil 2: Herstellung und Lagerung von Probekörpern für Festigkeitsprüfungen	2009-08		–
	12390-2/Ber 1	Berichtigung 1	2012-02		–
	12390-2/A20	A20-Änderung	2015-12		–
EN	12390-3	... – Teil 3: Druckfestigkeit von Probekörpern	2009-07		–
	12390-3/Ber 1	Berichtigung 1	2011-11		–
EN	12390-4	... – Teil 4: Bestimmung der Druckfestigkeit; Anforderungen an Prüfmaschinen	2000-12		–
EN	12390-5	... – Teil 5: Biegezugfestigkeit von Probekörpern	2009-07		–
EN	12390-6	... – Teil 6: Spaltzugfestigkeit von Probekörpern	2010-04		–
EN	12390-7	... – Teil 7: Dichte von Festbeton	2009-07		–
EN	12390-8	... – Teil 8: Wassereindringtiefe unter Druck	2009-07		–
EN	12390-11	... – Teil 11: Bestimmung des Chloridwiderstandes von Beton – Einseitig gerichtete Diffusion	2015-11		–
EN	12390-13	... – Teil 13: Bestimmung des Elastizitätsmoduls unter Druckbelastung (Sekantenmodul)	2014-06		–
EN	12467	Faserzement-Tafeln – Produktspezifikation und Prüfverfahren	2016-12 2018-07	MVV TB PRIO	–
EN	12504-1	Prüfung von Beton in Bauwerken – Teil 1: Bohrkernproben – Herstellung, Untersuchung und Prüfung der Druckfestigkeit	2009-07		–
EN	12504-2	... – Teil 2: Zerstörungsfreie Prüfung – Bestimmung der Rückprallzahl	2012-12		–
EN	12620	Gesteinskörnungen für Beton	2008-07 2013-07	MVV TB PRIO –	–
EN	12878	Pigmente zum Einfärben von zement- und/oder kalkgebundenen Baustoffen – Anforderungen und Prüfverfahren	2006-05		–
EN	13043	Gesteinskörnungen für Asphalt und Oberflächenbehandlungen für Straßen, Flugplätze und andere Verkehrsflächen	2013-08		–

Technische Baubestimmungen für den Beton- und Stahlbetonbau

DIN [a]		Titel	Ausgabe	Einführung [b]	in BK
EN	13055-1	Leichte Gesteinskörnungen – Teil 1: Leichte Gesteinskörnungen für Beton, Mörtel und Einpressmörtel	2002-08	PRIO	–
	13055-1/ Ber 1	Berichtigung 1 zu DIN EN 13055-1	2004-12	PRIO	–
EN	13055	Leichte Gesteinskörnungen für Beton, Mörtel, Einpressmörtel, bitumengebundene Mischungen, Oberflächenbehandlungen und für ungebundene und gebundene Anwendungen	2016-11		–
EN	13139	Gesteinskörnungen für Mörtel	2002-08		–
EN	13263-1	Silikastaub für Beton – Teil 1: Definitionen, Anforderungen und Konformitätskriterien	2009-07		–
EN	13263-2	… – Teil 2: Konformitätsbewertung	2009-07		–
EN	13383-1	Wasserbausteine – Teil 1: Anforderungen	2013-08		–
EN	13383-2	… – Teil 2: Prüfverfahren	2013-08		–
EN	13450	Gesteinskörnungen für Gleisschotter	2013-07		–
V	20000-105	Anwendung von Bauprodukten in Bauwerken – Teil 105: Gesteinskörnungen nach DIN EN 13450:2003-06	2005-04		–
EN	13577	Chemischer Angriff an Beton – Bestimmung des Gehalts an angreifendem Kohlendioxid in Wasser	2007-07		–
EN	13791	Bewertung der Druckfestigkeit von Beton in Bauwerken oder in Bauwerksteilen	2008-05	MVV TB	–
	13791/A20	A20-Änderung: Nationaler Anhang	2017-02	MVV TB	–
EN	13813	Estrichmörtel, Estrichmassen und Estriche – Estrichmörtel und Estrichmassen – Eigenschaften und Anforderungen	2003-01	PRIO	–
EN	13887-1	Fahrbahnbefestigungen aus Beton – Teil 1: Baustoffe	2013-06		–
EN	13887-2	… – Teil 2: Funktionale Anforderungen an Fahrbahnbefestigungen aus Beton	2013-06		–
EN	14216	Zement – Zusammensetzung, Anforderungen und Konformitätskriterien von Sonderzement mit sehr niedriger Hydratationswärme	2015-09	MVV TB	–
EN	14487-1	Spritzbeton – Teil 1: Begriffe, Festlegungen und Konformität	2006-03	MVV TB	–
EN	14487-2	Spritzbeton – Teil 2: Ausführung	2007-01	MVV TB	–
EN	14647	Tonerdezement – Zusammensetzung, Anforderungen und Konformitätskriterien	2006-01		–
	14647/Ber 1	Berichtigung 1 zu DIN EN 14647	2007-04		–
EN	14651	Prüfverfahren für Beton mit metallischen Fasern – Bestimmung der Biegezugfestigkeit (Proportionalitätsgrenze, residuelle Biegezugfestigkeit)	2007-12		–

Technische Baubestimmungen für den Beton- und Stahlbetonbau

DIN [a]		Titel	Ausgabe	Einführung [b]	in BK
EN	14721	Prüfverfahren für Beton mit metallischen Fasern – Bestimmung des Fasergehalts in Frisch- und Festbeton	2007-12		–
V CEN	TS 14754-1	Nachbehandlungsmittel – Prüfverfahren – Teil 1: Bestimmung der Wasserrückhaltefähigkeit von üblichen Nachbehandlungsmitteln	2007-06		–
EN	14845-1	Prüfverfahren für Fasern in Beton – Teil 1: Referenzbetone	2007-09		–
EN	14845-2	... – Teil 2: Einfluss auf den Beton	2006-11		–
EN	14889-1	Fasern für Beton – Teil 1: Stahlfasern – Begriffe, Festlegungen und Konformität	2006-11		–
EN	14889-2	... – Teil 2: Polymerfasern – Begriffe, Festlegungen und Konformität	2006-11	PRIO	–
EN	15037-1	Betonfertigteile – Balkendecken mit Zwischenbauteilen – Teil 1: Balken	2008-07		–
EN	15037-2	... – Teil 2: Zwischenbauteile aus Beton	2011-07		
EN	15037-3	... – Teil 3: Keramische Zwischenbauteile	2011-07	MVV TB	–
	20000-129	Anwendung von Bauprodukten in Bauwerken – Teil 129: Regeln für die Verwendung von keramischen Zwischenbauteilen nach DIN EN 15037-3	2014-10	MVV TB	–
EN	15037-4	... – Teil 4: Zwischenbauteile aus Polystyrolhartschaum	2013-08		
EN	15167-1	Hüttensandmehl zur Verwendung in Beton, Mörtel und Einpressmörtel – Teil 1: Definitionen, Anforderungen und Konformitätskriterien	2006-12	MVV TB	–
EN	15304	Bestimmung des Frost-Tau-Widerstandes von dampfgehärtetem Porenbeton	2010-06		
EN	15498	Schalungssteine aus Holzspanbeton	2008-08	MVV TB	
EN ISO	15630-1	Stähle für die Bewehrung und das Vorspannen von Beton – Prüfverfahren – Teil 1: Bewehrungsstäbe, -walzdraht und -draht	2011-02		–
EN ISO	15630-2	... – Prüfverfahren – Teil 2: Geschweißte Matten	2011-02		
EN ISO	15630-3	... – Prüfverfahren – Teil 3: Spannstähle	2011-02		
EN	15743	Sulfathüttenzement – Zusammensetzung, Anforderungen und Konformitätskriterien	2015-06	PRIO	
EN ISO	17660-1	Schweißen – Schweißen von Betonstahl – Teil 1: Tragende Schweißverbindungen	2006-12	MVV TB	–
	17660-1/ Ber 1	Berichtigung 1 zu DIN EN 17660-1	2007-08	MVV TB	–

Technische Baubestimmungen für den Beton- und Stahlbetonbau

DIN [a]		Titel	Ausgabe	Einführung [b]	in BK
EN ISO	17660-2	Schweißen – Schweißen von Betonstahl – Teil 2: Nichttragende Schweißverbindungen	2006-12	MVV TB	–
	17660-2/ Ber 1	Berichtigung 1 zu DIN EN 17660-2	2007-08	MVV TB	–
V	18004	Anwendungen von Bauprodukten in Bauwerken – Prüfverfahren für Gesteinskörnungen nach DIN V 20000-103 und DIN V 20000-104	2004-04		–
	18175	Glasbausteine; Anforderungen, Prüfung	1977-05		–
	18516-5	Außenwandbekleidungen, hinterlüftet – Teil 5: Betonwerkstein; Anforderungen, Bemessung	2013-09	MVV TB	–
	18551	Spritzbeton – Nationale Anwendungsregeln zur Reihe DIN EN 14487 und Regeln für die Bemessung von Spritzbetonkonstruktionen	2014-08	MVV TB	–
V	18990	Beurteilung des Korrosionsverhaltens von Zusatzmitteln nach Normenreihe DIN EN 934	2002-11		–
V	18998	Beurteilung des Korrosionsverhaltens von Zusatzmitteln nach Normenreihe DIN EN 934	2002-11		–
V	18998/A1	Änderung A1 zu DIN V 18998	2003-05		
V	20000-101	Anwendung von Bauprodukten in Bauwerken – Teil 101: Zusatzmittel für Einpressmörtel für Spannglieder nach DIN EN 934-4:2002-02	2002-11	MVV TB	–
	51043	Trass; Anforderungen, Prüfung	1979-08	MVV TB	–

3 Bemessung, Bauausführung

DIN [a]		Titel	Ausgabe	Einführung [b]	in BK
EN	40-3-3	Lichtmaste – Teil 3-3: Bemessung und Nachweis – Rechnerischer Nachweis	2013-06		–
EN	206	Beton – Teil 1: Festlegung, Eigenschaften, Herstellung und Konformität	2014-07		
EN	206-1	Beton – Teil 1: Festlegung, Eigenschaften, Herstellung und Konformität	2001-07	MVV TB	2018/2
	206-1/A1	DIN EN 206-1/A1-Änderung	2004-10	MVV TB	
	206-1/A2	DIN EN 206-1/A2-Änderung	2005-09	MVV TB	
	1045-2	Tragwerke aus Beton, Stahlbeton und Spannbeton – Teil 2: Beton; Festlegung, Eigenschaften, Herstellung und Konformität; Anwendungsregeln zu DIN EN 206-1	2008-08	MVV TB	2017/2
	1045-4	... – Teil 4: Ergänzende Regeln für die Herstellung und die Konformität von Fertigteilen	2012-04	MVV TB	–
	1045-100	Bemessung und Konstruktion von Stahlbeton- und Spannbetontragwerken – Teil 100: Ziegeldecken (*mit Eurocode 2*)	2011-12 2017-09	MVV TB –	2016/2
	1045-101	... – Teil 101: Konformitätsnachweis für Ziegeldecken nach DIN 1045-100	2017-09		

Technische Baubestimmungen für den Beton- und Stahlbetonbau

DIN [a]		Titel	Ausgabe	Einführung [b]	in BK
EN	1992-1-1	Eurocode 2: Bemessung und Konstruktion von Stahlbeton- und Spannbetontragwerken – Teil 1-1: Allgemeine Bemessungsregeln und Regeln für den Hochbau	2011-01	MVV TB	2017/2 (tw.)
	1992-1-1/A1	A1-Änderung	2015-03	MVV TB	
	1992-1-1/NA	Nationaler Anhang zu Eurocode 2 – Teil 1-1	2013-04	MVV TB	
	1992-1-1/ NA/A1	Nationaler Anhang – A1-Änderung	2015-12	MVV TB	
EN	1992-2	… – Teil 2: Betonbrücken – Bemessungs- und Konstruktionsregeln	2010-12	BMVBS	2015/2
	1992-2/NA	Nationaler Anhang zu Eurocode 2 – Teil 2	2013-04	BMVBS	2015/2
EN	1992-3	… – Teil 3: Silos und Behälterbauwerke	2011-01		2016/2
	1992-3/NA	Nationaler Anhang zu Eurocode 2 – Teil 3	2011-01		
EN	1992-4	Eurocode 2: Bemessung und Konstruktion von Stahlbeton- und Spannbetontragwerken – Teil 4: Bemessung der Verankerung von Befestigungen in Beton (*Entwurf*)	2013-10		–
EN	1994-1-1	Eurocode 4: Bemessung und Konstruktion von Verbundtragwerken aus Stahl und Beton – Teil 1-1: Allgemeine Bemessungsregeln und Anwendungsregeln für den Hochbau	2010-12	MVV TB	–
	1994-1-1/NA	Nationaler Anhang zu Eurocode 4 – Teil 1-1	2010-12	MVV TB	–
EN	1994-2	… – Teil 2: Allgemeine Bemessungsregeln und Anwendungsregeln für Brücken	2010-12	BMVBS	–
	1994-2/NA	Nationaler Anhang zu Eurocode 4 – Teil 2	2010-12	BMVBS	–
EN	1998-1	Eurocode 8: Auslegung von Bauwerken gegen Erdbeben – Teil 1: Grundlagen, Erdbebeneinwirkungen und Regeln für Hochbauten	2010-12		
	1998-1/A1	A1-Änderung zu DIN EN 1998-1	2013-05		
	1998-1/NA	Nationaler Anhang zu Eurocode 8 – Teil 1	2011-01		
EN	1998-2	… – Teil 2: Brücken	2010-12		–
	1998-2/NA	Nationaler Anhang zu Eurocode 8 – Teil 2	2011-03		
EN	1998-3	… – Teil 3: Beurteilung und Ertüchtigung von Gebäuden	2010-12		–
	1998-3/Ber 1	Berichtigung 1	2013-09		
EN	1998-4	… – Teil 4: Silos, Tankbauwerke und Rohrleitungen	2007-01		–
EN	1998-5	… – Teil 5: Gründungen, Stützbauwerke und geotechnische Aspekte	2010-12		–
	1998-5/NA	Nationaler Anhang – National festgelegte Parameter zu DIN EN 1998-5	2011-07		

Technische Baubestimmungen für den Beton- und Stahlbetonbau

DIN [a]		Titel	Ausgabe	Einführung [b]	in BK
EN	1998-6	... – Teil 6: Türme, Maste und Schornsteine	2006-03		–
	4149	Bauten in deutschen Erdbebengebieten – Lastannahmen, Bemessung und Ausführung üblicher Hochbauten	2005-04	MVV TB	–
	4232	Wände aus Leichtbeton mit haufwerksporigem Gefüge; Bemessung und Ausführung	1987-09		1989/II
EN	13670	Ausführung von Tragwerken aus Beton	2011-03	MVV TB	2017/2
	1045-3	... – Teil 3: Bauausführung – Anwendungsregeln zu DIN EN 13670	2012-03	MVV TB	2017/2
	1045-3/Ber 1	DIN 1045-3/Berichtigung 1	2013-07	MVV TB	
EN	14487-1	Spritzbeton – Teil 1: Begriffe, Festlegungen und Konformität	2006-03	MVV TB	–
EN	14487-2	Spritzbeton – Teil 2: Bauausführung	2007-01	MVV TB	–
	18205	Bedarfsplanung im Bauwesen	2016-11		–
	18551	Spritzbeton – Nationale Anwendungsregeln zur Reihe DIN EN 14487 und Regeln für die Bemessung von Spritzbetonkonstruktionen	2014-08	MVV TB	–
	19702	Massivbauwerke im Wasserbau – Tragfähigkeit, Gebrauchstauglichkeit und Dauerhaftigkeit	2013-02		
	25449	Bauteile aus Stahl- und Spannbeton in kerntechnischen Anlagen – Sicherheitskonzept, Einwirkungen, Bemessung und Konstruktion	2016-04		–
4 Brandschutz					
EN	1991-1-2	... – Teil 1-2: Allgemeine Einwirkungen; Brandeinwirkungen auf Tragwerke	2010-12	MVV TB	–
	1991-1-2/Ber 1	Berichtigung 1 zu DIN EN 1991-1-2	2013-08	MVV TB	–
	1991-1-2/NA	Nationaler Anhang – National festgelegte Parameter zu DIN EN 1991-1-2	2015-09	MVV TB	
EN	1992-1-2	Eurocode 2: Bemessung und Konstruktion von Stahlbeton- und Spannbetontragwerken – Teil 1-2: Allgemeine Regeln – Tragwerksbemessung für den Brandfall	2010-12	MVV TB	2018/2 (tw.)
	1992-1-2/NA	Nationaler Anhang zu Eurocode 2 – Teil 1-2	2010-12	MVV TB	
	1992-1-2/NA/A1	Nationaler Anhang – A1-Änderung	2015-09	MVV TB	
EN	1994-1-2	Eurocode 4: Bemessung und Konstruktion von Verbundtragwerken aus Stahl und Beton – Teil 1-2: Allgemeine Regeln – Tragwerksbemessung für den Brandfall	2010-12	MVV TB	–
	1994-1-2/A1	A1-Änderung	2014-06	MVV TB	–
	1994-1-2/NA	Nationaler Anhang zu Eurocode 4 – Teil 1-2	2010-12	MVV TB	–

Technische Baubestimmungen für den Beton- und Stahlbetonbau

DIN [a)]		Titel	Ausgabe	Einführung [b)]	in BK
	4102-1	Brandverhalten von Baustoffen und Bauteilen – Teil 1: Baustoffe; Begriffe, Anforderungen und Prüfungen	1998-05	MVV TB	2003/2
	4102-2	Brandverhalten von Baustoffen und Bauteilen; Bauteile, Begriffe, Anforderungen und Prüfungen	1977-09	MVV TB	–
	4102-4	Brandverhalten von Baustoffen und Bauteilen – Teil 4: Zusammenstellung und Anwendung klassifizierter Baustoffe, Bauteile und Sonderbauteile	2016-05	MVV TB	2018/2 (tw.)
	4102-16	... – Teil 16: Durchführung von Brandschachtprüfungen	2015-09	MVV TB	–
	4102-17	... – Teil 17: Schmelzpunkt von Mineralwolle-Dämmstoffen – Begriffe, Anforderungen und Prüfung	1990-12 2017-12	MVV TB –	–
EN	13501-1	Klassifizierung von Bauprodukten und Bauarten zu ihrem Brandverhalten – Teil 1: Klassifizierung mit den Ergebnissen aus den Prüfungen zum Brandverhalten von Bauprodukten	2010-01	MVV TB	–
EN	13501-2	... – Teil 2: Klassifizierung mit den Ergebnissen aus den Feuerwiderstandsprüfungen, mit Ausnahme von Lüftungsanlagen	2016-12	MVV TB	–
EN	13501-3	... – Teil 3: Klassifizierung mit den Ergebnissen aus den Feuerwiderstandsprüfungen an Bauteilen von haustechnischen Anlagen: Feuerwiderstandsfähige Leitungen und Brandschutzklappen	2010-02	MVV TB	–
EN	13501-4	... – Teil 4: Klassifizierung mit den Ergebnissen aus den Feuerwiderstandsprüfungen von Anlagen zur Rauchfreihaltung	2016-12	MVV TB	–
EN	13501-5	... – Teil 5: Klassifizierung mit den Ergebnissen aus Prüfungen von Bedachungen bei Beanspruchung durch Feuer von außen	2016-12	MVV TB	–
EN	13501-6	... – Teil 6: Klassifizierung mit den Ergebnissen aus den Prüfungen zum Brandverhalten von elektrischen Kabeln	2014-07	MVV TB	–
	18009-1	Brandschutzingenieurwesen – Teil 1: Grundsätze und Regeln für die Anwendung	2016-10		
	18230-1	Baulicher Brandschutz im Industriebau – Teil 1: Rechnerisch erforderliche Feuerwiderstandsdauer	2010-09		
	18230-2	– Teil 2: Ermittlung des Abbrandverhaltens von Materialien in Lageranordnung – Werte für den Abbrandfaktor m	1999-01		
	18230-3	– Teil 3: Rechenwerte	2002-08		

5 Spezielle Bauteile, Betonfertigteile

| EN | 40-4 | Lichtmaste – Teil 4: Anforderungen an Lichtmaste aus Stahl- und Spannbeton | 2006-06 | | – |
| | 40-4/Ber 1 | Berichtigung 1 zu DIN EN 40-4 | 2008-05 | | – |

Technische Baubestimmungen für den Beton- und Stahlbetonbau

DIN [a]		Titel	Ausgabe	Einführung [b]	in BK
Fb	159	Allgemeine Regeln für Betonfertigteile – Zusammenstellung von DIN EN 13369:2004-09, Allgemeine Regeln für Betonfertigteile und DIN V 20000-120, Anwendung von Bauprodukten in Bauwerken – Teil 120: Anwendungsregeln zu DIN EN 13369:2004-09	2008-01		–
	1045-4	... – Teil 4: Ergänzende Regeln für die Herstellung und die Konformität von Fertigteilen	2012-02	MVV TB	–
EN	1168	Betonfertigteile – Hohlplatten	2011-12	PRIO	–
V	1201	Rohre und Formstücke aus Beton, Stahlfaserbeton und Stahlbeton für Abwasserleitungen und -kanäle – Typ 1 und Typ 2 – Anforderungen, Prüfung und Bewertung der Konformität	2004-08	MVV TB	–
EN	1337-1	Lager im Bauwesen – Teil 1: Allgemeine Regelungen	2001-02		–
EN	1337-2	... – Teil 2: Gleitteile	2004-07		–
EN	1337-3	... – Teil 3: Elastomerlager	2005-07		–
EN	1337-4	... – Teil 4: Rollenlager	2004-08		–
	1337-4/Ber 1	Berichtigung 1 zu DIN EN 1337-4	2007-05		–
EN	1337-5	... – Teil 5: Topflager	2005-07		–
EN	1337-6	... – Teil 6: Kipplager	2004-08		–
EN	1337-7	... – Teil 7: Kalotten- und Zylinderlager mit PTFE	2004-08		–
EN	1337-8	... – Teil 8: Führungslager und Festpunktlager	2008-01		–
EN	1337-9	... – Teil 9: Schutz	1998-04		–
EN	1337-10	... – Teil 10: Inspektion und Instandhaltung	2003-11		–
EN	1337-11	... – Teil 11: Transport, Zwischenlagerung und Einbau	1998-04		–
EN	1338	Pflastersteine aus Beton – Anforderungen und Prüfverfahren	2003-08		–
	1338/Ber 1	Berichtigung 1 zu DIN EN 1338	2006-11		–
EN	1339	Platten aus Beton – Anforderungen und Prüfverfahren	2003-08		–
	1339/Ber 1	Berichtigung 1 zu DIN EN 1339	2006-11		–
EN	1520	Vorgefertigte Bauteile aus haufwerksporigem Leichtbeton und mit statisch anrechenbarer oder nicht anrechenbarer Bewehrung	2011-06	PRIO	–
EN	1739	Bestimmung der Schubtragfähigkeit von Fugen zwischen vorgefertigten Bauteilen aus dampfgehärtetem Porenbeton oder haufwerksporigem Leichtbeton bei Belastung in Bauteilebene	2007-07		–

Technische Baubestimmungen für den Beton- und Stahlbetonbau

DIN [a]		Titel	Ausgabe	Einführung [b]	in BK
EN	1916	Rohre und Formstücke aus Beton, Stahlfaserbeton und Stahlbeton	2003-04	PRIO	–
	1916/Ber 1	Berichtigung 1 zu DIN EN 1916	2004-05		–
EN	1917	Einsteig- und Kontrollschächte aus Beton, Stahlfaserbeton und Stahlbeton	2003-04	PRIO	–
	1917/Ber 1	Berichtigung 1 zu DIN EN 1917	2004-05		–
	1917/Ber 2	Berichtigung 2 zu DIN EN 1917	2008-08		–
V	4034-1	Schächte aus Beton-, Stahlfaserbeton- und Stahlbetonfertigteilen für Abwasserleitungen und -kanäle – Typ 1 und Typ 2 – Teil 1: Anforderungen, Prüfung und Bewertung der Konformität	2004-08	MVV TB	–
	4141-13	Lager im Bauwesen – Teil 13: Führungslager mit der Gleitpaarung Stahl–Stahl – Bemessung und Herstellung	2010-07	MVV TB	–
	4166	Porenbeton-Bauplatten und Porenbeton-Planbauplatten	1997-10	MVV TB	–
	4178	Glockentürme	2005-04	MVV TB	–
	4213	Anwendung von vorgefertigten Bauteilen aus haufwerksporigem Leichtbeton mit statisch anrechenbarer oder nicht anrechenbarer Bewehrung in Bauwerken	2015-10	MVV TB	–
	4223-100	Anwendung von vorgefertigten bewehrten Bauteilen aus dampfgehärtetem Porenbeton – Teil 100: Eigenschaften und Anforderungen an Baustoffe und Bauteile	2014-12		
	4223-101	... – Teil 101: Entwurf und Bemessung	2014-12	MVV TB	–
	4223-102	... – Teil 102: Anwendung in Bauwerken	2014-12	MVV TB	–
	4223-103	... – Teil 103: Sicherheitskonzept	2014-12	MVV TB	–
	11622-1	Gärfuttersilos und Güllebehälter – Teil 1: Bemessung, Ausführung, Beschaffenheit; Allgemeine Anforderungen	2006-01	MVV TB	–
	11622-2	... – Teil 2: Bemessung, Ausführung, Beschaffenheit – Gärfuttersilos und Güllebehälter aus Stahlbeton, Stahlbetonfertigteilen, Betonformsteinen und Betonschalungssteinen	2004-06	MVV TB	–
	11622-2	Gärfuttersilos, Güllebehälter, Behälter in Biogasanlagen, Fahrsilos – Teil 2: Gärfuttersilos, Güllebehälter und Behälter in Biogasanlagen aus Beton	2015-09		
	11622-5	... – Teil 5: Fahrsilos	2015-09		
	11622-21	... – Teil 21: Betonformsteine	2004-06		
	11622-22	... – Teil 22: Betonschalungssteine	2015-09	MVV TB	
	11622 Beiblatt 1	... – Erläuterungen, Systemskizzen für Fußpunktausbildung	2006-01		–

Technische Baubestimmungen für den Beton- und Stahlbetonbau

DIN [a]		Titel	Ausgabe	Einführung [b]	in BK
EN	12602	Vorgefertigte bewehrte Bauteile aus dampfgehärtetem Porenbeton	2016-12	PRIO	–
EN	12737	Betonfertigteile – Spaltenböden für die Tierhaltung	2008-02		–
EN	12794	Betonfertigteile – Gründungspfähle	2007-08	MVV TB PRIO	–
	12794/Ber 1	Berichtigung 1	2009-04	PRIO	–
EN	12839	Betonfertigteile – Betonelemente für Zäune	2012-03		–
EN	12843	Betonfertigteile – Maste	2004-11	PRIO	–
EN	13084-1	Freistehende Schornsteine – Teil 1: Allgemeine Anforderungen	2007-05	MVV TB	–
EN	13084-2	... – Teil 2: Betonschornsteine	2007-08	MVV TB	–
EN	13224	Betonfertigteile – Deckenplatten mit Stegen	2012-01	PRIO	–
EN	13225	Betonfertigteile – Stabförmige Bauteile	2013-06	PRIO	
V	20000-124	Anwendung von Bauprodukten in Bauwerken – Teil 124: Regeln für die Verwendung von stabförmigen Bauteilen nach DIN EN 13225:2004-12	2006-12		–
EN	13369	Allgemeine Regeln für Betonfertigteile	2018-09	–	–
V	20000-120	Anwendung von Bauprodukten in Bauwerken – Teil 120: Anwendungsregeln zu DIN EN 13369:2004-09	2006-04	MVV TB	–
EN	13693	Betonfertigteile – Besondere Fertigteile für Dächer	2009-10	PRIO	–
EN	13747	Betonfertigteile – Deckenplatten mit Ortbetonergänzung	2010-08	PRIO	–
EN	13978-1	Betonfertigteile – Betonfertiggaragen – Teil 1: Anforderungen an monolithische oder aus raumgroßen Einzelteilen bestehende Stahlbetongaragen	2005-07	PRIO	–
V	20000-125	Anwendung von Bauprodukten in Bauwerken – Teil 125: Regeln für die Verwendung von Betonfertiggaragen nach DIN EN 13978-1:2005-07	2006-12	MVV TB	–
EN	13978-2 (E)	*Normentwurf:* ... – Teil 2: Stahlfaserbeton-Garagen	2000-12		
EN	14843	Betonfertigteile – Treppen	2007-07	PRIO	–
EN	14844	Betonfertigteile – Hohlkastenelemente	2012-02	PRIO	–
EN	14991	Betonfertigteile – Gründungselemente	2007-07	PRIO	–
EN	14992	Betonfertigteile – Wandelemente	2012-09	PRIO	–
EN	15037-1	Betonfertigteile – Balkendecken mit Zwischenbauteilen – Teil 1: Balken	2008-07	PRIO	–
EN	15037-2	... – Teil 2: Zwischenbauteile aus Beton	2011-07	PRIO	–

Technische Baubestimmungen für den Beton- und Stahlbetonbau

DIN [a]		Titel	Ausgabe	Einführung [b]	in BK
EN	15037-3	... – Teil 3: Keramische Zwischenbauteile	2011-07	–	–
	20000-129	Anwendung von Bauprodukten in Bauwerken – Teil 129: Regeln für die Verwendung von keramischen Zwischenbauteilen nach DIN EN 15037-3	2014-10	MVV TB	–
EN	15037-4	... – Teil 4: Zwischenbauteile aus Polystyrolhartschaum	2013-08	PRIO	–
EN	15037-5	... – Teil 5: Leichte Zwischenbauteile für einfache Schalungen	2013-08		–
EN	15050	Betonfertigteile – Fertigteile für Brücken	2012-06	PRIO	–
EN	15191	Betonfertigteile – Klassifizierung der Leistungseigenschaften von Glasfaserbeton	2010-04		
EN	15258	Betonfertigteile – Stützwandelemente	2009-05	PRIO	–
EN	15422	Betonfertigteile – Festlegung für Glasfasern als Bewehrung in Mörtel und Beton	2008-06		
EN	15435	Betonfertigteile – Schalungssteine aus Normal- und Leichtbeton	2008-10	MVV TB	–
EN	15498	Betonfertigteile – Holzspanbeton-Schalungssteine	2008-08	PRIO	
EN	15564	Betonfertigteile – Kunstharzbeton – Anforderungen und Prüfverfahren	2009-05		–
	18014	Fundamenterder – Allgemeine Planungsgrundlagen	2014-03		–
	18057	Betonfenster – Bemessung, Anforderungen, Prüfungen	2005-08	MVV TB	–
	18069	Tragbolzentreppen für Wohngebäude; Bemessung und Ausführung	1985-11	–	–
	18148	Hohlwandplatten aus Leichtbeton	2000-10	MVV TB	–
	18150-1	Baustoffe und Bauteile für Hausschornsteine; Formstücke aus Leichtbeton, Einschalige Schornsteine, Anforderungen	1979-09		–
	18162	Wandbauplatten aus Leichtbeton, unbewehrt	2000-10	MVV TB	–
	18200	Übereinstimmungsnachweis für Bauprodukte – Werkseigene Produktionskontrolle, Fremdüberwachung und Zertifizierung von Produkten	2000-05	MVV TB	–
	18908	Fußböden für Stallanlagen; Spaltenböden aus Stahlbetonfertigteilen oder aus Holz	1992-05		–
EN ISO	19903	Erdöl- und Erdgasindustrie – Feststehende Offshore-Betonkonstruktionen	2007-04		–

6 Schalung, Rüstung

EN	39	Systemunabhängige Stahlrohre für die Verwendung in Trag- und Arbeitsgerüsten – Technische Lieferbedingungen	2001-11	MVV TB	–

Technische Baubestimmungen für den Beton- und Stahlbetonbau

DIN [a]		Titel	Ausgabe	Einführung [b]	in BK
EN	74-1	Kupplungen, Zentrierbolzen und Fußplatten für Arbeitsgerüste und Traggerüste – Teil 1: Rohrkupplungen – Anforderungen und Prüfverfahren	2005-12	MVV TB	–
EN	1065	Baustützen aus Stahl mit Ausziehvorrichtung – Produktfestlegung, Bemessung und Nachweis durch Berechnung und Versuche	1998-12	MVV TB	–
	4420-1	Arbeits- und Schutzgerüste – Teil 1: Schutzgerüste – Leistungsanforderungen, Entwurf, Konstruktion und Bemessung	2004-03	MVV TB	–
	4420-2	... – Teil 2: Leitergerüste; Sicherheitstechnische Anforderungen	1990-12		–
	4420-3	... – Teil 3: Ausgewählte Gerüstbauarten und ihre Regelausführungen	2006-01		–
	4425	Leichte Gerüstspindeln; Konstruktive Anforderungen, Tragsicherheitsnachweis und Überwachung	1990-11 2017-04	MVV TB	–
EN	12810-1	Fassadengerüste aus vorgefertigten Bauteilen – Teil 1: Produktfestlegungen	2004-03	MVV TB	–
EN	12810-2	... – Teil 2: Besondere Bemessungsverfahren und Nachweis	2004-03		–
EN	12811-1	Temporäre Konstruktionen für Bauwerke – Teil 1: Arbeitsgerüste – Leistungsanforderungen, Entwurf, Konstruktion und Bemessung	2004-03	MVV TB	–
EN	12811-2	... –Teil 2: Informationen zu den Werkstoffen	2004-04		–
EN	12811-3	... – Teil 3: Versuche zum Tragverhalten	2003-02		–
EN	12811-4	... – Teil 4: Schutzdächer für Arbeitsgerüste – Leistungsanforderungen, Entwurf, Konstruktion und Bemessung des Produkts	2014-03		–
EN	12812	Traggerüste – Anforderungen, Bemessung und Entwurf	2008-12	MVV TB	–
EN	13377	Industriell gefertigte Schalungsträger aus Holz – Anforderungen, Klassifikation und Nachweis	2002-11	MVV TB	–
	20000-2	Anwendung von Bauprodukten in Bauwerken – Teil 2: Industriell gefertigte Schalungsträger aus Holz	2013-12	MVV TB	–
EN	16031	Baustützen aus Aluminium mit Ausziehvorrichtung – Produktfestlegungen, Bemessung und Nachweis durch Berechnung und Versuche	2012-09	MVV TB	–
	18216	Schalungsanker für Betonschalungen; Anforderungen, Prüfung, Verwendung	1986-12		1989/II
	18217	Betonflächen und Schalungshaut	1981-12		–
	18218	Frischbetondruck auf lotrechte Schalungen	2010-01	MVV TB	–

Technische Baubestimmungen für den Beton- und Stahlbetonbau

DIN [a]		Titel	Ausgabe	Einführung [b]	in BK
7 Geotechnik					
	1054	Baugrund – Sicherheitsnachweise im Erd- und Grundbau – Ergänzende Regelungen zu DIN EN 1997-1	2010-12	MVV TB	2019/2 (tw.)
	1054/A1	A1-Änderung zu DIN 1054	2012-08	MVV TB	
	1054/A2	A2-Änderung zu DIN 1054	2015-11	MVV TB	
EN	1536	Ausführung von Arbeiten im Spezialtiefbau – Bohrpfähle	2010-12 2015-10	MVV TB –	–
SPEC	18140	Ergänzende Festlegungen zu DIN EN 1536: 2010-12	2012-02	MVV TB	–
EN	1537	Ausführung von besonderen geotechnischen Arbeiten (Spezialtiefbau) – Verpressanker	2001-01 2014-07	MVV TB –	–
SPEC	18537	Ergänzende Festlegungen zu DIN EN 1537: 2001-01	2012-02	MVV TB	–
EN	1538	Ausführung von besonderen geotechnischen Arbeiten (Spezialtiefbau) – Schlitzwände	2015-10		–
EN	1997-1	Eurocode 7: Entwurf, Berechnung und Bemessung in der Geotechnik – Teil 1: Allgemeine Regeln	2009-09 2014-03	MVV TB –	2019/2 (tw.)
	1997-1/NA	Nationaler Anhang – National festgelegte Parameter zu DIN EN 1997-1	2010-12	MVV TB	
EN	1997-2	... – Teil 2: Erkundung und Untersuchung des Baugrunds	2010-10		–
	1997-2/NA	Nationaler Anhang – National festgelegte Parameter zu DIN EN 1997-2	2010-12		–
	4017	Baugrund – Berechnung des Grundbruchwiderstands von Flachgründungen	2006-03		–
	4017/Beiblatt 1	... – Berechnungsbeispiele	2006-11		–
	4019	Baugrund – Setzungsberechnungen	2015-05		–
	4020	Geotechnische Untersuchungen für bautechnische Zwecke – Ergänzende Regelungen zu DIN EN 1997-2	2010-12		–
	4030-1	Beurteilung betonangreifender Wässer, Böden und Gase – Teil 1: Grundlagen und Grenzwerte	2008-06		–
	4030-2	... – Teil 2: Entnahme und Analyse von Wasser- und Bodenproben	2008-06		–
	4084	Baugrund – Geländebruchberechnungen	2009-01		–
	4084/A1	A1-Änderung zu DIN 4084	2017-08		–
	4084/Beiblatt 1	Berechnungsbeispiele	2012-07		–
	4085	Baugrund – Berechnung des Erddrucks	2017-08		–

Technische Baubestimmungen für den Beton- und Stahlbetonbau

DIN [a)]		Titel	Ausgabe	Einführung [b)]	in BK
	4093	Bemessung von verfestigten Bodenkörpern – Hergestellt mit Düsenstrahl-, Deep-Mixing- oder Injektions-Verfahren	2015-11	MVV TB	–
	4123	Ausschachtungen, Gründungen und Unterfangungen im Bereich bestehender Gebäude	2013-04	MVV TB	
	4124	Baugruben und Gräben – Böschungen, Verbau, Arbeitsraumbreiten	2012-01		–
	4126	Nachweis der Standsicherheit von Schlitzwänden	2013-09		–
	4126/ Beiblatt 1	... – Erläuterungen	2013-09		–
EN	12699	Ausführung spezieller geotechnischer Arbeiten (Spezialtiefbau) – Verdrängungspfähle	2001-05 2015-07	MVV TB –	–
SPEC	18538	Ergänzende Festlegungen zu DIN EN 12699: 2001-05	2012-02	MVV TB	–
EN	12715	Ausführung von besonderen geotechnischen Arbeiten (Spezialtiefbau) – Injektionen	2000-10	MVV TB	–
SPEC	18187	Ergänzende Festlegungen zu DIN EN 12715: 2000-10, Ausführung von besonderen geotechnischen Arbeiten (Spezialtiefbau) – Injektionen	2015-08	MVV TB	–
EN	12794	Betonfertigteile – Gründungspfähle	2005-06	MVV TB PRIO	–
	12794/Ber 1	Berichtigung 1 zu DIN EN 12794	2009-04	PRIO	
EN	13577	Chemischer Angriff an Beton – Bestimmung des Gehalts an angreifendem Kohlendioxid in Wasser	2007-07		
EN	14199	Ausführung von besonderen geotechnischen Arbeiten (Spezialtiefbau) – Pfähle mit kleinen Durchmessern (Mikropfähle)	2012-01 2015-07	MVV TB	–
	14199/Ber 1	Berichtigung 1 zu DIN EN 14199	2016-09		–
SPEC	18539	Ergänzende Festlegungen zu DIN EN 14199: 2012-01	2012-02	MVV TB	–
EN	14490	Ausführung von besonderen geotechnischen Arbeiten (Spezialtiefbau) – Bodenvernagelung	2010-11		–
EN ISO	14688-1	Geotechnische Erkundung und Untersuchung – Benennung, Beschreibung und Klassifizierung von Boden – Teil 1: Benennung und Beschreibung	2013-12		–
EN ISO	14688-2	... – Teil 2: Grundlagen für Bodenklassifizierungen	2013-12		–
8 Schutz und Instandsetzung					
EN	1504-1	Produkte und Systeme für den Schutz und die Instandsetzung von Betontragwerken – Definitionen, Anforderungen, Güteüberwachung und Beurteilung der Konformität – Teil 1: Definitionen	2005-10		–
EN	1504-2	... – Teil 2: Oberflächenschutzsysteme für Beton	2005-01	PRIO	–

Technische Baubestimmungen für den Beton- und Stahlbetonbau

DIN [a]		Titel	Ausgabe	Einführung [b]	in BK
EN	1504-3	... – Teil 3: Statisch und nicht statisch relevante Instandsetzung	2006-03	PRIO	–
EN	1504-4	... – Teil 4: Kleber für Bauzwecke	2005-02	PRIO	–
EN	1504-5	... – Teil 5: Injektion von Betonbauteilen	2005-03	PRIO	–
EN	1504-6	... – Teil 6: Verankerung von Bewehrungsstäben	2006-11		–
EN	1504-7	... – Teil 7: Korrosionsschutz der Bewehrung	2006-11	PRIO	–
EN	1504-8	... – Teil 8: Qualitätsüberwachung und Beurteilung der Konformität	2005-02		–
EN	1504-8	Produkte und Systeme für den Schutz und die Instandsetzung von Betontragwerken – Definitionen, Anforderungen, Qualitätskontrolle und AVCP – Teil 8: Qualitätskontrolle und Bewertung und Überprüfung der Leistungsbeständigkeit (AVCP)	2016-08		–
EN	1504-9	... – Teil 9: Allgemeine Grundsätze für die Anwendung von Produkten und Systemen	2008-11		–
EN	1504-10	... – Teil 10: Anwendung von Stoffen und Systemen auf der Baustelle, Qualitätsüberwachung der Ausführung	2017-12		–
EN	1766	Produkte und Systeme für den Schutz und die Instandsetzung von Betontragwerken – Prüfverfahren – Referenzbetone für Prüfungen	2017-05		–
EN ISO	12696	Kathodischer Korrosionsschutz von Stahl in Beton	2017-05		–
EN	14629	Produkte und Systeme für den Schutz und die Instandsetzung von Betontragwerken – Prüfverfahren – Bestimmung des Chloridgehaltes in Festbeton	2007-04		–
V	18026	Oberflächenschutzsysteme für Beton aus Produkten nach DIN EN 1504-2:2005-01	2006-06		–
V	18028	Rissfüllstoffe nach DIN EN 1504-5:2005-03 mit besonderen Eigenschaften (*Vornorm*)	2006-06		–

9 Abdichtungen

	7865-1	Elastomer-Fugenbänder zur Abdichtung von Fugen in Beton – Teil 1: Formen und Maße	2015-02	MVV TB	–
	7865-2	... – Teil 2: Werkstoff-Anforderungen und Prüfung	2015-02	MVV TB	–
	7865-3	... – Teil 3: Verwendungsbereich	2012-05		
EN	14695	Abdichtungsbahnen – Bitumenbahnen mit Trägereinlage für Abdichtungen von Betonbrücken und andere Verkehrsflächen aus Beton – Definitionen und Eigenschaften	2010-05		–
EN	15814	Kunststoffmodifizierte Bitumendickbeschichtungen zur Bauwerksabdichtung – Begriffe und Anforderungen	2013-01	MVV TB	–

Technische Baubestimmungen für den Beton- und Stahlbetonbau

DIN [a]	Titel	Ausgabe	Einführung [b]	in BK
18195	Abdichtung von Bauwerken – Begriffe	2017-07		–
18195-2	Bauwerksabdichtungen – Teil 2: Stoffe	2009-04	MVV TB	–
18197	Abdichten von Fugen in Beton mit Fugenbändern	2018-01		–
18531-1	Abdichtung von Dächern sowie von Balkonen, Loggien und Laubengängen – Teil 1: Nicht genutzte und genutzte Dächer – Anforderungen, Planungs- und Ausführungsgrundsätze	2017-07	MVV TB	–
18531-2	... – Teil 2: Nicht genutzte und genutzte Dächer – Stoffe	2017-07		–
18531-3	... – Teil 3: Nicht genutzte und genutzte Dächer – Auswahl, Ausführung und Details	2017-07		–
18531-4	... – Teil 4: Nicht genutzte und genutzte Dächer – Instandhaltung	2017-07		–
18531-5	... – Teil 5: Balkone, Loggien und Laubengänge	2017-07		–
18532-1	Abdichtung von befahrbaren Verkehrsflächen aus Beton – Teil 1: Anforderungen, Planungs- und Ausführungsgrundsätze	2017-07		–
18532-2	... – Teil 2: Abdichtung mit einer Lage Polymerbitumen-Schweißbahn und einer Lage Gussasphalt	2017-07		–
18532-3	... – Teil 3: Abdichtung mit zwei Lagen Polymerbitumenbahnen	2017-07		–
18532-3/A1	A1-Änderung zu DIN 18532-3	2018-09		–
18532-4	... – Teil 4: Abdichtung mit einer Lage Kunststoff- oder Elastomerbahn	2017-07		–
18532-5	... – Teil 5: Abdichtung mit einer Lage Polymerbitumenbahn und einer Lage Kunststoff- oder Elastomerbahn	2017-07		–
18532-5/A1	A1-Änderung zu DIN 18532-5	2018-09		–
18532-6	... – Teil 6: Abdichtung mit flüssig zu verarbeitenden Abdichtungsstoffen	2017-07		–
18533-1	Abdichtung von erdberührten Bauteilen – Teil 1: Anforderungen, Planungs- und Ausführungsgrundsätze	2017-07		–
18533-1/A1	A1-Änderung zu DIN 18533-1	2018-09		–
18533-2	... – Teil 2: Abdichtung mit bahnenförmigen Abdichtungsstoffen	2017-07		–
18533-3	... – Teil 3: Abdichtung mit flüssig zu verarbeitenden Abdichtungsstoffen	2017-07		–
18533-3/A1	A1-Änderung zu DIN 18533-3	2018-09		–
18534-1	Abdichtung von Innenräumen – Teil 1: Anforderungen, Planungs- und Ausführungsgrundsätze	2017-07		–

Technische Baubestimmungen für den Beton- und Stahlbetonbau

DIN [a]	Titel	Ausgabe	Einführung [b]	in BK
18534-2	... – Teil 2: Abdichtung mit bahnenförmigen Abdichtungsstoffen	2017-07		–
18534-3	... – Teil 3: Abdichtung mit flüssig zu verarbeitenden Abdichtungsstoffen im Verbund mit Fliesen und Platten (AIV-F)	2017-07		–
18534-4	... – Teil 4: Abdichtung mit Gussasphalt oder Asphaltmastix	2017-07		–
18534-5	... – Teil 5: Abdichtung mit bahnenförmigen Abdichtungsstoffen im Verbund mit Fliesen und Platten (AIV-B)	2017-08		–
18535-1	Abdichtung von Behältern und Becken – Teil 1: Anforderungen, Planungs- und Ausführungsgrundsätze	2017-07		–
18535-2	... – Teil 2: Abdichtung mit bahnenförmigen Abdichtungsstoffen	2017-07		–
18535-3	... – Teil 3: Abdichtung mit flüssig zu verarbeitenden Abdichtungsstoffen	2017-07		–
18540	Abdichten von Außenwandfugen im Hochbau mit Fugendichtstoffen	2014-09		
18541-1	Fugenbänder aus thermoplastischen Kunststoffen zur Abdichtung von Fugen in Beton – Teil 1: Begriffe, Formen, Maße, Kennzeichnung	2014-11	MVV TB	–
18541-2	... – Teil 2: Anforderungen an die Werkstoffe, Prüfung und Überwachung	2014-11	MVV TB	–
18542	Abdichten von Außenwandfugen mit imprägnierten Dichtungsbändern aus Schaumkunststoff – Imprägnierte Dichtungsbänder – Anforderungen und Prüfung	2018-03		–
10 Richtlinien und Verordnungen				
– ETB	ETB-Richtlinie „Bauteile, die gegen Absturz sichern"	1985-06	MVV TB	2008/2
– Flachstürze	Richtlinien für die Bemessung und Ausführung von Flachstürzen (und Berichtigung)	1977-08 1979-07		–
– LöRüRL	Richtlinie zur Bemessung von Löschwasser-Rückhalteanlagen beim Lagern wassergefährdender Stoffe	1992-08	MVV TB	–
– MFeuV	Muster-Feuerungsverordnung	2007-09 2016-01		
– M-GarVO	Muster einer Verordnung über den Bau und Betrieb von Garagen	2008-05	MVV TB	–
– MSchulbauR	Muster-Richtlinie über bauaufsichtliche Anforderungen an Schulen	2009-04	MVV TB	–
– MHHR	Muster-Richtlinie über den Bau und Betrieb von Hochhäusern	2012-02	MVV TB	–

Technische Baubestimmungen für den Beton- und Stahlbetonbau

DIN [a]	Titel	Ausgabe	Einführung [b]	in BK
– MWR	Muster-Richtlinie über bauaufsichtliche Anforderungen an Wohnformen für Menschen mit Pflegebedürftigkeit oder mit Behinderung	2012-05	MVV TB	–
– MBeVO	Muster-Verordnung über den Bau und Betrieb von Beherbergungsstätten	2014-05	MVV TB	–
– MVkVO	Musterverordnung über den Bau und Betrieb von Verkaufsstätten	2014-07	MVV TB	–
– MVSttV	Musterverordnung über den Bau und Betrieb von Versammlungsstätten	2014-07	MVV TB	–
– MIndBauR	Muster-Richtlinie über den baulichen Brandschutz im Industriebau (Muster-Industriebaurichtlinie – MIndBauR)	2014-07	MVV TB	–
– Windenergie-anlagen	Richtlinie für Windenergieanlagen; Einwirkungen und Standsicherheitsnachweise für Turm und Gründung	2012-10		–
– Leichtbeton	Technische Regeln für vorgefertigte bewehrte tragende Bauteile aus haufwerksporigem Leichtbeton	2004-12		–
– Beschichtung	Bau- und Prüfgrundsätze Beschichtungen von Auffangräumen	2005-01		
– DIBt	Anwendungsrichtlinie für Arbeitsgerüste nach DIN EN 12811-1	2005-11		–
– DIBt	Anwendungsrichtlinie für Traggerüste nach DIN EN 12812	2009-08		
– Feuerwehr	Muster-Richtlinien über Flächen für die Feuerwehr	2009-10	MVV TB	–
– BMVBS	Richtlinie zur Nachrechnung von Straßenbrücken im Bestand (Nachrechnungsrichtlinie)	2011-05		2013/2
– ABuG	Anforderungen an bauliche Anlagen bezüglich der Auswirkungen auf Boden und Gewässer	2017-07	MVV TB	–

[a] Abkürzungen:
CEN/ TS Europäische Technische Spezifikation
EN deutsche Ausgabe einer Europäischen Norm
EN ISO deutsche Ausgabe einer Europäischen Norm, identisch mit einer Internationalen Norm
Fb Fachbericht
ISO deutsche Ausgabe einer Internationalen Norm
SPEC Technischer Bericht (Spezifikation)
V Vornorm
[b] Abkürzungen, Listen:
BMVBS: vom Bundesministerium für Verkehr, Bau und Stadtentwicklung mit dem Allgemeinen Rundschreiben Straßenbau Nr. 22/2012 vom 26. November 2012 (Az.: StB 17/7192.10/81-1811030) zur Anwendung für den Brücken- und Ingenieurbau bekannt gegeben (Anwendung ab 1. Mai 2013)
MVV TB Muster-Verwaltungsvorschrift Technische Baubestimmungen (MVV TB), Ausgabe 2017/1 (auch für in Bezug genommene Normen)
PRIO Prioritätenliste – Ausgewählte verwendungsspezifische Leistungsanforderungen zur Erfüllung der Bauwerksanforderungen: Hinweisliste nach harmonisierten Bauproduktnormen der EU-BauPVO (Stand 12. Dezember 2017), Hrsg.: Deutsches Institut für Bautechnik DIBt

3.2 Verzeichnis der Richtlinien des Deutschen Ausschusses für Stahlbeton e. V.

Die Ergebnisse der Forschungstätigkeit im DAfStb werden häufig in Richtlinien des DAfStb umgesetzt, die ggf. bauaufsichtlich eingeführt werden und dann anerkannte Regeln der Technik sind. Im Unterschied zu Normen im Betonbau werden DAfStb-Richtlinien dann erarbeitet, wenn (noch) kein Normungsverfahren zustande gekommen ist oder eine schnelle Umsetzung von Forschungsergebnissen in die Praxis erforderlich wird. Die Richtlinienentwürfe werden nach Verabschiedung in den zuständigen Ausschüssen und Freigabe durch den Vorstand an die Mitglieder des DAfStb mit der Bitte um Abgabe von Stellungnahmen verschickt. Die Mitglieder des DAfStb repräsentieren in diesem Verfahren die Fachöffentlichkeit.

Die aktuellen Richtlinien des Deutschen Ausschusses für Stahlbeton e. V. (DAfStb) werden im Beuth Verlag veröffentlicht und können dort bezogen werden (*www.beuth.de*, Suchwort „DAfStb Richtlinie").

DAfStb-Richtlinie	Ausgabe	Liste [a)]	in BK
Wasserundurchlässige Bauwerke aus Beton (WU-Richtlinie)	2017-12	–	
Vorbeugende Maßnahmen gegen schädigende Alkalireaktion im Beton (Alkali-Richtlinie)	2013-10	MVV TB	2017/2
Stahlfaserbeton – Ergänzungen und Änderungen zu DIN EN 1992-1-1 in Verbindung mit DIN 1992-1-1/NA, DIN EN 206-1 in Verbindung mit DIN 1045-2 und DIN EN 13670 in Verbindung mit DIN 1045-3	2012-11	MVV TB	2017/2
Wärmebehandlung von Beton	2012-11		
Selbstverdichtender Beton (SVB-Richtlinie) – Teil 1: Ergänzungen und Änderungen zu DIN EN 1992-1-1 und DIN EN 1992-1-1/NA – Teil 2: Ergänzungen und Änderungen zu DIN EN 206-1, DIN EN 206-9 und DIN 1045-2 – Teil 3: Ergänzungen und Änderungen zu DIN EN 13670 und DIN 1045-3	2012-09	MVV TB	–
Verstärken von Betonbauteilen mit geklebter Bewehrung. Betonbauteile, mit geklebter Bewehrung (auch in englisch) Teil 1: Bemessung und Konstruktion Teil 2: Produkte und Systeme für das Verstärken Teil 3: Ausführung Teil 4: Ergänzende Regelungen zur Planung von Verstärkungsmaßnahmen	2012-03		
Herstellung und Verwendung von zementgebundenem Vergussbeton und Vergussmörtel (Vergussbeton-Richtlinie)	2011-11	MVV TB	
Betonbau beim Umgang mit wassergefährdenden Stoffen – Teil 1: Grundlagen, Bemessung und Konstruktion unbeschichteter Betonbauten – Teil 2: Baustoffe und Einwirken von wassergefährdenden Stoffen – Teil 3: Instandsetzung – Anhang A: Prüfverfahren (normativ) – Anhang B: Erläuterungen (informativ)	2011-03	MVV TB	2016/2
Qualität der Bewehrung – Ergänzende Festlegungen zur Weiterverarbeitung von Betonstahl und zum Einbau der Bewehrung	2010-10		

DAfStb-Richtlinie	Ausgabe	Liste [a]	in BK
Beton nach DIN EN 206-1 und DIN 1045-2 mit rezyklierten Gesteinskörnungen nach DIN EN 12620 – Teil 1: Anforderungen an den Beton für die Bemessung nach DIN EN 1992-1-1	2010-09	MVV TB	–
Massige Bauteile aus Beton	2010-04	MVV TB	2018/2
… für Beton mit verlängerter Verarbeitbarkeitszeit (Verzögerter Beton) – Erstprüfung, Herstellung, Verarbeitung und Nachbehandlung	2006-11	MVV TB	–
Herstellung und Verwendung von Trockenbeton und Trockenmörtel (Trockenbeton-Richtlinie)	2005-06	MVV TB	–
Bestimmung der Freisetzung anorganischer Stoffe durch Auslaugung aus zementgebundenen Baustoffen – Teil 1: Grundlagenversuch zur Charakterisierung des Langzeitauslaugverhaltens – Teil 2: Routineversuch zur Charakterisierung des Kurzzeitauslaugverhaltens	2005-05		–
… für Schutz und Instandsetzung von Betonbauteilen – Teil 1: Allgemeine Regelungen und Planungsgrundsätze – Teil 2: Bauprodukte und Anwendung – Teil 3: Anforderungen an die Betriebe und Überwachung der Ausführung	2001-10	MVV TB	–
– und Berichtigung 1 zur Instandsetzungsrichtlinie	2002-01	–	
– und Berichtigung 2 zur Instandsetzungsrichtlinie	2005-12	MVV TB	–
– und Berichtigung 3 zur Instandsetzungsrichtlinie	2014-09	MVV TB	–
Belastungsversuche an Massivbauwerken	2000-09		2009/2
Verwendung von Flugasche nach DIN EN 450 im Betonbau	1996-09		
… für die Herstellung von Beton unter Verwendung von Restwasser, Restbeton und Restmörtel	1995-08		

[a] Abkürzungen:
MVV TB Muster-Verwaltungsvorschrift Technische Baubestimmungen (MVV TB), Ausgabe 2017/1.

3.3 Deutscher Beton- und Bautechnik-Verein E. V. (DBV): Merkblätter und Sachstandberichte

Die DBV-Merkblattsammlung wird regelmäßig aktualisiert, wobei Schwerpunkte gesetzt werden. Bedeutung haben neben den DBV-Merkblättern, die direkt in den Betonnormen zitiert werden, auch viele Merkblätter dadurch gewonnen, indem sie regelmäßig als Vertragsanlagen vereinbart werden oder bei sonst fehlenden Normen, Richtlinien oder Regelwerken einen Stand der Technik repräsentieren. Die DBV-Merkblätter können unter *www.betonverein.de* → *Schriften*, als Printfassung bestellt oder als Download beim Fraunhofer IRB-Verlag (*www.baufachinformation.de/dbv.jsp*) oder beim Beuth Verlag (*www.beuth.de/sc/dbv*) heruntergeladen werden.

Eine Auflistung aller auch zurückgezogenen historischen Merkblätter und Sachstandberichte des DBV ist unter *www.betonverein.de* → *Schriften* → *Merkblätter* → *Übersicht aller DBV-Merkblätter*, zu finden.

Inhaltsverzeichnis der DBV-Merkblattsammlung Stand September 2018

Themengebiet	Ausgabe
Bautechnik	
Parkhäuser und Tiefgaragen (3. überarbeitete Ausgabe)	2018-01
Industrieböden aus Beton	2017-02
Begrenzung der Rissbildung im Stahlbeton- und Spannbetonbau	2016-05
Betondeckung und Bewehrung nach Eurocode 2	2015-12
Anwendung zerstörungsfreier Prüfverfahren im Bauwesen	2014-01
WU-Dächer	2013-07
Industrieböden aus Stahlfaserbeton	2013-07
Brückenkappen aus Beton	2011-04
Nachhaltiges Bauen – Hinweise zur Gebäudebewertung	2010-12
Hochwertige Nutzung von Untergeschossen – Bauphysik und Raumklima	2009-01
Schnittstellen Rohbau – TGA	2006-10
Fugenausbildung für ausgewählte Baukörper aus Beton	2001-04
Betontechnik	
Selbstverdichtender Beton	2017-12
Chemischer Angriff auf Beton – Empfehlungen zur Prüfung und Bewertung	2017-05
Chemischer Angriff auf Betonbauwerke – Bewertung des Angriffsgrads und geeignete Schutzprinzipien	2014-07
Unterwasserbeton	2014-10
Besondere Verfahren zur Prüfung von Frischbeton	2014-01
Hochfester Beton	2002-03
Massenbeton für Staumauern	1996-10
Nicht geschalte Betonoberfläche	1996-08
Strahlenschutzbeton	1996 red.
Bauausführung	
Sichtbetonkosmetik	2016-12
Sichtbeton	2015-06
Qualität der Planung	2015-02
Betonierbarkeit von Bauteilen aus Beton und Stahlbeton – Planungs- und Ausführungsempfehlungen für den Betoneinbau	2014-01
Betonschalungen und Ausschalfristen	2013-06
Gleitbauverfahren	2008-02
Betonieren im Winter	2004 red.
Hochdruckwasserstrahltechnik im Betonbau	1999-06

Themengebiet	Ausgabe
Bauprodukte	
Rückbiegen von Betonstahl und Anforderungen an Verwahrkästen nach Eurocode 2	2011-01
Abstandhalter nach Eurocode 2	2011-01
Unterstützungen nach Eurocode 2	2011-01
Injektionsschlauchsysteme und quellfähige Einlagen für Arbeitsfugen	2010-01
Bauen im Bestand	
Bewertung der In-situ-Druckfestigkeit von Beton	2016-03
Beton und Betonstahl	2016-03
Modifizierte Teilsicherheitsbeiwerte für Stahlbetonbauteile	2013-03
Leitfaden	2008-01
Brandschutz	2008-01
Bauwerksbuch	2007-06

3.4 Österreichische Bautechnik Vereinigung (ÖBV): Richtlinien, Merkblätter und Sachstandberichte

Die Österreichische Bautechnik Vereinigung (ÖBV) erarbeitet den aktuellsten Stand der Technik in Österreich auf dem Sektor der Beton- und Bautechnik in Arbeitskreisen, deren Aufgabe es ist, Richtlinien, Merkblätter und Sachstandsberichte zu erstellen. Unter der Nutzung der ÖBV als Wissens- und Kommunikationsplattform wird die Bündelung der Interessen der Bauherren, der Bau- und Zulieferindustrie ständig ausgebaut.

ÖBV-Publikationen können unter *www.bautechnik.pro* → *Publikationen*, bezogen werden.

Inhaltsverzeichnis der ÖBV-Publikationen Stand September 2018

Themengebiet	Ausgabe
Richtlinien	
Kathodischer Korrosionsschutz von Stahlbetonbauteilen	2018-05
Wasserundurchlässige Betonbauwerke – Weiße Wannen	2018-02
Schmalwände	2017-11
Garagen und Parkdecks	2017-08
Schutzschichten für den erhöhten Brandschutz für unterirdische Verkehrsbauwerke	2017-01
Qualitätssicherung für Beton von Ingenieurbauwerken	2016-11
Injektionstechnik – Teil 2: Mauerwerk	2015-12
Verwendung von Tunnelausbruch	2015-10
Tunnel Waterproofing	2015-08
Erhöhter baulicher Brandschutz für unterirdische Verkehrsbauwerke aus Beton	2015-04
Trockenbeton	2014-11
Erhaltung und Instandsetzung von Bauten aus Beton und Stahlbeton	2014-04
Nachträgliche Verstärkung von Betonbauwerken mit geklebter Bewehrung	2014-04

Themengebiet	Ausgabe
Bohrpfähle	2013-11
Dichte Schlitzwände	2013-11
Sprayed Concrete	2013-04
Innenschalenbeton	2012-12
Tunnelabdichtung	2012-12
Selbst- und Leichtverdichtbarer Beton (SCC und ECC)	2012-09
Concrete Segmental Lining Systems	2011-02
Tunnelentwässerung	2010-04
Spritzbeton	2009-12
Sichtbeton – Geschalte Betonflächen (inkl. Gütezeichen und Grautonskala)	2009-11
Schildvortrieb	2009-08
Tübbingsysteme aus Beton	2009-08
Bewertung und Behebung von Fehlstellen bei Tunnelinnenschalen	2009-04
Faserbeton	2008-07
Injektionstechnik – Teil 1: Bauten aus Beton und Stahlbeton	2008-01
Konstruktive Stahleinbauteile in Beton und Stahlbeton	2006-11
Inner Shell Concrete	2006-08
Stahl-Beton-Verbundbrücken (+ Musterstatik)	2006-06
Kathodischer Korrosionsschutz	2003-12
Qualitätskriterien für die Planung von Brücken	2003-06
Schmalwände	2002-03
Bewehrungszeichnungen	2001-10
LPV-Beton (mit LP-Mittel und Verflüssigern)	1999-09
Frost-Tausalz-beständiger Beton	1989-10
Herstellung von Betonfahrbahndecken	1986-10
Herstellung und Verarbeitung von Fließbeton	1977-01
Merkblätter	
Kooperative Projektabwicklung	2018-04
Analytisches Bemessungsverfahren für die Weiße Wanne optimiert	2018-02
Arbeitssicherheit in Planung und Bau	2017-12
Instandhaltung	2017-04
Baugrubensicherung	2014-12
Tunnelbeschichtungen	2014-08
Abrasivitätsbestimmung von grobkörnigem Lockergestein	2013-10
Schnittstelle Bau – TGA	2013-03
Betonspurwege	2013-02
Qualitätssicherung für Bodenvermörtelung	2012-09

Themengebiet	Ausgabe
Festlegung des Reduzierten Versinterungspotentials	2012-07
Bentonitgeschützte Betonbauwerke – Braune Wannen	2010-09
Weiche Betone (inklusive ergänzender Klarstellungen)	2009-12
Beton für Kläranlagen	2009-03
Herstellung von faserbewehrten monolithischen Betonplatten	2008-10
Schutzschichten für den erhöhten Brandschutz für unterirdische Verkehrsbauwerke	2006-11
Kreisverkehre mit Betonfahrbahndecken	2006-10
Unterwasserbetonsohlen (UWBS)	2005-06
Anstriche für Tunnelinnenschalen	2004-07
Hochleistungsbeton	1999-04
Sachstandsbericht	
Hochfester Beton	1993-05

4 Literatur

[1] DIN EN 1997-1:2009-09 (2009) *Eurocode 7: Entwurf, Berechnung und Bemessung in der Geotechnik – Teil 1: Allgemeine Regeln*, Beuth Verlag, Berlin.

[2] DIN EN 1997-1/NA:2010-12 (2010) *Eurocode 7: Nationaler Anhang – National festgelegte Parameter – Entwurf, Berechnung und Bemessung in der Geotechnik – Teil 1: Allgemeine Regeln*, Beuth Verlag, Berlin.

[3] DIN 1054:2010-12 (2010) *Baugrund – Sicherheitsnachweise im Erd- und Grundbau – Ergänzende Regelungen zu DIN EN 1997-1 mit DIN 1054/A1:2012-08: A1-Änderung und mit DIN 1054/A2:2015-11: A2-Änderung*, Beuth Verlag, Berlin.

[4] Muster-Verwaltungsvorschrift Technische Baubestimmungen (MVV TB) (2017), Ausgabe 2017/1 *www.bauministerkonferent.de* → Öffentlicher Bereich.

[5] Handbuch Eurocode 7 (2011) *Geotechnische Bemessung – Band 1: Allgemeine Regeln – Von DIN konsolidierte Fassung*, Beuth Verlag, Berlin.

[6] DIN EN 14199:2012-01 (2012) *Ausführung von besonderen geotechnischen Arbeiten (Spezialtiefbau) – Pfähle mit kleinen Durchmessern (Mikropfähle)*, Beuth Verlag, Berlin.

[7] DIN EN 1536:2010-12 (2010) *Ausführung von Arbeiten im Spezialtiefbau – Bohrpfähle*, Beuth Verlag, Berlin.

[8] DIN EN 1537:2001-01 (2011) *Ausführung von Arbeiten im Spezialtiefbau – Verpressanker* Ber.1:2011-12: Berichtigung 1, Beuth Verlag, Berlin.

[9] DIN EN 12699:2001-05 (2010) *Ausführung spezieller geotechnischer Arbeiten (Spezialtiefbau) – Verdrängungspfähle,* Ber. 1:2010-11: Berichtigung 1, Beuth Verlag, Berlin.

[10] DIN SPEC 18537:2012-02 (2012) *Ergänzende Festlegungen zu DIN EN 1537:2001-01, Ausführung von besonderen geotechnischen Arbeiten (Spezialtiefbau) – Verpressanker*, Beuth Verlag, Berlin.

[11] DIN SPEC 18538:2012-02 (2012) *Ergänzende Festlegungen zu DIN EN 12699:2001-05, Ausführung spezieller geotechnischer Arbeiten (Spezialtiefbau) – Verdrängungspfähle*, Beuth Verlag, Berlin.

[12] DIN SPEC 18539:2012-02 (2012) *Ergänzende Festlegungen zu DIN EN 14199:2012-01, Ausführung von besonderen geotechnischen Arbeiten (Spezialtiefbau) – Pfähle mit kleinen Durchmessern (Mikropfähle)*, Beuth Verlag, Berlin.

[13] DIN SPEC 18140:2012-02 (2012) *Ergänzende Festlegungen zu DIN EN 1536:2010-12, Ausführung von Arbeiten im Spezialtiefbau – Bohrpfähle*, Beuth Verlag, Berlin.

[14] Grünberg, J., Vogt, N. (2009) Teilsicherheitskonzept für Gründungen im Hochbau. *Beton-Kalender 2009/1* (Hrsg. Bergmeister, K., Fingerloos, F., Wörner-J.-D.), Ernst & Sohn, Berlin, S. 555–636.

[15] Schuppener, B. (Hrsg.) (2012) *Kommentar zum Handbuch Eurocode 7 – Geotechnische Bemessung – Allgemeine Regeln*, Ernst & Sohn, Berlin.

[16] Katzenbach, R.; Leppla, St. (2014) Gründungen im Hoch- und Ingenieurbau, *Beton-Kalender 2014/2* (Hrsg. Bergmeister, K., Fingerloos, F., Wörner-J.-D.), Ernst & Sohn, Berlin, S. 165–242.

[17] Hettler, A.; Triantafyllidis, Th. (2014) Baugruben, *Beton-Kalender 2014/2* (Hrsg. Bergmeister, K., Fingerloos, F., Wörner-J.-D.), Ernst & Sohn, Berlin, S. 243–390.

[18] Hettler, A., Triantafyllidis, Th.; Weißenbach, A. (2018) *Baugruben*, 3. Auflage, Ernst & Sohn, Berlin.

[19] Witt, K.J. (Hrsg.) (2018) *Grundbau-Taschenbuch* Teile 1 bis 3, 8. vollständig überarbeitete und aktualisierte Auflage, Ernst & Sohn, Berlin.

Stichwortverzeichnis

A
Abbrechverfahren zur Festigkeitsbestimmung I/52
Abdichtung
– Abschottung XII/657 f.
– Brücken XI/642, XII/649
– Beschichtung XII/658
– Dampfsperre XII/657
– Definition XII/651
– Durchfahrt XII/649
– Freideck XII/649
– Grundierung XII/657
– Haftbrücke XII/657
– Hofkellerdecke XII/649
– Inspektion XII/655
– Instandhaltungsplan XII/655
– Instandsetzung XII/655
– Nutzungsdauer XII/655
– Parkdeck XII/649
– Parkhaus *siehe dort*
– Technische Baubestimmungen XVIII/1015–1017
– Tunnelblockfuge XV/840
– unterirdische Bauwerke *siehe dort*
– Unterläufigkeit XIII/680
– Unterlaufsicherheit XII/656–658, XII/664
– Unterwassertunnel XV/817
– Verkehrsflächen XIII/673–680
– Verklebung XII/658, XIII/681 f.
– Versiegelung XII/657
– Vorbereitung XII/657
– Zuverlässigkeit XII/656, XII/658
– Zwischendecke XII/649
Abdichtungsbauarten XII/650, XII/652, XII/654–656, XIII/675
– Ausführung XII/655
– Bauweisen XII/655 f.
– Dauerhaftigkeit XII/655
– Einzelkomponentenprüfung XIII/678 f.
– Instandhaltung XII/655
– Nutzungsklassen XII/655 f.
– (für) Parkdecks XIII/669–712
– Planung XII/655
– Rissüberbrückungsfähigkeit XII/664
– Verkehrsflächen XII/655 f.
– Widerstandsfähigkeit XII/655
– Wirtschaftlichkeit XII/656
– Zuverlässigkeit XII/655 f., XII/664
Abdichtungsbauweisen XII/654 f., XIII/675
Abdichtungsschicht XII/654
abP *siehe* allgemeines bauaufsichtliches Prüfzeugnis
Abstandsfaktor I/96
Alkaliempfindlichkeitsklassen von Beton I/26 f.
Alkali-Kieselsäure-Reaktion I/25, I/85
Alkali-Richtlinie I/25 f.
Alkali-Silika-Reaktion (ASR) XVI/875
allgemeines bauaufsichtliches Prüfzeugnis (abP)
– unterirdische Bauwerke, Abdichtung XV/802
Anker
– Drag-Anker IV/358–360
– Schwergewichtsanker IV/358
– Suction-caisson-Anker IV/359
Anoden
– dimensionsstabile (DSA) XVI/879 f.
– galvanische XVI/877–879
– Inertanode XVI/879 f.
– Karbonnetzanode XVI/880 f.
– Kohlenstoffanode XVI/880
– Point-Anode XVI/878
– thermisch gespritzte XVI/877
– Ti-MMO-Bandanode XVI/879
– Ti-MMO-Gitteranode XVI/879
– Titanbandanode XVI/892, XVI/894
– Titannetzanode XVI/891 f.
– Zink-Hydrogel-Folie XVI/878
Anodenanschluss XVI/899
Anodeneinbettung XVI/881–884
Anodenkabel, Befestigung XVI/866
Anodenmaterial XVI/877–884
– mikroskopisches Bild XVI/866
Anodenmontage XVI/894
Anodenüberdeckung XVI/881
Ansäuerung XVI/871, XVI/873
Ansteifen
– Beton I/44
– Zement I/12
Aramidfasern I/135
AR-Glasfasern I/134
Arrhenius-Gleichung I/62
ASR *siehe* Alkali-Silika-Reaktion
Ausbreitfließversuch für Mörtel I/101
Ausfallkörnung I/30
Außenbauteile, Korrosionsrisiko I/84
Ausziehverfahren zur Festigkeitsbestimmung I/52

B
Bagger
– Eimerkettenbagger IV/312
– Greiferbagger IV/312
– Hopperbagger IV/311
– Schneidkopfsaugbagger IV/311
– Schneidradbagger IV/311
– Tieflöffelbagger IV/312
Baggergutgewinnung IV/311 f.
Barrette III/243, III/250
Basalt I/23
Bauausführung, Technische Baubestimmungen XVIII/1004–1006
Baugrube, Baugrunderkundungstiefe III/238
Baugrunderkundung III/233
– Beobachtungsmethode III/239 f.
– (nach) Eurocode 7 III/235–238
– (für) geothermisch aktiviertes Gründungssystem III/275
– in situ III/237
– (im) Labor III/237
– (für) Offshore-Gründung III/287, IV/299 f.
– Programm III/235 f., III/246
– Tiefe III/236–238
– Umfang
– – (bei) Baugruben III/237 f.
– – (bei) Gründungen III/236 f.
Baugrund-Tragwerk-Interaktion III/233–235, III/246
Baugrundverbesserung für marine Gründungsbauwerke *siehe dort*
Baustoffe, Technische Baubestimmungen XVIII/998–1004
bautechnische Maßnahmen, Geotechnische Kategorien XVIII/992–995
Bauteile, spezielle
– Technische Baubestimmungen XVIII/1007–1011
Bauteilinnenraum, Gestaltung VI/458 f.
Bauteilschutz XII/651 f., XII/665–667
– (gegen) Chloride XII/652, XII/662–667
Bauwerksschutz XII/651 f., XII/667
– Abdichtungsprinzipien XII/653–658
– (gegen) Wasser XII/652
Bauwerksverformung, Grenzwerte XVIII/991–995
Begrünung von Stützbauwerken V/446 f.
Belastungsgeschwindigkeit I/77
Bemessung, Technische Baubestimmungen XVIII/1004–1006
Beschichtung, leitfähige XVI/880
Beschleuniger I/31 f.
Bestandsgründung, Wiedernutzung III/274, III/279–284
– Alternativen III/281
– Beispiele III/282–284
– FE-Modell III/280
– geotechnische Nachweisführung III/281
– Nachweis der Tragfähigkeit III/281

- Untersuchungen III/281 f.
- Ziel III/286 f.
Beton
- Alkaliempfindlichkeitsklassen I/26 f.
- Ansteifen I/44
- Arten I/5
- Ausgangsstoffe I/8–40, I/59 f.
- - granulare, Packungsdichte I/145–149
- - Ökobilanzkennwerte I/144
- Betonfamilie I/7 f.
- Bewehrungskorrosion *siehe auch unter* Parkhaus XII/657
- Bindemittelzusammensetzung
- - Leistungsfähigkeit, Bewertung I/149
- Blockierring-Versuch I/103
- Bohrpfahlbeton I/37
- Bruchenergie I/65 f.
- Bruchverhalten I/58 f., I/65 f.
- Carbonatisierung XII/657
- chemischer Angriff *siehe dort*
- Chlorideinwirkung XII/651 f., XII/657–659
- Chloridschutz XII/662, XII/665
- Dauerhaftigkeit I/81–99
- Dauerstandbeanspruchung I/72
- Definition I/3 f.
- druckbeanspruchter, Wöhlerlinie I/78
- Druckfestigkeit I/58–65
- - Verhältniswerte I/67 f.
- Durchgangssumme I/29 f.
- dynamisch beanspruchter I/77
- E-Modul I/70 f.
- Erhärtungsbedingungen I/60–64
- Ermüdung I/77–81
- Expositionsklassen I/48, I/83–88, XII/657
- Faserbeton *siehe dort*
- Feinheitsziffer I/29
- Festigkeitsklassen I/4 f., I/65
- Feuchtigkeitsklassen I/27
- Fließbeton I/43
- Fließen I/73
- Frischbeton *siehe dort*
- frost- und taumittelbeständiger V/384
- frost- und witterungsbeständiger V/384
- Frostangriff I/84
- Frostwiderstand I/35, I/95–97
- Gasbeton I/123
- Gesteinskörnung *siehe auch dort* I/22–30
- - Absorptionsverhalten I/113
- - Art I/23 f.
- - Auswahl I/114
- - Eigenschaften I/23 f.
- - geschlossenporige I/113 f.
- - Größtkorn I/28–30
- - Kernfeuchte I/114
- - Kornfestigkeit I/114
- - Kornform I/27 f.
- - Kornzusammensetzung I/28–30
- - leichte I/112–114
- - Oberfläche I/27 f.
- - offenporige I/114
- - schädliche Bestandteile I/24–27
- - Sinterhaut I/113
- - Sinterhautporen, Kapillarwirkung I/113
- - Struktur I/113
- - Verhalten I/113
- - Vorbehandlung I/114
- - Vornässen I/113
- - Wasseraufnahme I/113
- Gradientenbeton *siehe dort*
- Gruppen I/6
- hochfester I/155
- Hydratationsgrad I/90
- Hydratationswärme I/35
- Instandsetzungsbeton, Beanspruchbarkeitsklassen XVI/883
- junger Beton *siehe dort*
- Klassen I/5–7
- Klassifizierung I/5–8
- Körnungsziffer I/29 f.
- Korrosion durch Alkali-Kieselsäure-Reaktion I/85
- Korrosionsrisiko I/83 f.
- Kriechen *siehe dort*
- Leichtbeton *siehe dort*
- L-Kasten-Versuch I/102 f.
- Luftporenbeton I/95 f.
- massige Bauteile I/38
- Mehlkorngehalt I/34, I/40 f.
- mehrachsig beanspruchter, Festigkeit I/68 f.
- Mikroriss I/58
- Mikrorissbildung I/71, I/90
- Mischungsentwicklung I/145–149
- Nachbehandlung I/35, I/47–49, I/61, I/67, I/92
- - Arten I/47
- - Dauer I/47–49
- - Schutzmaßnahmen, zusätzliche I/49
- nachhaltiger *siehe dort*
- Normalbeton *siehe dort*
- normative Entwicklung I/155 f.
- Oberflächenzugfestigkeit XIII/681
- Ökobeton *siehe* nachhaltiger Beton
- Ökobilanz I/143–145
- ökologische Kriterien I/142
- Porenbeton I/111, I/123
- Quellen I/54 f., I/72
- Querdehnzahl I/70 f.
- Reife I/60–64
- - gewichtete I/62
- - Reifegrad nach Saul-Nurse I/62
- Relaxation I/72, I/75
- (mit) rezyklierten Gesteinskörnungen V/384 f.
- Rissfreiheit I/38
- Sättigungsgrad I/97
- Schädigungsmechanismen I/82–89
- Schaumbeton I/111, I/123
- Schlitzwandbeton I/38
- Schwerbeton *siehe dort*
- Schwinden *siehe dort*
- Sedimentationsversuch I/103 f.
- selbstverdichtender (SVB) *siehe dort*
- Setzfließversuch I/102
- Sichtbeton *siehe dort*
- Sieblinien I/28–30
- Sorten I/7
- Spannungs-Dehnungs-Beziehungen I/69–71
- Spritzbeton, Festigkeitsbestimmung I/52
- Taumitteleinwirkung XII/651
- Taumittelwiderstand I/95–97
- Technische Baubestimmungen XVIII/998–1004
- Temperatur I/48
- Temperaturdehnung I/53 f.
- Temperaturdehnzahl, Richtwerte I/54
- Trichterauslaufversuch I/103
- ultrahochfester (UHFB) *siehe dort*
- unbeschichteter *siehe* Sichtbeton
- Verformungen
- - lastunabhängige I/53–58
- - zeitabhängige I/72–77
- Verschleißbeanspruchung I/85
- Verschleißwiderstand I/98
- Waschbeton I/105
- wasserundurchlässiger V/383 f.
- Wasserzementwert I/83
- Zeitfestigkeit I/78
- Zementgehalt, mindester I/83, I/95
- Zugfestigkeit I/65–68
- - Biegezugfestigkeit I/67
- - Einflüsse I/66
- - Spaltzugfestigkeit I/67
- - Verhältniswerte I/67 f.
- - zeitliche Entwicklung I/71 f.
- - zentrische I/66 f.
- Zusammensetzung I/59 f.
- Zusatzmittel I/30–33
- - Anforderungen I/33
- - Anwendungsgebiete I/31–33
- - Arten I/30 f.
- - Definition I/30
- - Wirkungsgruppen I/31

Stichwortverzeichnis

- Zusatzstoffe I/33–39
- – Definition I/33 f.
- Zuschlag *siehe* Beton, Gesteinskörnung
- Betonbau
- – Ausführungsgespräche I/158
- – Kommunikationsbedarf I/157
- – Normen, Defizitanalyse I/156 f.
- – Planungsgespräche I/158
- – Qualität I/156–158
- – – Klassen I/157 f.
- – Startgespräche I/158
- – Technische Baubestimmungen XVIII/996–1018
- Betonbauteile
- – Mesogradierung *siehe dort*
- – Mikrogradierung *siehe dort*
- Betondecke, Trennriss XII/651
- Betonfertigteile, Technische Baubestimmungen XVIII/1007–1011
- Betonkrainerwand V/407–409
- Betonstahl, Technische Baubestimmungen XVIII/998–1004
- Bewehrte Erde V/412–415
- – Bemessung V/415
- – Berechnung V/415
- – bewehrte Stützkonstruktionen mit Geokunststoffen V/413 f.
- – Lagenbau V/414
- – lebend bewehrte V/414
- Bewehrung, Korrosionsschutz I/90–95
- Bewehrungskorrosion *siehe auch unter* Parkhaus XII/657
- – chloridinduzierte XIII/671
- Bitumen XII/654, XII/659
- Bitumenschweißbahn XIII/708
- – Abreißfestigkeit XIII/682
- Blähglas I/113
- Blähmittel I/123
- Blähschiefer I/113, I/123
- Blähton I/113, I/123
- Blockierring-Versuch für Beton I/103
- Bodengrenzwerte I/86
- Bodenkennwerte V/375 f.
- Bodenvernagelungen V/415–417
- – Bemessung V/416–419
- – Berechnung V/416 f.
- – Injektionsverdübelung V/415–417
- – Nagelabstand V/419
- – Sicherheit gegen Herausziehen der Nägel V/418 f.
- Bohrpfahl II/207, II/216, III/243, V/428
- – axial belasteter
- – – Bemessung II/222–226
- – – Mantelreibung II/225 f.
- – – Nachweis der Gebrauchstauglichkeit II/224–226
- – – Nachweis der Tragfähigkeit II/224

- – – Pfahlkopfsetzung II/225
- – – Pfahlspitzenwiderstand II/225 f.
- – – Widerstands-Setzungs-Linie II/225
- – Herstellung III/244
- – Verdrängungsbohrpfahl III/243 f.
- – Widerstands-Setzungs-Linie II/217
- Bohrpfahlbeton I/37
- Bohrpfahlgruppe II/218
- Bohrpfahlwand V/429–435
- Bohrschnecke, durchgehende V/429
- Bohr- und Drucksondierung (SPT) IV/300
- Böschung
- – Felsböschung *siehe dort*
- – überbaute IV/340
- – Unterwasserböschung *siehe dort*
- – Versagen, Verflüssigungsversagen IV/302
- Brandschutz, Technische Baubestimmungen XVIII/1006 f.
- Brücken
- – Abdichtung XI/642, XII/649
- – Fußgängerbrücke *siehe dort*
- – Korrosionsschutz, kathodischer XVI/897–901
- – Radwegbrücke, Abdichtung XII/649
- – Straßenbrücke XII/650
- Brunnen V/438 f.
- Brunnengründung III/274, III/284–286
- – fertige III/286
- – Integritätstest III/285
- – Stahlbetonfertigteileinbau III/285

C
- Calciumaluminatferrit I/19
- Calciumhydroxid XIV/726
- Calciumhydrozinkat XVI/878
- Calciumkarbonat XIV/726
- Calciumsilicathydrat I/19
- Calciumsulfat I/8 f., I/19
- Carbonatisierung I/90–93, I/105, I/121, XVI/867–869
- Carbonatisierungsschwinden I/54
- Carbonatisierungszellen XVI/868
- CEM I I/9 f.
- – Anwendungsbereiche I/16
- CEM II I/9–11
- – Anwendungsbereiche I/16–18
- CEM III I/9, I/11
- – Anwendungsbereiche I/16
- CEM IV I/9, I/11
- – Anwendungsbereiche I/16, I/18
- CEM V I/9, I/11
- – Anwendungsbereiche I/16, I/18
- Chalcedon I/25

- chemischer Angriff auf Beton I/82, I/84 f., I/97 f., XVII/905–939
- – Austauschreaktion XVII/907
- – Bauwerksanforderungen XVII/924–929
- – Bekleidungen, dauerhafte XVII/926
- – Dauerhaftigkeitsbemessung XVII/929–935
- – – Grenzzustandsdefinition XVII/933–935
- – – leistungsbezogene Entwurfsverfahren XVII/929
- – – Prüfverfahren zum Materialwiderstand XVII/930 f.
- – – Schädigungstiefe, Entwicklung XVII/931
- – – vollprobabilistisches Nachweisverfahren XVII/934
- – – zeitabhängige Schädigung XVII/931–933
- – Feuchtigkeit XVII/923
- – Hochleistungsbeton XVII/926–929
- – kombinierter Angriff XVII/917 f.
- – (durch) Schwefelsäure XVII/917
- – korrosive Auslaugung XVII/907
- – lösender Angriff XVII/908–911, XVII/918 f.
- – – Alkalihydroxidneutralisation XVII/909
- – – Aluminathydrolyse XVII/909
- – – anorganische Säuren XVII/908
- – – Betonwiderstand XVII/927 f.
- – – C-S-H-Phasen-Hydrolyse XVII/910
- – – Ettringithydrolyse XVII/909
- – – Hydroniumionen XVII/908
- – – Korrosionszonen XVII/911 f.
- – – Lösungsmechanismen XVII/927
- – – Monosulfathydrolyse XVII/910
- – – Neutralisationskapazität der Bindemittelmatrix XVII/927
- – – organische Säuren XVII/908
- – – Phasen XVII/909 f.
- – – Portlanditauflösung XVII/909
- – Schädigungstiefe XVII/919
- – mechanische Einwirkungen XVII/923 f.
- – Opferbeton XVII/929
- – Phasenneubildung XVII/907
- – Schädigung, Einflussfaktoren XVII/918–924
- – Schädigungsmechanismen XVII/907–918
- – Schädigungsprozesse XVII/907
- – Schutzprinzipien XVII/924–929

- Schutzschichten XVII/926
- Stofftransport XVII/921–923
- – äußerer XVII/922 f.
- – innerer XVII/921 f.
- Temperatur XVII/923
- treibender Angriff XVII/911–915, XVII/919–921
- – betonangreifende Stoffe XVII/920
- – Betonwiderstand XVII/928 f.
- – Ettringitbildung XVII/912–914
- – – Gipsbildung XVII/912–914
- – – Korrosionszonen XVII/914 f.
- – Sulfatarten XVII/919
- zerstörender Angriff XVII/915–917
- – – Thaumasitbildung XVII/915–917
Chloralkalielektrode XVI/879
Chlorelektrode XVI/879
Chloriddiffusion I/93–95, I/105
Chloride I/90
Chloridgehalt, korrosionsauslösender XVI/876
Chloridkonzentration, lochkorrosionsauslösende XVI/870
Chloridmigration XVI/874 f.
Chloridtransport XVI/876
Chromatreduzierer I/31 f.
Containerkran IV/306
Coulomb'sche Erddrucktheorie V/373–375
CPT IV/300

D
DAfStb
- Heft 400 IX/519
- Heft 525 IX/522–524
- Heft 526 IX/522–524
- Richtlinien XVIII/1019 f.
- – Betonbauqualität (BBQ) I/157 f.
Damm
- Baugrunderkundungstiefe III/237
- Fangedamm *siehe dort*
- Herstellung IV/312 f.
Darrversuch I/118
Datenbank Ökobau.dat I/143
DBV-Merkblätter XVIII/1020–1022
- Parkhäuser und Tiefgaragen XIII/682–685, XIV/722, XIV/767–773
- – Fassung Januar 2005 IX/523
- – Fassung September 2010 IX/525–527
DBV-Sachstandsberichte XVIII/1020–1022
Decken
- Betondecke, Trennriss XII/651
- Hofkellerdecke *siehe dort*

Dehngeschwindigkeit I/77
Deich IV/314–317
- Abdeckung mit Klei IV/314
- Bau IV/315
- Bemessung IV/315–317
- Deckschichteinbau IV/315
- Erosionsschutz IV/315
- Kernmaterialeinbau IV/315
- Querschnitt IV/314 f.
- Setzungen
- – Beobachtung IV/316
- – Langzeitsetzung IV/316
- – – während der Bauzeit IV/315 f.
- Standsicherheit IV/316 f.
- Versagensursachen IV/315
Depassivierung I/94 f.
Design for deformation VI/463–465
Design for strenght VI/463–465
Deutscher Ausschuss für Stahlbeton e. V. *siehe* DAfStb
Deutscher Beton- und Bautechnik-Verein *siehe* DBV
Dicalciumsilicat I/19
Dichtungsmittel I/31 f.
Diffusion, Definition I/89
Diffusionskontrolle XVI/870
dimensionsstabile Anode (DSA) XVI/879 f.
DIN 1045:1988-07 IX/518 f.
DIN 1045-1:2001-07 IX/520, IX/523
DIN 1045-1:2008-08 IX/524–528
DIN 1045-2:2001-07 IX/520 f., IX/523
DIN 1045-2:2008-08 IX/524–528
DIN 1045-3:2001-07 IX/521–523
DIN 1045-3:2008-08 IX/524–528
DIN 1054 XVIII/943–995
DIN 18532 XII/647–668, XIII/674–679
- Anwendungsbereich XII/649–651
- Gliederung XII/649–651
DIN EN 1992-1-1:2011-01 IX/528–532
DIN EN 1997-1 XVIII/943–995
Diorit I/23
Dockhafen IV/345
Dockschleuse IV/345
Drag-Anker IV/358–360
Drahtsteinkörbe V/408 f.
Drehkran IV/306
Druckfestigkeit
- Beton I/58–65, I/67 f.
- Konstruktionsleichtbeton I/118 f.
Druckluftsenkkasten IV/318 f.
Druckpfahl II/211 f.
Druckpfahlgruppe, Nachweis der Tragfähigkeit II/219 f.
Drucksondierung (CPT) IV/300
DSA XV/879 f.

DSV-Wand, bewehrte V/450 f.
Dübel V/438 f.
DUCON I/137
Durchfahrt
- Abdichtung XII/649
- Oberflächenschutzsystem XII/662

E
EA-Pfähle IV/305
EAR VII/480
Edelmetallmischoxide XVI/879
Eigenkorrosion XVI/871
Eimerkettenbagger IV/312
Eindringverfahren zur Festigkeitsbestimmung I/52
Einpresshilfen I/31 f.
Einwirkungen, Technische Baubestimmungen XVIII/996–998
Einzelfundament, Baugrunderkundungstiefe III/237
Einzelpfahl
- Nachweis der Gebrauchstauglichkeit II/221
- setzungswirksame Einflusstiefe II/222
Eisdruck IV/305
Eisenanode XVI/865
Eisstoß IV/305
Elastomerbahn XII/651, XII/657
Elastomere XII/654
E-Modul
- Basalt I/23
- Beton I/70 f.
- Diorit I/23
- Gabbro I/23
- Granit I/23
- Grauwacke I/23
- Hochofenschlacke I/23
- Kalkstein I/23
- Konstruktionsleichtbeton I/119
- Quarzit I/23
- Quarzporphyr I/23
- Sandstein I/23
Empfehlungen des Arbeitskreises Pfähle IV/305
Empfehlungen für Anlagen des ruhenden Verkehrs (EAR) VII/480
Endschwindmaß I/57
Energiepfahl III/276–279
- Bewehrungsstoß III/278
- Kopf III/277
Entwässerung
- Parkhäuser VII/499, X/593–595, XI/620–625, XIV/716, XIV/742, XIV/780 f.
- Stützbauwerke V/419–421
Environmental Product Declaration (EPD) I/143
Erddruck
- aktiver V/373–376
- – erhöhter V/380

- Berechnung V/376–379
- - grafische Verfahren V/378 f.
- - Grundwerte
- - - Bodenkennwerte V/375 f.
- - - Wandreibungswinkel V/376
- Grenzwerte V/373
- Kriechdruck V/381
- mindester V/379 f.
- passiver V/373–376
- - verminderter V/380
- - räumlicher V/380 f.
- (auf) Rohrleitungen V/381 f.
- Ruhedruck V/380
- Sonderformen V/380–382
- Spundwand V/424
- Theorien
- - (nach) Coulomb V/373–375
- - (nach) Rankine V/373, V/375
- Umlagerungen V/381
- Verdichtungserddruck V/381
- Verteilung V/379 f., V/423 f.
- Zwischenwerte V/373
Erdwiderstand, mobilisierter V/380
Erosion IV/300 f.
Ettringit I/19, I/116
Eurocode 7 XVIII/943–995
Eutrophierungspotenzial I/143

F
Fangedamm IV/336–339, V/440–442
- bauliche Maßnahmen IV/338 f.
- Bemessung V/440–442
- Berechnung V/440–442
- Gleitsicherheitsnachweis IV/337
- Kastenfangedamm *siehe dort*
- Standsicherheit V/441 f.
- Umfassung IV/331
- Zellenfangedamm *siehe dort*
Faraday'sche Gesetze XVI/872
Faserbeton I/125–142
- Ausziehwiderstand I/129
- composite concept I/126
- Dauerhaftigkeit I/139 f.
- DUCON I/137
- Eigenschaften I/137–141
- Endverankerung I/129
- Fasergehalt I/129
- Frostwiderstand I/140
- gerissener I/127–133
- Haftlänge I/127
- HPFRCC I/133
- Kriechen I/139
- Rissbremse I/126
- Rissverteilung I/125
- Scherfestigkeit I/139
- Schwinden I/139
- SIFCON I/130, I/137, I/139
- SIMCON I/130, I/137
- spacing concept I/126
- Spannungs-Dehnungs-Linie I/129

- Stahlfaserbeton *siehe dort*
- Taumittelwiderstand I/140
- Temperaturverhalten I/140 f.
- Tragverhalten I/125
- Übereinstimmungsnachweis I/141
- Verbundspannungen I/127
- Verbundverhalten I/128
- Verfestigung I/133
- Verformungsverhalten I/132
- Verschleißwiderstand I/141
- Wasserzementwert I/137
- Zusammensetzung I/137
Fasern I/133–136
- adhäsive Haftung I/131
- Aramidfasern I/136
- Effektivität I/126
- feinfibrillierte I/135
- fibrillierte I/135
- Glasfasern I/134 f., I/140
- Kohlenstofffasern I/136
- Kunststofffasern I/135 f., I/140
- Kurzfasern I/125, I/134
- monofilamente I/135 f.
- organische I/135 f.
- Polyacrylnitrilfasern I/136
- Polyesterfasern I/136
- Polyolefinfasern I/136
- Polypropylenfasern I/136
- Polyvinylalkoholfasern I/136
- risshemmende Wirkung I/125
- Roving I/134
- Stahlfasern *siehe dort*
- Verankerung I/128
- Versagensmöglichkeiten I/128
- Zellulosefasern I/136
Faserschlankheit I/127
Feinheitsziffer I/29
Felsböschung, Sicherung V/442 f.
Fertigpfahl II/207
Fertigteil-Winkelstützmauer V/396 f.
Festbeton *siehe* Beton
Festigkeitsklassen
- Beton I/4 f., I/65
- Leichtbeton I/5
- Normalbeton I/5
- Schwerbeton I/5
- Zement I/12, I/61, I/76
Feuchtigkeitsklassen von Beton I/27
Flächengründung II/189–207
- Ausmitte II/191
- Baugrubensohle, Vorbereitung XVIII/980
- Baugrunderkundungstiefe III/237
- Bauteilbemessung XVIII/979 f.
- Beanspruchungen II/189–192
- Beispiele II/199–207
- Bemessungssituationen XVIII/971
- Bemessungswerte II/195

- Einwirkungen II/189–192
- exzentrische Belastung II/196
- (auf) Fels XVIII/979
- Fuge, klaffende II/197
- - Begrenzung II/197 f.
- Fundamentverdrehung II/197 f.
- geotechnische Kategorien II/189 f.
- Gleiten II/194–196
- Grenzzustand der Gebrauchstauglichkeit XVIII/975–979
- - Fuge, klaffende
- - - Begrenzung XVIII/977 f.
- - - Fundamentverdrehung XVIII/977 f.
- - - Hebung XVIII/977
- - - Schwingungsberechnung XVIII/977
- - - Setzung XVIII/976 f.
- - - Verschiebung an der Sohlfläche XVIII/978 f.
- Grenzzustand der Tragfähigkeit XVIII/971–975
- - exzentrische Belastung XVIII/974 f.
- - Gesamtstandsicherheit XVIII/971 f.
- - Gleitwiderstand XVIII/973 f.
- - Grundbruchwiderstand XVIII/972
- - Sohlwiderstand, zulässiger XVIII/973
- - Tragwerksversagen durch Fundamentbewegung XVIII/975
- Grundbruch II/192–194, II/196
- Hebungen II/196 f.
- Kippen II/196
- Nachweis
- - (in) bindigem Boden XVIII/984–986
- - (im) Fels XVIII/986
- - Gebrauchstauglichkeit II/196–198
- - (in) künstlich hergestelltem Baugrund XVIII/986 f.
- - (in) nichtbindigem Boden XVIII/981 f.
- - Sohlwiderstand
- - - Bemessungswerterhöhung XVIII/982 f.
- - - Bemessungswertverminderung XVIII/983 f.
- - Streifenfundamente XVIII/982
- - Standsicherheit II/195 f.
- - Tragfähigkeit II/195 f.
- - vereinfachter in Regelfällen II/198 f., XVIII/980–987
- - Setzungen II/196 f.
- - Sohlflächenverschiebung II/198
- - Sohlreibung II/194
- Streifenfundament *siehe dort*

– Widerstände II/192–195
– – Erdwiderstand II/194
– – Gleitwiderstand II/194–196
– – Grundbruchwiderstand II/192–194, II/196
– – Sohlwiderstand II/198 f.,
XVIII/973, XVIII/982–984
Flachgründung, Tragfähigkeitserhöhung III/241
Fließbeton I/43
Fließmittel I/31
Flinte I/25
Floating production storage and offloading vessel (FPSO) IV/357
Flugasche I/8 f., I/34–39
– anrechenbare Mengen I/36 f.
– Anrechenbarkeitswert I/36
– Höchstmenge I/36
– Mindestmenge I/37
Flügelpfahl IV/349
Flurgeräte, Verkehrslasten IV/307
Flüssigkunststoff XII/654
flüssig zu verarbeitende Abdichtungsstoffe XII/651
FPS IV/357
FPSO IV/357
Frischbeton I/40–49
– Ausbreitmaßklassen I/42
– Bluten I/46
– Einbau I/44 f.
– Entmischen I/45 f.
– Fördern I/44
– Konsistenz I/41–44
– – Regelkonsistenz I/43
– Luftgehalt I/41
– Pumpfähigkeit I/44 f.
– Rohdichte I/41
– Temperatur I/48
– Transport I/44 f.
– Verarbeitbarkeit I/41–44
– Verdichtungsarten I/45
– Verdichtungsmaßklassen I/42
Frostwiderstand von Beton I/35
Fully-stressed design VI/458, VI/464
Fundament
– Bewegungen, Grenzwerte XVIII/991–995
– Einzelfundament, Baugrunderkundungstiefe III/237
– Streifenfundament *siehe dort*
Fußgängerbrücke
– Abdichtung XII/649
– Nutzungsklasse XIII/677

G
Gabbro I/23
Gabionen V/408 f.
Garage *siehe auch* Parkhaus
– automatische VII/480
– Großgarage VII/480
– Hochgarage, Zwischendecke VII/495–497

– Kleingarage VII/480
– Mittelgarage VII/480
– oberirdische VII/480
– ÖBV-Richtlinie XI/609–646
– offene VII/480
– Tiefgarage *siehe dort*
– übersichtliche VII/482
– unübersichtliche VII/482
Garagenverordnung (GarVO) VII/480
– Muster-GarVO VII/480
Gasbeton I/123
Gashochdruckleitung
– Korrosionsschutz, kathodischer XVI/865
Gelporen I/20
Geologie
– Nordsee IV/298 f.
– Ostsee IV/299
Geometrieoptimierung eines Bauteils VI/458
Geotechnik
– Sachverständiger II/177 f.
– Technische Baubestimmungen XVIII/1013 f.
– Technische Regeln XVIII/943–995
Geotechnische Bemessung
– Anforderungen XVIII/949–952
– Aufschwimmen XVIII/964–966
– Baugrundeigenschaften XVIII/957
– Bemessungssituationen XVIII/952 f.
– Bemessungswerte XVIII/958 f.
– Berechnung XVIII/949–952
– Dauerhaftigkeit XVIII/953
– Entwurf, Anforderungen XVIII/949–952
– Fundamentbewegungen, Grenzwerte XVIII/968
– geometrische Vorgaben
– – Bemessungswerte XVIII/959
– – charakteristische Werte XVIII/958
– geotechnische Einwirkungen XVIII/954–957
Geotechnische Kategorien (GK) II/177
– bautechnische Maßnahmen XVIII/991–995
– Flächengründungen XVIII/970
– Gesamtstandsicherheit XVIII/987 f.
– geotechnische Kenngrößen
– – Bemessungswerte XVIII/959
– – charakteristische Werte XVIII/957 f.
– geotechnischer Entwurfsbericht XVIII/968 f.
– geotechnische Teilsicherheitsbeiwerte XVIII/965

– Grenzzustand der Gebrauchstauglichkeit XVIII/966–968
– Grenzzustand der Tragfähigkeit XVIII/959–966
– Grundlagen XVIII/949–969
– Lagesicherheitsverlust XVIII/965
– – (im) Baugrund XVIII/960–964
– – Nachweis der Lagesicherheit XVIII/960
– – (im) Tragwerk XVIII/960–964
geotechnische Unterlagen XVIII/969 f.
– geotechnischer Untersuchungsbericht XVIII/970
Geothermie III/233, III/275 f.
Gesamtstandsicherheit
– Ausführung XVIII/989
– Bemessungssituationen XVIII/988 f.
– Berechnung XVIII/989
– Einwirkungen XVIII/988 f.
– geotechnische Kategorien XVIII/987 f.
– Grenzzustand der Gebrauchstauglichkeit XVIII/990 f.
– Grenzzustand der Tragfähigkeit XVIII/989 f.
– Kontrollmessungen XVIII/991
Gesteinskörnung *siehe auch unter* Beton
– grobe, Absinken I/46
– Leichtbeton I/112
Gesteinsmehl, getempertes I/39
Gewichtsstützmauer V/392–396
– Gleiten V/395
– Grundbruch V/393 f.
– Standsicherheit
– – äußere V/393–396
– – innere V/396
– Trockenmauer V/393
– Versagensfälle V/395
Gewölbemauer mit Strebepfeiler V/443
GK *siehe* Geotechnische Kategorien
Glasfasern I/134 f., I/140
Gleichgewichtsdiagramm XVI/868
Gleichgewichtspotenzial XVI/868
Gradientenbeton VI/455–476
– (zum) Leichtbau *siehe dort*
Gradiententechnologie XII/458
Granit I/23
Grauwacke I/23
Greiferbagger IV/312
Großgarage VII/480
Grundkriechen I/73, I/75
Grundschwinden I/55–57
Gründung III/231–294
– Aufschwimmen II/185

- Beanspruchungen II/178, II/187
- – charakteristische II/187
- Bemessung
- – (nach) DIN 1054 II/173–229
- – (nach) EC 7-1 II/173–229
- Bemessungssituationen II/183–185
- – BS-A II/183
- – BS-E II/183–185
- – BS-P II/183
- – BS-T II/183
- Bemessungswerte II/181
- charakteristischer Wert II/179 f.
- Einwirkungen II/178
- – charakteristische II/187
- – dynamische II/178
- – Erdbeben II/178
- – geotechnische II/178
- Erosion, innere II/186
- Flächengründung *siehe dort*
- geotechnische Besonderheiten II/181 f.
- Grenzzustände II/185–189
- – EQU II/185
- – Gebrauchstauglichkeit II/188 f.
- – GEO II/186–188
- – HYD II/186
- – STR II/186
- – UPL II/185 f.
- Grundbruch, hydraulischer II/186
- Hochhausgründung *siehe unter* Hochhaus
- Jacket-Gründung IV/349 f.
- Kippnachweis II/185
- kombinierte Pfahl-Plattengründung *siehe dort*
- Konstruktionsversagen II/186
- Lagesicherheit II/185
- Monopile-Gründung IV/348 f.
- Nachweisverfahren II/182
- Pfahlgründung *siehe dort*
- Piping II/186
- repräsentativer Wert II/180 f.
- Schnittgrößen nach Theorie II. Ordnung II/185
- Schwergewichtsgründung IV/348 f.
- Schwimmkastengründung *siehe dort*
- Senkkastengründung *siehe dort*
- Sicherheitsnachweis II/176–189
- Sondergründung *siehe dort*
- Standsicherheitsnachweis II/188
- Tiefgründung *siehe dort*
- Tragelementversagen II/186
- Tripile-Gründung III/287, IV/349

- Tripod-Gründung IV/348 f.
- Widerstände II/178 f.
- – charakteristische II/187
- – Materialwiderstand II/179
- – summarische II/179
- Gründungsbauwerke, marine *siehe dort*
- Gründungspfahl III/241
- Gründungssystem
- Dimensionierung III/235
- Entwicklung III/233
- geothermisch aktiviertes III/274–279
- – Baugrunderkundung III/275
- – Dimensionierung III/276 f.
- – Energiepfahlanlage III/278 f.
- – Herstellung III/277 f.
- – konstruktive Durchbildung III/277 f.
- – Massivabsorber III/276
- – Nachweis der Gebrauchstauglichkeit III/276
- – Nachweis der Tragfähigkeit III/276
- – Nachweisführung III/276 f.
- – physikalische Grundlagen III/275 f.
- – Wärmebilanz III/276
- hybrides III/240
- Pfahlposition III/242
- wirtschaftlich optimiertes III/250
- Grundwasser, Grenzwerte I/86
- Gussasphalt XII/651, XII/658 f., XII/664 f., XIII/676, XIII/708

H

Hangbrücke, Sicherung V/444
Hangfaschine V/444 f.
Hangrost, bepflanzter V/445 f.
Hjulström-Diagramm IV/300 f.
Hochgarage, Zwischendecke VII/495–497
Hochhaus
- Entwicklung III/234
- Gründung
- – (in) Hanglage III/269–272
- – (in) setzungsaktivem Baugrund III/266–269
- – Standardfall III/255
- – (neben) Tunnel III/266–269
Hochofenschlacke I/23
Hochofenzement I/94 f.
Hochwasserschutzwand IV/335 f.
- bauliche Maßnahmen IV/336
- Beispiel IV/335 f.
- Berechnung IV/335
Hofkellerdecke XII/650
- Abdichtung XII/649
- Oberflächenschutzsysteme XII/661 f.
Holzkrainerwand V/409–411
Holzpfahl III/243

Hooke'sches Gesetz I/69
Hopperbagger IV/311
HPFRCC I/133
Hüttenbims I/113, I/123
Hüttensand I/8, I/39
Hydratationsgrad I/90
– Zement I/21 f.
Hydratationswärme
– Beton I/35
– junger Beton I/49 f.
– Konstruktionsleichtbeton I/116
– Mörtel I/35
– Zement I/13, I/19, I/116
Hydroxidionen XVI/870

I

Industrieböden, Verschleißbeanspruchung I/85
Inertanode XVI/879 f.
inerte Stoffe I/34
Innenbauteile, Korrosionsrisiko I/83
Instandsetzung, Technische Baubestimmungen XVIII/1014 f.
Instandsetzungsbeton, Beanspruchbarkeitsklassen XVI/883
Instandsetzungsmörtel, Beanspruchbarkeitsklassen XVI/883
Intensivverdichtung, dynamische zur Baugrundverbesserung IV/310 f.

J

Jacket-Gründung IV/349 f.
junger Beton I/49–53
– Bedeutung I/49
– Definition I/49
– Dehnfähigkeit I/51 f.
– Erstarrungsbeginn I/50
– Festigkeitsbestimmung I/52 f.
– Hydratationswärme I/49 f.
– Rissneigung I/51 f.
– Spannungen I/50 f.
– Temperatur I/51
– Wärmedehnzahl I/50

K

Kai IV/339–345
– Bemessung IV/344
– (in) Erdbebengebieten IV/345
– Landbaustelle IV/341
– Querschnitt IV/339 f.
– Systemskizzen IV/340
– Tragverhalten IV/341–344
– Wasserbaustelle IV/341
– Wasserdruck, aufnehmbarer IV/340
Kalkstein I/8 f., I/23
Kammerschleuse IV/345
kapillares Saugen, Definition I/89
Kapillarporen I/20
Kapillarporosität I/70
Karbonnetzanode XVI/880 f.

Kastenfangedamm IV/337 f.,
V/440 f.
– Standsicherheit der Verankerung
  IV/338
Kathodenanschluss XVI/899
kathodische Passivierung
  XVI/876
kathodischer Korrosionsschutz
  IX/556, XIV/726, XIV/734,
  XIV/762, XVI/863–904
– Ausführungsbeispiele
  XVI/888–901
– (von) Brücken XVI/897–901
– Fachpersonal-Zertifizierung
  XVI/886 f.
– Fremdstromschutz
  XVI/873–877
– Funktionsfähigkeit XVI/885
– galvanischer XVI/872 f.
– – Funktionsprinzip XVI/871
– Gashochdruckleitungen
  XVI/865
– Grundlagen XVI/866–877
– Leistungsanforderungen
  XVI/885
– Monitoring XVI/885
– (von) Parkhäusern XVI/888–893
– präventiver Einsatz XVI/866,
  XVI/888, XVI/893–895
– Regelwerke XVI/901
– Schutzkriterien XVI/885–888
– (von) Spannbetonbauwerken
  XVI/887 f.
– technische Regelwerke
  XVI/885–888
– (von) Tiefgaragen XVI/893–897
kathodischer Wasserstoff XVI/887
Kesselsand I/113
Kieselsäure, alkalireaktive I/24
Kleingarage VII/480
Kohlenstoffanode XVI/880
Kohlenstoffdioxid XVI/867
Kohlenstofffasern I/136
Kolk IV/300
– Abmessungen IV/301
Kombinationstyp (SVB) I/100
kombinierte Pfahl-Plattengründung
  (KPP) III/240–274
– Ausführungen III/250–274
– Baugrunderkundungstiefe
  III/238
– Berechnungsmethoden III/245 f.
– – analytische III/246
– – empirische III/245 f.
– – (mit) Ersatzmodellen III/246
– – numerische III/246
– Deckelbauweise III/266
– (mit) exzentrischer Belastung
  III/259–264
– geotechnische Nachweisführung
  III/246–250
– Grenzzustand der Gebrauchstauglichkeit III/246

– Grenzzustand der Tragfähigkeit
  III/246
– horizontal belastete III/272–274
– Interaktionen III/242
– Kombination mit Deckelbauweise
  III/264–266
– Last-Setzungs-Verhalten
  III/251 f.
– Lasttransfer III/241
– Mantelreibungsverteilung
  III/254
– Messprogramm III/251
– messtechnische Instrumentierung
  III/267
– Nachweis der Gebrauchstauglichkeit III/247 f.
– Nachweis der Tragfähigkeit
  III/247
– (in) nichtbindigem Baugrund
  III/255–257
– Pfahllastverteilung III/254
– Qualität III/274
– Richtlinie III/250
– (in) setzungsaktivem bindigem
  Boden III/258 f.
– Setzungsverteilung III/254
– Sicherheit III/274
– Tiefgründungselemente
  III/243–245
– – Herstellung III/244 f.
– Tragverhalten III/241 f.
– Tragwirkung III/241
– Verformungsverhalten III/241 f.
– (auf) Verwerfungslinie III/269
– Wirtschaftlichkeit III/274
– Zeit-Last-Kurven III/263
– Zeit-Setzungs-Kurven III/253
Kompositzement I/142
Konsolidierungstheorie, lineare
  IV/301
Konstruktionsleichtbeton
  I/112–122
– Ausschreibung I/122
– Betondeckung I/121
– Biegezugfestigkeit I/119
– Carbonatisierungsverhalten
  I/121
– Dauerhaftigkeit I/120
– Dauerstandfestigkeit I/119
– Druckfestigkeit I/118 f.
– Druckschwellfestigkeit I/119
– E-Modul I/119
– Feuerwiderstand I/121
– Förderung I/117
– Frost-Tausalz-Widerstand I/121
– Frost-Tau-Widerstand I/121
– Gesamtwassergehalt I/118
– Herstellung I/117 f.
– Hydratationswärme I/116
– Kriechverhalten I/119
– Mischungsentwurf I/115
– Planung I/121 f.
– Rezeptur I/114

– Rohdichte I/115
– Schallschutzeigenschaften I/121
– Schubtragverhalten I/119
– Schwindverhalten I/120
– selbstverdichtender I/122 f.
– – Festbetoneigenschaften I/123
– – Pumpförderung I/122
– Spaltzugfestigkeit I/119
– Spannungs-Dehnungs-Linie
  I/118 f.
– Transport I/117 f.
– Trocknungsverhalten I/120
– Verarbeitung I/117 f.
– Verdichtung I/118
– Verdichtungsporen I/116
– Verformungsverhalten I/112,
  I/118–120
– Versagensmechanismen I/118
– Wärmedehnung I/119
– Wärmedurchlasswiderstand
  I/121
– Wärmeleitfähigkeit I/121
– Wasserzementwert I/114
– Zementarten I/116
– zentrische Zugfestigkeit I/119
– Zusatzmittel I/116
Körnungsziffer I/29 f.
Korrosion
– Bewehrungskorrosion *siehe dort
  und unter* Parkhaus
– Eigenkorrosion XVI/871
– flächige durch Carbonatisierung
  XVI/867–896
– Lochkorrosion *siehe dort*
– Muldenkorrosion XVI/869
– Schutz *siehe* Korrosionsschutz
– Spannungsrisskorrosion, wasserstoffinduzierte XVI/887 f.
– Teilprozess
– – anodischer XVI/867,
  XVI/879
– – kathodischer XVI/867
korrosionsbedingter Masseverlust
  XVI/872
Korrosionskinetik XVI/872
Korrosionspotenzial XVI/869
– freies XVI/872
Korrosionsprodukte XVI/868
Korrosionsschutz
– kathodischer *siehe dort*
– Kupferverkleidung eines Schiffes
  XVI/865
Korrosionsstromdichte XVI/868
KPP *siehe* kombinierte Pfahl-
  Plattengründung
Kran IV/306
Kriechen I/72–75
– Endkriechzahl I/76
– Grundkriechen I/73
– Kriechzahl I/73
– Trocknungskriechen I/74
– Ursachen I/74
– Vorhersageverfahren I/75–77

Kunststoff XII/654
– Flüssigkunststoff XII/654
Kunststoffbahn XII/651, XII/657
Kunststofffasern I/135 f., I/140
Kurzfasern I/125, I/134

L
Ladungsdichte XVI/876
Ladungstransport XVI/876
Landesbauordnung (LBO) XII/651
Landgewinnung IV/311–314
– Baggergutgewinnung siehe dort
– Einbauverfahren IV/312 f.
– – Boden-Wasser-Gemisch-Einspülung IV/313 f.
– – Dammherstellung IV/312 f.
– – Rainbow-Verfahren IV/312–314
– – Verklappen IV/313
– – Verpumpen IV/312 f.
– – Vorlandaufspülung IV/312
latent hydraulische Stoffe I/39
LBO XII/651
Leichtbau VI/457 f.
Leichtbeton siehe auch Konstruktionsleichtbeton I/4, I/112–124
– Festigkeitsklassen I/5
– Gesteinskörnung I/112
– haufwerksporiger I/112, I/123–125
– – Einbau I/124
– – Festigkeit I/124
– – Herstellung I/124
– – Korrosionsschutz I/124
– – Zusammensetzung I/124
– Rohdichteklassen I/6
– selbstverdichtender, Pumpförderung I/118
– Umrechnungsfaktoren I/6
leitfähige Beschichtungen XVI/880
Leitungen auf dem Meeresgrund, Gründung IV/352–357
– Arten IV/352–354
– Besonderheiten IV/354–356
– Kabelschäden IV/356
– Lagestabilität, Sicherstellung IV/355
– Leitungsstabilisierung IV/353
– Pipeline-Walking IV/355
– Verlegetiefe IV/356 f.
Leuchtturm, Gründung IV/346 f.
LH-Zement I/51
L-Kasten-Versuch für Beton I/102 f.
Lochelektrolyt XVI/871
Lochkorrosion XVI/869–872
– Adsorptionsmechanismus XVI/869
– Initiierung XVI/869, XVI/875
– Mechanismus XVI/871

– Penetrationsmechanismus XVI/869
– Potenzial XVI/870
– Schichtrissmechanismus XVI/869
– Stabilisierung XVI/869
– Wachstumsgeschwindigkeit XVI/870
– Wachstumskinetik XVI/870
Low-Strain-Methode III/282, III/284
Luftgehalt von Frischbeton I/41
Luftporenbeton I/95 f.
Luftporenbildner I/31 f.
Luftporensysteme I/96

M
Mantelreibung III/241 f., III/248 f., III/253 f.
Mantelwiderstand III/241 f.
marine Gründungsbauwerke IV/295–366
– Baugrundverbesserung IV/308–311
– – Intensivverdichtung, dynamische IV/310 f.
– – – Vakuumverfahren IV/311 f.
– – Rütteldruckverfahren IV/308 f.
– – Rüttelstopfverfahren IV/308 f.
– – Sandsäulen, geotextilummantelte IV/309 f.
– – Vertikaldränage IV/308
– Beanspruchungen IV/303–307
– – Bewuchs, biologischer IV/307
– – Eis IV/305
– – Korrosion IV/307
– – Kran IV/306
– – Schiff IV/306 f.
– – Strömungskräfte IV/304
– – Tide IV/303 f.
– – Verkehr IV/307
– – Wellen IV/304 f.
– – Wind IV/305 f.
– Besonderheiten IV/297 f.
– Betrieb, Überwachung IV/297
– Empfehlungen IV/298
– Erkundung IV/297
– Errichtung IV/297
– Kai siehe dort
– Lastannahmen IV/303–307
– Leitungen auf dem Meeresgrund siehe dort
– Leuchtturmgründung IV/346 f.
– Planungsunterlagen IV/298
– Regelwerke IV/298
– Risiken IV/297 f.
– Rückbau IV/297 f.
– schwimmende Strukturen siehe dort
– Seeschleuse siehe dort
– Stilllegung IV/297 f.

– Wände siehe Wände von marinen Gründungsbauwerken
– Windenergieanlagengründung, offshore siehe Offshore-Windenergieanlage
Massivabsorber III/276
Material-Factoring-Approach II/178 f.
Materialleichtbau VI/457
Mehlkorngehalt I/34, I/40 f.
Mehlkorntyp (SVB) I/100
Mesogradierung von Betonbauteilen VI/468–474
– Entwurfsansätze VI/469–473
– – Kugelpackung VI/469, VI/471
– – Kugelverteilung VI/469–471
– – Masseneinsparung VI/470–472
– – Packungsdichte VI/469
– – Herstellungsansätze VI/468 f.
– – Betonhohlkörper VI/468
– – Hohlkörperdecken VI/473
– – Konzept VI/468
Mikrogradierung von Betonbauteilen VI/459–468
– Betontechnologie VI/461–463
– Dichteanpassung VI/462
– Dichteverteilung VI/463 f.
– Entwurf VI/463
– Gradientenlayout VI/463
– Herstellungsverfahren VI/459–461
– – automatisiertes Sprühen VI/459–461
– – schichtweises Gießen VI/459
– Konzept VI/459
– Tragverhalten VI/465–468
– – Bemessung VI/466–468
– – Biegetragverhalten VI/465 f.
– – experimentelle Untersuchungen VI/465 f.
– – Querkrafttragverhalten VI/466
Mikrohohlkugel I/96
Mikropfahl II/207, III/243 f.
– verpresster II/216
Mikropfahlgruppe II/218 f.
Mikrorissbildung I/71, I/90
MIP V/450
Mittelgarage VII/480
Mixed-in-Place-Verfahren (MIP) V/450
Monomaterialtechnologie VI/458
Monopile-Gründung IV/348 f.
Monosulfat I/19
Mörtel
– Ausbreitfließversuch I/101
– Haftzugfestigkeit auf Beton XVI/884
– Hydratationswärme I/35
– Instandsetzungsmörtel, Beanspruchbarkeitsklassen XVI/883

- Polymeranteil XVI/884
- spezifischer Widerstand XVI/884
- Spritzmörtel *siehe dort*
- Trichterauslaufversuch I/101 f.
- Zementmörtel, kunststoffmodifizierter XVI/882
  Muldenkorrosion XVI/869
  Muster-Verwaltungsvorschrift Technische Baubestimmungen XVIII/996

N
nachhaltiger Beton I/142–153
- Eigenschaften I/151–153
- Zusammensetzung I/151–153
Nassspritzmaschine VI/461
Naturbims I/113, I/123
Noise Mitigation Screen IV/357
Nordsee
- Geologie IV/298 f.
- quartärer Untergrund IV/298
Normalbeton I/4
- Festigkeitsklassen I/5
Normen XVIII/941–1024
Normenhandbuch II/176

O
Oberflächenschutzsysteme XII/654, XIII/685–709
- Abnutzungsvorrat XIII/701
- (mit) Abstreuung XII/661
- (in) Anlieferungsbereichen XII/659, XII/661
- Anwendungsregeln XII/658–662
- Applikation XIII/698
- Auswahl XIII/689–695
- (mit) Bandage XIII/691, XIII/699 f.
- befahrbare nach RL SIB XIII/687
- Deckschicht
- – reaktionsgebundene XIII/690
- – verschleißfeste gefüllte XII/660–662
- Deckversiegelung XII/659–661
- – abgefahrene XIII/705
- (für) Durchfahrten XII/662
- Entwurfsgrundsätze XIII/689–695
- Grundierung XII/659
- (auf) Hofkellerdecken XII/661 f.
- Inspektion XII/658, XII/664, XIII/706–709
- – Intervalle XII/666, XIII/709
- Instandhaltung XII/658 f., XII/664, XII/666
- – Kosten XII/659
- Instandsetzung XII/658 f., XII/666, XIII/707
- Lebensdauer XIII/700–704
- Leistungsmerkmale XIII/695–698

- Nutzungsdauer XII/659
- Nutzungsklassen XII/659
- (für) Parkdecks XIII/669–712
- Parkhaus *siehe dort*
- Prüfverfahren XIII/702
- (auf) Rampen XII/659, XII/661
- Rissbandage XII/665
- Rissbehandlung XII/659, XII/664–666
- Rissbeherrschung XII/664 f.
- Rissbildung XIII/704
- Rissbreite
- – Änderung XIII/699 f.
- – Begrenzung XII/664
- – überbrückbare XIII/691
- – rissüberbrückende Eigenschaften XII/659–661
- Rissüberbrückungsfähigkeit XII/658, XII/664, XIII/686
- Rissvermeidung XII/664, XIII/695
- Rissverteilung XII/664 f.
- Rutschhemmung, Anforderungen XIII/694
- Schichtdicke XIII/690
- Schnittstellenregelung in DIN 18832 XII/667
- Schutzschicht, reaktionsgebundene XIII/690
- (auf) Spindeln XII/659, XII/661
- Trockenschichtdicke, mindeste XII/659 f.
- Überarbeitbarkeit XIII/704–706
- Verkehrsflächenzuordnung XII/660
- Verschleiß XIII/692 f.
- – Klassifizierung XIII/703
- Verschleißfestigkeit XII/658
- Wartung XII/658, XII/666, XIII/707
ÖBV-Merkblätter XVIII/1023 f.
ÖBV-Richtlinien XVIII/1022 f.
- „Garagen und Parkdecks" XI/609–646
- – Anwendungsbereich XI/616
- – Bedeutung XI/643–645
- – Bestimmungen XI/615–643
- – Eckpunkte XI/611
- – Grundlagen XI/611–613
- – Konsequenzen XI/643–645
- – Schadensursachen XI/613–615
- – Ziele XI/616
ÖBV-Sachstandsberichte XVIII/1024
Offshore-Gründung III/274, III/287
- Baugrunderkundung III/287, IV/299 f.
- Tripile-Gründung III/287
Offshore-Windenergieanlage, Gründung IV/347–352
- Arten IV/348 f.
- Bau IV/350 f.

- Beispiel IV/351 f.
- Besonderheiten IV/349 f.
- Jacket-Gründung IV/348 f.
- Monopile-Gründung IV/348
- Nachweise IV/350
- Schallminderung mit Noise Mitigation Screen IV/352
- Schallpegelgrenzwerte IV/351
- Schiffskollision IV/350
- Schwergewichtsgründung IV/348
- Suction bucket IV/349
- Tripile-Gründung IV/349
- Tripod-Gründung IV/348 f.
Ohm'sche Kontrolle XVI/870
Ökobeton *siehe* nachhaltiger Beton
Ölschiefer I/39
Opal I/25
organische Stoffe I/39
Ortbetonverdrängungspfahl III/243 f.
Österreichische Bautechnik Vereinigung *siehe* ÖBV
Ostsee, Geologie IV/299
Ozonabbaupotenzial I/143
Ozonbildungspotenzial, bodennahes I/143

P
Palmgren-Miner-Regel I/80
Parkbauten *siehe* Parkhaus
Parkdach *siehe* Parkdeck
Parkdeck *siehe auch* Parkhaus XII/650
- Abdichtung XII/469
- Abdichtungsbauarten XIII/669–712
- Nutzungsklasse XIII/677
- Oberflächenschutzsysteme XIII/669–712
- ÖBV-Richtlinie XI/609–646
- Ortbetonnutzschicht XIII/649
Parkflächen, Ausführungsvarianten XIII/683
Parkgarage *siehe* Parkhaus
Parkgasse VII/480
- frei überspannte VII/494
Parkhaus *siehe auch* Garage *und* Tiefgarage
- Abdichtung XII/649, XIV/716 f., XIV/742
- – (mit) Asphalt XI/616, XI/625–627
- – – bituminöse Abdichtung XI/626
- – – Entwässerung auf zwei Ebenen XI/626
- – – Kunststoffabdichtung XI/626
- – – Untergrundvorbereitung XI/627
- – – (nach) DIN 18195-5 XIV/772 f.

- Abfertigungsgeräte VII/489 f.
- – Standort VII/490
- abtropfendes Wasser XIII/671
- Anfahrwinkel VII/490
- Anforderungen X/586
- – (aus) Betreibersicht VIII/505–514
- – betriebliche VIII/507 f.
- – funktionale VIII/507 f.
- – (aus) Nutzersicht VIII/505–514
- – wirtschaftliche VIII/508
- Anprall X/590
- Anprallschutz X/590, X/592 f.
- – Ausführungsmängel X/592
- – Kontrolle X/592
- – Rückhaltesystem X/593
- – Vorspannkabel X/593
- Arbeitsfuge XIV/717–719
- Ästhetik X/606
- Auflager XIV/740 f.
- Aufstellwinkel VII/483–485
- Aufzug VII/501
- – – transparenter Schacht VII/501
- Ausbau
- – allgemeiner VII/501–503
- – – technischer VII/498–501
- – barrierefreies VII/492
- Bauaufsicht, örtliche XI/639 f.
- Bauformen XI/612
- Bauteile unter durchlässigen Belägen, Ausführungsvarianten IX/560 f.
- Bauverfahren XI/612
- Bauweisen XI/612 f.
- Bauwerksbuch VIII/513
- Bedarfsplanung VIII/511
- Belag X/591
- Belastungsklassen XI/623 f.
- Beleuchtung VII/500 f.
- Bemessungsfahrzeug VIII/510
- Benutzerfreundlichkeit X/606
- Beschichtung
- – Abdichtungsschicht X/600
- – abgefahrene X/601
- – Abrasion X/598
- – alte X/600
- – Anforderungen X/598
- – Ästhetik X/599
- – Auffrischung X/598
- – Brandverhalten X/600
- – Dichtheitsprüfung XIV/753
- – Eigenüberwachung XI/640
- – Fremdüberwachung XI/640 f.
- – Gleitfestigkeit X/600
- – Gleitreibung X/598 f.
- – (mit) Inspektionsbuch XI/616, XI/627–637
- – – Hydrophobierung XI/628 f.
- – – Rissüberbrückung XI/628
- – – Schichtdicke, mindeste XI/627

- – Oberflächenrauheit X/598–600
- – Orangenhautbildung X/598
- – Rissbild X/600
- – Rutschgefahr X/599
- – Systeme X/598
- – Verschleißschicht X/600
- – verschmutzte X/601
- Beschilderung
- – (für) Fußgänger VII/492
- – verdeckte VII/496
- Bestandsschutz XIV/757–759
- Betonabreißfestigkeit XI/617, XI/640
- Betondeckung X/591 f., XI/617, XIV/715 f., XIV/719
- – Abminderung XIV/768
- – Anforderungen XIV/771
- – Bestimmung XIV/751 f.
- – Dichtheit IX/539–542
- – mindeste IX/533–539, XIV/716
- – Vorhaltemaß XIV/716
- Betoneinbau XI/620
- Betonfertigteilplatten XI/612
- Betonnester XI/619 f.
- Betonqualität XIV/715 f.
- Betonrandzone, Nachbehandlung IX/545–547
- Betonsorten XI/617
- Betonzugfestigkeit IX/545
- Betonzusammensetzung, Anforderungen IX/539–542
- Betreiberhaftung VIII/512
- Betrieb X/591
- Betriebskosten VIII/508
- Bewehrung, rissbreitenbeschränkende XIV/717
- Bewehrungskorrosion XI/611, XI/614 f., XIV/718, XIV/723–733
- – Ausmaßbestimmung XIV/742 f.
- – Biegerissbildung XIV/731
- – Carbonatisierungsfront XIV/727
- – Carbonatisierungsgeschwindigkeit XIV/727
- – carbonatisierungsinduzierte XIV/724, XIV/726 f., XIV/731, XIV/735 f.
- – Chloridbeaufschlagung XIV/727
- – Chloridbindekapazität XIV/728
- – Chloridentzug, elektrochemischer XIV/726
- – Chloridgehalt
- – – gesamter XIV/728
- – – kritischer korrosionsauslösender XIV/728–730
- – chlorideninduzierte XIV/727 f., XIV/731, XIV/736–738, XIV/741–752, XIV/765

- – Chloridkonzentrationsprofil XIV/728
- – Chloridtransport XIV/727
- – Depassivierung von Stahl XIV/725
- – Diffusion XIV/727
- – Einleitungsphase XIV/725, XIV/731
- – elektrolytische Leitfähigkeit von Beton XIV/726
- – Elektrolytwiderstand von Beton XIV/727, XIV/730
- – Fugenbereiche XIV/740
- – kapillares Saugen XIV/727
- – kathodischer Korrosionsschutz XIV/726
- – Konsolen XIV/741
- – Korrosionsgeschwindigkeit XIV/732
- – Makrokorrosionselemente XIV/726
- – Mikrokorrosionselemente XIV/725
- – Monitoring XIV/733, XIV/762, XIV/764, XIV/785
- – Passivität von Stahl XIV/724
- – Passivschicht XIV/724, XIV/728
- – Potenzialdifferenzen XIV/726
- – Repassivierung XIV/736
- – (im) Rissbereich XIV/730–733
- – Rissbandagierung XIV/732
- – Rissbildung, korrosionsbedingte XIV/727
- – Rissverpressung XIV/732
- – Sauerstoffreduktion XIV/731
- – Sauerstoffkorrosion XIV/724
- – Säurekorrosion XIV/724
- – Schädigungsphase XIV/725, XIV/731 f.
- – Spannungsrisskorrosion XIV/732
- – Teilprozesse XIV/725, XIV/731
- – Trennrissbildung XIV/731
- – Unterzug XIV/740
- – Bewehrungssondierung XIV/761
- – Bewehrungsüberdeckungen X/590
- – Bewirtschaftung VII/498 f., X/591, X/604
- – Biegeriss XIV/763
- – Biegezugverstärkung X/595–598
- – blinde Flecken XI/642 f.
- – Bodenbelag X/588
- – Bodenplatte XIV/739 f., XIV/772
- – Brandmeldeanlage VII/493
- – Brandschutz XIV/739
- – – baulicher VII/492 f.
- – Brückenabdichtung XI/642

- Carbonatisierung XI/614
- Car Sharing VII/494
- Chlorid XI/614 f.
- Chloriddiffusionskoeffizient XIV/762
- Chlorideindringtiefe XI/615
- Chloridentzug, elektrochemischer XIV/762
- Chloridgehalt
 - - Bestimmung XIV/743, XIV/761
 - - kritischer korrosionsauslösender XIV/761
- Chloridkonzentration XIV/762
 - - korrosionsauslösende XI/614 f.
- Chloridprofil XIV/743
- Chloridtransport XIV/762
- Chloridumverteilung XIV/762 f.
- Chloridwiderstand XI/619
- Dauerbetrieb XI/613
- Dauerhaftigkeit VII/497 f., IX/515–582, X/583–607, XI/614 f.
 - - Deckenoberseiten VII/497 f.
 - - Hohlkehle VII/498
 - - Regelwerk
 - - - aktuelles IX/532
 - - - Entwicklung seit 1988 IX/515–532
- DBV-Merkblatt „Parkhäuser und Tiefgaragen" XIV/767–773
- Deckenplatte, Rotationsfähigkeit X/596
- Deformation X/590, X/593–595
- Dehnfuge XIV/717–719
- Dokumente X/601, X/604
- Durchfahrtsbegrenzung VII/490
- Durchstanzanker X/595 f.
- Durchstanzbewehrung X/590–592
- Durchstanzen X/591 f.
- Durchstanzverstärkung X/595–598
- Ebenenkennzeichnung VII/502
- Einwirkungen X/590
- Einzelplatzzählung VII/498
- E-Ladestation VII/493, VIII/509
- Elektrolytwiderstand von Beton XIV/734, XIV/763, XIV/765, XIV/787–789
- Elektromobilität VII/493 f.
 - - Hausanschlusswert VII/494
 - - Ladestation VII/493, VIII/509
- Engstellen VIII/511
- Entwässerung VII/499, X/593–595, XI/620–625, XIV/716, XIV/742, XIV/780 f.
- Entwurf
 - - Konstruktionen X/587 f.
 - - Layout X/588

- - Umsetzungsmaßnahmen IX/565–575
 - - - ausführungstechnische IX/572–574
 - - - betontechnische IX/569–572
 - - - Entkopplung der Tiefgaragen-WU-Betonwand vom Baugrubenverbau IX/569
 - - - Festhaltepunktvermeidung IX/566 f.
 - - - Hydratationsgassen, Anordnung IX/568
 - - - konstruktive IX/566
 - - - Sollrissfugen in Wänden, Anordnung IX/569
 - - - während der Bauzeit IX/574 f.
 - - - zwangmindernde bei Bodenplatten IX/567 f.
- Erhaltung X/586, X/603
- Expositionsklassen IX/533–539
- Fahrbahngeometrie VII/483–485
- Fahrgassenbreite VII/484, X/588
- Farbkonzept X/606
- Feuchtemonitoring XIV/787–789
- Feuchtigkeitsklassen IX/533–539
- Flügelglätten XI/617
- Freideck XI/612
 - - Abdichtung XII/649
 - - Frequenz XII/612
- Fugen XI/637–639, XIV/740
 - - Ausführung XI/638 f.
 - - Bewegungsfuge XI/616 f., XI/622, XII/637–639
 - - Dauerhaftigkeit XI/637
 - - Dehnfuge XI/616, XI/637–639
 - - Planung XI/637 f.
- Fundament XIV/717
- Fußwegverbindungen VII/491 f.
- Gebrauchstauglichkeit VIII/510, X/594
- gefährdete Bauteile XI/617
- Gefälle IX/562–565, X/594, XIV/716, XIV/719, XIV/741, XIV/780 f.
 - - mindestes XI/622
- Gefällebeton XI/618
- Gefälleestrich XI/612
- (mit) geschlossener Fassade XI/612
- Grundierung, Dichtheitsprüfung XIV/752
- Gullys XI/616, XI/622
- Gussasphalt XIV/717, XIV/772
- Herstellkosten VIII/508, XI/644
- Hochgarage XI/612
- Honorare X/604
- Inbetriebnahme X/603

- Inspektion VIII/512, XI/613, XI/641 f.
 - - Intervalle XI/642
 - - Instandhaltung VIII/511–513, IX/575, XI/641–643
 - - Dokumentation VIII/513
 - - (der) Gebäudesubstanz VIII/512 f.
 - - Planung XIV/782–784
 - - rechtliche Anforderungen VIII/511 f.
 - - (der) technischen Gebäudeausrüstung VIII/513
- Instandsetzung X/586–601, XI/613, XI/615, XIV/713–793
 - - Baustoffverwendbarkeit XIV/721 f.
 - - befahrene Flächen XIV/774–776
 - - Belagoberkante XIV/777 f.
 - - Beton XIV/765–767
 - - Austrocknungsschwinden XIV/766 f.
 - - - kunststoffmodifizierter XIV/765 f.
 - - - reaktionsharzgebundener XIV/766
 - - - Spritzbeton XIV/765 f.
 - - - Trockenbeton XIV/765
 - - - Vergussbeton XIV/765–767
 - - Betonabtrag XIV/773 f.
 - - Bewehrungsbeschichtung XIV/734
 - - Bodenplatte XIV/777
 - - (bei) carbonatisierungsinduzierter Korrosion XIV/735 f.
 - - Chloridextraktion, elektrochemische XIV/734 f.
 - - (bei) chlorideninduzierter Korrosion XIV/736–738
 - - (nach) DAfStb-Instandsetzungs-Richtlinie XIV/721, XIV/733
 - - (nach) DBV-Merkblatt „Parkhäuser und Tiefgaragen" XIV/722
 - - (nach) DIN EN 1504 XIV/720–722
 - - Freideck XIV/776
 - - Ist-Zustandsfeststellung XIV/738–757
 - - kathodischer Korrosionsschutz XIV/734
 - - Monitoring XIV/784–789
 - - Mörtel XIV/765–767
 - - - Trockenmörtel XIV/765
 - - - Vergussmörtel XIV/765
 - - Planung XIV/604, XIV/760–767
 - - Rampe XIV/776 f.
 - - Realkalisierung XIV/734
 - - rechtliche Aspekte XIV/719–723

– – rechtzeitige XI/642 f.
– – (nach) RL-SIB 2001 XIV/720–722
– – Stützenfuß XIV/777
– – Umfang XIV/761–765
– – Wandfuß XIV/777
– – Wartungsintervall XIV/769
– – Wassergehaltbegrenzung des Betons XIV/734 f.
– – Wiederherstellung des alkalischen Milieus XIV/734
– – Zwischendeck XIV/776
– Komfortstufen X/588
– Konsolen XIV/740 f.
– – Bewehrungskorrosion XIV/741
– Konstruktionssysteme XI/617 f.
– Kontrollplan X/591
– Konzeption X/586
– Korrosion XI/614
– – Bewehrungskorrosion siehe Parkhaus, Bewehrungskorrosion
– – – chloridinduzierte XI/615
– – Lochfraßkorrosion XI/615
– – Bewehrung siehe Parkhaus, Bewehrungskorrosion
– – Unterzug XIV/718
– – Zwischendeckenunterseite XIV/718
– Korrosionsschutz, kathodischer XIV/762, XVI/888–893
– Krafteinleitung X/590–592
– kundenfreundliches VII/477–503
– Lebensdauer X/601, X/603
– Lebenszyklus X/602 f.
– – Kosten X/644
– Leitfarben VII/501
– Lichtmanagementsystem VII/500
– Lichtraumprofil X/592
– Luftporenbeton XI/620
– Lüftung VII/499 f.
– Lüftungsleitungen XI/616
– Lunker XI/619 f.
– Makrozellkorrosion XIV/763
– Markierungsnägel VII/491
– Materialkreisläufe X/606
– Metallbauarbeiten VII/502
– Nachrechnungen X/591
– Nachrüstung X/595–601
– Neubau X/586–601
– – (mit) Fehlern X/589–591
– Nutzerfreundlichkeit VIII/510
– Nutzung X/603, XI/611 f.
– Nutzungsdauer VIII/512, X/590, X/601
– Nutzungsintensität XI/611
– Nutzungsvereinbarung X/586, X/588 f.
– – bauwerksspezifische Umsetzung X/589

– Oberflächenschutzsysteme XI/628–637, XIV/716 f., XIV/719, XIV/742, XIV/762, XIV/765, XIV/768, XIV/771
– – Abriebfestigkeit XI/630, XI/636
– – Anwendung XI/629
– – Anwendungsbereiche XI/628
– – Aufbau XI/629
– – Auswahl XI/630–635
– – Beschreibung XI/628
– – Brandverhalten XI/630
– – Eigenschaften XI/630
– – Feuchteempfindlichkeit XI/630
– – Hochzug XI/636 f.
– – Hohlkehlen XI/636 f.
– – Rautiefe XI/633
– – Reaktionsharze XI/629
– – Regelungen, aktuelle IX/559
– – Rissüberbrückungsfähigkeit XI/630 f.
– – Rissüberbrückungsklassen XI/634
– – Rutschfestigkeit XI/630
– – Schichtdickenzuschlag XI/631
– – Verschleißfestigkeit XI/636
– Objektplanung VIII/511
– offenes VIII/507
– Ölabscheider XI/620
– Parkflächen VIII/509
– Parkgasse siehe dort
– Parkplatzanordnung siehe Parkhaus, Stellplatzanordnung
– Pflasterbelag XIV/717
– Pfützenbildung XIV/716
– Planung VII/477–503, XI/643
– – Aufgaben IX/547 f.
– – Bedarfsplanung IX/548 f.
– – Fehler X/592
– – Tragwerksplanung VII/494–497
– Polarisationswiderstand, anodischer von Beton XIV/763
– Potentialfeldmessung, elektrochemische XIV/745–751
– Problempunkte X/590 f.
– Projektablauf X/601–604
– Projektbasis X/586, X/589
– Pumpensümpfe XI/624 f.
– Qualitätssicherung XI/639–641
– Querschnittsschwächung XIV/742 f.
– Rampen VII/485–489, IX/558 f.
– – Abfahrten VII/487 f.
– – D'Humy-System VII/482
– – Ende mit Spiegel VII/490
– – gerade VII/486
– – geschosshohe VII/481 f.
– – gewendelte VII/481, VII/486, VII/489
– – Grundrissgeometrie VII/487 f.
– – Höhenplanung VII/488

– – kreisförmige siehe Parkhaus, Rampen, gewendelte
– – Kuppenausrundung VII/488 f.
– – Neigung VII/488
– – Oberflächenschutzsysteme XII/659, XII/661
– – Parkrampe VII/481
– – Rampensystem VII/482
– – Split-Level VII/481 f., VII/487 f.
– – Vollgeschossrampe VII/481
– – Wannenausrundung VII/488 f.
– – Zufahrten VII/487 f.
– Rauchabschnitte VII/493
– Rautiefe, Prüfung XIV/752–754
– Reinigung XI/621, XI/625, XI/641
– – Intervalle XI/641
– Ressourcen in Städten X/606
– Rettungsweglänge VII/493
– Rigolen XI/616 f., XI/621, XI/623
– Risikoanalyse X/605
– Risikomanagement X/605
– Riss X/589–591, XI/613 f., XIV/717–719, XIV/742, XIV/769
– – Chlorideindringen XIV/771
– – Chloridgehalt XIV/744
– Rissbandagierung V/554, XIV/732, XIV/763, XIV/771, XIV/777
– Rissbehandlung IX/554, XIV/770, XIV/772
– Rissbeherrschung, Entwurfsgrundsätze IX/549–551
– Rissbreite X/590, XI/613
– Rissbreitenänderung XIV/718
– Rissbreitenbegrenzung XI/613, XI/619, XIV/770
– – Anforderungen IX/542–545
– Rissüberbrückung XIV/718
– Rissursachen XI/613
– Rissvermeidung XIV/770
– Rissverpressung XIV/732, XIV/761, XIV/763
– Rissverteilung XIV/770
– Robustheit X/590
– Rückbau X/603
– Rutschgefahr XI/588
– Schadensursachen XI/613–615, XI/643
– Schlosserarbeiten VII/502
– Schrammbord VII/491
– Schutzmaßnahmen XI/616
– Sicherheit VII/503
– Soll-Zustandsfestigkeit XIV/759 f.
– Spindel
– – anschließende VII/483
– – Oberflächenschutzsysteme XII/659, XII/661
– Sprinkleranlage VII/493

- Stahllamellenbewehrung X/592
- Stauraum VII/490
- Stellplatzanordnung X/588
- Stellplatzbreite X/606
- – beengte VIII/510
- – mindeste VIII/510
- Stellplätze für Frauen VIII/509
- Stellplatzgeometrie VII/483–485
- – (zur) Stützenvermeidung VII/495
- Steuerungsanlage VII/498 f.
- Straßenanbindung VII/489–491
- Stützen XIV/738 f.
- – Anordnung VII/485
- – Anprallspuren VII/495
- – Bewehrung, ausgeknickte XIV/739
- – Breitenzuschlag VII/493
- – Vermeidung
- – – (durch) Stellplatzgeometrie VII/495
- – – (durch) Tragsystemwahl VII/495–497
- Stützenfuß XI/619 f., XIV/717
- Tragkonstruktion XIV/738
- Tragwerk XI/616–620
- Tragwerksanalyse X/602
- Trends X/606 f.
- Trennriss XIV/764, XIV/772
- Trennrissbildung XIV/717, XIV/731
- Treppenhaus VII/501
- – Tür, verglaste VII/503
- Typen VII/480–482
- Übergabe X/604
- Überwachung X/603
- Umgebungsplan VII/502
- Unterhalt X/586, X/589–601
- Unterhaltsplan X/591, X/603
- Unterzug XIV/740
- – Abstützung XIV/739
- – Bewehrungskorrosion XIV/740
- Verdunstungsrinnen XI/624 f.
- Verkehrsflächen, Ausführungsvarianten IX/551–559
- – chloridbeanspruchte WU-Bodenplatten in drückendem Wasser IX/557 f.
- – kathodischer Korrosionsschutz IX/556
- – mit Abdichtung IX/555
- – mit Oberflächenschutzsystem IX/554 f.
- nichtrostende chloridbeständige Bewehrung IX/557
- – ohne Abdichtung IX/553 f.
- – ohne Oberflächenschutzsystem IX/553 f.
- Verkehrsführung, innere VII/482 f.
- – Verkehrssicherungspflicht VIII/512

- Verschmutzung X/606
- Verstärkung X/595
- Videoüberwachung VII/501
- visuelle Untersuchung XIV/741 f.
- von der Parkfläche aufgehende monolithische Bauteile, Ausführungsvarianten IX/561
- Voutenplatte VII/496
- Wände
- – Breitenzuschlag VII/493
- – tragende XIV/738 f.
- Wandfuß XI/619, XIV/717
- Wartung VIII/512, XIV/781 f.
- – Intervall XIV/783
- Wegeführung, verständliche VIII/509
- Weiße Wanne XI/620
- wirtschaftliches VII/477–503
- WU-Bodenplatte
- – (mit) EGS-a IX/575 f.
- – (mit) EGS-c IX/576–580
- zerstörungsfreie Untersuchung XIV/754–757
- – Impulsradarverfahren XIV/754, XIV/756 f.
- – Ultraschallecho-Verfahren XIV/754–756
- Zwangriss XIV/769
- Zwischendecke XII/650
- – Abdichtung XII/649
Particle-Image-Velocity-Methode IV/303
Passivierung I/91
- kathodische XVI/876
Passivität eines Systems XVI/869
Passivoxid, Leitfähigkeit XVI/871
Passivschicht XVI/867
Permeabilitätskoeffizient I/89
Permeation, Definition I/89
Pfahl V/428 f.
- Arten V/321
- axial belasteter
- – Nachweis der Tragfähigkeit II/219
- – Tragverhalten IV/322
- biegebelasteter, Tragverhalten IV/322–324
- Bohrpfahl siehe dort
- Bohrung mit durchgehender Bohrschnecke V/429
- Druckpfahl II/211 f.
- Einzelpfahl II/221
- Energiepfahl siehe dort
- Fertigpfahl IV/207
- Flügelpfahl IV/349
- Gründungspfahl III/241
- (mit) Hohlquerschnitt IV/321
- Holzpfahl III/243
- horizontal belasteter, Tragverhalten IV/322–324
- Mantelreibung II/216, III/241 f., III/248 f., III/253 f.

- Mikropfahl siehe dort
- Probebelastung III/248–250
- Prüfung IV/330 f.
- quer belasteter II/219
- Rammpfahl siehe dort
- Saugpfahl IV/321
- Schneckenortbetonbohrpfahl (SOB) V/429
- Schrägpfahl IV/343
- Schraubpfahl II/207, III/243 f.
- Stahlpfahl III/243
- Tragfähigkeit
- – Bestimmung III/245
- – – vertikale III/247
- Untersuchung, Low-Strain-Methode III/282, III/284
- Verdrängungspfahl siehe dort
- Verpresspfahl II/207
- (mit) Vollquerschnitt IV/321
- Wurzelpfahl V/443
- zugbeanspruchter, Tragverhalten IV/324
- Zugpfahl II/211 f., II/217
Pfahlblock V/443
Pfahlgründung IV/321–331
- Anwachsen V/331
- Bemessung IV/324–330
- Einbringverfahren IV/321 f.
- Pfahlprüfung siehe unter Pfahl
- Schallemissionsminderung beim Einbringen II/212
- Tragverhalten IV/322–324
Pfahlgruppe V/429
- Bohrpfahlgruppe II/218
- Baugrunderkundungstiefe III/238
- Mikropfahlgruppe II/218 f.
- Nachweis der Gebrauchstauglichkeit II/221 f.
- Pfahlwiderstand, axialer II/218 f.
- setzungswirksame Einflusstiefe II/222
- Tragverhalten IV/324
- Verdrängungspfahlgruppe II/218 f.
- Zugpfahlgruppe siehe dort
Pfahl-Plattengründung, kombinierte siehe dort
Pfahl-Platten-Interaktion III/242
Pfahlplattenkoeffizient III/241 f., III/250 f.
Pfahlrost IV/340, V/429
- Tragverhalten IV/324
Pfahlspitzenwiderstand II/216
Pfahlstuhl V/443
Pfahlwand
- aufgelöste V/429
- Bemessung V/430
- Berechnung V/430
- Bohrpfahlwand V/429–435
- tangierende V/430
- überschnittene V/430

Pfahlwiderstand
– axialer II/218 f., IV/324–326
– horizontaler IV/326–330
– – Bettungsmodul IV/328 f.
– – Dalbenberechnung IV/327
– Mobilisierung IV/326
Phonolith I/39
Pigmente I/34
Pilotenwand, bepflanzte V/445
Point-Anode XVI/878
Poisson'sche Zahl I/69
Poller V/306
Polyacrylnitrilfasern I/136
Polyesterfasern I/136
Polymer-Bitumenschweißbahn XII/651, XIII/676
Polyolefinfasern I/136
Polypropylen I/134
Polypropylenfasern I/136
Polyvinylalkoholfasern I/136
Porenbeton I/111, I/123
Porenelektrolyt XVI/867
Porenlösung, pH-Wert I/94
Porositätsgradient VI/460
Portlandzement I/142
Portlandzementklinker I/8
Pourbaix-Diagramm XVI/867 f.
Primärenergiebedarf I/143
Prioritätenliste XVIII/996
Puzzolane I/8, I/34–39

Q
Quarzporphyr I/23
Querdehnzahl von Beton I/70 f.

R
Radwegbrücke, Abdichtung XII/649
Rammpfahl II/207, II/214–216
– Stahlbetonrammpfahl III/243 f.
– Widerstand-Setzungs-Linie IV/325
Rankine'sche Erddrucktheorie V/373, V/375
Raumgitter-Stützkonstruktionen V/407–412
– Bemessung V/411 f.
– Berechnung V/411 f.
– Betonkrainerwand V/407–409
– Drahtsteinkörbe V/408 f.
– Holzkrainerwand V/409–411
– Verbundkonstruktionen V/407
Reaktionsharz XII/659–661
Realkalisierung XVI/877
Realkalisierungseffekt XVI/876
Recyclinghilfen für Waschwasser I/31 f.
Redoxelektrode XVI/873
Referenzelektrode XVI/885
Regelwerke XVIII/941–1024
Repassivierung XVI/870, XVI/876 f.

Rheologie
– Bingham-Fluid I/41 f.
– Fließgrenze I/41
– Newton-Fluid I/41 f.
– Scherspannung I/41
– Viskosität I/42
Richtlinien
– Alkali-Richtlinie I/25 f.
– Betonbauqualität I/157 f.
– (des) DAfStb XVIII/1019 f.
– kombinierte Pfahl-Platten-gründung-Richtlinie III/250
– (des) ÖBV XVIII/1022 f.
– Technische Baubestimmungen XVIII/1017 f.
Rissarretierung I/131
Rissfreiheit I/38
Rohdichte
– Basalt I/23
– Diorit I/23
– Frischbeton I/41
– Gabbro I/23
– Granit I/23
– Grauwacke I/23
– Hochofenschlacke I/23
– Kalkstein I/23
– Konstruktionsleichtbeton I/114
– Quarzit I/23
– Quarzporphyr I/23
– Sandstein I/23
Rohrtrockenspritzmaschine VI/461
Rüstung, Technische Baubestimmungen XVIII/1011 f.
Rütteldruckverfahren zur Baugrundverbesserung IV/308 f.
Rüttelstopfverfahren zur Baugrundverbesserung IV/308 f.

S
Sachstandsberichte
– (des) DBV XVIII/1020–1022
– (des) ÖBV XVIII/1022–1024
Sachverständiger für Geotechnik II/177 f.
Sandsäule, geotextilummantelte zur Baugrundverbesserung IV/309 f.
Sandstein I/23
Sauerstoffelektrode XVI/868, XVI/873, XVI/879
Saugpfahl IV/321
Saul-Nurse-Reifegrad I/62
Schalentragwerk V/444
Schalung I/107 f.
– nichtsaugende I/107
– Oberflächeneigenschaften I/107
– saugende I/107
– Technische Baubestimmungen XVIII/1011 f.
– Trennmittel I/108
Schaumbeton I/111, I/123
Schaumbildner I/33

Schaumlava I/113, I/123
Schiefer, gebrannter I/8 f.
Schleuse
– Dockhafen IV/345
– Dockschleuse IV/345
– Kammerschleuse IV/345
– Seeschleuse *siehe dort*
Schlitzwand V/435–437
– Bemessung V/437
– Berechnung V/437
– Herstellung V/435–437
– Standsicherheit V/437
Schlitzwandbeton I/38
Schneckenortbetonbohrpfahl (SOB) V/429
Schneidkopfsaugbagger IV/311
Schneidradbagger IV/311
Schnellzement I/12
Schrägpfahl IV/343
Schraubpfahl II/207, III/243 f.
Schutz, Technische Baubestimmungen XVIII/1014 f.
Schutzgalerie V/443 f.
Schutzstromdichte XVI/875
Schwallwelle IV/304
Schweizer Ingenieur und Architektenverein (SIA) X/585 f.
Schweizerische Normen-Vereinigung (SNV) X/586
Schwerbeton I/4
– Festigkeitsklassen I/5
Schwergewichtsanker IV/358
Schwergewichtsgründung IV/348 f.
schwimmende Strukturen
– Floating production storage and offloading vessels (FPSO) IV/357
– Semi-submersible production system (FPS) IV/357
– SPAR-Plattform IV/357
– Tension leg platform (TLP) IV/357
– Verankerung IV/357–360
– – Ankerarten IV/358–360
– – – Drag-Anker IV/358–360
– – – Schwergewichtsanker IV/358
– – – Suction-caisson-Anker IV/359
– – Besonderheiten IV/360
Schwimmkastengründung IV/317–321
– Bau IV/317–319
– Bemessung IV/319–321
– Gebrauchstauglichkeit IV/320
– (von) Leuchttürmen IV/346
– Schneideneinsinken IV/320
– Schneidengeometrie IV/320
– Schwimmstabilität IV/319 f.
– Standsicherheit IV/320 f.
Schwinden I/54–58, I/72
– autogenes I/54

- Carbonatisierungsschwinden I/54
- chemisches I/54
- Endschwindmaß I/57
- Grundschwinden I/55–57
- plastisches I/54
- Trocknungsschwinden I/54–56
SEACALF IV/300
Sedimentation IV/300 f.
Sedimentationsreduzierer I/31 f.
Sedimentationsversuch für Beton I/103 f.
Seeschleuse IV/345
Sekantenmodul für Druckbeanspruchung I/70
Sekundärettringitbildung I/116
selbstverdichtender Beton (SVB) I/99–105
- Eigenschaften I/105
- Mischungsentwurf I/100 f.
- Prüfung I/102–104
- Richtlinie I/104
- Typen I/100
Semi-submersible production system (FPS) IV/357
Senkkasten IV/340
- Ausbildung IV/318
- Druckluftsenkkasten III/286 f., IV/318 f.
- offener IV/318
Senkkastengründung III/233, III/274, III/286 f., IV/317–321
- Bau IV/317–319
- Bemessung IV/319–321
- Druckluftsenkkasten III/286 f.
- Gebrauchstauglichkeit IV/320
- (von) Leuchttürmen IV/346 f.
- offene IV/284, III/286
- Schneideneinsinken IV/320
- Schneidengeometrie IV/320
- Schwimmstabilität IV/319 f.
- Standsicherheit IV/320 f.
Setzfließversuch für Beton I/102
SIA X/585 f.
Sichtbeton I/105–112
- Ausblühungen I/109
- Ausführung I/108
- Ausschreibung I/106
- Beurteilung I/108 f.
- Calciumcarbonatanteil I/109
- Definition I/105
- Einbau I/108
- Erprobungsflächen I/105
- farbiger I/111
- Farbunterschiede I/109
- Herstellung I/106 f.
- Kalkausinterungen I/109
- Konsistenz I/106, I/108
- Leichtbeton I/110 f.
- Mängel I/109 f.
- - Beseitigung I/110 f.
- Marmorierungen I/109
- Mischreihenfolge I/107

- Nachbehandlung I/108
- Planung I/106
- Referenzflächen I/106
- Schalhaut I/107
- Schlieren I/107, I/109
- Schüttlagenhöhe I/108
- Trennmittel I/108
- Trocknung I/108
- Verdichtung I/108
- Verfärbungen I/109
- Wärmedämmung I/110
- weißer I/111
- Wolkenbildung I/107, I/109
- Zusammensetzung I/106 f.
Sieblinien I/28–30
SIFCON I/130, I/137, I/139
Silicastaub I/8 f., I/36, I/38 f., I/136
SIMCON I/130, I/137
Sinterbims I/113, I/123
SNV X/586
SOB V/429
Sohlwasserdruck V/382
Sondergründung III/274–287
- Bestandsgründung siehe dort
- Brunnengründung siehe dort
- geothermisch aktivierte Systeme siehe unter Gründungssystem
- Offshore-Gründung siehe dort
- Senkkastengründung siehe dort
Spannbetonbauteile, Standsicherheit XII/651
Spannbetonbauwerke
- Korrosionsschutz, kathodischer XVI/887 f.
Spannungsrisskorrosion, wasserstoffinduzierte XVI/887 f.
SPAR-Plattform IV/357
Spritzbeton, Festigkeitsbestimmung I/52
Spritzmörtel XVI/883 f.
SPT IV/300
Spundwand IV/336, V/421–427
- Bemessung V/423–427
- Berechnung IV/336, V/423–427
- Einbringverfahren V/423
- Erddruck V/423 f.
- Herstellverfahren V/422 f.
- kombinierte aus Trägern und Bohlen IV/331
- Standsicherheit
- - äußere V/424–427
- - innere V/427
- Wellenspundwand IV/331
Stabilisierer I/31 f.
Stabilisierertyp (SVB) I/100
Stahlbetonbau, Technische Baubestimmungen XVIII/996–1018
Stahlbetonbauteile, Standsicherheit XII/651
Stahlbetonrammpfahl III/243 f.
Stahlfaserbeton I/137
- Arbeitslinien I/138

- Richtlinie I/141 f.
Stahlfasern I/130, I/133, I/140
- Korrosion I/140
Stahlpfahl III/243
Standardbeton I/6 f.
- Zementgehalt, mindester I/7
Staudruck V/382
Stewart-Gough-Plattform VI/461
Stokes'sches Gesetz I/46
Straßenbrücke XII/650
Strebepfeiler V/443
Streifenfundament II/199–207
- Baugrunderkundungstiefe III/237
- Fuge, klaffende
- - Begrenzung II/206
- Gleiten II/205
- Grundbruch II/204 f.
- Kippnachweis II/206
- Nachweis
- - Gebrauchstauglichkeit II/206
- - Standardnachweis II/203–206
- - Tragfähigkeit II/206
- - vereinfachter II/199–203
- Setzungen II/206
- Sohldruckbeanspruchung II/202
- Sohlflächenverschiebung II/206
- Sohlwiderstand II/200–203
- Verdrehung II/206
Strömungsdruck V/382 f.
Strömungskräfte IV/304
Strukturleichtbau VI/457
Strukturoptimierung eines Bauteils VI/458
Stützbauwerke siehe auch Stützkonstruktionen V/367–454
- Baustoffe V/383–385
- Begrünung V/446 f.
- Bemessungsgrundlagen V/370–391
- - normative V/386–391
- Berechnungsgrundlagen V/370–391
- - normative V/386–391
- Dauerhaftigkeit V/447–450
- Baugrunderkundung V/447
- Expositionsklassen V/448
- Fugenausbildung V/447 f.
- Konstruktion V/447 f.
- Lebensdauerbewertung V/448 f.
- Qualitätskontrolle V/447
- Schadensbewertung V/449
- Werkstoffauswahl V/448
- DSV-Wand, bewehrte V/450 f.
- Entwässerung V/419–421
- Erddruck siehe dort
- Grenzzustände
- - Bauwerks- oder Bauteilversagen V/386 f., V/390
- - Gebrauchstauglichkeit V/386, V/390

– – Lagesicherheitsverlust V/386 f., V/390
– – Standsicherheitsverlust V/386 f.
– – Tragfähigkeit V/386 f., V/390
– Innovationen V/450 f.
– Mixed-in-Place-Verfahren (MIP) V/450
– Robustheit V/449
– Sicherheit V/371 f.
– Sicherungsmaßnahmen, ingenieurbiologische V/444–447
– – Begrünung V/446 f.
– – Hangfaschine V/444 f.
– – Hangrost, bepflanzter V/445 f.
– – Hangrost, bepflanzte V/445
– Teilsicherheitsbeiwerte
– – Beanspruchungen V/390
– – Bodenkennwerte V/391
– – Einwirkungen V/390
– – Widerstände V/391
– tiefe V/421–442
– – Brunnen V/438 f.
– – Dübel V/438 f.
– – Fangedamm siehe dort
– – Pfahl siehe dort
– – Pfahlwand siehe dort
– – Schlitzwand siehe dort
– – Spundwand siehe dort
– – Stützflüssigkeiten V/437
– – Stützscheiben V/438 f.
– – Trägerbohlwand V/427 f.
– – Verankerungen V/437 f.
– Überwachung V/449 f.
– Verankerungen V/437 f.
– Wasserdruck V/382 f.
Stützflüssigkeiten V/437
Stützkonstruktionen siehe auch Stützbauwerke
– aufgelöste III/341
– Entwurf V/369 f.
– flache V/392–421
– – Bewehrte Erde siehe dort
– – Bodenvernagelungen siehe dort
– – Gewichtsstützmauer siehe dort
– – Raumgitter-Stützkonstruktionen siehe dort
– – Winkelstützmauer siehe dort
– Hangbrückensicherung V/444
– Hangfaschine V/444 f.
– Schalentragwerke V/444
– Schutzgalerien V/443 f.
– Systematik V/369 f.
Stützscheiben V/438 f.
Stützwand, ausgesteifte V/443
Suction bucket IV/349
Suction-caisson-Anker IV/359
Suction pile siehe Saugpfahl
Sulfathüttenzement I/12
Sunkwelle IV/304
SVB siehe selbstverdichtender Beton
Systemleichtbau VI/457

T
Tangentenmodul für Druck- und Zugbeanspruchung I/70
Technische Baubestimmungen
– Abdichtungen XVIII/1015–1017
– Bauausführung XVIII/1004–1006
– Baustoffe XVIII/998–1004
– Bemessung XVIII/1004–1006
– Beton XVIII/998–1004
– Betonbau XVIII/996–1018
– Betonfertigteile XVIII/1007–1011
– Betonstahl XVIII/998–1004
– Brandschutz XVIII/1006 f.
– Einwirkungen XVIII/996–998
– Geotechnik XVIII/1013 f.
– Grundlagen XVIII/996–998
– Instandsetzung XVIII/1014 f.
– Richtlinien XVIII/1017 f.
– Rüstung XVIII/1011 f.
– Schalung XVIII/1011 f.
– Schutz XVIII/1014 f.
– spezielle Bauteile XVIII/1007–1011
– Stahlbetonbau XVIII/996–1018
– Verordnungen XVIII/1017 f.
Technische Regeln, Geotechnik XVIII/943–995
Temperaturdehnzahl
– Basalt I/23
– Diorit I/23
– Gabbro I/23
– Granit I/23
– Grauwacke I/23
– Hochofenschlacke I/23
– Kalkstein I/23
– Quarzit I/23
– Quarzporphyr I/23
– Sandstein I/23
Tension leg platform (TLP) IV/357
Terrazzo I/105
Thermospeicher, saisonaler III/275
Tide IV/303 f.
Tiefgarage siehe auch unter Parkhaus
– Dachdecke VII/497
– Dauerhaftigkeit V/583–607
– Instandsetzung siehe auch unter Parkhaus XIV/713–793
– Korrosionsschutz, kathodischer XVI/893–897
– nicht überbaute VII/497
– Trennriss XIII/680
– überbaute VII/497
– Zwischendecke VII/495–497
Tiefgründung II/207–226, III/233
– Baugrunderkundungstiefe III/237
– Beanspruchungen II/210–212
– – Druck II/211

– – Zug II/211 f.
– Einwirkungen II/208–210
– Elemente III/243–245
– – Herstellung II/244 f.
– Fließdruck II/209 f.
– geotechnische Kategorien II/207 f.
– Gründungslasten II/208
– Hebungen II/209
– Mantelreibung II/212
– – negative II/208 f.
– Nachweis der Gebrauchstauglichkeit II/221 f.
– Nachweis der Tragfähigkeit II/219–221
– Pfahlarten siehe auch Pfahl II/207
– Probebelastung
– – dynamische II/214
– – statische II/212–214
– Spitzendruck II/212
– Streuungsfaktoren II/213 f.
– Tragverhalten II/207
– Widerstände II/212–219
– – Pfahlwiderstand, axialer II/212–214, II/217–219
– Widerstands-Hebungs-Linie II/212
– Widerstands-Setzungs-Linie II/212 f., II/215
Tieflöffelbagger IV/312
Ti-MMO-Bandanode XVI/879
Ti-MMO-Gitteranode XVI/879
Titanbandanode XVI/892, XVI/894
Titannetzanode XVI/891 f.
TLP IV/357
Tonerdeschmelzzement I/12
Tonerdezement I/12
Topologieoptimierung eines Bauteils VI/458, VI/464
Trägerbohlwand V/427 f.
Transportkoeffizient I/89
Treibhauspotenzial I/143
Tricalciumaluminat I/19
Tricalciumsilicat I/19
Trichterauslaufversuch
– Beton I/103
– Mörtel I/101 f.
Tripile-Gründung III/287, IV/349
Tripod-Gründung IV/348 f.
Trockenmauer V/393
Trocknungskriechen I/74
Trocknungsschwinden I/54–56
Tunnelbau
– bergmännische Bauweise XV/822
– Berliner Bauweise XV/799
– Caissonbauweise XV/799
– geschlossener XV/798
– Hamburger Bauweise XV/799
– offener XV/798, XV/822

- Spritzbetonbauweise XV/799
- Stollenbauweise XV/799
- Tunnelblockfuge, Abdichtung XV/840
- Unterwassertunnel, Abdichtung XV/817
- – (mit) Stahlblech XV/817
- Vorpressen XV/799

U
Überlagerungsverfahren nach Morison IV/304
ultrahochfester Beton (UHFB) I/142
- Eigenschaften I/155
- Zusammensetzung I/155
unterirdische Bauwerke, Abdichtung XV/795–861
- Abdichtungsabschluss XV/802
- Abdichtungsanschluss XV/802, XV/853
- Abdichtungsgrund XV/802
- Abdichtungslage XV/802
- Abdichtungsrücklage XV/802
- Abdichtungsstoffe XV/811
- – flüssig zu verarbeitende XV/814
- Abdichtungsträger XV/802, XV/822
- abP XV/802
- Anforderungen XV/797
- Ankerrippe XV/802
- Arbeitsfuge XV/802
- Arbeitsfugenblech XV/802, XV/846 f.
- Asphaltmastix XV/813
- Ausführungsgrundsätze XV/810 f.
- Baugrundsätze XV/814
- Baustellenstoß XV/802
- Bauwerksnutzungsabhängigkeit XV/801
- Befestigungselement XV/802
- Bemessungswasserstand XV/802 f.
- bergmännische Bauweise XV/803
- (aus) Beton mit hohem Wassereindringwiderstand XV/838–853
- – Arbeitsfuge XV/846–850
- – Bewegungsfuge XV/838–845
- – Dehnfuge XV/838–845
- – Fugenabdichtung
- – – (im) Betonfertigteilbau XVIII/850–853
- – – (im) Ortbetonbau XV/838–850
- – Fugenband XV/838–850
- – Pressfuge XV/845
- Betonnut XV/803
- Bewegungsfuge XV/803, XV/812, XV/838–845

- Bitumenabdichtung XV/806, XV/808, XV/812
- – Lagenanzahl XV/812
- Bitumenschweißbahn XV/813
- Caissonbauweise XV/799, XV/803
- Dehnfuge XV/803, XV/838–845
- Dehnteil XV/803
- Dichtrippe XV/803
- Dichtteil XV/803
- Dichtungsrahmen XV/803
- drückendes Wasser XV/801, XV/803, XV/817–819
- druckwasserhaltende XV/803
- Durchdringung XV/803, XV/853–857
- – Brunnentopf XV/856 f.
- – Festflansch XV/854, XV/857
- – Klebeflansch XV/853
- – Klemmring XV/853
- – Klemmschiene XV/854
- – Losflansch XV/845 f., XV/857
- – Pfahlanschluss XV/857
- – Rohrdurchführung XV/856 f.
- – Schelle XV/853
- – Telleranker XV/855 f.
- Elastomer XV/803
- Festflanschkonstruktion XV/804, XV/811, XV/853–855
- Firstbereich XV/803
- Flüssigkunststoff XV/806, XV/808, XV/813, XV/816 f.
- Fugenabdichtung XV/803, XV/838–850
- – Abschlussband XV/844
- – Anforderungen XV/842
- – Arbeitsfugenband XV/846–849
- – außenliegendes XV/802, XV/844
- – Bewegungsfugenband XVIII/840 f.
- – Dehnfugenband XV/838–841, XV/844
- – Elastomer-Fugenband XV/803, XV/839, XV/844
- – innenliegendes XV/804, XV/842–847
- – Mittelschlauch XV/845
- – thermoplastisches XV/804, XV/839, XV/844 f.
- – Fugeneinlage XV/848
- – Fugenweite XV/803
- – geschlossene Bauweise XV/798, XV/803
- – Grundforderungen XV/797
- – Gussasphalt XV/813
- – Hartabdichtung XV/805, XV/807, XV/809 f., XV/817 f.

- – Dichtungsschlämme, nicht rissüberbrückende XV/807, XV/809
- – Epoxidharzbeschichtung XV/817
- – Gusseisen XV/807, XV/809
- – (von) innen drückendes Wasser XV/817
- – nicht drückendes Wasser XV/817
- – Polyesterharzbeschichtung XV/817
- – Stahlblech XV/807, XV/809
- Hohlkanal XV/803 f.
- KMB XV/812
- Kosten XV/810
- Kunststoffdichtungsbahn XV/804, XV/806, XV/808, XV/822–837
- Leistungsfähigkeit XV/810
- Losflanschkonstruktion XV/804, XV/811, XV/853–855
- maschineller Vortrieb XV/804
- Materialauswahl XV/806–810
- MDS, rissüberbrückende XV/812
- Netto-Pressfläche XV/811
- nicht drückendes Wasser XV/804 f., XV/810, XV/817–819
- Nutgrundabstand XV/804
- Nutzungseinfluss XV/801 f.
- offene Bauweise XV/798, XV/804
- Planungsgrundlagen XV/798–802
- Planungsgrundsätze XV/810–812, XV/814
- Planungskriterien XV/798
- PMBC XV/812
- Pressfuge XV/804
- Quellprofil XV/804
- Raumfuge XV/838
- Raumnutzungsklassen XV/810
- Regenschirmabdichtung XV/804, XV/822
- Rissklassen XV/810, XV/813
- Rissüberbrückungsklassen XV/811
- Rondelle XV/804
- Rundumabdichtung XV/804, XV/822
- Scheinfuge XV/804
- Schweißfuge XV/804
- Signalschicht XV/804
- Sollbruchfuge XV/799
- Sperranker XV/804
- Stahllasche XV/804
- Systemanforderungen XV/797 f.
- Systeme XV/805–821
- Thermoplast XV/804

– Tübbing XV/804 f., XV/850 f.
– Übergangskonstruktionen XV/853–857
– Verarbeitung XV/811
– Verformungsklassen XV/811
– Verpressschlauch XV/805, XV/849 f.
– Verwahrung XV/805
– Vulkanisation XV/804
– Wassereinfluss XV/800 f.
– – Bodenfeuchte XV/800 f., XV/805
– – drückendes Wasser XV/801, XV/803, XV/810, XV/817–819
– – Grundwasser XV/800
– – Hangwasser XV/800
– – Kluftwasser XV/800
– – nicht drückendes Wasser XV/804 f., XV/810, XV/817–819
– – Sickerwasser XV/800 f.
– – – zeitweise aufstauendes XV/801
– – Stauwasser XV/800
– Wassereinwirkungsklassen XV/810, XV/813
– Wasserprüfdruck XV/805
– wasserundurchlässige statisch tragende Konstruktion XV/805, XV/807, XV/809 f., XV/818
– – Arbeitsfuge XV/819
– – Bewegungsfuge XV/819
– – Frischbetonverbundsystem XV/818–821
– – Rissweiten XV/818 f.
– – Weiße Wanne XV/807, XV/809, XV/818 f.
– – WU-Beton XV/818 f.
– – WUB-KO XV/807, XV/809, XV/818 f.
– Weichabdichtung XV/805–810, XV/815–817
– – (von) außen drückendes Wasser XV/815 f.
– – Bentonitplatten XV/816
– – Bitumenabdichtung XV/806, XV/808
– – Bitumendickbeschichtung XV/806, XV/808
– – Dichtungsschlämme
– – – nicht rissüberbrückende XV/817
– – – rissüberbrückende XV/806, XV/808, XV/816 f.
– – ECB-Abdichtung XV/815
– – Eintauchtiefe XV/817
– – Elastomerbahn XV/806, XV/808
– – EPDM-Abdichtung XV/815
– – EVA-Abdichtung XV/815
– – flüssig zu verarbeitende Abdichtungsstoffe XV/817
– – Flüssigkunststoff XV/806, XV/808, XV/816 f.
– – FPO-Abdichtung XV/815
– – (von) innen drückendes Wasser XV/816 f.
– – Kaltklebeverfahren XV/816
– – KMB-Abdichtung XV/815
– – Kunststoffdichtungsbahn XV/806, XV/808, XV/822–837
– – – Anforderungen XV/823 f.
– – – doppellagige Abdichtung XV/829
– – – Fugenabdichtung XV/826 f.
– – – Fügetechnik XV/824–826
– – – Haftfolienverfahren XV/832–834
– – – Heißluftschweißung XV/824 f.
– – – Heizelementschweißung XV/825
– – – Heizkeilschweißung XV/825
– – – Hotmelt-Verfahren XV/835–837
– – – Klettverfahren XV/834 f.
– – – Leckortung XV/829–832
– – – Nahtprüfung XV/827–829
– – – Quellschweißung XV/826
– – – Schutzschicht, geotextile XV/823
– – – Warmgasschweißung XV/824
– – – Warmgasextrusionsschweißverfahren XV/825
– – nicht drückendes Wasser XV/815 f.
– – PIB-Abdichtung XV/815
– – PVC-P-Abdichtung XV/815
– – schwarze Wanne XV/806, XV/808
– – ÜMBC-Abdichtung XV/815
– – Werkstoff XV/804
Unterwasserböschung IV/302
– aktive IV/302

V
Verankerung von Stützbauwerken V/437 f.
Verbund
– Anreicherung von sandreicheren Schichten I/46
– Gesteinskörnung, grobe
– – Absinken I/46
Verbundkonstruktionen, stützmauerartige V/407
Verdrängungsbohrpfahl III/243 f.
Verdrängungspfahl II/207, III/243, V/428
– Ortbetonverdrängungspfahl III/243 f.
– verpresster II/216
Verdrängungspfahlgruppe II/218 f.

Verflüssiger I/31
Verflüssigungsversagen einer Böschung IV/302
Verkehrsfläche
– Abdichtung XIII/673–680
– Chloridschutz XII/662–664
– Einwirkungen aus Verkehr XII/653
– Korrosionsschutz XII/663
– Nutzungsklassen XII/653, XII/659 f., XIII/675
– Tausalzschutz XII/662–664
Verordnungen, Technische Baubestimmungen XVIII/1017 f.
Verpresspfahl II/207
Versauerungspotenzial I/143
Vertikaldränage zur Baugrundverbesserung IV/311
Verzögerer I/31 f.
Vibro-Corer IV/300
VLH-Zement I/19, I/51

W
Wände von marinen Gründungsbauwerken IV/331–339
– Art IV/331
– Bemessung IV/332–335
– – Einwirkungen IV/333
– – Grenzzustände IV/332 f.
– – Lastfälle IV/332 f.
– – Nachweise IV/334 f.
– – Sicherheitskonzept IV/332 f.
– – statische Systeme IV/333 f.
– – Widerstände IV/333
– Fangedamm siehe dort
– (zur) Fangedammumfassung IV/331
– Herstellverfahren IV/332 f.
– Hochwasserschutzwand siehe dort
– Spundwand siehe dort
– Verankerung IV/336
– Zweck IV/331
Wandreibungswinkel V/376
Waschbeton I/105
Waschwasser, Recyclinghilfen I/31 f.
Wasserdruck V/382 f.
Wasserstandszeichen IV/303
Wasserstoff, kathodischer XVI/887
Wasserstoffelektrode XVI/868
Wasserzementwert I/21 f., I/60, I/83
– Beton I/83
– Faserbeton I/137
– Konstruktionsleichtbeton I/115
Wave Slamming IV/304
Weibull-Theorie I/64
Wellen IV/304 f.
Wellenbrecher, monolithischer
– Versagen IV/321
Wellenspundwand IV/331
Wellentheorie, lineare IV/301 f.

Windenergieanlage, Offshore *siehe* Offshore-Windenergieanlage
Windlast auf Schiffe IV/305
Winkelstützmauer IV/340, V/396–407
- Bemessungsbeispiel V/397–407
- Biegung V/404
- Fertigteil-Winkelstützmauer V/396 f.
- luftseitiger Fundamentvorsprung V/406 f.
- Querkraft V/405
- Standsicherheit
- – äußere V/398–401
- – innere V/401–403
Wöhlerlinie
- Beton unter Druckbeanspruchung I/78
- Stahlfaserbeton I/81
- unbewehrter Beton I/81
Wurzelpfahl V/443

Z
Zellenfangedamm IV/336 f., V/440
- Berechnung IV/337 f.
Zellulosefasern I/136

Zement I/8–22
- Alkaligehalt, niedrig wirksamer I/14
- Ansteifen I/12
- Anwendungsbereiche I/15–19
- Anwendungszulassung I/12
- Arten *siehe auch* CEM I/8 f., I/12
- bautechnische Eigenschaften I/12–14
- (mit) besonderen Eigenschaften I/9
- Dehnungsmaß I/12
- Erhärtungsvermögen I/13
- Erstarrungsbeginn I/12
- Expositionsklassen I/15–18
- Festigkeitsklassen I/12, I/61, I/76
- Hauptbestandteile I/8 f., I/13
- Hochofenzement I/94 f.
- Hydratation I/19
- Hydratationsgrad I/21 f.
- Hydratationswärme I/13, I/19, I/116
- Kennfarben I/15
- Kompositzement I/142
- Konformitätsnachweis I/13
- LH-Zement I/51

- Mahlfeinheit I/14
- Portlandzement I/142
- Schnellzement I/12
- Sulfathüttenzement I/12
- Sulfatwiderstand, hoher I/14
- Tonerdeschmelzzement I/12
- Tonerdezement I/12
- VLH-Zement I/19, I/51
- Zusätze I/8 f.
Zementgel I/20 f.
Zementmörtel, kunststoff- modifizierter XVI/882
Zementstein I/20–22
- Durchlässigkeit I/21
- Kontaktzone zum Zuschlag I/22
Ziegelsplitt I/113, I/123
Zink-Hydrogel-Folie XVI/878
Zinkhydroxid XVI/878
Zink-Legierungen XVI/878
Zinkoxid V/262
Zugabewasser I/40
Zugpfahl II/211 f., II/217
Zugpfahlgruppe II/219
- Nachweis der Tragfähigkeit II/220 f.
Zwangsbeanspruchung I/52
Zyklopenmauer *siehe* Trockenmauer

Notizen

Notizen

Notizen

Notizen

Notizen

Notizen

Notizen

Notizen

Notizen

Notizen

Anbieterverzeichnis
Produkte und Dienstleistungen

Alphabetisch nach Stichwörtern geordnet.

Diese Übersicht enthält nur bestellte Eintragungen;
sie erhebt nicht den Anspruch auf Vollständigkeit.

Abdichtungstechnik gegen Grund- und Druckwasser

BPA-GmbH
Behringstraße 12, D-71083 Herrenberg-Gültstein
Tel: +49 (0) 7032/89399-0
Fax: +49 (0) 7032/89399-29
E-mail: info@bpa-waterproofing.com
Internet: www.bpa-waterproofing.com

H-BAU Technik GmbH
Am Güterbahnhof 20, D-79771 Klettgau, Germany
Phone +49 7742 9215-0, Fax +49 7742 9215-129
info@h-bau.de, www.h-bau.de

Abdichtung, Wärmedämmung, Schalung,
Schallisolation, Bewehrung, Verbindung, Zubehör

Abstandhalter

H-BAU Technik GmbH
Am Güterbahnhof 20, D-79771 Klettgau, Germany
Phone +49 7742 9215-0, Fax +49 7742 9215-129
info@h-bau.de, www.h-bau.de

Abdichtung, Wärmedämmung, Schalung,
Schallisolation, Bewehrung, Verbindung, Zubehör

Ankerschienen

M-SYSTEM Beton

Wilhelm Modersohn GmbH & Co. KG
Industriestraße 23
32139 Spenge
Tel.: (05225) 8799-0
Fax: (05225) 8799-382
E-Mail: info@modersohn.de
Internet: www.modersohn.eu

MOSO® MBA-CE Ankerschienen mit eigener
Berechnungssoftware MOSO® Constructor
MOSO® Fertigteilbefestigungen
Fassadenplattenanker bis 70 kN

Befestigung für Fertigteile

H-BAU Technik GmbH
Am Güterbahnhof 20, D-79771 Klettgau, Germany
Phone +49 7742 9215-0
Fax +49 7742 9215-129
info@h-bau.de, www.h-bau.de

Abdichtung, Wärmedämmung, Schalung,
Schallisolation, Bewehrung, Verbindung, Zubehör

Befestigungstechnik

MKT Metall-Kunststoff-Technik GmbH & Co.KG
Auf dem Immel 2, 67685 Weilerbach, Germany
Phone +49 63 74 91 16-0, Fax +49 63 74 91 16 60
www.mkt.de, info@mkt.de
Hersteller bauaufsichtlich zugelassener Dübel und
Befestigungssysteme

M-CUSTOM

Wilhelm Modersohn GmbH & Co. KG
Industriestraße 23
32139 Spenge
Tel.: (05225) 8799-0
Fax: (05225) 8799-201
E-Mail: info@modersohn.de
Internet: www.modersohn.eu

MOSO® MBA-CE Ankerschienen mit eigener Berechnungssoftware MOSO® Constructor
MOSO® Betonbewehrung und Bewehrungskonstruktionen Anker- und Anschweißplatten
Kantenschutzprofile und Verkleidungen
Spezialbefestigungen für Tunnel, Brücken und Sanierungen

Beton

Holcim (Süddeutschland) GmbH
72359 Dotternhausen
Tel. +49 (0)7427 79-0
Fax +49 (0)7427 79-248
info-sueddeutschland@lafargeholcim.com
www.holcim.de/sued

Betonfertigteile

Fertigbau Lindenberg OTTO QUAST GmbH & Co. KG
An der Autobahn 16-30 · D-57258 Freudenberg
Telefon 02734 490-0
email: fertigteile@quast.de · Internet: www.quast.de
Konstruktive Fertigteile für Industrie- und Gewerbebau, Brückenträger, Spannbetonbinder, Wände, Fassaden, Treppen, Decken

Betoninstandsetzung

StoCretec GmbH
Gutenbergstraße 6
65830 Kriftel
Tel.: 06192 401-104 / Fax: 06192 401-105
Mail: stocretec@sto.com
Internet: www.stocretec.de

Betonsanierungen

StoCretec GmbH
Gutenbergstraße 6
65830 Kriftel
Tel.: 06192 401-104 / Fax: 06192 401-105
Mail: stocretec@sto.com
Internet: www.stocretec.de

Betonschutzanstriche

StoCretec GmbH
Gutenbergstraße 6
65830 Kriftel
Tel.: 06192 401-104 / Fax: 06192 401-105
Mail: stocretec@sto.com
Internet: www.stocretec.de

Bewehrungsanschlüsse und Bewehrungsschraubanschlüsse

H-BAU Technik GmbH
Am Güterbahnhof 20, D-79110 Klettgau, Germany
Phone +49 7742 9215-0, Fax +49 7742 9215-129
info@h-bau.de, www.h-bau.de

Abdichtung, Wärmedämmung, Schalung,
Schallisolation, Bewehrung, Verbindung, Zubehör

Bolzenschweißtechnik

Bolte GmbH
Flurstraße 25 · D-58285 Gevelsberg
Tel.: +49 (0)2332 55106-0 · Fax: +49 (0)2332 55106-11
info@bolte.gmbh · www.bolte.gmbh

**Nelson Bolzenschweiß-Technik
GmbH & Co. KG**
Flurstraße 7-19
D-58285 Gevelsberg
Telefon (0 23 32) 6 61-0
Telefax (0 23 32) 6 61-165
E-mail: info@nelson-europe.de
Internet: www.nelson-europe.de

CFK-Lamellen

StoCretec GmbH
Gutenbergstraße 6
65830 Kriftel
Tel.: 0 61 92 401-104 / Fax: 0 61 92 401-105
Mail: stocretec@sto.com
Internet: www.stocretec.de

Durchstanzbewehrungen

Schöck Bauteile GmbH
Vimbucher Straße 2
76534 Baden-Baden
Tel.: +49 (0) 7223 967-0
Fax: +49 (0) 7223 967-450
E-Mail: schoeck@schoeck.de
Internet: www.schoeck.de

Produkte für Wärmedämmung,
Trittschalldämmung, Bewehrungstechnik

Durchstanz- und Schubbewehrung

ancotech GmbH
Spezialbewehrungen
Am Westhover Berg 30
D-51149 Köln
Tel.: (02203) 599 28-0
Fax: (02203) 599 28-10
e-Mail: info@ancotech.de
Internet: www.ancotech.de
– Durchstanz- und Schubbewehrung
– Nichtrostende Edelstahlbewehrung

Edelstahlbefestigungen

M-CUSTOM

Wilhelm Modersohn GmbH & Co. KG
Industriestraße 23
32139 Spenge
Tel.: (05225) 8799-0
Fax: (05225) 8799-201
E-Mail: info@modersohn.de
Internet: www.modersohn.eu

Denkmal- und Altbausanierungsbefestigungen
Spezialbefestigungen für Tunnel und Brücken
Dübelsysteme u. Normteile aus Edelstahl Rostfrei

Edelstahlbewehrung

ancotech

ancotech GmbH
Spezialbewehrungen
Am Westhover Berg 30
D-51149 Köln
Tel.: (02203) 599 28-0
Fax: (02203) 599 28-10
e-Mail: info@ancotech.de
Internet: www.ancotech.de
– Durchstanz- und Schubbewehrung
– Nichtrostende Edelstahlbewehrung

Fachliteratur

Ernst & Sohn
Verlag für Architektur und technische
Wissenschaften GmbH & Co. KG
Rotherstraße 21
D-10245 Berlin
Tel. +49 (0)30 47031 200
Fax +49 (0)30 47031 270
E-Mail: info@ernst-und-sohn.de
Internet: www.ernst-und-sohn.de

Fassaden-Verankerungs-system

Schöck Bauteile GmbH
Vimbucher Straße 2
76534 Baden-Baden
Tel.: +49 (0) 7223 967-0
Fax: +49 (0) 7223 967-450
E-Mail: schoeck@schoeck.de
Internet: www.schoeck.de

Produkte für Wärmedämmung,
Trittschalldämmung, Bewehrungstechnik

Fugendichtungsmassen/ Fugenkonstruktionen

BPA-GmbH
Behringstraße 12, D-71083 Herrenberg-Gültstein
Tel: +49 (0) 70 32/8 93 99-0
Fax: +49 (0) 70 32/8 93 99-29
E-mail: info@bpa-waterproofing.com
Internet: www.bpa-waterproofing.com

Hochleistungsbeton/ Zemente

SCHWENK Zement KG
Hindenburgring 15, D-89077 Ulm
Telefon: (07 31) 93 41-0
Telefax: (07 31) 93 41-3 98
E-Mail: info.bauberatung@schwenk.de
Internet: www.schwenk.de

Industrieböden

StoCretec GmbH
Gutenbergstraße 6
65830 Kriftel
Tel.: 0 61 92 4 01-1 04 / Fax: 0 61 92 4 01-1 05
Mail: stocretec@sto.com
Internet: www.stocretec.de

Injektionsharze

StoCretec GmbH
Gutenbergstraße 6
65830 Kriftel
Tel.: 0 61 92 4 01-1 04 / Fax: 0 61 92 4 01-1 05
Mail: stocretec@sto.com
Internet: www.stocretec.de

Kies

Holcim (Deutschland) GmbH
Willy-Brandt-Straße 69
20457 Hamburg
Tel. (040) 3 60 02-0
Fax (040) 3 60 02-333
customer_solutions-deu@lafargeholcim.com
www.holcim.de

Holcim (Süddeutschland) GmbH
72359 Dotternhausen
Tel. +49 (0)7427 79-0
Fax +49 (0)7427 79-248
info-sueddeutschland@lafargeholcim.com
www.holcim.de/sued

Kopfbolzen
– *bauaufsichtlich zugelassen*

Bolte GmbH
Flurstraße 25 · D-58285 Gevelsberg
Tel.: +49 (0)2332 55106-0 · Fax: +49 (0)2332 55106
info@bolte.gmbh · www.bolte.gmbh

Kopfbolzendübel

Nelson Bolzenschweiß-Technik
GmbH & Co. KG
Flurstraße 7-19
D-58285 Gevelsberg
Telefon (0 23 32) 6 61-0
Telefax (0 23 32) 6 61-165
E-mail: info@nelson-europe.de
Internet: www.nelson-europe.de

Kragplattenanschlüsse

Schöck Bauteile GmbH
Vimbucher Straße 2
76534 Baden-Baden
Tel.: +49 (0) 7223 967-0
Fax: +49 (0) 7223 967-450
E-Mail: schoeck@schoeck.de
Internet: www.schoeck.de

Produkte für Wärmedämmung,
Trittschalldämmung, Bewehrungstechnik

Kunststoffbeschichtungen

StoCretec GmbH
Gutenbergstraße 6
65830 Kriftel
Tel.: 0 61 92 4 01-1 04 / Fax: 0 61 92 4 01-1 05
Mail: stocretec@sto.com
Internet: www.stocretec.de

Leichtbeton-Fertigteile

Liapor GmbH & Co. KG
91352 Hallerndorf-Pautzfeld
E-Mail: info@liapor.com
Internet: www.liapor.com

Mauerwerksabfangungen

M-SYSTEM Mauerwerk

Wilhelm Modersohn GmbH & Co. KG
Industriestraße 23
32139 Spenge
Tel.: (05225) 8799-0
Fax: (05225) 8799-97
E-Mail: info@modersohn.de
Internet: www.modersohn.eu

MOSO® Konsolanker
MOSO® Lochband Mauerwerksbewehrung
MOSO® Maueranschlussanker Mauerverbinder
MOSO® Windpost-Befestigungen
Luftschichtanker
Gerüstverankerungen

Querkraftdorne

Schöck Bauteile GmbH
Vimbucher Straße 2
76534 Baden-Baden
Tel.: +49 (0) 7223 967-0
Fax: +49 (0) 7223 967-450
E-Mail: schoeck@schoeck.de
Internet: www.schoeck.de

Produkte für Wärmedämmung,
Trittschalldämmung, Bewehrungstechnik

Schweißbolzen für Befestigungstechnik

A Nelson Fastener Systems Company

Nelson Bolzenschweiß-Technik
GmbH & Co. KG
Flurstraße 7-19
D-58285 Gevelsberg
Telefon (0 23 32) 6 61-0
Telefax (0 23 32) 6 61-165
E-mail: info@nelson-europe.de
Internet: www.nelson-europe.de

Software für das Bauwesen

mb AEC Software GmbH
Europaallee 14, 67657 Kaiserslautern
Telefon 06 31 55 09 99-11
Telefax 06 31 55 09 99-20
info@mbaec.de
www.mbaec.de

Software für den Verbundbau

KRETZ SOFTWARE GMBH

Kretz Software GmbH
Europaallee 14, 67657 Kaiserslautern
Telefon 06 31 55 09 99-11
Telefax 06 31 55 09 99-20
info@kretz.de
www.kretz.de

Software für Statik und Tragwerksplanung

FRILO
Software
A NEMETSCHEK COMPANY

FRILO Software GmbH
Stuttgarter Straße 40 · 70469 Stuttgart
Tel: +49 711 81 00 20 · Fax: +49 711 85 80 20
www.frilo.de · info@frilo.eu

Spannbeton-Technik und -Ausrüstungen

Paul Maschinenfabrik GmbH & Co. KG
Max-Paul-Straße 1
88525 Dürmentingen/Germany
Phone: +49 (0) 73 71/5 00-0
Fax: +49 (0) 73 71/5 00-111
Mail: spannbeton@paul.eu
Web: www.paul.eu
Beratung u. Planung von Spannbeton-Werken

Spezialbaustoffe

Baustoff leben

SCHWENK Spezialbaustoffe GmbH & Co. KG
Hindenburgring 15, D-89077 Ulm
Telefon: (07 31) 93 41-0
Telefax: (07 31) 93 41-3 96
E-Mail: info.vertrieb@schwenk.de
Internet: www.schwenk.de

Statiksoftware für Tragwerksplanung & FEM

Dlubal Software GmbH
Am Zellweg 2, D-93464 Tiefenbach
Telefon: +49 9673 9203-0
Telefax: +49 9673 9203-51
E-Mail: info@dlubal.com
Internet: www.dlubal.de

Trittschalldämmsysteme

H-BAU Technik GmbH
Am Güterbahnhof 20, D-79771 Klettgau, Germany
Phone +49 7742 9215-0, Fax +49 7742 9215-129
info@h-bau.de, www.h-bau.de

Abdichtung, Wärmedämmung, Schalung,
Schallisolation, Bewehrung, Verbindung, Zubehör

Schöck Bauteile GmbH
Vimbucher Straße 2
76534 Baden-Baden
Tel.: +49 (0) 7223 967-0
Fax: +49 (0) 7223 967-450
E-Mail: schoeck@schoeck.de
Internet: www.schoeck.de

Produkte für Wärmedämmung,
Trittschalldämmung, Bewehrungstechnik

Tunnelbau

BPA-GmbH
Behringstraße 12, D-71083 Herrenberg-Gültstein
Tel: +49 (0) 70 32/8 93 99-0
Fax: +49 (0) 70 32/8 93 99-29
E-Mail: info@bpa-waterproofing.com
Internet: www.bpa-waterproofing.com

Verankerungen

■ *Fassadenanker-Systeme*

M-SYSTEM Mauerwerk + Beton

Wilhelm Modersohn GmbH & Co. KG
Industriestraße 23
32139 Spenge
Tel.: (05225) 8799-0
Fax: (05225) 8799-97
E-Mail: info@modersohn.de
Internet: www.modersohn.eu

MOSO® Mauerwerksabfangungen
Konsolanker bis 25 kN
MOSO® Fertigteilbefestigungen
Fassadenplattenanker bis 70 kN
MOSO® Maueranschlussanker
MOSO® Windpost-Befestigungen
Mauerverbinder
MOSO® Lochband Mauerwerksbewehrung
Luftschichtanker
Gerüstverankerungen

Verbundanker für Sandwichplatten

Schöck Bauteile GmbH
Vimbucher Straße 2
76534 Baden-Baden
Tel.: +49 (0) 7223 967-0
Fax: +49 (0) 7223 967-450
E-Mail: schoeck@schoeck.de
Internet: www.schoeck.de

Produkte für Wärmedämmung,
Trittschalldämmung, Bewehrungstechnik

Wärmebrücken

H-BAU Technik GmbH
Am Güterbahnhof 20, D-79771 Klettgau, Germany
Phone +49 7742 9215-0, Fax +49 7742 9215-129
info@h-bau.de, www.h-bau.de

Abdichtung, Wärmedämmung, Schalung,
Schallisolation, Bewehrung, Verbindung, Zubehör

Schöck Bauteile GmbH
Vimbucher Straße 2
76534 Baden-Baden
Tel.: +49 (0) 7223 967-0
Fax: +49 (0) 7223 967-450
E-Mail: schoeck@schoeck.de
Internet: www.schoeck.de

Produkte für Wärmedämmung,
Trittschalldämmung, Bewehrungstechnik

Zement

Holcim (Deutschland) GmbH
Willy-Brandt-Straße 69
20457 Hamburg
Tel. (040) 3 60 02-0
Fax (040) 3 60 02-333
customer_solutions-deu@lafargeholcim.com
www.holcim.de

Holcim (Süddeutschland) GmbH
72359 Dotternhausen
Tel. +49 (0)7427 79-0
Fax +49 (0)7427 79-248
info-sueddeutschland@lafargeholcim.com
www.holcim.de/sued

Zuschlagstoffe für Leichtbeton

Liapor GmbH & Co. KG
91352 Hallerndorf-Pautzfeld
E-Mail: info@liapor.com
Internet: www.liapor.com

Anzeigen:
Wilhelm Ernst & Sohn GmbH & Co. KG
Rotherstraße 21, 10245 Berlin
Verantwortlich für den Anzeigenteil:
Stefan Nepita,
Tel. 0 30/4 70 31-2 56, Fax 0 30/4 70 31-2 90
E-mail: stefan.nepita@wiley.com

Inserentenverzeichnis

Teil/Seite

Anbieterverzeichnis	2 / A7–16
adicon Gesellschaft für Bauwerksabdichtungen mbH, 63322 Rödermark	2 / 516
ankox GmbH, 71106 Magstadt	2 / Rückseite
ArcelorMittal Commercial RPS S.a.r.l Sheet Pilling, L-4221 ESCH SUR ALZETTE	2 / 490a-b
Bekaert GmbH, 61267 Neu-Anspach	2 / 482a
BPA GmbH, 71083 Herrenberg	2 / 798a
C + P Dynamic Living Sources GmbH & Co. KG, 35719 Angelburg	2 / 508a
CDM Smith Consult GmbH, 44793 Bochum	1 / A13
CEMEX Deutschland AG, 40489 Düsseldorf	1 / A2
DC-SOFTWARE Doster & Christmann GmbH, 81245 München	1 / 174
DIP Deutsche Industrie- und Parkhausbau GmbH, 53604 Bad Honnef	2 / IV b
DLUBAL Software GmbH, 93464 Tiefenbach	1 / VIII a
Dywidag-Systems International GmbH, 40764 Langenfeld	1 / A11
Dywidag-Systems International GmbH, 32457 Porta Westfalica	2 / 796
Ed. Züblin AG, 70567 Stuttgart	2 / 718a
Erka-Pfahl GmbH, 52499 Baesweiler	1 / 234a
Europoles GmbH & Co. KG, 92318 Neumarkt	2 / Beilage
FloorBridge International GmbH, A-4101 Feldkirchen an der Donau	2 / 680a
Forschungsgesellschaft VMM-Spannbetonplatten GbR, 50171 Kerpen	1 / XVIII b-c
HIB Huber Integral Bau GmbH, 56598 Rheinbrohl	2 / 486a
instakorr GmbH, 64293 Darmstadt	2 / 868a
Jacbo Pfahlgründungen GmbH, 48465 Schüttorf	1 /VI b, 2 / A5
Keller Grundbau GmbH, 63067 Offenbach	1 / 230
Laumer Bautechnik GmbH, 84323 Massing	1 / A3
mb AEC Software GmbH, 67657 Kaiserslautern	Lesezeichen
MESAGO Messe Frankfurt GmbH, 70178 Stuttgart	2 / II a
MKT Metall-Kunststoff-Technik GmbH & Co. KG, 67685 Weilerbach	Lesezeichen
Montana Bausysteme AG, CH-5612 Villmergen	1 / A5
PASCHAL-Werk G. Maier GmbH, 77790 Steinach	2 / II e
Peikko Deutschland GmbH, 34513 Waldeck	2 / A2
projekt w Systeme aus Stahl GmbH, 33154 Salzkotten	2 / 718a

Roland Wolf GmbH, 89155 Erbach	2 / 822a
Roxeler Betonsanierungsgesellschaft mbH, 48161 Münster	1 / A11
Schöck Bauteile GmbH, 76534 Baden-Baden	2 / II c
Sika Deutschland GmbH, 70439 Stuttgart	2 / 734a-b
Spiekermann GmbH, 40547 Düsseldorf	1 / VI a
StoCretec GmbH, 65830 Kriftel	2 / 676a
Stump Spezialtiefbau GmbH, 10243 Berlin	1 / A7
Werner Mader GmbH, 64711 Erbach	1 / A9
WestWood Kunststofftechnik GmbH, 32469 Petershagen	2 / 672a
wewaton GmbH, 96047 Bamberg	2 / 518a
WTM Engineers GmbH, 20459 Hamburg	1 / Rückseite
ZAI Ziegler und Aulbach Ingenieurgesellschaft mbH, 52072 Aachen	1 / 178a